Full수록 기출문제집

Full수록은 Full(가득한)과 수록(담다)의 합성어로 '평가원의 양질의 기출문제'를 교재에 가득 담았음을 의미한다.
또한, 교재 네이밍인 Full수록 발음 시 '풀수록 1등급 달성'과 '풀수록 수능 만점' 등 목표 지향적 의미를 함께 내포하고 있다.

Full수록 기출문제집은 평가원 기출을 가장 잘 분석하여 30일 내 수능기출을 완벽 마스터하도록 구성하였다.

세상이 변해도 배움의 즐거움은 변함없도록

시대는 빠르게 변해도
배움의 즐거움은
변함없어야 하기에

어제의 비상은
남다른 교재부터
결이 다른 콘텐츠
전에 없던 교육 플랫폼까지

변함없는 혁신으로
교육 문화 환경의 새로운 전형을
실현해왔습니다.

비상은 오늘, 다시 한번
새로운 교육 문화 환경을 실현하기 위한
또 하나의 혁신을 시작합니다.

오늘의 내가 어제의 나를 초월하고
오늘의 교육이 어제의 교육을 초월하여
배움의 즐거움을 지속하는 혁신,

바로, 메타인지 기반 완전 학습을.

상상을 실현하는 교육 문화 기업 비상

메타인지 기반 완전 학습

초월을 뜻하는 meta와 생각을 뜻하는 인지가 결합한 메타인지는 자신이 알고 모르는 것을 스스로 구분하고 학습계획을 세우도록 하는 궁극의 학습 능력입니다. 비상의 메타인지 기반 완전 학습 시스템은 잠들어 있는 메타인지를 깨워 공부를 100% 내 것으로 만들도록 합니다.

Full수록
수능기출문제집

수능 준비 최고의 학습 재료는 기출 문제입니다.
지금까지 다져온 실력을 기출 문제를 통해 확인하고, 탄탄히 다져가야 합니다.
진짜 공부는 지금부터 시작입니다.

"Full수록"만 믿고 따라오면
수능 1등급이 내 것이 됩니다!!

" 방대한 기출 문제를 효율적으로 정복하기 위한 구성 "

1 일차별 학습량 제안

하루 학습량 30문제 내외로 기출 문제를 한 달 이내 완성하도록 하였다.
→ 계획적 학습, 학습 진도 파악 가능

2 평가원 기출 경향을 설명이 아닌 문제로 제시

일차별 기출 경향을 문제로 시각적·직관적으로 제시하였다.
→ 기출 경향 및 빈출 유형 한눈에 파악 가능

3 보다 효율적인 문제 배열

문제를 연도별 구성이 아닌 쉬운 개념부터 복합 개념 순으로, 유형별로 제시하였다.
→ 효율적이고 빠른 학습이 가능

일차별 학습 흐름

2026학년도 수능은 Full수록으로 대비합니다.

Full수록 물리학Ⅰ에 구성된 기출 문제는 기존 물리학Ⅰ에서 출제되었던 기출 문제뿐만 아니라 교육과정 내용 변화에 맞춰, 물리학Ⅱ에서 출제되었던 기출 문제도 수록하여 기출 경향을 최대한 빈틈없이 반영하였습니다.

일차별로 기출 경향 파악 → 기출 문제 정복 → 해설을 통한 약점 보완 **을 통해 계획적이고 체계적인 수능 준비가 가능합니다.**

1 오늘 공부할 기출 문제의 기출 경향 파악

⁄ 빈출 문제, 빈출 자료를 한눈에 파악 가능

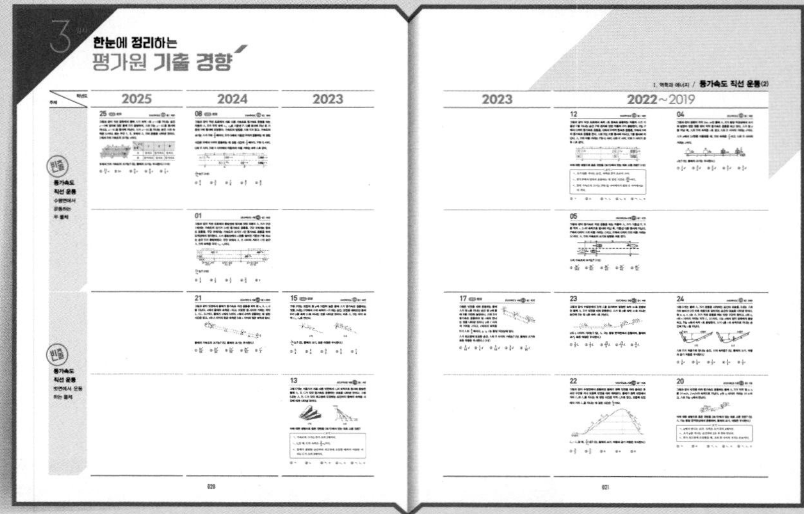

2 오늘 공부할 기출 문제를 유사 자료 중심으로 구성

⁄ 효율적인 문제 구성을 통해 자료 중심의 문제 정복 가능

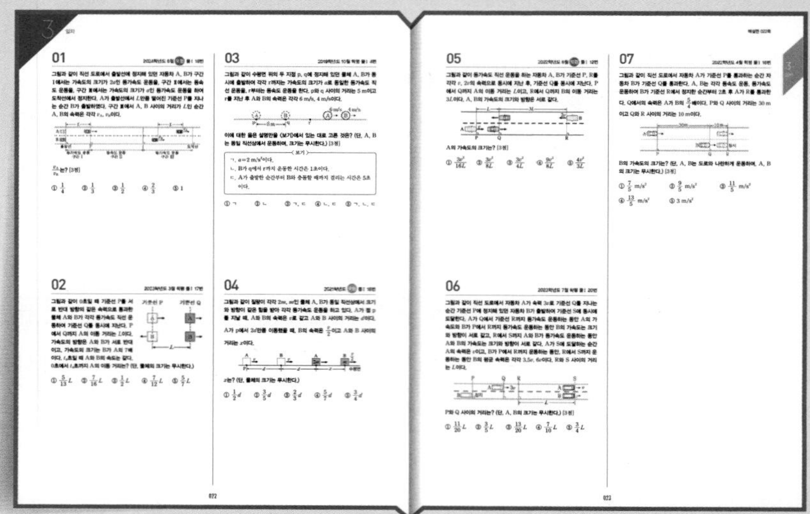

3 개념과 연계성이 강화된 해설

⁄ 문제에 연계된 개념 재확인 및 사고의 흐름에 따른 쉬운 문제 풀이

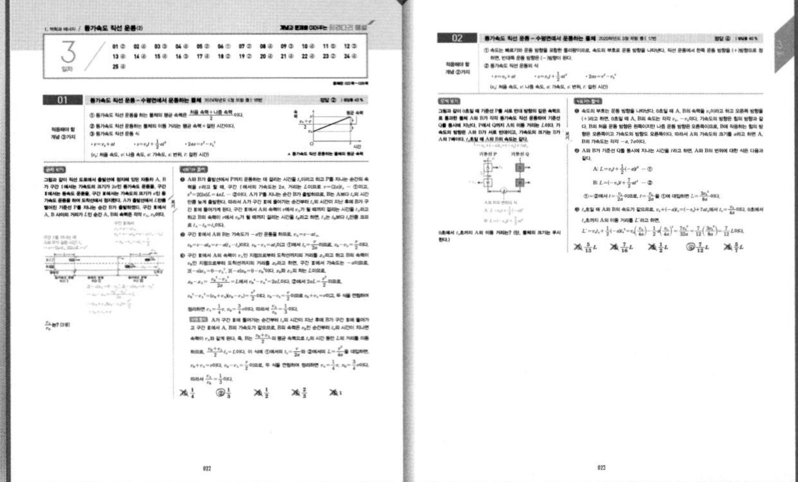

마무리 정답률 낮은 문제 반복 제시

⁄ 본문에 있는 까다로운 문제를 다시 풀어보면서 확실하게 내 것으로 만들기

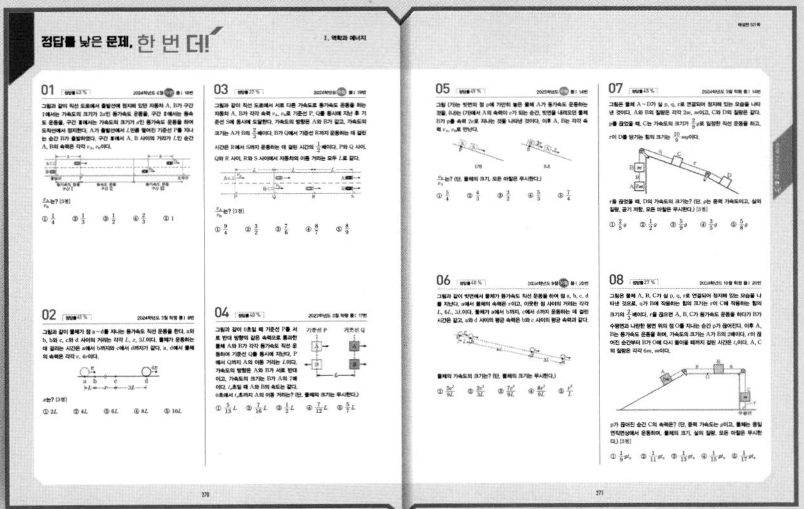

부록 실전모의고사 3회

일차별 학습 계획

제안하는 학습 계획 850제 25일 완성
나의 학습 계획 850제 (　　)일 완성

I. 역학과 에너지

일차	학습 내용	쪽 수	문항 수	학습 날짜
1 일차	평균 속력과 평균 속도	006쪽	13제	월 일
2 일차	여러 가지 운동, 등가속도 직선 운동(1)	012쪽	20제	월 일
3 일차	등가속도 직선 운동(2)	020쪽	25제	월 일
4 일차	뉴턴 운동 법칙, 물체의 운동 방정식(1)	030쪽	28제	월 일
5 일차	물체의 운동 방정식(2)	040쪽	31제	월 일
6 일차	운동량과 충격량	052쪽	45제	월 일
7 일차	힘이 한 일, 역학적 에너지 보존(1)	068쪽	31제	월 일
8 일차	역학적 에너지 보존(2)	080쪽	14제	월 일
9 일차	기체가 한 일, 열역학 법칙	088쪽	19제	월 일
10 일차	열기관	096쪽	24제	월 일
11 일차	특수 상대성 이론(1)	104쪽	29제	월 일
12 일차	특수 상대성 이론(2)	114쪽	11제	월 일
13 일차	질량과 에너지	120쪽	31제	월 일

		학습 내용	쪽 수	문항 수	학습 날짜
Ⅱ. 물질과 전자기장	14 일차	원자와 전기력, 보어의 수소 원자 모형	130쪽	31제	월 일
	15 일차	에너지 준위와 스펙트럼	140쪽	32제	월 일
	16 일차	에너지띠와 반도체, 물질의 자성	150쪽	39제	월 일
	17 일차	다이오드	162쪽	31제	월 일
	18 일차	전류에 의한 자기장(1)	174쪽	32제	월 일
	19 일차	전류에 의한 자기장(2), 전자기 유도(1)	184쪽	26제	월 일
	20 일차	전자기 유도(2)	196쪽	32제	월 일
Ⅲ. 파동과 정보 통신	21 일차	파동의 진행과 굴절(1)	206쪽	27제	월 일
	22 일차	파동의 진행과 굴절(2), 파동의 간섭	216쪽	42제	월 일
	23 일차	전반사, 전자기파(1)	230쪽	40제	월 일
	24 일차	전자기파(2)	244쪽	40제	월 일
	25 일차	빛의 이중성, 물질의 이중성	256쪽	47제	월 일
	마무리	정답률 낮은 문제, 한 번 더!	270쪽	50제	월 일
	부록	실전모의고사 3회		60제	월 일

1 일차

한눈에 정리하는 평가원 기출 경향

주제 \ 학년도	2025	2024	2023
평균 속력과 평균 속도 비교 직선 경로를 따라 운동하는 경우			
평균 속력과 평균 속도 비교 곡선 경로를 따라 운동하는 경우			
평균 속력과 평균 속도 비교 서로 다른 경로로 운동하는 경우			

2022 ~ 2019

01 대표 문제

2019학년도 수능 물Ⅱ 1번

그림은 당구공이 점 A, B를 지나는 경로를 따라 운동하는 모습을 나타낸 것이다.

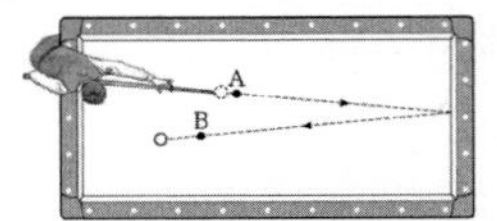

A에서 B까지 당구공의 운동에 대한 설명으로 옳은 것만을 <보기>에서 있는 대로 고른 것은?

〈보기〉

ㄱ. 이동 거리는 변위의 크기보다 크다.
ㄴ. 평균 속력은 평균 속도의 크기와 같다.
ㄷ. 운동 방향은 일정하다.

① ㄱ ② ㄴ ③ ㄱ, ㄷ ④ ㄴ, ㄷ ⑤ ㄱ, ㄴ, ㄷ

02

2019학년도 9월 모평 물Ⅰ 2번

그림 (가)는 정지한 학생 A가 오른쪽으로 직선 운동하는 학생 B를 가로 길이 25 cm인 창문 너머로 보는 모습을 나타낸 것이고, (나)는 A가 본 B의 모습을 1초 간격으로 나타낸 것이다.

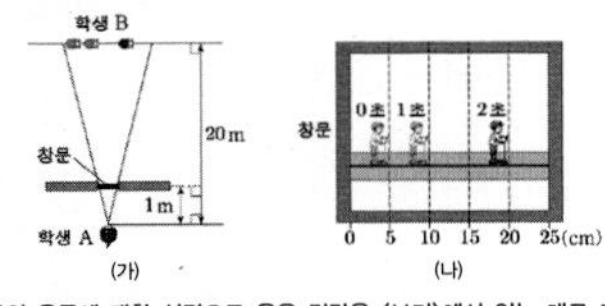

B의 운동에 대한 설명으로 옳은 것만을 <보기>에서 있는 대로 고른 것은? [3점]

〈보기〉

ㄱ. 0~1초 동안 이동한 거리는 1 m이다.
ㄴ. 1~2초 동안 평균 속력은 2 m/s이다.
ㄷ. 0~2초 동안 일정한 속력으로 운동하였다.

① ㄱ ② ㄴ ③ ㄷ ④ ㄱ, ㄴ ⑤ ㄴ, ㄷ

03 대표 문제

2020학년도 수능 물Ⅱ 1번

그림은 장대높이뛰기 선수가 점 P, Q를 지나는 곡선 경로를 따라 운동하는 모습을 나타낸 것이다.

P에서 Q까지 선수의 운동에 대한 설명으로 옳은 것만을 <보기>에서 있는 대로 고른 것은?

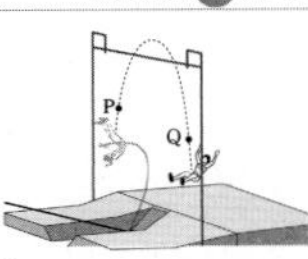

〈보기〉

ㄱ. 이동 거리는 변위의 크기보다 크다.
ㄴ. 운동 방향은 일정하다.
ㄷ. 평균 속력은 평균 속도의 크기와 같다.

① ㄱ ② ㄷ ③ ㄱ, ㄴ ④ ㄴ, ㄷ ⑤ ㄱ, ㄴ, ㄷ

04

2020학년도 9월 모평 물Ⅱ 1번

그림은 다트가 점 P, Q를 지나는 경로를 따라 운동하는 것을 나타낸 것이다.

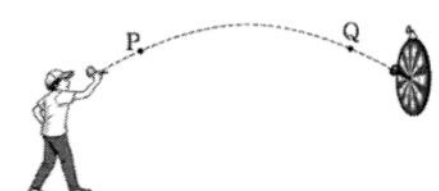

P에서 Q까지 다트의 운동에 대한 설명으로 옳은 것만을 <보기>에서 있는 대로 고른 것은?

〈보기〉

ㄱ. 이동 거리는 변위의 크기보다 크다.
ㄴ. 등속도 운동이다.
ㄷ. 평균 속력은 평균 속도의 크기와 같다.

① ㄱ ② ㄴ ③ ㄱ, ㄷ ④ ㄴ, ㄷ ⑤ ㄱ, ㄴ, ㄷ

10

2019학년도 6월 모평 물Ⅱ 2번

그림은 축구 선수 S가 수비수를 피하며 점 p, q를 지나는 곡선 경로를 따라 이동하는 것을 나타낸 것이다.

p에서 q까지 S의 운동에 대한 설명으로 옳은 것만을 <보기>에서 있는 대로 고른 것은?

〈보기〉

ㄱ. 이동 거리는 변위의 크기보다 크다.
ㄴ. 평균 속력은 평균 속도의 크기와 같다.
ㄷ. 등속도 운동이다.

① ㄱ ② ㄴ ③ ㄷ ④ ㄱ, ㄴ ⑤ ㄴ, ㄷ

13 대표 문제

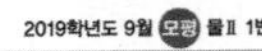

2019학년도 9월 모평 물Ⅱ 1번

그림은 자동차 A, B가 이동한 경로를, 표는 출발지에서 도착지까지 A, B의 이동 거리와 걸린 시간을 나타낸 것이다.

자동차	이동 거리	걸린 시간
A	12 km	60분
B	15 km	50분

출발지에서 도착지까지 A, B의 운동에 대한 설명으로 옳은 것만을 <보기>에서 있는 대로 고른 것은? [3점]

〈보기〉

ㄱ. A는 등가속도 운동을 하였다.
ㄴ. 평균 속력은 A가 B보다 작다.
ㄷ. B의 변위의 크기와 이동 거리는 같다.

① ㄱ ② ㄴ ③ ㄱ, ㄷ ④ ㄴ, ㄷ ⑤ ㄱ, ㄴ, ㄷ

01 대표 문제

2019학년도 수능 물Ⅱ 1번

그림은 당구공이 점 A, B를 지나는 경로를 따라 운동하는 모습을 나타낸 것이다.

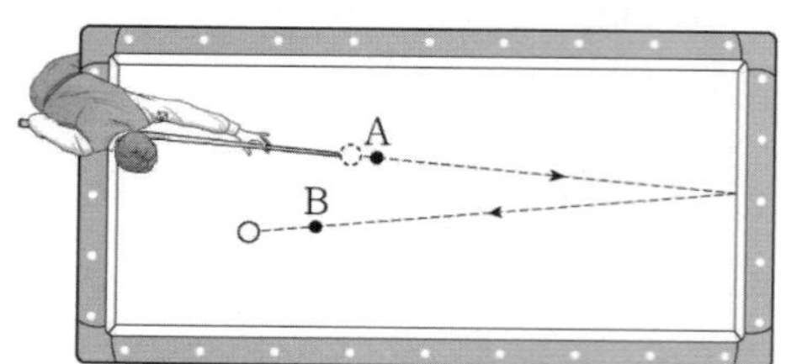

A에서 B까지 당구공의 운동에 대한 설명으로 옳은 것만을 〈보기〉에서 있는 대로 고른 것은?

〈보기〉
ㄱ. 이동 거리는 변위의 크기보다 크다.
ㄴ. 평균 속력은 평균 속도의 크기와 같다.
ㄷ. 운동 방향은 일정하다.

① ㄱ ② ㄴ ③ ㄱ, ㄷ ④ ㄴ, ㄷ ⑤ ㄱ, ㄴ, ㄷ

02

2019학년도 9월 모평 물Ⅰ 2번

그림 (가)는 정지한 학생 A가 오른쪽으로 직선 운동하는 학생 B를 가로 길이 25 cm인 창문 너머로 보는 모습을 나타낸 것이고, (나)는 A가 본 B의 모습을 1초 간격으로 나타낸 것이다.

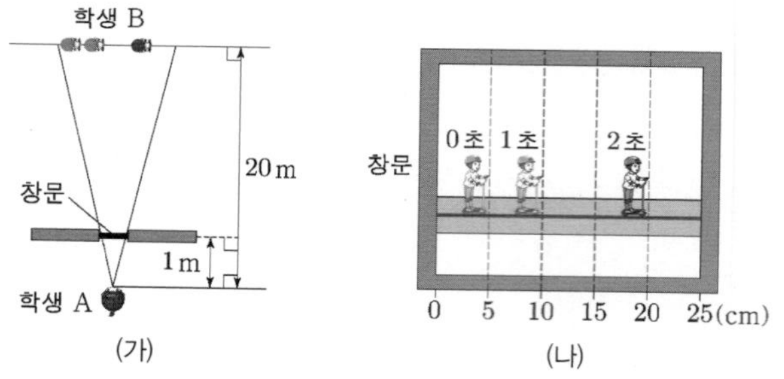

B의 운동에 대한 설명으로 옳은 것만을 〈보기〉에서 있는 대로 고른 것은? [3점]

〈보기〉
ㄱ. 0~1초 동안 이동한 거리는 1 m이다.
ㄴ. 1~2초 동안 평균 속력은 2 m/s이다.
ㄷ. 0~2초 동안 일정한 속력으로 운동하였다.

① ㄱ ② ㄴ ③ ㄷ ④ ㄱ, ㄴ ⑤ ㄴ, ㄷ

03 대표 문제

2020학년도 수능 물Ⅱ 1번

그림은 장대높이뛰기 선수가 점 P, Q를 지나는 곡선 경로를 따라 운동하는 모습을 나타낸 것이다. P에서 Q까지 선수의 운동에 대한 설명으로 옳은 것만을 〈보기〉에서 있는 대로 고른 것은?

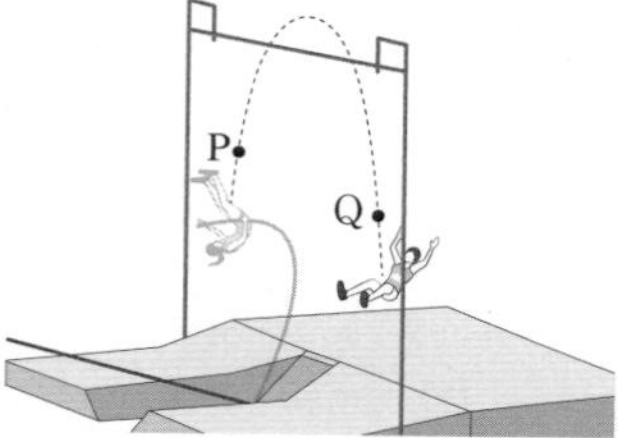

〈보기〉
ㄱ. 이동 거리는 변위의 크기보다 크다.
ㄴ. 운동 방향은 일정하다.
ㄷ. 평균 속력은 평균 속도의 크기와 같다.

① ㄱ ② ㄷ ③ ㄱ, ㄴ ④ ㄴ, ㄷ ⑤ ㄱ, ㄴ, ㄷ

04

2020학년도 9월 모평 물Ⅱ 1번

그림은 다트가 점 P, Q를 지나는 경로를 따라 운동하는 것을 나타낸 것이다.

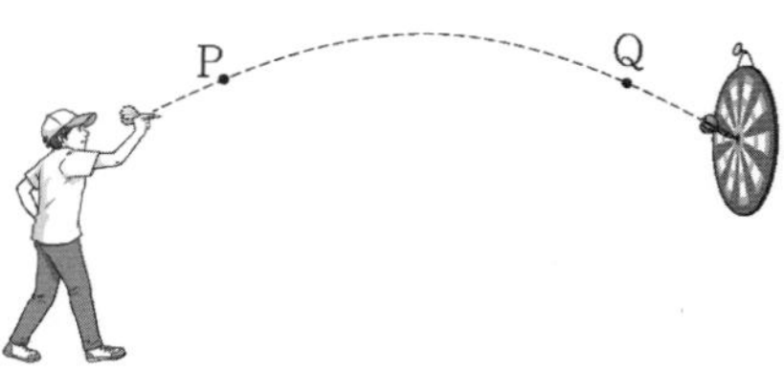

P에서 Q까지 다트의 운동에 대한 설명으로 옳은 것만을 〈보기〉에서 있는 대로 고른 것은?

〈보기〉
ㄱ. 이동 거리는 변위의 크기보다 크다.
ㄴ. 등속도 운동이다.
ㄷ. 평균 속력은 평균 속도의 크기와 같다.

① ㄱ ② ㄴ ③ ㄱ, ㄷ ④ ㄴ, ㄷ ⑤ ㄱ, ㄴ, ㄷ

05

2021학년도 7월 학평 물Ⅰ 2번

그림은 물체가 점 p, q를 지나는 곡선 경로를 따라 운동하는 것을 나타낸 것이다.

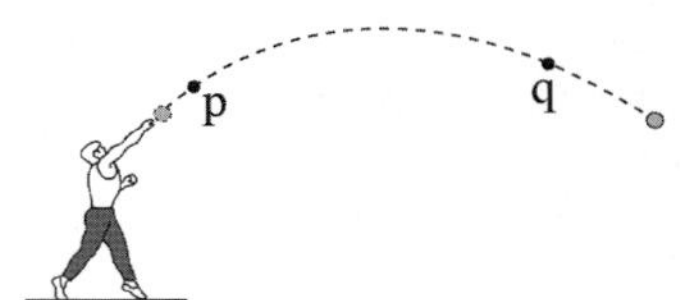

p에서 q까지 물체의 운동에 대한 설명으로 옳은 것만을 〈보기〉에서 있는 대로 고른 것은?

〈 보기 〉

ㄱ. 등속도 운동이다.
ㄴ. 운동 방향은 일정하다.
ㄷ. 이동 거리는 변위의 크기보다 크다.

① ㄱ ② ㄷ ③ ㄱ, ㄴ ④ ㄴ, ㄷ ⑤ ㄱ, ㄴ, ㄷ

06

2020학년도 3월 학평 물Ⅰ 1번

그림과 같이 수평면 위의 점 p에서 비스듬히 던져진 공이 곡선 경로를 따라 운동하여 점 q를 통과하였다.

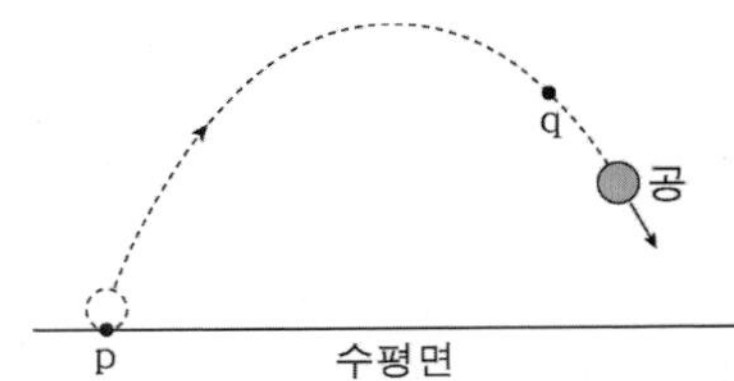

p에서 q까지 공의 운동에 대한 옳은 설명만을 〈보기〉에서 있는 대로 고른 것은?

〈 보기 〉

ㄱ. 속력이 변하는 운동이다.
ㄴ. 운동 방향이 일정한 운동이다.
ㄷ. 변위의 크기는 이동 거리보다 작다.

① ㄱ ② ㄷ ③ ㄱ, ㄴ ④ ㄱ, ㄷ ⑤ ㄴ, ㄷ

07

2020학년도 7월 학평 물Ⅰ 1번

그림과 같이 수영 선수가 점 p에서 점 q까지 곡선 경로를 따라 이동한다. 선수가 p에서 q까지 이동하는 동안, 선수의 운동에 대한 설명으로 옳은 것만을 〈보기〉에서 있는 대로 고른 것은?

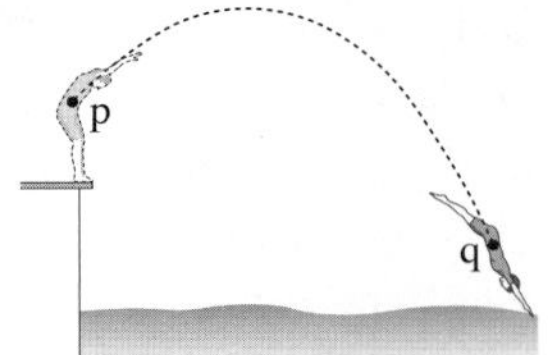

〈 보기 〉

ㄱ. 이동 거리와 변위의 크기는 같다.
ㄴ. 평균 속력은 평균 속도의 크기보다 크다.
ㄷ. 속력과 운동 방향이 모두 변하는 운동을 한다.

① ㄱ ② ㄴ ③ ㄱ, ㄷ ④ ㄴ, ㄷ ⑤ ㄱ, ㄴ, ㄷ

08

2019학년도 7월 학평 물Ⅱ 1번

그림은 드론이 점 p, q를 지나는 곡선 경로를 따라 운동한 것을 나타낸 것이다.
p에서 q까지 드론의 운동에 대한 설명으로 옳은 것만을 〈보기〉에서 있는 대로 고른 것은?

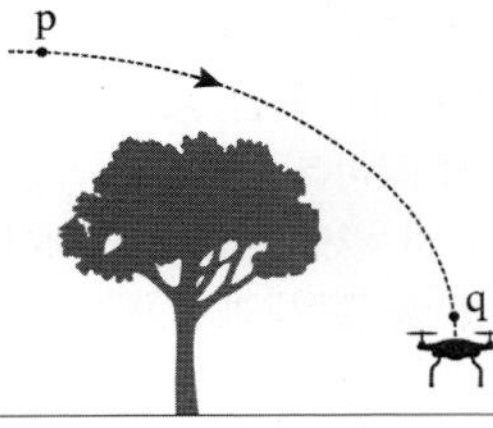

〈 보기 〉

ㄱ. 이동 거리와 변위의 크기는 같다.
ㄴ. 평균 속력은 평균 속도의 크기보다 크다.
ㄷ. 등속도 운동이다.

① ㄱ ② ㄴ ③ ㄱ, ㄴ ④ ㄱ, ㄷ ⑤ ㄴ, ㄷ

09

2024학년도 10월 학평 물Ⅰ 2번

그림은 점 a에서 출발하여 점 b, c를 지나 a로 되돌아오는 수영 선수의 운동 경로를 실선으로 나타낸 것이다. a와 b, b와 c, c와 a 사이의 직선거리는 100 m로 같다.

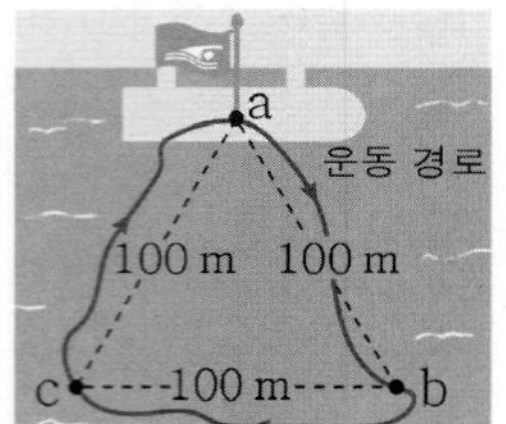

전체 운동 경로에서 선수의 운동에 대한 옳은 설명만을 〈보기〉에서 있는 대로 고른 것은?

〈보기〉

ㄱ. 변위의 크기는 300 m이다.
ㄴ. 운동 방향이 변하는 운동이다.
ㄷ. 평균 속도의 크기는 평균 속력보다 크다.

① ㄱ ② ㄴ ③ ㄷ ④ ㄱ, ㄴ ⑤ ㄴ, ㄷ

10

2019학년도 6월 모평 물Ⅱ 2번

그림은 축구 선수 S가 수비수를 피하며 점 p, q를 지나는 곡선 경로를 따라 이동하는 것을 나타낸 것이다.

p에서 q까지 S의 운동에 대한 설명으로 옳은 것만을 〈보기〉에서 있는 대로 고른 것은?

〈보기〉

ㄱ. 이동 거리는 변위의 크기보다 크다.
ㄴ. 평균 속력은 평균 속도의 크기와 같다.
ㄷ. 등속도 운동이다.

① ㄱ ② ㄴ ③ ㄷ ④ ㄱ, ㄴ ⑤ ㄴ, ㄷ

11

2019학년도 4월 학평 물Ⅱ 1번

그림은 씨앗 A가 점 p, q를 지나는 곡선 경로를 따라 운동하는 모습을 나타낸 것이다.

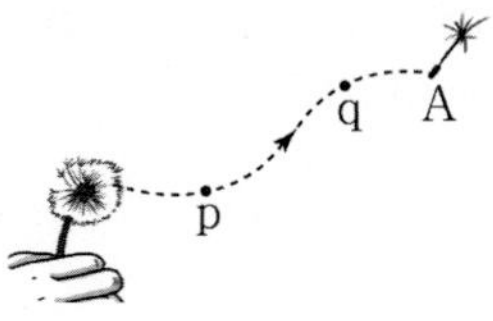

p에서 q까지 A의 운동에 대한 설명으로 옳은 것만을 〈보기〉에서 있는 대로 고른 것은?

〈보기〉

ㄱ. 이동 거리는 변위의 크기보다 크다.
ㄴ. 평균 속력과 평균 속도의 크기는 같다.
ㄷ. 등속도 운동이다.

① ㄱ ② ㄴ ③ ㄱ, ㄴ ④ ㄴ, ㄷ ⑤ ㄱ, ㄴ, ㄷ

12

2019학년도 10월 학평 물Ⅱ 2번

그림은 자율 주행 자동차가 장애물을 피해 점 P에서 점 Q까지 곡선 경로를 따라 운동하는 모습을 나타낸 것이다.

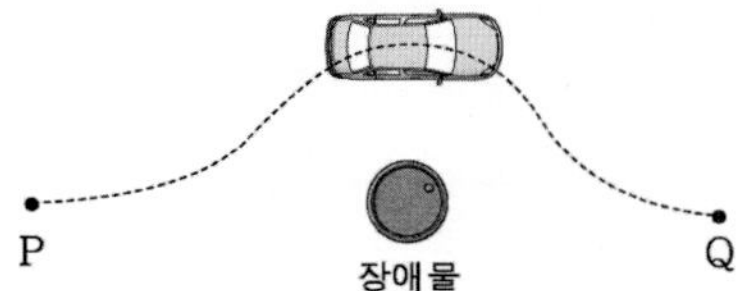

P에서 Q까지 자동차의 운동에 대한 옳은 설명만을 〈보기〉에서 있는 대로 고른 것은?

〈 보기 〉

ㄱ. 이동 거리는 변위의 크기보다 크다.
ㄴ. 평균 속도의 크기는 평균 속력과 같다.
ㄷ. 등가속도 운동이다.

① ㄱ ② ㄴ ③ ㄷ ④ ㄱ, ㄴ ⑤ ㄱ, ㄷ

13 대표 문제

2019학년도 9월 모평 물Ⅱ 1번

그림은 자동차 A, B가 이동한 경로를, 표는 출발지에서 도착지까지 A, B의 이동 거리와 걸린 시간을 나타낸 것이다.

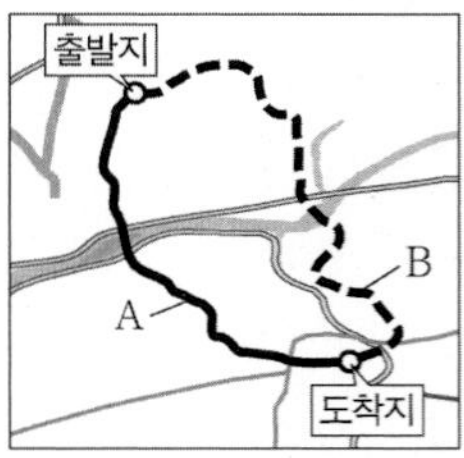

자동차	이동 거리	걸린 시간
A	12 km	60분
B	15 km	50분

출발지에서 도착지까지 A, B의 운동에 대한 설명으로 옳은 것만을 〈보기〉에서 있는 대로 고른 것은? [3점]

〈 보기 〉

ㄱ. A는 등가속도 운동을 하였다.
ㄴ. 평균 속력은 A가 B보다 작다.
ㄷ. B의 변위의 크기와 이동 거리는 같다.

① ㄱ ② ㄴ ③ ㄱ, ㄷ ④ ㄴ, ㄷ ⑤ ㄱ, ㄴ, ㄷ

한눈에 정리하는 평가원 기출 경향

주제 \ 학년도	2025	2024	2023
여러 가지 물체의 운동	09 (문제 below)		
직선 운동하는 물체의 운동 그래프	15 (문제 below)		
등가속도 직선 운동 수평면에서 운동하는 한 물체			

여러 가지 물체의 운동 — 2025

09 대표 문제 2025학년도 6월 모평 물I 2번

그림은 수평면에서 실선을 따라 운동하는 물체의 위치를 일정한 시간 간격으로 나타낸 것이다. Ⅰ, Ⅱ, Ⅲ은 각각 직선 구간, 반원형 구간, 곡선 구간이다.
이에 대한 설명으로 옳은 것만을 〈보기〉에서 있는 대로 고른 것은? [3점]

〈보기〉

ㄱ. Ⅰ에서 물체의 속력은 변한다.
ㄴ. Ⅱ에서 물체에 작용하는 알짜힘의 방향은 물체의 운동 방향과 같다.
ㄷ. Ⅲ에서 물체의 운동 방향은 변하지 않는다.

① ㄱ ② ㄴ ③ ㄱ, ㄷ ④ ㄴ, ㄷ ⑤ ㄱ, ㄴ, ㄷ

직선 운동하는 물체의 운동 그래프 — 2025

15 대표 문제 2025학년도 9월 모평 물I 2번

그림은 직선 경로를 따라 등가속도 운동하는 물체의 속도를 시간에 따라 나타낸 것이다.
물체의 운동에 대한 설명으로 옳은 것만을 〈보기〉에서 있는 대로 고른 것은?

〈보기〉

ㄱ. 가속도의 크기는 $2\ m/s^2$이다.
ㄴ. 0초부터 4초까지 이동한 거리는 16 m이다.
ㄷ. 2초일 때, 운동 방향과 가속도 방향은 서로 같다.

① ㄱ ② ㄷ ③ ㄱ, ㄴ
④ ㄴ, ㄷ ⑤ ㄱ, ㄴ, ㄷ

2022

06

2022학년도 9월 모평 물Ⅰ 1번

그림 (가)~(다)는 각각 뜀틀을 넘는 사람, 그네를 타는 아이, 직선 레일에서 속력이 느려지는 기차를 나타낸 것이다.

(가)

(나)

(다)

이에 대한 설명으로 옳은 것만을 〈보기〉에서 있는 대로 고른 것은?

〈 보기 〉

ㄱ. (가)에서 사람의 운동 방향은 변한다.
ㄴ. (나)에서 아이는 등속도 운동을 한다.
ㄷ. (다)에서 기차의 운동 방향과 가속도 방향은 서로 같다.

① ㄱ ② ㄴ ③ ㄱ, ㄷ ④ ㄴ, ㄷ ⑤ ㄱ, ㄴ, ㄷ

2021~2019

10

2021학년도 수능 물Ⅰ 6번

표는 물체의 운동 A, B, C에 대한 자료이다.

특징	A	B	C
물체의 속력이 일정하다.	×	○	×
물체에 작용하는 알짜힘의 방향이 일정하다.	○	×	○
물체에 작용하는 알짜힘의 방향이 물체의 운동 방향과 같다.	○	×	×

(○: 예, ×: 아니요)

이에 대한 설명으로 옳은 것만을 〈보기〉에서 있는 대로 고른 것은?

〈 보기 〉

ㄱ. 자유 낙하하는 공의 등가속도 직선 운동은 A에 해당한다.
ㄴ. 등속 원운동을 하는 위성의 운동은 B에 해당한다.
ㄷ. 수평면에 대해 비스듬히 던진 공의 포물선 운동은 C에 해당한다.

① ㄴ ② ㄷ ③ ㄱ, ㄴ ④ ㄱ, ㄷ ⑤ ㄱ, ㄴ, ㄷ

08

2021학년도 6월 모평 물Ⅰ 1번

그림 (가), (나), (다)는 각각 연직 위로 던진 구슬, 선수가 던진 농구공, 회전하고 있는 놀이 기구에 타고 있는 사람을 나타낸 것이다.

(가)

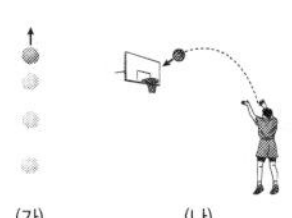
(나)

(다)

이에 대한 설명으로 옳은 것만을 〈보기〉에서 있는 대로 고른 것은?

〈 보기 〉

ㄱ. (가)에서 구슬의 속력은 변한다.
ㄴ. (나)에서 농구공에 작용하는 알짜힘의 방향과 농구공의 운동 방향은 같다.
ㄷ. (다)에서 사람의 운동 방향은 변하지 않는다.

① ㄱ ② ㄷ ③ ㄱ, ㄴ ④ ㄴ, ㄷ ⑤ ㄱ, ㄴ, ㄷ

12

2021학년도 9월 모평 물Ⅰ 7번

그림은 동일 직선상에서 운동하는 물체 A, B의 위치를 시간에 따라 나타낸 것이다.

A, B의 운동에 대한 설명으로 옳은 것만을 〈보기〉에서 있는 대로 고른 것은?

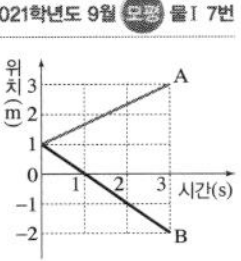

〈 보기 〉

ㄱ. 1초일 때, B의 운동 방향이 바뀐다.
ㄴ. 2초일 때, 속도의 크기는 A가 B보다 작다.
ㄷ. 0초부터 3초까지 이동한 거리는 A가 B보다 작다.

① ㄱ ② ㄴ ③ ㄱ, ㄷ ④ ㄴ, ㄷ ⑤ ㄱ, ㄴ, ㄷ

20 대표 문제

2019학년도 수능 물Ⅰ 11번

그림과 같이 기준선에 정지해 있던 자동차가 출발하여 직선 경로를 따라 운동한다. 자동차는 구간 A에서 등가속도, 구간 B에서 등속도, 구간 C에서 등가속도 운동한다. A, B, C의 길이는 모두 같고, 자동차가 구간을 지나는 데 걸린 시간은 A에서가 C에서의 4배이다.

정지
구간 A 구간 B 구간 C
기준선

자동차의 운동에 대한 설명으로 옳은 것만을 〈보기〉에서 있는 대로 고른 것은? (단, 자동차의 크기는 무시한다.) [3점]

〈 보기 〉

ㄱ. 평균 속력은 B에서가 A에서의 2배이다.
ㄴ. 구간을 지나는 데 걸린 시간은 B에서가 C에서의 2배이다.
ㄷ. 가속도의 크기는 C에서가 A에서의 8배이다.

① ㄱ ② ㄷ ③ ㄱ, ㄴ ④ ㄴ, ㄷ ⑤ ㄱ, ㄴ, ㄷ

01

2021학년도 3월 학평 물I 1번

그림은 자유 낙하 하는 물체 A와 수평으로 던진 물체 B가 운동하는 모습을 나타낸 것이다.

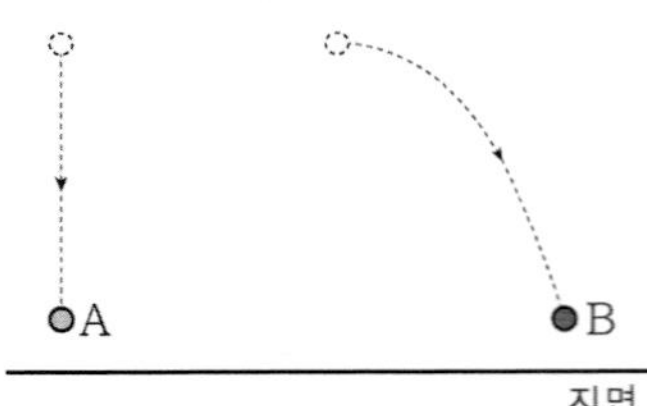

이에 대한 옳은 설명만을 〈보기〉에서 있는 대로 고른 것은?

〈 보기 〉

ㄱ. A는 속력이 변하는 운동을 한다.
ㄴ. B는 운동 방향이 변하는 운동을 한다.
ㄷ. B는 운동 방향과 가속도의 방향이 같다.

① ㄱ ② ㄷ ③ ㄱ, ㄴ ④ ㄴ, ㄷ ⑤ ㄱ, ㄴ, ㄷ

02

2020학년도 10월 학평 물I 1번

그림은 놀이 기구 A, B, C가 운동하는 모습을 나타낸 것이다.

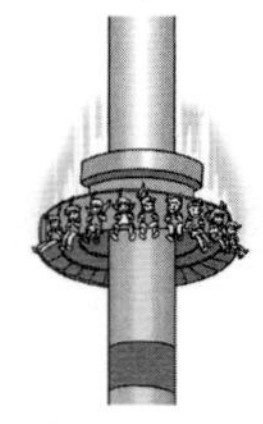
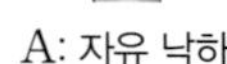
A: 자유 낙하

B: 회전 운동

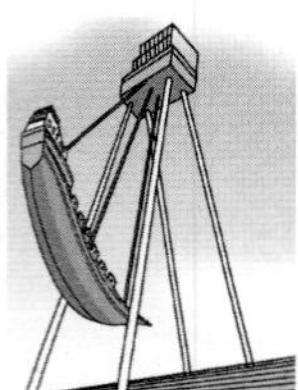
C: 왕복 운동

운동 방향이 일정한 놀이 기구만을 있는 대로 고른 것은?

① A ② B ③ A, C ④ B, C ⑤ A, B, C

03

2021학년도 4월 학평 물I 1번

그림은 물체 A, B, C의 운동에 대한 설명이다.

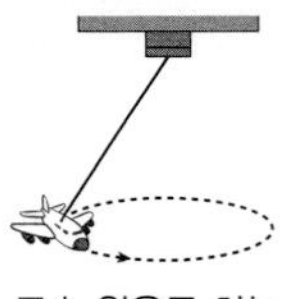
등속 원운동 하는 장난감 비행기 A

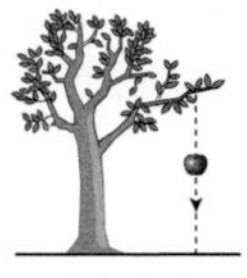
연직 아래로 떨어지는 사과 B

포물선 운동하는 축구공 C

A, B, C 중 속력과 운동 방향이 모두 변하는 물체를 있는 대로 고른 것은?

① A ② C ③ A, B ④ B, C ⑤ A, B, C

04

2022학년도 3월 학평 물I 1번

그림은 자동차 A, B, C의 운동을 나타낸 것이다. A는 일정한 속력으로 직선 경로를 따라, B는 속력이 변하면서 직선 경로를 따라, C는 일정한 속력으로 곡선 경로를 따라 운동을 한다.

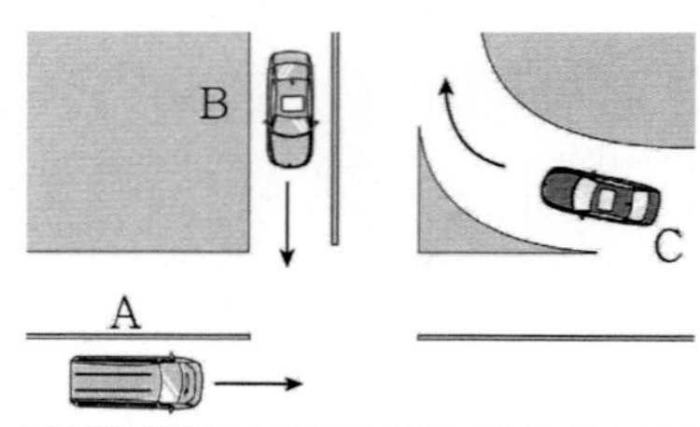

등속도 운동을 하는 자동차만을 있는 대로 고른 것은?

① A ② B ③ C ④ A, B ⑤ A, C

05

2022학년도 4월 학평 물Ⅰ 2번

그림 (가)는 속력이 빨라지며 직선 운동하는 수레의 모습을, (나)는 포물선 운동하는 배구공의 모습을, (다)는 회전하고 있는 놀이 기구에 탄 사람의 모습을 나타낸 것이다.

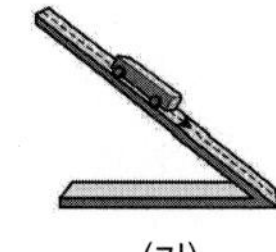
(가)

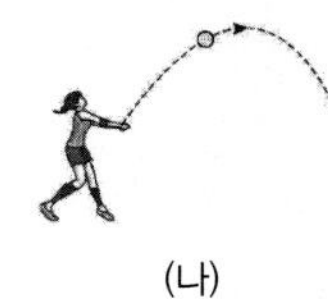
(나)

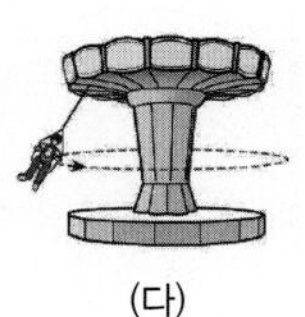
(다)

이에 대한 설명으로 옳은 것만을 〈보기〉에서 있는 대로 고른 것은?

〈보기〉

ㄱ. (가)에서 수레에 작용하는 알짜힘의 방향과 수레의 운동 방향은 같다.
ㄴ. (나)에서 배구공의 속력은 일정하다.
ㄷ. (다)에서 사람의 운동 방향은 일정하다.

① ㄱ　② ㄷ　③ ㄱ, ㄴ　④ ㄴ, ㄷ　⑤ ㄱ, ㄴ, ㄷ

06

2022학년도 9월 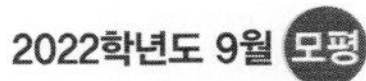  모평 물Ⅰ 1번

그림 (가)~(다)는 각각 뜀틀을 넘는 사람, 그네를 타는 아이, 직선 레일에서 속력이 느려지는 기차를 나타낸 것이다.

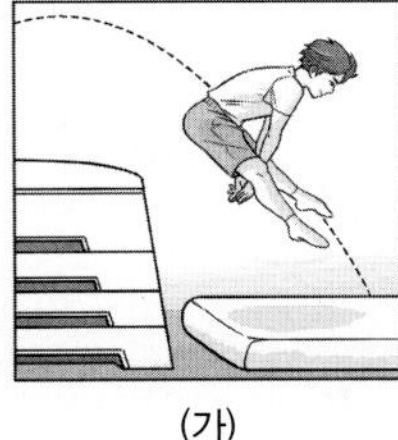
(가)

(나)

(다)

이에 대한 설명으로 옳은 것만을 〈보기〉에서 있는 대로 고른 것은?

〈보기〉

ㄱ. (가)에서 사람의 운동 방향은 변한다.
ㄴ. (나)에서 아이는 등속도 운동을 한다.
ㄷ. (다)에서 기차의 운동 방향과 가속도 방향은 서로 같다.

① ㄱ　② ㄴ　③ ㄱ, ㄷ　④ ㄴ, ㄷ　⑤ ㄱ, ㄴ, ㄷ

07

2022학년도 7월 학평 물Ⅰ 1번

그림 (가)~(다)는 각각 원궤도를 따라 일정한 속력으로 운동하는 공 A, 수평으로 던져 낙하하는 공 B, 빗면에서 속력이 작아지는 운동을 하는 공 C의 운동 경로를 나타낸 것이다.

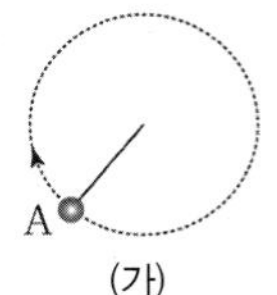

(가)

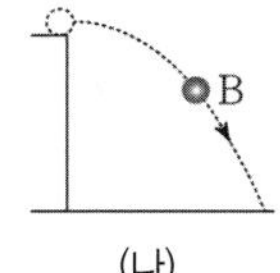

(나)

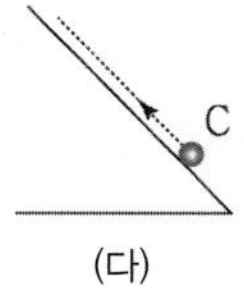

(다)

이에 대한 설명으로 옳은 것만을 〈보기〉에서 있는 대로 고른 것은?

〈보기〉

ㄱ. A는 등속도 운동을 한다.
ㄴ. B는 운동 방향과 속력이 모두 변하는 운동을 한다.
ㄷ. C에 작용하는 알짜힘은 0이다.

① ㄱ　② ㄴ　③ ㄱ, ㄷ　④ ㄴ, ㄷ　⑤ ㄱ, ㄴ, ㄷ

08

2021학년도 6월  모평 물Ⅰ 1번

그림 (가), (나), (다)는 각각 연직 위로 던진 구슬, 선수가 던진 농구공, 회전하고 있는 놀이 기구에 타고 있는 사람을 나타낸 것이다.

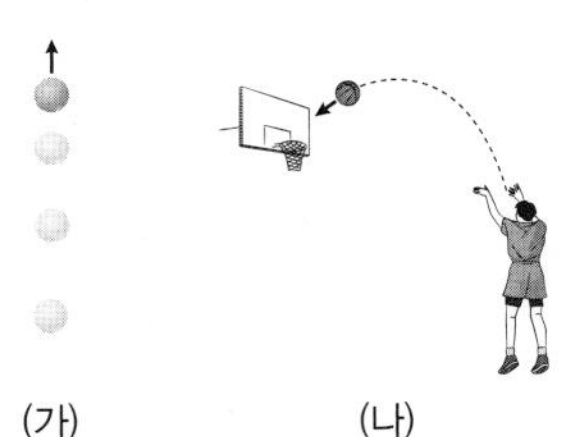
(가)　(나)

(다)

이에 대한 설명으로 옳은 것만을 〈보기〉에서 있는 대로 고른 것은?

〈보기〉

ㄱ. (가)에서 구슬의 속력은 변한다.
ㄴ. (나)에서 농구공에 작용하는 알짜힘의 방향과 농구공의 운동 방향은 같다.
ㄷ. (다)에서 사람의 운동 방향은 변하지 않는다.

① ㄱ　② ㄷ　③ ㄱ, ㄴ　④ ㄴ, ㄷ　⑤ ㄱ, ㄴ, ㄷ

2
일차

09 대표 문제

2025학년도 6월 모평 물Ⅰ 2번

그림은 수평면에서 실선을 따라 운동하는 물체의 위치를 일정한 시간 간격으로 나타낸 것이다. Ⅰ, Ⅱ, Ⅲ은 각각 직선 구간, 반원형 구간, 곡선 구간이다.

이에 대한 설명으로 옳은 것만을 〈보기〉에서 있는 대로 고른 것은? [3점]

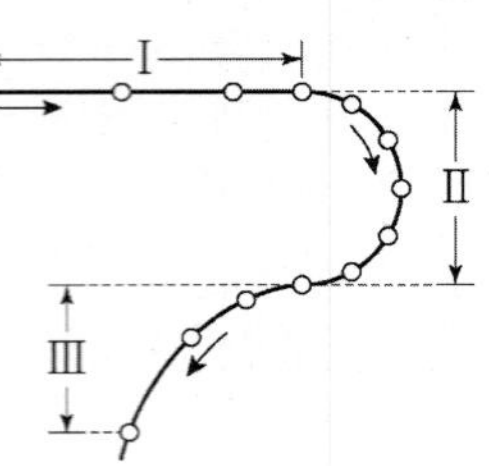

〈 보기 〉

ㄱ. Ⅰ에서 물체의 속력은 변한다.

ㄴ. Ⅱ에서 물체에 작용하는 알짜힘의 방향은 물체의 운동 방향과 같다.

ㄷ. Ⅲ에서 물체의 운동 방향은 변하지 않는다.

① ㄱ ② ㄴ ③ ㄱ, ㄷ ④ ㄴ, ㄷ ⑤ ㄱ, ㄴ, ㄷ

10

2021학년도 수능 물Ⅰ 6번

표는 물체의 운동 A, B, C에 대한 자료이다.

특징	A	B	C
물체의 속력이 일정하다.	×	○	×
물체에 작용하는 알짜힘의 방향이 일정하다.	○	×	○
물체에 작용하는 알짜힘의 방향이 물체의 운동 방향과 같다.	○	×	×

(○: 예, ×: 아니요)

이에 대한 설명으로 옳은 것만을 〈보기〉에서 있는 대로 고른 것은?

〈 보기 〉

ㄱ. 자유 낙하하는 공의 등가속도 직선 운동은 A에 해당한다.

ㄴ. 등속 원운동을 하는 위성의 운동은 B에 해당한다.

ㄷ. 수평면에 대해 비스듬히 던진 공의 포물선 운동은 C에 해당한다.

① ㄴ ② ㄷ ③ ㄱ, ㄴ ④ ㄱ, ㄷ ⑤ ㄱ, ㄴ, ㄷ

11

2022학년도 10월 학평 물Ⅰ 2번

그림은 사람 A, B, C가 스키장에서 운동하는 모습을 나타낸 것이다. A는 일정한 속력으로 직선 경로를 따라 올라가고, B는 속력이 빨라지며 직선 경로를 따라 내려오며, C는 속력이 변하며 곡선 경로를 따라 내려온다.

운동 방향으로 알짜힘을 받는 사람만을 있는 대로 고른 것은? (단, 사람의 크기는 무시한다.)

① A ② B ③ C ④ A, B ⑤ A, C

12

2021학년도 9월 모평 물Ⅰ 7번

그림은 동일 직선상에서 운동하는 물체 A, B의 위치를 시간에 따라 나타낸 것이다.
A, B의 운동에 대한 설명으로 옳은 것만을 ⟨보기⟩에서 있는 대로 고른 것은?

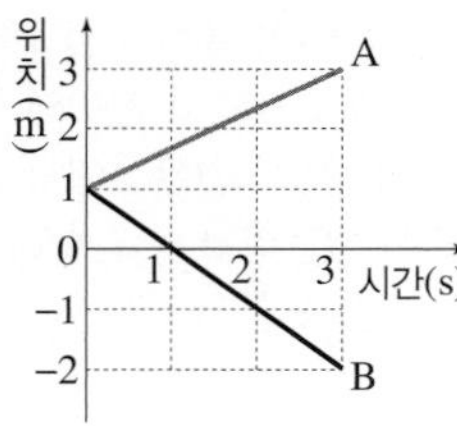

⟨보기⟩

ㄱ. 1초일 때, B의 운동 방향이 바뀐다.
ㄴ. 2초일 때, 속도의 크기는 A가 B보다 작다.
ㄷ. 0초부터 3초까지 이동한 거리는 A가 B보다 작다.

① ㄱ ② ㄴ ③ ㄱ, ㄷ ④ ㄴ, ㄷ ⑤ ㄱ, ㄴ, ㄷ

13

2021학년도 7월 학평 물Ⅰ 3번

그림은 직선상에서 운동하는 물체의 위치를 시간에 따라 나타낸 것이다. 구간 A, B, C에서 물체는 각각 등가속도 운동을 한다.
A~C에서 물체의 운동에 대한 설명으로 옳은 것만을 ⟨보기⟩에서 있는 대로 고른 것은? [3점]

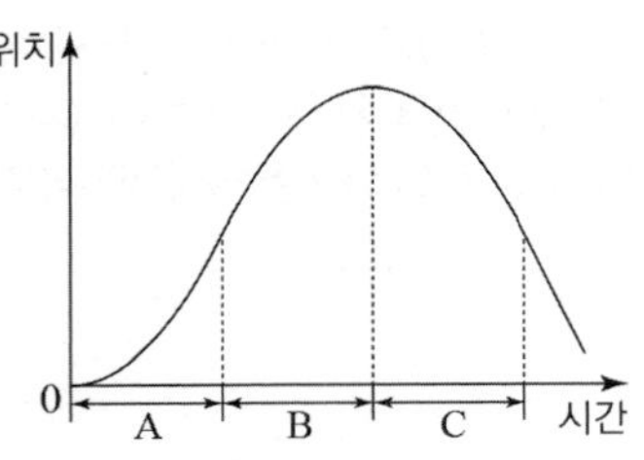

⟨보기⟩

ㄱ. A에서 속력은 점점 증가한다.
ㄴ. 가속도의 방향은 B에서와 C에서가 서로 반대이다.
ㄷ. 물체에 작용하는 알짜힘의 방향은 두 번 바뀐다.

① ㄱ ② ㄴ ③ ㄱ, ㄷ ④ ㄴ, ㄷ ⑤ ㄱ, ㄴ, ㄷ

14

2019학년도 4월 학평 물Ⅰ 2번

그림은 직선상에서 운동하는 물체의 속도를 시간에 따라 나타낸 것이다.
0초부터 2초까지, 물체의 위치를 시간에 따라 나타낸 것으로 가장 적절한 것은? [3점]

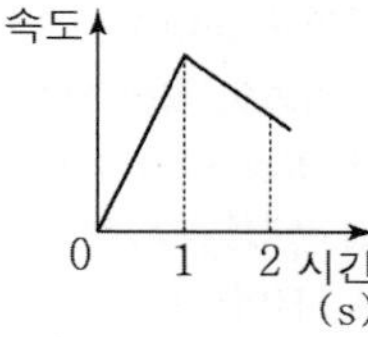

① 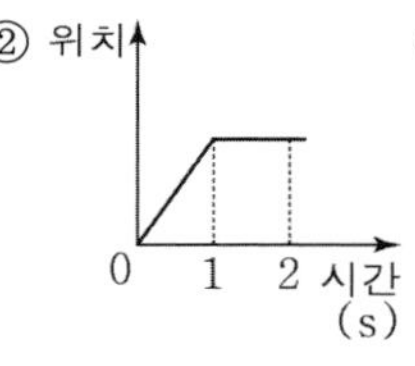

② 위치 0 1 2 시간(s)

③ 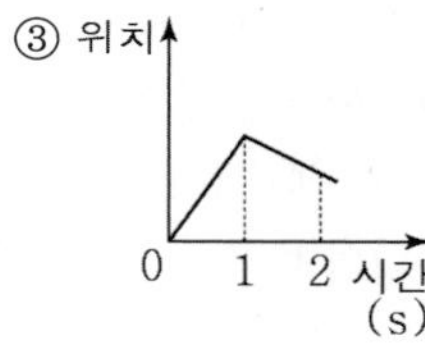

④ 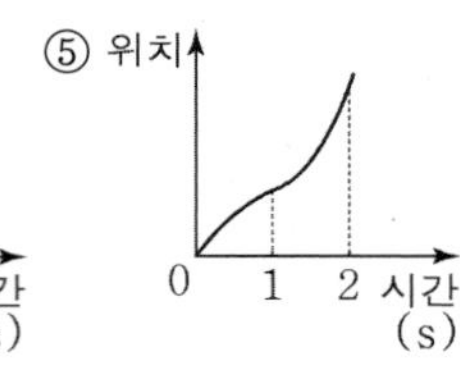

⑤ 위치 0 1 2 시간(s)

15 대표 문제

2025학년도 9월  물Ⅰ 2번

그림은 직선 경로를 따라 등가속도 운동하는 물체의 속도를 시간에 따라 나타낸 것이다.
물체의 운동에 대한 설명으로 옳은 것만을 ⟨보기⟩에서 있는 대로 고른 것은?

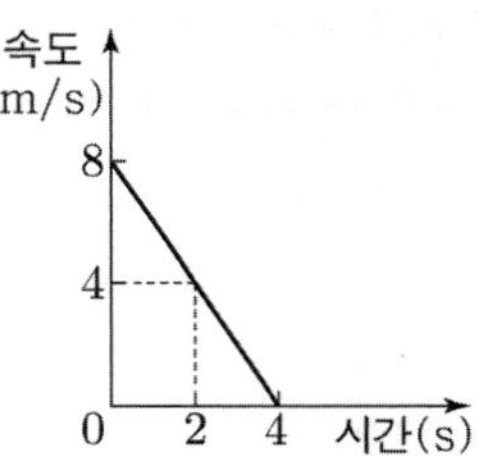

⟨보기⟩

ㄱ. 가속도의 크기는 2 m/s^2이다.
ㄴ. 0초부터 4초까지 이동한 거리는 16 m이다.
ㄷ. 2초일 때, 운동 방향과 가속도 방향은 서로 같다.

① ㄱ ② ㄷ ③ ㄱ, ㄴ ④ ㄴ, ㄷ ⑤ ㄱ, ㄴ, ㄷ

16

2019학년도 3월 학평 물Ⅰ 2번

그림은 물체 A, B가 서로 반대 방향으로 등가속도 직선 운동할 때의 속도를 시간에 따라 나타낸 것이다. 색칠된 두 부분의 면적은 각각 S, $2S$이다.

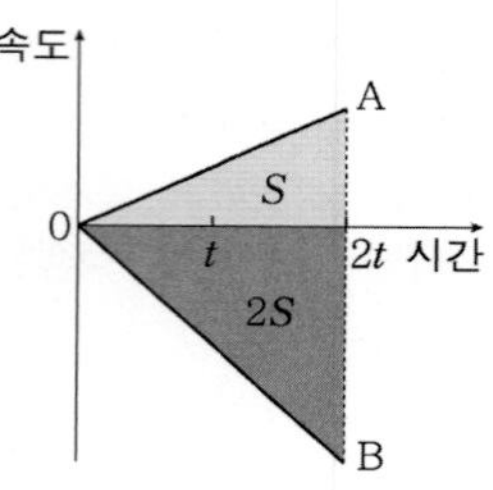

A, B의 운동에 대한 설명으로 옳은 것은?

① $2t$일 때 속력은 A가 B의 2배이다.
② t일 때 가속도의 크기는 A가 B의 2배이다.
③ t일 때 A와 B의 가속도의 방향은 서로 같다.
④ 0부터 $2t$까지 평균 속력은 A가 B의 2배이다.
⑤ 0부터 $2t$까지 A와 B의 이동 거리의 합은 $3S$이다.

17

2019학년도 7월 학평 물Ⅰ 3번

그림은 직선 운동하는 물체 A, B의 속도를 시간에 따라 나타낸 것이다. A의 처음 속도는 v_0이다. 0에서 4초까지 이동한 거리는 A가 B의 2배이다.

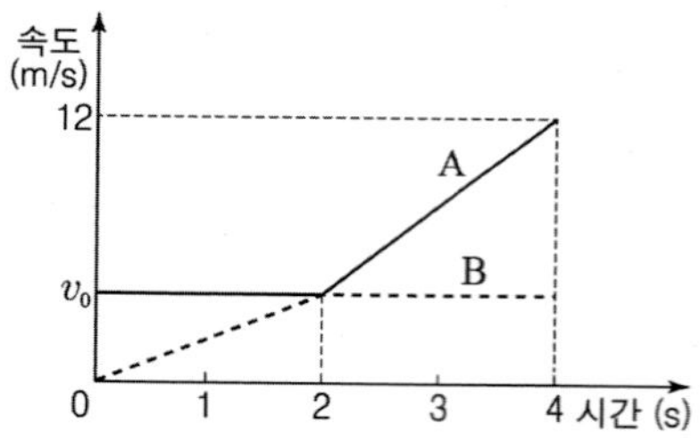

3초일 때 A의 가속도의 크기와 1초일 때 B의 가속도의 크기를 각각 a_A, a_B라 할 때, $a_A : a_B$는?

① 2 : 1　② 3 : 1　③ 3 : 2　④ 5 : 2　⑤ 7 : 5

18

2024학년도 3월 학평 물Ⅰ 9번

그림과 같이 물체가 점 a～d를 지나는 등가속도 직선 운동을 한다. a와 b, b와 c, c와 d 사이의 거리는 각각 L, x, $3L$이다. 물체가 운동하는 데 걸리는 시간은 a에서 b까지와 c에서 d까지가 같다. a, d에서 물체의 속력은 각각 v, $4v$이다.

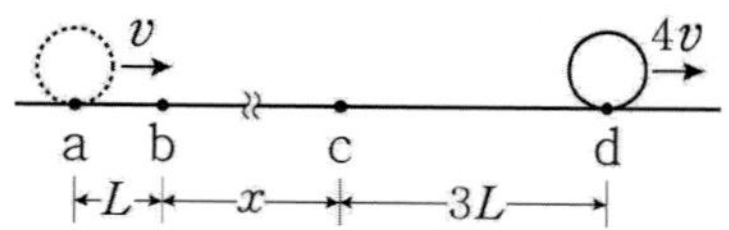

x는? [3점]

① $2L$　② $4L$　③ $6L$　④ $8L$　⑤ $10L$

19

2020학년도 7월 학평 물I 2번

그림은 직선 도로에서 정지해 있던 자동차가 시간 $t=0$일 때 기준선 P에서 출발하여 기준선 R까지 등가속도 직선 운동하는 모습을 나타낸 것이다. $t=6$초일 때 기준선 Q를 통과하고 $t=8$초일 때 R를 통과한다. Q와 R 사이의 거리는 21 m이다.

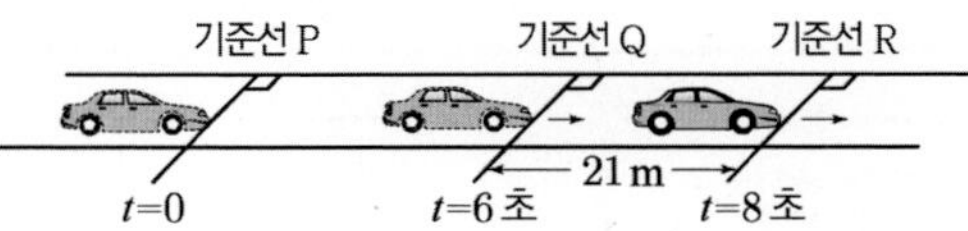

자동차의 운동에 대한 설명으로 옳은 것만을 〈보기〉에서 있는 대로 고른 것은? (단, 자동차의 크기는 무시한다.) [3점]

〈 보기 〉

ㄱ. 가속도의 크기는 1.5 m/s^2이다.
ㄴ. $t=4$초일 때 속력은 7 m/s이다.
ㄷ. $t=2$초부터 $t=6$초까지 이동 거리는 24 m이다.

① ㄴ ② ㄷ ③ ㄱ, ㄴ ④ ㄱ, ㄷ ⑤ ㄴ, ㄷ

20 대표 문제

2019학년도 수능 물I 11번

그림과 같이 기준선에 정지해 있던 자동차가 출발하여 직선 경로를 따라 운동한다. 자동차는 구간 A에서 등가속도, 구간 B에서 등속도, 구간 C에서 등가속도 운동한다. A, B, C의 길이는 모두 같고, 자동차가 구간을 지나는 데 걸린 시간은 A에서가 C에서의 4배이다.

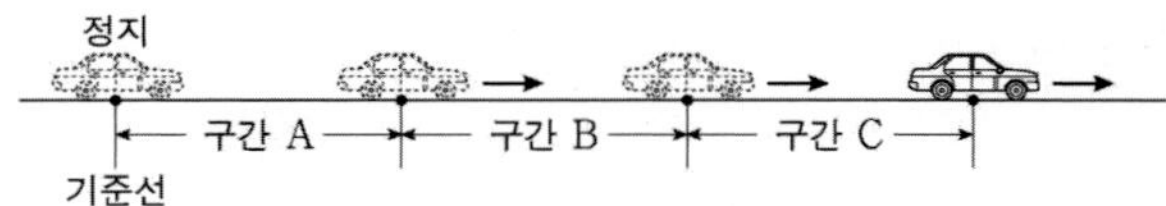

자동차의 운동에 대한 설명으로 옳은 것만을 〈보기〉에서 있는 대로 고른 것은? (단, 자동차의 크기는 무시한다.) [3점]

〈 보기 〉

ㄱ. 평균 속력은 B에서가 A에서의 2배이다.
ㄴ. 구간을 지나는 데 걸린 시간은 B에서가 C에서의 2배이다.
ㄷ. 가속도의 크기는 C에서가 A에서의 8배이다.

① ㄱ ② ㄷ ③ ㄱ, ㄴ ④ ㄴ, ㄷ ⑤ ㄱ, ㄴ, ㄷ

3 일차

한눈에 정리하는 평가원 기출 경향

주제 \ 학년도	2025	2024	2023

빈출 등가속도 직선 운동 — 수평면에서 운동하는 두 물체

2025

25 대표 문제 — 2025학년도 수능 물I 16번

그림과 같이 직선 경로에서 물체 A가 속력 v로 $x=0$을 지나는 순간 $x=0$에 정지해 있던 물체 B가 출발하여, A와 B는 $x=4L$을 동시에 지나고, $x=9L$을 동시에 지난다. A가 $x=9L$을 지나는 순간 A의 속력은 $5v$이다. 표는 구간 Ⅰ, Ⅱ, Ⅲ에서 A, B의 운동을 나타낸 것이다. Ⅰ에서 B의 가속도의 크기는 a이다.

물체 \ 구간	Ⅰ	Ⅱ	Ⅲ
A	등속도	등가속도	등속도
B	등가속도	등속도	등가속도

Ⅲ에서 B의 가속도의 크기는? (단, 물체의 크기는 무시한다.) [3점]

① $\frac{11}{5}a$　② $2a$　③ $\frac{9}{5}a$　④ $\frac{8}{5}a$　⑤ $\frac{7}{5}a$

2024

08 대표 문제 — 2024학년도 수능 물I 19번

그림과 같이 직선 도로에서 서로 다른 가속도로 등가속도 운동을 하는 자동차 A, B가 각각 속력 v_A, v_B로 기준선 P, Q를 동시에 지난 후 기준선 S에 동시에 도달한다. 가속도의 방향은 A와 B가 같고, 가속도의 크기는 A가 B의 $\frac{2}{3}$배이다. B가 Q에서 기준선 R까지 운동하는 데 걸린 시간은 R에서 S까지 운동하는 데 걸린 시간의 $\frac{1}{2}$배이다. P와 Q 사이, Q와 R 사이, R와 S 사이에서 자동차의 이동 거리는 모두 L로 같다.

$\frac{v_A}{v_B}$는? [3점]

① $\frac{9}{4}$　② $\frac{3}{2}$　③ $\frac{7}{6}$　④ $\frac{8}{7}$　⑤ $\frac{8}{9}$

01 — 2024학년도 6월 모평 물I 18번

그림과 같이 직선 도로에서 출발선에 정지해 있던 자동차 A, B가 구간 Ⅰ에서는 가속도의 크기가 $2a$인 등가속도 운동을, 구간 Ⅱ에서는 등속도 운동을, 구간 Ⅲ에서는 가속도의 크기가 a인 등가속도 운동을 하여 도착선에서 정지한다. A가 출발선에서 L만큼 떨어진 기준선 P를 지나는 순간 B가 출발하였다. 구간 Ⅲ에서 A, B 사이의 거리가 L인 순간 A, B의 속력은 각각 v_A, v_B이다.

$\frac{v_A}{v_B}$는? [3점]

① $\frac{1}{4}$　② $\frac{1}{3}$　③ $\frac{1}{2}$　④ $\frac{2}{3}$　⑤ 1

빈출 등가속도 직선 운동 — 빗면에서 운동하는 물체

2024

21 — 2024학년도 9월 모평 물I 20번

그림과 같이 빗면에서 물체가 등가속도 직선 운동을 하여 점 a, b, c, d를 지난다. a에서 물체의 속력은 v이고, 이웃한 점 사이의 거리는 각각 L, $6L$, $3L$이다. 물체가 a에서 b까지, c에서 d까지 운동하는 데 걸린 시간은 같고, a와 d 사이의 평균 속력은 b와 c 사이의 평균 속력과 같다.

물체의 가속도의 크기는? (단, 물체의 크기는 무시한다.)

① $\frac{5v^2}{9L}$　② $\frac{2v^2}{3L}$　③ $\frac{7v^2}{9L}$　④ $\frac{8v^2}{9L}$　⑤ $\frac{v^2}{L}$

2023

15 대표 문제 — 2023학년도 수능 물I 14번

그림 (가)는 빗면의 점 p에 가만히 놓은 물체 A가 등가속도 운동하는 것을, (나)는 (가)에서 A의 속력이 v가 되는 순간, 빗면을 내려오던 물체 B가 p를 속력 $2v$로 지나는 것을 나타낸 것이다. 이후 A, B는 각각 속력 v_A, v_B로 만난다.

(가)　(나)

$\frac{v_B}{v_A}$는? (단, 물체의 크기, 모든 마찰은 무시한다.)

① $\frac{5}{4}$　② $\frac{4}{3}$　③ $\frac{3}{2}$　④ $\frac{5}{3}$　⑤ $\frac{7}{4}$

13 — 2023학년도 6월 모평 물I 8번

그림 (가)는 기울기가 서로 다른 빗면에서 v_0의 속력으로 동시에 출발한 물체 A, B, C가 각각 등가속도 운동하는 모습을 나타낸 것이다. 그림 (나)는 A, B, C가 각각 최고점에 도달하는 순간까지 물체의 속력을 시간에 따라 나타낸 것이다.

(가)　(나)

이에 대한 설명으로 옳은 것만을 〈보기〉에서 있는 대로 고른 것은?

〈보기〉

ㄱ. 가속도의 크기는 B가 A의 2배이다.

ㄴ. t_0일 때, C의 속력은 $\frac{2}{3}v_0$이다.

ㄷ. 물체가 출발한 순간부터 최고점에 도달할 때까지 이동한 거리는 C가 A의 3배이다.

① ㄱ　② ㄴ　③ ㄱ, ㄷ　④ ㄴ, ㄷ　⑤ ㄱ, ㄴ, ㄷ

2023

2022 ~ 2019

12

2022학년도 수능 물Ⅰ 16번

그림과 같이 직선 도로에서 속력 v로 등속도 운동하는 자동차 A가 기준선 P를 지나는 순간 P에 정지해 있던 자동차 B가 출발한다. B는 P에서 Q까지 등가속도 운동을, Q에서 R까지 등속도 운동을, R에서 S까지 등가속도 운동을 한다. A와 B는 R를 동시에 지나고, S를 동시에 지난다. A, B의 이동 거리는 P와 Q 사이, Q와 R 사이, R와 S 사이가 모두 L로 같다.

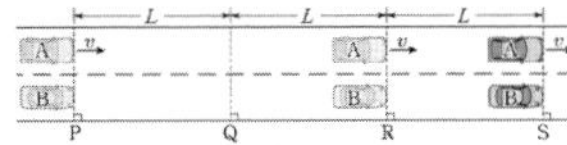

이에 대한 설명으로 옳은 것만을 <보기>에서 있는 대로 고른 것은? [3점]

< 보기 >
ㄱ. A가 Q를 지나는 순간, 속력은 B가 A보다 크다.
ㄴ. B가 P에서 Q까지 운동하는 데 걸린 시간은 $\frac{4L}{3v}$이다.
ㄷ. B의 가속도의 크기는 P와 Q 사이에서가 R와 S 사이에서보다 작다.

① ㄱ ② ㄷ ③ ㄱ, ㄴ ④ ㄴ, ㄷ ⑤ ㄱ, ㄴ, ㄷ

04

2021학년도 수능 물Ⅰ 18번

그림과 같이 질량이 각각 $2m$, m인 물체 A, B가 동일 직선상에서 크기와 방향이 같은 힘을 받아 각각 등가속도 운동을 하고 있다. A가 점 p를 지날 때, A와 B의 속력은 v로 같고 A와 B 사이의 거리는 d이다. A가 p에서 $2d$만큼 이동했을 때, B의 속력은 $\frac{v}{2}$이고 A와 B 사이의 거리는 x이다.

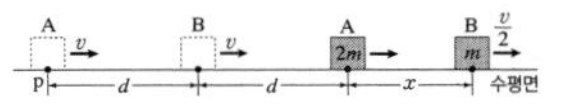

x는? (단, 물체의 크기는 무시한다.)

① $\frac{1}{2}d$ ② $\frac{3}{5}d$ ③ $\frac{2}{3}d$ ④ $\frac{5}{7}d$ ⑤ $\frac{3}{4}d$

05

2022학년도 6월 모평 물Ⅰ 12번

그림과 같이 등가속도 직선 운동을 하는 자동차 A, B가 기준선 P, R를 각각 v, $2v$의 속력으로 동시에 지난 후, 기준선 Q를 동시에 지난다. P에서 Q까지 A의 이동 거리는 L이고, R에서 Q까지 B의 이동 거리는 $3L$이다. A, B의 가속도의 크기와 방향은 서로 같다.

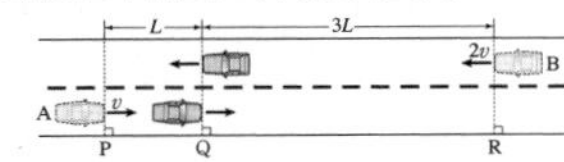

A의 가속도의 크기는? [3점]

① $\frac{3v^2}{16L}$ ② $\frac{3v^2}{8L}$ ③ $\frac{3v^2}{4L}$ ④ $\frac{9v^2}{8L}$ ⑤ $\frac{4v^2}{3L}$

17 대표 문제

2023학년도 9월 모평 물Ⅰ 16번

그림은 빗면을 따라 운동하는 물체 A가 점 q를 지나는 순간 점 p에 물체 B를 가만히 놓았더니, A와 B가 등가속도 운동하여 점 r에서 만나는 것을 나타낸 것이다. p와 r 사이의 거리는 d이고, r에서의 속력은 B가 A의 $\frac{4}{3}$배이다. p, q, r는 동일 직선상에 있다.

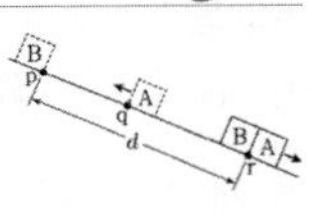

A가 최고점에 도달한 순간, A와 B 사이의 거리는? (단, 물체의 크기와 모든 마찰은 무시한다.) [3점]

① $\frac{3}{16}d$ ② $\frac{1}{4}d$ ③ $\frac{5}{16}d$ ④ $\frac{3}{8}d$ ⑤ $\frac{7}{16}d$

23

2022학년도 9월 모평 물Ⅰ 11번

그림과 같이 수평면에서 간격 L을 유지하며 일정한 속력 $3v$로 운동하던 물체 A, B가 빗면을 따라 운동한다. A가 점 p를 속력 $2v$로 지나는 순간에 B는 점 q를 속력 v로 지난다.

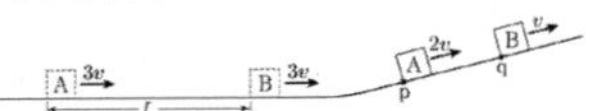

p와 q 사이의 거리는? (단, A, B는 동일 연직면에서 운동하며, 물체의 크기, 모든 마찰은 무시한다.)

① $\frac{2}{5}L$ ② $\frac{1}{2}L$ ③ $\frac{\sqrt{3}}{3}L$ ④ $\frac{\sqrt{2}}{2}L$ ⑤ $\frac{3}{4}L$

24

2020학년도 수능 물Ⅰ 20번

그림 (가)는 물체 A, B가 운동을 시작하는 순간의 모습을, (나)는 A와 B의 높이가 (가) 이후 처음으로 같아지는 순간의 모습을 나타낸 것이다. 점 p, q, r, s는 A, B가 직선 운동을 하는 빗면 구간의 점이고, p와 q, r와 s 사이의 거리는 각각 L, $2L$이다. A는 p에서 정지 상태에서 출발하고, B는 q에서 속력 v로 출발한다. A가 q를 v의 속력으로 지나는 순간에 B는 r를 지난다.

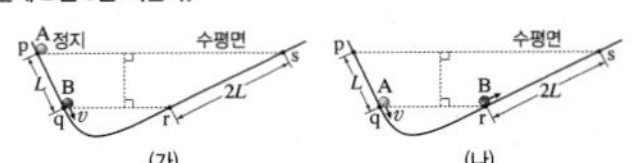

A와 B가 처음으로 만나는 순간, A의 속력은? (단, 물체의 크기, 마찰과 공기 저항은 무시한다.)

① $\frac{1}{8}v$ ② $\frac{1}{6}v$ ③ $\frac{1}{5}v$ ④ $\frac{1}{4}v$ ⑤ $\frac{1}{2}v$

22

2020학년도 6월 모평 물Ⅰ 19번

그림과 같이 수평면에서 운동하던 물체가 왼쪽 빗면을 따라 올라간 후 곡선 구간을 지나 오른쪽 빗면을 따라 내려온다. 물체가 왼쪽 빗면에서 거리 L_1과 L_2를 지나는 데 걸린 시간은 각각 t_0으로 같고, 오른쪽 빗면에서 거리 L_3을 지나는 데 걸린 시간은 $\frac{t_0}{2}$이다.

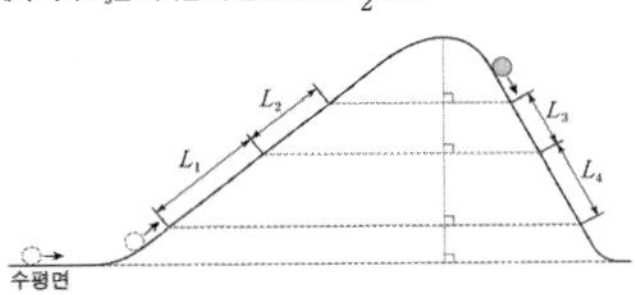

$L_2 = L_4$일 때, $\frac{L_1}{L_3}$은? (단, 물체의 크기, 마찰과 공기 저항은 무시한다.)

① $\frac{3}{2}$ ② $\frac{5}{2}$ ③ 3 ④ 4 ⑤ 6

20

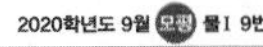
2020학년도 9월 모평 물Ⅰ 9번

그림과 같이 빗면을 따라 등가속도 운동하는 물체 A, B가 각각 점 p, q를 10 m/s, 2 m/s의 속력으로 지난다. p와 q 사이의 거리는 16 m이고, A와 B는 q에서 만난다.

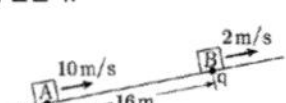

이에 대한 설명으로 옳은 것만을 <보기>에서 있는 대로 고른 것은? (단, A, B는 동일 연직면상에서 운동하며, 물체의 크기, 마찰은 무시한다.)

< 보기 >
ㄱ. q에서 만나는 순간, 속력은 A가 B의 4배이다.
ㄴ. A가 p를 지나는 순간부터 2초 후 B와 만난다.
ㄷ. B가 최고점에 도달했을 때, A와 B 사이의 거리는 8 m이다.

① ㄱ ② ㄷ ③ ㄱ, ㄴ ④ ㄴ, ㄷ ⑤ ㄱ, ㄴ, ㄷ

01

2024학년도 6월 모평 물I 18번

그림과 같이 직선 도로에서 출발선에 정지해 있던 자동차 A, B가 구간 Ⅰ에서는 가속도의 크기가 $2a$인 등가속도 운동을, 구간 Ⅱ에서는 등속도 운동을, 구간 Ⅲ에서는 가속도의 크기가 a인 등가속도 운동을 하여 도착선에서 정지한다. A가 출발선에서 L만큼 떨어진 기준선 P를 지나는 순간 B가 출발하였다. 구간 Ⅲ에서 A, B 사이의 거리가 L인 순간 A, B의 속력은 각각 v_A, v_B이다.

$\frac{v_A}{v_B}$는? [3점]

① $\frac{1}{4}$　② $\frac{1}{3}$　③ $\frac{1}{2}$　④ $\frac{2}{3}$　⑤ 1

02

2023학년도 3월 학평 물I 17번

그림과 같이 0초일 때 기준선 P를 서로 반대 방향의 같은 속력으로 통과한 물체 A와 B가 각각 등가속도 직선 운동하여 기준선 Q를 동시에 지난다. P에서 Q까지 A의 이동 거리는 L이다. 가속도의 방향은 A와 B가 서로 반대이고, 가속도의 크기는 B가 A의 7배이다. t_0초일 때 A와 B의 속도는 같다.

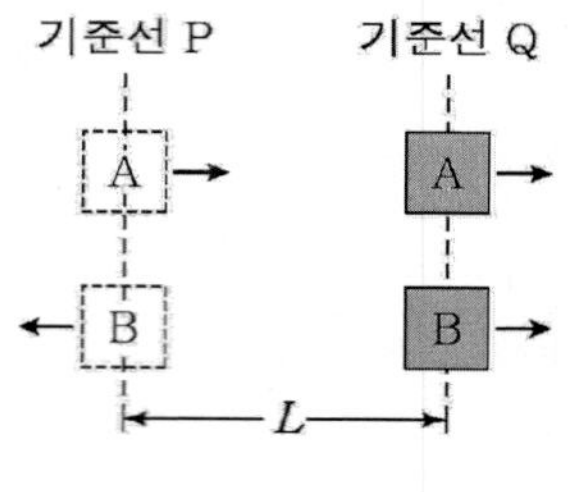

0초에서 t_0초까지 A의 이동 거리는? (단, 물체의 크기는 무시한다.)

① $\frac{5}{13}L$　② $\frac{7}{16}L$　③ $\frac{1}{2}L$　④ $\frac{7}{12}L$　⑤ $\frac{5}{7}L$

03

2019학년도 10월 학평 물I 4번

그림과 같이 수평면 위의 두 지점 p, q에 정지해 있던 물체 A, B가 동시에 출발하여 각각 r까지는 가속도의 크기가 a로 동일한 등가속도 직선 운동을, r부터는 등속도 운동을 한다. p와 q 사이의 거리는 5 m이고 r를 지난 후 A와 B의 속력은 각각 6 m/s, 4 m/s이다.

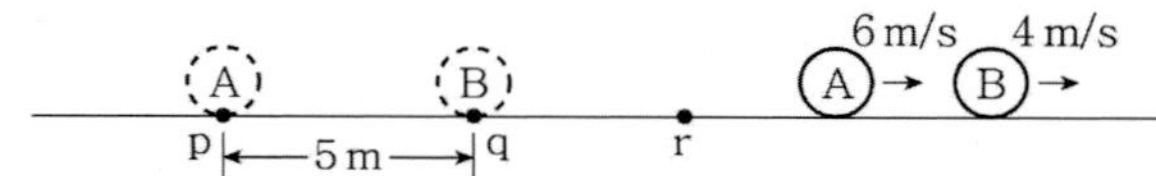

이에 대한 옳은 설명만을 〈보기〉에서 있는 대로 고른 것은? (단, A, B는 동일 직선상에서 운동하며, 크기는 무시한다.) [3점]

〈 보기 〉

ㄱ. $a=2\ \mathrm{m/s^2}$이다.

ㄴ. B가 q에서 r까지 운동한 시간은 1초이다.

ㄷ. A가 출발한 순간부터 B와 충돌할 때까지 걸리는 시간은 5초이다.

① ㄱ　② ㄴ　③ ㄱ, ㄷ　④ ㄴ, ㄷ　⑤ ㄱ, ㄴ, ㄷ

04

2021학년도  물I 18번

그림과 같이 질량이 각각 $2m$, m인 물체 A, B가 동일 직선상에서 크기와 방향이 같은 힘을 받아 각각 등가속도 운동을 하고 있다. A가 점 p를 지날 때, A와 B의 속력은 v로 같고 A와 B 사이의 거리는 d이다. A가 p에서 $2d$만큼 이동했을 때, B의 속력은 $\frac{v}{2}$이고 A와 B 사이의 거리는 x이다.

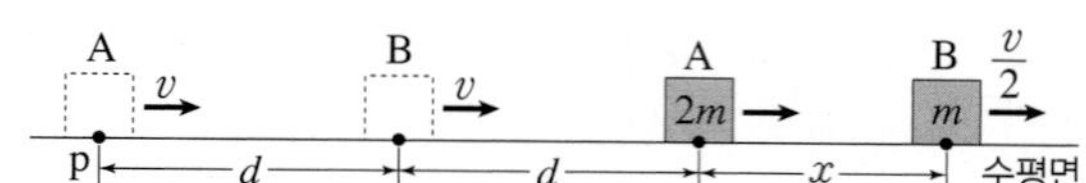

x는? (단, 물체의 크기는 무시한다.)

① $\frac{1}{2}d$　② $\frac{3}{5}d$　③ $\frac{2}{3}d$　④ $\frac{5}{7}d$　⑤ $\frac{3}{4}d$

05

2022학년도 6월 모평 물I 12번

그림과 같이 등가속도 직선 운동을 하는 자동차 A, B가 기준선 P, R를 각각 v, $2v$의 속력으로 동시에 지난 후, 기준선 Q를 동시에 지난다. P에서 Q까지 A의 이동 거리는 L이고, R에서 Q까지 B의 이동 거리는 $3L$이다. A, B의 가속도의 크기와 방향은 서로 같다.

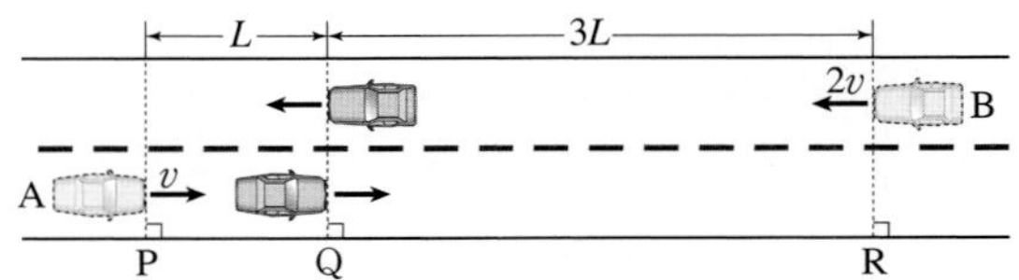

A의 가속도의 크기는? [3점]

① $\frac{3v^2}{16L}$ ② $\frac{3v^2}{8L}$ ③ $\frac{3v^2}{4L}$ ④ $\frac{9v^2}{8L}$ ⑤ $\frac{4v^2}{3L}$

06

2023학년도 7월 학평 물I 20번

그림과 같이 직선 도로에서 자동차 A가 속력 $3v$로 기준선 Q를 지나는 순간 기준선 P에 정지해 있던 자동차 B가 출발하여 기준선 S에 동시에 도달한다. A가 Q에서 기준선 R까지 등가속도 운동하는 동안 A의 가속도와 B가 P에서 R까지 등가속도 운동하는 동안 B의 가속도는 크기와 방향이 서로 같고, R에서 S까지 A와 B가 등가속도 운동하는 동안 A와 B의 가속도는 크기와 방향이 서로 같다. A가 S에 도달하는 순간 A의 속력은 v이고, B가 P에서 R까지 운동하는 동안, R에서 S까지 운동하는 동안 B의 평균 속력은 각각 $3.5v$, $6v$이다. R와 S 사이의 거리는 L이다.

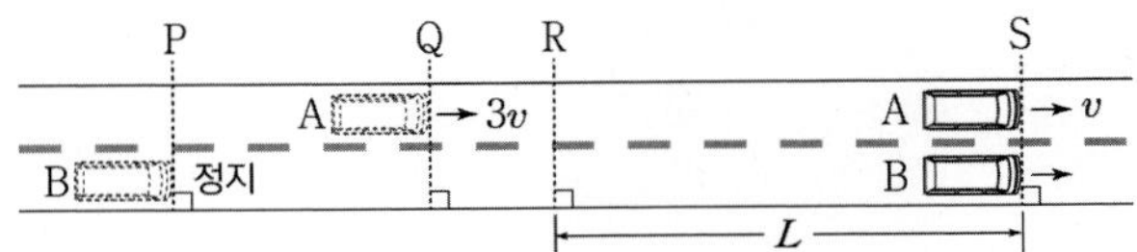

P와 Q 사이의 거리는? (단, A, B의 크기는 무시한다.) [3점]

① $\frac{11}{20}L$ ② $\frac{3}{5}L$ ③ $\frac{13}{20}L$ ④ $\frac{7}{10}L$ ⑤ $\frac{3}{4}L$

07

2022학년도 4월 학평 물I 16번

그림과 같이 직선 도로에서 자동차 A가 기준선 P를 통과하는 순간 자동차 B가 기준선 Q를 통과한다. A, B는 각각 등속도 운동, 등가속도 운동하여 B가 기준선 R에서 정지한 순간부터 2초 후 A가 R를 통과한다. Q에서의 속력은 A가 B의 $\frac{5}{4}$배이다. P와 Q 사이의 거리는 30 m이고 Q와 R 사이의 거리는 10 m이다.

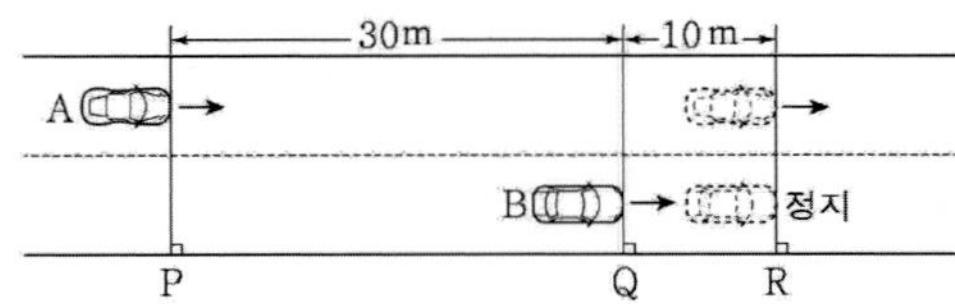

B의 가속도의 크기는? (단, A, B는 도로와 나란하게 운동하며, A, B의 크기는 무시한다.) [3점]

① $\frac{7}{5}$ m/s^2 ② $\frac{9}{5}$ m/s^2 ③ $\frac{11}{5}$ m/s^2
④ $\frac{13}{5}$ m/s^2 ⑤ 3 m/s^2

08 대표 문제

2024학년도 수능 물Ⅰ 19번

그림과 같이 직선 도로에서 서로 다른 가속도로 등가속도 운동을 하는 자동차 A, B가 각각 속력 v_A, v_B로 기준선 P, Q를 동시에 지난 후 기준선 S에 동시에 도달한다. 가속도의 방향은 A와 B가 같고, 가속도의 크기는 A가 B의 $\frac{2}{3}$배이다. B가 Q에서 기준선 R까지 운동하는 데 걸린 시간은 R에서 S까지 운동하는 데 걸린 시간의 $\frac{1}{2}$배이다. P와 Q 사이, Q와 R 사이, R와 S 사이에서 자동차의 이동 거리는 모두 L로 같다.

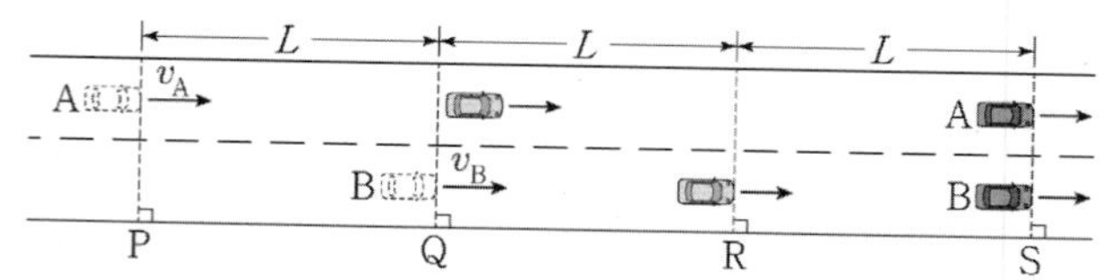

$\frac{v_A}{v_B}$는? [3점]

① $\frac{9}{4}$ ② $\frac{3}{2}$ ③ $\frac{7}{6}$ ④ $\frac{8}{7}$ ⑤ $\frac{8}{9}$

09

2024학년도 7월 학평 물Ⅰ 19번

그림과 같이 직선 도로에서 서로 다른 가속도로 등가속도 운동하는 물체 A, B가 시간 $t=0$일 때 기준선 P, Q를 각각 v, v_0의 속력으로 지난 후, $t=T$일 때 기준선 R, P를 $4v$의 속력으로 지난다. P와 Q 사이, Q와 R 사이의 거리는 각각 x, $3L$이다. 가속도의 방향은 A와 B가 서로 반대이고, 가속도의 크기는 B가 A의 2배이다.

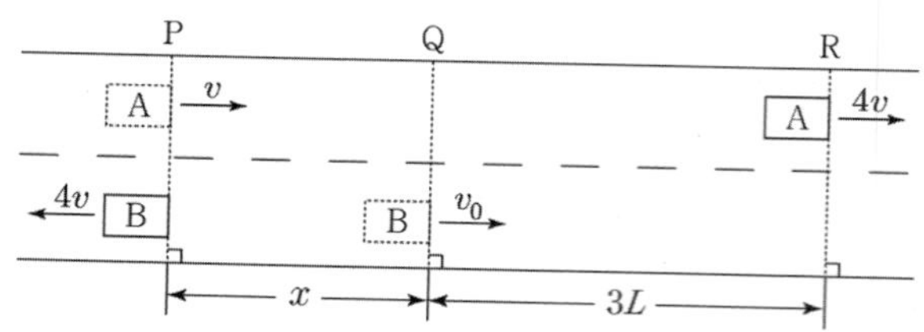

이에 대한 설명으로 옳은 것만을 〈보기〉에서 있는 대로 고른 것은? (단, A, B의 크기는 무시한다.)

〈보기〉

ㄱ. $v_0=2v$이다.
ㄴ. $x=2L$이다.
ㄷ. $t=0$부터 $t=T$까지 B의 평균 속력은 $\frac{5}{2}v$이다.

① ㄴ ② ㄷ ③ ㄱ, ㄴ ④ ㄱ, ㄷ ⑤ ㄱ, ㄴ, ㄷ

10

2023학년도 4월 학평 물Ⅰ 6번

그림과 같이 직선 도로에서 기준선 P, Q를 각각 $4v$, v의 속력으로 동시에 통과한 자동차 A, B가 각각 등가속도 운동하여 기준선 R에서 동시에 정지한다. P와 R 사이의 거리는 L이다.

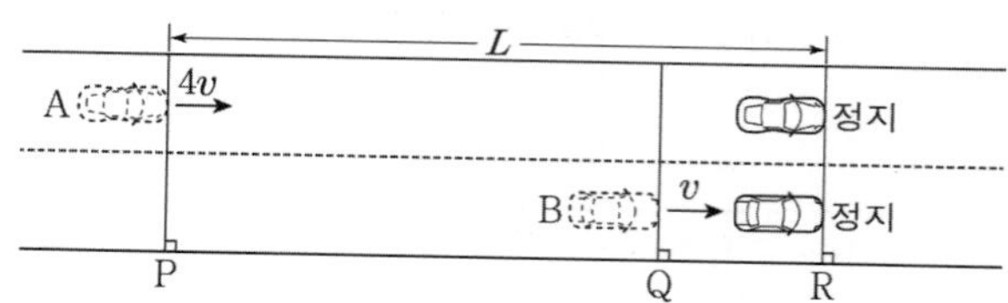

A가 Q에서 R까지 운동하는 데 걸린 시간은? (단, A, B는 도로와 나란하게 운동하며, A, B의 크기는 무시한다.)

① $\frac{L}{8v}$ ② $\frac{L}{6v}$ ③ $\frac{L}{5v}$ ④ $\frac{L}{4v}$ ⑤ $\frac{L}{3v}$

11

2022학년도 7월 학평 물Ⅰ 2번

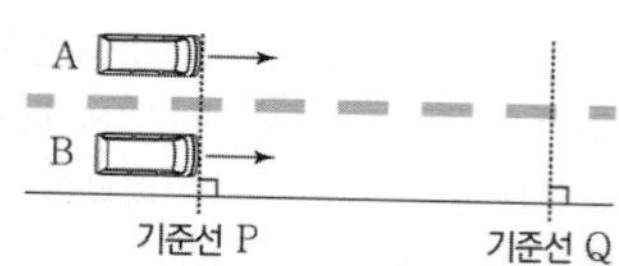

그림은 기준선 P에 정지해 있던 두 자동차 A, B가 동시에 출발하는 모습을 나타낸 것이다. A, B는 P에서 기준선 Q까지 각각 등가속도 직선 운동을 하고, P에서 Q까지 운동하는 데 걸린 시간은 B가 A의 2배이다. A가 P에서 Q까지 운동하는 동안, 물리량이 A가 B의 4배인 것만을 〈보기〉에서 있는 대로 고른 것은? (단, A, B의 크기는 무시한다.) [3점]

〈보기〉

ㄱ. 평균 속력 ㄴ. 가속도의 크기 ㄷ. 이동 거리

① ㄱ ② ㄴ ③ ㄱ, ㄷ ④ ㄴ, ㄷ ⑤ ㄱ, ㄴ, ㄷ

12

2022학년도 수능 물Ⅰ 16번

그림과 같이 직선 도로에서 속력 v로 등속도 운동하는 자동차 A가 기준선 P를 지나는 순간 P에 정지해 있던 자동차 B가 출발한다. B는 P에서 Q까지 등가속도 운동을, Q에서 R까지 등속도 운동을, R에서 S까지 등가속도 운동을 한다. A와 B는 R를 동시에 지나고, S를 동시에 지난다. A, B의 이동 거리는 P와 Q 사이, Q와 R 사이, R와 S 사이가 모두 L로 같다.

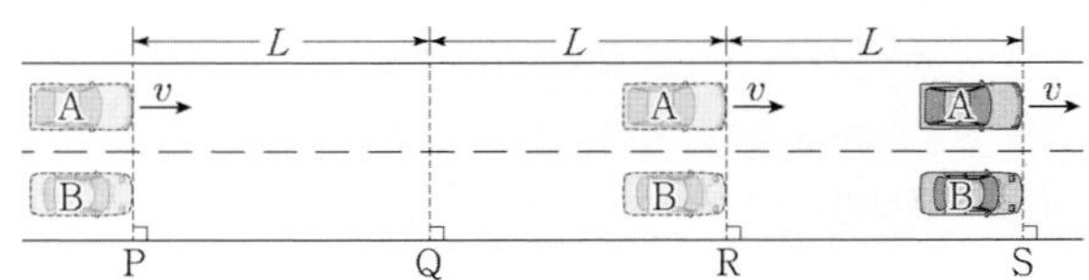

이에 대한 설명으로 옳은 것만을 〈보기〉에서 있는 대로 고른 것은? [3점]

〈 보기 〉

ㄱ. A가 Q를 지나는 순간, 속력은 B가 A보다 크다.

ㄴ. B가 P에서 Q까지 운동하는 데 걸린 시간은 $\frac{4L}{3v}$이다.

ㄷ. B의 가속도의 크기는 P와 Q 사이에서가 R와 S 사이에서보다 작다.

① ㄱ　② ㄷ　③ ㄱ, ㄴ　④ ㄴ, ㄷ　⑤ ㄱ, ㄴ, ㄷ

13

2023학년도 6월 모평 물Ⅰ 8번

그림 (가)는 기울기가 서로 다른 빗면에서 v_0의 속력으로 동시에 출발한 물체 A, B, C가 각각 등가속도 운동하는 모습을 나타낸 것이다. 그림 (나)는 A, B, C가 각각 최고점에 도달하는 순간까지 물체의 속력을 시간에 따라 나타낸 것이다.

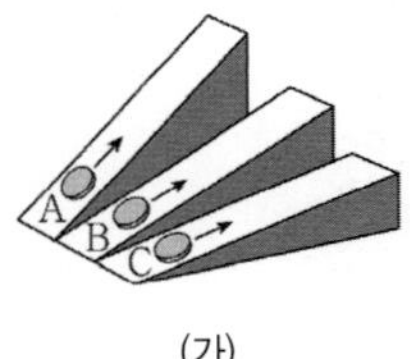

(가)

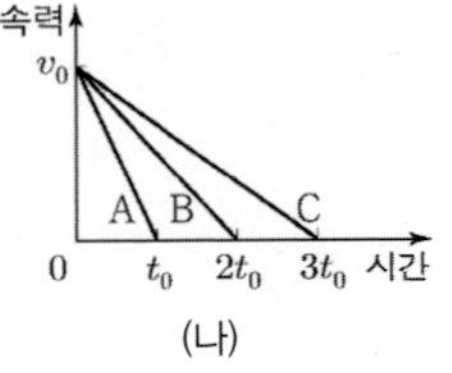

(나)

이에 대한 설명으로 옳은 것만을 〈보기〉에서 있는 대로 고른 것은?

〈 보기 〉

ㄱ. 가속도의 크기는 B가 A의 2배이다.

ㄴ. t_0일 때, C의 속력은 $\frac{2}{3}v_0$이다.

ㄷ. 물체가 출발한 순간부터 최고점에 도달할 때까지 이동한 거리는 C가 A의 3배이다.

① ㄱ　② ㄴ　③ ㄱ, ㄷ　④ ㄴ, ㄷ　⑤ ㄱ, ㄴ, ㄷ

14

2024학년도 5월 학평 물Ⅰ 17번

그림 (가)는 마찰이 없는 빗면에서 등가속도 직선 운동하는 물체 A, B의 속력이 각각 $3v$, $2v$일 때 A와 B 사이의 거리가 $7L$인 순간을, (나)는 B가 최고점에 도달한 순간 A와 B 사이의 거리가 $3L$인 것을 나타낸 것이다. 이후 A와 B는 A의 속력이 v_A일 때 만난다.

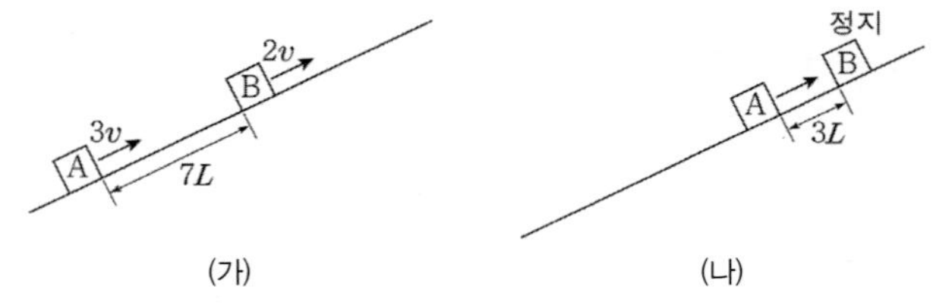

(가)　(나)

v_A는? (단, 물체의 크기는 무시한다.)

① $\frac{1}{5}v$　② $\frac{1}{4}v$　③ $\frac{1}{3}v$　④ $\frac{1}{2}v$　⑤ v

15 대표 문제

그림 (가)는 빗면의 점 p에 가만히 놓은 물체 A가 등가속도 운동하는 것을, (나)는 (가)에서 A의 속력이 v가 되는 순간, 빗면을 내려오던 물체 B가 p를 속력 $2v$로 지나는 것을 나타낸 것이다. 이후 A, B는 각각 속력 v_A, v_B로 만난다.

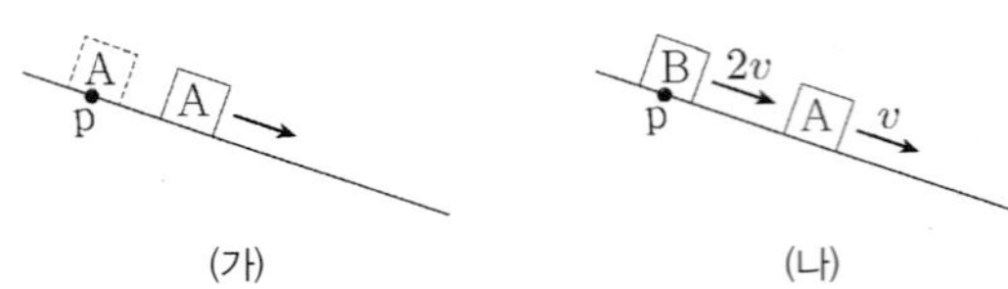

$\frac{v_B}{v_A}$는? (단, 물체의 크기, 모든 마찰은 무시한다.)

① $\frac{5}{4}$　② $\frac{4}{3}$　③ $\frac{3}{2}$　④ $\frac{5}{3}$　⑤ $\frac{7}{4}$

16

2021학년도 4월 학평 물I 18번

그림 (가)와 같이 마찰이 없는 빗면에서 가만히 놓은 물체 A가 점 p를 지나 점 q를 v의 속력으로 통과하는 순간, 물체 B를 p에 가만히 놓았다. p와 q 사이의 거리는 L이고, A가 p에서 q까지 운동하는 동안 A의 평균 속력은 $\frac{4}{5}v$이다. 그림 (나)는 (가)의 A, B가 운동하여 B가 q를 지나는 순간 A가 점 r를 지나는 모습을 나타낸 것이다.

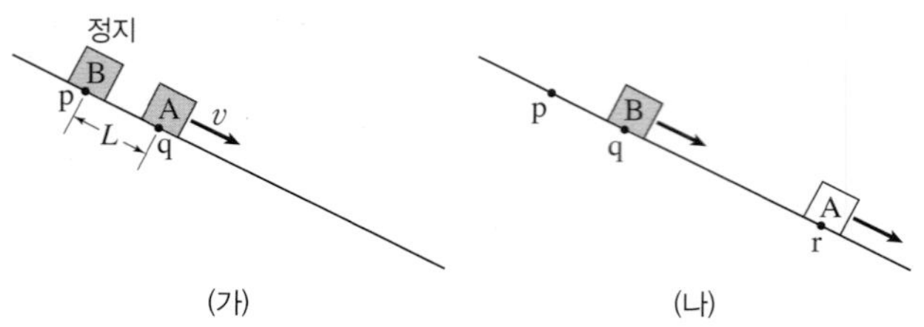

q와 r 사이의 거리는? (단, 물체의 크기, 공기 저항은 무시한다.)

① $\frac{5}{2}L$　② $3L$　③ $\frac{7}{2}L$　④ $4L$　⑤ $\frac{9}{2}L$

17 대표 문제

2023학년도 9월 모평 물I 16번

그림은 빗면을 따라 운동하는 물체 A가 점 q를 지나는 순간 점 p에 물체 B를 가만히 놓았더니, A와 B가 등가속도 운동하여 점 r에서 만나는 것을 나타낸 것이다. p와 r 사이의 거리는 d이고, r에서의 속력은 B가 A의 $\frac{4}{3}$배이다. p, q, r는 동일 직선상에 있다.

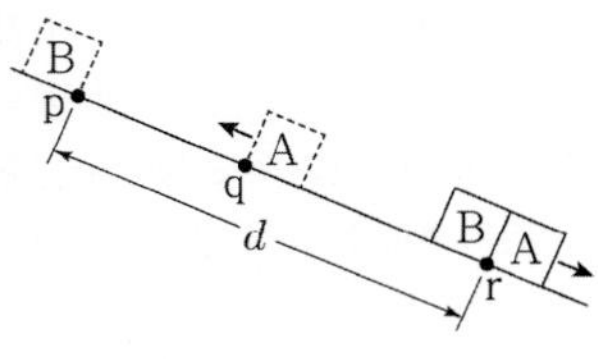

A가 최고점에 도달한 순간, A와 B 사이의 거리는? (단, 물체의 크기와 모든 마찰은 무시한다.) [3점]

① $\frac{3}{16}d$　② $\frac{1}{4}d$　③ $\frac{5}{16}d$　④ $\frac{3}{8}d$　⑤ $\frac{7}{16}d$

18

2021학년도 10월 학평 물I 18번

그림과 같이 빗면의 점 p에 가만히 놓은 물체 A가 점 q를 v_A의 속력으로 지나는 순간 물체 B는 p를 v_B의 속력으로 지났으며, A와 B는 점 r에서 만난다. p, q, r는 동일 직선상에 있고, p와 q 사이의 거리는 $4d$, q와 r 사이의 거리는 $5d$이다.

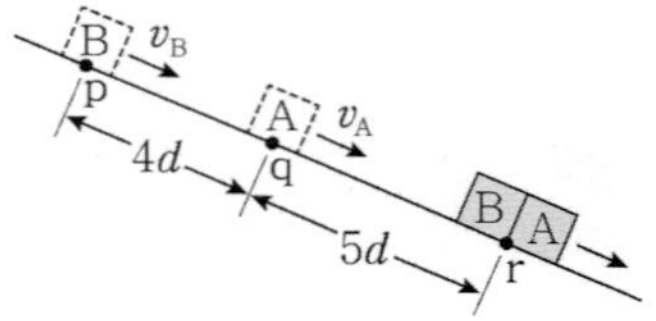

$\frac{v_A}{v_B}$는? (단, 물체의 크기, 모든 마찰과 공기 저항은 무시한다.)

① $\frac{4}{9}$　② $\frac{1}{2}$　③ $\frac{5}{9}$　④ $\frac{2}{3}$　⑤ $\frac{4}{5}$

19

2023학년도 10월 학평 물I 17번

그림과 같이 동일 직선상에서 등가속도 운동하는 물체 A, B가 시간 $t=0$일 때 각각 점 p, q를 속력 v_A, v_B로 지난 후, $t=t_0$일 때 A는 점 r에서 정지하고 B는 빗면 위로 운동한다. p와 q, q와 r 사이의 거리는 각각 L, $2L$이다. A가 다시 p를 지나는 순간 B는 빗면 아래 방향으로 속력 $\frac{v_B}{2}$로 운동한다.

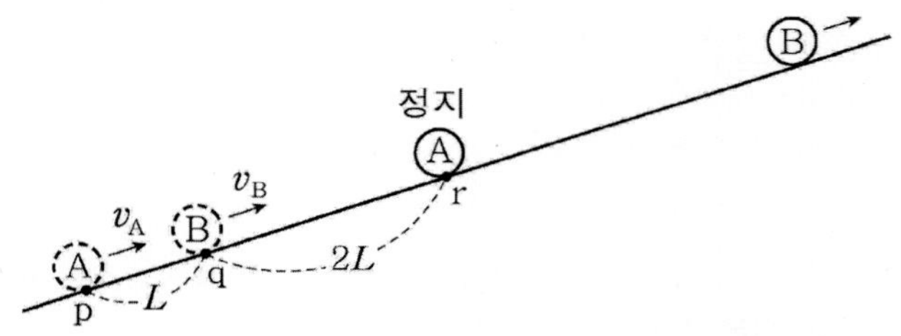

이에 대한 옳은 설명만을 〈보기〉에서 있는 대로 고른 것은? (단, 물체의 크기, 모든 마찰과 공기 저항은 무시한다.) [3점]

〈 보기 〉

ㄱ. $v_B=4v_A$이다.

ㄴ. $t=\frac{8}{3}t_0$일 때 B가 q를 지난다.

ㄷ. $t=t_0$부터 $t=2t_0$까지 평균 속력은 A가 B의 3배이다.

① ㄱ ② ㄴ ③ ㄱ, ㄷ ④ ㄴ, ㄷ ⑤ ㄱ, ㄴ, ㄷ

20

2020학년도 9월 모평 물I 9번

그림과 같이 빗면을 따라 등가속도 운동하는 물체 A, B가 각각 점 p, q를 10 m/s, 2 m/s의 속력으로 지난다. p와 q 사이의 거리는 16 m이고, A와 B는 q에서 만난다.

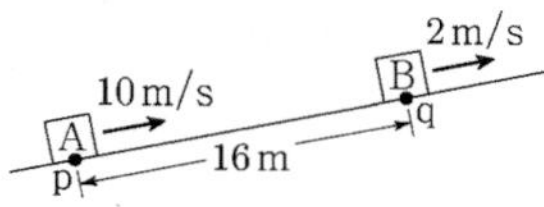

이에 대한 설명으로 옳은 것만을 〈보기〉에서 있는 대로 고른 것은? (단, A, B는 동일 연직면상에서 운동하며, 물체의 크기, 마찰은 무시한다.)

〈 보기 〉

ㄱ. q에서 만나는 순간, 속력은 A가 B의 4배이다.

ㄴ. A가 p를 지나는 순간부터 2초 후 B와 만난다.

ㄷ. B가 최고점에 도달했을 때, A와 B 사이의 거리는 8 m이다.

① ㄱ ② ㄷ ③ ㄱ, ㄴ ④ ㄴ, ㄷ ⑤ ㄱ, ㄴ, ㄷ

21

2024학년도 9월 모평 물I 20번

그림과 같이 빗면에서 물체가 등가속도 직선 운동을 하여 점 a, b, c, d를 지난다. a에서 물체의 속력은 v이고, 이웃한 점 사이의 거리는 각각 L, $6L$, $3L$이다. 물체가 a에서 b까지, c에서 d까지 운동하는 데 걸린 시간은 같고, a와 d 사이의 평균 속력은 b와 c 사이의 평균 속력과 같다.

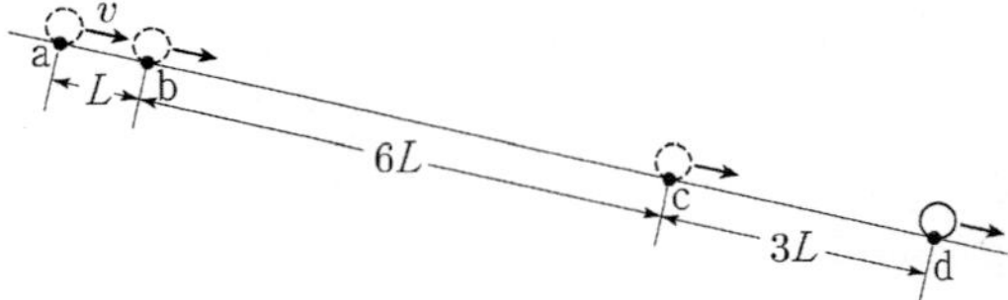

물체의 가속도의 크기는? (단, 물체의 크기는 무시한다.)

① $\frac{5v^2}{9L}$ ② $\frac{2v^2}{3L}$ ③ $\frac{7v^2}{9L}$ ④ $\frac{8v^2}{9L}$ ⑤ $\frac{v^2}{L}$

22

2020학년도 6월 모평 물Ⅰ 19번

그림과 같이 수평면에서 운동하던 물체가 왼쪽 빗면을 따라 올라간 후 곡선 구간을 지나 오른쪽 빗면을 따라 내려온다. 물체가 왼쪽 빗면에서 거리 L_1과 L_2를 지나는 데 걸린 시간은 각각 t_0으로 같고, 오른쪽 빗면에서 거리 L_3을 지나는 데 걸린 시간은 $\frac{t_0}{2}$이다.

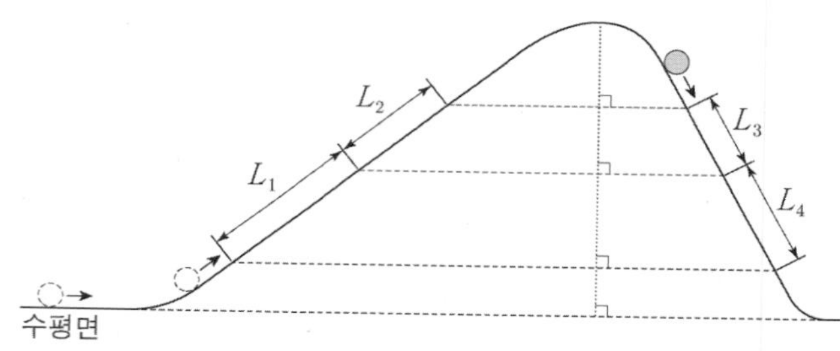

$L_2=L_4$일 때, $\frac{L_1}{L_3}$은? (단, 물체의 크기, 마찰과 공기 저항은 무시한다.)

① $\frac{3}{2}$　② $\frac{5}{2}$　③ 3　④ 4　⑤ 6

23

2022학년도 9월  물Ⅰ 11번

그림과 같이 수평면에서 간격 L을 유지하며 일정한 속력 $3v$로 운동하던 물체 A, B가 빗면을 따라 운동한다. A가 점 p를 속력 $2v$로 지나는 순간에 B는 점 q를 속력 v로 지난다.

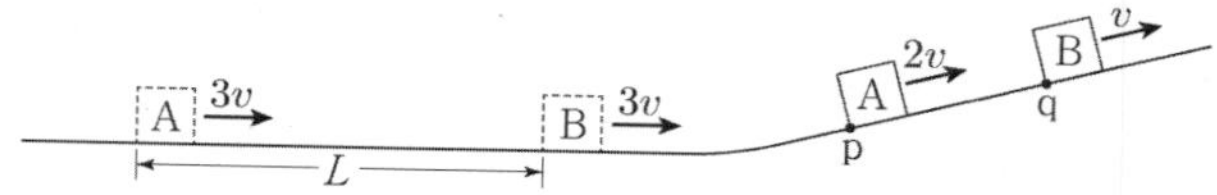

p와 q 사이의 거리는? (단, A, B는 동일 연직면에서 운동하며, 물체의 크기, 모든 마찰은 무시한다.)

① $\frac{2}{5}L$　② $\frac{1}{2}L$　③ $\frac{\sqrt{3}}{3}L$　④ $\frac{\sqrt{2}}{2}L$　⑤ $\frac{3}{4}L$

24

2020학년도 수능 물Ⅰ 20번

그림 (가)는 물체 A, B가 운동을 시작하는 순간의 모습을, (나)는 A와 B의 높이가 (가) 이후 처음으로 같아지는 순간의 모습을 나타낸 것이다. 점 p, q, r, s는 A, B가 직선 운동을 하는 빗면 구간의 점이고, p와 q, r와 s 사이의 거리는 각각 L, $2L$이다. A는 p에서 정지 상태에서 출발하고, B는 q에서 속력 v로 출발한다. A가 q를 v의 속력으로 지나는 순간에 B는 r를 지난다.

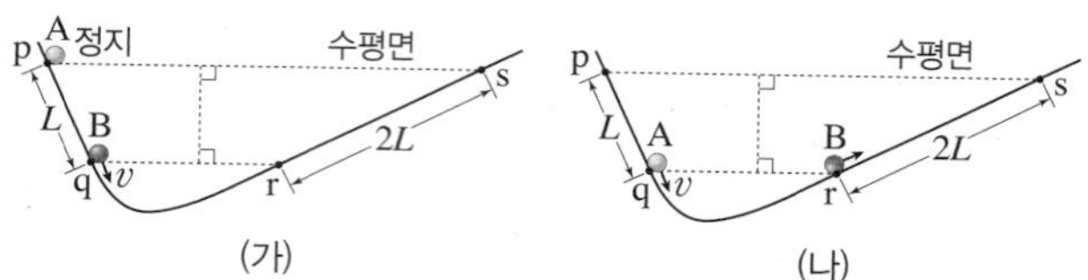

A와 B가 처음으로 만나는 순간, A의 속력은? (단, 물체의 크기, 마찰과 공기 저항은 무시한다.)

① $\frac{1}{8}v$　② $\frac{1}{6}v$　③ $\frac{1}{5}v$　④ $\frac{1}{4}v$　⑤ $\frac{1}{2}v$

25 대표 문제

2025학년도  물Ⅰ 16번

그림과 같이 직선 경로에서 물체 A가 속력 v로 $x=0$을 지나는 순간 $x=0$에 정지해 있던 물체 B가 출발하여, A와 B는 $x=4L$을 동시에 지나고, $x=9L$을 동시에 지난다. A가 $x=9L$을 지나는 순간 A의 속력은 $5v$이다. 표는 구간 Ⅰ, Ⅱ, Ⅲ에서 A, B의 운동을 나타낸 것이다. Ⅰ에서 B의 가속도의 크기는 a이다.

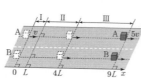

물체 \ 구간	Ⅰ	Ⅱ	Ⅲ
A	등속도	등가속도	등속도
B	등가속도	등속도	등가속도

Ⅲ에서 B의 가속도의 크기는? (단, 물체의 크기는 무시한다.) [3점]

① $\frac{11}{5}a$　② $2a$　③ $\frac{9}{5}a$　④ $\frac{8}{5}a$　⑤ $\frac{7}{5}a$

수능 과목에 대한 정보

과목		문항 수	시험 시간	평가
국어	▪ 공통 : 독서, 문학 ▪ 선택 : 화법과 작문, 언어와 매체 중 **택 1**	45	80분	상대평가
수학	▪ 공통 : 수학 Ⅰ, 수학 Ⅱ ▪ 선택 : 확률과 통계, 미적분, 기하 중 **택 1**	30	100분	상대평가
영어	영어 Ⅰ, 영어 Ⅱ	45	70분	절대평가
한국사	한국사	20	30분	절대평가
사회 탐구 / 과학 탐구	**일반계 : 사회과학 계열 구분 없이 택 2** ▪ 사회 : 9과목 생활과 윤리, 윤리와 사상, 한국 지리, 세계 지리, 동아시아사, 세계사, 경제, 정치와 법, 사회·문화 ▪ 과학 : 8과목 물리학 Ⅰ, 화학 Ⅰ, 생명과학 Ⅰ, 지구과학 Ⅰ 물리학 Ⅱ, 화학 Ⅱ, 생명과학 Ⅱ, 지구과학 Ⅱ	과목당 20	과목당 30분	상대평가
직업 탐구	**직업계 : 전문공통 + 선택 1** ▪ 공통 : 성공적인 직업 생활 ▪ 선택 : 농업 기초 기술, 공업 일반, 상업 경제, 수산·해운 산업의 기초, 인간 발달 중 **택 1**	과목당 20	과목당 30분	상대평가
제2외국어 / 한문	▪ **9과목 중 택 1** 독일어 Ⅰ, 프랑스어 Ⅰ, 스페인어 Ⅰ, 중국어 Ⅰ, 일본어 Ⅰ, 러시아어 Ⅰ, 아랍어 Ⅰ, 베트남어 Ⅰ, 한문 Ⅰ	과목당 30	과목당 40분	절대평가

4 일차

한눈에 정리하는 평가원 기출 경향

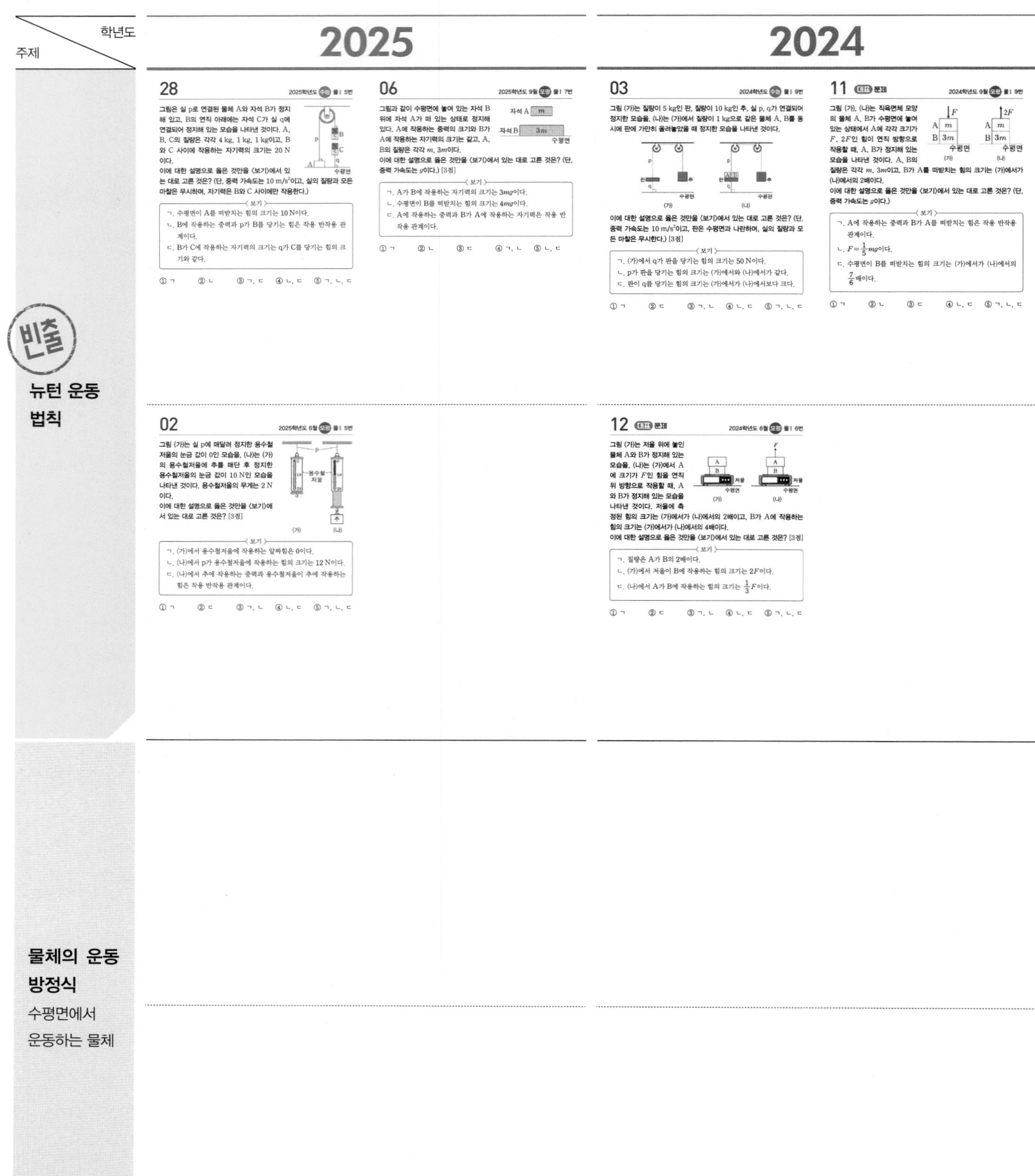

주제 \ 학년도	2025	2024
빈출 뉴턴 운동 법칙	28, 06, 02	03, 11, 12
물체의 운동 방정식 수평면에서 운동하는 물체		

28 2025학년도 수능 물Ⅰ 5번

그림은 실 p로 연결된 물체 A와 자석 B가 정지해 있고, B의 연직 아래에는 자석 C가 실 q에 연결되어 정지해 있는 모습을 나타낸 것이다. A, B, C의 질량은 각각 4 kg, 1 kg, 1 kg이고, B와 C 사이에 작용하는 자기력의 크기는 20 N이다.

이에 대한 설명으로 옳은 것만을 〈보기〉에서 있는 대로 고른 것은? (단, 중력 가속도는 10 m/s^{2}이고, 실의 질량과 모든 마찰은 무시하며, 자기력은 B와 C 사이에만 작용한다.)

〈보기〉

ㄱ. 수평면이 A를 떠받치는 힘의 크기는 10 N이다.

ㄴ. B에 작용하는 중력과 p가 B를 당기는 힘은 작용 반작용 관계이다.

ㄷ. B가 C에 작용하는 자기력의 크기는 q가 C를 당기는 힘의 크기와 같다.

① ㄱ ② ㄴ ③ ㄱ, ㄷ ④ ㄴ, ㄷ ⑤ ㄱ, ㄴ, ㄷ

06 2025학년도 9월 모평 물Ⅰ 7번

그림과 같이 수평면에 놓여 있는 자석 B 위에 자석 A가 떠 있는 상태로 정지해 있다. A에 작용하는 중력의 크기와 B가 A에 작용하는 자기력의 크기는 같고, A, B의 질량은 각각 m, $3m$이다.

이에 대한 설명으로 옳은 것만을 〈보기〉에서 있는 대로 고른 것은? (단, 중력 가속도는 g이다.) [3점]

〈보기〉

ㄱ. A가 B에 작용하는 자기력의 크기는 $3mg$이다.

ㄴ. 수평면이 B를 떠받치는 힘의 크기는 $4mg$이다.

ㄷ. A에 작용하는 중력과 B가 A에 작용하는 자기력은 작용 반작용 관계이다.

① ㄱ ② ㄴ ③ ㄷ ④ ㄱ, ㄴ ⑤ ㄴ, ㄷ

02 2025학년도 6월 모평 물Ⅰ 5번

그림 (가)는 실 p에 매달려 정지한 용수철저울의 눈금 값이 0인 모습을, (나)는 (가)의 용수철저울에 추를 매단 후 정지한 용수철저울의 눈금 값이 10 N인 모습을 나타낸 것이다. 용수철저울의 무게는 2 N이다.

이에 대한 설명으로 옳은 것만을 〈보기〉에서 있는 대로 고른 것은? [3점]

〈보기〉

ㄱ. (가)에서 용수철저울에 작용하는 알짜힘은 0이다.

ㄴ. (나)에서 p가 용수철저울에 작용하는 힘의 크기는 12 N이다.

ㄷ. (나)에서 추에 작용하는 중력과 용수철저울이 추에 작용하는 힘은 작용 반작용 관계이다.

① ㄱ ② ㄷ ③ ㄱ, ㄴ ④ ㄴ, ㄷ ⑤ ㄱ, ㄴ, ㄷ

03 2024학년도 수능 물Ⅰ 9번

그림 (가)는 질량이 5 kg인 판, 질량이 10 kg인 추, 실 p, q가 연결되어 정지한 모습을, (나)는 (가)에서 질량이 1 kg으로 같은 물체 A, B를 동시에 판에 가만히 올려놓았을 때 정지한 모습을 나타낸 것이다.

이에 대한 설명으로 옳은 것만을 〈보기〉에서 있는 대로 고른 것은? (단, 중력 가속도는 10 m/s^{2}이고, 판은 수평면과 나란하며, 실의 질량과 모든 마찰은 무시한다.) [3점]

〈보기〉

ㄱ. (가)에서 q가 판을 당기는 힘의 크기는 50 N이다.

ㄴ. p가 판을 당기는 힘의 크기는 (가)에서와 (나)에서가 같다.

ㄷ. 판이 q를 당기는 힘의 크기는 (가)에서가 (나)에서보다 크다.

① ㄱ ② ㄷ ③ ㄱ, ㄴ ④ ㄴ, ㄷ ⑤ ㄱ, ㄴ, ㄷ

11 대표 문제 2024학년도 9월 모평 물Ⅰ 9번

그림 (가), (나)는 직육면체 모양의 물체 A, B가 수평면에 놓여 있는 상태에서 A에 각각 크기가 F, $2F$인 힘이 연직 방향으로 작용할 때, A, B가 정지해 있는 모습을 나타낸 것이다. A, B의 질량은 각각 m, $3m$이고, B가 A를 떠받치는 힘의 크기는 (가)에서가 (나)에서의 2배이다.

이에 대한 설명으로 옳은 것만을 〈보기〉에서 있는 대로 고른 것은? (단, 중력 가속도는 g이다.)

〈보기〉

ㄱ. A에 작용하는 중력과 B가 A를 떠받치는 힘은 작용 반작용 관계이다.

ㄴ. $F=\frac{1}{5}mg$이다.

ㄷ. 수평면이 B를 떠받치는 힘의 크기는 (가)에서가 (나)에서의 $\frac{7}{6}$배이다.

① ㄱ ② ㄴ ③ ㄷ ④ ㄴ, ㄷ ⑤ ㄱ, ㄴ, ㄷ

12 대표 문제 2024학년도 6월 모평 물Ⅰ 6번

그림 (가)는 저울 위에 놓인 물체 A와 B가 정지해 있는 모습을, (나)는 (가)에서 A에 크기가 F인 힘을 연직 위 방향으로 작용할 때, A와 B가 정지해 있는 모습을 나타낸 것이다. 저울에 측정된 힘의 크기는 (가)에서가 (나)에서의 2배이고, B가 A에 작용하는 힘의 크기는 (가)에서가 (나)에서의 4배이다.

이에 대한 설명으로 옳은 것만을 〈보기〉에서 있는 대로 고른 것은? [3점]

〈보기〉

ㄱ. 질량은 A가 B의 2배이다.

ㄴ. (가)에서 저울이 B에 작용하는 힘의 크기는 $2F$이다.

ㄷ. (나)에서 A가 B에 작용하는 힘의 크기는 $\frac{1}{3}F$이다.

① ㄱ ② ㄷ ③ ㄱ, ㄴ ④ ㄴ, ㄷ ⑤ ㄱ, ㄴ, ㄷ

2023

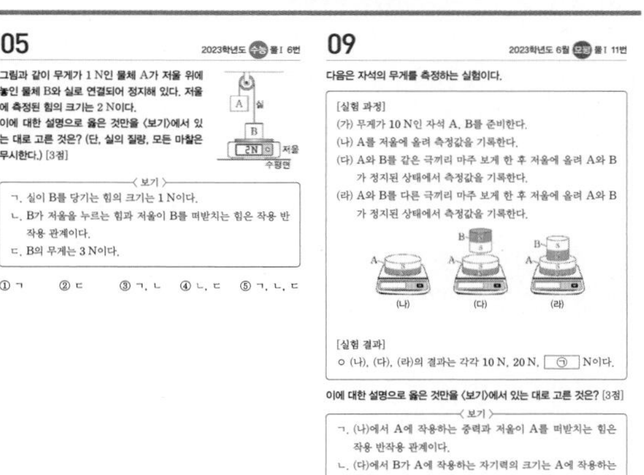

05

2023학년도 수능 물I 6번

그림과 같이 무게가 1 N인 물체 A가 저울 위에 놓인 물체 B와 실로 연결되어 정지해 있다. 저울에 측정된 힘의 크기는 2 N이다.
이에 대한 설명으로 옳은 것만을 <보기>에서 있는 대로 고른 것은? (단, 실의 질량, 모든 마찰은 무시한다.) [3점]

<보기>
ㄱ. 실이 B를 당기는 힘의 크기는 1 N이다.
ㄴ. B가 저울을 누르는 힘과 저울이 B를 떠받치는 힘은 작용 반작용 관계이다.
ㄷ. B의 무게는 3 N이다.

① ㄱ ② ㄷ ③ ㄱ, ㄴ ④ ㄴ, ㄷ ⑤ ㄱ, ㄴ, ㄷ

09

2023학년도 6월 모평 물I 11번

다음은 자석의 무게를 측정하는 실험이다.

[실험 과정]
(가) 무게가 10 N인 자석 A, B를 준비한다.
(나) A를 저울에 올려 측정값을 기록한다.
(다) A와 B를 같은 극끼리 마주 보게 한 후 저울에 올려 A와 B가 정지된 상태에서 측정값을 기록한다.
(라) A와 B를 다른 극끼리 마주 보게 한 후 저울에 올려 A와 B가 정지된 상태에서 측정값을 기록한다.

(나) (다) (라)

[실험 결과]
○ (나), (다), (라)의 결과는 각각 10 N, 20 N, ㉠ N이다.

이에 대한 설명으로 옳은 것만을 <보기>에서 있는 대로 고른 것은? [3점]

<보기>
ㄱ. (나)에서 A에 작용하는 중력과 저울이 A를 떠받치는 힘은 작용 반작용 관계이다.
ㄴ. (다)에서 B가 A에 작용하는 자기력의 크기는 A에 작용하는 중력의 크기와 같다.
ㄷ. ㉠은 20보다 크다.

① ㄱ ② ㄴ ③ ㄱ, ㄷ ④ ㄴ, ㄷ ⑤ ㄱ, ㄴ, ㄷ

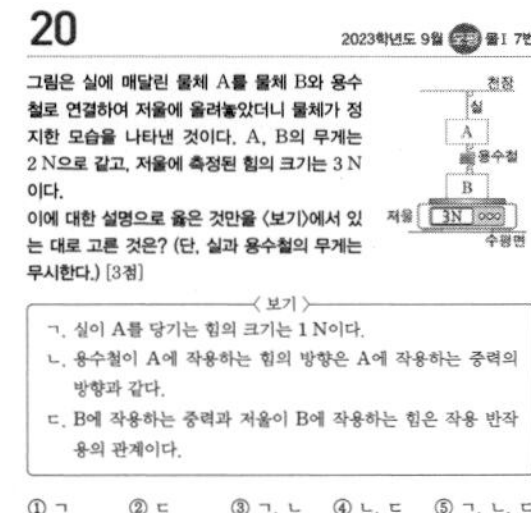

20

2023학년도 9월 모평 물I 7번

그림은 실에 매달린 물체 A를 물체 B와 용수철로 연결하여 저울에 올려놓았더니 물체가 정지한 모습을 나타낸 것이다. A, B의 무게는 2 N으로 같고, 저울에 측정된 힘의 크기는 3 N이다.
이에 대한 설명으로 옳은 것만을 <보기>에서 있는 대로 고른 것은? (단, 실과 용수철의 무게는 무시한다.) [3점]

<보기>
ㄱ. 실이 A를 당기는 힘의 크기는 1 N이다.
ㄴ. 용수철이 A에 작용하는 힘의 방향은 A에 작용하는 중력의 방향과 같다.
ㄷ. B에 작용하는 중력과 저울이 B에 작용하는 힘은 작용 반작용의 관계이다.

① ㄱ ② ㄷ ③ ㄱ, ㄴ ④ ㄴ, ㄷ ⑤ ㄱ, ㄴ, ㄷ

2022~2019

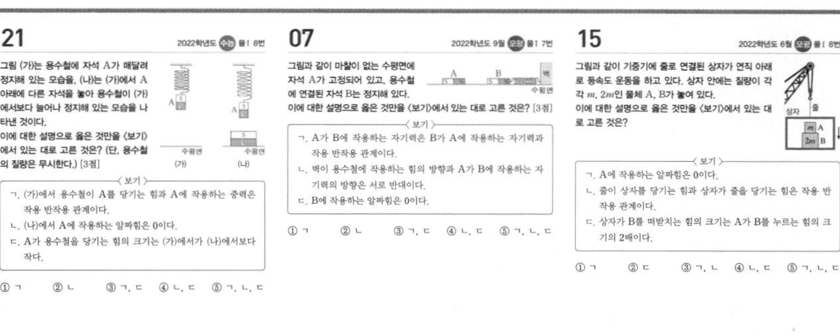

21

2022학년도 수능 물I 8번

그림 (가)는 용수철에 자석 A가 매달려 정지해 있는 모습을, (나)는 (가)에서 A 아래에 다른 자석을 놓아 용수철이 (가)에서보다 늘어나 정지해 있는 모습을 나타낸 것이다.
이에 대한 설명으로 옳은 것만을 <보기>에서 있는 대로 고른 것은? (단, 용수철의 질량은 무시한다.) [3점]

<보기>
ㄱ. (가)에서 용수철이 A를 당기는 힘과 A에 작용하는 중력은 작용 반작용 관계이다.
ㄴ. (나)에서 A에 작용하는 알짜힘은 0이다.
ㄷ. A가 용수철을 당기는 힘의 크기는 (가)에서가 (나)에서보다 작다.

① ㄱ ② ㄴ ③ ㄱ, ㄷ ④ ㄴ, ㄷ ⑤ ㄱ, ㄴ, ㄷ

07

2022학년도 9월 모평 물I 7번

그림과 같이 마찰이 없는 수평면에 자석 A가 고정되어 있고, 용수철에 연결된 자석 B는 정지해 있다.
이에 대한 설명으로 옳은 것만을 <보기>에서 있는 대로 고른 것은? [3점]

<보기>
ㄱ. A가 B에 작용하는 자기력은 B가 A에 작용하는 자기력과 작용 반작용 관계이다.
ㄴ. 벽이 용수철에 작용하는 힘의 방향과 A가 B에 작용하는 자기력의 방향은 서로 반대이다.
ㄷ. B에 작용하는 알짜힘은 0이다.

① ㄱ ② ㄴ ③ ㄱ, ㄷ ④ ㄴ, ㄷ ⑤ ㄱ, ㄴ, ㄷ

15

2022학년도 6월 모평 물I 8번

그림과 같이 기중기에 줄로 연결된 상자가 연직 아래로 등속도 운동을 하고 있다. 상자 안에는 질량이 각각 m, $2m$인 물체 A, B가 놓여 있다.
이에 대한 설명으로 옳은 것만을 <보기>에서 있는 대로 고른 것은?

<보기>
ㄱ. A에 작용하는 알짜힘은 0이다.
ㄴ. 줄이 상자를 당기는 힘과 상자가 줄을 당기는 힘은 작용 반작용 관계이다.
ㄷ. 상자가 B를 떠받치는 힘의 크기는 A가 B를 누르는 힘의 크기의 2배이다.

① ㄱ ② ㄷ ③ ㄱ, ㄴ ④ ㄴ, ㄷ ⑤ ㄱ, ㄴ, ㄷ

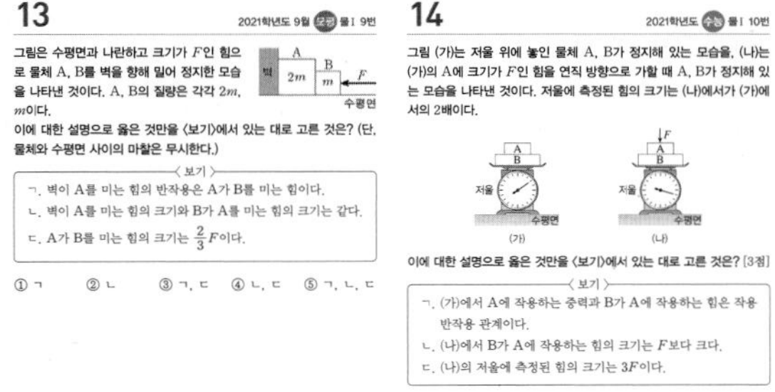

13

2021학년도 9월 모평 물I 9번

그림은 수평면과 나란하고 크기가 F인 힘으로 물체 A, B를 벽을 향해 밀어 정지한 모습을 나타낸 것이다. A, B의 질량은 각각 $2m$, m이다.
이에 대한 설명으로 옳은 것만을 <보기>에서 있는 대로 고른 것은? (단, 물체와 수평면 사이의 마찰은 무시한다.)

<보기>
ㄱ. 벽이 A를 미는 힘의 반작용은 A가 B를 미는 힘이다.
ㄴ. 벽이 A를 미는 힘의 크기와 B가 A를 미는 힘의 크기는 같다.
ㄷ. A가 B를 미는 힘의 크기는 $\frac{2}{3}F$이다.

① ㄱ ② ㄴ ③ ㄱ, ㄷ ④ ㄴ, ㄷ ⑤ ㄱ, ㄴ, ㄷ

14

2021학년도 수능 물I 10번

그림 (가)는 저울 위에 놓인 물체 A, B가 정지해 있는 모습을, (나)는 (가)의 A에 크기가 F인 힘을 연직 방향으로 가할 때 A, B가 정지해 있는 모습을 나타낸 것이다. 저울에 측정된 힘의 크기는 (나)에서가 (가)에서의 2배이다.

이에 대한 설명으로 옳은 것만을 <보기>에서 있는 대로 고른 것은? [3점]

<보기>
ㄱ. (가)에서 A에 작용하는 중력과 B가 A에 작용하는 힘은 작용 반작용 관계이다.
ㄴ. (나)에서 B가 A에 작용하는 힘의 크기는 F보다 크다.
ㄷ. (나)의 저울에 측정된 힘의 크기는 $3F$이다.

① ㄱ ② ㄴ ③ ㄱ, ㄷ ④ ㄴ, ㄷ ⑤ ㄱ, ㄴ, ㄷ

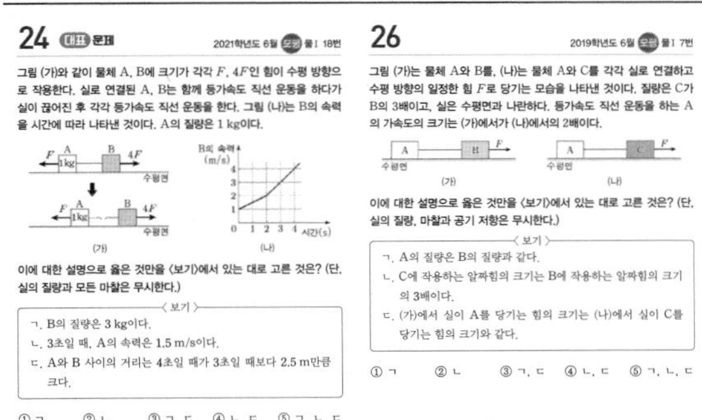

24 대표 문제

2021학년도 6월 모평 물I 18번

그림 (가)와 같이 물체 A, B에 크기가 각각 F, $4F$인 힘이 수평 방향으로 작용한다. 실로 연결된 A, B는 함께 등가속도 직선 운동을 하다가 실이 끊어진 후 각각 등가속도 직선 운동을 한다. 그림 (나)는 B의 속력을 시간에 따라 나타낸 것이다. A의 질량은 1 kg이다.

이에 대한 설명으로 옳은 것만을 <보기>에서 있는 대로 고른 것은? (단, 실의 질량과 모든 마찰은 무시한다.)

<보기>
ㄱ. B의 질량은 3 kg이다.
ㄴ. 3초일 때, A의 속력은 1.5 m/s이다.
ㄷ. A와 B 사이의 거리는 4초일 때가 3초일 때보다 2.5 m만큼 크다.

① ㄱ ② ㄴ ③ ㄱ, ㄷ ④ ㄴ, ㄷ ⑤ ㄱ, ㄴ, ㄷ

26

2019학년도 6월 모평 물I 7번

그림 (가)는 물체 A와 B를, (나)는 물체 A와 C를 각각 실로 연결하고 수평 방향의 일정한 힘 F로 당기는 모습을 나타낸 것이다. 질량은 C가 B의 3배이고, 실은 수평면과 나란하다. 등가속도 직선 운동을 하는 A의 가속도의 크기는 (가)에서가 (나)에서의 2배이다.

이에 대한 설명으로 옳은 것만을 <보기>에서 있는 대로 고른 것은? (단, 실의 질량, 마찰과 공기 저항은 무시한다.)

<보기>
ㄱ. A의 질량은 B의 질량과 같다.
ㄴ. C에 작용하는 알짜힘의 크기는 B에 작용하는 알짜힘의 크기의 3배이다.
ㄷ. (가)에서 실이 A를 당기는 힘의 크기는 (나)에서 실이 C를 당기는 힘의 크기와 같다.

① ㄱ ② ㄴ ③ ㄱ, ㄷ ④ ㄴ, ㄷ ⑤ ㄱ, ㄴ, ㄷ

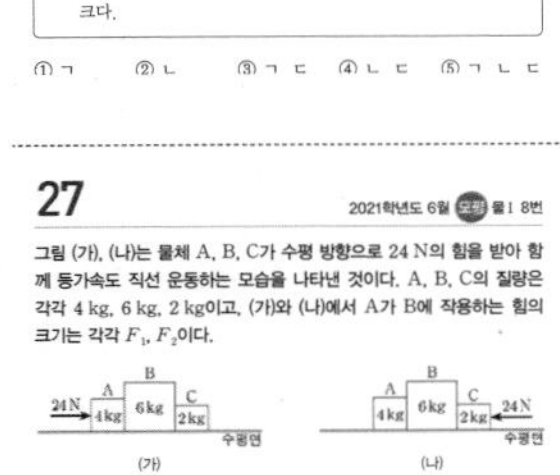

27

2021학년도 6월 모평 물I 8번

그림 (가), (나)는 물체 A, B, C가 수평 방향으로 24 N의 힘을 받아 함께 등가속도 직선 운동하는 모습을 나타낸 것이다. A, B, C의 질량은 각각 4 kg, 6 kg, 2 kg이고, (가)와 (나)에서 A가 B에 작용하는 힘의 크기는 각각 F_1, F_2이다.

$F_1 : F_2$는? (단, 모든 마찰은 무시한다.) [3점]

① 1 : 2 ② 2 : 3 ③ 1 : 1 ④ 3 : 2 ⑤ 2 : 1

01

2023학년도 3월 학평 물Ⅰ 10번

다음은 저울을 이용한 실험이다.

[실험 과정]

(가) 밀폐된 상자를 저울 위에 올려놓고 저울의 측정값을 기록한다.

(나) (가)의 상자 바닥에 드론을 놓고 상자를 밀폐시킨 후 저울의 측정값을 기록한다.

(다) (나)에서 드론을 가만히 떠 있게 한 후 저울의 측정값을 기록한다.

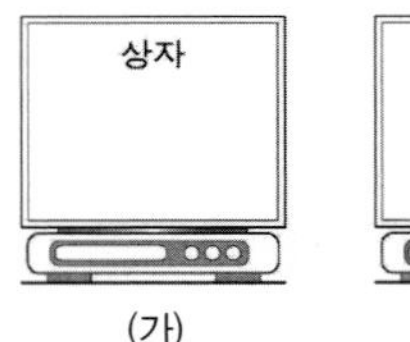

(가)

(나)

(다)

[실험 결과]

	(가)	(나)	(다)
저울의 측정값	2 N	8 N	8 N

이에 대한 옳은 설명만을 〈보기〉에서 있는 대로 고른 것은?

〈 보기 〉

ㄱ. (나)에서 저울이 상자를 떠받치는 힘의 크기는 8 N이다.

ㄴ. (다)에서 공기가 드론에 작용하는 힘과 드론에 작용하는 중력은 작용 반작용 관계이다.

ㄷ. 상자 안의 공기가 상자에 작용하는 힘의 크기는 (다)에서 (가)에서보다 6 N만큼 크다.

① ㄱ ② ㄴ ③ ㄱ, ㄷ ④ ㄴ, ㄷ ⑤ ㄱ, ㄴ, ㄷ

02

그림 (가)는 실 p에 매달려 정지한 용수철저울의 눈금 값이 0인 모습을, (나)는 (가)의 용수철저울에 추를 매단 후 정지한 용수철저울의 눈금 값이 10 N인 모습을 나타낸 것이다. 용수철저울의 무게는 2 N이다.

이에 대한 설명으로 옳은 것만을 〈보기〉에서 있는 대로 고른 것은? [3점]

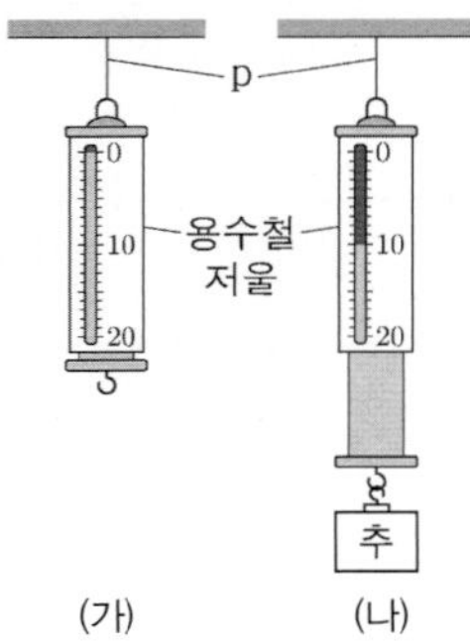

(가) (나)

〈 보기 〉

ㄱ. (가)에서 용수철저울에 작용하는 알짜힘은 0이다.

ㄴ. (나)에서 p가 용수철저울에 작용하는 힘의 크기는 12 N이다.

ㄷ. (나)에서 추에 작용하는 중력과 용수철저울이 추에 작용하는 힘은 작용 반작용 관계이다.

① ㄱ ② ㄷ ③ ㄱ, ㄴ ④ ㄴ, ㄷ ⑤ ㄱ, ㄴ, ㄷ

03

그림 (가)는 질량이 5 kg인 판, 질량이 10 kg인 추, 실 p, q가 연결되어 정지한 모습을, (나)는 (가)에서 질량이 1 kg으로 같은 물체 A, B를 동시에 판에 가만히 올려놓았을 때 정지한 모습을 나타낸 것이다.

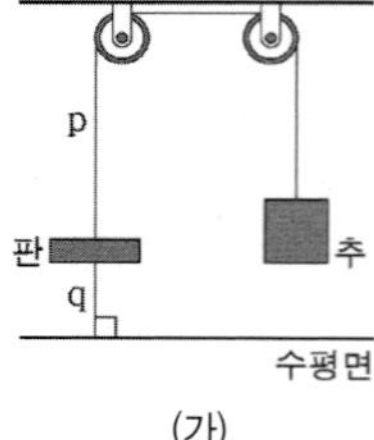

(가)

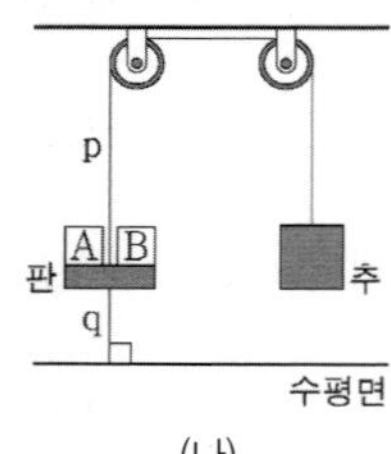

(나)

이에 대한 설명으로 옳은 것만을 〈보기〉에서 있는 대로 고른 것은? (단, 중력 가속도는 10 m/s^{2}이고, 판은 수평면과 나란하며, 실의 질량과 모든 마찰은 무시한다.) [3점]

〈 보기 〉

ㄱ. (가)에서 q가 판을 당기는 힘의 크기는 50 N이다.

ㄴ. p가 판을 당기는 힘의 크기는 (가)에서와 (나)에서가 같다.

ㄷ. 판이 q를 당기는 힘의 크기는 (가)에서가 (나)에서보다 크다.

① ㄱ ② ㄷ ③ ㄱ, ㄴ ④ ㄴ, ㄷ ⑤ ㄱ, ㄴ, ㄷ

04

2022학년도 10월 학평 물I 3번

그림은 자석 A와 B가 실에 매달려 정지해 있는 모습을 나타낸 것이다.

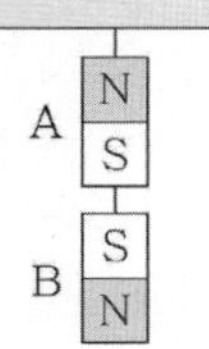

이에 대한 옳은 설명만을 〈보기〉에서 있는 대로 고른 것은?

〈 보기 〉

ㄱ. A에 작용하는 알짜힘은 0이다.

ㄴ. A가 B에 작용하는 자기력과 B가 A에 작용하는 자기력은 작용 반작용 관계이다.

ㄷ. B에 연결된 실이 B를 당기는 힘의 크기는 지구가 B를 당기는 힘의 크기보다 작다.

① ㄱ ② ㄷ ③ ㄱ, ㄴ ④ ㄴ, ㄷ ⑤ ㄱ, ㄴ, ㄷ

05

2023학년도 수능 물I 6번

그림과 같이 무게가 1 N인 물체 A가 저울 위에 놓인 물체 B와 실로 연결되어 정지해 있다. 저울에 측정된 힘의 크기는 2 N이다.

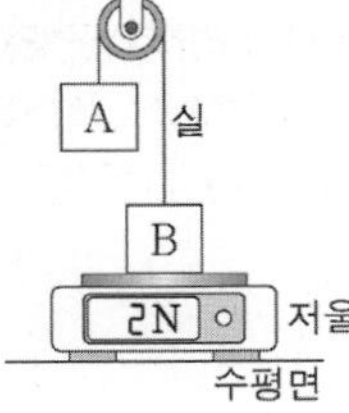

이에 대한 설명으로 옳은 것만을 〈보기〉에서 있는 대로 고른 것은? (단, 실의 질량, 모든 마찰은 무시한다.) [3점]

〈 보기 〉

ㄱ. 실이 B를 당기는 힘의 크기는 1 N이다.

ㄴ. B가 저울을 누르는 힘과 저울이 B를 떠받치는 힘은 작용 반작용 관계이다.

ㄷ. B의 무게는 3 N이다.

① ㄱ ② ㄷ ③ ㄱ, ㄴ ④ ㄴ, ㄷ ⑤ ㄱ, ㄴ, ㄷ

06

2025학년도 9월 모평 물I 7번

그림과 같이 수평면에 놓여 있는 자석 B 위에 자석 A가 떠 있는 상태로 정지해 있다. A에 작용하는 중력의 크기와 B가 A에 작용하는 자기력의 크기는 같고, A, B의 질량은 각각 m, $3m$이다.

자석 A m

자석 B $3m$

수평면

이에 대한 설명으로 옳은 것만을 〈보기〉에서 있는 대로 고른 것은? (단, 중력 가속도는 g이다.) [3점]

〈 보기 〉

ㄱ. A가 B에 작용하는 자기력의 크기는 $3mg$이다.

ㄴ. 수평면이 B를 떠받치는 힘의 크기는 $4mg$이다.

ㄷ. A에 작용하는 중력과 B가 A에 작용하는 자기력은 작용 반작용 관계이다.

① ㄱ ② ㄴ ③ ㄷ ④ ㄱ, ㄴ ⑤ ㄱ, ㄷ

07

2022학년도 9월 모평 물I 7번

그림과 같이 마찰이 없는 수평면에 자석 A가 고정되어 있고, 용수철에 연결된 자석 B는 정지해 있다.

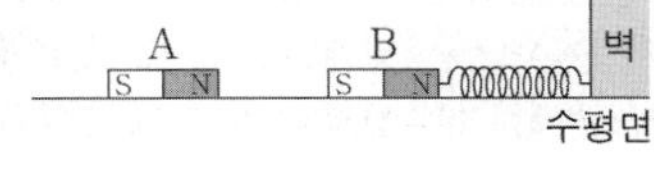

이에 대한 설명으로 옳은 것만을 〈보기〉에서 있는 대로 고른 것은? [3점]

〈 보기 〉

ㄱ. A가 B에 작용하는 자기력은 B가 A에 작용하는 자기력과 작용 반작용 관계이다.

ㄴ. 벽이 용수철에 작용하는 힘의 방향과 A가 B에 작용하는 자기력의 방향은 서로 반대이다.

ㄷ. B에 작용하는 알짜힘은 0이다.

① ㄱ ② ㄴ ③ ㄱ, ㄷ ④ ㄴ, ㄷ ⑤ ㄱ, ㄴ, ㄷ

08

2024학년도 3월 학평 물I 5번

다음은 자석과 자성체를 이용한 실험이다.

[실험 과정]

(가) 그림과 같은 고리 모양의 동일한 자석 A, B, C, ㉠강자성체 X, 상자성체 Y를 준비한다.

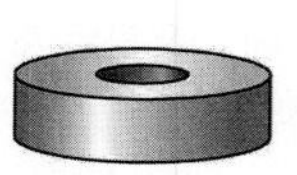

(나) 수평면에 연직으로 고정된 나무 막대에 자석과 자성체를 넣고, 모두 정지했을 때의 위치를 비교한다.

[실험 결과]

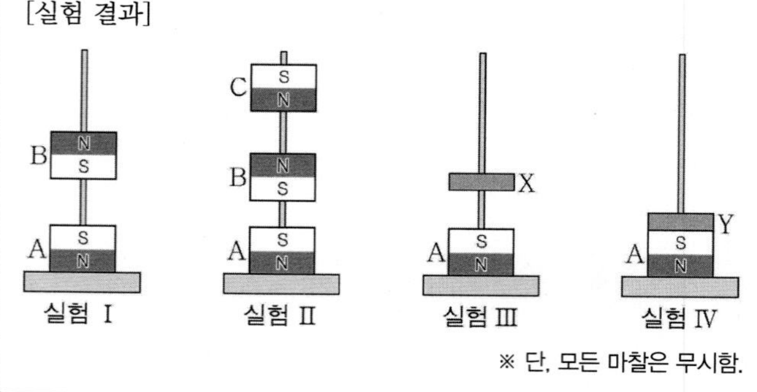

※ 단, 모든 마찰은 무시함.

실험 I과 II에 대한 설명으로 옳은 것은? [3점]

① I에서 A가 B에 작용하는 자기력과 B에 작용하는 중력은 작용 반작용 관계이다.
② II에서 A가 B에 작용하는 자기력의 크기는 B의 무게와 같다.
③ I과 II에서 A가 B에 작용하는 자기력의 크기는 같다.
④ B에 작용하는 알짜힘의 크기는 II에서가 I에서보다 크다.
⑤ A가 수평면을 누르는 힘의 크기는 II에서가 I에서보다 크다.

09

2023학년도 6월 모평 물I 11번

다음은 자석의 무게를 측정하는 실험이다.

[실험 과정]

(가) 무게가 10 N인 자석 A, B를 준비한다.
(나) A를 저울에 올려 측정값을 기록한다.
(다) A와 B를 같은 극끼리 마주 보게 한 후 저울에 올려 A와 B가 정지된 상태에서 측정값을 기록한다.
(라) A와 B를 다른 극끼리 마주 보게 한 후 저울에 올려 A와 B가 정지된 상태에서 측정값을 기록한다.

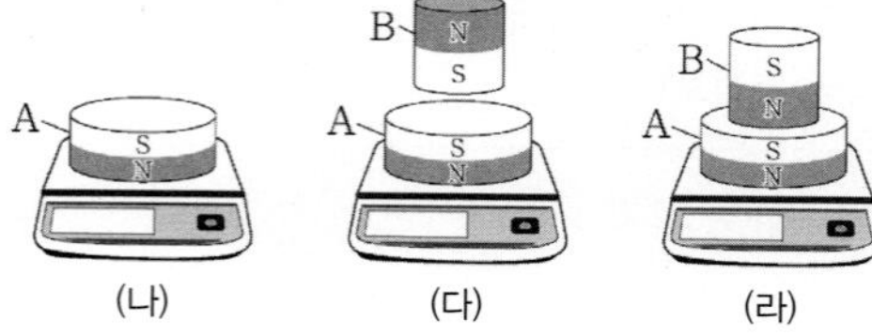

[실험 결과]

○ (나), (다), (라)의 결과는 각각 10 N, 20 N, ㉠ N이다.

이에 대한 설명으로 옳은 것만을 〈보기〉에서 있는 대로 고른 것은? [3점]

〈보기〉

ㄱ. (나)에서 A에 작용하는 중력과 저울이 A를 떠받치는 힘은 작용 반작용 관계이다.
ㄴ. (다)에서 B가 A에 작용하는 자기력의 크기는 A에 작용하는 중력의 크기와 같다.
ㄷ. ㉠은 20보다 크다.

① ㄱ ② ㄴ ③ ㄱ, ㄷ ④ ㄴ, ㄷ ⑤ ㄱ, ㄴ, ㄷ

10

2024학년도 5월 학평 물I 4번

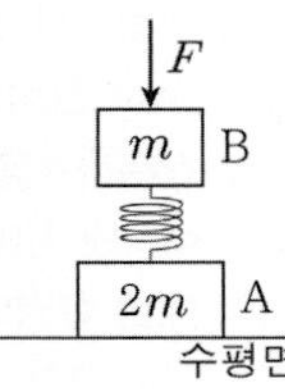

그림과 같이 물체 A와 용수철로 연결된 물체 B에 크기가 F인 힘을 연직 아래 방향으로 작용하였더니 용수철이 압축되어 A와 B가 정지해 있다. A, B의 질량은 각각 $2m$, m이고, 수평면이 A를 떠받치는 힘의 크기는 용수철이 B에 작용하는 힘의 크기의 2배이다.
이에 대한 설명으로 옳은 것만을 〈보기〉에서 있는 대로 고른 것은? (단, 중력 가속도는 g이고, 용수철의 질량, 마찰은 무시한다.) [3점]

〈 보기 〉

ㄱ. $F=mg$이다.
ㄴ. 용수철이 A에 작용하는 힘의 크기는 $3mg$이다.
ㄷ. B에 작용하는 중력과 용수철이 B에 작용하는 힘은 작용 반작용 관계이다.

① ㄱ ② ㄴ ③ ㄱ, ㄷ ④ ㄴ, ㄷ ⑤ ㄱ, ㄴ, ㄷ

11 대표 문제

2024학년도 9월 모평 물I 9번

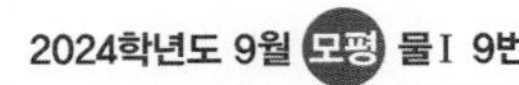

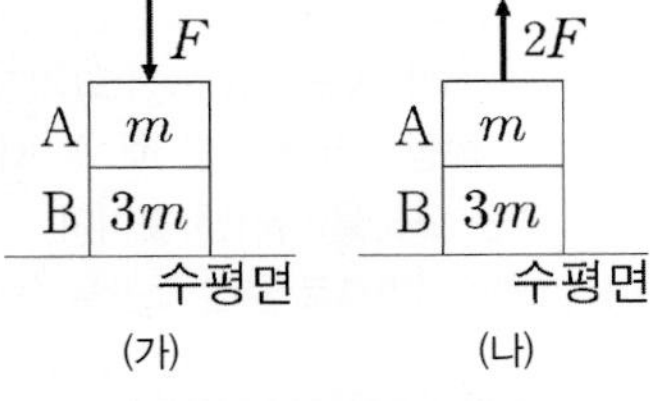

그림 (가), (나)는 직육면체 모양의 물체 A, B가 수평면에 놓여 있는 상태에서 A에 각각 크기가 F, $2F$인 힘이 연직 방향으로 작용할 때, A, B가 정지해 있는 모습을 나타낸 것이다. A, B의 질량은 각각 m, $3m$이고, B가 A를 떠받치는 힘의 크기는 (가)에서가 (나)에서의 2배이다.
이에 대한 설명으로 옳은 것만을 〈보기〉에서 있는 대로 고른 것은? (단, 중력 가속도는 g이다.)

〈 보기 〉

ㄱ. A에 작용하는 중력과 B가 A를 떠받치는 힘은 작용 반작용 관계이다.
ㄴ. $F=\frac{1}{5}mg$이다.
ㄷ. 수평면이 B를 떠받치는 힘의 크기는 (가)에서가 (나)에서의 $\frac{7}{6}$배이다.

① ㄱ ② ㄴ ③ ㄷ ④ ㄴ, ㄷ ⑤ ㄱ, ㄴ, ㄷ

12 대표 문제

2024학년도 6월 모평 물I 6번

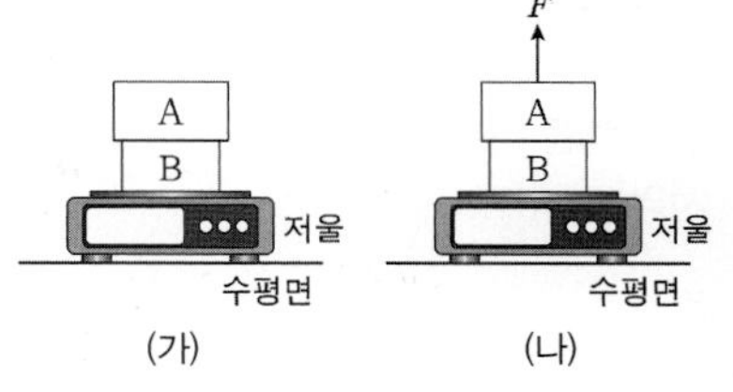

그림 (가)는 저울 위에 놓인 물체 A와 B가 정지해 있는 모습을, (나)는 (가)에서 A에 크기가 F인 힘을 연직 위 방향으로 작용할 때, A와 B가 정지해 있는 모습을 나타낸 것이다. 저울에 측정된 힘의 크기는 (가)에서가 (나)에서의 2배이고, B가 A에 작용하는 힘의 크기는 (가)에서가 (나)에서의 4배이다.
이에 대한 설명으로 옳은 것만을 〈보기〉에서 있는 대로 고른 것은? [3점]

〈 보기 〉

ㄱ. 질량은 A가 B의 2배이다.
ㄴ. (가)에서 저울이 B에 작용하는 힘의 크기는 $2F$이다.
ㄷ. (나)에서 A가 B에 작용하는 힘의 크기는 $\frac{1}{3}F$이다.

① ㄱ ② ㄷ ③ ㄱ, ㄴ ④ ㄴ, ㄷ ⑤ ㄱ, ㄴ, ㄷ

13

2021학년도 9월 모평 물I 9번

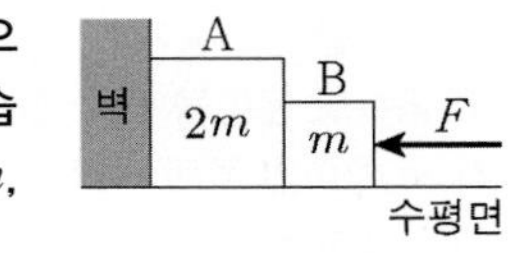

그림은 수평면과 나란하고 크기가 F인 힘으로 물체 A, B를 벽을 향해 밀어 정지한 모습을 나타낸 것이다. A, B의 질량은 각각 $2m$, m이다.
이에 대한 설명으로 옳은 것만을 〈보기〉에서 있는 대로 고른 것은? (단, 물체와 수평면 사이의 마찰은 무시한다.)

〈 보기 〉

ㄱ. 벽이 A를 미는 힘의 반작용은 A가 B를 미는 힘이다.
ㄴ. 벽이 A를 미는 힘의 크기와 B가 A를 미는 힘의 크기는 같다.
ㄷ. A가 B를 미는 힘의 크기는 $\frac{2}{3}F$이다.

① ㄱ ② ㄴ ③ ㄱ, ㄷ ④ ㄴ, ㄷ ⑤ ㄱ, ㄴ, ㄷ

14

2021학년도 수능 물Ⅰ 10번

그림 (가)는 저울 위에 놓인 물체 A, B가 정지해 있는 모습을, (나)는 (가)의 A에 크기가 F인 힘을 연직 방향으로 가할 때 A, B가 정지해 있는 모습을 나타낸 것이다. 저울에 측정된 힘의 크기는 (나)에서가 (가)에서의 2배이다.

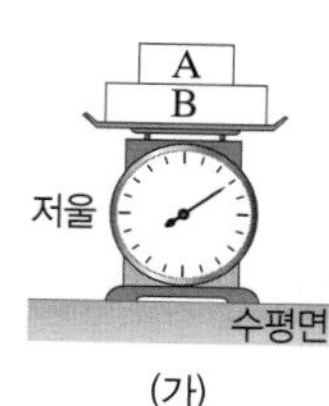

(가)

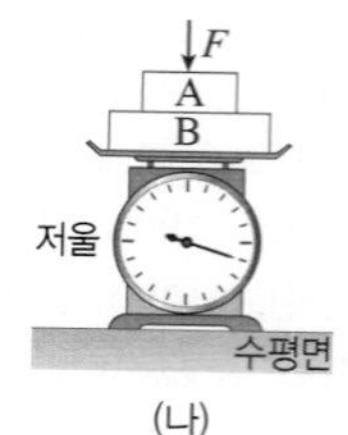

(나)

이에 대한 설명으로 옳은 것만을 〈보기〉에서 있는 대로 고른 것은? [3점]

〈보기〉

ㄱ. (가)에서 A에 작용하는 중력과 B가 A에 작용하는 힘은 작용 반작용 관계이다.
ㄴ. (나)에서 B가 A에 작용하는 힘의 크기는 F보다 크다.
ㄷ. (나)의 저울에 측정된 힘의 크기는 $3F$이다.

① ㄱ ② ㄴ ③ ㄱ, ㄷ ④ ㄴ, ㄷ ⑤ ㄱ, ㄴ, ㄷ

15

2022학년도 6월 모평 물Ⅰ 8번

그림과 같이 기중기에 줄로 연결된 상자가 연직 아래로 등속도 운동을 하고 있다. 상자 안에는 질량이 각각 m, $2m$인 물체 A, B가 놓여 있다.
이에 대한 설명으로 옳은 것만을 〈보기〉에서 있는 대로 고른 것은?

〈보기〉

ㄱ. A에 작용하는 알짜힘은 0이다.
ㄴ. 줄이 상자를 당기는 힘과 상자가 줄을 당기는 힘은 작용 반작용 관계이다.
ㄷ. 상자가 B를 떠받치는 힘의 크기는 A가 B를 누르는 힘의 크기의 2배이다.

① ㄱ ② ㄷ ③ ㄱ, ㄴ ④ ㄴ, ㄷ ⑤ ㄱ, ㄴ, ㄷ

16

2023학년도 4월 학평 물Ⅰ 7번

그림은 동일한 자석 A, B를 플라스틱 관에 넣고, A에 크기가 F인 힘을 연직 아래 방향으로 작용하였을 때 A, B가 정지해 있는 모습을 나타낸 것이다.
이에 대한 설명으로 옳은 것만을 〈보기〉에서 있는 대로 고른 것은? (단, 마찰은 무시한다.)

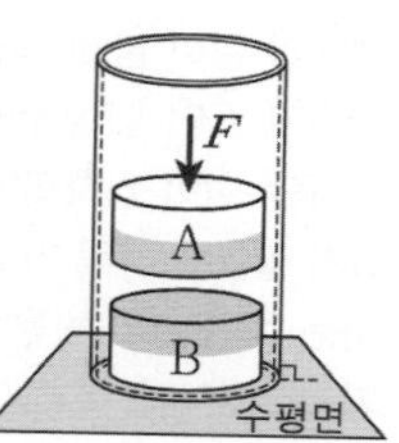

〈보기〉

ㄱ. A에 작용하는 알짜힘은 0이다.
ㄴ. A에 작용하는 중력과 B가 A에 작용하는 자기력은 작용 반작용 관계이다.
ㄷ. 수평면이 B에 작용하는 힘의 크기는 F보다 크다.

① ㄱ ② ㄴ ③ ㄱ, ㄷ ④ ㄴ, ㄷ ⑤ ㄱ, ㄴ, ㄷ

17

2023학년도 7월 학평 물Ⅰ 4번

그림은 수평면에서 정지해 있는 물체 C 위에 물체 A, B를 올려놓고 B에 크기가 F인 힘을 수평 방향으로 작용할 때 A, B, C가 정지해 있는 모습을 나타낸 것이다.

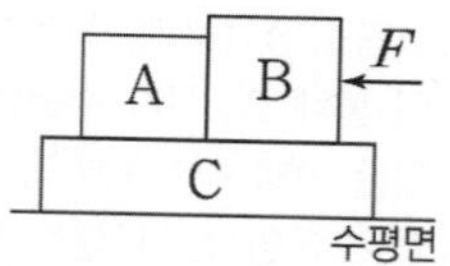

이에 대한 설명으로 옳은 것만을 〈보기〉에서 있는 대로 고른 것은? [3점]

〈보기〉

ㄱ. B에 작용하는 알짜힘은 0이다.
ㄴ. 수평면이 C에 작용하는 수평 방향의 힘의 크기는 F이다.
ㄷ. A가 B에 작용하는 힘은 B가 A에 작용하는 힘과 작용 반작용 관계이다.

① ㄱ ② ㄴ ③ ㄱ, ㄷ ④ ㄴ, ㄷ ⑤ ㄱ, ㄴ, ㄷ

18

2024학년도 7월 학평 물I 3번

그림 (가), (나)와 같이 직육면체 모양의 물체 A 또는 B를 용수철과 연직 방향으로 연결하여 저울 위에 올려놓았더니 A와 B가 정지해 있다. (가)와 (나)에서 용수철이 늘어난 길이는 서로 같고, (가)에서 저울에 측정된 힘의 크기는 35 N이다. A, B의 질량은 각각 1 kg, 3 kg이다.

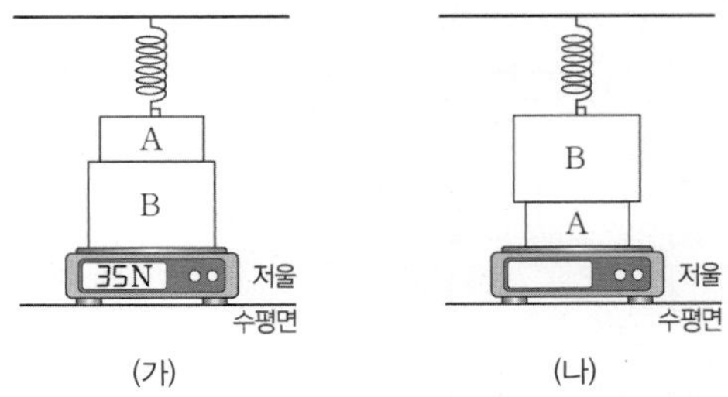

이에 대한 설명으로 옳은 것만을 <보기>에서 있는 대로 고른 것은? (단, 중력 가속도는 10 m/s^{2}이고, 용수철의 질량은 무시한다.)

<보기>

ㄱ. (가)에서 A가 용수철을 당기는 힘의 크기는 5 N이다.
ㄴ. (나)에서 저울에 측정된 힘의 크기는 35 N보다 크다.
ㄷ. (가)에서 A가 B를 누르는 힘의 크기는 (나)에서 A가 B를 떠받치는 힘의 크기의 $\frac{1}{5}$배이다.

① ㄴ ② ㄷ ③ ㄱ, ㄴ ④ ㄱ, ㄷ ⑤ ㄱ, ㄴ, ㄷ

19

2022학년도 3월 학평 물I 11번

그림 (가), (나)와 같이 무게가 10 N인 물체가 용수철에 매달려 정지해 있다. (가), (나)에서 용수철이 물체에 작용하는 탄성력의 크기는 같고, (나)에서 손은 물체를 연직 위로 떠받치고 있다.

(나)에서 물체가 손에 작용하는 힘의 크기는? (단, 용수철의 질량은 무시한다.)

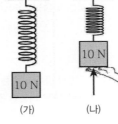

10 N (가) 10 N (나)

① 5 N ② 10 N ③ 15 N ④ 20 N ⑤ 30 N

20

2023학년도 9월 모평 물I 7번

그림은 실에 매달린 물체 A를 물체 B와 용수철로 연결하여 저울에 올려놓았더니 물체가 정지한 모습을 나타낸 것이다. A, B의 무게는 2 N으로 같고, 저울에 측정된 힘의 크기는 3 N이다.

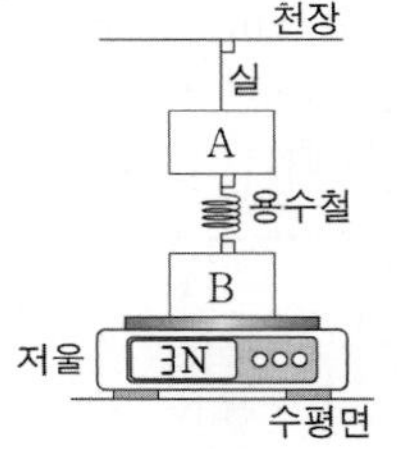

이에 대한 설명으로 옳은 것만을 <보기>에서 있는 대로 고른 것은? (단, 실과 용수철의 무게는 무시한다.) [3점]

<보기>

ㄱ. 실이 A를 당기는 힘의 크기는 1 N이다.
ㄴ. 용수철이 A에 작용하는 힘의 방향은 A에 작용하는 중력의 방향과 같다.
ㄷ. B에 작용하는 중력과 저울이 B에 작용하는 힘은 작용 반작용의 관계이다.

① ㄱ ② ㄷ ③ ㄱ, ㄴ ④ ㄴ, ㄷ ⑤ ㄱ, ㄴ, ㄷ

21

2022학년도 수능 물I 8번

그림 (가)는 용수철에 자석 A가 매달려 정지해 있는 모습을, (나)는 (가)에서 A 아래에 다른 자석을 놓아 용수철이 (가)에서보다 늘어나 정지해 있는 모습을 나타낸 것이다.

A S N 수평면 (가)

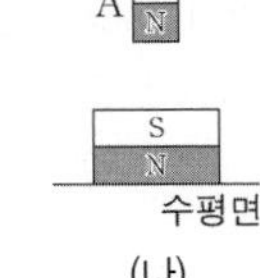

(나)

이에 대한 설명으로 옳은 것만을 <보기>에서 있는 대로 고른 것은? (단, 용수철의 질량은 무시한다.) [3점]

<보기>

ㄱ. (가)에서 용수철이 A를 당기는 힘과 A에 작용하는 중력은 작용 반작용 관계이다.
ㄴ. (나)에서 A에 작용하는 알짜힘은 0이다.
ㄷ. A가 용수철을 당기는 힘의 크기는 (가)에서가 (나)에서보다 작다.

① ㄱ ② ㄴ ③ ㄱ, ㄷ ④ ㄴ, ㄷ ⑤ ㄱ, ㄴ, ㄷ

22

2023학년도 10월 학평 물Ⅰ 4번

그림 (가), (나), (다)와 같이 자석 A, B가 정지해 있을 때, 실이 A를 당기는 힘의 크기는 각각 4 N, 8 N, 10 N이다. (가), (나)에서 A가 B에 작용하는 자기력의 크기는 F로 같다.

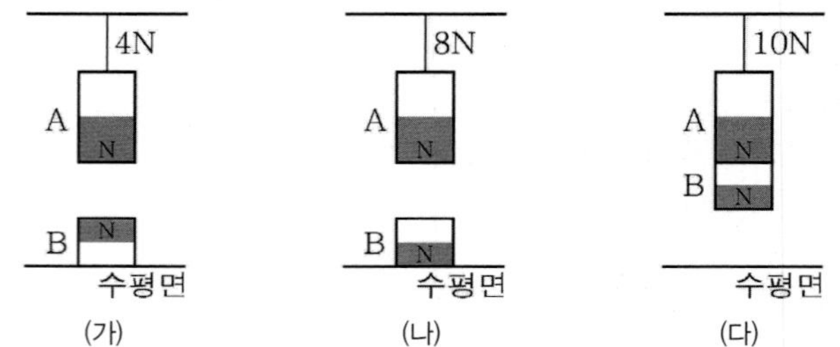

이에 대한 옳은 설명만을 〈보기〉에서 있는 대로 고른 것은? (단, 자기력은 A와 B 사이에만 연직 방향으로 작용한다.) [3점]

〈보기〉

ㄱ. $F=4$ N이다.
ㄴ. A의 무게는 6 N이다.
ㄷ. 수평면이 B를 떠받치는 힘의 크기는 (가)에서가 (나)에서의 2배이다.

① ㄱ ② ㄴ ③ ㄱ, ㄷ ④ ㄴ, ㄷ ⑤ ㄱ, ㄴ, ㄷ

23

2024학년도 10월 학평 물Ⅰ 10번

그림 (가)는 저울 위에 놓인 무게가 5 N인 ㄷ자형 나무 상자와 무게가 각각 3 N, 2 N인 자석 A, B가 실로 연결되어 정지해 있는 모습을 나타낸 것이다. 그림 (나)는 (가)의 상자가 90° 회전한 상태로 B는 상자에, A는 스탠드에 실로 연결되어 정지해 있는 모습을 나타낸 것이다. (가)와 (나)에서 A와 B 사이에 작용하는 자기력의 크기는 같고, (가)에서 실이 A를 당기는 힘의 크기는 8 N이다.

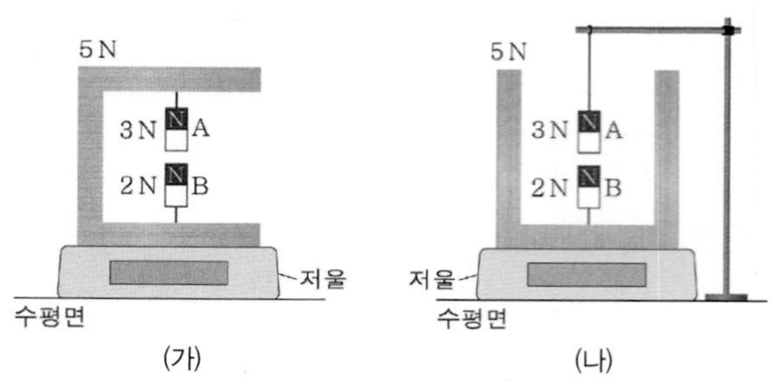

(가)와 (나)에서 저울의 측정값은? (단, A, B는 동일 연직선상에 있고, 실의 질량은 무시하며, 자기력은 A와 B 사이에서만 작용한다.) [3점]

	(가)	(나)
①	10 N	2 N
②	10 N	3 N
③	10 N	7 N
④	5 N	3 N
⑤	5 N	5 N

24 대표 문제

2021학년도 6월 모평 물Ⅰ 18번

그림 (가)와 같이 물체 A, B에 크기가 각각 F, $4F$인 힘이 수평 방향으로 작용한다. 실로 연결된 A, B는 함께 등가속도 직선 운동을 하다가 실이 끊어진 후 각각 등가속도 직선 운동을 한다. 그림 (나)는 B의 속력을 시간에 따라 나타낸 것이다. A의 질량은 1 kg이다.

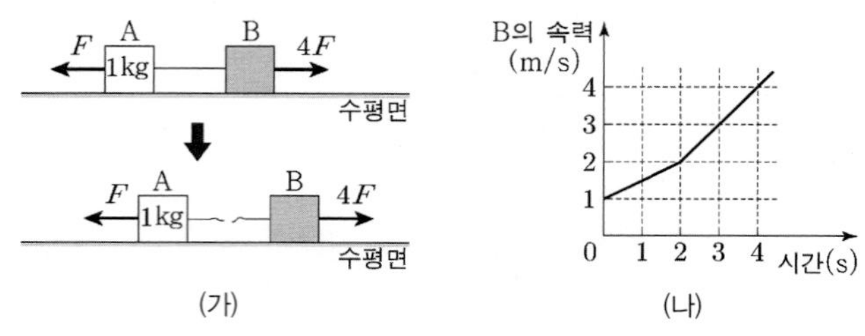

이에 대한 설명으로 옳은 것만을 〈보기〉에서 있는 대로 고른 것은? (단, 실의 질량과 모든 마찰은 무시한다.)

〈보기〉

ㄱ. B의 질량은 3 kg이다.
ㄴ. 3초일 때, A의 속력은 1.5 m/s이다.
ㄷ. A와 B 사이의 거리는 4초일 때가 3초일 때보다 2.5 m만큼 크다.

① ㄱ ② ㄴ ③ ㄱ, ㄷ ④ ㄴ, ㄷ ⑤ ㄱ, ㄴ, ㄷ

25

2021학년도 3월 학평 물Ⅰ 7번

그림은 점 P에 정지해 있던 물체가 일정한 알짜힘을 받아 점 Q까지 직선 운동하는 모습을 나타낸 것이다.

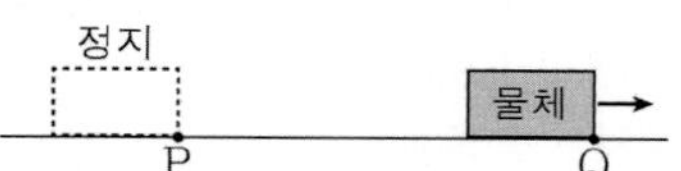

물체가 P에서 Q까지 가는 데 걸리는 시간을 물체의 질량에 따라 나타낸 그래프로 가장 적절한 것은? (단, 물체의 크기는 무시한다.) [3점]

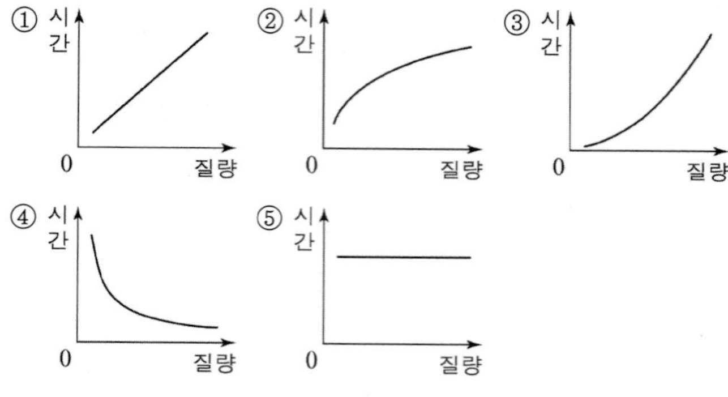

26

2019학년도 6월 모평 물Ⅰ 7번

그림 (가)는 물체 A와 B를, (나)는 물체 A와 C를 각각 실로 연결하고 수평 방향의 일정한 힘 F로 당기는 모습을 나타낸 것이다. 질량은 C가 B의 3배이고, 실은 수평면과 나란하다. 등가속도 직선 운동을 하는 A의 가속도의 크기는 (가)에서가 (나)에서의 2배이다.

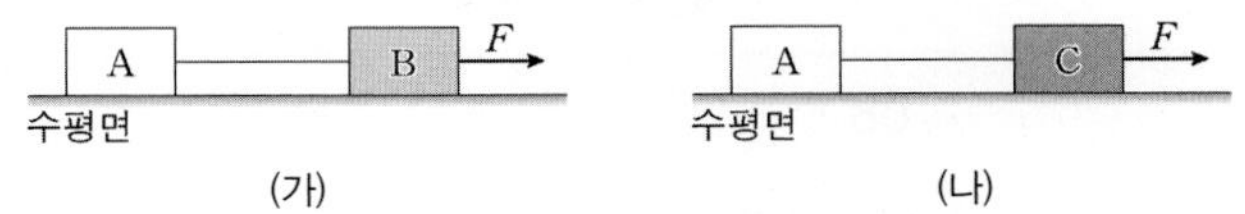

이에 대한 설명으로 옳은 것만을 〈보기〉에서 있는 대로 고른 것은? (단, 실의 질량, 마찰과 공기 저항은 무시한다.)

〈 보기 〉

ㄱ. A의 질량은 B의 질량과 같다.

ㄴ. C에 작용하는 알짜힘의 크기는 B에 작용하는 알짜힘의 크기의 3배이다.

ㄷ. (가)에서 실이 A를 당기는 힘의 크기는 (나)에서 실이 C를 당기는 힘의 크기와 같다.

① ㄱ ② ㄴ ③ ㄱ, ㄷ ④ ㄴ, ㄷ ⑤ ㄱ, ㄴ, ㄷ

27

2021학년도 6월 모평 물Ⅰ 8번

그림 (가), (나)는 물체 A, B, C가 수평 방향으로 24 N의 힘을 받아 함께 등가속도 직선 운동하는 모습을 나타낸 것이다. A, B, C의 질량은 각각 4 kg, 6 kg, 2 kg이고, (가)와 (나)에서 A가 B에 작용하는 힘의 크기는 각각 F_1, F_2이다.

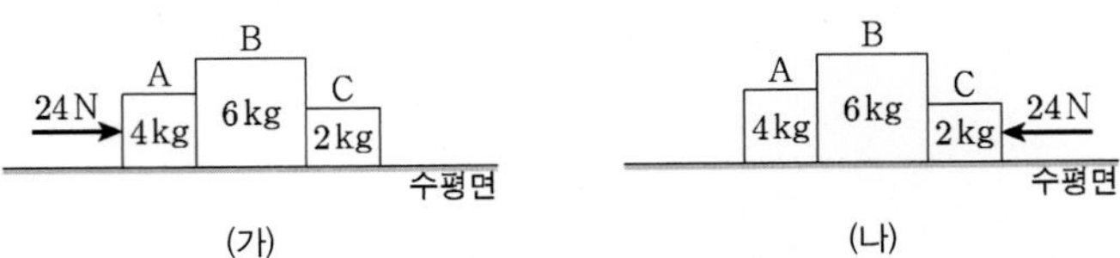

$F_1 : F_2$는? (단, 모든 마찰은 무시한다.) [3점]

① 1 : 2 ② 2 : 3 ③ 1 : 1 ④ 3 : 2 ⑤ 2 : 1

28

2025학년도 수능 물Ⅰ 5번

그림은 실 p로 연결된 물체 A와 자석 B가 정지해 있고, B의 연직 아래에는 자석 C가 실 q에 연결되어 정지해 있는 모습을 나타낸 것이다. A, B, C의 질량은 각각 4 kg, 1 kg, 1 kg이고, B와 C 사이에 작용하는 자기력의 크기는 20 N이다.

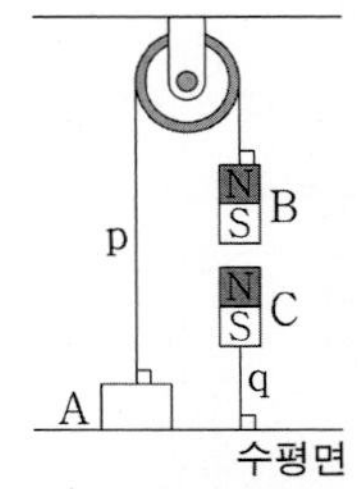

이에 대한 설명으로 옳은 것만을 〈보기〉에서 있는 대로 고른 것은? (단, 중력 가속도는 10 m/s^{2}이고, 실의 질량과 모든 마찰은 무시하며, 자기력은 B와 C 사이에만 작용한다.)

〈 보기 〉

ㄱ. 수평면이 A를 떠받치는 힘의 크기는 10 N이다.

ㄴ. B에 작용하는 중력과 p가 B를 당기는 힘은 작용 반작용 관계이다.

ㄷ. B가 C에 작용하는 자기력의 크기는 q가 C를 당기는 힘의 크기와 같다.

① ㄱ ② ㄴ ③ ㄱ, ㄷ ④ ㄴ, ㄷ ⑤ ㄱ, ㄴ, ㄷ

한눈에 정리하는 평가원 기출 경향

학년도 / 주제

물체의 운동 방정식

도르래에 연결된 물체

2025

31

그림 (가)는 물체 A, B, C를 실 p, q로 연결하고 A에 수평 방향으로 일정한 힘 20 N을 작용하여 물체가 등가속도 운동하는 모습을, (나)는 (가)에서 A에 작용하는 힘 20 N을 제거한 후, 물체가 등가속도 운동하는 모습을 나타낸 것이다. (가)와 (나)에서 물체의 가속도의 크기는 a로 같다. p가 B를 당기는 힘의 크기와 q가 B를 당기는 힘의 크기의 비는 (가)에서 2 : 3이고, (나)에서 2 : 9이다.

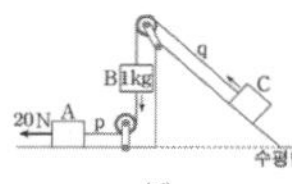

(가)

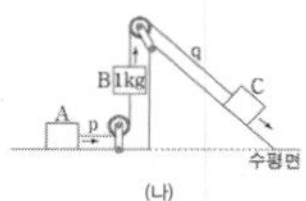

(나)

이에 대한 설명으로 옳은 것만을 〈보기〉에서 있는 대로 고른 것은? (단, 중력 가속도는 10 m/s^{2}이고, 물체는 동일 연직면상에서 운동하며, 실의 질량, 공기 저항과 모든 마찰은 무시한다.) [3점]

〈 보기 〉

ㄱ. p가 A를 당기는 힘의 크기는 (가)에서가 (나)에서의 5배이다.

ㄴ. $a=\frac{5}{3}$ m/s^{2}이다.

ㄷ. C의 질량은 4 kg이다.

① ㄱ　② ㄷ　③ ㄱ, ㄴ　④ ㄴ, ㄷ　⑤ ㄱ, ㄴ, ㄷ

05

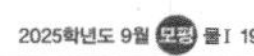

그림 (가)와 같이 질량이 각각 $2m$, m, $3m$인 물체 A, B, C를 실로 연결하고 B를 점 p에 가만히 놓았더니 A, B, C는 등가속도 운동을 한다. 그림 (나)와 같이 B가 점 q를 속력 v_0으로 지나는 순간 B와 C를 연결한 실이 끊어지면, A와 B는 등가속도 운동하여 B가 점 r에서 속력이 0이 된 후 다시 q와 p를 지난다. p, q, r는 수평면상의 점이다.

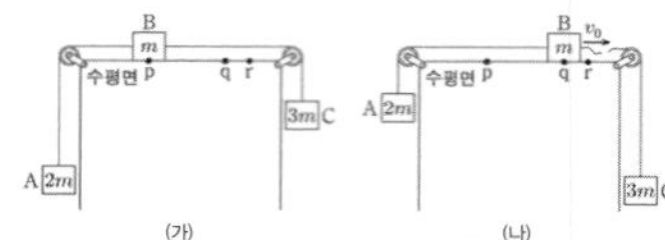

이에 대한 설명으로 옳은 것만을 〈보기〉에서 있는 대로 고른 것은? (단, 중력 가속도는 g이고, 물체의 크기, 실의 질량, 모든 마찰과 공기 저항은 무시한다.) [3점]

〈 보기 〉

ㄱ. (가)에서 B가 p와 q 사이를 지날 때, A에 연결된 실이 A를 당기는 힘의 크기는 $\frac{7}{3}mg$이다.

ㄴ. q와 r 사이의 거리는 $\frac{3v_0^2}{4g}$이다.

ㄷ. (나)에서 B가 p를 지나는 순간 B의 속력은 $\sqrt{5}v_0$이다.

① ㄱ　② ㄷ　③ ㄱ, ㄴ　④ ㄴ, ㄷ　⑤ ㄱ, ㄴ, ㄷ

14 대표 문제

그림 (가)와 같이 물체 A, B, C가 실로 연결되어 등가속도 운동한다. A, B의 질량은 각각 $3m$, $8m$이고, 실 p가 B를 당기는 힘의 크기는 $\frac{9}{4}mg$이다. 그림 (나)는 (가)에서 A, C의 위치를 바꾸어 연결했을 때 등가속도 운동하는 모습을 나타낸 것이다. B의 가속도의 크기는 (나)에서가 (가)에서의 2배이다.

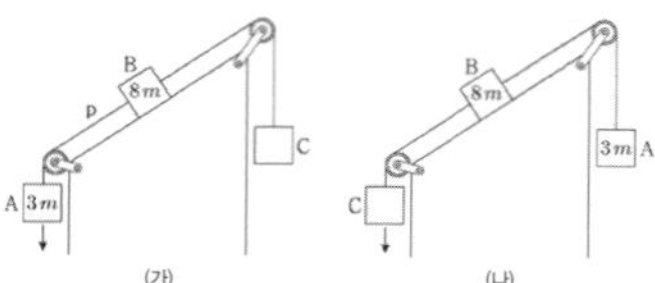

C의 질량은? (단, 중력 가속도는 g이고, 실의 질량, 모든 마찰은 무시한다.) [3점]

① $4m$　② $5m$　③ $6m$　④ $7m$　⑤ $8m$

2024

08

그림 (가)는 물체 A, B, C를 실로 연결하고 C에 수평 방향으로 크기가 F인 힘을 작용하여 A, B, C가 속력이 증가하는 등가속도 운동을 하는 모습을 나타낸 것이다. 그림 (나)는 (가)에서 B의 속력이 v인 순간 B와 C를 연결한 실이 끊어졌을 때, 실이 끊어진 순간부터 B가 정지한 순간까지 A와 B, C가 각각 등가속도 운동을 하여 d, $4d$만큼 이동한 것을 나타낸 것이다. A의 가속도의 크기는 (나)에서가 (가)에서의 2배이다. B, C의 질량은 각각 m, $3m$이다.

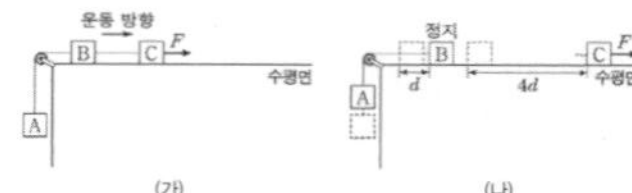

이에 대한 설명으로 옳은 것만을 〈보기〉에서 있는 대로 고른 것은? (단, 중력 가속도는 g이고, 물체는 동일 연직면상에서 운동하며, 물체의 크기, 실의 질량, 공기 저항과 모든 마찰은 무시한다.) [3점]

〈 보기 〉

ㄱ. (나)에서 B가 정지한 순간 C의 속력은 $3v$이다.

ㄴ. A의 질량은 $3m$이다.

ㄷ. F는 $5mg$이다.

① ㄱ　② ㄴ　③ ㄱ, ㄷ　④ ㄴ, ㄷ　⑤ ㄱ, ㄴ, ㄷ

12

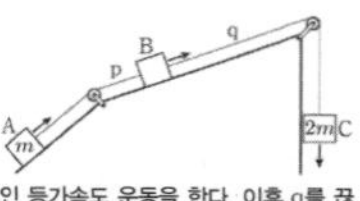

그림은 물체 A, B, C가 실 p, q로 연결되어 등속도 운동을 하는 모습을 나타낸 것이다. p를 끊으면, A는 가속도의 크기가 $6a$인 등가속도 운동을, B와 C는 가속도의 크기가 a인 등가속도 운동을 한다. 이후 q를 끊으면, B는 가속도의 크기가 $3a$인 등가속도 운동을 한다. A, C의 질량은 각각 m, $2m$이다.

이에 대한 설명으로 옳은 것만을 〈보기〉에서 있는 대로 고른 것은? (단, 중력 가속도는 g이고, 실의 질량, 모든 마찰과 공기 저항은 무시한다.) [3점]

〈 보기 〉

ㄱ. B의 질량은 $4m$이다.

ㄴ. $a=\frac{1}{8}g$이다.

ㄷ. p를 끊기 전, p가 B를 당기는 힘의 크기는 $\frac{2}{3}mg$이다.

① ㄱ　② ㄴ　③ ㄱ, ㄷ　④ ㄴ, ㄷ　⑤ ㄱ, ㄴ, ㄷ

16

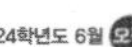

그림 (가), (나)와 같이 마찰이 있는 동일한 빗면에 놓인 물체 A가 각각 물체 B, C와 실로 연결되어 서로 반대 방향으로 등가속도 운동을 하고 있다. (가)와 (나)에서 A의 가속도의 크기는 각각 $\frac{1}{6}g$, $\frac{1}{3}g$이고, 가속도의 방향은 운동 방향과 같다. A, B, C의 질량은 각각 $3m$, m, $6m$이고, 빗면과 A 사이에는 크기가 F로 일정한 마찰력이 작용한다.

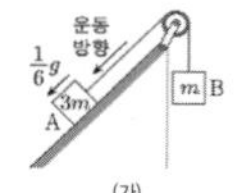

(가)

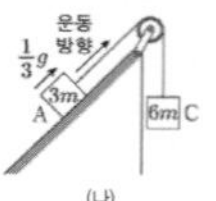

(나)

F는? (단, 중력 가속도는 g이고, 빗면에서의 마찰 외의 모든 마찰과 공기 저항, 실의 질량은 무시한다.) [3점]

① $\frac{1}{3}mg$　② $\frac{2}{3}mg$　③ mg　④ $\frac{3}{2}mg$　⑤ $\frac{5}{2}mg$

2023

02

2023학년도 수능 물Ⅰ 17번

그림 (가)와 같이 물체 A, B, C를 실로 연결하고 A를 점 p에 가만히 놓았더니, 물체가 각각의 빗면에서 등가속도 운동하여 A가 점 q를 속력 $2v$로 지나는 순간 B와 C 사이의 실이 끊어진다. 그림 (나)와 같이 (가) 이후 A와 B는 등속도, C는 등가속도 운동하여, A가 점 r를 속력 $2v$로 지나는 순간 C의 속력은 $5v$가 된다. p와 q 사이, q와 r 사이의 거리는 같다. A, B, C의 질량은 각각 M, m, $2m$이다.

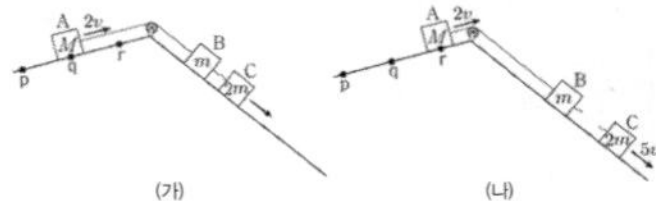

M은? (단, 물체의 크기, 실의 질량, 모든 마찰은 무시한다.)

① $2m$ ② $3m$ ③ $4m$ ④ $5m$ ⑤ $6m$

17

2023학년도 9월 모평 물Ⅰ 14번

그림 (가)는 질량이 각각 M, m, $4m$인 물체 A, B, C가 빗면과 나란한 실 p, q로 연결되어 정지해 있는 것을, (나)는 (가)에서 물체의 위치를 바꾸었더니 물체가 등가속도 운동하는 것을 나타낸 것이다. (가)에서 p가 B를 당기는 힘의 크기는 $\frac{10}{3}mg$이다.

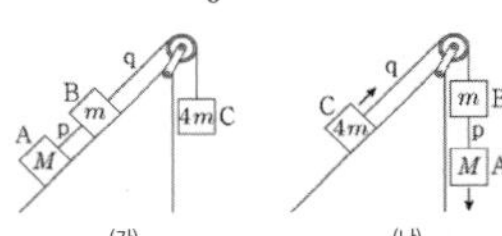

(나)에서 q가 C를 당기는 힘의 크기는? (단, 중력 가속도는 g이고, 실의 질량 및 모든 마찰은 무시한다.)

① $\frac{13}{3}mg$ ② $4mg$ ③ $\frac{11}{3}mg$ ④ $\frac{10}{3}mg$ ⑤ $3mg$

03

2023학년도 6월 모평 물Ⅰ 14번

그림 (가)는 물체 A, B, C를 실로 연결하여 수평면의 점 p에서 B를 가만히 놓아 물체가 등가속도 운동하는 모습을, (나)는 (가)의 B가 점 q를 지날 때부터 점 r를 지날 때까지 운동 방향과 반대 방향으로 크기가 $\frac{1}{4}mg$인 힘을 받아 물체가 등가속도 운동하는 모습을 나타낸 것이다. p와 q 사이, q와 r 사이의 거리는 같고, B가 q, r를 지날 때 속력은 각각 $4v$, $5v$이다. A, B, C의 질량은 각각 m, m, M이다.

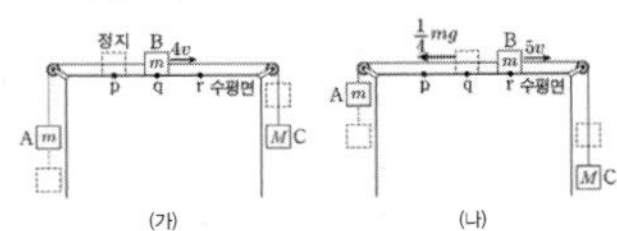

M은? (단, 중력 가속도는 g이고, 물체의 크기, 실의 질량, 모든 마찰은 무시한다.)

① $\frac{4}{3}m$ ② $\frac{7}{5}m$ ③ $\frac{11}{7}m$ ④ $\frac{15}{8}m$ ⑤ $\frac{5}{2}m$

2022 ~ 2019

04

2022학년도 6월 모평 물Ⅰ 13번

그림은 물체 A, B, C, D가 실로 연결되어 가속도의 크기가 a_1인 등가속도 운동을 하고 있는 것을 나타낸 것이다. 실 p를 끊으면 A는 등속도 운동을 하고, 이후 실 q를 끊으면 A는 가속도의 크기가 a_2인 등가속도 운동을 한다. p를 끊은 후 C와, q를 끊은 후 D의 가속도의 크기는 서로 같다. A, B, C, D의 질량은 각각 $4m$, $3m$, $2m$, m이다.

$\frac{a_1}{a_2}$은? (단, 실의 질량 및 모든 마찰은 무시한다.)

① 2 ② $\frac{9}{5}$ ③ $\frac{8}{5}$ ④ $\frac{7}{5}$ ⑤ $\frac{6}{5}$

24

2021학년도 9월 모평 물Ⅰ 10번

그림 (가)는 수평면 위의 질량이 $8m$인 수레와 질량이 각각 m인 물체 2개를 실로 연결하고 수레를 잡아 정지한 모습을, (나)는 (가)에서 수레를 가만히 놓은 뒤 시간에 따른 수레의 속도를 나타낸 것이다. 1초일 때, 물체 사이의 실 p가 끊어졌다.

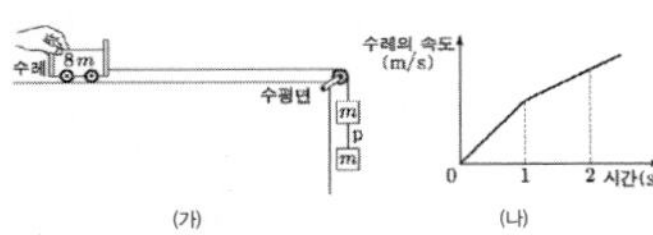

수레의 운동에 대한 설명으로 옳은 것만을 〈보기〉에서 있는 대로 고른 것은? (단, 중력 가속도는 $10\ m/s^2$이고, 실의 질량 및 모든 마찰과 공기 저항은 무시한다.) [3점]

〈보기〉

ㄱ. 1초일 때, 수레의 속도의 크기는 1 m/s이다.

ㄴ. 2초일 때, 수레의 가속도의 크기는 $\frac{10}{9}\ m/s^2$이다.

ㄷ. 0초부터 2초까지 수레가 이동한 거리는 $\frac{32}{9}$ m이다.

① ㄱ ② ㄷ ③ ㄱ, ㄴ ④ ㄴ, ㄷ ⑤ ㄱ, ㄴ, ㄷ

27 대표 문제

2022학년도 9월 모평 물Ⅰ 13번

그림 (가)는 물체 A, B, C를 실 p, q로 연결하여 C를 손으로 잡아 정지시킨 모습을, (나)는 C를 가만히 놓은 후 시간에 따른 C의 속력을 나타낸 것이다. 1초일 때 p가 끊어졌다. A, B의 질량은 각각 2 kg, 1 kg이다.

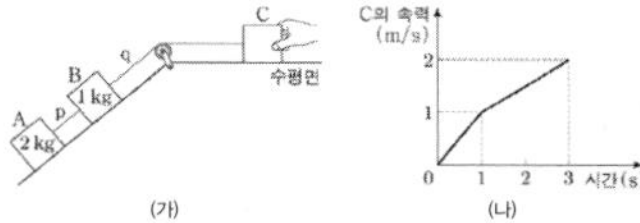

이에 대한 설명으로 옳은 것만을 〈보기〉에서 있는 대로 고른 것은? (단, 실의 질량, 모든 마찰은 무시한다.)

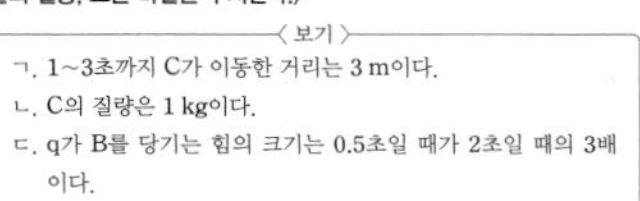

〈보기〉

ㄱ. 1~3초까지 C가 이동한 거리는 3 m이다.

ㄴ. C의 질량은 1 kg이다.

ㄷ. q가 B를 당기는 힘의 크기는 0.5초일 때가 2초일 때의 3배이다.

① ㄱ ② ㄷ ③ ㄱ, ㄴ ④ ㄴ, ㄷ ⑤ ㄱ, ㄴ, ㄷ

26

2020학년도 6월 모평 물Ⅰ 15번

그림 (가)는 수평면 위에 있는 물체 A가 물체 B, C에 실 p, q로 연결되어 정지해 있는 모습을 나타낸 것이다. 그림 (나)는 (가)에서 p, q 중 하나가 끊어진 경우, 시간에 따른 A의 속력을 나타낸 것이다. A, B의 질량은 같고 C의 질량은 2 kg이다.

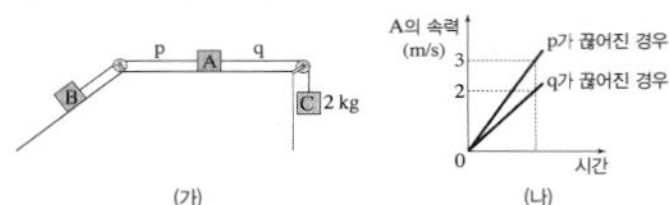

A의 질량은? (단, 실의 질량, 마찰과 공기 저항은 무시한다.)

① 3 kg ② 4 kg ③ 5 kg ④ 6 kg ⑤ 7 kg

01

2020학년도 3월 학평 물I 4번

그림 (가), (나)는 물체 A, B를 실로 연결한 후 가만히 놓았을 때 A, B가 L만큼 이동한 순간의 모습을 나타낸 것이다. (가), (나)에서 A, B가 L만큼 운동하는 데 걸린 시간은 각각 t_1, t_2이다. 질량은 B가 A의 4배이다.

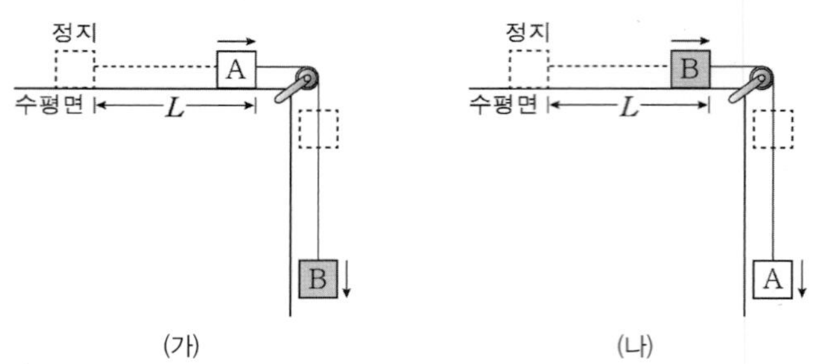

$\frac{t_2}{t_1}$는? (단, 실의 질량, 모든 마찰과 공기 저항은 무시한다.) [3점]

① $\sqrt{2}$ ② 2 ③ $2\sqrt{2}$ ④ 3 ⑤ 4

02

2023학년도  물I 17번

그림 (가)와 같이 물체 A, B, C를 실로 연결하고 A를 점 p에 가만히 놓았더니, 물체가 각각의 빗면에서 등가속도 운동하여 A가 점 q를 속력 $2v$로 지나는 순간 B와 C 사이의 실이 끊어진다. 그림 (나)와 같이 (가) 이후 A와 B는 등속도, C는 등가속도 운동하여, A가 점 r를 속력 $2v$로 지나는 순간 C의 속력은 $5v$가 된다. p와 q 사이, q와 r 사이의 거리는 같다. A, B, C의 질량은 각각 M, m, $2m$이다.

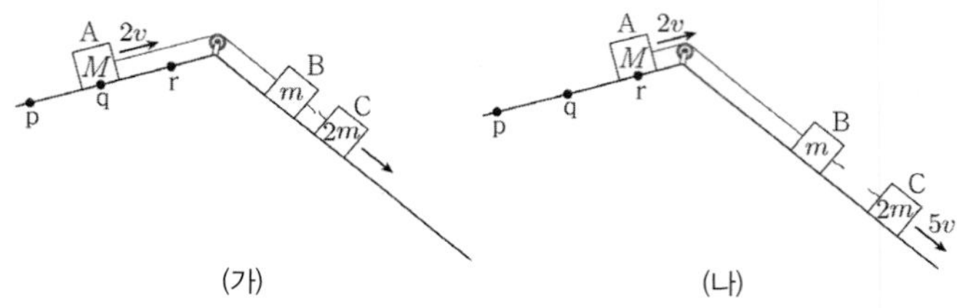

M은? (단, 물체의 크기, 실의 질량, 모든 마찰은 무시한다.)

① $2m$ ② $3m$ ③ $4m$ ④ $5m$ ⑤ $6m$

03

2023학년도 6월 모평 물I 14번

그림 (가)는 물체 A, B, C를 실로 연결하여 수평면의 점 p에서 B를 가만히 놓아 물체가 등가속도 운동하는 모습을, (나)는 (가)의 B가 점 q를 지날 때부터 점 r를 지날 때까지 운동 방향과 반대 방향으로 크기가 $\frac{1}{4}mg$인 힘을 받아 물체가 등가속도 운동하는 모습을 나타낸 것이다. p와 q 사이, q와 r 사이의 거리는 같고, B가 q, r를 지날 때 속력은 각각 $4v$, $5v$이다. A, B, C의 질량은 각각 m, m, M이다.

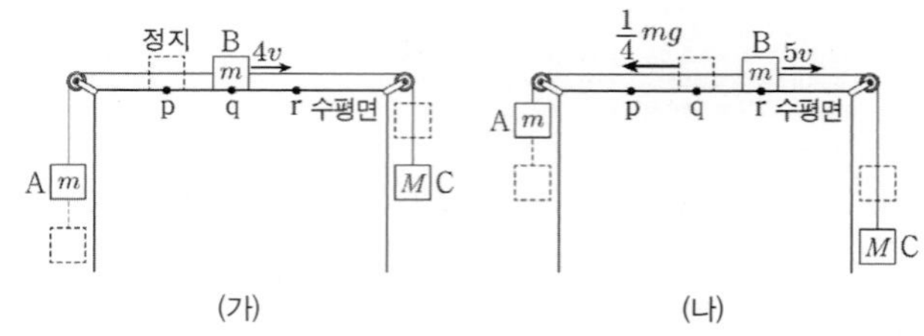

M은? (단, 중력 가속도는 g이고, 물체의 크기, 실의 질량, 모든 마찰은 무시한다.)

① $\frac{4}{3}m$ ② $\frac{7}{5}m$ ③ $\frac{11}{7}m$ ④ $\frac{15}{8}m$ ⑤ $\frac{5}{2}m$

04

2022학년도 6월 모평 물I 13번

그림은 물체 A, B, C, D가 실로 연결되어 가속도의 크기가 a_1인 등가속도 운동을 하고 있는 것을 나타낸 것이다. 실 p를 끊으면 A는 등속도 운동을 하고, 이후 실 q를 끊으면 A는 가속도의 크기가 a_2인 등가속도 운동을 한다. p를 끊은 후 C와, q를 끊은 후 D의 가속도의 크기는 서로 같다. A, B, C, D의 질량은 각각 $4m$, $3m$, $2m$, m이다.

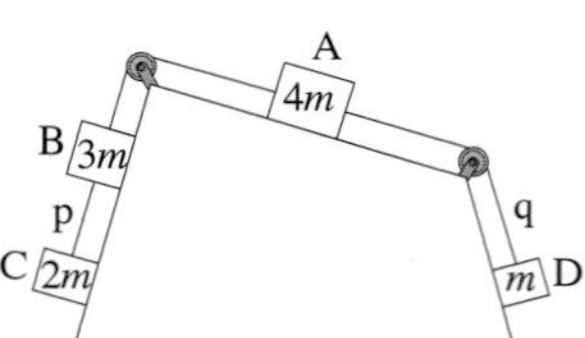

$\frac{a_1}{a_2}$은? (단, 실의 질량 및 모든 마찰은 무시한다.)

① 2 ② $\frac{9}{5}$ ③ $\frac{8}{5}$ ④ $\frac{7}{5}$ ⑤ $\frac{6}{5}$

05

2025학년도 9월 모평 물I 19번

그림 (가)와 같이 질량이 각각 $2m$, m, $3m$인 물체 A, B, C를 실로 연결하고 B를 점 p에 가만히 놓았더니 A, B, C는 등가속도 운동을 한다. 그림 (나)와 같이 B가 점 q를 속력 v_0으로 지나는 순간 B와 C를 연결한 실이 끊어지면, A와 B는 등가속도 운동하여 B가 점 r에서 속력이 0이 된 후 다시 q와 p를 지난다. p, q, r는 수평면상의 점이다.

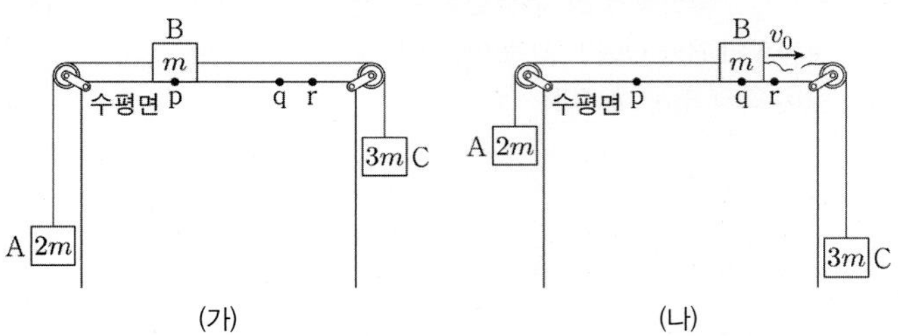

이에 대한 설명으로 옳은 것만을 〈보기〉에서 있는 대로 고른 것은? (단, 중력 가속도는 g이고, 물체의 크기, 실의 질량, 모든 마찰과 공기 저항은 무시한다.) [3점]

〈 보기 〉

ㄱ. (가)에서 B가 p와 q 사이를 지날 때, A에 연결된 실이 A를 당기는 힘의 크기는 $\frac{7}{3}mg$이다.

ㄴ. q와 r 사이의 거리는 $\frac{3v_0^2}{4g}$이다.

ㄷ. (나)에서 B가 p를 지나는 순간 B의 속력은 $\sqrt{5}v_0$이다.

① ㄱ ② ㄷ ③ ㄱ, ㄴ ④ ㄴ, ㄷ ⑤ ㄱ, ㄴ, ㄷ

06

2023학년도 4월 학평 물I 11번

그림 (가)와 같이 물체 A, B, C를 실 p, q로 연결하고 수평면 위의 점 O에서 B를 가만히 놓았더니 물체가 등가속도 운동하여 B의 속력이 v가 된 순간 q가 끊어진다. 그림 (나)와 같이 (가) 이후 A, B가 등가속도 운동하여 B가 O를 $3v$의 속력으로 지난다. A, C의 질량은 각각 $4m$, $5m$이다.

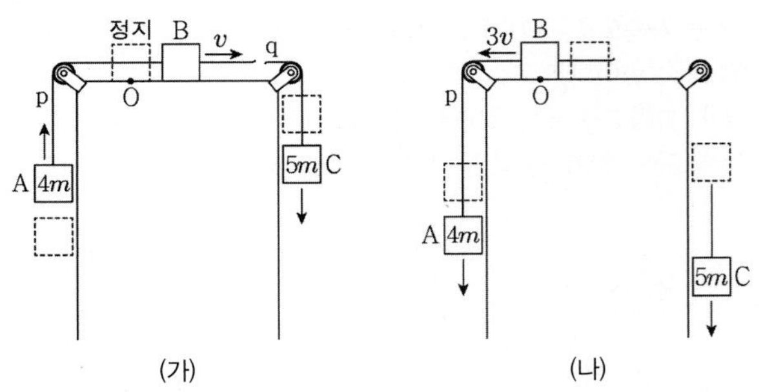

(나)에서 p가 A를 당기는 힘의 크기는? (단, 중력 가속도는 g이고, 물체의 크기, 실의 질량, 마찰은 무시한다.) [3점]

① $\frac{1}{2}mg$ ② $\frac{2}{3}mg$ ③ $\frac{3}{4}mg$ ④ $\frac{4}{5}mg$ ⑤ $\frac{5}{6}mg$

07

2022학년도 4월 학평 물I 10번

그림 (가)는 물체 A와 실로 연결된 물체 B에 수평 방향으로 일정한 힘 F를 작용하여 A, B가 등가속도 운동하는 모습을, (나)는 (가)에서 F를 제거한 후 A, B가 등가속도 운동하는 모습을 나타낸 것이다. A의 가속도의 크기는 (가)에서와 (나)에서가 같고, 실이 B를 당기는 힘의 크기는 (가)에서가 (나)에서의 2배이다. B의 질량은 m이다.

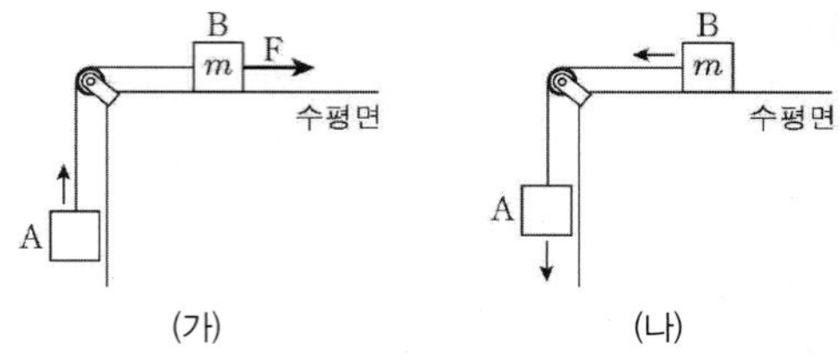

F의 크기는? (단, 중력 가속도는 g이고, 실의 질량, 마찰은 무시한다.)

① mg ② $2mg$ ③ $3mg$ ④ $4mg$ ⑤ $5mg$

08

2024학년도 수능 물I 10번

그림 (가)는 물체 A, B, C를 실로 연결하고 C에 수평 방향으로 크기가 F인 힘을 작용하여 A, B, C가 속력이 증가하는 등가속도 운동을 하는 모습을 나타낸 것이다. 그림 (나)는 (가)에서 B의 속력이 v인 순간 B와 C를 연결한 실이 끊어졌을 때, 실이 끊어진 순간부터 B가 정지한 순간까지 A와 B, C가 각각 등가속도 운동을 하여 d, $4d$만큼 이동한 것을 나타낸 것이다. A의 가속도의 크기는 (나)에서가 (가)에서의 2배이다. B, C의 질량은 각각 m, $3m$이다.

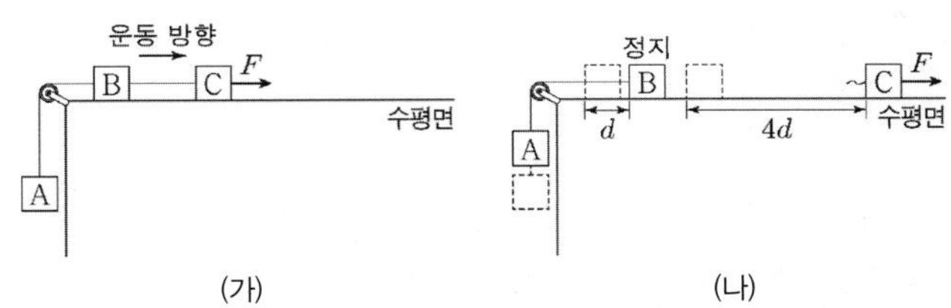

이에 대한 설명으로 옳은 것만을 〈보기〉에서 있는 대로 고른 것은? (단, 중력 가속도는 g이고, 물체는 동일 연직면상에서 운동하며, 물체의 크기, 실의 질량, 공기 저항과 모든 마찰은 무시한다.) [3점]

〈 보기 〉

ㄱ. (나)에서 B가 정지한 순간 C의 속력은 $3v$이다.

ㄴ. A의 질량은 $3m$이다.

ㄷ. F는 $5mg$이다.

① ㄱ ② ㄴ ③ ㄱ, ㄷ ④ ㄴ, ㄷ ⑤ ㄱ, ㄴ, ㄷ

09

2024학년도 5월 학평 물I 11번

그림 (가)와 같이 물체 A, B, C를 실로 연결하고 수평면상의 점 p에서 B를 가만히 놓았더니 물체가 등가속도 운동하여 B가 점 q를 지나는 순간 B와 C 사이의 실이 끊어진다. 그림 (나)는 (가) 이후 A, B가 등가속도 운동하여 B가 점 r에서 속력이 0이 되는 순간을 나타낸 것이다. A, C의 질량은 각각 m, $5m$이고, p와 q사이의 거리는 q와 r 사이의 거리의 $\frac{2}{3}$배이다.

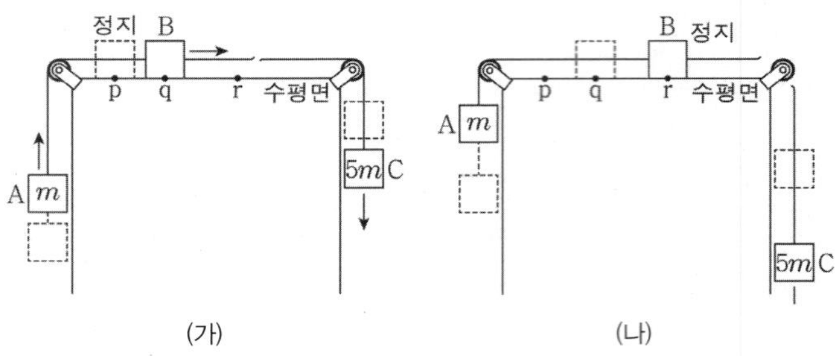

B의 질량은? (단, 물체의 크기, 실의 질량, 마찰은 무시한다.) [3점]

① m ② $2m$ ③ $3m$ ④ $4m$ ⑤ $5m$

10

2019학년도 4월 학평 물I 19번

그림 (가)와 같이 물체 A와 실로 연결된 물체 B에 수평 방향의 일정한 힘 F가 작용하여 A, B가 함께 일정한 속력으로 운동한다. 그림 (나)와 같이 (가)에서 실이 끊어진 후 B에는 F가 계속 작용하고 A, B는 각각 등가속도 운동한다. 실이 끊어진 순간부터 A가 정지한 순간까지 A, B는 각각 s, $4s$만큼 이동한다.

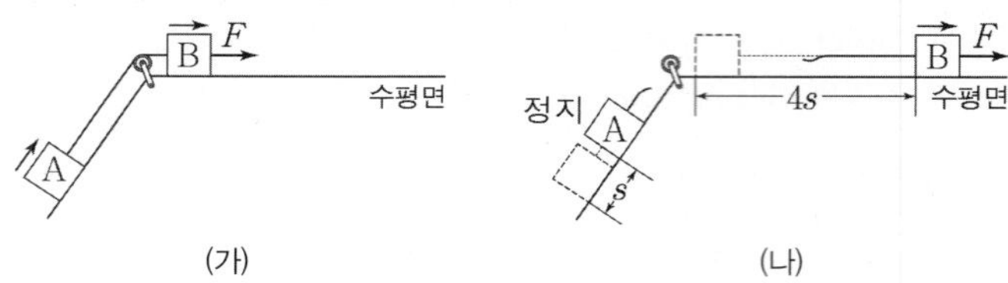

A, B의 질량을 각각 m_A, m_B라 할 때, $\frac{m_B}{m_A}$는? (단, A, B의 크기, 실의 질량, 모든 마찰과 공기 저항은 무시한다.)

① $\frac{1}{2}$ ② $\frac{2}{3}$ ③ 1 ④ $\frac{3}{2}$ ⑤ 2

11

2024학년도 10월 학평 물I 20번

그림은 물체 A, B, C가 실 p, q, r로 연결되어 정지해 있는 모습을 나타낸 것으로, q가 B에 작용하는 힘의 크기는 r이 C에 작용하는 힘의 크기의 $\frac{3}{2}$배이다. r을 끊으면 A, B, C가 등가속도 운동을 하다가 B가 수평면과 나란한 평면 위의 점 O를 지나는 순간 p가 끊어진다. 이후 A, B는 등가속도 운동을 하며, 가속도의 크기는 A가 B의 2배이다. r이 끊어진 순간부터 B가 O에 다시 돌아올 때까지 걸린 시간은 t_0이다. A, C의 질량은 각각 $6m$, m이다.

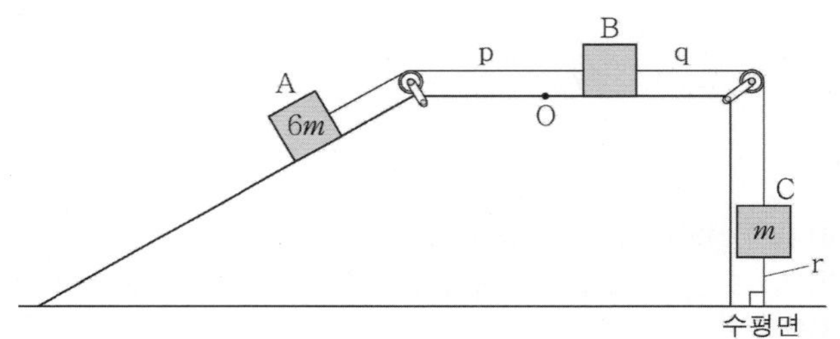

p가 끊어진 순간 C의 속력은? (단, 중력 가속도는 g이고, 물체는 동일 연직면상에서 운동하며, 물체의 크기, 실의 질량, 모든 마찰은 무시한다.) [3점]

① $\frac{1}{9}gt_0$ ② $\frac{1}{11}gt_0$ ③ $\frac{1}{13}gt_0$ ④ $\frac{1}{15}gt_0$ ⑤ $\frac{1}{17}gt_0$

12

2024학년도 9월 모평 물I 8번

그림은 물체 A, B, C가 실 p, q로 연결되어 등속도 운동을 하는 모습을 나타낸 것이다. p를 끊으면, A는 가속도의 크기가 $6a$인 등가속도 운동을, B와 C는 가속도의 크기가 a인 등가속도 운동을 한다. 이후 q를 끊으면, B는 가속도의 크기가 $3a$인 등가속도 운동을 한다. A, C의 질량은 각각 m, $2m$이다.

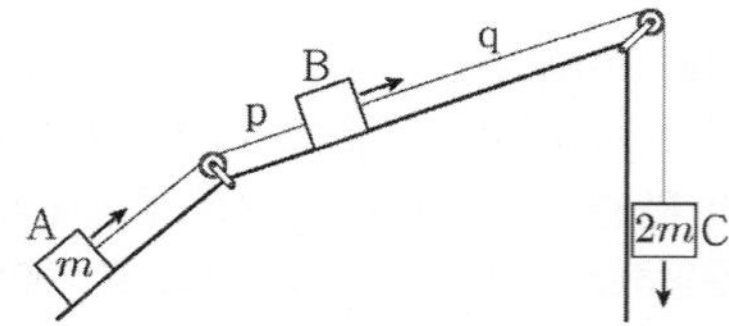

이에 대한 설명으로 옳은 것만을 <보기>에서 있는 대로 고른 것은? (단, 중력 가속도는 g이고, 실의 질량, 모든 마찰과 공기 저항은 무시한다.) [3점]

<보기>

ㄱ. B의 질량은 $4m$이다.

ㄴ. $a=\frac{1}{8}g$이다.

ㄷ. p를 끊기 전, p가 B를 당기는 힘의 크기는 $\frac{2}{3}mg$이다.

① ㄱ ② ㄴ ③ ㄱ, ㄷ ④ ㄴ, ㄷ ⑤ ㄱ, ㄴ, ㄷ

13

2021학년도 4월 학평 물Ⅰ 10번

그림 (가)는 물체 A와 질량이 m인 물체 B를 실로 연결한 후, 손이 A에 연직 아래 방향으로 일정한 힘 F를 가해 A, B가 정지한 모습을 나타낸 것이다. 실이 A를 당기는 힘의 크기는 F의 크기의 3배이다. 그림 (나)는 (가)에서 A를 놓은 순간부터 A, B가 가속도의 크기 $\frac{1}{8}g$로 등가속도 운동을 하는 모습을 나타낸 것이다.

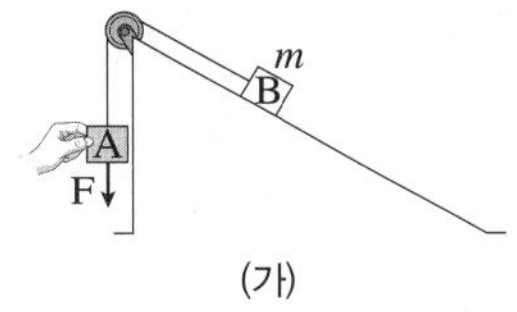

(가)

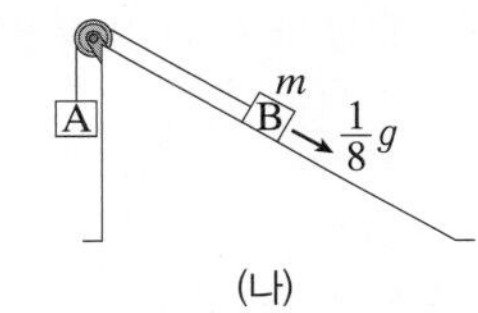

(나)

(나)에서 실이 A를 당기는 힘의 크기는? (단, 중력 가속도는 g이고, 실의 질량, 모든 마찰과 공기 저항은 무시한다.) [3점]

① $\frac{1}{4}mg$ ② $\frac{3}{8}mg$ ③ $\frac{1}{2}mg$ ④ $\frac{5}{8}mg$ ⑤ $\frac{3}{4}mg$

14 대표 문제

2025학년도 6월 모평 물Ⅰ 20번

그림 (가)와 같이 물체 A, B, C가 실로 연결되어 등가속도 운동한다. A, B의 질량은 각각 $3m$, $8m$이고, 실 p가 B를 당기는 힘의 크기는 $\frac{9}{4}mg$이다. 그림 (나)는 (가)에서 A, C의 위치를 바꾸어 연결했을 때 등가속도 운동하는 모습을 나타낸 것이다. B의 가속도의 크기는 (나)에서가 (가)에서의 2배이다.

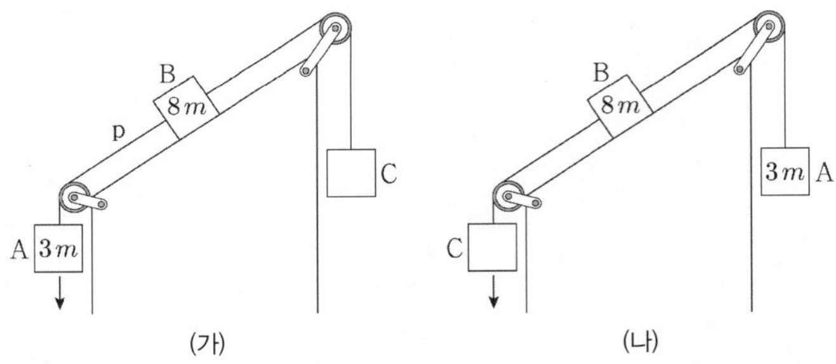

(가) (나)

C의 질량은? (단, 중력 가속도는 g이고, 실의 질량, 모든 마찰은 무시한다.) [3점]

① $4m$ ② $5m$ ③ $6m$ ④ $7m$ ⑤ $8m$

15

2023학년도 3월 학평 물Ⅰ 16번

그림 (가), (나), (다)는 동일한 빗면에서 실로 연결된 물체 A와 B가 운동하는 모습을 나타낸 것이다. A, B의 질량은 각각 m_A, m_B이다. (가)에서 A는 등속도 운동을 하고, (나), (다)에서 A는 가속도의 크기가 각각 $8a$, $17a$인 등가속도 운동을 한다.

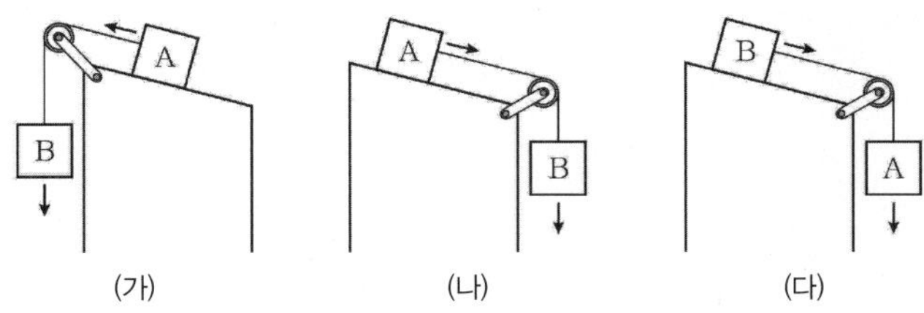

(가) (나) (다)

$m_A : m_B$는? (단, 실의 질량, 모든 마찰은 무시한다.) [3점]

① 1 : 4 ② 2 : 5 ③ 2 : 1 ④ 5 : 2 ⑤ 4 : 1

16

2024학년도 6월  물Ⅰ 5번

그림 (가), (나)와 같이 마찰이 있는 동일한 빗면에 놓인 물체 A가 각각 물체 B, C와 실로 연결되어 서로 반대 방향으로 등가속도 운동을 하고 있다. (가)와 (나)에서 A의 가속도의 크기는 각각 $\frac{1}{6}g$, $\frac{1}{3}g$이고, 가속도의 방향은 운동 방향과 같다. A, B, C의 질량은 각각 $3m$, m, $6m$이고, 빗면과 A 사이에는 크기가 F로 일정한 마찰력이 작용한다.

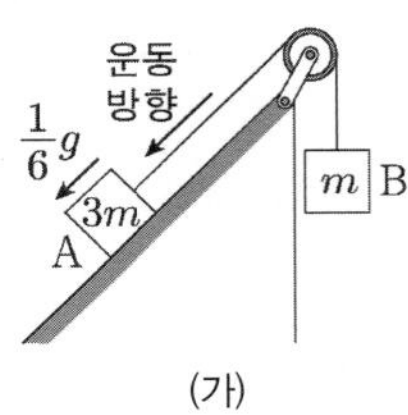

(가)

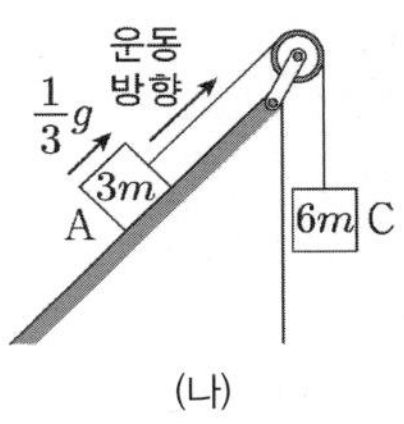

(나)

F는? (단, 중력 가속도는 g이고, 빗면에서의 마찰 외의 모든 마찰과 공기 저항, 실의 질량은 무시한다.) [3점]

① $\frac{1}{3}mg$ ② $\frac{2}{3}mg$ ③ mg ④ $\frac{3}{2}mg$ ⑤ $\frac{5}{2}mg$

17

2023학년도 9월 모평 물Ⅰ 14번

그림 (가)는 질량이 각각 M, m, $4m$인 물체 A, B, C가 빗면과 나란한 실 p, q로 연결되어 정지해 있는 것을, (나)는 (가)에서 물체의 위치를 바꾸었더니 물체가 등가속도 운동하는 것을 나타낸 것이다. (가)에서 p가 B를 당기는 힘의 크기는 $\frac{10}{3}mg$이다.

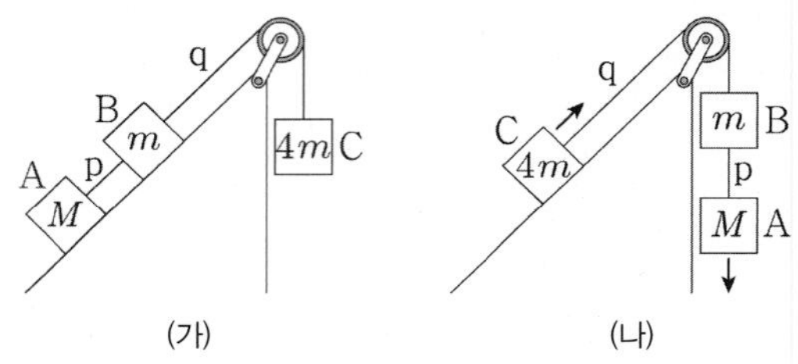

(가) (나)

(나)에서 q가 C를 당기는 힘의 크기는? (단, 중력 가속도는 g이고, 실의 질량 및 모든 마찰은 무시한다.)

① $\frac{13}{3}mg$ ② $4mg$ ③ $\frac{11}{3}mg$ ④ $\frac{10}{3}mg$ ⑤ $3mg$

18

2020학년도 4월 학평 물Ⅰ 20번

그림 (가)와 같이 질량이 각각 $2m$, m, $2m$인 물체 A, B, C가 실로 연결된 채 각각 빗면에서 일정한 속력 v로 운동한다. 그림 (나)는 (가)에서 A가 점 p에 도달하는 순간, A와 B를 연결하고 있던 실이 끊어져 A, B, C가 각각 등가속도 직선 운동하는 모습을 나타낸 것이다. (나)에서 실이 B에 작용하는 힘의 크기는 $\frac{5}{6}mg$이고, 실이 끊어진 순간부터 A가 최고점에 도달할 때까지 C는 d만큼 이동한다.

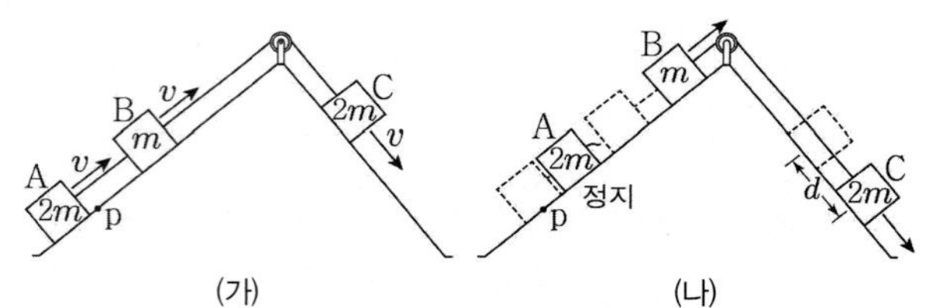

(가) (나)

d는? (단, 중력 가속도는 g이고, 물체의 크기, 실의 질량과 모든 마찰은 무시한다.) [3점]

① $\frac{8v^2}{3g}$ ② $\frac{10v^2}{3g}$ ③ $\frac{4v^2}{g}$ ④ $\frac{14v^2}{3g}$ ⑤ $\frac{16v^2}{3g}$

19

2024학년도 3월 학평 물Ⅰ 14번

그림은 물체 A~D가 실 p, q, r로 연결되어 정지해 있는 모습을 나타낸 것이다. A와 B의 질량은 각각 $2m$, m이고, C와 D의 질량은 같다. p를 끊었을 때, C는 가속도의 크기가 $\frac{2}{9}g$로 일정한 직선 운동을 하고, r이 D를 당기는 힘의 크기는 $\frac{10}{9}mg$이다.

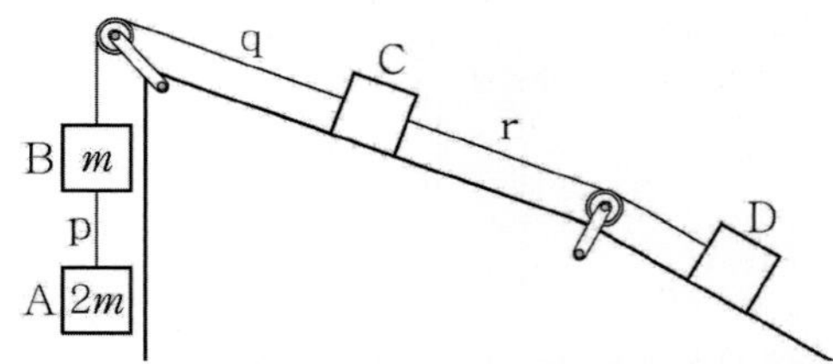

r을 끊었을 때, D의 가속도의 크기는? (단, g는 중력 가속도이고, 실의 질량, 공기 저항, 모든 마찰은 무시한다.) [3점]

① $\frac{2}{5}g$ ② $\frac{1}{2}g$ ③ $\frac{5}{9}g$ ④ $\frac{3}{5}g$ ⑤ $\frac{5}{8}g$

20

2021학년도 7월 학평 물Ⅰ 7번

그림과 같이 빗면 위의 물체 A가 질량 2 kg인 물체 B와 실로 연결되어 등가속도 운동을 한다. 표는 A가 점 p를 통과하는 순간부터 A의 위치를 2초 간격으로 나타낸 것이다. p와 점 q 사이의 거리는 8 m이다.

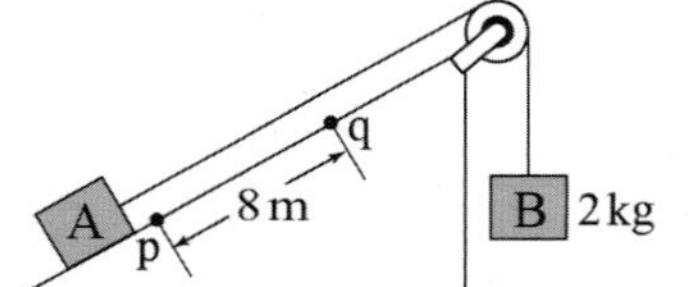

시간	0초	2초	4초
A의 위치	p	q	q

실이 A를 당기는 힘의 크기는? (단, 중력 가속도는 10 m/s^{2}이고, 물체의 크기, 실의 질량, 모든 마찰과 공기 저항은 무시한다.) [3점]

① 16 N ② 20 N ③ 24 N ④ 28 N ⑤ 32 N

21

2022학년도 10월 학평 물Ⅰ 13번

그림과 같이 물체 A 또는 B와 추를 실로 연결하고 물체를 빗면의 점 p에 가만히 놓았더니, 물체가 등가속도 직선 운동하여 점 q를 통과하였다. 추의 질량은 1 kg이다. 표는 물체의 질량, 물체가 p에서 q까지 운동하는 데 걸린 시간과 실이 물체에 작용한 힘의 크기 T를 나타낸 것이다.

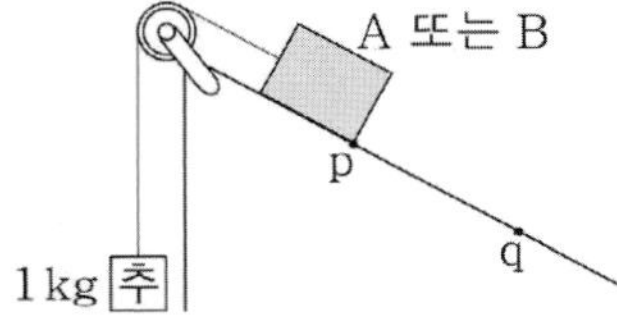

물체	질량	걸린 시간	T
A	3 kg	4초	T_A
B	9 kg	2초	T_B

$T_A : T_B$는? (단, 물체의 크기, 실의 질량, 모든 마찰과 공기 저항은 무시한다.) [3점]

① 1 : 4 ② 2 : 3 ③ 3 : 4
④ 4 : 5 ⑤ 5 : 6

22

2023학년도 7월 학평 물I 8번

그림 (가)는 물체 A, B가 실로 연결되어 서로 다른 빗면에서 속력 v로 등속도 운동하다가 A가 점 p를 지나는 순간 실이 끊어지는 것을 나타낸 것이다. 그림 (나)는 (가) 이후 A와 B가 각각 빗면을 따라 등가속도 운동을 하다가 A가 다시 p에 도달하는 순간 B의 속력이 $4v$인 것을 나타낸 것이다.

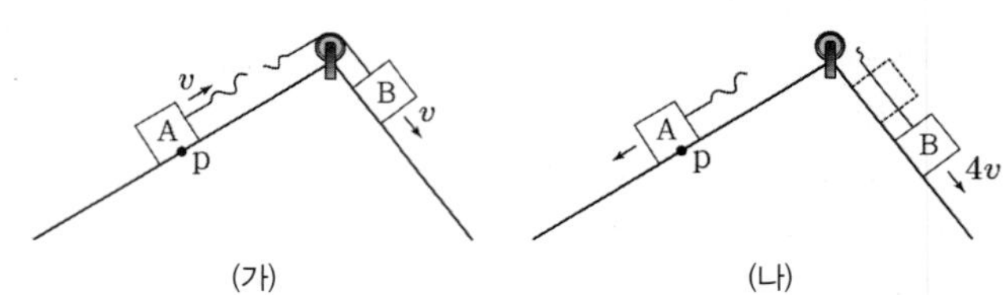

(가) (나)

A, B의 질량을 각각 m_A, m_B라 할 때, $\frac{m_A}{m_B}$는? (단, 물체의 크기, 실의 질량, 모든 마찰은 무시한다.) [3점]

① 2 ② $\frac{3}{2}$ ③ $\frac{4}{3}$ ④ $\frac{5}{4}$ ⑤ $\frac{6}{5}$

23

2023학년도 10월 학평 물I 14번

그림 (가)와 같이 질량이 각각 $7m$, $2m$, 9 kg인 물체 A~C가 실 p, q로 연결되어 2 m/s로 등속도 운동한다. 그림 (나)는 (가)에서 실이 끊어진 순간부터 C의 속력을 시간에 따라 나타낸 것이다. ㉠과 ㉡은 각각 p와 q 중 하나이다.

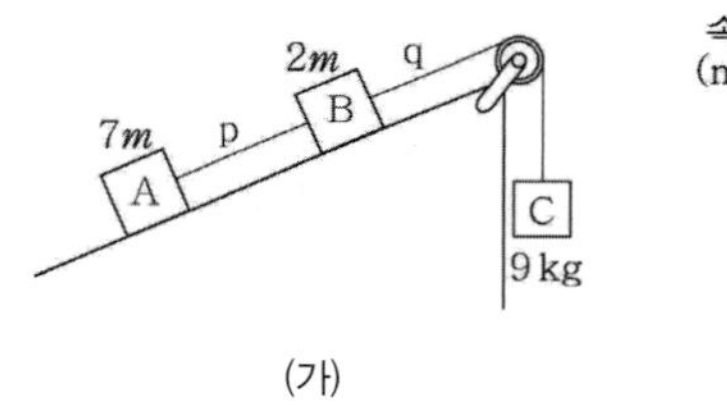

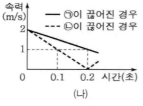

(가)

속력 (m/s) — ㉠이 끊어진 경우, - - - ㉡이 끊어진 경우; 2, 1; 0, 0.1, 0.2 시간(초)

(나)

p가 끊어진 경우, 0.1초일 때 A의 속력은? (단, 중력 가속도는 10 m/s^{2}이고, 실의 질량과 모든 마찰은 무시한다.) [3점]

① 1.6 m/s ② 1.8 m/s ③ 2.2 m/s
④ 2.4 m/s ⑤ 2.6 m/s

24

2021학년도 9월 모평 물I 10번

그림 (가)는 수평면 위의 질량이 $8m$인 수레와 질량이 각각 m인 물체 2개를 실로 연결하고 수레를 잡아 정지한 모습을, (나)는 (가)에서 수레를 가만히 놓은 뒤 시간에 따른 수레의 속도를 나타낸 것이다. 1초일 때, 물체 사이의 실 p가 끊어졌다.

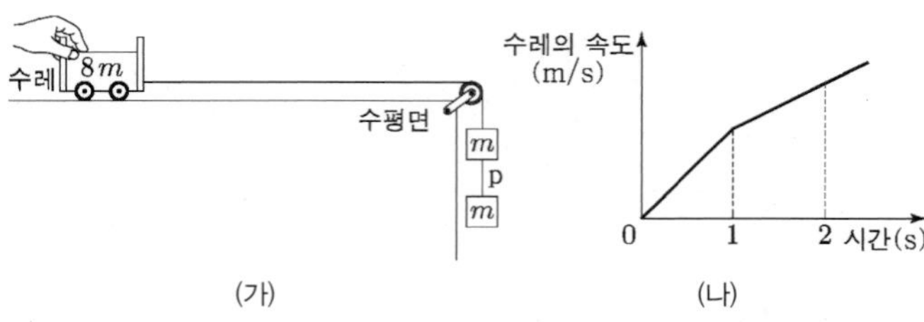

(가) (나)

수레의 운동에 대한 설명으로 옳은 것만을 〈보기〉에서 있는 대로 고른 것은? (단, 중력 가속도는 10 m/s^{2}이고, 실의 질량 및 모든 마찰과 공기 저항은 무시한다.) [3점]

〈 보기 〉

ㄱ. 1초일 때, 수레의 속도의 크기는 1 m/s이다.

ㄴ. 2초일 때, 수레의 가속도의 크기는 $\frac{10}{9}$ m/s^{2}이다.

ㄷ. 0초부터 2초까지 수레가 이동한 거리는 $\frac{32}{9}$ m이다.

① ㄱ ② ㄷ ③ ㄱ, ㄴ ④ ㄴ, ㄷ ⑤ ㄱ, ㄴ, ㄷ

25

2021학년도 10월 학평 물I 12번

그림 (가)와 같이 물체 B와 실로 연결된 물체 A가 시간 $0 \sim 6t$ 동안 수평 방향의 일정한 힘 F를 받아 직선 운동을 하였다. A, B의 질량은 각각 m_A, m_B이다. 그림 (나)는 A, B의 속력을 시간에 따라 나타낸 것으로, $2t$일 때 실이 끊어졌다.

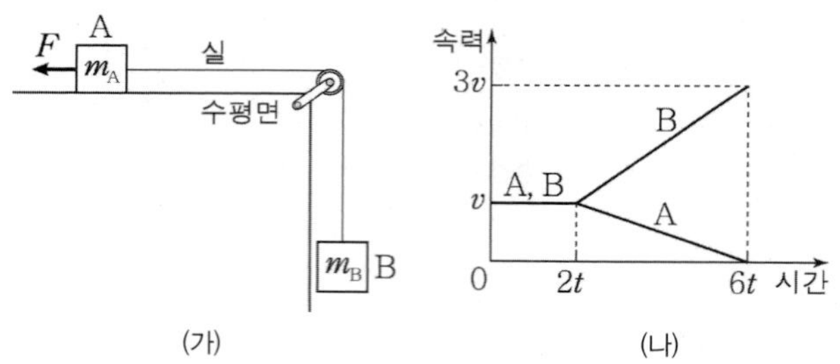

(가) (나)

이에 대한 옳은 설명만을 〈보기〉에서 있는 대로 고른 것은? (단, 실의 질량, 모든 마찰과 공기 저항은 무시한다.) [3점]

〈 보기 〉

ㄱ. t일 때, 실이 A를 당기는 힘의 크기는 $\frac{3m_Bv}{4t}$이다.

ㄴ. t일 때, A의 운동 방향은 F의 방향과 같다.

ㄷ. $m_A = 2m_B$이다.

① ㄴ ② ㄷ ③ ㄱ, ㄴ ④ ㄱ, ㄷ ⑤ ㄴ, ㄷ

26

2020학년도 6월 모평 물I 15번

그림 (가)는 수평면 위에 있는 물체 A가 물체 B, C에 실 p, q로 연결되어 정지해 있는 모습을 나타낸 것이다. 그림 (나)는 (가)에서 p, q 중 하나가 끊어진 경우, 시간에 따른 A의 속력을 나타낸 것이다. A, B의 질량은 같고 C의 질량은 2 kg이다.

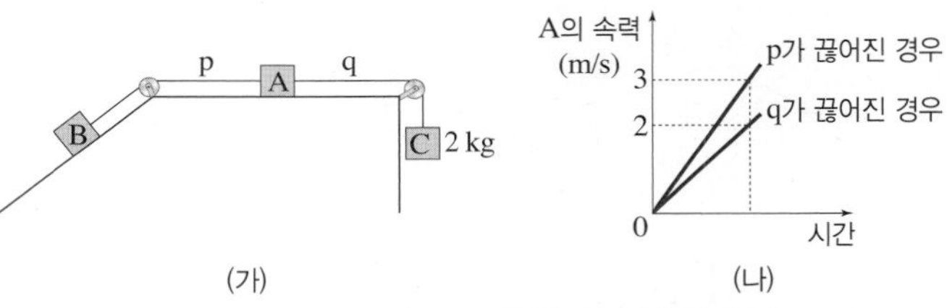

(가) (나)

A의 질량은? (단, 실의 질량, 마찰과 공기 저항은 무시한다.)

① 3 kg ② 4 kg ③ 5 kg ④ 6 kg ⑤ 7 kg

27  문제

2022학년도 9월  물I 13번

그림 (가)는 물체 A, B, C를 실 p, q로 연결하여 C를 손으로 잡아 정지시킨 모습을, (나)는 C를 가만히 놓은 후 시간에 따른 C의 속력을 나타낸 것이다. 1초일 때 p가 끊어졌다. A, B의 질량은 각각 2 kg, 1 kg이다.

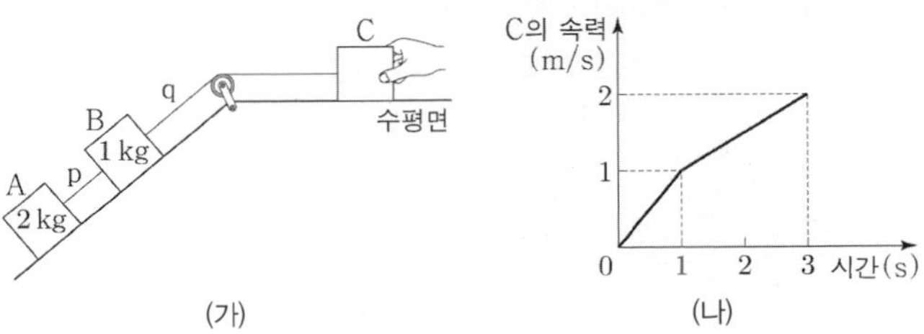

(가) (나)

이에 대한 설명으로 옳은 것만을 〈보기〉에서 있는 대로 고른 것은? (단, 실의 질량, 모든 마찰은 무시한다.)

〈 보기 〉

ㄱ. 1~3초까지 C가 이동한 거리는 3 m이다.

ㄴ. C의 질량은 1 kg이다.

ㄷ. q가 B를 당기는 힘의 크기는 0.5초일 때가 2초일 때의 3배이다.

① ㄱ ② ㄷ ③ ㄱ, ㄴ ④ ㄴ, ㄷ ⑤ ㄱ, ㄴ, ㄷ

28

2024학년도 7월 학평 물I 16번

그림 (가)는 물체 A, B를 실로 연결하고 A를 손으로 잡아 정지시킨 모습을 나타낸 것이다. 그림 (나)는 (가)에서 A를 가만히 놓은 순간부터 A의 속력을 시간에 따라 나타낸 것이다. $4t$일 때 실이 끊어졌다. A, B의 질량은 각각 $3m$, $2m$이다.

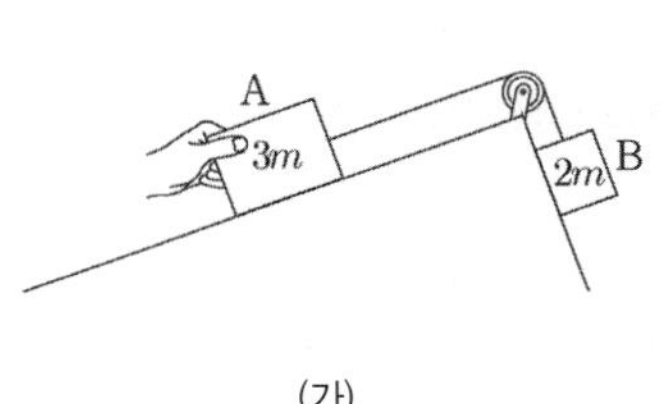

(가)

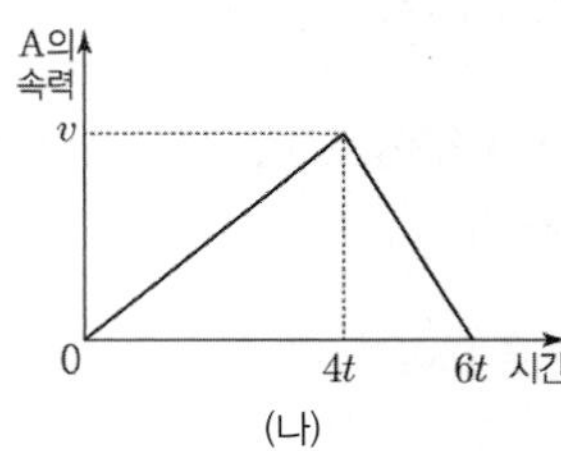

(나)

이에 대한 설명으로 옳은 것만을 〈보기〉에서 있는 대로 고른 것은? (단, 실의 질량, 공기 저항과 모든 마찰은 무시한다.) [3점]

〈 보기 〉

ㄱ. A의 운동 방향은 t일 때와 $5t$일 때가 같다.

ㄴ. $5t$일 때, 가속도의 크기는 B가 A의 $\frac{11}{4}$배이다.

ㄷ. $4t$부터 $6t$까지 B의 이동 거리는 $\frac{19}{4}vt$이다.

① ㄴ ② ㄷ ③ ㄱ, ㄴ ④ ㄱ, ㄷ ⑤ ㄱ, ㄴ, ㄷ

29

2022학년도 7월 학평 물I 3번

그림과 같이 물체 A, B를 실로 연결하고 빗면의 점 p에서 A를 잡고 있다가 가만히 놓았더니 A, B가 등가속도 운동을 하다가 A가 점 q를 지나는 순간 실이 끊어졌다. 이후 A는 등가속도 직선 운동을 하여 다시 p를 지난다. A가 p에서 q까지 6 m 이동하는 데 걸린 시간은 3초이고, q에서 p까지 6 m 이동하는 데 걸린 시간은 1초이다. A와 B의 질량은 각각 m_A, m_B이다.

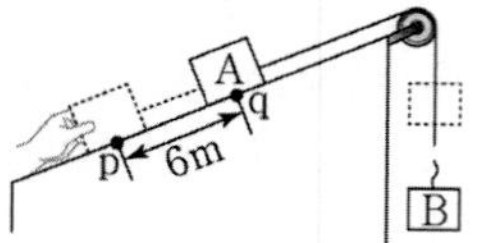

$\frac{m_A}{m_B}$는? (단, 중력 가속도는 $10\ m/s^2$이고, 실의 질량, A와 B의 크기, 모든 마찰과 공기 저항은 무시한다.) [3점]

① $\frac{1}{8}$ ② $\frac{3}{10}$ ③ $\frac{1}{2}$ ④ $\frac{13}{10}$ ⑤ $\frac{13}{8}$

30

2022학년도 3월 학평 물I 15번

그림 (가)는 물체 A, B, C를 실 p, q로 연결하고 C를 손으로 잡아 정지시킨 모습을, (나)는 (가)에서 C를 가만히 놓은 순간부터 C의 속력을 시간에 따라 나타낸 것이다. A, C의 질량은 각각 m, $2m$이고, p와 q는 각각 2초일 때와 3초일 때 끊어진다.

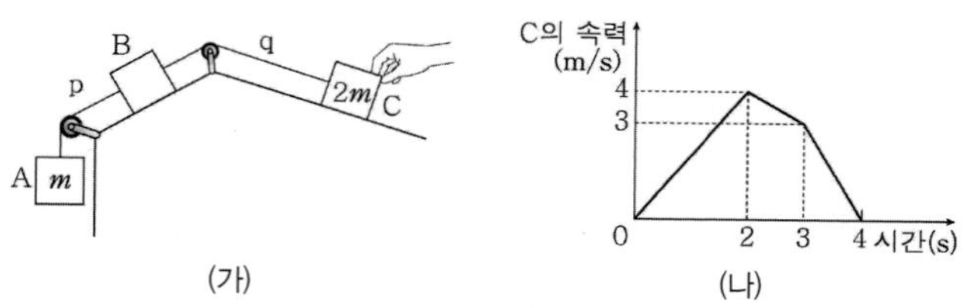

(가) (나)

4초일 때 B의 속력은? (단, 중력 가속도는 $10\ m/s^2$이고, 실의 질량 및 모든 마찰과 공기 저항은 무시한다.) [3점]

① 4 m/s ② 5 m/s ③ 6 m/s
④ 7 m/s ⑤ 8 m/s

31

2025학년도 수능 물I 18번

그림 (가)는 물체 A, B, C를 실 p, q로 연결하고 A에 수평 방향으로 일정한 힘 20 N을 작용하여 물체가 등가속도 운동하는 모습을, (나)는 (가)에서 A에 작용하는 힘 20 N을 제거한 후, 물체가 등가속도 운동하는 모습을 나타낸 것이다. (가)와 (나)에서 물체의 가속도의 크기는 a로 같다. p가 B를 당기는 힘의 크기와 q가 B를 당기는 힘의 크기의 비는 (가)에서 2 : 3이고, (나)에서 2 : 9이다.

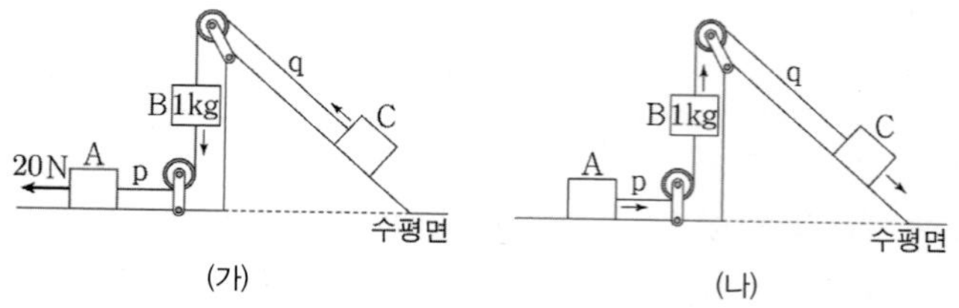

(가) (나)

이에 대한 설명으로 옳은 것만을 〈보기〉에서 있는 대로 고른 것은? (단, 중력 가속도는 $10\ m/s^2$이고, 물체는 동일 연직면상에서 운동하며, 실의 질량, 공기 저항과 모든 마찰은 무시한다.) [3점]

〈 보기 〉

ㄱ. p가 A를 당기는 힘의 크기는 (가)에서가 (나)에서의 5배이다.

ㄴ. $a = \frac{5}{3}\ m/s^2$이다.

ㄷ. C의 질량은 4 kg이다.

① ㄱ ② ㄷ ③ ㄱ, ㄴ ④ ㄴ, ㄷ ⑤ ㄱ, ㄴ, ㄷ

2026학년도 수능 시간표

교시	시험 영역	시험 시간(소요 시간)	
		입실 완료 시간 08 : 10까지	
1	국어	08 : 40~10 : 00 (80분)	
		휴식 10 : 00~10 : 20 (20분)	
2	수학	10 : 30~12 : 10 (100분)	
		중식 12 : 10~13 : 00 (50분)	
3	영어	13 : 10~14 : 20 (70분)	
		휴식 14 : 20~14 : 40 (20분)	
4	한국사, 사회/과학/직업 탐구	14 : 50~16 : 37 (107분)	
		한국사	14 : 50~15 : 20 (30분)
		사회/과학/직업 탐구 **선택1**	15 : 35~16 : 05 (30분)
		사회/과학/직업 탐구 **선택2**	16 : 07~16 : 37 (30분)
		휴식 16 : 37~16 : 55 (18분)	
5	제2외국어/ 한문	17 : 05~17 : 45 (40분)	

- 한국사 영역은 4교시 첫 시간에 실시되며, 문항 수는 20문항이고 시험 시간은 30분임.
- 4교시 탐구 영역은 선택과목별 시험이 종료된 후(30분 간격) 2분 내에 해당 과목의 문제지를 회수함.
- 탐구 영역 응시 순서는 응시원서에 명기된 탐구 영역별 과목의 순서에 따라 응시해야 함.

6 일차

한눈에 정리하는 평가원 기출 경향

주제 \ 학년도	2025	2024
충격량		

빈출 운동량 보존

2025

44 2025학년도 수능 물I 10번

그림 (가)는 마찰이 없는 수평면에서 물체 A가 정지해 있는 물체 B, C를 향해 속력 $4v$로 등속도 운동하는 모습을 나타낸 것이다. A는 정지해 있는 B와 충돌한 후 충돌 전과 같은 방향으로 속력 $2v$로 등속도 운동한다. 그림 (나)는 B의 속도를 시간에 따라 나타낸 것이다. A, C의 질량은 각각 $4m$, $5m$이다.

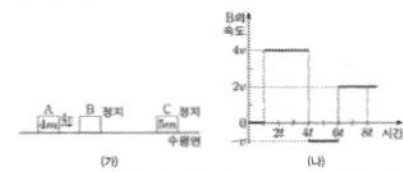

이에 대한 설명으로 옳은 것만을 〈보기〉에서 있는 대로 고른 것은? (단, 물체는 동일 직선상에서 운동하고, 물체의 크기는 무시한다.)

〈보기〉
ㄱ. B의 질량은 $2m$이다.
ㄴ. $5t$일 때, C의 속력은 $2v$이다.
ㄷ. A와 C 사이의 거리는 $8t$일 때가 $7t$일 때보다 $2vt$만큼 크다.

① ㄱ ② ㄷ ③ ㄱ, ㄴ ④ ㄴ, ㄷ ⑤ ㄱ, ㄴ, ㄷ

12 2025학년도 9월 모평 물I 12번

그림 (가)는 마찰이 없는 수평면에서 물체 A가 정지해 있는 물체 B를 향해 속력 v로 등속도 운동하는 모습을 나타낸 것이다. 그림 (나)는 (가)의 A와 B가 $x=2d$에서 충돌한 후 각각 등속도 운동하여, A가 $x=d$를 지나는 순간 B가 $x=4d$를 지나는 모습을 나타낸 것이다. 이후, B는 정지해 있던 물체 C와 $x=6d$에서 충돌하여, B와 C가 한 덩어리로 $+x$방향으로 속력 $\frac{1}{3}v$로 등속도 운동을 한다. B, C의 질량은 각각 $2m$, m이다.

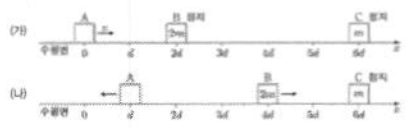

A의 질량은? (단, 물체의 크기는 무시하고, A, B, C는 동일 직선상에서 운동한다.) [3점]

① m ② $\frac{4}{5}m$ ③ $\frac{3}{5}m$ ④ $\frac{2}{5}m$ ⑤ $\frac{1}{5}m$

06 2025학년도 6월 모평 물I 11번

다음은 충돌하는 두 물체의 운동량에 대한 실험이다.

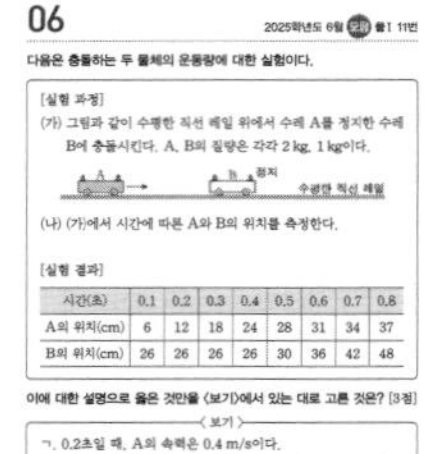

[실험 과정]
(가) 그림과 같이 수평한 직선 레일 위에서 수레 A를 정지한 수레 B에 충돌시킨다. A, B의 질량은 각각 2 kg, 1 kg이다.
(나) (가)에서 시간에 따른 A와 B의 위치를 측정한다.

[실험 결과]

시간(초)	0.1	0.2	0.3	0.4	0.5	0.6	0.7	0.8
A의 위치(cm)	6	12	18	24	28	31	34	37
B의 위치(cm)	26	26	26	26	30	36	42	48

이에 대한 설명으로 옳은 것만을 〈보기〉에서 있는 대로 고른 것은? [3점]

〈보기〉
ㄱ. 0.2초일 때, A의 속력은 0.4 m/s이다.
ㄴ. 0.5초일 때, A와 B의 운동량의 합은 크기가 1.2 kg·m/s이다.
ㄷ. 0.7초일 때, A와 B의 운동량은 크기가 같다.

① ㄱ ② ㄷ ③ ㄱ, ㄴ ④ ㄴ, ㄷ ⑤ ㄱ, ㄴ, ㄷ

2024

43 2024학년도 수능 물I 8번

그림 (가)는 마찰이 없는 수평면에서 정지한 물체 A 위에 물체 D와 용수철을 넣어 압축시킨 물체 B, C를 올려놓고 B와 C를 동시에 가만히 놓았더니, 정지해 있던 B와 C가 분리되어 각각 등속도 운동을 하는 모습을 나타낸 것이다. 그림 (나)는 (가)에서 먼저 C가 D와 충돌하여 한 덩어리가 되어 속력 v로 등속도 운동을 하고, 이후 B가 A와 충돌하여 한 덩어리가 되어 등속도 운동을 하는 모습을 나타낸 것이다. A, B, C, D의 질량은 각각 $5m$, $2m$, m, m이다.

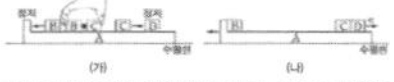

이에 대한 설명으로 옳은 것만을 〈보기〉에서 있는 대로 고른 것은? (단, 물체는 동일 연직면상에서 운동하고, 용수철의 질량은 무시하며, A의 윗면은 마찰이 없고 수평면과 나란하다.) [3점]

〈보기〉
ㄱ. (가)에서 B와 C가 용수철에서 분리된 직후 운동량의 크기는 B와 C가 같다.
ㄴ. (가)에서 B와 C가 용수철에서 분리된 직후 B의 속력은 v이다.
ㄷ. (나)에서 한 덩어리가 된 A와 B의 속력은 $\frac{2}{5}v$이다.

① ㄱ ② ㄷ ③ ㄱ, ㄴ ④ ㄴ, ㄷ ⑤ ㄱ, ㄴ, ㄷ

18 대표 문제 2024학년도 6월 모평 물I 19번

그림 (가)와 같이 마찰이 없는 수평면에서 물체 A, B, C가 등속도 운동을 한다. A, B, C의 운동량의 크기는 각각 $4p$, $4p$, p이다. 그림 (나)는 A와 B 사이의 거리(S_{AB}), B와 C 사이의 거리(S_{BC})를 시간 t에 따라 나타낸 것이다.

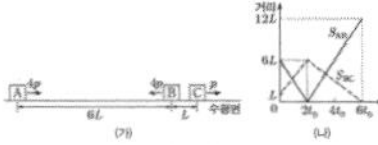

이에 대한 설명으로 옳은 것만을 〈보기〉에서 있는 대로 고른 것은? (단, A, B, C는 동일 직선상에서 운동하고, 물체의 크기는 무시한다.) [3점]

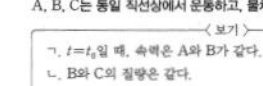

〈보기〉
ㄱ. $t=t_0$일 때, 속력은 A와 B가 같다.
ㄴ. B와 C의 질량은 같다.
ㄷ. $t=4t_0$일 때, B의 운동량의 크기는 $4p$이다.

① ㄱ ② ㄷ ③ ㄱ, ㄴ ④ ㄴ, ㄷ ⑤ ㄱ, ㄴ, ㄷ

08 대표 문제 2024학년도 9월 모평 물I 17번

그림 (가)와 같이 마찰이 없는 수평면에서 물체 A와 B 사이에 용수철을 넣어 압축시킨 후 A와 B를 동시에 가만히 놓았더니, 정지해 있던 A와 B가 분리되어 등속도 운동을 하는 물체 C, D를 향해 등속도 운동을 한다. 이때 C, D의 속력은 각각 $2v$, v이고, 운동 에너지는 C가 B의 2배이다. 그림 (나)는 (가)에서 물체가 충돌하여 A와 C는 정지하고, B와 D는 한 덩어리가 되어 속력 $\frac{1}{3}v$로 등속도 운동을 하는 모습을 나타낸 것이다.

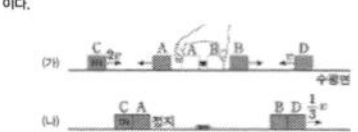

C의 질량이 m일 때, D의 질량은? (단, 물체는 동일 직선상에서 운동하고, 용수철의 질량은 무시한다.) [3점]

① $\frac{1}{2}m$ ② m ③ $\frac{3}{2}m$ ④ $2m$ ⑤ $\frac{5}{2}m$

빈출 운동량과 충격량

2025

45 2025학년도 수능 물I 6번

그림 (가)는 수평면에서 물체가 벽을 향해 등속도 운동하는 모습을 나타낸 것이다. 물체는 벽과 충돌한 후 반대 방향으로 등속도 운동하고, 마찰 구간을 지난 후 등속도 운동한다. 그림 (나)는 물체의 속도를 시간에 따라 나타낸 것으로, 물체는 벽과 충돌하는 과정에서 t_0 동안 힘을 받고, 마찰 구간에서 $2t_0$ 동안 힘을 받는다. 마찰 구간에서 물체가 운동 방향과 반대 방향으로 받은 평균 힘의 크기는 F이다.

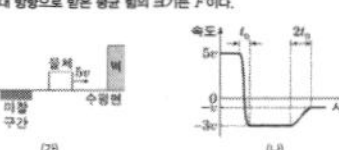

벽과 충돌하는 동안 물체가 벽으로부터 받은 평균 힘의 크기는? (단, 마찰 구간 외의 모든 마찰은 무시한다.) [3점]

① $2F$ ② $4F$ ③ $6F$ ④ $8F$ ⑤ $10F$

26 2025학년도 9월 모평 물I 10번

다음은 수레를 이용한 충격량에 대한 실험이다.

[실험 과정]
(가) 그림과 같이 속도 측정 장치, 힘 센서를 수평면상의 마찰이 없는 레일과 수직하게 설치한다.
(나) 레일 위에서 질량이 0.5 kg인 수레 A가 일정한 속도로 운동하여 고정된 힘 센서에 충돌하게 한다.
(다) 속도 측정 장치를 이용하여 충돌 직전과 직후 A의 속도를 측정한다.
(라) 충돌 과정에서 힘 센서로 측정한 시간에 따른 힘 그래프를 통해 충돌 시간을 구한다.
(마) A를 질량이 1.0 kg인 수레 B로 바꾸어 (나)~(라)를 반복한다.

[실험 결과]

수레	질량(kg)	속도(m/s)		충돌 시간(s)
		충돌 직전	충돌 직후	
A	0.5	0.4	−0.2	0.02
B	1.0	0.4	−0.1	0.05

※ 충돌 시간: 수레가 힘 센서로부터 힘을 받는 시간

이에 대한 설명으로 옳은 것만을 〈보기〉에서 있는 대로 고른 것은? [3점]

〈보기〉
ㄱ. 충돌 직전 운동량의 크기는 A가 B보다 작다.
ㄴ. 충돌하는 동안 힘 센서로부터 받은 충격량의 크기는 A가 B보다 크다.
ㄷ. 충돌하는 동안 힘 센서로부터 받은 평균 힘의 크기는 A가 B보다 작다.

① ㄱ ② ㄴ ③ ㄱ, ㄷ ④ ㄴ, ㄷ ⑤ ㄱ, ㄴ, ㄷ

28 2025학년도 6월 모평 물I 14번

그림 (가)와 같이 질량이 같은 두 물체 A, B를 빗면에서 높이가 각각 $4h$, h인 지점에 가만히 놓았더니, 각각 벽과 충돌한 후 반대 방향으로 운동하여 높이 h에서 속력이 0이 되었다. 그림 (나)는 A, B가 벽과 충돌하는 동안 벽으로부터 받은 힘의 크기를 시간에 따라 나타낸 것이다.

이에 대한 설명으로 옳은 것만을 〈보기〉에서 있는 대로 고른 것은? (단, 물체의 크기, 모든 마찰과 공기 저항은 무시한다.) [3점]

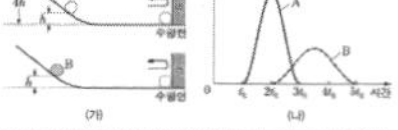

〈보기〉
ㄱ. A의 운동량의 크기는 충돌 직전이 충돌 직후의 2배이다.
ㄴ. (나)에서 곡선과 시간 축이 만드는 면적은 A가 B의 $\frac{3}{2}$배이다.
ㄷ. 충돌하는 동안 벽으로부터 받은 평균 힘의 크기는 A가 B의 2배이다.

① ㄱ ② ㄷ ③ ㄱ, ㄴ ④ ㄴ, ㄷ ⑤ ㄱ, ㄴ, ㄷ

2024

42 2024학년도 수능 물I 7번

그림 (가)와 같이 마찰이 없는 수평면에서 등속도 운동을 하던 수레가 벽과 충돌한 후, 충돌 전과 반대 방향으로 등속도 운동을 한다. 그림 (나)는 수레의 속도와 수레가 벽으로부터 받은 힘의 크기를 시간 t에 따라 나타낸 것이다. 수레와 벽이 충돌하는 0.4초 동안 힘의 크기를 나타낸 곡선과 시간 축이 만드는 면적은 10 N·s이다.

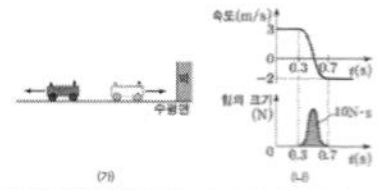

이에 대한 설명으로 옳은 것만을 〈보기〉에서 있는 대로 고른 것은?

〈보기〉
ㄱ. 충돌 전후 수레의 운동량 변화량의 크기는 10 kg·m/s이다.
ㄴ. 수레의 질량은 2 kg이다.
ㄷ. 충돌하는 동안 벽이 수레에 작용한 평균 힘의 크기는 40 N이다.

① ㄱ ② ㄷ ③ ㄱ, ㄴ ④ ㄴ, ㄷ ⑤ ㄱ, ㄴ, ㄷ

41 대표 문제 2024학년도 6월 모평 물I 7번

그림 (가)와 같이 마찰이 없는 수평면에서 v_0의 속력으로 등속도 운동을 하던 물체 A, B가 벽과 충돌한 후, 충돌 전과 반대 방향으로 각각 v_0, $\frac{1}{2}v_0$의 속력으로 등속도 운동을 한다. 그림 (나)는 A, B가 충돌하는 동안 벽으로부터 받은 힘의 크기를 시간에 따라 나타낸 것이다. A, B의 질량은 각각 $2m$, m이고, 충돌 시간은 각각 t_0, $3t_0$이다.

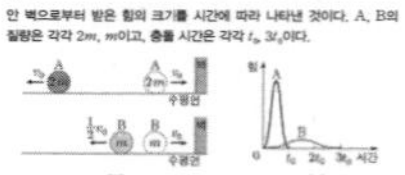

이에 대한 설명으로 옳은 것만을 〈보기〉에서 있는 대로 고른 것은?

〈보기〉
ㄱ. A가 충돌하는 동안 벽으로부터 받은 충격량의 크기는 $4mv_0$이다.
ㄴ. (나)에서 B의 곡선과 시간 축이 만드는 면적은 $\frac{1}{2}mv_0$이다.
ㄷ. 충돌하는 동안 벽으로부터 받은 평균 힘의 크기는 A가 B의 8배이다.

① ㄱ ② ㄴ ③ ㄱ, ㄴ ④ ㄱ, ㄷ ⑤ ㄴ, ㄷ

33 2024학년도 9월 모평 물I 10번

그림 (가)의 Ⅰ~Ⅲ과 같이 마찰이 없는 수평면에서 운동량의 크기가 p로 같은 물체 A, B가 서로를 향해 등속도 운동을 하다가 충돌한 후 각각 등속도 운동을 하고, 이후 B는 벽과 충돌한 후 운동량의 크기가 $\frac{1}{3}p$인 등속도 운동을 한다. 그림 (나)는 (가)에서 B가 받은 힘의 크기를 시간에 따라 나타낸 것이다. B와 A, B와 벽의 충돌 시간은 각각 T, $2T$이고, 곡선과 시간 축이 만드는 면적은 각각 $2S$, S이다. A, B의 질량은 각각 m, $2m$이다.

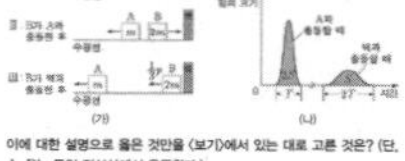

이에 대한 설명으로 옳은 것만을 〈보기〉에서 있는 대로 고른 것은? (단, A, B는 동일 직선상에서 운동한다.)

〈보기〉
ㄱ. B가 받은 평균 힘의 크기는 A와 충돌하는 동안과 벽과 충돌하는 동안이 같다.
ㄴ. Ⅱ에서 B의 운동량의 크기는 $\frac{1}{3}p$이다.
ㄷ. Ⅲ에서 물체의 속력은 A가 B의 2배이다.

① ㄱ ② ㄴ ③ ㄷ ④ ㄱ, ㄴ ⑤ ㄴ, ㄷ

2023

22

2023학년도 물Ⅰ 16번

그림 (가)와 같이 수평면에서 벽 p와 q 사이의 거리가 8 m인 물체 A가 4 m/s의 속력으로 등속도 운동하고, 물체 B가 p와 q 사이에서 등속도 운동한다. 그림 (나)는 p와 B 사이의 거리를 시간에 따라 나타낸 것이다. B는 1초일 때와 3초일 때 각각 q와 p에 충돌한다. 3초 이후 A는 5 m/s의 속력으로 등속도 운동한다.

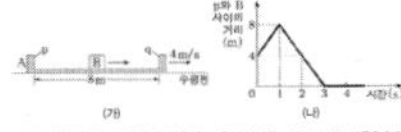

이에 대한 설명으로 옳은 것만을 〈보기〉에서 있는 대로 고른 것은? (단, A와 B는 동일 직선상에서 운동하며, 벽과 B의 크기, 모든 마찰은 무시한다.) [3점]

〈보기〉

ㄱ. 질량은 A가 B의 3배이다.
ㄴ. 2초일 때, A의 속력은 6 m/s이다.
ㄷ. 2초일 때, 운동 방향은 A와 B가 같다.

① ㄱ ② ㄴ ③ ㄱ, ㄷ ④ ㄴ, ㄷ ⑤ ㄱ, ㄴ, ㄷ

19

2023학년도 9월 물Ⅰ 13번

그림 (가)와 같이 마찰이 없는 수평면에서 운동량의 크기가 각각 $2p$, p, p인 물체 A, B, C가 각각 $+x$, $+x$, $-x$ 방향으로 동일 직선상에서 등속도 운동한다. 그림 (나)는 (가)에서 A와 C의 위치를 시간에 따라 나타낸 것이다. B와 C의 질량은 같다.

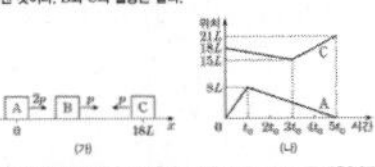

이에 대한 설명으로 옳은 것만을 〈보기〉에서 있는 대로 고른 것은? (단, 물체의 크기는 무시한다.) [3점]

〈보기〉

ㄱ. 질량은 C가 A의 4배이다.
ㄴ. $2t_0$일 때, B의 운동량의 크기는 $\frac{7}{2}p$이다.
ㄷ. $4t_0$일 때, 속력은 C가 B의 5배이다.

① ㄱ ② ㄷ ③ ㄱ, ㄴ ④ ㄴ, ㄷ ⑤ ㄱ, ㄴ, ㄷ

13

2023학년도 6월 물Ⅰ 13번

그림과 같이 수평면의 일직선상에서 물체 A, B가 각각 속력 $4v$, v로 등속도 운동하고 물체 C는 정지해 있다. A와 B는 충돌하여 한 덩어리가 되어 속력 $3v$로 등속도 운동한다. 한 덩어리가 된 A, B와 C는 충돌하여 한 덩어리가 되어 속력 v로 등속도 운동한다.

B, C의 질량을 각각 m_B, m_C라 할 때, $\frac{m_C}{m_B}$는? [3점]

① 3 ② 4 ③ 5 ④ 6 ⑤ 7

40

2023학년도 물Ⅰ 9번

그림 (가)는 $+x$ 방향으로 속력 v로 등속도 운동하던 물체 A가 구간 P를 지난 후 속력 $2v$로 등속도 운동하는 것을, (나)는 $+x$ 방향으로 속력 $3v$로 등속도 운동하던 물체 B가 P를 지난 후 속력 v_B로 등속도 운동하는 것을 나타낸 것이다. A, B는 질량이 같고, P에서 같은 크기의 일정한 힘을 $+x$ 방향으로 받는다.

이에 대한 설명으로 옳은 것만을 〈보기〉에서 있는 대로 고른 것은? (단, 물체의 크기는 무시한다.)

〈보기〉

ㄱ. P를 지나는 데 걸리는 시간은 A가 B보다 크다.
ㄴ. 물체가 받은 충격량의 크기는 (가)에서가 (나)에서보다 크다.
ㄷ. $v_B=4v$이다.

① ㄱ ② ㄷ ③ ㄱ, ㄴ ④ ㄴ, ㄷ ⑤ ㄱ, ㄴ, ㄷ

27 대표 문제

2023학년도 9월 물Ⅰ 8번

그림 (가)와 같이 마찰이 없는 수평면에 물체 A~D가 정지해 있고, B와 C는 압축된 용수철에 접촉되어 있다. 그림 (나)는 (가)에서 B, C를 동시에 가만히 놓았더니 A와 B, C와 D가 각각 한 덩어리로 등속도 운동하는 모습을 나타낸 것이다. A, B, C, D의 질량은 각각 m, $2m$, $3m$, m이다.

충돌하는 동안 A, D가 각각 B, C에 작용하는 충격량의 크기를 I_1, I_2라 할 때, $\frac{I_1}{I_2}$은? (단, 용수철의 질량은 무시한다.)

① 1 ② $\frac{4}{3}$ ③ $\frac{3}{2}$ ④ 2 ⑤ $\frac{9}{4}$

30

2023학년도 6월 물Ⅰ 9번

그림 (가)는 수평면에서 질량이 각각 2 kg, 3 kg인 물체 A, B가 각각 6 m/s, 3 m/s의 속력으로 등속도 운동하는 모습을 나타낸 것이다. 그림 (나)는 A와 B가 충돌하는 동안 A가 B에 작용한 힘의 크기를 시간에 따라 나타낸 것이다. 곡선과 시간 축이 만드는 면적은 6 N·s이다.

충돌 후, 등속도 운동하는 A, B의 속력을 각각 v_A, v_B라 할 때, $\frac{v_B}{v_A}$는? (단, A와 B는 동일 직선상에서 운동한다.)

① $\frac{4}{3}$ ② $\frac{3}{2}$ ③ $\frac{5}{3}$ ④ 2 ⑤ $\frac{5}{2}$

2022~2019

02 대표 문제

2022학년도 6월 물Ⅰ 5번

그림 A, B, C는 충격량과 관련된 예를 나타낸 것이다.

A. 라켓으로 공을 친다. B. 충돌할 때 에어백이 펴진다. C. 활시위를 당겨 화살을 쏜다.

이에 대한 설명으로 옳은 것만을 〈보기〉에서 있는 대로 고른 것은?

〈보기〉

ㄱ. A에서 라켓의 속력을 더 크게 하여 공을 치면 공이 라켓으로부터 받는 충격량이 커진다.
ㄴ. B에서 에어백은 탑승자가 받는 평균 힘을 감소시킨다.
ㄷ. C에서 활시위를 더 당기면 활시위를 떠날 때 화살의 운동량이 커진다.

① ㄱ ② ㄷ ③ ㄱ, ㄴ ④ ㄴ, ㄷ ⑤ ㄱ, ㄴ, ㄷ

09

2022학년도 물Ⅰ 13번

그림 (가)는 마찰이 없는 수평면에서 물체 A, B가 등속도 운동하는 모습을, (나)는 A와 B 사이의 거리를 시간에 따라 나타낸 것이다. A의 속력은 충돌 전이 2 m/s이고, 충돌 후가 1 m/s이다. A와 B는 질량이 각각 m_A, m_B이고 동일 직선상에서 운동한다. 충돌 후 운동량의 크기는 B가 A보다 크다.

$m_A : m_B$는? [3점]

① 1 : 1 ② 4 : 3 ③ 5 : 3 ④ 2 : 1 ⑤ 5 : 2

11

2022학년도 9월 물Ⅰ 18번

그림 (가)는 마찰이 없는 수평면에서 물체 A가 정지해 있는 물체 B를 향하여 등속도 운동을 하는 모습을, (나)는 (가)에서 A와 B 사이의 거리를 시간에 따라 나타낸 것이다. 벽에 충돌 직후 B의 속력은 충돌 직전과 같다. A, B는 질량이 각각 m_A, m_B이고, 동일 직선상에서 운동한다.

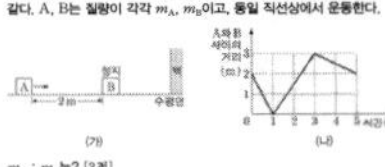

$m_A : m_B$는? [3점]

① 5 : 3 ② 3 : 2 ③ 1 : 1 ④ 2 : 5 ⑤ 1 : 3

16

2022학년도 6월 물Ⅰ 17번

그림 (가)와 같이 마찰이 없는 수평면에서 물체 A, B, C가 등속도 운동을 한다. A와 C는 같은 속력으로 B를 향해 운동하고, B의 속력은 4 m/s이다. A, B, C의 질량은 각각 3 kg, 2 kg, 2 kg이다. 그림 (나)는 (가)에서 B와 C 사이의 거리를 시간 t에 따라 나타낸 것이다. A, B, C는 동일 직선상에서 운동한다.

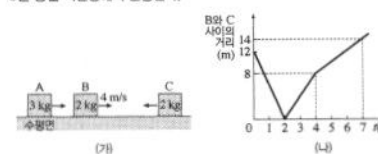

$t=0$에서 $t=7$초까지 A가 이동한 거리는? (단, 물체의 크기는 무시한다.) [3점]

① 10 m ② 11 m ③ 12 m ④ 13 m ⑤ 14 m

25

2022학년도 물Ⅰ 9번

그림 (가)와 같이 마찰이 없는 수평면에서 질량이 40 kg인 학생이 질량이 각각 10 kg, 20 kg인 물체 A, B와 함께 2 m/s의 속력으로 등속도 운동한다. 그림 (나)는 (가)에서 학생이 A, B를 동시에 수평 방향으로 0.5초 동안 밀었더니, 학생은 정지하고 A, B는 등속도 운동하는 모습을 나타낸 것이다. (나)에서 운동량의 크기는 B가 A의 8배이다.

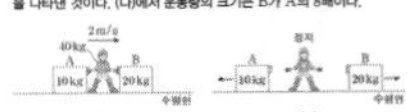

물체를 미는 동안 학생이 B로부터 받은 평균 힘의 크기는? (단, 학생과 물체는 동일 직선상에서 운동한다.)

① 160 N ② 240 N ③ 320 N ④ 360 N ⑤ 400 N

29

2022학년도 9월 물Ⅰ 8번

그림 (가)는 마찰이 없는 수평면에 정지해 있던 물체가 수평면과 나란한 방향의 힘을 받아 0~2초까지 오른쪽으로 직선 운동을 하는 모습을, (나)는 (가)에서 물체에 작용한 힘을 시간에 따라 나타낸 것이다. 물체의 운동량의 크기는 1초일 때가 2초일 때의 2배이다.

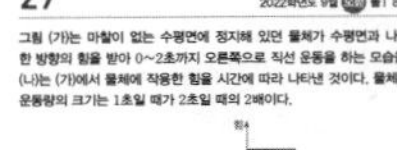

이에 대한 설명으로 옳은 것만을 〈보기〉에서 있는 대로 고른 것은? (단, 공기 저항은 무시한다.)

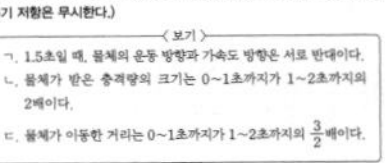

〈보기〉

ㄱ. 1.5초일 때, 물체의 운동 방향과 가속도 방향은 서로 반대이다.
ㄴ. 물체가 받은 충격량의 크기는 0~1초까지가 1~2초까지의 2배이다.
ㄷ. 물체가 이동한 거리는 0~1초까지가 1~2초까지의 $\frac{3}{2}$배이다.

① ㄱ ② ㄷ ③ ㄱ, ㄴ ④ ㄴ, ㄷ ⑤ ㄱ, ㄴ, ㄷ

37

2021학년도 6월 물Ⅰ 13번

그림 (가)는 질량이 2 kg인 수레가 물체를 향해 운동하는 모습을 나타낸 것이고, (나)는 수레가 물체와 충돌하는 동안 직선 운동하는 수레의 속력을 시간에 따라 나타낸 것이다.

0.1초부터 0.3초까지 수레가 받은 평균 힘의 크기는? [3점]

① 10 N ② 20 N ③ 30 N ④ 40 N ⑤ 50 N

01

2022학년도 7월 학평 물Ⅰ 6번

그림 A, B, C는 충격량과 관련된 예를 나타낸 것이다.

A. 번지점프에서 낙하하는 사람을 매단 줄

B. 충돌로 인한 피해 감소용 타이어

C. 빨대 안에서 속력이 증가하는 구슬

이에 대한 설명으로 옳은 것만을 <보기>에서 있는 대로 고른 것은?

〈 보기 〉

ㄱ. A에서 늘어나는 줄은 사람이 힘을 받는 시간을 길게 해 준다.

ㄴ. B에서 타이어는 충돌할 때 배가 받는 평균 힘의 크기를 크게 해 준다.

ㄷ. C에서 구슬의 속력이 증가하면 구슬의 운동량의 크기는 증가한다.

① ㄱ ② ㄴ ③ ㄱ, ㄷ ④ ㄴ, ㄷ ⑤ ㄱ, ㄴ, ㄷ

02 대표 문제

2022학년도 6월 모평 물Ⅰ 5번

그림 A, B, C는 충격량과 관련된 예를 나타낸 것이다.

A. 라켓으로 공을 친다.

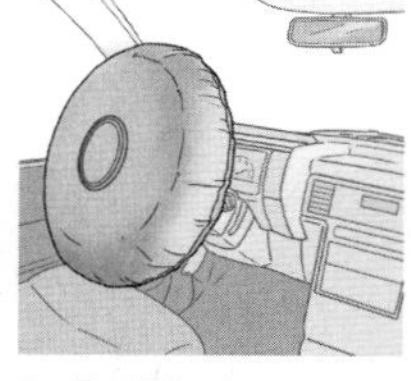
B. 충돌할 때 에어백이 펴진다.

C. 활시위를 당겨 화살을 쏜다.

이에 대한 설명으로 옳은 것만을 <보기>에서 있는 대로 고른 것은?

〈 보기 〉

ㄱ. A에서 라켓의 속력을 더 크게 하여 공을 치면 공이 라켓으로부터 받는 충격량이 커진다.

ㄴ. B에서 에어백은 탑승자가 받는 평균 힘을 감소시킨다.

ㄷ. C에서 활시위를 더 당기면 활시위를 떠날 때 화살의 운동량이 커진다.

① ㄱ ② ㄷ ③ ㄱ, ㄴ ④ ㄴ, ㄷ ⑤ ㄱ, ㄴ, ㄷ

03

2023학년도 7월 학평 물Ⅰ 7번

그림은 야구 경기에서 충격량과 관련된 예를 나타낸 것이다.

A : 포수가 글러브를 이용해 공을 받는다.

B : 타자가 방망이를 이용해 공을 친다.

C : 투수가 공을 던진다.

이에 대한 설명으로 옳은 것만을 <보기>에서 있는 대로 고른 것은?

〈 보기 〉

ㄱ. A에서 글러브를 뒤로 빼면서 공을 받으면 글러브가 공으로부터 받는 평균 힘의 크기는 감소한다.

ㄴ. B에서 방망이의 속력을 더 크게 하여 공을 치면 공이 방망이로부터 받는 충격량의 크기는 커진다.

ㄷ. C에서 공에 힘을 더 오래 작용하며 던질수록 손을 떠날 때 공의 운동량의 크기는 커진다.

① ㄱ ② ㄷ ③ ㄱ, ㄴ ④ ㄴ, ㄷ ⑤ ㄱ, ㄴ, ㄷ

04

2021학년도 3월 학평 물Ⅰ 2번

그림은 학생 A가 헬멧을 쓰고, 속력 제한 장치가 있는 전동 스쿠터를 타는 모습을 나타낸 것이다.

헬멧: 내부에 ㉠푹신한 스타이로폼 소재가 들어 있다.
속력 제한 장치: 속력의 최댓값을 25 km/h로 제한한다.

이에 대한 옳은 설명만을 <보기>에서 있는 대로 고른 것은?

〈 보기 〉

ㄱ. ㉠은 충돌이 일어날 때 머리가 충격을 받는 시간을 짧아지게 한다.

ㄴ. ㉠은 충돌하는 동안 머리가 받는 평균 힘의 크기를 증가시킨다.

ㄷ. 속력 제한 장치는 A의 운동량의 최댓값을 제한한다.

① ㄴ ② ㄷ ③ ㄱ, ㄴ ④ ㄱ, ㄷ ⑤ ㄱ, ㄴ, ㄷ

05

2022학년도 3월 학평 물Ⅰ 17번

다음은 장난감 활을 이용한 실험이다.

[실험 과정]

(가) 화살에 쇠구슬을 부착한 물체 A와 화살에 스티로폼 공을 부착한 물체 B의 질량을 측정하고 비교한다.

(나) 그림과 같이 동일하게 당긴 활로 A, B를 각각 수평 방향으로 발사시키고, A, B의 운동을 동영상으로 촬영한다.

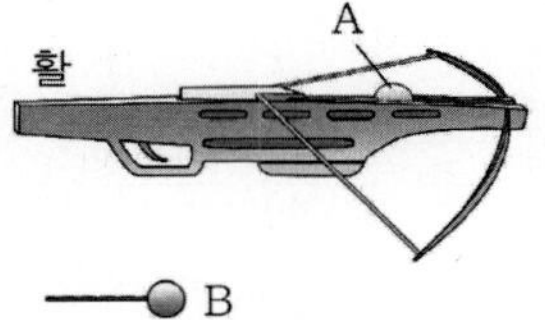

(다) 동영상을 분석하여 A, B가 활을 떠난 순간의 속력을 측정하고 비교한다.

(라) A, B가 활을 떠난 순간의 운동량의 크기를 비교한다.

[실험 결과]

※ ㉠과 ㉡은 각각 속력과 운동량의 크기 중 하나임.

질량	㉠	㉡
A가 B보다 크다.	A가 B보다 크다.	B가 A보다 크다.

이에 대한 옳은 설명만을 〈보기〉에서 있는 대로 고른 것은? (단, 모든 마찰과 공기 저항은 무시한다.)

〈 보기 〉

ㄱ. (가), (다)에서의 측정값으로 (라)를 할 수 있다.

ㄴ. ㉡은 속력이다.

ㄷ. 활로부터 받는 충격량의 크기는 A가 B보다 크다.

① ㄴ ② ㄷ ③ ㄱ, ㄴ ④ ㄱ, ㄷ ⑤ ㄱ, ㄴ, ㄷ

06

2025학년도 6월 모평 물Ⅰ 11번

다음은 충돌하는 두 물체의 운동량에 대한 실험이다.

[실험 과정]

(가) 그림과 같이 수평한 직선 레일 위에서 수레 A를 정지한 수레 B에 충돌시킨다. A, B의 질량은 각각 2 kg, 1 kg이다.

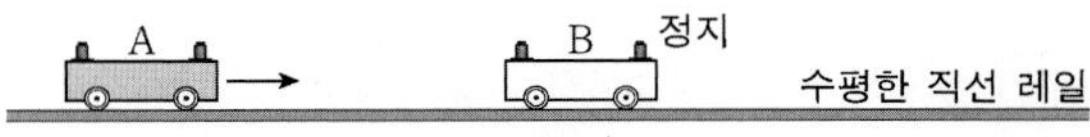

(나) (가)에서 시간에 따른 A와 B의 위치를 측정한다.

[실험 결과]

시간(초)	0.1	0.2	0.3	0.4	0.5	0.6	0.7	0.8
A의 위치(cm)	6	12	18	24	28	31	34	37
B의 위치(cm)	26	26	26	26	30	36	42	48

이에 대한 설명으로 옳은 것만을 〈보기〉에서 있는 대로 고른 것은? [3점]

〈 보기 〉

ㄱ. 0.2초일 때, A의 속력은 0.4 m/s이다.

ㄴ. 0.5초일 때, A와 B의 운동량의 합은 크기가 1.2 kg·m/s이다.

ㄷ. 0.7초일 때, A와 B의 운동량은 크기가 같다.

① ㄱ ② ㄷ ③ ㄱ, ㄴ ④ ㄴ, ㄷ ⑤ ㄱ, ㄴ, ㄷ

6 일차

07

2024학년도 7월 학평 물I 1번

그림과 같이 수평면에서 물체 A와 B 사이에 용수철을 넣어 압축시킨 후 동시에 가만히 놓았더니, 정지해 있던 A와 B가 분리되어 서로 반대 방향으로 각각 등속도 운동하였다. 분리된 후 A, B의 속력은 각각 v, v_B이다. A, B의 질량은 각각 $3m$, m이다.

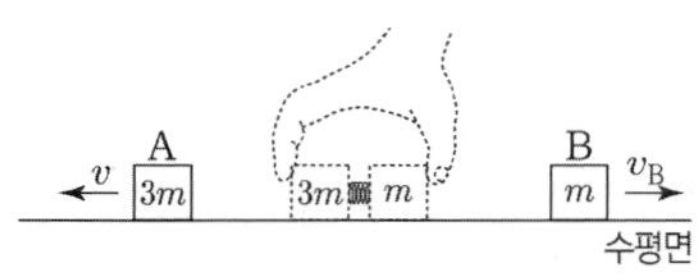

v_B는? (단, 용수철의 질량, 모든 마찰과 공기 저항은 무시한다.)

① $3v$ ② $4v$ ③ $6v$ ④ $7v$ ⑤ $9v$

08 대표 문제

2024학년도 9월 모평 물I 17번

그림 (가)와 같이 마찰이 없는 수평면에서 물체 A와 B 사이에 용수철을 넣어 압축시킨 후 A와 B를 동시에 가만히 놓았더니, 정지해 있던 A와 B가 분리되어 등속도 운동을 하는 물체 C, D를 향해 등속도 운동을 한다. 이때 C, D의 속력은 각각 $2v$, v이고, 운동 에너지는 C가 B의 2배이다. 그림 (나)는 (가)에서 물체가 충돌하여 A와 C는 정지하고, B와 D는 한 덩어리가 되어 속력 $\frac{1}{3}v$로 등속도 운동을 하는 모습을 나타낸 것이다.

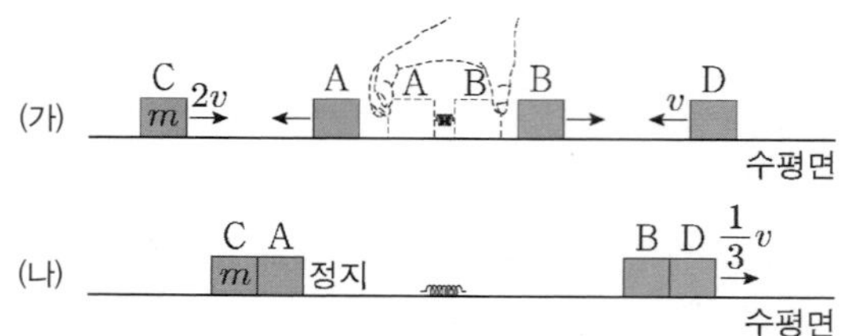

C의 질량이 m일 때, D의 질량은? (단, 물체는 동일 직선상에서 운동하고, 용수철의 질량은 무시한다.) [3점]

① $\frac{1}{2}m$ ② m ③ $\frac{3}{2}m$ ④ $2m$ ⑤ $\frac{5}{2}m$

09

2022학년도 수능 물I 13번

그림 (가)는 마찰이 없는 수평면에서 물체 A, B가 등속도 운동하는 모습을, (나)는 A와 B 사이의 거리를 시간에 따라 나타낸 것이다. A의 속력은 충돌 전이 2 m/s이고, 충돌 후가 1 m/s이다. A와 B는 질량이 각각 m_A, m_B이고 동일 직선상에서 운동한다. 충돌 후 운동량의 크기는 B가 A보다 크다.

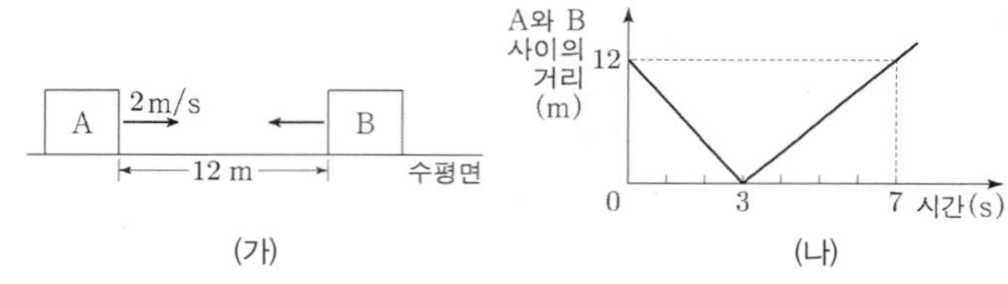

$m_A : m_B$는? [3점]

① 1 : 1 ② 4 : 3 ③ 5 : 3 ④ 2 : 1 ⑤ 5 : 2

10

2023학년도 3월 학평 물I 15번

그림 (가)와 같이 0초일 때 마찰이 없는 수평면에서 물체 A가 점 P에 정지해 있는 물체 B를 향해 등속도 운동한다. A, B의 질량은 각각 4 kg, 1 kg이다. A와 B는 시간 t_0일 때 충돌하고, t_0부터 같은 방향으로 등속도 운동을 한다. 그림 (나)는 20초일 때 A와 B의 위치를 나타낸 것이다.

(가) 0초일 때

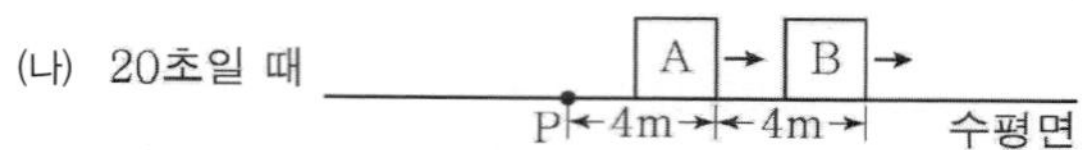

t_0은? (단, 물체의 크기는 무시한다.) [3점]

① 6초 ② 7초 ③ 8초 ④ 9초 ⑤ 10초

11

2022학년도 9월 모평 물Ⅰ 18번

그림 (가)는 마찰이 없는 수평면에서 물체 A가 정지해 있는 물체 B를 향하여 등속도 운동을 하는 모습을, (나)는 (가)에서 A와 B 사이의 거리를 시간에 따라 나타낸 것이다. 벽에 충돌 직후 B의 속력은 충돌 직전과 같다. A, B는 질량이 각각 m_A, m_B이고, 동일 직선상에서 운동한다.

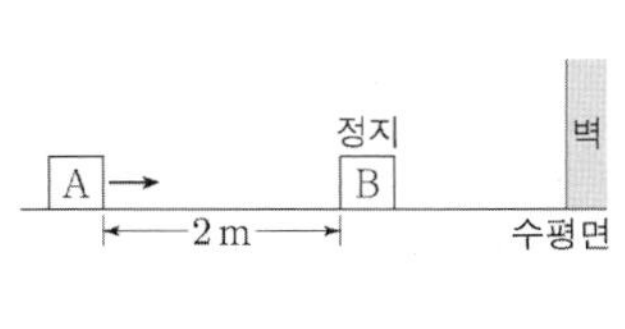

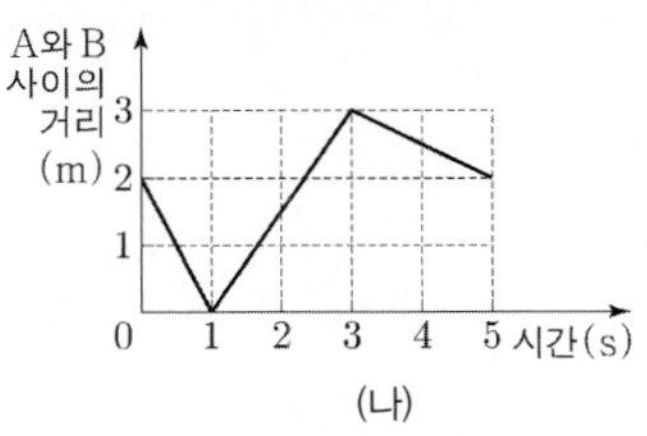

(가) (나)

$m_A : m_B$는? [3점]

① 5 : 3 ② 3 : 2 ③ 1 : 1 ④ 2 : 5 ⑤ 1 : 3

12

2025학년도 9월 모평 물Ⅰ 12번

그림 (가)는 마찰이 없는 수평면에서 물체 A가 정지해 있는 물체 B를 향해 속력 v로 등속도 운동하는 모습을 나타낸 것이다. 그림 (나)는 (가)의 A와 B가 $x=2d$에서 충돌한 후 각각 등속도 운동하여, A가 $x=d$를 지나는 순간 B가 $x=4d$를 지나는 모습을 나타낸 것이다. 이후, B는 정지해 있던 물체 C와 $x=6d$에서 충돌하여, B와 C가 한 덩어리로 $+x$방향으로 속력 $\frac{1}{3}v$로 등속도 운동을 한다. B, C의 질량은 각각 $2m$, m이다.

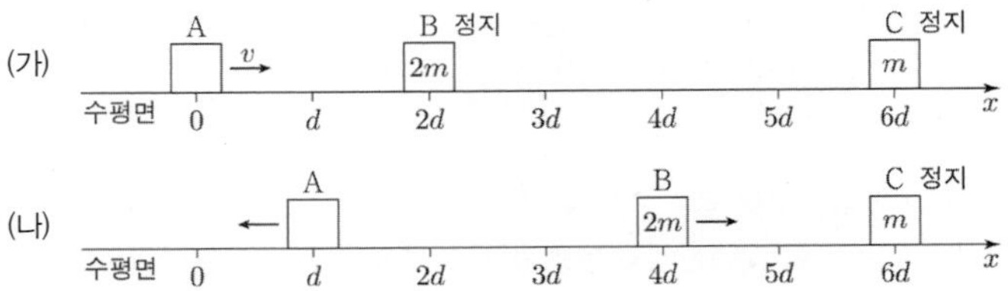

A의 질량은? (단, 물체의 크기는 무시하고, A, B, C는 동일 직선상에서 운동한다.) [3점]

① m ② $\frac{4}{5}m$ ③ $\frac{3}{5}m$ ④ $\frac{2}{5}m$ ⑤ $\frac{1}{5}m$

13

2023학년도 6월 모평 물Ⅰ 13번

그림과 같이 수평면의 일직선상에서 물체 A, B가 각각 속력 $4v$, v로 등속도 운동하고 물체 C는 정지해 있다. A와 B는 충돌하여 한 덩어리가 되어 속력 $3v$로 등속도 운동한다. 한 덩어리가 된 A, B와 C는 충돌하여 한 덩어리가 되어 속력 v로 등속도 운동한다.

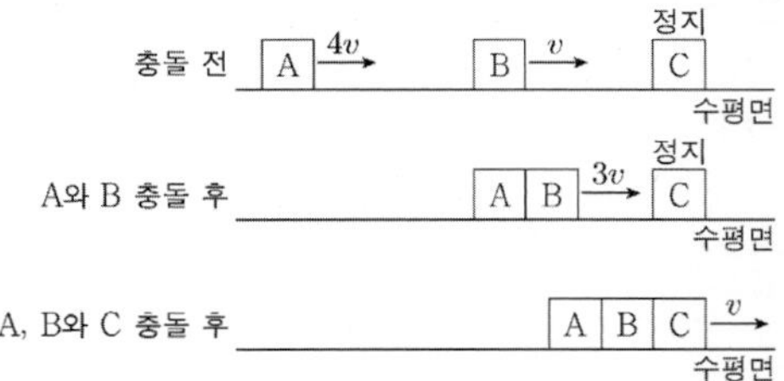

B, C의 질량을 각각 m_B, m_C라 할 때, $\frac{m_C}{m_B}$는? [3점]

① 3 ② 4 ③ 5 ④ 6 ⑤ 7

14

2024학년도 10월 학평 물Ⅰ 16번

그림 (가), (나)는 마찰이 없는 수평면에서 속력 v로 등속도 운동하던 물체 A, C가 각각 정지해 있던 물체 B, D와 충돌 후 한 덩어리가 되어 운동하는 모습을 나타낸 것이다. 각각의 충돌 과정에서 받은 충격량의 크기는 B가 C의 $\frac{2}{3}$배이다. B와 C의 질량은 같고, 충돌 후 속력은 B가 C의 2배이다.

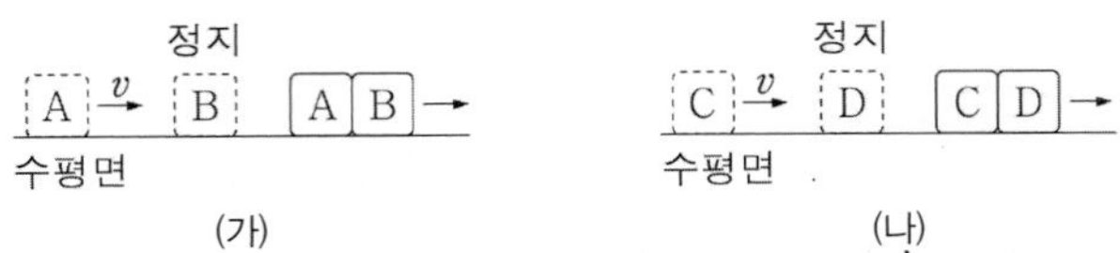

A, D의 질량을 각각 m_A, m_D라고 할 때, $\frac{m_D}{m_A}$는?

① 2 ② 3 ③ 4 ④ 5 ⑤ 6

15

2022학년도 4월 학평 물I 7번

그림과 같이 수평면에서 물체 A, B가 각각 $4v$, v의 속력으로 운동하다가 A와 B가 충돌한 후 A는 충돌 전과 반대 방향으로 v의 속력으로 운동한다. A와 충돌한 B는 정지해 있는 물체 C와 충돌한 후 한 덩어리가 되어 운동한다. A, B의 질량은 각각 m, $5m$이고, B가 A로부터 받은 충격량의 크기는 B가 C로부터 받은 충격량의 크기의 2배이다.

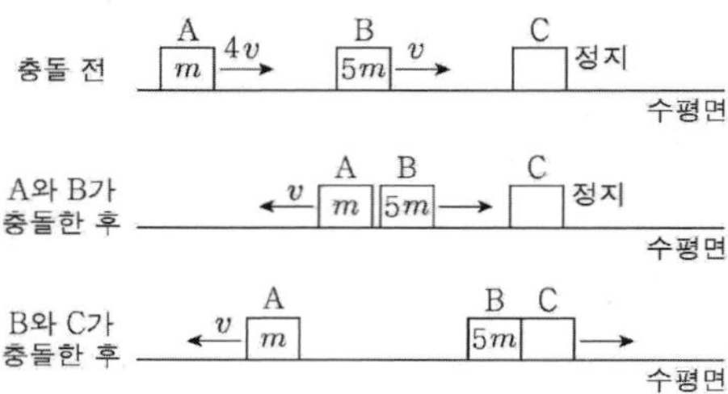

C의 질량은? (단, A, B, C는 동일 직선상에서 운동하고, 마찰과 공기 저항은 무시한다.)

① $\frac{5}{4}m$ ② $\frac{3}{2}m$ ③ $\frac{5}{3}m$ ④ $\frac{7}{4}m$ ⑤ $\frac{7}{3}m$

17

2024학년도 5월 학평 물I 12번

그림 (가)는 마찰이 없는 수평면에서 0초일 때 물체 A, B가 같은 방향으로 등속도 운동하는 모습을 나타낸 것으로, A와 B 사이의 거리와 B와 벽 사이의 거리는 12 m로 같다. 그림 (나)는 (가)에서 A와 B 사이의 거리를 시간에 따라 나타낸 것이다. A, B의 질량은 각각 1 kg, 4 kg이고, A와 B는 동일 직선상에서 운동한다.

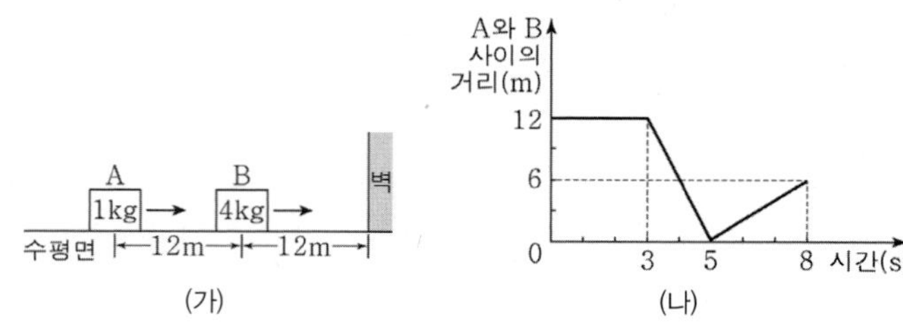

7초일 때, A의 속력은? (단, 물체의 크기는 무시한다.)

① $\frac{9}{5}$ m/s ② $\frac{12}{5}$ m/s ③ 3 m/s

④ $\frac{18}{5}$ m/s ⑤ $\frac{21}{3}$ m/s

16

2022학년도 6월 모평 물I 17번

그림 (가)와 같이 마찰이 없는 수평면에서 물체 A, B, C가 등속도 운동을 한다. A와 C는 같은 속력으로 B를 향해 운동하고, B의 속력은 4 m/s이다. A, B, C의 질량은 각각 3 kg, 2 kg, 2 kg이다. 그림 (나)는 (가)에서 B와 C 사이의 거리를 시간 t에 따라 나타낸 것이다. A, B, C는 동일 직선상에서 운동한다.

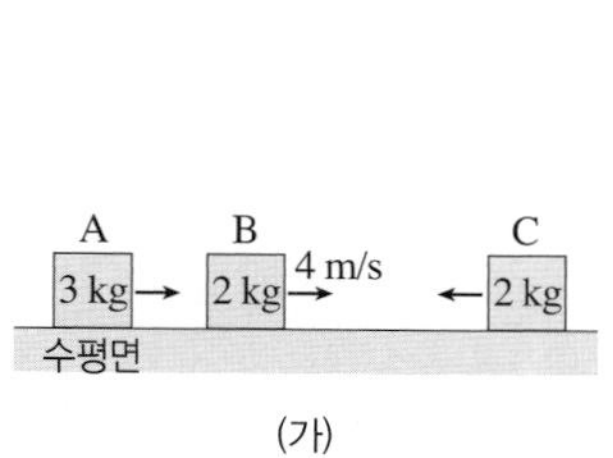

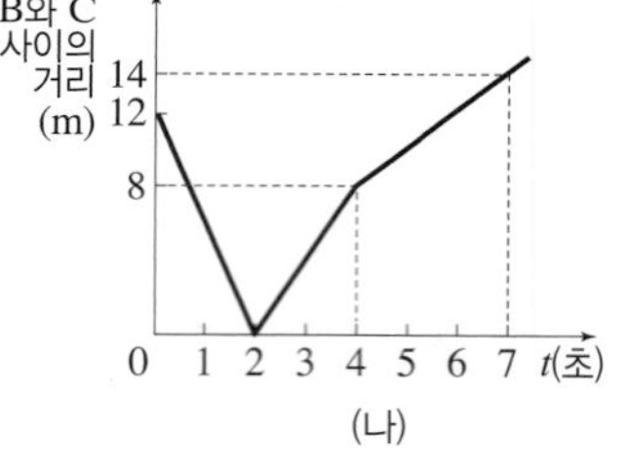

$t=0$에서 $t=7$초까지 A가 이동한 거리는? (단, 물체의 크기는 무시한다.) [3점]

① 10 m ② 11 m ③ 12 m ④ 13 m ⑤ 14 m

18 대표 문제

2024학년도 6월 모평 물I 19번

그림 (가)와 같이 마찰이 없는 수평면에서 물체 A, B, C가 등속도 운동을 한다. A, B, C의 운동량의 크기는 각각 $4p$, $4p$, p이다. 그림 (나)는 A와 B 사이의 거리(S_{AB}), B와 C 사이의 거리(S_{BC})를 시간 t에 따라 나타낸 것이다.

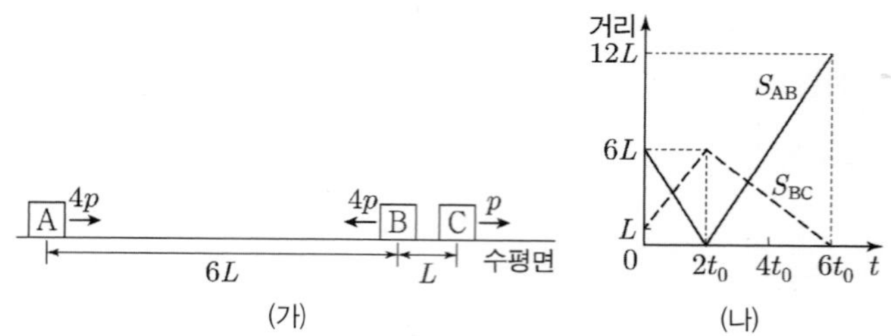

이에 대한 설명으로 옳은 것만을 〈보기〉에서 있는 대로 고른 것은? (단, A, B, C는 동일 직선상에서 운동하고, 물체의 크기는 무시한다.) [3점]

〈 보기 〉

ㄱ. $t=t_0$일 때, 속력은 A와 B가 같다.

ㄴ. B와 C의 질량은 같다.

ㄷ. $t=4t_0$일 때, B의 운동량의 크기는 $4p$이다.

① ㄱ ② ㄷ ③ ㄱ, ㄴ ④ ㄴ, ㄷ ⑤ ㄱ, ㄴ, ㄷ

19

2023학년도 9월 모평 물Ⅰ 13번

그림 (가)와 같이 마찰이 없는 수평면에서 운동량의 크기가 각각 $2p$, p, p인 물체 A, B, C가 각각 $+x$, $+x$, $-x$ 방향으로 동일 직선상에서 등속도 운동한다. 그림 (나)는 (가)에서 A와 C의 위치를 시간에 따라 나타낸 것이다. B와 C의 질량은 같다.

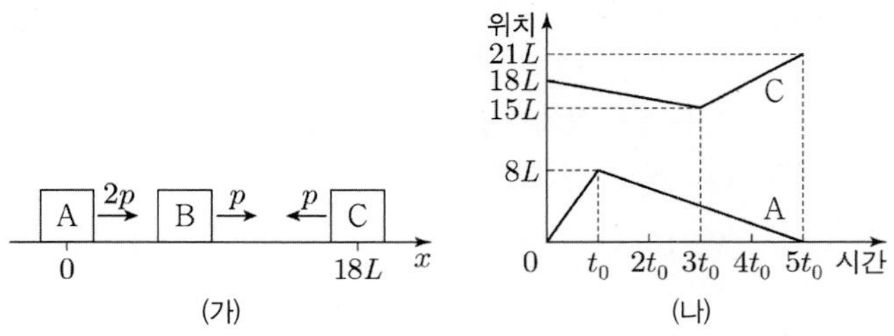

(가) (나)

이에 대한 설명으로 옳은 것만을 〈보기〉에서 있는 대로 고른 것은? (단, 물체의 크기는 무시한다.) [3점]

〈 보기 〉

ㄱ. 질량은 C가 A의 4배이다.

ㄴ. $2t_0$일 때, B의 운동량의 크기는 $\frac{7}{2}p$이다.

ㄷ. $4t_0$일 때, 속력은 C가 B의 5배이다.

① ㄱ ② ㄷ ③ ㄱ, ㄴ ④ ㄴ, ㄷ ⑤ ㄱ, ㄴ, ㄷ

20

2023학년도 10월 학평 물Ⅰ 20번

그림 (가)는 마찰이 없는 수평면에서 x축을 따라 운동하는 물체 A, B, C를 나타낸 것이다. 그림 (나)는 (가)의 순간부터 A, B의 위치 x를 시간 t에 따라 나타낸 것이다. A, B, C의 운동량의 합은 항상 0이다.

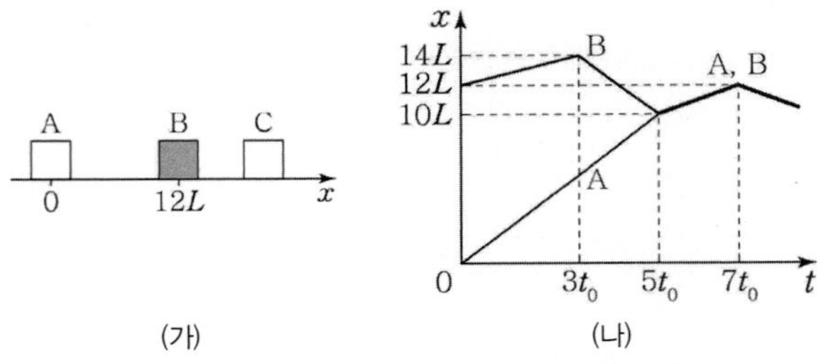

(가) (나)

이에 대한 옳은 설명만을 〈보기〉에서 있는 대로 고른 것은? (단, 물체의 크기는 무시한다.) [3점]

〈 보기 〉

ㄱ. $t=t_0$일 때 C의 운동 방향은 $-x$방향이다.

ㄴ. $t=4t_0$일 때 운동량의 크기는 A가 B의 2배이다.

ㄷ. 질량은 C가 B의 8배이다.

① ㄱ ② ㄷ ③ ㄱ, ㄴ ④ ㄱ, ㄷ ⑤ ㄴ, ㄷ

21

2023학년도 4월 학평 물Ⅰ 13번

그림 (가)는 수평면에서 물체 A, B, C가 등속도 운동하는 모습을 나타낸 것이다. B의 속력은 1 m/s이다. 그림 (나)는 A와 C 사이의 거리, B와 C 사이의 거리를 시간 t에 따라 나타낸 것이다. A, B, C는 동일 직선상에서 운동한다.

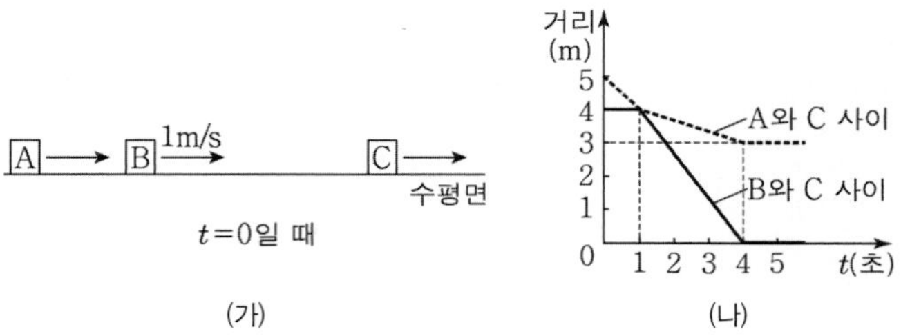

(가) (나)

A, C의 질량을 각각 m_A, m_C라 할 때, $\frac{m_C}{m_A}$는? (단, 물체의 크기는 무시한다.) [3점]

① $\frac{3}{2}$ ② 2 ③ $\frac{5}{2}$ ④ 3 ⑤ $\frac{7}{2}$

22

2023학년도 수능 물I 16번

그림 (가)와 같이 수평면에서 벽 p와 q 사이의 거리가 8 m인 물체 A가 4 m/s의 속력으로 등속도 운동하고, 물체 B가 p와 q 사이에서 등속도 운동한다. 그림 (나)는 p와 B 사이의 거리를 시간에 따라 나타낸 것이다. B는 1초일 때와 3초일 때 각각 q와 p에 충돌한다. 3초 이후 A는 5 m/s의 속력으로 등속도 운동한다.

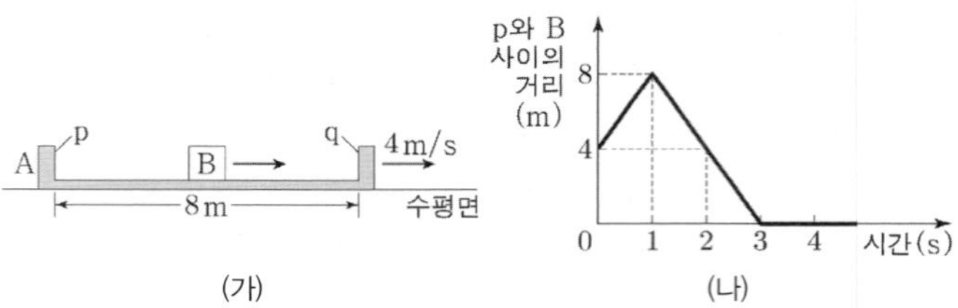

이에 대한 설명으로 옳은 것만을 <보기>에서 있는 대로 고른 것은? (단, A와 B는 동일 직선상에서 운동하며, 벽과 B의 크기, 모든 마찰은 무시한다.) [3점]

〈 보기 〉

ㄱ. 질량은 A가 B의 3배이다.
ㄴ. 2초일 때, A의 속력은 6 m/s이다.
ㄷ. 2초일 때, 운동 방향은 A와 B가 같다.

① ㄱ ② ㄴ ③ ㄱ, ㄷ ④ ㄴ, ㄷ ⑤ ㄱ, ㄴ, ㄷ

23

2022학년도 3월 학평 물I 9번

그림 (가)와 같이 마찰이 없는 수평면에서 물체 A가 정지해 있는 물체 B, C를 향해 운동한다. A, B, C의 질량은 각각 M, m, m이다. 그림 (나)는 (가)의 순간부터 A와 C 사이의 거리를 시간에 따라 나타낸 것이다.

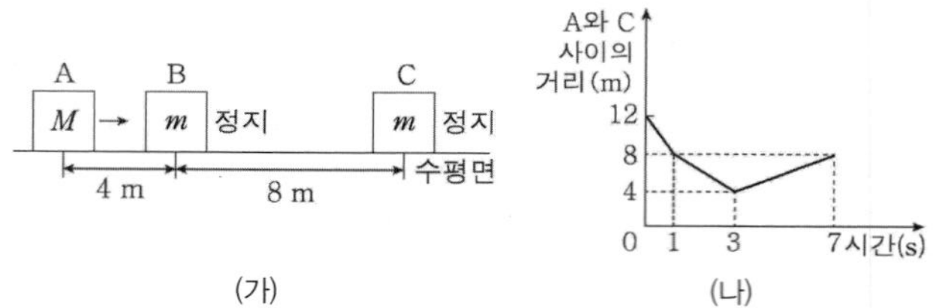

이에 대한 옳은 설명만을 <보기>에서 있는 대로 고른 것은? (단, A, B, C는 동일 직선상에서 운동하고, 물체의 크기는 무시한다.) [3점]

〈 보기 〉

ㄱ. 2초일 때 B의 속력은 2 m/s이다.
ㄴ. $M=2m$이다.
ㄷ. 5초일 때 B의 속력은 1 m/s이다.

① ㄴ ② ㄷ ③ ㄱ, ㄴ ④ ㄱ, ㄷ ⑤ ㄴ, ㄷ

24

2024학년도 7월 학평 물I 7번

그림과 같이 수평면에서 질량 2 kg인 물체가 5 m/s의 속력으로 등속도 운동을 하다가 구간 I을 지난 후 2 m/s의 속력으로 등속도 운동을 한다. I을 지나는 데 걸린 시간은 0.5초이다.

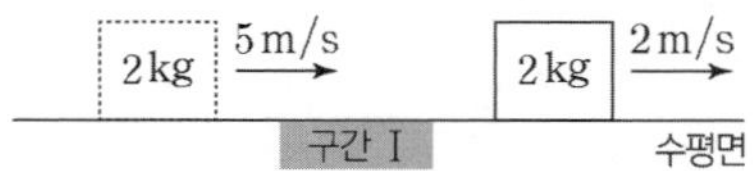

물체가 I을 지나는 동안 물체가 받은 평균 힘의 크기는? (단, 물체는 동일 직선상에서 운동하고, 물체의 크기는 무시한다.)

① 6 N ② 12 N ③ 14 N ④ 24 N ⑤ 30 N

25

2022학년도 수능 물I 9번

그림 (가)와 같이 마찰이 없는 수평면에서 질량이 40 kg인 학생이 질량이 각각 10 kg, 20 kg인 물체 A, B와 함께 2 m/s의 속력으로 등속도 운동한다. 그림 (나)는 (가)에서 학생이 A, B를 동시에 수평 방향으로 0.5초 동안 밀었더니, 학생은 정지하고 A, B는 등속도 운동하는 모습을 나타낸 것이다. (나)에서 운동량의 크기는 B가 A의 8배이다.

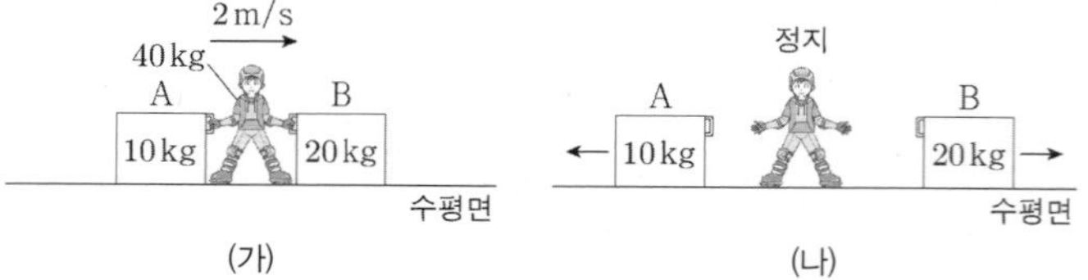

물체를 미는 동안 학생이 B로부터 받은 평균 힘의 크기는? (단, 학생과 물체는 동일 직선상에서 운동한다.)

① 160 N ② 240 N ③ 320 N ④ 360 N ⑤ 400 N

26

2025학년도 9월 모평 물I 10번

다음은 수레를 이용한 충격량에 대한 실험이다.

[실험 과정]

(가) 그림과 같이 속도 측정 장치, 힘 센서를 수평면상의 마찰이 없는 레일과 수직하게 설치한다.

(나) 레일 위에서 질량이 0.5 kg인 수레 A가 일정한 속도로 운동하여 고정된 힘 센서에 충돌하게 한다.

(다) 속도 측정 장치를 이용하여 충돌 직전과 직후 A의 속도를 측정한다.

(라) 충돌 과정에서 힘 센서로 측정한 시간에 따른 힘 그래프를 통해 충돌 시간을 구한다.

(마) A를 질량이 1.0 kg인 수레 B로 바꾸어 (나)~(라)를 반복한다.

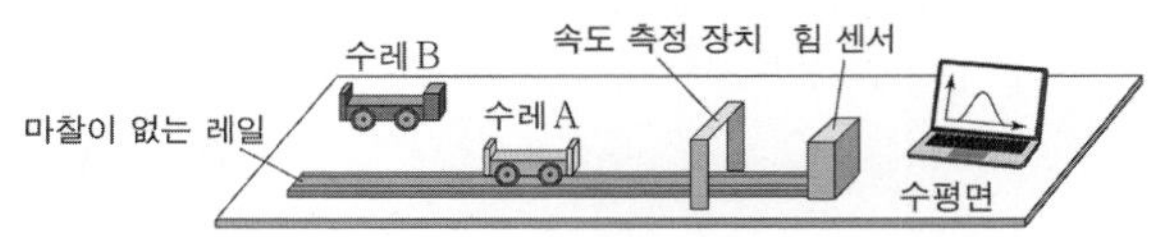

[실험 결과]

수레	질량(kg)	속도(m/s)		충돌 시간(s)
		충돌 직전	충돌 직후	
A	0.5	0.4	−0.2	0.02
B	1.0	0.4	−0.1	0.05

※ 충돌 시간: 수레가 힘 센서로부터 힘을 받는 시간

이에 대한 설명으로 옳은 것만을 〈보기〉에서 있는 대로 고른 것은? [3점]

〈보기〉

ㄱ. 충돌 직전 운동량의 크기는 A가 B보다 작다.

ㄴ. 충돌하는 동안 힘 센서로부터 받은 충격량의 크기는 A가 B보다 크다.

ㄷ. 충돌하는 동안 힘 센서로부터 받은 평균 힘의 크기는 A가 B보다 작다.

① ㄱ ② ㄴ ③ ㄱ, ㄷ ④ ㄴ, ㄷ ⑤ ㄱ, ㄴ, ㄷ

27 대표 문제

2023학년도 9월 모평 물I 8번

그림 (가)와 같이 마찰이 없는 수평면에 물체 A~D가 정지해 있고, B와 C는 압축된 용수철에 접촉되어 있다. 그림 (나)는 (가)에서 B, C를 동시에 가만히 놓았더니 A와 B, C와 D가 각각 한 덩어리로 등속도 운동하는 모습을 나타낸 것이다. A, B, C, D의 질량은 각각 m, $2m$, $3m$, m이다.

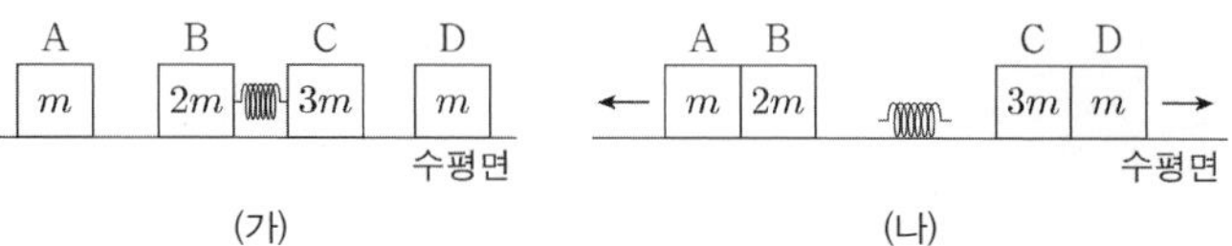

충돌하는 동안 A, D가 각각 B, C에 작용하는 충격량의 크기를 I_1, I_2라 할 때, $\frac{I_1}{I_2}$은? (단, 용수철의 질량은 무시한다.)

① 1 ② $\frac{4}{3}$ ③ $\frac{3}{2}$ ④ 2 ⑤ $\frac{9}{4}$

28

2025학년도 6월 모평 물I 14번

그림 (가)와 같이 질량이 같은 두 물체 A, B를 빗면에서 높이가 각각 $4h$, h인 지점에 가만히 놓았더니, 각각 벽과 충돌한 후 반대 방향으로 운동하여 높이 h에서 속력이 0이 되었다. 그림 (나)는 A, B가 벽과 충돌하는 동안 벽으로부터 받은 힘의 크기를 시간에 따라 나타낸 것이다.

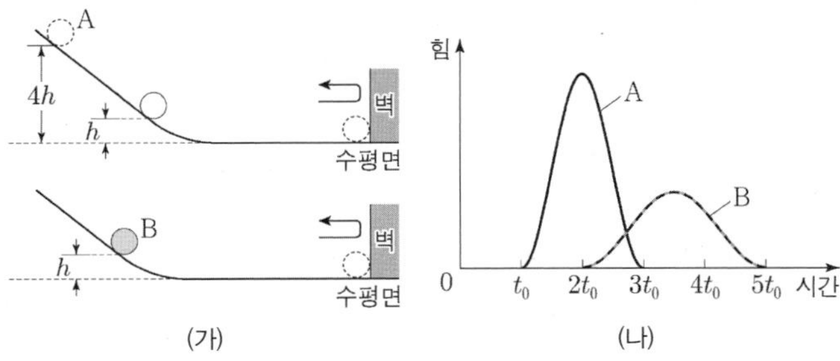

이에 대한 설명으로 옳은 것만을 〈보기〉에서 있는 대로 고른 것은? (단, 물체의 크기, 모든 마찰과 공기 저항은 무시한다.) [3점]

〈보기〉

ㄱ. A의 운동량의 크기는 충돌 직전이 충돌 직후의 2배이다.

ㄴ. (나)에서 곡선과 시간 축이 만드는 면적은 A가 B의 $\frac{3}{2}$배이다.

ㄷ. 충돌하는 동안 벽으로부터 받은 평균 힘의 크기는 A가 B의 2배이다.

① ㄱ ② ㄷ ③ ㄱ, ㄴ ④ ㄴ, ㄷ ⑤ ㄱ, ㄴ, ㄷ

29

2022학년도 9월 모평 물Ⅰ 8번

그림 (가)는 마찰이 없는 수평면에 정지해 있던 물체가 수평면과 나란한 방향의 힘을 받아 0~2초까지 오른쪽으로 직선 운동을 하는 모습을, (나)는 (가)에서 물체에 작용한 힘을 시간에 따라 나타낸 것이다. 물체의 운동량의 크기는 1초일 때가 2초일 때의 2배이다.

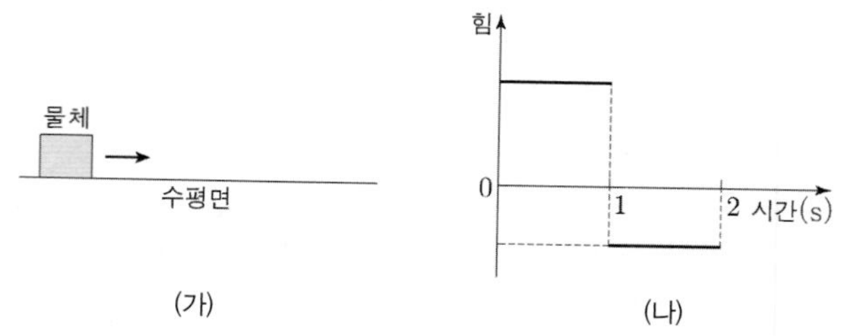

이에 대한 설명으로 옳은 것만을 〈보기〉에서 있는 대로 고른 것은? (단, 공기 저항은 무시한다.)

〈 보기 〉

ㄱ. 1.5초일 때, 물체의 운동 방향과 가속도 방향은 서로 반대이다.

ㄴ. 물체가 받은 충격량의 크기는 0~1초까지가 1~2초까지의 2배이다.

ㄷ. 물체가 이동한 거리는 0~1초까지가 1~2초까지의 $\frac{3}{2}$배이다.

① ㄱ ② ㄷ ③ ㄱ, ㄴ ④ ㄴ, ㄷ ⑤ ㄱ, ㄴ, ㄷ

30

2023학년도 6월 모평 물Ⅰ 9번

그림 (가)는 수평면에서 질량이 각각 2 kg, 3 kg인 물체 A, B가 각각 6 m/s, 3 m/s의 속력으로 등속도 운동하는 모습을 나타낸 것이다. 그림 (나)는 A와 B가 충돌하는 동안 A가 B에 작용한 힘의 크기를 시간에 따라 나타낸 것이다. 곡선과 시간 축이 만드는 면적은 6 N·s이다.

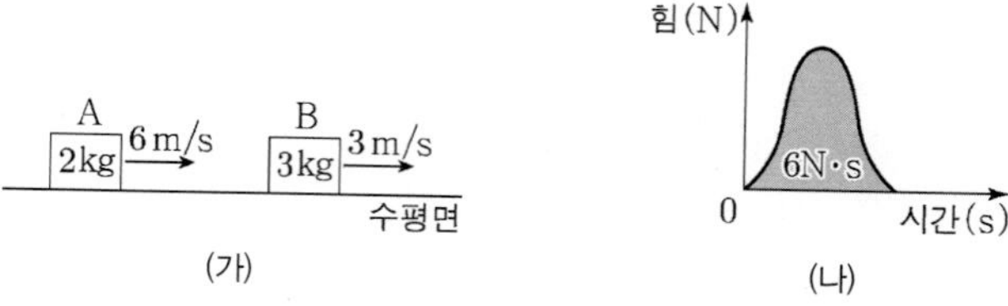

충돌 후, 등속도 운동하는 A, B의 속력을 각각 v_A, v_B라 할 때, $\frac{v_B}{v_A}$는? (단, A와 B는 동일 직선상에서 운동한다.)

① $\frac{4}{3}$ ② $\frac{3}{2}$ ③ $\frac{5}{3}$ ④ 2 ⑤ $\frac{5}{2}$

31

2023학년도 10월 학평 물Ⅰ 11번

그림과 같이 마찰이 없는 수평면에서 속력 $2v_0$으로 등속도 운동하던 물체 A, B가 각각 풀 더미와 벽으로부터 시간 $2t_0$, t_0 동안 힘을 받은 후 속력 v_0으로 운동한다. A의 운동 방향은 일정하고, B의 운동 방향은 충돌 전과 후가 반대이다. A, B의 질량은 각각 m, $2m$이다.

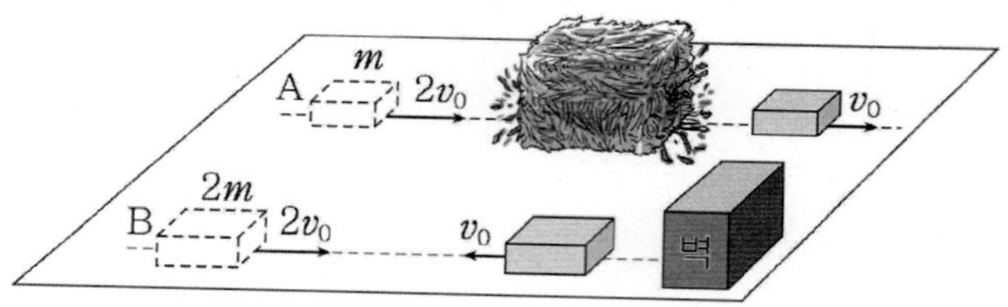

A, B가 각각 풀 더미와 벽으로부터 수평 방향으로 받은 평균 힘의 크기를 F_A, F_B라고 할 때, $F_A : F_B$는?

① 1 : 1 ② 1 : 4 ③ 1 : 6 ④ 1 : 8 ⑤ 1 : 12

32

2024학년도 3월 학평 물I 11번

그림 (가)와 같이 수평면에서 용수철을 압축시킨 채로 정지해 있던 물체 A～D를 0초일 때 가만히 놓았더니, 용수철과 분리된 B와 C가 충돌하여 정지하였다. 그림 (나)는 A가 용수철로부터 받는 힘의 크기 F_A, D가 용수철로부터 받는 힘의 크기 F_D, B가 C로부터 받는 힘의 크기 F_{BC}를 시간에 따라 나타낸 것이다.

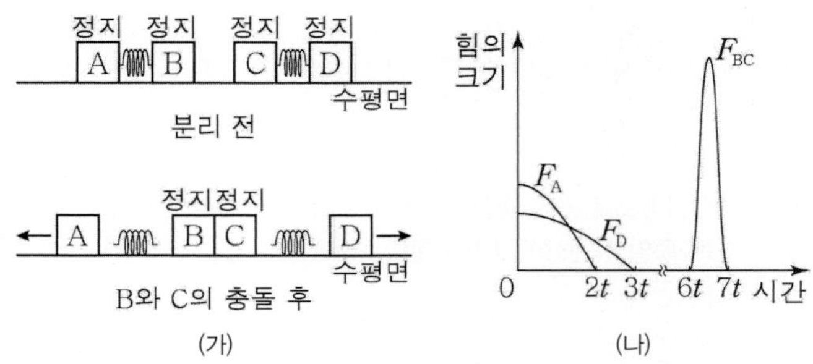

(가) (나)

이에 대한 옳은 설명만을 〈보기〉에서 있는 대로 고른 것은? (단, 용수철의 질량, 공기 저항, 모든 마찰은 무시한다.)

〈 보기 〉

ㄱ. 용수철과 분리된 후, A와 D의 운동량의 크기는 같다.

ㄴ. 힘의 크기를 나타내는 곡선과 시간축이 이루는 면적은 F_A에서와 F_D에서가 같다.

ㄷ. $6t$～$7t$ 동안 F_{BC}의 평균값은 0～$2t$ 동안 F_A의 평균값의 2배이다.

① ㄱ ② ㄷ ③ ㄱ, ㄴ ④ ㄴ, ㄷ ⑤ ㄱ, ㄴ, ㄷ

33

2024학년도 9월 모평 물I 10번

그림 (가)의 Ⅰ～Ⅲ과 같이 마찰이 없는 수평면에서 운동량의 크기가 p로 같은 물체 A, B가 서로를 향해 등속도 운동을 하다가 충돌한 후 각각 등속도 운동을 하고, 이후 B는 벽과 충돌한 후 운동량의 크기가 $\frac{1}{3}p$인 등속도 운동을 한다. 그림 (나)는 (가)에서 B가 받은 힘의 크기를 시간에 따라 나타낸 것이다. B와 A, B와 벽의 충돌 시간은 각각 T, $2T$이고, 곡선과 시간 축이 만드는 면적은 각각 $2S$, S이다. A, B의 질량은 각각 m, $2m$이다.

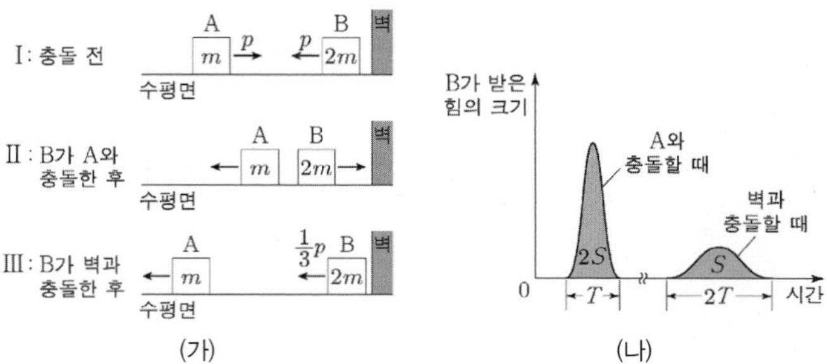

(가) (나)

이에 대한 설명으로 옳은 것만을 〈보기〉에서 있는 대로 고른 것은? (단, A, B는 동일 직선상에서 운동한다.)

〈 보기 〉

ㄱ. B가 받은 평균 힘의 크기는 A와 충돌하는 동안과 벽과 충돌하는 동안이 같다.

ㄴ. Ⅱ에서 B의 운동량의 크기는 $\frac{1}{3}p$이다.

ㄷ. Ⅲ에서 물체의 속력은 A가 B의 2배이다.

① ㄱ ② ㄴ ③ ㄷ ④ ㄱ, ㄴ ⑤ ㄴ, ㄷ

34

2023학년도 3월 학평 물I 7번

그림은 직선상에서 운동하는 질량이 5 kg인 물체의 속력을 시간에 따라 나타낸 것이다. 0초일 때와 t_0초일 때 물체의 위치는 같고, 운동 방향은 서로 반대이다.

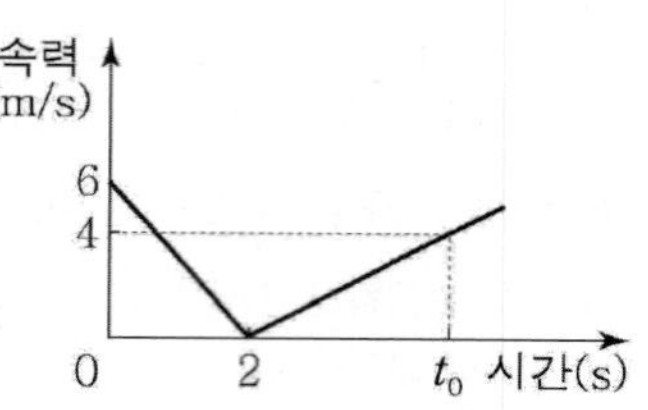

0초에서 t_0초까지 물체가 받은 평균 힘의 크기는? (단, 물체의 크기는 무시한다.) [3점]

① 2 N ② 4 N ③ 6 N ④ 8 N ⑤ 10 N

35

2024학년도 3월 학평 물I 18번

그림 (가)와 같이 수평면에서 물체 A가 정지해 있는 물체 B, C를 향해 운동하고 있다. 그림 (나)는 (가)의 순간부터 A의 속력을 시간에 따라 나타낸 것으로, A의 운동 방향은 일정하다. A, B, C의 질량은 각각 $2m$, m, $4m$이고, $6t$일 때 B와 C가 충돌한다.

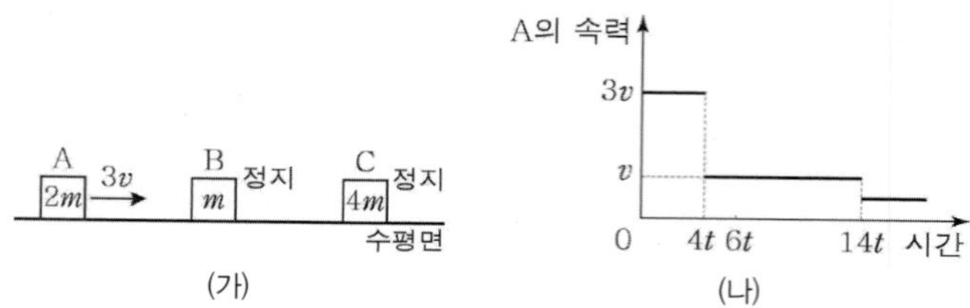

(가) (나)

$8t$일 때, C의 속력은? (단, 물체의 크기, 공기 저항, 모든 마찰은 무시한다.) [3점]

① $\frac{3}{4}v$ ② $\frac{15}{16}v$ ③ $\frac{5}{4}v$ ④ $\frac{21}{16}v$ ⑤ $\frac{4}{3}v$

36

2023학년도 7월 학평 물I 10번

그림 (가)는 마찰이 없는 수평면에서 운동량의 크기가 $2p$로 같은 물체 A, B, C가 각각 등속도 운동하는 것을 나타낸 것이다. 그림 (나)는 (가) 이후 모든 충돌이 끝나 A, B, C가 크기가 각각 p, p, $2p$인 운동량으로 등속도 운동하는 것을 나타낸 것이다. (가) → (나) 과정에서 C가 B로부터 받은 충격량의 크기는 $4p$이다.

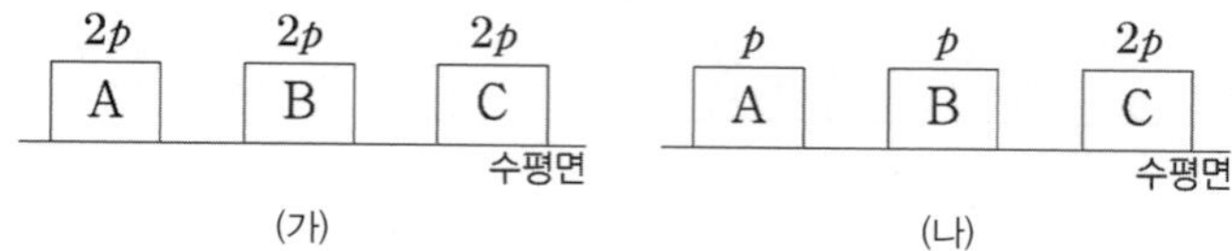

(가) (나)

이에 대한 설명으로 옳은 것만을 〈보기〉에서 있는 대로 고른 것은? (단, A, B, C는 동일 직선상에서 운동한다.) [3점]

〈 보기 〉

ㄱ. (가)에서 운동 방향은 A와 B가 같다.

ㄴ. A의 운동 방향은 (가)에서와 (나)에서가 같다.

ㄷ. (가) → (나) 과정에서 B가 A로부터 받은 충격량의 크기는 $3p$이다.

① ㄱ ② ㄴ ③ ㄱ, ㄷ ④ ㄴ, ㄷ ⑤ ㄱ, ㄴ, ㄷ

37

2021학년도 6월 모평 물I 13번

그림 (가)는 질량이 2 kg인 수레가 물체를 향해 운동하는 모습을 나타낸 것이고, (나)는 수레가 물체와 충돌하는 동안 직선 운동하는 수레의 속력을 시간에 따라 나타낸 것이다.

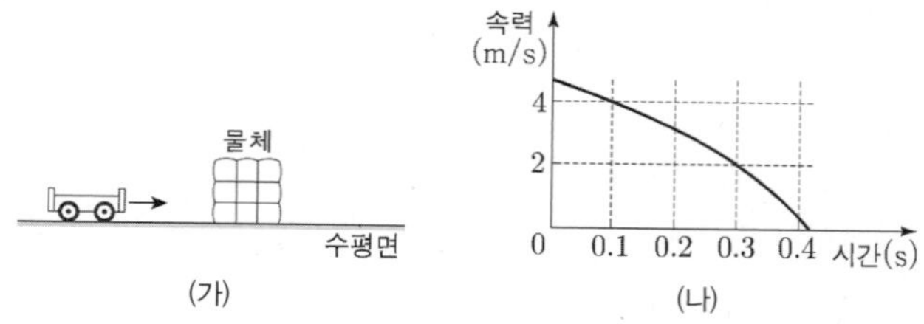

(가) (나)

0.1초부터 0.3초까지 수레가 받은 평균 힘의 크기는? [3점]

① 10 N ② 20 N ③ 30 N ④ 40 N ⑤ 50 N

38

2023학년도 4월 학평 물I 8번

그림과 같이 수평면에서 질량이 3 kg인 물체가 2 m/s의 속력으로 등속도 운동하여 벽 A와 충돌한 후, 충돌 전과 반대 방향으로 v의 속력으로 등속도 운동하여 벽 B와 충돌한다. 표는 물체가 A, B와 충돌하는 동안 물체가 A, B로부터 받은 충격량의 크기와 충돌 시간을 나타낸 것이다. 물체는 동일 직선상에서 운동한다.

	충격량의 크기(N·s)	충돌 시간(s)
A와 충돌	9	0.1
B와 충돌	3	0.3

이에 대한 설명으로 옳은 것만을 <보기>에서 있는 대로 고른 것은? [3점]

〈 보기 〉

ㄱ. v=1 m/s이다.

ㄴ. 충돌하는 동안 물체가 A로부터 받은 평균 힘의 크기는 B로부터 받은 평균 힘의 크기와 같다.

ㄷ. 물체는 B와 충돌한 후 정지한다.

① ㄱ ② ㄴ ③ ㄱ, ㄷ ④ ㄴ, ㄷ ⑤ ㄱ, ㄴ, ㄷ

39

2024학년도 5월 학평 물I 7번

그림과 같이 마찰이 없는 수평면에서 속력 v로 등속도 운동하던 물체 A, B가 벽과 충돌한 후, 충돌 전과 반대 방향으로 각각 등속도 운동한다. 표는 A, B가 벽과 충돌하는 동안 충돌 시간, 충돌 전후 A, B의 운동량 변화량의 크기를 나타낸 것이다. A, B의 질량은 각각 m, $4m$이다.

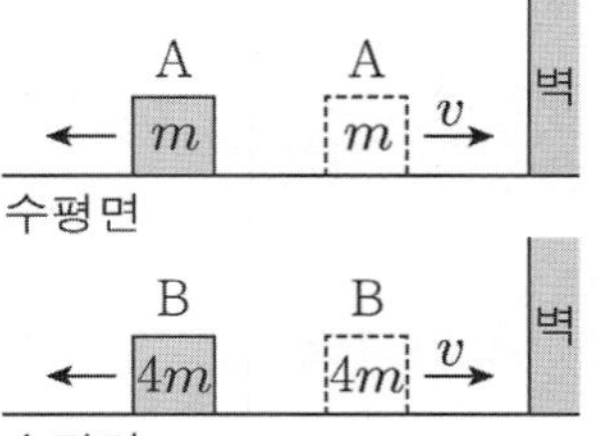

물체	충돌 시간	운동량 변화량의 크기
A	t	$2mv$
B	$2t$	$6mv$

이에 대한 설명으로 옳은 것만을 <보기>에서 있는 대로 고른 것은? [3점]

〈 보기 〉

ㄱ. A가 충돌하는 동안 벽으로부터 받은 충격량의 크기는 $2mv$이다.

ㄴ. 벽과 충돌한 후 물체의 속력은 B가 A의 2배이다.

ㄷ. 충돌하는 동안 벽으로부터 받은 평균 힘의 크기는 A가 B의 $\frac{2}{3}$배이다.

① ㄱ ② ㄷ ③ ㄱ, ㄴ ④ ㄱ, ㄷ ⑤ ㄴ, ㄷ

40

2023학년도 수능 물Ⅰ 9번

그림 (가)는 $+x$ 방향으로 속력 v로 등속도 운동하던 물체 A가 구간 P를 지난 후 속력 $2v$로 등속도 운동하는 것을, (나)는 $+x$ 방향으로 속력 $3v$로 등속도 운동하던 물체 B가 P를 지난 후 속력 v_B로 등속도 운동하는 것을 나타낸 것이다. A, B는 질량이 같고, P에서 같은 크기의 일정한 힘을 $+x$ 방향으로 받는다.

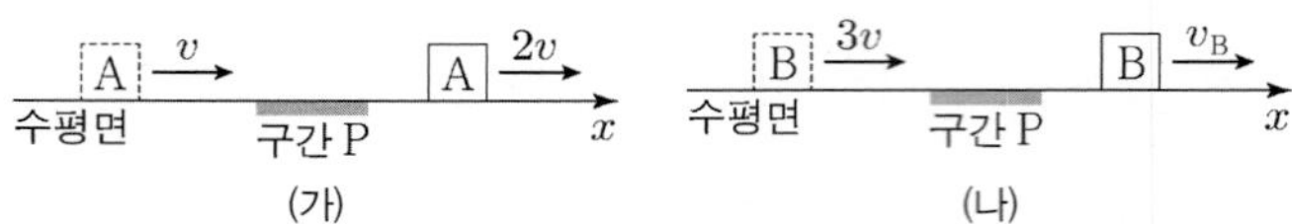

이에 대한 설명으로 옳은 것만을 〈보기〉에서 있는 대로 고른 것은? (단, 물체의 크기는 무시한다.)

〈 보기 〉

ㄱ. P를 지나는 데 걸리는 시간은 A가 B보다 크다.
ㄴ. 물체가 받은 충격량의 크기는 (가)에서가 (나)에서보다 크다.
ㄷ. $v_B=4v$이다.

① ㄱ　② ㄷ　③ ㄱ, ㄴ　④ ㄴ, ㄷ　⑤ ㄱ, ㄴ, ㄷ

41 대표 문제

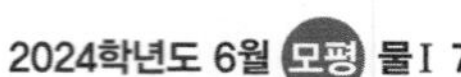

그림 (가)와 같이 마찰이 없는 수평면에서 v_0의 속력으로 등속도 운동을 하던 물체 A, B가 벽과 충돌한 후, 충돌 전과 반대 방향으로 각각 v_0, $\frac{1}{2}v_0$의 속력으로 등속도 운동을 한다. 그림 (나)는 A, B가 충돌하는 동안 벽으로부터 받은 힘의 크기를 시간에 따라 나타낸 것이다. A, B의 질량은 각각 $2m$, m이고, 충돌 시간은 각각 t_0, $3t_0$이다.

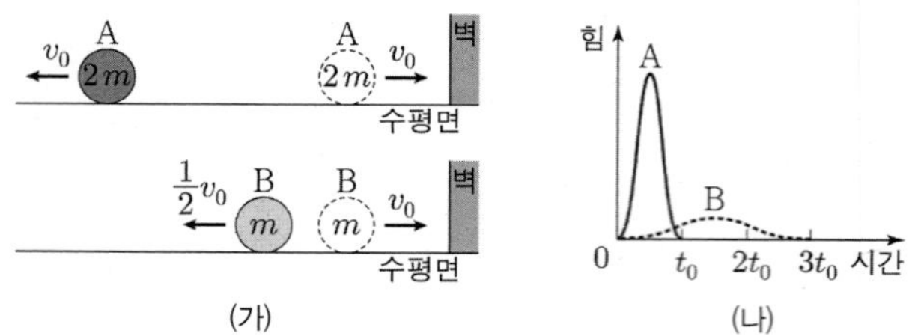

이에 대한 설명으로 옳은 것만을 〈보기〉에서 있는 대로 고른 것은?

〈 보기 〉

ㄱ. A가 충돌하는 동안 벽으로부터 받은 충격량의 크기는 $4mv_0$이다.
ㄴ. (나)에서 B의 곡선과 시간 축이 만드는 면적은 $\frac{1}{2}mv_0$이다.
ㄷ. 충돌하는 동안 벽으로부터 받은 평균 힘의 크기는 A가 B의 8배이다.

① ㄱ　② ㄴ　③ ㄱ, ㄴ　④ ㄱ, ㄷ　⑤ ㄴ, ㄷ

42

2024학년도 수능 물Ⅰ 7번

그림 (가)와 같이 마찰이 없는 수평면에서 등속도 운동을 하던 수레가 벽과 충돌한 후, 충돌 전과 반대 방향으로 등속도 운동을 한다. 그림 (나)는 수레의 속도와 수레가 벽으로부터 받은 힘의 크기를 시간 t에 따라 나타낸 것이다. 수레와 벽이 충돌하는 0.4초 동안 힘의 크기를 나타낸 곡선과 시간 축이 만드는 면적은 10 N·s이다.

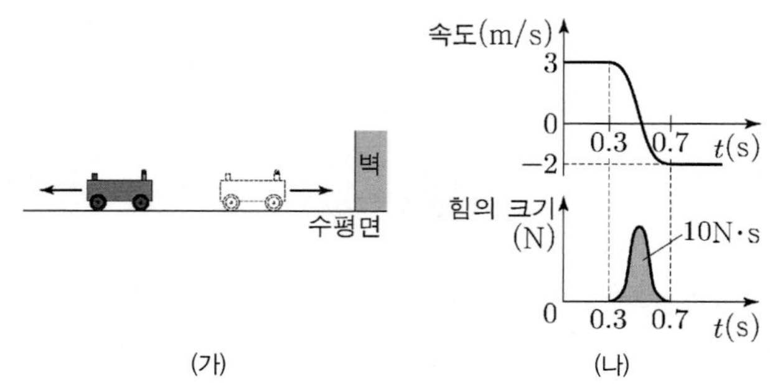

이에 대한 설명으로 옳은 것만을 〈보기〉에서 있는 대로 고른 것은?

〈 보기 〉

ㄱ. 충돌 전후 수레의 운동량 변화량의 크기는 10 kg·m/s이다.
ㄴ. 수레의 질량은 2 kg이다.
ㄷ. 충돌하는 동안 벽이 수레에 작용한 평균 힘의 크기는 40 N이다.

① ㄱ　② ㄷ　③ ㄱ, ㄴ　④ ㄴ, ㄷ　⑤ ㄱ, ㄴ, ㄷ

43

2024학년도 수능 물Ⅰ 8번

그림 (가)는 마찰이 없는 수평면에서 정지한 물체 A 위에 물체 D와 용수철을 넣어 압축시킨 물체 B, C를 올려놓고 B와 C를 동시에 가만히 놓았더니, 정지해 있던 B와 C가 분리되어 각각 등속도 운동을 하는 모습을 나타낸 것이다. 그림 (나)는 (가)에서 먼저 C가 D와 충돌하여 한 덩어리가 되어 속력 v로 등속도 운동을 하고, 이후 B가 A와 충돌하여 한 덩어리가 되어 등속도 운동을 하는 모습을 나타낸 것이다. A, B, C, D의 질량은 각각 $5m$, $2m$, m, m이다.

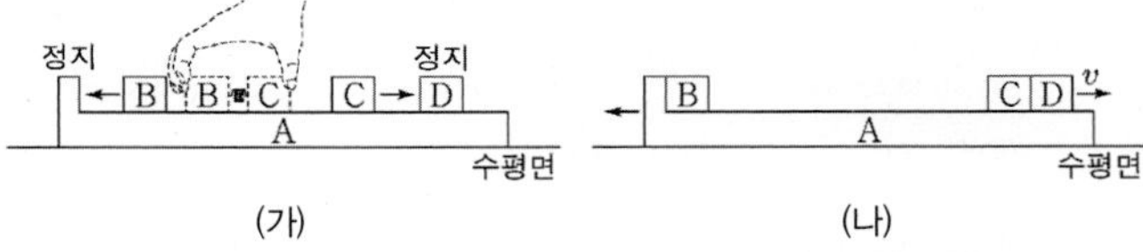

(가) (나)

이에 대한 설명으로 옳은 것만을 〈보기〉에서 있는 대로 고른 것은? (단, 물체는 동일 연직면상에서 운동하고, 용수철의 질량은 무시하며, A의 윗면은 마찰이 없고 수평면과 나란하다.) [3점]

〈 보기 〉

ㄱ. (가)에서 B와 C가 용수철에서 분리된 직후 운동량의 크기는 B와 C가 같다.

ㄴ. (가)에서 B와 C가 용수철에서 분리된 직후 B의 속력은 v이다.

ㄷ. (나)에서 한 덩어리가 된 A와 B의 속력은 $\frac{2}{5}v$이다.

① ㄱ ② ㄷ ③ ㄱ, ㄴ ④ ㄴ, ㄷ ⑤ ㄱ, ㄴ, ㄷ

44

2025학년도 수능 물Ⅰ 10번

그림 (가)는 마찰이 없는 수평면에서 물체 A가 정지해 있는 물체 B, C를 향해 속력 $4v$로 등속도 운동하는 모습을 나타낸 것이다. A는 정지해 있는 B와 충돌한 후 충돌 전과 같은 방향으로 속력 $2v$로 등속도 운동한다. 그림 (나)는 B의 속도를 시간에 따라 나타낸 것이다. A, C의 질량은 각각 $4m$, $5m$이다.

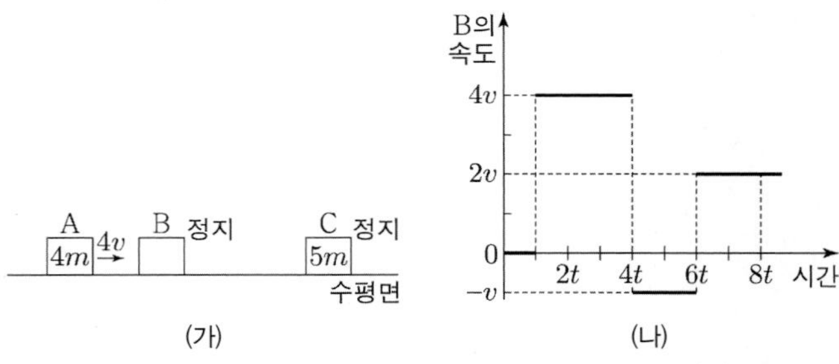

(가) (나)

이에 대한 설명으로 옳은 것만을 〈보기〉에서 있는 대로 고른 것은? (단, 물체는 동일 직선상에서 운동하고, 물체의 크기는 무시한다.)

〈 보기 〉

ㄱ. B의 질량은 $2m$이다.

ㄴ. $5t$일 때, C의 속력은 $2v$이다.

ㄷ. A와 C 사이의 거리는 $8t$일 때가 $7t$일 때보다 $2vt$만큼 크다.

① ㄱ ② ㄷ ③ ㄱ, ㄴ ④ ㄴ, ㄷ ⑤ ㄱ, ㄴ, ㄷ

45

2025학년도  물Ⅰ 6번

그림 (가)는 수평면에서 물체가 벽을 향해 등속도 운동하는 모습을 나타낸 것이다. 물체는 벽과 충돌한 후 반대 방향으로 등속도 운동하고, 마찰 구간을 지난 후 등속도 운동한다. 그림 (나)는 물체의 속도를 시간에 따라 나타낸 것으로, 물체는 벽과 충돌하는 과정에서 t_0 동안 힘을 받고, 마찰 구간에서 $2t_0$ 동안 힘을 받는다. 마찰 구간에서 물체가 운동 방향과 반대 방향으로 받은 평균 힘의 크기는 F이다.

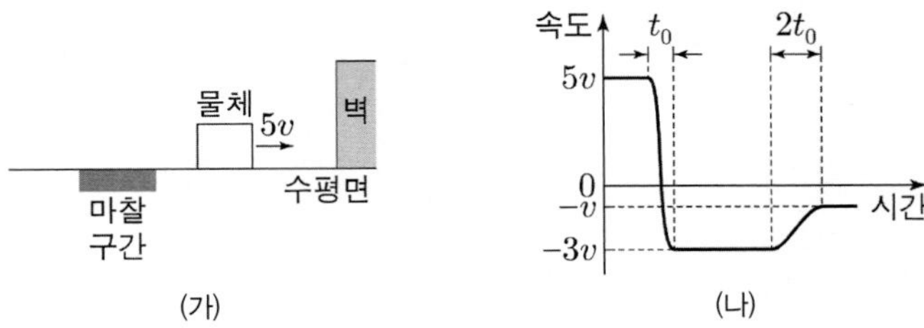

(가) (나)

벽과 충돌하는 동안 물체가 벽으로부터 받은 평균 힘의 크기는? (단, 마찰 구간 외의 모든 마찰은 무시한다.) [3점]

① $2F$ ② $4F$ ③ $6F$ ④ $8F$ ⑤ $10F$

7 일차

한눈에 정리하는 평가원 기출 경향

주제 \ 학년도	2025	2024

궤도에서 운동하는 물체의 일과 에너지

2025

23

그림과 같이 수평면으로부터 높이가 h인 수평 구간에서 질량이 각각 m, $3m$인 물체 A와 B로 용수철을 압축시킨 후 가만히 놓았더니, A, B는 각각 수평면상의 마찰 구간 I, II를 지나 높이 $3h$, $2h$에서 정지하였다. 이 과정에서 A의 운동 에너지의 최댓값은 A의 중력 퍼텐셜 에너지의 최댓값의 4배이다. A, B가 각각 I, II를 한 번 지날 때 손실되는 역학적 에너지는 각각 W_{I}, W_{II}이다.

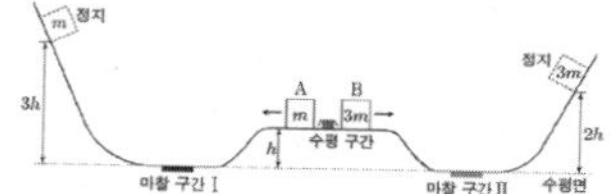

$\frac{W_{\mathrm{I}}}{W_{\mathrm{II}}}$은? (단, 수평면에서 중력 퍼텐셜 에너지는 0이고, A와 B는 동일 연직면상에서 운동한다. 물체의 크기, 용수철의 질량, 공기 저항과 마찰 구간 외의 모든 마찰은 무시한다.)

① 9 ② $\frac{21}{2}$ ③ 12 ④ $\frac{27}{2}$ ⑤ 15

2024

13 대표 문제

그림 (가)와 같이 질량이 m인 물체 A를 높이 $9h$인 지점에 가만히 놓았더니 A가 마찰 구간 I을 지나 수평면에 정지한 질량이 $2m$인 물체 B와 충돌한다. 그림 (나)는 A와 B가 충돌한 후, A는 다시 I을 지나 높이 H인 지점에서 정지하고, B는 마찰 구간 II를 지나 높이 $\frac{7}{2}h$인 지점에서 정지한 순간의 모습을 나타낸 것이다. A가 I을 한 번 지날 때 손실되는 역학적 에너지는 B가 II를 지날 때 손실되는 역학적 에너지와 같고, 충돌에 의해 손실되는 역학적 에너지는 없다.

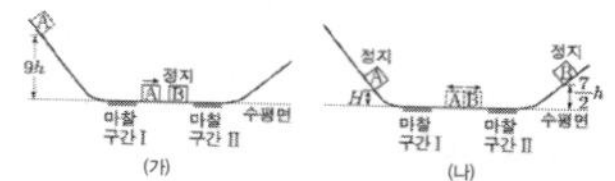

H는? (단, 물체는 동일 연직면상에서 운동하고, 물체의 크기, 공기 저항, 마찰 구간 외의 모든 마찰은 무시한다.)

① $\frac{5}{17}h$ ② $\frac{7}{17}h$ ③ $\frac{9}{17}h$ ④ $\frac{11}{17}h$ ⑤ $\frac{13}{17}h$

04

그림은 높이 $6h$인 점에서 가만히 놓은 물체가 궤도를 따라 운동하여 마찰 구간 I, II를 지나 최고점 r에 도달하여 정지한 순간의 모습을 나타낸 것이다. 점 p, q의 높이는 각각 h, $2h$이고, p, q에서 물체의 속력은 각각 $\sqrt{2}v$, v이다. 마찰 구간에서 손실된 역학적 에너지는 II에서가 I에서의 2배이다.

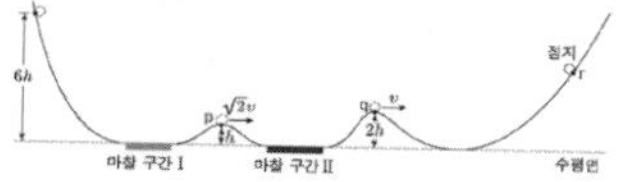

r의 높이는? (단, 물체의 크기, 공기 저항, 마찰 구간 외의 모든 마찰은 무시한다.) [3점]

① $\frac{19}{5}h$ ② $4h$ ③ $\frac{21}{5}h$ ④ $\frac{22}{5}h$ ⑤ $\frac{23}{5}h$

03

그림과 같이 수평면에서 운동하던 질량이 m인 물체가 언덕을 따라 올라갔다가 내려온다. 높이가 같은 점 p, s에서 물체의 속력은 각각 $2v_0$, v_0이고, 최고점 q에서의 속력은 v_0이다. 높이 차가 h로 같은 마찰 구간 I, II에서 물체의 역학적 에너지 감소량은 II에서가 I에서의 2배이다.

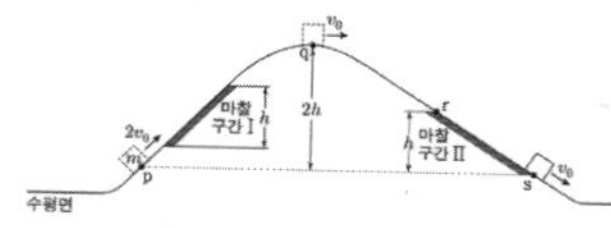

점 r에서 물체의 속력은? (단, 마찰 구간 외의 모든 마찰과 공기 저항, 물체의 크기는 무시한다.)

① $\frac{\sqrt{5}}{2}v_0$ ② $\frac{\sqrt{7}}{2}v_0$ ③ $\sqrt{2}v_0$ ④ $\frac{3}{2}v_0$ ⑤ $\sqrt{3}v_0$

용수철이 있는 상황에서 운동하는 물체의 일과 에너지

2025

31

그림 (가)와 같이 높이 $4h$인 평면에서 용수철 P에 연결된 물체 A에 물체 B를 접촉시켜 P를 원래 길이에서 $2d$만큼 압축시킨 후 가만히 놓았더니, B는 A와 분리된 후 높이 차가 H인 마찰 구간을 등속도로 지나 수평면에 놓인 용수철 Q를 향해 운동한다. 이후 그림 (나)와 같이 A는 P를 원래 길이에서 최대 d만큼 압축시키며 직선 운동하고, B는 Q를 원래 길이에서 최대 $3d$만큼 압축시킨 후 다시 마찰 구간을 지나 높이 $4h$인 지점에서 정지한다. B가 마찰 구간을 올라갈 때 손실된 역학적 에너지는 내려갈 때와 같고, P, Q의 용수철 상수는 같다.

(가) (나)

H는? (단, 물체는 동일 연직면상에서 운동하고, 용수철의 질량, 물체의 크기, 공기 저항, 마찰 구간 외의 모든 마찰은 무시한다.)

① $\frac{3}{5}h$ ② $\frac{4}{5}h$ ③ h ④ $\frac{6}{5}h$ ⑤ $\frac{7}{5}h$

2023

08

그림은 빗면의 점 p에 가만히 놓은 물체가 점 q, r, s를 지나 빗면의 점 t에서 속력이 0인 순간을 나타낸 것이다. 물체는 p와 q 사이에서 가속도의 크기 $3a$로 등가속도 운동을, 빗면의 마찰 구간에서 등속도 운동을, r와 t 사이에서 가속도의 크기 $2a$로 등가속도 운동을 한다. 물체가 마찰 구간을 지나는 데 걸린 시간과 r에서 s까지 지나는 데 걸린 시간은 같다. p와 q 사이, s와 r 사이의 높이차는 h로 같고, t는 마찰 구간의 최고점 q와 높이가 같다.

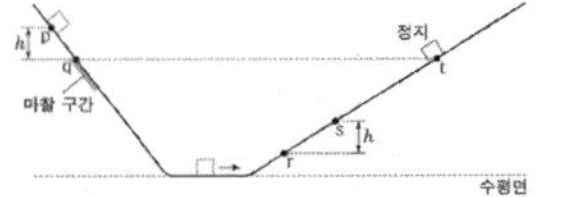

t와 s 사이의 높이차는? (단, 물체의 크기, 공기 저항, 마찰 구간 외의 모든 마찰은 무시한다.) [3점]

① $\frac{16}{9}h$ ② $2h$ ③ $\frac{20}{9}h$ ④ $\frac{7}{3}h$ ⑤ $\frac{8}{3}h$

2022 ~ 2019

14 대표 문제

그림과 같이 물체 A, B를 각각 서로 다른 빗면의 높이 h_A, h_B인 지점에 가만히 놓았다. A가 내려가는 빗면의 일부에는 높이차가 $\frac{3}{4}h$인 마찰 구간이 있으며, A는 마찰 구간에서 등속도 운동 하였다. A와 B는 수평면에서 충돌하였고, 충돌 전의 운동 방향과 반대로 운동하여 각각 높이 $\frac{h}{4}$와 $4h$인 지점에서 속력이 0이 되었다. 수평면에서 B의 속력은 충돌 후가 충돌 전의 2배이다. A, B의 질량은 각각 $3m$, $2m$이다.

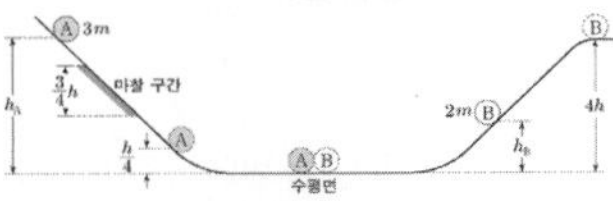

$\frac{h_B}{h_A}$는? (단, 물체의 크기, 공기 저항, 마찰 구간 외의 모든 마찰은 무시한다.) [3점]

① $\frac{1}{4}$ ② $\frac{1}{3}$ ③ $\frac{4}{9}$ ④ $\frac{1}{2}$ ⑤ $\frac{2}{3}$

12

그림과 같이 레일을 따라 운동하는 물체가 점 p, q, r를 지난다. 물체는 빗면 구간 A를 지나는 동안 역학적 에너지가 $2E$만큼 증가하고, 높이가 h인 수평 구간 B에서 역학적 에너지가 $3E$만큼 감소하여 정지한다. 물체의 속력은 p에서 v, B의 시작점 r에서 V이고, 물체의 운동 에너지는 q에서가 p에서의 2배이다.

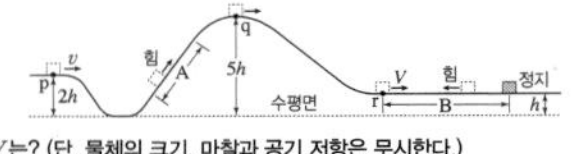

V는? (단, 물체의 크기, 마찰과 공기 저항은 무시한다.)

① $\sqrt{2}v$ ② $2v$ ③ $\sqrt{6}v$ ④ $3v$ ⑤ $2\sqrt{3}v$

05

그림과 같이 마찰이 없는 궤도를 따라 운동하는 물체 A, B가 각각 높이 $2h_0$, h_0인 지점을 v_0, $2v_0$의 속력으로 지난다. h_0인 지점에서 B의 운동 에너지는 중력 퍼텐셜 에너지의 4배이다. 궤도의 구간 Ⅰ, Ⅱ는 각각 수평면, 경사면이고, 구간 Ⅲ은 높이가 $4h_0$인 수평면이다.

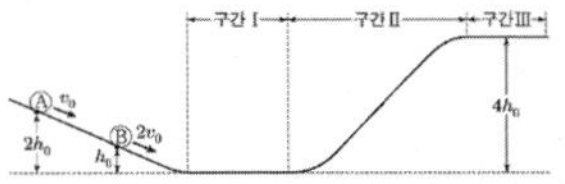

이에 대한 설명으로 옳은 것만을 <보기>에서 있는 대로 고른 것은? (단, Ⅰ에서 중력 퍼텐셜 에너지는 0이고, 물체는 동일 연직면상에서 운동하며, 물체의 크기는 무시한다.)

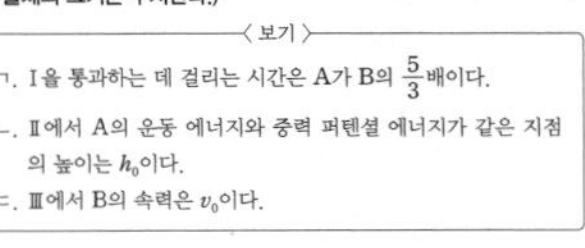

<보기>

ㄱ. Ⅰ을 통과하는 데 걸리는 시간은 A가 B의 $\frac{5}{3}$배이다.

ㄴ. Ⅱ에서 A의 운동 에너지와 중력 퍼텐셜 에너지가 같은 지점의 높이는 h_0이다.

ㄷ. Ⅲ에서 B의 속력은 v_0이다.

① ㄱ ② ㄷ ③ ㄱ, ㄴ ④ ㄴ, ㄷ ⑤ ㄱ, ㄴ, ㄷ

15

그림은 점 p에 가만히 놓은 물체가 궤도를 따라 운동하여 점 q에서 정지한 모습을 나타낸 것이다. 길이가 각각 ℓ, 2ℓ인 수평 구간 A, B에서는 물체에 같은 크기의 일정한 힘이 운동 방향의 반대 방향으로 작용한다. p와 A의 높이 차는 h_1, A와 B의 높이 차는 h_2이다. 물체가 B를 지나는 데 걸린 시간은 A를 지나는 데 걸린 시간의 2배이다.

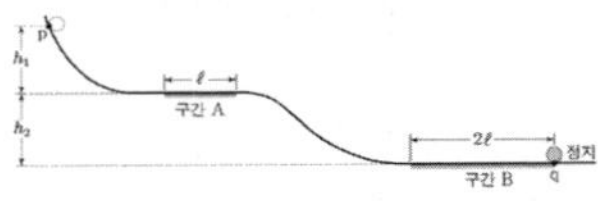

$\frac{h_1}{h_2}$은? (단, 물체의 크기, 마찰과 공기 저항은 무시한다.) [3점]

① $\frac{1}{2}$ ② $\frac{3}{5}$ ③ $\frac{3}{4}$ ④ $\frac{4}{5}$ ⑤ $\frac{5}{6}$

10

그림은 높이 h인 지점에 가만히 놓은 질량 m인 물체가 마찰이 없는 연직면상의 궤도를 따라 운동하는 모습을 나타낸 것이다. 물체는 궤도의 수평 구간의 점 p에서 점 q까지 운동하는 동안 물체의 운동 방향으로 일정한 크기의 힘 F를 받는다. 물체의 운동 에너지는 높이 $2h$인 지점에서가 p에서의 2배이다.

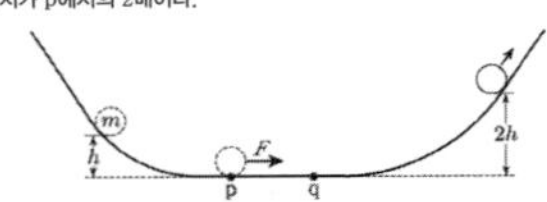

$F=2mg$일 때, 물체가 p에서 q까지 운동하는 데 걸린 시간은? (단, 중력 가속도는 g이고, 물체의 크기와 공기 저항은 무시한다.) [3점]

① $\sqrt{\frac{h}{5g}}$ ② $\sqrt{\frac{h}{4g}}$ ③ $\sqrt{\frac{h}{3g}}$ ④ $\sqrt{\frac{h}{2g}}$ ⑤ $\sqrt{\frac{h}{g}}$

29 대표 문제

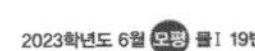

그림은 높이 h인 평면에서 용수철 P에 연결된 물체 A에 물체 B를 접촉시키고, P를 원래 길이에서 $2d$만큼 압축시킨 모습을 나타낸 것이다. B를 가만히 놓으면 B는 P의 원래 길이에서 A와 분리되어 면을 따라 운동하고 A는 P에 연결된 채로 직선 운동한다. 이후 B는 높이차가 $2h$인 마찰 구간을 등속도로 지나 수평면에 놓인 용수철 Q를 원래 길이에서 $\sqrt{2}d$만큼 압축시킬 때 속력이 0이 된다. A와 B가 분리된 후 P의 탄성 퍼텐셜 에너지의 최댓값은 B가 마찰 구간에서 높이차 $2h$만큼 내려가는 동안 B의 역학적 에너지 감소량과 같다. P, Q의 용수철 상수는 같다.

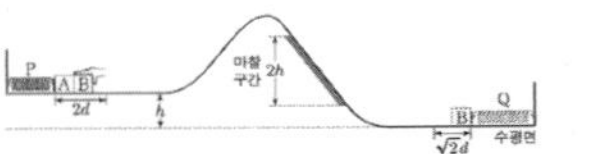

A, B의 질량을 각각 m_A, m_B라 할 때, $\frac{m_B}{m_A}$는? (단, 용수철의 질량, 물체의 크기, 공기 저항, 마찰 구간 외의 모든 마찰은 무시한다.)

① $\frac{1}{3}$ ② $\frac{1}{2}$ ③ 1 ④ 2 ⑤ 3

30

그림 (가)와 같이 높이 h_A인 평면에서 물체 A로 용수철을 원래 길이에서 d만큼 압축시킨 후 가만히 놓고, 물체 B를 높이 $9h$인 지점에 가만히 놓으면, A와 B는 수평면에서 서로 같은 속력으로 충돌한다. 충돌 후 그림 (나)와 같이 A는 용수철을 원래 길이에서 최대 $2d$만큼 압축시키고, B는 높이 h인 지점에서 속력이 0이 된다. A, B는 질량이 각각 m, $2m$이고, 면을 따라 운동한다. A는 빗면을 내려갈 때 높이차가 $2h$인 마찰 구간에서 등속도 운동하고, 마찰 구간을 올라갈 때 손실된 역학적 에너지는 내려갈 때와 같다.

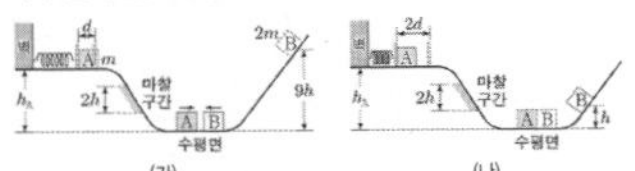

h_A는? (단, 용수철의 질량, 물체의 크기, 공기 저항, 마찰 구간 외의 모든 마찰은 무시한다.) [3점]

① $7h$ ② $\frac{13}{2}h$ ③ $6h$ ④ $\frac{11}{2}h$ ⑤ $\frac{9}{2}h$

25

2022학년도 6월 모평 물Ⅰ 20번

그림과 같이 수평 구간 Ⅰ에서 물체 A, B를 용수철의 양 끝에 접촉하여 용수철을 원래 길이에서 d만큼 압축시킨 후 동시에 가만히 놓으면, A는 높이 h에서 속력이 0이고, B는 높이가 $3h$인 마찰이 있는 수평 구간 Ⅱ에서 정지한다. A, B의 질량은 각각 $2m$, m이고, 용수철 상수는 k이다.

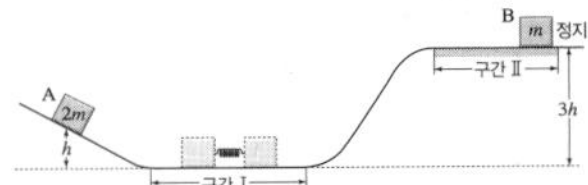

이에 대한 설명으로 옳은 것만을 <보기>에서 있는 대로 고른 것은? (단, 중력 가속도는 g이고, 물체의 크기, 용수철의 질량, 구간 Ⅱ의 마찰을 제외한 모든 마찰 및 공기 저항은 무시한다.) [3점]

<보기>

ㄱ. $k=\frac{12mgh}{d^2}$이다.

ㄴ. A, B가 각각 높이 $\frac{h}{2}$를 지날 때의 속력은 B가 A의 $\sqrt{6}$배이다.

ㄷ. 마찰에 의한 B의 역학적 에너지 감소량은 $\frac{3}{2}mgh$이다.

① ㄱ ② ㄴ ③ ㄷ ④ ㄱ, ㄴ ⑤ ㄴ, ㄷ

01

2024학년도 3월 학평 물Ⅰ 20번

그림 (가)와 같이 빗면을 따라 운동하는 물체 A는 수평한 기준선 P를 속력 $5v$로 지나고, 물체 B는 수평면에 정지해 있다. 그림 (나)는 (가) 이후, A와 B가 충돌하여 서로 반대 방향으로 속력 $2v$로 운동하는 모습을 나타낸 것이다. A, B의 질량은 각각 m, $3m$이다. A가 마찰 구간을 올라갈 때와 내려갈 때 손실된 역학적 에너지는 같다. (나) 이후, A, B는 각각 P를 속력 v_A, $3v$로 지난다.

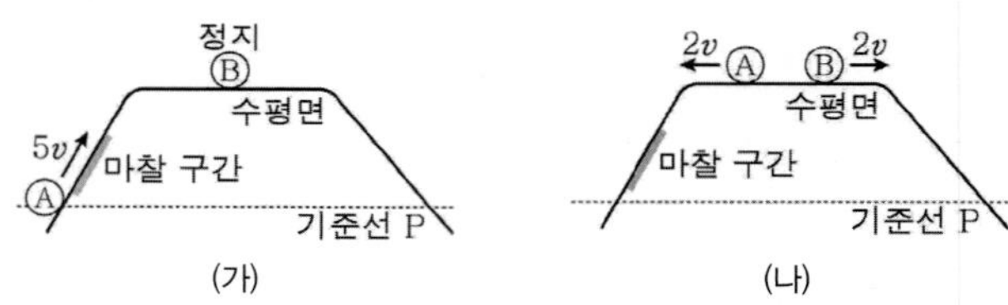

v_A는? (단, 물체의 크기, 공기 저항, 마찰 구간 외의 모든 마찰은 무시한다.) [3점]

① $2v$ ② $\sqrt{5}v$ ③ $\sqrt{6}v$ ④ $\sqrt{7}v$ ⑤ $2\sqrt{2}v$

02

2023학년도 3월 학평 물Ⅰ 20번

그림 (가)와 같이 빗면의 점 p에 가만히 놓은 물체 A는 빗면의 점 r에서 정지하고, (나)와 같이 r에 가만히 놓은 A는 빗면의 점 q에서 정지한다. (가), (나)의 마찰 구간에서 A의 속력은 감소하고, 가속도의 크기는 각각 $3a$, a로 일정하며, 손실된 역학적 에너지는 서로 같다. p와 q 사이의 높이차는 h_1, 마찰 구간의 높이차는 h_2이다.

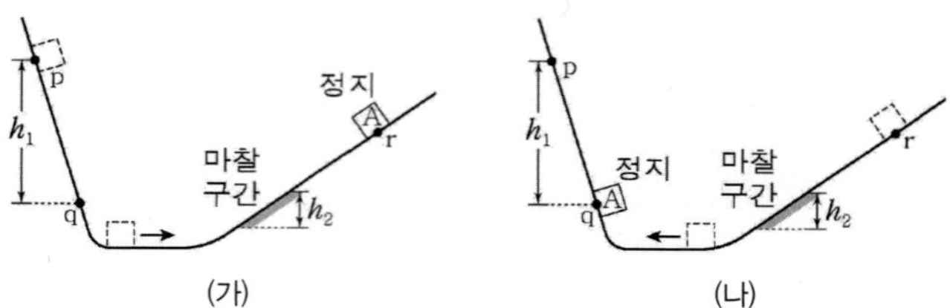

$\frac{h_2}{h_1}$는? (단, 물체의 크기, 공기 저항, 마찰 구간 외의 모든 마찰은 무시한다.) [3점]

① $\frac{1}{5}$ ② $\frac{2}{9}$ ③ $\frac{6}{25}$ ④ $\frac{1}{4}$ ⑤ $\frac{2}{7}$

03

2024학년도 6월 모평 물I 20번

그림과 같이 수평면에서 운동하던 질량이 m인 물체가 언덕을 따라 올라갔다가 내려온다. 높이가 같은 점 p, s에서 물체의 속력은 각각 $2v_0$, v_0이고, 최고점 q에서의 속력은 v_0이다. 높이 차가 h로 같은 마찰 구간 I, II에서 물체의 역학적 에너지 감소량은 II에서가 I에서의 2배이다.

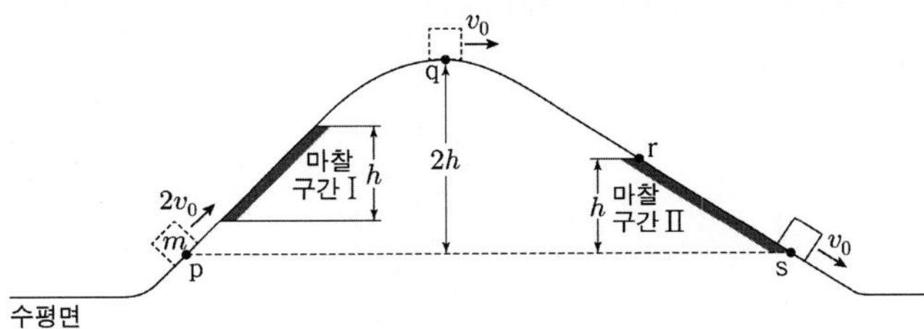

점 r에서 물체의 속력은? (단, 마찰 구간 외의 모든 마찰과 공기 저항, 물체의 크기는 무시한다.)

① $\frac{\sqrt{5}}{2}v_0$　② $\frac{\sqrt{7}}{2}v_0$　③ $\sqrt{2}\,v_0$　④ $\frac{3}{2}v_0$　⑤ $\sqrt{3}\,v_0$

04

2024학년도 9월 모평 물I 19번

그림은 높이 $6h$인 점에서 가만히 놓은 물체가 궤도를 따라 운동하여 마찰 구간 I, II를 지나 최고점 r에 도달하여 정지한 순간의 모습을 나타낸 것이다. 점 p, q의 높이는 각각 h, $2h$이고, p, q에서 물체의 속력은 각각 $\sqrt{2}v$, v이다. 마찰 구간에서 손실된 역학적 에너지는 II에서가 I에서의 2배이다.

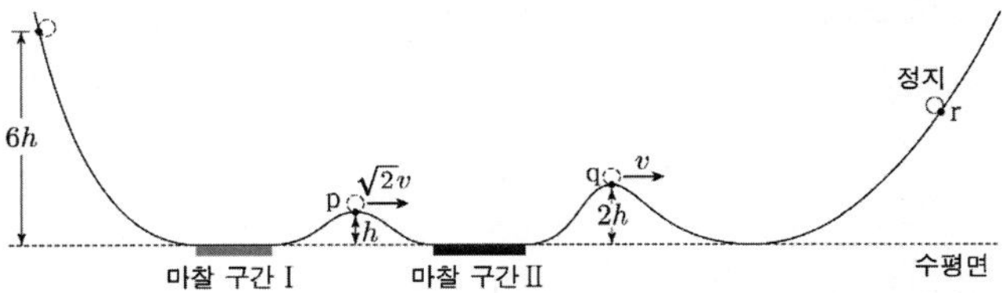

r의 높이는? (단, 물체의 크기, 공기 저항, 마찰 구간 외의 모든 마찰은 무시한다.) [3점]

① $\frac{19}{5}h$　② $4h$　③ $\frac{21}{5}h$　④ $\frac{22}{5}h$　⑤ $\frac{23}{5}h$

05

2020학년도 9월 모평 물I 17번

그림과 같이 마찰이 없는 궤도를 따라 운동하는 물체 A, B가 각각 높이 $2h_0$, h_0인 지점을 v_0, $2v_0$의 속력으로 지난다. h_0인 지점에서 B의 운동 에너지는 중력 퍼텐셜 에너지의 4배이다. 궤도의 구간 I, II는 각각 수평면, 경사면이고, 구간 III은 높이가 $4h_0$인 수평면이다.

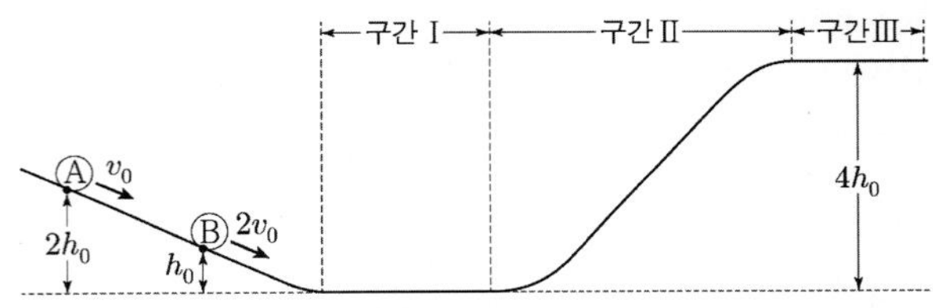

이에 대한 설명으로 옳은 것만을 〈보기〉에서 있는 대로 고른 것은? (단, I에서 중력 퍼텐셜 에너지는 0이고, 물체는 동일 연직면상에서 운동하며, 물체의 크기는 무시한다.)

〈 보기 〉

ㄱ. I을 통과하는 데 걸리는 시간은 A가 B의 $\frac{5}{3}$배이다.

ㄴ. II에서 A의 운동 에너지와 중력 퍼텐셜 에너지가 같은 지점의 높이는 h_0이다.

ㄷ. III에서 B의 속력은 v_0이다.

① ㄱ　② ㄷ　③ ㄱ, ㄴ　④ ㄴ, ㄷ　⑤ ㄱ, ㄴ, ㄷ

06

2019학년도 10월 학평 물I 19번

그림과 같이 물체가 마찰이 없는 연직면상의 궤도를 따라 운동한다. 물체는 왼쪽 빗면상의 점 a, b, 수평면상의 점 c, d, 오른쪽 빗면상의 점 e를 지나 점 f에 도달한다. 물체가 a, b를 지나는 순간의 속력은 각각 v, $4v$이고, a∼b 구간을 통과하는 데 걸리는 시간은 e∼f 구간을 통과하는 데 걸리는 시간의 3배이다. 물체는 c∼d 구간에서 운동 방향과 반대 방향으로 크기가 F인 일정한 힘을 받는다. b와 e의 높이는 같다.

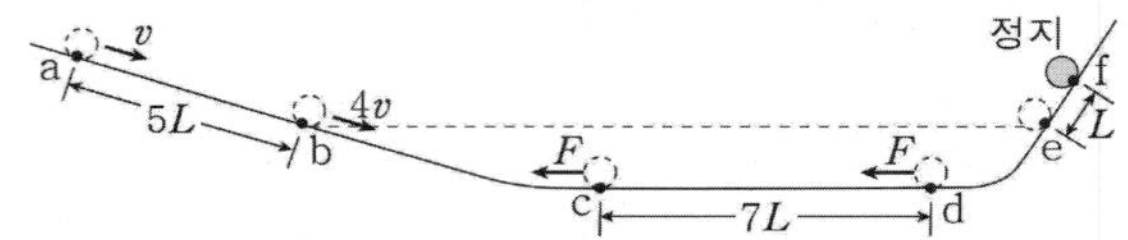

e∼f 구간에서 물체에 작용하는 알짜힘의 크기는? (단, 물체의 크기와 공기 저항은 무시한다.) [3점]

① $4F$ ② $5F$ ③ $7F$ ④ $9F$ ⑤ $10F$

07

2024학년도 7월 학평 물I 20번

그림은 높이 h인 점 p에서 속력 $4v$로 운동하는 물체가 궤도를 따라 마찰 구간 Ⅰ, Ⅱ를 지나 높이가 $2h$인 최고점 t에 도달하여 정지한 순간의 모습을 나타낸 것이다. 점 q, r, s의 높이는 각각 $2h$, h, h이고, q, r, s에서 물체의 속력은 각각 $3v$, v_r, v_s이다. 마찰 구간에서 손실된 역학적 에너지는 Ⅱ에서가 Ⅰ에서의 3배이다.

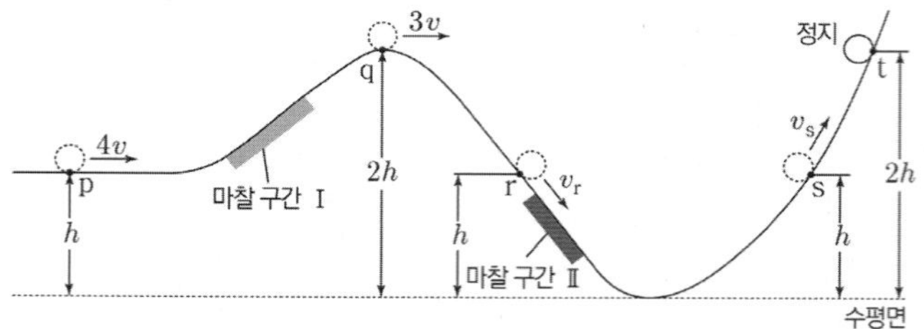

$\frac{v_r}{v_s}$는? (단, 마찰 구간 외의 모든 마찰과 공기 저항, 물체의 크기는 무시한다.) [3점]

① $\frac{\sqrt{5}}{2}$ ② $\frac{3}{2}$ ③ $\frac{\sqrt{13}}{2}$ ④ $\frac{7}{3}$ ⑤ $\sqrt{13}$

08

2023학년도 수능 물I 20번

그림은 빗면의 점 p에 가만히 놓은 물체가 점 q, r, s를 지나 빗면의 점 t에서 속력이 0인 순간을 나타낸 것이다. 물체는 p와 q 사이에서 가속도의 크기 $3a$로 등가속도 운동을, 빗면의 마찰 구간에서 등속도 운동을, r와 t 사이에서 가속도의 크기 $2a$로 등가속도 운동을 한다. 물체가 마찰 구간을 지나는 데 걸린 시간과 r에서 s까지 지나는 데 걸린 시간은 같다. p와 q 사이, s와 r 사이의 높이차는 h로 같고, t는 마찰 구간의 최고점 q와 높이가 같다.

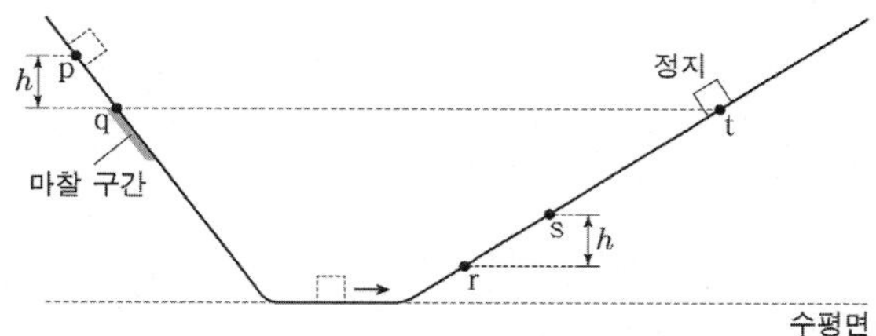

t와 s 사이의 높이차는? (단, 물체의 크기, 공기 저항, 마찰 구간 외의 모든 마찰은 무시한다.) [3점]

① $\frac{16}{9}h$ ② $2h$ ③ $\frac{20}{9}h$ ④ $\frac{7}{3}h$ ⑤ $\frac{8}{3}h$

09

2024학년도 10월 학평 물I 18번

그림은 높이가 $3h$인 지점을 속력 v로 지나는 물체가 빗면 위의 마찰 구간 I과 수평면 위의 마찰 구간 II를 지난 후 높이가 h인 지점을 속력 v로 통과하는 모습을 나타낸 것이다. 점 p, q는 II의 양 끝점이다. 높이차가 d인 I에서 물체는 등속도 운동을 하고, I의 최저점의 높이는 h이다. I과 II에서 물체의 역학적 에너지 감소량은 q에서 물체의 운동 에너지의 $\frac{2}{3}$배로 같다.

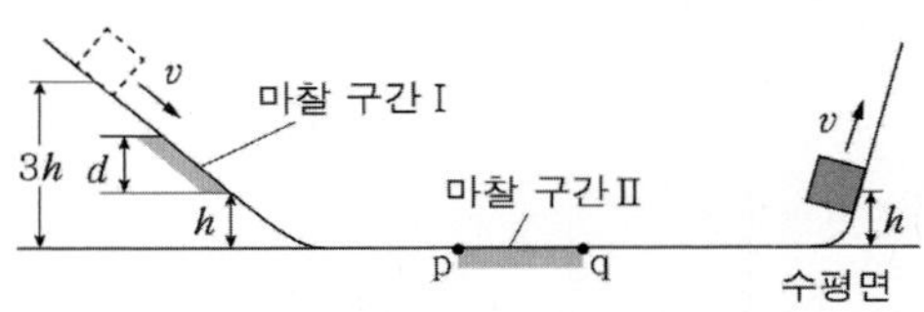

이에 대한 옳은 설명만을 〈보기〉에서 있는 대로 고른 것은? (단, 물체의 크기, 공기 저항, 마찰 구간 외의 모든 마찰은 무시한다.)

〈 보기 〉

ㄱ. $d=h$이다.
ㄴ. p에서 물체의 속력은 $\sqrt{5}v$이다.
ㄷ. 물체의 운동 에너지는 I에서와 q에서가 같다.

① ㄱ ② ㄷ ③ ㄱ, ㄴ ④ ㄴ, ㄷ ⑤ ㄱ, ㄴ, ㄷ

10

2019학년도 수능 물I 14번

그림은 높이 h인 지점에 가만히 놓은 질량 m인 물체가 마찰이 없는 연직면상의 궤도를 따라 운동하는 모습을 나타낸 것이다. 물체는 궤도의 수평 구간의 점 p에서 점 q까지 운동하는 동안 물체의 운동 방향으로 일정한 크기의 힘 F를 받는다. 물체의 운동 에너지는 높이 $2h$인 지점에서가 p에서의 2배이다.

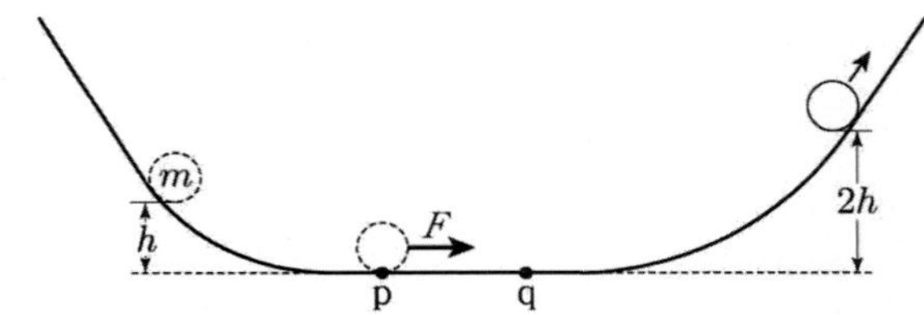

$F=2mg$일 때, 물체가 p에서 q까지 운동하는 데 걸린 시간은? (단, 중력 가속도는 g이고, 물체의 크기와 공기 저항은 무시한다.) [3점]

① $\sqrt{\frac{h}{5g}}$ ② $\sqrt{\frac{h}{4g}}$ ③ $\sqrt{\frac{h}{3g}}$ ④ $\sqrt{\frac{h}{2g}}$ ⑤ $\sqrt{\frac{h}{g}}$

11

2023학년도 10월 학평 물I 18번

그림과 같이 빗면의 마찰 구간 I에서 일정한 속력 v로 직선 운동한 물체가 마찰 구간 II를 속력 v로 빠져나왔다. 점 p~s는 각각 I 또는 II의 양 끝점이고, p와 q, r과 s의 높이차는 모두 h이다. I과 II에서 물체의 역학적 에너지 감소량은 p에서 물체의 운동 에너지의 4배로 같다.

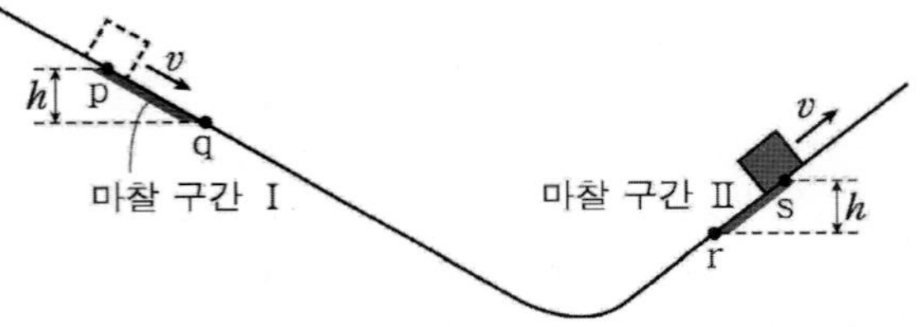

r에서 물체의 속력은? (단, 물체의 크기, 공기 저항, 마찰 구간 외의 모든 마찰은 무시한다.)

① $2v$ ② $\sqrt{6}v$ ③ $2\sqrt{2}v$ ④ $3v$ ⑤ $4v$

12

2020학년도 수능 물I 17번

그림과 같이 레일을 따라 운동하는 물체가 점 p, q, r를 지난다. 물체는 빗면 구간 A를 지나는 동안 역학적 에너지가 $2E$만큼 증가하고, 높이가 h인 수평 구간 B에서 역학적 에너지가 $3E$만큼 감소하여 정지한다. 물체의 속력은 p에서 v, B의 시작점 r에서 V이고, 물체의 운동 에너지는 q에서가 p에서의 2배이다.

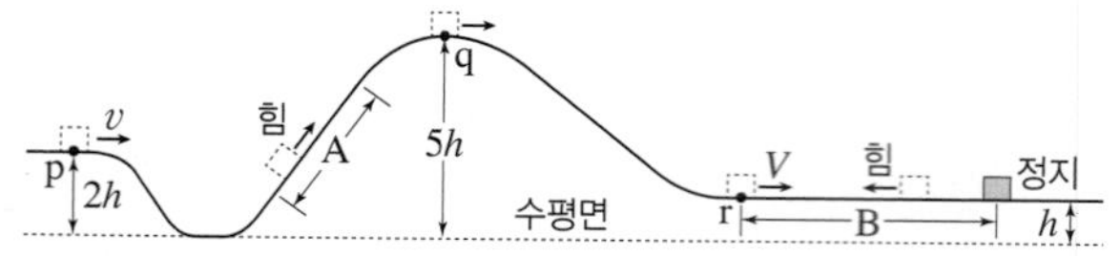

V는? (단, 물체의 크기, 마찰과 공기 저항은 무시한다.)

① $\sqrt{2}v$ ② $2v$ ③ $\sqrt{6}v$ ④ $3v$ ⑤ $2\sqrt{3}v$

13 대표 문제

2024학년도 수능 물I 20번

그림 (가)와 같이 질량이 m인 물체 A를 높이 $9h$인 지점에 가만히 놓았더니 A가 마찰 구간 I을 지나 수평면에 정지한 질량이 $2m$인 물체 B와 충돌한다. 그림 (나)는 A와 B가 충돌한 후, A는 다시 I을 지나 높이 H인 지점에서 정지하고, B는 마찰 구간 II를 지나 높이 $\frac{7}{2}h$인 지점에서 정지한 순간의 모습을 나타낸 것이다. A가 I을 한 번 지날 때 손실되는 역학적 에너지는 B가 II를 지날 때 손실되는 역학적 에너지와 같고, 충돌에 의해 손실되는 역학적 에너지는 없다.

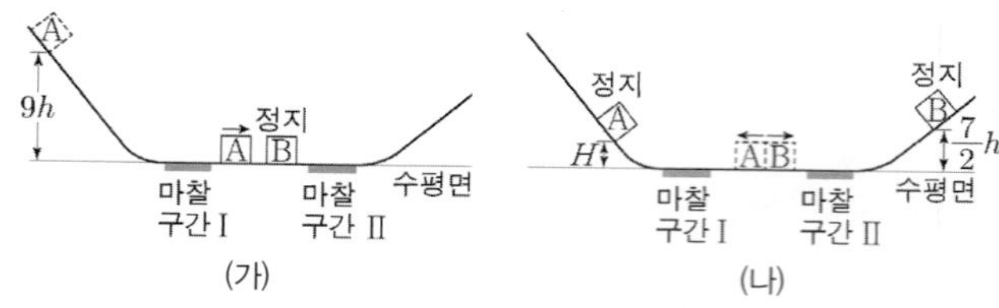

H는? (단, 물체는 동일 연직면상에서 운동하고, 물체의 크기, 공기 저항, 마찰 구간 외의 모든 마찰은 무시한다.)

① $\frac{5}{17}h$ ② $\frac{7}{17}h$ ③ $\frac{9}{17}h$ ④ $\frac{11}{17}h$ ⑤ $\frac{13}{17}h$

14 대표 문제

2022학년도 9월 모평 물I 20번

그림과 같이 물체 A, B를 각각 서로 다른 빗면의 높이 h_A, h_B인 지점에 가만히 놓았다. A가 내려가는 빗면의 일부에는 높이차가 $\frac{3}{4}h$인 마찰 구간이 있으며, A는 마찰 구간에서 등속도 운동 하였다. A와 B는 수평면에서 충돌하였고, 충돌 전의 운동 방향과 반대로 운동하여 각각 높이 $\frac{h}{4}$와 $4h$인 지점에서 속력이 0이 되었다. 수평면에서 B의 속력은 충돌 후가 충돌 전의 2배이다. A, B의 질량은 각각 $3m$, $2m$이다.

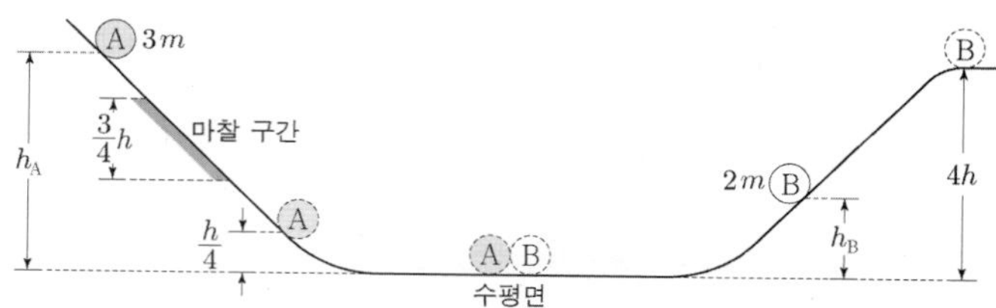

$\frac{h_B}{h_A}$는? (단, 물체의 크기, 공기 저항, 마찰 구간 외의 모든 마찰은 무시한다.) [3점]

① $\frac{1}{4}$ ② $\frac{1}{3}$ ③ $\frac{4}{9}$ ④ $\frac{1}{2}$ ⑤ $\frac{2}{3}$

15

2020학년도 6월 모평 물I 18번

그림은 점 p에 가만히 놓은 물체가 궤도를 따라 운동하여 점 q에서 정지한 모습을 나타낸 것이다. 길이가 각각 ℓ, 2ℓ인 수평 구간 A, B에서는 물체에 같은 크기의 일정한 힘이 운동 방향의 반대 방향으로 작용한다. p와 A의 높이 차는 h_1, A와 B의 높이 차는 h_2이다. 물체가 B를 지나는 데 걸린 시간은 A를 지나는 데 걸린 시간의 2배이다.

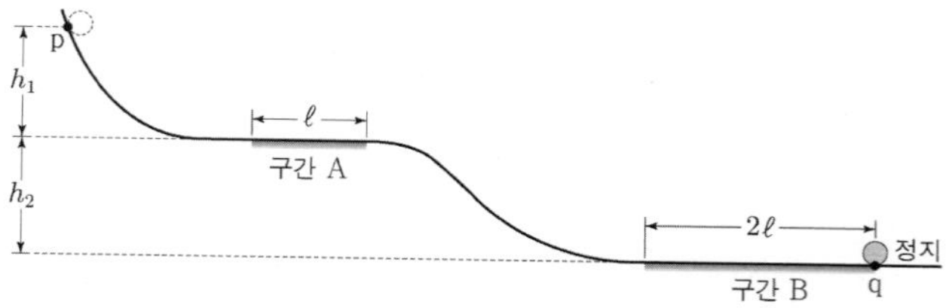

$\frac{h_1}{h_2}$은? (단, 물체의 크기, 마찰과 공기 저항은 무시한다.) [3점]

① $\frac{1}{2}$ ② $\frac{3}{5}$ ③ $\frac{3}{4}$ ④ $\frac{4}{5}$ ⑤ $\frac{5}{6}$

16

2021학년도 7월 학평 물I 5번

다음은 역학 수레를 이용한 실험이다.

[실험 과정]

(가) 그림과 같이 수평면으로부터 높이 h인 지점에 가만히 놓은 질량 m인 수레가 빗면을 내려와 수평면 위의 점 p를 지나 용수철을 압축시킬 때, 용수철이 최대로 압축되는 길이 x를 측정한다.

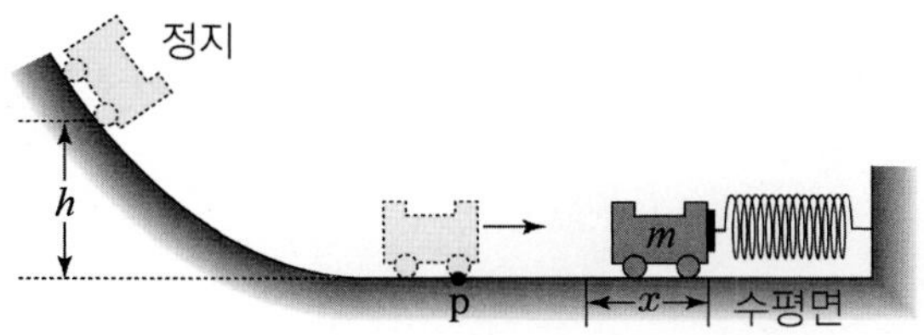

(나) 수레의 질량 m과 수레를 놓는 높이 h를 변화시키면서 (가)를 반복한다.

[실험 결과]

실험	m(kg)	h(cm)	x(cm)
I	1	50	2
II	2	50	㉠
III	2	㉡	2

이에 대한 설명으로 옳은 것만을 〈보기〉에서 있는 대로 고른 것은? (단, 용수철의 질량, 수레의 크기, 모든 마찰과 공기 저항은 무시한다.)

〈 보기 〉

ㄱ. ㉠은 2보다 크다.

ㄴ. ㉡은 50보다 작다.

ㄷ. p에서 수레의 속력은 II에서가 III에서보다 작다.

① ㄱ ② ㄷ ③ ㄱ, ㄴ ④ ㄴ, ㄷ ⑤ ㄱ, ㄴ, ㄷ

17

2020학년도 7월 학평 물I 7번

다음은 용수철 진자의 역학적 에너지 감소에 관한 실험이다.

[실험 과정]

(가) 그림과 같이 유리판 위에 놓인 나무 도막에 용수철을 연결하고 용수철의 한쪽 끝을 벽에 고정시킨다.

(나) 나무 도막을 평형점 O에서 점 P까지 당겨 용수철이 늘어나게 한다.

(다) 나무 도막을 가만히 놓은 후 나무 도막이 여러 번 진동하여 멈출 때까지 걸린 시간 t를 측정한다.

(라) (가)에서 유리판만을 사포로 바꾼 후 (나)와 (다)를 반복한다.

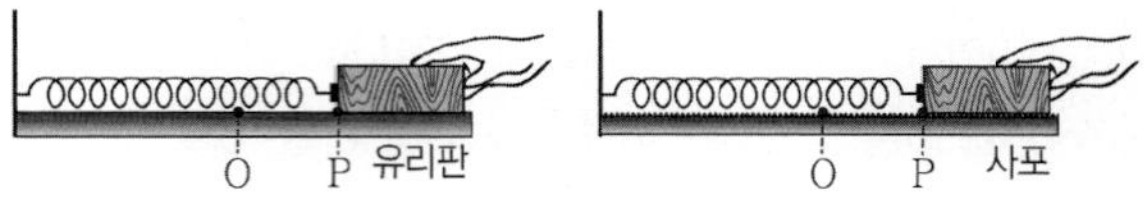

[실험 결과]

바닥면의 종류	t
유리판	5초
사포	2초

이에 대한 설명으로 옳은 것만을 〈보기〉에서 있는 대로 고른 것은?

〈 보기 〉

ㄱ. (다)에서 나무 도막이 진동하는 동안 마찰에 의해 열이 발생한다.

ㄴ. 나무 도막을 놓는 순간부터 나무 도막이 멈출 때까지 나무 도막의 이동 거리는 유리판 위에서가 사포 위에서보다 크다.

ㄷ. (다)에서 나무 도막이 P에서 O까지 이동하는 동안 용수철에 저장된 탄성 퍼텐셜 에너지는 증가한다.

① ㄱ ② ㄷ ③ ㄱ, ㄴ ④ ㄴ, ㄷ ⑤ ㄱ, ㄴ, ㄷ

18

2024학년도 10월 학평 물I 7번

그림 (가), (나)는 마찰이 없는 수평면에서 등속도 운동하던 물체 A, B가 동일한 용수철을 원래 길이에서 각각 d, $2d$만큼 압축시켜 정지한 순간의 모습을 나타낸 것이다. A, B의 질량은 각각 m, $4m$이고, A, B가 정지할 때까지 용수철로부터 받은 충격량의 크기는 각각 I_A, I_B이다.

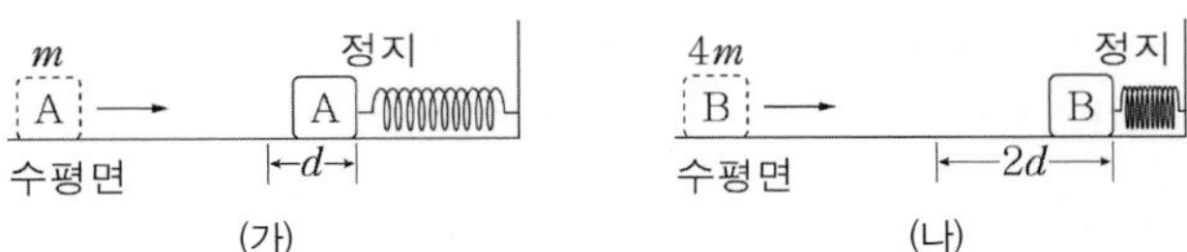

$\frac{I_B}{I_A}$는? (단, 용수철의 질량, 물체의 크기는 무시한다.)

① 1 ② 2 ③ 4 ④ 8 ⑤ 16

19

2022학년도 7월 학평 물Ⅰ 18번

그림 (가)와 같이 물체 A가 수평면에서 용수철이 달린 정지해 있는 물체 B를 향해 등속 직선 운동한다. 그림 (나)는 (가)에서 A와 B가 충돌하고 분리된 후 B가 수평면에서 등속 직선 운동하는 모습을 나타낸 것이다. (나)에서 B의 속력은 (가)에서 A의 속력의 $\frac{2}{3}$배이고, 질량은 B가 A의 2배이다.

A → B 정지 / 수평면 / (가)

← A B → / 수평면 / (나)

용수철이 압축되는 동안 용수철에 저장되는 탄성 퍼텐셜 에너지의 최댓값을 E_1, (나)에서 B의 운동 에너지를 E_2라 할 때 $\frac{E_1}{E_2}$는? (단, 충돌 과정에서 역학적 에너지 손실은 없고, 용수철의 질량, 모든 마찰과 공기 저항은 무시한다.) [3점]

① $\frac{2}{9}$ ② $\frac{4}{9}$ ③ $\frac{2}{3}$ ④ $\frac{3}{4}$ ⑤ $\frac{4}{3}$

20

2021학년도 3월 학평 물Ⅰ 20번

그림 (가)와 같이 수평면에서 용수철 A, B가 양쪽에 수평으로 연결되어 있는 물체를 손으로 잡아 정지시켰다. A, B의 용수철 상수는 각각 100 N/m, 200 N/m이고, A의 늘어난 길이는 0.3 m이며, B의 탄성 퍼텐셜 에너지는 0이다. 그림 (나)와 같이 (가)에서 손을 가만히 놓았더니 물체가 직선 운동을 하다가 처음으로 정지한 순간 B의 늘어난 길이는 L이다.

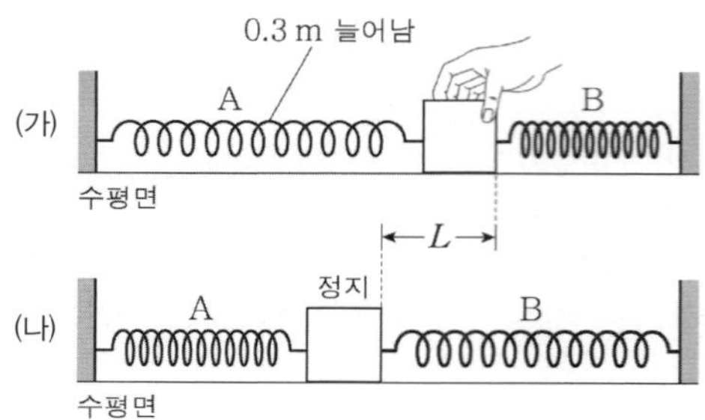

L은? (단, 물체의 크기, 용수철의 질량, 모든 마찰과 공기 저항은 무시한다.) [3점]

① 0.05 m ② 0.1 m ③ 0.15 m ④ 0.2 m ⑤ 0.3 m

21

2021학년도 4월 학평 물Ⅰ 20번

그림 (가)는 마찰이 있는 수평면에서 물체와 연결된 용수철을 원래 길이에서 $2L$만큼 압축하여 물체를 점 p에 정지시킨 모습을 나타낸 것이다. 물체가 p에 있을 때, 용수철에 저장된 탄성 퍼텐셜 에너지는 E_0이다. 그림 (나)는 (가)에서 물체를 가만히 놓았더니 물체가 점 q, r를 지나 정지한 순간의 모습을 나타낸 것이다. p와 q 사이, q와 r 사이의 거리는 각각 $2L$, L이다. (나)에서 물체가 q에서 r까지 운동하는 동안, 물체의 운동 에너지 감소량은 용수철에 저장된 탄성 퍼텐셜 에너지 증가량의 $\frac{7}{5}$배이다.

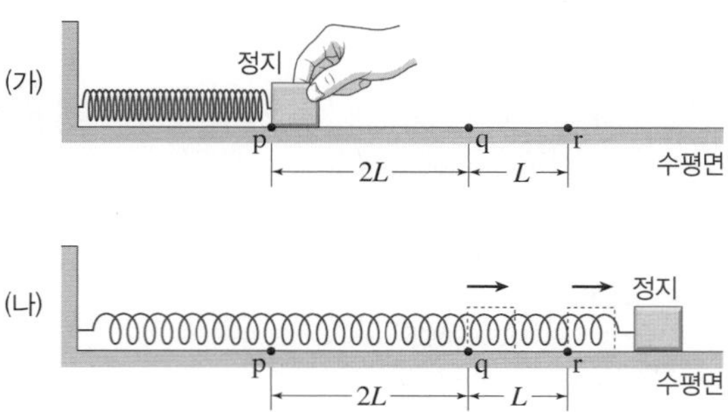

(나)에서 물체가 q, r를 지나는 순간 용수철에 저장된 탄성 퍼텐셜 에너지와 물체의 운동 에너지의 합을 각각 E_1, E_2라 할 때, $E_1 - E_2$는? (단, 물체의 크기, 용수철의 질량은 무시한다.) [3점]

① $\frac{1}{10}E_0$ ② $\frac{1}{5}E_0$ ③ $\frac{3}{10}E_0$ ④ $\frac{2}{5}E_0$ ⑤ $\frac{1}{2}E_0$

22

2021학년도 10월 학평 물Ⅰ 20번

그림 (가)와 같이 원래 길이가 $8d$인 용수철에 물체 A를 연결하고, 물체 B로 A를 $6d$만큼 밀어 올려 정지시켰다. 용수철을 압축시키는 동안 용수철에 저장된 탄성 퍼텐셜 에너지의 증가량은 A의 중력 퍼텐셜 에너지 증가량의 3배이다. A와 B의 질량은 각각 m이다. 그림 (나)는 (가)에서 B를 가만히 놓았더니 A가 B와 함께 연직선상에서 운동하다가 B와 분리된 후 용수철의 길이가 $9d$인 지점을 지나는 순간을 나타낸 것이다.

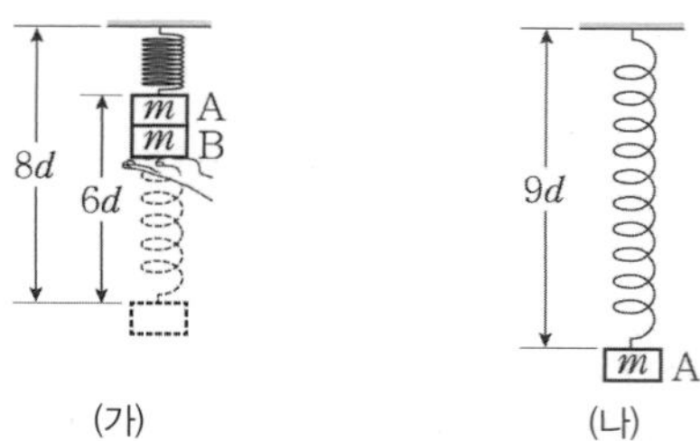

(나)에서 A의 운동 에너지는? (단, 중력 가속도는 g이고, 용수철의 질량, 물체의 크기, 모든 마찰과 공기 저항은 무시한다.) [3점]

① $\frac{29}{2}mgd$ ② $\frac{31}{2}mgd$ ③ $\frac{63}{4}mgd$ ④ $\frac{65}{4}mgd$ ⑤ $\frac{33}{2}mgd$

23

2025학년도 9월 모평 물I 20번

그림과 같이 수평면으로부터 높이가 h인 수평 구간에서 질량이 각각 m, $3m$인 물체 A와 B로 용수철을 압축시킨 후 가만히 놓았더니, A, B는 각각 수평면상의 마찰 구간 I, II를 지나 높이 $3h$, $2h$에서 정지하였다. 이 과정에서 A의 운동 에너지의 최댓값은 A의 중력 퍼텐셜 에너지의 최댓값의 4배이다. A, B가 각각 I, II를 한 번 지날 때 손실되는 역학적 에너지는 각각 W_{I}, W_{II}이다.

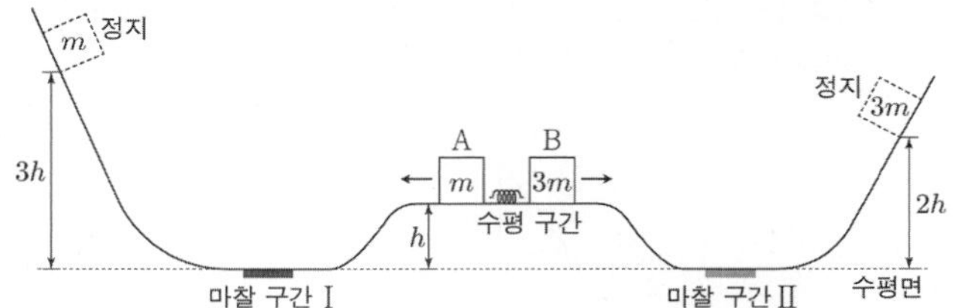

$\frac{W_{\text{I}}}{W_{\text{II}}}$은? (단, 수평면에서 중력 퍼텐셜 에너지는 0이고, A와 B는 동일 연직면상에서 운동한다. 물체의 크기, 용수철의 질량, 공기 저항과 마찰 구간 외의 모든 마찰은 무시한다.)

① 9　② $\frac{21}{2}$　③ 12　④ $\frac{27}{2}$　⑤ 15

24

2024학년도 5월 학평 물I 20번

그림과 같이 높이가 $3h$인 평면에서 질량이 각각 m, $2m$인 물체 A, B를 용수철의 양 끝에 접촉하여 압축시킨 후 동시에 가만히 놓았더니 A, B가 궤도를 따라 운동한다. A는 마찰 구간 I의 끝점 p에서 정지하고, B는 높이차가 h인 마찰 구간 II를 등속도로 지난 후 마찰 구간 III을 지나 v의 속력으로 운동한다. I, III에서 A, B는 서로 같은 크기의 마찰력을 받아 등가속도 직선 운동한다. I, III에서 A, B의 평균 속력은 같고, A가 I에서 운동하는 데 걸린 시간과 B가 III에서 운동하는 데 걸린 시간은 같다.

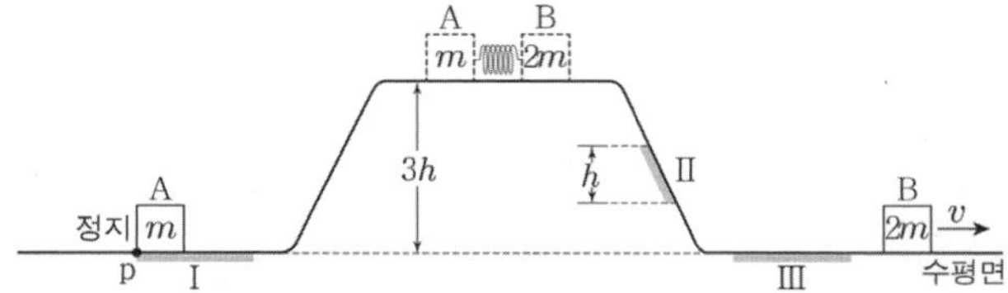

II에서 B의 감소한 역학적 에너지는? (단, 용수철의 질량, 물체의 크기, 공기 저항, 마찰 구간 외의 마찰은 무시한다.) [3점]

① mv^2　② $2mv^2$　③ $3mv^2$　④ $4mv^2$　⑤ $5mv^2$

25

2022학년도 6월 모평 물I 20번

그림과 같이 수평 구간 I에서 물체 A, B를 용수철의 양 끝에 접촉하여 용수철을 원래 길이에서 d만큼 압축시킨 후 동시에 가만히 놓으면, A는 높이 h에서 속력이 0이고, B는 높이가 $3h$인 마찰이 있는 수평 구간 II에서 정지한다. A, B의 질량은 각각 $2m$, m이고, 용수철 상수는 k이다.

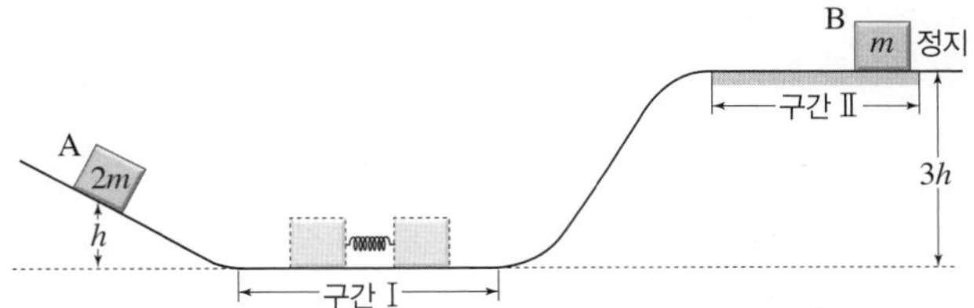

이에 대한 설명으로 옳은 것만을 <보기>에서 있는 대로 고른 것은? (단, 중력 가속도는 g이고, 물체의 크기, 용수철의 질량, 구간 II의 마찰을 제외한 모든 마찰 및 공기 저항은 무시한다.) [3점]

<보기>

ㄱ. $k=\frac{12mgh}{d^2}$이다.

ㄴ. A, B가 각각 높이 $\frac{h}{2}$를 지날 때의 속력은 B가 A의 $\sqrt{6}$배이다.

ㄷ. 마찰에 의한 B의 역학적 에너지 감소량은 $\frac{3}{2}mgh$이다.

① ㄱ　② ㄴ　③ ㄷ　④ ㄱ, ㄴ　⑤ ㄴ, ㄷ

26

2022학년도 4월 학평 물Ⅰ 20번

그림과 같이 수평면에서 질량이 각각 $2m$, m인 물체 A, B를 용수철의 양 끝에 접촉하여 용수철을 압축시킨 후 동시에 가만히 놓았더니 A, B가 궤도를 따라 운동하여 A는 마찰 구간에서 정지하고, B는 점 p, q를 지나 점 r에서 정지한다. p에서 q까지는 마찰 구간이고 p의 높이는 $7h$, q와 r의 높이 차는 h이다. B의 속력은 p에서가 q에서의 3배이고, p에서 q까지 운동하는 동안 B의 운동 에너지 감소량은 B의 중력 퍼텐셜 에너지 증가량의 3배이다.

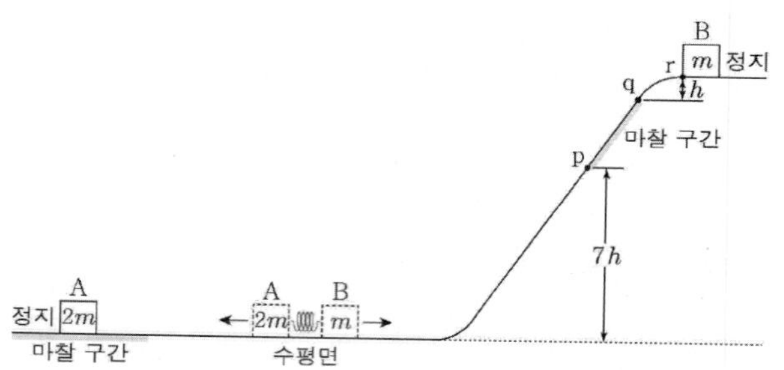

마찰 구간에서 A, B의 역학적 에너지 감소량을 각각 E_A, E_B라 할 때, $\frac{E_A}{E_B}$는? (단, A, B의 크기 및 용수철의 질량, 공기 저항, 마찰 구간 외의 마찰은 무시한다.) [3점]

① $\frac{4}{3}$ ② $\frac{3}{2}$ ③ $\frac{5}{3}$ ④ $\frac{7}{4}$ ⑤ $\frac{9}{5}$

27

2022학년도 10월 학평 물Ⅰ 20번

그림과 같이 높이가 $2h$인 평면, 수평면에서 각각 물체 A, B로 용수철 P, Q를 원래 길이에서 d만큼 압축시킨 후 가만히 놓으면 A와 B가 높이 $3h$인 평면에서 충돌한다. A의 속력은 B와 충돌 직전이 충돌 직후의 4배이다. B는 높이차가 h인 마찰 구간을 내려갈 때 등속도 운동하고, 마찰 구간을 올라갈 때 손실된 역학적 에너지는 내려갈 때와 같다. 충돌 후 A, B는 각각 P, Q를 원래 길이에서 최대 $\frac{d}{2}$, x만큼 압축시킨다. A, B의 질량은 각각 $2m$, m이고, P, Q의 용수철 상수는 각각 k, $2k$이다.

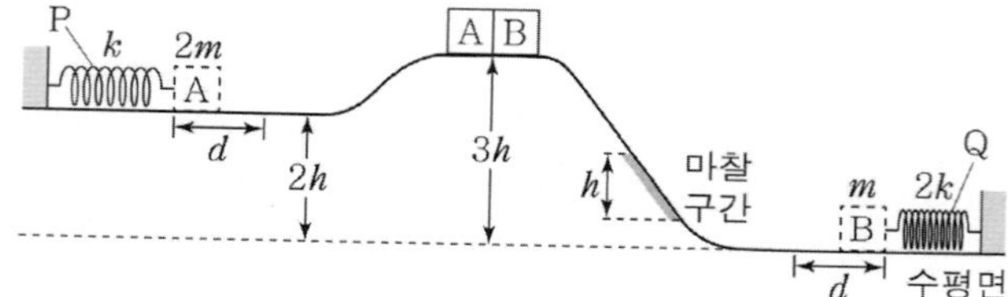

$\frac{x}{d}$는? (단, 물체는 면을 따라 운동하고, 용수철 질량, 물체의 크기, 공기 저항, 마찰 구간 외의 모든 마찰은 무시한다.) [3점]

① $\sqrt{\frac{1}{20}}$ ② $\sqrt{\frac{1}{15}}$ ③ $\sqrt{\frac{1}{10}}$ ④ $\sqrt{\frac{2}{15}}$ ⑤ $\sqrt{\frac{3}{20}}$

28

2023학년도 4월 학평 물Ⅰ 20번

그림 (가)는 수평면에서 질량이 m인 물체로 용수철을 원래 길이에서 $2d$만큼 압축시킨 후 가만히 놓았더니 물체가 마찰 구간을 지나 높이가 h인 최고점에서 속력이 0인 순간을 나타낸 것이다. 마찰 구간을 지나는 동안 감소한 물체의 운동 에너지는 마찰 구간의 최저점 p에서 물체의 중력 퍼텐셜 에너지의 6배이다. 그림 (나)는 (가)에서 물체가 마찰 구간을 지나 용수철을 원래 길이에서 최대 d만큼 압축시킨 모습을 나타낸 것으로, 물체는 마찰 구간에서 등속도 운동한다. 마찰 구간에서 손실된 물체의 역학적 에너지는 (가)에서와 (나)에서가 같다.

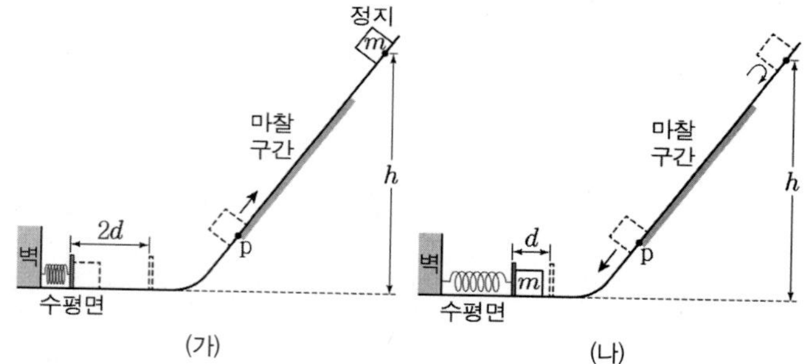

(나)의 p에서 물체의 운동 에너지는? (단, 중력 가속도는 g이고, 수평면에서 물체의 중력 퍼텐셜 에너지는 0이며 용수철의 질량, 물체의 크기, 공기 저항, 마찰 구간 외의 마찰은 무시한다.) [3점]

① $\frac{1}{9}mgh$ ② $\frac{1}{8}mgh$ ③ $\frac{1}{7}mgh$ ④ $\frac{1}{6}mgh$ ⑤ $\frac{1}{5}mgh$

29 대표 문제

2023학년도 6월 모평 물I 19번

그림은 높이 h인 평면에서 용수철 P에 연결된 물체 A에 물체 B를 접촉시키고, P를 원래 길이에서 $2d$만큼 압축시킨 모습을 나타낸 것이다. B를 가만히 놓으면 B는 P의 원래 길이에서 A와 분리되어 면을 따라 운동하고 A는 P에 연결된 채로 직선 운동한다. 이후 B는 높이차가 $2h$인 마찰 구간을 등속도로 지나 수평면에 놓인 용수철 Q를 원래 길이에서 $\sqrt{2}d$만큼 압축시킬 때 속력이 0이 된다. A와 B가 분리된 후 P의 탄성 퍼텐셜 에너지의 최댓값은 B가 마찰 구간에서 높이차 $2h$만큼 내려가는 동안 B의 역학적 에너지 감소량과 같다. P, Q의 용수철 상수는 같다.

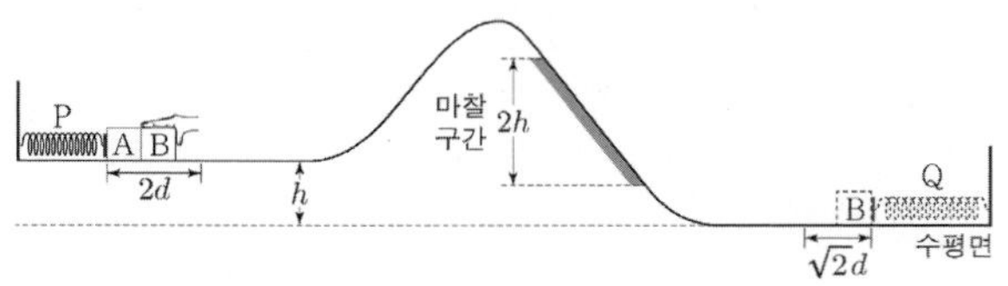

A, B의 질량을 각각 m_A, m_B라 할 때, $\frac{m_B}{m_A}$는? (단, 용수철의 질량, 물체의 크기, 공기 저항, 마찰 구간 외의 모든 마찰은 무시한다.)

① $\frac{1}{3}$ ② $\frac{1}{2}$ ③ 1 ④ 2 ⑤ 3

30

2022학년도 수능 물I 20번

그림 (가)와 같이 높이 h_A인 평면에서 물체 A로 용수철을 원래 길이에서 d만큼 압축시킨 후 가만히 놓고, 물체 B를 높이 $9h$인 지점에 가만히 놓으면, A와 B는 수평면에서 서로 같은 속력으로 충돌한다. 충돌 후 그림 (나)와 같이 A는 용수철을 원래 길이에서 최대 $2d$만큼 압축시키고, B는 높이 h인 지점에서 속력이 0이 된다. A, B는 질량이 각각 m, $2m$이고, 면을 따라 운동한다. A는 빗면을 내려갈 때 높이차가 $2h$인 마찰 구간에서 등속도 운동하고, 마찰 구간을 올라갈 때 손실된 역학적 에너지는 내려갈 때와 같다.

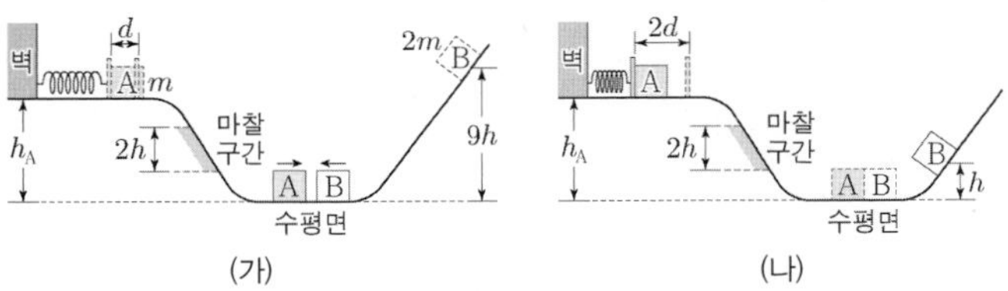

h_A는? (단, 용수철의 질량, 물체의 크기, 공기 저항, 마찰 구간 외의 모든 마찰은 무시한다.) [3점]

① $7h$ ② $\frac{13}{2}h$ ③ $6h$ ④ $\frac{11}{2}h$ ⑤ $\frac{9}{2}h$

31

2025학년도 수능 물I 20번

그림 (가)와 같이 높이 $4h$인 평면에서 용수철 P에 연결된 물체 A에 물체 B를 접촉시켜 P를 원래 길이에서 $2d$만큼 압축시킨 후 가만히 놓았더니, B는 A와 분리된 후 높이 차가 H인 마찰 구간을 등속도로 지나 수평면에 놓인 용수철 Q를 향해 운동한다. 이후 그림 (나)와 같이 A는 P를 원래 길이에서 최대 d만큼 압축시키며 직선 운동하고, B는 Q를 원래 길이에서 최대 $3d$만큼 압축시킨 후 다시 마찰 구간을 지나 높이 $4h$인 지점에서 정지한다. B가 마찰 구간을 올라갈 때 손실된 역학적 에너지는 내려갈 때와 같고, P, Q의 용수철 상수는 같다.

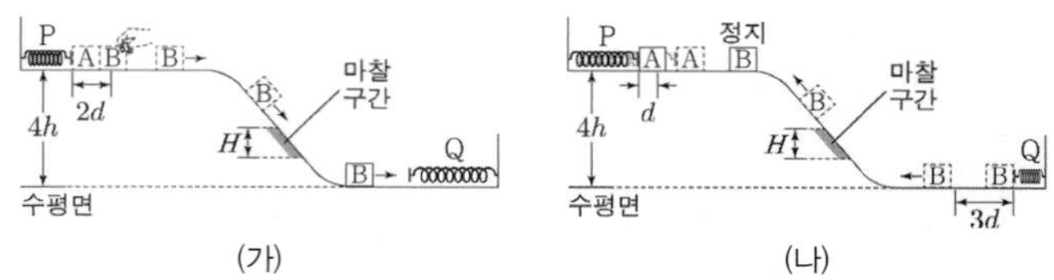

H는? (단, 물체는 동일 연직면상에서 운동하고, 용수철의 질량, 물체의 크기, 공기 저항, 마찰 구간 외의 모든 마찰은 무시한다.)

① $\frac{3}{5}h$ ② $\frac{4}{5}h$ ③ h ④ $\frac{6}{5}h$ ⑤ $\frac{7}{5}h$

한눈에 정리하는 평가원 기출 경향

주제 \ 학년도	2025	2024	2023
도르래에 연결된 물체의 일과 에너지 물체가 빗면에 걸쳐 있는 경우	**07** 대표 문제 (2025학년도 6월 모평 물Ⅰ 19번) 그림은 물체 A, C를 수평면에 놓인 물체 B의 양쪽에 실로 연결하여 서로 다른 빗면에 놓고, A를 손으로 잡아 점 p에 정지시킨 모습을 나타낸 것이다. A를 가만히 놓으면 A는 빗면을 따라 등가속도 운동한다. A가 p에서 d만큼 떨어진 점 q까지 운동하는 동안 A, C의 중력 퍼텐셜 에너지 변화량의 크기는 각각 E_0, $7E_0$이다. A, B, C의 질량은 각각 m, $2m$, $3m$이다. 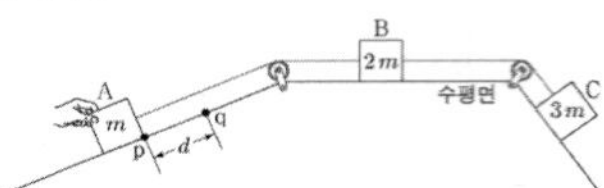 A가 p에서 q까지 운동하는 동안, 이에 대한 설명으로 옳은 것만을 <보기>에서 있는 대로 고른 것은? (단, 물체의 크기, 실의 질량, 모든 마찰은 무시한다.) <보기> ㄱ. A의 운동 에너지 변화량과 중력 퍼텐셜 에너지 변화량은 크기가 같다. ㄴ. B의 가속도의 크기는 $\frac{2E_0}{md}$이다. ㄷ. 역학적 에너지 변화량의 크기는 B가 C보다 크다. ① ㄱ ② ㄴ ③ ㄷ ④ ㄱ, ㄴ ⑤ ㄱ, ㄷ		**09** (2023학년도 9월 모평 물Ⅰ 20번) 그림은 질량이 각각 m, $2m$인 물체 A, B를 실로 연결하고 서로 다른 빗면의 점 p, r에 정지시킨 모습을 나타낸 것이다. A를 가만히 놓았더니 A가 점 q를 지나는 순간 실이 끊어지고 A, B는 빗면을 따라 가속도의 크기가 각각 $3a$, $2a$인 등가속도 운동을 한다. B는 마찰 구간이 시작되는 점 s부터 등속도 운동을 한다. A가 수평면에 닿기 직전 A의 운동 에너지는 마찰 구간에서 B의 운동 에너지의 2배이다. p와 s의 높이는 h_1로 같고, q와 r의 높이는 h_2로 같다. 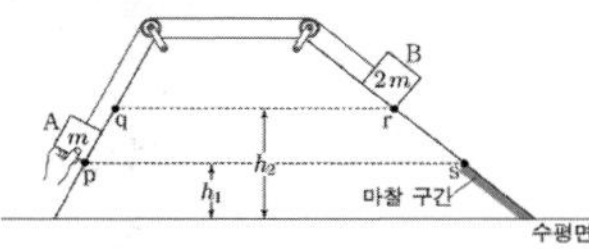 $\frac{h_2}{h_1}$는? (단, 실의 질량, 물체의 크기, 공기 저항, 마찰 구간 외의 모든 마찰은 무시한다.) [3점] ① $\frac{3}{2}$ ② $\frac{7}{4}$ ③ 2 ④ $\frac{9}{4}$ ⑤ $\frac{5}{2}$
도르래에 연결된 물체의 일과 에너지 물체가 용수철에 연결되어 있는 경우			

2022 ~ 2019

10

그림은 물체 A, B, C를 실 p, q로 연결하여 C를 손으로 잡아 정지시킨 모습을 나타낸 것이다. C를 가만히 놓으면 B는 가속도의 크기 a로 등가속도 운동한다. 이후 p를 끊으면 B는 가속도의 크기 a로 등가속도 운동한다. A, B, C의 질량은 각각 $3m$, m, $2m$이다.

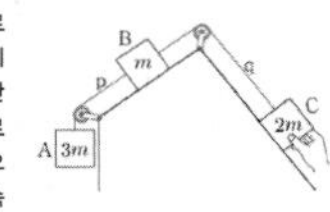

이에 대한 설명으로 옳은 것만을 〈보기〉에서 있는 대로 고른 것은? (단, 중력 가속도는 g이고, 실의 질량 및 모든 마찰과 공기 저항은 무시한다.)

〈보기〉

ㄱ. q가 B를 당기는 힘의 크기는 p를 끊기 전이 p를 끊은 후보다 크다.

ㄴ. $a=\frac{1}{3}g$이다.

ㄷ. p를 끊기 전까지, A의 중력 퍼텐셜 에너지 감소량은 B와 C의 운동 에너지 증가량의 합보다 크다.

① ㄱ ② ㄷ ③ ㄱ, ㄴ ④ ㄴ, ㄷ ⑤ ㄱ, ㄴ, ㄷ

06

그림과 같이 물체 A, B를 실로 연결하고 빗면의 점 P에 A를 가만히 놓았더니 A, B가 함께 등가속도 운동을 하다가 A가 점 Q를 지나는 순간 실이 끊어졌다. 이후 A는 등가속도 직선 운동을 하여 점 R를 지난다. A가 P에서 Q까지 운동하는 동안, A의 운동 에너지 증가량은 B의 중력 퍼텐셜 에너지 증가량의 $\frac{4}{5}$배이고, A의 운동 에너지는 R에서가 Q에서의 $\frac{9}{4}$배이다.

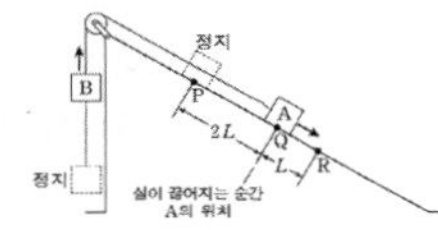

A, B의 질량을 각각 m_A, m_B라 할 때, $\frac{m_A}{m_B}$는? (단, 물체의 크기, 마찰과 공기 저항은 무시한다.) [3점]

① 3 ② 4 ③ 5 ④ 6 ⑤ 7

13 대표 문제

그림 (가)와 같이 질량이 각각 2 kg, 3 kg, 1 kg인 물체 A, B, C가 용수철 상수가 200 N/m인 용수철과 실에 연결되어 정지해 있다. 수평면에 연직으로 연결된 용수철은 원래 길이에서 0.1 m만큼 늘어나 있다. 그림 (나)는 (가)의 C에 연결된 실이 끊어진 후, A가 연직선상에서 운동하여 용수철이 원래 길이에서 0.05 m만큼 늘어난 순간의 모습을 나타낸 것이다.

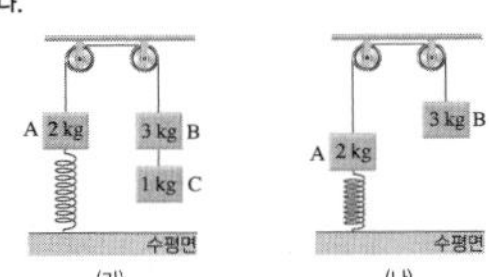

(나)에서 A의 운동 에너지는 용수철에 저장된 탄성 퍼텐셜 에너지의 몇 배인가? (단, 중력 가속도는 $10\ m/s^2$이고, 실과 용수철의 질량, 모든 마찰과 공기 저항은 무시한다.)

① $\frac{1}{5}$ ② $\frac{2}{5}$ ③ $\frac{3}{5}$ ④ $\frac{4}{5}$ ⑤ 1

12

그림 (가)는 물체 A와 실로 연결된 물체 B를 원래 길이가 L_0인 용수철과 수평면 위에서 연결하여 잡고 있는 모습을, (나)는 (가)에서 B를 가만히 놓은 후, 용수철의 길이가 L까지 늘어나 A의 속력이 0인 순간의 모습을 나타낸 것이다. A, B의 질량은 각각 m이고, 용수철 상수는 k이다.

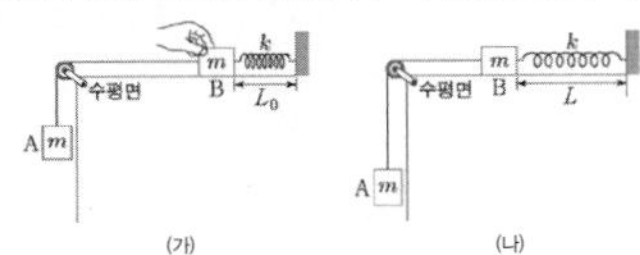

이에 대한 설명으로 옳은 것만을 〈보기〉에서 있는 대로 고른 것은? (단, 중력 가속도는 g이고, 실과 용수철의 질량 및 모든 마찰과 공기 저항은 무시한다.) [3점]

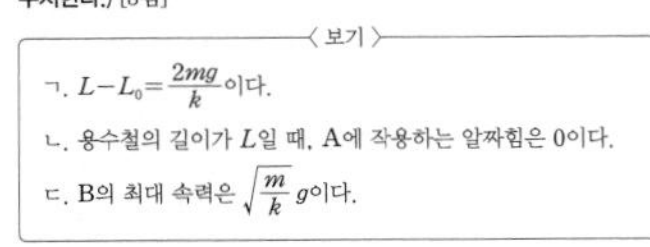

〈보기〉

ㄱ. $L-L_0=\frac{2mg}{k}$이다.

ㄴ. 용수철의 길이가 L일 때, A에 작용하는 알짜힘은 0이다.

ㄷ. B의 최대 속력은 $\sqrt{\frac{m}{k}}g$이다.

① ㄱ ② ㄴ ③ ㄱ, ㄷ ④ ㄴ, ㄷ ⑤ ㄱ, ㄴ, ㄷ

01

2020학년도 3월 학평 물Ⅰ 20번

그림과 같이 빗면 위의 점 O에 물체를 가만히 놓았더니 물체가 일정한 시간 간격으로 빗면 위의 점 A, B, C를 통과하였다. 물체는 B~C 구간에서 마찰력을 받아 역학적 에너지가 18 J만큼 감소하였다. 물체의 중력 퍼텐셜 에너지 차는 O와 B 사이에서 32 J, A와 C 사이에서 60 J이다.

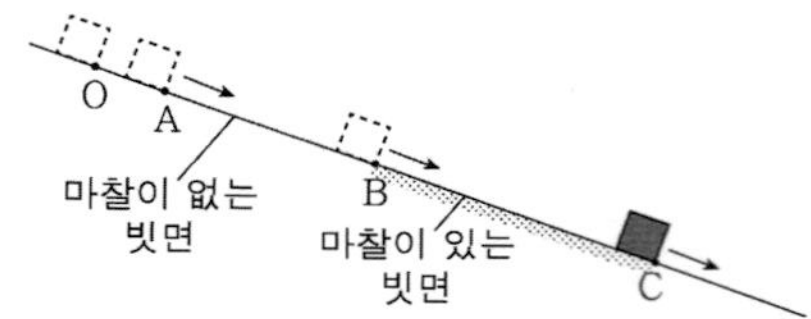

C에서 물체의 운동 에너지는? (단, 물체의 크기와 공기 저항은 무시한다.) [3점]

① 18 J ② 28 J ③ 32 J ④ 42 J ⑤ 50 J

02

2020학년도 4월 학평 물Ⅰ 19번

그림과 같이 질량이 m인 물체가 빗면을 따라 운동하여 점 p, q를 지나 최고점 r에 도달한다. 물체의 역학적 에너지는 p에서 q까지 운동하는 동안 감소하고, q에서 r까지 운동하는 동안 일정하다. 물체의 속력은 p에서가 q에서의 2배이고, p와 q의 높이 차는 h이다. 물체가 p에서 q까지 운동하는 동안, 물체의 운동 에너지 감소량은 물체의 중력 퍼텐셜 에너지 증가량의 3배이다. 이에 대한 설명으로 옳은 것만을 〈보기〉에서 있는 대로 고른 것은? (단, 중력 가속도는 g이고, 물체의 크기는 무시한다.)

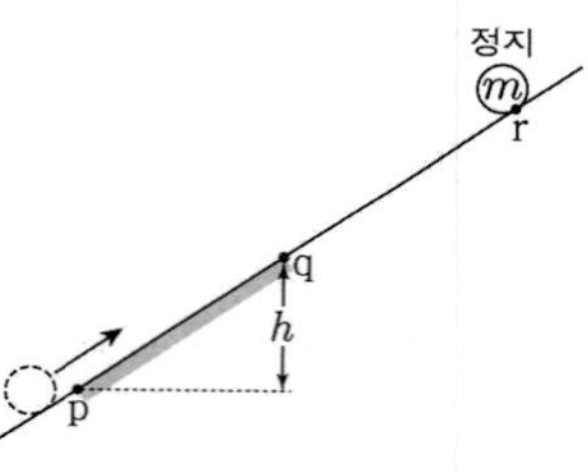

〈 보기 〉

ㄱ. q에서 물체의 속력은 $\sqrt{2gh}$이다.

ㄴ. q와 r의 높이 차는 h이다.

ㄷ. 물체가 p에서 q까지 운동하는 동안, 물체의 역학적 에너지 감소량은 $2mgh$이다.

① ㄱ ② ㄴ ③ ㄱ, ㄷ ④ ㄴ, ㄷ ⑤ ㄱ, ㄴ, ㄷ

03

2022학년도 7월 학평 물Ⅰ 4번

그림과 같이 수평면으로부터 높이 H인 왼쪽 빗면 위에 물체를 가만히 놓았더니 물체는 수평면에서 속력 v로 운동한다. 이후 물체는 일정한 마찰력이 작용하는 구간 Ⅰ을 지나 오른쪽 빗면에 올라갔다가 다시 왼쪽 빗면의 높이 h인 지점까지 올라간 후 Ⅰ의 오른쪽 끝 점 p에서 정지한다.

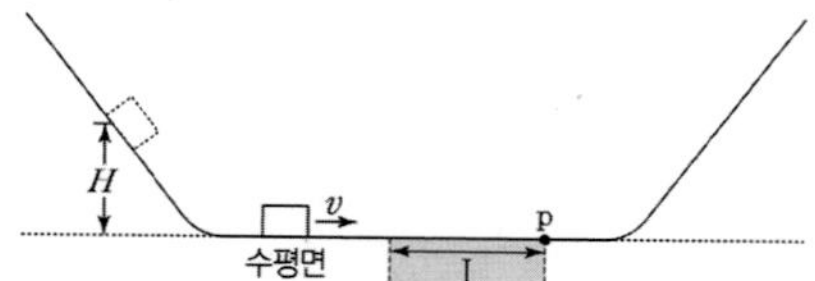

이에 대한 설명으로 옳은 것만을 〈보기〉에서 있는 대로 고른 것은? (단, 중력 가속도는 g이고, 물체의 크기, Ⅰ의 마찰을 제외한 모든 마찰 및 공기 저항은 무시한다.)

〈 보기 〉

ㄱ. $v=\sqrt{2gH}$이다.

ㄴ. $h=\frac{H}{3}$이다.

ㄷ. 왼쪽 빗면의 높이 $2H$인 지점에 물체를 가만히 놓으면 물체가 Ⅰ을 4회 지난 순간 p에서 정지한다.

① ㄱ ② ㄷ ③ ㄱ, ㄴ ④ ㄴ, ㄷ ⑤ ㄱ, ㄴ, ㄷ

04

2020학년도 7월 학평 물Ⅰ 19번

그림 (가)는 물체 A, B, C를 실로 연결한 후, 질량이 m인 A를 손으로 잡아 A와 C가 같은 높이에서 정지한 모습을 나타낸 것이다. A와 B 사이에 연결된 실은 p이고, B와 C 사이의 거리는 $2h$이다. 그림 (나)는 (가)에서 A를 가만히 놓은 후 A와 B의 높이가 같아진 순간의 모습을 나타낸 것이다. (가)에서 (나)로 물체가 운동하는 동안 운동 에너지 변화량의 크기는 C가 A의 3배이고, A의 중력 퍼텐셜 에너지 변화량의 크기와 C의 역학적 에너지 변화량의 크기는 같다.

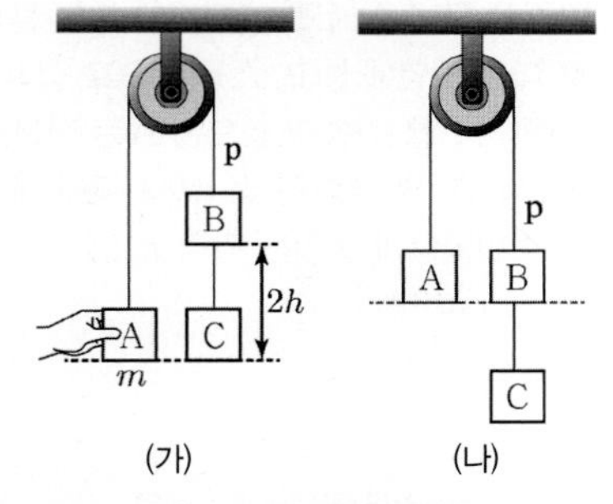

(나)에 대한 설명으로 옳은 것만을 〈보기〉에서 있는 대로 고른 것은? (단, 모든 마찰과 공기 저항, 실의 질량은 무시한다.) [3점]

〈 보기 〉

ㄱ. A의 속력은 $\sqrt{2gh}$이다.
ㄴ. B의 질량은 $2m$이다.
ㄷ. p가 B를 당기는 힘의 크기는 mg이다.

① ㄱ ② ㄴ ③ ㄱ, ㄷ ④ ㄴ, ㄷ ⑤ ㄱ, ㄴ, ㄷ

05

2023학년도 7월 학평 물Ⅰ 19번

그림은 물체 A, B, C를 실로 연결하여 수평면의 점 p에서 B를 가만히 놓아 물체가 등가속도 운동하는 모습을 나타낸 것이다. B가 점 q를 지날 때 속력은 v이다. B가 p에서 q까지 운동하는 동안 A의 중력 퍼텐셜 에너지의 증가량은 A의 운동 에너지 증가량의 4배이다. B의 운동 에너지는 점 r에서가 q에서의 3배이다. A, B의 질량은 각각 m이고, q와 r 사이의 거리는 L이다.

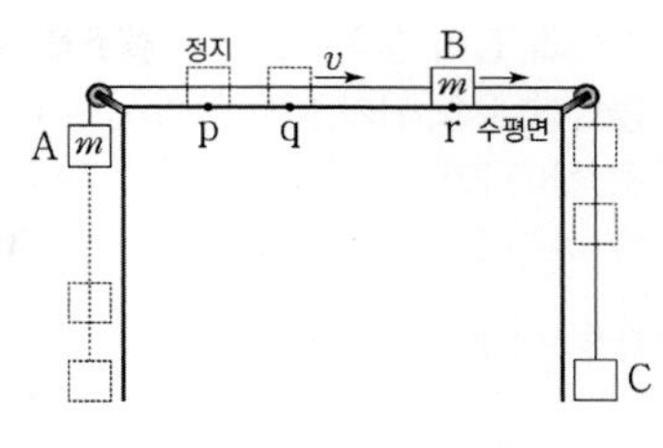

B가 r를 지날 때 C의 운동 에너지는? (단, 중력 가속도는 g이고, 물체의 크기, 실의 질량, 모든 마찰은 무시한다.)

① $\frac{3}{4}mgL$ ② $\frac{4}{5}mgL$ ③ $\frac{5}{6}mgL$ ④ mgL ⑤ $\frac{4}{3}mgL$

8 일차

06

2019학년도 6월 모평 물I 20번

그림과 같이 물체 A, B를 실로 연결하고 빗면의 점 P에 A를 가만히 놓았더니 A, B가 함께 등가속도 운동을 하다가 A가 점 Q를 지나는 순간 실이 끊어졌다. 이후 A는 등가속도 직선 운동을 하여 점 R를 지난다. A가 P에서 Q까지 운동하는 동안, A의 운동 에너지 증가량은 B의 중력 퍼텐셜 에너지 증가량의 $\frac{4}{5}$배이고, A의 운동 에너지는 R에서가 Q에서의 $\frac{9}{4}$배이다.

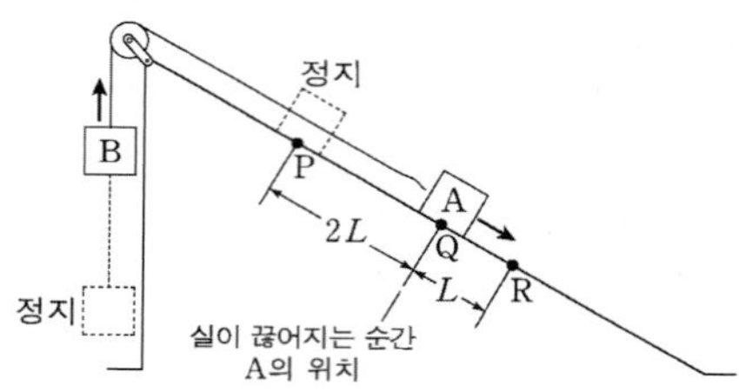

A, B의 질량을 각각 m_A, m_B라 할 때, $\frac{m_A}{m_B}$는? (단, 물체의 크기, 마찰과 공기 저항은 무시한다.) [3점]

① 3 ② 4 ③ 5 ④ 6 ⑤ 7

07 대표 문제

2025학년도 6월 모평 물I 19번

그림은 물체 A, C를 수평면에 놓인 물체 B의 양쪽에 실로 연결하여 서로 다른 빗면에 놓고, A를 손으로 잡아 점 p에 정지시킨 모습을 나타낸 것이다. A를 가만히 놓으면 A는 빗면을 따라 등가속도 운동한다. A가 p에서 d만큼 떨어진 점 q까지 운동하는 동안 A, C의 중력 퍼텐셜 에너지 변화량의 크기는 각각 E_0, $7E_0$이다. A, B, C의 질량은 각각 m, $2m$, $3m$이다.

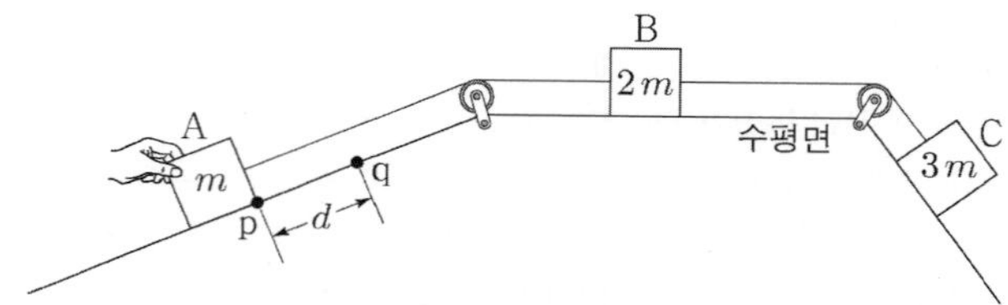

A가 p에서 q까지 운동하는 동안, 이에 대한 설명으로 옳은 것만을 <보기>에서 있는 대로 고른 것은? (단, 물체의 크기, 실의 질량, 모든 마찰은 무시한다.)

<보기>

ㄱ. A의 운동 에너지 변화량과 중력 퍼텐셜 에너지 변화량은 크기가 같다.

ㄴ. B의 가속도의 크기는 $\frac{2E_0}{md}$이다.

ㄷ. 역학적 에너지 변화량의 크기는 B가 C보다 크다.

① ㄱ ② ㄴ ③ ㄷ ④ ㄱ, ㄴ ⑤ ㄱ, ㄷ

08

2020학년도 10월 학평 물I 20번

그림과 같이 실로 연결된 채 두 빗면에서 속력 v로 각각 등속도 운동을 하던 물체 A, B가 수평선 P를 동시에 지나는 순간 실이 끊어졌으며, 이후 각각 등가속도 직선 운동을 하여 수평선 Q를 동시에 지났다. A, B의 질량은 각각 m, $5m$이고, 두 빗면의 기울기는 같으며, B는 빗면으로부터 일정한 마찰력을 받는다.

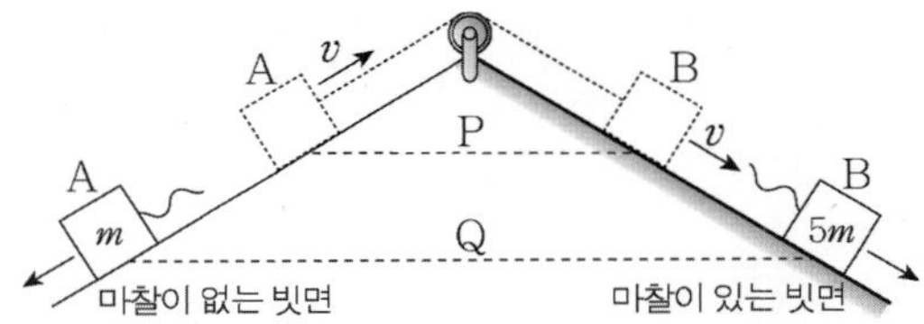

P에서 Q까지 B의 역학적 에너지 감소량은? (단, 실의 질량, 물체의 크기, B가 받는 마찰 이외의 모든 마찰과 공기 저항은 무시한다.) [3점]

① $6mv^2$ ② $12mv^2$ ③ $18mv^2$ ④ $24mv^2$ ⑤ $30mv^2$

09 대표 문제

2023학년도 9월 모평 물I 20번

그림은 질량이 각각 m, $2m$인 물체 A, B를 실로 연결하고 서로 다른 빗면의 점 p, r에 정지시킨 모습을 나타낸 것이다. A를 가만히 놓았더니 A가 점 q를 지나는 순간 실이 끊어지고 A, B는 빗면을 따라 가속도의 크기가 각각 $3a$, $2a$인 등가속도 운동을 한다. B는 마찰 구간이 시작되는 점 s부터 등속도 운동을 한다. A가 수평면에 닿기 직전 A의 운동 에너지는 마찰 구간에서 B의 운동 에너지의 2배이다. p와 s의 높이는 h_1로 같고, q와 r의 높이는 h_2로 같다.

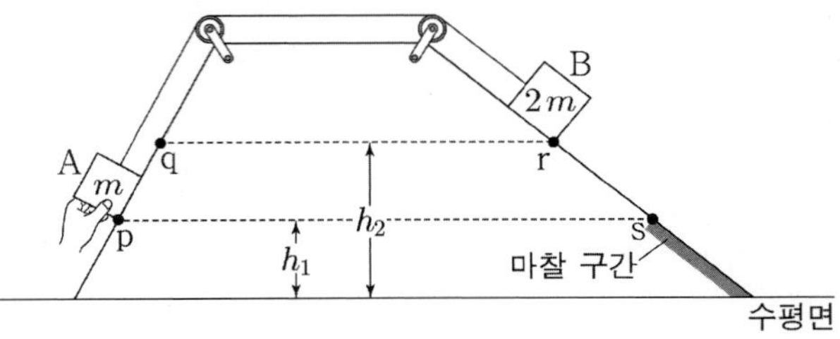

$\frac{h_2}{h_1}$는? (단, 실의 질량, 물체의 크기, 공기 저항, 마찰 구간 외의 모든 마찰은 무시한다.) [3점]

① $\frac{3}{2}$ ② $\frac{7}{4}$ ③ 2 ④ $\frac{9}{4}$ ⑤ $\frac{5}{2}$

8 일차

10

2022학년도 수능 물Ⅰ 15번

그림은 물체 A, B, C를 실 p, q로 연결하여 C를 손으로 잡아 정지시킨 모습을 나타낸 것이다. C를 가만히 놓으면 B는 가속도의 크기 a로 등가속도 운동한다. 이후 p를 끊으면 B는 가속도의 크기 a로 등가속도 운동한다. A, B, C의 질량은 각각 $3m$, m, $2m$이다.

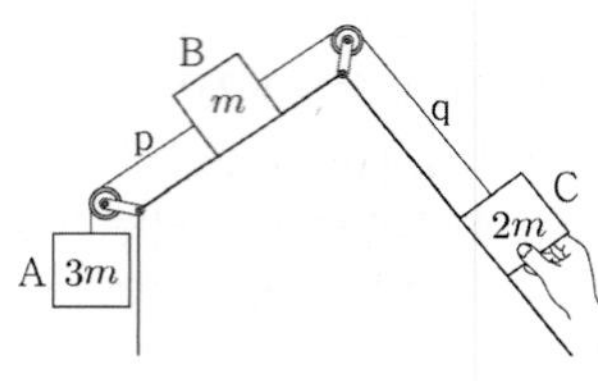

이에 대한 설명으로 옳은 것만을 〈보기〉에서 있는 대로 고른 것은? (단, 중력 가속도는 g이고, 실의 질량 및 모든 마찰과 공기 저항은 무시한다.)

〈 보기 〉

ㄱ. q가 B를 당기는 힘의 크기는 p를 끊기 전이 p를 끊은 후보다 크다.

ㄴ. $a=\frac{1}{3}g$이다.

ㄷ. p를 끊기 전까지, A의 중력 퍼텐셜 에너지 감소량은 B와 C의 운동 에너지 증가량의 합보다 크다.

① ㄱ ② ㄷ ③ ㄱ, ㄴ ④ ㄴ, ㄷ ⑤ ㄱ, ㄴ, ㄷ

11

2022학년도 3월 학평 물Ⅰ 20번

그림 (가)와 같이 물체 A, B를 실로 연결하고, A에 연결된 용수철을 원래 길이에서 $3L$만큼 압축시킨 후 A를 점 p에서 가만히 놓았다. B의 질량은 m이다. 그림 (나)는 (가)에서 A, B가 직선 운동하여 각각 $7L$만큼 이동한 후 $4L$만큼 되돌아와 정지한 모습을 나타낸 것이다. A가 구간 p → r, r → q에서 이동할 때, 각 구간에서 마찰에 의해 손실된 역학적 에너지는 각각 $7W$, $4W$이다.

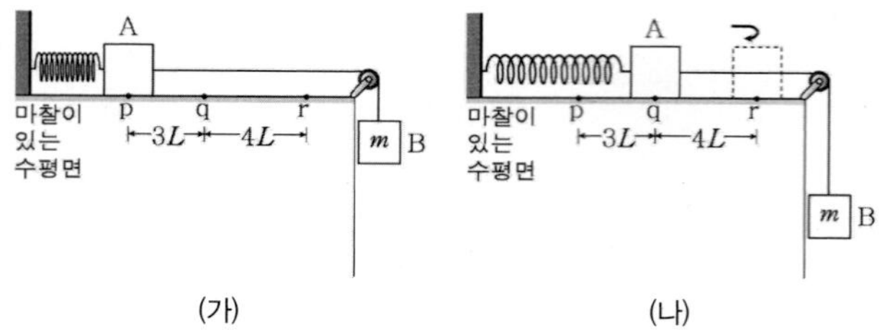

W는? (단, 중력 가속도는 g이고, 용수철과 실의 질량, 물체의 크기, 수평면에 의한 마찰 외의 모든 마찰과 공기 저항은 무시한다.) [3점]

① $\frac{1}{3}mgL$ ② $\frac{2}{5}mgL$ ③ $\frac{1}{2}mgL$

④ $\frac{3}{5}mgL$ ⑤ $\frac{2}{3}mgL$

12

2021학년도 9월 모평 물Ⅰ 20번

그림 (가)는 물체 A와 실로 연결된 물체 B를 원래 길이가 L_0인 용수철과 수평면 위에서 연결하여 잡고 있는 모습을, (나)는 (가)에서 B를 가만히 놓은 후, 용수철의 길이가 L까지 늘어나 A의 속력이 0인 순간의 모습을 나타낸 것이다. A, B의 질량은 각각 m이고, 용수철 상수는 k이다.

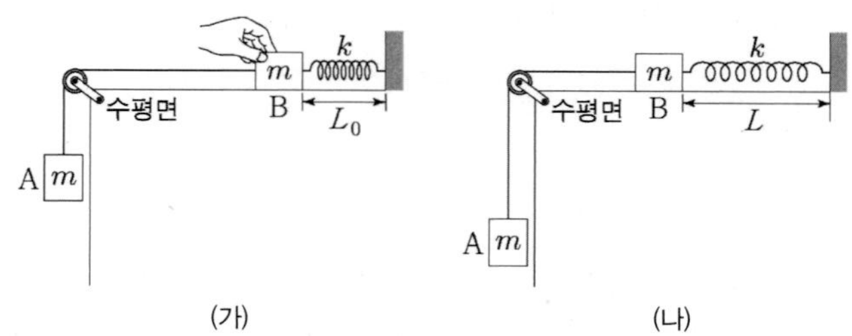

이에 대한 설명으로 옳은 것만을 〈보기〉에서 있는 대로 고른 것은? (단, 중력 가속도는 g이고, 실과 용수철의 질량 및 모든 마찰과 공기 저항은 무시한다.) [3점]

〈 보기 〉

ㄱ. $L-L_0=\frac{2mg}{k}$이다.

ㄴ. 용수철의 길이가 L일 때, A에 작용하는 알짜힘은 0이다.

ㄷ. B의 최대 속력은 $\sqrt{\frac{m}{k}}g$이다.

① ㄱ ② ㄴ ③ ㄱ, ㄷ ④ ㄴ, ㄷ ⑤ ㄱ, ㄴ, ㄷ

13 대표 문제

2021학년도 수능 물I 20번

그림 (가)와 같이 질량이 각각 2 kg, 3 kg, 1 kg인 물체 A, B, C가 용수철 상수가 200 N/m인 용수철과 실에 연결되어 정지해 있다. 수평면에 연직으로 연결된 용수철은 원래 길이에서 0.1 m만큼 늘어나 있다. 그림 (나)는 (가)의 C에 연결된 실이 끊어진 후, A가 연직선상에서 운동하여 용수철이 원래 길이에서 0.05 m만큼 늘어난 순간의 모습을 나타낸 것이다.

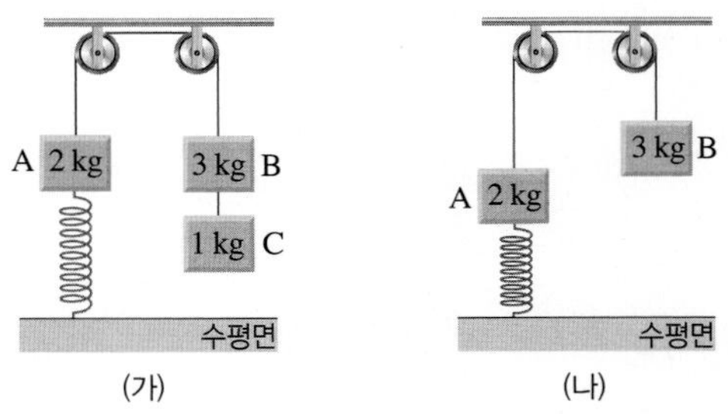

(나)에서 A의 운동 에너지는 용수철에 저장된 탄성 퍼텐셜 에너지의 몇 배인가? (단, 중력 가속도는 $10\ \mathrm{m/s^2}$이고, 실과 용수철의 질량, 모든 마찰과 공기 저항은 무시한다.)

① $\frac{1}{5}$ ② $\frac{2}{5}$ ③ $\frac{3}{5}$ ④ $\frac{4}{5}$ ⑤ 1

14

2021학년도 7월 학평 물I 20번

그림 (가)는 질량이 같은 두 물체가 실로 연결되어 용수철 A, B와 도르래를 이용해 정지해 있는 것을 나타낸 것이다. A, B는 각각 원래의 길이에서 L만큼 늘어나 있다. 그림 (나)는 두 물체를 연결한 실이 끊어져 B가 원래의 길이에서 x만큼 최대로 압축되어 물체가 정지한 순간의 모습을 나타낸 것이다. A, B의 용수철 상수는 같다.

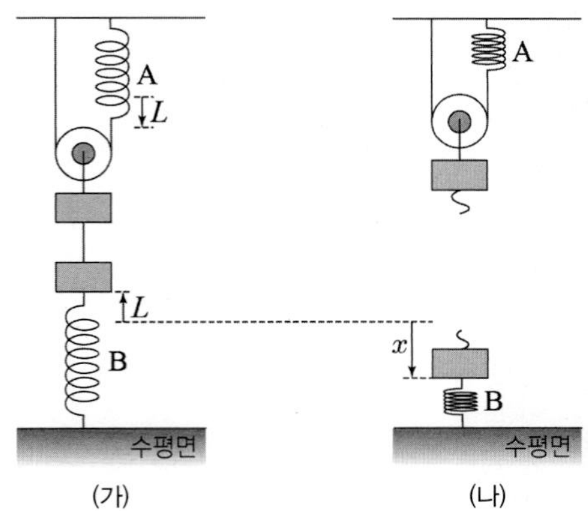

x는? (단, 실의 질량, 용수철의 질량, 도르래의 질량 및 모든 마찰과 공기 저항은 무시한다.) [3점]

① L ② $\frac{3}{2}L$ ③ $2L$ ④ $\frac{5}{2}L$ ⑤ $3L$

9 일차

한눈에 정리하는 평가원 기출 경향

주제 \ 학년도	2025	2024	2023
기체가 하는 일			
열역학 과정 압력-부피 그래프 해석	**12** 2025학년도 9월 모평 물I 15번 그림 (가)는 일정량의 이상 기체가 상태 A → B → C를 따라 변할 때 기체의 압력과 부피를 나타낸 것이다. 그림 (나)는 (가)의 A → B 과정과 B → C 과정 중 하나로, 기체가 들어 있는 열 출입이 자유로운 실린더의 피스톤에 모래를 조금씩 올려 피스톤이 서서히 내려가는 과정을 나타낸 것이다. (나)의 과정에서 기체의 온도는 T_0으로 일정하다. (가) (나) 이에 대한 설명으로 옳은 것만을 〈보기〉에서 있는 대로 고른 것은? (단, 실린더와 피스톤 사이의 마찰은 무시한다.) 〈보기〉 ㄱ. (나)는 B → C 과정이다. ㄴ. (가)에서 기체의 내부 에너지는 A에서가 C에서보다 작다. ㄷ. (나)의 과정에서 기체는 외부에 열을 방출한다. ① ㄱ ② ㄷ ③ ㄱ, ㄴ ④ ㄴ, ㄷ ⑤ ㄱ, ㄴ, ㄷ		
열역학 과정 열기관과 그래프가 주어진 경우			
열역학 과정 단계가 주어진 경우			

2022 ~ 2019

01 대표 문제

2022학년도 6월 모평 물Ⅰ 11번

다음은 열의 이동에 따른 기체의 부피 변화를 알아보기 위한 실험이다.

[실험 과정]

(가) 20 mL의 기체가 들어 있는 유리 주사기의 끝을 고무마개로 막는다.

(나) (가)의 주사기를 뜨거운 물이 든 비커에 담그고, 피스톤이 멈추면 눈금을 읽는다.

(다) (나)의 주사기를 얼음물이 든 비커에 담그고, 피스톤이 멈추면 눈금을 읽는다.

[실험 결과]

과정	(가)	(나)	(다)
기체의 부피(mL)	20	23	18

주사기 속 기체에 대한 설명으로 옳은 것만을 〈보기〉에서 있는 대로 고른 것은? [3점]

〈보기〉

ㄱ. 기체의 내부 에너지는 (가)에서가 (나)에서보다 작다.
ㄴ. (나)에서 기체가 흡수한 열은 기체가 한 일과 같다.
ㄷ. (다)에서 기체가 방출한 열은 기체의 내부 에너지 변화량과 같다.

① ㄱ ② ㄴ ③ ㄱ, ㄷ ④ ㄴ, ㄷ ⑤ ㄱ, ㄴ, ㄷ

10 대표 문제

2020학년도 수능 물Ⅰ 11번

그림은 일정한 양의 이상 기체의 상태가 A → B → C를 따라 변할 때, 압력과 부피를 나타낸 것이다.
이에 대한 설명으로 옳은 것만을 〈보기〉에서 있는 대로 고른 것은?

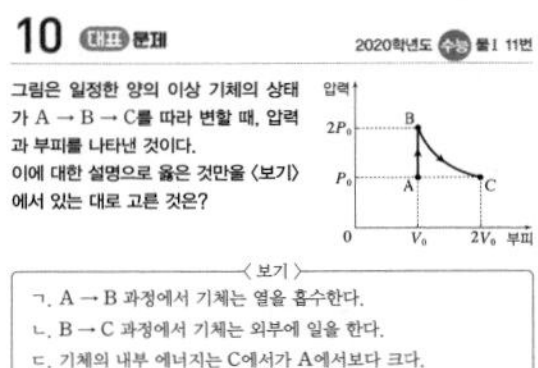

〈보기〉

ㄱ. A → B 과정에서 기체는 열을 흡수한다.
ㄴ. B → C 과정에서 기체는 외부에 일을 한다.
ㄷ. 기체의 내부 에너지는 C에서가 A에서보다 크다.

① ㄱ ② ㄴ ③ ㄱ, ㄷ ④ ㄴ, ㄷ ⑤ ㄱ, ㄴ, ㄷ

08

2019학년도 6월 모평 물Ⅰ 16번

그림은 일정량의 이상 기체의 상태가 A → B → C를 따라 변할 때 압력과 부피를 나타낸 것이다. A → B 과정에서 기체에 공급한 열량은 Q이다.
이에 대한 설명으로 옳은 것만을 〈보기〉에서 있는 대로 고른 것은?

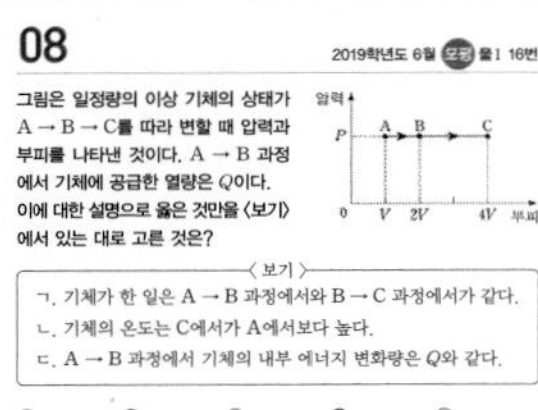

〈보기〉

ㄱ. 기체가 한 일은 A → B 과정에서와 B → C 과정에서가 같다.
ㄴ. 기체의 온도는 C에서가 A에서보다 높다.
ㄷ. A → B 과정에서 기체의 내부 에너지 변화량은 Q와 같다.

① ㄱ ② ㄴ ③ ㄱ, ㄷ ④ ㄴ, ㄷ ⑤ ㄱ, ㄴ, ㄷ

13 대표 문제

2020학년도 6월 모평 물Ⅰ 16번

그림 (가)와 같이 단열된 실린더와 단열되지 않은 실린더에 각각 같은 양의 동일한 이상 기체 A, B가 들어 있고, 단면적이 같은 단열된 두 피스톤이 정지해 있다. B의 온도를 일정하게 유지하면서 A에 열을 공급하였더니 피스톤이 천천히 이동하여 정지하였다. 그림 (나)는 시간에 따른 A와 B의 온도를 나타낸 것이다.

이에 대한 설명으로 옳은 것만을 〈보기〉에서 있는 대로 고른 것은? (단, 실린더는 고정되어 있고, 피스톤의 마찰은 무시한다.) [3점]

〈보기〉

ㄱ. t_0일 때, 내부 에너지는 A가 B보다 크다.
ㄴ. t_0일 때, 부피는 B가 A보다 크다.
ㄷ. A의 온도가 높아지는 동안 B는 열을 방출한다.

① ㄱ ② ㄴ ③ ㄱ, ㄷ ④ ㄴ, ㄷ ⑤ ㄱ, ㄴ, ㄷ

18

2020학년도 9월 모평 물Ⅰ 18번

그림 (가)의 Ⅰ은 이상 기체가 들어 있는 실린더에 피스톤이 정지해 있는 모습을, Ⅱ는 Ⅰ에서 기체에 열을 서서히 가했을 때 기체가 팽창하여 피스톤이 정지한 모습을, Ⅲ은 Ⅱ에서 피스톤에 모래를 서서히 올려 피스톤이 내려가 정지한 모습을 나타낸 것이다. Ⅰ과 Ⅲ에서 기체의 부피는 같다. 그림 (나)는 (가)의 기체 상태가 변화할 때 압력과 부피를 나타낸 것이다. A, B, C는 각각 Ⅰ, Ⅱ, Ⅲ에서의 기체의 상태 중 하나이다.

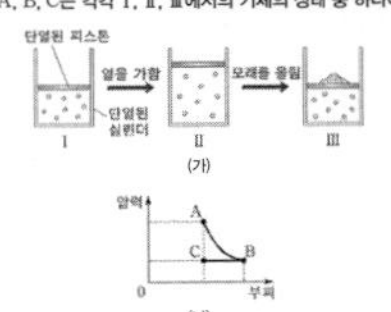

(나)

이에 대한 설명으로 옳은 것만을 〈보기〉에서 있는 대로 고른 것은? (단, 피스톤의 마찰은 무시한다.) [3점]

〈보기〉

ㄱ. Ⅰ → Ⅱ 과정에서 기체는 외부에 일을 한다.
ㄴ. 기체의 온도는 Ⅲ에서가 Ⅰ에서보다 높다.
ㄷ. Ⅱ → Ⅲ 과정은 B → C 과정에 해당한다.

① ㄱ ② ㄷ ③ ㄱ, ㄴ ④ ㄴ, ㄷ ⑤ ㄱ, ㄴ, ㄷ

16 대표 문제

2019학년도 수능 물Ⅰ 17번

그림 (가)와 같이 실린더 안의 동일한 이상 기체 A와 B가 열전달이 잘 되는 고정된 금속판에 의해 분리되어 열평형 상태에 있다. A, B의 압력과 부피는 각각 P, V로 같다. 그림 (나)는 (가)에서 피스톤에 힘을 가하여 B의 부피가 감소한 상태로 A와 B가 열평형을 이룬 모습을 나타낸 것이다.

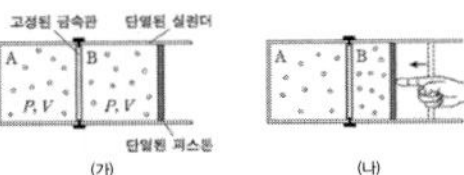

이에 대한 설명으로 옳은 것만을 〈보기〉에서 있는 대로 고른 것은? (단, 피스톤의 마찰, 금속판이 흡수한 열량은 무시한다.) [3점]

〈보기〉

ㄱ. A의 온도는 (가)에서가 (나)에서보다 높다.
ㄴ. (나)에서 기체의 압력은 A가 B보다 작다.
ㄷ. (가) → (나) 과정에서 B가 받은 일은 B의 내부 에너지 증가량과 같다.

① ㄱ ② ㄴ ③ ㄱ, ㄷ ④ ㄴ, ㄷ ⑤ ㄱ, ㄴ, ㄷ

01 대표 문제

2022학년도 6월 모평 물Ⅰ 11번

다음은 열의 이동에 따른 기체의 부피 변화를 알아보기 위한 실험이다.

[실험 과정]

(가) 20 mL의 기체가 들어 있는 유리 주사기의 끝을 고무마개로 막는다.

(나) (가)의 주사기를 뜨거운 물이 든 비커에 담그고, 피스톤이 멈추면 눈금을 읽는다.

(다) (나)의 주사기를 얼음물이 든 비커에 담그고, 피스톤이 멈추면 눈금을 읽는다.

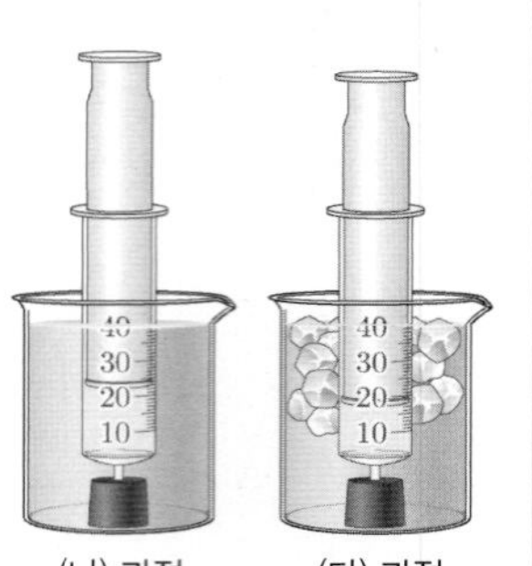

[실험 결과]

과정	(가)	(나)	(다)
기체의 부피(mL)	20	23	18

주사기 속 기체에 대한 설명으로 옳은 것만을 <보기>에서 있는 대로 고른 것은? [3점]

〈 보기 〉

ㄱ. 기체의 내부 에너지는 (가)에서가 (나)에서보다 작다.

ㄴ. (나)에서 기체가 흡수한 열은 기체가 한 일과 같다.

ㄷ. (다)에서 기체가 방출한 열은 기체의 내부 에너지 변화량과 같다.

① ㄱ ② ㄴ ③ ㄱ, ㄷ ④ ㄴ, ㄷ ⑤ ㄱ, ㄴ, ㄷ

02

2020학년도 3월 학평 물Ⅰ 6번

그림과 같이 온도가 T_0인 일정량의 이상 기체가 등압 팽창 또는 단열 팽창하여 온도가 각각 T_1, T_2가 되었다.

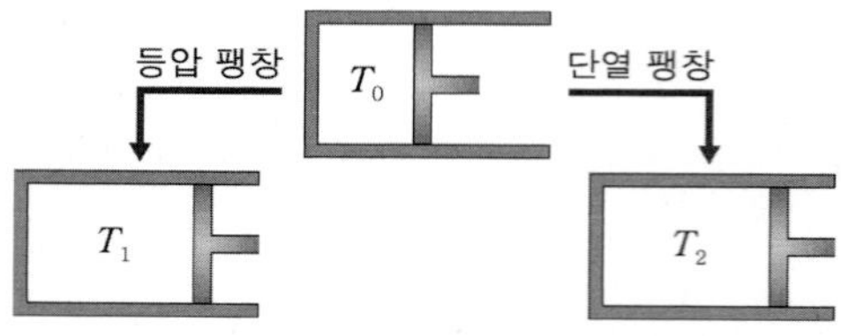

T_0, T_1, T_2를 옳게 비교한 것은? (단, 대기압은 일정하다.) [3점]

① $T_0=T_1=T_2$ ② $T_0>T_1=T_2$ ③ $T_1=T_2>T_0$
④ $T_1>T_0>T_2$ ⑤ $T_2>T_0>T_1$

03

2019학년도 3월 학평 물Ⅰ 8번

그림과 같이 실린더 안의 이상 기체 A와 B가 피스톤에 의해 분리되어 있다. 물체 P를 열전달이 잘되는 고정된 금속판에 접촉시켰더니 피스톤이 왼쪽으로 서서히 이동하였다.

이에 대한 옳은 설명만을 <보기>에서 있는 대로 고른 것은? (단, 피스톤의 마찰은 무시한다.) [3점]

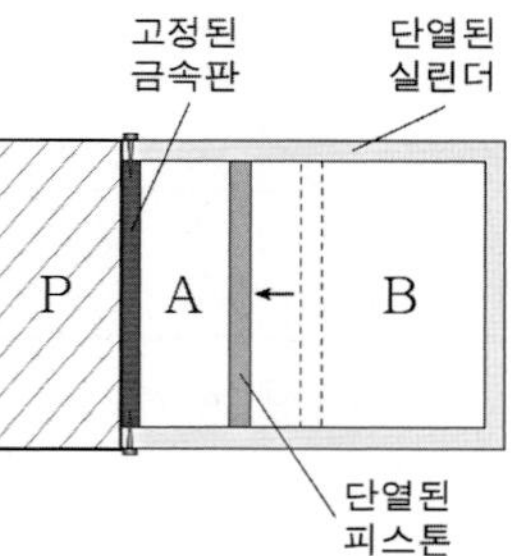

〈 보기 〉

ㄱ. P에서 A로 열이 이동한다.

ㄴ. A의 압력은 일정하다.

ㄷ. B의 내부 에너지가 감소한다.

① ㄱ ② ㄷ ③ ㄱ, ㄴ ④ ㄱ, ㄷ ⑤ ㄴ, ㄷ

04

2019학년도 7월 학평 물Ⅰ 17번

그림과 같이 이상 기체가 들어 있는 용기와 실린더가 피스톤에 의해 A, B, C 세 부분으로 나누어져 있다. 피스톤 P는 고정핀에 의해 고정되어 있고, 피스톤 Q는 정지해 있다. A, B에서 온도는 같고, 압력은 A에서가 B에서보다 작다. 이후, 고정핀을 제거하였다.

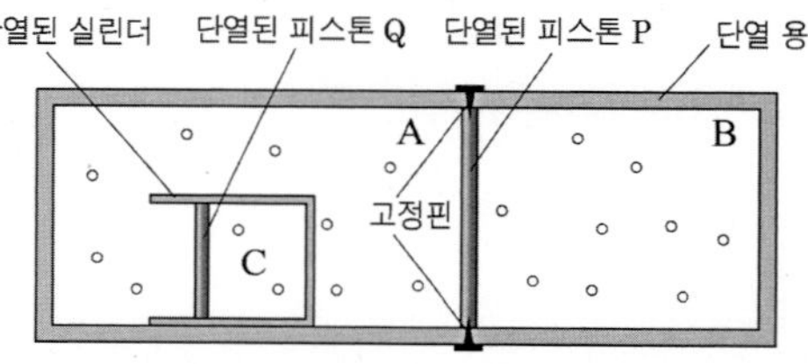

이에 대한 설명으로 옳은 것만을 <보기>에서 있는 대로 고른 것은? (단, 단열 용기를 통한 기체 분자의 이동은 없고, 피스톤의 마찰은 무시한다.)

〈 보기 〉

ㄱ. 고정핀을 제거하기 전 기체의 압력은 A, C에서 같다.

ㄴ. 고정핀을 제거한 후 P가 움직이는 동안 B에서 기체의 온도는 감소한다.

ㄷ. 고정핀을 제거한 후 Q가 움직이는 동안 C에서 기체의 내부 에너지는 증가한다.

① ㄱ ② ㄴ ③ ㄱ, ㄷ ④ ㄴ, ㄷ ⑤ ㄱ, ㄴ, ㄷ

05

2021학년도 10월 학평 물I 11번

그림 (가)와 같이 피스톤으로 분리된 실린더의 두 부분에 같은 양의 동일한 이상 기체 A와 B가 들어 있다. A와 B의 온도와 부피는 서로 같다. 그림 (나)는 (가)의 A에 열량 Q_1을 가했더니 피스톤이 천천히 d만큼 이동하여 정지한 모습을, (다)는 (나)의 B에 열량 Q_2를 가했더니 피스톤이 천천히 d만큼 이동하여 정지한 모습을 나타낸 것이다.

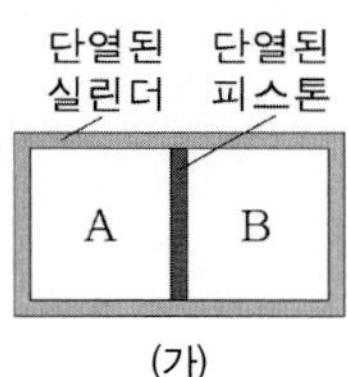

(가)

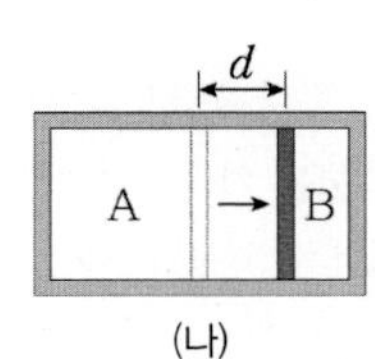

(나)

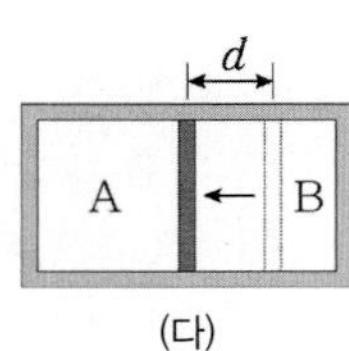

(다)

이에 대한 옳은 설명만을 〈보기〉에서 있는 대로 고른 것은? (단, 피스톤과 실린더의 마찰은 무시한다.)

〈 보기 〉

ㄱ. A의 내부 에너지는 (가)에서와 (나)에서가 같다.

ㄴ. A의 압력은 (다)에서가 (가)에서보다 크다.

ㄷ. B의 내부 에너지는 (다)에서가 (가)에서보다 $\frac{Q_1+Q_2}{2}$만큼 크다.

① ㄴ ② ㄷ ③ ㄱ, ㄴ ④ ㄱ, ㄷ ⑤ ㄴ, ㄷ

06

2024학년도 7월 학평 물I 17번

그림은 일정량의 이상 기체의 상태가 A → B → C를 따라 변할 때 기체의 압력과 절대 온도를 나타낸 것이다. A → B 과정은 부피가 일정한 과정이고, B → C 과정은 압력이 일정한 과정이다.

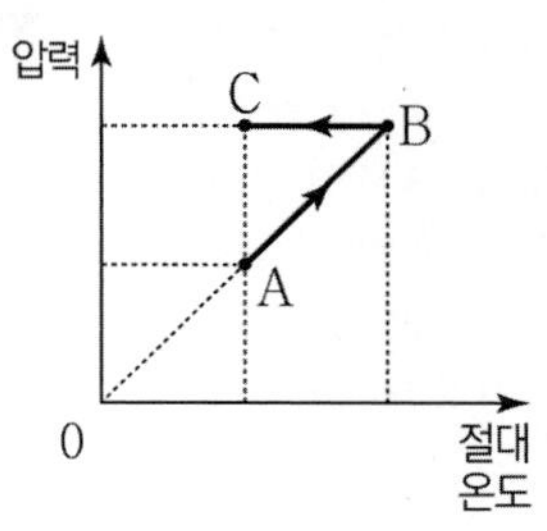

A → B → C 과정을 나타낸 그래프로 가장 적절한 것은? [3점]

①
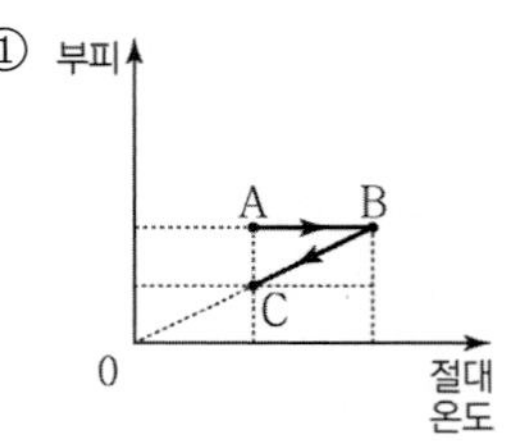

②
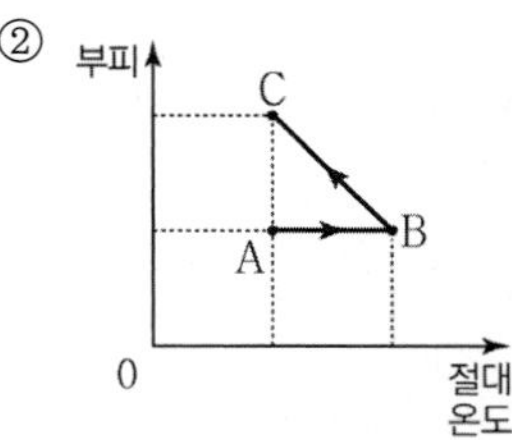

③
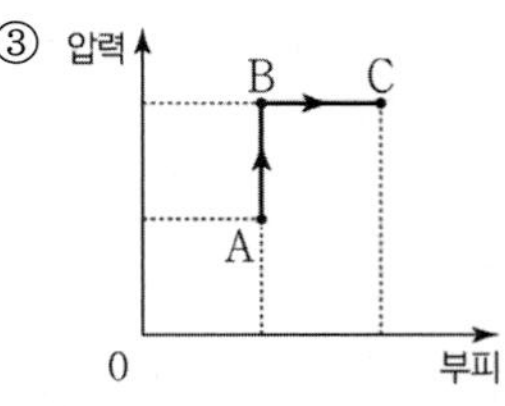

④
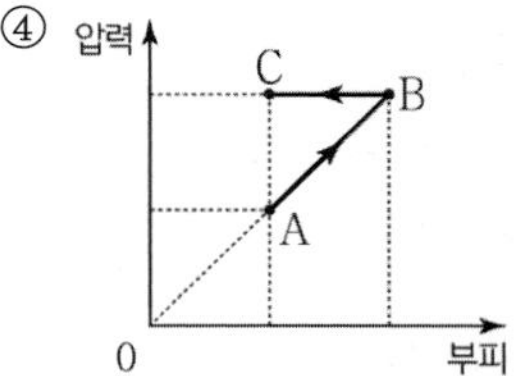

⑤
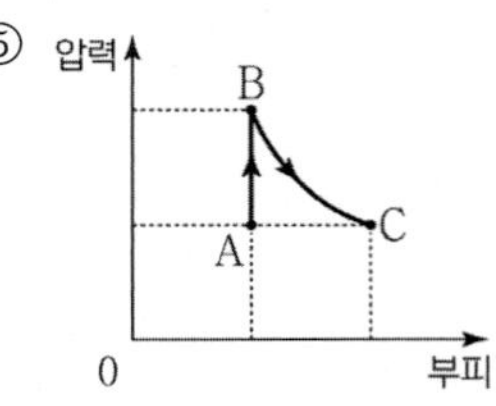

07

2022학년도 3월 학평 물I 6번

그림은 열기관에 들어 있는 일정량의 이상 기체의 압력과 부피 변화를 나타낸 것으로, 상태 A → B, C → D, E → F는 등압 과정, B → C → E, F → D → A는 단열 과정이다. 표는 순환 과정 I과 II에서 기체의 상태 변화를 나타낸 것이다.

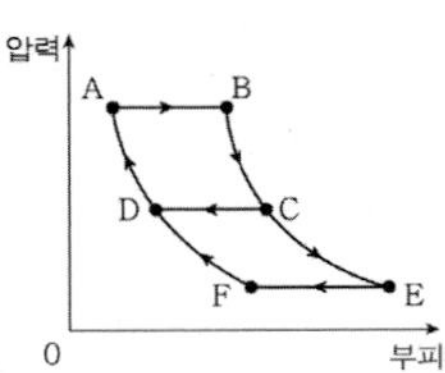

순환 과정	상태 변화
I	A → B → C → D → A
II	A → B → E → F → A

기체가 한 번 순환하는 동안, II에서가 I에서보다 큰 물리량만을 〈보기〉에서 있는 대로 고른 것은? [3점]

〈 보기 〉

ㄱ. 기체가 흡수한 열량

ㄴ. 기체가 방출한 열량

ㄷ. 열기관의 열효율

① ㄱ ② ㄷ ③ ㄱ, ㄴ ④ ㄱ, ㄷ ⑤ ㄴ, ㄷ

08

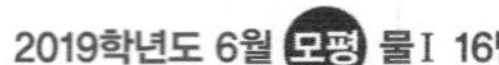

2019학년도 6월 모평 물Ⅰ 16번

그림은 일정량의 이상 기체의 상태가 A → B → C를 따라 변할 때 압력과 부피를 나타낸 것이다. A → B 과정에서 기체에 공급한 열량은 Q이다.
이에 대한 설명으로 옳은 것만을 〈보기〉에서 있는 대로 고른 것은?

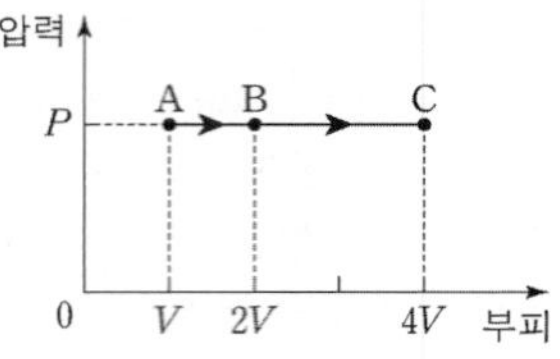

〈 보기 〉

ㄱ. 기체가 한 일은 A → B 과정에서와 B → C 과정에서가 같다.
ㄴ. 기체의 온도는 C에서가 A에서보다 높다.
ㄷ. A → B 과정에서 기체의 내부 에너지 변화량은 Q와 같다.

① ㄱ ② ㄴ ③ ㄱ, ㄷ ④ ㄴ, ㄷ ⑤ ㄱ, ㄴ, ㄷ

09

2019학년도 4월 학평 물Ⅰ 17번

그림은 일정량의 이상 기체의 상태가 A → B → C를 따라 변할 때 압력과 부피를 나타낸 것이다. A → B는 등압 과정이고, B → C는 등적 과정이다.
이에 대한 설명으로 옳은 것만을 〈보기〉에서 있는 대로 고른 것은?

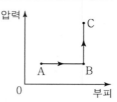

〈 보기 〉

ㄱ. A → B 과정에서 기체는 열을 흡수한다.
ㄴ. B → C 과정에서 기체는 외부에 일을 한다.
ㄷ. 기체의 온도는 A에서가 C에서보다 높다.

① ㄱ ② ㄴ ③ ㄱ, ㄷ ④ ㄴ, ㄷ ⑤ ㄱ, ㄴ, ㄷ

10 대표 문제

2020학년도 수능 물Ⅰ 11번

그림은 일정한 양의 이상 기체의 상태가 A → B → C를 따라 변할 때, 압력과 부피를 나타낸 것이다.
이에 대한 설명으로 옳은 것만을 〈보기〉에서 있는 대로 고른 것은?

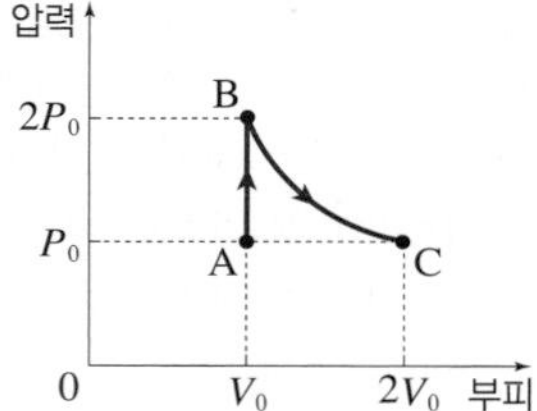

〈 보기 〉

ㄱ. A → B 과정에서 기체는 열을 흡수한다.
ㄴ. B → C 과정에서 기체는 외부에 일을 한다.
ㄷ. 기체의 내부 에너지는 C에서가 A에서보다 크다.

① ㄱ ② ㄴ ③ ㄱ, ㄷ ④ ㄴ, ㄷ ⑤ ㄱ, ㄴ, ㄷ

11

2019학년도 4월 학평 물Ⅱ 15번

그림은 일정량의 이상 기체의 상태가 A → B → C → D → A를 따라 변할 때 압력과 부피를 나타낸 것이다. A → B, C → D는 단열 과정, B → C는 등압 과정, D → A는 등적 과정이다.
기체에 대한 설명으로 옳은 것만을 〈보기〉에서 있는 대로 고른 것은? [3점]

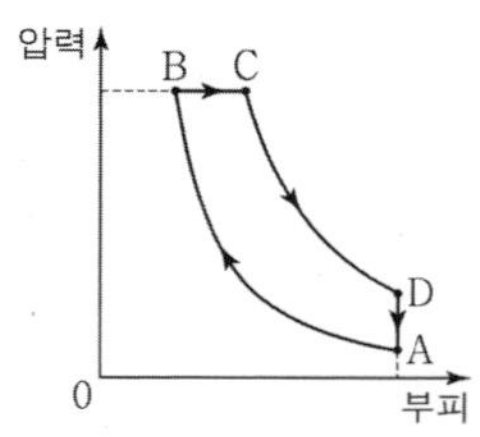

〈 보기 〉

ㄱ. A → B 과정에서 내부 에너지는 증가한다.
ㄴ. B → C 과정에서 흡수한 열량은 D → A 과정에서 방출한 열량보다 크다.
ㄷ. 온도는 C에서가 A에서보다 높다.

① ㄱ ② ㄷ ③ ㄱ, ㄴ ④ ㄴ, ㄷ ⑤ ㄱ, ㄴ, ㄷ

12

2025학년도 9월 모평 물I 15번

그림 (가)는 일정량의 이상 기체가 상태 A → B → C를 따라 변할 때 기체의 압력과 부피를 나타낸 것이다. 그림 (나)는 (가)의 A → B 과정과 B → C 과정 중 하나로, 기체가 들어 있는 열 출입이 자유로운 실린더의 피스톤에 모래를 조금씩 올려 피스톤이 서서히 내려가는 과정을 나타낸 것이다. (나)의 과정에서 기체의 온도는 T_0으로 일정하다.

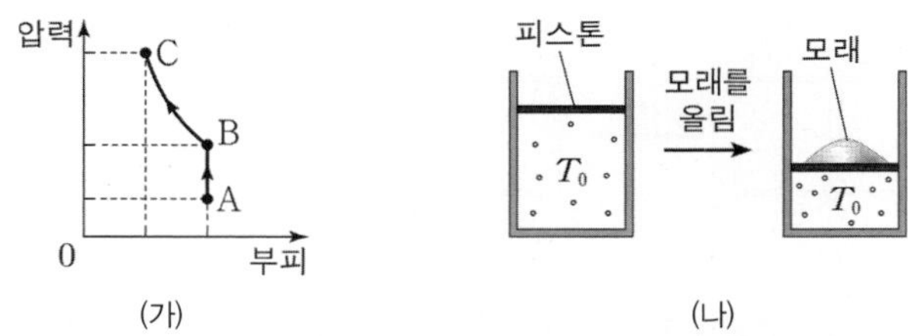

(가) (나)

이에 대한 설명으로 옳은 것만을 〈보기〉에서 있는 대로 고른 것은? (단, 실린더와 피스톤 사이의 마찰은 무시한다.)

〈 보기 〉

ㄱ. (나)는 B → C 과정이다.
ㄴ. (가)에서 기체의 내부 에너지는 A에서가 C에서보다 작다.
ㄷ. (나)의 과정에서 기체는 외부에 열을 방출한다.

① ㄱ ② ㄷ ③ ㄱ, ㄴ ④ ㄴ, ㄷ ⑤ ㄱ, ㄴ, ㄷ

13 대표 문제

2020학년도 6월 모평 물I 16번

그림 (가)와 같이 단열된 실린더와 단열되지 않은 실린더에 각각 같은 양의 동일한 이상 기체 A, B가 들어 있고, 단면적이 같은 단열된 두 피스톤이 정지해 있다. B의 온도를 일정하게 유지하면서 A에 열을 공급하였더니 피스톤이 천천히 이동하여 정지하였다. 그림 (나)는 시간에 따른 A와 B의 온도를 나타낸 것이다.

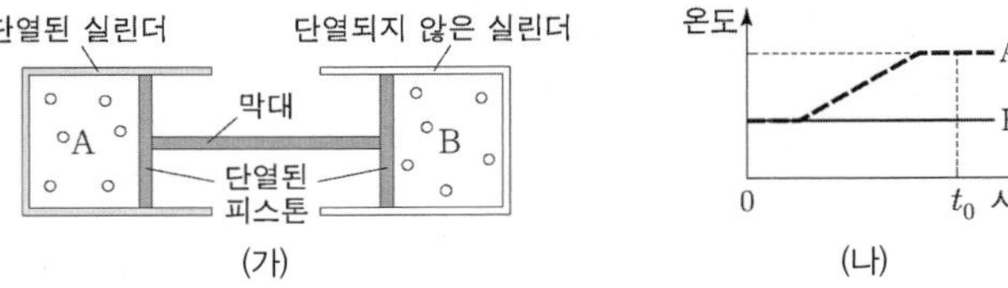

(가) (나)

이에 대한 설명으로 옳은 것만을 〈보기〉에서 있는 대로 고른 것은? (단, 실린더는 고정되어 있고, 피스톤의 마찰은 무시한다.) [3점]

〈 보기 〉

ㄱ. t_0일 때, 내부 에너지는 A가 B보다 크다.
ㄴ. t_0일 때, 부피는 B가 A보다 크다.
ㄷ. A의 온도가 높아지는 동안 B는 열을 방출한다.

① ㄱ ② ㄴ ③ ㄱ, ㄷ ④ ㄴ, ㄷ ⑤ ㄱ, ㄴ, ㄷ

14

2020학년도 7월 학평 물I 5번

그림 (가)와 같이 단열된 실린더와 두 단열된 피스톤에 의해 분리되어 있는 일정량의 이상 기체 A, B, C가 있다. 두 피스톤은 정지해 있다. 그림 (나)는 (가)의 B에 열을 서서히 가하여 B의 상태를 a → b 과정을 따라 변화시킬 때 B의 압력과 부피를 나타낸 것이다. b에서 두 피스톤은 정지 상태에 있다.

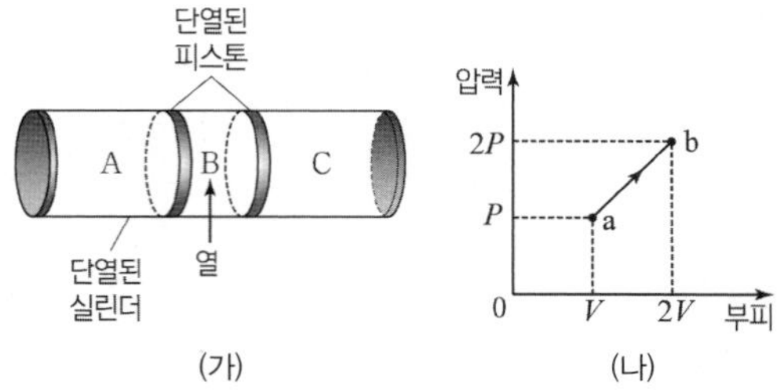

(가) (나)

이에 대한 설명으로 옳은 것만을 〈보기〉에서 있는 대로 고른 것은? (단, 모든 마찰은 무시한다.) [3점]

〈 보기 〉

ㄱ. b에서 C의 압력은 $2P$이다.
ㄴ. a → b 과정에서 B가 한 일은 $2PV$이다.
ㄷ. a → b 과정에서 A와 C의 내부 에너지 증가량의 합은 $2PV$이다.

① ㄱ ② ㄴ ③ ㄱ, ㄷ ④ ㄴ, ㄷ ⑤ ㄱ, ㄴ, ㄷ

15

2019학년도 7월 학평 물II 7번

그림은 이상 기체의 열역학 과정 A, B, C를 분류하는 과정을 나타낸 것이다. A, B, C는 각각 등압 과정, 등온 과정, 단열 과정 중 하나이다. A, B, C에서 기체의 몰수는 일정하고 부피는 증가한다.

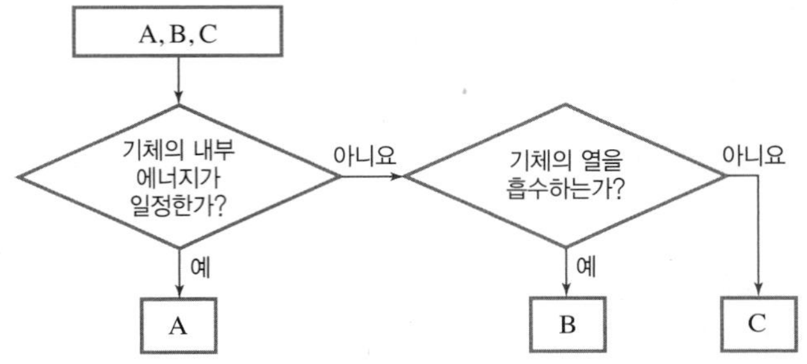

A, B, C로 옳은 것은?

	A	B	C
①	등온 과정	등압 과정	단열 과정
②	등온 과정	단열 과정	등압 과정
③	등압 과정	등온 과정	단열 과정
④	등압 과정	단열 과정	등온 과정
⑤	단열 과정	등온 과정	등압 과정

16 대표 문제

2019학년도 수능 물Ⅰ 17번

그림 (가)와 같이 실린더 안의 동일한 이상 기체 A와 B가 열전달이 잘 되는 고정된 금속판에 의해 분리되어 열평형 상태에 있다. A, B의 압력과 부피는 각각 P, V로 같다. 그림 (나)는 (가)에서 피스톤에 힘을 가하여 B의 부피가 감소한 상태로 A와 B가 열평형을 이룬 모습을 나타낸 것이다.

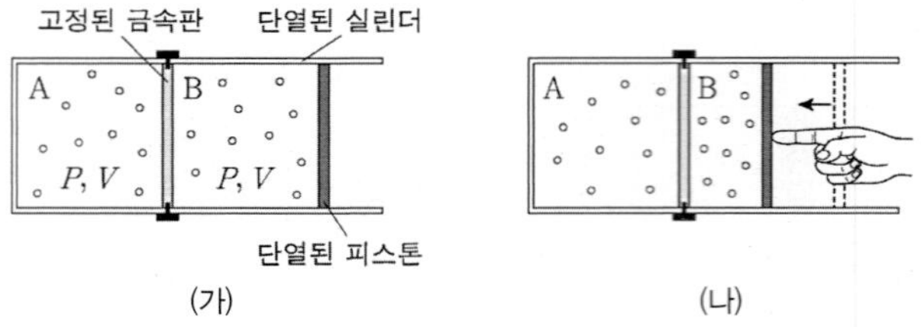

(가) (나)

이에 대한 설명으로 옳은 것만을 <보기>에서 있는 대로 고른 것은? (단, 피스톤의 마찰, 금속판이 흡수한 열량은 무시한다.) [3점]

〈 보기 〉

ㄱ. A의 온도는 (가)에서가 (나)에서보다 높다.
ㄴ. (나)에서 기체의 압력은 A가 B보다 작다.
ㄷ. (가) → (나) 과정에서 B가 받은 일은 B의 내부 에너지 증가량과 같다.

① ㄱ ② ㄴ ③ ㄱ, ㄷ ④ ㄴ, ㄷ ⑤ ㄱ, ㄴ, ㄷ

17

2020학년도 4월 학평 물Ⅰ 9번

그림 (가)는 이상 기체 A가 들어 있는 실린더에서 피스톤이 정지해 있는 것을, (나)는 (가)에서 핀을 제거하였더니 A가 단열 팽창하여 피스톤이 정지한 것을, (다)는 (나)에서 A에 열량 Q를 공급한 것을 나타낸 것이다. A의 압력은 (가)에서와 (다)에서가 같고, A의 부피는 (나)에서와 (다)에서가 같다.

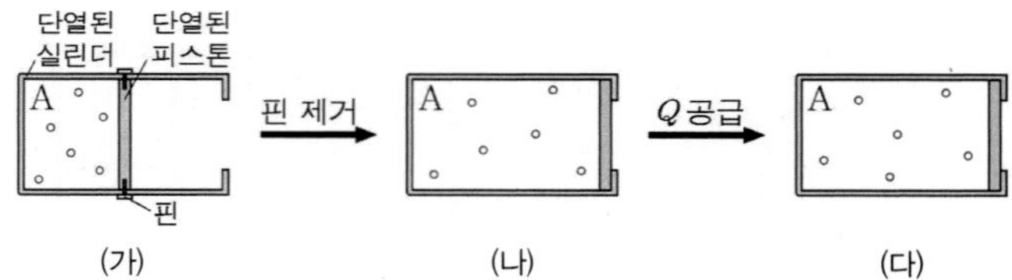

(가) (나) (다)

이에 대한 설명으로 옳은 것만을 <보기>에서 있는 대로 고른 것은? [3점]

〈 보기 〉

ㄱ. (가) → (나) 과정에서 A는 외부에 일을 한다.
ㄴ. (나) → (다) 과정에서 A의 내부 에너지 증가량은 Q이다.
ㄷ. A의 온도는 (다)에서가 (가)에서보다 작다.

① ㄱ ② ㄷ ③ ㄱ, ㄴ ④ ㄴ, ㄷ ⑤ ㄱ, ㄴ, ㄷ

18

2020학년도 9월 모평 물Ⅰ 18번

그림 (가)의 Ⅰ은 이상 기체가 들어 있는 실린더에 피스톤이 정지해 있는 모습을, Ⅱ는 Ⅰ에서 기체에 열을 서서히 가했을 때 기체가 팽창하여 피스톤이 정지한 모습을, Ⅲ은 Ⅱ에서 피스톤에 모래를 서서히 올려 피스톤이 내려가 정지한 모습을 나타낸 것이다. Ⅰ과 Ⅲ에서 기체의 부피는 같다. 그림 (나)는 (가)의 기체 상태가 변화할 때 압력과 부피를 나타낸 것이다. A, B, C는 각각 Ⅰ, Ⅱ, Ⅲ에서의 기체의 상태 중 하나이다.

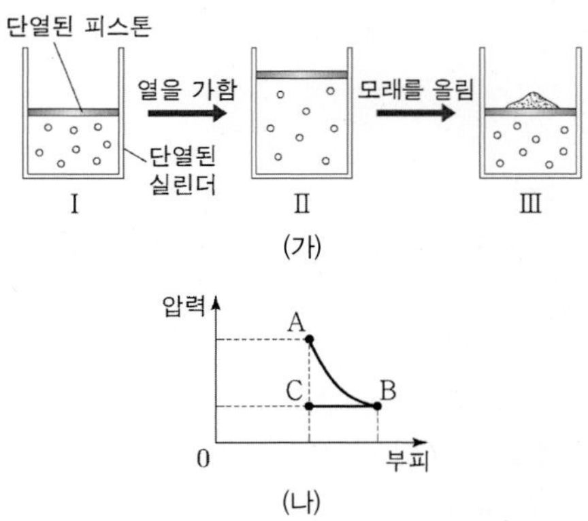

(가)

(나)

이에 대한 설명으로 옳은 것만을 〈보기〉에서 있는 대로 고른 것은? (단, 피스톤의 마찰은 무시한다.) [3점]

〈보기〉

ㄱ. Ⅰ → Ⅱ 과정에서 기체는 외부에 일을 한다.
ㄴ. 기체의 온도는 Ⅲ에서가 Ⅰ에서보다 높다.
ㄷ. Ⅱ → Ⅲ 과정은 B → C 과정에 해당한다.

① ㄱ ② ㄷ ③ ㄱ, ㄴ ④ ㄴ, ㄷ ⑤ ㄱ, ㄴ, ㄷ

19

2019학년도 4월 학평 물Ⅱ 16번

그림은 따뜻한 바닥에 의해 드라이아이스가 기체로 변하는 과정을 나타낸 것이다.
이 과정에 대한 설명으로 옳은 것만을 〈보기〉에서 있는 대로 고른 것은?

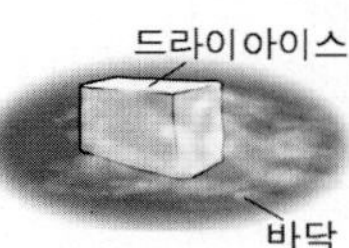

〈보기〉

ㄱ. 바닥에서 드라이아이스로 열이 저절로 이동한다.
ㄴ. 비가역적이다.
ㄷ. 드라이아이스가 기체로 변하는 과정에서 엔트로피는 증가한다.

① ㄱ ② ㄴ ③ ㄱ, ㄷ ④ ㄴ, ㄷ ⑤ ㄱ, ㄴ, ㄷ

한눈에 정리하는 평가원 기출 경향

주제 \ 학년도	2025	2024
열기관 열기관의 에너지 흐름을 모식적으로 나타낸 경우		
열기관 그래프가 주어진 경우		03, 10
빈출 **열기관** 표가 주어진 경우	24, 14	19

열기관 — 그래프가 주어진 경우 (2024)

03 대표 문제 — 2024학년도 수능 물I 11번

그림은 열효율이 0.25인 열기관에서 일정량의 이상 기체가 상태 A → B → C → D → A를 따라 순환하는 동안 기체의 압력과 부피를 나타낸 것이다. B → C는 등온 과정이고, D → A는 단열 과정이다. 기체가 B → C 과정에서 외부에 한 일은 150 J이고, D → A 과정에서 외부로부터 받은 일은 100 J이다.

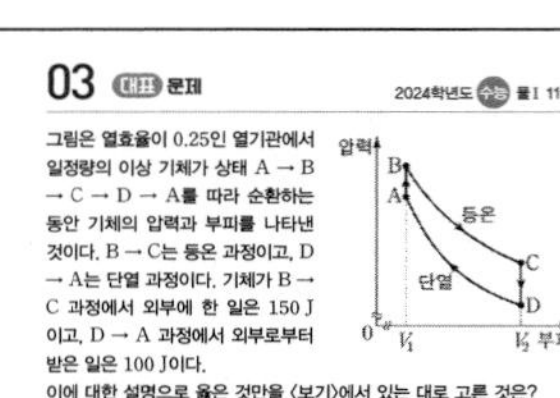

이에 대한 설명으로 옳은 것만을 〈보기〉에서 있는 대로 고른 것은?

〈보기〉
ㄱ. 기체의 온도는 A에서가 C에서보다 높다.
ㄴ. A → B 과정에서 기체가 흡수한 열량은 50 J이다.
ㄷ. C → D 과정에서 기체의 내부 에너지 감소량은 150 J이다.

① ㄱ ② ㄴ ③ ㄱ, ㄷ ④ ㄴ, ㄷ ⑤ ㄱ, ㄴ, ㄷ

10 — 2024학년도 9월 모평 물I 7번

그림은 열효율이 0.25인 열기관에서 일정량의 이상 기체의 상태가 A → B → C → D → A를 따라 순환하는 동안 기체의 부피와 절대 온도를 나타낸 것이다. 기체가 흡수한 열량은 A → B 과정, B → C 과정에서 각각 $5Q$, $3Q$이다.

이에 대한 설명으로 옳은 것만을 〈보기〉에서 있는 대로 고른 것은? [3점]

〈보기〉
ㄱ. 기체의 압력은 B에서가 C에서보다 작다.
ㄴ. C → D 과정에서 기체가 방출한 열량은 $5Q$이다.
ㄷ. D → A 과정에서 기체가 외부로부터 받은 일은 $2Q$이다.

① ㄱ ② ㄴ ③ ㄷ ④ ㄱ, ㄴ ⑤ ㄴ, ㄷ

빈출 열기관 — 표가 주어진 경우

24 — 2025학년도 수능 물I 15번

그림은 열기관에서 일정량의 이상 기체가 상태 A → B → C → D → A를 따라 순환하는 동안 기체의 압력과 절대 온도를 나타낸 것이다. A → B는 부피가 일정한 과정, B → C는 압력이 일정한 과정, C → D는 단열 과정, D → A는 등온 과정이다. 표는 각 과정에서 기체가 외부에 한 일 또는 외부로부터 받은 일을 나타낸 것이다. 기체가 흡수하거나 방출한 열량은 A → B 과정과 B → C 과정에서 같다.

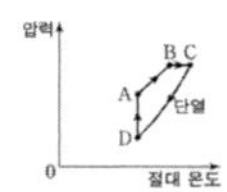

과정	기체가 외부에 한 일 또는 외부로부터 받은 일(J)
A → B	0
B → C	16
C → D	64
D → A	60

이에 대한 설명으로 옳은 것만을 〈보기〉에서 있는 대로 고른 것은?

〈보기〉
ㄱ. 기체의 부피는 A에서가 C에서보다 작다.
ㄴ. B → C 과정에서 기체의 내부 에너지 증가량은 24 J이다.
ㄷ. 열기관의 열효율은 0.25 이다.

① ㄱ ② ㄷ ③ ㄱ, ㄴ ④ ㄴ, ㄷ ⑤ ㄱ, ㄴ, ㄷ

14 대표 문제 — 2025학년도 6월 모평 물I 10번

그림은 열효율이 0.2인 열기관에서 일정량의 이상 기체가 상태 A → B → C → D → A를 따라 변할 때 기체의 압력과 부피를 나타낸 것이다. A → B와 C → D는 각각 압력이 일정한 과정, B → C는 온도가 일정한 과정, D → A는 단열 과정이다. 표는 각 과정에서 기체가 외부에 한 일 또는 외부로부터 받은 일을 나타낸 것이다.

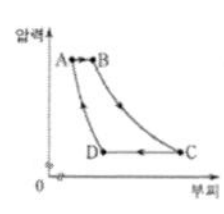

과정	기체가 외부에 한 일 또는 외부로부터 받은 일(J)
A → B	140
B → C	400
C → D	240
D → A	150

C → D 과정에서 기체의 내부 에너지 감소량은? [3점]

① 240 J ② 280 J ③ 320 J ④ 360 J ⑤ 400 J

19 — 2024학년도 6월 모평 물I 8번

그림은 열기관에서 일정량의 이상 기체가 과정 Ⅰ~Ⅳ를 따라 순환하는 동안 기체의 압력과 부피를 나타낸 것이다. 표는 각 과정에서 기체가 외부에 한 일 또는 외부로부터 받은 일을 나타낸 것이다. Ⅰ, Ⅲ은 등온 과정이고, Ⅳ에서 기체가 흡수한 열량은 $2E_0$이다.

과정	Ⅰ	Ⅱ	Ⅲ	Ⅳ
외부에 한 일 또는 외부로부터 받은 일	$3E_0$	0	E_0	0

이에 대한 설명으로 옳은 것만을 〈보기〉에서 있는 대로 고른 것은? [3점]

〈보기〉
ㄱ. Ⅰ에서 기체가 흡수하는 열량은 0이다.
ㄴ. Ⅱ에서 기체의 내부 에너지 감소량은 Ⅳ에서 기체의 내부 에너지 증가량보다 작다.
ㄷ. 열기관의 열효율은 0.4이다.

① ㄱ ② ㄷ ③ ㄱ, ㄴ ④ ㄴ, ㄷ ⑤ ㄱ, ㄴ, ㄷ

2023

23

2023학년도 수능 물Ⅰ 13번

그림은 열효율이 0.2인 열기관에서 일정량의 이상 기체가 상태 A → B → C → A를 따라 순환하는 동안 기체의 압력과 부피를 나타낸 것이다. A → B 과정은 압력이 일정한 과정, B → C 과정은 단열 과정, C → A 과정은 등온 과정이다. 표는 각 과정에서 기체가 외부에 한 일 또는 외부로부터 받은 일을 나타낸 것이다.

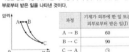

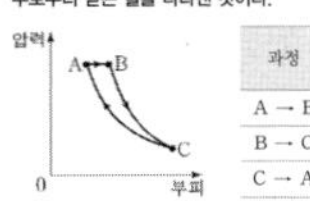

과정	기체가 외부에 한 일 또는 외부로부터 받은 일(J)
A → B	60
B → C	90
C → A	㉠

이에 대한 설명으로 옳은 것만을 〈보기〉에서 있는 대로 고른 것은? [3점]

〈보기〉

ㄱ. 기체의 온도는 B에서가 C에서보다 높다.
ㄴ. A → B 과정에서 기체가 흡수한 열량은 150 J이다.
ㄷ. ㉠은 120이다.

① ㄱ ② ㄷ ③ ㄱ, ㄴ ④ ㄴ, ㄷ ⑤ ㄱ, ㄴ, ㄷ

20

2023학년도 9월 모평 물Ⅰ 15번

그림은 열기관에서 일정량의 이상 기체가 상태 A → B → C → D → A를 따라 순환하는 동안 기체의 압력과 부피를, 표는 각 과정에서 기체가 흡수 또는 방출하는 열량과 기체의 내부 에너지 증가량 또는 감소량을 나타낸 것이다.

과정	흡수 또는 방출하는 열량(J)	내부 에너지 증가량 또는 감소량(J)
A → B	50	㉡
B → C	100	0
C → D	㉠	120
D → A	0	㉢

이에 대한 설명으로 옳은 것만을 〈보기〉에서 있는 대로 고른 것은?

〈보기〉

ㄱ. ㉠은 120이다.
ㄴ. ㉢−㉡=20이다.
ㄷ. 열기관의 열효율은 0.2이다.

① ㄱ ② ㄷ ③ ㄱ, ㄴ ④ ㄴ, ㄷ ⑤ ㄱ, ㄴ, ㄷ

21

2023학년도 6월 모평 물Ⅰ 16번

그림은 열효율이 0.5인 열기관에서 일정량의 이상 기체의 상태가 A → B → C → D → A를 따라 변할 때 기체의 압력과 부피를 나타낸 것이다. A → B, C → D는 각각 압력이 일정한 과정이고, B → C, D → A는 각각 단열 과정이다. A → B 과정에서 기체가 흡수한 열량은 Q이다. 표는 각 과정에서 기체가 외부에 한 일 또는 외부로부터 받은 일을 나타낸 것이다.

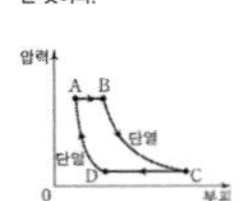

과정	기체가 외부에 한 일 또는 외부로부터 받은 일
A → B	$8W$
B → C	$9W$
C → D	$4W$
D → A	$3W$

이에 대한 설명으로 옳은 것만을 〈보기〉에서 있는 대로 고른 것은? [3점]

〈보기〉

ㄱ. $Q=20W$이다.
ㄴ. 기체의 온도는 A에서가 C에서보다 낮다.
ㄷ. A → B 과정에서 기체의 내부 에너지 증가량은 C → D 과정에서 기체의 내부 에너지 감소량보다 크다.

① ㄱ ② ㄷ ③ ㄱ, ㄴ ④ ㄴ, ㄷ ⑤ ㄱ, ㄴ, ㄷ

2022 ~ 2019

06

2022학년도 수능 물Ⅰ 17번

그림은 열기관에서 일정량의 이상 기체의 상태가 A → B → C → A를 따라 순환하는 동안 기체의 부피와 절대 온도를 나타낸 것이다. A → B 과정에서 기체는 압력이 P_0으로 일정하고 기체가 흡수하는 열량은 Q_1이다. B → C 과정에서 기체가 방출하는 열량은 Q_2이다.

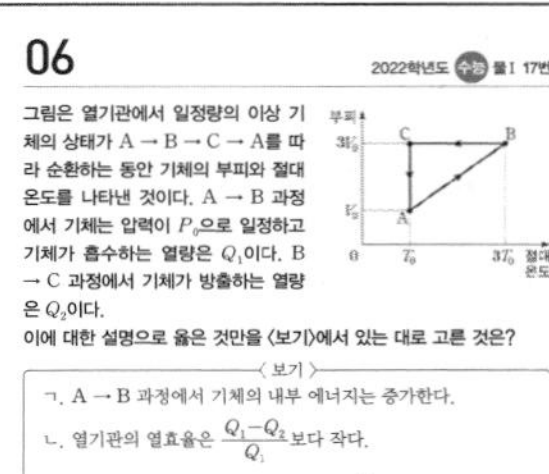

이에 대한 설명으로 옳은 것만을 〈보기〉에서 있는 대로 고른 것은?

〈보기〉

ㄱ. A → B 과정에서 기체의 내부 에너지는 증가한다.
ㄴ. 열기관의 열효율은 $\frac{Q_1-Q_2}{Q_1}$보다 작다.
ㄷ. 기체가 한 번 순환하는 동안 한 일은 $\frac{2}{3}P_0V_0$보다 크다.

① ㄱ ② ㄷ ③ ㄱ, ㄴ ④ ㄴ, ㄷ ⑤ ㄱ, ㄴ, ㄷ

09

2022학년도 9월 모평 물Ⅰ 14번

그림은 열효율이 0.2인 열기관에서 일정량의 이상 기체가 상태 A → B → C → A를 따라 순환하는 동안 기체의 압력과 부피를 나타낸 것이다. A → B 과정은 부피가 일정한 과정이고, B → C 과정은 단열 과정이며, C → A 과정은 등온 과정이다. C → A 과정에서 기체가 외부로부터 받은 일은 160 J이다.

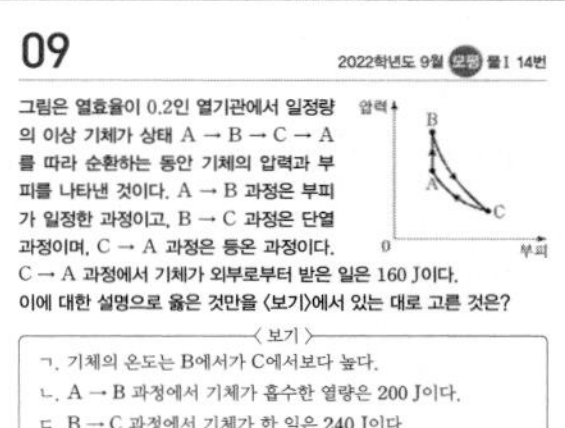

이에 대한 설명으로 옳은 것만을 〈보기〉에서 있는 대로 고른 것은?

〈보기〉

ㄱ. 기체의 온도는 B에서가 C에서보다 높다.
ㄴ. A → B 과정에서 기체가 흡수한 열량은 200 J이다.
ㄷ. B → C 과정에서 기체가 한 일은 240 J이다.

① ㄱ ② ㄷ ③ ㄱ, ㄴ ④ ㄴ, ㄷ ⑤ ㄱ, ㄴ, ㄷ

15

2021학년도 수능 물Ⅰ 12번

그림은 열효율이 0.3인 열기관에서 일정량의 이상 기체가 상태 A → B → C → D → A를 따라 순환하는 동안 기체의 압력과 부피를, 표는 각 과정에서 기체가 흡수 또는 방출하는 열량을 나타낸 것이다.

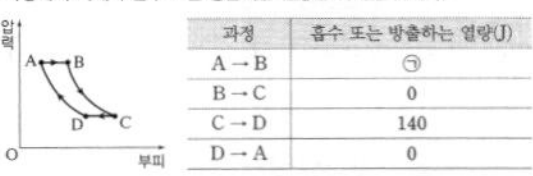

과정	흡수 또는 방출하는 열량(J)
A → B	㉠
B → C	0
C → D	140
D → A	0

이에 대한 설명으로 옳은 것만을 〈보기〉에서 있는 대로 고른 것은?

〈보기〉

ㄱ. ㉠은 200이다.
ㄴ. A → B 과정에서 기체의 내부 에너지는 감소한다.
ㄷ. C → D 과정에서 기체는 외부로부터 열을 흡수한다.

① ㄱ ② ㄷ ③ ㄱ, ㄴ ④ ㄴ, ㄷ ⑤ ㄱ, ㄴ, ㄷ

17

2021학년도 9월 모평 물Ⅰ 15번

그림은 열기관에서 일정량의 이상 기체의 상태가 A → B → C → D → A를 따라 변할 때 기체의 압력과 부피를, 표는 각 과정에서 기체가 외부에 한 일 또는 외부로부터 받은 일을 나타낸 것이다. 기체는 A → B 과정에서 250 J의 열량을 흡수하고, B → C 과정과 D → A 과정은 열 출입이 없는 단열 과정이다.

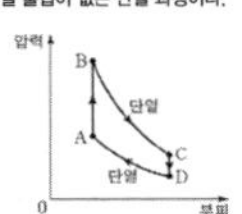

과정	외부에 한 일 또는 외부로부터 받은 일(J)
A → B	0
B → C	100
C → D	0
D → A	50

이에 대한 설명으로 옳은 것만을 〈보기〉에서 있는 대로 고른 것은? [3점]

〈보기〉

ㄱ. B → C 과정에서 기체의 온도가 감소한다.
ㄴ. C → D 과정에서 기체가 방출한 열량은 150 J이다.
ㄷ. 열기관의 열효율은 0.4이다.

① ㄱ ② ㄷ ③ ㄱ, ㄴ ④ ㄴ, ㄷ ⑤ ㄱ, ㄴ, ㄷ

18

2021학년도 6월 모평 물Ⅰ 14번

그림은 어떤 열기관에서 일정량의 이상 기체가 상태 A → B → C → D → A를 따라 순환하는 동안 기체의 압력과 부피를, 표는 각 과정에서 기체가 흡수 또는 방출하는 열량을 나타낸 것이다.

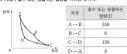

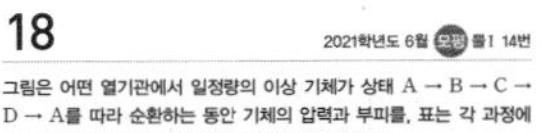

과정	흡수 또는 방출하는 열량(J)
A → B	150
B → C	0
C → D	120
D → A	0

이에 대한 설명으로 옳은 것만을 〈보기〉에서 있는 대로 고른 것은? [3점]

〈보기〉

ㄱ. B → C 과정에서 기체가 한 일은 0이다.
ㄴ. 기체가 한 번 순환하는 동안 한 일은 30 J이다.
ㄷ. 열기관의 열효율은 0.2이다.

① ㄱ ② ㄷ ③ ㄱ, ㄴ ④ ㄴ, ㄷ ⑤ ㄱ, ㄴ, ㄷ

01

2020학년도 7월 학평 물Ⅰ 8번

그림은 고열원에서 Q_1의 열을 흡수하여 W의 일을 하고 저열원으로 Q_2의 열을 방출하는 열기관을 모식적으로 나타낸 것이다. 표는 이 열기관에서 두 가지 상황 A, B의 Q_1, W, Q_2를 나타낸 것이다. 열기관의 열효율은 일정하다.

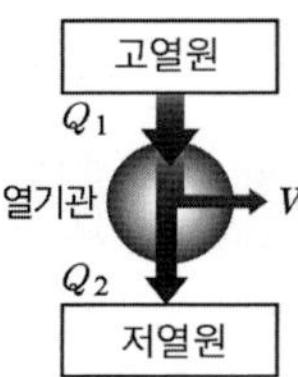

	A	B
Q_1	200 kJ	㉡
W	㉠	30 kJ
Q_2	150 kJ	

㉠ : ㉡은?

① 1 : 1　② 5 : 12　③ 7 : 12　④ 12 : 5　⑤ 12 : 7

02

2020학년도 4월 학평 물Ⅰ 5번

표는 고열원에서 열을 흡수하여 일을 하고 저열원으로 열을 방출하는 열기관 A, B가 1회의 순환 과정 동안 한 일과 저열원으로 방출한 열을 나타낸 것이다. 열효율은 A가 B의 2배이다.

열기관	한 일	방출한 열
A	8 kJ	12 kJ
B	W_0	8 kJ

이에 대한 설명으로 옳은 것만을 〈보기〉에서 있는 대로 고른 것은?

〈 보기 〉

ㄱ. A의 열효율은 $\frac{2}{5}$이다.

ㄴ. W_0=2 kJ이다.

ㄷ. 1회의 순환 과정 동안 고열원에서 흡수한 열은 A가 B의 2배이다.

① ㄱ　② ㄴ　③ ㄱ, ㄷ　④ ㄴ, ㄷ　⑤ ㄱ, ㄴ, ㄷ

03 대표 문제

2024학년도  물Ⅰ 11번

그림은 열효율이 0.25인 열기관에서 일정량의 이상 기체가 상태 A → B → C → D → A를 따라 순환하는 동안 기체의 압력과 부피를 나타낸 것이다. B → C는 등온 과정이고, D → A는 단열 과정이다. 기체가 B → C 과정에서 외부에 한 일은 150 J이고, D → A 과정에서 외부로부터 받은 일은 100 J이다.

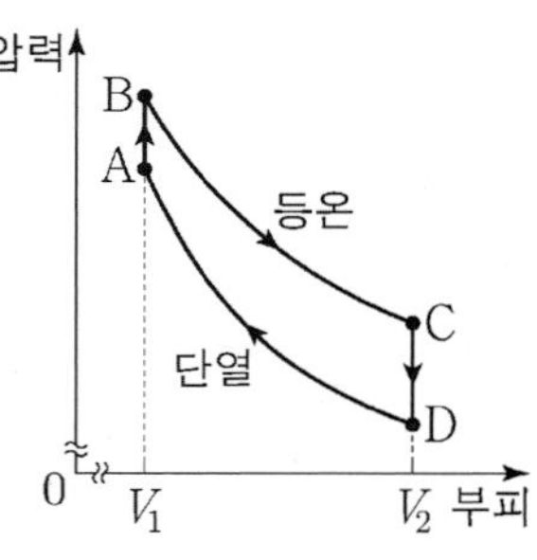

이에 대한 설명으로 옳은 것만을 〈보기〉에서 있는 대로 고른 것은?

〈 보기 〉

ㄱ. 기체의 온도는 A에서가 C에서보다 높다.

ㄴ. A → B 과정에서 기체가 흡수한 열량은 50 J이다.

ㄷ. C → D 과정에서 기체의 내부 에너지 감소량은 150 J이다.

① ㄱ　② ㄴ　③ ㄱ, ㄷ　④ ㄴ, ㄷ　⑤ ㄱ, ㄴ, ㄷ

04

2024학년도 5월 학평 물Ⅰ 10번

그림은 열효율이 0.2인 열기관에서 일정량의 이상 기체가 A → B → C → D → A를 따라 순환하는 동안 기체의 압력과 부피를 나타낸 것이다. B → C 과정과 D → A 과정은 단열 과정이다. C → D 과정에서 기체의 내부 에너지 감소량은 $4E_0$이고, D → A 과정에서 기체가 받은 일은 E_0이다.

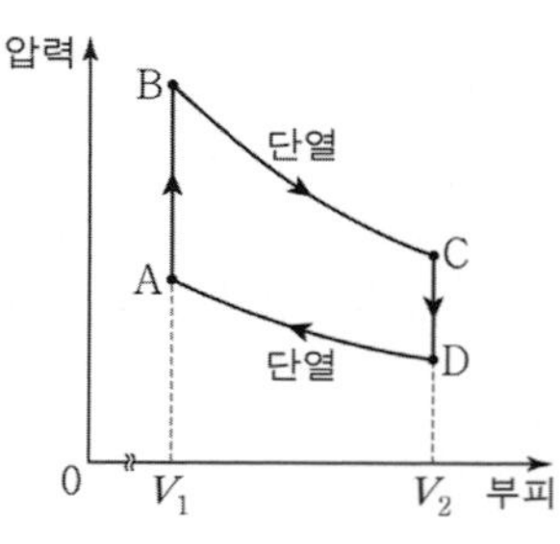

이에 대한 설명으로 옳은 것만을 〈보기〉에서 있는 대로 고른 것은? [3점]

〈 보기 〉

ㄱ. 기체의 내부 에너지는 A에서가 D에서보다 크다.

ㄴ. A → B 과정에서 기체가 흡수한 열량은 $6E_0$이다.

ㄷ. B → C 과정에서 기체가 한 일은 $2E_0$이다.

① ㄱ　② ㄷ　③ ㄱ, ㄴ　④ ㄱ, ㄷ　⑤ ㄴ, ㄷ

05

2024학년도 10월 학평 물I 17번

그림은 열기관에서 일정량의 이상 기체가 상태 A → B → C → D → A를 따라 순환하는 동안 기체의 압력과 내부 에너지를 나타낸 것이다. A → B, C → D는 각각 압력이 일정한 과정이고, B → C, D → A는 각각 부피가 일정한 과정이다. B → C 과정에서 기체의 내부 에너지 감소량은 C → D 과정에서 기체가 외부로부터 받은 일의 3배이다.

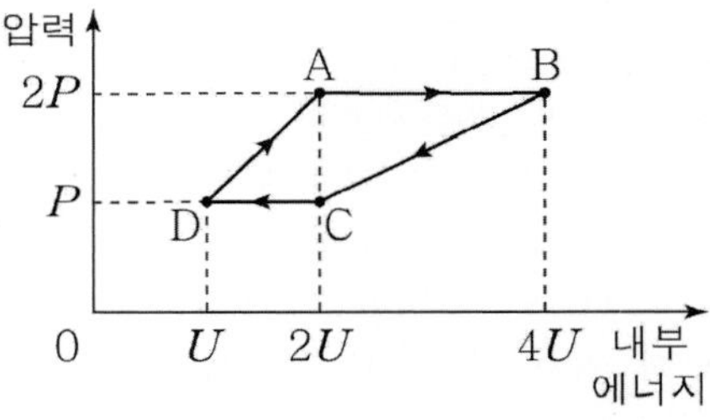

이에 대한 옳은 설명만을 〈보기〉에서 있는 대로 고른 것은? [3점]

〈 보기 〉

ㄱ. 기체의 부피는 B에서가 A에서보다 크다.
ㄴ. 기체가 방출하는 열량은 C → D 과정에서가 B → C 과정에서보다 크다.
ㄷ. 열기관의 열효율은 $\frac{4}{13}$이다.

① ㄱ ② ㄴ ③ ㄱ, ㄷ ④ ㄴ, ㄷ ⑤ ㄱ, ㄴ, ㄷ

06

2022학년도 수능 물I 17번

그림은 열기관에서 일정량의 이상 기체의 상태가 A → B → C → A를 따라 순환하는 동안 기체의 부피와 절대 온도를 나타낸 것이다. A → B 과정에서 기체는 압력이 P_0으로 일정하고 기체가 흡수하는 열량은 Q_1이다. B → C 과정에서 기체가 방출하는 열량은 Q_2이다.

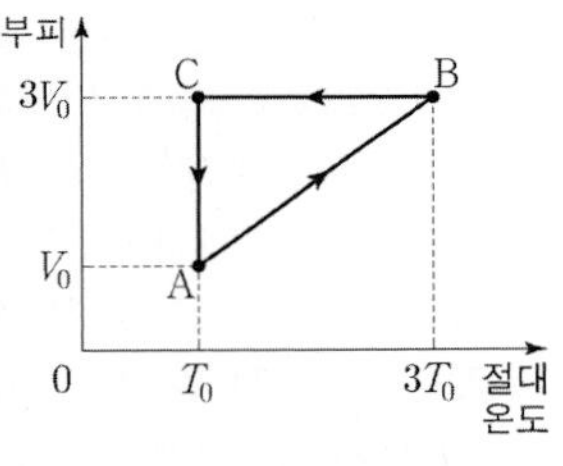

이에 대한 설명으로 옳은 것만을 〈보기〉에서 있는 대로 고른 것은?

〈 보기 〉

ㄱ. A → B 과정에서 기체의 내부 에너지는 증가한다.
ㄴ. 열기관의 열효율은 $\frac{Q_1-Q_2}{Q_1}$보다 작다.
ㄷ. 기체가 한 번 순환하는 동안 한 일은 $\frac{2}{3}P_0V_0$보다 크다.

① ㄱ ② ㄷ ③ ㄱ, ㄴ ④ ㄴ, ㄷ ⑤ ㄱ, ㄴ, ㄷ

07

2023학년도 7월 학평 물I 17번

그림은 열효율이 0.2인 열기관에서 일정량의 이상 기체의 상태가 A → B → C → D → A를 따라 변할 때 기체의 절대 온도와 압력을 나타낸 것이다. A → B, C → D 과정은 각각 압력이 일정한 과정이고, B → C, D → A 과정은 각각 등온 과정이다. B → C 과정에서 기체가 외부에 한 일 또는 외부로부터 받은 일은 $2W$이고, D → A 과정에서 기체가 외부에 한 일 또는 외부로부터 받은 일은 W이다.

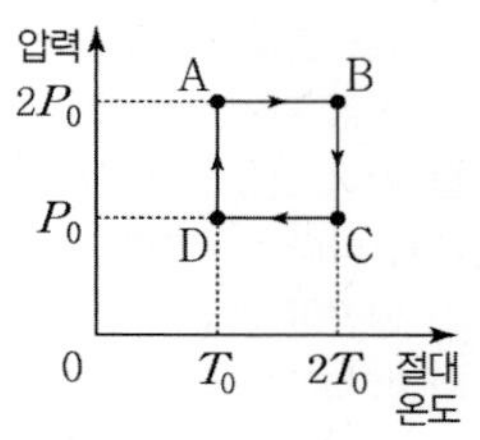

이에 대한 설명으로 옳은 것만을 〈보기〉에서 있는 대로 고른 것은? [3점]

〈 보기 〉

ㄱ. B → C 과정에서 기체는 외부로부터 열을 흡수한다.
ㄴ. A → B 과정에서 기체의 내부 에너지 증가량은 C → D 과정에서 기체의 내부 에너지 감소량보다 크다.
ㄷ. A → B 과정에서 기체가 흡수한 열량은 $3W$이다.

① ㄱ ② ㄴ ③ ㄱ, ㄷ ④ ㄴ, ㄷ ⑤ ㄱ, ㄴ, ㄷ

08

2023학년도 3월 학평 물I 11번

그림 (가), (나)는 서로 다른 열기관에서 같은 양의 동일한 이상 기체가 각각 상태 A → B → C → A, A → B → D → A를 따라 순환하는 동안 기체의 압력과 부피를 나타낸 것이다. C → A 과정은 등온 과정, D → A 과정은 단열 과정이다. 기체가 한 번 순환하는 동안 한 일은 (나)에서가 (가)에서보다 크다.

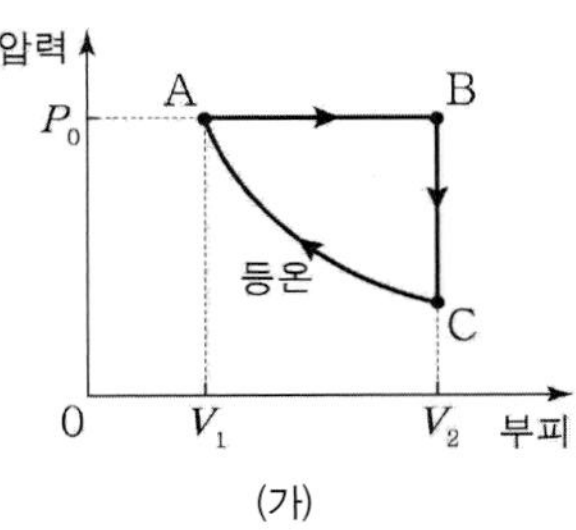

(가)

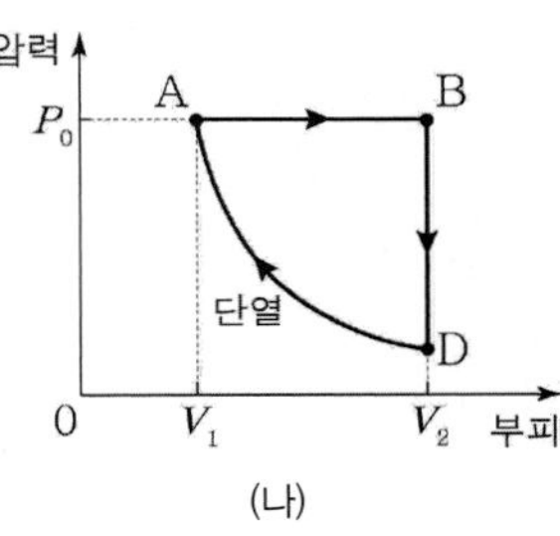

(나)

이에 대한 옳은 설명만을 〈보기〉에서 있는 대로 고른 것은?

〈 보기 〉

ㄱ. 기체의 온도는 C에서가 D에서보다 높다.
ㄴ. 열효율은 (나)의 열기관이 (가)의 열기관보다 크다.
ㄷ. 기체가 한 번 순환하는 동안 방출한 열은 (가)에서가 (나)에서보다 크다.

① ㄱ ② ㄷ ③ ㄱ, ㄴ ④ ㄴ, ㄷ ⑤ ㄱ, ㄴ, ㄷ

09

2022학년도 9월 모평 물I 14번

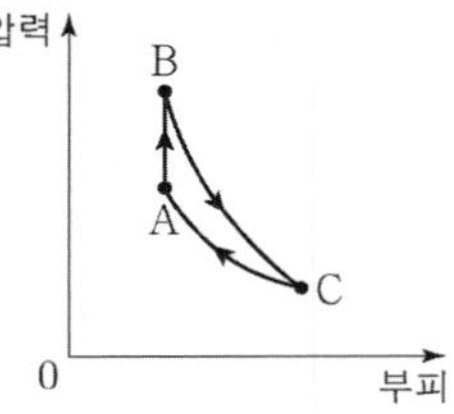

그림은 열효율이 0.2인 열기관에서 일정량의 이상 기체가 상태 A → B → C → A를 따라 순환하는 동안 기체의 압력과 부피를 나타낸 것이다. A → B 과정은 부피가 일정한 과정이고, B → C 과정은 단열 과정이며, C → A 과정은 등온 과정이다. C → A 과정에서 기체가 외부로부터 받은 일은 160 J이다.

이에 대한 설명으로 옳은 것만을 〈보기〉에서 있는 대로 고른 것은?

〈 보기 〉

ㄱ. 기체의 온도는 B에서가 C에서보다 높다.

ㄴ. A → B 과정에서 기체가 흡수한 열량은 200 J이다.

ㄷ. B → C 과정에서 기체가 한 일은 240 J이다.

① ㄱ ② ㄷ ③ ㄱ, ㄴ ④ ㄴ, ㄷ ⑤ ㄱ, ㄴ, ㄷ

10

2024학년도 9월 모평 물I 7번

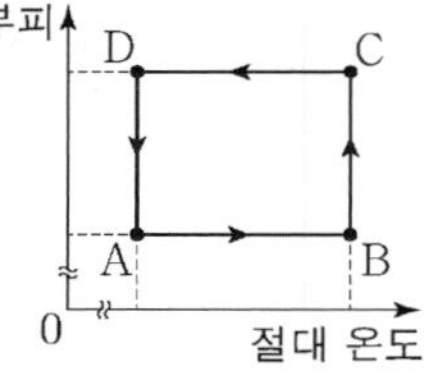

그림은 열효율이 0.25인 열기관에서 일정량의 이상 기체의 상태가 A → B → C → D → A를 따라 순환하는 동안 기체의 부피와 절대 온도를 나타낸 것이다. 기체가 흡수한 열량은 A → B 과정, B → C 과정에서 각각 $5Q$, $3Q$이다.

이에 대한 설명으로 옳은 것만을 〈보기〉에서 있는 대로 고른 것은? [3점]

〈 보기 〉

ㄱ. 기체의 압력은 B에서가 C에서보다 작다.

ㄴ. C → D 과정에서 기체가 방출한 열량은 $5Q$이다.

ㄷ. D → A 과정에서 기체가 외부로부터 받은 일은 $2Q$이다.

① ㄱ ② ㄴ ③ ㄷ ④ ㄱ, ㄴ ⑤ ㄴ, ㄷ

11

2021학년도 4월 학평 물I 7번

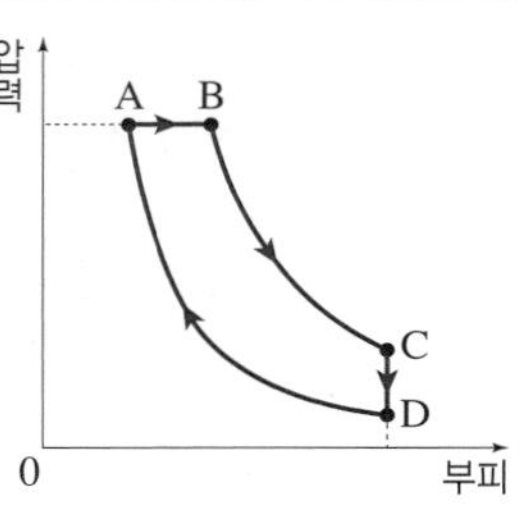

그림은 열효율이 0.4인 열기관에서 일정량의 이상 기체의 상태가 A → B → C → D → A를 따라 변할 때 기체의 압력과 부피를 나타낸 것이다. A → B는 기체의 압력이 일정한 과정, C → D는 기체의 부피가 일정한 과정, B → C와 D → A는 단열 과정이다. A → B 과정에서 기체가 흡수한 열량은 Q_0이다.

이에 대한 설명으로 옳은 것만을 〈보기〉에서 있는 대로 고른 것은?

〈 보기 〉

ㄱ. A → B 과정에서 기체가 외부에 한 일은 Q_0이다.

ㄴ. B → C 과정에서 기체의 내부 에너지는 감소한다.

ㄷ. C → D 과정에서 기체가 방출한 열량은 $0.6Q_0$이다.

① ㄱ ② ㄷ ③ ㄱ, ㄴ ④ ㄴ, ㄷ ⑤ ㄱ, ㄴ, ㄷ

12

2022학년도 4월 학평 물I 12번

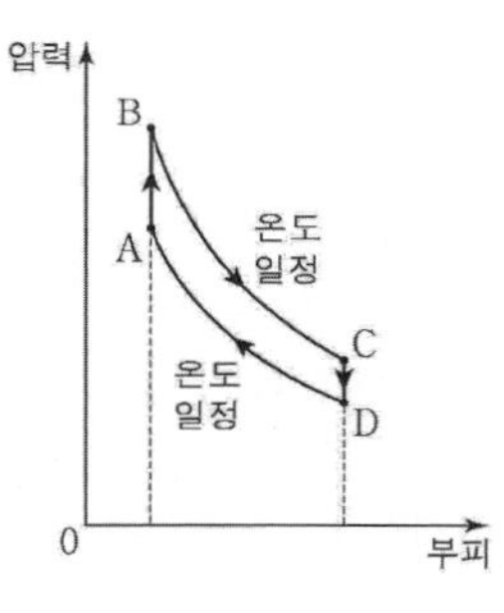

그림은 열효율이 0.2인 열기관에서 일정량의 이상 기체가 상태 A → B → C → D → A를 따라 순환하는 동안 기체의 압력과 부피를 나타낸 것이다. A → B 과정과 C → D 과정은 부피가 일정한 과정이고, B → C 과정과 D → A 과정은 온도가 일정한 과정이다. B → C 과정에서 기체가 흡수한 열량은 $4Q$이고, D → A 과정에서 기체가 방출한 열량은 $3Q$이다.

이에 대한 설명으로 옳은 것만을 〈보기〉에서 있는 대로 고른 것은? [3점]

〈 보기 〉

ㄱ. A → B 과정에서 기체의 내부 에너지는 증가한다.

ㄴ. B → C 과정에서 기체가 한 일은 D → A 과정에서 기체가 받은 일의 $\frac{4}{3}$배이다.

ㄷ. C → D 과정에서 기체가 방출한 열량은 Q이다.

① ㄱ ② ㄷ ③ ㄱ, ㄴ ④ ㄴ, ㄷ ⑤ ㄱ, ㄴ, ㄷ

13

2024학년도 3월 학평 물Ⅰ 19번

표는 열효율이 0.25인 열기관에서 일정량의 이상 기체가 상태 A → B → C → D → A를 따라 순환하는 동안 기체가 흡수 또는 방출하는 열량을 나타낸 것이다. A → B 과정과 C → D 과정에서 기체가 한 일은 0이다.

과정	흡수 또는 방출하는 열량
A → B	$12Q_0$
B → C	0
C → D	Q
D → A	0

위 기체의 상태 변화와 Q를 옳게 짝지은 것만을 <보기>에서 있는 대로 고른 것은?

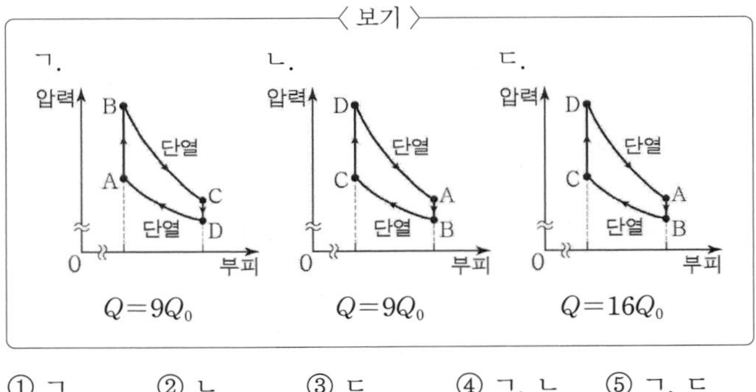

① ㄱ ② ㄴ ③ ㄷ ④ ㄱ, ㄴ ⑤ ㄱ, ㄷ

14 대표 문제

2025학년도 6월 모평 물Ⅰ 10번

그림은 열효율이 0.2인 열기관에서 일정량의 이상 기체가 상태 A → B → C → D → A를 따라 변할 때 기체의 압력과 부피를 나타낸 것이다. A → B와 C → D는 각각 압력이 일정한 과정, B → C는 온도가 일정한 과정, D → A는 단열 과정이다. 표는 각 과정에서 기체가 외부에 한 일 또는 외부로부터 받은 일을 나타낸 것이다.

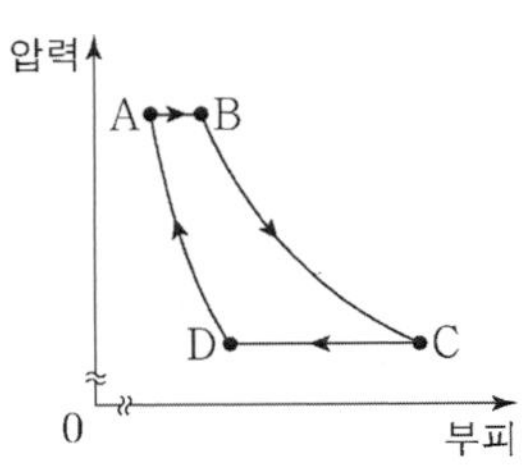

과정	기체가 외부에 한 일 또는 외부로부터 받은 일(J)
A → B	140
B → C	400
C → D	240
D → A	150

C → D 과정에서 기체의 내부 에너지 감소량은? [3점]

① 240 J ② 280 J ③ 320 J ④ 360 J ⑤ 400 J

15

2021학년도 수능 물Ⅰ 12번

그림은 열효율이 0.3인 열기관에서 일정량의 이상 기체가 상태 A → B → C → D → A를 따라 순환하는 동안 기체의 압력과 부피를, 표는 각 과정에서 기체가 흡수 또는 방출하는 열량을 나타낸 것이다.

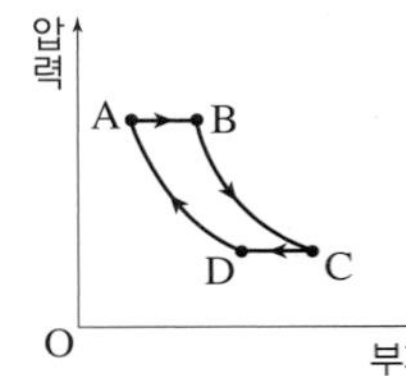

과정	흡수 또는 방출하는 열량(J)
A → B	㉠
B → C	0
C → D	140
D → A	0

이에 대한 설명으로 옳은 것만을 <보기>에서 있는 대로 고른 것은?

<보기>

ㄱ. ㉠은 200이다.
ㄴ. A → B 과정에서 기체의 내부 에너지는 감소한다.
ㄷ. C → D 과정에서 기체는 외부로부터 열을 흡수한다.

① ㄱ ② ㄷ ③ ㄱ, ㄴ ④ ㄴ, ㄷ ⑤ ㄱ, ㄴ, ㄷ

16

2023학년도 4월 학평 물Ⅰ 10번

그림은 열기관에서 일정량의 이상 기체가 상태 A→B→C→A를 따라 순환하는 동안 기체의 압력과 부피를 나타낸 것이다. A→B 과정은 등온 과정이고, B→C 과정은 압력이 일정한 과정이다. 표는 각 과정에서 기체가 흡수 또는 방출하는 열량과 기체가 외부에 한 일 또는 외부로부터 받은 일을 나타낸 것이다.

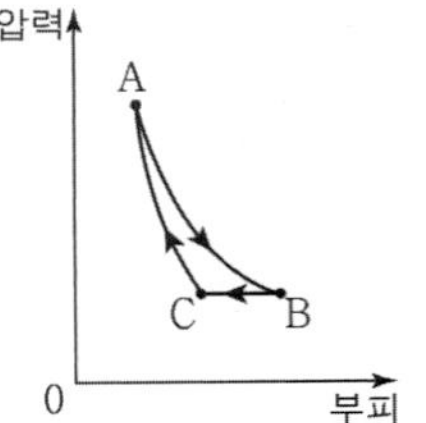

과정	흡수 또는 방출하는 열량(J)	기체가 외부에 한 일 또는 외부로부터 받은 일(J)
A→B	100	100
B→C	80	㉠
C→A	0	48

이에 대한 설명으로 옳은 것만을 <보기>에서 있는 대로 고른 것은? [3점]

<보기>

ㄱ. A→B 과정에서 기체는 열을 방출한다.
ㄴ. ㉠은 32이다.
ㄷ. 열기관의 열효율은 0.2이다.

① ㄱ ② ㄴ ③ ㄱ, ㄷ ④ ㄴ, ㄷ ⑤ ㄱ, ㄴ, ㄷ

17

2021학년도 9월 모평 물Ⅰ 15번

그림은 열기관에서 일정량의 이상 기체의 상태가 A → B → C → D → A를 따라 변할 때 기체의 압력과 부피를, 표는 각 과정에서 기체가 외부에 한 일 또는 외부로부터 받은 일을 나타낸 것이다. 기체는 A → B 과정에서 250 J의 열량을 흡수하고, B → C 과정과 D → A 과정은 열 출입이 없는 단열 과정이다.

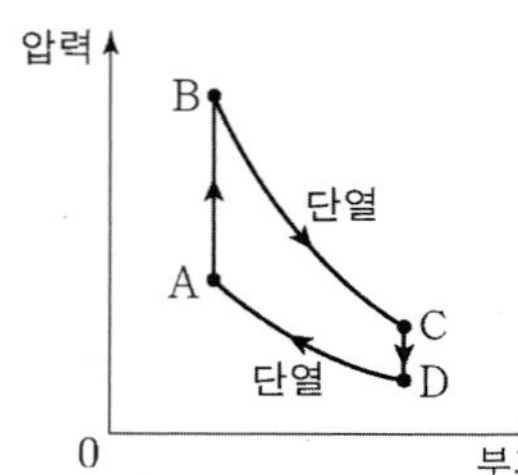

과정	외부에 한 일 또는 외부로부터 받은 일(J)
A → B	0
B → C	100
C → D	0
D → A	50

이에 대한 설명으로 옳은 것만을 ⟨보기⟩에서 있는 대로 고른 것은? [3점]

⟨보기⟩

ㄱ. B → C 과정에서 기체의 온도가 감소한다.
ㄴ. C → D 과정에서 기체가 방출한 열량은 150 J이다.
ㄷ. 열기관의 열효율은 0.4이다.

① ㄱ ② ㄷ ③ ㄱ, ㄴ ④ ㄴ, ㄷ ⑤ ㄱ, ㄴ, ㄷ

18

2021학년도 6월 모평 물Ⅰ 14번

그림은 어떤 열기관에서 일정량의 이상 기체가 상태 A → B → C → D → A를 따라 순환하는 동안 기체의 압력과 부피를, 표는 각 과정에서 기체가 흡수 또는 방출하는 열량을 나타낸 것이다.

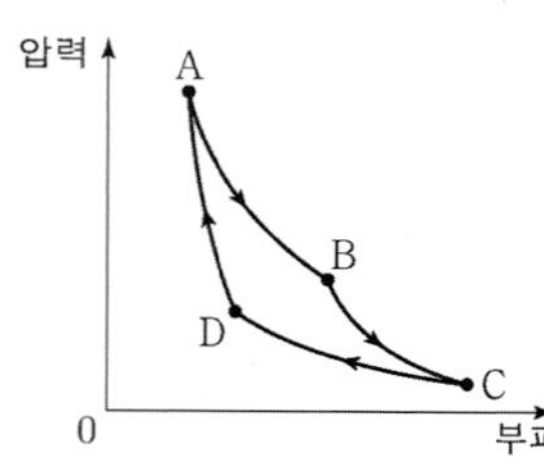

과정	흡수 또는 방출하는 열량(J)
A → B	150
B → C	0
C → D	120
D → A	0

이에 대한 설명으로 옳은 것만을 ⟨보기⟩에서 있는 대로 고른 것은? [3점]

⟨보기⟩

ㄱ. B → C 과정에서 기체가 한 일은 0이다.
ㄴ. 기체가 한 번 순환하는 동안 한 일은 30 J이다.
ㄷ. 열기관의 열효율은 0.2이다.

① ㄱ ② ㄷ ③ ㄱ, ㄴ ④ ㄴ, ㄷ ⑤ ㄱ, ㄴ, ㄷ

19

2024학년도 6월 모평 물Ⅰ 8번

그림은 열기관에서 일정량의 이상 기체가 과정 Ⅰ~Ⅳ를 따라 순환하는 동안 기체의 압력과 부피를 나타낸 것이다. 표는 각 과정에서 기체가 외부에 한 일 또는 외부로부터 받은 일을 나타낸 것이다. Ⅰ, Ⅲ은 등온 과정이고, Ⅳ에서 기체가 흡수한 열량은 $2E_0$이다.

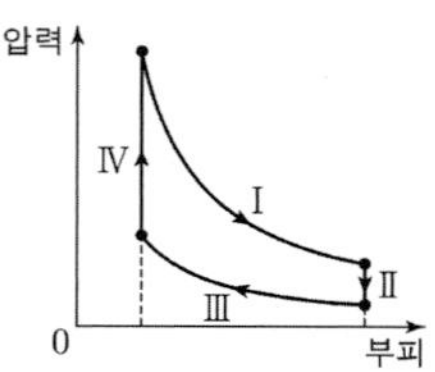

과정	Ⅰ	Ⅱ	Ⅲ	Ⅳ
외부에 한 일 또는 외부로부터 받은 일	$3E_0$	0	E_0	0

이에 대한 설명으로 옳은 것만을 ⟨보기⟩에서 있는 대로 고른 것은? [3점]

⟨보기⟩

ㄱ. Ⅰ에서 기체가 흡수하는 열량은 0이다.
ㄴ. Ⅱ에서 기체의 내부 에너지 감소량은 Ⅳ에서 기체의 내부 에너지 증가량보다 작다.
ㄷ. 열기관의 열효율은 0.4이다.

① ㄱ ② ㄷ ③ ㄱ, ㄴ ④ ㄴ, ㄷ ⑤ ㄱ, ㄴ, ㄷ

20

2023학년도 9월 모평 물Ⅰ 15번

그림은 열기관에서 일정량의 이상 기체가 상태 A→B→C→D→A를 따라 순환하는 동안 기체의 압력과 부피를, 표는 각 과정에서 기체가 흡수 또는 방출하는 열량과 기체의 내부 에너지 증가량 또는 감소량을 나타낸 것이다.

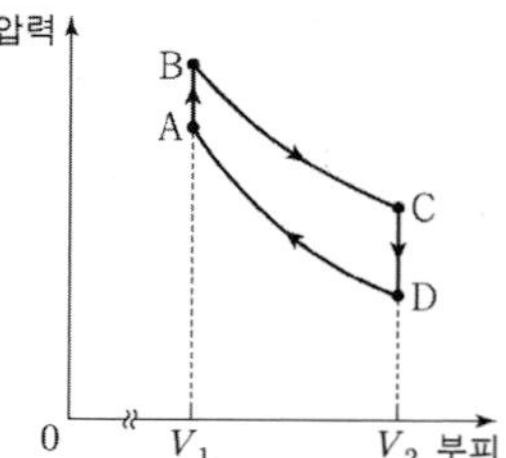

과정	흡수 또는 방출하는 열량(J)	내부 에너지 증가량 또는 감소량(J)
A → B	50	㉡
B → C	100	0
C → D	㉠	120
D → A	0	㉢

이에 대한 설명으로 옳은 것만을 ⟨보기⟩에서 있는 대로 고른 것은?

⟨보기⟩

ㄱ. ㉠은 120이다.
ㄴ. ㉢－㉡＝20이다.
ㄷ. 열기관의 열효율은 0.2이다.

① ㄱ ② ㄷ ③ ㄱ, ㄴ ④ ㄴ, ㄷ ⑤ ㄱ, ㄴ, ㄷ

21

2023학년도 6월 모평 물I 16번

그림은 열효율이 0.5인 열기관에서 일정량의 이상 기체의 상태가 A → B → C → D → A를 따라 변할 때 기체의 압력과 부피를 나타낸 것이다. A → B, C → D는 각각 압력이 일정한 과정이고, B → C, D → A는 각각 단열 과정이다. A → B 과정에서 기체가 흡수한 열량은 Q이다. 표는 각 과정에서 기체가 외부에 한 일 또는 외부로부터 받은 일을 나타낸 것이다.

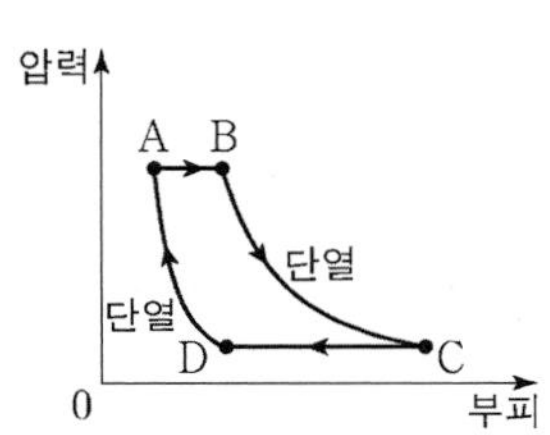

과정	기체가 외부에 한 일 또는 외부로부터 받은 일
A → B	$8W$
B → C	$9W$
C → D	$4W$
D → A	$3W$

이에 대한 설명으로 옳은 것만을 〈보기〉에서 있는 대로 고른 것은? [3점]

〈 보기 〉

ㄱ. $Q=20W$이다.

ㄴ. 기체의 온도는 A에서가 C에서보다 낮다.

ㄷ. A → B 과정에서 기체의 내부 에너지 증가량은 C → D 과정에서 기체의 내부 에너지 감소량보다 크다.

① ㄱ ② ㄷ ③ ㄱ, ㄴ ④ ㄴ, ㄷ ⑤ ㄱ, ㄴ, ㄷ

22

2023학년도 10월 학평 물I 19번

그림은 열기관에서 일정량의 이상 기체가 상태 A → B → C → D → A를 따라 순환하는 동안 기체의 압력과 부피를 나타낸 것이다. A → B는 압력이, B → C와 D → A는 온도가, C → D는 부피가 일정한 과정이다. 표는 각 과정에서 기체가 흡수 또는 방출한 열량을 나타낸 것이다. A → B에서 기체가 한 일은 W_1이다.

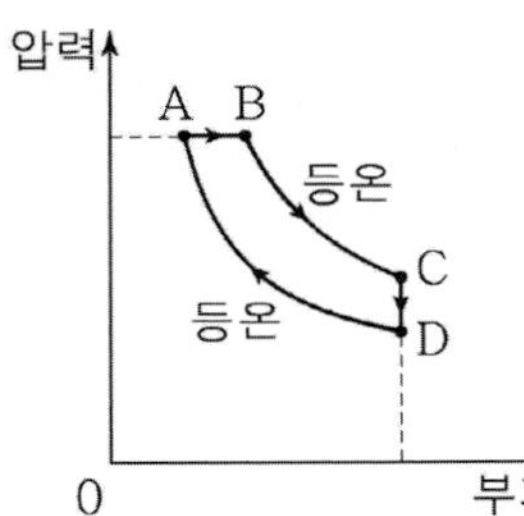

과정	기체가 흡수 또는 방출한 열량
A → B	Q_1
B → C	Q_2
C → D	Q_3
D → A	Q_4

이에 대한 옳은 설명만을 〈보기〉에서 있는 대로 고른 것은? [3점]

〈 보기 〉

ㄱ. B → C에서 기체가 한 일은 Q_2이다.

ㄴ. $Q_1=W_1+Q_3$이다.

ㄷ. 열기관의 열효율은 $1-\dfrac{Q_3+Q_4}{Q_1+Q_2}$이다.

① ㄴ ② ㄷ ③ ㄱ, ㄴ ④ ㄱ, ㄷ ⑤ ㄱ, ㄴ, ㄷ

23

2023학년도 수능 물I 13번

그림은 열효율이 0.2인 열기관에서 일정량의 이상 기체가 상태 A → B → C → A를 따라 순환하는 동안 기체의 압력과 부피를 나타낸 것이다. A → B 과정은 압력이 일정한 과정, B → C 과정은 단열 과정, C → A 과정은 등온 과정이다. 표는 각 과정에서 기체가 외부에 한 일 또는 외부로부터 받은 일을 나타낸 것이다.

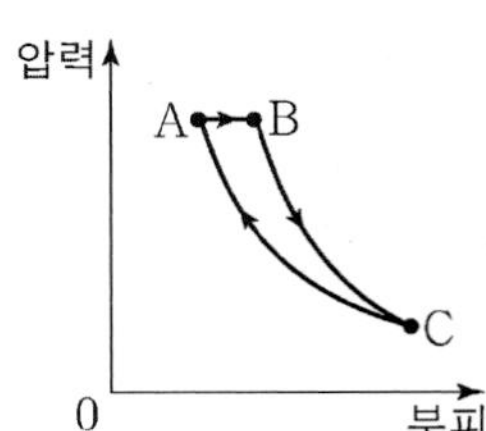

과정	기체가 외부에 한 일 또는 외부로부터 받은 일(J)
A → B	60
B → C	90
C → A	㉠

이에 대한 설명으로 옳은 것만을 〈보기〉에서 있는 대로 고른 것은? [3점]

〈 보기 〉

ㄱ. 기체의 온도는 B에서가 C에서보다 높다.

ㄴ. A → B 과정에서 기체가 흡수한 열량은 150 J이다.

ㄷ. ㉠은 120이다.

① ㄱ ② ㄷ ③ ㄱ, ㄴ ④ ㄴ, ㄷ ⑤ ㄱ, ㄴ, ㄷ

24

2025학년도 수능 물I 15번

그림은 열기관에서 일정량의 이상 기체가 상태 A → B → C → D → A를 따라 순환하는 동안 기체의 압력과 절대 온도를 나타낸 것이다. A → B는 부피가 일정한 과정, B → C는 압력이 일정한 과정, C → D는 단열 과정, D → A는 등온 과정이다. 표는 각 과정에서 기체가 외부에 한 일 또는 외부로부터 받은 일을 나타낸 것이다. 기체가 흡수하거나 방출한 열량은 A → B 과정과 B → C 과정에서 같다.

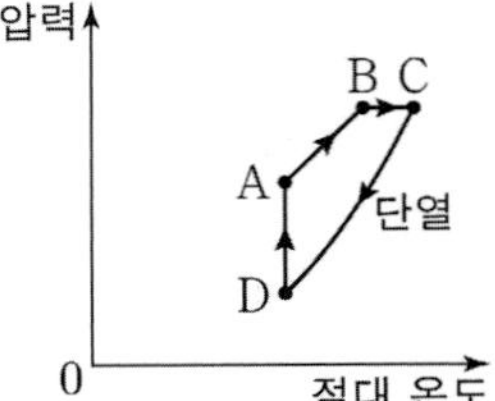

과정	기체가 외부에 한 일 또는 외부로부터 받은 일(J)
A → B	0
B → C	16
C → D	64
D → A	60

이에 대한 설명으로 옳은 것만을 〈보기〉에서 있는 대로 고른 것은?

〈 보기 〉

ㄱ. 기체의 부피는 A에서가 C에서보다 작다.

ㄴ. B → C 과정에서 기체의 내부 에너지 증가량은 24 J이다.

ㄷ. 열기관의 열효율은 0.25 이다.

① ㄱ ② ㄷ ③ ㄱ, ㄴ ④ ㄴ, ㄷ ⑤ ㄱ, ㄴ, ㄷ

한눈에 정리하는 평가원 기출 경향

주제 \ 학년도	2025	2024	2023

특수 상대성 이론
우주선이 1개인 경우

2025

29 2025학년도 수능 물I 9번

그림과 같이 관찰자 A에 대해 관찰자 B가 탄 우주선이 $+x$방향으로 터널을 향해 $0.8c$의 속력으로 등속도 운동한다. A의 관성계에서, x축과 나란하게 정지해 있는 터널의 길이는 L이고, 우주선의 앞이 터널의 출구를 지나는 순간 우주선의 뒤가 터널의 입구를 지난다.

이에 대한 설명으로 옳은 것만을 〈보기〉에서 있는 대로 고른 것은? (단, c는 빛의 속력이다.) [3점]

〈보기〉
ㄱ. A의 관성계에서, 우주선의 앞이 터널의 입구를 지나는 순간부터 우주선의 뒤가 터널의 입구를 지나는 순간까지 걸린 시간은 $\frac{L}{0.8c}$보다 작다.
ㄴ. B의 관성계에서, 터널의 길이는 L보다 작다.
ㄷ. B의 관성계에서, 터널의 출구가 우주선의 앞을 지나고 난 후 터널의 입구가 우주선의 뒤를 지난다.

① ㄱ ② ㄴ ③ ㄱ, ㄷ ④ ㄴ, ㄷ ⑤ ㄱ, ㄴ, ㄷ

2024

04 2024학년도 9월 모평 물I 6번

그림과 같이 관찰자 A에 대해 광원 P, 검출기 Q가 정지해 있고, 관찰자 B가 탄 우주선이 P, Q를 잇는 직선과 나란하게 $0.9c$의 속력으로 등속도 운동을 하고 있다. A의 관성계에서, 우주선의 길이는 L_1이고, P와 Q 사이의 거리는 L_2이다.

이에 대한 설명으로 옳은 것만을 〈보기〉에서 있는 대로 고른 것은? (단, 빛의 속력은 c이다.)

〈보기〉
ㄱ. A의 관성계에서, A의 시간은 B의 시간보다 느리게 간다.
ㄴ. B의 관성계에서, 우주선의 길이는 L_1보다 길다.
ㄷ. B의 관성계에서, P에서 방출된 빛이 Q에 도달하는 데 걸리는 시간은 $\frac{L_2}{c}$보다 크다.

① ㄱ ② ㄴ ③ ㄷ ④ ㄱ, ㄴ ⑤ ㄴ, ㄷ

2023

05 대표 문제 2023학년도 수능 물I 12번

그림과 같이 관찰자 A에 대해 관찰자 B가 탄 우주선이 광원과 거울 P, Q를 잇는 직선과 나란하게 광속에 가까운 속력으로 등속도 운동한다. A의 관성계에서, P와 Q는 광원으로부터 각각 거리 L_1, L_2만큼 떨어져 정지해 있고, 빛은 광원으로부터 각각 P, Q를 향해 동시에 방출된다. B의 관성계에서, 광원에서 방출된 빛이 P, Q에 도달하는 데 걸리는 시간은 같다.

이에 대한 설명으로 옳은 것만을 〈보기〉에서 있는 대로 고른 것은?

〈보기〉
ㄱ. $L_1 > L_2$이다.
ㄴ. A의 관성계에서, 빛은 P에서가 Q에서보다 먼저 반사된다.
ㄷ. 빛이 광원과 Q 사이를 왕복하는 데 걸리는 시간은 A의 관성계에서가 B의 관성계에서보다 크다.

① ㄱ ② ㄴ ③ ㄱ, ㄷ ④ ㄴ, ㄷ ⑤ ㄱ, ㄴ, ㄷ

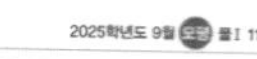

11 2025학년도 9월 모평 물I 11번

그림과 같이 관찰자 A에 대해, 검출기 P와 점 Q가 정지해 있고 관찰자 B가 탄 우주선이 A, P, Q를 잇는 직선과 나란하게 $0.6c$의 속력으로 등속도 운동을 한다. A의 관성계에서 B가 Q를 지나는 순간, A와 B는 동시에 P를 향해 빛을 방출한다. A의 관성계에서, A에서 P까지의 거리와 P에서 Q까지의 거리는 L로 같다.

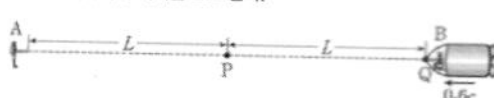

이에 대한 설명으로 옳은 것만을 〈보기〉에서 있는 대로 고른 것은? (단, c는 빛의 속력이고, 우주선과 관찰자의 크기는 무시한다.)

〈보기〉
ㄱ. A의 관성계에서, A가 방출한 빛의 속력과 B가 방출한 빛의 속력은 같다.
ㄴ. A의 관성계에서, B가 방출한 빛이 P에 도달하는 데 걸리는 시간은 $\frac{L}{c}$이다.
ㄷ. B의 관성계에서, A가 방출한 빛이 P에 도달하는 데 걸리는 시간은 B가 방출한 빛이 P에 도달하는 데 걸리는 시간보다 크다.

① ㄱ ② ㄷ ③ ㄱ, ㄴ ④ ㄴ, ㄷ ⑤ ㄱ, ㄴ, ㄷ

14 대표 문제 2024학년도 6월 모평 물I 9번

그림과 같이 관찰자 A에 대해 광원 P, Q가 정지해 있고, 관찰자 B가 탄 우주선이 P, A, Q를 잇는 직선과 나란하게 $0.9c$의 속력으로 등속도 운동을 하고 있다. A의 관성계에서, A에서 P, Q까지의 거리는 각각 L로 같고, P, Q에서 빛이 A를 향해 동시에 방출된다.

이에 대한 설명으로 옳은 것만을 〈보기〉에서 있는 대로 고른 것은? (단, c는 빛의 속력이다.)

〈보기〉
ㄱ. A의 관성계에서, B의 시간은 A의 시간보다 느리게 간다.
ㄴ. B의 관성계에서, 빛이 P에서 A까지 도달하는 데 걸린 시간은 $\frac{L}{c}$이다.
ㄷ. B의 관성계에서, 빛은 Q에서가 P에서보다 먼저 방출된다.

① ㄱ ② ㄴ ③ ㄱ, ㄷ ④ ㄴ, ㄷ ⑤ ㄱ, ㄴ, ㄷ

20 2023학년도 6월 모평 물I 17번

그림과 같이 관찰자 A의 관성계에서 광원 X, Y와 검출기 P, Q가 점 O로부터 각각 같은 거리 L만큼 떨어져 정지해 있고 X, Y로부터 각각 P, Q를 향해 방출된 빛은 O를 동시에 지난다. 관찰자 B가 탄 우주선은 A에 대해 광속에 가까운 속력 v로 X와 P를 잇는 직선과 나란하게 운동한다.

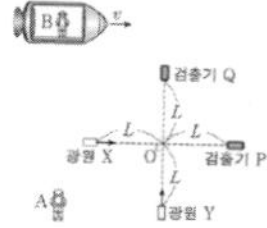

이에 대한 설명으로 옳은 것만을 〈보기〉에서 있는 대로 고른 것은? [3점]

〈보기〉
ㄱ. B의 관성계에서, 빛은 Y에서가 X에서보다 먼저 방출된다.
ㄴ. B의 관성계에서, 빛은 P와 Q에 동시에 도달한다.
ㄷ. Y에서 방출된 빛이 Q에 도달하는 데 걸리는 시간은 B의 관성계에서가 A의 관성계에서보다 크다.

① ㄱ ② ㄴ ③ ㄱ, ㄷ ④ ㄴ, ㄷ ⑤ ㄱ, ㄴ, ㄷ

02 대표 문제 2025학년도 6월 모평 물I 7번

그림과 같이 관찰자 A가 탄 우주선이 우주 정거장 P에서 우주 정거장 Q를 향해 등속도 운동한다. A의 관성계에서, 관찰자 B의 속력은 $0.8c$이고 P와 Q 사이의 거리는 L이다. B의 관성계에서, P와 Q는 정지해 있다.

이에 대한 설명으로 옳은 것만을 〈보기〉에서 있는 대로 고른 것은? (단, c는 빛의 속력이다.) [3점]

〈보기〉
ㄱ. A의 관성계에서, P의 속력은 Q의 속력보다 작다.
ㄴ. A의 관성계에서, A의 시간이 B의 시간보다 느리게 간다.
ㄷ. B의 관성계에서, P와 Q 사이의 거리는 L보다 크다.

① ㄱ ② ㄴ ③ ㄷ ④ ㄱ, ㄴ ⑤ ㄴ, ㄷ

특수 상대성 이론
표가 주어진 경우

2022 ~ 2019

15

2022학년도 9월 모평 물Ⅰ 10번

다음은 특수 상대성 이론에 대한 사고 실험의 일부이다.

가설Ⅰ: 모든 관성계에서 물리 법칙은 동일하다.
가설Ⅱ: 모든 관성계에서 빛의 속력은 c로 일정하다.

관찰자 A에 대해 정지해 있는 두 천체 P, Q 사이를 관찰자 B가 탄 우주선이 광속에 가까운 속력 v로 등속도 운동을 하고 있다. B의 관성계에서 광원으로부터 우주선의 운동 방향에 수직으로 방출된 빛은 거울에서 반사되어 되돌아온다.

(가) 빛이 1회 왕복한 시간은 A의 관성계에서 t_A이고, B의 관성계에서 t_B이다.
(나) A의 관성계에서 t_A 동안 빛의 경로 길이는 L_A이고, B의 관성계에서 t_B 동안 빛의 경로 길이는 L_B이다.
(다) A의 관성계에서 P와 Q 사이의 거리 D_A는 P에서 Q까지 우주선의 이동 시간과 v를 곱한 값이다.
(라) B의 관성계에서 P와 Q 사이의 거리 D_B는 P가 B를 지날 때부터 Q가 B를 지날 때까지 걸린 시간과 v를 곱한 값이다.

이에 대한 설명으로 옳은 것만을 〈보기〉에서 있는 대로 고른 것은? [3점]

〈보기〉
ㄱ. $t_A > t_B$이다.
ㄴ. $L_A > L_B$이다.
ㄷ. $\frac{D_A}{D_B} = \frac{L_A}{L_B}$이다.

① ㄱ ② ㄷ ③ ㄱ, ㄴ ④ ㄴ, ㄷ ⑤ ㄱ, ㄴ, ㄷ

10

2021학년도 수능 물Ⅰ 17번

그림과 같이 관찰자 P에 대해 관찰자 Q가 탄 우주선이 $0.5c$의 속력으로 직선 운동하고 있다. P의 관성계에서, Q가 P를 스쳐 지나는 순간 Q로부터 같은 거리만큼 떨어져 있는 광원 A, B에서 빛이 동시에 발생한다.

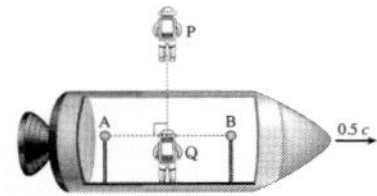

이에 대한 설명으로 옳은 것만을 〈보기〉에서 있는 대로 고른 것은? (단, c는 빛의 속력이다.) [3점]

〈보기〉
ㄱ. P의 관성계에서, A와 B에서 발생한 빛은 동시에 P에 도달한다.
ㄴ. P의 관성계에서, A와 B에서 발생한 빛은 동시에 Q에 도달한다.
ㄷ. B에서 발생한 빛이 Q에 도달할 때까지 걸리는 시간은 Q의 관성계에서가 P의 관성계에서보다 크다.

① ㄴ ② ㄷ ③ ㄱ, ㄴ ④ ㄱ, ㄷ ⑤ ㄱ, ㄴ, ㄷ

01

2021학년도 9월 모평 물Ⅰ 11번

그림은 관찰자 A에 대해 관찰자 B가 탄 우주선이 $0.6c$의 속력으로 직선 운동하는 모습을 나타낸 것이다. B의 관성계에서 광원과 거울 사이의 거리는 L이고, 광원에서 우주선의 운동 방향과 수직으로 발생시킨 빛은 거울에서 반사되어 되돌아온다.

이에 대한 설명으로 옳은 것만을 〈보기〉에서 있는 대로 고른 것은? (단, c는 빛의 속력이다.) [3점]

〈보기〉
ㄱ. A의 관성계에서, 빛의 속력은 c이다.
ㄴ. A의 관성계에서, 광원과 거울 사이의 거리는 L이다.
ㄷ. B의 관성계에서, A의 시간은 B의 시간보다 빠르게 간다.

① ㄱ ② ㄷ ③ ㄱ, ㄴ ④ ㄴ, ㄷ ⑤ ㄱ, ㄴ, ㄷ

13

2021학년도 6월 모평 물Ⅰ 17번

그림과 같이 관찰자 P에 대해 별 A, B가 같은 거리만큼 떨어져 정지해 있고, 관찰자 Q가 탄 우주선이 $0.9c$의 속력으로 A에서 B를 향해 등속도 운동하고 있다. P의 관성계에서 Q가 P를 스쳐 지나는 순간 A, B가 동시에 빛을 내며 폭발한다.

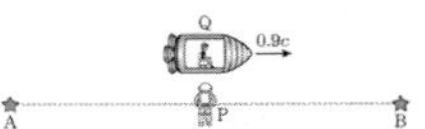

이에 대한 설명으로 옳은 것만을 〈보기〉에서 있는 대로 고른 것은? (단, c는 빛의 속력이다.)

〈보기〉
ㄱ. P의 관성계에서, A와 B가 폭발할 때 발생한 빛이 동시에 P에 도달한다.
ㄴ. Q의 관성계에서, B가 A보다 먼저 폭발한다.
ㄷ. Q의 관성계에서, A와 P 사이의 거리는 B와 P 사이의 거리보다 크다.

① ㄱ ② ㄷ ③ ㄱ, ㄴ ④ ㄴ, ㄷ ⑤ ㄱ, ㄴ, ㄷ

21

2020학년도 6월 모평 물Ⅰ 12번

그림과 같이 관찰자 A가 탄 우주선이 행성을 향해 가고 있다. 관찰자 B가 측정할 때, 행성까지의 거리는 7광년이고 우주선은 $0.7c$의 속력으로 등속도 운동한다. B는 멀어지고 있는 A를 향해 자신이 측정하는 시간을 기준으로 1년마다 빛 신호를 보낸다.

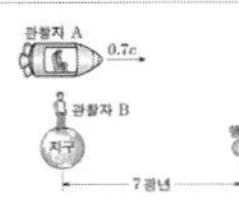

이에 대한 설명으로 옳은 것만을 〈보기〉에서 있는 대로 고른 것은? (단, c는 빛의 속력이다.) [3점]

〈보기〉
ㄱ. A가 B의 신호를 수신하는 시간 간격은 1년보다 짧다.
ㄴ. A가 측정할 때, 지구에서 행성까지의 거리는 7광년보다 작다.
ㄷ. B가 측정할 때, A의 시간은 B의 시간보다 느리게 간다.

① ㄱ ② ㄴ ③ ㄱ, ㄷ ④ ㄴ, ㄷ ⑤ ㄱ, ㄴ, ㄷ

25 대표 문제

2022학년도 수능 물Ⅰ 14번

그림과 같이 관찰자 A에 대해 관찰자 B가 탄 우주선이 $+x$ 방향으로 광속에 가까운 속력 v로 등속도 운동한다. B의 관성계에서 빛은 광원으로부터 각각 점 p, q, r를 향해 $-x$, $+x$, $+y$ 방향으로 동시에 방출된다. 표는 A, B의 관성계에서 각각의 경로에 따라 빛이 진행하는 데 걸린 시간을 나타낸 것이다.

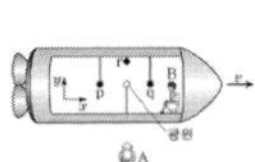

빛의 경로	걸린 시간	
	A의 관성계	B의 관성계
광원 → p	t_1	㉠
광원 → q	t_1	t_2
광원 → r	㉡	t_2

이에 대한 설명으로 옳은 것만을 〈보기〉에서 있는 대로 고른 것은? (단, 빛의 속력은 c이다.)

〈보기〉
ㄱ. ㉠은 t_1보다 작다.
ㄴ. ㉡은 t_2보다 크다.
ㄷ. B의 관성계에서 p에서 q까지의 거리는 $2ct_2$보다 크다.

① ㄱ ② ㄴ ③ ㄱ, ㄷ ④ ㄴ, ㄷ ⑤ ㄱ, ㄴ, ㄷ

26

2022학년도 6월 모평 물Ⅰ 14번

그림은 관찰자 A에 대해 관찰자 B가 탄 우주선이 x축과 나란하게 광속에 가까운 속력으로 등속도 운동을 하고 있는 모습을 나타낸 것이다. B의 관성계에서 빛은 광원으로부터 각각 $+x$ 방향, $-y$ 방향으로 동시에 방출된 후 거울 p, q에서 반사하여 광원에 동시에 도달하며 광원과 q 사이의 거리는 L이다. 표는 A의 관성계에서 빛이 광원에서 p까지, p에서 광원까지 가는 데 걸린 시간을 나타낸 것이다.

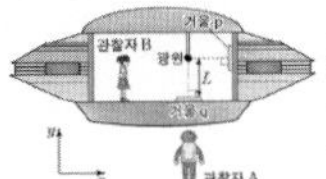

빛의 경로	시간
광원 → p	$0.4t_0$
p → 광원	$0.6t_0$

이에 대한 설명으로 옳은 것만을 〈보기〉에서 있는 대로 고른 것은? (단, 빛의 속력은 c이다.)

〈보기〉
ㄱ. 우주선의 운동 방향은 $-x$ 방향이다.
ㄴ. $t_0 > \frac{2L}{c}$이다.
ㄷ. A의 관성계에서 광원과 p 사이의 거리는 L보다 작다.

① ㄱ ② ㄴ ③ ㄱ, ㄷ ④ ㄴ, ㄷ ⑤ ㄱ, ㄴ, ㄷ

24

2020학년도 수능 물Ⅰ 9번

그림과 같이 우주선이 우주 정거장에 대해 $0.6c$의 속력으로 직선 운동하고 있다. 광원에서 우주선의 운동 방향과 나란하게 발생시킨 빛 신호는 거울에 반사되어 광원으로 되돌아온다. 표는 우주선과 우주 정거장에서 각각 측정한 물리량을 나타낸 것이다.

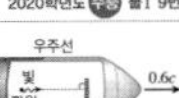

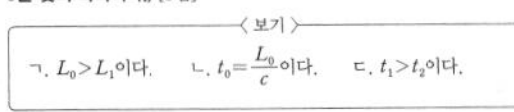

측정한 물리량	우주선	우주 정거장
광원과 거울 사이의 거리	L_0	L_1
빛 신호가 광원에서 거울까지 가는 데 걸린 시간	t_0	t_1
빛 신호가 거울에서 광원까지 가는 데 걸린 시간	t_0	t_2

이에 대한 설명으로 옳은 것만을 〈보기〉에서 있는 대로 고른 것은? (단, c는 빛의 속력이다.) [3점]

〈보기〉
ㄱ. $L_0 > L_1$이다. ㄴ. $t_0 = \frac{L_0}{c}$이다. ㄷ. $t_1 > t_2$이다.

① ㄱ ② ㄷ ③ ㄱ, ㄴ ④ ㄴ, ㄷ ⑤ ㄱ, ㄴ, ㄷ

01

2021학년도 9월  물Ⅰ 11번

그림은 관찰자 A에 대해 관찰자 B가 탄 우주선이 $0.6c$의 속력으로 직선 운동하는 모습을 나타낸 것이다. B의 관성계에서 광원과 거울 사이의 거리는 L이고, 광원에서 우주선의 운동 방향과 수직으로 발생시킨 빛은 거울에서 반사되어 되돌아온다.

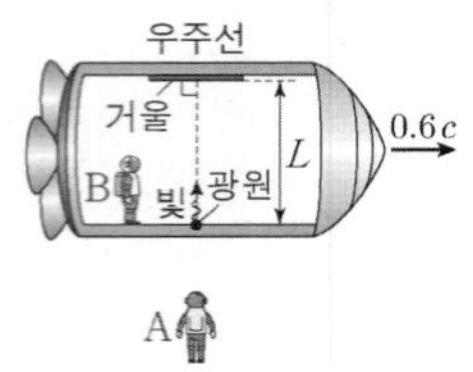

이에 대한 설명으로 옳은 것만을 〈보기〉에서 있는 대로 고른 것은? (단, c는 빛의 속력이다.) [3점]

〈 보기 〉

ㄱ. A의 관성계에서, 빛의 속력은 c이다.
ㄴ. A의 관성계에서, 광원과 거울 사이의 거리는 L이다.
ㄷ. B의 관성계에서, A의 시간은 B의 시간보다 빠르게 간다.

① ㄱ ② ㄷ ③ ㄱ, ㄴ ④ ㄴ, ㄷ ⑤ ㄱ, ㄴ, ㄷ

02 대표 문제

2025학년도 6월  물Ⅰ 7번

그림과 같이 관찰자 A가 탄 우주선이 우주 정거장 P에서 우주 정거장 Q를 향해 등속도 운동한다. A의 관성계에서, 관찰자 B의 속력은 $0.8c$이고 P와 Q 사이의 거리는 L이다. B의 관성계에서, P와 Q는 정지해 있다.

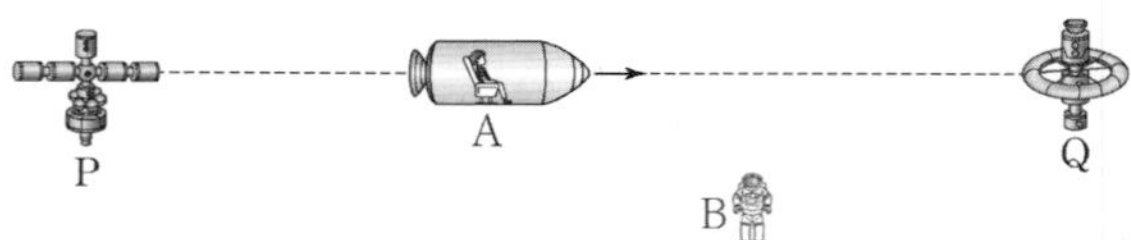

이에 대한 설명으로 옳은 것만을 〈보기〉에서 있는 대로 고른 것은? (단, c는 빛의 속력이다.) [3점]

〈 보기 〉

ㄱ. A의 관성계에서, P의 속력은 Q의 속력보다 작다.
ㄴ. A의 관성계에서, A의 시간이 B의 시간보다 느리게 간다.
ㄷ. B의 관성계에서, P와 Q 사이의 거리는 L보다 크다.

① ㄱ ② ㄴ ③ ㄷ ④ ㄱ, ㄴ ⑤ ㄴ, ㄷ

03

2022학년도 10월 학평 물Ⅰ 9번

그림과 같이 관찰자 A에 대해 관찰자 B가 탄 우주선이 광속에 가까운 속력 v로 등속도 운동한다. 점 X, Y는 각각 우주선의 앞과 뒤의 점이다. A의 관성계에서 기준선 P, Q는 정지해 있으며 X가 P를 지나는 순간 Y가 Q를 지난다.

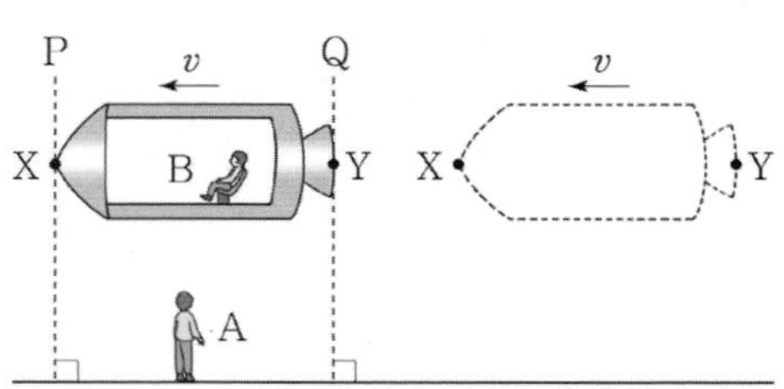

B의 관성계에서 관측했을 때에 대한 옳은 설명만을 〈보기〉에서 있는 대로 고른 것은?

〈 보기 〉

ㄱ. A의 시간은 B의 시간보다 느리게 간다.
ㄴ. X와 Y 사이의 거리는 P와 Q 사이의 거리와 같다.
ㄷ. P가 X를 지나는 사건이 Q가 Y를 지나는 사건보다 먼저 일어난다.

① ㄱ ② ㄷ ③ ㄱ, ㄴ ④ ㄱ, ㄷ ⑤ ㄴ, ㄷ

04

2024학년도 9월 모평 물Ⅰ 6번

그림과 같이 관찰자 A에 대해 광원 P, 검출기 Q가 정지해 있고, 관찰자 B가 탄 우주선이 P, Q를 잇는 직선과 나란하게 $0.9c$의 속력으로 등속도 운동을 하고 있다. A의 관성계에서, 우주선의 길이는 L_1이고, P와 Q 사이의 거리는 L_2이다.

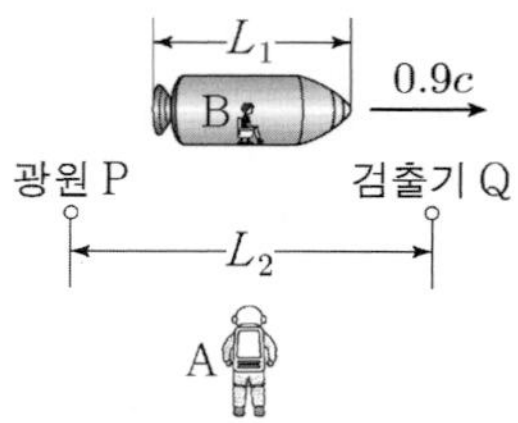

이에 대한 설명으로 옳은 것만을 〈보기〉에서 있는 대로 고른 것은? (단, 빛의 속력은 c이다.)

〈 보기 〉

ㄱ. A의 관성계에서, A의 시간은 B의 시간보다 느리게 간다.
ㄴ. B의 관성계에서, 우주선의 길이는 L_1보다 길다.
ㄷ. B의 관성계에서, P에서 방출된 빛이 Q에 도달하는 데 걸리는 시간은 $\frac{L_2}{c}$보다 크다.

① ㄱ ② ㄴ ③ ㄷ ④ ㄱ, ㄴ ⑤ ㄴ, ㄷ

05 대표 문제

2023학년도 수능 물I 12번

그림과 같이 관찰자 A에 대해 관찰자 B가 탄 우주선이 광원과 거울 P, Q를 잇는 직선과 나란하게 광속에 가까운 속력으로 등속도 운동한다. A의 관성계에서, P와 Q는 광원으로부터 각각 거리 L_1, L_2만큼 떨어져 정지해 있고, 빛은 광원으로부터 각각 P, Q를 향해 동시에 방출된다. B의 관성계에서, 광원에서 방출된 빛이 P, Q에 도달하는 데 걸리는 시간은 같다.

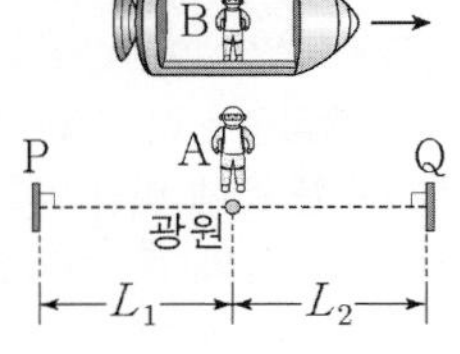

이에 대한 설명으로 옳은 것만을 <보기>에서 있는 대로 고른 것은?

<보기>

ㄱ. $L_1 > L_2$이다.

ㄴ. A의 관성계에서, 빛은 P에서가 Q에서보다 먼저 반사된다.

ㄷ. 빛이 광원과 Q 사이를 왕복하는 데 걸리는 시간은 A의 관성계에서가 B의 관성계에서보다 크다.

① ㄱ ② ㄴ ③ ㄱ, ㄷ ④ ㄴ, ㄷ ⑤ ㄱ, ㄴ, ㄷ

06

2024학년도 7월 학평 물I 8번

그림과 같이 관찰자 A에 대해 광원, 검출기가 정지해 있고, 관찰자 B가 탄 우주선이 광원과 검출기를 잇는 직선과 나란하게 $0.8c$의 속력으로 등속도 운동하고 있다. A, B의 관성계에서 광원에서 방출된 빛이 검출기에 도달하는 데 걸린 시간은 각각 t_A, t_B이다. A의 관성계에서 광원과 검출기 사이의 거리는 L이다.

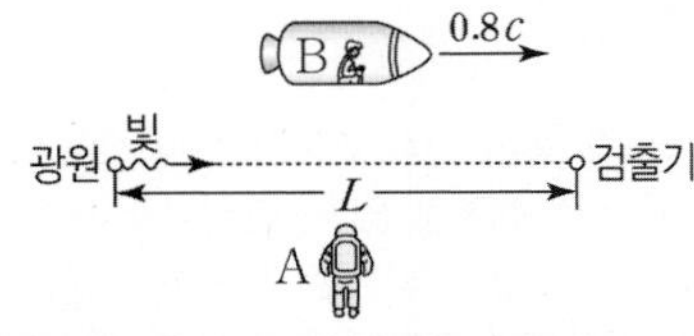

이에 대한 설명으로 옳은 것만을 <보기>에서 있는 대로 고른 것은? (단, c는 빛의 속력이다.) [3점]

<보기>

ㄱ. A의 관성계에서, A의 시간은 B의 시간보다 빠르게 간다.

ㄴ. B의 관성계에서, 광원과 검출기 사이의 거리는 L보다 크다.

ㄷ. $t_A < t_B$이다.

① ㄱ ② ㄴ ③ ㄱ, ㄷ ④ ㄴ, ㄷ ⑤ ㄱ, ㄴ, ㄷ

07

2023학년도 3월 학평 물I 13번

그림과 같이 관찰자 A에 대해 광원 p와 검출기 q는 정지해 있고, 관찰자 B, 광원 r, 검출기 s는 우주선과 함께 $0.5c$의 속력으로 직선 운동한다. A의 관성계에서 빛이 p에서 q까지, r에서 s까지 진행하는 데 걸린 시간은 t_0으로 같고, 두 빛의 진행 방향과 우주선의 운동 방향은 반대이다.

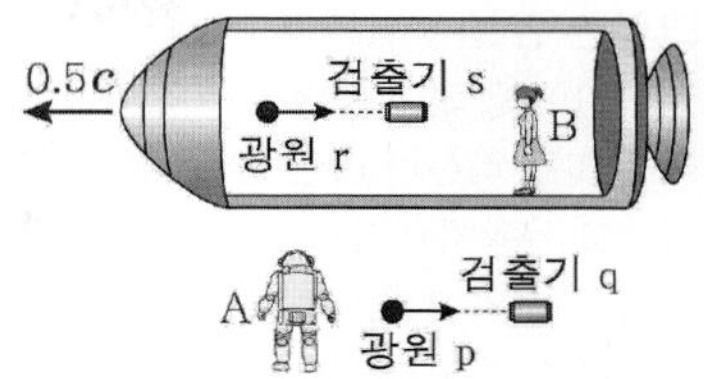

이에 대한 설명으로 옳은 것은? (단, 빛의 속력은 c이다.) [3점]

① A의 관성계에서, r에서 나온 빛의 속력은 $0.5c$이다.

② A의 관성계에서, r와 s 사이의 거리는 ct_0보다 작다.

③ B의 관성계에서, p와 q 사이의 거리는 ct_0보다 크다.

④ B의 관성계에서, A의 시간은 B의 시간보다 빠르게 간다.

⑤ B의 관성계에서, 빛이 r에서 s까지 진행하는 데 걸린 시간은 t_0보다 크다.

08

2023학년도 7월 학평 물I 13번

그림은 관측자 P에 대해 관측자 Q가 탄 우주선이 $0.8c$의 속력으로 등속도 운동하는 것을 나타낸 것이다. 검출기 O와 광원 A를 잇는 직선은 우주선의 진행 방향과 수직이고, O와 광원 B를 잇는 직선은 우주선의 진행 방향과 나란하다. Q의 관성계에서 A, B에서 동시에 발생한 빛은 O에 동시에 도달한다.

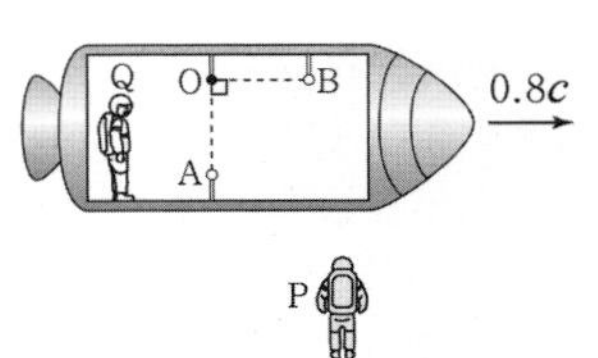

P의 관성계에서 측정할 때, 이에 대한 설명으로 옳은 것만을 <보기>에서 있는 대로 고른 것은? (단, c는 빛의 속력이다.)

<보기>

ㄱ. O에서 A까지의 거리와 O에서 B까지의 거리는 같다.

ㄴ. A와 B에서 발생한 빛은 O에 동시에 도달한다.

ㄷ. 빛은 B에서가 A에서보다 먼저 발생하였다.

① ㄱ ② ㄴ ③ ㄱ, ㄷ ④ ㄴ, ㄷ ⑤ ㄱ, ㄴ, ㄷ

09

2021학년도 7월 학평 물I 10번

그림은 관찰자 A가 탄 우주선이 관찰자 B에 대해 광원 Y와 검출기 R를 잇는 직선과 나란하게 $0.8c$로 등속도 운동하는 모습을 나타낸 것이다. A가 측정할 때 광원 X에서 발생한 빛이 검출기 P와 Q에 각각 도달하는 데 걸린 시간은 같다. B가 측정할 때 광원 Y에서 발생한 빛이 R에 도달하는 데 걸린 시간은 t_0이다. Y와 R는 B에 대해 정지해 있다.

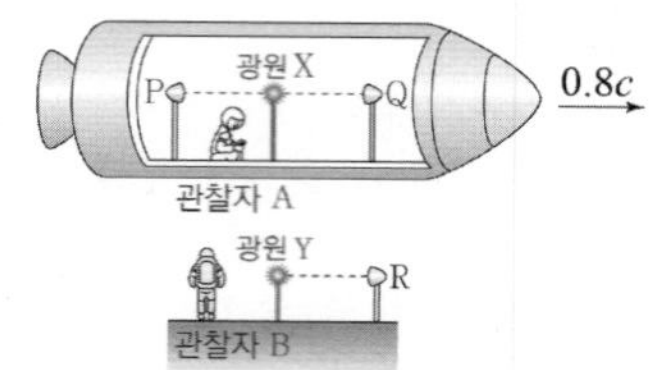

이에 대한 설명으로 옳은 것만을 <보기>에서 있는 대로 고른 것은? (단, c는 빛의 속력이다.) [3점]

〈 보기 〉

ㄱ. X에서 발생하여 P에 도달하는 빛의 속력은 B가 측정할 때가 A가 측정할 때보다 크다.

ㄴ. B가 측정할 때, X에서 발생한 빛은 Q보다 P에 먼저 도달한다.

ㄷ. A가 측정할 때, Y와 R 사이의 거리는 ct_0보다 크다.

① ㄱ ② ㄴ ③ ㄷ ④ ㄴ, ㄷ ⑤ ㄱ, ㄴ, ㄷ

10

2021학년도 수능 물I 17번

그림과 같이 관찰자 P에 대해 관찰자 Q가 탄 우주선이 $0.5c$의 속력으로 직선 운동하고 있다. P의 관성계에서, Q가 P를 스쳐 지나는 순간 Q로부터 같은 거리만큼 떨어져 있는 광원 A, B에서 빛이 동시에 발생한다.

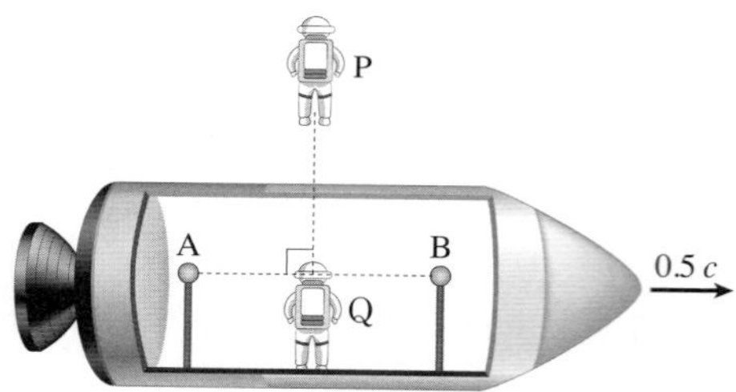

이에 대한 설명으로 옳은 것만을 <보기>에서 있는 대로 고른 것은? (단, c는 빛의 속력이다.) [3점]

〈 보기 〉

ㄱ. P의 관성계에서, A와 B에서 발생한 빛은 동시에 P에 도달한다.

ㄴ. P의 관성계에서, A와 B에서 발생한 빛은 동시에 Q에 도달한다.

ㄷ. B에서 발생한 빛이 Q에 도달할 때까지 걸리는 시간은 Q의 관성계에서가 P의 관성계에서보다 크다.

① ㄴ ② ㄷ ③ ㄱ, ㄴ ④ ㄱ, ㄷ ⑤ ㄱ, ㄴ, ㄷ

11

2025학년도 9월 모평 물I 11번

그림과 같이 관찰자 A에 대해, 검출기 P와 점 Q가 정지해 있고 관찰자 B가 탄 우주선이 A, P, Q를 잇는 직선과 나란하게 $0.6c$의 속력으로 등속도 운동을 한다. A의 관성계에서 B가 Q를 지나는 순간, A와 B는 동시에 P를 향해 빛을 방출한다. A의 관성계에서, A에서 P까지의 거리와 P에서 Q까지의 거리는 L로 같다.

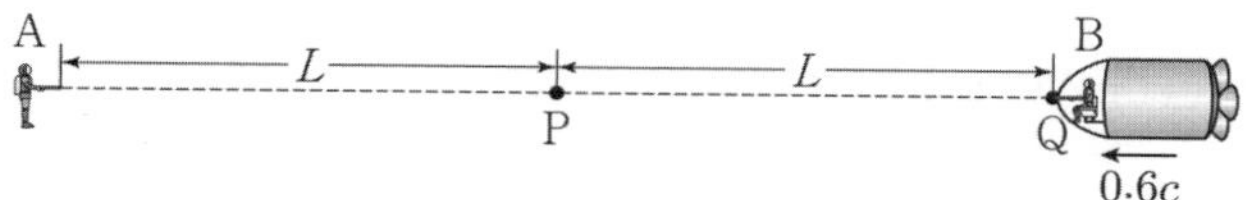

이에 대한 설명으로 옳은 것만을 <보기>에서 있는 대로 고른 것은? (단, c는 빛의 속력이고, 우주선과 관찰자의 크기는 무시한다.)

〈 보기 〉

ㄱ. A의 관성계에서, A가 방출한 빛의 속력과 B가 방출한 빛의 속력은 같다.

ㄴ. A의 관성계에서, B가 방출한 빛이 P에 도달하는 데 걸리는 시간은 $\frac{L}{c}$이다.

ㄷ. B의 관성계에서, A가 방출한 빛이 P에 도달하는 데 걸리는 시간은 B가 방출한 빛이 P에 도달하는 데 걸리는 시간보다 크다.

① ㄱ ② ㄷ ③ ㄱ, ㄴ ④ ㄴ, ㄷ ⑤ ㄱ, ㄴ, ㄷ

12

2021학년도 4월 학평 물I 8번

그림과 같이 관찰자 A에 대해 광원 P와 Q, 검출기가 정지해 있고, 관찰자 B가 탄 우주선이 P와 검출기를 잇는 직선과 나란하게 $0.8c$의 속력으로 운동한다. A의 관성계에서는 P, Q에서 동시에 발생한 빛이 검출기에 동시에 도달한다.

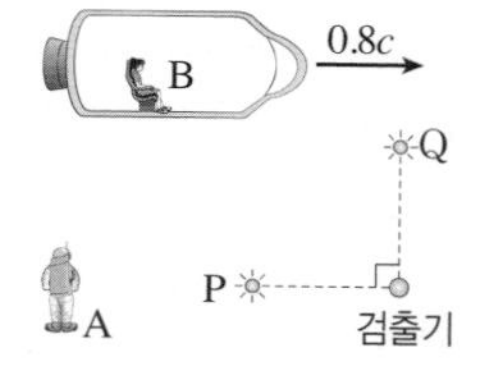

이에 대한 설명으로 옳은 것만을 <보기>에서 있는 대로 고른 것은? (단, c는 빛의 속력이다.) [3점]

〈 보기 〉

ㄱ. B의 관성계에서는 P에서 발생한 빛의 속력이 c보다 작다.

ㄴ. Q와 검출기 사이의 거리는 A의 관성계에서와 B의 관성계에서가 같다.

ㄷ. B의 관성계에서는 P, Q에서 빛이 동시에 발생한다.

① ㄱ ② ㄴ ③ ㄷ ④ ㄱ, ㄴ ⑤ ㄴ, ㄷ

13

2021학년도 6월 모평 물I 17번

그림과 같이 관찰자 P에 대해 별 A, B가 같은 거리만큼 떨어져 정지해 있고, 관찰자 Q가 탄 우주선이 $0.9c$의 속력으로 A에서 B를 향해 등속도 운동하고 있다. P의 관성계에서 Q가 P를 스쳐 지나는 순간 A, B가 동시에 빛을 내며 폭발한다.

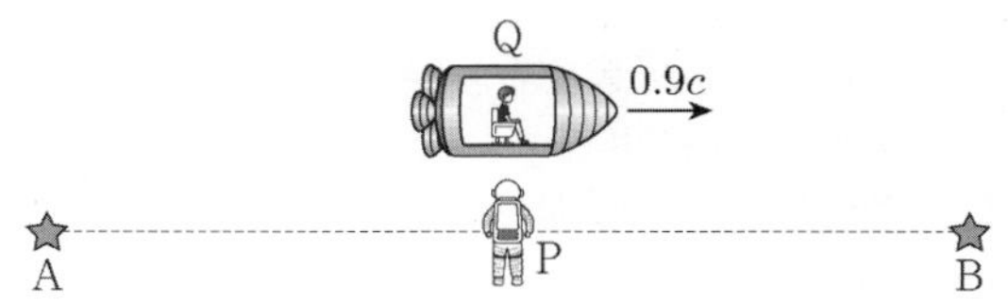

이에 대한 설명으로 옳은 것만을 〈보기〉에서 있는 대로 고른 것은? (단, c는 빛의 속력이다.)

〈 보기 〉

ㄱ. P의 관성계에서, A와 B가 폭발할 때 발생한 빛이 동시에 P에 도달한다.
ㄴ. Q의 관성계에서, B가 A보다 먼저 폭발한다.
ㄷ. Q의 관성계에서, A와 P 사이의 거리는 B와 P 사이의 거리보다 크다.

① ㄱ ② ㄷ ③ ㄱ, ㄴ ④ ㄴ, ㄷ ⑤ ㄱ, ㄴ, ㄷ

14 대표 문제

2024학년도 6월 모평 물I 9번

그림과 같이 관찰자 A에 대해 광원 P, Q가 정지해 있고, 관찰자 B가 탄 우주선이 P, A, Q를 잇는 직선과 나란하게 $0.9c$의 속력으로 등속도 운동을 하고 있다. A의 관성계에서, A에서 P, Q까지의 거리는 각각 L로 같고, P, Q에서 빛이 A를 향해 동시에 방출된다.

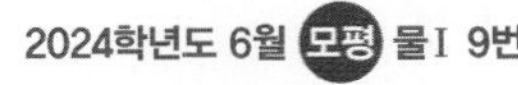

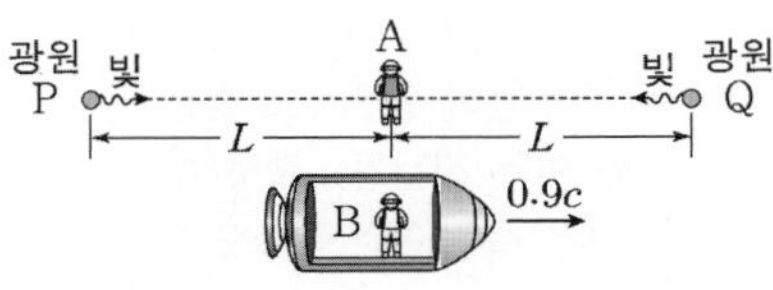

이에 대한 설명으로 옳은 것만을 〈보기〉에서 있는 대로 고른 것은? (단, c는 빛의 속력이다.)

〈 보기 〉

ㄱ. A의 관성계에서, B의 시간은 A의 시간보다 느리게 간다.
ㄴ. B의 관성계에서, 빛이 P에서 A까지 도달하는 데 걸린 시간은 $\frac{L}{c}$이다.
ㄷ. B의 관성계에서, 빛은 Q에서가 P에서보다 먼저 방출된다.

① ㄱ ② ㄴ ③ ㄱ, ㄷ ④ ㄴ, ㄷ ⑤ ㄱ, ㄴ, ㄷ

15

2022학년도 9월 모평 물I 10번

다음은 특수 상대성 이론에 대한 사고 실험의 일부이다.

가설Ⅰ: 모든 관성계에서 물리 법칙은 동일하다.
가설Ⅱ: 모든 관성계에서 빛의 속력은 c로 일정하다.

관찰자 A에 대해 정지해 있는 두 천체 P, Q 사이를 관찰자 B가 탄 우주선이 광속에 가까운 속력 v로 등속도 운동을 하고 있다. B의 관성계에서 광원으로부터 우주선의 운동 방향에 수직으로 방출된 빛은 거울에서 반사되어 되돌아온다.

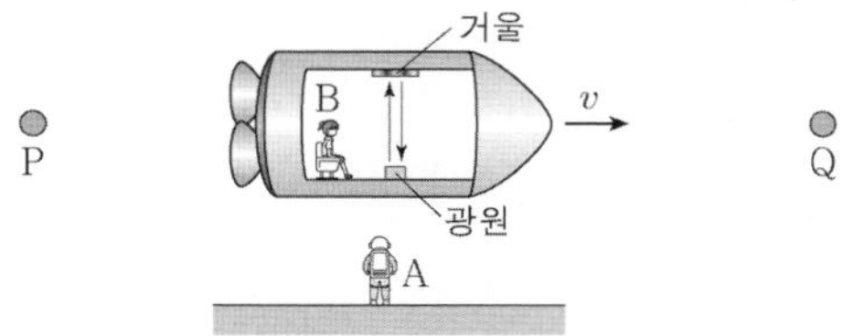

(가) 빛이 1회 왕복한 시간은 A의 관성계에서 t_A이고, B의 관성계에서 t_B이다.
(나) A의 관성계에서 t_A 동안 빛의 경로 길이는 L_A이고, B의 관성계에서 t_B 동안 빛의 경로 길이는 L_B이다.
(다) A의 관성계에서 P와 Q 사이의 거리 D_A는 P에서 Q까지 우주선의 이동 시간과 v를 곱한 값이다.
(라) B의 관성계에서 P와 Q 사이의 거리 D_B는 P가 B를 지날 때부터 Q가 B를 지날 때까지 걸린 시간과 v를 곱한 값이다.

이에 대한 설명으로 옳은 것만을 〈보기〉에서 있는 대로 고른 것은? [3점]

〈 보기 〉

ㄱ. $t_A > t_B$이다.
ㄴ. $L_A > L_B$이다.
ㄷ. $\frac{D_A}{D_B} = \frac{L_A}{L_B}$이다.

① ㄱ ② ㄷ ③ ㄱ, ㄴ ④ ㄴ, ㄷ ⑤ ㄱ, ㄴ, ㄷ

16

2020학년도 10월 학평 물Ⅰ 7번

그림과 같이 우주 정거장에 대해 정지한 두 점 P에서 Q까지 우주선이 일정한 속도로 운동한다. 우주 정거장의 관성계에서 관측할 때 P와 Q 사이의 거리는 3광년이고, 우주선이 P에서 방출한 빛은 우주선보다 2년 먼저 Q에 도달한다.

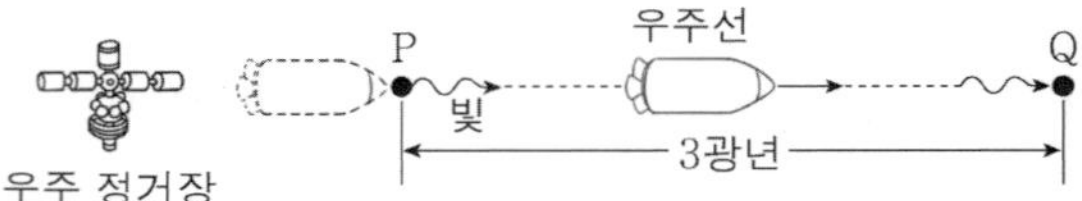

우주선의 관성계에서 관측할 때에 대한 옳은 설명만을 〈보기〉에서 있는 대로 고른 것은? (단, 빛의 속력은 c이고, 1광년은 빛이 1년 동안 진행하는 거리이다.) [3점]

〈 보기 〉

ㄱ. Q의 속력은 $0.6c$이다.

ㄴ. P와 Q 사이의 거리는 3광년이다.

ㄷ. 우주선의 시간은 우주 정거장의 시간보다 빠르게 간다.

① ㄱ ② ㄴ ③ ㄱ, ㄷ ④ ㄴ, ㄷ ⑤ ㄱ, ㄴ, ㄷ

17

2022학년도 7월 학평 물Ⅰ 11번

그림은 관찰자 B에 대해 관찰자 A가 탄 우주선이 x축과 나란하게 광속에 가까운 속력으로 등속도 운동하는 모습을 나타낸 것이다. 광원, 검출기 P, Q를 잇는 직선은 x축과 나란하다. 광원에서 발생한 빛은 A의 관성계에서는 P보다 Q에 먼저 도달하고 B의 관성계에서는 Q보다 P에 먼저 도달한다. A의 관성계에서 광원에서 발생한 빛이 R까지 진행하는 데 걸린 시간은 t_0이다.

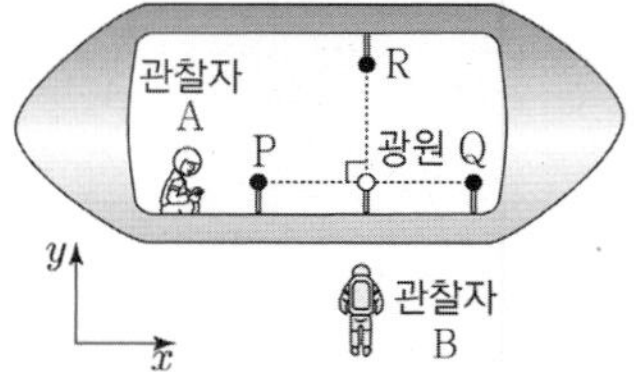

이에 대한 설명으로 옳은 것만을 〈보기〉에서 있는 대로 고른 것은? [3점]

〈 보기 〉

ㄱ. B의 관성계에서 우주선의 운동 방향은 $+x$ 방향이다.

ㄴ. B의 관성계에서 광원과 P 사이의 거리는 광원과 P 사이의 고유 길이보다 작다.

ㄷ. B의 관성계에서 빛이 광원에서 R까지 가는 데 걸린 시간은 t_0보다 크다.

① ㄱ ② ㄴ ③ ㄱ, ㄷ ④ ㄴ, ㄷ ⑤ ㄱ, ㄴ, ㄷ

18

2022학년도 4월 학평 물Ⅰ 9번

그림과 같이 관찰자 A에 대해 관찰자 B가 탄 우주선이 광속에 가까운 속력 v로 등속도 운동한다. A의 관성계에서, 광원 p, q와 검출기는 정지해 있고, p와 검출기를 잇는 직선은 우주선의 운동 방향과 나란하다. B의 관성계에서, p와 q에서 동시에 방출된 빛은 검출기에 동시에 도달한다.

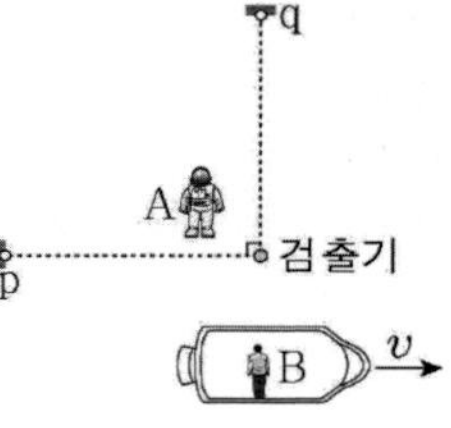

이에 대한 설명으로 옳은 것만을 〈보기〉에서 있는 대로 고른 것은? [3점]

〈 보기 〉

ㄱ. p와 검출기 사이의 거리는 A의 관성계에서가 B의 관성계에서보다 크다.

ㄴ. q에서 방출된 빛이 검출기에 도달할 때까지 걸린 시간은 A의 관성계에서가 B의 관성계에서보다 크다.

ㄷ. A의 관성계에서, 빛은 p에서가 q에서보다 먼저 방출된다.

① ㄱ ② ㄴ ③ ㄱ, ㄷ ④ ㄴ, ㄷ ⑤ ㄱ, ㄴ, ㄷ

19

2023학년도 4월 학평 물Ⅰ 9번

그림과 같이 관찰자 P에 대해 관찰자 Q가 탄 우주선이 광원 A, 검출기, 광원 B를 잇는 직선과 나란하게 광속에 가까운 속력으로 등속도 운동한다. P의 관성계에서, 광원 A, B, C에서 동시에 방출된 빛은 검출기에 동시에 도달한다.

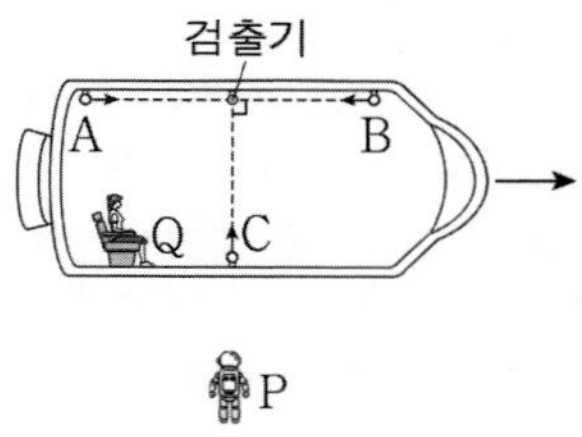

이에 대한 설명으로 옳은 것만을 〈보기〉에서 있는 대로 고른 것은? [3점]

〈 보기 〉

ㄱ. A와 B 사이의 거리는 P의 관성계에서가 Q의 관성계에서보다 크다.

ㄴ. C에서 방출된 빛이 검출기에 도달하는 데 걸리는 시간은 Q의 관성계에서가 P의 관성계에서보다 작다.

ㄷ. Q의 관성계에서, 빛은 A에서가 B에서보다 먼저 방출된다.

① ㄱ ② ㄴ ③ ㄱ, ㄷ ④ ㄴ, ㄷ ⑤ ㄱ, ㄴ, ㄷ

20

2023학년도 6월 모평 물Ⅰ 17번

그림과 같이 관찰자 A의 관성계에서 광원 X, Y와 검출기 P, Q가 점 O로부터 각각 같은 거리 L만큼 떨어져 정지해 있고 X, Y로부터 각각 P, Q를 향해 방출된 빛은 O를 동시에 지난다. 관찰자 B가 탄 우주선은 A에 대해 광속에 가까운 속력 v로 X와 P를 잇는 직선과 나란하게 운동한다.

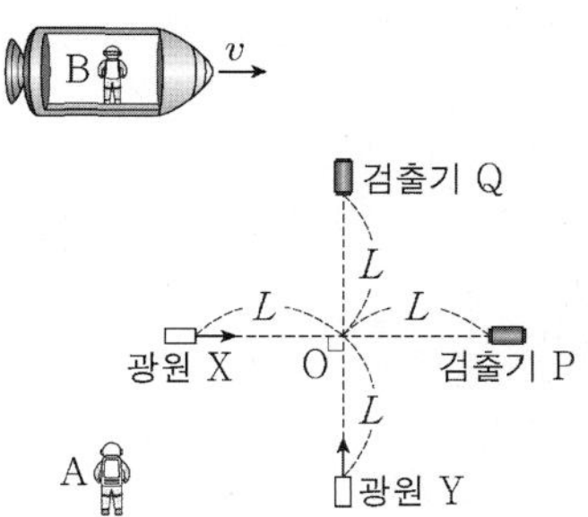

이에 대한 설명으로 옳은 것만을 〈보기〉에서 있는 대로 고른 것은? [3점]

〈보기〉
ㄱ. B의 관성계에서, 빛은 Y에서가 X에서보다 먼저 방출된다.
ㄴ. B의 관성계에서, 빛은 P와 Q에 동시에 도달한다.
ㄷ. Y에서 방출된 빛이 Q에 도달하는 데 걸리는 시간은 B의 관성계에서가 A의 관성계에서보다 크다.

① ㄱ ② ㄴ ③ ㄱ, ㄷ ④ ㄴ, ㄷ ⑤ ㄱ, ㄴ, ㄷ

21

2020학년도 6월  물Ⅰ 12번

그림과 같이 관찰자 A가 탄 우주선이 행성을 향해 가고 있다. 관찰자 B가 측정할 때, 행성까지의 거리는 7광년이고 우주선은 $0.7c$의 속력으로 등속도 운동한다. B는 멀어지고 있는 A를 향해 자신이 측정하는 시간을 기준으로 1년마다 빛 신호를 보낸다.

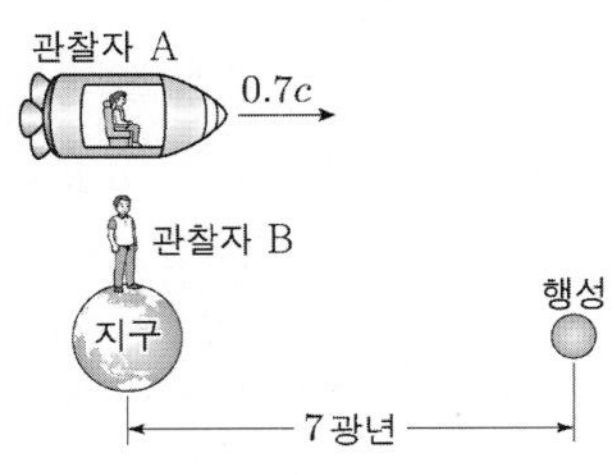

이에 대한 설명으로 옳은 것만을 〈보기〉에서 있는 대로 고른 것은? (단, c는 빛의 속력이다.) [3점]

〈보기〉
ㄱ. A가 B의 신호를 수신하는 시간 간격은 1년보다 짧다.
ㄴ. A가 측정할 때, 지구에서 행성까지의 거리는 7광년보다 작다.
ㄷ. B가 측정할 때, A의 시간은 B의 시간보다 느리게 간다.

① ㄱ ② ㄴ ③ ㄱ, ㄷ ④ ㄴ, ㄷ ⑤ ㄱ, ㄴ, ㄷ

22

2024학년도 3월 학평 물Ⅰ 10번

그림과 같이 관찰자의 관성계에 대해 동일 직선 위에 있는 점 P, Q, R은 정지해 있으며, 점광원 X가 있는 우주선이 $0.5c$로 등속도 운동하고 있다. 표는 사건 Ⅰ～Ⅳ를 나타낸 것으로, 관찰자의 관성계에서 Ⅰ과 Ⅱ가 동시에, Ⅲ과 Ⅳ가 동시에 발생한다.

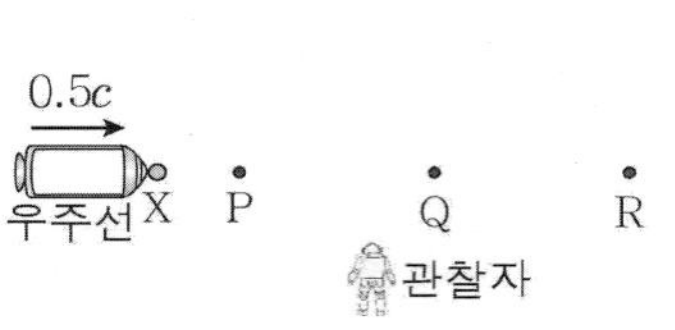

사건	내용
Ⅰ	X와 P의 위치가 일치
Ⅱ	빛이 X에서 방출
Ⅲ	X와 Q의 위치가 일치
Ⅳ	Ⅱ의 빛이 R에 도달

우주선의 관성계에서, Ⅰ과 Ⅱ의 발생 순서와 Ⅲ과 Ⅳ의 발생 순서로 옳은 것은? (단, c는 빛의 속력이다.) [3점]

	Ⅰ과 Ⅱ의 발생 순서	Ⅲ과 Ⅳ의 발생 순서
①	Ⅰ과 Ⅱ가 동시에 발생	Ⅲ이 Ⅳ보다 먼저 발생
②	Ⅰ과 Ⅱ가 동시에 발생	Ⅳ가 Ⅲ보다 먼저 발생
③	Ⅰ이 Ⅱ보다 먼저 발생	Ⅲ과 Ⅳ가 동시에 발생
④	Ⅰ이 Ⅱ보다 먼저 발생	Ⅲ이 Ⅳ보다 먼저 발생
⑤	Ⅱ가 Ⅰ보다 먼저 발생	Ⅳ가 Ⅲ보다 먼저 발생

23

2024학년도 5월 학평 물Ⅰ 8번

그림은 관찰자 A에 대해 관찰자 B가 탄 우주선이 $+x$방향으로 광속에 가까운 속력으로 등속도 운동하는 것을 나타낸 것이다. B의 관성계에서, 광원 P, Q에서 각각 $+y$방향, $-x$방향으로 동시에 방출된 빛은 검출기에 동시에 도달한다. 표는 A의 관성계에서, 빛의 경로에 따라 빛이 진행하는 데 걸린 시간과 빛이 진행한 거리를 나타낸 것이다.

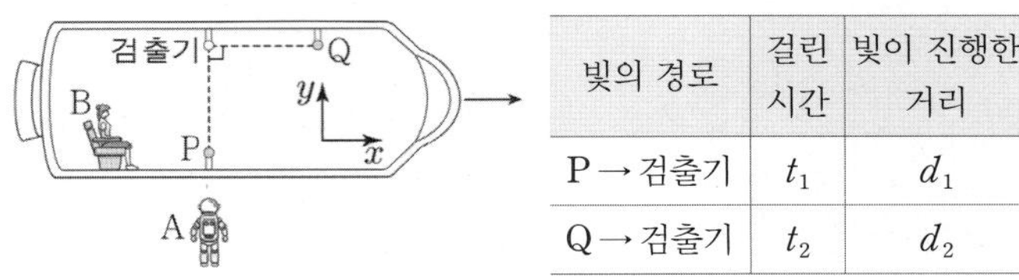

빛의 경로	걸린 시간	빛이 진행한 거리
P → 검출기	t_1	d_1
Q → 검출기	t_2	d_2

이에 대한 설명으로 옳은 것은?

① $d_1 < d_2$이다.
② A의 관성계에서, A의 시간은 B의 시간보다 느리게 간다.
③ A의 관성계에서, 빛은 P에서가 Q에서보다 먼저 방출된다.
④ B의 관성계에서, 빛의 속력은 $\frac{d_2}{t_2}$보다 크다.
⑤ B의 관성계에서, Q에서 방출된 빛이 검출기에 도달하는 데 걸리는 시간은 t_1보다 크다.

24

그림과 같이 우주선이 우주 정거장에 대해 $0.6c$의 속력으로 직선 운동하고 있다. 광원에서 우주선의 운동 방향과 나란하게 발생시킨 빛 신호는 거울에 반사되어 광원으로 되돌아온다. 표는 우주선과 우주 정거장에서 각각 측정한 물리량을 나타낸 것이다.

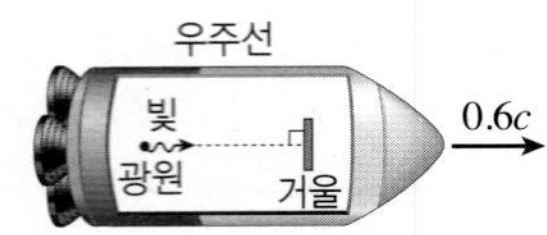

측정한 물리량	우주선	우주 정거장
광원과 거울 사이의 거리	L_0	L_1
빛 신호가 광원에서 거울까지 가는 데 걸린 시간	t_0	t_1
빛 신호가 거울에서 광원까지 가는 데 걸린 시간	t_0	t_2

이에 대한 설명으로 옳은 것만을 <보기>에서 있는 대로 고른 것은? (단, c는 빛의 속력이다.) [3점]

〈 보기 〉

ㄱ. $L_0 > L_1$이다. ㄴ. $t_0 = \frac{L_0}{c}$이다. ㄷ. $t_1 > t_2$이다.

① ㄱ ② ㄷ ③ ㄱ, ㄴ ④ ㄴ, ㄷ ⑤ ㄱ, ㄴ, ㄷ

25 대표 문제

그림과 같이 관찰자 A에 대해 관찰자 B가 탄 우주선이 $+x$ 방향으로 광속에 가까운 속력 v로 등속도 운동한다. B의 관성계에서 빛은 광원으로부터 각각 점 p, q, r를 향해 $-x$, $+x$, $+y$ 방향으로 동시에 방출된다. 표는 A, B의 관성계에서 각각의 경로에 따라 빛이 진행하는 데 걸린 시간을 나타낸 것이다.

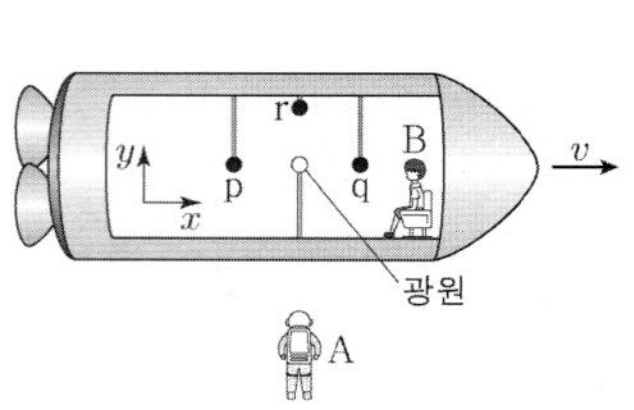

빛의 경로	걸린 시간	
	A의 관성계	B의 관성계
광원 → p	t_1	㉠
광원 → q	t_1	t_2
광원 → r	㉡	t_2

이에 대한 설명으로 옳은 것만을 <보기>에서 있는 대로 고른 것은? (단, 빛의 속력은 c이다.)

〈 보기 〉

ㄱ. ㉠은 t_1보다 작다.

ㄴ. ㉡은 t_2보다 크다.

ㄷ. B의 관성계에서 p에서 q까지의 거리는 $2ct_2$보다 크다.

① ㄱ ② ㄴ ③ ㄱ, ㄷ ④ ㄴ, ㄷ ⑤ ㄱ, ㄴ, ㄷ

26

2022학년도 6월 모평 물Ⅰ 14번

그림은 관찰자 A에 대해 관찰자 B가 탄 우주선이 x축과 나란하게 광속에 가까운 속력으로 등속도 운동을 하고 있는 모습을 나타낸 것이다. B의 관성계에서 빛은 광원으로부터 각각 $+x$ 방향, $-y$ 방향으로 동시에 방출된 후 거울 p, q에서 반사하여 광원에 동시에 도달하며 광원과 q 사이의 거리는 L이다. 표는 A의 관성계에서 빛이 광원에서 p까지, p에서 광원까지 가는 데 걸린 시간을 나타낸 것이다.

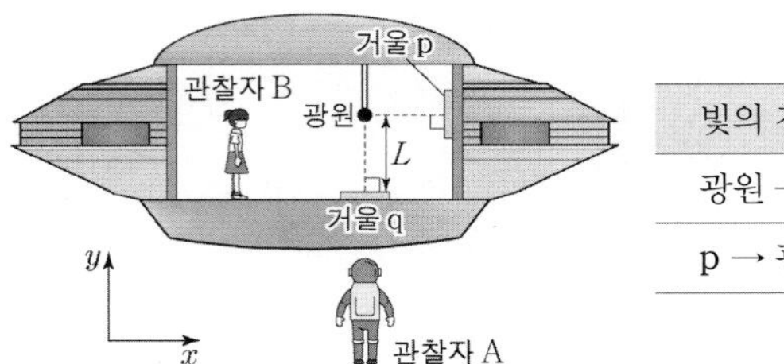

빛의 경로	시간
광원 → p	$0.4t_0$
p → 광원	$0.6t_0$

이에 대한 설명으로 옳은 것만을 <보기>에서 있는 대로 고른 것은? (단, 빛의 속력은 c이다.)

〈 보기 〉

ㄱ. 우주선의 운동 방향은 $-x$ 방향이다.

ㄴ. $t_0 > \frac{2L}{c}$이다.

ㄷ. A의 관성계에서 광원과 p 사이의 거리는 L보다 작다.

① ㄱ ② ㄴ ③ ㄱ, ㄷ ④ ㄴ, ㄷ ⑤ ㄱ, ㄴ, ㄷ

27

2021학년도 3월 학평 물Ⅰ 17번

그림과 같이 관찰자 A가 관측했을 때, 정지한 광원에서 빛 p, q가 각각 $+x$ 방향과 $+y$ 방향으로 동시에 방출된 후 정지한 각 거울에서 반사하여 광원으로 동시에 되돌아온다. 관찰자 B는 A에 대해 $0.6c$의 속력으로 $+x$ 방향으로 이동하고 있다. 표는 B가 측정했을 때, p와 q가 각각 광원에서 거울까지, 거울에서 광원까지 가는 데 걸린 시간을 나타낸 것이다.

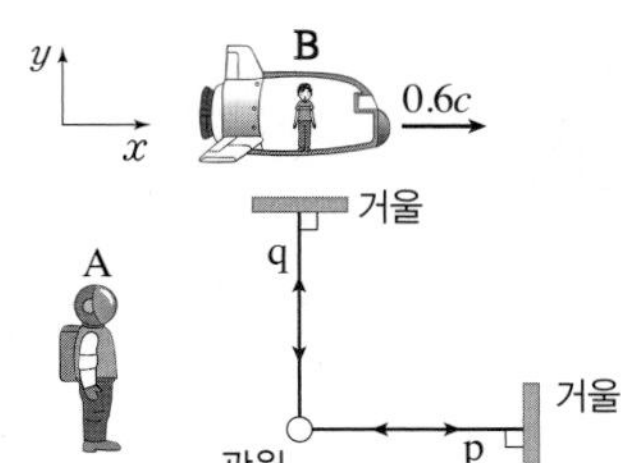

<B가 측정한 시간>

빛	광원에서 거울까지	거울에서 광원까지
p	t_1	t_2
q	t_3	t_3

B의 관성계에서 관측했을 때에 대한 옳은 설명만을 〈보기〉에서 있는 대로 고른 것은? (단, c는 빛의 속력이고, 광원의 크기는 무시한다.) [3점]

〈 보기 〉

ㄱ. p의 속력은 거울에서 반사하기 전과 후가 서로 다르다.

ㄴ. p가 q보다 먼저 거울에서 반사한다.

ㄷ. $2t_3=t_1+t_2$이다.

① ㄴ　② ㄷ　③ ㄱ, ㄴ　④ ㄱ, ㄷ　⑤ ㄴ, ㄷ

28

2022학년도 3월 학평 물Ⅰ 18번

그림과 같이 관찰자 A가 탄 우주선이 관찰자 B에 대해 광속에 가까운 일정한 속력으로 $+x$ 방향으로 운동한다. A의 관성계에서 빛은 광원으로부터 각각 $-x$ 방향, $+y$ 방향으로 방출된다. 표는 A와 B가 각각 측정했을 때 빛이 광원에서 점 p, q까지 가는 데 걸린 시간을 나타낸 것이다.

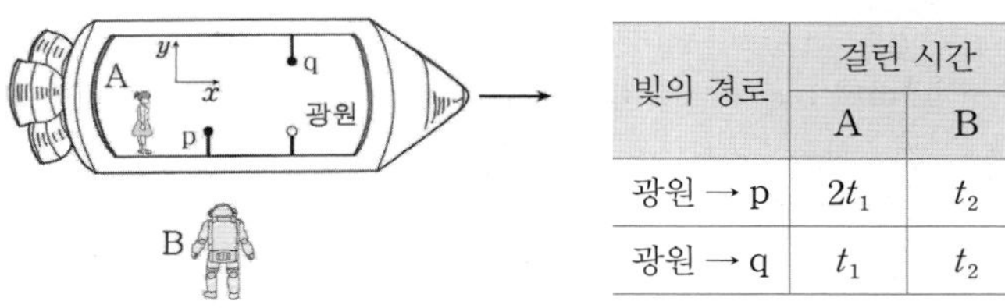

빛의 경로	걸린 시간	
	A	B
광원 → p	$2t_1$	t_2
광원 → q	t_1	t_2

이에 대한 설명으로 옳은 것은? (단, 빛의 속력은 c이다.) [3점]

① $t_1>t_2$이다.

② A의 관성계에서 광원과 p 사이의 거리는 $2ct_1$보다 작다.

③ B의 관성계에서 광원과 p 사이의 거리는 ct_2이다.

④ B의 관성계에서 광원과 q 사이의 거리는 ct_2보다 작다.

⑤ B가 측정할 때, B의 시간은 A의 시간보다 느리게 간다.

29

2025학년도 수능 물Ⅰ 9번

그림과 같이 관찰자 A에 대해 관찰자 B가 탄 우주선이 $+x$방향으로 터널을 향해 $0.8c$의 속력으로 등속도 운동한다. A의 관성계에서, x축과 나란하게 정지해 있는 터널의 길이는 L이고, 우주선의 앞이 터널의 출구를 지나는 순간 우주선의 뒤가 터널의 입구를 지난다.

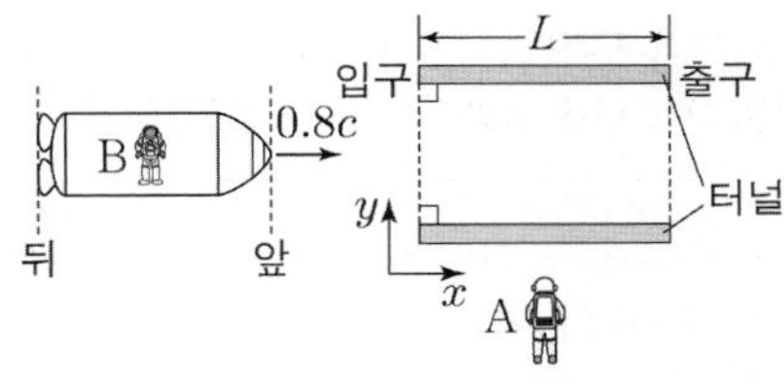

이에 대한 설명으로 옳은 것만을 〈보기〉에서 있는 대로 고른 것은? (단, c는 빛의 속력이다.) [3점]

〈 보기 〉

ㄱ. A의 관성계에서, 우주선의 앞이 터널의 입구를 지나는 순간부터 우주선의 뒤가 터널의 입구를 지나는 순간까지 걸린 시간은 $\frac{L}{0.8c}$보다 작다.

ㄴ. B의 관성계에서, 터널의 길이는 L보다 작다.

ㄷ. B의 관성계에서, 터널의 출구가 우주선의 앞을 지나고 난 후 터널의 입구가 우주선의 뒤를 지난다.

① ㄱ　② ㄴ　③ ㄱ, ㄷ　④ ㄴ, ㄷ　⑤ ㄱ, ㄴ, ㄷ

12 일차

한눈에 정리하는 평가원 기출 경향

주제 \ 학년도	2025	2024	2023
특수 상대성 이론 우주선 2대가 움직이는 경우		11번 (아래)	10번 (아래)
특수 상대성 이론 우주선과 입자가 움직이는 경우			

특수 상대성 이론 — 우주선 2대가 움직이는 경우

2024

11 대표 문제 — 2024학년도 수능 물I 12번

그림과 같이 관찰자 A에 대해 광원 P, 검출기, 광원 Q가 정지해 있고 관찰자 B, C가 탄 우주선이 각각 광속에 가까운 속력으로 P, 검출기, Q를 잇는 직선과 나란하게 서로 반대 방향으로 등속도 운동을 한다. A의 관성계에서, P, Q에서 검출기를 향해 동시에 방출된 빛은 검출기에 동시에 도달한다. P와 Q 사이의 거리는 B의 관성계에서가 C의 관성계에서보다 크다.

이에 대한 설명으로 옳은 것만을 〈보기〉에서 있는 대로 고른 것은?

〈보기〉

ㄱ. A의 관성계에서, B의 시간은 C의 시간보다 느리게 간다.

ㄴ. B의 관성계에서, 빛은 P에서가 Q에서보다 먼저 방출된다.

ㄷ. C의 관성계에서, 검출기에서 P까지의 거리는 검출기에서 Q까지의 거리보다 크다.

① ㄱ ② ㄴ ③ ㄱ, ㄷ ④ ㄴ, ㄷ ⑤ ㄱ, ㄴ, ㄷ

2023

10 — 2023학년도 9월 모평 물I 11번

다음은 특수 상대성 이론에 대한 사고 실험의 일부이다.

관찰자 C에 대해 관찰자 A, B가 타고 있는 우주선이 각각 광속에 가까운 서로 다른 속력으로 $+x$ 방향으로 등속도 운동하고 있다. A의 관성계에서, 광원에서 각각 $-x$, $+x$, $-y$ 방향으로 동시에 방출된 빛은 거울 p, q, r에서 반사되어 광원에 도달한다.

(가) A의 관성계에서, 광원에서 방출된 빛은 p, q, r에서 동시에 반사된다.

(나) B의 관성계에서, 광원에서 방출된 빛은 q보다 p에서 먼저 반사된다.

(다) C의 관성계에서, 광원에서 방출된 빛이 r에 도달할 때까지 걸린 시간은 t_0이다.

이에 대한 설명으로 옳은 것만을 〈보기〉에서 있는 대로 고른 것은?

〈보기〉

ㄱ. A의 관성계에서, B와 C의 운동 방향은 같다.

ㄴ. B의 관성계에서, 광원에서 방출된 빛은 p, q, r에서 반사되어 광원에 동시에 도달한다.

ㄷ. C의 관성계에서, 광원에서 방출된 빛이 q에 도달할 때까지 걸린 시간은 t_0보다 크다.

① ㄱ ② ㄷ ③ ㄱ, ㄴ ④ ㄴ, ㄷ ⑤ ㄱ, ㄴ, ㄷ

특수 상대성 이론 — 우주선과 입자가 움직이는 경우

2022~2019

02

2020학년도 9월 모평 물Ⅰ 7번

그림과 같이 관찰자에 대해 우주선 A, B가 각각 일정한 속도 $0.7c$, $0.9c$로 운동한다. A, B에서는 각각 광원에서 방출된 빛이 검출기에 도달하고, 광원과 검출기 사이의 고유 길이는 같다. 광원과 검출기는 운동 방향과 나란한 직선상에 있다.

관찰자가 측정할 때, 이에 대한 설명으로 옳은 것만을 〈보기〉에서 있는 대로 고른 것은? (단, 빛의 속력은 c이다.)

〈보기〉

ㄱ. A에서 방출된 빛의 속력은 c보다 작다.
ㄴ. 광원과 검출기 사이의 거리는 A에서가 B에서보다 크다.
ㄷ. 광원에서 방출된 빛이 검출기에 도달하는 데 걸린 시간은 A에서가 B에서보다 크다.

① ㄱ ② ㄴ ③ ㄱ, ㄷ ④ ㄴ, ㄷ ⑤ ㄱ, ㄴ, ㄷ

09 대표문제

2019학년도 9월 모평 물Ⅰ 6번

그림과 같이 검출기에 대해 정지한 좌표계에서 관측할 때, 광자 A와 입자 B가 검출기로부터 4광년 떨어진 점 p를 동시에 지나 A는 속력 c로, B는 속력 v로 검출기를 향해 각각 등속도 운동하며, A는 B보다 1년 먼저 검출기에 도달한다.

B와 같은 속도로 움직이는 좌표계에서 관측하는 물리량에 대한 설명으로 옳은 것만을 〈보기〉에서 있는 대로 고른 것은? (단, 1광년은 빛이 1년 동안 진행하는 거리이다.) [3점]

〈보기〉

ㄱ. p와 검출기 사이의 거리는 4광년이다.
ㄴ. p가 B를 지나는 순간부터 검출기가 B에 도달할 때까지 걸리는 시간은 5년이다.
ㄷ. 검출기의 속력은 $0.8c$이다.

① ㄱ ② ㄷ ③ ㄱ, ㄴ ④ ㄴ, ㄷ ⑤ ㄱ, ㄴ, ㄷ

01

2024학년도 10월 학평 물I 9번

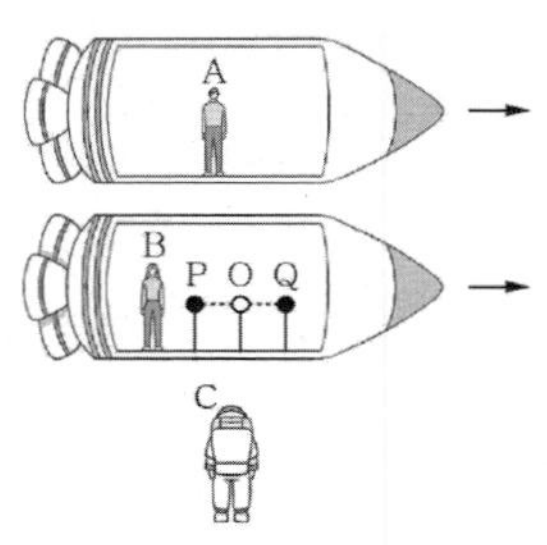

그림은 관찰자 C에 대해 관찰자 A, B가 탄 우주선이 각각 광속에 가까운 속도로 등속도 운동하는 것을 나타낸 것으로, B에 대해 광원 O, 검출기 P, Q가 정지해 있다. P, O, Q를 잇는 직선은 두 우주선의 운동 방향과 나란하다. A, B가 탄 우주선의 고유 길이는 서로 같으며, C의 관성계에서, A가 탄 우주선의 길이는 B가 탄 우주선의 길이보다 짧다. A의 관성계에서, O에서 동시에 방출된 빛은 P, Q에 동시에 도달한다.

이에 대한 옳은 설명만을 〈보기〉에서 있는 대로 고른 것은? [3점]

〈보기〉

ㄱ. C의 관성계에서, A가 탄 우주선의 속력은 B가 탄 우주선의 속력보다 크다.

ㄴ. B의 관성계에서, P와 O 사이의 거리는 O와 Q 사이의 거리와 같다.

ㄷ. C의 관성계에서, 빛은 Q보다 P에 먼저 도달한다.

① ㄱ ② ㄴ ③ ㄱ, ㄴ ④ ㄱ, ㄷ ⑤ ㄴ, ㄷ

02

2020학년도 9월 모평 물I 7번

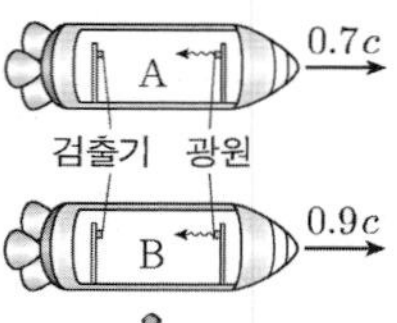

그림과 같이 관찰자에 대해 우주선 A, B가 각각 일정한 속도 $0.7c$, $0.9c$로 운동한다. A, B에서는 각각 광원에서 방출된 빛이 검출기에 도달하고, 광원과 검출기 사이의 고유 길이는 같다. 광원과 검출기는 운동 방향과 나란한 직선상에 있다.

관찰자가 측정할 때, 이에 대한 설명으로 옳은 것만을 〈보기〉에서 있는 대로 고른 것은? (단, 빛의 속력은 c이다.)

〈보기〉

ㄱ. A에서 방출된 빛의 속력은 c보다 작다.

ㄴ. 광원과 검출기 사이의 거리는 A에서가 B에서보다 크다.

ㄷ. 광원에서 방출된 빛이 검출기에 도달하는 데 걸린 시간은 A에서가 B에서보다 크다.

① ㄱ ② ㄴ ③ ㄱ, ㄷ ④ ㄴ, ㄷ ⑤ ㄱ, ㄴ, ㄷ

03

2020학년도 4월 학평 물I 7번

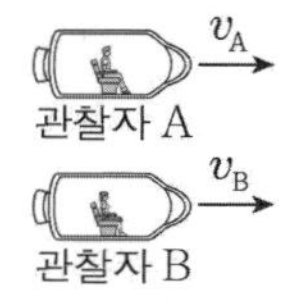

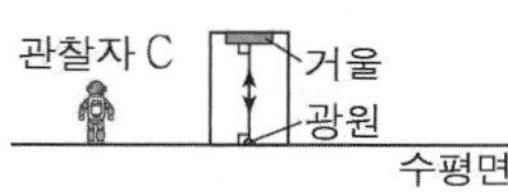

그림과 같이 관찰자 A, B가 탄 우주선이 수평면에 있는 관찰자 C에 대해 수평면과 나란한 방향으로 각각 일정한 속도 v_A, v_B로 운동한다. 광원에서 방출된 빛이 거울에 반사되어 되돌아오는 데 걸린 시간은 A가 측정할 때가 B가 측정할 때보다 작다. 광원, 거울은 C에 대해 정지해 있다.

이에 대한 설명으로 옳은 것만을 〈보기〉에서 있는 대로 고른 것은? [3점]

〈보기〉

ㄱ. 광원에서 방출된 빛의 속력은 B가 측정할 때가 C가 측정할 때보다 크다.

ㄴ. $v_A < v_B$이다.

ㄷ. C가 측정할 때, B의 시간은 A의 시간보다 느리게 간다.

① ㄱ ② ㄷ ③ ㄱ, ㄴ ④ ㄴ, ㄷ ⑤ ㄱ, ㄴ, ㄷ

04

2019학년도 7월 학평 물I 9번

그림과 같이 우주 정거장 A에서 볼 때 다가오는 우주선 B와 멀어지는 우주선 C가 각각 $0.5c$, $0.7c$의 속력으로 등속도 운동하며 A에 대해 정지해 있는 점 p, q를 지나고 있다. B, C가 각각 p, q를 지나는 순간 A의 광원에서 B와 C를 향해 빛신호를 보냈다. B에서 측정할 때 광원과 p 사이의 거리는 C에서 측정할 때 광원과 q 사이의 거리와 같고, A에서 측정할 때 광원과 p 사이의 거리는 1광년이다.

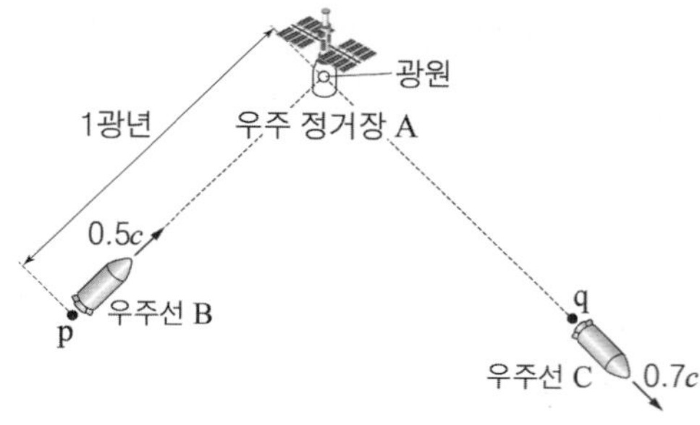

이에 대한 설명으로 옳은 것만을 〈보기〉에서 있는 대로 고른 것은? (단, c는 빛의 속력이고, 1광년은 빛이 1년 동안 진행하는 거리이다.) [3점]

〈보기〉

ㄱ. 빛의 속력은 B에서 측정할 때가 C에서 측정할 때보다 크다.

ㄴ. A에서 측정할 때 B가 p에서 광원까지 이동하는 데 걸리는 시간은 2년보다 크다.

ㄷ. A에서 측정할 때 광원과 q 사이의 거리는 1광년보다 크다.

① ㄴ ② ㄷ ③ ㄱ, ㄴ ④ ㄱ, ㄷ ⑤ ㄴ, ㄷ

05

2023학년도 10월 학평 물I 10번

그림과 같이 관찰자 X에 대해 우주선 A, B가 서로 반대 방향으로 속력 $0.6c$로 등속도 운동한다. 기준선 P, Q와 점 O는 X에 대해 정지해 있다. X의 관성계에서, A가 P에서 빛 a를 방출하는 순간 B는 Q에서 빛 b를 방출하고, a와 b는 O를 동시에 지난다.

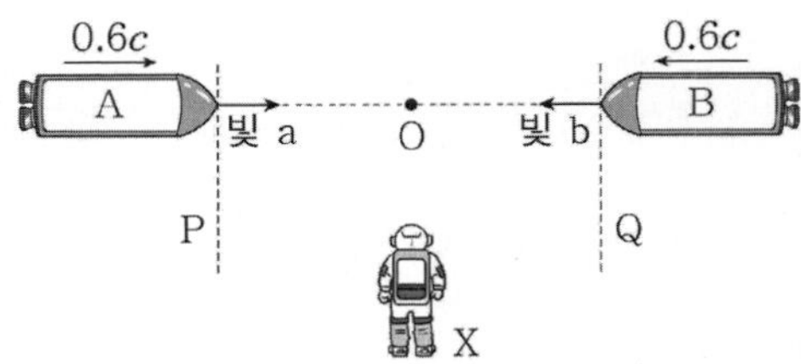

A의 관성계에서, 이에 대한 옳은 설명만을 〈보기〉에서 있는 대로 고른 것은? (단, c는 빛의 속력이다.) [3점]

〈 보기 〉

ㄱ. B의 길이는 X가 측정한 B의 길이보다 크다.
ㄴ. a와 b는 O에 동시에 도달한다.
ㄷ. b가 방출된 후 a가 방출된다

① ㄱ ② ㄴ ③ ㄱ, ㄷ ④ ㄴ, ㄷ ⑤ ㄱ, ㄴ, ㄷ

06

2021학년도 10월 학평 물I 16번

그림과 같이 관찰자 P가 관측할 때 우주선 A, B는 길이가 같고, 같은 방향으로 속력 v_A, v_B로 직선 운동한다. B의 관성계에서 A의 길이는 B의 길이보다 크다. A, B의 고유 길이는 각각 L_A, L_B이다.

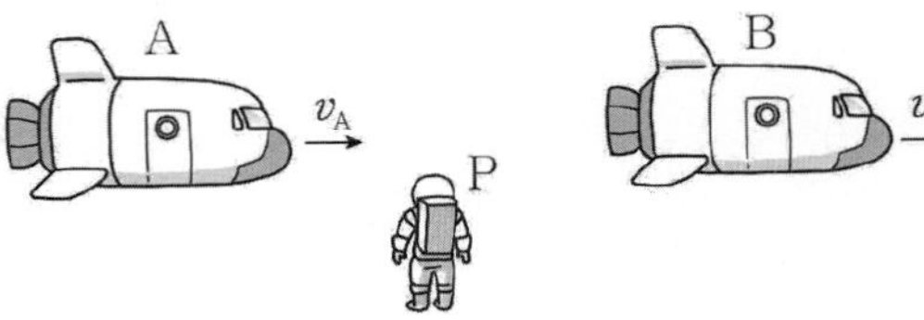

이에 대한 옳은 설명만을 〈보기〉에서 있는 대로 고른 것은?

〈 보기 〉

ㄱ. $L_A < L_B$이다.
ㄴ. $v_A > v_B$이다.
ㄷ. A의 관성계에서, A와 B의 길이 차는 $|L_A - L_B|$보다 크다.

① ㄱ ② ㄴ ③ ㄱ, ㄷ ④ ㄴ, ㄷ ⑤ ㄱ, ㄴ, ㄷ

07

2019학년도 4월 학평 물I 9번

그림은 관찰자 A에 대해 관찰자 B, C가 탄 우주선이 각각 $0.6c$, v의 속력으로 등속도 운동하는 모습을 나타낸 것이다. A가 측정할 때, B가 탄 우주선의 광원에서 발생한 빛은 검출기 P, Q에 동시에 도달하고 B가 탄 우주선의 길이 L_B는 C가 탄 우주선의 길이 L_C보다 크다. B와 C가 탄 우주선의 고유 길이는 같다. P, 광원, Q는 운동 방향과 나란한 동일 직선상에 있다.

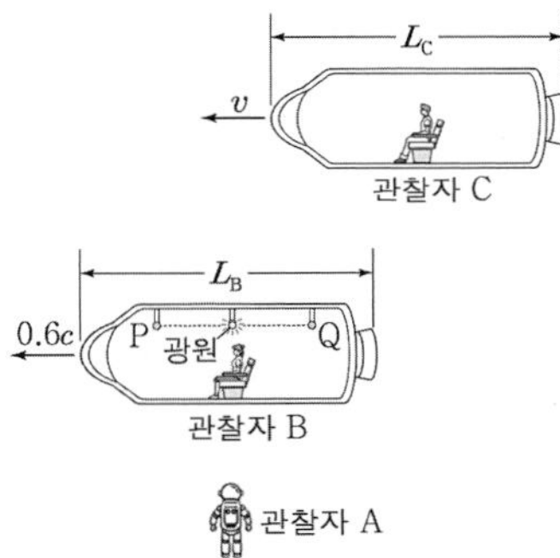

이에 대한 설명으로 옳은 것만을 〈보기〉에서 있는 대로 고른 것은? (단, c는 빛의 속력이다.) [3점]

〈 보기 〉

ㄱ. $v > 0.6c$이다.
ㄴ. A가 측정할 때, C의 시간이 B의 시간보다 느리게 간다.
ㄷ. B가 측정할 때, 광원에서 발생한 빛은 Q보다 P에 먼저 도달한다.

① ㄱ ② ㄷ ③ ㄱ, ㄴ ④ ㄴ, ㄷ ⑤ ㄱ, ㄴ, ㄷ

12 일차

08

2019학년도 10월 학평 물I 5번

그림은 기준선 P, O, Q에 대해 정지한 관찰자 C가 서로 반대 방향으로 각각 $0.9c$, v의 속력으로 등속도 운동을 하는 우주선 A, B를 관측한 모습을 나타낸 것이다. C가 관측할 때, A, B는 O를 동시에 지난 후, O에서 각각 $9L$, $8L$ 떨어진 Q와 P를 동시에 지난다.

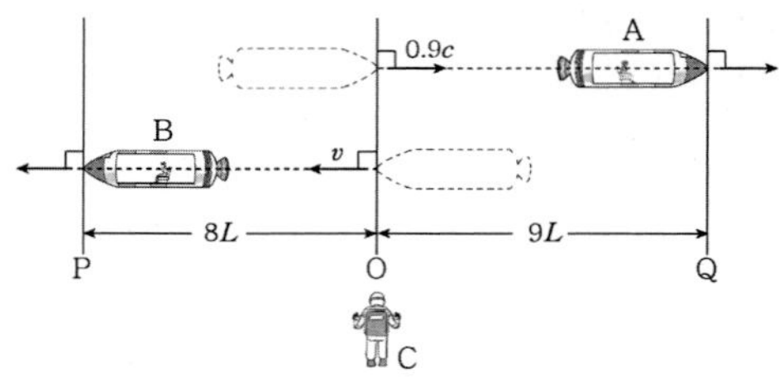

이에 대한 옳은 설명만을 〈보기〉에서 있는 대로 고른 것은? (단, c는 빛의 속력이다.) [3점]

〈보기〉

ㄱ. $v=0.8c$이다.

ㄴ. P와 Q 사이의 거리는 B에서 측정할 때가 A에서 측정할 때보다 짧다.

ㄷ. B에서 측정할 때, O가 B를 지나는 순간부터 P가 B를 지날 때까지 걸리는 시간은 $\frac{10L}{c}$이다.

① ㄱ ② ㄷ ③ ㄱ, ㄴ ④ ㄱ, ㄷ ⑤ ㄴ, ㄷ

09 대표 문제

2019학년도 9월 모평 물I 6번

그림과 같이 검출기에 대해 정지한 좌표계에서 관측할 때, 광자 A와 입자 B가 검출기로부터 4광년 떨어진 점 p를 동시에 지나 A는 속력 c로, B는 속력 v로 검출기를 향해 각각 등속도 운동하며, A는 B보다 1년 먼저 검출기에 도달한다.

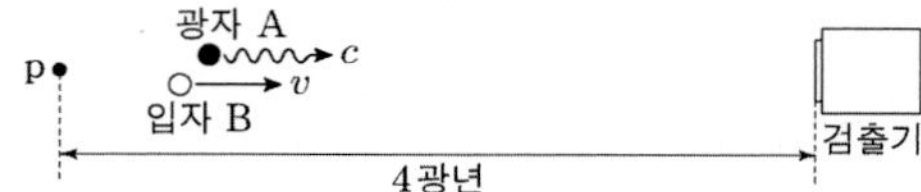

B와 같은 속도로 움직이는 좌표계에서 관측하는 물리량에 대한 설명으로 옳은 것만을 〈보기〉에서 있는 대로 고른 것은? (단, 1광년은 빛이 1년 동안 진행하는 거리이다.) [3점]

〈보기〉

ㄱ. p와 검출기 사이의 거리는 4광년이다.

ㄴ. p가 B를 지나는 순간부터 검출기가 B에 도달할 때까지 걸리는 시간은 5년이다.

ㄷ. 검출기의 속력은 $0.8c$이다.

① ㄱ ② ㄷ ③ ㄱ, ㄴ ④ ㄴ, ㄷ ⑤ ㄱ, ㄴ, ㄷ

10

2023학년도 9월 모평 물I 11번

다음은 특수 상대성 이론에 대한 사고 실험의 일부이다.

관찰자 C에 대해 관찰자 A, B가 타고 있는 우주선이 각각 광속에 가까운 서로 다른 속력으로 $+x$ 방향으로 등속도 운동하고 있다. A의 관성계에서, 광원에서 각각 $-x$, $+x$, $-y$ 방향으로 동시에 방출된 빛은 거울 p, q, r에서 반사되어 광원에 도달한다.

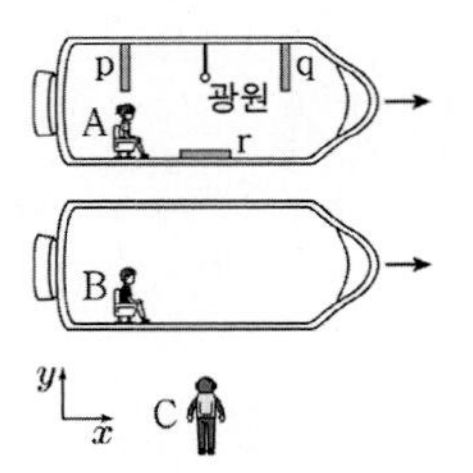

(가) A의 관성계에서, 광원에서 방출된 빛은 p, q, r에서 동시에 반사된다.

(나) B의 관성계에서, 광원에서 방출된 빛은 q보다 p에서 먼저 반사된다.

(다) C의 관성계에서, 광원에서 방출된 빛이 r에 도달할 때까지 걸린 시간은 t_0이다.

이에 대한 설명으로 옳은 것만을 〈보기〉에서 있는 대로 고른 것은?

〈 보기 〉

ㄱ. A의 관성계에서, B와 C의 운동 방향은 같다.

ㄴ. B의 관성계에서, 광원에서 방출된 빛은 p, q, r에서 반사되어 광원에 동시에 도달한다.

ㄷ. C의 관성계에서, 광원에서 방출된 빛이 q에 도달할 때까지 걸린 시간은 t_0보다 크다.

① ㄱ ② ㄷ ③ ㄱ, ㄴ ④ ㄴ, ㄷ ⑤ ㄱ, ㄴ, ㄷ

11 대표 문제

2024학년도 수능 물I 12번

그림과 같이 관찰자 A에 대해 광원 P, 검출기, 광원 Q가 정지해 있고 관찰자 B, C가 탄 우주선이 각각 광속에 가까운 속력으로 P, 검출기, Q를 잇는 직선과 나란하게 서로 반대 방향으로 등속도 운동을 한다. A의 관성계에서, P, Q에서 검출기를 향해 동시에 방출된 빛은 검출기에 동시에 도달한다. P와 Q 사이의 거리는 B의 관성계에서가 C의 관성계에서보다 크다.

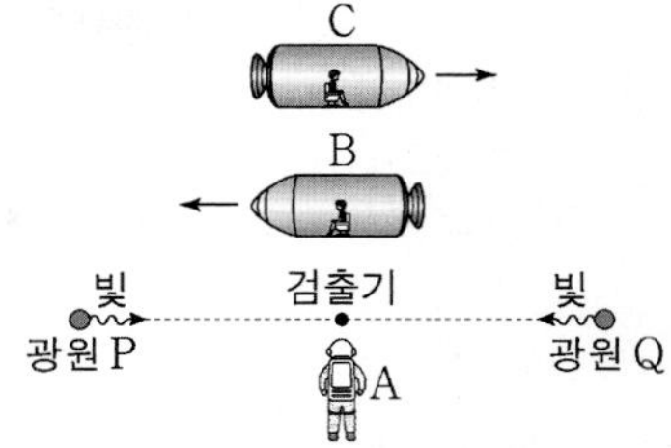

이에 대한 설명으로 옳은 것만을 〈보기〉에서 있는 대로 고른 것은?

〈 보기 〉

ㄱ. A의 관성계에서, B의 시간은 C의 시간보다 느리게 간다.

ㄴ. B의 관성계에서, 빛은 P에서가 Q에서보다 먼저 방출된다.

ㄷ. C의 관성계에서, 검출기에서 P까지의 거리는 검출기에서 Q까지의 거리보다 크다.

① ㄱ ② ㄴ ③ ㄱ, ㄷ ④ ㄴ, ㄷ ⑤ ㄱ, ㄴ, ㄷ

13 일차

한눈에 정리하는 평가원 기출 경향

주제 \ 학년도	2025	2024	2023

핵융합 발전

2024

03 대표 문제 — 2024학년도 6월 모평 물Ⅰ 2번

다음은 우리나라의 핵융합 연구 장치에 대한 설명이다.

'한국의 인공 태양'이라 불리는 KSTAR는 바닷물에 풍부한 중수소(^2_1H)와 리튬에서 얻은 삼중수소(^3_1H)를 고온에서 충돌시켜 다음과 같이 핵융합 에너지를 얻기 위한 연구 장치이다.

$^2_1H + ^3_1H \longrightarrow ^4_2He +$ [㉠] + ㉡에너지

이에 대한 설명으로 옳은 것만을 〈보기〉에서 있는 대로 고른 것은?

〈보기〉
ㄱ. ^2_1H와 ^3_1H는 질량수가 같다.
ㄴ. ㉠은 중성자이다.
ㄷ. ㉡은 질량 결손에 의해 발생한다.

① ㄱ ② ㄴ ③ ㄷ ④ ㄱ, ㄴ ⑤ ㄴ, ㄷ

빈출 핵반응식

2025

19 — 2025학년도 6월 모평 물Ⅰ 4번

다음은 핵반응식을 나타낸 것이다. E_0은 핵반응에서 방출되는 에너지이다.

$^{235}_{92}U + ^1_0n \longrightarrow ^{141}_{56}Ba + ^{92}_{36}Kr +$ [㉠] $^1_0n + E_0$

이에 대한 설명으로 옳은 것만을 〈보기〉에서 있는 대로 고른 것은?

〈보기〉
ㄱ. ㉠은 3이다.
ㄴ. 핵융합 반응이다.
ㄷ. E_0은 질량 결손에 의해 발생한다.

① ㄱ ② ㄴ ③ ㄱ, ㄷ ④ ㄴ, ㄷ ⑤ ㄱ, ㄴ, ㄷ

26 대표 문제 — 2025학년도 9월 모평 물Ⅰ 4번

다음은 두 가지 핵반응이다. (가)와 (나)에서 방출되는 에너지는 각각 E_1, E_2이고, 질량 결손은 (가)에서가 (나)에서보다 크다.

(가) [㉠] $+ ^1_0n \longrightarrow ^{141}_{56}Ba + ^{92}_{36}Kr + 3^1_0n + E_1$
(나) $^2_1H + ^3_1H \longrightarrow ^4_2He + ^1_0n + E_2$

이에 대한 설명으로 옳은 것만을 〈보기〉에서 있는 대로 고른 것은? [3점]

〈보기〉
ㄱ. ㉠의 질량수는 238이다.
ㄴ. (나)는 핵융합 반응이다.
ㄷ. E_1은 E_2보다 크다.

① ㄱ ② ㄴ ③ ㄱ, ㄷ ④ ㄴ, ㄷ ⑤ ㄱ, ㄴ, ㄷ

2024

08 대표 문제 — 2024학년도 수능 물Ⅰ 2번

다음은 두 가지 핵반응을, 표는 (가)와 관련된 원자핵과 중성자(^1_0n)의 질량을 나타낸 것이다.

(가) ㉠ + ㉠ $\longrightarrow ^3_2He + ^1_0n + 3.27$ MeV
(나) ^3_1H + ㉠ $\longrightarrow ^4_2He$ + ㉡ + 17.6 MeV

입자	질량
㉠	M_1
^3_2He	M_2
중성자(^1_0n)	M_3

이에 대한 설명으로 옳은 것만을 〈보기〉에서 있는 대로 고른 것은?

〈보기〉
ㄱ. ㉠은 ^1_1H이다.
ㄴ. ㉡은 중성자(^1_0n)이다.
ㄷ. $2M_1 = M_2 + M_3$이다.

① ㄱ ② ㄴ ③ ㄱ, ㄷ ④ ㄴ, ㄷ ⑤ ㄱ, ㄴ, ㄷ

05 — 2024학년도 9월 모평 물Ⅰ 2번

다음은 핵반응 (가), (나)에 대해 학생 A, B, C가 대화하는 모습을 나타낸 것이다.

(가) $^{235}_{92}U$ + ㉠ → $^{140}_{54}Xe + ^{94}_{38}Sr + 2^1_0n$ + 약 200 MeV
(나) $^2_1H + ^3_1H \rightarrow ^4_2He$ + ㉡ + 17.6 MeV

학생 A: (가)는 핵분열 반응이고, (나)는 핵융합 반응이야.
학생 B: ㉠은 양성자야.
학생 C: (나)에서 ^2_1H와 ^3_1H의 질량의 합은 ^4_2He과 ㉡의 질량의 합과 같아.

제시한 내용이 옳은 학생만을 있는 대로 고른 것은?

① A ② B ③ A, C ④ B, C ⑤ A, B, C

2023

18 — 2023학년도 수능 물Ⅰ 3번

다음은 두 가지 핵반응이다. X, Y는 원자핵이다.

(가) $^2_1H + ^1_1H \longrightarrow X + 5.49$ MeV
(나) $X + X \longrightarrow Y + ^1_1H + ^1_1H + 12.86$ MeV

이에 대한 설명으로 옳은 것만을 〈보기〉에서 있는 대로 고른 것은?

〈보기〉
ㄱ. (가)에서 질량 결손에 의해 에너지가 방출된다.
ㄴ. Y는 ^4_2He이다.
ㄷ. 양성자수는 Y가 X보다 크다.

① ㄱ ② ㄷ ③ ㄱ, ㄴ ④ ㄴ, ㄷ ⑤ ㄱ, ㄴ, ㄷ

07 — 2023학년도 6월 모평 물Ⅰ 12번

다음은 두 가지 핵반응을, 표는 원자핵 a~d의 질량수와 양성자수를 나타낸 것이다.

(가) a + a ⟶ c + [X] + 3.3 MeV
(나) a + b ⟶ d + [X] + 17.6 MeV

원자핵	질량수	양성자수
a	2	㉠
b	3	1
c	3	2
d	㉡	2

이에 대한 설명으로 옳은 것만을 〈보기〉에서 있는 대로 고른 것은?

〈보기〉
ㄱ. 질량 결손은 (가)에서가 (나)에서보다 작다.
ㄴ. X는 중성자이다.
ㄷ. ㉡은 ㉠의 4배이다.

① ㄱ ② ㄴ ③ ㄱ, ㄷ ④ ㄴ, ㄷ ⑤ ㄱ, ㄴ, ㄷ

원자로

2025

31 대표 문제 — 2025학년도 수능 물Ⅰ 2번

다음은 핵반응에 대한 설명이다.

원자로 내부에서 $^{235}_{92}U$ 원자핵이 중성자(^1_0n) 하나를 흡수하면, $^{141}_{56}Ba$ 원자핵과 $^{92}_{36}Kr$ 원자핵으로 쪼개지며 세 개의 중성자와 에너지가 방출된다. 이 핵반응을 [㉠] 반응이라 하고, 이때 ㉡방출되는 에너지를 이용해 전기를 생산할 수 있다.

이에 대한 설명으로 옳은 것만을 〈보기〉에서 있는 대로 고른 것은?

〈보기〉
ㄱ. $^{235}_{92}U$ 원자핵의 질량수는 $^{141}_{56}Ba$ 원자핵과 $^{92}_{36}Kr$ 원자핵의 질량수의 합과 같다.
ㄴ. '핵분열'은 ㉠으로 적절하다.
ㄷ. ㉡은 질량 결손에 의해 발생한다.

① ㄱ ② ㄴ ③ ㄷ ④ ㄱ, ㄴ ⑤ ㄴ, ㄷ

2023

16

2023학년도 9월 모평 물I 6번

다음은 두 가지 핵반응이다. A, B는 원자핵이다.

(가) $A+B \longrightarrow {}^{4}_{2}He+{}^{1}_{0}n+17.6\ MeV$
(나) $A+A \longrightarrow B+{}^{1}_{1}H+4.03\ MeV$

이에 대한 설명으로 옳은 것만을 〈보기〉에서 있는 대로 고른 것은?

〈보기〉
ㄱ. (가)는 핵분열 반응이다.
ㄴ. (나)에서 질량 결손에 의해 에너지가 방출된다.
ㄷ. 중성자수는 B가 A의 2배이다.

① ㄱ ② ㄴ ③ ㄱ, ㄷ ④ ㄴ, ㄷ ⑤ ㄱ, ㄴ, ㄷ

2022~2019

01

2021학년도 6월 모평 물I 6번

다음은 핵융합 발전에 대한 내용이다.

태양에서 방출되는 에너지의 대부분은 [A] 원자핵들의 ㉠핵융합 반응으로 [B] 원자핵이 생성되는 과정에서 발생한다. 핵융합을 이용한 발전은 ㉡핵분열을 이용한 발전보다 안정성과 지속성이 높고 방사성 폐기물 발생량이 적어 미래 에너지 기술로 기대되고 있다. 우리나라 과학자들은 핵융합 발전의 상용화에 필수적인 초고온 플라즈마 발생 기술과 핵융합로 제작 기술을 활발하게 연구하고 있다.

이에 대한 설명으로 옳은 것만을 〈보기〉에서 있는 대로 고른 것은?

〈보기〉
ㄱ. 원자핵 1개의 질량은 A가 B보다 크다.
ㄴ. ㉠과정에서 질량 결손에 의해 에너지가 발생한다.
ㄷ. ㉡과정에서 질량수가 큰 원자핵이 반응하여 질량수가 작은 원자핵들이 생성된다.

① ㄱ ② ㄴ ③ ㄱ, ㄷ ④ ㄴ, ㄷ ⑤ ㄱ, ㄴ, ㄷ

09

2022학년도 수능 물I 2번

다음은 두 가지 핵반응이다.

(가) ${}^{235}_{92}U+{}^{1}_{0}n \longrightarrow {}^{141}_{56}Ba+$ [㉠] $+3{}^{1}_{0}n+$약 $200\ MeV$
(나) ${}^{235}_{92}U+$ [㉡] $\longrightarrow {}^{140}_{54}Xe+{}^{94}_{38}Sr+2{}^{1}_{0}n+$약 $200\ MeV$

이에 대한 설명으로 옳은 것만을 〈보기〉에서 있는 대로 고른 것은?

〈보기〉
ㄱ. ㉠은 ${}^{94}_{38}Sr$보다 질량수가 크다.
ㄴ. ㉡은 중성자이다.
ㄷ. (가)에서 질량 결손에 의해 에너지가 방출된다.

① ㄱ ② ㄴ ③ ㄱ, ㄷ ④ ㄴ, ㄷ ⑤ ㄱ, ㄴ, ㄷ

04

2022학년도 9월 모평 물I 2번

그림은 주어진 핵반응에 대해 학생 A, B, C가 대화하는 모습을 나타낸 것이다.

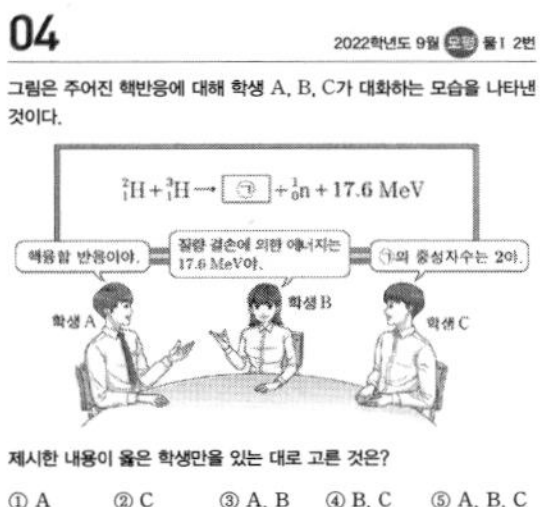

${}^{2}_{1}H+{}^{3}_{1}H \longrightarrow$ [㉠] $+{}^{1}_{0}n+17.6\ MeV$
핵융합 반응이야.
질량 결손에 의한 에너지는 17.6 MeV야.
㉠의 중성자수는 2야.
학생 A
학생 B
학생 C

제시한 내용이 옳은 학생만을 있는 대로 고른 것은?

① A ② C ③ A, B ④ B, C ⑤ A, B, C

15

2022학년도 6월 모평 물I 6번

다음은 두 가지 핵반응이다.

(가) ${}^{2}_{1}H+{}^{2}_{1}H \longrightarrow {}^{3}_{2}He+$ [㉠] $+3.27\ MeV$
(나) ${}^{2}_{1}H+{}^{2}_{1}H \longrightarrow {}^{3}_{1}H+$ [㉡] $+4.03\ MeV$

이에 대한 설명으로 옳은 것만을 〈보기〉에서 있는 대로 고른 것은?

〈보기〉
ㄱ. ㉠은 중성자이다.
ㄴ. ㉠과 ㉡은 질량수가 서로 같다.
ㄷ. 질량 결손은 (가)에서가 (나)에서보다 작다.

① ㄱ ② ㄴ ③ ㄱ, ㄷ ④ ㄴ, ㄷ ⑤ ㄱ, ㄴ, ㄷ

20

2021학년도 수능 물I 2번

다음은 두 가지 핵반응이다.

(가) ${}^{2}_{1}H+{}^{3}_{1}H \longrightarrow {}^{4}_{2}He+{}^{1}_{0}n+17.6MeV$
(나) ${}^{15}_{7}N+{}^{1}_{1}H \longrightarrow$ [㉠] $+{}^{4}_{2}He+4.96MeV$

이에 대한 설명으로 옳은 것만을 〈보기〉에서 있는 대로 고른 것은? [3점]

〈보기〉
ㄱ. (가)는 핵융합 반응이다.
ㄴ. 질량 결손은 (나)에서가 (가)에서보다 크다.
ㄷ. ㉠의 질량수는 10이다.

① ㄱ ② ㄷ ③ ㄱ, ㄴ ④ ㄴ, ㄷ ⑤ ㄱ, ㄴ, ㄷ

01

2021학년도 6월 모평 물I 6번

다음은 핵융합 발전에 대한 내용이다.

> 태양에서 방출되는 에너지의 대부분은 [A] 원자핵들의 ㉠ 핵융합 반응으로 [B] 원자핵이 생성되는 과정에서 발생한다. 핵융합을 이용한 발전은 ㉡핵분열을 이용한 발전보다 안정성과 지속성이 높고 방사성 폐기물 발생량이 적어 미래 에너지 기술로 기대되고 있다. 우리나라 과학자들은 핵융합 발전의 상용화에 필수적인 초고온 플라즈마 발생 기술과 핵융합로 제작 기술을 활발하게 연구하고 있다.

이에 대한 설명으로 옳은 것만을 〈보기〉에서 있는 대로 고른 것은?

〈 보기 〉

ㄱ. 원자핵 1개의 질량은 A가 B보다 크다.

ㄴ. ㉠과정에서 질량 결손에 의해 에너지가 발생한다.

ㄷ. ㉡과정에서 질량수가 큰 원자핵이 반응하여 질량수가 작은 원자핵들이 생성된다.

① ㄱ ② ㄴ ③ ㄱ, ㄷ ④ ㄴ, ㄷ ⑤ ㄱ, ㄴ, ㄷ

02

2020학년도 10월 학평 물I 5번

다음은 국제핵융합실험로(ITER)에 대한 기사의 일부이다.

> 2020년 8월 ○일 ○○신문
>
> 라틴어로 '길'이라는 뜻을 지닌 국제핵융합실험로(ITER) 공동 개발 사업은 ㉠핵융합 발전의 상용화를 위해 대한민국 등 7개국이 참여한 과학기술 협력 프로젝트이다.
> ㉡태양에서 [A] 원자핵이 헬륨 원자핵으로 융합되는 것과 같은 핵반응을 핵융합로에서 일으키려면 핵융합로는 1억도 이상의 온도를 유지해야 한다. … (중략) … 현재 ITER는 대한민국이 생산한 주요 부품을 바탕으로 본격적인 조립 단계에 접어들었다.

이에 대한 설명으로 옳은 것만을 〈보기〉에서 있는 대로 고른 것은?

〈 보기 〉

ㄱ. ㉠은 질량이 에너지로 전환되는 현상을 이용한다.

ㄴ. ㉡이 일어날 때 태양의 질량은 변하지 않는다.

ㄷ. 원자 번호는 A가 헬륨보다 크다.

① ㄱ ② ㄷ ③ ㄱ, ㄴ ④ ㄴ, ㄷ ⑤ ㄱ, ㄴ, ㄷ

03 대표 문제

2024학년도 6월 모평 물I 2번

다음은 우리나라의 핵융합 연구 장치에 대한 설명이다.

> '한국의 인공 태양'이라 불리는 KSTAR는 바닷물에 풍부한 중수소($^{2}_{1}H$)와 리튬에서 얻은 삼중수소($^{3}_{1}H$)를 고온에서 충돌시켜 다음과 같이 핵융합 에너지를 얻기 위한 연구 장치이다.
>
> 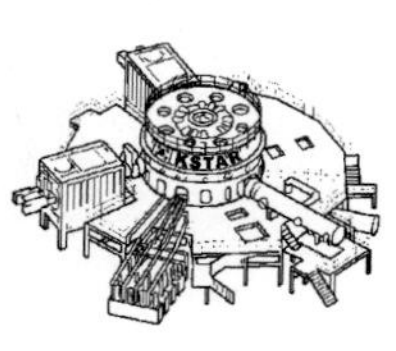
>
> $$^{2}_{1}H + ^{3}_{1}H \longrightarrow ^{4}_{2}He + \boxed{㉠} + ㉡에너지$$

이에 대한 설명으로 옳은 것만을 〈보기〉에서 있는 대로 고른 것은?

〈 보기 〉

ㄱ. $^{2}_{1}H$와 $^{3}_{1}H$는 질량수가 같다.

ㄴ. ㉠은 중성자이다.

ㄷ. ㉡은 질량 결손에 의해 발생한다.

① ㄱ ② ㄴ ③ ㄷ ④ ㄱ, ㄴ ⑤ ㄴ, ㄷ

04

2022학년도 9월 모평 물I 2번

그림은 주어진 핵반응에 대해 학생 A, B, C가 대화하는 모습을 나타낸 것이다.

$^{2}_{1}H + ^{3}_{1}H \rightarrow \boxed{㉠} + ^{1}_{0}n + 17.6 MeV$
핵융합 반응이야.
질량 결손에 의한 에너지는 17.6 MeV야.
㉠의 중성자수는 2야.
학생 A
학생 B
학생 C

제시한 내용이 옳은 학생만을 있는 대로 고른 것은?

① A ② C ③ A, B ④ B, C ⑤ A, B, C

05

2024학년도 9월 모평 물Ⅰ 2번

다음은 핵반응 (가), (나)에 대해 학생 A, B, C가 대화하는 모습을 나타낸 것이다.

(가) $^{235}_{92}\mathrm{U}$ + ㉠ → $^{140}_{54}\mathrm{Xe}$ + $^{94}_{38}\mathrm{Sr}$ + $2^{1}_{0}\mathrm{n}$ + 약 200 MeV

(나) $^{2}_{1}\mathrm{H}$ + $^{3}_{1}\mathrm{H}$ → $^{4}_{2}\mathrm{He}$ + ㉡ + 17.6 MeV

(가)는 핵분열 반응이고, (나)는 핵융합 반응이야.
㉠은 양성자야.
(나)에서 $^{2}_{1}\mathrm{H}$와 $^{3}_{1}\mathrm{H}$의 질량의 합은 $^{4}_{2}\mathrm{He}$과 ㉡의 질량의 합과 같아.
학생 A
학생 B
학생 C

제시한 내용이 옳은 학생만을 있는 대로 고른 것은?

① A ② B ③ A, C ④ B, C ⑤ A, B, C

06

2024학년도 5월 학평 물Ⅰ 2번

다음은 핵융합 반응을, 표는 원자핵 A, B의 중성자수와 질량수를 나타낸 것이다.

A+A ⟶ B+ ㉠ +3.27 MeV

원자핵	중성자수	질량수
A	1	2
B	1	3

이에 대한 설명으로 옳은 것만을 〈보기〉에서 있는 대로 고른 것은?

〈 보기 〉

ㄱ. 양성자수는 A와 B가 같다.
ㄴ. ㉠은 중성자이다.
ㄷ. 핵융합 반응에서 방출된 에너지는 질량 결손에 의한 것이다.

① ㄱ ② ㄷ ③ ㄱ, ㄴ ④ ㄴ, ㄷ ⑤ ㄱ, ㄴ, ㄷ

07

2023학년도 6월 모평 물Ⅰ 12번

다음은 두 가지 핵반응을, 표는 원자핵 a~d의 질량수와 양성자수를 나타낸 것이다.

(가) a+a ⟶ c+ X +3.3 MeV
(나) a+b ⟶ d+ X +17.6 MeV

원자핵	질량수	양성자수
a	2	㉠
b	3	1
c	3	2
d	㉡	2

이에 대한 설명으로 옳은 것만을 〈보기〉에서 있는 대로 고른 것은?

〈 보기 〉

ㄱ. 질량 결손은 (가)에서가 (나)에서보다 작다.
ㄴ. X는 중성자이다.
ㄷ. ㉡은 ㉠의 4배이다.

① ㄱ ② ㄴ ③ ㄱ, ㄷ ④ ㄴ, ㄷ ⑤ ㄱ, ㄴ, ㄷ

08 대표 문제

2024학년도  물Ⅰ 2번

다음은 두 가지 핵반응을, 표는 (가)와 관련된 원자핵과 중성자($^{1}_{0}\mathrm{n}$)의 질량을 나타낸 것이다.

(가) ㉠+㉠ ⟶ $^{3}_{2}\mathrm{He}+^{1}_{0}\mathrm{n}$+3.27 MeV
(나) $^{3}_{1}\mathrm{H}$+㉠ ⟶ $^{4}_{2}\mathrm{He}$+㉡+17.6 MeV

입자	질량
㉠	M_1
$^{3}_{2}\mathrm{He}$	M_2
중성자($^{1}_{0}\mathrm{n}$)	M_3

이에 대한 설명으로 옳은 것만을 〈보기〉에서 있는 대로 고른 것은?

〈 보기 〉

ㄱ. ㉠은 $^{1}_{1}\mathrm{H}$이다.
ㄴ. ㉡은 중성자($^{1}_{0}\mathrm{n}$)이다.
ㄷ. $2M_1=M_2+M_3$이다.

① ㄱ ② ㄴ ③ ㄱ, ㄷ ④ ㄴ, ㄷ ⑤ ㄱ, ㄴ, ㄷ

09

2022학년도  물Ⅰ 2번

다음은 두 가지 핵반응이다.

(가) $^{235}_{92}\mathrm{U}+^{1}_{0}\mathrm{n} \longrightarrow ^{141}_{56}\mathrm{Ba}+$ ㉠ $+3^{1}_{0}\mathrm{n}+$약 200 MeV
(나) $^{235}_{92}\mathrm{U}+$ ㉡ $\longrightarrow ^{140}_{54}\mathrm{Xe}+^{94}_{38}\mathrm{Sr}+2^{1}_{0}\mathrm{n}+$약 200 MeV

이에 대한 설명으로 옳은 것만을 〈보기〉에서 있는 대로 고른 것은?

〈 보기 〉
ㄱ. ㉠은 $^{94}_{38}\mathrm{Sr}$보다 질량수가 크다.
ㄴ. ㉡은 중성자이다.
ㄷ. (가)에서 질량 결손에 의해 에너지가 방출된다.

① ㄱ ② ㄴ ③ ㄱ, ㄷ ④ ㄴ, ㄷ ⑤ ㄱ, ㄴ, ㄷ

10

2023학년도 7월 학평 물Ⅰ 3번

다음은 두 가지 핵반응이다. X, Y는 원자핵이다.

(가) $^{2}_{1}\mathrm{H}+\mathrm{X} \longrightarrow \mathrm{Y}+^{1}_{0}\mathrm{n}+17.6\ \mathrm{MeV}$
(나) $^{3}_{2}\mathrm{He}+^{3}_{1}\mathrm{H} \longrightarrow \mathrm{Y}+^{1}_{1}\mathrm{H}+^{1}_{0}\mathrm{n}+12.1\ \mathrm{MeV}$

이에 대한 설명으로 옳은 것만을 〈보기〉에서 있는 대로 고른 것은?

〈 보기 〉
ㄱ. (가)는 핵융합 반응이다.
ㄴ. 질량 결손은 (가)에서가 (나)에서보다 크다.
ㄷ. 양성자수는 Y가 X의 2배이다.

① ㄱ ② ㄴ ③ ㄱ, ㄷ ④ ㄴ, ㄷ ⑤ ㄱ, ㄴ, ㄷ

11

2023학년도 3월 학평 물Ⅰ 6번

다음은 두 가지 핵반응이다. X, Y는 원자핵이다.

(가) $^{233}_{92}\mathrm{U}+^{1}_{0}\mathrm{n} \longrightarrow \mathrm{X}+^{94}_{38}\mathrm{Sr}+3^{1}_{0}\mathrm{n}+200\ \mathrm{MeV}$
(나) $^{2}_{1}\mathrm{H}+\mathrm{Y} \longrightarrow ^{4}_{2}\mathrm{He}+^{1}_{0}\mathrm{n}+17.6\ \mathrm{MeV}$

이에 대한 설명으로 옳은 것은?

① X의 양성자수는 54이다.
② 질량수는 Y가 $^{2}_{1}\mathrm{H}$와 같다.
③ (나)는 핵분열 반응이다.
④ $^{233}_{92}\mathrm{U}$의 중성자수는 233이다.
⑤ 질량 결손은 (나)에서가 (가)에서보다 크다.

12

2022학년도 4월 학평 물Ⅰ 4번

다음은 두 가지 핵반응을 나타낸 것이다.

(가) $^{2}_{1}\mathrm{H}+^{3}_{1}\mathrm{H} \longrightarrow ^{4}_{2}\mathrm{He}+$ ㉠ $+17.6\ \mathrm{MeV}$
(나) $^{235}_{92}\mathrm{U}+^{1}_{0}\mathrm{n} \longrightarrow ^{140}_{54}\mathrm{Xe}+^{94}_{38}\mathrm{Sr}+2$ ㉠ $+200\ \mathrm{MeV}$

이에 대한 설명으로 옳은 것만을 〈보기〉에서 있는 대로 고른 것은?

〈 보기 〉
ㄱ. (가)는 핵융합 반응이다.
ㄴ. ㉠은 중성자이다.
ㄷ. 질량 결손은 (가)에서가 (나)에서보다 크다.

① ㄱ ② ㄷ ③ ㄱ, ㄴ ④ ㄴ, ㄷ ⑤ ㄱ, ㄴ, ㄷ

13

2022학년도 3월 학평 물Ⅰ 2번

다음은 두 가지 핵반응이다.

(가) ${}^{235}_{92}U +$ ㉠ $\longrightarrow {}^{141}_{56}Ba + {}^{92}_{36}Kr + 3$ ㉠ + 약 200 MeV

(나) ㉡ + ㉡ $\longrightarrow {}^{3}_{2}He +$ ㉠ + 약 3.27 MeV

이에 대한 옳은 설명만을 〈보기〉에서 있는 대로 고른 것은?

〈 보기 〉

ㄱ. ㉠은 중성자이다.
ㄴ. ㉡의 질량수는 2이다.
ㄷ. 질량 결손은 (가)에서가 (나)에서보다 작다.

① ㄱ ② ㄷ ③ ㄱ, ㄴ ④ ㄴ, ㄷ ⑤ ㄱ, ㄴ, ㄷ

14

2022학년도 10월 학평 물Ⅰ 8번

다음은 두 가지 핵반응이다.

(가) ${}^{2}_{1}H + {}^{1}_{1}H \longrightarrow$ ㉠ + 5.49 MeV

(나) ㉠ + ㉠ $\longrightarrow {}^{4}_{2}H +$ ㉡ + ㉡ + 12.86 MeV

이에 대한 옳은 설명만을 〈보기〉에서 있는 대로 고른 것은?

〈 보기 〉

ㄱ. ㉠의 질량수는 3이다.
ㄴ. ㉡은 중성자이다.
ㄷ. 질량 결손은 (가)에서가 (나)에서보다 크다.

① ㄱ ② ㄴ ③ ㄱ, ㄷ ④ ㄴ, ㄷ ⑤ ㄱ, ㄴ, ㄷ

15

2022학년도 6월 모평 물Ⅰ 6번

다음은 두 가지 핵반응이다.

(가) ${}^{2}_{1}H + {}^{2}_{1}H \longrightarrow {}^{3}_{2}He +$ ㉠ + 3.27 MeV

(나) ${}^{2}_{1}H + {}^{2}_{1}H \longrightarrow {}^{3}_{1}H +$ ㉡ + 4.03 MeV

이에 대한 설명으로 옳은 것만을 〈보기〉에서 있는 대로 고른 것은?

〈 보기 〉

ㄱ. ㉠은 중성자이다.
ㄴ. ㉠과 ㉡은 질량수가 서로 같다.
ㄷ. 질량 결손은 (가)에서가 (나)에서보다 작다.

① ㄱ ② ㄴ ③ ㄱ, ㄷ ④ ㄴ, ㄷ ⑤ ㄱ, ㄴ, ㄷ

16

2023학년도 9월  물Ⅰ 6번

다음은 두 가지 핵반응이다. A, B는 원자핵이다.

(가) $A + B \longrightarrow {}^{4}_{2}He + {}^{1}_{0}n + 17.6$ MeV

(나) $A + A \longrightarrow B + {}^{1}_{1}H + 4.03$ MeV

이에 대한 설명으로 옳은 것만을 〈보기〉에서 있는 대로 고른 것은?

〈 보기 〉

ㄱ. (가)는 핵분열 반응이다.
ㄴ. (나)에서 질량 결손에 의해 에너지가 방출된다.
ㄷ. 중성자수는 B가 A의 2배이다.

① ㄱ ② ㄴ ③ ㄱ, ㄷ ④ ㄴ, ㄷ ⑤ ㄱ, ㄴ, ㄷ

17

2024학년도 3월 학평 물Ⅰ 2번

다음은 두 가지 핵반응을 나타낸 것이다. ㉠과 ㉡은 서로 다른 원자핵이다.

(가) ㉠$+{}^{6}_{3}\mathrm{Li} \longrightarrow 2{}^{4}_{2}\mathrm{He}+22.4\ \mathrm{MeV}$
(나) ${}^{3}_{2}\mathrm{He}+{}^{6}_{3}\mathrm{Li} \longrightarrow 2{}^{4}_{2}\mathrm{He}+$㉡$+16.9\ \mathrm{MeV}$

이에 대한 옳은 설명만을 〈보기〉에서 있는 대로 고른 것은?

〈 보기 〉
ㄱ. 양성자수는 ㉠과 ㉡이 같다.
ㄴ. 질량수는 ㉡이 ㉠보다 크다.
ㄷ. 질량 결손은 (가)에서가 (나)에서보다 크다.

① ㄴ ② ㄷ ③ ㄱ, ㄴ ④ ㄱ, ㄷ ⑤ ㄴ, ㄷ

18

2023학년도 수능 물Ⅰ 3번

다음은 두 가지 핵반응이다. X, Y는 원자핵이다.

(가) ${}^{2}_{1}\mathrm{H}+{}^{1}_{1}\mathrm{H} \longrightarrow \mathrm{X}+5.49\ \mathrm{MeV}$
(나) $\mathrm{X}+\mathrm{X} \longrightarrow \mathrm{Y}+{}^{1}_{1}\mathrm{H}+{}^{1}_{1}\mathrm{H}+12.86\ \mathrm{MeV}$

이에 대한 설명으로 옳은 것만을 〈보기〉에서 있는 대로 고른 것은?

〈 보기 〉
ㄱ. (가)에서 질량 결손에 의해 에너지가 방출된다.
ㄴ. Y는 ${}^{4}_{2}\mathrm{He}$이다.
ㄷ. 양성자수는 Y가 X보다 크다.

① ㄱ ② ㄷ ③ ㄱ, ㄴ ④ ㄴ, ㄷ ⑤ ㄱ, ㄴ, ㄷ

19

2025학년도 6월  모평 물Ⅰ 4번

다음은 핵반응식을 나타낸 것이다. E_0은 핵반응에서 방출되는 에너지이다.

${}^{235}_{92}\mathrm{U}+{}^{1}_{0}\mathrm{n} \longrightarrow {}^{141}_{56}\mathrm{Ba}+{}^{92}_{36}\mathrm{Kr}+$ [㉠] ${}^{1}_{0}\mathrm{n}+E_0$

이에 대한 설명으로 옳은 것만을 〈보기〉에서 있는 대로 고른 것은?

〈 보기 〉
ㄱ. ㉠은 3이다.
ㄴ. 핵융합 반응이다.
ㄷ. E_0은 질량 결손에 의해 발생한다.

① ㄱ ② ㄴ ③ ㄱ, ㄷ ④ ㄴ, ㄷ ⑤ ㄱ, ㄴ, ㄷ

20

2021학년도  수능 물Ⅰ 2번

다음은 두 가지 핵반응이다.

(가) ${}^{2}_{1}\mathrm{H}+{}^{3}_{1}\mathrm{H} \longrightarrow {}^{4}_{2}\mathrm{He}+{}^{1}_{0}\mathrm{n}+17.6\mathrm{MeV}$
(나) ${}^{15}_{7}\mathrm{N}+{}^{1}_{1}\mathrm{H} \longrightarrow$ [㉠] $+{}^{4}_{2}\mathrm{He}+4.96\mathrm{MeV}$

이에 대한 설명으로 옳은 것만을 〈보기〉에서 있는 대로 고른 것은? [3점]

〈 보기 〉
ㄱ. (가)는 핵융합 반응이다.
ㄴ. 질량 결손은 (나)에서가 (가)에서보다 크다.
ㄷ. ㉠의 질량수는 10이다.

① ㄱ ② ㄷ ③ ㄱ, ㄴ ④ ㄴ, ㄷ ⑤ ㄱ, ㄴ, ㄷ

21

2021학년도 9월 모평 물Ⅰ 6번

다음은 핵융합 반응로에서 일어날 수 있는 수소 핵융합 반응식이다.

(가) ${}^{2}_{1}H + {}^{3}_{1}H \longrightarrow {}^{4}_{2}He +$ [㉠] $+ 17.6\ MeV$
(나) ${}^{2}_{1}H + {}^{2}_{1}H \longrightarrow$ [㉡] $+$ [㉠] $+ 3.27\ MeV$

이에 대한 설명으로 옳은 것만을 〈보기〉에서 있는 대로 고른 것은?

〈 보기 〉
ㄱ. ㉠은 중성자이다.
ㄴ. ㉡과 ${}^{4}_{2}He$은 질량수가 서로 같다.
ㄷ. 질량 결손은 (가)에서가 (나)에서보다 작다.

① ㄱ ② ㄴ ③ ㄱ, ㄷ ④ ㄴ, ㄷ ⑤ ㄱ, ㄴ, ㄷ

22

2024학년도 7월 학평 물Ⅰ 2번

다음은 두 가지 핵반응이다.

(가) [㉠] $+ {}^{2}_{1}H \longrightarrow {}^{3}_{2}He + {}^{1}_{0}n + 3.27\ MeV$
(나) ${}^{235}_{92}U +$ [㉡] $\longrightarrow {}^{141}_{56}Ba + {}^{92}_{36}Kr + 3{}^{1}_{0}n +$ 약 $200\ MeV$

이에 대한 설명으로 옳은 것만을 〈보기〉에서 있는 대로 고른 것은?

〈 보기 〉
ㄱ. ㉠은 ${}^{2}_{1}H$이다.
ㄴ. ㉡은 중성자이다.
ㄷ. (나)는 핵분열 반응이다.

① ㄱ ② ㄴ ③ ㄱ, ㄷ ④ ㄴ, ㄷ ⑤ ㄱ, ㄴ, ㄷ

23

2024학년도 10월 학평 물Ⅰ 6번

다음은 두 가지 핵융합 반응식이다.

(가) ${}^{3}_{2}He + {}^{3}_{2}He \longrightarrow$ [㉠] $+ {}^{1}_{1}H + {}^{1}_{1}H + 12.9\ MeV$
(나) ${}^{3}_{2}He +$ [㉡] $\longrightarrow$ [㉠] $+ {}^{1}_{1}H + {}^{1}_{0}n + 12.1\ MeV$

이에 대한 옳은 설명만을 〈보기〉에서 있는 대로 고른 것은?

〈 보기 〉
ㄱ. ㉠의 질량수는 2이다.
ㄴ. ㉡은 ${}^{3}_{1}H$이다.
ㄷ. 질량 결손은 (가)에서가 (나)에서보다 크다.

① ㄱ ② ㄷ ③ ㄱ, ㄴ ④ ㄴ, ㄷ ⑤ ㄱ, ㄴ, ㄷ

24

2023학년도 4월 학평 물Ⅰ 4번

다음은 두 가지 핵반응이다. X, Y는 원자핵이다.

(가) ${}^{2}_{1}H + {}^{2}_{1}H \longrightarrow X + {}^{1}_{0}n + 3.27\ MeV$
(나) $X + {}^{3}_{1}H \longrightarrow {}^{4}_{2}He + Y + {}^{1}_{0}n + 12.1\ MeV$

이에 대한 설명으로 옳은 것만을 〈보기〉에서 있는 대로 고른 것은?

〈 보기 〉
ㄱ. (가)는 핵융합 반응이다.
ㄴ. 양성자수는 X가 Y보다 크다.
ㄷ. 질량 결손은 (가)에서가 (나)에서보다 작다.

① ㄱ ② ㄴ ③ ㄱ, ㄷ ④ ㄴ, ㄷ ⑤ ㄱ, ㄴ, ㄷ

25

2023학년도 10월 학평 물I 3번

다음은 두 가지 핵반응을 나타낸 것이다. 중성자, 원자핵 X, Y의 질량은 각각 m_n, m_X, m_Y이고, $m_Y - m_X < m_n$이다.

> (가) $X + {}^{3}_{1}H \longrightarrow {}^{4}_{2}He + {}^{1}_{0}n +$ 에너지
> (나) $Y + {}^{3}_{1}H \longrightarrow {}^{4}_{2}He + 2{}^{1}_{0}n +$ 에너지

이에 대한 옳은 설명만을 〈보기〉에서 있는 대로 고른 것은?

〈 보기 〉
ㄱ. (가)는 핵융합 반응이다.
ㄴ. Y는 ${}^{3}_{1}H$이다.
ㄷ. 핵반응에서 발생한 에너지는 (나)에서가 (가)에서보다 크다.

① ㄴ ② ㄷ ③ ㄱ, ㄴ ④ ㄱ, ㄷ ⑤ ㄱ, ㄴ, ㄷ

26 대표 문제

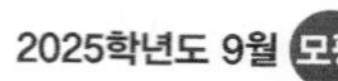

2025학년도 9월 모평 물I 4번

다음은 두 가지 핵반응이다. (가)와 (나)에서 방출되는 에너지는 각각 E_1, E_2이고, 질량 결손은 (가)에서가 (나)에서보다 크다.

> (가) ㉠ $+ {}^{1}_{0}n \longrightarrow {}^{141}_{56}Ba + {}^{92}_{36}Kr + 3{}^{1}_{0}n + E_1$
> (나) ${}^{2}_{1}H + {}^{3}_{1}H \longrightarrow {}^{4}_{2}He + {}^{1}_{0}n + E_2$

이에 대한 설명으로 옳은 것만을 〈보기〉에서 있는 대로 고른 것은? [3점]

〈 보기 〉
ㄱ. ㉠의 질량수는 238이다.
ㄴ. (나)는 핵융합 반응이다.
ㄷ. E_1은 E_2보다 크다.

① ㄱ ② ㄴ ③ ㄱ, ㄷ ④ ㄴ, ㄷ ⑤ ㄱ, ㄴ, ㄷ

27

2022학년도 7월 학평 물I 12번

그림은 핵분열 과정과 핵반응식을 나타낸 것이다. 중성자의 속력은 A가 B보다 작다.

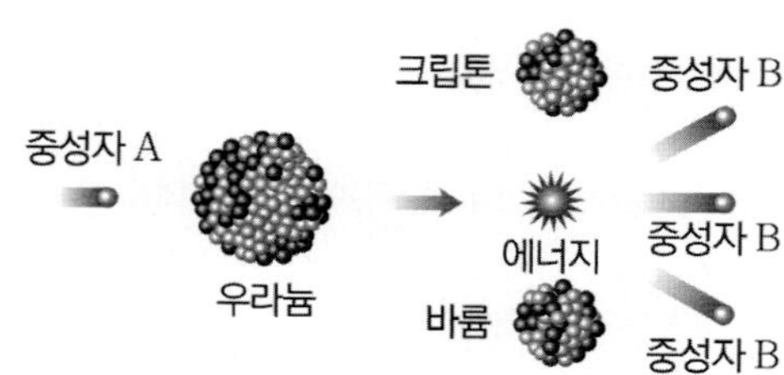

> ${}^{235}_{92}U + {}^{1}_{0}n \longrightarrow {}^{141}_{56}Ba + {}^{㉠}_{36}Kr + 3{}^{1}_{0}n + 200\ \mathrm{MeV}$

이에 대한 설명으로 옳은 것만을 〈보기〉에서 있는 대로 고른 것은?

〈 보기 〉
ㄱ. ㉠은 92이다.
ㄴ. 핵반응에서 발생하는 에너지는 질량 결손에 의한 것이다.
ㄷ. 상대론적 질량은 A가 B보다 크다.

① ㄱ ② ㄷ ③ ㄱ, ㄴ ④ ㄴ, ㄷ ⑤ ㄱ, ㄴ, ㄷ

28

2020학년도 3월 학평 물I 3번

그림은 중수소(${}^{2}_{1}H$)와 삼중수소(${}^{3}_{1}H$)가 충돌하여 헬륨(${}^{4}_{2}He$), 입자 a, 에너지가 생성되는 핵반응을 나타낸 것이다. ${}^{2}_{1}H$, ${}^{3}_{1}H$, a의 질량은 각각 m_1, m_2, m_3이다.

이에 대한 옳은 설명만을 〈보기〉에서 있는 대로 고른 것은?

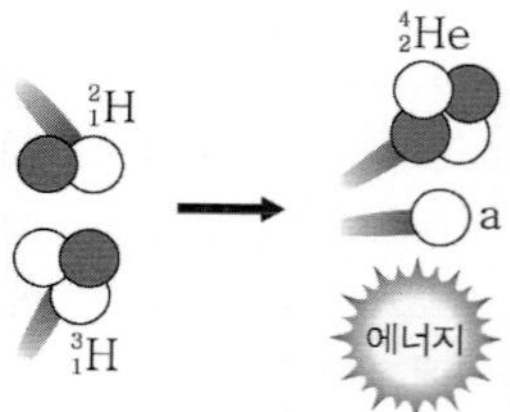

〈 보기 〉
ㄱ. a는 중성자이다.
ㄴ. 이 반응은 핵융합 반응이다.
ㄷ. ${}^{4}_{2}He$의 질량은 $m_1 + m_2 - m_3$이다.

① ㄴ ② ㄷ ③ ㄱ, ㄴ ④ ㄱ, ㄷ ⑤ ㄱ, ㄴ, ㄷ

29

2021학년도 3월 학평 물Ⅰ 6번

다음은 핵융합로와 양전자 방출 단층 촬영 장치에 대한 설명이다.

(가) 핵융합로에서 중수소($^{2}_{1}H$)와 삼중수소($^{3}_{1}H$)가 핵융합하여 헬륨($^{4}_{2}He$), 입자 ㉠을 생성하며 에너지를 방출한다.

(나) 인체에 투입한 물질에서 방출된 양전자*가 전자와 만나 함께 소멸할 때 발생한 감마선을 양전자 방출 단층 촬영 장치로 촬영하여 질병을 진단한다.

* 양전자: 전자와 전하의 종류는 다르고 질량은 같은 입자

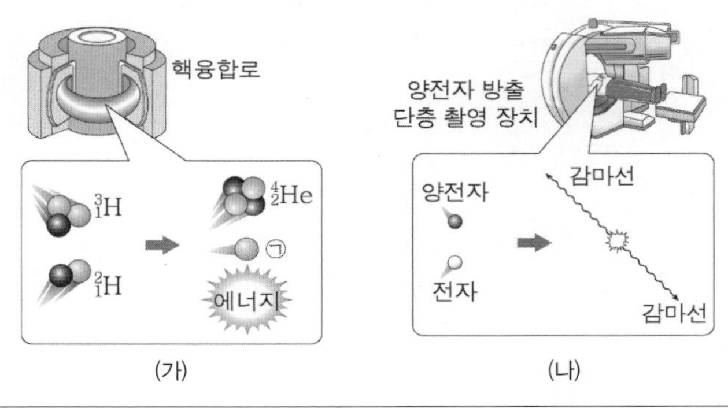

이에 대한 옳은 설명만을 〈보기〉에서 있는 대로 고른 것은?

〈 보기 〉

ㄱ. ㉠은 양성자이다.

ㄴ. (가)에서 핵융합 전후 입자들의 질량수 합은 같다.

ㄷ. (나)에서 양전자와 전자의 질량이 감마선의 에너지로 전환된다.

① ㄱ ② ㄷ ③ ㄱ, ㄴ ④ ㄴ, ㄷ ⑤ ㄱ, ㄴ, ㄷ

30

2021학년도 4월 학평 물Ⅰ 3번

그림은 우라늄 원자핵($^{235}_{92}U$)과 중성자($^{1}_{0}n$)가 반응하여 크립톤 원자핵($^{92}_{36}Kr$)과 원자핵 A가 생성되면서 중성자 3개와 에너지를 방출하는 핵반응을 나타낸 것이다.

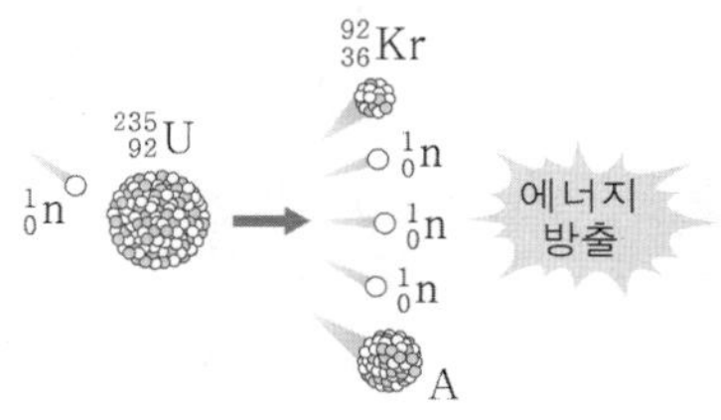

이에 대한 설명으로 옳은 것만을 〈보기〉에서 있는 대로 고른 것은? [3점]

〈 보기 〉

ㄱ. 핵분열 반응이다.

ㄴ. A의 질량수는 141이다.

ㄷ. 입자들의 질량의 합은 반응 전이 반응 후보다 작다.

① ㄱ ② ㄷ ③ ㄱ, ㄴ ④ ㄴ, ㄷ ⑤ ㄱ, ㄴ, ㄷ

31

2025학년도 수능 물Ⅰ 2번

다음은 핵반응에 대한 설명이다.

원자로 내부에서 $^{235}_{92}U$ 원자핵이 중성자($^{1}_{0}n$) 하나를 흡수하면, $^{141}_{56}Ba$ 원자핵과 $^{92}_{36}Kr$ 원자핵으로 쪼개지며 세 개의 중성자와 에너지가 방출된다. 이 핵반응을 [㉠] 반응이라 하고, 이때 ㉡방출되는 에너지를 이용해 전기를 생산할 수 있다.

이에 대한 설명으로 옳은 것만을 〈보기〉에서 있는 대로 고른 것은?

〈 보기 〉

ㄱ. $^{235}_{92}U$ 원자핵의 질량수는 $^{141}_{56}Ba$ 원자핵과 $^{92}_{36}Kr$ 원자핵의 질량수의 합과 같다.

ㄴ. '핵분열'은 ㉠으로 적절하다.

ㄷ. ㉡은 질량 결손에 의해 발생한다.

① ㄱ ② ㄴ ③ ㄷ ④ ㄱ, ㄴ ⑤ ㄴ, ㄷ

14 일차

한눈에 정리하는 평가원 기출 경향

학년도 / 주제

전기력

2025

31

2025학년도 수능 물Ⅰ 13번

그림 (가)는 점전하 A, B를 x축상에 고정하고 음(−)전하 P를 옮기며 x축상에 고정하는 것을 나타낸 것이다. 그림 (나)는 점전하 A~D를 x축상에 고정하고 양(+)전하 R를 옮기며 x축상에 고정하는 것을 나타낸 것이다. A와 D, B와 C, P와 R는 각각 전하량의 크기가 같고, C와 D는 양(+)전하이다. 그림 (다)는 (가)에서 P의 위치 x가 $0<x<3d$인 구간에서 P에 작용하는 전기력을 나타낸 것으로, 전기력의 방향은 $+x$방향이 양(+)이다.

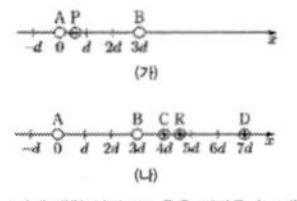

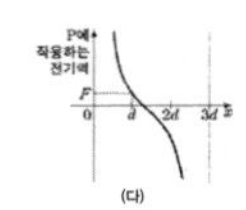

이에 대한 설명으로 옳은 것만을 ⟨보기⟩에서 있는 대로 고른 것은? [3점]

⟨보기⟩

ㄱ. (가)에서 P의 위치가 $x=-d$일 때, P에 작용하는 전기력의 크기는 F보다 크다.

ㄴ. (나)에서 R의 위치가 $x=d$일 때, R에 작용하는 전기력의 방향은 $+x$방향이다.

ㄷ. (나)에서 R의 위치가 $x=6d$일 때, R에 작용하는 전기력의 크기는 F보다 작다.

① ㄱ ② ㄴ ③ ㄱ, ㄷ ④ ㄴ, ㄷ ⑤ ㄱ, ㄴ, ㄷ

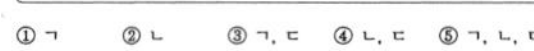

20 대표 문제

2025학년도 9월 모평 물Ⅰ 17번

그림 (가)와 같이 x축상에 점전하 A, 양(+)전하인 점전하 C를 각각 $x=0$, $x=5d$에 고정하고, 점전하 B를 x축상의 $d\leq x\leq 3d$인 구간에서 옮기며 고정한다. 그림 (나)는 (가)에서 C에 작용하는 전기력을 B의 위치에 따라 나타낸 것이고, 전기력의 방향은 $+x$방향이 양(+)이다.

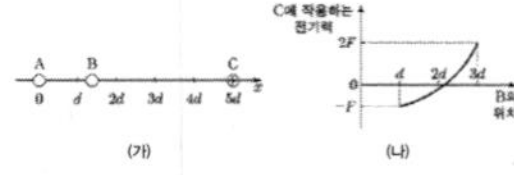

이에 대한 설명으로 옳은 것만을 ⟨보기⟩에서 있는 대로 고른 것은? [3점]

⟨보기⟩

ㄱ. A는 음(−)전하이다.

ㄴ. 전하량의 크기는 A가 B보다 작다.

ㄷ. B가 $x=3d$에 있을 때, B에 작용하는 전기력의 크기는 $2F$보다 작다.

① ㄱ ② ㄴ ③ ㄱ, ㄷ ④ ㄴ, ㄷ ⑤ ㄱ, ㄴ, ㄷ

13 대표 문제

2025학년도 6월 모평 물Ⅰ 12번

그림 (가)는 점전하 A, B, C를 x축상에 고정시킨 모습을, (나)는 (가)에서 A의 위치만 $x=2d$로 옮겨 고정시킨 모습을 나타낸 것이다. 양(+)전하인 C에 작용하는 전기력의 크기는 (가), (나)에서 각각 F, $5F$이고, 방향은 $+x$방향으로 같다. (나)에서 B에 작용하는 전기력의 크기는 $4F$이다.

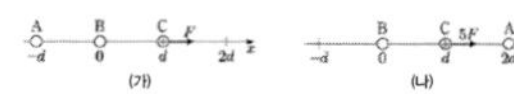

이에 대한 설명으로 옳은 것만을 ⟨보기⟩에서 있는 대로 고른 것은?

⟨보기⟩

ㄱ. A와 C 사이에는 서로 밀어내는 전기력이 작용한다.

ㄴ. (가)에서 A와 C 사이에 작용하는 전기력의 크기는 $2F$보다 작다.

ㄷ. (나)에서 B에 작용하는 전기력의 방향은 $-x$방향이다.

① ㄱ ② ㄴ ③ ㄷ ④ ㄱ, ㄴ ⑤ ㄴ, ㄷ

2024

05

2024학년도 수능 물Ⅰ 15번

그림과 같이 x축상에 점전하 A, B, C를 고정하고, 양(+)전하인 점전하 P를 옮기며 고정한다. P가 $x=2d$에 있을 때, P에 작용하는 전기력의 방향은 $+x$방향이다. B, C는 각각 양(+)전하, 음(−)전하이고, A, B, C의 전하량의 크기는 같다.

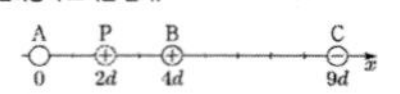

이에 대한 설명으로 옳은 것만을 ⟨보기⟩에서 있는 대로 고른 것은? [3점]

⟨보기⟩

ㄱ. A는 양(+)전하이다.

ㄴ. P가 $x=6d$에 있을 때, P에 작용하는 전기력의 방향은 $+x$방향이다.

ㄷ. P에 작용하는 전기력의 크기는 P가 $x=d$에 있을 때가 $x=5d$에 있을 때보다 작다.

① ㄱ ② ㄷ ③ ㄱ, ㄴ ④ ㄴ, ㄷ ⑤ ㄱ, ㄴ, ㄷ

12

2024학년도 9월 모평 물Ⅰ 18번

그림 (가)는 점전하 A, B, C를 x축상에 고정시킨 것을, (나)는 (가)에서 B의 위치만 $x=3d$로 옮겨 고정시킨 것을 나타낸 것이다. (가)와 (나)에서 양(+)전하인 A에 작용하는 전기력의 방향은 $+x$방향으로 같고, C에 작용하는 전기력의 크기는 (가)에서가 (나)에서보다 크다.

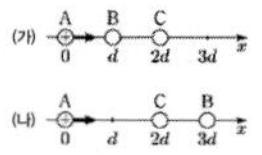

(가) A(0), B(d), C($2d$), $3d$, x

(나) A(0), d, C($2d$), B($3d$), x

이에 대한 설명으로 옳은 것만을 ⟨보기⟩에서 있는 대로 고른 것은? [3점]

⟨보기⟩

ㄱ. (가)에서 B에 작용하는 전기력의 방향은 $-x$방향이다.

ㄴ. 전하량의 크기는 C가 B보다 크다.

ㄷ. A에 작용하는 전기력의 크기는 (나)에서가 (가)에서보다 크다.

① ㄱ ② ㄴ ③ ㄷ ④ ㄱ, ㄷ ⑤ ㄴ, ㄷ

01

2024학년도 6월 모평 물Ⅰ 10번

그림과 같이 점전하 A, B, C를 x축상에 고정하였다. 전하량의 크기는 B가 A의 2배이고, B와 C가 A로부터 받는 전기력의 크기는 F로 같다. A와 B 사이에는 서로 밀어내는 전기력이, A와 C 사이에는 서로 당기는 전기력이 작용한다.

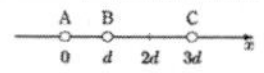

A(0), B(d), $2d$, C($3d$), x

이에 대한 설명으로 옳은 것만을 ⟨보기⟩에서 있는 대로 고른 것은? [3점]

⟨보기⟩

ㄱ. 전하량의 크기는 C가 가장 크다.

ㄴ. B와 C 사이에는 서로 당기는 전기력이 작용한다.

ㄷ. B와 C 사이에 작용하는 전기력의 크기는 F보다 크다.

① ㄱ ② ㄷ ③ ㄱ, ㄴ ④ ㄴ, ㄷ ⑤ ㄱ, ㄴ, ㄷ

보어의 수소 원자 모형

2023

14

2023학년도 수능 물Ⅰ 19번

그림 (가)는 점전하 A, B, C를 x축상에 고정시킨 것으로 A, B에 작용하는 전기력의 방향은 같고, B는 양(+)전하이다. 그림 (나)는 (가)에서 $x=3d$에 음(−)전하인 점전하 D를 고정시킨 것으로 B에 작용하는 전기력은 0이다. C에 작용하는 전기력의 크기는 (가)에서가 (나)에서보다 크다.

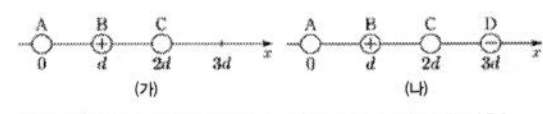

이에 대한 설명으로 옳은 것만을 〈보기〉에서 있는 대로 고른 것은?

〈보기〉

ㄱ. (가)에서 C에 작용하는 전기력의 방향은 $+x$ 방향이다.
ㄴ. A는 음(−)전하이다.
ㄷ. 전하량의 크기는 A가 C보다 크다.

① ㄱ ② ㄷ ③ ㄱ, ㄴ ④ ㄴ, ㄷ ⑤ ㄱ, ㄴ, ㄷ

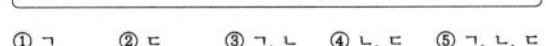

08

2023학년도 9월 모평 물Ⅰ 19번

그림 (가)는 점전하 A, B, C를 x축상에 고정시킨 것으로 양(+)전하인 C에 작용하는 전기력의 방향은 $+x$ 방향이다. 그림 (나)는 (가)에서 A의 위치만 $x=3d$로 바꾸어 고정시킨 것으로 B, C에 작용하는 전기력의 방향은 $+x$ 방향으로 같다.

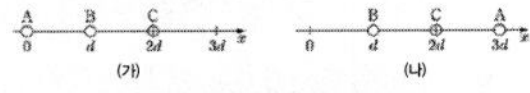

이에 대한 설명으로 옳은 것만을 〈보기〉에서 있는 대로 고른 것은?

〈보기〉

ㄱ. A에 작용하는 전기력의 방향은 (가)에서와 (나)에서가 서로 같다.
ㄴ. 전하량의 크기는 B가 C보다 크다.
ㄷ. (가)에서 B에 작용하는 전기력의 크기는 (나)에서 C에 작용하는 전기력의 크기보다 크다.

① ㄱ ② ㄴ ③ ㄱ, ㄷ ④ ㄴ, ㄷ ⑤ ㄱ, ㄴ, ㄷ

04

2023학년도 6월 모평 물Ⅰ 20번

그림과 같이 x축상에 점전하 A, B를 각각 $x=0$, $x=3d$에 고정한다. 양(+)전하인 점전하 P를 x축상에 옮기며 고정할 때, $x=d$에서 P에 작용하는 전기력의 방향은 $+x$ 방향이고, $x>3d$에서 P에 작용하는 전기력의 방향이 바뀌는 위치가 있다.

이에 대한 설명으로 옳은 것만을 〈보기〉에서 있는 대로 고른 것은?

〈보기〉

ㄱ. A는 양(+)전하이다.
ㄴ. 전하량의 크기는 A가 B보다 작다.
ㄷ. $x<0$에서 P에 작용하는 전기력의 방향이 바뀌는 위치가 있다.

① ㄱ ② ㄴ ③ ㄱ, ㄷ ④ ㄴ, ㄷ ⑤ ㄱ, ㄴ, ㄷ

2022~2019

22

2022학년도 수능 물Ⅰ 19번

그림 (가)와 같이 x 축상에 점전하 A~D를 고정하고 양(+)전하인 점전하 P를 옮기며 고정한다. A, B는 전하량이 같은 음(−)전하이고 C, D는 전하량이 같은 양(+)전하이다. 그림 (나)는 P의 위치 x가 $0<x<5d$인 구간에서 P에 작용하는 전기력을 나타낸 것이다.

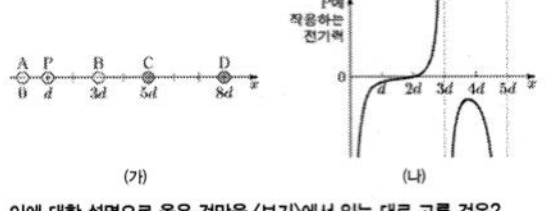

이에 대한 설명으로 옳은 것만을 〈보기〉에서 있는 대로 고른 것은?

〈보기〉

ㄱ. $x=d$에서 P에 작용하는 전기력의 방향은 $-x$ 방향이다.
ㄴ. 전하량의 크기는 A가 C보다 작다.
ㄷ. $5d<x<6d$인 구간에 P에 작용하는 전기력이 0이 되는 위치가 있다.

① ㄱ ② ㄷ ③ ㄱ, ㄴ ④ ㄴ, ㄷ ⑤ ㄱ, ㄴ, ㄷ

15

2022학년도 9월 모평 물Ⅰ 19번

그림 (가)는 점전하 A, B, C를 x축상에 고정시킨 것으로 C에 작용하는 전기력의 방향은 $+x$ 방향이다. 그림 (나)는 (가)에서 C의 위치만 $x=2d$로 바꾸어 고정시킨 것으로 A에 작용하는 전기력의 크기는 0이고, C에 작용하는 전기력의 방향은 $-x$ 방향이다. B는 양(+)전하이다.

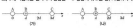

이에 대한 설명으로 옳은 것만을 〈보기〉에서 있는 대로 고른 것은?

〈보기〉

ㄱ. A는 음(−)전하이다.
ㄴ. 전하량의 크기는 A가 C보다 크다.
ㄷ. B에 작용하는 전기력의 방향은 (가)에서와 (나)에서가 같다.

① ㄱ ② ㄴ ③ ㄱ, ㄷ ④ ㄴ, ㄷ ⑤ ㄱ, ㄴ, ㄷ

03

2021학년도 6월 모평 물Ⅰ 19번

그림과 같이 x축상에 점전하 A, B, C가 같은 거리만큼 떨어져 고정되어 있다. 양(+)전하 A에 작용하는 전기력은 0이고, B에 작용하는 전기력의 방향은 $-x$방향이다.

이에 대한 설명으로 옳은 것만을 〈보기〉에서 있는 대로 고른 것은? [3점]

〈보기〉

ㄱ. B는 음(−)전하이다.
ㄴ. 전하량의 크기는 C가 A보다 크다.
ㄷ. C에 작용하는 전기력의 방향은 $-x$방향이다.

① ㄱ ② ㄴ ③ ㄱ, ㄷ ④ ㄴ, ㄷ ⑤ ㄱ, ㄴ, ㄷ

26 대표 문제

2022학년도 6월 모평 물Ⅰ 7번

그림은 보어의 수소 원자 모형에서 양자수 n에 따른 전자의 궤도 일부와 전자의 전이 a, b, c를, 표는 n에 따른 에너지를 나타낸 것이다. a, b, c에서 방출되는 빛의 진동수는 각각 f_a, f_b, f_c이다.

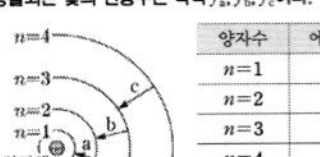

양자수	에너지(eV)
$n=1$	−13.6
$n=2$	−3.40
$n=3$	−1.51
$n=4$	−0.85

이에 대한 설명으로 옳은 것만을 〈보기〉에서 있는 대로 고른 것은?

〈보기〉

ㄱ. 방출되는 빛의 파장은 a에서가 b에서보다 짧다.
ㄴ. $f_a<f_b+f_c$이다.
ㄷ. 전자가 원자핵으로부터 받는 전기력의 크기는 $n=2$일 때가 $n=3$일 때보다 작다.

① ㄱ ② ㄷ ③ ㄱ, ㄴ ④ ㄴ, ㄷ ⑤ ㄱ, ㄴ, ㄷ

01

2024학년도 6월 모평 물Ⅰ 10번

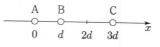

그림과 같이 점전하 A, B, C를 x축 상에 고정하였다. 전하량의 크기는 B가 A의 2배이고, B와 C가 A로부터 받는 전기력의 크기는 F로 같다. A와 B 사이에는 서로 밀어내는 전기력이, A와 C 사이에는 서로 당기는 전기력이 작용한다.

A B C
0 d $2d$ $3d$ x

이에 대한 설명으로 옳은 것만을 〈보기〉에서 있는 대로 고른 것은? [3점]

〈 보기 〉

ㄱ. 전하량의 크기는 C가 가장 크다.
ㄴ. B와 C 사이에는 서로 당기는 전기력이 작용한다.
ㄷ. B와 C 사이에 작용하는 전기력의 크기는 F보다 크다.

① ㄱ ② ㄷ ③ ㄱ, ㄴ ④ ㄴ, ㄷ ⑤ ㄱ, ㄴ, ㄷ

02

2024학년도 7월 학평 물Ⅰ 18번

그림과 같이 x축상에 점전하 A～D를 고정하고 양(+)전하인 점전하 P를 옮기며 고정한다. A와 B의 전하량의 크기는 서로 같고, C와 D의 전하량의 크기는 서로 같다. B, C는 양(+)전하이고 A, D는 음(−)전하이다. P가 $x=4d$에 있을 때, P에 작용하는 전기력은 0이다.

A B P C D
0 $2d$ $4d$ $8d$ $12d$ x

이에 대한 설명으로 옳은 것만을 〈보기〉에서 있는 대로 고른 것은? [3점]

〈 보기 〉

ㄱ. 전하량의 크기는 A가 C보다 크다.
ㄴ. P가 $x=d$에 있을 때, P에 작용하는 전기력의 방향은 $-x$방향이다.
ㄷ. P에 작용하는 전기력의 크기는 $x=6d$에 있을 때가 $x=10d$에 있을 때보다 크다.

① ㄱ ② ㄴ ③ ㄱ, ㄷ ④ ㄴ, ㄷ ⑤ ㄱ, ㄴ, ㄷ

03

2021학년도 6월  물Ⅰ 19번

그림과 같이 x축상에 점전하 A, B, C가 같은 거리만큼 떨어져 고정되어 있다. 양(+)전하 A에 작용하는 전기력은 0이고, B에 작용하는 전기력의 방향은 $-x$방향이다.

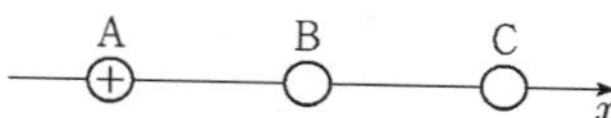

이에 대한 설명으로 옳은 것만을 〈보기〉에서 있는 대로 고른 것은? [3점]

〈 보기 〉

ㄱ. B는 음(−)전하이다.
ㄴ. 전하량의 크기는 C가 A보다 크다.
ㄷ. C에 작용하는 전기력의 방향은 $-x$방향이다.

① ㄱ ② ㄴ ③ ㄱ, ㄷ ④ ㄴ, ㄷ ⑤ ㄱ, ㄴ, ㄷ

04

2023학년도 6월  물Ⅰ 20번

그림과 같이 x축상에 점전하 A, B를 각각 $x=0$, $x=3d$에 고정한다. 양(+)전하인 점전하 P를 x축상에 옮기며 고정할 때, $x=d$에서 P에 작용하는 전기력의 방향은 $+x$ 방향이고, $x>3d$에서 P에 작용하는 전기력의 방향이 바뀌는 위치가 있다.

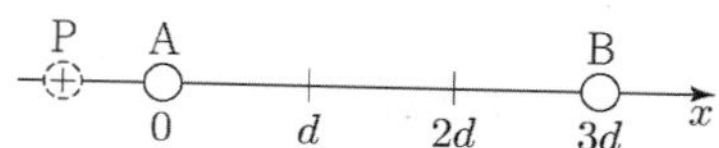

이에 대한 설명으로 옳은 것만을 〈보기〉에서 있는 대로 고른 것은?

〈 보기 〉

ㄱ. A는 양(+)전하이다.
ㄴ. 전하량의 크기는 A가 B보다 작다.
ㄷ. $x<0$에서 P에 작용하는 전기력의 방향이 바뀌는 위치가 있다.

① ㄱ ② ㄴ ③ ㄱ, ㄷ ④ ㄴ, ㄷ ⑤ ㄱ, ㄴ, ㄷ

05

2024학년도 수능 물Ⅰ 15번

그림과 같이 x축상에 점전하 A, B, C를 고정하고, 양(+)전하인 점전하 P를 옮기며 고정한다. P가 $x=2d$에 있을 때, P에 작용하는 전기력의 방향은 $+x$방향이다. B, C는 각각 양(+)전하, 음(−)전하이고, A, B, C의 전하량의 크기는 같다.

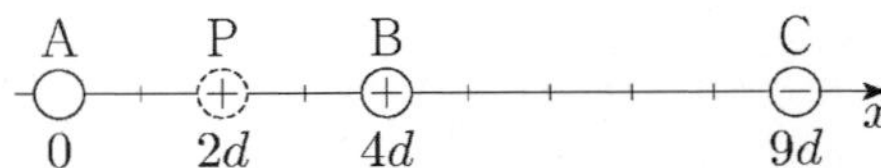

이에 대한 설명으로 옳은 것만을 〈보기〉에서 있는 대로 고른 것은? [3점]

〈보기〉

ㄱ. A는 양(+)전하이다.
ㄴ. P가 $x=6d$에 있을 때, P에 작용하는 전기력의 방향은 $+x$방향이다.
ㄷ. P에 작용하는 전기력의 크기는 P가 $x=d$에 있을 때가 $x=5d$에 있을 때보다 작다.

① ㄱ ② ㄷ ③ ㄱ, ㄴ ④ ㄴ, ㄷ ⑤ ㄱ, ㄴ, ㄷ

06

2024학년도 5월 학평 물Ⅰ 19번

그림 (가)는 점전하 A, B, C를 x축상에 고정시킨 것을, (나)는 (가)에서 A, C의 위치만을 바꾸어 고정시킨 것을 나타낸 것이다. (가)와 (나)에서 양(+)전하인 A에 작용하는 전기력의 방향은 같고, C에 작용하는 전기력의 방향은 $+x$방향으로 같다.

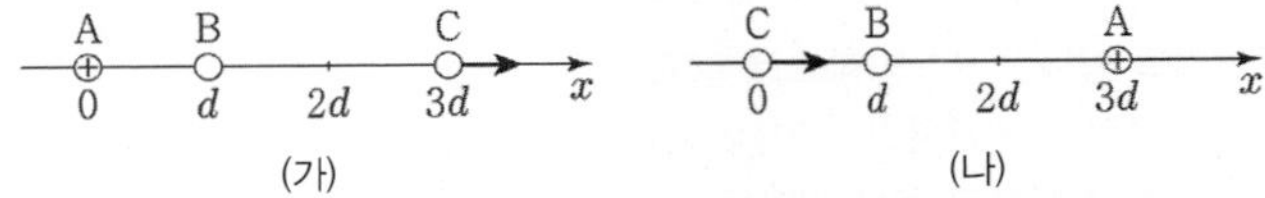

이에 대한 설명으로 옳은 것만을 〈보기〉에서 있는 대로 고른 것은?

〈보기〉

ㄱ. C는 양(+)전하이다.
ㄴ. (가)에서 A에 작용하는 전기력의 방향은 $-x$방향이다.
ㄷ. (나)에서 B에 작용하는 전기력의 크기는 C에 작용하는 전기력의 크기보다 작다.

① ㄱ ② ㄴ ③ ㄱ, ㄷ ④ ㄴ, ㄷ ⑤ ㄱ, ㄴ, ㄷ

07

2023학년도 7월 학평 물Ⅰ 18번

그림 (가)는 점전하 A, B, C, D를 x축상에 고정시킨 것으로 A에 작용하는 전기력의 방향은 $-x$방향이고, B에 작용하는 전기력은 0이다. 그림 (나)는 (가)에서 A와 C의 위치만 서로 바꾸어 고정시킨 것으로 B에는 $+x$방향으로 크기가 F인 전기력이 작용한다. A, B, C의 전하량의 크기는 각각 $2Q$, Q, Q이다.

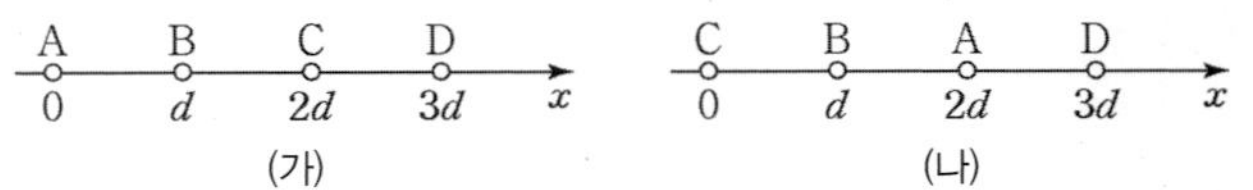

(가)에서 A에 작용하는 전기력의 크기는? [3점]

① $\frac{1}{36}F$ ② $\frac{1}{18}F$ ③ $\frac{1}{12}F$ ④ $\frac{1}{9}F$ ⑤ $\frac{1}{6}F$

08

2023학년도 9월 모평 물Ⅰ 19번

그림 (가)는 점전하 A, B, C를 x축상에 고정시킨 것으로 양(+)전하인 C에 작용하는 전기력의 방향은 $+x$ 방향이다. 그림 (나)는 (가)에서 A의 위치만 $x=3d$로 바꾸어 고정시킨 것으로 B, C에 작용하는 전기력의 방향은 $+x$ 방향으로 같다.

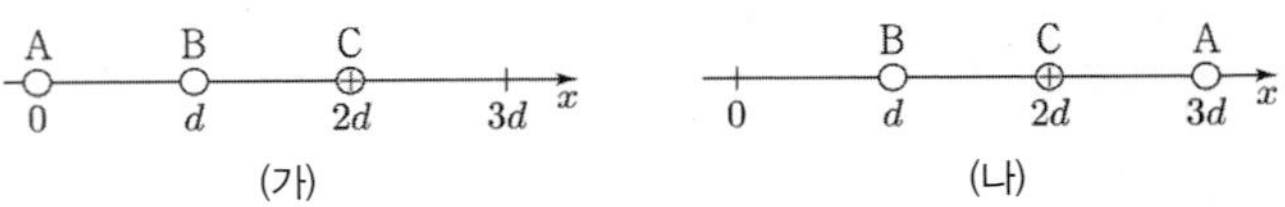

이에 대한 설명으로 옳은 것만을 〈보기〉에서 있는 대로 고른 것은?

〈보기〉

ㄱ. A에 작용하는 전기력의 방향은 (가)에서와 (나)에서가 서로 같다.
ㄴ. 전하량의 크기는 B가 C보다 크다.
ㄷ. (가)에서 B에 작용하는 전기력의 크기는 (나)에서 C에 작용하는 전기력의 크기보다 크다.

① ㄱ ② ㄴ ③ ㄱ, ㄷ ④ ㄴ, ㄷ ⑤ ㄱ, ㄴ, ㄷ

09

2022학년도 4월 학평 물I 18번

그림 (가)와 같이 점전하 A, B, C를 x축상에 고정시켰더니 양(+)전하 B에 작용하는 전기력이 0이 되었다. 그림 (나)와 같이 (가)의 C를 $x=4d$로 옮겨 고정시켰더니 B에 작용하는 전기력의 방향이 $+x$ 방향이 되었다. C에 작용하는 전기력의 크기는 (가)에서가 (나)에서의 2배이다.

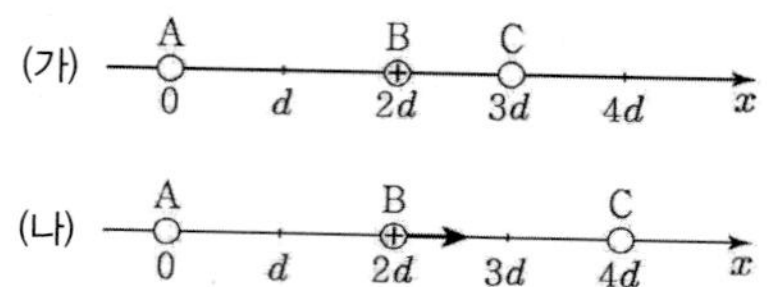

이에 대한 설명으로 옳은 것만을 〈보기〉에서 있는 대로 고른 것은? [3점]

〈보기〉

ㄱ. B와 C 사이에는 미는 전기력이 작용한다.

ㄴ. (나)에서 A에 작용하는 전기력의 크기는 C에 작용하는 전기력의 크기보다 작다.

ㄷ. 전하량의 크기는 A가 B보다 작다.

① ㄱ ② ㄴ ③ ㄱ, ㄷ ④ ㄴ, ㄷ ⑤ ㄱ, ㄴ, ㄷ

10

2022학년도 3월 학평 물I 19번

그림 (가), (나)와 같이 점전하 A, B, C를 x축상에 고정시키고, 점전하 P를 각각 $x=-d$와 $x=d$에 놓았다. (가)와 (나)에서 P가 받는 전기력은 모두 0이다. A는 양(+)전하이고, A와 C는 전하량의 크기가 같다.

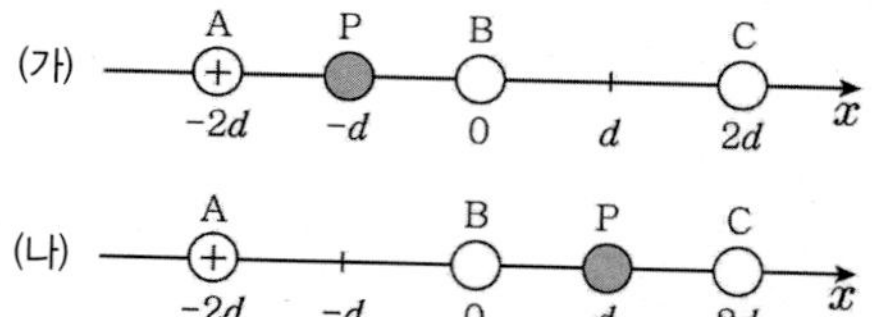

이에 대한 옳은 설명만을 〈보기〉에서 있는 대로 고른 것은? [3점]

〈보기〉

ㄱ. A와 C가 P에 작용하는 전기력의 합력의 방향은 (가)에서와 (나)에서가 같다.

ㄴ. C는 양(+)전하이다.

ㄷ. 전하량의 크기는 A가 B보다 작다.

① ㄱ ② ㄴ ③ ㄱ, ㄷ ④ ㄴ, ㄷ ⑤ ㄱ, ㄴ, ㄷ

11

2024학년도 3월 학평 물I 15번

그림 (가)는 점전하 A, B, C를 x축상에 고정시킨 모습을, (나)는 (가)에서 점전하의 위치만 서로 바꾼 모습을 나타낸 것이다. A, B는 모두 양(+)전하이며, (나)에서 A, B, C에 작용하는 전기력은 모두 0이다.

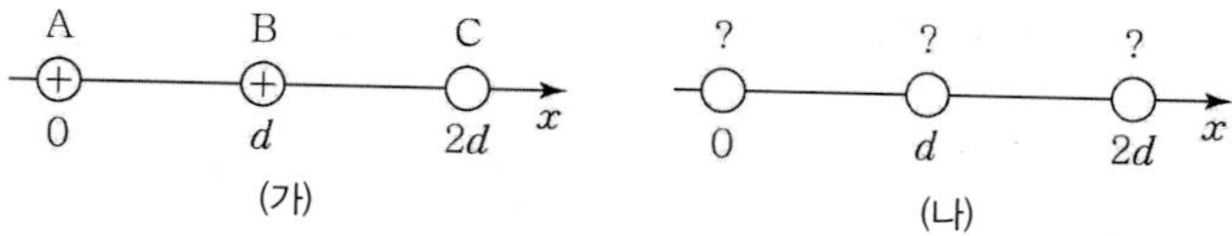

이에 대한 옳은 설명만을 〈보기〉에서 있는 대로 고른 것은? [3점]

〈보기〉

ㄱ. C는 음(−)전하이다.

ㄴ. 전하량의 크기는 A와 B가 같다.

ㄷ. (가)에서 A에 작용하는 전기력의 방향은 $-x$방향이다.

① ㄱ ② ㄷ ③ ㄱ, ㄴ ④ ㄴ, ㄷ ⑤ ㄱ, ㄴ, ㄷ

12

2024학년도 9월 모평 물I 18번

그림 (가)는 점전하 A, B, C를 x축상에 고정시킨 것을, (나)는 (가)에서 B의 위치만 $x=3d$로 옮겨 고정시킨 것을 나타낸 것이다. (가)와 (나)에서 양(+)전하인 A에 작용하는 전기력의 방향은 $+x$방향으로 같고, C에 작용하는 전기력의 크기는 (가)에서가 (나)에서보다 크다.

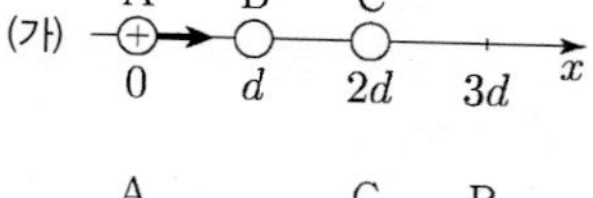

이에 대한 설명으로 옳은 것만을 〈보기〉에서 있는 대로 고른 것은? [3점]

〈보기〉

ㄱ. (가)에서 B에 작용하는 전기력의 방향은 $-x$방향이다.

ㄴ. 전하량의 크기는 C가 B보다 크다.

ㄷ. A에 작용하는 전기력의 크기는 (나)에서가 (가)에서보다 크다.

① ㄱ ② ㄴ ③ ㄷ ④ ㄱ, ㄷ ⑤ ㄴ, ㄷ

13 대표 문제

2025학년도 6월 모평 물I 12번

그림 (가)는 점전하 A, B, C를 x축상에 고정시킨 모습을, (나)는 (가)에서 A의 위치만 $x=2d$로 옮겨 고정시킨 모습을 나타낸 것이다. 양(+)전하인 C에 작용하는 전기력의 크기는 (가), (나)에서 각각 F, $5F$이고, 방향은 $+x$방향으로 같다. (나)에서 B에 작용하는 전기력의 크기는 $4F$이다.

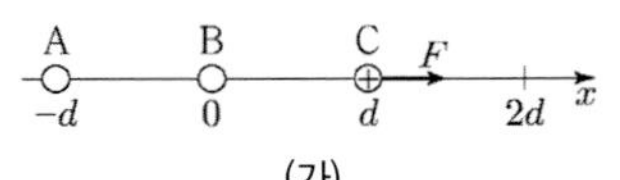

(가)

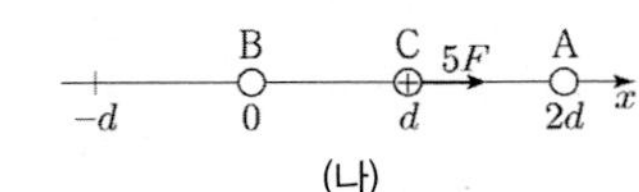

(나)

이에 대한 설명으로 옳은 것만을 <보기>에서 있는 대로 고른 것은?

<보기>

ㄱ. A와 C 사이에는 서로 밀어내는 전기력이 작용한다.
ㄴ. (가)에서 A와 C 사이에 작용하는 전기력의 크기는 $2F$보다 작다.
ㄷ. (나)에서 B에 작용하는 전기력의 방향은 $-x$방향이다.

① ㄱ ② ㄴ ③ ㄷ ④ ㄱ, ㄴ ⑤ ㄴ, ㄷ

14

2023학년도 수능 물I 19번

그림 (가)는 점전하 A, B, C를 x축상에 고정시킨 것으로 A, B에 작용하는 전기력의 방향은 같고, B는 양(+)전하이다. 그림 (나)는 (가)에서 $x=3d$에 음(−)전하인 점전하 D를 고정시킨 것으로 B에 작용하는 전기력은 0이다. C에 작용하는 전기력의 크기는 (가)에서가 (나)에서보다 크다.

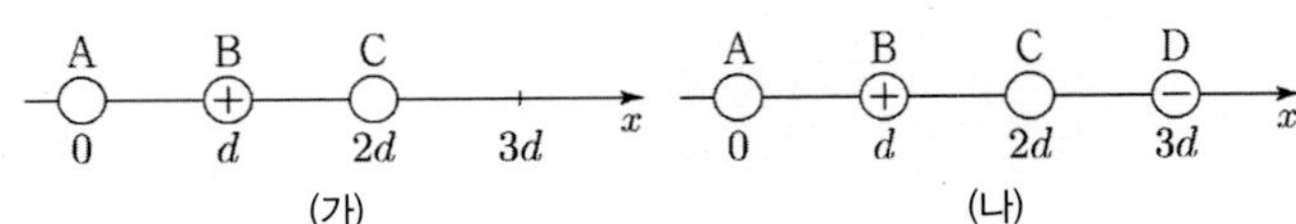

이에 대한 설명으로 옳은 것만을 <보기>에서 있는 대로 고른 것은?

<보기>

ㄱ. (가)에서 C에 작용하는 전기력의 방향은 $+x$ 방향이다.
ㄴ. A는 음(−)전하이다.
ㄷ. 전하량의 크기는 A가 C보다 크다.

① ㄱ ② ㄷ ③ ㄱ, ㄴ ④ ㄴ, ㄷ ⑤ ㄱ, ㄴ, ㄷ

15

2022학년도 9월 모평 물I 19번

그림 (가)는 점전하 A, B, C를 x축상에 고정시킨 것으로 C에 작용하는 전기력의 방향은 $+x$ 방향이다. 그림 (나)는 (가)에서 C의 위치만 $x=2d$로 바꾸어 고정시킨 것으로 A에 작용하는 전기력의 크기는 0이고, C에 작용하는 전기력의 방향은 $-x$ 방향이다. B는 양(+)전하이다.

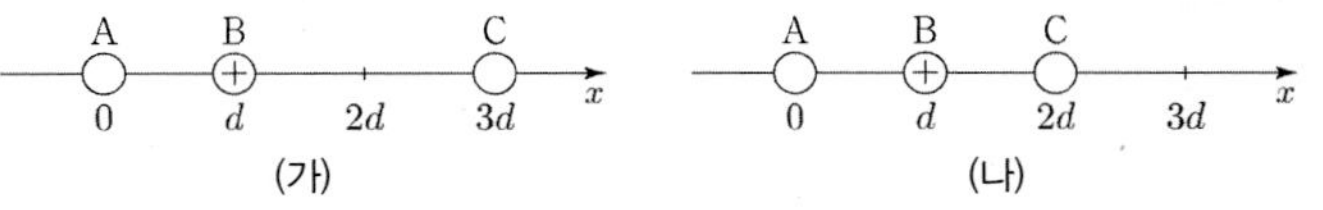

이에 대한 설명으로 옳은 것만을 <보기>에서 있는 대로 고른 것은?

<보기>

ㄱ. A는 음(−)전하이다.
ㄴ. 전하량의 크기는 A가 C보다 크다.
ㄷ. B에 작용하는 전기력의 방향은 (가)에서와 (나)에서가 같다.

① ㄱ ② ㄴ ③ ㄱ, ㄷ ④ ㄴ, ㄷ ⑤ ㄱ, ㄴ, ㄷ

16

2023학년도 10월 학평 물I 13번

그림 (가), (나)와 같이 점전하 A, B, C를 각각 x축상에 고정시켰다. (가)에서 B가 받는 전기력은 0이고, (가), (나)에서 C는 각각 $+x$방향과 $-x$방향으로 크기가 F_1, F_2인 전기력을 받는다. $F_1 > F_2$이다.

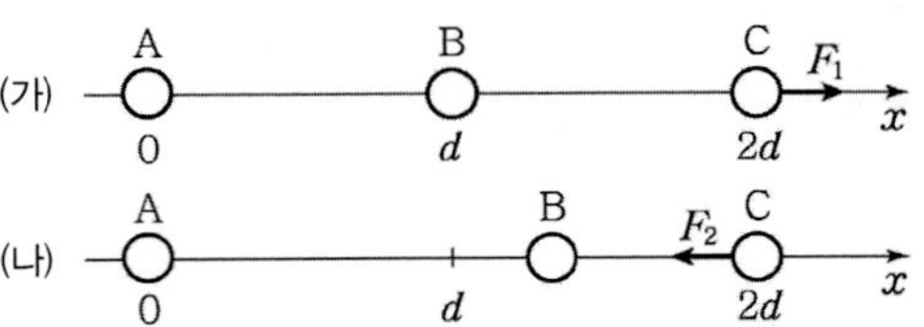

이에 대한 옳은 설명만을 <보기>에서 있는 대로 고른 것은? [3점]

<보기>

ㄱ. 전하량의 크기는 A와 C가 같다.
ㄴ. A와 B 사이에는 서로 당기는 전기력이 작용한다.
ㄷ. (나)에서 A가 받는 전기력의 크기는 F_2보다 작다.

① ㄴ ② ㄷ ③ ㄱ, ㄴ ④ ㄱ, ㄷ ⑤ ㄱ, ㄴ, ㄷ

17

2023학년도 3월 학평 물Ⅰ 18번

그림 (가)는 점전하 A, B, C, D를 x축상에 고정시킨 것으로 B는 음(−)전하이고 A와 C는 같은 종류의 전하이다. A에 작용하는 전기력의 방향은 $+x$방향이고, C에 작용하는 전기력은 0이다. 그림 (나)는 (가)에서 B만 제거한 것으로 D에 작용하는 전기력의 방향은 $+x$방향이다.

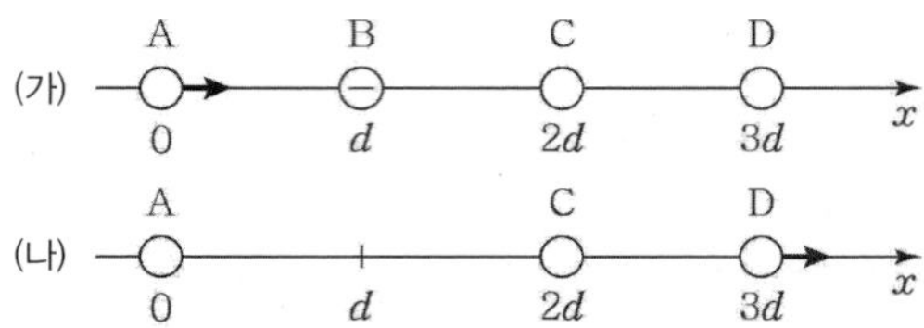

이에 대한 옳은 설명만을 <보기>에서 있는 대로 고른 것은?

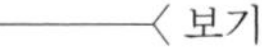

〈 보기 〉

ㄱ. A는 양(+)전하이다.
ㄴ. 전하량의 크기는 B가 A보다 크다.
ㄷ. (나)의 D에 작용하는 전기력의 크기는 (나)의 A에 작용하는 전기력의 크기보다 크다.

① ㄱ ② ㄴ ③ ㄱ, ㄷ ④ ㄴ, ㄷ ⑤ ㄱ, ㄴ, ㄷ

18

2024학년도 10월 학평 물Ⅰ 19번

그림 (가)는 점전하 A, B, C를 x축상에 고정시킨 것으로 A, C에 작용하는 전기력의 크기는 같다. 그림 (나)는 (가)에서 B와 C의 위치를 바꾸어 고정시킨 것으로 C에 작용하는 전기력은 0이다. 전하량의 크기는 A가 C보다 크다.

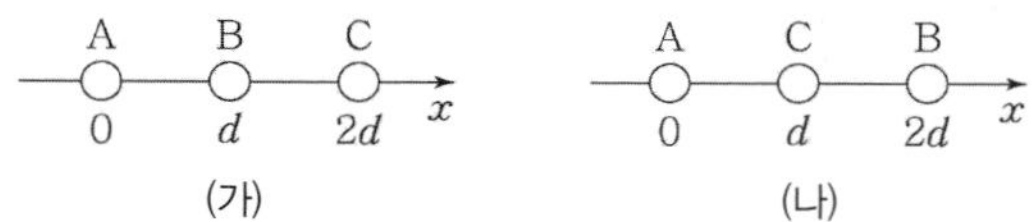

(가) (나)

이에 대한 옳은 설명만을 <보기>에서 있는 대로 고른 것은? [3점]

〈 보기 〉

ㄱ. 전하량의 크기는 B가 C보다 크다.
ㄴ. A와 C 사이에는 서로 밀어내는 전기력이 작용한다.
ㄷ. (가)에서 A와 B에 작용하는 전기력의 방향은 같다.

① ㄱ ② ㄴ ③ ㄱ, ㄷ ④ ㄴ, ㄷ ⑤ ㄱ, ㄴ, ㄷ

19

2021학년도 10월 학평 물Ⅰ 13번

그림 (가)와 같이 점전하 A와 B를 x축상에 고정시키고 점전하 P를 x축상에 놓았다. A, B는 각각 양(+)전하, 음(−)전하이다. 그림 (나)는 (가)에서 A, B가 각각 P에 작용하는 전기력의 크기 F_A, F_B를 P의 위치에 따라 나타낸 것이다. P의 위치가 $x=d_2$일 때, P에 작용하는 전기력의 방향은 $+x$ 방향이다.

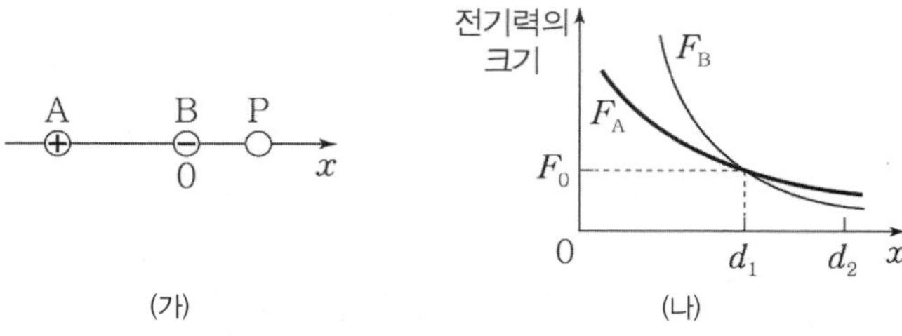

(가) (나)

이에 대한 옳은 설명만을 <보기>에서 있는 대로 고른 것은? [3점]

〈 보기 〉

ㄱ. P는 양(+)전하이다.
ㄴ. 전하량의 크기는 A가 B보다 크다.
ㄷ. P의 위치가 $x=d_1$일 때, P에 작용하는 전기력의 크기는 $2F_0$이다.

① ㄴ ② ㄷ ③ ㄱ, ㄴ ④ ㄱ, ㄷ ⑤ ㄱ, ㄴ, ㄷ

20 대표 문제

2025학년도 9월 모평 물Ⅰ 17번

그림 (가)와 같이 x축상에 점전하 A, 양(+)전하인 점전하 C를 각각 $x=0$, $x=5d$에 고정하고, 점전하 B를 x축상의 $d \leq x \leq 3d$인 구간에서 옮기며 고정한다. 그림 (나)는 (가)에서 C에 작용하는 전기력을 B의 위치에 따라 나타낸 것이고, 전기력의 방향은 $+x$방향이 양(+)이다.

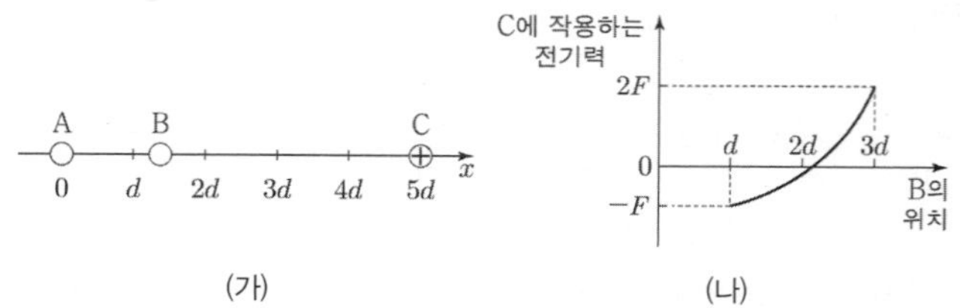

(가) (나)

이에 대한 설명으로 옳은 것만을 <보기>에서 있는 대로 고른 것은? [3점]

〈 보기 〉

ㄱ. A는 음(−)전하이다.
ㄴ. 전하량의 크기는 A가 B보다 작다.
ㄷ. B가 $x=3d$에 있을 때, B에 작용하는 전기력의 크기는 $2F$보다 작다.

① ㄱ ② ㄴ ③ ㄱ, ㄷ ④ ㄴ, ㄷ ⑤ ㄱ, ㄴ, ㄷ

21

2022학년도 10월 학평 물Ⅰ 17번

그림 (가)는 x축상에 점전하 A와 B를 각각 $x=0$과 $x=d$에 고정하고 점전하 C를 $x>d$인 범위에서 x축상에 놓은 모습을 나타낸 것이다. A와 C의 전하량의 크기는 같다. 그림 (나)는 C가 받는 전기력 F_C를 C의 위치 x에 따라 나타낸 것으로, 전기력은 $+x$방향일 때가 양($+$)이다.

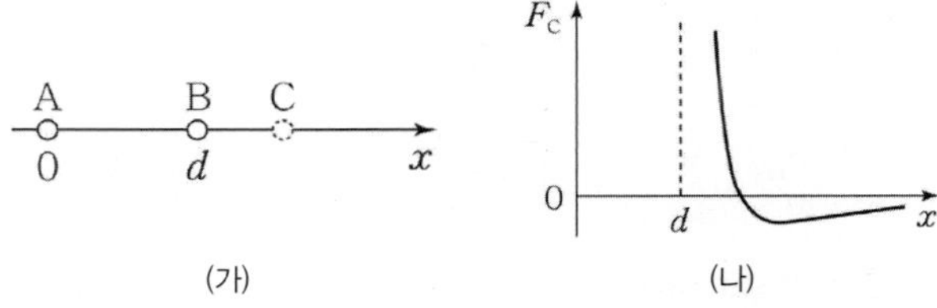

(가)에서 C를 x축상의 $x=2d$에 고정하고 B를 $0<x<2d$인 범위에서 x축상에 놓을 때, B가 받는 전기력 F_B를 B의 위치 x에 따라 나타낸 것으로 가장 적절한 것은? [3점]

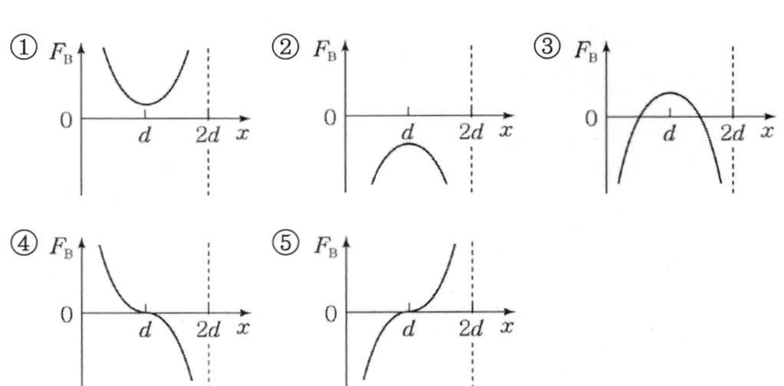

22

2022학년도 수능 물Ⅰ 19번

그림 (가)와 같이 x 축상에 점전하 A~D를 고정하고 양($+$)전하인 점전하 P를 옮기며 고정한다. A, B는 전하량이 같은 음($-$)전하이고 C, D는 전하량이 같은 양($+$)전하이다. 그림 (나)는 P의 위치 x가 $0<x<5d$인 구간에서 P에 작용하는 전기력을 나타낸 것이다.

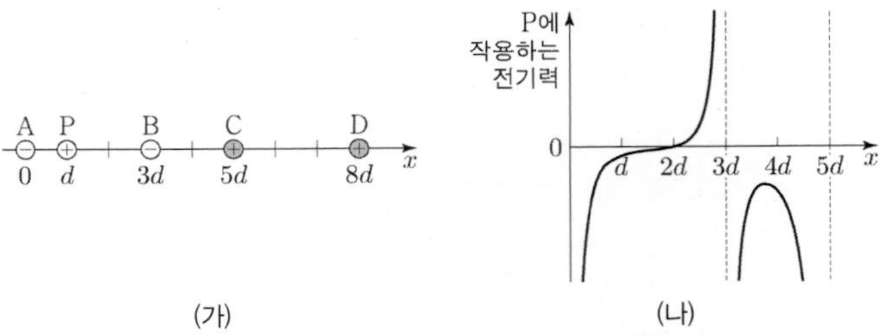

이에 대한 설명으로 옳은 것만을 〈보기〉에서 있는 대로 고른 것은?

〈보기〉

ㄱ. $x=d$에서 P에 작용하는 전기력의 방향은 $-x$ 방향이다.

ㄴ. 전하량의 크기는 A가 C보다 작다.

ㄷ. $5d<x<6d$인 구간에 P에 작용하는 전기력이 0이 되는 위치가 있다.

① ㄱ ② ㄷ ③ ㄱ, ㄴ ④ ㄴ, ㄷ ⑤ ㄱ, ㄴ, ㄷ

23

2023학년도 4월 학평 물Ⅰ 19번

그림 (가)와 같이 x축상에 점전하 A, B를 각각 $x=0$, $x=6d$에 고정하고, 양($+$)전하인 점전하 C를 옮기며 고정한다. 그림 (나)는 (가)에서 C의 위치가 $d \le x \le 5d$인 구간에서 A, B에 작용하는 전기력을 나타낸 것이다.

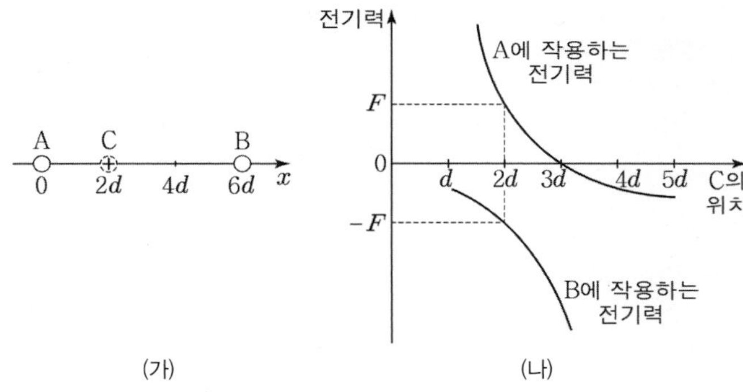

이에 대한 설명으로 옳은 것만을 〈보기〉에서 있는 대로 고른 것은?

〈보기〉

ㄱ. A는 음($-$)전하이다.

ㄴ. 전하량의 크기는 A와 C가 같다.

ㄷ. C를 $x=2d$에 고정할 때 A가 C에 작용하는 전기력의 크기는 F보다 작다.

① ㄱ ② ㄷ ③ ㄱ, ㄴ ④ ㄴ, ㄷ ⑤ ㄱ, ㄴ, ㄷ

24

2021학년도 7월 학평 물I 11번

그림은 보어의 수소 원자 모형에서 양자수 n에 따른 전자 궤도의 일부와 전자가 전이하는 과정 P, Q, R를 나타낸 것이다. P, Q, R에서 방출되는 빛의 파장은 각각 λ_1, λ_2, λ_3이다.

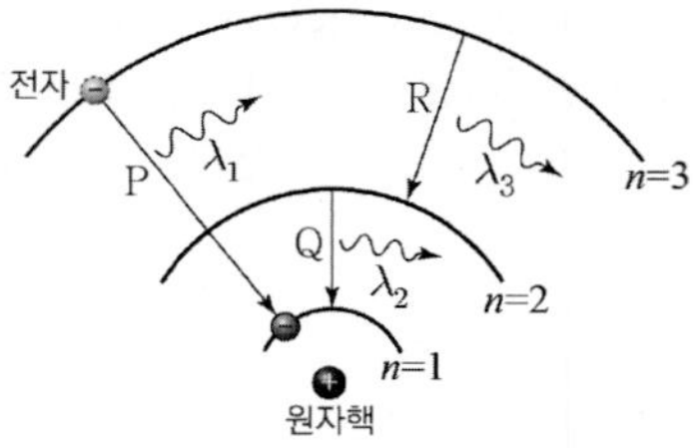

이에 대한 설명으로 옳은 것만을 〈보기〉에서 있는 대로 고른 것은? (단, 빛의 속력은 c이다.)

〈보기〉

ㄱ. $\lambda_1 < \lambda_2$이다.

ㄴ. P에서 방출되는 빛의 진동수는 $\frac{c}{\lambda_1}$이다.

ㄷ. $\lambda_3 = |\lambda_1 - \lambda_2|$이다.

① ㄱ ② ㄷ ③ ㄱ, ㄴ ④ ㄴ, ㄷ ⑤ ㄱ, ㄴ, ㄷ

25

2021학년도 10월 학평 물I 8번

표는 보어의 수소 원자 모형에서 전자가 양자수 $n=2$로 전이할 때 방출된 빛 A, B, C의 파장을 나타낸 것이다. B는 전자가 $n=4$에서 $n=2$로 전이할 때 방출된 빛이다.

빛	파장(nm)
A	656
B	486
C	434

이에 대한 옳은 설명만을 〈보기〉에서 있는 대로 고른 것은?

〈보기〉

ㄱ. 광자 1개의 에너지는 B가 C보다 크다.

ㄴ. A는 전자가 $n=3$에서 $n=2$로 전이할 때 방출된 빛이다.

ㄷ. 수소 원자의 에너지 준위는 불연속적이다.

① ㄱ ② ㄷ ③ ㄱ, ㄴ ④ ㄴ, ㄷ ⑤ ㄱ, ㄴ, ㄷ

26 대표 문제

2022학년도 6월 모평 물I 7번

그림은 보어의 수소 원자 모형에서 양자수 n에 따른 전자의 궤도 일부와 전자의 전이 a, b, c를, 표는 n에 따른 에너지를 나타낸 것이다. a, b, c에서 방출되는 빛의 진동수는 각각 f_a, f_b, f_c이다.

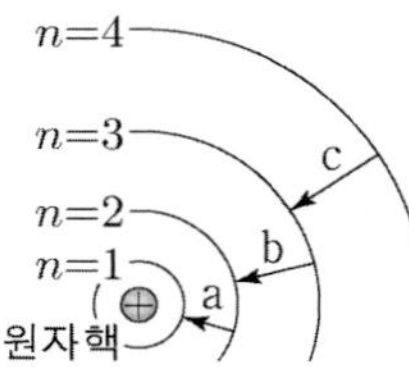

양자수	에너지(eV)
$n=1$	−13.6
$n=2$	−3.40
$n=3$	−1.51
$n=4$	−0.85

이에 대한 설명으로 옳은 것만을 〈보기〉에서 있는 대로 고른 것은?

〈보기〉

ㄱ. 방출되는 빛의 파장은 a에서가 b에서보다 짧다.

ㄴ. $f_a < f_b + f_c$이다.

ㄷ. 전자가 원자핵으로부터 받는 전기력의 크기는 $n=2$일 때가 $n=3$일 때보다 작다.

① ㄱ ② ㄷ ③ ㄱ, ㄴ ④ ㄴ, ㄷ ⑤ ㄱ, ㄴ, ㄷ

27

2022학년도 7월 학평 물I 16번

표는 보어의 수소 원자 모형에서 양자수 n에 따른 핵과 전자 사이의 거리, 핵과 전자 사이에 작용하는 전기력의 크기, 전자의 에너지 준위를 나타낸 것이다.

양자수	거리	전기력의 크기	에너지 준위
$n=1$	r	㉠	$-4E_0$
$n=2$	$4r$	F	$-E_0$

이에 대한 설명으로 옳은 것만을 〈보기〉에서 있는 대로 고른 것은?

〈보기〉

ㄱ. 전자의 에너지 준위는 양자화되어 있다.

ㄴ. ㉠은 $4F$이다.

ㄷ. 전자가 $n=2$에서 $n=1$로 전이할 때 방출되는 빛의 에너지는 $5E_0$이다.

① ㄱ ② ㄴ ③ ㄱ, ㄷ ④ ㄴ, ㄷ ⑤ ㄱ, ㄴ, ㄷ

28

2020학년도 7월 학평 물I 10번

그림은 보어의 수소 원자 모형에서 양자수 n에 따른 에너지 준위와 전자의 전이 P, Q, R를 나타낸 것이다. 표는 양자수 n에 따른 핵과 전자 사이의 거리, 핵과 전자 사이에 작용하는 전기력의 크기를 나타낸 것이다.

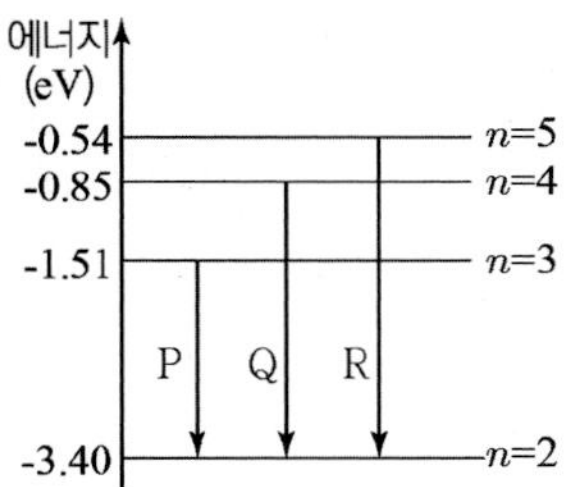

양자수	핵과 전자 사이의 거리	전기력의 크기
$n=2$	$4r$	㉠
$n=3$	$9r$	㉡

이에 대한 설명으로 옳은 것만을 〈보기〉에서 있는 대로 고른 것은?

〈 보기 〉

ㄱ. 방출되는 광자 한 개의 에너지는 R에서가 Q에서보다 크다.

ㄴ. 방출되는 빛의 진동수는 Q에서가 P에서의 2배이다.

ㄷ. ㉡은 ㉠의 $\frac{9}{4}$배이다.

① ㄱ ② ㄴ ③ ㄱ, ㄷ ④ ㄴ, ㄷ ⑤ ㄱ, ㄴ, ㄷ

29

2019학년도 3월 학평 물I 15번

그림 (가)는 수소 원자가 에너지 2.55 eV인 광자를 방출하는 모습을, (나)는 보어의 수소 원자 모형에서 양자수 n에 따른 에너지 준위의 일부와 전자의 전이 a, b를 나타낸 것이다.

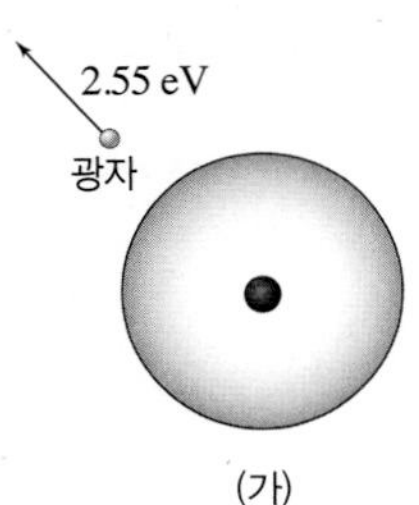

(가)

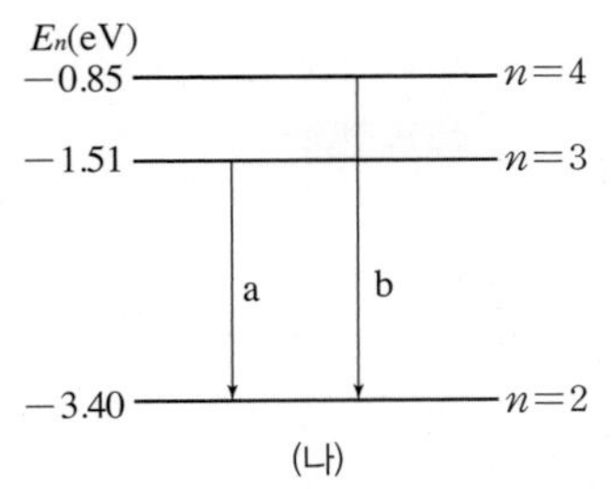

(나)

이에 대한 옳은 설명만을 〈보기〉에서 있는 대로 고른 것은? (단, h는 플랑크 상수이다.)

〈 보기 〉

ㄱ. (가)에서 광자의 진동수는 $\frac{2.55 \text{ eV}}{h}$이다.

ㄴ. (가)에서 일어나는 전자의 전이는 b이다.

ㄷ. (나)에서 방출되는 빛의 파장은 b에서가 a에서보다 길다.

① ㄱ ② ㄷ ③ ㄱ, ㄴ ④ ㄴ, ㄷ ⑤ ㄱ, ㄴ, ㄷ

30

2024학년도 3월 학평 물I 13번

그림 (가)와 (나)는 각각 보어의 수소 원자 모형에서 양자수 n에 따른 전자의 궤도와 에너지 준위의 일부를 나타낸 것이다. a, b, c는 각각 2, 3, 4 중 하나이다.

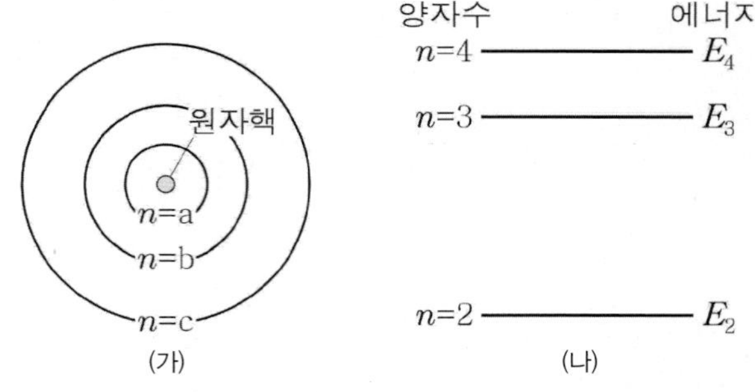

이에 대한 옳은 설명만을 〈보기〉에서 있는 대로 고른 것은?

〈 보기 〉

ㄱ. a=4이다.

ㄴ. 전자는 E_2와 E_3 사이의 에너지를 가질 수 없다.

ㄷ. 전자가 n=b에서 n=c로 전이할 때 흡수 또는 방출하는 광자 1개의 에너지는 $|E_3-E_2|$이다.

① ㄴ ② ㄷ ③ ㄱ, ㄴ ④ ㄱ, ㄷ ⑤ ㄴ, ㄷ

31

2025학년도 수능 물I 13번

그림 (가)는 점전하 A, B를 x축상에 고정하고 음(−)전하 P를 옮기며 x축상에 고정하는 것을 나타낸 것이다. 그림 (나)는 점전하 A~D를 x축상에 고정하고 양(+)전하 R를 옮기며 x축상에 고정하는 것을 나타낸 것이다. A와 D, B와 C, P와 R는 각각 전하량의 크기가 같고, C와 D는 양(+)전하이다. 그림 (다)는 (가)에서 P의 위치 x가 $0<x<3d$인 구간에서 P에 작용하는 전기력을 나타낸 것으로, 전기력의 방향은 $+x$ 방향이 양(+)이다.

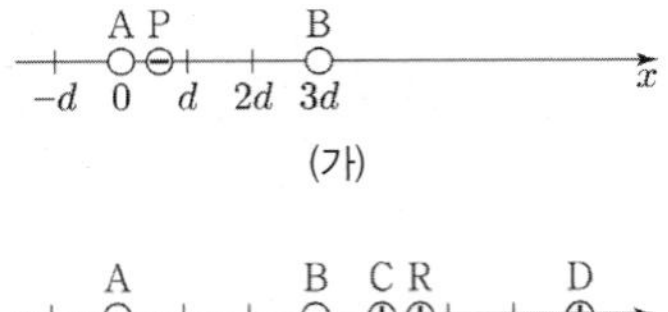

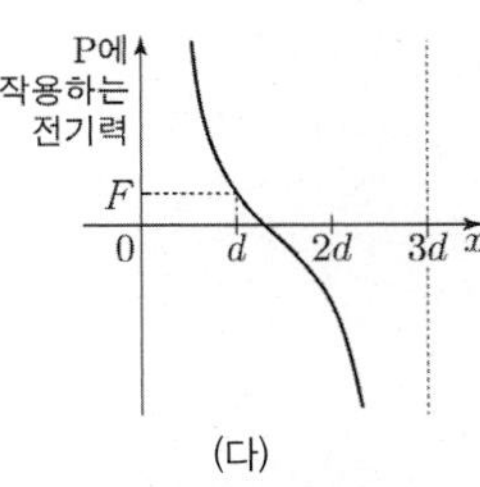

이에 대한 설명으로 옳은 것만을 〈보기〉에서 있는 대로 고른 것은? [3점]

〈 보기 〉

ㄱ. (가)에서 P의 위치가 $x=-d$일 때, P에 작용하는 전기력의 크기는 F보다 크다.

ㄴ. (나)에서 R의 위치가 $x=d$일 때, R에 작용하는 전기력의 방향은 $+x$방향이다.

ㄷ. (나)에서 R의 위치가 $x=6d$일 때, R에 작용하는 전기력의 크기는 F보다 작다.

① ㄱ ② ㄴ ③ ㄱ, ㄷ ④ ㄴ, ㄷ ⑤ ㄱ, ㄴ, ㄷ

15 일차

한눈에 정리하는 평가원 기출 경향

주제 \ 학년도	2025	2024

전자의 전이

2025

32 대표 문제 — 2025학년도 수능 물I 3번

그림은 보어의 수소 원자 모형에서 양자수 n에 따른 에너지 준위의 일부와 전자의 전이 a~d를 나타낸 것이다. a에서 흡수되는 빛의 진동수는 f_a이다.

이에 대한 설명으로 옳은 것만을 〈보기〉에서 있는 대로 고른 것은? [3점]

〈보기〉

ㄱ. a에서 흡수되는 광자 1개의 에너지는 $\frac{3}{4}E_0$이다.

ㄴ. 방출되는 빛의 파장은 b에서가 d에서보다 짧다.

ㄷ. c에서 흡수되는 빛의 진동수는 $\frac{1}{8}f_a$이다.

① ㄱ ② ㄴ ③ ㄱ, ㄷ ④ ㄴ, ㄷ ⑤ ㄱ, ㄴ, ㄷ

17 — 2025학년도 6월 모평 물I 3번

그림 (가)는 보어의 수소 원자 모형에서 양자수 n에 따른 에너지 준위의 일부와 전자의 전이 a~d를 나타낸 것이다. 그림 (나)는 (가)의 a~d에서 방출되는 빛의 스펙트럼을 파장에 따라 나타낸 것이다.

(가) (나)

(나)의 ㉠~㉣에 해당하는 전자의 전이로 옳은 것은?

	㉠	㉡	㉢	㉣
①	a	b	c	d
②	a	c	b	d
③	d	a	b	c
④	d	b	c	a
⑤	d	c	b	a

에너지 준위와 선 스펙트럼

2025

31 — 2025학년도 9월 모평 물I 3번

그림은 수소 원자에서 방출되는 빛의 스펙트럼과 보어의 수소 원자 모형에 대한 학생 A, B, C의 대화를 나타낸 것이다.

학생 A: 수소 원자 내의 전자는 불연속적인 에너지 준위를 가져.

학생 B: 전자가 높은 에너지 준위에서 낮은 에너지 준위로 전이할 때 빛이 방출돼.

학생 C: 전자가 전이할 때 에너지 준위 차이가 클수록 방출되는 빛의 파장이 짧아.

제시한 내용이 옳은 학생만을 있는 대로 고른 것은?

① A ② C ③ A, B ④ B, C ⑤ A, B, C

2024

30 — 2024학년도 수능 물I 4번

그림 (가)는 보어의 수소 원자 모형에서 양자수 n에 따른 에너지 준위와 전자의 전이에 따른 스펙트럼 계열 중 라이먼 계열, 발머 계열을 나타낸 것이다. 그림 (나)는 (가)에서 방출되는 빛의 스펙트럼 계열을 파장에 따라 나타낸 것으로 X, Y는 라이먼 계열, 발머 계열 중 하나이고, ㉠과 ㉡은 각 계열에서 파장이 가장 긴 빛의 스펙트럼선이다.

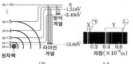

(가) (나)

이에 대한 설명으로 옳은 것만을 〈보기〉에서 있는 대로 고른 것은?

〈보기〉

ㄱ. X는 라이먼 계열이다.

ㄴ. 광자 1개의 에너지는 ㉠에서가 ㉡에서보다 작다.

ㄷ. ㉡은 전자가 $n=\infty$에서 $n=2$로 전이할 때 방출되는 빛의 스펙트럼선이다.

① ㄱ ② ㄴ ③ ㄱ, ㄷ ④ ㄴ, ㄷ ⑤ ㄱ, ㄴ, ㄷ

27 대표 문제 — 2024학년도 9월 모평 물I 4번

그림 (가)는 보어의 수소 원자 모형에서 양자수 n에 따른 에너지 준위의 일부와 전자의 전이 A~D를 나타낸 것이다. 그림 (나)는 (가)의 A, B, C에서 방출되는 빛의 스펙트럼을 파장에 따라 나타낸 것이다.

(가) (나)

이에 대한 설명으로 옳은 것만을 〈보기〉에서 있는 대로 고른 것은? (단, 빛의 속력은 c이다.) [3점]

〈보기〉

ㄱ. B에서 방출되는 광자 1개의 에너지는 $|E_4-E_2|$이다.

ㄴ. C에서 방출되는 빛의 파장은 λ_1이다.

ㄷ. D에서 흡수되는 빛의 진동수는 $\left(\frac{1}{\lambda_1}+\frac{1}{\lambda_3}\right)c$이다.

① ㄱ ② ㄷ ③ ㄱ, ㄴ ④ ㄴ, ㄷ ⑤ ㄱ, ㄴ, ㄷ

20 — 2024학년도 6월 모평 물I 3번

그림 (가)는 보어의 수소 원자 모형에서 양자수 n에 따른 에너지 준위의 일부와 전자의 전이 a~f를 나타낸 것이고, (나)는 a~f에서 방출되는 빛의 스펙트럼을 파장에 따라 나타낸 것이다.

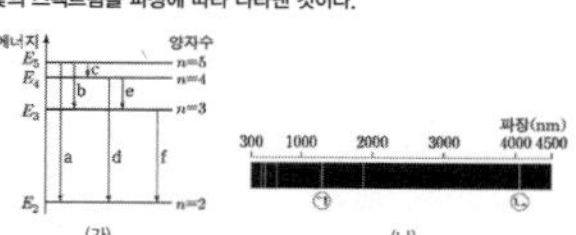

(가) (나)

이에 대한 설명으로 옳은 것만을 〈보기〉에서 있는 대로 고른 것은? (단, h는 플랑크 상수이다.) [3점]

〈보기〉

ㄱ. 방출된 빛의 파장은 a에서가 f에서보다 길다.

ㄴ. ㉠은 b에 의해 나타난 스펙트럼선이다.

ㄷ. ㉡에 해당하는 빛의 진동수는 $\frac{|E_5-E_2|}{h}$이다.

① ㄴ ② ㄷ ③ ㄱ, ㄴ ④ ㄱ, ㄷ ⑤ ㄴ, ㄷ

2023

04

2023학년도 수능 물Ⅰ 5번

그림은 보어의 수소 원자 모형에서 양자수 n에 따른 에너지 준위의 일부와 전자의 전이 a~d를, 표는 a~d에서 흡수 또는 방출되는 광자 1개의 에너지를 나타낸 것이다.

전이	흡수 또는 방출되는 광자 1개의 에너지(eV)
a	0.97
b	0.66
c	㉠
d	2.86

이에 대한 설명으로 옳은 것만을 〈보기〉에서 있는 대로 고른 것은?

〈보기〉
ㄱ. a에서는 빛이 방출된다.
ㄴ. 빛의 파장은 b에서가 d에서보다 길다.
ㄷ. ㉠은 2.55이다.

① ㄱ ② ㄴ ③ ㄱ, ㄷ ④ ㄴ, ㄷ ⑤ ㄱ, ㄴ, ㄷ

28

2023학년도 6월 모평 물Ⅰ 7번

그림 (가)는 보어의 수소 원자 모형에서 양자수 n에 따른 에너지 준위 일부와 전자의 전이 a~d를 나타낸 것이다. 그림 (나)는 a~d에서 방출과 흡수되는 빛의 스펙트럼을 파장에 따라 나타낸 것이다.

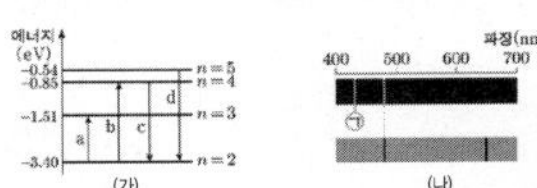

이에 대한 설명으로 옳은 것만을 〈보기〉에서 있는 대로 고른 것은?

〈보기〉
ㄱ. ㉠은 a에 의해 나타난 스펙트럼선이다.
ㄴ. b에서 흡수되는 광자 1개의 에너지는 2.55 eV이다.
ㄷ. 방출되는 빛의 진동수는 c에서가 d에서보다 크다.

① ㄱ ② ㄴ ③ ㄱ, ㄷ ④ ㄴ, ㄷ ⑤ ㄱ, ㄴ, ㄷ

2022~2019

11

2022학년도 수능 물Ⅰ 5번

그림은 보어의 수소 원자 모형에서 양자수 n에 따른 에너지 준위의 일부와 전자의 전이 a, b를 나타낸 것이다. a, b에서 방출되는 빛의 진동수는 각각 f_a, f_b이다.

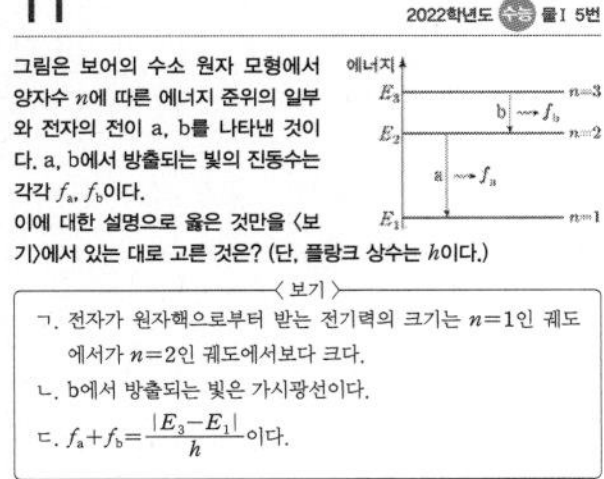

이에 대한 설명으로 옳은 것만을 〈보기〉에서 있는 대로 고른 것은? (단, 플랑크 상수는 h이다.)

〈보기〉
ㄱ. 전자가 원자핵으로부터 받는 전기력의 크기는 $n=1$인 궤도에서가 $n=2$인 궤도에서보다 크다.
ㄴ. b에서 방출되는 빛은 가시광선이다.
ㄷ. $f_a+f_b=\dfrac{|E_3-E_1|}{h}$이다.

① ㄱ ② ㄷ ③ ㄱ, ㄴ ④ ㄴ, ㄷ ⑤ ㄱ, ㄴ, ㄷ

14

2021학년도 9월 모평 물Ⅰ 8번

그림은 보어의 수소 원자 모형에서 양자수 n에 따른 에너지 준위의 일부와 전자의 전이 a, b, c, d를 나타낸 것이다.

이에 대한 설명으로 옳은 것만을 〈보기〉에서 있는 대로 고른 것은? [3점]

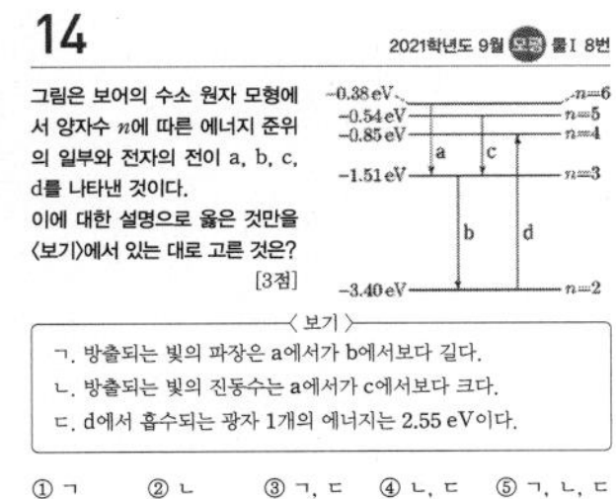

〈보기〉
ㄱ. 방출되는 빛의 파장은 a에서가 b에서보다 길다.
ㄴ. 방출되는 빛의 진동수는 a에서가 c에서보다 크다.
ㄷ. d에서 흡수되는 광자 1개의 에너지는 2.55 eV이다.

① ㄱ ② ㄴ ③ ㄱ, ㄷ ④ ㄴ, ㄷ ⑤ ㄱ, ㄴ, ㄷ

25

2021학년도 수능 물Ⅰ 8번

그림 (가)는 보어의 수소 원자 모형에서 양자수 n에 따른 에너지 준위의 일부와 전자의 전이 a~d를 나타낸 것이다. 그림 (나)는 (가)의 b, c, d에서 방출되는 빛의 스펙트럼을 파장에 따라 나타낸 것이고, ㉠은 c에 의해 나타난 스펙트럼선이다.

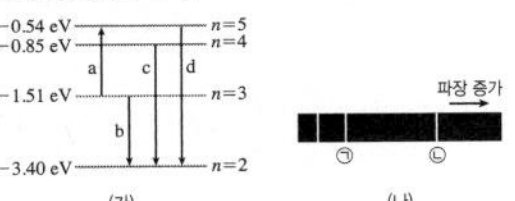

이에 대한 설명으로 옳은 것만을 〈보기〉에서 있는 대로 고른 것은?

〈보기〉
ㄱ. a에서 흡수되는 광자 1개의 에너지는 1.51 eV이다.
ㄴ. 방출되는 빛의 진동수는 c에서가 b에서보다 크다.
ㄷ. ㉡은 d에 의해 나타난 스펙트럼선이다.

① ㄱ ② ㄴ ③ ㄱ, ㄷ ④ ㄴ, ㄷ ⑤ ㄱ, ㄴ, ㄷ

18

2020학년도 6월 모평 물Ⅰ 9번

그림 (가), (나)는 각각 보어의 수소 원자 모형에서 양자수 n에 따른 전자의 에너지 준위와 선 스펙트럼의 일부를 나타낸 것이다.

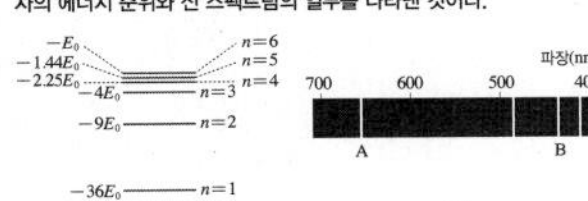

A에 해당하는 빛의 진동수가 $\frac{5E_0}{h}$일 때, 다음 중 B와 진동수가 같은 빛은? (단, h는 플랑크 상수이다.)

① $n=2$에서 $n=5$로 전이할 때 흡수하는 빛
② $n=3$에서 $n=4$로 전이할 때 흡수하는 빛
③ $n=4$에서 $n=2$로 전이할 때 방출하는 빛
④ $n=5$에서 $n=1$로 전이할 때 방출하는 빛
⑤ $n=6$에서 $n=3$으로 전이할 때 방출하는 빛

15

2022학년도 9월 모평 물Ⅰ 6번

그림은 보어의 수소 원자 모형에서 양자수 n에 따른 에너지 준위의 일부와 전자의 전이 a~d를 나타낸 것이다. a~d에서 흡수 또는 방출되는 빛의 파장은 각각 λ_a, λ_b, λ_c, λ_d이다.

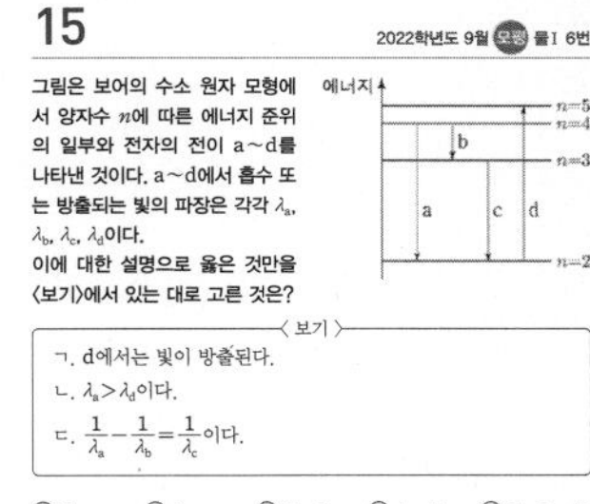

이에 대한 설명으로 옳은 것만을 〈보기〉에서 있는 대로 고른 것은?

〈보기〉
ㄱ. d에서는 빛이 방출된다.
ㄴ. $\lambda_a>\lambda_d$이다.
ㄷ. $\dfrac{1}{\lambda_a}-\dfrac{1}{\lambda_b}=\dfrac{1}{\lambda_c}$이다.

① ㄱ ② ㄴ ③ ㄱ, ㄷ ④ ㄴ, ㄷ ⑤ ㄱ, ㄴ, ㄷ

16

2019학년도 6월 모평 물Ⅰ 8번

그림은 보어의 수소 원자 모형에서 양자수 n에 따른 에너지 준위 E_n의 일부를 나타낸 것이다. $n=3$인 상태의 전자가 진동수 f_A인 빛을 흡수하여 전이한 후, 진동수 f_B인 빛과 f_C인 빛을 차례로 방출하며 전이한다. 진동수의 크기는 $f_B<f_A<f_C$이다.

이에 해당하는 전자의 전이 과정을 나타낸 것으로 가장 적절한 것은? [3점]

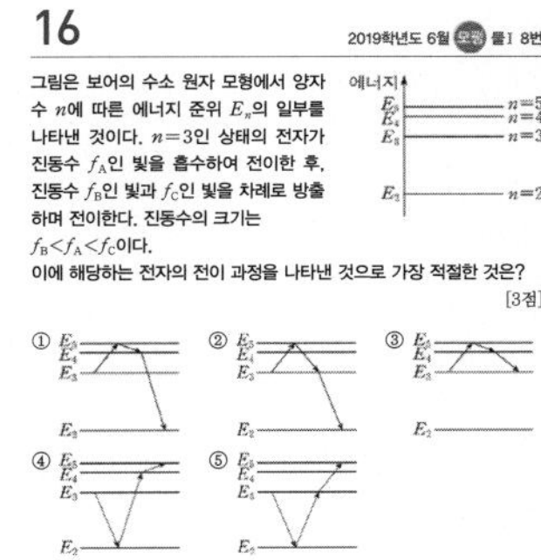

26

2021학년도 6월 모평 물Ⅰ 11번

그림 (가)는 보어의 수소 원자 모형에서 양자수 n에 따른 에너지 준위 일부와 전자의 전이 a, b, c, d를 나타낸 것이고, (나)는 (가)의 a, b, c에 의한 빛의 흡수 스펙트럼을 파장에 따라 나타낸 것이다.

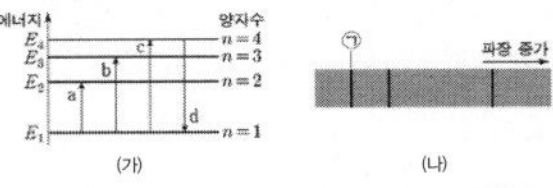

이에 대한 설명으로 옳은 것만을 〈보기〉에서 있는 대로 고른 것은?

〈보기〉
ㄱ. 흡수되는 빛의 진동수는 a에서가 b에서보다 작다.
ㄴ. ㉠은 c에 의해 나타난 스펙트럼선이다.
ㄷ. d에서 방출되는 광자 1개의 에너지는 $|E_2-E_1|$보다 작다.

① ㄱ ② ㄷ ③ ㄱ, ㄴ ④ ㄴ, ㄷ ⑤ ㄱ, ㄴ, ㄷ

23

2019학년도 수능 물Ⅰ 8번

그림 (가)는 보어의 수소 원자 모형에서 양자수 n에 따른 에너지 준위의 일부와 전자의 전이 a, b, c를 나타낸 것이다. a, b, c에서 방출되는 빛의 파장은 각각 λ_a, λ_b, λ_c이다. 그림 (나)는 (가)의 a, b, c에서 방출되는 빛의 선 스펙트럼을 파장에 따라 나타낸 것이다.

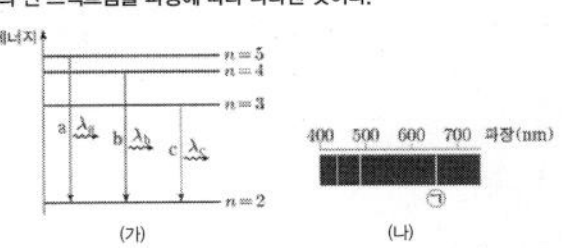

이에 대한 설명으로 옳은 것만을 〈보기〉에서 있는 대로 고른 것은? [3점]

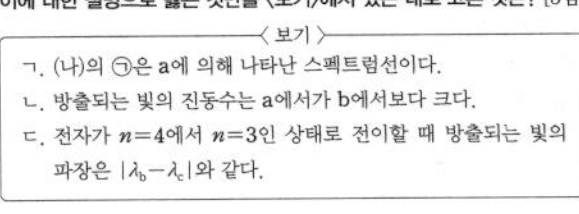

〈보기〉
ㄱ. (나)의 ㉠은 a에 의해 나타난 스펙트럼선이다.
ㄴ. 방출되는 빛의 진동수는 a에서가 b에서보다 크다.
ㄷ. 전자가 $n=4$에서 $n=3$인 상태로 전이할 때 방출되는 빛의 파장은 $|\lambda_b-\lambda_c|$와 같다.

① ㄱ ② ㄴ ③ ㄱ, ㄷ ④ ㄴ, ㄷ ⑤ ㄱ, ㄴ, ㄷ

01

2022학년도 3월 학평 물Ⅰ 7번

표는 보어의 수소 원자 모형에서 양자수 n에 따른 에너지의 일부를 나타낸 것이다.

이에 대한 옳은 설명만을 〈보기〉에서 있는 대로 고른 것은? (단, 플랑크 상수는 h이다.)

양자수	에너지(eV)
$n=2$	-3.40
$n=3$	-1.51
$n=4$	-0.85

〈 보기 〉

ㄱ. 진동수가 $\frac{1.89\text{ eV}}{h}$인 빛은 가시광선이다.

ㄴ. 전자와 원자핵 사이의 거리는 $n=4$일 때가 $n=2$일 때보다 크다.

ㄷ. $n=2$인 궤도에 있는 전자는 에너지가 1.51 eV인 광자를 흡수할 수 있다.

① ㄱ ② ㄷ ③ ㄱ, ㄴ ④ ㄴ, ㄷ ⑤ ㄱ, ㄴ, ㄷ

02

2020학년도 4월 학평 물Ⅰ 8번

그림 (가)는 수소 기체 방전관에서 나오는 빛을 분광기로 관찰하는 것을 나타낸 것이고, (나)는 (가)에서 관찰한 가시광선 영역의 선 스펙트럼을 파장에 따라 나타낸 것이다. p는 전자가 양자수 $n=5$에서 $n=2$로 전이할 때 나타난 스펙트럼선이다.

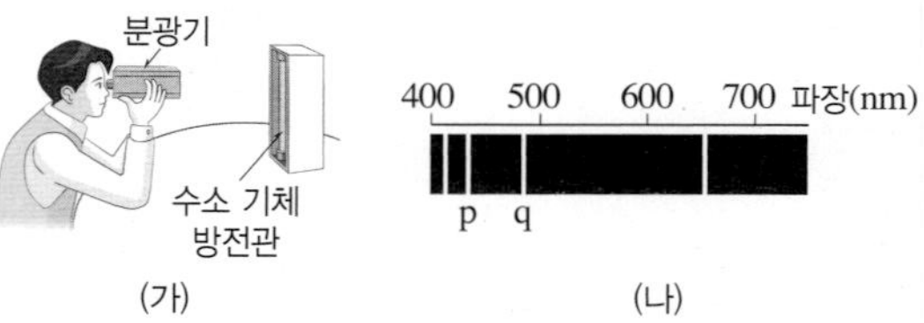

(가) (나)

이에 대한 설명으로 옳은 것만을 〈보기〉에서 있는 대로 고른 것은?

〈 보기 〉

ㄱ. 수소 원자의 에너지 준위는 불연속적이다.

ㄴ. 광자 한 개의 에너지는 p에 해당하는 빛이 q에 해당하는 빛보다 크다.

ㄷ. q는 전자가 $n=4$에서 $n=2$로 전이할 때 나타난 스펙트럼선이다.

① ㄱ ② ㄷ ③ ㄱ, ㄴ ④ ㄴ, ㄷ ⑤ ㄱ, ㄴ, ㄷ

03

2021학년도 3월 학평 물Ⅰ 11번

그림 (가)는 수소 기체 방전관에 전압을 걸었더니 수소 기체가 에너지를 흡수한 후 빛이 방출되는 모습을, (나)는 보어의 수소 원자 모형에서 양자수 $n=2, 3, 4$인 에너지 준위와 (가)에서 일어날 수 있는 전자의 전이 과정 a, b, c를 나타낸 것이다. b, c에서 방출하는 빛의 파장은 각각 λ_b, λ_c이다.

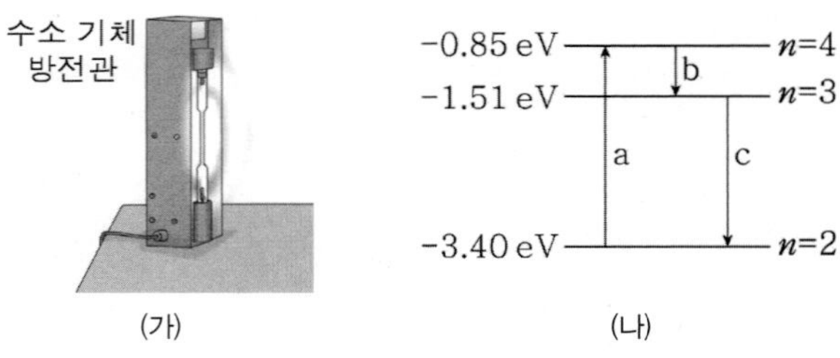

(가) (나)

이에 대한 옳은 설명만을 〈보기〉에서 있는 대로 고른 것은?

〈 보기 〉

ㄱ. (가)에서 방출된 빛의 스펙트럼은 선 스펙트럼이다.

ㄴ. (나)의 a는 (가)에서 수소 기체가 에너지를 흡수할 때 일어날 수 있는 과정이다.

ㄷ. $\lambda_b > \lambda_c$이다.

① ㄱ ② ㄷ ③ ㄱ, ㄴ ④ ㄴ, ㄷ ⑤ ㄱ, ㄴ, ㄷ

04

2023학년도  물Ⅰ 5번

그림은 보어의 수소 원자 모형에서 양자수 n에 따른 에너지 준위의 일부와 전자의 전이 a~d를, 표는 a~d에서 흡수 또는 방출되는 광자 1개의 에너지를 나타낸 것이다.

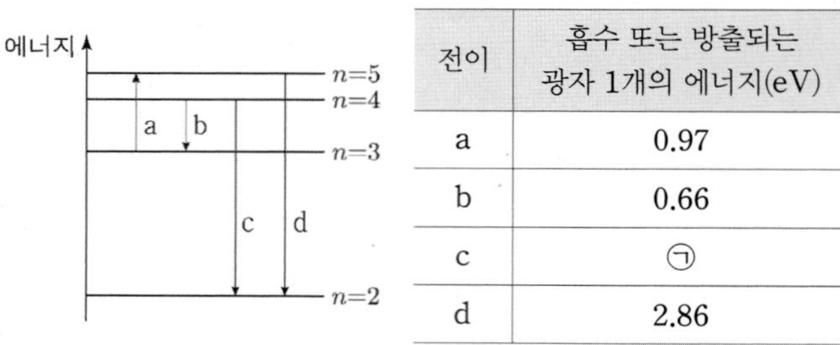

전이	흡수 또는 방출되는 광자 1개의 에너지(eV)
a	0.97
b	0.66
c	㉠
d	2.86

이에 대한 설명으로 옳은 것만을 〈보기〉에서 있는 대로 고른 것은?

〈 보기 〉

ㄱ. a에서는 빛이 방출된다.

ㄴ. 빛의 파장은 b에서가 d에서보다 길다.

ㄷ. ㉠은 2.55이다.

① ㄱ ② ㄴ ③ ㄱ, ㄷ ④ ㄴ, ㄷ ⑤ ㄱ, ㄴ, ㄷ

05

2023학년도 3월 학평 물Ⅰ 9번

그림은 보어의 수소 원자 모형에서 양자수 n에 따른 에너지 준위의 일부와 전자의 전이 a, b, c를 나타낸 것이다. a, b, c에서 흡수 또는 방출된 빛의 진동수는 각각 f_a, f_b, f_c이다.

이에 대한 옳은 설명만을 〈보기〉에서 있는 대로 고른 것은?

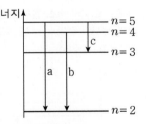

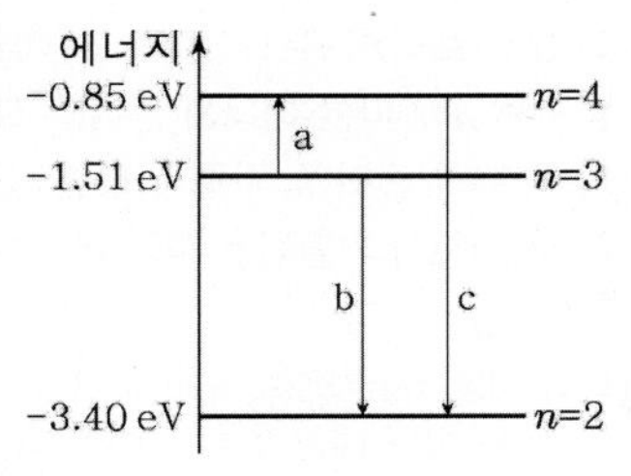

〈보기〉

ㄱ. a에서 빛이 흡수된다.

ㄴ. $f_c = f_b - f_a$이다.

ㄷ. 전자가 원자핵으로부터 받는 전기력의 크기는 $n=4$일 때가 $n=3$일 때보다 크다.

① ㄱ ② ㄷ ③ ㄱ, ㄴ ④ ㄴ, ㄷ ⑤ ㄱ, ㄴ, ㄷ

06

2024학년도 5월 학평 물Ⅰ 5번

그림은 보어의 수소 원자 모형에서 양자수 n에 따른 에너지 준위의 일부와 전자의 전이 a, b, c를 나타낸 것이다. a, b, c에서 방출되는 광자 1개의 에너지는 각각 E_a, E_b, E_c이다.

이에 대한 설명으로 옳은 것만을 〈보기〉에서 있는 대로 고른 것은? (단, 플랑크 상수는 h이다.)

〈보기〉

ㄱ. 방출된 빛의 파장은 a에서가 b에서보다 짧다.

ㄴ. 전자가 $n=3$에서 $n=2$로 전이할 때 방출되는 빛의 진동수는 $\frac{E_a - E_c}{h}$이다.

ㄷ. $E_a < E_b + E_c$이다.

① ㄱ ② ㄷ ③ ㄱ, ㄴ ④ ㄴ, ㄷ ⑤ ㄱ, ㄴ, ㄷ

07

2021학년도 4월 학평 물Ⅰ 9번

그림은 보어의 수소 원자 모형에서 양자수 n에 따른 에너지 준위의 일부와 전자의 전이 A, B, C를 나타낸 것이다.

이에 대한 설명으로 옳은 것만을 〈보기〉에서 있는 대로 고른 것은? (단, h는 플랑크 상수이다.)

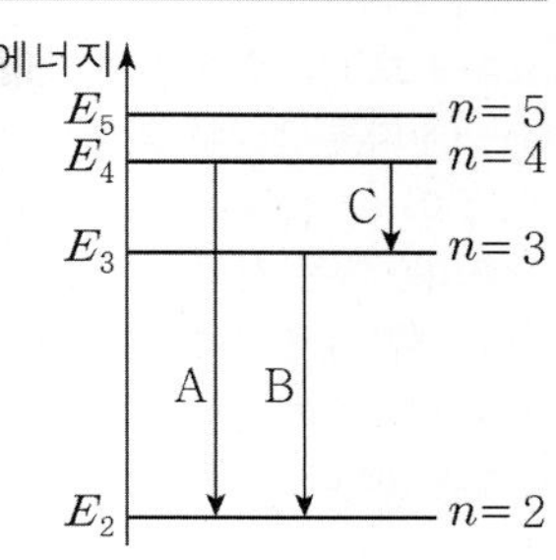

〈보기〉

ㄱ. 방출되는 빛의 파장은 A에서가 B에서보다 길다.

ㄴ. B에서 방출되는 광자 1개의 에너지는 $E_3 - E_2$이다.

ㄷ. C에서 방출되는 빛의 진동수는 $\frac{E_4 - E_3}{h}$이다.

① ㄱ ② ㄷ ③ ㄱ, ㄴ ④ ㄴ, ㄷ ⑤ ㄱ, ㄴ, ㄷ

08

2022학년도 4월 학평 물Ⅰ 5번

그림은 보어의 수소 원자 모형에서 양자수 n에 따른 에너지 준위의 일부와 전자의 전이 a, b, c를 나타낸 것이다. a, b, c에서 방출되는 광자 1개의 에너지는 각각 E_a, E_b, E_c이다.

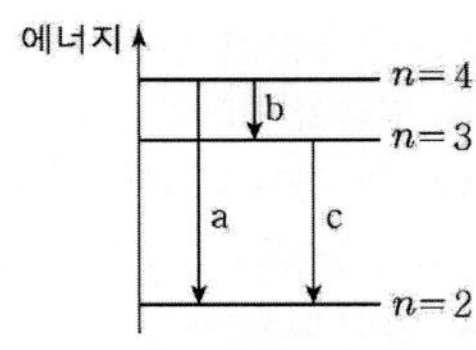

이에 대한 설명으로 옳은 것만을 〈보기〉에서 있는 대로 고른 것은? (단, 플랑크 상수는 h이다.)

〈보기〉

ㄱ. a에서 방출되는 빛의 진동수는 $\frac{E_a}{h}$이다.

ㄴ. 방출되는 빛의 파장은 a에서가 c에서보다 짧다.

ㄷ. $E_a = E_b + E_c$이다.

① ㄱ ② ㄷ ③ ㄱ, ㄴ ④ ㄴ, ㄷ ⑤ ㄱ, ㄴ, ㄷ

09

2024학년도 7월 학평 물Ⅰ 4번

그림은 보어의 수소 원자 모형에서 양자수 n에 따른 에너지 준위의 일부와 전자의 전이 a~d를 나타낸 것이다. c에서 방출되는 빛은 가시광선이다.

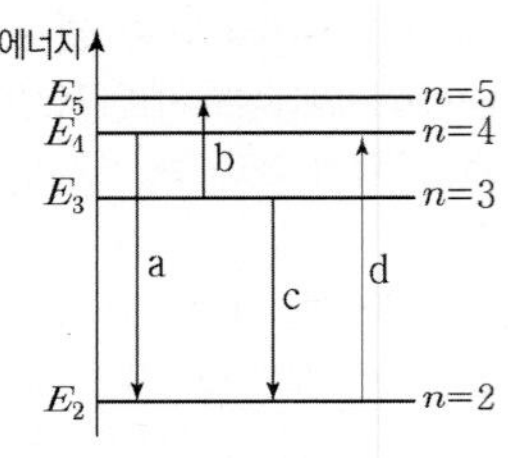

이에 대한 설명으로 옳은 것만을 〈보기〉에서 있는 대로 고른 것은? (단, 플랑크 상수는 h이다.)

〈 보기 〉

ㄱ. a에서 방출되는 빛은 적외선이다.

ㄴ. b에서 흡수되는 빛의 진동수는 $\frac{|E_5-E_3|}{h}$이다.

ㄷ. d에서 흡수되는 빛의 파장은 c에서 방출되는 빛의 파장보다 길다.

① ㄱ ② ㄴ ③ ㄱ, ㄷ ④ ㄴ, ㄷ ⑤ ㄱ, ㄴ, ㄷ

10

2019학년도 4월 학평 물Ⅰ 11번

그림은 보어의 수소 원자 모형에서 에너지 준위의 일부와 전자의 세 가지 전이를 나타낸 것이다. 세 가지 전이에서 진동수가 f_1인 빛이 흡수되고, 진동수가 f_2, f_3인 빛이 방출된다. $f_2<f_3$이다.

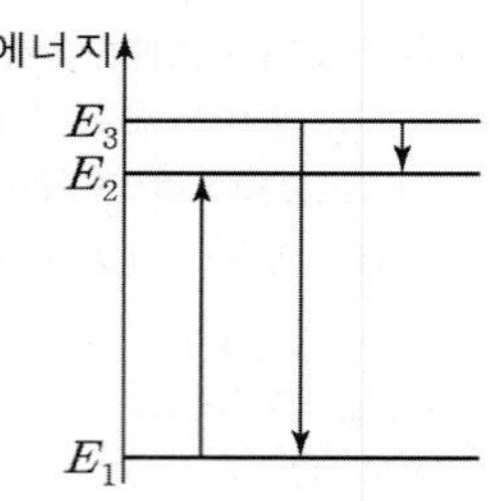

이에 대한 설명으로 옳은 것만을 〈보기〉에서 있는 대로 고른 것은? (단, h는 플랑크 상수이다.)

〈 보기 〉

ㄱ. 수소 원자의 에너지 준위는 불연속적이다.

ㄴ. $f_1<f_3$이다.

ㄷ. $f_2=\frac{E_3-E_1}{h}$이다.

① ㄱ ② ㄷ ③ ㄱ, ㄴ ④ ㄴ, ㄷ ⑤ ㄱ, ㄴ, ㄷ

11

2022학년도  물Ⅰ 5번

그림은 보어의 수소 원자 모형에서 양자수 n에 따른 에너지 준위의 일부와 전자의 전이 a, b를 나타낸 것이다. a, b에서 방출되는 빛의 진동수는 각각 f_a, f_b이다.

에너지 E_3 $n=3$ E_2 $n=2$ E_1 $n=1$ b f_b a f_a

이에 대한 설명으로 옳은 것만을 〈보기〉에서 있는 대로 고른 것은? (단, 플랑크 상수는 h이다.)

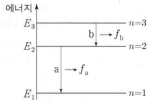

〈 보기 〉

ㄱ. 전자가 원자핵으로부터 받는 전기력의 크기는 $n=1$인 궤도에서가 $n=2$인 궤도에서보다 크다.

ㄴ. b에서 방출되는 빛은 가시광선이다.

ㄷ. $f_a+f_b=\frac{|E_3-E_1|}{h}$이다.

① ㄱ ② ㄷ ③ ㄱ, ㄴ ④ ㄴ, ㄷ ⑤ ㄱ, ㄴ, ㄷ

12

2023학년도 4월 학평 물Ⅰ 5번

그림은 보어의 수소 원자 모형에서 양자수 n에 따른 에너지 준위의 일부와 전자의 전이 a~c를, 표는 a, b에서 방출되는 광자 1개의 에너지를 나타낸 것이다.

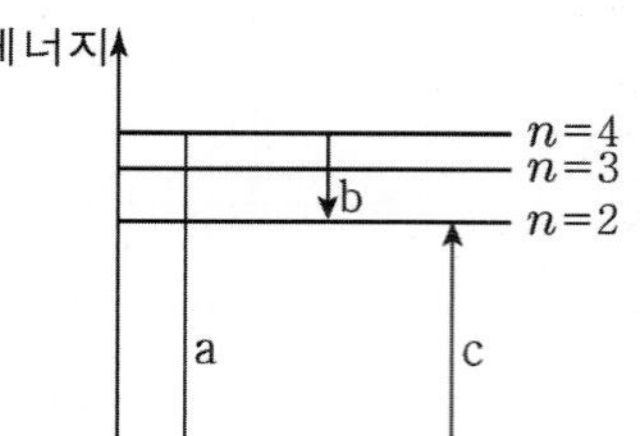

전이	방출되는 광자 1개의 에너지
a	$5E_0$
b	E_0

이에 대한 설명으로 옳은 것만을 〈보기〉에서 있는 대로 고른 것은? (단, 플랑크 상수는 h이다.) [3점]

〈 보기 〉

ㄱ. a에서 방출되는 빛은 가시광선이다.

ㄴ. 방출되는 빛의 파장은 a에서가 b에서보다 짧다.

ㄷ. c에서 흡수되는 빛의 진동수는 $\frac{4E_0}{h}$이다.

① ㄱ ② ㄴ ③ ㄱ, ㄷ ④ ㄴ, ㄷ ⑤ ㄱ, ㄴ, ㄷ

13

2023학년도 10월 학평 물Ⅰ 9번

그림은 보어의 수소 원자 모형에서 양자수 n에 따른 에너지 준위의 일부와 전자의 전이 a～c를, 표는 a～c에서 방출된 적외선과 가시광선 중 가시광선의 파장과 진동수를 나타낸 것이다.

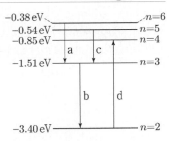

전이	파장	진동수
㉠	656 nm	f_1
㉡	486 nm	f_2

이에 대한 옳은 설명만을 〈보기〉에서 있는 대로 고른 것은?

〈 보기 〉

ㄱ. ㉠은 a이다.

ㄴ. 방출된 적외선의 진동수는 f_2-f_1이다.

ㄷ. 수소 원자의 에너지 준위는 불연속적이다.

① ㄴ ② ㄷ ③ ㄱ, ㄴ ④ ㄱ, ㄷ ⑤ ㄱ, ㄴ, ㄷ

14

2021학년도 9월 모평 물Ⅰ 8번

그림은 보어의 수소 원자 모형에서 양자수 n에 따른 에너지 준위의 일부와 전자의 전이 a, b, c, d를 나타낸 것이다.

이에 대한 설명으로 옳은 것만을 〈보기〉에서 있는 대로 고른 것은? [3점]

〈 보기 〉

ㄱ. 방출되는 빛의 파장은 a에서가 b에서보다 길다.

ㄴ. 방출되는 빛의 진동수는 a에서가 c에서보다 크다.

ㄷ. d에서 흡수되는 광자 1개의 에너지는 2.55 eV이다.

① ㄱ ② ㄴ ③ ㄱ, ㄷ ④ ㄴ, ㄷ ⑤ ㄱ, ㄴ, ㄷ

15

2022학년도 9월 모평 물Ⅰ 6번

그림은 보어의 수소 원자 모형에서 양자수 n에 따른 에너지 준위의 일부와 전자의 전이 a～d를 나타낸 것이다. a～d에서 흡수 또는 방출되는 빛의 파장은 각각 λ_a, λ_b, λ_c, λ_d이다.

이에 대한 설명으로 옳은 것만을 〈보기〉에서 있는 대로 고른 것은?

〈 보기 〉

ㄱ. d에서는 빛이 방출된다.

ㄴ. $\lambda_a>\lambda_d$이다.

ㄷ. $\frac{1}{\lambda_a}-\frac{1}{\lambda_b}=\frac{1}{\lambda_c}$이다.

① ㄱ ② ㄴ ③ ㄱ, ㄷ ④ ㄴ, ㄷ ⑤ ㄱ, ㄴ, ㄷ

16

2019학년도 6월  물Ⅰ 8번

그림은 보어의 수소 원자 모형에서 양자수 n에 따른 에너지 준위 E_n의 일부를 나타낸 것이다. $n=3$인 상태의 전자가 진동수 f_A인 빛을 흡수하여 전이한 후, 진동수 f_B인 빛과 f_C인 빛을 차례로 방출하며 전이한다. 진동수의 크기는 $f_B<f_A<f_C$이다.

이에 해당하는 전자의 전이 과정을 나타낸 것으로 가장 적절한 것은? [3점]

①
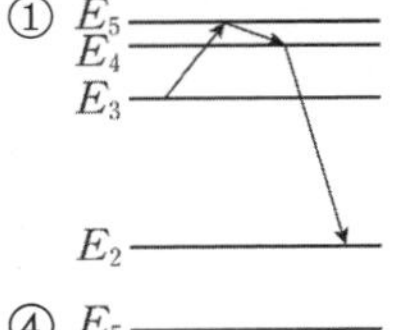

②
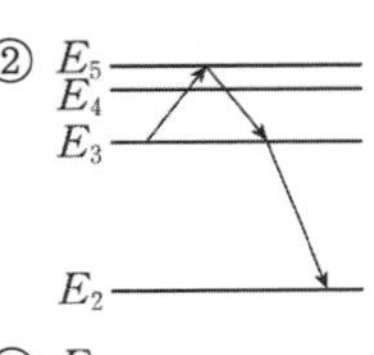

③
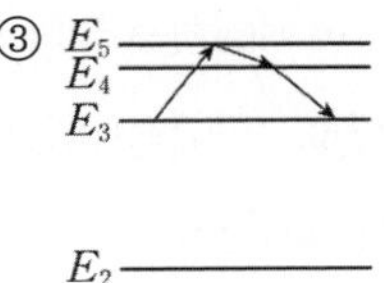

E_2

④
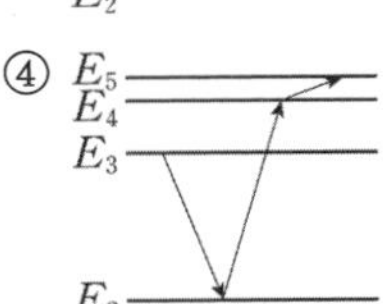

⑤
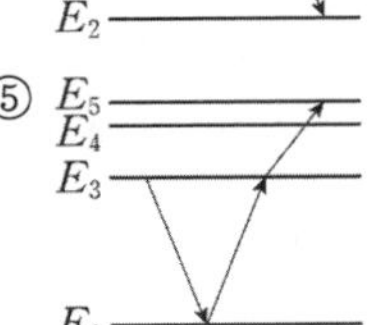

17

2025학년도 6월 모평 물Ⅰ 3번

그림 (가)는 보어의 수소 원자 모형에서 양자수 n에 따른 에너지 준위의 일부와 전자의 전이 a~d를 나타낸 것이다. 그림 (나)는 (가)의 a~d에서 방출되는 빛의 스펙트럼을 파장에 따라 나타낸 것이다.

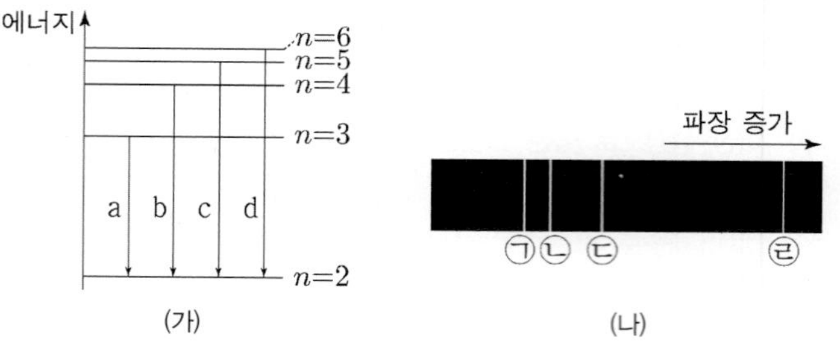

(나)의 ㉠~㉣에 해당하는 전자의 전이로 옳은 것은?

	㉠	㉡	㉢	㉣
①	a	b	c	d
②	a	c	b	d
③	d	a	b	c
④	d	b	c	a
⑤	d	c	b	a

18

2020학년도 6월 모평 물Ⅰ 9번

그림 (가), (나)는 각각 보어의 수소 원자 모형에서 양자수 n에 따른 전자의 에너지 준위와 선 스펙트럼의 일부를 나타낸 것이다.

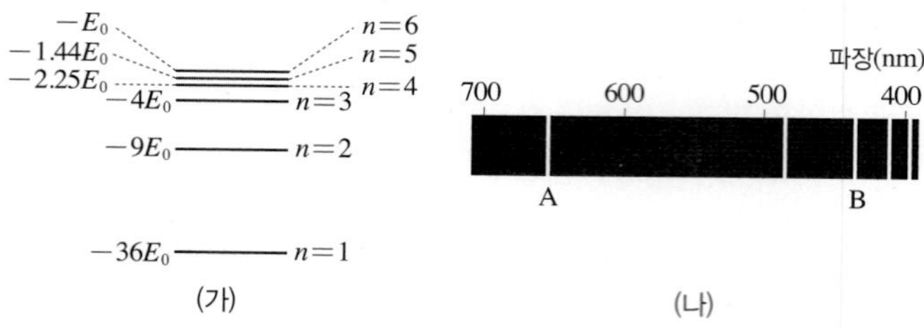

A에 해당하는 빛의 진동수가 $\frac{5E_0}{h}$일 때, 다음 중 B와 진동수가 같은 빛은? (단, h는 플랑크 상수이다.)

① $n=2$에서 $n=5$로 전이할 때 흡수하는 빛
② $n=3$에서 $n=4$로 전이할 때 흡수하는 빛
③ $n=4$에서 $n=2$로 전이할 때 방출하는 빛
④ $n=5$에서 $n=1$로 전이할 때 방출하는 빛
⑤ $n=6$에서 $n=3$으로 전이할 때 방출하는 빛

19

2020학년도 10월 학평 물Ⅰ 10번

그림 (가)는 보어의 수소 원자 모형에서 양자수 $n=2, 3, 4$인 전자의 궤도 일부와 전자의 전이 a, b를 나타낸 것이다. 그림 (나)는 수소 기체의 스펙트럼이다. ㉡은 a에 의해 나타난 스펙트럼선이다.

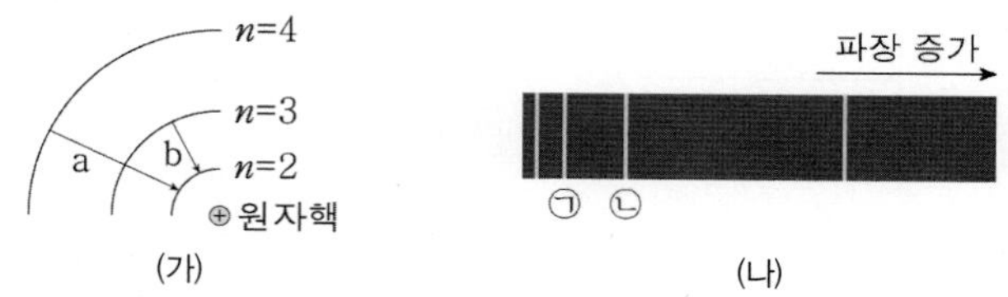

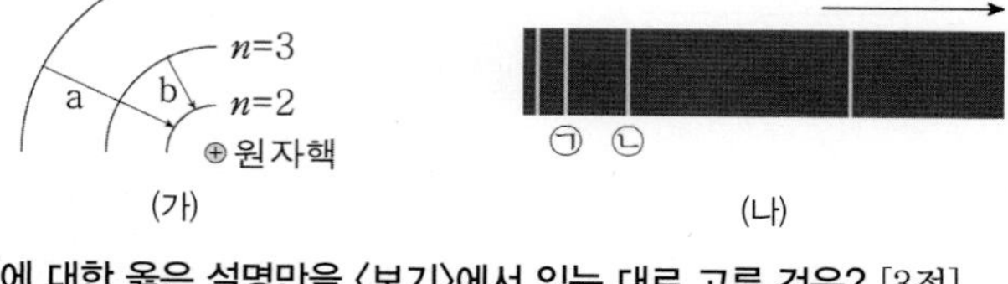

이에 대한 옳은 설명만을 〈보기〉에서 있는 대로 고른 것은? [3점]

〈보기〉
ㄱ. 방출되는 광자 1개의 에너지는 a에서가 b에서보다 크다.
ㄴ. ㉠은 b에 의해 나타난 스펙트럼선이다.
ㄷ. 전자가 원자핵으로부터 받는 전기력의 크기는 $n=4$일 때가 $n=2$일 때보다 크다.

① ㄱ ② ㄴ ③ ㄱ, ㄷ ④ ㄴ, ㄷ ⑤ ㄱ, ㄴ, ㄷ

20

2024학년도 6월 모평 물Ⅰ 3번

그림 (가)는 보어의 수소 원자 모형에서 양자수 n에 따른 에너지 준위의 일부와 전자의 전이 a~f를 나타낸 것이고, (나)는 a~f에서 방출되는 빛의 스펙트럼을 파장에 따라 나타낸 것이다.

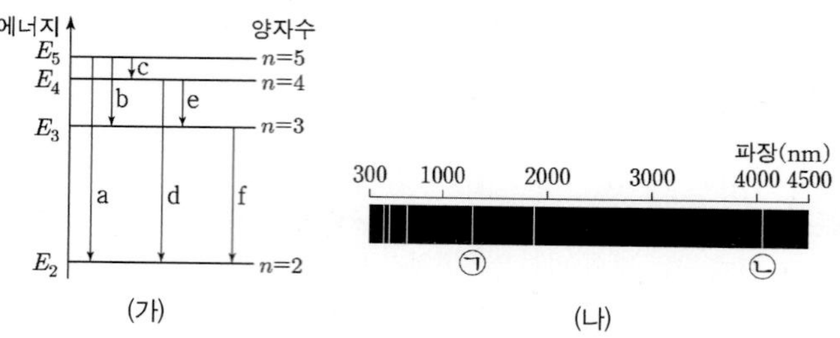

이에 대한 설명으로 옳은 것만을 〈보기〉에서 있는 대로 고른 것은? (단, h는 플랑크 상수이다.) [3점]

〈보기〉
ㄱ. 방출된 빛의 파장은 a에서가 f에서보다 길다.
ㄴ. ㉠은 b에 의해 나타난 스펙트럼선이다.
ㄷ. ㉡에 해당하는 빛의 진동수는 $\frac{|E_5-E_2|}{h}$이다.

① ㄴ ② ㄷ ③ ㄱ, ㄴ ④ ㄱ, ㄷ ⑤ ㄴ, ㄷ

21

2020학년도 3월 학평 물I 11번

그림 (가)는 보어의 수소 원자 모형에서 양자수 n에 따른 에너지 준위의 일부와 전자의 전이에서 방출되는 빛 a, b를 나타낸 것이다. 그림 (나)는 수소 원자의 전자가 $n=2$인 상태로 전이할 때 방출되는 빛 중에서 파장이 긴 것부터 차례대로 4개를 나타낸 스펙트럼이다.

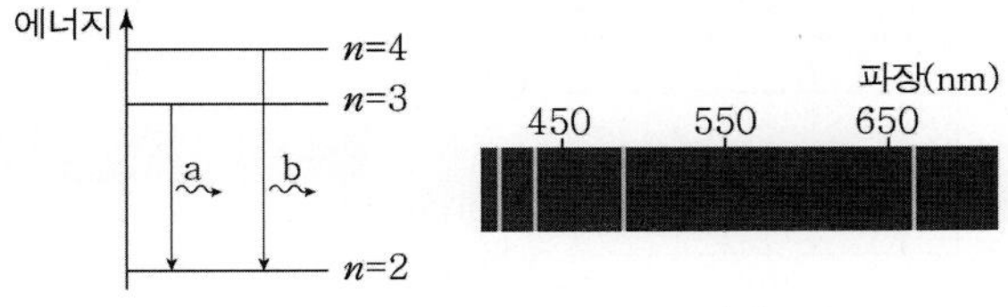

(가) (나)

이에 대한 옳은 설명만을 〈보기〉에서 있는 대로 고른 것은? [3점]

〈 보기 〉
- ㄱ. 진동수는 a가 b보다 크다.
- ㄴ. 광자 1개의 에너지는 a가 b보다 작다.
- ㄷ. b의 파장은 450 nm보다 작다.

① ㄴ ② ㄷ ③ ㄱ, ㄴ ④ ㄱ, ㄷ ⑤ ㄴ, ㄷ

22

2022학년도 10월 학평 물I 12번

그림 (가)는 보어의 수소 원자 모형에서 양자수 n에 따른 전자의 에너지 준위 일부와 전자의 전이 a, b, c를 나타낸 것이다. 그림 (나)는 a, b, c에서 방출 또는 흡수하는 빛의 스펙트럼을 X와 Y로 순서 없이 나타낸 것이다.

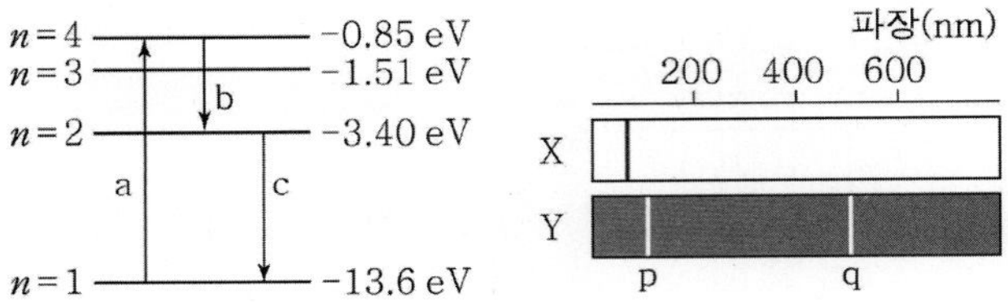

(가) (나)

이에 대한 옳은 설명만을 〈보기〉에서 있는 대로 고른 것은?

〈 보기 〉
- ㄱ. X는 흡수 스펙트럼이다.
- ㄴ. p는 b에서 나타나는 스펙트럼선이다.
- ㄷ. 전자가 $n=2$와 $n=3$ 사이에서 전이할 때 흡수 또는 방출하는 광자 1개의 에너지는 1.51 eV이다.

① ㄱ ② ㄴ ③ ㄱ, ㄴ ④ ㄱ, ㄷ ⑤ ㄴ, ㄷ

23

2019학년도 수능 물I 8번

그림 (가)는 보어의 수소 원자 모형에서 양자수 n에 따른 에너지 준위의 일부와 전자의 전이 a, b, c를 나타낸 것이다. a, b, c에서 방출되는 빛의 파장은 각각 λ_a, λ_b, λ_c이다. 그림 (나)는 (가)의 a, b, c에서 방출되는 빛의 선 스펙트럼을 파장에 따라 나타낸 것이다.

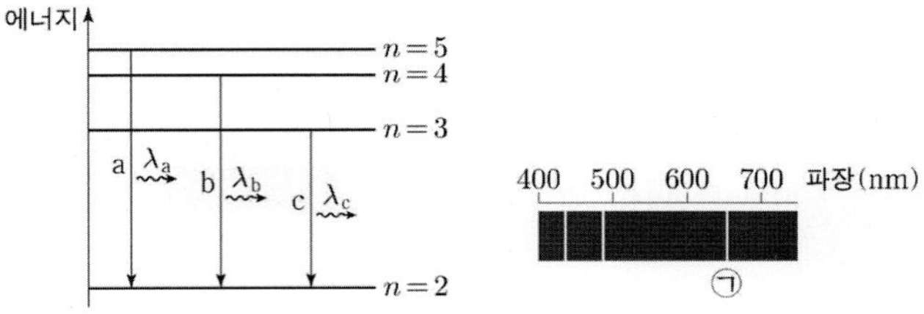

(가) (나)

이에 대한 설명으로 옳은 것만을 〈보기〉에서 있는 대로 고른 것은? [3점]

〈 보기 〉
- ㄱ. (나)의 ㉠은 a에 의해 나타난 스펙트럼선이다.
- ㄴ. 방출되는 빛의 진동수는 a에서가 b에서보다 크다.
- ㄷ. 전자가 $n=4$에서 $n=3$인 상태로 전이할 때 방출되는 빛의 파장은 $|\lambda_b-\lambda_c|$와 같다.

① ㄱ ② ㄴ ③ ㄱ, ㄷ ④ ㄴ, ㄷ ⑤ ㄱ, ㄴ, ㄷ

24

2019학년도 10월 학평 물I 10번

그림 (가)는 보어의 수소 원자 모형에서 양자수 n에 따른 에너지 준위와 전자의 전이 과정 세 가지를 나타낸 것이다. 그림 (나)는 (가)에서 방출된 빛 a, b, c를 파장에 따라 나타낸 것이다.

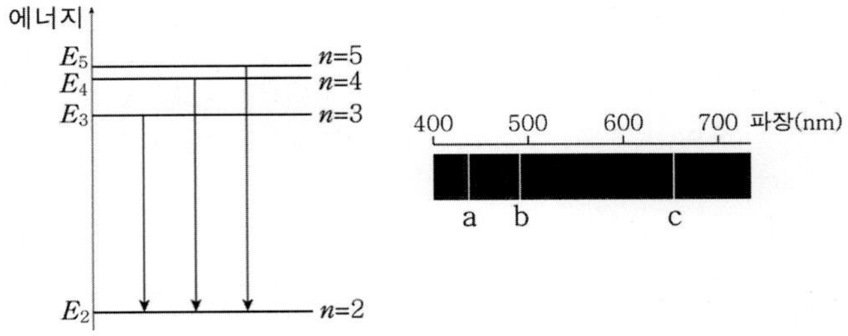

(가) (나)

이에 대한 옳은 설명만을 〈보기〉에서 있는 대로 고른 것은?

〈 보기 〉
- ㄱ. a는 전자가 $n=5$에서 $n=2$인 상태로 전이할 때 방출된 빛이다.
- ㄴ. $n=2$인 상태에 있는 전자는 에너지가 E_4-E_3인 광자를 흡수할 수 있다.
- ㄷ. a와 b의 진동수 차는 b와 c의 진동수 차보다 크다.

① ㄱ ② ㄷ ③ ㄱ, ㄴ ④ ㄴ, ㄷ ⑤ ㄱ, ㄴ, ㄷ

25

2021학년도 수능 물I 8번

그림 (가)는 보어의 수소 원자 모형에서 양자수 n에 따른 에너지 준위의 일부와 전자의 전이 a~d를 나타낸 것이다. 그림 (나)는 (가)의 b, c, d에서 방출되는 빛의 스펙트럼을 파장에 따라 나타낸 것이고, ㉠은 c에 의해 나타난 스펙트럼선이다.

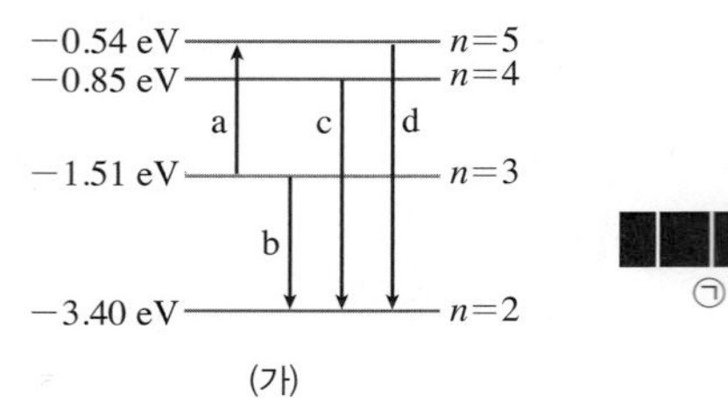

(가)

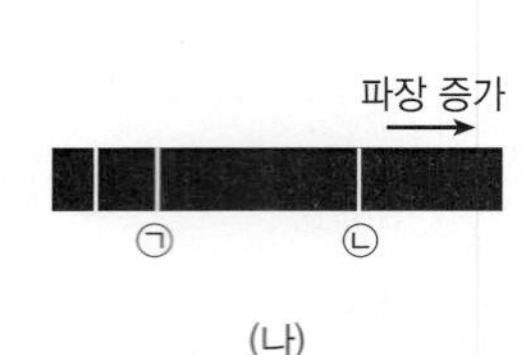

(나)

이에 대한 설명으로 옳은 것만을 〈보기〉에서 있는 대로 고른 것은?

〈보기〉

ㄱ. a에서 흡수되는 광자 1개의 에너지는 1.51 eV이다.
ㄴ. 방출되는 빛의 진동수는 c에서가 b에서보다 크다.
ㄷ. ㉡은 d에 의해 나타난 스펙트럼선이다.

① ㄱ ② ㄴ ③ ㄱ, ㄷ ④ ㄴ, ㄷ ⑤ ㄱ, ㄴ, ㄷ

26

2021학년도 6월 모평 물I 11번

그림 (가)는 보어의 수소 원자 모형에서 양자수 n에 따른 에너지 준위 일부와 전자의 전이 a, b, c, d를 나타낸 것이고, (나)는 (가)의 a, b, c에 의한 빛의 흡수 스펙트럼을 파장에 따라 나타낸 것이다.

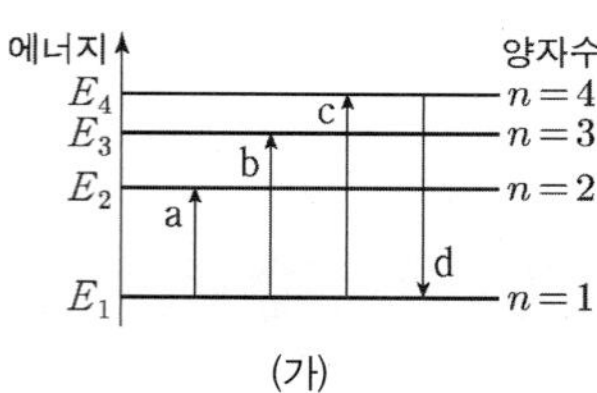

(가)

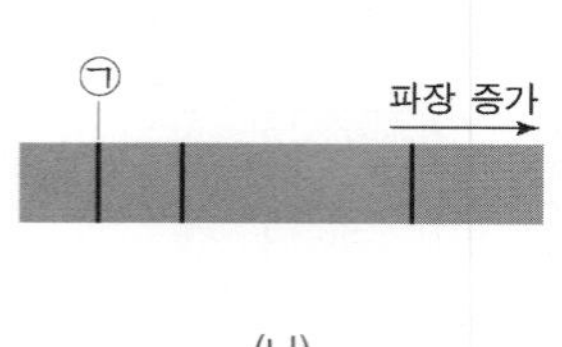

(나)

이에 대한 설명으로 옳은 것만을 〈보기〉에서 있는 대로 고른 것은?

〈보기〉

ㄱ. 흡수되는 빛의 진동수는 a에서가 b에서보다 작다.
ㄴ. ㉠은 c에 의해 나타난 스펙트럼선이다.
ㄷ. d에서 방출되는 광자 1개의 에너지는 $|E_2-E_1|$보다 작다.

① ㄱ ② ㄷ ③ ㄱ, ㄴ ④ ㄴ, ㄷ ⑤ ㄱ, ㄴ, ㄷ

27 대표 문제

2024학년도 9월 모평 물I 4번

그림 (가)는 보어의 수소 원자 모형에서 양자수 n에 따른 에너지 준위의 일부와 전자의 전이 A~D를 나타낸 것이다. 그림 (나)는 (가)의 A, B, C에서 방출되는 빛의 스펙트럼을 파장에 따라 나타낸 것이다.

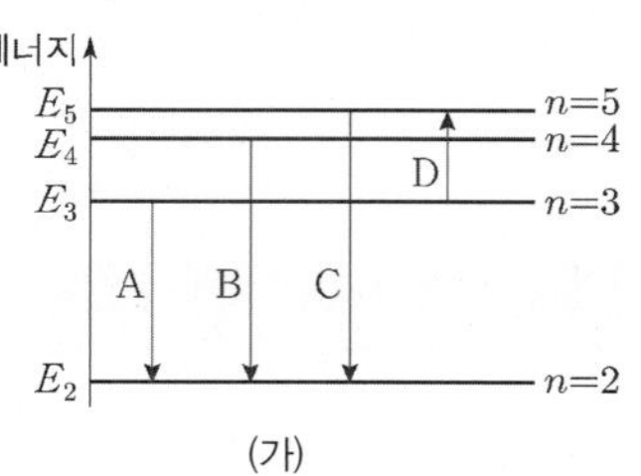

(가)

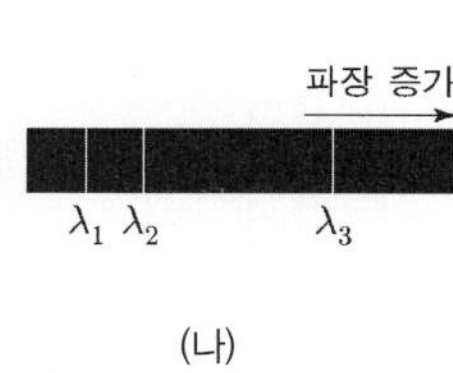

(나)

이에 대한 설명으로 옳은 것만을 〈보기〉에서 있는 대로 고른 것은? (단, 빛의 속력은 c이다.) [3점]

〈보기〉

ㄱ. B에서 방출되는 광자 1개의 에너지는 $|E_4-E_2|$이다.
ㄴ. C에서 방출되는 빛의 파장은 λ_1이다.
ㄷ. D에서 흡수되는 빛의 진동수는 $\left(\frac{1}{\lambda_1}+\frac{1}{\lambda_3}\right)c$이다.

① ㄱ ② ㄷ ③ ㄱ, ㄴ ④ ㄴ, ㄷ ⑤ ㄱ, ㄴ, ㄷ

28

2023학년도 6월 모평 물I 7번

그림 (가)는 보어의 수소 원자 모형에서 양자수 n에 따른 에너지 준위 일부와 전자의 전이 a~d를 나타낸 것이다. 그림 (나)는 a~d에서 방출과 흡수되는 빛의 스펙트럼을 파장에 따라 나타낸 것이다.

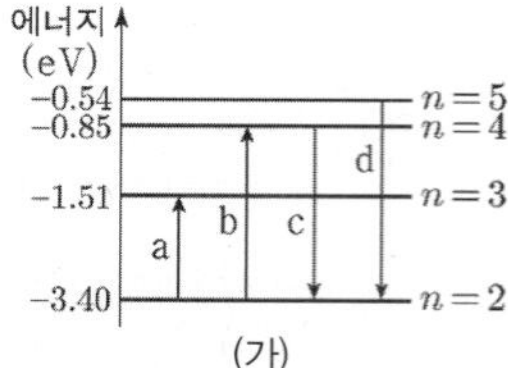

(가)

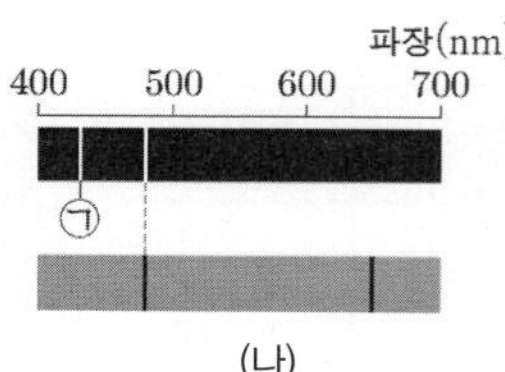

(나)

이에 대한 설명으로 옳은 것만을 〈보기〉에서 있는 대로 고른 것은?

〈보기〉

ㄱ. ㉠은 a에 의해 나타난 스펙트럼선이다.
ㄴ. b에서 흡수되는 광자 1개의 에너지는 2.55 eV이다.
ㄷ. 방출되는 빛의 진동수는 c에서가 d에서보다 크다.

① ㄱ ② ㄴ ③ ㄱ, ㄷ ④ ㄴ, ㄷ ⑤ ㄱ, ㄴ, ㄷ

29

2023학년도 7월 학평 물I 14번

그림 (가)는 보어의 수소 원자 모형에서 양자수 n에 따른 에너지 준위의 일부와 전자의 전이 a, b를 나타낸 것이다. 그림 (나)는 a, b에서 방출되는 빛의 스펙트럼을 파장에 따라 나타낸 것이다. 전자가 $n=2$인 궤도에 있을 때 파장이 λ_1인 빛은 흡수하지 못하고 파장이 λ_2인 빛은 흡수한다.

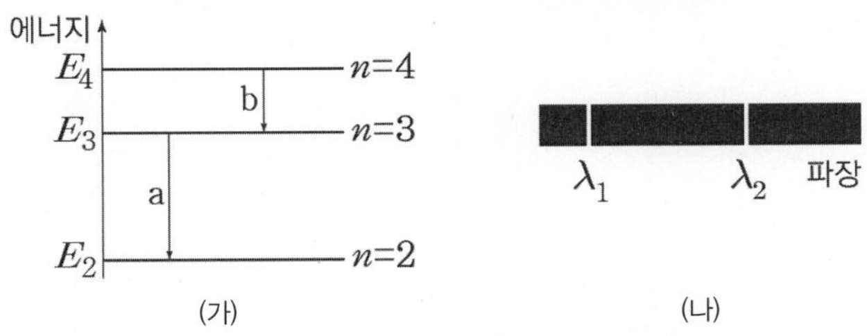

이에 대한 설명으로 옳은 것만을 〈보기〉에서 있는 대로 고른 것은?

〈보기〉

ㄱ. $\lambda_1 > \lambda_2$이다.

ㄴ. 전자가 $n=4$에서 $n=2$인 궤도로 전이할 때 방출되는 빛의 파장은 $\lambda_1+\lambda_2$이다.

ㄷ. 전자가 $n=3$인 궤도에 있을 때 파장이 λ_1인 빛을 흡수할 수 있다.

① ㄱ ② ㄴ ③ ㄱ, ㄷ ④ ㄴ, ㄷ ⑤ ㄱ, ㄴ, ㄷ

30

2024학년도 수능 물I 4번

그림 (가)는 보어의 수소 원자 모형에서 양자수 n에 따른 에너지 준위와 전자의 전이에 따른 스펙트럼 계열 중 라이먼 계열, 발머 계열을 나타낸 것이다. 그림 (나)는 (가)에서 방출되는 빛의 스펙트럼 계열을 파장에 따라 나타낸 것으로 X, Y는 라이먼 계열, 발머 계열 중 하나이고, ㉠과 ㉡은 각 계열에서 파장이 가장 긴 빛의 스펙트럼선이다.

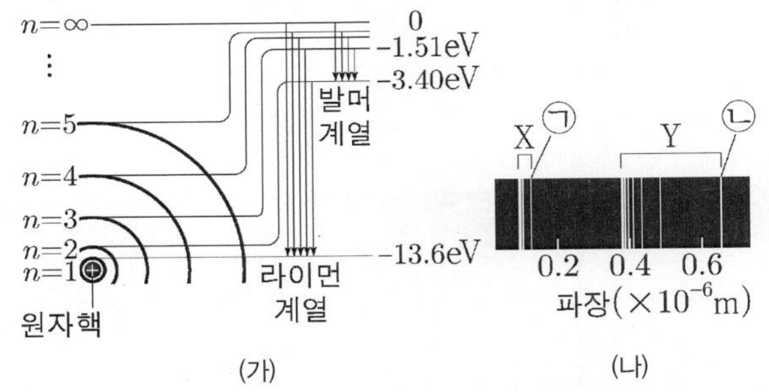

이에 대한 설명으로 옳은 것만을 〈보기〉에서 있는 대로 고른 것은?

〈보기〉

ㄱ. X는 라이먼 계열이다.

ㄴ. 광자 1개의 에너지는 ㉠에서가 ㉡에서보다 작다.

ㄷ. ㉡은 전자가 $n=\infty$에서 $n=2$로 전이할 때 방출되는 빛의 스펙트럼선이다.

① ㄱ ② ㄴ ③ ㄱ, ㄷ ④ ㄴ, ㄷ ⑤ ㄱ, ㄴ, ㄷ

31

2025학년도 9월 모평 물I 3번

그림은 수소 원자에서 방출되는 빛의 스펙트럼과 보어의 수소 원자 모형에 대한 학생 A, B, C의 대화를 나타낸 것이다.

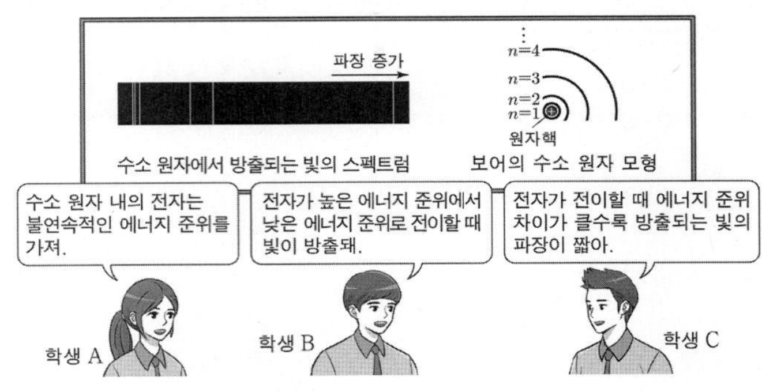

제시한 내용이 옳은 학생만을 있는 대로 고른 것은?

① A ② C ③ A, B ④ B, C ⑤ A, B, C

32 대표 문제

2025학년도 수능 물I 3번

그림은 보어의 수소 원자 모형에서 양자수 n에 따른 에너지 준위의 일부와 전자의 전이 a~d를 나타낸 것이다. a에서 흡수되는 빛의 진동수는 f_a이다.
이에 대한 설명으로 옳은 것만을 〈보기〉에서 있는 대로 고른 것은? [3점]

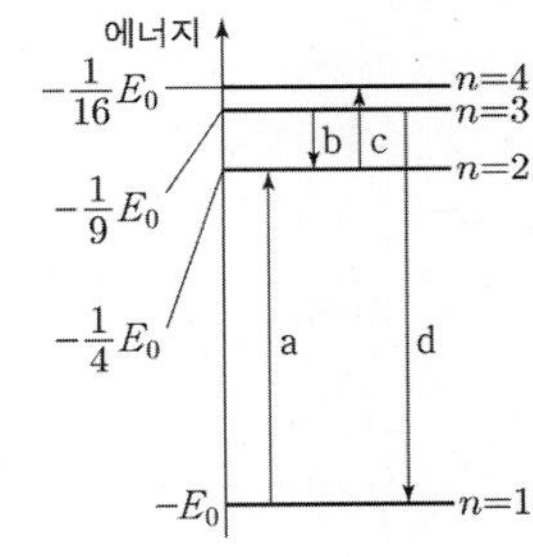

〈보기〉

ㄱ. a에서 흡수되는 광자 1개의 에너지는 $\frac{3}{4}E_0$이다.

ㄴ. 방출되는 빛의 파장은 b에서가 d에서보다 짧다.

ㄷ. c에서 흡수되는 빛의 진동수는 $\frac{1}{8}f_a$이다.

① ㄱ ② ㄴ ③ ㄱ, ㄷ ④ ㄴ, ㄷ ⑤ ㄱ, ㄴ, ㄷ

한눈에 정리하는 평가원 기출 경향

주제 \ 학년도	2025	2024	2023
에너지띠와 전기 전도도			04
빈출 물질의 자성	39, 24, 31	35, 26	38, 16

에너지띠와 전기 전도도

2023

04 대표 문제 — 2023학년도 6월 모평 물I 5번

그림은 고체 A, B의 에너지띠 구조를 나타낸 것이다. A, B에서 전도띠의 전자가 원자가 띠로 전이하며 빛이 방출된다.

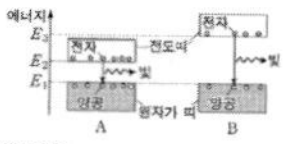

에너지, E_3, E_2, E_1, 전자, 전도띠, 빛, 양공, 원자가 띠, A, B

이에 대한 설명으로 옳은 것만을 〈보기〉에서 있는 대로 고른 것은? [3점]

〈보기〉

ㄱ. A에서 방출된 광자 1개의 에너지는 E_2-E_1보다 작다.

ㄴ. 띠 간격은 A가 B보다 작다.

ㄷ. 방출된 빛의 파장은 A에서가 B에서보다 짧다.

① ㄱ ② ㄴ ③ ㄱ, ㄷ ④ ㄴ, ㄷ ⑤ ㄱ, ㄴ, ㄷ

빈출 물질의 자성

2025

39 — 2025학년도 수능 물I 7번

그림 (가)는 자석의 S극을 가까이 하여 자기화된 자성체 A를, (나)는 자기화되지 않은 자성체 B를, (다)는 (나)에서 S극을 가까이 하여 자기화된 B를 나타낸 것이다. (다)에서 B와 자석 사이에는 서로 미는 자기력이 작용한다. A, B는 상자성체와 반자성체를 순서 없이 나타낸 것이다.

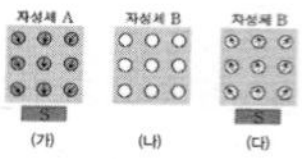

자성체 A, 자성체 B, 자성체 B, S, (가), (나), (다)

이에 대한 설명으로 옳은 것만을 〈보기〉에서 있는 대로 고른 것은?

〈보기〉

ㄱ. (가)에서 A와 자석 사이에는 서로 당기는 자기력이 작용한다.

ㄴ. (다)에서 S극 대신 N극을 가까이 하면, B와 자석 사이에는 서로 당기는 자기력이 작용한다.

ㄷ. (다)에서 자석을 제거하면, B는 (나)의 상태가 된다.

① ㄱ ② ㄴ ③ ㄱ, ㄷ ④ ㄴ, ㄷ ⑤ ㄱ, ㄴ, ㄷ

24 대표 문제 — 2025학년도 9월 모평 물I 6번

그림은 한 면만 검게 칠한 자기화되어 있지 않은 자성체 A, B, C를 균일하고 강한 자기장 영역에 놓아 자기화시킨 모습을 나타낸 것이다. 표는 그림의 자기장 영역에서 꺼낸 A, B, C 중 2개를 마주 보는 면을 바꾸며 가까이 놓았을 때, 자성체 사이에 작용하는 자기력을 나타낸 것이다. A, B, C는 강자성체, 상자성체, 반자성체를 순서 없이 나타낸 것이다.

균일하고 강한 자기장

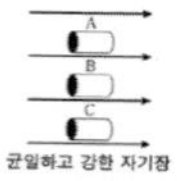

자성체의 위치	자기력
A B	없음
A C	서로 미는 힘
B C	서로 당기는 힘

A, B, C로 옳은 것은? [3점]

	A	B	C
①	강자성체	상자성체	반자성체
②	상자성체	강자성체	반자성체
③	상자성체	반자성체	강자성체
④	반자성체	상자성체	강자성체
⑤	반자성체	강자성체	상자성체

31 — 2025학년도 6월 모평 물I 8번

그림 (가)는 자기화되지 <u>않은</u> 물체 A, B, C를 균일하고 강한 자기장 영역에 놓아 자기화시키는 모습을, (나)는 (가)의 B와 C를 자기장 영역에서 꺼내 가까이 놓았을 때 자기장의 모습을 나타낸 것이다. A, B, C는 강자성체, 상자성체, 반자성체를 순서 없이 나타낸 것이다.

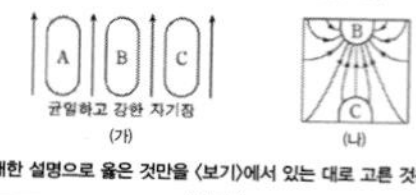

A, B, C, 균일하고 강한 자기장, (가), B, C, (나)

이에 대한 설명으로 옳은 것만을 〈보기〉에서 있는 대로 고른 것은?

〈보기〉

ㄱ. A는 반자성체이다.

ㄴ. (가)에서 A와 C는 같은 방향으로 자기화된다.

ㄷ. (나)에서 B와 C 사이에는 서로 밀어내는 자기력이 작용한다.

① ㄱ ② ㄴ ③ ㄱ, ㄷ ④ ㄴ, ㄷ ⑤ ㄱ, ㄴ, ㄷ

2024

35 — 2024학년도 수능 물I 3번

그림 (가)와 같이 자기화되어 있지 않은 자성체 A, B, C를 균일하고 강한 자기장 영역에 놓아 자기화시킨다. 그림 (나), (다)는 (가)의 A, B, C를 각각 수평면 위에 올려놓았을 때 정지한 모습을 나타낸 것이다. A에 작용하는 중력과 자기력의 합력의 크기는 (나)에서가 (다)에서보다 크다. A는 강자성체이고, B, C는 상자성체, 반자성체를 순서 없이 나타낸 것이다.

A, B, C, 균일하고 강한 자기장, (가), A, B, 수평면, (나), A, C, 수평면, (다)

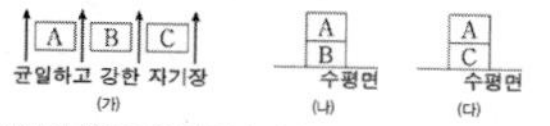

이에 대한 설명으로 옳은 것만을 〈보기〉에서 있는 대로 고른 것은? [3점]

〈보기〉

ㄱ. B는 상자성체이다.

ㄴ. (가)에서 A와 C는 같은 방향으로 자기화된다.

ㄷ. (나)에서 B에 작용하는 중력과 자기력의 방향은 같다.

① ㄱ ② ㄴ ③ ㄱ, ㄷ ④ ㄴ, ㄷ ⑤ ㄱ, ㄴ, ㄷ

26 대표 문제 — 2024학년도 9월 모평 물I 5번

다음은 물체 A, B, C의 자성을 알아보기 위한 실험이다. A, B, C는 강자성체, 상자성체, 반자성체를 순서 없이 나타낸 것이다.

[실험 과정]

(가) 자기화되어 있지 않은 A, B, C를 자기장에 놓아 자기화시킨다.

(나) 그림 Ⅰ과 같이 자기장에서 A를 꺼내 용수철저울에 매단 후, 정지된 상태에서 용수철저울의 측정값을 읽는다.

(다) 그림 Ⅱ와 같이 자기장에서 꺼낸 B를 A의 연직 아래에 놓은 후, 정지된 상태에서 용수철저울의 측정값을 읽는다.

(라) 그림 Ⅲ과 같이 자기장에서 꺼낸 C를 A의 연직 아래에 놓은 후, 정지된 상태에서 용수철저울의 측정값을 읽는다.

A, B, C, 균일한 자기장 영역, A, Ⅰ, A, B, Ⅱ, A, C, Ⅲ

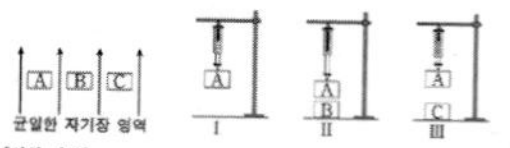

[실험 결과]

	Ⅰ	Ⅱ	Ⅲ
용수철저울의 측정값	w	$1.2w$	$0.9w$

A, B, C로 옳은 것은?

	A	B	C
①	강자성체	상자성체	반자성체
②	강자성체	반자성체	상자성체
③	반자성체	강자성체	상자성체
④	상자성체	강자성체	반자성체
⑤	상자성체	반자성체	강자성체

2023

38 — 2023학년도 수능 물I 7번

그림은 자성체 P와 Q, 솔레노이드가 x축상에 고정되어 있는 것을 나타낸 것이다. 솔레노이드에 흐르는 전류의 방향이 a일 때, P와 Q가 솔레노이드에 작용하는 자기력의 방향은 $+x$ 방향이다. P와 Q는 상자성체와 반자성체를 순서 없이 나타낸 것이다.

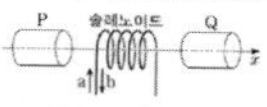

P, 솔레노이드, Q, x, a, b

이에 대한 설명으로 옳은 것만을 〈보기〉에서 있는 대로 고른 것은?

〈보기〉

ㄱ. P는 반자성체이다.

ㄴ. Q가 자기화되는 방향은 전류의 방향이 a일 때와 b일 때가 같다.

ㄷ. 전류의 방향이 b일 때, P와 Q가 솔레노이드에 작용하는 자기력의 방향은 $-x$ 방향이다.

① ㄱ ② ㄴ ③ ㄱ, ㄷ ④ ㄴ, ㄷ ⑤ ㄱ, ㄴ, ㄷ

16 — 2023학년도 6월 모평 물I 2번

그림은 자성체에 대해 학생 A, B, C가 대화하는 모습을 나타낸 것이다.

강자성체는 외부 자기장과 같은 방향으로 자기화돼.

반자성체는 자석을 가까이 하면 당기는 자기력이 작용해.

철은 외부 자기장을 제거하면 자기화된 상태를 유지하지 못하는 상자성체야.

학생 A, 학생 B, 학생 C

제시한 내용이 옳은 학생만을 있는 대로 고른 것은? [3점]

① A ② C ③ A, B ④ B, C ⑤ A, B, C

2023

12

2023학년도 9월 모평 물Ⅰ 2번

그림 (가)는 막대자석의 모습을, (나)는 (가)의 자석의 가운데를 자른 모습을 나타낸 것이다.

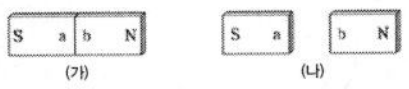

S a | b N (가)　　S a　b N (나)

(나)에서 a, b 사이의 자기장 모습으로 가장 적절한 것은?

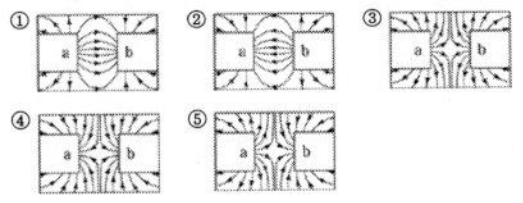

① ② ③ ④ ⑤

2022 ~ 2019

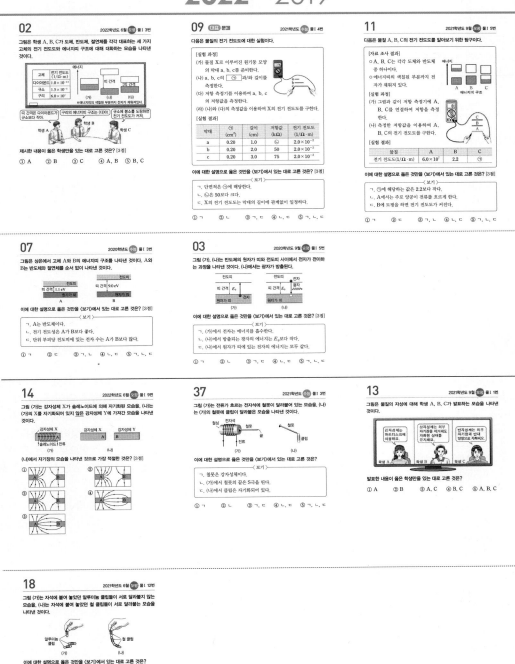

02

2022학년도 6월 모평 물Ⅰ 3번

그림은 학생 A, B, C가 도체, 반도체, 절연체를 각각 대표하는 세 가지 고체의 전기 전도도와 에너지띠 구조에 대해 대화하는 모습을 나타낸 것이다.

고체	전기 전도도 $(1/\Omega\cdot m)$
다이아몬드	1.0×10^{-12}
규소	1.5×10^{-3}
구리	6.0×10^{7}

에너지　띠 간격　(가)　(나)　(다)

※에너지띠의 색칠된 부분까지 전자가 채워져있다.

학생 A: 띠 간격은 다이아몬드가 규소보다 작아.

학생 B: 구리의 에너지띠 구조는 (다)야.

학생 C: 규소에 붕소를 도핑하면 전기 전도도가 커져.

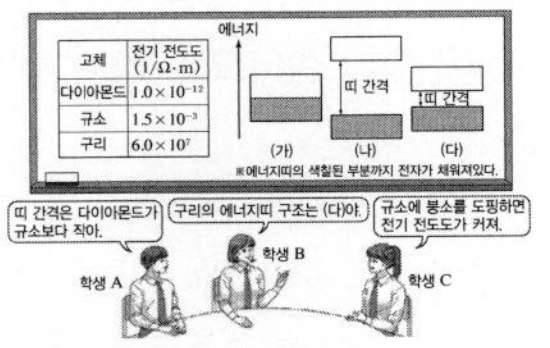

제시한 내용이 옳은 학생만을 있는 대로 고른 것은? [3점]

① A　② B　③ C　④ A, B　⑤ B, C

09 대표 문제

2021학년도 수능 물Ⅰ 4번

다음은 물질의 전기 전도도에 대한 실험이다.

[실험 과정]

(가) 물질 X로 이루어진 원기둥 모양의 막대 a, b, c를 준비한다.

(나) a, b, c의 ㉠ 과/와 길이를 측정한다.

(다) 저항 측정기를 이용하여 a, b, c의 저항값을 측정한다.

(라) (나)와 (다)의 측정값을 이용하여 X의 전기 전도도를 구한다.

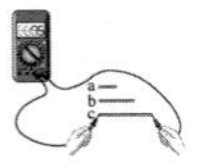

[실험 결과]

막대	㉠ (cm^2)	길이 (cm)	저항값 $(k\Omega)$	전기 전도도 $(1/\Omega\cdot m)$
a	0.20	1.0	㉡	2.0×10^{-2}
b	0.20	2.0	50	2.0×10^{-2}
c	0.20	3.0	75	2.0×10^{-2}

이에 대한 설명으로 옳은 것만을 〈보기〉에서 있는 대로 고른 것은? [3점]

〈보기〉

ㄱ. 단면적은 ㉠에 해당한다.

ㄴ. ㉡은 50보다 크다.

ㄷ. X의 전기 전도도는 막대의 길이에 관계없이 일정하다.

① ㄱ　② ㄴ　③ ㄱ, ㄷ　④ ㄴ, ㄷ　⑤ ㄱ, ㄴ, ㄷ

11

2021학년도 9월 모평 물Ⅰ 5번

다음은 물질 A, B, C의 전기 전도도를 알아보기 위한 탐구이다.

[자료 조사 결과]

○ A, B, C는 각각 도체와 반도체 중 하나이다.

○ 에너지띠의 색칠된 부분까지 전자가 채워져 있다.

에너지　A　B　C　에너지띠 구조

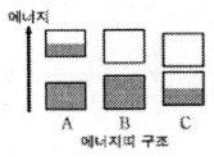

[실험 과정]

(가) 그림과 같이 저항 측정기에 A, B, C를 연결하여 저항을 측정한다.

(나) 측정한 저항값을 이용하여 A, B, C의 전기 전도도를 구한다.

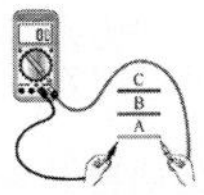

[실험 결과]

물질	A	B	C
전기 전도도$(1/\Omega\cdot m)$	6.0×10^{7}	2.2	㉠

이에 대한 설명으로 옳은 것만을 〈보기〉에서 있는 대로 고른 것은? [3점]

〈보기〉

ㄱ. ㉠에 해당하는 값은 2.2보다 작다.

ㄴ. A에서는 주로 양공이 전류를 흐르게 한다.

ㄷ. B에 도핑을 하면 전기 전도도가 커진다.

① ㄱ　② ㄷ　③ ㄱ, ㄴ　④ ㄴ, ㄷ　⑤ ㄱ, ㄴ, ㄷ

07

2020학년도 수능 물Ⅰ 3번

그림은 상온에서 고체 A와 B의 에너지띠 구조를 나타낸 것이다. A와 B는 반도체와 절연체를 순서 없이 나타낸 것이다.

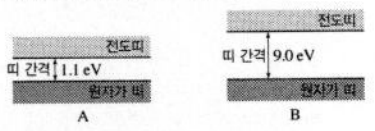

A: 전도띠, 띠 간격 1.1 eV, 원자가 띠　　B: 전도띠, 띠 간격 9.0 eV, 원자가 띠

이에 대한 설명으로 옳은 것만을 〈보기〉에서 있는 대로 고른 것은? [3점]

〈보기〉

ㄱ. A는 반도체이다.

ㄴ. 전기 전도성은 A가 B보다 좋다.

ㄷ. 단위 부피당 전도띠에 있는 전자 수는 A가 B보다 많다.

① ㄱ　② ㄷ　③ ㄱ, ㄴ　④ ㄴ, ㄷ　⑤ ㄱ, ㄴ, ㄷ

03

2020학년도 9월 모평 물Ⅰ 5번

그림 (가), (나)는 반도체의 원자가 띠와 전도띠 사이에서 전자가 전이하는 과정을 나타낸 것이다. (나)에서는 광자가 방출된다.

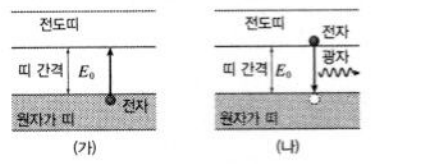

(가): 전도띠, 띠 간격 E_0, 전자, 원자가 띠　　(나): 전도띠, 전자, 광자, 띠 간격 E_0, 원자가 띠

이에 대한 설명으로 옳은 것만을 〈보기〉에서 있는 대로 고른 것은? [3점]

〈보기〉

ㄱ. (가)에서 전자는 에너지를 흡수한다.

ㄴ. (나)에서 방출되는 광자의 에너지는 E_0보다 작다.

ㄷ. (나)에서 원자가 띠에 있는 전자의 에너지는 모두 같다.

① ㄱ　② ㄴ　③ ㄱ, ㄷ　④ ㄴ, ㄷ　⑤ ㄱ, ㄴ, ㄷ

14

2022학년도 6월 모평 물Ⅰ 9번

그림 (가)는 강자성체 X가 솔레노이드에 의해 자기화된 모습을, (나)는 (가)의 X를 자기화되어 있지 않은 강자성체 Y에 가져간 모습을 나타낸 것이다.

(가): 강자성체 X, A, 솔레노이드, 전류　　(나): 강자성체 X (A), 강자성체 Y (B)

(나)에서 자기장의 모습을 나타낸 것으로 가장 적절한 것은? [3점]

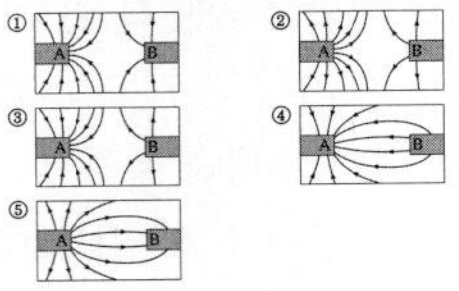

① ② ③ ④ ⑤

37

2021학년도 수능 물Ⅰ 3번

그림 (가)는 전류가 흐르는 전자석에 철못이 달라붙어 있는 모습을, (나)는 (가)의 철못에 클립이 달라붙은 모습을 나타낸 것이다.

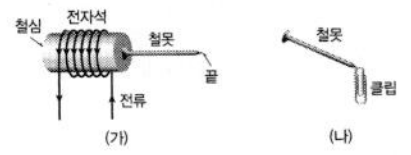

(가): 철심, 전자석, 철못, 끝, 전류　　(나): 철못, 클립

이에 대한 설명으로 옳은 것만을 〈보기〉에서 있는 대로 고른 것은?

〈보기〉

ㄱ. 철못은 강자성체이다.

ㄴ. (가)에서 철못의 끝은 S극을 띤다.

ㄷ. (나)에서 클립은 자기화되어 있다.

① ㄱ　② ㄴ　③ ㄱ, ㄷ　④ ㄴ, ㄷ　⑤ ㄱ, ㄴ, ㄷ

13

2021학년도 9월 모평 물Ⅰ 1번

그림은 물질의 자성에 대해 학생 A, B, C가 발표하는 모습을 나타낸 것이다.

학생 A: 강자성체는 하드디스크에 이용돼요.

학생 B: 상자성체는 외부 자기장을 제거해도 자화된 상태를 유지해요.

학생 C: 반자성체는 외부 자기장과 반대 방향으로 자화돼요.

발표한 내용이 옳은 학생만을 있는 대로 고른 것은?

① A　② B　③ A, C　④ B, C　⑤ A, B, C

18

2021학년도 6월 모평 물Ⅰ 12번

그림 (가)는 자석에 붙여 놓았던 알루미늄 클립들이 서로 달라붙지 않는 모습을, (나)는 자석에 붙여 놓았던 철 클립들이 서로 달라붙는 모습을 나타낸 것이다.

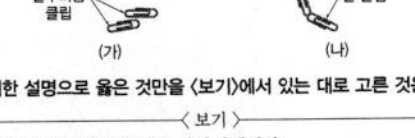

(가): 알루미늄 클립　　(나): 철 클립

이에 대한 설명으로 옳은 것만을 〈보기〉에서 있는 대로 고른 것은?

〈보기〉

ㄱ. (가)의 알루미늄 클립은 강자성체이다.

ㄴ. (나)의 철 클립은 상자성체이다.

ㄷ. (나)의 철 클립은 자기화되어 있다.

① ㄴ　② ㄷ　③ ㄱ, ㄴ　④ ㄱ, ㄷ　⑤ ㄱ, ㄴ, ㄷ

01

2020학년도 4월 학평 물Ⅰ 2번

그림은 도체와 반도체의 에너지띠 구조에 대해 학생 A, B, C가 대화하는 모습을 나타낸 것이다.

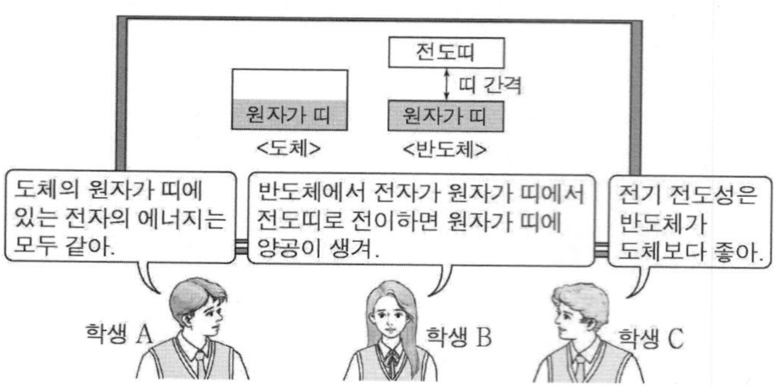

전도띠
띠 간격
원자가 띠
원자가 띠
<도체>
<반도체>
도체의 원자가 띠에 있는 전자의 에너지는 모두 같아.
반도체에서 전자가 원자가 띠에서 전도띠로 전이하면 원자가 띠에 양공이 생겨.
전기 전도성은 반도체가 도체보다 좋아.
학생 A
학생 B
학생 C

제시한 내용이 옳은 학생만을 있는 대로 고른 것은?

① A ② B ③ A, C ④ B, C ⑤ A, B, C

02

2022학년도 6월 모평 물Ⅰ 3번

그림은 학생 A, B, C가 도체, 반도체, 절연체를 각각 대표하는 세 가지 고체의 전기 전도도와 에너지띠 구조에 대해 대화하는 모습을 나타낸 것이다.

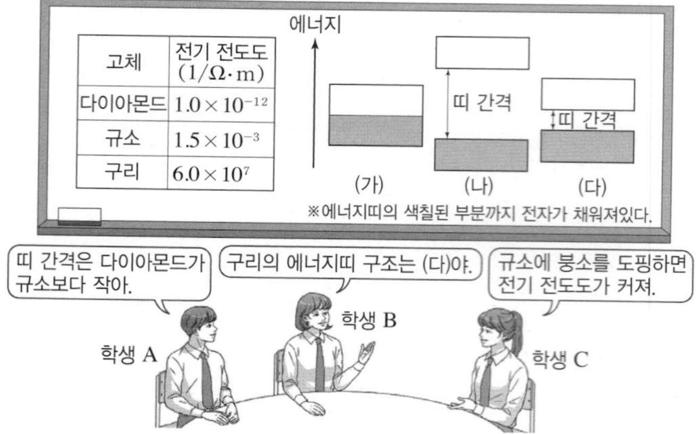

고체	전기 전도도 $(1/\Omega \cdot m)$
다이아몬드	1.0×10^{-12}
규소	1.5×10^{-3}
구리	6.0×10^{7}

제시한 내용이 옳은 학생만을 있는 대로 고른 것은? [3점]

① A ② B ③ C ④ A, B ⑤ B, C

03

2020학년도 9월 모평 물Ⅰ 5번

그림 (가), (나)는 반도체의 원자가 띠와 전도띠 사이에서 전자가 전이하는 과정을 나타낸 것이다. (나)에서는 광자가 방출된다.

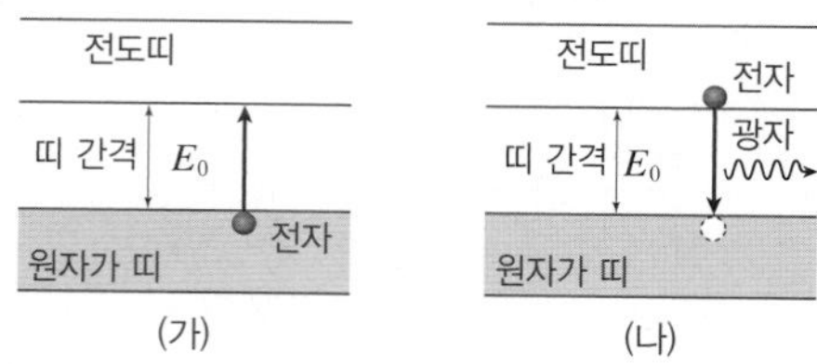

이에 대한 설명으로 옳은 것만을 〈보기〉에서 있는 대로 고른 것은? [3점]

〈 보기 〉

ㄱ. (가)에서 전자는 에너지를 흡수한다.

ㄴ. (나)에서 방출되는 광자의 에너지는 E_0보다 작다.

ㄷ. (나)에서 원자가 띠에 있는 전자의 에너지는 모두 같다.

① ㄱ ② ㄴ ③ ㄱ, ㄷ ④ ㄴ, ㄷ ⑤ ㄱ, ㄴ, ㄷ

04 대표 문제

2023학년도 6월 모평 물Ⅰ 5번

그림은 고체 A, B의 에너지띠 구조를 나타낸 것이다. A, B에서 전도띠의 전자가 원자가 띠로 전이하며 빛이 방출된다.

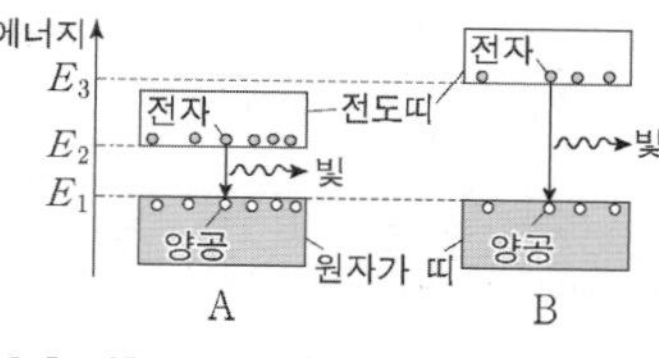

이에 대한 설명으로 옳은 것만을 〈보기〉에서 있는 대로 고른 것은? [3점]

〈 보기 〉

ㄱ. A에서 방출된 광자 1개의 에너지는 $E_2 - E_1$보다 작다.

ㄴ. 띠 간격은 A가 B보다 작다.

ㄷ. 방출된 빛의 파장은 A에서가 B에서보다 짧다.

① ㄱ ② ㄴ ③ ㄱ, ㄷ ④ ㄴ, ㄷ ⑤ ㄱ, ㄴ, ㄷ

05

2022학년도 4월 학평 물Ⅰ 6번

그림 (가)는 고체 A, B의 전기 전도도를 나타낸 것이다. A, B는 각각 도체와 반도체 중 하나이다. 그림 (나)의 X, Y는 A, B의 에너지띠 구조를 순서 없이 나타낸 것이다.

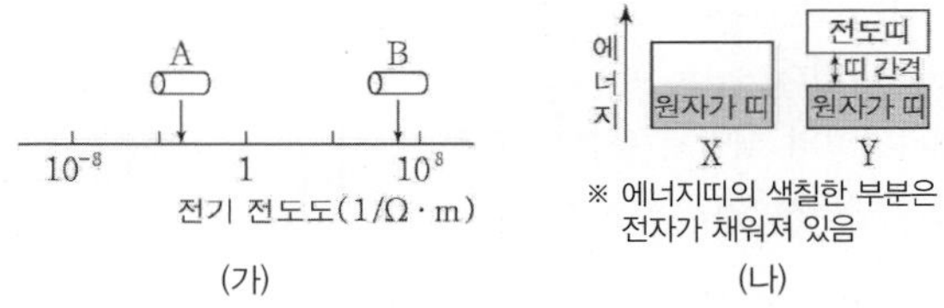

(가) (나)

이에 대한 설명으로 옳은 것만을 〈보기〉에서 있는 대로 고른 것은? [3점]

〈 보기 〉

ㄱ. A는 도체이다.
ㄴ. X는 B의 에너지띠 구조이다.
ㄷ. Y에서 원자가 띠의 전자가 전도띠로 전이할 때, 전자는 띠 간격 이상의 에너지를 흡수한다.

① ㄱ ② ㄴ ③ ㄱ, ㄷ ④ ㄴ, ㄷ ⑤ ㄱ, ㄴ, ㄷ

06

2023학년도 3월 학평 물Ⅰ 4번

표는 고체 X와 Y의 전기 전도도를 나타낸 것이다. X, Y 중 하나는 도체이고 다른 하나는 반도체이다.

고체	전기 전도도 (1/Ω·m)
X	2.0×10^{-2}
Y	1.0×10^{5}

X와 Y의 에너지띠 구조를 나타낸 것으로 가장 적절한 것은? (단, 전자는 색칠된 부분 ▭에만 채워져 있다.) [3점]

①
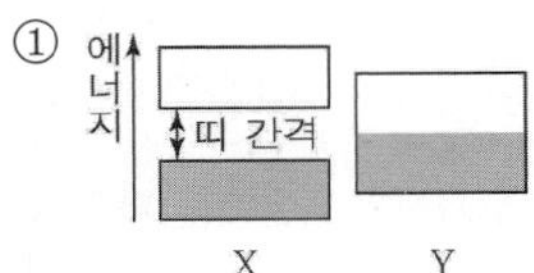

②
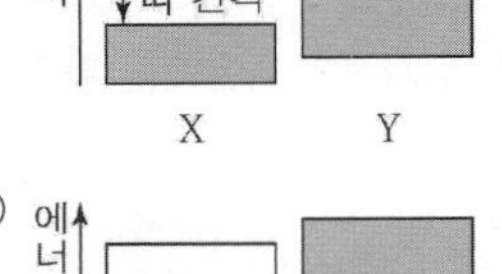

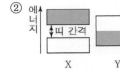

③
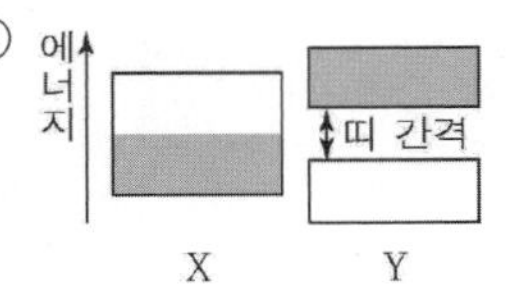

④
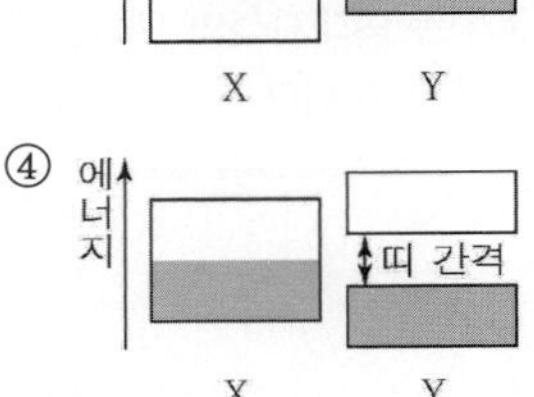

⑤
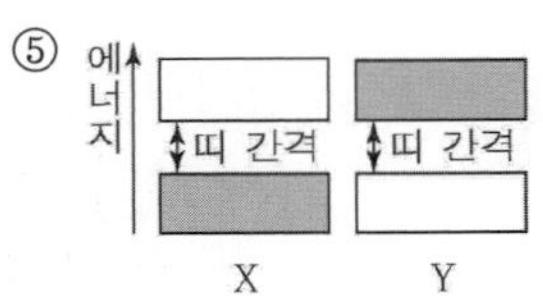

07

그림은 상온에서 고체 A와 B의 에너지띠 구조를 나타낸 것이다. A와 B는 반도체와 절연체를 순서 없이 나타낸 것이다.

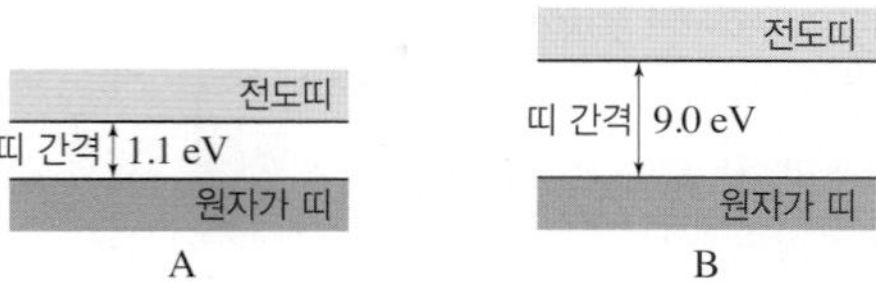

이에 대한 설명으로 옳은 것만을 〈보기〉에서 있는 대로 고른 것은? [3점]

〈 보기 〉

ㄱ. A는 반도체이다.
ㄴ. 전기 전도성은 A가 B보다 좋다.
ㄷ. 단위 부피당 전도띠에 있는 전자 수는 A가 B보다 많다.

① ㄱ ② ㄷ ③ ㄱ, ㄴ ④ ㄴ, ㄷ ⑤ ㄱ, ㄴ, ㄷ

08

2020학년도 3월 학평 물Ⅰ 9번

다음은 고체의 전기 전도성에 대한 실험이다.

[실험 과정]
(가) 도체 또는 절연체인 고체 A, B를 준비한다.
(나) 그림과 같이 A를 이용하여 실험 장치를 구성한다.

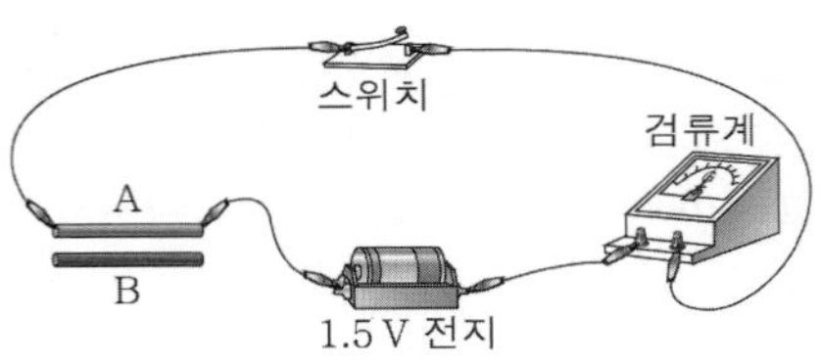

(다) 스위치를 닫아 검류계에 흐르는 전류를 측정한다.
(라) A를 B로 바꾸어 과정 (다)를 반복한다.

[실험 결과]
○ (다)에서는 전류가 흐르고, (라)에서는 전류가 흐르지 않는다.

이에 대한 옳은 설명만을 〈보기〉에서 있는 대로 고른 것은?

〈 보기 〉

ㄱ. A는 도체이다.
ㄴ. 전기 전도성은 A가 B보다 좋다.
ㄷ. B는 반도체에 비해 원자가 띠와 전도띠 사이의 띠 간격이 크다.

① ㄱ ② ㄷ ③ ㄱ, ㄴ ④ ㄴ, ㄷ ⑤ ㄱ, ㄴ, ㄷ

09 대표 문제

2021학년도 수능 물Ⅰ 4번

다음은 물질의 전기 전도도에 대한 실험이다.

[실험 과정]

(가) 물질 X로 이루어진 원기둥 모양의 막대 a, b, c를 준비한다.

(나) a, b, c의 ㉠ 과/와 길이를 측정한다.

(다) 저항 측정기를 이용하여 a, b, c의 저항값을 측정한다.

(라) (나)와 (다)의 측정값을 이용하여 X의 전기 전도도를 구한다.

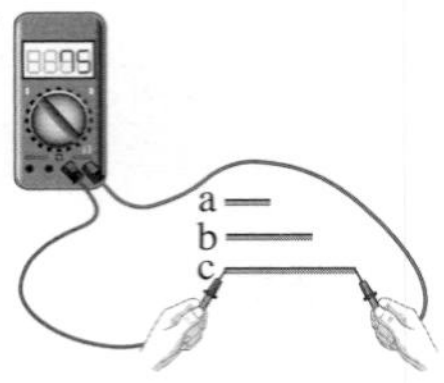

[실험 결과]

막대	㉠ (cm^2)	길이 (cm)	저항값 (kΩ)	전기 전도도 (1/Ω·m)
a	0.20	1.0	㉡	2.0×10^{-2}
b	0.20	2.0	50	2.0×10^{-2}
c	0.20	3.0	75	2.0×10^{-2}

이에 대한 설명으로 옳은 것만을 <보기>에서 있는 대로 고른 것은? [3점]

〈 보기 〉

ㄱ. 단면적은 ㉠에 해당한다.

ㄴ. ㉡은 50보다 크다.

ㄷ. X의 전기 전도도는 막대의 길이에 관계없이 일정하다.

① ㄱ ② ㄴ ③ ㄱ, ㄷ ④ ㄴ, ㄷ ⑤ ㄱ, ㄴ, ㄷ

10

2024학년도 10월 학평 물Ⅰ 3번

그림 (가)는 고체 A, B의 에너지띠 구조를, (나)는 A, B를 이용하여 만든 집게 달린 전선의 단면을 나타낸 것이다. A와 B는 각각 도체와 절연체 중 하나이고, (가)에서 에너지띠의 색칠된 부분까지 전자가 채워져 있다.

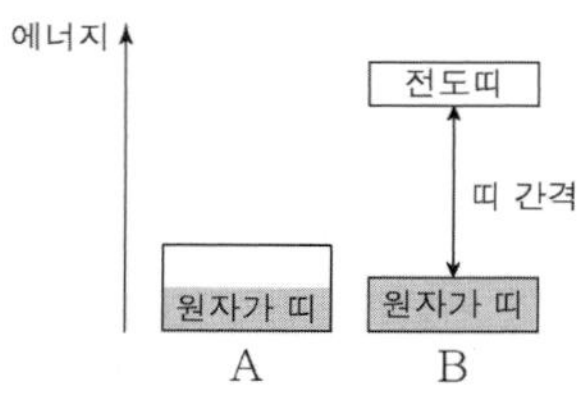

(가)

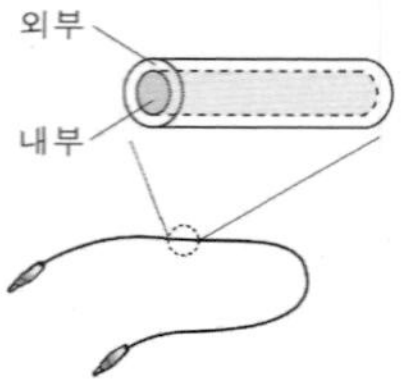

(나)

이에 대한 옳은 설명만을 <보기>에서 있는 대로 고른 것은?

〈 보기 〉

ㄱ. A는 도체이다.

ㄴ. B의 원자가 띠에 있는 전자의 에너지 준위는 모두 같다.

ㄷ. (나)에서 전선의 내부는 A, 외부는 B로 이루어져 있다.

① ㄱ ② ㄴ ③ ㄱ, ㄷ ④ ㄴ, ㄷ ⑤ ㄱ, ㄴ, ㄷ

11

2021학년도 9월 모평 물Ⅰ 5번

다음은 물질 A, B, C의 전기 전도도를 알아보기 위한 탐구이다.

[자료 조사 결과]

○ A, B, C는 각각 도체와 반도체 중 하나이다.

○ 에너지띠의 색칠된 부분까지 전자가 채워져 있다.

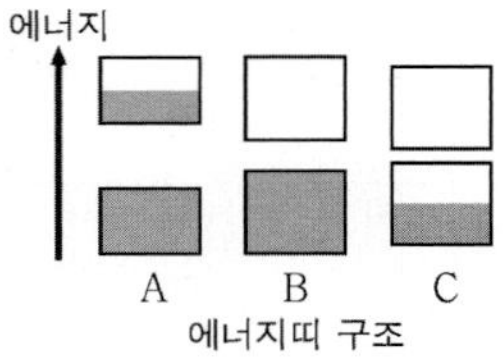

[실험 과정]

(가) 그림과 같이 저항 측정기에 A, B, C를 연결하여 저항을 측정한다.

(나) 측정한 저항값을 이용하여 A, B, C의 전기 전도도를 구한다.

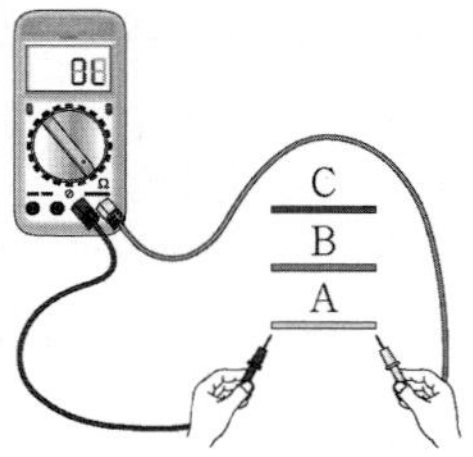

[실험 결과]

물질	A	B	C
전기 전도도(1/Ω·m)	6.0×10^{7}	2.2	㉠

이에 대한 설명으로 옳은 것만을 <보기>에서 있는 대로 고른 것은? [3점]

〈 보기 〉

ㄱ. ㉠에 해당하는 값은 2.2보다 작다.

ㄴ. A에서는 주로 양공이 전류를 흐르게 한다.

ㄷ. B에 도핑을 하면 전기 전도도가 커진다.

① ㄱ ② ㄷ ③ ㄱ, ㄴ ④ ㄴ, ㄷ ⑤ ㄱ, ㄴ, ㄷ

12

2023학년도 9월 모평 물Ⅰ 2번

그림 (가)는 막대자석의 모습을, (나)는 (가)의 자석의 가운데를 자른 모습을 나타낸 것이다.

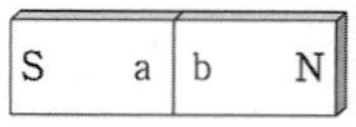

(가)

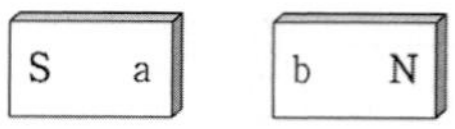

(나)

(나)에서 a, b 사이의 자기장 모습으로 가장 적절한 것은?

①
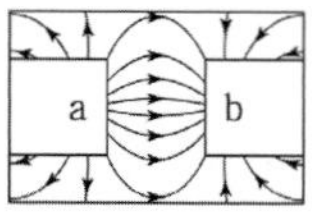

②
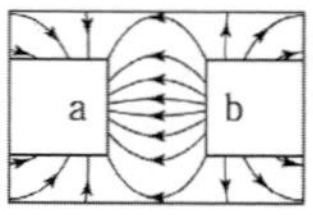

③
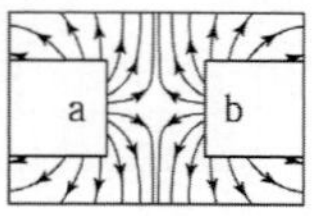

④
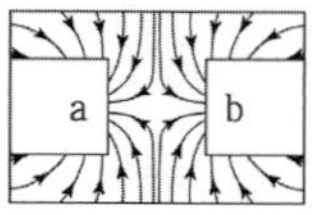

⑤
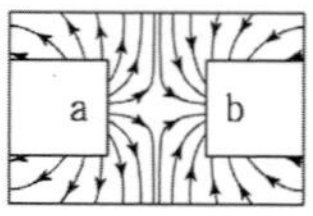

13

2021학년도 9월 모평 물I 1번

그림은 물질의 자성에 대해 학생 A, B, C가 발표하는 모습을 나타낸 것이다.

강자성체는 하드디스크에 이용돼요.
상자성체는 외부 자기장을 제거해도 자화된 상태를 유지해요.
반자성체는 외부 자기장과 반대 방향으로 자화돼요.
학생 A
학생 B
학생 C

발표한 내용이 옳은 학생만을 있는 대로 고른 것은?

① A ② B ③ A, C ④ B, C ⑤ A, B, C

14

2022학년도 6월  물I 9번

그림 (가)는 강자성체 X가 솔레노이드에 의해 자기화된 모습을, (나)는 (가)의 X를 자기화되어 있지 않은 강자성체 Y에 가져간 모습을 나타낸 것이다.

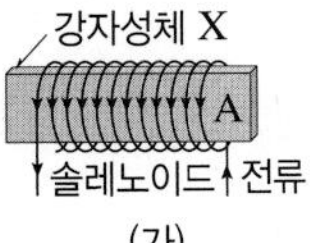

(가)

(나)

(나)에서 자기장의 모습을 나타낸 것으로 가장 적절한 것은? [3점]

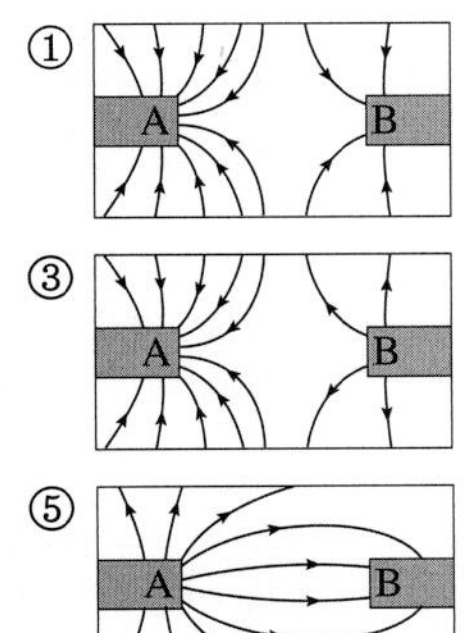

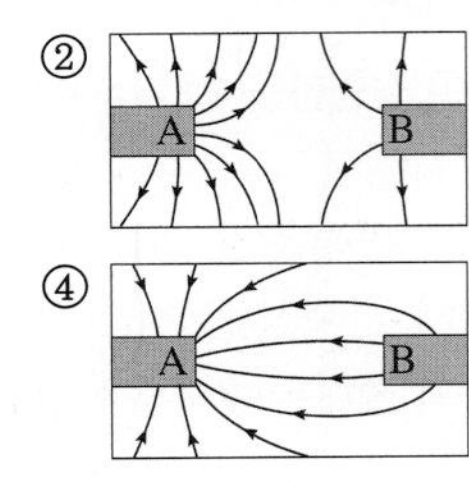

15

2021학년도 10월 학평 물I 1번

그림은 자석이 냉장고의 철판에는 붙고, 플라스틱판에는 붙지 않는 현상에 대한 학생 A, B, C의 대화를 나타낸 것이다.

자석은 강자성체야.
철은 외부 자기장과 반대 방향으로 자기화돼.
플라스틱은 외부 자기장을 제거해도 자화된 상태를 유지해.
학생 A
학생 B
학생 C

제시한 내용이 옳은 학생만을 있는 대로 고른 것은?

① A ② B ③ A, B ④ A, C ⑤ B, C

16

2023학년도 6월  물I 2번

그림은 자성체에 대해 학생 A, B, C가 대화하는 모습을 나타낸 것이다.

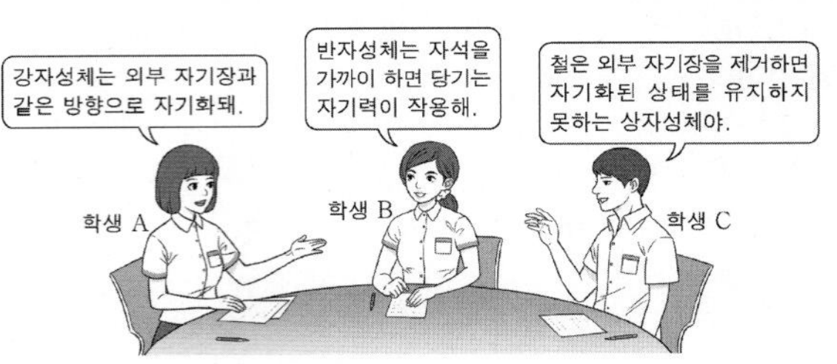

강자성체는 외부 자기장과 같은 방향으로 자기화돼.
반자성체는 자석을 가까이 하면 당기는 자기력이 작용해.
철은 외부 자기장을 제거하면 자기화된 상태를 유지하지 못하는 상자성체야.
학생 A
학생 B
학생 C

제시한 내용이 옳은 학생만을 있는 대로 고른 것은? [3점]

① A ② C ③ A, B ④ B, C ⑤ A, B, C

17

2022학년도 수능 물Ⅰ 6번

그림은 자석의 S극을 물체 A, B에 각각 가져갔을 때 자기장의 모습을 나타낸 것이다. A와 B는 상자성체와 반자성체를 순서 없이 나타낸 것이다.

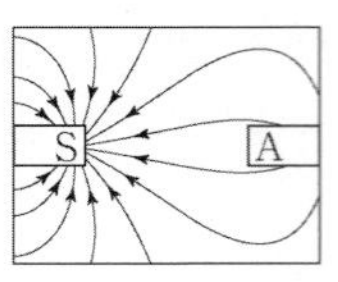

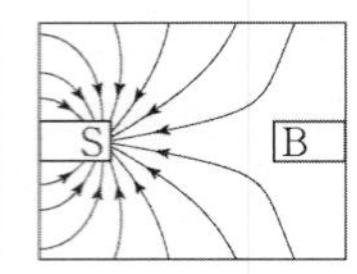

이에 대한 설명으로 옳은 것만을 〈보기〉에서 있는 대로 고른 것은? [3점]

〈 보기 〉
ㄱ. A는 자기화되어 있다.
ㄴ. A와 자석 사이에는 서로 미는 힘이 작용한다.
ㄷ. B는 상자성체이다.

① ㄱ ② ㄷ ③ ㄱ, ㄴ ④ ㄴ, ㄷ ⑤ ㄱ, ㄴ, ㄷ

18

2021학년도 6월  물Ⅰ 12번

그림 (가)는 자석에 붙여 놓았던 알루미늄 클립들이 서로 달라붙지 않는 모습을, (나)는 자석에 붙여 놓았던 철 클립들이 서로 달라붙는 모습을 나타낸 것이다.

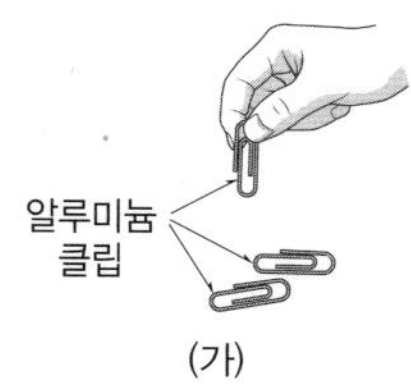

(가)

(나)

이에 대한 설명으로 옳은 것만을 〈보기〉에서 있는 대로 고른 것은?

〈 보기 〉
ㄱ. (가)의 알루미늄 클립은 강자성체이다.
ㄴ. (나)의 철 클립은 상자성체이다.
ㄷ. (나)의 철 클립은 자기화되어 있다.

① ㄴ ② ㄷ ③ ㄱ, ㄴ ④ ㄱ, ㄷ ⑤ ㄱ, ㄴ, ㄷ

19

2022학년도 3월 학평 물Ⅰ 12번

다음은 전동 스테이플러의 작동 원리이다.

그림 (가)와 같이 전동 스테이플러에 종이를 넣지 않았을 때는 고정된 코일이 자성체 A를 당기지 않는다. 그림 (나)와 같이 종이를 넣으면 스위치가 닫히면서 코일에 전류가 흐르고, ㉠코일이 A를 강하게 당긴다. 그리고 A가 철사 침을 눌러 종이에 박는다.

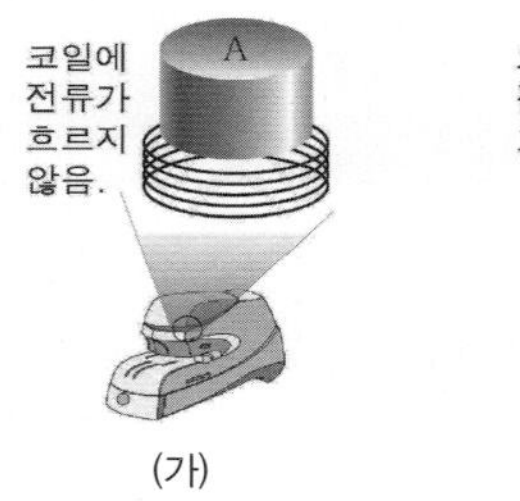

(가)

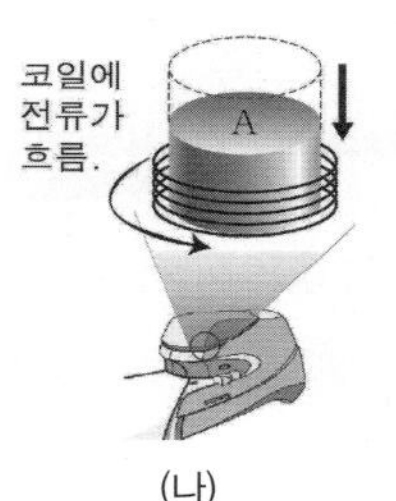

(나)

이에 대한 옳은 설명만을 〈보기〉에서 있는 대로 고른 것은?

〈 보기 〉
ㄱ. ㉠은 자기력에 의해 나타나는 현상이다.
ㄴ. A는 반자성체이다.
ㄷ. (나)의 A는 코일의 전류에 의한 자기장과 같은 방향으로 자기화된다.

① ㄱ ② ㄷ ③ ㄱ, ㄴ ④ ㄱ, ㄷ ⑤ ㄴ, ㄷ

20

2020학년도 10월 학평 물Ⅰ 14번

그림 (가)는 철 바늘을 물 위에 띄웠더니 회전하여 북쪽을 가리키는 모습을, (나)는 플라스틱 빨대에 자석을 가까이 하였더니 빨대가 자석으로부터 멀어지는 모습을 나타낸 것이다.

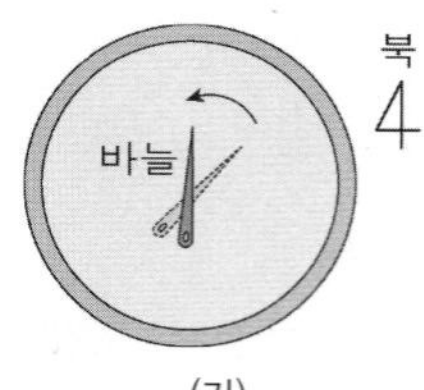

(가)

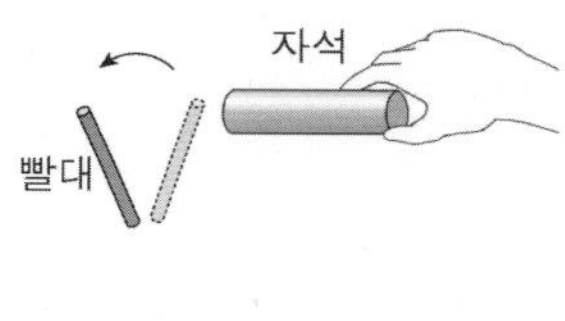

(나)

이에 대한 옳은 설명만을 〈보기〉에서 있는 대로 고른 것은?

〈 보기 〉
ㄱ. (가)의 철 바늘은 자기화되어 있다.
ㄴ. 철 바늘은 강자성체이다.
ㄷ. 플라스틱 빨대는 반자성체이다.

① ㄱ ② ㄷ ③ ㄱ, ㄴ ④ ㄴ, ㄷ ⑤ ㄱ, ㄴ, ㄷ

21

2023학년도 3월 학평 물I 5번

다음은 자성체에 대한 실험이다.

[실험 과정]

(가) 막대 A, B를 각각 수평이 유지되도록 실에 매달아 동서 방향으로 가만히 놓는다. A, B는 강자성체, 반자성체를 순서 없이 나타낸 것이다.

(나) 정지한 A, B의 모습을 나침반 자침과 함께 관찰한다.

(다) (나)에서 A, B의 끝에 네오디뮴 자석을 가까이하여 A, B의 움직임을 관찰한다.

[실험 결과]

	A	B
(나)		
(다)	㉠	자석으로 끌려온다.

이에 대한 옳은 설명만을 〈보기〉에서 있는 대로 고른 것은? (단, 실에 의한 회전은 무시한다.) [3점]

〈 보기 〉

ㄱ. (나)에서 A는 지구 자기장 방향으로 자기화되어 있다.
ㄴ. '자석으로부터 밀려난다'는 ㉠으로 적절하다.
ㄷ. B는 강한 전자석을 만드는 데 이용할 수 있다.

① ㄱ ② ㄷ ③ ㄱ, ㄴ ④ ㄴ, ㄷ ⑤ ㄱ, ㄴ, ㄷ

22

2023학년도 10월 학평 물I 8번

그림은 모양과 크기가 같은 자성체 P 또는 Q를 일정한 전류가 흐르는 솔레노이드에 넣은 모습을 나타낸 것이다. 자기장의 세기는 P 내부에서가 Q 내부에서보다 크다. P와 Q 중 하나는 상자성체이고, 다른 하나는 반자성체이다.

이에 대한 옳은 설명만을 〈보기〉에서 있는 대로 고른 것은?

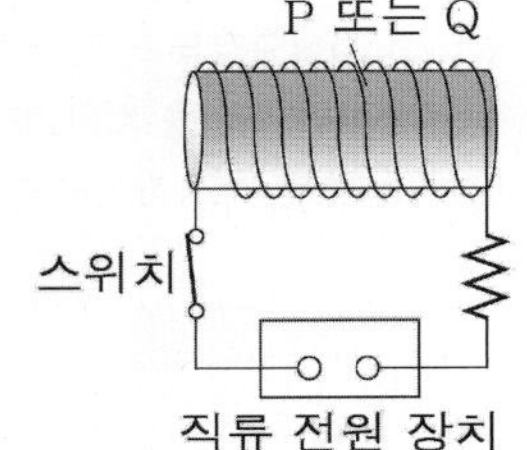

〈 보기 〉

ㄱ. P는 상자성체이다.
ㄴ. Q는 솔레노이드에 의한 자기장과 같은 방향으로 자기화된다.
ㄷ. 스위치를 열어도 Q는 자기화된 상태를 유지한다.

① ㄱ ② ㄴ ③ ㄷ ④ ㄱ, ㄷ ⑤ ㄴ, ㄷ

23

2024학년도 3월 학평 물I 6번

다음은 자석과 자성체를 이용한 실험이다.

[실험 과정]

(가) 그림과 같은 고리 모양의 동일한 자석 A, B, C, ㉠강자성체 X, 상자성체 Y를 준비한다.

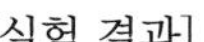

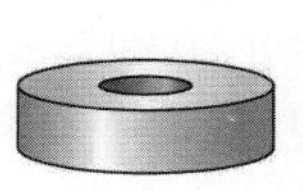

(나) 수평면에 연직으로 고정된 나무 막대에 자석과 자성체를 넣고, 모두 정지했을 때의 위치를 비교한다.

[실험 결과]

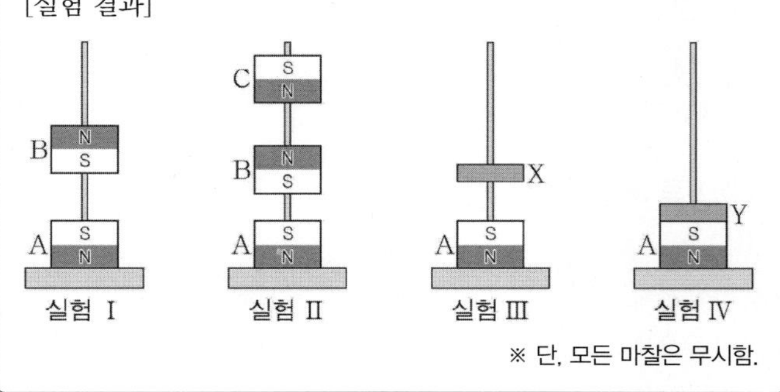

※ 단, 모든 마찰은 무시함.

X, Y에 대한 옳은 설명만을 〈보기〉에서 있는 대로 고른 것은?

〈 보기 〉

ㄱ. (가)에서 ㉠은 자기화된 상태이다.
ㄴ. Ⅳ에서 A와 Y 사이에는 밀어내는 자기력이 작용한다.
ㄷ. Ⅲ, Ⅳ에서 X, Y는 서로 같은 방향으로 자기화되어 있다.

① ㄱ ② ㄴ ③ ㄱ, ㄴ ④ ㄱ, ㄷ ⑤ ㄴ, ㄷ

24 대표 문제

2025학년도 9월 모평 물Ⅰ 6번

그림은 한 면만 검게 칠한 자기화되어 있지 않은 자성체 A, B, C를 균일하고 강한 자기장 영역에 놓아 자기화시킨 모습을 나타낸 것이다. 표는 그림의 자기장 영역에서 꺼낸 A, B, C 중 2개를 마주 보는 면을 바꾸며 가까이 놓았을 때, 자성체 사이에 작용하는 자기력을 나타낸 것이다. A, B, C는 강자성체, 상자성체, 반자성체를 순서 없이 나타낸 것이다.

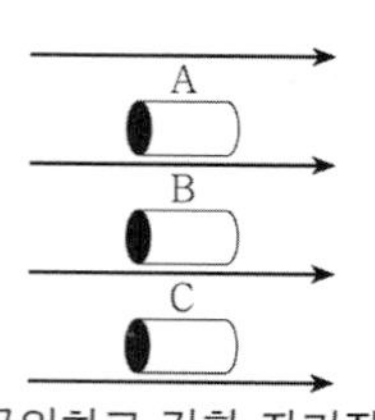

균일하고 강한 자기장

자성체의 위치	자기력
A B	없음
A C	서로 미는 힘
B C	서로 당기는 힘

A, B, C로 옳은 것은? [3점]

	A	B	C
①	강자성체	상자성체	반자성체
②	상자성체	강자성체	반자성체
③	상자성체	반자성체	강자성체
④	반자성체	상자성체	강자성체
⑤	반자성체	강자성체	상자성체

25

2024학년도 7월 학평 물Ⅰ 5번

그림과 같이 자기화되어 있지 않은 자성체 A, B, C, D를 균일하고 강한 자기장 영역에 놓아 자기화시킨다. 표는 외부 자기장이 없는 영역에서 그림의 A~D 중 두 자성체를 가까이했을 때 자성체 사이에 서로 작용하는 자기력을 나타낸 것이다. A~D는 각각 강자성체, 상자성체, 반자성체 중 하나이다.

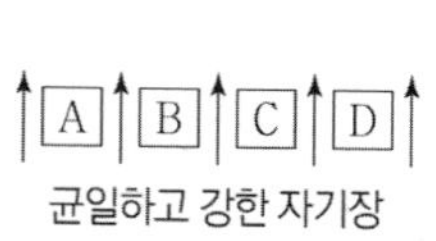

균일하고 강한 자기장

자성체	자기력	자성체	자기력
A, B	미는 힘	B, C	—
A, C	당기는 힘	B, D	미는 힘
A, D	당기는 힘	C, D	㉠

(—: 힘이 작용하지 않음)

이에 대한 설명으로 옳은 것만을 <보기>에서 있는 대로 고른 것은?

<보기>

ㄱ. A는 강자성체이다.
ㄴ. ㉠은 '당기는 힘'이다.
ㄷ. D는 하드디스크에 이용된다.

① ㄱ ② ㄷ ③ ㄱ, ㄴ ④ ㄴ, ㄷ ⑤ ㄱ, ㄴ, ㄷ

26 대표 문제

2024학년도 9월 모평 물Ⅰ 5번

다음은 물체 A, B, C의 자성을 알아보기 위한 실험이다. A, B, C는 강자성체, 상자성체, 반자성체를 순서 없이 나타낸 것이다.

[실험 과정]

(가) 자기화되어 있지 않은 A, B, C를 자기장에 놓아 자기화시킨다.
(나) 그림 Ⅰ과 같이 자기장에서 A를 꺼내 용수철저울에 매단 후, 정지된 상태에서 용수철저울의 측정값을 읽는다.
(다) 그림 Ⅱ와 같이 자기장에서 꺼낸 B를 A의 연직 아래에 놓은 후, 정지된 상태에서 용수철저울의 측정값을 읽는다.
(라) 그림 Ⅲ과 같이 자기장에서 꺼낸 C를 A의 연직 아래에 놓은 후, 정지된 상태에서 용수철저울의 측정값을 읽는다.

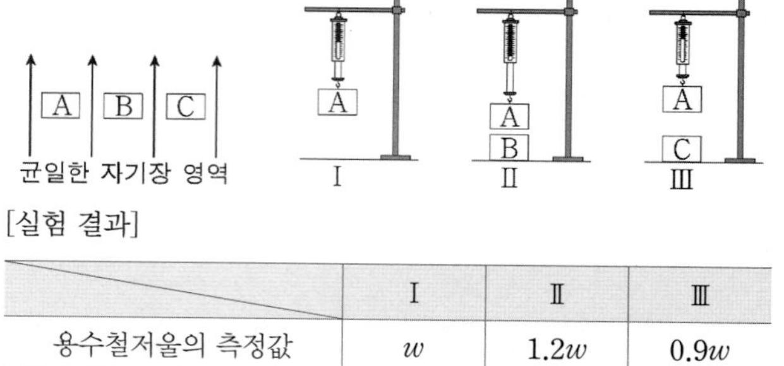

[실험 결과]

	Ⅰ	Ⅱ	Ⅲ
용수철저울의 측정값	w	$1.2w$	$0.9w$

A, B, C로 옳은 것은?

	A	B	C
①	강자성체	상자성체	반자성체
②	강자성체	반자성체	상자성체
③	반자성체	강자성체	상자성체
④	상자성체	강자성체	반자성체
⑤	상자성체	반자성체	강자성체

27

2021학년도 3월 학평 물Ⅰ 15번

그림 (가)와 같이 자석 주위에 자기화되어 있지 않은 자성체 A, B를 놓았더니 자석으로부터 각각 화살표 방향으로 자기력을 받았다. 그림 (나)는 (가)에서 자석을 치운 후 A와 B를 가까이 놓은 모습을 나타낸 것으로, B는 A로부터 자기력을 받는다.

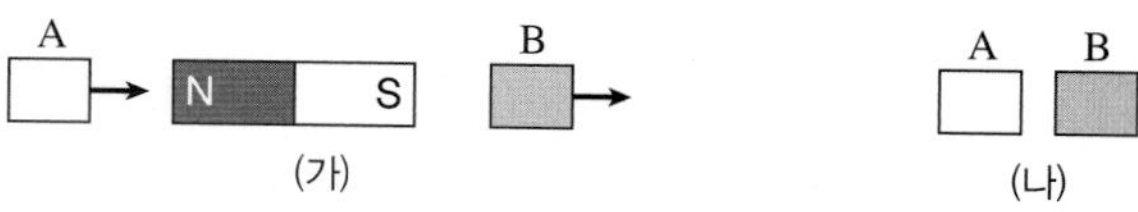

이에 대한 옳은 설명만을 <보기>에서 있는 대로 고른 것은?

<보기>

ㄱ. B는 반자성체이다.
ㄴ. (가)에서 A와 B는 같은 방향으로 자기화되어 있다.
ㄷ. (나)에서 A, B 사이에는 서로 당기는 자기력이 작용한다.

① ㄱ ② ㄴ ③ ㄱ, ㄴ ④ ㄱ, ㄷ ⑤ ㄴ, ㄷ

28

2023학년도 4월 학평 물Ⅰ 17번

다음은 물질의 자성에 대한 실험이다.

[실험 과정]

(가) 자기화되어 있지 않은 물체 A, B, C를 균일한 자기장에 놓아 자기화시킨다.

(나) 자기장 영역에서 꺼낸 A를 실에 매단다.

(다) 자기장 영역에서 꺼낸 B를 A에 가까이 하며 A를 관찰한다.

(라) 자기장 영역에서 꺼낸 C를 A에 가까이 하며 A를 관찰한다.

※ A, B, C는 강자성체, 상자성체, 반자성체를 순서 없이 나타낸 것이다.

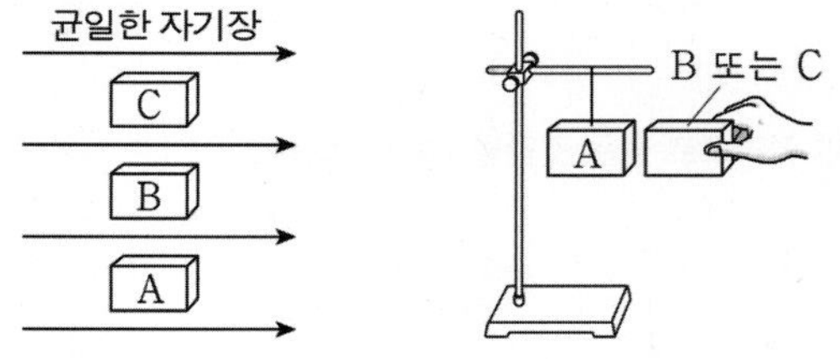

[실험 결과]

○ (다)의 결과: A가 밀려난다.

○ (라)의 결과: A가 끌려온다.

이에 대한 설명으로 옳은 것만을 〈보기〉에서 있는 대로 고른 것은? [3점]

〈 보기 〉

ㄱ. A는 외부 자기장을 제거해도 자기화된 상태를 유지한다.

ㄴ. (가)에서 A와 B는 같은 방향으로 자기화된다.

ㄷ. C는 반자성체이다.

① ㄱ ② ㄴ ③ ㄱ, ㄷ ④ ㄴ, ㄷ ⑤ ㄱ, ㄴ, ㄷ

29

2024학년도 5월 학평 물Ⅰ 3번

그림은 자성체를 이용한 실험에 대해 학생 A, B, C가 대화하는 모습을 나타낸 것이다.

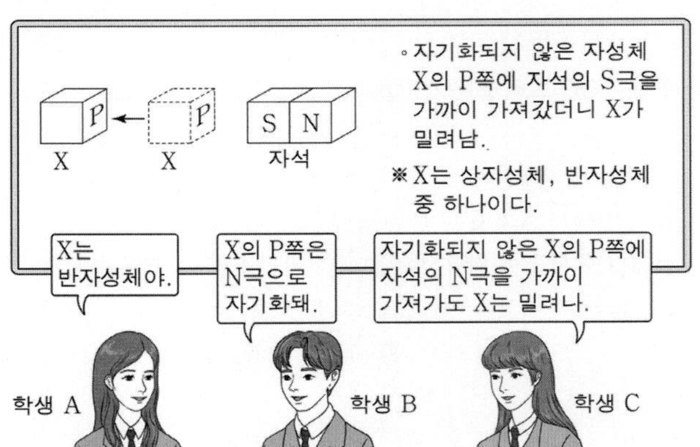

제시한 내용이 옳은 학생만을 있는 대로 고른 것은?

① A ② B ③ A, C ④ B, C ⑤ A, B, C

30

2024학년도 10월 학평 물Ⅰ 5번

그림 (가)는 자기화되지 않은 자성체를 자석에 가까이 놓아 자기화시키는 모습을 나타낸 것이다. 그림 (나)는 (가)에서 자석을 치운 후 p-n 접합 발광 다이오드[LED]가 연결된 코일에 자성체의 A 부분을 가까이 했을 때 LED에 불이 켜지는 모습을 나타낸 것이다. X는 p형 반도체와 n형 반도체 중 하나이다.

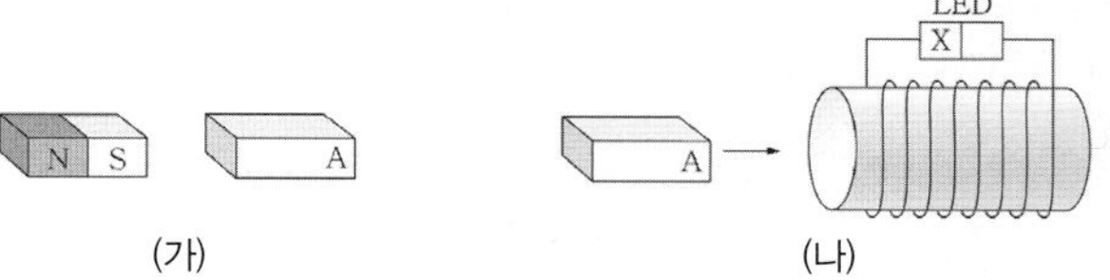

(가) (나)

이에 대한 옳은 설명만을 〈보기〉에서 있는 대로 고른 것은?

〈 보기 〉

ㄱ. (가)에서 자성체와 자석 사이에는 서로 당기는 자기력이 작용한다.

ㄴ. (가)에서 자성체는 외부 자기장과 같은 방향으로 자기화된다.

ㄷ. (나)에서 X는 p형 반도체이다.

① ㄱ ② ㄷ ③ ㄱ, ㄴ ④ ㄴ, ㄷ ⑤ ㄱ, ㄴ, ㄷ

31

2025학년도 6월 모평 물Ⅰ 8번

그림 (가)는 자기화되지 않은 물체 A, B, C를 균일하고 강한 자기장 영역에 놓아 자기화시키는 모습을, (나)는 (가)의 B와 C를 자기장 영역에서 꺼내 가까이 놓았을 때 자기장의 모습을 나타낸 것이다. A, B, C는 강자성체, 상자성체, 반자성체를 순서 없이 나타낸 것이다.

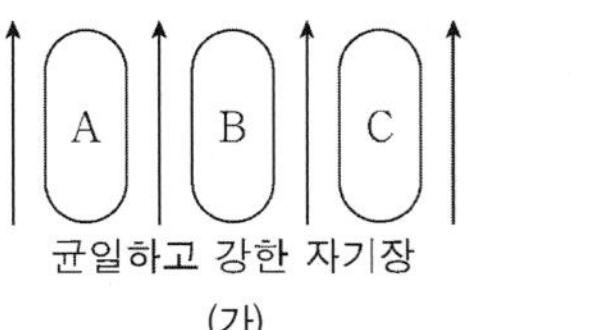

(가)

B
C

(나)

이에 대한 설명으로 옳은 것만을 〈보기〉에서 있는 대로 고른 것은?

〈 보기 〉

ㄱ. A는 반자성체이다.

ㄴ. (가)에서 A와 C는 같은 방향으로 자기화된다.

ㄷ. (나)에서 B와 C 사이에는 서로 밀어내는 자기력이 작용한다.

① ㄱ ② ㄴ ③ ㄱ, ㄷ ④ ㄴ, ㄷ ⑤ ㄱ, ㄴ, ㄷ

32

2020학년도 7월 학평 물I 11번

그림 (가)와 같이 자화되어 있지 않은 자성체 A와 B를 각각 막대자석에 가까이 하였더니, A와 자석 사이에는 서로 미는 자기력이 작용하였고 B와 자석 사이에는 서로 당기는 자기력이 작용하였다. 그림 (나)와 같이 (가)에서 막대자석을 치운 후 A와 B를 가까이 하였더니, A와 B 사이에는 자기력이 작용하였다. 그림 (다)는 실에 매달린 막대자석 연직 아래의 수평한 지면 위에 A를 놓은 것을 나타낸 것이다.

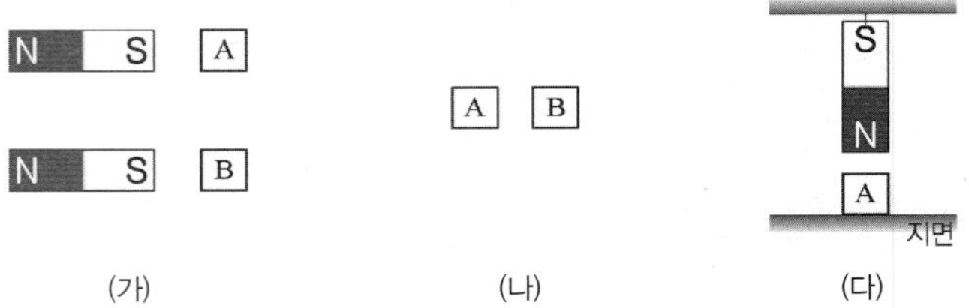

(가) (나) (다)

이에 대한 설명으로 옳은 것만을 〈보기〉에서 있는 대로 고른 것은? [3점]

〈 보기 〉

ㄱ. A는 강자성체이다.
ㄴ. (나)에서 A와 B 사이에는 서로 미는 자기력이 작용한다.
ㄷ. (다)에서 지면이 A를 떠받치는 힘의 크기는 A의 무게보다 크다.

① ㄴ ② ㄷ ③ ㄱ, ㄴ ④ ㄱ, ㄷ ⑤ ㄴ, ㄷ

33

2022학년도 10월 학평 물I 15번

그림은 저울에 무게가 W_0으로 같은 물체 P 또는 Q를 놓고 전지와 스위치에 연결된 코일을 가까이한 모습을 나타낸 것이다. P, Q는 강자성체, 상자성체를 순서 없이 나타낸 것이다. 표는 스위치를 a, b에 연결했을 때 저울의 측정값을 비교한 것이다.

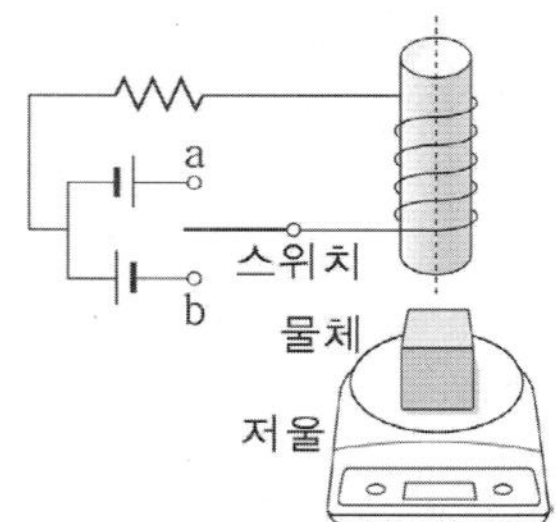

연결 위치	저울의 측정값	
	P	Q
a	W_0보다 큼	W_0보다 작음
b	W_0보다 작음	㉠

이에 대한 옳은 설명만을 〈보기〉에서 있는 대로 고른 것은? (단, 지구 자기장은 무시한다.) [3점]

〈 보기 〉

ㄱ. P는 강자성체이다.
ㄴ. ㉠은 'W_0보다 작음'이다.
ㄷ. Q는 스위치를 a에 연결했을 때와 b에 연결했을 때 같은 방향으로 자기화된다.

① ㄱ ② ㄷ ③ ㄱ, ㄴ ④ ㄴ, ㄷ ⑤ ㄱ, ㄴ, ㄷ

34

2021학년도 4월 학평 물I 12번

그림 (가)와 같이 천장에 실로 연결된 자석의 연직 아래 수평면에 자기화되지 않은 물체 A를 놓았더니 A가 정지해 있다. 그림 (나)와 같이 (가)에서 자석을 자기화되지 않은 물체 B로 바꾸어 연결하고 A를 이동시켰더니 B가 A쪽으로 기울어져 정지해 있다. B는 상자성체, 반자성체 중 하나이다.

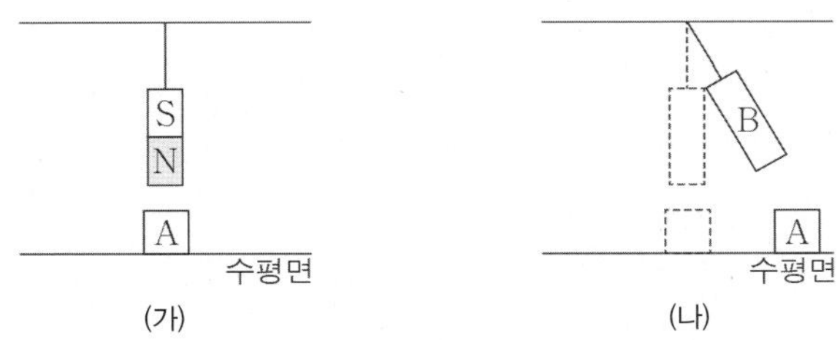

(가) (나)

이에 대한 설명으로 옳은 것만을 〈보기〉에서 있는 대로 고른 것은?

〈 보기 〉

ㄱ. A는 외부 자기장과 반대 방향으로 자기화된다.
ㄴ. (가)에서 실이 자석에 작용하는 힘의 크기는 자석의 무게보다 크다.
ㄷ. B는 상자성체이다.

① ㄱ ② ㄴ ③ ㄱ, ㄷ ④ ㄴ, ㄷ ⑤ ㄱ, ㄴ, ㄷ

35

2024학년도 수능 물I 3번

그림 (가)와 같이 자기화되어 있지 않은 자성체 A, B, C를 균일하고 강한 자기장 영역에 놓아 자기화시킨다. 그림 (나), (다)는 (가)의 A, B, C를 각각 수평면 위에 올려놓았을 때 정지한 모습을 나타낸 것이다. A에 작용하는 중력과 자기력의 합력의 크기는 (나)에서가 (다)에서보다 크다. A는 강자성체이고, B, C는 상자성체, 반자성체를 순서 없이 나타낸 것이다.

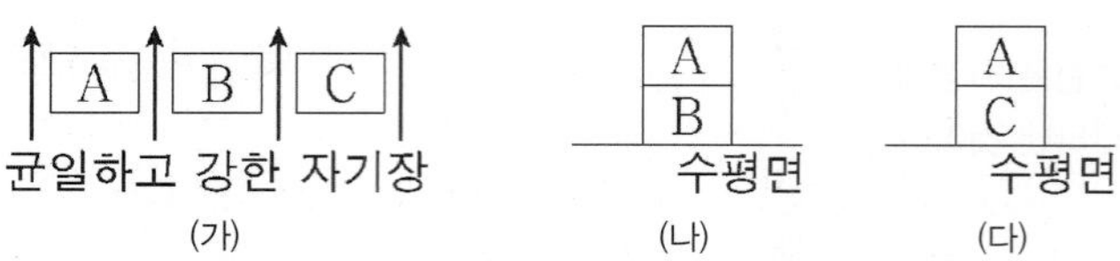

(가) (나) (다)

이에 대한 설명으로 옳은 것만을 〈보기〉에서 있는 대로 고른 것은? [3점]

〈 보기 〉

ㄱ. B는 상자성체이다.
ㄴ. (가)에서 A와 C는 같은 방향으로 자기화된다.
ㄷ. (나)에서 B에 작용하는 중력과 자기력의 방향은 같다.

① ㄱ ② ㄴ ③ ㄱ, ㄷ ④ ㄴ, ㄷ ⑤ ㄱ, ㄴ, ㄷ

36

2023학년도 7월 학평 물I 11번

다음은 자성체 P, Q, R를 이용한 실험이다. P, Q, R는 강자성체, 상자성체, 반자성체를 순서 없이 나타낸 것이다.

[실험 과정]

(가) 그림과 같이 전지, 스위치, 코일을 이용하여 회로를 구성한 후 자성체 P를 코일의 왼쪽에 놓는다.

(나) 스위치를 a와 b에 각각 연결하여 코일이 자성체에 작용하는 자기력의 방향을 알아본다.

(다) (가)에서 P 대신 Q를 코일의 왼쪽에 놓은 후 (나)를 반복한다.

(라) (가)에서 P 대신 R를 코일의 왼쪽에 놓은 후 (나)를 반복한다.

[실험 결과]

스위치 연결	코일이 P에 작용하는 자기력의 방향	코일이 Q에 작용하는 자기력의 방향	코일이 R에 작용하는 자기력의 방향
a	왼쪽	오른쪽	왼쪽
b	왼쪽	㉠	오른쪽

이에 대한 설명으로 옳은 것만을 〈보기〉에서 있는 대로 고른 것은? [3점]

〈보기〉

ㄱ. P는 외부 자기장을 제거해도 자기화된 상태를 계속 유지한다.
ㄴ. ㉠은 '오른쪽'이다.
ㄷ. R는 반자성체이다.

① ㄱ ② ㄴ ③ ㄱ, ㄷ ④ ㄴ, ㄷ ⑤ ㄱ, ㄴ, ㄷ

37

2021학년도 수능 물I 3번

그림 (가)는 전류가 흐르는 전자석에 철못이 달라붙어 있는 모습을, (나)는 (가)의 철못에 클립이 달라붙은 모습을 나타낸 것이다.

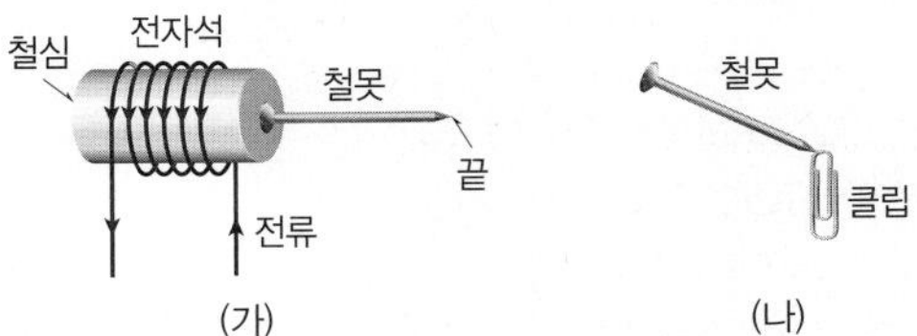

(가) (나)

이에 대한 설명으로 옳은 것만을 〈보기〉에서 있는 대로 고른 것은?

〈보기〉

ㄱ. 철못은 강자성체이다.
ㄴ. (가)에서 철못의 끝은 S극을 띤다.
ㄷ. (나)에서 클립은 자기화되어 있다.

① ㄱ ② ㄴ ③ ㄱ, ㄷ ④ ㄴ, ㄷ ⑤ ㄱ, ㄴ, ㄷ

38

2023학년도 수능 물I 7번

그림은 자성체 P와 Q, 솔레노이드가 x축상에 고정되어 있는 것을 나타낸 것이다. 솔레노이드에 흐르는 전류의 방향이 a일 때, P와 Q가 솔레노이드에 작용하는 자기력의 방향은 $+x$ 방향이다. P와 Q는 상자성체와 반자성체를 순서 없이 나타낸 것이다.

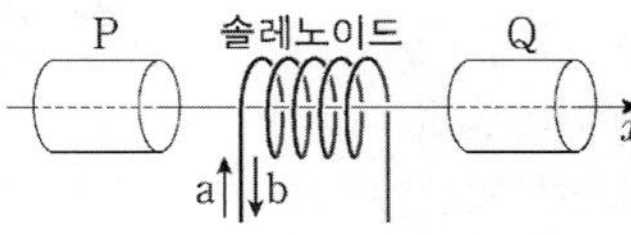

이에 대한 설명으로 옳은 것만을 〈보기〉에서 있는 대로 고른 것은?

〈보기〉

ㄱ. P는 반자성체이다.
ㄴ. Q가 자기화되는 방향은 전류의 방향이 a일 때와 b일 때가 같다.
ㄷ. 전류의 방향이 b일 때, P와 Q가 솔레노이드에 작용하는 자기력의 방향은 $-x$ 방향이다.

① ㄱ ② ㄴ ③ ㄱ, ㄷ ④ ㄴ, ㄷ ⑤ ㄱ, ㄴ, ㄷ

39

2025학년도  수능 물I 7번

그림 (가)는 자석의 S극을 가까이 하여 자기화된 자성체 A를, (나)는 자기화되지 않은 자성체 B를, (다)는 (나)에서 S극을 가까이 하여 자기화된 B를 나타낸 것이다. (다)에서 B와 자석 사이에는 서로 미는 자기력이 작용한다. A, B는 상자성체와 반자성체를 순서 없이 나타낸 것이다.

자성체 A / 자성체 B / 자성체 B
S / S
(가) (나) (다)

이에 대한 설명으로 옳은 것만을 〈보기〉에서 있는 대로 고른 것은?

〈보기〉

ㄱ. (가)에서 A와 자석 사이에는 서로 당기는 자기력이 작용한다.
ㄴ. (다)에서 S극 대신 N극을 가까이 하면, B와 자석 사이에는 서로 당기는 자기력이 작용한다.
ㄷ. (다)에서 자석을 제거하면, B는 (나)의 상태가 된다.

① ㄱ ② ㄴ ③ ㄱ, ㄷ ④ ㄴ, ㄷ ⑤ ㄱ, ㄴ, ㄷ

17 일차

한눈에 정리하는 평가원 기출 경향

학년도 / 주제	2025	2024	2023

빈출

다이오드의 연결

2025

31

2025학년도 수능 물I 12번

다음은 p-n 접합 다이오드의 특성을 알아보는 실험이다.

[실험 과정]

(가) 그림과 같이 전압이 같은 직류 전원 2개, 스위치, 동일한 p-n 접합 다이오드 4개, 저항, 검류계를 이용하여 회로를 구성한다. X, Y는 p형 반도체와 n형 반도체를 순서 없이 나타낸 것이다.

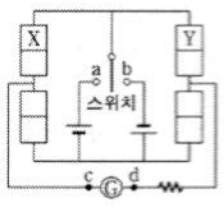

(나) 스위치를 a 또는 b에 연결하고, 검류계를 관찰한다.

[실험 결과]

스위치	전류의 흐름	전류의 방향
a에 연결	흐른다.	c → Ⓖ → d
b에 연결	흐른다.	㉠

이에 대한 설명으로 옳은 것만을 〈보기〉에서 있는 대로 고른 것은?

〈보기〉

ㄱ. X는 p형 반도체이다.

ㄴ. ㉠은 'd → Ⓖ → c'이다.

ㄷ. 스위치를 b에 연결하면 Y에서 전자는 p-n 접합면으로부터 멀어진다.

① ㄱ ② ㄷ ③ ㄱ, ㄴ ④ ㄴ, ㄷ ⑤ ㄱ, ㄴ, ㄷ

08

2025학년도 9월 모평 물I 13번

다음은 p-n 접합 발광 다이오드(LED)와 고체 막대를 이용한 회로에 대한 실험이다.

[실험 과정]

(가) 그림과 같이 전압이 같은 직류 전원 2개, 저항, 동일한 LED D_1~D_4, 고체 막대 X와 Y, 스위치 S_1과 S_2를 이용하여 회로를 구성한다. X와 Y는 도체와 절연체를 순서 없이 나타낸 것이다.

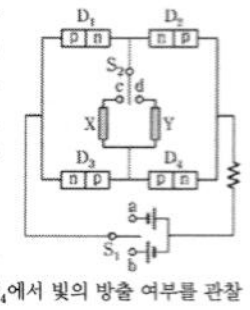

(나) S_1를 a 또는 b에 연결하고 S_2를 c 또는 d에 연결하며 D_1~D_4에서 빛의 방출 여부를 관찰한다.

[실험 결과]

S_1	S_2	빛이 방출된 LED
a에 연결	c에 연결	없음
	d에 연결	D_2, D_3
b에 연결	c에 연결	없음
	d에 연결	㉠

이에 대한 설명으로 옳은 것만을 〈보기〉에서 있는 대로 고른 것은? [3점]

〈보기〉

ㄱ. X는 절연체이다.

ㄴ. ㉠은 D_1, D_4이다.

ㄷ. S_1을 a에 연결하고 S_2를 d에 연결했을 때, D_1에는 순방향 전압이 걸린다.

① ㄱ ② ㄷ ③ ㄱ, ㄴ ④ ㄴ, ㄷ ⑤ ㄱ, ㄴ, ㄷ

16 대표 문제

2025학년도 6월 모평 물I 16번

다음은 p-n 접합 다이오드의 특성을 알아보는 실험이다.

[실험 과정]

(가) 그림과 같이 전압이 같은 직류 전원 2개, 저항, 동일한 p-n 접합 다이오드 A와 B, 스위치 S_1과 S_2, 전류계를 이용하여 회로를 구성한다. X는 p형 반도체와 n형 반도체 중 하나이다.

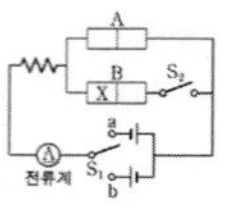

(나) S_1과 S_2의 연결 상태를 바꾸어 가며 전류계에 흐르는 전류의 세기를 측정한다.

[실험 결과]

S_1	S_2	전류의 세기
a에 연결	열림	㉠
	닫힘	I_0
b에 연결	열림	0
	닫힘	I_0

이에 대한 설명으로 옳은 것만을 〈보기〉에서 있는 대로 고른 것은?

〈보기〉

ㄱ. X는 p형 반도체이다.

ㄴ. S_1을 b에 연결했을 때, A에는 순방향 전압이 걸린다.

ㄷ. ㉠은 I_0이다.

① ㄱ ② ㄴ ③ ㄷ ④ ㄱ, ㄷ ⑤ ㄴ, ㄷ

2024

30

2024학년도 수능 물I 13번

그림 (가)는 동일한 p-n 접합 발광 다이오드(LED) A와 B, 고체 막대 P와 Q로 회로를 구성하고, 스위치를 a 또는 b에 연결할 때 A, B의 빛의 방출 여부를 나타낸 것이다. P, Q는 도체와 절연체를 순서 없이 나타낸 것이고, Y는 p형 반도체와 n형 반도체 중 하나이다. 그림 (나)의 ㉠, ㉡은 각각 P 또는 Q의 에너지띠 구조를 나타낸 것으로 음영으로 표시된 부분까지 전자가 채워져 있다.

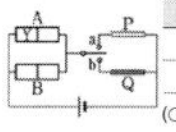

스위치	A	B
a에 연결	○	×
b에 연결	×	×

(○: 방출됨, ×: 방출되지 않음.)

(가)

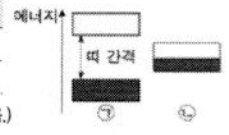

(나)

이에 대한 설명으로 옳은 것만을 〈보기〉에서 있는 대로 고른 것은? [3점]

〈보기〉

ㄱ. Y는 주로 양공이 전류를 흐르게 하는 반도체이다.

ㄴ. (나)의 ㉠은 Q의 에너지띠 구조이다.

ㄷ. 스위치를 a에 연결하면 B의 n형 반도체에 있는 전자는 p-n 접합면으로 이동한다.

① ㄱ ② ㄷ ③ ㄱ, ㄴ ④ ㄴ, ㄷ ⑤ ㄱ, ㄴ, ㄷ

28

2024학년도 9월 모평 물I 11번

다음은 p-n 접합 다이오드의 특성을 알아보는 실험이다.

[실험 과정]

(가) 그림과 같이 직류 전원, 동일한 p-n 접합 다이오드 A, B, p-n 접합 발광 다이오드(LED), 스위치 S_1, S_2를 이용하여 회로를 구성한다. X는 p형 반도체와 n형 반도체 중 하나이다.

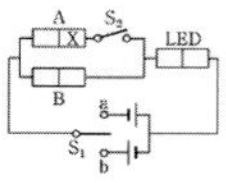

(나) S_1을 a 또는 b에 연결하고, S_2를 열고 닫으며 LED에서 빛의 방출 여부를 관찰한다.

[실험 결과]

S_1	S_2	LED에서 빛의 방출 여부
a에 연결	열림	방출되지 않음
	닫힘	방출됨
b에 연결	열림	방출되지 않음
	닫힘	㉠

이에 대한 설명으로 옳은 것만을 〈보기〉에서 있는 대로 고른 것은? [3점]

〈보기〉

ㄱ. A의 X는 주로 양공이 전류를 흐르게 하는 반도체이다.

ㄴ. S_1을 a에 연결하고 S_2를 열었을 때, B에는 순방향 전압이 걸린다.

ㄷ. ㉠은 '방출됨'이다.

① ㄱ ② ㄴ ③ ㄷ ④ ㄱ, ㄴ ⑤ ㄱ, ㄷ

29

2024학년도 6월 모평 물I 11번

다음은 p-n 접합 발광 다이오드(LED)의 특성을 알아보기 위한 실험이다.

[실험 과정]

(가) 그림과 같이 동일한 LED A~D, 저항, 스위치, 직류 전원으로 회로를 구성한다. X는 p형 반도체와 n형 반도체 중 하나이다.

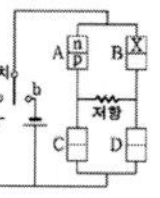

(나) 스위치를 a 또는 b에 연결하고, C, D에서 빛의 방출 여부를 관찰한다.

[실험 결과]

스위치	C에서 빛의 방출 여부	D에서 빛의 방출 여부
a에 연결	방출됨	방출되지 않음
b에 연결	방출되지 않음	방출됨

이에 대한 설명으로 옳은 것만을 〈보기〉에서 있는 대로 고른 것은?

〈보기〉

ㄱ. 스위치를 a에 연결하면 A에는 역방향 전압이 걸린다.

ㄴ. B의 X는 n형 반도체이다.

ㄷ. 스위치를 b에 연결하면 D의 p형 반도체에 있는 양공이 p-n 접합면에서 멀어진다.

① ㄱ ② ㄴ ③ ㄱ, ㄷ ④ ㄴ, ㄷ ⑤ ㄱ, ㄴ, ㄷ

2023

15

2023학년도 수능 물I 15번

다음은 p-n 접합 다이오드의 특성을 알아보는 실험이다.

[실험 과정]

(가) 그림과 같이 직류 전원 2개, 스위치 S_1, S_2, p-n 접합 다이오드 A, A와 동일한 다이오드 3개, 저항, 검류계로 회로를 구성한다. X는 p형 반도체와 n형 반도체 중 하나이다.

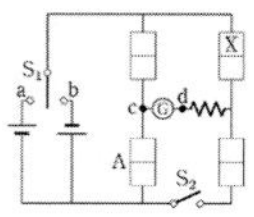

(나) S_1을 a 또는 b에 연결하고, S_2를 열고 닫으며 검류계를 관찰한다.

[실험 결과]

S_1	S_2	전체 흐름
㉠	열기	흐르지 않는다.
	닫기	c → Ⓖ → d로 흐른다.
㉡	열기	c → Ⓖ → d로 흐른다.
	닫기	c → Ⓖ → d로 흐른다.

이에 대한 설명으로 옳은 것만을 〈보기〉에서 있는 대로 고른 것은? [3점]

〈보기〉

ㄱ. X는 n형 반도체이다.

ㄴ. 'b에 연결'은 ㉠에 해당한다.

ㄷ. S_1을 a에 연결하고 S_2를 닫으면 A에는 순방향 전압이 걸린다.

① ㄱ ② ㄴ ③ ㄱ, ㄷ ④ ㄴ, ㄷ ⑤ ㄱ, ㄴ, ㄷ

22 대표 문제

2023학년도 9월 모평 물I 17번

다음은 p-n 접합 다이오드를 이용한 회로에 대한 실험이다.

[실험 과정]

(가) 그림 I과 같이 p-n 접합 다이오드 X, X와 동일한 다이오드 3개, 전원 장치, 스위치, 검류계, 저항, 오실로스코프가 연결된 회로를 구성한다.

(나) 스위치를 닫는다.

(다) 전원 장치에서 그림 II와 같은 전압을 발생시키고, 저항에 걸리는 전압을 오실로스코프로 관찰한다.

(라) 스위치를 열고 (다)를 반복한다.

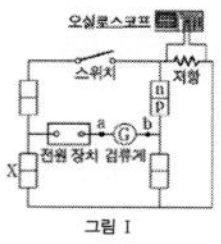

그림 I

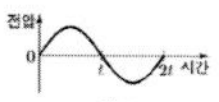

그림 II

[실험 결과]

㉠	㉡
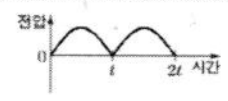	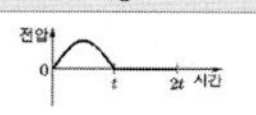

이에 대한 설명으로 옳은 것만을 〈보기〉에서 있는 대로 고른 것은? [3점]

〈보기〉

ㄱ. ㉠은 (다)의 결과이다.

ㄴ. (다)에서 0~t일 때, 전류의 방향은 b → Ⓖ → a이다.

ㄷ. (라)에서 t~$2t$일 때, X에는 순방향 전압이 걸린다.

① ㄱ ② ㄴ ③ ㄱ, ㄷ ④ ㄴ, ㄷ ⑤ ㄱ, ㄴ, ㄷ

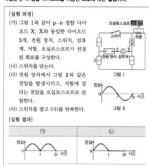

2022 ~ 2019

23

2022학년도 수능 물Ⅰ 10번

다음은 p-n 접합 다이오드의 특성을 알아보는 실험이다.

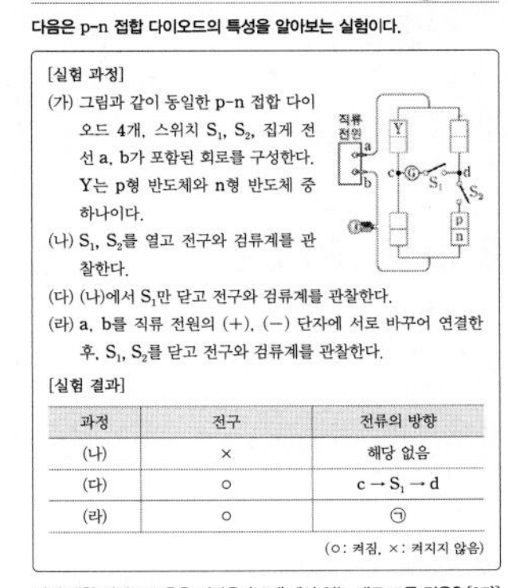

[실험 과정]

(가) 그림과 같이 동일한 p-n 접합 다이오드 4개, 스위치 S_1, S_2, 집게 전선 a, b가 포함된 회로를 구성한다. Y는 p형 반도체와 n형 반도체 중 하나이다.

(나) S_1, S_2를 열고 전구와 검류계를 관찰한다.

(다) (나)에서 S_1만 닫고 전구와 검류계를 관찰한다.

(라) a, b를 직류 전원의 (+), (−) 단자에 서로 바꾸어 연결한 후, S_1, S_2를 닫고 전구와 검류계를 관찰한다.

[실험 결과]

과정	전구	전류의 방향
(나)	×	해당 없음
(다)	○	$c \rightarrow S_1 \rightarrow d$
(라)	○	㉠

(○: 켜짐, ×: 켜지지 않음)

이에 대한 설명으로 옳은 것만을 〈보기〉에서 있는 대로 고른 것은? [3점]

〈 보기 〉

ㄱ. Y는 p형 반도체이다.
ㄴ. (나)에서 a는 (+) 단자에 연결되어 있다.
ㄷ. ㉠은 '$d \rightarrow S_1 \rightarrow c$'이다.

① ㄱ　② ㄴ　③ ㄱ, ㄷ　④ ㄴ, ㄷ　⑤ ㄱ, ㄴ, ㄷ

21

2020학년도 9월 모평 물Ⅰ 10번

다음은 p−n 접합 다이오드의 특성을 알아보기 위한 실험이다.

[실험 과정]

(가) 그림과 같이 p−n 접합 다이오드 A와 B, 저항, 오실로스코프 Ⅰ과 Ⅱ, 스위치, 직류 전원, 교류 전원이 연결된 회로를 구성한다. X, Y는 각각 p형 반도체와 n형 반도체 중 하나이다.

(나) 스위치를 직류 전원에 연결하여 Ⅰ, Ⅱ에 측정된 전압을 관찰한다.

(다) 스위치를 교류 전원에 연결하여 Ⅰ, Ⅱ에 측정된 전압을 관찰한다.

[실험 결과]

	오실로스코프 Ⅰ	오실로스코프 Ⅱ
(나)		
(다)		

이에 대한 설명으로 옳은 것만을 〈보기〉에서 있는 대로 고른 것은? [3점]

〈 보기 〉

ㄱ. X는 p형 반도체이다.
ㄴ. (나)의 A에는 순방향 전압이 걸려 있다.
ㄷ. (다)의 Ⅱ에서 전압이 $-V_0$일 때, B에서 Y의 전자는 p−n 접합면 쪽으로 이동한다.

① ㄱ　② ㄷ　③ ㄱ, ㄴ　④ ㄴ, ㄷ　⑤ ㄱ, ㄴ, ㄷ

24

2020학년도 6월 모평 물Ⅰ 10번

다음은 p−n 접합 발광 다이오드(LED)를 이용한 빛의 합성에 대한 탐구 활동이다.

[자료 조사 결과]

○ LED는 띠 간격의 크기에 해당하는 빛을 방출한다.
○ LED A, B, C는 각각 빛의 삼원색 중 한 종류의 빛만 낸다.
○ 띠 간격의 크기는 A>B>C이다.

[실험 과정]

(가) 그림과 같이 A, B, C에서 나오는 빛이 합성되는 조명 장치를 구성한다.

(나) 스위치를 닫고 조명 장치의 색을 관찰한다.

(다) 스위치를 열고 전지의 방향을 반대로 바꾼 후 (나)를 반복한다.

(라) (다)에서 스위치를 열고 B의 방향을 반대로 바꾼 후 (나)를 반복한다.

[실험 결과]

실험 과정	(나)	(다)	(라)
조명 장치의 색	㉠	자홍색	백색

이에 대한 설명으로 옳은 것만을 〈보기〉에서 있는 대로 고른 것은? (단, X는 p형 반도체와 n형 반도체 중 하나이다.) [3점]

〈 보기 〉

ㄱ. A는 파란색 빛을 내는 LED이다.
ㄴ. X는 n형 반도체이다.
ㄷ. ㉠은 초록색이다.

① ㄱ　② ㄴ　③ ㄱ, ㄷ　④ ㄴ, ㄷ　⑤ ㄱ, ㄴ, ㄷ

09

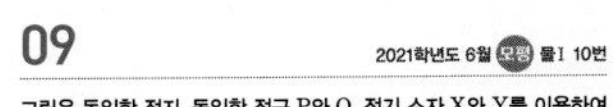

2021학년도 6월 모평 물Ⅰ 10번

그림은 동일한 전지, 동일한 전구 P와 Q, 전기 소자 X와 Y를 이용하여 구성한 회로를 나타낸 것이고, 표는 스위치를 연결하는 위치에 따라 P, Q가 켜지는지를 나타낸 것이다. X, Y는 저항, 다이오드를 순서 없이 나타낸 것이다.

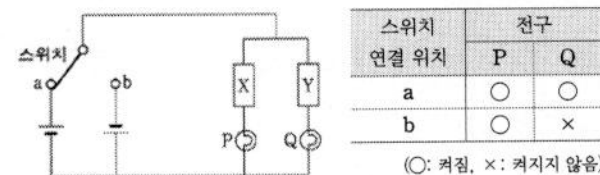

스위치 연결 위치	전구 P	전구 Q
a	○	○
b	○	×

(○: 켜짐, ×: 켜지지 않음)

이에 대한 설명으로 옳은 것만을 〈보기〉에서 있는 대로 고른 것은?

〈 보기 〉

ㄱ. X는 저항이다.
ㄴ. 스위치를 a에 연결하면 다이오드에 순방향으로 전압이 걸린다.
ㄷ. Y는 정류 작용을 하는 전기 소자이다.

① ㄱ　② ㄴ　③ ㄱ, ㄷ　④ ㄴ, ㄷ　⑤ ㄱ, ㄴ, ㄷ

01

2023학년도 4월 학평 물Ⅰ 12번

그림 (가)는 동일한 p-n 접합 다이오드 A와 B, 전구, 스위치 S, 직류 전원 장치를 이용하여 구성한 회로를 나타낸 것이다. S를 a에 연결할 때 전구에 불이 켜지고, S를 b에 연결할 때 전구에 불이 켜지지 않는다. 그림 (나)는 (가)의 X를 구성하는 원소와 원자가 전자의 배열을 나타낸 것이다.

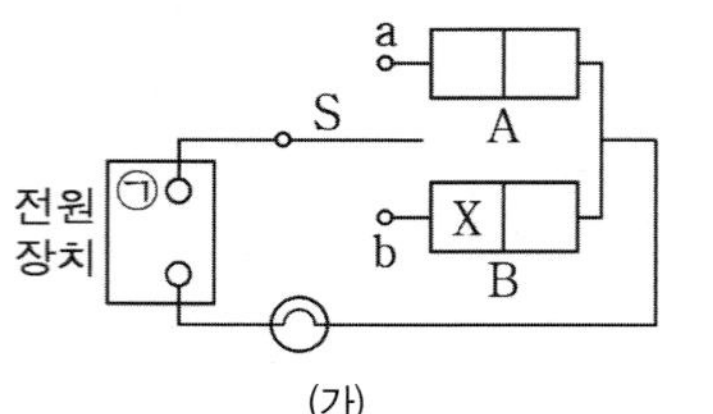

(가)

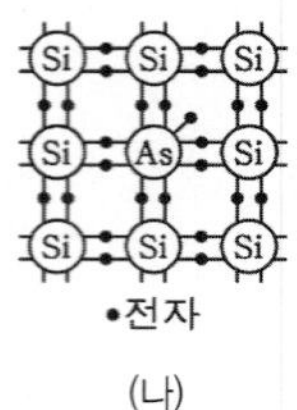

(나)

이에 대한 설명으로 옳은 것만을 〈보기〉에서 있는 대로 고른 것은?

〈 보기 〉
ㄱ. S를 a에 연결할 때, A에 역방향 전압이 걸린다.
ㄴ. 직류 전원 장치의 단자 ㉠은 (+)극이다.
ㄷ. S를 b에 연결할 때, X에 있는 전자는 p-n 접합면 쪽으로 이동한다.

① ㄱ ② ㄴ ③ ㄱ, ㄷ ④ ㄴ, ㄷ ⑤ ㄱ, ㄴ, ㄷ

02

2020학년도 3월 학평 물Ⅰ 14번

그림 (가)는 불순물 a를 도핑한 반도체 A를 구성하는 원소와 원자가 전자의 배열을, (나)는 A를 포함한 p-n 접합 다이오드가 연결된 회로에서 전구에 불이 켜진 모습을 나타낸 것이다. X, Y는 각각 p형, n형 반도체 중 하나이다.

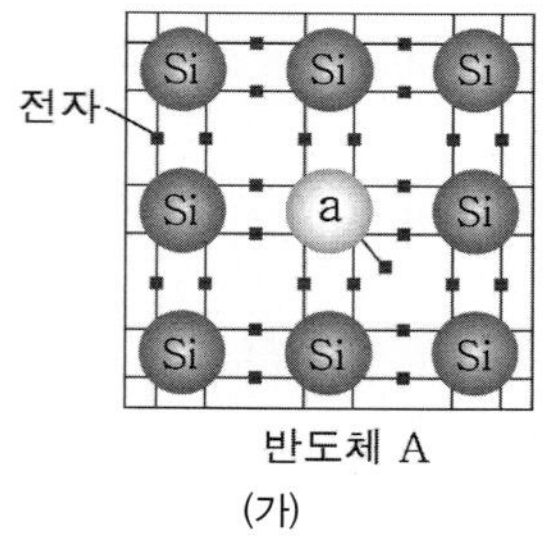

(가)

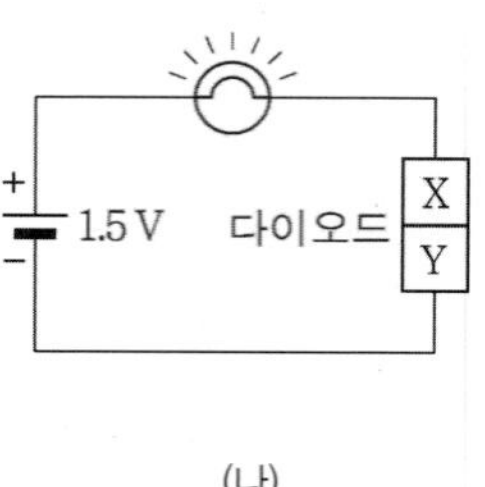

(나)

이에 대한 설명으로 옳지 않은 것은?

① a의 원자가 전자는 5개이다.
② A는 n형 반도체이다.
③ 다이오드에는 순방향 전압(바이어스)이 걸린다.
④ X가 A이다.
⑤ Y에서는 주로 전자가 전류를 흐르게 한다.

03

2020학년도 4월 학평 물Ⅰ 10번

그림 (가)와 같이 전원 장치, 저항, p-n 접합 발광 다이오드(LED)를 연결했더니 LED에서 빛이 방출되었다. X, Y는 각각 p형 반도체, n형 반도체 중 하나이다. 그림 (나)는 (가)의 X를 구성하는 원소와 원자가 전자의 배열을 나타낸 것이다.

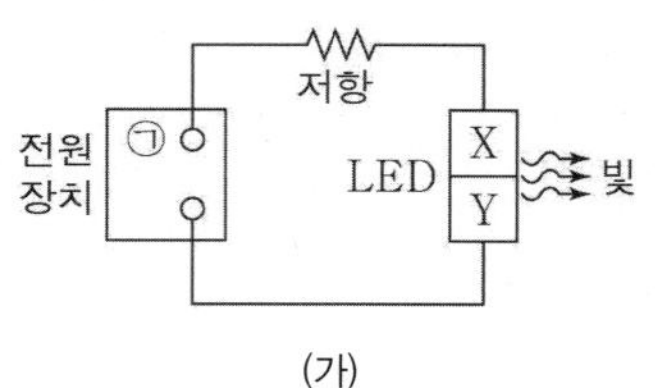

(가)

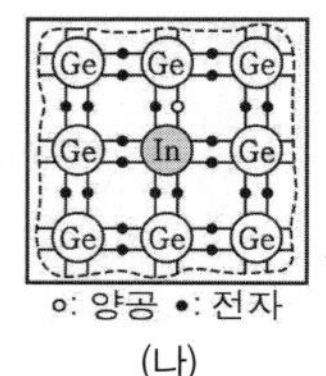

(나)

이에 대한 설명으로 옳은 것만을 〈보기〉에서 있는 대로 고른 것은?

〈 보기 〉
ㄱ. X는 p형 반도체이다.
ㄴ. (가)의 LED에서 n형 반도체에 있는 전자는 p-n 접합면 쪽으로 이동한다.
ㄷ. 전원 장치의 단자 ㉠은 (−)극이다.

① ㄱ ② ㄷ ③ ㄱ, ㄴ ④ ㄴ, ㄷ ⑤ ㄱ, ㄴ, ㄷ

04

2021학년도 7월 학평 물Ⅰ 12번

그림 (가)의 X, Y는 저마늄(Ge)에 각각 인듐(In), 비소(As)를 도핑한 반도체를 나타낸 것이다. 그림 (나)는 직류 전원, 교류 전원, 전구, 스위치, X와 Y가 접합된 구조의 p-n 접합 다이오드를 이용하여 회로를 구성하고 스위치를 a에 연결하였더니 전구에서 빛이 방출되는 것을 나타낸 것이다. A와 B는 각각 X와 Y 중 하나이다.

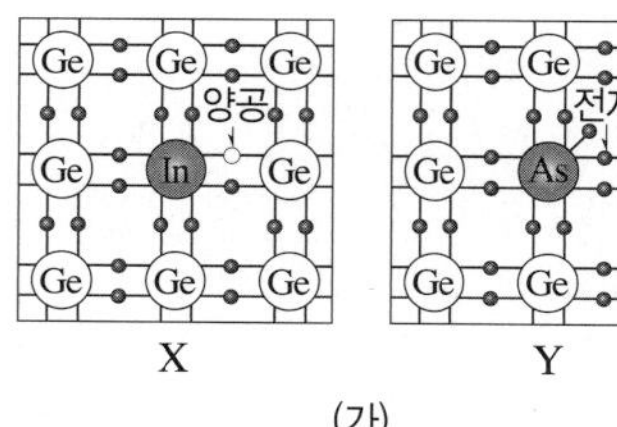

(가)

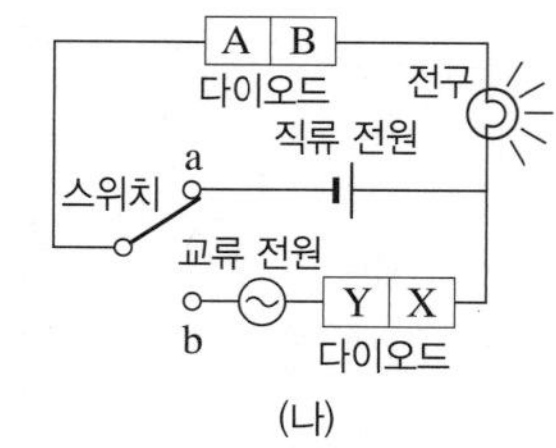

(나)

이에 대한 설명으로 옳은 것만을 〈보기〉에서 있는 대로 고른 것은?

〈 보기 〉
ㄱ. A는 Y이다.
ㄴ. 스위치를 a에 연결했을 때, B에서 p-n 접합면 쪽으로 이동하는 것은 전자이다.
ㄷ. 스위치를 b에 연결하면 전구에서는 빛이 방출된다.

① ㄱ ② ㄴ ③ ㄱ, ㄷ ④ ㄴ, ㄷ ⑤ ㄱ, ㄴ, ㄷ

05

2020학년도 7월 학평 물I 15번

그림 (가)는 규소(Si)에 비소(As)를 첨가한 반도체 X와 규소(Si)에 붕소(B)를 첨가한 반도체 Y의 원자가 전자 배열을 나타낸 것이다. 그림 (나)와 같이 (가)의 X, Y를 이용하여 만든 다이오드에 저항과 전류계를 연결하고 광 다이오드에만 빛을 비추었더니, 광 다이오드의 n형 반도체에서 전자가 회로로 방출되어 저항에 전류가 흘렀다.

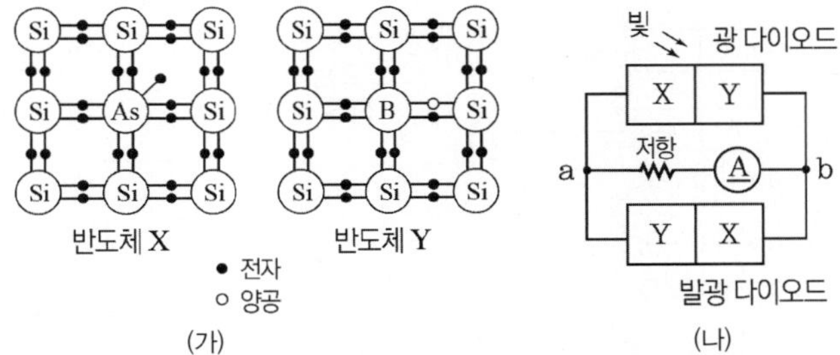

(가) (나)

이에 대한 설명으로 옳은 것만을 〈보기〉에서 있는 대로 고른 것은? [3점]

〈보기〉
ㄱ. 전류의 방향은 a → 저항 → b이다.
ㄴ. 발광 다이오드에서 빛이 방출된다.
ㄷ. 발광 다이오드의 전자와 양공은 접합면에서 서로 멀어진다.

① ㄱ ② ㄷ ③ ㄱ, ㄴ ④ ㄴ, ㄷ ⑤ ㄱ, ㄴ, ㄷ

06

2022학년도 3월 학평 물I 8번

그림 (가)와 같이 동일한 p-n 접합 다이오드 A, B, C와 직류 전원을 연결하여 회로를 구성하였다. X, Y는 각각 p형 반도체와 n형 반도체 중 하나이며 B에는 전류가 흐른다. 그림 (나)는 X의 원자가 전자 배열과 Y의 에너지띠 구조를 각각 나타낸 것이다.

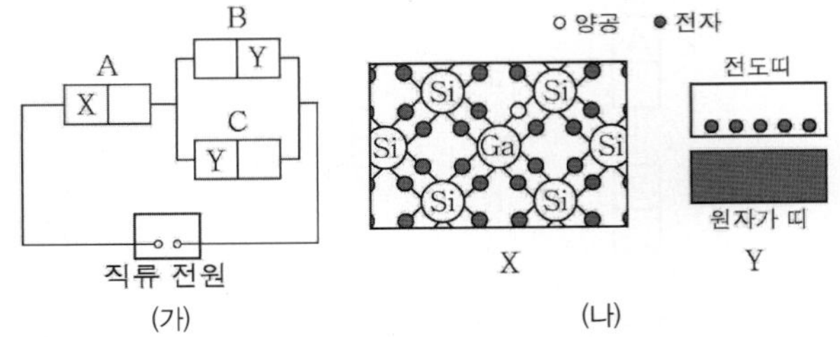

(가) (나)

이에 대한 설명으로 옳은 것은?

① X는 n형 반도체이다.
② A에는 역방향 전압이 걸려있다.
③ A의 X는 직류 전원의 (+)극에 연결되어 있다.
④ C의 p-n 접합면에서 양공과 전자가 결합한다.
⑤ Y에서는 주로 원자가 띠에 있는 전자에 의해 전류가 흐른다.

07

2020학년도 10월 학평 물I 13번

그림과 같이 전지, 저항, 동일한 p-n 접합 다이오드 A, B로 구성한 회로에서 A에는 전류가 흐르고, B에는 전류가 흐르지 않는다. X, Y는 저마늄(Ge)에 원자가 전자가 각각 x개, y개인 원소를 도핑한 반도체이다.
이에 대한 옳은 설명만을 〈보기〉에서 있는 대로 고른 것은? [3점]

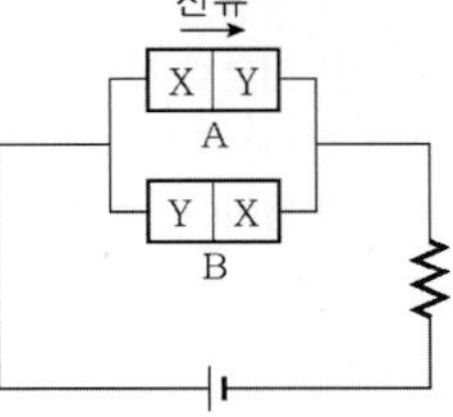

〈보기〉
ㄱ. X는 n형 반도체이다.
ㄴ. $x<y$이다.
ㄷ. B에는 순방향으로 전압이 걸린다.

① ㄴ ② ㄷ ③ ㄱ, ㄴ ④ ㄱ, ㄷ ⑤ ㄴ, ㄷ

08

2025학년도 9월 모평 물I 13번

다음은 p-n 접합 발광 다이오드(LED)와 고체 막대를 이용한 회로에 대한 실험이다.

[실험 과정]
(가) 그림과 같이 전압이 같은 직류 전원 2개, 저항, 동일한 LED D_1~D_4, 고체 막대 X와 Y, 스위치 S_1과 S_2를 이용하여 회로를 구성한다. X와 Y는 도체와 절연체를 순서 없이 나타낸 것이다.

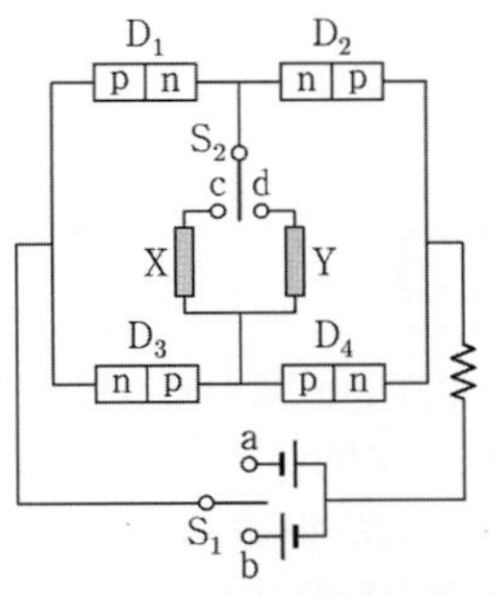

(나) S_1를 a 또는 b에 연결하고 S_2를 c 또는 d에 연결하며 D_1~D_4에서 빛의 방출 여부를 관찰한다.

[실험 결과]

S_1	S_2	빛이 방출된 LED
a에 연결	c에 연결	없음
	d에 연결	D_2, D_3
b에 연결	c에 연결	없음
	d에 연결	㉠

이에 대한 설명으로 옳은 것만을 〈보기〉에서 있는 대로 고른 것은? [3점]

〈보기〉
ㄱ. X는 절연체이다.
ㄴ. ㉠은 D_1, D_4이다.
ㄷ. S_1을 a에 연결하고 S_2를 d에 연결했을 때, D_1에는 순방향 전압이 걸린다.

① ㄱ ② ㄷ ③ ㄱ, ㄴ ④ ㄴ, ㄷ ⑤ ㄱ, ㄴ, ㄷ

09

2021학년도 6월 모평 물Ⅰ 10번

그림은 동일한 전지, 동일한 전구 P와 Q, 전기 소자 X와 Y를 이용하여 구성한 회로를 나타낸 것이고, 표는 스위치를 연결하는 위치에 따라 P, Q가 켜지는지를 나타낸 것이다. X, Y는 저항, 다이오드를 순서 없이 나타낸 것이다.

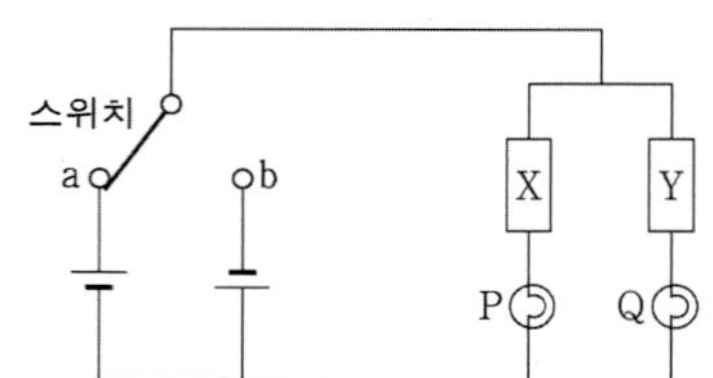

스위치 연결 위치	전구 P	전구 Q
a	○	○
b	○	×

(○: 켜짐, ×: 켜지지 않음)

이에 대한 설명으로 옳은 것만을 〈보기〉에서 있는 대로 고른 것은?

〈 보기 〉

ㄱ. X는 저항이다.

ㄴ. 스위치를 a에 연결하면 다이오드에 순방향으로 전압이 걸린다.

ㄷ. Y는 정류 작용을 하는 전기 소자이다.

① ㄱ ② ㄴ ③ ㄱ, ㄷ ④ ㄴ, ㄷ ⑤ ㄱ, ㄴ, ㄷ

10

2024학년도 3월 학평 물Ⅰ 7번

그림과 같이 동일한 p-n 접합 발광 다이오드(LED) A~E와 직류 전원, 저항, 스위치 S로 회로를 구성하였다. S를 단자 a에 연결하면 2개의 LED에서, 단자 b에 연결하면 5개의 LED에서 빛이 방출된다. X는 p형 반도체와 n형 반도체 중 하나이다.

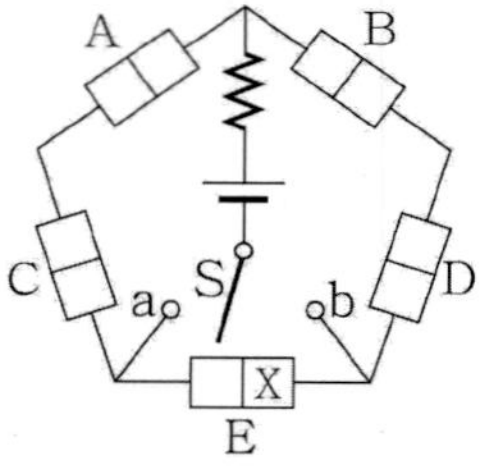

이에 대한 옳은 설명만을 〈보기〉에서 있는 대로 고른 것은?

〈 보기 〉

ㄱ. S를 a에 연결하면, A의 p형 반도체에 있는 양공은 p-n 접합면 쪽으로 이동한다.

ㄴ. S를 b에 연결하면, A~E에 순방향 전압이 걸린다.

ㄷ. X는 p형 반도체이다.

① ㄱ ② ㄷ ③ ㄱ, ㄴ ④ ㄴ, ㄷ ⑤ ㄱ, ㄴ, ㄷ

11

2022학년도 7월 학평 물Ⅰ 7번

그림 (가)는 동일한 p-n 접합 다이오드 A와 B, 저항, 스위치를 전압이 일정한 직류 전원에 연결한 것을 나타낸 것이다. ㉠은 p형 반도체 또는 n형 반도체 중 하나이다. 그림 (나)는 스위치를 a 또는 b에 연결할 때 A에 흐르는 전류를 시간 t에 따라 나타낸 것이다. $t=0$부터 $t=2T$까지 스위치는 a에 연결되어 있다.

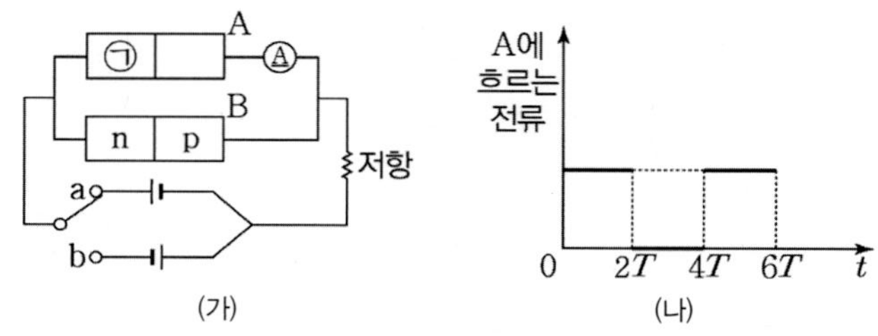

(가) (나)

이에 대한 설명으로 옳은 것만을 〈보기〉에서 있는 대로 고른 것은?

〈 보기 〉

ㄱ. ㉠은 n형 반도체이다.

ㄴ. $t=3T$일 때 A의 p-n 접합면에서 양공과 전자가 결합한다.

ㄷ. $t=5T$일 때 B에는 역방향 전압이 걸린다.

① ㄱ ② ㄷ ③ ㄱ, ㄴ ④ ㄴ, ㄷ ⑤ ㄱ, ㄴ, ㄷ

12

2023학년도 10월 학평 물Ⅰ 16번

다음은 p-n 접합 다이오드를 이용한 실험이다.

[실험 과정]

(가) 그림과 같이 직류 전원 2개, p-n 접합 다이오드 4개, p-n 접합 발광 다이오드(LED), 스위치 S로 회로를 구성한다.

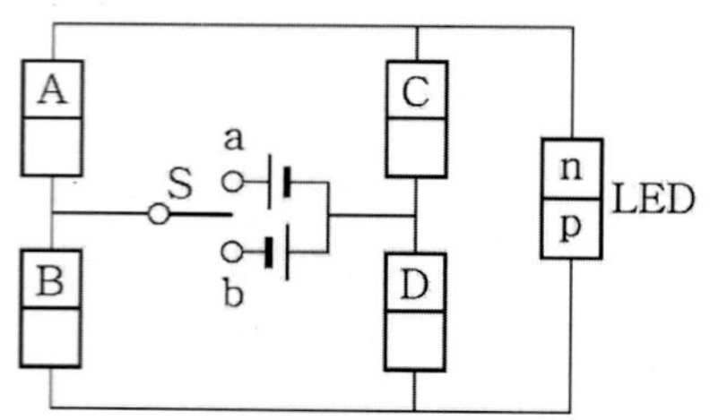

※ A~D는 각각 p형 또는 n형 반도체 중 하나임.

(나) S를 단자 a 또는 b에 연결하고 LED를 관찰한다.

[실험 결과]

○ a에 연결했을 때 LED가 빛을 방출함.

○ b에 연결했을 때 LED가 빛을 방출함.

A~D의 반도체의 종류로 옳은 것은?

	A	B	C	D
①	p형	p형	p형	p형
②	p형	p형	n형	n형
③	p형	n형	n형	p형
④	n형	n형	n형	n형
⑤	n형	p형	n형	p형

13

2023학년도 7월 학평 물I 12번

그림과 같이 직류 전원 2개, 스위치 S_1과 S_2, p-n 접합 다이오드 A, A와 동일한 다이오드 3개, 저항, 검류계로 회로를 구성한다. 표는 S_1을 a 또는 b에 연결하고, S_2를 열고 닫으며 검류계의 눈금을 관찰한 결과이다. X는 p형 반도체와 n형 반도체 중 하나이다.

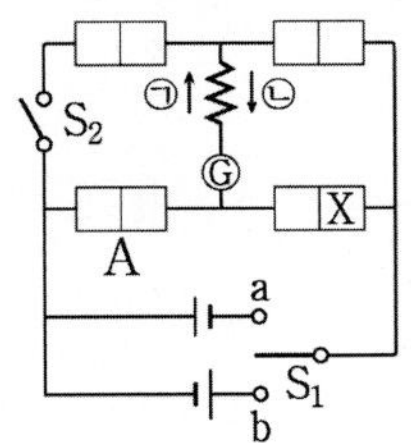

스위치		S_2 열림	S_2 닫힘
S_1	a		
	b		

이에 대한 설명으로 옳은 것만을 〈보기〉에서 있는 대로 고른 것은? [3점]

〈 보기 〉

ㄱ. X는 n형 반도체이다.
ㄴ. S_1을 a에 연결하고 S_2를 닫았을 때 저항에 흐르는 전류의 방향은 ㉠이다.
ㄷ. S_1을 b에 연결하고 S_2를 열었을 때 A에는 역방향 전압이 걸린다.

① ㄱ ② ㄴ ③ ㄱ, ㄴ ④ ㄱ, ㄷ ⑤ ㄴ, ㄷ

14

2021학년도 3월 학평 물I 12번

그림 (가)는 직류 전원 장치, 저항, p-n 접합 다이오드, 스위치 S로 구성한 회로를, (나)는 (가)의 다이오드를 구성하는 반도체 X와 Y의 에너지띠 구조를 나타낸 것이다.

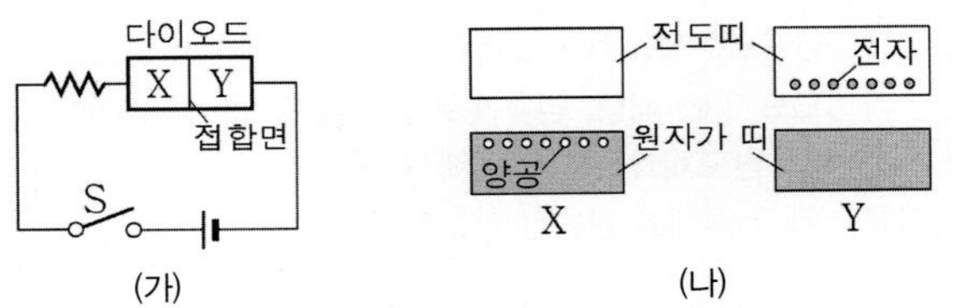

이에 대한 옳은 설명만을 〈보기〉에서 있는 대로 고른 것은? [3점]

〈 보기 〉

ㄱ. X는 p형 반도체이다.
ㄴ. S를 닫으면 저항에 전류가 흐른다.
ㄷ. S를 닫으면 Y의 전자는 p-n 접합면에서 멀어진다.

① ㄱ ② ㄷ ③ ㄱ, ㄴ ④ ㄴ, ㄷ ⑤ ㄱ, ㄴ, ㄷ

15

2023학년도 수능 물I 15번

다음은 p-n 접합 다이오드의 특성을 알아보는 실험이다.

[실험 과정]

(가) 그림과 같이 직류 전원 2개, 스위치 S_1, S_2, p-n 접합 다이오드 A, A와 동일한 다이오드 3개, 저항, 검류계로 회로를 구성한다. X는 p형 반도체와 n형 반도체 중 하나이다.

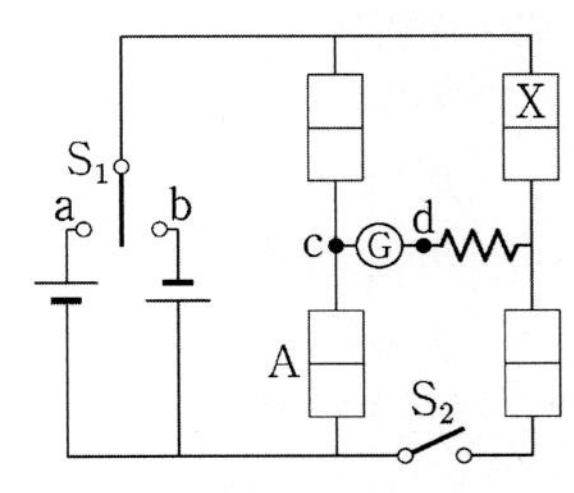

(나) S_1을 a 또는 b에 연결하고, S_2를 열고 닫으며 검류계를 관찰한다.

[실험 결과]

S_1	S_2	전체 흐름
㉠	열기	흐르지 않는다.
	닫기	c → G → d로 흐른다.
㉡	열기	c → G → d로 흐른다.
	닫기	c → G → d로 흐른다.

이에 대한 설명으로 옳은 것만을 〈보기〉에서 있는 대로 고른 것은? [3점]

〈 보기 〉

ㄱ. X는 n형 반도체이다.
ㄴ. 'b에 연결'은 ㉠에 해당한다.
ㄷ. S_1을 a에 연결하고 S_2를 닫으면 A에는 순방향 전압이 걸린다.

① ㄱ ② ㄴ ③ ㄱ, ㄷ ④ ㄴ, ㄷ ⑤ ㄱ, ㄴ, ㄷ

16 대표 문제

2025학년도 6월  물Ⅰ 16번

다음은 p-n 접합 다이오드의 특성을 알아보는 실험이다.

[실험 과정]

(가) 그림과 같이 전압이 같은 직류 전원 2개, 저항, 동일한 p-n 접합 다이오드 A와 B, 스위치 S_1과 S_2, 전류계를 이용하여 회로를 구성한다. X는 p형 반도체와 n형 반도체 중 하나이다.

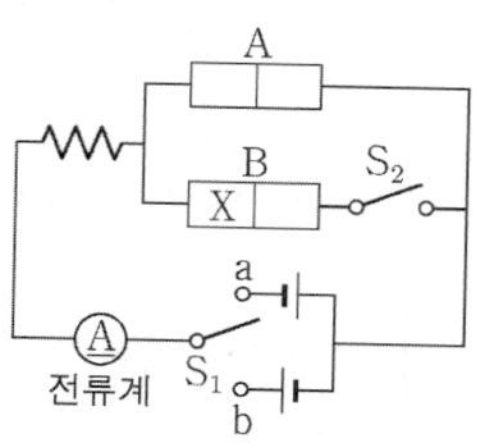

(나) S_1과 S_2의 연결 상태를 바꾸어 가며 전류계에 흐르는 전류의 세기를 측정한다.

[실험 결과]

S_1	S_2	전류의 세기
a에 연결	열림	㉠
	닫힘	I_0
b에 연결	열림	0
	닫힘	I_0

이에 대한 설명으로 옳은 것만을 〈보기〉에서 있는 대로 고른 것은?

〈보기〉

ㄱ. X는 p형 반도체이다.

ㄴ. S_1을 b에 연결했을 때, A에는 순방향 전압이 걸린다.

ㄷ. ㉠은 I_0이다.

① ㄱ ② ㄴ ③ ㄷ ④ ㄱ, ㄷ ⑤ ㄴ, ㄷ

17

2019학년도 3월 학평 물Ⅰ 7번

그림과 같이 p-n 접합 발광 다이오드(LED) A, B, C를 이용해 회로를 구성하였다. X는 p형 반도체와 n형 반도체 중 하나이다. 스위치 S를 a에 연결할 때는 LED 2개가 켜지고, b에 연결할 때는 LED 1개가 켜진다.

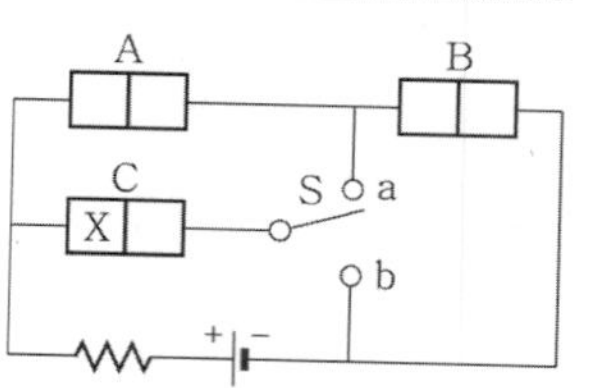

이에 대한 옳은 설명만을 〈보기〉에서 있는 대로 고른 것은? [3점]

〈보기〉

ㄱ. X는 p형 반도체이다.

ㄴ. S를 a에 연결할 때, B에는 순방향 전압이 걸린다.

ㄷ. S를 b에 연결할 때, C에서 p형 반도체의 양공은 p-n 접합면에서 멀어진다.

① ㄴ ② ㄷ ③ ㄱ, ㄴ ④ ㄱ, ㄷ ⑤ ㄱ, ㄴ, ㄷ

18

2022학년도 10월 학평 물Ⅰ 4번

다음은 고체의 전기적 특성을 알아보기 위한 실험이다.

[실험 과정]

(가) 크기와 모양이 같은 고체 A, B를 준비한다. A, B는 도체 또는 절연체이다.

(나) 그림과 같이 p-n 접합 다이오드와 A를 전지에 연결한다. X는 p형 반도체와 n형 반도체 중 하나이다.

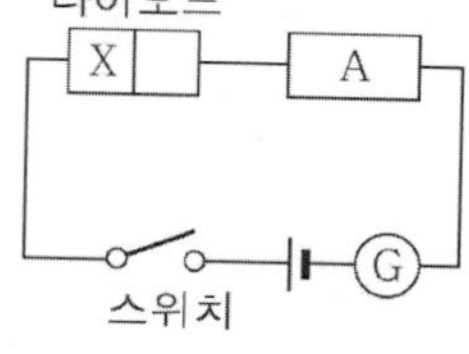

(다) 스위치를 닫고 전류가 흐르는지 관찰한 후, A를 B로 바꾸어 전류가 흐르는지 관찰한다.

(라) (나)에서 전지의 연결 방향을 반대로 하여 (다)를 반복한다.

[실험 결과]

고체	A	B
(다)의 결과	전류 흐름	전류 흐르지 않음
(라)의 결과	㉠	?

이에 대한 설명으로 옳은 것만을 〈보기〉에서 있는 대로 고른 것은?

〈보기〉

ㄱ. ㉠은 '전류 흐름'이다.

ㄴ. X는 p형 반도체이다.

ㄷ. 전기 전도도는 A가 B보다 크다.

① ㄱ ② ㄴ ③ ㄱ, ㄴ ④ ㄱ, ㄷ ⑤ ㄴ, ㄷ

19

2024학년도 10월 학평 물Ⅰ 14번

그림은 동일한 직류 전원 2개, 스위치 S, p-n 접합 다이오드 A, A와 동일한 다이오드 3개, 저항, 검류계로 회로를 구성한 모습을 나타낸 것이다. X는 p형 반도체와 n형 반도체 중 하나이다. 표는 S를 a 또는 b에 연결했을 때 검류계를 관찰한 결과이다.

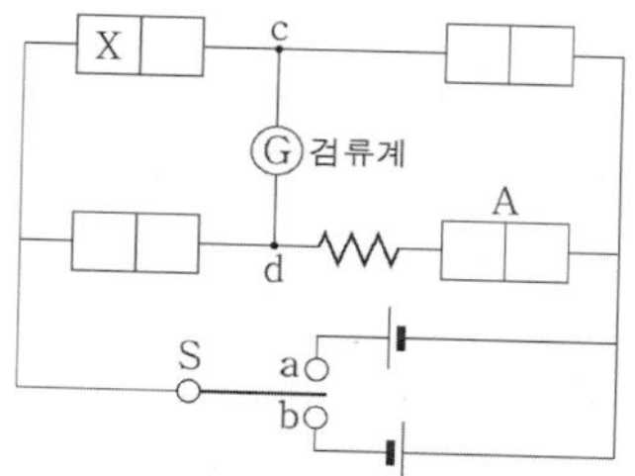

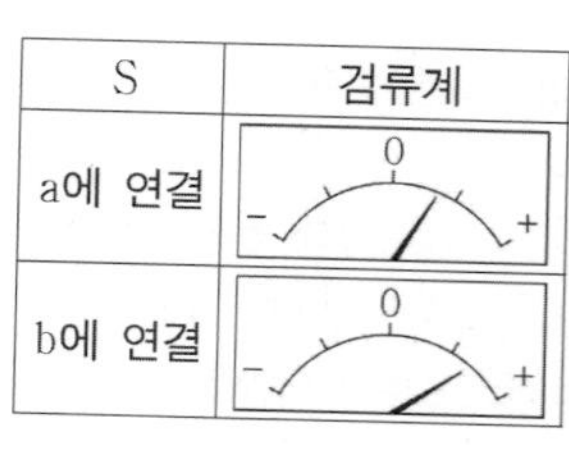

이에 대한 옳은 설명만을 〈보기〉에서 있는 대로 고른 것은? [3점]

〈보기〉

ㄱ. X는 p형 반도체이다.

ㄴ. S를 a에 연결하면 전류는 c → Ⓖ → d 방향으로 흐른다.

ㄷ. S를 b에 연결하면 A에는 순방향 전압이 걸린다.

① ㄱ ② ㄷ ③ ㄱ, ㄴ ④ ㄴ, ㄷ ⑤ ㄱ, ㄴ, ㄷ

20

2021학년도 10월 학평 물I 5번

다음은 고체의 전기적 특성을 알아보기 위한 실험이다.

[실험 과정]

(가) 고체 막대 A와 B를 각각 연결할 수 있는 전기 회로를 구성한다. A, B는 도체와 절연체 중 하나이다.

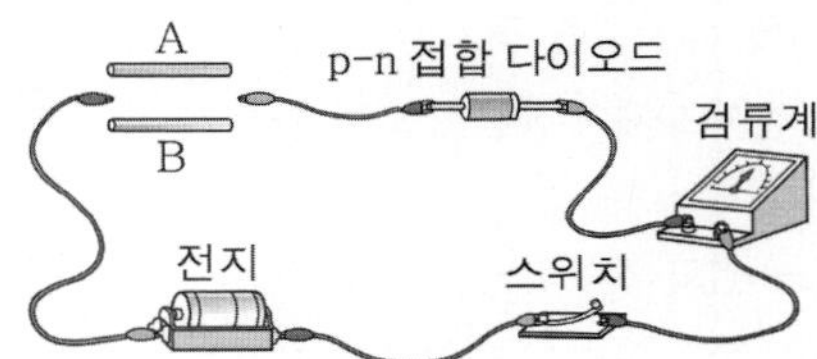

(나) 두 집게를 A의 양 끝 또는 B의 양 끝에 연결하고 스위치를 닫은 후 막대에 흐르는 전류의 유무를 관찰한다.

(다) (가)에서 [㉠]의 양 끝에 연결된 집게를 서로 바꿔 연결한 후 (나)를 반복한다.

[실험 결과]

구분	A	B
(나)의 결과	○	×
(다)의 결과	×	㉡

(○: 전류가 흐름, ×: 전류가 흐르지 않음.)

이에 대한 옳은 설명만을 〈보기〉에서 있는 대로 고른 것은? [3점]

〈 보기 〉

ㄱ. 전기 전도도는 A가 B보다 크다.

ㄴ. 'p-n 접합 다이오드'는 ㉠으로 적절하다.

ㄷ. ㉡은 '○'이다.

① ㄱ ② ㄷ ③ ㄱ, ㄴ ④ ㄴ, ㄷ ⑤ ㄱ, ㄴ, ㄷ

21

2020학년도 9월 모평 물I 10번

다음은 p-n 접합 다이오드의 특성을 알아보기 위한 실험이다.

[실험 과정]

(가) 그림과 같이 p-n 접합 다이오드 A와 B, 저항, 오실로스코프 I과 II, 스위치, 직류 전원, 교류 전원이 연결된 회로를 구성한다. X, Y는 각각 p형 반도체와 n형 반도체 중 하나이다.

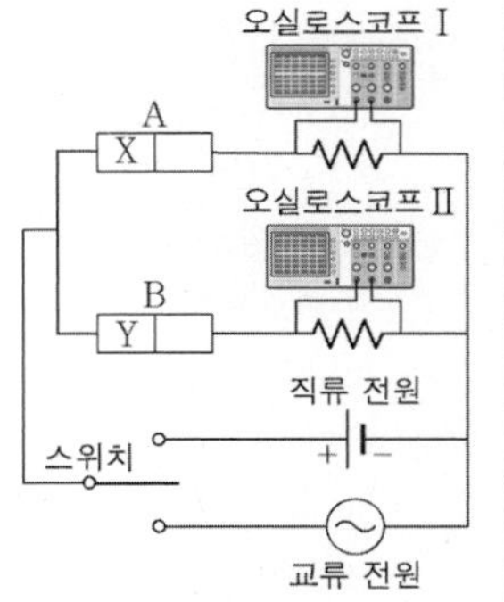

(나) 스위치를 직류 전원에 연결하여 I, II에 측정된 전압을 관찰한다.

(다) 스위치를 교류 전원에 연결하여 I, II에 측정된 전압을 관찰한다.

[실험 결과]

	오실로스코프 I	오실로스코프 II
(나)	전압, V_0, 0, $-V_0$, 시간	전압, V_0, 0, $-V_0$, 시간
(다)	전압, V_0, 0, $-V_0$, 시간	전압, V_0, 0, $-V_0$, 시간

이에 대한 설명으로 옳은 것만을 〈보기〉에서 있는 대로 고른 것은? [3점]

〈 보기 〉

ㄱ. X는 p형 반도체이다.

ㄴ. (나)의 A에는 순방향 전압이 걸려 있다.

ㄷ. (다)의 II에서 전압이 $-V_0$일 때, B에서 Y의 전자는 p-n 접합면 쪽으로 이동한다.

① ㄱ ② ㄷ ③ ㄱ, ㄴ ④ ㄴ, ㄷ ⑤ ㄱ, ㄴ, ㄷ

22 대표 문제

2023학년도 9월 모평 물I 17번

다음은 p-n 접합 다이오드를 이용한 회로에 대한 실험이다.

[실험 과정]

(가) 그림 I과 같이 p-n 접합 다이오드 X, X와 동일한 다이오드 3개, 전원 장치, 스위치, 검류계, 저항, 오실로스코프가 연결된 회로를 구성한다.

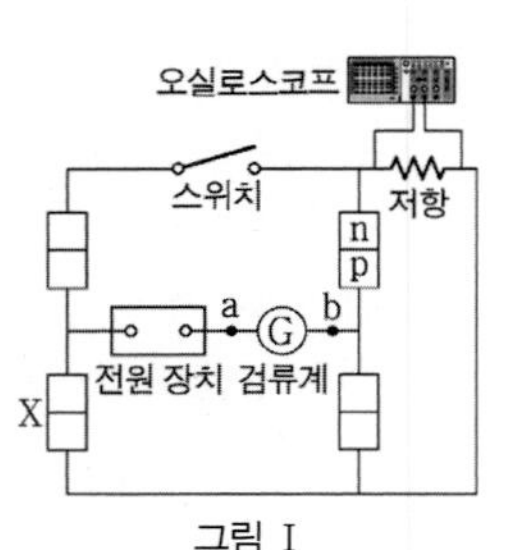

그림 I

(나) 스위치를 닫는다.

(다) 전원 장치에서 그림 II와 같은 전압을 발생시키고, 저항에 걸리는 전압을 오실로스코프로 관찰한다.

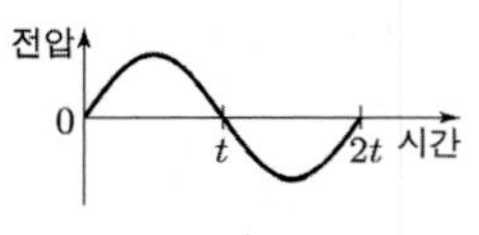

그림 II

(라) 스위치를 열고 (다)를 반복한다.

[실험 결과]

㉠	㉡

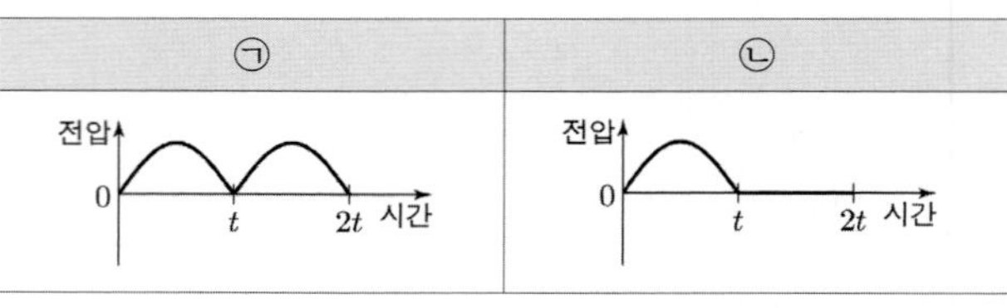

이에 대한 설명으로 옳은 것만을 〈보기〉에서 있는 대로 고른 것은? [3점]

〈 보기 〉

ㄱ. ㉠은 (다)의 결과이다.

ㄴ. (다)에서 $0 \sim t$일 때, 전류의 방향은 b → Ⓖ → a이다.

ㄷ. (라)에서 $t \sim 2t$일 때, X에는 순방향 전압이 걸린다.

① ㄱ ② ㄴ ③ ㄱ, ㄷ ④ ㄴ, ㄷ ⑤ ㄱ, ㄴ, ㄷ

23

2022학년도 수능 물I 10번

다음은 p-n 접합 다이오드의 특성을 알아보는 실험이다.

[실험 과정]

(가) 그림과 같이 동일한 p-n 접합 다이오드 4개, 스위치 S_1, S_2, 집게 전선 a, b가 포함된 회로를 구성한다. Y는 p형 반도체와 n형 반도체 중 하나이다.

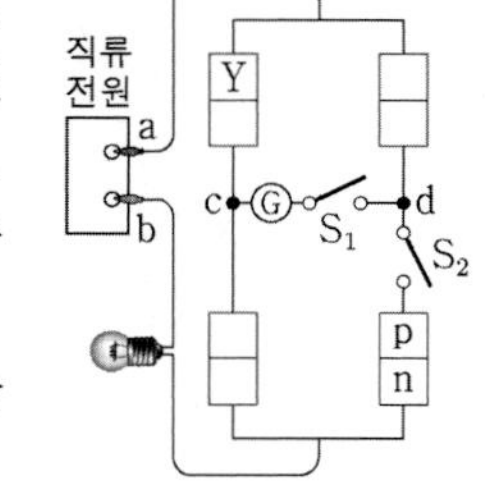

(나) S_1, S_2를 열고 전구와 검류계를 관찰한다.

(다) (나)에서 S_1만 닫고 전구와 검류계를 관찰한다.

(라) a, b를 직류 전원의 (+), (−) 단자에 서로 바꾸어 연결한 후, S_1, S_2를 닫고 전구와 검류계를 관찰한다.

[실험 결과]

과정	전구	전류의 방향
(나)	×	해당 없음
(다)	○	c → S_1 → d
(라)	○	㉠

(○: 켜짐, ×: 켜지지 않음)

이에 대한 설명으로 옳은 것만을 〈보기〉에서 있는 대로 고른 것은? [3점]

〈 보기 〉

ㄱ. Y는 p형 반도체이다.

ㄴ. (나)에서 a는 (+) 단자에 연결되어 있다.

ㄷ. ㉠은 'd → S_1 → c'이다.

① ㄱ ② ㄴ ③ ㄱ, ㄷ ④ ㄴ, ㄷ ⑤ ㄱ, ㄴ, ㄷ

24

2020학년도 6월 모평 물Ⅰ 10번

다음은 p-n 접합 발광 다이오드(LED)를 이용한 빛의 합성에 대한 탐구 활동이다.

[자료 조사 결과]

○ LED는 띠 간격의 크기에 해당하는 빛을 방출한다.

○ LED A, B, C는 각각 빛의 삼원색 중 한 종류의 빛만 낸다.

○ 띠 간격의 크기는 A>B>C이다.

[실험 과정]

(가) 그림과 같이 A, B, C에서 나오는 빛이 합성되는 조명 장치를 구성한다.

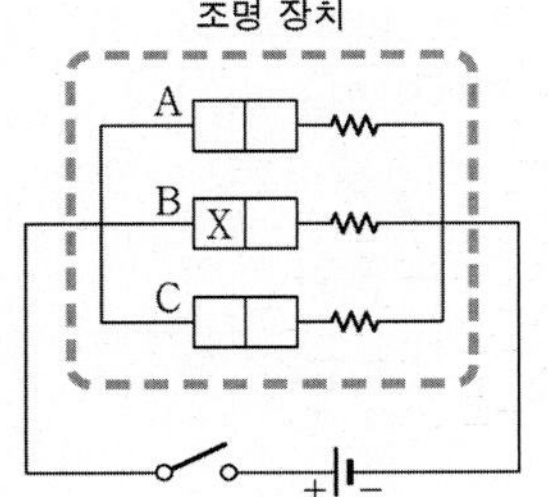

(나) 스위치를 닫고 조명 장치의 색을 관찰한다.

(다) 스위치를 열고 전지의 방향을 반대로 바꾼 후 (나)를 반복한다.

(라) (다)에서 스위치를 열고 B의 방향을 반대로 바꾼 후 (나)를 반복한다.

[실험 결과]

실험 과정	(나)	(다)	(라)
조명 장치의 색	㉠	자홍색	백색

이에 대한 설명으로 옳은 것만을 〈보기〉에서 있는 대로 고른 것은? (단, X는 p형 반도체와 n형 반도체 중 하나이다.) [3점]

〈 보기 〉

ㄱ. A는 파란색 빛을 내는 LED이다.

ㄴ. X는 n형 반도체이다.

ㄷ. ㉠은 초록색이다.

① ㄱ ② ㄴ ③ ㄱ, ㄷ ④ ㄴ, ㄷ ⑤ ㄱ, ㄴ, ㄷ

25

2024학년도 5월 학평 물Ⅰ 16번

다음은 p-n 접합 다이오드의 특성을 알아보는 실험이다.

[실험 과정]

(가) 그림과 같이 p-n 접합 다이오드 A, A와 동일한 다이오드 3개, 직류 전원 2개, 스위치 S_1, S_2, 전구로 회로를 구성한다. X는 p형 반도체와 n형 반도체 중 하나이다.

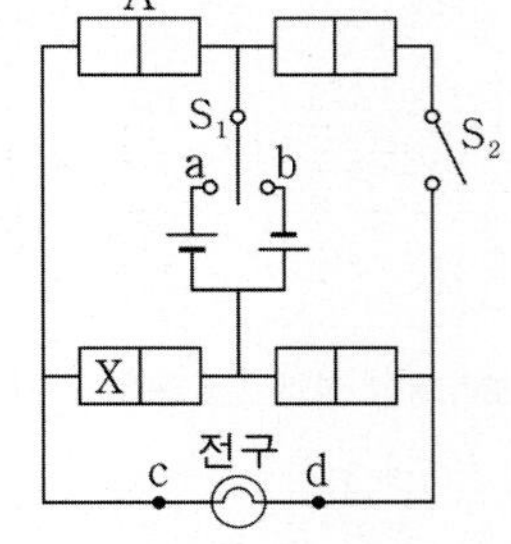

(나) S_1을 a 또는 b에 연결하고, S_2를 열고 닫으며 전구를 관찰한다.

[실험 결과]

S_1	S_2	전구
a에 연결	열기	×
	닫기	○
b에 연결	열기	○
	닫기	○

(○: 켜짐, ×: 켜지지 않음)

이에 대한 설명으로 옳은 것만을 〈보기〉에서 있는 대로 고른 것은? [3점]

〈 보기 〉

ㄱ. X는 p형 반도체이다.

ㄴ. S_1을 a에 연결하고 S_2를 닫았을 때, 전류는 d → 전구 → c로 흐른다.

ㄷ. S_1을 b에 연결하고 S_2를 열었을 때, A의 n형 반도체에 있는 전자는 p-n 접합면 쪽으로 이동한다.

① ㄱ ② ㄷ ③ ㄱ, ㄴ ④ ㄴ, ㄷ ⑤ ㄱ, ㄴ, ㄷ

26

2022학년도 4월 학평 물Ⅰ 11번

그림은 동일한 p-n 접합 다이오드 A~D, 전구, 스위치, 동일한 전지를 이용하여 구성한 회로를 나타낸 것이다. 스위치를 a에 연결하면 전구에 불이 켜진다. X는 p형 반도체와 n형 반도체 중 하나이다.

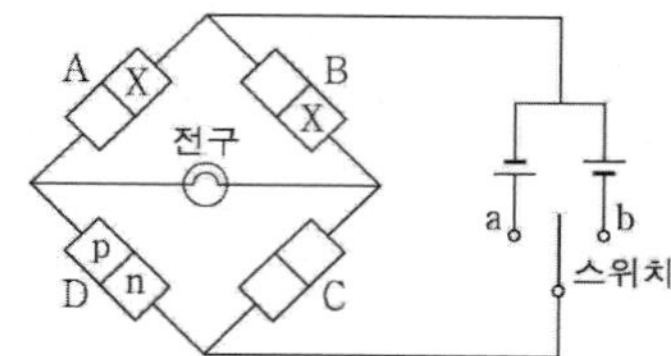

이에 대한 설명으로 옳은 것만을 〈보기〉에서 있는 대로 고른 것은? [3점]

〈 보기 〉

ㄱ. 스위치를 a에 연결하면 C에는 순방향 전압이 걸린다.
ㄴ. X는 p형 반도체이다.
ㄷ. 스위치를 b에 연결하면 전구에 불이 켜진다.

① ㄱ ② ㄴ ③ ㄱ, ㄷ ④ ㄴ, ㄷ ⑤ ㄱ, ㄴ, ㄷ

27

2024학년도 7월 학평 물Ⅰ 11번

다음은 p-n 접합 발광 다이오드의 특성을 알아보는 실험이다.

[실험 과정]

(가) 그림과 같이 동일한 직류 전원 2개, p-n 접합 발광 다이오드(LED) A, A와 동일한 LED 4개, 저항, 스위치 S_1, S_2로 회로를 구성한다. X는 p형 반도체와 n형 반도체 중 하나이다.

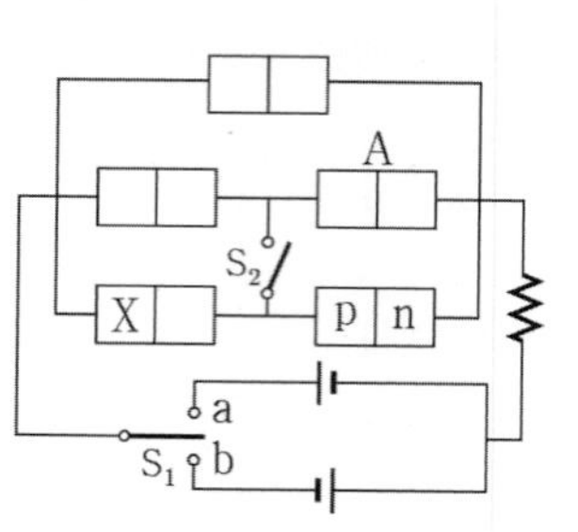

(나) S_1을 a 또는 b에 연결하고, S_2를 열고 닫으며 LED를 관찰한다.

[실험 결과]

S_1	S_2	빛이 방출된 LED의 개수
a에 연결	열림	0
	닫힘	㉠
b에 연결	열림	1
	닫힘	3

이에 대한 설명으로 옳은 것만을 〈보기〉에서 있는 대로 고른 것은? [3점]

〈 보기 〉

ㄱ. X는 p형 반도체이다.
ㄴ. S_1을 b에 연결하고 S_2를 닫았을 때, A에는 순방향 전압이 걸린다.
ㄷ. ㉠은 '2'이다.

① ㄱ ② ㄴ ③ ㄱ, ㄷ ④ ㄴ, ㄷ ⑤ ㄱ, ㄴ, ㄷ

28

2024학년도 9월 모평 물Ⅰ 11번

다음은 p-n 접합 다이오드의 특성을 알아보는 실험이다.

[실험 과정]

(가) 그림과 같이 직류 전원, 동일한 p-n 접합 다이오드 A, B, p-n 접합 발광 다이오드(LED), 스위치 S_1, S_2를 이용하여 회로를 구성한다. X는 p형 반도체와 n형 반도체 중 하나이다.

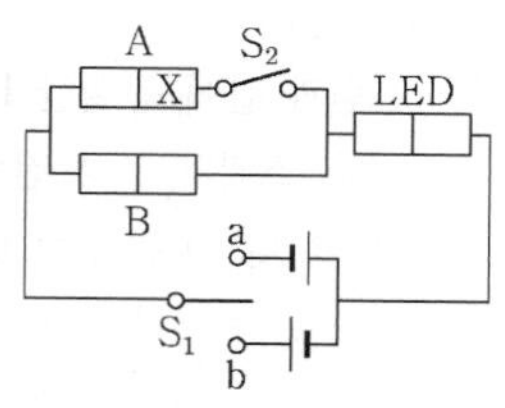

(나) S_1을 a 또는 b에 연결하고, S_2를 열고 닫으며 LED에서 빛의 방출 여부를 관찰한다.

[실험 결과]

S_1	S_2	LED에서 빛의 방출 여부
a에 연결	열림	방출되지 않음
	닫힘	방출됨
b에 연결	열림	방출되지 않음
	닫힘	㉠

이에 대한 설명으로 옳은 것만을 〈보기〉에서 있는 대로 고른 것은? [3점]

〈 보기 〉

ㄱ. A의 X는 주로 양공이 전류를 흐르게 하는 반도체이다.
ㄴ. S_1을 a에 연결하고 S_2를 열었을 때, B에는 순방향 전압이 걸린다.
ㄷ. ㉠은 '방출됨'이다.

① ㄱ ② ㄴ ③ ㄷ ④ ㄱ, ㄴ ⑤ ㄱ, ㄷ

29

2024학년도 6월 모평 물Ⅰ 11번

다음은 p-n 접합 발광 다이오드(LED)의 특성을 알아보기 위한 실험이다.

[실험 과정]

(가) 그림과 같이 동일한 LED A~D, 저항, 스위치, 직류 전원으로 회로를 구성한다. X는 p형 반도체와 n형 반도체 중 하나이다.

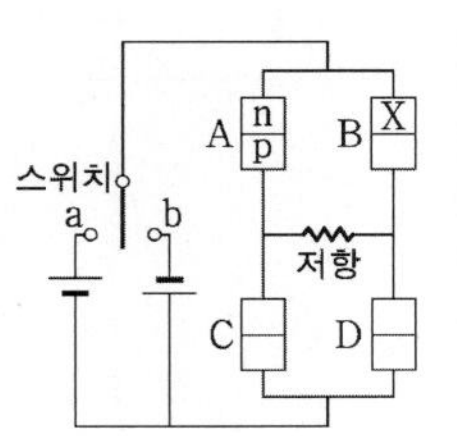

(나) 스위치를 a 또는 b에 연결하고, C, D에서 빛의 방출 여부를 관찰한다.

[실험 결과]

스위치	C에서 빛의 방출 여부	D에서 빛의 방출 여부
a에 연결	방출됨	방출되지 않음
b에 연결	방출되지 않음	방출됨

이에 대한 설명으로 옳은 것만을 〈보기〉에서 있는 대로 고른 것은?

〈 보기 〉

ㄱ. 스위치를 a에 연결하면 A에는 역방향 전압이 걸린다.
ㄴ. B의 X는 n형 반도체이다.
ㄷ. 스위치를 b에 연결하면 D의 p형 반도체에 있는 양공이 p-n 접합면에서 멀어진다.

① ㄱ ② ㄴ ③ ㄱ, ㄷ ④ ㄴ, ㄷ ⑤ ㄱ, ㄴ, ㄷ

30

2024학년도 수능 물Ⅰ 13번

그림 (가)는 동일한 p-n 접합 발광 다이오드(LED) A와 B, 고체 막대 P와 Q로 회로를 구성하고, 스위치를 a 또는 b에 연결할 때 A, B의 빛의 방출 여부를 나타낸 것이다. P, Q는 도체와 절연체를 순서 없이 나타낸 것이고, Y는 p형 반도체와 n형 반도체 중 하나이다. 그림 (나)의 ㉠, ㉡은 각각 P 또는 Q의 에너지띠 구조를 나타낸 것으로 음영으로 표시된 부분까지 전자가 채워져 있다.

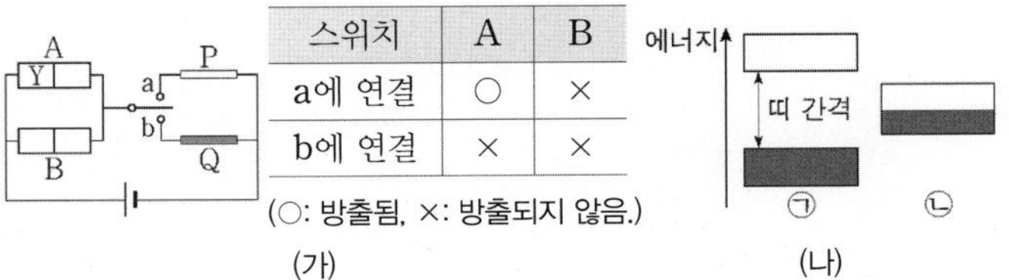

스위치	A	B
a에 연결	○	×
b에 연결	×	×

(○: 방출됨, ×: 방출되지 않음.)

(가) (나)

이에 대한 설명으로 옳은 것만을 〈보기〉에서 있는 대로 고른 것은? [3점]

〈 보기 〉

ㄱ. Y는 주로 양공이 전류를 흐르게 하는 반도체이다.
ㄴ. (나)의 ㉠은 Q의 에너지띠 구조이다.
ㄷ. 스위치를 a에 연결하면 B의 n형 반도체에 있는 전자는 p-n 접합면으로 이동한다.

① ㄱ ② ㄷ ③ ㄱ, ㄴ ④ ㄴ, ㄷ ⑤ ㄱ, ㄴ, ㄷ

31

2025학년도 수능 물Ⅰ 12번

다음은 p-n 접합 다이오드의 특성을 알아보는 실험이다.

[실험 과정]

(가) 그림과 같이 전압이 같은 직류 전원 2개, 스위치, 동일한 p-n 접합 다이오드 4개, 저항, 검류계를 이용하여 회로를 구성한다. X, Y는 p형 반도체와 n형 반도체를 순서 없이 나타낸 것이다.

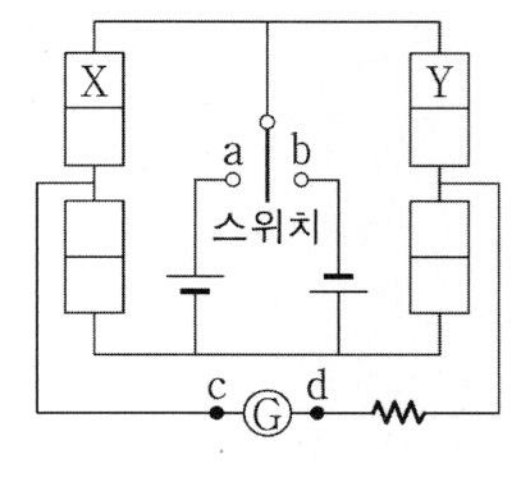

(나) 스위치를 a 또는 b에 연결하고, 검류계를 관찰한다.

[실험 결과]

스위치	전류의 흐름	전류의 방향
a에 연결	흐른다.	c → Ⓖ → d
b에 연결	흐른다.	㉠

이에 대한 설명으로 옳은 것만을 〈보기〉에서 있는 대로 고른 것은?

〈 보기 〉

ㄱ. X는 p형 반도체이다.
ㄴ. ㉠은 'd → Ⓖ → c'이다.
ㄷ. 스위치를 b에 연결하면 Y에서 전자는 p-n 접합면으로부터 멀어진다.

① ㄱ ② ㄷ ③ ㄱ, ㄴ ④ ㄴ, ㄷ ⑤ ㄱ, ㄴ, ㄷ

18 일차

한눈에 정리하는 평가원 기출 경향

주제 \ 학년도	2025	2024	2023
전류에 의한 자기장 실험			

직선 도선에 의한 자기장

2024

11  2024학년도 수능 물I 18번

그림과 같이 가늘고 무한히 긴 직선 도선 A, B, C가 정삼각형을 이루며 xy평면에 고정되어 있다. A, B, C에는 방향이 일정하고 세기가 각각 I_0, I_0, I_C인 전류가 흐른다. A에 흐르는 전류의 방향은 $+x$방향이다. 점 O는 A, B, C가 교차하는 점을 지나는 반지름이 $2d$인 원의 중심이고, 점 p, q, r는 원 위의 점이다. O에서 A에 흐르는 전류에 의한 자기장의 세기는 B_0이고, p, q에서 A, B, C에 흐르는 전류에 의한 자기장의 세기는 각각 0, $3B_0$이다.

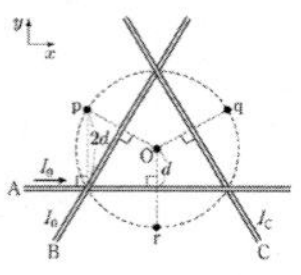

r에서 A, B, C에 흐르는 전류에 의한 자기장의 세기는? [3점]

① 0 ② $\frac{1}{2}B_0$ ③ B_0 ④ $2B_0$ ⑤ $3B_0$

10 2024학년도 6월  물I 12번

그림과 같이 가늘고 무한히 긴 직선 도선 P, Q가 일정한 각을 이루고 xy평면에 고정되어 있다. P에는 세기가 I_0인 전류가 화살표 방향으로 흐른다. 점 a에서 P에 흐르는 전류에 의한 자기장의 세기는 B_0이고, P와 Q에 흐르는 전류에 의한 자기장의 세기는 0이다.

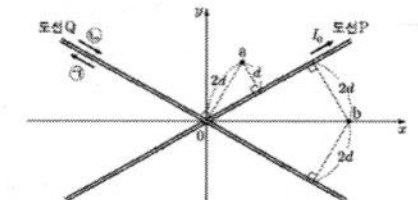

이에 대한 설명으로 옳은 것만을 〈보기〉에서 있는 대로 고른 것은? (단, 점 a, b는 xy평면상의 점이다.) [3점]

〈 보기 〉

ㄱ. Q에 흐르는 전류의 방향은 ㉠이다.
ㄴ. Q에 흐르는 전류의 세기는 $2I_0$이다.
ㄷ. b에서 P와 Q에 흐르는 전류에 의한 자기장의 세기는 $\frac{3}{2}B_0$이다.

① ㄱ ② ㄷ ③ ㄱ, ㄴ ④ ㄴ, ㄷ ⑤ ㄱ, ㄴ, ㄷ

직선 도선에 의한 자기장 표 또는 그래프가 주어진 경우

2025

32 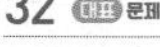 2025학년도  물I 17번

그림과 같이 xy평면에 가늘고 무한히 긴 직선 도선 A, B, C가 고정되어 있다. C에는 세기가 I_C로 일정한 전류가 $+x$방향으로 흐른다. 표는 A, B에 흐르는 전류의 세기와 방향을 나타낸 것이다. 점 p, q는 xy평면상의 점이고, p에서 A, B, C의 전류에 의한 자기장의 세기는 (가)일 때가 (다)일 때의 2배이다.

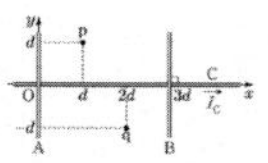

	A의 전류		B의 전류	
	세기	방향	세기	방향
(가)	I_0	$-y$	I_0	$+y$
(나)	I_0	$+y$	I_0	$+y$
(다)	I_0	$+y$	$\frac{1}{2}I_0$	$+y$

이에 대한 설명으로 옳은 것만을 〈보기〉에서 있는 대로 고른 것은?

〈 보기 〉

ㄱ. $I_C=3I_0$이다.
ㄴ. (나)일 때, A, B, C의 전류에 의한 자기장의 세기는 p에서와 q에서가 같다.
ㄷ. (다)일 때, q에서 A, B, C의 전류에 의한 자기장의 방향은 xy평면에 수직으로 들어가는 방향이다.

① ㄱ ② ㄷ ③ ㄱ, ㄴ ④ ㄴ, ㄷ ⑤ ㄱ, ㄴ, ㄷ

27  2025학년도 6월  물I 17번

그림 (가)와 같이 xy평면에 무한히 긴 직선 도선 A, B, C가 각각 $x=-d$, $x=0$, $x=d$에 고정되어 있다. 그림 (나)는 (가)의 $x>0$인 영역에서 A, B, C의 전류에 의한 자기장을 나타낸 것으로, x축상의 점 p에서 자기장은 0이다. 자기장의 방향은 xy평면에서 수직으로 나오는 방향이 양(+)이다.

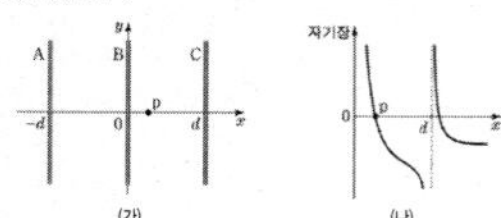

이에 대한 설명으로 옳은 것만을 〈보기〉에서 있는 대로 고른 것은? [3점]

〈 보기 〉

ㄱ. A에 흐르는 전류의 방향은 $-y$방향이다.
ㄴ. A, B, C 중 A에 흐르는 전류의 세기가 가장 크다.
ㄷ. p에서, C의 전류에 의한 자기장의 세기가 B의 전류에 의한 자기장의 세기보다 크다.

① ㄱ ② ㄴ ③ ㄷ ④ ㄱ, ㄷ ⑤ ㄴ, ㄷ

2023

25 2023학년도 9월  물I 18번

그림과 같이 세기와 방향이 일정한 전류가 흐르는 무한히 긴 직선 도선 A~D가 xy 평면에 수직으로 고정되어 있다. D에는 xy 평면에 수직으로 들어가는 방향으로 전류가 흐른다. 원점 O에서 B, D의 전류에 의한 자기장은 0이다. 표는 xy 평면의 점 p, q, r에서 두 도선의 전류에 의한 자기장의 방향을 나타낸 것이다.

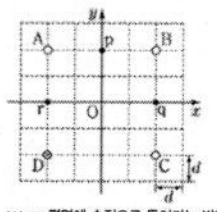

도선	위치	두 도선의 전류에 의한 자기장 방향
A, B	p	$+y$
B, C	q	$+x$
A, D	r	㉠

×: xy 평면에 수직으로 들어가는 방향

이에 대한 설명으로 옳은 것만을 〈보기〉에서 있는 대로 고른 것은?

〈 보기 〉

ㄱ. ㉠은 '$+x$'이다.
ㄴ. 전류의 세기는 B에서가 C에서보다 크다.
ㄷ. 전류의 방향이 A, C에서가 서로 같으면, 전류의 세기는 A~D 중 C에서가 가장 크다.

① ㄱ ② ㄴ ③ ㄱ, ㄷ ④ ㄴ, ㄷ ⑤ ㄱ, ㄴ, ㄷ

2022~2019

03 대표 문제

2019학년도 수능 물Ⅰ 4번

다음은 직선 도선에 흐르는 전류에 의한 자기장에 대한 실험이다.

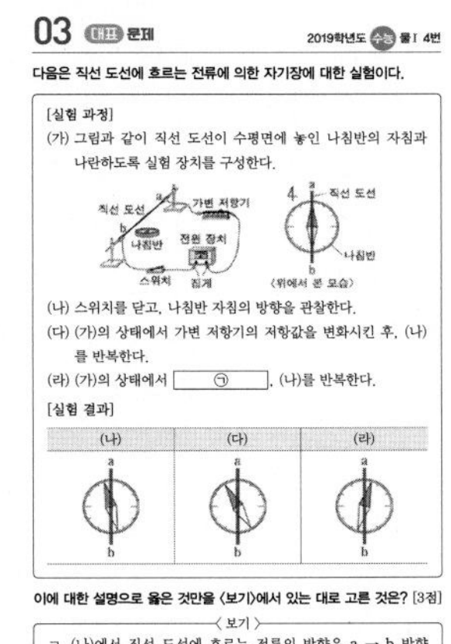

[실험 과정]

(가) 그림과 같이 직선 도선이 수평면에 놓인 나침반의 자침과 나란하도록 실험 장치를 구성한다.

(나) 스위치를 닫고, 나침반 자침의 방향을 관찰한다.

(다) (가)의 상태에서 가변 저항기의 저항값을 변화시킨 후, (나)를 반복한다.

(라) (가)의 상태에서 [㉠], (나)를 반복한다.

[실험 결과]

이에 대한 설명으로 옳은 것만을 <보기>에서 있는 대로 고른 것은? [3점]

〈 보기 〉

ㄱ. (나)에서 직선 도선에 흐르는 전류의 방향은 a → b 방향이다.

ㄴ. 직선 도선에 흐르는 전류의 세기는 (나)에서가 (다)에서보다 작다.

ㄷ. '전원 장치의 (+), (−) 단자에 연결된 집게를 서로 바꿔 연결한 후'는 ㉠으로 적절하다.

① ㄱ ② ㄷ ③ ㄱ, ㄴ ④ ㄴ, ㄷ ⑤ ㄱ, ㄴ, ㄷ

02

2019학년도 9월 모평 물Ⅰ 9번 변형

다음은 직선 도선에 흐르는 전류에 의한 자기장을 관찰하기 위한 실험을 나타낸 것이다.

[실험 과정]

(가) 수평으로 고정시킨 종이판의 두 구멍에 두 직선 도선을 수직으로 통과시킨 후 판 위에 철가루를 뿌린다.

(나) 두 직선 도선에 같은 세기의 직류 전류를 흐르게 하고 철가루가 배열된 모습을 관찰한다.

[실험 결과]

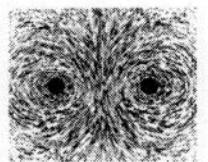

이에 대한 설명으로 옳은 것만을 <보기>에서 있는 대로 고른 것은? [3점]

〈 보기 〉

ㄱ. 철가루는 전류에 의한 자기장의 방향과 반대 방향으로 자기화된다.

ㄴ. 두 도선 사이에서 두 도선에 흐르는 전류에 의한 자기장의 방향은 같다.

ㄷ. 두 도선에 흐르는 전류의 방향은 서로 같다.

① ㄱ ② ㄴ ③ ㄱ, ㄷ ④ ㄴ, ㄷ ⑤ ㄱ, ㄴ, ㄷ

17

2022학년도 9월 모평 물Ⅰ 16번

그림과 같이 xy 평면에 무한히 긴 직선 도선 A, B, C가 고정되어 있다. A, B에는 서로 반대 방향으로 세기 I_0인 전류가, C에는 세기 I_C인 전류가 각각 일정하게 흐르고 있다. xy 평면에서 수직으로 나오는 자기장의 방향을 양(+)으로 할 때, x축상의 점 P, Q에서 세 도선에 흐르는 전류에 의한 자기장의 방향은 각각 양(+), 음(−)이다.

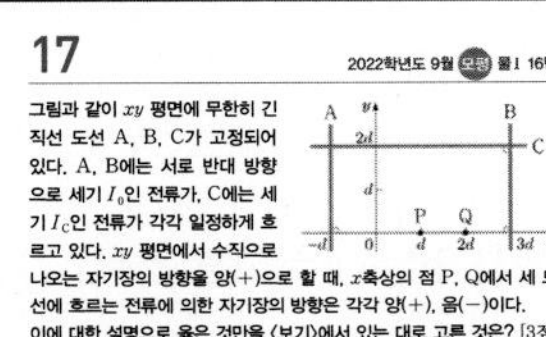

이에 대한 설명으로 옳은 것만을 <보기>에서 있는 대로 고른 것은? [3점]

〈 보기 〉

ㄱ. A에 흐르는 전류의 방향은 $+y$ 방향이다.

ㄴ. C에 흐르는 전류의 방향은 $-x$ 방향이다.

ㄷ. $I_C < 2I_0$이다.

① ㄱ ② ㄷ ③ ㄱ, ㄴ ④ ㄴ, ㄷ ⑤ ㄱ, ㄴ, ㄷ

15

2021학년도 수능 물Ⅰ 16번

그림과 같이 xy평면에 고정된 무한히 긴 직선 도선 A, B, C에 세기가 각각 I_A, I_B, I_C로 일정한 전류가 흐르고 있다. B에 흐르는 전류의 방향은 $+y$방향이고, x축상의 점 p에서 세 도선의 전류에 의한 자기장은 0이다. C에 흐르는 전류의 방향을 반대로 바꾸었더니 p에서 세 도선의 전류에 의한 자기장의 방향은 xy평면에 수직으로 들어가는 방향이 되었다.

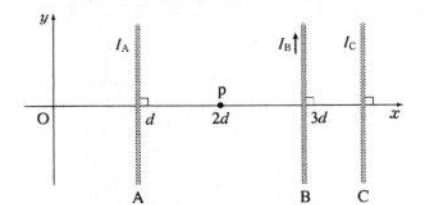

이에 대한 설명으로 옳은 것만을 <보기>에서 있는 대로 고른 것은? [3점]

〈 보기 〉

ㄱ. A에 흐르는 전류의 방향은 $+y$방향이다.

ㄴ. $I_A < I_B + I_C$이다.

ㄷ. 원점 O에서 세 도선의 전류에 의한 자기장의 방향은 C에 흐르는 전류의 방향을 바꾸기 전과 후가 같다.

① ㄱ ② ㄷ ③ ㄱ, ㄴ ④ ㄴ, ㄷ ⑤ ㄱ, ㄴ, ㄷ

18

2020학년도 9월 모평 물Ⅰ 14번

그림과 같이 전류가 흐르는 무한히 긴 직선 도선 A, B, C가 xy 평면에 고정되어 있고, C에는 세기가 I인 전류가 $+x$방향으로 흐른다. 점 p, q, r는 xy 평면에 있고, p, q에서 A, B, C에 흐르는 전류에 의한 자기장은 0이다.

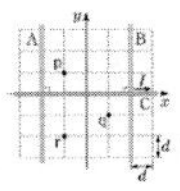

이에 대한 설명으로 옳은 것만을 <보기>에서 있는 대로 고른 것은? [3점]

〈 보기 〉

ㄱ. 전류의 방향은 A에서와 B에서가 같다.

ㄴ. A에 흐르는 전류의 세기는 I보다 작다.

ㄷ. r에서 A, B, C에 흐르는 전류에 의한 자기장의 방향은 xy 평면에서 수직으로 나오는 방향이다.

① ㄱ ② ㄴ ③ ㄱ, ㄷ ④ ㄴ, ㄷ ⑤ ㄱ, ㄴ, ㄷ

21

2022학년도 수능 물Ⅰ 18번

그림과 같이 무한히 긴 직선 도선 A, B, C가 xy 평면에 고정되어 있다. A, B, C에는 방향이 일정하고 세기가 각각 I_0, I_B, $3I_0$인 전류가 흐르고 있다. A의 전류의 방향은 $-x$ 방향이다. 표는 점 P, Q에서 A, B, C의 전류에 의한 자기장의 세기를 나타낸 것이다. P에서 A의 전류에 의한 자기장의 세기는 B_0이다.

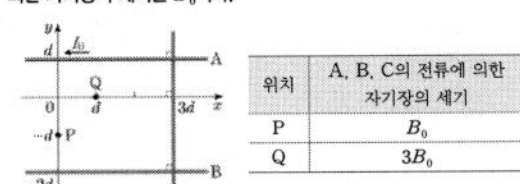

위치	A, B, C의 전류에 의한 자기장의 세기
P	B_0
Q	$3B_0$

이에 대한 설명으로 옳은 것만을 <보기>에서 있는 대로 고른 것은? [3점]

〈 보기 〉

ㄱ. $I_B = I_0$이다.

ㄴ. C의 전류의 방향은 $-y$ 방향이다.

ㄷ. Q에서 A, B, C의 전류에 의한 자기장의 방향은 xy 평면에서 수직으로 나오는 방향이다.

① ㄱ ② ㄷ ③ ㄱ, ㄴ ④ ㄴ, ㄷ ⑤ ㄱ, ㄴ, ㄷ

31

2021학년도 9월 모평 물Ⅰ 18번

그림 (가)와 같이 무한히 긴 직선 도선 A, B, C가 같은 종이면에 있다. A, B, C에는 세기가 각각 $4I_0$, $2I_0$, $5I_0$인 전류가 일정하게 흐른다. A와 B는 고정되어 있고, A와 B에 흐르는 전류의 방향은 서로 반대이다. 그림 (나)는 C를 $x=-d$와 $x=d$ 사이의 위치에 놓을 때, C의 위치에 따른 점 p에서의 A, B, C에 흐르는 전류에 의한 자기장을 나타낸 것이다. 자기장의 방향은 종이면에서 수직으로 나오는 방향이 양(+)이다.

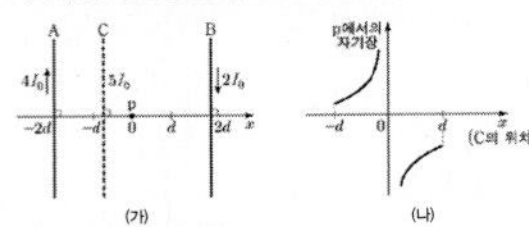

이에 대한 설명으로 옳은 것만을 <보기>에서 있는 대로 고른 것은? [3점]

〈 보기 〉

ㄱ. 전류의 방향은 B에서와 C에서가 서로 같다.

ㄴ. p에서의 자기장의 세기는 C의 위치가 $x=\frac{d}{5}$에서가 $x=-\frac{d}{5}$에서보다 크다.

ㄷ. p에서의 자기장이 0이 되는 C의 위치는 $x=-2d$와 $x=-d$ 사이에 있다.

① ㄱ ② ㄷ ③ ㄱ, ㄴ ④ ㄴ, ㄷ ⑤ ㄱ, ㄴ, ㄷ

29

2020학년도 수능 물Ⅰ 13번

그림 (가)와 같이 전류가 흐르는 무한히 긴 직선 도선 A, B가 xy 평면의 $x=-d$, $x=0$에 각각 고정되어 있다. A에는 세기가 I_0인 전류가 $+y$방향으로 흐른다. 그림 (나)는 $x>0$ 영역에서 A, B에 흐르는 전류에 의한 자기장을 x에 따라 나타낸 것이다. 자기장의 방향은 xy 평면에서 수직으로 나오는 방향이 양(+)이다.

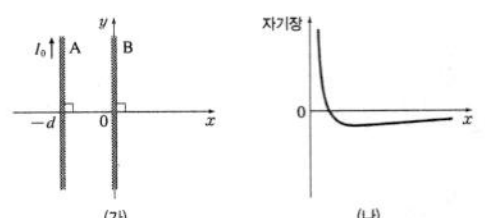

이에 대한 설명으로 옳은 것만을 <보기>에서 있는 대로 고른 것은? [3점]

〈 보기 〉

ㄱ. B에 흐르는 전류의 방향은 $-y$방향이다.

ㄴ. B에 흐르는 전류의 세기는 I_0보다 크다.

ㄷ. A, B에 흐르는 전류에 의한 자기장의 방향은 $x=-\frac{1}{2}d$에서와 $x=-\frac{3}{2}d$에서가 같다.

① ㄱ ② ㄴ ③ ㄱ, ㄷ ④ ㄴ, ㄷ ⑤ ㄱ, ㄴ, ㄷ

30

2020학년도 6월 모평 물Ⅰ 11번

그림 (가)와 같이 무한히 긴 직선 도선 a, b, c가 xy 평면에 고정되어 있고, a, b에는 세기가 I_0으로 일정한 전류가 서로 반대 방향으로 흐르고 있다. 그림 (나)는 원점 O에서 a, b, c의 전류에 의한 자기장 B를 c에 흐르는 전류 I에 따라 나타낸 것이다.

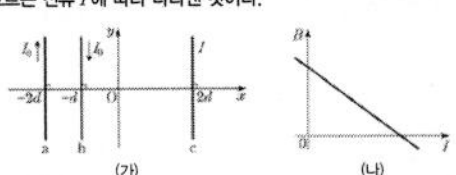

이에 대한 설명으로 옳은 것만을 <보기>에서 있는 대로 고른 것은?

〈 보기 〉

ㄱ. $I=0$일 때, B의 방향은 xy 평면에서 수직으로 나오는 방향이다.

ㄴ. $B=0$일 때, I의 방향은 $-y$ 방향이다.

ㄷ. $B=0$일 때, I의 세기는 I_0이다.

① ㄱ ② ㄷ ③ ㄱ, ㄴ ④ ㄴ, ㄷ ⑤ ㄱ, ㄴ, ㄷ

01

2020학년도 3월 학평 물I 10번

그림 (가)와 같이 수평면에 놓인 나침반의 연직 위에 자침과 나란하도록 직선 도선을 고정시킨다. 그림 (나)는 직선 도선에 흐르는 전류를 시간에 따라 나타낸 것이다. t_1일 때 자침의 N극은 북서쪽을 가리킨다.

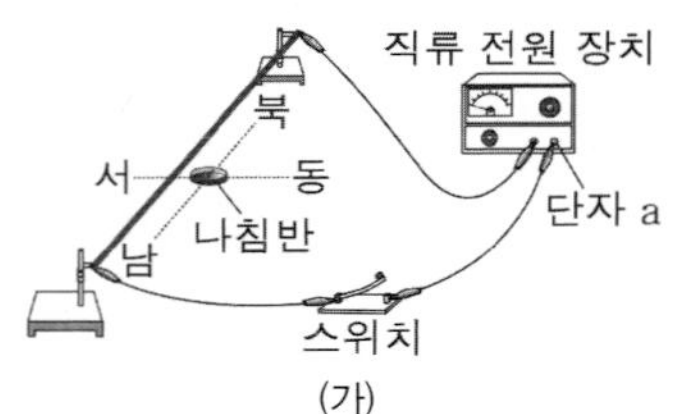

(가)

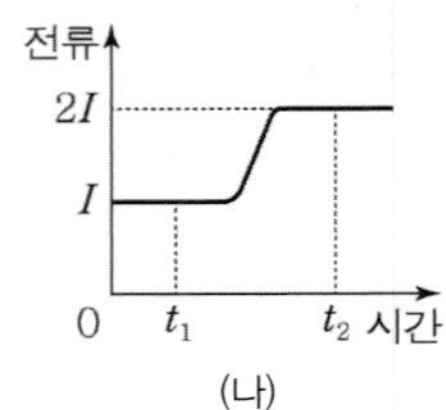

(나)

이에 대한 옳은 설명만을 〈보기〉에서 있는 대로 고른 것은? [3점]

〈 보기 〉
ㄱ. t_1일 때 나침반의 중심에서 직선 도선에 흐르는 전류에 의한 자기장의 방향은 서쪽이다.
ㄴ. 직류 전원 장치의 단자 a는 (+)극이다.
ㄷ. 자침의 N극이 북쪽과 이루는 각은 t_2일 때가 t_1일 때보다 크다.

① ㄴ ② ㄷ ③ ㄱ, ㄴ ④ ㄱ, ㄷ ⑤ ㄱ, ㄴ, ㄷ

02

2019학년도 9월  물I 9번 변형

다음은 직선 도선에 흐르는 전류에 의한 자기장을 관찰하기 위한 실험을 나타낸 것이다.

[실험 과정]
(가) 수평으로 고정시킨 종이판의 두 구멍에 두 직선 도선을 수직으로 통과시킨 후 판 위에 철가루를 뿌린다.
(나) 두 직선 도선에 같은 세기의 직류 전류를 흐르게 하고 철가루가 배열된 모습을 관찰한다.

[실험 결과]

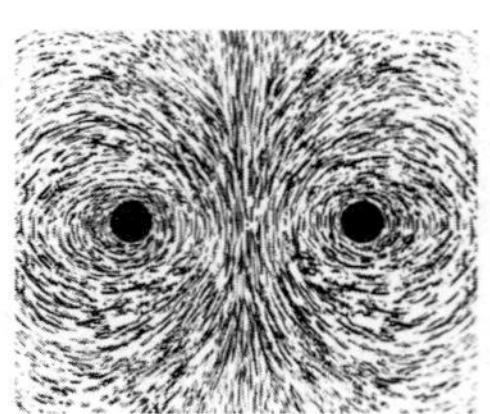

이에 대한 설명으로 옳은 것만을 〈보기〉에서 있는 대로 고른 것은? [3점]

〈 보기 〉
ㄱ. 철가루는 전류에 의한 자기장의 방향과 반대 방향으로 자기화된다.
ㄴ. 두 도선 사이에서 두 도선에 흐르는 전류에 의한 자기장의 방향은 같다.
ㄷ. 두 도선에 흐르는 전류의 방향은 서로 같다.

① ㄱ ② ㄴ ③ ㄱ, ㄷ ④ ㄴ, ㄷ ⑤ ㄱ, ㄴ, ㄷ

03 대표 문제

2019학년도 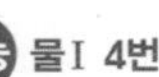 물I 4번

다음은 직선 도선에 흐르는 전류에 의한 자기장에 대한 실험이다.

[실험 과정]
(가) 그림과 같이 직선 도선이 수평면에 놓인 나침반의 자침과 나란하도록 실험 장치를 구성한다.

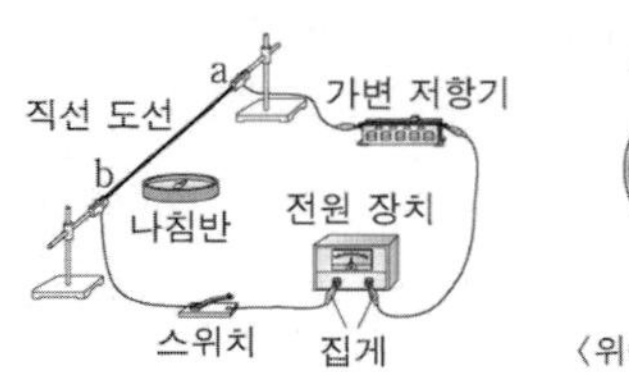

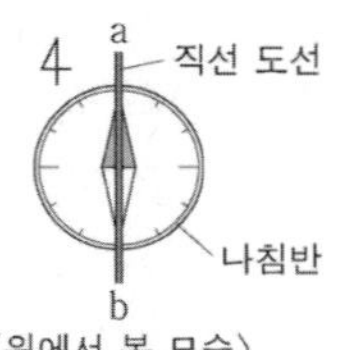

(나) 스위치를 닫고, 나침반 자침의 방향을 관찰한다.
(다) (가)의 상태에서 가변 저항기의 저항값을 변화시킨 후, (나)를 반복한다.
(라) (가)의 상태에서 [㉠], (나)를 반복한다.

[실험 결과]

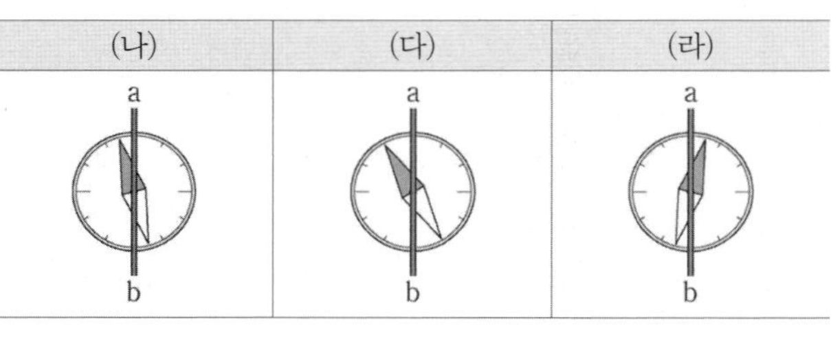

이에 대한 설명으로 옳은 것만을 〈보기〉에서 있는 대로 고른 것은? [3점]

〈 보기 〉
ㄱ. (나)에서 직선 도선에 흐르는 전류의 방향은 a → b 방향이다.
ㄴ. 직선 도선에 흐르는 전류의 세기는 (나)에서가 (다)에서보다 작다.
ㄷ. '전원 장치의 (+), (−) 단자에 연결된 집게를 서로 바꿔 연결한 후'는 ㉠으로 적절하다.

① ㄱ ② ㄷ ③ ㄱ, ㄴ ④ ㄴ, ㄷ ⑤ ㄱ, ㄴ, ㄷ

04

2022학년도 10월 학평 물I 10번

그림과 같이 전류가 흐르는 가늘고 무한히 긴 직선 도선 A, B가 xy평면의 $x=0$, $x=d$에 각각 고정되어 있다. A, B에는 각각 세기가 I_0, $2I_0$인 전류가 흐르고 있다.

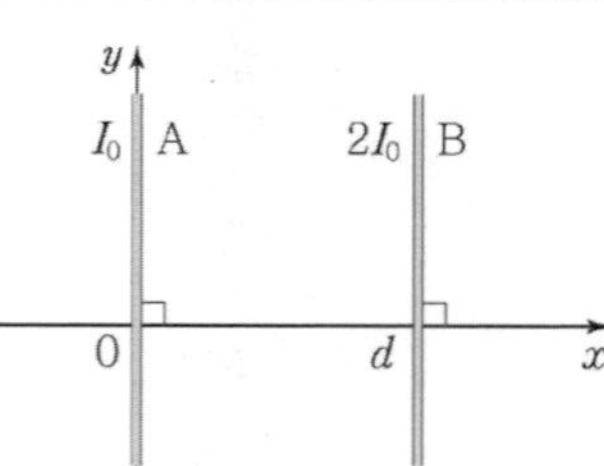

A, B에 흐르는 전류의 방향이 같을 때와 서로 반대일 때 x축상에서 A, B의 전류에 의한 자기장이 0인 점을 각각 p, q라고 할 때, p와 q 사이의 거리는?

① d ② $\frac{4}{3}d$ ③ $\frac{3}{2}d$ ④ $\frac{5}{3}d$ ⑤ $2d$

05

2022학년도 7월 학평 물Ⅰ 17번

그림과 같이 일정한 세기의 전류가 각각 흐르는 무한히 긴 두 직선 도선 A, B가 xy 평면에 수직으로 y축에 고정되어 있다. 점 a, b, c는 y축 상에 있다. A와 B의 전류에 의한 자기장의 세기는 a에서가 b에서보다 크고, 방향은 a와 b에서 서로 같다.
이에 대한 설명으로 옳은 것만을 〈보기〉에서 있는 대로 고른 것은? [3점]

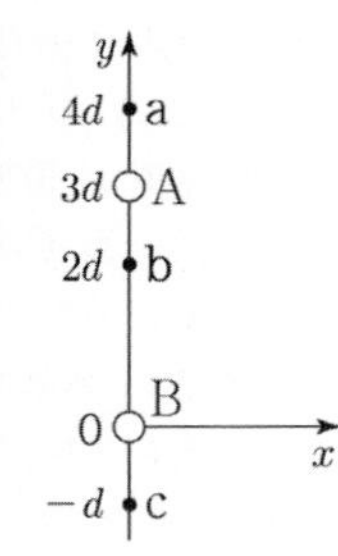

〈 보기 〉

ㄱ. 전류의 방향은 A와 B에서 서로 같다.
ㄴ. 전류의 세기는 B가 A보다 크다.
ㄷ. A와 B의 전류에 의한 자기장의 세기는 c에서가 a에서보다 크다.

① ㄱ ② ㄷ ③ ㄱ, ㄴ ④ ㄴ, ㄷ ⑤ ㄱ, ㄴ, ㄷ

06

2021학년도 7월 학평 물Ⅰ 14번

그림 (가), (나)는 수평면에 수직으로 고정된 무한히 긴 하나의 직선 도선에 전류 I_1이 흐를 때와 전류 I_2가 흐를 때, 각각 도선으로부터 북쪽으로 거리 r, $3r$만큼 떨어진 곳에 놓인 나침반의 자침이 45°만큼 회전하여 정지한 것을 나타낸 것이다. (나)에서 점 P는 도선으로부터 북쪽으로 $2r$만큼 떨어진 곳이다.

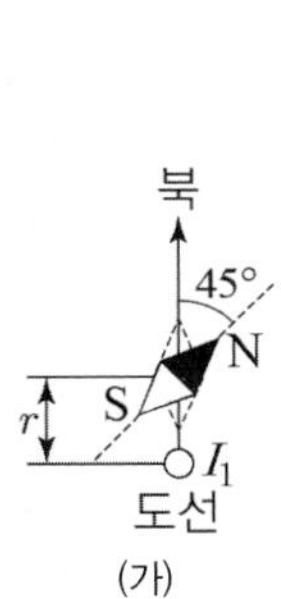

(가)

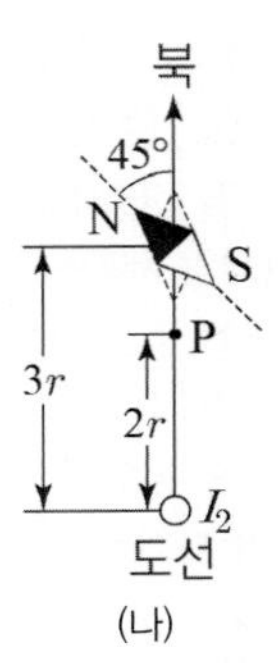

(나)

이에 대한 설명으로 옳은 것만을 〈보기〉에서 있는 대로 고른 것은? (단, 지구에 의한 자기장은 균일하고, 자침의 크기와 도선의 두께는 무시한다.) [3점]

〈 보기 〉

ㄱ. I_1의 방향은 I_2의 방향과 같다.
ㄴ. I_1의 세기는 I_2의 세기의 $\frac{1}{3}$배이다.
ㄷ. (나)에서 나침반을 P로 옮기면 자침의 N극이 북쪽과 이루는 각은 45°보다 작아진다.

① ㄱ ② ㄴ ③ ㄷ ④ ㄴ, ㄷ ⑤ ㄱ, ㄴ, ㄷ

07

2019학년도 7월 학평 물Ⅰ 13번

그림은 xy 평면에 수직으로 고정된 무한히 가늘고 긴 세 직선 도선 A, B, C에 전류가 흐르는 것을 나타낸 것으로, A에는 xy 평면에 수직으로 들어가는 방향으로 전류가 흐른다. 원점 O에서 A와 C에 흐르는 전류에 의한 자기장의 세기는 각각 B_0으로 같고, O에서 A, B, C에 흐르는 전류에 의한 자기장의 방향은 $+y$ 방향이다.

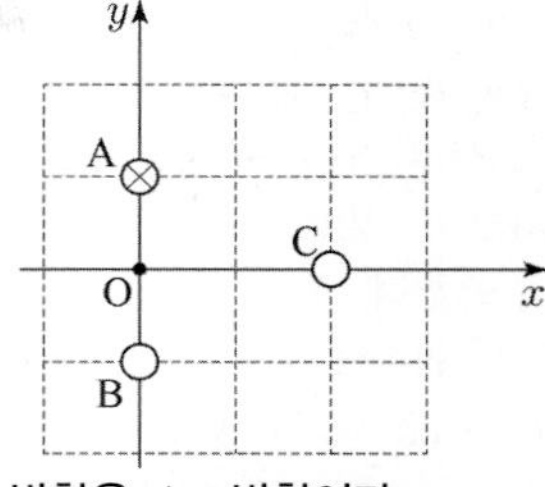

이에 대한 설명으로 옳은 것만을 〈보기〉에서 있는 대로 고른 것은? (단, 모눈 간격은 동일하다.)

〈 보기 〉

ㄱ. 전류의 방향은 B에서와 C에서가 반대이다.
ㄴ. 전류의 세기는 A에서가 B에서보다 크다.
ㄷ. O에서 A, B, C에 흐르는 전류에 의한 자기장의 세기는 B_0이다.

① ㄱ ② ㄴ ③ ㄷ ④ ㄱ, ㄷ ⑤ ㄱ, ㄴ, ㄷ

08

2019학년도 10월 학평 물Ⅱ 14번

그림은 xy 평면에 수직으로 고정된 무한히 긴 직선 도선 A, B, C를 나타낸 것이다. B에는 세기가 I인 전류가 xy 평면에서 나오는 방향으로 흐른다. 원점 O에서 A, B, C에 흐르는 전류에 의한 자기장은 0이다.
A에 흐르는 전류의 세기는? [3점]

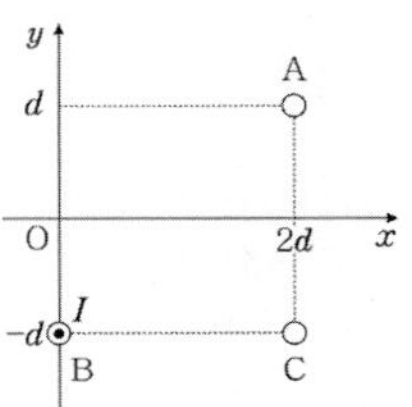

① $\frac{2}{5}I$ ② $\frac{\sqrt{5}}{5}I$ ③ $\frac{2\sqrt{5}}{5}I$ ④ $\frac{\sqrt{5}}{2}I$ ⑤ $\frac{5}{2}I$

18 일차

09

2024학년도 3월 학평 물Ⅰ 16번

그림과 같이 세기와 방향이 일정한 전류가 흐르는 가늘고 무한히 긴 직선 도선 A, B, C가 xy평면에 고정되어 있다. C에는 $+x$방향으로 세기가 $10I_0$인 전류가 흐른다. 점 p, q는 xy평면상의 점이고, p와 q에서 A, B, C의 전류에 의한 자기장의 세기는 모두 0이다.

A에 흐르는 전류의 세기는? [3점]

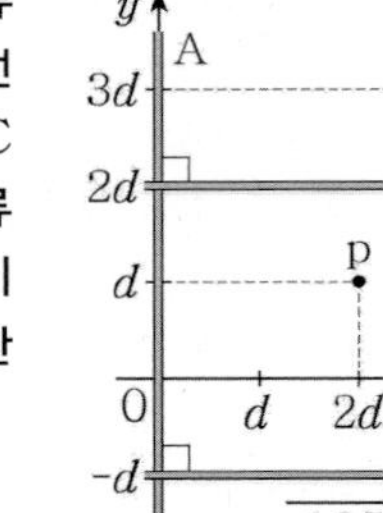

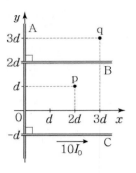

① $7I_0$ ② $8I_0$ ③ $9I_0$ ④ $10I_0$ ⑤ $11I_0$

10

2024학년도 6월 모평 물Ⅰ 12번

그림과 같이 가늘고 무한히 긴 직선 도선 P, Q가 일정한 각을 이루고 xy평면에 고정되어 있다. P에는 세기가 I_0인 전류가 화살표 방향으로 흐른다. 점 a에서 P에 흐르는 전류에 의한 자기장의 세기는 B_0이고, P와 Q에 흐르는 전류에 의한 자기장의 세기는 0이다.

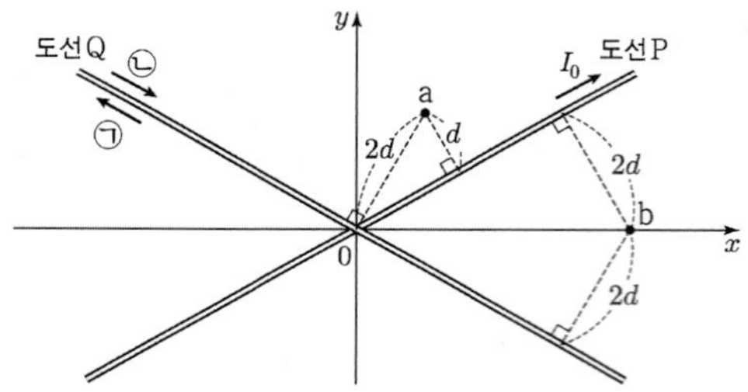

이에 대한 설명으로 옳은 것만을 〈보기〉에서 있는 대로 고른 것은? (단, 점 a, b는 xy평면상의 점이다.) [3점]

〈보기〉

ㄱ. Q에 흐르는 전류의 방향은 ㉠이다.

ㄴ. Q에 흐르는 전류의 세기는 $2I_0$이다.

ㄷ. b에서 P와 Q에 흐르는 전류에 의한 자기장의 세기는 $\frac{3}{2}B_0$이다.

① ㄱ ② ㄷ ③ ㄱ, ㄴ ④ ㄴ, ㄷ ⑤ ㄱ, ㄴ, ㄷ

11 대표 문제

2024학년도  물Ⅰ 18번

그림과 같이 가늘고 무한히 긴 직선 도선 A, B, C가 정삼각형을 이루며 xy평면에 고정되어 있다. A, B, C에는 방향이 일정하고 세기가 각각 I_0, I_0, I_C인 전류가 흐른다. A에 흐르는 전류의 방향은 $+x$방향이다. 점 O는 A, B, C가 교차하는 점을 지나는 반지름이 $2d$인 원의 중심이고, 점 p, q, r는 원 위의 점이다. O에서 A에 흐르는 전류에 의한 자기장의 세기는 B_0이고, p, q에서 A, B, C에 흐르는 전류에 의한 자기장의 세기는 각각 0, $3B_0$이다.

r에서 A, B, C에 흐르는 전류에 의한 자기장의 세기는? [3점]

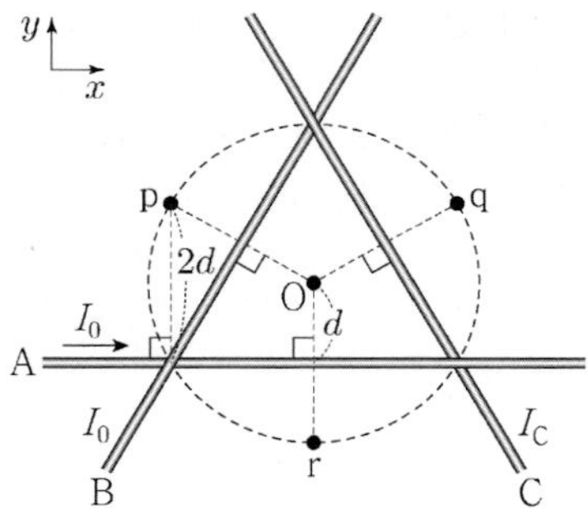

① 0 ② $\frac{1}{2}B_0$ ③ B_0 ④ $2B_0$ ⑤ $3B_0$

12

2023학년도 7월 학평 물Ⅰ 16번

그림과 같이 세기와 방향이 일정한 전류가 흐르는 무한히 긴 직선 도선 A, B, C, D가 xy평면에 고정되어 있다. 전류의 세기와 방향은 A와 B에서 서로 같고, C와 D에서 서로 같다. 점 p에서 A의 전류에 의한 자기장의 세기는 B_0이고, 점 q에서 A, B, C, D의 전류에 의한 자기장의 세기는 0이다.

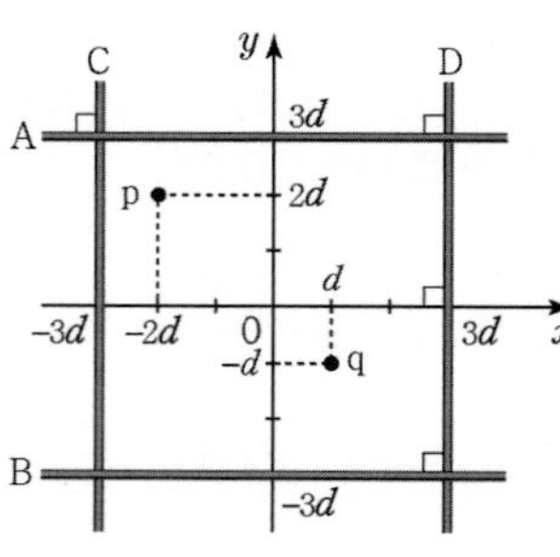

C와 D에 흐르는 전류의 세기가 각각 2배가 될 때, q에서 A, B, C, D의 전류에 의한 자기장의 세기는?

① $\frac{1}{4}B_0$ ② $\frac{1}{2}B_0$ ③ $\frac{3}{4}B_0$ ④ B_0 ⑤ $\frac{5}{4}B_0$

13

2024학년도 5월 학평 물I 14번

그림과 같이 가늘고 무한히 긴 직선 도선 A, B, C가 xy평면에 고정되어 있다. A, B, C에는 방향이 일정하고 세기가 각각 I_0, $2I_0$, I_C인 전류가 흐르며, A와 B에 흐르는 전류의 방향은 반대이다. 표는 점 p, q에서 A, B, C의 전류에 의한 자기장을 나타낸 것이다.

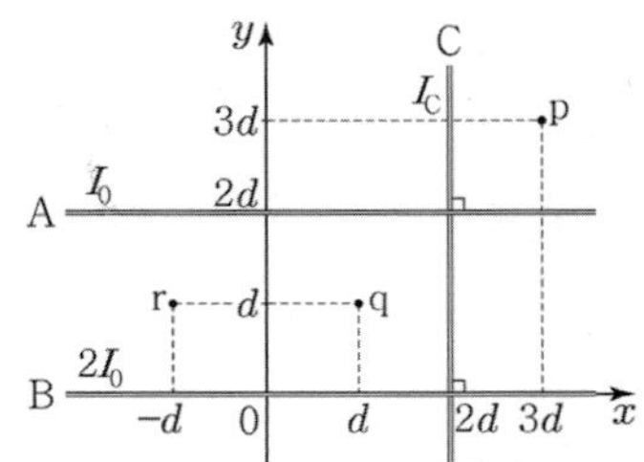

위치	A, B, C의 전류에 의한 자기장	
	방향	세기
p	×	B_0
q	해당 없음	0

×: xy평면에 수직으로 들어가는 방향

이에 대한 설명으로 옳은 것만을 〈보기〉에서 있는 대로 고른 것은? (단, p, q, r은 xy평면상의 점이다.) [3점]

〈보기〉

ㄱ. $I_C=3I_0$이다.

ㄴ. C에 흐르는 전류의 방향은 $-y$방향이다.

ㄷ. r에서 A, B, C의 전류에 의한 자기장의 세기는 $\frac{3}{4}B_0$이다.

① ㄱ ② ㄴ ③ ㄱ, ㄷ ④ ㄴ, ㄷ ⑤ ㄱ, ㄴ, ㄷ

14

2020학년도 4월 학평 물I 11번

그림과 같이 일정한 세기의 전류가 흐르는 무한히 긴 직선 도선 A, B, C가 xy평면에 고정되어 있다. A, B에 흐르는 전류는 방향이 각각 $+y$방향, $-y$방향이고, 세기가 I로 같다. p, q는 x축상의 점이고, p에서 A, B, C에 흐르는 전류에 의한 자기장은 0이다.

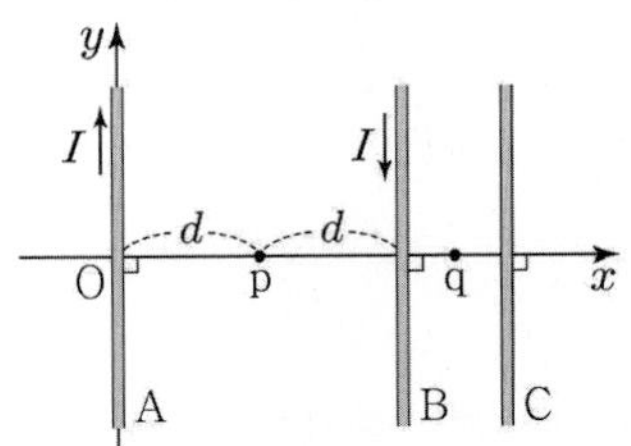

이에 대한 설명으로 옳은 것만을 〈보기〉에서 있는 대로 고른 것은? [3점]

〈보기〉

ㄱ. C에 흐르는 전류의 방향은 $+y$방향이다.

ㄴ. C에 흐르는 전류의 세기는 I보다 크다.

ㄷ. q에서 A, B, C에 흐르는 전류에 의한 자기장의 방향은 xy평면에 수직으로 들어가는 방향이다.

① ㄱ ② ㄷ ③ ㄱ, ㄴ ④ ㄴ, ㄷ ⑤ ㄱ, ㄴ, ㄷ

15

2021학년도 수능 물I 16번

그림과 같이 xy평면에 고정된 무한히 긴 직선 도선 A, B, C에 세기가 각각 I_A, I_B, I_C로 일정한 전류가 흐르고 있다. B에 흐르는 전류의 방향은 $+y$방향이고, x축상의 점 p에서 세 도선의 전류에 의한 자기장은 0이다. C에 흐르는 전류의 방향을 반대로 바꾸었더니 p에서 세 도선의 전류에 의한 자기장의 방향은 xy평면에 수직으로 들어가는 방향이 되었다.

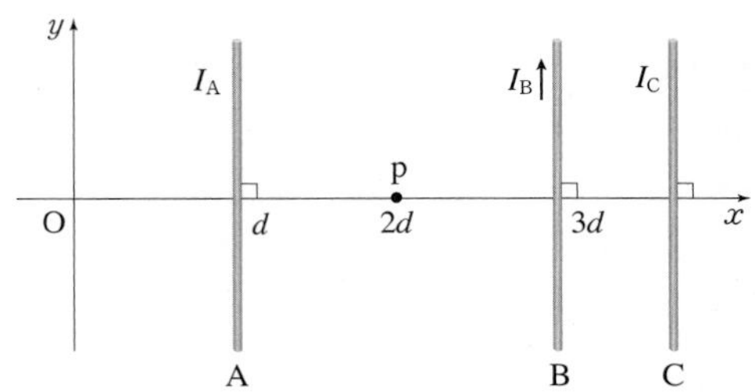

이에 대한 설명으로 옳은 것만을 〈보기〉에서 있는 대로 고른 것은? [3점]

〈보기〉

ㄱ. A에 흐르는 전류의 방향은 $+y$방향이다.

ㄴ. $I_A<I_B+I_C$이다.

ㄷ. 원점 O에서 세 도선의 전류에 의한 자기장의 방향은 C에 흐르는 전류의 방향을 바꾸기 전과 후가 같다.

① ㄱ ② ㄷ ③ ㄱ, ㄴ ④ ㄴ, ㄷ ⑤ ㄱ, ㄴ, ㄷ

16

2022학년도 3월 학평 물I 16번

그림과 같이 종이면에 고정된 무한히 긴 직선 도선 A, B, C에 화살표 방향으로 같은 세기의 전류가 흐르고 있다. 종이면 위의 점 p, q, r는 각각 A와 B, B와 C, C와 A로부터 같은 거리만큼 떨어져 있으며, p에서 A의 전류에 의한 자기장의 세기는 B_0이다.

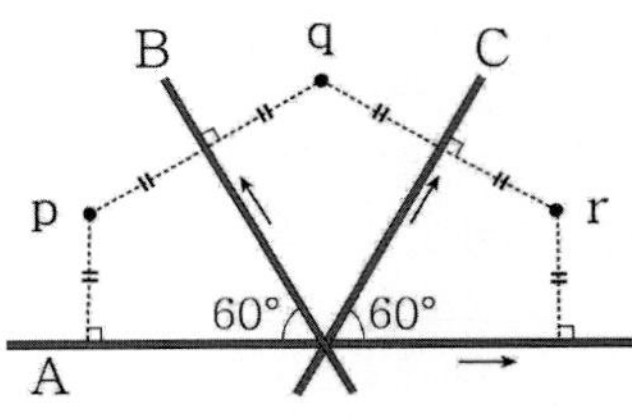

A, B, C의 전류에 의한 자기장에 대한 옳은 설명만을 〈보기〉에서 있는 대로 고른 것은? [3점]

〈보기〉

ㄱ. q와 r에서 자기장의 세기는 서로 같다.

ㄴ. q와 r에서 자기장의 방향은 서로 같다.

ㄷ. p에서 자기장의 세기는 $\frac{B_0}{2}$이다.

① ㄱ ② ㄴ ③ ㄱ, ㄷ ④ ㄴ, ㄷ ⑤ ㄱ, ㄴ, ㄷ

17

2022학년도 9월 모평 물Ⅰ 16번

그림과 같이 xy 평면에 무한히 긴 직선 도선 A, B, C가 고정되어 있다. A, B에는 서로 반대 방향으로 세기 I_0인 전류가, C에는 세기 I_C인 전류가 각각 일정하게 흐르고 있다. xy 평면에서 수직으로 나오는 자기장의 방향을 양(+)으로 할 때, x축상의 점 P, Q에서 세 도선에 흐르는 전류에 의한 자기장의 방향은 각각 양(+), 음(−)이다.

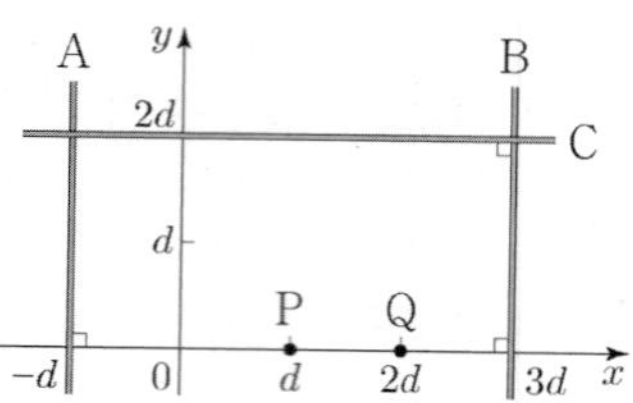

이에 대한 설명으로 옳은 것만을 〈보기〉에서 있는 대로 고른 것은? [3점]

〈 보기 〉

ㄱ. A에 흐르는 전류의 방향은 $+y$ 방향이다.

ㄴ. C에 흐르는 전류의 방향은 $-x$ 방향이다.

ㄷ. $I_C < 2I_0$이다.

① ㄱ ② ㄷ ③ ㄱ, ㄴ ④ ㄴ, ㄷ ⑤ ㄱ, ㄴ, ㄷ

18

2020학년도 9월 모평 물Ⅰ 14번

그림과 같이 전류가 흐르는 무한히 긴 직선 도선 A, B, C가 xy 평면에 고정되어 있고, C에는 세기가 I인 전류가 $+x$방향으로 흐른다. 점 p, q, r는 xy 평면에 있고, p, q에서 A, B, C에 흐르는 전류에 의한 자기장은 0이다.

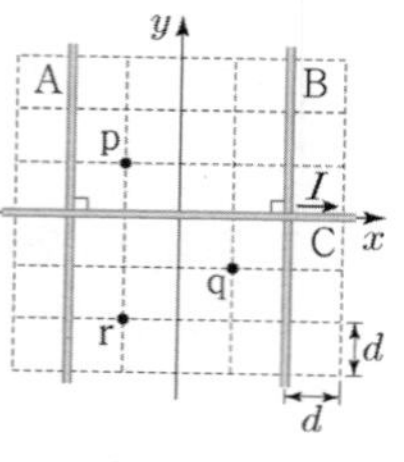

이에 대한 설명으로 옳은 것만을 〈보기〉에서 있는 대로 고른 것은? [3점]

〈 보기 〉

ㄱ. 전류의 방향은 A에서와 B에서가 같다.

ㄴ. A에 흐르는 전류의 세기는 I보다 작다.

ㄷ. r에서 A, B, C에 흐르는 전류에 의한 자기장의 방향은 xy 평면에서 수직으로 나오는 방향이다.

① ㄱ ② ㄴ ③ ㄱ, ㄷ ④ ㄴ, ㄷ ⑤ ㄱ, ㄴ, ㄷ

19

2024학년도 7월 학평 물Ⅰ 15번

그림과 같이 가늘고 무한히 긴 직선 도선 A, B, C가 xy 평면에 고정되어 있다. A, B, C에는 방향이 일정하고 세기가 각각 I_0, $2I_0$, I_C인 전류가 흐르고 있다. A, C의 전류의 방향은 화살표 방향이고, 점 p에서 A, B, C에 흐르는 전류에 의한 자기장은 0이다. p에서 A에 흐르는 전류에 의한 자기장의 세기는 B_0이다.

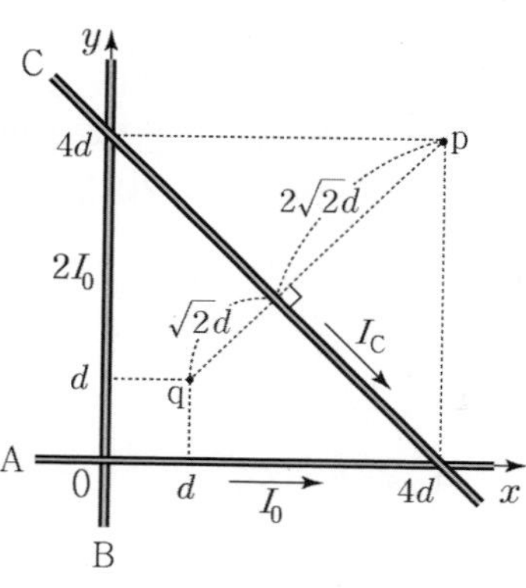

이에 대한 설명으로 옳은 것만을 〈보기〉에서 있는 대로 고른 것은? [3점]

〈 보기 〉

ㄱ. B에 흐르는 전류의 방향은 $+y$방향이다.

ㄴ. $I_C = \frac{\sqrt{2}}{2} I_0$이다.

ㄷ. q에서 A, B, C에 흐르는 전류에 의한 자기장의 세기는 $6B_0$이다.

① ㄱ ② ㄷ ③ ㄱ, ㄴ ④ ㄴ, ㄷ ⑤ ㄱ, ㄴ, ㄷ

20

2024학년도 10월 학평 물Ⅰ 11번

그림과 같이 세기와 방향이 일정한 전류가 흐르는 무한히 긴 직선 도선 A, B, C, D가 xy평면에 수직으로 고정되어 있다. A와 B에는 xy평면에 수직으로 들어가는 방향으로 전류가 흐른다. 원점 O에서 A, B의 전류에 의한 자기장의 세기는 각각 B_0으로 서로 같다. 표는 O에서 두 도선의 전류에 의한 자기장의 세기와 방향을 나타낸 것이다.

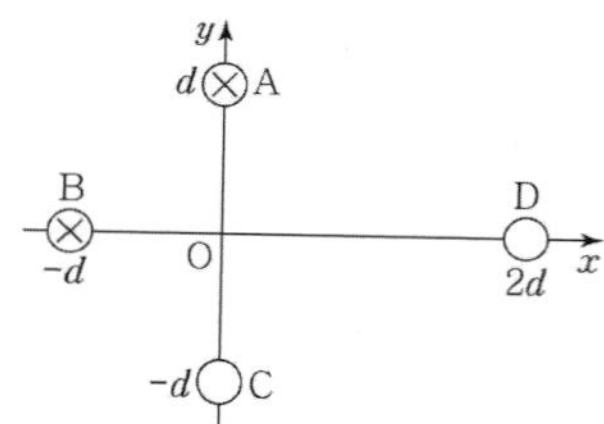

×: xy평면에 수직으로 들어가는 방향

도선	두 도선의 전류에 의한 자기장	
	세기	방향
A, C	B_0	$+x$
B, D	$2B_0$	$-y$

이에 대한 옳은 설명만을 〈보기〉에서 있는 대로 고른 것은? [3점]

〈 보기 〉

ㄱ. O에서 C의 전류에 의한 자기장의 세기는 $2B_0$이다.

ㄴ. 전류의 세기는 D에서가 B에서의 2배이다.

ㄷ. 전류의 방향은 C와 D에서 서로 반대이다.

① ㄱ ② ㄷ ③ ㄱ, ㄴ ④ ㄴ, ㄷ ⑤ ㄱ, ㄴ, ㄷ

21

2022학년도 수능 물Ⅰ 18번

그림과 같이 무한히 긴 직선 도선 A, B, C가 xy 평면에 고정되어 있다. A, B, C에는 방향이 일정하고 세기가 각각 I_0, I_B, $3I_0$인 전류가 흐르고 있다. A의 전류의 방향은 $-x$ 방향이다. 표는 점 P, Q에서 A, B, C의 전류에 의한 자기장의 세기를 나타낸 것이다. P에서 A의 전류에 의한 자기장의 세기는 B_0이다.

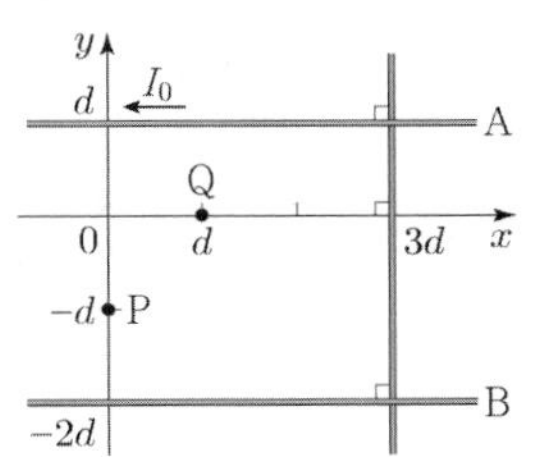

위치	A, B, C의 전류에 의한 자기장의 세기
P	B_0
Q	$3B_0$

이에 대한 설명으로 옳은 것만을 〈보기〉에서 있는 대로 고른 것은? [3점]

〈 보기 〉

ㄱ. $I_B=I_0$이다.

ㄴ. C의 전류의 방향은 $-y$ 방향이다.

ㄷ. Q에서 A, B, C의 전류에 의한 자기장의 방향은 xy 평면에서 수직으로 나오는 방향이다.

① ㄱ ② ㄷ ③ ㄱ, ㄴ ④ ㄴ, ㄷ ⑤ ㄱ, ㄴ, ㄷ

22

2020학년도 7월 학평 물Ⅰ 9번

그림과 같이 무한히 긴 직선 도선 A, B가 xy평면에 각각 $x=-d$, $x=d$인 점에 수직으로 고정되어 있다. A, B에 흐르는 전류의 세기는 각각 I_A, I_B이고, 점 p, q, r는 x축상의 점이다. 표는 원점 O와 p에서 자기장의 세기와 방향을 나타낸 것이다.

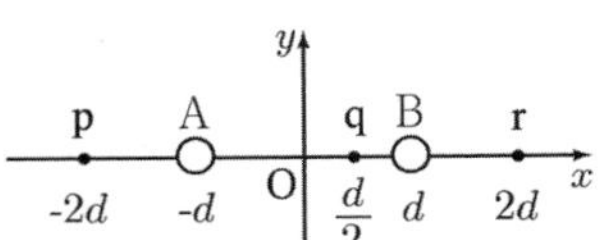

위치	자기장의 세기	자기장의 방향
O		$+y$
p	0	

이에 대한 설명으로 옳은 것만을 〈보기〉에서 있는 대로 고른 것은? [3점]

〈 보기 〉

ㄱ. $I_A>I_B$이다.

ㄴ. B에 흐르는 전류의 방향은 xy평면에 수직으로 들어가는 방향이다.

ㄷ. 자기장의 방향은 q와 r에서가 같다.

① ㄴ ② ㄷ ③ ㄱ, ㄴ ④ ㄱ, ㄷ ⑤ ㄴ, ㄷ

23

2019학년도 4월 학평 물Ⅰ 10번

그림과 같이 xy 평면에 각각 일정한 전류가 흐르는 무한히 긴 직선 도선 P, Q가 놓여 있다. P는 x축에, Q는 $x=-2d$인 지점에 고정되어 있고, Q에는 $+y$ 방향으로 전류가 흐른다. 점 a에서 P, Q에 흐르는 전류에 의한 자기장은 0이다. 표는 Q의 위치만을 $x=0$, $x=2d$인 지점으로 변화시킬 때 a에서 P, Q에 흐르는 전류에 의한 자기장의 세기를 나타낸 것이다.

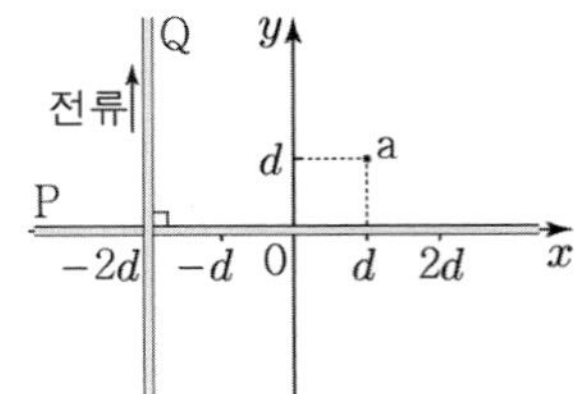

Q의 위치	a에서 전류에 의한 자기장의 세기
$x=0$	B_0
$x=2d$	B_1

이에 대한 설명으로 옳은 것만을 〈보기〉에서 있는 대로 고른 것은? [3점]

〈 보기 〉

ㄱ. P에 흐르는 전류의 방향은 $+x$ 방향이다.

ㄴ. a에서 P, Q에 흐르는 전류에 의한 자기장의 방향은 Q의 위치가 $x=0$일 때와 $x=2d$일 때가 서로 반대 방향이다.

ㄷ. $B_0<B_1$이다.

① ㄱ ② ㄴ ③ ㄱ, ㄷ ④ ㄴ, ㄷ ⑤ ㄱ, ㄴ, ㄷ

24

2019학년도 10월 학평 물Ⅰ 11번

그림과 같이 무한히 긴 직선 도선 A, B, C가 xy 평면에 고정되어 있다. A에는 세기가 I_0으로 일정한 전류가 $+y$방향으로 흐르고 있다. 표는 x축상에서 전류에 의한 자기장이 0인 지점을 B, C에 흐르는 전류 I_B, I_C에 따라 나타낸 것이다.

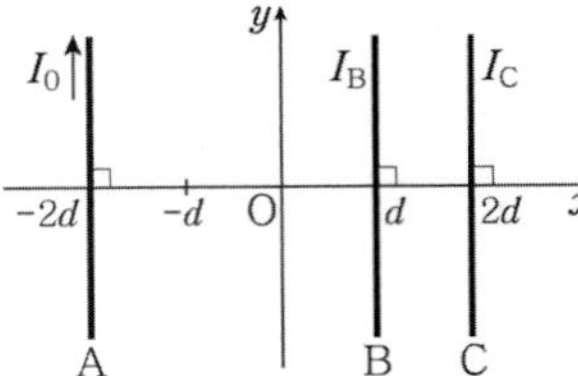

I_B		I_C		자기장이
세기	방향	세기	방향	0인 지점
㉠	$+y$	0	없음	$x=-d$
I_0	$-y$	㉡	㉢	$x=0$

㉠, ㉡, ㉢으로 옳은 것은?

	㉠	㉡	㉢
①	I_0	I_0	$-y$
②	I_0	$2I_0$	$-y$
③	$2I_0$	$3I_0$	$-y$
④	$2I_0$	$3I_0$	$+y$
⑤	$2I_0$	$4I_0$	$+y$

25

2023학년도 9월 모평 물Ⅰ 18번

그림과 같이 세기와 방향이 일정한 전류가 흐르는 무한히 긴 직선 도선 A～D가 xy 평면에 수직으로 고정되어 있다. D에는 xy 평면에 수직으로 들어가는 방향으로 전류가 흐른다. 원점 O에서 B, D의 전류에 의한 자기장은 0이다. 표는 xy 평면의 점 p, q, r에서 두 도선의 전류에 의한 자기장의 방향을 나타낸 것이다.

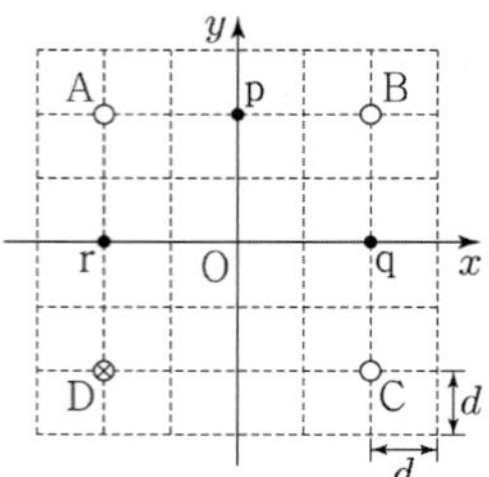

×: xy 평면에 수직으로 들어가는 방향

도선	위치	두 도선의 전류에 의한 자기장 방향
A, B	p	$+y$
B, C	q	$+x$
A, D	r	㉠

이에 대한 설명으로 옳은 것만을 〈보기〉에서 있는 대로 고른 것은?

〈보기〉

ㄱ. ㉠은 '$+x$'이다.

ㄴ. 전류의 세기는 B에서가 C에서보다 크다.

ㄷ. 전류의 방향이 A, C에서가 서로 같으면, 전류의 세기는 A～D 중 C에서가 가장 크다.

① ㄱ ② ㄴ ③ ㄱ, ㄷ ④ ㄴ, ㄷ ⑤ ㄱ, ㄴ, ㄷ

26

2022학년도 4월 학평 물Ⅰ 19번

그림과 같이 일정한 방향으로 전류가 흐르는 무한히 긴 직선 도선 P, Q, R가 xy 평면에 고정되어 있다. P, R에 흐르는 전류의 세기는 일정하다. 표는 Q에 흐르는 전류의 세기에 따라 xy 평면상의 점 a, b에서 P, Q, R의 전류에 의한 자기장을 나타낸 것이다.

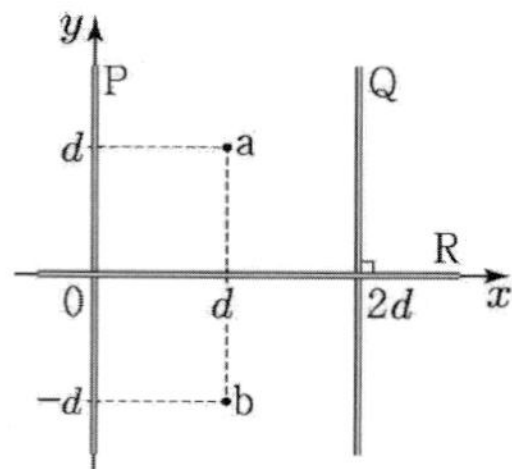

Q에 흐르는 전류의 세기	P, Q, R의 전류에 의한 자기장			
	a		b	
	방향	세기	방향	세기
I_0	⊙	$3B_0$	⊙	㉠
$2I_0$	⊙	$4B_0$	⊙	$2B_0$

⊙: xy 평면에서 수직으로 나오는 방향

이에 대한 설명으로 옳은 것만을 〈보기〉에서 있는 대로 고른 것은?

〈보기〉

ㄱ. Q에 흐르는 전류의 방향은 $+y$ 방향이다.

ㄴ. ㉠은 B_0이다.

ㄷ. P에 흐르는 전류의 세기는 I_0이다.

① ㄱ ② ㄷ ③ ㄱ, ㄴ ④ ㄴ, ㄷ ⑤ ㄱ, ㄴ, ㄷ

27 대표 문제

2025학년도 6월 모평 물Ⅰ 17번

그림 (가)와 같이 xy평면에 무한히 긴 직선 도선 A, B, C가 각각 $x=-d$, $x=0$, $x=d$에 고정되어 있다. 그림 (나)는 (가)의 $x>0$인 영역에서 A, B, C의 전류에 의한 자기장을 나타낸 것으로, x축상의 점 p에서 자기장은 0이다. 자기장의 방향은 xy평면에서 수직으로 나오는 방향이 양(+)이다.

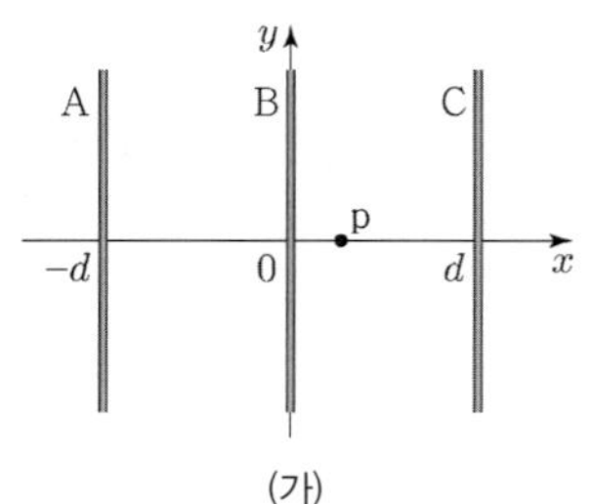

(가)

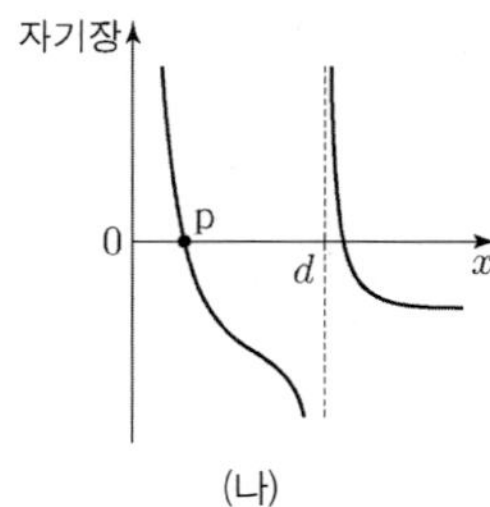

(나)

이에 대한 설명으로 옳은 것만을 〈보기〉에서 있는 대로 고른 것은? [3점]

〈보기〉

ㄱ. A에 흐르는 전류의 방향은 $-y$방향이다.

ㄴ. A, B, C 중 A에 흐르는 전류의 세기가 가장 크다.

ㄷ. p에서, C의 전류에 의한 자기장의 세기가 B의 전류에 의한 자기장의 세기보다 크다.

① ㄱ ② ㄴ ③ ㄷ ④ ㄱ, ㄷ ⑤ ㄴ, ㄷ

28

2021학년도 10월 학평 물Ⅰ 19번

그림 (가)와 같이 xy 평면에 고정된 무한히 긴 직선 도선 A, B, C에 화살표 방향으로 전류가 흐른다. A와 B 중 하나에는 일정한 전류가, 다른 하나에는 세기를 바꿀 수 있는 전류 I가 흐른다. C에 흐르는 전류의 세기는 I_0으로 일정하다. 그림 (나)는 (가)의 점 p에서 A, B, C의 전류에 의한 자기장의 세기를 I에 따라 나타낸 것이다.

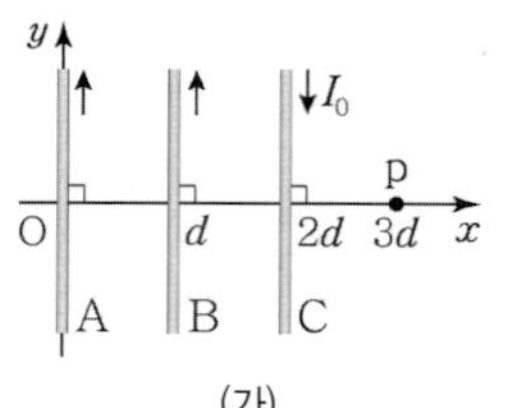

(가)

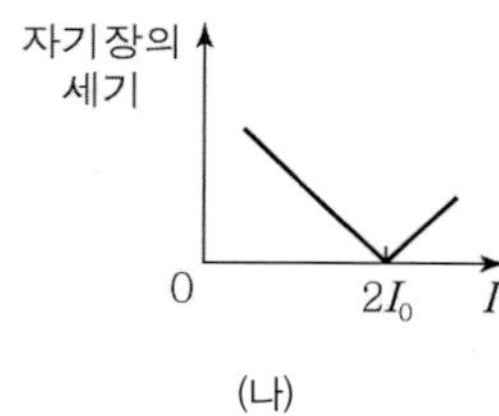

(나)

A와 B 중 일정한 전류가 흐르는 도선과 그 도선에 흐르는 전류의 세기로 옳은 것은? [3점]

	도선	전류의 세기		도선	전류의 세기
①	A	$\frac{8}{3}I_0$	②	A	$\frac{9}{2}I_0$
③	B	$\frac{1}{2}I_0$	④	B	$\frac{2}{3}I_0$
⑤	B	$\frac{28}{9}I_0$			

29

2020학년도 수능 물I 13번

그림 (가)와 같이 전류가 흐르는 무한히 긴 직선 도선 A, B가 xy 평면의 $x=-d$, $x=0$에 각각 고정되어 있다. A에는 세기가 I_0인 전류가 $+y$방향으로 흐른다. 그림 (나)는 $x>0$ 영역에서 A, B에 흐르는 전류에 의한 자기장을 x에 따라 나타낸 것이다. 자기장의 방향은 xy 평면에서 수직으로 나오는 방향이 양(+)이다.

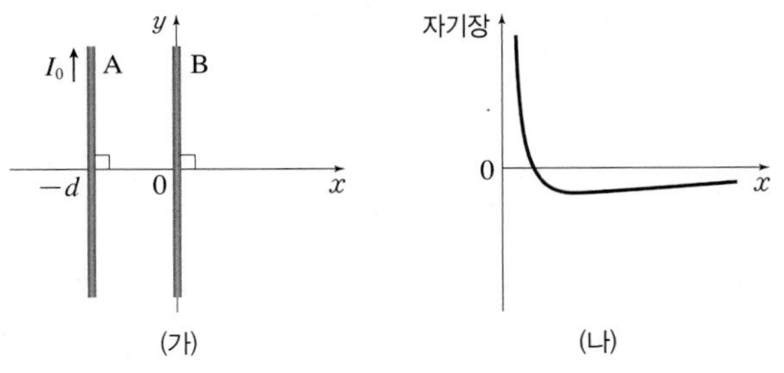

이에 대한 설명으로 옳은 것만을 〈보기〉에서 있는 대로 고른 것은? [3점]

〈 보기 〉

ㄱ. B에 흐르는 전류의 방향은 $-y$방향이다.

ㄴ. B에 흐르는 전류의 세기는 I_0보다 크다.

ㄷ. A, B에 흐르는 전류에 의한 자기장의 방향은 $x=-\frac{1}{2}d$에서와 $x=-\frac{3}{2}d$에서가 같다.

① ㄱ ② ㄴ ③ ㄱ, ㄷ ④ ㄴ, ㄷ ⑤ ㄱ, ㄴ, ㄷ

30

2020학년도 6월 모평 물I 11번

그림 (가)와 같이 무한히 긴 직선 도선 a, b, c가 xy 평면에 고정되어 있고, a, b에는 세기가 I_0으로 일정한 전류가 서로 반대 방향으로 흐르고 있다. 그림 (나)는 원점 O에서 a, b, c의 전류에 의한 자기장 B를 c에 흐르는 전류 I에 따라 나타낸 것이다.

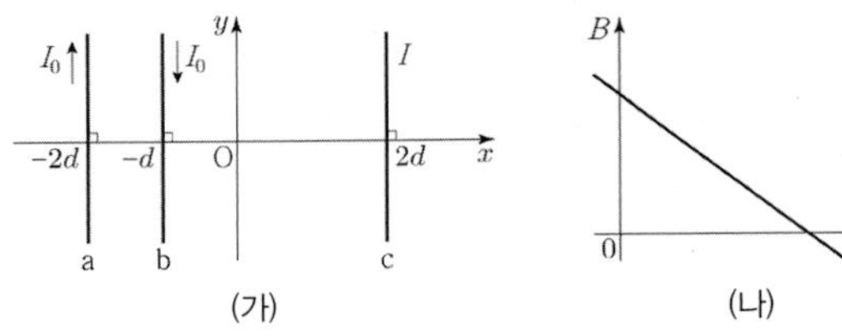

이에 대한 설명으로 옳은 것만을 〈보기〉에서 있는 대로 고른 것은?

〈 보기 〉

ㄱ. $I=0$일 때, B의 방향은 xy 평면에서 수직으로 나오는 방향이다.

ㄴ. $B=0$일 때, I의 방향은 $-y$ 방향이다.

ㄷ. $B=0$일 때, I의 세기는 I_0이다.

① ㄱ ② ㄷ ③ ㄱ, ㄴ ④ ㄴ, ㄷ ⑤ ㄱ, ㄴ, ㄷ

31

2021학년도 9월 모평 물I 18번

그림 (가)와 같이 무한히 긴 직선 도선 A, B, C가 같은 종이면에 있다. A, B, C에는 세기가 각각 $4I_0$, $2I_0$, $5I_0$인 전류가 일정하게 흐른다. A와 B는 고정되어 있고, A와 B에 흐르는 전류의 방향은 서로 반대이다. 그림 (나)는 C를 $x=-d$와 $x=d$ 사이의 위치에 놓을 때, C의 위치에 따른 점 p에서의 A, B, C에 흐르는 전류에 의한 자기장을 나타낸 것이다. 자기장의 방향은 종이면에서 수직으로 나오는 방향이 양(+)이다.

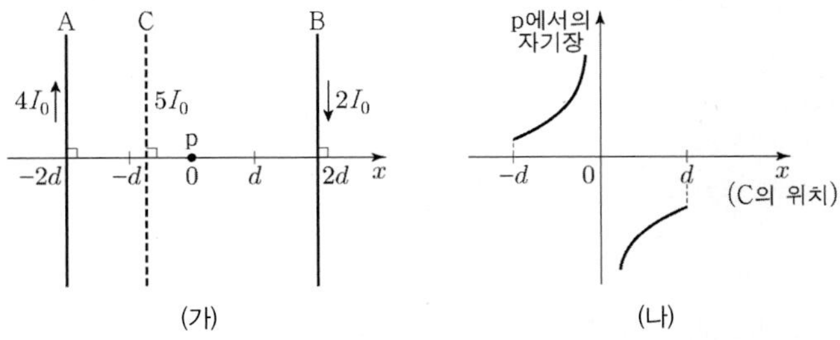

이에 대한 설명으로 옳은 것만을 〈보기〉에서 있는 대로 고른 것은? [3점]

〈 보기 〉

ㄱ. 전류의 방향은 B에서와 C에서가 서로 같다.

ㄴ. p에서의 자기장의 세기는 C의 위치가 $x=\frac{d}{5}$에서가 $x=-\frac{d}{5}$에서보다 크다.

ㄷ. p에서의 자기장이 0이 되는 C의 위치는 $x=-2d$와 $x=-d$ 사이에 있다.

① ㄱ ② ㄷ ③ ㄱ, ㄴ ④ ㄴ, ㄷ ⑤ ㄱ, ㄴ, ㄷ

32 대표 문제

2025학년도 수능 물I 17번

그림과 같이 xy평면에 가늘고 무한히 긴 직선 도선 A, B, C가 고정되어 있다. C에는 세기가 I_C로 일정한 전류가 $+x$방향으로 흐른다. 표는 A, B에 흐르는 전류의 세기와 방향을 나타낸 것이다. 점 p, q는 xy평면상의 점이고, p에서 A, B, C의 전류에 의한 자기장의 세기는 (가)일 때가 (다)일 때의 2배이다.

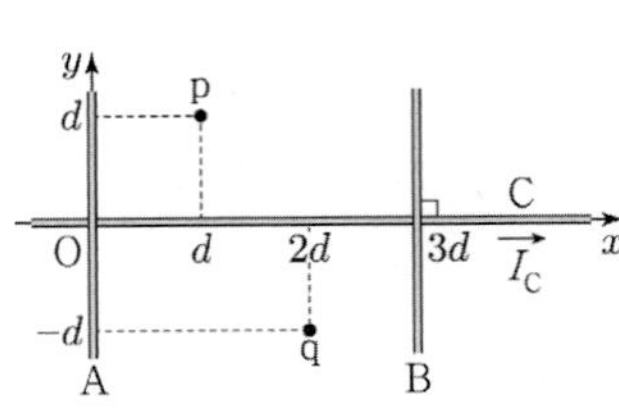

	A의 전류		B의 전류	
	세기	방향	세기	방향
(가)	I_0	$-y$	I_0	$+y$
(나)	I_0	$+y$	I_0	$+y$
(다)	I_0	$+y$	$\frac{1}{2}I_0$	$+y$

이에 대한 설명으로 옳은 것만을 〈보기〉에서 있는 대로 고른 것은?

〈 보기 〉

ㄱ. $I_C=3I_0$이다.

ㄴ. (나)일 때, A, B, C의 전류에 의한 자기장의 세기는 p에서와 q에서가 같다.

ㄷ. (다)일 때, q에서 A, B, C의 전류에 의한 자기장의 방향은 xy평면에 수직으로 들어가는 방향이다.

① ㄱ ② ㄷ ③ ㄱ, ㄴ ④ ㄴ, ㄷ ⑤ ㄱ, ㄴ, ㄷ

19 일차

한눈에 정리하는 평가원 기출 경향

주제 \ 학년도	2025	2024	2023

빈출 원형 전류에 의한 자기장

2025

07 2025학년도 9월 모평 물I 16번

그림과 같이 가늘고 무한히 긴 직선 도선 A, C와 중심이 원점 O인 원형 도선 B가 xy평면에 고정되어 있다. A에는 세기가 I_0인 전류가 $+y$방향으로 흐르고, B와 C에는 각각 세기가 일정한 전류가 흐른다. 표는 B, C에 흐르는 전류의 방향에 따른 O에서 A, B, C의 전류에 의한 자기장의 세기를 나타낸 것이다.

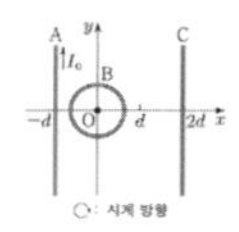

전류의 방향		O에서 A, B, C의 전류에 의한 자기장의 세기
B	C	
시계 방향	$+y$방향	0
시계 방향	$-y$방향	$4B_0$
시계 반대 방향	$-y$방향	$2B_0$

C에 흐르는 전류의 세기는? [3점]

① I_0 ② $2I_0$ ③ $4I_0$ ④ $6I_0$ ⑤ $8I_0$

2024

03 2024학년도 9월 모평 물I 12번

그림은 무한히 가늘고 긴 직선 도선 P, Q와 원형 도선 R가 xy평면에 고정되어 있는 모습을 나타낸 것이다. 표는 R의 중심이 점 a, b, c에 있을 때, R의 중심에서 P, Q, R에 흐르는 전류에 의한 자기장의 세기와 방향을 나타낸 것이다. P, Q에 흐르는 전류의 세기는 각각 $2I_0$, $3I_0$이고, P에 흐르는 전류의 방향은 $-x$방향이다. R에 흐르는 전류의 세기와 방향은 일정하다.

R의 중심	R의 중심에서 R, Q, R에 의한 자기장	
	세기	방향
a	0	해당 없음
b	B_0	㉠
c	㉡	×

×: xy평면에 수직으로 들어가는 방향

이에 대한 설명으로 옳은 것만을 〈보기〉에서 있는 대로 고른 것은? [3점]

〈보기〉
ㄱ. Q에 흐르는 전류의 방향은 $+y$방향이다.
ㄴ. ㉠은 xy평면에서 수직으로 나오는 방향이다.
ㄷ. ㉡은 $3B_0$이다.

① ㄱ ② ㄷ ③ ㄱ, ㄴ ④ ㄴ, ㄷ ⑤ ㄱ, ㄴ, ㄷ

2023

06 대표 문제 2023학년도 수능 물I 18번

그림과 같이 무한히 긴 직선 도선 A, B와 점 p를 중심으로 하는 원형 도선 C, D가 xy평면에 고정되어 있다. C, D에는 같은 세기의 전류가 일정하게 흐르고, B에는 세기가 I_0인 전류가 $+x$ 방향으로 흐른다. p에서 C의 전류에 의한 자기장의 세기는 B_0이다. 표는 p에서 A~D의 전류에 의한 자기장의 세기를 A에 흐르는 전류에 따라 나타낸 것이다.

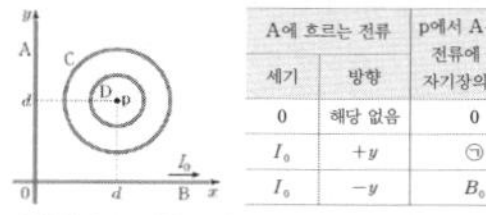

A에 흐르는 전류		p에서 A~D의 전류에 의한 자기장의 세기
세기	방향	
0	해당 없음	0
I_0	$+y$	㉠
I_0	$-y$	B_0

이에 대한 설명으로 옳은 것만을 〈보기〉에서 있는 대로 고른 것은? [3점]

〈보기〉
ㄱ. ㉠은 B_0이다.
ㄴ. p에서 C의 전류에 의한 자기장의 방향은 xy평면에 수직으로 들어가는 방향이다.
ㄷ. p에서 D의 전류에 의한 자기장의 세기는 B의 전류에 의한 자기장의 세기보다 크다.

① ㄱ ② ㄴ ③ ㄱ, ㄷ ④ ㄴ, ㄷ ⑤ ㄱ, ㄴ, ㄷ

전류에 의한 자기장의 활용

전자기 유도

자석이 코일을 통과할 때

2024

24 대표 문제 2024학년도 6월 모평 물I 4번

다음은 자성체의 성질을 알아보기 위한 실험이다.

[실험 과정]

(가) 그림과 같이 코일을 고정시키고, 자기화되어 있지 않은 자성체 A, B를 준비한다. A, B는 강자성체, 상자성체를 순서 없이 나타낸 것이다.

(나) 바닥으로부터 같은 높이 h에서 A, B를 각각 가만히 놓아 코일의 중심을 통과하여 바닥에 닿을 때까지의 낙하 시간을 측정한다.

(다) A, B를 강한 외부 자기장으로 자기화시킨 후 꺼내, (나)와 같이 낙하 시간을 측정한다.

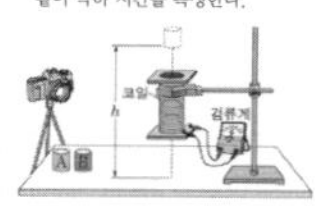

[실험 결과]

○ A의 낙하 시간은 (나)에서와 (다)에서가 같다.
○ B의 낙하 시간은 ㉠ .

이에 대한 설명으로 옳은 것만을 〈보기〉에서 있는 대로 고른 것은?

〈보기〉
ㄱ. A는 강자성체이다.
ㄴ. '(나)에서보다 (다)에서 길다'는 ㉠에 해당한다.
ㄷ. (다)에서 B가 코일과 가까워지는 동안, 코일과 B 사이에는 서로 밀어내는 자기력이 작용한다.

① ㄱ ② ㄷ ③ ㄱ, ㄴ ④ ㄴ, ㄷ ⑤ ㄱ, ㄴ, ㄷ

2023

04

2023학년도 6월 모평 물Ⅰ 18번

그림과 같이 무한히 긴 직선 도선 A, B와 원형 도선 C가 xy 평면에 고정되어 있다. A, B에는 같은 세기의 전류가 흐르고, C에는 세기가 I_0인 전류가 시계 반대 방향으로 흐른다. 표는 C의 중심 위치를 각각 점 p, q에 고정할 때, C의 중심에서 A, B, C의 전류에 의한 자기장의 세기와 방향을 나타낸 것이다.

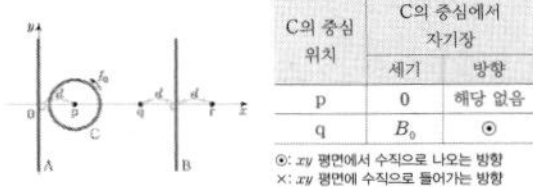

C의 중심 위치	C의 중심에서 자기장	
	세기	방향
p	0	해당 없음
q	B_0	⊙

⊙: xy 평면에서 수직으로 나오는 방향
×: xy 평면에 수직으로 들어가는 방향

이에 대한 설명으로 옳은 것만을 〈보기〉에서 있는 대로 고른 것은? [3점]

〈보기〉
ㄱ. A에 흐르는 전류의 방향은 $+y$ 방향이다.
ㄴ. C의 중심에서 C의 전류에 의한 자기장의 세기는 B_0보다 작다.
ㄷ. C의 중심 위치를 점 r로 옮겨 고정할 때, r에서 A, B, C의 전류에 의한 자기장의 방향은 '×'이다.

① ㄱ ② ㄷ ③ ㄱ, ㄴ ④ ㄴ, ㄷ ⑤ ㄱ, ㄴ, ㄷ

2022 ~ 2019

08

2022학년도 6월 모평 물Ⅰ 18번

그림 (가)와 같이 중심이 원점 O인 원형 도선 P와 무한히 긴 직선 도선 Q, R가 xy 평면에 고정되어 있다. P에는 세기가 일정한 전류가 흐르고, Q에는 세기가 I_0인 전류가 $-x$ 방향으로 흐르고 있다. 그림 (나)는 (가)의 O에서 P, Q, R의 전류에 의한 자기장의 세기 B를 R에 흐르는 전류의 세기 I_R에 따라 나타낸 것으로, $I_R=I_0$일 때 O에서 자기장의 방향은 xy 평면에서 수직으로 나오는 방향이고, 세기는 B_1이다.

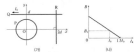

(가)

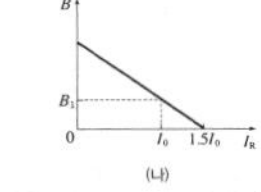

(나)

이에 대한 설명으로 옳은 것만을 〈보기〉에서 있는 대로 고른 것은? [3점]

〈보기〉
ㄱ. R에 흐르는 전류의 방향은 $-y$ 방향이다.
ㄴ. O에서 P의 전류에 의한 자기장의 방향은 xy 평면에서 수직으로 나오는 방향이다.
ㄷ. O에서 P의 전류에 의한 자기장의 세기는 B_1이다.

① ㄱ ② ㄴ ③ ㄱ, ㄷ ④ ㄴ, ㄷ ⑤ ㄱ, ㄴ, ㄷ

01

2019학년도 6월 모평 물Ⅰ 14번

그림과 같이 중심이 점 O인 세 원형 도선 A, B, C가 종이면에 고정되어 있다. 표는 O에서 A, B, C의 전류에 의한 자기장의 세기와 방향을 나타낸 것이다. A에 흐르는 전류의 방향은 시계 반대 방향이다.

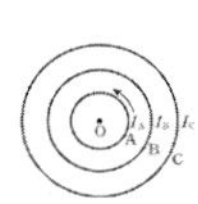

실험	전류의 세기			O에서의 자기장	
	A	B	C	세기	방향
Ⅰ	I_A	0	0	B_0	㉠
Ⅱ	I_A	I_B	0	$0.5B_0$	×
Ⅲ	I_A	I_B	I_C	B_0	⊙

×: 종이면에 수직으로 들어가는 방향
⊙: 종이면에서 수직으로 나오는 방향

이에 대한 설명으로 옳은 것만을 〈보기〉에서 있는 대로 고른 것은? [3점]

〈보기〉
ㄱ. ㉠은 '⊙'이다.
ㄴ. 실험 Ⅱ에서 B에 흐르는 전류의 방향은 시계 방향이다.
ㄷ. $I_B<I_C$이다.

① ㄱ ② ㄷ ③ ㄱ, ㄴ ④ ㄴ, ㄷ ⑤ ㄱ, ㄴ, ㄷ

13 대표 문제

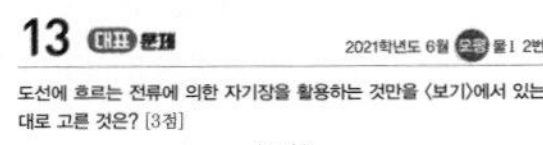

2021학년도 6월 모평 물Ⅰ 2번

도선에 흐르는 전류에 의한 자기장을 활용하는 것만을 〈보기〉에서 있는 대로 고른 것은? [3점]

〈보기〉
ㄱ. 전자석 기중기
ㄴ. 발광 다이오드 (LED)
ㄷ. 자기 공명 영상 장치 (MRI)

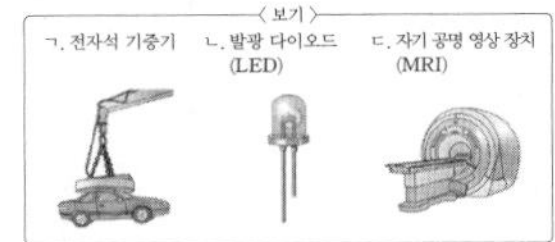

① ㄱ ② ㄴ ③ ㄱ, ㄷ ④ ㄴ, ㄷ ⑤ ㄱ, ㄴ, ㄷ

25

2022학년도 9월 모평 물Ⅰ 17번

다음은 전자기 유도에 대한 실험이다.

[실험 과정]
(가) 그림과 같이 플라스틱 관에 감긴 코일, 저항, p-n 접합 다이오드, 스위치, 검류계가 연결된 회로를 구성한다.
(나) 스위치를 a에 연결하고, 자석의 N극을 아래로 한다.
(다) 관의 중심축을 따라 통과하도록 자석을 점 q에서 가만히 놓고, 자석을 놓은 순간부터 시간에 따른 전류를 측정한다.
(라) 스위치를 b에 연결하고, 자석의 S극을 아래로 한다.
(마) (다)를 반복한다.

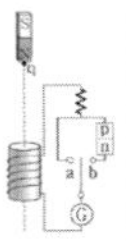

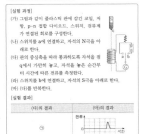

[실험 결과]

(다)의 결과	(마)의 결과
㉠	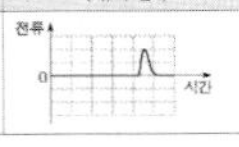 (전류-시간 그래프)

㉠으로 가장 적절한 것은? [3점]

① 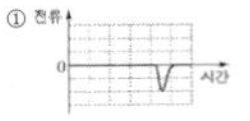 ② 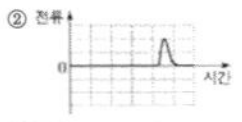 ③ 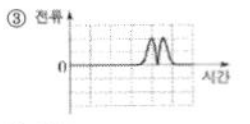 ④ 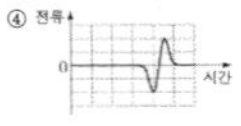 ⑤

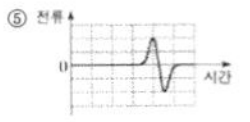

22

2021학년도 6월 모평 물Ⅰ 5번

다음은 전자기 유도에 대한 실험이다.

[실험 과정]
(가) 그림과 같이 코일에 검류계를 연결한다.

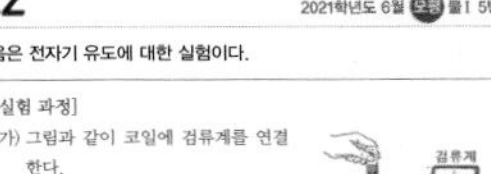

(나) 자석의 N극을 아래로 하고, 코일의 중심축을 따라 자석을 일정한 속력으로 코일에 가까이 가져간다.
(다) 자석이 p점을 지나는 순간 검류계의 눈금을 관찰한다.
(라) 자석의 S극을 아래로 하고, 코일의 중심축을 따라 자석을 (나)에서보다 빠른 속력으로 코일에 가까이 가져가면서 (다)를 반복한다.

[실험 결과]

(다)의 결과	(라)의 결과
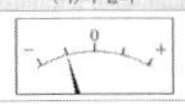 (검류계 눈금)	㉠

㉠으로 가장 적절한 것은? [3점]

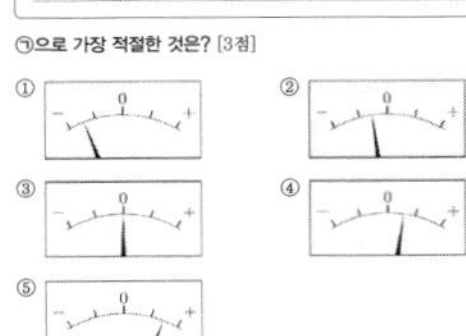

19 대표 문제

2022학년도 수능 물Ⅰ 12번

그림과 같이 p-n 접합 발광 다이오드(LED)가 연결된 솔레노이드의 중심축에 마찰이 없는 레일이 있다. a, b, c, d는 레일 위의 지점이다. a에 가만히 놓은 자석은 솔레노이드를 통과하여 d에서 운동 방향이 바뀌고, 자석이 d로부터 내려와 c를 지날 때 LED에서 빛이 방출된다. X는 N극과 S극 중 하나이다. 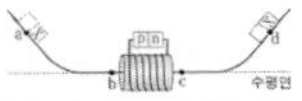
이에 대한 설명으로 옳은 것만을 〈보기〉에서 있는 대로 고른 것은? [3점]

〈보기〉
ㄱ. X는 N극이다.
ㄴ. a로부터 내려온 자석이 b를 지날 때 LED에서 빛이 방출된다.
ㄷ. 자석의 역학적 에너지는 a에서와 d에서가 같다.

① ㄱ ② ㄷ ③ ㄱ, ㄴ ④ ㄴ, ㄷ ⑤ ㄱ, ㄴ, ㄷ

15

2020학년도 수능 물Ⅰ 14번

그림은 마찰이 없는 빗면에서 자석이 솔레노이드의 중심축을 따라 운동하는 모습을 나타낸 것이다. 점 p, q는 솔레노이드의 중심축상에 있고, 전구의 밝기는 자석이 p를 지날 때가 q를 지날 때보다 밝다.

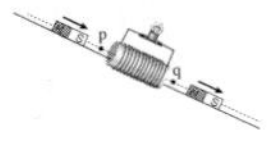

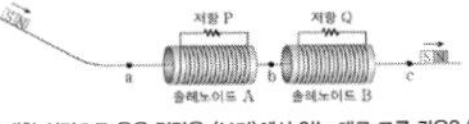

이에 대한 설명으로 옳은 것만을 〈보기〉에서 있는 대로 고른 것은? (단, 자석의 크기는 무시한다.)

〈보기〉
ㄱ. 솔레노이드에 유도되는 기전력의 크기는 자석이 p를 지날 때가 q를 지날 때보다 크다.
ㄴ. 전구에 흐르는 전류의 방향은 자석이 p를 지날 때와 q를 지날 때가 서로 반대이다.
ㄷ. 자석의 역학적 에너지는 p에서가 q에서보다 작다.

① ㄱ ② ㄷ ③ ㄱ, ㄴ ④ ㄴ, ㄷ ⑤ ㄱ, ㄴ, ㄷ

17

2020학년도 6월 모평 물Ⅰ 8번

그림과 같이 고정되어 있는 동일한 솔레노이드 A, B의 중심축에 마찰이 없는 레일이 있고, A, B에는 동일한 저항 P, Q가 각각 연결되어 있다. 빗면을 내려온 자석이 수평인 레일 위의 점 a, b, c를 지난다.

이에 대한 설명으로 옳은 것만을 〈보기〉에서 있는 대로 고른 것은? (단, A와 B 사이의 상호 작용은 무시한다.) [3점]

〈보기〉
ㄱ. 자석의 속력은 c에서가 a에서보다 크다.
ㄴ. b에서 자석에 작용하는 자기력의 방향은 자석의 운동 방향과 같다.
ㄷ. P에 흐르는 전류의 최댓값은 Q에 흐르는 전류의 최댓값보다 크다.

① ㄱ ② ㄷ ③ ㄱ, ㄴ ④ ㄴ, ㄷ ⑤ ㄱ, ㄴ, ㄷ

01

2019학년도 6월 모평 물Ⅰ 14번

그림과 같이 중심이 점 O인 세 원형 도선 A, B, C가 종이면에 고정되어 있다. 표는 O에서 A, B, C의 전류에 의한 자기장의 세기와 방향을 나타낸 것이다. A에 흐르는 전류의 방향은 시계 반대 방향이다.

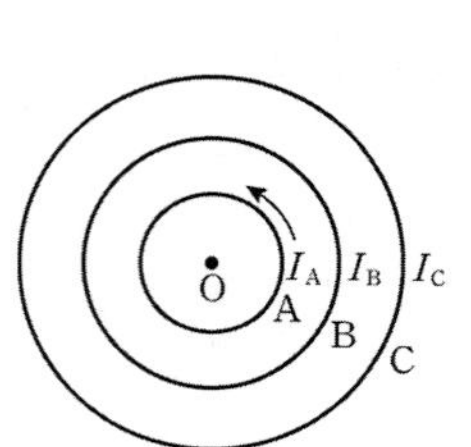

실험	전류의 세기			O에서의 자기장	
	A	B	C	세기	방향
Ⅰ	I_A	0	0	B_0	㉠
Ⅱ	I_A	I_B	0	$0.5B_0$	×
Ⅲ	I_A	I_B	I_C	B_0	⊙

×: 종이면에 수직으로 들어가는 방향
⊙: 종이면에서 수직으로 나오는 방향

이에 대한 설명으로 옳은 것만을 〈보기〉에서 있는 대로 고른 것은? [3점]

〈보기〉
ㄱ. ㉠은 '⊙'이다.
ㄴ. 실험 Ⅱ에서 B에 흐르는 전류의 방향은 시계 방향이다.
ㄷ. $I_B < I_C$이다.

① ㄱ ② ㄷ ③ ㄱ, ㄴ ④ ㄴ, ㄷ ⑤ ㄱ, ㄴ, ㄷ

02

2021학년도 4월 학평 물Ⅰ 11번

그림과 같이 원형 도선 P와 무한히 긴 직선 도선 Q가 xy 평면에 고정되어 있다. Q에는 세기가 I인 전류가 $-y$ 방향으로 흐른다. 원점 O는 P의 중심이다. 표는 O에서 P, Q에 흐르는 전류에 의한 자기장의 세기를 P에 흐르는 전류에 따라 나타낸 것이다.

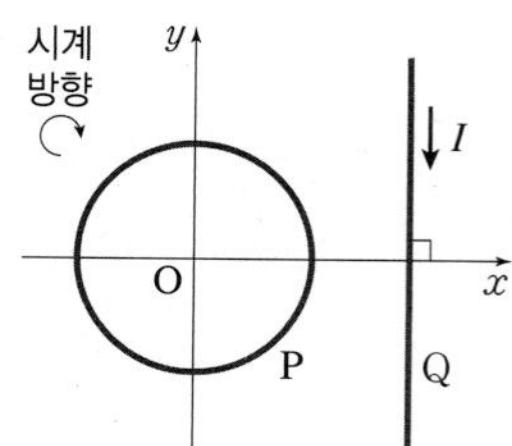

P에 흐르는 전류		O에서 P, Q에 흐르는 전류에 의한 자기장의 세기
세기	방향	
0	없음	B_0
I_0	㉠	0
$2I_0$	시계 방향	㉡

이에 대한 설명으로 옳은 것만을 〈보기〉에서 있는 대로 고른 것은? [3점]

〈보기〉
ㄱ. O에서 Q에 흐르는 전류에 의한 자기장의 방향은 xy 평면에 수직으로 들어가는 방향이다.
ㄴ. ㉠은 시계 방향이다.
ㄷ. ㉡은 $2B_0$보다 크다.

① ㄱ ② ㄴ ③ ㄱ, ㄷ ④ ㄴ, ㄷ ⑤ ㄱ, ㄴ, ㄷ

03

2024학년도 9월 모평 물Ⅰ 12번

그림은 무한히 가늘고 긴 직선 도선 P, Q와 원형 도선 R가 xy평면에 고정되어 있는 모습을 나타낸 것이다. 표는 R의 중심이 점 a, b, c에 있을 때, R의 중심에서 P, Q, R에 흐르는 전류에 의한 자기장의 세기와 방향을 나타낸 것이다. P, Q에 흐르는 전류의 세기는 각각 $2I_0$, $3I_0$이고, P에 흐르는 전류의 방향은 $-x$방향이다. R에 흐르는 전류의 세기와 방향은 일정하다.

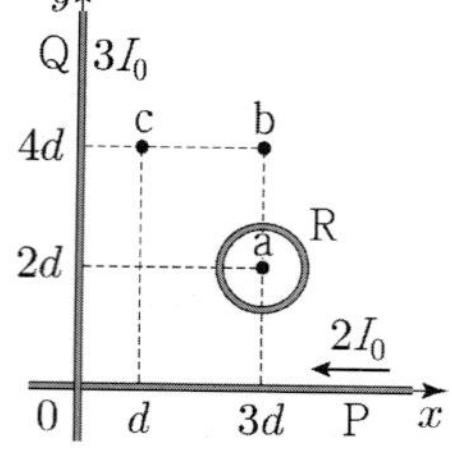

R의 중심	R의 중심에서 P, Q, R에 의한 자기장	
	세기	방향
a	0	해당 없음
b	B_0	㉠
c	㉡	×

×: xy평면에 수직으로 들어가는 방향

이에 대한 설명으로 옳은 것만을 〈보기〉에서 있는 대로 고른 것은? [3점]

〈보기〉
ㄱ. Q에 흐르는 전류의 방향은 $+y$방향이다.
ㄴ. ㉠은 xy평면에서 수직으로 나오는 방향이다.
ㄷ. ㉡은 $3B_0$이다.

① ㄱ ② ㄷ ③ ㄱ, ㄴ ④ ㄴ, ㄷ ⑤ ㄱ, ㄴ, ㄷ

04

2023학년도 6월 모평 물I 18번

그림과 같이 무한히 긴 직선 도선 A, B와 원형 도선 C가 xy 평면에 고정되어 있다. A, B에는 같은 세기의 전류가 흐르고, C에는 세기가 I_0인 전류가 시계 반대 방향으로 흐른다. 표는 C의 중심 위치를 각각 점 p, q에 고정할 때, C의 중심에서 A, B, C의 전류에 의한 자기장의 세기와 방향을 나타낸 것이다.

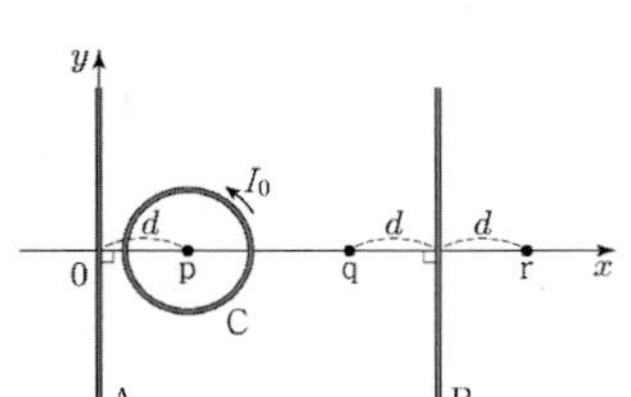

C의 중심 위치	C의 중심에서 자기장	
	세기	방향
p	0	해당 없음
q	B_0	⊙

⊙: xy 평면에서 수직으로 나오는 방향
×: xy 평면에 수직으로 들어가는 방향

이에 대한 설명으로 옳은 것만을 <보기>에서 있는 대로 고른 것은? [3점]

<보기>

ㄱ. A에 흐르는 전류의 방향은 $+y$ 방향이다.
ㄴ. C의 중심에서 C의 전류에 의한 자기장의 세기는 B_0보다 작다.
ㄷ. C의 중심 위치를 점 r로 옮겨 고정할 때, r에서 A, B, C의 전류에 의한 자기장의 방향은 '×'이다.

① ㄱ ② ㄷ ③ ㄱ, ㄴ ④ ㄴ, ㄷ ⑤ ㄱ, ㄴ, ㄷ

05

2021학년도 3월 학평 물I 14번

그림 (가)는 원형 도선 P와 무한히 긴 직선 도선 Q가 xy 평면에 고정되어 있는 모습을, (나)는 (가)에서 Q만 옮겨 고정시킨 모습을 나타낸 것이다. P, Q에는 각각 화살표 방향으로 세기가 일정한 전류가 흐른다. (가), (나)의 원점 O에서 자기장의 세기는 같고 방향은 반대이다.

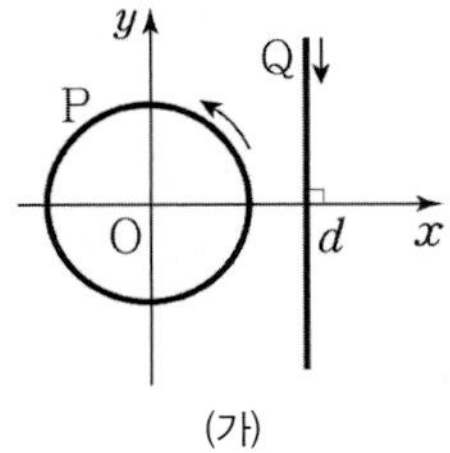

(가)

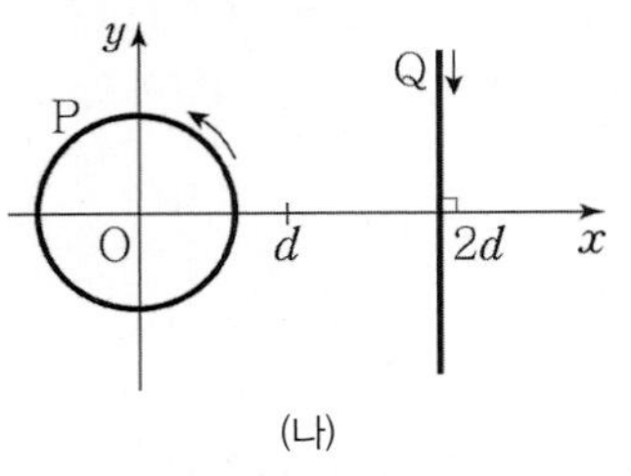

(나)

(가)의 O에서 P, Q의 전류에 의한 자기장의 세기를 각각 B_P, B_Q라고 할 때 $\frac{B_Q}{B_P}$는? (단, 지구 자기장은 무시한다.) [3점]

① $\frac{4}{3}$ ② $\frac{3}{2}$ ③ $\frac{8}{5}$ ④ $\frac{5}{3}$ ⑤ $\frac{7}{4}$

06 대표 문제

2023학년도  물I 18번

그림과 같이 무한히 긴 직선 도선 A, B와 점 p를 중심으로 하는 원형 도선 C, D가 xy평면에 고정되어 있다. C, D에는 같은 세기의 전류가 일정하게 흐르고, B에는 세기가 I_0인 전류가 $+x$ 방향으로 흐른다. p에서 C의 전류에 의한 자기장의 세기는 B_0이다. 표는 p에서 A~D의 전류에 의한 자기장의 세기를 A에 흐르는 전류에 따라 나타낸 것이다.

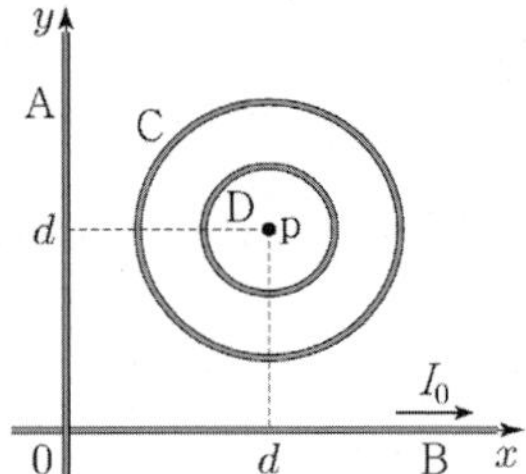

A에 흐르는 전류		p에서 A~D의 전류에 의한 자기장의 세기
세기	방향	
0	해당 없음	0
I_0	$+y$	㉠
I_0	$-y$	B_0

이에 대한 설명으로 옳은 것만을 <보기>에서 있는 대로 고른 것은? [3점]

<보기>

ㄱ. ㉠은 B_0이다.
ㄴ. p에서 C의 전류에 의한 자기장의 방향은 xy평면에 수직으로 들어가는 방향이다.
ㄷ. p에서 D의 전류에 의한 자기장의 세기는 B의 전류에 의한 자기장의 세기보다 크다.

① ㄱ ② ㄴ ③ ㄱ, ㄷ ④ ㄴ, ㄷ ⑤ ㄱ, ㄴ, ㄷ

07

2025학년도 9월 모평 물I 16번

그림과 같이 가늘고 무한히 긴 직선 도선 A, C와 중심이 원점 O인 원형 도선 B가 xy평면에 고정되어 있다. A에는 세기가 I_0인 전류가 $+y$ 방향으로 흐르고, B와 C에는 각각 세기가 일정한 전류가 흐른다. 표는 B, C에 흐르는 전류의 방향에 따른 O에서 A, B, C의 전류에 의한 자기장의 세기를 나타낸 것이다.

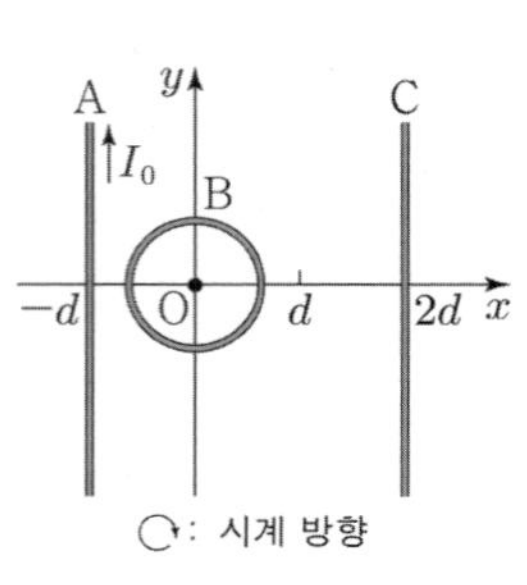

전류의 방향		O에서 A, B, C의 전류에 의한 자기장의 세기
B	C	
시계 방향	$+y$방향	0
시계 방향	$-y$방향	$4B_0$
시계 반대 방향	$-y$방향	$2B_0$

C에 흐르는 전류의 세기는? [3점]

① I_0 ② $2I_0$ ③ $4I_0$ ④ $6I_0$ ⑤ $8I_0$

08

2022학년도 6월 모평 물I 18번

그림 (가)와 같이 중심이 원점 O인 원형 도선 P와 무한히 긴 직선 도선 Q, R가 xy 평면에 고정되어 있다. P에는 세기가 일정한 전류가 흐르고, Q에는 세기가 I_0인 전류가 $-x$ 방향으로 흐르고 있다. 그림 (나)는 (가)의 O에서 P, Q, R의 전류에 의한 자기장의 세기 B를 R에 흐르는 전류의 세기 I_R에 따라 나타낸 것으로, $I_R=I_0$일 때 O에서 자기장의 방향은 xy 평면에서 수직으로 나오는 방향이고, 세기는 B_1이다.

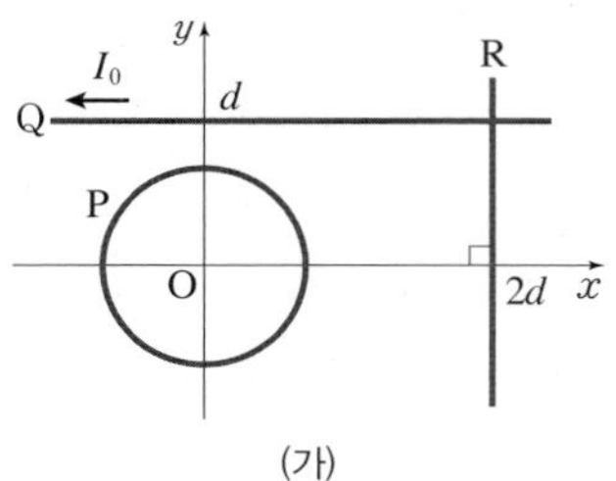

(가)

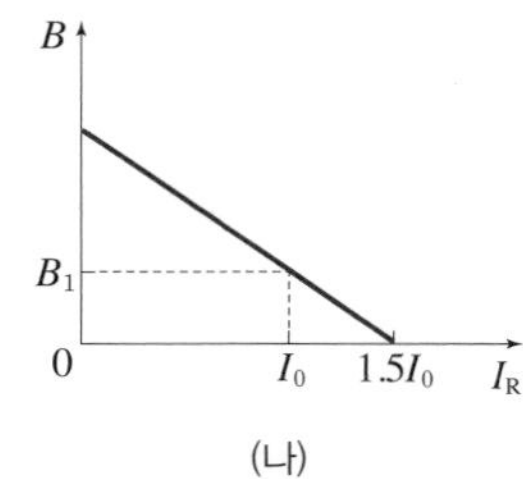

(나)

이에 대한 설명으로 옳은 것만을 <보기>에서 있는 대로 고른 것은? [3점]

〈 보기 〉

ㄱ. R에 흐르는 전류의 방향은 $-y$ 방향이다.

ㄴ. O에서 P의 전류에 의한 자기장의 방향은 xy 평면에서 수직으로 나오는 방향이다.

ㄷ. O에서 P의 전류에 의한 자기장의 세기는 B_1이다.

① ㄱ ② ㄴ ③ ㄱ, ㄷ ④ ㄴ, ㄷ ⑤ ㄱ, ㄴ, ㄷ

09

2023학년도 4월 학평 물I 15번

그림과 같이 종이면에 고정된 중심이 점 O인 원형 도선 P, Q와 무한히 긴 직선 도선 R에 세기가 일정한 전류가 흐르고 있다. 전류의 세기는 P에서가 Q에서보다 크다. 표는 O에서 한 도선의 전류에 의한 자기장을 나타낸 것이다. O에서 P, Q, R의 전류에 의한 자기장은 방향이 종이면에서 수직으로 나오는 방향이고 세기가 B이다.

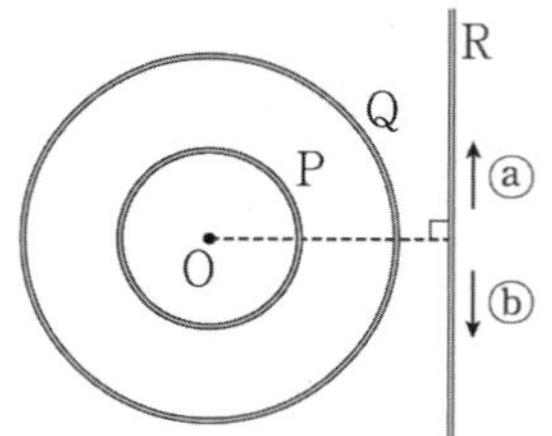

도선	O에서의 자기장	
	세기	방향
P	$2B$	×
Q	㉠	◉
R	$2B$	㉡

×: 종이면에 수직으로 들어가는 방향
◉: 종이면에서 수직으로 나오는 방향

이에 대한 설명으로 옳은 것만을 <보기>에서 있는 대로 고른 것은?

〈 보기 〉

ㄱ. ㉠은 B이다.

ㄴ. ㉡은 '×'이다.

ㄷ. R에 흐르는 전류의 방향은 ⓑ 방향이다.

① ㄱ ② ㄷ ③ ㄱ, ㄴ ④ ㄴ, ㄷ ⑤ ㄱ, ㄴ, ㄷ

10

2023학년도 3월 학평 물I 19번

그림 (가)와 같이 무한히 긴 직선 도선 P, Q와 점 a를 중심으로 하는 원형 도선 R가 xy평면에 고정되어 있다. P, Q에는 세기가 각각 I_0, $3I_0$인 전류가 $-y$방향으로 흐른다. 그림 (나)는 (가)에서 Q만 제거한 모습을 나타낸 것이다. (가)와 (나)의 a에서 P, Q, R의 전류에 의한 자기장의 방향은 서로 반대이고, 자기장의 세기는 각각 B_0, $2B_0$이다.

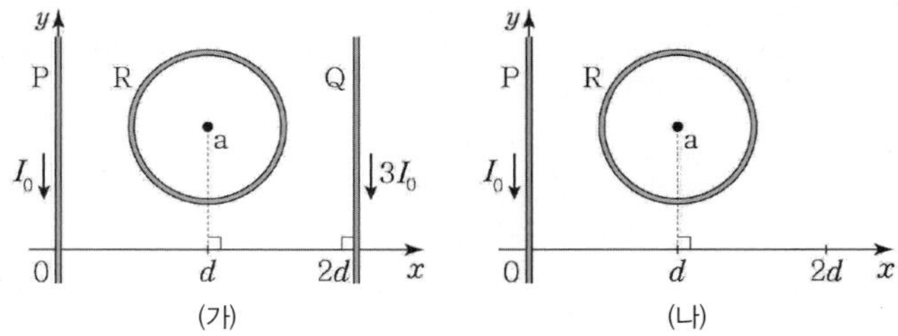

a에서의 자기장에 대한 옳은 설명만을 〈보기〉에서 있는 대로 고른 것은? [3점]

〈 보기 〉

ㄱ. (가)에서 Q의 전류에 의한 자기장의 세기는 P의 전류에 의한 자기장의 세기의 3배이다.

ㄴ. (나)에서 P, R의 전류에 의한 자기장의 방향은 xy평면에 수직으로 들어가는 방향이다.

ㄷ. R의 전류에 의한 자기장의 세기는 B_0이다.

① ㄱ ② ㄴ ③ ㄱ, ㄷ ④ ㄴ, ㄷ ⑤ ㄱ, ㄴ, ㄷ

11

2023학년도 10월 학평 물I 15번

그림과 같이 가늘고 무한히 긴 직선 도선 A, B, C와 원형 도선 D가 xy평면에 고정되어 있다. A~D에는 각각 일정한 전류가 흐르고, C, D에는 화살표 방향으로 전류가 흐른다. 표는 y축상의 점 p, q에서 A~C 또는 A~D의 전류에 의한 자기장의 세기를 나타낸 것이다. p에서 A, B, C까지의 거리는 d로 같다.

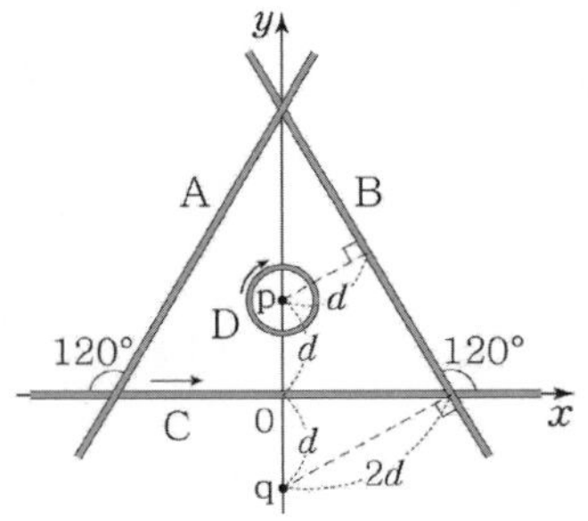

점	도선의 전류에 의한 자기장의 세기	
	A~C	A~D
p	$3B_0$	$5B_0$
q	0	

p에서, C의 전류에 의한 자기장의 세기 B_C와 D의 전류에 의한 자기장의 세기 B_D로 옳은 것은? [3점]

	B_C	B_D		B_C	B_D
①	B_0	$2B_0$	②	B_0	$8B_0$
③	$2B_0$	$2B_0$	④	$3B_0$	$2B_0$
⑤	$3B_0$	$8B_0$			

12

2019학년도 3월 학평 물I 11번

그림과 같이 같은 세기의 전류가 흐르고 있는 무한히 긴 직선 도선 A, B가 xy 평면상에 고정되어 있고 A에는 $+y$방향으로 전류가 흐른다. 자성체 P, Q는 x축상에 고정되어 있고, A, B가 만드는 자기장에 의해 모두 자기화되어 있다. P, Q 중 하나는 상자성체, 다른 하나는 반자성체이다.

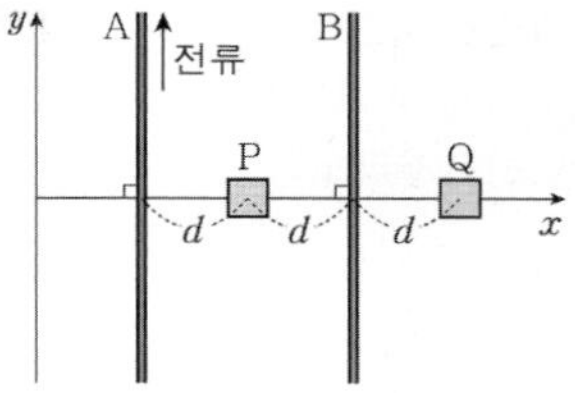

이에 대한 옳은 설명만을 〈보기〉에서 있는 대로 고른 것은? (단, P, Q의 크기와 P, Q에 의한 자기장은 무시한다.) [3점]

〈 보기 〉

ㄱ. B에는 $+y$방향으로 전류가 흐른다.

ㄴ. A와 B 사이에 자기장이 0인 지점은 없다.

ㄷ. P, Q는 같은 방향으로 자기화되어 있다.

① ㄱ ② ㄷ ③ ㄱ, ㄴ ④ ㄴ, ㄷ ⑤ ㄱ, ㄴ, ㄷ

13 대표 문제

2021학년도 6월 모평 물I 2번

도선에 흐르는 전류에 의한 자기장을 활용하는 것만을 〈보기〉에서 있는 대로 고른 것은? [3점]

〈 보기 〉

ㄱ. 전자석 기중기 ㄴ. 발광 다이오드 (LED) ㄷ. 자기 공명 영상 장치 (MRI)

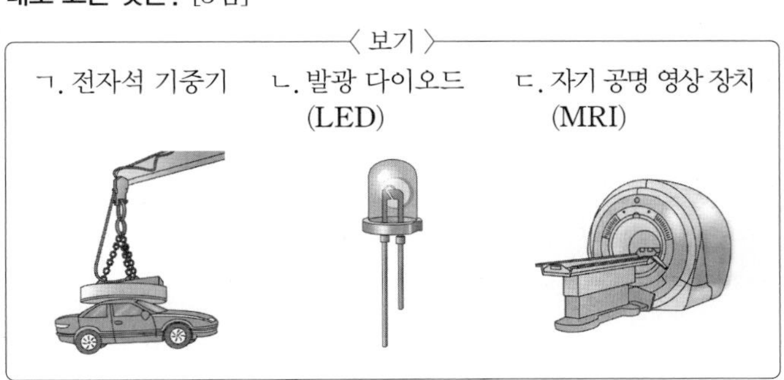

① ㄱ ② ㄴ ③ ㄱ, ㄷ ④ ㄴ, ㄷ ⑤ ㄱ, ㄴ, ㄷ

14

2020학년도 10월 학평 물Ⅰ 18번

그림은 어떤 전기밥솥에서 수증기의 양을 조절하는 데 사용되는 밸브의 구조를 나타낸 것이다. 스위치 S가 열리면 금속 봉 P가 관을 막고, S가 닫히면 솔레노이드로부터 P가 위쪽으로 힘 F를 받아 관이 열린다.

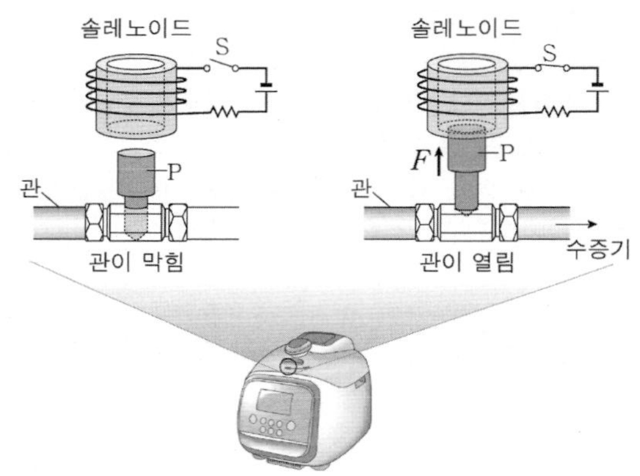

S를 닫았을 때에 대한 옳은 설명만을 〈보기〉에서 있는 대로 고른 것은?

〈 보기 〉

ㄱ. F는 자기력이다.

ㄴ. 솔레노이드 내부에는 아래쪽 방향으로 자기장이 생긴다.

ㄷ. P에 작용하는 중력과 F는 작용 반작용 관계이다.

① ㄱ ② ㄷ ③ ㄱ, ㄴ ④ ㄴ, ㄷ ⑤ ㄱ, ㄴ, ㄷ

15

2020학년도  물Ⅰ 14번

그림은 마찰이 없는 빗면에서 자석이 솔레노이드의 중심축을 따라 운동하는 모습을 나타낸 것이다. 점 p, q는 솔레노이드의 중심축상에 있고, 전구의 밝기는 자석이 p를 지날 때가 q를 지날 때보다 밝다.

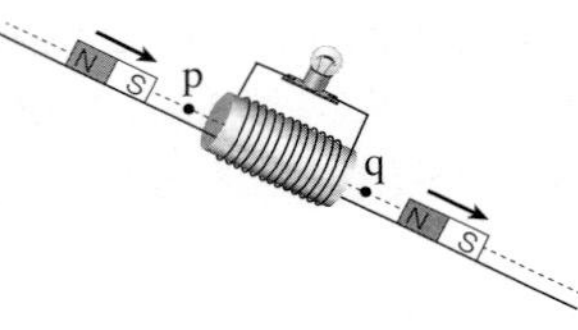

이에 대한 설명으로 옳은 것만을 〈보기〉에서 있는 대로 고른 것은? (단, 자석의 크기는 무시한다.)

〈 보기 〉

ㄱ. 솔레노이드에 유도되는 기전력의 크기는 자석이 p를 지날 때가 q를 지날 때보다 크다.

ㄴ. 전구에 흐르는 전류의 방향은 자석이 p를 지날 때와 q를 지날 때가 서로 반대이다.

ㄷ. 자석의 역학적 에너지는 p에서가 q에서보다 작다.

① ㄱ ② ㄷ ③ ㄱ, ㄴ ④ ㄴ, ㄷ ⑤ ㄱ, ㄴ, ㄷ

16

2019학년도 7월 학평 물Ⅰ 7번

그림은 빗면 위의 점 p에 가만히 놓은 자석 A가 빗면을 따라 내려와 수평인 직선 레일에 고정된 솔레노이드의 중심축을 통과한 것을 나타낸 것이다. a, b, c는 직선 레일 위의 점이다.

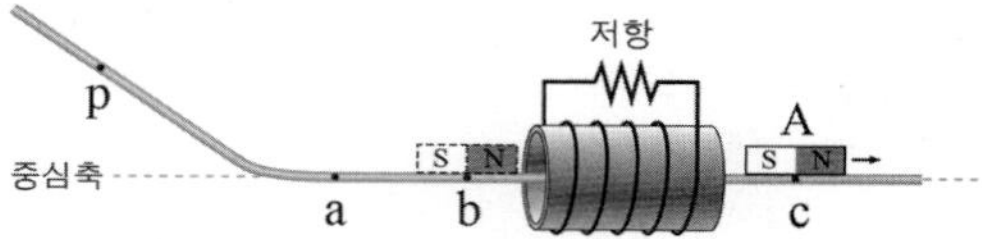

이에 대한 설명으로 옳은 것만을 〈보기〉에서 있는 대로 고른 것은? (단, A의 크기와 모든 마찰은 무시한다.)

〈 보기 〉

ㄱ. A는 a에서 b까지 등속도 운동한다.

ㄴ. 솔레노이드가 A에 작용하는 자기력의 방향은 A가 b를 지날 때와 c를 지날 때가 같다.

ㄷ. 솔레노이드에 흐르는 유도 전류의 방향은 A가 b를 지날 때와 c를 지날 때가 반대이다.

① ㄱ ② ㄷ ③ ㄱ, ㄴ ④ ㄴ, ㄷ ⑤ ㄱ, ㄴ, ㄷ

17

2020학년도 6월 모평 물I 8번

그림과 같이 고정되어 있는 동일한 솔레노이드 A, B의 중심축에 마찰이 없는 레일이 있고, A, B에는 동일한 저항 P, Q가 각각 연결되어 있다. 빗면을 내려온 자석이 수평인 레일 위의 점 a, b, c를 지난다.

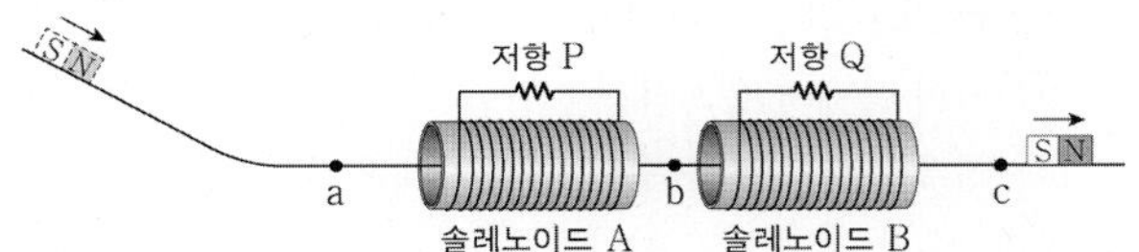

이에 대한 설명으로 옳은 것만을 〈보기〉에서 있는 대로 고른 것은? (단, A와 B 사이의 상호 작용은 무시한다.) [3점]

〈보기〉

ㄱ. 자석의 속력은 c에서가 a에서보다 크다.

ㄴ. b에서 자석에 작용하는 자기력의 방향은 자석의 운동 방향과 같다.

ㄷ. P에 흐르는 전류의 최댓값은 Q에 흐르는 전류의 최댓값보다 크다.

① ㄱ ② ㄷ ③ ㄱ, ㄴ ④ ㄴ, ㄷ ⑤ ㄱ, ㄴ, ㄷ

18

2019학년도 3월 학평 물I 14번

그림 (가), (나)는 동일한 자석이 솔레노이드 A, B의 중심축을 따라 A, B로부터 같은 거리만큼 떨어진 지점을 같은 속도로 지나는 순간의 모습을 나타낸 것이다. 감은 수는 B가 A보다 크고 감긴 방향은 서로 반대이다.

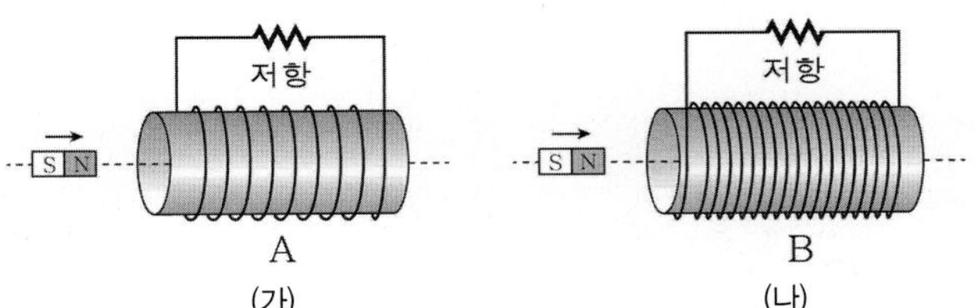

이에 대한 옳은 설명만을 〈보기〉에서 있는 대로 고른 것은? (단, A, B는 길이와 단면적이 서로 같다.)

〈보기〉

ㄱ. 유도 기전력의 크기는 B에서가 A에서보다 크다.

ㄴ. A와 B의 내부에서 유도 전류에 의한 자기장의 방향은 서로 반대이다.

ㄷ. (가), (나)의 저항에는 모두 오른쪽 방향으로 유도 전류가 흐른다.

① ㄱ ② ㄷ ③ ㄱ, ㄴ ④ ㄴ, ㄷ ⑤ ㄱ, ㄴ, ㄷ

19 대표 문제

2022학년도 수능 물I 12번

그림과 같이 p-n 접합 발광 다이오드(LED)가 연결된 솔레노이드의 중심축에 마찰이 없는 레일이 있다. a, b, c, d는 레일 위의 지점이다. a에 가만히 놓은 자석은 솔레노이드를 통과하여 d에서 운동 방향이 바뀌고, 자석이 d로부터 내려와 c를 지날 때 LED에서 빛이 방출된다. X는 N극과 S극 중 하나이다.

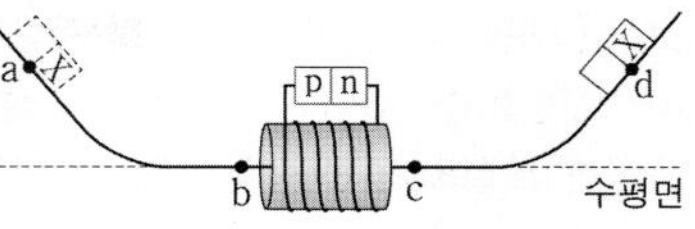

이에 대한 설명으로 옳은 것만을 〈보기〉에서 있는 대로 고른 것은? [3점]

〈보기〉

ㄱ. X는 N극이다.

ㄴ. a로부터 내려온 자석이 b를 지날 때 LED에서 빛이 방출된다.

ㄷ. 자석의 역학적 에너지는 a에서와 d에서가 같다.

① ㄱ ② ㄷ ③ ㄱ, ㄴ ④ ㄴ, ㄷ ⑤ ㄱ, ㄴ, ㄷ

20

2021학년도 7월 학평 물I 13번

그림 (가)는 정지해 있는 코일의 중심축을 따라 자석이 움직이는 모습이다. 그림 (나)는 (가)에서 코일의 중심축에 수직이고, 코일 위의 점 p를 포함한 코일의 단면을 통과하는 자기 선속 Φ를 시간 t에 따라 나타낸 것이다.

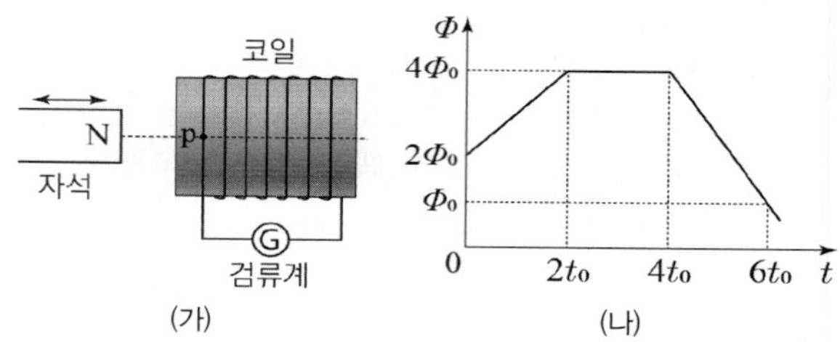

이에 대한 설명으로 옳은 것만을 〈보기〉에서 있는 대로 고른 것은?

〈 보기 〉

ㄱ. p에 흐르는 유도 전류의 방향은 $t=t_0$일 때와 $t=5t_0$일 때가 같다.

ㄴ. p에 흐르는 유도 전류의 세기는 $t=t_0$일 때가 $t=5t_0$일 때보다 크다.

ㄷ. $t=3t_0$일 때 p에는 유도 전류가 흐르지 않는다.

① ㄱ ② ㄷ ③ ㄱ, ㄴ ④ ㄴ, ㄷ ⑤ ㄱ, ㄴ, ㄷ

21

2020학년도 4월 학평 물I 12번

다음은 물체의 자성을 알아보기 위한 실험이다.

[실험 과정]

(가) 자기화되어 있지 않은 물체 A, B, C에 각각 막대자석을 가까이하여 물체의 움직임을 관찰한다. A, B, C는 강자성체, 상자성체, 반자성체를 순서 없이 나타낸 것이다.

(나) 막대자석을 제거하고 A, B, C를 각각 원형 도선에 통과시켜 유도 전류의 발생 유무를 관찰한다.

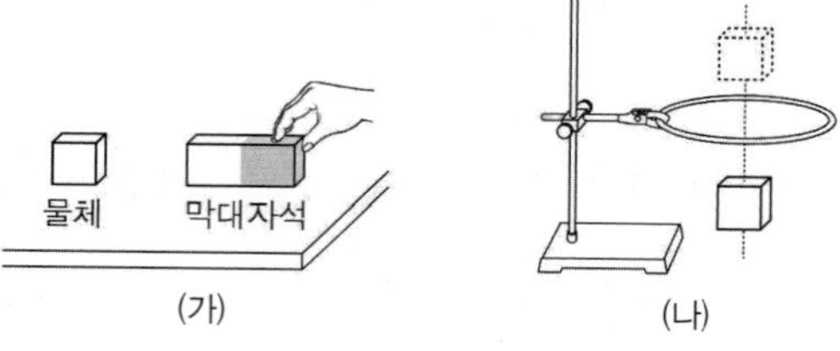

[실험 결과]

물체	(가)의 결과	(나)의 결과
A	자석에서 밀린다.	㉠
B	자석에 끌린다.	흐른다.
C	자석에 끌린다.	흐르지 않는다.

이에 대한 설명으로 옳은 것만을 〈보기〉에서 있는 대로 고른 것은? [3점]

〈 보기 〉

ㄱ. '흐르지 않는다.'는 ㉠으로 적절하다.

ㄴ. B는 외부 자기장의 방향과 같은 방향으로 자기화된다.

ㄷ. C는 상자성체이다.

① ㄱ ② ㄴ ③ ㄱ, ㄷ ④ ㄴ, ㄷ ⑤ ㄱ, ㄴ, ㄷ

22

2021학년도 6월 모평 물I 5번

다음은 전자기 유도에 대한 실험이다.

[실험 과정]

(가) 그림과 같이 코일에 검류계를 연결한다.

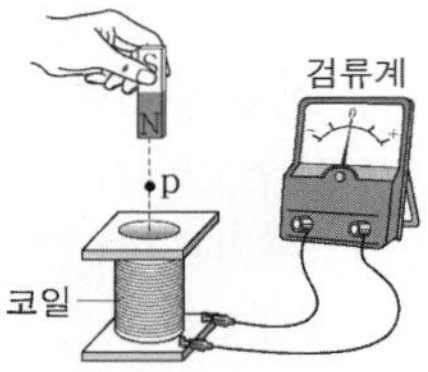

(나) 자석의 N극을 아래로 하고, 코일의 중심축을 따라 자석을 일정한 속력으로 코일에 가까이 가져간다.

(다) 자석이 p점을 지나는 순간 검류계의 눈금을 관찰한다.

(라) 자석의 S극을 아래로 하고, 코일의 중심축을 따라 자석을 (나)에서보다 빠른 속력으로 코일에 가까이 가져가면서 (다)를 반복한다.

[실험 결과]

(다)의 결과	(라)의 결과
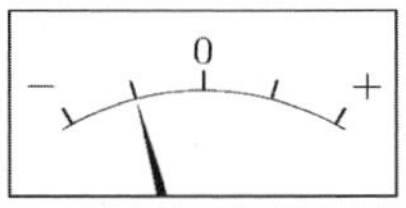	㉠

㉠으로 가장 적절한 것은? [3점]

①
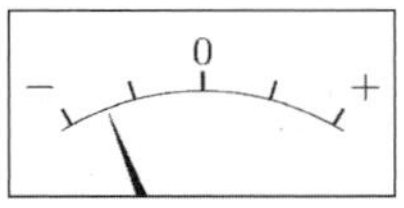

②
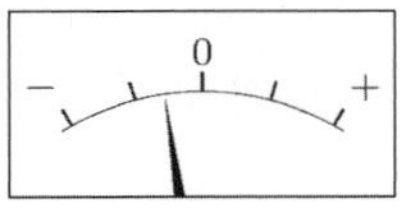

③
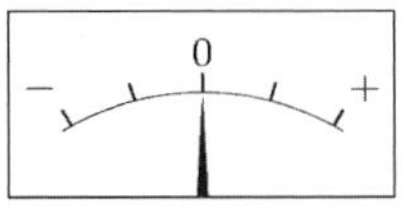

④
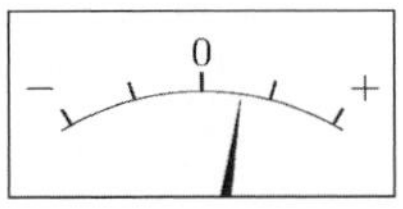

⑤
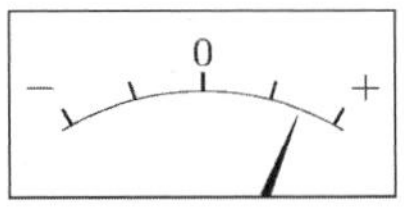

23

2022학년도 7월 학평 물I 19번

다음은 전자기 유도에 대한 실험이다.

[실험 과정]

(가) 그림과 같이 고정된 코일에 검류계를 연결하고 코일 위에 실로 연결된 자석을 점 a에 정지시킨다.

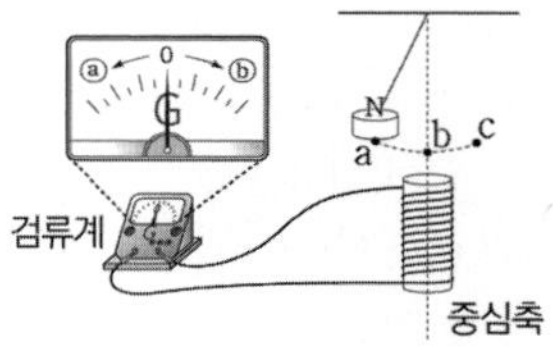

(나) a에서 자석을 가만히 놓아 자석이 최저점 b를 지나 점 c까지 갔다가 b로 되돌아오는 동안 검류계 바늘이 움직이는 방향을 기록한다.

[실험 결과]

자석의 운동 경로	검류계 바늘이 움직이는 방향
a → b	ⓐ
b → c	ⓑ
c → b	㉠

이에 대한 설명으로 옳은 것만을 〈보기〉에서 있는 대로 고른 것은? (단, 모든 마찰과 공기 저항은 무시한다.)

〈 보기 〉

ㄱ. a와 c의 높이는 같다.

ㄴ. ㉠은 ⓐ이다.

ㄷ. 자석이 b에서 c까지 이동하는 동안 자석과 코일 사이에 작용하는 자기력의 크기는 작아진다.

① ㄱ ② ㄴ ③ ㄱ, ㄷ ④ ㄴ, ㄷ ⑤ ㄱ, ㄴ, ㄷ

24 대표 문제

2024학년도 6월 모평 물I 4번

다음은 자성체의 성질을 알아보기 위한 실험이다.

[실험 과정]

(가) 그림과 같이 코일을 고정시키고, 자기화되어 있지 않은 자성체 A, B를 준비한다. A, B는 강자성체, 상자성체를 순서 없이 나타낸 것이다.

(나) 바닥으로부터 같은 높이 h에서 A, B를 각각 가만히 놓아 코일의 중심을 통과하여 바닥에 닿을 때까지의 낙하 시간을 측정한다.

(다) A, B를 강한 외부 자기장으로 자기화시킨 후 꺼내, (나)와 같이 낙하 시간을 측정한다.

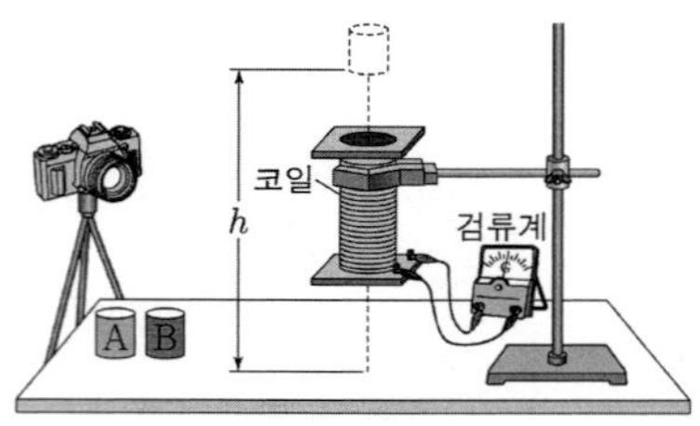

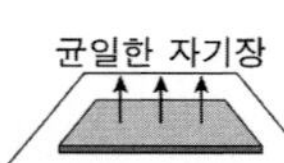

[실험 결과]

○ A의 낙하 시간은 (나)에서와 (다)에서가 같다.

○ B의 낙하 시간은 [㉠].

이에 대한 설명으로 옳은 것만을 〈보기〉에서 있는 대로 고른 것은?

〈보기〉

ㄱ. A는 강자성체이다.

ㄴ. '(나)에서보다 (다)에서 길다'는 ㉠에 해당한다.

ㄷ. (다)에서 B가 코일과 가까워지는 동안, 코일과 B 사이에는 서로 밀어내는 자기력이 작용한다.

① ㄱ ② ㄷ ③ ㄱ, ㄴ ④ ㄴ, ㄷ ⑤ ㄱ, ㄴ, ㄷ

25

2022학년도 9월 모평 물I 17번

다음은 전자기 유도에 대한 실험이다.

[실험 과정]

(가) 그림과 같이 플라스틱 관에 감긴 코일, 저항, p-n 접합 다이오드, 스위치, 검류계가 연결된 회로를 구성한다.

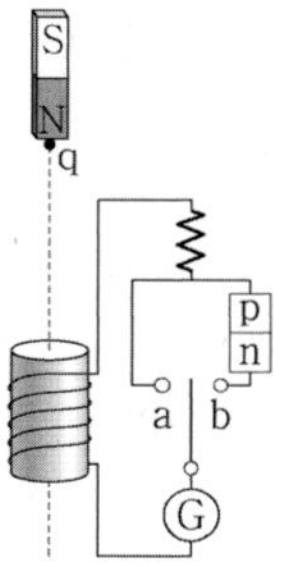

(나) 스위치를 a에 연결하고, 자석의 N극을 아래로 한다.

(다) 관의 중심축을 따라 통과하도록 자석을 점 q에서 가만히 놓고, 자석을 놓은 순간부터 시간에 따른 전류를 측정한다.

(라) 스위치를 b에 연결하고, 자석의 S극을 아래로 한다.

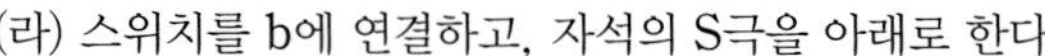

(마) (다)를 반복한다.

[실험 결과]

(다)의 결과	(마)의 결과
㉠	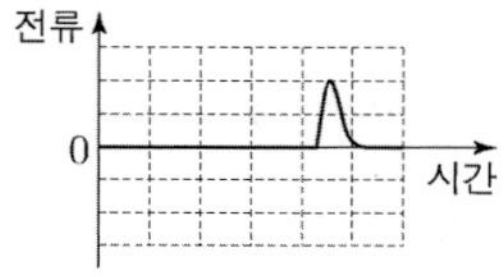 전류, 0, 시간 (그래프)

㉠으로 가장 적절한 것은? [3점]

①
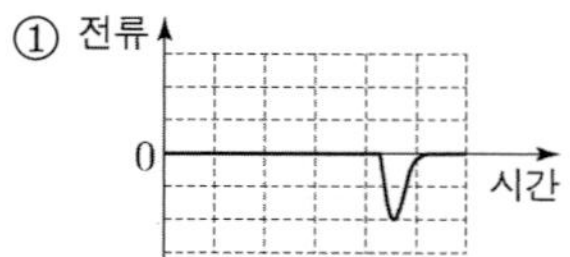

②
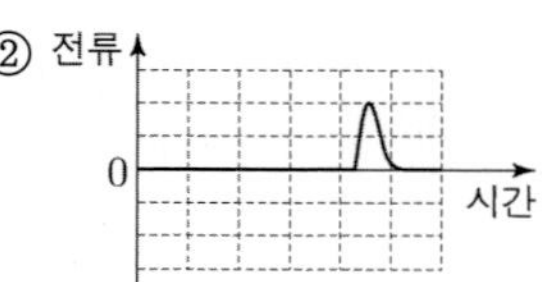

③
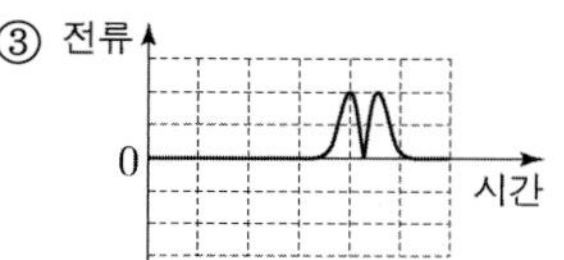

④
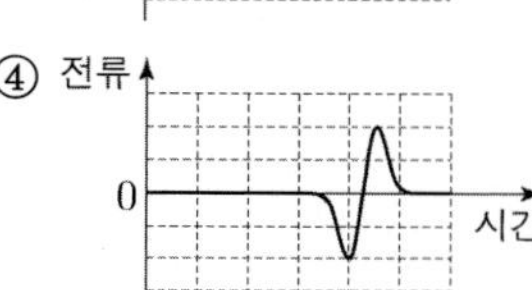

⑤
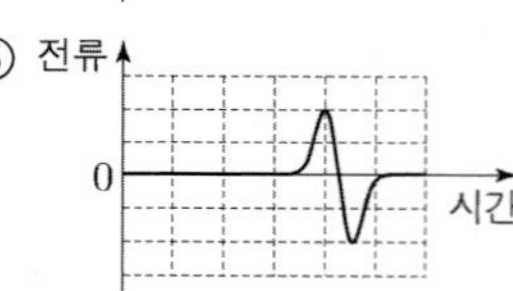

26

2023학년도 10월 학평 물I 5번

다음은 전자기 유도에 대한 실험이다.

[실험 과정]

(가) 그림과 같이 코일 P, Q를 서로 연결하고, 자기장 측정 앱이 실행 중인 스마트폰을 P 위에 놓는다.

(나) 자석의 N극을 Q의 윗면까지 일정한 속력으로 접근시키면서 스마트폰으로 자기장의 세기를 측정한다.

(다) (나)에서 자석의 속력만 [㉠] 하여 자기장의 세기를 측정한다.

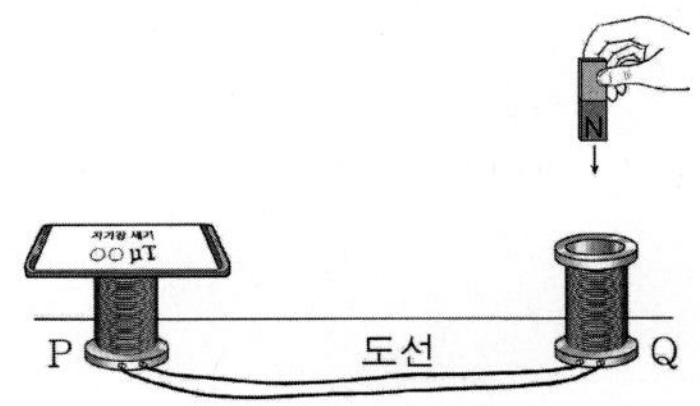

[실험 결과]

과정	(나)	(다)
자기장의 세기의 최댓값	B_0	$1.7B_0$

이에 대한 옳은 설명만을 〈보기〉에서 있는 대로 고른 것은? (단, 스마트폰은 P의 전류에 의한 자기장의 세기만 측정한다.)

〈 보기 〉

ㄱ. 자석이 Q에 접근할 때, P에 전류가 흐른다.

ㄴ. '작게'는 ㉠에 해당한다.

ㄷ. (나)에서 자석과 Q 사이에는 서로 당기는 자기력이 작용한다.

① ㄱ ② ㄴ ③ ㄷ ④ ㄱ, ㄴ ⑤ ㄱ, ㄷ

20 일차

한눈에 정리하는 평가원 기출 경향

주제 \ 학년도	2025	2024
금속 고리에서의 전자기 유도		
변하는 자기장에서의 전자기 유도	32, 06, 17	25, 08
전자기 유도의 이용		

변하는 자기장에서의 전자기 유도

2025

32 2025학년도  물Ⅰ 19번

그림과 같이 한 변의 길이가 $2d$인 정사각형 금속 고리가 xy평면에서 균일한 자기장 영역 Ⅰ, Ⅱ, Ⅲ을 $+x$방향으로 등속도 운동하며 지난다. 금속 고리의 점 p가 $x=2.5d$를 지날 때, p에 흐르는 유도 전류의 방향은 $+y$방향이다. Ⅰ, Ⅲ에서 자기장의 세기는 각각 B_0이고, Ⅱ에서 자기장의 세기는 일정하고 방향은 xy평면에 수직이다.

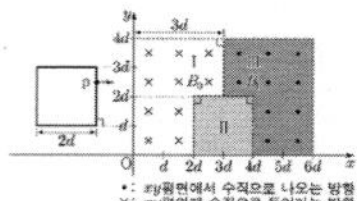

이에 대한 설명으로 옳은 것만을 <보기>에서 있는 대로 고른 것은? [3점]

〈보기〉

ㄱ. 자기장의 방향은 Ⅰ에서와 Ⅱ에서가 같다.
ㄴ. p가 $x=4.5d$를 지날 때, p에 흐르는 유도 전류의 방향은 $-y$방향이다.
ㄷ. p에 흐르는 유도 전류의 세기는 p가 $x=5.5d$를 지날 때가 $x=2.5d$를 지날 때보다 크다.

① ㄱ ② ㄷ ③ ㄱ, ㄴ ④ ㄴ, ㄷ ⑤ ㄱ, ㄴ, ㄷ

06 2025학년도 6월  물Ⅰ 18번

그림과 같이 두 변의 길이가 각각 d, $2d$인 동일한 직사각형 금속 고리 A, B가 xy평면에서 $+x$방향으로 등속도 운동하며 균일한 자기장 영역 Ⅰ, Ⅱ를 지난다. Ⅰ, Ⅱ에서 자기장의 방향은 xy평면에 수직이고 세기는 각각 일정하다. A, B의 속력은 같고, 점 p, q는 각각 A, B의 한 지점이다. 표는 p의 위치에 따라 p에 흐르는 유도 전류의 세기와 방향을 나타낸 것이다.

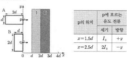

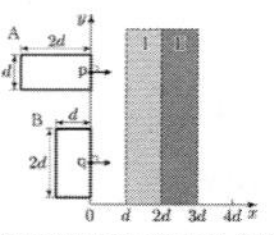

p의 위치	p에 흐르는 유도 전류	
	세기	방향
$x=1.5d$	I_0	$+y$
$x=2.5d$	$2I_0$	$-y$

이에 대한 설명으로 옳은 것만을 <보기>에서 있는 대로 고른 것은? (단, A와 B의 상호 작용은 무시한다.) [3점]

〈보기〉

ㄱ. p의 위치가 $x=3.5d$일 때, A에 흐르는 유도 전류의 세기는 I_0이다.
ㄴ. q의 위치가 $x=2.5d$일 때, B에 흐르는 유도 전류의 세기는 $3I_0$보다 크다.
ㄷ. p와 q의 위치가 $x=3.5d$일 때, p와 q에 흐르는 유도 전류의 방향은 서로 반대이다.

① ㄱ ② ㄴ ③ ㄱ, ㄷ ④ ㄴ, ㄷ ⑤ ㄱ, ㄴ, ㄷ

17 대표 문제 2025학년도 9월  물Ⅰ 18번

그림 (가)와 같이 균일한 자기장 영역 Ⅰ과 Ⅱ가 있는 xy평면에 원형 금속 고리가 고정되어 있다. Ⅰ, Ⅱ의 자기장이 고리 내부를 통과하는 면적은 같다. 그림 (나)는 (가)의 Ⅰ, Ⅱ에서 자기장의 세기를 시간에 따라 나타낸 것이다.

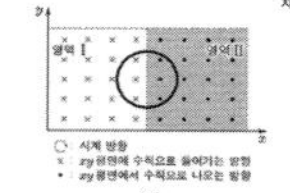

(가)

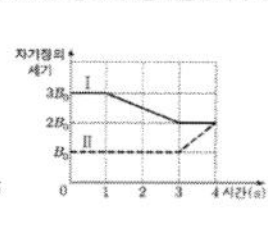

(나)

고리에 흐르는 유도 전류를 시간에 따라 나타낸 그래프로 가장 적절한 것은? (단, 유도 전류의 방향은 시계 방향이 양(+)이다.)

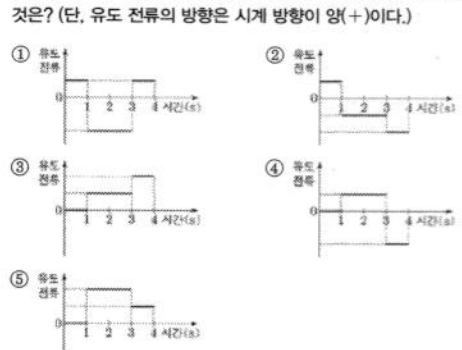

2024

25 2024학년도  물Ⅰ 17번

그림과 같이 한 변의 길이가 $2d$인 정사각형 금속 고리가 xy평면에서 균일한 자기장 영역 Ⅰ~Ⅲ을 $+x$방향으로 등속도 운동을 하며 지난다. 금속 고리의 한 변의 중앙에 고정된 점 p가 $x=d$와 $x=5d$를 지날 때, p에 흐르는 유도 전류의 세기는 같고 방향은 $-y$방향이다. Ⅰ, Ⅱ에서 자기장의 세기는 각각 B_0이고, Ⅲ에서 자기장의 세기는 일정하고 방향은 xy평면에 수직이다.

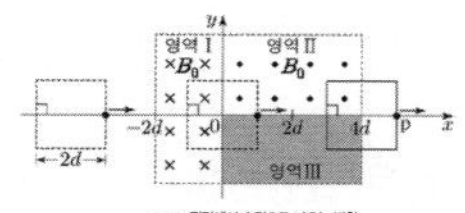

p에 흐르는 유도 전류를 p의 위치에 따라 나타낸 그래프로 가장 적절한 것은? (단, p에 흐르는 유도 전류의 방향은 $+y$방향이 양(+)이다.) [3점]

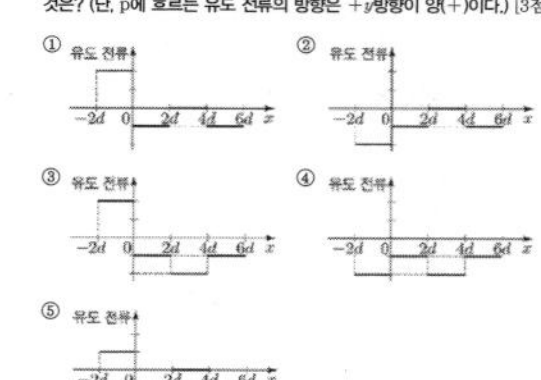

08 대표 문제 2024학년도 6월  물Ⅰ 13번

그림 (가)는 균일한 자기장 영역 Ⅰ, Ⅱ가 있는 xy평면에 한 변의 길이가 $2d$인 정사각형 금속 고리가 고정되어 있는 것을 나타낸 것이다. Ⅰ의 자기장의 세기는 B_0으로 일정하고, Ⅱ의 자기장의 세기 B는 그림 (나)와 같이 시간에 따라 변한다.

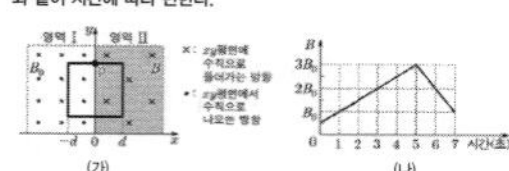

이에 대한 설명으로 옳은 것만을 <보기>에서 있는 대로 고른 것은? [3점]

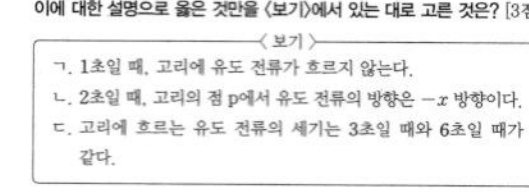

〈보기〉

ㄱ. 1초일 때, 고리에 유도 전류가 흐르지 않는다.
ㄴ. 2초일 때, 고리의 점 p에서 유도 전류의 방향은 $-x$ 방향이다.
ㄷ. 고리에 흐르는 유도 전류의 세기는 3초일 때와 6초일 때가 같다.

① ㄱ ② ㄴ ③ ㄱ, ㄷ ④ ㄴ, ㄷ ⑤ ㄱ, ㄴ, ㄷ

2024

16
2024학년도 9월 모평 물Ⅰ 13번

그림과 같이 한 변의 길이가 $4d$인 직사각형 금속 고리가 xy평면에서 자기장 세기가 각각 B_0, $2B_0$인 균일한 자기장 영역 Ⅰ, Ⅱ를 $+x$방향으로 등속도 운동을 하며 지난다. 금속 고리의 점 a가 $x=d$와 $x=7d$를 지날 때, a에 흐르는 유도 전류의 방향은 같다. Ⅰ, Ⅱ에서 자기장의 방향은 xy평면에 수직이다.

×: xy평면에 수직으로 들어가는 방향

a의 위치에 따른 a에 흐르는 유도 전류를 나타낸 그래프로 가장 적절한 것은? (단, a에 흐르는 유도 전류의 방향은 $+y$방향이 양(+)이다.)

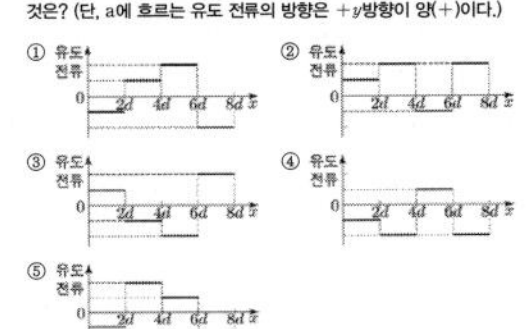

2023

11
2023학년도 수능 물Ⅰ 10번

그림과 같이 한 변의 길이가 $4d$인 정사각형 금속 고리가 xy평면에서 $+x$ 방향으로 등속도 운동하며 자기장의 세기가 B_0으로 같은 균일한 자기장 영역 Ⅰ, Ⅱ, Ⅲ을 지난다. 금속 고리의 점 p가 $x=7d$를 지날 때, p에는 유도 전류가 흐르지 않는다. Ⅲ에서 자기장의 방향은 xy평면에 수직이다.

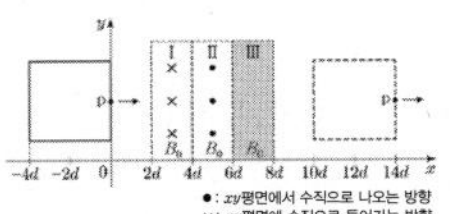

이에 대한 설명으로 옳은 것만을 <보기>에서 있는 대로 고른 것은? [3점]

〈보기〉
ㄱ. 자기장의 방향은 Ⅰ에서와 Ⅲ에서가 같다.
ㄴ. p가 $x=3d$를 지날 때, p에 흐르는 유도 전류의 방향은 $+y$ 방향이다.
ㄷ. p에 흐르는 유도 전류의 세기는 p가 $x=5d$를 지날 때가 $x=3d$를 지날 때보다 크다.

① ㄱ ② ㄷ ③ ㄱ, ㄴ ④ ㄴ, ㄷ ⑤ ㄱ, ㄴ, ㄷ

09
2023학년도 9월 모평 물Ⅰ 12번

그림과 같이 p-n 접합 발광 다이오드(LED)가 연결된 한 변의 길이가 d인 정사각형 금속 고리가 종이면에 수직인 균일한 자기장 영역 Ⅰ, Ⅱ를 $+x$ 방향으로 등속도 운동하여 지난다. 고리의 중심이 $x=4d$를 지날 때 LED에서 빛이 방출된다. A는 p형 반도체와 n형 반도체 중 하나이다.

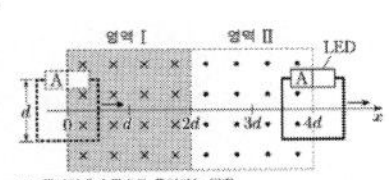

이에 대한 설명으로 옳은 것만을 <보기>에서 있는 대로 고른 것은? [3점]

〈보기〉
ㄱ. A는 n형 반도체이다.
ㄴ. 고리의 중심이 $x=d$를 지날 때, 유도 전류가 흐른다.
ㄷ. 고리의 중심이 $x=2d$를 지날 때, LED에서 빛이 방출된다.

① ㄱ ② ㄴ ③ ㄱ, ㄷ ④ ㄴ, ㄷ ⑤ ㄱ, ㄴ, ㄷ

24 대표 문제
2023학년도 6월 모평 물Ⅰ 1번

그림 A, B, C는 자기장을 활용한 장치의 예를 나타낸 것이다.

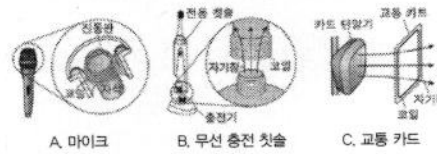

전자기 유도 현상을 활용한 예만을 있는 대로 고른 것은?

① A ② C ③ A, B ④ B, C ⑤ A, B, C

2022 ~ 2019

04 대표 문제
2019학년도 9월 모평 물Ⅰ 10번

그림 (가)는 경사면에 금속 고리를 고정하고, 자석을 점 p에 가만히 놓았을 때 자석이 점 q를 지나는 모습을 나타낸 것이다. 그림 (나)는 (가)에서 극의 방향을 반대로 한 자석을 p에 가만히 놓았을 때 자석이 q를 지나는 모습을 나타낸 것이다. (가), (나)에서 자석은 금속 고리의 중심을 지난다.

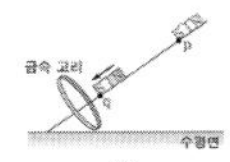

이에 대한 설명으로 옳은 것만을 <보기>에서 있는 대로 고른 것은? (단, 모든 마찰과 공기 저항은 무시한다.) [3점]

〈보기〉
ㄱ. (가)에서 자석은 p에서 q까지 등가속도 운동을 한다.
ㄴ. 자석이 q를 지날 때 자석에 작용하는 자기력의 방향은 (가)에서와 (나)에서가 서로 같다.
ㄷ. 자석이 q를 지날 때 금속 고리에 유도되는 전류의 방향은 (가)에서와 (나)에서가 서로 반대이다.

① ㄱ ② ㄴ ③ ㄷ ④ ㄱ, ㄴ ⑤ ㄴ, ㄷ

22
2021학년도 수능 물Ⅰ 11번

그림 (가)는 자기장 B가 균일한 영역에 금속 고리가 고정되어 있는 것을 나타낸 것이고, (나)는 B의 세기를 시간에 따라 나타낸 것이다. B의 방향은 종이면에 수직으로 들어가는 방향이다.

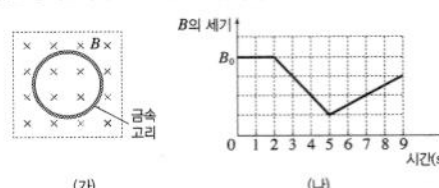

이에 대한 설명으로 옳은 것만을 <보기>에서 있는 대로 고른 것은? [3점]

〈보기〉
ㄱ. 1초일 때 유도 전류는 흐르지 않는다.
ㄴ. 유도 전류의 방향은 3초일 때와 6초일 때가 서로 반대이다.
ㄷ. 유도 전류의 세기는 7초일 때가 4초일 때보다 크다.

① ㄱ ② ㄷ ③ ㄱ, ㄴ ④ ㄴ, ㄷ ⑤ ㄱ, ㄴ, ㄷ

19
2020학년도 9월 모평 물Ⅰ 13번

그림 (가)와 같이 한 변의 길이가 d인 정사각형 금속 고리가 xy평면에서 $+x$방향으로 자기장 영역 Ⅰ, Ⅱ, Ⅲ을 통과한다. Ⅰ, Ⅱ, Ⅲ에서 자기장의 세기는 각각 B, $2B$, B로 균일하고, 방향은 모두 xy평면에 수직으로 들어가는 방향이다. P는 금속 고리의 한 점이다. 그림 (나)는 P의 속력을 위치에 따라 나타낸 것이다.

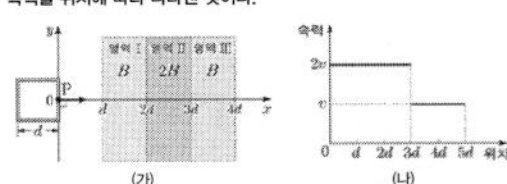

이에 대한 설명으로 옳은 것만을 <보기>에서 있는 대로 고른 것은? [3점]

〈보기〉
ㄱ. P가 $x=1.5d$를 지날 때, P에서의 유도 전류의 방향은 $-y$ 방향이다.
ㄴ. 유도 전류의 세기는 P가 $x=1.5d$를 지날 때가 $x=4.5d$를 지날 때보다 크다.
ㄷ. 유도 전류의 방향은 P가 $x=2.5d$를 지날 때와 $x=3.5d$를 지날 때가 서로 반대 방향이다.

① ㄱ ② ㄷ ③ ㄱ, ㄴ ④ ㄴ, ㄷ ⑤ ㄱ, ㄴ, ㄷ

28
2020학년도 수능 물Ⅰ 4번

다음은 헤드폰의 스피커를 이용한 실험이다.

[자료 조사 내용]
○ 헤드폰의 스피커는 진동판, 코일, 자석 등으로 구성되어 있다.

[실험 과정]
(가) 컴퓨터의 마이크 입력 단자에 헤드폰을 연결하고, 녹음 프로그램을 실행시킨다.
(나) 헤드폰의 스피커 가까이에서 다양한 소리를 낸다.
(다) 녹음 프로그램을 종료하고 저장된 파일을 재생시킨다.

[실험 결과]
○ 헤드폰의 스피커 가까이에서 냈던 다양한 소리가 재생되었다.

이 실험에서 소리가 녹음되는 동안 헤드폰의 스피커에서 일어나는 현상에 대한 설명으로 옳은 것만을 <보기>에서 있는 대로 고른 것은?

〈보기〉
ㄱ. 진동판은 공기의 진동에 의해 진동한다.
ㄴ. 코일에서는 전자기 유도 현상이 일어난다.
ㄷ. 코일이 자석에 붙은 상태로 자석과 함께 운동한다.

① ㄱ ② ㄷ ③ ㄱ, ㄴ ④ ㄴ, ㄷ ⑤ ㄱ, ㄴ, ㄷ

01

2022학년도 4월 학평 물I 14번

그림과 같이 N극이 아래로 향한 자석이 금속 고리의 중심축을 따라 운동하여 점 p, q를 지난다. p, q로부터 고리의 중심까지의 거리는 서로 같다. 고리에 흐르는 유도 전류의 세기는 자석이 p를 지날 때가 q를 지날 때보다 작다.

이에 대한 설명으로 옳은 것만을 〈보기〉에서 있는 대로 고른 것은? (단, 자석의 크기는 무시한다.)

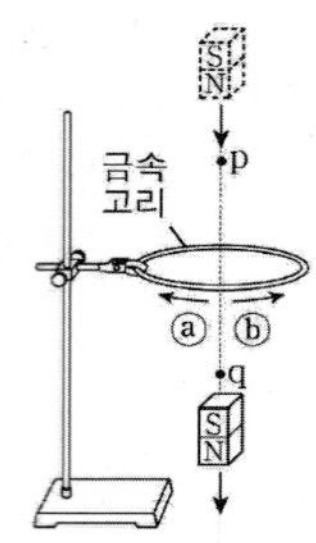

〈 보기 〉

ㄱ. 자석이 p를 지날 때 고리에 흐르는 유도 전류의 방향은 ⓐ방향이다.

ㄴ. 자석이 p를 지날 때의 속력은 자석이 q를 지날 때의 속력보다 작다.

ㄷ. 자석이 q를 지날 때 고리와 자석 사이에는 당기는 자기력이 작용한다.

① ㄱ ② ㄴ ③ ㄱ, ㄷ ④ ㄴ, ㄷ ⑤ ㄱ, ㄴ, ㄷ

02

2019학년도 4월 학평 물I 7번

그림과 같이 솔레노이드와 금속 고리를 고정한 후, 솔레노이드에 흐르는 전류의 세기를 증가시켰더니 금속 고리에 a 방향으로 유도 전류가 흐른다.

이에 대한 설명으로 옳은 것만을 〈보기〉에서 있는 대로 고른 것은?

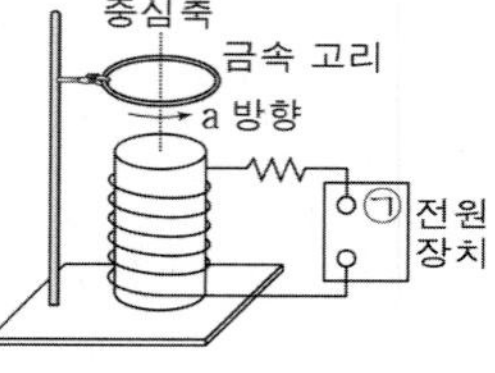

〈 보기 〉

ㄱ. 금속 고리를 통과하는 솔레노이드에 흐르는 전류에 의한 자기 선속은 증가한다.

ㄴ. 전원 장치의 단자 ㉠은 (−)극이다.

ㄷ. 금속 고리와 솔레노이드 사이에는 당기는 자기력이 작용한다.

① ㄱ ② ㄷ ③ ㄱ, ㄴ ④ ㄴ, ㄷ ⑤ ㄱ, ㄴ, ㄷ

03

2022학년도 10월 학평 물I 5번

그림은 동일한 원형 자석 A, B를 플라스틱 통의 양쪽에 고정하고 플라스틱 통 바깥쪽에서 금속 고리를 오른쪽 방향으로 등속 운동시키는 모습을 나타낸 것이다. 금속 고리가 플라스틱 통의 왼쪽 끝에서 오른쪽 끝까지 운동하는 동안 금속 고리에 흐르는 유도 전류의 방향은 화살표 방향으로 일정하다.

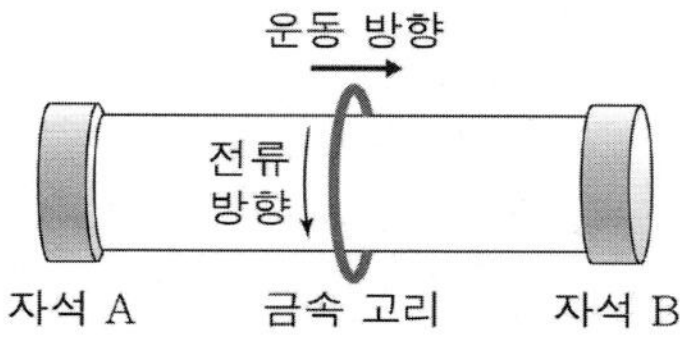

이에 대한 옳은 설명만을 〈보기〉에서 있는 대로 고른 것은? [3점]

〈 보기 〉

ㄱ. A의 오른쪽 면은 N극이다.

ㄴ. B의 오른쪽 면은 N극이다.

ㄷ. 금속 고리를 통과하는 자기 선속은 일정하다.

① ㄱ ② ㄴ ③ ㄱ, ㄷ ④ ㄴ, ㄷ ⑤ ㄱ, ㄴ, ㄷ

04 대표 문제

2019학년도 9월 모평 물I 10번

그림 (가)는 경사면에 금속 고리를 고정하고, 자석을 점 p에 가만히 놓았을 때 자석이 점 q를 지나는 모습을 나타낸 것이다. 그림 (나)는 (가)에서 극의 방향을 반대로 한 자석을 p에 가만히 놓았을 때 자석이 q를 지나는 모습을 나타낸 것이다. (가), (나)에서 자석은 금속 고리의 중심을 지난다.

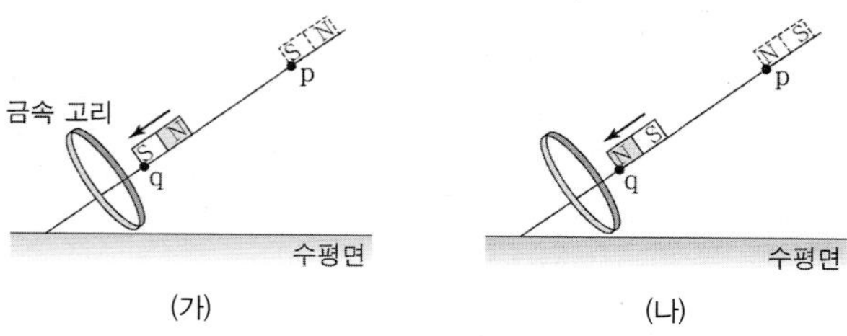

(가) (나)

이에 대한 설명으로 옳은 것만을 〈보기〉에서 있는 대로 고른 것은? (단, 모든 마찰과 공기 저항은 무시한다.) [3점]

〈 보기 〉

ㄱ. (가)에서 자석은 p에서 q까지 등가속도 운동을 한다.

ㄴ. 자석이 q를 지날 때 자석에 작용하는 자기력의 방향은 (가)에서와 (나)에서가 서로 같다.

ㄷ. 자석이 q를 지날 때 금속 고리에 유도되는 전류의 방향은 (가)에서와 (나)에서가 서로 반대이다.

① ㄱ ② ㄴ ③ ㄷ ④ ㄱ, ㄴ ⑤ ㄴ, ㄷ

05

2021학년도 3월 학평 물Ⅰ 3번

그림은 xy 평면에 수직인 방향의 자기장 영역에서 정사각형 금속 고리 A, B, C가 각각 $+x$ 방향, $-y$ 방향, $+y$ 방향으로 직선 운동하고 있는 순간의 모습을 나타낸 것이다. 자기장 영역에서 자기장은 일정하고 균일하다.

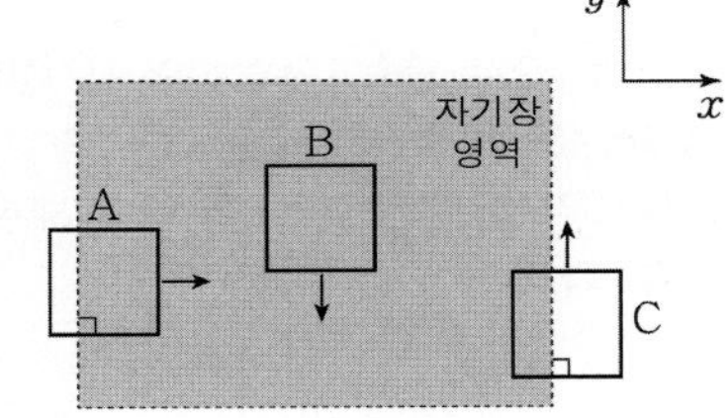

유도 전류가 흐르는 고리만을 있는 대로 고른 것은? (단, A, B, C 사이의 상호 작용은 무시한다.) [3점]

① A ② B ③ A, C ④ B, C ⑤ A, B, C

06

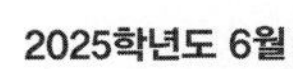 

2025학년도 6월 모평 물Ⅰ 18번

그림과 같이 두 변의 길이가 각각 d, $2d$인 동일한 직사각형 금속 고리 A, B가 xy평면에서 $+x$방향으로 등속도 운동하며 균일한 자기장 영역 Ⅰ, Ⅱ를 지난다. Ⅰ, Ⅱ에서 자기장의 방향은 xy평면에 수직이고 세기는 각각 일정하다. A, B의 속력은 같고, 점 p, q는 각각 A, B의 한 지점이다. 표는 p의 위치에 따라 p에 흐르는 유도 전류의 세기와 방향을 나타낸 것이다.

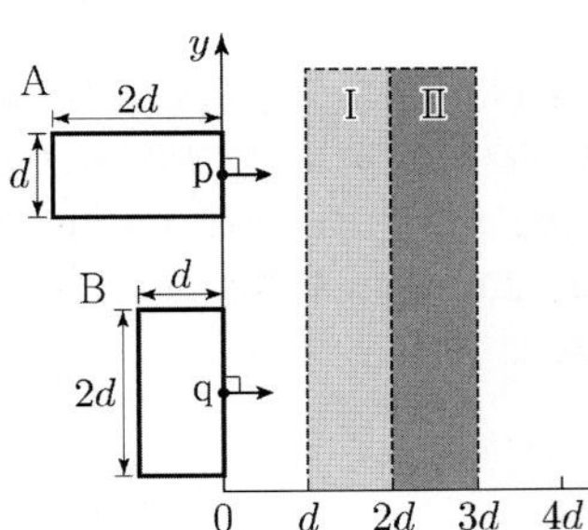

p의 위치	p에 흐르는 유도 전류	
	세기	방향
$x=1.5d$	I_0	$+y$
$x=2.5d$	$2I_0$	$-y$

이에 대한 설명으로 옳은 것만을 <보기>에서 있는 대로 고른 것은? (단, A와 B의 상호 작용은 무시한다.) [3점]

〈 보기 〉

ㄱ. p의 위치가 $x=3.5d$일 때, A에 흐르는 유도 전류의 세기는 I_0이다.

ㄴ. q의 위치가 $x=2.5d$일 때, B에 흐르는 유도 전류의 세기는 $3I_0$보다 크다.

ㄷ. p와 q의 위치가 $x=3.5d$일 때, p와 q에 흐르는 유도 전류의 방향은 서로 반대이다.

① ㄱ ② ㄴ ③ ㄱ, ㄷ ④ ㄴ, ㄷ ⑤ ㄱ, ㄴ, ㄷ

07

2024학년도 5월 학평 물Ⅰ 18번

그림과 같이 한 변의 길이가 $6d$인 직사각형 금속 고리가 xy평면에서 균일한 자기장 영역 Ⅰ, Ⅱ, Ⅲ을 $+x$방향으로 등속도 운동하며 지난다. Ⅰ, Ⅱ, Ⅲ에서 자기장의 세기는 일정하고, Ⅰ에서 자기장의 방향은 xy평면에 수직이다. 금속 고리의 점 p가 $x=5d$를 지날 때와 $x=8d$를 지날 때 p에 흐르는 유도 전류의 세기와 방향은 같다.

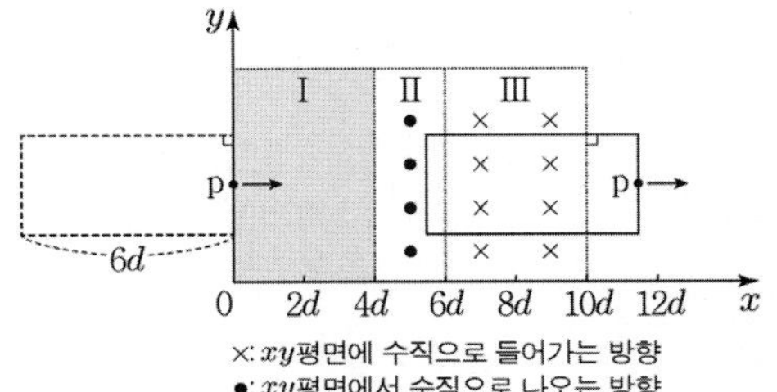

이에 대한 설명으로 옳은 것만을 <보기>에서 있는 대로 고른 것은? [3점]

〈 보기 〉

ㄱ. 자기장의 세기는 Ⅰ에서가 Ⅲ에서보다 크다.

ㄴ. Ⅰ에서 자기장의 방향은 xy평면에서 수직으로 나오는 방향이다.

ㄷ. p에 흐르는 유도 전류의 세기는 p가 $x=2d$를 지날 때가 $x=11d$를 지날 때보다 크다.

① ㄱ ② ㄴ ③ ㄱ, ㄷ ④ ㄴ, ㄷ ⑤ ㄱ, ㄴ, ㄷ

08 대표 문제

2024학년도 6월 모평 물Ⅰ 13번

그림 (가)는 균일한 자기장 영역 Ⅰ, Ⅱ가 있는 xy평면에 한 변의 길이가 $2d$인 정사각형 금속 고리가 고정되어 있는 것을 나타낸 것이다. Ⅰ의 자기장의 세기는 B_0으로 일정하고, Ⅱ의 자기장의 세기 B는 그림 (나)와 같이 시간에 따라 변한다.

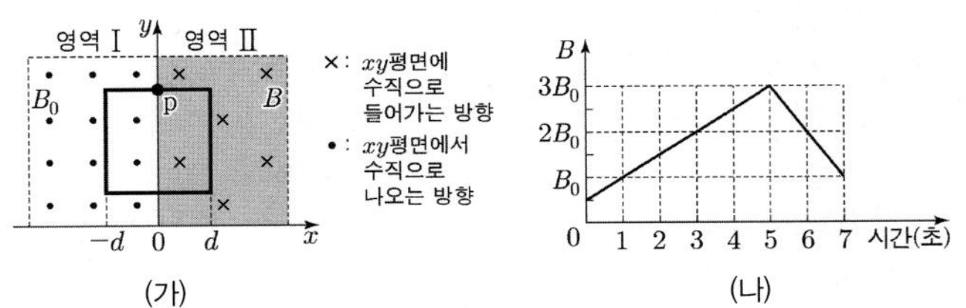

(가) (나)

이에 대한 설명으로 옳은 것만을 <보기>에서 있는 대로 고른 것은? [3점]

〈 보기 〉

ㄱ. 1초일 때, 고리에 유도 전류가 흐르지 않는다.

ㄴ. 2초일 때, 고리의 점 p에서 유도 전류의 방향은 $-x$ 방향이다.

ㄷ. 고리에 흐르는 유도 전류의 세기는 3초일 때와 6초일 때가 같다.

① ㄱ ② ㄴ ③ ㄱ, ㄷ ④ ㄴ, ㄷ ⑤ ㄱ, ㄴ, ㄷ

09

2023학년도 9월 모평 물Ⅰ 12번

그림과 같이 p-n 접합 발광 다이오드(LED)가 연결된 한 변의 길이가 d인 정사각형 금속 고리가 종이면에 수직인 균일한 자기장 영역 Ⅰ, Ⅱ를 $+x$ 방향으로 등속도 운동하여 지난다. 고리의 중심이 $x=4d$를 지날 때 LED에서 빛이 방출된다. A는 p형 반도체와 n형 반도체 중 하나이다.

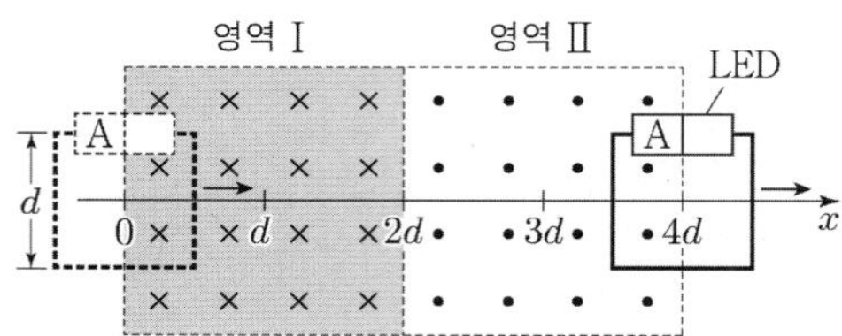

×: 종이면에 수직으로 들어가는 방향
•: 종이면에서 수직으로 나오는 방향

이에 대한 설명으로 옳은 것만을 〈보기〉에서 있는 대로 고른 것은? [3점]

〈보기〉

ㄱ. A는 n형 반도체이다.
ㄴ. 고리의 중심이 $x=d$를 지날 때, 유도 전류가 흐른다.
ㄷ. 고리의 중심이 $x=2d$를 지날 때, LED에서 빛이 방출된다.

① ㄱ ② ㄴ ③ ㄱ, ㄷ ④ ㄴ, ㄷ ⑤ ㄱ, ㄴ, ㄷ

10

2024학년도 3월 학평 물Ⅰ 17번

그림은 한 변의 길이가 $4d$인 직사각형 금속 고리가 xy평면에서 운동하는 모습을 나타낸 것이다. 고리는 세기가 각각 B_0, $2B_0$, B_0으로 균일한 자기장 영역 Ⅰ, Ⅱ, Ⅲ을 $+x$방향으로 등속도 운동을 하며 지난다. 고리의 점 p가 $x=3d$를 지날 때, p에는 세기가 I_0인 유도 전류가 $+y$방향으로 흐른다. Ⅱ에서 자기장의 방향은 xy평면에 수직이다.

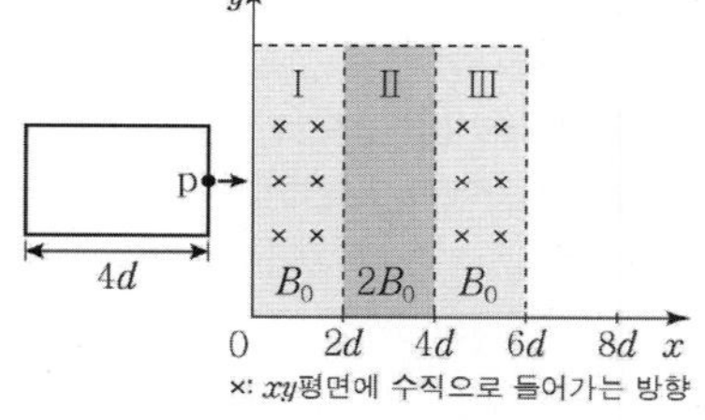

×: xy평면에 수직으로 들어가는 방향

p에 흐르는 유도 전류에 대한 옳은 설명만을 〈보기〉에서 있는 대로 고른 것은?

〈보기〉

ㄱ. p가 $x=d$를 지날 때, 전류의 세기는 $2I_0$이다.
ㄴ. p가 $x=5d$를 지날 때, 전류가 흐르지 않는다.
ㄷ. p가 $x=7d$를 지날 때, 전류는 $-y$방향으로 흐른다.

① ㄱ ② ㄴ ③ ㄱ, ㄷ ④ ㄴ, ㄷ ⑤ ㄱ, ㄴ, ㄷ

11

2023학년도 수능 물Ⅰ 10번

그림과 같이 한 변의 길이가 $4d$인 정사각형 금속 고리가 xy평면에서 $+x$ 방향으로 등속도 운동하며 자기장의 세기가 B_0으로 같은 균일한 자기장 영역 Ⅰ, Ⅱ, Ⅲ을 지난다. 금속 고리의 점 p가 $x=7d$를 지날 때, p에는 유도 전류가 흐르지 않는다. Ⅲ에서 자기장의 방향은 xy평면에 수직이다.

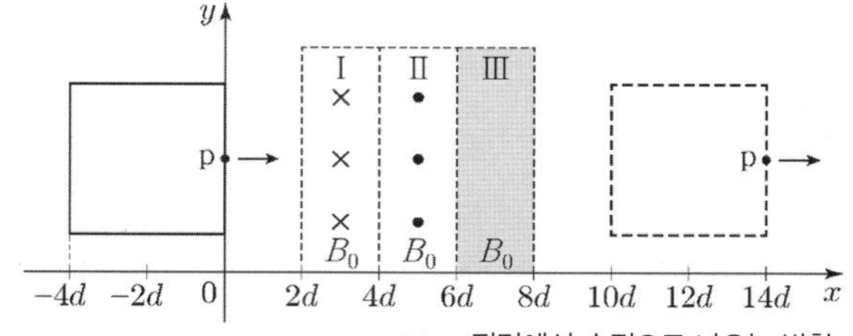

●: xy평면에서 수직으로 나오는 방향
×: xy평면에 수직으로 들어가는 방향

이에 대한 설명으로 옳은 것만을 〈보기〉에서 있는 대로 고른 것은? [3점]

〈보기〉

ㄱ. 자기장의 방향은 Ⅰ에서와 Ⅲ에서가 같다.
ㄴ. p가 $x=3d$를 지날 때, p에 흐르는 유도 전류의 방향은 $+y$ 방향이다.
ㄷ. p에 흐르는 유도 전류의 세기는 p가 $x=5d$를 지날 때가 $x=3d$를 지날 때보다 크다.

① ㄱ ② ㄷ ③ ㄱ, ㄴ ④ ㄴ, ㄷ ⑤ ㄱ, ㄴ, ㄷ

12

2023학년도 4월 학평 물Ⅰ 18번

그림과 같이 한 변의 길이가 $4d$인 직사각형 금속 고리가 xy평면에서 $+x$방향으로 등속도 운동하며 균일한 자기장 영역 Ⅰ, Ⅱ, Ⅲ을 지난다. Ⅰ, Ⅱ, Ⅲ에서 자기장의 세기는 각각 B_0, B, B_0이고, Ⅱ에서 자기장의 방향은 xy평면에 수직이다. 표는 금속 고리의 점 p의 위치에 따른 p에 흐르는 유도 전류의 방향을 나타낸 것이다.

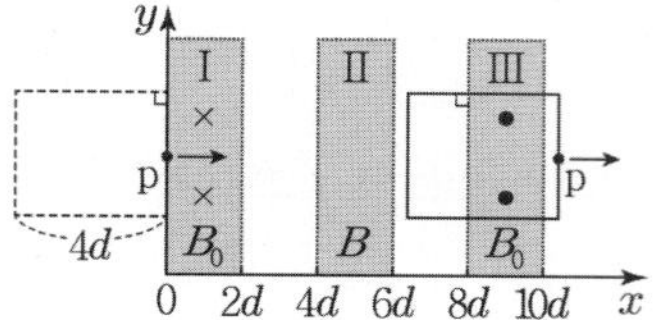

×: xy평면에 수직으로 들어가는 방향
•: xy평면에서 수직으로 나오는 방향

P의 위치	p에 흐르는 유도 전류의 방향
$x=5d$	㉠
$x=9d$	$+y$

이에 대한 설명으로 옳은 것만을 〈보기〉에서 있는 대로 고른 것은? [3점]

〈보기〉

ㄱ. $B>B_0$이다.
ㄴ. ㉠은 '$-y$'이다.
ㄷ. p에 흐르는 유도 전류의 세기는 p가 $x=5d$를 지날 때가 $x=9d$를 지날 때보다 크다.

① ㄱ ② ㄷ ③ ㄱ, ㄴ ④ ㄴ, ㄷ ⑤ ㄱ, ㄴ, ㄷ

13

2023학년도 3월 학평 물Ⅰ 12번

그림 (가)와 같이 방향이 각각 일정한 자기장 영역 Ⅰ과 Ⅱ에 p-n 접합 다이오드가 연결된 사각형 금속 고리가 고정되어 있다. A는 p형 반도체와 n형 반도체 중 하나이다. 그림 (나)는 Ⅰ과 Ⅱ의 자기장의 세기를 시간에 따라 나타낸 것이다. t_0일 때, 고리에 흐르는 유도 전류의 세기는 I_0이다.

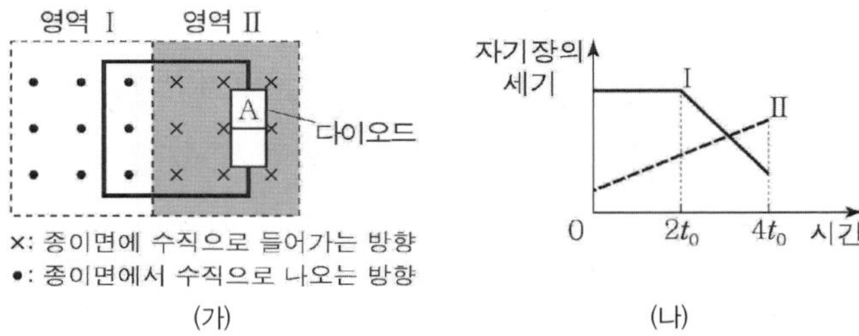

(가) (나)

이에 대한 옳은 설명만을 〈보기〉에서 있는 대로 고른 것은?

〈 보기 〉

ㄱ. t_0일 때 유도 전류의 방향은 시계 방향이다.
ㄴ. $3t_0$일 때 유도 전류의 세기는 I_0보다 작다.
ㄷ. A는 n형 반도체이다.

① ㄱ ② ㄷ ③ ㄱ, ㄴ ④ ㄴ, ㄷ ⑤ ㄱ, ㄴ, ㄷ

14

2024학년도 7월 학평 물Ⅰ 9번

그림과 같이 xy평면에 일정한 전류가 흐르는 무한히 긴 직선 도선 A가 $x=-3d$에 고정되어 있고, 원형 도선 B는 중심이 원점 O가 되도록 놓여있다. 표는 B가 움직이기 시작하는 순간, B의 운동 방향에 따라 B에 흐르는 유도 전류의 방향을 나타낸 것이다.

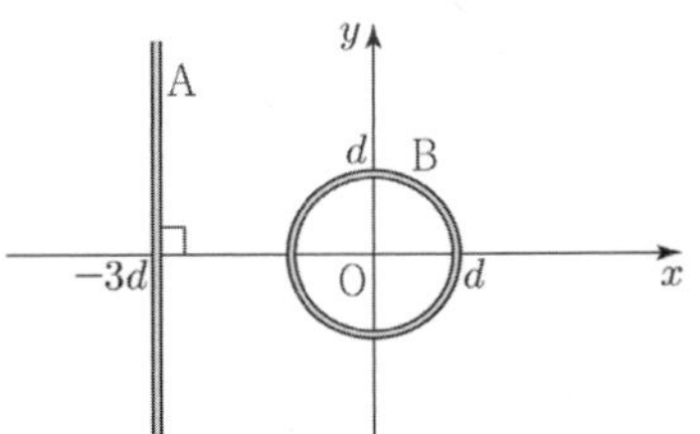

B의 운동 방향	B에 흐르는 유도 전류의 방향
$+x$	㉠
$-x$	시계 반대 방향

이에 대한 설명으로 옳은 것만을 〈보기〉에서 있는 대로 고른 것은? [3점]

〈 보기 〉

ㄱ. A에 흐르는 전류의 방향은 $+y$방향이다.
ㄴ. ㉠은 '시계 방향'이다.
ㄷ. B의 운동 방향이 $+y$방향일 때, B에는 일정한 세기의 유도 전류가 흐른다.

① ㄱ ② ㄷ ③ ㄱ, ㄴ ④ ㄴ, ㄷ ⑤ ㄱ, ㄴ, ㄷ

15

2023학년도 7월 학평 물Ⅰ 15번

그림 (가)와 같이 p-n 접합 발광 다이오드(LED)가 연결된 한 변의 길이가 d인 정사각형 금속 고리가 용수철에 매달려 종이면에 수직으로 들어가는 방향의 균일한 자기장 영역에 정지해 있다. 그림 (나)는 (가)에서 금속 고리를 $-y$ 방향으로 d만큼 잡아당겨, 시간 $t=0$인 순간 가만히 놓아 금속 고리가 y축과 나란하게 운동할 때 LED의 변위 y를 t에 따라 나타낸 것이다. $t=t_2$일 때 금속 고리에 흐르는 유도 전류에 의해 LED에서 빛이 방출된다. A는 p형 반도체와 n형 반도체 중 하나이다.

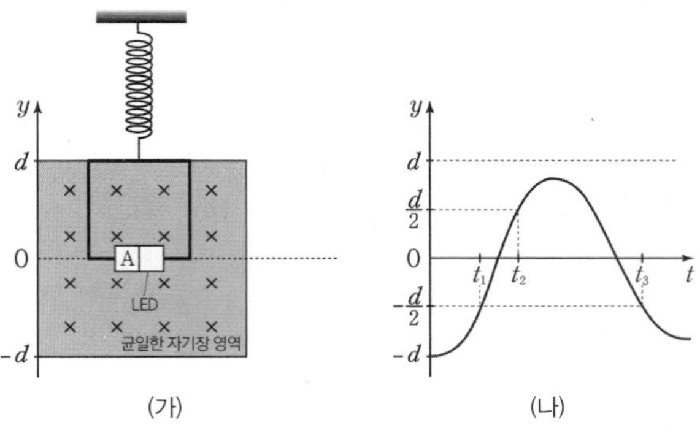

(가) (나)

이에 대한 설명으로 옳은 것만을 〈보기〉에서 있는 대로 고른 것은? (단, 금속 고리는 회전하지 않으며, 공기 저항은 무시한다.) [3점]

〈 보기 〉

ㄱ. A는 p형 반도체이다.
ㄴ. $t=t_1$일 때 LED에서 빛이 방출되지 않는다.
ㄷ. 금속 고리의 운동 에너지는 $t=t_1$일 때와 $t=t_3$일 때가 같다.

① ㄱ ② ㄴ ③ ㄱ, ㄷ ④ ㄴ, ㄷ ⑤ ㄱ, ㄴ, ㄷ

16

2024학년도 9월 모평 물Ⅰ 13번

그림과 같이 한 변의 길이가 $4d$인 직사각형 금속 고리가 xy평면에서 자기장 세기가 각각 B_0, $2B_0$인 균일한 자기장 영역 Ⅰ, Ⅱ를 $+x$방향으로 등속도 운동을 하며 지난다. 금속 고리의 점 a가 $x=d$와 $x=7d$를 지날 때, a에 흐르는 유도 전류의 방향은 같다. Ⅰ, Ⅱ에서 자기장의 방향은 xy평면에 수직이다.

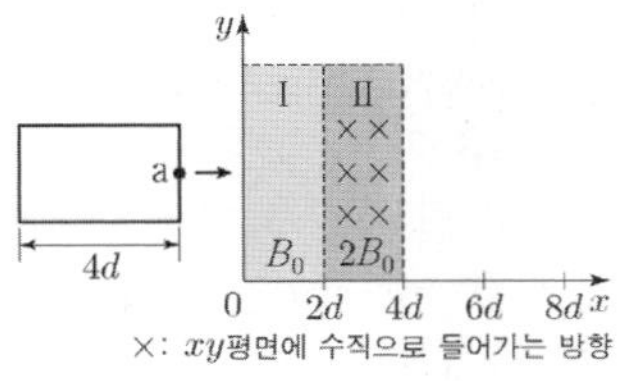

a의 위치에 따른 a에 흐르는 유도 전류를 나타낸 그래프로 가장 적절한 것은? (단, a에 흐르는 유도 전류의 방향은 $+y$방향이 양(+)이다.)

①
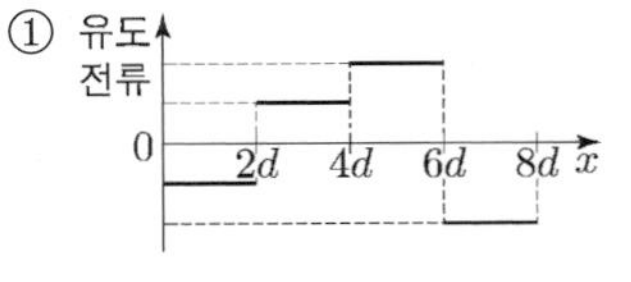

②
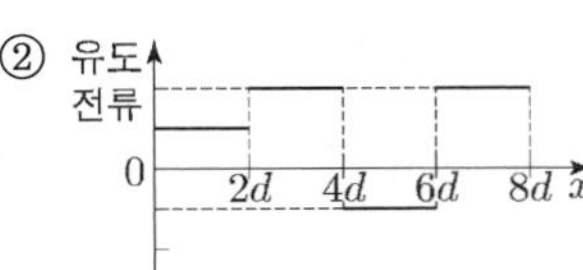

③
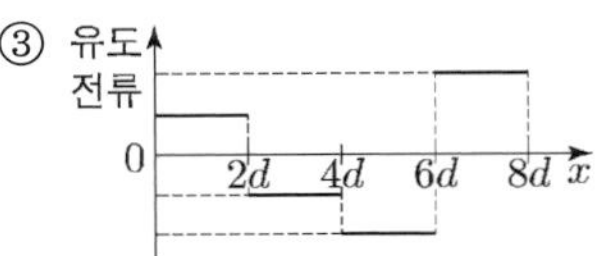

④
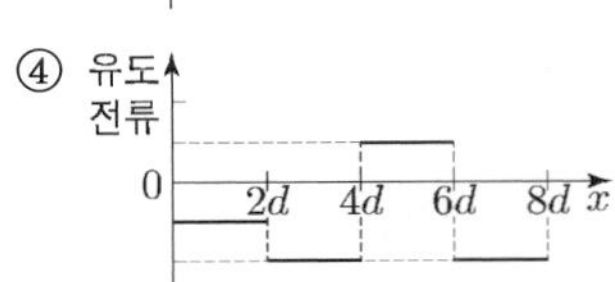

⑤
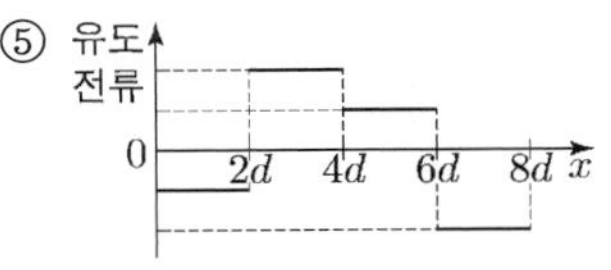

17 대표 문제

2025학년도 9월 모평 물I 18번

그림 (가)와 같이 균일한 자기장 영역 I과 II가 있는 xy평면에 원형 금속 고리가 고정되어 있다. I, II의 자기장이 고리 내부를 통과하는 면적은 같다. 그림 (나)는 (가)의 I, II에서 자기장의 세기를 시간에 따라 나타낸 것이다.

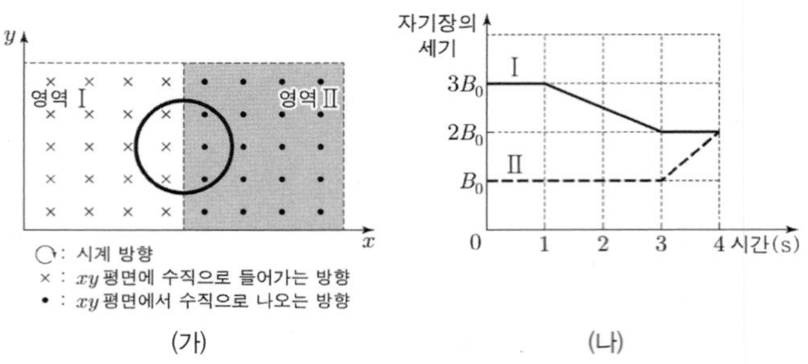

고리에 흐르는 유도 전류를 시간에 따라 나타낸 그래프로 가장 적절한 것은? (단, 유도 전류의 방향은 시계 방향이 양(+)이다.)

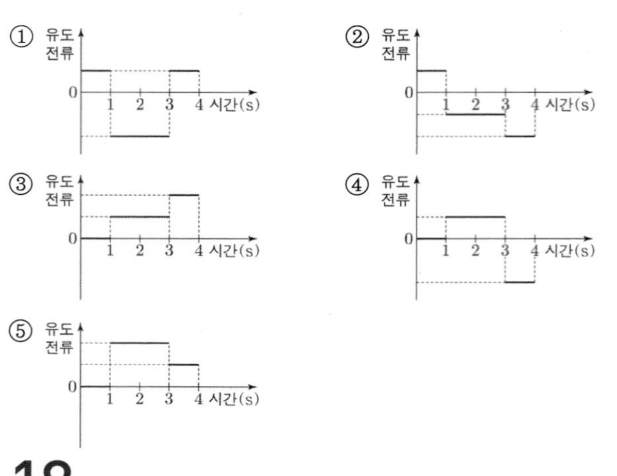

18

2020학년도 7월 학평 물I 20번

그림은 xy평면에 수직인 방향의 균일한 자기장 영역 I, II의 경계에서 변의 길이가 $4d$인 동일한 정사각형 도선 A, B, C가 각각 일정한 속력 v, v, $2v$로 직선 운동하는 어느 순간의 모습을 나타낸 것이다. A, B, C는 각각 $-y$, $+x$, $+y$ 방향으로 운동한다. I과 II에서 자기장의 방향은 서로 반대이고 A와 B에 흐르는 유도 전류의 세기는 같다.

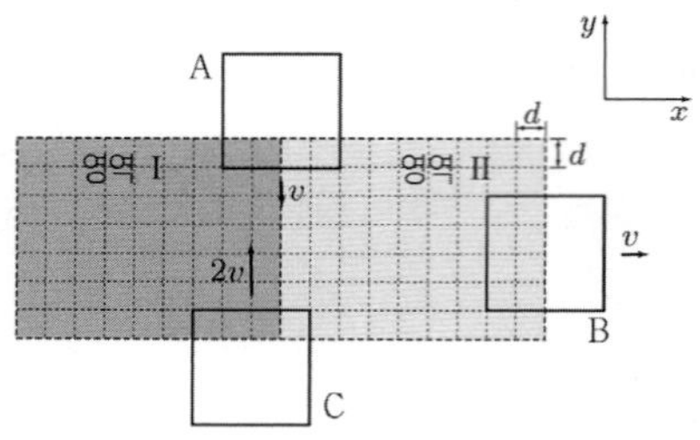

이에 대한 설명으로 옳은 것만을 〈보기〉에서 있는 대로 고른 것은? (단, 모눈 눈금은 동일하고, A, B, C 사이의 상호 작용은 무시한다.) [3점]

〈보기〉

ㄱ. 자기장의 세기는 I에서가 II에서의 3배이다.
ㄴ. 유도 전류의 방향은 A에서와 B에서가 같다.
ㄷ. 유도 전류의 세기는 C에서가 A에서의 4배이다.

① ㄱ ② ㄴ ③ ㄱ, ㄷ ④ ㄴ, ㄷ ⑤ ㄱ, ㄴ, ㄷ

19

2020학년도 9월 모평 물I 13번

그림 (가)와 같이 한 변의 길이가 d인 정사각형 금속 고리가 xy평면에서 $+x$방향으로 자기장 영역 I, II, III을 통과한다. I, II, III에서 자기장의 세기는 각각 B, $2B$, B로 균일하고, 방향은 모두 xy평면에 수직으로 들어가는 방향이다. P는 금속 고리의 한 점이다. 그림 (나)는 P의 속력을 위치에 따라 나타낸 것이다.

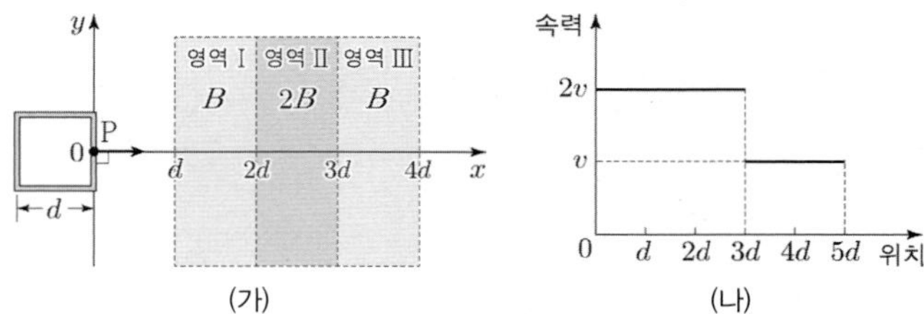

이에 대한 설명으로 옳은 것만을 〈보기〉에서 있는 대로 고른 것은? [3점]

〈보기〉

ㄱ. P가 $x=1.5d$를 지날 때, P에서의 유도 전류의 방향은 $-y$ 방향이다.
ㄴ. 유도 전류의 세기는 P가 $x=1.5d$를 지날 때가 $x=4.5d$를 지날 때보다 크다.
ㄷ. 유도 전류의 방향은 P가 $x=2.5d$를 지날 때와 $x=3.5d$를 지날 때가 서로 반대 방향이다.

① ㄱ ② ㄷ ③ ㄱ, ㄴ ④ ㄴ, ㄷ ⑤ ㄱ, ㄴ, ㄷ

20

2021학년도 4월 학평 물I 13번

그림 (가)와 같이 한 변의 길이가 $2d$인 직사각형 금속 고리가 xy 평면에서 $+x$ 방향으로 폭이 d인 균일한 자기장 영역을 향해 운동한다. 균일한 자기장 영역의 자기장은 세기가 일정하고 방향이 xy 평면에 수직으로 들어가는 방향이다. 그림 (나)는 금속 고리의 한 점 p의 위치를 시간 t에 따라 나타낸 것이다.

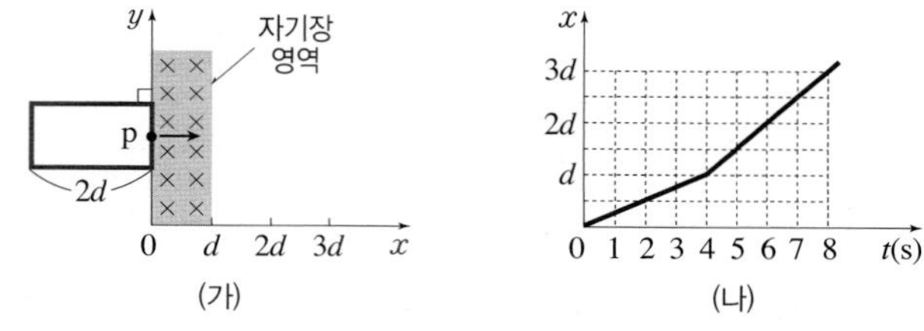

이에 대한 설명으로 옳은 것만을 〈보기〉에서 있는 대로 고른 것은?

〈보기〉

ㄱ. 2초일 때, p에 흐르는 유도 전류의 방향은 $+y$ 방향이다.
ㄴ. 5초일 때, 유도 전류는 흐르지 않는다.
ㄷ. 유도 전류의 세기는 2초일 때가 7초일 때보다 작다.

① ㄱ ② ㄴ ③ ㄱ, ㄷ ④ ㄴ, ㄷ ⑤ ㄱ, ㄴ, ㄷ

21

2022학년도 3월 학평 물I 13번

그림 (가)와 같이 종이면에 수직으로 들어가는 방향의 균일한 자기장 영역 I과 II에서 종이면에 고정된 동일한 원형 금속 고리 P, Q의 중심이 각 영역의 경계에 있다. 그림 (나)는 (가)의 I과 II에서 자기장의 세기를 시간에 따라 나타낸 것이다.

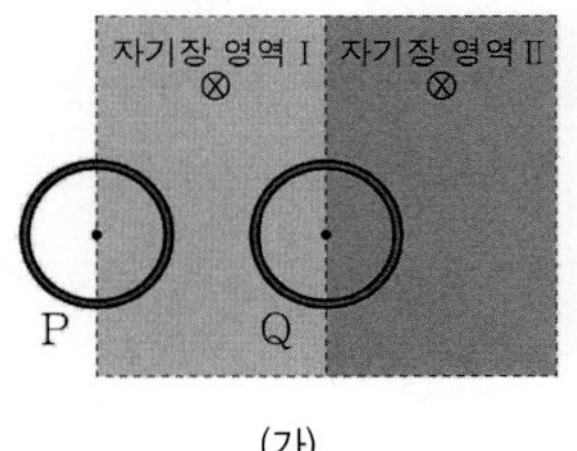

(가)

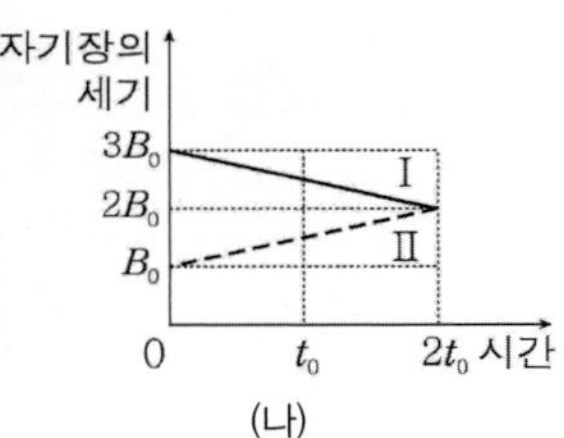

(나)

t_0일 때에 대한 옳은 설명만을 〈보기〉에서 있는 대로 고른 것은? (단, P, Q 사이의 상호 작용은 무시한다.) [3점]

〈보기〉

ㄱ. P의 유도 전류는 P의 중심에 종이면에 수직으로 들어가는 방향의 자기장을 만든다.
ㄴ. Q에는 유도 전류가 흐르지 않는다.
ㄷ. I과 II에 의해 고리면을 통과하는 자기 선속의 크기는 Q에서가 P에서보다 크다.

① ㄴ ② ㄷ ③ ㄱ, ㄴ ④ ㄱ, ㄷ ⑤ ㄱ, ㄴ, ㄷ

22

2021학년도 수능 물I 11번

그림 (가)는 자기장 B가 균일한 영역에 금속 고리가 고정되어 있는 것을 나타낸 것이고, (나)는 B의 세기를 시간에 따라 나타낸 것이다. B의 방향은 종이면에 수직으로 들어가는 방향이다.

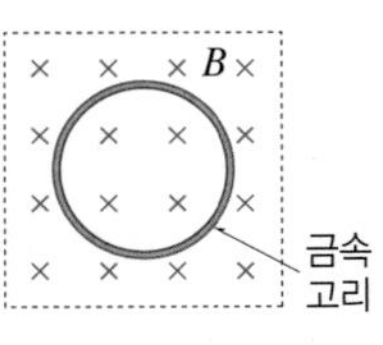

(가)

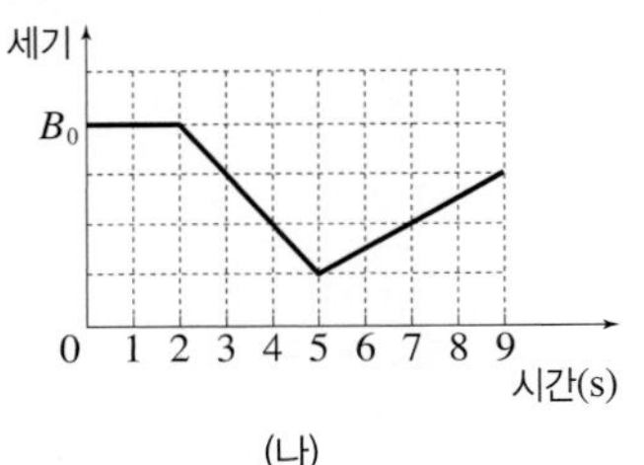

(나)

이에 대한 설명으로 옳은 것만을 〈보기〉에서 있는 대로 고른 것은? [3점]

〈보기〉

ㄱ. 1초일 때 유도 전류는 흐르지 않는다.
ㄴ. 유도 전류의 방향은 3초일 때와 6초일 때가 서로 반대이다.
ㄷ. 유도 전류의 세기는 7초일 때가 4초일 때보다 크다.

① ㄱ ② ㄷ ③ ㄱ, ㄴ ④ ㄴ, ㄷ ⑤ ㄱ, ㄴ, ㄷ

23

2024학년도 10월 학평 물I 13번

그림과 같이 세기와 방향이 일정한 전류가 흐르는 무한히 긴 직선 도선 A, B를 각각 x축, y축에 고정하고, xy평면에 금속 고리를 놓았다. 표는 금속 고리가 움직이기 시작하는 순간, 금속 고리의 운동 방향에 따라 금속 고리에 흐르는 유도 전류의 방향을 나타낸 것이다.

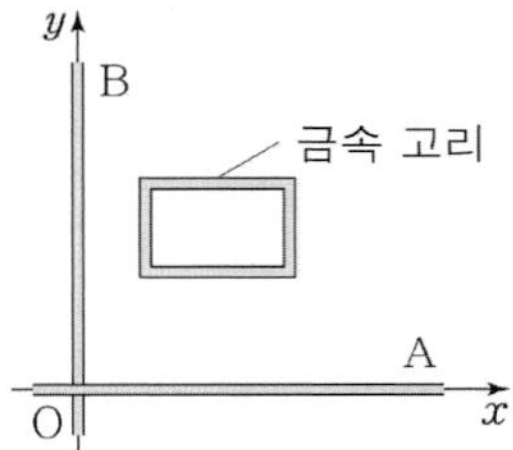

운동 방향	유도 전류의 방향
$+x$	시계 방향
$+y$	㉠
$-y$	시계 방향

이에 대한 옳은 설명만을 〈보기〉에서 있는 대로 고른 것은?

〈보기〉

ㄱ. ㉠은 시계 방향이다.
ㄴ. A에 흐르는 전류의 방향은 $+x$방향이다.
ㄷ. $x>0$인 xy평면상에서 B의 전류에 의한 자기장의 방향은 xy 평면에서 수직으로 나오는 방향이다.

① ㄱ ② ㄴ ③ ㄷ ④ ㄱ, ㄴ ⑤ ㄴ, ㄷ

24 대표 문제

2023학년도 6월 모평 물I 1번

그림 A, B, C는 자기장을 활용한 장치의 예를 나타낸 것이다.

A. 마이크

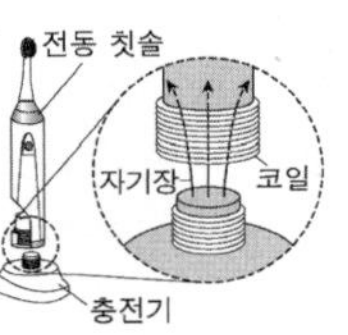

B. 무선 충전 칫솔

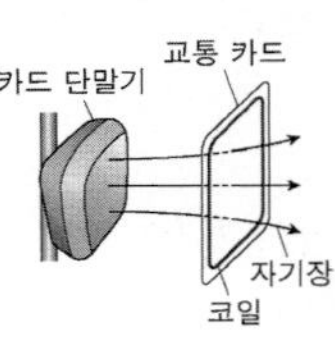

C. 교통 카드

전자기 유도 현상을 활용한 예만을 있는 대로 고른 것은?

① A ② C ③ A, B ④ B, C ⑤ A, B, C

25

2024학년도 수능 물Ⅰ 17번

그림과 같이 한 변의 길이가 $2d$인 정사각형 금속 고리가 xy평면에서 균일한 자기장 영역 Ⅰ~Ⅲ을 $+x$방향으로 등속도 운동을 하며 지난다. 금속 고리의 한 변의 중앙에 고정된 점 p가 $x=d$와 $x=5d$를 지날 때, p에 흐르는 유도 전류의 세기는 같고 방향은 $-y$방향이다. Ⅰ, Ⅱ에서 자기장의 세기는 각각 B_0이고, Ⅲ에서 자기장의 세기는 일정하고 방향은 xy평면에 수직이다.

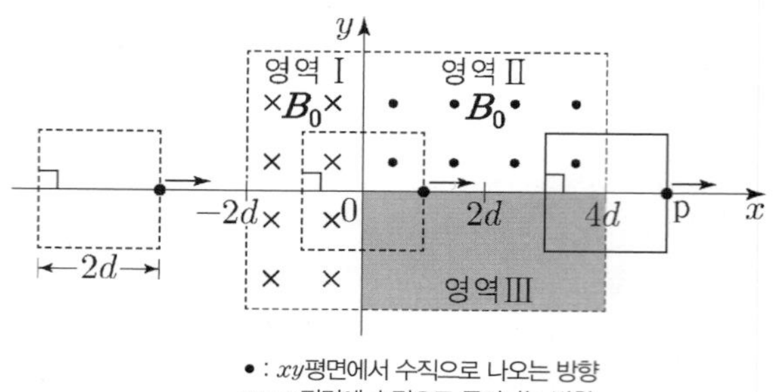

•: xy평면에서 수직으로 나오는 방향
×: xy평면에 수직으로 들어가는 방향

p에 흐르는 유도 전류를 p의 위치에 따라 나타낸 그래프로 가장 적절한 것은? (단, p에 흐르는 유도 전류의 방향은 $+y$방향이 양(+)이다.) [3점]

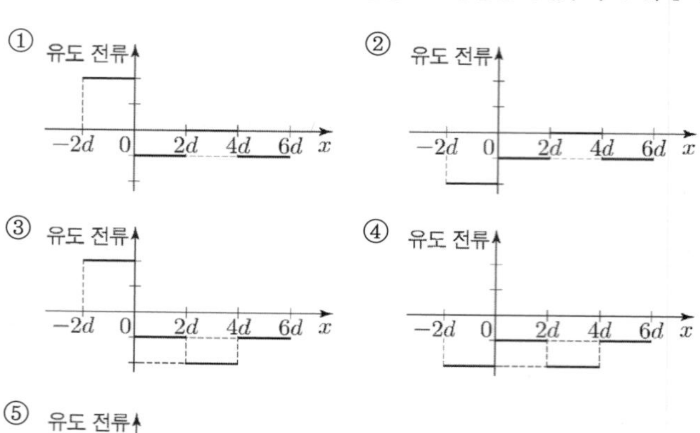

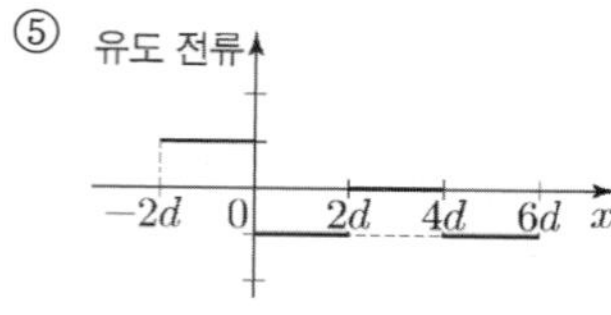

26

2020학년도 3월 학평 물Ⅰ 8번

그림은 휴대 전화를 무선 충전기 위에 놓고 충전하는 모습을 나타낸 것이다. 코일 A, B는 각각 무선 충전기와 휴대 전화 내부에 있고, A에 흐르는 전류의 세기 I는 주기적으로 변한다.

이에 대한 옳은 설명만을 〈보기〉에서 있는 대로 고른 것은?

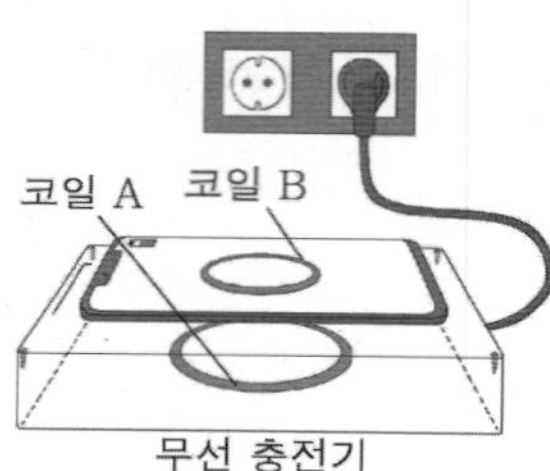

무선 충전기

〈보기〉

ㄱ. I가 증가할 때 B에 유도 전류가 흐른다.
ㄴ. I가 감소할 때 B에 유도 전류가 흐르지 않는다.
ㄷ. 무선 충전은 전자기 유도 현상을 이용한다.

① ㄱ ② ㄴ ③ ㄱ, ㄷ ④ ㄴ, ㄷ ⑤ ㄱ, ㄴ, ㄷ

27

2022학년도 6월 모평 물Ⅰ 2번

전자기 유도 현상을 활용하는 것만을 〈보기〉에서 있는 대로 고른 것은?

〈보기〉

ㄱ. 마이크 ㄴ. 무선 충전 ㄷ. 전자석 기중기

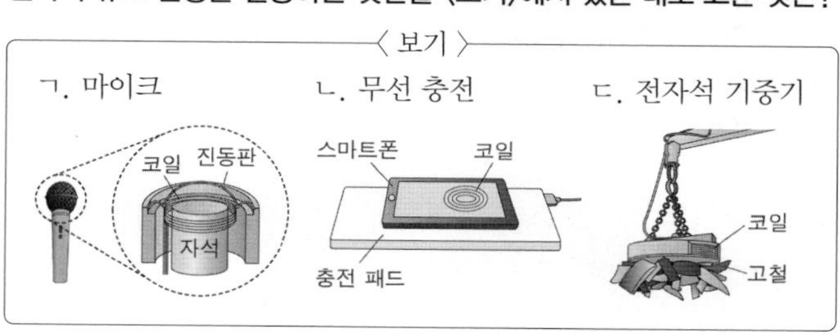

① ㄱ ② ㄷ ③ ㄱ, ㄴ ④ ㄴ, ㄷ ⑤ ㄱ, ㄴ, ㄷ

28

2020학년도  물Ⅰ 4번

다음은 헤드폰의 스피커를 이용한 실험이다.

[자료 조사 내용]
○ 헤드폰의 스피커는 진동판, 코일, 자석 등으로 구성되어 있다.

〈헤드폰의 스피커 구조〉

[실험 과정]
(가) 컴퓨터의 마이크 입력 단자에 헤드폰을 연결하고, 녹음 프로그램을 실행시킨다.
(나) 헤드폰의 스피커 가까이에서 다양한 소리를 낸다.
(다) 녹음 프로그램을 종료하고 저장된 파일을 재생시킨다.

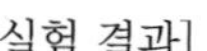

[실험 결과]
○ 헤드폰의 스피커 가까이에서 냈던 다양한 소리가 재생되었다.

이 실험에서 소리가 녹음되는 동안 헤드폰의 스피커에서 일어나는 현상에 대한 설명으로 옳은 것만을 〈보기〉에서 있는 대로 고른 것은?

〈보기〉

ㄱ. 진동판은 공기의 진동에 의해 진동한다.
ㄴ. 코일에서는 전자기 유도 현상이 일어난다.
ㄷ. 코일이 자석에 붙은 상태로 자석과 함께 운동한다.

① ㄱ ② ㄷ ③ ㄱ, ㄴ ④ ㄴ, ㄷ ⑤ ㄱ, ㄴ, ㄷ

29

2020학년도 10월 학평 물Ⅰ 8번

그림 (가)는 마이크의 내부 구조를 나타낸 것으로, 소리에 의해 진동판과 코일이 진동한다. 그림 (나)는 (가)에서 자석의 윗면과 코일 사이의 거리 d를 시간에 따라 나타낸 것이다. t_3일 때 코일에는 화살표 방향으로 유도 전류가 흐른다.

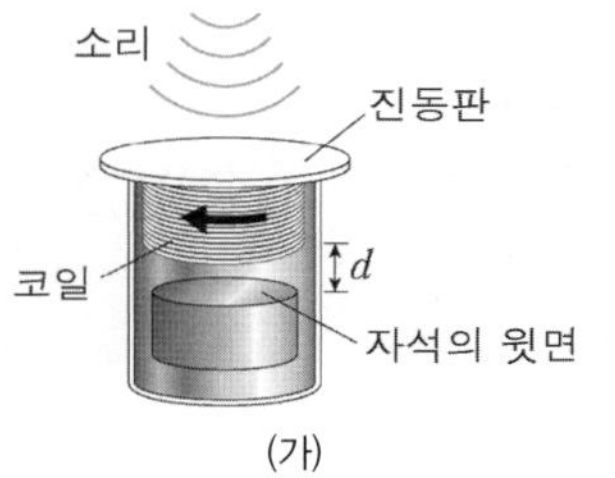

(가)

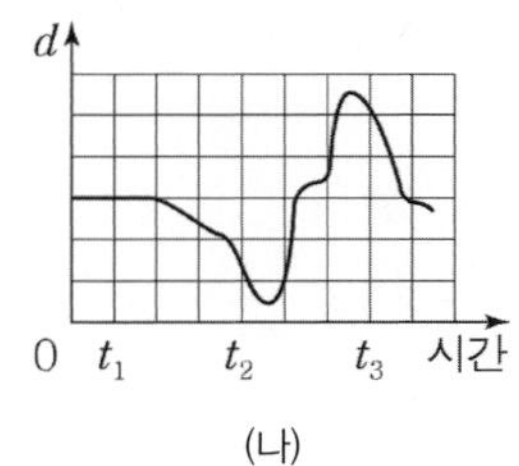

(나)

이에 대한 옳은 설명만을 〈보기〉에서 있는 대로 고른 것은?

〈 보기 〉

ㄱ. 자석의 윗면은 N극이다.
ㄴ. t_1일 때 코일에는 유도 전류가 흐르지 않는다.
ㄷ. 코일에 흐르는 유도 전류의 방향은 t_2일 때와 t_3일 때가 서로 반대이다.

① ㄱ ② ㄷ ③ ㄱ, ㄴ ④ ㄴ, ㄷ ⑤ ㄱ, ㄴ, ㄷ

30

2021학년도 9월 모평 물Ⅰ 16번

그림 (가)는 무선 충전기에서 스마트폰의 원형 도선에 전류가 유도되어 스마트폰이 충전되는 모습을, (나)는 원형 도선을 통과하는 자기 선속 Φ를 시간 t에 따라 나타낸 것이다.

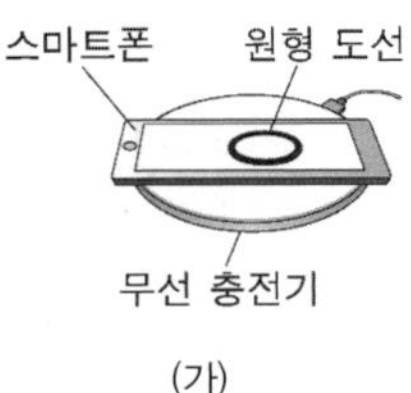

(가)

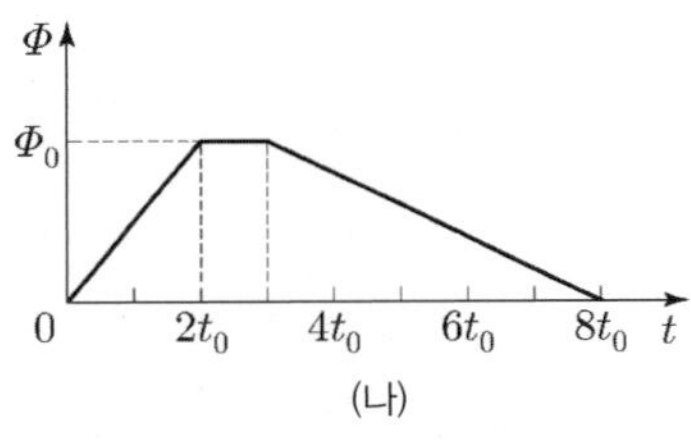

(나)

원형 도선에 흐르는 유도 전류에 대한 설명으로 옳은 것만을 〈보기〉에서 있는 대로 고른 것은? [3점]

〈 보기 〉

ㄱ. 유도 전류의 세기는 $0<t<2t_0$에서 증가한다.
ㄴ. 유도 전류의 세기는 t_0일 때가 $5t_0$일 때보다 크다.
ㄷ. 유도 전류의 방향은 t_0일 때와 $6t_0$일 때가 서로 같다.

① ㄱ ② ㄴ ③ ㄱ, ㄷ ④ ㄴ, ㄷ ⑤ ㄱ, ㄴ, ㄷ

31

2021학년도 10월 학평 물Ⅰ 2번

다음은 간이 발전기에 대한 설명이다.

○ 간이 발전기의 자석이 일정한 속력으로 회전할 때, 코일에 유도 전류가 흐른다. 이때  유도 전류의 세기가 커진다.

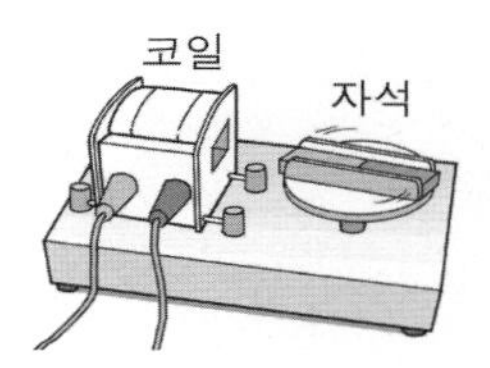

㉠으로 적절한 것만을 〈보기〉에서 있는 대로 고른 것은?

〈 보기 〉

ㄱ. 자석의 회전 속력만을 증가시키면
ㄴ. 자석의 회전 방향만을 반대로 하면
ㄷ. 자석을 세기만 더 강한 것으로 바꾸면

① ㄱ ② ㄷ ③ ㄱ, ㄴ ④ ㄱ, ㄷ ⑤ ㄴ, ㄷ

32

2025학년도 수능 물Ⅰ 19번

그림과 같이 한 변의 길이가 $2d$인 정사각형 금속 고리가 xy평면에서 균일한 자기장 영역 Ⅰ, Ⅱ, Ⅲ을 $+x$방향으로 등속도 운동하며 지난다. 금속 고리의 점 p가 $x=2.5d$를 지날 때, p에 흐르는 유도 전류의 방향은 $+y$방향이다. Ⅰ, Ⅲ에서 자기장의 세기는 각각 B_0이고, Ⅱ에서 자기장의 세기는 일정하고 방향은 xy평면에 수직이다.

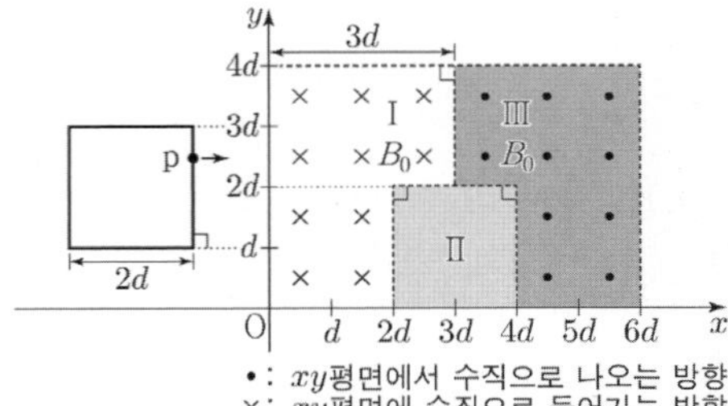

이에 대한 설명으로 옳은 것만을 〈보기〉에서 있는 대로 고른 것은? [3점]

〈 보기 〉

ㄱ. 자기장의 방향은 Ⅰ에서와 Ⅱ에서가 같다.
ㄴ. p가 $x=4.5d$를 지날 때, p에 흐르는 유도 전류의 방향은 $-y$방향이다.
ㄷ. p에 흐르는 유도 전류의 세기는 p가 $x=5.5d$를 지날 때가 $x=2.5d$를 지날 때보다 크다.

① ㄱ ② ㄷ ③ ㄱ, ㄴ ④ ㄴ, ㄷ ⑤ ㄱ, ㄴ, ㄷ

한눈에 정리하는 평가원 기출 경향

주제 \ 학년도	2025	2024
빈출 파동의 위치−시간, 변위−시간 그래프 해석	27, 14	06, 08, 04
물결파의 진행과 굴절		
빛과 소리의 굴절		

빈출 파동의 위치−시간, 변위−시간 그래프 해석

2025

27 2025학년도 수능 물I 8번

그림 (가)는 진동수가 일정한 물결파가 매질 A에서 매질 B로 진행할 때, 시간 $t=0$인 순간의 물결파의 모습을 나타낸 것이다. 실선은 물결파의 마루이고, A와 B에서 이웃한 마루와 마루 사이의 거리는 각각 d, $2d$이다. 점 p, q는 평면상의 고정된 점이다. 그림 (나)는 (가)의 p에서 물결파의 변위를 시간 t에 따라 나타낸 것이다.

(가)

(나)

이에 대한 설명으로 옳은 것만을 〈보기〉에서 있는 대로 고른 것은?

〈보기〉
ㄱ. 물결파의 속력은 B에서가 A에서의 2배이다.
ㄴ. (가)에서 입사각은 굴절각보다 작다.
ㄷ. $t=2t_0$일 때, q에서 물결파는 마루가 된다.

① ㄱ ② ㄷ ③ ㄱ, ㄴ ④ ㄴ, ㄷ ⑤ ㄱ, ㄴ, ㄷ

14 2025학년도 9월 모평 물I 5번

그림 (가)와 (나)는 같은 속력으로 진행하는 파동 A와 B의 어느 지점에서의 변위를 각각 시간에 따라 나타낸 것이다.

(가) (나)

A, B의 파장을 각각 λ_A, λ_B라 할 때, $\frac{\lambda_A}{\lambda_B}$는?

① $\frac{1}{3}$ ② $\frac{2}{3}$ ③ 1 ④ $\frac{4}{3}$ ⑤ $\frac{5}{3}$

2024

06 2024학년도 수능 물I 5번

그림은 주기가 2초인 파동이 x축과 나란하게 매질 Ⅰ에서 매질 Ⅱ로 진행할 때, 시간 $t=0$인 순간과 $t=3$초인 순간의 파동의 모습을 각각 나타낸 것이다. 실선과 점선은 각각 마루와 골이다.

이에 대한 설명으로 옳은 것만을 〈보기〉에서 있는 대로 고른 것은? [3점]

〈보기〉
ㄱ. Ⅰ에서 파동의 파장은 1 m이다.
ㄴ. Ⅱ에서 파동의 진행 속력은 $\frac{3}{2}$ m/s이다.
ㄷ. $t=0$부터 $t=3$초까지, $x=7$ m에서 파동이 마루가 되는 횟수는 2회이다.

① ㄱ ② ㄴ ③ ㄷ ④ ㄴ, ㄷ ⑤ ㄱ, ㄴ, ㄷ

08 대표 문제 2024학년도 9월 모평 물I 3번

그림은 시간 $t=0$일 때, x축과 나란하게 매질 A에서 매질 B로 진행하는 파동의 변위를 위치 x에 따라 나타낸 것이다. $x=3$ cm인 지점 P에서 변위는 y_P이고, A에서 파동의 진행 속력은 4 cm/s이다.

이에 대한 설명으로 옳은 것만을 〈보기〉에서 있는 대로 고른 것은?

〈보기〉
ㄱ. 파동의 주기는 2초이다.
ㄴ. B에서 파동의 진행 속력은 8 cm/s이다.
ㄷ. $t=0.1$초일 때, P에서 파동의 변위는 y_P보다 작다.

① ㄱ ② ㄴ ③ ㄷ ④ ㄱ, ㄷ ⑤ ㄱ, ㄴ, ㄷ

04 2024학년도 6월 모평 물I 14번

그림은 10 m/s의 속력으로 x축과 나란하게 진행하는 파동의 변위를 위치 x에 따라 나타낸 것으로, 어떤 순간에는 파동의 모양이 P와 같고, 다른 어떤 순간에는 파동의 모양이 Q와 같다. 표는 파동의 모양이 P에서 Q로, Q에서 P로 바뀌는 데 걸리는 최소 시간을 나타낸 것이다.

구분	최소 시간(s)
P에서 Q	0.3
Q에서 P	0.1

이에 대한 설명으로 옳은 것만을 〈보기〉에서 있는 대로 고른 것은?

〈보기〉
ㄱ. 파장은 4 m이다.
ㄴ. 주기는 0.4 s이다.
ㄷ. 파동은 $+x$방향으로 진행한다.

① ㄱ ② ㄷ ③ ㄱ, ㄴ ④ ㄴ, ㄷ ⑤ ㄱ, ㄴ, ㄷ

물결파의 진행과 굴절

빛과 소리의 굴절

2023

16

2023학년도 수능 물Ⅰ 8번

그림 (가)는 시간 $t=0$일 때, x축과 나란하게 매질 A에서 매질 B로 진행하는 파동의 변위를 위치 x에 따라 나타낸 것이다. 점 P, Q는 x축상의 지점이다. 그림 (나)는 P, Q 중 한 지점에서 파동의 변위를 t에 따라 나타낸 것이다.

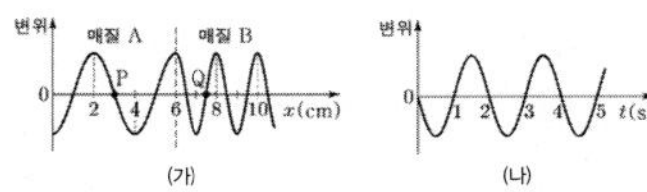

(가) (나)

이에 대한 설명으로 옳은 것만을 〈보기〉에서 있는 대로 고른 것은? [3점]

〈보기〉
ㄱ. 파동의 진동수는 2 Hz이다.
ㄴ. (나)는 Q에서 파동의 변위이다.
ㄷ. 파동의 진행 속력은 A에서가 B에서의 2배이다.

① ㄱ ② ㄷ ③ ㄱ, ㄴ ④ ㄴ, ㄷ ⑤ ㄱ, ㄴ, ㄷ

09 대표 문제

2023학년도 6월 모평 물Ⅰ 10번

그림은 시간 $t=0$일 때 2 m/s의 속력으로 x축과 나란하게 진행하는 파동의 변위를 위치 x에 따라 나타낸 것이다.

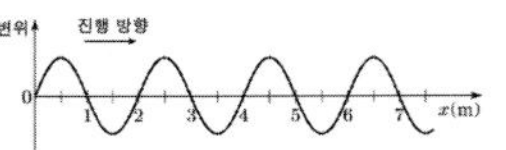

$x=7$ m에서 파동의 변위를 t에 따라 나타낸 것으로 가장 적절한 것은? [3점]

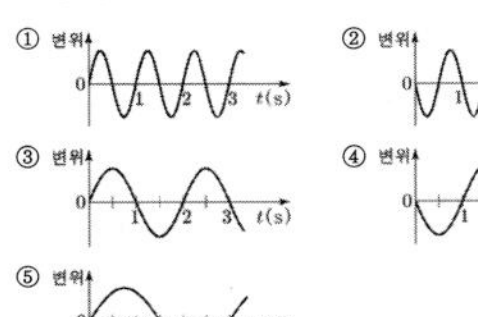

① ② ③ ④ ⑤

2022~2019

11

2022학년도 6월 모평 물Ⅰ 10번

그림은 시간 $t=0$일 때, 매질 A에서 매질 B로 x축과 나란하게 진행하는 파동의 변위를 위치 x에 따라 나타낸 것이다. A에서 파동의 진행 속력은 2 m/s이다.

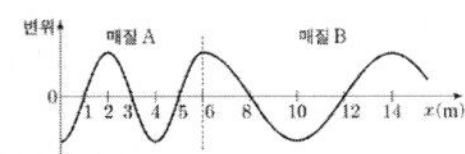

$x=12$ m에서 파동의 변위를 t에 따라 나타낸 것으로 가장 적절한 것은? [3점]

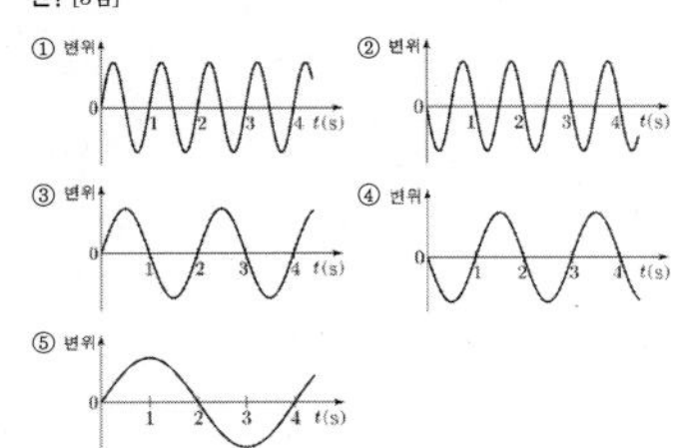

① ② ③ ④ ⑤

07

2021학년도 9월 모평 물Ⅰ 4번

그림 (가)는 $t=0$일 때, 일정한 속력으로 x축과 나란하게 진행하는 파동의 변위 y를 위치 x에 따라 나타낸 것이다. 그림 (나)는 $x=2$ cm에서 y를 시간 t에 따라 나타낸 것이다.

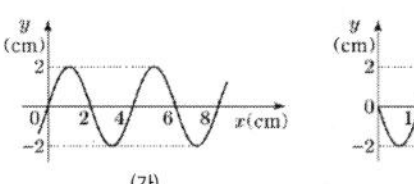

(가) (나)

이에 대한 설명으로 옳은 것만을 〈보기〉에서 있는 대로 고른 것은? [3점]

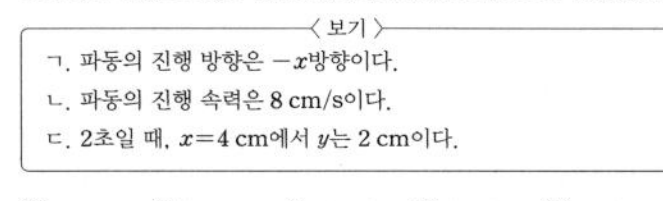

〈보기〉
ㄱ. 파동의 진행 방향은 $-x$방향이다.
ㄴ. 파동의 진행 속력은 8 cm/s이다.
ㄷ. 2초일 때, $x=4$ cm에서 y는 2 cm이다.

① ㄱ ② ㄴ ③ ㄱ, ㄷ ④ ㄴ, ㄷ ⑤ ㄱ, ㄴ, ㄷ

01

2020학년도 9월 모평 물Ⅱ 2번

그림은 일정한 속력 v로 x축과 나란하게 진행하는 파동의 어느 순간의 변위를 위치 x에 따라 나타낸 것이다. 이 파동의 주기가 T일 때, v는?

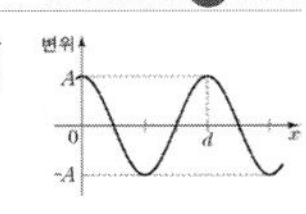

① $\frac{d}{2T}$ ② $\frac{d}{T}$ ③ $\frac{2d}{T}$ ④ $\frac{3d}{T}$ ⑤ $\frac{4d}{T}$

22 대표 문제

2022학년도 9월 모평 물Ⅰ 9번

그림 (가)는 파동이 매질 A에서 매질 B로 진행하는 모습을, (나)는 (가)의 파동이 매질 Ⅰ에서 매질 Ⅱ로 진행하는 경로를 나타낸 것이다. Ⅰ, Ⅱ는 각각 A, B 중 하나이다.

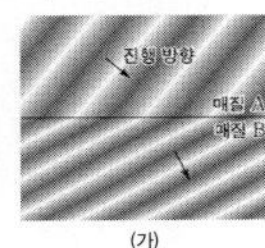

매질 Ⅰ 매질 Ⅱ

(가) (나)

이에 대한 설명으로 옳은 것만을 〈보기〉에서 있는 대로 고른 것은? [3점]

〈보기〉
ㄱ. (가)에서 파동의 속력은 B에서가 A에서보다 크다.
ㄴ. Ⅱ는 B이다.
ㄷ. (나)에서 파동의 파장은 Ⅱ에서가 Ⅰ에서보다 길다.

① ㄱ ② ㄷ ③ ㄱ, ㄴ ④ ㄴ, ㄷ ⑤ ㄱ, ㄴ, ㄷ

25 대표 문제

2021학년도 수능 물Ⅰ 7번

그림 (가)는 공기에서 유리로 진행하는 빛의 진행 방향을, (나)는 낮에 발생한 소리의 진행 방향을, (다)는 신기루가 보일 때 빛의 진행 방향을 나타낸 것이다.

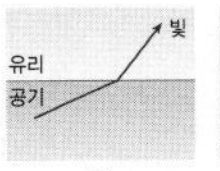

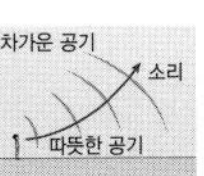

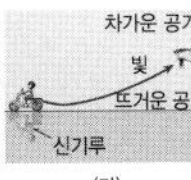

(가) (나) (다)

이에 대한 설명으로 옳은 것만을 〈보기〉에서 있는 대로 고른 것은?

〈보기〉
ㄱ. (가)에서 굴절률은 유리가 공기보다 크다.
ㄴ. (나)에서 소리의 속력은 차가운 공기에서가 따뜻한 공기에서보다 크다.
ㄷ. (다)에서 빛의 속력은 뜨거운 공기에서가 차가운 공기에서보다 크다.

① ㄴ ② ㄷ ③ ㄱ, ㄴ ④ ㄱ, ㄷ ⑤ ㄱ, ㄴ, ㄷ

26

2021학년도 6월 모평 물Ⅰ 7번

그림 (가)는 물에서 공기로 진행하는 빛의 진행 방향을, (나)는 밤에 발생한 소리의 진행 방향을 나타낸 것이다.

공기 빛 물

밤 따뜻한 공기 소리 차가운 공기

(가) (나)

이에 대한 설명으로 옳은 것만을 〈보기〉에서 있는 대로 고른 것은? [3점]

〈보기〉
ㄱ. (가)에서 빛의 파장은 물에서가 공기에서보다 짧다.
ㄴ. (가)에서 빛의 진동수는 물에서가 공기에서보다 크다.
ㄷ. (나)에서 소리의 속력은 차가운 공기에서가 따뜻한 공기에서보다 크다.

① ㄱ ② ㄴ ③ ㄱ, ㄷ ④ ㄴ, ㄷ ⑤ ㄱ, ㄴ, ㄷ

01

2020학년도 9월 모평 물II 2번

그림은 일정한 속력 v로 x축과 나란하게 진행하는 파동의 어느 순간의 변위를 위치 x에 따라 나타낸 것이다.
이 파동의 주기가 T일 때, v는?

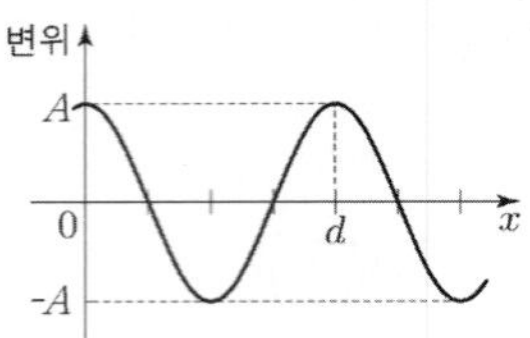

① $\frac{d}{2T}$ ② $\frac{d}{T}$ ③ $\frac{2d}{T}$ ④ $\frac{3d}{T}$ ⑤ $\frac{4d}{T}$

02

2020학년도 4월 학평 물I 3번

그림은 일정한 속력으로 진행하는 파동의 $t=0$과 $t=t_0$인 순간의 변위를 위치 x에 따라 나타낸 것이다.

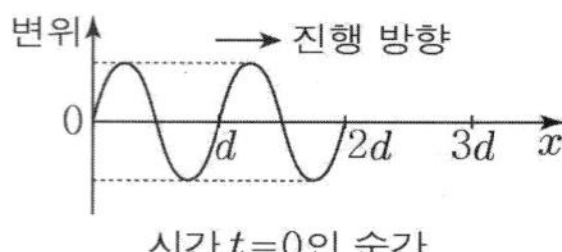

시간 $t=0$인 순간

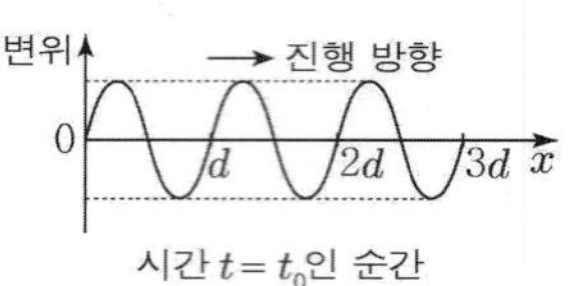

시간 $t=t_0$인 순간

이 파동의 파장과 진동수로 옳은 것은? [3점]

	파장	진동수		파장	진동수
①	d	$\frac{1}{2t_0}$	②	d	$\frac{1}{t_0}$
③	$2d$	$\frac{1}{2t_0}$	④	$2d$	$\frac{1}{t_0}$
⑤	$4d$	$\frac{1}{t_0}$			

03

2024학년도 3월 학평 물I 8번

그림 (가)는 시간 $t=0$일 때, 매질 I, II에서 진행하는 파동의 모습을 나타낸 것이다. 파동의 진행 방향은 $+x$방향과 $-x$방향 중 하나이다. 그림 (나)는 (가)에서 $x=3$ m에서의 파동의 변위를 t에 따라 나타낸 것이다.

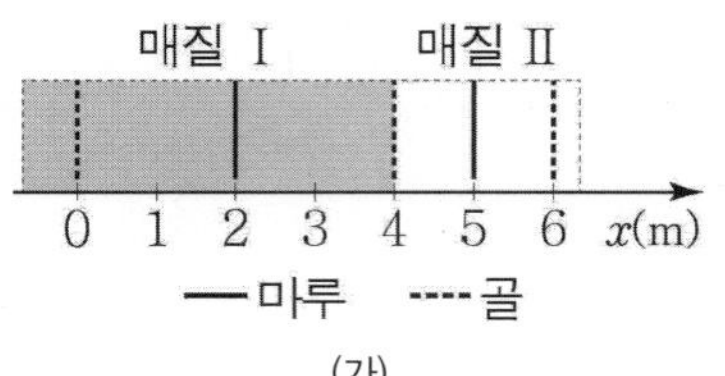

(가)

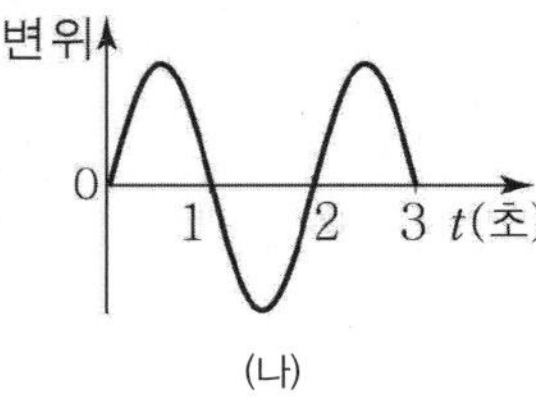

(나)

이에 대한 옳은 설명만을 〈보기〉에서 있는 대로 고른 것은?

〈 보기 〉
ㄱ. II에서 파동의 속력은 1 m/s이다.
ㄴ. 파동은 $-x$방향으로 진행한다.
ㄷ. $x=5$ m에서 파동의 변위는 $t=2$초일 때가 $t=2.5$초일 때보다 크다.

① ㄱ ② ㄴ ③ ㄱ, ㄷ ④ ㄴ, ㄷ ⑤ ㄱ, ㄴ, ㄷ

04

2024학년도 6월 모평 물I 14번

그림은 10 m/s의 속력으로 x축과 나란하게 진행하는 파동의 변위를 위치 x에 따라 나타낸 것으로, 어떤 순간에는 파동의 모양이 P와 같고, 다른 어떤 순간에는 파동의 모양이 Q와 같다. 표는 파동의 모양이 P에서 Q로, Q에서 P로 바뀌는 데 걸리는 최소 시간을 나타낸 것이다.

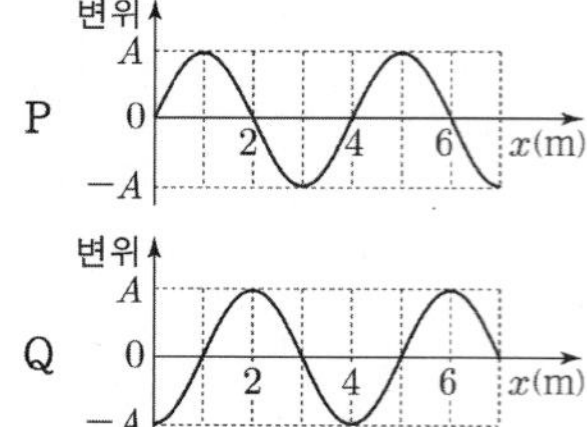

구분	최소 시간(s)
P에서 Q	0.3
Q에서 P	0.1

이에 대한 설명으로 옳은 것만을 〈보기〉에서 있는 대로 고른 것은?

〈 보기 〉
ㄱ. 파장은 4 m이다.
ㄴ. 주기는 0.4 s이다.
ㄷ. 파동은 $+x$방향으로 진행한다.

① ㄱ ② ㄷ ③ ㄱ, ㄴ ④ ㄴ, ㄷ ⑤ ㄱ, ㄴ, ㄷ

05

2024학년도 5월 학평 물Ⅰ 6번

그림은 시간 $t=0$일 때, 매질 A, B에서 x축과 나란하게 한쪽 방향으로 진행하는 파동의 변위 y를 위치 x에 따라 나타낸 것으로, 점 P와 Q는 x축상의 지점이다. A에서 파동의 진행 속력은 1 cm/s이고, $t=1$초일 때 Q에서 매질의 운동 방향은 $-y$방향이다.

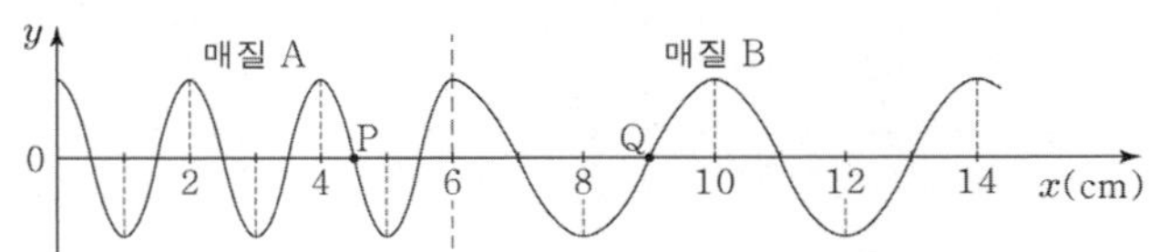

이에 대한 설명으로 옳은 것만을 〈보기〉에서 있는 대로 고른 것은? [3점]

〈 보기 〉

ㄱ. B에서 파동의 진행 속력은 4 cm/s이다.

ㄴ. P에서 파동의 변위는 $t=0$일 때와 $t=2$초일 때가 같다.

ㄷ. 파동의 진행 방향은 $+x$방향이다.

① ㄱ　② ㄴ　③ ㄱ, ㄷ　④ ㄴ, ㄷ　⑤ ㄱ, ㄴ, ㄷ

06

2024학년도 수능 물Ⅰ 5번

그림은 주기가 2초인 파동이 x축과 나란하게 매질 Ⅰ에서 매질 Ⅱ로 진행할 때, 시간 $t=0$인 순간과 $t=3$초인 순간의 파동의 모습을 각각 나타낸 것이다. 실선과 점선은 각각 마루와 골이다.

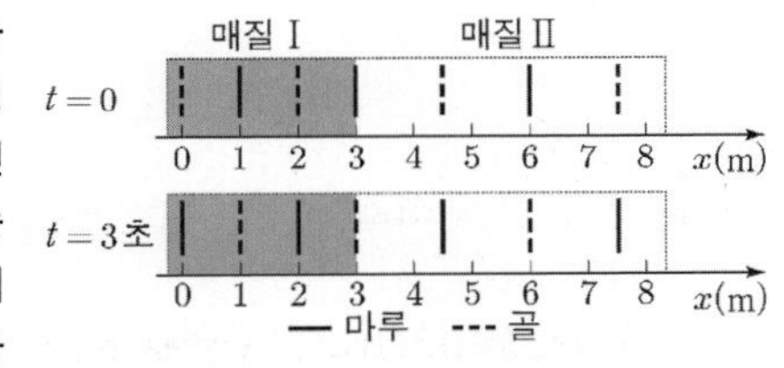

이에 대한 설명으로 옳은 것만을 〈보기〉에서 있는 대로 고른 것은? [3점]

〈 보기 〉

ㄱ. Ⅰ에서 파동의 파장은 1 m이다.

ㄴ. Ⅱ에서 파동의 진행 속력은 $\frac{3}{2}$ m/s이다.

ㄷ. $t=0$부터 $t=3$초까지, $x=7$ m에서 파동이 마루가 되는 횟수는 2회이다.

① ㄱ　② ㄴ　③ ㄷ　④ ㄴ, ㄷ　⑤ ㄱ, ㄴ, ㄷ

07

2021학년도 9월 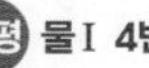 물Ⅰ 4번

그림 (가)는 $t=0$일 때, 일정한 속력으로 x축과 나란하게 진행하는 파동의 변위 y를 위치 x에 따라 나타낸 것이다. 그림 (나)는 $x=2$ cm에서 y를 시간 t에 따라 나타낸 것이다.

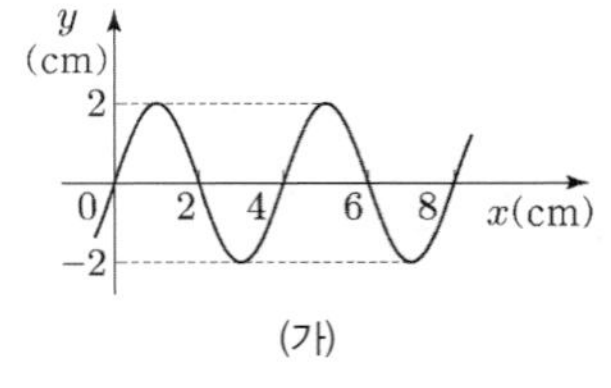

(가)

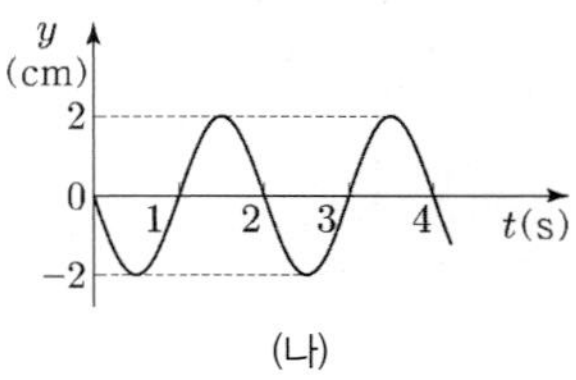

(나)

이에 대한 설명으로 옳은 것만을 〈보기〉에서 있는 대로 고른 것은? [3점]

〈 보기 〉

ㄱ. 파동의 진행 방향은 $-x$방향이다.

ㄴ. 파동의 진행 속력은 8 cm/s이다.

ㄷ. 2초일 때, $x=4$ cm에서 y는 2 cm이다.

① ㄱ　② ㄴ　③ ㄱ, ㄷ　④ ㄴ, ㄷ　⑤ ㄱ, ㄴ, ㄷ

08  문제

2024학년도 9월  물Ⅰ 3번

그림은 시간 $t=0$일 때, x축과 나란하게 매질 A에서 매질 B로 진행하는 파동의 변위를 위치 x에 따라 나타낸 것이다. $x=3$ cm인 지점 P에서 변위는 y_P이고, A에서 파동의 진행 속력은 4 cm/s이다.

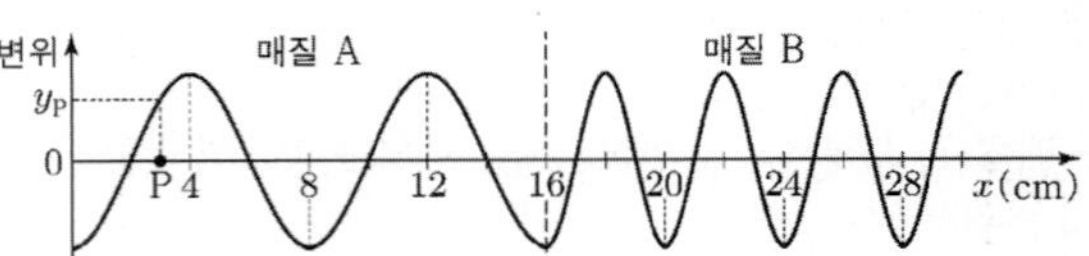

이에 대한 설명으로 옳은 것만을 〈보기〉에서 있는 대로 고른 것은?

〈 보기 〉

ㄱ. 파동의 주기는 2초이다.

ㄴ. B에서 파동의 진행 속력은 8 cm/s이다.

ㄷ. $t=0.1$초일 때, P에서 파동의 변위는 y_P보다 작다.

① ㄱ　② ㄴ　③ ㄷ　④ ㄱ, ㄷ　⑤ ㄱ, ㄴ, ㄷ

09 대표 문제

2023학년도 6월 모평 물I 10번

그림은 시간 $t=0$일 때 $2\ \mathrm{m/s}$의 속력으로 x축과 나란하게 진행하는 파동의 변위를 위치 x에 따라 나타낸 것이다.

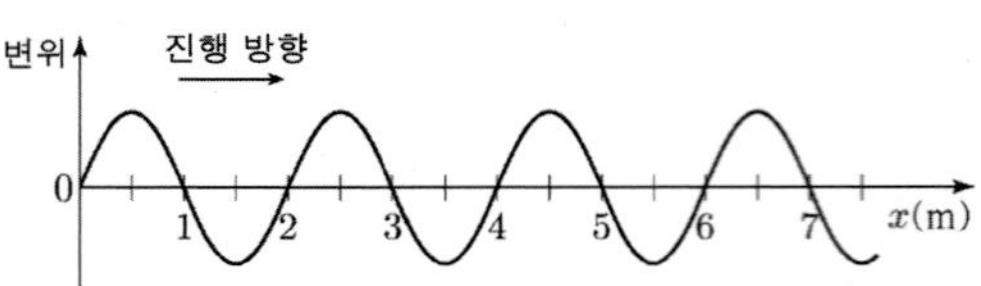

$x=7\ \mathrm{m}$에서 파동의 변위를 t에 따라 나타낸 것으로 가장 적절한 것은? [3점]

① 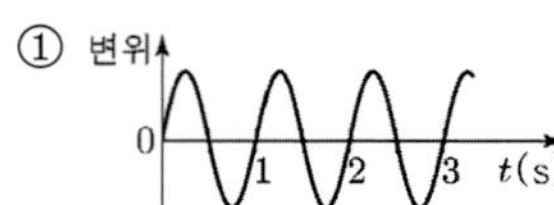

② 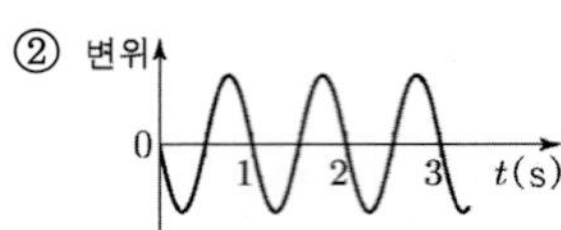

③ 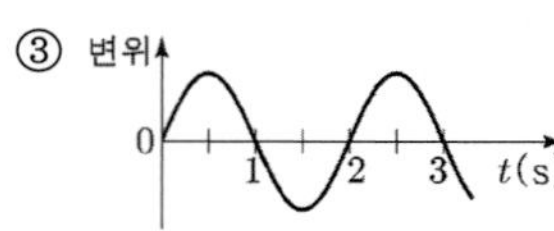

④ 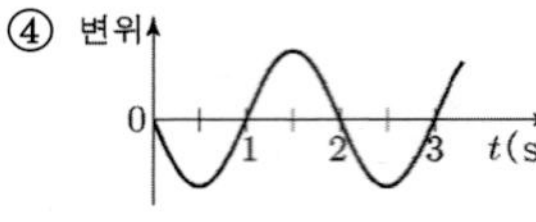

⑤ 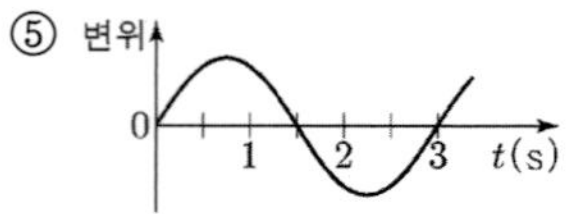

10

2022학년도 10월 학평 물I 14번

그림은 매질 I, II에서 $+x$ 방향으로 진행하는 파동의 0초일 때와 6초일 때의 변위를 위치 x에 따라 나타낸 것이다.

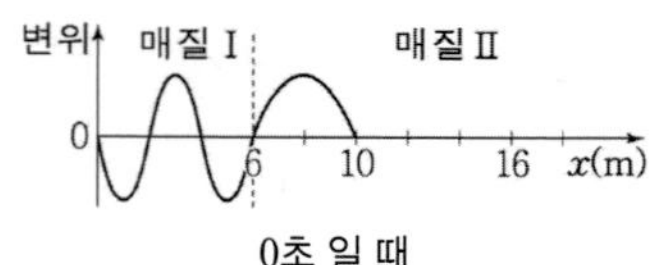

0초 일 때

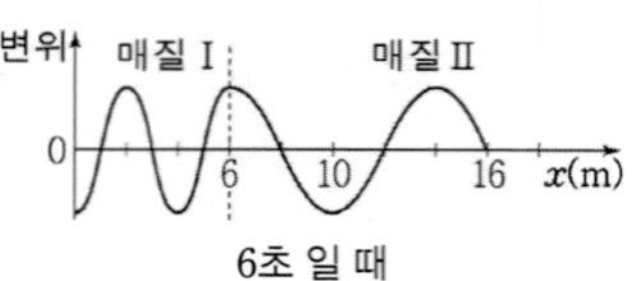

6초 일 때

I에서 파동의 속력은? [3점]

① $\frac{1}{6}\ \mathrm{m/s}$ ② $\frac{1}{3}\ \mathrm{m/s}$ ③ $\frac{1}{2}\ \mathrm{m/s}$

④ $1\ \mathrm{m/s}$ ⑤ $\frac{3}{2}\ \mathrm{m/s}$

11

2022학년도 6월 모평 물I 10번

그림은 시간 $t=0$일 때, 매질 A에서 매질 B로 x축과 나란하게 진행하는 파동의 변위를 위치 x에 따라 나타낸 것이다. A에서 파동의 진행 속력은 $2\ \mathrm{m/s}$이다.

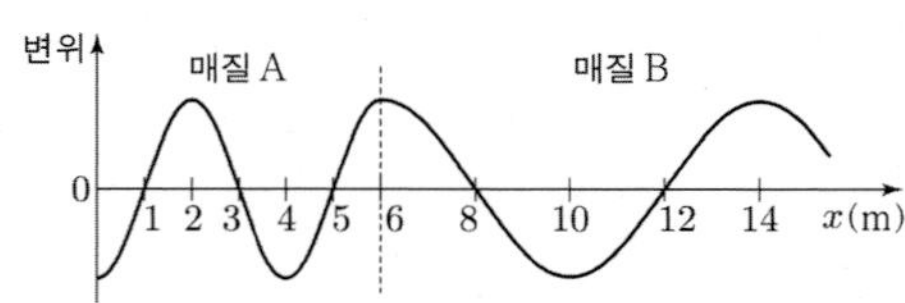

$x=12\ \mathrm{m}$에서 파동의 변위를 t에 따라 나타낸 것으로 가장 적절한 것은? [3점]

① 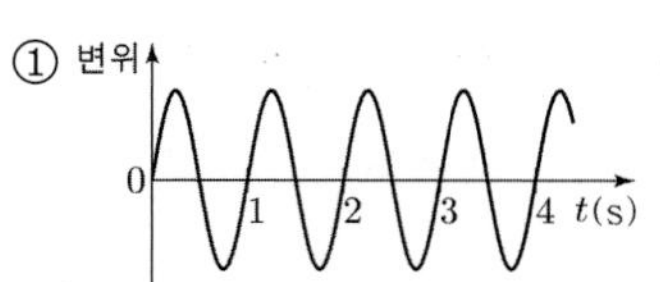

② 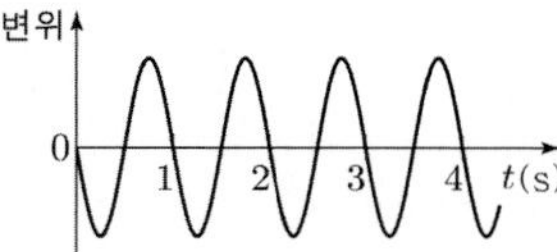

③ 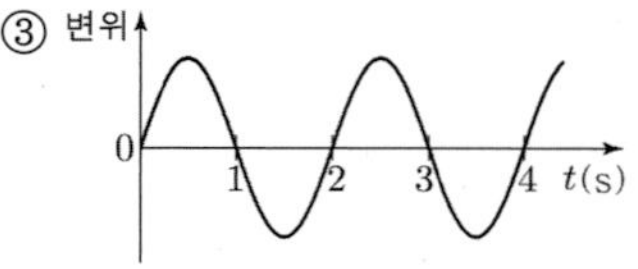

④ 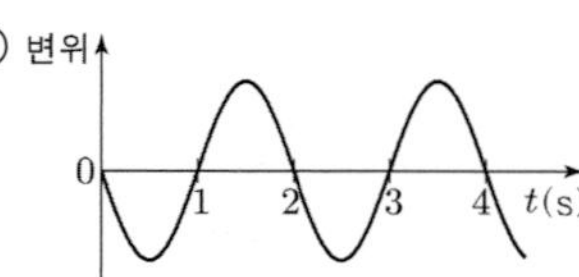

⑤ 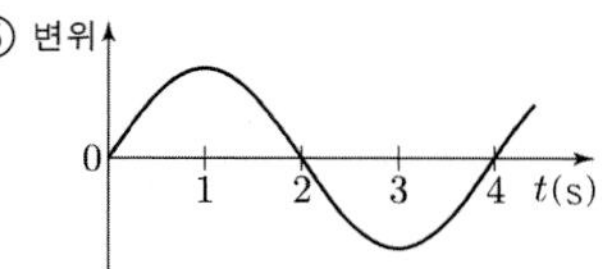

12

2021학년도 10월 학평 물I 17번

그림 (가)는 파동 P, Q가 각각 화살표 방향으로 $1\ \mathrm{m/s}$의 속력으로 진행할 때, 어느 순간의 매질의 변위를 위치에 따라 나타낸 것이다. 그림 (나)는 (가)의 순간부터 점 a~e 중 하나의 변위를 시간에 따라 나타낸 것이다.

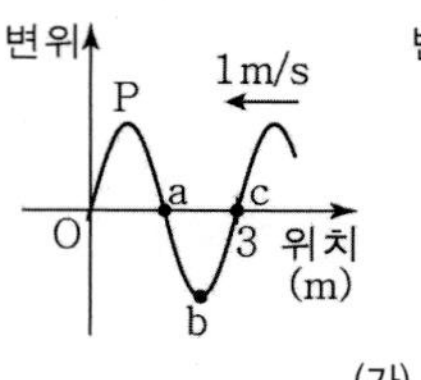

변위 Q 1 m/s d e O 3 위치 (m)

(가)

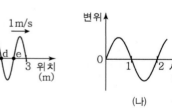

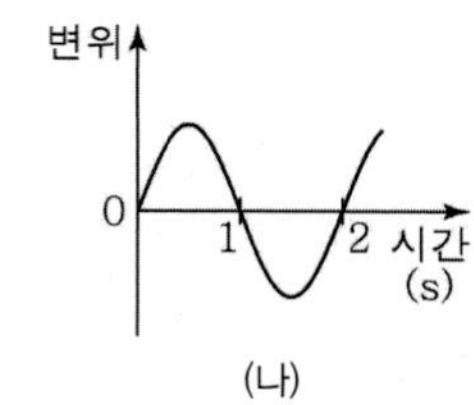

(나)

(나)는 어느 점의 변위를 나타낸 것인가? [3점]

① a ② b ③ c ④ d ⑤ e

13

2024학년도 7월 학평 물I 10번

그림 (가), (나)는 시간 $t=0$일 때, x축과 나란하게 진행하는 파동 A, B의 변위를 각각 위치 x에 따라 나타낸 것이다. A와 B의 진행 속력은 1 cm/s로 같다. (가)의 $x=x_1$에서의 변위와 (나)의 $x=x_2$에서의 변위는 y_0으로 같다. $t=0.1$초일 때, $x=x_1$에서의 변위는 y_0보다 작고, $x=x_2$에서의 변위는 y_0보다 크다.

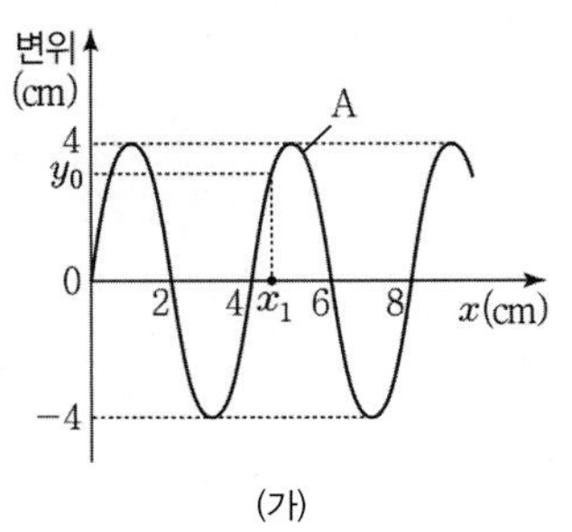

(가)

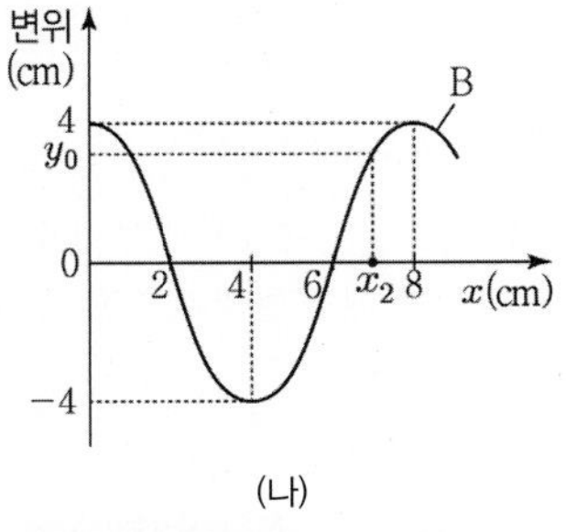

(나)

이에 대한 설명으로 옳은 것만을 〈보기〉에서 있는 대로 고른 것은? [3점]

〈 보기 〉

ㄱ. 주기는 A가 B의 2배이다.

ㄴ. B의 진행 방향은 $-x$방향이다.

ㄷ. $t=0.5$초일 때, $x=x_1$에서 A의 변위는 4 cm이다.

① ㄱ ② ㄴ ③ ㄷ ④ ㄱ, ㄴ ⑤ ㄴ, ㄷ

14

2025학년도 9월 모평 물I 5번

그림 (가)와 (나)는 같은 속력으로 진행하는 파동 A와 B의 어느 지점에서의 변위를 각각 시간에 따라 나타낸 것이다.

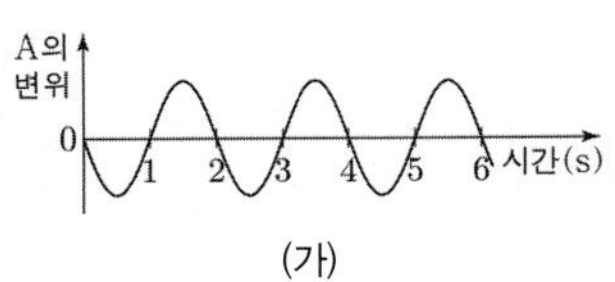

(가)

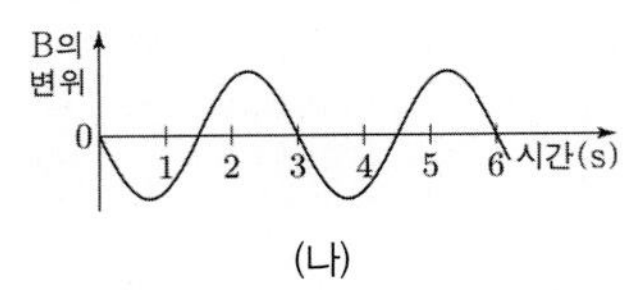

(나)

A, B의 파장을 각각 λ_A, λ_B라 할 때, $\frac{\lambda_A}{\lambda_B}$는?

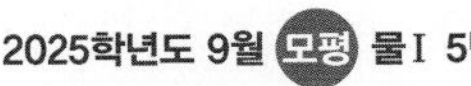

① $\frac{1}{3}$ ② $\frac{2}{3}$ ③ 1 ④ $\frac{4}{3}$ ⑤ $\frac{5}{3}$

15

2023학년도 10월 학평 물I 6번

그림은 각각 0초일 때와 0.2초일 때, 매질 P, Q에서 x축과 나란하게 진행하는 파동의 변위를 위치 x에 따라 나타낸 것이다. P에서 파동의 속력은 5 m/s이다.

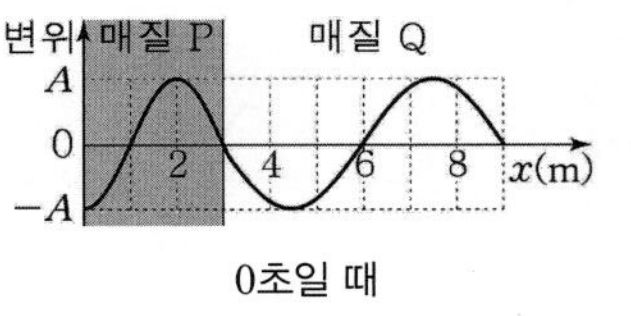

0초일 때

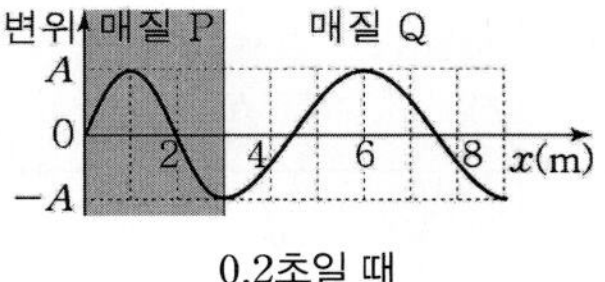

0.2초일 때

이 파동에 대한 설명으로 옳은 것은? [3점]

① P에서의 파장은 2 m이다.

② P에서의 진폭은 $2A$이다.

③ 주기는 0.8초이다.

④ $+x$방향으로 진행한다.

⑤ Q에서의 속력은 10 m/s이다.

16

2023학년도 수능 물I 8번

그림 (가)는 시간 $t=0$일 때, x축과 나란하게 매질 A에서 매질 B로 진행하는 파동의 변위를 위치 x에 따라 나타낸 것이다. 점 P, Q는 x축상의 지점이다. 그림 (나)는 P, Q 중 한 지점에서 파동의 변위를 t에 따라 나타낸 것이다.

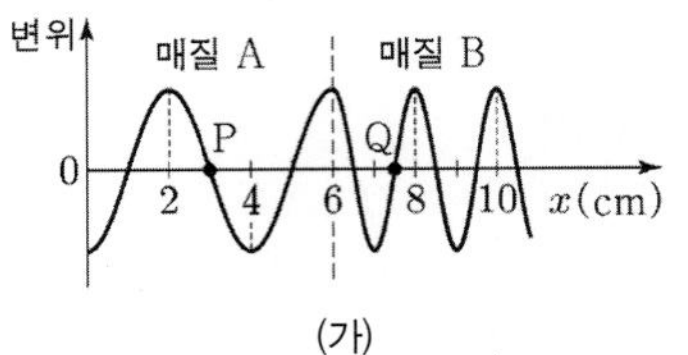

(가)

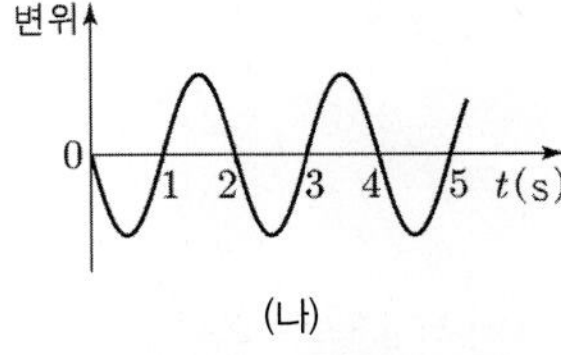

(나)

이에 대한 설명으로 옳은 것만을 〈보기〉에서 있는 대로 고른 것은? [3점]

〈 보기 〉

ㄱ 파동의 진동수는 2 Hz이다.

ㄴ. (나)는 Q에서 파동의 변위이다.

ㄷ. 파동의 진행 속력은 A에서가 B에서의 2배이다.

① ㄱ ② ㄷ ③ ㄱ, ㄴ ④ ㄴ, ㄷ ⑤ ㄱ, ㄴ, ㄷ

17

2023학년도 3월 학평 물Ⅰ 8번

그림 (가)는 시간 $t=0$일 때, x축과 나란하게 매질 Ⅰ에서 매질 Ⅱ로 진행하는 파동의 변위를 위치 x에 따라 나타낸 것이다. 그림 (나)는 $x=2$ cm에서 파동의 변위를 t에 따라 나타낸 것이다.

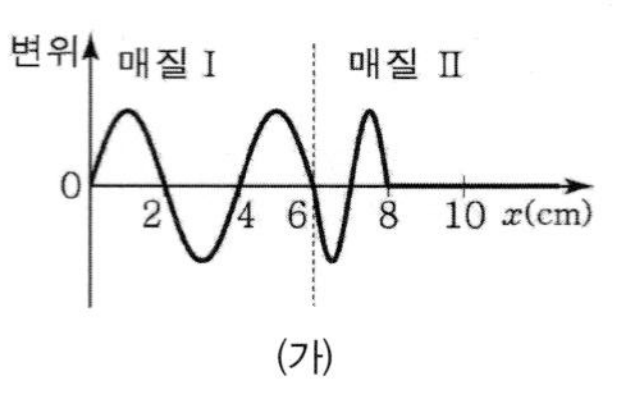

(가)

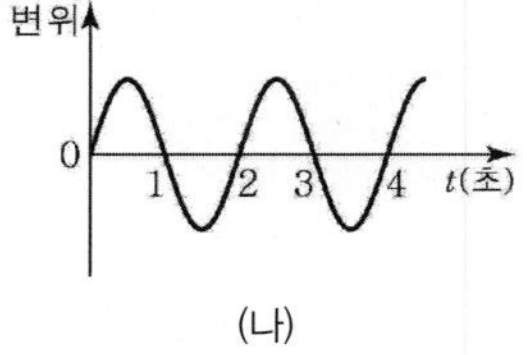

(나)

$x=10$ m에서 파동의 변위를 t에 따라 나타낸 것으로 가장 적절한 것은? [3점]

①
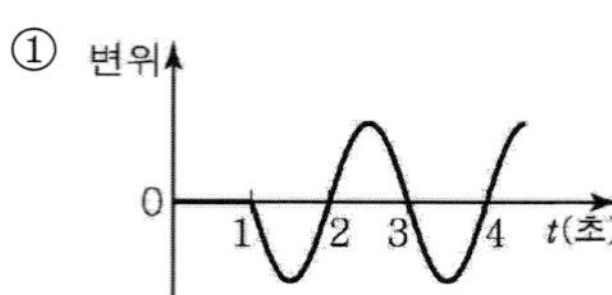

②
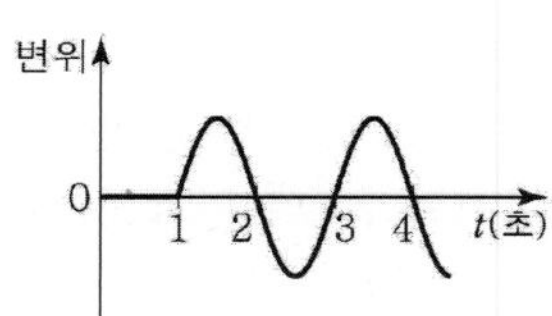

③
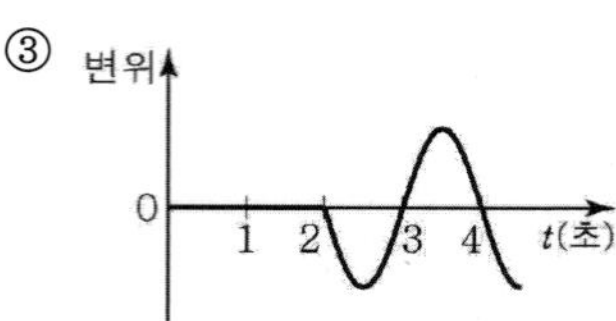

④
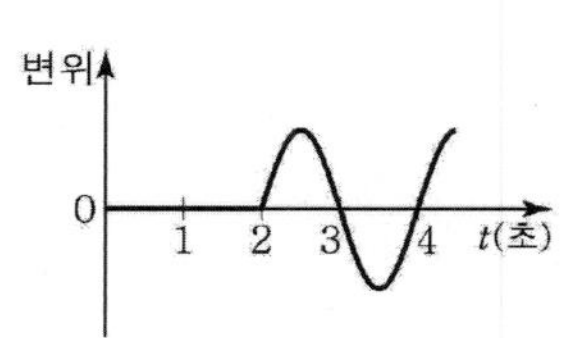

⑤
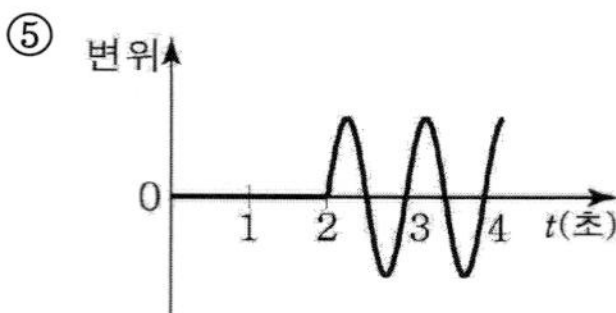

18

2023학년도 7월 학평 물Ⅰ 9번

그림 (가)는 파동이 매질 A에서 매질 B로 진행하는 모습을 나타낸 것이고, 그림 (나)는 A 위의 점 p의 변위를 시간에 따라 나타낸 것이다. A에서 파동의 파장은 10 cm이다.

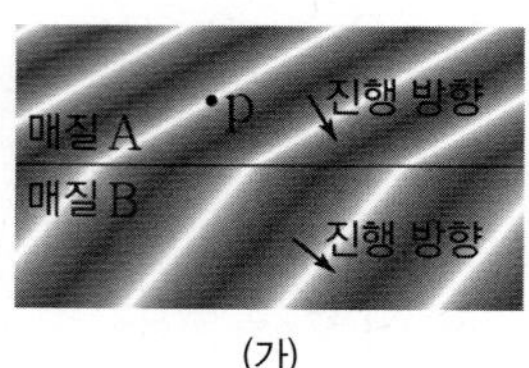

(가)

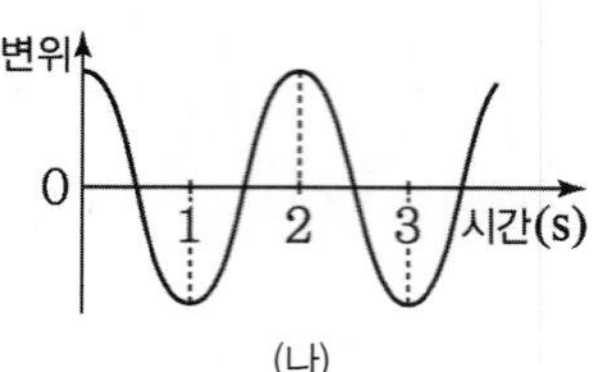

(나)

이에 대한 설명으로 옳은 것만을 〈보기〉에서 있는 대로 고른 것은?

〈 보기 〉

ㄱ. 파동의 진동수는 2 Hz이다.
ㄴ. (가)에서 입사각이 굴절각보다 작다.
ㄷ. B에서 파동의 진행 속력은 5 cm/s보다 크다.

① ㄱ ② ㄷ ③ ㄱ, ㄴ ④ ㄴ, ㄷ ⑤ ㄱ, ㄴ, ㄷ

19

2022학년도 3월 학평 물Ⅰ 5번

다음은 물결파에 대한 실험이다.

[실험 과정]

(가) 그림과 같이 물결파 실험 장치의 한쪽에 삼각형 모양의 유리판을 놓은 후 물을 채우고 일정한 진동수의 물결파를 발생시킨다.

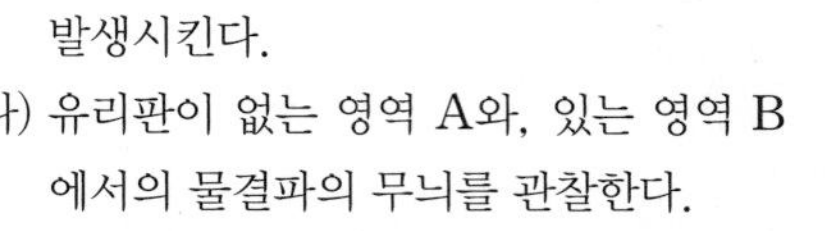

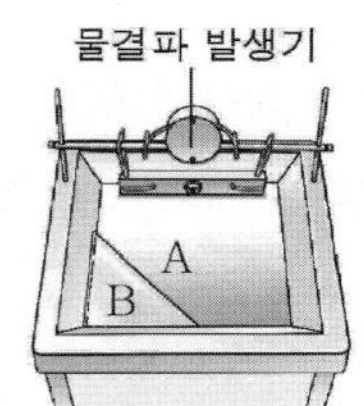

(나) 유리판이 없는 영역 A와, 있는 영역 B에서의 물결파의 무늬를 관찰한다.

(다) (가)에서 물의 양만을 증가시킨 후 (나)를 반복한다.

[실험 결과 및 결론]

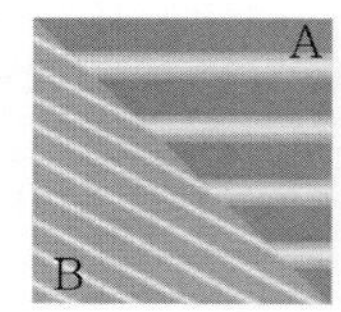

(나)의 결과

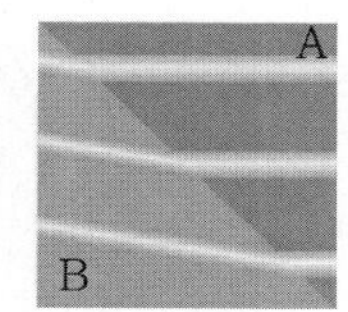

(다)의 결과

○ (다)에서가 (나)에서보다 큰 물리량
- A에서 이웃한 파면 사이의 거리
- B에서 물결파의 굴절각
- ㉠

㉠에 해당하는 것만을 〈보기〉에서 있는 대로 고른 것은? [3점]

〈 보기 〉

ㄱ. A에서 물결파의 속력
ㄴ. B에서 물결파의 진동수
ㄷ. 물결파의 입사각과 굴절각의 차이

① ㄱ ② ㄴ ③ ㄱ, ㄷ ④ ㄴ, ㄷ ⑤ ㄱ, ㄴ, ㄷ

20

2022학년도 4월 학평 물Ⅰ 8번

다음은 물결파에 대한 실험이다.

[실험 과정]

(가) 그림과 같이 물결파 실험 장치를 준비한다.

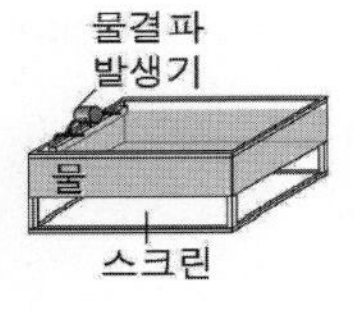

(나) 일정한 진동수의 물결파를 발생시켜 스크린에 투영된 물결파의 무늬를 관찰한다.

(다) 물결파 실험 장치에 두께가 일정한 삼각형 모양의 유리판을 넣고 과정 (나)를 반복한다.

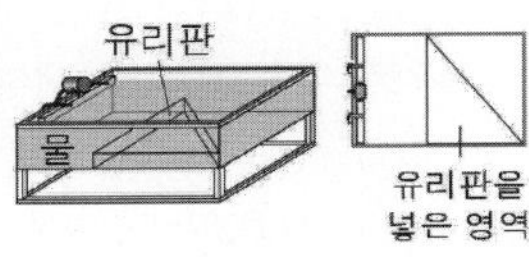

[실험 결과]

(나)의 결과	(다)의 결과
	㉠

[결론]

물결파의 속력은 물의 깊이가 얕을수록 느리고, 물의 깊이가 얕은 곳에서 깊은 곳으로 진행하는 물결파는 입사각이 굴절각보다 작다.

㉠으로 가장 적절한 것은?

①
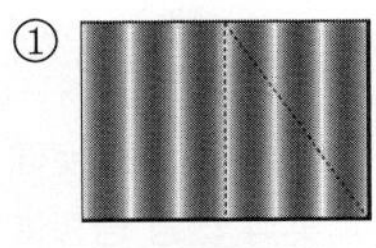

②
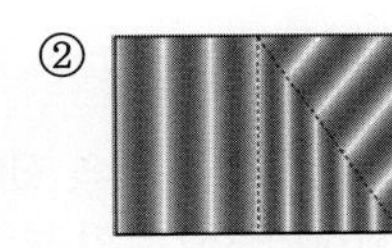

③

④
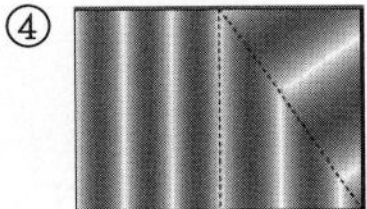

⑤
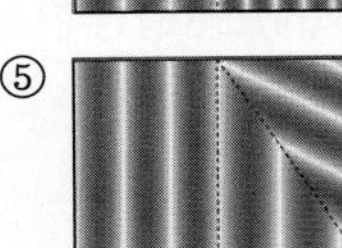

21

2024학년도 10월 학평 물Ⅰ 12번

다음은 물결파에 대한 실험이다.

[실험 과정]

(가) 그림과 같이 물결파 실험 장치의 영역 Ⅱ에 사다리꼴 모양의 유리판을 넣은 후 물을 채운다.

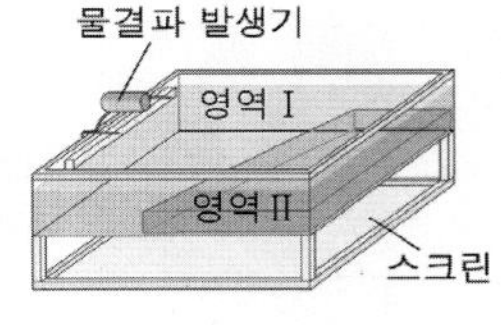

(나) 영역 Ⅰ에서 일정한 진동수의 물결파를 발생시켜 스크린에 투영된 물결파의 무늬를 관찰한다.

(다) (가)에서 유리판의 위치만을 Ⅱ에서 Ⅰ로 옮긴 후 (나)를 반복한다.

[실험 결과]

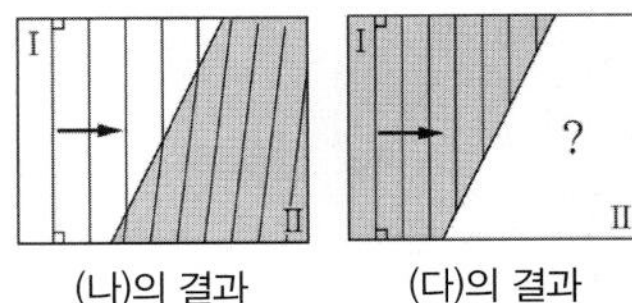

(나)의 결과 (다)의 결과

* 화살표는 물결파의 진행 방향을 나타낸다.
* 색칠된 부분은 유리판을 넣은 영역을 나타낸다.

이에 대한 옳은 설명만을 〈보기〉에서 있는 대로 고른 것은? [3점]

〈 보기 〉

ㄱ. (나)에서 물결파의 속력은 Ⅰ에서가 Ⅱ에서보다 크다.

ㄴ. Ⅰ과 Ⅱ의 경계면에서 물결파의 굴절각은 (나)에서가 (다)에서보다 작다.

ㄷ. 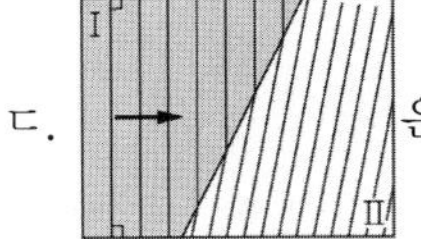

은 (다)의 결과로 적절하다.

① ㄱ ② ㄷ ③ ㄱ, ㄴ ④ ㄴ, ㄷ ⑤ ㄱ, ㄴ, ㄷ

22 대표 문제

2022학년도 9월 모평 물I 9번

그림 (가)는 파동이 매질 A에서 매질 B로 진행하는 모습을, (나)는 (가)의 파동이 매질 I에서 매질 II로 진행하는 경로를 나타낸 것이다. I, II는 각각 A, B 중 하나이다.

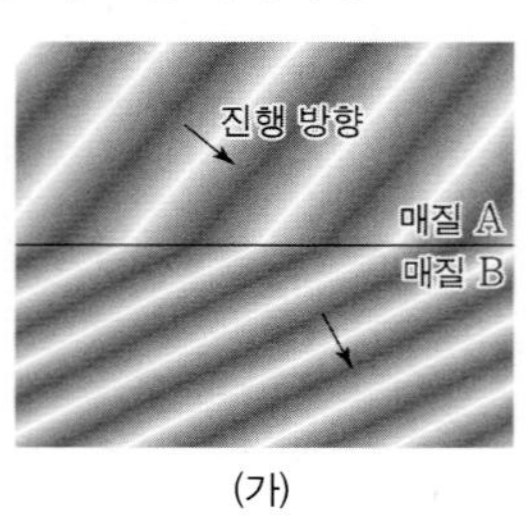

(가)

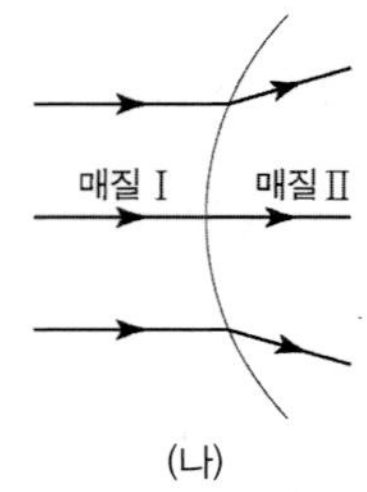

(나)

이에 대한 설명으로 옳은 것만을 〈보기〉에서 있는 대로 고른 것은? [3점]

〈 보기 〉

ㄱ. (가)에서 파동의 속력은 B에서가 A에서보다 크다.
ㄴ. II는 B이다.
ㄷ. (나)에서 파동의 파장은 II에서가 I에서보다 길다.

① ㄱ ② ㄷ ③ ㄱ, ㄴ ④ ㄴ, ㄷ ⑤ ㄱ, ㄴ, ㄷ

23

2021학년도 4월 학평 물I 15번

그림 (가)는 진폭이 2 cm이고 일정한 속력으로 진행하는 물결파의 어느 순간의 모습을 나타낸 것이다. 실선과 점선은 각각 물결파의 마루와 골이고, 점 P, Q는 평면상의 고정된 지점이다. 그림 (나)는 P에서 물결파의 변위를 시간에 따라 나타낸 것이다.

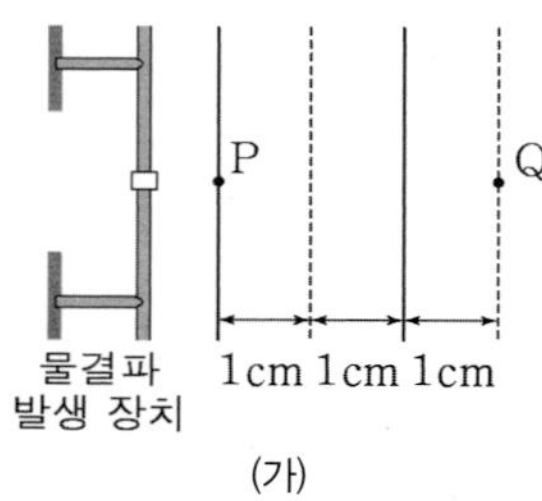

(가)

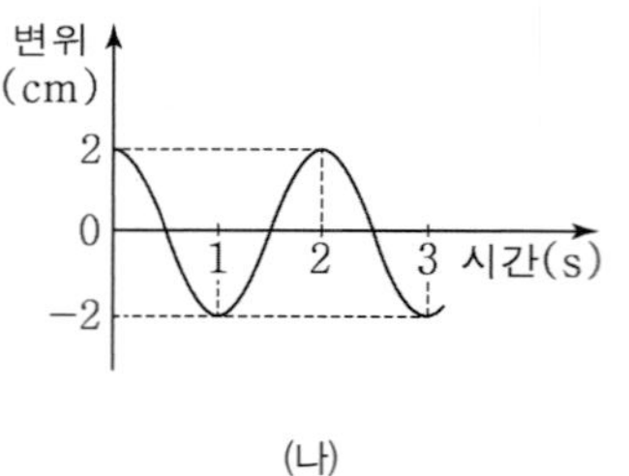

(나)

물결파에 대한 설명으로 옳은 것만을 〈보기〉에서 있는 대로 고른 것은?

〈 보기 〉

ㄱ. 파장은 2 cm이다.
ㄴ. 진행 속력은 1 cm/s이다.
ㄷ. 2초일 때, Q에서 변위는 −2 cm이다.

① ㄱ ② ㄷ ③ ㄱ, ㄴ ④ ㄴ, ㄷ ⑤ ㄱ, ㄴ, ㄷ

24

2021학년도 3월 학평 물I 9번

그림 (가)는 지표면 근처에서 발생한 소리의 진행 경로를 나타낸 것이다. 점 a, b는 소리의 진행 경로상의 지점으로, a에서 소리의 진동수는 f이다. 그림 (나)는 (가)에서 지표면으로부터의 높이와 소리의 속력과의 관계를 나타낸 것이다.

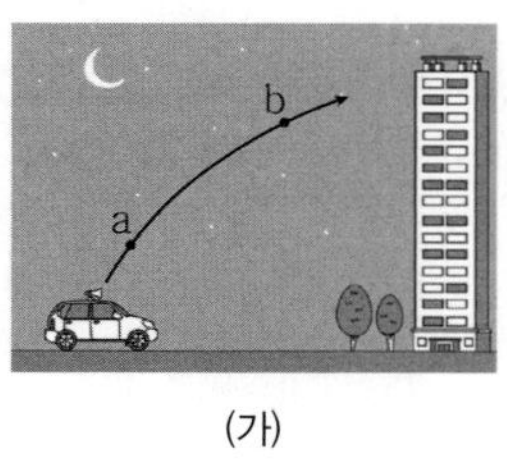

(가)

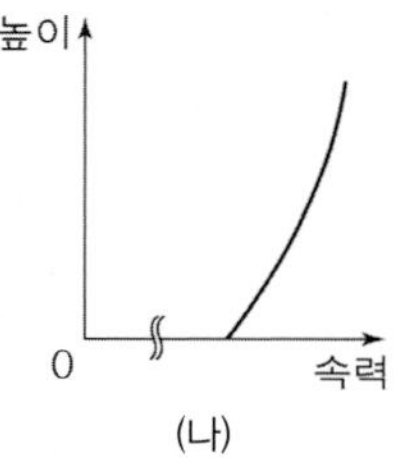

(나)

a에서 b까지 진행하는 소리에 대한 옳은 설명만을 〈보기〉에서 있는 대로 고른 것은?

〈 보기 〉

ㄱ. 굴절하면서 진행한다.
ㄴ. 진동수는 f로 일정하다.
ㄷ. 파장은 길어진다.

① ㄴ ② ㄷ ③ ㄱ, ㄴ ④ ㄱ, ㄷ ⑤ ㄱ, ㄴ, ㄷ

25 대표 문제

2021학년도 수능 물I 7번

그림 (가)는 공기에서 유리로 진행하는 빛의 진행 방향을, (나)는 낮에 발생한 소리의 진행 방향을, (다)는 신기루가 보일 때 빛의 진행 방향을 나타낸 것이다.

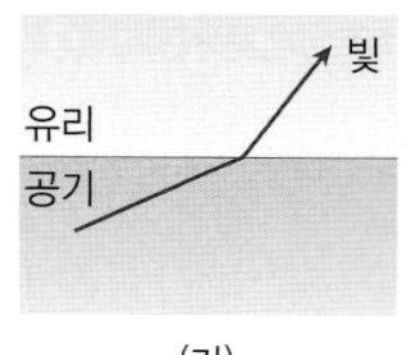

(가)

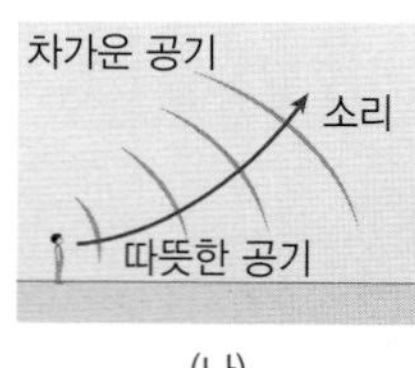

(나)

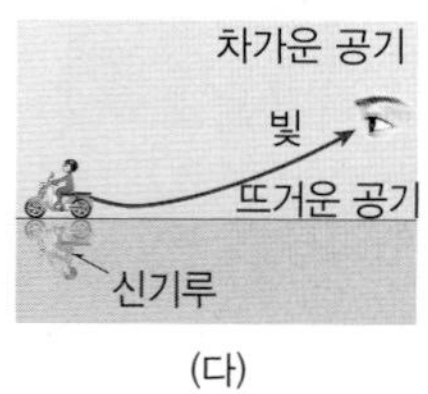

(다)

이에 대한 설명으로 옳은 것만을 〈보기〉에서 있는 대로 고른 것은?

〈 보기 〉

ㄱ. (가)에서 굴절률은 유리가 공기보다 크다.
ㄴ. (나)에서 소리의 속력은 차가운 공기에서가 따뜻한 공기에서보다 크다.
ㄷ. (다)에서 빛의 속력은 뜨거운 공기에서가 차가운 공기에서보다 크다.

① ㄴ ② ㄷ ③ ㄱ, ㄴ ④ ㄱ, ㄷ ⑤ ㄱ, ㄴ, ㄷ

26

2021학년도 6월 모평 물Ⅰ 7번

그림 (가)는 물에서 공기로 진행하는 빛의 진행 방향을, (나)는 밤에 발생한 소리의 진행 방향을 나타낸 것이다.

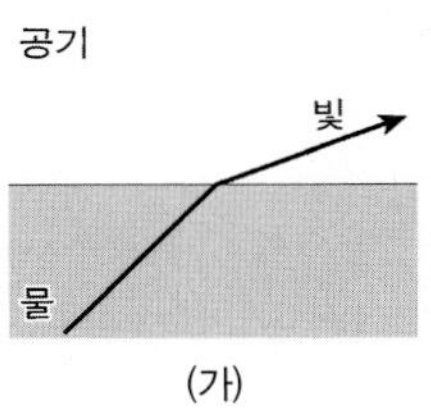

(가)

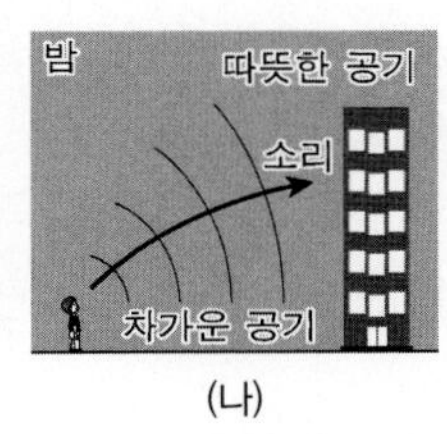

(나)

이에 대한 설명으로 옳은 것만을 〈보기〉에서 있는 대로 고른 것은? [3점]

〈 보기 〉

ㄱ. (가)에서 빛의 파장은 물에서가 공기에서보다 짧다.
ㄴ. (가)에서 빛의 진동수는 물에서가 공기에서보다 크다.
ㄷ. (나)에서 소리의 속력은 차가운 공기에서가 따뜻한 공기에서보다 크다.

① ㄱ ② ㄴ ③ ㄱ, ㄷ ④ ㄴ, ㄷ ⑤ ㄱ, ㄴ, ㄷ

27

2025학년도 수능 물Ⅰ 8번

그림 (가)는 진동수가 일정한 물결파가 매질 A에서 매질 B로 진행할 때, 시간 $t=0$인 순간의 물결파의 모습을 나타낸 것이다. 실선은 물결파의 마루이고, A와 B에서 이웃한 마루와 마루 사이의 거리는 각각 d, $2d$이다. 점 p, q는 평면상의 고정된 점이다. 그림 (나)는 (가)의 p에서 물결파의 변위를 시간 t에 따라 나타낸 것이다.

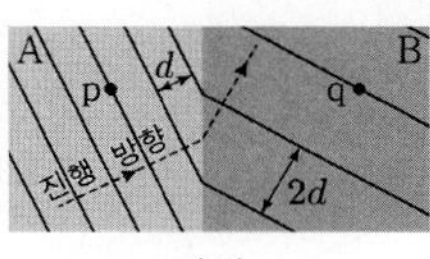

(가)

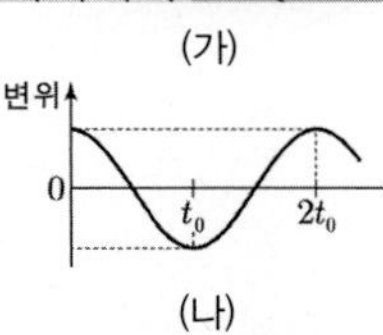

(나)

이에 대한 설명으로 옳은 것만을 〈보기〉에서 있는 대로 고른 것은?

〈 보기 〉

ㄱ. 물결파의 속력은 B에서가 A에서의 2배이다.
ㄴ. (가)에서 입사각은 굴절각보다 작다.
ㄷ. $t=2t_0$일 때, q에서 물결파는 마루가 된다.

① ㄱ ② ㄷ ③ ㄱ, ㄴ ④ ㄴ, ㄷ ⑤ ㄱ, ㄴ, ㄷ

22 일차

한눈에 정리하는 평가원 기출 경향

주제 / 학년도: 2025 | 2024 | 2023

파동의 굴절

2025

03 대표 문제 — 2025학년도 6월 모평 물I 15번

그림과 같이 단색광 P가 매질 I, II, III의 경계면에서 굴절하며 진행한다. P가 I에서 II로 진행할 때 입사각과 굴절각은 각각 θ_1, θ_2이고, II에서 III으로 진행할 때 입사각과 굴절각은 각각 θ_3, θ_1이며, III에서 I로 진행할 때 굴절각은 θ_2이다.

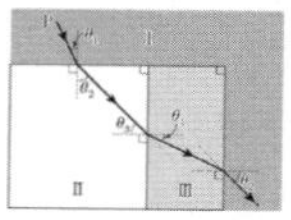

이에 대한 설명으로 옳은 것만을 〈보기〉에서 있는 대로 고른 것은?

〈보기〉
ㄱ. P의 파장은 I에서가 II에서보다 짧다.
ㄴ. P의 속력은 I에서가 III에서보다 크다.
ㄷ. $\theta_3 > \theta_2$이다.

① ㄱ ② ㄷ ③ ㄱ, ㄴ ④ ㄴ, ㄷ ⑤ ㄱ, ㄴ, ㄷ

2023

08 대표 문제 — 2023학년도 9월 모평 물I 5번

그림 (가)는 매질 A, B에 볼펜을 넣어 볼펜이 꺾여 보이는 것을, (나)는 물속에 잠긴 다리가 짧아 보이는 것을 나타낸 것이다.

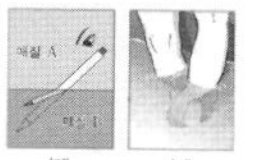

(가) (나)

이에 대한 설명으로 옳은 것만을 〈보기〉에서 있는 대로 고른 것은? [3점]

〈보기〉
ㄱ. (가)에서 굴절률은 A가 B보다 크다.
ㄴ. (가)에서 빛의 속력은 A에서가 B에서보다 크다.
ㄷ. (나)에서 빛이 물에서 공기로 진행할 때 굴절각이 입사각보다 크다.

① ㄱ ② ㄷ ③ ㄱ, ㄴ ④ ㄴ, ㄷ ⑤ ㄱ, ㄴ, ㄷ

빈출 파동의 간섭

2025

42 — 2025학년도 수능 물I 11번

그림 (가)와 같이 xy평면의 원점 O로부터 같은 거리에 있는 x축상의 두 지점 S_1, S_2에서 진동수와 진폭이 같고, 위상이 서로 반대인 두 물결파를 동시에 발생시킨다. 점 p, q는 O를 중심으로 하는 원과 O를 지나는 직선이 만나는 지점이다. 그림 (나)는 p에서 중첩된 물결파의 변위를 시간 t에 따라 나타낸 것이다. S_1, S_2에서 발생시킨 두 물결파의 속력은 10 cm/s로 일정하다.

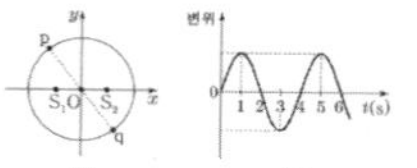

(가) (나)

이에 대한 설명으로 옳은 것만을 〈보기〉에서 있는 대로 고른 것은? (단, S_1, S_2, p, q는 xy평면상의 고정된 지점이다.) [3점]

〈보기〉
ㄱ. S_1에서 발생한 물결파의 파장은 20 cm이다.
ㄴ. $t=1$초일 때, 중첩된 물결파의 변위의 크기는 p에서와 q에서가 같다.
ㄷ. O에서 보강 간섭이 일어난다.

① ㄱ ② ㄴ ③ ㄷ ④ ㄱ, ㄷ ⑤ ㄴ, ㄷ

24 — 2025학년도 9월 모평 물I 9번

그림 (가)는 두 점 S_1, S_2에서 진동수 f로 발생시킨 진폭이 같고 위상이 반대인 두 물결파의 어느 순간의 모습을, (나)는 (가)의 S_1, S_2에서 진동수 $2f$로 발생시킨 진폭과 위상이 같은 두 물결파의 어느 순간의 모습을 나타낸 것이다. (가)와 (나)에서 발생시킨 물결파의 진행 속력은 같다. d_1과 d_2는 S_2에서 발생시킨 물결파의 파장이다.

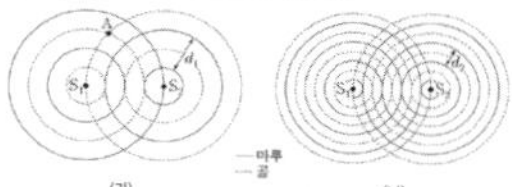

(가) (나)

이에 대한 설명으로 옳은 것만을 〈보기〉에서 있는 대로 고른 것은? (단, S_1, S_2, A는 동일 평면상에 고정된 지점이다.) [3점]

〈보기〉
ㄱ. (가)의 A에서는 보강 간섭이 일어난다.
ㄴ. (나)의 $\overline{S_1S_2}$에서 상쇄 간섭이 일어나는 지점의 개수는 5개이다.
ㄷ. $d_1=2d_2$이다.

① ㄱ ② ㄴ ③ ㄱ, ㄷ
④ ㄴ, ㄷ ⑤ ㄱ, ㄴ, ㄷ

11 — 2025학년도 6월 모평 물I 6번

그림은 진행 방향이 서로 반대인 동일한 두 파동 X, Y의 중첩에 대해 학생 A, B, C가 대화하는 모습을 나타낸 것이다. 점 P, Q, R는 x축상의 고정된 점이다.

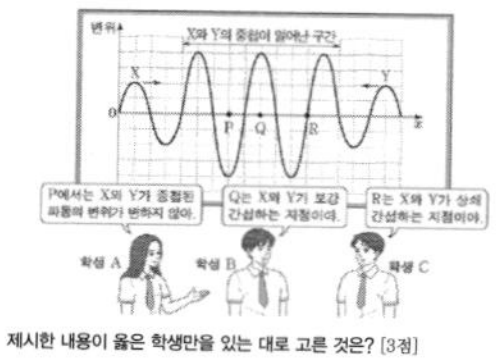

제시한 내용이 옳은 학생만을 있는 대로 고른 것은? [3점]

① A ② B ③ A, C ④ B, C ⑤ A, B, C

2024

12 — 2024학년도 수능 물I 6번

그림은 줄에서 연속적으로 발생하는 두 파동 P, Q가 서로 반대 방향으로 x축과 나란하게 진행할 때, 두 파동이 만나기 전 시간 $t=0$인 순간의 줄의 모습을 나타낸 것이다. P와 Q의 진동수는 0.25 Hz로 같다.

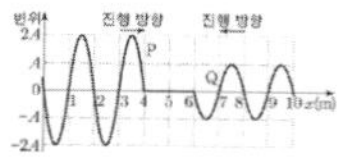

$t=2$초부터 $t=6$초까지, $x=5$ m에서 중첩된 파동의 변위의 최댓값은?

① 0 ② A ③ $\frac{3}{2}A$ ④ $2A$ ⑤ $3A$

16 대표 문제 — 2024학년도 9월 모평 물I 15번

그림은 진동수와 진폭이 같고 위상이 반대인 두 물결파를 발생시키고 있을 때, 시간 $t=0$인 순간의 모습을 나타낸 것이다. 두 물결파는 진행 속력이 20 cm/s로 같고, 서로 이웃한 마루와 마루 사이의 거리는 20 cm이다.

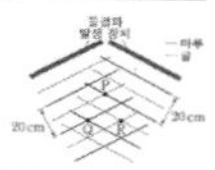

이에 대한 설명으로 옳은 것만을 〈보기〉에서 있는 대로 고른 것은? (단, 점 P, Q, R는 평면상에 고정된 지점이다.) [3점]

〈보기〉
ㄱ. P에서는 상쇄 간섭이 일어난다.
ㄴ. Q에서 중첩된 물결파의 변위는 시간에 따라 일정하다.
ㄷ. R에서 중첩된 물결파의 변위는 $t=1$초일 때와 $t=2$초일 때가 같다.

① ㄱ ② ㄷ ③ ㄱ, ㄴ ④ ㄱ, ㄷ ⑤ ㄴ, ㄷ

15 — 2024학년도 6월 모평 물I 15번

그림과 같이 파원 S_1, S_2에서 진폭과 위상이 같은 물결파를 0.5 Hz의 진동수로 발생시키고 있다. 물결파의 속력은 1 m/s로 일정하다.

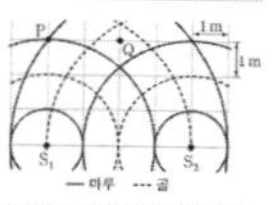

이에 대한 설명으로 옳은 것만을 〈보기〉에서 있는 대로 고른 것은? (단, 두 파원과 점 P, Q는 동일 평면상에 고정된 지점이다.) [3점]

〈보기〉
ㄱ. P에서는 보강 간섭이 일어난다.
ㄴ. Q에서 수면의 높이는 시간에 따라 변하지 않는다.
ㄷ. $\overline{PQ}$에서 상쇄 간섭이 일어나는 지점의 수는 2개이다.

① ㄱ ② ㄴ ③ ㄷ ④ ㄱ, ㄴ ⑤ ㄱ, ㄷ

2023

27 — 2023학년도 수능 물I 2번

그림은 소리의 간섭 실험에 대해 학생 A, B, C가 대화하는 모습을 나타낸 것이다.

제시한 내용이 옳은 학생만을 있는 대로 고른 것은? [3점]

① A ② B ③ A, C ④ B, C ⑤ A, B, C

38 대표 문제 — 2023학년도 6월 모평 물I 4번

다음은 파동의 간섭을 활용한 무반사 코팅 렌즈에 대한 내용이다.

무반사 코팅 렌즈는 파동이 [ⓐ] 간섭하여 빛의 세기가 줄어드는 현상을 활용한 예로 ㉠공기와 코팅 막의 경계에서 반사하여 공기로 진행한 빛과 ㉡코팅 막과 렌즈의 경계에서 반사하여 공기로 진행한 빛이 [ⓐ] 간섭한다.

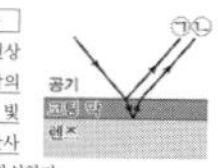

이에 대한 설명으로 옳은 것만을 〈보기〉에서 있는 대로 고른 것은?

〈보기〉
ㄱ. '상쇄'는 ⓐ에 해당한다.
ㄴ. ㉠과 ㉡은 위상이 같다.
ㄷ. 파동의 간섭 현상은 소음 제거 이어폰에 활용된다.

① ㄱ ② ㄴ ③ ㄱ, ㄷ ④ ㄴ, ㄷ ⑤ ㄱ, ㄴ, ㄷ

2023

17 대표 문제

2023학년도 9월 모평 물Ⅰ 10번

그림 (가)는 두 점 S_1, S_2에서 진동수와 진폭이 같고 서로 반대의 위상으로 발생시킨 두 물결파의 시간 $t=0$일 때의 모습을 나타낸 것이다. 점 A, B, C는 평면상에 고정된 세 지점이고, 두 물결파의 속력은 같다. 그림 (나)는 C에서 중첩된 물결파의 변위를 t에 따라 나타낸 것이다.

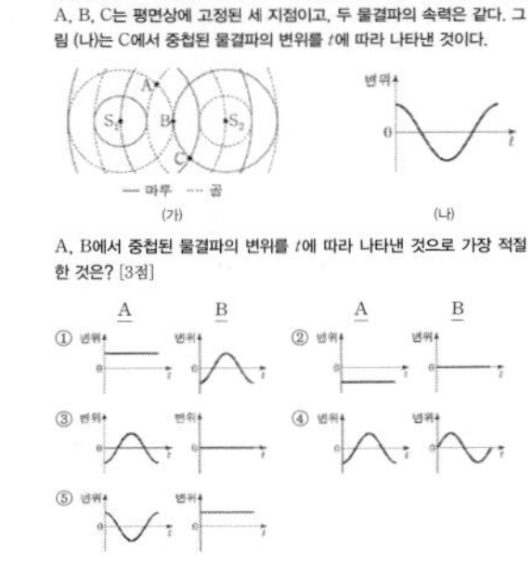

(가) (나)

A, B에서 중첩된 물결파의 변위를 t에 따라 나타낸 것으로 가장 적절한 것은? [3점]

①~⑤ (A, B 변위-t 그래프)

2022~2019

02

2020학년도 6월 모평 물Ⅱ 11번

그림과 같이 단색광이 공기 중에서 매질 Ⅰ에 입사각 60°로 입사하여 매질 Ⅱ에서 공기 중으로 굴절각 θ로 진행한다. 공기에 대한 Ⅱ의 굴절률은 $\sqrt{2}$이다.

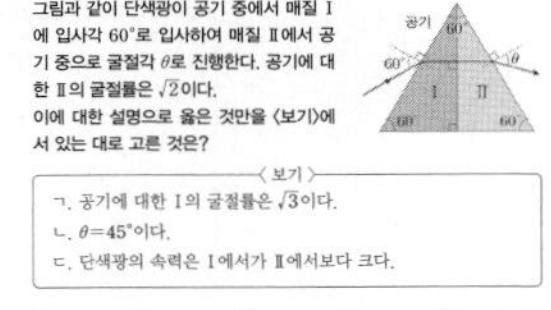

이에 대한 설명으로 옳은 것만을 〈보기〉에서 있는 대로 고른 것은?

〈보기〉
ㄱ. 공기에 대한 Ⅰ의 굴절률은 $\sqrt{3}$이다.
ㄴ. $\theta=45°$이다.
ㄷ. 단색광의 속력은 Ⅰ에서가 Ⅱ에서보다 크다.

① ㄱ ② ㄷ ③ ㄱ, ㄴ ④ ㄴ, ㄷ ⑤ ㄱ, ㄴ, ㄷ

06

2019학년도 수능 물Ⅱ 9번

그림은 공기에서 매질 A, B로 각각 진행하는 단색광 P의 입사각에 따른 굴절각의 측정 결과를 나타낸 것이다.

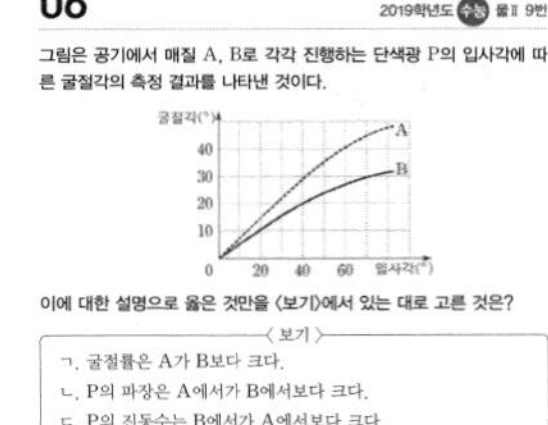

이에 대한 설명으로 옳은 것만을 〈보기〉에서 있는 대로 고른 것은?

〈보기〉
ㄱ. 굴절률은 A가 B보다 크다.
ㄴ. P의 파장은 A에서가 B에서보다 크다.
ㄷ. P의 진동수는 B에서가 A에서보다 크다.

① ㄱ ② ㄴ ③ ㄱ, ㄷ ④ ㄴ, ㄷ ⑤ ㄱ, ㄴ, ㄷ

05

2019학년도 6월 모평 물Ⅱ 12번

그림 (가)와 같이 단색광 A가 입사각 θ로 매질 Ⅰ에서 매질 Ⅱ로 진행하고, (나)와 같이 A가 입사각 θ로 매질 Ⅱ에서 매질 Ⅲ으로 진행한다. 원의 중심 O는 A의 경로와 매질의 경계면이 만나는 점이고, $a<b<c$이다.

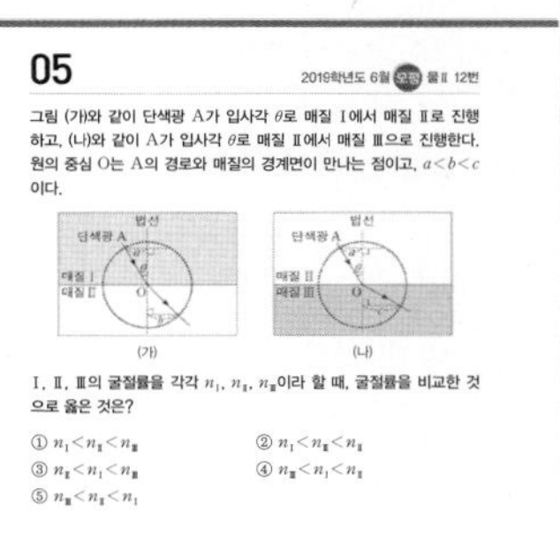

(가) (나)

Ⅰ, Ⅱ, Ⅲ의 굴절률을 각각 $n_Ⅰ$, $n_Ⅱ$, $n_Ⅲ$이라 할 때, 굴절률을 비교한 것으로 옳은 것은?

① $n_Ⅰ<n_Ⅱ<n_Ⅲ$ ② $n_Ⅰ<n_Ⅲ<n_Ⅱ$
③ $n_Ⅱ<n_Ⅰ<n_Ⅲ$ ④ $n_Ⅲ<n_Ⅰ<n_Ⅱ$
⑤ $n_Ⅲ<n_Ⅱ<n_Ⅰ$

41

2022학년도 수능 물Ⅰ 1번

그림 A, B, C는 빛의 성질을 활용한 예를 나타낸 것이다.

A. 렌즈를 통해 보면 물체의 크기가 다르게 보인다. B. 렌즈에 무반사 코팅을 하면 시야가 선명해진다. C. 보는 각도에 따라 지폐의 글자 색이 다르게 보인다.

A, B, C 중 빛의 간섭 현상을 활용한 예만을 있는 대로 고른 것은?

① A ② C ③ A, B ④ B, C ⑤ A, B, C

34

2022학년도 9월 모평 물Ⅰ 4번

다음은 일상생활에서 소리의 간섭 현상을 이용한 예이다.

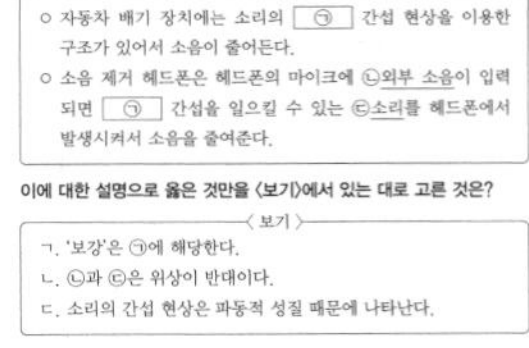

○ 자동차 배기 장치에는 소리의 [㉠] 간섭 현상을 이용한 구조가 있어서 소음이 줄어든다.
○ 소음 제거 헤드폰은 헤드폰의 마이크에 ㉡외부 소음이 입력되면 [㉠] 간섭을 일으킬 수 있는 ㉢소리를 헤드폰에서 발생시켜서 소음을 줄여준다.

이에 대한 설명으로 옳은 것만을 〈보기〉에서 있는 대로 고른 것은?

〈보기〉
ㄱ. '보강'은 ㉠에 해당한다.
ㄴ. ㉡과 ㉢은 위상이 반대이다.
ㄷ. 소리의 간섭 현상은 파동적 성질 때문에 나타난다.

① ㄱ ② ㄴ ③ ㄱ, ㄷ ④ ㄴ, ㄷ ⑤ ㄱ, ㄴ, ㄷ

35

2022학년도 6월 모평 물Ⅰ 15번

그림과 같이 두 개의 스피커에서 진폭과 진동수가 동일한 소리를 발생시키면 $x=0$에서 보강 간섭이 일어난다. 소리의 진동수가 f_1, f_2일 때 x축상에서 $x=0$으로부터 첫 번째 보강 간섭이 일어난 지점까지의 거리는 각각 $2d$, $3d$이다.

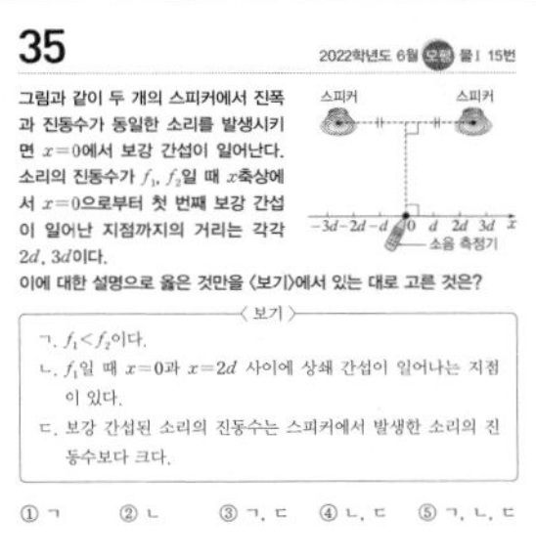

이에 대한 설명으로 옳은 것만을 〈보기〉에서 있는 대로 고른 것은?

〈보기〉
ㄱ. $f_1<f_2$이다.
ㄴ. f_1일 때 $x=0$과 $x=2d$ 사이에 상쇄 간섭이 일어나는 지점이 있다.
ㄷ. 보강 간섭된 소리의 진동수는 스피커에서 발생한 소리의 진동수보다 크다.

① ㄱ ② ㄴ ③ ㄱ, ㄷ ④ ㄴ, ㄷ ⑤ ㄱ, ㄴ, ㄷ

21

2021학년도 수능 물Ⅰ 13번

그림 (가)는 진폭이 1 cm, 속력이 5 cm/s로 같은 두 물결파를 나타낸 것이다. 실선과 점선은 각각 물결파의 마루와 골이고, 점 P, Q, R는 평면상의 고정된 지점이다. 그림 (나)는 R에서 중첩된 물결파의 변위를 시간에 따라 나타낸 것이다.

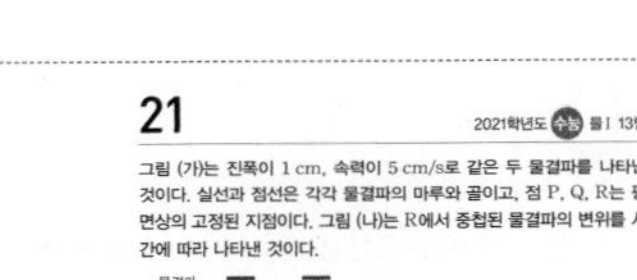

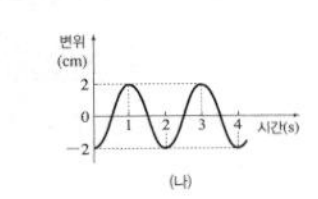

(가) (나)

23

2020학년도 수능 물Ⅱ 12번

그림 (가)는 두 점 S_1, S_2에서 같은 진폭과 파장으로 발생시킨 두 수면파의 시간 $t=0$일 때의 모습을 평면상에 나타낸 것이다. 점 P, Q는 평면상의 고정된 지점이고, S_1과 S_2 사이의 거리는 0.2 m이다. 그림 (나)는 P에서 중첩된 수면파의 변위를 t에 따라 나타낸 것이다.

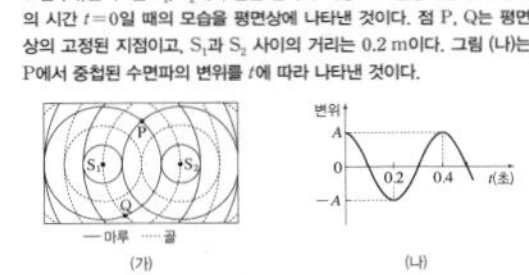

(가) (나)

이에 대한 설명으로 옳은 것만을 〈보기〉에서 있는 대로 고른 것은? (단, 물의 깊이는 일정하다.)

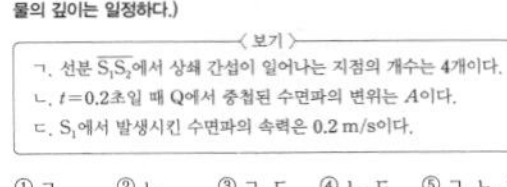

〈보기〉
ㄱ. 선분 $\overline{S_1S_2}$에서 상쇄 간섭이 일어나는 지점의 개수는 4개이다.
ㄴ. $t=0.2$초일 때 Q에서 중첩된 수면파의 변위는 A이다.
ㄷ. S_1에서 발생시킨 수면파의 속력은 0.2 m/s이다.

① ㄱ ② ㄴ ③ ㄱ, ㄷ ④ ㄴ, ㄷ ⑤ ㄱ, ㄴ, ㄷ

25

2019학년도 6월 모평 물Ⅱ 17번

그림은 거리가 L만큼 떨어진 점파원 S_1, S_2에서 같은 진폭과 위상으로 발생시킨 두 수면파의 마루와 마루가 만나서 보강 간섭이 일어난 지점 중에 S_2에서 거리가 $\frac{L}{2}$인 지점을 평면상에 모두 나타낸 것이다. 두 수면파의 파장은 λ로 같고 속력과 주기는 일정하다.

이에 대한 설명으로 옳은 것만을 〈보기〉에서 있는 대로 고른 것은? [3점]

〈보기〉
ㄱ. S_1에서 a까지 거리는 S_1에서 b까지 거리보다 λ만큼 짧다.
ㄴ. $L=4\lambda$이다.
ㄷ. S_1, S_2에서 c까지 경로차는 3λ이다.

① ㄴ ② ㄷ ③ ㄱ, ㄴ ④ ㄱ, ㄷ ⑤ ㄱ, ㄴ, ㄷ

40

2021학년도 6월 모평 물Ⅰ 3번

그림 A, B, C는 파동의 성질을 활용한 예를 나타낸 것이다.

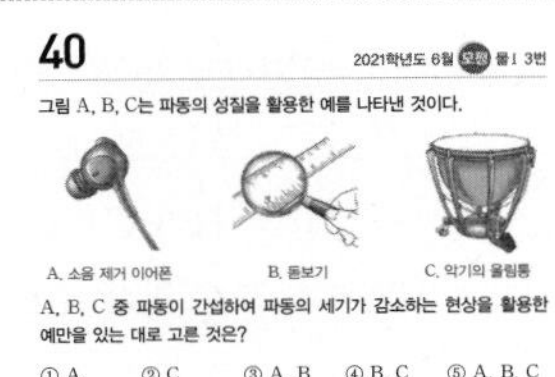
A. 소음 제거 이어폰 B. 돋보기 C. 악기의 울림통

A, B, C 중 파동이 간섭하여 파동의 세기가 감소하는 현상을 활용한 예만을 있는 대로 고른 것은?

① A ② C ③ A, B ④ B, C ⑤ A, B, C

01

2020학년도 10월 학평 물I 6번

그림과 같이 단색광이 물속에 놓인 유리를 지나면서 점 p, q에서 굴절한다. 표는 각 점에서 입사각과 굴절각을 나타낸 것이다.

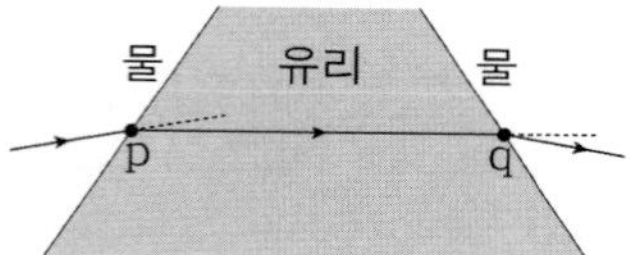

점	입사각	굴절각
p	θ_0	θ_1
q	θ_2	θ_0

이에 대한 설명으로 옳은 것만을 〈보기〉에서 있는 대로 고른 것은?

〈 보기 〉

ㄱ. $\theta_1=\theta_2$이다.
ㄴ. 단색광의 진동수는 유리에서와 물에서가 같다.
ㄷ. 단색광의 파장은 유리에서가 물에서보다 작다.

① ㄱ ② ㄷ ③ ㄱ, ㄴ ④ ㄴ, ㄷ ⑤ ㄱ, ㄴ, ㄷ

02

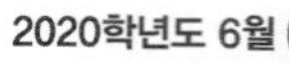  2020학년도 6월 모평 물II 11번

그림과 같이 단색광이 공기 중에서 매질 I에 입사각 60°로 입사하여 매질 II에서 공기 중으로 굴절각 θ로 진행한다. 공기에 대한 II의 굴절률은 $\sqrt{2}$이다.

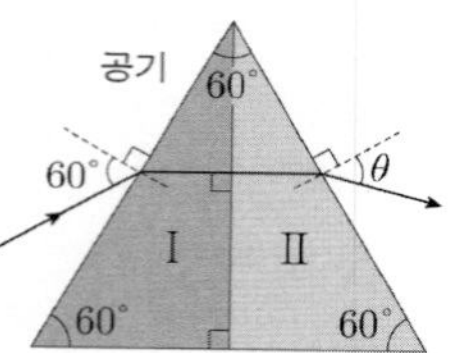

이에 대한 설명으로 옳은 것만을 〈보기〉에서 있는 대로 고른 것은?

〈 보기 〉

ㄱ. 공기에 대한 I의 굴절률은 $\sqrt{3}$이다.
ㄴ. $\theta=45°$이다.
ㄷ. 단색광의 속력은 I에서가 II에서보다 크다.

① ㄱ ② ㄷ ③ ㄱ, ㄴ ④ ㄴ, ㄷ ⑤ ㄱ, ㄴ, ㄷ

03 대표 문제

 2025학년도 6월 모평 물I 15번

그림과 같이 단색광 P가 매질 I, II, III의 경계면에서 굴절하며 진행한다. P가 I에서 II로 진행할 때 입사각과 굴절각은 각각 θ_1, θ_2이고, II에서 III으로 진행할 때 입사각과 굴절각은 각각 θ_3, θ_1이며, III에서 I로 진행할 때 굴절각은 θ_2이다.

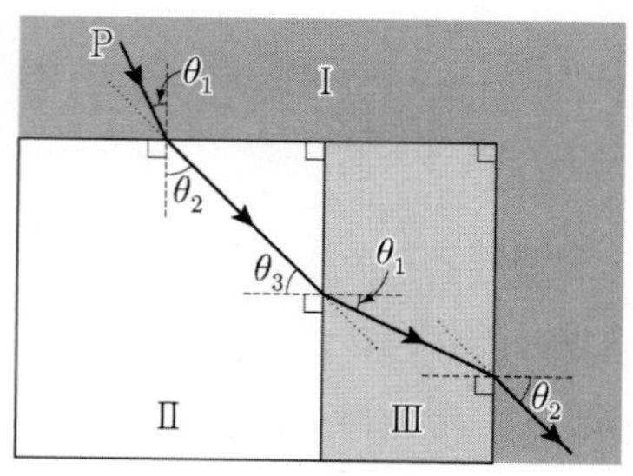

이에 대한 설명으로 옳은 것만을 〈보기〉에서 있는 대로 고른 것은?

〈 보기 〉

ㄱ. P의 파장은 I에서가 II에서보다 짧다.
ㄴ. P의 속력은 I에서가 III에서보다 크다.
ㄷ. $\theta_3>\theta_2$이다.

① ㄱ ② ㄷ ③ ㄱ, ㄴ ④ ㄴ, ㄷ ⑤ ㄱ, ㄴ, ㄷ

04

2022학년도 7월 학평 물I 20번

그림 (가)와 같이 동일한 단색광 P가 매질 C에서 매질 A와 B로 각각 입사하여 굴절하였다. 그림 (나)는 P가 B에서 A로 입사하는 모습을 나타낸 것이다.

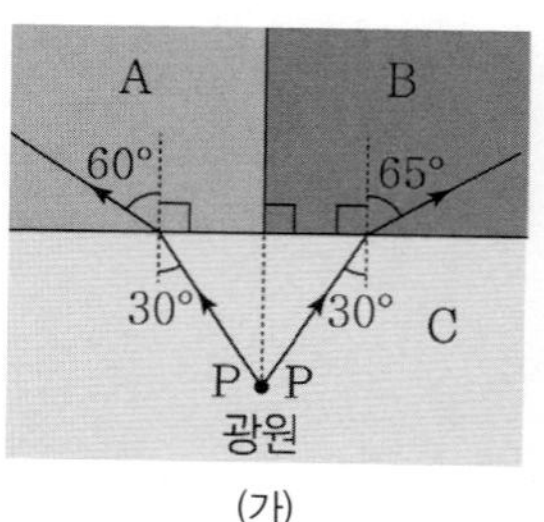

(가)

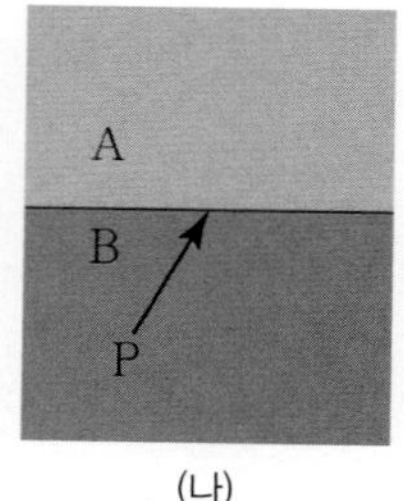

(나)

이에 대한 설명으로 옳은 것만을 〈보기〉에서 있는 대로 고른 것은? [3점]

〈 보기 〉

ㄱ. 굴절률은 B가 C보다 크다.
ㄴ. P의 속력은 A에서가 B에서보다 크다.
ㄷ. (나)에서 P가 A로 굴절할 때 입사각이 굴절각보다 크다.

① ㄱ ② ㄷ ③ ㄱ, ㄴ ④ ㄴ, ㄷ ⑤ ㄱ, ㄴ, ㄷ

05

2019학년도 6월 모평 물II 12번

그림 (가)와 같이 단색광 A가 입사각 θ로 매질 I에서 매질 II로 진행하고, (나)와 같이 A가 입사각 θ로 매질 II에서 매질 III으로 진행한다. 원의 중심 O는 A의 경로와 매질의 경계면이 만나는 점이고, $a<b<c$이다.

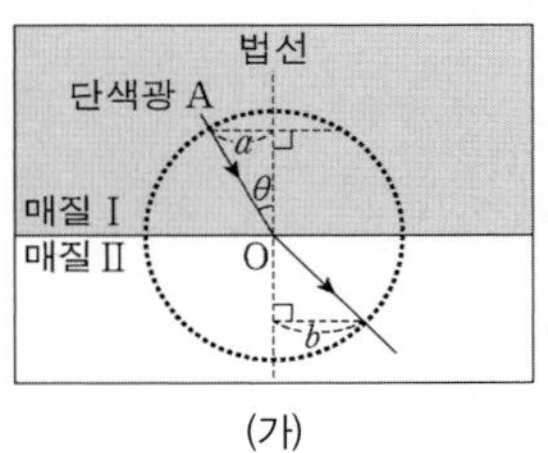

(가)

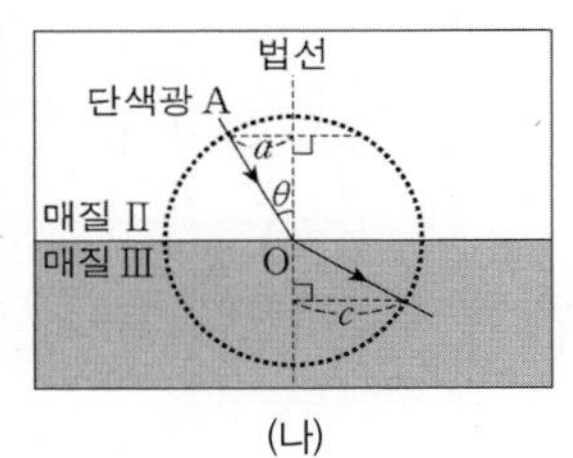

(나)

I, II, III의 굴절률을 각각 n_{I}, n_{II}, n_{III}이라 할 때, 굴절률을 비교한 것으로 옳은 것은?

① $n_{\mathrm{I}}<n_{\mathrm{II}}<n_{\mathrm{III}}$ ② $n_{\mathrm{I}}<n_{\mathrm{III}}<n_{\mathrm{II}}$ ③ $n_{\mathrm{II}}<n_{\mathrm{I}}<n_{\mathrm{III}}$ ④ $n_{\mathrm{III}}<n_{\mathrm{I}}<n_{\mathrm{II}}$ ⑤ $n_{\mathrm{III}}<n_{\mathrm{II}}<n_{\mathrm{I}}$

06

2019학년도 수능 물II 9번

그림은 공기에서 매질 A, B로 각각 진행하는 단색광 P의 입사각에 따른 굴절각의 측정 결과를 나타낸 것이다.

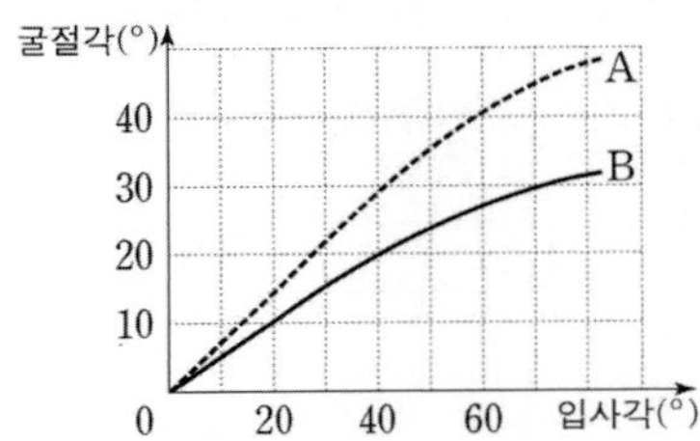

이에 대한 설명으로 옳은 것만을 <보기>에서 있는 대로 고른 것은?

<보기>

ㄱ. 굴절률은 A가 B보다 크다.
ㄴ. P의 파장은 A에서가 B에서보다 크다.
ㄷ. P의 진동수는 B에서가 A에서보다 크다.

① ㄱ ② ㄴ ③ ㄱ, ㄷ ④ ㄴ, ㄷ ⑤ ㄱ, ㄴ, ㄷ

07

2023학년도 4월 학평 물I 2번

다음은 물 밖에서 보이는 물고기의 위치에 대한 설명이다.

물 밖에서 보이는 물고기의 위치는 실제 위치보다 수면에 가깝다. 이는 빛의 속력이 공기에서가 물에서보다 [㉠] 수면에서 빛이 [㉡] 하여 빛의 진행 방향이 바뀌기 때문이다.

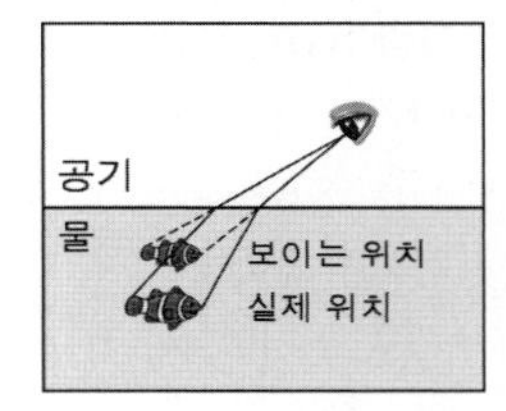

㉠, ㉡으로 적절한 것은?

	㉠	㉡
①	느리므로	간섭
②	빠르므로	간섭
③	느리므로	굴절
④	빠르므로	굴절
⑤	느리므로	반사

08 대표 문제

2023학년도 9월 모평 물I 5번

그림 (가)는 매질 A, B에 볼펜을 넣어 볼펜이 꺾여 보이는 것을, (나)는 물속에 잠긴 다리가 짧아 보이는 것을 나타낸 것이다.

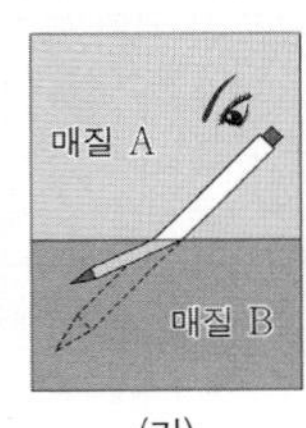

(가)

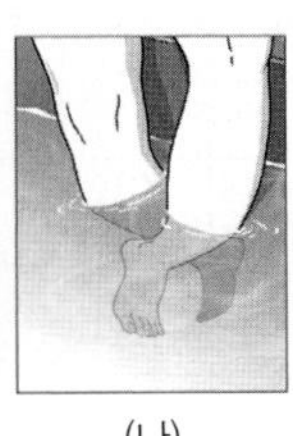
(나)

이에 대한 설명으로 옳은 것만을 <보기>에서 있는 대로 고른 것은? [3점]

<보기>

ㄱ. (가)에서 굴절률은 A가 B보다 크다.
ㄴ. (가)에서 빛의 속력은 A에서가 B에서보다 크다.
ㄷ. (나)에서 빛이 물에서 공기로 진행할 때 굴절각이 입사각보다 크다.

① ㄱ ② ㄷ ③ ㄱ, ㄴ ④ ㄴ, ㄷ ⑤ ㄱ, ㄴ, ㄷ

09

2020학년도 7월 학평 물I 13번

그림 (가)는 파장과 속력이 같고 연속적으로 발생되는 두 파동 A, B가 서로 반대 방향으로 진행할 때 시간 $t=0$인 순간의 모습을 나타낸 것이다. 그림 (나)는 (가)에서 $t=1$초일 때, A, B가 중첩된 모습을 나타낸 것이다.

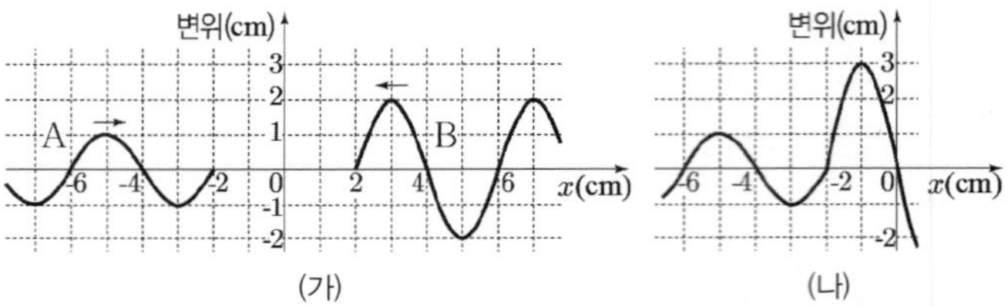

이에 대한 설명으로 옳은 것만을 〈보기〉에서 있는 대로 고른 것은? [3점]

〈 보기 〉

ㄱ. A의 속력은 2 cm/s이다.
ㄴ. B의 주기는 1초이다.
ㄷ. $t=2$초일 때 $x=-5$ cm에서 변위의 크기는 3 cm이다.

① ㄱ ② ㄴ ③ ㄱ, ㄷ ④ ㄴ, ㄷ ⑤ ㄱ, ㄴ, ㄷ

10

2020학년도 10월 학평 물I 3번

그림은 0초일 때 진동수가 f이고 진폭이 1 cm인 두 파동이 줄을 따라 서로 반대 방향으로 진행하는 모습을 나타낸 것이다. 두 파동의 속력은 같고, 줄 위의 점 p는 5초일 때 처음으로 변위의 크기가 2 cm가 된다.

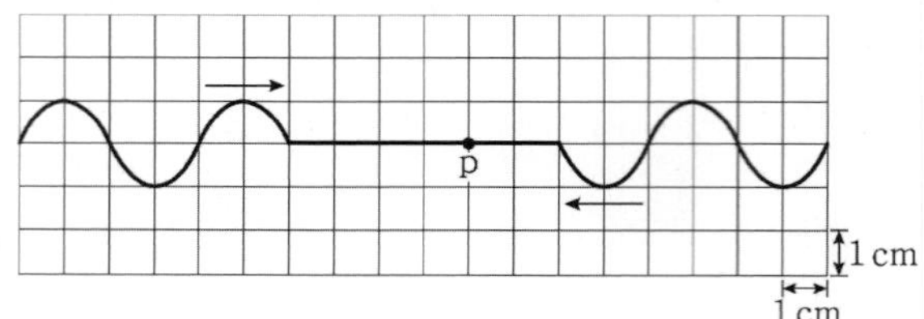

f는? [3점]

① $\frac{1}{20}$Hz ② $\frac{1}{10}$Hz ③ $\frac{1}{8}$Hz ④ $\frac{1}{4}$Hz ⑤ $\frac{1}{2}$Hz

11

2025학년도 6월 모평 물I 6번

그림은 진행 방향이 서로 반대인 동일한 두 파동 X, Y의 중첩에 대해 학생 A, B, C가 대화하는 모습을 나타낸 것이다. 점 P, Q, R는 x축상의 고정된 점이다.

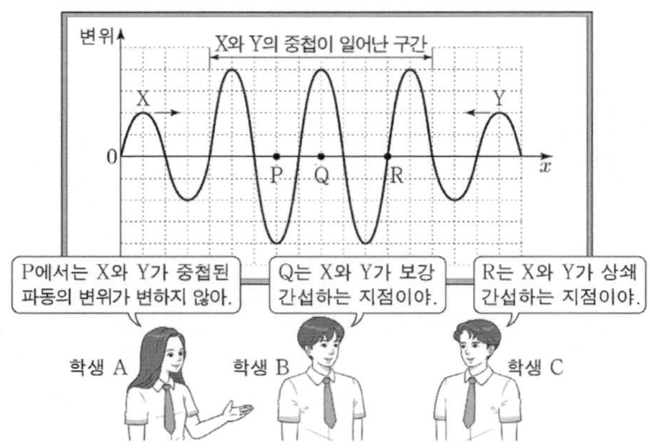

제시한 내용이 옳은 학생만을 있는 대로 고른 것은? [3점]

① A ② B ③ A, C ④ B, C ⑤ A, B, C

12

2024학년도 수능 물I 6번

그림은 줄에서 연속적으로 발생하는 두 파동 P, Q가 서로 반대 방향으로 x축과 나란하게 진행할 때, 두 파동이 만나기 전 시간 $t=0$인 순간의 줄의 모습을 나타낸 것이다. P와 Q의 진동수는 0.25 Hz로 같다.

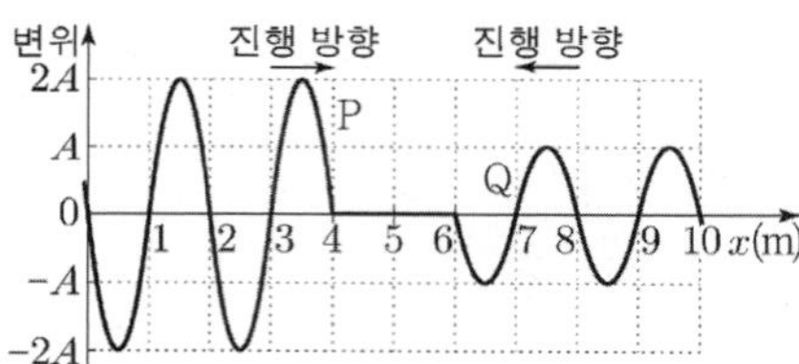

$t=2$초부터 $t=6$초까지, $x=5$ m에서 중첩된 파동의 변위의 최댓값은?

① 0 ② A ③ $\frac{3}{2}A$ ④ $2A$ ⑤ $3A$

13

2023학년도 4월 학평 물Ⅰ 3번

그림은 점 S_1, S_2에서 진동수와 진폭이 같고 동일한 위상으로 발생한 물결파가 같은 속력으로 진행하는 어느 순간의 모습에 대해 학생 A, B, C가 대화하는 모습을 나타낸 것이다.

P
Q
R
S_1
S_2
◦점 P, Q, R : 평면상에 고정된 지점
— 마루 ---- 골
P는 상쇄 간섭이 일어나는 지점이야.
Q에서는 S_1, S_2에서 발생한 물결파가 반대 위상으로 만나.
R에서 중첩된 물결파의 변위는 시간이 지나도 변하지 않아.
학생 A
학생 B
학생 C

제시한 내용이 옳은 학생만을 있는 대로 고른 것은? [3점]

① A ② B ③ A, C ④ B, C ⑤ A, B, C

14

2024학년도 3월 학평 물Ⅰ 3번

그림은 파원 S_1, S_2에서 서로 같은 진폭과 위상으로 발생시킨 두 물결파의 0초일 때의 모습을 나타낸 것이다. 두 물결파의 진동수는 0.5 Hz이다.

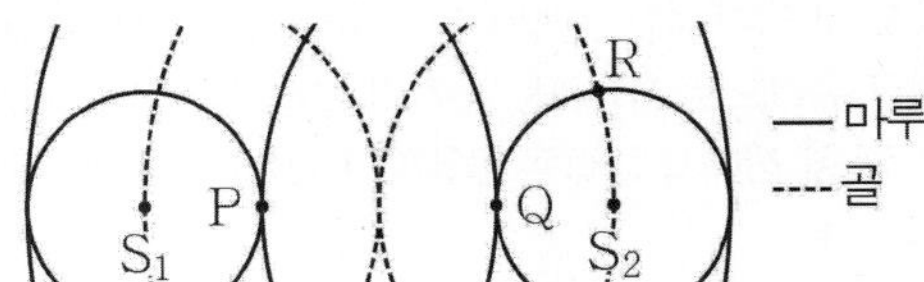

이에 대한 옳은 설명만을 〈보기〉에서 있는 대로 고른 것은? (단, 점 P, Q, R은 동일 평면상에 고정된 지점이다.) [3점]

〈 보기 〉

ㄱ. $\overline{PQ}$에서 상쇄 간섭이 일어나는 지점의 수는 1개이다.

ㄴ. 1초일 때 Q에서는 보강 간섭이 일어난다.

ㄷ. 소음 제거 이어폰은 R에서와 같은 종류의 간섭 현상을 활용한다.

① ㄴ ② ㄷ ③ ㄱ, ㄴ ④ ㄱ, ㄷ ⑤ ㄴ, ㄷ

15

2024학년도 6월 모평 물Ⅰ 15번

그림과 같이 파원 S_1, S_2에서 진폭과 위상이 같은 물결파를 0.5 Hz의 진동수로 발생시키고 있다. 물결파의 속력은 1 m/s로 일정하다.

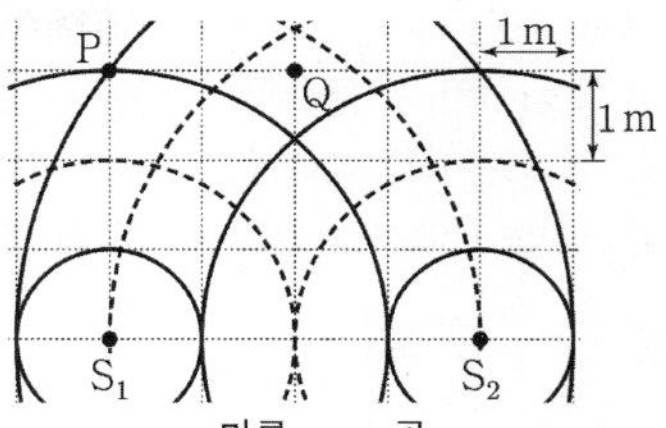

이에 대한 설명으로 옳은 것만을 〈보기〉에서 있는 대로 고른 것은? (단, 두 파원과 점 P, Q는 동일 평면상에 고정된 지점이다.) [3점]

〈 보기 〉

ㄱ. P에서는 보강 간섭이 일어난다.

ㄴ. Q에서 수면의 높이는 시간에 따라 변하지 않는다.

ㄷ. $\overline{PQ}$에서 상쇄 간섭이 일어나는 지점의 수는 2개이다.

① ㄱ ② ㄴ ③ ㄷ ④ ㄱ, ㄴ ⑤ ㄱ, ㄷ

16  문제

2024학년도 9월  물Ⅰ 15번

그림은 진동수와 진폭이 같고 위상이 반대인 두 물결파를 발생시키고 있을 때, 시간 $t=0$인 순간의 모습을 나타낸 것이다. 두 물결파는 진행 속력이 20 cm/s로 같고, 서로 이웃한 마루와 마루 사이의 거리는 20 cm이다.

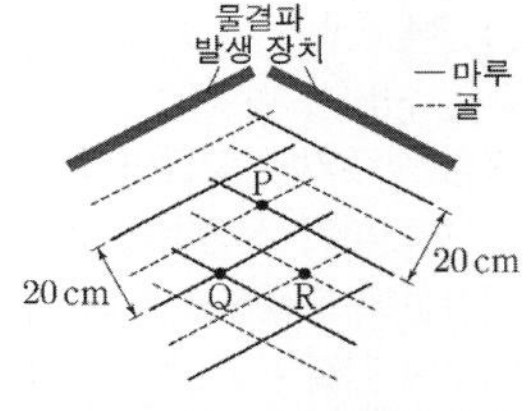

이에 대한 설명으로 옳은 것만을 〈보기〉에서 있는 대로 고른 것은? (단, 점 P, Q, R는 평면상에 고정된 지점이다.) [3점]

〈 보기 〉

ㄱ. P에서는 상쇄 간섭이 일어난다.

ㄴ. Q에서 중첩된 물결파의 변위는 시간에 따라 일정하다.

ㄷ. R에서 중첩된 물결파의 변위는 $t=1$초일 때와 $t=2$초일 때가 같다.

① ㄱ ② ㄷ ③ ㄱ, ㄴ ④ ㄱ, ㄷ ⑤ ㄴ, ㄷ

17 대표 문제

2023학년도 9월 모평 물Ⅰ 10번

그림 (가)는 두 점 S_1, S_2에서 진동수와 진폭이 같고 서로 반대의 위상으로 발생시킨 두 물결파의 시간 $t=0$일 때의 모습을 나타낸 것이다. 점 A, B, C는 평면상에 고정된 세 지점이고, 두 물결파의 속력은 같다. 그림 (나)는 C에서 중첩된 물결파의 변위를 t에 따라 나타낸 것이다.

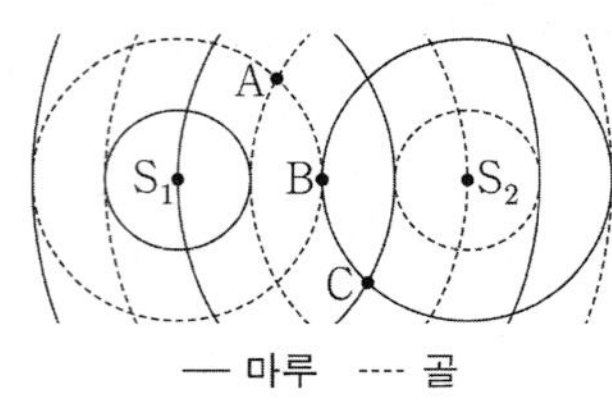

(가)

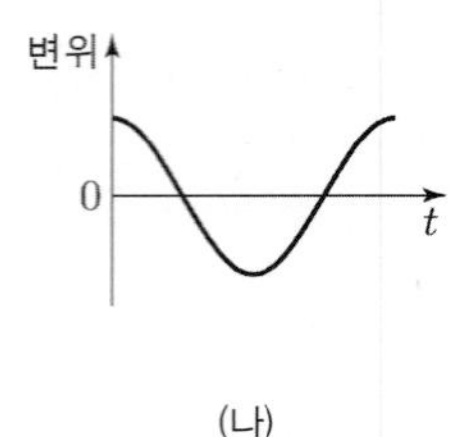

(나)

A, B에서 중첩된 물결파의 변위를 t에 따라 나타낸 것으로 가장 적절한 것은? [3점]

A　B

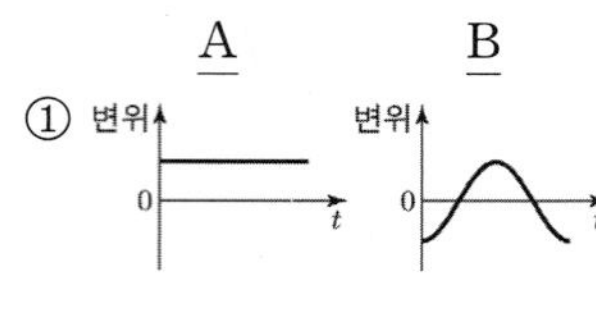

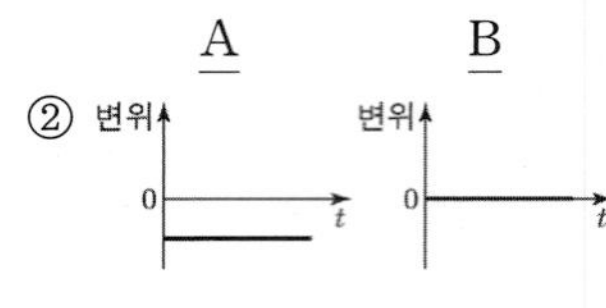

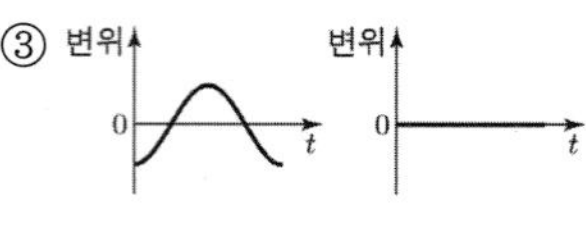

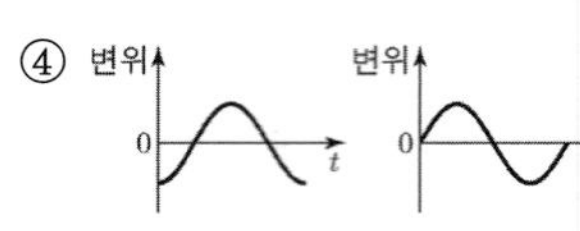

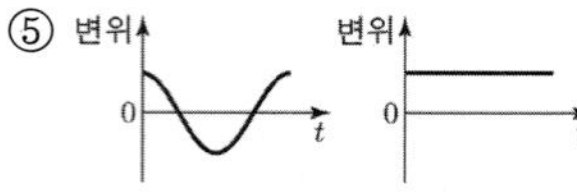

18

2020학년도 4월 학평 물Ⅰ 14번

그림은 주기와 파장이 같고, 속력이 일정한 두 수면파가 진행하는 어느 순간의 모습을 평면상에 모식적으로 나타낸 것이다. 두 수면파의 진폭은 A로 같다. 실선과 점선은 각각 수면파의 마루와 골의 위치를, 점 P, Q는 평면상의 고정된 지점을 나타낸 것이다.

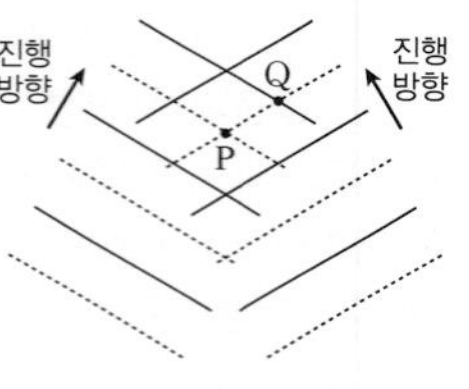

P, Q에서 중첩된 수면파의 변위를 시간에 따라 나타낸 것으로 가장 적절한 것을 〈보기〉에서 고른 것은?

〈보기〉

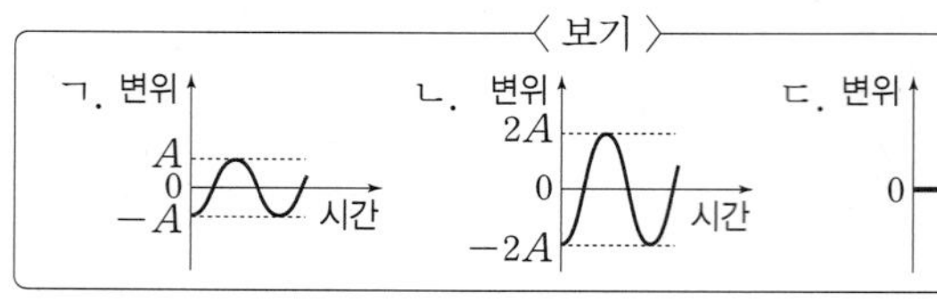

	P	Q
①	ㄱ	ㄴ
②	ㄱ	ㄷ
③	ㄴ	ㄱ
④	ㄴ	ㄷ
⑤	ㄷ	ㄴ

19

2021학년도 10월 학평 물Ⅰ 6번

그림은 두 파원에서 진동수가 f인 물결파가 같은 진폭으로 발생하여 중첩되는 모습을 나타낸 것이다. 두 물결파는 점 a에서는 같은 위상으로, 점 b에서는 반대 위상으로 중첩된다.

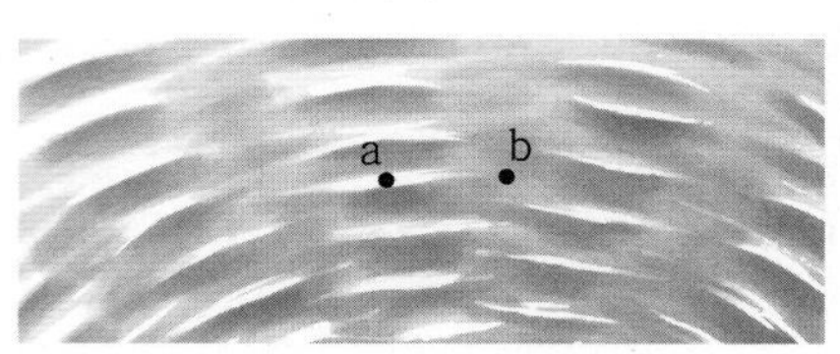

이에 대한 옳은 설명만을 〈보기〉에서 있는 대로 고른 것은?

〈보기〉

ㄱ. 물결파는 a에서 보강 간섭한다.

ㄴ. 진폭은 a에서가 b에서보다 크다.

ㄷ. a에서 물의 진동수는 f보다 크다.

① ㄴ　② ㄷ　③ ㄱ, ㄴ　④ ㄱ, ㄷ　⑤ ㄱ, ㄴ, ㄷ

20

2024학년도 5월 학평 물Ⅰ 15번

그림 (가)는 두 점 S_1, S_2에서 발생시킨 진동수, 진폭, 위상이 같은 두 물결파가 일정한 속력으로 진행하는 순간의 모습을, (나)는 (가)의 순간부터 점 P, Q 중 한 점에서 중첩된 물결파의 변위를 시간에 따라 나타낸 것이다.

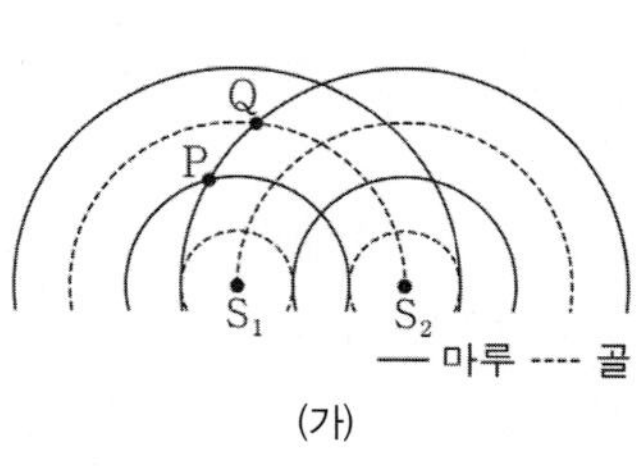

(가)

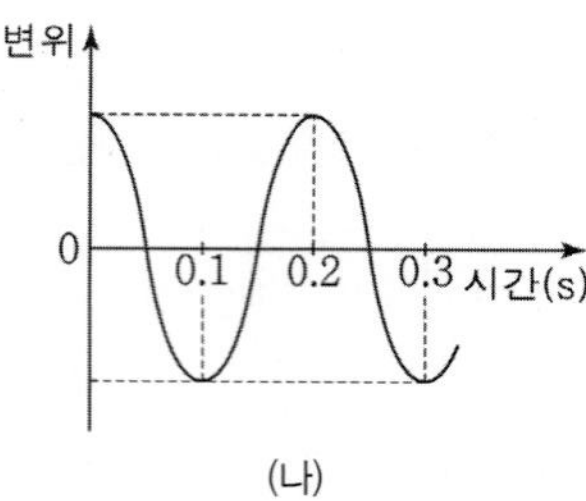

(나)

이에 대한 설명으로 옳은 것만을 〈보기〉에서 있는 대로 고른 것은? (단, S_1, S_2, P, Q는 동일 평면상에 고정된 지점이다.)

〈보기〉

ㄱ. (나)는 P에서의 변위를 나타낸 것이다.

ㄴ. S_1에서 발생시킨 물결파의 진동수는 5 Hz이다.

ㄷ. $\overline{S_1S_2}$에서 보강 간섭이 일어나는 지점의 수는 3개이다.

① ㄱ　② ㄷ　③ ㄱ, ㄴ　④ ㄴ, ㄷ　⑤ ㄱ, ㄴ, ㄷ

21

2021학년도 수능 물Ⅰ 13번

그림 (가)는 진폭이 1 cm, 속력이 5 cm/s로 같은 두 물결파를 나타낸 것이다. 실선과 점선은 각각 물결파의 마루와 골이고, 점 P, Q, R는 평면상의 고정된 지점이다. 그림 (나)는 R에서 중첩된 물결파의 변위를 시간에 따라 나타낸 것이다.

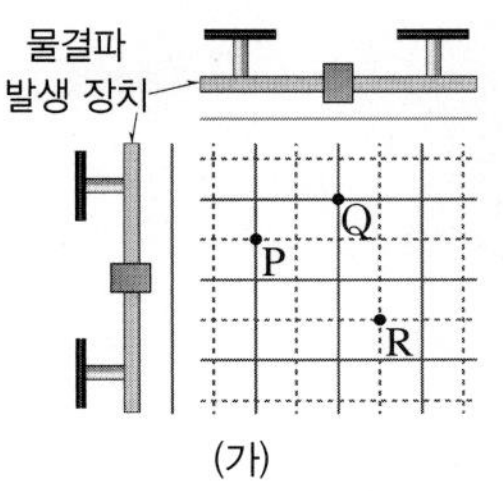

(가)

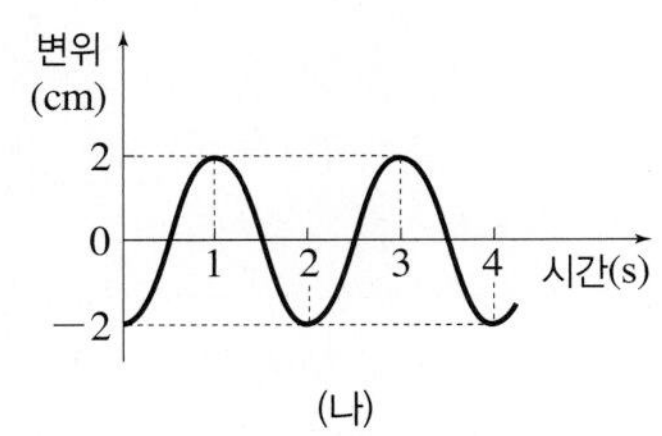

(나)

이에 대한 설명으로 옳은 것만을 〈보기〉에서 있는 대로 고른 것은? [3점]

〈 보기 〉

ㄱ. 두 물결파의 파장은 10 cm로 같다.
ㄴ. 1초일 때, P에서 중첩된 물결파의 변위는 2 cm이다.
ㄷ. 2초일 때, Q에서 중첩된 물결파의 변위는 0이다.

① ㄱ ② ㄷ ③ ㄱ, ㄴ ④ ㄴ, ㄷ ⑤ ㄱ, ㄴ, ㄷ

22

2023학년도 10월 학평 물Ⅰ 12번

그림 (가)는 파원 S_1, S_2에서 발생한 물결파가 중첩될 때, 각 파원에서 발생한 물결파의 마루와 골을 나타낸 것이다. 그림 (나)는 (가)의 순간 점 P, O, Q를 잇는 직선상에서 중첩된 물결파의 변위를 나타낸 것이다. P에서 상쇄 간섭이 일어난다

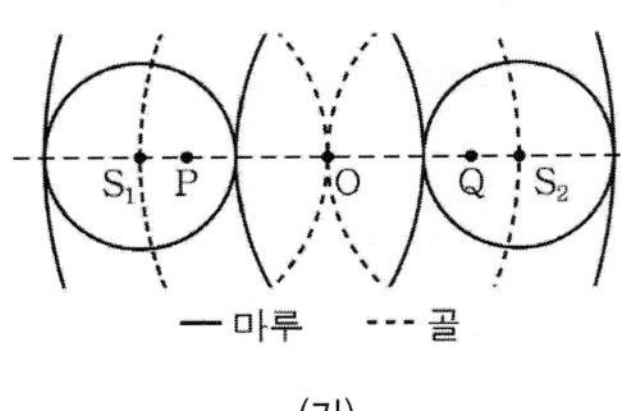

(가)

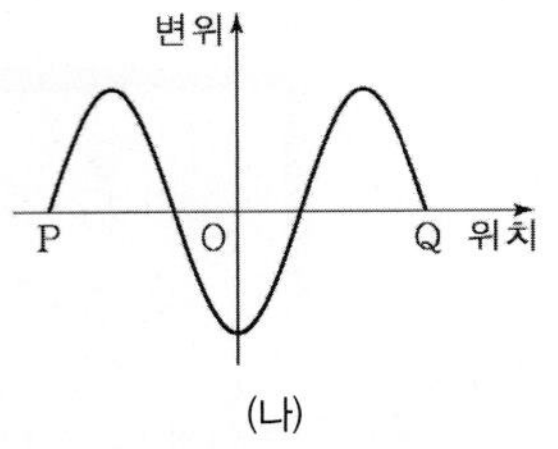

(나)

이에 대한 옳은 설명만을 〈보기〉에서 있는 대로 고른 것은? (단, 두 파원과 P, O, Q는 동일 평면상에 고정된 지점이다.)

〈 보기 〉

ㄱ. O에서 보강 간섭이 일어난다.
ㄴ. Q에서 중첩된 두 물결파의 위상은 같다.
ㄷ. 중첩된 물결파의 진폭은 O에서와 Q에서가 같다.

① ㄱ ② ㄴ ③ ㄱ, ㄷ ④ ㄴ, ㄷ ⑤ ㄱ, ㄴ, ㄷ

23

2020학년도 수능 물Ⅱ 12번

그림 (가)는 두 점 S_1, S_2에서 같은 진폭과 파장으로 발생시킨 두 수면파의 시간 $t=0$일 때의 모습을 평면상에 나타낸 것이다. 점 P, Q는 평면상의 고정된 지점이고, S_1과 S_2 사이의 거리는 0.2 m이다. 그림 (나)는 P에서 중첩된 수면파의 변위를 t에 따라 나타낸 것이다.

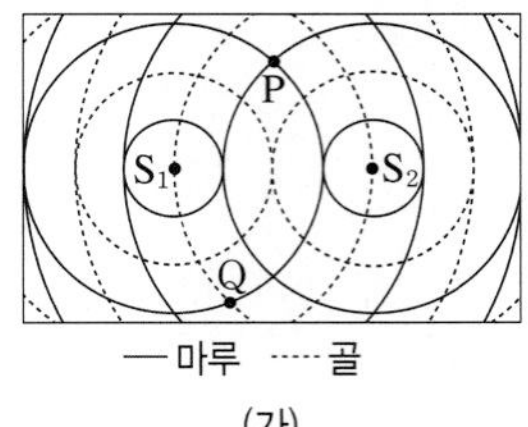

(가)

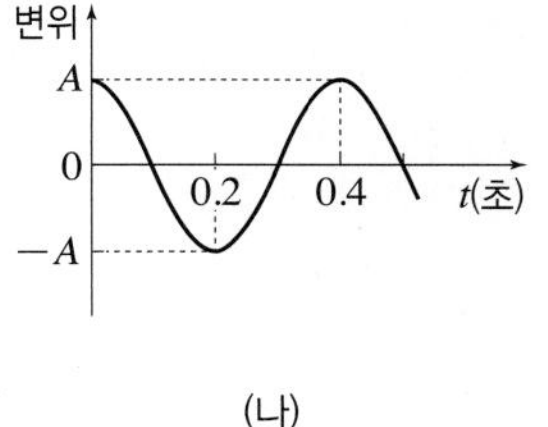

(나)

이에 대한 설명으로 옳은 것만을 〈보기〉에서 있는 대로 고른 것은? (단, 물의 깊이는 일정하다.)

〈 보기 〉

ㄱ. 선분 $\overline{S_1S_2}$에서 상쇄 간섭이 일어나는 지점의 개수는 4개이다.
ㄴ. $t=0.2$초일 때 Q에서 중첩된 수면파의 변위는 A이다.
ㄷ. S_1에서 발생시킨 수면파의 속력은 0.2 m/s이다.

① ㄱ ② ㄴ ③ ㄱ, ㄷ ④ ㄴ, ㄷ ⑤ ㄱ, ㄴ, ㄷ

24

2025학년도 9월 모평 물Ⅰ 9번

그림 (가)는 두 점 S_1, S_2에서 진동수 f로 발생시킨 진폭이 같고 위상이 반대인 두 물결파의 어느 순간의 모습을, (나)는 (가)의 S_1, S_2에서 진동수 $2f$로 발생시킨 진폭과 위상이 같은 두 물결파의 어느 순간의 모습을 나타낸 것이다. (가)와 (나)에서 발생시킨 물결파의 진행 속력은 같다. d_1과 d_2는 S_2에서 발생시킨 물결파의 파장이다.

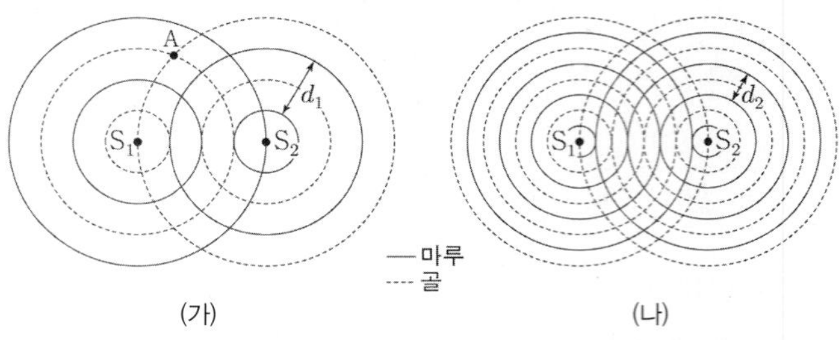
A
d_1
S_1
S_2
d_2
— 마루
---- 골
(가)
(나)

이에 대한 설명으로 옳은 것만을 〈보기〉에서 있는 대로 고른 것은? (단, S_1, S_2, A는 동일 평면상에 고정된 지점이다.) [3점]

〈 보기 〉

ㄱ. (가)의 A에서는 보강 간섭이 일어난다.

ㄴ. (나)의 $\overline{S_1S_2}$에서 상쇄 간섭이 일어나는 지점의 개수는 5개이다.

ㄷ. $d_1 = 2d_2$이다.

① ㄱ　② ㄴ　③ ㄱ, ㄷ　④ ㄴ, ㄷ　⑤ ㄱ, ㄴ, ㄷ

25

2019학년도 6월 모평 물Ⅱ 17번

그림은 거리가 L만큼 떨어진 점파원 S_1, S_2에서 같은 진폭과 위상으로 발생시킨 두 수면파의 마루와 마루가 만나서 보강 간섭이 일어난 지점 중에 S_2에서 거리가 $\frac{L}{2}$인 지점을 평면상에 모두 나타낸 것이다. 두 수면파의 파장은 λ로 같고 속력과 주기는 일정하다.

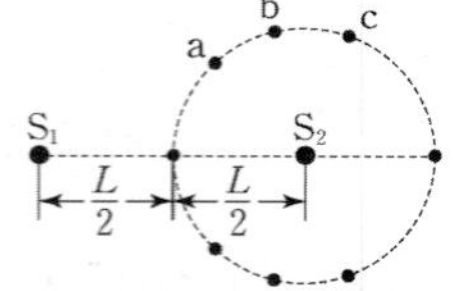
a
b
c
S_1
S_2
$\frac{L}{2}$
$\frac{L}{2}$

이에 대한 설명으로 옳은 것만을 〈보기〉에서 있는 대로 고른 것은? [3점]

〈 보기 〉

ㄱ. S_1에서 a까지 거리는 S_1에서 b까지 거리보다 λ만큼 짧다.

ㄴ. $L = 4\lambda$이다.

ㄷ. S_1, S_2에서 c까지 경로차는 3λ이다.

① ㄴ　② ㄷ　③ ㄱ, ㄴ　④ ㄱ, ㄷ　⑤ ㄱ, ㄴ, ㄷ

26

2023학년도 3월 학평 물Ⅰ 3번

다음은 간섭 현상을 활용한 예이다.

> 자동차의 배기관은 소음을 줄이는 구조로 되어 있다. A 부분에서 분리된 소리는 B 부분에서 중첩되는데, 이때 두 소리가 [㉠] 위상으로 중첩되면서 ㉡상쇄 간섭이 일어나 소음이 줄어든다.

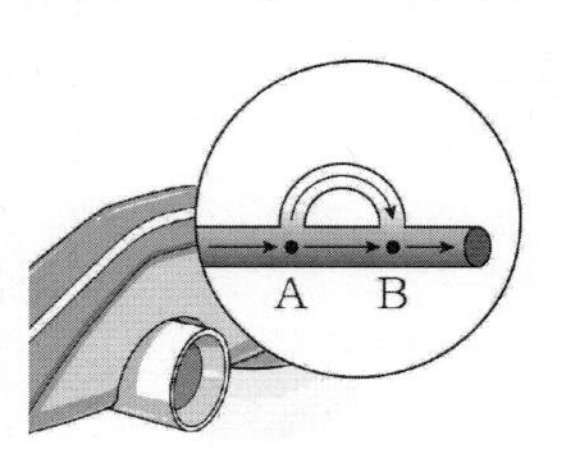
A
B

이에 대한 옳은 설명만을 〈보기〉에서 있는 대로 고른 것은?

〈 보기 〉

ㄱ. '같은'은 ㉠으로 적절하다.

ㄴ. ㉡이 일어날 때 파동의 진폭이 작아진다.

ㄷ. 소리의 진동수는 B에서가 A에서보다 크다.

① ㄱ　② ㄴ　③ ㄱ, ㄷ　④ ㄴ, ㄷ　⑤ ㄱ, ㄴ, ㄷ

27

2023학년도 수능 물Ⅰ 2번

그림은 소리의 간섭 실험에 대해 학생 A, B, C가 대화하는 모습을 나타낸 것이다.

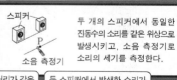

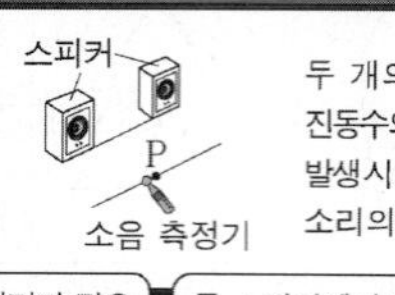
스피커
P
소음 측정기
두 개의 스피커에서 동일한 진동수의 소리를 같은 위상으로 발생시키고, 소음 측정기로 소리의 세기를 측정한다.

두 스피커로부터 거리가 같은 지점 P에서는 두 소리가 만나 보강 간섭해.
두 스피커에서 발생한 소리가 만날 때 위상이 서로 반대이면 상쇄 간섭해.
상쇄 간섭은 소음 제거 이어폰에 활용돼.

학생 A

학생 B

학생 C

제시한 내용이 옳은 학생만을 있는 대로 고른 것은? [3점]

① A　② B　③ A, C　④ B, C　⑤ A, B, C

28

2020학년도 3월 학평 물I 15번

그림과 같이 정사각형의 두 꼭짓점에 놓인 스피커 A, B에서 세기가 같고 진동수가 440 Hz인 소리가 같은 위상으로 발생한다. 점 O는 두 꼭짓점 P, Q를 잇는 선분 $\overline{PQ}$의 중점이다. A, B에서 발생한 소리는 P에서 상쇄 간섭하고 O에서 보강 간섭한다.

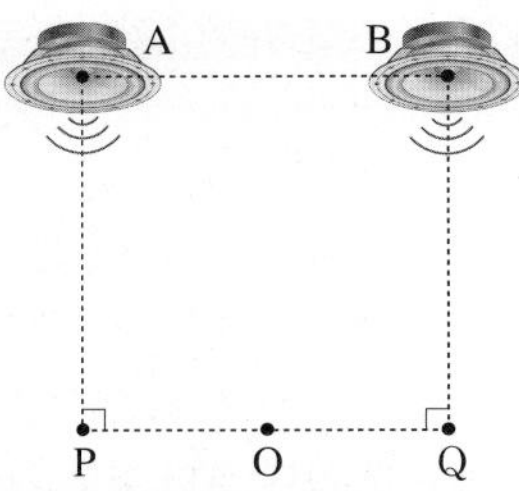

A, B에서 발생한 소리의 간섭에 대한 옳은 설명만을 〈보기〉에서 있는 대로 고른 것은?

〈 보기 〉

ㄱ. Q에서 상쇄 간섭한다.
ㄴ. 중첩된 소리의 세기는 P와 O에서 같다.
ㄷ. $\overline{PQ}$에서 보강 간섭하는 지점은 짝수 개다.

① ㄱ ② ㄴ ③ ㄱ, ㄷ ④ ㄴ, ㄷ ⑤ ㄱ, ㄴ, ㄷ

29

2024학년도 7월 학평 물I 13번

그림과 같이 스피커 A, B에서 진폭과 진동수가 동일한 소리를 발생시키면 점 O에서 보강 간섭이 일어나고, 점 P에서는 상쇄 간섭이 일어난다. 이에 대한 설명으로 옳은 것만을 〈보기〉에서 있는 대로 고른 것은? (단, 스피커의 크기는 무시한다.)

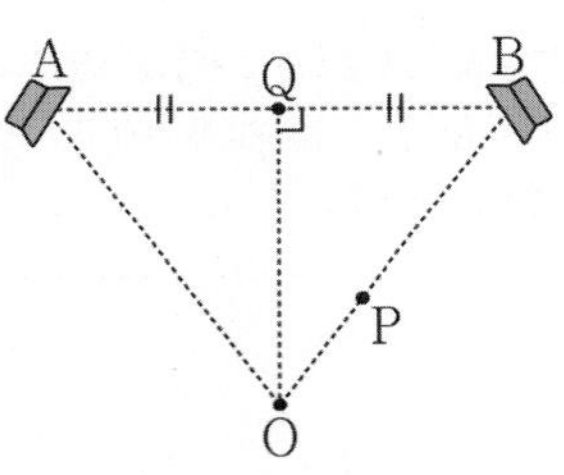

〈 보기 〉

ㄱ. A와 B에서 같은 위상으로 소리가 발생한다.
ㄴ. A와 B에서 발생한 소리는 점 Q에서 보강 간섭한다.
ㄷ. B에서 발생하는 소리의 위상만을 반대로 하면 A와 B에서 발생한 소리가 P에서 보강 간섭한다.

① ㄱ ② ㄷ ③ ㄱ, ㄴ ④ ㄴ, ㄷ ⑤ ㄱ, ㄴ, ㄷ

30

2021학년도 4월 학평 물I 16번

다음은 소리의 간섭 실험이다.

[실험 과정]

(가) 그림과 같이 나란하게 놓인 스피커 S_1과 S_2 사이의 중앙 지점에서 수직 방향으로 2 m 떨어진 점 O를 표시한다.

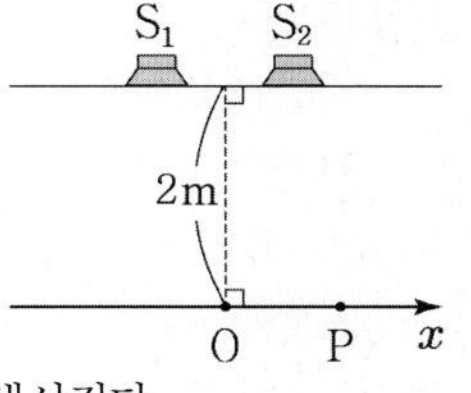

(나) S_1, S_2에서 진동수가 340 Hz이고 위상과 진폭이 동일한 소리를 발생시킨다.

(다) O에서 $+x$ 방향으로 이동하며 소리의 세기를 측정하여 처음으로 보강 간섭하는 지점과 상쇄 간섭하는 지점을 표시한다.

[실험 결과]

○ (다)의 결과

	보강 간섭	상쇄 간섭
지점	O	P

○ O에서 P까지의 거리는 1 m이다.

이에 대한 설명으로 옳은 것만을 〈보기〉에서 있는 대로 고른 것은? [3점]

〈 보기 〉

ㄱ. S_1, S_2에서 발생한 소리의 위상은 O에서 서로 반대이다.
ㄴ. O에서 $-x$ 방향으로 1 m만큼 떨어진 지점에서는 S_1, S_2에서 발생한 소리가 상쇄 간섭한다.
ㄷ. S_1에서 발생하는 소리의 위상만을 반대로 하면 S_1, S_2에서 발생한 소리가 O에서 보강 간섭한다.

① ㄱ ② ㄴ ③ ㄷ ④ ㄱ, ㄴ ⑤ ㄴ, ㄷ

31

2022학년도 4월 학평 물Ⅰ 17번

다음은 소리의 간섭 실험이다.

[실험 과정]

(가) 그림과 같이 $x=0$에서부터 같은 거리만큼 떨어진 곳에 스피커 A, B를 나란히 고정한다.

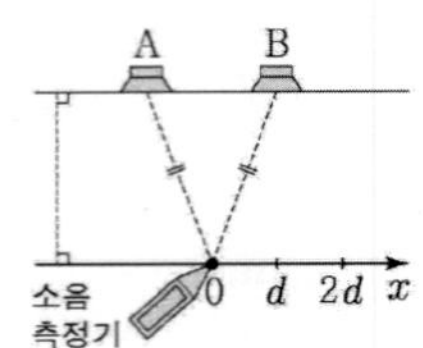

(나) A, B에서 진동수가 f이고 진폭이 동일한 소리를 발생시킨다.

(다) $+x$ 방향으로 이동하며 소리의 세기를 측정하여, $x=0$에서부터 처음으로 보강 간섭하는 지점과 상쇄 간섭하는 지점을 기록한다.

(라) (나)의 A, B에서 발생하는 소리의 진동수만을 $2f$로 바꾼 후, (다)를 반복한다.

(마) (나)의 A, B에서 발생하는 소리의 진동수만을 $3f$로 바꾼 후, (다)를 반복한다.

[실험 결과]

실험	소리의 진동수	보강 간섭 하는 지점	상쇄 간섭 하는 지점
(다)	f	$x=0$	$x=2d$
(라)	$2f$	$x=0$	$x=d$
(마)	$3f$	$x=0$	$x=$㉠

이에 대한 설명으로 옳은 것만을 〈보기〉에서 있는 대로 고른 것은? [3점]

〈 보기 〉

ㄱ. (라)에서, 측정한 소리의 세기는 $x=0$에서가 $x=d$에서보다 작다.

ㄴ. ㉠은 d보다 작다.

ㄷ. (나)에서, A에서 발생하는 소리의 위상만을 반대로 하면 A, B에서 발생한 소리가 $x=0$에서 상쇄 간섭한다.

① ㄱ ② ㄴ ③ ㄱ, ㄷ ④ ㄴ, ㄷ ⑤ ㄱ, ㄴ, ㄷ

32

2022학년도 7월 학평 물Ⅰ 14번

다음은 스피커를 이용한 파동의 간섭 실험이다.

[실험 과정]

(가) 그림과 같이 동일한 스피커 A, B를 나란하게 두고 휴대폰과 연결한다.

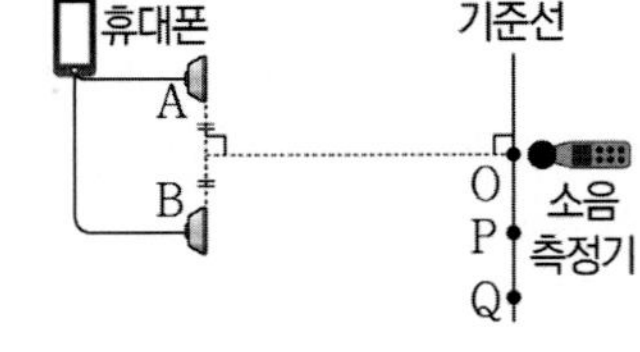

(나) A, B로부터 같은 거리에 있는 점 O에 소음 측정기를 놓고 A와 B에서 진동수와 진폭이 동일한 소리를 발생시킨다.

(다) 기준선을 따라 소음 측정기를 이동하면서 소음 측정기의 위치에 따른 소리의 세기를 측정한다.

(라) B를 제거하고 과정 (다)를 반복한다.

[실험 결과]

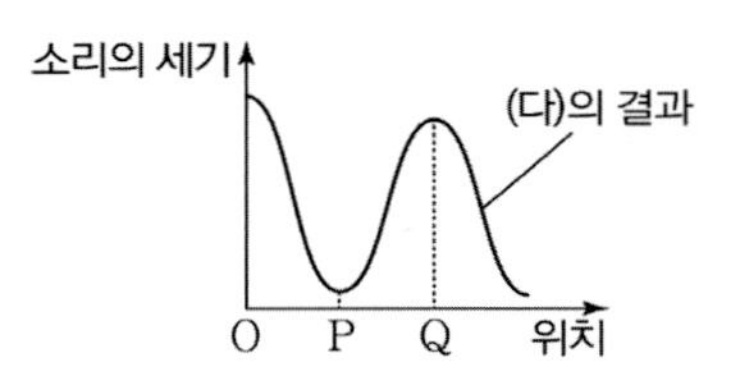

이에 대한 설명으로 옳은 것만을 〈보기〉에서 있는 대로 고른 것은? [3점]

〈 보기 〉

ㄱ. A, B에서 발생한 소리는 O에서 같은 위상으로 만난다.

ㄴ. (다)에서 점 P에서는 상쇄 간섭이 일어난다.

ㄷ. 점 P에서 측정된 소리의 세기는 (다)에서가 (라)에서보다 크다.

① ㄱ ② ㄷ ③ ㄱ, ㄴ ④ ㄴ, ㄷ ⑤ ㄱ, ㄴ, ㄷ

33

2021학년도 3월 학평 물I 18번

다음은 소리의 간섭 실험이다.

[실험 과정]

(가) 약 1 m 떨어져 서로 마주 보고 있는 스피커 A, B에서 진동수가 ㉠ 인 소리를 같은 세기로 발생시킨다.

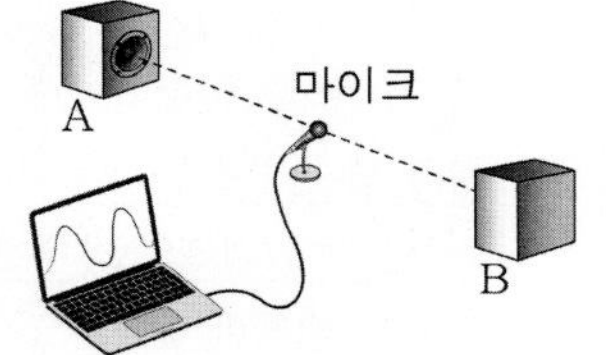

(나) 마이크를 A와 B 사이에서 이동시키면서 ㉡소리의 세기가 가장 작은 지점을 찾아 마이크를 고정시킨다.

(다) 소리의 파형을 측정한다.

(라) B만 끈 후 소리의 파형을 측정한다.

[실험 결과]

○ X, Y: (다), (라)의 결과를 구분 없이 나타낸 그래프

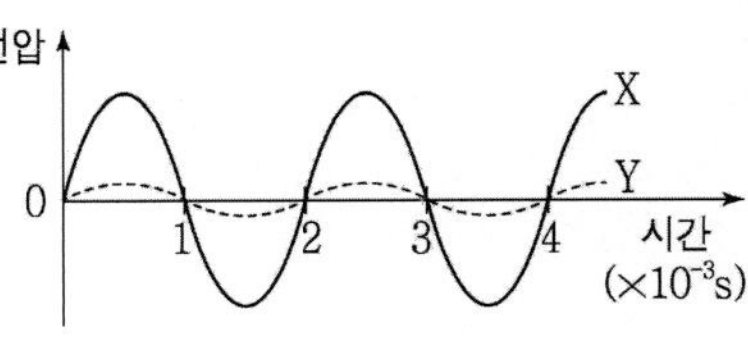

이에 대한 옳은 설명만을 〈보기〉에서 있는 대로 고른 것은?

〈 보기 〉

ㄱ. ㉠은 500 Hz이다.

ㄴ. ㉡에서 간섭한 소리의 위상은 서로 같다.

ㄷ. (라)의 결과는 Y이다.

① ㄱ ② ㄷ ③ ㄱ, ㄴ ④ ㄱ, ㄷ ⑤ ㄴ, ㄷ

34

2022학년도 9월 모평 물I 4번

다음은 일상생활에서 소리의 간섭 현상을 이용한 예이다.

○ 자동차 배기 장치에는 소리의 ㉠ 간섭 현상을 이용한 구조가 있어서 소음이 줄어든다.

○ 소음 제거 헤드폰은 헤드폰의 마이크에 ㉡외부 소음이 입력되면 ㉠ 간섭을 일으킬 수 있는 ㉢소리를 헤드폰에서 발생시켜서 소음을 줄여준다.

이에 대한 설명으로 옳은 것만을 〈보기〉에서 있는 대로 고른 것은?

〈 보기 〉

ㄱ. '보강'은 ㉠에 해당한다.

ㄴ. ㉡과 ㉢은 위상이 반대이다.

ㄷ. 소리의 간섭 현상은 파동적 성질 때문에 나타난다.

① ㄱ ② ㄴ ③ ㄱ, ㄷ ④ ㄴ, ㄷ ⑤ ㄱ, ㄴ, ㄷ

35

2022학년도 6월 모평 물I 15번

그림과 같이 두 개의 스피커에서 진폭과 진동수가 동일한 소리를 발생시키면 $x=0$에서 보강 간섭이 일어난다. 소리의 진동수가 f_1, f_2일 때 x축상에서 $x=0$으로부터 첫 번째 보강 간섭이 일어난 지점까지의 거리는 각각 $2d$, $3d$이다.

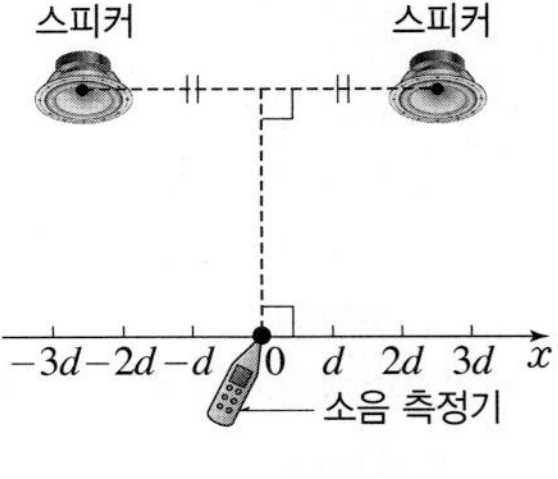

이에 대한 설명으로 옳은 것만을 〈보기〉에서 있는 대로 고른 것은?

〈 보기 〉

ㄱ. $f_1 < f_2$이다.

ㄴ. f_1일 때 $x=0$과 $x=2d$ 사이에 상쇄 간섭이 일어나는 지점이 있다.

ㄷ. 보강 간섭된 소리의 진동수는 스피커에서 발생한 소리의 진동수보다 크다.

① ㄱ ② ㄴ ③ ㄱ, ㄷ ④ ㄴ, ㄷ ⑤ ㄱ, ㄴ, ㄷ

36

2024학년도 10월 학평 물I 8번

그림과 같이 진폭과 진동수가 동일한 소리를 일정하게 발생시키는 스피커 A와 B를 $x=0$으로부터 같은 거리만큼 떨어진 x축상의 지점에 각각 고정시키고, 소음 측정기로 x축상에서 위치에 따른 소리의 세기를 측정하였다. $x=0$에서 상쇄 간섭이 일어나고, $x=0$으로부터 첫 번째 상쇄 간섭이 일어난 지점까지의 거리는 $2d$이다.

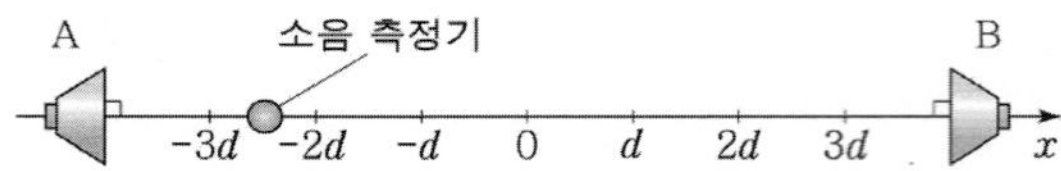

이에 대한 옳은 설명만을 〈보기〉에서 있는 대로 고른 것은? (단, 소음 측정기와 A, B의 크기는 무시한다.)

〈 보기 〉

ㄱ. $x=0$과 $x=-2d$ 사이에 보강 간섭이 일어나는 지점이 있다.
ㄴ. 소리의 세기는 $x=0$에서가 $x=3d$에서보다 작다.
ㄷ. A와 B에서 발생한 소리는 $x=0$에서 같은 위상으로 만난다.

① ㄱ ② ㄴ ③ ㄷ ④ ㄱ, ㄴ ⑤ ㄴ, ㄷ

37

2022학년도 10월 학평 물I 18번

다음은 빛의 간섭을 활용하는 사례에 대한 설명이다.

태양 전지에 투명한 반사 방지막을 코팅하면 공기와의 경계면에서 반사에 의한 빛에너지 손실이 감소하고 흡수하는 빛에너지가 증가한다. 반사 방지막의 윗면과 아랫면에서 각각 반사한 빛이 [㉠] 위상으로 중첩되므로 [㉡] 간섭이 일어나 반사한 빛의 세기가 줄어든다.

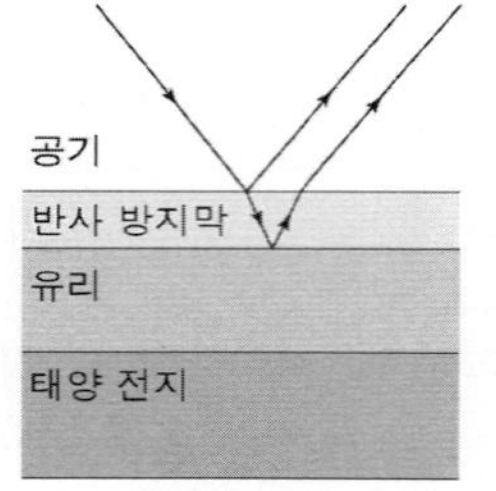

이에 대한 옳은 설명만을 〈보기〉에서 있는 대로 고른 것은?

〈 보기 〉

ㄱ. 간섭은 빛의 파동성으로 설명할 수 있다.
ㄴ. '같은'은 ㉠으로 적절하다.
ㄷ. '보강'은 ㉡으로 적절하다.

① ㄱ ② ㄷ ③ ㄱ, ㄴ ④ ㄴ, ㄷ ⑤ ㄱ, ㄴ, ㄷ

38 대표 문제

2023학년도 6월 모평 물I 4번

다음은 파동의 간섭을 활용한 무반사 코팅 렌즈에 대한 내용이다.

무반사 코팅 렌즈는 파동이 [ⓐ] 간섭하여 빛의 세기가 줄어드는 현상을 활용한 예로 ㉠공기와 코팅 막의 경계에서 반사하여 공기로 진행한 빛과 ㉡코팅 막과 렌즈의 경계에서 반사하여 공기로 진행한 빛이 [ⓐ] 간섭한다.

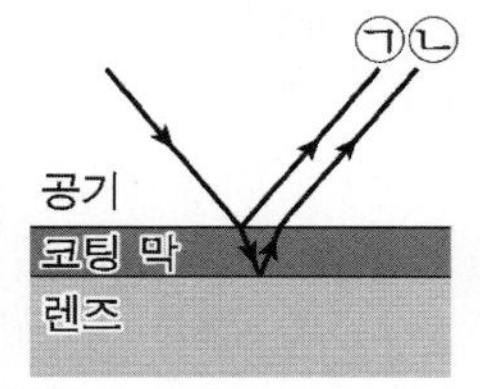

이에 대한 설명으로 옳은 것만을 〈보기〉에서 있는 대로 고른 것은?

〈 보기 〉

ㄱ. '상쇄'는 ⓐ에 해당한다.
ㄴ. ㉠과 ㉡은 위상이 같다.
ㄷ. 파동의 간섭 현상은 소음 제거 이어폰에 활용된다.

① ㄱ ② ㄴ ③ ㄱ, ㄷ ④ ㄴ, ㄷ ⑤ ㄱ, ㄴ, ㄷ

39

2022학년도 3월 학평 물I 3번

그림 (가)는 초음파를 이용하여 인체 내의 이물질을 파괴하는 의료 장비를, (나)는 소음 제거 이어폰을 나타낸 것이다.

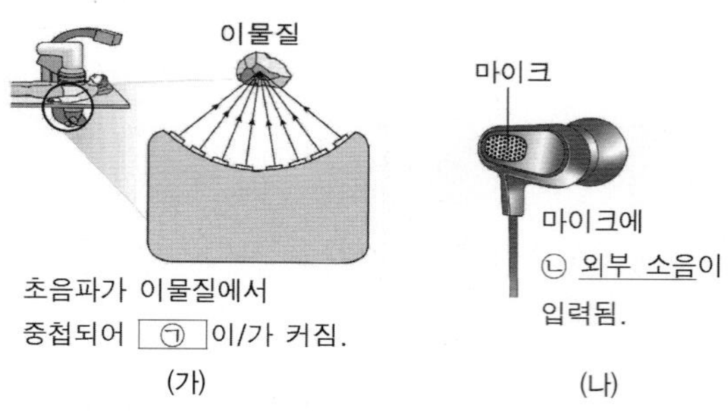

(가) (나)

이에 대한 옳은 설명만을 〈보기〉에서 있는 대로 고른 것은?

〈 보기 〉

ㄱ. '진동수'는 ㉠에 해당한다.
ㄴ. (나)의 이어폰은 ㉡과 위상이 반대인 소리를 발생시킨다.
ㄷ. (가)와 (나)는 모두 파동의 상쇄 간섭을 이용한다.

① ㄴ ② ㄷ ③ ㄱ, ㄴ ④ ㄱ, ㄷ ⑤ ㄱ, ㄴ, ㄷ

40

2021학년도 6월 모평 물I 3번

그림 A, B, C는 파동의 성질을 활용한 예를 나타낸 것이다.

A. 소음 제거 이어폰

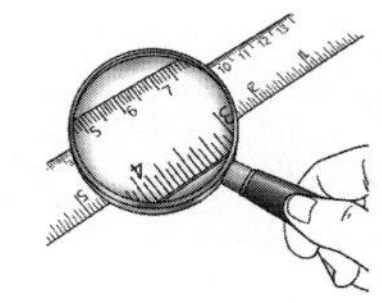

B. 돋보기

C. 악기의 울림통

A, B, C 중 파동이 간섭하여 파동의 세기가 감소하는 현상을 활용한 예만을 있는 대로 고른 것은?

① A ② C ③ A, B ④ B, C ⑤ A, B, C

41

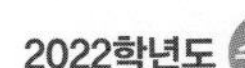

2022학년도 수능 물I 1번

그림 A, B, C는 빛의 성질을 활용한 예를 나타낸 것이다.

A. 렌즈를 통해 보면 물체의 크기가 다르게 보인다.

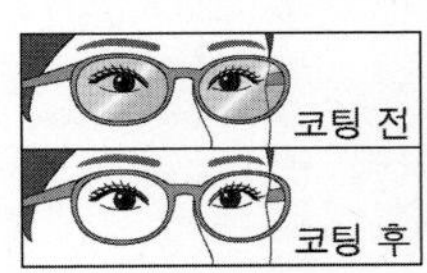

B. 렌즈에 무반사 코팅을 하면 시야가 선명해진다.

C. 보는 각도에 따라 지폐의 글자 색이 다르게 보인다.

A, B, C 중 빛의 간섭 현상을 활용한 예만을 있는 대로 고른 것은?

① A ② C ③ A, B ④ B, C ⑤ A, B, C

42

2025학년도 수능 물I 11번

그림 (가)와 같이 xy평면의 원점 O로부터 같은 거리에 있는 x축상의 두 지점 S_1, S_2에서 진동수와 진폭이 같고, 위상이 서로 반대인 두 물결파를 동시에 발생시킨다. 점 p, q는 O를 중심으로 하는 원과 O를 지나는 직선이 만나는 지점이다. 그림 (나)는 p에서 중첩된 물결파의 변위를 시간 t에 따라 나타낸 것이다. S_1, S_2에서 발생시킨 두 물결파의 속력은 10 cm/s로 일정하다.

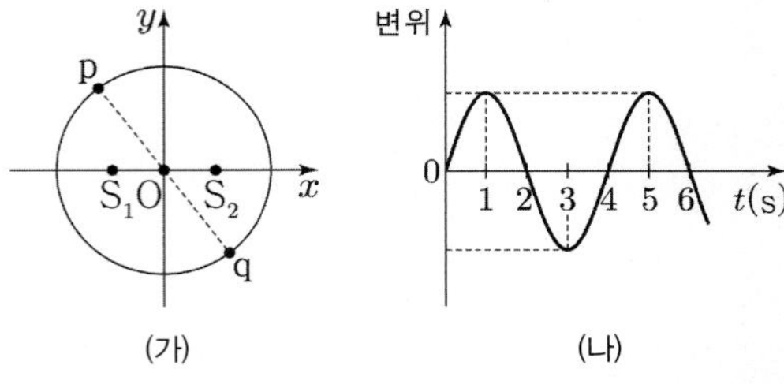

(가) (나)

이에 대한 설명으로 옳은 것만을 <보기>에서 있는 대로 고른 것은? (단, S_1, S_2, p, q는 xy평면상의 고정된 지점이다.) [3점]

〈 보기 〉

ㄱ. S_1에서 발생한 물결파의 파장은 20 cm이다.

ㄴ. $t=1$초일 때, 중첩된 물결파의 변위의 크기는 p에서와 q에서가 같다.

ㄷ. O에서 보강 간섭이 일어난다.

① ㄱ ② ㄴ ③ ㄷ ④ ㄱ, ㄷ ⑤ ㄴ, ㄷ

23 일차

한눈에 정리하는 평가원 기출 경향

주제 \ 학년도	2025	2024	2023

전반사와 임계각

2025

40 2025학년도 수능 물I 14번

그림은 동일한 단색광 P, Q, R를 입사각 θ로 각각 매질 A에서 매질 B로, B에서 매질 C로, C에서 B로 입사시키는 모습을 나타낸 것이다. P는 A와 B의 경계면에서 굴절하여 B와 C의 경계면에서 전반사한다.

이에 대한 설명으로 옳은 것만을 〈보기〉에서 있는 대로 고른 것은? [3점]

〈보기〉
ㄱ. 굴절률은 A가 C보다 크다.
ㄴ. Q는 B와 C의 경계면에서 전반사한다.
ㄷ. R는 B와 A의 경계면에서 전반사한다.

① ㄱ ② ㄷ ③ ㄱ, ㄴ ④ ㄴ, ㄷ ⑤ ㄱ, ㄴ, ㄷ

18 대표 문제 2025학년도 9월 모평 물I 8번

그림은 매질 A에서 매질 B로 입사한 단색광 P가 굴절각 45°로 진행하여 B와 매질 C의 경계면에서 전반사한 후 B와 매질 D의 경계면에서 굴절하여 진행하는 모습을 나타낸 것이다.

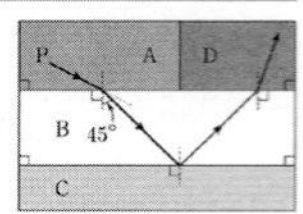

이에 대한 설명으로 옳은 것만을 〈보기〉에서 있는 대로 고른 것은?

〈보기〉
ㄱ. B와 C 사이의 임계각은 45°보다 크다.
ㄴ. 굴절률은 A가 C보다 크다.
ㄷ. P의 속력은 A에서가 D에서보다 크다.

① ㄱ ② ㄷ ③ ㄱ, ㄴ ④ ㄴ, ㄷ ⑤ ㄱ, ㄴ, ㄷ

13 대표 문제 2025학년도 6월 모평 물I 9번

그림과 같이 동일한 단색광 X, Y가 반원형 매질 I에 수직으로 입사한다. 점 p에 입사한 X는 I과 매질 II의 경계면에서 전반사한 후 점 r를 향해 진행한다. 점 q에 입사한 Y는 점 s를 향해 진행한다. r, s는 I과 II의 경계면에 있는 점이다.

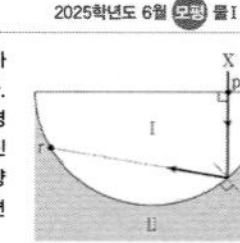

이에 대한 설명으로 옳은 것만을 〈보기〉에서 있는 대로 고른 것은?

〈보기〉
ㄱ. 굴절률은 I이 II보다 크다.
ㄴ. X는 r에서 전반사한다.
ㄷ. Y는 s에서 전반사한다.

① ㄱ ② ㄴ ③ ㄱ, ㄷ ④ ㄴ, ㄷ ⑤ ㄱ, ㄴ, ㄷ

2024

21 2024학년도 수능 물I 14번

다음은 빛의 성질을 알아보는 실험이다.

[실험 과정 및 결과]
(가) 반원형 매질 A, B, C를 준비한다.
(나) 그림과 같이 반원형 매질을 서로 붙여 놓고, 단색광 P의 입사각(i)을 변화시키면서 굴절각(r)을 측정하여 $\sin r$ 값을 $\sin i$ 값에 따라 나타낸다.

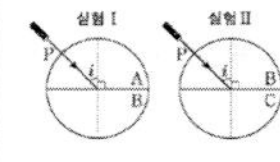

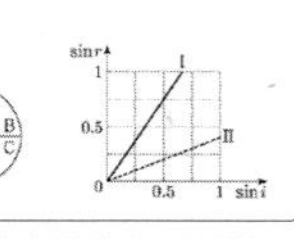

이에 대한 설명으로 옳은 것만을 〈보기〉에서 있는 대로 고른 것은?

〈보기〉
ㄱ. 굴절률은 A가 B보다 크다.
ㄴ. P의 속력은 B에서가 C에서보다 작다.
ㄷ. I에서 $\sin i_0 = 0.75$인 입사각 i_0으로 P를 입사시키면 전반사가 일어난다.

① ㄱ ② ㄴ ③ ㄱ, ㄷ ④ ㄴ, ㄷ ⑤ ㄱ, ㄴ, ㄷ

02 2024학년도 9월 모평 물I 14번

그림은 동일한 단색광 A, B를 각각 매질 I, II에서 중심이 O인 원형 모양의 매질 III으로 동일한 입사각 θ로 입사시켰더니, A와 B가 굴절하여 점 p에 입사하는 모습을 나타낸 것이다.

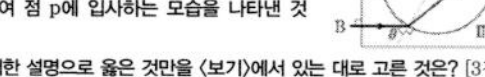

이에 대한 설명으로 옳은 것만을 〈보기〉에서 있는 대로 고른 것은? [3점]

〈보기〉
ㄱ. A의 파장은 I에서가 III에서보다 길다.
ㄴ. 굴절률은 I이 II보다 크다.
ㄷ. p에서 B는 전반사한다.

① ㄱ ② ㄷ ③ ㄱ, ㄴ ④ ㄴ, ㄷ ⑤ ㄱ, ㄴ, ㄷ

16 2024학년도 6월 모평 물I 16번

그림 (가)는 단색광이 공기에서 매질 A로 입사각 θ_i로 입사한 후, 매질 A의 옆면 P에 임계각 θ_c로 입사하는 모습을 나타낸 것이다. 그림 (나)는 (가)에 물을 더 넣고 단색광을 θ_i로 입사시킨 모습을 나타낸 것이다.

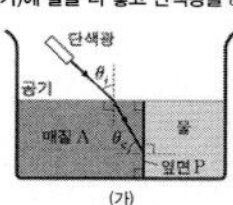

(가)

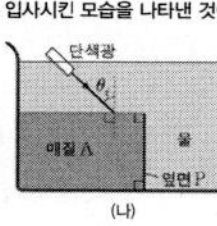

(나)

이에 대한 설명으로 옳은 것만을 〈보기〉에서 있는 대로 고른 것은?

〈보기〉
ㄱ. A의 굴절률은 물의 굴절률보다 크다.
ㄴ. (가)에서 θ_i를 증가시키면 옆면 P에서 전반사가 일어난다.
ㄷ. (나)에서 단색광은 옆면 P에서 전반사한다.

① ㄱ ② ㄴ ③ ㄱ, ㄷ ④ ㄴ, ㄷ ⑤ ㄱ, ㄴ, ㄷ

2023

11 2023학년도 수능 물I 11번

그림 (가)는 매질 A에서 원형 매질 B에 입사각 θ_1로 입사한 단색광 P가 B와 매질 C의 경계면에 임계각 θ_c로 입사하는 모습을, (나)는 C에서 B로 입사한 P가 B와 A의 경계면에서 굴절각 θ_2로 진행하는 모습을 나타낸 것이다.

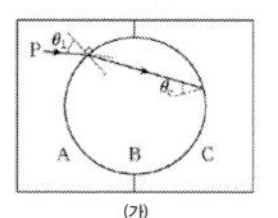

(가)

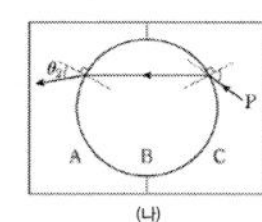

(나)

이에 대한 설명으로 옳은 것만을 〈보기〉에서 있는 대로 고른 것은?

〈보기〉
ㄱ. P의 파장은 A에서가 B에서보다 길다.
ㄴ. $\theta_1 < \theta_2$이다.
ㄷ. A와 B 사이의 임계각은 θ_c보다 작다.

① ㄱ ② ㄴ ③ ㄱ, ㄷ ④ ㄴ, ㄷ ⑤ ㄱ, ㄴ, ㄷ

01 2023학년도 9월 모평 물I 9번

그림 (가)는 단색광 X가 매질 I, II, III의 반원형 경계면을 지나는 모습을, (나)는 (가)에서 매질을 바꾸었을 때 X가 매질 ㉠과 ㉡ 사이의 임계각으로 입사하여 점 p에 도달한 모습을 나타낸 것이다. ㉠과 ㉡은 각각 I과 II 중 하나이다.

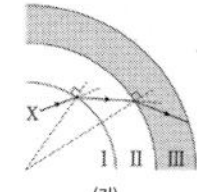

(가)

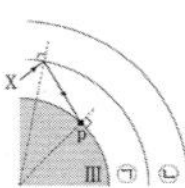

(나)

이에 대한 설명으로 옳은 것만을 〈보기〉에서 있는 대로 고른 것은? [3점]

〈보기〉
ㄱ. 굴절률은 I이 가장 크다.
ㄴ. ㉡은 II이다.
ㄷ. (나)에서 X는 p에서 전반사한다.

① ㄱ ② ㄴ ③ ㄱ, ㄷ ④ ㄴ, ㄷ ⑤ ㄱ, ㄴ, ㄷ

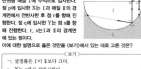

23 대표 문제 2023학년도 6월 모평 물I 15번

다음은 빛의 성질을 알아보는 실험이다.

[실험 과정]
(가) 그림과 같이 반원형 매질 A와 B를 서로 붙여 놓는다.
(나) 단색광을 A에서 B를 향해 원의 중심을 지나도록 입사시킨다.
(다) (나)에서 입사각을 변화시키면서 굴절각과 반사각을 측정한다.

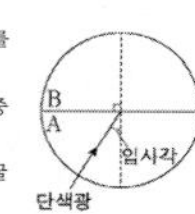

[실험 결과]

실험	입사각	굴절각	반사각
I	30°	34°	30°
II	㉠	59°	50°
III	70°	해당 없음	70°

이에 대한 설명으로 옳은 것만을 〈보기〉에서 있는 대로 고른 것은? [3점]

〈보기〉
ㄱ. ㉠은 50°이다.
ㄴ. 단색광의 속력은 A에서가 B에서보다 크다.
ㄷ. A와 B 사이의 임계각은 70°보다 크다.

① ㄱ ② ㄴ ③ ㄱ, ㄷ ④ ㄴ, ㄷ ⑤ ㄱ, ㄴ, ㄷ

전자기파의 성질

2022 ~ 2019

24

2022학년도 수능 물Ⅰ 11번

다음은 빛의 성질을 알아보는 실험이다.

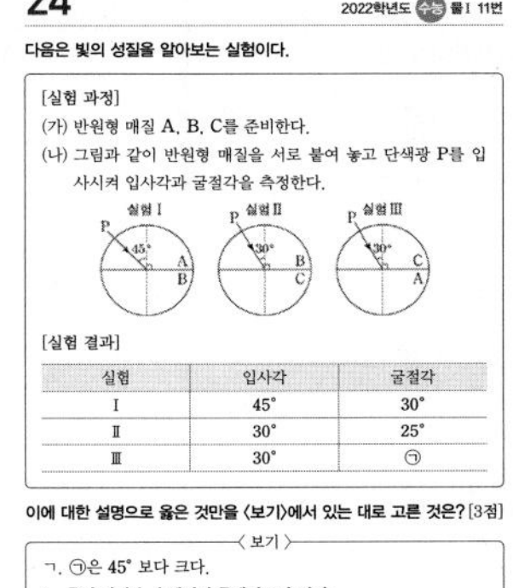

[실험 과정]

(가) 반원형 매질 A, B, C를 준비한다.

(나) 그림과 같이 반원형 매질을 서로 붙여 놓고 단색광 P를 입사시켜 입사각과 굴절각을 측정한다.

[실험 결과]

실험	입사각	굴절각
Ⅰ	45°	30°
Ⅱ	30°	25°
Ⅲ	30°	㉠

이에 대한 설명으로 옳은 것만을 〈보기〉에서 있는 대로 고른 것은? [3점]

〈 보기 〉

ㄱ. ㉠은 45° 보다 크다.

ㄴ. P의 파장은 A에서가 B에서보다 짧다.

ㄷ. 임계각은 P가 B에서 A로 진행할 때가 C에서 A로 진행할 때보다 작다.

① ㄱ ② ㄴ ③ ㄱ, ㄷ ④ ㄴ, ㄷ ⑤ ㄱ, ㄴ, ㄷ

14

2022학년도 9월 모평 물Ⅰ 15번

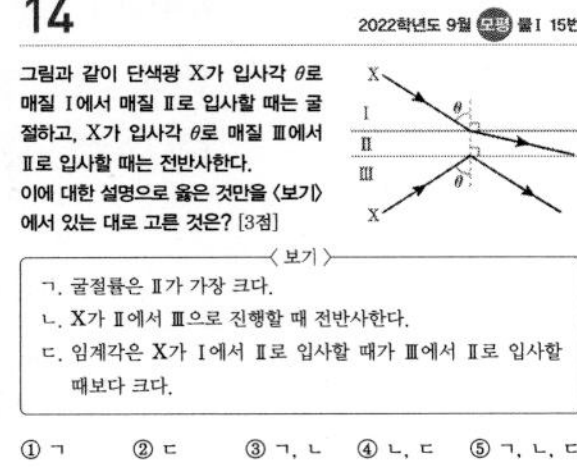

그림과 같이 단색광 X가 입사각 θ로 매질 Ⅰ에서 매질 Ⅱ로 입사할 때는 굴절하고, X가 입사각 θ로 매질 Ⅲ에서 Ⅱ로 입사할 때는 전반사한다.
이에 대한 설명으로 옳은 것만을 〈보기〉에서 있는 대로 고른 것은? [3점]

〈 보기 〉

ㄱ. 굴절률은 Ⅱ가 가장 크다.

ㄴ. X가 Ⅱ에서 Ⅲ으로 진행할 때 전반사한다.

ㄷ. 임계각은 X가 Ⅰ에서 Ⅱ로 입사할 때가 Ⅲ에서 Ⅱ로 입사할 때보다 크다.

① ㄱ ② ㄷ ③ ㄱ, ㄴ ④ ㄴ, ㄷ ⑤ ㄱ, ㄴ, ㄷ

26

2022학년도 6월 모평 물Ⅰ 16번

다음은 빛의 성질을 알아보는 실험이다.

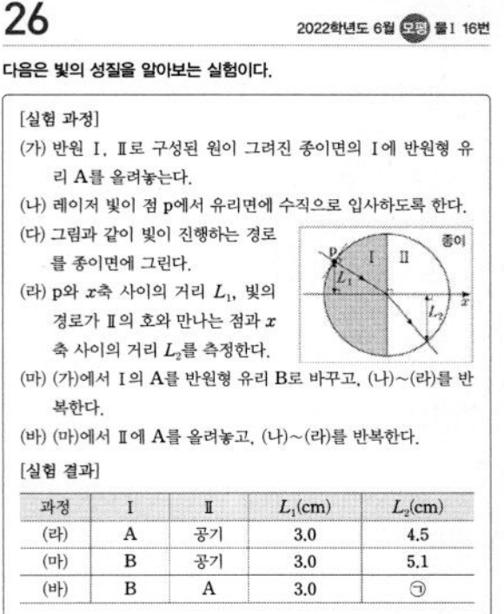

[실험 과정]

(가) 반원 Ⅰ, Ⅱ로 구성된 원이 그려진 종이면의 Ⅰ에 반원형 유리 A를 올려놓는다.

(나) 레이저 빛이 점 p에서 유리면에 수직으로 입사하도록 한다.

(다) 그림과 같이 빛이 진행하는 경로를 종이면에 그린다.

(라) p와 x축 사이의 거리 L_1, 빛의 경로가 Ⅱ의 호와 만나는 점과 x축 사이의 거리 L_2를 측정한다.

(마) (가)에서 Ⅰ의 A를 반원형 유리 B로 바꾸고, (나)~(라)를 반복한다.

(바) (마)에서 Ⅱ에 A를 올려놓고, (나)~(라)를 반복한다.

[실험 결과]

과정	Ⅰ	Ⅱ	L_1(cm)	L_2(cm)
(라)	A	공기	3.0	4.5
(마)	B	공기	3.0	5.1
(바)	B	A	3.0	㉠

이에 대한 설명으로 옳은 것만을 〈보기〉에서 있는 대로 고른 것은? [3점]

〈 보기 〉

ㄱ. ㉠ > 5.1이다.

ㄴ. 레이저 빛의 속력은 A에서가 B에서보다 크다.

ㄷ. 임계각은 레이저 빛이 A에서 공기로 진행할 때가 B에서 공기로 진행할 때보다 크다.

① ㄱ ② ㄴ ③ ㄱ, ㄷ ④ ㄴ, ㄷ ⑤ ㄱ, ㄴ, ㄷ

10

2021학년도 수능 물Ⅰ 15번

그림 (가), (나)는 각각 물질 X, Y, Z 중 두 물질을 이용하여 만든 광섬유의 코어에 단색광 A를 입사각 θ_0으로 입사시킨 모습을 나타낸 것이다. θ_1은 X와 Y 사이의 임계각이고, 굴절률은 Z가 X보다 크다.

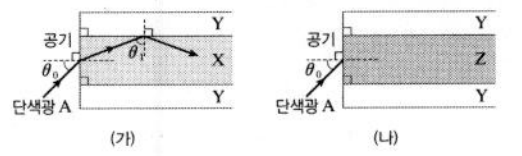

(가) (나)

이에 대한 설명으로 옳은 것만을 〈보기〉에서 있는 대로 고른 것은?

〈 보기 〉

ㄱ. (가)에서 A를 θ_0보다 큰 입사각으로 X에 입사시키면 A는 X와 Y의 경계면에서 전반사하지 않는다.

ㄴ. (나)에서 Z와 Y 사이의 임계각은 θ_1보다 크다.

ㄷ. (나)에서 A는 Z와 Y의 경계면에서 전반사한다.

① ㄱ ② ㄴ ③ ㄱ, ㄷ ④ ㄴ, ㄷ ⑤ ㄱ, ㄴ, ㄷ

07

2021학년도 9월 모평 물Ⅰ 14번

그림과 같이 단색광 P가 공기로부터 매질 A에 θ_i로 입사하고 A와 매질 C의 경계면에서 전반사하여 진행한 뒤, 매질 B로 입사한다. 굴절률은 A가 B보다 작다. P가 A에서 B로 진행할 때 굴절각은 θ_B이다.

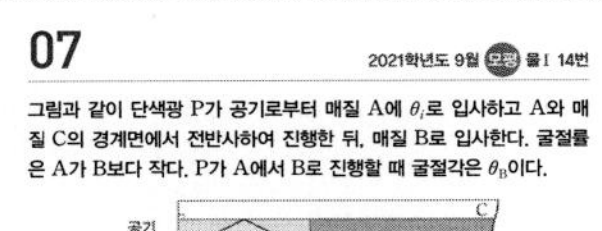

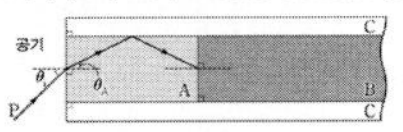

이에 대한 설명으로 옳은 것만을 〈보기〉에서 있는 대로 고른 것은? [3점]

〈 보기 〉

ㄱ. 굴절률은 A가 C보다 크다.

ㄴ. $\theta_A < \theta_B$이다.

ㄷ. B와 C의 경계면에서 P는 전반사한다.

① ㄱ ② ㄴ ③ ㄱ, ㄷ ④ ㄴ, ㄷ ⑤ ㄱ, ㄴ, ㄷ

30

2021학년도 6월 모평 물Ⅰ 16번

그림은 단색광 P를 매질 A와 B의 경계면에 입사각 θ로 입사시켰을 때 P의 일부는 굴절하고, 일부는 반사한 후 매질 A와 C의 경계면에서 전반사하는 모습을 나타낸 것이다.

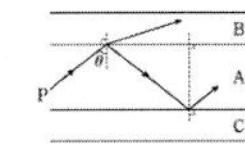

이에 대한 설명으로 옳은 것만을 〈보기〉에서 있는 대로 고른 것은? [3점]

〈 보기 〉

ㄱ. P의 속력은 A에서가 B에서보다 작다.

ㄴ. θ는 A와 C 사이의 임계각보다 크다.

ㄷ. C를 코어로 사용한 광섬유에 B를 클래딩으로 사용할 수 있다.

① ㄱ ② ㄷ ③ ㄱ, ㄴ ④ ㄴ, ㄷ ⑤ ㄱ, ㄴ, ㄷ

29

2020학년도 수능 물Ⅰ 10번

그림은 광섬유에 사용되는 물질 A, B, C 중 A와 C의 경계면과 B와 C의 경계면에 각각 입사시킨 동일한 단색광 X가 굴절하는 모습을 나타낸 것이다. θ는 입사각이고, θ_1과 θ_2는 굴절각이며, $\theta_2 > \theta_1 > \theta$이다.

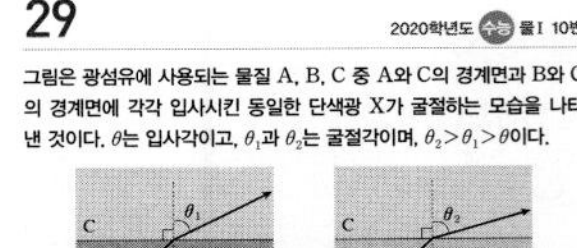

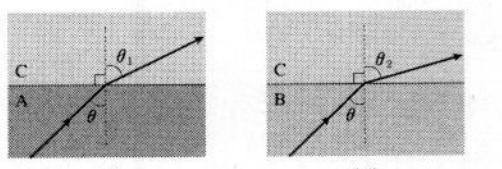

(가) (나)

이에 대한 설명으로 옳은 것만을 〈보기〉에서 있는 대로 고른 것은? [3점]

〈 보기 〉

ㄱ. X의 속력은 B에서가 A에서보다 크다.

ㄴ. X가 A에서 C로 입사할 때, 전반사가 일어나는 입사각은 θ보다 크다.

ㄷ. 클래딩에 A를 사용한 광섬유의 코어로 C를 사용할 수 있다.

① ㄱ ② ㄴ ③ ㄱ, ㄷ ④ ㄴ, ㄷ ⑤ ㄱ, ㄴ, ㄷ

28

2020학년도 9월 모평 물Ⅰ 3번

다음은 광통신에 쓰이는 전자기파 A와 광섬유에 대한 설명이다.

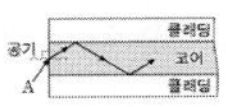

- A의 파장은 가시광선보다 길고, 마이크로파보다 짧다.
- A는 광섬유의 코어로 입사하여 코어와 클래딩의 경계면에서 전반사한다.

이에 대한 설명으로 옳은 것만을 〈보기〉에서 있는 대로 고른 것은? [3점]

〈 보기 〉

ㄱ. A는 자외선이다.

ㄴ. 굴절률은 클래딩이 코어보다 크다.

ㄷ. A의 속력은 코어에서가 공기에서보다 느리다.

① ㄱ ② ㄷ ③ ㄱ, ㄴ ④ ㄴ, ㄷ ⑤ ㄱ, ㄴ, ㄷ

27

2020학년도 6월 모평 물Ⅰ 13번

그림 (가)는 단색광 X가 광섬유에 사용되는 물질 A, B, C를 지나는 모습을 나타낸 것이다. 그림 (나)는 A, B, C를 이용하여 만든 광섬유에 X가 각각 입사각 i_1, i_2로 입사하여 진행하는 모습을 나타낸 것이다. θ_1, θ_2는 코어와 클래딩 사이의 임계각이다.

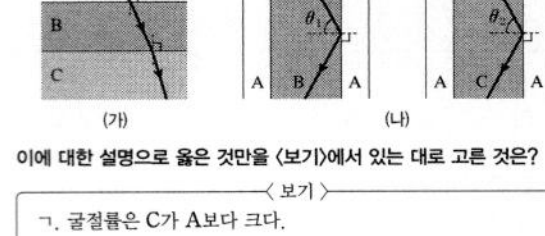

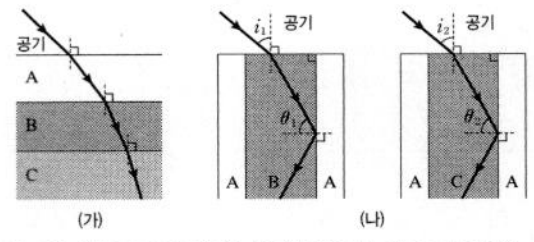

(가) (나)

이에 대한 설명으로 옳은 것만을 〈보기〉에서 있는 대로 고른 것은?

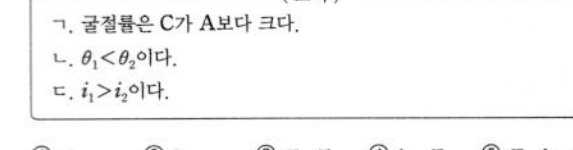

〈 보기 〉

ㄱ. 굴절률은 C가 A보다 크다.

ㄴ. $\theta_1 < \theta_2$이다.

ㄷ. $i_1 > i_2$이다.

① ㄱ ② ㄴ ③ ㄱ, ㄷ ④ ㄴ, ㄷ ⑤ ㄱ, ㄴ, ㄷ

39 대표 문제

2021학년도 9월 모평 물Ⅰ 3번

그림은 스마트폰에서 쓰이는 파동 A, B, C를 나타낸 것이다.

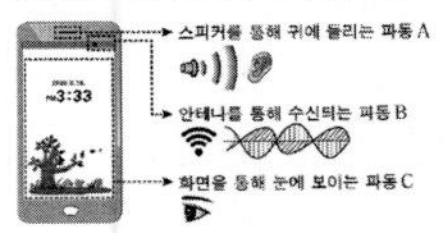

이에 대한 설명으로 옳은 것만을 〈보기〉에서 있는 대로 고른 것은?

〈 보기 〉

ㄱ. A는 전자기파에 속한다.

ㄴ. 진동수는 B가 C보다 작다.

ㄷ. C는 매질에 관계없이 속력이 일정하다.

① ㄱ ② ㄴ ③ ㄱ, ㄷ ④ ㄴ, ㄷ ⑤ ㄱ, ㄴ, ㄷ

01

2023학년도 9월 모평 물Ⅰ 9번

그림 (가)는 단색광 X가 매질 Ⅰ, Ⅱ, Ⅲ의 반원형 경계면을 지나는 모습을, (나)는 (가)에서 매질을 바꾸었을 때 X가 매질 ㉠과 ㉡ 사이의 임계각으로 입사하여 점 p에 도달한 모습을 나타낸 것이다. ㉠과 ㉡은 각각 Ⅰ과 Ⅱ 중 하나이다.

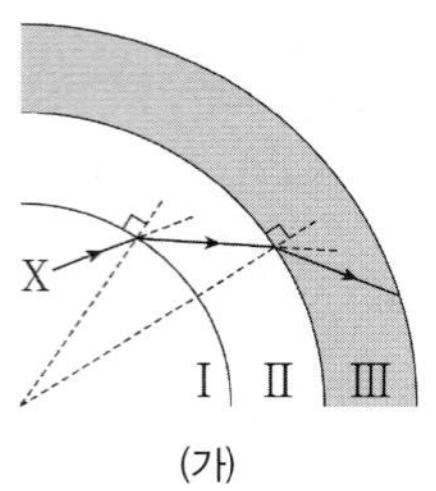

(가)

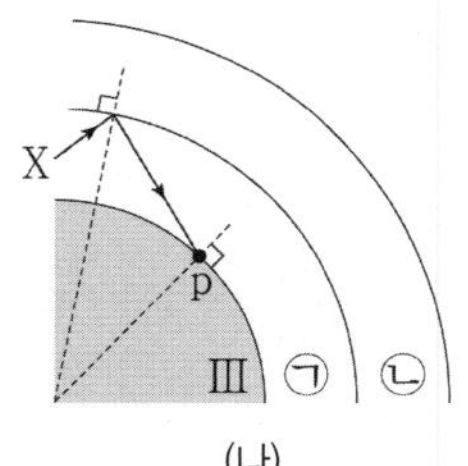

(나)

이에 대한 설명으로 옳은 것만을 〈보기〉에서 있는 대로 고른 것은? [3점]

〈보기〉
ㄱ. 굴절률은 Ⅰ이 가장 크다.
ㄴ. ㉡은 Ⅱ이다.
ㄷ. (나)에서 X는 p에서 전반사한다.

① ㄱ ② ㄴ ③ ㄱ, ㄷ ④ ㄴ, ㄷ ⑤ ㄱ, ㄴ, ㄷ

02

2024학년도 9월 모평 물Ⅰ 14번

그림은 동일한 단색광 A, B를 각각 매질 Ⅰ, Ⅱ에서 중심이 O인 원형 모양의 매질 Ⅲ으로 동일한 입사각 θ로 입사시켰더니, A와 B가 굴절하여 점 p에 입사하는 모습을 나타낸 것이다.

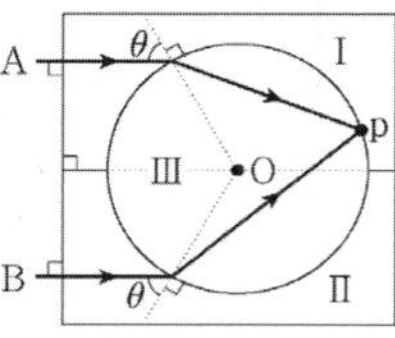

이에 대한 설명으로 옳은 것만을 〈보기〉에서 있는 대로 고른 것은? [3점]

〈보기〉
ㄱ. A의 파장은 Ⅰ에서가 Ⅲ에서보다 길다.
ㄴ. 굴절률은 Ⅰ이 Ⅱ보다 크다.
ㄷ. p에서 B는 전반사한다.

① ㄱ ② ㄷ ③ ㄱ, ㄴ ④ ㄴ, ㄷ ⑤ ㄱ, ㄴ, ㄷ

03

2021학년도 3월 학평 물Ⅰ 13번

그림과 같이 매질 A와 B의 경계면에 입사각 45°로 입사시킨 단색광 X, Y가 굴절하여 각각 B와 공기의 경계면에 있는 점 p와 q로 진행하였다. X, Y는 p, q에 같은 세기로 입사하며, p와 q 중 한 곳에서만 전반사가 일어난다.

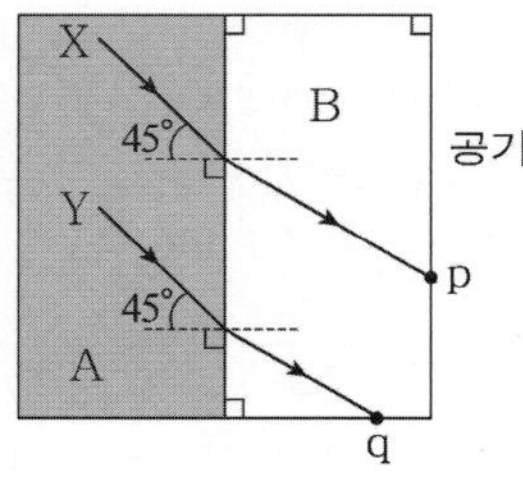

이에 대한 옳은 설명만을 〈보기〉에서 있는 대로 고른 것은? (단, X, Y의 진동수는 같다.) [3점]

〈보기〉
ㄱ. 굴절률은 A가 B보다 작다.
ㄴ. q에서 전반사가 일어난다.
ㄷ. p에서 반사된 X의 세기는 q에서 반사된 Y의 세기보다 작다.

① ㄱ ② ㄴ ③ ㄱ, ㄷ ④ ㄴ, ㄷ ⑤ ㄱ, ㄴ, ㄷ

04

2022학년도 4월 학평 물Ⅰ 15번

그림과 같이 매질 A와 B의 경계면에 입사한 단색광이 굴절한 후 B와 A의 경계면에서 반사하여 B와 매질 C의 경계면에 입사한다. θ는 B와 A 사이의 임계각이고, 굴절률은 A가 C보다 크다.

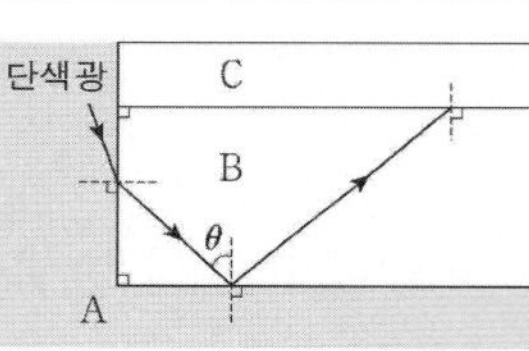

이에 대한 설명으로 옳은 것만을 〈보기〉에서 있는 대로 고른 것은? [3점]

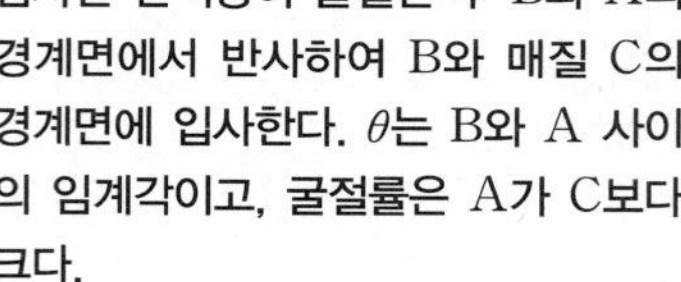

〈보기〉
ㄱ. 단색광의 속력은 A에서가 B에서보다 크다.
ㄴ. θ는 45°보다 작다.
ㄷ. 단색광은 B와 C의 경계면에서 전반사한다.

① ㄱ ② ㄴ ③ ㄱ, ㄷ ④ ㄴ, ㄷ ⑤ ㄱ, ㄴ, ㄷ

05

2023학년도 4월 학평 물I 14번

그림 (가)는 매질 A와 B의 경계면에 입사한 단색광 P가 B와 매질 C의 경계면에 임계각 θ_1로 입사하는 모습을, (나)는 B와 A의 경계면에 입사각 θ_2로 입사한 P가 A와 C의 경계면에 입사각 θ_1로 입사하는 모습을 나타낸 것이다. $\theta_1 < \theta_2$이다.

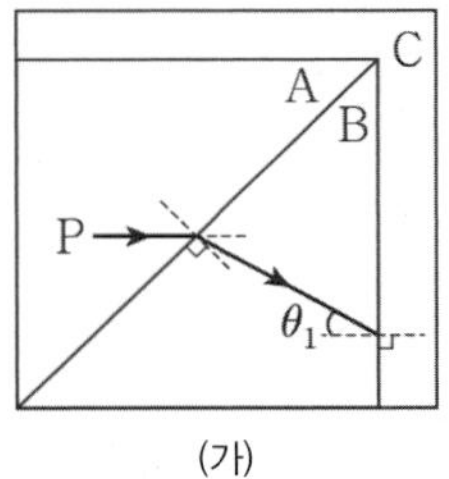

(가)

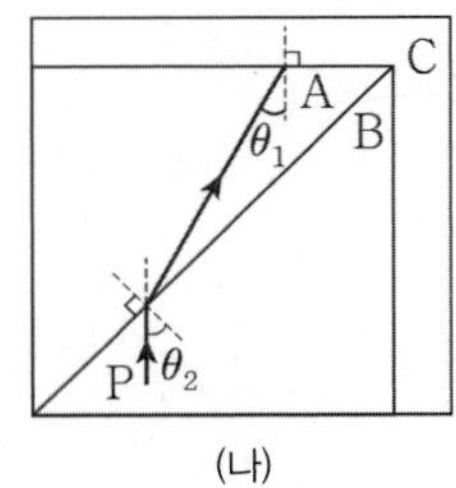

(나)

이에 대한 설명으로 옳은 것만을 〈보기〉에서 있는 대로 고른 것은?

〈 보기 〉

ㄱ. P의 파장은 A에서가 B에서보다 짧다.
ㄴ. 굴절률은 A가 C보다 크다.
ㄷ. (나)에서 P는 A와 C의 경계면에서 전반사한다.

① ㄱ ② ㄴ ③ ㄱ, ㄷ ④ ㄴ, ㄷ ⑤ ㄱ, ㄴ, ㄷ

06

2021학년도 4월 학평 물I 14번

그림과 같이 물질 A와 B의 경계면에 50°로 입사한 단색광 P가 전반사하여 A와 물질 C의 경계면에서 굴절한 후, C와 B의 경계면에 입사한다. A와 B 사이의 임계각은 45°이다.

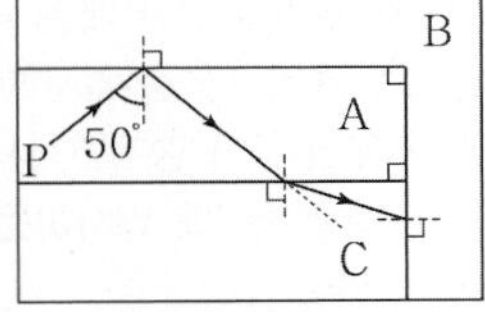

이에 대한 설명으로 옳은 것만을 〈보기〉에서 있는 대로 고른 것은? [3점]

〈 보기 〉

ㄱ. 굴절률은 A가 B보다 크다.
ㄴ. P의 속력은 A에서가 C에서보다 크다.
ㄷ. C와 B의 경계면에서 P는 전반사한다.

① ㄱ ② ㄴ ③ ㄱ, ㄷ ④ ㄴ, ㄷ ⑤ ㄱ, ㄴ, ㄷ

07

2021학년도 9월 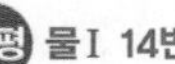 물I 14번

그림과 같이 단색광 P가 공기로부터 매질 A에 θ_i로 입사하고 A와 매질 C의 경계면에서 전반사하여 진행한 뒤, 매질 B로 입사한다. 굴절률은 A가 B보다 작다. P가 A에서 B로 진행할 때 굴절각은 θ_B이다.

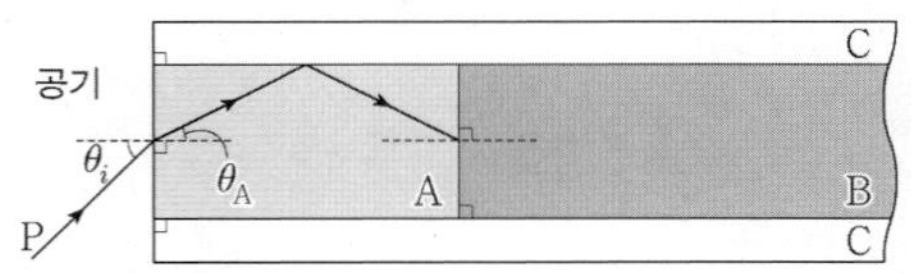

이에 대한 설명으로 옳은 것만을 〈보기〉에서 있는 대로 고른 것은? [3점]

〈 보기 〉

ㄱ. 굴절률은 A가 C보다 크다.
ㄴ. $\theta_A < \theta_B$이다.
ㄷ. B와 C의 경계면에서 P는 전반사한다.

① ㄱ ② ㄴ ③ ㄱ, ㄷ ④ ㄴ, ㄷ ⑤ ㄱ, ㄴ, ㄷ

08

2022학년도 3월 학평 물I 10번

그림은 단색광 P가 매질 X, Y, Z에서 진행하는 모습을 나타낸 것이다. θ_0과 θ_1은 각 경계면에서의 P의 입사각 또는 굴절각이고, P는 Z와 X의 경계면에서 전반사한다.

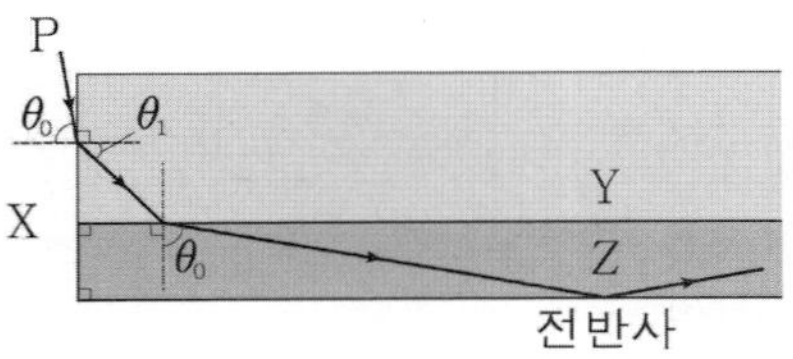

이에 대한 옳은 설명만을 〈보기〉에서 있는 대로 고른 것은? [3점]

〈 보기 〉

ㄱ. P의 속력은 Y에서가 Z에서보다 크다.
ㄴ. 굴절률은 Z가 X보다 크다.
ㄷ. θ_1은 45°보다 크다.

① ㄱ ② ㄴ ③ ㄱ, ㄴ ④ ㄱ, ㄷ ⑤ ㄴ, ㄷ

09

2023학년도 3월 학평 물Ⅰ 14번

그림 (가), (나)와 같이 단색광 P가 매질 X, Y, Z에서 진행한다. (가)에서 P는 Y와 Z의 경계면에서 전반사한다. θ_0과 θ_1은 각 경계면에서 P의 입사각 또는 굴절각으로, $\theta_0 < \theta_1$이다.

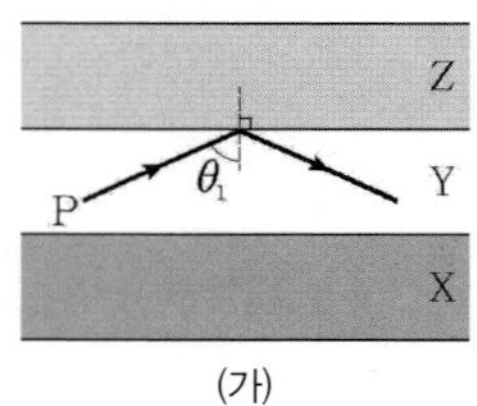

(가)

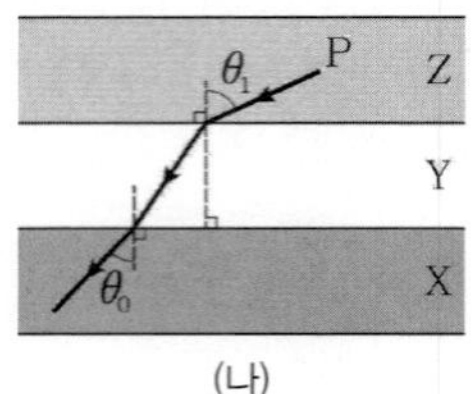

(나)

이에 대한 옳은 설명만을 〈보기〉에서 있는 대로 고른 것은? [3점]

〈 보기 〉

ㄱ. Y와 Z 사이의 임계각은 θ_1보다 크다.
ㄴ. 굴절률은 X가 Z보다 크다.
ㄷ. (나)에서 P를 θ_1보다 큰 입사각으로 Z에서 Y로 입사시키면 P는 Y와 X의 경계면에서 전반사할 수 있다.

① ㄱ ② ㄴ ③ ㄱ, ㄷ ④ ㄴ, ㄷ ⑤ ㄱ, ㄴ, ㄷ

10

2021학년도 수능 물Ⅰ 15번

그림 (가), (나)는 각각 물질 X, Y, Z 중 두 물질을 이용하여 만든 광섬유의 코어에 단색광 A를 입사각 θ_0으로 입사시킨 모습을 나타낸 것이다. θ_1은 X와 Y 사이의 임계각이고, 굴절률은 Z가 X보다 크다.

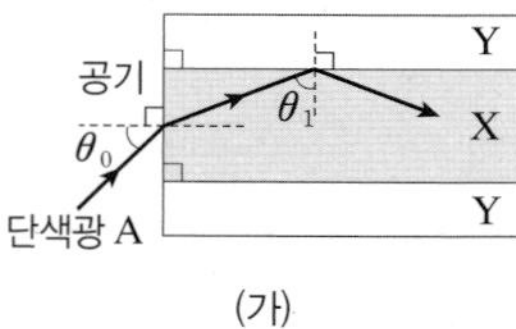

(가)

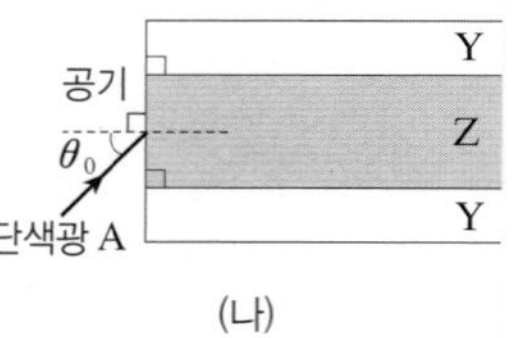

(나)

이에 대한 설명으로 옳은 것만을 〈보기〉에서 있는 대로 고른 것은?

〈 보기 〉

ㄱ. (가)에서 A를 θ_0보다 큰 입사각으로 X에 입사시키면 A는 X와 Y의 경계면에서 전반사하지 않는다.
ㄴ. (나)에서 Z와 Y 사이의 임계각은 θ_1보다 크다.
ㄷ. (나)에서 A는 Z와 Y의 경계면에서 전반사한다.

① ㄱ ② ㄴ ③ ㄱ, ㄷ ④ ㄴ, ㄷ ⑤ ㄱ, ㄴ, ㄷ

11

2023학년도 수능 물Ⅰ 11번

그림 (가)는 매질 A에서 원형 매질 B에 입사각 θ_1로 입사한 단색광 P가 B와 매질 C의 경계면에 임계각 θ_c로 입사하는 모습을, (나)는 C에서 B로 입사한 P가 B와 A의 경계면에서 굴절각 θ_2로 진행하는 모습을 나타낸 것이다.

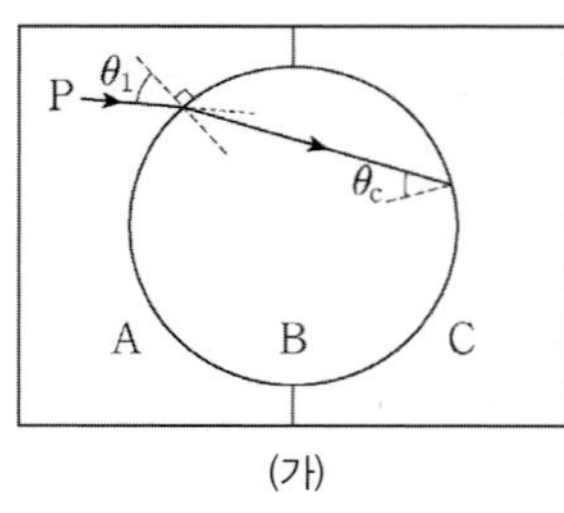

(가)

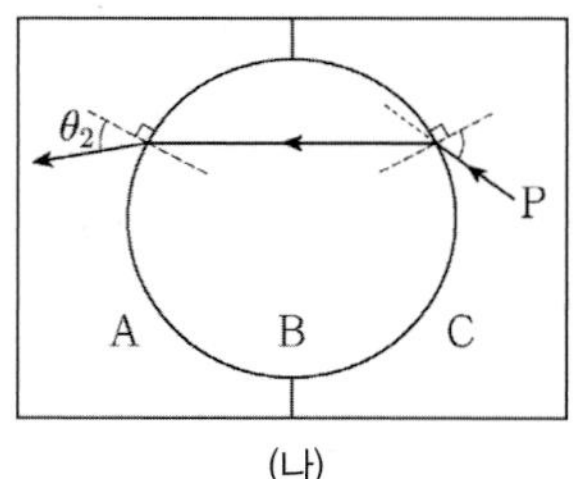

(나)

이에 대한 설명으로 옳은 것만을 〈보기〉에서 있는 대로 고른 것은?

〈 보기 〉

ㄱ. P의 파장은 A에서가 B에서보다 길다.
ㄴ. $\theta_1 < \theta_2$이다.
ㄷ. A와 B 사이의 임계각은 θ_c보다 작다.

① ㄱ ② ㄴ ③ ㄱ, ㄷ ④ ㄴ, ㄷ ⑤ ㄱ, ㄴ, ㄷ

12

2024학년도 5월 학평 물Ⅰ 13번

그림은 단색광 P가 매질 A와 B의 경계면에 임계각 45°로 입사하여 반사한 후, A와 매질 C의 경계면에서 굴절하여 C와 B의 경계면에 입사하는 모습을 나타낸 것이다.

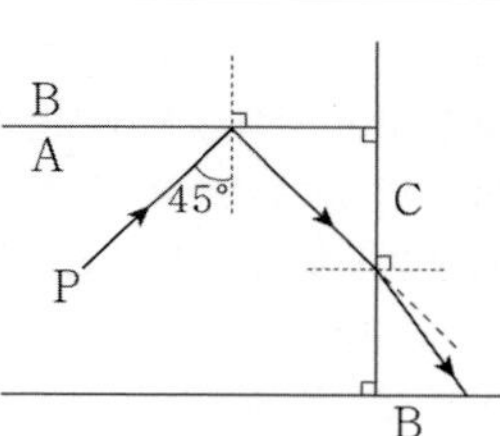

이에 대한 설명으로 옳은 것만을 〈보기〉에서 있는 대로 고른 것은? [3점]

〈 보기 〉

ㄱ. P의 속력은 A에서가 C에서보다 작다.
ㄴ. 굴절률은 B가 C보다 크다.
ㄷ. P는 C와 B의 경계면에서 전반사한다.

① ㄱ ② ㄴ ③ ㄱ, ㄷ ④ ㄴ, ㄷ ⑤ ㄱ, ㄴ, ㄷ

13 대표 문제

2025학년도 6월 모평 물Ⅰ 9번

그림과 같이 동일한 단색광 X, Y가 반원형 매질 Ⅰ에 수직으로 입사한다. 점 p에 입사한 X는 Ⅰ과 매질 Ⅱ의 경계면에서 전반사한 후 점 r를 향해 진행한다. 점 q에 입사한 Y는 점 s를 향해 진행한다. r, s는 Ⅰ과 Ⅱ의 경계면에 있는 점이다.

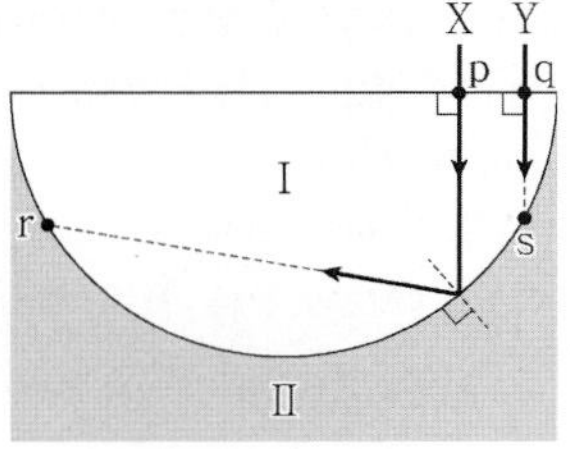

이에 대한 설명으로 옳은 것만을 〈보기〉에서 있는 대로 고른 것은?

〈 보기 〉

ㄱ. 굴절률은 Ⅰ이 Ⅱ보다 크다.
ㄴ. X는 r에서 전반사한다.
ㄷ. Y는 s에서 전반사한다.

① ㄱ ② ㄴ ③ ㄱ, ㄷ ④ ㄴ, ㄷ ⑤ ㄱ, ㄴ, ㄷ

14

2022학년도 9월 모평 물Ⅰ 15번

그림과 같이 단색광 X가 입사각 θ로 매질 Ⅰ에서 매질 Ⅱ로 입사할 때는 굴절하고, X가 입사각 θ로 매질 Ⅲ에서 Ⅱ로 입사할 때는 전반사한다.

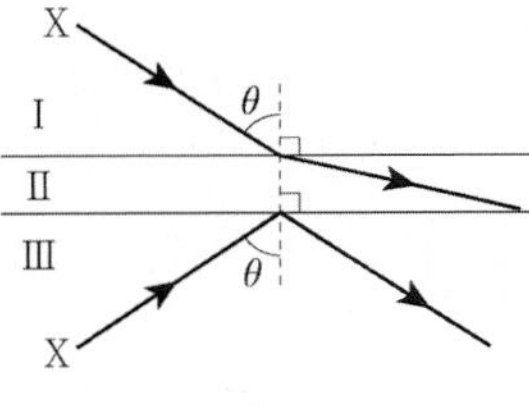

이에 대한 설명으로 옳은 것만을 〈보기〉에서 있는 대로 고른 것은? [3점]

〈 보기 〉

ㄱ. 굴절률은 Ⅱ가 가장 크다.
ㄴ. X가 Ⅱ에서 Ⅲ으로 진행할 때 전반사한다.
ㄷ. 임계각은 X가 Ⅰ에서 Ⅱ로 입사할 때가 Ⅲ에서 Ⅱ로 입사할 때보다 크다.

① ㄱ ② ㄷ ③ ㄱ, ㄴ ④ ㄴ, ㄷ ⑤ ㄱ, ㄴ, ㄷ

15

2021학년도 10월 학평 물Ⅰ 10번

그림과 같이 동일한 단색광이 공기에서 부채꼴 모양의 유리에 수직으로 입사하여 유리와 공기의 경계면의 점 a, b에 각각 도달한다. a에 도달한 단색광은 전반사하여 입사광의 진행 방향에 수직인 방향으로 진행한다.

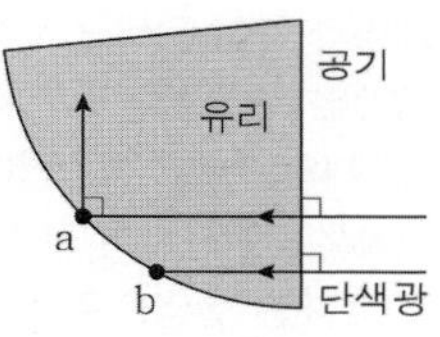

이에 대한 옳은 설명만을 〈보기〉에서 있는 대로 고른 것은? [3점]

〈 보기 〉

ㄱ. b에서 단색광은 전반사한다.
ㄴ. 단색광의 속력은 유리에서가 공기에서보다 크다.
ㄷ. 유리와 공기 사이의 임계각은 45°보다 크다.

① ㄱ ② ㄷ ③ ㄱ, ㄴ ④ ㄴ, ㄷ ⑤ ㄱ, ㄴ, ㄷ

16

2024학년도 6월 모평 물Ⅰ 16번

그림 (가)는 단색광이 공기에서 매질 A로 입사각 θ_i로 입사한 후, 매질 A의 옆면 P에 임계각 θ_c로 입사하는 모습을 나타낸 것이다. 그림 (나)는 (가)에 물을 더 넣고 단색광을 θ_i로 입사시킨 모습을 나타낸 것이다.

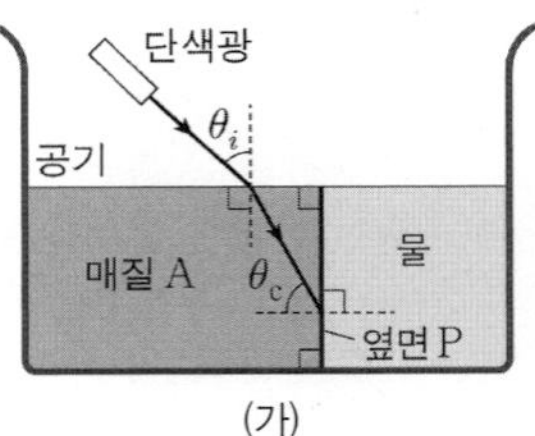

(가)

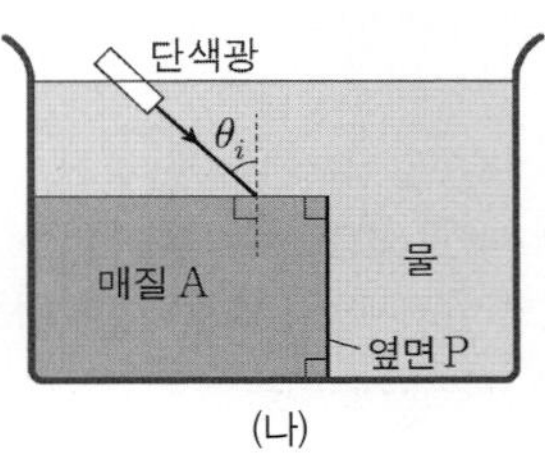

(나)

이에 대한 설명으로 옳은 것만을 〈보기〉에서 있는 대로 고른 것은?

〈 보기 〉

ㄱ. A의 굴절률은 물의 굴절률보다 크다.
ㄴ. (가)에서 θ_i를 증가시키면 옆면 P에서 전반사가 일어난다.
ㄷ. (나)에서 단색광은 옆면 P에서 전반사한다.

① ㄱ ② ㄴ ③ ㄱ, ㄷ ④ ㄴ, ㄷ ⑤ ㄱ, ㄴ, ㄷ

17

2024학년도 7월 학평 물Ⅰ 12번

그림과 같이 단색광 X가 공기와 매질 A의 경계면 위의 점 p에 입사각 θ_i로 입사한 후, A와 매질 B의 경계면에서 굴절하고 옆면 Q에서 전반사하여 진행한다.

이에 대한 설명으로 옳은 것만을 〈보기〉에서 있는 대로 고른 것은? [3점]

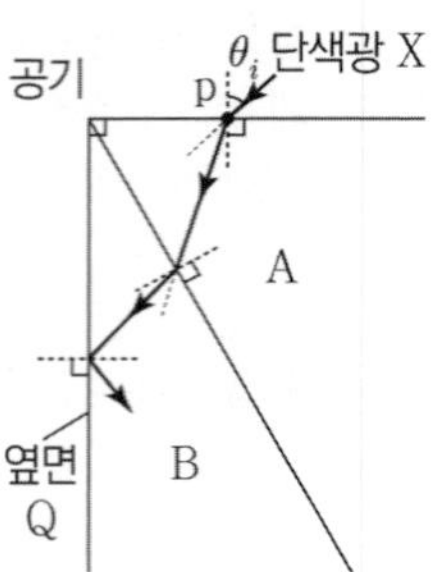

〈보기〉

ㄱ. X의 속력은 공기에서가 A에서보다 작다.

ㄴ. 굴절률은 B가 A보다 크다.

ㄷ. p에서 θ_i보다 작은 각으로 X가 입사하면 Q에서 전반사가 일어난다.

① ㄱ ② ㄴ ③ ㄱ, ㄷ ④ ㄴ, ㄷ ⑤ ㄱ, ㄴ, ㄷ

18 대표 문제

2025학년도 9월 모평 물Ⅰ 8번

그림은 매질 A에서 매질 B로 입사한 단색광 P가 굴절각 45°로 진행하여 B와 매질 C의 경계면에서 전반사한 후 B와 매질 D의 경계면에서 굴절하여 진행하는 모습을 나타낸 것이다.

이에 대한 설명으로 옳은 것만을 〈보기〉에서 있는 대로 고른 것은?

〈보기〉

ㄱ. B와 C 사이의 임계각은 45°보다 크다.

ㄴ. 굴절률은 A가 C보다 크다.

ㄷ. P의 속력은 A에서가 D에서보다 크다.

① ㄱ ② ㄷ ③ ㄱ, ㄴ ④ ㄴ, ㄷ ⑤ ㄱ, ㄴ, ㄷ

19

2024학년도 3월 학평 물Ⅰ 12번

다음은 임계각을 찾는 실험이다.

[실험 과정]

(가) 반원형 매질 A, B, C 중 두 매질을 서로 붙인다.

(나) 단색광 P를 원의 중심으로 입사시키고, 입사각을 0에서부터 연속적으로 증가시키면서 임계각을 찾는다.

[실험 결과]

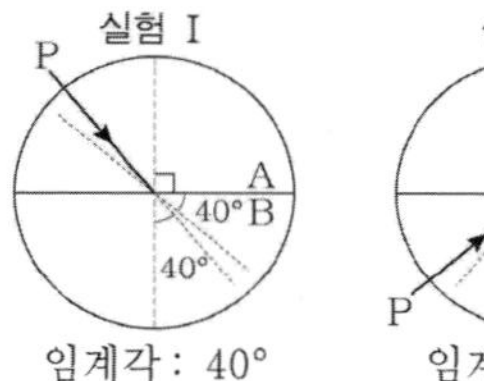

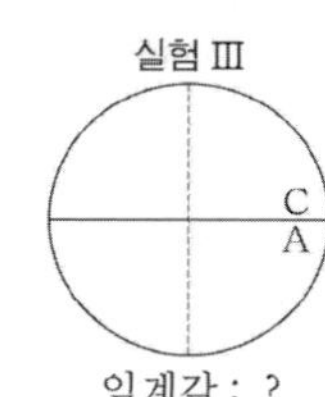

실험 Ⅲ의 결과로 가장 적절한 것은? [3점]

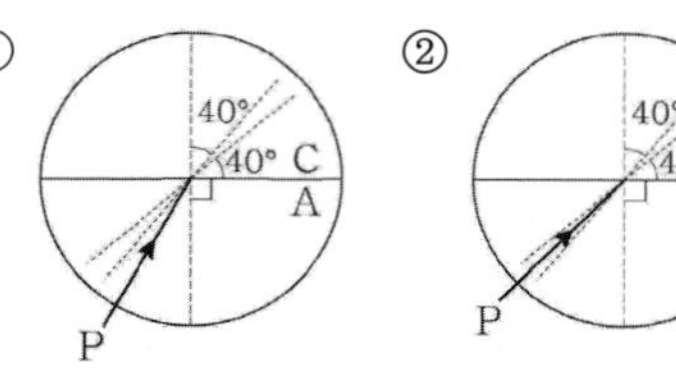

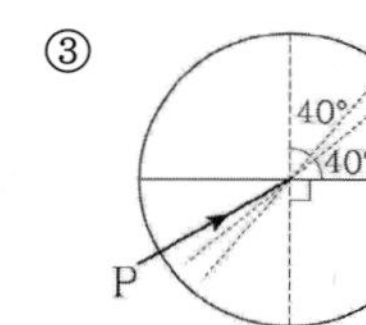

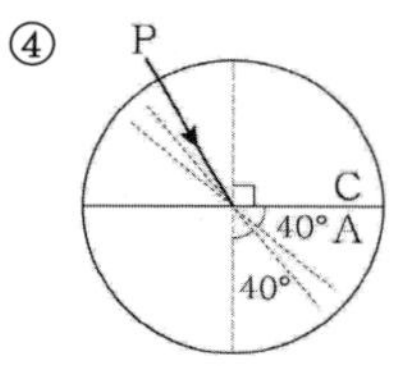

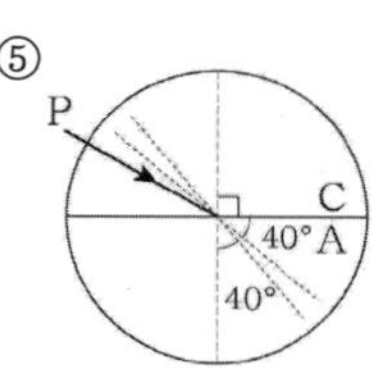

20

2024학년도 10월 학평 물Ⅰ 15번

그림과 같이 진동수가 동일한 단색광 X, Y가 매질 A에서 각각 매질 B, C로 동일한 입사각 θ_0으로 입사한다. X는 A와 B의 경계면의 점 p를 향해 진행한다. Y는 B와 C의 경계면에 입사각 θ_0으로 입사한 후 p에 임계각으로 입사한다.

이에 대한 옳은 설명만을 〈보기〉에서 있는 대로 고른 것은? [3점]

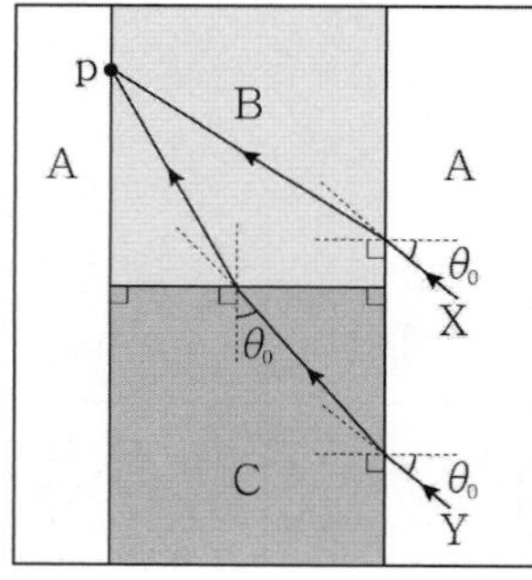

〈보기〉

ㄱ. $\theta_0 < 45°$이다.

ㄴ. p에서 X의 굴절각은 Y의 입사각보다 크다.

ㄷ. 임계각은 A와 B 사이에서가 B와 C 사이에서보다 작다.

① ㄱ ② ㄴ ③ ㄱ, ㄷ ④ ㄴ, ㄷ ⑤ ㄱ, ㄴ, ㄷ

21

2024학년도 수능 물Ⅰ 14번

다음은 빛의 성질을 알아보는 실험이다.

[실험 과정 및 결과]

(가) 반원형 매질 A, B, C를 준비한다.

(나) 그림과 같이 반원형 매질을 서로 붙여 놓고, 단색광 P의 입사각(i)을 변화시키면서 굴절각(r)을 측정하여 $\sin r$ 값을 $\sin i$ 값에 따라 나타낸다.

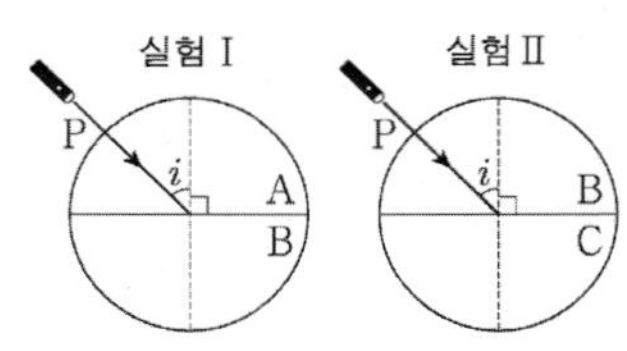

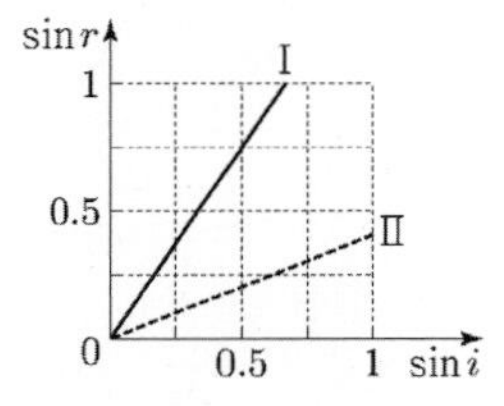

sin r / 1 / 0.5 / 0 / 0.5 / 1 / sin i / Ⅰ / Ⅱ

이에 대한 설명으로 옳은 것만을 <보기>에서 있는 대로 고른 것은?

<보기>

ㄱ. 굴절률은 A가 B보다 크다.

ㄴ. P의 속력은 B에서가 C에서보다 작다.

ㄷ. Ⅰ에서 $\sin i_0 = 0.75$인 입사각 i_0으로 P를 입사시키면 전반사가 일어난다.

① ㄱ ② ㄴ ③ ㄱ, ㄷ ④ ㄴ, ㄷ ⑤ ㄱ, ㄴ, ㄷ

22

2021학년도 7월 학평 물Ⅰ 15번

다음은 액체의 굴절률을 알아보기 위한 실험이다.

[실험 과정]

(가) 그림과 같이 수조에 액체 A를 채우고 액체 표면 위 30 cm 위치에서 액체 표면 위의 점 p를 본다.

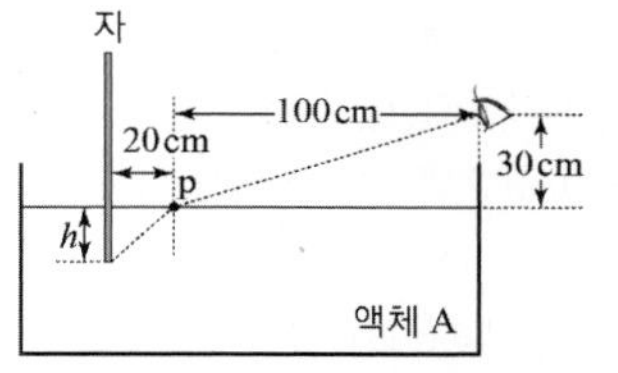

(나) (가)에서 자를 액체의 표면에 수직으로 넣으면서 p와 자의 끝이 겹쳐 보이는 순간, 자의 액체에 잠긴 부분의 길이 h를 측정한다.

(다) (가)에서 액체 A를 다른 액체로 바꾸어 (나)를 반복한다.

[실험 결과]

액체의 종류	h(cm)
A	17
물	19
B	21
C	24

이에 대한 설명으로 옳은 것만을 <보기>에서 있는 대로 고른 것은? [3점]

<보기>

ㄱ. 굴절률은 A가 물보다 크다.

ㄴ. 빛의 속력은 B에서가 C에서보다 빠르다.

ㄷ. 액체와 공기 사이의 임계각은 A가 B보다 크다.

① ㄱ ② ㄴ ③ ㄷ ④ ㄴ, ㄷ ⑤ ㄱ, ㄴ, ㄷ

23 대표 문제

2023학년도 6월 모평 물Ⅰ 15번

다음은 빛의 성질을 알아보는 실험이다.

[실험 과정]

(가) 그림과 같이 반원형 매질 A와 B를 서로 붙여 놓는다.

(나) 단색광을 A에서 B를 향해 원의 중심을 지나도록 입사시킨다.

(다) (나)에서 입사각을 변화시키면서 굴절각과 반사각을 측정한다.

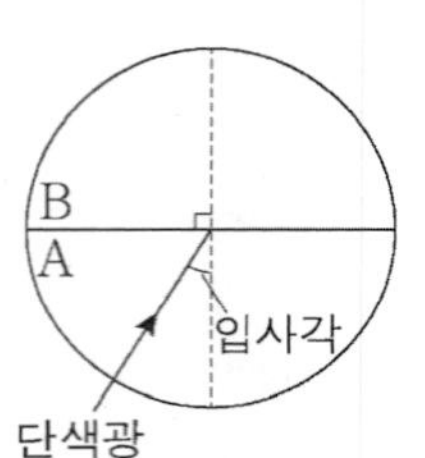

[실험 결과]

실험	입사각	굴절각	반사각
Ⅰ	30°	34°	30°
Ⅱ	㉠	59°	50°
Ⅲ	70°	해당 없음	70°

이에 대한 설명으로 옳은 것만을 〈보기〉에서 있는 대로 고른 것은? [3점]

〈 보기 〉

ㄱ. ㉠은 50°이다.

ㄴ. 단색광의 속력은 A에서가 B에서보다 크다.

ㄷ. A와 B 사이의 임계각은 70°보다 크다.

① ㄱ ② ㄴ ③ ㄱ, ㄷ ④ ㄴ, ㄷ ⑤ ㄱ, ㄴ, ㄷ

24

2022학년도 수능 물Ⅰ 11번

다음은 빛의 성질을 알아보는 실험이다.

[실험 과정]

(가) 반원형 매질 A, B, C를 준비한다.

(나) 그림과 같이 반원형 매질을 서로 붙여 놓고 단색광 P를 입사시켜 입사각과 굴절각을 측정한다.

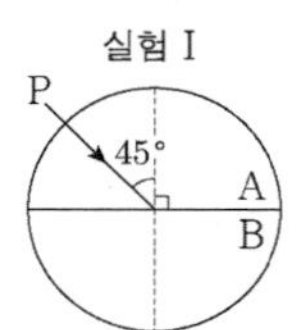

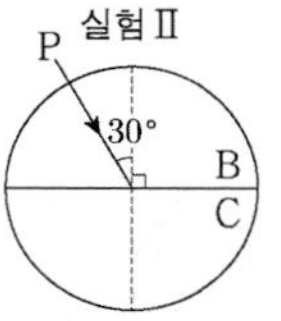

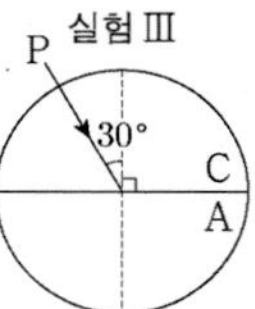

[실험 결과]

실험	입사각	굴절각
Ⅰ	45°	30°
Ⅱ	30°	25°
Ⅲ	30°	㉠

이에 대한 설명으로 옳은 것만을 〈보기〉에서 있는 대로 고른 것은? [3점]

〈 보기 〉

ㄱ. ㉠은 45° 보다 크다.

ㄴ. P의 파장은 A에서가 B에서보다 짧다.

ㄷ. 임계각은 P가 B에서 A로 진행할 때가 C에서 A로 진행할 때보다 작다.

① ㄱ ② ㄴ ③ ㄱ, ㄷ ④ ㄴ, ㄷ ⑤ ㄱ, ㄴ, ㄷ

25

2020학년도 7월 학평 물I 14번

다음은 빛의 굴절에 대한 실험이다.

[실험 과정]

(가) 그림과 같이 광학용 물통의 절반을 물로 채운 후 레이저를 물통의 둥근 부분 쪽에서 중심을 향해 비추어 빛이 물에서 공기로 진행하도록 한다.

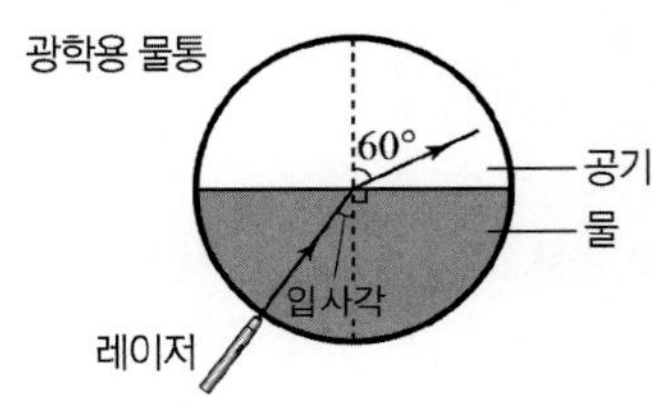

(나) (가)에서 입사각을 변화시키면서 굴절각이 60°가 되는 입사각을 측정한다.

(다) (가)에서 물을 액체 A, B로 각각 바꾸고 (나)를 반복한다.

[실험 결과]

액체의 종류	입사각	굴절각
물	41°	60°
A	38°	60°
B	35°	60°

이에 대한 설명으로 옳은 것만을 〈보기〉에서 있는 대로 고른 것은? [3점]

〈 보기 〉

ㄱ. 빛의 속력은 물에서가 A에서보다 크다.

ㄴ. 굴절률은 A가 B보다 크다.

ㄷ. 공기와 액체 사이의 임계각은 A일 때가 B일 때보다 크다.

① ㄱ ② ㄴ ③ ㄱ, ㄷ ④ ㄴ, ㄷ ⑤ ㄱ, ㄴ, ㄷ

26

2022학년도 6월 모평 물I 16번

다음은 빛의 성질을 알아보는 실험이다.

[실험 과정]

(가) 반원 I, II로 구성된 원이 그려진 종이면의 I에 반원형 유리 A를 올려놓는다.

(나) 레이저 빛이 점 p에서 유리면에 수직으로 입사하도록 한다.

(다) 그림과 같이 빛이 진행하는 경로를 종이면에 그린다.

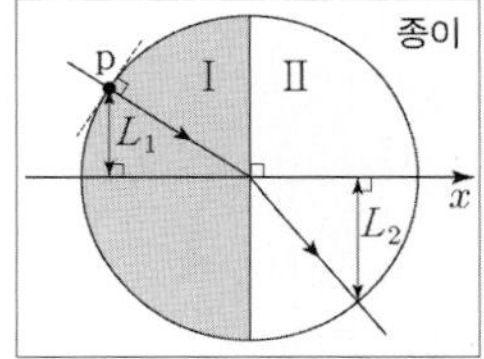

(라) p와 x축 사이의 거리 L_1, 빛의 경로가 II의 호와 만나는 점과 x축 사이의 거리 L_2를 측정한다.

(마) (가)에서 I의 A를 반원형 유리 B로 바꾸고, (나)~(라)를 반복한다.

(바) (마)에서 II에 A를 올려놓고, (나)~(라)를 반복한다.

[실험 결과]

과정	I	II	L_1(cm)	L_2(cm)
(라)	A	공기	3.0	4.5
(마)	B	공기	3.0	5.1
(바)	B	A	3.0	㉠

이에 대한 설명으로 옳은 것만을 〈보기〉에서 있는 대로 고른 것은? [3점]

〈 보기 〉

ㄱ. ㉠>5.1이다.

ㄴ. 레이저 빛의 속력은 A에서가 B에서보다 크다.

ㄷ. 임계각은 레이저 빛이 A에서 공기로 진행할 때가 B에서 공기로 진행할 때보다 크다.

① ㄱ ② ㄴ ③ ㄱ, ㄷ ④ ㄴ, ㄷ ⑤ ㄱ, ㄴ, ㄷ

27

2020학년도 6월 모평 물Ⅰ 13번

그림 (가)는 단색광 X가 광섬유에 사용되는 물질 A, B, C를 지나는 모습을 나타낸 것이다. 그림 (나)는 A, B, C를 이용하여 만든 광섬유에 X가 각각 입사각 i_1, i_2로 입사하여 진행하는 모습을 나타낸 것이다. θ_1, θ_2는 코어와 클래딩 사이의 임계각이다.

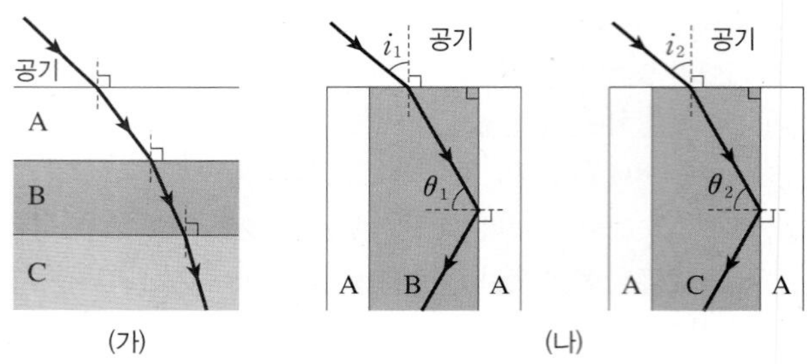

(가) (나)

이에 대한 설명으로 옳은 것만을 〈보기〉에서 있는 대로 고른 것은?

〈 보기 〉

ㄱ. 굴절률은 C가 A보다 크다.
ㄴ. $\theta_1 < \theta_2$이다.
ㄷ. $i_1 > i_2$이다.

① ㄱ ② ㄴ ③ ㄱ, ㄷ ④ ㄴ, ㄷ ⑤ ㄱ, ㄴ, ㄷ

28

2020학년도 9월  물Ⅰ 3번

다음은 광통신에 쓰이는 전자기파 A와 광섬유에 대한 설명이다.

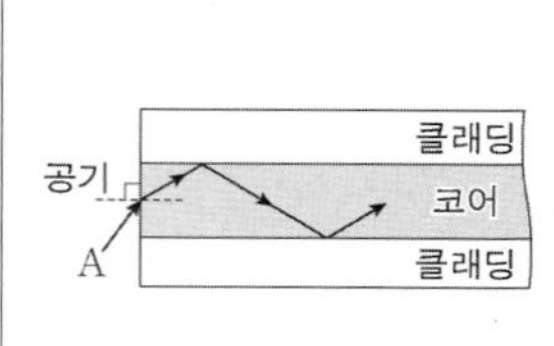

• A의 파장은 가시광선보다 길고, 마이크로파보다 짧다.
• A는 광섬유의 코어로 입사하여 코어와 클래딩의 경계면에서 전반사한다.

이에 대한 설명으로 옳은 것만을 〈보기〉에서 있는 대로 고른 것은? [3점]

〈 보기 〉

ㄱ. A는 자외선이다.
ㄴ. 굴절률은 클래딩이 코어보다 크다.
ㄷ. A의 속력은 코어에서가 공기에서보다 느리다.

① ㄱ ② ㄷ ③ ㄱ, ㄴ ④ ㄴ, ㄷ ⑤ ㄱ, ㄴ, ㄷ

29

2020학년도  물Ⅰ 10번

그림은 광섬유에 사용되는 물질 A, B, C 중 A와 C의 경계면과 B와 C의 경계면에 각각 입사시킨 동일한 단색광 X가 굴절하는 모습을 나타낸 것이다. θ는 입사각이고, θ_1과 θ_2는 굴절각이며, $\theta_2 > \theta_1 > \theta$이다.

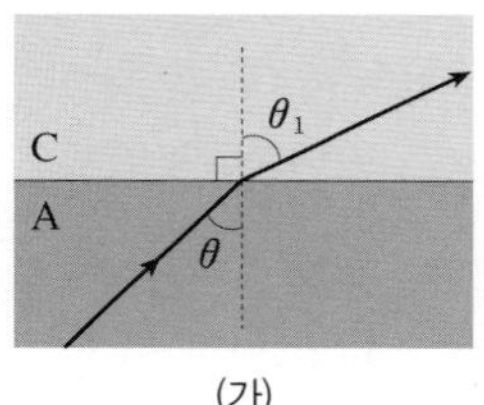

(가)

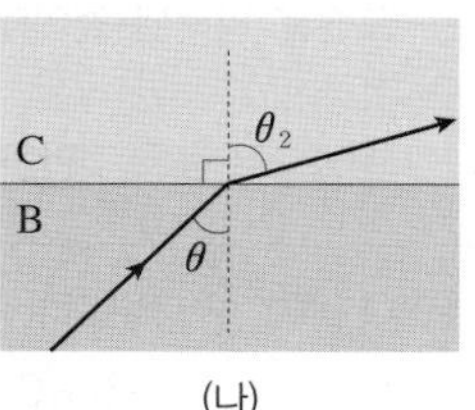

(나)

이에 대한 설명으로 옳은 것만을 〈보기〉에서 있는 대로 고른 것은? [3점]

〈 보기 〉

ㄱ. X의 속력은 B에서가 A에서보다 크다.
ㄴ. X가 A에서 C로 입사할 때, 전반사가 일어나는 입사각은 θ보다 크다.
ㄷ. 클래딩에 A를 사용한 광섬유의 코어로 C를 사용할 수 있다.

① ㄱ ② ㄴ ③ ㄱ, ㄷ ④ ㄴ, ㄷ ⑤ ㄱ, ㄴ, ㄷ

30

2021학년도 6월  물Ⅰ 16번

그림은 단색광 P를 매질 A와 B의 경계면에 입사각 θ로 입사시켰을 때 P의 일부는 굴절하고, 일부는 반사한 후 매질 A와 C의 경계면에서 전반사하는 모습을 나타낸 것이다.

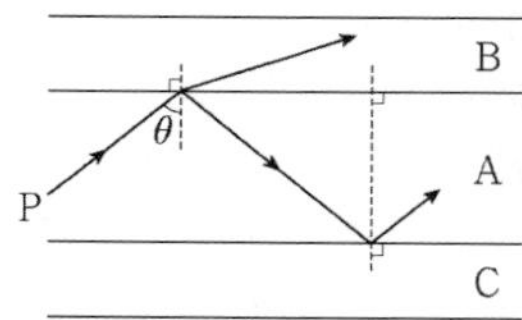

이에 대한 설명으로 옳은 것만을 〈보기〉에서 있는 대로 고른 것은? [3점]

〈 보기 〉

ㄱ. P의 속력은 A에서가 B에서보다 작다.
ㄴ. θ는 A와 C 사이의 임계각보다 크다.
ㄷ. C를 코어로 사용한 광섬유에 B를 클래딩으로 사용할 수 있다.

① ㄱ ② ㄷ ③ ㄱ, ㄴ ④ ㄴ, ㄷ ⑤ ㄱ, ㄴ, ㄷ

31

2023학년도 7월 학평 물Ⅰ 6번

그림은 진동수가 동일한 단색광 P, Q가 매질 A, B의 경계면에 동일한 입사각으로 각각 입사하여 B와 매질 C의 경계면의 점 a, b에 도달하는 모습을 나타낸 것이다. Q는 a에서 전반사한다.

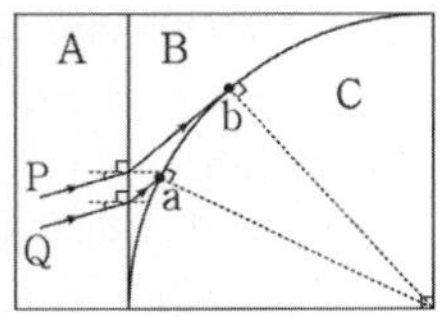

이에 대한 설명으로 옳은 것만을 <보기>에서 있는 대로 고른 것은? [3점]

〈 보기 〉

ㄱ. P는 b에서 전반사한다.
ㄴ. Q의 속력은 A에서가 C에서보다 작다.
ㄷ. B를 코어로 사용한 광섬유에 A를 클래딩으로 사용할 수 있다.

① ㄱ ② ㄴ ③ ㄷ ④ ㄱ, ㄴ ⑤ ㄴ, ㄷ

32

2021학년도 7월 학평 물Ⅰ 16번

그림은 단색광 P가 매질 A와 중심이 O인 원형 매질 B의 경계면에 입사각 θ로 입사하여 굴절한 후, B와 매질 C의 경계면에 임계각 i_c로 입사하는 모습을 나타낸 것이다.

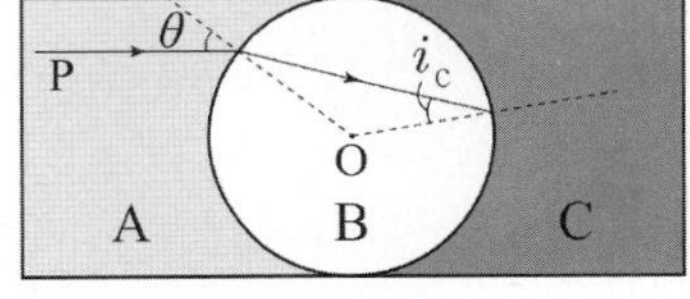

이에 대한 설명으로 옳은 것만을 <보기>에서 있는 대로 고른 것은? (단, A, B, C는 광섬유에 사용되는 물질이다.) [3점]

〈 보기 〉

ㄱ. P의 파장은 A에서가 B에서보다 길다.
ㄴ. θ가 작아지면 P는 B와 C의 경계면에서 전반사한다.
ㄷ. 클래딩에 A를 사용한 광섬유의 코어로 C를 사용할 수 있다.

① ㄱ ② ㄴ ③ ㄱ, ㄷ ④ ㄴ, ㄷ ⑤ ㄱ, ㄴ, ㄷ

33

2023학년도 10월 학평 물Ⅰ 7번

그림 (가), (나)는 각각 매질 A와 B, 매질 B와 C에서 진행하는 단색광 P의 진행 경로의 일부를 나타낸 것이다. 표는 (가), (나)에서의 입사각과 굴절각을 나타낸 것이다. P의 속력은 C에서가 A에서보다 크다.

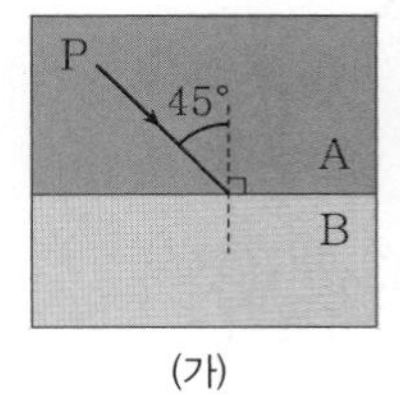

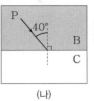

(가)

P
40°
B
C

(나)

	(가)	(나)
입사각	45°	40°
굴절각	35°	㉠

이에 대한 옳은 설명만을 <보기>에서 있는 대로 고른 것은? [3점]

〈 보기 〉

ㄱ. ㉠은 45°보다 크다.
ㄴ. 굴절률은 B가 C보다 크다.
ㄷ. B를 코어로 사용하는 광섬유에 A를 클래딩으로 사용할 수 있다.

① ㄱ ② ㄷ ③ ㄱ, ㄴ ④ ㄴ, ㄷ ⑤ ㄱ, ㄴ, ㄷ

34

2020학년도 10월 학평 물Ⅰ 9번

그림 (가)는 단색광이 매질 A, B의 경계면에서 전반사한 후 매질 A, C의 경계면에서 반사와 굴절하는 모습을, (나)는 (가)의 A, B, C 중 두 매질로 만든 광섬유의 구조를 나타낸 것이다.

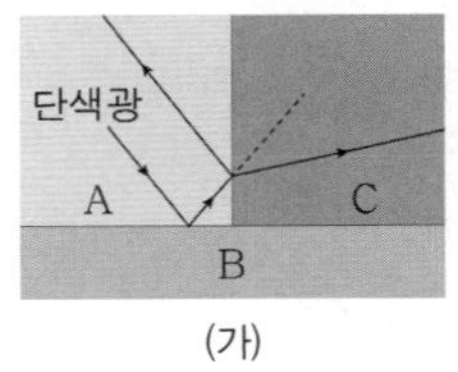

(가)

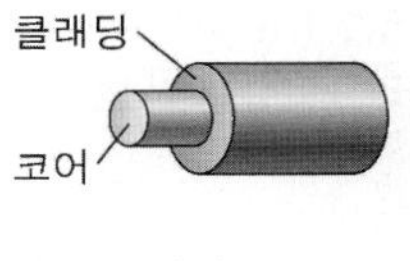

(나)

광통신에 사용하기에 적절한 구조를 가진 광섬유만을 <보기>에서 있는 대로 고른 것은? [3점]

〈 보기 〉

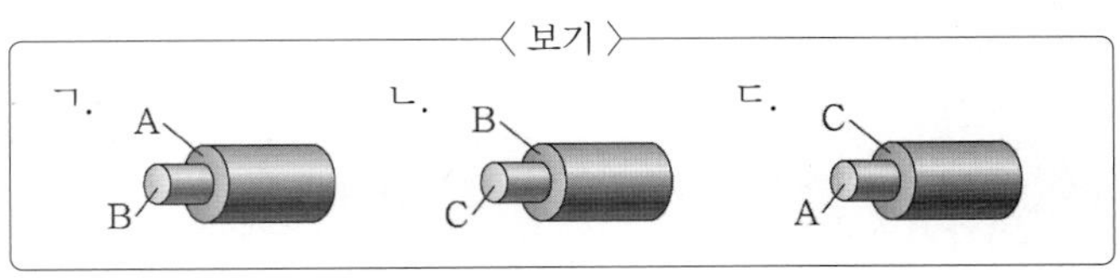

① ㄱ ② ㄴ ③ ㄱ, ㄷ ④ ㄴ, ㄷ ⑤ ㄱ, ㄴ, ㄷ

35

2022학년도 7월 학평 물I 15번

그림 (가)와 같이 단색광이 매질 B와 C에서 진행한다. 단색광은 매질 A와 B의 경계면에 있는 p점과 A와 C의 경계면에 있는 r점에서 전반사한다. $\theta_1 > \theta_2$이다. 그림 (나)는 (가)의 단색광이 코어와 클래딩으로 구성된 광섬유에서 전반사하는 모습을 나타낸 것이다.

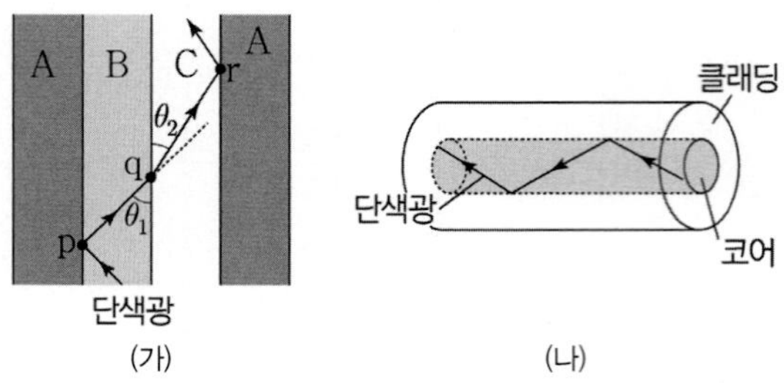

이에 대한 설명으로 옳은 것만을 〈보기〉에서 있는 대로 고른 것은? [3점]

〈 보기 〉

ㄱ. 단색광의 파장은 B에서가 C에서보다 길다.
ㄴ. 임계각은 A와 B 사이에서가 A와 C 사이에서보다 작다.
ㄷ. A, B, C로 (나)의 광섬유를 제작할 때 코어를 B, 클래딩을 C로 만들면 임계각이 가장 작다.

① ㄱ ② ㄴ ③ ㄱ, ㄷ ④ ㄴ, ㄷ ⑤ ㄱ, ㄴ, ㄷ

36

2020학년도 3월 학평 물I 18번

그림은 반원형 매질 A 또는 B의 경계면을 따라 점 P, Q 사이에서 광원의 위치를 변화시키며 중심 O를 향해 빛을 입사시키는 모습을 나타낸 것이다. 표는 매질이 A 또는 B일 때, O에서의 전반사 여부에 따라 입사각 θ의 범위를 I, II로 구분한 것이다.

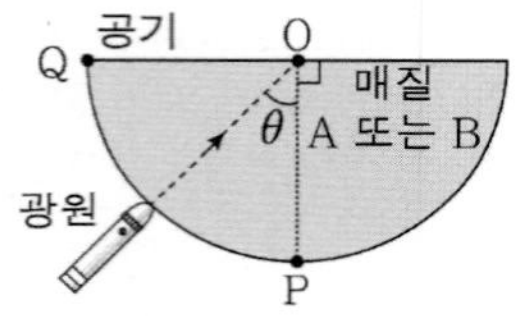

매질	I	II
A	$0 < \theta < 42°$	$42° < \theta < 90°$
B	$0 < \theta < 34°$	$34° < \theta < 90°$

이에 대한 옳은 설명만을 〈보기〉에서 있는 대로 고른 것은? [3점]

〈 보기 〉

ㄱ. 전반사가 일어나는 범위는 I이다.
ㄴ. 굴절률은 A가 B보다 작다.
ㄷ. A와 B로 광섬유를 만든다면 A를 코어로 사용해야 한다.

① ㄱ ② ㄴ ③ ㄱ, ㄷ ④ ㄴ, ㄷ ⑤ ㄱ, ㄴ, ㄷ

37

2022학년도 10월 학평 물I 16번

다음은 전반사에 대한 실험이다.

[실험 과정]

(가) 그림과 같이 동일한 단색광을 크기와 모양이 같은 직육면체 매질 A, B의 옆면의 중심에 각각 입사시켜 윗면의 중심에 도달하도록 한다.

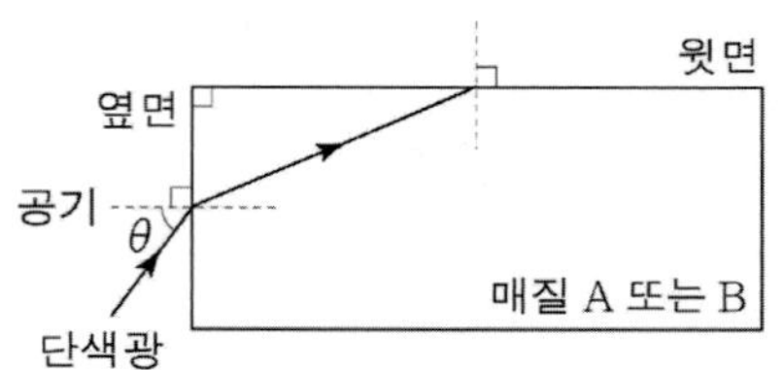

(나) (가)에서 옆면의 중심에서 입사각 θ를 측정하고, 윗면의 중심에서 단색광이 전반사하는지 관찰한다.

[실험 결과]

매질	A	B
θ	θ_1	θ_2
전반사	전반사함	전반사 안 함

이에 대한 옳은 설명만을 〈보기〉에서 있는 대로 고른 것은? [3점]

〈 보기 〉

ㄱ. 굴절률은 A가 B보다 크다.
ㄴ. $\theta_1 > \theta_2$이다.
ㄷ. A와 B로 광섬유를 만들 때 코어는 B를 사용해야 한다.

① ㄱ ② ㄴ ③ ㄷ ④ ㄱ, ㄴ ⑤ ㄴ, ㄷ

38

2021학년도 7월 학평 물Ⅰ 1번

그림은 전자기파에 대해 학생 A, B, C가 대화하는 모습을 나타낸 것이다.

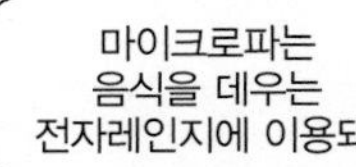

적외선은
열화상 카메라에
이용돼.
마이크로파는
음식을 데우는
전자레인지에 이용돼.
자외선은
살균 효과가
있어.

학생 A　　학생 B　　학생 C

제시한 내용이 옳은 학생만을 있는 대로 고른 것은?

① A　② C　③ A, B　④ B, C　⑤ A, B, C

39 대표 문제

2021학년도 9월 모평 물Ⅰ 3번

그림은 스마트폰에서 쓰이는 파동 A, B, C를 나타낸 것이다.

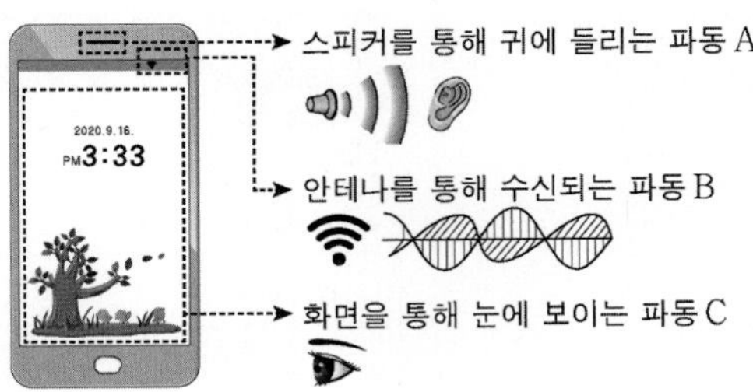

이에 대한 설명으로 옳은 것만을 〈보기〉에서 있는 대로 고른 것은?

〈보기〉
ㄱ. A는 전자기파에 속한다.
ㄴ. 진동수는 B가 C보다 작다.
ㄷ. C는 매질에 관계없이 속력이 일정하다.

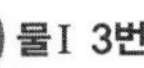

① ㄱ　② ㄴ　③ ㄱ, ㄷ　④ ㄴ, ㄷ　⑤ ㄱ, ㄴ, ㄷ

40

2025학년도 수능 물Ⅰ 14번

그림은 동일한 단색광 P, Q, R를 입사각 θ로 각각 매질 A에서 매질 B로, B에서 매질 C로, C에서 B로 입사시키는 모습을 나타낸 것이다. P는 A와 B의 경계면에서 굴절하여 B와 C의 경계면에서 전반사한다.

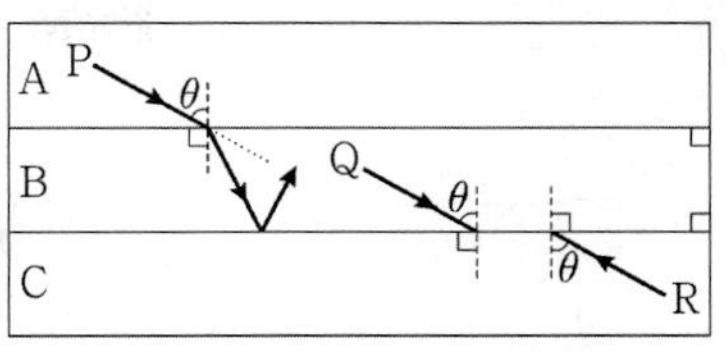

이에 대한 설명으로 옳은 것만을 〈보기〉에서 있는 대로 고른 것은? [3점]

〈보기〉
ㄱ. 굴절률은 A가 C보다 크다.
ㄴ. Q는 B와 C의 경계면에서 전반사한다.
ㄷ. R는 B와 A의 경계면에서 전반사한다.

① ㄱ　② ㄷ　③ ㄱ, ㄴ　④ ㄴ, ㄷ　⑤ ㄱ, ㄴ, ㄷ

24 일차

한눈에 정리하는 평가원 기출 경향

주제 \ 학년도	2025	2024	2023

전자기파의 이용

2025

40 2025학년도 수능 물I 1번

그림은 전자기파를 일상생활에서 이용하는 예이다.

이에 대한 설명으로 옳은 것만을 〈보기〉에서 있는 대로 고른 것은?

〈보기〉

ㄱ. ㉠은 감마선을 이용하여 스마트폰과 통신한다.
ㄴ. ㉡에서 살균 작용에 사용되는 자외선은 마이크로파보다 파장이 짧다.
ㄷ. 진공에서의 속력은 ㉢에서 사용되는 전자기파가 X선보다 크다.

① ㄱ ② ㄴ ③ ㄷ ④ ㄱ, ㄴ ⑤ ㄴ, ㄷ

2024

22 2024학년도 수능 물I 1번

그림은 버스에서 이용하는 전자기파를 나타낸 것이다.

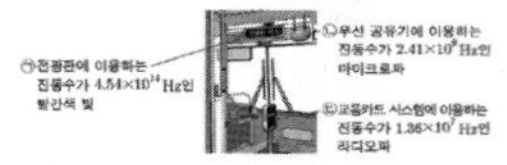

이에 대한 설명으로 옳은 것만을 〈보기〉에서 있는 대로 고른 것은?

〈보기〉

ㄱ. ㉠은 가시광선 영역에 해당한다.
ㄴ. 진공에서 속력은 ㉠이 ㉡보다 크다.
ㄷ. 진공에서 파장은 ㉡이 ㉢보다 짧다.

① ㄱ ② ㄴ ③ ㄱ, ㄴ ④ ㄱ, ㄷ ⑤ ㄴ, ㄷ

17 대표 문제 2024학년도 6월 모평 물I 1번

다음은 병원의 의료 기기에서 파동 A, B, C를 이용하는 예이다.

뼈 촬영 A: X선 / 의료 기구 소독 B: 자외선 / 태아 검진 C: 초음파

이에 대한 설명으로 옳은 것만을 〈보기〉에서 있는 대로 고른 것은?

〈보기〉

ㄱ. A, B는 전자기파에 속한다.
ㄴ. 진공에서의 파장은 A가 B보다 길다.
ㄷ. C는 매질이 없는 진공에서 진행할 수 없다.

① ㄴ ② ㄷ ③ ㄱ, ㄴ ④ ㄱ, ㄷ ⑤ ㄱ, ㄴ, ㄷ

빈출 전자기파의 분류

2025

32 대표 문제 2025학년도 9월 모평 물I 1번

그림은 가시광선, 마이크로파, X선을 분류하는 과정을 나타낸 것이다.

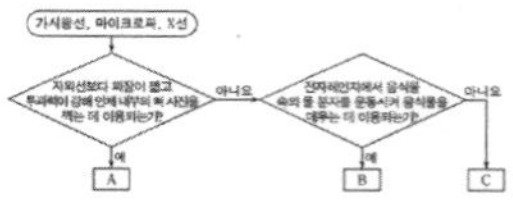

A, B, C에 해당하는 전자기파로 옳은 것은?

	A	B	C
①	X선	마이크로파	가시광선
②	X선	가시광선	마이크로파
③	마이크로파	X선	가시광선
④	마이크로파	가시광선	X선
⑤	가시광선	X선	마이크로파

30 2025학년도 6월 모평 물I 1번

그림은 전자기파를 파장에 따라 분류한 것이다.

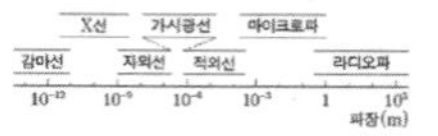

이에 대한 설명으로 옳은 것은?

① X선은 TV용 리모컨에 이용된다.
② 자외선은 살균 기능이 있는 제품에 이용된다.
③ 파장은 감마선이 마이크로파보다 길다.
④ 진동수는 가시광선이 라디오파보다 작다.
⑤ 진공에서 속력은 적외선이 마이크로파보다 크다.

2024

37 2024학년도 9월 모평 물I 1번

다음은 전자기파 A와 B를 사용하는 예에 대한 설명이다.

전자레인지에 사용되는 A는 음식물 속의 물 분자를 운동시키고, 물 분자가 주위의 분자와 충돌하면서 음식물을 데운다. A보다 파장이 짧은 B는 전자레인지가 작동하는 동안 내부를 비춰 작동 여부를 눈으로 확인할 수 있게 한다.

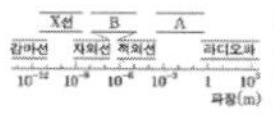

이에 대한 설명으로 옳은 것만을 〈보기〉에서 있는 대로 고른 것은?

〈보기〉

ㄱ. A는 가시광선이다.
ㄴ. 진공에서 속력은 A와 B가 같다.
ㄷ. 진동수는 A가 B보다 크다.

① ㄱ ② ㄴ ③ ㄱ, ㄷ ④ ㄴ, ㄷ ⑤ ㄱ, ㄴ, ㄷ

2023

39 2023학년도 수능 물I 1번

그림 (가)는 전자기파 A, B를 이용한 예를, (나)는 진동수에 따른 전자기파의 분류를 나타낸 것이다.

전자레인지의 내부에서는 음식을 데우기 위해 A가 이용되고, 표시 창에서는 B가 나와 남은 시간을 보여 준다.

(가) (나)

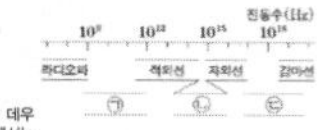

이에 대한 설명으로 옳은 것만을 〈보기〉에서 있는 대로 고른 것은?

〈보기〉

ㄱ. A는 ㉢에 해당한다.
ㄴ. B는 ㉡에 해당한다.
ㄷ. 파장은 A가 B보다 길다.

① ㄱ ② ㄷ ③ ㄱ, ㄴ ④ ㄴ, ㄷ ⑤ ㄱ, ㄴ, ㄷ

35 대표 문제 2023학년도 6월 모평 물I 3번

그림 (가)는 전자기파를 파장에 따라 분류한 것을, (나)는 (가)의 전자기파 A를 이용하는 레이더가 설치된 군함을 나타낸 것이다.

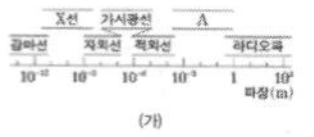

(가)  (나)

이에 대한 설명으로 옳은 것만을 〈보기〉에서 있는 대로 고른 것은?

〈보기〉

ㄱ. A의 진동수는 가시광선의 진동수보다 크다.
ㄴ. 전자레인지에서 음식물을 데우는 데 이용하는 전자기파는 A에 해당한다.
ㄷ. 진공에서의 속력은 감마선과 (나)의 레이더에서 이용하는 전자기파가 같다.

① ㄱ ② ㄴ ③ ㄱ, ㄷ ④ ㄴ, ㄷ ⑤ ㄱ, ㄴ, ㄷ

2023

2022 ~ 2019

12
2022학년도 9월 모평 물I 3번

그림 (가)~(다)는 전자기파를 일상생활에서 이용하는 예이다.

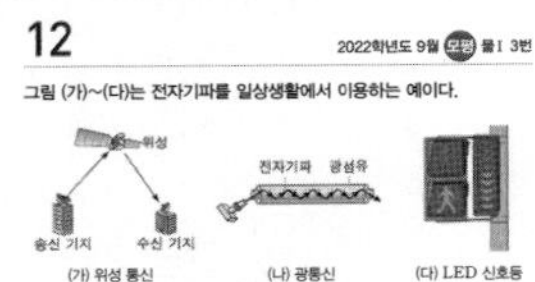

(가) 위성 통신 (나) 광통신 (다) LED 신호등

이에 대한 설명으로 옳은 것만을 〈보기〉에서 있는 대로 고른 것은?

〈보기〉
ㄱ. (가)에서 자외선을 이용한다.
ㄴ. (나)에서 전반사를 이용한다.
ㄷ. (다)에서 가시광선을 이용한다.

① ㄱ ② ㄷ ③ ㄱ, ㄴ ④ ㄴ, ㄷ ⑤ ㄱ, ㄴ, ㄷ

04
2020학년도 6월 모평 물I 1번

다음은 어떤 화장품과 관련된 내용이다. A, B, C는 가시광선, 자외선, 적외선을 순서 없이 나타낸 것이다.

> 햇빛에는 우리 눈에 보이는 (A) 외에도 파장이 더 짧은 자외선과 더 긴 (B)도 포함되어 있다. 햇빛이 강한 여름에 야외 활동을 할 때에는 피부를 보호하기 위해 (C)을 차단할 수 있는 화장품을 사용하는 것이 좋다.

이에 대한 설명으로 옳은 것만을 〈보기〉에서 있는 대로 고른 것은?

〈보기〉
ㄱ. A는 가시광선이다.
ㄴ. 진동수는 B가 C보다 크다.
ㄷ. 열을 내는 물체에서는 B가 방출된다.

① ㄱ ② ㄴ ③ ㄱ, ㄷ ④ ㄴ, ㄷ ⑤ ㄱ, ㄴ, ㄷ

18
2019학년도 수능 물I 2번

그림 (가)는 병원에서 전자기파 A를 사용하여 의료 진단용 사진을 찍는 모습을, (나)는 (가)에서 찍은 사진을 나타낸 것이다.

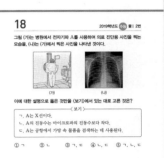

(가) (나)

이에 대한 설명으로 옳은 것만을 〈보기〉에서 있는 대로 고른 것은?

〈보기〉
ㄱ. A는 X선이다.
ㄴ. A의 진동수는 마이크로파의 진동수보다 작다.
ㄷ. A는 공항에서 가방 속 물품을 검색하는 데 사용된다.

① ㄱ ② ㄴ ③ ㄱ, ㄷ ④ ㄴ, ㄷ ⑤ ㄱ, ㄴ, ㄷ

06
2019학년도 9월 모평 물I 1번

다음은 어떤 전자기파가 실생활에서 이용되는 예이다.

열화상 카메라 TV 리모컨 체온계

이 전자기파는?

① X선 ② 자외선 ③ 적외선
④ 마이크로파 ⑤ 라디오파

23
2023학년도 9월 모평 물I 1번

그림은 전자기파에 대해 학생이 발표하는 모습을 나타낸 것이다.

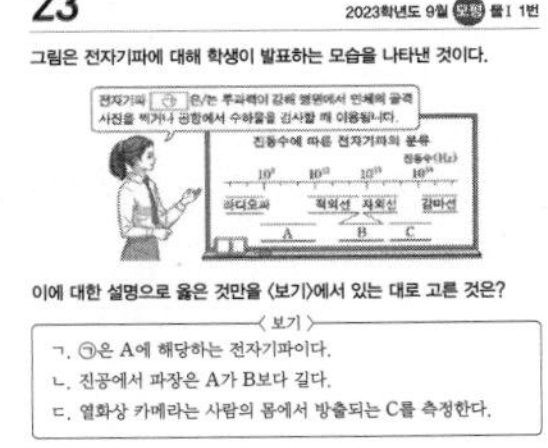

이에 대한 설명으로 옳은 것만을 〈보기〉에서 있는 대로 고른 것은?

〈보기〉
ㄱ. ㉠은 A에 해당하는 전자기파이다.
ㄴ. 진공에서 파장은 A가 B보다 길다.
ㄷ. 열화상 카메라는 사람의 몸에서 방출되는 C를 측정한다.

① ㄱ ② ㄴ ③ ㄱ, ㄷ ④ ㄴ, ㄷ ⑤ ㄱ, ㄴ, ㄷ

24
2022학년도 수능 물I 4번

그림은 전자기파에 대해 학생 A, B, C가 대화하는 모습을 나타낸 것이다.

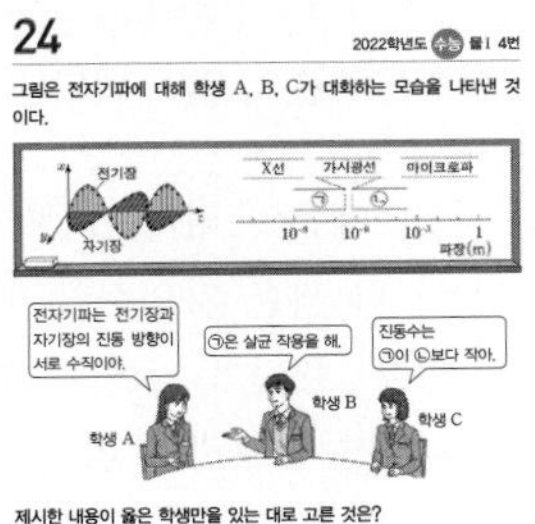

제시한 내용이 옳은 학생만을 있는 대로 고른 것은?

① A ② C ③ A, B ④ B, C ⑤ A, B, C

26
2022학년도 6월 모평 물I 1번

그림은 전자기파를 파장에 따라 분류한 것이고, 표는 전자기파 A, B, C가 사용되는 예를 순서 없이 나타낸 것이다.

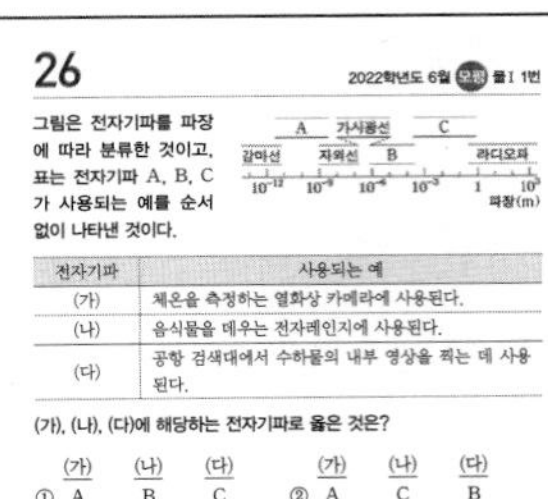

전자기파	사용되는 예
(가)	체온을 측정하는 열화상 카메라에 사용된다.
(나)	음식물을 데우는 전자레인지에 사용된다.
(다)	공항 검색대에서 수하물의 내부 영상을 찍는 데 사용된다.

(가), (나), (다)에 해당하는 전자기파로 옳은 것은?

	(가)	(나)	(다)
①	A	B	C
②	A	C	B
③	B	A	C
④	B	C	A
⑤	C	A	B

27
2021학년도 수능 물I 1번

그림은 파장에 따른 전자기파의 분류를 나타낸 것이다.

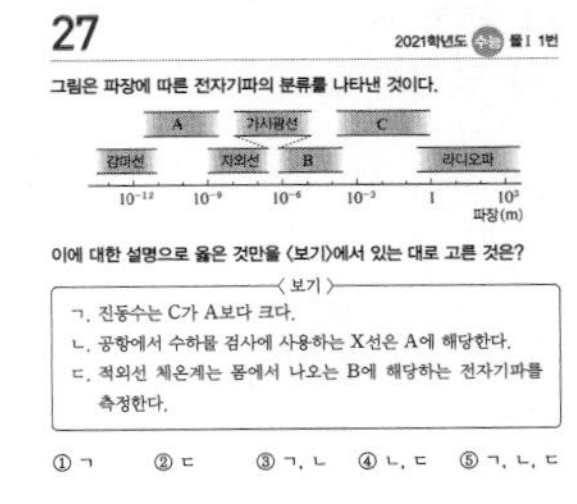

이에 대한 설명으로 옳은 것만을 〈보기〉에서 있는 대로 고른 것은?

〈보기〉
ㄱ. 진동수는 C가 A보다 크다.
ㄴ. 공항에서 수하물 검사에 사용하는 X선은 A에 해당한다.
ㄷ. 적외선 체온계는 몸에서 나오는 B에 해당하는 전자기파를 측정한다.

① ㄱ ② ㄷ ③ ㄱ, ㄴ ④ ㄴ, ㄷ ⑤ ㄱ, ㄴ, ㄷ

28
2021학년도 6월 모평 물I 4번

그림 (가)는 파장에 따른 전자기파의 분류를 나타낸 것이고, (나)는 (가)의 전자기파 A, B, C를 이용한 예를 순서 없이 나타낸 것이다.

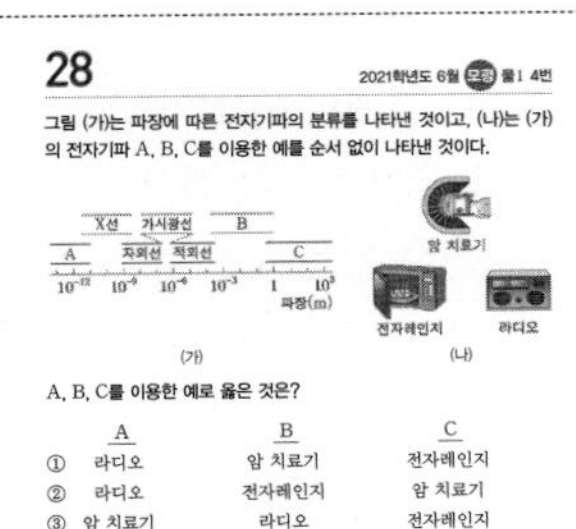

(가) (나)

A, B, C를 이용한 예로 옳은 것은?

	A	B	C
①	라디오	암 치료기	전자레인지
②	라디오	전자레인지	암 치료기
③	암 치료기	라디오	전자레인지
④	암 치료기	전자레인지	라디오
⑤	전자레인지	암 치료기	라디오

31
2020학년도 수능 물I 1번

그림 (가)는 전자기파를 파장에 따라 분류한 것을, (나)는 (가)의 C영역에 속하는 전자기파를 송수신하는 장치를 나타낸 것이다.

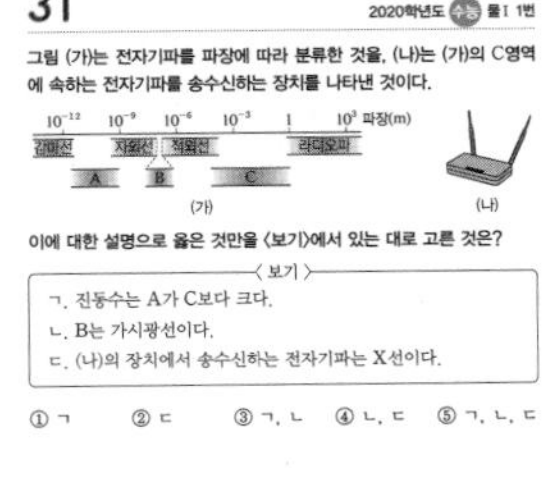

(가) (나)

이에 대한 설명으로 옳은 것만을 〈보기〉에서 있는 대로 고른 것은?

〈보기〉
ㄱ. 진동수는 A가 C보다 크다.
ㄴ. B는 가시광선이다.
ㄷ. (나)의 장치에서 송수신하는 전자기파는 X선이다.

① ㄱ ② ㄷ ③ ㄱ, ㄴ ④ ㄴ, ㄷ ⑤ ㄱ, ㄴ, ㄷ

34
2019학년도 6월 모평 물I 4번

그림 (가)는 전자기파를 파장에 따라 분류한 것을, (나)는 1965년에 펜지어스(A. Penzias)와 윌슨(R. W. Wilson)이 (가)의 C에 속하는 우주 배경 복사를 발견하는 데 사용된 안테나의 모습을 나타낸 것이다.

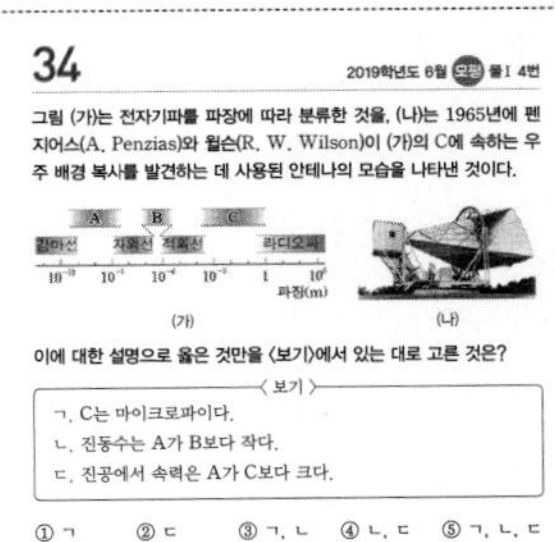

(가) (나)

이에 대한 설명으로 옳은 것만을 〈보기〉에서 있는 대로 고른 것은?

〈보기〉
ㄱ. C는 마이크로파이다.
ㄴ. 진동수는 A가 B보다 작다.
ㄷ. 진공에서 속력은 A가 C보다 크다.

① ㄱ ② ㄷ ③ ㄱ, ㄴ ④ ㄴ, ㄷ ⑤ ㄱ, ㄴ, ㄷ

01

2019학년도 7월 학평 물I 1번

다음은 전자기파 A, B가 실생활에서 이용되는 예이다.

- A를 이용하여 인체 내부의 뼈의 영상을 얻는다.
- 열화상 카메라는 사람의 몸에서 방출되는 B의 양을 측정하여 체온을 확인한다.

A, B로 적절한 것은?

	A	B		A	B
①	마이크로파	자외선	②	마이크로파	적외선
③	X선	자외선	④	X선	적외선
⑤	자외선	적외선			

02

2023학년도 3월 학평 물I 2번

그림과 같이 위조지폐를 감별하기 위해 지폐에 전자기파 A를 비추었더니 형광 무늬가 나타났다.

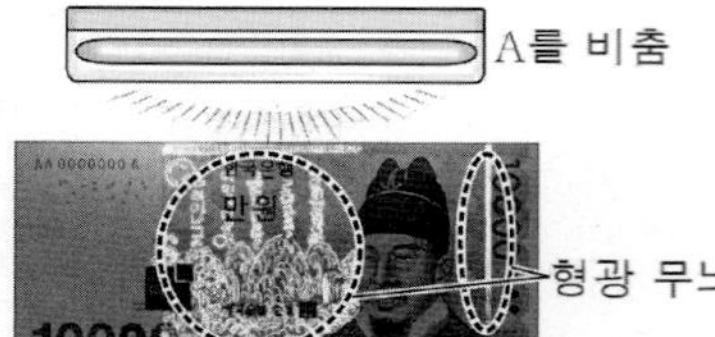

A는?

① 감마선 ② 자외선 ③ 적외선
④ 마이크로파 ⑤ 라디오파

03

2020학년도 3월 학평 물I 17번

다음은 학생이 전자기파 ㉠, ㉡에 대해 조사한 내용이다.

- 형광등 내부의 수은에서 방출된 [㉠]이 형광등 내부에 발라 놓은 형광 물질에 흡수되면 형광 물질에서 [㉡]이 방출된다.

형광 물질
㉡
㉠
수은

- [㉠]은 살균 기능이 있어 식기 소독기에 이용된다.
- [㉡]은 광학 현미경에 이용된다.

㉠, ㉡에 들어갈 전자기파는?

	㉠	㉡
①	자외선	가시광선
②	자외선	감마(γ)선
③	자외선	X선
④	적외선	가시광선
⑤	적외선	감마(γ)선

04

2020학년도 6월 모평 물I 1번

다음은 어떤 화장품과 관련된 내용이다. A, B, C는 가시광선, 자외선, 적외선을 순서 없이 나타낸 것이다.

햇빛에는 우리 눈에 보이는 (A) 외에도 파장이 더 짧은 자외선과 더 긴 (B)도 포함되어 있다. 햇빛이 강한 여름에 야외 활동을 할 때에는 피부를 보호하기 위해 (C)을 차단할 수 있는 화장품을 사용하는 것이 좋다.

이에 대한 설명으로 옳은 것만을 〈보기〉에서 있는 대로 고른 것은?

〈보기〉

ㄱ. A는 가시광선이다.
ㄴ. 진동수는 B가 C보다 크다.
ㄷ. 열을 내는 물체에서는 B가 방출된다.

① ㄱ ② ㄴ ③ ㄱ, ㄷ ④ ㄴ, ㄷ ⑤ ㄱ, ㄴ, ㄷ

05

2022학년도 3월 학평 물I 4번

그림은 스마트폰에 정보를 전송하는 과정을 나타낸 것이다. A와 B는 각각 적외선과 마이크로파 중 하나이다.

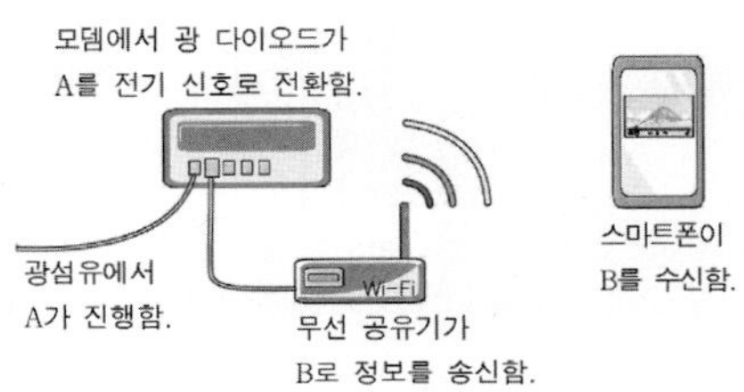

이에 대한 옳은 설명만을 〈보기〉에서 있는 대로 고른 것은?

〈보기〉
ㄱ. 진동수는 A가 B보다 크다.
ㄴ. 진공에서 A와 B의 속력은 같다.
ㄷ. A는 전자레인지에서 음식을 가열하는 데 이용된다.

① ㄱ　② ㄷ　③ ㄱ, ㄴ　④ ㄴ, ㄷ　⑤ ㄱ, ㄴ, ㄷ

06

2019학년도 9월  물I 1번

다음은 어떤 전자기파가 실생활에서 이용되는 예이다.

열화상 카메라　TV 리모컨　체온계

이 전자기파는?

① X선　② 자외선　③ 적외선
④ 마이크로파　⑤ 라디오파

07

2022학년도 4월 학평 물I 1번

다음은 비접촉식 체온계의 작동에 대한 설명이다.

체온계의 센서가 몸에서 방출되는 전자기파 A를 측정하면 화면에 체온이 표시된다. A의 파장은 가시광선보다 길고 마이크로파보다 짧다.

A는?

① 감마선　② X선　③ 자외선
④ 적외선　⑤ 라디오파

08

2022학년도 10월 학평 물I 1번

다음은 열화상 카메라 이용 사례에 대한 설명이다.

건물에서 난방용 에너지를 절약하기 위해서는 외부로 방출되는 열에너지를 줄이는 것이 중요하다. 열화상 카메라는 건물 표면에서 방출되는 전자기파 A를 인식하여 단열이 잘되지 않는 부분을 가시광선 영상으로 표시한다.

이에 대한 설명으로 옳은 것만을 〈보기〉에서 있는 대로 고른 것은?

〈보기〉
ㄱ. A는 적외선이다.
ㄴ. 진공에서 속력은 A와 가시광선이 같다.
ㄷ. 파장은 A가 가시광선보다 길다.

① ㄴ　② ㄷ　③ ㄱ, ㄴ　④ ㄱ, ㄷ　⑤ ㄱ, ㄴ, ㄷ

09

2023학년도 10월 학평 물I 1번

다음은 가상 현실(VR) 기기에 대한 설명이다. A와 B 중 하나는 가시광선이고, 다른 하나는 적외선이다.

컨트롤러 : A를 이용해 동작 정보를 머리 착용형 디스플레이로 전송함.

머리 착용형 디스플레이 : B를 이용해 사용자가 볼 수 있는 화면을 구현함.

이에 대한 옳은 설명만을 〈보기〉에서 있는 대로 고른 것은?

〈 보기 〉

ㄱ. B는 가시광선이다.
ㄴ. 진동수는 B가 A보다 크다.
ㄷ. 진공에서의 속력은 B가 A보다 크다.

① ㄱ ② ㄴ ③ ㄱ, ㄴ ④ ㄱ, ㄷ ⑤ ㄴ, ㄷ

10

2021학년도 3월 학평 물I 4번

그림은 카메라로 사람을 촬영하는 모습을 나타낸 것으로, 이 카메라는 가시광선과 전자기파 A를 인식하여 실물 화상과 열화상을 함께 보여준다.

A에 대한 옳은 설명만을 〈보기〉에서 있는 대로 고른 것은?

〈 보기 〉

ㄱ. 자외선이다.
ㄴ. 진동수는 가시광선보다 크다.
ㄷ. 진공에서의 속력은 가시광선과 같다.

① ㄴ ② ㄷ ③ ㄱ, ㄴ ④ ㄱ, ㄷ ⑤ ㄴ, ㄷ

11

2020학년도 4월 학평 물I 1번

그림은 전자기파 A, B, C를 이용하는 장치이다. A, B, C는 마이크로파, 자외선, 적외선을 순서 없이 나타낸 것이다.

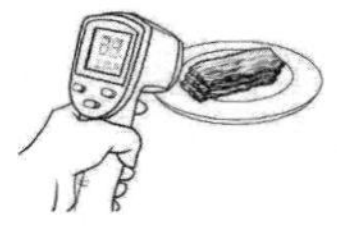

물체의 온도를 측정할 때 A를 이용하는 온도계

음식을 데울 때 B를 이용하는 전자레인지

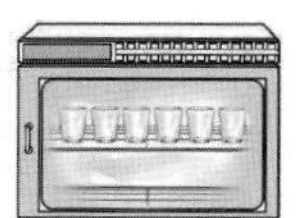

식기를 소독할 때 C를 이용하는 소독기

A, B, C로 옳은 것은?

	A	B	C
①	마이크로파	자외선	적외선
②	마이크로파	적외선	자외선
③	자외선	마이크로파	적외선
④	적외선	마이크로파	자외선
⑤	적외선	자외선	마이크로파

12

2022학년도 9월 모평 물I 3번

그림 (가)~(다)는 전자기파를 일상생활에서 이용하는 예이다.

(가) 위성 통신 (나) 광통신 (다) LED 신호등

이에 대한 설명으로 옳은 것만을 〈보기〉에서 있는 대로 고른 것은?

〈 보기 〉

ㄱ. (가)에서 자외선을 이용한다.
ㄴ. (나)에서 전반사를 이용한다.
ㄷ. (다)에서 가시광선을 이용한다.

① ㄱ ② ㄷ ③ ㄱ, ㄴ ④ ㄴ, ㄷ ⑤ ㄱ, ㄴ, ㄷ

13

2024학년도 3월 학평 물Ⅰ 1번

그림은 전자기파 A와 B를 사용하는 예에 대한 설명이다. A와 B 중 하나는 가시광선이고, 다른 하나는 자외선이다.

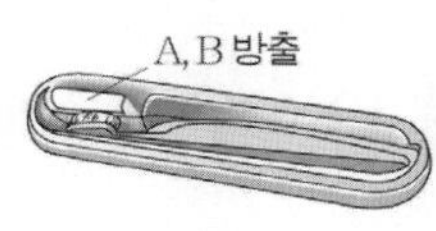

칫솔모 살균 장치에서 A와 B가 방출된다. A는 살균 작용을 하고, 눈에 보이는 B는 장치가 작동 중임을 알려 준다.

이에 대한 옳은 설명만을 〈보기〉에서 있는 대로 고른 것은?

〈 보기 〉

ㄱ. A는 자외선이다.
ㄴ. 진동수는 B가 A보다 크다.
ㄷ. 진공에서 속력은 A와 B가 같다.

① ㄱ ② ㄴ ③ ㄱ, ㄷ ④ ㄴ, ㄷ ⑤ ㄱ, ㄴ, ㄷ

14

2024학년도 5월 학평 물Ⅰ 1번

다음은 전자기파 A에 대한 설명이다.

공항 검색대에서는 투과력이 강한 A를 이용하여 가방 내부의 물건을 검색한다. A의 파장은 감마선보다 길고, 자외선보다 짧다.

A는?

① X선 ② 가시광선 ③ 적외선
④ 라디오파 ⑤ 마이크로파

15

2021학년도 10월 학평 물Ⅰ 4번

그림은 전자기파 A, B, C가 사용되는 모습을 나타낸 것이다. A, B, C는 X선, 가시광선, 적외선을 순서 없이 나타낸 것이다.

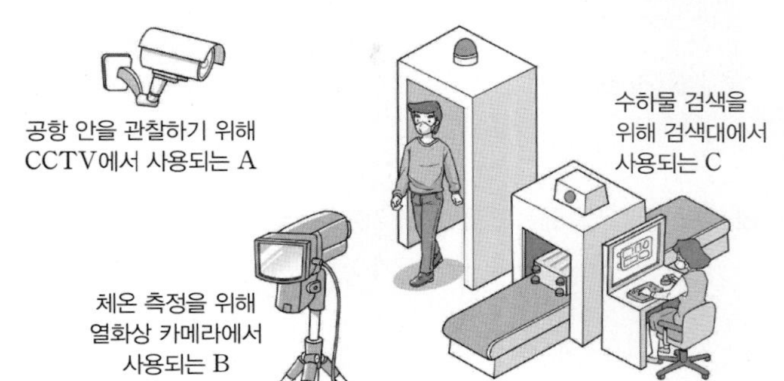

이에 대한 옳은 설명만을 〈보기〉에서 있는 대로 고른 것은?

〈 보기 〉

ㄱ. C는 X선이다.
ㄴ. 진동수는 A가 C보다 크다.
ㄷ. 진공에서의 속력은 C가 B보다 크다.

① ㄱ ② ㄷ ③ ㄱ, ㄴ ④ ㄱ, ㄷ ⑤ ㄴ, ㄷ

16

2024학년도 10월 학평 물Ⅰ 1번

그림은 전자기파 A, B가 사용되는 모습을 나타낸 것이다. A, B는 X선, 가시광선을 순서 없이 나타낸 것이다.

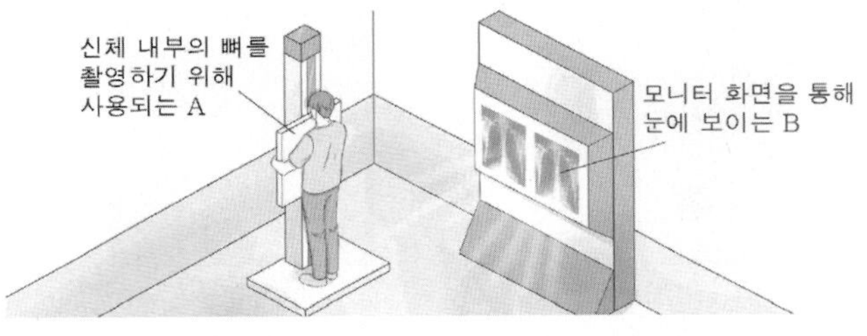

이에 대한 옳은 설명만을 〈보기〉에서 있는 대로 고른 것은?

〈 보기 〉

ㄱ. A는 X선이다.
ㄴ. B는 적외선보다 진동수가 크다.
ㄷ. 진공에서 속력은 A와 B가 같다.

① ㄱ ② ㄷ ③ ㄱ, ㄴ ④ ㄴ, ㄷ ⑤ ㄱ, ㄴ, ㄷ

17 대표 문제

2024학년도 6월 모평 물Ⅰ 1번

다음은 병원의 의료 기기에서 파동 A, B, C를 이용하는 예이다.

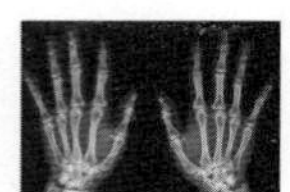
뼈 촬영
A: X선

의료 기구 소독
B: 자외선

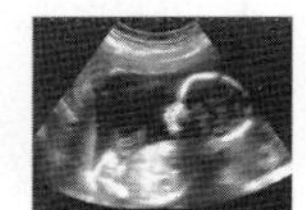
태아 검진
C: 초음파

이에 대한 설명으로 옳은 것만을 〈보기〉에서 있는 대로 고른 것은?

〈 보기 〉

ㄱ. A, B는 전자기파에 속한다.
ㄴ. 진공에서의 파장은 A가 B보다 길다.
ㄷ. C는 매질이 없는 진공에서 진행할 수 없다.

① ㄴ ② ㄷ ③ ㄱ, ㄴ ④ ㄱ, ㄷ ⑤ ㄱ, ㄴ, ㄷ

18

2019학년도 수능 물Ⅰ 2번

그림 (가)는 병원에서 전자기파 A를 사용하여 의료 진단용 사진을 찍는 모습을, (나)는 (가)에서 찍은 사진을 나타낸 것이다.

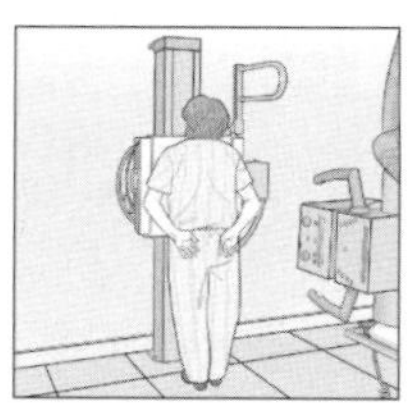

(가)

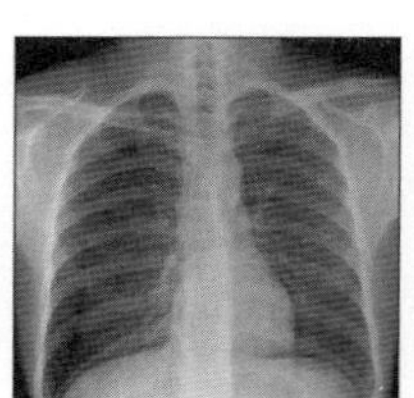
(나)

이에 대한 설명으로 옳은 것만을 〈보기〉에서 있는 대로 고른 것은?

〈 보기 〉

ㄱ. A는 X선이다.
ㄴ. A의 진동수는 마이크로파의 진동수보다 작다.
ㄷ. A는 공항에서 가방 속 물품을 검색하는 데 사용된다.

① ㄱ ② ㄴ ③ ㄱ, ㄷ ④ ㄴ, ㄷ ⑤ ㄱ, ㄴ, ㄷ

19

2020학년도 10월 학평 물Ⅰ 2번

그림은 동일한 미술 작품을 각각 가시광선과 X선으로 촬영한 사진으로, 점선 영역에서 서로 다른 모습이 관찰된다.

가시광선으로 촬영

X선으로 촬영

이에 대한 옳은 설명만을 〈보기〉에서 있는 대로 고른 것은?

〈 보기 〉

ㄱ. 파장은 X선이 가시광선보다 크다.
ㄴ. 가시광선과 X선은 모두 전자기파이다.
ㄷ. X선은 물체의 내부 구조를 알아보는 데 이용할 수 있다.

① ㄱ ② ㄴ ③ ㄱ, ㄷ ④ ㄴ, ㄷ ⑤ ㄱ, ㄴ, ㄷ

20

2019학년도 3월 학평 물Ⅰ 1번

다음은 파동 A, B, C가 이용되는 예를 나타낸 것이다.

A. 레이더가 수신하는 마이크로파

B. 광섬유 내부를 지나가는 가시광선

C. 박쥐가 먹이를 찾을 때 이용하는 초음파

이에 대한 옳은 설명만을 〈보기〉에서 있는 대로 고른 것은?

〈 보기 〉

ㄱ. A, B, C는 모두 종파이다.
ㄴ. 진동수는 B가 A보다 크다.
ㄷ. C가 진행하려면 매질이 필요하다.

① ㄱ ② ㄷ ③ ㄱ, ㄴ ④ ㄴ, ㄷ ⑤ ㄱ, ㄴ, ㄷ

21

2023학년도 4월 학평 물Ⅰ 1번

다음은 전자기파 A에 대한 설명이다.

암 치료에 이용되는 전자기파 A는 핵반응 과정에서 방출되며 X선보다 파장이 짧고 투과력이 강하다.

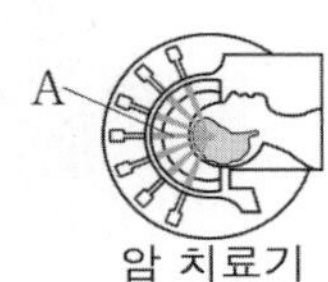

A는?

① 감마선 ② 자외선 ③ 가시광선
④ 적외선 ⑤ 마이크로파

22

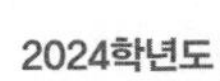 2024학년도 수능 물Ⅰ 1번

그림은 버스에서 이용하는 전자기파를 나타낸 것이다.

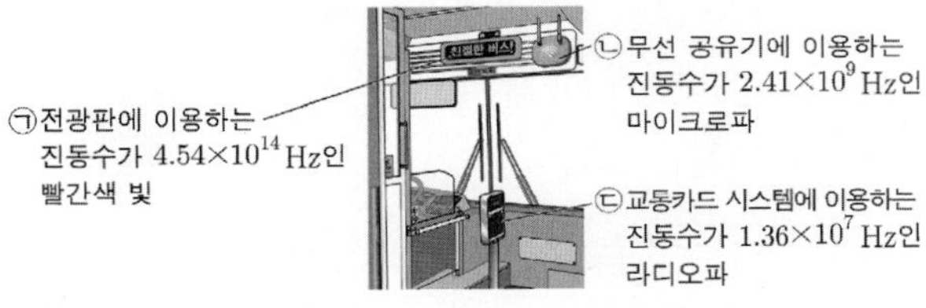

이에 대한 설명으로 옳은 것만을 〈보기〉에서 있는 대로 고른 것은?

〈 보기 〉

ㄱ. ㉠은 가시광선 영역에 해당한다.
ㄴ. 진공에서 속력은 ㉠이 ㉡보다 크다.
ㄷ. 진공에서 파장은 ㉡이 ㉢보다 짧다.

① ㄱ ② ㄴ ③ ㄱ, ㄴ ④ ㄱ, ㄷ ⑤ ㄴ, ㄷ

23

2023학년도 9월 모평 물Ⅰ 1번

그림은 전자기파에 대해 학생이 발표하는 모습을 나타낸 것이다.

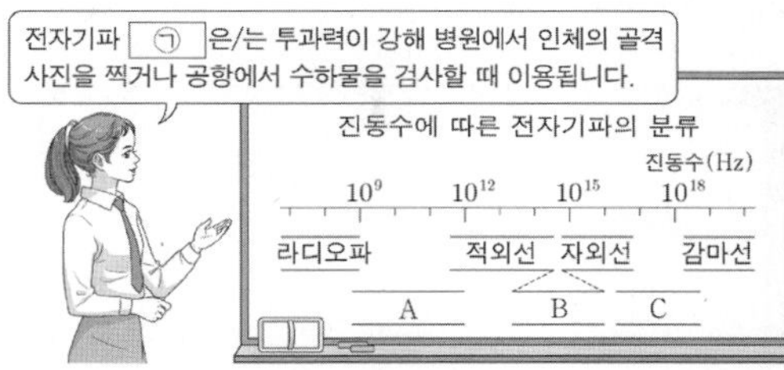

이에 대한 설명으로 옳은 것만을 〈보기〉에서 있는 대로 고른 것은?

〈 보기 〉

ㄱ. ㉠은 A에 해당하는 전자기파이다.
ㄴ. 진공에서 파장은 A가 B보다 길다.
ㄷ. 열화상 카메라는 사람의 몸에서 방출되는 C를 측정한다.

① ㄱ ② ㄴ ③ ㄱ, ㄷ ④ ㄴ, ㄷ ⑤ ㄱ, ㄴ, ㄷ

24

 2022학년도 수능 물Ⅰ 4번

그림은 전자기파에 대해 학생 A, B, C가 대화하는 모습을 나타낸 것이다.

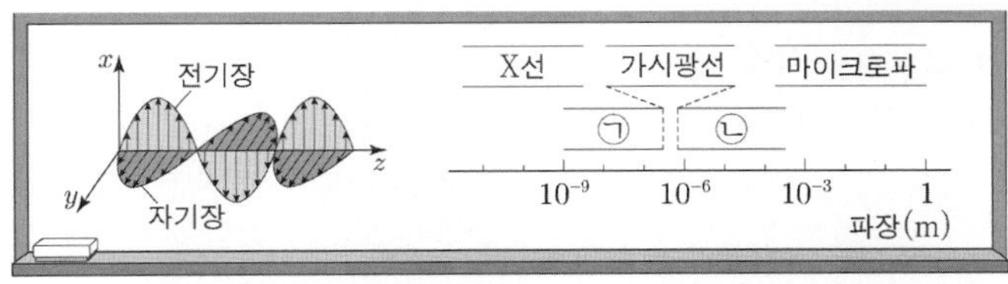

전자기파는 전기장과 자기장의 진동 방향이 서로 수직이야.
㉠은 살균 작용을 해.
진동수는 ㉠이 ㉡보다 작아.
학생 A
학생 B
학생 C

제시한 내용이 옳은 학생만을 있는 대로 고른 것은?

① A ② C ③ A, B ④ B, C ⑤ A, B, C

25

2019학년도 7월 학평 물Ⅱ 2번

그림은 파장에 따라 분류한 전자기파에 대하여 학생 A, B, C가 대화하고 있는 모습을 나타낸 것이다.

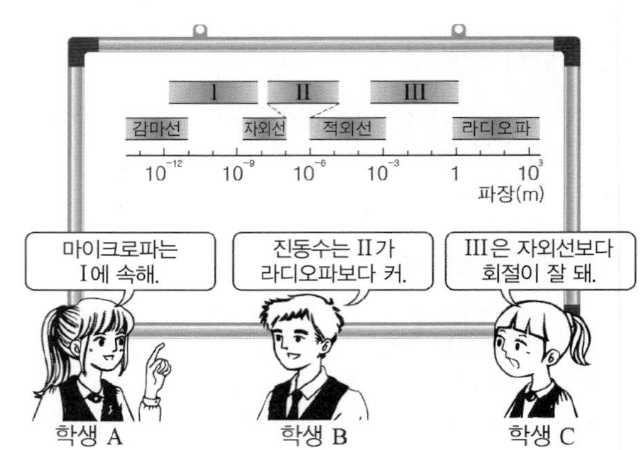

제시한 내용이 옳은 학생만을 있는 대로 고른 것은?

① A ② B ③ C ④ A, B ⑤ B, C

26

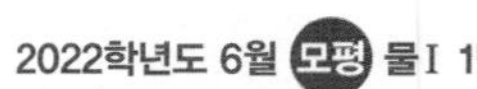

그림은 전자기파를 파장에 따라 분류한 것이고, 표는 전자기파 A, B, C가 사용되는 예를 순서 없이 나타낸 것이다.

A 가시광선 C
감마선 자외선 B 라디오파
10^{-12} 10^{-9} 10^{-6} 10^{-3} 1 10^{3}
파장(m)

전자기파	사용되는 예
(가)	체온을 측정하는 열화상 카메라에 사용된다.
(나)	음식물을 데우는 전자레인지에 사용된다.
(다)	공항 검색대에서 수하물의 내부 영상을 찍는 데 사용된다.

(가), (나), (다)에 해당하는 전자기파로 옳은 것은?

	(가)	(나)	(다)
①	A	B	C
②	A	C	B
③	B	A	C
④	B	C	A
⑤	C	A	B

27

2021학년도 수능 물Ⅰ 1번

그림은 파장에 따른 전자기파의 분류를 나타낸 것이다.

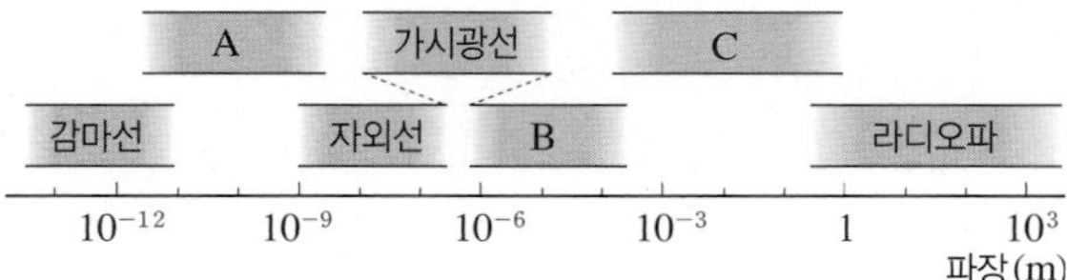

이에 대한 설명으로 옳은 것만을 〈보기〉에서 있는 대로 고른 것은?

〈보기〉
ㄱ. 진동수는 C가 A보다 크다.
ㄴ. 공항에서 수하물 검사에 사용하는 X선은 A에 해당한다.
ㄷ. 적외선 체온계는 몸에서 나오는 B에 해당하는 전자기파를 측정한다.

① ㄱ ② ㄷ ③ ㄱ, ㄴ ④ ㄴ, ㄷ ⑤ ㄱ, ㄴ, ㄷ

28

그림 (가)는 파장에 따른 전자기파의 분류를 나타낸 것이고, (나)는 (가)의 전자기파 A, B, C를 이용한 예를 순서 없이 나타낸 것이다.

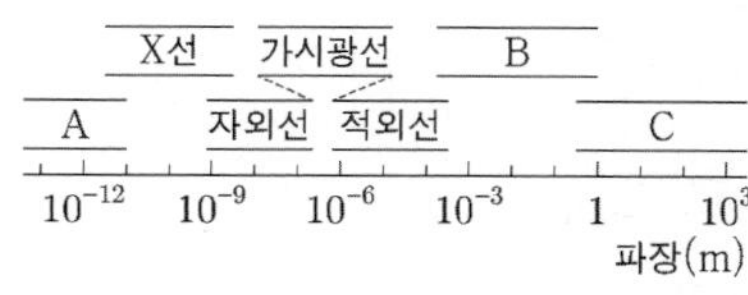

(가)

암 치료기

전자레인지

라디오

(나)

A, B, C를 이용한 예로 옳은 것은?

	A	B	C
①	라디오	암 치료기	전자레인지
②	라디오	전자레인지	암 치료기
③	암 치료기	라디오	전자레인지
④	암 치료기	전자레인지	라디오
⑤	전자레인지	암 치료기	라디오

29

2021학년도 4월 학평 물I 2번

그림 (가)는 전자기파를 진동수에 따라 분류한 것이고, (나)는 전자기파 ㉠, ㉡을 이용한 장치를 나타낸 것이다.

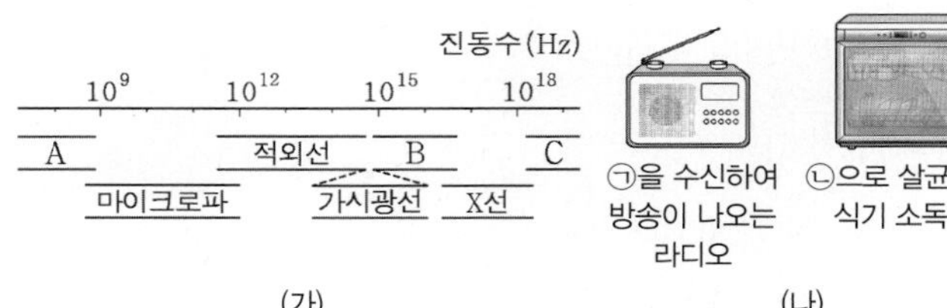

(가)의 A, B, C 중 ㉠, ㉡이 해당하는 영역은?

	㉠	㉡		㉠	㉡
①	A	B	②	A	C
③	B	A	④	B	C
⑤	C	A			

31

2020학년도 수능 물I 1번

그림 (가)는 전자기파를 파장에 따라 분류한 것을, (나)는 (가)의 C영역에 속하는 전자기파를 송수신하는 장치를 나타낸 것이다.

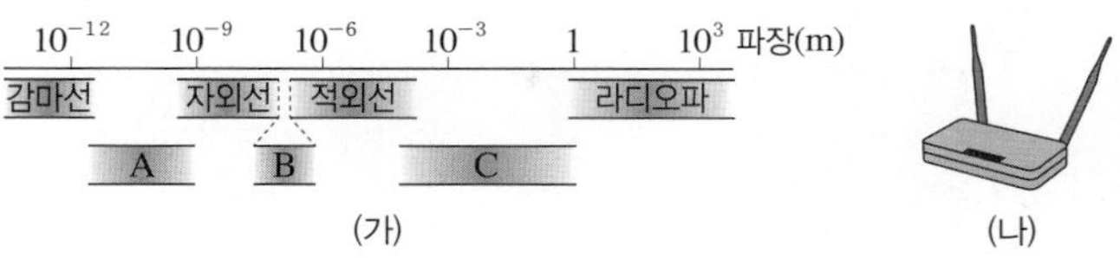

이에 대한 설명으로 옳은 것만을 〈보기〉에서 있는 대로 고른 것은?

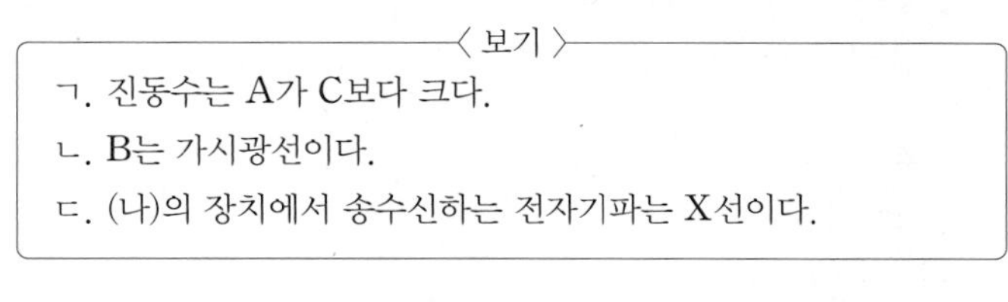

〈보기〉

ㄱ. 진동수는 A가 C보다 크다.
ㄴ. B는 가시광선이다.
ㄷ. (나)의 장치에서 송수신하는 전자기파는 X선이다.

① ㄱ ② ㄷ ③ ㄱ, ㄴ ④ ㄴ, ㄷ ⑤ ㄱ, ㄴ, ㄷ

30

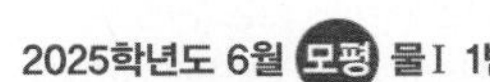
2025학년도 6월 모평 물I 1번

그림은 전자기파를 파장에 따라 분류한 것이다.

X선 가시광선 마이크로파
감마선 자외선 적외선 라디오파
10^{-12} 10^{-9} 10^{-6} 10^{-3} 1 10^3
파장(m)

이에 대한 설명으로 옳은 것은?

① X선은 TV용 리모컨에 이용된다.
② 자외선은 살균 기능이 있는 제품에 이용된다.
③ 파장은 감마선이 마이크로파보다 길다.
④ 진동수는 가시광선이 라디오파보다 작다.
⑤ 진공에서 속력은 적외선이 마이크로파보다 크다.

32  대표 문제

2025학년도 9월 모평 물I 1번

그림은 가시광선, 마이크로파, X선을 분류하는 과정을 나타낸 것이다.

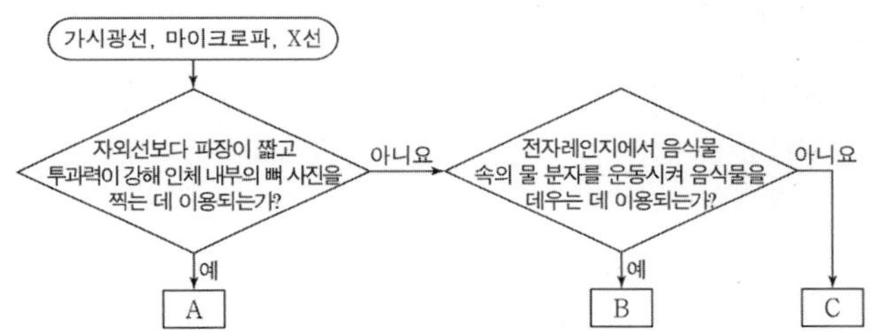

A, B, C에 해당하는 전자기파로 옳은 것은?

	A	B	C
①	X선	마이크로파	가시광선
②	X선	가시광선	마이크로파
③	마이크로파	X선	가시광선
④	마이크로파	가시광선	X선
⑤	가시광선	X선	마이크로파

33

2020학년도 7월 학평 물Ⅰ 16번

그림은 전자기파 A～D를 파장에 따라 분류하여 나타낸 것이다. B는 인체 내부의 뼈 사진을 촬영하는 데 사용된다.

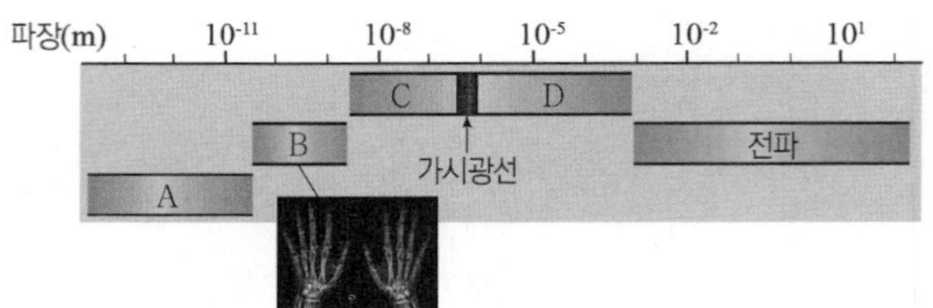

A～D에 대한 설명으로 옳은 것만을 〈보기〉에서 있는 대로 고른 것은?

〈 보기 〉

ㄱ. A는 투과력이 가장 강하고 암 치료에 사용된다.
ㄴ. C는 컵을 소독하는 데 사용된다.
ㄷ. 진공에서 전자기파의 속력은 B가 D보다 크다.

① ㄱ ② ㄷ ③ ㄱ, ㄴ ④ ㄴ, ㄷ ⑤ ㄱ, ㄴ, ㄷ

34

2019학년도 6월  물Ⅰ 4번

그림 (가)는 전자기파를 파장에 따라 분류한 것을, (나)는 1965년에 펜지어스(A. Penzias)와 윌슨(R. W. Wilson)이 (가)의 C에 속하는 우주 배경 복사를 발견하는 데 사용된 안테나의 모습을 나타낸 것이다.

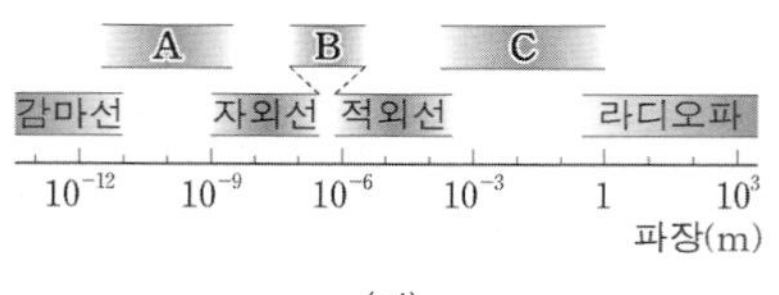

(가)

(나)

이에 대한 설명으로 옳은 것만을 〈보기〉에서 있는 대로 고른 것은?

〈 보기 〉

ㄱ. C는 마이크로파이다.
ㄴ. 진동수는 A가 B보다 작다.
ㄷ. 진공에서 속력은 A가 C보다 크다.

① ㄱ ② ㄷ ③ ㄱ, ㄴ ④ ㄴ, ㄷ ⑤ ㄱ, ㄴ, ㄷ

35 대표 문제

2023학년도 6월 모평 물Ⅰ 3번

그림 (가)는 전자기파를 파장에 따라 분류한 것을, (나)는 (가)의 전자기파 A를 이용하는 레이더가 설치된 군함을 나타낸 것이다.

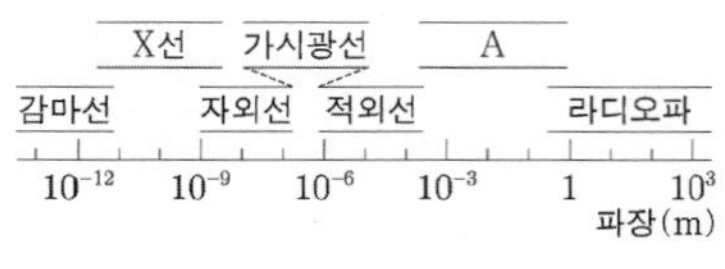

(가)

(나)

이에 대한 설명으로 옳은 것만을 〈보기〉에서 있는 대로 고른 것은?

〈 보기 〉

ㄱ. A의 진동수는 가시광선의 진동수보다 크다.
ㄴ. 전자레인지에서 음식물을 데우는 데 이용하는 전자기파는 A에 해당한다.
ㄷ. 진공에서의 속력은 감마선과 (나)의 레이더에서 이용하는 전자기파가 같다.

① ㄱ ② ㄴ ③ ㄱ, ㄷ ④ ㄴ, ㄷ ⑤ ㄱ, ㄴ, ㄷ

36

2023학년도 7월 학평 물Ⅰ 1번

그림 (가)는 진동수에 따른 전자기파의 분류를, (나)는 전자기파 A, B를 이용한 예를 나타낸 것이다. A, B는 각각 ㉠, ㉡ 중 하나에 해당한다.

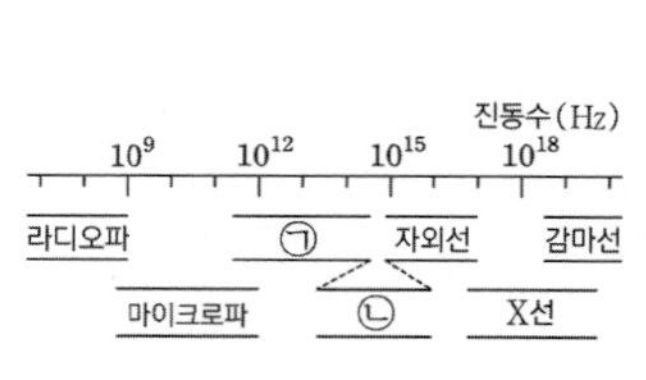

(가)

리모컨은 A를 이용하여 멀리 떨어져 있는 에어컨을 제어하고, 표시 창에서는 B가 나와 에어컨의 상태를 보여준다.

(나)

이에 대한 설명으로 옳은 것만을 〈보기〉에서 있는 대로 고른 것은?

〈 보기 〉

ㄱ. A는 ㉠에 해당한다.
ㄴ. 진공에서의 속력은 A와 B가 같다.
ㄷ. 파장은 B가 X선보다 길다.

① ㄱ ② ㄴ ③ ㄱ, ㄷ ④ ㄴ, ㄷ ⑤ ㄱ, ㄴ, ㄷ

37

2024학년도 9월 모평 물Ⅰ 1번

다음은 전자기파 A와 B를 사용하는 예에 대한 설명이다.

전자레인지에 사용되는 A는 음식물 속의 물 분자를 운동시키고, 물 분자가 주위의 분자와 충돌하면서 음식물을 데운다. A보다 파장이 짧은 B는 전자레인지가 작동하는 동안 내부를 비춰 작동 여부를 눈으로 확인할 수 있게 한다.

이에 대한 설명으로 옳은 것만을 〈보기〉에서 있는 대로 고른 것은?

〈보기〉

ㄱ. A는 가시광선이다.
ㄴ. 진공에서 속력은 A와 B가 같다.
ㄷ. 진동수는 A가 B보다 크다.

① ㄱ ② ㄴ ③ ㄱ, ㄷ ④ ㄴ, ㄷ ⑤ ㄱ, ㄴ, ㄷ

38

2022학년도 7월 학평 물Ⅰ 9번

그림 (가)는 보어의 수소 원자 모형에서 양자수 n에 따른 전자의 에너지 준위의 일부와 전자의 전이 과정에서 방출되는 빛 a, b, c를 나타낸 것이다. b는 가시광선에 해당하는 빛이고, a와 c는 순서 없이 자외선, 적외선에 해당하는 빛이다. a, b, c의 진동수는 각각 f_a, f_b, f_c이다. 그림 (나)는 전자기파의 일부를 파장에 따라 분류한 것이다. a와 c는 ㉠과 ㉡ 중 하나에 해당한다.

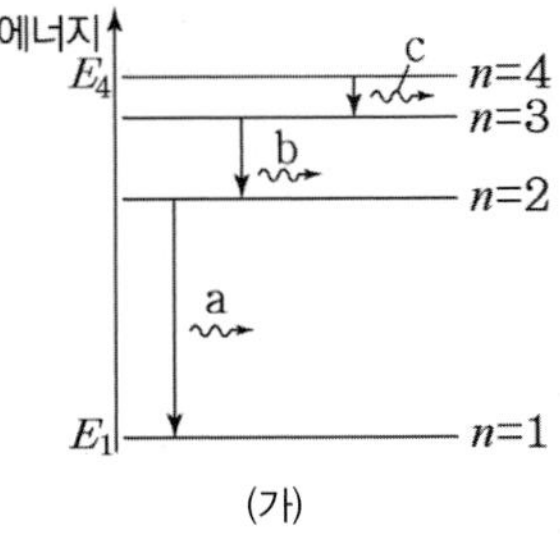

(가)

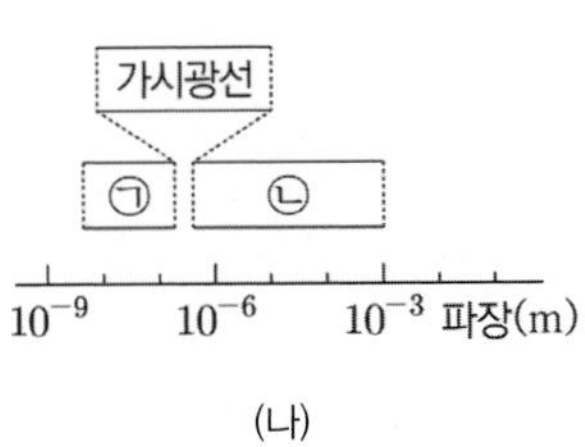

(나)

이에 대한 설명으로 옳은 것만을 〈보기〉에서 있는 대로 고른 것은? (단, 플랑크 상수는 h이다.)

〈보기〉

ㄱ. $f_a+f_b+f_c=\dfrac{E_4-E_1}{h}$이다.
ㄴ. a는 (나)에서 ㉠에 해당한다.
ㄷ. TV 리모컨에 사용되는 전자기파는 (나)에서 ㉡에 해당한다.

① ㄴ ② ㄷ ③ ㄱ, ㄴ ④ ㄱ, ㄷ ⑤ ㄱ, ㄴ, ㄷ

39

2023학년도 수능 물Ⅰ 1번

그림 (가)는 전자기파 A, B를 이용한 예를, (나)는 진동수에 따른 전자기파의 분류를 나타낸 것이다.

A
B

전자레인지의 내부에서는 음식을 데우기 위해 A가 이용되고, 표시 창에서는 B가 나와 남은 시간을 보여 준다.

(가)

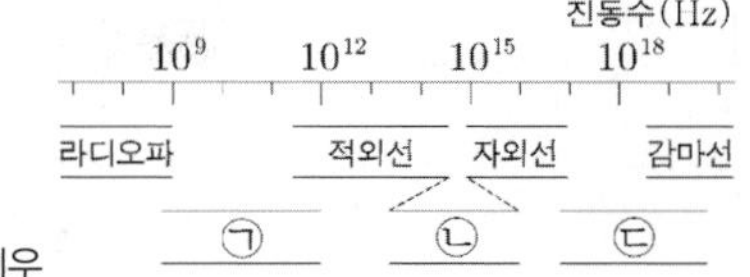

(나)

이에 대한 설명으로 옳은 것만을 〈보기〉에서 있는 대로 고른 것은?

〈보기〉

ㄱ. A는 ㉢에 해당한다.
ㄴ. B는 ㉡에 해당한다.
ㄷ. 파장은 A가 B보다 길다.

① ㄱ ② ㄷ ③ ㄱ, ㄴ ④ ㄴ, ㄷ ⑤ ㄱ, ㄴ, ㄷ

40

2025학년도 수능 물Ⅰ 1번

그림은 전자기파를 일상생활에서 이용하는 예이다.

㉠ 음악 감상을 위한 무선 블루투스 헤드폰
㉡ 칫솔 살균을 위한 휴대용 칫솔 살균기
㉢ 어두울 때 사용할 손전등

이에 대한 설명으로 옳은 것만을 〈보기〉에서 있는 대로 고른 것은?

〈보기〉

ㄱ. ㉠은 감마선을 이용하여 스마트폰과 통신한다.
ㄴ. ㉡에서 살균 작용에 사용되는 자외선은 마이크로파보다 파장이 짧다.
ㄷ. 진공에서의 속력은 ㉢에서 사용되는 전자기파가 X선보다 크다.

① ㄱ ② ㄴ ③ ㄷ ④ ㄱ, ㄴ ⑤ ㄴ, ㄷ

25 일차

한눈에 정리하는 평가원 기출 경향

주제 \ 학년도	2025	2024	2023

빛의 이중성 (빈출)

2025

47 대표 문제 — 2025학년도 수능 물I 4번

그림은 빛과 물질의 이중성에 대해 학생 A, B, C가 대화하는 모습을 나타낸 것이다.

학생 A: 광전 효과에서 광전자가 즉시 방출되는 현상은 빛의 입자성으로 설명해.

학생 B: 속력이 서로 다른 두 입자의 운동량이 같을 때, 속력이 작은 입자의 물질파 파장이 더 길어.

학생 C: 전자 현미경에서 전자의 운동 에너지가 클수록 더 작은 구조를 구분하여 관찰할 수 있어.

제시한 내용이 옳은 학생만을 있는 대로 고른 것은? [3점]

① A ② B ③ A, C ④ B, C ⑤ A, B, C

2024

06 — 2024학년도 6월 모평 물I 17번

그림은 금속판 P, Q에 단색광을 비추었을 때, P, Q에서 방출되는 광전자의 최대 운동 에너지 E_K를 단색광의 진동수에 따라 나타낸 것이다.

이에 대한 설명으로 옳은 것만을 〈보기〉에서 있는 대로 고른 것은?

〈보기〉

ㄱ. 문턱 진동수는 P가 Q보다 작다.

ㄴ. 광양자설에 의하면 진동수가 f_0인 단색광을 Q에 오랫동안 비추어도 광전자가 방출되지 않는다.

ㄷ. 진동수가 $2f_0$일 때, 방출되는 광전자의 물질파 파장의 최솟값은 Q에서가 P에서의 3배이다.

① ㄱ ② ㄷ ③ ㄱ, ㄴ ④ ㄴ, ㄷ ⑤ ㄱ, ㄴ, ㄷ

2023

18 — 2023학년도 9월 모평 물I 4번

그림 (가)는 보어의 수소 원자 모형에서 양자수 n에 따른 에너지 준위의 일부와, 전자가 전이하면서 진동수가 f_a, f_b인 빛이 방출되는 것을 나타낸 것이다. 그림 (나)는 분광기를 이용하여 (가)에서 방출되는 빛을 금속판에 비추는 모습을 나타낸 것으로, 광전자는 진동수가 f_a, f_b인 빛 중 하나에 의해서만 방출된다.

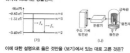

(가) 에너지: -0.85 eV ($n=4$), -1.51 eV ($n=3$), -3.40 eV ($n=2$)

(나) 수소 기체 방전관, 분광기, 금속판, 광전자, 광전관

이에 대한 설명으로 옳은 것만을 〈보기〉에서 있는 대로 고른 것은?

〈보기〉

ㄱ. 진동수가 f_a인 빛을 금속판에 비출 때 광전자가 방출된다.

ㄴ. 진동수가 f_b인 빛은 적외선이다.

ㄷ. 진동수가 f_a-f_b인 빛을 금속판에 비출 때 광전자가 방출된다.

① ㄱ ② ㄷ ③ ㄱ, ㄴ ④ ㄴ, ㄷ ⑤ ㄱ, ㄴ, ㄷ

08 대표 문제 — 2023학년도 6월 모평 물I 6번

그림과 같이 단색광 A를 금속판 P에 비추었을 때 광전자가 방출되지 않고, 단색광 B, C를 각각 P에 비추었을 때 광전자가 방출된다. 방출된 광전자의 최대 운동 에너지는 B를 비추었을 때가 C를 비추었을 때보다 크다.

이에 대한 설명으로 옳은 것만을 〈보기〉에서 있는 대로 고른 것은? [3점]

〈보기〉

ㄱ. A의 세기를 증가시키면 광전자가 방출된다.

ㄴ. P의 문턱 진동수는 B의 진동수보다 작다.

ㄷ. 단색광의 진동수는 B가 C보다 크다.

① ㄱ ② ㄴ ③ ㄱ, ㄷ ④ ㄴ, ㄷ ⑤ ㄱ, ㄴ, ㄷ

27 — 2023학년도 9월 모평 물I 3번

그림은 빛과 물질의 이중성에 대해 학생 A, B, C가 대화하는 모습을 나타낸 것이다.

학생 A: 파장이 λ_1인 빛에 비해 광자의 에너지가 2배인 빛의 파장은 $\frac{1}{2}\lambda_1$이야.

학생 B: 물질파 파장이 λ_2인 전자에 비해 운동 에너지가 2배인 전자의 물질파 파장은 $\frac{1}{2}\lambda_2$야.

학생 C: 전자 현미경은 광학 현미경에 비해 더 작은 구조를 구분하여 관찰할 수 있어.

제시한 내용이 옳은 학생만을 있는 대로 고른 것은? [3점]

① A ② B ③ A, C ④ B, C ⑤ A, B, C

물질파

2025

33 — 2025학년도 9월 모평 물I 14번

그림은 입자 A, B, C의 운동량과 운동 에너지를 나타낸 것이다.

이에 대한 설명으로 옳은 것만을 〈보기〉에서 있는 대로 고른 것은?

〈보기〉

ㄱ. 질량은 A가 B보다 크다.

ㄴ. 속력은 A와 C가 같다.

ㄷ. 물질파 파장은 B와 C가 같다.

① ㄱ ② ㄷ ③ ㄱ, ㄴ ④ ㄴ, ㄷ ⑤ ㄱ, ㄴ, ㄷ

30 — 2025학년도 6월 모평 물I 13번

그림은 입자 A, B, C의 운동 에너지와 속력을 나타낸 것이다.

A, B, C의 물질파 파장을 각각 λ_A, λ_B, λ_C라고 할 때, λ_A, λ_B, λ_C를 비교한 것으로 옳은 것은?

① $\lambda_A>\lambda_B>\lambda_C$ ② $\lambda_A>\lambda_B=\lambda_C$ ③ $\lambda_B>\lambda_A>\lambda_C$

④ $\lambda_B>\lambda_A=\lambda_C$ ⑤ $\lambda_C>\lambda_B>\lambda_A$

2024

31 대표 문제 — 2024학년도 수능 물I 16번

그림은 입자 P, Q의 물질파 파장의 역수를 입자의 속력에 따라 나타낸 것이다. P, Q는 각각 중성자와 헬륨 원자를 순서 없이 나타낸 것이다.

이에 대한 설명으로 옳은 것만을 〈보기〉에서 있는 대로 고른 것은? (단, h는 플랑크 상수이다.)

〈보기〉

ㄱ. P의 질량은 $h\frac{y_0}{v_0}$이다.

ㄴ. Q는 중성자이다.

ㄷ. P와 Q의 물질파 파장이 같을 때, 운동 에너지는 P가 Q보다 작다.

① ㄱ ② ㄷ ③ ㄱ, ㄴ ④ ㄴ, ㄷ ⑤ ㄱ, ㄴ, ㄷ

전자 현미경

2024

39 대표 문제 — 2024학년도 9월 모평 물I 16번

그림 (가)는 주사 전자 현미경(SEM)의 구조를 나타낸 것이고, 그림 (나)는 (가)의 전자총에서 방출되는 전자 P, Q의 물질파 파장 λ와 운동 에너지 E_K를 나타낸 것이다.

(가) 전자총, 전자선, 화면, 시료

이에 대한 설명으로 옳은 것만을 〈보기〉에서 있는 대로 고른 것은?

〈보기〉

ㄱ. 전자의 운동량의 크기는 Q가 P의 $2\sqrt{2}$배이다.

ㄴ. ㉠은 $2\lambda_0$이다.

ㄷ. 분해능은 Q를 이용할 때가 P를 이용할 때보다 좋다.

① ㄱ ② ㄷ ③ ㄱ, ㄴ ④ ㄴ, ㄷ ⑤ ㄱ, ㄴ, ㄷ

2023

36 — 2023학년도 수능 물I 4번

다음은 물질의 이중성에 대한 설명이다.

• 얇은 금속박에 전자선을 비추면 X선을 비추었을 때와 같이 회절 무늬가 나타난다. 이러한 현상은 전자의 (㉠)으로 설명할 수 있다.

• 전자의 운동량의 크기가 클수록 물질파의 파장은 (㉡). 물질파를 이용하는 (㉢) 현미경은 가시광선을 이용하는 현미경보다 작은 구조를 구분하여 관찰할 수 있다.

㉠, ㉡, ㉢에 들어갈 내용으로 가장 적절한 것은? [3점]

	㉠	㉡	㉢
①	파동성	길다	전자
②	파동성	짧다	전자
③	파동성	길다	광학
④	입자성	짧다	전자
⑤	입자성	길다	광학

2022~2019

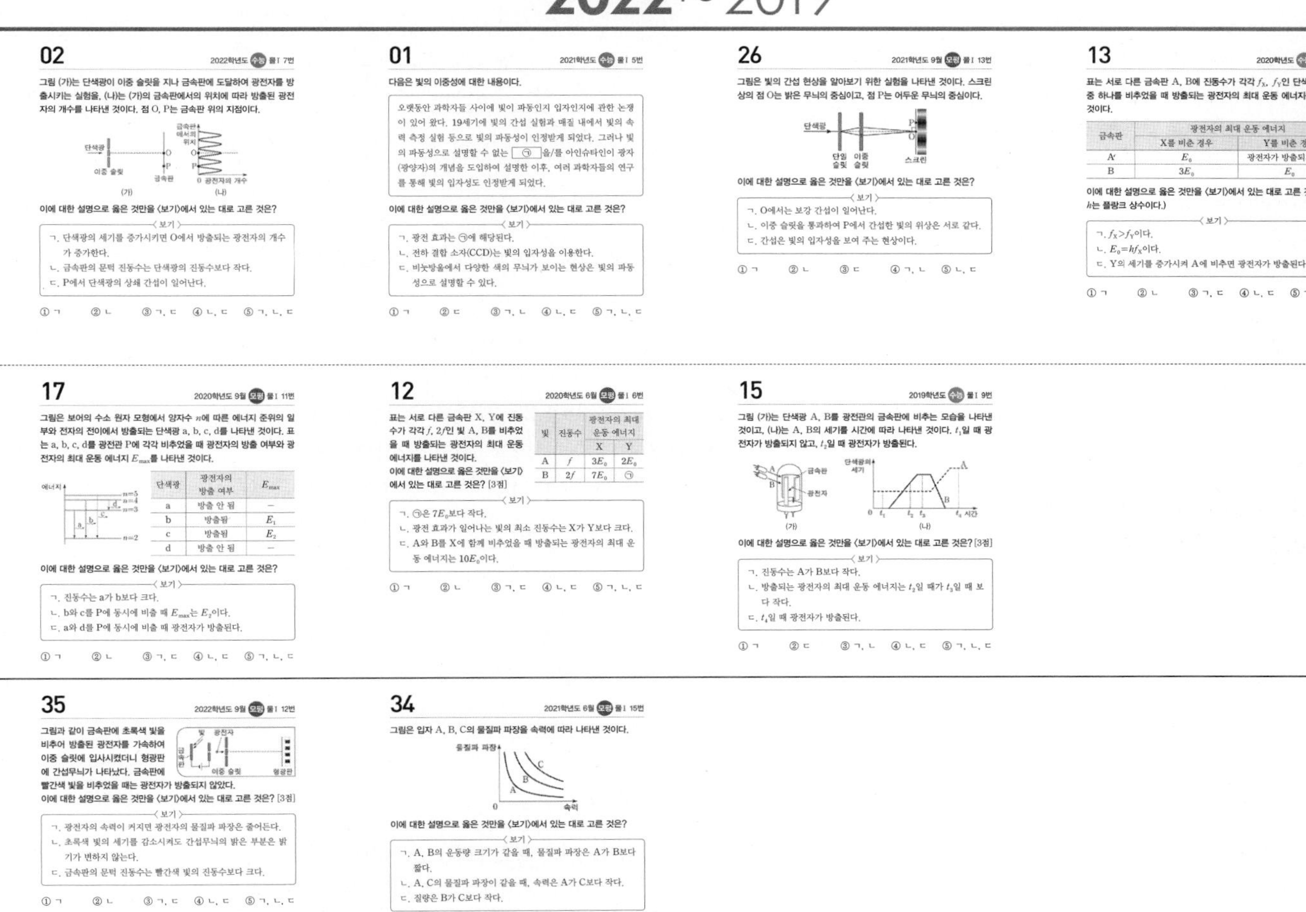

02

2022학년도 수능 물Ⅰ 7번

그림 (가)는 단색광이 이중 슬릿을 지나 금속판에 도달하여 광전자를 방출시키는 실험을, (나)는 (가)의 금속판에서의 위치에 따라 방출된 광전자의 개수를 나타낸 것이다. 점 O, P는 금속판 위의 지점이다.

이에 대한 설명으로 옳은 것만을 〈보기〉에서 있는 대로 고른 것은?

〈보기〉
ㄱ. 단색광의 세기를 증가시키면 O에서 방출되는 광전자의 개수가 증가한다.
ㄴ. 금속판의 문턱 진동수는 단색광의 진동수보다 작다.
ㄷ. P에서 단색광의 상쇄 간섭이 일어난다.

① ㄱ ② ㄴ ③ ㄱ, ㄷ ④ ㄴ, ㄷ ⑤ ㄱ, ㄴ, ㄷ

01

2021학년도 수능 물Ⅰ 5번

다음은 빛의 이중성에 대한 내용이다.

오랫동안 과학자들 사이에 빛이 파동인지 입자인지에 관한 논쟁이 있어 왔다. 19세기에 빛의 간섭 실험과 매질 내에서 빛의 속력 측정 실험 등으로 빛의 파동성이 인정받게 되었다. 그러나 빛의 파동성으로 설명할 수 없는 ㉠ 을/를 아인슈타인이 광자(광양자)의 개념을 도입하여 설명한 이후, 여러 과학자들의 연구를 통해 빛의 입자성도 인정받게 되었다.

이에 대한 설명으로 옳은 것만을 〈보기〉에서 있는 대로 고른 것은?

〈보기〉
ㄱ. 광전 효과는 ㉠에 해당된다.
ㄴ. 전하 결합 소자(CCD)는 빛의 입자성을 이용한다.
ㄷ. 비눗방울에서 다양한 색의 무늬가 보이는 현상은 빛의 파동성으로 설명할 수 있다.

① ㄱ ② ㄷ ③ ㄱ, ㄴ ④ ㄴ, ㄷ ⑤ ㄱ, ㄴ, ㄷ

26

2021학년도 9월 모평 물Ⅰ 13번

그림은 빛의 간섭 현상을 알아보기 위한 실험을 나타낸 것이다. 스크린 상의 점 O는 밝은 무늬의 중심이고, 점 P는 어두운 무늬의 중심이다.

이에 대한 설명으로 옳은 것만을 〈보기〉에서 있는 대로 고른 것은?

〈보기〉
ㄱ. O에서는 보강 간섭이 일어난다.
ㄴ. 이중 슬릿을 통과하여 P에서 간섭한 빛의 위상은 서로 같다.
ㄷ. 간섭은 빛의 입자성을 보여 주는 현상이다.

① ㄱ ② ㄴ ③ ㄷ ④ ㄱ, ㄴ ⑤ ㄴ, ㄷ

13

2020학년도 수능 물Ⅰ 6번

표는 서로 다른 금속판 A, B에 진동수가 각각 f_X, f_Y인 단색광 X, Y 중 하나를 비추었을 때 방출되는 광전자의 최대 운동 에너지를 나타낸 것이다.

금속판	광전자의 최대 운동 에너지	
	X를 비춘 경우	Y를 비춘 경우
A	E_0	광전자가 방출되지 않음
B	$3E_0$	E_0

이에 대한 설명으로 옳은 것만을 〈보기〉에서 있는 대로 고른 것은? (단, h는 플랑크 상수이다.)

〈보기〉
ㄱ. $f_X>f_Y$이다.
ㄴ. $E_0=hf_X$이다.
ㄷ. Y의 세기를 증가시켜 A에 비추면 광전자가 방출된다.

① ㄱ ② ㄴ ③ ㄱ, ㄷ ④ ㄴ, ㄷ ⑤ ㄱ, ㄴ, ㄷ

17

2020학년도 9월 모평 물Ⅰ 11번

그림은 보어의 수소 원자 모형에서 양자수 n에 따른 에너지 준위의 일부와 전자의 전이에서 방출되는 단색광 a, b, c, d를 나타낸 것이다. 표는 a, b, c, d를 광전관 P에 각각 비추었을 때 광전자의 방출 여부와 광전자의 최대 운동 에너지 E_{max}를 나타낸 것이다.

단색광	광전자의 방출 여부	E_{max}
a	방출 안 됨	—
b	방출됨	E_1
c	방출됨	E_2
d	방출 안 됨	—

이에 대한 설명으로 옳은 것만을 〈보기〉에서 있는 대로 고른 것은?

〈보기〉
ㄱ. 진동수는 a가 b보다 크다.
ㄴ. b와 c를 P에 동시에 비출 때 E_{max}는 E_2이다.
ㄷ. a와 d를 P에 동시에 비출 때 광전자가 방출된다.

① ㄱ ② ㄴ ③ ㄱ, ㄷ ④ ㄴ, ㄷ ⑤ ㄱ, ㄴ, ㄷ

12

2020학년도 6월 모평 물Ⅰ 6번

표는 서로 다른 금속판 X, Y에 진동수가 각각 f, $2f$인 빛 A, B를 비추었을 때 방출되는 광전자의 최대 운동 에너지를 나타낸 것이다.

빛	진동수	광전자의 최대 운동 에너지	
		X	Y
A	f	$3E_0$	$2E_0$
B	$2f$	$7E_0$	㉠

이에 대한 설명으로 옳은 것만을 〈보기〉에서 있는 대로 고른 것은? [3점]

〈보기〉
ㄱ. ㉠은 $7E_0$보다 작다.
ㄴ. 광전 효과가 일어나는 빛의 최소 진동수는 X가 Y보다 크다.
ㄷ. A와 B를 X에 함께 비추었을 때 방출되는 광전자의 최대 운동 에너지는 $10E_0$이다.

① ㄱ ② ㄴ ③ ㄱ, ㄷ ④ ㄴ, ㄷ ⑤ ㄱ, ㄴ, ㄷ

15

2019학년도 수능 물Ⅰ 9번

그림 (가)는 단색광 A, B를 광전관의 금속판에 비추는 모습을 나타낸 것이고, (나)는 A, B의 세기를 시간에 따라 나타낸 것이다. t_1일 때 광전자가 방출되지 않고, t_2일 때 광전자가 방출된다.

이에 대한 설명으로 옳은 것만을 〈보기〉에서 있는 대로 고른 것은? [3점]

〈보기〉
ㄱ. 진동수는 A가 B보다 작다.
ㄴ. 방출되는 광전자의 최대 운동 에너지는 t_2일 때가 t_3일 때보다 작다.
ㄷ. t_4일 때 광전자가 방출된다.

① ㄱ ② ㄷ ③ ㄱ, ㄴ ④ ㄴ, ㄷ ⑤ ㄱ, ㄴ, ㄷ

35

2022학년도 9월 모평 물Ⅰ 12번

그림과 같이 금속판에 초록색 빛을 비추어 방출된 광전자를 가속하여 이중 슬릿에 입사시켰더니 형광판에 간섭무늬가 나타났다. 금속판에 빨간색 빛을 비추었을 때는 광전자가 방출되지 않았다.

이에 대한 설명으로 옳은 것만을 〈보기〉에서 있는 대로 고른 것은? [3점]

〈보기〉
ㄱ. 광전자의 속력이 커지면 광전자의 물질파 파장은 줄어든다.
ㄴ. 초록색 빛의 세기를 감소시켜도 간섭무늬의 밝은 부분은 밝기가 변하지 않는다.
ㄷ. 금속판의 문턱 진동수는 빨간색 빛의 진동수보다 크다.

① ㄱ ② ㄴ ③ ㄱ, ㄷ ④ ㄴ, ㄷ ⑤ ㄱ, ㄴ, ㄷ

34

2021학년도 6월 모평 물Ⅰ 15번

그림은 입자 A, B, C의 물질파 파장을 속력에 따라 나타낸 것이다.

이에 대한 설명으로 옳은 것만을 〈보기〉에서 있는 대로 고른 것은?

〈보기〉
ㄱ. A, B의 운동량 크기가 같을 때, 물질파 파장은 A가 B보다 짧다.
ㄴ. A, C의 물질파 파장이 같을 때, 속력은 A가 C보다 작다.
ㄷ. 질량은 B가 C보다 작다.

① ㄱ ② ㄴ ③ ㄱ, ㄷ ④ ㄴ, ㄷ ⑤ ㄱ, ㄴ, ㄷ

46

2022학년도 4월 학평 물Ⅰ 3번

그림은 전자 현미경과 광학 현미경에 대해 학생 A, B, C가 대화하는 모습을 나타낸 것이다.

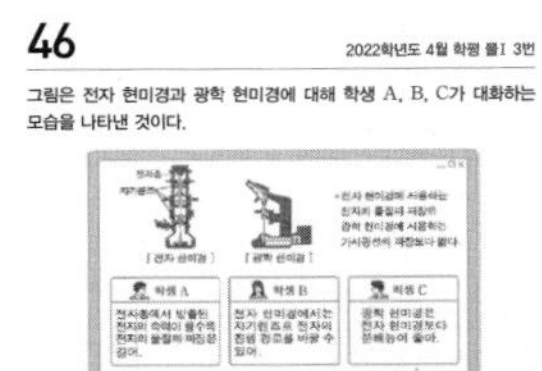

제시한 내용이 옳은 학생만을 있는 대로 고른 것은? [3점]

① A ② B ③ A, C ④ B, C ⑤ A, B, C

01

2021학년도 수능 물Ⅰ 5번

다음은 빛의 이중성에 대한 내용이다.

> 오랫동안 과학자들 사이에 빛이 파동인지 입자인지에 관한 논쟁이 있어 왔다. 19세기에 빛의 간섭 실험과 매질 내에서 빛의 속력 측정 실험 등으로 빛의 파동성이 인정받게 되었다. 그러나 빛의 파동성으로 설명할 수 없는 [㉠]을/를 아인슈타인이 광자(광양자)의 개념을 도입하여 설명한 이후, 여러 과학자들의 연구를 통해 빛의 입자성도 인정받게 되었다.

이에 대한 설명으로 옳은 것만을 〈보기〉에서 있는 대로 고른 것은?

〈 보기 〉

ㄱ. 광전 효과는 ㉠에 해당된다.
ㄴ. 전하 결합 소자(CCD)는 빛의 입자성을 이용한다.
ㄷ. 비눗방울에서 다양한 색의 무늬가 보이는 현상은 빛의 파동성으로 설명할 수 있다.

① ㄱ ② ㄷ ③ ㄱ, ㄴ ④ ㄴ, ㄷ ⑤ ㄱ, ㄴ, ㄷ

02

2022학년도  물Ⅰ 7번

그림 (가)는 단색광이 이중 슬릿을 지나 금속판에 도달하여 광전자를 방출시키는 실험을, (나)는 (가)의 금속판에서의 위치에 따라 방출된 광전자의 개수를 나타낸 것이다. 점 O, P는 금속판 위의 지점이다.

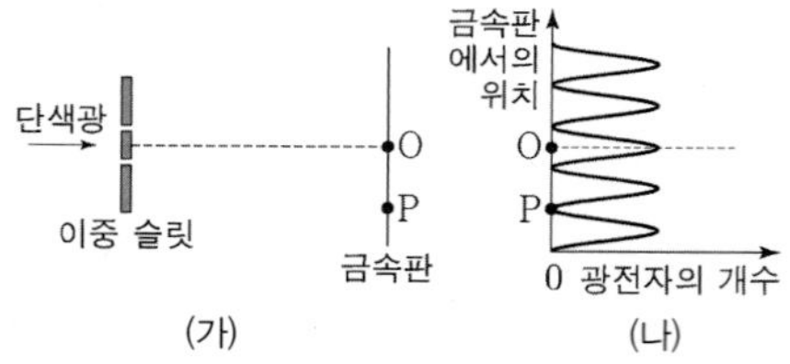

이에 대한 설명으로 옳은 것만을 〈보기〉에서 있는 대로 고른 것은?

〈 보기 〉

ㄱ. 단색광의 세기를 증가시키면 O에서 방출되는 광전자의 개수가 증가한다.
ㄴ. 금속판의 문턱 진동수는 단색광의 진동수보다 작다.
ㄷ. P에서 단색광의 상쇄 간섭이 일어난다.

① ㄱ ② ㄴ ③ ㄱ, ㄷ ④ ㄴ, ㄷ ⑤ ㄱ, ㄴ, ㄷ

03

2024학년도 5월 학평 물Ⅰ 9번

그림은 진동수가 다른 단색광 A, B를 금속판 P 또는 Q에 비추는 모습을, 표는 금속판에 비춘 단색광에 따라 금속판에서 방출되는 광전자의 최대 운동 에너지를 나타낸 것이다.

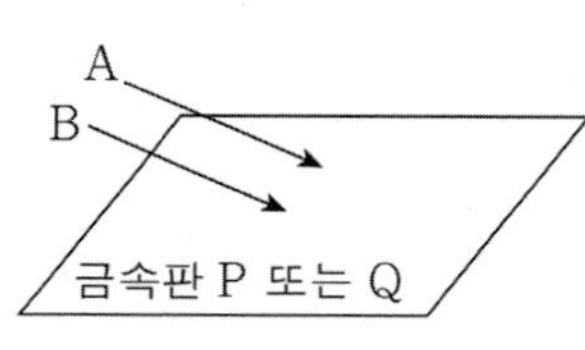

금속판	금속판에 비춘 단색광	최대 운동 에너지
P	A	E_0
	A, B	E_0
Q	B	$2E_0$
	A, B	㉠

이에 대한 설명으로 옳은 것만을 〈보기〉에서 있는 대로 고른 것은?

〈 보기 〉

ㄱ. 진동수는 A가 B보다 크다.
ㄴ. 문턱 진동수는 P가 Q보다 작다.
ㄷ. ㉠은 $2E_0$보다 크다.

① ㄱ ② ㄴ ③ ㄱ, ㄷ ④ ㄴ, ㄷ ⑤ ㄱ, ㄴ, ㄷ

04

2024학년도 7월 학평 물Ⅰ 14번

그림은 서로 다른 금속판 P, Q에 각각 단색광 A, B 중 하나를 비추는 모습을 나타낸 것이다. 표는 단색광을 비추었을 때 금속판에서 방출되는 광전자의 최대 운동 에너지를 나타낸 것이다.

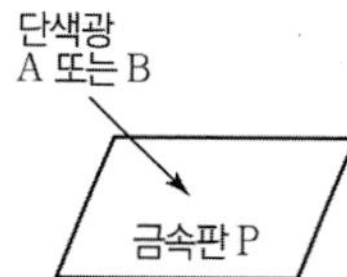

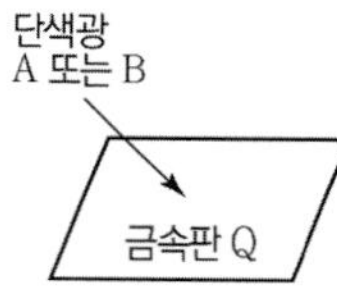

	A	B
P	$3E_0$	$5E_0$
Q	E_0	㉠

이에 대한 설명으로 옳은 것만을 〈보기〉에서 있는 대로 고른 것은?

〈 보기 〉

ㄱ. 문턱 진동수는 Q가 P보다 크다.
ㄴ. 파장은 B가 A보다 길다.
ㄷ. ㉠은 E_0보다 크다.

① ㄱ ② ㄴ ③ ㄱ, ㄷ ④ ㄴ, ㄷ ⑤ ㄱ, ㄴ, ㄷ

05

2023학년도 4월 학평 물I 16번

그림 (가)와 같이 금속판 P에 단색광 A를 비추었을 때는 광전자가 방출되지 않고, P에 단색광 B를 비추었을 때 광전자가 방출된다. 그림 (나)와 같이 금속판 Q에 A, B를 각각 비추었을 때 각각 광전자가 방출된다.

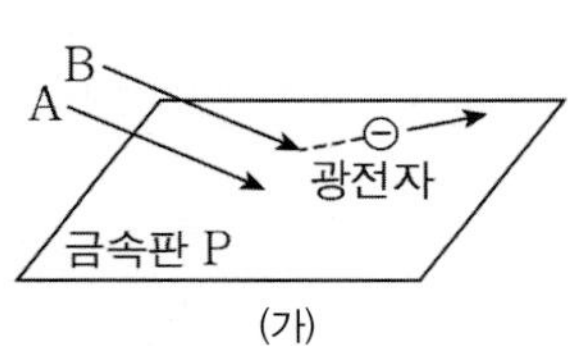

(가)

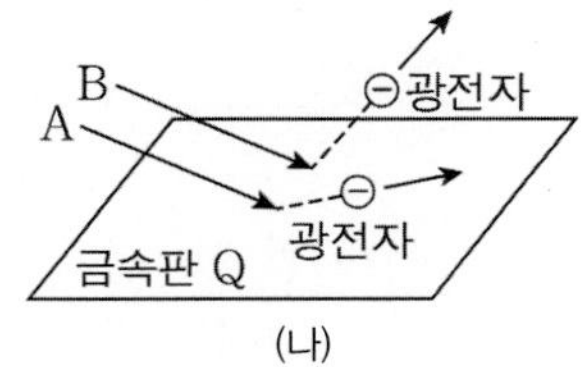

(나)

이에 대한 설명으로 옳은 것만을 〈보기〉에서 있는 대로 고른 것은? [3점]

〈보기〉

ㄱ. (가)에서 A의 세기를 증가시키면 광전자가 방출된다.

ㄴ. (나)에서 방출된 광전자의 최대 운동 에너지는 A를 비추었을 때가 B를 비추었을 때보다 작다.

ㄷ. B를 비추었을 때 방출되는 광전자의 물질파 파장의 최솟값은 (가)에서가 (나)에서보다 작다.

① ㄱ ② ㄴ ③ ㄱ, ㄷ ④ ㄴ, ㄷ ⑤ ㄱ, ㄴ, ㄷ

06

2024학년도 6월  물I 17번

그림은 금속판 P, Q에 단색광을 비추었을 때, P, Q에서 방출되는 광전자의 최대 운동 에너지 E_K를 단색광의 진동수에 따라 나타낸 것이다.

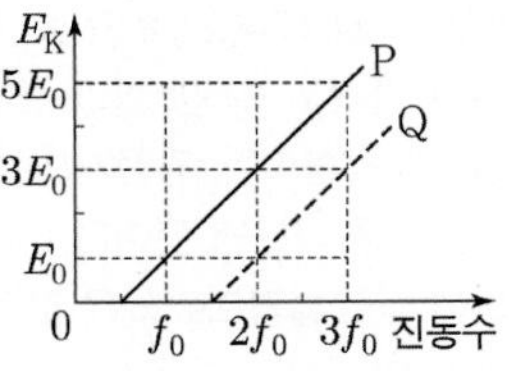

이에 대한 설명으로 옳은 것만을 〈보기〉에서 있는 대로 고른 것은?

〈보기〉

ㄱ. 문턱 진동수는 P가 Q보다 작다.

ㄴ. 광양자설에 의하면 진동수가 f_0인 단색광을 Q에 오랫동안 비추어도 광전자가 방출되지 않는다.

ㄷ. 진동수가 $2f_0$일 때, 방출되는 광전자의 물질파 파장의 최솟값은 Q에서가 P에서의 3배이다.

① ㄱ ② ㄷ ③ ㄱ, ㄴ ④ ㄴ, ㄷ ⑤ ㄱ, ㄴ, ㄷ

07

2020학년도 4월 학평 물I 15번

그림 (가)는 금속판 A에 단색광 P를 비추었을 때 광전자가 방출되지 않는 것을, (나)는 A에 단색광 Q를 비추었을 때 광전자가 방출되는 것을 나타낸 것이다.

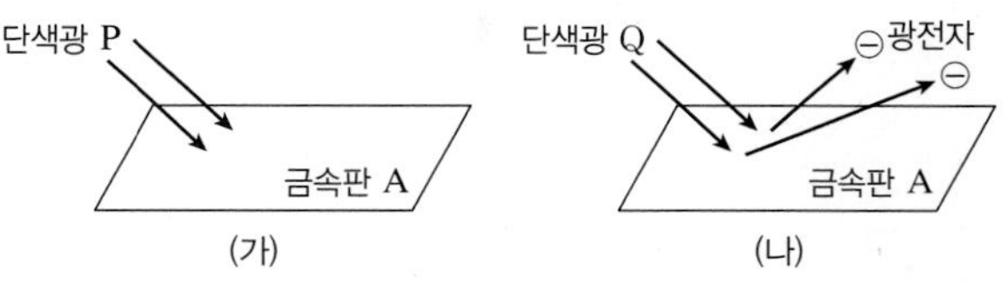

이에 대한 설명으로 옳은 것만을 〈보기〉에서 있는 대로 고른 것은?

〈보기〉

ㄱ. 진동수는 P가 Q보다 작다.

ㄴ. (가)에서 P의 세기를 증가시켜 A에 비추면 광전자가 방출된다.

ㄷ. (나)에서 광전자가 방출되는 것은 빛의 입자성을 보여주는 현상이다.

① ㄱ ② ㄴ ③ ㄱ, ㄷ ④ ㄴ, ㄷ ⑤ ㄱ, ㄴ, ㄷ

08 대표 문제

2023학년도 6월 모평 물I 6번

그림과 같이 단색광 A를 금속판 P에 비추었을 때 광전자가 방출되지 않고, 단색광 B, C를 각각 P에 비추었을 때 광전자가 방출된다. 방출된 광전자의 최대 운동 에너지는 B를 비추었을 때가 C를 비추었을 때보다 크다.

이에 대한 설명으로 옳은 것만을 〈보기〉에서 있는 대로 고른 것은? [3점]

〈보기〉

ㄱ. A의 세기를 증가시키면 광전자가 방출된다.

ㄴ. P의 문턱 진동수는 B의 진동수보다 작다.

ㄷ. 단색광의 진동수는 B가 C보다 크다.

① ㄱ ② ㄴ ③ ㄱ, ㄷ ④ ㄴ, ㄷ ⑤ ㄱ, ㄴ, ㄷ

09

2020학년도 3월 학평 물I 13번

그림은 동일한 금속판에 단색광 A, B를 각각 비추었을 때 광전자가 방출되는 모습을 나타낸 것이다. 방출되는 광전자 중 속력이 최대인 광전자 a, b의 운동 에너지는 각각 E_a, E_b이고, $E_a > E_b$이다.

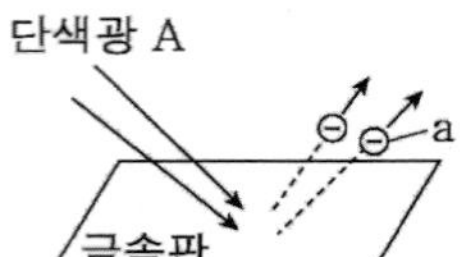

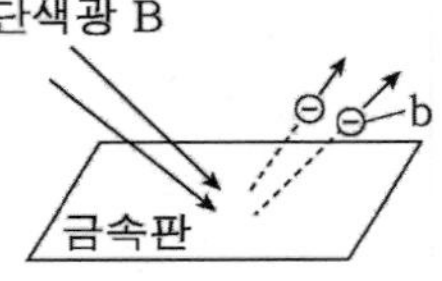

이에 대한 옳은 설명만을 <보기>에서 있는 대로 고른 것은?

〈 보기 〉

ㄱ. 진동수는 A가 B보다 크다.
ㄴ. 물질파 파장은 a가 b보다 크다.
ㄷ. B의 세기를 증가시키면 E_b가 증가한다.

① ㄱ ② ㄴ ③ ㄱ, ㄷ ④ ㄴ, ㄷ ⑤ ㄱ, ㄴ, ㄷ

10

2020학년도 10월 학평 물I 12번

그림은 금속판에 광원 A 또는 B에서 방출된 빛을 비추는 모습을 나타낸 것으로 A, B에서 방출된 빛의 파장은 각각 λ_A, λ_B이다. 표는 광원의 종류와 개수에 따라 금속판에서 단위 시간당 방출되는 광전자의 수 N을 나타낸 것이다.

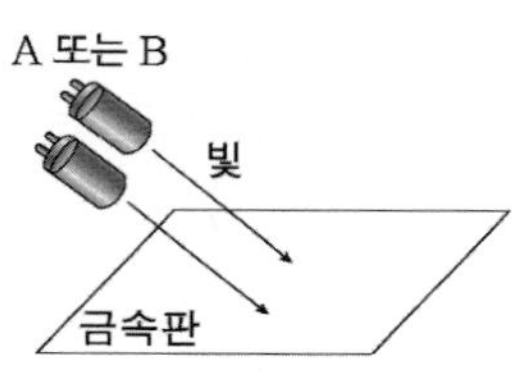

광원		N
A	1개	0
	2개	㉠
B	1개	3×10^{18}
	2개	㉡

이에 대한 옳은 설명만을 <보기>에서 있는 대로 고른 것은?

〈 보기 〉

ㄱ. ㉠은 0이다.
ㄴ. ㉡은 3×10^{18}보다 크다.
ㄷ. $\lambda_A < \lambda_B$이다.

① ㄱ ② ㄷ ③ ㄱ, ㄴ ④ ㄴ, ㄷ ⑤ ㄱ, ㄴ, ㄷ

11

2023학년도 7월 학평 물I 5번

그림 (가)는 단색광 A와 B를 금속판 P에 비추었을 때 광전자가 방출되지 않는 것을, (나)는 B와 단색광 C를 P에 비추었을 때 광전자가 방출되는 것을 나타낸 것이다. 이때 광전자의 최대 운동 에너지는 E_0이다.

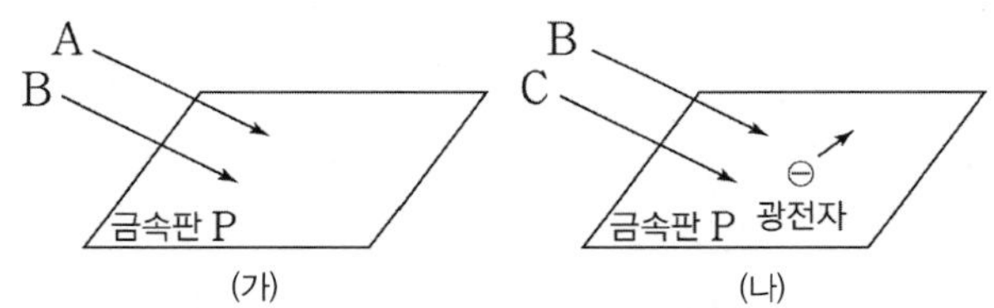

이에 대한 설명으로 옳은 것만을 <보기>에서 있는 대로 고른 것은?

〈 보기 〉

ㄱ. A의 진동수는 P의 문턱 진동수보다 크다.
ㄴ. 진동수는 C가 B보다 크다.
ㄷ. A와 C를 P에 비추면 P에서 방출되는 광전자의 최대 운동 에너지는 E_0이다.

① ㄱ ② ㄷ ③ ㄱ, ㄴ ④ ㄴ, ㄷ ⑤ ㄱ, ㄴ, ㄷ

12

2020학년도 6월 모평 물I 6번

표는 서로 다른 금속판 X, Y에 진동수가 각각 f, $2f$인 빛 A, B를 비추었을 때 방출되는 광전자의 최대 운동 에너지를 나타낸 것이다.

빛	진동수	광전자의 최대 운동 에너지	
		X	Y
A	f	$3E_0$	$2E_0$
B	$2f$	$7E_0$	㉠

이에 대한 설명으로 옳은 것만을 <보기>에서 있는 대로 고른 것은? [3점]

〈 보기 〉

ㄱ. ㉠은 $7E_0$보다 작다.
ㄴ. 광전 효과가 일어나는 빛의 최소 진동수는 X가 Y보다 크다.
ㄷ. A와 B를 X에 함께 비추었을 때 방출되는 광전자의 최대 운동 에너지는 $10E_0$이다.

① ㄱ ② ㄴ ③ ㄱ, ㄷ ④ ㄴ, ㄷ ⑤ ㄱ, ㄴ, ㄷ

13

2020학년도 수능 물Ⅰ 6번

표는 서로 다른 금속판 A, B에 진동수가 각각 f_X, f_Y인 단색광 X, Y 중 하나를 비추었을 때 방출되는 광전자의 최대 운동 에너지를 나타낸 것이다.

금속판	광전자의 최대 운동 에너지	
	X를 비춘 경우	Y를 비춘 경우
A	E_0	광전자가 방출되지 않음
B	$3E_0$	E_0

이에 대한 설명으로 옳은 것만을 〈보기〉에서 있는 대로 고른 것은? (단, h는 플랑크 상수이다.)

〈 보기 〉

ㄱ. $f_X > f_Y$이다.

ㄴ. $E_0 = hf_X$이다.

ㄷ. Y의 세기를 증가시켜 A에 비추면 광전자가 방출된다.

① ㄱ ② ㄴ ③ ㄱ, ㄷ ④ ㄴ, ㄷ ⑤ ㄱ, ㄴ, ㄷ

14

2019학년도 10월 학평 물Ⅰ 14번

표는 금속판 A, B에 비춘 빛의 파장과 세기에 따른 광전자의 방출 여부와 광전자의 최대 운동 에너지 E_{max}의 측정 결과를 나타낸 것이다.

금속판	빛의 파장	빛의 세기	광전자 방출 여부	E_{max}
A	λ	I	방출 안 됨	—
	㉠	I	방출됨	E
B	λ	I	방출됨	$2E$
	λ	$2I$	방출됨	㉡

이에 대한 옳은 설명만을 〈보기〉에서 있는 대로 고른 것은?

〈 보기 〉

ㄱ. ㉠은 λ보다 크다.

ㄴ. 문턱 진동수는 A가 B보다 크다.

ㄷ. ㉡은 $2E$보다 크다.

① ㄱ ② ㄴ ③ ㄱ, ㄷ ④ ㄴ, ㄷ ⑤ ㄱ, ㄴ, ㄷ

15

2019학년도 수능 물Ⅰ 9번

그림 (가)는 단색광 A, B를 광전관의 금속판에 비추는 모습을 나타낸 것이고, (나)는 A, B의 세기를 시간에 따라 나타낸 것이다. t_1일 때 광전자가 방출되지 않고, t_2일 때 광전자가 방출된다.

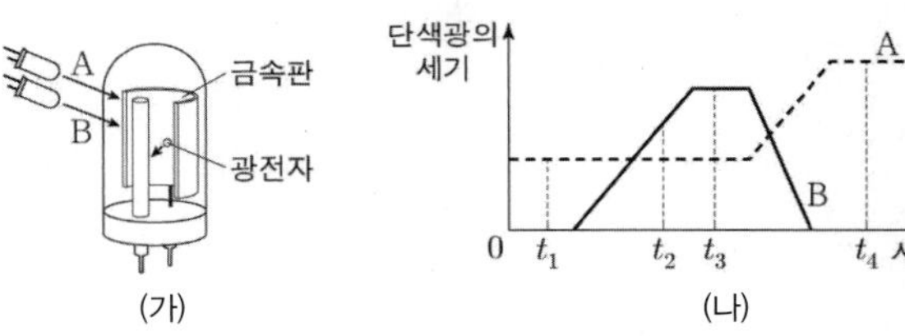

(가) (나)

이에 대한 설명으로 옳은 것만을 〈보기〉에서 있는 대로 고른 것은? [3점]

〈 보기 〉

ㄱ. 진동수는 A가 B보다 작다.

ㄴ. 방출되는 광전자의 최대 운동 에너지는 t_2일 때가 t_3일 때 보다 작다.

ㄷ. t_4일 때 광전자가 방출된다.

① ㄱ ② ㄷ ③ ㄱ, ㄴ ④ ㄴ, ㄷ ⑤ ㄱ, ㄴ, ㄷ

16

2019학년도 7월 학평 물Ⅰ 14번

그림 (가)는 보어의 수소 원자 모형에서 에너지 준위와 전자가 전이할 때 방출된 빛 A, B, C를 나타낸 것이다. 그림 (나)는 (가)의 A, B, C 중 하나를 금속판 P에 비추는 것을 나타낸 것이다. P에 B를 비추었을 때는 광전자가 방출되었고 C를 비추었을 때는 광전자가 방출되지 않았다.

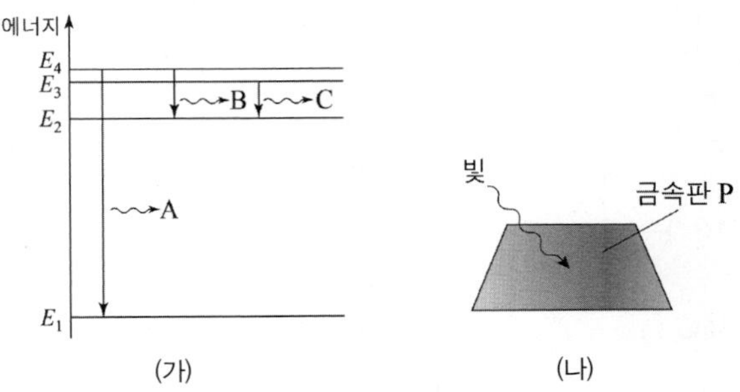

(가) (나)

이에 대한 설명으로 옳은 것만을 〈보기〉에서 있는 대로 고른 것은?

〈 보기 〉

ㄱ. A를 P에 비추면 광전자가 방출된다.

ㄴ. 파장은 B가 C보다 길다.

ㄷ. C의 세기를 증가시켜 P에 비추면 광전자가 방출된다.

① ㄱ ② ㄷ ③ ㄱ, ㄴ ④ ㄴ, ㄷ ⑤ ㄱ, ㄴ, ㄷ

17

2020학년도 9월 모평 물Ⅰ 11번

그림은 보어의 수소 원자 모형에서 양자수 n에 따른 에너지 준위의 일부와 전자의 전이에서 방출되는 단색광 a, b, c, d를 나타낸 것이다. 표는 a, b, c, d를 광전관 P에 각각 비추었을 때 광전자의 방출 여부와 광전자의 최대 운동 에너지 E_{max}를 나타낸 것이다.

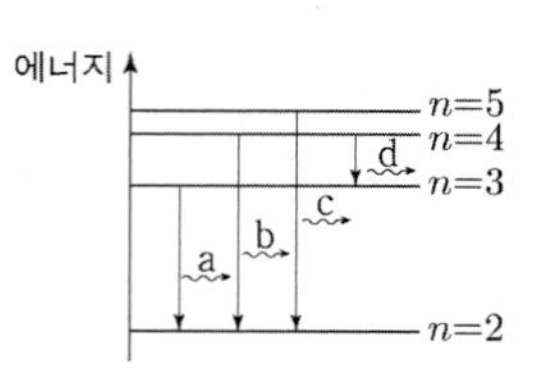

단색광	광전자의 방출 여부	E_{max}
a	방출 안 됨	−
b	방출됨	E_1
c	방출됨	E_2
d	방출 안 됨	−

이에 대한 설명으로 옳은 것만을 〈보기〉에서 있는 대로 고른 것은?

〈보기〉

ㄱ. 진동수는 a가 b보다 크다.
ㄴ. b와 c를 P에 동시에 비출 때 E_{max}는 E_2이다.
ㄷ. a와 d를 P에 동시에 비출 때 광전자가 방출된다.

① ㄱ ② ㄴ ③ ㄱ, ㄷ ④ ㄴ, ㄷ ⑤ ㄱ, ㄴ, ㄷ

18

2023학년도 9월 모평 물Ⅰ 4번

그림 (가)는 보어의 수소 원자 모형에서 양자수 n에 따른 에너지 준위의 일부와, 전자가 전이하면서 진동수가 f_a, f_b인 빛이 방출되는 것을 나타낸 것이다. 그림 (나)는 분광기를 이용하여 (가)에서 방출되는 빛을 금속판에 비추는 모습을 나타낸 것으로, 광전자는 진동수가 f_a, f_b인 빛 중 하나에 의해서만 방출된다.

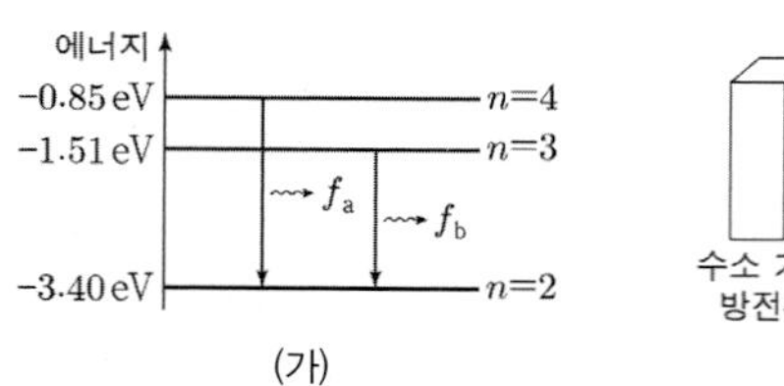

(가)

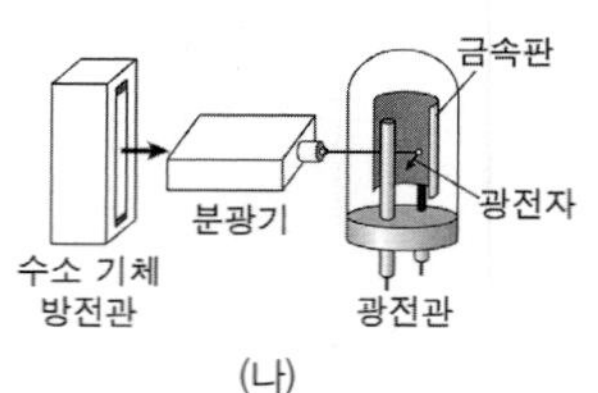

(나)

이에 대한 설명으로 옳은 것만을 〈보기〉에서 있는 대로 고른 것은?

〈보기〉

ㄱ. 진동수가 f_a인 빛을 금속판에 비출 때 광전자가 방출된다.
ㄴ. 진동수가 f_b인 빛은 적외선이다.
ㄷ. 진동수가 f_a-f_b인 빛을 금속판에 비출 때 광전자가 방출된다.

① ㄱ ② ㄷ ③ ㄱ, ㄴ ④ ㄴ, ㄷ ⑤ ㄱ, ㄴ, ㄷ

19

2020학년도 7월 학평 물Ⅰ 3번

다음은 전하 결합 소자(CCD)에 대한 설명이다.

디지털카메라의 한 부품인 전하 결합 소자는 영상 정보를 기록하는 소자로, 광 다이오드로 구성된 전하 결합 소자에 빛을 비추면 전자가 발생하는 [㉠]에 의해 전류가 흐르므로 빛의 [㉡]을 이용하는 장치이다.

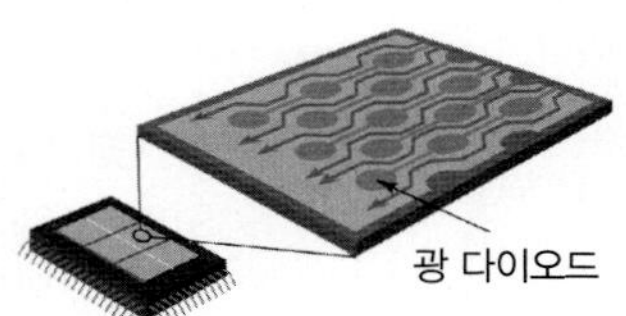

㉠과 ㉡에 해당하는 것으로 옳은 것은?

	㉠	㉡
①	광전 효과	입자성
②	광전 효과	파동성
③	빛의 간섭	입자성
④	빛의 간섭	파동성
⑤	빛의 굴절	입자성

20

2021학년도 4월 학평 물Ⅰ 4번

그림은 빛에 의한 현상 A, B, C를 나타낸 것이다.

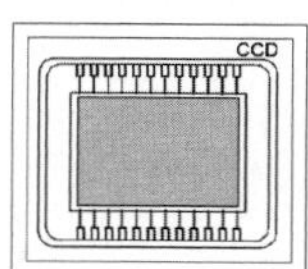

A. 전하 결합 소자에서 전자－양공쌍이 생성 된다.

B. 비누 막에서 다양한 색의 무늬가 보인다.

C. 지폐의 숫자 부분이 보는 각도에 따라 다른 색으로 보인다.

빛의 입자성으로 설명할 수 있는 현상만을 있는 대로 고른 것은?

① A ② B ③ A, C ④ B, C ⑤ A, B, C

21

2023학년도 7월 학평 물Ⅰ 2번

그림은 전자선의 간섭무늬를 보고 물질의 이중성에 대해 학생 A, B, C가 대화하는 모습을 나타낸 것이다.

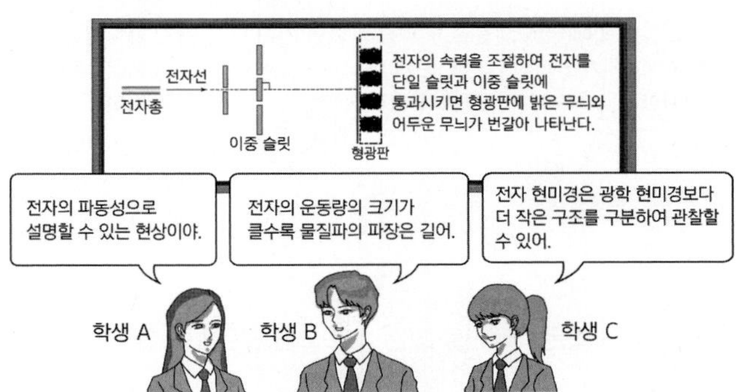

제시한 내용이 옳은 학생만을 있는 대로 고른 것은?

① A ② B ③ A, C ④ B, C ⑤ A, B, C

22

2021학년도 10월 학평 물Ⅰ 7번

그림의 A, B, C는 빛의 파동성, 빛의 입자성, 물질의 파동성을 이용한 예를 순서 없이 나타낸 것이다.

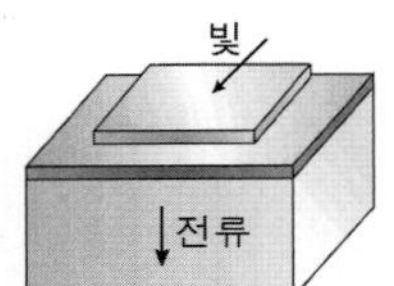

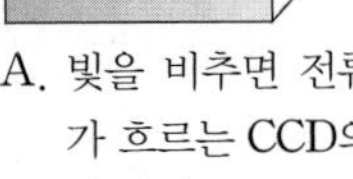

A. 빛을 비추면 전류가 흐르는 CCD의 광 다이오드

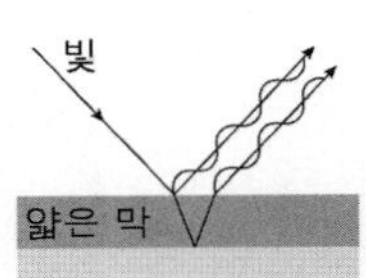

B. 얇은 막을 입혀, 반사되는 빛의 세기를 줄인 안경

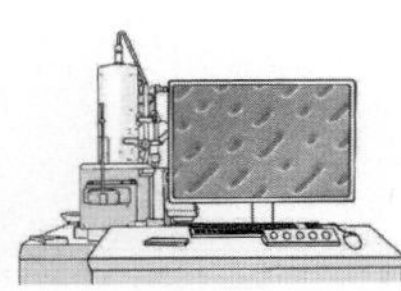

C. 전자를 가속시켜 DVD 표면을 관찰하는 전자 현미경

빛의 파동성, 빛의 입자성, 물질의 파동성의 예로 옳은 것은?

	빛의 파동성	빛의 입자성	물질의 파동성
①	A	B	C
②	A	C	B
③	B	A	C
④	B	C	A
⑤	C	A	B

23

2021학년도 7월 학평 물Ⅰ 19번

그림은 광 다이오드에 단색광을 비추었을 때 광 다이오드의 p-n 접합면에서 광전자가 방출되어 n형 반도체 쪽으로 이동하는 모습을 나타낸 것이다. 표는 단색광의 세기만을 다르게 하여 광 다이오드에 비추었을 때 단위 시간당 방출되는 광전자의 수를 나타낸 것이다.

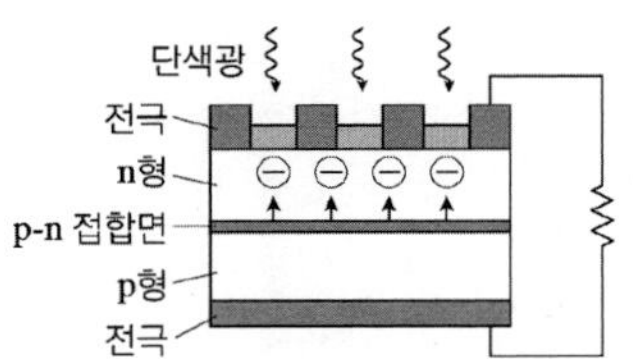

구분	단색광의 세기	광전자의 수
A	I_A	$2N_0$
B	I_B	N_0

이에 대한 설명으로 옳은 것만을 〈보기〉에서 있는 대로 고른 것은?

〈 보기 〉

ㄱ. $I_A < I_B$이다.
ㄴ. 광 다이오드는 빛의 입자성을 이용한다.
ㄷ. 광 다이오드는 전하 결합 소자(CCD)에 이용될 수 있다.

① ㄱ ② ㄷ ③ ㄱ, ㄴ ④ ㄴ, ㄷ ⑤ ㄱ, ㄴ, ㄷ

24

2022학년도 7월 학평 물Ⅰ 13번

그림과 같이 단색광 A 또는 B를 광 다이오드에 비추었더니 광 다이오드에 전류가 흘렀다. 표는 단색광의 세기에 따른 전류의 세기를 측정한 것을 나타낸 것이다.

단색광 A 또는 B
전류
광 다이오드

단색광	단색광의 세기	전류의 세기
A	I	0
	$2I$	㉠
B	I	㉡
	$2I$	$2I_0$

이에 대한 설명으로 옳은 것만을 〈보기〉에서 있는 대로 고른 것은?

〈 보기 〉

ㄱ. ㉠은 0이다.
ㄴ. ㉡은 $2I_0$보다 크다.
ㄷ. 광 다이오드는 빛의 파동성을 이용한다.

① ㄱ ② ㄷ ③ ㄱ, ㄴ ④ ㄴ, ㄷ ⑤ ㄱ, ㄴ, ㄷ

25

2023학년도 3월 학평 물I 1번

물질의 파동성으로 설명할 수 있는 것만을 〈보기〉에서 있는 대로 고른 것은?

〈 보기 〉

ㄱ. 운동량 보존　　ㄴ. 광전 효과　　ㄷ. 전자의 물질파

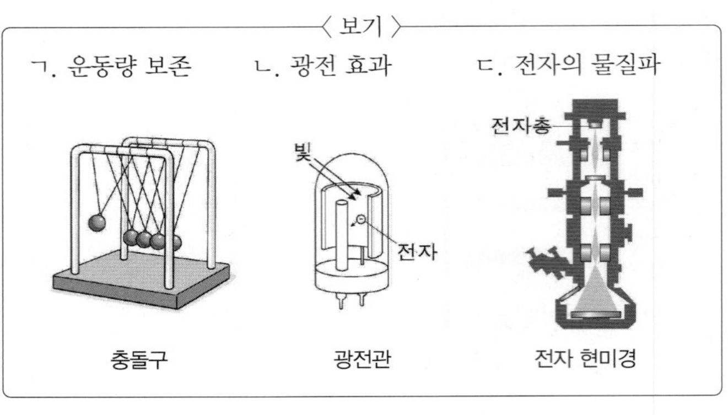

① ㄱ　② ㄴ　③ ㄷ　④ ㄱ, ㄴ　⑤ ㄱ, ㄷ

26

2021학년도 9월 모평 물I 13번

그림은 빛의 간섭 현상을 알아보기 위한 실험을 나타낸 것이다. 스크린 상의 점 O는 밝은 무늬의 중심이고, 점 P는 어두운 무늬의 중심이다.

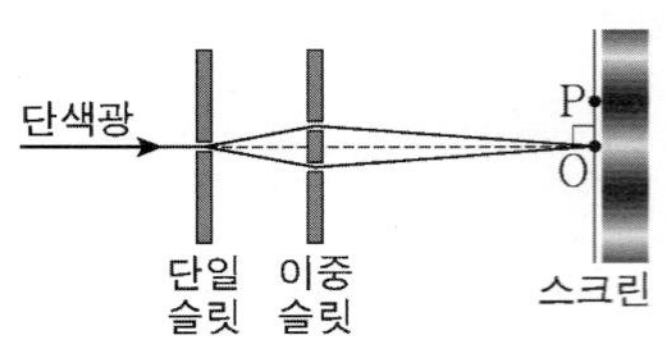

이에 대한 설명으로 옳은 것만을 〈보기〉에서 있는 대로 고른 것은?

〈 보기 〉

ㄱ. O에서는 보강 간섭이 일어난다.

ㄴ. 이중 슬릿을 통과하여 P에서 간섭한 빛의 위상은 서로 같다.

ㄷ. 간섭은 빛의 입자성을 보여 주는 현상이다.

① ㄱ　② ㄴ　③ ㄷ　④ ㄱ, ㄴ　⑤ ㄴ, ㄷ

27

2023학년도 9월 모평 물I 3번

그림은 빛과 물질의 이중성에 대해 학생 A, B, C가 대화하는 모습을 나타낸 것이다.

파장이 λ_1인 빛에 비해 광자의 에너지가 2배인 빛의 파장은 $\frac{1}{2}\lambda_1$이야.
물질파 파장이 λ_2인 전자에 비해 운동 에너지가 2배인 전자의 물질파 파장은 $\frac{1}{2}\lambda_2$야.
전자 현미경은 광학 현미경에 비해 더 작은 구조를 구분하여 관찰할 수 있어.
학생 A
학생 B
학생 C

제시한 내용이 옳은 학생만을 있는 대로 고른 것은? [3점]

① A　② B　③ A, C　④ B, C　⑤ A, B, C

28

2024학년도 10월 학평 물I 4번

그림은 전자선과 X선을 얇은 금속박에 각각 비추었을 때 나타나는 회절 무늬에 대해 학생 A, B, C가 대화하는 모습을 나타낸 것이다.

(가) 전자선의 회절 무늬
(나) X선의 회절 무늬
(가)는 전자의 파동성을 보여 주는 현상이야.
(나)는 아인슈타인의 광양자설로 설명할 수 있어.
전자의 속력이 클수록 전자의 물질파 파장은 짧아.
학생 A
학생 B
학생 C

제시한 내용이 옳은 학생만을 있는 대로 고른 것은? [3점]

① A　② C　③ A, B　④ A, C　⑤ B, C

29

2024학년도 3월 학평 물I 4번

표는 입자 A, B, C의 속력과 물질파 파장을 나타낸 것이다.
이에 대한 옳은 설명만을 〈보기〉에서 있는 대로 고른 것은?

입자	A	B	C
속력	v_0	$2v_0$	$2v_0$
물질파 파장	$2\lambda_0$	$2\lambda_0$	λ_0

〈보기〉

ㄱ. 질량은 A가 B의 2배이다.
ㄴ. 운동량의 크기는 B와 C가 같다.
ㄷ. 운동 에너지는 C가 A의 2배이다.

① ㄱ ② ㄴ ③ ㄱ, ㄷ ④ ㄴ, ㄷ ⑤ ㄱ, ㄴ, ㄷ

30

2025학년도 6월   모평 물I 13번

그림은 입자 A, B, C의 운동 에너지와 속력을 나타낸 것이다.
A, B, C의 물질파 파장을 각각 λ_A, λ_B, λ_C라고 할 때, λ_A, λ_B, λ_C를 비교한 것으로 옳은 것은?

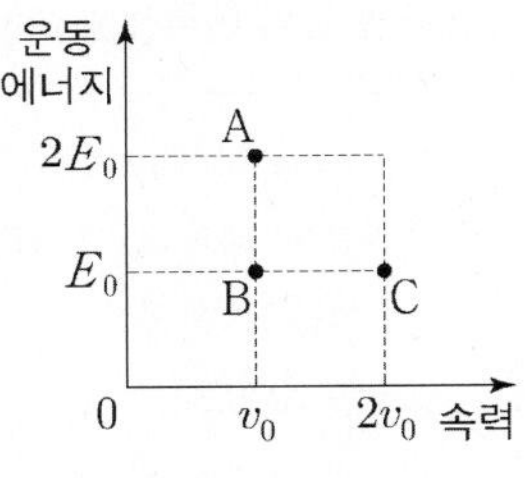

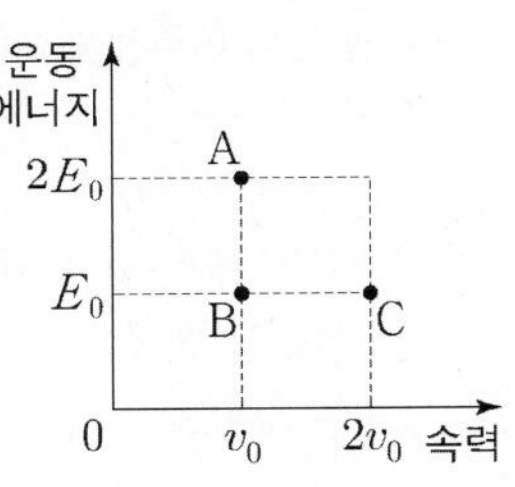

① $\lambda_A > \lambda_B > \lambda_C$ ② $\lambda_A > \lambda_B = \lambda_C$ ③ $\lambda_B > \lambda_A > \lambda_C$
④ $\lambda_B > \lambda_A = \lambda_C$ ⑤ $\lambda_C > \lambda_B > \lambda_A$

31 대표 문제

2024학년도 수능 물I 16번

그림은 입자 P, Q의 물질파 파장의 역수를 입자의 속력에 따라 나타낸 것이다. P, Q는 각각 중성자와 헬륨 원자를 순서 없이 나타낸 것이다.
이에 대한 설명으로 옳은 것만을 〈보기〉에서 있는 대로 고른 것은? (단, h는 플랑크 상수이다.)

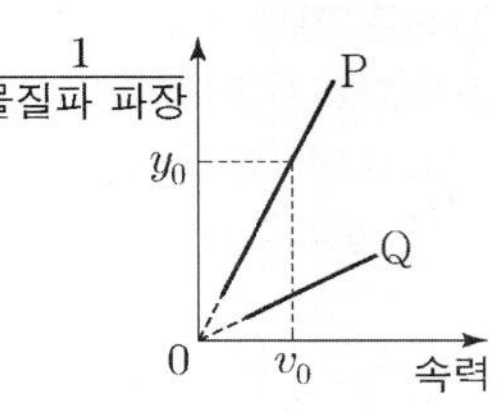

〈보기〉

ㄱ. P의 질량은 $h\frac{y_0}{v_0}$이다.
ㄴ. Q는 중성자이다.
ㄷ. P와 Q의 물질파 파장이 같을 때, 운동 에너지는 P가 Q보다 작다.

① ㄱ ② ㄷ ③ ㄱ, ㄴ ④ ㄴ, ㄷ ⑤ ㄱ, ㄴ, ㄷ

32

2024학년도 7월 학평 물I 6번

표는 입자 A, B의 질량과 운동량의 크기를 나타낸 것이다.

입자	질량	운동량의 크기
A	m	$2p$
B	$2m$	p

입자의 물리량이 A가 B보다 큰 것만을 〈보기〉에서 있는 대로 고른 것은?

〈보기〉

ㄱ. 물질파 파장 ㄴ. 속력 ㄷ. 운동 에너지

① ㄱ ② ㄴ ③ ㄱ, ㄷ ④ ㄴ, ㄷ ⑤ ㄱ, ㄴ, ㄷ

33

2025학년도 9월 모평 물I 14번

그림은 입자 A, B, C의 운동량과 운동 에너지를 나타낸 것이다.
이에 대한 설명으로 옳은 것만을 <보기>에서 있는 대로 고른 것은?

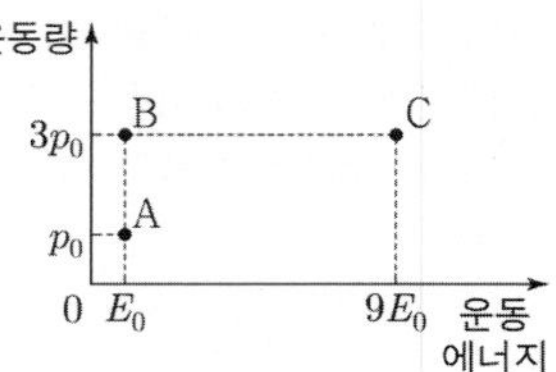

〈 보기 〉

ㄱ. 질량은 A가 B보다 크다.
ㄴ. 속력은 A와 C가 같다.
ㄷ. 물질파 파장은 B와 C가 같다.

① ㄱ　② ㄷ　③ ㄱ, ㄴ　④ ㄴ, ㄷ　⑤ ㄱ, ㄴ, ㄷ

34

2021학년도 6월 모평 물I 15번

그림은 입자 A, B, C의 물질파 파장을 속력에 따라 나타낸 것이다.

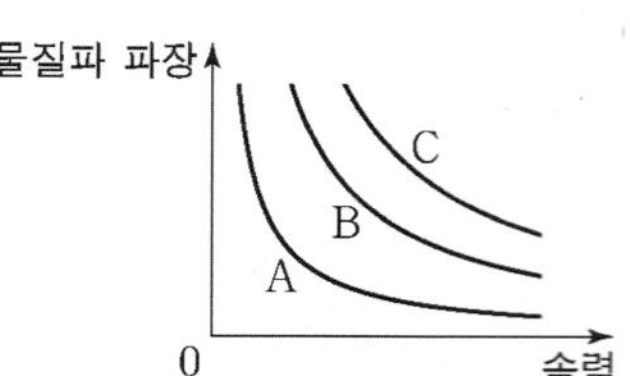

이에 대한 설명으로 옳은 것만을 <보기>에서 있는 대로 고른 것은?

〈 보기 〉

ㄱ. A, B의 운동량 크기가 같을 때, 물질파 파장은 A가 B보다 짧다.
ㄴ. A, C의 물질파 파장이 같을 때, 속력은 A가 C보다 작다.
ㄷ. 질량은 B가 C보다 작다.

① ㄱ　② ㄴ　③ ㄱ, ㄷ　④ ㄴ, ㄷ　⑤ ㄱ, ㄴ, ㄷ

35

2022학년도 9월 모평 물I 12번

그림과 같이 금속판에 초록색 빛을 비추어 방출된 광전자를 가속하여 이중 슬릿에 입사시켰더니 형광판에 간섭무늬가 나타났다. 금속판에 빨간색 빛을 비추었을 때는 광전자가 방출되지 않았다.

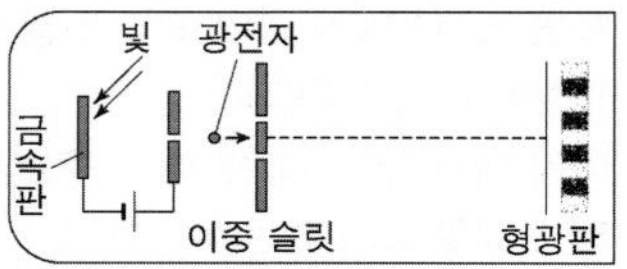

이에 대한 설명으로 옳은 것만을 <보기>에서 있는 대로 고른 것은? [3점]

〈 보기 〉

ㄱ. 광전자의 속력이 커지면 광전자의 물질파 파장은 줄어든다.
ㄴ. 초록색 빛의 세기를 감소시켜도 간섭무늬의 밝은 부분은 밝기가 변하지 않는다.
ㄷ. 금속판의 문턱 진동수는 빨간색 빛의 진동수보다 크다.

① ㄱ　② ㄴ　③ ㄱ, ㄷ　④ ㄴ, ㄷ　⑤ ㄱ, ㄴ, ㄷ

36

2023학년도 수능 물I 4번

다음은 물질의 이중성에 대한 설명이다.

- 얇은 금속박에 전자선을 비추면 X선을 비추었을 때와 같이 회절 무늬가 나타난다. 이러한 현상은 전자의 [㉠]으로 설명할 수 있다.
- 전자의 운동량의 크기가 클수록 물질파의 파장은 [㉡]. 물질파를 이용하는 [㉢] 현미경은 가시광선을 이용하는 현미경보다 작은 구조를 구분하여 관찰할 수 있다.

㉠, ㉡, ㉢에 들어갈 내용으로 가장 적절한 것은? [3점]

	㉠	㉡	㉢
①	파동성	길다	전자
②	파동성	짧다	전자
③	파동성	길다	광학
④	입자성	짧다	전자
⑤	입자성	길다	광학

37

2023학년도 10월 학평 물Ⅰ 2번

다음은 투과 전자 현미경에 대한 기사의 일부이다.

○○대학교 물리학과 연구팀은 전자의 물질파를 이용하는 ㉠투과 전자 현미경(TEM)으로, 작동 중인 전기 소자의 원자 구조 변화를 실시간으로 관찰하였다. 이 연구팀의 실환경 투과 전자 현미경 분석법은 차세대 비휘발성 메모리 소자 개발에 중요한 역할을 할 것으로 기대된다.

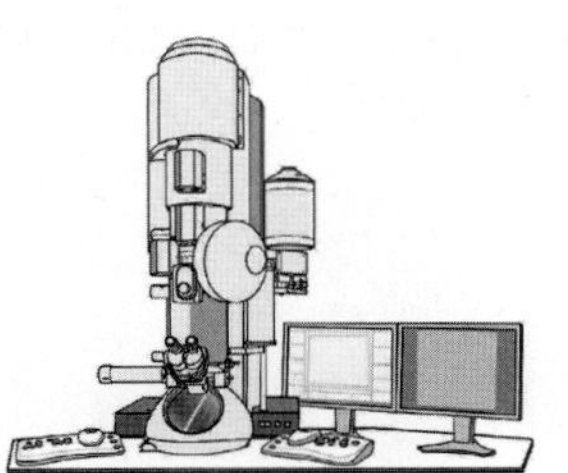

TEM : 광학 현미경으로 관찰 불가능한, ㉡시료의 매우 작은 구조까지 관찰 가능함.

이에 대한 옳은 설명만을 〈보기〉에서 있는 대로 고른 것은?

〈보기〉

ㄱ. ㉠은 전자의 파동성을 활용한다.
ㄴ. ㉡을 할 때, TEM에서 이용하는 전자의 물질파 파장은 가시광선의 파장보다 길다.
ㄷ. 전자의 속력이 클수록 전자의 물질파 파장이 길다.

① ㄱ ② ㄷ ③ ㄱ, ㄴ ④ ㄴ, ㄷ ⑤ ㄱ, ㄴ, ㄷ

38

2021학년도 7월 학평 물Ⅰ 17번

다음은 전자 현미경에 대한 설명이다.

㉠전자 현미경이 광학 현미경과 가장 크게 다른 점은 가시광선 대신 전자선을 사용한다는 것이다. 광학 현미경은 유리 렌즈를 사용하여 확대된 상을 얻고, 전자 현미경은 전자석 코일로 만든 ㉡자기렌즈를 사용하여 확대된 상을 얻는다.
또한 전자 현미경은 높은 전압을 이용하여 ㉢가속된 전자를 사용하므로, 확대된 상을 광학 현미경보다 선명하게 관찰할 수 있다.

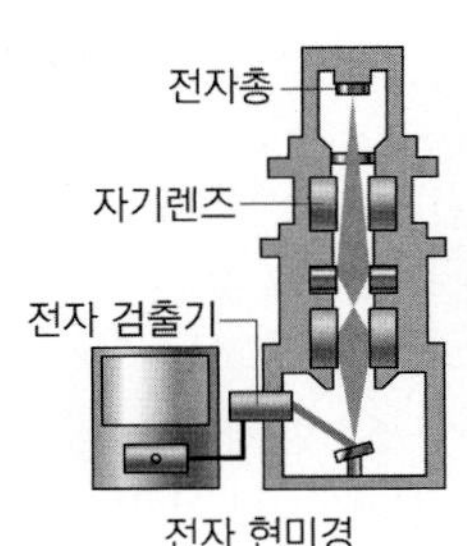

전자 현미경

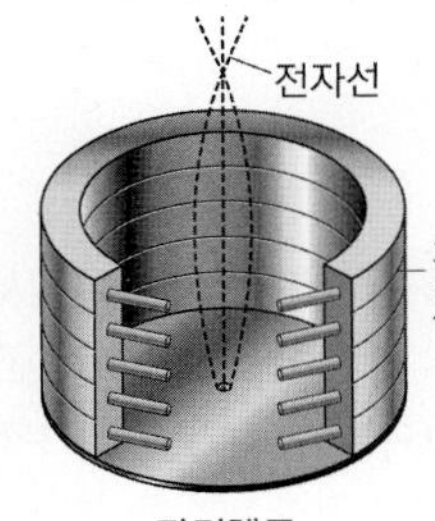

자기렌즈

이에 대한 설명으로 옳은 것만을 〈보기〉에서 있는 대로 고른 것은?

〈보기〉

ㄱ. ㉠은 물질의 파동성을 이용한다.
ㄴ. ㉡은 자기장을 이용하여 전자선의 경로를 휘게 하는 역할을 한다.
ㄷ. ㉢의 물질파 파장은 가시광선의 파장보다 짧다.

① ㄱ ② ㄴ ③ ㄱ, ㄷ ④ ㄴ, ㄷ ⑤ ㄱ, ㄴ, ㄷ

39 대표 문제

2024학년도 9월 모평 물Ⅰ 16번

그림 (가)는 주사 전자 현미경(SEM)의 구조를 나타낸 것이고, 그림 (나)는 (가)의 전자총에서 방출되는 전자 P, Q의 물질파 파장 λ와 운동 에너지 E_K를 나타낸 것이다.

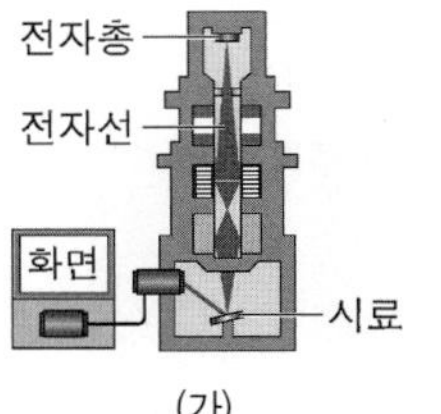

(가)

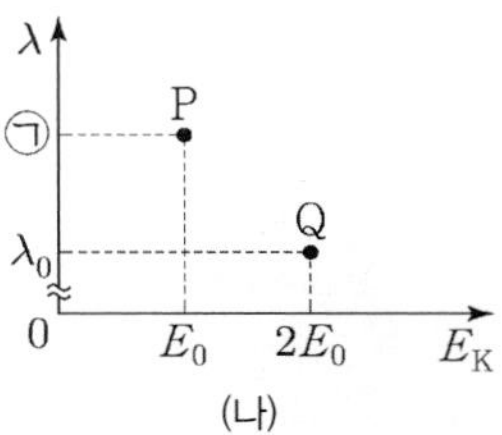

(나)

이에 대한 설명으로 옳은 것만을 〈보기〉에서 있는 대로 고른 것은?

〈보기〉

ㄱ. 전자의 운동량의 크기는 Q가 P의 $2\sqrt{2}$배이다.
ㄴ. ㉠은 $2\lambda_0$이다.
ㄷ. 분해능은 Q를 이용할 때가 P를 이용할 때보다 좋다.

① ㄱ ② ㄷ ③ ㄱ, ㄴ ④ ㄴ, ㄷ ⑤ ㄱ, ㄴ, ㄷ

40

2021학년도 4월 학평 물Ⅰ 17번

다음은 전자 현미경에 대한 설명이다.

전자 현미경은 전자를 이용하여 시료를 관찰하는 장치이다. 전자 현미경에서 이용하는 ㉠전자의 물질파 파장은 가시광선의 파장보다 짧으므로 전자 현미경은 가시광선을 이용하여 시료를 관찰하는 광학 현미경보다 (가) 이/가 좋다.
전자 현미경에는 시료를 투과하는 전자를 이용하는 투과 전자 현미경(TEM)과 시료 표면에서 반사되는 전자를 이용하는 주사 전자 현미경(SEM)이 있다.

이에 대한 설명으로 옳은 것만을 〈보기〉에서 있는 대로 고른 것은? [3점]

〈보기〉

ㄱ. 전자의 운동량이 클수록 ㉠은 길다.
ㄴ. '분해능'은 (가)에 해당된다.
ㄷ. 주사 전자 현미경(SEM)을 이용하면 시료의 표면을 관찰할 수 있다.

① ㄱ ② ㄷ ③ ㄱ, ㄴ ④ ㄴ, ㄷ ⑤ ㄱ, ㄴ, ㄷ

41

2022학년도 7월 학평 물I 10번

그림 (가), (나)는 각각 광학 현미경, 전자 현미경으로 동일한 시료를 같은 배율로 관찰한 것이다. (나)는 (가)보다 작은 구조가 선명하게 관찰되고, 시료의 입체 구조가 확인된다. (가)를 얻기 위해 사용된 빛의 파장은 λ_1이고, (나)를 얻기 위해 사용된 전자의 물질파 파장과 속력은 각각 λ_2, v이다.

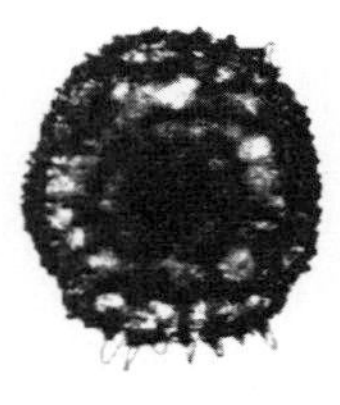
(가)

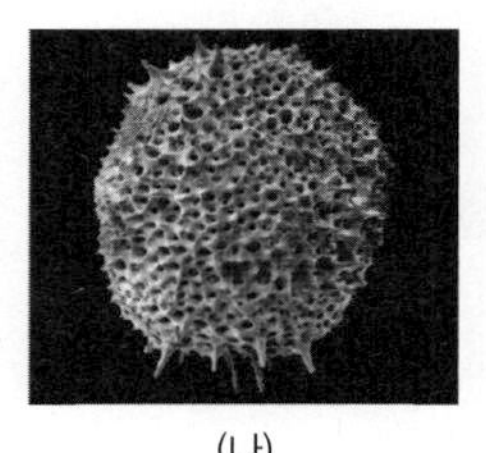
(나)

이에 대한 설명으로 옳은 것만을 〈보기〉에서 있는 대로 고른 것은?

〈 보기 〉

ㄱ. $\lambda_1 > \lambda_2$이다.

ㄴ. (나)는 투과 전자 현미경으로 관찰한 상이다.

ㄷ. 전자의 속력이 $\frac{v}{2}$이면 물질파 파장은 $4\lambda_2$이다.

① ㄱ ② ㄷ ③ ㄱ, ㄴ ④ ㄴ, ㄷ ⑤ ㄱ, ㄴ, ㄷ

42

2022학년도 3월 학평 물I 14번

그림은 현미경 A, B로 관찰할 수 있는 물체의 크기를 나타낸 것으로, A와 B는 각각 광학 현미경과 전자 현미경 중 하나이다. 사진 X, Y는 시료 P를 각각 A, B로 촬영한 것이다.

A로 관찰할 수 있는 물체의 크기

B로 관찰할 수 있는 물체의 크기

크기(m) 10^{-8} 10^{-7} 10^{-6} 10^{-5} 10^{-4}

박테리아

P

X: A로 촬영 Y: B로 촬영

이에 대한 옳은 설명만을 〈보기〉에서 있는 대로 고른 것은?

〈 보기 〉

ㄱ. B는 전자 현미경이다.

ㄴ. X는 물질의 파동성을 이용하여 촬영한 사진이다.

ㄷ. 전자 현미경으로 박테리아를 촬영하려면 P를 촬영할 때보다 저속의 전자를 이용해야 한다.

① ㄱ ② ㄴ ③ ㄱ, ㄴ ④ ㄱ, ㄷ ⑤ ㄴ, ㄷ

43

2021학년도 3월 학평 물I 16번

그림 (가)는 전하 결합 소자(CCD)가 내장된 카메라로 빨강 장미를 촬영하는 모습을, (나)는 광학 현미경으로는 관찰할 수 없는 바이러스를 파장이 λ인 전자의 물질파를 이용해 전자 현미경으로 관찰하는 모습을 나타낸 것이다.

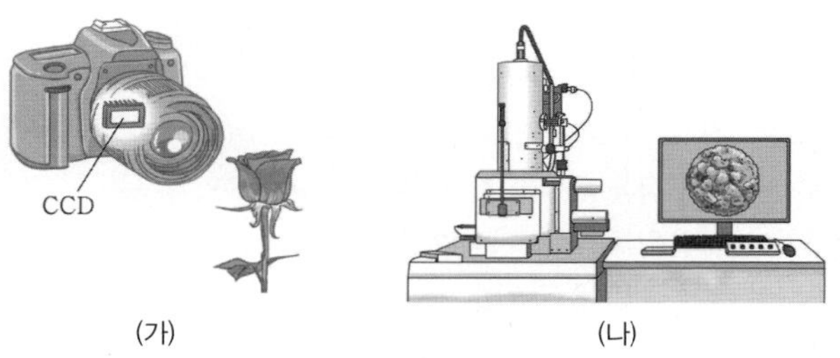

(가) (나)

이에 대한 옳은 설명만을 〈보기〉에서 있는 대로 고른 것은?

〈 보기 〉

ㄱ. CCD는 빛의 입자성을 이용한 장치이다.

ㄴ. λ는 빨간색 빛의 파장보다 길다.

ㄷ. (나)에서 전자의 속력이 클수록 λ는 짧아진다.

① ㄱ ② ㄴ ③ ㄱ, ㄷ ④ ㄴ, ㄷ ⑤ ㄱ, ㄴ, ㄷ

44

2022학년도 10월 학평 물I 11번

그림 (가), (나)는 주사 전자 현미경(SEM)으로 동일한 시료를 촬영한 사진을 나타낸 것이다. 촬영에 사용된 전자의 운동 에너지는 (가)에서가 (나)에서보다 작다.

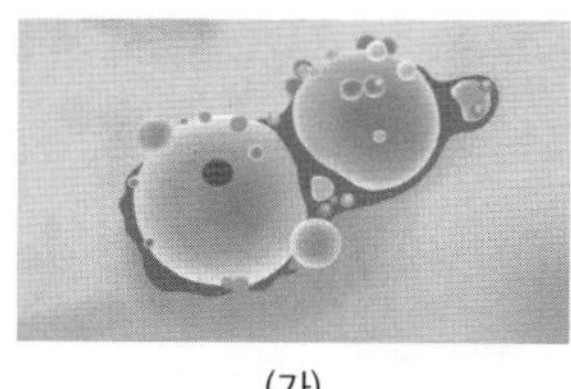
(가)

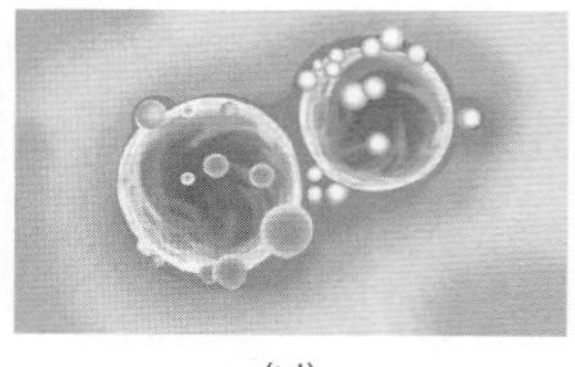
(나)

이에 대한 옳은 설명만을 〈보기〉에서 있는 대로 고른 것은?

〈 보기 〉

ㄱ. (가), (나)는 시료에 전자기파를 쪼여 촬영한 사진이다.

ㄴ. 전자의 물질파 파장은 (가)에서가 (나)에서보다 작다.

ㄷ. 광학 현미경보다 전자 현미경이 크기가 더 작은 시료를 관찰할 수 있다.

① ㄱ ② ㄴ ③ ㄷ ④ ㄱ, ㄴ ⑤ ㄴ, ㄷ

45

2022학년도 6월 모평 물Ⅰ 4번

그림은 투과 전자 현미경(TEM)의 구조를 나타낸 것이다. 전자총에서 방출된 전자의 운동 에너지가 E_0이면 물질파 파장은 λ_0이다. 이에 대한 설명으로 옳은 것만을 〈보기〉에서 있는 대로 고른 것은? [3점]

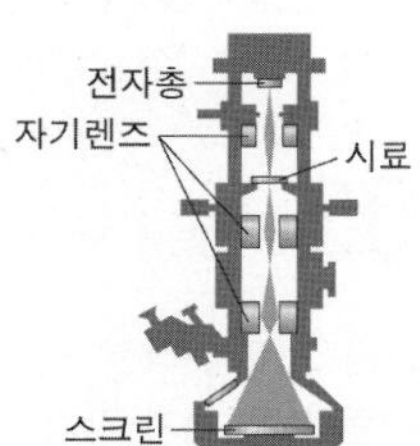

〈 보기 〉

ㄱ. 시료를 투과하는 전자기파에 의해 스크린에 상이 만들어진다.
ㄴ. 자기렌즈는 자기장을 이용하여 전자의 진행 경로를 바꾼다.
ㄷ. 운동 에너지가 $2E_0$인 전자의 물질파 파장은 $\frac{1}{2}\lambda_0$이다.

① ㄱ ② ㄴ ③ ㄱ, ㄷ ④ ㄴ, ㄷ ⑤ ㄱ, ㄴ, ㄷ

46

2022학년도 4월 학평 물Ⅰ 3번

그림은 전자 현미경과 광학 현미경에 대해 학생 A, B, C가 대화하는 모습을 나타낸 것이다.

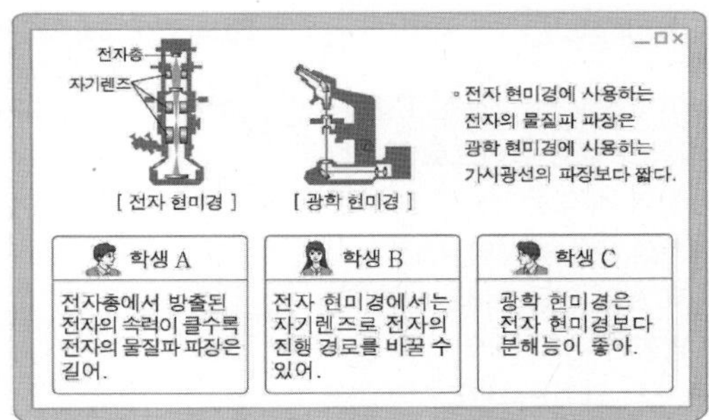

전자총
자기렌즈
[전자 현미경]
[광학 현미경]
• 전자 현미경에 사용하는 전자의 물질파 파장은 광학 현미경에 사용하는 가시광선의 파장보다 짧다.
학생 A
전자총에서 방출된 전자의 속력이 클수록 전자의 물질파 파장은 길어.
학생 B
전자 현미경에서는 자기렌즈로 전자의 진행 경로를 바꿀 수 있어.
학생 C
광학 현미경은 전자 현미경보다 분해능이 좋아.

제시한 내용이 옳은 학생만을 있는 대로 고른 것은? [3점]

① A ② B ③ A, C ④ B, C ⑤ A, B, C

47 대표 문제

2025학년도 수능 물Ⅰ 4번

그림은 빛과 물질의 이중성에 대해 학생 A, B, C가 대화하는 모습을 나타낸 것이다.

광전 효과에서 광전자가 즉시 방출되는 현상은 빛의 입자성으로 설명해.

속력이 서로 다른 두 입자의 운동량이 같을 때, 속력이 작은 입자의 물질파 파장이 더 길어.

전자 현미경에서 전자의 운동 에너지가 클수록 더 작은 구조를 구분하여 관찰할 수 있어.

제시한 내용이 옳은 학생만을 있는 대로 고른 것은? [3점]

① A ② B ③ A, C ④ B, C ⑤ A, B, C

01 정답률 43 %

2024학년도 6월 모평 물Ⅰ 18번

그림과 같이 직선 도로에서 출발선에 정지해 있던 자동차 A, B가 구간 Ⅰ에서는 가속도의 크기가 $2a$인 등가속도 운동을, 구간 Ⅱ에서는 등속도 운동을, 구간 Ⅲ에서는 가속도의 크기가 a인 등가속도 운동을 하여 도착선에서 정지한다. A가 출발선에서 L만큼 떨어진 기준선 P를 지나는 순간 B가 출발하였다. 구간 Ⅲ에서 A, B 사이의 거리가 L인 순간 A, B의 속력은 각각 v_A, v_B이다.

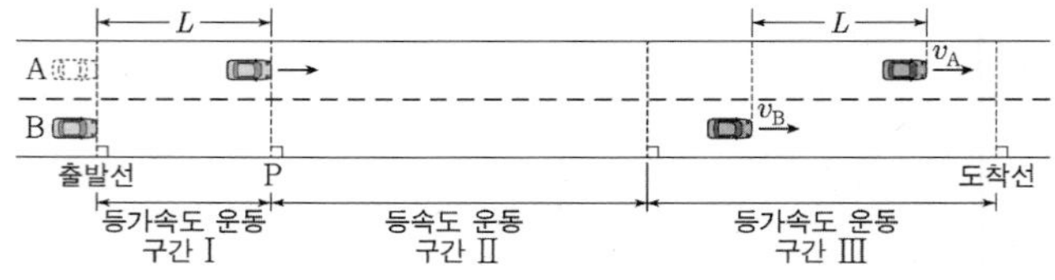

$\frac{v_A}{v_B}$는? [3점]

① $\frac{1}{4}$ ② $\frac{1}{3}$ ③ $\frac{1}{2}$ ④ $\frac{2}{3}$ ⑤ 1

02 정답률 41 %

2024학년도 3월 학평 물Ⅰ 9번

그림과 같이 물체가 점 a~d를 지나는 등가속도 직선 운동을 한다. a와 b, b와 c, c와 d 사이의 거리는 각각 L, x, $3L$이다. 물체가 운동하는 데 걸리는 시간은 a에서 b까지와 c에서 d까지가 같다. a, d에서 물체의 속력은 각각 v, $4v$이다.

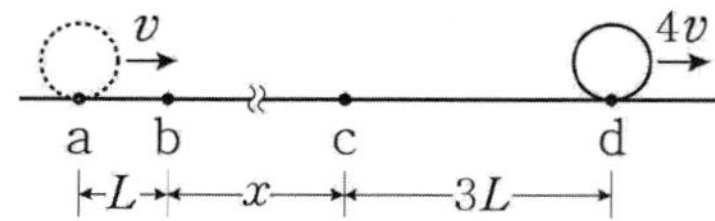

x는? [3점]

① $2L$ ② $4L$ ③ $6L$ ④ $8L$ ⑤ $10L$

03 정답률 37 %

2024학년도  수능 물Ⅰ 19번

그림과 같이 직선 도로에서 서로 다른 가속도로 등가속도 운동을 하는 자동차 A, B가 각각 속력 v_A, v_B로 기준선 P, Q를 동시에 지난 후 기준선 S에 동시에 도달한다. 가속도의 방향은 A와 B가 같고, 가속도의 크기는 A가 B의 $\frac{2}{3}$배이다. B가 Q에서 기준선 R까지 운동하는 데 걸린 시간은 R에서 S까지 운동하는 데 걸린 시간의 $\frac{1}{2}$배이다. P와 Q 사이, Q와 R 사이, R와 S 사이에서 자동차의 이동 거리는 모두 L로 같다.

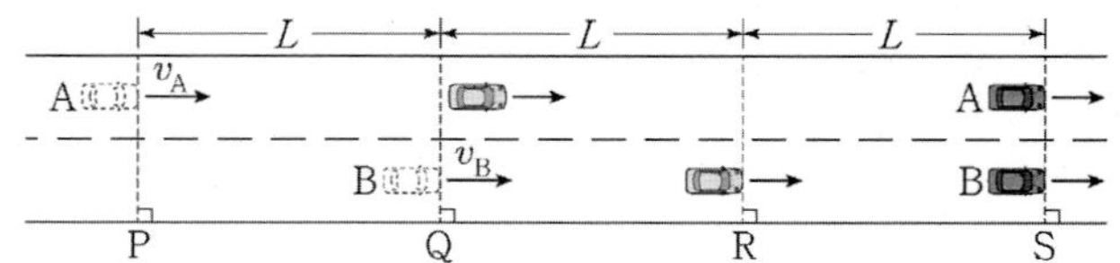

$\frac{v_A}{v_B}$는? [3점]

① $\frac{9}{4}$ ② $\frac{3}{2}$ ③ $\frac{7}{6}$ ④ $\frac{8}{7}$ ⑤ $\frac{8}{9}$

04 정답률 40 %

2023학년도 3월 학평 물Ⅰ 17번

그림과 같이 0초일 때 기준선 P를 서로 반대 방향의 같은 속력으로 통과한 물체 A와 B가 각각 등가속도 직선 운동하여 기준선 Q를 동시에 지난다. P에서 Q까지 A의 이동 거리는 L이다. 가속도의 방향은 A와 B가 서로 반대이고, 가속도의 크기는 B가 A의 7배이다. t_0초일 때 A와 B의 속도는 같다.

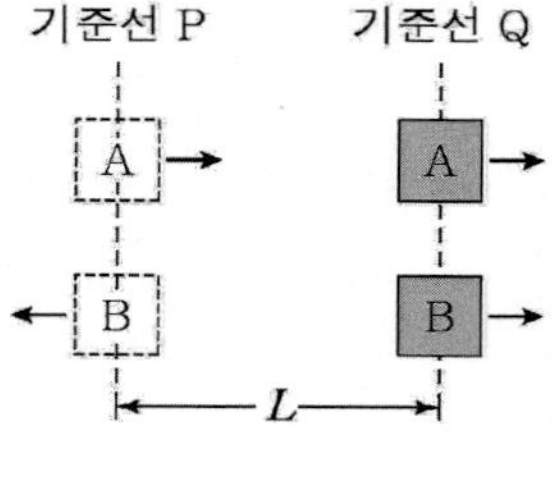

0초에서 t_0초까지 A의 이동 거리는? (단, 물체의 크기는 무시한다.)

① $\frac{5}{13}L$ ② $\frac{7}{16}L$ ③ $\frac{1}{2}L$ ④ $\frac{7}{12}L$ ⑤ $\frac{5}{7}L$

05 정답률 49 %

2023학년도 수능 물Ⅰ 14번

그림 (가)는 빗면의 점 p에 가만히 놓은 물체 A가 등가속도 운동하는 것을, (나)는 (가)에서 A의 속력이 v가 되는 순간, 빗면을 내려오던 물체 B가 p를 속력 $2v$로 지나는 것을 나타낸 것이다. 이후 A, B는 각각 속력 v_A, v_B로 만난다.

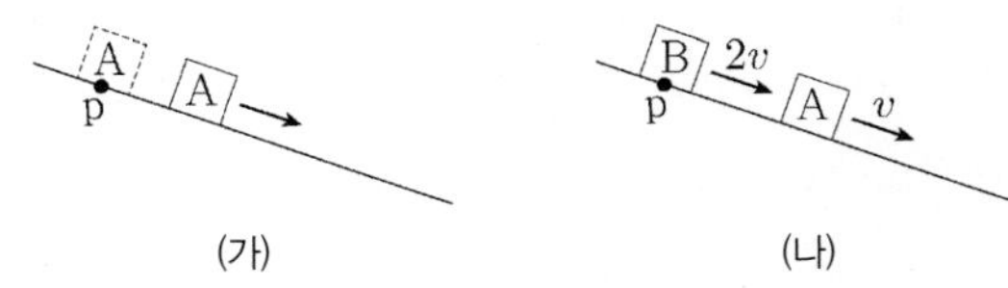

$\frac{v_B}{v_A}$는? (단, 물체의 크기, 모든 마찰은 무시한다.)

① $\frac{5}{4}$ ② $\frac{4}{3}$ ③ $\frac{3}{2}$ ④ $\frac{5}{3}$ ⑤ $\frac{7}{4}$

06 정답률 40 %

2024학년도 9월 모평 물Ⅰ 20번

그림과 같이 빗면에서 물체가 등가속도 직선 운동을 하여 점 a, b, c, d를 지난다. a에서 물체의 속력은 v이고, 이웃한 점 사이의 거리는 각각 L, $6L$, $3L$이다. 물체가 a에서 b까지, c에서 d까지 운동하는 데 걸린 시간은 같고, a와 d 사이의 평균 속력은 b와 c 사이의 평균 속력과 같다.

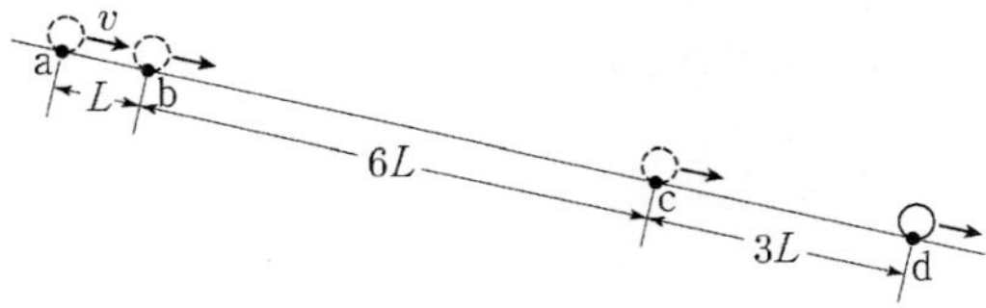

물체의 가속도의 크기는? (단, 물체의 크기는 무시한다.)

① $\frac{5v^2}{9L}$ ② $\frac{2v^2}{3L}$ ③ $\frac{7v^2}{9L}$ ④ $\frac{8v^2}{9L}$ ⑤ $\frac{v^2}{L}$

07 정답률 45 %

2024학년도 3월 학평 물Ⅰ 14번

그림은 물체 A~D가 실 p, q, r로 연결되어 정지해 있는 모습을 나타낸 것이다. A와 B의 질량은 각각 $2m$, m이고, C와 D의 질량은 같다. p를 끊었을 때, C는 가속도의 크기가 $\frac{2}{9}g$로 일정한 직선 운동을 하고, r이 D를 당기는 힘의 크기는 $\frac{10}{9}mg$이다.

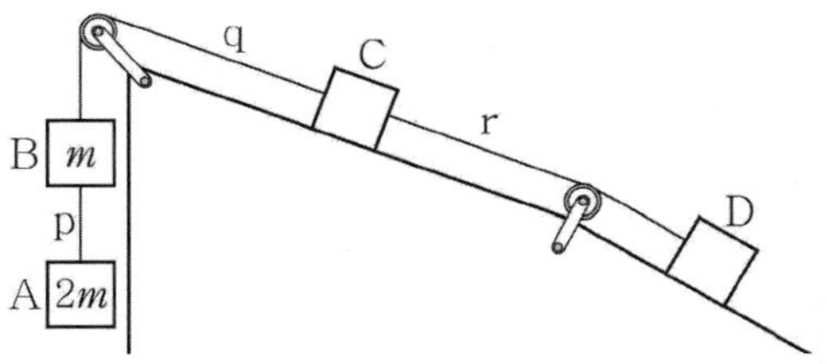

r을 끊었을 때, D의 가속도의 크기는? (단, g는 중력 가속도이고, 실의 질량, 공기 저항, 모든 마찰은 무시한다.) [3점]

① $\frac{2}{5}g$ ② $\frac{1}{2}g$ ③ $\frac{5}{9}g$ ④ $\frac{3}{5}g$ ⑤ $\frac{5}{8}g$

08 정답률 27 %

2024학년도 10월 학평 물Ⅰ 20번

그림은 물체 A, B, C가 실 p, q, r로 연결되어 정지해 있는 모습을 나타낸 것으로, q가 B에 작용하는 힘의 크기는 r이 C에 작용하는 힘의 크기의 $\frac{2}{3}$배이다. r을 끊으면 A, B, C가 등가속도 운동을 하다가 B가 수평면과 나란한 평면 위의 점 O를 지나는 순간 p가 끊어진다. 이후 A, B는 등가속도 운동을 하며, 가속도의 크기는 A가 B의 2배이다. r이 끊어진 순간부터 B가 O에 다시 돌아올 때까지 걸린 시간은 t_0이다. A, C의 질량은 각각 $6m$, m이다.

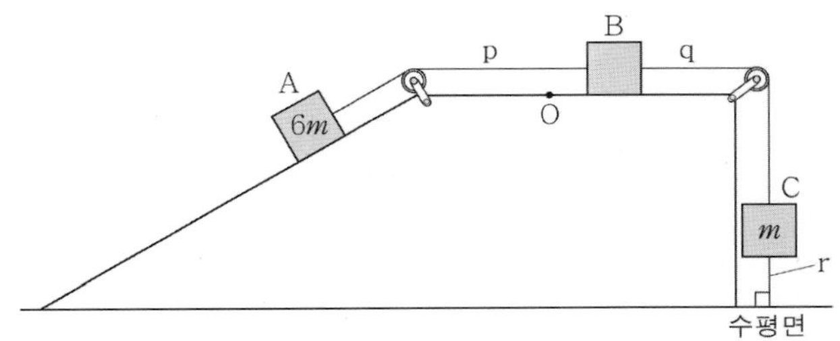

p가 끊어진 순간 C의 속력은? (단, 중력 가속도는 g이고, 물체는 동일 연직면상에서 운동하며, 물체의 크기, 실의 질량, 모든 마찰은 무시한다.) [3점]

① $\frac{1}{9}gt_0$ ② $\frac{1}{11}gt_0$ ③ $\frac{1}{13}gt_0$ ④ $\frac{1}{15}gt_0$ ⑤ $\frac{1}{17}gt_0$

09 정답률 39 %

2023학년도 4월 학평 물I 11번

그림 (가)와 같이 물체 A, B, C를 실 p, q로 연결하고 수평면 위의 점 O에서 B를 가만히 놓았더니 물체가 등가속도 운동하여 B의 속력이 v가 된 순간 q가 끊어진다. 그림 (나)와 같이 (가) 이후 A, B가 등가속도 운동하여 B가 O를 $3v$의 속력으로 지난다. A, C의 질량은 각각 $4m$, $5m$이다.

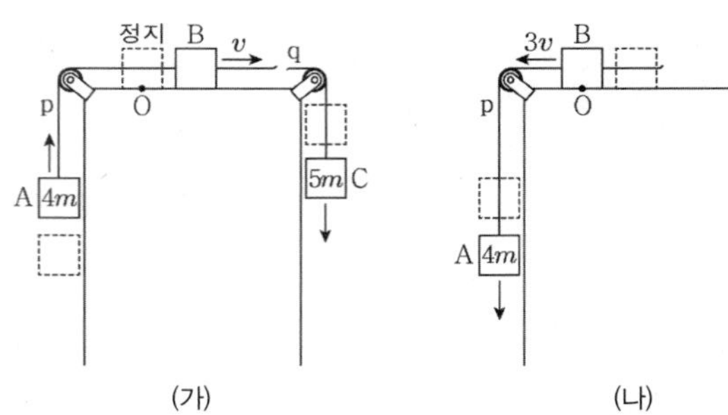

(가) (나)

(나)에서 p가 A를 당기는 힘의 크기는? (단, 중력 가속도는 g이고, 물체의 크기, 실의 질량, 마찰은 무시한다.) [3점]

① $\frac{1}{2}mg$ ② $\frac{2}{3}mg$ ③ $\frac{3}{4}mg$ ④ $\frac{4}{5}mg$ ⑤ $\frac{5}{6}mg$

10 정답률 47 %

2024학년도 7월 학평 물I 16번

그림 (가)는 물체 A, B를 실로 연결하고 A를 손으로 잡아 정지시킨 모습을 나타낸 것이다. 그림 (나)는 (가)에서 A를 가만히 놓은 순간부터 A의 속력을 시간에 따라 나타낸 것이다. $4t$일 때 실이 끊어졌다. A, B의 질량은 각각 $3m$, $2m$이다.

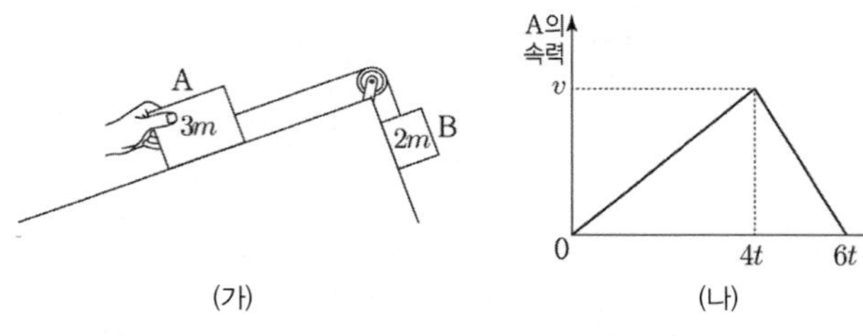

(가) (나)

이에 대한 설명으로 옳은 것만을 <보기>에서 있는 대로 고른 것은? (단, 실의 질량, 공기 저항과 모든 마찰은 무시한다.) [3점]

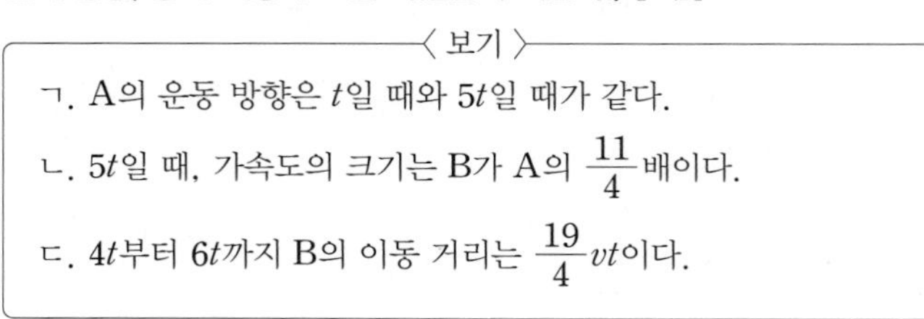

〈 보기 〉

ㄱ. A의 운동 방향은 t일 때와 $5t$일 때가 같다.

ㄴ. $5t$일 때, 가속도의 크기는 B가 A의 $\frac{11}{4}$배이다.

ㄷ. $4t$부터 $6t$까지 B의 이동 거리는 $\frac{19}{4}vt$이다.

① ㄴ ② ㄷ ③ ㄱ, ㄴ ④ ㄱ, ㄷ ⑤ ㄱ, ㄴ, ㄷ

11 정답률 43 %

2024학년도 3월 학평 물I 18번

그림 (가)와 같이 수평면에서 물체 A가 정지해 있는 물체 B, C를 향해 운동하고 있다. 그림 (나)는 (가)의 순간부터 A의 속력을 시간에 따라 나타낸 것으로, A의 운동 방향은 일정하다. A, B, C의 질량은 각각 $2m$, m, $4m$이고, $6t$일 때 B와 C가 충돌한다.

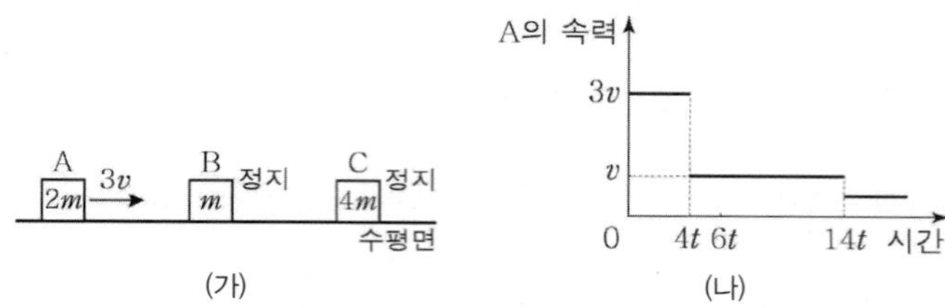

(가) (나)

$8t$일 때, C의 속력은? (단, 물체의 크기, 공기 저항, 모든 마찰은 무시한다.) [3점]

① $\frac{3}{4}v$ ② $\frac{15}{16}v$ ③ $\frac{5}{4}v$ ④ $\frac{21}{16}v$ ⑤ $\frac{4}{3}v$

12 정답률 44 %

2024학년도 9월 모평 물I 17번

그림 (가)와 같이 마찰이 없는 수평면에서 물체 A와 B 사이에 용수철을 넣어 압축시킨 후 A와 B를 동시에 가만히 놓았더니, 정지해 있던 A와 B가 분리되어 등속도 운동을 하는 물체 C, D를 향해 등속도 운동을 한다. 이때 C, D의 속력은 각각 $2v$, v이고, 운동 에너지는 C가 B의 2배이다. 그림 (나)는 (가)에서 물체가 충돌하여 A와 C는 정지하고, B와 D는 한 덩어리가 되어 속력 $\frac{1}{3}v$로 등속도 운동을 하는 모습을 나타낸 것이다.

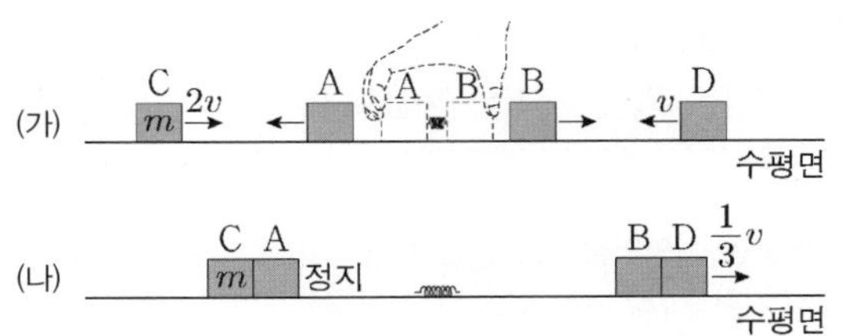

C의 질량이 m일 때, D의 질량은? (단, 물체는 동일 직선상에서 운동하고, 용수철의 질량은 무시한다.) [3점]

① $\frac{1}{2}m$ ② m ③ $\frac{3}{2}m$ ④ $2m$ ⑤ $\frac{5}{2}m$

13 정답률 40 %

2023학년도 수능 물I 16번

그림 (가)와 같이 수평면에서 벽 p와 q 사이의 거리가 8 m인 물체 A가 4 m/s의 속력으로 등속도 운동하고, 물체 B가 p와 q 사이에서 등속도 운동한다. 그림 (나)는 p와 B 사이의 거리를 시간에 따라 나타낸 것이다. B는 1초일 때와 3초일 때 각각 q와 p에 충돌한다. 3초 이후 A는 5 m/s의 속력으로 등속도 운동한다.

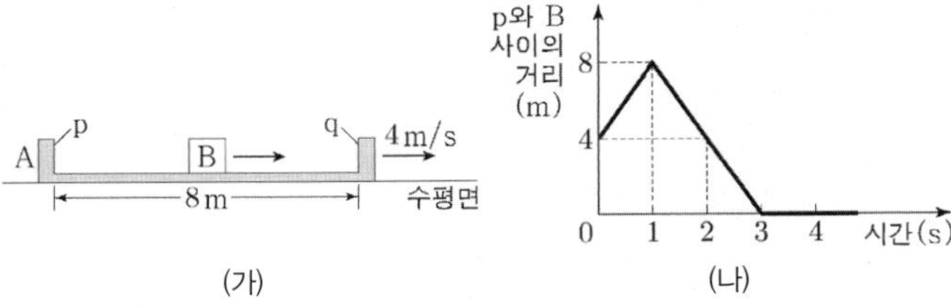

이에 대한 설명으로 옳은 것만을 〈보기〉에서 있는 대로 고른 것은? (단, A와 B는 동일 직선상에서 운동하며, 벽과 B의 크기, 모든 마찰은 무시한다.) [3점]

〈 보기 〉

ㄱ. 질량은 A가 B의 3배이다.

ㄴ. 2초일 때, A의 속력은 6 m/s이다.

ㄷ. 2초일 때, 운동 방향은 A와 B가 같다.

① ㄱ ② ㄴ ③ ㄱ, ㄷ ④ ㄴ, ㄷ ⑤ ㄱ, ㄴ, ㄷ

14 정답률 36 %

2024학년도 6월 모평 물I 19번

그림 (가)와 같이 마찰이 없는 수평면에서 물체 A, B, C가 등속도 운동을 한다. A, B, C의 운동량의 크기는 각각 $4p$, $4p$, p이다. 그림 (나)는 A와 B 사이의 거리(S_{AB}), B와 C 사이의 거리(S_{BC})를 시간 t에 따라 나타낸 것이다.

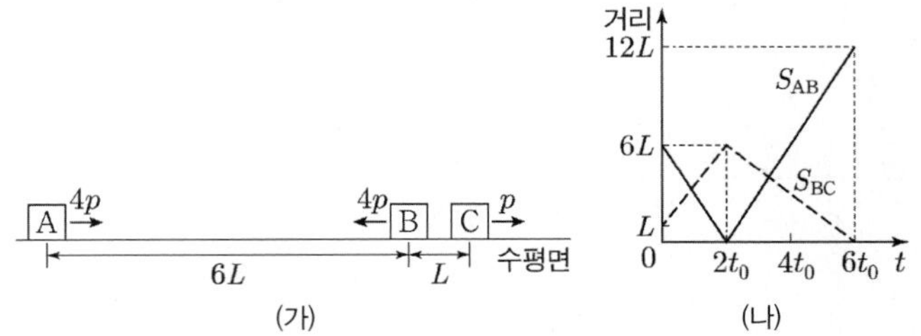

이에 대한 설명으로 옳은 것만을 〈보기〉에서 있는 대로 고른 것은? (단, A, B, C는 동일 직선상에서 운동하고, 물체의 크기는 무시한다.) [3점]

〈 보기 〉

ㄱ. $t=t_0$일 때, 속력은 A와 B가 같다.

ㄴ. B와 C의 질량은 같다.

ㄷ. $t=4t_0$일 때, B의 운동량의 크기는 $4p$이다.

① ㄱ ② ㄷ ③ ㄱ, ㄴ ④ ㄴ, ㄷ ⑤ ㄱ, ㄴ, ㄷ

15 정답률 36 %

2023학년도 4월 학평 물Ⅰ 13번

그림 (가)는 수평면에서 물체 A, B, C가 등속도 운동하는 모습을 나타낸 것이다. B의 속력은 1 m/s이다. 그림 (나)는 A와 C 사이의 거리, B와 C 사이의 거리를 시간 t에 따라 나타낸 것이다. A, B, C는 동일 직선상에서 운동한다.

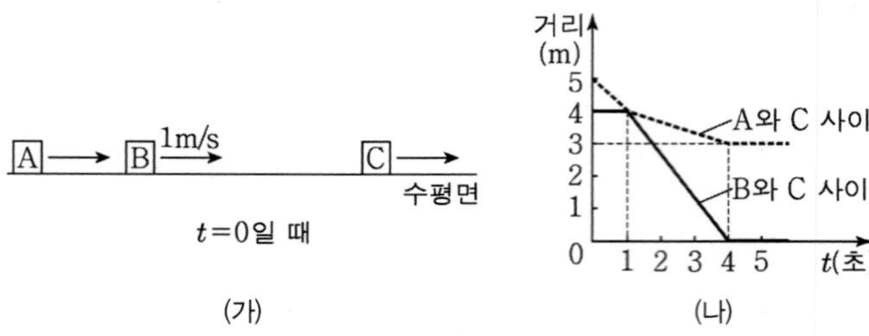

(가) (나)

A, C의 질량을 각각 m_A, m_C라 할 때, $\frac{m_C}{m_A}$는? (단, 물체의 크기는 무시한다.) [3점]

① $\frac{3}{2}$ ② 2 ③ $\frac{5}{2}$ ④ 3 ⑤ $\frac{7}{2}$

16 정답률 51 %

2024학년도 10월 학평 물Ⅰ 18번

그림은 높이가 $3h$인 지점을 속력 v로 지나는 물체가 빗면 위의 마찰 구간 Ⅰ과 수평면 위의 마찰 구간 Ⅱ를 지난 후 높이가 h인 지점을 속력 v로 통과하는 모습을 나타낸 것이다. 점 p, q는 Ⅱ의 양 끝점이다. 높이차가 d인 Ⅰ에서 물체는 등속도 운동을 하고, Ⅰ의 최저점의 높이는 h이다. Ⅰ과 Ⅱ에서 물체의 역학적 에너지 감소량은 q에서 물체의 운동 에너지의 $\frac{2}{3}$배로 같다.

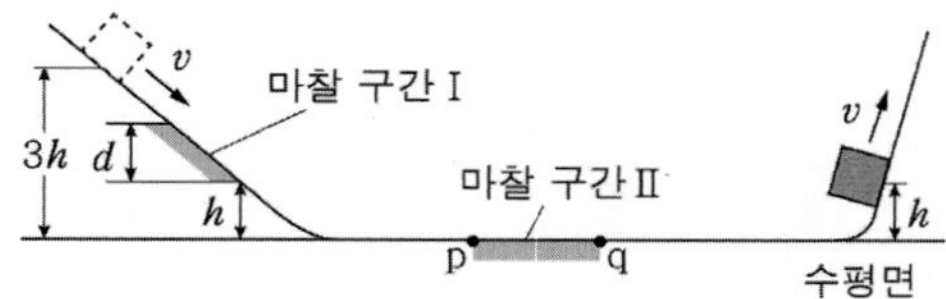

이에 대한 옳은 설명만을 〈보기〉에서 있는 대로 고른 것은? (단, 물체의 크기, 공기 저항, 마찰 구간 외의 모든 마찰은 무시한다.)

〈보기〉

ㄱ. $d=h$이다.

ㄴ. p에서 물체의 속력은 $\sqrt{5}v$이다.

ㄷ. 물체의 운동 에너지는 Ⅰ에서와 q에서가 같다.

① ㄱ ② ㄷ ③ ㄱ, ㄴ ④ ㄴ, ㄷ ⑤ ㄱ, ㄴ, ㄷ

17 정답률 41 %

2025학년도 6월 모평 물Ⅰ 19번

그림은 물체 A, C를 수평면에 놓인 물체 B의 양쪽에 실로 연결하여 서로 다른 빗면에 놓고, A를 손으로 잡아 점 p에 정지시킨 모습을 나타낸 것이다. A를 가만히 놓으면 A는 빗면을 따라 등가속도 운동한다. A가 p에서 d만큼 떨어진 점 q까지 운동하는 동안 A, C의 중력 퍼텐셜 에너지 변화량의 크기는 각각 E_0, $7E_0$이다. A, B, C의 질량은 각각 m, $2m$, $3m$이다.

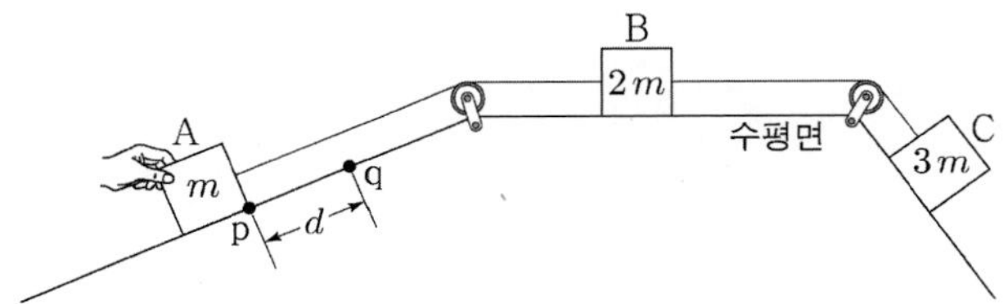

A가 p에서 q까지 운동하는 동안, 이에 대한 설명으로 옳은 것만을 〈보기〉에서 있는 대로 고른 것은? (단, 물체의 크기, 실의 질량, 모든 마찰은 무시한다.)

〈 보기 〉

ㄱ. A의 운동 에너지 변화량과 중력 퍼텐셜 에너지 변화량은 크기가 같다.

ㄴ. B의 가속도의 크기는 $\dfrac{2E_0}{md}$이다.

ㄷ. 역학적 에너지 변화량의 크기는 B가 C보다 크다.

① ㄱ ② ㄴ ③ ㄷ ④ ㄱ, ㄴ ⑤ ㄱ, ㄷ

18 정답률 48 %

2024학년도 9월  물Ⅰ 19번

그림은 높이 $6h$인 점에서 가만히 놓은 물체가 궤도를 따라 운동하여 마찰 구간 Ⅰ, Ⅱ를 지나 최고점 r에 도달하여 정지한 순간의 모습을 나타낸 것이다. 점 p, q의 높이는 각각 h, $2h$이고, p, q에서 물체의 속력은 각각 $\sqrt{2}v$, v이다. 마찰 구간에서 손실된 역학적 에너지는 Ⅱ에서가 Ⅰ에서의 2배이다.

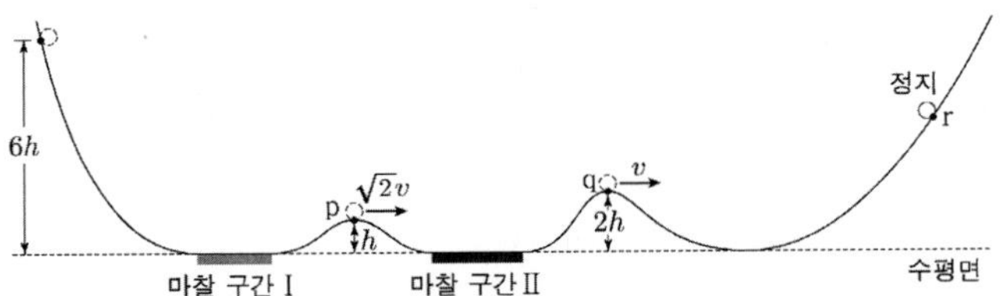

r의 높이는? (단, 물체의 크기, 공기 저항, 마찰 구간 외의 모든 마찰은 무시한다.) [3점]

① $\dfrac{19}{5}h$ ② $4h$ ③ $\dfrac{21}{5}h$ ④ $\dfrac{22}{5}h$ ⑤ $\dfrac{23}{5}h$

19 정답률 41 %

2024학년도 3월 학평 물Ⅰ 20번

그림 (가)와 같이 빗면을 따라 운동하는 물체 A는 수평한 기준선 P를 속력 $5v$로 지나고, 물체 B는 수평면에 정지해 있다. 그림 (나)는 (가) 이후, A와 B가 충돌하여 서로 반대 방향으로 속력 $2v$로 운동하는 모습을 나타낸 것이다. A, B의 질량은 각각 m, $3m$이다. A가 마찰 구간을 올라갈 때와 내려갈 때 손실된 역학적 에너지는 같다. (나) 이후, A, B는 각각 P를 속력 v_A, $3v$로 지난다.

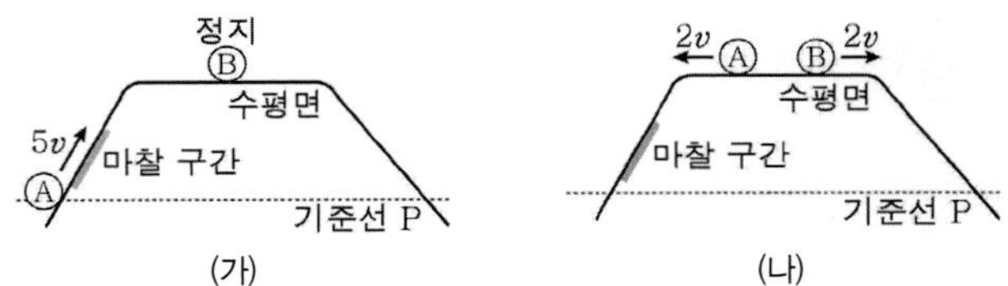

v_A는? (단, 물체의 크기, 공기 저항, 마찰 구간 외의 모든 마찰은 무시한다.) [3점]

① $2v$ ② $\sqrt{5}v$ ③ $\sqrt{6}v$ ④ $\sqrt{7}v$ ⑤ $2\sqrt{2}v$

20 정답률 47 %

2023학년도 10월 학평 물Ⅰ 18번

그림과 같이 빗면의 마찰 구간 Ⅰ에서 일정한 속력 v로 직선 운동한 물체가 마찰 구간 Ⅱ를 속력 v로 빠져나왔다. 점 p~s는 각각 Ⅰ 또는 Ⅱ의 양 끝점이고, p와 q, r과 s의 높이차는 모두 h이다. Ⅰ과 Ⅱ에서 물체의 역학적 에너지 감소량은 p에서 물체의 운동 에너지의 4배로 같다.

r에서 물체의 속력은? (단, 물체의 크기, 공기 저항, 마찰 구간 외의 모든 마찰은 무시한다.)

① $2v$ ② $\sqrt{6}v$ ③ $2\sqrt{2}v$ ④ $3v$ ⑤ $4v$

21 정답률 33 %

2024학년도 수능 물Ⅰ 20번

그림 (가)와 같이 질량이 m인 물체 A를 높이 $9h$인 지점에 가만히 놓았더니 A가 마찰 구간 Ⅰ을 지나 수평면에 정지한 질량이 $2m$인 물체 B와 충돌한다. 그림 (나)는 A와 B가 충돌한 후, A는 다시 Ⅰ을 지나 높이 H인 지점에서 정지하고, B는 마찰 구간 Ⅱ를 지나 높이 $\frac{7}{2}h$인 지점에서 정지한 순간의 모습을 나타낸 것이다. A가 Ⅰ을 한 번 지날 때 손실되는 역학적 에너지는 B가 Ⅱ를 지날 때 손실되는 역학적 에너지와 같고, 충돌에 의해 손실되는 역학적 에너지는 없다.

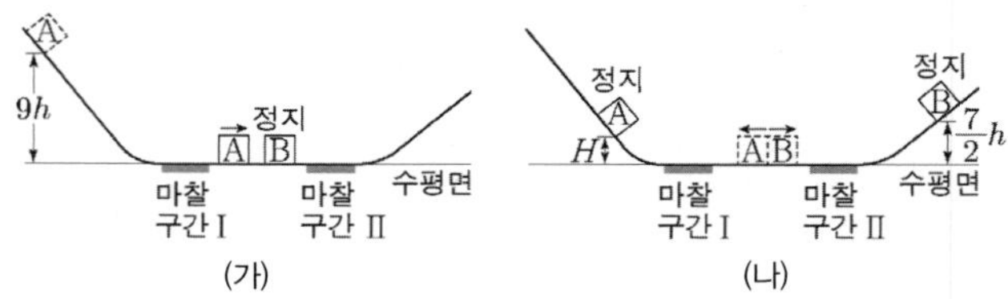

H는? (단, 물체는 동일 연직면상에서 운동하고, 물체의 크기, 공기 저항, 마찰 구간 외의 모든 마찰은 무시한다.)

① $\frac{5}{17}h$ ② $\frac{7}{17}h$ ③ $\frac{9}{17}h$ ④ $\frac{11}{17}h$ ⑤ $\frac{13}{17}h$

22 정답률 37 %

2024학년도 6월 모평 물Ⅰ 20번

그림과 같이 수평면에서 운동하던 질량이 m인 물체가 언덕을 따라 올라갔다가 내려온다. 높이가 같은 점 p, s에서 물체의 속력은 각각 $2v_0$, v_0이고, 최고점 q에서의 속력은 v_0이다. 높이 차가 h로 같은 마찰 구간 Ⅰ, Ⅱ에서 물체의 역학적 에너지 감소량은 Ⅱ에서가 Ⅰ에서의 2배이다.

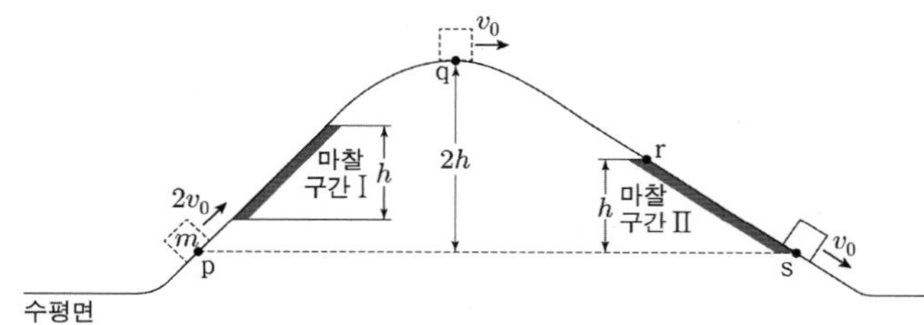

점 r에서 물체의 속력은? (단, 마찰 구간 외의 모든 마찰과 공기 저항, 물체의 크기는 무시한다.)

① $\frac{\sqrt{5}}{2}v_0$ ② $\frac{\sqrt{7}}{2}v_0$ ③ $\sqrt{2}\,v_0$ ④ $\frac{3}{2}v_0$ ⑤ $\sqrt{3}\,v_0$

23 정답률 31 %

2023학년도 7월 학평 물I 19번

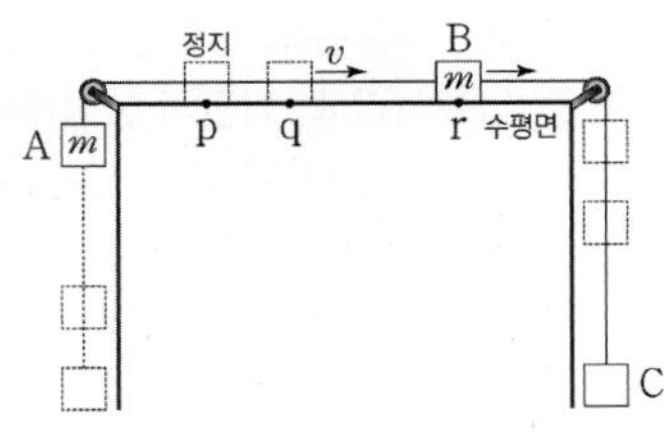

그림은 물체 A, B, C를 실로 연결하여 수평면의 점 p에서 B를 가만히 놓아 물체가 등가속도 운동하는 모습을 나타낸 것이다. B가 점 q를 지날 때 속력은 v이다. B가 p에서 q까지 운동하는 동안 A의 중력 퍼텐셜 에너지의 증가량은 A의 운동 에너지 증가량의 4배이다. B의 운동 에너지는 점 r에서가 q에서의 3배이다. A, B의 질량은 각각 m이고, q와 r 사이의 거리는 L이다.

B가 r를 지날 때 C의 운동 에너지는? (단, 중력 가속도는 g이고, 물체의 크기, 실의 질량, 모든 마찰은 무시한다.)

① $\frac{3}{4}mgL$ ② $\frac{4}{5}mgL$ ③ $\frac{5}{6}mgL$ ④ mgL ⑤ $\frac{4}{3}mgL$

24 정답률 20 %

2024학년도 5월 학평 물I 20번

그림과 같이 높이가 $3h$인 평면에서 질량이 각각 m, $2m$인 물체 A, B를 용수철의 양 끝에 접촉하여 압축시킨 후 동시에 가만히 놓았더니 A, B가 궤도를 따라 운동한다. A는 마찰 구간 I의 끝점 p에서 정지하고, B는 높이차가 h인 마찰 구간 II를 등속도로 지난 후 마찰 구간 III을 지나 v의 속력으로 운동한다. I, III에서 A, B는 서로 같은 크기의 마찰력을 받아 등가속도 직선 운동한다. I, III에서 A, B의 평균 속력은 같고, A가 I에서 운동하는 데 걸린 시간과 B가 III에서 운동하는 데 걸린 시간은 같다.

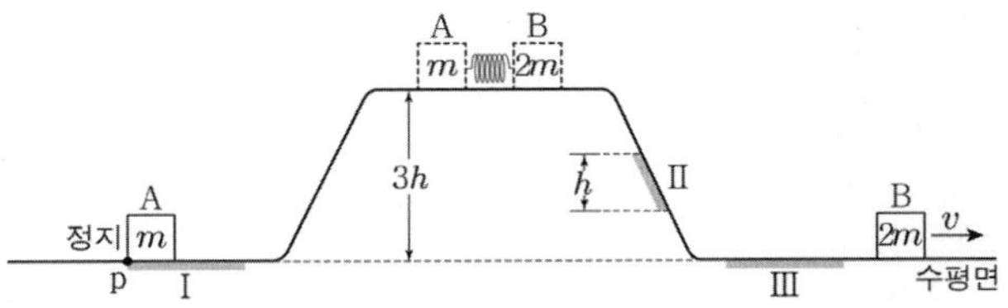

II에서 B의 감소한 역학적 에너지는? (단, 용수철의 질량, 물체의 크기, 공기 저항, 마찰 구간 외의 마찰은 무시한다.) [3점]

① mv^2 ② $2mv^2$ ③ $3mv^2$ ④ $4mv^2$ ⑤ $5mv^2$

25 정답률 29 %

2023학년도 수능 물Ⅰ 20번

그림은 빗면의 점 p에 가만히 놓은 물체가 점 q, r, s를 지나 빗면의 점 t에서 속력이 0인 순간을 나타낸 것이다. 물체는 p와 q 사이에서 가속도의 크기 $3a$로 등가속도 운동을, 빗면의 마찰 구간에서 등속도 운동을, r와 t 사이에서 가속도의 크기 $2a$로 등가속도 운동을 한다. 물체가 마찰 구간을 지나는 데 걸린 시간과 r에서 s까지 지나는 데 걸린 시간은 같다. p와 q 사이, s와 r 사이의 높이차는 h로 같고, t는 마찰 구간의 최고점 q와 높이가 같다.

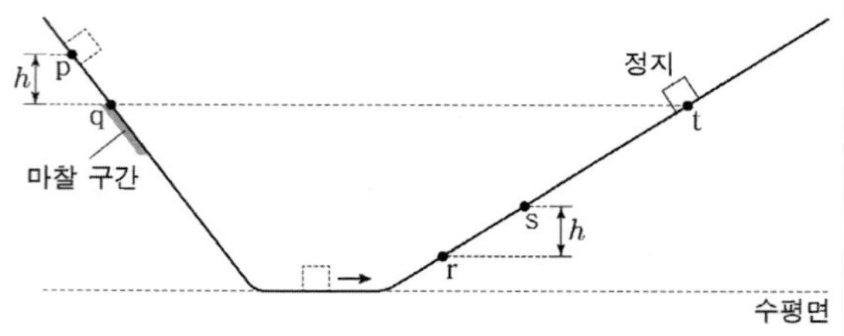

t와 s 사이의 높이차는? (단, 물체의 크기, 공기 저항, 마찰 구간 외의 모든 마찰은 무시한다.) [3점]

① $\frac{16}{9}h$ ② $2h$ ③ $\frac{20}{9}h$ ④ $\frac{7}{3}h$ ⑤ $\frac{8}{3}h$

26 정답률 28 %

2023학년도 4월 학평 물Ⅰ 20번

그림 (가)는 수평면에서 질량이 m인 물체로 용수철을 원래 길이에서 $2d$만큼 압축시킨 후 가만히 놓았더니 물체가 마찰 구간을 지나 높이가 h인 최고점에서 속력이 0인 순간을 나타낸 것이다. 마찰 구간을 지나는 동안 감소한 물체의 운동 에너지는 마찰 구간의 최저점 p에서 물체의 중력 퍼텐셜 에너지의 6배이다. 그림 (나)는 (가)에서 물체가 마찰 구간을 지나 용수철을 원래 길이에서 최대 d만큼 압축시킨 모습을 나타낸 것으로, 물체는 마찰 구간에서 등속도 운동한다. 마찰 구간에서 손실된 물체의 역학적 에너지는 (가)에서와 (나)에서가 같다.

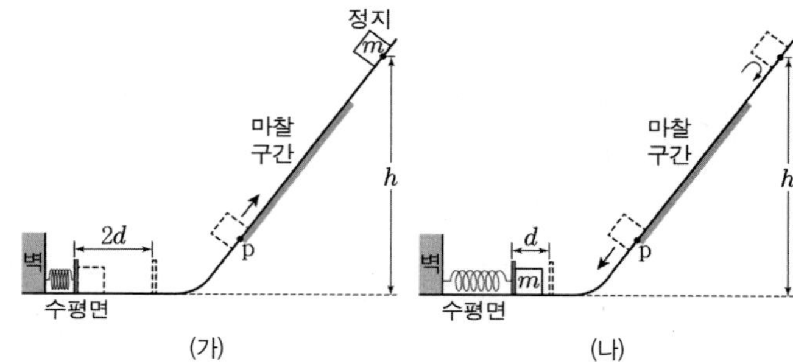

(나)의 p에서 물체의 운동 에너지는? (단, 중력 가속도는 g이고, 수평면에서 물체의 중력 퍼텐셜 에너지는 0이며 용수철의 질량, 물체의 크기, 공기 저항, 마찰 구간 외의 마찰은 무시한다.) [3점]

① $\frac{1}{9}mgh$ ② $\frac{1}{8}mgh$ ③ $\frac{1}{7}mgh$ ④ $\frac{1}{6}mgh$ ⑤ $\frac{1}{5}mgh$

27 정답률 45 %

2024학년도 3월 학평 물I 19번

표는 열효율이 0.25인 열기관에서 일정량의 이상 기체가 상태 A → B → C → D → A를 따라 순환하는 동안 기체가 흡수 또는 방출하는 열량을 나타낸 것이다. A → B 과정과 C → D 과정에서 기체가 한 일은 0이다.

위 기체의 상태 변화와 Q를 옳게 짝지은 것만을 〈보기〉에서 있는 대로 고른 것은?

과정	흡수 또는 방출하는 열량
A → B	$12Q_0$
B → C	0
C → D	Q
D → A	0

〈 보기 〉

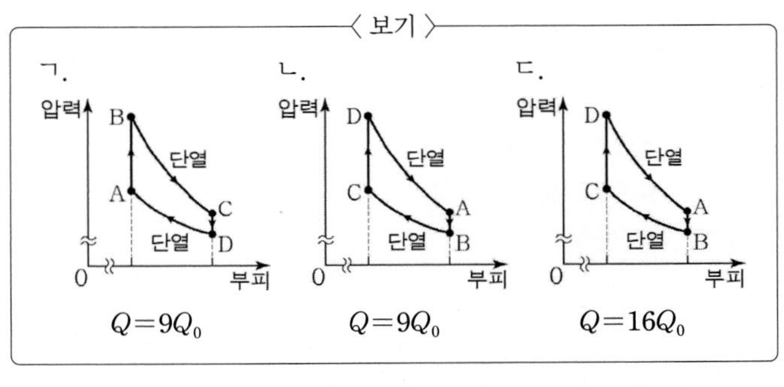

① ㄱ ② ㄴ ③ ㄷ ④ ㄱ, ㄴ ⑤ ㄱ, ㄷ

28 정답률 40 %

2023학년도 6월 모평 물I 16번

그림은 열효율이 0.5인 열기관에서 일정량의 이상 기체의 상태가 A → B → C → D → A를 따라 변할 때 기체의 압력과 부피를 나타낸 것이다. A → B, C → D는 각각 압력이 일정한 과정이고, B → C, D → A는 각각 단열 과정이다. A → B 과정에서 기체가 흡수한 열량은 Q이다. 표는 각 과정에서 기체가 외부에 한 일 또는 외부로부터 받은 일을 나타낸 것이다.

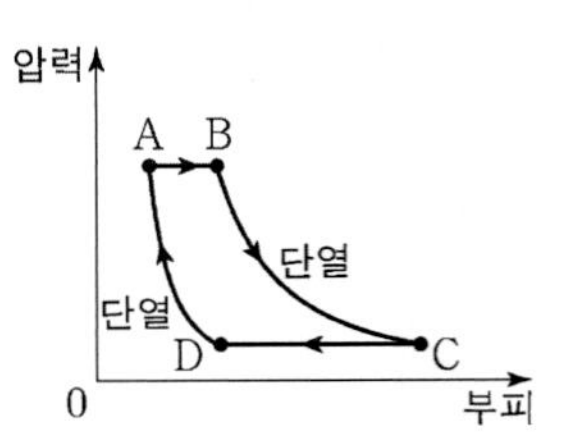

과정	기체가 외부에 한 일 또는 외부로부터 받은 일
A → B	$8W$
B → C	$9W$
C → D	$4W$
D → A	$3W$

이에 대한 설명으로 옳은 것만을 〈보기〉에서 있는 대로 고른 것은? [3점]

〈 보기 〉

ㄱ. $Q=20W$이다.
ㄴ. 기체의 온도는 A에서가 C에서보다 낮다.
ㄷ. A → B 과정에서 기체의 내부 에너지 증가량은 C → D 과정에서 기체의 내부 에너지 감소량보다 크다.

① ㄱ ② ㄷ ③ ㄱ, ㄴ ④ ㄴ, ㄷ ⑤ ㄱ, ㄴ, ㄷ

29 정답률 46 %

2022학년도 수능 물I 14번

그림과 같이 관찰자 A에 대해 관찰자 B가 탄 우주선이 $+x$ 방향으로 광속에 가까운 속력 v로 등속도 운동한다. B의 관성계에서 빛은 광원으로부터 각각 점 p, q, r를 향해 $-x$, $+x$, $+y$ 방향으로 동시에 방출된다. 표는 A, B의 관성계에서 각각의 경로에 따라 빛이 진행하는 데 걸린 시간을 나타낸 것이다.

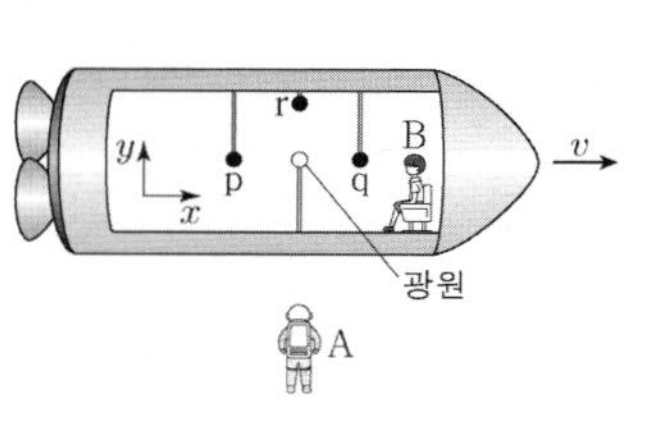

빛의 경로	걸린 시간	
	A의 관성계	B의 관성계
광원 → p	t_1	㉠
광원 → q	t_1	t_2
광원 → r	㉡	t_2

이에 대한 설명으로 옳은 것만을 〈보기〉에서 있는 대로 고른 것은? (단, 빛의 속력은 c이다.)

〈 보기 〉

ㄱ. ㉠은 t_1보다 작다.

ㄴ. ㉡은 t_2보다 크다.

ㄷ. B의 관성계에서 p에서 q까지의 거리는 $2ct_2$보다 크다.

① ㄱ ② ㄴ ③ ㄱ, ㄷ ④ ㄴ, ㄷ ⑤ ㄱ, ㄴ, ㄷ

30 정답률 42 %

2022학년도 6월 모평 물I 14번

그림은 관찰자 A에 대해 관찰자 B가 탄 우주선이 x축과 나란하게 광속에 가까운 속력으로 등속도 운동을 하고 있는 모습을 나타낸 것이다. B의 관성계에서 빛은 광원으로부터 각각 $+x$ 방향, $-y$ 방향으로 동시에 방출된 후 거울 p, q에서 반사하여 광원에 동시에 도달하며 광원과 q 사이의 거리는 L이다. 표는 A의 관성계에서 빛이 광원에서 p까지, p에서 광원까지 가는 데 걸린 시간을 나타낸 것이다.

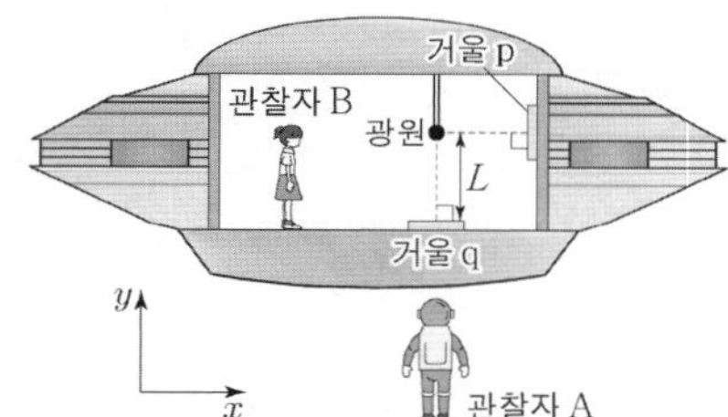

빛의 경로	시간
광원 → p	$0.4t_0$
p → 광원	$0.6t_0$

이에 대한 설명으로 옳은 것만을 〈보기〉에서 있는 대로 고른 것은? (단, 빛의 속력은 c이다.)

〈 보기 〉

ㄱ. 우주선의 운동 방향은 $-x$ 방향이다.

ㄴ. $t_0 > \dfrac{2L}{c}$이다.

ㄷ. A의 관성계에서 광원과 p 사이의 거리는 L보다 작다.

① ㄱ ② ㄴ ③ ㄱ, ㄷ ④ ㄴ, ㄷ ⑤ ㄱ, ㄴ, ㄷ

31 정답률 32 %

2021학년도 3월 학평 물Ⅰ 17번

그림과 같이 관찰자 A가 관측했을 때, 정지한 광원에서 빛 p, q가 각각 $+x$ 방향과 $+y$ 방향으로 동시에 방출된 후 정지한 각 거울에서 반사하여 광원으로 동시에 되돌아온다. 관찰자 B는 A에 대해 $0.6c$의 속력으로 $+x$ 방향으로 이동하고 있다. 표는 B가 측정했을 때, p와 q가 각각 광원에서 거울까지, 거울에서 광원까지 가는 데 걸린 시간을 나타낸 것이다.

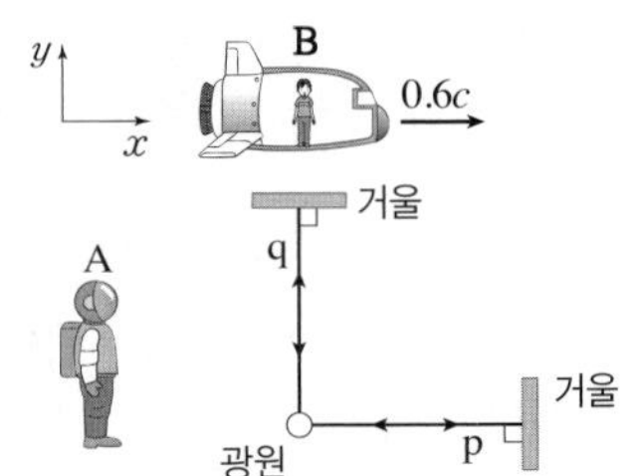

<B가 측정한 시간>

빛	광원에서 거울까지	거울에서 광원까지
p	t_1	t_2
q	t_3	t_3

B의 관성계에서 관측했을 때에 대한 옳은 설명만을 〈보기〉에서 있는 대로 고른 것은? (단, c는 빛의 속력이고, 광원의 크기는 무시한다.) [3점]

〈 보기 〉

ㄱ. p의 속력은 거울에서 반사하기 전과 후가 서로 다르다.
ㄴ. p가 q보다 먼저 거울에서 반사한다.
ㄷ. $2t_3=t_1+t_2$이다.

① ㄴ ② ㄷ ③ ㄱ, ㄴ ④ ㄱ, ㄷ ⑤ ㄴ, ㄷ

32 정답률 36 %

2022학년도 3월 학평 물Ⅰ 18번

그림과 같이 관찰자 A가 탄 우주선이 관찰자 B에 대해 광속에 가까운 일정한 속력으로 $+x$ 방향으로 운동한다. A의 관성계에서 빛은 광원으로부터 각각 $-x$ 방향, $+y$ 방향으로 방출된다. 표는 A와 B가 각각 측정했을 때 빛이 광원에서 점 p, q까지 가는 데 걸린 시간을 나타낸 것이다.

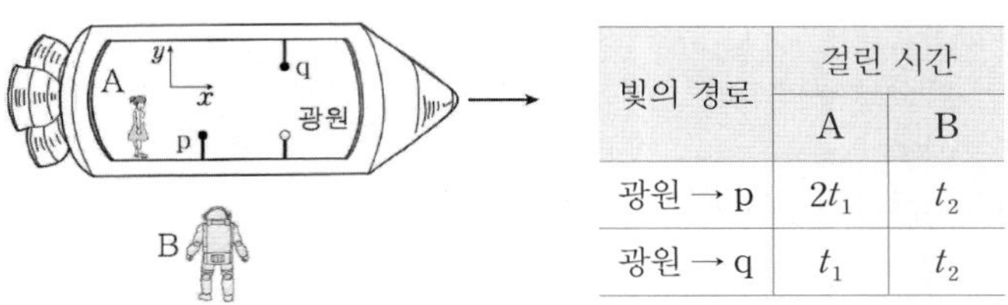

빛의 경로	걸린 시간	
	A	B
광원 → p	$2t_1$	t_2
광원 → q	t_1	t_2

이에 대한 설명으로 옳은 것은? (단, 빛의 속력은 c이다.) [3점]

① $t_1>t_2$이다.
② A의 관성계에서 광원과 p 사이의 거리는 $2ct_1$보다 작다.
③ B의 관성계에서 광원과 p 사이의 거리는 ct_2이다.
④ B의 관성계에서 광원과 q 사이의 거리는 ct_2보다 작다.
⑤ B가 측정할 때, B의 시간은 A의 시간보다 느리게 간다.

정답률 낮은 문제, 한 번 더!

01

정답률 22 %　　2023학년도 7월 학평 물Ⅰ 18번

그림 (가)는 점전하 A, B, C, D를 x축상에 고정시킨 것으로 A에 작용하는 전기력의 방향은 $-x$방향이고, B에 작용하는 전기력은 0이다. 그림 (나)는 (가)에서 A와 C의 위치만 서로 바꾸어 고정시킨 것으로 B에는 $+x$방향으로 크기가 F인 전기력이 작용한다. A, B, C의 전하량의 크기는 각각 $2Q$, Q, Q이다.

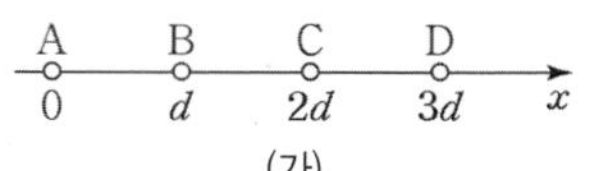

(가)

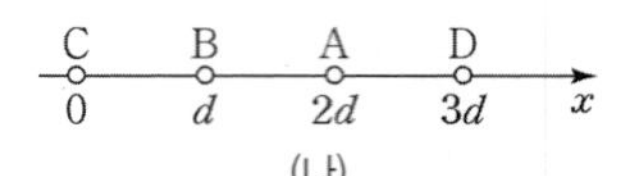

(나)

(가)에서 A에 작용하는 전기력의 크기는? [3점]

① $\frac{1}{36}F$　② $\frac{1}{18}F$　③ $\frac{1}{12}F$　④ $\frac{1}{9}F$　⑤ $\frac{1}{6}F$

02

정답률 35 %　　2024학년도 5월 학평 물Ⅰ 19번

그림 (가)는 점전하 A, B, C를 x축상에 고정시킨 것을, (나)는 (가)에서 A, C의 위치만을 바꾸어 고정시킨 것을 나타낸 것이다. (가)와 (나)에서 양(+)전하인 A에 작용하는 전기력의 방향은 같고, C에 작용하는 전기력의 방향은 $+x$방향으로 같다.

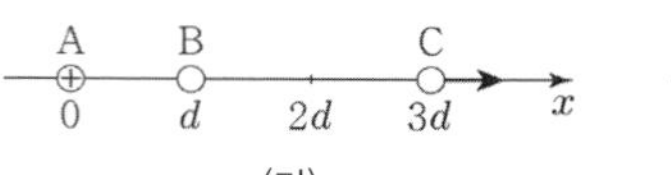

(가)

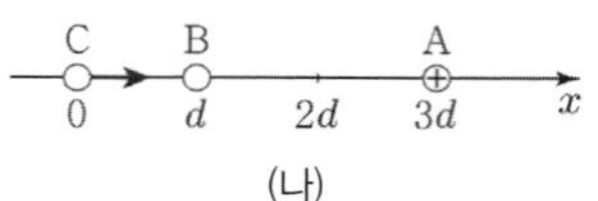

(나)

이에 대한 설명으로 옳은 것만을 〈보기〉에서 있는 대로 고른 것은?

〈 보기 〉

ㄱ. C는 양(+)전하이다.
ㄴ. (가)에서 A에 작용하는 전기력의 방향은 $-x$방향이다.
ㄷ. (나)에서 B에 작용하는 전기력의 크기는 C에 작용하는 전기력의 크기보다 작다.

① ㄱ　② ㄴ　③ ㄱ, ㄷ　④ ㄴ, ㄷ　⑤ ㄱ, ㄴ, ㄷ

03

정답률 44 %　　2023학년도  물Ⅰ 19번

그림 (가)는 점전하 A, B, C를 x축상에 고정시킨 것으로 A, B에 작용하는 전기력의 방향은 같고, B는 양(+)전하이다. 그림 (나)는 (가)에서 $x=3d$에 음(−)전하인 점전하 D를 고정시킨 것으로 B에 작용하는 전기력은 0이다. C에 작용하는 전기력의 크기는 (가)에서가 (나)에서보다 크다.

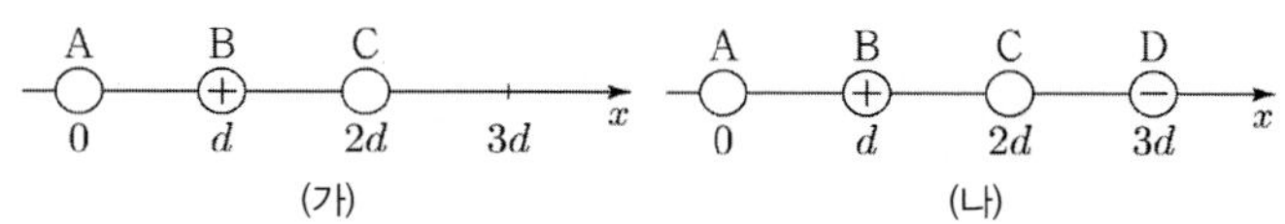

이에 대한 설명으로 옳은 것만을 〈보기〉에서 있는 대로 고른 것은?

〈 보기 〉

ㄱ. (가)에서 C에 작용하는 전기력의 방향은 $+x$ 방향이다.
ㄴ. A는 음(−)전하이다.
ㄷ. 전하량의 크기는 A가 C보다 크다.

① ㄱ　② ㄷ　③ ㄱ, ㄴ　④ ㄴ, ㄷ　⑤ ㄱ, ㄴ, ㄷ

04

정답률 39 %　　2025학년도 6월  물Ⅰ 12번

그림 (가)는 점전하 A, B, C를 x축상에 고정시킨 모습을, (나)는 (가)에서 A의 위치만 $x=2d$로 옮겨 고정시킨 모습을 나타낸 것이다. 양(+)전하인 C에 작용하는 전기력의 크기는 (가), (나)에서 각각 F, $5F$이고, 방향은 $+x$방향으로 같다. (나)에서 B에 작용하는 전기력의 크기는 $4F$이다.

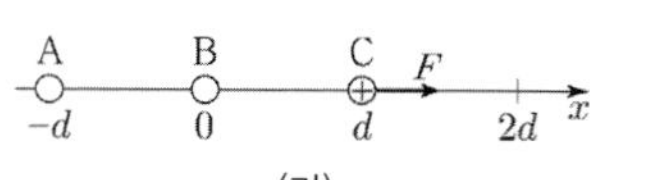

(가)

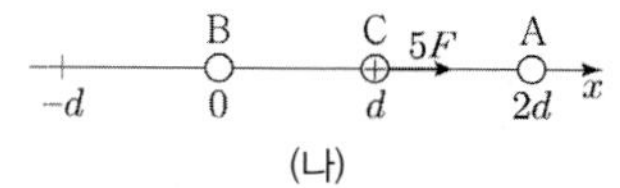

(나)

이에 대한 설명으로 옳은 것만을 〈보기〉에서 있는 대로 고른 것은?

〈 보기 〉

ㄱ. A와 C 사이에는 서로 밀어내는 전기력이 작용한다.
ㄴ. (가)에서 A와 C 사이에 작용하는 전기력의 크기는 $2F$보다 작다.
ㄷ. (나)에서 B에 작용하는 전기력의 방향은 $-x$방향이다.

① ㄱ　② ㄴ　③ ㄷ　④ ㄱ, ㄴ　⑤ ㄴ, ㄷ

05 정답률 19 %

2023학년도 3월 학평 물I 18번

그림 (가)는 점전하 A, B, C, D를 x축상에 고정시킨 것으로 B는 음(−) 전하이고 A와 C는 같은 종류의 전하이다. A에 작용하는 전기력의 방향은 $+x$방향이고, C에 작용하는 전기력은 0이다. 그림 (나)는 (가)에서 B만 제거한 것으로 D에 작용하는 전기력의 방향은 $+x$방향이다.

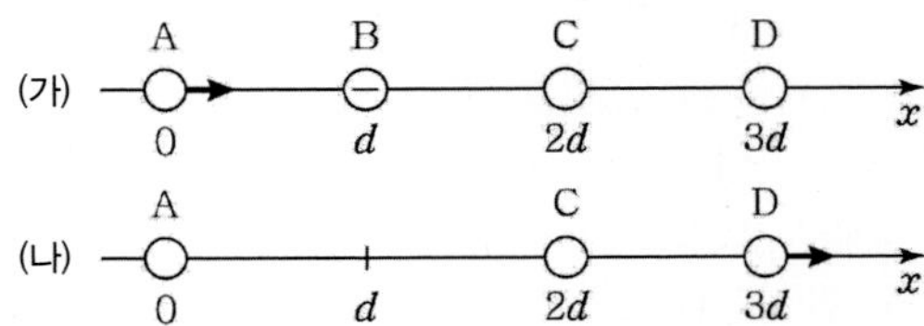

이에 대한 옳은 설명만을 〈보기〉에서 있는 대로 고른 것은?

〈 보기 〉

ㄱ. A는 양(+)전하이다.
ㄴ. 전하량의 크기는 B가 A보다 크다.
ㄷ. (나)의 D에 작용하는 전기력의 크기는 (나)의 A에 작용하는 전기력의 크기보다 크다.

① ㄱ ② ㄴ ③ ㄱ, ㄷ ④ ㄴ, ㄷ ⑤ ㄱ, ㄴ, ㄷ

06 정답률 40 %

2023학년도 4월 학평 물I 19번

그림 (가)와 같이 x축상에 점전하 A, B를 각각 $x=0$, $x=6d$에 고정하고, 양(+)전하인 점전하 C를 옮기며 고정한다. 그림 (나)는 (가)에서 C의 위치가 $d \leq x \leq 5d$인 구간에서 A, B에 작용하는 전기력을 나타낸 것이다.

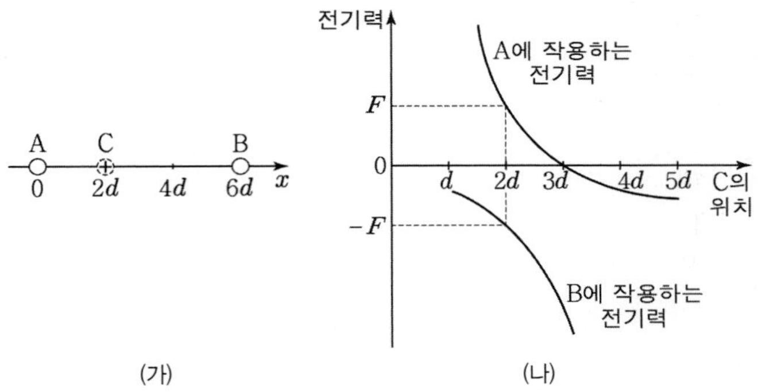

(가) (나)

이에 대한 설명으로 옳은 것만을 〈보기〉에서 있는 대로 고른 것은?

〈 보기 〉

ㄱ. A는 음(−)전하이다.
ㄴ. 전하량의 크기는 A와 C가 같다.
ㄷ. C를 $x=2d$에 고정할 때 A가 C에 작용하는 전기력의 크기는 F보다 작다.

① ㄱ ② ㄷ ③ ㄱ, ㄴ ④ ㄴ, ㄷ ⑤ ㄱ, ㄴ, ㄷ

07 정답률 33 %

2022학년도 수능 물Ⅰ 19번

그림 (가)와 같이 x 축상에 점전하 A～D를 고정하고 양(+)전하인 점전하 P를 옮기며 고정한다. A, B는 전하량이 같은 음(−)전하이고 C, D는 전하량이 같은 양(+)전하이다. 그림 (나)는 P의 위치 x가 $0<x<5d$인 구간에서 P에 작용하는 전기력을 나타낸 것이다.

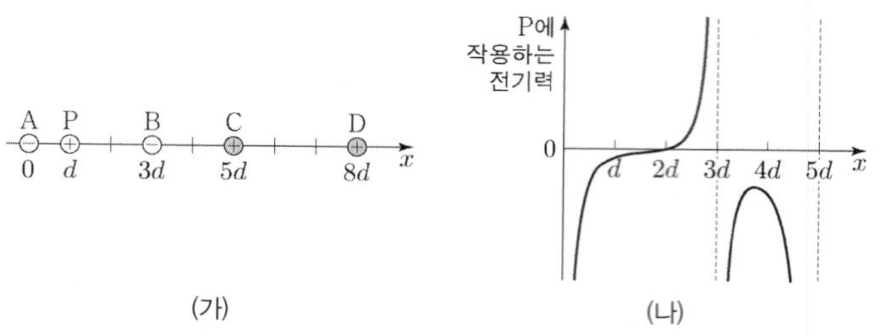

(가) (나)

이에 대한 설명으로 옳은 것만을 〈보기〉에서 있는 대로 고른 것은?

〈 보기 〉

ㄱ. $x=d$에서 P에 작용하는 전기력의 방향은 $-x$ 방향이다.

ㄴ. 전하량의 크기는 A가 C보다 작다.

ㄷ. $5d<x<6d$인 구간에 P에 작용하는 전기력이 0이 되는 위치가 있다.

① ㄱ ② ㄷ ③ ㄱ, ㄴ ④ ㄴ, ㄷ ⑤ ㄱ, ㄴ, ㄷ

08 정답률 36 %

2023학년도 9월 모평 물Ⅰ 17번

다음은 p-n 접합 다이오드를 이용한 회로에 대한 실험이다.

[실험 과정]

(가) 그림 Ⅰ과 같이 p-n 접합 다이오드 X, X와 동일한 다이오드 3개, 전원 장치, 스위치, 검류계, 저항, 오실로스코프가 연결된 회로를 구성한다.

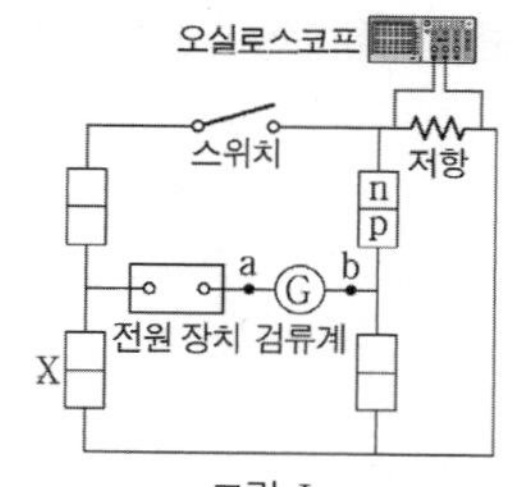

그림 Ⅰ

(나) 스위치를 닫는다.

(다) 전원 장치에서 그림 Ⅱ와 같은 전압을 발생시키고, 저항에 걸리는 전압을 오실로스코프로 관찰한다.

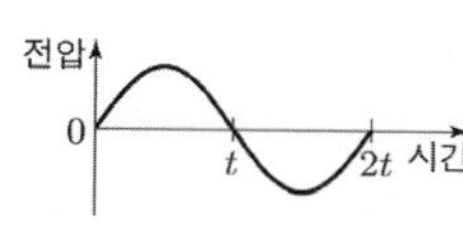

그림 Ⅱ

(라) 스위치를 열고 (다)를 반복한다.

[실험 결과]

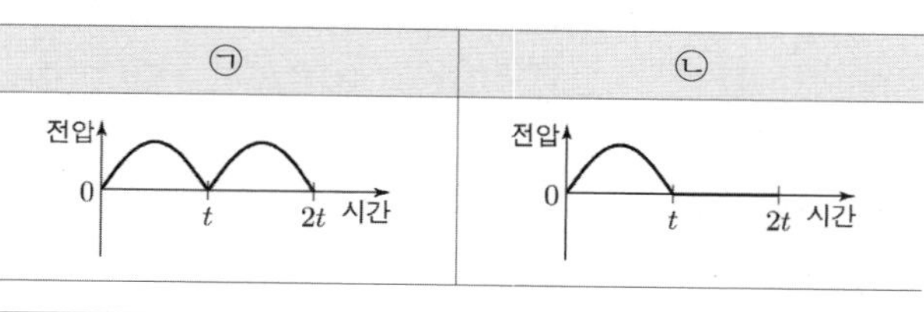

이에 대한 설명으로 옳은 것만을 〈보기〉에서 있는 대로 고른 것은? [3점]

〈 보기 〉

ㄱ. ㉠은 (다)의 결과이다.

ㄴ. (다)에서 0～t일 때, 전류의 방향은 b → Ⓖ → a이다.

ㄷ. (라)에서 t～$2t$일 때, X에는 순방향 전압이 걸린다.

① ㄱ ② ㄴ ③ ㄱ, ㄷ ④ ㄴ, ㄷ ⑤ ㄱ, ㄴ, ㄷ

09 정답률 47 %

2024학년도 5월 학평 물Ⅰ 14번

그림과 같이 가늘고 무한히 긴 직선 도선 A, B, C가 xy평면에 고정되어 있다. A, B, C에는 방향이 일정하고 세기가 각각 I_0, $2I_0$, I_C인 전류가 흐르며, A와 B에 흐르는 전류의 방향은 반대이다. 표는 점 p, q에서 A, B, C의 전류에 의한 자기장을 나타낸 것이다.

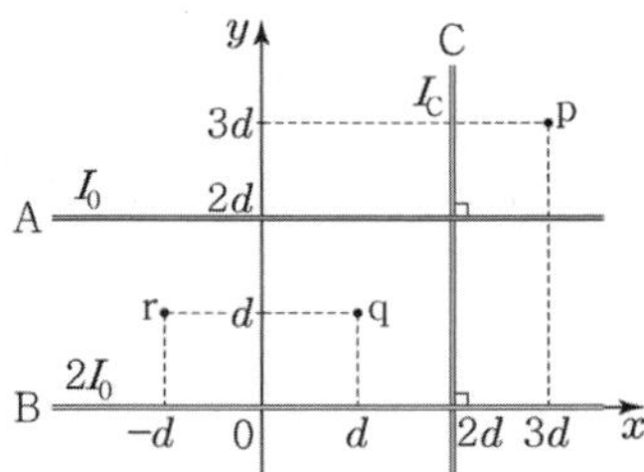

위치	A, B, C의 전류에 의한 자기장	
	방향	세기
p	×	B_0
q	해당 없음	0

×: xy평면에 수직으로 들어가는 방향

이에 대한 설명으로 옳은 것만을 〈보기〉에서 있는 대로 고른 것은? (단, p, q, r은 xy평면상의 점이다.) [3점]

〈 보기 〉

ㄱ. $I_C=3I_0$이다.

ㄴ. C에 흐르는 전류의 방향은 $-y$방향이다.

ㄷ. r에서 A, B, C의 전류에 의한 자기장의 세기는 $\frac{3}{4}B_0$이다.

① ㄱ ② ㄴ ③ ㄱ, ㄷ ④ ㄴ, ㄷ ⑤ ㄱ, ㄴ, ㄷ

10 정답률 38 %

2024학년도 수능 물Ⅰ 18번

그림과 같이 가늘고 무한히 긴 직선 도선 A, B, C가 정삼각형을 이루며 xy평면에 고정되어 있다. A, B, C에는 방향이 일정하고 세기가 각각 I_0, I_0, I_C인 전류가 흐른다. A에 흐르는 전류의 방향은 $+x$방향이다. 점 O는 A, B, C가 교차하는 점을 지나는 반지름이 $2d$인 원의 중심이고, 점 p, q, r는 원 위의 점이다. O에서 A에 흐르는 전류에 의한 자기장의 세기는 B_0이고, p, q에서 A, B, C에 흐르는 전류에 의한 자기장의 세기는 각각 0, $3B_0$이다.

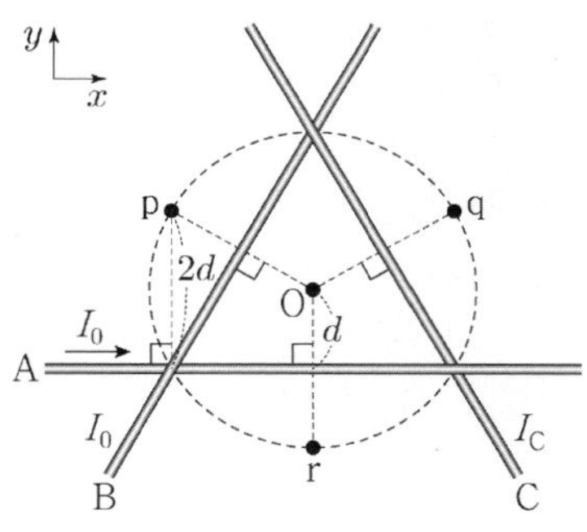

r에서 A, B, C에 흐르는 전류에 의한 자기장의 세기는? [3점]

① 0 ② $\frac{1}{2}B_0$ ③ B_0 ④ $2B_0$ ⑤ $3B_0$

11 정답률 40 %

2023학년도 10월 학평 물Ⅰ 15번

그림과 같이 가늘고 무한히 긴 직선 도선 A, B, C와 원형 도선 D가 xy평면에 고정되어 있다. A~D에는 각각 일정한 전류가 흐르고, C, D에는 화살표 방향으로 전류가 흐른다. 표는 y축상의 점 p, q에서 A~C 또는 A~D의 전류에 의한 자기장의 세기를 나타낸 것이다. p에서 A, B, C까지의 거리는 d로 같다.

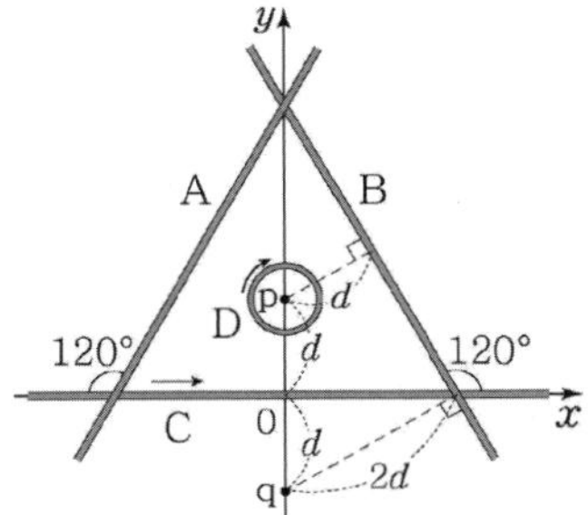

점	도선의 전류에 의한 자기장의 세기	
	A~C	A~D
p	$3B_0$	$5B_0$
q	0	

p에서, C의 전류에 의한 자기장의 세기 B_C와 D의 전류에 의한 자기장의 세기 B_D로 옳은 것은? [3점]

	B_C	B_D
①	B_0	$2B_0$
②	B_0	$8B_0$
③	$2B_0$	$2B_0$
④	$3B_0$	$2B_0$
⑤	$3B_0$	$8B_0$

12 정답률 48 %

2022학년도 9월 모평 물Ⅰ 17번

다음은 전자기 유도에 대한 실험이다.

[실험 과정]

(가) 그림과 같이 플라스틱 관에 감긴 코일, 저항, p-n 접합 다이오드, 스위치, 검류계가 연결된 회로를 구성한다.

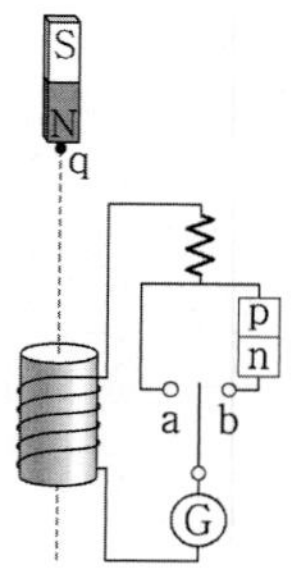

(나) 스위치를 a에 연결하고, 자석의 N극을 아래로 한다.

(다) 관의 중심축을 따라 통과하도록 자석을 점 q에서 가만히 놓고, 자석을 놓는 순간부터 시간에 따른 전류를 측정한다.

(라) 스위치를 b에 연결하고, 자석의 S극을 아래로 한다.

(마) (다)를 반복한다.

[실험 결과]

(다)의 결과	(마)의 결과
㉠	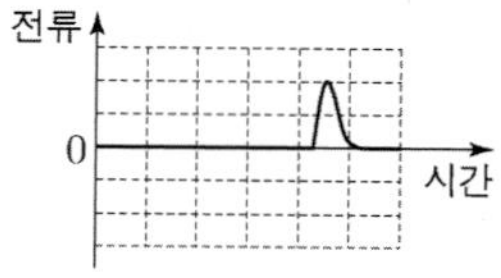

㉠으로 가장 적절한 것은? [3점]

①
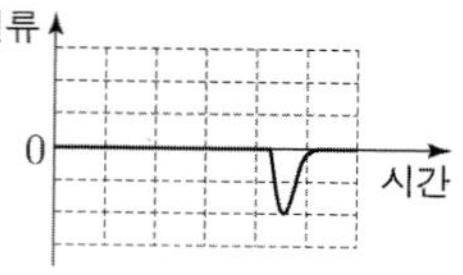

②
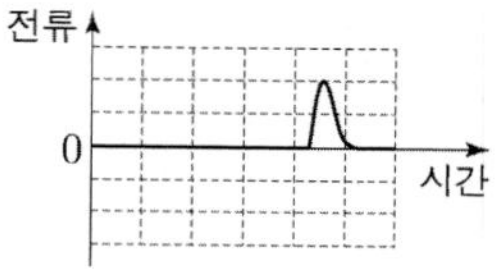

③
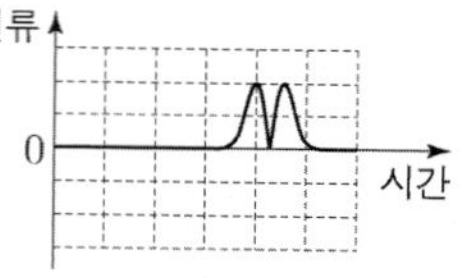

④
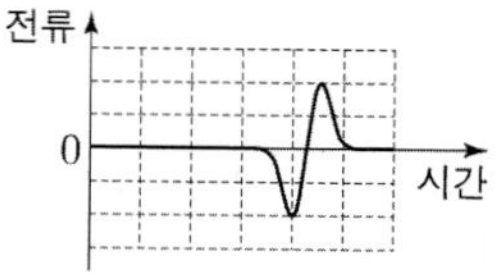

⑤
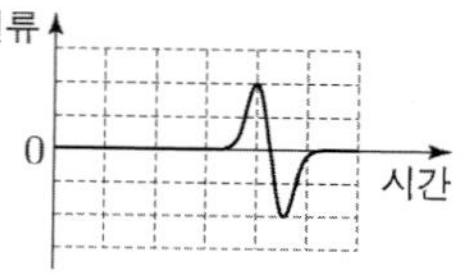

13 정답률 38 %

2021학년도 4월 학평 물Ⅰ 13번

그림 (가)와 같이 한 변의 길이가 $2d$인 직사각형 금속 고리가 xy 평면에서 $+x$ 방향으로 폭이 d인 균일한 자기장 영역을 향해 운동한다. 균일한 자기장 영역의 자기장은 세기가 일정하고 방향이 xy 평면에 수직으로 들어가는 방향이다. 그림 (나)는 금속 고리의 한 점 p의 위치를 시간 t에 따라 나타낸 것이다.

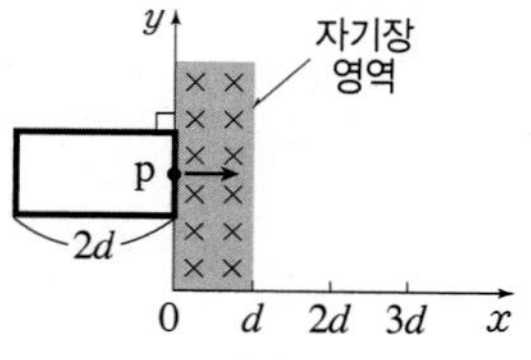

(가)

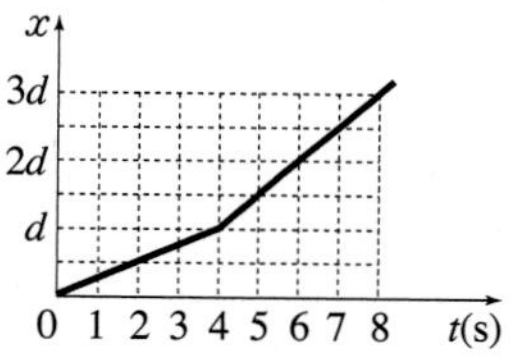

(나)

이에 대한 설명으로 옳은 것만을 〈보기〉에서 있는 대로 고른 것은?

〈 보기 〉

ㄱ. 2초일 때, p에 흐르는 유도 전류의 방향은 $+y$ 방향이다.

ㄴ. 5초일 때, 유도 전류는 흐르지 않는다.

ㄷ. 유도 전류의 세기는 2초일 때가 7초일 때보다 작다.

① ㄱ ② ㄴ ③ ㄱ, ㄷ ④ ㄴ, ㄷ ⑤ ㄱ, ㄴ, ㄷ

정답률 낮은 문제, 한 번 더!

01 정답률 39 %

2024학년도 5월 학평 물Ⅰ 6번

그림은 시간 $t=0$일 때, 매질 A, B에서 x축과 나란하게 한쪽 방향으로 진행하는 파동의 변위 y를 위치 x에 따라 나타낸 것으로, 점 P와 Q는 x축상의 지점이다. A에서 파동의 진행 속력은 1 cm/s이고, $t=1$초일 때 Q에서 매질의 운동 방향은 $-y$방향이다.

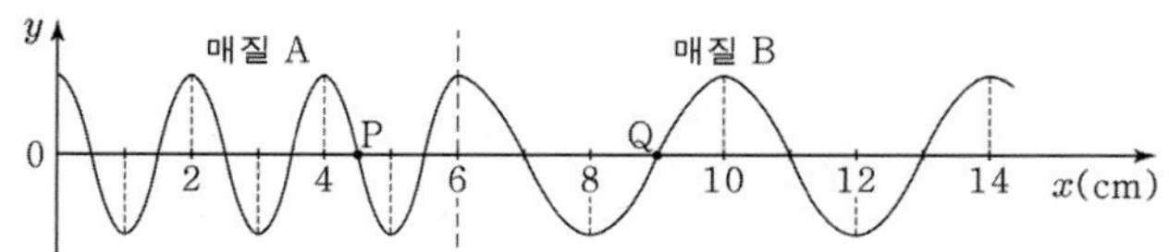

이에 대한 설명으로 옳은 것만을 〈보기〉에서 있는 대로 고른 것은? [3점]

〈 보기 〉

ㄱ. B에서 파동의 진행 속력은 4 cm/s이다.
ㄴ. P에서 파동의 변위는 $t=0$일 때와 $t=2$초일 때가 같다.
ㄷ. 파동의 진행 방향은 $+x$방향이다.

① ㄱ ② ㄴ ③ ㄱ, ㄷ ④ ㄴ, ㄷ ⑤ ㄱ, ㄴ, ㄷ

02 정답률 39 %

2023학년도 3월 학평 물Ⅰ 14번

그림 (가), (나)와 같이 단색광 P가 매질 X, Y, Z에서 진행한다. (가)에서 P는 Y와 Z의 경계면에서 전반사한다. θ_0과 θ_1은 각 경계면에서 P의 입사각 또는 굴절각으로, $\theta_0<\theta_1$이다.

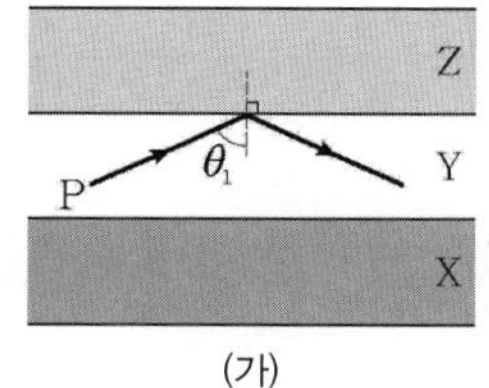

(가)

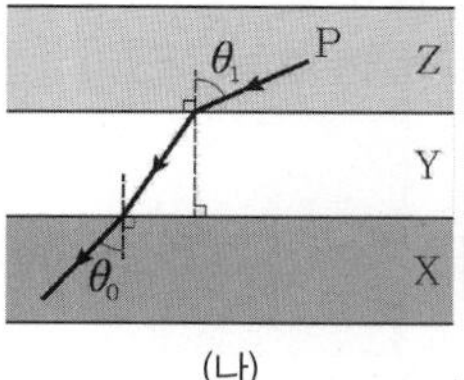

(나)

이에 대한 옳은 설명만을 〈보기〉에서 있는 대로 고른 것은? [3점]

〈 보기 〉

ㄱ. Y와 Z 사이의 임계각은 θ_1보다 크다.
ㄴ. 굴절률은 X가 Z보다 크다.
ㄷ. (나)에서 P를 θ_1보다 큰 입사각으로 Z에서 Y로 입사시키면 P는 Y와 X의 경계면에서 전반사할 수 있다.

① ㄱ ② ㄴ ③ ㄱ, ㄷ ④ ㄴ, ㄷ ⑤ ㄱ, ㄴ, ㄷ

03 정답률 40 %

2024학년도 6월 모평 물Ⅰ 16번

그림 (가)는 단색광이 공기에서 매질 A로 입사각 θ_i로 입사한 후, 매질 A의 옆면 P에 임계각 θ_c로 입사하는 모습을 나타낸 것이다. 그림 (나)는 (가)에 물을 더 넣고 단색광을 θ_i로 입사시킨 모습을 나타낸 것이다.

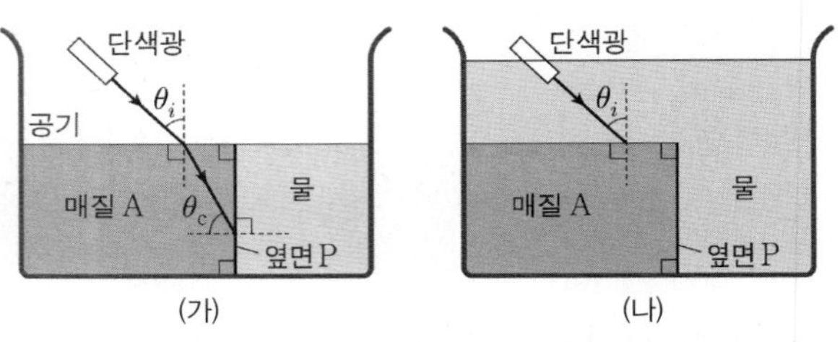

(가) (나)

이에 대한 설명으로 옳은 것만을 〈보기〉에서 있는 대로 고른 것은?

〈 보기 〉

ㄱ. A의 굴절률은 물의 굴절률보다 크다.
ㄴ. (가)에서 θ_i를 증가시키면 옆면 P에서 전반사가 일어난다.
ㄷ. (나)에서 단색광은 옆면 P에서 전반사한다.

① ㄱ ② ㄴ ③ ㄱ, ㄷ ④ ㄴ, ㄷ ⑤ ㄱ, ㄴ, ㄷ

04 정답률 41 %

2023학년도 9월  물Ⅰ 5번

그림 (가)는 매질 A, B에 볼펜을 넣어 볼펜이 꺾여 보이는 것을, (나)는 물속에 잠긴 다리가 짧아 보이는 것을 나타낸 것이다.

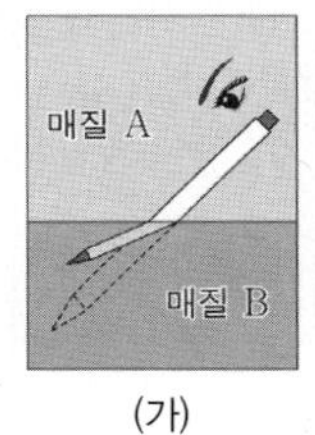

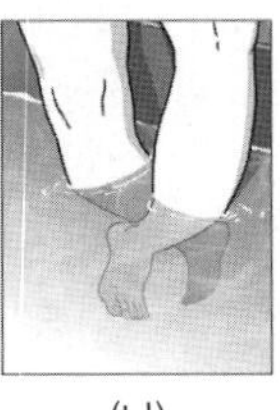

(가) (나)

이에 대한 설명으로 옳은 것만을 〈보기〉에서 있는 대로 고른 것은? [3점]

〈 보기 〉

ㄱ. (가)에서 굴절률은 A가 B보다 크다.
ㄴ. (가)에서 빛의 속력은 A에서가 B에서보다 크다.
ㄷ. (나)에서 빛이 물에서 공기로 진행할 때 굴절각이 입사각보다 크다.

① ㄱ ② ㄷ ③ ㄱ, ㄴ ④ ㄴ, ㄷ ⑤ ㄱ, ㄴ, ㄷ

05 정답률 37 %

2022학년도 6월 모평 물Ⅰ 4번

그림은 투과 전자 현미경(TEM)의 구조를 나타낸 것이다. 전자총에서 방출된 전자의 운동 에너지가 E_0이면 물질파 파장은 λ_0이다. 이에 대한 설명으로 옳은 것만을 〈보기〉에서 있는 대로 고른 것은? [3점]

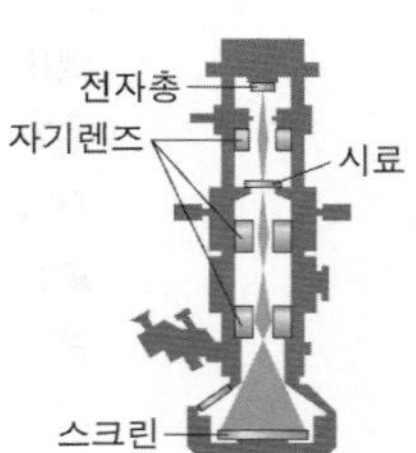

〈 보기 〉

ㄱ. 시료를 투과하는 전자기파에 의해 스크린에 상이 만들어진다.
ㄴ. 자기렌즈는 자기장을 이용하여 전자의 진행 경로를 바꾼다.
ㄷ. 운동 에너지가 $2E_0$인 전자의 물질파 파장은 $\frac{1}{2}\lambda_0$이다.

① ㄱ ② ㄴ ③ ㄱ, ㄷ ④ ㄴ, ㄷ ⑤ ㄱ, ㄴ, ㄷ

2025학년도 대학수학능력시험 6월 모의평가 문제지

1회

과학탐구 영역 [물리학 I]

성명		수험 번호	-

1. 그림은 전자기파를 파장에 따라 분류한 것이다.

X선 가시광선 마이크로파
감마선 자외선 적외선 라디오파
10^{-12} 10^{-9} 10^{-6} 10^{-3} 1 10^{3}
파장(m)

이에 대한 설명으로 옳은 것은?

① X선은 TV용 리모컨에 이용된다.
② 자외선은 살균 기능이 있는 제품에 이용된다.
③ 파장은 감마선이 마이크로파보다 길다.
④ 진동수는 가시광선이 라디오파보다 작다.
⑤ 진공에서 속력은 적외선이 마이크로파보다 크다.

2. 그림은 수평면에서 실선을 따라 운동하는 물체의 위치를 일정한 시간 간격으로 나타낸 것이다. Ⅰ, Ⅱ, Ⅲ은 각각 직선 구간, 반원형 구간, 곡선 구간이다.

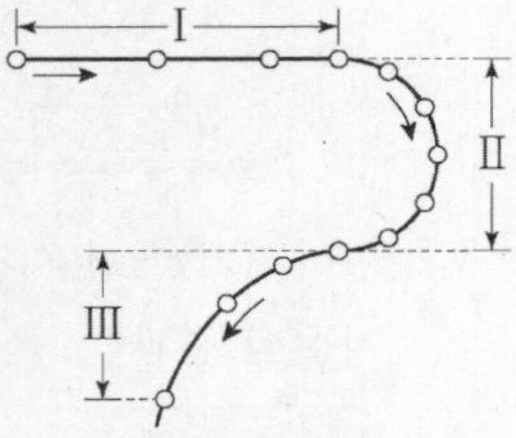

이에 대한 설명으로 옳은 것만을 〈보기〉에서 있는 대로 고른 것은? [3점]

〈보 기〉
ㄱ. Ⅰ에서 물체의 속력은 변한다.
ㄴ. Ⅱ에서 물체에 작용하는 알짜힘의 방향은 물체의 운동 방향과 같다.
ㄷ. Ⅲ에서 물체의 운동 방향은 변하지 않는다.

① ㄱ ② ㄴ ③ ㄱ, ㄷ ④ ㄴ, ㄷ ⑤ ㄱ, ㄴ, ㄷ

3. 그림 (가)는 보어의 수소 원자 모형에서 양자수 n에 따른 에너지 준위의 일부와 전자의 전이 a~d를 나타낸 것이다. 그림 (나)는 (가)의 a~d에서 방출되는 빛의 스펙트럼을 파장에 따라 나타낸 것이다.

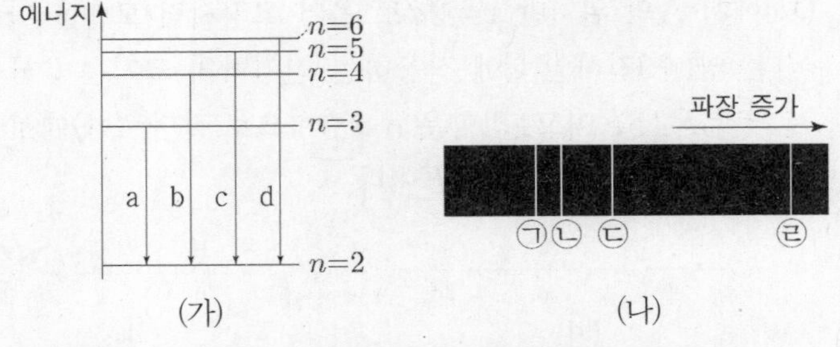

(나)의 ㉠~㉣에 해당하는 전자의 전이로 옳은 것은?

	㉠	㉡	㉢	㉣
①	a	b	c	d
②	a	c	b	d
③	d	a	b	c
④	d	b	c	a
⑤	d	c	b	a

4. 다음은 핵반응식을 나타낸 것이다. E_0은 핵반응에서 방출되는 에너지이다.

$${}^{235}_{92}\mathrm{U}+{}^{1}_{0}\mathrm{n} \longrightarrow {}^{141}_{56}\mathrm{Ba}+{}^{92}_{36}\mathrm{Kr}+\boxed{㉠}\,{}^{1}_{0}\mathrm{n}+E_0$$

이에 대한 설명으로 옳은 것만을 〈보기〉에서 있는 대로 고른 것은?

〈보 기〉
ㄱ. ㉠은 3이다.
ㄴ. 핵융합 반응이다.
ㄷ. E_0은 질량 결손에 의해 발생한다.

① ㄱ ② ㄴ ③ ㄱ, ㄷ ④ ㄴ, ㄷ ⑤ ㄱ, ㄴ, ㄷ

5. 그림 (가)는 실 p에 매달려 정지한 용수철저울의 눈금 값이 0인 모습을, (나)는 (가)의 용수철저울에 추를 매단 후 정지한 용수철저울의 눈금 값이 10 N인 모습을 나타낸 것이다. 용수철저울의 무게는 2 N이다.

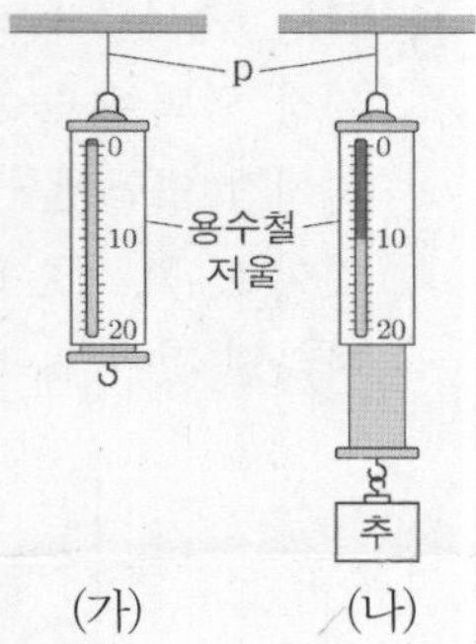

이에 대한 설명으로 옳은 것만을 〈보기〉에서 있는 대로 고른 것은? [3점]

〈보 기〉
ㄱ. (가)에서 용수철저울에 작용하는 알짜힘은 0이다.
ㄴ. (나)에서 p가 용수철저울에 작용하는 힘의 크기는 12 N이다.
ㄷ. (나)에서 추에 작용하는 중력과 용수철저울이 추에 작용하는 힘은 작용 반작용 관계이다.

① ㄱ ② ㄷ ③ ㄱ, ㄴ ④ ㄴ, ㄷ ⑤ ㄱ, ㄴ, ㄷ

6. 그림은 진행 방향이 서로 반대인 동일한 두 파동 X, Y의 중첩에 대해 학생 A, B, C가 대화하는 모습을 나타낸 것이다. 점 P, Q, R는 x축상의 고정된 점이다.

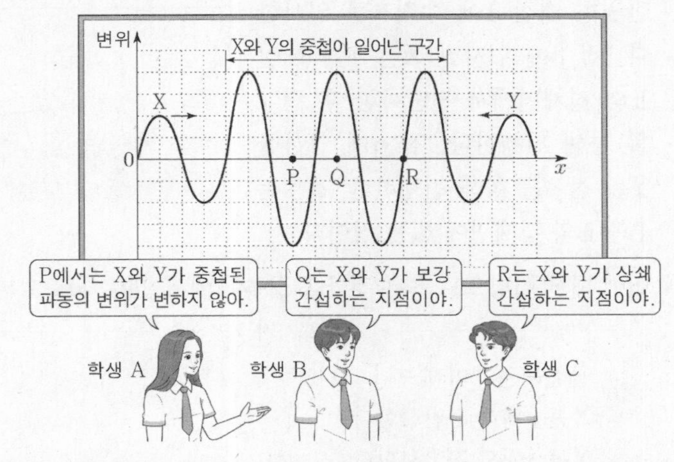

제시한 내용이 옳은 학생만을 있는 대로 고른 것은? [3점]

① A ② B ③ A, C ④ B, C ⑤ A, B, C

7. 그림과 같이 관찰자 A가 탄 우주선이 우주 정거장 P에서 우주 정거장 Q를 향해 등속도 운동한다. A의 관성계에서, 관찰자 B의 속력은 $0.8c$이고 P와 Q 사이의 거리는 L이다. B의 관성계에서, P와 Q는 정지해 있다.

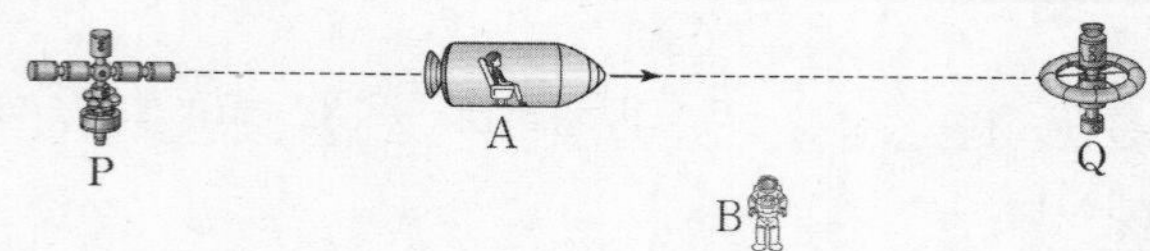

이에 대한 설명으로 옳은 것만을 〈보기〉에서 있는 대로 고른 것은? (단, c는 빛의 속력이다.) [3점]

〈보 기〉
ㄱ. A의 관성계에서, P의 속력은 Q의 속력보다 작다.
ㄴ. A의 관성계에서, A의 시간이 B의 시간보다 느리게 간다.
ㄷ. B의 관성계에서, P와 Q 사이의 거리는 L보다 크다.

① ㄱ ② ㄴ ③ ㄷ ④ ㄱ, ㄴ ⑤ ㄴ, ㄷ

8. 그림 (가)는 자기화되지 않은 물체 A, B, C를 균일하고 강한 자기장 영역에 놓아 자기화시키는 모습을, (나)는 (가)의 B와 C를 자기장 영역에서 꺼내 가까이 놓았을 때 자기장의 모습을 나타낸 것이다. A, B, C는 강자성체, 상자성체, 반자성체를 순서 없이 나타낸 것이다.

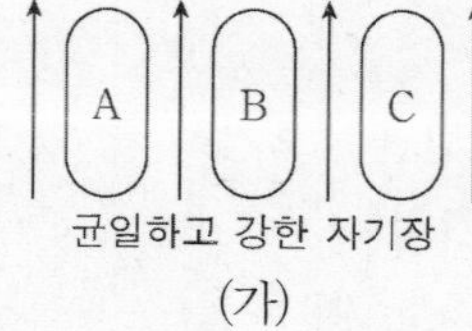

(가)

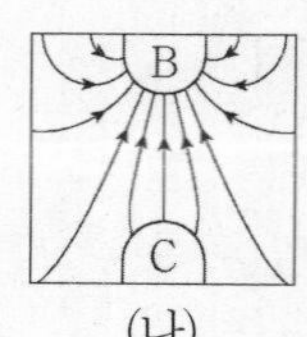

(나)

이에 대한 설명으로 옳은 것만을 〈보기〉에서 있는 대로 고른 것은?

〈보 기〉
ㄱ. A는 반자성체이다.
ㄴ. (가)에서 A와 C는 같은 방향으로 자기화된다.
ㄷ. (나)에서 B와 C 사이에는 서로 밀어내는 자기력이 작용한다.

① ㄱ ② ㄴ ③ ㄱ, ㄷ ④ ㄴ, ㄷ ⑤ ㄱ, ㄴ, ㄷ

9. 그림과 같이 동일한 단색광 X, Y가 반원형 매질 I에 수직으로 입사한다. 점 p에 입사한 X는 I과 매질 II의 경계면에서 전반사한 후 점 r를 향해 진행한다. 점 q에 입사한 Y는 점 s를 향해 진행한다. r, s는 I과 II의 경계면에 있는 점이다.

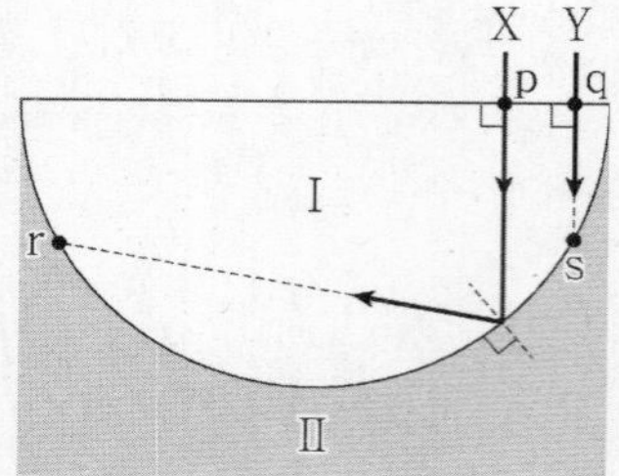

이에 대한 설명으로 옳은 것만을 〈보기〉에서 있는 대로 고른 것은?

〈보 기〉
ㄱ. 굴절률은 I이 II보다 크다.
ㄴ. X는 r에서 전반사한다.
ㄷ. Y는 s에서 전반사한다.

① ㄱ ② ㄴ ③ ㄱ, ㄷ ④ ㄴ, ㄷ ⑤ ㄱ, ㄴ, ㄷ

10. 그림은 열효율이 0.2인 열기관에서 일정량의 이상 기체가 상태 A → B → C → D → A를 따라 변할 때 기체의 압력과 부피를 나타낸 것이다. A → B와 C → D는 각각 압력이 일정한 과정, B → C는 온도가 일정한 과정, D → A는 단열 과정이다. 표는 각 과정에서 기체가 외부에 한 일 또는 외부로부터 받은 일을 나타낸 것이다.

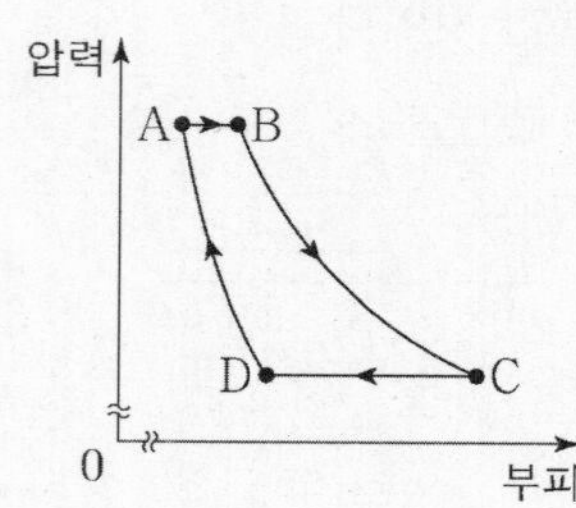

과정	기체가 외부에 한 일 또는 외부로부터 받은 일(J)
A → B	140
B → C	400
C → D	240
D → A	150

C → D 과정에서 기체의 내부 에너지 감소량은? [3점]

① 240 J ② 280 J ③ 320 J ④ 360 J ⑤ 400 J

11. 다음은 충돌하는 두 물체의 운동량에 대한 실험이다.

[실험 과정]
(가) 그림과 같이 수평한 직선 레일 위에서 수레 A를 정지한 수레 B에 충돌시킨다. A, B의 질량은 각각 2 kg, 1 kg이다.

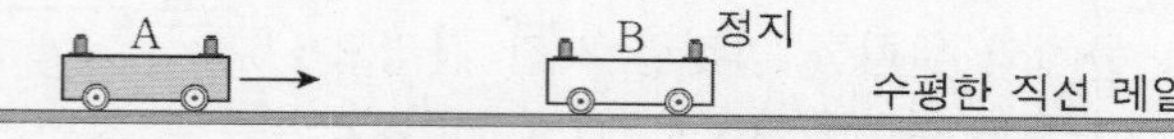

(나) (가)에서 시간에 따른 A와 B의 위치를 측정한다.

[실험 결과]

시간(초)	0.1	0.2	0.3	0.4	0.5	0.6	0.7	0.8
A의 위치 (cm)	6	12	18	24	28	31	34	37
B의 위치 (cm)	26	26	26	26	30	36	42	48

이에 대한 설명으로 옳은 것만을 〈보기〉에서 있는 대로 고른 것은? [3점]

〈보 기〉
ㄱ. 0.2초일 때, A의 속력은 0.4 m/s이다.
ㄴ. 0.5초일 때, A와 B의 운동량의 합은 크기가 1.2 kg·m/s이다.
ㄷ. 0.7초일 때, A와 B의 운동량은 크기가 같다.

① ㄱ ② ㄷ ③ ㄱ, ㄴ ④ ㄴ, ㄷ ⑤ ㄱ, ㄴ, ㄷ

12. 그림 (가)는 점전하 A, B, C를 x축상에 고정시킨 모습을, (나)는 (가)에서 A의 위치만 $x=2d$로 옮겨 고정시킨 모습을 나타낸 것이다. 양(+)전하인 C에 작용하는 전기력의 크기는 (가), (나)에서 각각 F, $5F$이고, 방향은 $+x$방향으로 같다. (나)에서 B에 작용하는 전기력의 크기는 $4F$이다.

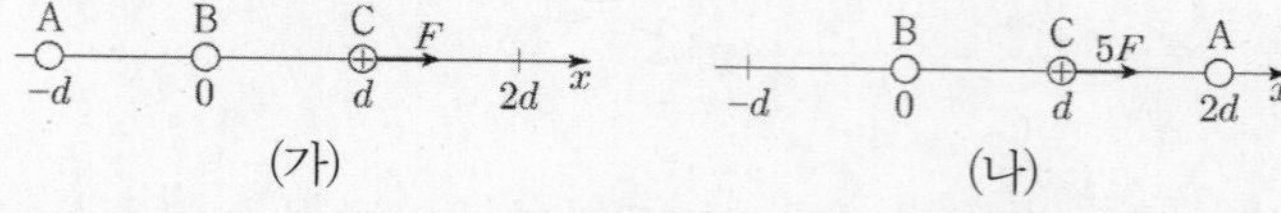

이에 대한 설명으로 옳은 것만을 〈보기〉에서 있는 대로 고른 것은?

〈보 기〉
ㄱ. A와 C 사이에는 서로 밀어내는 전기력이 작용한다.
ㄴ. (가)에서 A와 C 사이에 작용하는 전기력의 크기는 $2F$보다 작다.
ㄷ. (나)에서 B에 작용하는 전기력의 방향은 $-x$방향이다.

① ㄱ ② ㄴ ③ ㄷ ④ ㄱ, ㄴ ⑤ ㄴ, ㄷ

13. 그림은 입자 A, B, C의 운동 에너지와 속력을 나타낸 것이다.

A, B, C의 물질파 파장을 각각 λ_A, λ_B, λ_C라고 할 때, λ_A, λ_B, λ_C를 비교한 것으로 옳은 것은?

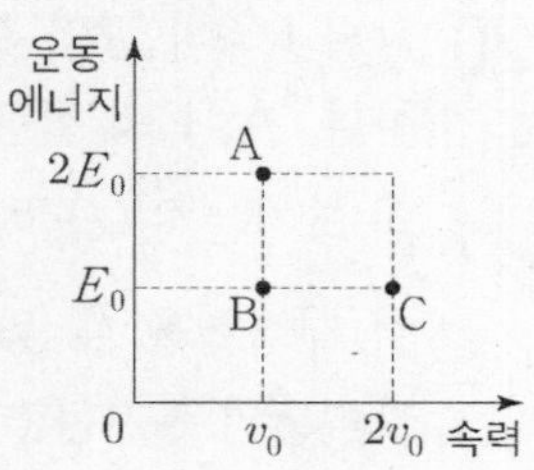

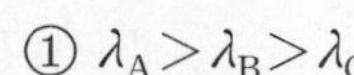

① $\lambda_A > \lambda_B > \lambda_C$ ② $\lambda_A > \lambda_B = \lambda_C$ ③ $\lambda_B > \lambda_A > \lambda_C$
④ $\lambda_B > \lambda_A = \lambda_C$ ⑤ $\lambda_C > \lambda_B > \lambda_A$

14. 그림 (가)와 같이 질량이 같은 두 물체 A, B를 빗면에서 높이가 각각 $4h$, h인 지점에 가만히 놓았더니, 각각 벽과 충돌한 후 반대 방향으로 운동하여 높이 h에서 속력이 0이 되었다. 그림 (나)는 A, B가 벽과 충돌하는 동안 벽으로부터 받은 힘의 크기를 시간에 따라 나타낸 것이다.

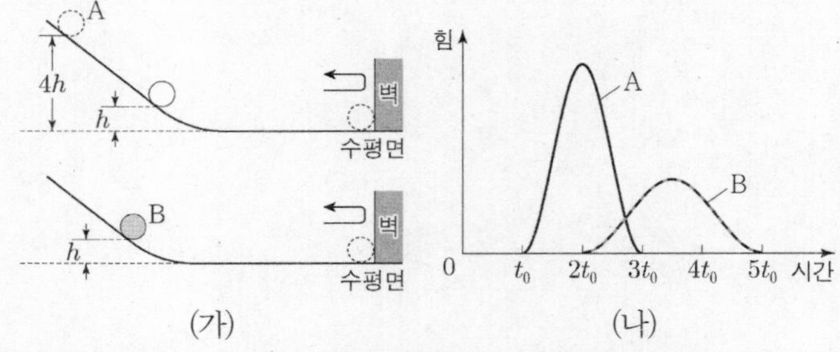

(가) (나)

이에 대한 설명으로 옳은 것만을 〈보기〉에서 있는 대로 고른 것은? (단, 물체의 크기, 모든 마찰과 공기 저항은 무시한다.) [3점]

〈보 기〉

ㄱ. A의 운동량의 크기는 충돌 직전이 충돌 직후의 2배이다.
ㄴ. (나)에서 곡선과 시간 축이 만드는 면적은 A가 B의 $\frac{3}{2}$배이다.
ㄷ. 충돌하는 동안 벽으로부터 받은 평균 힘의 크기는 A가 B의 2배이다.

① ㄱ ② ㄷ ③ ㄱ, ㄴ ④ ㄴ, ㄷ ⑤ ㄱ, ㄴ, ㄷ

15. 그림과 같이 단색광 P가 매질 Ⅰ, Ⅱ, Ⅲ의 경계면에서 굴절하며 진행한다. P가 Ⅰ에서 Ⅱ로 진행할 때 입사각과 굴절각은 각각 θ_1, θ_2이고, Ⅱ에서 Ⅲ으로 진행할 때 입사각과 굴절각은 각각 θ_3, θ_1이며, Ⅲ에서 Ⅰ로 진행할 때 굴절각은 θ_2이다.

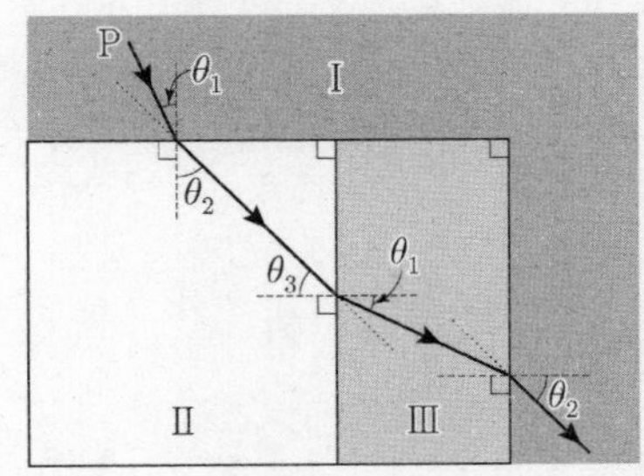

이에 대한 설명으로 옳은 것만을 〈보기〉에서 있는 대로 고른 것은?

〈보 기〉

ㄱ. P의 파장은 Ⅰ에서가 Ⅱ에서보다 짧다.
ㄴ. P의 속력은 Ⅰ에서가 Ⅲ에서보다 크다.
ㄷ. $\theta_3 > \theta_2$이다.

① ㄱ ② ㄷ ③ ㄱ, ㄴ ④ ㄴ, ㄷ ⑤ ㄱ, ㄴ, ㄷ

16. 다음은 p-n 접합 다이오드의 특성을 알아보는 실험이다.

[실험 과정]

(가) 그림과 같이 전압이 같은 직류 전원 2개, 저항, 동일한 p-n 접합 다이오드 A와 B, 스위치 S_1과 S_2, 전류계를 이용하여 회로를 구성한다. X는 p형 반도체와 n형 반도체 중 하나이다.

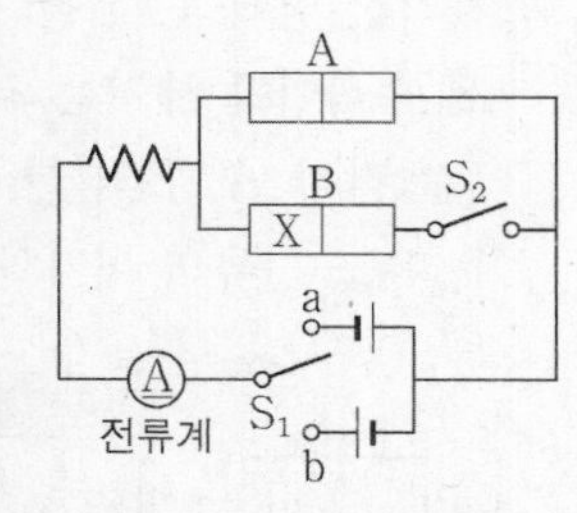

(나) S_1과 S_2의 연결 상태를 바꾸어 가며 전류계에 흐르는 전류의 세기를 측정한다.

[실험 결과]

S_1	S_2	전류의 세기
a에 연결	열림	㉠
	닫힘	I_0
b에 연결	열림	0
	닫힘	I_0

이에 대한 설명으로 옳은 것만을 〈보기〉에서 있는 대로 고른 것은?

〈보 기〉

ㄱ. X는 p형 반도체이다.
ㄴ. S_1을 b에 연결했을 때, A에는 순방향 전압이 걸린다.
ㄷ. ㉠은 I_0이다.

① ㄱ ② ㄴ ③ ㄷ ④ ㄱ, ㄷ ⑤ ㄴ, ㄷ

17. 그림 (가)와 같이 xy평면에 무한히 긴 직선 도선 A, B, C가 각각 $x=-d$, $x=0$, $x=d$에 고정되어 있다. 그림 (나)는 (가)의 $x>0$인 영역에서 A, B, C의 전류에 의한 자기장을 나타낸 것으로, x축상의 점 p에서 자기장은 0이다. 자기장의 방향은 xy평면에서 수직으로 나오는 방향이 양(+)이다.

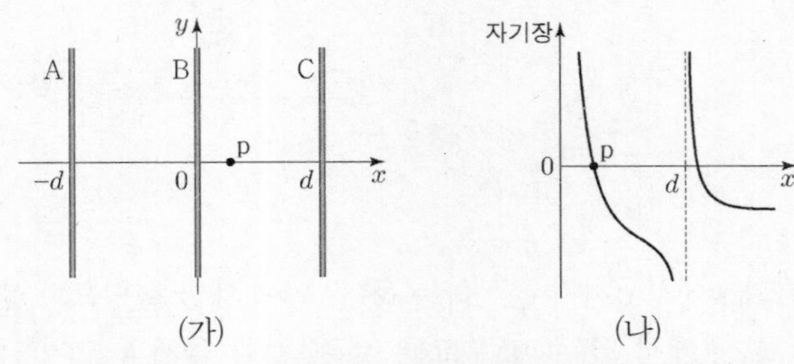

(가) (나)

이에 대한 설명으로 옳은 것만을 〈보기〉에서 있는 대로 고른 것은? [3점]

〈보 기〉

ㄱ. A에 흐르는 전류의 방향은 $-y$방향이다.
ㄴ. A, B, C 중 A에 흐르는 전류의 세기가 가장 크다.
ㄷ. p에서, C의 전류에 의한 자기장의 세기가 B의 전류에 의한 자기장의 세기보다 크다.

① ㄱ ② ㄴ ③ ㄷ ④ ㄱ, ㄷ ⑤ ㄴ, ㄷ

18. 그림과 같이 두 변의 길이가 각각 d, $2d$인 동일한 직사각형 금속 고리 A, B가 xy평면에서 $+x$방향으로 등속도 운동하며 균일한 자기장 영역 I, II를 지난다. I, II에서 자기장의 방향은 xy평면에 수직이고 세기는 각각 일정하다. A, B의 속력은 같고, 점 p, q는 각각 A, B의 한 지점이다. 표는 p의 위치에 따라 p에 흐르는 유도 전류의 세기와 방향을 나타낸 것이다.

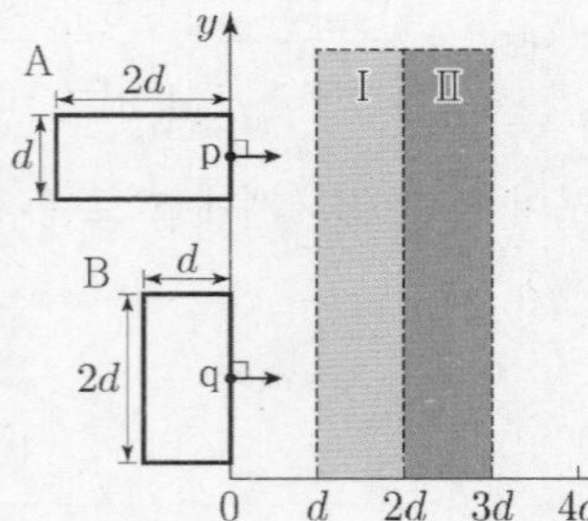

p의 위치	p에 흐르는 유도 전류	
	세기	방향
$x=1.5d$	I_0	$+y$
$x=2.5d$	$2I_0$	$-y$

이에 대한 설명으로 옳은 것만을 <보기>에서 있는 대로 고른 것은? (단, A와 B의 상호 작용은 무시한다.) [3점]

〈보 기〉

ㄱ. p의 위치가 $x=3.5d$일 때, A에 흐르는 유도 전류의 세기는 I_0이다.

ㄴ. q의 위치가 $x=2.5d$일 때, B에 흐르는 유도 전류의 세기는 $3I_0$보다 크다.

ㄷ. p와 q의 위치가 $x=3.5d$일 때, p와 q에 흐르는 유도 전류의 방향은 서로 반대이다.

① ㄱ ② ㄴ ③ ㄱ, ㄷ ④ ㄴ, ㄷ ⑤ ㄱ, ㄴ, ㄷ

19. 그림은 물체 A, C를 수평면에 놓인 물체 B의 양쪽에 실로 연결하여 서로 다른 빗면에 놓고, A를 손으로 잡아 점 p에 정지시킨 모습을 나타낸 것이다. A를 가만히 놓으면 A는 빗면을 따라 등가속도 운동한다. A가 p에서 d만큼 떨어진 점 q까지 운동하는 동안 A, C의 중력 퍼텐셜 에너지 변화량의 크기는 각각 E_0, $7E_0$이다. A, B, C의 질량은 각각 m, $2m$, $3m$이다.

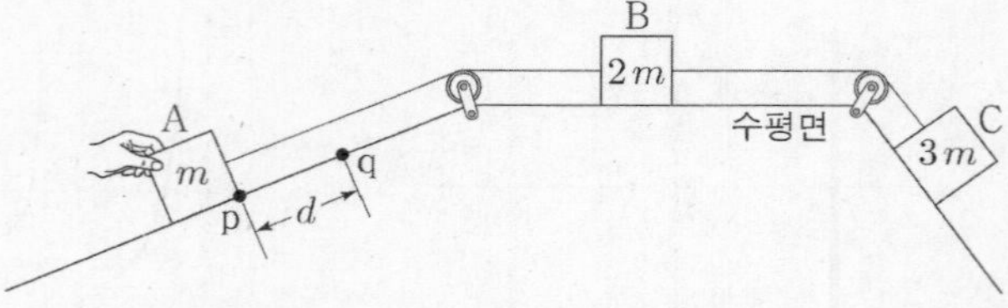

A가 p에서 q까지 운동하는 동안, 이에 대한 설명으로 옳은 것만을 <보기>에서 있는 대로 고른 것은? (단, 물체의 크기, 실의 질량, 모든 마찰은 무시한다.)

〈보 기〉

ㄱ. A의 운동 에너지 변화량과 중력 퍼텐셜 에너지 변화량은 크기가 같다.

ㄴ. B의 가속도의 크기는 $\frac{2E_0}{md}$이다.

ㄷ. 역학적 에너지 변화량의 크기는 B가 C보다 크다.

① ㄱ ② ㄴ ③ ㄷ ④ ㄱ, ㄴ ⑤ ㄱ, ㄷ

20. 그림 (가)와 같이 물체 A, B, C가 실로 연결되어 등가속도 운동한다. A, B의 질량은 각각 $3m$, $8m$이고, 실 p가 B를 당기는 힘의 크기는 $\frac{9}{4}mg$이다. 그림 (나)는 (가)에서 A, C의 위치를 바꾸어 연결했을 때 등가속도 운동하는 모습을 나타낸 것이다. B의 가속도의 크기는 (나)에서가 (가)에서의 2배이다.

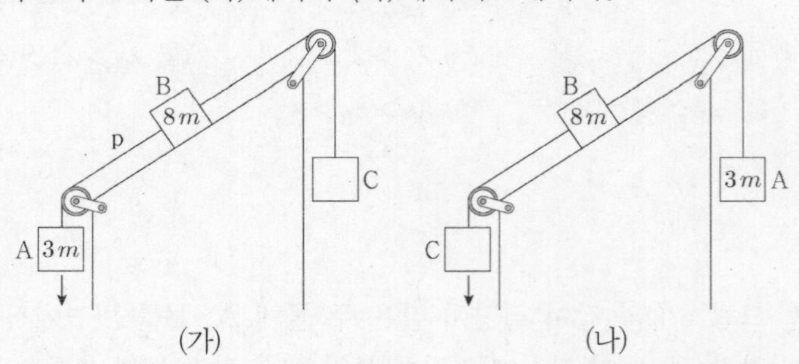

C의 질량은? (단, 중력 가속도는 g이고, 실의 질량, 모든 마찰은 무시한다.) [3점]

① $4m$ ② $5m$ ③ $6m$ ④ $7m$ ⑤ $8m$

＊ 확인 사항

○ 답안지의 해당란에 필요한 내용을 정확히 기입(표기)했는지 확인하시오.

2회

과학탐구 영역 [물리학 I]

성명		수험 번호					-				

1. 그림은 가시광선, 마이크로파, X선을 분류하는 과정을 나타낸 것이다.

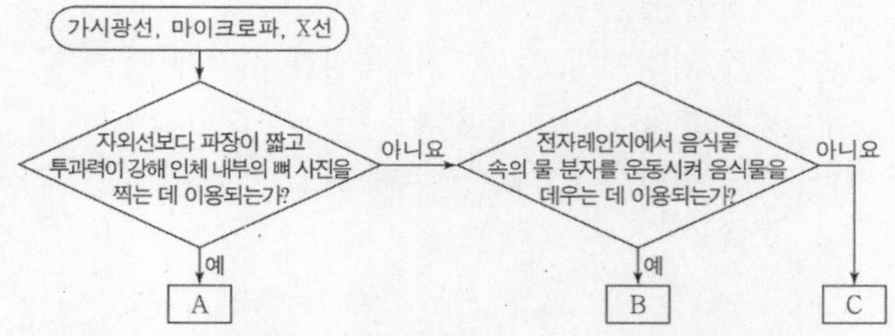

A, B, C에 해당하는 전자기파로 옳은 것은?

	A	B	C
①	X선	마이크로파	가시광선
②	X선	가시광선	마이크로파
③	마이크로파	X선	가시광선
④	마이크로파	가시광선	X선
⑤	가시광선	X선	마이크로파

2. 그림은 직선 경로를 따라 등가속도 운동하는 물체의 속도를 시간에 따라 나타낸 것이다.

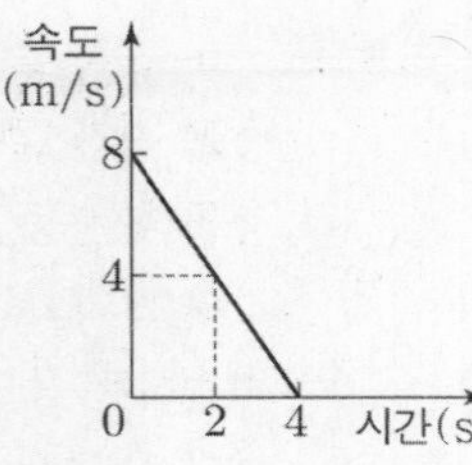

물체의 운동에 대한 설명으로 옳은 것만을 〈보기〉에서 있는 대로 고른 것은?

〈보 기〉

ㄱ. 가속도의 크기는 2 m/s^2이다.
ㄴ. 0초부터 4초까지 이동한 거리는 16 m이다.
ㄷ. 2초일 때, 운동 방향과 가속도 방향은 서로 같다.

① ㄱ ② ㄷ ③ ㄱ, ㄴ ④ ㄴ, ㄷ ⑤ ㄱ, ㄴ, ㄷ

3. 그림은 수소 원자에서 방출되는 빛의 스펙트럼과 보어의 수소 원자 모형에 대한 학생 A, B, C의 대화를 나타낸 것이다.

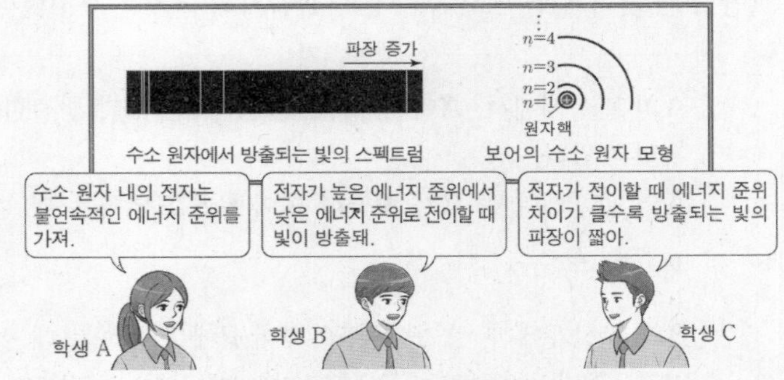

제시한 내용이 옳은 학생만을 있는 대로 고른 것은?

① A ② C ③ A, B ④ B, C ⑤ A, B, C

4. 다음은 두 가지 핵반응이다. (가)와 (나)에서 방출되는 에너지는 각각 E_1, E_2이고, 질량 결손은 (가)에서가 (나)에서보다 크다.

(가) ㉠ $+ {}^{1}_{0}n \longrightarrow {}^{141}_{56}Ba + {}^{92}_{36}Kr + 3{}^{1}_{0}n + E_1$
(나) ${}^{2}_{1}H + {}^{3}_{1}H \longrightarrow {}^{4}_{2}He + {}^{1}_{0}n + E_2$

이에 대한 설명으로 옳은 것만을 〈보기〉에서 있는 대로 고른 것은? [3점]

〈보 기〉

ㄱ. ㉠의 질량수는 238이다.
ㄴ. (나)는 핵융합 반응이다.
ㄷ. E_1은 E_2보다 크다.

① ㄱ ② ㄴ ③ ㄱ, ㄷ ④ ㄴ, ㄷ ⑤ ㄱ, ㄴ, ㄷ

5. 그림 (가)와 (나)는 같은 속력으로 진행하는 파동 A와 B의 어느 지점에서의 변위를 각각 시간에 따라 나타낸 것이다.

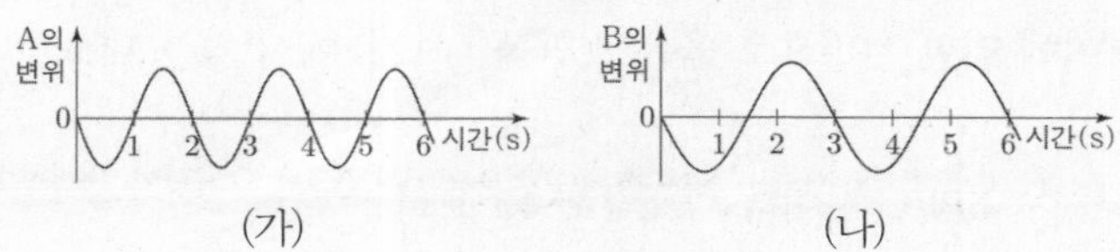

A, B의 파장을 각각 λ_A, λ_B라 할 때, $\frac{\lambda_A}{\lambda_B}$는?

① $\frac{1}{3}$ ② $\frac{2}{3}$ ③ 1 ④ $\frac{4}{3}$ ⑤ $\frac{5}{3}$

6. 그림은 한 면만 검게 칠한 자기화되어 있지 않은 자성체 A, B, C를 균일하고 강한 자기장 영역에 놓아 자기화시킨 모습을 나타낸 것이다. 표는 그림의 자기장 영역에서 꺼낸 A, B, C 중 2개를 마주 보는 면을 바꾸며 가까이 놓았을 때, 자성체 사이에 작용하는 자기력을 나타낸 것이다. A, B, C는 강자성체, 상자성체, 반자성체를 순서 없이 나타낸 것이다.

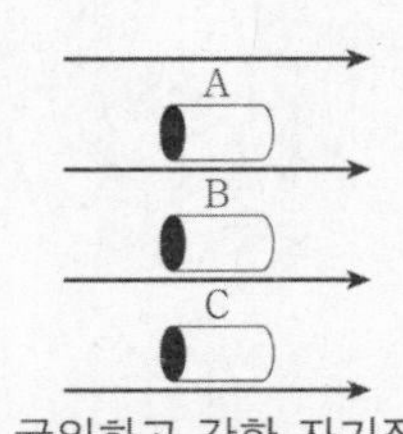

자성체의 위치	자기력
A B	없음
A C	서로 미는 힘
B C	서로 당기는 힘

A, B, C로 옳은 것은? [3점]

	A	B	C
①	강자성체	상자성체	반자성체
②	상자성체	강자성체	반자성체
③	상자성체	반자성체	강자성체
④	반자성체	상자성체	강자성체
⑤	반자성체	강자성체	상자성체

7. 그림과 같이 수평면에 놓여 있는 자석 B 위에 자석 A가 떠 있는 상태로 정지해 있다. A에 작용하는 중력의 크기와 B가 A에 작용하는 자기력의 크기는 같고, A, B의 질량은 각각 m, $3m$이다.

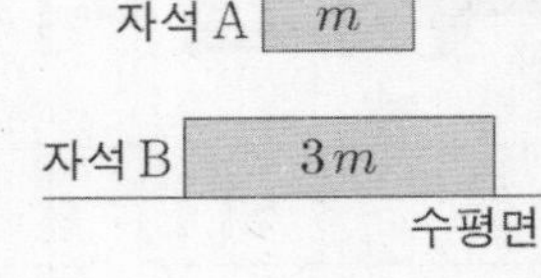

이에 대한 설명으로 옳은 것만을 〈보기〉에서 있는 대로 고른 것은? (단, 중력 가속도는 g이다.) [3점]

〈보 기〉
ㄱ. A가 B에 작용하는 자기력의 크기는 $3mg$이다.
ㄴ. 수평면이 B를 떠받치는 힘의 크기는 $4mg$이다.
ㄷ. A에 작용하는 중력과 B가 A에 작용하는 자기력은 작용 반작용 관계이다.

① ㄱ ② ㄴ ③ ㄷ ④ ㄱ, ㄴ ⑤ ㄱ, ㄷ

8. 그림은 매질 A에서 매질 B로 입사한 단색광 P가 굴절각 45°로 진행하여 B와 매질 C의 경계면에서 전반사한 후 B와 매질 D의 경계면에서 굴절하여 진행하는 모습을 나타낸 것이다.

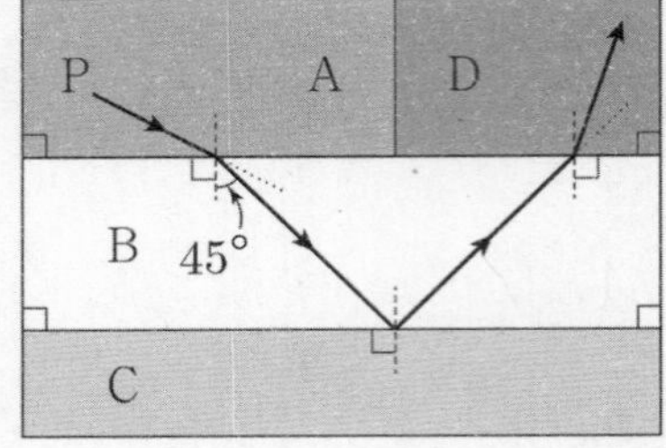

이에 대한 설명으로 옳은 것만을 〈보기〉에서 있는 대로 고른 것은?

〈보 기〉
ㄱ. B와 C 사이의 임계각은 45°보다 크다.
ㄴ. 굴절률은 A가 C보다 크다.
ㄷ. P의 속력은 A에서가 D에서보다 크다.

① ㄱ ② ㄷ ③ ㄱ, ㄴ ④ ㄴ, ㄷ ⑤ ㄱ, ㄴ, ㄷ

9. 그림 (가)는 두 점 S_1, S_2에서 진동수 f로 발생시킨 진폭이 같고 위상이 반대인 두 물결파의 어느 순간의 모습을, (나)는 (가)의 S_1, S_2에서 진동수 $2f$로 발생시킨 진폭과 위상이 같은 두 물결파의 어느 순간의 모습을 나타낸 것이다. (가)와 (나)에서 발생시킨 물결파의 진행 속력은 같다. d_1과 d_2는 S_2에서 발생시킨 물결파의 파장이다.

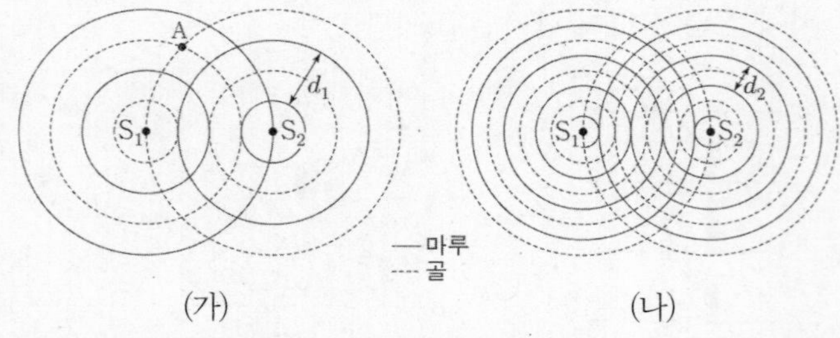

이에 대한 설명으로 옳은 것만을 〈보기〉에서 있는 대로 고른 것은? (단, S_1, S_2, A는 동일 평면상에 고정된 지점이다.) [3점]

〈보 기〉
ㄱ. (가)의 A에서는 보강 간섭이 일어난다.
ㄴ. (나)의 $\overline{S_1S_2}$에서 상쇄 간섭이 일어나는 지점의 개수는 5개이다.
ㄷ. $d_1=2d_2$이다.

① ㄱ ② ㄴ ③ ㄱ, ㄷ ④ ㄴ, ㄷ ⑤ ㄱ, ㄴ, ㄷ

10. 다음은 수레를 이용한 충격량에 대한 실험이다.

[실험 과정]
(가) 그림과 같이 속도 측정 장치, 힘 센서를 수평면상의 마찰이 없는 레일과 수직하게 설치한다.
(나) 레일 위에서 질량이 0.5 kg인 수레 A가 일정한 속도로 운동하여 고정된 힘 센서에 충돌하게 한다.
(다) 속도 측정 장치를 이용하여 충돌 직전과 직후 A의 속도를 측정한다.
(라) 충돌 과정에서 힘 센서로 측정한 시간에 따른 힘 그래프를 통해 충돌 시간을 구한다.
(마) A를 질량이 1.0 kg인 수레 B로 바꾸어 (나)~(라)를 반복한다.

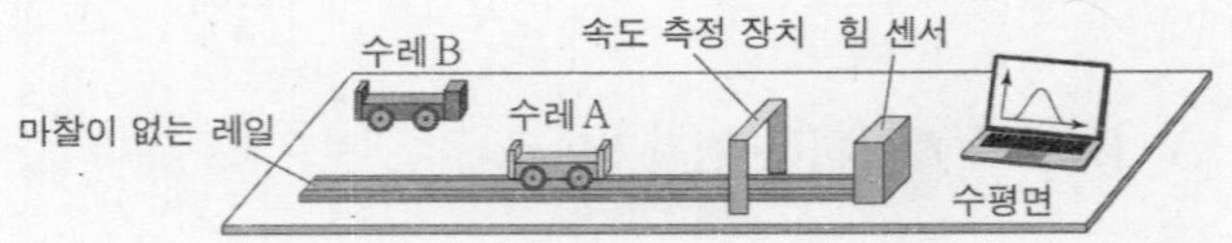

[실험 결과]

수레	질량(kg)	속도(m/s)		충돌 시간(s)
		충돌 직전	충돌 직후	
A	0.5	0.4	−0.2	0.02
B	1.0	0.4	−0.1	0.05

※ 충돌 시간: 수레가 힘 센서로부터 힘을 받는 시간

이에 대한 설명으로 옳은 것만을 〈보기〉에서 있는 대로 고른 것은? [3점]

〈보 기〉
ㄱ. 충돌 직전 운동량의 크기는 A가 B보다 작다.
ㄴ. 충돌하는 동안 힘 센서로부터 받은 충격량의 크기는 A가 B보다 크다.
ㄷ. 충돌하는 동안 힘 센서로부터 받은 평균 힘의 크기는 A가 B보다 작다.

① ㄱ ② ㄴ ③ ㄱ, ㄷ ④ ㄴ, ㄷ ⑤ ㄱ, ㄴ, ㄷ

11. 그림과 같이 관찰자 A에 대해, 검출기 P와 점 Q가 정지해 있고 관찰자 B가 탄 우주선이 A, P, Q를 잇는 직선과 나란하게 $0.6c$의 속력으로 등속도 운동을 한다. A의 관성계에서 B가 Q를 지나는 순간, A와 B는 동시에 P를 향해 빛을 방출한다. A의 관성계에서, A에서 P까지의 거리와 P에서 Q까지의 거리는 L로 같다.

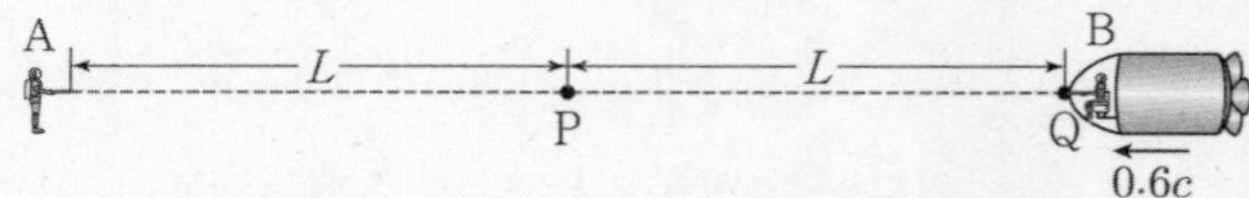

이에 대한 설명으로 옳은 것만을 〈보기〉에서 있는 대로 고른 것은? (단, c는 빛의 속력이고, 우주선과 관찰자의 크기는 무시한다.)

〈보 기〉
ㄱ. A의 관성계에서, A가 방출한 빛의 속력과 B가 방출한 빛의 속력은 같다.
ㄴ. A의 관성계에서, B가 방출한 빛이 P에 도달하는 데 걸리는 시간은 $\frac{L}{c}$이다.
ㄷ. B의 관성계에서, A가 방출한 빛이 P에 도달하는 데 걸리는 시간은 B가 방출한 빛이 P에 도달하는 데 걸리는 시간보다 크다.

① ㄱ ② ㄷ ③ ㄱ, ㄴ ④ ㄴ, ㄷ ⑤ ㄱ, ㄴ, ㄷ

12. 그림 (가)는 마찰이 없는 수평면에서 물체 A가 정지해 있는 물체 B를 향해 속력 v로 등속도 운동하는 모습을 나타낸 것이다. 그림 (나)는 (가)의 A와 B가 $x=2d$에서 충돌한 후 각각 등속도 운동하여, A가 $x=d$를 지나는 순간 B가 $x=4d$를 지나는 모습을 나타낸 것이다. 이후, B는 정지해 있던 물체 C와 $x=6d$에서 충돌하여, B와 C가 한 덩어리로 $+x$방향으로 속력 $\frac{1}{3}v$로 등속도 운동을 한다. B, C의 질량은 각각 $2m$, m이다.

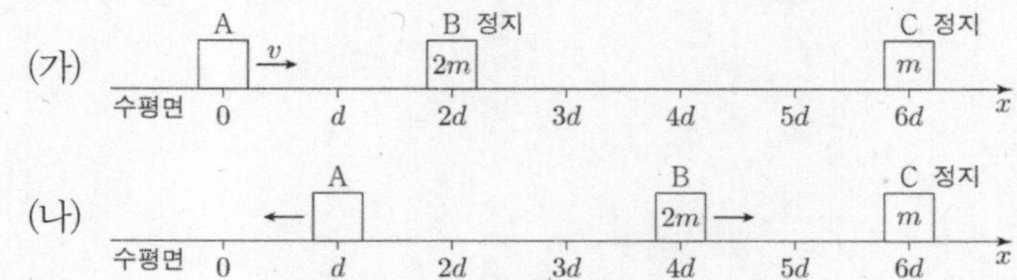

A의 질량은? (단, 물체의 크기는 무시하고, A, B, C는 동일 직선상에서 운동한다.) [3점]

① m ② $\frac{4}{5}m$ ③ $\frac{3}{5}m$ ④ $\frac{2}{5}m$ ⑤ $\frac{1}{5}m$

13. 다음은 p-n 접합 발광 다이오드(LED)와 고체 막대를 이용한 회로에 대한 실험이다.

[실험 과정]

(가) 그림과 같이 전압이 같은 직류 전원 2개, 저항, 동일한 LED D_1~D_4, 고체 막대 X와 Y, 스위치 S_1과 S_2를 이용하여 회로를 구성한다. X와 Y는 도체와 절연체를 순서 없이 나타낸 것이다.

(나) S_1를 a 또는 b에 연결하고 S_2를 c 또는 d에 연결하며 D_1~D_4에서 빛의 방출 여부를 관찰한다.

[실험 결과]

S_1	S_2	빛이 방출된 LED
a에 연결	c에 연결	없음
	d에 연결	D_2, D_3
b에 연결	c에 연결	없음
	d에 연결	㉠

이에 대한 설명으로 옳은 것만을 〈보기〉에서 있는 대로 고른 것은? [3점]

〈보 기〉

ㄱ. X는 절연체이다.
ㄴ. ㉠은 D_1, D_4이다.
ㄷ. S_1을 a에 연결하고 S_2를 d에 연결했을 때, D_1에는 순방향 전압이 걸린다.

① ㄱ ② ㄷ ③ ㄱ, ㄴ ④ ㄴ, ㄷ ⑤ ㄱ, ㄴ, ㄷ

14. 그림은 입자 A, B, C의 운동량과 운동 에너지를 나타낸 것이다.

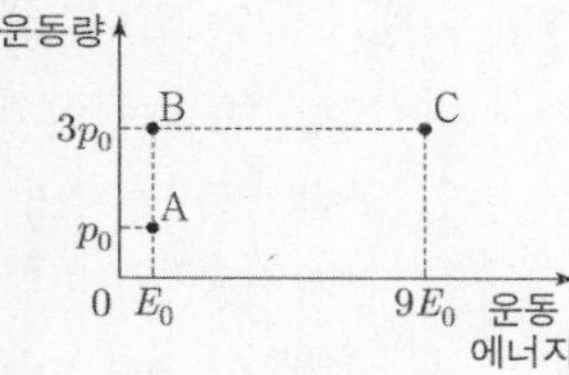

이에 대한 설명으로 옳은 것만을 〈보기〉에서 있는 대로 고른 것은?

〈보 기〉

ㄱ. 질량은 A가 B보다 크다.
ㄴ. 속력은 A와 C가 같다.
ㄷ. 물질파 파장은 B와 C가 같다.

① ㄱ ② ㄷ ③ ㄱ, ㄴ ④ ㄴ, ㄷ ⑤ ㄱ, ㄴ, ㄷ

15. 그림 (가)는 일정량의 이상 기체가 상태 A → B → C를 따라 변할 때 기체의 압력과 부피를 나타낸 것이다. 그림 (나)는 (가)의 A → B 과정과 B → C 과정 중 하나로, 기체가 들어 있는 열 출입이 자유로운 실린더의 피스톤에 모래를 조금씩 올려 피스톤이 서서히 내려가는 과정을 나타낸 것이다. (나)의 과정에서 기체의 온도는 T_0으로 일정하다.

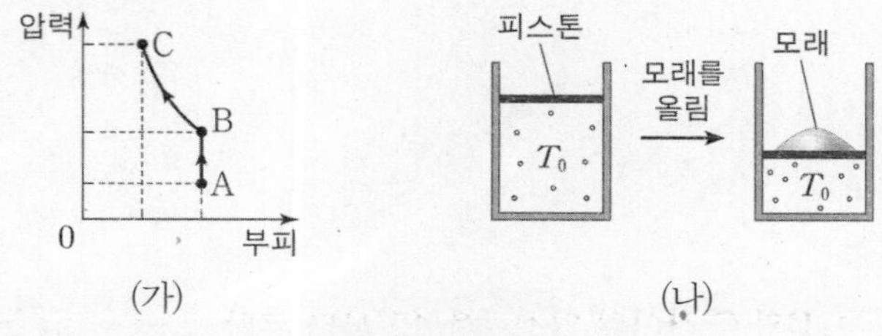

(가) (나)

이에 대한 설명으로 옳은 것만을 〈보기〉에서 있는 대로 고른 것은? (단, 실린더와 피스톤 사이의 마찰은 무시한다.)

〈보 기〉

ㄱ. (나)는 B → C 과정이다.
ㄴ. (가)에서 기체의 내부 에너지는 A에서가 C에서보다 작다.
ㄷ. (나)의 과정에서 기체는 외부에 열을 방출한다.

① ㄱ ② ㄷ ③ ㄱ, ㄴ ④ ㄴ, ㄷ ⑤ ㄱ, ㄴ, ㄷ

16. 그림과 같이 가늘고 무한히 긴 직선 도선 A, C와 중심이 원점 O인 원형 도선 B가 xy평면에 고정되어 있다. A에는 세기가 I_0인 전류가 $+y$방향으로 흐르고, B와 C에는 각각 세기가 일정한 전류가 흐른다. 표는 B, C에 흐르는 전류의 방향에 따른 O에서 A, B, C의 전류에 의한 자기장의 세기를 나타낸 것이다.

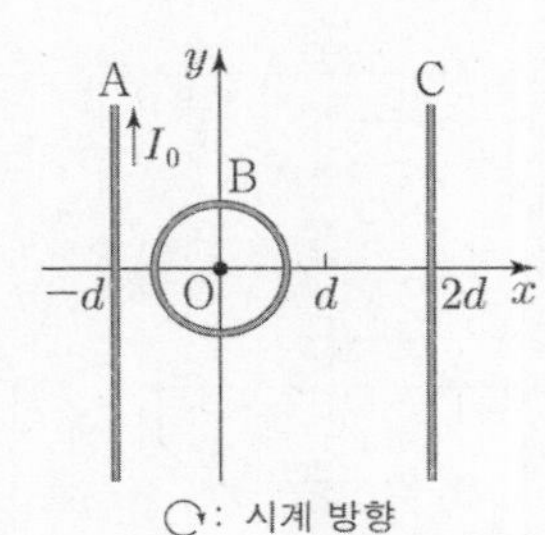

전류의 방향 B	전류의 방향 C	O에서 A, B, C의 전류에 의한 자기장의 세기
시계 방향	$+y$방향	0
시계 방향	$-y$방향	$4B_0$
시계 반대 방향	$-y$방향	$2B_0$

C에 흐르는 전류의 세기는? [3점]

① I_0 ② $2I_0$ ③ $4I_0$ ④ $6I_0$ ⑤ $8I_0$

17. 그림 (가)와 같이 x축상에 점전하 A, 양(+)전하인 점전하 C를 각각 $x=0$, $x=5d$에 고정하고, 점전하 B를 x축상의 $d \le x \le 3d$인 구간에서 옮기며 고정한다. 그림 (나)는 (가)에서 C에 작용하는 전기력을 B의 위치에 따라 나타낸 것이고, 전기력의 방향은 $+x$방향이 양(+)이다.

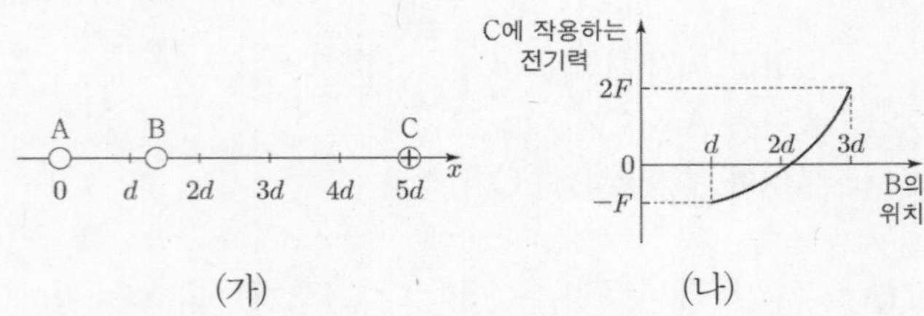

(가)　(나)

이에 대한 설명으로 옳은 것만을 〈보기〉에서 있는 대로 고른 것은? [3점]

〈보 기〉
ㄱ. A는 음(−)전하이다.
ㄴ. 전하량의 크기는 A가 B보다 작다.
ㄷ. B가 $x=3d$에 있을 때, B에 작용하는 전기력의 크기는 $2F$보다 작다.

① ㄱ　② ㄴ　③ ㄱ, ㄷ　④ ㄴ, ㄷ　⑤ ㄱ, ㄴ, ㄷ

18. 그림 (가)와 같이 균일한 자기장 영역 I과 II가 있는 xy평면에 원형 금속 고리가 고정되어 있다. I, II의 자기장이 고리 내부를 통과하는 면적은 같다. 그림 (나)는 (가)의 I, II에서 자기장의 세기를 시간에 따라 나타낸 것이다.

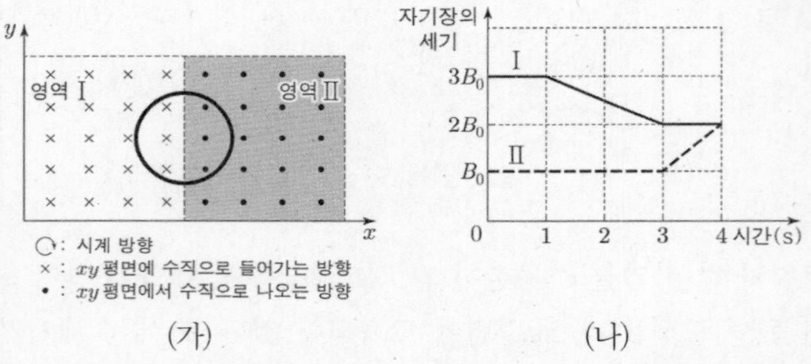

(가)　(나)

고리에 흐르는 유도 전류를 시간에 따라 나타낸 그래프로 가장 적절한 것은? (단, 유도 전류의 방향은 시계 방향이 양(+)이다.)

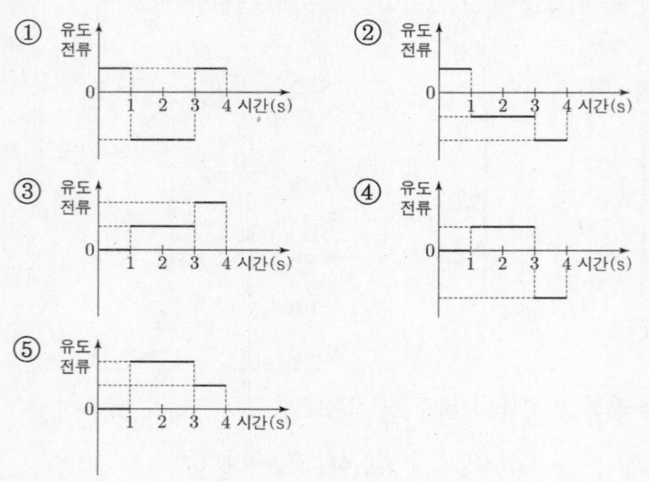

19. 그림 (가)와 같이 질량이 각각 $2m$, m, $3m$인 물체 A, B, C를 실로 연결하고 B를 점 p에 가만히 놓았더니 A, B, C는 등가속도 운동을 한다. 그림 (나)와 같이 B가 점 q를 속력 v_0으로 지나는 순간 B와 C를 연결한 실이 끊어지면, A와 B는 등가속도 운동하여 B가 점 r에서 속력이 0이 된 후 다시 q와 p를 지난다. p, q, r는 수평면상의 점이다.

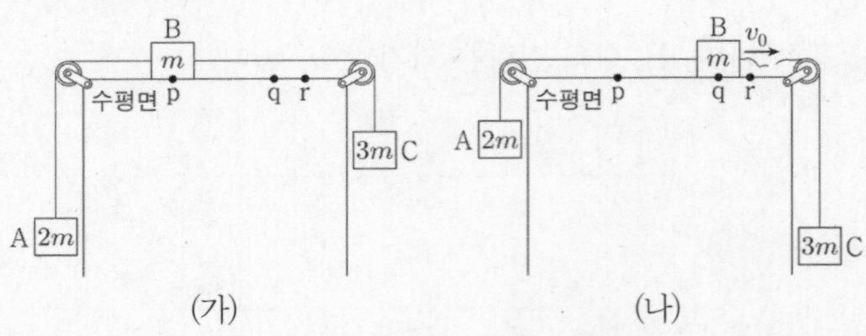

(가)　(나)

이에 대한 설명으로 옳은 것만을 〈보기〉에서 있는 대로 고른 것은? (단, 중력 가속도는 g이고, 물체의 크기, 실의 질량, 모든 마찰과 공기 저항은 무시한다.) [3점]

〈보 기〉
ㄱ. (가)에서 B가 p와 q 사이를 지날 때, A에 연결된 실이 A를 당기는 힘의 크기는 $\frac{7}{3}mg$이다.
ㄴ. q와 r 사이의 거리는 $\frac{3v_0^2}{4g}$이다.
ㄷ. (나)에서 B가 p를 지나는 순간 B의 속력은 $\sqrt{5}v_0$이다.

① ㄱ　② ㄷ　③ ㄱ, ㄴ　④ ㄴ, ㄷ　⑤ ㄱ, ㄴ, ㄷ

20. 그림과 같이 수평면으로부터 높이가 h인 수평 구간에서 질량이 각각 m, $3m$인 물체 A와 B로 용수철을 압축시킨 후 가만히 놓았더니, A, B는 각각 수평면상의 마찰 구간 I, II를 지나 높이 $3h$, $2h$에서 정지하였다. 이 과정에서 A의 운동 에너지의 최댓값은 A의 중력 퍼텐셜 에너지의 최댓값의 4배이다. A, B가 각각 I, II를 한 번 지날 때 손실되는 역학적 에너지는 각각 W_{I}, W_{II}이다.

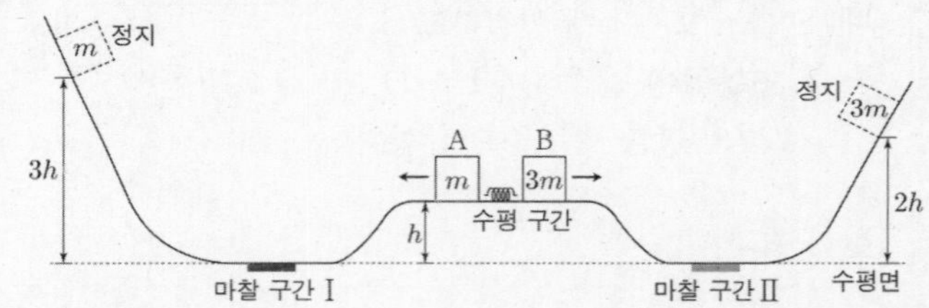

$\frac{W_{\text{I}}}{W_{\text{II}}}$은? (단, 수평면에서 중력 퍼텐셜 에너지는 0이고, A와 B는 동일 연직면상에서 운동한다. 물체의 크기, 용수철의 질량, 공기 저항과 마찰 구간 외의 모든 마찰은 무시한다.)

① 9　② $\frac{21}{2}$　③ 12　④ $\frac{27}{2}$　⑤ 15

* 확인 사항
○ 답안지의 해당란에 필요한 내용을 정확히 기입(표기)했는지 확인하시오.

3회

과학탐구 영역 [물리학 I]

성명		수험 번호						-				

1. 그림은 전자기파를 일상생활에서 이용하는 예이다.

이에 대한 설명으로 옳은 것만을 〈보기〉에서 있는 대로 고른 것은?

〈보 기〉
ㄱ. ㉠은 감마선을 이용하여 스마트폰과 통신한다.
ㄴ. ㉡에서 살균 작용에 사용되는 자외선은 마이크로파보다 파장이 짧다.
ㄷ. 진공에서의 속력은 ㉢에서 사용되는 전자기파가 X선보다 크다.

① ㄱ ② ㄴ ③ ㄷ ④ ㄱ, ㄴ ⑤ ㄴ, ㄷ

2. 다음은 핵반응에 대한 설명이다.

원자로 내부에서 $^{235}_{92}\mathrm{U}$ 원자핵이 중성자($^{1}_{0}\mathrm{n}$) 하나를 흡수하면, $^{141}_{56}\mathrm{Ba}$ 원자핵과 $^{92}_{36}\mathrm{Kr}$ 원자핵으로 쪼개지며 세 개의 중성자와 에너지가 방출된다. 이 핵반응을 [㉠] 반응이라 하고, 이때 ㉡방출되는 에너지를 이용해 전기를 생산할 수 있다.

이에 대한 설명으로 옳은 것만을 〈보기〉에서 있는 대로 고른 것은?

〈보 기〉
ㄱ. $^{235}_{92}\mathrm{U}$ 원자핵의 질량수는 $^{141}_{56}\mathrm{Ba}$ 원자핵과 $^{92}_{36}\mathrm{Kr}$ 원자핵의 질량수의 합과 같다.
ㄴ. '핵분열'은 ㉠으로 적절하다.
ㄷ. ㉡은 질량 결손에 의해 발생한다.

① ㄱ ② ㄴ ③ ㄷ ④ ㄱ, ㄴ ⑤ ㄴ, ㄷ

3. 그림은 보어의 수소 원자 모형에서 양자수 n에 따른 에너지 준위의 일부와 전자의 전이 a~d를 나타낸 것이다. a에서 흡수되는 빛의 진동수는 f_a이다.

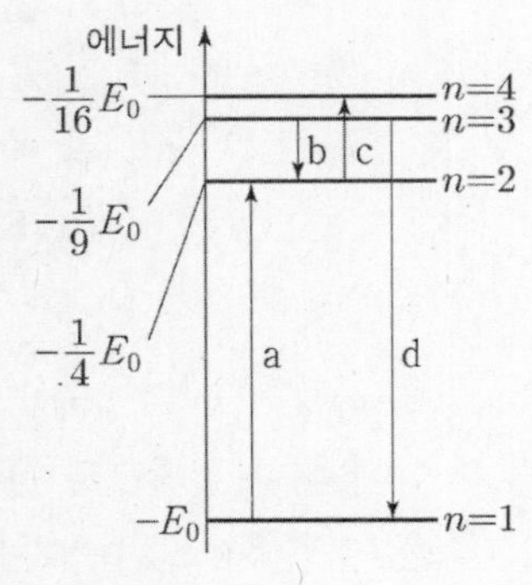

이에 대한 설명으로 옳은 것만을 〈보기〉에서 있는 대로 고른 것은? [3점]

〈보 기〉
ㄱ. a에서 흡수되는 광자 1개의 에너지는 $\frac{3}{4}E_0$이다.
ㄴ. 방출되는 빛의 파장은 b에서가 d에서보다 짧다.
ㄷ. c에서 흡수되는 빛의 진동수는 $\frac{1}{8}f_a$이다.

① ㄱ ② ㄴ ③ ㄱ, ㄷ ④ ㄴ, ㄷ ⑤ ㄱ, ㄴ, ㄷ

4. 그림은 빛과 물질의 이중성에 대해 학생 A, B, C가 대화하는 모습을 나타낸 것이다.

광전 효과에서 광전자가 즉시 방출되는 현상은 빛의 입자성으로 설명해.

속력이 서로 다른 두 입자의 운동량이 같을 때, 속력이 작은 입자의 물질파 파장이 더 길어.

전자 현미경에서 전자의 운동 에너지가 클수록 더 작은 구조를 구분하여 관찰할 수 있어.

학생 B

제시한 내용이 옳은 학생만을 있는 대로 고른 것은? [3점]

① A ② B ③ A, C ④ B, C ⑤ A, B, C

5. 그림은 실 p로 연결된 물체 A와 자석 B가 정지해 있고, B의 연직 아래에는 자석 C가 실 q에 연결되어 정지해 있는 모습을 나타낸 것이다. A, B, C의 질량은 각각 4 kg, 1 kg, 1 kg이고, B와 C 사이에 작용하는 자기력의 크기는 20 N 이다.

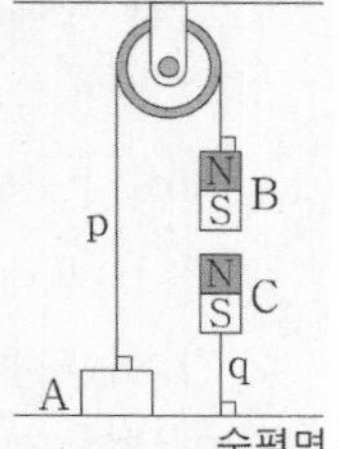

이에 대한 설명으로 옳은 것만을 〈보기〉에서 있는 대로 고른 것은? (단, 중력 가속도는 10 m/s^{2}이고, 실의 질량과 모든 마찰은 무시하며, 자기력은 B와 C 사이에만 작용한다.)

〈보 기〉
ㄱ. 수평면이 A를 떠받치는 힘의 크기는 10 N이다.
ㄴ. B에 작용하는 중력과 p가 B를 당기는 힘은 작용 반작용 관계이다.
ㄷ. B가 C에 작용하는 자기력의 크기는 q가 C를 당기는 힘의 크기와 같다.

① ㄱ ② ㄴ ③ ㄱ, ㄷ ④ ㄴ, ㄷ ⑤ ㄱ, ㄴ, ㄷ

6. 그림 (가)는 수평면에서 물체가 벽을 향해 등속도 운동하는 모습을 나타낸 것이다. 물체는 벽과 충돌한 후 반대 방향으로 등속도 운동하고, 마찰 구간을 지난 후 등속도 운동한다. 그림 (나)는 물체의 속도를 시간에 따라 나타낸 것으로, 물체는 벽과 충돌하는 과정에서 t_0 동안 힘을 받고, 마찰 구간에서 $2t_0$ 동안 힘을 받는다. 마찰 구간에서 물체가 운동 방향과 반대 방향으로 받은 평균 힘의 크기는 F이다.

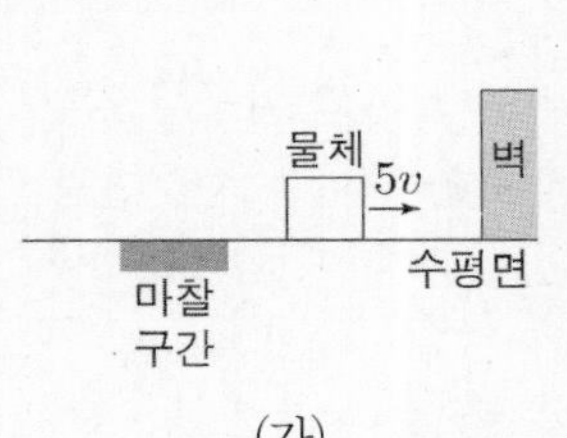

(가)

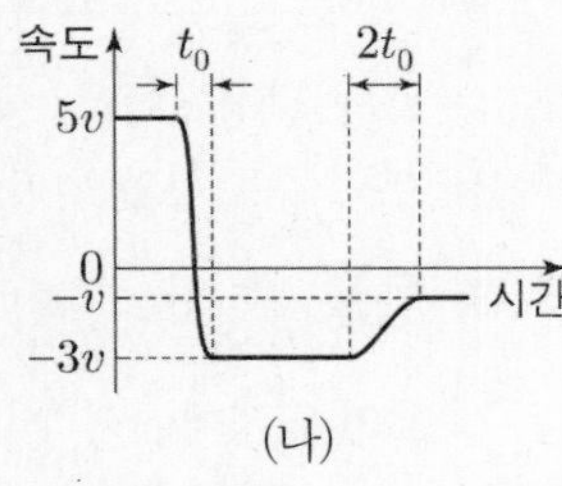

(나)

벽과 충돌하는 동안 물체가 벽으로부터 받은 평균 힘의 크기는? (단, 마찰 구간 외의 모든 마찰은 무시한다.) [3점]

① $2F$ ② $4F$ ③ $6F$ ④ $8F$ ⑤ $10F$

7. 그림 (가)는 자석의 S극을 가까이 하여 자기화된 자성체 A를, (나)는 자기화되지 않은 자성체 B를, (다)는 (나)에서 S극을 가까이 하여 자기화된 B를 나타낸 것이다. (다)에서 B와 자석 사이에는 서로 미는 자기력이 작용한다. A, B는 상자성체와 반자성체를 순서 없이 나타낸 것이다.

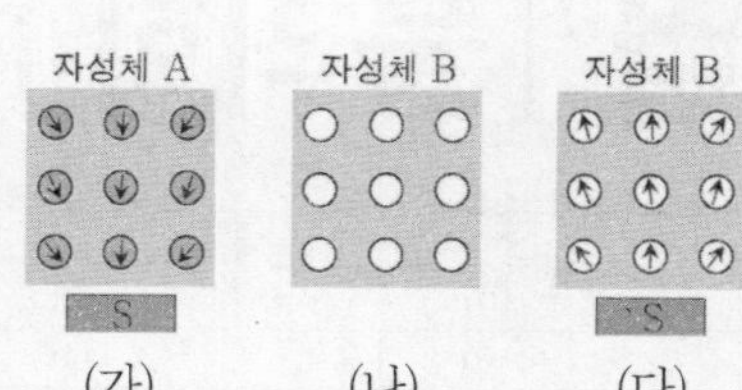

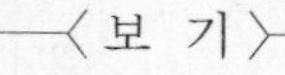

이에 대한 설명으로 옳은 것만을 〈보기〉에서 있는 대로 고른 것은?

〈보 기〉

ㄱ. (가)에서 A와 자석 사이에는 서로 당기는 자기력이 작용한다.
ㄴ. (다)에서 S극 대신 N극을 가까이 하면, B와 자석 사이에는 서로 당기는 자기력이 작용한다.
ㄷ. (다)에서 자석을 제거하면, B는 (나)의 상태가 된다.

① ㄱ ② ㄴ ③ ㄱ, ㄷ ④ ㄴ, ㄷ ⑤ ㄱ, ㄴ, ㄷ

8. 그림 (가)는 진동수가 일정한 물결파가 매질 A에서 매질 B로 진행할 때, 시간 $t=0$인 순간의 물결파의 모습을 나타낸 것이다. 실선은 물결파의 마루이고, A와 B에서 이웃한 마루와 마루 사이의 거리는 각각 d, $2d$이다. 점 p, q는 평면상의 고정된 점이다. 그림 (나)는 (가)의 p에서 물결파의 변위를 시간 t에 따라 나타낸 것이다.

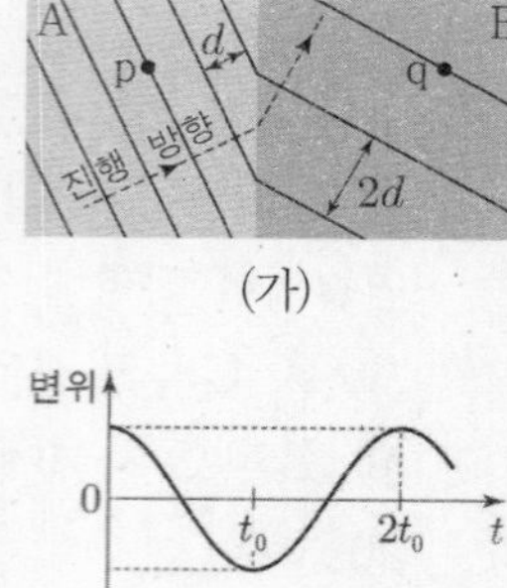

(가)
(나)

이에 대한 설명으로 옳은 것만을 〈보기〉에서 있는 대로 고른 것은?

〈보 기〉

ㄱ. 물결파의 속력은 B에서가 A에서의 2배이다.
ㄴ. (가)에서 입사각은 굴절각보다 작다.
ㄷ. $t=2t_0$일 때, q에서 물결파는 마루가 된다.

① ㄱ ② ㄷ ③ ㄱ, ㄴ ④ ㄴ, ㄷ ⑤ ㄱ, ㄴ, ㄷ

9. 그림과 같이 관찰자 A에 대해 관찰자 B가 탄 우주선이 $+x$방향으로 터널을 향해 $0.8c$의 속력으로 등속도 운동한다. A의 관성계에서, x축과 나란하게 정지해 있는 터널의 길이는 L이고, 우주선의 앞이 터널의 출구를 지나는 순간 우주선의 뒤가 터널의 입구를 지난다.

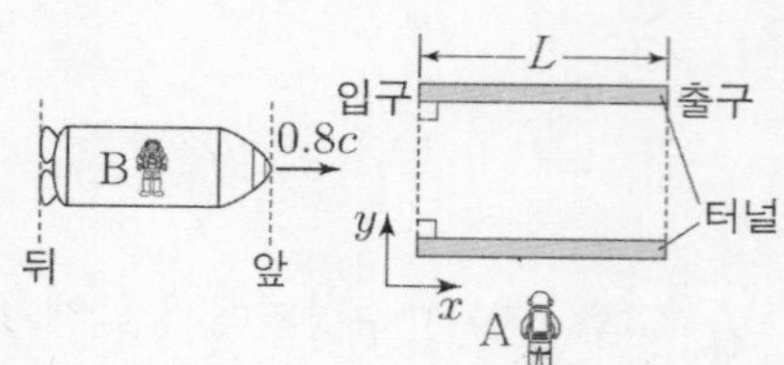

이에 대한 설명으로 옳은 것만을 〈보기〉에서 있는 대로 고른 것은? (단, c는 빛의 속력이다.) [3점]

〈보 기〉

ㄱ. A의 관성계에서, 우주선의 앞이 터널의 입구를 지나는 순간부터 우주선의 뒤가 터널의 입구를 지나는 순간까지 걸린 시간은 $\frac{L}{0.8c}$보다 작다.
ㄴ. B의 관성계에서, 터널의 길이는 L보다 작다.
ㄷ. B의 관성계에서, 터널의 출구가 우주선의 앞을 지나고 난 후 터널의 입구가 우주선의 뒤를 지난다.

① ㄱ ② ㄴ ③ ㄱ, ㄷ ④ ㄴ, ㄷ ⑤ ㄱ, ㄴ, ㄷ

10. 그림 (가)는 마찰이 없는 수평면에서 물체 A가 정지해 있는 물체 B, C를 향해 속력 $4v$로 등속도 운동하는 모습을 나타낸 것이다. A는 정지해 있는 B와 충돌한 후 충돌 전과 같은 방향으로 속력 $2v$로 등속도 운동한다. 그림 (나)는 B의 속도를 시간에 따라 나타낸 것이다. A, C의 질량은 각각 $4m$, $5m$이다.

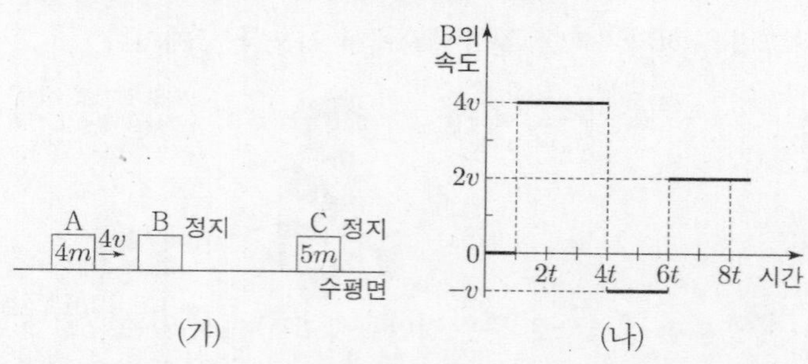

(가) (나)

이에 대한 설명으로 옳은 것만을 〈보기〉에서 있는 대로 고른 것은? (단, 물체는 동일 직선상에서 운동하고, 물체의 크기는 무시한다.)

〈보 기〉

ㄱ. B의 질량은 $2m$이다.
ㄴ. $5t$일 때, C의 속력은 $2v$이다.
ㄷ. A와 C 사이의 거리는 $8t$일 때가 $7t$일 때보다 $2vt$만큼 크다.

① ㄱ ② ㄷ ③ ㄱ, ㄴ ④ ㄴ, ㄷ ⑤ ㄱ, ㄴ, ㄷ

11. 그림 (가)와 같이 xy평면의 원점 O로부터 같은 거리에 있는 x축상의 두 지점 S_1, S_2에서 진동수와 진폭이 같고, 위상이 서로 반대인 두 물결파를 동시에 발생시킨다. 점 p, q는 O를 중심으로 하는 원과 O를 지나는 직선이 만나는 지점이다. 그림 (나)는 p에서 중첩된 물결파의 변위를 시간 t에 따라 나타낸 것이다. S_1, S_2에서 발생시킨 두 물결파의 속력은 10 cm/s로 일정하다.

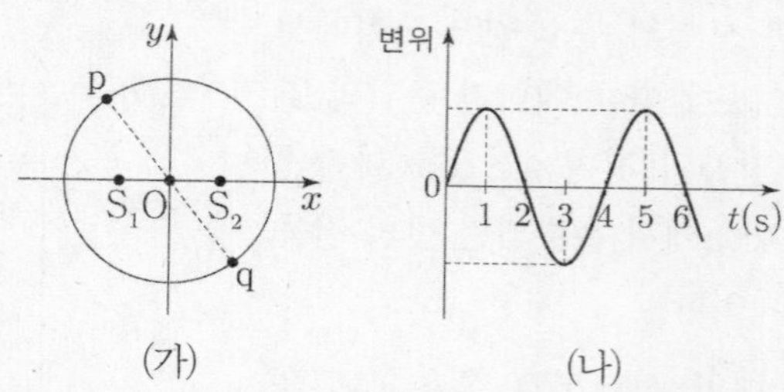

(가) (나)

이에 대한 설명으로 옳은 것만을 〈보기〉에서 있는 대로 고른 것은? (단, S_1, S_2, p, q는 xy평면상의 고정된 지점이다.) [3점]

〈보 기〉

ㄱ. S_1에서 발생한 물결파의 파장은 20 cm이다.
ㄴ. $t=1$초일 때, 중첩된 물결파의 변위의 크기는 p에서와 q에서가 같다.
ㄷ. O에서 보강 간섭이 일어난다.

① ㄱ ② ㄴ ③ ㄷ ④ ㄱ, ㄷ ⑤ ㄴ, ㄷ

12. 다음은 p-n 접합 다이오드의 특성을 알아보는 실험이다.

[실험 과정]

(가) 그림과 같이 전압이 같은 직류 전원 2개, 스위치, 동일한 p-n 접합 다이오드 4개, 저항, 검류계를 이용하여 회로를 구성한다. X, Y는 p형 반도체와 n형 반도체를 순서 없이 나타낸 것이다.

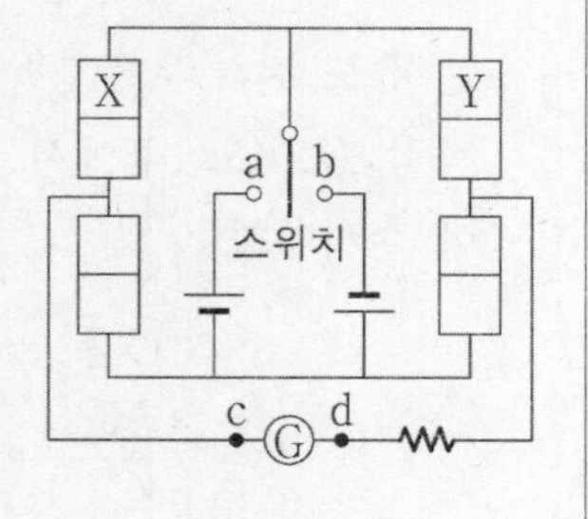

(나) 스위치를 a 또는 b에 연결하고, 검류계를 관찰한다.

[실험 결과]

스위치	전류의 흐름	전류의 방향
a에 연결	흐른다.	c → Ⓖ → d
b에 연결	흐른다.	㉠

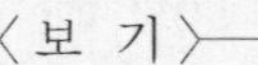

이에 대한 설명으로 옳은 것만을 〈보기〉에서 있는 대로 고른 것은?

〈보 기〉

ㄱ. X는 p형 반도체이다.

ㄴ. ㉠은 'd → Ⓖ → c'이다.

ㄷ. 스위치를 b에 연결하면 Y에서 전자는 p-n 접합면으로부터 멀어진다.

① ㄱ ② ㄷ ③ ㄱ, ㄴ ④ ㄴ, ㄷ ⑤ ㄱ, ㄴ, ㄷ

13. 그림 (가)는 점전하 A, B를 x축상에 고정하고 음(−)전하 P를 옮기며 x축상에 고정하는 것을 나타낸 것이다. 그림 (나)는 점전하 A~D를 x축상에 고정하고 양(+)전하 R를 옮기며 x축상에 고정하는 것을 나타낸 것이다. A와 D, B와 C, P와 R는 각각 전하량의 크기가 같고, C와 D는 양(+)전하이다. 그림 (다)는 (가)에서 P의 위치 x가 $0<x<3d$인 구간에서 P에 작용하는 전기력을 나타낸 것으로, 전기력의 방향은 $+x$방향이 양(+)이다.

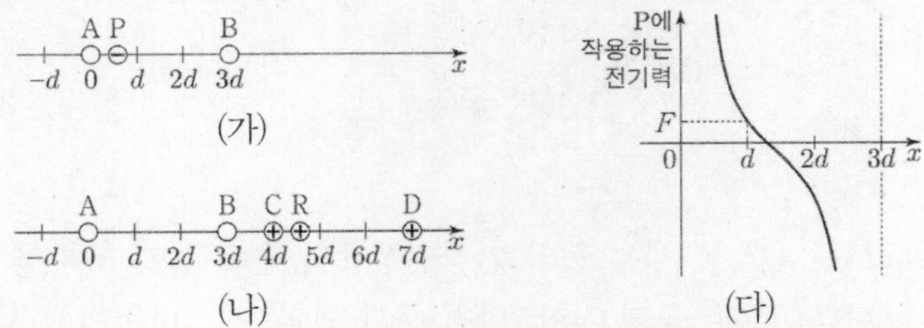

이에 대한 설명으로 옳은 것만을 〈보기〉에서 있는 대로 고른 것은? [3점]

〈보 기〉

ㄱ. (가)에서 P의 위치가 $x=-d$일 때, P에 작용하는 전기력의 크기는 F보다 크다.

ㄴ. (나)에서 R의 위치가 $x=d$일 때, R에 작용하는 전기력의 방향은 $+x$방향이다.

ㄷ. (나)에서 R의 위치가 $x=6d$일 때, R에 작용하는 전기력의 크기는 F보다 작다.

① ㄱ ② ㄴ ③ ㄱ, ㄷ ④ ㄴ, ㄷ ⑤ ㄱ, ㄴ, ㄷ

14. 그림은 동일한 단색광 P, Q, R를 입사각 θ로 각각 매질 A에서 매질 B로, B에서 매질 C로, C에서 B로 입사시키는 모습을 나타낸 것이다. P는 A와 B의 경계면에서 굴절하여 B와 C의 경계면에서 전반사한다.

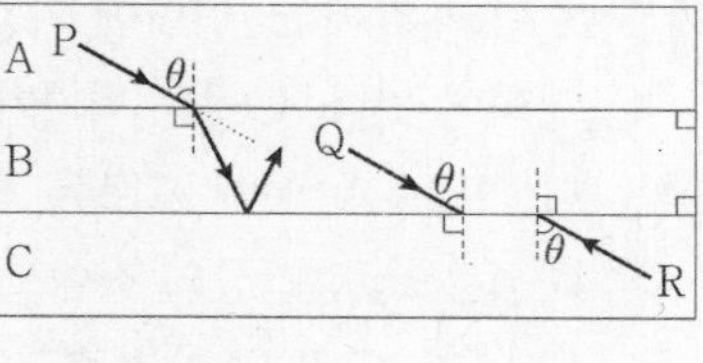

이에 대한 설명으로 옳은 것만을 〈보기〉에서 있는 대로 고른 것은? [3점]

〈보 기〉

ㄱ. 굴절률은 A가 C보다 크다.

ㄴ. Q는 B와 C의 경계면에서 전반사한다.

ㄷ. R는 B와 A의 경계면에서 전반사한다.

① ㄱ ② ㄷ ③ ㄱ, ㄴ ④ ㄴ, ㄷ ⑤ ㄱ, ㄴ, ㄷ

15. 그림은 열기관에서 일정량의 이상 기체가 상태 A → B → C → D → A를 따라 순환하는 동안 기체의 압력과 절대 온도를 나타낸 것이다. A → B는 부피가 일정한 과정, B → C는 압력이 일정한 과정, C → D는 단열 과정, D → A는 등온 과정이다. 표는 각 과정에서 기체가 외부에 한 일 또는 외부로부터 받은 일을 나타낸 것이다. 기체가 흡수하거나 방출한 열량은 A → B 과정과 B → C 과정에서 같다.

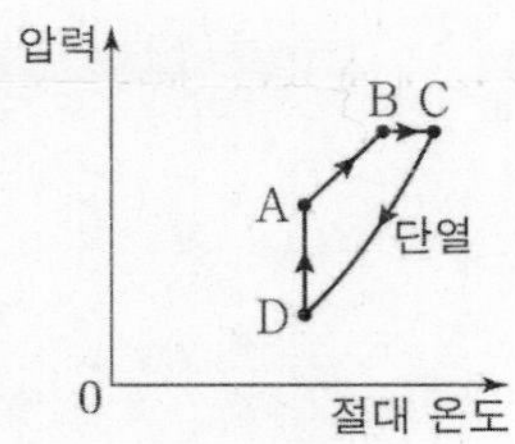

과정	기체가 외부에 한 일 또는 외부로부터 받은 일(J)
A → B	0
B → C	16
C → D	64
D → A	60

이에 대한 설명으로 옳은 것만을 〈보기〉에서 있는 대로 고른 것은?

〈보 기〉

ㄱ. 기체의 부피는 A에서가 C에서보다 작다.

ㄴ. B → C 과정에서 기체의 내부 에너지 증가량은 24 J이다.

ㄷ. 열기관의 열효율은 0.25 이다.

① ㄱ ② ㄷ ③ ㄱ, ㄴ ④ ㄴ, ㄷ ⑤ ㄱ, ㄴ, ㄷ

16. 그림과 같이 직선 경로에서 물체 A가 속력 v로 $x=0$을 지나는 순간 $x=0$에 정지해 있던 물체 B가 출발하여, A와 B는 $x=4L$을 동시에 지나고, $x=9L$을 동시에 지난다. A가 $x=9L$을 지나는 순간 A의 속력은 $5v$이다. 표는 구간 Ⅰ, Ⅱ, Ⅲ에서 A, B의 운동을 나타낸 것이다. Ⅰ에서 B의 가속도의 크기는 a이다.

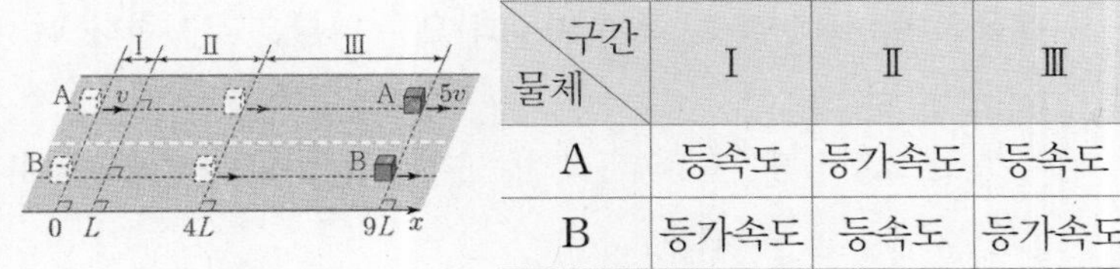

구간 물체	Ⅰ	Ⅱ	Ⅲ
A	등속도	등가속도	등속도
B	등가속도	등속도	등가속도

Ⅲ에서 B의 가속도의 크기는? (단, 물체의 크기는 무시한다.) [3점]

① $\frac{11}{5}a$ ② $2a$ ③ $\frac{9}{5}a$ ④ $\frac{8}{5}a$ ⑤ $\frac{7}{5}a$

17. 그림과 같이 xy평면에 가늘고 무한히 긴 직선 도선 A, B, C가 고정되어 있다. C에는 세기가 I_C로 일정한 전류가 $+x$방향으로 흐른다. 표는 A, B에 흐르는 전류의 세기와 방향을 나타낸 것이다. 점 p, q는 xy평면상의 점이고, p에서 A, B, C의 전류에 의한 자기장의 세기는 (가)일 때가 (다)일 때의 2배이다.

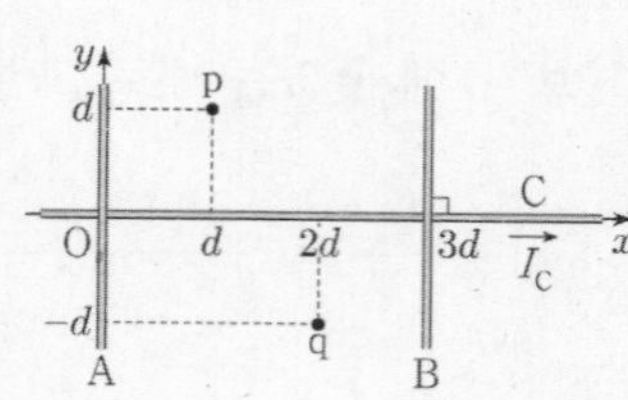

	A의 전류		B의 전류	
	세기	방향	세기	방향
(가)	I_0	$-y$	I_0	$+y$
(나)	I_0	$+y$	I_0	$+y$
(다)	I_0	$+y$	$\frac{1}{2}I_0$	$+y$

이에 대한 설명으로 옳은 것만을 〈보기〉에서 있는 대로 고른 것은?

〈보 기〉

ㄱ. $I_C=3I_0$이다.

ㄴ. (나)일 때, A, B, C의 전류에 의한 자기장의 세기는 p에서와 q에서가 같다.

ㄷ. (다)일 때, q에서 A, B, C의 전류에 의한 자기장의 방향은 xy평면에 수직으로 들어가는 방향이다.

① ㄱ ② ㄷ ③ ㄱ, ㄴ ④ ㄴ, ㄷ ⑤ ㄱ, ㄴ, ㄷ

18. 그림 (가)는 물체 A, B, C를 실 p, q로 연결하고 A에 수평 방향으로 일정한 힘 20 N을 작용하여 물체가 등가속도 운동하는 모습을, (나)는 (가)에서 A에 작용하는 힘 20 N을 제거한 후, 물체가 등가속도 운동하는 모습을 나타낸 것이다. (가)와 (나)에서 물체의 가속도의 크기는 a로 같다. p가 B를 당기는 힘의 크기와 q가 B를 당기는 힘의 크기의 비는 (가)에서 2 : 3이고, (나)에서 2 : 9이다.

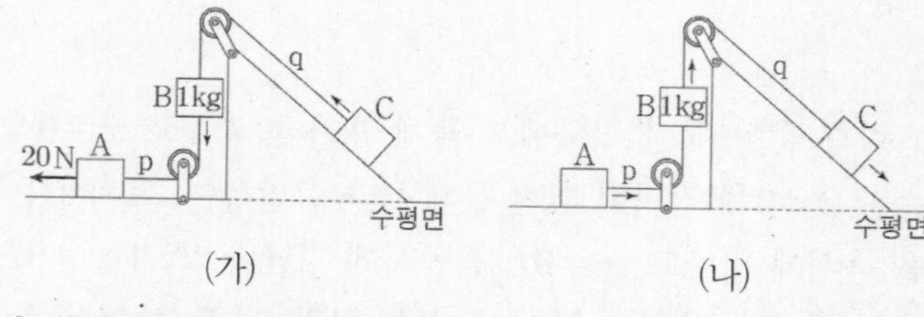

이에 대한 설명으로 옳은 것만을 〈보기〉에서 있는 대로 고른 것은? (단, 중력 가속도는 10 m/s²이고, 물체는 동일 연직면상에서 운동하며, 실의 질량, 공기 저항과 모든 마찰은 무시한다.) [3점]

〈보 기〉

ㄱ. p가 A를 당기는 힘의 크기는 (가)에서가 (나)에서의 5배이다.

ㄴ. $a=\frac{5}{3}$ m/s²이다.

ㄷ. C의 질량은 4 kg이다.

① ㄱ ② ㄷ ③ ㄱ, ㄴ ④ ㄴ, ㄷ ⑤ ㄱ, ㄴ, ㄷ

19. 그림과 같이 한 변의 길이가 $2d$인 정사각형 금속 고리가 xy평면에서 균일한 자기장 영역 Ⅰ, Ⅱ, Ⅲ을 $+x$방향으로 등속도 운동하며 지난다. 금속 고리의 점 p가 $x=2.5d$를 지날 때, p에 흐르는 유도 전류의 방향은 $+y$방향이다. Ⅰ, Ⅲ에서 자기장의 세기는 각각 B_0이고, Ⅱ에서 자기장의 세기는 일정하고 방향은 xy평면에 수직이다.

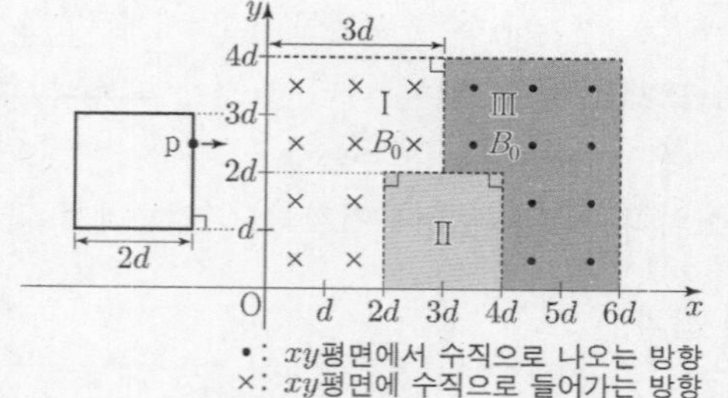

이에 대한 설명으로 옳은 것만을 〈보기〉에서 있는 대로 고른 것은? [3점]

〈보 기〉

ㄱ. 자기장의 방향은 Ⅰ에서와 Ⅱ에서가 같다.

ㄴ. p가 $x=4.5d$를 지날 때, p에 흐르는 유도 전류의 방향은 $-y$방향이다.

ㄷ. p에 흐르는 유도 전류의 세기는 p가 $x=5.5d$를 지날 때가 $x=2.5d$를 지날 때보다 크다.

① ㄱ ② ㄷ ③ ㄱ, ㄴ ④ ㄴ, ㄷ ⑤ ㄱ, ㄴ, ㄷ

20. 그림 (가)와 같이 높이 $4h$인 평면에서 용수철 P에 연결된 물체 A에 물체 B를 접촉시켜 P를 원래 길이에서 $2d$만큼 압축시킨 후 가만히 놓았더니, B는 A와 분리된 후 높이 차가 H인 마찰 구간을 등속도로 지나 수평면에 놓인 용수철 Q를 향해 운동한다. 이후 그림 (나)와 같이 A는 P를 원래 길이에서 최대 d만큼 압축시키며 직선 운동하고, B는 Q를 원래 길이에서 최대 $3d$만큼 압축시킨 후 다시 마찰 구간을 지나 높이 $4h$인 지점에서 정지한다. B가 마찰 구간을 올라갈 때 손실된 역학적 에너지는 내려갈 때와 같고, P, Q의 용수철 상수는 같다.

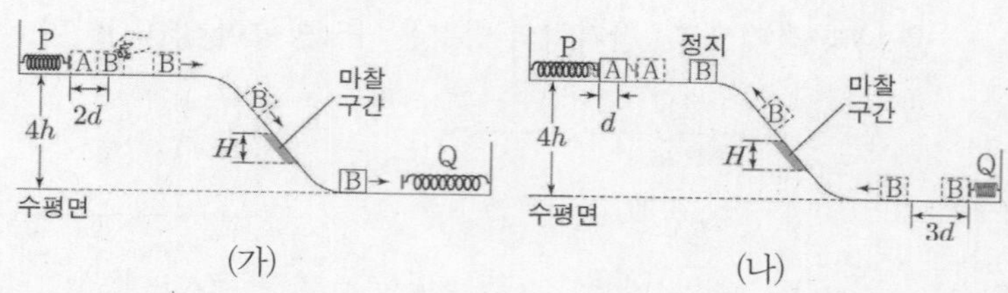

H는? (단, 물체는 동일 연직면상에서 운동하고, 용수철의 질량, 물체의 크기, 공기 저항, 마찰 구간 외의 모든 마찰은 무시한다.)

① $\frac{3}{5}h$ ② $\frac{4}{5}h$ ③ h ④ $\frac{6}{5}h$ ⑤ $\frac{7}{5}h$

＊ 확인 사항

○ 답안지의 해당란에 필요한 내용을 정확히 기입(표기)했는지 확인하시오.

빠른 정답 확인을 펼쳐 놓고,
정답을 확인하면 편리합니다.

Full수록

수능기출문제집

빠른 정답 확인

물리학 I

visang

공부하고자 책을 잡았다면, 최소한 하루 1일차 학습은 마무리하자.

20 일차

전자기 유도(2) 198쪽~205쪽

01 ④ 02 ③ 03 ① 04 ⑤ 05 ① 06 ⑤ 07 ③ 08 ②
09 ① 10 ④ 11 ③ 12 ⑤ 13 ② 14 ③ 15 ② 16 ⑤
17 ③ 18 ⑤ 19 ④ 20 ⑤ 21 ⑤ 22 ③ 23 ② 24 ⑤
25 ① 26 ③ 27 ③ 28 ③ 29 ③ 30 ② 31 ④ 32 ⑤

21 일차

파동의 진행과 굴절(1) 208쪽~215쪽

01 ② 02 ② 03 ③ 04 ③ 05 ② 06 ④ 07 ① 08 ④
09 ① 10 ③ 11 ④ 12 ④ 13 ② 14 ② 15 ③ 16 ④
17 ④ 18 ④ 19 ① 20 ② 21 ③
22 ② 23 ⑤ 24 ⑤ 25 ④ 26 ① 27 ⑤

22 일차

파동의 진행과 굴절(2), 파동의 간섭 218쪽~229쪽

01 ⑤ 02 ③ 03 ⑤ 04 ② 05 ⑤ 06 ② 07 ④ 08 ④
09 ④ 10 ④ 11 ④ 12 ② 13 ① 14 ⑤ 15 ① 16 ④
17 ③ 18 ④ 19 ③ 20 ⑤ 21 ① 22 ① 23 ①
24 ③ 25 ⑤ 26 ② 27 ⑤ 28 ① 29 ⑤ 30 ②
31 ④ 32 ③ 33 ① 34 ④ 35 ②
36 ④ 37 ① 38 ③ 39 ① 40 ① 41 ④ 42 ②

23 일차

전반사, 전자기파(1) 232쪽~243쪽

01 ⑤ 02 ③ 03 ⑤ 04 ③ 05 ② 06 ① 07 ③ 08 ②
09 ② 10 ③ 11 ① 12 ① 13 ⑤ 14 ② 15 ① 16 ①
17 ④ 18 ④ 19 ① 20 ① 21 ③ 22 ④
23 ① 24 ① 25 ③ 26 ④
27 ① 28 ② 29 ② 30 ③ 31 ④ 32 ① 33 ⑤ 34 ②
35 ② 36 ② 37 ④ 38 ⑤ 39 ② 40 ③

24 일차

전자기파(2) 246쪽~255쪽

01 ④ 02 ② 03 ① 04 ③ 05 ③ 06 ③ 07 ④ 08 ⑤
09 ③ 10 ② 11 ④ 12 ④ 13 ③ 14 ① 15 ① 16 ⑤
17 ④ 18 ③ 19 ④ 20 ④ 21 ① 22 ④ 23 ② 24 ③
25 ⑤ 26 ④ 27 ④ 28 ④ 29 ① 30 ② 31 ③ 32 ①
33 ③ 34 ① 35 ④ 36 ⑤ 37 ② 38 ⑤ 39 ④ 40 ②

25 일차

빛의 이중성, 물질의 이중성 258쪽~269쪽

01 ⑤ 02 ⑤ 03 ③ 04 ③ 05 ② 06 ③ 07 ③ 08 ④
09 ① 10 ③ 11 ④ 12 ① 13 ① 14 ② 15 ① 16 ①
17 ② 18 ① 19 ① 20 ① 21 ③ 22 ③ 23 ④ 24 ①
25 ③ 26 ① 27 ③ 28 ④ 29 ① 30 ⑤ 31 ⑤ 32 ④
33 ② 34 ② 35 ③ 36 ② 37 ① 38 ⑤ 39 ② 40 ④
41 ① 42 ② 43 ③ 44 ③ 45 ② 46 ② 47 ③

정답률 낮은 문제, 한 번 더!

270쪽~288쪽

I단원	01 ② 02 ④ 03 ④ 04 ④ 05 ④ 06 ④ 07 ② 08 ③ 09 ④ 10 ⑤ 11 ② 12 ② 13 ⑤ 14 ④ 15 ① 16 ⑤ 17 ① 18 ③ 19 ② 20 ④ 21 ② 22 ③ 23 ① 24 ④ 25 ① 26 ⑤ 27 ⑤ 28 ⑤ 29 ④ 30 ⑤ 31 ⑤ 32 ④
II단원	01 ① 02 ① 03 ⑤ 04 ② 05 ① 06 ③ 07 ③ 08 ① 09 ③ 10 ⑤ 11 ② 12 ⑤ 13 ⑤
III단원	01 ② 02 ② 03 ① 04 ④ 05 ②

실전모의고사

1회	01 ② 02 ① 03 ⑤ 04 ③ 05 ③ 06 ④ 07 ③ 08 ① 09 ⑤ 10 ④ 11 ④ 12 ② 13 ⑤ 14 ③ 15 ⑤ 16 ④ 17 ② 18 ⑤ 19 ① 20 ②
2회	01 ① 02 ③ 03 ⑤ 04 ④ 05 ② 06 ④ 07 ② 08 ④ 09 ③ 10 ① 11 ⑤ 12 ② 13 ③ 14 ② 15 ⑤ 16 ③ 17 ① 18 ③ 19 ⑤ 20 ④
3회	01 ② 02 ⑤ 03 ① 04 ③ 05 ① 06 ④ 07 ③ 08 ⑤ 09 ④ 10 ③ 11 ② 12 ① 13 ① 14 ③ 15 ⑤ 16 ④ 17 ⑤ 18 ③ 19 ⑤ 20 ②

Full수록 수·능·기·출·문·제·집 25일 내 완성, 평가원 기출 완전 정복 Full수록! 수능기출 완벽 마스터

visang

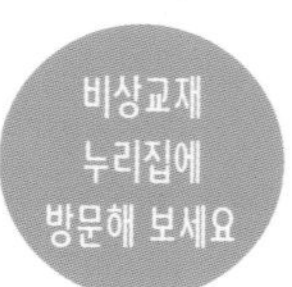
비상교재
누리집에
방문해 보세요

https://book.visang.com/

발간 이후에 발견되는 오류 고등교재 〉 학습자료실 〉 정오표

본 교재의 정답 고등교재 〉 학습자료실 〉 정답과해설

품질혁신코드 VS01QI25

2026

수능대비
850제 25일 완성!

정답 확인
해설 이해
개념 복습

물리학 I

visang

우리는 남다른 상상과 혁신으로
교육 문화의 새로운 전형을 만들어
모든 이의 행복한 경험과 성장에 기여한다

1일차 문제편 008쪽~011쪽

01 ①	02 ④	03 ①	04 ①	05 ②	06 ④
07 ④	08 ②	09 ②	10 ①	11 ①	12 ①
13 ②					

2일차 문제편 014쪽~019쪽

01 ③	02 ①	03 ②	04 ①	05 ①	06 ①
07 ②	08 ①	09 ①	10 ⑤	11 ②	12 ④
13 ①	14 ④	15 ③	16 ⑤	17 ①	18 ④
19 ④	20 ⑤				

3일차 문제편 022쪽~028쪽

01 ②	02 ④	03 ③	04 ④	05 ②	06 ①
07 ②	08 ④	09 ③	10 ④	11 ⑤	12 ③
13 ④	14 ④	15 ④	16 ③	17 ④	18 ②
19 ②	20 ④	21 ④	22 ④	23 ②	24 ④
25 ④					

4일차 문제편 032쪽~039쪽

01 ③	02 ③	03 ⑤	04 ③	05 ⑤	06 ②
07 ⑤	08 ⑤	09 ②	10 ①	11 ④	12 ⑤
13 ②	14 ②	15 ③	16 ③	17 ⑤	18 ④
19 ④	20 ①	21 ④	22 ②	23 ①	24 ②
25 ②	26 ①	27 ⑤	28 ①		

5일차 문제편 042쪽~050쪽

01 ②	02 ②	03 ③	04 ④	05 ⑤	06 ④
07 ①	08 ①	09 ②	10 ①	11 ③	12 ③
13 ②	14 ②	15 ⑤	16 ②	17 ②	18 ①
19 ②	20 ③	21 ⑤	22 ②	23 ④	24 ④
25 ②	26 ④	27 ①	28 ⑤	29 ⑤	30 ⑤
31 ③					

6일차 문제편 054쪽~067쪽

01 ③	02 ⑤	03 ⑤	04 ②	05 ⑤	06 ④
07 ①	08 ②	09 ②	10 ③	11 ④	12 ②
13 ④	14 ②	15 ③	16 ①	17 ②	18 ④
19 ③	20 ④	21 ①	22 ⑤	23 ⑤	24 ②
25 ②	26 ①	27 ②	28 ③	29 ③	30 ③
31 ⑤	32 ⑤	33 ⑤	34 ⑤	35 ②	36 ③
37 ②	38 ③	39 ④	40 ③	41 ④	42 ③
43 ③	44 ③	45 ④			

7일차 문제편 070쪽~079쪽

01 ②	02 ④	03 ③	04 ③	05 ②	06 ④
07 ③	08 ①	09 ⑤	10 ④	11 ④	12 ③
13 ②	14 ②	15 ②	16 ③	17 ③	18 ③
19 ④	20 ④	21 ①	22 ②	23 ④	24 ④
25 ①	26 ②	27 ⑤	28 ⑤	29 ④	30 ①
31 ②					

8일차 문제편 082쪽~087쪽

01 ⑤	02 ⑤	03 ③	04 ②	05 ①	06 ②
07 ①	08 ⑤	09 ⑤	10 ⑤	11 ④	12 ①
13 ②	14 ③				

9일차 문제편 090쪽~095쪽

01 ①	02 ④	03 ②	04 ⑤	05 ⑤	06 ①
07 ②	08 ②	09 ①	10 ⑤	11 ⑤	12 ⑤
13 ③	14 ①	15 ①	16 ②	17 ③	18 ③
19 ⑤					

10일차 문제편 098쪽~103쪽

01 ②	02 ⑤	03 ④	04 ④	05 ①	06 ⑤
07 ③	08 ⑤	09 ③	10 ②	11 ④	12 ⑤
13 ⑤	14 ④	15 ①	16 ④	17 ①	18 ④
19 ②	20 ⑤	21 ⑤	22 ⑤	23 ⑤	24 ⑤

11일차 문제편 106쪽~113쪽

01 ③	02 ③	03 ④	04 ②	05 ②	06 ①
07 ⑤	08 ②	09 ②	10 ④	11 ⑤	12 ②
13 ③	14 ③	15 ⑤	16 ③	17 ⑤	18 ③
19 ②	20 ③	21 ④	22 ②	23 ③	24 ⑤
25 ④	26 ⑤	27 ⑤	28 ④	29 ④	

12일차 문제편 116쪽~119쪽

01 ④	02 ④	03 ④	04 ②	05 ④	06 ④
07 ⑤	08 ①	09 ②	10 ⑤	11 ②	

13일차 문제편 122쪽~129쪽

01 ④	02 ①	03 ⑤	04 ⑤	05 ①	06 ④
07 ⑤	08 ②	09 ④	10 ⑤	11 ①	12 ③
13 ③	14 ①	15 ⑤	16 ④	17 ④	18 ③
19 ③	20 ①	21 ①	22 ⑤	23 ④	24 ⑤
25 ③	26 ④	27 ③	28 ③	29 ④	30 ③
31 ⑤					

14일차 문제편 132쪽~139쪽

01 ⑤	02 ②	03 ①	04 ①	05 ⑤	06 ①
07 ①	08 ④	09 ①	10 ②	11 ⑤	12 ⑤
13 ②	14 ⑤	15 ①	16 ③	17 ①	18 ①
19 ③	20 ①	21 ②	22 ③	23 ③	24 ③
25 ④	26 ①	27 ①	28 ①	29 ③	30 ①
31 ①					

15일차 문제편 142쪽~149쪽

01 ③	02 ⑤	03 ⑤	04 ④	05 ①	06 ⑤
07 ④	08 ⑤	09 ②	10 ③	11 ⑤	12 ④
13 ⑤	14 ⑤	15 ④	16 ①	17 ⑤	18 ①
19 ①	20 ①	21 ①	22 ①	23 ②	24 ①
25 ②	26 ③	27 ③	28 ②	29 ③	30 ①
31 ⑤	32 ①				

16일차 문제편 152쪽~161쪽

01 ②	02 ③	03 ①	04 ②	05 ④	06 ①
07 ⑤	08 ⑤	09 ③	10 ③	11 ②	12 ①
13 ③	14 ⑤	15 ①	16 ①	17 ①	18 ②
19 ④	20 ⑤	21 ④	22 ①	23 ①	24 ④
25 ⑤	26 ①	27 ①	28 ①	29 ③	30 ⑤
31 ①	32 ⑤	33 ③	34 ④	35 ①	36 ②
37 ③	38 ①	39 ③			

17일차 문제편 164쪽~173쪽

01 ②	02 ④	03 ③	04 ①	05 ②	06 ③
07 ①	08 ③	09 ⑤	10 ③	11 ②	12 ①
13 ①	14 ③	15 ①	16 ④	17 ③	18 ⑤
19 ③	20 ③	21 ⑤	22 ①	23 ①	24 ③
25 ⑤	26 ③	27 ④	28 ①	29 ①	30 ③
31 ①					

18일차 문제편 176쪽~183쪽

01 ⑤	02 ②	03 ④	04 ②	05 ⑤	06 ②
07 ③	08 ⑤	09 ③	10 ⑤	11 ⑤	12 ①
13 ③	14 ③	15 ⑤	16 ①	17 ③	18 ①
19 ⑤	20 ⑤	21 ②	22 ①	23 ⑤	24 ④
25 ③	26 ⑤	27 ②	28 ④	29 ①	30 ⑤
31 ⑤	32 ⑤				

19일차 문제편 186쪽~195쪽

01 ⑤	02 ③	03 ⑤	04 ⑤	05 ①	06 ③
07 ③	08 ③	09 ①	10 ③	11 ②	12 ④
13 ③	14 ③	15 ③	16 ④	17 ②	18 ①
19 ③	20 ②	21 ⑤	22 ⑤	23 ④	24 ④
25 ⑤	26 ①				

20일차 문제편 198쪽~205쪽

01 ④	02 ③	03 ①	04 ⑤	05 ①	06 ⑤
07 ③	08 ②	09 ①	10 ④	11 ③	12 ⑤
13 ②	14 ③	15 ②	16 ⑤	17 ③	18 ⑤
19 ④	20 ⑤	21 ⑤	22 ③	23 ②	24 ⑤
25 ①	26 ③	27 ③	28 ③	29 ③	30 ②
31 ④	32 ⑤				

21일차 문제편 208쪽~215쪽

01 ②	02 ②	03 ③	04 ③	05 ②	06 ④
07 ①	08 ④	09 ①	10 ③	11 ④	12 ④
13 ②	14 ②	15 ③	16 ④	17 ④	18 ④
19 ①	20 ②	21 ③	22 ②	23 ⑤	24 ⑤
25 ④	26 ①	27 ⑤			

22일차 문제편 218쪽~229쪽

01 ⑤	02 ③	03 ⑤	04 ②	05 ⑤	06 ②
07 ④	08 ④	09 ④	10 ④	11 ④	12 ②
13 ①	14 ⑤	15 ①	16 ④	17 ③	18 ④
19 ③	20 ⑤	21 ①	22 ①	23 ①	24 ③
25 ⑤	26 ②	27 ⑤	28 ①	29 ⑤	30 ②
31 ④	32 ③	33 ①	34 ④	35 ②	36 ④
37 ①	38 ③	39 ①	40 ①	41 ④	42 ②

23일차 문제편 232쪽~243쪽

01 ⑤	02 ③	03 ⑤	04 ③	05 ②	06 ①
07 ③	08 ②	09 ②	10 ③	11 ①	12 ①
13 ⑤	14 ②	15 ①	16 ①	17 ④	18 ④
19 ①	20 ①	21 ③	22 ④	23 ①	24 ①
25 ③	26 ④	27 ①	28 ②	29 ②	30 ③
31 ④	32 ①	33 ⑤	34 ②	35 ②	36 ②
37 ④	38 ⑤	39 ②	40 ③		

24일차 문제편 246쪽~255쪽

01 ④	02 ②	03 ①	04 ③	05 ③	06 ③
07 ④	08 ⑤	09 ③	10 ②	11 ④	12 ④
13 ③	14 ①	15 ①	16 ⑤	17 ④	18 ③
19 ④	20 ④	21 ①	22 ④	23 ②	24 ③
25 ⑤	26 ④	27 ④	28 ④	29 ①	30 ②
31 ③	32 ①	33 ③	34 ①	35 ④	36 ⑤
37 ②	38 ⑤	39 ④	40 ②		

25일차 문제편 258쪽~269쪽

01 ⑤	02 ⑤	03 ③	04 ③	05 ②	06 ③
07 ③	08 ④	09 ①	10 ③	11 ④	12 ①
13 ①	14 ②	15 ①	16 ①	17 ②	18 ①
19 ①	20 ①	21 ③	22 ③	23 ④	24 ①
25 ③	26 ①	27 ③	28 ④	29 ①	30 ⑤
31 ⑤	32 ④	33 ②	34 ②	35 ③	36 ②
37 ①	38 ⑤	39 ②	40 ④	41 ①	42 ②
43 ③	44 ③	45 ②	46 ②	47 ③	

정답률 낮은 문제, 한 번 더! 문제편 270쪽~288쪽

I 단원	01 ②	02 ④	03 ④	04 ④	05 ④
	06 ④	07 ②	08 ③	09 ④	10 ⑤
	11 ②	12 ②	13 ⑤	14 ④	15 ①
	16 ⑤	17 ①	18 ③	19 ②	20 ④
	21 ②	22 ③	23 ①	24 ④	25 ①
	26 ⑤	27 ⑤	28 ⑤	29 ④	30 ⑤
	31 ⑤	32 ④			
II 단원	01 ①	02 ①	03 ⑤	04 ②	05 ①
	06 ③	07 ③	08 ①	09 ③	10 ⑤
	11 ②	12 ⑤	13 ⑤		
III 단원	01 ②	02 ②	03 ①	04 ④	05 ②

실전모의고사

1회	1 ②	2 ①	3 ⑤	4 ③	5 ③
	6 ④	7 ③	8 ①	9 ⑤	10 ④
	11 ④	12 ②	13 ⑤	14 ③	15 ⑤
	16 ④	17 ②	18 ⑤	19 ①	20 ②
2회	1 ①	2 ③	3 ⑤	4 ④	5 ②
	6 ④	7 ②	8 ④	9 ③	10 ①
	11 ⑤	12 ②	13 ③	14 ②	15 ⑤
	16 ③	17 ①	18 ③	19 ⑤	20 ④
3회	1 ②	2 ⑤	3 ①	4 ③	5 ①
	6 ④	7 ③	8 ⑤	9 ④	10 ③
	11 ②	12 ①	13 ①	14 ③	15 ⑤
	16 ④	18 ⑤	18 ③	19 ⑤	20 ②

1 일차

01 ① 02 ④ 03 ① 04 ① 05 ② 06 ④ 07 ④ 08 ② 09 ② 10 ① 11 ① 12 ① 13 ②

문제편 008쪽~011쪽

01 평균 속력과 평균 속도 2019학년도 수능 물Ⅱ 1번

정답 ① | 정답률 90 %

적용해야 할 개념 ②가지

① 이동 거리는 물체가 실제로 움직인 거리이고, 변위는 출발점과 도착점 사이의 직선 경로의 크기와 방향이다.

② 평균 속력은 $\frac{\text{전체 이동 거리}}{\text{걸린 시간}}$이고, 평균 속도는 $\frac{\text{변위}}{\text{걸린 시간}}$이다.

▲ 이동 거리와 변위

문제 보기

그림은 당구공이 점 A, B를 지나는 경로를 따라 운동하는 모습을 나타낸 것이다.

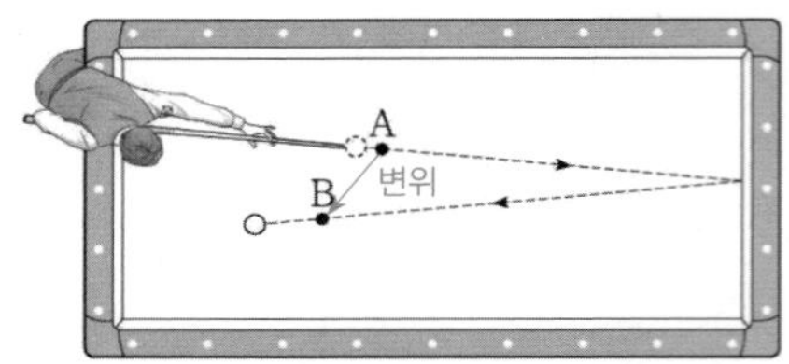

A에서 B까지 당구공의 운동에 대한 설명으로 옳은 것만을 〈보기〉에서 있는 대로 고른 것은?

<보기> 풀이

당구공은 당구대의 벽에 충돌한 후 되돌아오므로 운동 경로가 변하는 운동을 한다.

ㄱ. 이동 거리는 변위의 크기보다 크다.

➡ 당구공의 이동 거리는 A에서 B까지 당구공이 실제로 운동한 경로의 길이이고, 변위의 크기는 A와 B를 이은 직선 거리이므로 이동 거리는 변위의 크기보다 크다.

ㄴ. 평균 속력은 평균 속도의 크기와 같다.

➡ 이동 거리가 변위의 크기보다 크므로 평균 속력은 평균 속도의 크기보다 크다.

ㄷ. 운동 방향은 일정하다.

➡ 당구공은 당구대의 벽에 충돌한 후 되돌아오므로 운동 방향은 일정하지 않다.

02 평균 속력과 평균 속도 2019학년도 9월 모평 물Ⅰ 2번

정답 ④ | 정답률 75 %

적용해야 할 개념 ②가지

① 평균 속력은 $\frac{\text{전체 이동 거리}}{\text{걸린 시간}}$이다.

② 등속도 운동은 속력과 운동 방향이 모두 일정한 운동이다.

문제 보기

그림 (가)는 정지한 학생 A가 오른쪽으로 직선 운동하는 학생 B를 가로 길이 25 cm인 창문 너머로 보는 모습을 나타낸 것이고, (나)는 A가 본 B의 모습을 1초 간격으로 나타낸 것이다.

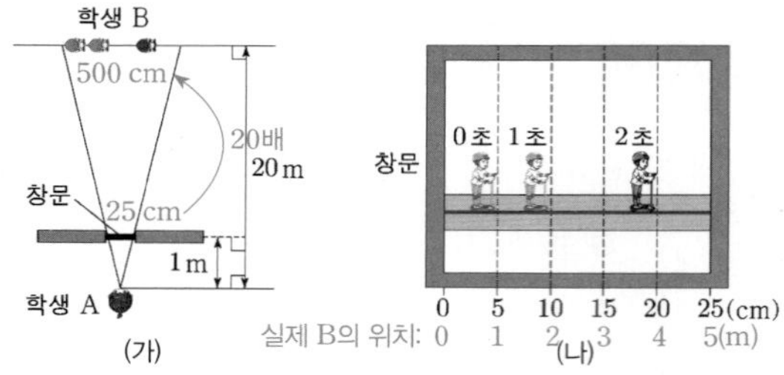

B의 운동에 대한 설명으로 옳은 것만을 〈보기〉에서 있는 대로 고른 것은? [3점]

<보기> 풀이

창문은 A로부터 1 m 떨어져 있고, B는 A로부터 20 m 떨어져 있으므로 창문의 1 cm는 B가 이동한 거리 20 cm에 해당한다. 따라서 B의 실제 이동 거리는 창문에서 바라본 이동 거리의 20배이다.

ㄱ. 0~1초 동안 이동한 거리는 1 m이다.

➡ 0~1초 동안 창문을 통해 본 B는 5 cm에서 10 cm로 이동하였으므로 창문에서 B의 이동 거리는 5 cm이다. 따라서 실제로 B가 이동한 거리는 5 cm×20=100 cm=1 m이다.

ㄴ. 1~2초 동안 평균 속력은 2 m/s이다.

➡ 1~2초 동안 창문을 통해 바라본 B의 이동 거리는 10 cm이므로 실제로 B가 이동한 거리는 200 cm이다. 따라서 1~2초 동안 B의 평균 속력은 $\frac{200\ \text{cm}}{1\ \text{s}}=\frac{2\ \text{m}}{1\ \text{s}}=2\ \text{m/s}$이다.

ㄷ. 0~2초 동안 일정한 속력으로 운동하였다.

➡ 0~1초 동안 이동 거리는 100 cm이므로 평균 속력은 $\frac{1\ \text{m}}{1\ \text{s}}=1\ \text{m/s}$이고, 1~2초 동안 이동 거리는 200 cm이므로 평균 속력은 $\frac{2\ \text{m}}{1\ \text{s}}=2\ \text{m/s}$이다. 따라서 B는 0~2초 동안 속력이 증가하는 운동을 하였다.

1
일차

03	평균 속력과 평균 속도 2020학년도 수능 물Ⅱ 1번	정답 ① ㅣ정답률 90 %

적용해야 할 개념 ③가지

① 이동 거리는 물체가 실제로 움직인 거리이다.
② 변위는 출발점과 도착점 사이의 직선 경로의 크기와 방향이다.
③ 평균 속력은 $\frac{\text{전체 이동 거리}}{\text{걸린 시간}}$이고, 평균 속도는 $\frac{\text{변위}}{\text{걸린 시간}}$이다.

문제 보기

그림은 장대높이뛰기 선수가 점 P, Q를 지나는 곡선 경로를 따라 운동하는 모습을 나타낸 것이다.

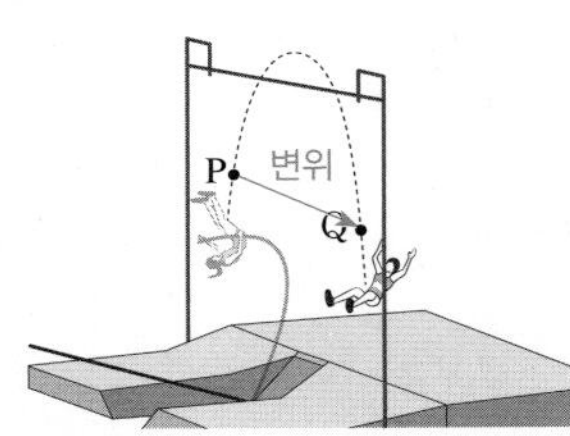

P에서 Q까지 선수의 운동에 대한 설명으로 옳은 것만을 〈보기〉에서 있는 대로 고른 것은?

<보기> 풀이

선수는 운동 방향이 변하는 곡선 경로를 따라 운동한다.

ㄱ. 이동 거리는 변위의 크기보다 크다.
➡ 선수는 곡선 경로를 따라 운동하므로 이동 거리는 변위의 크기보다 크다.

ㄴ. 운동 방향은 일정하다.
➡ 선수는 곡선 경로를 따라 운동하므로 운동 방향은 변한다.

ㄷ. 평균 속력은 평균 속도의 크기와 같다.
➡ 선수의 이동 거리는 변위의 크기보다 크므로 평균 속력은 평균 속도의 크기보다 크다.

04	평균 속력과 평균 속도 2020학년도 9월 모평 물Ⅱ 1번	정답 ① ㅣ정답률 90 %

적용해야 할 개념 ③가지

① 이동 거리는 물체가 실제로 움직인 거리이다.
② 변위는 출발점과 도착점 사이의 직선 경로의 크기와 방향이다.
③ 평균 속력은 $\frac{\text{전체 이동 거리}}{\text{걸린 시간}}$이고, 평균 속도는 $\frac{\text{변위}}{\text{걸린 시간}}$이다.

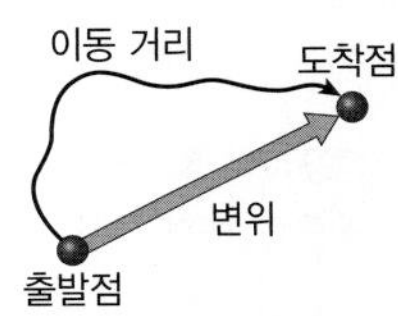

▲ 이동 거리와 변위

문제 보기

그림은 다트가 점 P, Q를 지나는 경로를 따라 운동하는 것을 나타낸 것이다.

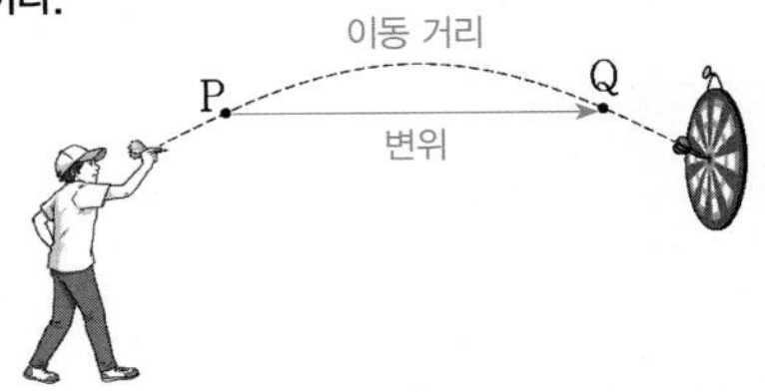

P에서 Q까지 다트의 운동에 대한 설명으로 옳은 것만을 〈보기〉에서 있는 대로 고른 것은?

<보기> 풀이

다트는 P에서 Q까지 곡선 경로를 따라 운동한다.

ㄱ. 이동 거리는 변위의 크기보다 크다.
➡ 다트는 곡선 경로를 따라 운동하므로 이동 거리는 변위의 크기보다 크다.

ㄴ. 등속도 운동이다.
➡ 다트는 운동 방향이 계속 변하므로 속도가 변하는 가속도 운동이다.

ㄷ. 평균 속력은 평균 속도의 크기와 같다.
➡ 다트의 이동 거리는 변위의 크기보다 크므로 평균 속력은 평균 속도의 크기보다 크다.

05 평균 속력과 평균 속도 2021학년도 7월 학평 물I 2번

정답 ② | 정답률 92 %

적용해야 할 개념 ③가지

① 등속도 운동은 속도가 일정한 운동으로, 빠르기와 운동 방향이 모두 일정한 운동이다.
② 이동 거리는 물체가 실제로 움직인 거리이고, 변위는 출발점과 도착점 사이의 직선 경로의 크기와 방향이다.
③ 운동 방향이 변하는 경우 변위의 크기는 이동 거리보다 작다.

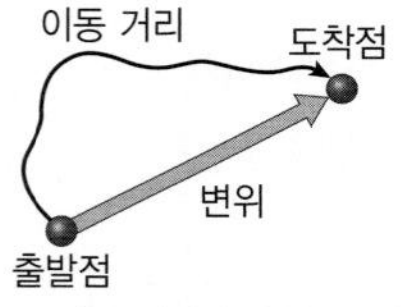

▲ 이동 거리와 변위

문제 보기

그림은 물체가 점 p, q를 지나는 곡선 경로를 따라 운동하는 것을 나타낸 것이다.
└ 운동 방향이 변한다.
→ 이동 거리 > 변위의 크기

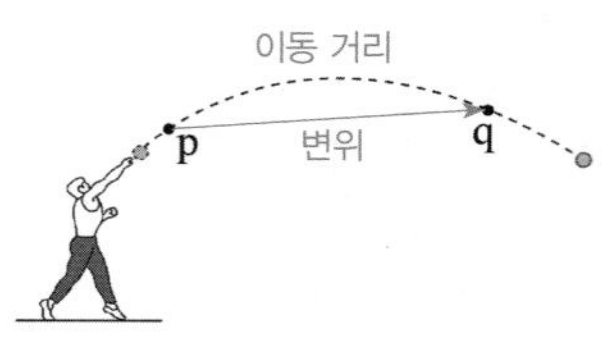

p에서 q까지 물체의 운동에 대한 설명으로 옳은 것만을 〈보기〉에서 있는 대로 고른 것은?

<보기> 풀이

ㄱ. 등속도 운동이다. (X)
⇒ 물체는 속력과 운동 방향이 계속 변하는 운동을 하므로 속도가 변하는 가속도 운동이다.

ㄴ. 운동 방향은 일정하다. (X)
⇒ 곡선 경로를 따라 운동하는 물체의 운동 방향은 매 순간 곡선 궤도의 접선 방향이므로 운동 방향이 계속 변한다.

ㄷ. 이동 거리는 변위의 크기보다 크다. (O)
⇒ 물체는 곡선 경로를 따라 운동하므로 이동 거리는 변위의 크기보다 크다.

06 평균 속력과 평균 속도 2020학년도 3월 학평 물I 1번

정답 ④ | 정답률 86 %

적용해야 할 개념 ②가지

① 이동 거리는 물체가 실제로 움직인 거리이고, 변위는 출발점과 도착점 사이의 직선 경로의 크기와 방향이다.
② 운동 방향이 변하는 경우 변위의 크기는 이동 거리보다 작다.

▲ 이동 거리와 변위

문제 보기

그림과 같이 수평면 위의 점 p에서 비스듬히 던져진 공이 곡선 경로를 따라 운동하여 점 q를 통과하였다.
└ 운동 방향이 변한다.
→ 이동 거리 > 변위의 크기

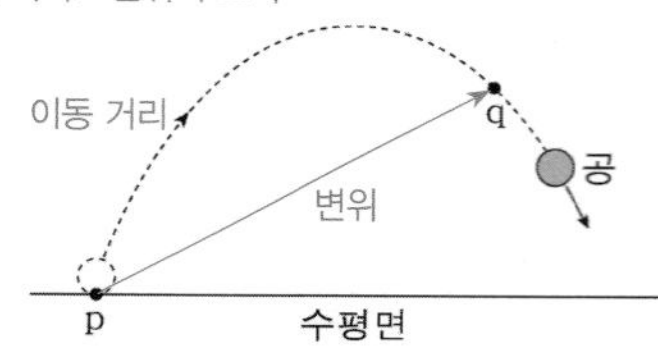

p에서 q까지 공의 운동에 대한 옳은 설명만을 〈보기〉에서 있는 대로 고른 것은?

<보기> 풀이

공은 곡선 경로를 따라 운동하므로 이동 거리와 변위의 크기가 다르다.

ㄱ. 속력이 변하는 운동이다. (O)
⇒ 공은 운동하는 동안 연직 아래 방향으로 중력을 계속 받으므로 속력이 변하는 운동을 한다.

ㄴ. 운동 방향이 일정한 운동이다. (X)
⇒ 공은 곡선 경로를 따라 운동하므로 운동 방향이 계속 변하는 운동을 한다.

ㄷ. 변위의 크기는 이동 거리보다 작다. (O)
⇒ 공은 곡선 경로를 따라 운동하므로 변위의 크기는 이동 거리보다 작다.

07 평균 속력과 평균 속도 2020학년도 7월 학평 물Ⅰ 1번

정답 ④ | 정답률 91 %

적용해야 할 개념 ③가지

① 이동 거리는 물체가 실제로 움직인 거리이고, 변위는 출발점과 도착점 사이의 직선 경로의 크기와 방향이다.
② 운동 방향이 변하는 경우 변위의 크기는 이동 거리보다 작다.
③ 평균 속력은 $\frac{\text{전체 이동 거리}}{\text{걸린 시간}}$이고, 평균 속도는 $\frac{\text{변위}}{\text{걸린 시간}}$이다.

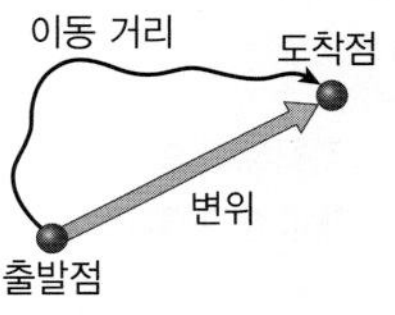

▲ 이동 거리와 변위

문제 보기

그림과 같이 수영 선수가 점 p에서 점 q까지 곡선 경로를 따라 이동한다.

운동 방향이 변한다.
→ 이동 거리 > 변위의 크기
→ 평균 속력 > 평균 속도의 크기

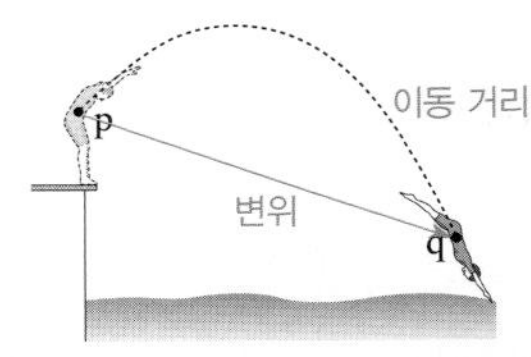

선수가 p에서 q까지 이동하는 동안, 선수의 운동에 대한 설명으로 옳은 것만을 〈보기〉에서 있는 대로 고른 것은?

<보기> 풀이

수영 선수는 곡선 경로를 따라 운동하므로 이동 거리와 변위의 크기가 다르다.

ㄱ. 이동 거리와 변위의 크기는 같다.
➡ 선수는 곡선 경로를 따라 운동하므로 이동 거리는 변위의 크기보다 크다.

ㄴ. 평균 속력은 평균 속도의 크기보다 크다.
➡ 선수의 이동 거리는 변위의 크기보다 크므로 평균 속력은 평균 속도의 크기보다 크다.

ㄷ. 속력과 운동 방향이 모두 변하는 운동을 한다.
➡ 곡선 경로를 따라 운동하는 선수의 운동 방향은 운동 경로상의 접선 방향이므로 운동 방향이 계속 변한다. 또 선수가 운동하는 동안 연직 아래 방향으로 중력을 계속 받으므로 속력이 변한다. 따라서 선수는 속력과 운동 방향이 모두 변하는 운동을 한다.

08 평균 속력과 평균 속도 2019학년도 7월 학평 물Ⅱ 1번

정답 ② | 정답률 67 %

적용해야 할 개념 ③가지

① 변위는 출발점과 도착점 사이의 직선 경로의 크기와 방향이고, 이동 거리는 물체가 실제로 움직인 거리이다.
② 평균 속력은 $\frac{\text{전체 이동 거리}}{\text{걸린 시간}}$이고, 평균 속도는 $\frac{\text{변위}}{\text{걸린 시간}}$이다.
③ 등속도 운동은 운동 방향과 빠르기가 모두 일정한 운동이다.

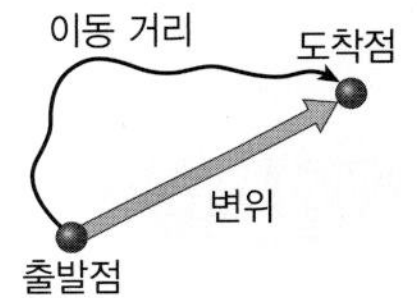

▲ 이동 거리와 변위

문제 보기

그림은 드론이 점 p, q를 지나는 곡선 경로를 따라 운동한 것을 나타낸 것이다.

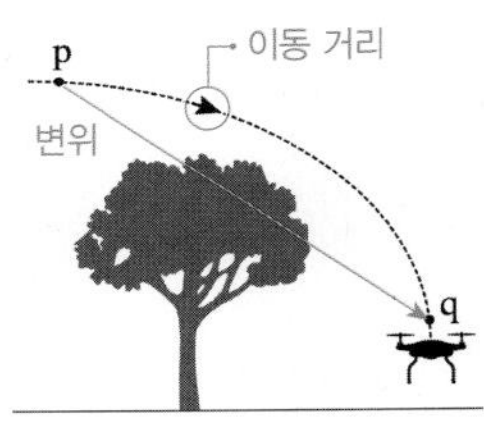

p에서 q까지 드론의 운동에 대한 설명으로 옳은 것만을 〈보기〉에서 있는 대로 고른 것은?

<보기> 풀이

드론은 p에서 q까지 곡선 경로를 따라 운동한다.

ㄱ. 이동 거리와 변위의 크기는 같다.
➡ 드론은 곡선 경로를 따라 운동하므로 이동 거리는 변위의 크기보다 크다.

ㄴ. 평균 속력은 평균 속도의 크기보다 크다.
➡ 이동 거리는 변위의 크기보다 크므로 평균 속력은 평균 속도의 크기보다 크다.

ㄷ. 등속도 운동이다.
➡ 드론은 운동 방향이 계속 변하므로 속도가 변하는 가속도 운동을 한다.

09 평균 속력과 평균 속도 2024학년도 10월 학평 물Ⅰ 2번

정답 ② | 정답률 88 %

적용해야 할 개념 ③가지

① 이동 거리는 물체가 실제로 움직인 거리이고, 변위는 출발점에서 도착점까지의 직선 거리와 방향이다.

② 직선 운동이 아닌 경우 변위의 크기는 이동 거리보다 작다.

③ 평균 속력은 $\frac{\text{이동 거리}}{\text{걸린 시간}}$이고, 평균 속도는 $\frac{\text{변위}}{\text{걸린 시간}}$이다.

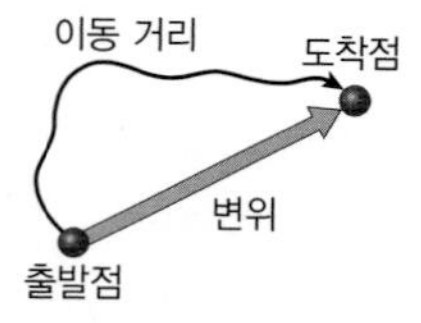

▲ 이동 거리와 변위

문제 보기

그림은 점 a에서 출발하여 점 b, c를 지나 a로 되돌아오는 수영 선수의 운동 경로를 실선으로 나타낸 것이다. a와 b, b와 c, c와 a 사이의 직선거리는 100 m로 같다.

운동 경로: a → b → c → a
→ 출발점=도착점
→ 변위의 크기=0

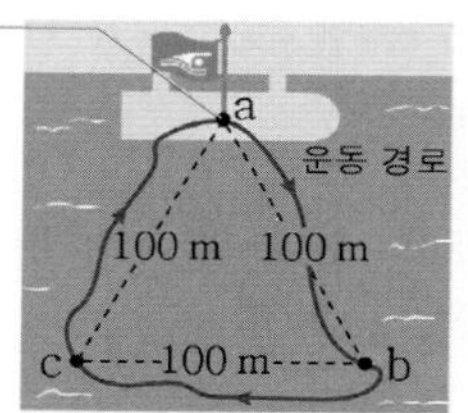

운동 방향이 변하는 운동
→ 변위의 크기<이동 거리
→ 평균 속도의 크기<평균 속력

전체 운동 경로에서 선수의 운동에 대한 옳은 설명만을 〈보기〉에서 있는 대로 고른 것은?

<보기> 풀이

ㄱ. 변위의 크기는 300 m이다.

➡ 변위의 크기는 출발점에서 도착점까지의 직선 거리이다. 선수가 출발 위치로 되돌아오므로 출발점과 도착점이 같다. 따라서 전체 운동 경로에서 변위의 크기는 0이다.

ㄴ. 운동 방향이 변하는 운동이다.

➡ 직선 운동이 아니므로 운동 방향이 변하는 운동이다.

ㄷ. 평균 속도의 크기는 평균 속력보다 크다.

➡ 평균 속도의 크기는 $\frac{\text{변위의 크기}}{\text{걸린 시간}}$이고 평균 속력은 $\frac{\text{이동 거리}}{\text{걸린 시간}}$이다. 수영 선수는 운동 방향이 변하는 운동을 하므로 변위의 크기는 이동 거리보다 작다. 수영 선수의 변위는 0이고, 이동 거리는 300 m보다 크다. 따라서 평균 속도의 크기는 평균 속력보다 작다.

10 평균 속력과 평균 속도 2019학년도 6월 모평 물Ⅱ 2번

정답 ① | 정답률 80 %

적용해야 할 개념 ③가지

① 이동 거리는 물체가 실제로 움직인 거리이고, 변위는 출발점과 도착점 사이의 직선 경로의 크기와 방향이다.

② 평균 속력은 $\frac{\text{전체 이동 거리}}{\text{걸린 시간}}$이고, 평균 속도는 $\frac{\text{변위}}{\text{걸린 시간}}$이다.

③ 등속도 운동은 운동 방향과 빠르기가 모두 일정한 운동이다.

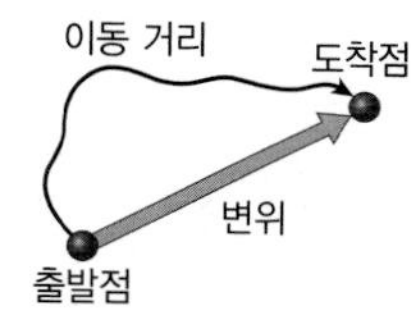

▲ 이동 거리와 변위

문제 보기

그림은 축구 선수 S가 수비수를 피하며 점 p, q를 지나는 곡선 경로를 따라 이동하는 것을 나타낸 것이다.

p에서 q까지 S의 운동에 대한 설명으로 옳은 것만을 〈보기〉에서 있는 대로 고른 것은?

<보기> 풀이

S는 곡선 경로를 따라 운동하므로 이동 거리와 변위의 크기가 다르다.

ㄱ. 이동 거리는 변위의 크기보다 크다.

➡ S는 곡선 경로를 따라 운동하므로 이동 거리는 변위의 크기보다 크다.

ㄴ. 평균 속력은 평균 속도의 크기와 같다.

➡ 이동 거리가 변위의 크기보다 크므로 평균 속력은 평균 속도의 크기보다 크다.

ㄷ. 등속도 운동이다.

➡ S는 곡선 경로를 따라 운동하므로 운동 방향이 계속 변한다. 따라서 속도가 변하는 가속도 운동을 한다.

11 평균 속력과 평균 속도 2019학년도 4월 학평 물Ⅱ 1번

정답 ① | 정답률 87 %

적용해야 할 개념 ③가지

① 이동 거리는 물체가 실제로 움직인 거리이고, 변위는 출발점과 도착점 사이의 직선 경로의 크기와 방향이다.

② 평균 속력은 $\frac{\text{전체 이동 거리}}{\text{걸린 시간}}$이고, 평균 속도는 $\frac{\text{변위}}{\text{걸린 시간}}$이다.

③ 등속도 운동은 운동 방향과 빠르기가 모두 일정한 운동이다.

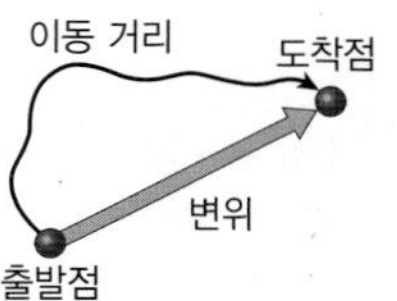

▲ 이동 거리와 변위

문제 보기

그림은 씨앗 A가 점 p, q를 지나는 곡선 경로를 따라 운동하는 모습을 나타낸 것이다.

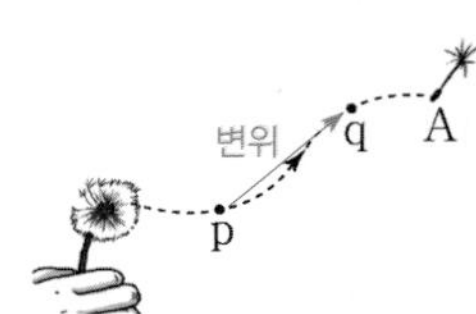

p에서 q까지 A의 운동에 대한 설명으로 옳은 것만을 〈보기〉에서 있는 대로 고른 것은?

<보기> 풀이

씨앗은 곡선 경로를 따라 운동하므로 운동 방향이 계속 변한다.

ㄱ. 이동 거리는 변위의 크기보다 크다.

➡ 물체는 곡선 경로를 따라 운동하므로 이동 거리는 변위의 크기보다 크다.

ㄴ. 평균 속력과 평균 속도의 크기는 같다.

➡ 이동 거리가 변위의 크기보다 크므로 평균 속력은 평균 속도의 크기보다 크다.

ㄷ. 등속도 운동이다.

➡ 물체는 곡선 경로를 따라 운동하므로 운동 방향이 계속 변한다. 따라서 속도가 변하는 가속도 운동을 한다.

12 평균 속력과 평균 속도 2019학년도 10월 학평 물Ⅱ 1번

정답 ① | 정답률 90 %

적용해야 할 개념 ③가지

① 이동 거리는 물체가 실제로 움직인 거리이다.

② 변위는 출발점과 도착점 사이의 직선 경로의 크기와 방향이다.

③ 평균 속력은 $\frac{\text{전체 이동 거리}}{\text{걸린 시간}}$이고, 평균 속도는 $\frac{\text{변위}}{\text{걸린 시간}}$이다.

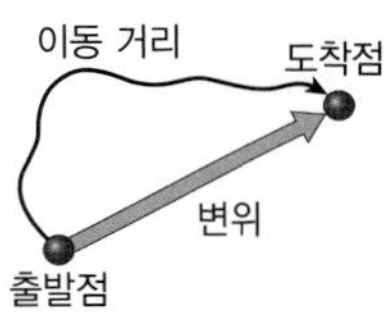

▲ 이동 거리와 변위

문제 보기

그림은 자율 주행 자동차가 장애물을 피해 점 P에서 점 Q까지 곡선 경로를 따라 운동하는 모습을 나타낸 것이다.

└ 운동 방향이 변한다.

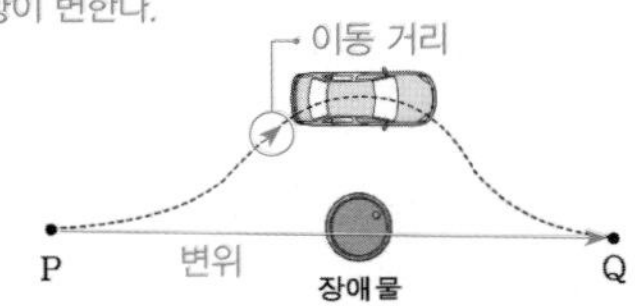

P에서 Q까지 자동차의 운동에 대한 옳은 설명만을 〈보기〉에서 있는 대로 고른 것은?

<보기> 풀이

자동차는 운동 방향이 변하는 곡선 경로를 따라 운동한다.

ㄱ. 이동 거리는 변위의 크기보다 크다.

➡ 자동차는 곡선 경로를 따라 운동하므로 이동 거리는 변위의 크기보다 크다.

ㄴ. 평균 속도의 크기는 평균 속력과 같다.

➡ 자동차의 이동 거리는 변위의 크기보다 크므로 평균 속력은 평균 속도의 크기보다 크다.

ㄷ. 등가속도 운동이다.

➡ 자동차는 곡선 경로를 따라 운동하므로 운동 방향이 변한다. 따라서 가속도는 일정하지 않다.

13 평균 속력과 평균 속도 2019학년도 9월 모평 물Ⅱ 1번

정답 ② | 정답률 84 %

적용해야 할 개념 ③가지

① 이동 거리는 물체가 실제로 움직인 거리이다.

② 변위는 출발점과 도착점 사이의 직선 경로의 크기와 방향이다.

③ 평균 속력은 $\frac{\text{전체 이동 거리}}{\text{걸린 시간}}$이고, 평균 속도는 $\frac{\text{변위}}{\text{걸린 시간}}$이다.

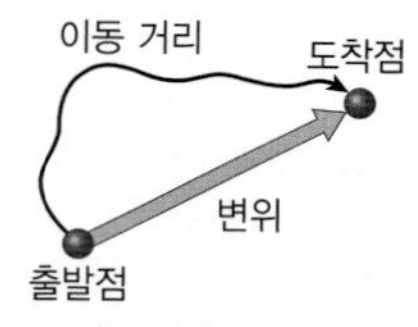

▲ 이동 거리와 변위

문제 보기

그림은 자동차 A, B가 이동한 경로를, 표는 출발지에서 도착지까지 A, B의 이동 거리와 걸린 시간을 나타낸 것이다.

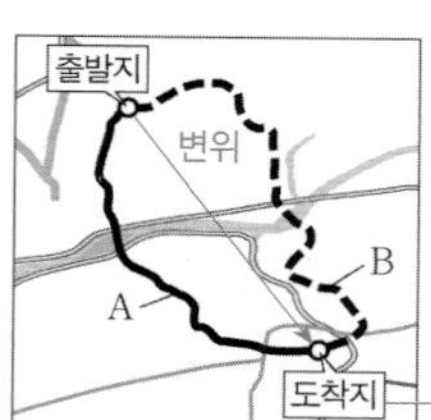

자동차	이동 거리	걸린 시간
A	12 km	60분
B	15 km	50분
	A<B	A>B

→ A와 B의 출발지와 도착지가 같다.

출발지에서 도착지까지 A, B의 운동에 대한 설명으로 옳은 것만을 〈보기〉에서 있는 대로 고른 것은? [3점]

<보기> 풀이

그림에서 A와 B의 출발점과 도착점이 같으므로 변위의 크기가 같고, 제시된 표에 따르면 이동 거리는 A가 B보다 작고, 걸린 시간은 A가 B보다 길다.

ㄱ. A는 등가속도 운동을 하였다. (✕)

➡ A는 운동하는 동안 운동 방향이 변하므로 속도가 변하는 가속도 운동을 하였다.

ㄴ. 평균 속력은 A가 B보다 작다. (○)

➡ A의 평균 속력은 $\frac{12\text{ km}}{60\text{ min}}=0.2\text{ km/min}$이고, B의 평균 속력은 $\frac{15\text{ km}}{50\text{ min}}=0.3\text{ km/min}$이다. 따라서 평균 속력은 A가 B보다 작다.

ㄷ. B의 변위의 크기와 이동 거리는 같다. (✕)

➡ B는 운동 방향이 변하는 운동을 하므로 변위의 크기는 이동 거리보다 작다.

2 일차

01 ③	02 ①	03 ②	04 ①	05 ①	06 ①	07 ②	08 ①	09 ①	10 ⑤	11 ②	12 ④
13 ①	14 ④	15 ③	16 ⑤	17 ①	18 ④	19 ④	20 ⑤				

문제편 014쪽~019쪽

01 여러 가지 물체의 운동 2021학년도 3월 학평 물Ⅰ 1번

정답 ③ | 정답률 83 %

적용해야 할 개념 ③가지

① 알짜힘의 방향과 물체의 운동 방향이 같은 경우 속력은 증가하고, 알짜힘의 방향과 물체의 운동 방향이 반대인 경우 속력이 감소한다.
② 포물선 운동하는 물체의 운동 방향은 매 순간 포물선 궤도의 접선 방향이다.
③ 가속도 운동하는 물체의 가속도의 방향은 물체에 작용하는 알짜힘의 방향과 같다.

구분	운동의 종류
속력과 운동 방향이 모두 일정한 운동	등속 직선 운동
속력만 변하는 운동	자유 낙하 운동, 빗면을 미끄러져 내려가는 물체의 운동, 연직 위로 던진 물체의 위 방향의 운동 등
운동 방향만 변하는 운동	등속 원운동
속력과 운동 방향이 모두 변하는 운동	포물선 운동, 진자 운동 등

문제 보기

그림은 자유 낙하 하는 물체 A와 수평으로 던진 물체 B가 운동하는 모습을 나타낸 것이다.

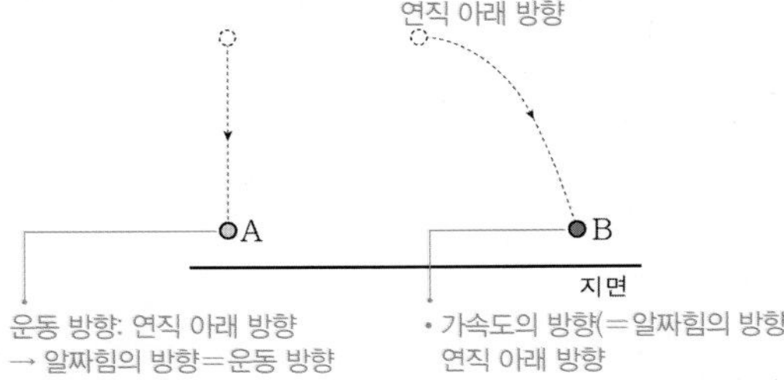
A, B에 작용하는 알짜힘의 방향: 연직 아래 방향
A
B
지면
운동 방향: 연직 아래 방향
→ 알짜힘의 방향=운동 방향
→ 속력 증가
• 가속도의 방향(=알짜힘의 방향): 연직 아래 방향
• 운동 방향: 매 순간 포물선 궤도의 접선 방향
→ 운동 방향≠가속도의 방향

이에 대한 옳은 설명만을 〈보기〉에서 있는 대로 고른 것은?

<보기> 풀이

ㄱ. A는 속력이 변하는 운동을 한다.
➡ A에 작용하는 알짜힘(중력)의 방향과 A의 운동 방향이 같으므로 A의 속력은 증가한다. 따라서 A는 속력이 변하는 운동을 한다.

ㄴ. B는 운동 방향이 변하는 운동을 한다.
➡ B의 운동 방향은 매 순간 포물선 궤도의 접선 방향이므로 B는 운동 방향이 변하는 운동을 한다.

ㄷ. B는 운동 방향과 가속도의 방향이 같다.
➡ 가속도의 방향은 물체에 작용하는 알짜힘의 방향과 같으므로 B의 가속도의 방향은 B에 작용하는 알짜힘(중력)의 방향과 같은 연직 아래 방향이다. 한편, B의 운동 방향은 매 순간 포물선 궤도의 접선 방향이므로 B는 운동 방향과 가속도의 방향이 다르다.

02 여러 가지 물체의 운동 2020학년도 10월 학평 물Ⅰ 1번

정답 ① | 정답률 95 %

적용해야 할 개념 ③가지

① 자유 낙하 하는 물체의 운동 방향은 연직 아래 방향이다.
② 회전 운동 하는 물체의 운동 방향은 매 순간 회전 운동 궤도의 접선 방향이다.
③ 진자 운동과 같이 왕복 운동 하는 물체의 운동 방향은 매 순간 운동 궤도의 접선 방향이다.

구분	운동의 종류
속력과 운동 방향이 모두 일정한 운동	등속 직선 운동
속력만 변하는 운동	자유 낙하 운동, 빗면을 미끄러져 내려가는 물체의 운동, 연직 위로 던진 물체의 위 방향의 운동 등
운동 방향만 변하는 운동	등속 원운동
속력과 운동 방향이 모두 변하는 운동	포물선 운동, 진자 운동 등

문제 보기

그림은 놀이 기구 A, B, C가 운동하는 모습을 나타낸 것이다.

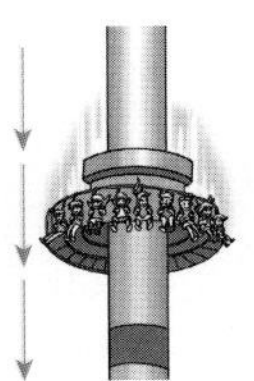

A: 자유 낙하

B: 회전 운동

C: 왕복 운동

운동 방향: 연직 아래 방향 → 운동 방향 일정

운동 방향: 매 순간 운동 궤도의 접선 방향 → 운동 방향 계속 변함

운동 방향이 일정한 놀이 기구만을 있는 대로 고른 것은?

<보기> 풀이

A: 자유 낙하
➡ A는 자유 낙하 하므로 운동 방향이 연직 아래 방향으로 일정하다.

B: 회전 운동
➡ B는 회전 운동 하므로 운동 방향이 매 순간 회전 운동 궤도의 접선 방향이다. 따라서 B의 운동 방향은 계속 변한다.

C: 왕복 운동
➡ C는 왕복 운동 하므로 운동 방향이 매 순간 왕복 운동 궤도의 접선 방향이다. 따라서 C의 운동 방향은 계속 변한다.

03 여러 가지 물체의 운동 2021학년도 4월 학평 물Ⅰ 1번

정답 ② | 정답률 92 %

적용해야 할 개념 ③가지

① 등속 원운동 하는 물체의 속력은 일정하고, 운동 방향은 매 순간 원 궤도의 접선 방향이다.
② 자유 낙하 하는 물체의 속력은 증가하고, 운동 방향은 연직 아래 방향으로 일정하다.
③ 포물선 운동하는 물체는 속력이 변하는 운동을 하고, 물체의 운동 방향은 매 순간 포물선 궤도의 접선 방향이다.

구분	운동의 종류
속력과 운동 방향이 모두 일정한 운동	등속 직선 운동
속력만 변하는 운동	자유 낙하 운동, 빗면을 미끄러져 내려가는 물체의 운동, 연직 위로 던진 물체의 위 방향의 운동 등
운동 방향만 변하는 운동	등속 원운동
속력과 운동 방향이 모두 변하는 운동	포물선 운동, 진자 운동 등

문제 보기

그림은 물체 A, B, C의 운동에 대한 설명이다.

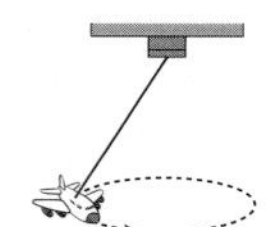
등속 원운동 하는 장난감 비행기 A
• 속력: 일정
• 운동 방향: 매 순간 원 궤도의 접선 방향
→ 운동 방향만 변함.

연직 아래로 떨어지는 사과 B
• 속력: 증가
• 운동 방향: 연직 아래 방향으로 일정
→ 속력만 변함.

포물선 운동하는 축구공 C
• 속력: 감소하다가 증가
• 운동 방향: 매 순간 포물선 궤도의 접선 방향
→ 속력과 운동 방향이 모두 변함.

A, B, C 중 속력과 운동 방향이 모두 변하는 물체를 있는 대로 고른 것은?

<보기> 풀이

~~A~~: 등속 원운동 하는 장난감 비행기
➡ 등속 원운동 하는 물체의 속력은 일정하고 운동 방향은 매 순간 원 궤도의 접선 방향이므로 A의 운동은 속력이 일정하고 운동 방향만 변하는 운동이다.

~~B~~: 연직 아래로 떨어지는 사과
➡ 자유 낙하 하는 물체의 속력은 증가하고 운동 방향은 연직 아래 방향으로 일정하므로 B의 운동은 속력만 변하고 운동 방향이 일정한 운동이다.

(C): 포물선 운동하는 축구공
➡ 포물선 운동하는 축구공의 속력은 감소하다가 증가하고 운동 방향은 매 순간 포물선 궤도의 접선 방향이므로, C의 운동은 속력과 운동 방향이 모두 변하는 운동이다.

04 여러 가지 물체의 운동 2022학년도 3월 학평 물Ⅰ 1번

정답 ① | 정답률 80 %

적용해야 할 개념 ③가지

① 속력은 물체의 빠르기를 나타내는 물리량이다.
② 속도는 물체의 빠르기와 운동 방향을 함께 나타내는 물리량이다.
③ 등속도 운동은 속력과 운동 방향이 모두 일정한 운동이다.

구분		운동의 종류
속도가 일정한 운동 (등속도 운동)	속력과 운동 방향이 모두 일정한 운동	등속 직선 운동
속도가 변하는 운동 (가속도 운동)	속력만 변하는 운동	자유 낙하 운동, 빗면을 미끄러져 내려가는 물체의 운동, 연직 위로 던진 물체의 위 방향의 운동 등
	운동 방향만 변하는 운동	등속 원운동
	속력과 운동 방향이 모두 변하는 운동	포물선 운동, 진자 운동 등

문제 보기

그림은 자동차 A, B, C의 운동을 나타낸 것이다. A는 일정한 속력으로 직선 경로를 따라, B는 속력이 변하면서 직선 경로를 따라, C는 일정한 속력으로 곡선 경로를 따라 운동을 한다.

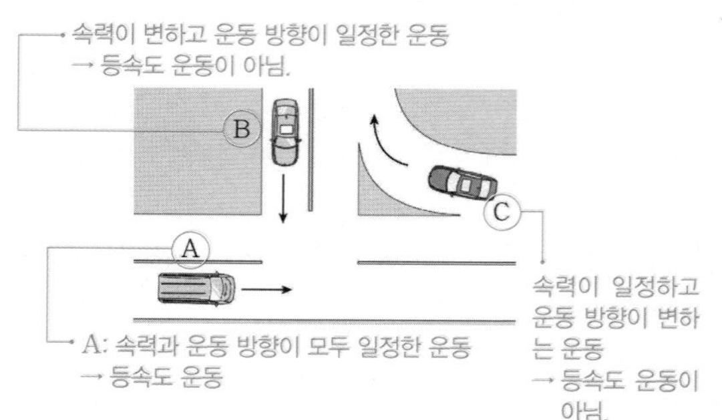
속력이 변하고 운동 방향이 일정한 운동
→ 등속도 운동이 아님.
B
C
A
속력이 일정하고 운동 방향이 변하는 운동
→ 등속도 운동이 아님.
A: 속력과 운동 방향이 모두 일정한 운동
→ 등속도 운동

등속도 운동을 하는 자동차만을 있는 대로 고른 것은?

<보기> 풀이

등속도 운동은 속력과 운동 방향이 모두 일정한 운동이다.

(A). 일정한 속력으로 직선 경로를 따라 운동하는 자동차
➡ A는 속력과 운동 방향이 모두 일정한 운동을 하므로 등속도 운동을 한다.

~~B~~. 속력이 변하면서 직선 경로를 따라 운동하는 자동차
➡ B는 운동 방향은 일정하지만 속력이 변하는 운동을 하므로 등속도 운동을 하지 않는다.
→ 가속도 운동

~~C~~. 일정한 속력으로 곡선 경로를 따라 운동하는 자동차
➡ C는 속력은 일정하지만 운동 방향이 변하는 운동을 하므로 등속도 운동을 하지 않는다.
→ 가속도 운동

05 여러 가지 물체의 운동 2022학년도 4월 학평 물Ⅰ 2번

정답 ① | 정답률 88 %

적용해야 할 개념 ③가지

① 알짜힘의 방향과 물체의 운동 방향이 같은 경우 속력이 증가하는 직선 운동을 하고, 알짜힘의 방향과 물체의 운동 방향이 반대인 경우 속력이 감소하는 직선 운동을 한다.
② 포물선 운동을 하는 물체의 속력은 수평 방향으로는 변화가 없지만 연직 방향으로는 계속 변한다.
③ 등속 원운동을 하는 물체의 운동 방향은 매 순간 원의 접선 방향이다.

구분	운동의 종류
속력과 운동 방향이 모두 일정한 운동	등속 직선 운동
속력만 변하는 운동	자유 낙하 운동, 빗면을 미끄러져 내려가는 물체의 운동, 연직 위로 던진 물체의 위 방향의 운동 등
운동 방향만 변하는 운동	등속 원운동
속력과 운동 방향이 모두 변하는 운동	포물선 운동, 진자 운동 등

문제 보기

그림 (가)는 속력이 빨라지며 직선 운동하는 수레의 모습을, (나)는 포물선 운동하는 배구공의 모습을, (다)는 회전하고 있는 놀이 기구에 탄 사람의 모습을 나타낸 것이다.

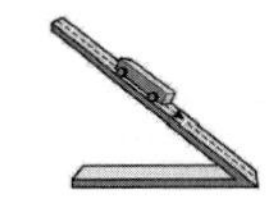
(가)
속력이 증가하는 직선 운동
→ 알짜힘의 방향 =운동 방향

(나)
포물선 운동
→ 속력: 감소하다가 증가

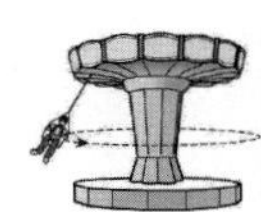
(다)
회전 운동
→ 운동 방향: 매 순간 곡선 궤도의 접선 방향

이에 대한 설명으로 옳은 것만을 〈보기〉에서 있는 대로 고른 것은?

<보기> 풀이

ㄱ. (가)에서 수레에 작용하는 알짜힘의 방향과 수레의 운동 방향은 같다.
➡ 알짜힘의 방향과 물체의 운동 방향이 같으면, 물체는 속력이 증가하는 직선 운동을 한다. (가)에서 수레의 속력이 빨라지며 직선 운동을 하므로, 수레에 작용하는 알짜힘의 방향과 수레의 운동 방향은 같다.

ㄴ. (나)에서 배구공의 속력은 일정하다.
➡ 포물선 운동을 하는 물체의 속력은 물체가 올라갈 때는 감소하다가 내려올 때는 증가하므로, (나)에서 포물선 운동을 하는 배구공의 속력은 변한다.

ㄷ. (다)에서 사람의 운동 방향은 일정하다.
➡ 회전 운동하는 물체의 운동 방향은 매 순간 곡선 궤도의 접선 방향이므로, (다)에서 회전 운동하는 사람의 운동 방향은 계속 변한다.

06 여러 가지 물체의 운동 2022학년도 9월 모평 물Ⅰ 1번

정답 ① | 정답률 88 %

적용해야 할 개념 ④가지

① 포물선 운동하는 물체의 운동 방향은 매 순간 포물선 궤도의 접선 방향이다.
② 진자 운동하는 물체의 속력은 최저점에서 최대이고 최고점에서 0이며, 운동 방향은 매 순간 운동 궤도의 접선 방향이다.
③ 가속도 운동하는 물체의 가속도의 방향은 물체에 작용하는 알짜힘의 방향과 같다.
④ 알짜힘의 방향과 물체의 운동 방향이 같은 경우 속력은 증가하고, 알짜힘의 방향과 물체의 운동 방향이 반대인 경우 속력이 감소한다.

구분	운동의 종류
속력과 운동 방향이 모두 일정한 운동	등속 직선 운동
속력만 변하는 운동	자유 낙하 운동, 빗면을 미끄러져 내려가는 물체의 운동, 연직 위로 던진 물체의 윗방향의 운동 등
운동 방향만 변하는 운동	등속 원운동
속력과 운동 방향이 모두 변하는 운동	포물선 운동, 진자 운동 등

문제 보기

그림 (가)~(다)는 각각 뜀틀을 넘는 사람, 그네를 타는 아이, 직선 레일에서 속력이 느려지는 기차를 나타낸 것이다.

(가)
운동 방향: 매 순간 곡선 궤도의 접선 방향
→ 운동 방향이 변하는 운동

(나)
• 운동 방향: 매 순간 운동 궤도의 접선 방향
• 속력: 최고점에서 0, 최저점에서 최대
→ 운동 방향과 속력이 모두 변하므로 등속도 운동이 아니다.

(다)
속력이 느려지는 운동
→ 알짜힘의 방향과 운동 방향이 반대
→ 가속도의 방향과 운동 방향이 반대

이에 대한 설명으로 옳은 것만을 〈보기〉에서 있는 대로 고른 것은?

<보기> 풀이

ㄱ. (가)에서 사람의 운동 방향은 변한다.
➡ 곡선 경로를 따라 운동하는 물체의 운동 방향은 매 순간 곡선 궤도의 접선 방향이므로 (가)에서 사람의 운동 방향은 변한다.

ㄴ. (나)에서 아이는 등속도 운동을 한다.
➡ 등속도 운동은 속력과 운동 방향이 모두 일정한 운동이다. 그네의 운동과 같은 진자 운동은 속력과 운동 방향이 모두 변하는 운동이므로 (나)에서 아이는 등속도 운동을 하지 않는다.

ㄷ. (다)에서 기차의 운동 방향과 가속도 방향은 서로 같다.
➡ 물체의 가속도의 방향은 물체에 작용하는 알짜힘의 방향과 같다. 직선상에서 속력이 느려지는 운동의 경우 운동 방향과 알짜힘의 방향이 반대이므로 운동 방향과 가속도의 방향은 반대이다. 따라서 (다)에서 기차의 운동 방향과 가속도 방향은 서로 반대이다.

07 여러 가지 물체의 운동 2022학년도 7월 학평 물I 1번

정답 ② | 정답률 81 %

적용해야 할 개념 ③가지

① 등속 원운동을 하는 물체의 운동 방향은 매 순간 원의 접선 방향이다.
② 포물선 운동을 하는 물체의 속력은 수평 방향으로는 변화가 없지만 연직 방향으로는 계속 변한다.
③ 알짜힘의 방향과 물체의 운동 방향이 같은 경우 속력이 증가하는 직선 운동을 하고, 알짜힘의 방향과 물체의 운동 방향이 반대인 경우 속력이 감소하는 직선 운동을 한다.

구분		운동의 종류
속도가 일정한 운동 (등속도 운동)	속력과 운동 방향이 모두 일정한 운동	등속 직선 운동
속도가 변하는 운동 (가속도 운동)	속력만 변하는 운동	자유 낙하 운동, 빗면을 미끄러져 내려가는 물체의 운동, 연직 위로 던진 물체의 위 방향의 운동 등
	운동 방향만 변하는 운동	등속 원운동
	속력과 운동 방향이 모두 변하는 운동	포물선 운동, 진자 운동 등

문제 보기

그림 (가)~(다)는 각각 원궤도를 따라 일정한 속력으로 운동하는 공 A, 수평으로 던져 낙하하는 공 B, 빗면에서 속력이 작아지는 운동을 하는 공 C의 운동 경로를 나타낸 것이다.

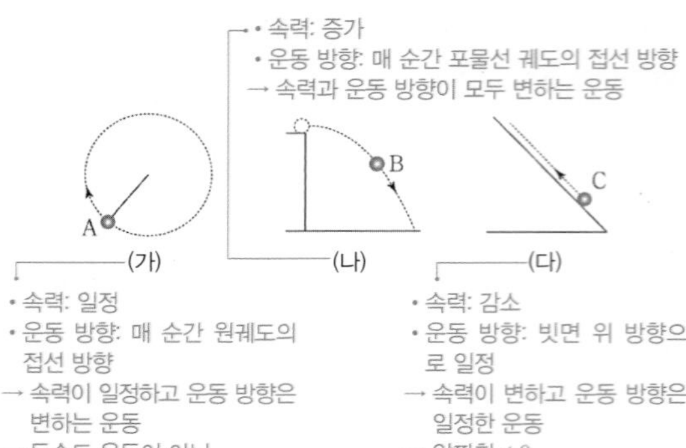

• 속력: 증가
• 운동 방향: 매 순간 포물선 궤도의 접선 방향
→ 속력과 운동 방향이 모두 변하는 운동
A
B
C
(가)
(나)
(다)
• 속력: 일정
• 운동 방향: 매 순간 원궤도의 접선 방향
→ 속력이 일정하고 운동 방향은 변하는 운동
→ 등속도 운동이 아님.
• 속력: 감소
• 운동 방향: 빗면 위 방향으로 일정
→ 속력이 변하고 운동 방향은 일정한 운동
→ 알짜힘≠0

이에 대한 설명으로 옳은 것만을 〈보기〉에서 있는 대로 고른 것은?

<보기> 풀이

ㄱ. A는 등속도 운동을 한다. (×)

➡ 등속도 운동은 속력과 운동 방향이 모두 일정한 운동이다. A의 속력은 일정하지만 운동 방향은 매 순간 원궤도의 접선 방향이므로, A는 운동 방향이 변하는 운동을 한다. 따라서 A는 등속도 운동을 하지 않는다.

ㄴ. B는 운동 방향과 속력이 모두 변하는 운동을 한다. (○)

➡ B의 속력은 증가하고 운동 방향은 매 순간 곡선 궤도의 접선 방향이므로, B는 운동 방향과 속력이 모두 변하는 운동을 한다.

ㄷ. C에 작용하는 알짜힘은 0이다. (×)

➡ 물체에 작용하는 알짜힘이 0일 때 물체는 정지해 있거나 등속도 운동을 한다. C는 속력이 변하는 운동을 하므로, C에 작용하는 알짜힘은 0이 아니다.

08 여러 가지 물체의 운동 2021학년도 6월 모평 물I 1번

정답 ① | 정답률 83 %

적용해야 할 개념 ③가지

① 알짜힘의 방향과 운동 방향이 같은 경우 속력은 증가하고, 알짜힘의 방향과 물체의 운동 방향이 반대인 경우 속력이 감소한다.
② 포물선 운동하는 물체의 운동 방향은 매 순간 포물선 궤도의 접선 방향이다.
③ 원운동하는 물체의 운동 방향은 매 순간 원 궤도의 접선 방향이다.

구분	운동의 종류
속력과 운동 방향이 모두 일정한 운동	등속 직선 운동
속력만 변하는 운동	자유 낙하 운동, 빗면을 미끄러져 내려가는 물체의 운동, 연직 위로 던진 물체의 위 방향의 운동 등
운동 방향만 변하는 운동	등속 원운동
속력과 운동 방향이 모두 변하는 운동	포물선 운동, 진자 운동 등

문제 보기

그림 (가), (나), (다)는 각각 연직 위로 던진 구슬, 선수가 던진 농구공, 회전하고 있는 놀이 기구에 타고 있는 사람을 나타낸 것이다.

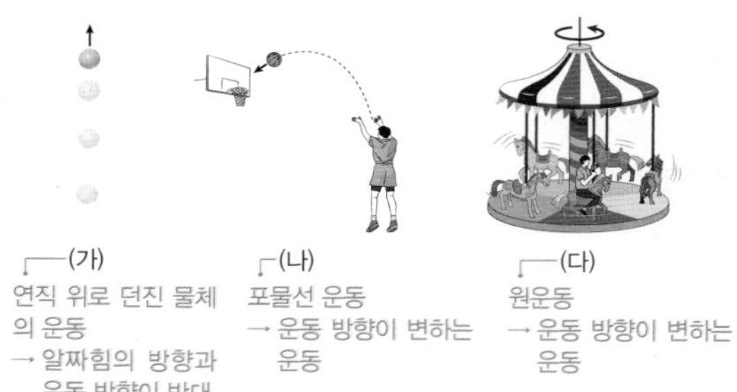

(가)
연직 위로 던진 물체의 운동
→ 알짜힘의 방향과 운동 방향이 반대
→ 속력 감소
(나)
포물선 운동
→ 운동 방향이 변하는 운동
(다)
원운동
→ 운동 방향이 변하는 운동

이에 대한 설명으로 옳은 것만을 〈보기〉에서 있는 대로 고른 것은?

<보기> 풀이

ㄱ. (가)에서 구슬의 속력은 변한다. (○)

➡ (가)에서 구슬이 연직 위로 올라가는 동안 구슬에 작용하는 알짜힘(중력)의 방향과 구슬의 운동 방향이 반대이므로 구슬의 속력은 감소한다. 따라서 (가)에서 구슬의 속력은 변한다.

ㄴ. (나)에서 농구공에 작용하는 알짜힘의 방향과 농구공의 운동 방향은 같다. (×)

➡ (나)에서 농구공에 작용하는 알짜힘은 연직 아래 방향으로 작용하는 중력이다. 농구공은 포물선 운동을 하므로 농구공의 운동 방향은 매 순간 포물선 궤도의 접선 방향이다. 따라서 (나)에서 농구공에 작용하는 알짜힘의 방향과 농구공의 운동 방향은 같지 않다.

ㄷ. (다)에서 사람의 운동 방향은 변하지 않는다. (×)

➡ (다)에서 사람은 회전하고 있는 놀이 기구와 같이 원운동을 한다. 원운동하는 물체의 운동 방향은 매 순간 원 궤도의 접선 방향이므로, (다)에서 사람의 운동 방향은 계속 변한다.

09 여러 가지 물체의 운동 2025학년도 6월 모평 물I 2번

정답 ① | 정답률 91 %

적용해야 할 개념 ②가지

① 알짜힘의 방향과 물체의 운동 방향이 나란하면 속력만 변하는 직선 운동을 하고, 알짜힘의 방향과 물체의 운동 방향이 수직이면 운동 방향만 변하는 원운동을 한다. 또 알짜힘의 방향과 물체의 운동 방향이 비스듬하면 속력과 운동 방향이 모두 변하는 운동을 한다.

② 곡선 운동을 하는 물체의 운동 방향은 매 순간 곡선 궤도의 접선 방향이다.

구분	운동의 종류
속력과 운동 방향이 모두 일정한 운동	등속 직선 운동
속력만 변하는 운동	자유 낙하 운동, 빗면을 미끄러져 내려가는 물체의 운동, 연직 위로 던진 물체의 위 방향의 운동 등
운동 방향만 변하는 운동	등속 원운동
속력과 운동 방향이 모두 변하는 운동	포물선 운동, 진자 운동 등

문제 보기

그림은 수평면에서 실선을 따라 운동하는 물체의 위치를 일정한 시간 간격으로 나타낸 것이다. Ⅰ, Ⅱ, Ⅲ은 각각 직선 구간, 반원형 구간, 곡선 구간이다.

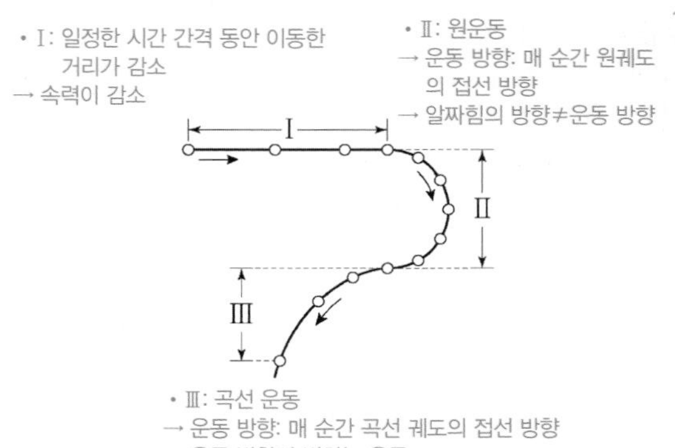
• Ⅰ: 일정한 시간 간격 동안 이동한 거리가 감소
→ 속력이 감소
• Ⅱ: 원운동
→ 운동 방향: 매 순간 원궤도의 접선 방향
→ 알짜힘의 방향≠운동 방향
Ⅰ
Ⅱ
Ⅲ
• Ⅲ: 곡선 운동
→ 운동 방향: 매 순간 곡선 궤도의 접선 방향
→ 운동 방향이 변하는 운동

이에 대한 설명으로 옳은 것만을 〈보기〉에서 있는 대로 고른 것은? [3점]

<보기> 풀이

ㄱ. Ⅰ에서 물체의 속력은 변한다.

➡ 일정한 시간 간격 동안 이동한 거리는 속력을 나타낸다. Ⅰ에서 물체가 일정한 시간 간격 동안 이동한 거리가 감소하므로 물체의 속력은 감소한다.

ㄴ. Ⅱ에서 물체에 작용하는 알짜힘의 방향은 물체의 운동 방향과 같다.

➡ 알짜힘의 방향과 물체의 운동 방향 같지 않을 때 물체의 운동 방향은 변한다. Ⅱ에서 원운동하는 물체의 운동 방향은 매 순간 원 궤도의 접선 방향이므로, 물체에 작용하는 알짜힘의 방향은 물체의 운동 방향과 같지 않다.

다른 풀이 원운동하는 물체의 운동 방향은 매 순간 원 궤도의 접선 방향이고 원운동하는 물체에 작용하는 알짜힘의 방향은 원의 중심 방향이므로, 알짜힘은 물체의 운동 방향에 수직으로 작용한다. 따라서 Ⅱ에서 물체에 작용하는 알짜힘의 방향은 물체의 운동 방향과 같지 않다.

ㄷ. Ⅲ에서 물체의 운동 방향은 변하지 않는다.

➡ Ⅲ에서 곡선 운동을 하는 물체의 운동 방향은 매 순간 곡선 궤도의 접선 방향이므로, 물체의 운동 방향은 변한다.

10 여러 가지 물체의 운동 2021학년도 수능 물I 6번

정답 ⑤ | 정답률 76 %

적용해야 할 개념 ③가지

① 알짜힘의 방향과 물체의 운동 방향이 나란하면 속력이 변하는 운동을 하고, 알짜힘의 방향과 물체의 운동 방향이 수직이면 방향이 변하는 운동을 한다. 알짜힘의 방향과 물체의 운동 방향이 비스듬하면 속력과 방향이 모두 변하는 운동을 한다.

② 포물선 운동하는 물체의 운동 방향은 매 순간 포물선 궤도의 접선 방향이고, 물체의 속력은 수평 방향으로는 변화가 없고 연직 방향으로는 계속 변한다.

③ 등속 원운동을 하는 물체의 운동 방향은 매 순간 원 궤도의 접선 방향이다.

문제 보기

표는 물체의 운동 A, B, C에 대한 자료이다.

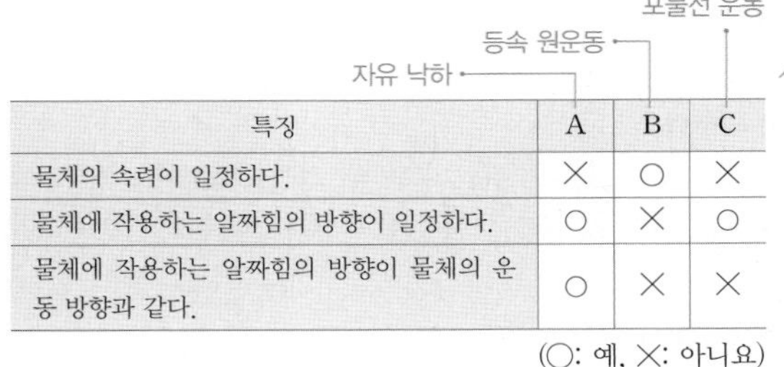
포물선 운동
등속 원운동
자유 낙하

특징	A	B	C
물체의 속력이 일정하다.	×	○	×
물체에 작용하는 알짜힘의 방향이 일정하다.	○	×	○
물체에 작용하는 알짜힘의 방향이 물체의 운동 방향과 같다.	○	×	×

(○: 예, ×: 아니요)

이에 대한 설명으로 옳은 것만을 〈보기〉에서 있는 대로 고른 것은?

<보기> 풀이

ㄱ. 자유 낙하하는 공의 등가속도 직선 운동은 A에 해당한다.

➡ 자유 낙하하는 공의 운동은 연직 아래 방향으로 속력이 일정하게 증가하는 등가속도 직선 운동이다. 이때 공에 작용하는 알짜힘은 연직 아래 방향의 중력이므로, 공에 작용하는 알짜힘의 방향과 공의 운동 방향이 같다. 따라서 자유 낙하하는 공의 등가속도 직선 운동은 A에 해당한다.

ㄴ. 등속 원운동을 하는 위성의 운동은 B에 해당한다.

➡ 등속 원운동을 하는 위성은 속력이 일정하다. 위성의 운동 방향은 매 순간 원 궤도의 접선 방향이므로 계속 변한다. 이때 위성에 작용하는 알짜힘은 지구의 중력이다. 지구 중력의 방향은 원의 중심 방향이므로, 위성에 작용하는 알짜힘의 방향은 위성의 운동 방향에 항상 수직으로 매 순간 변한다. 따라서 등속 원운동을 하는 위성의 운동은 B에 해당한다.

ㄷ. 수평면에 대해 비스듬히 던진 공의 포물선 운동은 C에 해당한다.

➡ 수평면에 대해 비스듬히 던진 공의 속력은 일정하지 않고, 운동 방향은 매 순간 포물선 궤도의 접선 방향으로 변한다. 이때 공에 작용하는 알짜힘은 연직 아래 방향의 중력이므로 공에 작용하는 알짜힘의 방향과 공의 운동 방향이 같지 않다. 따라서 수평면에 대해 비스듬히 던진 공의 포물선 운동은 C에 해당한다.

11 여러 가지 물체의 운동 2022학년도 10월 학평 물I 2번

정답 ② | 정답률 80 %

적용해야 할 개념 ②가지

① 물체에 작용하는 알짜힘이 0이면 물체는 정지해 있거나 등속 직선 운동을 한다.
② 알짜힘의 방향과 물체의 운동 방향이 나란하면 속력만 변하는 직선 운동을 하고, 알짜힘의 방향과 물체의 운동 방향이 수직이면 방향만 변하는 원운동을 한다. 또 알짜힘의 방향과 물체의 운동 방향이 비스듬하면 속력과 방향이 모두 변하는 운동을 한다.

구분	운동의 종류
속력과 운동 방향이 모두 일정한 운동	등속 직선 운동
속력만 변하는 운동	자유 낙하 운동, 빗면을 미끄러져 내려가는 물체의 운동, 연직 위로 던진 물체의 위 방향의 운동 등
운동 방향만 변하는 운동	등속 원운동
속력과 운동 방향이 모두 변하는 운동	포물선 운동, 진자 운동 등

문제 보기

그림은 사람 A, B, C가 스키장에서 운동하는 모습을 나타낸 것이다. A는 일정한 속력으로 직선 경로를 따라 올라가고, B는 속력이 빨라지며 직선 경로를 따라 내려오며, C는 속력이 변하며 곡선 경로를 따라 내려온다.

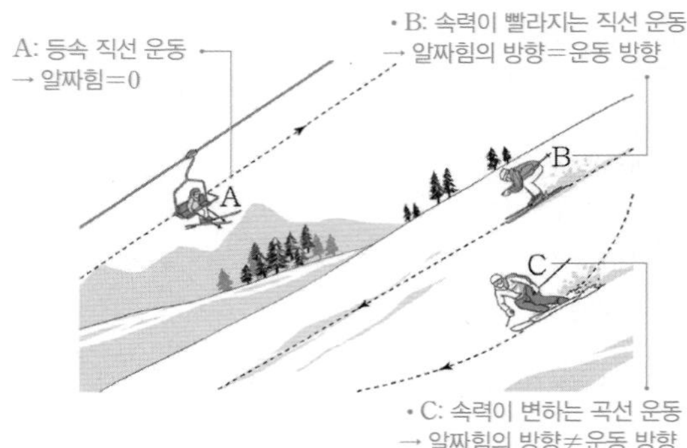
A: 등속 직선 운동
→ 알짜힘=0
• B: 속력이 빨라지는 직선 운동
→ 알짜힘의 방향=운동 방향
• C: 속력이 변하는 곡선 운동
→ 알짜힘의 방향≠운동 방향
A
B
C

운동 방향으로 알짜힘을 받는 사람만을 있는 대로 고른 것은? (단, 사람의 크기는 무시한다.)

<보기> 풀이

~~A.~~ **일정한 속력으로 직선 경로를 따라 올라가는 사람**
➡ 물체에 작용하는 알짜힘이 0일 때 물체는 정지해 있거나 등속 직선 운동을 하므로, A에 작용하는 알짜힘은 0이다.

(B.) 속력이 빨라지며 직선 경로를 따라 내려오는 사람
➡ 알짜힘의 방향과 물체의 운동 방향이 같은 경우 속력이 빨라지는 직선 운동을 하므로, B는 운동 방향으로 알짜힘을 받는다.

~~C.~~ **속력이 변하며 곡선 경로를 따라 내려오는 사람**
➡ 알짜힘의 방향과 물체의 운동 방향이 비스듬한 경우 속력과 방향이 모두 변하는 운동을 하므로, C는 운동 방향과 비스듬한 방향으로 알짜힘을 받는다.

12 운동 그래프 2021학년도 9월 모평 물I 7번

정답 ④ | 정답률 85 %

적용해야 할 개념 ③가지

① 위치–시간 그래프에서 기울기는 속도를 의미한다.
② 위치–시간 그래프에서 기울기의 부호는 운동 방향을 의미하고, 기울기 값은 속력을 의미한다.
③ 직선 운동을 하는 물체는 변위의 크기와 이동 거리가 같다.

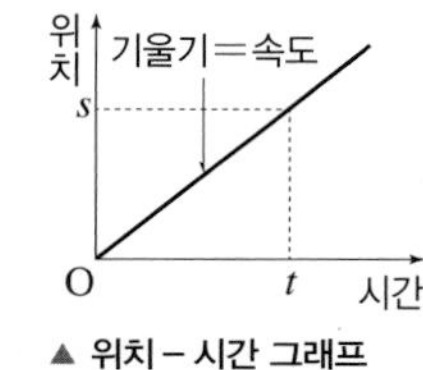
위치
기울기=속도
s
O
t
시간

▲ 위치–시간 그래프

문제 보기

그림은 동일 직선상에서 운동하는 물체 A, B의 위치를 시간에 따라 나타낸 것이다. → 이동 거리와 변위의 크기는 같다.

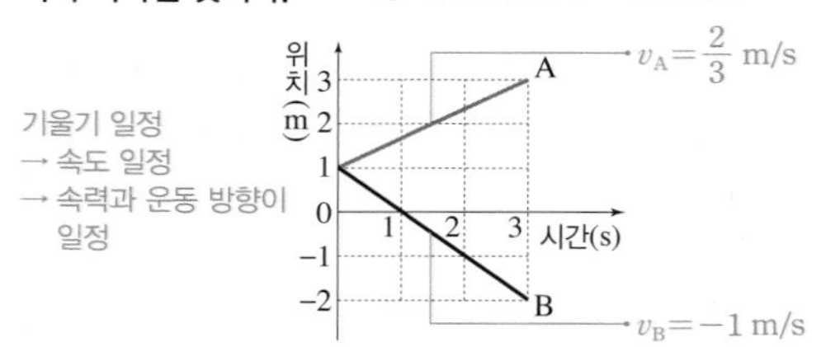
기울기 일정
→ 속도 일정
→ 속력과 운동 방향이 일정
위치(m)
시간(s)
A
B
$v_A = \frac{2}{3}$ m/s
$v_B = -1$ m/s

A, B의 운동에 대한 설명으로 옳은 것만을 〈보기〉에서 있는 대로 고른 것은?

<보기> 풀이

~~ㄱ.~~ **1초일 때, B의 운동 방향이 바뀐다.**
➡ 위치–시간 그래프에서 기울기의 부호는 운동 방향을 의미한다. 그래프에서 B는 기울기의 부호가 바뀌지 않으므로, 운동 방향이 바뀌지 않는다. 따라서 1초일 때, B의 운동 방향이 바뀌지 않는다.

(ㄴ.) 2초일 때, 속도의 크기는 A가 B보다 작다.
➡ 위치–시간 그래프의 기울기는 속도를 의미하므로 2초일 때 A의 속도는 $\frac{3-1}{3-0}=\frac{2}{3}$(m/s)이고, B의 속도는 $\frac{-2-1}{3-0}=-1$(m/s)이다. 따라서 2초일 때, 속도의 크기는 A가 B보다 작다.

(ㄷ.) 0초부터 3초까지 이동한 거리는 A가 B보다 작다.
➡ 물체 A, B는 직선 운동을 하므로 이동 거리는 변위의 크기와 같다. 0초부터 3초까지 이동한 거리는 A가 2 m, B가 3 m이므로 A가 B보다 작다.

13 운동 그래프 2021학년도 7월 학평 물I 3번

정답 ① | 정답률 79 %

적용해야 할 개념 ④가지

① 위치 – 시간 그래프에서 접선의 기울기는 속도를 의미하므로 기울기의 부호는 운동 방향을, 기울기의 크기는 속력을 의미한다.
② 위치 – 시간 그래프에서 접선의 기울기의 변화량은 가속도를 의미한다.
③ 알짜힘의 방향과 물체의 운동 방향이 같은 경우 속력은 증가하고, 알짜힘의 방향과 물체의 운동 방향이 반대인 경우 속력이 감소한다.
④ 가속도 운동하는 물체의 가속도의 방향은 물체에 작용하는 알짜힘의 방향과 같다.

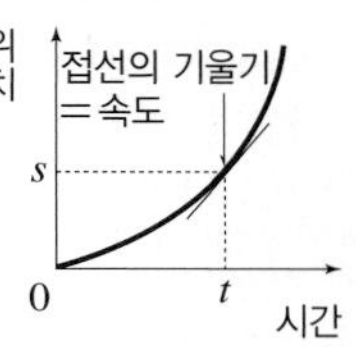

▲ 위치 – 시간 그래프

문제 보기

그림은 직선상에서 운동하는 물체의 위치를 시간에 따라 나타낸 것이다. 구간 A, B, C에서 물체는 각각 등가속도 운동을 한다.

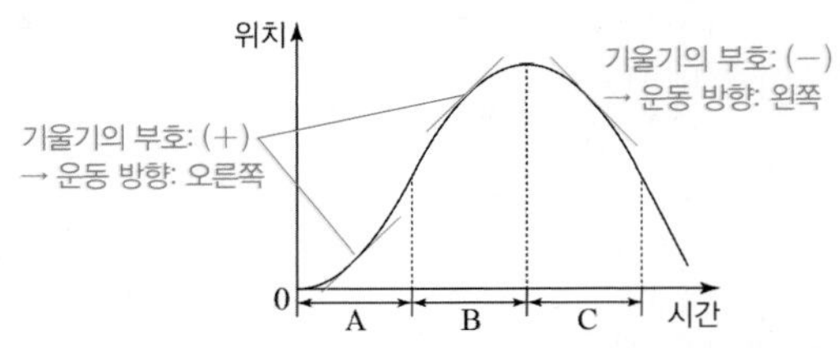

A~C에서 물체의 운동에 대한 설명으로 옳은 것만을 〈보기〉에서 있는 대로 고른 것은? [3점]

<보기> 풀이

위치 – 시간 그래프에서 접선의 기울기는 속도를 의미하고, 시간에 따른 접선의 기울기의 변화량은 가속도를 의미한다.

구분	구간 A	구간 B	구간 C
기울기의 부호 (=운동 방향)	+ (오른쪽)	+ (오른쪽)	− (왼쪽)
기울기의 크기 (=속력)	증가 (알짜힘이 운동 방향으로 작용)	감소 (알짜힘이 운동 반대 방향으로 작용)	증가 (알짜힘이 운동 방향으로 작용)
알짜힘의 방향	+ (오른쪽)	− (왼쪽)	− (왼쪽)
가속도의 방향	+ (오른쪽)	− (왼쪽)	− (왼쪽)

ㄱ. A에서 속력은 점점 증가한다.

➡ 위치 – 시간 그래프에서 접선의 기울기의 크기는 속력을 의미한다. A에서 접선의 기울기의 크기가 증가하므로, A에서 속력은 점점 증가한다.

ㄴ. 가속도의 방향은 B에서와 C에서가 서로 반대이다.

➡ 가속도의 방향은 알짜힘의 방향과 같다. 위치 – 시간 그래프에서 기울기의 부호는 운동 방향을 의미하고 기울기의 크기는 속력을 의미한다. 운동 방향이 오른쪽일 때를 (+), 왼쪽일 때를 (−)라고 할 때, B에서 기울기의 부호는 (+)이므로 운동 방향은 오른쪽이고 기울기의 크기가 감소하므로 속력이 감소한다. 속력이 감소하는 경우에 알짜힘은 운동 방향과 반대 방향으로 작용하므로, B에서 알짜힘의 방향은 왼쪽이며 가속도의 방향도 왼쪽이다. C에서 기울기의 부호는 (−)이므로 운동 방향은 왼쪽이고 기울기의 크기가 증가하므로 속력이 증가한다. 속력이 증가하는 경우에 알짜힘은 운동 방향으로 작용하므로, C에서 알짜힘의 방향은 왼쪽이며 가속도의 방향도 왼쪽이다. 따라서 가속도의 방향은 B에서와 C에서가 서로 같다.

다른 풀이 위치 – 시간 그래프에서 접선의 기울기는 속도를 의미하므로, 기울기의 변화량은 가속도를 의미한다. B와 C에서 기울기의 변화량의 부호는 모두 (−)이다. 따라서 가속도의 방향은 B에서와 C에서가 서로 같다.

ㄷ. 물체에 작용하는 알짜힘의 방향은 두 번 바뀐다.

➡ A에서 속력이 증가하므로 알짜힘의 방향은 운동 방향과 같은 방향인 오른쪽이다. B에서 속력이 감소하므로 알짜힘의 방향은 운동 방향과 반대 방향인 왼쪽이다. C에서 속력이 증가하므로 알짜힘의 방향은 운동 방향과 같은 방향인 왼쪽이다. 따라서 물체에 작용하는 알짜힘의 방향은 A와 B의 경계에서 한 번 바뀐다.

다른 풀이 알짜힘의 방향은 가속도의 방향과 같다. 가속도의 방향은 A와 B의 경계에서 한 번 바뀌므로 물체에 작용하는 알짜힘의 방향은 A와 B의 경계에서 한 번 바뀐다.

14 운동 그래프 2019학년도 4월 학평 물I 2번

정답 ④ | 정답률 62 %

적용해야 할 개념 ②가지	
	① 속도 – 시간 그래프에서 기울기의 부호는 가속도의 방향을 의미하고, 기울기 값은 가속도의 크기를 의미한다.
	② 속도 – 시간 그래프에서 그래프 아랫부분의 넓이는 변위를 의미한다.

문제 보기

그림은 직선상에서 운동하는 물체의 속도를 시간에 따라 나타낸 것이다.

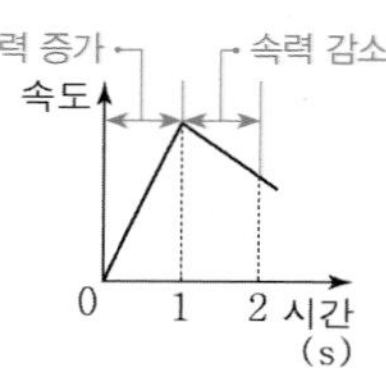

0초부터 2초까지, 물체의 위치를 시간에 따라 나타낸 것으로 가장 적절한 것은? [3점]

<보기> 풀이

0~1초까지는 속력이 증가하는 등가속도 운동을 하고, 1~2초까지는 속력이 감소하는 등가속도 운동을 한다. 위치 – 시간 그래프의 기울기는 물체의 속력을 의미한다.

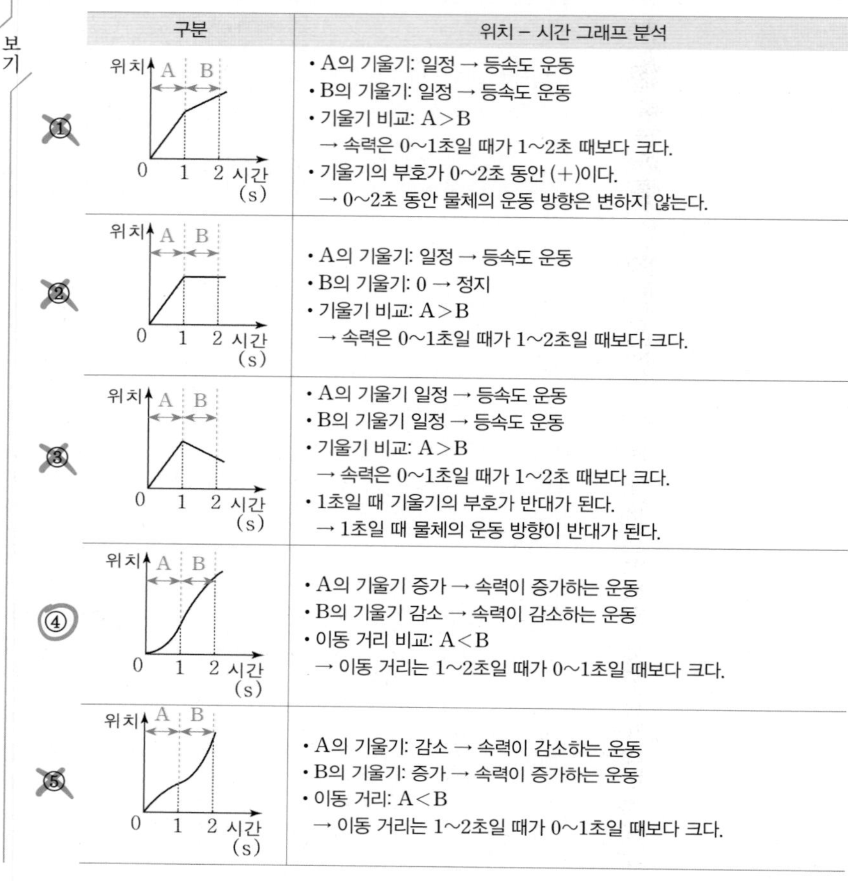

	구분	위치 – 시간 그래프 분석
①		• A의 기울기: 일정 → 등속도 운동 • B의 기울기: 일정 → 등속도 운동 • 기울기 비교: A>B → 속력은 0~1초일 때가 1~2초 때보다 크다. • 기울기의 부호가 0~2초 동안 (+)이다. → 0~2초 동안 물체의 운동 방향은 변하지 않는다.
②		• A의 기울기: 일정 → 등속도 운동 • B의 기울기: 0 → 정지 • 기울기 비교: A>B → 속력은 0~1초일 때가 1~2초일 때보다 크다.
③		• A의 기울기 일정 → 등속도 운동 • B의 기울기 일정 → 등속도 운동 • 기울기 비교: A>B → 속력은 0~1초일 때가 1~2초 때보다 크다. • 1초일 때 기울기의 부호가 반대가 된다. → 1초일 때 물체의 운동 방향이 반대가 된다.
④		• A의 기울기 증가 → 속력이 증가하는 운동 • B의 기울기 감소 → 속력이 감소하는 운동 • 이동 거리 비교: A<B → 이동 거리는 1~2초일 때가 0~1초일 때보다 크다.
⑤		• A의 기울기: 감소 → 속력이 감소하는 운동 • B의 기울기: 증가 → 속력이 증가하는 운동 • 이동 거리: A<B → 이동 거리는 1~2초일 때가 0~1초일 때보다 크다.

15 직선 운동하는 물체의 운동 그래프 2025학년도 9월 모평 물I 2번

정답 ③ | 정답률 96 %

적용해야 할 개념 ②가지

① 속도－시간 그래프에서 기울기의 부호는 가속도의 방향을 의미하고 기울기의 절댓값은 가속도의 크기를 의미한다.
② 속도－시간 그래프에서 그래프 아랫부분의 넓이는 변위를 의미한다.

문제 보기

그림은 직선 경로를 따라 등가속도 운동하는 물체의 속도를 시간에 따라 나타낸 것이다.

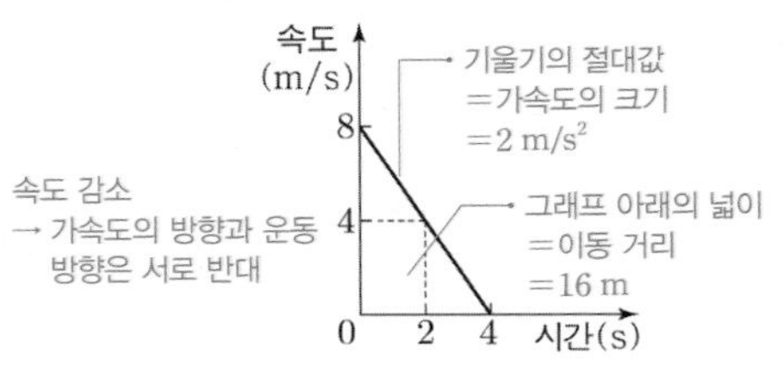

물체의 운동에 대한 설명으로 옳은 것만을 〈보기〉에서 있는 대로 고른 것은?

<보기> 풀이

ㄱ. 가속도의 크기는 $2\ m/s^2$이다.

➡ 속도－시간 그래프에서 직선의 기울기의 절댓값은 가속도의 크기를 나타내므로, 가속도의 크기는 $\left|\frac{-8\ m/s}{4\ s}\right|=2\ m/s^2$이다.

다른 풀이 가속도의 크기는 단위 시간 동안의 속도 변화량의 크기이다. 4초 동안 속도 변화량의 크기가 8 m/s이므로, 가속도의 크기는 $\frac{8\ m/s}{4\ s}=2\ m/s^2$이다.

ㄴ. 0초부터 4초까지 이동한 거리는 16 m이다.

➡ 직선 운동을 하는 물체의 속도－시간 그래프에서 직선 아래의 넓이는 이동 거리를 나타내므로, 0초부터 4초까지 이동한 거리는 $\frac{1}{2}\times4\times8=16$ (m)이다.

다른 풀이 이동 거리는 평균 속력과 걸린 시간의 곱과 같다. 0초부터 4초까지 물체의 평균 속도의 크기는 4 m/s이므로, 이동 거리는 $4\ m/s\times4\ s=16$ m이다.

ㄷ. 2초일 때, 운동 방향과 가속도 방향은 서로 같다.

➡ 0초부터 4초까지 속도가 감소하므로, 2초일 때 물체의 운동 방향과 가속도의 방향은 서로 반대이다.

다른 풀이 속도－시간 그래프의 기울기의 부호는 가속도의 방향을 나타낸다. 속도의 부호가 양(＋)일 때 기울기의 부호는 음(－)이므로, 속도의 방향과 가속도의 방향은 서로 반대이다. 따라서 2초일 때, 운동 방향과 가속도 방향은 서로 반대이다.

16 운동 그래프 2019학년도 3월 학평 물Ⅰ 2번

정답 ⑤ | 정답률 84 %

적용해야 할 개념 ③가지

① 속도 – 시간 그래프에서 기울기의 부호는 가속도의 방향을 의미하고, 기울기 값은 가속도의 크기를 의미한다.
② 속도 – 시간 그래프에서 그래프 아랫부분의 넓이는 변위를 의미한다.
③ 등가속도 직선 운동 식

• $v=v_0+at$ • $s=v_0t+\frac{1}{2}at^2$ • $v^2-{v_0}^2=2as$ (v_0: 처음 속도, v: 나중 속도, a: 가속도, s: 변위, t: 걸린 시간)

문제 보기

그림은 물체 A, B가 서로 반대 방향으로 등가속도 직선 운동할 때의 속도를 시간에 따라 나타낸 것이다. 색칠된 두 부분의 면적은 각각 S, $2S$이다.

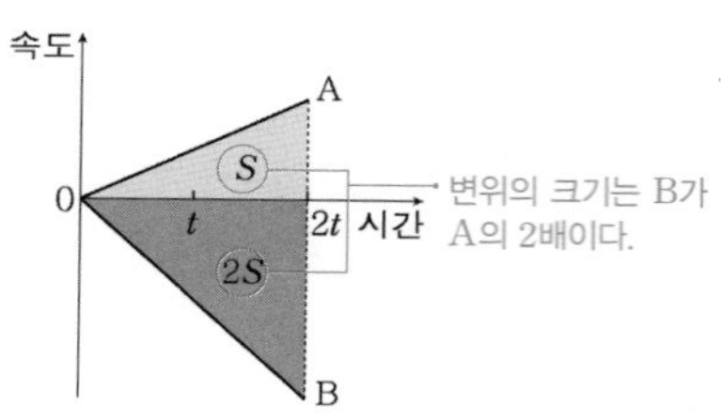

A, B의 운동에 대한 설명으로 옳은 것은?

<보기> 풀이

A와 B는 그래프의 부호가 반대이므로 서로 반대 방향으로 각각 속력이 일정하게 증가하는 등가속도 운동을 한다.

① $2t$일 때 속력은 A가 B의 2배이다.

➡ 속도 – 시간 그래프 아랫부분의 넓이는 변위이므로 0~$2t$까지 변위의 크기는 B가 A의 2배이다.

$2t$일 때 A, B의 속력을 각각 v_A, v_B라고 하면 $S=\frac{1}{2}\times2t\times v_A$이고, $2S=\frac{1}{2}\times2t\times v_B$이다.

$v_B=2v_A$이므로 $2t$일 때 속력은 B가 A의 2배이다.

② t일 때 가속도의 크기는 A가 B의 2배이다.

➡ 속도 – 시간 그래프에서 기울기는 일정하므로 A와 B는 각각 등가속도 운동을 한다. 같은 시간 동안 변위의 크기는 B가 A의 2배이므로 기울기의 크기는 B가 A의 2배이다. 따라서 t일 때 가속도의 크기는 B가 A의 2배이다.

③ t일 때 A와 B의 가속도의 방향은 서로 같다.

➡ A와 B는 서로 반대 방향으로 각각 속력이 증가하는 운동을 하므로 가속도의 방향은 A와 B가 서로 반대이다.

④ 0부터 $2t$까지 평균 속력은 A가 B의 2배이다.

➡ 0부터 $2t$까지 A와 B의 평균 속력을 각각 v_A', v_B'라고 하면, $v_A'=\frac{S}{2t}$이고 $v_B'=\frac{2S}{2t}=\frac{S}{t}$이다. 따라서 0부터 $2t$까지 평균 속력은 B가 A의 2배이다.

⑤ 0부터 $2t$까지 A와 B의 이동 거리의 합은 $3S$이다.

➡ 0부터 $2t$까지 A, B는 직선 운동을 하므로 이동 거리는 변위의 크기와 같다. A의 이동 거리는 S이고 B의 이동 거리는 $2S$이다. 따라서 0부터 $2t$까지 A와 B의 이동 거리의 합은 $3S$이다.

17 운동 그래프 2019학년도 7월 학평 물Ⅰ 3번

정답 ① | 정답률 80 %

적용해야 할 개념 ②가지

① 속도 – 시간 그래프에서 기울기의 부호는 가속도의 방향을 의미하고, 기울기 값은 가속도의 크기를 의미한다.
② 속도 – 시간 그래프에서 그래프 아랫부분의 넓이는 변위를 의미한다.

문제 보기

그림은 직선 운동하는 물체 A, B의 속도를 시간에 따라 나타낸 것이다. A의 처음 속도는 v_0이다. 0에서 4초까지 이동한 거리는 A가 B의 2배이다.

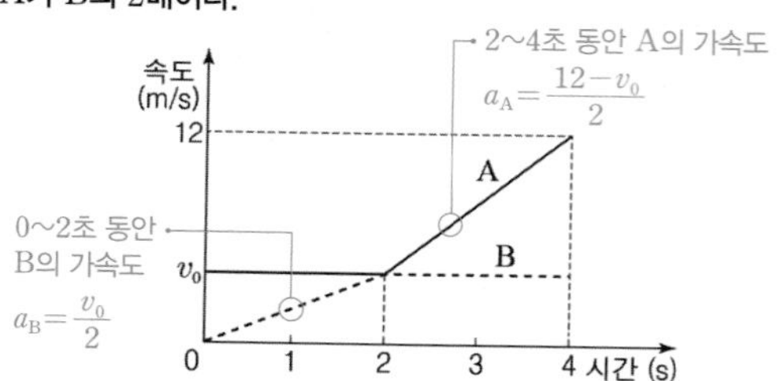

3초일 때 A의 가속도의 크기와 1초일 때 B의 가속도의 크기를 각각 a_A, a_B라 할 때, $a_A : a_B$는?

<보기> 풀이

A는 0초부터 2초까지 등속도 운동을 하고 2초부터 4초까지 등가속도 운동을 한다. B는 0초부터 2초까지 등가속도 운동을 하고 2초부터 4초까지 등속도 운동을 한다.

속도 – 시간 그래프 아랫부분의 넓이는 변위(이동 거리)이므로 0초부터 4초까지 A, B의 이동 거리를 각각 s_A, s_B라고 하면,

$s_A=v_0\times2+\frac{(12+v_0)}{2}\times2=12+3v_0$이고, $s_B=\frac{v_0}{2}\times2+v_0\times2=3v_0$이다.

0초부터 4초까지 이동한 거리는 A가 B의 2배이므로 $s_A=2s_B$에서 $12+3v_0=2\times3v_0$이다. 이를 정리하면 $3v_0=12$이므로 $v_0=4$ m/s이다.

속도 – 시간 그래프의 기울기는 가속도이므로 $a_A=\frac{12-4}{2}=4$ m/s^{2}이고, $a_B=\frac{4}{2}=2$ m/s^{2}이다. 따라서 $a_A : a_B=2 : 1$이다.

① 2 : 1 **② 3 : 1** **③ 3 : 2** **④ 5 : 2** **⑤ 7 : 5**

18 등가속도 직선 운동 2024학년도 3월 학평 물Ⅰ 9번

정답 ④ | 정답률 41 %

적용해야 할 개념 ③가지

① 등가속도 직선 운동하는 물체의 평균 속력은 $\frac{\text{처음 속력}+\text{나중 속력}}{2}$이다.

② 등가속도 직선 운동하는 물체의 이동 거리는 평균 속력×걸린 시간이다.

③ 등가속도 직선 운동 식

• $v=v_0+at$ • $s=v_0t+\frac{1}{2}at^2$ • $2as=v^2-v_0^2$

(v_0: 처음 속도, v: 나중 속도, a: 가속도, s: 변위, t: 걸린 시간)

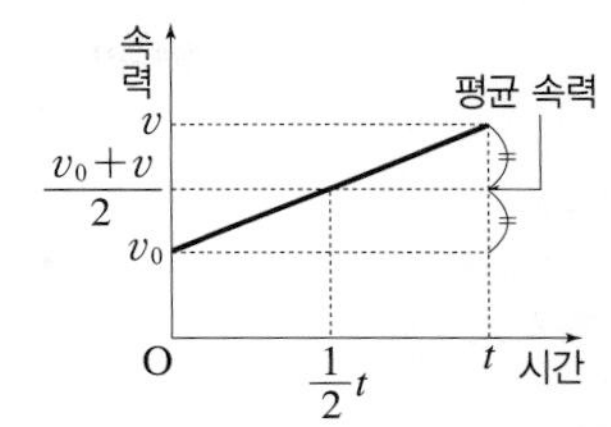

▲ 등가속도 직선 운동하는 물체의 평균 속력

문제 보기

그림과 같이 물체가 점 a~d를 지나는 등가속도 직선 운동을 한다. a와 b, b와 c, c와 d 사이의 거리는 각각 L, x, $3L$이다. 물체가 운동하는 데 걸리는 시간은 a에서 b까지와 c에서 d까지가 같다. a, d에서 물체의 속력은 각각 v, $4v$이다.

• a~b 구간의 속도 변화량=c~d 구간의 속도 변화량
→ b에서의 속력: $v+\Delta v$, c에서의 속력: $4v-\Delta v$
• 이동 거리∝평균 속력
→ $\frac{v+(v+\Delta v)}{2}:\frac{(4v-\Delta v)+4v}{2}=1:3$
→ $\Delta v=\frac{1}{2}v$

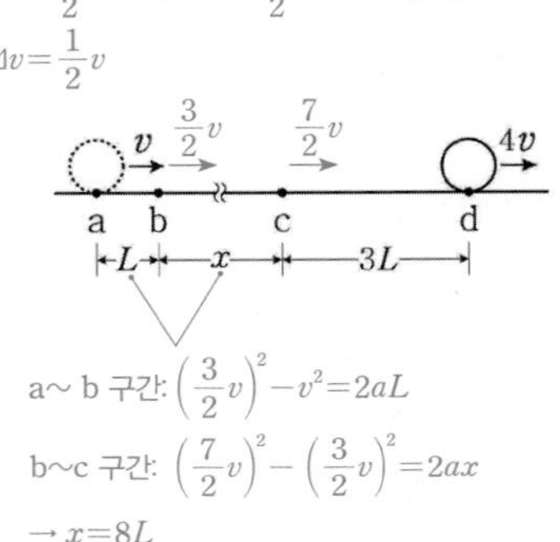

a~b 구간: $\left(\frac{3}{2}v\right)^2-v^2=2aL$

b~c 구간: $\left(\frac{7}{2}v\right)^2-\left(\frac{3}{2}v\right)^2=2ax$

→ $x=8L$

x는? [3점]

<보기> 풀이

❶ 가속도 $a=\frac{\Delta v}{\Delta t}$에서 가속도($a$)와 걸린 시간($\Delta t$)이 같으면, 속도 변화량($\Delta v$)도 같다. a~b 구간과 c~d 구간에서 가속도와 걸린 시간이 같으므로 두 구간에서의 속도 변화량의 크기가 Δv로 같다고 하면, b에서의 속력은 $v+\Delta v$, c에서의 속력은 $4v-\Delta v$이다.

❷ 이동 거리는 평균 속력과 걸린 시간의 곱이므로, 걸린 시간이 같을 때 이동 거리는 평균 속력에 비례한다. a~b 구간과 c~d 구간의 이동 거리의 비가 1 : 3이므로, 두 구간에서 평균 속력의 비도 1 : 3이다. 따라서 $\frac{v+(v+\Delta v)}{2}:\frac{(4v-\Delta v)+4v}{2}=1:3$에서 $\Delta v=\frac{1}{2}v$이므로, b에서의 속력은 $\frac{3}{2}v$, c에서의 속력은 $\frac{7}{2}v$이다.

❸ 물체의 가속도를 a라 하고, a~b 구간과 b~c 구간에 등가속도 직선 운동의 식 ($2as=v^2-v_0^2$)을 적용하면 다음이 성립한다.

a~b 구간: $\left(\frac{3}{2}v\right)^2-v^2=2aL$ … ①

b~c 구간: $\left(\frac{7}{2}v\right)^2-\left(\frac{3}{2}v\right)^2=2ax$ … ②

①, ②를 연립하여 정리하면, $x=8L$이다.

다른 풀이

❸ b~c 구간에서 속도 변화량의 크기는 $\frac{7}{2}v-\frac{3}{2}v=2v$로, a~b 구간의 4배이다. 가속도가 같을 때 속도 변화량은 걸린 시간에 비례하므로, a~b 구간에서 걸린 시간을 t라고 할 때, b~c 구간에서 걸린 시간은 $4t$이다. 각 구간에서의 이동 거리는 평균 속력과 걸린 시간의 곱이므로,

a~b 구간에서 $\left(\frac{v+\frac{3}{2}v}{2}\right)\times t=\frac{5vt}{4}=L$ … ①가 성립하고

b~c 구간에서 $\left(\frac{\frac{3}{2}v+\frac{7}{2}v}{2}\right)\times 4t=10vt=x$ … ②가 성립한다.

①, ②를 연립하여 정리하면, $x=8L$이다.

~~① $2L$~~ ~~② $4L$~~ ~~③ $6L$~~  ④ $8L$ ~~⑤ $10L$~~

19 등가속도 직선 운동 – 수평면에서 운동하는 물체 2020학년도 7월 학평 물I 2번

정답 ④ | 정답률 80 %

적용해야 할 개념 ④가지

① 평균 속력 $=\frac{\text{전체 이동 거리}}{\text{걸린 시간}}$이다.

② 등가속도 직선 운동을 하는 물체의 평균 속력은 시간의 구간에서 중간 시각에서의 순간 속력과 같다.

③ 가속도의 크기는 $\frac{\text{속력 변화량}(\Delta v)}{\text{걸린 시간}(\Delta t)}$이다.

④ 등가속도 직선 운동 식

- $v=v_0+at$
- $s=v_0t+\frac{1}{2}at^2$
- $v^2-v_0^2=2as$

(v_0: 처음 속도, v: 나중 속도, a: 가속도, s: 변위, t: 걸린 시간)

▲ 등가속도 직선 운동하는 물체의 평균 속력

문제 보기

그림은 직선 도로에서 정지해 있던 자동차가 시간 $t=0$일 때 기준선 P에서 출발하여 기준선 R까지 등가속도 직선 운동하는 모습을 나타낸 것이다. $t=6$초일 때 기준선 Q를 통과하고 $t=8$초일 때 R를 통과한다. Q와 R 사이의 거리는 21 m이다.

자동차의 운동에 대한 설명으로 옳은 것만을 〈보기〉에서 있는 대로 고른 것은? (단, 자동차의 크기는 무시한다.) [3점]

<보기> 풀이

ㄱ. 가속도의 크기는 1.5 m/s²이다.

➡ $t=6$초부터 $t=8$초까지의 평균 속력 $=\frac{\text{전체 이동 거리}}{\text{걸린 시간}}=\frac{21\text{ m}}{2\text{ s}}=10.5$ m/s이므로 중간 시각인 $t=7$초일 때 순간 속력은 10.5 m/s이다. 따라서 가속도의 크기는 $\frac{\text{속력 변화량}}{\text{걸린 시간}}=\frac{10.5\text{ m/s}}{7\text{ s}}=1.5$ m/s²이다.

ㄴ. $t=4$초일 때 속력은 7 m/s이다.

➡ $t=4$초일 때 속력을 v라고 하면 등가속도 운동 식 $v=v_0+at$에서 $v=0+1.5\times4$이므로 속력 $v=6$ m/s이다.

ㄷ. $t=2$초부터 $t=6$초까지 이동 거리는 24 m이다.

➡ 자동차가 $t=0$부터 $t=6$초까지 이동한 거리는 등가속도 운동 식 $s=v_0t+\frac{1}{2}at^2$에서 $\frac{1}{2}\times1.5\times6^2=27$(m)이고, $t=0$부터 $t=2$초까지 이동한 거리는 $\frac{1}{2}\times1.5\times2^2=3$(m)이다. 따라서 $t=2$초부터 $t=6$초까지 이동 거리는 27 m−3 m=24 m이다.

다른 풀이 $t=2$초부터 $t=6$초까지 물체가 이동한 거리는 이 구간에서의 평균 속력과 걸린 시간을 곱하여 구할 수 있다. $t=2$초부터 $t=6$초까지의 평균 속력은 중간 시각인 $t=4$초일 때의 속력과 같으므로 등가속도 운동 식 $v=v_0+at$에서 $t=4$초일 때 $v=1.5\text{ m/s}^2\times4\text{ s}=6$ m/s이다. 따라서 $t=2$초부터 $t=6$초까지 이동 거리 $s=vt=6\text{ m/s}\times(6-2)\text{s}$이므로 24 m이다.

20 등가속도 직선 운동 – 수평면에서 운동하는 물체 2019학년도 수능 물I 11번

정답 ⑤ | 정답률 71 %

적용해야 할 개념 ③가지

① 가속도의 크기는 $\frac{\text{속력 변화량}(\Delta v)}{\text{걸린 시간}(\Delta t)}$이다.

② 속력 – 시간 그래프에서 기울기는 가속도이고, 그래프 아랫부분의 넓이는 이동 거리이다.

③ 등가속도 직선 운동하는 물체의 평균 속력은 $\frac{\text{처음 속력}+\text{나중 속력}}{2}$이다.

문제 보기

그림과 같이 기준선에 정지해 있던 자동차가 출발하여 직선 경로를 따라 운동한다. 자동차는 구간 A에서 등가속도, 구간 B에서 등속도, 구간 C에서 등가속도 운동한다. A, B, C의 길이는 모두 같고, 자동차가 구간을 지나는 데 걸린 시간은 A에서가 C에서의 4배이다. (처음 속력=0)

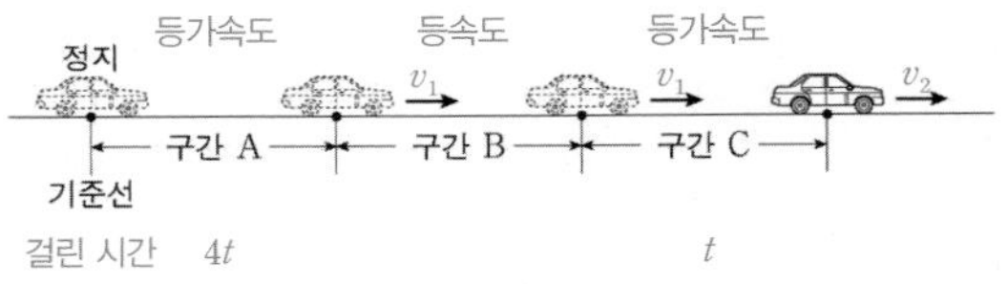

자동차의 운동에 대한 설명으로 옳은 것만을 〈보기〉에서 있는 대로 고른 것은? (단, 자동차의 크기는 무시한다.) [3점]

<보기> 풀이

A를 지나는 데 걸리는 시간을 $4t$, C를 지나는 데 걸리는 시간을 t라 하고 B에 진입하는 속력을 v_1, C를 벗어나는 순간의 속력을 v_2라고 할 때 자동차의 속력을 시간에 따라 나타내면 다음과 같다.

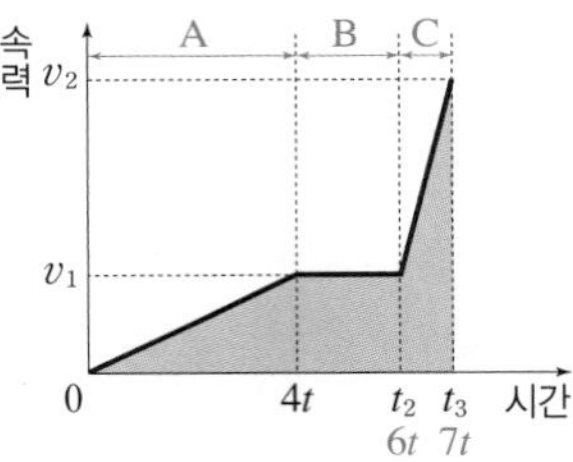

A, B, C의 길이가 모두 같으므로 각 구간에서 속력 – 시간 그래프 아랫부분의 넓이는 모두 같다.

A와 B 그래프 아랫부분의 넓이는 같으므로 $\frac{1}{2}\times 4tv_1=(t_2-4t)\times v_1$에서 $6tv_1=t_2v_1$이므로 $t_2=6t$이다. 걸린 시간은 A에서가 C에서의 4배이므로 $t_3=7t$이다.

즉, A에서 운동하는 데 걸린 시간은 $4t$이고, B에서 운동하는 데 걸린 시간은 $t_2-4t=2t$, C에서 운동하는 데 걸린 시간은 t이다.

ㄱ. 평균 속력은 B에서가 A에서의 2배이다.

➡ A에서 운동하는 데 걸린 시간은 $4t$이고, B에서 운동하는 데 걸린 시간은 $2t$이다. 같은 거리를 이동하는 데 걸린 시간은 A에서가 B에서의 2배이므로 평균 속력은 B에서가 A에서의 2배이다.

ㄴ. 구간을 지나는 데 걸린 시간은 B에서가 C에서의 2배이다.

➡ B를 지나는 데 걸린 시간은 $2t$, C를 지나는 데 걸린 시간은 t이므로 B에서가 C에서의 2배이다.

ㄷ. 가속도의 크기는 C에서가 A에서의 8배이다.

➡ C에서 이동한 거리는 구간 C에서의 평균 속력과 시간의 곱이므로 $\frac{v_1+v_2}{2}\times t$이다. B와 C의 길이는 같으므로 $2v_1t=\frac{1}{2}(v_1+v_2)t$에서 $v_2=3v_1$이다.

속력 – 시간 그래프의 기울기는 가속도와 같으므로 A에서 가속도의 크기는 $\frac{v_1}{4t}$이고, C에서 가속도의 크기는 $\frac{v_2-v_1}{t}=\frac{3v_1-v_1}{t}=\frac{2v_1}{t}$이다. 따라서 가속도의 크기는 C에서가 A에서의 8배이다.

3 일차

01 ②	02 ④	03 ③	04 ④	05 ②	06 ①	07 ②	08 ④	09 ③	10 ④	11 ⑤	12 ③
13 ④	14 ④	15 ④	16 ③	17 ④	18 ②	19 ②	20 ④	21 ④	22 ④	23 ②	24 ④
25 ④											

문제편 022쪽~028쪽

01 등가속도 직선 운동 – 수평면에서 운동하는 물체 2024학년도 6월 모평 물Ⅰ 18번

정답 ② | 정답률 43 %

적용해야 할 개념 ③가지

① 등가속도 직선 운동을 하는 물체의 평균 속력은 $\dfrac{\text{처음 속력}+\text{나중 속력}}{2}$이다.

② 등가속도 직선 운동하는 물체의 이동 거리는 평균 속력×걸린 시간이다.

③ 등가속도 직선 운동 식

• $v=v_0+at$ • $s=v_0t+\dfrac{1}{2}at^2$ • $2as=v^2-v_0^2$

(v_0: 처음 속도, v: 나중 속도, a: 가속도, s: 변위, t: 걸린 시간)

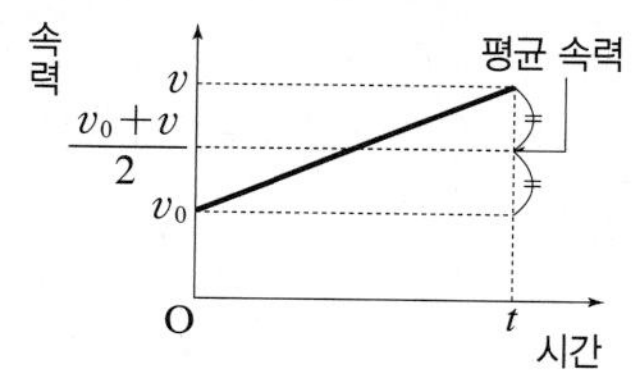

▲ 등가속도 직선 운동하는 물체의 평균 속력

문제 보기

그림과 같이 직선 도로에서 출발선에 정지해 있던 자동차 A, B가 구간 Ⅰ에서는 가속도의 크기가 $2a$인 등가속도 운동을, 구간 Ⅱ에서는 등속도 운동을, 구간 Ⅲ에서는 가속도의 크기가 a인 등가속도 운동을 하여 도착선에서 정지한다. A가 출발선에서 L만큼 떨어진 기준선 P를 지나는 순간 B가 출발하였다. 구간 Ⅲ에서 A, B 사이의 거리가 L인 순간 A, B의 속력은 각각 v_A, v_B이다.

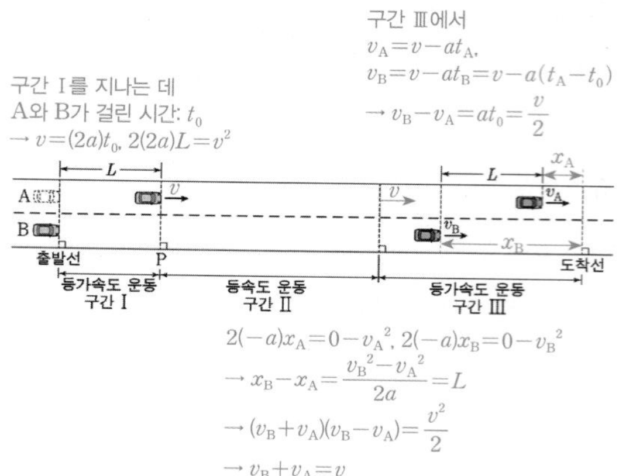

$\dfrac{v_A}{v_B}$는? [3점]

<보기> 풀이

❶ A와 B가 출발선에서 P까지 운동하는 데 걸리는 시간을 t_0이라고 하고 P를 지나는 순간의 속력을 v라고 할 때, 구간 Ⅰ에서의 가속도는 $2a$, 거리는 L이므로 $v=(2a)t_0$ … ①이고, $v^2=2(2a)L=4aL$ … ②이다. A가 P를 지나는 순간 B가 출발하므로, B는 A보다 t_0의 시간만큼 늦게 출발한다. 따라서 A가 구간 Ⅲ에 들어가는 순간부터 t_0의 시간이 지난 후에 B가 구간 Ⅲ에 들어가게 된다. 구간 Ⅲ에서 A의 속력이 v에서 v_A가 될 때까지 걸리는 시간을 t_A라고 하고 B의 속력이 v에서 v_B가 될 때까지 걸리는 시간을 t_B라고 하면, t_A는 t_B보다 t_0만큼 크므로 $t_A-t_B=t_0$이다.

❷ 구간 Ⅲ에서 A와 B는 가속도가 $-a$인 운동을 하므로, $v_A=v-at_A$, $v_B=v-at_B=v-a(t_A-t_0)$이다. $v_B-v_A=at_0$이고 ①에서 $t_0=\dfrac{v}{2a}$이므로, $v_B-v_A=\dfrac{v}{2}$이다.

❸ 구간 Ⅲ에서 A의 속력이 v_A인 지점으로부터 도착선까지의 거리를 x_A라고 하고 B의 속력이 v_B인 지점으로부터 도착선까지의 거리를 x_B라고 하면, 구간 Ⅲ에서 가속도는 $-a$이므로, $2(-a)x_A=0-v_A^2$, $2(-a)x_B=0-v_B^2$이다. x_B와 x_A의 차는 L이므로, $x_B-x_A=\dfrac{v_B^2-v_A^2}{2a}=L$에서 $v_B^2-v_A^2=2aL$이다. ②에서 $2aL=\dfrac{v^2}{2}$이므로, $v_B^2-v_A^2=(v_B+v_A)(v_B-v_A)=\dfrac{v^2}{2}$이다. $v_B-v_A=\dfrac{v}{2}$이므로 $v_B+v_A=v$이고, 두 식을 연립하여 정리하면 $v_A=\dfrac{1}{4}v$, $v_B=\dfrac{3}{4}v$이다. 따라서 $\dfrac{v_A}{v_B}=\dfrac{1}{3}$이다.

다른 풀이 A가 구간 Ⅲ에 들어가는 순간부터 t_0의 시간이 지난 후에 B가 구간 Ⅲ에 들어가고 구간 Ⅲ에서 A, B의 가속도가 같으므로, B의 속력은 v_B인 순간부터 t_0의 시간이 지나면 속력이 v_A와 같게 된다. 즉, B는 $\dfrac{v_B+v_A}{2}$의 평균 속력으로 t_0의 시간 동안 L의 거리를 이동하므로, $\dfrac{v_B+v_A}{2}t_0=L$이다. 이 식에 ①에서의 $t_0=\dfrac{v}{2a}$와 ②에서의 $L=\dfrac{v^2}{4a}$을 대입하면, $v_B+v_A=v$이다. $v_B-v_A=\dfrac{v}{2}$이므로, 두 식을 연립하여 정리하면 $v_A=\dfrac{1}{4}v$, $v_B=\dfrac{3}{4}v$이다. 따라서 $\dfrac{v_A}{v_B}=\dfrac{1}{3}$이다.

~~① $\dfrac{1}{4}$~~ ② $\dfrac{1}{3}$ ~~③ $\dfrac{1}{2}$~~ ~~④ $\dfrac{2}{3}$~~ ~~⑤ 1~~

02 등가속도 직선 운동 – 수평면에서 운동하는 물체 2023학년도 3월 학평 물Ⅰ 17번

정답 ④ | 정답률 40 %

적용해야 할 개념 ②가지

① 속도는 빠르기와 운동 방향을 포함한 물리량이므로, 속도의 부호로 운동 방향을 나타낸다. 직선 운동에서 한쪽 운동 방향을 (+)방향으로 정하면, 반대쪽 운동 방향은 (−)방향이 된다.

② 등가속도 직선 운동의 식

• $v=v_0+at$ • $s=v_0t+\frac{1}{2}at^2$ • $2as=v^2-v_0^2$

(v_0: 처음 속도, v: 나중 속도, a: 가속도, s: 변위, t: 걸린 시간)

문제 보기

그림과 같이 0초일 때 기준선 P를 서로 반대 방향의 같은 속력으로 통과한 물체 A와 B가 각각 등가속도 직선 운동하여 기준선 Q를 동시에 지난다. P에서 Q까지 A의 이동 거리는 L이다. 가속도의 방향은 A와 B가 서로 반대이고, 가속도의 크기는 B가 A의 7배이다. t_0초일 때 A와 B의 속도는 같다.

└ $v_0+(-a)t_0=(-v_0)+7at_0$

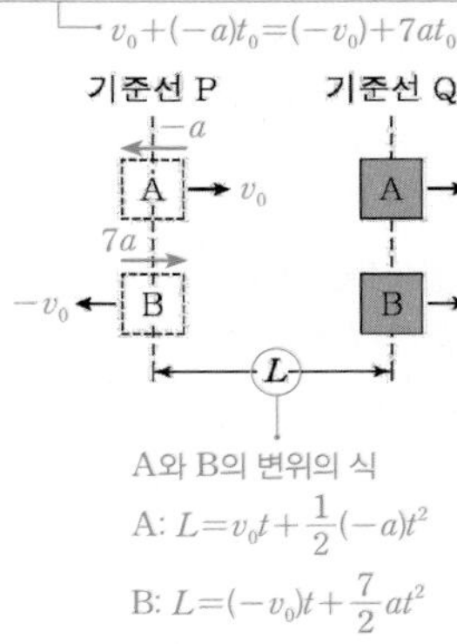

0초에서 t_0초까지 A의 이동 거리는? (단, 물체의 크기는 무시한다.)

<보기> 풀이

❶ 속도의 부호는 운동 방향을 나타낸다. 0초일 때 A, B의 속력을 v_0이라고 하고 오른쪽 방향을 (+)라고 하면, 0초일 때 A, B의 속도는 각각 v_0, $-v_0$이다. 가속도의 방향은 힘의 방향과 같다. B의 처음 운동 방향은 왼쪽이지만 나중 운동 방향은 오른쪽이므로, B에 작용하는 힘의 방향은 오른쪽이고 가속도의 방향도 오른쪽이다. 따라서 A의 가속도의 크기를 a라고 하면 A, B의 가속도는 각각 $-a$, $7a$이다.

❷ A와 B가 기준선 Q를 동시에 지나는 시간을 t라고 하면, A와 B의 변위에 대한 식은 다음과 같다.

A: $L=v_0t+\frac{1}{2}(-a)t^2$ … ①

B: $L=(-v_0)t+\frac{7}{2}at^2$ … ②

①=②에서 $t=\frac{v_0}{2a}$이므로, $t=\frac{v_0}{2a}$을 ①에 대입하면 $L=\frac{3v_0^2}{8a}$이다.

❸ t_0초일 때 A와 B의 속도가 같으므로, $v_0+(-a)t_0=(-v_0)+7at_0$에서 $t_0=\frac{v_0}{4a}$이다. 0초에서 t_0초까지 A의 이동 거리를 L'라고 하면,

$L'=v_0t_0+\frac{1}{2}(-a)t_0^2=v_0\left(\frac{v_0}{4a}\right)-\frac{1}{2}a\left(\frac{v_0}{4a}\right)^2=\frac{7v_0^2}{32a}=\frac{7}{12}\left(\frac{3v_0^2}{8a}\right)=\frac{7}{12}L$이다.

① $\frac{5}{13}L$ ② $\frac{7}{16}L$ ③ $\frac{1}{2}L$ ④ $\frac{7}{12}L$ ⑤ $\frac{5}{7}L$

03 등가속도 직선 운동 – 수평면에서 운동하는 물체 2019학년도 10월 학평 물I 4번

정답 ③ | 정답률 58 %

적용해야 할 개념 ②가지

① 가속도는 시간에 따라 물체의 속도가 변하는 정도를 나타낸 물리량으로, 가속도의 크기는 $a=\frac{\text{속력 변화량}(\Delta v)}{\text{걸린 시간}(\Delta t)}$이다.

② 등가속도 직선 운동 식

• $v=v_0+at$ • $s=v_0t+\frac{1}{2}at^2$ • $v^2-v_0^2=2as$ (v_0: 처음 속도, v: 나중 속도, a: 가속도, s: 변위, t: 걸린 시간)

문제 보기

그림과 같이 수평면 위의 두 지점 p, q에 정지해 있던 물체 A, B가 동시에 출발하여 각각 r까지는 가속도의 크기가 a로 동일한 등가속도 직선 운동을, r부터는 등속도 운동을 한다. p와 q 사이의 거리는 5 m이고 r를 지난 후 A와 B의 속력은 각각 6 m/s, 4 m/s이다.

(→ A, B의 처음 속력은 0)
(→ r에서 A와 B의 속력은 각각 6 m/s, 4 m/s)

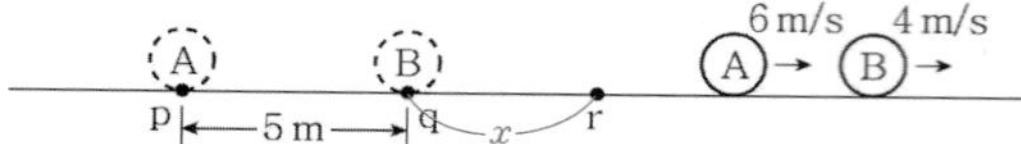

이에 대한 옳은 설명만을 <보기>에서 있는 대로 고른 것은? (단, A, B는 동일 직선상에서 운동하며, 크기는 무시한다.) [3점]

<보기> 풀이

ㄱ. $a=2\text{ m/s}^2$이다.

➡ q와 r 사이의 거리를 x라고 하면 p와 r 사이의 거리는 $5+x$이다. A, B가 r까지 크기가 a인 가속도로 등가속도 운동을 하고, r에서 A, B의 속력은 각각 6 m/s, 4 m/s이므로 등가속도 운동 식 $v^2-v_0^2=2as$에서 $6^2-0=2a(5+x)$ ⋯ ①이고, $4^2-0=2ax$ ⋯ ②이다. ①, ②를 정리하면 $10a=20$에서 $a=2\text{ m/s}^2$이다.

ㄴ. B가 q에서 r까지 운동한 시간은 1초이다.

➡ $a=2\text{ m/s}^2$이므로 ②에서 $x=4$ m이다. 정지했던 B가 2 m/s^2의 가속도로 4 m를 운동하는 데 걸린 시간을 t라고 하면, 등가속도 운동 식 $s=v_0t+\frac{1}{2}at^2$에서 $4=0+\frac{1}{2}\times2\times t^2$이므로 $t=2$초이다.

ㄷ. A가 출발한 순간부터 B와 충돌할 때까지 걸리는 시간은 5초이다.

➡ A가 출발한 순간부터 r를 지나는 시간을 t_A, B가 출발한 순간부터 r를 지나는 시간을 t_B라고 하면, p에서 r까지의 거리는 ①에서 $5+x=9$ m이므로 등가속도 운동 식 $s=v_0t+\frac{1}{2}at^2$에서 $9=\frac{1}{2}\times2\times t_A{}^2$이므로 $t_A=3$초이다.

q에서 r까지의 거리는 4 m이므로 $4=\frac{1}{2}\times2\times t_B{}^2$에서 B가 r를 지나는 시간 $t_B=2$초이다. 이를 정리하면 B가 r를 지난 후 1초 후에 A가 r를 지난다. B가 r를 지날 때 속력은 4 m/s이므로 A가 r를 지날 때 B는 그림과 같이 r로부터 4 m 떨어진 곳을 지나고 있다.

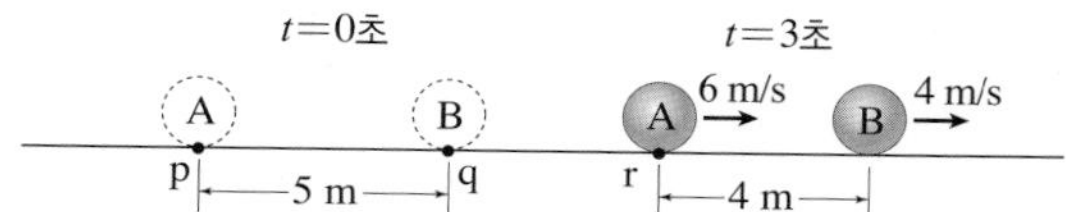

A가 r를 지나는 순간부터 A와 B가 충돌할 때까지 걸린 시간을 t라고 하면 A가 t 동안 이동한 거리는 B가 t 동안 이동한 거리와 A와 B 사이의 거리 4 m의 합이다. 따라서 $6t=4t+4$에서 $t=2$초이다. 따라서 A가 출발한 순간부터 B와 충돌할 때까지 걸리는 시간은 $t_A+t=$ 3초+2초=5초이다.

04 등가속도 직선 운동 – 수평면에서 운동하는 물체 2021학년도 수능 물Ⅰ 18번

정답 ④ | 정답률 62 %

적용해야 할 개념 ③가지

① 뉴턴 운동 제2법칙(가속도 법칙): 물체의 가속도(a)는 물체에 작용하는 알짜힘의 크기(F)에 비례, 물체의 질량(m)에 반비례한다. ➡ $a=\frac{F}{m}$

② 가속도는 시간에 따라 물체의 속도가 변하는 정도를 나타낸 물리량으로, 가속도의 크기(a)는 $\frac{\text{속력 변화량}(\Delta v)}{\text{걸린 시간}(\Delta t)}$이다.

③ 등가속도 직선 운동 식

• $v=v_0+at$ • $s=v_0t+\frac{1}{2}at^2$ • $v^2-v_0{}^2=2as$ (v_0: 처음 속도, v: 나중 속도, a: 가속도, s: 변위, t: 걸린 시간)

문제 보기

그림과 같이 질량이 각각 $2m$, m인 물체 A, B가 동일 직선상에서 크기와 방향이 같은 힘을 받아 각각 등가속도 운동을 하고 있다. A가 점 p를 지날 때, A와 B의 속력은 v로 같고 A와 B 사이의 거리는 d이다. A가 p에서 $2d$만큼 이동했을 때, B의 속력은 $\frac{v}{2}$이고 A와 B 사이의 거리는 x이다.

A와 B의 가속도(a)의 크기 비$=1:2$

→ A와 B의 속력 변화량(Δv)의 비$=1:2=\frac{v}{4}:\frac{v}{2}$

→ A의 나중 속력$=v-\frac{v}{4}=\frac{3}{4}v$

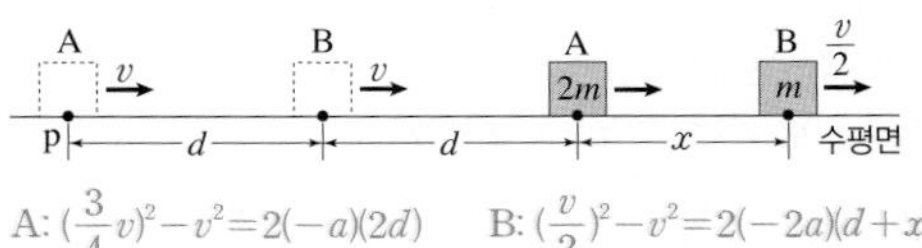

A: $(\frac{3}{4}v)^2-v^2=2(-a)(2d)$ B: $(\frac{v}{2})^2-v^2=2(-2a)(d+x)$

x는? (단, 물체의 크기는 무시한다.)

<보기> 풀이

❶ A와 B에 크기와 방향이 같은 힘이 작용할 때 가속도($a=\frac{F}{m}$)는 질량에 반비례하므로, 가속도의 크기는 B가 A의 2배이다. 걸린 시간이 같을 때 속력 변화량은 가속도의 크기에 비례하므로, 속력 변화량은 B가 A의 2배이다. 따라서 B의 속력이 $\frac{v}{2}$만큼 감소하는 동안 A의 속력은 $\frac{v}{4}$만큼 감소하므로, A의 속력은 $v-\frac{v}{4}=\frac{3}{4}v$가 된다.

❷ A와 B의 가속도의 크기를 각각 a, $2a$라고 할 때 A, B가 각각 $2d$, $d+x$의 거리를 이동하는 동안 등가속도 운동 식을 적용하면 다음과 같다. 이때 두 물체의 속력이 감소하므로, 가속도는 음(−)의 부호를 사용한다.

A: $(\frac{3}{4}v)^2-v^2=2(-a)(2d)$ ⋯ ① B: $(\frac{v}{2})^2-v^2=2(-2a)(d+x)$ ⋯ ②

식 ①, ②를 연립하여 정리하면 $x=\frac{5}{7}d$이다.

~~① $\frac{1}{2}d$~~ ~~② $\frac{3}{5}d$~~ ~~③ $\frac{2}{3}d$~~ ④ $\frac{5}{7}d$ ~~⑤ $\frac{3}{4}d$~~

05 등가속도 직선 운동 – 수평면에서 운동하는 물체 2022학년도 6월 모평 물Ⅰ 12번

정답 ② | 정답률 61 %

적용해야 할 개념 ③가지

① 등가속도 직선 운동을 하는 물체의 평균 속력은 $\frac{\text{처음 속력}+\text{나중 속력}}{2}$이다.

② 등가속도 직선 운동을 하는 물체의 이동 거리는 평균 속력과 걸린 시간의 곱이다.

③ 가속도의 크기는 $\frac{\text{속력 변화량}(\Delta v)}{\text{걸린 시간}(\Delta t)}$이다.

문제 보기

그림과 같이 등가속도 직선 운동을 하는 자동차 A, B가 기준선 P, R를 각각 v, $2v$의 속력으로 동시에 지난 후, 기준선 Q를 동시에 지난다. P에서 Q까지 A의 이동 거리는 L이고, R에서 Q까지 B의 이동 거리는 $3L$이다. A, B의 가속도의 크기와 방향은 서로 같다.

$\overline{PQ}$에서 A의 평균 속력$=\frac{v+v_1}{2}$ → $L=\frac{v+v_1}{2}\times t$

$\overline{RQ}$에서 B의 평균 속력$=\frac{2v+v_2}{2}$ → $3L=\frac{2v+v_2}{2}\times t$ → $v_2-3v_1=v$

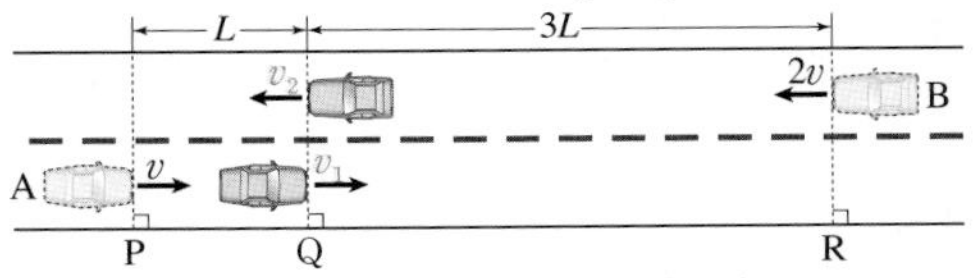

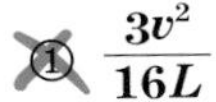

A의 가속도의 크기$=$B의 가속도의 크기 → $\frac{v-v_1}{t}=\frac{v_2-2v}{t}$ → $v_1+v_2=3v$

A의 가속도의 크기는? [3점]

<보기> 풀이

❶ A, B가 Q를 지나는 순간의 속력을 각각 v_1, v_2라고 할 때, A가 P에서 Q까지 운동하는 동안 평균 속력은 $\frac{v+v_1}{2}$이고 B가 R에서 Q까지 운동하는 동안 평균 속력은 $\frac{2v+v_2}{2}$이다. A와 B가 기준선 Q를 통과할 때까지 걸린 시간을 t라고 하고, A와 B가 이동한 거리를 평균 속력을 이용하여 나타내면 다음과 같다.

A: $L=\frac{v+v_1}{2}\times t$ ⋯ ① B: $3L=\frac{2v+v_2}{2}\times t$ ⋯ ②

식 ①, ②를 연립하여 정리하면 $v_2-3v_1=v$ ⋯ ③이다.

❷ A와 B의 가속도의 방향을 B의 운동 방향으로 할 때, A는 속력이 감소하므로 A의 가속도의 크기는 $\frac{v-v_1}{t}$이고, B는 속력이 증가하므로 B의 가속도의 크기는 $\frac{v_2-2v}{t}$이다. A와 B의 가속도의 크기가 같으므로, $\frac{v-v_1}{t}=\frac{v_2-2v}{t}$에서 $v_1+v_2=3v$ ⋯ ④이다.

❸ 식 ③, ④를 연립하여 정리하면 $v_1=\frac{v}{2}$이고, v_1을 ①에 대입하면 $t=\frac{4L}{3v}$이다. 따라서 A의 가속도의 크기는 $\frac{v-v_1}{t}=\frac{v-\frac{v}{2}}{\frac{4L}{3v}}=\frac{3v^2}{8L}$이다.

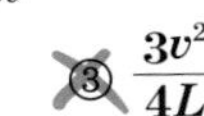

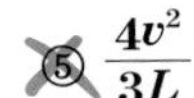

~~① $\frac{3v^2}{16L}$~~ ② $\frac{3v^2}{8L}$ ~~③ $\frac{3v^2}{4L}$~~ ~~④ $\frac{9v^2}{8L}$~~ ~~⑤ $\frac{4v^2}{3L}$~~

06 등가속도 직선 운동 – 수평면에서 운동하는 물체 2023학년도 7월 학평 물Ⅰ 20번

정답 ① | 정답률 25 %

적용해야 할 개념 ③가지

① 등가속도 직선 운동을 하는 물체의 평균 속력은 $\frac{\text{처음 속력}+\text{나중 속력}}{2}$이다.

② 등가속도 직선 운동을 하는 물체의 이동 거리는 평균 속력×걸린 시간이다.

③ 등가속도 직선 운동 식

• $v=v_0+at$ • $s=v_0t+\frac{1}{2}at^2$ • $2as=v^2-v_0^2$

(v_0: 처음 속도, v: 나중 속도, a: 가속도, s: 변위, t: 걸린 시간)

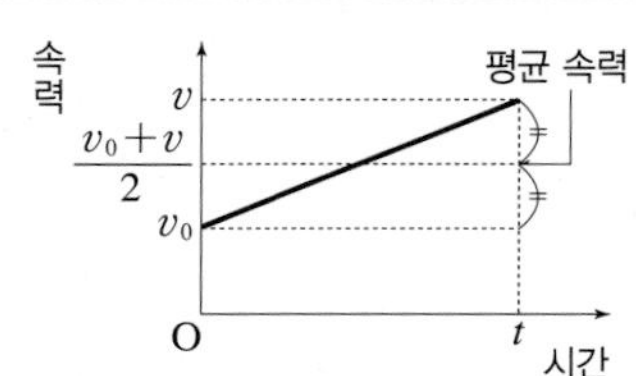

▲ 등가속도 직선 운동하는 물체의 평균 속력

문제 보기

그림과 같이 직선 도로에서 자동차 A가 속력 $3v$로 기준선 Q를 지나는 순간 기준선 P에 정지해 있던 자동차 B가 출발하여 기준선 S에 동시에 도달한다. A가 Q에서 기준선 R까지 등가속도 운동하는 동안 A의 가속도와 B가 P에서 R까지 등가속도 운동하는 동안 B의 가속도는 크기와 방향이 서로 같고, R에서 S까지 A와 B가 등가속도 운동하는 동안 A와 B의 가속도는 크기와 방향이 서로 같다. A가 S에 도달하는 순간 A의 속력은 v이고, B가 P에서 R까지 운동하는 동안, R에서 S까지 운동하는 동안 B의 평균 속력은 각각 $3.5v$, $6v$이다. R와 S 사이의 거리는 L이다.

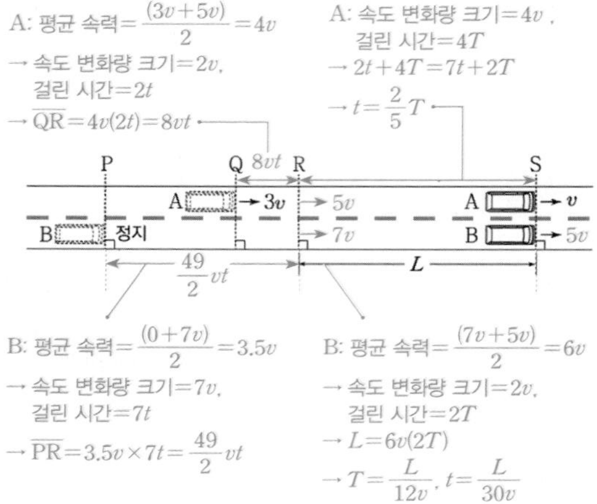

P와 Q 사이의 거리는? (단, A, B의 크기는 무시한다.) [3점]

<보기> 풀이

❶ B의 R와 S에서의 속력을 각각 v_B', v_B''라고 하면, B가 P에서 R까지 운동하는 동안 평균 속력은 $3.5v$이므로 $\frac{0+v_B'}{2}=3.5v$에서 $v_B'=7v$이고, B가 R에서 S까지 운동하는 동안 평균 속력은 $6v$이므로 $\frac{7v+v_B''}{2}=6v$에서 $v_B''=5v$이다. A의 R에서의 속력을 v_A'라 하고 R에서 S까지 A와 B의 가속도의 크기를 a'라고 하면, A의 경우에 $v^2-(v_A')^2=2(-a')L$, B의 경우에 $(5v)^2-(7v)^2=2(-a')L$이므로 $v_A'=5v$이다.

❷ 가속도$\left(a=\frac{\Delta v}{t}\right)$의 크기가 같을 때 속도 변화량의 크기는 걸린 시간에 비례한다. Q에서 R까지 A의 속도 변화량의 크기는 $2v$이므로 A가 걸리는 시간을 $2t$라고 하면, P에서 R까지 B의 속도 변화량의 크기는 $7v$이므로 B가 걸리는 시간은 $7t$이다. 또 R에서 S까지 A의 속도 변화량의 크기는 $4v$이므로 A가 걸리는 시간을 $4T$라고 하면, 이 구간에서 B의 속도 변화량의 크기는 $2v$이므로 B가 걸린 시간은 $2T$이다. 이때 $2t+4T=7t+2T$이므로, $t=\frac{2}{5}T$이다.

❸ 이동 거리는 평균 속력과 걸린 시간의 곱이므로, R에서 S까지의 거리 L을 B의 평균 속력과 걸린 시간의 곱으로 나타내면 $L=6v(2T)$에서 $T=\frac{L}{12v}$이고 $t=\frac{L}{30v}$이다. P와 Q 사이의 거리($\overline{PQ}$)는 P에서 R까지의 거리($\overline{PR}$)에서 Q에서 R까지의 거리($\overline{QR}$)를 뺀 값과 같고 각 구간의 거리는 운동하는 물체의 평균 속력과 걸린 시간의 곱과 같으므로, $\overline{PQ}$를 구하면 다음과 같다.

$$\overline{PQ}=\overline{PR}-\overline{QR}=3.5v(7t)-4v(2t)=\frac{49}{2}vt-8vt=\frac{33}{2}vt=\frac{33}{2}v\left(\frac{L}{30v}\right)=\frac{11}{20}L$$

따라서 P와 Q 사이의 거리는 $\frac{11}{20}L$이다.

① $\frac{11}{20}L$ ② $\frac{3}{5}L$ ③ $\frac{13}{20}L$ ④ $\frac{7}{10}L$ ⑤ $\frac{3}{4}L$

07 등가속도 직선 운동 – 수평면에서 운동하는 물체 2022학년도 4월 학평 물I 16번

정답 ② | 정답률 62 %

적용해야 할 개념 ③가지

① 등가속도 직선 운동하는 물체의 평균 속력은 $\frac{\text{처음 속력}+\text{나중 속력}}{2}$이다.

② 등가속도 직선 운동하는 물체의 이동 거리는 평균 속력×걸린 시간이다.

③ 가속도의 크기는 $\frac{\text{속력 변화량}(\Delta v)}{\text{걸린 시간}(\Delta t)}$이다.

문제 보기

그림과 같이 직선 도로에서 자동차 A가 기준선 P를 통과하는 순간 자동차 B가 기준선 Q를 통과한다. A, B는 각각 등속도 운동, 등가속도 운동하여 B가 기준선 R에서 정지한 순간부터 2초 후 A가 R를 통과한다. Q에서의 속력은 A가 B의 $\frac{5}{4}$배이다. P와 Q 사이의 거리는 30 m이고 Q와 R 사이의 거리는 10 m이다.

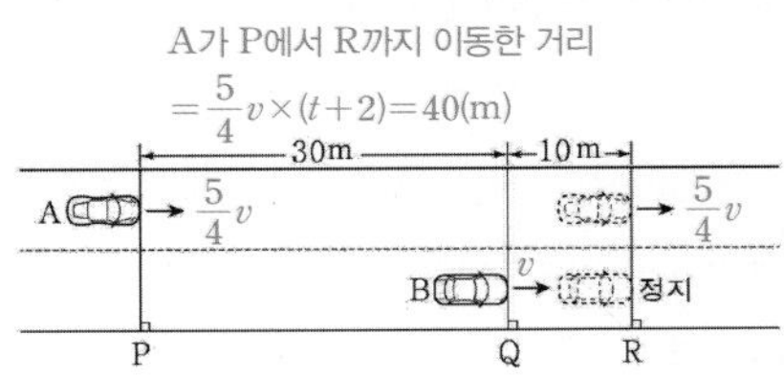

B의 가속도의 크기는? (단, A, B는 도로와 나란하게 운동하며, A, B의 크기는 무시한다.) [3점]

<보기> 풀이

❶ B가 Q를 통과하는 순간의 속력을 v라고 하면, A의 속력은 $\frac{5}{4}v$이다. B는 등가속도 운동을 하므로, Q에서 R까지 B의 평균 속력은 $\frac{v+0}{2}=\frac{v}{2}$이다. 또 B가 Q에서 R까지 이동하는 데 걸린 시간을 t라고 하면, A가 P에서 R까지 이동하는 데 걸린 시간은 $(t+2)$이다.

❷ 등가속도 직선 운동을 하는 물체의 이동 거리=평균 속력×걸린 시간이고, 등속도 운동을 하는 물체의 이동 거리=속력×걸린 시간이다. 따라서 B가 Q에서 R까지 이동한 거리는 $\frac{v}{2}\times t=10\text{ m}$ … ①이고, A가 P에서 R까지 이동한 거리는 $\frac{5}{4}v\times(t+2)=40\text{ m}$ … ②이다.

①과 ②를 연립하여 정리하면 $v=6\text{ m/s}$이고, $t=\frac{10}{3}$초이다.

❸ B의 가속도는 $\frac{\text{속도 변화량}}{\text{걸린 시간}}=\frac{0-v}{t}=\frac{0-6\text{ m/s}}{\frac{10}{3}\text{s}}=-\frac{9}{5}\text{ m/s}^2$이므로, B의 가속도의 크기는 $\frac{9}{5}\text{ m/s}^2$이다.

~~① $\frac{7}{5}\text{ m/s}^2$~~ ② $\frac{9}{5}\text{ m/s}^2$ ~~③ $\frac{11}{5}\text{ m/s}^2$~~ ~~④ $\frac{13}{5}\text{ m/s}^2$~~ ~~⑤ 3 m/s^2~~

08 등가속도 직선 운동 – 수평면에서 운동하는 물체 2024학년도 수능 물I 19번

정답 ④ | 정답률 37 %

적용해야 할 개념 ③가지

① 등가속도 직선 운동을 하는 물체의 평균 속력은 $\frac{\text{처음 속력}+\text{나중 속력}}{2}$이다.

② 등가속도 직선 운동하는 물체의 이동 거리는 평균 속력×걸린 시간이다.

③ 등가속도 직선 운동의 식 (v_0: 처음 속도, v: 나중 속도, a: 가속도, s: 변위, t: 걸린 시간)

$v=v_0+at$ $\quad s=v_0t+\frac{1}{2}at^2$ $\quad 2as=v^2-v_0^2$

문제 보기

그림과 같이 직선 도로에서 서로 다른 가속도로 등가속도 운동을 하는 자동차 A, B가 각각 속력 v_A, v_B로 기준선 P, Q를 동시에 지난 후 기준선 S에 동시에 도달한다. 가속도의 방향은 A와 B가 같고, 가속도의 크기는 A가 B의 $\frac{2}{3}$배이다. B가 Q에서 기준선 R까지 운동하는 데 걸린 시간은 R에서 S까지 운동하는 데 걸린 시간의 $\frac{1}{2}$배이다. P와 Q 사이, Q와 R 사이, R와 S 사이에서 자동차의 이동 거리는 모두 L로 같다.

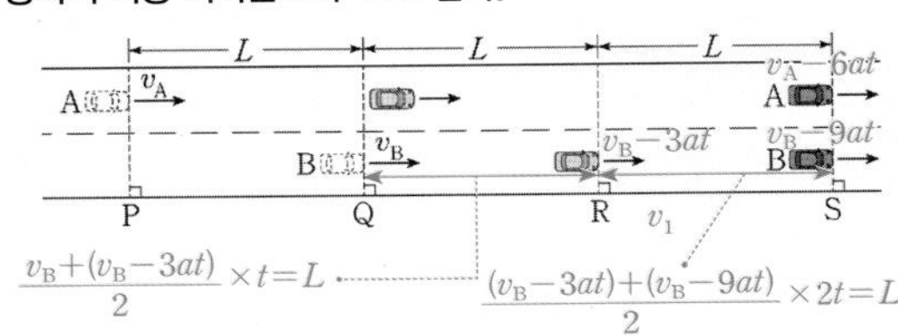

A: $\frac{v_A+(v_A-6at)}{2}\times 3t=3L$ $\quad$ B: $\frac{v_B+(v_B-9at)}{2}\times 3t=2L$

→ $\frac{v_A+(v_A-6at)}{2}:\frac{v_B+(v_B-9at)}{2}=3:2$

$\frac{v_A}{v_B}$는? [3점]

<보기> 풀이

❶ A의 가속도의 크기를 $2a$라고 하면 B의 가속도의 크기는 $3a$이다. B가 Q에서 R까지 운동하는 데 걸린 시간을 t라고 하면, B가 R에서 S까지 운동하는 데 걸린 시간은 $2t$이다. B의 속력은 감소하므로 B의 가속도의 방향은 운동 방향과 반대 방향이고, A의 가속도의 방향도 운동 방향과 반대 방향이다. 따라서 B가 R에 도달할 때의 속력은 v_B-3at, S에 도달할 때의 속력은 $v_B-3a(3t)=v_B-9at$이고, A가 S에 도달할 때의 속력은 $v_A-2a(3t)=v_A-6at$이다.

❷ B가 Q에서 R까지 이동한 거리와 R에서 S까지 이동한 거리가 같으므로, 두 구간에서 평균 속력과 걸린 시간의 곱이 같다. 즉, $\frac{v_B+(v_B-3at)}{2}\times t=\frac{(v_B-3at)+(v_B-9at)}{2}\times 2t$이므로, $at=\frac{2}{21}v_B$이다.

❸ A가 P에서 S까지 운동하는 데 걸리는 시간과 B가 Q에서 S까지 운동하는 데 걸리는 시간이 같고 A와 B의 이동 거리의 비가 3 : 2이므로, A와 B의 평균 속력의 비는 3 : 2이다.

즉, $\frac{v_A+(v_A-6at)}{2}:\frac{v_B+(v_B-9at)}{2}=3:2$에서 $4v_A=6v_B-15at$이므로, $at=\frac{2}{21}v_B$를 대입하면 $v_A=\frac{8}{7}v_B$이다. 따라서 $\frac{v_A}{v_B}=\frac{8}{7}$이다.

~~① $\frac{9}{4}$~~ ~~② $\frac{3}{2}$~~  ~~③ $\frac{7}{6}$~~  ④ $\frac{8}{7}$ ~~⑤ $\frac{8}{9}$~~ 

09 등가속도 직선 운동 – 수평면에서 운동하는 물체 2024학년도 7월 학평 물I 19번

정답 ③ | 정답률 64 %

적용해야 할 개념 ③가지

① 등가속도 직선 운동하는 물체의 평균 속도는 $\dfrac{\text{처음 속도}+\text{나중 속도}}{2}$이다.

② 등가속도 직선 운동하는 물체의 변위는 평균 속도×걸린 시간이다.

③ 등가속도 직선 운동의 식

• $v=v_0+at$ • $s=v_0t+\dfrac{1}{2}at^2$ • $v^2-{v_0}^2=2as$

(v_0: 처음 속도, v: 나중 속도, a: 가속도, s: 변위, t: 걸린 시간)

문제 보기

그림과 같이 직선 도로에서 서로 다른 가속도로 등가속도 운동하는 물체 A, B가 시간 $t=0$일 때 기준선 P, Q를 각각 v, v_0의 속력으로 지난 후, $t=T$일 때 기준선 R, P를 $4v$의 속력으로 지난다. P와 Q 사이, Q와 R 사이의 거리는 각각 x, $3L$이다. 가속도의 방향은 A와 B가 서로 반대이고, 가속도의 크기는 B가 A의 2배이다.

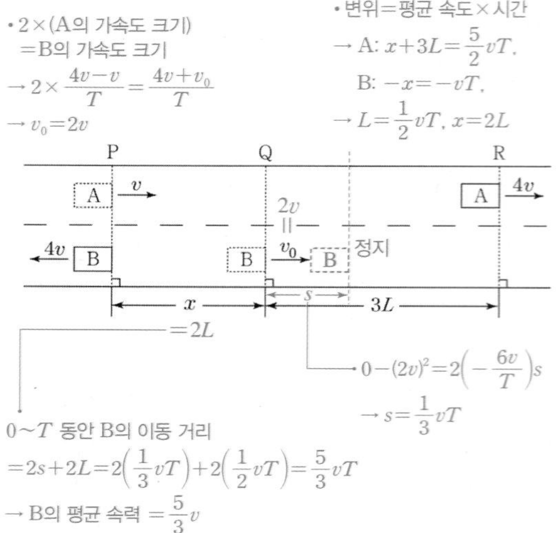

• 2×(A의 가속도 크기) =B의 가속도 크기
→ $2\times\dfrac{4v-v}{T}=\dfrac{4v+v_0}{T}$
→ $v_0=2v$
• 변위=평균 속도×시간
→ A: $x+3L=\dfrac{5}{2}vT$,
B: $-x=-vT$,
→ $L=\dfrac{1}{2}vT$, $x=2L$
P
Q
R
A
v
A
$4v$
$2v$
$4v$
B
B
v_0
B
정지
x
s
$3L$
$=2L$
$0-(2v)^2=2\left(-\dfrac{6v}{T}\right)s$
→ $s=\dfrac{1}{3}vT$
$0\sim T$ 동안 B의 이동 거리
$=2s+2L=2\left(\dfrac{1}{3}vT\right)+2\left(\dfrac{1}{2}vT\right)=\dfrac{5}{3}vT$
→ B의 평균 속력 $=\dfrac{5}{3}v$

이에 대한 설명으로 옳은 것만을 〈보기〉에서 있는 대로 고른 것은? (단, A, B의 크기는 무시한다.)

<보기> 풀이

ㄱ. $v_0=2v$이다.

➡ 가속도는 속도의 변화량을 걸린 시간으로 나눈 것이므로, A의 가속도는 $\dfrac{4v-v}{T}=\dfrac{3v}{T}$이고 B의 가속도는 $\dfrac{-4v-v_0}{T}$이다. 가속도의 크기는 B가 A의 2배이므로, $2\times\dfrac{3v}{T}=\dfrac{4v+v_0}{T}$에서 $v_0=2v$이다.

다른 풀이 가속도 $a=\dfrac{\Delta v}{\Delta t}$에서 걸린 시간($\Delta t$)이 같으면, 가속도($a$)는 속도 변화량($\Delta v$)에 비례한다. 가속도의 크기는 B가 A의 2배이므로, 속도 변화량의 크기도 B가 A의 2배이다. 따라서 $2\times(4v-v)=|-4v-v_0|$에서 $2\times(4v-v)=4v+v_0$이므로, $v_0=2v$이다.

ㄴ. $x=2L$이다.

➡ 변위는 평균 속도와 걸린 시간의 곱이다. $t=0$부터 $t=T$까지 A의 평균 속도는 $\dfrac{v+4v}{2}=\dfrac{5v}{2}$이므로, A의 변위는 $x+3L=\dfrac{5v}{2}T$ ⋯ ①이다. $t=0$부터 $t=T$까지 B의 평균 속도는 $\dfrac{v_0-4v}{2}=\dfrac{2v-4v}{2}=-v$이므로, B의 변위는 $-x=-vT$이다. $x=vT$를 ①에 대입하면 $L=\dfrac{1}{2}vT$이므로, $x=2L$이다.

다른 풀이 A의 가속도를 a라고 하면, 등가속도 직선 운동의 식($2as=v^2-{v_0}^2$)에 의해 A에서는 $(4v)^2-v^2=2a(x+3L)$ ⋯ ①이 성립하고, B에서는 $(-4v)^2-(2v)^2=2(-2a)(-x)$ ⋯ ②가 성립한다. ①, ②를 정리하면 $x=2L$이다.

ㄷ. $t=0$부터 $t=T$까지 B의 평균 속력은 $\dfrac{5}{2}v$이다.

➡ B가 Q를 $v_0(=2v)$의 속력으로 지난 후 속력이 0이 될 때까지 이동한 거리를 s라고 하면 B의 가속도는 $\dfrac{-4v-v_0}{T}=-\dfrac{6v}{T}$이므로, $0-(2v)^2=2\left(-\dfrac{6v}{T}\right)s$에서 $s=\dfrac{1}{3}vT$이다. $t=0$부터 $t=T$까지 B가 이동한 거리는 $2s+x=2s+2L=2\left(\dfrac{1}{3}vT\right)+2\left(\dfrac{1}{2}vT\right)=\dfrac{5}{3}vT$이므로 평균 속력$=\dfrac{\text{이동 거리}}{\text{걸린 시간}}=\dfrac{\frac{5}{3}vT}{T}=\dfrac{5}{3}v$이다.

다른 풀이 가속도 $a=\dfrac{\Delta v}{\Delta t}$에서 가속도($a$)가 같으면 속도 변화량($\Delta v$)은 걸린 시간($\Delta t$)에 비례한다. B가 Q를 오른쪽 방향으로 $v_0(=2v)$의 속력으로 지난 후 속력이 0이 될 때까지 이동한 거리를 s라고 하면, s만큼 이동하는 동안 속도 변화량의 크기는 $2v$이다. 또 B가 다시 Q를 왼쪽 방향으로 $v_0(=2v)$의 속력으로 지난 후부터 P를 $4v$의 속력으로 지날 때까지 x를 이동하는 동안 속도 변화량의 크기는 $2v$이다. 따라서 s를 이동하는 데 걸리는 시간은 x를 이동하는 데 걸리는 시간과 같다. $t=0$부터 $t=T$까지 B가 이동한 거리는 $s+s+x$이므로 s, x를 이동하는 데 걸리는 시간은 각각 $\dfrac{T}{3}$이다. 각 구간의 이동 거리는 평균 속력과 걸린 시간의 곱이므로, $s+s+x=\left(v\times\dfrac{T}{3}\right)+\left(v\times\dfrac{T}{3}\right)+\left(3v\times\dfrac{T}{3}\right)=\dfrac{5}{3}vT$이다. 따라서 $t=0$부터 $t=T$까지 B의 평균 속력$=\dfrac{\text{이동 거리}}{\text{걸린 시간}}=\dfrac{\frac{5}{3}vT}{T}=\dfrac{5}{3}v$이다.

10 등가속도 직선 운동 2023학년도 4월 학평 물Ⅰ 6번

정답 ④ | 정답률 58 %

적용해야 할 개념 ②가지

① 등가속도 직선 운동하는 물체의 평균 속력은 $\frac{\text{처음 속력}+\text{나중 속력}}{2}$이다.

② 등가속도 직선 운동하는 물체의 이동 거리는 평균 속력×걸린 시간이다.

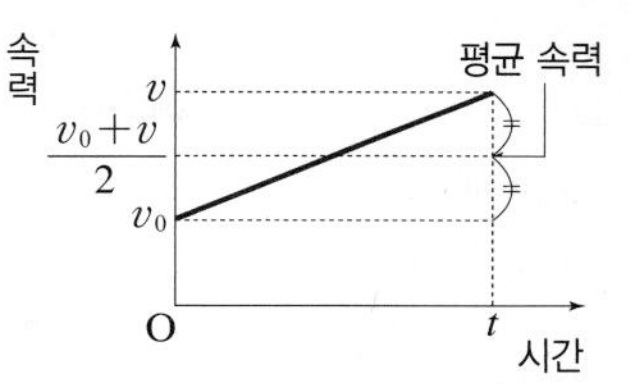

▲ 등가속도 직선 운동하는 물체의 평균 속력

문제 보기

그림과 같이 직선 도로에서 기준선 P, Q를 각각 $4v$, v의 속력으로 동시에 통과한 자동차 A, B가 각각 등가속도 운동하여 기준선 R에서 동시에 정지한다. P와 R 사이의 거리는 L이다.

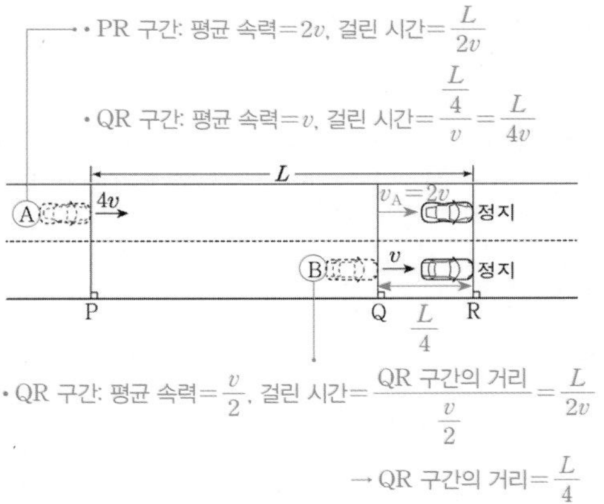

A가 Q에서 R까지 운동하는 데 걸린 시간은? (단, A, B는 도로와 나란하게 운동하며, A, B의 크기는 무시한다.)

<보기> 풀이

❶ 등가속도 운동하는 물체의 평균 속력$=\frac{\text{처음 속력}+\text{나중 속력}}{2}$이므로, A와 B의 평균 속력은 각각 $\frac{4v+0}{2}=2v$, $\frac{v+0}{2}=\frac{v}{2}$이다. 이동 거리=평균 속력×걸린 시간이므로, 걸린 시간이 같을 때 이동 거리는 평균 속력에 비례한다. 평균 속력은 A가 B의 4배이므로, 이동 거리는 A가 B의 4배이다. 따라서 B의 이동 거리, 즉 Q에서 R까지의 거리는 $\frac{L}{4}$이다.

❷ A의 가속도의 크기를 a_A, Q에서 A의 속력을 v_A라고 하고 등가속도 직선 운동의 식 $(2as=v^2-v_0^2)$을 적용하면, A가 P에서 R까지 운동하는 동안 $2(-a_A)L=0-(4v)^2$이 성립하고 Q에서 R까지 운동하는 동안 $2(-a_A)\left(\frac{L}{4}\right)=0-(v_A)^2$이 성립한다. 두 식을 연립하여 정리하면 $v_A=2v$이므로, A가 Q에서 R까지 운동하는 동안 평균 속력은 $\frac{2v+0}{2}=v$이다.

❸ A가 Q에서 R까지 $\frac{L}{4}$의 거리를 v의 평균 속력으로 운동하므로, A가 Q에서 R까지 운동하는 데 걸린 시간은 $\frac{L}{4v}$이다.

다른 풀이

❶ A와 B의 속력을 시간에 따라 그래프로 나타내면 다음과 같다. 속력−시간 그래프 아래의 면적은 이동 거리를 나타내므로, A의 이동 거리가 L일 때 B의 이동 거리(=Q에서 R까지의 거리)는 $\frac{L}{4}$이고 A와 B가 운동하는 데 걸린 시간은 $\frac{L}{2v}$이다.

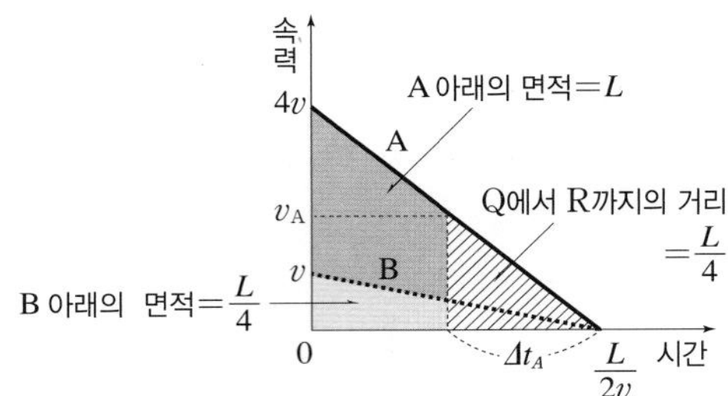

❷ Q에서 A의 속력을 v_A, A가 Q에서 R까지 운동하는 데 걸린 시간을 Δt_A라고 하면, $\Delta t_A : \frac{L}{2v}=1:2$일 때 $v_A : 4v=1:2$이고, 빗금 친 부분의 면적, 즉 Q에서 R까지의 거리가 $\frac{L}{4}$이 된다. 따라서 $\Delta t_A=\frac{L}{4v}$, $v_A=2v$이다.

 ① $\frac{L}{8v}$  ② $\frac{L}{6v}$  ③ $\frac{L}{5v}$ ④ $\frac{L}{4v}$  ⑤ $\frac{L}{3v}$

11 등가속도 직선 운동 – 수평면에서 운동하는 물체 2022학년도 7월 학평 물I 2번

정답 ⑤ | 정답률 22 %

적용해야 할 개념 ②가지

① 등가속도 직선 운동을 하는 물체의 평균 속력은 $\frac{\text{처음 속력}+\text{나중 속력}}{2}$이다.

② 등가속도 직선 운동 식 (v_0: 처음 속도, v: 나중 속도, a: 가속도, s: 변위, t: 걸린 시간)

• $v=v_0+at$ • $s=v_0t+\frac{1}{2}at^2$ • $v^2-v_0^2=2as$

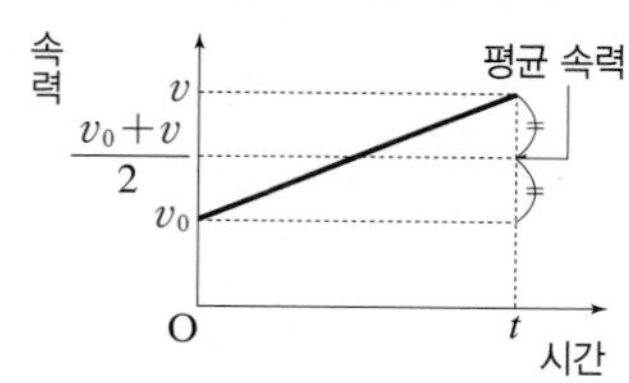

▲ 등가속도 직선 운동을 하는 물체의 평균 속력

문제 보기

그림은 기준선 P에 정지해 있던 두 자동차 A, B가 동시에 출발하는 모습을 나타낸 것이다. A, B는 P에서 기준선 Q까지 각각 등가속도 직선 운동을 하고, P에서 Q까지 운동하는 데 걸린 시간은 B가 A의 2배이다.

└→ P~Q까지 A의 이동 거리=P~Q까지 B의 이동 거리
→ $\frac{1}{2}a_At^2=\frac{1}{2}a_B(2t)^2$ → $a_A=4a_B$, $a_B=\frac{1}{4}a_A$

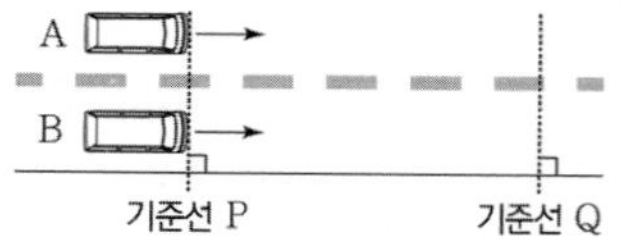

A가 P에서 Q까지 운동하는 동안=0~t 동안

	A	B
0~t 동안 평균 속력	$\frac{0+a_At}{2}=\frac{a_At}{2}$	$\frac{0+a_Bt}{2}=\frac{a_Bt}{2}=\frac{1}{4}\left(\frac{a_At}{2}\right)$
0~t 동안 가속도의 크기	a_A	$a_B=\frac{1}{4}a_A$
0~t 동안 이동 거리	$\frac{1}{2}a_At^2$	$\frac{1}{2}a_Bt^2=\frac{1}{4}\left(\frac{1}{2}a_At^2\right)$

A가 P에서 Q까지 운동하는 동안, 물리량이 A가 B의 4배인 것만을 〈보기〉에서 있는 대로 고른 것은? (단, A, B의 크기는 무시한다.) [3점]

보기

<보기> 풀이

A와 B의 가속도를 각각 a_A, a_B라고 하고 A와 B가 P에서 Q까지 운동하는 데 걸린 시간을 각각 t, $2t$라고 하면, A가 P에서 Q까지 등가속도 직선 운동을 한 거리는 $\frac{1}{2}a_At^2$이고 B가 P에서 Q까지 등가속도 직선 운동을 한 거리는 $\frac{1}{2}a_B(2t)^2$이다. $\frac{1}{2}a_At^2=\frac{1}{2}a_B(2t)^2$이므로, $a_A=4a_B$이다.

ㄱ. 평균 속력

➡ t일 때 A의 속력은 a_At이므로, A가 P에서 Q까지 운동하는 동안 평균 속력은 $\frac{0+a_At}{2}=\frac{a_At}{2}$이다. 또 t일 때 B의 속력은 a_Bt이므로, 같은 시간 동안 B의 평균 속력은 $\frac{0+a_Bt}{2}=\frac{a_Bt}{2}=\frac{1}{4}\left(\frac{a_At}{2}\right)$이다. 따라서 A가 P에서 Q까지 운동하는 동안 평균 속력은 A가 B의 4배이다.

ㄴ. 가속도의 크기

➡ $a_A=4a_B$이므로, A가 P에서 Q까지 운동하는 동안 가속도의 크기는 A가 B의 4배이다.

ㄷ. 이동 거리

➡ A가 P에서 Q까지 이동한 거리는 $\frac{1}{2}a_At^2$이고, 같은 시간 동안 B가 이동한 거리는 $\frac{1}{2}a_Bt^2=\frac{1}{4}\left(\frac{1}{2}a_At^2\right)$이다. 따라서 A가 P에서 Q까지 운동하는 동안 이동 거리는 A가 B의 4배이다.

다른 풀이

A와 B가 P에서 Q까지 등가속도 직선 운동을 하는 데 걸린 시간을 각각 t, $2t$라고 할 때, P에서 Q까지 A와 B의 속력을 시간에 따라 나타내면 그림과 같다. 이때 속력–시간 그래프의 직선 아랫부분의 면적은 이동 거리와 같으므로, Q에서 A의 속력을 $4v$라고 하면 Q에서 B의 속력은 $2v$이다.

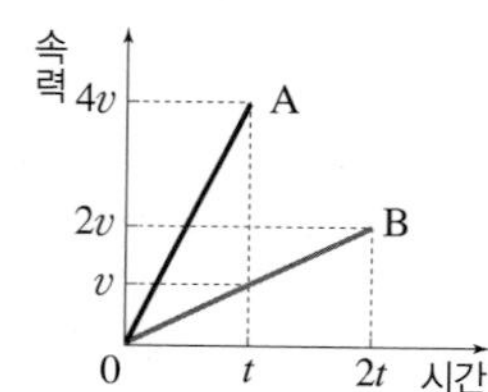

ㄱ. 평균 속력

➡ 등가속도 운동하는 물체의 평균 속력은 $\frac{\text{처음 속력}+\text{나중 속력}}{2}$이므로, 0~$t$ 동안 A의 평균 속력은 $2v$이고 0~t 동안 B의 평균 속력은 $0.5v$이다. 따라서 A가 P에서 Q까지 운동하는 동안 평균 속력은 A가 B의 4배이다.

ㄴ. 가속도의 크기

➡ 가속도의 크기는 속력–시간 그래프의 기울기와 같다. 0~t 동안 그래프의 기울기는 A가 B의 4배이므로, A가 P에서 Q까지 운동하는 동안 가속도의 크기는 A가 B의 4배이다.

ㄷ. 이동 거리

➡ 이동 거리는 속력–시간 그래프 아랫부분의 면적과 같다. 0~t 동안 그래프 아랫부분의 면적은 A가 B의 4배이므로, A가 P에서 Q까지 운동하는 동안 이동 거리는 A가 B의 4배이다.

12 등가속도 직선 운동 – 수평면에서 운동하는 물체 2022학년도 수능 물I 16번

정답 ③ | 정답률 39 %

적용해야 할 개념 ④가지

① 등가속도 직선 운동하는 물체의 평균 속력은 $\frac{\text{처음 속력}+\text{나중 속력}}{2}$이다.

② 등가속도 직선 운동하는 물체의 이동 거리는 평균 속력×걸린 시간이다.

③ 가속도의 크기는 $\frac{\text{속력 변화량}(\Delta v)}{\text{걸린 시간}(\Delta t)}$이다.

④ 등가속도 직선 운동 식

• $v=v_0+at$ • $s=v_0t+\frac{1}{2}at^2$ • $v^2-v_0^2=2as$

(v_0: 처음 속도, v: 나중 속도, a: 가속도, s: 변위, t: 걸린 시간)

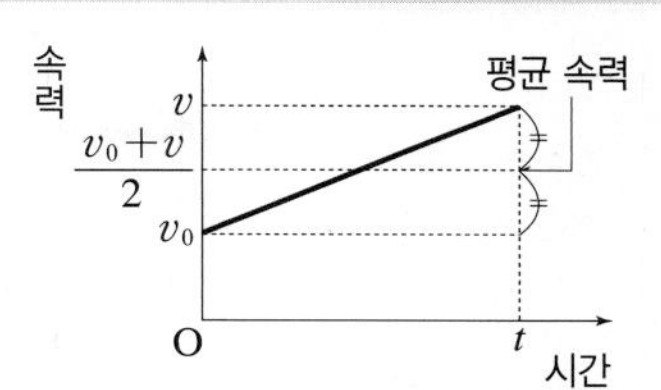

▲ 등가속도 직선 운동하는 물체의 평균 속력

문제 보기

그림과 같이 직선 도로에서 속력 v로 등속도 운동하는 자동차 A가 기준선 P를 지나는 순간 P에 정지해 있던 자동차 B가 출발한다. B는 P에서 Q까지 등가속도 운동을, Q에서 R까지 등속도 운동을, R에서 S까지 등가속도 운동을 한다. A와 B는 R를 동시에 지나고, S를 동시에 지난다. A, B의 이동 거리는 P와 Q 사이, Q와 R 사이, R와 S 사이가 모두 L로 같다.

	P~Q 구간	Q~R 구간	R~S 구간
B의 평균 속력	$\frac{0+v_B}{2}=\frac{v_B}{2}$ ($\rightarrow v_B=\frac{3}{2}v$)	v_B ($\rightarrow v_B=\frac{3}{2}v$)	$\frac{v_B+v_B'}{2}=v$ ($\rightarrow v_B'=\frac{1}{2}v$)
B가 걸린 시간	$\frac{L}{\frac{v_B}{2}}=\frac{4L}{3v}$	$\frac{L}{v_B}$	$\frac{L}{v}$
B의 가속도	$a=\frac{v_B}{t}=\frac{\frac{3}{2}v}{\frac{4L}{3v}}=\frac{9v^2}{8L}$		$a=\frac{v_B'-v_B}{t}=\frac{\frac{1}{2}v-\frac{3}{2}v}{\frac{L}{v}}=(-\frac{v^2}{L})$

이에 대한 설명으로 옳은 것만을 〈보기〉에서 있는 대로 고른 것은? [3점]

<보기> 풀이

B가 Q에서 R까지 등속도 운동할 때의 속력을 v_B라고 할 때, B는 P에서 Q까지 평균 속력 $\frac{v_B}{2}$로 L만큼 운동하고 Q에서 R까지 v_B의 속력으로 L만큼 운동하므로, B가 P에서 R까지 운동하는 데 걸린 시간은 $\frac{L}{\frac{v_B}{2}}+\frac{L}{v_B}=\frac{3L}{v_B}$이다. 한편, A가 P에서 R까지 v의 속력으로 $2L$만큼 운동하므로, A가 P에서 R까지 운동하는 데 걸린 시간은 $\frac{2L}{v}$이다. A와 B가 R를 동시에 지나므로, $\frac{3L}{v_B}=\frac{2L}{v}$에서 $v_B=\frac{3}{2}v$이다. B가 P에서 Q까지 운동할 때 B의 가속도를 a라고 할 때 $a=\frac{\text{속도 변화량}}{\text{걸린 시간}}$이므로 $a=\frac{v_B}{t}=\frac{\frac{3}{2}v}{\frac{4L}{3v}}=\frac{9v^2}{8L}$이다.

ㄱ. A가 Q를 지나는 순간, 속력은 B가 A보다 크다.

➡ A가 Q를 지날 때의 시간 $t=\frac{L}{v}$이며, 이 순간 B의 속력은 $at=\frac{9v^2}{8L}\cdot\frac{L}{v}=\frac{9}{8}v$이다. 따라서 A가 Q를 지나는 순간, 속력은 B가 A보다 크다.

ㄴ. B가 P에서 Q까지 운동하는 데 걸린 시간은 $\frac{4L}{3v}$이다.

➡ $v_B=\frac{3}{2}v$이므로, B가 P에서 Q까지 운동하는 데 걸린 시간은 $\frac{\text{이동 거리}}{\text{평균 속력}}=\frac{L}{\frac{v_B}{2}}=\frac{4L}{3v}$이다.

ㄷ. B의 가속도의 크기는 P와 Q 사이에서가 R와 S 사이에서보다 작다.

➡ A와 B가 R와 S를 동시에 지나므로, R와 S 사이에서 A와 B의 평균 속력은 v로 같다. 따라서 B가 S를 지날 때의 속력을 v_B'이라고 할 때, B가 R에서 S까지 운동하는 동안의 평균 속력 $v=\frac{v_B+v_B'}{2}$이다. $v_B=\frac{3}{2}v$이므로, $v_B'=\frac{1}{2}v$이다. B가 R와 S 사이에서 운동할 때의 가속도를 a'라고 할 때, $a'=\frac{v_B'-v_B}{t}=\frac{\frac{1}{2}v-\frac{3}{2}v}{\frac{L}{v}}=(-\frac{v^2}{L})$이다. B가 P와 Q사이에서 운동할 때의 가속도 $a=\frac{9v^2}{8L}$이므로, B의 가속도의 크기는 P와 Q 사이에서가 R와 S 사이에서보다 크다.

13 등가속도 직선 운동 – 빗면에서 운동하는 물체 2023학년도 6월 모평 물Ⅰ 8번

정답 ④ | 정답률 77 %

적용해야 할 개념 ③가지

① 등가속도 직선 운동을 하는 물체의 속력－시간 그래프의 기울기의 크기는 가속도의 크기를 의미한다.
② 등가속도 직선 운동을 하는 물체의 속력－시간 그래프에서 그래프 아랫부분의 넓이는 이동 거리를 의미한다.
③ 등가속도 운동의 식 (v_0: 처음 속도, v: 나중 속도, a: 가속도, s: 변위, t: 걸린 시간)

• $v=v_0+at$ • $s=v_0t+\frac{1}{2}at^2$ • $2as=v^2-{v_0}^2$

문제 보기

그림 (가)는 기울기가 서로 다른 빗면에서 v_0의 속력으로 동시에 출발한 물체 A, B, C가 각각 등가속도 운동하는 모습을 나타낸 것이다. 그림 (나)는 A, B, C가 각각 최고점에 도달하는 순간까지 물체의 속력을 시간에 따라 나타낸 것이다.

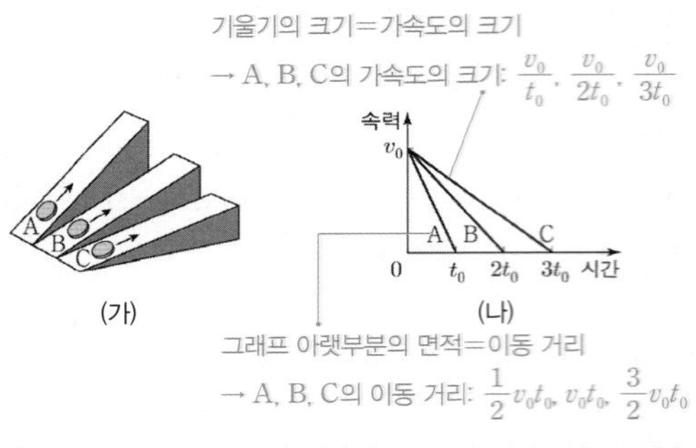

이에 대한 설명으로 옳은 것만을 〈보기〉에서 있는 대로 고른 것은?

<보기> 풀이

~~ㄱ.~~ **가속도의 크기는 B가 A의 2배이다.**

➡ 속력－시간 그래프의 기울기의 크기는 가속도의 크기를 나타내므로, A의 가속도의 크기는 $\frac{v_0}{t_0}$이고 B의 가속도의 크기는 $\frac{v_0}{2t_0}$이다. 따라서 가속도의 크기는 B가 A의 $\frac{1}{2}$배이다.

(ㄴ.) **t_0일 때, C의 속력은 $\frac{2}{3}v_0$이다.**

➡ 등가속도 운동을 하는 물체의 속력은 $v=v_0+at$이다. 등가속도 운동을 하는 C의 처음 속력은 v_0, 가속도는 $-\frac{v_0}{3t_0}$이므로, t_0일 때 C의 속력은 $v_0+\left(-\frac{v_0}{3t_0}\right)\times t_0=\frac{2}{3}v_0$이다.

(ㄷ.) **물체가 출발한 순간부터 최고점에 도달할 때까지 이동한 거리는 C가 A의 3배이다.**

➡ 속력－시간 그래프 아랫부분의 면적은 이동 거리를 나타낸다. A의 이동 거리는 $\frac{1}{2}v_0t_0$이고 C의 이동 거리는 $\frac{3}{2}v_0t_0$이므로, 물체가 출발한 순간부터 최고점에 도달할 때까지 이동한 거리는 C가 A의 3배이다.

14 등가속도 운동 – 빗면에서 운동하는 물체 2024학년도 5월 학평 물Ⅰ 17번

정답 ④ | 정답률 46 %

적용해야 할 개념 ②가지

① 가속도의 크기는 $\frac{\text{속력 변화량}(\varDelta v)}{\text{걸린 시간}(\varDelta t)}$이다.
② 등가속도 직선 운동 식

• $v=v_0+at$ • $s=v_0t+\frac{1}{2}at^2$ • $v^2-{v_0}^2=2as$

(v_0: 처음 속도, v: 나중 속도, a: 가속도, s: 변위, t: 걸린 시간)

문제 보기

그림 (가)는 마찰이 없는 빗면에서 등가속도 직선 운동하는 물체 A, B의 속력이 각각 $3v$, $2v$일 때 A와 B 사이의 거리가 $7L$인 순간을, (나)는 B가 최고점에 도달한 순간 A와 B 사이의 거리가 $3L$인 것을 나타낸 것이다. 이후 A와 B는 A의 속력이 v_A일 때 만난다.

가속도($a=\frac{\varDelta v}{\varDelta t}$): A=B, 걸린 시간($\varDelta t$): A=B
→ A, B의 속도 변화량($\varDelta v$)$=2v$

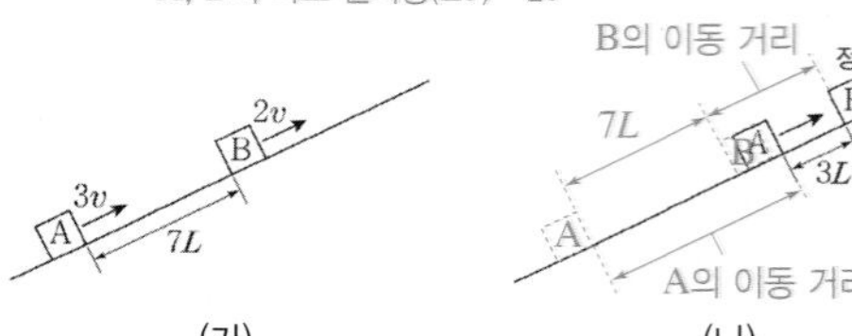

(가) → (나): ($7L$+B의 이동 거리)－(A의 이동 거리)$=3L$
➡ $(7L+2vt-\frac{1}{2}at^2)-(3vt-\frac{1}{2}at^2)=3L$
➡ $t=\frac{4L}{v}$, $a=\frac{2v}{t}=\frac{v^2}{2L}$
(가) → 만날 때까지: ($7L$+B의 이동 거리)－(A의 이동 거리)$=0$
➡ $(7L+2vt'-\frac{1}{2}at'^2)-(3vt'-\frac{1}{2}at'^2)=0$
➡ $t'=\frac{7L}{v}$

v_A는? (단, 물체의 크기는 무시한다.)

<보기> 풀이

❶ 가속도는 $a=\frac{\varDelta v}{\varDelta t}$이므로 가속도($a$)와 걸린 시간($\varDelta t$)이 같으면, 속도 변화량($\varDelta v$)도 같다. 동일한 빗면 위에서 운동하는 A와 B의 가속도는 같으므로, (가)에서 (나)까지 A, B 각각의 속도 변화량의 크기는 같다. A, B의 가속도 크기를 a, (가)에서 (나)까지 걸린 시간을 t라고 하면 B의 속도 변화량의 크기는 $2v$이므로, A, B의 가속도의 크기는 $a=\frac{2v}{t}$이다.

❷ (가)에서 (나)까지 A와 B의 이동 거리 관계식은 ($7L$+B의 이동거리)－(A의 이동 거리)$=3L$이다. 따라서 $\left(7L+2vt-\frac{1}{2}at^2\right)-\left(3vt-\frac{1}{2}at^2\right)=3L$이므로, $t=\frac{4L}{v}$이고 $a=\frac{2v}{t}=\frac{v^2}{2L}$이다.

❸ (가)로부터 A, B가 만날 때까지 걸린 시간을 t'라고 하면 $\left(7L+2vt'-\frac{1}{2}at'^2\right)-\left(3vt'-\frac{1}{2}at'^2\right)=0$이므로, $t'=\frac{7L}{v}$이다. A와 B가 만날 때 A의 속도는 $3v-at'=3v-\left(\frac{v^2}{2L}\right)\left(\frac{7L}{v}\right)=-\frac{1}{2}v$이므로, $v_A=\frac{1}{2}v$이다.

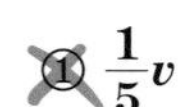
~~① $\frac{1}{5}v$~~ ~~② $\frac{1}{4}v$~~ ~~③ $\frac{1}{3}v$~~ (④) $\frac{1}{2}v$ ~~⑤ v~~

15 등가속도 운동 – 빗면에서 운동하는 물체 2023학년도 수능 물I 14번

정답 ④ | 정답률 49 %

적용해야 할 개념 ④가지

① 등가속도 직선 운동하는 물체의 평균 속력은 $\frac{\text{처음 속력}+\text{나중 속력}}{2}$이다.

② 등가속도 직선 운동하는 물체의 이동 거리는 평균 속력×걸린 시간이다.

③ 가속도의 크기는 $\frac{\text{속력 변화량}(\varDelta v)}{\text{걸린 시간}(\varDelta t)}$이다.

④ 등가속도 직선 운동의 식

• $v=v_0+at$ • $s=v_0t+\frac{1}{2}at^2$ • $v^2-v_0^2=2as$

(v_0: 처음 속도, v: 나중 속도, a: 가속도, s: 변위, t: 걸린 시간)

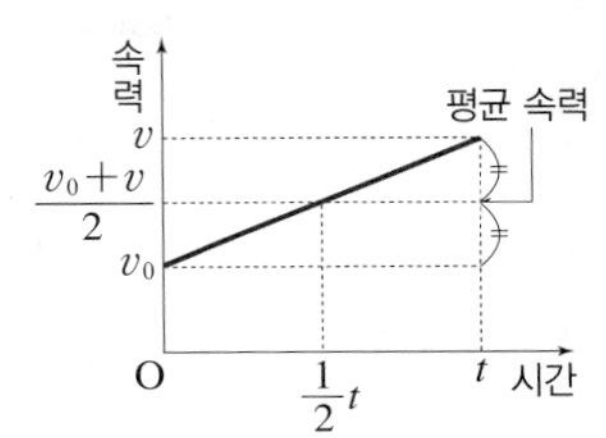

▲ 등가속도 직선 운동하는 물체의 평균 속력

문제 보기

그림 (가)는 빗면의 점 p에 가만히 놓은 물체 A가 등가속도 운동하는 것을, (나)는 (가)에서 A의 속력이 v가 되는 순간, 빗면을 내려오던 물체 B가 p를 속력 $2v$로 지나는 것을 나타낸 것이다. 이후 A, B는 각각 속력 v_A, v_B로 만난다.

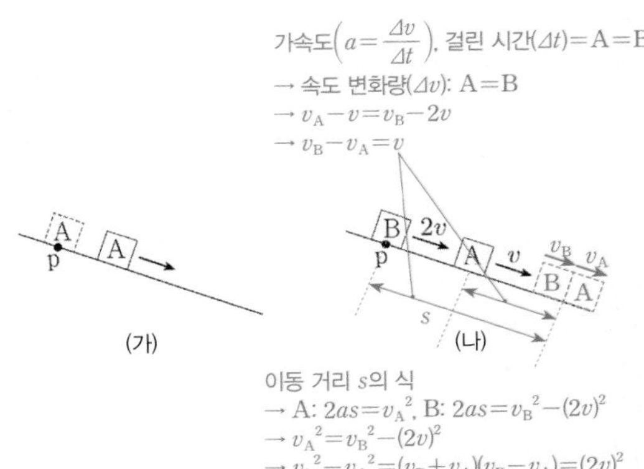

$\frac{v_B}{v_A}$는? (단, 물체의 크기, 모든 마찰은 무시한다.)

<보기> 풀이

❶ 가속도 $a=\frac{\varDelta v}{\varDelta t}$에서 가속도($a$)와 걸린 시간($\varDelta t$)이 같으면, 속도 변화량 ($\varDelta v$)도 같다. 기울기가 같은 빗면에서 가속도는 같으므로 A와 B의 가속도가 같고, A, B가 각각 속력 v, $2v$인 순간부터 각각 속력 v_A, v_B로 만나는 순간까지 걸린 시간이 같으므로, A와 B의 속도 변화량이 같다. 따라서 $v_A-v=v_B-2v$에서 $v_B-v_A=v$ … ①이다.

❷ P에서 A, B가 만나는 지점까지의 거리를 s라고 하면, 등가속도 직선 운동의 식($2as=v^2-v_0^2$)에 따라 A의 경우에 $2as=v_A^2-0^2$이고 B의 경우에 $2as=v_B^2-(2v)^2$이다. $v_A^2=v_B^2-(2v)^2$이므로, $v_B^2-v_A^2=(v_B+v_A)(v_B-v_A)=(2v)^2$ … ②이다.

❸ ①을 ②에 대입하면 $v_B+v_A=4v$ … ③이다. ①과 ③을 연립하여 정리하면, $v_A=\frac{3}{2}v$, $v_B=\frac{5}{2}v$이므로, $\frac{v_B}{v_A}=\frac{5}{3}$이다.

다른 풀이

❶ 가속도 $a=\frac{\varDelta v}{\varDelta t}$에서 가속도($a$)와 걸린 시간($\varDelta t$)가 같으면, 속도 변화량($\varDelta v$)도 같다. 기울기가 같은 빗면에서 가속도가 같으므로 A와 B의 가속도가 같고, A, B가 각각 속력 v, $2v$인 순간부터 각각 속력 v_A, v_B로 만나는 순간까지 걸린 시간이 같으므로, A와 B의 속도 변화량이 같다. 따라서 $v_A-v=v_B-2v$에서 $v_B-v_A=v$ … ①이다.

❷ A의 속력이 v가 되는 순간까지 걸린 시간을 t_1, v에서 v_A가 되는 순간까지 걸린 시간을 t_2라고 하면, A는 t_1동안 평균 속력 $\frac{v}{2}$로 이동하고 t_2동안 평균 속력 $\frac{v+v_A}{2}$로 이동한다. 또 A는 (t_1+t_2)동안 평균 속력 $\frac{v_A}{2}$로 이동하므로, $\frac{v}{2}\times t_1+\left(\frac{v+v_A}{2}\right)\times t_2=\frac{v_A}{2}\times(t_1+t_2)$에서 $t_1=\left(\frac{v}{v_A-v}\right)t_2$ … ②이다.

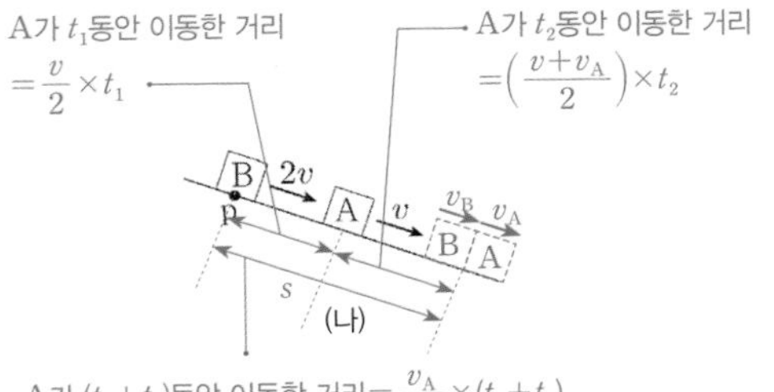

❸ B의 속력이 $2v$에서 v_B가 되는 순간까지 걸린 시간이 t_2이므로, B는 t_2동안 평균 속력 $\frac{2v+v_B}{2}$로 이동한다. A가 (t_1+t_2)동안 이동한 거리와 B가 t_2동안 이동한 거리가 같으므로, $\frac{v}{2}\times t_1+\left(\frac{v+v_A}{2}\right)\times t_2=\left(\frac{2v+v_B}{2}\right)\times t_2$ … ③이다. ①과 ②를 ③에 대입하면 $v_A=\frac{3}{2}v$이고 $v_B=\frac{5}{2}v$이다. 따라서 $\frac{v_B}{v_A}=\frac{5}{3}$이다.

~~① $\frac{5}{4}$~~ ~~② $\frac{4}{3}$~~  ~~③ $\frac{3}{2}$~~  ④ $\frac{5}{3}$ ~~⑤ $\frac{7}{4}$~~

16 등가속도 직선 운동 – 빗면에서 운동하는 물체 2021학년도 4월 학평 물I 18번

정답 ③ | 정답률 39 %

적용해야 할 개념 ④가지

① 등가속도 직선 운동을 하는 물체의 평균 속력은 $\frac{\text{처음 속력}+\text{나중 속력}}{2}$이다.

② 등가속도 직선 운동을 하는 물체의 이동 거리는 평균 속력과 걸린 시간의 곱이다.

③ 가속도의 크기는 $\frac{\text{속력 변화량}(\Delta v)}{\text{걸린 시간}(\Delta t)}$이다.

④ 등가속도 직선 운동 식

• $v=v_0+at$ • $s=v_0t+\frac{1}{2}at^2$ • $v^2-v_0^2=2as$

(v_0: 처음 속도, v: 나중 속도, a: 가속도, s: 변위, t: 걸린 시간)

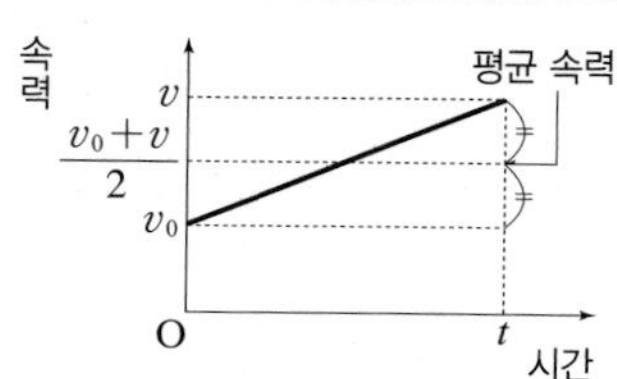

▲ 등가속도 직선 운동하는 물체의 평균 속력

문제 보기

그림 (가)와 같이 마찰이 없는 빗면에서 가만히 놓은 물체 A가 점 p를 지나 점 q를 v의 속력으로 통과하는 순간, 물체 B를 p에 가만히 놓았다. p와 q 사이의 거리는 L이고, A가 p에서 q까지 운동하는 동안 A의 평균 속력은 $\frac{4}{5}v$이다. 그림 (나)는 (가)의 A, B가 운동하여 B가 q를 지나는 순간 A가 점 r를 지나는 모습을 나타낸 것이다.

pq에서 A의 평균 속력 $=\frac{v_0+v}{2}=\frac{4}{5}v$

→ p에서 A의 속력 $v_0=\frac{3}{5}v$

→ $a=\frac{v-\frac{3}{5}v}{t_A}=\frac{2v}{5t_A}$

r에서 A의 속력 $=v+\left(\frac{2v}{5t_A}\right)(2t_A)=\frac{9}{5}v$

qr에서 A의 평균 속력 $=\frac{v+\frac{9}{5}v}{2}=\frac{7}{5}v$

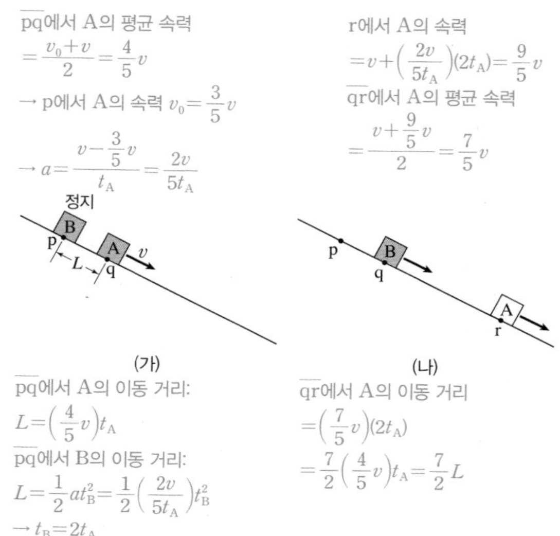

pq에서 A의 이동 거리: $L=\left(\frac{4}{5}v\right)t_A$

pq에서 B의 이동 거리: $L=\frac{1}{2}at_B^2=\frac{1}{2}\left(\frac{2v}{5t_A}\right)t_B^2$

→ $t_B=2t_A$

qr에서 A의 이동 거리 $=\left(\frac{7}{5}v\right)(2t_A)=\frac{7}{2}\left(\frac{4}{5}v\right)t_A=\frac{7}{2}L$

q와 r 사이의 거리는? (단, 물체의 크기, 공기 저항은 무시한다.)

<보기> 풀이

❶ A가 p를 통과하는 순간의 속력을 v_0이라고 할 때, A가 q를 통과하는 순간의 속력이 v이고 p에서 q까지 운동하는 동안 평균 속력은 $\frac{4}{5}v$이므로, $\frac{v_0+v}{2}=\frac{4}{5}v$에서 $v_0=\frac{3}{5}v$이다. A가 p에서 q까지 운동하는 동안 걸린 시간을 t_A라고 하면, A가 p에서 q까지 이동한 거리 L을 평균 속력을 이용하여 나타내면 다음과 같다.

A: $L=\left(\frac{4}{5}v\right)t_A$ ⋯ ①

한편 A의 가속도 $a=\frac{\Delta v}{t}=\frac{v-\frac{3}{5}v}{t_A}=\frac{2v}{5t_A}$이다.

❷ B가 p에서 q까지 운동하는 동안 걸린 시간을 t_B라고 하면, B의 가속도의 크기는 A와 같으므로 B가 p에서 q까지 이동한 거리 L을 등가속도 운동 식을 이용하여 나타내면 다음과 같다.

B: $L=\frac{1}{2}at_B^2=\frac{1}{2}\left(\frac{2v}{5t_A}\right)t_B^2$ ⋯ ②

식 ①=②이므로 $t_B=2t_A$이다.

❸ A가 q에서 r까지 운동하는 동안 걸린 시간은 B가 p에서 q까지 운동하는 동안 걸린 시간 t_B와 같으므로, A가 r를 지나는 순간의 속력은 $v+at_B=v+\left(\frac{2v}{5t_A}\right)(2t_A)=\frac{9}{5}v$이다. A가 q에서 r까지 운동하는 동안 평균 속력은 $\frac{v+\frac{9}{5}v}{2}=\frac{7}{5}v$이므로, A가 q에서 r까지 운동한 거리를 평균 속력을 이용하여 구하면 $\left(\frac{7}{5}v\right)(2t_A)$이다. 따라서 q와 r 사이의 거리를 ①을 이용하여 나타내면 다음과 같다.

$\left(\frac{7}{5}v\right)(2t_A)=\frac{7}{2}\left(\frac{4}{5}v\right)t_A=\frac{7}{2}L$

① $\frac{5}{2}L$ ② $3L$ ③ $\frac{7}{2}L$ ④ $4L$ ⑤ $\frac{9}{2}L$

17 등가속도 직선 운동 – 빗면에서 운동하는 물체 2023학년도 9월 모평 물Ⅰ 16번

정답 ④ | 정답률 48 %

적용해야 할 개념 ③가지

① 등가속도 직선 운동하는 물체의 평균 속력은 $\frac{\text{처음 속력}+\text{나중 속력}}{2}$이다.

② 등가속도 직선 운동하는 물체의 이동 거리는 평균 속력×걸린 시간이다.

③ 등가속도 직선 운동 식 (v_0: 처음 속도, v: 나중 속도, a: 가속도, s: 변위, t: 걸린 시간)

- $v=v_0+at$
- $s=v_0t+\frac{1}{2}at^2$
- $v^2-v_0^2=2as$

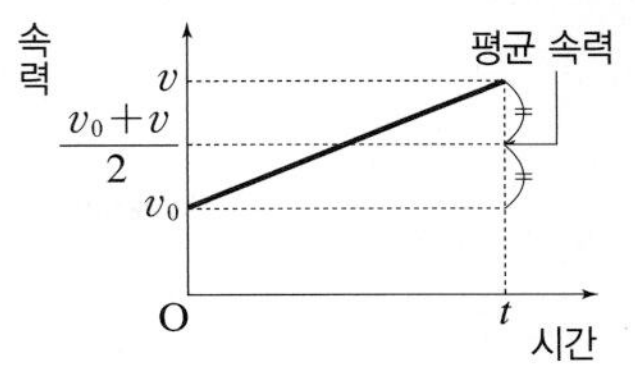

▲ 등가속도 직선 운동하는 물체의 평균 속력

문제 보기

그림은 빗면을 따라 운동하는 물체 A가 점 q를 지나는 순간 점 p에 물체 B를 가만히 놓았더니, A와 B가 등가속도 운동하여 점 r에서 만나는 것을 나타낸 것이다. p와 r 사이의 거리는 d이고, r에서의 속력은 B가 A의 $\frac{4}{3}$배이다. p, q, r는 동일 직선상에 있다.

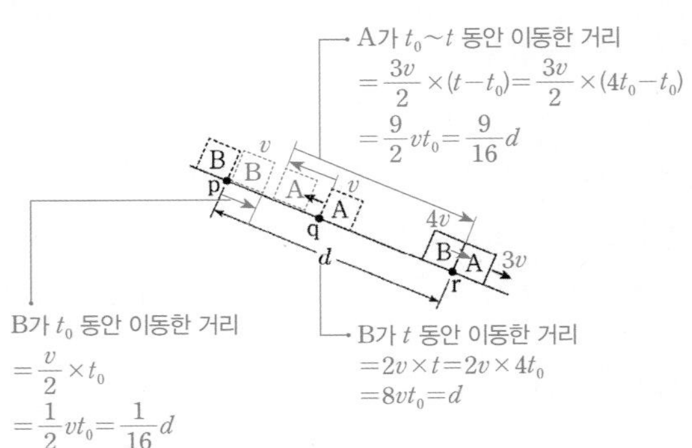

A가 최고점에 도달한 순간, A와 B 사이의 거리는? (단, 물체의 크기와 모든 마찰은 무시한다.) [3점]

<보기> 풀이

❶ r에서 A의 속력을 $3v$라고 하면 B의 속력은 $4v$이다. A와 B의 가속도가 같으므로, 같은 시간 동안 속도 변화량은 같다. A가 q를 지나는 순간부터 A와 B가 r에서 만날 때까지 걸린 시간을 t, q에서 A의 속력을 v_A라고 하면, t 동안 A의 속도 변화량은 $3v-(-v_A)$이고 B의 속도 변화량은 $4v-0$이므로, $3v-(-v_A)=4v-0$에서 $v_A=v$이다.

❷ A가 최고점에 도달하여 속도가 0이 되는 데 걸린 시간을 t_0이라고 하면, t_0 동안 A의 속도 변화량이 $0-(-v)=v$이므로 B의 속도 변화량도 v이어야 한다. B의 속도는 p에서 0이므로 t_0일 때 B의 속도는 v가 된다. 가속도가 일정할 때 속도는 시간에 비례하므로, B의 속도가 t_0일 때 v, t일 때 $4v$이면, $t=4t_0$이다.

❸ t_0일 때 A는 최고점에 도달하고 B는 빗면 아래로 내려와 속도가 v가 되므로, A가 최고점에 도달한 순간, A와 B 사이의 거리$=d-$(B가 p에서 t_0 동안 이동한 거리)$-$(A가 최고점에서 r까지 t_0~t 동안 이동한 거리)이다. 여기서 d는 B가 t 동안 이동한 거리와 같으므로, 평균 속력과 걸린 시간의 곱으로 계산하면 $d=\left(\frac{0+4v}{2}\right)\times t=2v\times 4t_0=8vt_0$이다. 또 (B가 p에서 t_0 동안 이동한 거리)와 (A가 최고점에서 r까지 t_0~t 동안 이동한 거리)를 계산하면 다음과 같다.

- (B가 p에서 t_0 동안 이동한 거리)$=\left(\frac{0+v}{2}\right)\times t_0=\frac{1}{2}vt_0=\frac{1}{16}d$
- (A가 최고점에서 r까지 t_0~t 동안 이동한 거리)$=\left(\frac{0+3v}{2}\right)\times(t-t_0)=\frac{3v}{2}\times(4t_0-t_0)$

$$=\frac{9}{2}vt_0=\frac{9}{16}d$$

❹ 따라서 A가 최고점에 도달한 순간, A와 B 사이의 거리는 $d-\frac{1}{16}d-\frac{9}{16}d=\frac{3}{8}d$이다.

~~① $\frac{3}{16}d$~~ ~~② $\frac{1}{4}d$~~ ~~③ $\frac{5}{16}d$~~ ④ $\frac{3}{8}d$ ~~⑤ $\frac{7}{16}d$~~

18 등가속도 직선 운동 – 빗면에서 운동하는 물체 2021학년도 10월 학평 물Ⅰ 18번

정답 ② | 정답률 37 %

적용해야 할 개념 ④가지

① 등가속도 직선 운동하는 물체의 평균 속력은 $\frac{\text{처음 속력}+\text{나중 속력}}{2}$이다.

② 등가속도 직선 운동하는 물체의 이동 거리는 평균 속력×걸린 시간이다.

③ 가속도의 크기는 $\frac{\text{속력 변화량}(\Delta v)}{\text{걸린 시간}(\Delta t)}$이다.

④ 등가속도 직선 운동 식

• $v=v_0+at$ • $s=v_0t+\frac{1}{2}at^2$ • $v^2-v_0^2=2as$

(v_0: 처음 속도, v: 나중 속도, a: 가속도, s: 변위, t: 걸린 시간)

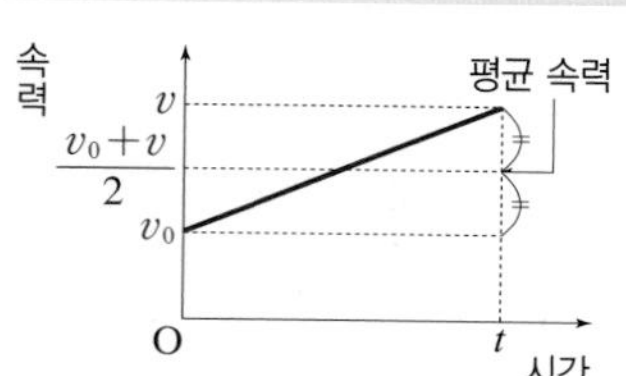

▲ 등가속도 직선 운동하는 물체의 평균 속력

문제 보기

그림과 같이 빗면의 점 p에 가만히 놓은 물체 A가 점 q를 v_A의 속력으로 지나는 순간 물체 B는 p를 v_B의 속력으로 지났으며, A와 B는 점 r에서 만난다. p, q, r는 동일 직선상에 있고, p와 q 사이의 거리는 $4d$, q와 r 사이의 거리는 $5d$이다.

→ A가 q~r까지 걸린 시간 =B가 p~r까지 걸린 시간 → 이동 거리∝평균 속력

q~r 구간: A의 평균 속력$=\frac{v_A+v_A'}{2}$

p~r 구간: B의 평균 속력$=\frac{v_B+v_B'}{2}$

→ $\frac{v_A+v_A'}{2}:\frac{v_B+v_B'}{2}=5:9$

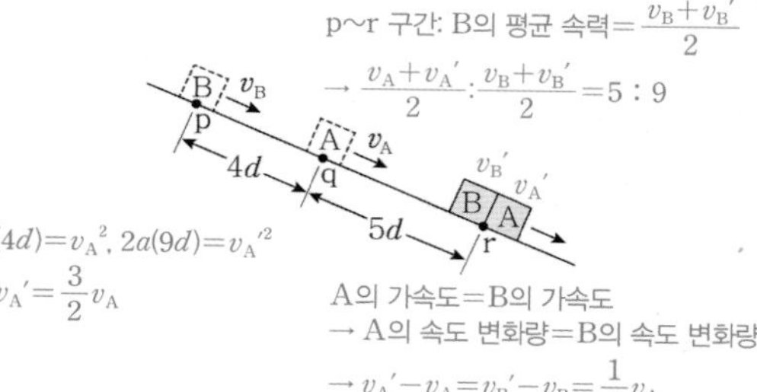

$2a(4d)=v_A^2$, $2a(9d)=v_A'^2$ → $v_A'=\frac{3}{2}v_A$

A의 가속도=B의 가속도 → A의 속도 변화량=B의 속도 변화량 → $v_A'-v_A=v_B'-v_B=\frac{1}{2}v_A$ → $v_B'=v_B+\frac{1}{2}v_A$

$\frac{v_A}{v_B}$는? (단, 물체의 크기, 모든 마찰과 공기 저항은 무시한다.)

<보기> 풀이

❶ r에서 A와 B의 속도를 각각 v_A', v_B'이라고 할 때, A와 B가 r에서 만나므로 A가 q~r까지 운동하는 동안 걸린 시간과 B가 p~r까지 운동하는 동안 걸린 시간이 같다. 등가속도 운동에서 이동 거리(s)는 평균 속력($\overline{v}$)과 걸린 시간(t)의 곱이므로, 걸린 시간이 같을 때 이동 거리는 평균 속력에 비례한다($s=\overline{v}\times t$). 따라서 A가 q~r까지 운동하는 동안의 평균 속력과 B가 p~r까지 운동하는 동안의 평균 속력의 비는 다음과 같다.

$\frac{v_A+v_A'}{2}:\frac{v_B+v_B'}{2}=5:9$ ⋯ ①

❷ 마찰이 없는 빗면에서 가속도는 일정하므로, 같은 빗면에서 운동하는 A와 B의 가속도는 같다. 가속도 $a=\frac{\Delta v}{\Delta t}$에서 가속도 a와 걸린 시간 Δt가 같으면, 속도 변화량 Δv도 같다. 따라서 A가 q~r까지 운동하는 동안의 속도 변화량 $v_A'-v_A$와 B가 p~r까지 운동하는 동안의 속도 변화량 $v_B'-v_B$는 같다.

❸ p에서 A의 속도는 0이므로, 등가속도 직선 운동 식 $2as=v^2-v_0^2$을 A에 적용하면 다음과 같다.

p~q 구간: $2a(4d)=v_A^2$ ⋯ ②

p~r 구간: $2a(9d)=v_A'^2$ ⋯ ③

식 ②, ③에서 $\frac{v_A^2}{v_A'^2}=\frac{4}{9}$이므로, $v_A'=\frac{3}{2}v_A$이다. A의 속도 변화량 $v_A'-v_A=\frac{1}{2}v_A$이므로, B의 속도 변화량도 $v_B'-v_B=\frac{1}{2}v_A$이다. 따라서 $v_B'=v_B+\frac{1}{2}v_A$이다.

❹ $v_A'=\frac{3}{2}v_A$와 $v_B'=v_B+\frac{1}{2}v_A$를 식 ①에 대입하면

$(v_A+\frac{3}{2}v_A):(v_B+v_B+\frac{1}{2}v_A)=5:9$이므로 $\frac{v_A}{v_B}=\frac{1}{2}$이다.

~~① $\frac{4}{9}$~~ ② $\frac{1}{2}$ ~~③ $\frac{5}{9}$~~ ~~④ $\frac{2}{3}$~~ ~~⑤ $\frac{4}{5}$~~

19 등가속도 운동 – 빗면에서 운동하는 물체 2023학년도 10월 학평 물I 17번

정답 ② | 정답률 35 %

적용해야 할 개념 ②가지

① 등가속도 직선 운동하는 물체의 평균 속력은 $\frac{\text{처음 속력}+\text{나중 속력}}{2}$이다.

② 가속도의 크기는 $\frac{\text{속력 변화량}(\Delta v)}{\text{걸린 시간}(\Delta t)}$이다.

문제 보기

그림과 같이 동일 직선상에서 등가속도 운동하는 물체 A, B가 시간 $t=0$일 때 각각 점 p, q를 속력 v_A, v_B로 지난 후, $t=t_0$일 때 A는 점 r에서 정지하고 B는 빗면 위로 운동한다. p와 q, q와 r 사이의 거리는 각각 L, $2L$이다. A가 다시 p를 지나는 순간 B는 빗면 아래 방향으로 속력 $\frac{v_B}{2}$로 운동한다.

가속도와 걸린 시간이 같다.
→ A의 속도 변화량=B의 속도 변화량
→ $v_A-(-v_A)=\frac{v_B}{2}-(-v_B)$
→ $v_B=\frac{4}{3}v_A$

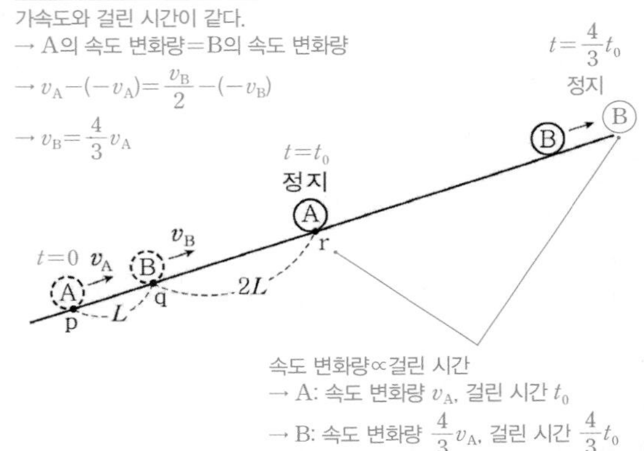

속도 변화량∝걸린 시간
→ A: 속도 변화량 v_A, 걸린 시간 t_0
→ B: 속도 변화량 $\frac{4}{3}v_A$, 걸린 시간 $\frac{4}{3}t_0$

이에 대한 옳은 설명만을 〈보기〉에서 있는 대로 고른 것은? (단, 물체의 크기, 모든 마찰과 공기 저항은 무시한다.) [3점]

<보기> 풀이

가속도 $a=\frac{\Delta v}{\Delta t}$에서 가속도($a$)와 걸린 시간($\Delta t$)가 같으면, 속도 변화량 ($\Delta v$)도 같다. 동일한 빗면 위에서 운동하는 A와 B의 가속도가 같으므로, A와 B가 운동하는 데 걸린 시간이 같을 때 A와 B의 속도 변화량은 같다.

ㄱ. $v_B=4v_A$이다. (×)

➡ $t=2t_0$일 때 A는 v_A의 속력으로 p를 다시 지나고 B는 빗면 아래 방향으로 $\frac{v_B}{2}$의 속력으로 운동하며, $0\sim2t_0$ 동안 A와 B의 속도 변화량은 같다. 빗면 아래 방향을 (+)로 하면 $v_A-(-v_A)=\frac{v_B}{2}-(-v_B)$에서 $v_B=\frac{4}{3}v_A$이다.

ㄴ. $t=\frac{8}{3}t_0$일 때 B가 q를 지난다. (○)

➡ 가속도$\left(a=\frac{\Delta v}{\Delta t}\right)$가 같을 때 속도 변화량은 걸린 시간에 비례한다. A가 p를 지난 후 r에서 정지할 때까지 속도 변화량은 $0-(-v_A)=v_A$이고 걸린 시간은 t_0이다. B가 q를 지난 후 정지할 때까지 속도 변화량은 $0-\left(-\frac{4}{3}v_A\right)=\frac{4}{3}v_A$이므로, 걸린 시간은 $\frac{4}{3}t_0$이다. 따라서 B는 $t_0=\frac{4}{3}t_0$일 때 정지하고, $t=\frac{8}{3}t_0$일 때 다시 q를 지난다.

다른 풀이 $v_B=\frac{4}{3}v_A$이므로, A와 B의 속도를 시간에 따라 나타내면 그림과 같다. 그래프의 기울기가 같으므로 B의 속도는 $\frac{4}{3}t_0$일 때 0, $\frac{8}{3}t_0$일 때 $\frac{4}{3}v_A$이다.

따라서 $t=\frac{8}{3}t_0$일 때 B가 q를 지난다.

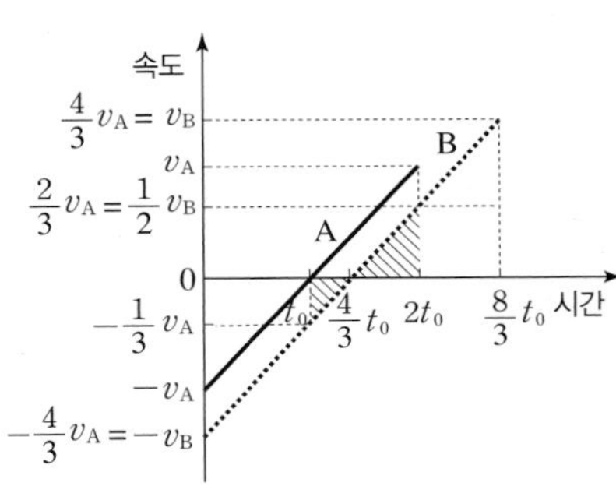

ㄷ. $t=t_0$부터 $t=2t_0$까지 평균 속력은 A가 B의 3배이다. (×)

➡ $t=t_0$부터 $t=2t_0$까지 A의 평균 속력은 $\frac{0+v_A}{2}=\frac{v_A}{2}$이다. $0\sim t_0$ 동안 A의 속도 변화량은 v_A이고 B의 속도 변화량도 v_A이므로, t_0일 때 B의 속도는 $-\frac{4}{3}v_A+v_A=-\frac{1}{3}v_A$이다. B는 $t=\frac{4}{3}t_0$일 때 정지하므로, $t_0\sim\frac{4}{3}t_0$ 동안 빗면 위 방향으로 운동하고 $\frac{4}{3}t_0\sim2t_0$ 동안 빗면 아래 방향으로 운동한다. 이동 거리는 평균 속력과 걸린 시간의 곱이므로, $t_0\sim\frac{4}{3}t_0$ 동안 빗면 위 방향으로 운동한 거리는 $\left(\frac{\frac{1}{3}v_A+0}{2}\right)\times\frac{1}{3}t_0=\frac{1}{18}v_At_0$이고, $2t_0$일 때 B의 속도 $\frac{1}{2}v_B=\frac{2}{3}v_A$이므로 $\frac{4}{3}t_0\sim2t_0$ 동안 빗면 아래 방향으로 운동한 거리는 $\left(\frac{0+\frac{2}{3}v_A}{2}\right)\times\frac{2}{3}t_0=\frac{2}{9}v_At_0$이다. $t_0\sim2t_0$ 동안 B의 평균 속력은 B가 운동한 총 거리를 걸린 시간으로 나눈 값과 같으므로, $\frac{\frac{1}{18}v_At_0+\frac{2}{9}v_At_0}{t_0}=\frac{5}{18}v_A$이다. 따라서 $t=t_0$부터 $t=2t_0$까지 평균 속력은 A가 B의 $\frac{9}{5}$배이다.

다른 풀이 B가 $t=t_0$부터 $t=2t_0$까지 운동한 거리를 속도-시간 그래프의 빗금 친 면적으로 각각 구해서 더하면 $\left(\frac{1}{3}v_A\times\frac{1}{3}t_0\right)\times\frac{1}{2}+\left(\frac{2}{3}v_A\times\frac{2}{3}t_0\right)\times\frac{1}{2}=\frac{5}{18}v_At_0$이다.

20 등가속도 직선 운동 – 빗면에서 운동하는 물체 2020학년도 9월 모평 물Ⅰ 9번

정답 ④ | 정답률 76 %

적용해야 할 개념 ③가지

① 가속도는 물체의 속도가 시간에 따라 변하는 정도를 나타낸 물리량으로, 가속도의 크기는 $a=\frac{\text{속력 변화량}(\Delta v)}{\text{걸린 시간}(\Delta t)}$이다.

② 등가속도 직선 운동을 하는 물체에서 $v=v_0+at$, $s=v_0t+\frac{1}{2}at^2$이다. (v_0: 처음 속도, v: 나중 속도, a: 가속도, t: 걸린 시간, s: 변위)

③ 등가속도 직선 운동을 하는 물체의 평균 속력은 $\frac{\text{처음 속력}+\text{나중 속력}}{2}$이다.

문제 보기

(동일한 빗면에서 등가속도 운동 ➡ A와 B의 가속도가 같다.)

그림과 같이 빗면을 따라 등가속도 운동하는 물체 A, B가 각각 점 p, q를 10 m/s, 2 m/s의 속력으로 지난다. p와 q 사이의 거리는 16 m이고, A와 B는 q에서 만난다.

(A와 B가 만나기 직전 운동 방향은 A와 B가 반대)

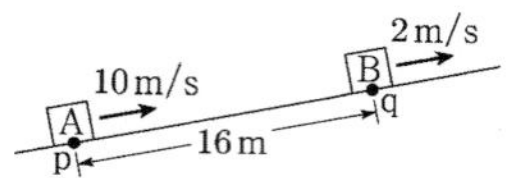

이에 대한 설명으로 옳은 것만을 <보기>에서 있는 대로 고른 것은? (단, A, B는 동일 연직면상에서 운동하며, 물체의 크기, 마찰은 무시한다.)

<보기> 풀이

A와 B는 q에서 만나므로 A는 q를 향해 운동하고, B는 오른쪽으로 올라갔다가 최고점에 정지한 후 다시 빗면을 따라 q를 향해 내려온다.

ㄱ. q에서 만나는 순간, 속력은 A가 B의 4배이다. (×)

➡ A와 B는 q에서 만난다고 하였으므로 q에서 A와 B가 만날 때 운동 방향은 A와 B가 반대이고, B의 속력은 2 m/s이다. A와 B는 동일한 빗면에서 등가속도 운동을 한다고 하였으므로 A와 B의 가속도는 같고, 가속도는 단위 시간당 속도 변화량이다.

A가 p를 지난 순간부터 B와 만날 때까지 B의 속도 변화량의 크기는 $|2\text{ m/s}-(-2\text{ m/s})|=4\text{ m/s}$이므로 A의 속도 변화량의 크기도 4 m/s이다. 따라서 q에서 B와 만날 때 A의 속력은 6 m/s이다. q에서 만나는 순간, 속력은 A가 B의 3배이다.

ㄴ. A가 p를 지나는 순간부터 2초 후 B와 만난다. (○)

➡ A가 p에서 q까지 운동하는 동안 평균 속력은 $\frac{10+6}{2}=8\text{ m/s}$이고 p에서 q까지의 거리는 16 m이므로 A가 p에서 q까지 운동하는 데 걸린 시간은 $\frac{16}{8}=2$초이다.

ㄷ. B가 최고점에 도달했을 때, A와 B 사이의 거리는 8 m이다. (○)

➡ A의 가속도의 크기는 $\left|\frac{6-10}{2}\right|=2\text{ m/s}^2$이므로 B의 가속도의 크기도 2 m/s^2이다. B가 최고점에 도달할 때 B의 속력은 0이므로 q를 2 m/s의 속력으로 지난 B가 정지할 때까지 걸린 시간은 $v=v_0+at$에서 $0=2-2t$이므로 $t=1$초이다.

A가 p를 지난 순간으로부터 1초가 지났을 때의 모습은 다음과 같다.

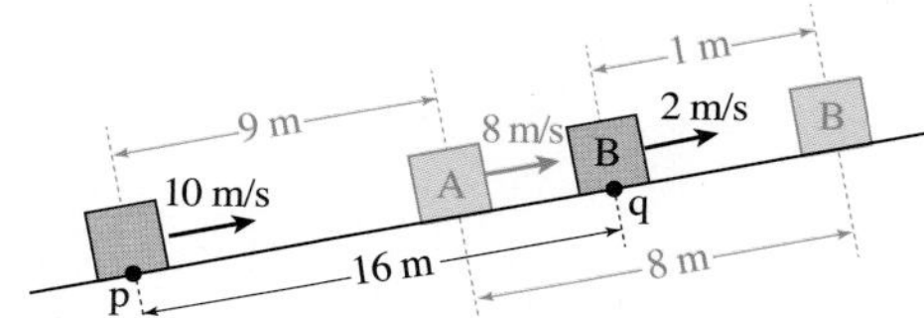

A가 p를 지난 순간으로부터 1초가 지났을 때 A의 속력은 $10-(2\times1)=8\text{ m/s}$이다. 따라서 1초 동안 A가 진행한 거리는 $\frac{10+8}{2}\times1=9\text{ m}$이고 B가 이동한 거리는 $\frac{2+0}{2}\times1=1\text{ m}$이다. 따라서 B가 최고점에 도달했을 때 A와 B 사이의 거리는 $9\text{ m}-1\text{ m}=8\text{ m}$이다.

21 등가속도 운동 – 빗면에서 운동하는 물체 2024학년도 9월 모평 물I 20번

정답 ④ | 정답률 40 %

적용해야 할 개념 ③가지

① 등가속도 직선 운동을 하는 물체의 평균 속력은 $\frac{\text{처음 속력}+\text{나중 속력}}{2}$이다.

② 등가속도 직선 운동하는 물체의 이동 거리는 평균 속력×걸린 시간이다.

③ 등가속도 직선 운동 식

• $v=v_0+at$ • $s=v_0t+\frac{1}{2}at^2$ • $2as=v^2-v_0^2$

(v_0: 처음 속도, v: 나중 속도, a: 가속도, s: 변위, t: 걸린 시간)

속력 / v / $\frac{v_0+v}{2}$ / v_0 / O / t / 시간 / 평균 속력

▲ 등가속도 직선 운동하는 물체의 평균 속력

문제 보기

그림과 같이 빗면에서 물체가 등가속도 직선 운동을 하여 점 a, b, c, d를 지난다. a에서 물체의 속력은 v이고, 이웃한 점 사이의 거리는 각각 L, $6L$, $3L$이다. 물체가 a에서 b까지, c에서 d까지 운동하는 데 걸린 시간은 같고, a와 d 사이의 평균 속력은 b와 c 사이의 평균 속력과 같다.

a~b 구간과 c~d 구간: 걸린 시간이 같다.
→ 이동 거리∝평균 속력
→ $L:3L=\frac{v+v_b}{2}:\frac{v_c+v_d}{2}$
→ $3v+3v_b=v_c+v_d$
→ $3v+3(v+at)=(v+4at)+(v+5at)$
→ $at=\frac{2}{3}v$

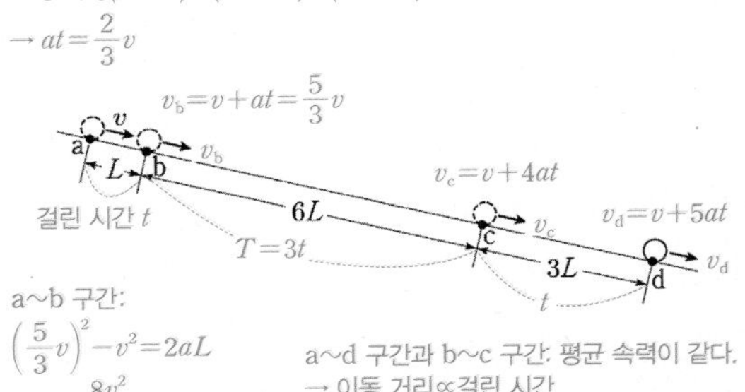

a~b 구간:
$\left(\frac{5}{3}v\right)^2-v^2=2aL$
→ $a=\frac{8v^2}{9L}$

a~d 구간과 b~c 구간: 평균 속력이 같다.
→ 이동 거리∝걸린 시간
→ $10L:6L=(2t+T):T$
→ $T=3t$

물체의 가속도의 크기는? (단, 물체의 크기는 무시한다.)

<보기> 풀이

❶ 등가속도 직선 운동에서 이동 거리는 평균 속력과 걸린 시간의 곱과 같으므로, 걸린 시간이 같을 때 이동 거리는 평균 속력에 비례한다. 물체가 a에서 b까지, c에서 d까지 운동하는 데 걸린 시간은 같으므로, a와 b 사이의 거리와 c와 d 사이의 거리의 비는 a와 b 사이의 평균 속력과 c와 d 사이의 평균 속력의 비와 같다. 따라서 b, c, d에서 물체의 속력을 각각 v_b, v_c, v_d라고 하면, $L:3L=\frac{v+v_b}{2}:\frac{v_c+v_d}{2}$에서 $3v+3v_b=v_c+v_d$ … ①이다.

❷ 평균 속력이 같을 때 이동 거리는 걸린 시간에 비례한다. a와 d 사이의 평균 속력은 b와 c 사이의 평균 속력과 같으므로, a와 d 사이의 거리와 b와 c 사이의 거리의 비는 a에서 d까지 걸린 시간과 b에서 c까지 걸린 시간의 비와 같다. a에서 b까지 걸린 시간을 t, b에서 c까지 걸린 시간을 T라고 하면, a에서 d까지 걸린 시간은 $2t+T$이다. 따라서 $10L:6L=(2t+T):T$에서 $T=3t$이다.

❸ 물체의 가속도의 크기를 a라고 하면 b, c, d에서 물체의 속력은 각각 $v_b=v+at$, $v_c=v+4at$, $v_d=v+5at$이므로, ①에 대입하면 $3v+3(v+at)=(v+4at)+(v+5at)$에서 $at=\frac{2}{3}v$이다.

❹ b에서 물체의 속력은 $v+at=v+\frac{2}{3}v=\frac{5}{3}v$이므로, 물체가 a에서 b까지 운동하는 동안 속력과 이동 거리의 관계식 $\left(\frac{5}{3}v\right)^2-v^2=2aL$에서 $a=\frac{8v^2}{9L}$이다.

 ① $\frac{5v^2}{9L}$ 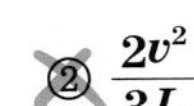 ② $\frac{2v^2}{3L}$ 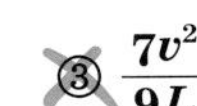 ③ $\frac{7v^2}{9L}$ ④ $\frac{8v^2}{9L}$  ⑤ $\frac{v^2}{L}$

22 등가속도 직선 운동 – 빗면에서 운동하는 물체 2020학년도 6월 모평 물Ⅰ 19번

정답 ④ | 정답률 34 %

적용해야 할 개념 ③가지

① 가속도는 물체의 속도가 시간에 따라 변하는 정도를 나타낸 물리량이다. 가속도의 크기는 $\frac{\text{속력 변화량}(\Delta v)}{\text{걸린 시간}(\Delta t)}$이다.

② 평균 속력은 $\frac{\text{전체 이동 거리}}{\text{걸린 시간}}$이다.

③ 등가속도 직선 운동을 하는 물체의 평균 속력은 $\frac{\text{처음 속력}+\text{나중 속력}}{2}$이다.

문제 보기

그림과 같이 수평면에서 운동하던 물체가 왼쪽 빗면을 따라 올라간 후 곡선 구간을 지나 오른쪽 빗면을 따라 내려온다. 물체가 왼쪽 빗면에서 거리 L_1과 L_2를 지나는 데 걸린 시간은 각각 t_0으로 같고, 오른쪽 빗면에서 거리 L_3을 지나는 데 걸린 시간은 $\frac{t_0}{2}$이다.

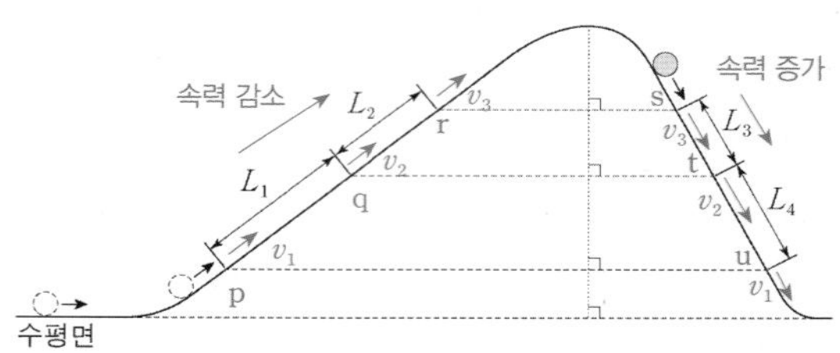

$L_2=L_4$일 때, $\frac{L_1}{L_3}$은? (단, 물체의 크기, 마찰과 공기 저항은 무시한다.)

<보기> 풀이

물체가 빗면을 올라갔다 내려오는 동안 역학적 에너지는 보존되므로 수평면으로부터 높이가 같은 지점에서의 속력은 같다.

왼쪽 빗면 위의 점 p, q, r에서의 속력을 각각 v_1, v_2, v_3이라고 하면, 오른쪽 빗면위의 점 s, t, u에서의 속력은 각각 v_3, v_2, v_1이다.

왼쪽 빗면과 오른쪽 빗면에서 물체는 각각 등가속도 운동을 하므로 이동 거리는 평균 속력과 시간의 곱과 같다.

따라서 $L_1=\frac{v_1+v_2}{2}\times t_0$, $L_2=\frac{v_2+v_3}{2}\times t_0$, $L_3=\frac{v_2+v_3}{2}\times\frac{t_0}{2}$이다.

왼쪽 빗면에서 L_1과 L_2의 빗면의 기울기가 같으므로 가속도의 크기가 같다. 따라서 $\frac{v_2-v_1}{t_0}=\frac{v_3-v_2}{t_0}$이고, t에서 u까지 운동하는 데 걸린 시간을 T라고 하면 오른쪽 빗면에서 L_3과 L_4의 가속도의 크기가 같으므로 $\frac{v_2-v_3}{\frac{t_0}{2}}=\frac{v_1-v_2}{T}$이다.

따라서 $T=\frac{t_0}{2}$이고, $L_4=\frac{v_1+v_2}{2}\times\frac{t_0}{2}$이다.

$L_2=L_4$이므로 $\frac{v_1+v_2}{v_2+v_3}=2$이다. 따라서 $\frac{L_1}{L_3}=\frac{2(v_1+v_2)}{v_2+v_3}=4$이다.

~~① $\frac{3}{2}$~~ ~~② $\frac{5}{2}$~~ ~~③ 3~~ ④ 4 ~~⑤ 6~~

23 등가속도 직선 운동 – 빗면에서 운동하는 물체 2022학년도 9월 모평 물Ⅰ 11번

정답 ② | 정답률 62 %

적용해야 할 개념 ③가지

① 등속도 운동을 하는 물체의 이동 거리는 속력과 걸린 시간의 곱이다.

② 등가속도 직선 운동을 하는 물체의 평균 속력은 $\frac{\text{처음 속력}+\text{나중 속력}}{2}$이다.

③ 등가속도 직선 운동을 하는 물체의 이동 거리는 평균 속력과 걸린 시간의 곱이다.

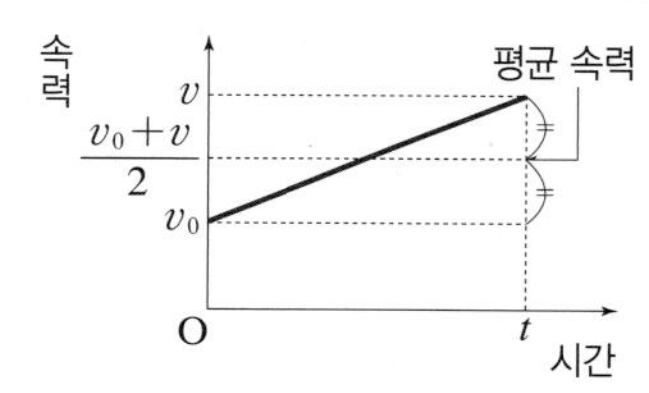

▲ 등가속도 직선 운동하는 물체의 평균 속력

문제 보기

그림과 같이 수평면에서 간격 L을 유지하며 일정한 속력 $3v$로 운동하던 물체 A, B가 빗면을 따라 운동한다. A가 점 p를 속력 $2v$로 지나는 순간에 B는 점 q를 속력 v로 지난다.

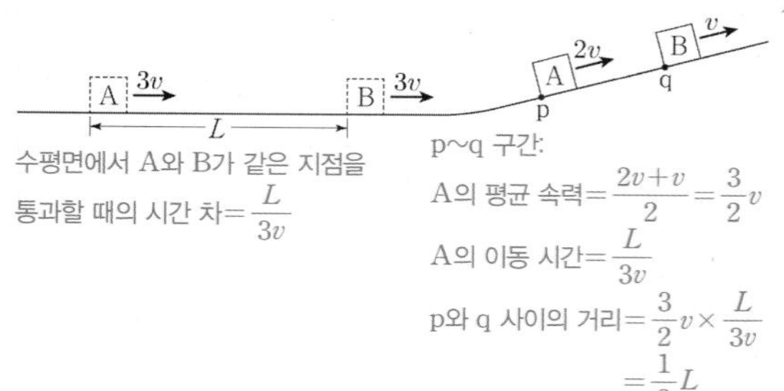

p와 q 사이의 거리는? (단, A, B는 동일 연직면에서 운동하며, 물체의 크기, 모든 마찰은 무시한다.)

<보기> 풀이

수평면에서 A와 B의 속력이 $3v$로 같고 간격이 L이므로 A와 B는 $\frac{L}{3v}$의 시간 차를 두고 같은 지점을 통과한다. 빗면에서 A와 B의 가속도는 같으므로 A가 q에 도달할 때 속력은 v이다. 따라서 p에서 q까지 A의 평균 속력은 $\frac{2v+v}{2}=\frac{3}{2}v$이다. 빗면에서도 A와 B가 $\frac{L}{3v}$의 시간 차를 두고 같은 지점을 통과하므로, A가 p에서 q까지 이동하는 데 걸리는 시간은 $\frac{L}{3v}$이다. 따라서 p와 q 사이의 거리$=$평균 속력$\times$걸린 시간$=\frac{3}{2}v\times\frac{L}{3v}=\frac{1}{2}L$이다.

~~① $\frac{2}{5}L$~~ ② $\frac{1}{2}L$ ~~③ $\frac{\sqrt{3}}{3}L$~~ ~~④ $\frac{\sqrt{2}}{2}L$~~ ~~⑤ $\frac{3}{4}L$~~

24 등가속도 직선 운동 – 빗면에서 운동하는 물체 2020학년도 수능 물Ⅰ 20번

정답 ④ | 정답률 28 %

적용해야 할 개념 ③가지

① 기울기가 일정한 빗면에서 운동하는 물체의 가속도의 크기는 같다.

② 등가속도 직선 운동을 하는 물체의 평균 속력은 $\frac{\text{처음 속력}+\text{나중 속력}}{2}$이다.

③ 가속도는 물체의 속도가 시간에 따라 변하는 정도를 나타낸 물리량으로, 가속도의 크기(a)는 $\frac{\text{속력 변화량}(\Delta v)}{\text{걸린 시간}(\Delta t)}$이다.

문제 보기

그림 (가)는 물체 A, B가 운동을 시작하는 순간의 모습을, (나)는 A와 B의 높이가 (가) 이후 처음으로 같아지는 순간의 모습을 나타낸 것이다. 점 p, q, r, s는 A, B가 직선 운동을 하는 빗면 구간의 점이고, p와 q, r와 s 사이의 거리는 각각 L, $2L$이다. A는 p에서 정지 상태에서 출발하고, B는 q에서 속력 v로 출발한다. A가 q를 v의 속력으로 지나는 순간에 B는 r를 지난다.

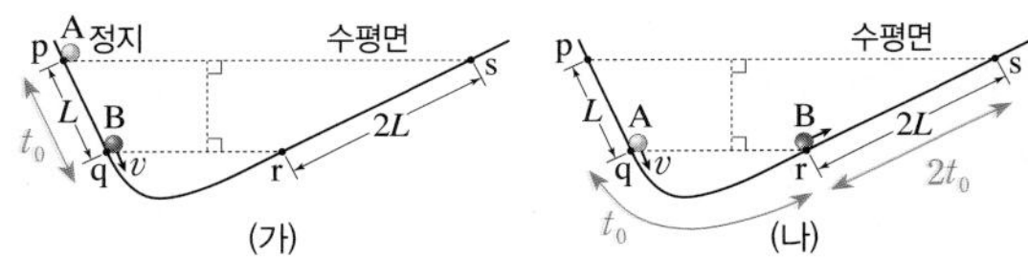

A와 B가 처음으로 만나는 순간, A의 속력은? (단, 물체의 크기, 마찰과 공기 저항은 무시한다.)

보기

<보기> 풀이

❶ 역학적 에너지 보존을 이용하여 A, B의 운동을 비교한다.

역학적 에너지는 보존되므로 p에서 가만히 놓은 A는 빗면을 따라 운동하다가 p와 같은 높이인 s에서 정지한다. A가 q를 지날 때의 속력은 v이고, B가 q에서 출발할 때의 속력이 v이므로 B는 p에서 A를 놓았을 때와 같은 운동을 한다는 것을 알 수 있다. 따라서 B는 A와 마찬가지로 빗면을 따라 운동하다가 p와 같은 높이인 s에서 정지한다.

❷ 왼쪽 빗면과 오른쪽 빗면에서의 가속도의 크기를 비교한다.

B의 역학적 에너지는 보존되고 q와 r의 높이는 같으므로 r에서 B의 속력은 v이다. B는 p에서 A를 놓았을 때와 같은 운동을 하므로 B를 p에 가만히 놓았다면 p에서 q까지 왼쪽 빗면에서 v만큼 이동하는 동안 속력 변화량은 v이고, r에서 s까지 오른쪽 빗면에서 $2L$만큼 이동하는 동안 속력 감소량은 v이다. 오른쪽 빗면과 왼쪽 빗면에서 속력 변화량은 같고, 오른쪽 빗면까지 이동한 거리가 2배이므로 가속도의 크기는 왼쪽 빗면에서가 오른쪽 빗면의 2배이다.

❸ 오른쪽 빗면에서 A와 B 사이의 거리를 파악한다.

A가 p에서 q까지 이동하는 데 걸린 시간을 t_0이라고 하면 B가 q에서 r까지 이동하는 데 걸린 시간도 t_0이다. 마찬가지로 A가 q에서 r까지 이동하는 데 걸린 시간도 t_0이다. 가속도의 크기는 왼쪽 빗면에서가 오른쪽 빗면에서의 2배이므로 A가 r를 v의 속력으로 지나는 순간 B의 속력은 $\frac{1}{2}v$이다. A가 p에서 q까지 운동하는 동안 등가속도 운동을 하므로 평균 속력은 $\frac{1}{2}v$이고 걸린 시간을 t_0라고 하였으므로 $\frac{1}{2}vt_0=L$이다.

B가 r를 통과하고 t_0만큼의 시간이 지날 때까지 B의 평균 속력은 $\frac{(v+\frac{1}{2}v)}{2}=\frac{3}{4}v$이므로 이동한 거리는 $\frac{3}{4}vt_0=\frac{3}{2}L$이다. 따라서 A가 r를 통과할 때 B는 r로부터 $\frac{3}{2}L$만큼 떨어진 지점을 통과하고 있다. 이를 그림으로 나타내면 오른쪽 그림과 같다.

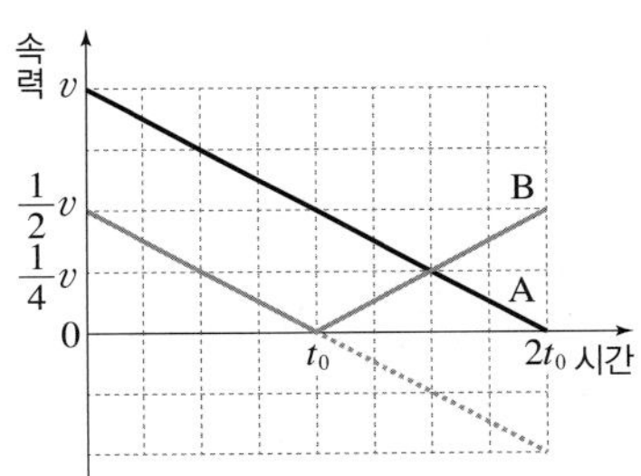

❹ 물체의 속력 – 시간 그래프를 그리고, A, B가 충돌할 때 A의 속력을 구한다.

오른쪽 빗면에서 A와 B의 가속도의 크기는 같으므로 A가 r를 통과한 이후 A, B의 속력을 시간에 따라 나타내면 다음과 같다.

속력 v, $\frac{1}{2}v$, $\frac{1}{4}v$, 0, B, A, t_0, $2t_0$ 시간

가속도의 크기는 왼쪽 빗면에서가 오른쪽 빗면에서의 2배이므로 B가 r를 지난 순간부터 s까지 도달하는 데 걸린 시간은 $2t_0$이다. A와 B가 만나는 순간 A와 B는 수평면으로부터 같은 높이이므로(역학적 에너지 보존) 속력이 같다. 따라서 B가 s에서 정지한 후 빗면을 내려와 A와 B가 처음으로 속력이 같아지는 순간 A와 B의 속력은 $\frac{1}{4}v$이다.

~~① $\frac{1}{8}v$~~ ~~② $\frac{1}{6}v$~~ ~~③ $\frac{1}{5}v$~~ ④ $\frac{1}{4}v$ ~~⑤ $\frac{1}{2}v$~~

25 등가속도 직선 운동 – 빗면에서 운동하는 물체 2025학년도 수능 물I 16번

정답 ④ | 정답률 56 %

적용해야 할 개념 ③가지

① 등가속도 직선 운동하는 물체의 평균 속력은 $\frac{\text{처음 속력}+\text{나중 속력}}{2}$이다.

② 등가속도 직선 운동하는 물체의 이동 거리는 평균 속력×걸린 시간이다.

③ 등가속도 직선 운동 식 (v_0: 처음 속도, v: 나중 속도, a: 가속도, s: 변위, t: 걸린 시간)

• $v=v_0+at$ • $s=v_0t+\frac{1}{2}at^2$ • $v^2-{v_0}^2=2as$

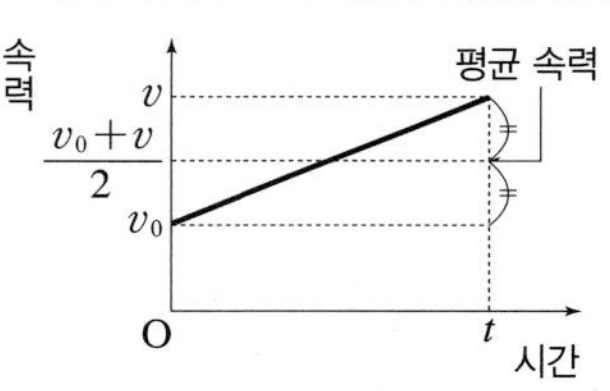

▲ 등가속도 직선 운동하는 물체의 평균 속력

문제 보기

그림과 같이 직선 경로에서 물체 A가 속력 v로 $x=0$을 지나는 순간 $x=0$에 정지해 있던 물체 B가 출발하여, A와 B는 $x=4L$을 동시에 지나고, $x=9L$을 동시에 지난다. A가 $x=9L$을 지나는 순간 A의 속력은 $5v$이다. 표는 구간 Ⅰ, Ⅱ, Ⅲ에서 A, B의 운동을 나타낸 것이다. Ⅰ에서 B의 가속도의 크기는 a이다.

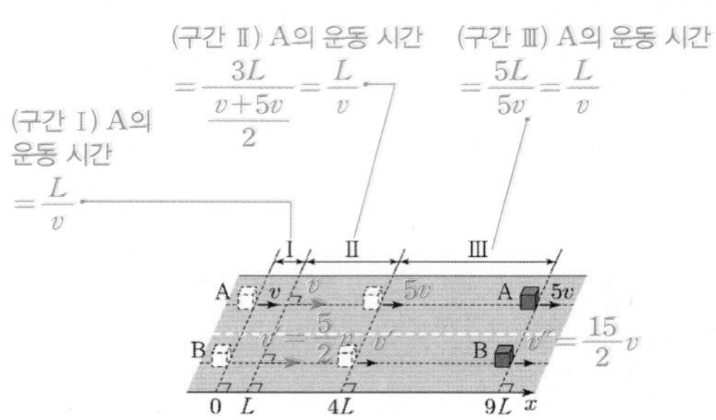

(구간 Ⅰ+Ⅱ) B의 운동 시간 $=\frac{L}{\frac{1}{2}v'}+\frac{3L}{v'}=\frac{2L}{v}$ $\rightarrow v'=\frac{5}{2}v$

(구간 Ⅲ) B의 운동 시간 $=\frac{5L}{\frac{\frac{5}{2}v+v''}{2}}=\frac{L}{v}\rightarrow v''=\frac{15}{2}v$

물체 \ 구간	Ⅰ	Ⅱ	Ⅲ
A	등속도	등가속도	등속도
B	등가속도	등속도	등가속도

Ⅲ에서 B의 가속도의 크기는? (단, 물체의 크기는 무시한다.)

[3점]

<보기> 풀이

❶ A가 구간 Ⅰ을 v의 속력으로 등속도 운동하므로 구간 Ⅰ을 운동하는 데 걸린 시간은 $\frac{L}{v}$이고, 구간 Ⅱ를 $\frac{v+5v}{2}$의 평균 속력으로 운동하므로 구간 Ⅱ를 운동하는 데 걸린 시간은 $\frac{3L}{\frac{v+5v}{2}}=\frac{L}{v}$이고, 구간 Ⅲ을 $5v$의 속력으로 등속도 운동하므로 구간 Ⅲ을 운동하는 데 걸린 시간은 $\frac{5L}{5v}=\frac{L}{v}$이다.

❷ B가 $x=L$을 지나는 순간의 속력을 v'라고 하면, B가 구간 Ⅰ을 $\frac{1}{2}v'$의 평균 속력으로 운동하는 데 걸린 시간과 구간 Ⅱ를 v'의 속력으로 등속도 운동하는 데 걸린 시간의 합은 A가 구간 Ⅰ과 Ⅱ를 운동하는 데 걸린 시간의 합과 같으므로, $\frac{L}{\frac{1}{2}v'}+\frac{3L}{v'}=\frac{2L}{v}$에서 $v'=\frac{5}{2}v$이다.

또 B가 $x=9L$을 지나는 순간의 속력을 v''라고 하면, B가 구간 Ⅲ을 $\frac{\frac{5}{2}v+v''}{2}$의 평균 속력으로 운동하는 데 걸린 시간은 A가 구간 Ⅲ을 운동하는 데 걸린 시간과 같으므로, $\frac{5L}{\frac{\frac{5}{2}v+v''}{2}}=\frac{L}{v}$에서 $v''=\frac{15}{2}v$이다.

❸ Ⅰ에서 B의 가속도의 크기 a는 등가속도 직선 운동의 식($2as=v^2-{v_0}^2$)에 따라 $2aL=\left(\frac{5}{2}v\right)^2-0$에서 $a=\frac{25v^2}{8L}$이다. Ⅲ에서 B의 가속도를 a'라고 하면, $2a'(5L)=\left(\frac{15}{2}v\right)^2-\left(\frac{5}{2}v\right)^2$에서 $a'=\frac{5v^2}{L}=\frac{8}{5}\left(\frac{25v^2}{8L}\right)=\frac{8}{5}a$이다.

다른 풀이 Ⅰ에서 B가 운동하는 데 걸린 시간은 $\frac{L}{\frac{5}{4}v}=\frac{4L}{5v}$이므로, 등가속도 직선 운동의 식($v=v_0+at$)에 따라 $\frac{5}{2}v=0+a\left(\frac{4L}{5v}\right)$에서 $a=\frac{25v^2}{8L}$이다. Ⅲ에서 B의 가속도를 a'라고 하면, $\frac{15}{2}v=\frac{5}{2}v+a'\left(\frac{L}{v}\right)$에서 $a'=\frac{5v^2}{L}=\frac{8}{5}\left(\frac{25v^2}{8L}\right)=\frac{8}{5}a$이다.

① $\frac{11}{5}a$ ② $2a$ ③ $\frac{9}{5}a$ ④ $\frac{8}{5}a$ ⑤ $\frac{7}{5}a$

4 일차

01 ③	02 ③	03 ⑤	04 ③	05 ⑤	06 ②	07 ⑤	08 ⑤	09 ②	10 ①	11 ④	12 ⑤
13 ②	14 ②	15 ③	16 ③	17 ⑤	18 ④	19 ④	20 ①	21 ④	22 ②	23 ①	24 ②
25 ②	26 ①	27 ⑤	28 ①								

문제편 032쪽~039쪽

01 뉴턴 운동 법칙 2023학년도 3월 학평 물I 10번

정답 ③ | 정답률 72 %

적용해야 할 개념 ③가지

① 물체에 작용하는 알짜힘이 0이면 물체는 정지해 있거나 등속 직선 운동을 한다.

② 뉴턴 운동 제3법칙(작용 반작용 법칙): 한 물체가 다른 물체에 힘을 작용하면, 힘을 받은 물체도 힘을 작용한 물체에 크기가 같고 방향이 반대인 힘을 동시에 작용한다.

③ 작용 반작용과 두 힘의 평형

구분	작용 반작용	두 힘의 평형
공통점	두 힘의 크기가 같고 방향이 반대이며, 같은 작용선상에 있다.	
차이점	두 물체 사이에 작용하는 힘으로, 작용점이 상대방 물체에 있다. 작용점 작용 / 작용점 반작용	한 물체에 작용하는 두 힘으로, 두 힘의 작용점이 한 물체에 있다. 작용점 힘 / 작용점 힘

문제 보기

다음은 저울을 이용한 실험이다.

[실험 과정]

(가) 밀폐된 상자를 저울 위에 올려놓고 저울의 측정값을 기록한다.

(나) (가)의 상자 바닥에 드론을 놓고 상자를 밀폐시킨 후 저울의 측정값을 기록한다.

(다) (나)에서 드론을 가만히 떠 있게 한 후 저울의 측정값을 기록한다.

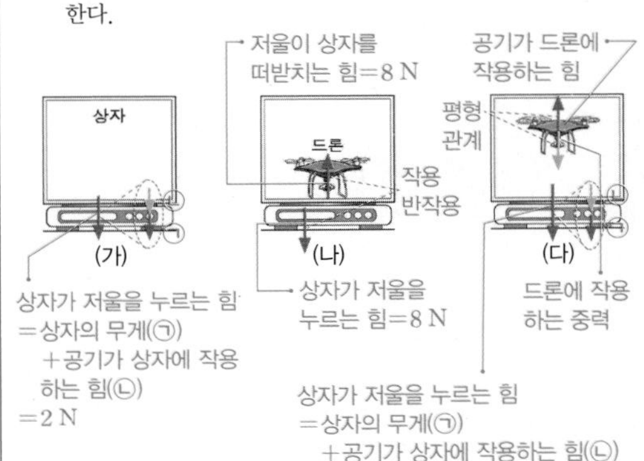

[실험 결과]

	(가)	(나)	(다)
저울의 측정값	2 N	8 N	8 N

=상자가 저울을 누르는 힘의 크기

이에 대한 옳은 설명만을 <보기>에서 있는 대로 고른 것은?

<보기> 풀이

ㄱ. (나)에서 저울이 상자를 떠받치는 힘의 크기는 8N이다.

➡ 저울의 측정값은 저울 위의 상자가 저울을 누르는 힘의 크기를 나타내므로, (나)에서 상자가 저울을 누르는 힘의 크기는 8 N이다. 작용 반작용 법칙에 의해 상자가 저울을 누르는 힘의 크기와 저울이 상자를 떠받치는 힘의 크기가 같으므로, (나)에서 저울이 상자를 떠받치는 힘의 크기는 8 N이다.

ㄴ. (다)에서 공기가 드론에 작용하는 힘과 드론에 작용하는 중력은 작용 반작용 관계이다.

➡ 작용 반작용은 두 물체 사이에 상호 작용하는 힘이므로, (다)에서 공기가 드론에 작용하는 힘을 작용이라고 하면 반작용은 드론이 공기에 작용하는 힘이다. 따라서 공기가 드론에 작용하는 힘과 드론에 작용하는 중력은 작용 반작용 관계가 아니다. 공기가 드론에 작용하는 힘과 드론에 작용하는 중력은 한 물체에 반대 방향으로 작용하는 크기가 같은 두 힘이므로 평형 관계이다.

ㄷ. 상자 안의 공기가 상자에 작용하는 힘의 크기는 (다)에서가 (가)에서보다 6 N만큼 크다.

➡ (가)와 (다)에서 상자가 저울을 누르는 힘의 크기를 나타내는 저울의 측정값은 상자의 무게와 공기가 상자에 작용하는 힘의 크기의 합과 같다. 상자의 무게가 일정하므로 공기가 상자에 작용하는 힘의 크기가 증가한 만큼 저울의 측정값이 증가한다. 저울의 측정값이 (다)에서가 (가)에서보다 6 N만큼 크므로, 상자 안의 공기가 상자에 작용하는 힘의 크기는 (다)에서가 (가)에서보다 6 N만큼 크다.

다른 풀이 저울의 측정값이 (나)에서가 (가)에서보다 6 N만큼 크므로, 드론의 무게는 6 N이다. (다)에서 가만이 떠있는 드론에 작용하는 알짜힘은 0이므로, 드론에 연직 아래 방향으로 작용하는 중력(무게)의 크기가 6 N일 때 드론에 공기가 연직 위 방향을 작용하는 힘의 크기도 6 N이다. 드론에 공기가 연직 위 방향을 작용하는 힘의 크기가 6 N이면, 작용 반작용 법칙에 따라 드론이 공기에 연직 아래 방향으로 작용하는 힘의 크기도 6 N이다. 따라서 공기가 상자에 작용하는 힘의 크기가 6 N만큼 커지므로, 상자 안의 공기가 상자에 작용하는 힘의 크기는 (다)에서가 (가)에서보다 6 N만큼 크다.

02 뉴턴 운동 법칙 2025학년도 6월 모평 물Ⅰ 5번

정답 ③ | 정답률 84 %

적용해야 할 개념 ③가지

① 물체에 작용하는 알짜힘이 0이면 물체는 정지해 있거나 등속 직선 운동을 한다.

② 뉴턴 운동 제3법칙(작용 반작용 법칙): 한 물체가 다른 물체에 힘을 작용하면, 힘을 받은 물체도 힘을 작용한 물체에 크기가 같고 방향이 반대인 힘을 동시에 작용한다.

③ 작용 반작용과 두 힘의 평형

구분	작용 반작용	두 힘의 평형
공통점	두 힘의 크기가 같고 방향이 반대이며, 같은 작용선상에 있다.	
차이점	두 물체 사이에 작용하는 힘으로, 작용점이 상대방 물체에 있다. 작용점 작용 / 작용점 반작용	한 물체에 작용하는 두 힘으로, 두 힘의 작용점이 한 물체에 있다. 작용점 힘 / 작용점 힘

문제 보기

그림 (가)는 실 p에 매달려 정지한 용수철저울의 눈금 값이 0인 모습을, (나)는 (가)의 용수철저울에 추를 매단 후 정지한 용수철저울의 눈금 값이 10 N인 모습을 나타낸 것이다. 용수철저울의 무게는 2 N이다.

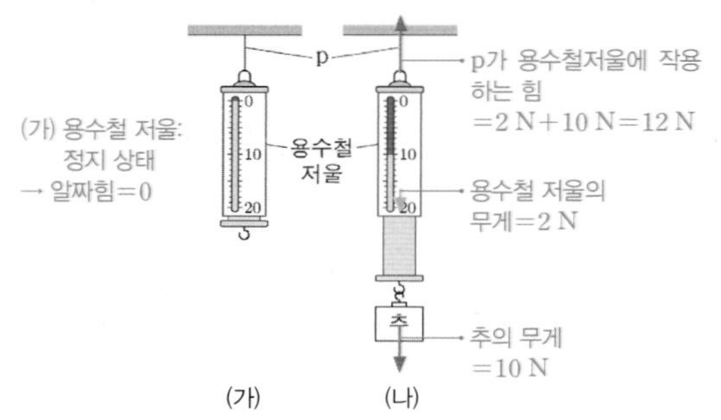

이에 대한 설명으로 옳은 것만을 <보기>에서 있는 대로 고른 것은? [3점]

<보기> 풀이

ㄱ. (가)에서 용수철저울에 작용하는 알짜힘은 0이다.

➡ 정지해 있는 물체에 작용하는 알짜힘은 0이다. (가)에서 용수철저울은 정지해 있으므로 용수철저울에 작용하는 알짜힘은 0이다.

ㄴ. (나)에서 p가 용수철저울에 작용하는 힘의 크기는 12 N이다.

➡ (나)에서 용수철저울의 눈금 값이 10 N이므로, 추의 무게(중력의 크기)는 10 N이다. (나)에서 용수철저울과 추를 한 덩어리로 생각하면, p가 용수철저울에 작용하는 힘의 크기는 용수철저울의 무게와 추의 무게의 합과 같으므로, 2 N+10 N=12 N이다.

ㄷ. (나)에서 추에 작용하는 중력과 용수철저울이 추에 작용하는 힘은 작용 반작용 관계이다.

➡ 작용 반작용은 두 물체 사이에 상호 작용하는 힘이므로, 추에 작용하는 중력을 작용이라고 하면, 추가 지구를 당기는 힘이 반작용이다. 추에 작용하는 중력과 용수철저울이 추에 작용하는 힘은 한 물체에 작용하는 두 힘이므로 작용 반작용 관계가 아니다.

03 뉴턴 운동 법칙 2024학년도 수능 물Ⅰ 9번

정답 ⑤ | 정답률 71 %

적용해야 할 개념 ②가지

① 물체에 작용하는 알짜힘이 0이면 물체는 정지해 있거나 등속 직선 운동을 한다.

② 뉴턴 운동 제3법칙(작용 반작용 법칙): 한 물체가 다른 물체에 힘을 작용하면 힘을 받은 물체도 힘을 작용한 물체에 크기가 같고 방향이 반대인 힘을 동시에 작용한다.

문제 보기

그림 (가)는 질량이 5 kg인 판, 질량이 10 kg인 추, 실 p, q가 연결되어 정지한 모습을, (나)는 (가)에서 질량이 1 kg으로 같은 물체 A, B를 동시에 판에 가만히 올려놓았을 때 정지한 모습을 나타낸 것이다.

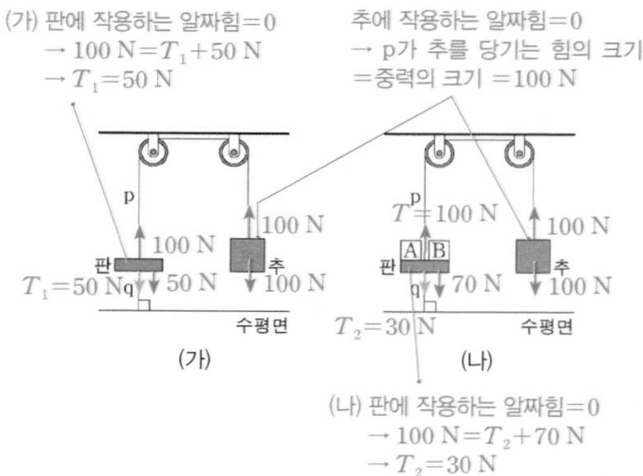

이에 대한 설명으로 옳은 것만을 <보기>에서 있는 대로 고른 것은? (단, 중력 가속도는 10 m/s^{2}이고, 판은 수평면과 나란하며, 실의 질량과 모든 마찰은 무시한다.) [3점]

<보기> 풀이

ㄱ. (가)에서 q가 판을 당기는 힘의 크기는 50 N이다.

➡ (가)에서 추와 판이 정지해 있으므로, 추와 판에 작용하는 알짜힘은 각각 0이다. 추에 작용하는 중력의 크기가 10 kg×10 m/s^2=100 N이므로 p가 추를 위로 당기는 힘의 크기는 100 N이다. 한 줄의 장력은 일정하므로 p가 판을 위로 당기는 힘의 크기도 100 N이다. q가 판을 아래로 당기는 힘의 크기를 T_1이라고 하면, 판에 작용하는 중력의 크기가 50 N이므로 100 N=T_1+50 N에서 T_1=50 N이다. 따라서 (가)에서 q가 판을 당기는 힘의 크기는 50 N이다.

ㄴ. p가 판을 당기는 힘의 크기는 (가)에서와 (나)에서가 같다.

➡ p가 판을 당기는 힘의 크기는 p가 추를 당기는 힘의 크기와 같으므로, p가 판을 당기는 힘의 크기는 (가)에서와 (나)에서가 100 N으로 같다.

ㄷ. 판이 q를 당기는 힘의 크기는 (가)에서가 (나)에서보다 크다.

➡ (나)에서 판에 작용하는 알짜힘은 0이다. q가 판을 아래로 당기는 힘의 크기를 T_2라고 하면, p가 판을 위로 당기는 힘의 크기가 100 N이고, A, B와 판에 작용하는 중력의 합의 크기가 70 N이므로, 100 N=T_2+70 N에서 T_2=30 N이다. 작용 반작용 법칙에 따라 q가 판을 당기는 힘의 크기는 판이 q를 당기는 힘의 크기와 같으므로, 판이 q를 당기는 힘의 크기는 (가), (나)에서 각각 50 N, 30 N이다. 따라서 판이 q를 당기는 힘의 크기는 (가)에서가 (나)에서보다 크다.

04 뉴턴 운동 법칙 2022학년도 10월 학평 물I 3번

정답 ③ | 정답률 84 %

적용해야 할 개념 ③가지

① 물체에 작용하는 알짜힘이 0이면 물체는 정지해 있거나 등속 직선 운동을 한다.

② 뉴턴 운동 제3법칙(작용 반작용 법칙): 한 물체가 다른 물체에 힘을 작용하면 힘을 받은 물체도 힘을 작용한 물체에 크기가 같고 방향이 반대인 힘을 동시에 작용한다.

③ 작용 반작용과 두 힘의 평형

구분	작용 반작용	두 힘의 평형
공통점	두 힘의 크기가 같고 방향이 반대이며, 같은 작용선상에 있다.	
차이점	두 물체 사이에 작용하는 힘으로, 작용점이 상대방 물체에 있다. 작용점 작용 / 작용점 반작용	한 물체에 작용하는 두 힘으로, 두 힘의 작용점이 한 물체에 있다. 작용점 작용점 힘 힘

문제 보기

그림은 자석 A와 B가 실에 매달려 정지해 있는 모습을 나타낸 것이다.

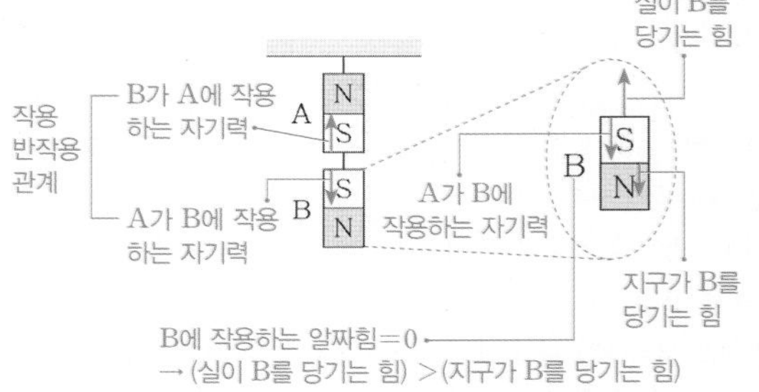

이에 대한 옳은 설명만을 〈보기〉에서 있는 대로 고른 것은?

<보기> 풀이

ㄱ. A에 작용하는 알짜힘은 0이다.

➡ 정지해 있는 물체에 작용하는 알짜힘은 0이므로, 정지해 있는 A에 작용하는 알짜힘은 0이다.

ㄴ. A가 B에 작용하는 자기력과 B가 A에 작용하는 자기력은 작용 반작용 관계이다.

➡ A가 B에 작용하는 자기력과 B가 A에 작용하는 자기력은 두 물체 사이에 상호 작용하는 힘이다. A가 B에 작용하는 자기력을 작용이라고 하면 B가 A에 작용하는 자기력은 반작용이다. 따라서 A가 B에 작용하는 자기력과 B가 A에 작용하는 자기력은 작용 반작용 관계이다.

ㄷ. B에 연결된 실이 B를 당기는 힘의 크기는 지구가 B를 당기는 힘의 크기보다 작다.

➡ B에는 '실이 B를 당기는 힘(장력)'이 위 방향으로 작용하고, 'A가 B에 작용하는 자기력'과 '지구가 B를 당기는 힘(중력)'이 아래 방향으로 작용한다. 정지해 있는 B에 작용하는 알짜힘은 0이므로 (실이 B를 당기는 힘)=(A가 B에 작용하는 자기력)+(지구가 B를 당기는 힘)이다. 따라서 B에 연결된 실이 B를 당기는 힘의 크기는 지구가 B를 당기는 힘의 크기보다 크다.

05 뉴턴 운동 법칙 2023학년도 수능 물I 6번

정답 ⑤ | 정답률 88 %

적용해야 할 개념 ②가지

① 물체에 작용하는 알짜힘이 0이면 물체는 정지해 있거나 등속 직선 운동을 한다.

② 뉴턴 운동 제3법칙(작용 반작용 법칙): 한 물체가 다른 물체에 힘을 작용하면, 힘을 받은 물체도 힘을 작용한 물체에 크기가 같고 방향이 반대인 힘을 동시에 작용한다.

문제 보기

그림과 같이 무게가 1 N인 물체 A가 저울 위에 놓인 물체 B와 실로 연결되어 정지해 있다. 저울에 측정된 힘의 크기는 2 N이다.

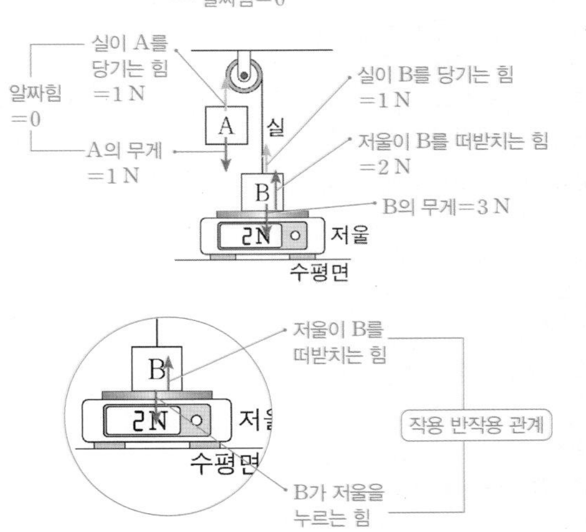

이에 대한 설명으로 옳은 것만을 〈보기〉에서 있는 대로 고른 것은? (단, 실의 질량, 모든 마찰은 무시한다.) [3점]

<보기> 풀이

ㄱ. 실이 B를 당기는 힘의 크기는 1 N이다.

➡ 정지해 있는 물체에 작용하는 알짜힘은 0이므로, A의 무게가 1 N일 때 실이 A를 당기는 힘(장력)의 크기는 1 N이다. 한 줄의 장력은 일정하므로, 실이 A를 당기는 힘의 크기가 1 N이면 실이 B를 당기는 힘의 크기도 1 N이다.

ㄴ. B가 저울을 누르는 힘과 저울이 B를 떠받치는 힘은 작용 반작용 관계이다.

➡ B가 저울을 누르는 힘과 저울이 B를 떠받치는 힘은 두 물체 사이에 상호 작용하는 힘이므로, B가 저울을 누르는 힘을 작용이라고 하면 저울이 B를 떠받치는 힘은 반작용이다. 따라서 B가 저울을 누르는 힘과 저울이 B를 떠받치는 힘은 작용 반작용 관계이다.

ㄷ. B의 무게는 3 N이다.

➡ B에 작용하는 힘은 중력(무게), 실이 당기는 힘, 저울이 떠받치는 힘이다. 정지해 있는 B에 작용하는 알짜힘은 0이므로, 중력(무게)=실이 당기는 힘+저울이 B를 떠받치는 힘이다. 저울이 B를 떠받치는 힘의 크기는 저울의 눈금과 같으므로 2 N이다. 따라서 B의 무게=1 N+2 N=3 N이다.

다른 풀이 저울의 눈금 2 N은 B가 저울을 누르는 힘의 크기와 같으며, B가 저울을 누르는 힘의 크기(2 N)=B의 무게−실이 B를 당기는 힘의 크기(1 N)이다. 따라서 B의 무게는 2 N+1 N=3 N이다.

06 뉴턴 운동 법칙 2025학년도 9월 모평 물Ⅰ 7번

정답 ② | 정답률 91 %

적용해야 할 개념 ③가지

① 물체에 작용하는 알짜힘이 0이면 물체는 정지해 있거나 등속 직선 운동을 한다.

② 뉴턴 운동 제3법칙(작용 반작용 법칙): 한 물체가 다른 물체에 힘을 작용하면, 힘을 받은 물체도 힘을 작용한 물체에 크기가 같고 방향이 반대인 힘을 동시에 작용한다.

③ 작용 반작용과 두 힘의 평형

구분	작용 반작용	두 힘의 평형
공통점	두 힘의 크기가 같고 방향이 반대이며, 같은 작용선상에 있다.	
차이점	두 물체 사이에 작용하는 힘으로, 작용점이 상대방 물체에 있다. 작용점 작용 / 작용점 반작용	한 물체에 작용하는 두 힘으로, 두 힘의 작용점이 한 물체에 있다. 작용점 힘 / 작용점 힘

문제 보기

그림과 같이 수평면에 놓여 있는 자석 B 위에 자석 A가 떠 있는 상태로 정지해 있다. A에 작용하는 중력의 크기와 B가 A에 작용하는 자기력의 크기는 같고, A, B의 질량은 각각 m, $3m$이다.
└ B가 A에 작용하는 자기력$=mg$

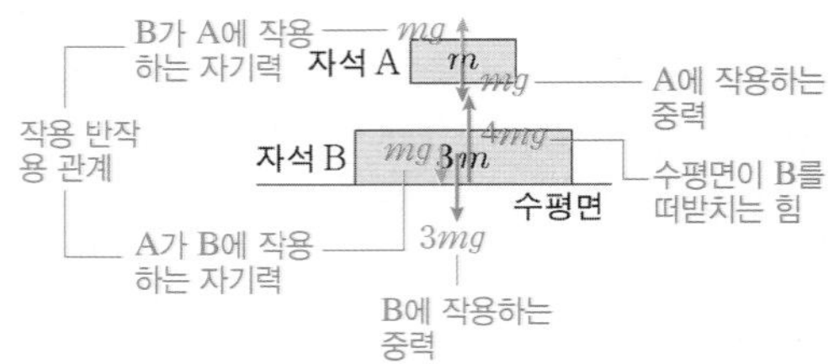

이에 대한 설명으로 옳은 것만을 〈보기〉에서 있는 대로 고른 것은? (단, 중력 가속도는 g이다.) [3점]

<보기> 풀이

ㄱ. A가 B에 작용하는 자기력의 크기는 $3mg$이다.

➡ A에 작용하는 중력의 크기와 B가 A에 작용하는 자기력의 크기는 같으므로, B가 A에 작용하는 자기력의 크기는 mg이다. 작용 반작용 법칙에 따라 A가 B에 작용하는 자기력의 크기는 B가 A에 작용하는 자기력의 크기와 같으므로 mg이다.

ㄴ. 수평면이 B를 떠받치는 힘의 크기는 $4mg$이다.

➡ 정지해 있는 B에 작용하는 알짜힘은 0이다. B에 연직 아래 방향으로 작용하는 힘은 중력 $3mg$와 A가 B에 작용하는 자기력 mg이므로, B에 연직 위 방향으로 작용하는 힘은 수평면이 작용하는 힘 $4mg$이다. 따라서 수평면이 B를 떠받치는 힘의 크기는 $4mg$이다.

ㄷ. A에 작용하는 중력과 B가 A에 작용하는 자기력은 작용 반작용 관계이다.

➡ 작용 반작용은 두 물체 사이에 상호 작용하는 힘이므로, A에 작용하는 중력을 작용이라고 하면 A가 지구를 당기는 힘이 반작용이다. 따라서 A에 작용하는 중력과 B가 A에 작용하는 자기력은 작용 반작용 관계가 아니다. A에 작용하는 중력과 B가 A에 작용하는 자기력은 한 물체에 반대 방향으로 작용하는 크기가 같은 두 힘이므로 평형 관계이다.

07 뉴턴 운동 법칙 2022학년도 9월 모평 물Ⅰ 7번

정답 ⑤ | 정답률 73 %

적용해야 할 개념 ②가지

① 물체에 작용하는 알짜힘이 0이면 물체는 정지해 있거나 등속 직선 운동을 한다.

② 뉴턴 운동 제3법칙(작용 반작용 법칙): 한 물체가 다른 물체에 힘을 작용하면, 힘을 받은 물체도 힘을 작용한 물체에 크기가 같고 방향이 반대인 힘을 동시에 작용한다.

문제 보기

그림과 같이 마찰이 없는 수평면에 자석 A가 고정되어 있고, 용수철에 연결된 자석 B는 정지해 있다.
└ B에 작용하는 알짜힘$=0$

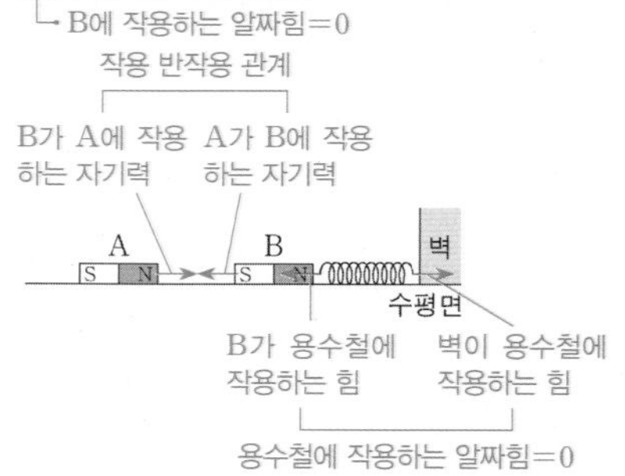

이에 대한 설명으로 옳은 것만을 〈보기〉에서 있는 대로 고른 것은? [3점]

<보기> 풀이

ㄱ. A가 B에 작용하는 자기력은 B가 A에 작용하는 자기력과 작용 반작용 관계이다.

➡ A가 B에 작용하는 자기력과 B가 A에 작용하는 자기력은 두 물체 사이에 상호 작용하는 힘이므로, A가 B에 작용하는 자기력을 작용이라고 하면 B가 A에 작용하는 자기력은 반작용이다. 따라서 A가 B에 작용하는 자기력은 B가 A에 작용하는 자기력과 작용 반작용 관계이다.

ㄴ. 벽이 용수철에 작용하는 힘의 방향과 A가 B에 작용하는 자기력의 방향은 서로 반대이다.

➡ A와 B 사이에 서로 당기는 자기력이 작용하므로 A가 B에 작용하는 자기력의 방향은 왼쪽이다. 이때 용수철은 늘어난 상태로 정지해 있으므로 용수철에 작용하는 알짜힘이 0이다. 늘어난 용수철에 B가 왼쪽 방향으로 힘을 작용하므로 벽은 용수철에 오른쪽 방향으로 같은 크기의 힘을 작용한다. 따라서 벽이 용수철에 작용하는 힘의 방향(→)과 A가 B에 작용하는 자기력의 방향(←)은 서로 반대이다.

ㄷ. B에 작용하는 알짜힘은 0이다.

➡ B는 정지해 있으므로 B에 작용하는 알짜힘은 0이다.

08 뉴턴 운동 법칙 2024학년도 3월 학평 물Ⅰ 5번

정답 ⑤ | 정답률 72 %

적용해야 할 개념 ③가지

① 물체에 작용하는 알짜힘이 0이면 물체는 정지해 있거나 등속 직선 운동을 한다.

② 뉴턴 운동 제3법칙(작용 반작용 법칙): 한 물체가 다른 물체에 힘을 작용하면, 힘을 받은 물체도 힘을 작용한 물체에 크기가 같고 방향이 반대인 힘을 동시에 작용한다.

③ 작용 반작용과 두 힘의 평형

구분	작용 반작용	두 힘의 평형
공통점	두 힘의 크기가 같고 방향이 반대이며, 같은 작용선상에 있다.	
차이점	두 물체 사이에 작용하는 힘으로, 작용점이 상대방 물체에 있다. 작용점 작용 / 작용점 반작용	한 물체에 작용하는 두 힘으로, 두 힘의 작용점이 한 물체에 있다. 작용점 힘 / 작용점 힘

4 일차

문제 보기

다음은 자석과 자성체를 이용한 실험이다.

[실험 과정]
(가) 그림과 같은 고리 모양의 동일한 자석 A, B, C, ㉠강자성체 X, 상자성체 Y를 준비한다.
(나) 수평면에 연직으로 고정된 나무 막대에 자석과 자성체를 넣고, 모두 정지했을 때의 위치를 비교한다.
[실험 결과]

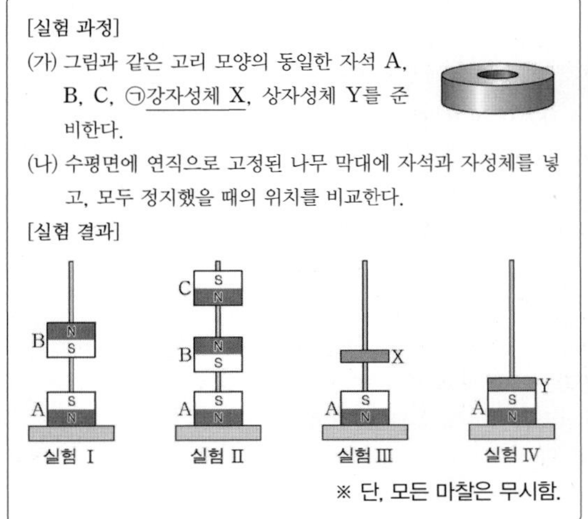

※ 단, 모든 마찰은 무시함.

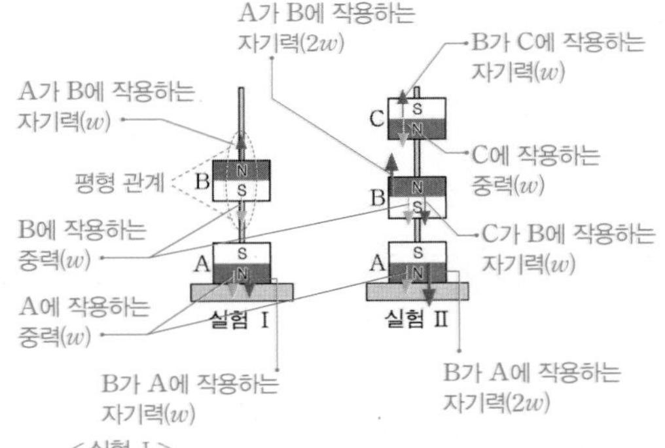

<실험 Ⅰ>
- B에 작용하는 알짜힘=0
→ A가 B에 작용하는 자기력의 크기=w
- A가 수평면을 누르는 힘의 크기=$w+w=2w$

<실험 Ⅱ>
- C에 작용하는 알짜힘=0
→ B가 C에 작용하는 자기력의 크기=w
- B에 작용하는 알짜힘=0
→ A가 B에 작용하는 자기력의 크기=$w+w=2w$
- A가 수평면을 누르는 힘의 크기=$w+2w=3w$

실험 Ⅰ과 Ⅱ에 대한 설명으로 옳은 것은? [3점]

<보기> 풀이

① Ⅰ에서 A가 B에 작용하는 자기력과 B에 작용하는 중력은 작용 반작용 관계이다.

➡ 작용 반작용은 두 물체 사이에 상호 작용하는 힘이므로, A가 B에 작용하는 자기력을 작용이라고 하면, B가 A에 작용하는 자기력이 반작용이다. 따라서 Ⅰ에서 A가 B에 작용하는 자기력과 B에 작용하는 중력은 작용 반작용 관계가 아니다. A가 B에 작용하는 자기력과 B에 작용하는 중력은 한 물체에 반대 방향으로 작용하는 같은 크기의 두 힘이므로 평형 관계이다.

② Ⅱ에서 A가 B에 작용하는 자기력의 크기는 B의 무게와 같다.

➡ 동일한 자석 A, B, C에 각각 작용하는 중력의 크기(무게)를 w라고 하면, Ⅱ에서 정지해 있는 C에 작용하는 알짜힘이 0이므로 B가 C에 위 방향으로 작용하는 자기력의 크기는 C의 무게와 같다. 따라서 B가 C에 작용하는 자기력의 크기는 w이고, 작용 반작용 법칙에 따라 C가 B에 작용하는 자기력의 크기도 w이다. 이때 정지해 있는 B에 작용하는 알짜힘도 0이므로, 'A가 B에 위 방향으로 작용하는 자기력의 크기=B의 무게+C가 B에 아래 방향으로 작용하는 자기력의 크기'가 성립한다. 즉, A가 B에 위 방향으로 작용하는 자기력의 크기=$w+w=2w$이므로, A가 B에 작용하는 자기력의 크기는 B의 무게의 2배이다.

③ Ⅰ과 Ⅱ에서 A가 B에 작용하는 자기력의 크기는 같다.

➡ Ⅰ에서 정지해 있는 B에 작용하는 알짜힘이 0이므로 A가 B에 위 방향으로 작용하는 자기력의 크기는 B의 무게 w와 같다. Ⅱ에서 A가 B에 위 방향으로 작용하는 자기력의 크기는 $2w$이다. 따라서 Ⅰ과 Ⅱ에서 A가 B에 작용하는 자기력의 크기는 Ⅱ에서가 Ⅰ에서의 2배이다.

④ B에 작용하는 알짜힘의 크기는 Ⅱ에서가 Ⅰ에서보다 크다.

➡ Ⅰ과 Ⅱ에서 B는 모두 정지해 있으므로, B에 작용하는 알짜힘의 크기는 Ⅰ과 Ⅱ에서 0으로 같다.

⑤ A가 수평면을 누르는 힘의 크기는 Ⅱ에서가 Ⅰ에서보다 크다.

➡ Ⅰ에서 B가 A에 작용하는 자기력의 크기는 A가 B에 작용하는 자기력의 크기와 같은 w이므로, Ⅰ에서 A가 수평면을 누르는 힘의 크기=A의 무게+B가 A에 작용하는 자기력의 크기=$w+w=2w$이다. Ⅱ에서 B가 A에 작용하는 자기력의 크기는 A가 B에 작용하는 자기력의 크기와 같은 $2w$이므로, Ⅱ에서 A가 수평면을 누르는 힘의 크기=A의 무게+B가 A에 작용하는 자기력의 크기=$w+2w=3w$이다. 따라서 A가 수평면을 누르는 힘의 크기는 Ⅱ에서가 Ⅰ에서보다 크다.

09 뉴턴 운동 법칙 2023학년도 6월 모평 물Ⅰ 11번

정답 ② | 정답률 68 %

적용해야 할 개념 ③가지

① 물체에 작용하는 알짜힘이 0이면 물체는 정지해 있거나 등속 직선 운동을 한다.

② 뉴턴 운동 제3법칙(작용 반작용 법칙): 한 물체가 다른 물체에 힘을 작용하면, 힘을 받은 물체도 힘을 작용한 물체에 크기가 같고 방향이 반대인 힘을 동시에 작용한다.

③ 작용 반작용과 두 힘의 평형

구분	작용 반작용	두 힘의 평형
공통점	두 힘의 크기가 같고 방향이 반대이며, 같은 작용선상에 있다.	
차이점	두 물체 사이에 작용하는 힘으로, 작용점이 상대방 물체에 있다. 작용점 작용 / 작용점 반작용	한 물체에 작용하는 두 힘으로, 두 힘의 작용점이 한 물체에 있다. 작용점 힘 / 작용점 힘

문제 보기

다음은 자석의 무게를 측정하는 실험이다.

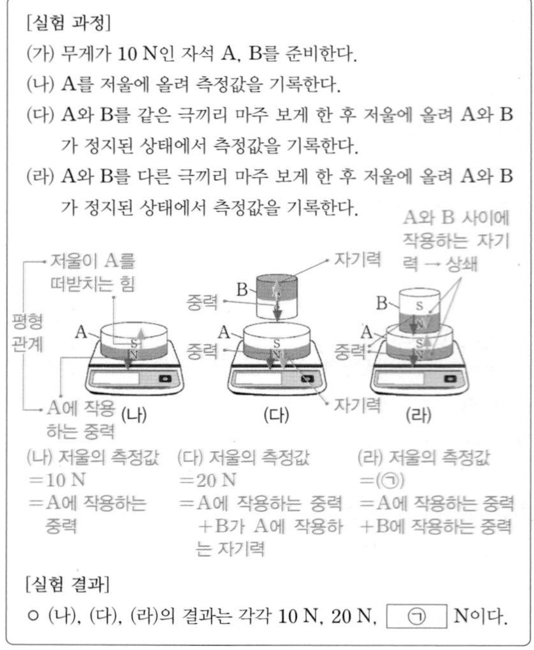
[실험 과정]

(가) 무게가 10 N인 자석 A, B를 준비한다.

(나) A를 저울에 올려 측정값을 기록한다.

(다) A와 B를 같은 극끼리 마주 보게 한 후 저울에 올려 A와 B가 정지된 상태에서 측정값을 기록한다.

(라) A와 B를 다른 극끼리 마주 보게 한 후 저울에 올려 A와 B가 정지된 상태에서 측정값을 기록한다.

[실험 결과]

○ (나), (다), (라)의 결과는 각각 10 N, 20 N, ㉠ N이다.

이에 대한 설명으로 옳은 것만을 〈보기〉에서 있는 대로 고른 것은? [3점]

<보기> 풀이

ㄱ. (나)에서 A에 작용하는 중력과 저울이 A를 떠받치는 힘은 작용 반작용 관계이다. (×)

➡ 작용 반작용은 두 물체 사이에 상호 작용 하는 힘이므로, (나)에서 A에 작용하는 중력을 작용이라고 하면 A가 지구를 당기는 힘이 반작용이다. (나)에서 A에 작용하는 중력과 저울이 A를 떠받치는 힘은 작용점이 A에 있으므로 작용 반작용 관계가 아니라 평형 관계이다.

ㄴ. (다)에서 B가 A에 작용하는 자기력의 크기는 A에 작용하는 중력의 크기와 같다. (○)

➡ (다)에서 저울의 측정값은 A에 작용하는 중력과 B가 A에 작용하는 자기력의 합이므로, 저울의 측정값이 20 N이고 A에 작용하는 중력의 크기가 10 N일 때 B가 A에 작용하는 자기력의 크기는 20 N−10 N=10 N이다. 따라서 (다)에서 B가 A에 작용하는 자기력의 크기는 A에 작용하는 중력의 크기와 같다.

ㄷ. ㉠은 20보다 크다. (×)

➡ (라)에서 A와 B를 한 덩어리로 생각할 때, 한 덩어리가 된 물체 내에서 A와 B 사이에 작용하는 자기력의 크기는 같고 방향은 반대이므로 상쇄된다. 따라서 저울의 측정값은 한 덩어리인 A와 B에 작용하는 중력의 크기의 합인 20 N과 같으므로, ㉠은 20이다.

다른 풀이 (라)에서 A와 B 사이에 서로 당기는 자기력이 작용하므로, A가 B를 당기는 힘의 방향은 아래 방향이고 B가 A를 당기는 힘의 방향은 위 방향이다. 따라서 B가 A를 누르는 힘=B에 작용하는 중력+A가 B를 당기는 자기력=10 N+10 N=20 N이다. 저울의 측정값은 A가 저울을 누르는 힘의 크기와 같으며, A가 저울을 누르는 힘=A에 작용하는 중력+B가 A를 누르는 힘−B가 A를 당기는 힘이다. 따라서 A가 저울을 누르는 힘=10 N+20 N−10 N=20 N이므로 저울의 측정값 ㉠은 20이다.

10 뉴턴 운동 법칙 2024학년도 5월 학평 물Ⅰ 4번

정답 ① | 정답률 73 %

적용해야 할 개념 ③가지

① 물체에 작용하는 알짜힘이 0이면 물체는 정지해 있거나 등속 직선 운동을 한다.

② 뉴턴 운동 제3법칙(작용 반작용 법칙): 한 물체가 다른 물체에 힘을 작용하면, 힘을 받은 물체도 힘을 작용한 물체에 크기가 같고 방향이 반대인 힘을 동시에 작용한다.

③ 작용 반작용과 두 힘의 평형

구분	작용 반작용	두 힘의 평형
공통점	두 힘의 크기가 같고 방향이 반대이며, 같은 작용선상에 있다.	
차이점	두 물체 사이에 작용하는 힘으로, 작용점이 상대방 물체에 있다. 작용점 작용 / 작용점 반작용	한 물체에 작용하는 두 힘으로, 두 힘의 작용점이 한 물체에 있다. 작용점 힘 / 작용점 힘

문제 보기

그림과 같이 물체 A와 용수철로 연결된 물체 B에 크기가 F인 힘을 연직 아래 방향으로 작용하였더니 용수철이 압축되어 A와 B가 정지해 있다. A, B의 질량은 각각 $2m$, m이고, 수평면이 A를 떠받치는 힘의 크기는 용수철이 B에 작용하는 힘의 크기의 2배이다.

→ $N=2f$

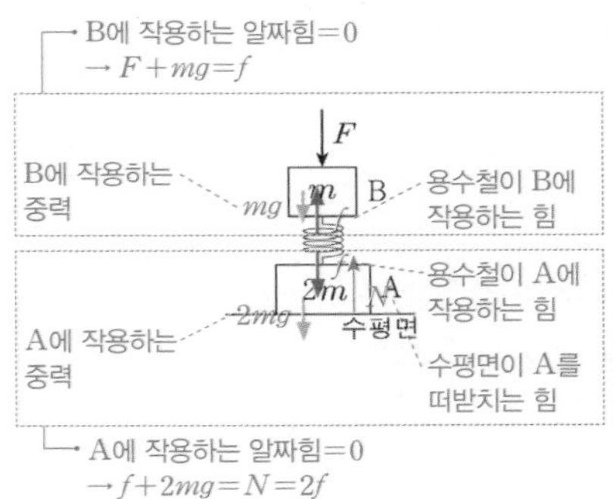

이에 대한 설명으로 옳은 것만을 〈보기〉에서 있는 대로 고른 것은? (단, 중력 가속도는 g이고, 용수철의 질량, 마찰은 무시한다.) [3점]

보기

<보기> 풀이

한 용수철의 탄성력은 일정하므로 용수철이 A에 아래 방향으로 작용하는 힘의 크기와 용수철이 B에 위 방향으로 작용하는 힘의 크기는 같다.

ㄱ. $F=mg$이다.

➡ B가 정지해 있으므로 B에 작용하는 알짜힘은 0이다. 용수철이 A, B에 작용하는 힘의 크기를 f라고 하면, B에 F와 중력 mg가 아래 방향으로 작용하고 f가 위 방향으로 작용하므로 $F+mg=f$ ⋯ ①이다. 한편, 정지해 있는 A에 작용하는 알짜힘도 0이다. 수평면이 A를 떠받치는 힘의 크기를 N이라고 하면, A에 f와 중력 $2mg$가 아래 방향으로 작용하고 N이 위 방향으로 작용하므로, $f+2mg=N$ ⋯ ②이다. 수평면이 A를 떠받치는 힘의 크기 N은 용수철이 B에 작용하는 힘의 크기 f의 2배이므로, $N=2f$ ⋯ ③이다. ①, ②, ③을 정리하면 $F=mg$이다.

다른 풀이 B가 정지해 있으므로 B에 작용하는 알짜힘은 0이다. 용수철이 B에 작용하는 힘의 크기를 f라고 하면, B에 F와 중력 mg가 아래 방향으로 작용하고 f가 위 방향으로 작용하므로 $F+mg=f$이다. A와 B를 한 덩어리로 생각하면, 정지해 있는 (A+B)에 작용하는 알짜힘도 0이다. 수평면이 A를 떠받치는 힘을 크기를 N이라고 하면, (A+B)에 아래 방향으로 $F+3mg$의 힘이 작용하고 위 방향으로 N이 작용하며, 용수철이 A, B에 작용하는 힘은 상쇄되므로 $N=F+3mg$이다. $N=2f$이므로 $2(F+mg)=F+3mg$에서 $F=mg$이다.

ㄴ. 용수철이 A에 작용하는 힘의 크기는 $3mg$이다.

➡ ①에 $F=mg$를 대입하면 $f=2mg$이므로, 용수철이 A에 작용하는 힘의 크기는 $2mg$이다.

다른 풀이 용수철이 A에 작용하는 힘의 크기는 용수철이 B에 작용하는 힘의 크기와 같으므로, $F+mg=f$에 $F=mg$를 대입하면 $f=2mg$이다.

ㄷ. B에 작용하는 중력과 용수철이 B에 작용하는 힘은 작용 반작용 관계이다.

➡ 작용 반작용은 두 물체 사이에 상호 작용하는 힘이므로, B에 작용하는 중력을 작용이라고 하면, B가 지구를 당기는 힘이 반작용이다. B에 작용하는 중력과 용수철이 B에 작용하는 힘은 한 물체에 작용하는 두 힘이므로, 작용 반작용 관계가 아니다.

11 뉴턴 운동 법칙 2024학년도 9월 모평 물I 9번

정답 ④ | 정답률 71 %

적용해야 할 개념 ③가지

① 물체에 작용하는 알짜힘이 0이면 물체는 정지해 있거나 등속 직선 운동을 한다.

② 뉴턴 운동 제3법칙(작용 반작용 법칙): 한 물체가 다른 물체에 힘을 작용하면 힘을 받은 물체도 힘을 작용한 물체에 크기가 같고 방향이 반대인 힘을 동시에 작용한다.

③ 작용 반작용과 두 힘의 평형

구분	작용 반작용	두 힘의 평형
공통점	두 힘의 크기가 같고 방향이 반대이며, 같은 작용선상에 있다.	
차이점	두 물체 사이에 작용하는 힘으로, 작용점이 상대방 물체에 있다. 작용점 작용 / 작용점 반작용	한 물체에 작용하는 두 힘으로, 두 힘의 작용점이 한 물체에 있다. 작용점 힘 / 작용점 힘

문제 보기

그림 (가), (나)는 직육면체 모양의 물체 A, B가 수평면에 놓여 있는 상태에서 A에 각각 크기가 F, $2F$인 힘이 연직 방향으로 작용할 때, A, B가 정지해 있는 모습을 나타낸 것이다. A, B의 질량은 각각 m, $3m$이고, B가 A를 떠받치는 힘의 크기는 (가)에서가 (나)에서의 2배이다.

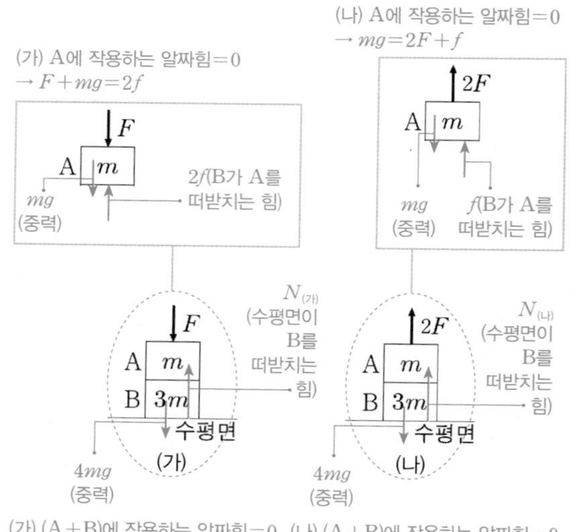

이에 대한 설명으로 옳은 것만을 〈보기〉에서 있는 대로 고른 것은? (단, 중력 가속도는 g이다.)

<보기> 풀이

ㄱ. A에 작용하는 중력과 B가 A를 떠받치는 힘은 작용 반작용 관계이다. (×)

➡ 작용 반작용은 두 물체 사이에 상호 작용하는 힘이므로, A에 작용하는 중력을 작용이라고 하면, A가 지구를 당기는 힘이 반작용이다. 따라서 A에 작용하는 중력과 B가 A를 떠받치는 힘은 작용 반작용 관계가 아니다.

ㄴ. $F=\frac{1}{5}mg$이다. (○)

➡ (가)와 (나)에서 정지해 있는 A에 작용하는 알짜힘은 각각 0이다. B가 A를 떠받치는 힘의 크기를 (가)와 (나)에서 각각 $2f$, f라고 하면, (가)에서 A에 연직 아래 방향으로 힘 F와 중력 mg가 작용하고 연직 위 방향으로 힘 $2f$가 작용하므로, $F+mg=2f$ … ①이다. 또 (나)에서 A에 연직 아래 방향으로 중력 mg가 작용하고 연직 위 방향으로 힘 $2F$와 힘 f가 작용하므로, $mg=2F+f$ … ②이다. ①, ②를 연립하여 정리하면 $F=\frac{1}{5}mg$이다.

ㄷ. 수평면이 B를 떠받치는 힘의 크기는 (가)에서가 (나)에서의 $\frac{7}{6}$배이다. (○)

➡ (가)와 (나)에서 A, B를 한 덩어리라고 생각했을 때, (A+B)가 정지해 있으므로 (A+B)에 작용하는 알짜힘은 각각 0이다. (가)에서 수평면이 B를 떠받치는 힘의 크기를 $N_{(가)}$라고 하면, (A+B)에 연직 아래 방향으로 힘 $F(=\frac{1}{5}mg)$와 중력 $4mg$가 작용하고 연직 위 방향으로 힘 $N_{(가)}$가 작용하므로, $\frac{1}{5}mg+4mg=N_{(가)}$에서 $N_{(가)}=\frac{21}{5}mg$이다. 또 (나)에서 수평면이 B를 떠받치는 힘의 크기를 $N_{(나)}$라고 하면, (A+B)에 연직 아래 방향으로 중력 $4mg$가 작용하고 연직 위 방향으로 힘 $2F(=\frac{2}{5}mg)$와 힘 $N_{(나)}$가 작용하므로, $4mg=\frac{2}{5}mg+N_{(나)}$에서 $N_{(나)}=\frac{18}{5}mg$이다. $\frac{N_{(가)}}{N_{(나)}}=\frac{7}{6}$이므로, 수평면이 B를 떠받치는 힘의 크기는 (가)에서가 (나)에서의 $\frac{7}{6}$배이다.

다른 풀이 수평면이 B를 떠받치는 힘의 크기는 작용 반작용 법칙에 따라 B가 수평면을 누르는 힘의 크기와 같다. (가)에서 B가 수평면을 누르는 힘의 크기를 $N_{(가)}$라고 하면, $N_{(가)}=F+4mg=\frac{1}{5}mg+4mg=\frac{21}{5}mg$이다. 또 (나)에서 B가 수평면을 누르는 힘의 크기를 $N_{(나)}$라고 하면, $N_{(나)}=4mg-2F=4mg-\frac{2}{5}mg=\frac{18}{5}mg$이다. $\frac{N_{(가)}}{N_{(나)}}=\frac{7}{6}$이므로, 수평면이 B를 떠받치는 힘의 크기는 (가)에서가 (나)에서의 $\frac{7}{6}$배이다.

12 뉴턴 운동 법칙 2024학년도 6월 모평 물I 6번

정답 ⑤ | 정답률 58 %

적용해야 할 개념 ③가지

① 물체에 작용하는 알짜힘이 0이면 물체는 정지해 있거나 등속 직선 운동을 한다.

② 뉴턴 운동 제3법칙(작용 반작용 법칙): 한 물체가 다른 물체에 힘을 작용하면, 힘을 받은 물체도 힘을 작용한 물체에 크기가 같고 방향이 반대인 힘을 동시에 작용한다.

③ 작용 반작용과 두 힘의 평형

구분	작용 반작용	두 힘의 평형
공통점	두 힘의 크기가 같고 방향이 반대이며, 같은 작용선상에 있다.	
차이점	두 물체 사이에 작용하는 힘으로, 작용점이 상대방 물체에 있다. 작용점 작용 / 작용점 반작용	한 물체에 작용하는 두 힘으로, 두 힘의 작용점이 한 물체에 있다. 작용점 힘 / 작용점 힘

문제 보기

그림 (가)는 저울 위에 놓인 물체 A와 B가 정지해 있는 모습을, (나)는 (가)에서 A에 크기가 F인 힘을 연직 위 방향으로 작용할 때, A와 B가 정지해 있는 모습을 나타낸 것이다. 저울에 측정된 힘의 크기는 (가)에서가 (나)에서의 2배이고, B가 A에 작용하는 힘의 크기는 (가)에서가 (나)에서의 4배이다.

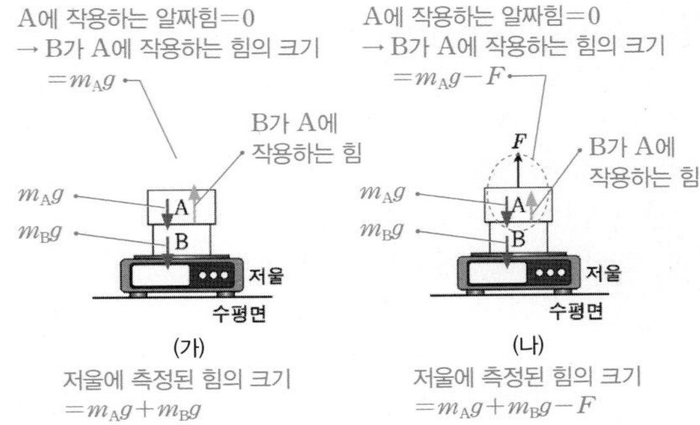

이에 대한 설명으로 옳은 것만을 〈보기〉에서 있는 대로 고른 것은? [3점]

<보기> 풀이

A와 B의 질량을 각각 m_A, m_B라고 하면, (가)에서 저울에 측정된 힘의 크기는 A와 B에 작용하는 중력(무게)의 합과 같으므로 m_Ag+m_Bg이고, (나)에서 저울에 측정된 힘의 크기는 A와 B에 작용하는 중력(무게)의 합에서 F를 뺀 값과 같으므로 m_Ag+m_Bg-F이다. $m_Ag+m_Bg=2(m_Ag+m_Ag-F)$이므로, $m_Ag+m_Bg=2F$ ⋯ ①이다. (가)에서 정지해 있는 A에 작용하는 알짜힘은 0이므로, A에 작용하는 중력의 크기는 B가 A에 작용하는 힘의 크기와 같다. 따라서 B가 A에 작용하는 힘의 크기는 m_Ag이다. 또 (나)에서 정지해 있는 A에 작용하는 알짜힘은 0이므로 A에 작용하는 중력의 크기는 F와 B가 A에 작용하는 힘의 크기의 합과 같다. 따라서 B가 A에 작용하는 힘의 크기는 m_Ag-F이다. $m_Ag=4(m_Ag-F)$이므로, $3m_Ag=4F$ ⋯ ②이다.

ㄱ. 질량은 A가 B의 2배이다.

➡ ①과 ②에서 $m_Ag=2m_Bg$이므로, 질량은 A가 B의 2배이다.

ㄴ. (가)에서 저울이 B에 작용하는 힘의 크기는 $2F$이다.

➡ (가)에서 저울이 B에 작용하는 힘의 크기는 저울에 측정된 힘의 크기와 같고, 저울에 측정된 힘의 크기는 A와 B에 작용하는 중력(무게)의 합과 같다. 따라서 (가)에서 저울이 B에 작용하는 힘의 크기는 $m_Ag+m_Bg=2F$이다.

ㄷ. (나)에서 A가 B에 작용하는 힘의 크기는 $\frac{1}{3}F$이다.

➡ (나)에서 A가 B에 작용하는 힘의 크기는 작용 반작용 법칙에 의해 B가 A에 작용하는 힘의 크기와 같으므로, $m_Ag-F=\frac{4}{3}F-F=\frac{1}{3}F$이다.

13 뉴턴 운동 법칙 2021학년도 9월 모평 물I 9번

정답 ② | 정답률 55 %

적용해야 할 개념 ②가지

① 물체에 작용하는 알짜힘이 0이면 물체는 정지해 있거나 등속 직선 운동을 한다.

② 작용 반작용과 두 힘의 평형

구분	작용 반작용	두 힘의 평형
공통점	두 힘의 크기가 같고 방향이 반대이며, 같은 작용선상에 있다.	
차이점	두 물체 사이에 작용하는 힘으로, 작용점이 상대방 물체에 있다. 작용점 작용 / 작용점 반작용	한 물체에 작용하는 두 힘으로, 두 힘의 작용점이 한 물체에 있다. 작용점 힘 / 작용점 힘

문제 보기

그림은 수평면과 나란하고 크기가 F인 힘으로 물체 A, B를 벽을 향해 밀어 정지한 모습을 나타낸 것이다. A, B의 질량은 각각 $2m$, m이다. → 물체 A, B에 작용하는 알짜힘=0

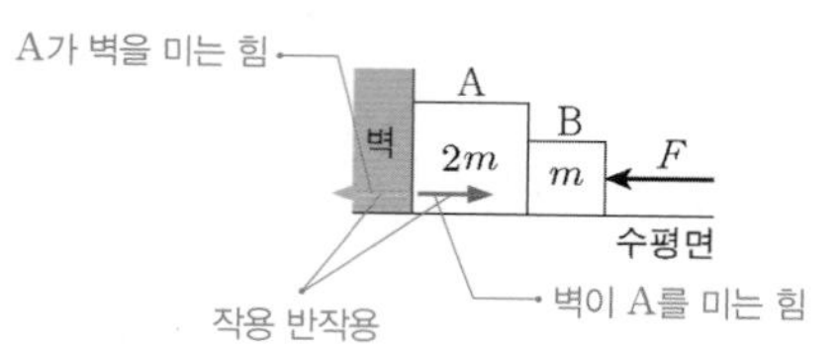

이에 대한 설명으로 옳은 것만을 <보기>에서 있는 대로 고른 것은? (단, 물체와 수평면 사이의 마찰은 무시한다.)

<보기> 풀이

물체 A, B가 정지해 있으므로 물체 A, B에 작용하는 알짜힘은 각각 0이다.

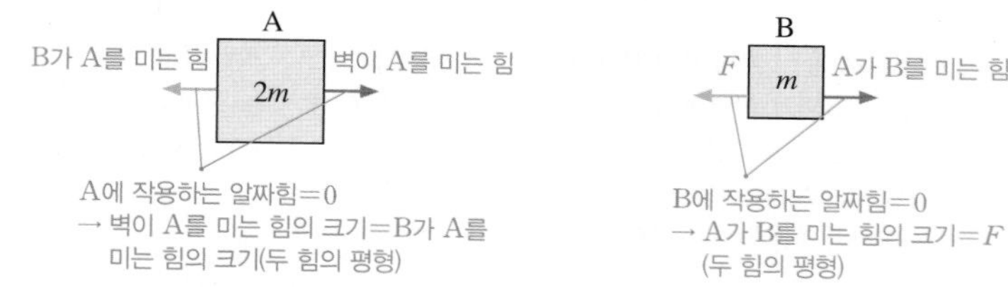

ㄱ. 벽이 A를 미는 힘의 반작용은 A가 B를 미는 힘이다. (✗)

➡ 작용 반작용 관계에 있는 두 힘은 크기가 같고, 방향이 반대이며 작용점이 상대방 물체에 있다. 벽이 A를 미는 힘의 반작용은 A가 벽을 미는 힘이다.

ㄴ. 벽이 A를 미는 힘의 크기와 B가 A를 미는 힘의 크기는 같다. (○)

➡ A에 작용하는 힘은 벽이 A를 미는 힘과 B가 A를 미는 힘이다. 정지해 있는 A에 작용하는 알짜힘은 0이므로, 벽이 A를 미는 힘과 B가 A를 미는 힘의 크기는 같다.

ㄷ. A가 B를 미는 힘의 크기는 $\frac{2}{3}F$이다. (✗)

➡ B에 작용하는 힘은 A가 B를 미는 힘과 F이다. 정지해 있는 B에 작용하는 알짜힘은 0이므로, A가 B를 미는 힘의 크기는 F이다.

14	**뉴턴 운동 법칙** 2021학년도 수능 물Ⅰ 10번	정답 ② ㅣ 정답률 79 %

적용해야 할 개념 ②가지

① 물체에 작용하는 알짜힘이 0이면 물체는 정지해 있거나 등속 직선 운동을 한다.
② 작용 반작용과 두 힘의 평형

구분	작용 반작용	두 힘의 평형
공통점	두 힘의 크기가 같고 방향이 반대이며, 같은 작용선상에 있다.	
차이점	두 물체 사이에 작용하는 힘으로, 작용점이 상대방 물체에 있다. (작용점, 작용 / 작용점, 반작용)	한 물체에 작용하는 두 힘으로, 두 힘의 작용점이 한 물체에 있다. (작용점, 힘 / 작용점, 힘)

문제 보기

그림 (가)는 저울 위에 놓인 물체 A, B가 정지해 있는 모습을, (나)는 (가)의 A에 크기가 F인 힘을 연직 방향으로 가할 때 A, B가 정지해 있는 모습을 나타낸 것이다. 저울에 측정된 힘의 크기는 (나)에서가 (가)에서의 2배이다.

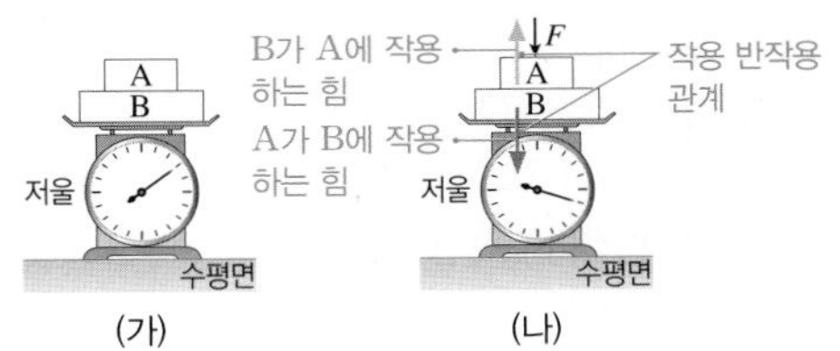

(가)에서 저울에 측정된 힘의 크기: (A+B)에 작용하는 중력의 크기
(나)에서 저울에 측정된 힘의 크기: (A+B)에 작용하는 중력의 크기$+F$

(나)의 눈금이 (가)의 2배일 때:
(A+B)에 작용하는 중력의 크기×2
=(A+B)에 작용하는 중력의 크기$+F$
→ (A+B)에 작용하는 중력의 크기$=F$
→ (가)의 눈금$=F$, (나)의 눈금$=2F$

이에 대한 설명으로 옳은 것만을 〈보기〉에서 있는 대로 고른 것은? [3점]

<보기> 풀이

물체 A, B가 정지해 있으므로 물체 A, B에 작용하는 알짜힘은 각각 0이다.

ㄱ. (가)에서 A에 작용하는 중력과 B가 A에 작용하는 힘은 작용 반작용 관계이다. (×)
➡ 작용 반작용 관계인 두 힘은 두 물체 사이에 상호 작용하는 힘이므로 작용점이 상대방 물체에 있다. (가)에서 A에 작용하는 중력과 B가 A에 작용하는 힘의 작용점은 모두 A에 있으므로 작용 반작용 관계가 아니다. A에 작용하는 중력과 작용 반작용 관계인 힘은 A가 지구를 당기는 힘이다.

ㄴ. (나)에서 B가 A에 작용하는 힘의 크기는 F보다 크다. (○)
➡ (나)에서 A가 B에 작용하는 힘은 A에 작용하는 중력에 F가 더해진 힘이다. A가 B에 작용하는 힘은 B가 A에 작용하는 힘과 작용 반작용 관계이므로 두 힘의 크기는 같다. 따라서 (나)에서 B가 A에 작용하는 힘의 크기는 F보다 크다.

ㄷ. (나)의 저울에 측정된 힘의 크기는 $3F$이다. (×)
➡ (가)의 저울에 측정된 힘의 크기는 A와 B에 작용하는 중력의 합이고 (나)의 저울에 측정된 힘의 크기는 A와 B에 작용하는 중력에 F가 더해진 힘의 크기이다. 저울에 측정된 힘의 크기는 (나)에서가 (가)에서의 2배이므로 A와 B에 작용하는 중력의 합은 F와 같다. 따라서 (나)의 저울에 측정된 힘의 크기는 $2F$이다.

15	**뉴턴 운동 법칙** 2022학년도 6월 모평 물Ⅰ 8번	정답 ③ ㅣ 정답률 80 %

적용해야 할 개념 ③가지

① 물체에 작용하는 알짜힘이 0이면 물체는 정지해 있거나 등속 직선 운동을 한다.
② 뉴턴 운동 제3법칙(작용 반작용 법칙): 한 물체가 다른 물체에 힘을 작용하면, 힘을 받은 물체도 힘을 작용한 물체에 크기가 같고 방향이 반대인 힘을 동시에 작용한다.
③ 작용 반작용과 두 힘의 평형

구분	작용 반작용	두 힘의 평형
공통점	두 힘의 크기가 같고 방향이 반대이며, 같은 작용선상에 있다.	
차이점	두 물체 사이에 작용하는 힘으로, 작용점이 상대방 물체에 있다. (작용점, 작용 / 작용점, 반작용)	한 물체에 작용하는 두 힘으로, 두 힘의 작용점이 한 물체에 있다. (작용점, 힘 / 작용점, 힘)

문제 보기

그림과 같이 기중기에 줄로 연결된 상자가 연직 아래로 등속도 운동을 하고 있다. 상자 안에는 질량이 각각 m, $2m$인 물체 A, B가 놓여 있다.

→ 상자, A, B에 작용하는 알짜힘=0

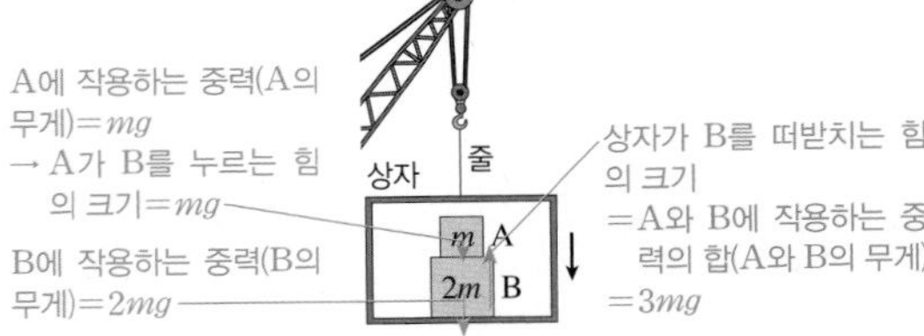

이에 대한 설명으로 옳은 것만을 〈보기〉에서 있는 대로 고른 것은?

<보기> 풀이

ㄱ. A에 작용하는 알짜힘은 0이다. (○)
➡ A는 상자와 함께 연직 아래로 등속도 운동을 하고 있으므로 A에 작용하는 알짜힘은 0이다.

ㄴ. 줄이 상자를 당기는 힘과 상자가 줄을 당기는 힘은 작용 반작용 관계이다. (○)
➡ 작용 반작용 관계에 있는 두 힘은 크기가 같고 방향이 반대이며 작용점이 상대방 물체에 있다. 줄이 상자를 당기는 힘을 작용이라고 하면 상자가 줄을 당기는 힘은 반작용이다.

ㄷ. 상자가 B를 떠받치는 힘의 크기는 A가 B를 누르는 힘의 크기의 2배이다. (×)
➡ 상자가 B를 떠받치는 힘의 크기는 A와 B에 작용하는 중력의 합(A와 B의 무게)과 같으므로 $3mg$이다. A가 B를 누르는 힘의 크기는 A에 작용하는 중력(A의 무게)과 같으므로 mg이다. 따라서 상자가 B를 떠받치는 힘의 크기는 A가 B를 누르는 힘의 크기의 3배이다.

16 뉴턴 운동 법칙 2023학년도 4월 학평 물I 7번

정답 ③ | 정답률 79 %

적용해야 할 개념 ③가지

① 물체에 작용하는 알짜힘이 0이면 물체는 정지해 있거나 등속 직선 운동을 한다.

② 뉴턴 운동 제3법칙(작용 반작용 법칙): 한 물체가 다른 물체에 힘을 작용하면, 힘을 받은 물체도 힘을 작용한 물체에 크기가 같고 방향이 반대인 힘을 동시에 작용한다.

③ 작용 반작용과 두 힘의 평형

구분	작용 반작용	두 힘의 평형
공통점	두 힘의 크기가 같고 방향이 반대이며, 같은 작용선상에 있다.	
차이점	두 물체 사이에 작용하는 힘으로, 작용점이 상대방 물체에 있다. (작용점, 작용 / 작용점, 반작용)	한 물체에 작용하는 두 힘으로, 두 힘의 작용점이 한 물체에 있다. (작용점, 힘 / 작용점, 힘)

문제 보기

그림은 동일한 자석 A, B를 플라스틱 관에 넣고, A에 크기가 F인 힘을 연직 아래 방향으로 작용하였을 때 A, B가 정지해 있는 모습을 나타낸 것이다.

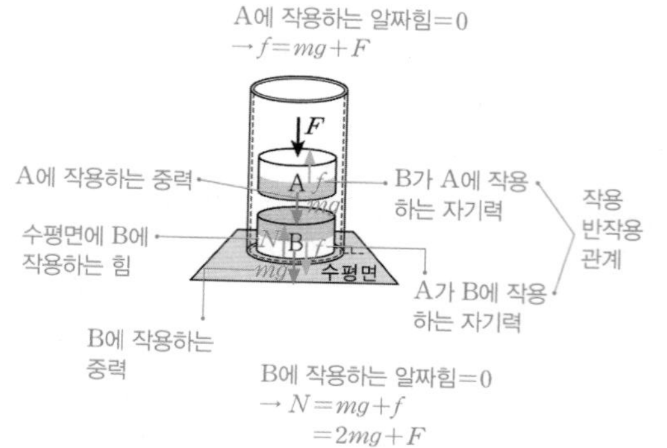

이에 대한 설명으로 옳은 것만을 〈보기〉에서 있는 대로 고른 것은? (단, 마찰은 무시한다.)

<보기> 풀이

ㄱ. A에 작용하는 알짜힘은 0이다. (○)

➡ A가 정지해 있으므로, A에 작용하는 알짜힘은 0이다.

ㄴ. A에 작용하는 중력과 B가 A에 작용하는 자기력은 작용 반작용 관계이다. (×)

➡ 작용 반작용은 두 물체 사이에 상호 작용하는 힘이므로, A에 작용하는 중력을 작용이라고 하면, A가 지구를 당기는 힘이 반작용이다. 또 B가 A에 작용하는 자기력을 작용이라고 하면, A가 B에 작용하는 자기력이 반작용이다. 따라서 A에 작용하는 중력과 B가 A에 작용하는 자기력은 작용 반작용 관계가 아니다.

ㄷ. 수평면이 B에 작용하는 힘의 크기는 F보다 크다. (○)

➡ A와 B의 질량을 m, A와 B 사이에 작용하는 자기력의 크기를 f라고 하면, A에 연직 위 방향으로 자기력 f가 작용하고 연직 아래 방향으로 F와 중력 mg가 작용한다. A에 작용하는 알짜힘은 0이므로, $f=F+mg$이다. 수평면이 B에 작용하는 힘의 크기를 N이라고 할 때, B에 연직 위 방향으로 N이 작용하고 연직 아래 방향의 중력 mg와 자기력 f가 작용한다. B에 작용하는 알짜힘도 0이므로, $N=mg+f$이다. 따라서 $N=2mg+F$에서 $N>F$이므로, 수평면이 B에 작용하는 힘의 크기는 F보다 크다.

17	뉴턴 운동 법칙 2023학년도 7월 학평 물Ⅰ 4번	정답 ⑤ ㅣ정답률 38 %

적용해야 할 개념 ③가지

① 물체에 작용하는 알짜힘이 0이면 물체는 정지해 있거나 등속 직선 운동을 한다.

② 뉴턴 운동 제3법칙(작용 반작용 법칙): 한 물체가 다른 물체에 힘을 작용하면, 힘을 받은 물체도 힘을 작용한 물체에 크기가 같고 방향이 반대인 힘을 동시에 작용한다.

③ 작용 반작용과 두 힘의 평형

구분	작용 반작용	두 힘의 평형
공통점	두 힘의 크기가 같고 방향이 반대이며, 같은 작용선상에 있다.	
차이점	두 물체 사이에 작용하는 힘으로, 작용점이 상대방 물체에 있다. 작용점 작용 / 작용점 반작용	한 물체에 작용하는 두 힘으로, 두 힘의 작용점이 한 물체에 있다. 작용점 힘 / 작용점 힘

문제 보기

그림은 수평면에서 정지해 있는 물체 C 위에 물체 A, B를 올려놓고 B에 크기가 F인 힘을 수평 방향으로 작용할 때 A, B, C가 정지해 있는 모습을 나타낸 것이다.

└A, B, C에 작용하는 알짜힘은 모두 0이다.

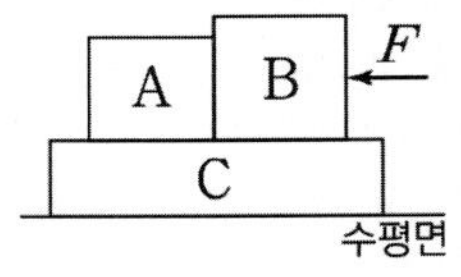

이에 대한 설명으로 옳은 것만을 〈보기〉에서 있는 대로 고른 것은? [3점]

<보기> 풀이

ㄱ. B에 작용하는 알짜힘은 0이다.

➡ B는 정지해 있으므로, B에 작용하는 알짜힘은 0이다.

ㄴ. 수평면이 C에 작용하는 수평 방향의 힘의 크기는 F이다.

➡ A, B, C를 한 덩어리라고 생각했을 때, (A+B+C)가 정지해 있으므로 (A+B+C)에 작용하는 알짜힘은 0이다. (A+B+C)에 크기가 F인 힘이 왼쪽 방향으로 작용하므로, 수평면은 (A+B+C)에 크기가 F인 힘을 오른쪽 방향으로 작용한다. 따라서 수평면이 C에 작용하는 수평 방향의 힘의 크기는 F이다.

ㄷ. A가 B에 작용하는 힘은 B가 A에 작용하는 힘과 작용 반작용 관계이다.

➡ A가 B에 작용하는 힘과 B가 A에 작용하는 힘은 두 물체 사이에 상호 작용하는 힘이므로, A가 B에 작용하는 힘을 작용이라고 하면 B가 A에 작용하는 힘은 반작용이다. 따라서 A가 B에 작용하는 힘은 B가 A에 작용하는 힘과 작용 반작용 관계이다.

18 뉴턴 운동 법칙 2024학년도 7월 학평 물I 3번

정답 ④ | 정답률 85 %

적용해야 할 개념 ③가지

① 물체에 작용하는 알짜힘이 0이면 물체는 정지해 있거나 등속 직선 운동을 한다.

② 뉴턴 운동 제3법칙(작용 반작용 법칙): 한 물체가 다른 물체에 힘을 작용하면, 힘을 받은 물체도 힘을 작용한 물체에 크기가 같고 방향이 반대인 힘을 동시에 작용한다.

③ 작용 반작용과 두 힘의 평형

구분	작용 반작용	두 힘의 평형
공통점	두 힘의 크기가 같고 방향이 반대이며, 같은 작용선상에 있다.	
차이점	두 물체 사이에 작용하는 힘으로, 작용점이 상대방 물체에 있다. 작용점 작용 / 작용점 반작용	한 물체에 작용하는 두 힘으로, 두 힘의 작용점이 한 물체에 있다. 작용점 힘 / 작용점 힘

문제 보기

그림 (가), (나)와 같이 직육면체 모양의 물체 A 또는 B를 용수철과 연직 방향으로 연결하여 저울 위에 올려놓았더니 A와 B가 정지해 있다. (가)와 (나)에서 용수철이 늘어난 길이는 서로 같고, (가)에서 저울에 측정된 힘의 크기는 35 N이다. A, B의 질량은 각각 1 kg, 3 kg이다.

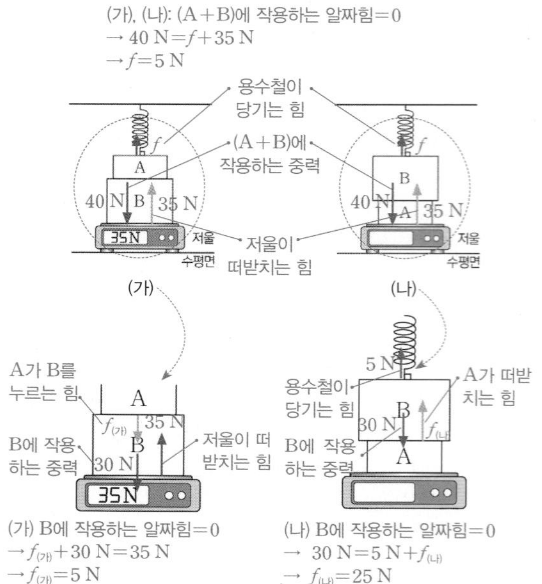

이에 대한 설명으로 옳은 것만을 〈보기〉에서 있는 대로 고른 것은? (단, 중력 가속도는 10 m/s^{2}이고, 용수철의 질량은 무시한다.)

<보기> 풀이

저울에 측정된 힘의 크기는 저울 위에 놓인 물체가 저울을 누르는 힘의 크기와 같다. 작용 반작용 법칙에 의해 물체가 저울을 누르는 힘의 크기는 저울이 물체를 떠받치는 힘의 크기와 같으므로, 저울에 측정된 힘의 크기는 저울이 물체를 떠받치는 힘의 크기와 같다.

ㄱ. (가)에서 A가 용수철을 당기는 힘의 크기는 5 N이다. (○)

➡ (가)에서 A와 B를 한 덩어리로 생각하면, 정지해 있는 (A+B)에 작용하는 알짜힘은 0이다. 용수철이 (A+B)를 당기는 힘의 크기를 f라고 하면, (A+B)에 연직 아래 방향으로 중력 1 kg×10 m/s^2+3 kg×10 m/s^2=40 N이 작용하고 연직 위 방향으로 f와 저울이 (A+B)를 떠받치는 힘 35 N이 작용한다. 따라서 40 N=f+35 N에서 f=5 N이므로, 용수철이 (A+B)를 당기는 힘의 크기는 5 N이다. 이때 용수철과 접촉해 있는 물체는 A이므로 용수철이 A를 당기는 힘의 크기는 5 N이고, 작용 반작용 법칙에 의해 A가 용수철을 당기는 힘의 크기는 5 N이다.

다른 풀이 (가)에서 저울에 측정된 힘의 크기는 A와 B의 무게에서 용수철이 A를 위로 당기는 힘의 크기를 뺀 값과 같다. 저울에 측정된 힘의 크기는 35 N이고 A와 B의 무게는 (1 kg+3 kg)×10 m/s^2=40 N이므로, 용수철이 A를 위로 당기는 힘의 크기는 5 N이다. (가)에서 A가 용수철을 당기는 힘의 크기는 작용 반작용 법칙에 의해 용수철이 A를 당기는 힘의 크기와 같으므로 5 N이다.

ㄴ. (나)에서 저울에 측정된 힘의 크기는 35 N보다 크다. (×)

➡ (가)와 (나)에서 용수철이 늘어난 길이가 같으므로, A와 B를 한 덩어리로 생각하면 (가)와 (나)에서 용수철이 (A+B)를 당기는 힘의 크기는 5 N으로 같다. 또 (A+B)에 작용하는 중력의 크기는 40 N으로 같으므로, 저울이 (A+B)를 떠받치는 힘의 크기는 35 N으로 같다. 따라서 (나)에서 저울에 측정된 힘의 크기는 35 N이다.

ㄷ. (가)에서 A가 B를 누르는 힘의 크기는 (나)에서 A가 B를 떠받치는 힘의 크기의 $\frac{1}{5}$배이다. (○)

➡ (가)와 (나)에서 정지해 있는 B에 작용하는 알짜힘은 각각 0이다. (가)에서 B에 연직 아래 방향으로 A가 누르는 힘과 중력이 작용하고 연직 위 방향으로 저울이 떠받치는 힘이 작용한다. A가 B를 누르는 힘의 크기를 $f_{(가)}$라고 하면, $f_{(가)}$+30 N=35 N에서 $f_{(가)}$=5 N이다. 또 (나)에서 B에 연직 아래 방향으로 중력이 작용하고 연직 위 방향으로 용수철이 당기는 힘과 A가 떠받치는 힘이 작용한다. A가 B를 떠받치는 힘의 크기를 $f_{(나)}$라고 하면, 30 N= 5 N+$f_{(나)}$에서 $f_{(나)}$=25 N이다. 따라서 (가)에서 A가 B를 누르는 힘의 크기는 (나)에서 A가 B를 떠받치는 힘의 크기의 $\frac{1}{5}$배이다.

19	뉴턴 운동 법칙 2022학년도 3월 학평 물Ⅰ 11번	정답 ④	정답률 56 %

적용해야 할 개념 ②가지

① 물체에 작용하는 알짜힘이 0이면 물체는 정지해 있거나 등속 직선 운동을 한다.

② 작용 반작용과 두 힘의 평형

구분	작용 반작용	두 힘의 평형
공통점	두 힘의 크기가 같고 방향이 반대이며, 같은 작용선상에 있다.	
차이점	두 물체 사이에 작용하는 힘으로, 작용점이 상대방 물체에 있다. 작용점 작용 / 작용점 반작용	한 물체에 작용하는 두 힘으로, 두 힘의 작용점이 한 물체에 있다. 작용점 힘 / 작용점 힘

문제 보기

그림 (가), (나)와 같이 무게가 10 N인 물체가 용수철에 매달려 정지해 있다. (가), (나)에서 용수철이 물체에 작용하는 탄성력의 크기는 같고, (나)에서 손은 물체를 연직 위로 떠받치고 있다.

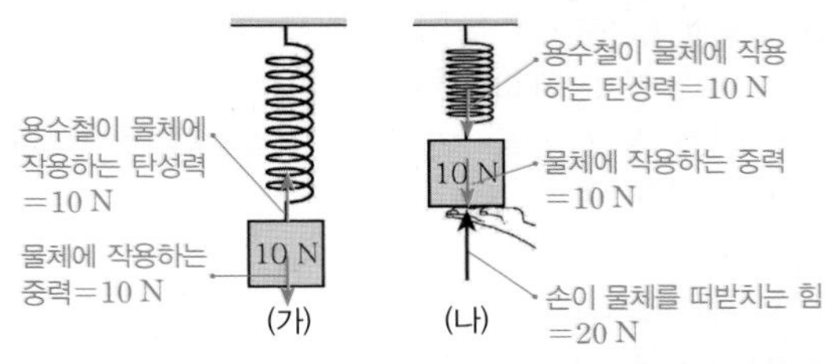

(나)에서 물체가 손에 작용하는 힘의 크기는? (단, 용수철의 질량은 무시한다.)

<보기> 풀이

(가), (나)에서 물체가 모두 정지해 있으므로, 물체에 작용하는 알짜힘이 0이다. (가)에서 물체에 작용하는 중력이 10 N이므로, 늘어난 용수철이 물체에 위 방향으로 작용하는 탄성력의 크기는 10 N이다. (나)에서는 물체에 작용하는 중력이 10 N일 때 압축된 용수철이 물체에 아래 방향으로 작용하는 탄성력이 10 N이므로, 손이 물체를 연직 위로 떠받치는 힘의 크기는 20 N이다.

~~① 5 N~~　~~② 10 N~~　~~③ 15 N~~　**④ 20 N**　~~⑤ 30 N~~

20	뉴턴 운동 법칙 2023학년도 9월 모평 물Ⅰ 7번	정답 ①	정답률 54 %

적용해야 할 개념 ②가지

① 뉴턴 운동 제3법칙(작용 반작용 법칙): 한 물체가 다른 물체에 힘을 작용하면, 힘을 받은 물체도 힘을 작용한 물체에 크기가 같고 방향이 반대인 힘을 동시에 작용한다.

② 작용 반작용과 두 힘의 평형

구분	작용 반작용	두 힘의 평형
공통점	두 힘의 크기가 같고 방향이 반대이며, 같은 작용선상에 있다.	
차이점	두 물체 사이에 작용하는 힘으로, 작용점이 상대방 물체에 있다. 작용점 작용 / 작용점 반작용	한 물체에 작용하는 두 힘으로, 두 힘의 작용점이 한 물체에 있다. 작용점 힘 / 작용점 힘

문제 보기

그림은 실에 매달린 물체 A를 물체 B와 용수철로 연결하여 저울에 올려놓았더니 물체가 정지한 모습을 나타낸 것이다. A, B의 무게는 2 N으로 같고, 저울에 측정된 힘의 크기는 3 N이다.

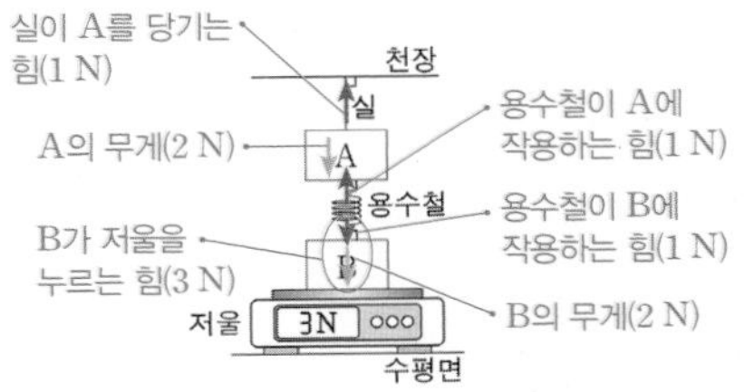

이에 대한 설명으로 옳은 것만을 〈보기〉에서 있는 대로 고른 것은? (단, 실과 용수철의 무게는 무시한다.) [3점]

<보기> 풀이

ㄱ. 실이 A를 당기는 힘의 크기는 1 N이다.

➡ 저울의 눈금이 3 N이므로, B가 저울을 누르는 힘(=B의 무게+용수철이 B에 작용하는 힘)이 3 N이다. B의 무게가 2 N이므로 용수철이 B에 작용하는 힘의 크기가 1 N이다. 한 용수철의 탄성력은 일정하므로, 용수철이 B에 연직 아래 방향으로 1 N의 힘을 작용하면 용수철이 A에 연직 위 방향으로도 1 N의 힘을 작용한다. 이때 A의 무게가 2 N이므로, 실이 A를 당기는 힘의 크기는 1 N이다.

다른 풀이 A와 B를 한 덩어리라고 생각하면 A와 B의 무게의 합이 2 N+2 N=4 N이다. 이때 저울에 측정된 힘의 크기는 3 N이므로, 실이 A를 당기는 힘의 크기는 1 N이다.

~~**ㄴ. 용수철이 A에 작용하는 힘의 방향은 A에 작용하는 중력의 방향과 같다.**~~

➡ 용수철이 A에 작용하는 힘의 방향은 연직 위 방향이고 A에 작용하는 중력의 방향은 연직 아래 방향이므로, 용수철이 A에 작용하는 힘의 방향은 A에 작용하는 중력의 방향과 반대이다.

~~**ㄷ. B에 작용하는 중력과 저울이 B에 작용하는 힘은 작용 반작용의 관계이다.**~~

➡ 작용 반작용은 두 물체 사이에 상호 작용 하는 힘이므로, B에 작용하는 중력(지구가 B에 작용하는 힘)을 작용이라고 하면 반작용은 B가 지구에 작용하는 힘이다. 따라서 B에 작용하는 중력과 저울이 B에 작용하는 힘은 작용 반작용의 관계가 아니다.

21 뉴턴 운동 법칙 2022학년도 수능 물I 8번

정답 ④ | 정답률 83 %

적용해야 할 개념 ③가지

① 물체에 작용하는 알짜힘이 0이면 물체는 정지해 있거나 등속 직선 운동을 한다.

② 뉴턴 운동 제3법칙(작용 반작용 법칙): 한 물체가 다른 물체에 힘을 작용하면, 힘을 받은 물체도 힘을 작용한 물체에 크기가 같고 방향이 반대인 힘을 동시에 작용한다.

③ 작용 반작용과 두 힘의 평형

구분	작용 반작용	두 힘의 평형
공통점	두 힘의 크기가 같고 방향이 반대이며, 같은 작용선상에 있다.	
차이점	두 물체 사이에 작용하는 힘으로, 작용점이 상대방 물체에 있다. 작용점 작용 / 작용점 반작용	한 물체에 작용하는 두 힘으로, 두 힘의 작용점이 한 물체에 있다. 작용점 힘 / 작용점 힘

문제 보기

그림 (가)는 용수철에 자석 A가 매달려 정지해 있는 모습을, (나)는 (가)에서 A 아래에 다른 자석을 놓아 용수철이 (가)에서보다 늘어나 정지해 있는 모습을 나타낸 것이다.

└ A에 작용하는 알짜힘=0

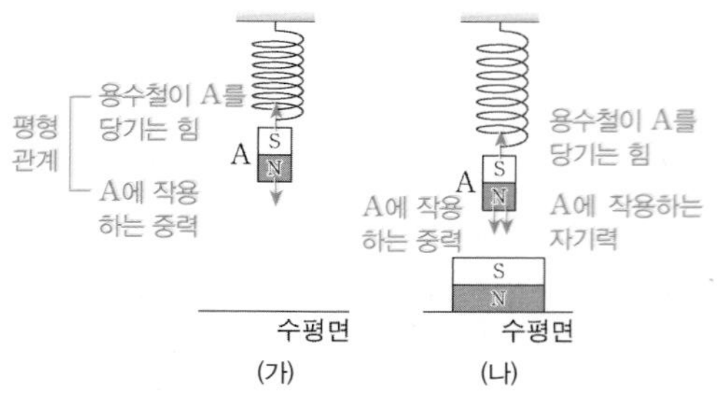

이에 대한 설명으로 옳은 것만을 <보기>에서 있는 대로 고른 것은? (단, 용수철의 질량은 무시한다.) [3점]

<보기> 풀이

ㄱ. (가)에서 용수철이 A를 당기는 힘과 A에 작용하는 중력은 작용 반작용 관계이다. (X)

➡ 작용 반작용 관계에 있는 두 힘은 두 물체 사이에 상호 작용하는 힘이므로, 용수철이 A를 당기는 힘을 작용이라고 하면 A가 용수철을 당기는 힘이 반작용이다. 따라서 (가)에서 용수철이 A를 당기는 힘과 A에 작용하는 중력은 작용 반작용 관계라고 할 수 없다. 용수철이 A를 당기는 힘과 A에 작용하는 중력은 평형 관계이다.

ㄴ. (나)에서 A에 작용하는 알짜힘은 0이다. (O)

➡ (나)에서 A는 정지해 있으므로, A에 작용하는 알짜힘은 0이다.

ㄷ. A가 용수철을 당기는 힘의 크기는 (가)에서가 (나)에서보다 작다. (O)

➡ (가)와 (나)에서 A가 용수철을 당기는 힘의 크기는 작용 반작용 법칙에 따라 용수철이 A를 당기는 힘의 크기와 같다. (가)에서 용수철이 A를 당기는 힘의 크기는 A에 작용하는 중력의 크기와 같으므로, (가)에서 A가 용수철을 당기는 힘의 크기는 A에 작용하는 중력의 크기와 같다. (나)에서 용수철이 A를 당기는 힘의 크기는 A에 작용하는 중력의 크기와 다른 자석이 A에 작용하는 자기력의 합이므로, (나)에서 A가 용수철의 당기는 힘의 크기는 A에 작용하는 중력의 크기와 다른 자석이 A에 작용하는 자기력의 합이다. 따라서 A가 용수철을 당기는 힘의 크기는 (가)에서가 (나)에서보다 작다.

다른 풀이 용수철이 늘어난 길이는 (가)에서가 (나)에서보다 짧으므로, A가 용수철을 당기는 힘의 크기는 (가)에서가 (나)에서보다 작다.

22	뉴턴 운동 법칙 2023학년도 10월 학평 물I 4번	정답 ② ㅣ 정답률 72 %

적용해야 할 개념 ③가지

① 물체에 작용하는 알짜힘이 0이면 물체는 정지해 있거나 등속 직선 운동을 한다.

② 뉴턴 운동 제3법칙(작용 반작용 법칙): 한 물체가 다른 물체에 힘을 작용하면, 힘을 받은 물체도 힘을 작용한 물체에 크기가 같고 방향이 반대인 힘을 동시에 작용한다.

③ 작용 반작용과 두 힘의 평형

구분	작용 반작용	두 힘의 평형
공통점	두 힘의 크기가 같고 방향이 반대이며, 같은 작용선상에 있다.	
차이점	두 물체 사이에 작용하는 힘으로, 작용점이 상대방 물체에 있다. (작용점, 작용 / 작용점, 반작용)	한 물체에 작용하는 두 힘으로, 두 힘의 작용점이 한 물체에 있다. (작용점, 힘 / 작용점, 힘)

문제 보기

그림 (가), (나), (다)와 같이 자석 A, B가 정지해 있을 때, 실이 A를 당기는 힘의 크기는 각각 4 N, 8 N, 10 N이다. (가), (나)에서 A가 B에 작용하는 자기력의 크기는 F로 같다.

알짜힘=0

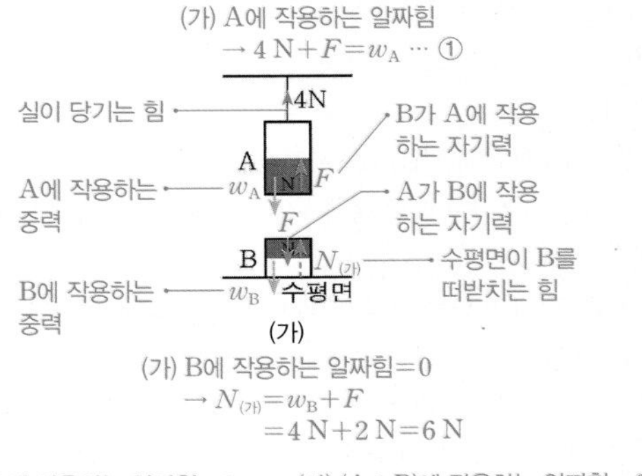

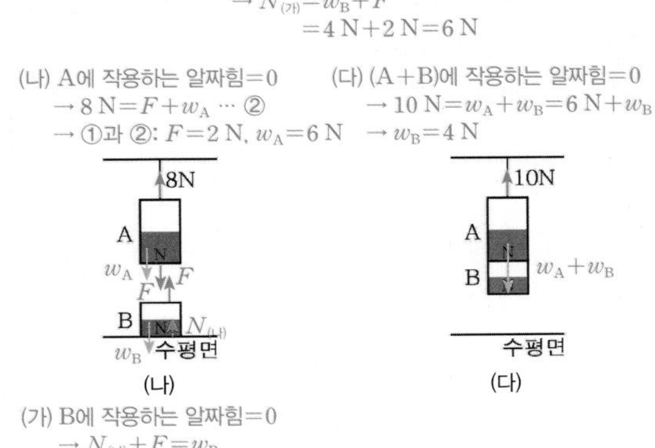

이에 대한 옳은 설명만을 〈보기〉에서 있는 대로 고른 것은? (단, 자기력은 A와 B 사이에만 연직 방향으로 작용한다.) [3점]

<보기> 풀이

ㄱ. F=4 N이다.

➡ (가)와 (나)에서 정지해 있는 A에 작용하는 알짜힘은 0이다. A에 작용하는 중력(무게)를 w_A라고 하면 (가)에서 A에 연직 위 방향으로 실이 당기는 힘 4 N과 자기력 F가 작용하고 연직 아래 방향으로 w_A가 작용하므로 $4\text{ N}+F=w_A$ … ①이다. 또 (나)에서 A에 연직 위 방향으로 실이 당기는 힘 8 N이 작용하고 연직 아래 방향으로 자기력 F와 w_A가 작용하므로, $8\text{ N}=F+w_A$ … ②이다. ①, ②를 연립하여 정리하면, $F=2$ N이다

ㄴ. A의 무게는 6 N이다.

➡ $4\text{ N}+F=w_A$에 $F=2$ N을 대입하면 $w_A=6$ N이므로, A의 무게는 6 N이다.

ㄷ. 수평면이 B를 떠받치는 힘의 크기는 (가)에서가 (나)에서의 2배이다.

➡ (다)에서 A와 B를 한 덩어리라고 생각하면 정지해 있는 (A+B)에 작용하는 알짜힘은 0이다. B에 작용하는 중력(무게)을 w_B라고 하면, (A+B)에 연직 위 방향으로 실이 당기는 힘 10 N이 작용하고 연직 아래 방향으로 w_A+w_B가 작용하므로 $10\text{ N}=w_A+w_B=6\text{ N}+w_B$에서 $w_B=4$ N이다. (가)와 (나)에서 수평면이 B를 떠받치는 힘의 크기를 각각 $N_{(가)}$, $N_{(나)}$라고 하면, (가)에서 정지해 있는 B에 연직 위 방향으로 $N_{(가)}$가 작용하고 연직 아래 방향으로 F와 w_B가 작용하므로 $N_{(가)}=F+w_B=2\text{ N}+4\text{ N}=6$ N이다. 또 (나)에서 정지해 있는 B에 연직 위 방향으로 $N_{(나)}$와 F가 작용하고 연직 아래 방향으로 w_B가 작용하므로 $N_{(나)}+F=w_B$에서 $N_{(나)}=w_B-F=4\text{ N}-2\text{ N}=2$ N이다. 따라서 수평면이 B를 떠받치는 힘의 크기는 (가)에서가 (나)에서의 3배이다.

23 뉴턴 운동 법칙 2024학년도 10월 학평 물I 10번

정답 ① | 정답률 71 %

적용해야 할 개념 ③가지

① 물체에 작용하는 알짜힘이 0이면 물체는 정지해 있거나 등속 직선 운동을 한다.

② 뉴턴 운동 제3법칙(작용 반작용 법칙): 한 물체가 다른 물체에 힘을 작용하면, 힘을 받은 물체도 힘을 작용한 물체에 크기가 같고 방향이 반대인 힘을 동시에 작용한다.

③ 작용 반작용과 두 힘의 평형

구분	작용 반작용	두 힘의 평형
공통점	두 힘의 크기가 같고 방향이 반대이며, 같은 작용선상에 있다.	
차이점	두 물체 사이에 작용하는 힘으로, 작용점이 상대방 물체에 있다. (작용점, 작용 / 작용점, 반작용)	한 물체에 작용하는 두 힘으로, 두 힘의 작용점이 한 물체에 있다. (작용점, 힘 / 작용점, 힘)

문제 보기

그림 (가)는 저울 위에 놓인 무게가 5 N인 ㄷ자형 나무 상자와 무게가 각각 3 N, 2 N인 자석 A, B가 실로 연결되어 정지해 있는 모습을 나타낸 것이다. 그림 (나)는 (가)의 상자가 90° 회전한 상태로 B는 상자에, A는 스탠드에 실로 연결되어 정지해 있는 모습을 나타낸 것이다. (가)와 (나)에서 A와 B 사이에 작용하는 자기력의 크기는 같고, (가)에서 실이 A를 당기는 힘의 크기는 8 N이다.

A에 작용하는 알짜힘 = 0
→ 실이 A를 당기는 힘의 크기 = A의 무게 + A에 작용하는 자기력의 크기
→ A에 작용하는 자기력의 크기
= 8 N − 3 N = 5 N

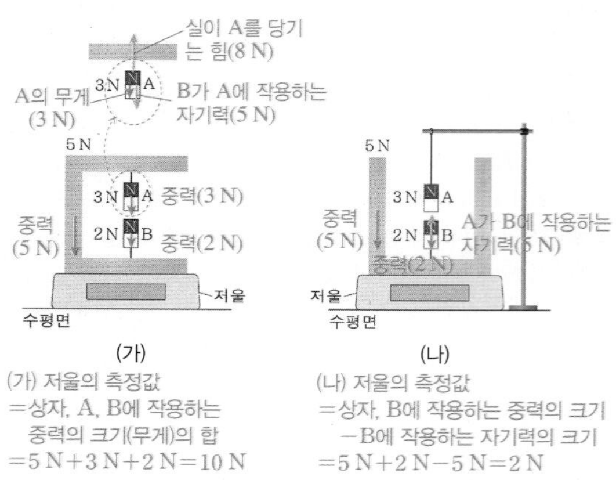

(가)
(가) 저울의 측정값
= 상자, A, B에 작용하는 중력의 크기(무게)의 합
= 5 N + 3 N + 2 N = 10 N

(나)
(나) 저울의 측정값
= 상자, B에 작용하는 중력의 크기 − B에 작용하는 자기력의 크기
= 5 N + 2 N − 5 N = 2 N

(가)와 (나)에서 저울의 측정값은? (단, A, B는 동일 연직선상에 있고, 실의 질량은 무시하며, 자기력은 A와 B 사이에서만 작용한다.) [3점]

<보기> 풀이

❶ (가)에서 정지해 있는 A에 작용하는 알짜힘은 0이므로, 실이 A를 당기는 힘의 크기는 A에 작용하는 중력의 크기(A의 무게)와 B가 A에 작용하는 자기력 크기의 합과 같다. 실이 A를 당기는 힘의 크기가 8 N, A의 무게가 3 N이므로, B가 A에 작용하는 자기력의 크기는 5 N이다. 작용 반작용 법칙에 따라 A가 B에 작용하는 자기력의 크기도 5 N이다.

❷ (가)에서 저울 위에 놓인 물체는 상자와 A, B이므로, (상자 + A + B)를 한 덩어리로 생각하면 B가 A에 작용하는 자기력과 A가 B에 작용하는 자기력은 내부에서 작용하는 힘이다. 따라서 (가)에서 B가 A에 작용하는 자기력과 A가 B에 작용하는 자기력은 서로 상쇄되므로, 저울의 측정값은 상자와 A, B에 작용하는 중력의 크기의 합과 같다. 따라서 (가)에서 저울의 측정값은 5 N + 3 N + 2 N = 10 N이다.

❸ (나)에서는 저울 위에 놓인 물체는 상자와 B이므로, (상자 + B)를 한 덩어리로 생각하면 A가 B에 작용하는 자기력과 B가 A에 작용하는 자기력은 내부에서 작용하는 힘이 아니므로 상쇄되지 않는다. 따라서 (나)에서 저울의 측정값은 저울 위에 놓인 상자와 B에 작용하는 중력의 크기의 합에서 A가 B에 작용하는 자기력의 크기를 뺀 값이므로, 5 N + 2 N − 5 N = 2 N이다.

	(가)	(나)
①	10 N	2 N
②	10 N	3 N
③	10 N	7 N
④	5 N	3 N
⑤	5 N	5 N

24 물체의 운동 방정식 – 수평면에서 운동하는 물체 2021학년도 6월 모평 물Ⅰ 18번

정답 ② | 정답률 65 %

적용해야 할 개념 ④가지

① 뉴턴 운동 제2법칙(가속도 법칙): 물체의 가속도(a)는 물체에 작용하는 알짜힘의 크기(F)에 비례, 물체의 질량(m)에 반비례한다. ➡ $a=\frac{F}{m}$

② 실로 연결되어 운동하는 물체들의 가속도는 같다.

③ 속력–시간 그래프에서 기울기는 가속도의 크기이고, 그래프 아랫부분의 넓이는 이동 거리이다.

④ 등가속도 직선 운동 식

• $v=v_0+at$ • $s=v_0t+\frac{1}{2}at^2$ • $v^2-v_0{}^2=2as$ (v_0: 처음 속도, v: 나중 속도, a: 가속도, s: 변위, t: 걸린 시간)

문제 보기

그림 (가)와 같이 물체 A, B에 크기가 각각 F, $4F$인 힘이 수평 방향으로 작용한다. 실로 연결된 A, B는 함께 등가속도 직선 운동을 하다가 실이 끊어진 후 각각 등가속도 직선 운동을 한다. 그림 (나)는 B의 속력을 시간에 따라 나타낸 것이다. A의 질량은 1 kg이다.

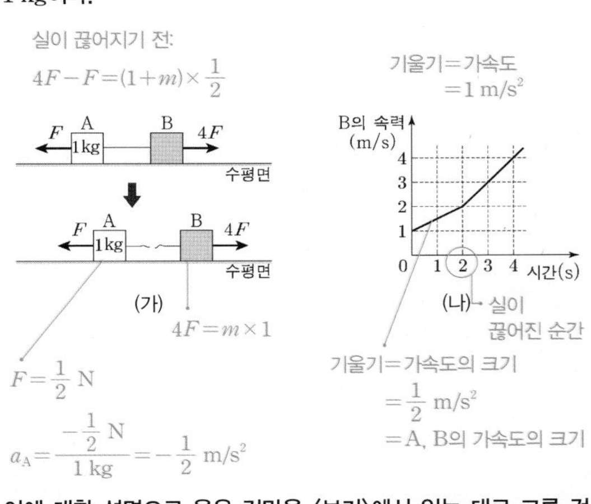

이에 대한 설명으로 옳은 것만을 〈보기〉에서 있는 대로 고른 것은? (단, 실의 질량과 모든 마찰은 무시한다.)

<보기> 풀이

ㄱ. B의 질량은 3 kg이다.

➡ 속력–시간 그래프에서 기울기는 가속도의 크기이고, (나)에서 2초일 때 기울기가 변하였으므로 실은 2초일 때 끊어졌다. 실이 끊어지기 전 A, B의 가속도의 크기는 $\frac{2-1}{2}=\frac{1}{2}\ \mathrm{m/s^2}$이고, 실이 끊어진 후 B의 가속도의 크기는 $\frac{4-2}{4-2}=1\ \mathrm{m/s^2}$이다. B의 질량을 m이라 하면, 실이 끊어지기 전과 후의 운동 방정식은 다음과 같다.

- 실이 끊어지기 전 A, B의 운동 방정식: $4F-F=(1+m)\times\frac{1}{2}$
- 실이 끊어진 후 B의 운동 방정식: $4F=m\times1$

두 식을 연립하여 정리하면 $F=\frac{1}{2}$ N이고, B의 질량 $m=2$ kg이다.

ㄴ. 3초일 때, A의 속력은 1.5 m/s이다.

➡ 실이 끊어지기 전 A와 B는 함께 운동하였으므로, (나)에서 2초일 때 A의 속력은 2 m/s이다. 실이 끊어진 후 A에 작용하는 알짜힘은 크기가 F이고 방향이 왼쪽이므로 A의 가속도의 크기는 $\frac{F}{1\ \mathrm{kg}}=\frac{\frac{1}{2}\ \mathrm{N}}{1\ \mathrm{kg}}=\frac{1}{2}\ \mathrm{m/s^2}$이고, 방향은 왼쪽이다. 따라서 실이 끊어진 후 A의 가속도 $a_A=-\frac{1}{2}\ \mathrm{m/s^2}$이고, 3초일 때 A의 속력 $v=v_0+a_At=2+(-\frac{1}{2})\times1=1.5\ \mathrm{m/s}$이다.

ㄷ. A와 B 사이의 거리는 4초일 때가 3초일 때보다 2.5 m만큼 크다.

➡ 실이 끊어진 순간인 2초일 때 A와 B의 속력은 2 m/s이고, 실이 끊어진 후 A의 가속도 $a_A=-\frac{1}{2}\ \mathrm{m/s^2}$, B의 가속도 $a_B=1\ \mathrm{m/s^2}$이다. 등가속도 운동 식 $s=v_0t+\frac{1}{2}at^2$에서 2초부터 3초까지 A, B가 각각 이동한 거리는 다음과 같다.

- 2초부터 3초까지 A가 이동한 거리$=v_0t+\frac{1}{2}a_At^2=2\times1+\frac{1}{2}\times(-\frac{1}{2})\times1^2=\frac{7}{4}$ m
- 2초부터 3초까지 B가 이동한 거리$=v_0t+\frac{1}{2}a_Bt^2=2\times1+\frac{1}{2}\times1\times1^2=\frac{5}{2}$ m

2초일 때 A와 B 사이의 거리를 s_0라고 하면, 3초일 때 A와 B 사이의 거리는 $s_0+\frac{5}{2}-\frac{7}{4}=(s_0+\frac{3}{4})$ m … ①이다.

또 2초부터 4초까지 A와 B가 각각 이동한 거리를 구하면 다음과 같다.

- 2초부터 4초까지 A가 이동한 거리$=v_0t+\frac{1}{2}a_At^2=2\times2+\frac{1}{2}\times(-\frac{1}{2})\times2^2=3$ m
- 2초부터 4초까지 B가 이동한 거리$=v_0t+\frac{1}{2}a_Bt^2=2\times2+\frac{1}{2}\times1\times2^2=6$ m

따라서 4초일 때 A와 B 사이의 거리는 $s_0+6-3=(s_0+3)$ m …②이다.
4초일 때와 3초일 때 A와 B 사이의 거리를 비교하면 식 ②−①에서 $3-\frac{3}{4}=2.25$ m이다.
그러므로 A와 B 사이의 거리는 4초일 때가 3초일 때보다 2.25 m만큼 크다.

25 물체의 운동 방정식 – 수평면에서 운동하는 물체 2021학년도 3월 학평 물Ⅰ 7번

정답 ② | 정답률 39 %

적용해야 할 개념 ②가지

① 뉴턴 운동 제2법칙(가속도 법칙): 물체의 가속도(a)는 물체에 작용하는 알짜힘(F)에 비례, 물체의 질량(m)에 반비례한다. ➡ $a=\frac{F}{m}$

② 등가속도 직선 운동 식

- $v=v_0+at$
- $s=v_0t+\frac{1}{2}at^2$
- $v^2-{v_0}^2=2as$ (v_0: 처음 속도, v: 나중 속도, a: 가속도, s: 변위, t: 걸린 시간)

문제 보기

그림은 점 P에 정지해 있던 물체가 일정한 알짜힘을 받아 점 Q까지 직선 운동하는 모습을 나타낸 것이다.

$a=\frac{F}{m}$=일정
→ 등가속도 직선 운동
→ $s=\frac{1}{2}at^2=\frac{F}{2m}t^2$
→ $t\propto\sqrt{m}$

정지 물체 P Q

물체가 P에서 Q까지 가는 데 걸리는 시간을 물체의 질량에 따라 나타낸 그래프로 가장 적절한 것은? (단, 물체의 크기는 무시한다.) [3점]

<보기> 풀이

질량 m인 물체에 알짜힘 F가 작용할 때 물체의 가속도는 $a=\frac{F}{m}$로 일정하다. 따라서 등가속도 운동 식에서 이동 거리 $s=\frac{1}{2}at^2$에 $a=\frac{F}{m}$를 대입하면 $s=\frac{F}{2m}t^2$이므로, 이동 거리 s가 일정할 때 시간 t^2은 질량 m에 비례한다. 즉, $t^2\propto m$이므로 시간을 물체의 질량에 따라 나타낸 그래프로 가장 적절한 것은 $t\propto\sqrt{m}$의 관계를 나타내는 ②이다.

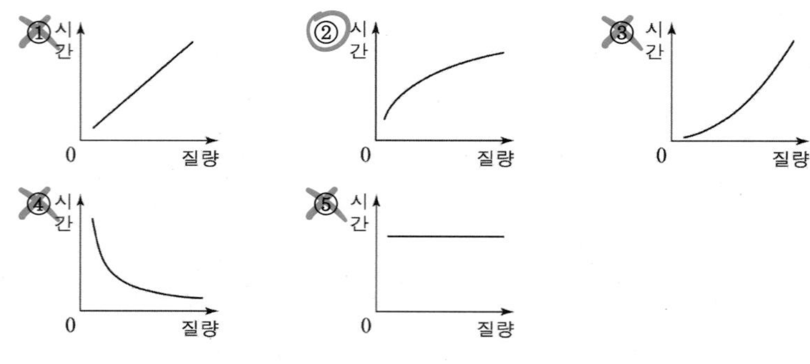

26 물체의 운동 방정식 – 수평면에서 운동하는 물체 2019학년도 6월 모평 물Ⅰ 7번

정답 ① | 정답률 71 %

적용해야 할 개념 ②가지

① 뉴턴 운동 제2법칙(가속도 법칙): 물체의 가속도(a)는 물체에 작용하는 알짜힘의 크기(F)에 비례, 물체의 질량(m)에 반비례한다. ➡ $a=\frac{F}{m}$

② 실로 연결되어 운동하는 물체의 가속도는 같다.

문제 보기

그림 (가)는 물체 A와 B를, (나)는 물체 A와 C를 각각 실로 연결하고 수평 방향의 일정한 힘 F로 당기는 모습을 나타낸 것이다. 질량은 C가 B의 3배이고, 실은 수평면과 나란하다. 등가속도 직선 운동을 하는 A의 가속도의 크기는 (가)에서가 (나)에서의 2배이다.

→ A에 작용하는 알짜힘의 크기는 (가)에서가 (나)에서의 2배이다.

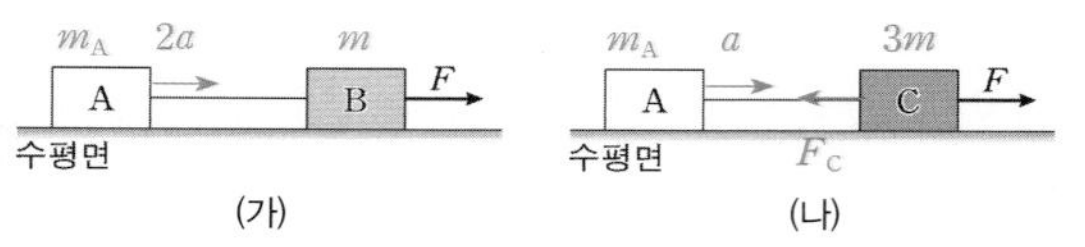

이에 대한 설명으로 옳은 것만을 〈보기〉에서 있는 대로 고른 것은? (단, 실의 질량, 마찰과 공기 저항은 무시한다.)

<보기> 풀이

ㄱ. A의 질량은 B의 질량과 같다.

➡ A의 가속도의 크기는 (가)에서가 (나)에서의 2배이므로 (가)에서 A의 가속도의 크기를 $2a$라 하면 (나)에서 A의 가속도의 크기는 a이다. 질량은 C가 B의 3배이므로 B의 질량을 m이라고 하면, C의 질량은 $3m$이다. 실로 연결되어 운동하는 두 물체의 가속도의 크기는 같으므로 (가)에서 A와 B의 가속도의 크기는 $2a$로 같고, (나)에서 A와 C의 가속도의 크기는 a로 같다.
A의 질량을 m_A라고 하면, (가)에서 $F=(m_A+m)\times2a$ ⋯ ①이고, (나)에서 $F=(m_A+3m)\times a$ ⋯ ②이다. ①, ②를 정리하면 $m_A=m$이다. 따라서 A의 질량은 B의 질량과 같다.

ㄴ. C에 작용하는 알짜힘의 크기는 B에 작용하는 알짜힘의 크기의 3배이다.

➡ B에 작용하는 알짜힘의 크기는 $m\times2a=2ma$이고, C에 작용하는 알짜힘의 크기는 $3m\times a=3ma$이다. 따라서 C에 작용하는 알짜힘의 크기는 B에 작용하는 알짜힘의 크기의 $\frac{3}{2}$배이다.

ㄷ. (가)에서 실이 A를 당기는 힘의 크기는 (나)에서 실이 C를 당기는 힘의 크기와 같다.

➡ (가)에서 실이 A를 당기는 힘의 크기는 A에 작용하는 알짜힘의 크기와 같으므로 $2ma$이다.
(나)에서 실이 C를 당기는 힘의 크기를 F_C라고 하면, $F-F_C=3ma$이다.
①에서 $F=(m+m)\times2a=4ma$이므로 $F_C=ma$이다. 따라서 (가)에서 실이 A를 당기는 힘의 크기는 (나)에서 실이 C를 당기는 힘의 크기의 2배이다.

27 뉴턴 운동 법칙 2021학년도 6월 모평 물I 8번

정답 ⑤ | 정답률 67 %

적용해야 할 개념 ④가지

① 알짜힘(합력): 한 물체에 여러 힘이 동시에 작용할 때 작용한 모든 힘들을 합성하여 하나의 힘으로 나타낸 것을 알짜힘 또는 합력이라고 한다.

② 뉴턴 운동 제2법칙(가속도 법칙): 물체의 가속도(a)는 물체에 작용하는 알짜힘의 크기(F)에 비례, 물체의 질량(m)에 반비례한다. ➡ $a=\frac{F}{m}$

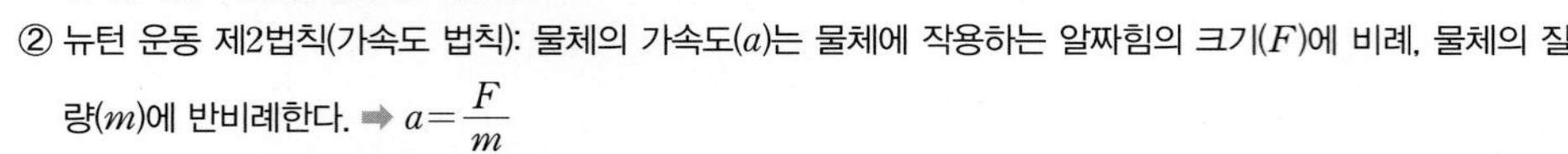

③ 뉴턴 운동 제3법칙(작용 반작용 법칙): 한 물체가 다른 물체에 힘을 작용하면 힘을 받은 물체도 힘을 작용한 물체에 크기가 같고 방향이 반대인 힘을 동시에 작용한다.

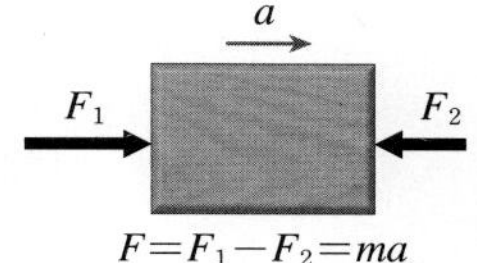

▲ 반대 방향으로 작용하는 두 힘의 합성

④ 힘의 합성: 직선상에서 두 힘이 같은 방향으로 작용할 때 알짜힘의 크기는 두 힘을 더한 값과 같고($F=F_1+F_2$), 두 힘이 반대 방향으로 작용할 때 알짜힘의 크기는 큰 힘에서 작은 힘을 뺀 값과 같다($F=F_1-F_2$).

문제 보기

그림 (가), (나)는 물체 A, B, C가 수평 방향으로 24 N의 힘을 받아 함께 등가속도 직선 운동하는 모습을 나타낸 것이다. A, B, C의 질량은 각각 4 kg, 6 kg, 2 kg이고, (가)와 (나)에서 A가 B에 작용하는 힘의 크기는 각각 F_1, F_2이다.

└=B가 A에 작용하는 힘의 크기(작용 반작용)

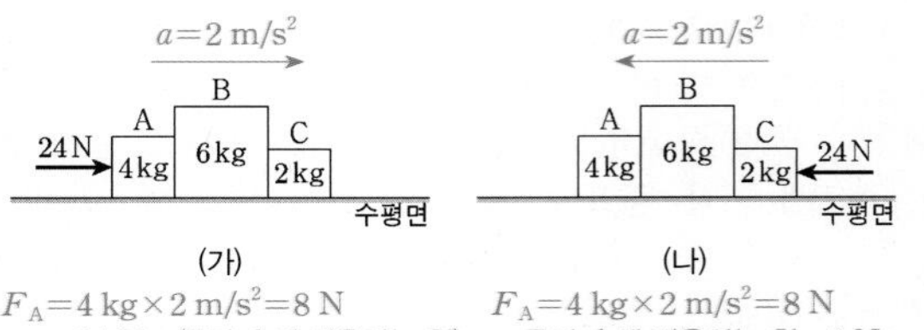

$F_A=4$ kg$\times 2$ m/s$^2=8$ N
=24 N−(B가 A에 작용하는 힘)
→ B가 A에 작용하는 힘=16 N
=A가 B에 작용하는 힘$=F_1$

$F_A=4$ kg$\times 2$ m/s$^2=8$ N
→ B가 A에 작용하는 힘=8 N
=A가 B에 작용하는 힘$=F_2$

F_1 : F_2는? (단, 모든 마찰은 무시한다.) [3점]

<보기> 풀이

❶ A, B, C는 함께 등가속도 직선 운동 하므로 가속도의 크기는 A, B, C가 같다. A, B, C를 한 덩어리로 생각하고 뉴턴 운동 제2법칙을 적용하면 (가)와 (나)에서 물체의 가속도의 크기는 $a=\frac{F}{m}=\frac{24\text{ N}}{(4+6+2)\text{kg}}=2\text{ m/s}^2$이다.

❷ (가)와 (나)에서 A에 작용하는 알짜힘의 크기를 F_A라고 하면, $F_A=4\text{ kg}\times 2\text{ m/s}^2=8\text{ N}$이다.

❸ (가)에서 A에 오른쪽으로 24 N의 힘이 작용하고, 왼쪽으로 B가 A에 힘을 작용하여 알짜힘의 크기가 8 N이므로, 8 N=24 N−(B가 A에 작용하는 힘의 크기)에서 B가 A에 작용하는 힘의 크기는 16 N이다. B가 A에 작용하는 힘은 A가 B에 작용하는 힘과 작용 반작용 관계이므로, $F_1=16$ N이다.

❹ (나)에서 A가 B에 작용하는 힘은 B가 A에 작용하는 힘과 작용 반작용 관계이고, B가 A에 작용하는 힘은 A에 작용하는 알짜힘과 같다. 즉, A가 B에 작용하는 힘의 크기는 A에 작용하는 알짜힘의 크기와 같다. A에 작용하는 알짜힘의 크기가 8 N이므로, $F_2=8$ N이다.

❺ 따라서 F_1 : F_2=16 N : 8 N=2 : 1이다.

~~① 1 : 2~~ ~~② 2 : 3~~ ~~③ 1 : 1~~ ~~④ 3 : 2~~ **⑤ 2 : 1**

28 뉴턴의 운동 법칙 2025학년도 수능 물I 5번

정답 ① | 정답률 79 %

적용해야 할 개념 ③가지

① 물체에 작용하는 알짜힘이 0이면 물체는 정지해 있거나 등속 직선 운동을 한다.

② 뉴턴 운동 제3법칙(작용 반작용 법칙): 한 물체가 다른 물체에 힘을 작용하면, 힘을 받은 물체도 힘을 작용한 물체에 크기가 같고 방향이 반대인 힘을 동시에 작용한다.

③ 작용 반작용과 두 힘의 평형

구분	작용 반작용	두 힘의 평형
공통점	두 힘의 크기가 같고 방향이 반대이며, 같은 작용선상에 있다.	
차이점	두 물체 사이에 작용하는 힘으로, 작용점이 상대방 물체에 있다. 작용점 작용 / 작용점 반작용	한 물체에 작용하는 두 힘으로, 두 힘의 작용점이 한 물체에 있다. 작용점 힘 / 작용점 힘

문제 보기

그림은 실 p로 연결된 물체 A와 자석 B가 정지해 있고, B의 연직 아래에는 자석 C가 실 q에 연결되어 정지해 있는 모습을 나타낸 것이다. A, B, C의 질량은 각각 4 kg, 1 kg, 1 kg이고, B와 C 사이에 작용하는 자기력의 크기는 20 N 이다.

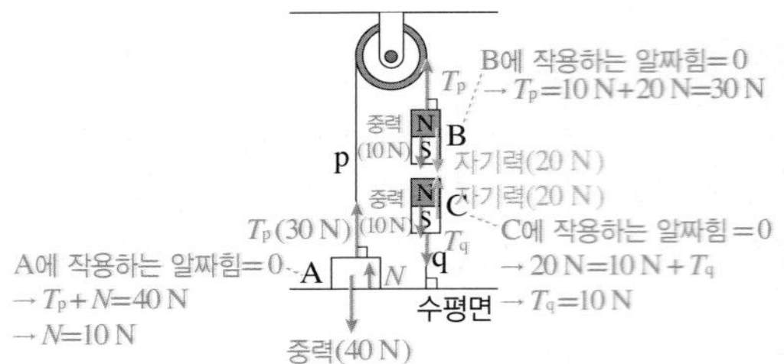

이에 대한 설명으로 옳은 것만을 〈보기〉에서 있는 대로 고른 것은? (단, 중력 가속도는 $10\ \mathrm{m/s^2}$이고, 실의 질량과 모든 마찰은 무시하며, 자기력은 B와 C 사이에만 작용한다.)

<보기> 풀이

ㄱ. 수평면이 A를 떠받치는 힘의 크기는 10 N이다.

➡ 정지해 있는 B에 작용하는 알짜힘은 0이므로, p가 B를 당기는 힘의 크기는 B에 작용하는 중력의 크기와 C가 B에 작용하는 자기력의 크기의 합과 같다. p가 B를 당기는 힘의 크기를 T_p라고 하면, B에 작용하는 중력의 크기는 $1\ \mathrm{kg} \times 10\ \mathrm{m/s^2} = 10\ \mathrm{N}$이고 C가 B에 작용하는 자기력 크기는 20 N이므로 $T_p = 10\ \mathrm{N} + 20\ \mathrm{N} = 30\ \mathrm{N}$이다. 한편 정지해 있는 A에 작용하는 알짜힘도 0이므로, p가 A를 당기는 힘의 크기와 수평면이 A를 떠받치는 힘의 크기의 합은 A에 작용하는 중력의 크기와 같다. 수평면이 A를 떠받치는 힘의 크기를 N이라고 할 때, p가 A를 당기는 힘의 크기는 p가 B를 당기는 힘의 크기와 같으므로 T_p이고 A에 작용하는 중력의 크기는 $4\ \mathrm{kg} \times 10\ \mathrm{m/s^2} = 40\ \mathrm{N}$이므로, $T_p + N = 30\ \mathrm{N} + N = 40\ \mathrm{N}$에서 수평면이 A를 떠받치는 힘의 크기는 $N = 10\ \mathrm{N}$이다.

ㄴ. B에 작용하는 중력과 p가 B를 당기는 힘은 작용 반작용 관계이다.

➡ 작용 반작용은 두 물체 사이에 상호 작용하는 힘이므로, B에 작용하는 중력을 작용이라고 하면 B가 지구를 당기는 힘이 반작용이다. B에 작용하는 중력과 p가 B를 당기는 힘은 한 물체에 작용하는 두 힘이므로 작용 반작용 관계가 아니다.

ㄷ. B가 C에 작용하는 자기력의 크기는 q가 C를 당기는 힘의 크기와 같다.

➡ C에 작용하는 알짜힘은 0이므로, B가 C에 작용하는 자기력의 크기는 C에 작용하는 중력의 크기와 q가 C를 당기는 힘의 크기의 합과 같다. q가 C를 당기는 힘의 크기를 T_q라고 할 때 B가 C에 작용하는 자기력의 크기는 20 N, C에 작용하는 중력의 크기는 $1\ \mathrm{kg} \times 10\ \mathrm{m/s^2} = 10\ \mathrm{N}$이므로, $20\ \mathrm{N} = 10\ \mathrm{N} + T_q$에서 $T_q = 10\ \mathrm{N}$이다. 따라서 B가 C에 작용하는 자기력의 크기는 q가 C를 당기는 힘의 크기보다 크다.

5 일차

01 ②	02 ②	03 ③	04 ④	05 ⑤	06 ④	07 ①	08 ①	09 ②	10 ①	11 ③	12 ③
13 ②	14 ②	15 ⑤	16 ②	17 ②	18 ①	19 ②	20 ③	21 ⑤	22 ②	23 ④	24 ④
25 ②	26 ④	27 ①	28 ⑤	29 ⑤	30 ⑤	31 ③					

문제편 042쪽~050쪽

01 물체의 운동 방정식 – 도르래에 연결된 물체 2020학년도 3월 학평 물I 4번

정답 ② | 정답률 71 %

적용해야 할 개념 ③가지

① 뉴턴 운동 제2법칙(가속도 법칙): 물체의 가속도(a)는 물체에 작용하는 알짜힘의 크기(F)에 비례, 물체의 질량(m)에 반비례한다. ➡ $a=\frac{F}{m}$

② 실로 연결되어 운동하는 물체들의 가속도 크기는 같다.

③ 등가속도 직선 운동 식

• $v=v_0+at$ • $s=v_0t+\frac{1}{2}at^2$ • $v^2-v_0^2=2as$ (v_0: 처음 속도, v: 나중 속도, a: 가속도, s: 변위, t: 걸린 시간)

문제 보기

그림 (가), (나)는 물체 A, B를 실로 연결한 후 가만히 놓았을 때(→ 처음 속도=0) A, B가 L만큼 이동한 순간의 모습을 나타낸 것이다. (가), (나)에서 A, B가 L만큼 운동하는 데 걸린 시간은 각각 t_1, t_2이다. 질량은 B가 A의 4배이다. (→ $L=\frac{1}{2}at^2$)

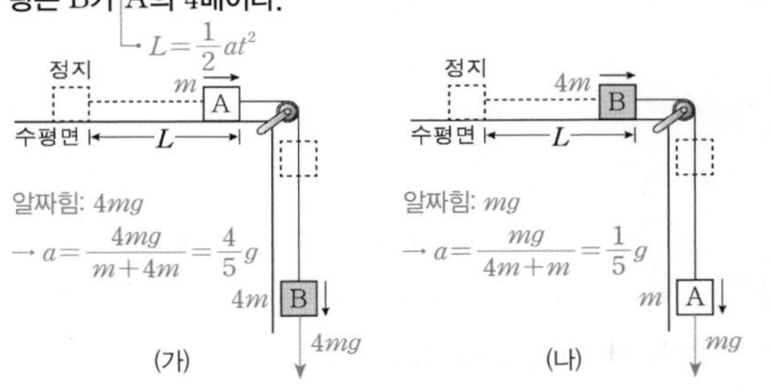

$\frac{t_2}{t_1}$는? (단, 실의 질량, 모든 마찰과 공기 저항은 무시한다.) [3점]

<보기> 풀이

❶ A와 B는 실로 연결되어 운동하므로 가속도의 크기가 같다. A의 질량을 m, B의 질량을 $4m$이라고 하고 A와 B를 한 덩어리로 생각하면, (가)에서 한 덩어리가 된 물체의 질량은 $m+4m$이고 물체에 작용하는 알짜힘은 B에 작용하는 중력 $4mg$이다. 뉴턴 운동 제2법칙에 따라 한 덩어리가 된 물체의 가속도 $a_{(가)}=\frac{4mg}{m+4m}=\frac{4}{5}g$이다.

(나)에서 한 덩어리가 된 물체의 질량은 $4m+m$이고, 물체에 작용하는 알짜힘은 A에 작용하는 중력 mg이므로 $a_{(나)}=\frac{mg}{4m+m}=\frac{1}{5}g$이다.

❷ 등가속도 운동 식 $s=v_0t+\frac{1}{2}at^2$에서 처음 속도 $v_0=0$이고, 이동 거리 $s=L$이면 $L=\frac{1}{2}at^2$으로 같으므로 가속도(a)는 시간의 제곱(t^2)에 반비례한다. 따라서

$t_1^2 : t_2^2=\frac{1}{a_{(가)}} : \frac{1}{a_{(나)}}=\frac{5}{4g} : \frac{5}{g}=1 : 4$에서 $t_1 : t_2=1 : 2$이므로, $\frac{t_2}{t_1}=2$이다.

 ① $\sqrt{2}$  ② 2  ③ $2\sqrt{2}$  ④ 3  ⑤ 4

02 물체의 운동 방정식 – 도르래에 연결된 물체 2023학년도 수능 물Ⅰ 17번

정답 ② | 정답률 57 %

적용해야 할 개념 ②가지

① 실로 연결되어 운동하는 물체들의 가속도의 크기는 같다.

② 등가속도 직선 운동 식 (v_0: 처음 속도, v: 나중 속도, a: 가속도, s: 변위, t: 걸린 시간)

- $v=v_0+at$
- $s=v_0t+\frac{1}{2}at^2$
- $v^2-{v_0}^2=2as$

문제 보기

그림 (가)와 같이 물체 A, B, C를 실로 연결하고 A를 점 p에 가만히 놓았더니, 물체가 각각의 빗면에서 등가속도 운동하여 A가 점 q를 속력 $2v$로 지나는 순간 B와 C 사이의 실이 끊어진다. 그림 (나)와 같이 (가) 이후 A와 B는 등속도, C는 등가속도 운동하여, A가 점 r를 속력 $2v$로 지나는 순간 C의 속력은 $5v$가 된다. p와 q 사이, q와 r 사이의 거리는 같다. A, B, C의 질량은 각각 M, m, $2m$이다.

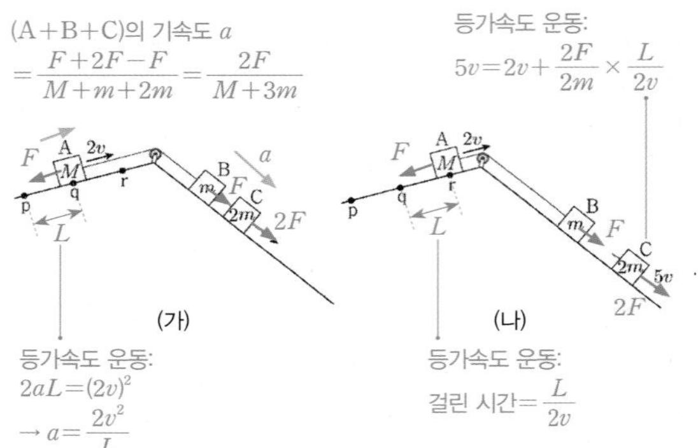

M은? (단, 물체의 크기, 실의 질량, 모든 마찰은 무시한다.)

<보기> 풀이

❶ 실이 끊어진 후 A와 B가 등속도 운동을 하므로, A와 B에 각각 빗면 아래 방향으로 작용하는 힘의 크기가 같다. A와 B에 빗면 아래 방향으로 작용하는 힘의 크기를 F라고 하면, 같은 기울기의 빗면에서 빗면 아래 방향으로 작용하는 힘의 크기는 질량에 비례하므로 C에 빗면 아래 방향으로 작용하는 힘의 크기는 $2F$이다. 실이 끊어지기 전까지 함께 운동하는 A, B, C의 가속도를 a라고 하면, $a=\frac{F+2F-F}{M+m+2m}=\frac{2F}{M+3m}$이다.

❷ p와 q 사이의 거리를 L이라고 하면, A가 점 p에서 q 사이를 가속도 a로 운동하므로, 등가속도 직선 운동의 이동 거리의 식($2as=v^2-{v_0}^2$)에 따라 $2aL=(2v)^2$에서 $a=\frac{2v^2}{L}$이다. 따라서 $\frac{2F}{M+3m}=\frac{2v^2}{L}$이므로, $F=\frac{v^2}{L}(M+3m)$ … ①이다.

❸ 실이 끊어진 후 A가 q와 r 사이를 지나는 데 걸린 시간은 $\frac{L}{2v}$이고, $\frac{L}{2v}$의 시간 동안 C의 속력은 $2v$에서 $5v$로 증가한다. 이때 C의 가속도를 a_c라고 하면, $a_c=\frac{\Delta v}{\Delta t}=\frac{5v-2v}{\frac{L}{2v}}=\frac{6v^2}{L}$이다. C에 빗면 아래 방향으로 작용하는 힘 $2F=(2m)a_c=\frac{12mv^2}{L}$이므로, $F=\frac{6mv^2}{L}$ … ②이다. ①과 ②에서 $M+3m=6m$이므로, $M=3m$이다.

 ① $2m$ ② $3m$  ③ $4m$  ④ $5m$  ⑤ $6m$

03 물체의 운동 방정식 – 도르래에 연결된 물체 2023학년도 6월 모평 물I 14번

정답 ③ | 정답률 54 %

적용해야 할 개념 ③가지

① 도르래에 실로 연결되어 함께 운동하는 물체들의 가속도의 크기는 같다.

② 뉴턴 운동 제2법칙(가속도 법칙): 물체의 가속도(a)는 물체에 작용하는 알짜힘의 크기(F)에 비례, 물체의 질량(m)에 반비례한다.

➡ $a=\frac{F}{m}$

③ 등가속도 직선 운동의 식 (v_0: 처음 속도, v: 나중 속도, a: 가속도, s: 변위, t: 걸린 시간)

• $v=v_0+at$ • $s=v_0t+\frac{1}{2}at^2$ • $v^2-v_0{}^2=2as$

문제 보기

그림 (가)는 물체 A, B, C를 실로 연결하여 수평면의 점 p에서 B를 가만히 놓아 물체가 등가속도 운동하는 모습을, (나)는 (가)의 B가 점 q를 지날 때부터 점 r를 지날 때까지 운동 방향과 반대 방향으로 크기가 $\frac{1}{4}mg$인 힘을 받아 물체가 등가속도 운동하는 모습을 나타낸 것이다. p와 q 사이, q와 r 사이의 거리는 같고, B가 q, r를 지날 때 속력은 각각 $4v$, $5v$이다. A, B, C의 질량은 각각 m, m, M이다.

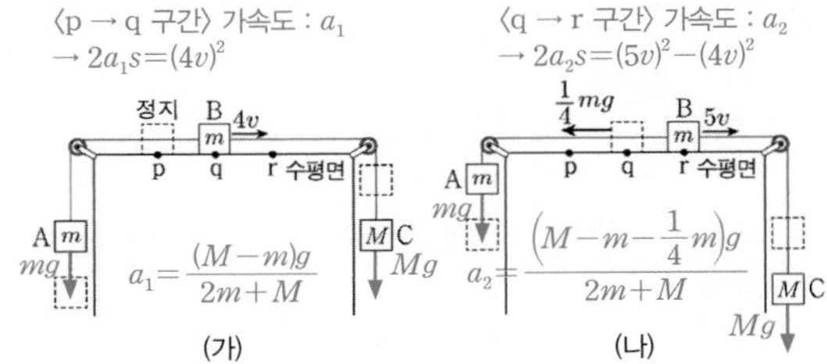

M은? (단, 중력 가속도는 g이고, 물체의 크기, 실의 질량, 모든 마찰은 무시한다.)

<보기> 풀이

❶ p와 q 사이, q와 r 사이의 거리를 s라고 하고, p와 q 사이에서 B의 가속도를 a_1, q와 r 사이에서 B의 가속도를 a_2라고 하자. p에 정지해 있던 B가 q를 지날 때 속력이 $4v$이므로, 등가속도 직선 운동의 식($2as=v^2-v_0{}^2$)을 적용하면 $2a_1s=(4v)^2$ … ①이다. 또 q를 $4v$의 속력으로 지난 B가 r를 지날 때 속력이 $5v$이므로, $2a_2s=(5v)^2-(4v)^2$ … ②가 성립한다.

①, ②를 연립하여 정리하면 $\frac{a_2}{a_1}=\frac{9}{16}$이다.

❷ B가 p와 q 사이에서 가속도 운동할 때 실로 연결되어 함께 운동하는 A, B, C를 한 덩어리로 생각하면, 질량이 $(m+m+M)$인 물체에 $(Mg-mg)$인 힘이 작용하여 가속도가 a_1인 운동을 하므로, 뉴턴 운동 제2법칙을 적용하면 다음과 같다.

$$a_1=\frac{(M-m)g}{2m+M} \cdots ③$$

또 B가 q와 r 사이에서 가속도 운동할 때 실로 연결되어 함께 운동하는 A, B, C를 한 덩어리로 생각하면, 질량이 $(m+m+M)$인 물체에 $(Mg-mg-\frac{1}{4}mg)$인 힘이 작용하여 가속도가 a_2인 운동을 하므로, a_2는 다음과 같다.

$$a_2=\frac{\left(M-\frac{5}{4}m\right)g}{2m+M} \cdots ④$$

❸ $\frac{④}{③}=\frac{9}{16}$이므로, $\frac{\left(M-\frac{5}{4}m\right)}{(M-m)}=\frac{9}{16}$에서 $M=\frac{11}{7}m$이다.

~~① $\frac{4}{3}m$~~ ~~② $\frac{7}{5}m$~~ ③ $\frac{11}{7}m$ ~~④ $\frac{15}{8}m$~~ ~~⑤ $\frac{5}{2}m$~~

04 물체의 운동 방정식 – 도르래에 연결된 물체 2022학년도 6월 모평 물I 13번

정답 ④ | 정답률 47 %

적용해야 할 개념 ③가지

① 물체에 작용하는 알짜힘이 0이면 물체는 정지해 있거나 등속 직선 운동을 한다.

② 뉴턴 운동 제2법칙(가속도 법칙): 물체의 가속도(a)는 물체에 작용하는 알짜힘(F)에 비례, 물체의 질량(m)에 반비례한다. ➡ $a=\frac{F}{m}$

③ 물체의 가속도가 같을 때 물체에 작용하는 힘은 물체의 질량에 비례한다.

문제 보기

그림은 물체 A, B, C, D가 실로 연결되어 가속도의 크기가 a_1인 등가속도 운동을 하고 있는 것을 나타낸 것이다. 실 p를 끊으면 A는 등속도 운동을 하고, 이후 실 q를 끊으면 A는 가속도의 크기가 a_2인 등가속도 운동을 한다. p를 끊은 후 C와, q를 끊은 후 D의 가속도의 크기는 서로 같다. A, B, C, D의 질량은 각각 $4m$, $3m$, $2m$, m이다.

└ 가속도가 같을 때 → 힘∝질량

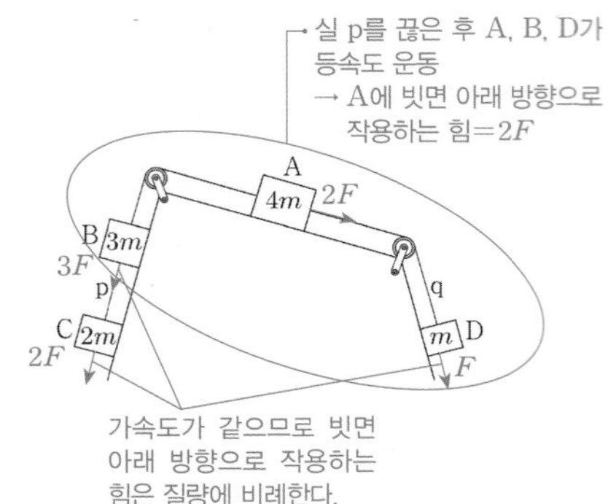

실 p를 끊은 후 A, B, D가 등속도 운동 → A에 빗면 아래 방향으로 작용하는 힘=$2F$
A
$4m$
$2F$
B
$3m$
$3F$
p
q
C
$2m$
$2F$
m
D
F
가속도가 같으므로 빗면 아래 방향으로 작용하는 힘은 질량에 비례한다.

• A, B, C, D가 가속도 a_1인 운동을 할 때
→ $2F+3F-(2F+F)=10ma_1$
→ $a_1=\frac{F}{5m}$

• q를 끊은 후, A, B가 가속도 a_2인 운동을 할 때
→ $3F-2F=7ma_2$
→ $a_2=\frac{F}{7m}$

$\frac{a_1}{a_2}$은? (단, 실의 질량 및 모든 마찰은 무시한다.)

<보기> 풀이

각 물체에 빗면 아래 방향으로 작용하는 힘은 중력의 빗면 방향 성분이다. 빗면의 기울기가 같을 때 가속도가 같으므로 빗면 아래 방향으로 작용하는 힘은 질량에 비례한다.

❶ 질량이 $2m$인 C에 빗면 아래 방향으로 작용하는 힘을 $2F$라고 하면, 같은 빗면상에 있는 질량이 $3m$인 B에 빗면 아래 방향으로 작용하는 힘은 $3F$이다. 실 p를 끊은 후 C와, q를 끊은 후 D의 가속도가 같으므로 D에 빗면 아래 방향으로 작용하는 힘은 F이다. 한편, 실 p를 끊어 A, B, D가 등속도 운동을 할 때 B에 빗면 아래 방향으로 작용하는 힘이 $3F$, D에 빗면 아래 방향으로 작용하는 힘이 F이므로 A에 빗면 아래 방향으로 작용하는 힘은 $2F$이다.

❷ 물체 A, B, C, D가 실로 연결된 채 가속도의 크기가 a_1인 등가속도 운동을 할 때 운동 방정식은 $2F+3F-(2F+F)=10ma_1$이므로 $a_1=\frac{F}{5m}$이다.

❸ 실 q를 끊어 A, B가 실로 연결된 채 가속도의 크기가 a_2인 등가속도 운동을 할 때 운동 방정식은 $3F-2F=7ma_2$이므로, $a_2=\frac{F}{7m}$이다. 따라서 $\frac{a_1}{a_2}=\frac{7}{5}$이다.

다른 풀이

실을 모두 끊었다고 가정하면 A, B, C, D에 각각 작용하는 힘은 빗면 아래 방향으로 작용하는 중력의 성분이다. 이때 A, B, C, D의 가속도의 크기를 각각 a_A, a_B, a_C, a_D라고 하면 p를 끊은 후 C와 q를 끊은 후 D의 가속도의 크기가 같으므로 $a_C=a_D$이고, B와 C가 같은 빗면에 있으므로 $a_B=a_C$이다. $a_B=a_C=a_D=a$라고 할 때, p를 끊기 전 물체 A, B, C, D는 가속도의 크기가 a_1인 운동을 하므로 $2ma+3ma-(4ma_A+ma)=10ma_1$ ⋯ ①이다.

p를 끊으면 A, B, D가 등속도 운동을 하므로 $3ma=4ma_A+ma$에서 $a_A=\frac{a}{2}$ ⋯ ②이다.

q를 끊으면 A, B는 가속도의 크기가 a_2인 등가속도 운동을 하므로 $3ma-4ma_A=7ma_2$ ⋯ ③가 성립한다.

식 ①, ②에서 $a_1=\frac{1}{5}a$이고 ②, ③에서 $a_2=\frac{1}{7}a$이므로, $\frac{a_1}{a_2}=\frac{7}{5}$이다.

~~① 2~~ ~~② $\frac{9}{5}$~~ ~~③ $\frac{8}{5}$~~ ④ $\frac{7}{5}$ ~~⑤ $\frac{6}{5}$~~

05 물체의 운동 방정식 – 도르래에 연결된 물체 2025학년도 9월 모평 물I 19번

정답 ⑤ | 정답률 66 %

적용해야 할 개념 ②가지

① 도르래에 실로 연결되어 함께 운동하는 물체들의 가속도의 크기는 같다.

② 등가속도 직선 운동 식

• $v=v_0+at$ • $s=v_0t+\frac{1}{2}at^2$ • $2as=v^2-v_0^2$

(v_0: 처음 속도, v: 나중 속도, a: 가속도, s: 변위, t: 걸린 시간)

문제 보기

그림 (가)와 같이 질량이 각각 $2m$, m, $3m$인 물체 A, B, C를 실로 연결하고 B를 점 p에 가만히 놓았더니 A, B, C는 등가속도 운동을 한다. 그림 (나)와 같이 B가 점 q를 속력 v_0으로 지나는 순간 B와 C를 연결한 실이 끊어지면, A와 B는 등가속도 운동하여 B가 점 r에서 속력이 0이 된 후 다시 q와 p를 지난다. p, q, r는 수평면상의 점이다.

p → q: (A+B+C)의 운동 방정식
➡ $3mg-2mg=(2m+m+3m)a_1$
➡ $a_1=\frac{1}{6}g$

q → r: (A+B)의 운동 방정식
➡ $-2mg=(2m+m)(-a_2)$
➡ $a_2=\frac{2}{3}g$

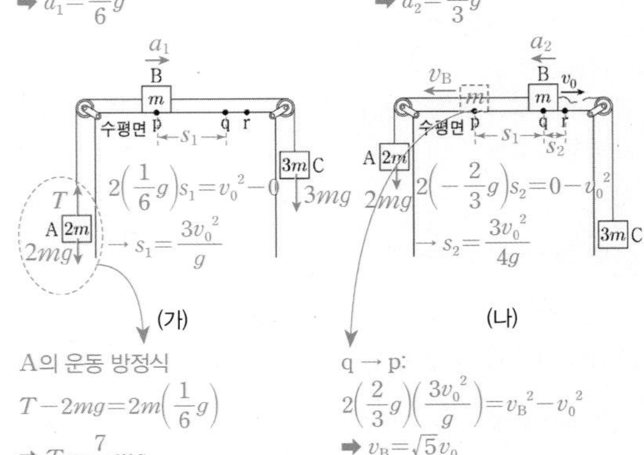

A의 운동 방정식
$T-2mg=2m\left(\frac{1}{6}g\right)$
➡ $T=\frac{7}{3}mg$

q → p:
$2\left(\frac{2}{3}g\right)\left(\frac{3v_0^2}{g}\right)=v_B^2-v_0^2$
➡ $v_B=\sqrt{5}v_0$

이에 대한 설명으로 옳은 것만을 〈보기〉에서 있는 대로 고른 것은? (단, 중력 가속도는 g이고, 물체의 크기, 실의 질량, 모든 마찰과 공기 저항은 무시한다.) [3점]

<보기> 풀이

실이 끊어지기 전 (가)에서 함께 운동하는 A, B, C의 가속도의 크기를 a_1이라 하고 A, B, C를 한 덩어리로 생각하면, (A+B+C)에 $3mg-2mg$의 힘이 작용하여 가속도가 a_1인 운동을 하므로 운동 방정식 $3mg-2mg=(2m+m+3m)a_1$에서 $a_1=\frac{1}{6}g$이다. (나)에서 실이 끊어진 후 함께 운동하는 A, B의 가속도의 크기를 a_2라 하고 A, B를 한 덩어리로 생각하면, (A+B)에 $-2mg$의 힘이 작용하여 가속도가 $-a_2$인 운동을 하므로 운동 방정식 $-2mg=(2m+m)(-a_2)$에서 $a_2=\frac{2}{3}g$이다.

ㄱ. (가)에서 B가 p와 q 사이를 지날 때, A에 연결된 실이 A를 당기는 힘의 크기는 $\frac{7}{3}mg$이다.

➡ (가)에서 B가 p와 q 사이를 지날 때 A에 연결된 실이 A를 당기는 힘을 T라고 하면, A에 $T-2mg$의 힘이 작용하여 가속도의 크기가 $a_1=\frac{1}{6}g$인 운동을 하므로

$T-2mg=2m\left(\frac{1}{6}g\right)$에서 $T=\frac{7}{3}mg$이다.

ㄴ. q와 r 사이의 거리는 $\frac{3v_0^2}{4g}$이다.

➡ q와 r 사이의 거리를 s_2라고 하면, (나)에서 B가 q에서 r까지 가속도의 크기가 $a_2=\frac{2}{3}g$인 운동을 하므로, 등가속도 직선 운동 식($2as=v^2-v_0^2$)에 따라 $2\left(-\frac{2}{3}g\right)s_2=0-v_0^2$에서 $s_2=\frac{3v_0^2}{4g}$이다.

ㄷ. (나)에서 B가 p를 지나는 순간 B의 속력은 $\sqrt{5}v_0$이다.

➡ p와 q 사이의 거리를 s_1이라고 하면, 실이 끊어지기 전 (가)에서 B가 p에서 q까지 가속도의 크기가 $a_1=\frac{1}{6}g$인 운동을 하므로 $2\left(\frac{1}{6}g\right)s_1=v_0^2-0$에서 $s_1=\frac{3v_0^2}{g}$이다. 실이 끊어진 후 (나)에서 B가 p를 지나는 순간 B의 속력을 v_B라고 하면, B는 q에서 p까지 가속도의 크기가 $\frac{2}{3}g$인 운동을 하며 q를 v_0의 속력으로 p를 v_B의 속력으로 지나므로

$2\left(\frac{2}{3}g\right)\left(\frac{3v_0^2}{g}\right)=v_B^2-v_0^2$에서 $v_B=\sqrt{5}v_0$이다.

다른 풀이 p와 q 사이의 거리를 s_1이라고 하면, 실이 끊어지기 전 (가)에서 B가 p에서 q까지 가속도가 $a_1=\frac{1}{6}g$인 운동을 하므로 $2\left(\frac{1}{6}g\right)s_1=v_0^2-0$에서 $s_1=\frac{3v_0^2}{g}$이다. 실이 끊어진 후 (나)에서 B가 p를 지나는 순간 B의 속력을 v_B라고 하면, B는 r에서 p까지 $s_1+s_2=\frac{3v_0^2}{g}+\frac{3v_0^2}{4g}=\frac{15v_0^2}{4g}$의 거리를 가속도의 크기가 $\frac{2}{3}g$인 운동을 하므로, $2\left(\frac{2}{3}g\right)\left(\frac{15v_0^2}{4g}\right)=v_B^2-0$에서 $v_B=\sqrt{5}v_0$이다.

06 물체의 운동 방정식 – 도르래에 연결된 물체 2023학년도 4월 학평 물Ⅰ 11번

정답 ④ | 정답률 39 %

적용해야 할 개념 ②가지

① 도르래에 실로 연결되어 함께 운동하는 물체들의 가속도의 크기는 같다.

② 등가속도 직선 운동 식 (v_0: 처음 속도, v: 나중 속도, a: 가속도, s: 변위, t: 걸린 시간)

• $v=v_0+at$ • $s=v_0t+\frac{1}{2}at^2$ • $v^2-v_0{}^2=2as$

문제 보기

그림 (가)와 같이 물체 A, B, C를 실 p, q로 연결하고 수평면 위의 점 O에서 B를 가만히 놓았더니 물체가 등가속도 운동하여 B의 속력이 v가 된 순간 q가 끊어진다. 그림 (나)와 같이 (가) 이후 A, B가 등가속도 운동하여 B가 O를 $3v$의 속력으로 지난다. A, C의 질량은 각각 $4m$, $5m$이다.

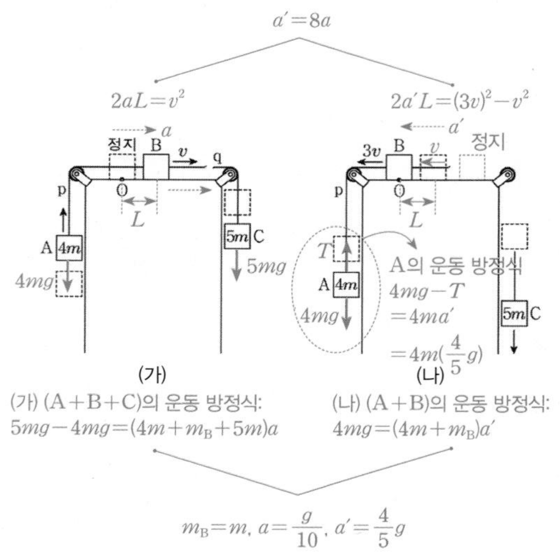

(나)에서 p가 A를 당기는 힘의 크기는? (단, 중력 가속도는 g이고, 물체의 크기, 실의 질량, 마찰은 무시한다.) [3점]

<보기> 풀이

❶ (가)에서 B의 속력이 v가 된 순간 q가 끊어진 후, B의 속력은 점점 감소하여 0이 되었다가 다시 반대 방향으로 속력이 증가한다. 실이 끊어진 후 가속도가 일정하므로, 실이 끊어진 후 정지할 때까지 속력이 감소한 양과 정지했다가 다시 반대 방향으로 실이 끊어진 지점을 지날 때까지 속력이 증가한 양은 같다. 따라서 (나)에서 B가 실이 끊어졌던 지점을 반대 방향으로 지나는 순간의 속력은 v가 된다. 실이 끊어지기 전 B의 가속도의 크기를 a, O에서부터 실이 끊어지는 순간까지 B가 이동한 거리를 L, 실이 끊어진 후 B의 가속도의 크기를 a'라고 하면, 각각 $2aL=v^2$, $2a'L=(3v)^2-v^2$가 성립하므로, $a'=8a$이다.

❷ 실로 연결되어 함께 운동하는 물체들의 가속도가 같으므로, B의 질량을 m_B라 하고 (가)에서 A, B, C를 한 덩어리라고 생각하면, (A+B+C)에 $5mg-4mg$의 힘이 작용하여 가속도의 크기가 a인 운동을 하므로, 운동 방정식은 다음과 같다.

$5mg-4mg=(4m+m_B+5m)a$ …… ①

(나)에서 A, B를 한 덩어리라고 생각하면, (A+B)에 $4mg$의 힘이 작용하여 가속도의 크기가 a'인 운동을 하므로, 운동 방정식은 다음과 같다.

$4mg=(4m+m_B)a'$ …… ②

$a'=8a$를 ②에 대입하고 ①과 ②를 연립하여 정리하면 $m_B=m$, $a=\frac{g}{10}$이므로, $a'=\frac{4}{5}g$이다.

❸ (나)에서 p가 A를 당기는 힘의 크기를 T라고 할 때, A에 $4mg-T$의 힘이 작용하여 가속도의 크기가 a'인 운동을 하므로 운동 방정식은 $4mg-T=4ma'$이다. $a'=\frac{4}{5}g$이므로, $T=\frac{4}{5}mg$이다.

① $\frac{1}{2}mg$ ② $\frac{2}{3}mg$ ③ $\frac{3}{4}mg$ ④ $\frac{4}{5}mg$ ⑤ $\frac{5}{6}mg$

07 물체의 운동 방정식 – 도르래에 연결된 물체 2022학년도 4월 학평 물Ⅰ 10번

정답 ① | 정답률 30 %

적용해야 할 개념 ④가지

① 알짜힘(합력): 한 물체에 여러 힘이 동시에 작용할 때 작용한 모든 힘을 합성하여 하나의 힘으로 나타낸 것

② 힘의 합성: 직선상에서 두 힘이 같은 방향으로 작용할 때 알짜힘의 크기는 두 힘을 더한 값과 같고($F=F_1+F_2$), 두 힘이 반대 방향으로 작용할 때 알짜힘의 크기는 큰 힘에서 작은 힘을 뺀 값과 같다($F=F_1-F_2$, 단 $F_1>F_2$).

③ 실로 연결되어 운동하는 물체의 가속도는 같다.

④ 뉴턴 운동 제2법칙(가속도 법칙): 물체의 가속도(a)는 작용하는 힘(F)에 비례하고 물체의 질량(m)에 반비례한다. ➡ $a=\frac{F}{m}$

문제 보기

그림 (가)는 물체 A와 실로 연결된 물체 B에 수평 방향으로 일정한 힘 F를 작용하여 A, B가 등가속도 운동하는 모습을, (나)는 (가)에서 F를 제거한 후 A, B가 등가속도 운동하는 모습을 나타낸 것이다. A의 가속도의 크기는 (가)에서와 (나)에서가 같고, 실이 B를 당기는 힘의 크기는 (가)에서가 (나)에서의 2배이다. B의 질량은 m이다.

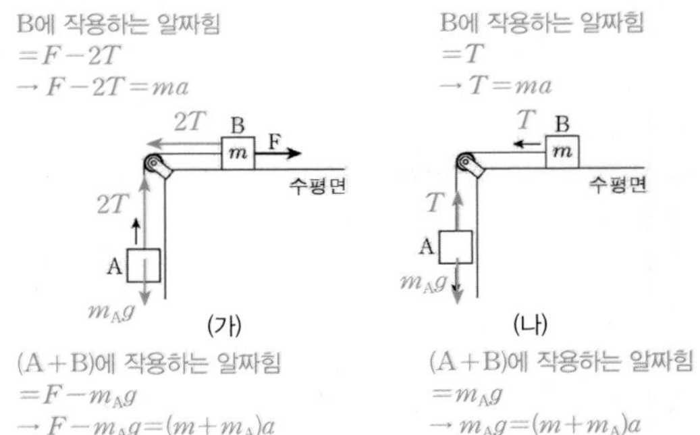

F의 크기는? (단, 중력 가속도는 g이고, 실의 질량, 마찰은 무시한다.)

보기

<보기> 풀이

❶ A의 질량을 m_A, F의 크기를 F라고 하자. A와 B를 한 덩어리로 생각하면, 한 덩어리가 된 물체 내에서 실이 A를 당기는 힘과 실이 B를 당기는 힘은 크기가 같고 방향이 반대이므로 상쇄된다. 따라서 (가)에서 (A+B)에 작용하는 알짜힘은 $F-m_Ag$이고 (나)에서 (A+B)에 작용하는 알짜힘은 m_Ag이다.

(가)와 (나)에서 A, B의 가속도의 크기를 a라고 하면 (A+B)의 운동 방정식은

(가)에서 $F-m_Ag=(m+m_A)a$ ⋯ ①

(나)에서 $m_Ag=(m+m_A)a$ ⋯ ②이다.

②를 ①에 대입하면, $F=2(m+m_A)a$이다.

❷ (가)에서 실이 B를 당기는 힘을 $2T$라고 하면 (나)에서 실이 B를 당기는 힘은 T이다. 따라서 (가)에서 B에 작용하는 알짜힘은 $F-2T$이고 (나)에서 B에 작용하는 알짜힘은 T이므로, B의 운동 방정식은

(가)에서 $F-2T=ma$ ⋯ ③

(나)에서 $T=ma$ ⋯ ④이다.

④를 ③에 대입하면, $F=3ma$이다.

❸ $F=2(m+m_A)a=3ma$에서 $m_A=\frac{1}{2}m$이므로, ②에서 $a=\frac{1}{3}g$이다.

따라서 $F=mg$이다.

 ① mg  ② $2mg$  ③ $3mg$  ④ $4mg$  ⑤ $5mg$

08 물체의 운동 방정식 – 도르래에 연결된 물체 2024학년도 수능 물I 10번

정답 ① | 정답률 48 %

적용해야 할 개념 ③가지

① 등가속도 직선 운동을 하는 물체의 평균 속력은 $\frac{\text{처음 속력}+\text{나중 속력}}{2}$이다.

② 뉴턴 운동 제2법칙(가속도 법칙): 물체의 가속도(a)는 물체에 작용하는 알짜힘의 크기(F)에 비례, 물체의 질량(m)에 반비례한다. ⇒ $a=\frac{F}{m}$

③ 가속도의 크기는 $\frac{\text{속력 변화량}(\Delta v)}{\text{걸린 시간}(\Delta t)}$이다.

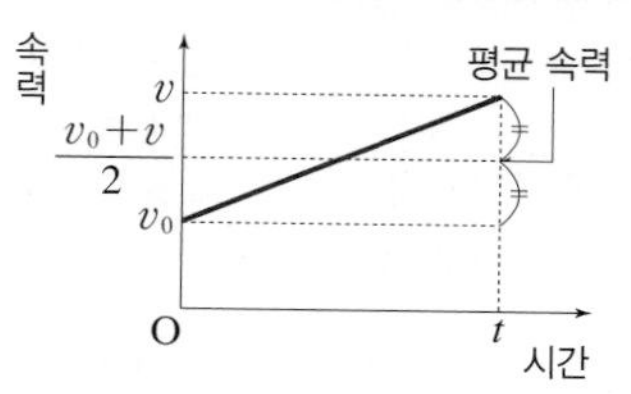

▲ 등가속도 직선 운동하는 물체의 평균 속력

문제 보기

그림 (가)는 물체 A, B, C를 실로 연결하고 C에 수평 방향으로 크기가 F인 힘을 작용하여 A, B, C가 속력이 증가하는 등가속도 운동을 하는 모습을 나타낸 것이다. 그림 (나)는 (가)에서 B의 속력이 v인 순간 B와 C를 연결한 실이 끊어졌을 때, 실이 끊어진 순간부터 B가 정지한 순간까지 A와 B, C가 각각 등가속도 운동을 하여 d, $4d$만큼 이동한 것을 나타낸 것이다. A의 가속도의 크기는 (나)에서가 (가)에서의 2배이다. B, C의 질량은 각각 m, $3m$이다.

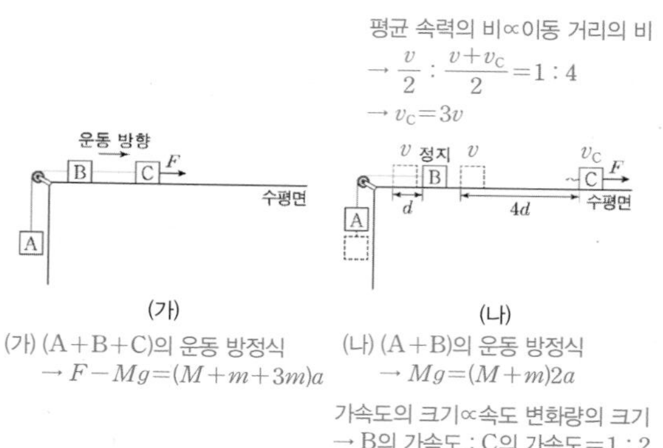

이에 대한 설명으로 옳은 것만을 〈보기〉에서 있는 대로 고른 것은? (단, 중력 가속도는 g이고, 물체는 동일 연직면상에서 운동하며, 물체의 크기, 실의 질량, 공기 저항과 모든 마찰은 무시한다.) [3점]

<보기> 풀이

ㄱ. (나)에서 B가 정지한 순간 C의 속력은 $3v$이다.

⇒ (나)에서 B가 정지한 순간 C의 속력을 v_C라고 하면, 실이 끊어진 순간부터 B가 정지한 순간까지 B의 평균 속력은 $\frac{v+0}{2}=\frac{v}{2}$이고, C의 평균 속력은 $\frac{v+v_C}{2}$이다. 운동 시간이 같을 때 이동 거리는 평균 속력에 비례하므로, B와 C의 이동 거리가 각각 d, $4d$일 때 B와 C의 평균 속력의 비는 1 : 4이다. 즉, $\frac{v}{2}:\frac{v+v_C}{2}=1:4$에서 $4v=v+v_C$이므로, $v_C=3v$이다.

ㄴ. A의 질량은 $3m$이다.

⇒ (가)에서 A의 가속도의 크기를 a라고 하면 (나)에서 A의 가속도의 크기는 $2a$이다. A의 질량을 M이라 하고 (가)에서 A, B, C를 한 덩어리라고 생각할 때 질량이 $(M+m+3m)$인 물체에 $F-Mg$의 힘이 작용하여 가속도의 크기가 a인 운동을 하므로, 뉴턴 운동 제2법칙을 적용하면 $F-Mg=(M+m+3m)a$ … ①이다. 또 (나)에서 A, B를 한 덩어리라고 생각할 때 질량이 $(M+m)$인 물체에 Mg의 힘이 작용하여 가속도의 크기가 $2a$인 운동을 하므로 $Mg=(M+m)2a$ … ②이다. (나)에서 실이 끊어진 순간부터 B가 정지한 순간까지 B의 속도 변화량의 크기는 v이고 C의 속도 변화량의 크기는 $3v-v=2v$이다. 운동 시간이 같을 때 가속도($a=\frac{\Delta v}{t}$)의 크기는 속도 변화량(Δv)의 크기에 비례하므로, 실이 끊어진 후 B와 C의 가속도의 크기의 비는 1 : 2이다. 따라서 C의 가속도의 크기는 $4a$이므로, $F=3m\times4a=12ma$ … ③이다. ③을 ①에 대입한 후 ①, ②를 연립하여 정리하면 $M=2m$이다.

ㄷ. F는 $5mg$이다.

⇒ $M=2m$을 ②에 대입하면 $a=\frac{1}{3}g$이므로, $F=12ma=12m\times\frac{1}{3}g=4mg$이다.

09 물체의 운동 방정식 – 도르래에 연결된 물체 2024학년도 5월 학평 물I 11번

정답 ② | 정답률 64 %

적용해야 할 개념 ③가지

① 도르래에 실로 연결되어 함께 운동하는 물체들의 가속도의 크기는 같다.

② 뉴턴 운동 제2법칙(가속도 법칙): 물체의 가속도(a)는 물체에 작용하는 알짜힘의 크기(F)에 비례, 물체의 질량(m)에 반비례한다. ➡ $a=\frac{F}{m}$

③ 등가속도 직선 운동 식 (v_0: 처음 속도, v: 나중 속도, a: 가속도, s: 변위, t: 걸린 시간)

• $v=v_0+at$ • $s=v_0t+\frac{1}{2}at^2$ • $v^2-v_0^2=2as$

문제 보기

그림 (가)와 같이 물체 A, B, C를 실로 연결하고 수평면상의 점 p에서 B를 가만히 놓았더니 물체가 등가속도 운동하여 B가 점 q를 지나는 순간 B와 C 사이의 실이 끊어진다. 그림 (나)는 (가) 이후 A, B가 등가속도 운동하여 B가 점 r에서 속력이 0이 되는 순간을 나타낸 것이다. A, C의 질량은 각각 m, $5m$이고, p와 q 사이의 거리는 q와 r 사이의 거리의 $\frac{2}{3}$배이다.

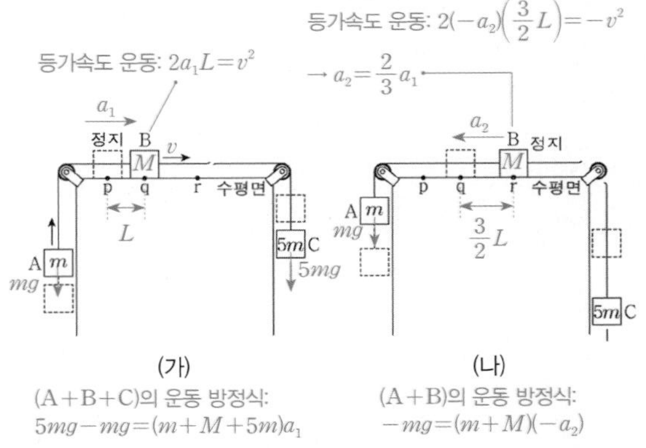

B의 질량은? (단, 물체의 크기, 실의 질량, 마찰은 무시한다.) [3점]

<보기> 풀이

❶ q에서 B의 속력을 v, p와 q 사이의 거리를 L, 실이 끊어지기 전과 후 가속도의 크기를 각각 a_1, a_2라 하자. 등가속도 직선 운동의 식($2as=v^2-v_0^2$)에 따라 p와 q 사이에서는 $2a_1L=v^2$, q와 r 사이에서는 $2(-a_2)\left(\frac{3}{2}L\right)=-v^2$이 성립하므로, $a_2=\frac{2}{3}a_1$이다.

❷ B의 질량을 M이라고 하고 실이 끊어지기 전 A, B, C를 한 덩어리로 생각하면 (A+B+C)에 $5mg-mg$의 힘이 작용하여 가속도가 a_1인 운동을 하므로, 운동 방정식은 $5mg-mg=(m+M+5m)a_1$ … ①이다. 실이 끊어진 후 A, B를 한 덩어리로 생각하면 (A+B)에 $-mg$의 힘이 작용하여 가속도가 $-a_2$인 운동을 하므로, 운동 방정식은 $-mg=(m+M)(-a_2)$ … ②이다. ②에 $a_2=\frac{2}{3}a_1$를 대입하고 ①과 연립하여 정리하면 $M=2m$이다.

① m ② $2m$ ③ $3m$ ④ $4m$ ⑤ $5m$

10 물체의 운동 방정식 – 도르래에 연결된 물체 2019학년도 4월 학평 물I 19번

정답 ① | 정답률 40 %

적용해야 할 개념 ③가지

① 뉴턴 운동 제2법칙(가속도 법칙): 물체의 가속도(a)는 물체에 작용하는 알짜힘의 크기(F)에 비례, 물체의 질량(m)에 반비례한다. ➡ $a=\frac{F}{m}$

② 등가속도 직선 운동을 하는 물체의 평균 속력은 $\frac{\text{처음 속력}+\text{나중 속력}}{2}$이다.

③ 가속도는 시간에 따라 물체의 속도가 변하는 정도를 나타낸 물리량이다. 가속도의 크기는 $\frac{\text{속력 변화량}(\Delta v)}{\text{걸린 시간}(\Delta t)}$이다.

문제 보기

그림 (가)와 같이 물체 A와 실로 연결된 물체 B에 수평 방향의 일정한 힘 F가 작용하여 A, B가 함께 일정한 속력으로 운동한다(→ A, B에 작용하는 알짜힘=0). 그림 (나)와 같이 (가)에서 실이 끊어진 후 B에는 F가 계속 작용하고 A, B는 각각 등가속도 운동한다. 실이 끊어진 순간부터 A가 정지한 순간까지 A, B는 각각 s, $4s$만큼 이동한다.

└ 같은 시간 동안 이동한 거리는 B가 A의 4배 = 평균 속력도 B가 A의 4배

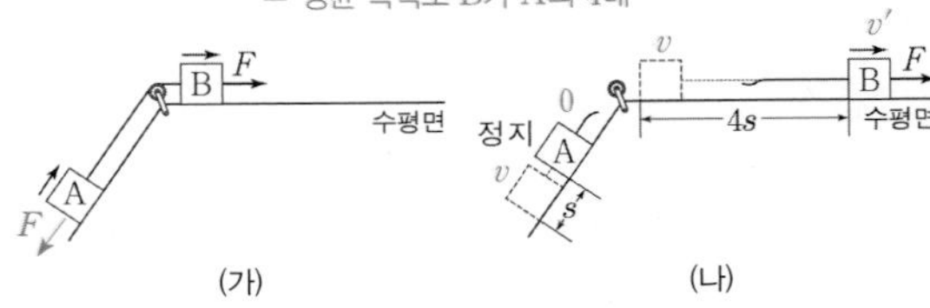

A, B의 질량을 각각 m_A, m_B라 할 때, $\frac{m_B}{m_A}$는? (단, A, B의 크기, 실의 질량, 모든 마찰과 공기 저항은 무시한다.)

<보기> 풀이

실이 끊어지기 전 A와 B는 등속도 운동을 하므로 A와 B에 작용하는 알짜힘은 0이고, 실이 끊어진 후 A가 정지할 때까지 이동 거리는 B가 A의 4배이므로 평균 속력은 B가 A의 4배이다.

(가)에서 B를 힘 F로 당길 때 A와 B는 등속도 운동을 하므로 A와 B에 작용하는 알짜힘이 0이다. 따라서 빗면 아래 방향으로 A에 작용하는 중력의 크기는 F이다. 따라서 (나)에서 실이 끊어진 후 A와 B에 작용하는 알짜힘의 크기는 각각 F로 같다.

실이 끊어지기 전 A, B의 속력을 v라 하고, 실이 끊어진 후 A가 정지할 때까지 걸린 시간을 T, A가 정지할 때 B의 속력을 v'이라고 하면, A의 평균 속력은 $\frac{s}{T}=\frac{v+0}{2}$이고 B의 평균 속력은 $\frac{4s}{T}=\frac{v+v'}{2}$이다. 따라서 $v'=3v$이다. 가속도는 $\frac{\text{속력 변화량}}{\text{걸린 시간}}$이므로 (나)에서 A의 가속도의 크기는 $\frac{v}{T}$이고 B의 가속도의 크기는 $\frac{3v-v}{T}=\frac{2v}{T}$이다.

가속도 법칙 $a=\frac{F}{m}$에서 A와 B에 작용하는 알짜힘의 크기가 같고 가속도의 크기는 B가 A의 2배이므로 질량은 A가 B의 2배이다. 따라서 $\frac{m_B}{m_A}=\frac{1}{2}$이다.

① $\frac{1}{2}$ ② $\frac{2}{3}$ ③ 1 ④ $\frac{3}{2}$ ⑤ 2

11 물체의 운동 방정식 – 도르래에 연결된 물체 2024학년도 10월 학평 물Ⅰ 20번

정답 ③ | 정답률 27 %

적용해야 할 개념 ③가지

① 도르래에 실로 연결되어 함께 운동하는 물체들의 가속도의 크기는 같다.

② 뉴턴 운동 제2법칙(가속도 법칙): 물체의 가속도(a)는 물체에 작용하는 알짜힘의 크기(F)에 비례, 물체의 질량(m)에 반비례한다. ➡ $a=\frac{F}{m}$

③ 등가속도 직선 운동의 식

• $v=v_0+at$ • $s=v_0t+\frac{1}{2}at^2$ • $v^2-v_0^2=2as$

(v_0: 처음 속도, v: 나중 속도, a: 가속도, s: 변위, t: 걸린 시간)

문제 보기

그림은 물체 A, B, C가 실 p, q, r로 연결되어 정지해 있는 모습을 나타낸 것으로, q가 B에 작용하는 힘의 크기는 r이 C에 작용하는 힘의 크기의 $\frac{3}{2}$배이다. r을 끊으면 A, B, C가 등가속도 운동을 하다가 B가 수평면과 나란한 평면 위의 점 O를 지나는 순간 p가 끊어진다. 이후 A, B는 등가속도 운동을 하며, 가속도의 크기는 A가 B의 2배이다. r이 끊어진 순간부터 B가 O에 다시 돌아올 때까지 걸린 시간은 t_0이다. A, C의 질량은 각각 $6m$, m이다.

(→ =q가 C에 작용하는 힘의 크기)

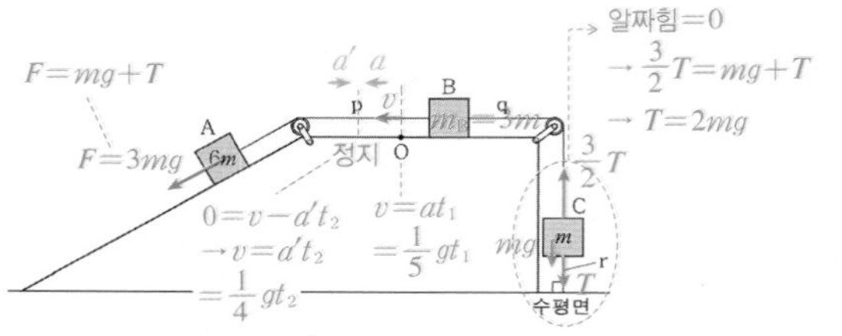

r을 끊었을 때: (A+B+C)의 운동 방정식
→ $3mg-mg=(6m+m_B+m)a$
p가 끊어졌을 때: A, (B+C)의 운동 방정식
→ A: $3mg=6m(2a')$,
(B+C): $-mg=(m_B+m)(-a')$
→ $a'=\frac{1}{4}g$, $m_B=3m$
→ $a=\frac{1}{5}g$

p가 끊어진 순간 C의 속력은? (단, 중력 가속도는 g이고, 물체는 동일 연직면상에서 운동하며, 물체의 크기, 실의 질량, 모든 마찰은 무시한다.) [3점]

<보기> 풀이

❶ r이 C에 작용하는 힘의 크기를 T라고 하면, q가 C에 작용하는 힘의 크기는 q가 B에 작용하는 힘의 크기와 같으므로 $\frac{3}{2}T$이다. q, r로 연결되어 정지해 있는 C에 작용하는 알짜힘은 0이므로, C에 연직 위 방향으로 작용하는 q가 당기는 힘의 크기는 연직 아래 방향으로 작용하는 중력과 r이 당기는 힘의 크기의 합과 같다. 따라서 $\frac{3}{2}T=mg+T$에서 $T=2mg$이다.

❷ A, B, C가 실 p, q, r로 연결되어 정지해 있을 때, A에 빗면 아래 방향으로 작용하는 힘의 크기는 C에 연직 아래 방향으로 작용하는 중력 mg와 r이 당기는 힘 $T(=2mg)$의 합과 같다. 따라서 A에 빗면 아래 방향으로 작용하는 힘의 크기는 $3mg$이다.

❸ B의 질량을 m_B, r을 끊었을 때 A, B, C의 가속도의 크기를 a라고 하자. A, B, C를 한 덩어리라고 생각하면, (A+B+C)에 $3mg-mg$의 힘이 작용하여 가속도 a인 운동을 하므로 운동 방정식은 다음과 같다.

$3mg-mg=(6m+m_B+m)a$ ⋯ ①

p가 끊어졌을 때 A의 가속도의 크기를 $2a'$라고 하고 B, C의 가속도의 크기를 a'라고 하면, A의 운동 방정식과 B, C를 한 덩어리로 생각할 때 (B+C)의 운동 방정식은 각각 다음과 같다.

A: $3mg=6m(2a')$ ⋯ ②

(B+C): $-mg=(m_B+m)(-a')$ ⋯ ③

②, ③에서 $a'=\frac{1}{4}g$, $m_B=3m$이다. $m_B=3m$을 ①에 대입하면 $a=\frac{1}{5}g$이다.

❹ r이 끊어진 후부터 B는 O를 지나는 순간까지 가속도가 a인 운동을 하며, 이때 걸린 시간을 t_1이라고 하자. B가 O를 지나는 순간 p가 끊어지므로, B는 O를 지나는 순간부터 속력이 감소하여 0이 된 순간까지 가속도가 $-a'$인 운동을 한다. 이때 걸린 시간을 t_2라고 하면, B가 속력이 0이 된 순간부터 다시 오른쪽 방향으로 운동하여 O에 다시 돌아올 때까지 걸린 시간도 t_2이므로, $t_1+2t_2=t_0$이다. B가 O를 지나는 순간의 속력을 v라고 하면 $v=at_1=\frac{1}{5}gt_1$이고, B가 O를 지난 후 속력이 0이 된 순간의 속력은 $0=v-a't_2=v-\frac{1}{4}gt_2$이므로, $v=\frac{1}{4}gt_2$이다. 따라서 $\frac{1}{5}gt_1=\frac{1}{4}gt_2$에서 $t_2=\frac{4}{5}t_1$이고, $t_1+2\left(\frac{4}{5}t_1\right)=t_0$에서 $t_1=\frac{5}{13}t_0$이다. p가 끊어진 순간 C의 속력은 B가 O를 지나는 순간의 속력과 같으므로

$v=\frac{1}{5}gt_1=\frac{1}{5}g\left(\frac{5}{13}t_0\right)=\frac{1}{13}gt_0$이다.

~~①~~ $\frac{1}{9}gt_0$ ~~②~~ $\frac{1}{11}gt_0$ ③ $\frac{1}{13}gt_0$ ~~④~~ $\frac{1}{15}gt_0$ ~~⑤~~ $\frac{1}{17}gt_0$

5
일차

12 물체의 운동 방정식 – 도르래에 연결된 물체 2024학년도 9월 모평 물Ⅰ 8번

정답 ③ | 정답률 66 %

적용해야 할 개념 ②가지

① 물체에 작용하는 알짜힘이 0이면 물체는 정지해 있거나 등속 직선 운동을 한다.
② 뉴턴 운동 제2법칙(가속도 법칙): 물체의 가속도(a)는 물체에 작용하는 알짜힘의 크기(F)에 비례, 물체의 질량(m)에 반비례한다.
➡ $a=\dfrac{F}{m}$

문제 보기

그림은 물체 A, B, C가 실 p, q로 연결되어 등속도 운동을 하는 모습을 나타낸 것이다. p를 끊으면, A는 가속도의 크기가 $6a$인 등가속도 운동을, B와 C는 가속도의 크기가 a인 등가속도 운동을 한다. 이후 q를 끊으면, B는 가속도의 크기가 $3a$인 등가속도 운동을 한다. A, C의 질량은 각각 m, $2m$이다.

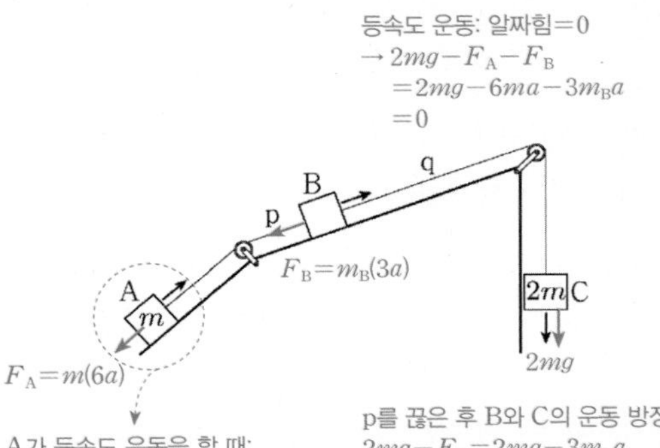

이에 대한 설명으로 옳은 것만을 〈보기〉에서 있는 대로 고른 것은? (단, 중력 가속도는 g이고, 실의 질량, 모든 마찰과 공기 저항은 무시한다.) [3점]

보기

<보기> 풀이

A와 B에 중력에 의해 빗면 아래 방향으로 작용하는 힘의 크기를 각각 F_A, F_B라고 하면, p가 끊어진 후 A에 F_A의 힘이 작용하여 가속도가 $6a$인 등가속도 운동을 하므로 $F_A=6ma$이다. 또 q가 끊어진 후 B에 F_B의 힘이 작용하여 가속도가 $3a$인 등가속도 운동을 하므로, B의 질량을 m_B라고 하면 $F_B=3m_Ba$이다.

ㄱ. B의 질량은 $4m$이다.

➡ A, B, C가 실 p, q로 연결되어 등속도 운동을 할 때 A, B, C에 작용하는 알짜힘은 0이므로, $2mg-F_A-F_B=2mg-6ma-3m_Ba=0$ ⋯ ①이다. p가 끊어진 후 B와 C를 한 덩어리로 생각할 때 (B+C)에 $2mg-F_B$의 힘이 작용하여 가속도가 a인 등가속도 운동을 하므로, 운동 방정식은 $2mg-F_B=2mg-3m_Ba=(m_B+2m)a$ ⋯ ②이다. ①과 ②를 연립하여 정리하면 $m_B=4m$이므로, B의 질량은 $4m$이다.

ㄴ. $a=\dfrac{1}{8}g$이다.

➡ $m_B=4m$을 ①에 대입하면 $2mg-6ma-12ma=0$이므로, $a=\dfrac{1}{9}g$이다.

ㄷ. p를 끊기 전, p가 B를 당기는 힘의 크기는 $\dfrac{2}{3}mg$이다.

➡ 한 줄의 장력은 일정하므로, p를 끊기 전 p가 B를 당기는 힘의 크기는 p가 A를 당기는 힘의 크기와 같다. p를 끊기 전 A는 등속도 운동을 하므로, p가 A를 당기는 힘의 크기는 A에 빗면 아래 방향으로 작용하는 힘의 크기 F_A와 같다. A에 빗면 아래 방향으로 작용하는 힘의 크기 $F_A=6ma=6m\left(\dfrac{1}{9}g\right)=\dfrac{2}{3}mg$이므로, p를 끊기 전 p가 B를 당기는 힘의 크기는 $\dfrac{2}{3}mg$이다.

13 물체의 운동 방정식 – 도르래에 연결된 물체 2021학년도 4월 학평 물I 10번

정답 ② | 정답률 58 %

적용해야 할 개념 ③가지

① 물체에 작용하는 알짜힘이 0이면 물체는 정지해 있거나 등속 직선 운동을 한다.

② 뉴턴 운동 제2법칙(가속도 법칙): 물체의 가속도(a)는 물체에 작용하는 알짜힘(F)에 비례, 물체의 질량(m)에 반비례한다. ➡ $a=\frac{F}{m}$

③ 마찰이 없는 빗면에서 실로 연결된 채 운동하는 물체에 작용하는 알짜힘은 중력의 빗면 방향 성분과 실의 장력(T)의 차다. 물체가 빗면 아래 방향으로 등가속도 운동할 때 가속도(a)는 $\frac{\text{알짜힘(중력의 빗면 방향 성분}-T)}{\text{물체의 질량}(m)}$이다.

문제 보기

그림 (가)는 물체 A와 질량이 m인 물체 B를 실로 연결한 후, 손이 A에 연직 아래 방향으로 일정한 힘 F를 가해 A, B가 정지한 모습을 나타낸 것이다. 실이 A를 당기는 힘의 크기는 F의 크기의 3배이다. 그림 (나)는 (가)에서 A를 놓은 순간부터 A, B가 가속도의 크기 $\frac{1}{8}g$로 등가속도 운동을 하는 모습을 나타낸 것이다.

보기

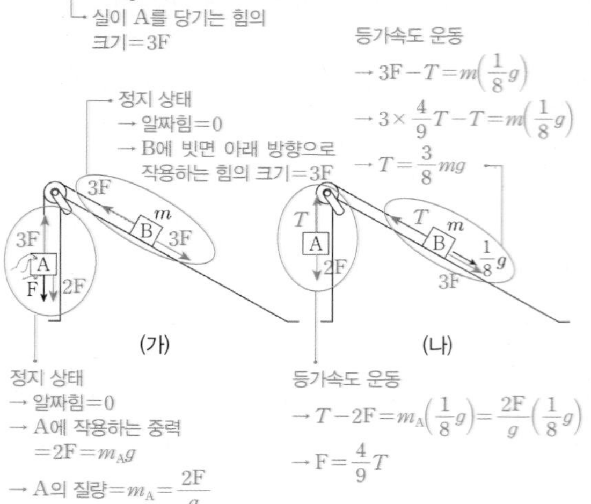

(나)에서 실이 A를 당기는 힘의 크기는? (단, 중력 가속도는 g이고, 실의 질량, 모든 마찰과 공기 저항은 무시한다.) [3점]

<보기> 풀이

❶ (가)에서 A, B가 정지해 있으므로 A, B에 작용하는 알짜힘은 0이다. A에 손이 연직 아래 방향으로 작용하는 힘이 F이고 실이 연직 위 방향으로 당기는 힘의 크기가 3F이므로 A의 질량을 m_A라 할 때 A에 작용하는 중력은 $m_Ag=2F$이다. 한편 B에 실이 빗면 위 방향으로 작용하는 힘의 크기가 3F이므로, B에 빗면 아래 방향으로 작용하는 힘(B에 작용하는 중력의 빗면 방향 성분)의 크기는 3F이다.

❷ (나)에서 손이 A를 놓아 A, B가 $\frac{1}{8}g$의 가속도로 등가속도 운동을 할 때 실이 A와 B를 당기는 힘을 T라고 하면, 각 물체의 운동 방정식은 다음과 같다.

A: $T-2F=m_A\left(\frac{1}{8}g\right)=\frac{2F}{g}\left(\frac{1}{8}g\right)$ ⋯ ①

B: $3F-T=m\left(\frac{1}{8}g\right)$ ⋯ ②

식 ①, ②를 연립하여 정리하면 $T=\frac{3}{8}mg$이다. 따라서 (나)에서 실이 A를 당기는 힘의 크기는 $\frac{3}{8}mg$이다.

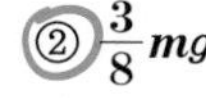 ① $\frac{1}{4}mg$ ② $\frac{3}{8}mg$ 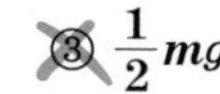 ③ $\frac{1}{2}mg$  ④ $\frac{5}{8}mg$ 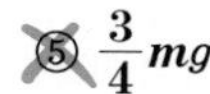 ⑤ $\frac{3}{4}mg$

14 물체의 운동 방정식 – 도르래에 연결된 물체 2025학년도 6월 모평 물I 20번

정답 ② | 정답률 52 %

적용해야 할 개념 ②가지

① 도르래에 실로 연결되어 함께 운동하는 물체들의 가속도의 크기는 같다.

② 뉴턴 운동 제2법칙(가속도 법칙): 물체의 가속도(a)는 물체에 작용하는 알짜힘의 크기(F)에 비례하고, 물체의 질량(m)에 반비례한다.

⇒ $a=\frac{F}{m}$

문제 보기

그림 (가)와 같이 물체 A, B, C가 실로 연결되어 등가속도 운동한다. A, B의 질량은 각각 $3m$, $8m$이고, 실 p가 B를 당기는 힘의 크기는 $\frac{9}{4}mg$이다. 그림 (나)는 (가)에서 A, C의 위치를 바꾸어 연결했을 때 등가속도 운동하는 모습을 나타낸 것이다. B의 가속도의 크기는 (나)에서가 (가)에서의 2배이다.

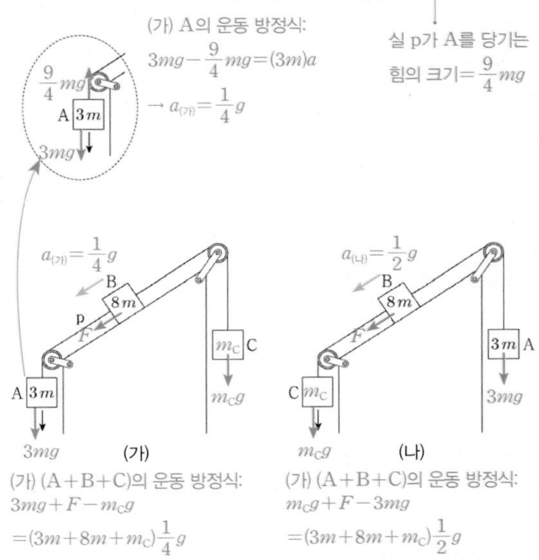

C의 질량은? (단, 중력 가속도는 g이고, 실의 질량, 모든 마찰은 무시한다.) [3점]

<보기> 풀이

❶ (가)에서 p가 A를 당기는 힘의 크기는 p가 B를 당기는 힘의 크기와 같다. (가)에서 A의 가속도의 크기를 a라고 하면 A에 중력 $3mg$와 p가 당기는 힘 $\frac{9}{4}mg$가 작용하므로, 뉴턴 운동 법칙에 따라 $3mg-\frac{9}{4}mg=(3m)a$에서 $a=\frac{1}{4}g$이다.

❷ 실로 연결되어 운동하는 물체의 가속도는 같으므로, (가)에서 B의 가속도의 크기는 $\frac{1}{4}g$이고 (나)에서 B의 가속도의 크기는 $\frac{1}{2}g$이다.

❸ C의 질량을 m_C, B에 중력에 의해 빗면 아래 방향으로 작용하는 힘의 크기를 F라고 하자. A, B, C를 한 덩어리로 생각하면 (가)에서 질량 $(3m+8m+m_C)$인 물체에 $3mg+F-m_Cg$의 힘이 작용하여 가속도의 크기가 $\frac{1}{4}g$인 운동을 하므로, 운동 방정식은 다음과 같다.

$$3mg+F-m_Cg=(3m+8m+m_C)\frac{1}{4}g \cdots ①$$

또 (나)에서 질량 $(3m+8m+m_C)$인 물체에 $m_Cg+F-3mg$의 힘이 작용하여 가속도의 크기가 $\frac{1}{2}g$인 운동을 하므로, 운동 방정식은 다음과 같다.

$$m_Cg+F-3mg=(3m+8m+m_C)\frac{1}{2}g \cdots ②$$

①, ②를 연립하여 정리하면 $m_C=5m$이다.

① $4m$ ② $5m$ ③ $6m$ ④ $7m$ ⑤ $8m$

15 물체의 운동 방정식 – 도르래에 연결된 물체 2023학년도 3월 학평 물Ⅰ 16번

정답 ⑤ | 정답률 34 %

적용해야 할 개념 ③가지

① 도르래에 실로 연결되어 함께 운동하는 물체들의 가속도의 크기는 같다.
② 물체에 작용하는 알짜힘이 0이면 물체는 정지해 있거나 등속 직선 운동을 한다.
③ 뉴턴 운동 제2법칙(가속도 법칙): 물체의 가속도(a)는 물체에 작용하는 알짜힘의 크기(F)에 비례, 물체의 질량(m)에 반비례한다.
➡ $a=\frac{F}{m}$

문제 보기

그림 (가), (나), (다)는 동일한 빗면에서 실로 연결된 물체 A와 B가 운동하는 모습을 나타낸 것이다. A, B의 질량은 각각 m_A, m_B이다. (가)에서 A는 등속도 운동을 하고, (나), (다)에서 A는 가속도의 크기가 각각 $8a$, $17a$인 등가속도 운동을 한다.

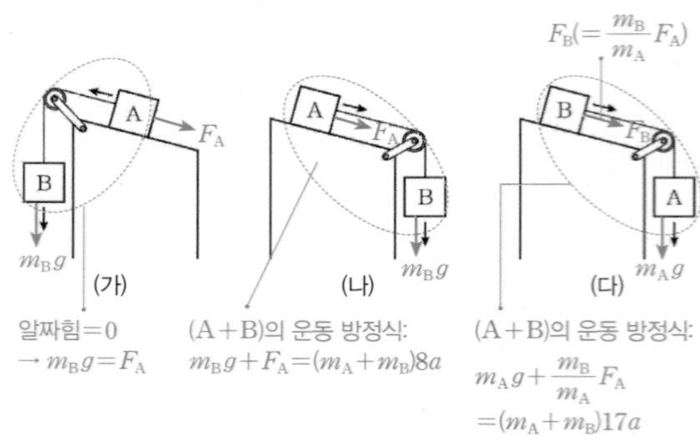

$m_A : m_B$는? (단, 실의 질량, 모든 마찰은 무시한다.) [3점]

<보기> 풀이

같은 기울기의 빗면에서는 가속도가 같으므로, 빗면 아래 방향으로 작용하는 힘(중력에 의한 힘)의 크기는 질량에 비례한다. 따라서 물체 A, B에 빗면 아래 방향으로 작용하는 힘의 크기를 각각 F_A, F_B라고 할 때, $F_A : F_B=m_A : m_B$이므로, $F_B=\frac{m_B}{m_A}F_A$이다.

보기

❶ (가)에서 A, B를 한 덩어리라고 생각하면, A에 빗면 아래 방향으로 F_A가 작용하고 B에 중력 m_Bg가 작용하여 등속도 운동을 한다. 등속도 운동을 하는 물체에 작용하는 알짜힘은 0이므로, $m_Bg=F_A$이다. (나)에서 A, B를 한 덩어리라고 생각하면, A에 빗면 아래 방향으로 F_A가 작용하고 B에 중력 m_Bg가 작용하여 가속도가 $8a$인 운동을 하므로 운동 방정식은 다음과 같다.

$m_Bg+F_A=(m_A+m_B)8a$ ⋯ ①

(다)에서 A, B를 한 덩어리라고 생각하면, A에 중력 m_Ag가 작용하고 B에 빗면 아래 방향으로 $F_B(=\frac{m_B}{m_A}F_A)$가 작용하여 가속도가 $17a$인 운동을 하므로 운동 방정식은 다음과 같다.

$m_Ag+\frac{m_B}{m_A}F_A=(m_A+m_B)17a$ ⋯ ②

❷ ①, ②에 $F_A=m_Bg$를 대입하면,

$2m_Bg=(m_A+m_B)8a$ ⋯ ③

$m_Ag+\frac{(m_B)^2}{m_A}g=(m_A+m_B)17a$ ⋯ ④

❸ ③과 ④를 연립하여 정리하면 $4{m_A}^2-17m_Am_B+4{m_B}^2=0$이므로, $(4m_A-m_B)(m_A-4m_B)=0$이다. 가속도는 (다)에서가 (나)에서보다 크므로, A의 질량이 B의 질량보다 크다. 따라서 $m_A=4m_B$이므로, $m_A : m_B=4 : 1$이다.

다른 풀이 물체가 빗면 위에 있을 때 중력에 의해 빗면 아래 방향으로 힘을 받는다. 같은 기울기의 빗면에서는 가속도가 같으므로 (가)~(다)에서 A, B에 빗면 아래 방향으로 작용하는 힘에 의한 가속도를 a_0이라고 하면, A와 B에 빗면 아래 방향으로 작용하는 힘은 각각 m_Aa_0, m_Ba_0이다. (가)~(다)에서 A, B를 한 덩어리라고 생각하면, (A+B)의 운동 방정식은 다음과 같다.

(가) $m_Bg-m_Aa_0=(m_A+m_B)\times0$
(나) $m_Bg+m_Aa_0=(m_A+m_B)8a$
(다) $m_Ag+m_Ba_0=(m_A+m_B)17a$

위 식들을 연립하여 정리하면 $4{m_A}^2-17m_Am_B+4{m_B}^2=0$이므로, $(4m_A-m_B)(m_A-4m_B)=0$이다. 가속도는 (다)에서가 (나)에서보다 크므로, A의 질량이 B의 질량보다 크다. 따라서 $m_A=4m_B$이므로, $m_A : m_B=4 : 1$이다.

~~① 1 : 4~~ ~~② 2 : 5~~ ~~③ 2 : 1~~ ~~④ 5 : 2~~ ⑤ 4 : 1

16 물체의 운동 방정식 – 도르래에 연결된 물체 2024학년도 6월 학평 물Ⅰ 5번

정답 ② | 정답률 66 %

적용해야 할 개념 ③가지

① 도르래에 실로 연결되어 함께 운동하는 물체들의 가속도의 크기는 같다.

② 뉴턴 운동 제2법칙(가속도 법칙): 물체의 가속도(a)는 물체에 작용하는 알짜힘의 크기(F)에 비례, 물체의 질량(m)에 반비례한다. ➡ $a=\frac{F}{m}$

③ 직선 운동하는 물체에 작용하는 마찰력의 방향은 운동 방향과 반대 방향이다.

문제 보기

그림 (가), (나)와 같이 마찰이 있는 동일한 빗면에 놓인 물체 A가 각각 물체 B, C와 실로 연결되어 서로 반대 방향으로 등가속도 운동을 하고 있다. (가)와 (나)에서 A의 가속도의 크기는 각각 $\frac{1}{6}g$, $\frac{1}{3}g$이고, 가속도의 방향은 운동 방향과 같다. A, B, C의 질량은 각각 $3m$, m, $6m$이고, 빗면과 A 사이에는 크기가 F로 일정한 마찰력이 작용한다.

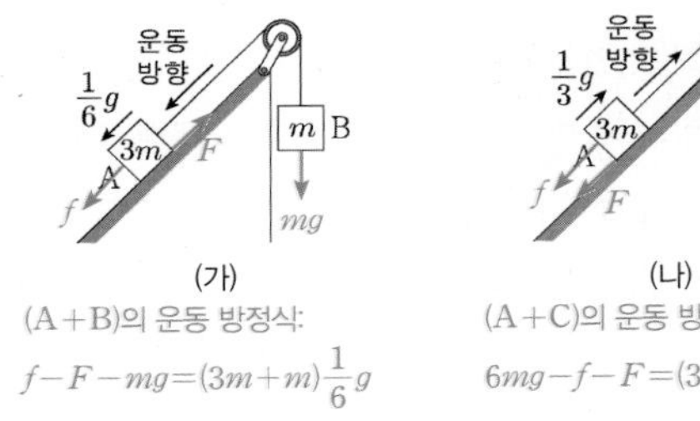

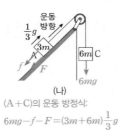

F는? (단, 중력 가속도는 g이고, 빗면에서의 마찰 외의 모든 마찰과 공기 저항, 실의 질량은 무시한다.) [3점]

<보기> 풀이

❶ 마찰력은 물체의 운동 방향과 반대 방향으로 작용하므로, (가)에서 F는 빗면 위 방향으로 작용하고 (나)에서 F는 빗면 아래 방향으로 작용한다.

❷ (가)와 (나)에서 A에 작용하는 중력에 의해 빗면 아래 방향으로 작용하는 힘을 f라고 하면, (가)에서 A와 B를 한 덩어리라고 생각했을 때 질량 $(3m+m)$인 물체에 $f-F-mg$의 힘이 작용하여 가속도가 $\frac{1}{6}g$인 운동을 하므로 뉴턴 운동 제2법칙을 적용하면 $f-F-mg=(3m+m)\frac{1}{6}g$에서 $f-F=\frac{5}{3}mg$ … ①이다. (나)에서 A와 C를 한 덩어리라고 생각했을 때 질량 $(3m+6m)$인 물체에 $6mg-f-F$의 힘이 작용하여 가속도가 $\frac{1}{3}g$인 운동을 하므로 $6mg-f-F=(3m+6m)\frac{1}{3}g$에서 $f+F=3mg$ … ②이다. ①과 ②를 연립하여 정리하면 $F=\frac{2}{3}mg$이다.

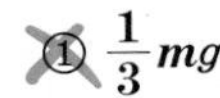
① $\frac{1}{3}mg$
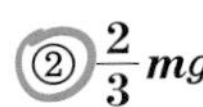
② $\frac{2}{3}mg$ ③ mg ④ $\frac{3}{2}mg$ ⑤ $\frac{5}{2}mg$

17 물체의 운동 방정식 – 도르래에 연결된 물체 2023학년도 9월 모평 물Ⅰ 14번

정답 ② | 정답률 48 %

적용해야 할 개념 ③가지

① 물체에 작용하는 알짜힘이 0이면 물체는 정지해 있거나 등속 직선 운동을 한다.

② 뉴턴 운동 제2법칙(가속도 법칙): 물체의 가속도(a)는 물체에 작용하는 알짜힘의 크기(F)에 비례, 물체의 질량(m)에 반비례한다. ➡ $a=\frac{F}{m}$

③ 마찰이 없는 빗면에서 실로 연결된 채 운동하는 물체에 작용하는 알짜힘은 중력의 빗면 방향 성분과 실의 장력(T)의 차이다. 물체가 빗면 위 방향으로 등가속도 운동할 때 가속도(a)$=\frac{\text{알짜힘}(T-\text{중력의 빗면 방향 성분})}{\text{물체의 질량}(m)}$이다.

문제 보기

그림 (가)는 질량이 각각 M, m, $4m$인 물체 A, B, C가 빗면과 나란한 실 p, q로 연결되어 정지해 있는 것을, (나)는 (가)에서 물체의 위치를 바꾸었더니 물체가 등가속도 운동하는 것을 나타낸 것이다. (가)에서 p가 B를 당기는 힘의 크기는 $\frac{10}{3}mg$이다.

→ p가 A를 당기는 힘의 크기$=\frac{10}{3}mg$

→ A에 빗면 아래 방향으로 작용하는 힘의 크기$=\frac{10}{3}mg$

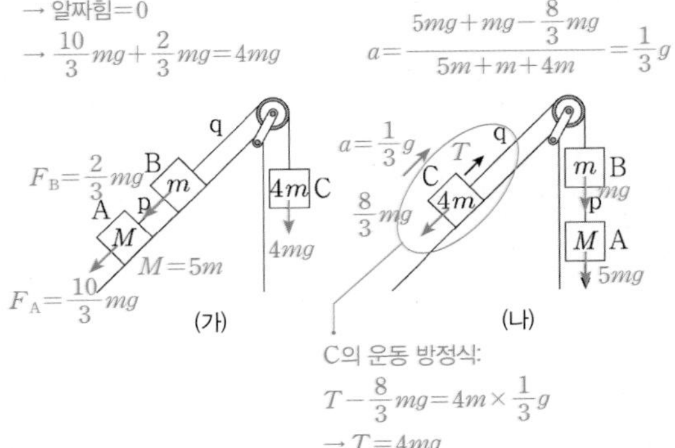

(나)에서 q가 C를 당기는 힘의 크기는? (단, 중력 가속도는 g이고, 실의 질량 및 모든 마찰은 무시한다.)

<보기> 풀이

❶ (가)에서 물체 A, B에 빗면 아래 방향으로 작용하는 힘의 크기를 각각 F_A, F_B라고 할 때, A, B, C가 정지해 있으므로 $F_A+F_B=4mg$이다. 한 줄의 장력은 일정하므로, (가)에서 p가 B를 당기는 힘의 크기가 $\frac{10}{3}mg$일 때 p가 A를 당기는 힘의 크기도 $\frac{10}{3}mg$이다. F_A의 크기는 p가 A를 당기는 힘의 크기와 같으므로 $F_A=\frac{10}{3}mg$이고, $\frac{10}{3}mg+F_B=4mg$에서 $F_B=\frac{2}{3}mg$이다.

❷ 같은 기울기의 빗면에서 빗면 아래 방향으로 작용하는 힘의 크기는 질량에 비례한다. F_A의 크기가 F_B의 5배이므로, A의 질량은 B의 5배이다. 따라서 A의 질량 $M=5m$이다. 마찬가지로 (나)에서 질량 $4m$인 물체 C에 빗면 아래 방향으로 $\frac{8}{3}mg$의 힘이 작용한다.

❸ (나)에서 A, B, C를 한 덩어리라고 생각하면 C에 빗면 아래 방향으로 $\frac{8}{3}mg$의 힘이 작용하고 A와 B에 연직 아래 방향으로 각각 $5mg$, mg의 힘이 작용하므로, (A+B+C)의 가속도는

$$a=\frac{5mg+mg-\frac{8}{3}mg}{5m+m+4m}=\frac{1}{3}g\text{이다.}$$

❹ (나)에서 q가 C를 당기는 힘의 크기를 T라고 하면, C의 가속도의 크기가 $\frac{1}{3}g$이므로 C의 운동 방정식은 $T-\frac{8}{3}mg=4m\times\frac{1}{3}g$이다. 따라서 q가 C를 당기는 힘의 크기 $T=4mg$이다.

① $\frac{13}{3}mg$ ② $4mg$ ③ $\frac{11}{3}mg$ ④ $\frac{10}{3}mg$

⑤ $3mg$

18 물체의 운동 방정식 – 도르래에 연결된 물체 2020학년도 4월 학평 물I 20번

정답 ① | 정답률 41 %

적용해야 할 개념 ④가지

① 뉴턴 운동 제2법칙(가속도 법칙): 물체의 가속도(a)는 물체에 작용하는 알짜힘의 크기(F)에 비례, 물체의 질량(m)에 반비례한다. ➡ $a=\dfrac{F}{m}$

② 실로 연결되어 운동하는 물체들의 가속도 크기는 같다.

③ 마찰이 없는 빗면에서 실로 연결된 채 운동하는 물체에 작용하는 알짜힘은 중력의 빗면 방향 성분과 실의 장력(T)의 차다. 물체가 빗면 아래 방향으로 등가속도 운동할 때 가속도(a)는 $\dfrac{\text{알짜힘(중력의 빗면 방향 성분}-T)}{\text{물체의 질량}(m)}$이다.

④ 등가속도 직선 운동 식

• $v=v_0+at$ • $s=v_0t+\dfrac{1}{2}at^2$ • $v^2-v_0^2=2as$ (v_0: 처음 속도, v: 나중 속도, a: 가속도, s: 변위, t: 걸린 시간)

문제 보기

그림 (가)와 같이 질량이 각각 $2m$, m, $2m$인 물체 A, B, C가 실로 연결된 채 각각 빗면에서 일정한 속력 v로 운동한다. 그림 (나)는 (가)에서 A가 점 p에 도달하는 순간, A와 B를 연결하고 있던 실이 끊어져 A, B, C가 각각 등가속도 직선 운동하는 모습을 나타낸 것이다. (나)에서 실이 B에 작용하는 힘의 크기는 $\dfrac{5}{6}mg$이고, 실이 끊어진 순간부터 A가 최고점에 도달할 때까지 C는 d만큼 이동한다.

(→ 알짜힘=0, → 속력=0, 보기)

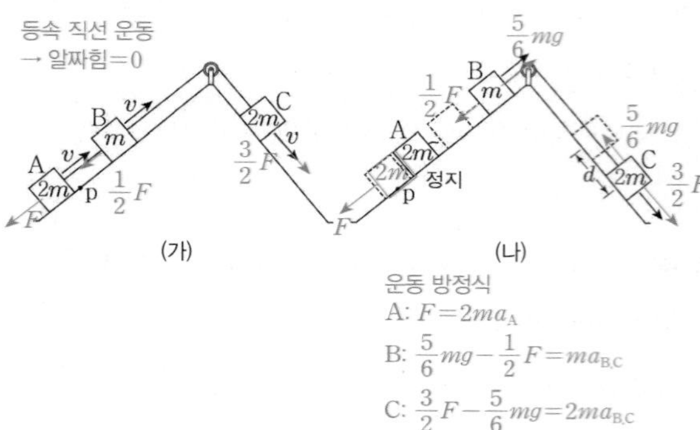

d는? (단, 중력 가속도는 g이고, 물체의 크기, 실의 질량과 모든 마찰은 무시한다.) [3점]

<보기> 풀이

❶ A와 B를 연결하고 있던 실이 끊어지기 전, A, B, C가 일정한 속력으로 운동하므로 A, B, C에 작용하는 알짜힘은 0이다. 질량이 $2m$인 A에 빗면 아래 방향으로 작용하는 힘의 크기를 F라고 하면, 같은 빗면상에서 운동하는 질량이 m인 B에는 빗면 아래 방향으로 크기가 $\dfrac{1}{2}F$인 힘이 작용한다. 세 물체는 등속 직선 운동하므로 빗면 양쪽의 아래 방향으로 작용하는 힘의 크기가 같다. 따라서 C에는 빗면 아래 방향으로 크기가 $F+\dfrac{1}{2}F=\dfrac{3}{2}F$인 힘이 작용한다.

❷ 실이 끊어진 후 A의 가속도의 크기를 a_A, B와 C의 가속도의 크기를 $a_{B,C}$라고 하면 각 물체의 운동 방정식은 다음과 같다.

A: $F=2ma_A$ … ①

B: $\dfrac{5}{6}mg-\dfrac{1}{2}F=ma_{B,C}$ … ②

C: $\dfrac{3}{2}F-\dfrac{5}{6}mg=2ma_{B,C}$ … ③

식 ①, ②, ③을 연립하여 정리하면 $a_A=\dfrac{g}{2}$, $a_{B,C}=\dfrac{g}{3}$이므로 가속도의 크기 비는 3 : 2이다.

❸ 걸린 시간이 같을 때 속력 변화량은 가속도의 크기에 비례하므로 A의 속력 변화량과 B, C의 속력 변화량의 비는 3 : 2이다. 따라서 v의 속력으로 운동하던 A가 실이 끊어진 후 최고점에 도달하여 정지하는 순간까지 속력이 v만큼 감소하는 동안, v의 속력으로 운동하던 B, C는 실이 끊어진 후 속력이 $\dfrac{2}{3}v$만큼 증가하여 $v+\dfrac{2}{3}v=\dfrac{5}{3}v$가 된다.

❹ C의 이동 거리는 d이고 처음 속력은 v, 나중 속력은 $\dfrac{5}{3}v$이므로

등가속도 운동 식 $2as=v^2-v_0^2$에 의해 $2\left(\dfrac{g}{3}\right)d=\left(\dfrac{5}{3}v\right)^2-v^2$이다. 따라서 $d=\dfrac{8v^2}{3g}$이다.

① $\dfrac{8v^2}{3g}$ ② $\dfrac{10v^2}{3g}$ ③ $\dfrac{4v^2}{g}$ ④ $\dfrac{14v^2}{3g}$ ⑤ $\dfrac{16v^2}{3g}$

19 물체의 운동 방정식 – 도르래에 연결된 물체 2024학년도 3월 학평 물I 14번

정답 ② | 정답률 45 %

적용해야 할 개념 ③가지

① 물체에 작용하는 알짜힘이 0이면 물체는 정지해 있거나 등속 직선 운동을 한다.

② 뉴턴 운동 제2법칙(가속도 법칙): 물체의 가속도(a)는 물체에 작용하는 알짜힘의 크기(F)에 비례, 물체의 질량(m)에 반비례한다.

➡ $a=\dfrac{F}{m}$

③ 도르래에 실로 연결되어 함께 운동하는 물체들의 가속도의 크기는 같다.

문제 보기

그림은 물체 A~D가 실 p, q, r로 연결되어 정지해 있는 모습을 나타낸 것이다. A와 B의 질량은 각각 $2m$, m이고, C와 D의 질량은 같다. p를 끊었을 때, C는 가속도의 크기가 $\frac{2}{9}g$로 일정한 직선 운동을 하고, r이 D를 당기는 힘의 크기는 $\frac{10}{9}mg$이다.

A~D가 정지해 있을 때: 알짜힘=0
→ $2mg+mg-F_C-F_D=0$
→ $F_C+F_D=3mg$

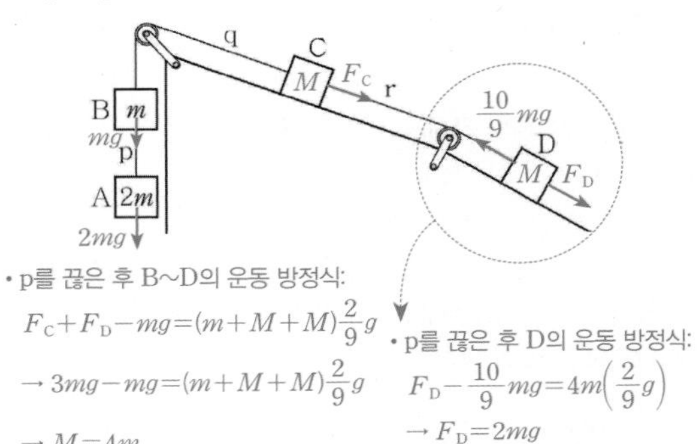

• p를 끊은 후 B~D의 운동 방정식:
$F_C+F_D-mg=(m+M+M)\frac{2}{9}g$
→ $3mg-mg=(m+M+M)\frac{2}{9}g$
→ $M=4m$

• p를 끊은 후 D의 운동 방정식:
$F_D-\frac{10}{9}mg=4m\left(\frac{2}{9}g\right)$
→ $F_D=2mg$

• r을 끊은 후 D의 운동 방정식:
$2mg=(4m)a_D$
→ $a_D=\frac{1}{2}g$

r을 끊었을 때, D의 가속도의 크기는? (단, g는 중력 가속도이고, 실의 질량, 공기 저항, 모든 마찰은 무시한다.) [3점]

<보기> 풀이

❶ C와 D에 중력에 의해 빗면 아래 방향으로 작용하는 힘의 크기를 각각 F_C, F_D라고 하면, A~D가 p, q, r로 연결되어 정지해 있을 때 A~D에 작용하는 알짜힘은 0이므로, $2mg+mg-F_C-F_D=0$에서 $F_C+F_D=3mg$ … ①이다.

❷ C와 D의 질량을 각각 M이라고 하면 p를 끊었을 때, C는 B, D와 함께 가속도의 크기가 $\frac{2}{9}g$인 운동을 하므로, B~D를 한 덩어리로 생각할 때 (B+C+D)에 F_C+F_D-mg의 힘이 작용하여 가속도의 크기가 $\frac{2}{9}g$인 운동을 하는 것이다. 따라서 p를 끊었을 때 운동 방정식은 $F_C+F_D-mg=(m+M+M)\frac{2}{9}g$이고, 이 식에 ①을 대입하여 정리하면 $M=4m$이다.

❸ p를 끊었을 때, r이 D를 당기는 힘의 크기는 $\frac{10}{9}mg$이므로, D에 $F_D-\frac{10}{9}mg$의 알짜힘이 작용하여 빗면 아래 방향으로 가속도의 크기가 $\frac{2}{9}g$인 운동을 한다. 따라서 D의 운동 방정식은 $F_D-\frac{10}{9}mg=4m(\frac{2}{9}g)$이므로, $F_D=2mg$이다.

❹ r을 끊었을 때 D의 가속도를 a_D라고 하면 D에 $F_D=2mg$의 힘만 작용하므로, $2mg=(4m)a_D$에서 $a_D=\frac{1}{2}g$이다.

다른 풀이

모든 실을 끊었을 때 C, D는 중력에 의해 빗면 아래 방향으로 작용하는 힘에 의해 가속도 운동을 한다. 이때의 가속도의 크기를 각각 a_C, a_D라 하고 C, D의 질량을 각각 M이라고 하면, C, D에 빗면 아래 방향으로 작용하는 힘은 각각 Ma_C, Ma_D이다.

❶ A~D가 p, q, r로 연결되어 정지해 있을 때 A~D에 작용하는 알짜힘은 0이므로, $2mg+mg-Ma_C-Ma_D=0$에서 $Ma_C+Ma_D=3mg$ … ①이다.

❷ p를 끊었을 때, C는 B, D와 함께 가속도의 크기가 $\frac{2}{9}g$인 운동을 하므로, B~D를 한 덩어리로 생각할 때 (B+C+D)에 Ma_C+Ma_D-mg의 힘이 작용하여 가속도의 크기가 $\frac{2}{9}g$인 운동을 하므로, $Ma_C+Ma_D-mg=(m+M+M)\frac{2}{9}g$ … ②이다. ①을 ②에 대입하여 정리하면 $M=4m$이다.

❸ p를 끊었을 때, r이 D를 당기는 힘의 크기는 $\frac{10}{9}mg$이므로, D에 $Ma_D-\frac{10}{9}mg$의 힘이 작용하여 빗면 아래 방향으로 가속도의 크기가 $\frac{2}{9}g$인 운동을 하므로, $4ma_D-\frac{10}{9}mg=4m(\frac{2}{9}g)$에서 $a_D=\frac{1}{2}g$이다. 따라서 r을 끊었을 때, D의 가속도의 크기는 $\frac{1}{2}g$이다.

~~① $\frac{2}{5}g$~~ ② $\frac{1}{2}g$ ~~③ $\frac{5}{9}g$~~ ~~④ $\frac{3}{5}g$~~ ~~⑤ $\frac{5}{8}g$~~

20 물체의 운동 방정식 – 도르래에 연결된 물체 2021학년도 7월 학평 물Ⅰ 7번

정답 ③ | 정답률 40 %

적용해야 할 개념 ④가지

① 뉴턴 운동 제2법칙(가속도 법칙): 물체의 가속도(a)는 물체에 작용하는 알짜힘(F)에 비례, 물체의 질량(m)에 반비례한다. ➡ $a=\frac{F}{m}$

② 등가속도 직선 운동을 하는 물체의 평균 속력은 시간의 구간에서 중간 시각에서의 순간 속력과 같다.

③ 가속도의 크기는 $\frac{\text{속력 변화량}(\Delta v)}{\text{걸린 시간}(\Delta t)}$이다.

④ 실로 연결되어 운동하는 물체들의 가속도 크기는 같다.

문제 보기

그림과 같이 빗면 위의 물체 A가 질량 2 kg인 물체 B와 실로 연결되어 등가속도 운동을 한다. 표는 A가 점 p를 통과하는 순간부터 A의 위치를 2초 간격으로 나타낸 것이다. p와 점 q 사이의 거리는 8 m이다.

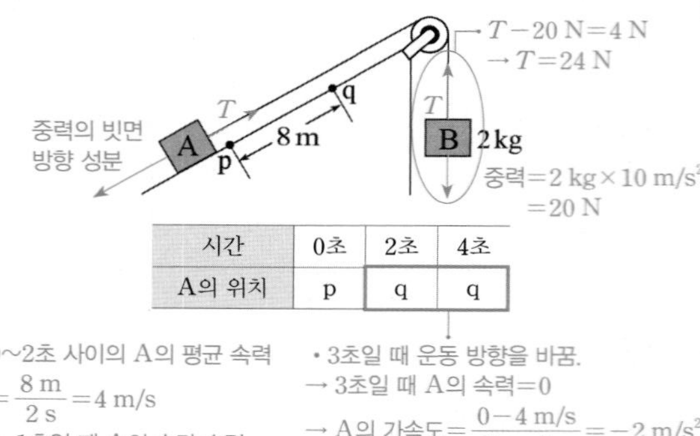

시간	0초	2초	4초
A의 위치	p	q	q

0~2초 사이의 A의 평균 속력 $=\frac{8\text{ m}}{2\text{ s}}=4$ m/s
→ 1초일 때 A의 순간 속력 $=4$ m/s

• 3초일 때 운동 방향을 바꿈.
→ 3초일 때 A의 속력$=0$
→ A의 가속도$=\frac{0-4\text{ m/s}}{3\text{ s}-1\text{ s}}=-2$ m/s^2
→ A, B의 가속도의 크기$=2$ m/s^2
• B에 작용하는 알짜힘 $=2$ kg$\times 2$ m/s$^2=4$ N

실이 A를 당기는 힘의 크기는? (단, 중력 가속도는 10 m/s^{2}이고, 물체의 크기, 실의 질량, 모든 마찰과 공기 저항은 무시한다.) [3점]

<보기> 풀이

❶ 0초부터 2초까지의 A의 평균 속력$=\frac{\text{전체 이동 거리}}{\text{걸린 시간}}=\frac{8\text{ m}}{2\text{ s}}=4$ m/s이므로, 중간 시각인 1초일 때의 순간 속력은 4 m/s이다. 또한 2초일 때와 4초일 때 A의 위치가 q로 같으므로 A는 2초일 때 q를 통과하여 빗면 위로 올라갔다가 3초일 때 운동 방향을 바꾸어 4초일 때 다시 q를 통과한 것을 알 수 있다. 따라서 3초일 때 A의 속력은 0이다.

❷ A의 속력이 1초일 때 4 m/s이고 3초일 때 0이므로, A의 가속도는 $\frac{\text{속도 변화량}}{\text{걸린 시간}}=\frac{0-4\text{ m/s}}{3\text{ s}-1\text{ s}}=-2$ m/s^{2}이고 가속도의 방향은 빗면 아래 방향이다. 실로 연결되어 운동하는 물체들의 가속도의 크기가 같으므로, B의 가속도의 크기는 2 m/s^{2}이고 가속도의 방향은 연직 윗방향이다. 따라서 B에 작용하는 알짜힘의 크기는 2 kg$\times$2 m/s^2=4 N이고, 알짜힘의 방향은 연직 윗방향이다.

❸ B에 실이 당기는 힘이 연직 윗방향으로 작용하고 중력 20 N이 연직 아래 방향으로 작용한다. 실이 B를 당기는 힘을 T라고 할 때 B에 작용하는 알짜힘은 연직 윗방향으로 4 N이므로, B의 운동 방정식은 $T-20$ N$=4$ N이다. 따라서 $T=24$ N이고, 실이 A를 당기는 힘의 크기는 실이 B를 당기는 힘의 크기와 같으므로 24 N이다.

~~① 16 N~~ ~~② 20 N~~ ③ 24 N ~~④ 28 N~~ ~~⑤ 32 N~~

21 물체의 운동 방정식 – 도르래에 연결된 물체 2022학년도 10월 학평 물I 13번

정답 ⑤ | 정답률 34 %

적용해야 할 개념 ③가지

① 실로 연결되어 운동하는 물체들의 가속도 크기는 같다.

② 뉴턴 운동 제 2법칙(가속도 법칙): 물체의 가속도(a)는 물체에 작용하는 알짜힘의 크기(F)에 비례, 물체의 질량(m)에 반비례한다. ➡ $a=\frac{F}{m}$

③ 등가속도 직선 운동의 식

• $v=v_0+at$ • $s=v_0t+\frac{1}{2}at^2$ • $v^2-v_0{}^2=2as$ (v_0: 처음 속도, v: 나중 속도, a: 가속도, s: 변위, t: 걸린 시간)

문제 보기

그림과 같이 물체 A 또는 B와 추를 실로 연결하고 물체를 빗면의 점 p에 가만히 놓았더니, 물체가 등가속도 직선 운동하여 점 q를 통과하였다. 추의 질량은 1 kg이다. 표는 물체의 질량, 물체가 p에서 q까지 운동하는 데 걸린 시간과 실이 물체에 작용한 힘의 크기 T를 나타낸 것이다.

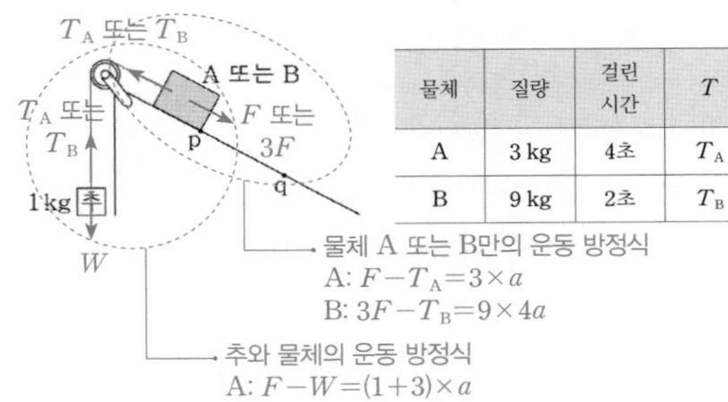

물체	질량	걸린 시간	T
A	3 kg	4초	T_A
B	9 kg	2초	T_B

$T_A : T_B$는? (단, 물체의 크기, 실의 질량, 모든 마찰과 공기 저항은 무시한다.) [3점]

<보기> 풀이

❶ 등가속도 직선 운동하는 물체의 처음 속도가 0일때 변위의 식 $s=\frac{1}{2}at^2$에서 변위 s가 같을 때 가속도 $a\propto\frac{1}{t^2}$이다. 즉, 가속도는 걸린 시간의 제곱에 반비례한다. 물체가 p에서 q까지 운동하는 데 걸린 시간이 A일 때가 B일 때의 2배이므로, 가속도는 A를 연결했을 때가 B를 연결했을 때의 $\frac{1}{4}$배이다.

❷ A의 가속도를 a, A에 빗면 아래 방향으로 작용하는 중력의 성분을 F라고 하면, B의 가속도는 $4a$, B에 빗면 아래 방향으로 작용하는 중력의 성분은 B의 질량이 A의 3배이므로 $3F$이다. 추에 작용하는 중력을 W라고 하면 추와 물체 A 또는 B를 한 덩어리라고 생각했을 때 추와 물체의 운동 방정식은 다음과 같다.

A: $F-W=(1+3)\times a$ ⋯ ①

B: $3F-W=(1+9)\times 4a$ ⋯ ②

또한, 물체 A 또는 B만의 운동 방정식은 다음과 같다.

A: $F-T_A=3\times a$ ⋯ ③

B: $3F-T_B=9\times 4a$ ⋯ ④

❸ ①~④식을 연립하여 정리하면 $T_A : T_B=5 : 6$이다.

~~① 1 : 4~~ ~~② 2 : 3~~ ~~③ 3 : 4~~ ~~④ 4 : 5~~ ⑤ 5 : 6

22 물체의 운동 방정식 – 도르래에 연결된 물체 2023학년도 7월 학평 물I 8번

정답 ② | 정답률 67 %

적용해야 할 개념 ③가지

① 물체에 작용하는 알짜힘이 0이면 물체는 정지해 있거나 등속 직선 운동을 한다.

② 가속도의 크기는 $\frac{\text{속력 변화량}(\Delta v)}{\text{걸린 시간}(\Delta t)}$이다.

③ 뉴턴 운동 제2법칙(가속도 법칙): 물체의 가속도(a)는 물체에 작용하는 알짜힘(F)에 비례, 물체의 질량(m)에 반비례한다. ➡ $a=\frac{F}{m}$

문제 보기

그림 (가)는 물체 A, B가 실로 연결되어 서로 다른 빗면에서 속력 v로 등속도 운동하다가 A가 점 p를 지나는 순간 실이 끊어지는 것을 나타낸 것이다. 그림 (나)는 (가) 이후 A와 B가 각각 빗면을 따라 등가속도 운동을 하다가 A가 다시 p에 도달하는 순간 B의 속력이 $4v$인 것을 나타낸 것이다.

알짜힘=0

• 같은 시간 동안 속도 변화량의 크기
→ A: $v-(-v)=2v$
B: $4v-v=3v$
• 가속도 크기∝속도 변화량의 크기
→ $a_A : a_B=2 : 3$

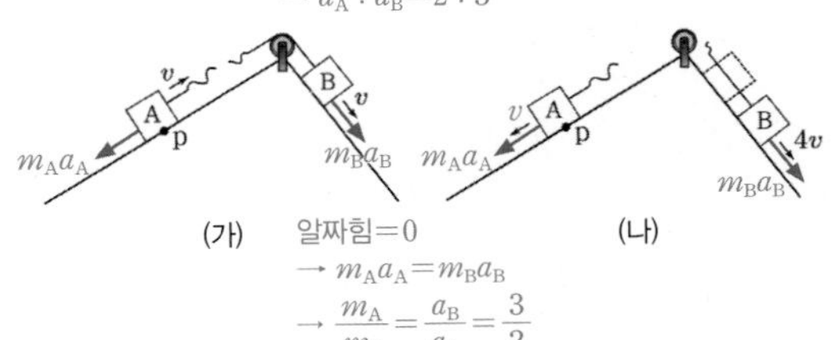

A, B의 질량을 각각 m_A, m_B라 할 때, $\frac{m_A}{m_B}$는? (단, 물체의 크기, 실의 질량, 모든 마찰은 무시한다.) [3점]

<보기> 풀이

❶ A, B가 실로 연결되어 등속도 운동을 할 때 A와 B를 한 덩어리라고 생각하면 (A+B)에 작용하는 알짜힘은 0이므로, A와 B에 각각 빗면 아래 방향으로 작용하는 힘의 크기는 서로 같다. 따라서 실이 끊어진 후 A와 B의 가속도의 크기를 각각 a_A, a_B라고 하면, $m_Aa_A=m_Ba_B$이다.

❷ 기울기가 일정한 빗면에서 가속도가 일정하므로, (나)에서 A가 다시 p를 빗면 아래 방향으로 지나는 순간의 속력은 v이다. (가)에서 A가 p를 지날 때부터 (나)에서 다시 p를 지나는 동안, A의 속도 변화량의 크기는 $v-(-v)=2v$이고 B의 속도 변화량의 크기는 $4v-v=3v$이다. 운동 시간이 같을 때 가속도$\left(a=\frac{\Delta v}{t}\right)$의 크기는 속도 변화량의 크기에 비례하므로, $a_A : a_B=2 : 3$이다. 따라서 $\frac{m_A}{m_B}=\frac{a_B}{a_A}=\frac{3}{2}$이다.

~~① 2~~ ② $\frac{3}{2}$ ~~③ $\frac{4}{3}$~~ ~~④ $\frac{5}{4}$~~ ~~⑤ $\frac{6}{5}$~~

23 물체의 운동 방정식 – 도르래에 연결된 물체 2023학년도 10월 학평 물Ⅰ 14번

정답 ④ | 정답률 57 %

적용해야 할 개념 ③가지

① 도르래에 실로 연결되어 함께 운동하는 물체들의 가속도의 크기는 같다.

② 뉴턴 운동 제2법칙(가속도 법칙): 물체의 가속도(a)는 물체에 작용하는 알짜힘의 크기(F)에 비례하고, 물체의 질량(m)에 반비례한다.

⇒ $a=\frac{F}{m}$

③ 등가속도 직선 운동 식

• $v=v_0+at$ • $s=v_0t+\frac{1}{2}at^2$ • $2as=v^2-v_0^2$

(v_0: 처음 속도, v: 나중 속도, a: 가속도, s: 변위, t: 걸린 시간)

문제 보기

그림 (가)와 같이 질량이 각각 $7m$, $2m$, 9 kg인 물체 A~C가 실 p, q로 연결되어 2 m/s로 등속도 운동한다. 그림 (나)는 (가)에서 실이 끊어진 순간부터 C의 속력을 시간에 따라 나타낸 것이다. ㉠과 ㉡은 각각 p와 q 중 하나이다.

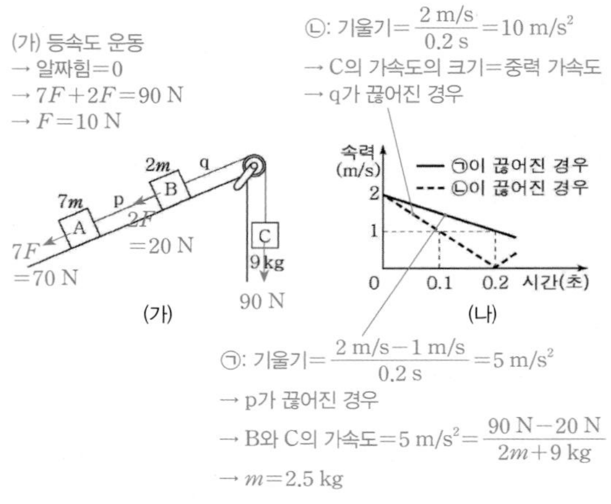

p가 끊어진 경우, 0.1초일 때 A의 속력은? (단, 중력 가속도는 10 m/s² 이고, 실의 질량과 모든 마찰은 무시한다.) [3점]

<보기> 풀이

❶ 기울기가 같은 빗면에 놓인 물체에 중력에 의해 빗면 아래 방향으로 작용하는 힘의 크기는 질량에 비례하므로, A에 빗면 아래 방향으로 작용하는 힘의 크기를 $7F$라고 하면 B에 빗면 아래 방향으로 작용하는 힘의 크기는 $2F$이다. A, B, C가 실 p, q로 연결되어 등속도 운동을 할 때 A, B, C에 작용하는 알짜힘이 0이므로, A와 B에 빗면 아래 방향으로 작용하는 힘의 크기와 C에 연직 아래 방향으로 작용하는 중력의 크기가 같다. 즉, $7F+2F=90$ N에서 $F=10$ N이므로, A와 B에 빗면 아래 방향으로 작용하는 힘의 크기는 각각 70 N, 20 N이다.

❷ 속력-시간 그래프의 기울기는 가속도의 크기를 나타낸다. (나)에서 ㉡이 끊어진 경우의 점선의 기울기는 $\frac{2\text{ m/s}}{0.2\text{ s}}=10\text{ m/s}^2$으로 중력 가속도와 같다. 따라서 ㉡이 끊어진 경우 C에 중력만 작용하므로, ㉡은 q이다.

❸ ㉠이 끊어진 경우는 p가 끊어진 경우이다. (나)에서 ㉠이 끊어진 경우의 직선의 기울기는 $\frac{2\text{ m/s}-1\text{ m/s}}{0.2\text{ s}}=5\text{ m/s}^2$이므로, p가 끊어진 경우 함께 운동하는 B와 C의 가속도의 크기는 5 m/s²이다. 이때 B에 빗면 아래 방향으로 20 N의 힘이 작용하고 C에 연직 아래 방향으로 90 N의 힘이 작용하므로, $5\text{ m/s}^2=\frac{90\text{ N}-20\text{ N}}{2m+9\text{ kg}}$에서 $m=2.5$ kg이다.

❹ p가 끊어진 후 A의 가속도를 a라고 하면, 질량이 $7m$인 A에 빗면 아래 방향으로 70 N의 힘이 작용하므로 $a=\frac{70\text{ N}}{7m}=\frac{70\text{ N}}{(7\times2.5)\text{ kg}}=4\text{ m/s}^2$이다. 따라서 p가 끊어진 경우, 0.1초일 때 A의 속력은 $2\text{ m/s}+4\text{ m/s}^2\times0.1\text{ s}=2.4\text{ m/s}$이다.

~~① 1.6 m/s~~ ~~② 1.8 m/s~~ ~~③ 2.2 m/s~~ **④ 2.4 m/s** ~~⑤ 2.6 m/s~~

24 물체의 운동 방정식 – 도르래에 연결된 물체 2021학년도 9월 모평 물I 10번

정답 ④ | 정답률 78 %

적용해야 할 개념 ③가지

① 뉴턴 운동 제2법칙(가속도 법칙): 물체의 가속도(a)는 물체에 작용하는 알짜힘의 크기(F)에 비례, 물체의 질량(m)에 반비례한다. ➡ $a=\frac{F}{m}$

② 실로 연결되어 운동하는 물체들의 가속도 크기는 같다.

③ 등가속도 직선 운동 식

• $v=v_0+at$ • $s=v_0t+\frac{1}{2}at^2$ • $v^2-v_0{}^2=2as$ (v_0: 처음 속도, v: 나중 속도, a: 가속도, s: 변위, t: 걸린 시간)

문제 보기

그림 (가)는 수평면 위의 질량이 $8m$인 수레와 질량이 각각 m인 물체 2개를 실로 연결하고 수레를 잡아 정지한 모습을, (나)는 (가)에서 수레를 가만히 놓은 뒤 시간에 따른 수레의 속도를 나타낸 것이다. 1초일 때, 물체 사이의 실 p가 끊어졌다. → 처음 속도 $=0$

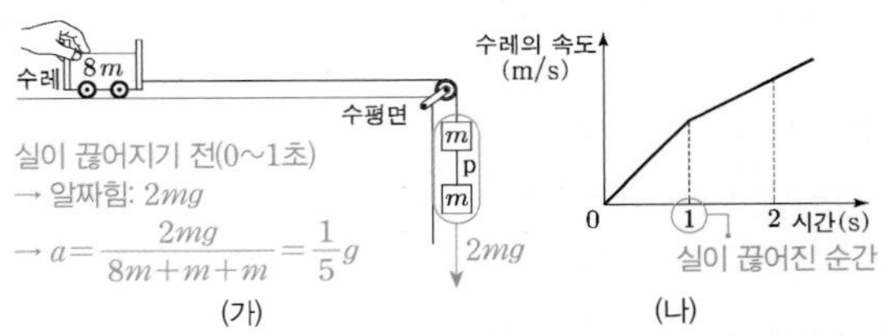

(가) (나)

수레의 운동에 대한 설명으로 옳은 것만을 〈보기〉에서 있는 대로 고른 것은? (단, 중력 가속도는 $10\ \mathrm{m/s^2}$이고, 실의 질량 및 모든 마찰과 공기 저항은 무시한다.) [3점]

<보기> 풀이

ㄱ. **1초일 때, 수레의 속도의 크기는 1 m/s이다.**

➡ 수레를 가만히 놓은 순간부터 실 p가 끊어지기 전까지 수레는 실에 매달린 두 물체와 함께 운동하므로 수레와 두 물체는 가속도의 크기가 같다. 수레와 두 물체를 한 덩어리로 생각하면, 한 덩어리가 된 물체의 질량은 $8m+m+m$이고, 물체에 작용하는 알짜힘은 실에 매달린 두 물체에 작용하는 중력 $2mg$이다.

뉴턴 운동 제2법칙에 따라 한 덩어리가 된 물체의 가속도 $a=\frac{2mg}{8m+m+m}=\frac{1}{5}g=\frac{1}{5}\times 10=2\ \mathrm{m/s^2}$이다.

따라서 1초일 때, 수레의 속도의 크기는 등가속도 운동 식 $v=v_0+at$에 따라 $0+2\times1=2\ \mathrm{m/s}$이다.

ㄴ. **2초일 때, 수레의 가속도의 크기는 $\frac{10}{9}\ \mathrm{m/s^2}$이다.**

➡

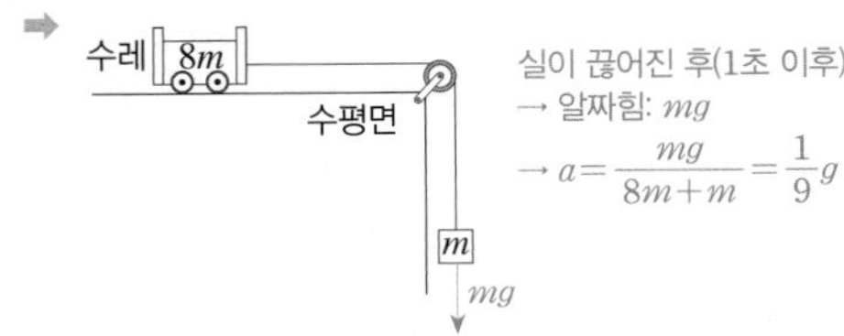

실 p가 끊어진 후 수레는 실에 매달린 물체 1개와 함께 같은 크기의 가속도로 운동하므로, 뉴턴 운동 제2법칙에 따라 이때의 가속도 $a'=\frac{mg}{8m+m}=\frac{1}{9}g=\frac{1}{9}\times10=\frac{10}{9}\ \mathrm{m/s^2}$이다. 따라서 2초일 때, 수레의 가속도의 크기는 $\frac{10}{9}\ \mathrm{m/s^2}$이다.

ㄷ. **0초부터 2초까지 수레가 이동한 거리는 $\frac{32}{9}$ m이다.**

➡ 수레는 실 p가 끊어지기 전 0초부터 1초까지 $2\ \mathrm{m/s^2}$의 가속도로 운동하고, 실 p가 끊어진 후 1초부터 2초까지 $\frac{10}{9}\ \mathrm{m/s^2}$의 가속도로 운동한다. 각 구간에서 수레가 이동한 거리는 등가속도 운동 식 $s=v_0t+\frac{1}{2}at^2$에 따라 다음과 같다.

• 0초부터 1초까지 수레가 이동한 거리: $0+\frac{1}{2}\times2\times1^2=1(\mathrm{m})$

• 1초부터 2초까지 수레가 이동한 거리: $2\times1+\frac{1}{2}\times\frac{10}{9}\times1^2=\frac{23}{9}(\mathrm{m})$

따라서 0초부터 2초까지 수레가 이동한 거리는 $1\ \mathrm{m}+\frac{23}{9}\ \mathrm{m}=\frac{32}{9}\ \mathrm{m}$이다.

25 물체의 운동 방정식 – 도르래에 연결된 물체 2021학년도 10월 학평 물Ⅰ 12번

정답 ② | 정답률 63 %

적용해야 할 개념 ③가지

① 속력 – 시간 그래프에서 기울기는 가속도의 크기를 의미한다.

② 등속도 운동하는 물체에 작용하는 알짜힘은 0이다.

③ 뉴턴 운동 제2법칙(가속도 법칙): 물체의 가속도(a)는 물체에 작용하는 알짜힘(F)에 비례, 물체의 질량(m)에 반비례한다. ➡ $a=\frac{F}{m}$

문제 보기

그림 (가)와 같이 물체 B와 실로 연결된 물체 A가 시간 $0\sim6t$ 동안 수평 방향의 일정한 힘 F를 받아 직선 운동을 하였다. A, B의 질량은 각각 m_A, m_B이다. 그림 (나)는 A, B의 속력을 시간에 따라 나타낸 것으로, $2t$일 때 실이 끊어졌다.

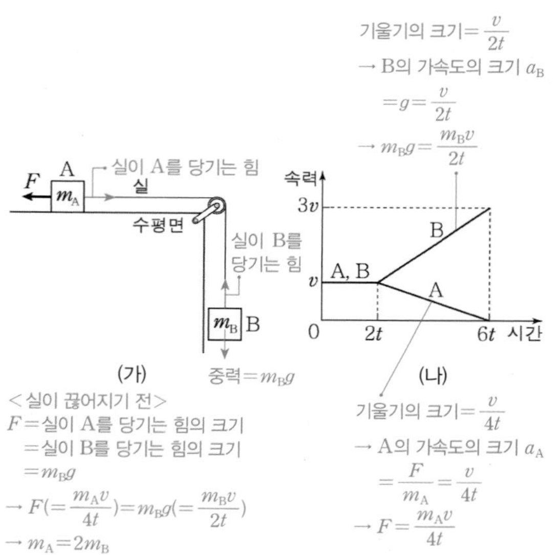

이에 대한 옳은 설명만을 〈보기〉에서 있는 대로 고른 것은? (단, 실의 질량, 모든 마찰과 공기 저항은 무시한다.) [3점]

<보기> 풀이

속력 – 시간 그래프에서 기울기의 크기는 가속도의 크기와 같다. $2t$일 때 실이 끊어진 후 A와 B의 가속도의 크기를 각각 a_A, a_B라고 하면 $a_A=\left|\frac{0-v}{6t-2t}\right|=\frac{v}{4t}$이고, $a_B=\frac{3v-v}{6t-2t}=\frac{v}{2t}$이다.

실이 끊어진 후 A에 작용하는 힘은 F뿐이므로, $a_A=\frac{F}{m_A}=\frac{v}{4t}$에서 $F=\frac{m_Av}{4t}$이다. 또 실이 끊어진 후 B에 작용하는 힘은 중력 m_Bg뿐이므로, B의 가속도는 중력 가속도 g와 같다. 따라서 $a_B=g=\frac{v}{2t}$에서 $m_Bg=\frac{m_Bv}{2t}$이다.

ㄱ. t일 때, 실이 A를 당기는 힘의 크기는 $\frac{3m_Bv}{4t}$이다.

➡ 실이 끊어지기 전, 실이 A를 당기는 힘의 크기와 실이 B를 당기는 힘의 크기가 같고, 등속도 운동하는 B에 작용하는 알짜힘은 0이므로 실이 B를 당기는 힘의 크기는 B에 작용하는 중력의 크기($m_Bg=\frac{m_Bv}{2t}$)와 같다. 따라서 t일 때, 실이 A를 당기는 힘의 크기는 $\frac{m_Bv}{2t}$이다.

ㄴ. t일 때, A의 운동 방향은 F의 방향과 같다.

➡ 힘이 물체의 운동 방향과 반대 방향으로 작용하면 물체의 속력이 감소한다. 실이 끊어진 $2t$ 이후 A의 속력이 감소하므로, A의 운동 방향은 F의 방향과 반대이다. 따라서 t일 때 A의 운동 방향은 F의 방향과 반대이다.

ㄷ. $m_A=2m_B$이다.

➡ $0\sim2t$ 동안 등속도 운동하는 A와 B에 작용하는 알짜힘은 0이므로, F의 크기는 B에 작용하는 중력의 크기 m_Bg와 같다. $F=\frac{m_Av}{4t}$이고 $m_Bg=\frac{m_Bv}{2t}$이므로, $\frac{m_Av}{4t}=\frac{m_Bv}{2t}$에서 $m_A=2m_B$이다.

다른 풀이 등속도 운동하는 A와 B에 작용하는 알짜힘은 0이므로, F의 크기는 B에 작용하는 중력의 크기와 같다. 실이 끊어진 후 F를 받는 A의 가속도의 크기와 중력을 받는 B의 가속도의 크기의 비는 1 : 2이므로, A와 B의 질량비는 2 : 1이다. 따라서 $m_A=2m_B$이다.

26 물체의 운동 방정식 – 도르래에 연결된 물체 2020학년도 6월 모평 물Ⅰ 15번

정답 ④ | 정답률 57 %

적용해야 할 개념 ③가지

① 뉴턴 운동 제2법칙(가속도 법칙): 물체의 가속도(a)는 물체에 작용하는 알짜힘의 크기(F)에 비례, 물체의 질량(m)에 반비례한다. ➡ $a=\frac{F}{m}$

② 실로 연결되어 운동하는 물체들의 가속도 크기는 같다.

③ 속력 – 시간 그래프에서 기울기는 가속도이다.

문제 보기

(A, B, C에 작용하는 알짜힘=0)

그림 (가)는 수평면 위에 있는 물체 A가 물체 B, C에 실 p, q로 연결되어 정지해 있는 모습을 나타낸 것이다. 그림 (나)는 (가)에서 p, q 중 하나가 끊어진 경우, 시간에 따른 A의 속력을 나타낸 것이다. A, B의 질량은 같고 C의 질량은 2 kg이다.

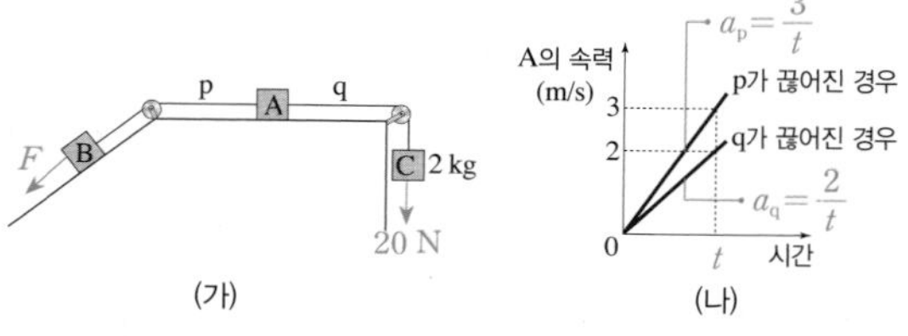

A의 질량은? (단, 실의 질량, 마찰과 공기 저항은 무시한다.)

<보기> 풀이

A와 B의 질량을 m, 중력 가속도를 10 m/s^{2}이라고 하고, 빗면에 나란한 아래 방향으로 B에 작용하는 중력의 크기를 F라고 하면 A, B, C가 정지해 있을 때 알짜힘은 0이므로 $F-20=0$에서 $F=20$ N이다.

속력 – 시간 그래프에서 기울기는 가속도를 의미한다. p가 끊어진 경우 A의 가속도의 크기를 $\frac{3}{t}$이라 하면, q가 끊어진 경우 A의 가속도의 크기는 $\frac{2}{t}$이다. p가 끊어졌을 때 A와 C는 함께 운동하므로 운동 방정식 $20\text{ N}=(2+m)\times\frac{3}{t}$ … ①이고, q가 끊어졌을 때 A와 B는 함께 운동하므로 운동 방정식 $20\text{ N}=(m+m)\times\frac{2}{t}$ … ②이다.

①, ②를 정리하면 $3(2+m)=2(2m)$에서 $m=6$ kg이다.

① 3 kg ② 4 kg ③ 5 kg ④ 6 kg ⑤ 7 kg

27 물체의 운동 방정식 – 도르래에 연결된 물체 2022학년도 9월 모평 물I 13번

정답 ① | 정답률 51 %

적용해야 할 개념 ③가지

① 속력 – 시간 그래프에서 기울기는 가속도의 크기이고, 그래프 아랫부분의 넓이는 이동 거리이다.

② 실로 연결되어 운동하는 물체들의 가속도 크기는 같다.

③ 뉴턴 운동 제2법칙(가속도 법칙): 물체의 가속도(a)는 물체에 작용하는 알짜힘(F)에 비례, 물체의 질량(m)에 반비례한다. ➡ $a=\frac{F}{m}$

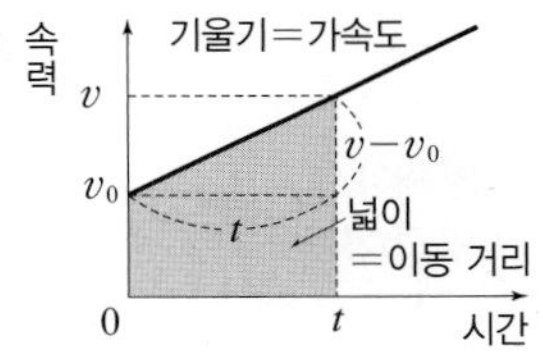

문제 보기

그림 (가)는 물체 A, B, C를 실 p, q로 연결하여 C를 손으로 잡아 정지시킨 모습을, (나)는 C를 가만히 놓은 후 시간에 따른 C의 속력을 나타낸 것이다. 1초일 때 p가 끊어졌다. A, B의 질량은 각각 2 kg, 1 kg이다.

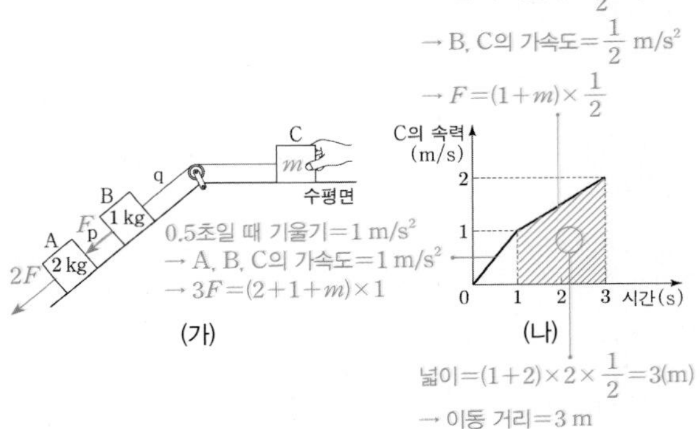

이에 대한 설명으로 옳은 것만을 〈보기〉에서 있는 대로 고른 것은? (단, 실의 질량, 모든 마찰은 무시한다.)

<보기> 풀이

ㄱ. 1~3초까지 C가 이동한 거리는 3 m이다.

➡ 속력 – 시간 그래프 아랫부분의 넓이는 이동 거리를 의미한다. 1~3초까지 그래프 아랫부분의 넓이는 $(1+2)\times 2\times\frac{1}{2}=3$(m)이므로 1~3초까지 C가 이동한 거리는 3 m이다.

다른 풀이 1~3초까지 C의 평균 속력은 $\frac{1+2}{2}=\frac{3}{2}$(m/s)이므로 1~3초까지 C가 이동한 거리는 $\frac{3}{2}$ m/s × 2 s = 3 m이다.

ㄴ. C의 질량은 1 kg이다.

➡ 속력 – 시간 그래프의 기울기는 가속도의 크기를 의미하므로, 0.5초일 때와 2초일 때 C의 가속도의 크기는 각각 1 m/s², $\frac{1}{2}$ m/s²이다. 실로 연결되어 운동하는 물체들의 가속도 크기는 같으므로 0.5초일 때 A, B, C의 가속도의 크기는 1 m/s²이다. 또 실 p가 끊어진 후, 2초일 때 B, C의 가속도의 크기는 $\frac{1}{2}$ m/s²이다.

한편, 질량이 1 kg인 B에 빗면 아래 방향으로 작용하는 힘의 크기를 F라고 하면, 같은 빗면상에 있는 질량 2 kg인 A에 빗면 아래 방향으로 작용하는 힘의 크기는 $2F$이다.

C의 질량을 m이라고 하고 0.5초일 때 A, B, C를 한 덩어리로 생각하면,
질량이 $(2+1+m)$인 물체에 $2F+F=3F$인 힘이 작용하므로 운동 방정식은 다음과 같다.

$3F=(2+1+m)\times 1$ ⋯ ①

2초일 때 B, C를 한 덩어리로 생각하면, 질량이 $(1+m)$인 물체에 F인 힘이 작용하므로 운동 방정식은 다음과 같다.

$F=(1+m)\times\frac{1}{2}$ ⋯ ②

식 ①, ②를 연립하여 정리하면 C의 질량 $m=3$ kg이다.

ㄷ. q가 B를 당기는 힘의 크기는 0.5초일 때가 2초일 때의 3배이다.

➡ q가 B를 당기는 힘의 크기는 q가 C를 당기는 힘의 크기와 같고, q가 C를 당기는 힘의 크기는 C에 작용하는 알짜힘의 크기와 같다. C에 작용하는 알짜힘의 크기는 가속도에 비례하므로, C에 작용하는 알짜힘의 크기는 0.5초일 때가 2초일 때의 2배이다. 따라서 q가 B를 당기는 힘의 크기는 0.5초일 때가 2초일 때의 2배이다.

28 물체의 운동 방정식 – 도르래에 연결된 물체 2024학년도 7월 학평 물Ⅰ 16번

정답 ⑤ | 정답률 47 %

적용해야 할 개념 ③가지

① 도르래에 실로 연결되어 함께 운동하는 물체들의 가속도의 크기는 같다.

② 뉴턴 운동 제2법칙(가속도 법칙): 물체의 가속도(a)는 물체에 작용하는 알짜힘의 크기(F)에 비례, 물체의 질량(m)에 반비례한다.

➡ $a=\dfrac{F}{m}$

③ 등가속도 직선 운동 식

• $v=v_0+at$ • $s=v_0t+\dfrac{1}{2}at^2$ • $v^2-v_0{}^2=2as$ (v_0: 처음 속도, v: 나중 속도, a: 가속도, s: 변위, t: 걸린 시간)

문제 보기

그림 (가)는 물체 A, B를 실로 연결하고 A를 손으로 잡아 정지시킨 모습을 나타낸 것이다. 그림 (나)는 (가)에서 A를 가만히 놓은 순간부터 A의 속력을 시간에 따라 나타낸 것이다. $4t$일 때 실이 끊어졌다. A, B의 질량은 각각 $3m$, $2m$이다.

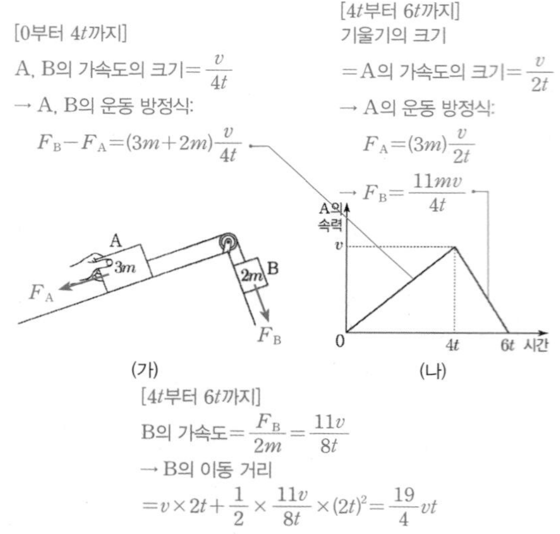

[0부터 4t까지]
A, B의 가속도의 크기 $=\dfrac{v}{4t}$
→ A, B의 운동 방정식:
$F_B-F_A=(3m+2m)\dfrac{v}{4t}$
[4t부터 6t까지]
기울기의 크기
$=$A의 가속도의 크기 $=\dfrac{v}{2t}$
→ A의 운동 방정식:
$F_A=(3m)\dfrac{v}{2t}$
→ $F_B=\dfrac{11mv}{4t}$
A
3m
2m
B
F_A
F_B
A의 속력
v
0
4t
6t
시간
(가)
(나)
[4t부터 6t까지]
B의 가속도 $=\dfrac{F_B}{2m}=\dfrac{11v}{8t}$
→ B의 이동 거리
$=v\times2t+\dfrac{1}{2}\times\dfrac{11v}{8t}\times(2t)^2=\dfrac{19}{4}vt$

이에 대한 설명으로 옳은 것만을 〈보기〉에서 있는 대로 고른 것은? (단, 실의 질량, 공기 저항과 모든 마찰은 무시한다.) [3점]

<보기> 풀이

속력-시간 그래프의 직선의 기울기는 가속도의 크기를 나타내므로, 실이 끊어지기 전 A, B의 가속도의 크기는 $\dfrac{v}{4t}$이고, 실이 끊어진 후 A의 가속도의 크기는 $\dfrac{v}{2t}$이다.

보기

ㄱ. A의 운동 방향은 t일 때와 $5t$일 때가 같다.

➡ A의 속력은 가만히 놓은 순간부터 증가하다가 $4t$일 때 실이 끊어진 후 감소하여 $6t$일 때 0이 되므로, 0부터 $6t$까지 A의 운동 방향은 빗면 위 방향이다. 따라서 A의 운동 방향은 t일 때와 $5t$일 때가 같다.

ㄴ. $5t$일 때, 가속도의 크기는 B가 A의 $\dfrac{11}{4}$배이다.

➡ 중력에 의해 빗면 아래 방향으로 A, B에 작용하는 힘의 크기를 각각 F_A, F_B라고 하자. 실이 끊어지기 전 A와 B를 한 덩어리라고 생각하면, 질량 $(3m+2m)$인 물체에 F_B-F_A의 힘이 작용하여 가속도가 $\dfrac{v}{4t}$인 운동을 하므로, 뉴턴 운동 제2법칙을 적용하면,

$F_B-F_A=(3m+2m)\dfrac{v}{4t}$ … ①이 성립한다. 실이 끊어진 후에는 질량 $3m$인 A에 $-F_A$의 힘이 작용하여 가속도가 $-\dfrac{v}{2t}$인 운동을 하므로, $F_A=(3m)\dfrac{v}{2t}$ … ②가 성립한다.

②를 ①에 대입하면 $F_B=\dfrac{11mv}{4t}$이므로, 실이 끊어진 후 B의 가속도는 $\dfrac{F_B}{2m}=\dfrac{11v}{8t}$이다.

따라서 $5t$일 때 A, B의 가속도의 크기는 각각 $\dfrac{v}{2t}$, $\dfrac{11v}{8t}$이므로, 가속도의 크기는 B가 A의 $\dfrac{11}{4}$배이다.

ㄷ. $4t$부터 $6t$까지 B의 이동 거리는 $\dfrac{19}{4}vt$이다.

➡ $4t$부터 $6t$까지 B의 이동 거리는 $v\times2t+\dfrac{1}{2}\times\dfrac{11v}{8t}\times(2t)^2=\dfrac{19}{4}vt$이다.

29	물체의 운동 방정식 – 도르래에 연결된 물체 2022학년도 7월 학평 물I 3번	정답 ⑤	정답률 38 %

적용해야 할 개념 ④가지

① 등가속도 직선 운동을 하는 물체의 평균 속력은 $\frac{\text{처음 속력}+\text{나중 속력}}{2}$이다.

② 등가속도 직선 운동을 하는 물체의 이동 거리는 평균 속력×걸린 시간이다.

③ 등가속도 직선 운동의 식 (v_0: 처음 속도, v: 나중 속도, a: 가속도, s: 변위, t: 걸린 시간)

• $v=v_0+at$ • $s=v_0t+\frac{1}{2}at^2$ • $v^2-v_0{}^2=2as$

④ 뉴턴 운동 제2법칙(가속도 법칙): 물체의 가속도(a)는 물체에 작용하는 알짜힘의 크기(F)에 비례, 물체의 질량(m)에 반비례한다. ➡ $a=\frac{F}{m}$

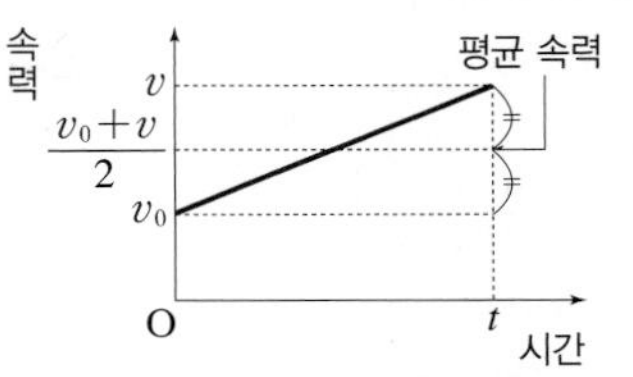

▲ 등가속도 직선 운동하는 물체의 평균 속력

문제 보기

그림과 같이 물체 A, B를 실로 연결하고 빗면의 점 p에서 A를 잡고 있다가 가만히 놓았더니 A, B가 등가속도 운동을 하다가 A가 점 q를 지나는 순간 실이 끊어졌다. 이후 A는 등가속도 직선 운동을 하여 다시 p를 지난다. A가 p에서 q까지 6 m 이동하는 데 걸린 시간은 3초이고, q에서 p까지 6 m 이동하는 데 걸린 시간은 1초이다. A와 B의 질량은 각각 m_A, m_B이다.

• p → q: 가속도$=a_1$, q에서의 속력$=v_q$

→ 평균 속력$=\frac{6\text{ m}}{3\text{ s}}=\frac{0+v_q}{2}$ ∴ $v_q=4$ m/s

→ $a_1=\frac{4}{3}$ m/s², $a_1=\frac{m_B\times10\text{ m/s}^2-F}{m_A+m_B}=\frac{4}{3}$ m/s²

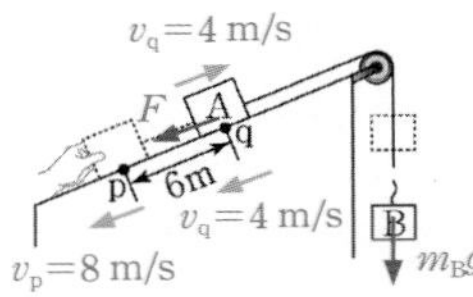

• q → p: 가속도$=a_2$, p에서의 속력$=v_p$

→ 평균 속력$=\frac{6\text{ m}}{1\text{ s}}=\frac{4\text{ m/s}+v_p}{2}$ ∴ $v_p=8$ m/s

→ $a_2=\frac{8\text{ m/s}-4\text{ m/s}}{1\text{ s}}=4$ m/s²

→ $a_2=\frac{F}{m_A}=4$ m/s²

$\frac{m_A}{m_B}$는? (단, 중력 가속도는 10 m/s²이고, 실의 질량, A와 B의 크기, 모든 마찰과 공기 저항은 무시한다.) [3점]

<보기> 풀이

❶ A가 p에서 q까지 이동할 때 q를 지나는 순간의 속력을 v_q라고 하면, p에서 q까지 A의 평균 속력은 $\frac{0+v_q}{2}$이고, $\frac{6\text{ m}}{3\text{ s}}=\frac{v_q}{2}$에서 $v_q=4$ m/s이다. 이때 A의 가속도의 크기를 a_1이라고 하면, $a_1=\frac{\Delta v}{t}=\frac{4}{3}$ m/s²이다. A에 빗면 아래 방향으로 작용하는 힘을 F라 하고, A와 B를 한 덩어리라고 생각하면, 질량이 (m_A+m_B)인 물체에 (m_Bg-F)인 힘이 작용하여 가속도의 크기가 a_1인 운동을 하므로 뉴턴 운동 제2법칙을 적용하면 다음과 같다.

$$a_1=\frac{(m_B\times10\text{ m/s}^2)-F}{m_A+m_B}=\frac{4}{3}\text{ m/s}^2 \cdots ①$$

❷ 실이 끊어진 후 A는 빗면 위 방향으로 등가속도 운동을 하다가 정지한 후 다시 빗면 아래 방향으로 등가속도 운동을 하므로, A가 다시 q를 지나는 순간의 속력은 $v_q=4$ m/s이다. A가 q에서 p까지 이동할 때 p를 지나는 순간의 속력을 v_p라고 하면, q에서 p까지 A의 평균 속력은 $\frac{v_q+v_p}{2}$이고 $\frac{6\text{ m}}{1\text{ s}}=\frac{v_q+v_p}{2}=\frac{4\text{ m/s}+v_p}{2}$에서 $v_p=8$ m/s이다. 이때 A의 가속도의 크기를 a_2라고 하면, $a_2=\frac{\Delta v}{t}=\frac{8\text{ m/s}-4\text{ m/s}}{1\text{ s}}=4$ m/s²이다. A는 빗면 아래 방향으로 F의 힘을 받으며 가속도가 a_2인 운동을 하므로 뉴턴 운동 제2법칙을 적용하면 다음과 같다.

$$a_2=\frac{F}{m_A}=4\text{ m/s}^2 \cdots ②$$

❸ 식 ①과 ②를 연립하여 정리하면 $\frac{m_A}{m_B}=\frac{13}{8}$이다.

~~① $\frac{1}{8}$~~ ~~② $\frac{3}{10}$~~ ~~③ $\frac{1}{2}$~~ ~~④ $\frac{13}{10}$~~ ⑤ $\frac{13}{8}$

30 물체의 운동 방정식 – 도르래에 연결된 물체 2022학년도 3월 학평 물Ⅰ 15번

정답 ⑤ | 정답률 32 %

적용해야 할 개념 ④가지

① 속도–시간 그래프에서 기울기는 가속도이다.

② 도르래에 실로 연결되어 함께 운동하는 물체들의 가속도의 크기는 같다.

③ 뉴턴 운동 제2법칙(가속도 법칙): 물체의 가속도(a)는 물체에 작용하는 알짜힘의 크기(F)에 비례, 물체의 질량(m)에 반비례한다.

⇒ $a=\dfrac{F}{m}$

④ 등가속도 직선 운동 식 (v_0: 처음 속도, v: 나중 속도, a: 가속도, s: 변위, t: 걸린 시간)

• $v=v_0+at$ • $s=v_0t+\dfrac{1}{2}at^2$ • $v^2-v_0{}^2=2as$

문제 보기

그림 (가)는 물체 A, B, C를 실 p, q로 연결하고 C를 손으로 잡아 정지시킨 모습을, (나)는 (가)에서 C를 가만히 놓은 순간부터 C의 속력을 시간에 따라 나타낸 것이다. A, C의 질량은 각각 m, $2m$이고, p와 q는 각각 2초일 때와 3초일 때 끊어진다.

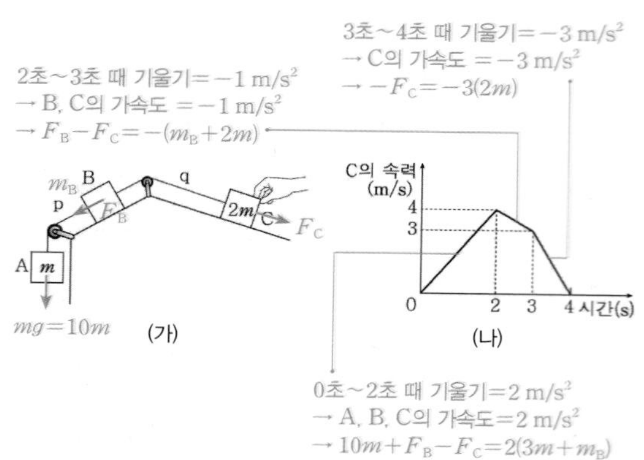

4초일 때 B의 속력은? (단, 중력 가속도는 10 m/s²이고, 실의 질량 및 모든 마찰과 공기 저항은 무시한다.) [3점]

<보기> 풀이

❶ 실로 연결되어 함께 운동하는 물체들의 가속도는 같다. (나)의 속력–시간 그래프의 기울기는 가속도를 나타내므로, p가 끊어지기 전 함께 운동하는 A, B, C의 가속도는 2 m/s², p가 끊어진 후 함께 운동하는 B, C의 가속도는 −1 m/s², q가 끊어진 후 운동하는 C의 가속도는 −3 m/s²이다.

❷ B의 질량을 m_B, B와 C에 작용하는 중력의 빗면 방향의 성분을 각각 F_B, F_C라고 하자. p가 끊어지기 전 함께 운동하는 물체 A, B, C를 한 덩어리로 생각하면 질량이 $(m+m_B+2m)$인 물체에 $(mg+F_B-F_C)$인 힘이 작용하여 가속도가 2 m/s²인 운동을 하므로, 운동 방정식은 다음과 같다.

$10m+F_B-F_C=2(3m+m_B)$ ··· ①

p가 끊어진 후 함께 운동하는 물체 B, C를 한 덩어리로 생각하면 질량이 (m_B+2m)인 물체에 (F_B-F_C)인 힘이 작용하여 가속도가 −1 m/s²인 운동을 하므로, 운동 방정식은 다음과 같다.

$F_B-F_C=-(m_B+2m)$ ··· ②

또 q가 끊어진 후 운동하는 물체 C에 $-F_C$인 힘이 작용하여 가속도가 −3 m/s²인 운동을 하므로, 운동 방정식은 $F_C=3(2m)$이다. $F_C=6m$을 ①, ②에 대입한 후 연립하여 정리하면 $F_B=\dfrac{10}{3}m$, $m_B=\dfrac{2}{3}m$이다.

❸ 3초일 때 q가 끊어진 후 B에 F_B만 작용하므로, 3초부터 4초까지 B의 가속도는 $\dfrac{F_B}{m_B}=\dfrac{\frac{10}{3}m}{\frac{2}{3}m}=5$(m/s²)이다. 3초일 때 q가 끊어지는 순간 B의 속력은 C의 속력과 같으므로 3 m/s이다. 따라서 4초일 때 B의 속력은 $v_0+at=3+5\times1=8$(m/s)이다.

~~① 4 m/s~~ ~~② 5 m/s~~ ~~③ 6 m/s~~ ~~④ 7 m/s~~ ⑤ 8 m/s

31 물체의 운동 방정식 – 도르래에 연결된 물체 2025학년도 수능 물Ⅰ 18번

정답 ③ | 정답률 34 %

적용해야 할 개념 ③가지

① 도르래에 실로 연결되어 함께 운동하는 물체들의 가속도의 크기는 같다.

② 뉴턴 운동 제2법칙(가속도 법칙): 물체의 가속도(a)는 물체에 작용하는 알짜힘의 크기(F)에 비례, 물체의 질량(m)에 반비례한다.

➡ $a=\dfrac{F}{m}$

③ 등가속도 직선 운동 식

• $v=v_0+at$ • $s=v_0t+\dfrac{1}{2}at^2$ • $v^2-v_0{}^2=2as$

(v_0: 처음 속도, v: 나중 속도, a: 가속도, s: 변위, t: 걸린 시간)

문제 보기

그림 (가)는 물체 A, B, C를 실 p, q로 연결하고 A에 수평 방향으로 일정한 힘 20 N을 작용하여 물체가 등가속도 운동하는 모습을, (나)는 (가)에서 A에 작용하는 힘 20 N을 제거한 후, 물체가 등가속도 운동하는 모습을 나타낸 것이다. (가)와 (나)에서 물체의 가속도의 크기는 a로 같다. p가 B를 당기는 힘의 크기와 q가 B를 당기는 힘의 크기의 비는 (가)에서 2 : 3이고, (나)에서 2 : 9이다.

가속도의 크기: (가)=(나)
→ (A+B+C)에 작용하는 알짜힘의 크기: (가)=(나)
→ $20\text{ N}+10\text{ N}-F=F-10\text{ N}$
→ $F=20\text{ N}$

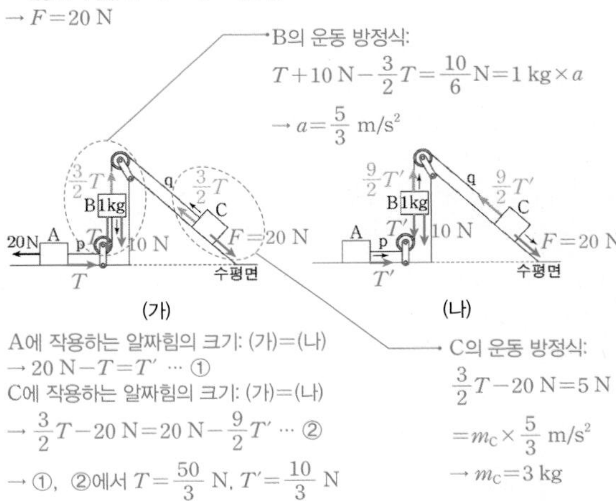

이에 대한 설명으로 옳은 것만을 〈보기〉에서 있는 대로 고른 것은? (단, 중력 가속도는 10 m/s^2이고, 물체는 동일 연직면상에서 운동하며, 실의 질량, 공기 저항과 모든 마찰은 무시한다.) [3점]

<보기> 풀이

ㄱ. p가 A를 당기는 힘의 크기는 (가)에서가 (나)에서의 5배이다.

➡ C에 중력에 의해 빗면 아래 방향으로 작용하는 힘의 크기를 F라고 하면, (가)에서 (A+B+C)에 작용하는 알짜힘의 크기는 $20\text{ N}+10\text{ N}-F$이고 (나)에서 (A+B+C)에 작용하는 알짜힘의 크기는 $F-10\text{ N}$이다. (가)와 (나)에서 물체의 가속도의 크기가 같으므로 물체에 작용하는 알짜힘의 크기도 같다. 따라서 $20\text{ N}+10\text{ N}-F=F-10\text{ N}$에서 $F=20\text{ N}$이다. (가)에서 p, q가 B를 당기는 힘의 크기를 각각 T, $\frac{3}{2}T$라 하고, (나)에서 p, q가 B를 당기는 힘의 크기를 각각 T', $\frac{9}{2}T'$라고 하자. p가 A를 당기는 힘의 크기는 p가 B를 당기는 힘의 크기와 같으므로 (가)에서 A에 작용하는 알짜힘의 크기는 $20\text{ N}-T$이고 (나)에서 A에 작용하는 알짜힘의 크기는 T'이다. (가)와 (나)에서 A에 작용하는 알짜힘의 크기는 같으므로 $20\text{ N}-T=T'$ … ①이다. q가 C를 당기는 힘의 크기는 q가 B를 당기는 힘의 크기와 같으므로, (가)에서 C에 작용하는 알짜힘의 크기는 $\frac{3}{2}T-20\text{ N}$이고 (나)에서 C에 작용하는 알짜힘의 크기는 $20\text{ N}-\frac{9}{2}T'$이다. (가)와 (나)에서 C에 작용하는 알짜힘의 크기가 같으므로 $\frac{3}{2}T-20\text{ N}=20\text{ N}-\frac{9}{2}T'$ … ②이다. ①, ②를 정리하면 $T=\frac{50}{3}\text{ N}$, $T'=\frac{10}{3}\text{ N}$이므로, p가 A를 당기는 힘의 크기는 (가)에서가 (나)에서의 5배이다.

ㄴ. $a=\frac{5}{3}\text{ m/s}^2$이다.

➡ (가)에서 B에 작용하는 알짜힘의 크기는 $T+10\text{ N}-\frac{3}{2}T=\frac{5}{3}\text{ N}$이므로, 뉴턴 운동 제2법칙에 따라 $\frac{5}{3}\text{ N}=1\text{ kg}\times a$에서 $a=\frac{5}{3}\text{ m/s}^2$이다.

ㄷ. C의 질량은 4 kg이다.

➡ C의 질량을 m_C라고 하면, (가)에서 C에 작용하는 알짜힘의 크기는 $\frac{3}{2}T-20\text{ N}=5\text{ N}$이므로, $5\text{ N}=m_C\times\frac{5}{3}\text{ m/s}^2$에서 $m_C=3\text{ kg}$이다.

6 일차

01 ③	02 ⑤	03 ⑤	04 ②	05 ⑤	06 ④	07 ①	08 ②	09 ②	10 ③	11 ④	12 ②
13 ④	14 ②	15 ③	16 ①	17 ②	18 ④	19 ③	20 ④	21 ①	22 ⑤	23 ⑤	24 ②
25 ②	26 ①	27 ②	28 ③	29 ③	30 ③	31 ⑤	32 ⑤	33 ⑤	34 ⑤	35 ②	36 ③
37 ②	38 ③	39 ④	40 ③	41 ④	42 ③	43 ③	44 ③	45 ④			

문제편 054쪽~067쪽

01 운동량과 충격량 2022학년도 7월 학평 물I 6번

정답 ③ | 정답률 93 %

적용해야 할 개념 ②가지

① 물체가 받은 충격량은 물체의 운동량의 변화량과 같다. ➡ $I=F\Delta t=\Delta p=mv_2-mv_1$

② 충돌이 일어나는 동안 물체가 받은 평균 힘은 충격량을 충돌 시간으로 나눈 값이며, 충격량이 같을 때 충돌 시간이 길수록 물체가 받는 평균 힘(충격력)의 크기는 작아진다.

문제 보기

그림 A, B, C는 충격량과 관련된 예를 나타낸 것이다.

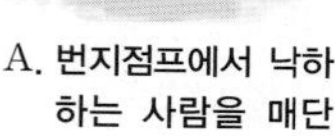

A. 번지점프에서 낙하하는 사람을 매단 줄

고무 줄이 힘을 받는 시간을 길게 함. → 사람이 받는 평균 힘의 크기가 작아짐.

B. 충돌로 인한 피해 감소용 타이어

타이어가 힘을 받는 시간을 길게 함. → 배가 받는 평균 힘의 크기가 작아짐.

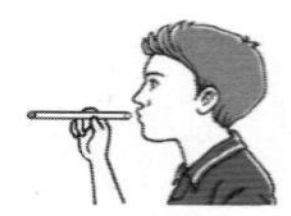

C. 빨대 안에서 속력이 증가하는 구슬

운동량=질량×속도 → 구슬의 운동량의 크기∝구슬의 속력

이에 대한 설명으로 옳은 것만을 〈보기〉에서 있는 대로 고른 것은?

<보기> 풀이

ㄱ. A에서 늘어나는 줄은 사람이 힘을 받는 시간을 길게 해 준다.

➡ 줄에 매달린 사람이 낙하할 때, 줄이 늘어나기 시작하는 순간부터 사람은 줄로부터 힘을 받는다. 줄이 늘어나기 시작하는 순간의 속력이 같다면 낙하하는 사람이 멈출 때까지 운동량의 변화량(=충격량)이 같으므로, 힘을 받는 시간이 길수록 사람이 받는 평균 힘의 크기가 작아진다. 따라서 번지 점프는 잘 늘어나는 고무줄을 사용하여 힘을 받는 시간을 길게 했을 때 사람이 받는 평균 힘의 크기가 작아지는 원리를 이용한다. 즉, A에서 늘어나는 줄은 사람이 힘을 받는 시간을 길게 해 준다.

ㄴ. B에서 타이어는 충돌할 때 배가 받는 평균 힘의 크기를 크게 해 준다.

➡ 배가 선착장에 충돌하는 순간의 속력이 같다면 배가 멈출 때까지 받는 충격량이 같으므로, 힘을 받는 시간이 길수록 배가 받는 평균 힘의 크기가 작아진다. 따라서 충돌 피해 감소용 타이어를 이용하면 충돌할 때 충돌 시간이 길어져 배가 받는 평균 힘의 크기가 작아진다. 즉, B에서 타이어는 충돌할 때 배가 받는 평균 힘의 크기를 작게 해 준다.

ㄷ. C에서 구슬의 속력이 증가하면 구슬의 운동량의 크기는 증가한다.

➡ 운동량은 질량과 속도를 곱한 값이므로, 질량이 일정할 때 운동량의 크기는 속력에 비례한다. 따라서 C에서 구슬의 속력이 증가하면 구슬의 운동량의 크기는 증가한다.

02 운동량과 충격량 2022학년도 6월 모평 물I 5번

정답 ⑤ | 정답률 88 %

적용해야 할 개념 ②가지

① 충돌할 때 물체가 받은 충격량(I)은 물체에 작용한 힘(F)과 힘이 작용한 시간(Δt)의 곱이다. ➡ $I=F\Delta t$

② 충돌이 일어나는 동안 물체가 받은 평균 힘은 충격량을 충돌 시간으로 나눈 값이며, 충격량이 같을 때 충돌 시간이 길수록 물체가 받는 평균 힘(충격력)의 크기는 작아진다.

문제 보기

그림 A, B, C는 충격량과 관련된 예를 나타낸 것이다.

A. 라켓으로 공을 친다.

라켓의 속력이 커지면 공의 운동량의 변화량이 커짐. → 공이 받는 충격량이 커짐.

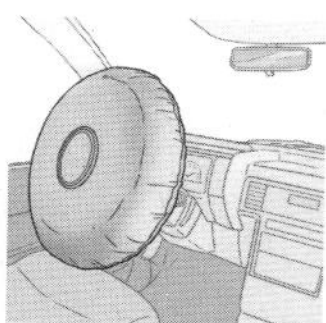

B. 충돌할 때 에어백이 펴진다.

충돌 시간 길어짐. → 평균 힘 작아짐.

C. 활시위를 당겨 화살을 쏜다.

활시위를 더 당기면 화살의 속력이 커짐. → 화살의 운동량이 커짐.

이에 대한 설명으로 옳은 것만을 〈보기〉에서 있는 대로 고른 것은?

<보기> 풀이

ㄱ. A에서 라켓의 속력을 더 크게 하여 공을 치면 공이 라켓으로부터 받는 충격량이 커진다.

➡ 공을 칠 때 라켓의 속력을 더 크게 하면 공의 속력이 빨라지므로 공의 운동량의 변화량 크기가 커진다. 운동량의 변화량은 충격량과 같으므로, A에서 라켓의 속력을 더 크게 하여 공을 치면 공이 라켓으로부터 받는 충격량이 커진다.

ㄴ. B에서 에어백은 탑승자가 받는 평균 힘을 감소시킨다.

➡ 물체가 충돌하는 순간의 속력이 같다면 물체가 멈출 때까지 운동량의 변화량, 즉 충격량이 같다. 충격량이 같을 때 충돌 시간이 길수록 물체가 받는 평균 힘이 작아진다. 차가 충돌할 때 에어백이 펴지면 탑승자가 차의 내부 구조물에 충돌하는 시간이 길어지므로 탑승자가 받는 평균 힘이 감소한다. 따라서 B에서 에어백은 탑승자가 받는 평균 힘을 감소시킨다.

ㄷ. C에서 활시위를 더 당기면 활시위를 떠날 때 화살의 운동량이 커진다.

➡ 운동량의 크기는 질량과 속력의 곱이므로 속력이 클수록 운동량이 커진다. 화살을 쏠 때 활시위를 더 당기면 활시위를 떠나는 순간 화살의 속력이 커진다. 따라서 C에서 활시위를 더 당기면 활시위를 떠날 때 화살의 운동량이 커진다.

03 운동량과 충격량 2023학년도 7월 학평 물Ⅰ 7번

정답 ⑤ | 정답률 84 %

적용해야 할 개념 ④가지

① 물체의 운동량(p)은 질량(m)과 속도(v)의 곱이다. ➡ $p=mv$

② 충돌할 때 물체가 받은 충격량(I)은 물체에 작용한 힘(F)과 힘이 작용한 시간(Δt)의 곱이다. ➡ $I=F\Delta t$

③ 물체가 받은 충격량은 물체의 운동량의 변화량과 같다. ➡ $I=F\Delta t=\Delta p=mv_2-mv_1$

④ 충돌이 일어나는 동안 물체가 받은 평균 힘은 충격량을 충돌 시간으로 나눈 값이며, 충격량이 같을 때 충돌 시간이 길수록 물체가 받는 평균 힘(충격력)의 크기는 작아진다.

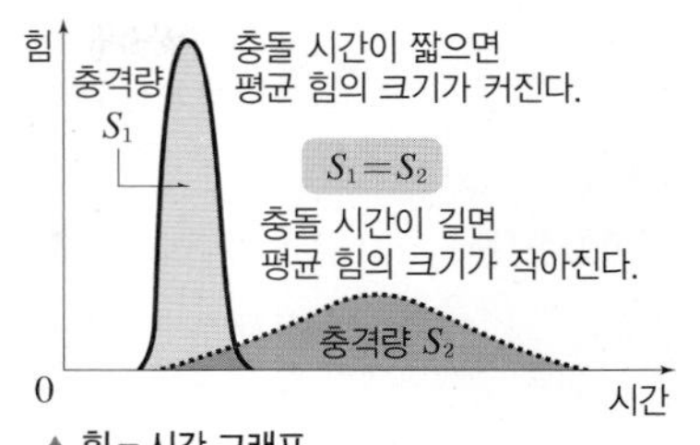

힘
충격량 S_1
충돌 시간이 짧으면 평균 힘의 크기가 커진다.
$S_1=S_2$
충돌 시간이 길면 평균 힘의 크기가 작아진다.
충격량 S_2
0
시간

▲ 힘 – 시간 그래프

문제 보기

그림은 야구 경기에서 충격량과 관련된 예를 나타낸 것이다.

A : 포수가 글러브를 이용해 공을 받는다. B : 타자가 방망이를 이용해 공을 친다. C : 투수가 공을 던진다.

A: 글러브를 뒤로 빼면서 공을 받을 때 → 힘이 작용하는 시간이 증가 → 글러브가 받는 평균 힘의 크기가 감소

B: 방망이의 속력을 더 크게 할 때 → 공의 속력이 증가 → 공의 운동량 변화량이 증가 → 공이 받는 충격량이 증가

C: 공에 힘을 더 오래 작용할 때 → 공이 받는 충격량의 크기가 증가 → 공의 운동량 변화량이 증가

이에 대한 설명으로 옳은 것만을 〈보기〉에서 있는 대로 고른 것은?

<보기> 풀이

ㄱ. A에서 글러브를 뒤로 빼면서 공을 받으면 글러브가 공으로부터 받는 평균 힘의 크기는 감소한다.

➡ 물체가 받는 충격량의 크기가 같을 때 힘이 작용한 시간이 길수록 물체가 받는 평균 힘의 크기는 작아진다. A에서 글러브를 뒤로 빼면서 공을 받으면 글러브가 받는 충격량의 크기는 같지만 글러브에 힘이 작용하는 시간이 길어진다. 따라서 글러브를 뒤로 빼면서 공을 받으면 글러브가 공으로부터 받는 평균 힘의 크기는 감소한다.

ㄴ. B에서 방망이의 속력을 더 크게 하여 공을 치면 공이 방망이로부터 받는 충격량의 크기는 커진다.

➡ B에서 방망이의 속력을 더 크게 하여 공을 치면 공의 속력이 더 커지므로, 공의 운동량 변화량의 크기가 커진다. 운동량 변화량은 충격량과 같으므로, 방망이의 속력을 더 크게 하여 공을 치면 공이 방망이로부터 받는 충격량의 크기는 커진다.

ㄷ. C에서 공에 힘을 더 오래 작용하며 던질수록 손을 떠날 때 공의 운동량의 크기는 커진다.

➡ 물체가 받은 충격량은 물체에 작용한 힘과 힘이 작용한 시간의 곱이므로, C에서 공에 힘을 더 오래 작용하며 던질수록 공이 받는 충격량이 커진다. 충격량은 운동량의 변화량과 같으므로, C에서 공에 힘을 더 오래 작용하며 던질수록 손을 떠날 때 공의 운동량의 크기는 커진다.

04 운동량과 충격량 2021학년도 3월 학평 물Ⅰ 2번

정답 ② | 정답률 91 %

적용해야 할 개념 ④가지

① 물체의 운동량(p)은 질량(m)과 속도(v)의 곱이다. ➡ $p=mv$

② 충돌할 때 물체가 받은 충격량(I)은 물체에 작용한 힘(F)과 힘이 작용한 시간(Δt)의 곱이다. ➡ $I=F\Delta t$

③ 물체가 받은 충격량은 물체의 운동량의 변화량과 같다. ➡ $I=F\Delta t=\Delta p=mv_2-mv_1$

④ 충돌이 일어나는 동안 물체가 받은 평균 힘은 충격량을 충돌 시간으로 나눈 값이며, 충격량이 같을 때 충돌 시간이 길수록 물체가 받는 평균 힘(충격력)의 크기는 작아진다.

문제 보기

그림은 학생 A가 헬멧을 쓰고, 속력 제한 장치가 있는 전동 스쿠터를 타는 모습을 나타낸 것이다.

→ 충돌할 때 멈추는 시간을 길게 함. → 충격을 받는 시간이 길어짐. → 평균 힘이 작아짐.

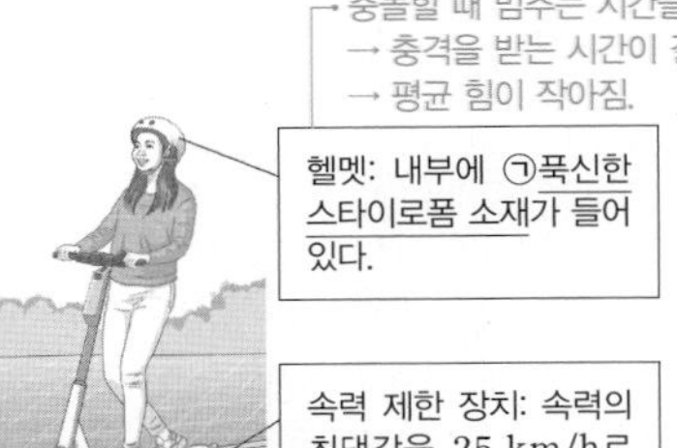

헬멧: 내부에 ㉠푹신한 스타이로폼 소재가 들어 있다.

속력 제한 장치: 속력의 최댓값을 25 km/h로 제한한다.

→ 운동량의 크기∝속력 → 속력의 최댓값을 제한하면 운동량의 최댓값도 제한됨.

이에 대한 옳은 설명만을 〈보기〉에서 있는 대로 고른 것은?

<보기> 풀이

ㄱ. ㉠은 충돌이 일어날 때 머리가 충격을 받는 시간을 짧아지게 한다.

➡ 충돌이 일어날 때 물체가 푹신한 소재에 닿아 멈추는 시간은 단단한 소재에 닿아 멈추는 시간보다 길다. 헬멧 내부에 푹신한 소재가 들어 있으면 충돌이 일어날 때 머리가 멈추는 시간이 길어져 충격을 받는 시간이 길어진다. 따라서 ㉠은 충돌이 일어날 때 머리가 충격을 받는 시간을 길게 한다.

ㄴ. ㉠은 충돌하는 동안 머리가 받는 평균 힘의 크기를 증가시킨다.

➡ 충돌하는 순간의 속력이 같다면 멈출 때까지 운동량의 변화량, 즉 충격량이 같다. 물체가 받는 충격량이 같을 때 충돌 시간이 길수록 평균 힘이 작아진다. 푹신한 소재는 충돌 시간(=충격을 받는 시간)을 길게 하므로, 충돌하는 동안 물체가 받는 평균 힘의 크기를 감소시킨다. 따라서 ㉠은 충돌하는 동안 머리가 받는 평균 힘의 크기를 감소시킨다.

ㄷ. 속력 제한 장치는 A의 운동량의 최댓값을 제한한다.

➡ A의 운동량의 크기(=질량×속력)는 속력에 비례하므로, 속력의 최댓값을 제한하면 운동량의 최댓값도 제한된다. 따라서 속력 제한 장치는 A의 운동량의 최댓값을 제한한다.

05 운동량과 충격량 2022학년도 3월 학평 물I 17번

정답 ⑤ | 정답률 58 %

적용해야 할 개념 ④가지

① 물체의 운동량(p)은 질량(m)과 속도(v)의 곱이다. ➡ $p=mv$

② 알짜힘이 물체에 한 일은 운동 에너지 변화량과 같다.

③ 운동 에너지(E_k)는 물체의 질량(m)과 속력의 제곱(v^2)에 각각 비례한다.

➡ $E_k=\frac{1}{2}mv^2$

④ 물체가 받은 충격량은 물체의 운동량의 변화량과 같다.

➡ $I=F\Delta t=\Delta p=mv_2-mv_1$

충격량=나중 운동량−처음 운동량
$I=F\Delta t=mv_2-mv_1$

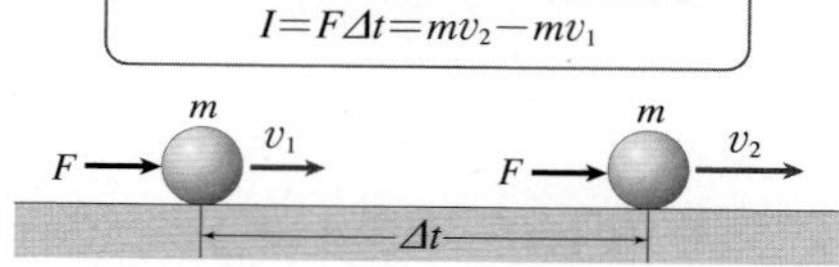

▲ 운동량과 충격량

문제 보기

다음은 장난감 활을 이용한 실험이다.

[실험 과정]

(가) 화살에 쇠구슬을 부착한 물체 A와 화살에 스타이로폼 공을 부착한 물체 B의 질량을 측정하고 비교한다.

(나) 그림과 같이 동일하게 당긴 활로 A, B를 각각 수평 방향으로 발사시키고, A, B의 운동을 동영상으로 촬영한다.

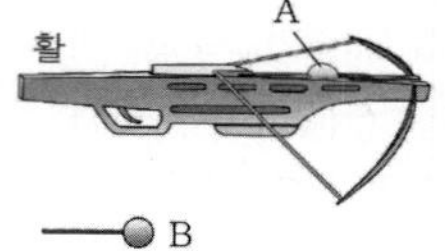

(다) 동영상을 분석하여 A, B가 활을 떠난 순간의 속력을 측정하고 비교한다.

(라) A, B가 활을 떠난 순간의 운동량의 크기를 비교한다.

→ 활의 탄성력이 한 일 =A의 운동 에너지=B의 운동 에너지

운동 에너지: A=B
→ 질량: A>B, 속력: A<B
→ ㉡=속력, ㉠=운동량의 크기

[실험 결과]

※ ㉠과 ㉡은 각각 속력과 운동량의 크기 중 하나임.

질량	㉠	㉡
A가 B보다 크다.	A가 B보다 크다.	B가 A보다 크다.

이에 대한 옳은 설명만을 〈보기〉에서 있는 대로 고른 것은? (단, 모든 마찰과 공기 저항은 무시한다.)

<보기> 풀이

ㄱ. (가), (다)에서의 측정값으로 (라)를 할 수 있다.

➡ 운동량의 크기는 질량과 속력의 곱이므로, (가)에서 질량을, (다)에서 속력을 측정하면 (라)에서 운동량의 크기를 비교할 수 있다.

ㄴ. ㉡은 속력이다.

➡ 활의 탄성력이 A, B에 한 일이 같으므로, A, B가 활을 떠난 순간의 운동 에너지가 같다. 운동 에너지$\left(\frac{1}{2}mv^2\right)$가 같을 때 질량($m$)이 클수록 속력($v$)이 작으므로, 속력은 질량이 큰 A가 질량이 작은 B보다 작다. 따라서 ㉡은 속력이다.

ㄷ. 활로부터 받는 충격량의 크기는 A가 B보다 크다.

➡ ㉠이 운동량의 크기이므로, 운동량의 크기는 A가 B보다 크다. 활을 떠난 순간의 운동량이 클수록 활로부터 받는 충격량의 크기가 크므로, 활로부터 받는 충격량의 크기는 A가 B보다 크다.

06	**운동량 보존** 2025학년도 6월 모평 물Ⅰ 11번	정답 ④ | 정답률 80 %

적용해야 할 개념 ②가지

① 물체의 운동량(p)은 질량(m)과 속도(v)의 곱이다.
➡ $p=mv$

② 두 물체가 충돌할 때 외부에서 힘이 작용하지 않으면 충돌 전과 충돌 후의 운동량의 합은 일정하게 보존된다.

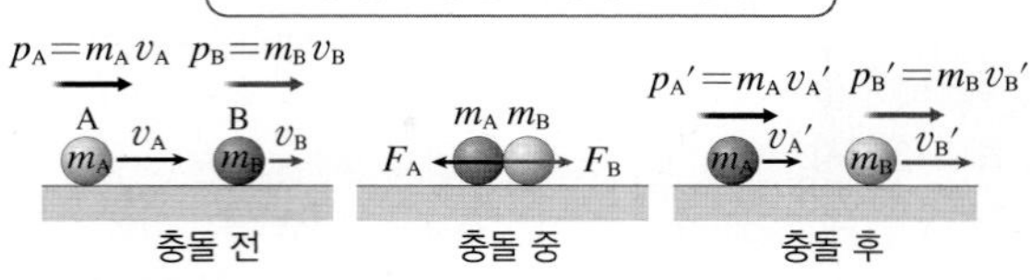

▲ 운동량 보존

문제 보기

다음은 충돌하는 두 물체의 운동량에 대한 실험이다.

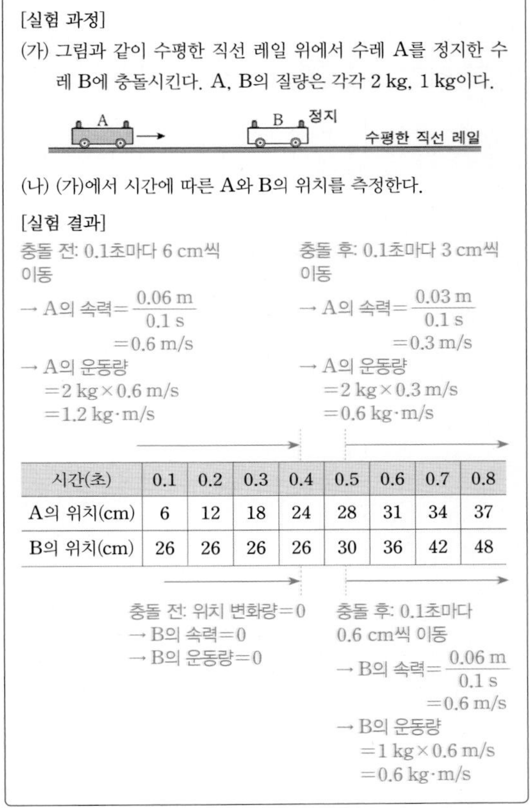

[실험 과정]
(가) 그림과 같이 수평한 직선 레일 위에서 수레 A를 정지한 수레 B에 충돌시킨다. A, B의 질량은 각각 2 kg, 1 kg이다.

(나) (가)에서 시간에 따른 A와 B의 위치를 측정한다.

[실험 결과]

충돌 전: 0.1초마다 6 cm씩 이동
→ A의 속력$=\frac{0.06\text{ m}}{0.1\text{ s}}=0.6\text{ m/s}$
→ A의 운동량 $=2\text{ kg}\times0.6\text{ m/s}=1.2\text{ kg·m/s}$

충돌 후: 0.1초마다 3 cm씩 이동
→ A의 속력$=\frac{0.03\text{ m}}{0.1\text{ s}}=0.3\text{ m/s}$
→ A의 운동량 $=2\text{ kg}\times0.3\text{ m/s}=0.6\text{ kg·m/s}$

시간(초)	0.1	0.2	0.3	0.4	0.5	0.6	0.7	0.8
A의 위치(cm)	6	12	18	24	28	31	34	37
B의 위치(cm)	26	26	26	26	30	36	42	48

충돌 전: 위치 변화량=0
→ B의 속력=0
→ B의 운동량=0

충돌 후: 0.1초마다 0.6 cm씩 이동
→ B의 속력$=\frac{0.06\text{ m}}{0.1\text{ s}}=0.6\text{ m/s}$
→ B의 운동량 $=1\text{ kg}\times0.6\text{ m/s}=0.6\text{ kg·m/s}$

이에 대한 설명으로 옳은 것만을 〈보기〉에서 있는 대로 고른 것은? [3점]

<보기> 풀이

ㄱ. 0.2초일 때, A의 속력은 0.4 m/s이다.
➡ 0.1~0.4초 동안 A의 위치는 0.1초마다 0.06 m씩 증가하므로, 0.1~0.4초 동안 A의 속력은 $\frac{0.06\text{ m}}{0.1\text{ s}}=0.6\text{ m/s}$이다. 따라서 0.2초일 때, A의 속력은 0.6 m/s이다.

ㄴ. 0.5초일 때, A와 B의 운동량의 합은 크기가 1.2 kg·m/s이다.
➡ 충돌 전 A의 운동량은 $2\text{ kg}\times0.6\text{ m/s}=1.2\text{ kg·m/s}$이고 B의 운동량은 0이므로, A와 B의 운동량의 합은 1.2 kg·m/s이다. 운동량 보존 법칙에 따라 0.5초일 때, A와 B의 운동량의 합은 크기는 1.2 kg·m/s이다.

ㄷ. 0.7초일 때, A와 B의 운동량은 크기가 같다.
➡ 0.5~0.8초 동안 A의 위치는 0.1초마다 0.03 m씩 증가하고 B의 위치는 0.1초마다 0.06 m씩 증가하므로, A, B의 속력은 각각 $\frac{0.03\text{ m}}{0.1\text{ s}}=0.3\text{ m/s}$, $\frac{0.06\text{ m}}{0.1\text{ s}}=0.6\text{ m/s}$이다. 따라서 0.5~0.8초 동안 A, B의 운동량의 크기는 각각 $2\text{ kg}\times0.3\text{ m/s}=0.6\text{ kg·m/s}$, $1\text{ kg}\times0.6\text{ m/s}=0.6\text{ kg·m/s}$이므로, 0.7초일 때, A와 B의 운동량은 크기가 같다.

07 운동량 보존 2024학년도 7월 학평 물I 1번

정답 ① | 정답률 96 %

적용해야 할 개념 ③가지

① 물체의 운동량(p)은 질량(m)과 속도(v)의 곱이다.
➡ $p=mv$

② 속도는 빠르기와 운동 방향을 포함한 물리량이므로, 속도의 부호로 운동 방향을 나타낸다. 직선 운동에서 한쪽 운동 방향을 (+)방향으로 정하면, 반대쪽 운동 방향은 (−)방향이 된다.

③ 두 물체가 충돌할 때 외부에서 힘이 작용하지 않으면 충돌 전과 충돌 후의 운동량의 합은 일정하게 보존된다.

충돌 전 운동량의 합=충돌 후 운동량의 합
$m_A v_A + m_B v_B = m_A v_A' + m_B v_B'$

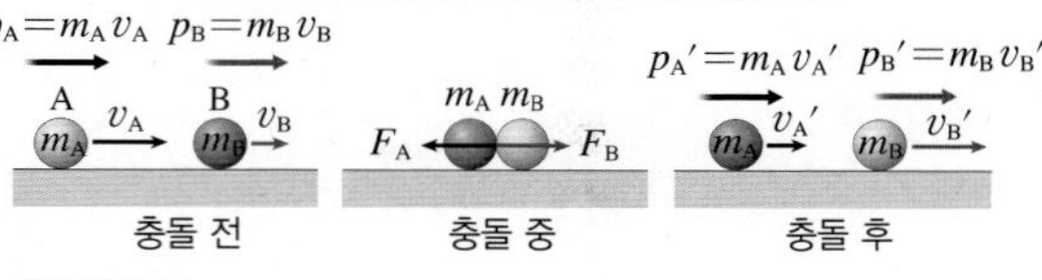

▲ 운동량 보존

문제 보기

그림과 같이 수평면에서 물체 A와 B 사이에 용수철을 넣어 압축시킨 후 동시에 가만히 놓았더니, 정지해 있던 A와 B가 분리되어 서로 반대 방향으로 각각 등속도 운동하였다. 분리된 후 A, B의 속력은 각각 v, v_B이다. A, B의 질량은 각각 $3m$, m이다.

분리되기 전 A와 B의 운동량의 합
=분리된 후 A와 B의 운동량의 합
→ $0=3m(-v)+mv_B$
→ $v_B=3v$

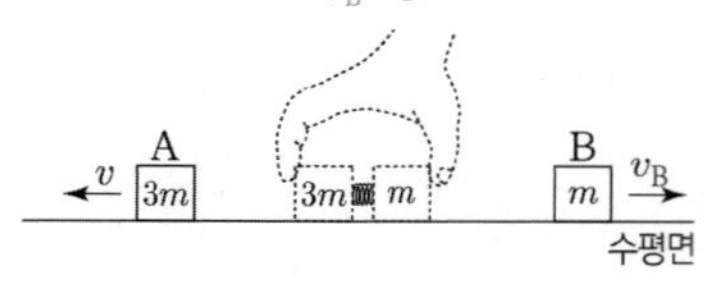

v_B는? (단, 용수철의 질량, 모든 마찰과 공기 저항은 무시한다.)

<보기> 풀이

A와 B가 분리되기 전에 정지해 있었으므로, 분리되기 전 A와 B의 운동량의 합은 0이다. 운동량 보존 법칙에 따라 분리된 후 A, B의 운동량의 합도 0이므로, 오른쪽 운동 방향을 (+)로 하면 $3m(-v)+mv_B=0$에서 $v_B=3v$이다.

보기

 ① $3v$  ② $4v$ 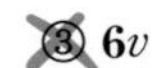 ③ $6v$  ④ $7v$  ⑤ $9v$

08 운동량 보존 2024학년도 9월 모평 물I 17번

정답 ② | 정답률 44 %

적용해야 할 개념 ②가지

① 물체의 운동량(p)은 질량(m)과 속도(v)의 곱이다.
➡ $p=mv$

② 두 물체가 충돌할 때 외부에서 힘이 작용하지 않으면 충돌 전과 충돌 후의 운동량의 합은 일정하게 보존된다.

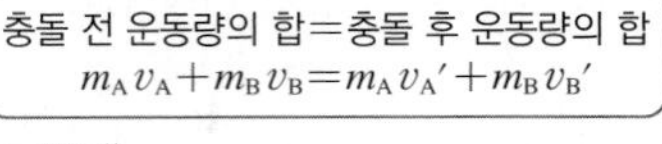

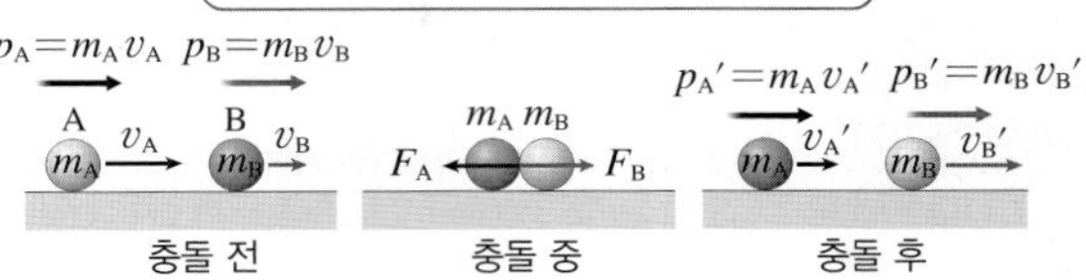

▲ 운동량 보존

문제 보기

그림 (가)와 같이 마찰이 없는 수평면에서 물체 A와 B 사이에 용수철을 넣어 압축시킨 후 A와 B를 동시에 가만히 놓았더니, 정지해 있던 A와 B가 분리되어 등속도 운동을 하는 물체 C, D를 향해 등속도 운동을 한다. 이때 C, D의 속력은 각각 $2v$, v이고, 운동 에너지는 C가 B의 2배이다. 그림 (나)는 (가)에서 물체가 충돌하여 A와 C는 정지하고, B와 D는 한 덩어리가 되어 속력 $\frac{1}{3}v$로 등속도 운동을 하는 모습을 나타낸 것이다.

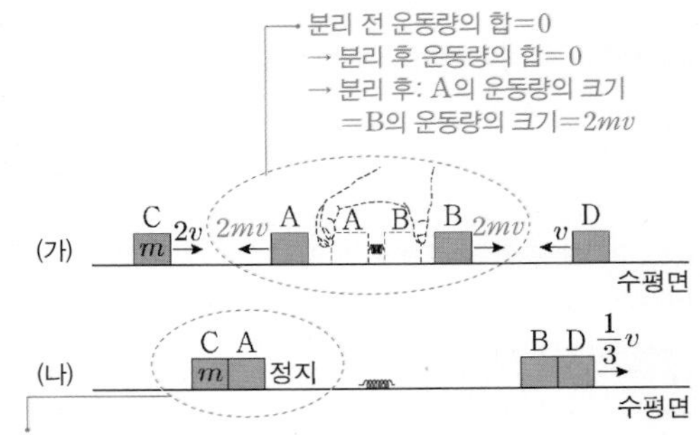

C의 질량이 m일 때, D의 질량은? (단, 물체는 동일 직선상에서 운동하고, 용수철의 질량은 무시한다.) [3점]

<보기> 풀이

❶ (가)에서 A와 B가 분리되기 전 운동량의 합이 0이므로, 분리된 후에도 운동량의 합이 0이다. 따라서 (가)에서 분리된 후 A의 운동량의 크기는 B의 운동량의 크기와 같다.

❷ (나)에서 A와 C가 충돌하여 정지하므로 충돌 후 A와 C의 운동량의 합이 0이고, 충돌하기 전 운동량의 합도 0이다. 따라서 충돌하기 전 (가)에서 A의 운동량의 크기는 C의 운동량의 크기와 같다. 이때 C의 운동량의 크기는 $2mv$이므로, A의 운동량의 크기=B의 운동량의 크기 $=2mv$이다.

❸ 운동 에너지와 운동량의 관계식 $E_k=\frac{(mv)^2}{2m}=\frac{p^2}{2m}$에서 운동량이 같을 때 질량과 운동 에너지는 반비례한다. (가)에서 C와 B의 운동량의 크기가 같고 운동 에너지는 C가 B의 2배이므로 질량은 B가 C의 2배이다. 따라서 B의 질량은 $2m$이다. 또 B의 운동량의 크기는 $2mv$이므로, B의 속력은 v이다.

❹ D의 질량을 m_D라고 하면 (나)에서 B와 D가 충돌한 후 한 덩어리가 되어 속력 $\frac{1}{3}v$로 운동하므로, 운동량 보존 법칙에 따라 $2mv-m_Dv=(2m+m_D)\frac{1}{3}v$에서 $m_D=m$이다.

 ① $\frac{1}{2}m$
 ② m
 ③ $\frac{3}{2}m$
 ④ $2m$
 ⑤ $\frac{5}{2}m$

6 일차

09 운동량 보존 2022학년도 수능 물I 13번

정답 ② | 정답률 73 %

적용해야 할 개념 ③가지

① 물체의 운동량(p)은 질량(m)과 속도(v)의 곱이다. ➡ $p=mv$

② 속도는 빠르기와 운동 방향을 포함한 물리량이므로, 속도의 부호로 운동 방향을 나타낸다. 직선 운동에서 한쪽 운동 방향을 (+)방향으로 정하면, 반대쪽 운동 방향은 (−)방향이 된다.

③ 두 물체가 충돌할 때 외부에서 힘이 작용하지 않으면 충돌 전과 충돌 후의 운동량의 합은 일정하게 보존된다.

충돌 전 운동량의 합=충돌 후 운동량의 합
$m_A v_A + m_B v_B = m_A v_A' + m_B v_B'$

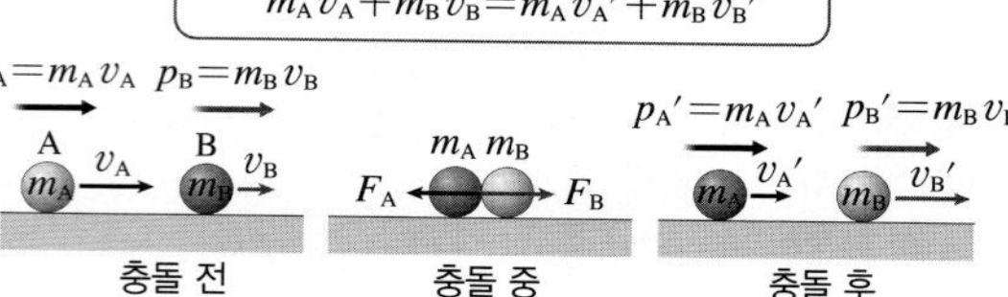

▲ 운동량 보존

문제 보기

그림 (가)는 마찰이 없는 수평면에서 물체 A, B가 등속도 운동하는 모습을, (나)는 A와 B 사이의 거리를 시간에 따라 나타낸 것이다. A의 속력은 충돌 전이 2 m/s이고, 충돌 후가 1 m/s이다. A와 B는 질량이 각각 m_A, m_B이고 동일 직선상에서 운동한다. 충돌 후 운동량의 크기는 B가 A보다 크다.

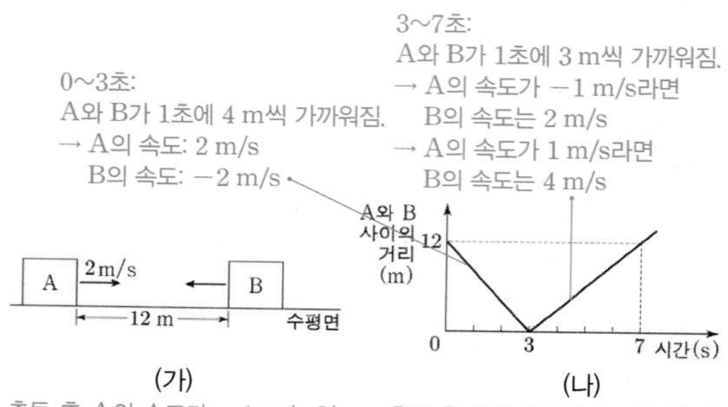

(가)

충돌 후 A의 속도가 −1 m/s 일 때 운동량 보존 법칙
$m_A\times2+m_B\times(-2)$
$=m_A\times(-1)+m_B\times2$
→ $3m_A=4m_B$
→ $m_A : m_B=4 : 3$
→ 충돌 후 운동량의 크기: A<B
(문제 조건을 만족함.)

(나)

충돌 후 A의 속도가 1 m/s 일 때 운동량 보존 법칙
$m_A\times2+m_B\times(-2)$
$=m_A\times1+m_B\times4$
→ $m_A=6m_B$
→ $m_A : m_B=6 : 1$
→ 충돌 후 운동량의 크기: A>B
(문제 조건을 만족하지 못함.)

$m_A : m_B$는? [3점]

<보기> 풀이

❶ 0~3초 사이에서 A와 B 사이의 거리가 12 m에서 0으로 감소하므로, A와 B는 1초에 4 m씩 가까워진다. 충돌 전 A는 오른쪽 방향으로 2 m/s의 속력으로 운동하므로, B는 왼쪽 방향으로 2 m/s의 속력으로 운동한다.

❷ 3초일 때 A와 B가 충돌하며, 3~7초 사이에서 A와 B 사이의 거리가 0에서 12 m로 증가하므로 A와 B는 1초에 3 m씩 멀어진다. 충돌 후 A가 오른쪽 방향으로 1 m/s의 속력으로 운동한다고 가정하면, B는 오른쪽 방향으로 4 m/s로 운동한다. 오른쪽 방향을 (+)로 하면 운동량 보존 법칙에 따라 $m_A\times2+m_B\times(-2)=m_A\times1+m_B\times4$에서 $m_A=6m_B$이므로, $m_A : m_B=6 : 1$이다. 충돌 후 A와 B의 속력의 비가 1 : 4이므로, 충돌 후 A와 B의 운동량의 크기의 비는 3 : 2이다. 따라서 충돌 후 운동량의 크기는 B가 A보다 크다는 조건을 만족하지 못한다.

❸ 충돌 후 A가 왼쪽 방향으로 1 m/s의 속력으로 운동한다면, B는 오른쪽 방향으로 2 m/s의 속력으로 운동한다. 운동량 보존 법칙에 따라 $m_A\times2+m_B\times(-2)=m_A\times(-1)+m_B\times2$에서 $3m_A=4m_B$이므로, $m_A : m_B=4 : 3$이다. 충돌 후 A와 B의 속력의 비가 1 : 2이므로, 충돌 후 A와 B의 운동량의 크기의 비는 2 : 3이다. 따라서 충돌 후 운동량의 크기는 B가 A보다 크다는 조건을 만족하므로 $m_A : m_B=4 : 3$이다.

① 1 : 1  ② 4 : 3 ③ 5 : 3 ④ 2 : 1 ⑤ 5 : 2

10 운동량 보존 2023학년도 3월 학평 물Ⅰ 15번

정답 ③ | 정답률 53 %

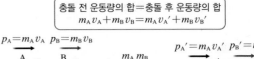

적용해야 할 개념 ②가지

① 물체의 운동량(p)은 질량(m)과 속도(v)의 곱이다.
➡ $p=mv$

② 두 물체가 충돌할 때 외부에서 힘이 작용하지 않으면 충돌 전과 충돌 후의 운동량의 합은 일정하게 보존된다.

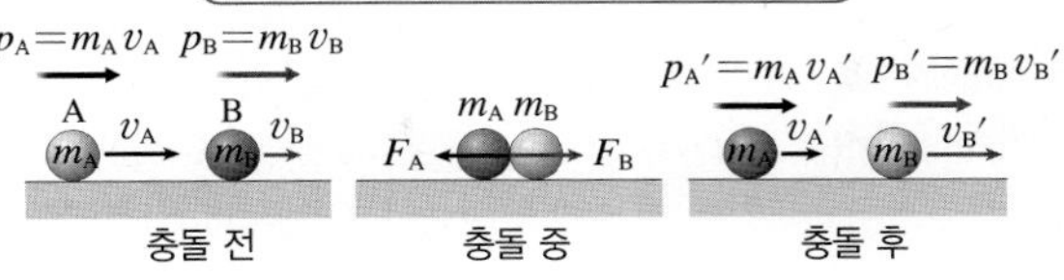

▲ 운동량 보존

문제 보기

그림 (가)와 같이 0초일 때 마찰이 없는 수평면에서 물체 A가 점 P에 정지해 있는 물체 B를 향해 등속도 운동한다. A, B의 질량은 각각 4 kg, 1 kg이다. A와 B는 시간 t_0일 때 충돌하고, t_0부터 같은 방향으로 등속도 운동을 한다. 그림 (나)는 20초일 때 A와 B의 위치를 나타낸 것이다

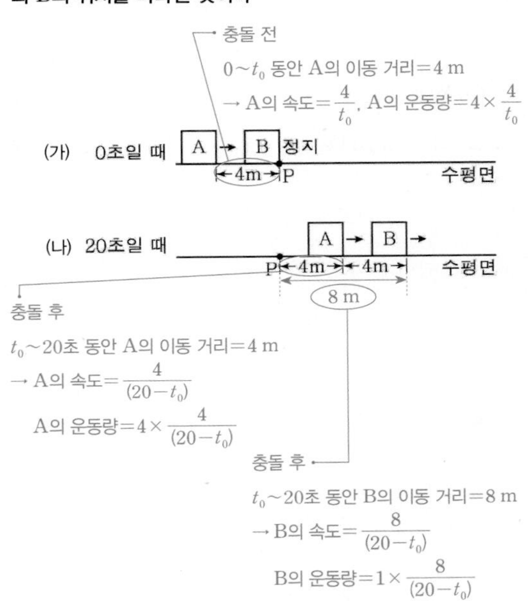

t_0은? (단, 물체의 크기는 무시한다.) [3점]

<보기> 풀이

❶ 충돌 전 0~t_0 동안 A는 4 m를 등속도 운동하고 B는 정지해 있으므로, A의 속도는 $\frac{4}{t_0}$이고 B의 속도는 0이다. 따라서 충돌 전 A와 B의 운동량은 각각 $4\times\frac{4}{t_0}$, 0이다.

❷ 충돌 후 t_0~20초 동안 A는 4 m를 등속도 운동하고 B는 8 m를 등속도 운동하므로, A의 속도는 $\frac{4}{(20-t_0)}$이고 B의 속도는 $\frac{8}{(20-t_0)}$이다. 따라서 충돌 후 A와 B의 운동량은 각각 $4\times\frac{4}{(20-t_0)}$, $1\times\frac{8}{(20-t_0)}$이다.

❸ 운동량 보존 법칙에 따라 충돌 전 A와 B의 운동량의 합은 충돌 후 A와 B의 운동량의 합과 같으므로, $4\times\frac{4}{t_0}=4\times\frac{4}{(20-t_0)}+1\times\frac{8}{(20-t_0)}$에서 t_0=8초이다.

① 6초 ② 7초 ③ 8초 ④ 9초 ⑤ 10초

11 운동량 보존 2022학년도 9월 모평 물I 18번

정답 ④ | 정답률 45 %

적용해야 할 개념 ③가지

① 물체의 운동량(p)은 질량(m)과 속도(v)의 곱이다. ➡ $p=mv$

② 속도는 빠르기와 운동 방향을 포함한 물리량이므로, 속도의 부호로 운동 방향을 나타낸다. 직선 운동에서 한쪽 운동 방향을 (+)방향으로 정하면, 반대쪽 운동 방향은 (−)방향이 된다.

③ 두 물체가 충돌할 때 외부에서 힘이 작용하지 않으면 충돌 전과 충돌 후의 운동량의 합은 일정하게 보존된다.

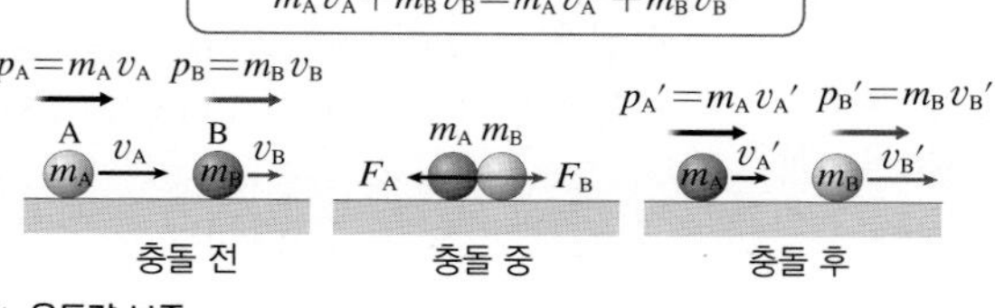

▲ 운동량 보존

문제 보기

그림 (가)는 마찰이 없는 수평면에서 물체 A가 정지해 있는 물체 B를 향하여 등속도 운동을 하는 모습을, (나)는 (가)에서 A와 B 사이의 거리를 시간에 따라 나타낸 것이다. 벽에 충돌 직후 B의 속력은 충돌 직전과 같다. A, B는 질량이 각각 m_A, m_B이고, 동일 직선상에서 운동한다.

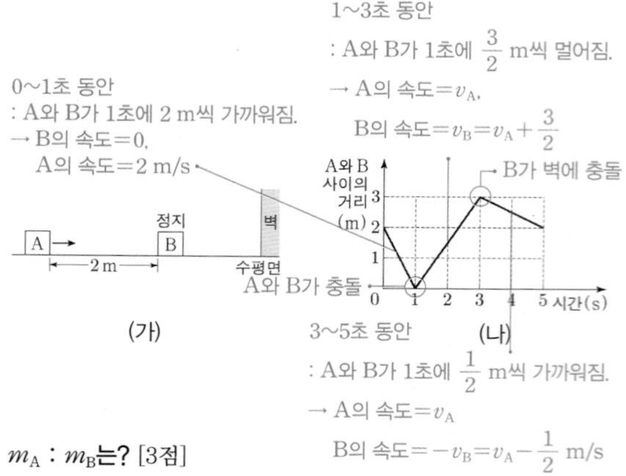

$m_A : m_B$는? [3점]

<보기> 풀이

❶ 0~1초 사이에서 A와 B 사이의 거리가 2 m에서 0으로 감소하므로 A와 B는 1초에 2 m씩 가까워진다. 이때 B가 정지해 있으므로, A는 오른쪽 방향으로 2 m/s의 속력으로 운동한다.

❷ 1초일 때 A와 B가 충돌하며, 1~3초 사이에서 A와 B 사이의 거리가 0에서 3 m로 증가하므로 A와 B는 1초에 $\frac{3}{2}$ m씩 멀어진다. 이때 충돌 후 A와 B의 속도를 각각 v_A, v_B라고 하면 A를 기준으로 할 때 B는 A보다 속력이 $\frac{3}{2}$ m/s 빠르므로 $v_B=v_A+\frac{3}{2}$ m/s ⋯ ①이다.

❸ 3초일 때 B가 벽에 충돌하며, 3~5초 사이에 A와 B 사이의 거리가 3 m에서 2 m로 감소하므로, A와 B는 1초에 $\frac{1}{2}$ m씩 가까워진다. 이때 B의 속도는 $-v_B$이고, A를 기준으로 할 때 B는 A보다 속력이 $\frac{1}{2}$ m/s 느리므로 $-v_B=v_A-\frac{1}{2}$ m/s ⋯ ②이다.

❹ 식 ①, ②를 연립하여 정리하면 $v_A=-\frac{1}{2}$ m/s, $v_B=1$ m/s이다. 1초일 때 A와 B의 충돌에서 운동량의 총합이 보존되므로 $m_A\cdot2=m_Av_A+m_Bv_B=m_A(-\frac{1}{2})+m_B\cdot1$에서 $m_A : m_B=2 : 5$이다.

~~① 5 : 3~~ ~~② 3 : 2~~ ~~③ 1 : 1~~ ④ 2 : 5 ~~⑤ 1 : 3~~

12 운동량 보존 2025학년도 9월 모평 물I 12번

정답 ② | 정답률 79%

적용해야 할 개념 ③가지

① 물체의 운동량(p)은 질량(m)과 속도(v)의 곱이다.
➡ $p=mv$

② 속도는 빠르기와 운동 방향을 포함한 물리량이므로, 속도의 부호로 운동 방향을 나타낸다. 직선 운동에서 한쪽 운동 방향을 (+)방향으로 정하면, 반대쪽 운동 방향은 (−)방향이 된다.

③ 두 물체가 충돌할 때 외부에서 힘이 작용하지 않으면 충돌 전과 충돌 후의 운동량의 합은 일정하게 보존된다.

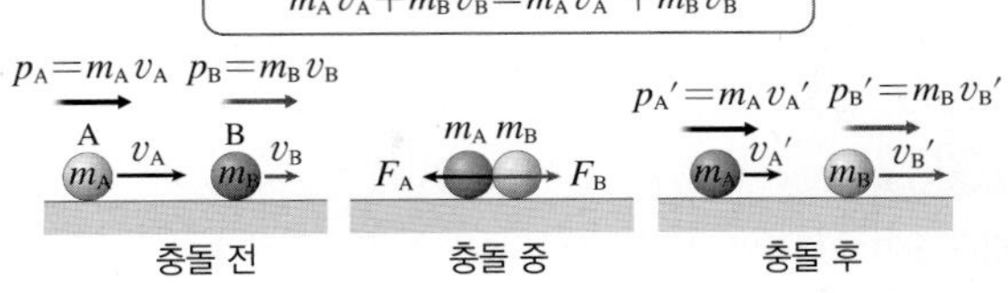

▲ 운동량 보존

문제 보기

그림 (가)는 마찰이 없는 수평면에서 물체 A가 정지해 있는 물체 B를 향해 속력 v로 등속도 운동하는 모습을 나타낸 것이다. 그림 (나)는 (가)의 A와 B가 $x=2d$에서 충돌한 후 각각 등속도 운동하여, A가 $x=d$를 지나는 순간 B가 $x=4d$를 지나는 모습을 나타낸 것이다. 이후, B는 정지해 있던 물체 C와 $x=6d$에서 충돌하여, B와 C가 한 덩어리로 $+x$방향으로 속력 $\frac{1}{3}v$로 등속도 운동을 한다. B, C의 질량은 각각 $2m$, m이다.

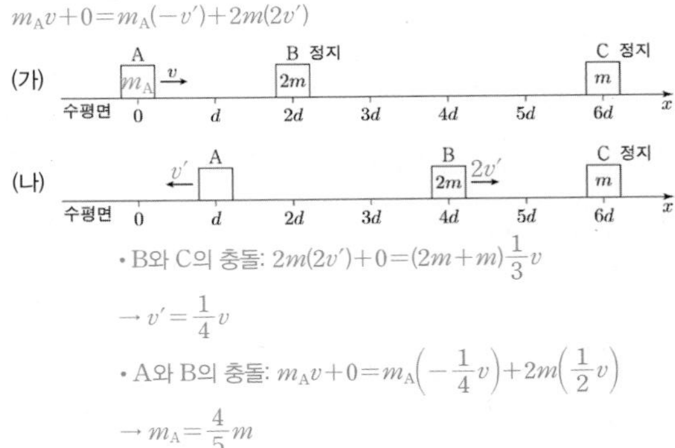

A와 B의 충돌: $m_Av+0=m_A(-v')+2m(2v')$
(가)
(나)
수평면
B 정지
C 정지
• B와 C의 충돌: $2m(2v')+0=(2m+m)\frac{1}{3}v$
→ $v'=\frac{1}{4}v$
• A와 B의 충돌: $m_Av+0=m_A\left(-\frac{1}{4}v\right)+2m\left(\frac{1}{2}v\right)$
→ $m_A=\frac{4}{5}m$

A의 질량은? (단, 물체의 크기는 무시하고, A, B, C는 동일 직선상에서 운동한다.) [3점]

<보기> 풀이

❶ $x=2d$에서 A와 B가 충돌한 후 (나)에서 A가 $x=d$를 지나는 순간 B는 $x=4d$를 지나므로, (나)에서 충돌 후 A의 속력을 v'라고 하면 B의 속력은 $2v'$이다. A의 질량을 m_A라고 하면, A와 B의 충돌에서 운동량이 보존되므로 $m_Av+0=m_A(-v')+2m(2v')$ … ①이 성립한다.

❷ B와 C의 충돌에서 운동량이 보존되므로, $2m(2v')+0=(2m+m)\frac{1}{3}v$에서 $v'=\frac{1}{4}v$이다.

$v'=\frac{1}{4}v$를 ①에 대입하여 정리하면, A의 질량은 $m_A=\frac{4}{5}m$이다.

 ① m 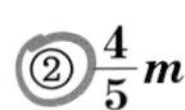 ② $\frac{4}{5}m$  ③ $\frac{3}{5}m$ 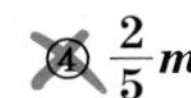 ④ $\frac{2}{5}m$ 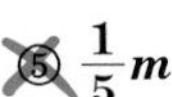 ⑤ $\frac{1}{5}m$

6 일차

13 운동량 보존 2023학년도 6월 모평 물Ⅰ 13번

정답 ④ | 정답률 77%

적용해야 할 개념 ②가지

① 물체의 운동량(p)은 질량(m)과 속도(v)의 곱이다.
➡ $p=mv$

② 두 물체가 충돌할 때 외부에서 힘이 작용하지 않으면 충돌 전과 충돌 후의 운동량의 합은 일정하게 보존된다.

문제 보기

그림과 같이 수평면의 일직선상에서 물체 A, B가 각각 속력 $4v$, v로 등속도 운동하고 물체 C는 정지해 있다. A와 B는 충돌하여 한 덩어리가 되어 속력 $3v$로 등속도 운동한다. 한 덩어리가 된 A, B와 C는 충돌하여 한 덩어리가 되어 속력 v로 등속도 운동한다.

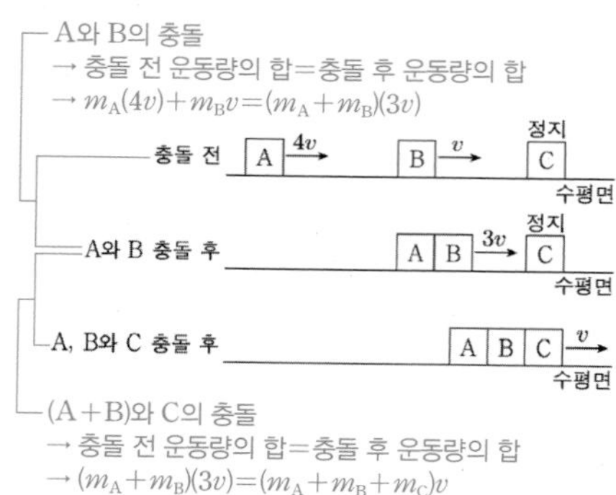

B, C의 질량을 각각 m_B, m_C라 할 때, $\frac{m_C}{m_B}$는? [3점]

<보기> 풀이

A, B, C의 질량을 각각 m_A, m_B, m_C라고 할 때 각각의 충돌에서 운동량의 합이 보존된다.

- A와 B의 충돌: $m_A(4v)+m_Bv=(m_A+m_B)(3v)$ …①
- (A+B)와 C의 충돌: $(m_A+m_B)(3v)=(m_A+m_B+m_C)v$ …②

①에서 $m_A=2m_B$이므로, 이를 ②에 대입하면 $\frac{m_C}{m_B}=6$이다.

① 3  ② 4  ③ 5  ④ 6  ⑤ 7

14 운동량 보존 2024학년도 10월 학평 물Ⅰ 16번

정답 ② | 정답률 72 %

적용해야 할 개념 ③가지

① 물체의 운동량(p)은 질량(m)과 속도(v)의 곱이다. ➡ $p=mv$

② 물체가 받은 충격량은 물체의 운동량의 변화량과 같다. ➡ $I=F\Delta t=\Delta p=mv_2-mv_1$

③ 두 물체가 충돌할 때 외부에서 힘이 작용하지 않으면 충돌 전과 충돌 후의 운동량의 합은 일정하게 보존된다.

문제 보기

그림 (가), (나)는 마찰이 없는 수평면에서 속력 v로 등속도 운동하던 물체 A, C가 각각 정지해 있던 물체 B, D와 충돌 후 한 덩어리가 되어 운동하는 모습을 나타낸 것이다. 각각의 충돌 과정에서 받은 충격량의 크기는 B가 C의 $\frac{2}{3}$배이다. B와 C의 질량은 같고, 충돌 후 속력은 B가 C의 2배이다.

→ B가 받은 충격량의 크기=B의 운동량 변화량의 크기 $=m(2v')$
C가 받은 충격량의 크기=C의 운동량 변화량의 크기 $=m(v-v')$
→ $2mv'=\frac{2}{3}m(v-v')$
→ $v'=\frac{1}{4}v$

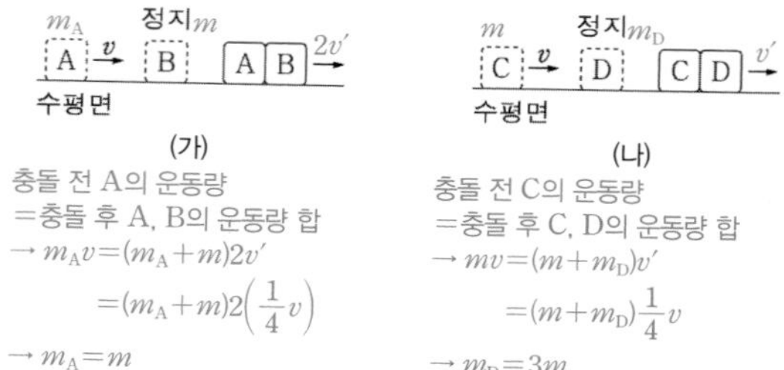

A, D의 질량을 각각 m_A, m_D라고 할 때, $\frac{m_D}{m_A}$는?

<보기> 풀이

❶ B, C의 질량을 m이라 하고 충돌 후 B, C의 속력을 각각 $2v'$, v'라고 하자. (가)에서 B가 받은 충격량의 크기는 B의 운동량 변화량의 크기와 같으므로 $m(2v')$이다. 또 (나)에서 C가 받은 충격량의 크기는 C의 운동량 변화량의 크기와 같으므로 $m(v-v')$이다. 충돌 과정에서 받은 충격량의 크기는 B가 C의 $\frac{2}{3}$배이므로, $2mv'=\frac{2}{3}m(v-v')$에서 $v'=\frac{1}{4}v$이다.

❷ (가)와 (나)의 충돌에서 운동량이 보존되므로, (가)에서 A의 질량을 m_A라 하면 $m_Av=(m_A+m)2v'$ … ①이고 (나)에서 D의 질량을 m_D라고 하면 $mv=(m+m_D)v'$ … ②이다. $v'=\frac{1}{4}v$를 ①과 ②에 각각 대입하여 정리하면 $m_A=m$, $m_D=3m$이다.

따라서 $\frac{m_D}{m_A}=3$이다.

① 2 ② 3 ③ 4 ④ 5 ⑤ 6

15 운동량 보존 2022학년도 4월 학평 물I 7번

정답 ③ | 정답률 67 %

적용해야 할 개념 ④가지

① 물체의 운동량(p)은 질량(m)과 속도(v)의 곱이다. ➡ $p=mv$
② 두 물체의 충돌 과정에서 각각의 물체가 받은 충격량의 크기는 같고 방향은 반대이다.
③ 물체가 받은 충격량은 물체의 운동량의 변화량과 같다. ➡ $I=F\Delta t=\Delta p=mv_2-mv_1$
④ 두 물체가 충돌할 때 외부에서 힘이 작용하지 않으면 충돌 전과 충돌 후의 운동량의 합은 일정하게 보존된다.

문제 보기

그림과 같이 수평면에서 물체 A, B가 각각 $4v$, v의 속력으로 운동하다가 A와 B가 충돌한 후 A는 충돌 전과 반대 방향으로 v의 속력으로 운동한다. A와 충돌한 B는 정지해 있는 물체 C와 충돌한 후 한 덩어리가 되어 운동한다. A, B의 질량은 각각 m, $5m$이고, B가 A로부터 받은 충격량의 크기는 B가 C로부터 받은 충격량의 크기의 2배이다.

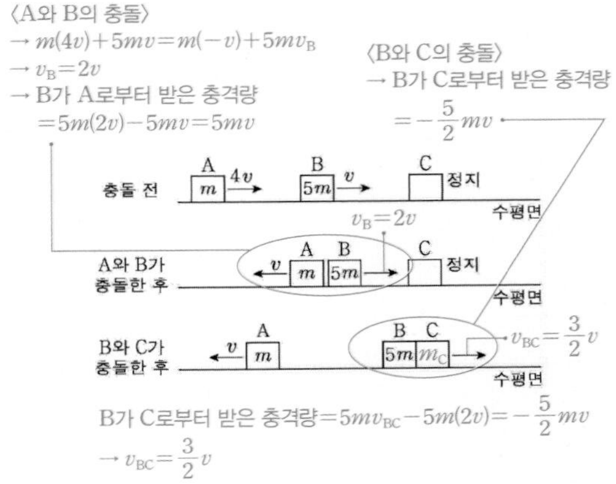

C의 질량은? (단, A, B, C는 동일 직선상에서 운동하고, 마찰과 공기 저항은 무시한다.)

<보기> 풀이

❶ A와 B가 충돌한 후 B의 속력을 v_B라고 하면, 충돌 전후 운동량의 합이 보존되므로 $m(4v)+5mv=m(-v)+5mv_B$이다. 따라서 A와 B가 충돌한 후 B의 속력 $v_B=2v$이다. 이때 B가 A로부터 받은 충격량은 B의 운동량의 변화량과 같으므로, $5m(2v)-5mv=5mv$이다.

❷ B가 A로부터 받은 충격량의 크기는 B가 C로부터 받은 충격량의 크기의 2배이므로, B가 C로부터 받은 충격량의 크기는 $\frac{5}{2}mv$이다. B와 C가 충돌할 때 B는 왼쪽 방향으로 충격량을 받으므로, B가 C로부터 받은 충격량은 $-\frac{5}{2}mv$이다.

❸ B와 C가 충돌한 후 한 덩어리가 된 B, C의 속도를 v_{BC}라고 할 때 B의 운동량의 변화량은 B가 C로부터 받은 충격량과 같으므로 $5mv_{BC}-5m(2v)=-\frac{5}{2}mv$에서 $v_{BC}=\frac{3}{2}v$이다. B와 C의 충돌에서 운동량의 합이 보존되므로, C의 질량을 m_C라고 할 때, $5m(2v)=(5m+m_C)\frac{3}{2}v$에서 C의 질량 $m_C=\frac{5}{3}m$이다.

 ① $\frac{5}{4}m$ 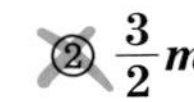 ② $\frac{3}{2}m$  ③ $\frac{5}{3}m$  ④ $\frac{7}{4}m$ 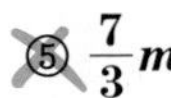 ⑤ $\frac{7}{3}m$

6 일차

16 운동량 보존 2022학년도 6월 모평 물Ⅰ 17번

정답 ① | 정답률 35 %

적용해야 할 개념 ③가지

① 물체의 운동량(p)은 질량(m)과 속도(v)의 곱이다. ➡ $p=mv$

② 속도는 빠르기와 운동 방향을 포함한 물리량이므로, 속도의 부호로 운동 방향을 나타낸다. 직선 운동에서 한쪽 운동 방향을 (+)방향으로 정하면, 반대쪽 운동 방향은 (−)방향이 된다.

③ 두 물체가 충돌할 때 외부에서 힘이 작용하지 않으면 충돌 전과 충돌 후의 운동량의 합은 일정하게 보존된다.

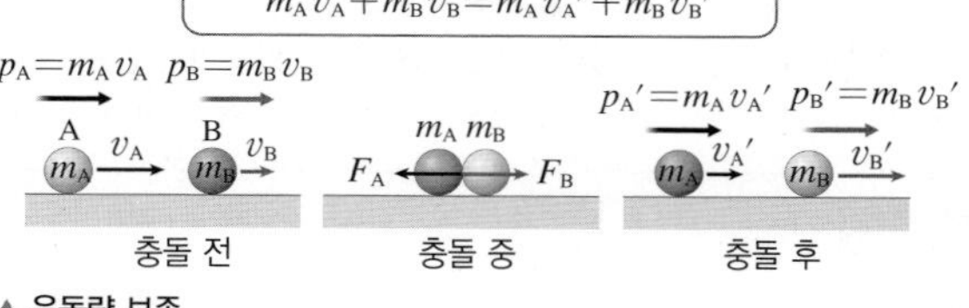

▲ 운동량 보존

문제 보기

그림 (가)와 같이 마찰이 없는 수평면에서 물체 A, B, C가 등속도 운동을 한다. A와 C는 같은 속력으로 B를 향해 운동하고, B의 속력은 4 m/s이다. A, B, C의 질량은 각각 3 kg, 2 kg, 2 kg이다. 그림 (나)는 (가)에서 B와 C 사이의 거리를 시간 t에 따라 나타낸 것이다. A, B, C는 동일 직선상에서 운동한다.

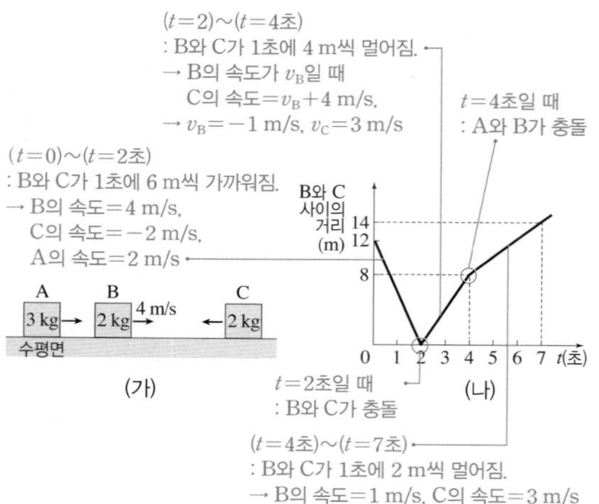

(t=2)∼(t=4초)
: B와 C가 1초에 4 m씩 멀어짐.
→ B의 속도가 v_B일 때 C의 속도=v_B+4 m/s,
→ v_B=−1 m/s, v_C=3 m/s
t=4초일 때
: A와 B가 충돌
(t=0)∼(t=2초)
: B와 C가 1초에 6 m씩 가까워짐.
→ B의 속도=4 m/s,
C의 속도=−2 m/s,
A의 속도=2 m/s
B와 C 사이의 거리 (m)
3 kg
2 kg
4 m/s
수평면
(가)
t=2초일 때
: B와 C가 충돌
(나)
t(초)
(t=4초)∼(t=7초)
: B와 C가 1초에 2 m씩 멀어짐.
→ B의 속도=1 m/s, C의 속도=3 m/s

t=0에서 t=7초까지 A가 이동한 거리는? (단, 물체의 크기는 무시한다.) [3점]

<보기> 풀이

t=2초일 때 B와 C가 충돌하고 t=4초일 때 A와 B가 충돌하며, 외력이 작용하지 않으므로 운동량의 총합이 일정하게 보존된다.

❶ t=0과 t=2초 사이에서 B와 C 사이의 거리가 12 m에서 0으로 감소하므로, B와 C는 1초에 6 m씩 가까워진다. 따라서 B가 오른쪽 방향으로 4 m/s의 속력으로 운동할 때, C는 왼쪽 방향으로 2 m/s의 속력으로 이동한다. 오른쪽 방향을 (+)방향으로 정하면, B와 C가 충돌하기 전 B와 C의 속도는 각각 4 m/s, −2 m/s이다. 이때 A, C의 속력이 같으므로, A의 속도는 +2 m/s이다.

B와 C가 충돌하기 전 (0∼2초): A 3 kg → 2 m/s, B 2 kg → 4 m/s, C 2 kg ← 2 m/s, 수평면

❷ t=2초일 때 B와 C가 충돌하며, t=2초와 t=4초 사이에서 B와 C 사이의 거리가 0에서 8 m로 증가하므로 B와 C는 1초에 4 m/s씩 멀어진다. 충돌 후 B의 속도를 v_B라고 하면, C의 속도는 v_B+4 m/s이다. 운동량 보존 법칙에 따라 B와 C의 충돌 전후 운동량의 총합이 보존되므로, (2×4)−(2×2)=2v_B+2(v_B+4)에서 충돌 후 B의 속도 v_B=−1 m/s이고, 충돌 후 C의 속도는 v_B+4 m/s=3 m/s이다.

B와 C가 충돌한 후 (2∼4초): A 3 kg → 2 m/s, B 2 kg ← 1 m/s, C 2 kg → 3 m/s, 수평면

❸ t=4초일 때 A와 B가 충돌하며, t=4초 이후 B와 C 사이의 거리가 3초 동안 8 m에서 14 m로 증가하므로 B와 C는 1초에 2 m씩 멀어진다. 이때 C의 속도가 3 m/s이므로, 충돌 후 B의 속도는 1 m/s이다. A와 B의 충돌 전후 운동량의 총합이 보존되므로, 충돌 후 A의 속도를 v_A라고 할 때 (3×2)+[2×(−1)]=(3×v_A)+(2×1)에서 충돌 후 A의 속도는 $v_A=\frac{2}{3}$ m/s이다.

A와 B가 충돌한 후 (4초 이후): A 3 kg → $\frac{2}{3}$ m/s, B 2 kg → 1 m/s, C 2 kg → 3 m/s, 수평면

❹ t=0에서 t=4초까지 A의 속력은 2 m/s이므로 A가 이동한 거리는 2 m/s×4 s=8 m이고, t=4초에서 t=7초까지 A의 속력은 $\frac{2}{3}$ m/s이므로 A가 이동한 거리는 $\frac{2}{3}$ m/s×3 s=2 m이다. 따라서 A가 t=0에서 t=7초까지 이동한 거리는 8 m+2 m=10 m이다.

 ① 10 m  ② 11 m  ③ 12 m  ④ 13 m  ⑤ 14 m

17 운동량 보존 2024학년도 5월 학평 물I 12번

정답 ② | 정답률 64 %

적용해야 할 개념 ②가지

① 물체의 운동량(p)은 질량(m)과 속도(v)의 곱이다.

⇒ $p=mv$

② 두 물체가 충돌할 때 외부에서 힘이 작용하지 않으면 충돌 전과 충돌 후의 운동량의 합은 일정하게 보존된다.

충돌 전 운동량의 합=충돌 후 운동량의 합
$m_A v_A + m_B v_B = m_A v_A' + m_B v_B'$

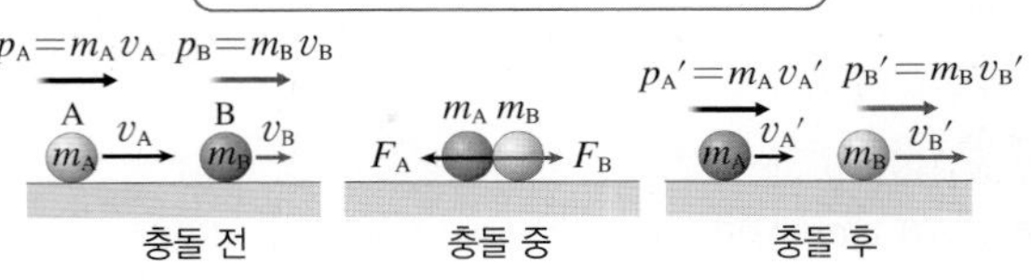

▲ 운동량 보존

문제 보기

그림 (가)는 마찰이 없는 수평면에서 0초일 때 물체 A, B가 같은 방향으로 등속도 운동하는 모습을 나타낸 것으로, A와 B 사이의 거리와 B와 벽 사이의 거리는 12 m로 같다. 그림 (나)는 (가)에서 A와 B 사이의 거리를 시간에 따라 나타낸 것이다. A, B의 질량은 각각 1 kg, 4 kg이고, A와 B는 동일 직선상에서 운동한다.

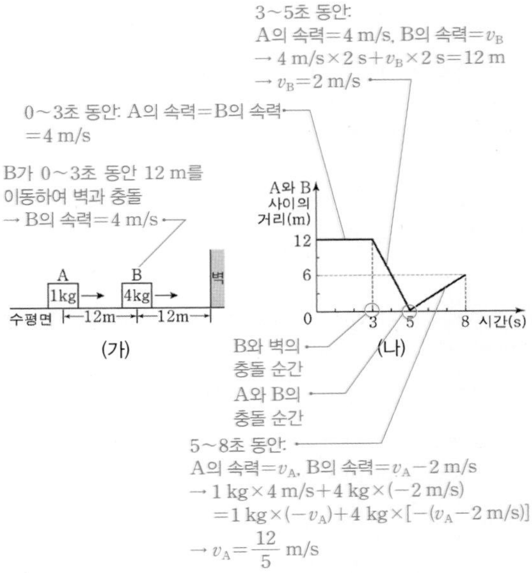

7초일 때, A의 속력은? (단, 물체의 크기는 무시한다.)

<보기> 풀이

❶ 0~3초 동안 A와 B 사이의 거리가 일정하므로 A와 B의 속력은 같다. 3초 이후 A와 B 사이의 거리가 감소하므로, 3초일 때 B는 벽과 충돌한다. 벽과 충돌하기 전에 B는 0~3초 동안 12 m를 운동하였으므로, 벽과 충돌하기 전 B의 속력은 $\frac{12\text{ m}}{3\text{ s}}=4$ m/s이고 A의 속력도 4 m/s이다.

❷ 벽과 충돌한 후 반대 방향으로 운동하는 B의 속력을 v_B라고 하면, 5초일 때 A와 B가 충돌하므로 3~5초 동안 A는 오른쪽으로 4 m/s의 속력으로 B는 왼쪽으로 v_B의 속력으로 운동한 후 A와 B 사이의 거리가 0이 된다. 즉, A가 4 m/s의 속력으로 2초 동안 이동한 거리와 B가 v_B의 속력으로 2초 동안 이동한 거리의 합이 12 m이므로, 4 m/s×2 s+v_B×2 s=12 m에서 v_B=2 m/s이다.

다른 풀이

❷ 벽과 충돌한 후 반대 방향으로 운동하는 B는 5초일 때 A와 충돌한다. (나)에서 직선의 기울기 크기는 상대 속도의 크기를 나타내므로, 3~5초 동안 A에 대한 B의 상대 속도의 크기는 6 m/s이다. 즉, 3~5초 동안 A는 오른쪽으로 4 m/s의 속력으로 운동하므로, B는 왼쪽으로 2 m/s의 속력으로 운동한다.

❸ A와 B의 충돌 후 A와 B 사이의 거리가 5~8초 동안 6 m 증가하므로, A와 B는 1초당 2 m씩 멀어진다. 따라서 충돌 후 A가 오른쪽으로 운동한다면, B의 속력은 A의 속력보다 2 m/s만큼 크고, 충돌 후 A가 왼쪽으로 운동한다면, B의 속력은 A의 속력보다 2 m/s만큼 작다. 충돌 전 A와 B의 운동량의 합은 1 kg×4 m/s+4 kg×(−2 m/s)=−4 kg·m/s로 음(−)의 값이므로, 충돌 후 A와 B는 왼쪽 방향으로 운동한다. 이때 A의 속력을 v_A라고 하면 B의 속력은 v_A−2 m/s이므로, A와 B의 충돌에 운동량 보존 법칙을 적용하면
1 kg×4 m/s+4 kg×(−2 m/s)=1 kg×(−v_A)+4 kg×[−(v_A−2 m/s)]에서
$v_A=\frac{12}{5}$ m/s이다. 따라서 7초일 때, A의 속력은 $\frac{12}{5}$ m/s이다.

~~①~~ $\frac{9}{5}$ m/s ② $\frac{12}{5}$ m/s ~~③~~ 3 m/s ~~④~~ $\frac{18}{5}$ m/s ~~⑤~~ $\frac{21}{5}$ m/s

18	**운동량 보존** 2024학년도 6월 모평 물I 19번	정답 ④ | 정답률 36 %

적용해야 할 개념 ②가지

① 물체의 운동량(p)은 질량(m)과 속도(v)의 곱이다.
➡ $p=mv$
② 두 물체가 충돌할 때 외부에서 힘이 작용하지 않으면 충돌 전과 충돌 후의 운동량의 합은 일정하게 보존된다.

문제 보기

그림 (가)와 같이 마찰이 없는 수평면에서 물체 A, B, C가 등속도 운동을 한다. A, B, C의 운동량의 크기는 각각 $4p$, $4p$, p이다. 그림 (나)는 A와 B 사이의 거리(S_{AB}), B와 C 사이의 거리(S_{BC})를 시간 t에 따라 나타낸 것이다.

충돌 전 운동량의 합$=0$
→ 충돌 후 운동량의 합$=0$

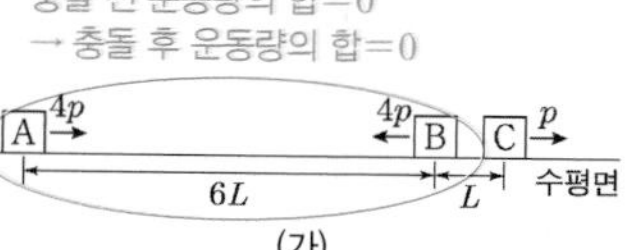

(가)

$0\sim2t_0$ 동안:
A, B의 상대 속도의 크기$=\frac{6L}{2t_0}$
→ $v_A+v_B=\frac{6L}{2t_0}=6v$

$2t_0\sim6t_0$ 동안:
A, B의 상대 속도의 크기$=\frac{12L}{4t_0}$
→ $v_A'+v_B'=\frac{6L}{2t_0}=6v$
→ $v_A'=v_A$, $v_B'=v_B$

거리, $12L$, $6L$, L, 0, S_{AB}, S_{BC}, $2t_0$, $4t_0$, $6t_0$, t
A와 B가 충돌하는 시간
(나)

$0\sim2t_0$ 동안:
B와 C의 상대 속도의 크기$=\frac{5L}{2t_0}$
→ $v_B+v_C=\frac{5L}{2t_0}=5v$

$2t_0\sim6t_0$ 동안:
B와 C의 상대 속도의 크기$=\frac{6L}{4t_0}$
→ $v_B-v_C=\frac{3L}{2t_0}=3v$

이에 대한 설명으로 옳은 것만을 〈보기〉에서 있는 대로 고른 것은? (단, A, B, C는 동일 직선상에서 운동하고, 물체의 크기는 무시한다.) [3점]

〈보기〉 풀이

❶ (나)에서 그래프의 기울기는 상대 속도를 나타낸다. $2t_0$일 때 A와 B가 충돌하며 충돌 전 A와 B의 운동량의 합은 $4p+(-4p)=0$이므로 충돌 후 A와 B의 운동량의 합도 0이어야 한다. 따라서 충돌 후 A와 B는 서로 반대 방향으로 운동한다. 충돌 전 A, B의 속력을 각각 v_A, v_B라고 하면, $0\sim2t_0$ 동안 서로 반대 방향으로 운동하는 A와 B의 상대 속도의 크기는 $\frac{6L}{2t_0}$이므로 $v_A+v_B=\frac{6L}{2t_0}$이다. 충돌 후 A, B의 속력을 각각 v_A', v_B'라고 하면, $2t_0\sim6t_0$ 동안 서로 반대 방향으로 운동하는 A와 B의 상대 속도의 크기는 $\frac{12L}{4t_0}$이므로, $v_A'+v_B'=\frac{6L}{2t_0}$이다. 충돌 전후 A와 B의 상대 속도의 크기가 같고 충돌 전후 A와 B의 운동량의 합이 0이므로, 충돌 후 A, B의 운동량의 크기는 각각 충돌 전 운동량의 크기와 같다. 따라서 $v_A=v_A'$, $v_B=v_B'$이다.

❷ $0\sim2t_0$ 동안 서로 반대 방향으로 운동하는 B와 C의 상대 속도의 크기는 $\frac{5L}{2t_0}$이므로, $v_B+v_C=\frac{5L}{2t_0}$이다. 또 $2t_0\sim6t_0$ 동안 같은 방향으로 운동하는 B와 C의 상대 속도의 크기는 $\frac{6L}{4t_0}$이므로, $v_B-v_C=\frac{3L}{2t_0}$이다. $\frac{L}{2t_0}=v$라고 하면, $v_A+v_B=6v$, $v_B+v_C=5v$, $v_B-v_C=3v$이므로, 세 식을 연립하여 정리하면, $v_A=2v$, $v_B=4v$, $v_C=v$이다.

다른 풀이

❶ $0\sim2t_0$ 동안 서로를 향해 운동하는 A와 B 사이의 거리가 $6L$에서 0으로 감소하므로, $2t_0$ 동안에 A가 이동한 거리와 B가 이동한 거리의 합은 $6L$이다. 충돌 전 A, B의 속력을 각각 v_A, v_B라고 하면, $v_A\times2t_0+v_B\times2t_0=6L$이 성립하므로 $v_A+v_B=\frac{6L}{2t_0}$이다.
$2t_0\sim6t_0$ 동안 A와 B 사이의 거리가 0에서 $12L$로 증가하므로, $4t_0$ 동안에 A가 이동한 거리와 B가 이동한 거리의 합은 $12L$이다. 충돌 후 A, B의 속력을 각각 v_A', v_B'라고 하면, $v_A'\times4t_0+v_B'\times4t_0=12L$이므로 $v_A'+v_B'=\frac{6L}{2t_0}$이다. 충돌 전후 A, B의 속력의 관계식이 같고 충돌 전후 A와 B의 운동량의 합이 0이므로, 충돌 후 A와 B의 운동량의 크기는 각각 충돌 전의 운동량의 크기와 같다. 따라서 $v_A=v_A'$, $v_B=v_B'$이다.

❷ $0\sim2t_0$ 동안 서로 반대 방향으로 운동하는 B와 C 사이의 거리가 L에서 $6L$로 증가하므로, $2t_0$ 동안에 B가 이동한 거리와 C가 이동한 거리의 합은 $5L$이다. C의 속력을 v_C라고 하면,
$v_B\times2t_0+v_C\times2t_0=5L$이므로 $v_B+v_C=\frac{5L}{2t_0}$이다.
$2t_0\sim6t_0$ 동안 B와 C는 같은 방향으로 운동하며, B와 C 사이의 거리가 $6L$에서 0으로 감소하므로 B가 $4t_0$ 동안 운동한 거리는 $6L$과 C가 $4t_0$ 동안 운동한 거리의 합과 같다. 따라서 $v_B\times4t_0=6L+v_C\times4t_0$에서 $v_B-v_C=\frac{3L}{2t_0}$이다. $\frac{L}{2t_0}=v$라고 하면, $v_A+v_B=6v$, $v_B+v_C=5v$, $v_B-v_C=3v$이므로, 세 식을 연립하여 정리하면, $v_A=2v$, $v_B=4v$, $v_C=v$이다.

ㄱ. $t=t_0$일 때, 속력은 A와 B가 같다.
➡ $v_A=2v$이고 $v_B=4v$이므로, $t=t_0$일 때, 속력은 B가 A의 2배이다.

ㄴ. B와 C의 질량은 같다.
➡ 운동량의 크기는 질량과 속력의 곱이다. B와 C의 운동량의 크기는 각각 $4p$, p이고 B와 C의 속력은 각각 $4v$, v이므로, B와 C의 질량은 같다.

ㄷ. $t=4t_0$일 때, B의 운동량의 크기는 $4p$이다.
➡ B의 운동량의 크기는 충돌 전과 충돌 후가 같으므로, $t=4t_0$일 때, B의 운동량의 크기는 $4p$이다.

19 운동량 보존 2023학년도 9월 모평 물Ⅰ 13번

정답 ③ | 정답률 58 %

적용해야 할 개념 ④가지

① 물체의 운동량(p)은 질량(m)과 속도(v)의 곱이다. ➡ $p=mv$
② 두 물체의 충돌 과정에서 각각의 물체가 받은 충격량의 크기는 같고 방향은 반대이다.
③ 물체가 받은 충격량은 물체의 운동량의 변화량과 같다. ➡ $I=F\Delta t=\Delta p=mv_2-mv_1$
④ 두 물체가 충돌할 때 외부에서 힘이 작용하지 않으면 충돌 전과 충돌 후의 운동량의 합은 일정하게 보존된다.

문제 보기

그림 (가)와 같이 마찰이 없는 수평면에서 운동량의 크기가 각각 $2p$, p, p인 물체 A, B, C가 각각 $+x$, $+x$, $-x$ 방향으로 동일 직선상에서 등속도 운동한다. 그림 (나)는 (가)에서 A와 C의 위치를 시간에 따라 나타낸 것이다. B와 C의 질량은 같다.

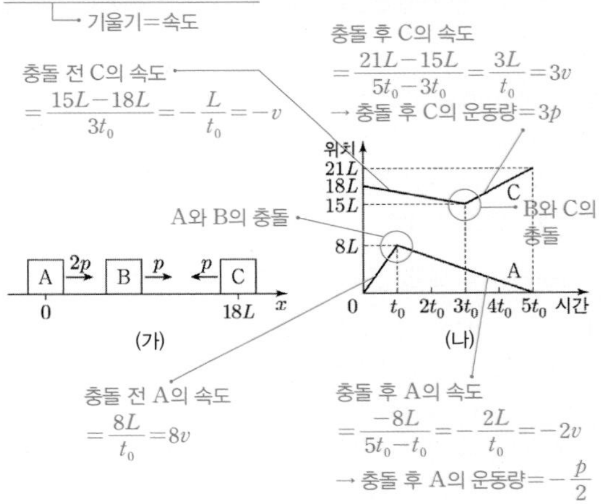

이에 대한 설명으로 옳은 것만을 〈보기〉에서 있는 대로 고른 것은? (단, 물체의 크기는 무시한다.) [3점]

<보기> 풀이

위치–시간 그래프의 기울기는 속도를 나타낸다. $\frac{L}{t_0}=v$라고 하면, 충돌 전 A의 속도는 $\frac{8L}{t_0}=8v$, 충돌 후 A의 속도는 $\frac{-8L}{5t_0-t_0}=-\frac{2L}{t_0}=-2v$, 충돌 전 C의 속도는 $\frac{15L-18L}{3t_0}=-\frac{L}{t_0}=-v$, 충돌 후 C의 속도는 $\frac{21L-15L}{5t_0-3t_0}=\frac{3L}{t_0}=3v$이다.

ㄱ. 질량은 C가 A의 4배이다.

➡ A의 질량을 m_A, B와 C의 질량을 m이라고 할 때, 충돌 전 A의 운동량의 크기는 $2p=m_A(8v)$이고 충돌 전 C의 운동량의 크기는 $p=mv$이다. $4m_A=m$이므로, 질량은 C가 A의 4배이다.

ㄴ. $2t_0$일 때, B의 운동량의 크기는 $\frac{7}{2}p$이다.

➡ t_0일 때 A와 B가 충돌한다. A의 속도가 충돌 전에 $8v$, 충돌 후에 $-2v$일 때, 한 물체의 운동량은 속도에 비례하므로 A의 운동량은 충돌 전에 $2p$, 충돌 후에 $-\frac{p}{2}$이다. B의 운동량은 충돌 전에 p이고 충돌 후의 운동량을 p_B라고 하면, 운동량 보존 법칙에 따라 $2p+p=-\frac{p}{2}+p_B$에서 $p_B=\frac{7}{2}p$이다. 따라서 $2t_0$일 때, B의 운동량의 크기는 $\frac{7}{2}p$이다.

다른 풀이 t_0일 때 A와 B가 충돌한다. A의 속도가 충돌 전에 $8v$, 충돌 후에 $-2v$이므로 A의 운동량은 충돌 전에 $2p$, 충돌 후에 $-\frac{p}{2}$이며, A가 받은 충격량은 $-\frac{p}{2}-2p=-\frac{5}{2}p$이다. B의 운동량은 충돌 전에 p이고 충돌 후의 운동량을 p_B라고 하면, B가 받은 충격량의 크기는 A와 같고 충격량의 방향은 A와 반대이므로 $p_B-p=\frac{5}{2}p$에서 $p_B=\frac{7}{2}p$이다.
따라서 $2t_0$일 때, B의 운동량의 크기는 $\frac{7}{2}p$이다.

ㄷ. $4t_0$일 때, 속력은 C가 B의 5배이다.

➡ $3t_0$일 때 B와 C가 충돌한다. C의 속도가 충돌 전에 $-v$, 충돌 후에 $3v$이므로, C의 운동량은 충돌 전에 $-p$, 충돌 후에 $3p$이다. B의 운동량은 충돌 전에 $\frac{7}{2}p$이고 충돌 후 운동량을 p_B'라고 하면, 운동량 보존 법칙에 따라 $\frac{7}{2}p-p=p_B'+3p$에서 $p_B'=-\frac{p}{2}$이다. 충돌 후 운동량의 크기는 C가 B의 6배이고 질량이 서로 같으므로, 충돌 후 속력은 C가 B의 6배이다.
따라서 $4t_0$일 때, 속력은 C가 B의 6배이다.

다른 풀이 $3t_0$일 때 B와 C가 충돌한다. C의 속도가 충돌 전에 $-v$, 충돌 후에 $3v$이므로 C의 운동량은 충돌 전에 $-p$, 충돌 후에 $3p$이며, C가 받은 충격량의 크기는 $3p-(-p)=4p$이다. B의 운동량은 충돌 전에 $\frac{7}{2}p$이고 충돌 후 운동량을 p_B'라고 하면, B가 받은 충격량의 크기는 C와 같고 충격량의 방향은 C와 반대이므로, $p_B'-\frac{7}{2}p=-4p$에서 $p_B'=-\frac{p}{2}$이다.
충돌 후 운동량의 크기는 C가 B의 6배이고 질량이 서로 같으므로, 충돌 후 속력은 C가 B의 6배이다. 따라서 $4t_0$일 때, 속력은 C가 B의 6배이다.

20 운동량 보존 2023학년도 10월 학평 물I 20번

정답 ④ | 정답률 54%

적용해야 할 개념 ③가지

① 물체의 운동량(p)은 질량(m)과 속도(v)의 곱이다. ➡ $p=mv$

② 속도는 빠르기와 운동 방향을 포함한 물리량이므로, 속도의 부호로 운동 방향을 나타낸다. 직선 운동에서 한쪽 운동 방향을 (+)방향으로 정하면, 반대쪽 운동 방향은 (−)방향이 된다.

③ 두 물체가 충돌할 때 외부에서 힘이 작용하지 않으면 충돌 전과 충돌 후의 운동량의 합은 일정하게 보존된다.

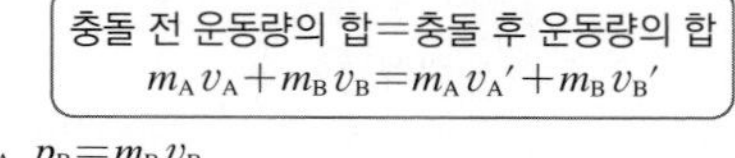

충돌 전 운동량의 합=충돌 후 운동량의 합
$m_A v_A + m_B v_B = m_A v_A' + m_B v_B'$

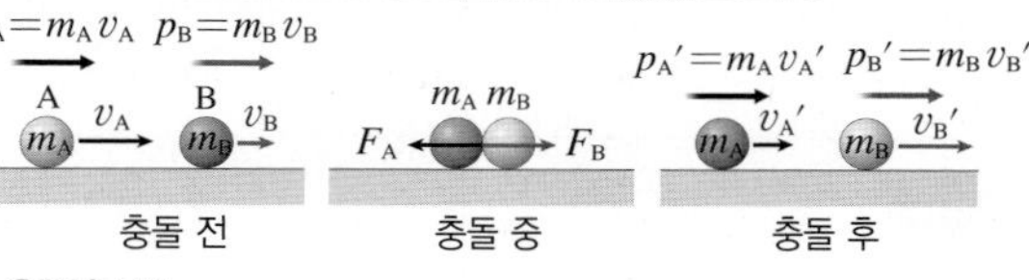

▲ 운동량 보존

문제 보기

그림 (가)는 마찰이 없는 수평면에서 x축을 따라 운동하는 물체 A, B, C를 나타낸 것이다. 그림 (나)는 (가)의 순간부터 A, B의 위치 x를 시간 t에 따라 나타낸 것이다. A, B, C의 운동량의 합은 항상 0이다. └→ 기울기 =속도

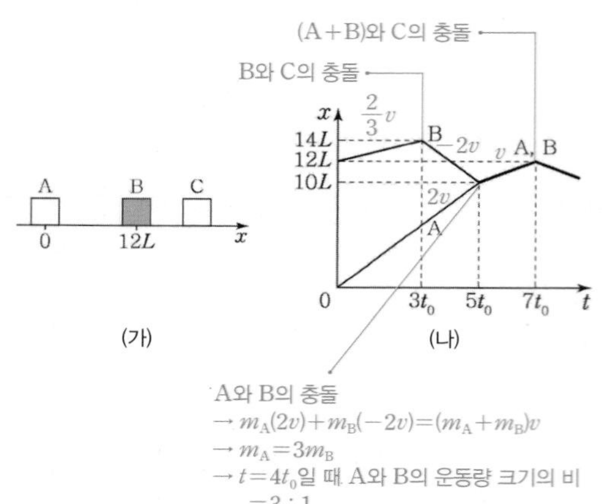

이에 대한 옳은 설명만을 〈보기〉에서 있는 대로 고른 것은? (단, 물체의 크기는 무시한다.) [3점]

<보기> 풀이

$t=3t_0$일 때 B와 C가 충돌하고, $t=5t_0$일 때 A와 B가 충돌하여 한 덩어리가 되며, $t=7t_0$일 때 한 덩어리가 된 (A+B)와 C가 충돌한다.

ㄱ. $t=t_0$일 때 C의 운동 방향은 $-x$방향이다.

➡ $t=t_0$일 때 A와 B의 운동 방향은 $+x$방향이다. A, B, C의 운동량의 합은 항상 0이므로, $t=t_0$일 때 C의 운동 방향은 $-x$방향이다.

ㄴ. $t=4t_0$일 때 운동량의 크기는 A가 B의 2배이다.

➡ 위치−시간 그래프에서 기울기는 속도를 나타낸다. $\frac{L}{t_0}=v$라고 하면, $t=4t_0$일 때 B의 속도는 $-2v$이고 A의 속도는 $2v$이다. $t=5t_0$일 때 A와 B가 충돌한 후 한 덩어리가 된 (A+B)의 속도는 v이다. A와 B의 질량을 각각 m_A, m_B라고 하면 운동량 보존 법칙에 따라 $m_A(2v)+m_B(-2v)=(m_A+m_B)v$에서 $m_A=3m_B$이다. $t=4t_0$일 때 A와 B의 속력이 같고 질량은 A가 B의 3배이므로, $t=4t_0$일 때 운동량의 크기는 A가 B의 3배이다.

ㄷ. 질량은 C가 B의 8배이다.

➡ C는 $t=3t_0$일 때 $x=14L$에서 B와 충돌하고 $t=7t_0$일 때 $x=12L$에서 한 덩어리가 된 (A+B)와 충돌한다. 즉, C는 B와 충돌한 후 $4t_0$의 시간 동안 $-x$방향으로 $2L$의 거리를 이동하였으므로, C의 속도는 B와 충돌한 후 $\frac{-2L}{4t_0}=-\frac{1}{2}v$이다. 따라서 $3t\sim5t_0$ 동안 A, B, C의 속도는 각각 $2v$, $-2v$, $-\frac{1}{2}v$이다. C의 질량을 m_C라고 할 때 A, B, C의 운동량의 합은 항상 0이므로 $3m_B(2v)+m_B(-2v)+m_C\left(-\frac{1}{2}v\right)=0$에서 $m_C=8m_B$이다. 따라서 질량은 C가 B의 8배이다.

21 운동량 보존 2022학년도 4월 학평 물I 13번

정답 ① | 정답률 36 %

적용해야 할 개념 ②가지

① 물체의 운동량(p)은 질량(m)과 속도(v)의 곱이다.
➡ $p=mv$

② 두 물체가 충돌할 때 외부에서 힘이 작용하지 않으면 충돌 전과 충돌 후의 운동량의 합은 일정하게 보존된다.

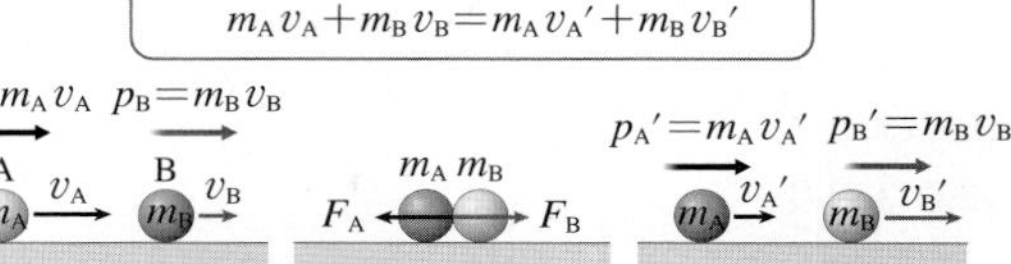

▲ 운동량 보존

문제 보기

그림 (가)는 수평면에서 물체 A, B, C가 등속도 운동하는 모습을 나타낸 것이다. B의 속력은 1 m/s이다. 그림 (나)는 A와 C 사이의 거리, B와 C 사이의 거리를 시간 t에 따라 나타낸 것이다. A, B, C는 동일 직선상에서 운동한다.

[4초 이후: B와 C의 충돌 후]
• A와 C 사이의 거리는 일정
→ C의 속력=A의 속력$=\frac{4}{3}$ m/s
• B와 C 사이의 거리는 0
→ (B+C)의 속력$=\frac{4}{3}$ m/s

[0~1초: A와 B의 충돌 전]
• B와 C 사이의 거리는 일정
→ C의 속력=B의 속력=1 m/s
• A와 C 사이의 거리는 1초 동안 1 m 가까워짐.
→ A의 속력=C의 속력+1 m/s =2 m/s

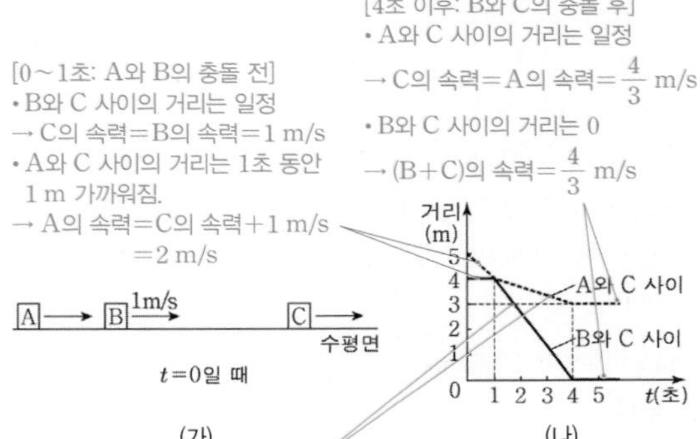

[1~4초: A와 B의 충돌 후]
• A와 C 사이의 거리는 3초 동안 1 m 가까워짐.
→ A의 속력=C의 속력$+\frac{1}{3}$ m/s $=1$ m/s$+\frac{1}{3}$ m/s$=\frac{4}{3}$ m/s
• B와 C 사이의 거리는 3초 동안 4 m 가까워짐.
→ B의 속력=C의 속력$+\frac{4}{3}$ m/s $=1$ m/s$+\frac{4}{3}$ m/s$=\frac{7}{3}$ m/s

A, C의 질량을 각각 m_A, m_C라 할 때, $\frac{m_C}{m_A}$는? (단, 물체의 크기는 무시한다.) [3점]

<보기> 풀이

❶ 0~1초 동안 A와 C 사이의 거리는 가까워지고 B와 C 사이의 거리는 일정하므로 1초일 때 A와 B가 충돌한다. A와 B가 충돌하기 전, A와 C 사이의 거리는 1초 동안 1 m 가까워지므로 A의 속력은 C의 속력보다 1 m/s만큼 크고, B와 C의 속력은 같다. 따라서 A의 속력은 2 m/s이고 B와 C의 속력은 각각 1 m/s, 1 m/s이다.

A →2 m/s B →1 m/s ... C →1 m/s
A와 B가 충돌하기 전(0~1초) 수평면

❷ A와 B가 충돌한 후, 1~4초 동안 A와 C 사이의 거리는 3초 동안 1 m 가까워지고 B와 C 사이의 거리는 3초 동안 4 m 가까워지므로, A의 속력은 C의 속력보다 $\frac{1}{3}$ m/s만큼 크고 B의 속력은 C의 속력보다 $\frac{4}{3}$ m/s만큼 크다. 따라서 A의 속력은 1 m/s$+\frac{1}{3}$ m/s$=\frac{4}{3}$ m/s이고, B의 속력은 1 m/s$+\frac{4}{3}$ m/s$=\frac{7}{3}$ m/s이다.

A →$\frac{4}{3}$ m/s B →$\frac{7}{3}$ m/s ... C →1 m/s
A와 B가 충돌한 후(1~4초) 수평면

A의 속력보다 B의 속력이 크므로, 4초일 때 B와 C가 충돌한다.

❸ B와 C가 충돌한 후 B와 C 사이의 거리는 0이므로, B와 C가 한 덩어리가 되어 운동한다. 충돌 후 A와 C 사이의 거리는 일정하므로 한 덩어리가 된 B와 C의 속력은 A의 속력과 같다. 따라서 한 덩어리가 된 B와 C의 속력은 $\frac{4}{3}$ m/s이다.

A →$\frac{4}{3}$ m/s ... B C →$\frac{4}{3}$ m/s
B와 C가 충돌한 후(4초 이후) 수평면

❹ A, B, C의 질량을 각각 m_A, m_B, m_C라고 하면, A와 B의 충돌 전후 운동량의 합은 보존되므로, $m_A\times2+m_B\times1=m_A\times\frac{4}{3}+m_B\times\frac{7}{3}$에서 $m_B=\frac{1}{2}m_A$이다. 또 B와 C의 충돌 전후에도 운동량의 합은 보존되므로 $m_B\times\frac{7}{3}+m_C\times1=(m_B+m_C)\times\frac{4}{3}$에서 $m_C=3m_B=3\left(\frac{1}{2}m_A\right)$이므로 $\frac{m_C}{m_A}=\frac{3}{2}$이다.

① $\frac{3}{2}$ ~~② 2~~ ~~③ $\frac{5}{2}$~~ ~~④ 3~~ ~~⑤ $\frac{7}{2}$~~

22 운동량 보존 2023학년도 수능 물I 16번

정답 ⑤ | 정답률 40%

적용해야 할 개념 ③가지

① 물체의 운동량(p)은 질량(m)과 속도(v)의 곱이다.
⇒ $p=mv$

② 속도는 빠르기와 운동 방향을 포함한 물리량이므로, 속도의 부호로 운동 방향을 나타낸다. 직선 운동에서 한쪽 운동 방향을 (+)방향으로 정하면, 반대쪽 운동 방향은 (−)방향이 된다.

③ 두 물체가 충돌할 때 외부에서 힘이 작용하지 않으면 충돌 전과 충돌 후의 운동량의 합은 일정하게 보존된다.

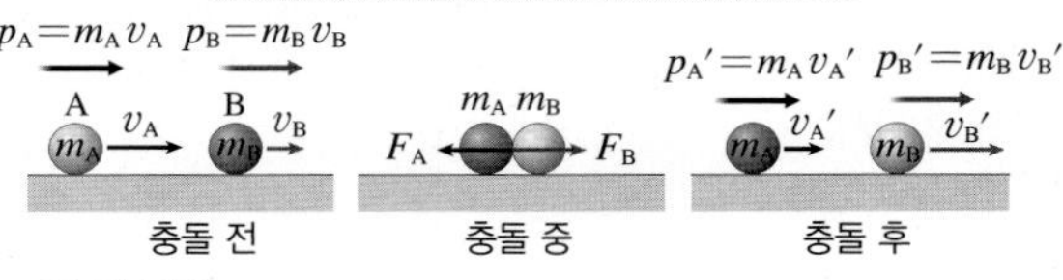

▲ 운동량 보존

문제 보기

그림 (가)와 같이 수평면에서 벽 p와 q 사이의 거리가 8 m인 물체 A가 4 m/s의 속력으로 등속도 운동하고, 물체 B가 p와 q 사이에서 등속도 운동한다. 그림 (나)는 p와 B 사이의 거리를 시간에 따라 나타낸 것이다. B는 1초일 때와 3초일 때 각각 q와 p에 충돌한다. 3초 이후 A는 5 m/s의 속력으로 등속도 운동한다.

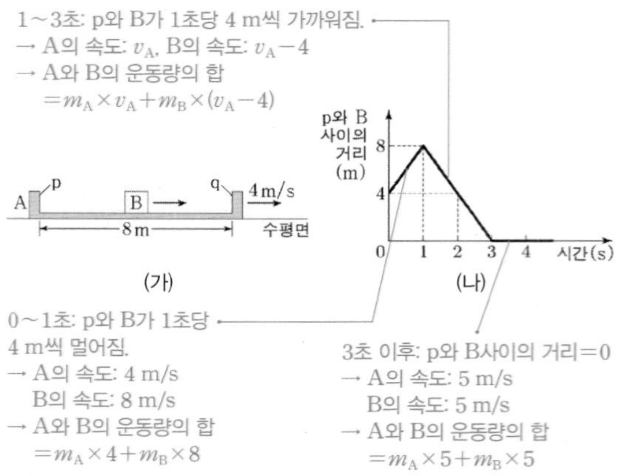

1~3초: p와 B가 1초당 4 m씩 가까워짐.
→ A의 속도: v_A, B의 속도: v_A-4
→ A와 B의 운동량의 합 $=m_A\times v_A+m_B\times(v_A-4)$
p와 B 사이의 거리 (m)
시간(s)
수평면
4 m/s
8 m
(가)
(나)
0~1초: p와 B가 1초당 4 m씩 멀어짐.
→ A의 속도: 4 m/s
B의 속도: 8 m/s
→ A와 B의 운동량의 합 $=m_A\times4+m_B\times8$
3초 이후: p와 B사이의 거리=0
→ A의 속도: 5 m/s
B의 속도: 5 m/s
→ A와 B의 운동량의 합 $=m_A\times5+m_B\times5$

이에 대한 설명으로 옳은 것만을 〈보기〉에서 있는 대로 고른 것은? (단, A와 B는 동일 직선상에서 운동하며, 벽과 B의 크기, 모든 마찰은 무시한다.) [3점]

<보기> 풀이

- 0~1초: p와 B 사이의 거리가 4 m에서 8 m로 증가하므로, p와 B는 1초당 4 m씩 멀어진다. 즉, B의 속도의 크기가 A보다 4 m/s만큼 크므로, A의 속도가 4m/s일 때 B의 속도는 8 m/s이다. A와 B의 질량을 각각 m_A, m_B라고 하면, A와 B의 운동량의 합은 $m_A\times4+m_B\times8$이다.
- 1~3초: p와 B 사이의 거리가 8 m에서 0으로 감소하므로, p와 B는 1초당 4 m씩 가까워진다. 즉, B의 속도의 크기가 A보다 4 m/s만큼 작으므로, A의 속도를 v_A라고 하면 B의 속도는 v_A-4이고 A와 B의 운동량의 합은 $m_A\times v_A+m_B\times(v_A-4)$이다.
- 3초 이후: p와 B 사이의 거리가 0으로 일정하므로, A와 B의 속도의 크기가 같다. A, B의 속도가 모두 5 m/s이므로, A와 B의 운동량의 합은 $m_A\times5+m_B\times5$이다.

1초일 때 충돌과 3초일 때 충돌에서 A와 B의 운동량의 합이 보존되므로, 다음의 식이 성립한다.

$$m_A\times4+m_B\times8=m_A\times v_A+m_B\times(v_A-4)=m_A\times5+m_B\times5$$

ㄱ. 질량은 A가 B의 3배이다.

⇒ $m_A\times4+m_B\times8=m_A\times5+m_B\times5$에서 $m_A=3m_B$이므로, 질량은 A가 B의 3배이다.

ㄴ. 2초일 때, A의 속력은 6 m/s이다.

⇒ $m_A\times4+m_B\times8=m_A\times v_A+m_B\times(v_A-4)$에 $m_A=3m_B$을 대입하면, v_A=6m/s이다. 따라서 2초일 때, A의 속력은 6 m/s이다.

ㄷ. 2초일 때, 운동 방향은 A와 B가 같다.

⇒ 2초일 때, A의 속도 v_A=6 m/s이고 B의 속도 v_A-4 m/s=2 m/s이다. A, B의 속도의 부호가 같으므로, 2초일 때 운동 방향은 A와 B가 같다.

23 운동량 보존 2022학년도 3월 학평 물Ⅰ 9번

정답 ⑤ | 정답률 47%

적용해야 할 개념 ③가지

① 물체의 운동량(p)은 질량(m)과 속도(v)의 곱이다.
➡ $p=mv$

② 두 물체가 충돌할 때 외부에서 힘이 작용하지 않으면 충돌 전과 충돌 후의 운동량의 합은 일정하게 보존된다.

③ 물체가 받은 충격량은 물체의 운동량의 변화량과 같다.
➡ $I=F\Delta t=\Delta p=mv_2-mv_1$

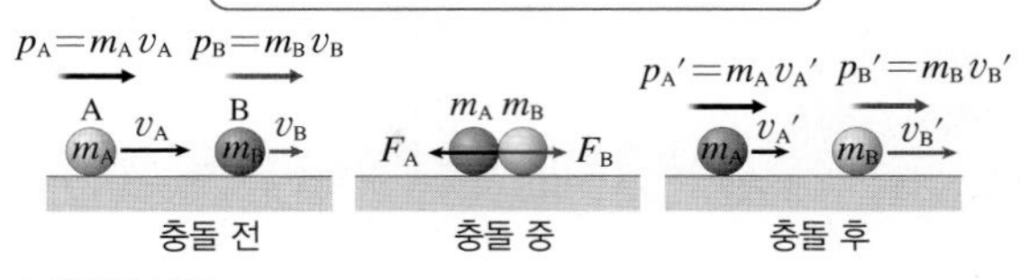

▲ 운동량 보존

6 일차

문제 보기

그림 (가)와 같이 마찰이 없는 수평면에서 물체 A가 정지해 있는 물체 B, C를 향해 운동한다. A, B, C의 질량은 각각 M, m, m이다. 그림 (나)는 (가)의 순간부터 A와 C 사이의 거리를 시간에 따라 나타낸 것이다.

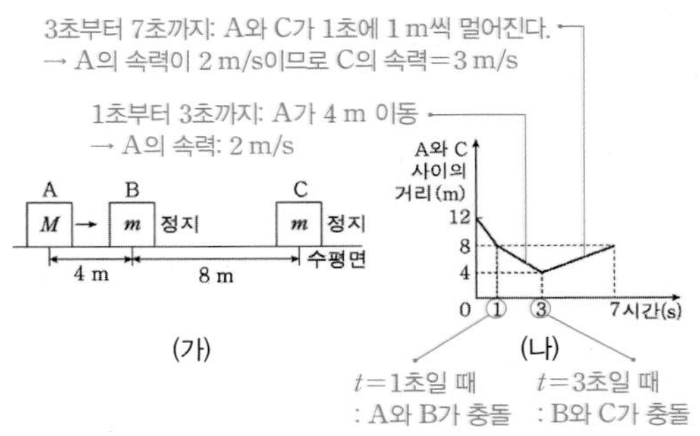

이에 대한 옳은 설명만을 〈보기〉에서 있는 대로 고른 것은? (단, A, B, C는 동일 직선상에서 운동하고, 물체의 크기는 무시한다.) [3점]

<보기> 풀이

(나)에서 A와 C 사이의 거리가 시간에 따라 변하는 정도가 1초일 때와 3초일 때 달라진다. 따라서 (가)의 순간부터 1초가 되는 순간에 A와 B가 충돌하고 3초가 되는 순간에 B와 C가 충돌한다.

ㄱ. 2초일 때 B의 속력은 2 m/s이다. (✕)

➡ 1초일 때 A와 B가 충돌한 후 3초일 때 B와 C가 충돌하기 전까지 B는 2초 동안 8 m를 이동한다. 따라서 1초부터 3초까지 B의 속력은 $\frac{8\text{ m}}{(3-1)\text{s}}=4\text{ m/s}$이므로, 2초일 때 B의 속력은 4 m/s이다.

ㄴ. $M=2m$이다. (○)

➡ (나)에서 A와 B가 충돌하기 전까지 A는 1초 동안 4 m의 거리를 이동하므로, 충돌 전 A의 속력은 $\frac{4\text{ m}}{1\text{ s}}=4\text{ m/s}$이다. A와 B가 충돌한 후 A는 1초부터 3초까지 4 m를 이동하므로, 충돌 후 A의 속력은 $\frac{4\text{ m}}{(3-1)\text{s}}=2\text{ m/s}$이다. 또 A와 B가 충돌한 후 1초부터 3초까지 B의 속력이 4 m/s이므로, 충돌 후 B의 속력은 4 m/s이다. 즉, A와 B가 충돌하기 전의 속력은 각각 4 m/s, 0이고 A와 B가 충돌한 후의 속력은 각각 2 m/s, 4 m/s이므로, 운동량 보존 법칙에 따라 $M\times4+0=M\times2+m\times4$에서 $M=2m$이다.

ㄷ. 5초일 때 B의 속력은 1 m/s이다. (○)

➡ 4 m/s의 속력으로 운동하던 B가 정지해 있는 C에 충돌한 후 B의 속력을 v라고 하자. (나)에서 3초일 때 B와 C가 충돌한 후 A와 C 사이의 거리가 3초부터 7초까지 4 m 증가하므로 A와 C는 1초당 1 m씩 멀어진다. 이때 A의 속력이 2 m/s이므로, C의 속력은 3 m/s이다. 즉, B와 C가 충돌하기 전의 속력은 각각 4 m/s, 0이고 B와 C가 충돌한 후의 속력은 각각 v, 3 m/s이다. 운동량 보존 법칙에 따라 $m\times4+0=mv+m\times3$에서 $v=1\text{ m/s}$이므로, 5초일 때 B의 속력 $v=1\text{ m/s}$이다.

24 운동량과 충격량 2024학년도 7월 학평 물I 6번

정답 ② | 정답률 85 %

적용해야 할 개념 ③가지

① 물체의 운동량(p)은 질량(m)과 속도(v)의 곱이다.

➡ $p=mv$

② 물체가 받은 충격량은 물체의 운동량의 변화량과 같다.

➡ $I=F\Delta t=\Delta p=mv_2-mv_1$

③ 충돌하는 동안 물체가 받은 평균 힘은 충격량을 충돌 시간으로 나눈 값이다.

➡ $F=\dfrac{I}{\Delta t}$

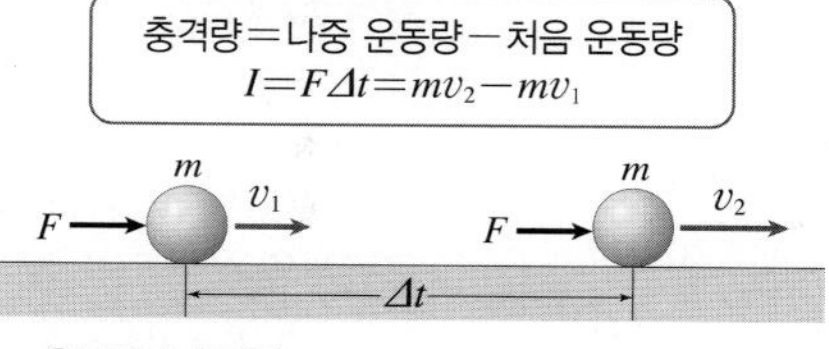

▲ 운동량과 충격량

문제 보기

그림과 같이 수평면에서 질량 2 kg인 물체가 5 m/s의 속력으로 등속도 운동을 하다가 구간 I을 지난 후 2 m/s의 속력으로 등속도 운동을 한다. I을 지나는 데 걸린 시간은 0.5초이다.

충격량=운동량의 변화량
→ 2 kg×2 m/s−2 kg×5 m/s=−6 N·s

2kg 5 m/s → 2kg 2 m/s

구간 I 수평면

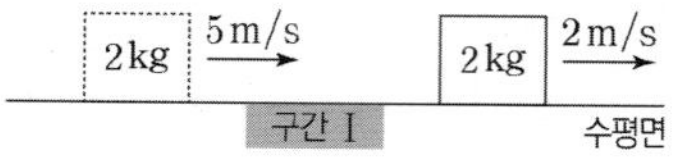

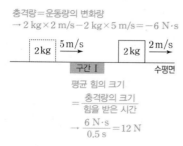

평균 힘의 크기
$=\dfrac{\text{충격량의 크기}}{\text{힘을 받은 시간}}$
$\rightarrow \dfrac{6\ \text{N·s}}{0.5\ \text{s}}=12\ \text{N}$

물체가 I을 지나는 동안 물체가 받은 평균 힘의 크기는? (단, 물체는 동일 직선상에서 운동하고, 물체의 크기는 무시한다.)

<보기> 풀이

물체가 I을 지날 때 받은 충격량은 운동량의 변화량과 같으므로 2 kg×2 m/s−2 kg×5 m/s =−6 N·s이다. 물체가 받은 평균 힘의 크기는 충격량의 크기를 힘을 받은 시간으로 나눈 값이므로, $\dfrac{6\ \text{N·s}}{0.5\ \text{s}}=12$ N이다.

~~① 6 N~~ ② 12 N ~~③ 14 N~~ ~~④ 24 N~~ ~~⑤ 30 N~~

25 운동량과 충격량 2022학년도 수능 물I 9번

정답 ② | 정답률 60 %

적용해야 할 개념 ④가지

① 물체의 운동량(p)은 질량(m)과 속도(v)의 곱이다. ➡ $p=mv$

② 직선 운동에서 한쪽 운동 방향을 (+)방향으로 정하면, 반대쪽 운동 방향은 (−)방향이 된다.

③ 두 물체가 충돌할 때 외부에서 힘이 작용하지 않으면 충돌 전과 충돌 후의 운동량의 합은 일정하게 보존된다.

④ 충돌하는 동안 물체가 받은 평균 힘은 충격량을 충돌 시간으로 나눈 값이다. ➡ $F=\dfrac{I}{\Delta t}$

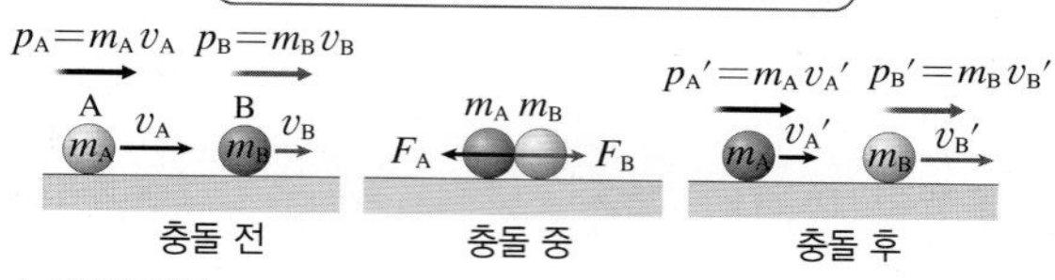

▲ 운동량 보존

문제 보기

그림 (가)와 같이 마찰이 없는 수평면에서 질량이 40 kg인 학생이 질량이 각각 10 kg, 20 kg인 물체 A, B와 함께 2 m/s의 속력으로 등속도 운동한다. 그림 (나)는 (가)에서 학생이 A, B를 동시에 수평 방향으로 0.5초 동안 밀었더니, 학생은 정지하고 A, B는 등속도 운동하는 모습을 나타낸 것이다. (나)에서 운동량의 크기는 B가 A의 8배이다.

속력은 B가 A의 4배

분리 전 학생과 물체 A, B의 운동량
=(10+40+20) kg×2 m/s
=140 kg·m/s

분리 후의 운동량
=10 kg×(−v)+20 kg×4v
=140 kg·m/s → v=2 m/s

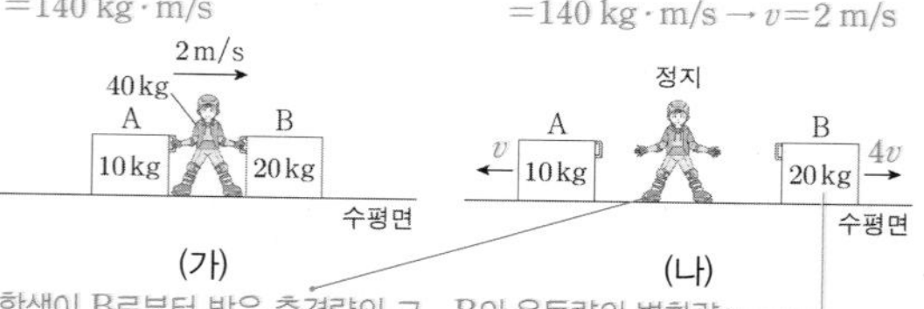

학생이 B로부터 받은 충격량의 크기=120 kg·m/s
→ 학생이 B로부터 받은 평균 힘의 크기=$\dfrac{120\ \text{N·s}}{0.5\ \text{s}}$=240 N

B의 운동량의 변화량
=20 kg×8 m/s−20 kg×2 m/s
=120 kg·m/s
→ B가 학생으로부터 받은 충격량의 크기=120 N·s

물체를 미는 동안 학생이 B로부터 받은 평균 힘의 크기는? (단, 학생과 물체는 동일 직선상에서 운동한다.)

<보기> 풀이

학생과 물체 A, B가 분리될 때 외부에서 힘이 작용하지 않으므로 운동량의 합은 보존된다.

❶ 분리 전 질량이 40 kg인 학생과 질량이 각각 10 kg, 20 kg인 물체 A, B는 2 m/s의 속력으로 운동하고 있으므로 운동량의 크기는 (10+40+20) kg×2 m/s=140 kg·m/s이다.

❷ 분리 후 운동량의 크기는 B가 A의 8배이고 질량은 B가 A의 2배이므로, 속력은 B가 A의 4배이다. 따라서 분리 후 A의 속력을 v라고 하면, B의 속력은 4v이다. 분리 전 학생과 A, B가 운동하던 방향을 (+)로 하면 운동량 보존 법칙에 따라 140 kg·m/s=10 kg×(−v)+20 kg×4v에서 분리 후 A의 속력 v=2 m/s이고 분리 후 B의 속력 4v=8 m/s이다.

❸ 학생이 B로부터 받은 충격량의 크기=B가 학생으로부터 받은 충격량의 크기=B의 운동량의 변화량의 크기이다. 따라서 학생이 B로부터 받은 충격량의 크기는 (20 kg×8 m/s)−(20 kg×2 m/s)=120 N·s이다.

❹ 학생이 B로부터 받은 평균 힘의 크기는 충격량의 크기를 물체를 미는 시간으로 나눈 값이므로 $\dfrac{120\ \text{N·s}}{0.5\ \text{s}}$=240 N이다.

 ① 160 N  ② 240 N  ③ 320 N  ④ 360 N  ⑤ 400 N

26 운동량과 충격량 2025학년도 9월 모평 물I 10번

정답 ① | 정답률 85 %

적용해야 할 개념 ③가지

① 물체의 운동량(p)은 질량(m)과 속도(v)의 곱이다. ➡ $p=mv$

② 물체가 받은 충격량은 물체의 운동량의 변화량과 같다.

➡ $I=F\Delta t=\Delta p=mv_2-mv_1$

③ 충돌하는 동안 물체가 받은 평균 힘은 충격량을 충돌 시간으로 나눈 값이다.

➡ $F=\dfrac{I}{\Delta t}$

충격량=나중 운동량−처음 운동량
$I=F\Delta t=mv_2-mv_1$

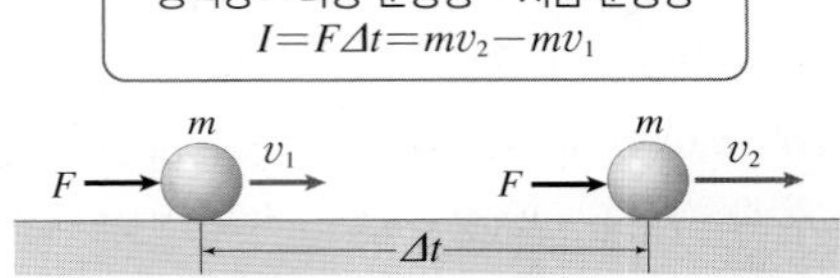

▲ 충격량과 운동량의 변화량

문제 보기

다음은 수레를 이용한 충격량에 대한 실험이다.

[실험 과정]

(가) 그림과 같이 속도 측정 장치, 힘 센서를 수평면상의 마찰이 없는 레일과 수직하게 설치한다.

(나) 레일 위에서 질량이 0.5 kg인 수레 A가 일정한 속도로 운동하여 고정된 힘 센서에 충돌하게 한다.

(다) 속도 측정 장치를 이용하여 충돌 직전과 직후 A의 속도를 측정한다.

(라) 충돌 과정에서 힘 센서로 측정한 시간에 따른 힘 그래프를 통해 충돌 시간을 구한다.

(마) A를 질량이 1.0 kg인 수레 B로 바꾸어 (나)~(라)를 반복한다.

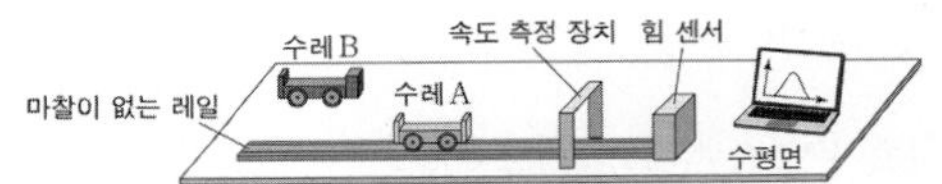

충격량의 크기=운동량 변화량의 크기
→ A가 받은 충격량의 크기
$=|0.5\text{ kg}\times(-0.2\text{ m/s})-0.5\text{ kg}\times0.4\text{ m/s}|=0.3\text{ N}\cdot\text{s}$
→ A가 받은 평균 힘의 크기$=\dfrac{0.3\text{ N}\cdot\text{s}}{0.02\text{ s}}=15\text{ N}$

[실험 결과]

수레	질량(kg)	속도(m/s)		충돌 시간(s)
		충돌 직전	충돌 직후	
A	0.5	0.4	−0.2	0.02
B	1.0	0.4	−0.1	0.05

※ 충돌 시간: 수레가 힘 센서로부터 힘을 받는 시간

→ B가 받은 충격량의 크기
$=|1.0\text{ kg}\times(-0.1\text{ m/s})-1.0\text{ kg}\times0.4\text{ m/s}|=0.5\text{ N}\cdot\text{s}$
→ B가 받은 평균 힘의 크기$=\dfrac{0.5\text{ N}\cdot\text{s}}{0.05\text{ s}}=10\text{ N}$

이에 대한 설명으로 옳은 것만을 ⟨보기⟩에서 있는 대로 고른 것은? [3점]

<보기> 풀이

ㄱ. 충돌 직전 운동량의 크기는 A가 B보다 작다.

➡ 운동량의 크기는 질량과 속력의 곱이므로, 충돌 직전 A의 운동량의 크기는 $0.5\text{ kg}\times0.4\text{ m/s}=0.2\text{ kg}\cdot\text{m/s}$이고 B의 운동량의 크기는 $1.0\text{ kg}\times0.4\text{ m/s}=0.4\text{ kg}\cdot\text{m/s}$이다. 따라서 충돌 직전 운동량의 크기는 A가 B보다 작다.

ㄴ. 충돌하는 동안 힘 센서로부터 받은 충격량의 크기는 A가 B보다 크다.

➡ 물체가 받은 충격량의 크기는 운동량 변화량의 크기와 같다. A의 운동량 변화량의 크기는 $|0.5\text{ kg}\times(-0.2\text{ m/s})-0.5\text{ kg}\times0.4\text{ m/s}|=0.3\text{ N}\cdot\text{s}$이고 B의 운동량 변화량의 크기는 $|1.0\text{ kg}\times(-0.1\text{ m/s})-1.0\text{ kg}\times0.4\text{ m/s}|=0.5\text{ N}\cdot\text{s}$이므로, 충돌하는 동안 힘 센서로부터 받은 충격량의 크기는 A가 B보다 작다.

ㄷ. 충돌하는 동안 힘 센서로부터 받은 평균 힘의 크기는 A가 B보다 작다.

➡ 물체가 받은 평균 힘의 크기는 충격량의 크기를 충돌 시간으로 나눈 값이므로, A가 받은 평균 힘의 크기는 $\dfrac{0.3\text{ N}\cdot\text{s}}{0.02\text{ s}}=15\text{ N}$이고 B가 받은 평균 힘의 크기는 $\dfrac{0.5\text{ N}\cdot\text{s}}{0.05\text{ s}}=10\text{ N}$이다. 따라서 충돌하는 동안 힘 센서로부터 받은 평균 힘의 크기는 A가 B보다 크다.

27 운동량과 충격량 2023학년도 9월 모평 물I 8번

정답 ② | 정답률 67%

적용해야 할 개념 ③가지

① 물체의 운동량(p)은 질량(m)과 속도(v)의 곱이다.
➡ $p=mv$

② 두 물체가 충돌할 때 외부에서 힘이 작용하지 않으면 충돌 전과 충돌 후의 운동량의 합은 일정하게 보존된다.

③ 물체가 받은 충격량은 물체의 운동량의 변화량과 같다.
➡ $I=F\Delta t=\Delta p=mv_2-mv_1$

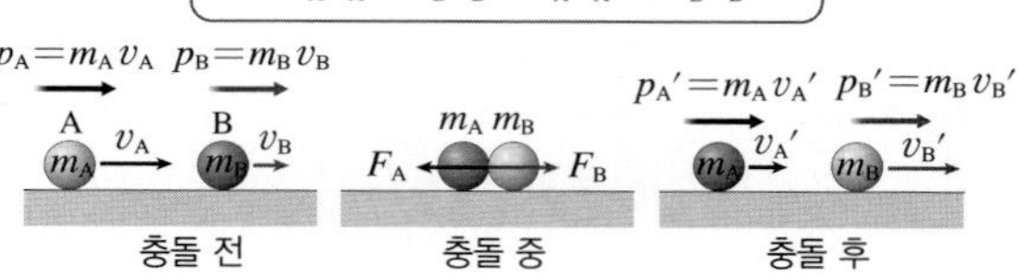

▲ 운동량 보존

문제 보기

그림 (가)와 같이 마찰이 없는 수평면에 물체 A~D가 정지해 있고, B와 C는 압축된 용수철에 접촉되어 있다. 그림 (나)는 (가)에서 B, C를 동시에 가만히 놓았더니 A와 B, C와 D가 각각 한 덩어리로 등속도 운동하는 모습을 나타낸 것이다. A, B, C, D의 질량은 각각 m, $2m$, $3m$, m이다.

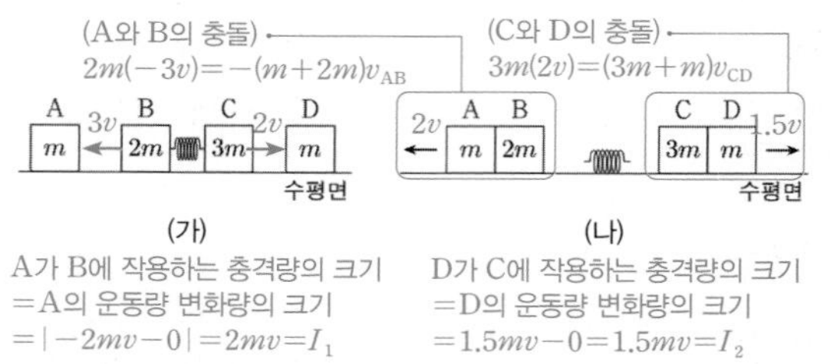

(A와 B의 충돌) $2m(-3v)=-(m+2m)v_{AB}$
(C와 D의 충돌) $3m(2v)=(3m+m)v_{CD}$
A B C D
$3v$ $2v$ $1.5v$
m $2m$ $3m$ m
수평면
(가)
(나)
A가 B에 작용하는 충격량의 크기 =A의 운동량 변화량의 크기 $=|-2mv-0|=2mv=I_1$
D가 C에 작용하는 충격량의 크기 =D의 운동량 변화량의 크기 $=1.5mv-0=1.5mv=I_2$

충돌하는 동안 A, D가 각각 B, C에 작용하는 충격량의 크기를 I_1, I_2라 할 때, $\frac{I_1}{I_2}$은? (단, 용수철의 질량은 무시한다.)

<보기> 풀이

❶ 용수철에서 분리된 후 B와 C의 속력을 각각 v_B, v_C라고 하면, 운동량 보존 법칙에 따라 $0+0=2m(-v_B)+3mv_C$가 성립한다. $v_B : v_C=3 : 2$이므로, $v_B=3v$라고 하면 $v_C=2v$이다.

❷ B가 A에 충돌하여 한 덩어리로 운동할 때의 속력을 v_{AB}라고 하면 운동량이 보존되므로, $2m(-3v)=-(m+2m)v_{AB}$에서 $v_{AB}=2v$이다. 또 C가 D에 충돌하여 한 덩어리로 운동할 때의 속력을 v_{CD}라고 하면 운동량이 보존되므로, $3m(2v)=(3m+m)v_{CD}$에서 $v_{CD}=1.5v$이다.

❸ 두 물체가 충돌할 때 두 물체가 받는 충격량의 크기가 같으므로, A와 B가 충돌하는 동안 B에 작용하는 충격량의 크기 I_1은 A에 작용하는 충격량의 크기와 같다. A에 작용하는 충격량의 크기는 A의 운동량 변화량의 크기와 같으므로, $I_1=|-2mv-0|=2mv$이다. 또 C와 D가 충돌하는 동안 C에 작용하는 충격량의 크기 I_2는 D에 작용하는 충격량의 크기와 같다. D에 작용하는 충격량의 크기는 D의 운동량 변화량의 크기와 같으므로, $I_2=1.5mv-0=1.5mv$이다. 따라서 $\frac{I_1}{I_2}=\frac{2mv}{1.5mv}=\frac{4}{3}$이다.

① 1 ② $\frac{4}{3}$ ③ $\frac{3}{2}$ ④ 2 ⑤ $\frac{9}{4}$

28 운동량과 충격량 2025학년도 6월 모평 물I 14번

정답 ③ | 정답률 63 %

적용해야 할 개념 ③가지

① 힘 – 시간 그래프에서 그래프 아랫부분의 넓이는 충격량을 의미한다

② 충돌하는 동안 물체가 받은 평균 힘은 충격량을 충돌 시간으로 나눈 값이다.

③ 물체가 받은 충격량은 물체의 운동량의 변화량과 같다.

➡ $I=F\Delta t=\Delta p=mv_2-mv_1$

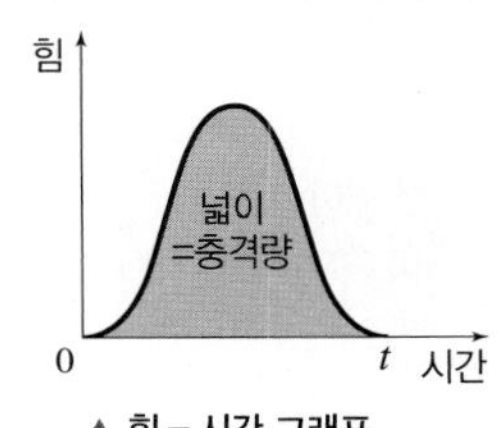

▲ 힘 – 시간 그래프

문제 보기

그림 (가)와 같이 질량이 같은 두 물체 A, B를 빗면에서 높이가 각각 $4h$, h인 지점에 가만히 놓았더니, 각각 벽과 충돌한 후 반대 방향으로 운동하여 높이 h에서 속력이 0이 되었다. 그림 (나)는 A, B가 벽과 충돌하는 동안 벽으로부터 받은 힘의 크기를 시간에 따라 나타낸 것이다.

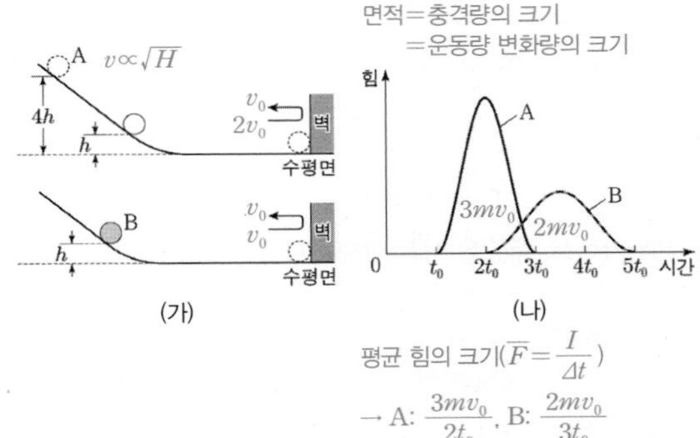

(가) (나)

평균 힘의 크기($\bar{F}=\frac{I}{\Delta t}$)

→ A: $\frac{3mv_0}{2t_0}$, B: $\frac{2mv_0}{3t_0}$

이에 대한 설명으로 옳은 것만을 〈보기〉에서 있는 대로 고른 것은? (단, 물체의 크기, 모든 마찰과 공기 저항은 무시한다.) [3점]

<보기> 풀이

마찰이 없는 빗면 위의 높이 H인 지점에 질량 m인 물체를 가만히 놓았을 때 수평면에서 물체의 속력이 v가 되었다면, 역학적 에너지가 보존되므로, $mgH=\frac{1}{2}mv^2$에서 $v=\sqrt{2gH}$이다. 빗면에서 속력이 0일 때 A의 높이는 벽과 충돌하기 전이 충돌한 후의 4배이므로, 수평면에서 A의 속력은 벽과 충돌 직전이 충돌 직후의 2배이다. A의 충돌 직전과 충돌 직후의 속력을 각각 $2v_0$, v_0이라고 하면, B의 충돌 직전과 충돌 직후의 속력은 v_0으로 같다.

ㄱ. A의 운동량의 크기는 충돌 직전이 충돌 직후의 2배이다.

➡ 운동량의 크기는 질량과 속력의 곱이다. A의 속력은 충돌 직전이 충돌 직후의 2배이므로, A의 운동량의 크기는 충돌 직전이 충돌 직후의 2배이다.

ㄴ. (나)에서 곡선과 시간 축이 만드는 면적은 A가 B의 $\frac{3}{2}$배이다.

➡ (나)에서 곡선과 시간 축이 만드는 면적은 충격량의 크기를 나타내고, 충격량의 크기는 운동량 변화량의 크기와 같다. A, B의 질량을 m이라 하고 오른쪽 방향의 속도 부호를 (+)라고 하면, A의 운동량의 변화량은 $-mv_0-2mv_0=-3mv_0$이고 B의 운동량의 변화량은 $-mv_0-mv_0=-2mv_0$이다. 운동량의 변화량의 크기는 A가 B의 $\frac{3}{2}$배이므로, (나)에서 곡선과 시간 축이 만드는 면적은 A가 B의 $\frac{3}{2}$배이다.

ㄷ. 충돌하는 동안 벽으로부터 받은 평균 힘의 크기는 A가 B의 2배이다.

➡ 충돌하는 동안 받은 평균 힘의 크기는 충격량의 크기를 충돌 시간으로 나눈 값이다. 충돌하는 동안 A, B가 벽으로부터 받은 평균 힘의 크기는 각각 $\frac{3mv_0}{2t_0}$, $\frac{2mv_0}{3t_0}$이므로, A가 B의 $\frac{9}{4}$배이다.

29 운동량과 충격량 2022학년도 9월 모평 물I 8번

정답 ③ | 정답률 83 %

적용해야 할 개념 ③가지

① 물체의 운동량(p)은 질량(m)과 속도(v)의 곱이다. ➡ $p=mv$

② 물체가 받은 충격량은 물체의 운동량의 변화량과 같다.

➡ $I=F\Delta t=\Delta p=mv_2-mv_1$

③ 속력 – 시간 그래프 아랫부분의 넓이는 이동 거리와 같다.

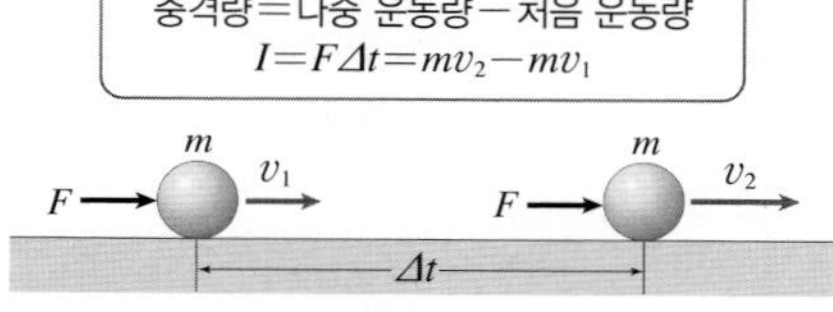

▲ 충격량과 운동량의 변화량

문제 보기

그림 (가)는 마찰이 없는 수평면에 정지해 있던 물체가 수평면과 나란한 방향의 힘을 받아 0~2초까지 오른쪽으로 직선 운동을 하는 모습을, (나)는 (가)에서 물체에 작용한 힘을 시간에 따라 나타낸 것이다. 물체의 운동량의 크기는 1초일 때가 2초일 때의 2배이다.

└ 물체의 속력이 1초일 때가 2초일 때의 2배이다.

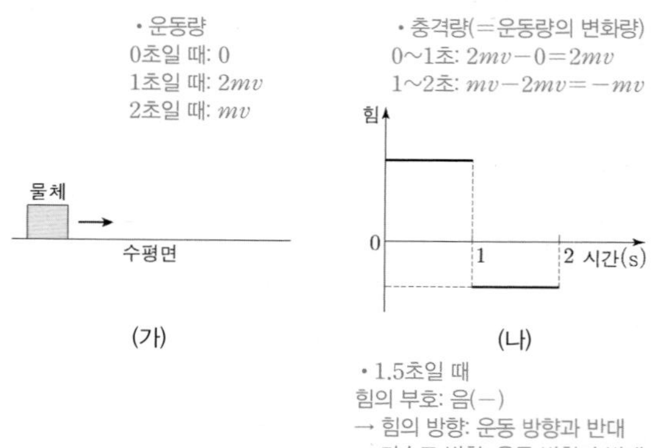

이에 대한 설명으로 옳은 것만을 〈보기〉에서 있는 대로 고른 것은? (단, 공기 저항은 무시한다.)

<보기> 풀이

0~1초까지와 1~2초까지 각각 일정한 크기의 힘이 작용하므로 물체는 구간 별로 등가속도 직선 운동을 한다. 물체의 운동량의 크기는 1초일 때가 2초일 때의 2배이므로 물체의 속력은 1초일 때가 2초일 때의 2배이다. 1초일 때와 2초일 때의 물체의 속력을 각각 $2v$, v라 할 때, 물체의 속력을 시간에 따라 그래프로 나타내면 다음과 같다.

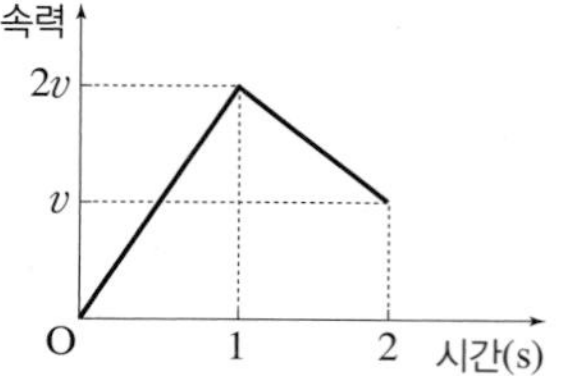

ㄱ. 1.5초일 때, 물체의 운동 방향과 가속도 방향은 서로 반대이다.

➡ 가속도의 방향은 알짜힘의 방향과 같다. 0~1초까지 힘의 부호가 양(+)일 때 힘의 방향은 물체의 운동 방향과 같고, 1~2초까지 힘의 부호가 음(−)일 때 힘의 방향은 물체의 운동 방향과 반대이다. 따라서 1.5초일 때, 물체의 운동 방향과 가속도 방향은 서로 반대이다.

ㄴ. 물체가 받은 충격량의 크기는 0~1초까지가 1~2초까지의 2배이다.

➡ 충격량의 크기는 운동량 변화량의 크기와 같다. 물체의 질량을 m이라고 하면, 0초, 1초, 2초일 때 물체의 운동량은 각각 0, $2mv$, mv이므로 0~1초까지 운동량의 변화량은 $2mv-0=2mv$이고 1~2초까지 운동량의 변화량은 $mv-2mv=-mv$이다. 따라서 물체가 받은 충격량의 크기는 0~1초까지가 1~2초까지의 2배이다.

ㄷ. 물체가 이동한 거리는 0~1초까지가 1~2초까지의 $\frac{3}{2}$배이다.

➡ 물체가 이동한 거리는 속력 – 시간 그래프에서 아랫부분의 넓이와 같다. 그래프 아랫부분의 넓이는 0~1초까지 v이고, 1~2초까지 $\frac{3}{2}v$이다. 따라서 물체가 이동한 거리는 0~1초까지가 1~2초까지의 $\frac{2}{3}$배이다.

30 운동량과 충격량 2023학년도 6월 모평 물I 9번

정답 ③ | 정답률 79 %

적용해야 할 개념 ③가지

① 힘 – 시간 그래프에서 그래프 아랫부분의 넓이는 충격량을 의미한다.
② 두 물체의 충돌 과정에서 각각의 물체가 받은 충격량의 크기는 같고 방향은 반대이다.
③ 물체가 받은 충격량은 물체의 운동량의 변화량과 같다.
⇒ $I=F\Delta t=\Delta p=mv_2-mv_1$

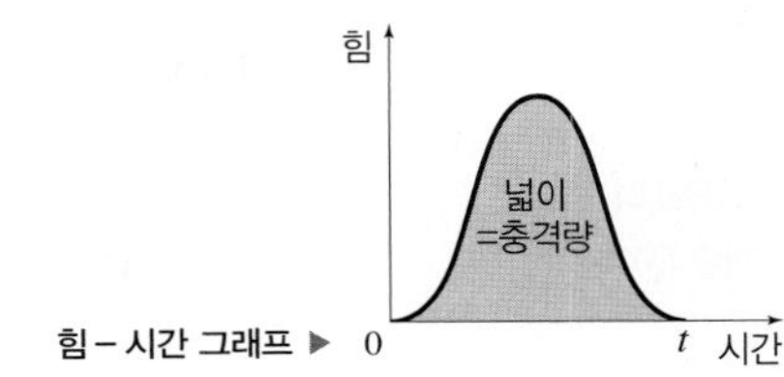

힘 – 시간 그래프 ▶

문제 보기

그림 (가)는 수평면에서 질량이 각각 2 kg, 3 kg인 물체 A, B가 각각 6 m/s, 3 m/s의 속력으로 등속도 운동하는 모습을 나타낸 것이다. 그림 (나)는 A와 B가 충돌하는 동안 A가 B에 작용한 힘의 크기를 시간에 따라 나타낸 것이다. 곡선과 시간 축이 만드는 면적은 6 N · s이다. (→=충격량)

A의 운동량의 변화량 =A가 받은 충격량 =−6 kg·m/s

B가 받은 충격량의 크기=6 N·s → A가 받은 충격량의 크기=6 N·s

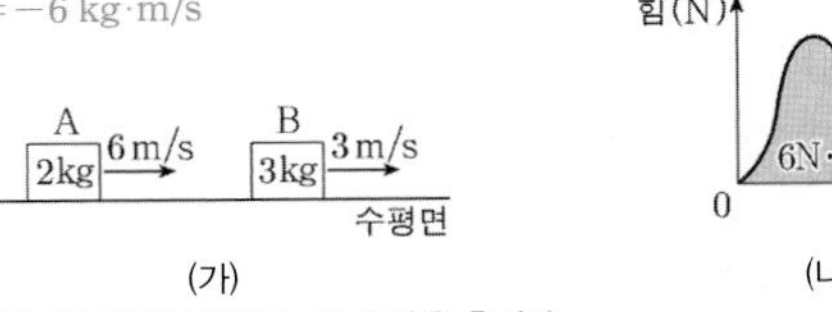

(가) (나)

B의 운동량의 변화량=B가 받은 충격량 =6 kg·m/s

충돌 후, 등속도 운동하는 A, B의 속력을 각각 v_A, v_B라 할 때, $\frac{v_B}{v_A}$는? (단, A와 B는 동일 직선상에서 운동한다.)

<보기> 풀이

❶ 두 물체가 충돌할 때 두 물체가 받는 충격량의 크기가 같다. (나)의 힘 – 시간 그래프의 아랫부분 면적은 충격량을 나타내므로, A와 B가 충돌하는 동안 A와 B가 받은 충격량의 크기는 6 N·s로 같다.

❷ 충격량은 운동량의 변화량과 같다. 오른쪽 방향을 (+)로 할 때 A는 왼쪽 방향으로 충격량을 받으므로, A의 운동량의 변화량은 −6 kg·m/s이다. 충돌 후 A의 속력은 v_A이므로 $(2\text{ kg}\times v_A)-(2\text{ kg}\times 6\text{ m/s})=-6\text{ kg·m/s}$에서 $v_A=3\text{ m/s}$이다. 한편 B는 오른쪽 방향으로 충격량을 받으므로, B의 운동량의 변화량은 6 kg·m/s이다. 충돌 후 B의 속력은 v_B이므로 $(3\text{ kg}\times v_B)-(3\text{ kg}\times 3\text{ m/s})=6\text{ kg·m/s}$에서 $v_B=5\text{ m/s}$이다.

❸ $v_A=3$ m/s이고 $v_B=5$ m/s이므로, $\frac{v_B}{v_A}=\frac{5}{3}$이다.

 ① $\frac{4}{3}$ 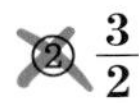 ② $\frac{3}{2}$  ③ $\frac{5}{3}$  ④ 2  ⑤ $\frac{5}{2}$

31 운동량과 충격량 2023학년도 10월 학평 물I 11번

정답 ⑤ | 정답률 62 %

적용해야 할 개념 ③가지

① 물체의 운동량(p)은 질량(m)과 속도(v)의 곱이다.
⇒ $p=mv$
② 물체가 받은 충격량은 물체의 운동량의 변화량과 같다.
⇒ $I=F\Delta t=\Delta p=mv_2-mv_1$
③ 충돌하는 동안 물체가 받은 평균 힘은 충격량을 충돌 시간으로 나눈 값이다.
⇒ $F=\frac{I}{\Delta t}$

충격량=나중 운동량−처음 운동량
$I=F\Delta t=mv_2-mv_1$

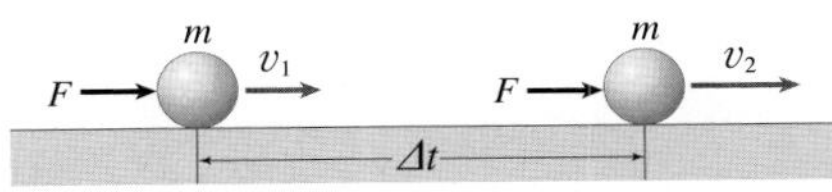

▲ 충격량과 운동량의 변화량

문제 보기

그림과 같이 마찰이 없는 수평면에서 속력 $2v_0$으로 등속도 운동하던 물체 A, B가 각각 풀 더미와 벽으로부터 시간 $2t_0$, t_0 동안 힘을 받은 후 속력 v_0으로 운동한다. A의 운동 방향은 일정하고, B의 운동 방향은 충돌 전과 후가 반대이다. A, B의 질량은 각각 m, $2m$이다.

A가 받은 충격량의 크기: $|mv_0-m(2v_0)|=mv_0$
→ A가 받은 평균 힘의 크기: $F_A=\frac{mv_0}{2t_0}$

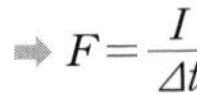

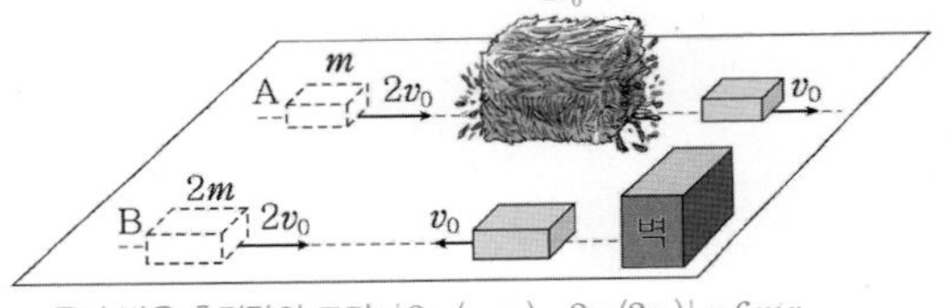

B가 받은 충격량의 크기: $|2m(-v_0)-2m(2v_0)|=6mv_0$
→ B가 받은 평균 힘의 크기: $F_B=\frac{6mv_0}{t_0}$

A, B가 각각 풀 더미와 벽으로부터 수평 방향으로 받은 평균 힘의 크기를 F_A, F_B라고 할 때, $F_A : F_B$는?

<보기> 풀이

❶ 충격량의 크기는 운동량 변화량의 크기와 같다. A가 풀 더미와 충돌하기 전 운동량은 $m(2v_0)$이고 충돌한 후 운동량은 mv_0이므로, A가 받은 충격량의 크기는 $|mv_0-2mv|=mv_0$이다. 또 B가 벽과 충돌하기 전 운동량은 $2m(2v_0)$이고 충돌한 후 운동량은 $2m(-v_0)$이므로, B가 받은 충격량의 크기는 $|-2mv_0-4mv_0|=6mv_0$이다.

❷ 충돌하는 동안 물체가 받은 평균 힘의 크기는 충격량의 크기를 충돌 시간으로 나눈 값이므로, A, B가 각각 풀 더미와 벽으로부터 수평 방향으로 받은 평균 힘의 크기는 각각 $F_A=\frac{mv_0}{2t_0}$, $F_B=\frac{6mv_0}{t_0}$이다. 따라서 $F_A : F_B=1 : 12$이다.

① 1 : 1 ② 1 : 4 ③ 1 : 6 ④ 1 : 8 ⑤ 1 : 12

32 운동량과 충격량 2024학년도 3월 학평 물Ⅰ 11번

정답 ⑤ | 정답률 68 %

적용해야 할 개념 ③가지

① 두 물체가 충돌할 때 외부에서 힘이 작용하지 않으면 충돌 전과 충돌 후의 운동량의 합은 일정하게 보존된다.

② 힘－시간 그래프에서 그래프 아랫부분의 넓이는 충격량을 의미하고, 충격량은 물체의 운동량의 변화량과 같다.

➡ $I=F\Delta t=\Delta p=mv_2-mv_1$

③ 충돌하는 동안 물체가 받은 평균 힘은 충격량을 충돌 시간으로 나눈 값이다.

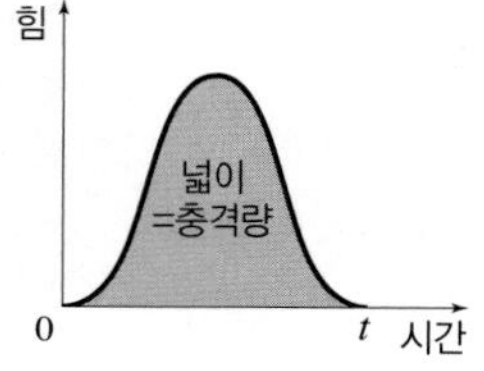

▲ 힘－시간 그래프

문제 보기

그림 (가)와 같이 수평면에서 용수철을 압축시킨 채로 정지해 있던 물체 A～D를 0초일 때 가만히 놓았더니, 용수철과 분리된 B와 C가 충돌하여 정지하였다. 그림 (나)는 A가 용수철로부터 받는 힘의 크기 F_A, D가 용수철로부터 받는 힘의 크기 F_D, B가 C로부터 받는 힘의 크기 F_{BC}를 시간에 따라 나타낸 것이다.

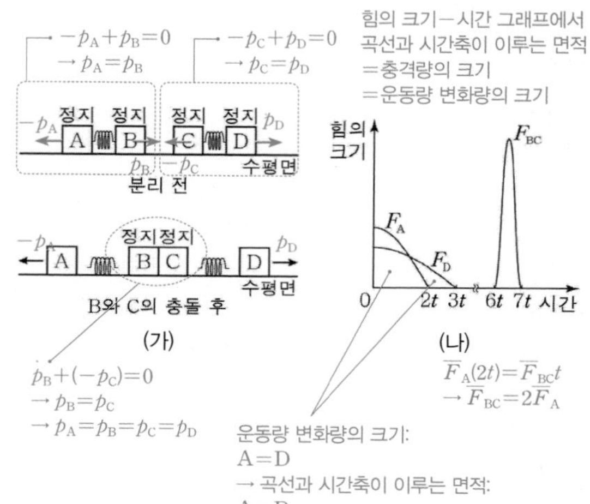

이에 대한 옳은 설명만을 〈보기〉에서 있는 대로 고른 것은? (단, 용수철의 질량, 공기 저항, 모든 마찰은 무시한다.)

<보기> 풀이

ㄱ. 용수철과 분리된 후, A와 D의 운동량의 크기는 같다.

➡ 용수철과 분리되기 전, A와 B의 운동량의 합은 0이고 C와 D의 운동량의 합도 0이다. 용수철과 분리된 후 A～D의 운동량의 크기를 각각 p_A, p_B, p_C, p_D라고 하면, 운동량 보존 법칙에 따라 분리된 후 운동량의 합도 0이어야 하므로 $-p_A+p_B=0$에서 $p_A=p_B$이고, $-p_C+p_D=0$에서 $p_C=p_D$이다. B와 C의 충돌 후 운동량의 합이 0이므로 $p_B+(-p_C)=0$에서 $p_B=p_C$이다. 따라서 $p_A=p_B=p_C=p_D$이므로, 용수철과 분리된 후 A와 D의 운동량의 크기는 같다.

ㄴ. 힘의 크기를 나타내는 곡선과 시간축이 이루는 면적은 F_A에서와 F_D에서가 같다.

➡ 힘의 크기를 나타내는 곡선과 시간축이 이루는 면적은 물체가 받은 충격량의 크기를 나타내고, '충격량의 크기=운동량 변화량의 크기'이다. 용수철과 분리되기 전후 A, D의 운동량 변화량의 크기는 각각 p_A, p_D이며, $p_A=p_D$이므로 A, D의 운동량 변화량의 크기는 같다. 따라서 A, D가 용수철로부터 받은 충격량의 크기가 같으므로, 힘의 크기를 나타내는 곡선과 시간축이 이루는 면적은 F_A에서와 F_D에서가 같다.

ㄷ. $6t$～$7t$ 동안 F_{BC}의 평균값은 0～$2t$ 동안 F_A의 평균값의 2배이다.

➡ B가 C와 충돌하기 전 B의 운동량의 크기는 p_B이고 충돌 후 정지하므로, 충돌 전후 B의 운동량 변화량의 크기는 p_B이다. $p_A=p_B$이므로, 용수철과 분리되기 전후 A의 운동량 변화량의 크기는 B가 C와 충돌하기 전후 B의 운동량 변화량의 크기와 같다. 따라서 A가 용수철로부터 받은 충격량의 크기는 B가 C로부터 받은 충격량의 크기와 같으므로, 힘의 크기를 나타내는 곡선과 시간축이 이루는 면적은 F_A에서와 F_{BC}에서가 같다. F_A, F_{BC}의 평균값을 각각 $\overline{F}_A$, $\overline{F}_{BC}$라고 할 때 충격량의 크기는 힘의 크기의 평균값과 시간의 곱이므로 $\overline{F}_A(2t)=\overline{F}_{BC}t$에서 $\overline{F}_{BC}=2\overline{F}_A$이다. 따라서 $6t$～$7t$ 동안 F_{BC}의 평균값은 0～$2t$ 동안 F_A의 평균값의 2배이다.

33	**운동량과 충격량** 2024학년도 9월 모평 물Ⅰ 10번	정답 ⑤ | 정답률 61 %

적용해야 할 개념 ④가지

① 힘−시간 그래프에서 그래프 아랫부분의 넓이는 충격량을 의미한다.
② 충돌하는 동안 물체가 받은 평균 힘은 충격량을 충돌 시간으로 나눈 값이다.
③ 물체가 받은 충격량은 물체의 운동량의 변화량과 같다.
➡ $I=F\Delta t=\Delta p=mv_2-mv_1$
④ 두 물체가 충돌할 때 외부에서 힘이 작용하지 않으면 충돌 전과 충돌 후의 운동량의 합은 일정하게 보존된다.

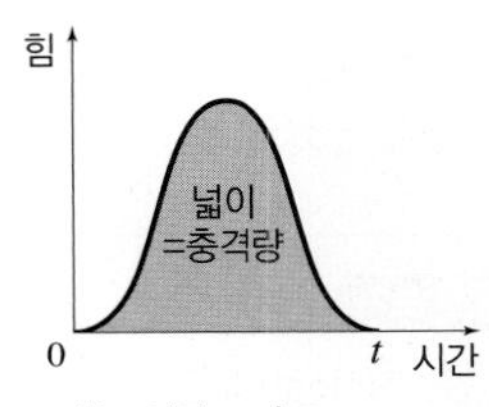

▲ 힘−시간 그래프

문제 보기

그림 (가)의 Ⅰ~Ⅲ과 같이 마찰이 없는 수평면에서 운동량의 크기가 p로 같은 물체 A, B가 서로를 향해 등속도 운동을 하다가 충돌한 후 각각 등속도 운동을 하고, 이후 B는 벽과 충돌한 후 운동량의 크기가 $\frac{1}{3}p$인 등속도 운동을 한다. 그림 (나)는 (가)에서 B가 받은 힘의 크기를 시간에 따라 나타낸 것이다. B와 A, B와 벽의 충돌 시간은 각각 T, $2T$이고, 곡선과 시간 축이 만드는 면적은 각각 $2S$, S이다. A, B의 질량은 각각 m, $2m$이다.

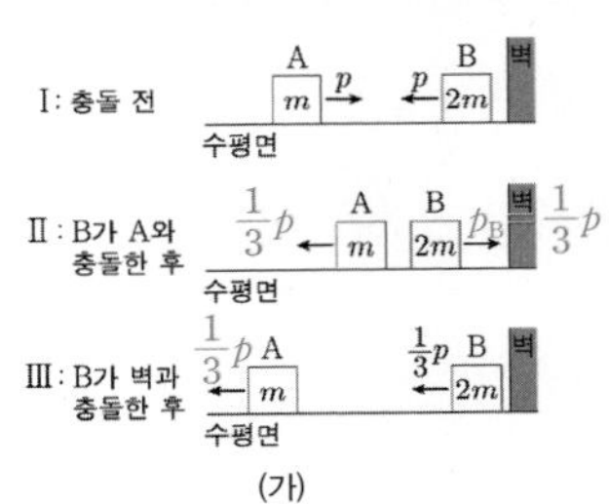

(가)

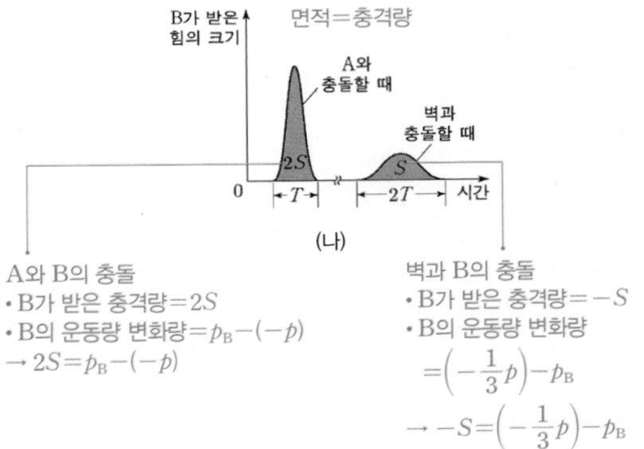

(나)

이에 대한 설명으로 옳은 것만을 〈보기〉에서 있는 대로 고른 것은? (단, A, B는 동일 직선상에서 운동한다.)

<보기> 풀이

ㄱ. B가 받은 평균 힘의 크기는 A와 충돌하는 동안과 벽과 충돌하는 동안이 같다. (×)

➡ (나)에서 곡선과 시간 축이 만드는 면적은 충격량을 의미하므로, B가 A와 충돌할 때와 벽과 충돌할 때 받은 충격량의 크기는 각각 $2S$, S이다. 충돌하는 동안 물체가 받은 평균 힘은 충격량을 충돌 시간으로 나눈 값이므로, B가 받은 평균 힘의 크기는 A와 충돌하는 동안과 벽과 충돌하는 동안에 각각 $\frac{2S}{T}$, $\frac{S}{2T}$이다. 따라서 B가 받은 평균 힘의 크기는 A와 충돌하는 동안이 벽과 충돌하는 동안의 4배이다.

ㄴ. Ⅱ에서 B의 운동량의 크기는 $\frac{1}{3}p$이다. (○)

➡ 오른쪽 방향의 힘의 부호를 (+)로 하면, B가 A와 충돌할 때 오른쪽 방향으로 힘을 받으므로 B가 받은 충격량은 $2S$이고 B가 벽과 충돌할 때 왼쪽 방향으로 힘을 받으므로 B가 받은 충격량은 $-S$이다. Ⅱ에서 B의 운동량의 크기를 p_B라 하고 오른쪽 운동 방향의 부호를 (+)로 하면, B가 A와 충돌할 때 B의 운동량 변화량은 $p_B-(-p)$이고 B가 벽과 충돌할 때 B의 운동량 변화량은 $\left(-\frac{1}{3}p\right)-p_B$이다. 충격량은 운동량의 변화량과 같으므로 $2S=p_B-(-p)=p_B+p$ … ①이고 $S=\frac{1}{3}p+p_B$ … ②이다. ①, ②를 연립하여 정리하면 $p_B=\frac{1}{3}p$이므로, Ⅱ에서 B의 운동량의 크기는 $\frac{1}{3}p$이다.

ㄷ. Ⅲ에서 물체의 속력은 A가 B의 2배이다. (○)

➡ Ⅰ에서 A와 B의 운동량의 합은 $p+(-p)=0$이므로, 운동량 보존 법칙에 따라 Ⅱ에서도 A와 B의 운동량의 합은 0이다. 따라서 Ⅱ에서 A의 운동량은 $-\frac{1}{3}p$이고 Ⅲ에서도 A의 운동량은 $-\frac{1}{3}p$이다. Ⅲ에서 A, B의 운동량의 크기가 같고, 질량은 B가 A의 2배이므로, 속력은 A가 B의 2배이다.

34 운동량과 충격량 2023학년도 3월 학평 물I 7번

정답 ⑤ | 정답률 50 %

적용해야 할 개념 ③가지

① 물체의 운동량(p)은 질량(m)과 속도(v)의 곱이다. ➡ $p=mv$

② 충돌할 때 물체가 받은 충격량(I)은 물체에 작용한 힘(F)과 힘이 작용한 시간(Δt)의 곱이다. ➡ $I=F\Delta t$

③ 물체가 받은 충격량은 물체의 운동량의 변화량과 같다. ➡ $I=F\Delta t=\Delta p=mv_2-mv_1$

문제 보기

그림은 직선상에서 운동하는 질량이 5 kg인 물체의 속력을 시간에 따라 나타낸 것이다. 0초일 때와 t_0초일 때 물체의 위치는 같고, 운동 방향은 서로 반대이다.

└ 0~2초까지 이동한 거리 =2~t_0초까지 반대 방향으로 이동한 거리

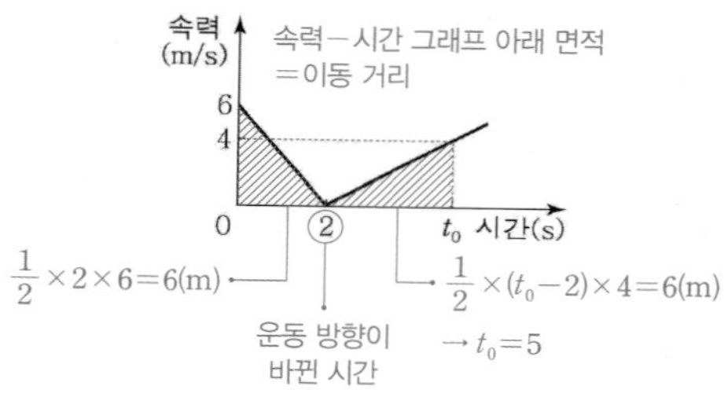

0초에서 t_0초까지 물체가 받은 평균 힘의 크기는? (단, 물체의 크기는 무시한다.) [3점]

<보기> 풀이

❶ 0초일 때와 t_0초일 때 물체의 위치는 같으므로 0~2초 동안 이동한 거리와 2~t_0초 동안 반대 방향으로 이동한 거리가 같다. 속력-시간 그래프 아래 면적은 이동 거리를 나타내므로, 0~2초 동안 그래프 아래 면적과 2~t_0초 동안 그래프 아래 면적이 같다.

따라서 $\frac{1}{2}\times2\times6=\frac{1}{2}\times(t_0-2)\times4$에서 $t_0=5$초이다.

❷ 운동량은 질량과 속도의 곱이며, 속도의 부호로 운동 방향을 나타낸다. 0초일 때와 5초일 때 물체의 운동 방향이 반대이므로, 0초일 때 물체의 속도를 6 m/s라고 하면 5초일 때 물체의 속도는 -4 m/s이다. 따라서 0초에서 5초까지 물체의 운동량의 변화량은

5 kg×(-4 m/s)$-$5 kg×6 m/s$=-50$ kg·m/s이며, 물체가 받은 충격량의 크기는 운동량 변화량과 같으므로 0초에서 5초까지 물체가 받은 충격량의 크기는 50 N·s이다.

❸ 충격량은 물체에 작용한 힘과 힘이 작용한 시간의 곱이므로, 물체가 받은 평균 힘의 크기는 충격량의 크기를 시간으로 나눈 값이다. 따라서 0초에서 5초까지 물체가 받은 평균 힘의 크기는 $\frac{50\text{ N·s}}{5\text{ s}}=10$ N이다.

~~① 2 N~~  ~~② 4 N~~  ~~③ 6 N~~  ~~④ 8 N~~ ⑤ **10 N**

35 운동량 보존 2024학년도 3월 학평 물I 18번

정답 ② | 정답률 43 %

적용해야 할 개념 ②가지

① 물체의 운동량(p)은 질량(m)과 속도(v)의 곱이다.
➡ $p=mv$

② 두 물체가 충돌할 때 외부에서 힘이 작용하지 않으면 충돌 전과 충돌 후의 운동량의 합은 일정하게 보존된다.

충돌 전 운동량의 합=충돌 후 운동량의 합
$m_Av_A+m_Bv_B=m_Av_A'+m_Bv_B'$

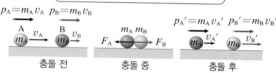

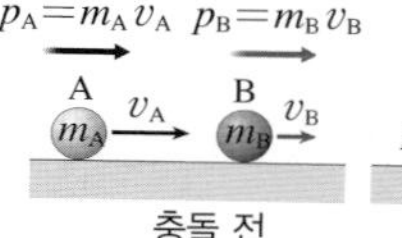

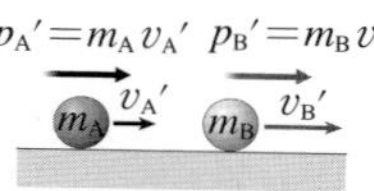

▲ 운동량 보존

문제 보기

그림 (가)와 같이 수평면에서 물체 A가 정지해 있는 물체 B, C를 향해 운동하고 있다. 그림 (나)는 (가)의 순간부터 A의 속력을 시간에 따라 나타낸 것으로, A의 운동 방향은 일정하다. A, B, C의 질량은 각각 $2m$, m, $4m$이고, $6t$일 때 B와 C가 충돌한다.

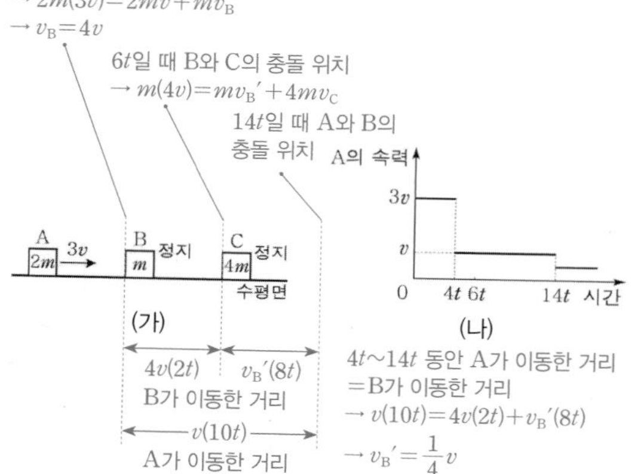

$8t$일 때, C의 속력은? (단, 물체의 크기, 공기 저항, 모든 마찰은 무시한다.) [3점]

<보기> 풀이

❶ A의 속력은 $4t$일 때와 $14t$일 때 변하므로, A는 $4t$일 때 B와 충돌하고 $14t$일 때 다시 B와 충돌한다. $4t$일 때 A와 B의 충돌 후 B의 속력을 v_B라고 하면, 운동량 보존 법칙에 의해 $2m(3v)=2mv+mv_B$에서 $v_B=4v$이다.

❷ A와 B의 충돌이 $4t$일 때와 $14t$일 때 일어나므로, $4t$일 때 A와 B가 충돌한 이후 $14t$일 때 다시 충돌하기 전까지 A와 B의 위치 변화량은 같다. 즉, $4t$~$14t$ 동안 A의 변위는 B의 변위와 같다. $4t$~$14t$ 동안 A는 v의 속력으로 이동하므로 A의 이동 거리는 $v(10t)$이다. 한편, B는 $4t$~$6t$ 동안 $4v$의 속력으로 이동하다가 $6t$일 때 C와 충돌하므로, C와 충돌한 후 B의 속도를 v_B'라고 하면 B는 $6t$~$14t$ 동안 v_B'의 속력으로 이동한다. 따라서 $4t$~$14t$ 동안 B가 이동한 거리는 $4v(2t)+v_B'(8t)$이다.

$v(10t)=4v(2t)+v_B'(8t)$이므로, $v_B'=\frac{1}{4}v$이다

❸ $6t$일 때 B와 C가 충돌한 후 C의 속력을 v_C라고 하면, 운동량 보존 법칙에 의해 $m(4v)=m\left(\frac{1}{4}v\right)+4mv_C$에서 $v_C=\frac{15}{16}v$이다. 따라서 $8t$일 때 C의 속력은 $\frac{15}{16}v$이다.

~~① $\frac{3}{4}v$~~ ② $\frac{15}{16}v$ ~~③ $\frac{5}{4}v$~~ ~~④ $\frac{21}{16}v$~~ ~~⑤ $\frac{4}{3}v$~~

36 운동량 보존 2023학년도 7월 학평 물I 10번

정답 ③ | 정답률 62 %

적용해야 할 개념 ④가지

① 물체의 운동량(p)은 질량(m)과 속도(v)의 곱이다.
➡ $p=mv$

② 물체가 받은 충격량은 물체의 운동량의 변화량과 같다.
➡ $I=F\Delta t=\Delta p=mv_2-mv_1$

③ 두 물체의 충돌 과정에서 각각의 물체가 받은 충격량의 크기는 같고 방향은 반대이다.

④ 두 물체가 충돌할 때 외부에서 힘이 작용하지 않으면 충돌 전과 충돌 후의 운동량의 합은 일정하게 보존된다.

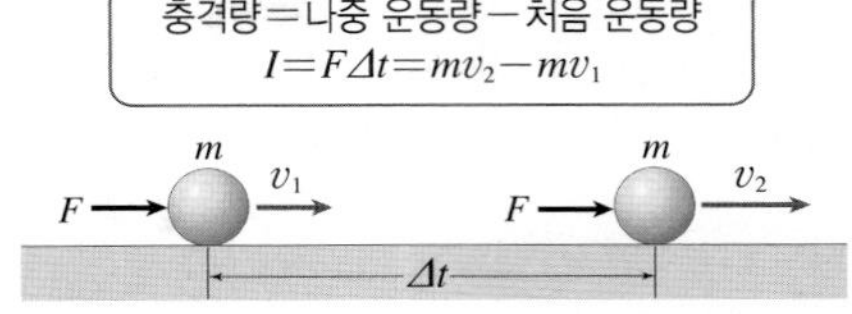

▲ 운동량과 충격량

문제 보기

그림 (가)는 마찰이 없는 수평면에서 운동량의 크기가 $2p$로 같은 물체 A, B, C가 각각 등속도 운동하는 것을 나타낸 것이다. 그림 (나)는 (가) 이후 모든 충돌이 끝나 A, B, C가 크기가 각각 p, p, $2p$인 운동량으로 등속도 운동하는 것을 나타낸 것이다. (가) → (나) 과정에서 C가 B로부터 받은 충격량의 크기는 $4p$이다.

└ C가 받은 충격량=C의 운동량의 변화량=$4p$
→ (가)에서 C의 운동량=$-2p$
→ (나)에서 C의 운동량=$2p$

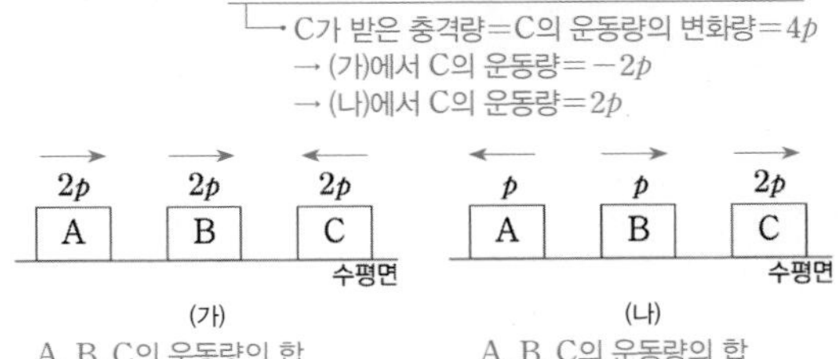

이에 대한 설명으로 옳은 것만을 〈보기〉에서 있는 대로 고른 것은? (단, A, B, C는 동일 직선상에서 운동한다.) [3점]

<보기> 풀이

운동량은 질량과 속도의 곱이므로 운동량의 방향은 속도의 방향과 같다. 오른쪽 운동 방향의 부호를 (+), 왼쪽 운동 방향의 부호를 (−)로 하면, (가)에서 A, B, C의 운동량 합의 크기로 가능한 값은 $6p$, $2p$이고 (나)에서 A, B, C의 운동량 합의 크기로 가능한 값은 $4p$, $2p_0$이다. 운동량 보존 법칙에 따라 A, B, C의 운동량의 합은 (가)에서와 (나)에서가 같으므로, (가)와 (나)에서 A, B, C의 운동량의 합의 크기는 각각 $2p$이다. (가) → (나) 과정에서 C가 B로부터 받는 충격량 $4p$의 방향이 오른쪽이므로, (가)에서 C의 운동 방향은 왼쪽이고 (나)에서 C의 운동 방향은 오른쪽이다. 따라서 (가)에서 C의 운동량은 $-2p$이고 (나)에서 C의 운동량은 $2p$이다. (나)에서 A, B, C의 운동량 크기의 합이 $2p$이려면 A와 B의 운동량의 방향은 반대이다.

ㄱ. (가)에서 운동 방향은 A와 B가 같다.

➡ (나)에서 A, B, C의 운동량의 합은 오른쪽 방향으로 $2p$이므로, (가)에서도 A, B, C의 운동량의 합은 오른쪽 방향으로 $2p$이다. 따라서 (가)에서 A, B, C의 운동량은 각각 $2p$, $2p$, $-2p$이다. A와 B의 운동량의 방향이 모두 오른쪽이므로, (가)에서 운동 방향은 A와 B가 같다.

ㄴ. A의 운동 방향은 (가)에서와 (나)에서가 같다.

➡ (나)에서 A, B, C의 운동량을 각각 p, $-p$, $2p$라고 가정하면 A의 운동 방향은 오른쪽이고 B의 운동 방향은 왼쪽이므로 충돌이 다시 일어나게 된다. 따라서 (나)에서 A, B, C의 운동량은 각각 $-p$, p, $2p$이다. A의 운동량은 (가)에서 $2p$이고 (나)에서 $-p$이므로, A의 운동 방향은 (가)에서와 (나)에서가 서로 반대이다.

ㄷ. (가) → (나) 과정에서 B가 A로부터 받은 충격량의 크기는 $3p$이다.

➡ A와 B의 충돌에서 A와 B가 받은 충격량의 크기는 서로 같고 방향은 반대이다. 충격량은 운동량의 변화량과 같으므로 (가) → (나) 과정에서 A가 받은 충격량은 $-p-2p=-3p$이고 B가 A로부터 받은 충격량은 $3p$이다. 따라서 (가) → (나) 과정에서 B가 A로부터 받은 충격량의 크기는 $3p$이다.

다른 풀이 B의 운동량은 (가)에서 $2p$이고 (나)에서 p이므로, B가 받은 충격량=운동량의 변화량=$p-2p=-p$이다. 즉, (가) → (나) 과정에서 B는 왼쪽 방향으로 p의 충격량을 받는다. B가 C로부터 왼쪽 방향으로 $4p$의 충격량을 받으므로, B는 A로부터 오른쪽 방향으로 $3p$의 충격량을 받는다. 따라서 (가) → (나) 과정에서 B가 A로부터 받은 충격량의 크기는 $3p$이다.

37 운동량과 충격량 2021학년도 6월 모평 물I 13번

정답 ② | 정답률 78 %

적용해야 할 개념 ④가지

① 물체의 운동량(p)은 질량(m)과 속도(v)의 곱이다. ➡ $p=mv$
② 물체에 작용한 충격량(I)은 물체에 작용한 힘(F)과 힘이 작용한 시간(Δt)의 곱이다. ➡ $I=F\Delta t$
③ 물체가 받은 충격량은 물체의 운동량의 변화량과 같다. ➡ $I=F\Delta t=\Delta p=mv_2-mv_1$
④ 물체가 받은 평균 힘은 충격량을 충돌 시간으로 나눈 값이며, 힘의 방향과 충격량의 방향은 같다.

문제 보기

그림 (가)는 질량이 2 kg인 수레가 물체를 향해 운동하는 모습을 나타낸 것이고, (나)는 수레가 물체와 충돌하는 동안 직선 운동하는 수레의 속력을 시간에 따라 나타낸 것이다.

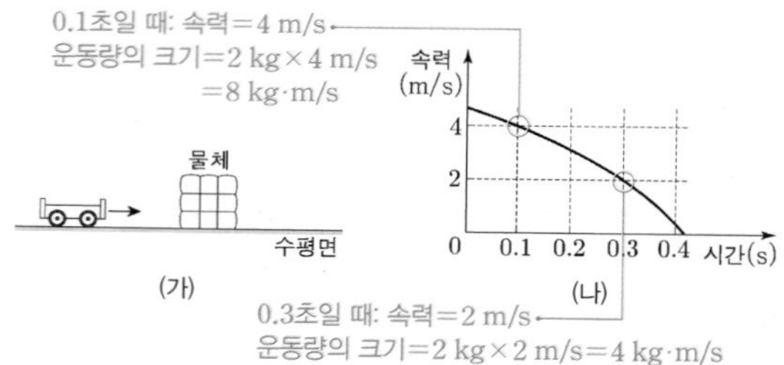

0.1초부터 0.3초까지 수레가 받은 평균 힘의 크기
$=\frac{\text{충격량의 크기}}{\text{충돌 시간}}=\frac{(8-4)\text{ kg}\cdot\text{m/s}}{(0.3-0.1)\text{ s}}=20\text{ N}$

0.1초부터 0.3초까지 수레가 받은 평균 힘의 크기는? [3점]

<보기> 풀이

0.1초일 때 질량이 2 kg인 수레의 속력은 4 m/s이므로 운동량의 크기는 2 kg×4 m/s=8 kg·m/s이다.

0.3초일 때 수레의 속력은 2 m/s이므로 운동량의 크기는 2 kg×2 m/s=4 kg·m/s이다.

충격량의 크기는 운동량의 변화량의 크기와 같으므로 0.1초부터 0.3초까지 수레가 받은 충격량의 크기는 8 kg·m/s−4 kg·m/s=4 kg·m/s=4 N·s이다.

따라서 0.1초부터 0.3초까지 수레가 받은 평균 힘의 크기는 $\frac{\text{충격량의 크기}}{\text{충돌 시간}}=\frac{4\text{ N}\cdot\text{s}}{0.3\text{ s}-0.1\text{ s}}$ =20 N이다.

① 10 N ② 20 N ③ 30 N ④ 40 N ⑤ 50 N

38 운동량과 충격량 2023학년도 4월 학평 물I 8번

정답 ③ | 정답률 67 %

적용해야 할 개념 ③가지

① 물체의 운동량(p)은 질량(m)과 속도(v)의 곱이다. ➡ $p=mv$
② 충돌할 때 물체가 받은 충격량(I)은 물체에 작용한 힘(F)과 힘이 작용한 시간(Δt)의 곱이다. ➡ $I=F\Delta t$
③ 물체가 받은 충격량은 물체의 운동량의 변화량과 같다. ➡ $I=F\Delta t=\Delta p=mv_2-mv_1$

문제 보기

그림과 같이 수평면에서 질량이 3 kg인 물체가 2 m/s의 속력으로 등속도 운동하여 벽 A와 충돌한 후, 충돌 전과 반대 방향으로 v의 속력으로 등속도 운동하여 벽 B와 충돌한다. 표는 물체가 A, B와 충돌하는 동안 물체가 A, B로부터 받은 충격량의 크기와 충돌 시간을 나타낸 것이다. 물체는 동일 직선상에서 운동한다.

A로부터 받은 평균 힘의 크기 → $\frac{9\text{ N}\cdot\text{s}}{0.1\text{ s}}=90\text{ N}$
B로부터 받은 평균 힘의 크기 → $\frac{3\text{ N}\cdot\text{s}}{0.3\text{ s}}=10\text{ N}$
A로부터 받은 충격량의 크기=물체의 운동량 변화량의 크기
→ 9 kg·m/s=|3 kg×v−3 kg×(−2 m/s)|
→ 충돌 후 속력 v=1 m/s

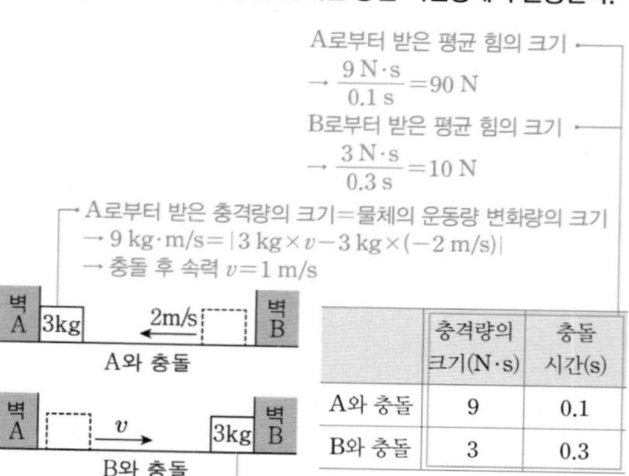

	충격량의 크기(N·s)	충돌 시간(s)
A와 충돌	9	0.1
B와 충돌	3	0.3

B로부터 받은 충격량의 크기=물체의 운동량 변화량의 크기
→ 3 kg·m/s=|3 kg×(−v')−3 kg×1 m/s|
→ 충돌 후 속력 v'=0

이에 대한 설명으로 옳은 것만을 〈보기〉에서 있는 대로 고른 것은? [3점]

<보기> 풀이

ㄱ. v=1 m/s이다.
➡ 물체가 받은 충격량의 크기는 물체의 운동량 변화량의 크기와 같으므로, A와 충돌하는 동안 물체의 운동량 변화량의 크기는 9 kg·m/s이다. A와 충돌 전 물체의 속도는 −2 m/s, 충돌 후 속도는 v이므로, 9 kg·m/s=|3 kg×v−3 kg×(−2 m/s)|에서 v=1 m/s이다.

ㄴ. 충돌하는 동안 물체가 A로부터 받은 평균 힘의 크기는 B로부터 받은 평균 힘의 크기와 같다.
➡ 충돌하는 동안 물체가 받은 평균 힘의 크기는 충격량의 크기를 충돌 시간으로 나눈 값이므로, 물체가 A와 B로부터 받은 평균 힘의 크기는 각각 $\frac{9\text{ N}\cdot\text{s}}{0.1\text{ s}}=90\text{ N}$, $\frac{3\text{ N}\cdot\text{s}}{0.3\text{ s}}=10\text{ N}$이다. 따라서 충돌하는 동안 물체가 A로부터 받은 평균 힘의 크기는 B로부터 받은 평균 힘의 크기보다 크다.

ㄷ. 물체는 B와 충돌한 후 정지한다.
➡ B와 충돌하는 동안 물체의 운동량 변화량의 크기는 3 kg·m/s이다. B와 충돌 후 물체의 속도를 −v'라고 하면, 3 kg·m/s=|3 kg×(−v')−3 kg×1 m/s|에서 v'=0이다. 따라서 물체는 B와 충돌한 후 정지한다.

39 운동량과 충격량 2024학년도 5월 학평 물Ⅰ 7번

정답 ④ | 정답률 82 %

적용해야 할 개념 ③가지

① 물체의 운동량(p)은 질량(m)과 속도(v)의 곱이다.

➡ $p=mv$

② 물체가 받은 충격량은 물체의 운동량의 변화량과 같다.

➡ $I=F\Delta t=\Delta p=mv_2-mv_1$

③ 충돌하는 동안 물체가 받은 평균 힘은 충격량을 충돌 시간으로 나눈 값이다.

➡ $F=\frac{I}{\Delta t}$

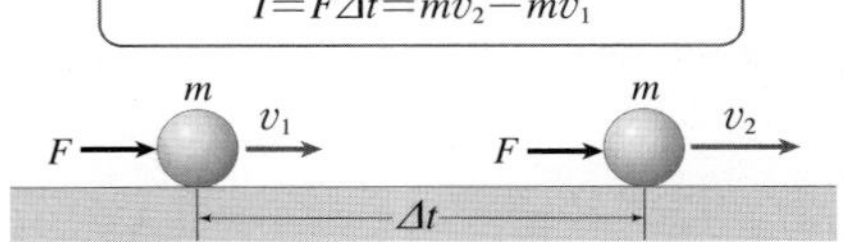

▲ 충격량과 운동량의 변화량

문제 보기

그림과 같이 마찰이 없는 수평면에서 속력 v로 등속도 운동하던 물체 A, B가 벽과 충돌한 후, 충돌 전과 반대 방향으로 각각 등속도 운동한다. 표는 A, B가 벽과 충돌하는 동안 충돌 시간, 충돌 전후 A, B의 운동량 변화량의 크기를 나타낸 것이다. A, B의 질량은 각각 m, $4m$이다.

A의 운동량 변화량$=-2mv$
→ $m(-v_A)-mv=-2mv$
→ $v_A=v$

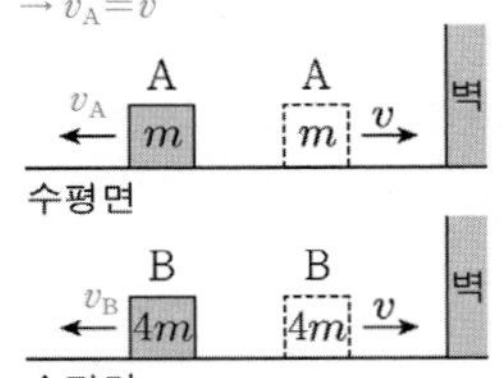

물체	충돌 시간	운동량 변화량의 크기
A	t	$2mv$
B	$2t$	$6mv$

B의 운동량 변화량$=-6mv$
→ $4m(-v_B)-4mv=-6mv$
→ $v_B=\frac{1}{2}v$

평균 힘$=\frac{충격량}{충돌\ 시간}$
→ A가 받은 평균 힘의 크기$=\frac{2mv}{t}$,
B가 받은 평균 힘의 크기$=\frac{3mv}{t}$

이에 대한 설명으로 옳은 것만을 〈보기〉에서 있는 대로 고른 것은? [3점]

<보기> 풀이

ㄱ. A가 충돌하는 동안 벽으로부터 받은 충격량의 크기는 $2mv$이다. (○)

➡ 충격량의 크기는 운동량 변화량의 크기와 같으므로, A가 충돌하는 동안 벽으로부터 받은 충격량의 크기는 $2mv$이다.

ㄴ. 벽과 충돌한 후 물체의 속력은 B가 A의 2배이다. (×)

➡ 오른쪽 방향을 (+)로 할 때 A, B는 벽으로부터 왼쪽 방향으로 충격량을 받았으므로, 충격량의 부호는 (−)이며 운동량 변화량의 부호도 (−)이다. 벽과 충돌한 후 A의 속력을 v_A라고 하면, $m(-v_A)-mv=-2mv$에서 $v_A=v$이다. 또 벽과 충돌한 후 B의 속력을 v_B라고 하면, $4m(-v_B)-4mv=-6mv$에서 $v_B=\frac{1}{2}v$이다. 따라서 벽과 충돌한 후 물체의 속력은 B가 A의 $\frac{1}{2}$배이다.

ㄷ. 충돌하는 동안 벽으로부터 받은 평균 힘의 크기는 A가 B의 $\frac{2}{3}$배이다. (○)

➡ 충돌하는 동안 받은 평균 힘$=\frac{충격량}{충돌\ 시간}$이므로, A, B가 벽으로부터 받은 평균 힘의 크기는 각각 $\frac{2mv}{t}$, $\frac{6mv}{2t}=\frac{3mv}{t}$이다. 따라서 충돌하는 동안 벽으로부터 받은 평균 힘의 크기는 A가 B의 $\frac{2}{3}$배이다.

40 운동량과 충격량 2023학년도 수능 물I 9번

정답 ③ | 정답률 62 %

적용해야 할 개념 ③가지

① 물체의 운동량(p)은 질량(m)과 속도(v)의 곱이다. ➡ $p=mv$

② 물체에 작용한 충격량(I)은 물체에 작용한 힘(F)과 힘이 작용한 시간(Δt)의 곱이다.

③ 물체가 받은 충격량은 물체의 운동량의 변화량과 같다.

➡ $I=F\Delta t=\Delta p=mv_2-mv_1$

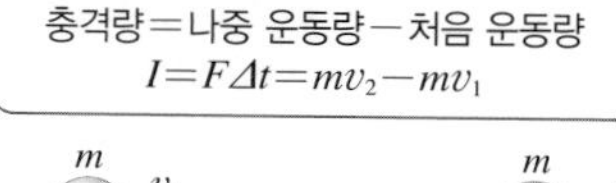

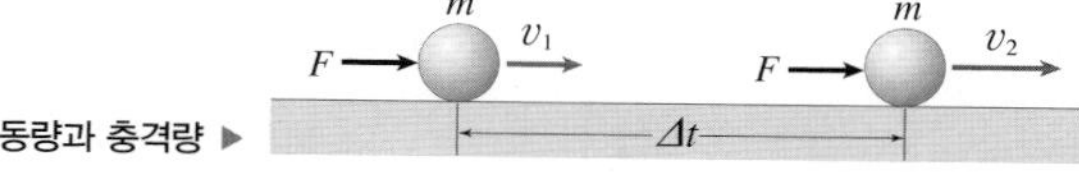

운동량과 충격량 ▶

문제 보기

그림 (가)는 $+x$ 방향으로 속력 v로 등속도 운동하던 물체 A가 구간 P를 지난 후 속력 $2v$로 등속도 운동하는 것을, (나)는 $+x$ 방향으로 속력 $3v$로 등속도 운동하던 물체 B가 P를 지난 후 속력 v_B로 등속도 운동하는 것을 나타낸 것이다. A, B는 질량이 같고, P에서 같은 크기의 일정한 힘을 $+x$ 방향으로 받는다.

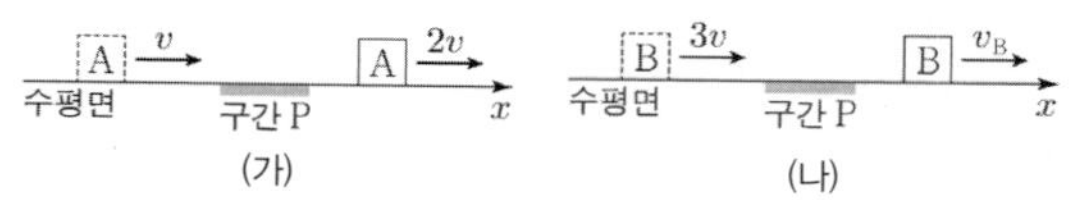

P를 지나는 동안의 평균 속력: A<B
→ P를 지나는데 걸린 시간: A>B
→ 물체가 받은 충격량의 크기(=힘×시간): A>B
→ 물체의 운동량 변화량의 크기: A>B
→ $v_B<4v$

이에 대한 설명으로 옳은 것만을 〈보기〉에서 있는 대로 고른 것은? (단, 물체의 크기는 무시한다.)

<보기> 풀이

ㄱ. P를 지나는 데 걸리는 시간은 A가 B보다 크다. (○)

➡ A와 B가 구간 P를 지나는 동안 운동 방향으로 일정한 힘을 받으므로, A와 B의 속력은 모두 증가한다. 이때 처음 구간 P를 지나기 전 속력이 A가 B보다 작으므로 구간 P를 지나는 동안 평균 속력은 A가 B보다 작다. 따라서 P를 지나는 데 걸리는 시간은 A가 B보다 크다.

ㄴ. 물체가 받은 충격량의 크기는 (가)에서가 (나)에서보다 크다. (○)

➡ 충격량은 힘과 힘을 받은 시간의 곱이다. P에서 받은 힘의 크기는 A와 B가 같고 힘을 받는 시간은 A가 B보다 크므로, 물체가 받은 충격량의 크기는 (가)에서가 (나)에서보다 크다.

ㄷ. $v_B=4v$이다. (×)

➡ 충격량은 운동량의 변화량과 같다. 물체가 받은 충격량의 크기가 (가)에서가 (나)에서보다 크므로, 물체의 운동량 변화량의 크기도 (가)에서가 (나)에서보다 크다. 물체 A와 B의 질량을 m이라고 하면 (가)에서 A의 운동량 변화량의 크기는 $m(2v)-mv=mv$이므로, (나)에서 B의 운동량 변화량의 크기는 mv보다 작다. 즉 $mv_B-m(3v)<mv$이므로, $v_B<4v$이다.

41 운동량과 충격량 2024학년도 6월 모평 물I 7번

정답 ④ | 정답률 73 %

적용해야 할 개념 ④가지

① 물체의 운동량(p)은 질량(m)과 속도(v)의 곱이다.
➡ $p=mv$

② 충돌할 때 물체가 받은 충격량(I)은 물체에 작용한 힘(F)과 힘이 작용한 시간(Δt)의 곱이다.
➡ $I=F\Delta t$

③ 물체가 받은 충격량은 물체의 운동량의 변화량과 같다.
➡ $I=F\Delta t=\Delta p=mv_2-mv_1$

④ 충돌이 일어나는 동안 물체가 받은 평균 힘은 충격량을 충돌 시간으로 나눈 값이며, 충격량이 같을 때 충돌 시간이 길수록 물체가 받는 평균 힘(충격력)의 크기는 작아진다.

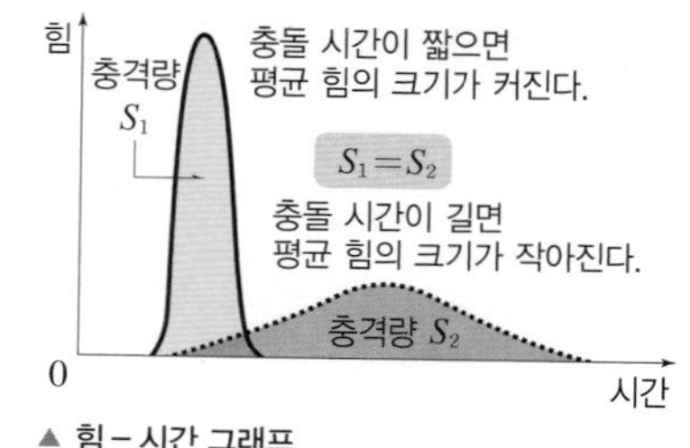

▲ 힘-시간 그래프

문제 보기

그림 (가)와 같이 마찰이 없는 수평면에서 v_0의 속력으로 등속도 운동을 하던 물체 A, B가 벽과 충돌한 후, 충돌 전과 반대 방향으로 각각 v_0, $\frac{1}{2}v_0$의 속력으로 등속도 운동을 한다. 그림 (나)는 A, B가 충돌하는 동안 벽으로부터 받은 힘의 크기를 시간에 따라 나타낸 것이다. A, B의 질량은 각각 $2m$, m이고, 충돌 시간은 각각 t_0, $3t_0$이다.

A가 받은 충격량의 크기
=A의 운동량 변화량의 크기
$=|-2mv_0-2mv_0|=4mv_0$

A, v_0, $2m$, A, $2m$, v_0, 벽, 수평면

$\frac{1}{2}v_0$, B, m, B, m, v_0, 벽, 수평면

(가)

B가 받은 충격량의 크기
$=\left|-m\left(\frac{1}{2}v_0\right)-mv_0\right|=\frac{3}{2}mv_0$

면적=충격량의 크기

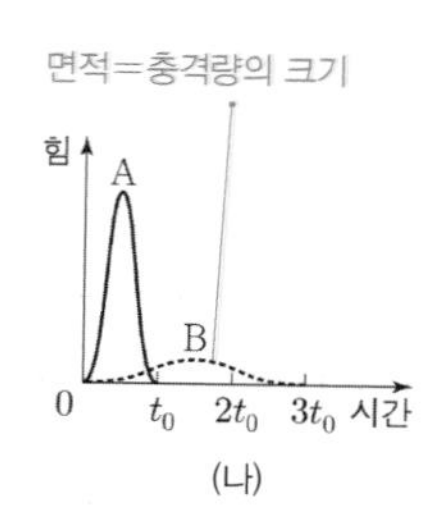

(나)

이에 대한 설명으로 옳은 것만을 〈보기〉에서 있는 대로 고른 것은?

<보기> 풀이

ㄱ. A가 충돌하는 동안 벽으로부터 받은 충격량의 크기는 $4mv_0$이다. (○)

➡ 충격량의 크기는 운동량 변화량의 크기와 같다. A가 벽에 충돌하기 전 운동량은 $2mv_0$이고, 벽과 충돌한 후 운동량은 $-2mv_0$이므로, A가 충돌하는 동안 벽으로부터 받은 충격량의 크기는 $|-2mv_0-2mv_0|=4mv_0$이다.

ㄴ. (나)에서 B의 곡선과 시간 축이 만드는 면적은 $\frac{1}{2}mv_0$이다. (×)

➡ 힘-시간 그래프에서 곡선과 시간 축이 만드는 면적은 충격량의 크기와 같으므로, (나)에서 B의 곡선과 시간 축이 만드는 면적은 $\left|-m\left(\frac{1}{2}v_0\right)-mv_0\right|=\frac{3}{2}mv_0$이다.

ㄷ. 충돌하는 동안 벽으로부터 받은 평균 힘의 크기는 A가 B의 8배이다. (○)

➡ 충돌하는 동안 물체가 받은 평균 힘의 크기는 충격량의 크기를 충돌 시간으로 나눈 값이므로, A와 B가 받은 평균 힘의 크기는 각각 $\frac{4mv}{t_0}$, $\frac{\frac{3}{2}mv_0}{3t_0}=\frac{mv_0}{2t_0}$이다. 따라서 충돌하는 동안 벽으로부터 받은 평균 힘의 크기는 A가 B의 8배이다.

42 운동량과 충격량 2024학년도 수능 물I 7번

정답 ③ | 정답률 76 %

적용해야 할 개념 ③가지

① 힘 – 시간 그래프에서 그래프 아랫부분의 넓이는 충격량을 의미한다.
② 충돌하는 동안 물체가 받은 평균 힘은 충격량을 충돌 시간으로 나눈 값이다.
③ 물체가 받은 충격량은 물체의 운동량의 변화량과 같다.
➡ $I=F\Delta t=\Delta p=mv_2-mv_1$

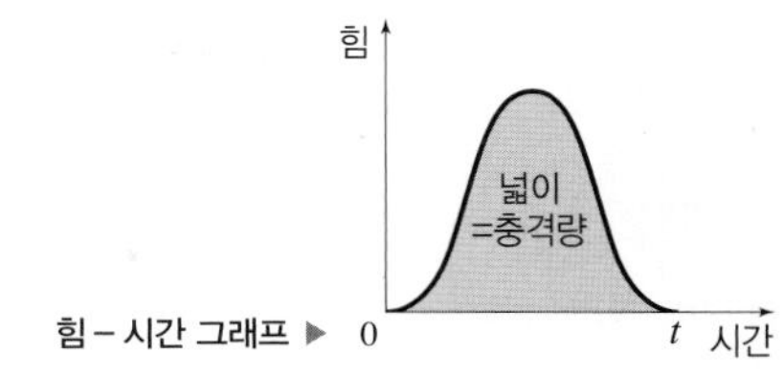

힘 – 시간 그래프 ▶

문제 보기

그림 (가)와 같이 마찰이 없는 수평면에서 등속도 운동을 하던 수레가 벽과 충돌한 후, 충돌 전과 반대 방향으로 등속도 운동을 한다. 그림 (나)는 수레의 속도와 수레가 벽으로부터 받은 힘의 크기를 시간 t에 따라 나타낸 것이다. 수레와 벽이 충돌하는 0.4초 동안 힘의 크기를 나타낸 곡선과 시간 축이 만드는 면적은 10 N·s이다.

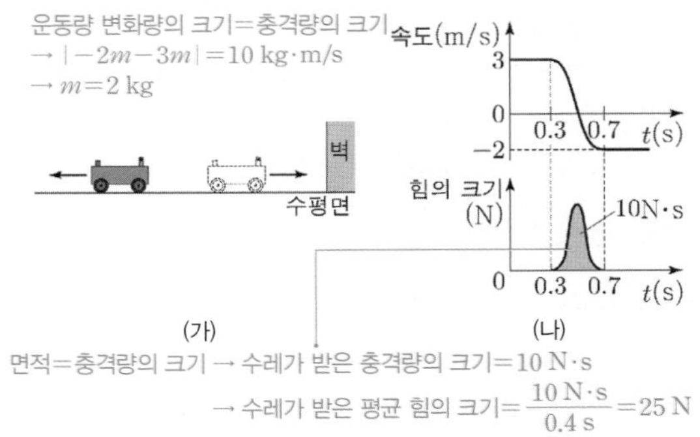

이에 대한 설명으로 옳은 것만을 〈보기〉에서 있는 대로 고른 것은?

<보기> 풀이

ㄱ. 충돌 전후 수레의 운동량 변화량의 크기는 10 kg·m/s이다.
➡ 수레가 벽으로부터 받은 힘의 크기를 시간에 따라 나타낸 그래프에서 힘의 크기를 나타내는 곡선과 시간 축이 만드는 면적은 충격량의 크기를 의미하므로, 수레가 벽과 충돌하는 동안 받은 충격량의 크기는 10 N·s이다. 충격량의 크기는 운동량 변화량의 크기와 같으므로, 충돌 전후 수레의 운동량 변화량의 크기는 10 kg·m/s이다.

ㄴ. 수레의 질량은 2 kg이다.
➡ 수레의 질량을 m이라고 하면, 벽과 충돌하기 전후 수레의 속도는 각각 3 m/s, −2 m/s이므로 벽과 충돌하기 전후 수레의 운동량은 각각 $3m$, $-2m$이다. 수레의 운동량 변화량의 크기는 10 kg·m/s이므로, $|-2m-3m|=10$ kg·m/s에서 $m=2$ kg이다.

ㄷ. 충돌하는 동안 벽이 수레에 작용한 평균 힘의 크기는 40 N이다.
➡ 충돌하는 동안 물체가 받은 평균 힘은 충격량을 충돌 시간으로 나눈 값이므로, 수레가 벽과 충돌하는 동안 받은 평균 힘의 크기는 $\frac{10\text{ N·s}}{0.4\text{ s}}=25$ N이다. 따라서 충돌하는 동안 벽이 수레에 작용한 평균 힘의 크기는 25 N이다.

43 운동량 보존 2024학년도 수능 물I 8번

정답 ③ | 정답률 69 %

적용해야 할 개념 ②가지

① 물체의 운동량(p)은 질량(m)과 속도(v)의 곱이다.
➡ $p=mv$
② 두 물체가 충돌할 때 외부에서 힘이 작용하지 않으면 충돌 전과 충돌 후의 운동량의 합은 일정하게 보존된다.

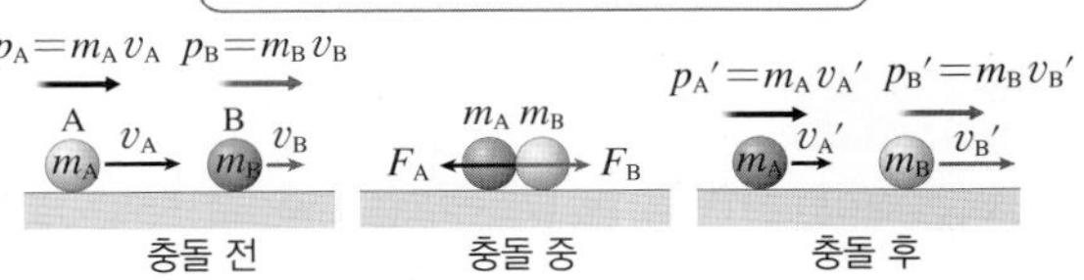

운동량 보존 ▶

문제 보기

그림 (가)는 마찰이 없는 수평면에서 정지한 물체 A 위에 물체 D와 용수철을 넣어 압축시킨 물체 B, C를 올려놓고 B와 C를 동시에 가만히 놓았더니, 정지해 있던 B와 C가 분리되어 각각 등속도 운동을 하는 모습을 나타낸 것이다. 그림 (나)는 (가)에서 먼저 C가 D와 충돌하여 한 덩어리가 되어 속력 v로 등속도 운동을 하고, 이후 B가 A와 충돌하여 한 덩어리가 되어 등속도 운동을 하는 모습을 나타낸 것이다. A, B, C, D의 질량은 각각 $5m$, $2m$, m, m이다.

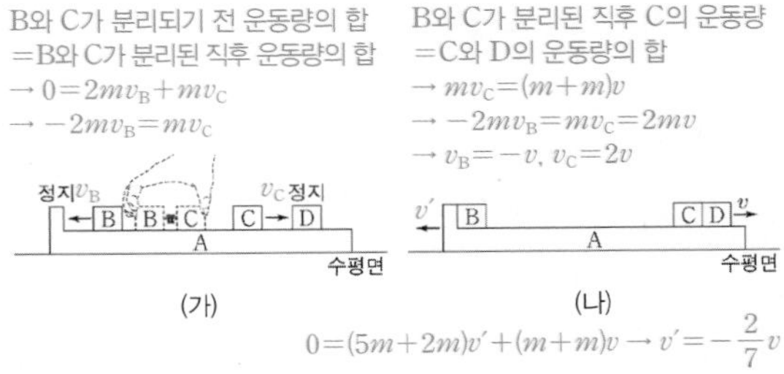

B와 C가 분리되기 전 운동량의 합
=B와 C가 분리된 직후 운동량의 합
→ $0=2mv_B+mv_C$
→ $-2mv_B=mv_C$
B와 C가 분리된 직후 C의 운동량
=C와 D의 운동량의 합
→ $mv_C=(m+m)v$
→ $-2mv_B=mv_C=2mv$
→ $v_B=-v$, $v_C=2v$
정지
v_C 정지
B B C C D
A
수평면
v'
B
C D
v
A
수평면
(가)
(나)
$0=(5m+2m)v'+(m+m)v \rightarrow v'=-\frac{2}{7}v$

이에 대한 설명으로 옳은 것만을 〈보기〉에서 있는 대로 고른 것은? (단, 물체는 동일 연직면상에서 운동하고, 용수철의 질량은 무시하며, A의 윗면은 마찰이 없고 수평면과 나란하다.) [3점]

<보기> 풀이

ㄱ. (가)에서 B와 C가 용수철에서 분리된 직후 운동량의 크기는 B와 C가 같다.
➡ (가)에서 B와 C가 용수철에서 분리되기 전 운동량의 합은 0이므로, 운동량 보존 법칙에 따라 B와 C가 용수철에서 분리된 직후 운동량의 합도 0이다. B와 C가 용수철에서 분리된 직후 서로 반대 방향으로 운동하므로, 용수철에서 분리된 직후 운동량의 크기는 B와 C가 같다.

ㄴ. (가)에서 B와 C가 용수철에서 분리된 직후 B의 속력은 v이다.
➡ (가)에서 B와 C가 용수철에서 분리된 직후 B, C의 속도를 각각 v_B, v_C라고 하면, $0=2mv_B+mv_C$에서 $-2mv_B=mv_C$이다. 또 C가 D와 충돌하기 전 C의 운동량은 C가 D와 충돌한 후 C, D의 운동량의 합과 같으므로, $mv_C=(m+m)v$이다. $-2mv_B=mv_C=2mv$에서 $v_B=-v$, $v_C=2v$이므로, (가)에서 B와 C가 용수철에서 분리된 직후 B의 속력은 v이다.

ㄷ. (나)에서 한 덩어리가 된 A와 B의 속력은 $\frac{2}{5}v$이다.
➡ (가)에서 B와 C가 용수철에서 분리되기 전 A, B, C, D의 운동량의 합이 0이므로, (나)에서 A와 B가 한 덩어리가 되어 운동하고 C와 D가 한 덩어리가 되어 운동할 때 A, B, C, D의 운동량의 합도 0이다. (나)에서 A와 B가 한 덩어리가 되어 운동할 때의 속도를 v'라고 하면 $0=(5m+2m)v'+(m+m)v$이므로, $v'=-\frac{2}{7}v$이다. 따라서 (나)에서 한 덩어리가 된 A와 B의 속력은 $\frac{2}{7}v$이다.

44	**운동량 보존** 2025학년도 수능 물Ⅰ 10번	정답 ③ | 정답률 79 %

적용해야 할 개념 ②가지

① 물체의 운동량(p)은 질량(m)과 속도(v)의 곱이다. ➡ $p=mv$

② 두 물체가 충돌할 때 외부에서 힘이 작용하지 않으면 충돌 전과 충돌 후의 운동량의 합은 일정하게 보존된다.

문제 보기

그림 (가)는 마찰이 없는 수평면에서 물체 A가 정지해 있는 물체 B, C를 향해 속력 $4v$로 등속도 운동하는 모습을 나타낸 것이다. A는 정지해 있는 B와 충돌한 후 충돌 전과 같은 방향으로 속력 $2v$로 등속도 운동한다. 그림 (나)는 B의 속도를 시간에 따라 나타낸 것이다. A, C의 질량은 각각 $4m$, $5m$이다.

A와 B가 충돌: $4m(4v)=4m(2v)+m_B(4v)$ → $m_B=2m$

A $4m$ $4v$→ B m_B 정지 C $5m$ 정지 수평면

B의 속도 $4v$ $2v$ 0 $-v$ $2t$ $4t$ $6t$ $8t$ 시간

(가) (나)

B와 C가 충돌: $2m(4v)=4m(-v)+5mv_C$ → $v_C=2v$

A와 B가 충돌: $4m(2v)+2m(-v)=4mv_A+2m(2v)$ → $v_A=\frac{1}{2}v$

이에 대한 설명으로 옳은 것만을 〈보기〉에서 있는 대로 고른 것은? (단, 물체는 동일 직선상에서 운동하고, 물체의 크기는 무시한다.)

<보기> 풀이

ㄱ. **B의 질량은 $2m$이다.**

➡ t일 때 A와 B가 충돌하고, 충돌 전 A, B의 속도는 각각 $4v$, 0이며 충돌 후 A, B의 속도는 각각 $2v$, $4v$이다. B의 질량을 m_B라고 하면 운동량 보존 법칙에 따라 $4m(4v)=4m(2v)+m_B(4v)$에서 $m_B=2m$이다.

ㄴ. **$5t$일 때, C의 속력은 $2v$이다.**

➡ $4t$일 때 B와 C가 충돌하고, 충돌 후 C의 속도를 v_C라고 하면 충돌 전 B, C의 속도는 각각 $4v$, 0이며 충돌 후 B, C의 속도는 각각 $-v$, v_C이다. 운동량 보존 법칙에 따라 $2m(4v)=2m(-v)+5mv_C$에서 $v_C=2v$이다. 따라서 $5t$일 때, C의 속력은 $2v$이다.

ㄷ. **A와 C 사이의 거리는 $8t$일 때가 $7t$일 때보다 $2vt$만큼 크다.**

➡ $6t$일 때 A와 B가 다시 충돌하고 충돌 후 A의 속도를 v_A라고 하면, 충돌 전 A, B의 속도는 각각 $2v$, $-v$이며 충돌 후 A, B의 속도는 각각 v_A, $2v$이다. 따라서 $4m(2v)+2m(-v)=4mv_A+2m(2v)$에서 $v_A=\frac{1}{2}v$이다. $6t$ 이후 A의 속도는 $\frac{1}{2}v$이고 C의 속도는 $2v$이므로, C의 속도는 A보다 $\frac{3}{2}v$만큼 크다. 따라서 A와 C 사이의 거리는 t당 $\frac{3}{2}vt$씩 멀어지므로, A와 C 사이의 거리는 $8t$일 때가 $7t$일 때보다 $\frac{3}{2}vt$만큼 크다.

다른 풀이 $6t$일 때 A와 B가 다시 충돌하고 충돌 후 A의 속도를 v_A라고 하면, 충돌 전 A, B의 속도는 각각 $2v$, $-v$이며 충돌 후 A, B의 속도는 각각 v_A, $2v$이다. 따라서 $4m(2v)+2m(-v)=4mv_A+2m(2v)$에서 $v_A=\frac{1}{2}v$이다. $6t$ 이후 A의 속도는 $\frac{1}{2}v$이고 C의 속도는 $2v$이므로, A에 대한 C의 상대 속도는 $2v-\frac{1}{2}v=\frac{3}{2}v$이다. 따라서 A에 대해 C는 $7t$부터 $8t$까지 $\frac{3}{2}v(8t-7t)=\frac{3}{2}vt$의 거리를 이동한다. 따라서 A와 C 사이의 거리는 $8t$일 때가 $7t$일 때보다 $\frac{3}{2}vt$만큼 크다.

45	**운동량과 충격량** 2025학년도 수능 물Ⅰ 6번	정답 ④ | 정답률 84 %

적용해야 할 개념 ②가지

① 물체의 운동량(p)은 질량(m)과 속도(v)의 곱이다. ➡ $p=mv$

② 물체에 작용한 충격량(I)은 물체에 작용한 힘(F)과 힘이 작용한 시간(Δt)의 곱이다. ➡ $I=F\Delta t$

문제 보기

그림 (가)는 수평면에서 물체가 벽을 향해 등속도 운동하는 모습을 나타낸 것이다. 물체는 벽과 충돌한 후 반대 방향으로 등속도 운동하고, 마찰 구간을 지난 후 등속도 운동한다. 그림 (나)는 물체의 속도를 시간에 따라 나타낸 것으로, 물체는 벽과 충돌하는 과정에서 t_0 동안 힘을 받고, 마찰 구간에서 $2t_0$ 동안 힘을 받는다. 마찰 구간에서 물체가 운동 방향과 반대 방향으로 받은 평균 힘의 크기는 F이다.

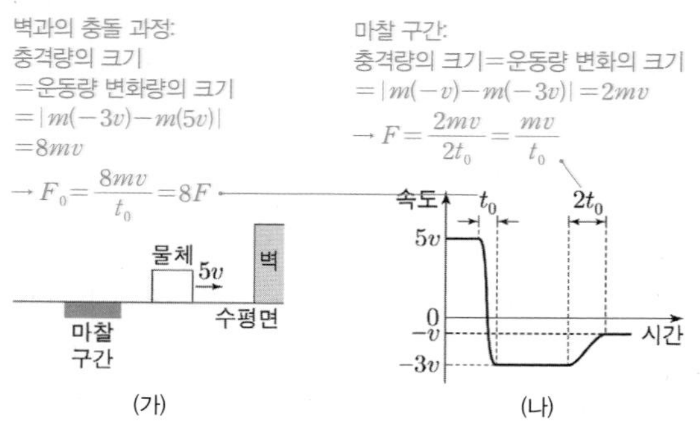

벽과 충돌하는 동안 물체가 벽으로부터 받은 평균 힘의 크기는? (단, 마찰 구간 외의 모든 마찰은 무시한다.) [3점]

<보기> 풀이

물체가 받은 충격량의 크기는 물체의 운동량 변화량의 크기와 같다. 물체의 질량을 m이라고 하면, 물체가 받은 충격량의 크기는 벽과 충돌하는 과정에서 $|m(-3v)-m(5v)|=8mv$이고 마찰 구간에서 $|m(-v)-m(-3v)|=2mv$이다. 충돌하는 동안 물체가 받은 평균 힘의 크기는 충격량의 크기를 충돌 시간으로 나눈 값이다. 물체가 벽으로부터 받은 평균 힘의 크기를 F_0이라고 하면 $F_0=\frac{8mv}{t_0}$이고, 마찰 구간에서 받은 평균 힘의 크기는 $F=\frac{2mv}{2t_0}=\frac{mv}{t_0}$이다. 따라서 $F_0=8F$이다.

① $2F$ ② $4F$ ③ $6F$ ④ $8F$ ⑤ $10F$

7 일차											
01 ②	02 ④	03 ③	04 ③	05 ②	06 ④	07 ③	08 ①	09 ⑤	10 ④	11 ④	12 ③
13 ②	14 ②	15 ②	16 ③	17 ③	18 ③	19 ④	20 ④	21 ①	22 ②	23 ④	24 ④
25 ①	26 ②	27 ⑤	28 ⑤	29 ④	30 ①	31 ②					

문제편 070쪽~079쪽

01 빗면에서 운동하는 물체의 일과 에너지 2024학년도 3월 학평 물I 20번

정답 ② | 정답률 41 %

적용해야 할 개념 ④가지

① 중력 퍼텐셜 에너지(E_p)는 물체의 질량(m)과 기준면으로부터의 물체의 높이(h)에 각각 비례한다. ➡ $E_p=mgh$ (g: 중력 가속도)

② 운동 에너지(E_k)는 운동하는 물체가 가지는 에너지로, 물체의 질량(m)과 속력의 제곱(v^2)에 각각 비례한다. ➡ $E_k=\frac{1}{2}mv^2$

③ 역학적 에너지는 운동 에너지와 퍼텐셜 에너지의 합이며, 마찰이나 공기 저항이 없으면 물체의 역학적 에너지는 일정하게 보존된다.

④ 물체에 마찰이나 공기 저항이 작용하는 경우 물체의 역학적 에너지가 보존되지 않으며, 이때 감소한 역학적 에너지는 열에너지로 전환된다.

문제 보기

그림 (가)와 같이 빗면을 따라 운동하는 물체 A는 수평한 기준선 P를 속력 $5v$로 지나고, 물체 B는 수평면에 정지해 있다. 그림 (나)는 (가) 이후, A와 B가 충돌하여 서로 반대 방향으로 속력 $2v$로 운동하는 모습을 나타낸 것이다. A, B의 질량은 각각 m, $3m$이다. A가 마찰 구간을 올라갈 때와 내려갈 때 손실된 역학적 에너지는 같다. (나) 이후, A, B는 각각 P를 속력 v_A, $3v$로 지난다.

• A와 B의 충돌: 운동량 보존
→ $mv'=m(-2v)+3m(3v)$
→ $v'=4v$

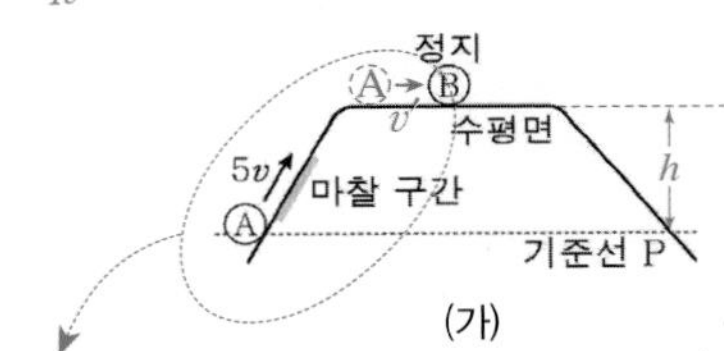

(가)

• 충돌 전 A의 역학적 에너지: $\varDelta E$만큼 손실
→ $\frac{1}{2}m(5v)^2-\varDelta E=\frac{1}{2}m(4v)^2+mgh$

• P를 지날 때 B의 역학적 에너지: 보존
→ $\frac{1}{2}(3m)(2v)^2+3mgh=\frac{1}{2}(3m)(3v)^2$
→ $mgh=\frac{5}{2}mv^2$

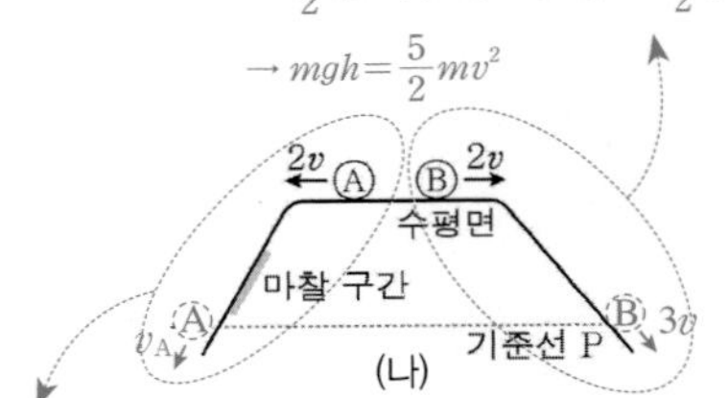

(나)

• P를 지날 때 A의 역학적 에너지: $\varDelta E$만큼 손실
→ $\frac{1}{2}m(2v)^2+mgh-\varDelta E=\frac{1}{2}mv_A{}^2$

v_A는? (단, 물체의 크기, 공기 저항, 마찰 구간 외의 모든 마찰은 무시한다.) [3점]

<보기> 풀이

❶ 수평면에서 A와 B의 충돌 전 A의 속력을 v'라고 하면 운동량 보존 법칙에 의해 $mv'=m(-2v)+3m(2v)$에서 $v'=4v$이다. 기준선 P에서 수평면까지의 높이를 h라고 하면, (가)에서 A가 기준선 P를 지날 때의 역학적 에너지는 $\frac{1}{2}m(5v)^2$이고, 마찰 구간을 올라가 수평면에서 B와 충돌하기 전 A의 역학적 에너지는 $\frac{1}{2}m(4v)^2+mgh$이다. A가 마찰 구간을 지날 때 손실되는 역학적 에너지를 $\varDelta E$라고 하면, 충돌 전 A의 에너지에 대한 식은 다음과 같다.

$$\frac{1}{2}m(5v)^2-\varDelta E=\frac{1}{2}m(4v)^2+mgh \cdots ①$$

또 수평면에서 A와 B의 충돌 후 A의 역학적 에너지는 $\frac{1}{2}m(2v)^2+mgh$이고 마찰 구간을 내려가서 다시 P를 지날 때 A의 역학적 에너지는 $\frac{1}{2}mv_A{}^2$이므로, A의 에너지에 대한 식은 다음과 같다.

$$\frac{1}{2}m(2v)^2+mgh-\varDelta E=\frac{1}{2}mv_A{}^2 \cdots ②$$

❷ 한편, 수평면에서 A와 B의 충돌 후 B가 P를 지날 때까지 B의 역학적 에너지가 보존되므로, $\frac{1}{2}(3m)(2v)^2+3mgh=\frac{1}{2}(3m)(3v)^2$에서 $mgh=\frac{5}{2}mv^2$이다.

❸ ①, ②의 식에 $mgh=\frac{5}{2}mv^2$을 대입한 후, ①, ②를 연립하여 정리하면, $v_A=\sqrt{5}v$이다.

~~①~~ $2v$　　② $\sqrt{5}v$　　~~③~~ $\sqrt{6}v$　　~~④~~ $\sqrt{7}v$　　~~⑤~~ $2\sqrt{2}v$

02 빗면에서 운동하는 물체의 일과 에너지 2023학년도 3월 학평 물Ⅰ 20번

정답 ④ | 정답률 34 %

적용해야 할 개념 ④가지

① 중력 퍼텐셜 에너지(E_p)는 물체의 질량(m)과 기준면으로부터의 물체의 높이(h)에 각각 비례한다. ➡ $E_p = mgh$ (g: 중력 가속도)

② 운동 에너지(E_k)는 운동하는 물체가 가지는 에너지로, 물체의 질량(m)과 속력의 제곱(v^2)에 각각 비례한다. ➡ $E_k = \frac{1}{2}mv^2$

③ 역학적 에너지는 운동 에너지와 퍼텐셜 에너지의 합이며, 마찰이나 공기 저항이 없으면 물체의 역학적 에너지는 일정하게 보존된다.

④ 물체에 마찰이나 공기 저항이 작용하는 경우 물체의 역학적 에너지가 보존되지 않으며, 이때 감소한 역학적 에너지는 열에너지로 전환된다.

문제 보기

그림 (가)와 같이 빗면의 점 p에 가만히 놓은 물체 A는 빗면의 점 r에서 정지하고, (나)와 같이 r에 가만히 놓은 A는 빗면의 점 q에서 정지한다. (가), (나)의 마찰 구간에서 A의 속력은 감소하고, 가속도의 크기는 각각 $3a$, a로 일정하며, 손실된 역학적 에너지는 서로 같다. p와 q 사이의 높이차는 h_1, 마찰 구간의 높이차는 h_2이다.

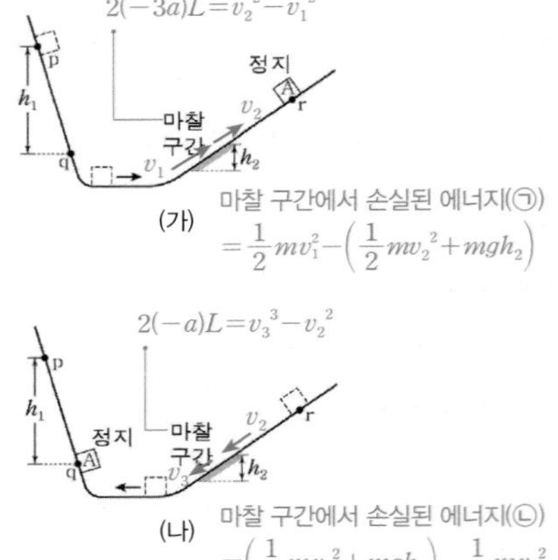

p와 q에서의 역학적 에너지의 차
=마찰 구간에서 손실된 총에너지(㉠+㉡)
→ $mgh_1 = \frac{1}{2}mv_1^2 - \frac{1}{2}mv_3^2$

$\frac{h_2}{h_1}$는? (단, 물체의 크기, 공기 저항, 마찰 구간 외의 모든 마찰은 무시한다.) [3점]

<보기> 풀이

❶ A의 질량을 m, 마찰 구간의 길이를 L, 마찰 구간에 들어갈 때와 나올 때의 속력을 (가)에서는 각각 v_1, v_2, (나)에서는 각각 v_2, v_3이라고 하면, 물체는 등가속도 운동을 하므로 $2(-3a)L = v_2^2 - v_1^2$ ⋯ ①, $2(-a)L = v_3^2 - v_2^2$ ⋯ ②가 성립한다.

❷ 물체가 p → r, r → q까지 운동하는 동안 손실된 역학적 에너지는 p와 q에서의 중력 퍼텐셜 에너지의 차이므로 mgh_1이며, 이는 마찰 구간에서 손실된 총 에너지와 같다. 마찰 구간에서 손실된 에너지는 처음 역학적 에너지와 나중 역학적 에너지의 차이므로, (가)의 마찰 구간에서 손실된 에너지는 $\frac{1}{2}mv_1^2 - \left(\frac{1}{2}mv_2^2 + mgh_2\right)$이고, (나)의 마찰 구간에서 손실된 에너지는 $\left(\frac{1}{2}mv_2^2 + mgh_2\right) - \frac{1}{2}mv_3^2$이다. 따라서 (가)와 (나)의 마찰 구간에 손실된 에너지의 합은 $\frac{1}{2}mv_1^2 - \frac{1}{2}mv_3^2$이므로, $mgh_1 = \frac{1}{2}mv_1^2 - \frac{1}{2}mv_3^2$이다. ①, ②에서 $v_1^2 - v_3^2 = 8aL$이므로, $mgh_1 = \frac{1}{2}mv_1^2 - \frac{1}{2}mv_3^2 = \frac{1}{2}m(8aL)$에서 $h_1 = \frac{4aL}{g}$이다.

❸ (가)와 (나)의 마찰 구간에서 손실된 에너지가 같으므로,
$\frac{1}{2}mv_1^2 - \left(\frac{1}{2}mv_2^2 + mgh_2\right) = \left(\frac{1}{2}mv_2^2 + mgh_2\right) - \frac{1}{2}mv_3^2$이 성립한다. ①, ②를 대입하면 $\frac{1}{2}m(6aL) - mgh_2 = \frac{1}{2}m(2aL) + mgh_2$므로, $2mgh_2 = \frac{1}{2}m(4aL)$에서 $h_2 = \frac{aL}{g}$이다.
따라서 $h_1 = 4h_2$이다.

~~①~~ $\frac{1}{5}$ 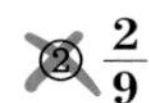 ~~②~~ $\frac{2}{9}$ ~~③~~ $\frac{6}{25}$ ④ $\frac{1}{4}$ ~~⑤~~ $\frac{2}{7}$

03 빗면에서 운동하는 물체의 일과 에너지 2024학년도 6월 모평 물Ⅰ 20번

정답 ③ | 정답률 37 %

적용해야 할 개념 ④가지

① 중력 퍼텐셜 에너지(E_p)는 물체의 질량(m)과 기준면으로부터의 물체의 높이(h)에 각각 비례한다.
➡ $E_p = mgh$(g: 중력 가속도)

② 운동 에너지(E_k)는 운동하는 물체가 가지는 에너지로, 물체의 질량(m)과 속력의 제곱(v^2)에 각각 비례한다.
➡ $E_k = \frac{1}{2}mv^2$

③ 역학적 에너지는 운동 에너지와 퍼텐셜 에너지의 합이며, 마찰이나 공기 저항이 없으면 물체의 역학적 에너지는 일정하게 보존된다.

④ 물체에 마찰이나 공기 저항이 작용하는 경우 물체의 역학적 에너지가 보존되지 않으며, 이때 감소한 에너지는 열에너지로 전환된다.

문제 보기

그림과 같이 수평면에서 운동하던 질량이 m인 물체가 언덕을 따라 올라갔다가 내려온다. 높이가 같은 점 p, s에서 물체의 속력은 각각 $2v_0$, v_0이고, 최고점 q에서의 속력은 v_0이다. 높이 차가 h로 같은 마찰 구간 Ⅰ, Ⅱ에서 물체의 역학적 에너지 감소량은 Ⅱ에서가 Ⅰ에서의 2배이다.

• p → s: 역학적 에너지 감소량 $= 3\Delta E$
→ $\frac{1}{2}m(2v_0)^2 - 3\Delta E = \frac{1}{2}mv_0^2$
→ $\Delta E = \frac{1}{2}mv_0^2$

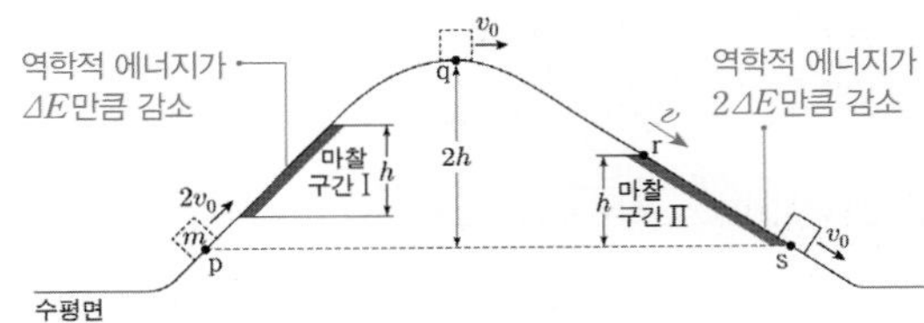

• p → q: 역학적 에너지 감소량 $= \Delta E$
→ $\frac{1}{2}m(2v_0)^2 - \Delta E = \frac{1}{2}mv_0^2 + mg(2h)$
→ $\frac{1}{2}m(2v_0)^2 - \frac{1}{2}mv_0^2 = \frac{1}{2}mv_0^2 + mg(2h)$
→ $mgh = \frac{1}{2}mv_0^2$

• q → r: 역학적 에너지 보존
→ $\frac{1}{2}mv_0^2 + mg(2h) = \frac{1}{2}mv^2 + mgh$
→ $v = \sqrt{2}v_0$

점 r에서 물체의 속력은? (단, 마찰 구간 외의 모든 마찰과 공기 저항, 물체의 크기는 무시한다.)

<보기> 풀이

❶ 마찰 구간 Ⅰ에서 역학적 에너지 감소량을 ΔE라고 하면 Ⅱ에서 역학적 에너지 감소량은 $2\Delta E$이므로, 물체가 p에서 s까지 운동하는 동안 물체의 역학적 에너지는 $3\Delta E$만큼 감소한다. p를 중력 퍼텐셜 에너지의 기준으로 했을 때 p에서의 역학적 에너지는 $\frac{1}{2}m(2v_0)^2$이고 s에서의 역학적 에너지는 $\frac{1}{2}mv_0^2$이므로, $\frac{1}{2}m(2v_0)^2 - 3\Delta E = \frac{1}{2}mv_0^2$가 성립하여 $\Delta E = \frac{1}{2}mv_0^2$이다.

❷ 물체가 p에서 q까지 운동하는 동안 물체의 역학적 에너지는 ΔE만큼 감소하므로 $\frac{1}{2}m(2v_0)^2 - \Delta E = \frac{1}{2}mv_0^2 + mg(2h)$이다. $\Delta E = \frac{1}{2}mv_0^2$을 대입하면 $mgh = \frac{1}{2}mv_0^2$이다.

❸ r에서 물체의 속력을 v라고 하면, 물체가 q에서 r까지 운동하는 동안 물체의 역학적 에너지는 보존되므로 $\frac{1}{2}mv_0^2 + mg(2h) = \frac{1}{2}mv^2 + mgh$이다. $mgh = \frac{1}{2}mv_0^2$을 대입하고 정리하면 $v = \sqrt{2}v_0$이다.

① $\frac{\sqrt{5}}{2}v_0$  ② $\frac{\sqrt{7}}{2}v_0$  ③ $\sqrt{2}v_0$  ④ $\frac{3}{2}v_0$ ⑤ $\sqrt{3}v_0$

04 궤도에서 운동하는 물체의 일과 에너지 2024학년도 9월 모평 물Ⅰ 19번

정답 ③ | 정답률 48 %

적용해야 할 개념 ④가지

① 중력 퍼텐셜 에너지(E_p)는 물체의 질량(m)과 기준면으로부터의 물체의 높이(h)에 각각 비례한다. ➡ $E_p=mgh$ (g: 중력 가속도)

② 운동 에너지(E_k)는 운동하는 물체가 가지는 에너지로, 물체의 질량(m)과 속력의 제곱(v^2)에 각각 비례한다. ➡ $E_k=\frac{1}{2}mv^2$

③ 역학적 에너지는 운동 에너지와 퍼텐셜 에너지의 합이며, 마찰이나 공기 저항이 없으면 물체의 역학적 에너지는 일정하게 보존된다.

④ 물체에 마찰이나 공기 저항이 작용하는 경우 물체의 역학적 에너지가 보존되지 않으며, 이때 감소한 에너지는 열에너지로 전환된다.

문제 보기

그림은 높이 $6h$인 점에서 가만히 놓은 물체가 궤도를 따라 운동하여 마찰 구간 Ⅰ, Ⅱ를 지나 최고점 r에 도달하여 정지한 순간의 모습을 나타낸 것이다. 점 p, q의 높이는 각각 h, $2h$이고, p, q에서 물체의 속력은 각각 $\sqrt{2}v$, v이다. 마찰 구간에서 손실된 역학적 에너지는 Ⅱ에서가 Ⅰ에서의 2배이다.

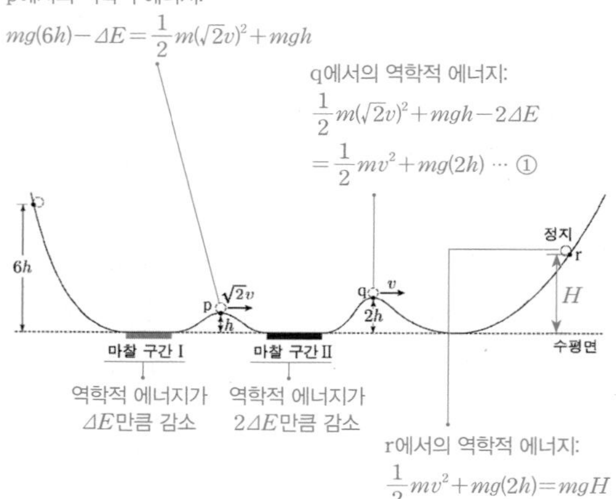

r의 높이는? (단, 물체의 크기, 공기 저항, 마찰 구간 외의 모든 마찰은 무시한다.) [3점]

<보기> 풀이

❶ 마찰 구간 Ⅰ에서 손실된 역학적 에너지를 ΔE라고 하면, 마찰 구간 Ⅱ에서 손실된 역학적 에너지는 $2\Delta E$이다. p에서 물체의 역학적 에너지는 높이 $6h$인 점에서의 역학적 에너지에서 ΔE를 뺀 값과 같으므로, 물체의 질량을 m, 중력 가속도를 g라고 하면 다음과 같다.

$mg(6h)-\Delta E=\frac{1}{2}m(\sqrt{2}v)^2+mgh$ … ①

또 q에서 물체의 역학적 에너지는 p에서의 역학적 에너지에서 $2\Delta E$를 뺀 값과 같으므로 다음과 같다.

$\left[\frac{1}{2}m(\sqrt{2}v)^2+mgh\right]-2\Delta E=\frac{1}{2}mv^2+mg(2h)$ … ②

❷ r의 높이를 H라고 하면, 물체가 q를 지나 r에 도달하여 정지하는 순간까지 물체의 역학적 에너지는 보존되므로 r에서의 역학적 에너지는 q에서의 역학적 에너지와 같다.

따라서 $\frac{1}{2}mv^2+mg(2h)=mgH$ … ③이다.

①과 ②를 연립하여 정리하면 $\frac{1}{2}mv^2=\frac{11}{5}mgh$이므로, ③에 대입하면 $H=\frac{21}{5}h$이다.

다른 풀이

❶ 마찰 구간 Ⅰ에서 손실된 역학적 에너지를 ΔE라고 하면, 마찰 구간 Ⅱ에서 손실된 역학적 에너지는 $2\Delta E$이다. 따라서 물체의 질량을 m, 중력 가속도를 g, r의 높이를 H라고 하면, r에서 물체의 역학적 에너지는 높이 $6h$인 점에서의 역학적 에너지에서 $3\Delta E$를 뺀 값과 같으므로 다음과 같다.

$mg(6h)-3\Delta E=mgH$ … ①

❷ p에서 물체의 역학적 에너지는 높이 $6h$인 점에서의 역학적 에너지에서 ΔE를 뺀 값과 같으므로 다음과 같다.

$mg(6h)-\Delta E=\frac{1}{2}m(\sqrt{2}v)^2+mgh$ … ②

또 q에서 물체의 역학적 에너지는 p에서의 역학적 에너지에서 $2\Delta E$를 뺀 값과 같으므로 다음과 같다.

$\left[\frac{1}{2}m(\sqrt{2}v)^2+mgh\right]-2\Delta E=\frac{1}{2}mv^2+mg(2h)$ … ③

②와 ③에서 $\Delta E=\frac{3}{5}mgh$이므로, ①에 대입하면, $H=\frac{21}{5}h$이다.

~~①~~ $\frac{19}{5}h$ ~~②~~ $4h$ ③ $\frac{21}{5}h$ ~~④~~ $\frac{22}{5}h$ ~~⑤~~ $\frac{23}{5}h$

05 궤도에서 운동하는 물체의 일과 에너지 2020학년도 9월 모평 물Ⅰ 17번

정답 ② | 정답률 54 %

적용해야 할 개념 ②가지

① 역학적 에너지는 운동 에너지와 중력 퍼텐셜 에너지의 합이다.
② 역학적 에너지가 보존될 때, 중력 퍼텐셜 에너지의 변화량과 운동 에너지의 변화량은 같다.

문제 보기

그림과 같이 마찰이 없는 궤도를 따라 운동하는 물체 A, B가 각각 높이 $2h_0$, h_0인 지점을 v_0, $2v_0$의 속력으로 지난다. h_0인 지점에서 B의 운동 에너지는 중력 퍼텐셜 에너지의 4배이다. 궤도의 구간 Ⅰ, Ⅱ는 각각 수평면, 경사면이고, 구간 Ⅲ은 높이가 $4h_0$인 수평면이다.
→ $\frac{1}{2}m_B(2v_0)^2=4\times m_Bgh_0$

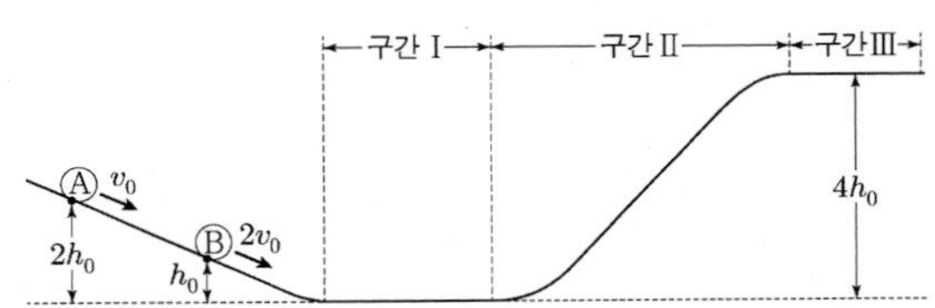

이에 대한 설명으로 옳은 것만을 〈보기〉에서 있는 대로 고른 것은? (단, Ⅰ에서 중력 퍼텐셜 에너지는 0이고, 물체는 동일 연직면상에서 운동하며, 물체의 크기는 무시한다.)

<보기> 풀이

A, B가 구간 Ⅰ, Ⅱ, Ⅲ을 운동하는 동안 역학적 에너지는 각각 보존된다. h_0인 지점에서 B의 운동 에너지는 중력 퍼텐셜 에너지의 4배라고 했으므로 $\frac{1}{2}m_B(2v_0)^2=4\times m_Bgh_0$에서 $h_0=\frac{v_0^2}{2g}$, 즉 $v_0^2=2gh_0$이라는 것을 알 수 있다.

ㄱ. Ⅰ을 통과하는 데 걸리는 시간은 A가 B의 $\frac{5}{3}$배이다. (✗)

⇒ A, B의 질량을 각각 m_A, m_B라 하고, Ⅰ에서 A, B의 속력을 각각 v_A, v_B라고 하면, A와 B의 역학적 에너지는 각각 보존된다.

A의 역학적 에너지는 $\frac{1}{2}m_Av_A^2=m_Ag(2h_0)+\frac{1}{2}m_Av_0^2$에서 $v_A=\sqrt{3}v_0$이고,

B의 역학적 에너지는 $\frac{1}{2}m_Bv_B^2=m_Bgh_0+\frac{1}{2}m_B(2v_0)^2$에서 $v_B=\sqrt{5}v_0$이다.

Ⅰ에서 A와 B는 등속도 운동을 하므로 Ⅰ을 통과하는 데 걸리는 시간은 A가 B의 $\sqrt{\frac{5}{3}}$배이다.

ㄴ. Ⅱ에서 A의 운동 에너지와 중력 퍼텐셜 에너지가 같은 지점의 높이는 h_0이다. (✗)

⇒ Ⅰ에서 A의 역학적 에너지는 $\frac{1}{2}m_Av_A^2=\frac{1}{2}m_A(\sqrt{3}v_0)^2=\frac{3}{2}m_Av_0^2=\frac{3}{2}m_A(2gh_0)=3m_Agh_0$이다. A의 역학적 에너지는 보존되므로 Ⅱ에서 A의 운동 에너지와 중력 퍼텐셜 에너지가 같은 지점의 높이를 H라고 하면, $3m_Agh_0=m_AgH+m_AgH=2m_AgH$에서 $H=\frac{3}{2}h_0$이다.

ㄷ. Ⅲ에서 B의 속력은 v_0이다. (○)

⇒ Ⅰ에서 B의 역학적 에너지는 $\frac{1}{2}m_Bv_B^2=\frac{1}{2}m_B(\sqrt{5}v_0)^2=\frac{5}{2}m_Bv_0^2=\frac{5}{2}m_B(2gh_0)=5m_Bgh_0$이므로 Ⅲ에서 B의 속력을 v_B'이라고 하면, B의 역학적 에너지는 보존되므로 $5m_Bgh_0=\frac{1}{2}m_Bv_B'^2+4m_Bgh_0$에서 $v_B'^2=2gh_0=v_0^2$이다. 따라서 $v_B'=v_0$이다.

06 궤도에서 운동하는 물체의 일과 에너지 2019학년도 10월 학평 물Ⅰ 19번

정답 ④ | 정답률 47 %

적용해야 할 개념 ③가지

① 물체의 역학적 에너지는 운동 에너지와 중력 퍼텐셜 에너지의 합이다.

② 알짜힘이 한 일은 물체의 운동 에너지 변화량과 같다.

③ 등가속도 운동을 하는 물체의 평균 속력은 $\frac{\text{처음 속력}+\text{나중 속력}}{2}=\frac{\text{전체 이동 거리}}{\text{걸린 시간}}$이다.

문제 보기

그림과 같이 물체가 마찰이 없는 연직면상의 궤도를 따라 운동한다. 물체는 왼쪽 빗면상의 점 a, b, 수평면상의 점 c, d, 오른쪽 빗면상의 점 e를 지나 점 f에 도달한다. 물체가 a, b를 지나는 순간의 속력은 각각 v, $4v$이고, a~b 구간을 통과하는 데 걸리는 시간은 e~f 구간을 통과하는 데 걸리는 시간의 3배이다. 물체는 c~d 구간에서 운동 방향과 반대 방향으로 크기가 F인 일정한 힘을 받는다. b와 e의 높이는 같다.

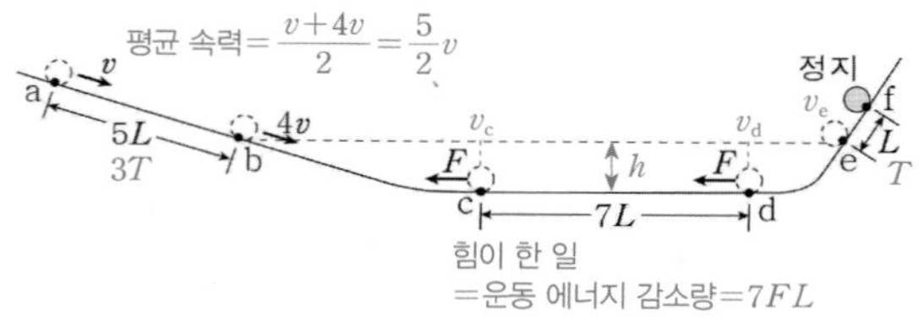

e~f 구간에서 물체에 작용하는 알짜힘의 크기는? (단, 물체의 크기와 공기 저항은 무시한다.) [3점]

<보기> 풀이

❶ 기울기가 일정한 빗면에서 운동하는 물체는 등가속도 운동을 하므로 물체는 a~b 구간, e~f 구간에서 각각 등가속도 운동을 한다.

따라서 a에서 b까지 물체의 평균 속력은 $\frac{v+4v}{2}=\frac{5}{2}v$이고, e를 지날 때 속력 v_e라고 하면 e에서 f까지 평균 속력은 $\frac{v_e+0}{2}=\frac{1}{2}v_e$이다.

물체가 a에서 b까지 운동하는 데 걸린 시간을 $3T$라고 하면, e에서 f까지 운동하는 데 걸린 시간은 T이다. 물체가 이동한 거리는 평균 속력과 걸린 시간의 곱이므로 a~b 구간의 거리는 $5L=\frac{5}{2}v\times 3T$ … ①이고, e~f 구간의 거리는 $L=\frac{1}{2}v_eT$ … ②이다.

①, ②를 정리하면 $v_e=3v$이다.

❷ 물체의 질량을 m이라고 하면 b에서 c까지 운동하는 동안과 d에서 e까지 운동하는 동안 역학적 에너지는 보존된다. c, d에서 물체의 속력을 각각 v_c, v_d, 지면으로부터 b, e의 높이를 h라고 하면, b와 c에서의 역학적 에너지는 $\frac{1}{2}m(4v)^2+mgh=\frac{1}{2}mv_c^2$ … ③이고,

d와 e에서의 역학적 에너지는 $\frac{1}{2}mv_d^2=mgh+\frac{1}{2}mv_e^2=mgh+\frac{1}{2}m(3v)^2$ … ④이다.

❸ c~d 구간에서는 운동 방향과 반대 방향으로 크기가 F인 힘이 작용한다. 이때 힘이 한 일의 양은 물체의 운동 에너지 변화량과 같으므로 $\frac{1}{2}mv_c^2-\frac{1}{2}mv_d^2=7FL$ … ⑤이다.

③, ④를 정리하면 $\frac{1}{2}mv_c^2-\frac{1}{2}mv_d^2=\frac{7}{2}mv^2$ … ⑥이다.

이를 ⑤에 대입하여 정리하면 $\frac{1}{2}mv^2=FL$이다.

❹ 물체가 e에서 f까지 운동하는 동안 물체에 작용하는 알짜힘의 크기를 F'이라고 하면 힘이 한 일은 $F'L$이고, 속력이 v_e만큼 감소하였으므로 운동 에너지 변화량은 $\frac{1}{2}mv_e^2$이다. 힘이 한 일의 양은 운동 에너지의 변화량과 같으므로 $F'L=\frac{1}{2}mv_e^2=\frac{9}{2}mv^2$이다.

$\frac{1}{2}mv^2=FL$이므로 $F'=9F$이다.

 ① $4F$  ② $5F$  ③ $7F$  ④ $9F$  ⑤ $10F$

07 궤도에서 운동하는 물체의 일과 에너지 2024학년도 7월 학평 물Ⅰ 20번

정답 ③ | 정답률 51 %

적용해야 할 개념 ④가지

① 중력 퍼텐셜 에너지(E_p)는 물체의 질량(m)과 물체의 높이(h)에 각각 비례한다. ➡ $E_p = mgh$ (g: 중력 가속도)

② 운동 에너지(E_k)는 운동하는 물체가 가지는 에너지로, 물체의 질량(m)과 속력의 제곱(v^2)에 각각 비례한다. ➡ $E_k = \frac{1}{2}mv^2$

③ 역학적 에너지는 운동 에너지와 퍼텐셜 에너지의 합이며, 마찰이나 공기 저항이 없으면 물체의 역학적 에너지는 일정하게 보존된다.

④ 두 물체가 충돌할 때 외부에서 힘이 작용하지 않으면 충돌 전과 충돌 후의 운동량의 합은 일정하게 보존된다.

문제 보기

그림은 높이 h인 점 p에서 속력 $4v$로 운동하는 물체가 궤도를 따라 마찰 구간 Ⅰ, Ⅱ를 지나 높이가 $2h$인 최고점 t에 도달하여 정지한 순간의 모습을 나타낸 것이다. 점 q, r, s의 높이는 각각 $2h$, h, h이고, q, r, s에서 물체의 속력은 각각 $3v$, v_r, v_s이다. 마찰 구간에서 손실된 역학적 에너지는 Ⅱ에서가 Ⅰ에서의 3배이다.

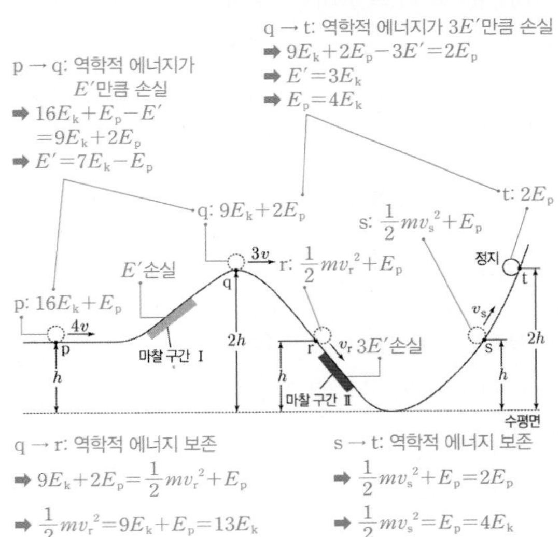

$\frac{v_r}{v_s}$는? (단, 마찰 구간 외의 모든 마찰과 공기 저항, 물체의 크기는 무시한다.) [3점]

보기

<보기> 풀이

❶ 물체의 질량을 m이라 하고, $\frac{1}{2}mv^2 = E_k$, $mgh = E_p$, 마찰 구간 Ⅰ에서 손실된 역학적 에너지를 E'라고 하자. 물체가 p에서 마찰 구간 Ⅰ을 지나 q를 지나는 순간까지 물체의 역학적 에너지는 E'만큼 감소하므로 $16E_k + E_p - E' = 9E_k + 2E_p$에서 $E' = 7E_k - E_p$ … ①이다.

❷ 물체가 q에서 마찰 구간 Ⅱ를 지나 t에 도달하여 정지하는 순간까지 역학적 에너지는 $3E'$만큼 감소하므로, $9E_k + 2E_p - 3E' = 2E_p$에서 $E' = 3E_k$이다. $E' = 3E_k$를 ①에 대입하면 $E_p = 4E_k$이다.

❸ 물체가 q에서 r을 지나는 순간까지 역학적 에너지가 보존되므로 $9E_k + 2E_p = \frac{1}{2}mv_r^2 + E_p$에서 $\frac{1}{2}mv_r^2 = 9E_k + E_p = 13E_k$이다. 또 물체가 s에서 t에 도달하여 정지하는 순간까지 역학적 에너지가 보존되므로 $\frac{1}{2}mv_s^2 + E_p = 2E_p$에서 $\frac{1}{2}mv_s^2 = E_p = 4E_k$이다.

따라서 $\frac{v_r}{v_s} = \frac{\sqrt{13}}{\sqrt{4}} = \frac{\sqrt{13}}{2}$이다.

① $\frac{\sqrt{5}}{2}$ ② $\frac{3}{2}$ ③ $\frac{\sqrt{13}}{2}$ ④ $\frac{7}{3}$ ⑤ $\sqrt{13}$

08 궤도에서 운동하는 물체의 일과 에너지 2023학년도 수능 물Ⅰ 20번

정답 ① | 정답률 29 %

적용해야 할 개념 ③가지

① 중력 퍼텐셜 에너지(E_p)는 물체의 질량(m)과 기준면으로부터의 물체의 높이(h)에 각각 비례한다. ➡ $E_p=mgh$ (g: 중력 가속도)

② 운동 에너지(E_k)는 운동하는 물체가 가지는 에너지로, 물체의 질량(m)과 속력의 제곱(v^2)에 각각 비례한다. ➡ $E_k=\frac{1}{2}mv^2$

③ 물체에 마찰이나 공기 저항이 작용하는 경우 물체의 역학적 에너지는 보존되지 않으며, 이때 감소한 역학적 에너지는 열에너지 등으로 전환된다.

문제 보기

그림은 빗면의 점 p에 가만히 놓은 물체가 점 q, r, s를 지나 빗면의 점 t에서 속력이 0인 순간을 나타낸 것이다. 물체는 p와 q 사이에서 가속도의 크기 $3a$로 등가속도 운동을, 빗면의 마찰 구간에서 등속도 운동을, r와 t 사이에서 가속도의 크기 $2a$로 등가속도 운동을 한다. 물체가 마찰 구간을 지나는 데 걸린 시간과 r에서 s까지 지나는 데 걸린 시간은 같다. p와 q 사이, s와 r 사이의 높이차는 h로 같고, t는 마찰 구간의 최고점 q와 높이가 같다.

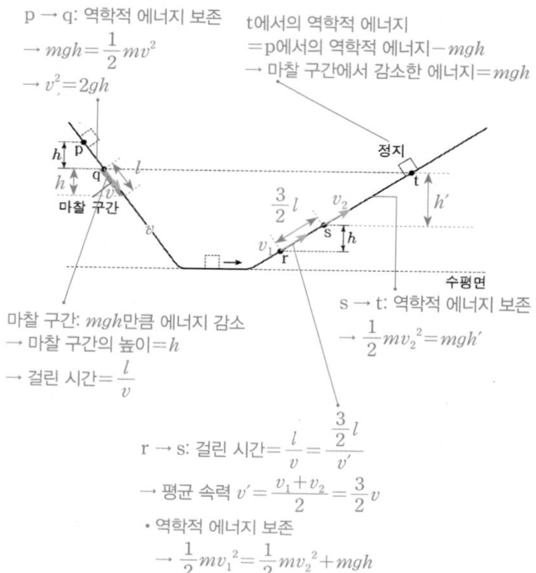

t와 s 사이의 높이차는? (단, 물체의 크기, 공기 저항, 마찰 구간 외의 모든 마찰은 무시한다.) [3점]

<보기> 풀이

마찰이 없는 빗면 위의 높이 H인 점에 가만히 놓은 질량 m인 물체가 빗면을 따라 거리 L만큼 내려와 수평면에 도달할 때의 속도를 v라고 하고, 빗면에서 물체의 가속도를 a라고 하자. 빗면 아래 방향으로 작용하는 힘이 한 일은 운동 에너지의 변화량과 같으므로, $maL=\frac{1}{2}mv^2$이다. 역학적 에너지 보존 법칙에 따라 $mgH=\frac{1}{2}mv^2$ 이므로 $aL=gH$이며, 빗면의 높이 H가 일정할 때 빗면의 길이 L은 가속도 a에 반비례한다.

❶ p에 놓은 물체의 질량을 m이라고 할 때 p보다 높이 h만큼 낮은 t까지만 올라가므로, 물체의 역학적 에너지는 t에서가 p에서보다 mgh만큼 작다. 즉 p에 놓은 물체의 역학적 에너지는 마찰 구간에서 mgh만큼 감소한다. 물체가 마찰 구간에서 등속도 운동을 하므로 마찰 구간에서 감소한 에너지는 중력 퍼텐셜 에너지인데, 감소한 중력 퍼텐셜 에너지가 mgh이므로 마찰 구간의 높이는 h이다.

❷ p와 q 사이의 높이와 r과 s 사이의 높이가 h로 같으므로, 각 구간의 빗면 길이는 가속도에 반비례한다. p와 q 사이의 가속도 크기와 r과 s 사이의 가속도 크기의 비가 3 : 2이므로, p와 q 사이의 빗면의 길이와 r과 s 사이의 빗면의 길이의 비는 2 : 3이다. 즉 p와 q 사이의 빗면의 길이를 l이라고 하면 r과 s 사이의 빗면의 길이는 $\frac{3}{2}l$이며, 마찰 구간에 해당하는 빗면의 길이는 p와 q 사이의 빗면의 길이와 같으므로 l이다.

❸ q에서 물체의 속력을 v라고 하면, 마찰 구간을 속력 v로 지나는데 걸리는 시간은 $\frac{l}{v}$이다. 물체가 r에서 s까지 지나는 동안 평균 속력을 v'라고 하면 이 구간을 지나는 동안 걸린 시간은 마찰 구간을 지나는데 걸린 시간과 같으므로, $\frac{\frac{3}{2}l}{v'}=\frac{l}{v}$에서 $v'=\frac{3}{2}v$이다. r에서 물체의 속력을 v_1, s에서 물체의 속력을 v_2라고 하면 $v'=\frac{v_1+v_2}{2}=\frac{3}{2}v$이므로, $v_1+v_2=3v$ …①이다.

❹ 물체가 p에서 q까지 운동할 때 역학적 에너지가 보존되므로, $mgh=\frac{1}{2}mv^2$에서 $v^2=2gh$이다. 또 물체가 r에서 s까지 운동할 때 역학적 에너지가 보존되므로, $\frac{1}{2}mv_1^2=\frac{1}{2}mv_2^2+mgh$에서 $v_1^2-v_2^2=(v_1+v_2)(v_1-v_2)=2gh=v^2$이다. 이 식에 ①을 대입하면 $v_1-v_2=\frac{v}{3}$ …② 이다. ①과 ②를 연립하여 정리하면 $v_1=\frac{5}{3}v$, $v_2=\frac{4}{3}v$이다. 물체가 s에서 t까지 운동할 때도 역학적 에너지가 보존되므로, t와 s 사이의 높이차를 h'라고 하면 $\frac{1}{2}m\left(\frac{4}{3}v\right)^2=mgh'$이다. 이 식에 $v^2=2gh$을 대입하면 $h'=\frac{16}{9}h$이다.

① $\frac{16}{9}h$ ~~②~~ $2h$ ~~③~~ $\frac{20}{9}h$ ~~④~~ $\frac{7}{3}h$ ~~⑤~~ $\frac{8}{3}h$

09 궤도에서 운동하는 물체의 일과 에너지 2024학년도 10월 학평 물Ⅰ 18번

정답 ⑤ | 정답률 51 %

적용해야 할 개념 ③가지

① 중력 퍼텐셜 에너지(E_p)는 물체의 질량(m)과 기준면으로부터의 물체의 높이(h)에 각각 비례한다. ➡ $E_p = mgh$ (g: 중력 가속도)

② 운동 에너지(E_k)는 운동하는 물체가 가지는 에너지로, 물체의 질량(m)과 속력의 제곱(v^2)에 각각 비례한다. ➡ $E_k = \frac{1}{2}mv^2$

③ 역학적 에너지는 운동 에너지와 퍼텐셜 에너지의 합이며, 마찰이나 공기 저항이 없으면 물체의 역학적 에너지는 일정하게 보존된다.

문제 보기

그림은 높이가 $3h$인 지점을 속력 v로 지나는 물체가 빗면 위의 마찰 구간 Ⅰ과 수평면 위의 마찰 구간 Ⅱ를 지난 후 높이가 h인 지점을 속력 v로 통과하는 모습을 나타낸 것이다. 점 p, q는 Ⅱ의 양 끝점이다. 높이차가 d인 Ⅰ에서 물체는 등속도 운동을 하고, Ⅰ의 최저점의 높이는 h이다. Ⅰ과 Ⅱ에서 물체의 역학적 에너지 감소량은 q에서 물체의 운동 에너지의 $\frac{2}{3}$배로 같다.

$\rightarrow = mgh = \frac{2}{3}\left(\frac{1}{2}mv_q^2\right) = \frac{2}{3}\left(mgh + \frac{1}{2}mv^2\right)$

$\rightarrow mgh = mv^2$

Ⅰ, Ⅱ에서 역학적 에너지 감소량의 합 $= 2mgd$

$\rightarrow mg(3h) + \frac{1}{2}mv^2 - 2mgd = mgh + \frac{1}{2}mv^2$

$\rightarrow d = h$

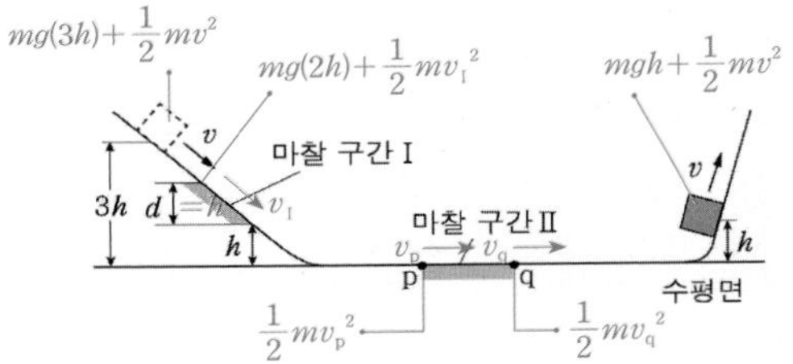

3h에서 Ⅰ의 시작점까지: $mg(3h) + \frac{1}{2}mv^2 = mg(2h) + \frac{1}{2}mv_1^2$

p에서 높이 h인 지점까지: $\frac{1}{2}mv_p^2 - mgh = \frac{1}{2}mv_q^2 = mgh + \frac{1}{2}mv^2$

이에 대한 옳은 설명만을 ⟨보기⟩에서 있는 대로 고른 것은? (단, 물체의 크기, 공기 저항, 마찰 구간 외의 모든 마찰은 무시한다.)

<보기> 풀이

ㄱ. $d = h$이다.

➡ 마찰 구간 Ⅰ에서 물체가 등속도 운동을 하므로 운동 에너지는 일정하고 중력 퍼텐셜 에너지는 감소한다. 따라서 Ⅰ에서 감소한 역학적 에너지는 중력 퍼텐셜 에너지 감소량 mgd와 같다. 그러므로 물체가 높이 $3h$인 지점에서 Ⅰ, Ⅱ를 지난 후 높이가 h인 지점까지 운동하는 동안 역학적 에너지 감소량의 합은 $2mgd$이므로, 물체의 질량을 m이라고 하면 물체의 에너지에 대한 식은 다음과 같다.

$$mg(3h) + \frac{1}{2}mv^2 - 2mgd = mgh + \frac{1}{2}mv^2$$

위 식에서 $d = h$이다.

ㄴ. p에서 물체의 속력은 $\sqrt{5}v$이다.

➡ p, q에서 속력을 각각 v_p, v_q라고 하면, 물체가 p에서 q까지 운동하는 동안 역학적 에너지는 $mgd(=mgh)$만큼 감소하고, q에서 높이 h인 지점까지 운동하는 동안 역학적 에너지는 보존된다. 따라서 물체의 에너지에 대한 식은 다음과 같다.

$$\frac{1}{2}mv_p^2 - mgh = \frac{1}{2}mv_q^2 = mgh + \frac{1}{2}mv^2 \cdots ①$$

또 각 마찰 구간에서의 역학적 에너지 감소량은 q에서 물체의 운동 에너지의 $\frac{2}{3}$배이므로,

$mgh = \frac{2}{3}\left(\frac{1}{2}mv_q^2\right) = \frac{2}{3}\left(mgh + \frac{1}{2}mv^2\right)$에서 $mgh = mv^2$이다.

①에 $mgh = mv^2$을 대입하면 $v_p = \sqrt{5}v$이다.

ㄷ. 물체의 운동 에너지는 Ⅰ에서와 p에서가 같다.

➡ Ⅰ에서 속력을 v_1이라고 하면 높이 $3h$인 지점에서 Ⅰ의 시작점까지 운동하는 동안 역학적 에너지가 보존되므로, $mg(3h) + \frac{1}{2}mv^2 = mg(2h) + \frac{1}{2}mv_1^2$이다.

이 식에 $mgh = mv^2$을 대입하면, Ⅰ에서 운동 에너지는 $\frac{1}{2}mv_1^2 = \frac{3}{2}mv^2$이고,

q에서 운동 에너지는 $\frac{1}{2}mv_q^2 = mgh + \frac{1}{2}mv^2 = mv^2 + \frac{1}{2}mv^2 = \frac{3}{2}mv^2$이다.

따라서 물체의 운동 에너지는 Ⅰ에서와 q에서가 같다.

10 궤도에서 운동하는 물체의 일과 에너지 2019학년도 수능 물I 14번

정답 ④ | 정답률 68 %

적용해야 할 개념 ③가지

① 역학적 에너지는 중력 퍼텐셜 에너지와 운동 에너지의 합이다.
② 알짜힘이 물체에 한 일은 운동 에너지 변화량과 같다.
③ 물체에 작용한 충격량(I)은 물체에 작용한 힘(F)과 힘이 작용한 시간(Δt)의 곱이다. ➡ $I=F\Delta t$

문제 보기

그림은 높이 h인 지점에 가만히 놓은 질량 m인 물체가 마찰이 없는 연직면상의 궤도를 따라 운동하는 모습을 나타낸 것이다. 물체는 궤도의 수평 구간의 점 p에서 점 q까지 운동하는 동안 물체의 운동 방향으로 일정한 크기의 힘 F를 받는다. 물체의 운동 에너지는 높이 $2h$인 지점에서가 p에서의 2배이다.

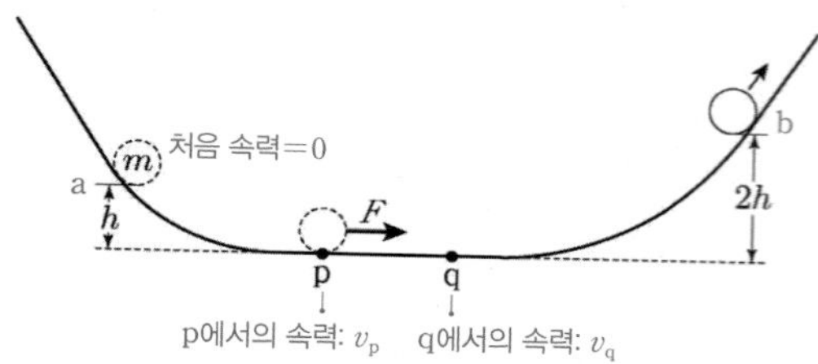

$F=2mg$일 때, 물체가 p에서 q까지 운동하는 데 걸린 시간은? (단, 중력 가속도는 g이고, 물체의 크기와 공기 저항은 무시한다.) [3점]

<보기> 풀이

물체가 운동을 시작하는 높이 h인 곳을 a, 다시 경사면을 올라가 $2h$인 곳을 b라고 하면, 각 위치에서 에너지는 다음과 같다.

구분	중력 퍼텐셜 에너지(J)	운동 에너지(J)	역학적 에너지(J)
a	mgh	0	mgh
p	0(기준면)	$\frac{1}{2}mv_p^2$	$\frac{1}{2}mv_p^2$ → 보존
q	0	$\frac{1}{2}mv_q^2$	$\frac{1}{2}mv_q^2$ → 보존
b	$2mgh$	mv_p^2 ← 2배	$2mgh+mv_p^2$

물체를 a에 놓은 순간부터 p까지 외부에서 작용하는 힘이 없으므로 역학적 에너지는 보존된다.
p에서 q까지 운동하는 동안 물체에 운동 방향으로 힘이 작용하므로 물체의 운동 에너지가 증가한다. 따라서 역학적 에너지는 증가한다.
q에서 b까지 운동하는 동안 외부에서 작용하는 힘이 없으므로 역학적 에너지는 보존된다.
p에서 속력을 v_p라고 하면 a에 물체를 가만히 놓은 순간부터 p를 통과할 때까지 역학적 에너지는 보존되므로 $mgh=\frac{1}{2}mv_p^2$에서 $v_p=\sqrt{2gh}$이다.
q에서 속력을 v_q라고 하면 q에서 b로 올라가는 동안 역학적 에너지는 보존되므로 $\frac{1}{2}mv_q^2=2mgh+mv_p^2$이다. 이 식에 $v_p=\sqrt{2gh}$를 대입하면 $\frac{1}{2}mv_q^2=2mgh+2mgh$이므로 $v_q=\sqrt{8gh}=2\sqrt{2gh}$이다.
물체가 p에서 q까지 운동하는 데 걸린 시간을 T라고 하면, 물체가 T 동안 받은 충격량만큼 물체의 운동량이 증가한다. 물체가 받는 충격량은 물체의 운동량의 변화량과 같으므로 $FT=m(v_q-v_p)$이다. $F=2mg$이므로 $T=\frac{m(2\sqrt{2gh}-\sqrt{2gh})}{2mg}=\frac{\sqrt{2gh}}{2g}=\sqrt{\frac{h}{2g}}$이다.

~~① $\sqrt{\frac{h}{5g}}$~~ ~~② $\sqrt{\frac{h}{4g}}$~~ ~~③ $\sqrt{\frac{h}{3g}}$~~ ④ $\sqrt{\frac{h}{2g}}$ ~~⑤ $\sqrt{\frac{h}{g}}$~~

11 궤도에서 운동하는 물체의 일과 에너지 2023학년도 10월 학평 물Ⅰ 18번

정답 ④ | 정답률 47 %

적용해야 할 개념 ④가지

① 중력 퍼텐셜 에너지(E_p)는 물체의 질량(m)과 기준면으로부터의 물체의 높이(h)에 각각 비례한다. ➡ $E_p = mgh$ (g: 중력 가속도)

② 운동 에너지(E_k)는 운동하는 물체가 가지는 에너지로, 물체의 질량(m)과 속력의 제곱(v^2)에 각각 비례한다. ➡ $E_k = \frac{1}{2}mv^2$

③ 역학적 에너지는 운동 에너지와 퍼텐셜 에너지의 합이며, 마찰이나 공기 저항이 없으면 물체의 역학적 에너지는 일정하게 보존된다.

④ 물체에 마찰이나 공기 저항이 작용하는 경우 물체의 역학적 에너지가 보존되지 않으며, 이때 감소한 역학적 에너지는 열에너지로 전환된다.

문제 보기

그림과 같이 빗면의 마찰 구간 Ⅰ에서 일정한 속력 v로 직선 운동한 물체가 마찰 구간 Ⅱ를 속력 v로 빠져나왔다. 점 p~s는 각각 Ⅰ 또는 Ⅱ의 양 끝점이고, p와 q, r과 s의 높이차는 모두 h이다. Ⅰ과 Ⅱ에서 물체의 역학적 에너지 감소량은 p에서 물체의 운동 에너지의 4배로 같다.

$= \frac{1}{2}mv^2 \times 4 = 2mv^2$

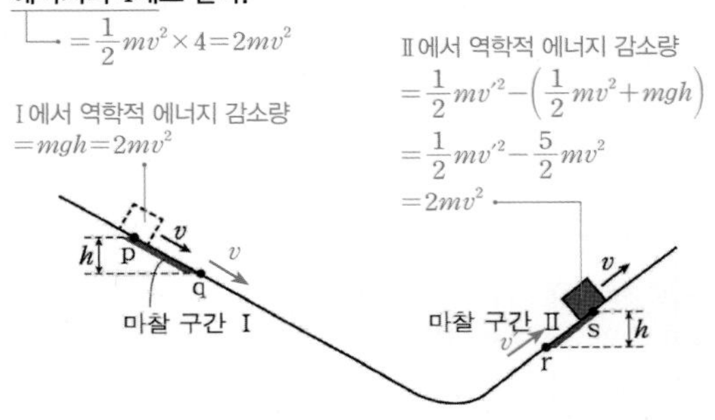

r에서 물체의 속력은? (단, 물체의 크기, 공기 저항, 마찰 구간 외의 모든 마찰은 무시한다.)

<보기> 풀이

❶ 마찰 구간 Ⅰ에서 운동 에너지는 일정하므로, 마찰 구간 Ⅰ에서 역학적 에너지 감소량은 p와 q에서의 중력 퍼텐셜 에너지의 차와 같다. 따라서 물체의 질량을 m이라고 하면 마찰 구간 Ⅰ에서 역학적 에너지 감소량은 mgh이고 p에서 운동 에너지의 4배는 $\frac{1}{2}mv^2 \times 4 = 2mv^2$이므로, $mgh = 2mv^2$이다.

❷ 마찰 구간 Ⅱ에서 역학적 에너지 감소량은 r에서의 역학적 에너지와 s에서의 역학적 에너지의 차와 같다. r에서 속력을 v'라 하고 r의 높이를 중력 퍼텐셜 에너지의 기준으로 하면, 마찰 구간 Ⅱ에서의 역학적 에너지 감소량은 $\frac{1}{2}mv'^2 - \left(\frac{1}{2}mv^2 + mgh\right) = 2mv^2$이다.

이 식에 $mgh = 2mv^2$를 대입하면, $\frac{1}{2}mv'^2 - \frac{5}{2}mv^2 = 2mv^2$에서 $v' = 3v$이다.

 ① $2v$  ② $\sqrt{6}v$  ③ $2\sqrt{2}v$  ④ $3v$  ⑤ $4v$

12 궤도에서 운동하는 물체의 일과 에너지 2020학년도 수능 물Ⅰ 17번

정답 ③ | 정답률 54 %

적용해야 할 개념 ②가지

① 물체의 역학적 에너지는 중력 퍼텐셜 에너지와 운동 에너지의 합이다.

② 마찰이나 공기 저항을 받지 않으면 물체의 역학적 에너지는 보존된다.

문제 보기

그림과 같이 레일을 따라 운동하는 물체가 점 p, q, r를 지난다. 물체는 빗면 구간 A를 지나는 동안 역학적 에너지가 $2E$만큼 증가하고, 높이가 h인 수평 구간 B에서 역학적 에너지가 $3E$만큼 감소하여 정지한다. 물체의 속력은 p에서 v, B의 시작점 r에서 V이고, 물체의 운동 에너지는 q에서가 p에서의 2배이다.

운동 에너지는 속력의 제곱에 비례하므로 속력은 q에서의 $\sqrt{2}$배이다. ➡ $v_q = \sqrt{2}v$

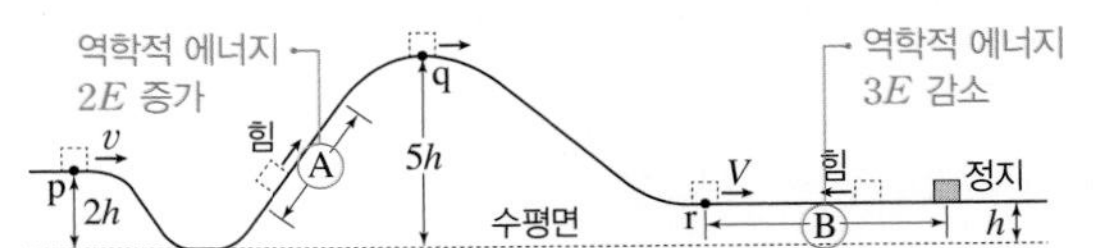

V는? (단, 물체의 크기, 마찰과 공기 저항은 무시한다.)

<보기> 풀이

물체의 질량을 m이라고 할 때 물체가 운동하는 동안 각 위치에서의 에너지는 다음과 같다.

구분	중력 퍼텐셜 에너지(J)	운동 에너지(J)	역학적 에너지(J)
p	$mg(2h) = 2mgh$	$\frac{1}{2}mv^2$	$E_p = 2mgh + \frac{1}{2}mv^2$
q	$mg(5h) = 5mgh$	$\frac{1}{2}m(\sqrt{2}v)^2 = mv^2$	$E_q = 5mgh + mv^2$
r	mgh	$\frac{1}{2}mV^2$	$E_r = mgh + \frac{1}{2}mV^2$
정지	mgh	0	mgh

물체가 p에서 q로 운동하면서 A를 지나는 동안 물체의 역학적 에너지가 $2E$만큼 증가하므로 $E_p + 2E = E_q$이다. $2mgh + \frac{1}{2}mv^2 + 2E = 5mgh + mv^2$에서 $E = \frac{3}{2}mgh + \frac{1}{4}mv^2$ … ①이다.

물체가 q에서 r로 운동하면서 역학적 에너지는 일정하게 보존되므로 $E_q = E_r$이다.

$5mgh + mv^2 = mgh + \frac{1}{2}mV^2$에서 $mgh = \frac{1}{8}mV^2 - \frac{1}{4}mv^2$ … ②이다.

물체가 r에서 정지할 때까지 B를 지나는 동안 역학적 에너지가 $3E$만큼 감소하므로 $E_r - 3E = mgh$이다. $mgh + \frac{1}{2}mV^2 - 3E = mgh$에서 $E = \frac{1}{6}mV^2$ … ③이다.

①, ③에서 $E = \frac{3}{2}mgh + \frac{1}{4}mv^2 = \frac{1}{6}mV^2$이므로 이 식에 ②를 대입하면 $6mv^2 = mV^2$이다.

따라서 $V = \sqrt{6}v$이다.

 ① $\sqrt{2}v$  ② $2v$  ③ $\sqrt{6}v$  ④ $3v$  ⑤ $2\sqrt{3}v$

13 궤도에서 운동하는 물체의 일과 에너지 2024학년도 수능 물I 20번

정답 ② | 정답률 33 %

적용해야 할 개념 ④가지

① 두 물체가 충돌할 때 외부에서 힘이 작용하지 않으면 충돌 전과 충돌 후의 운동량의 합은 일정하게 보존된다.

② 중력 퍼텐셜 에너지(E_p)는 물체의 질량(m)과 기준면으로부터의 물체의 높이(h)에 각각 비례한다. ➡ $E_p=mgh$ (g: 중력 가속도)

③ 운동 에너지(E_k)는 운동하는 물체가 가지는 에너지로, 물체의 질량(m)과 속력의 제곱(v^2)에 각각 비례한다. ➡ $E_k=\frac{1}{2}mv^2$

④ 물체에 마찰이나 공기 저항이 작용하는 경우 물체의 역학적 에너지가 보존되지 않으며, 이때 감소한 에너지는 열에너지로 전환된다.

문제 보기

그림 (가)와 같이 질량이 m인 물체 A를 높이 $9h$인 지점에 가만히 놓았더니 A가 마찰 구간 I을 지나 수평면에 정지한 질량이 $2m$인 물체 B와 충돌한다. 그림 (나)는 A와 B가 충돌한 후, A는 다시 I을 지나 높이 H인 지점에서 정지하고, B는 마찰 구간 II를 지나 높이 $\frac{7}{2}h$인 지점에서 정지한 순간의 모습을 나타낸 것이다. A가 I을 한 번 지날 때 손실되는 역학적 에너지는 B가 II를 지날 때 손실되는 역학적 에너지와 같고, 충돌에 의해 손실되는 역학적 에너지는 없다.

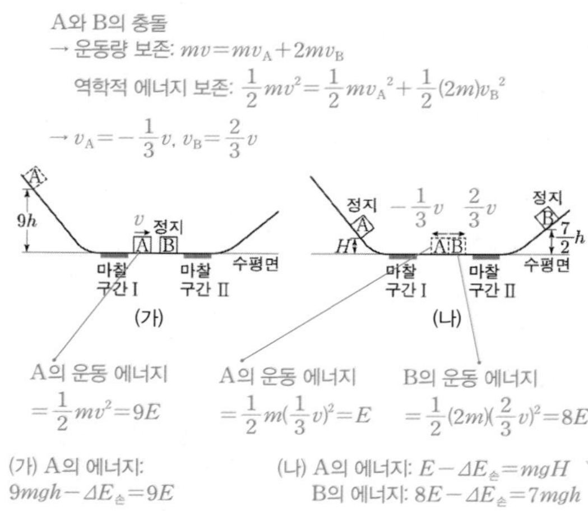

H는? (단, 물체는 동일 연직면상에서 운동하고, 물체의 크기, 공기 저항, 마찰 구간 외의 모든 마찰은 무시한다.)

보기

<보기> 풀이

❶ 수평면에서 A와 B가 충돌하기 전 A의 속도를 v, 충돌한 후 A, B의 속도를 각각 v_A, v_B라고 하면, 충돌 전후 운동량이 보존되므로 $mv=mv_A+2mv_B$에서 $v=v_A+2v_B$ … ①이다. 또 충돌에 의해 손실되는 역학적 에너지가 없으므로, 충돌 전 A의 운동 에너지는 충돌 후 A, B의 운동 에너지의 합과 같다. 따라서 $\frac{1}{2}mv^2=\frac{1}{2}mv_A{}^2+\frac{1}{2}(2m)v_B{}^2$에서 $v^2=v_A{}^2+2v_B{}^2$ … ②이다. ①을 ②에 대입하면 $v_B=-2v_A$이고, $v_B=-2v_A$를 ①에 대입하면 $v_A=-\frac{1}{3}v$, $v_B=\frac{2}{3}v$이다.

❷ 수평면에서 A가 B와 충돌하기 전 A의 운동 에너지 $\frac{1}{2}mv^2=9E$라고 하면, A가 B와 충돌한 후 A, B의 운동 에너지는 각각 E, $8E$이다. 마찰 구간 I, II에서 각각 손실되는 역학적 에너지를 $\Delta E_{손}$이라고 하면, A가 높이 $9h$인 지점에서 마찰 구간 I을 지나 수평면에서 B와 충돌하기 전까지, B와 충돌한 후 마찰 구간 I을 지나 높이 H인 지점에 정지한 순간까지 A의 에너지에 대한 식은 각각 다음과 같다.

$9mgh-\Delta E_{손}=9E$ … ③

$E-\Delta E_{손}=mgH$ … ④

B가 A와 충돌한 후 마찰 구간 II를 지나 높이 $\frac{7}{2}h$인 지점에 정지한 순간까지 B의 에너지에 대한 식은 다음과 같다.

$8E-\Delta E_{손}=7mgh$ … ⑤

③과 ⑤를 연립하여 정리하면 $E=\frac{16}{17}mgh$, $\Delta E_{손}=\frac{9}{17}mgh$이므로, 이를 ④에 대입하면 $H=\frac{7}{17}h$이다.

~~①~~ $\frac{4}{17}h$　② $\frac{7}{17}h$　~~③~~ $\frac{9}{17}h$　~~④~~ $\frac{11}{17}h$　~~⑤~~ $\frac{3}{17}h$

14 궤도에서 운동하는 물체의 일과 에너지 2022학년도 9월 모평 물Ⅰ 20번

정답 ② | 정답률 38 %

적용해야 할 개념 ④가지

① 중력 퍼텐셜 에너지(E_p)는 물체의 질량(m)과 기준면으로부터의 물체의 높이(h)에 각각 비례한다. ➡ $E_p = mgh$ (g: 중력 가속도)

② 운동 에너지(E_k)는 운동하는 물체가 가지는 에너지로, 물체의 질량(m)과 속력의 제곱(v^2)에 각각 비례한다. ➡ $E_k = \frac{1}{2}mv^2$

③ 두 물체가 충돌할 때 외부에서 힘이 작용하지 않으면 충돌 전과 충돌 후의 운동량의 합은 일정하게 보존된다. ➡ 운동량 보존 법칙

④ 물체에 마찰이나 공기 저항이 작용하는 경우 물체의 역학적 에너지가 보존되지 않으며, 이때 감소한 에너지는 열에너지 등으로 전환된다.

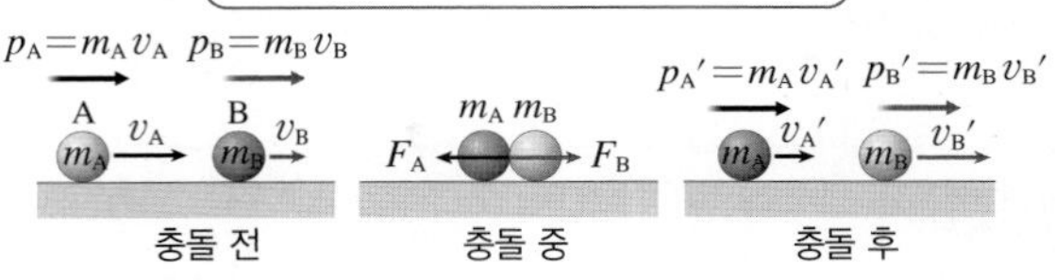

▲ 운동량 보존

문제 보기

그림과 같이 물체 A, B를 각각 서로 다른 빗면의 높이 h_A, h_B인 지점에 가만히 놓았다. A가 내려가는 빗면의 일부에는 높이차가 $\frac{3}{4}h$인 마찰 구간이 있으며, A는 마찰 구간에서 등속도 운동 하였다. A와 B는 수평면에서 충돌하였고, 충돌 전의 운동 방향과 반대로 운동하여 각각 높이 $\frac{h}{4}$와 $4h$인 지점에서 속력이 0이 되었다. 수평면에서 B의 속력은 충돌 후가 충돌 전의 2배이다. A, B의 질량은 각각 $3m$, $2m$이다.

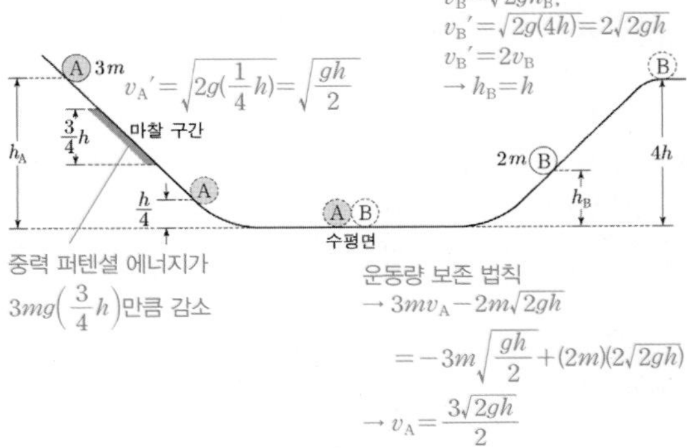

$\frac{h_B}{h_A}$는? (단, 물체의 크기, 공기 저항, 마찰 구간 외의 모든 마찰은 무시한다.) [3점]

<보기> 풀이

수평면에서 질량 m, 속력 v인 물체의 운동 에너지가 높이 H인 곳의 중력 퍼텐셜 에너지로 모두 전환되는 경우나 그 반대인 경우, $\frac{1}{2}mv^2 = mgH$이므로 $v = \sqrt{2gH}$이다.

❶ 충돌 전 A, B의 속력은 각각 v_A, v_B, 충돌 후 A, B의 속력은 각각 v_A', v_B'이라고 하자. 높이 h_A에서 수평면에 도달한 A는 역학적 에너지가 보존되지 않으므로 $v_A \neq \sqrt{2gh_A}$이고, 높이 h_B에서 수평면에 도달한 B는 역학적 에너지가 보존되므로 $v_B = \sqrt{2gh_B}$이다. 수평면에서 A와 B가 충돌한 후 각각 높이 $\frac{h}{4}$와 $4h$인 지점에서 속력이 0이 될 때, 역학적 에너지가 보존되므로, 수평면에서 충돌 후 A, B의 속력은 각각 $v_A' = \sqrt{2g(\frac{1}{4}h)} = \sqrt{\frac{gh}{2}}$, $v_B' = \sqrt{2g(4h)} = 2\sqrt{2gh}$이다. 수평면에서 B의 속력은 충돌 후가 충돌 전의 2배이므로, $2v_B = v_B'$에서 $2\sqrt{2gh_B} = 2\sqrt{2gh}$이고 $h_B = h$이다.

❷ 수평면에서 A와 B의 충돌 전후 운동량의 총합이 보존되므로, $3mv_A - 2mv_B = -3mv_A' + 2mv_B'$이 성립하며, $3mv_A - 2m\sqrt{2gh} = -3m\sqrt{\frac{gh}{2}} + (2m)(2\sqrt{2gh})$에서 $v_A = \frac{3\sqrt{2gh}}{2}$이다.

❸ 한편, A가 h_A의 높이에서 내려와 마찰 구간을 지날 때 등속도 운동을 하였으므로 마찰 구간을 지나는 동안 A의 운동 에너지는 변하지 않고 A의 중력 퍼텐셜 에너지만 감소한다. 따라서 수평면에서 B와 충돌하기 전 A의 에너지에 대한 식은 다음과 같다.

$3mgh_A - 3mg\left(\frac{3}{4}h\right) = \frac{1}{2}(3m)v_A^2$

위 식에 $v_A = \frac{3\sqrt{2gh}}{2}$를 대입하여 정리하면 $h_A = 3h$이고, $h_B = h$이므로 $\frac{h_B}{h_A} = \frac{1}{3}$이다.

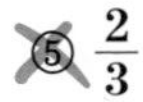

~~① $\frac{1}{4}$~~ ② $\frac{1}{3}$ ~~③ $\frac{4}{9}$~~ ~~④ $\frac{1}{2}$~~ ~~⑤ $\frac{2}{3}$~~

15 궤도에서 운동하는 물체의 일과 에너지 2020학년도 6월 모평 물Ⅰ 18번

정답 ② | 정답률 31 %

적용해야 할 개념 ④가지

① 알짜힘이 물체에 한 일은 운동 에너지 변화량과 같다.
② 물체에 작용한 충격량(I)은 물체에 작용한 힘(F)과 힘이 작용한 시간(Δt)의 곱이다. ➡ $I=F\Delta t$
③ 물체가 받은 충격량은 물체의 운동량의 변화량과 같다. ➡ 충격량=운동량의 변화량=나중 운동량−처음 운동량
④ 힘이 운동 방향과 같은 방향으로 작용하면 물체의 속력이 증가하고, 운동 방향과 반대 방향으로 작용하면 물체의 속력이 감소한다.

문제 보기

그림은 점 p에 가만히 놓은 물체가 궤도를 따라 운동하여 점 q에서 정지한 모습을 나타낸 것이다. 길이가 각각 ℓ, 2ℓ인 수평 구간 A, B에서는 물체에 같은 크기의 일정한 힘이 운동 방향의 반대 방향으로 작용한다. p와 A의 높이 차는 h_1, A와 B의 높이 차는 h_2이다. 물체가 B를 지나는 데 걸린 시간은 A를 지나는 데 걸린 시간의 2배이다.

→ 가속도의 크기는 같다.
→ 속력이 감소한다.

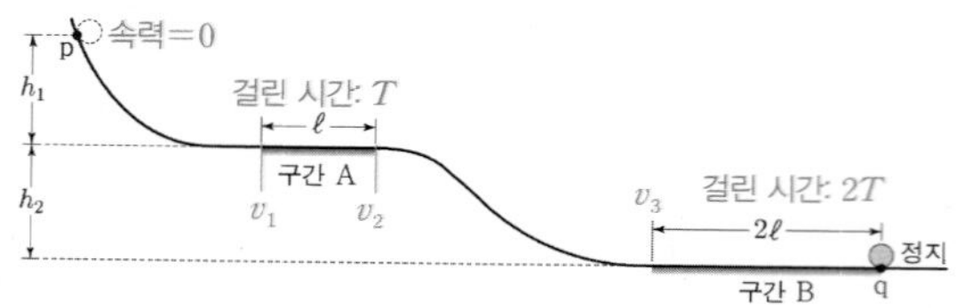

$\frac{h_1}{h_2}$은? (단, 물체의 크기, 마찰과 공기 저항은 무시한다.) [3점]

<보기> 풀이

물체의 질량을 m, A에 진입하기 전 속력을 v_1, A를 통과한 후 속력을 v_2, B에 진입하기 전 속력을 v_3이라고 할 때, 궤도를 운동하는 동안 각 위치에서의 에너지는 다음과 같다.

구분	중력 퍼텐셜 에너지(J)	운동 에너지(J)	역학적 에너지(J)
p	$mg(h_1+h_2)$	0	$mg(h_1+h_2)$
A에 진입하기 전	mgh_2	$\frac{1}{2}mv_1^2$	$mgh_2+\frac{1}{2}mv_1^2$ → 보존
A를 통과한 후	mgh_2	$\frac{1}{2}mv_2^2$	$mgh_2+\frac{1}{2}mv_2^2$
B에 진입하기 전	0	$\frac{1}{2}mv_3^2$	$\frac{1}{2}mv_3^2$ → 보존
q	0	0	0

물체가 p에서 A에 진입하기 전까지 물체의 역학적 에너지는 보존되므로

$mg(h_1+h_2)=mgh_2+\frac{1}{2}mv_1^2$에서 $mgh_1=\frac{1}{2}mv_1^2 \cdots$ ①이다.

A를 통과한 후 B에 진입하기 전까지 역학적 에너지는 보존되므로

$mgh_2+\frac{1}{2}mv_2^2=\frac{1}{2}mv_3^2$에서 $mgh_2=\frac{1}{2}mv_3^2-\frac{1}{2}mv_2^2 \cdots$ ②이다.

물체에 작용한 알짜힘이 한 일은 물체의 운동 에너지 변화량과 같으므로 A, B에서 물체에 작용한 힘의 크기를 F라고 할 때 구간 A, B에서 알짜힘이 한 일과 운동 에너지 변화량은 다음과 같다.

구간	알짜힘이 한 일(W)	운동 에너지 변화량
A	$-Fl$	$\frac{1}{2}mv_2^2-\frac{1}{2}mv_1^2$
B	$-F(2l)=-2Fl$	$0-\frac{1}{2}mv_3^2$

따라서 $-Fl=\frac{1}{2}mv_2^2-\frac{1}{2}mv_1^2 \cdots$ ③, $-2Fl=-\frac{1}{2}mv_3^2 \cdots$ ④이다.

③, ④를 연립하여 정리하면 $v_3^2=2v_1^2-2v_2^2 \cdots$ ⑤이다.

물체가 받은 힘의 크기는 A에서와 B에서가 같고, 구간을 통과하는 데 걸린 시간은 B에서가 A에서의 2배이므로 충격량의 크기는 A에서가 B에서의 2배라는 것을 알 수 있다. 물체가 받은 충격량은 운동량의 변화량과 같으므로 A, B에서 충격량과 운동량의 변화량은 다음과 같다.

구간	충격량(I)	운동량의 변화량
A	$-FT$	mv_2-mv_1
B	$-F(2T)=-2FT$	$0-mv_3$

따라서 $-FT=mv_2-mv_1 \cdots$ ⑥, $-2FT=-mv_3 \cdots$ ⑦이다.

⑥, ⑦을 연립하여 정리하면 $v_3=2v_1-2v_2 \cdots$ ⑧이다.

⑧을 ⑤에 대입하여 정리하면 $v_1^2-4v_1v_2+3v_2^2=0$에서 $v_1=3v_2$, $v_3=4v_2$이다.

이를 ①, ②에 대입하여 정리하면 $h_1=\frac{9v_2^2}{2g}$, $h_2=\frac{15v_2^2}{2g}$이므로 $\frac{h_1}{h_2}=\frac{3}{5}$이다.

~~① $\frac{1}{2}$~~ ② $\frac{3}{5}$ ~~③ $\frac{3}{4}$~~ ~~④ $\frac{4}{5}$~~ ~~⑤ $\frac{5}{6}$~~

16 탄성력에 의한 역학적 에너지 변화 2021학년도 7월 학평 물I 5번

정답 ③ | 정답률 88 %

적용해야 할 개념 ④가지

① 역학적 에너지는 운동 에너지와 퍼텐셜 에너지의 합이며, 마찰이나 공기 저항이 없으면 물체의 역학적 에너지는 일정하게 보존된다.
② 중력 퍼텐셜 에너지(E_p)는 물체의 질량(m)과 기준면으로부터의 물체의 높이(h)에 각각 비례한다. ➡ $E_p=mgh$ (g: 중력 가속도)
③ 운동 에너지(E_k)는 운동하는 물체가 가지는 에너지로, 물체의 질량(m)과 속력의 제곱(v^2)에 각각 비례한다. ➡ $E_k=\frac{1}{2}mv^2$
④ 탄성 퍼텐셜 에너지는 늘어나거나 압축된 용수철과 같이 변형된 물체가 가진 에너지로, 용수철 상수가 k(N/m)인 용수철이 길이 x(m)만큼 변형되었을 때 갖는 탄성 퍼텐셜 에너지는 $E_p=\frac{1}{2}kx^2$이다.

문제 보기

다음은 역학 수레를 이용한 실험이다.

[실험 과정]
(가) 그림과 같이 수평면으로부터 높이 h인 지점에 가만히 놓은 질량 m인 수레가 빗면을 내려와 수평면 위의 점 p를 지나 용수철을 압축시킬 때, 용수철이 최대로 압축되는 길이 x를 측정한다.

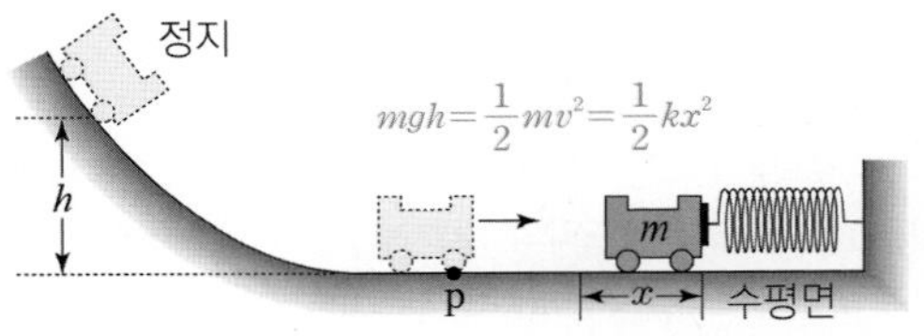

(나) 수레의 질량 m과 수레를 놓는 높이 h를 변화시키면서 (가)를 반복한다.

→ 중력 퍼텐셜 에너지(mgh): 실험 I < 실험 II
→ 탄성 퍼텐셜 에너지($\frac{1}{2}kx^2$): 실험 I < 실험 II
→ x: 실험 I < 실험 II
→ 2 < ㉠

[실험 결과]

실험	m(kg)	h(cm)	x(cm)
I	1	50	2
II	2	50	㉠
III	2	㉡	2

탄성 퍼텐셜 에너지($\frac{1}{2}kx^2$): 실험 I = 실험 III
→ 중력 퍼텐셜 에너지(mgh): 실험 I = 실험 III
→ m: 실험 I < 실험 III, h: 실험 I > 실험 III
→ 50 > ㉡

→ 높이(h): 실험 II > 실험 III
→ p에서의 속력: 실험 II > 실험 III

이에 대한 설명으로 옳은 것만을 〈보기〉에서 있는 대로 고른 것은? (단, 용수철의 질량, 수레의 크기, 모든 마찰과 공기 저항은 무시한다.)

<보기> 풀이

역학적 에너지 보존 법칙에 따라 높이 h에서의 중력 퍼텐셜 에너지가 수평면에서의 운동 에너지로 전환된 후, 용수철이 최대로 압축되었을 때의 탄성 퍼텐셜 에너지로 전환된다.

ㄱ. ㉠은 2보다 크다.

➡ 수레의 중력 퍼텐셜 에너지가 클수록 용수철이 최대로 압축되는 길이가 크다. 수레의 중력 퍼텐셜 에너지는 수레의 질량 m과 높이 h의 곱에 비례하므로, 중력 퍼텐셜 에너지는 II에서가 I에서보다 크다. 따라서 용수철이 최대로 압축되는 길이 x는 II에서가 I에서보다 커야 하므로, ㉠은 2보다 크다.

다른 풀이 수레의 중력 퍼텐셜 에너지가 용수철의 탄성 퍼텐셜 에너지로 전환되므로, $mgh=\frac{1}{2}kx^2$에서 $x=\sqrt{\frac{2mgh}{k}}$이다. 즉 용수철이 최대로 압축되는 거리 $x\propto\sqrt{2mh}$이므로, ㉠은 $2\sqrt{2}$이다.

ㄴ. ㉡은 50보다 작다.

➡ 실험 I과 III에서 용수철이 최대로 압축되는 길이 x가 같으므로, 용수철의 탄성 퍼텐셜 에너지가 같고 수레의 중력 퍼텐셜 에너지도 같다. 따라서 수레의 질량 m과 높이 h의 곱이 같아야 하므로, ㉡은 25이다. 따라서 ㉡은 50보다 작다.

ㄷ. p에서 수레의 속력은 II에서가 III에서보다 작다.

➡ 높이 h인 지점에서의 중력 퍼텐셜 에너지가 p에서의 운동 에너지로 전환되므로, $mgh=\frac{1}{2}mv^2$에서 수레의 속력 $v=\sqrt{2gh}$이다. 즉, 높이가 클수록 p에서의 속력 v가 크다. 높이 h는 II에서가 III에서보다 크므로, p에서 수레의 속력은 II에서가 III에서보다 크다.

17 탄성력에 의한 역학적 에너지 변화 2020학년도 7월 학평 물Ⅰ 7번

정답 ③ | 정답률 80 %

적용해야 할 개념 ②가지

① 탄성 퍼텐셜 에너지는 늘어나거나 압축된 용수철과 같이 변형된 물체가 가진 에너지로, 용수철 상수가 k(N/m)인 용수철이 길이 x(m)만큼 변형되었을 때 갖는 탄성 퍼텐셜 에너지는 $E_p=\frac{1}{2}kx^2$이다.

② 물체에 마찰이나 공기 저항이 작용하는 경우 물체의 역학적 에너지는 보존되지 않으며, 이때 감소한 역학적 에너지는 열에너지 등으로 전환된다.

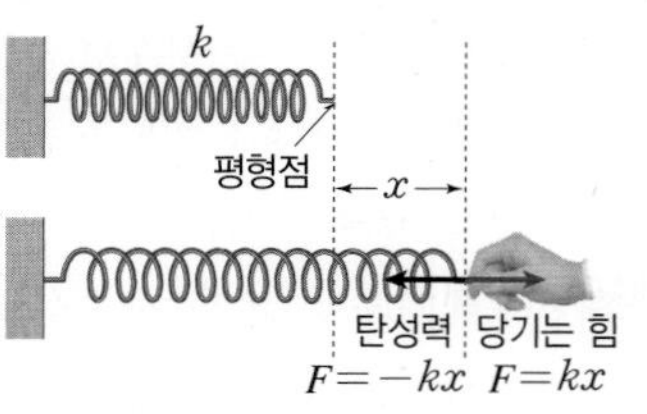

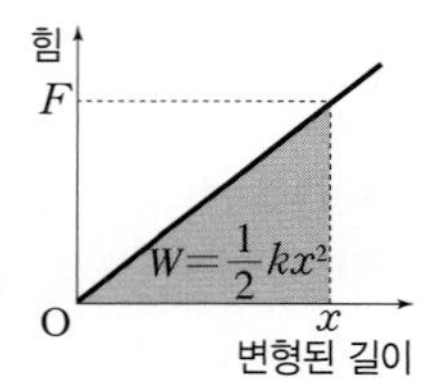

▲ 탄성력과 탄성 퍼텐셜 에너지

문제 보기

다음은 용수철 진자의 역학적 에너지 감소에 관한 실험이다.

[실험 과정]

(가) 그림과 같이 유리판 위에 놓인 나무 도막에 용수철을 연결하고 용수철의 한쪽 끝을 벽에 고정시킨다.

(나) 나무 도막을 평형점 O에서 점 P까지 당겨 용수철이 늘어나게 한다.

(다) 나무 도막을 가만히 놓은 후 나무 도막이 여러 번 진동하여 멈출 때까지 걸린 시간 t를 측정한다. → 역학적 에너지 감소

(라) (가)에서 유리판만을 사포로 바꾼 후 (나)와 (다)를 반복한다.

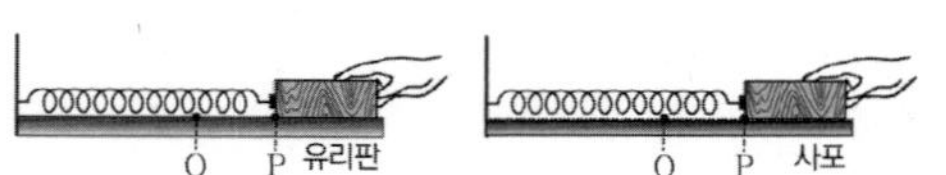

[실험 결과]

멈출 때까지 걸린 시간: 유리판>사포
→ 이동 거리: 유리판>사포

바닥면의 종류	t
유리판	5초
사포	2초

이에 대한 설명으로 옳은 것만을 〈보기〉에서 있는 대로 고른 것은?

<보기> 풀이

ㄱ. (다)에서 나무 도막이 진동하는 동안 마찰에 의해 열이 발생한다.

➡ 물체가 운동할 때 마찰이나 공기 저항을 받으면 역학적 에너지가 보존되지 않는다. (다)에서 나무 도막이 여러 번 진동하다가 멈추는 것은 나무 도막이 진동하는 동안 나무 도막과 바닥면 사이의 마찰에 의해 역학적 에너지가 감소하기 때문이다. 이때 감소한 역학적 에너지는 열에너지의 형태로 전환된다.

ㄴ. 나무 도막을 놓는 순간부터 나무 도막이 멈출 때까지 나무 도막의 이동 거리는 유리판 위에서가 사포 위에서보다 크다.

➡ 나무 도막의 진동이 멈출 때까지 걸린 시간은 유리판 위에서가 5초, 사포 위에서가 2초로 유리판 위에서가 더 크다. 따라서 나무 도막은 유리판 위에서 더 많이 왕복 운동 하므로 나무 도막을 놓는 순간부터 나무 도막이 멈출 때까지 나무 도막의 이동 거리는 유리판 위에서가 사포 위에서보다 크다.

ㄷ. (다)에서 나무 도막이 P에서 O까지 이동하는 동안 용수철에 저장된 탄성 퍼텐셜 에너지는 증가한다.

➡ 탄성 퍼텐셜 에너지($E_p=\frac{1}{2}kx^2$)는 용수철의 변형된 길이의 제곱에 비례한다. (다)에서 나무 도막이 P에서 O까지 이동하는 동안 용수철의 변형된 길이가 감소하므로, 용수철에 저장된 탄성 퍼텐셜 에너지는 감소한다.

18 탄성력에 의한 역학적 에너지 보존 2024학년도 10월 학평 물I 7번

정답 ③ | 정답률 69 %

적용해야 할 개념 ③가지

① 운동 에너지(E_k)는 운동하는 물체가 가지는 에너지로, 물체의 질량(m)과 속력의 제곱(v^2)에 각각 비례한다. ➡ $E_k=\frac{1}{2}mv^2$

② 탄성 퍼텐셜 에너지는 늘어나거나 압축된 용수철과 같이 변형된 물체가 가진 에너지로, 용수철 상수가 k(N/m)인 용수철이 길이 x(m)만큼 변형되었을 때 갖는 탄성 퍼텐셜 에너지는 $E_p=\frac{1}{2}kx^2$이다.

③ 물체가 받은 충격량은 물체의 운동량의 변화량과 같다.
➡ $I=F\Delta t=\Delta p=mv_2-mv_1$

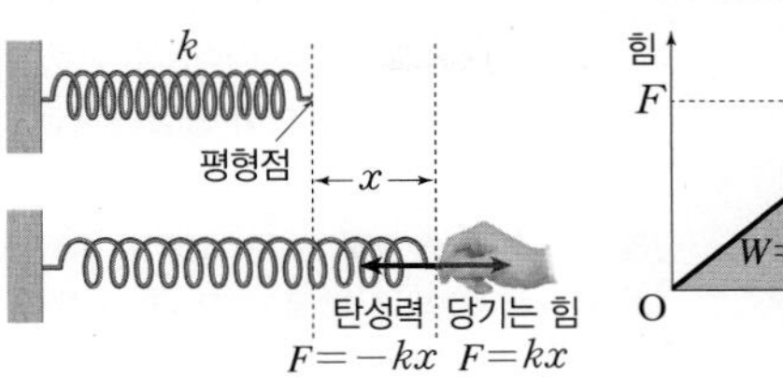

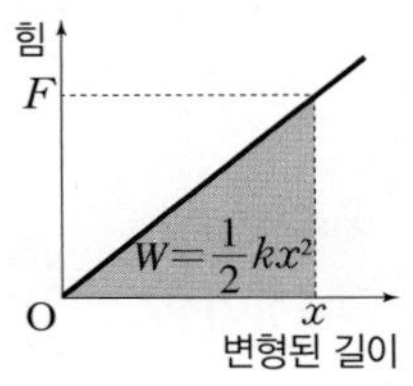

▲ 탄성력과 탄성 퍼텐셜 에너지

문제 보기

그림 (가), (나)는 마찰이 없는 수평면에서 등속도 운동하던 물체 A, B가 동일한 용수철을 원래 길이에서 각각 d, $2d$만큼 압축시켜 정지한 순간의 모습을 나타낸 것이다. A, B의 질량은 각각 m, $4m$이고, A, B가 정지할 때까지 용수철로부터 받은 충격량의 크기는 각각 I_A, I_B이다.

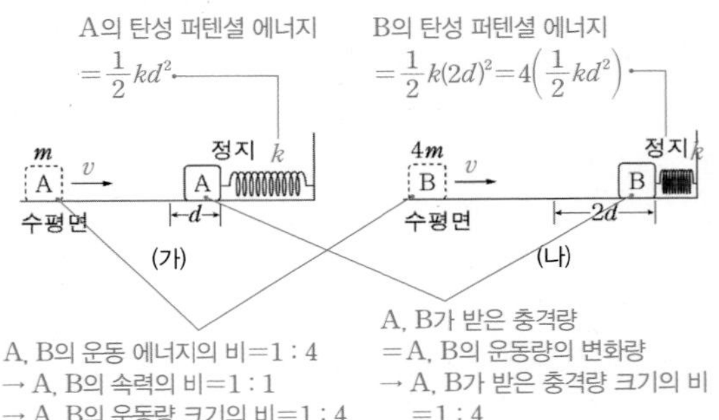

$\frac{I_B}{I_A}$는? (단, 용수철의 질량, 물체의 크기는 무시한다.)

<보기> 풀이

❶ 용수철 상수가 k인 용수철이 x만큼 압축될 때 용수철의 탄성 퍼텐셜 에너지는 $\frac{1}{2}kx^2$이다.
(가), (나)에서 용수철이 최대로 압축된 길이의 비가 1 : 2이므로, A, B의 최대 탄성 퍼텐셜 에너지의 비는 1 : 4이다. 용수철의 탄성 퍼텐셜 에너지는 A, B가 용수철을 압축시키기 전의 운동 에너지가 전환된 것이므로, 용수철을 압축시키기 전 A, B의 운동 에너지의 비는 1 : 4이다.

❷ 질량 m인 물체가 속력 v로 운동할 때의 운동 에너지는 $\frac{1}{2}mv^2$이다. 용수철을 압축시키기 전 A, B의 운동 에너지의 비가 1 : 4일 때, A와 B의 질량의 비가 1 : 4이므로 A, B의 속력은 같다. A, B의 속력을 v라고 하면, A, B가 정지할 때까지 운동량의 변화량의 크기는 각각 mv, $4mv$이다. 용수철로부터 받은 충격량의 크기는 운동량 변화량의 크기와 같으므로, A, B가 정지할 때까지 용수철로부터 받은 충격량의 크기는 각각 mv, $4mv$이다. 따라서 $I_A : I_B=1 : 4$이므로 $\frac{I_B}{I_A}=4$이다.

다른 풀이

❷ 운동 에너지 $E_k=\frac{1}{2}mv^2=\frac{(mv)^2}{2m}$에서 운동량 $mv=\sqrt{2mE_k}$이다. A, B가 정지할 때까지 용수철로부터 받은 충격량의 크기는 운동량 변화량의 크기와 같으므로, 용수철을 압축하기 전 A, B의 운동 에너지를 각각 E_0, $4E_0$이라고 하면
$I_A=\sqrt{2mE_0}$, $I_B=\sqrt{2(4m)(4E_0)}=4\sqrt{2mE_0}$이다. 따라서 $\frac{I_B}{I_A}=4$이다.

 1  2  4  8  16

19 탄성력에 의한 역학적 에너지 보존 2022학년도 7월 학평 물I 18번

정답 ④ | 정답률 44%

적용해야 할 개념 ③가지

① 역학적 에너지는 운동 에너지와 퍼텐셜 에너지의 합이다.
② 마찰이나 공기의 저항이 없으면 물체의 역학적 에너지는 일정하게 보존된다.
③ 두 물체가 충돌(또는 분열)할 때 외부에서 힘이 작용하지 않으면 충돌(또는 분열) 전과 후의 운동량의 합은 일정하게 보존된다.

충돌 전 운동량의 합=충돌 후 운동량의 합
$m_A v_A + m_B v_B = m_A v_A' + m_B v_B'$

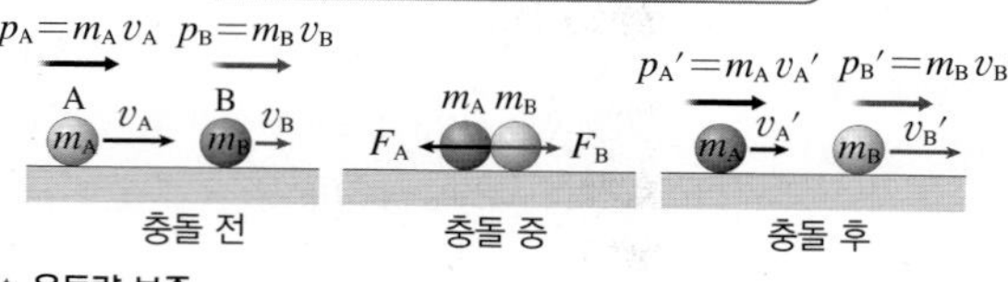

▲ 운동량 보존

문제 보기

그림 (가)와 같이 물체 A가 수평면에서 용수철이 달린 정지해 있는 물체 B를 향해 등속 직선 운동한다. 그림 (나)는 (가)에서 A와 B가 충돌하고 분리된 후 B가 수평면에서 등속 직선 운동하는 모습을 나타낸 것이다. (나)에서 B의 속력은 (가)에서 A의 속력의 $\frac{2}{3}$배이고, 질량은 B가 A의 2배이다.

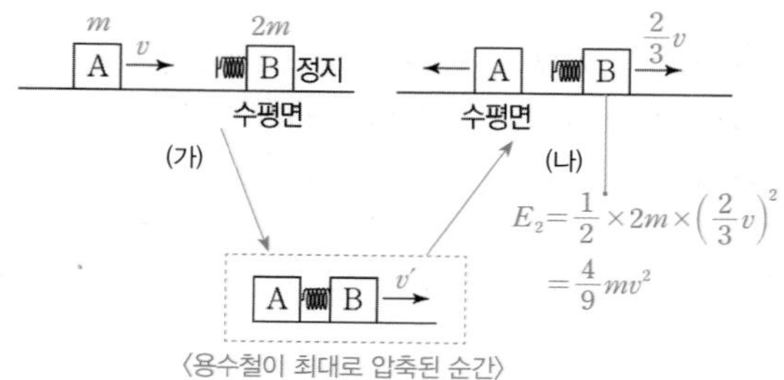

- A의 속력=B의 속력=v'
- 운동량 보존 법칙: $mv = (m+2m)v'$, $v' = \frac{1}{3}v$
- 역학적 에너지 보존 법칙: $\frac{1}{2}mv^2 = \frac{1}{2} \times 3m \times \left(\frac{1}{3}v\right)^2 + E_1$

$\rightarrow E_1 = \frac{1}{3}mv^2$

용수철이 압축되는 동안 용수철에 저장되는 탄성 퍼텐셜 에너지의 최댓값을 E_1, (나)에서 B의 운동 에너지를 E_2라 할 때 $\frac{E_1}{E_2}$는? (단, 충돌 과정에서 역학적 에너지 손실은 없고, 용수철의 질량, 모든 마찰과 공기 저항은 무시한다.) [3점]

<보기> 풀이

❶ A가 B에 충돌하는 동안 A의 속력이 B의 속력보다 크다면 용수철이 압축되고 있는 중이고, A의 속력보다 B의 속력이 크다면 용수철이 다시 팽창되고 있는 중이다. 따라서 A가 B에 충돌하는 동안 A와 B의 속력이 같은 순간이 용수철이 최대로 압축되는 순간이며, 이때 용수철에 저장되는 탄성 퍼텐셜 에너지가 최대가 된다.

❷ A의 질량을 m, 충돌 전 A의 속력을 v라 하고 충돌 과정에서 용수철에 저장되는 탄성 퍼텐셜 에너지가 최대가 되는 순간 A, B의 속력을 v'라고 하면, 운동량 보존 법칙에 따라 $mv=(m+2m)v'$에서 $v'=\frac{1}{3}v$가 된다. 충돌 과정에서 역학적 에너지가 보존되므로, 충돌 전 A의 운동 에너지는 용수철이 최대로 압축했을 때 (A+B)의 운동 에너지와 용수철의 탄성 퍼텐셜 에너지의 합과 같다. 즉, $\frac{1}{2}mv^2 = \frac{1}{2} \times 3m \times \left(\frac{1}{3}v\right)^2 + E_1$에서 $E_1 = \frac{1}{3}mv^2$이다.

❸ (나)에서 B의 속력은 $\frac{2}{3}v$이므로, B의 운동 에너지 $E_2 = \frac{1}{2} \times 2m \times \left(\frac{2}{3}v\right)^2 = \frac{4}{9}mv^2$이다.

따라서 $\frac{E_1}{E_2} = \frac{3}{4}$이다.

① $\frac{2}{9}$ 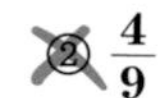 ② $\frac{4}{9}$ ③ $\frac{2}{3}$ ④ $\frac{3}{4}$ ⑤ $\frac{4}{3}$

20 탄성력에 의한 역학적 에너지 보존 2021학년도 3월 학평 물Ⅰ 20번

정답 ④ | 정답률 39 %

적용해야 할 개념 ③가지

① 탄성 퍼텐셜 에너지는 늘어나거나 압축된 용수철과 같이 변형된 물체가 가진 에너지로, 용수철 상수가 k(N/m)인 용수철이 길이 x(m)만큼 변형되었을 때 갖는 탄성 퍼텐셜 에너지는 $E_p=\frac{1}{2}kx^2$이다.

② 역학적 에너지는 운동 에너지와 퍼텐셜 에너지의 합이다.

③ 마찰이나 공기의 저항이 없으면 물체의 역학적 에너지는 일정하게 보존된다.

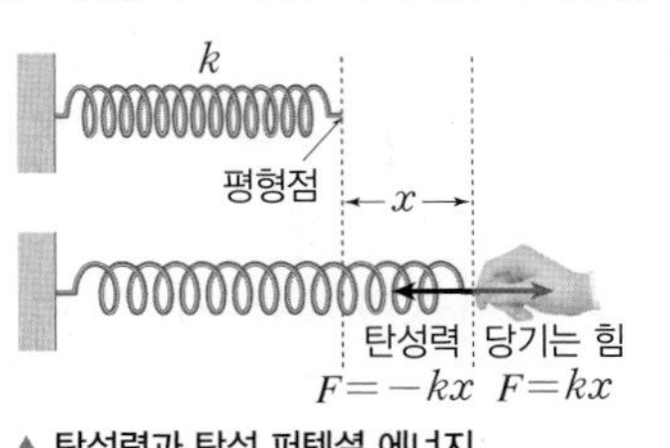

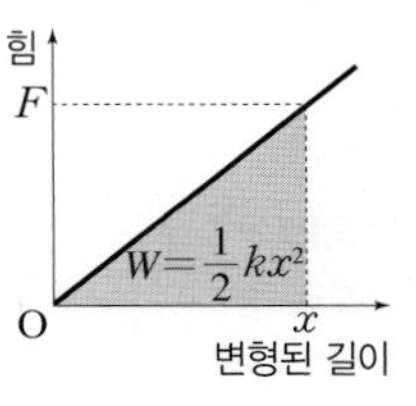

▲ 탄성력과 탄성 퍼텐셜 에너지

문제 보기

그림 (가)와 같이 수평면에서 용수철 A, B가 양쪽에 수평으로 연결되어 있는 물체를 손으로 잡아 정지시켰다. A, B의 용수철 상수는 각각 100 N/m, 200 N/m이고, A의 늘어난 길이는 0.3 m이며, B의 탄성 퍼텐셜 에너지는 0이다. 그림 (나)와 같이 (가)에서 손을 가만히 놓았더니 물체가 직선 운동을 하다가 처음으로 정지한 순간 B의 늘어난 길이는 L이다.

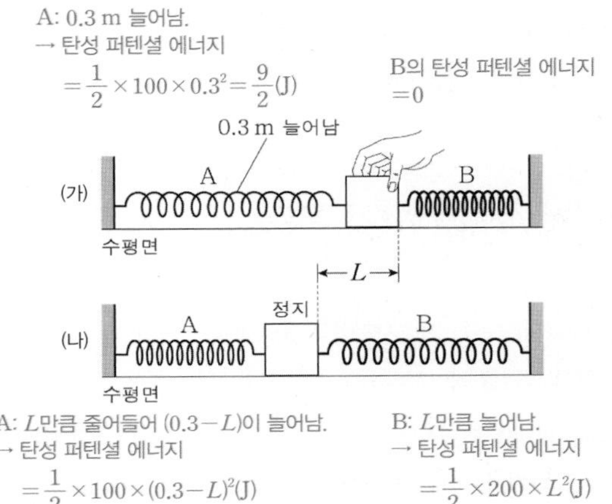

L은? (단, 물체의 크기, 용수철의 질량, 모든 마찰과 공기 저항은 무시한다.) [3점]

<보기> 풀이

마찰이나 공기 저항을 받지 않으면 물체의 역학적 에너지가 보존되므로, (가)에서 A의 탄성 퍼텐셜 에너지와 B의 탄성 퍼텐셜 에너지의 합은 (나)에서 A의 탄성 퍼텐셜 에너지와 B의 탄성 퍼텐셜 에너지의 합과 같다. (가)에서 A는 0.3 m 늘어났으므로,

보기 A의 탄성 퍼텐셜 에너지는 $\frac{1}{2}\times100\times0.3^2=\frac{9}{2}$(J)이고, B의 탄성 퍼텐셜 에너지는 0이다.

(나)에서 A는 L만큼 줄어들었지만 원래 길이에서 $(0.3-L)$만큼 늘어난 상태라고 보면 A의 탄성 퍼텐셜 에너지는 $\frac{1}{2}\times100\times(0.3-L)^2$(J)이고, B는 L만큼 늘어났으므로 B의 탄성 퍼텐셜 에너지는 $\frac{1}{2}\times200\times L^2$(J)이다. 역학적 에너지 보존 법칙에 따라 $\frac{9}{2}=\frac{1}{2}\times100\times(0.3-L)^2+\frac{1}{2}\times200\times L^2$이므로, $L=0.2$ m이다.

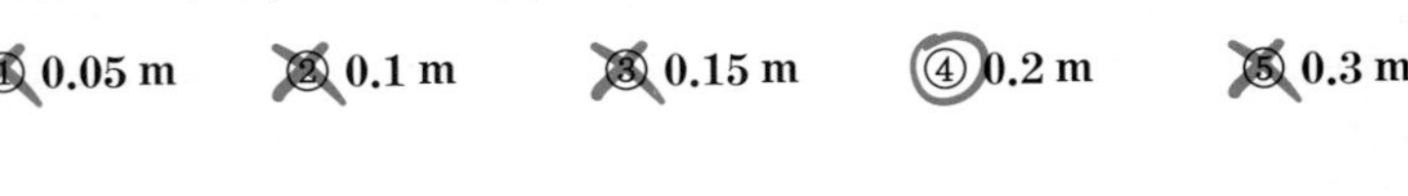

① 0.05 m ② 0.1 m ③ 0.15 m ④ 0.2 m ⑤ 0.3 m

21 탄성력에 의한 역학적 에너지 보존 2021학년도 4월 학평 물Ⅰ 20번

정답 ① | 정답률 23 %

적용해야 할 개념 ③가지

① 탄성 퍼텐셜 에너지는 늘어나거나 압축된 용수철과 같이 변형된 물체가 가진 에너지로, 용수철 상수가 k(N/m)인 용수철이 길이 x(m)만큼 변형되었을 때 갖는 탄성 퍼텐셜 에너지는 $E_p=\frac{1}{2}kx^2$이다.

② 역학적 에너지는 운동 에너지와 퍼텐셜 에너지의 합이다.

③ 물체에 마찰이나 공기 저항이 작용하는 경우 물체의 역학적 에너지는 보존되지 않으며, 이때 감소한 역학적 에너지는 열에너지 등으로 전환된다.

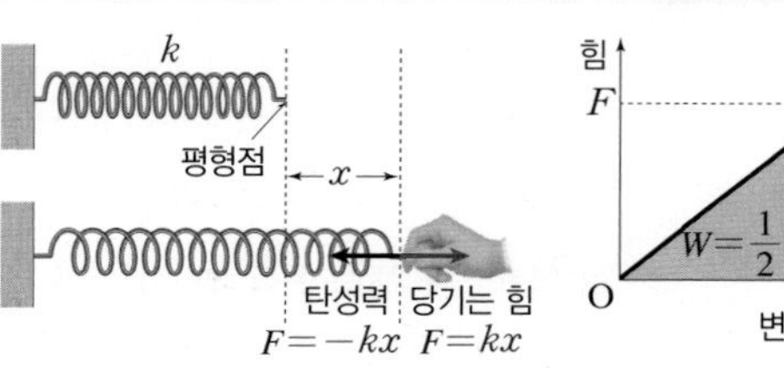

▲ 탄성력과 탄성 퍼텐셜 에너지

문제 보기

그림 (가)는 마찰이 있는 수평면에서 물체와 연결된 용수철을 원래 길이에서 $2L$만큼 압축하여 물체를 점 p에 정지시킨 모습을 나타낸 것이다. 물체가 p에 있을 때, 용수철에 저장된 탄성 퍼텐셜 에너지는 E_0이다. 그림 (나)는 (가)에서 물체를 가만히 놓았더니 물체가 점 q, r를 지나 정지한 순간의 모습을 나타낸 것이다. p와 q 사이, q와 r 사이의 거리는 각각 $2L$, L이다. (나)에서 물체가 q에서 r까지 운동하는 동안, 물체의 운동 에너지 감소량은 용수철에 저장된 탄성 퍼텐셜 에너지 증가량의 $\frac{7}{5}$배이다.

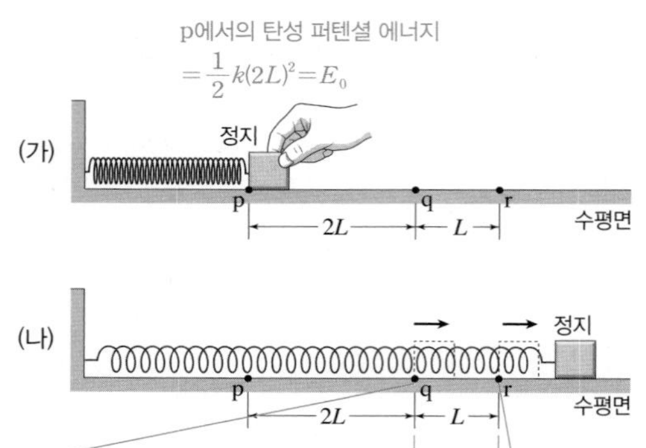

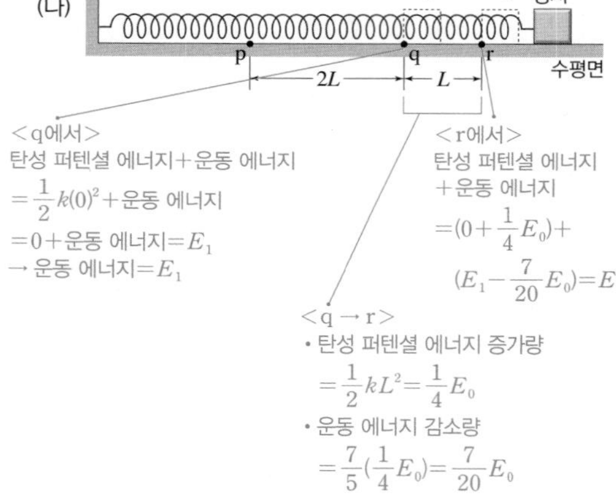

(나)에서 물체가 q, r를 지나는 순간 용수철에 저장된 탄성 퍼텐셜 에너지와 물체의 운동 에너지의 합을 각각 E_1, E_2라 할 때, E_1-E_2는? (단, 물체의 크기, 용수철의 질량은 무시한다.) [3점]

<보기> 풀이

물체가 점 q, r를 지나는 순간 용수철에 저장된 탄성 퍼텐셜 에너지와 물체의 운동 에너지, q에서 r까지 운동하는 동안 탄성 퍼텐셜 에너지 증가량과 운동 에너지 감소량은 다음과 같다.

구분	q	r	q → r 구간
탄성 퍼텐셜 에너지	0	$\frac{1}{2}kL^2=\frac{1}{4}E_0$	탄성 퍼텐셜 에너지 증가량 $=\frac{1}{4}E_0$
운동 에너지	E_1	$E_1-\frac{7}{20}E_0$	운동 에너지 감소량 $=\frac{7}{5}(\frac{1}{4}E_0)=\frac{7}{20}E_0$

$E_1=0+E_1$

$E_2=\frac{1}{4}E_0+(E_1-\frac{7}{20}E_0)$

물체가 p에 있을 때 용수철의 변형된 길이가 $2L$이므로, 탄성 퍼텐셜 에너지 $E_0=\frac{1}{2}k(2L)^2$이다.

❶ 물체가 q를 지나는 순간 용수철이 변형된 길이가 0이므로, 물체의 탄성 퍼텐셜 에너지는 0이다. 따라서 q에서 물체가 가지는 에너지는 운동 에너지뿐이며, 운동 에너지는 E_1과 같다.

❷ 물체가 r를 지나는 순간 물체는 탄성 퍼텐셜 에너지와 운동 에너지를 모두 갖는다. r에서 용수철이 변형된 길이가 L이므로, 탄성 퍼텐셜 에너지는 $\frac{1}{2}kL^2=\frac{1}{4}E_0$이다. r에서 운동 에너지는 q에서의 운동 에너지에서 q → r 구간에서의 운동 에너지 감소량을 뺀 값이다. q에서의 운동 에너지는 E_1이고, q → r 구간에서의 운동 에너지 감소량은 퍼텐셜 에너지 증가량 $\frac{1}{4}E_0$의 $\frac{7}{5}$배이므로 $\frac{7}{20}E_0$이다. 따라서 r에서의 운동 에너지는 $E_1-\frac{7}{20}E_0$이다.

❸ 물체가 q를 지나는 순간 탄성 퍼텐셜 에너지와 운동 에너지의 합은 E_1이고, 물체가 r를 지나는 순간 탄성 퍼텐셜 에너지와 운동 에너지의 합은

$E_2=\frac{1}{4}E_0+(E_1-\frac{7}{20}E_0)$이다. 따라서 $E_1-E_2=E_1-\{\frac{1}{4}E_0+(E_1-\frac{7}{20}E_0)\}=\frac{1}{10}E_0$이다.

① $\frac{1}{10}E_0$ ~~② $\frac{1}{5}E_0$~~ ~~③ $\frac{3}{10}E_0$~~ ~~④ $\frac{2}{5}E_0$~~ ~~⑤ $\frac{1}{2}E_0$~~

22 탄성력에 의한 역학적 에너지 보존 2021학년도 10월 학평 물Ⅰ 20번

정답 ② | 정답률 39 %

적용해야 할 개념 ④가지

① 역학적 에너지는 운동 에너지와 퍼텐셜 에너지의 합이며, 외력을 받지 않으면 물체의 역학적 에너지는 보존된다.

② 중력 퍼텐셜 에너지(E_p)는 물체의 질량(m)과 기준면으로부터의 물체의 높이(h)에 각각 비례한다. ➡ $E_p=mgh$ (g: 중력 가속도)

③ 운동 에너지(E_k)는 운동하는 물체가 가지는 에너지로, 물체의 질량(m)과 속력의 제곱(v^2)에 각각 비례한다. ➡ $E_k=\frac{1}{2}mv^2$

④ 탄성 퍼텐셜 에너지는 늘어나거나 압축된 용수철과 같이 변형된 물체가 가진 에너지로, 용수철 상수가 k(N/m)인 용수철이 길이 x(m)만큼 변형되었을 때 갖는 탄성 퍼텐셜 에너지는 $E_p=\frac{1}{2}kx^2$이다.

문제 보기

그림 (가)와 같이 원래 길이가 $8d$인 용수철에 물체 A를 연결하고, 물체 B로 A를 $6d$만큼 밀어 올려 정지시켰다. 용수철을 압축시키는 동안 용수철에 저장된 탄성 퍼텐셜 에너지의 증가량은 A의 중력 퍼텐셜 에너지 증가량의 3배이다. A와 B의 질량은 각각 m이다. 그림 (나)는 (가)에서 B를 가만히 놓았더니 A가 B와 함께 연직선상에서 운동하다가 B와 분리된 후 용수철의 길이가 $9d$인 지점을 지나는 순간을 나타낸 것이다.

→ $\frac{1}{2}k(6d)^2=3(mg\cdot 6d)$

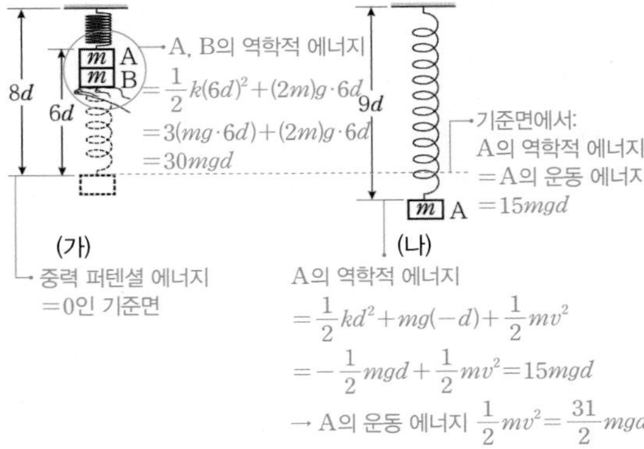

(나)에서 A의 운동 에너지는? (단, 중력 가속도는 g이고, 용수철의 질량, 물체의 크기, 모든 마찰과 공기 저항은 무시한다.) [3점]

<보기> 풀이

❶ (가)에서 용수철의 원래 길이 $8d$인 지점을 중력 퍼텐셜 에너지의 기준면으로 하면, 용수철에 저장된 탄성 퍼텐셜 에너지의 증가량은 A의 중력 퍼텐셜 에너지 증가량의 3배이므로, $\frac{1}{2}k(6d)^2=3(mg\cdot 6d)$이다.

(가)에서 A와 B는 탄성력에 의한 퍼텐셜 에너지와 중력에 의한 퍼텐셜 에너지를 가지므로, A와 B의 역학적 에너지는 $\frac{1}{2}k(6d)^2+(2m)g\cdot 6d=3(mg\cdot 6d)+(2m)g\cdot 6d=30mgd$이다.

❷ 용수철이 원래 길이 $8d$까지 팽창하는 동안 A와 B는 함께 운동하지만, $8d$보다 더 늘어나면 용수철이 A를 당기므로 $8d$에서 A와 B가 분리된다. 용수철의 길이가 $8d$가 되었을 때 A와 B는 운동 에너지만을 가지며 역학적 에너지 보존 법칙에 따라 A와 B의 운동 에너지의 합은 $30mgd$이다. 따라서 용수철의 길이가 $8d$일 때 A의 역학적 에너지는 A의 운동 에너지와 같은 $15mgd$이다.

❸ (나)에서 용수철의 길이가 $9d$일 때 A는 탄성 퍼텐셜 에너지, 중력 퍼텐셜 에너지, 운동 에너지를 가지므로, A의 역학적 에너지는

$\frac{1}{2}kd^2+mg(-d)+\frac{1}{2}mv^2=15mgd$이다.

$kd^2=mgd$이므로, $-\frac{1}{2}mgd+\frac{1}{2}mv^2=15mgd$에서 A의 운동 에너지 $\frac{1}{2}mv^2=\frac{31}{2}mgd$이다.

~~① $\frac{29}{2}mgd$~~ ② $\frac{31}{2}mgd$ ~~③ $\frac{63}{4}mgd$~~ ~~④ $\frac{65}{4}mgd$~~ ~~⑤ $\frac{33}{2}mgd$~~

23 궤도에서 운동하는 물체의 일과 에너지 2025학년도 9월 모평 물Ⅰ 20번

정답 ④ | 정답률 64 %

적용해야 할 개념 ④가지

① 두 물체가 충돌할 때 외부에서 힘이 작용하지 않으면 충돌 전과 충돌 후의 운동량의 합은 일정하게 보존된다.

② 중력 퍼텐셜 에너지(E_p)는 물체의 질량(m)과 기준면으로부터의 물체의 높이(h)에 각각 비례한다. ➡ $E_p = mgh$ (g: 중력 가속도)

③ 운동 에너지(E_k)는 운동하는 물체가 가지는 에너지로, 물체의 질량(m)과 속력의 제곱(v^2)에 각각 비례한다. ➡ $E_k = \frac{1}{2}mv^2$

④ 물체에 마찰이나 공기 저항이 작용하는 경우 물체의 역학적 에너지가 보존되지 않으며, 이때 감소한 에너지는 열에너지로 전환된다.

문제 보기

그림과 같이 수평면으로부터 높이가 h인 수평 구간에서 질량이 각각 m, $3m$인 물체 A와 B로 용수철을 압축시킨 후 가만히 놓았더니, A, B는 각각 수평면상의 마찰 구간 Ⅰ, Ⅱ를 지나 높이 $3h$, $2h$에서 정지하였다. 이 과정에서 A의 운동 에너지의 최댓값은 A의 중력 퍼텐셜 에너지의 최댓값의 4배이다. A, B가 각각 Ⅰ, Ⅱ를 한 번 지날 때 손실되는 역학적 에너지는 각각 $W_Ⅰ$, $W_Ⅱ$이다. (보기)

=A의 최대 운동 에너지
=분리된 직후 A의 역학적 에너지
→ $\frac{1}{2}m(3v)^2 + mgh = 4 \times mg(3h)$
→ $\frac{1}{2}m(3v)^2 = 11mgh$

B의 에너지:
$\frac{1}{2}(3m)v^2 + 3mgh - W_Ⅱ = 3mg(2h)$
$= \frac{11}{3}mgh + 3mgh - W_Ⅱ = 3mg(2h)$
$\rightarrow W_Ⅱ = \frac{2}{3}mgh$

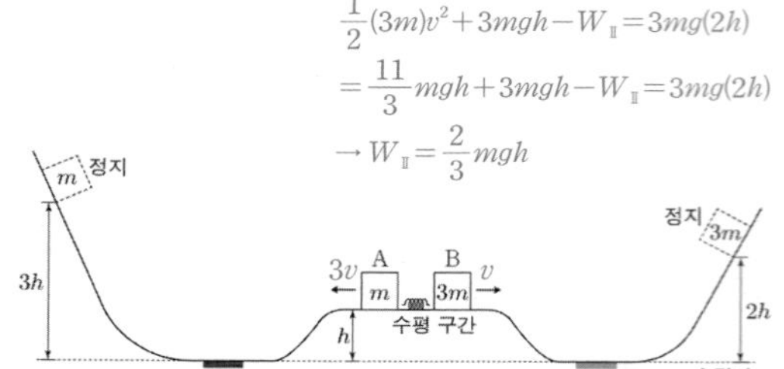

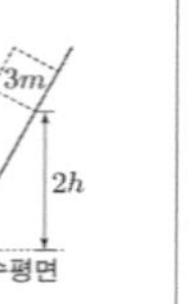

A의 에너지:
$\frac{1}{2}m(3v)^2 + mgh - W_Ⅰ = mg(3h)$
$= 11mgh + mgh - W_Ⅰ = mg(3h)$
$\rightarrow W_Ⅰ = 9mgh$

$\frac{W_Ⅰ}{W_Ⅱ}$은? (단, 수평면에서 중력 퍼텐셜 에너지는 0이고, A와 B는 동일 연직면상에서 운동한다. 물체의 크기, 용수철의 질량, 공기 저항과 마찰 구간 외의 모든 마찰은 무시한다.)

<보기> 풀이

❶ 분리되기 전 A, B의 운동량의 합이 0이므로, 운동량 보존 법칙에 따라 분리된 후 A, B의 운동량의 합은 0이다. 따라서 분리된 후 A의 속력을 $3v$라고 하면 B의 속력은 v이다. A와 B가 수평 구간에서 분리된 직후부터 높이가 각각 $3h$, $2h$인 지점에 도달할 때까지 A, B의 에너지는 다음과 같다.

A: $\frac{1}{2}m(3v)^2 + mgh - W_Ⅰ = mg(3h)$ ⋯ ①

B: $\frac{1}{2}(3m)v^2 + 3mgh - W_Ⅱ = 3mg(2h)$ ⋯ ②

❷ A의 운동 에너지의 최댓값은 수평 구간에서 분리된 직후 A의 역학적 에너지와 같으므로 $\frac{1}{2}m(3v)^2 + mgh$이다. 또 A의 운동 에너지의 최댓값은 A의 중력 퍼텐셜 에너지의 최댓값의 4배이므로, $\frac{1}{2}m(3v)^2 + mgh = 4 \times mg(3h)$에서 $\frac{1}{2}m(3v)^2 = 11mgh$이다.

❸ $\frac{1}{2}m(3v)^2 = 11mgh$를 ①에 대입하면 $W_Ⅰ = 9mgh$이고, $\frac{1}{2}(3m)v^2 = \frac{11}{3}mgh$를 ②에 대입하면 $W_Ⅱ = \frac{2}{3}mgh$이다. 따라서 $\frac{W_Ⅰ}{W_Ⅱ} = \frac{27}{2}$이다.

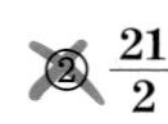 ① 9  ② $\frac{21}{2}$  ③ 12 ④ $\frac{27}{2}$  ⑤ 15

24 궤도에서 운동하는 물체의 일과 에너지 2024학년도 5월 학평 물Ⅰ 20번

정답 ④ | 정답률 20 %

적용해야 할 개념 ④가지

① 중력 퍼텐셜 에너지(E_p)는 물체의 질량(m)과 기준면으로부터의 물체의 높이(h)에 각각 비례한다. ➡ $E_p = mgh$ (g: 중력 가속도)

② 운동 에너지(E_k)는 운동하는 물체가 가지는 에너지로, 물체의 질량(m)과 속력의 제곱(v^2)에 각각 비례한다. ➡ $E_k = \frac{1}{2}mv^2$

③ 역학적 에너지는 운동 에너지와 퍼텐셜 에너지의 합이며, 마찰이나 공기 저항이 없으면 물체의 역학적 에너지는 일정하게 보존된다.

④ 두 물체가 충돌할 때 외부에서 힘이 작용하지 않으면 충돌 전과 충돌 후의 운동량의 합은 일정하게 보존된다.

문제 보기

그림과 같이 높이가 $3h$인 평면에서 질량이 각각 m, $2m$인 물체 A, B를 용수철의 양 끝에 접촉하여 압축시킨 후 동시에 가만히 놓았더니 A, B가 궤도를 따라 운동한다. A는 마찰 구간 Ⅰ의 끝점 p에서 정지하고, B는 높이차가 h인 마찰 구간 Ⅱ를 등속도로 지난 후 마찰 구간 Ⅲ을 지나 v의 속력으로 운동한다. Ⅰ, Ⅲ에서 A, B는 서로 같은 크기의 마찰력을 받아 등가속도 직선 운동한다. Ⅰ, Ⅲ에서 A, B의 평균 속력은 같고, A가 Ⅰ에서 운동하는 데 걸린 시간과 B가 Ⅲ에서 운동하는 데 걸린 시간은 같다.

└ 속도 변화량의 크기∝가속도의 크기
→ A, B의 속도 변화량 크기의 비=2 : 1

가속도의 크기∝$\frac{1}{\text{질량}}$
→ A, B의 가속도 크기의 비=2 : 1

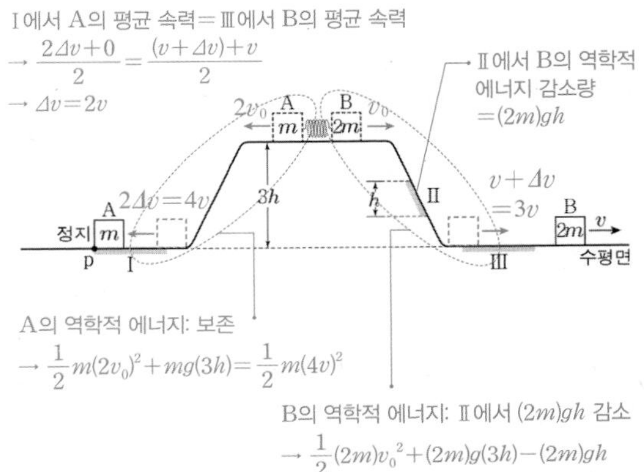

Ⅱ에서 B의 감소한 역학적 에너지는? (단, 용수철의 질량, 물체의 크기, 공기 저항, 마찰 구간 외의 마찰은 무시한다.) [3점]

<보기> 풀이

❶ Ⅰ, Ⅲ에서 A, B가 받는 마찰력의 크기가 같을 때 가속도의 크기는 질량에 반비례하므로, Ⅰ, Ⅲ에서 A, B의 가속도 크기의 비는 2 : 1이다. 또 Ⅰ, Ⅲ에서 A, B가 운동하는 시간이 같을 때 속도 변화량은 가속도에 비례하므로, Ⅰ, Ⅲ에서 A, B의 속도 변화량 크기의 비는 2 : 1이다. Ⅰ, Ⅲ에서 A, B의 속도 변화량의 크기를 각각 $2\Delta v$, Δv라고 하면, Ⅰ의 시작점을 통과하는 순간 A의 속력은 $2\Delta v$, Ⅲ의 시작점을 통과하는 순간 B의 속력은 $v+\Delta v$이다.

❷ Ⅰ, Ⅲ에서 A, B의 평균 속력은 같으므로, $\frac{2\Delta v+0}{2} = \frac{(v+\Delta v)+v}{2}$에서 $\Delta v = 2v$이다. 따라서 Ⅰ의 시작점을 통과하는 순간 A의 속력은 $2\Delta v = 4v$이고, Ⅲ의 시작점을 통과하는 순간 B의 속력은 $v+\Delta v = 3v$이다.

❸ A, B가 용수철에서 분리되기 전의 운동량의 합이 0이므로, 분리된 직후의 운동량의 합도 0이다. 따라서 용수철에서 분리된 직후 반대 방향으로 운동하는 A, B의 운동량의 크기는 같다. 용수철에서 분리된 직후 A, B의 속력을 각각 $2v_0$, v_0이라고 하면, A가 궤도를 따라 Ⅰ의 시작점까지 운동하는 동안 역학적 에너지가 보존되므로 다음 식이 성립한다.

$$\frac{1}{2}m(2v_0)^2 + mg(3h) = \frac{1}{2}m(4v)^2 \cdots ①$$

한편, B는 궤도를 따라 Ⅲ의 시작점까지 운동하는 동안 Ⅱ에서 등속도로 운동하므로, Ⅱ에서 $(2m)gh$만큼의 역학적 에너지가 감소한다. 따라서 B의 역학적 에너지에 대한 식은 다음과 같다.

$$\frac{1}{2}(2m)v_0^2 + (2m)g(3h) - (2m)gh = \frac{1}{2}(2m)(3v)^2 \cdots ②$$

①, ②를 연립하여 정리하면 $gh = 2v^2$이므로, Ⅱ에서 B의 감소한 역학적 에너지는 $(2m)gh = 4mv^2$이다.

 ① mv^2  ② $2mv^2$  ③ $3mv^2$  ④ $4mv^2$  ⑤ $5mv^2$

25 궤도에서 운동하는 물체의 일과 에너지 2022학년도 6월 모평 물Ⅰ 20번

정답 ① | 정답률 23 %

적용해야 할 개념 ④가지

① 탄성 퍼텐셜 에너지는 늘어나거나 압축된 용수철과 같이 변형된 물체가 가진 에너지로, 용수철 상수가 k(N/m)인 용수철이 길이 x(m)만큼 변형되었을 때 갖는 탄성 퍼텐셜 에너지는 $E_p=\frac{1}{2}kx^2$이다.

② 운동 에너지(E_k)는 물체의 질량(m)과 속력의 제곱(v^2)에 각각 비례한다. ➡ $E_k=\frac{1}{2}mv^2$

③ 중력 퍼텐셜 에너지(E_p)는 물체의 질량(m)과 기준면으로부터의 물체의 높이(h)에 각각 비례한다. ➡ $E_p=mgh$ (g: 중력 가속도)

④ 물체에 마찰이나 공기 저항이 작용하는 경우 물체의 역학적 에너지는 보존되지 않으며, 이때 감소한 역학적 에너지는 열에너지 등으로 전환된다.

문제 보기

그림과 같이 수평 구간 Ⅰ에서 물체 A, B를 용수철의 양 끝에 접촉하여 용수철을 원래 길이에서 d만큼 압축시킨 후 동시에 가만히 놓으면, A는 높이 h에서 속력이 0이고, B는 높이가 $3h$인 마찰이 있는 수평 구간 Ⅱ에서 정지한다. A, B의 질량은 각각 $2m$, m이고, 용수철 상수는 k이다.

└ 역학적 에너지가 감소한다.

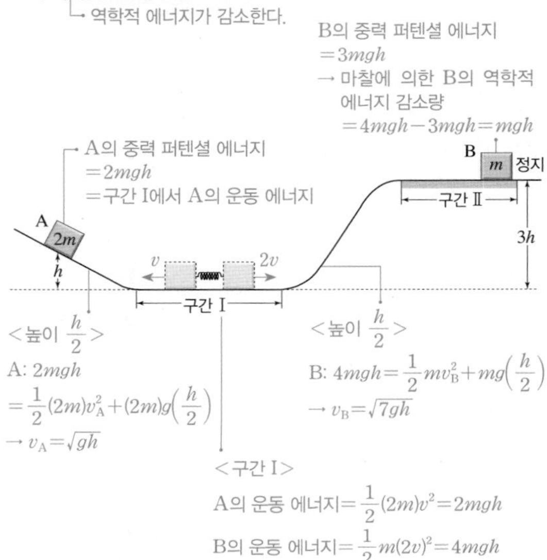

이에 대한 설명으로 옳은 것만을 〈보기〉에서 있는 대로 고른 것은? (단, 중력 가속도는 g이고, 물체의 크기, 용수철의 질량, 구간 Ⅱ의 마찰을 제외한 모든 마찰 및 공기 저항은 무시한다.) [3점]

보기

<보기> 풀이

A, B가 용수철에서 분리되기 전에 정지해 있었으므로 운동량의 합은 0이고, 분리된 후에도 운동량 보존 법칙에 따라 운동량의 합은 0이어야 한다. 분리된 직후 A와 B의 속력을 각각 v_1, v_2라고 할 때, $0=-2mv_1+mv_2$이므로 $2v_1=v_2$이다. 따라서 분리된 직후 A의 속력을 v라고 할 때 B의 속력은 $2v$이다. A가 h에서 속력이 0이므로 역학적 에너지 보존 법칙에 따라 수평 구간 Ⅰ에서의 A의 운동 에너지가 h에서 A의 중력 퍼텐셜 에너지로 전환된다. 즉, $\frac{1}{2}(2m)v^2=(2m)gh$이므로, $v=\sqrt{2gh}$이다.

ㄱ. $k=\frac{12mgh}{d^2}$이다.

➡ 용수철에서 분리된 직후 A와 B의 운동 에너지 식에 $v=\sqrt{2gh}$를 대입하여 h로 나타내면 각각 $\frac{1}{2}(2m)v^2=2mgh$, $\frac{1}{2}m(2v)^2=4mgh$이다. 용수철이 d만큼 압축되었을 때 용수철의 탄성 퍼텐셜 에너지 $\frac{1}{2}kd^2$은 역학적 에너지 보존에 의해 A와 B가 용수철에서 분리된 직후의 운동 에너지의 합과 같다. 따라서 $\frac{1}{2}kd^2=2mgh+4mgh=6mgh$이므로 $k=\frac{12mgh}{d^2}$이다.

ㄴ. A, B가 각각 높이 $\frac{h}{2}$를 지날 때의 속력은 B가 A의 $\sqrt{6}$배이다.

➡ A가 높이 $\frac{h}{2}$를 지날 때의 속력을 v_A라고 할 때, 수평 구간 Ⅰ에서의 운동 에너지는 높이 $\frac{h}{2}$에서의 운동 에너지와 중력 퍼텐셜 에너지의 합과 같다. 즉, $2mgh=\frac{1}{2}(2m)v_A^2+(2m)g\left(\frac{h}{2}\right)$이므로 $v_A=\sqrt{gh}$이다. B가 높이 $\frac{h}{2}$를 지날 때의 속력을 v_B라고 할 때, 역시 역학적 에너지가 보존되므로 $4mgh=\frac{1}{2}mv_B^2+mg\left(\frac{h}{2}\right)$에서 $v_B=\sqrt{7gh}$이다. 따라서 A, B가 각각 높이 $\frac{h}{2}$를 지날 때의 속력은 B가 A의 $\sqrt{7}$배이다.

ㄷ. 마찰에 의한 B의 역학적 에너지 감소량은 $\frac{3}{2}mgh$이다.

➡ 수평 구간 Ⅰ에서 B의 역학적 에너지는 $4mgh$이고, 높이 $3h$에서 B의 중력 퍼텐셜 에너지는 $3mgh$이므로 마찰에 의한 B의 역학적 에너지 감소량은 $4mgh-3mgh=mgh$이다.

26 궤도에서 운동하는 물체의 일과 에너지 2022학년도 4월 학평 물Ⅰ 20번

정답 ② | 정답률 35 %

적용해야 할 개념 ④가지

① 운동 에너지(E_k)는 운동하는 물체가 가지는 에너지로, 물체의 질량(m)과 속력의 제곱(v^2)에 각각 비례한다. ➡ $E_k=\frac{1}{2}mv^2$

② 중력 퍼텐셜 에너지(E_p)는 물체의 질량(m)과 기준면으로부터의 물체의 높이(h)에 각각 비례한다. ➡ $E_p=mgh$ (g : 중력 가속도)

③ 두 물체가 충돌(또는 분열)할 때 외부에서 힘이 작용하지 않으면 충돌(또는 분열) 전과 후의 운동량의 합은 일정하게 보존된다. ➡ 운동량 보존 법칙

④ 물체에 마찰이나 공기 저항이 작용하는 경우 물체의 역학적 에너지는 보존되지 않으며, 이때 감소한 역학적 에너지는 열에너지로 전환된다.

문제 보기

그림과 같이 수평면에서 질량이 각각 $2m$, m인 물체 A, B를 용수철의 양 끝에 접촉하여 용수철을 압축시킨 후 동시에 가만히 놓았더니 A, B가 궤도를 따라 운동하여 A는 마찰 구간에서 정지하고, B는 점 p, q를 지나 점 r에서 정지한다. p에서 q까지는 마찰 구간이고 p의 높이는 $7h$, q와 r의 높이 차는 h이다. B의 속력은 p에서가 q에서의 3배이고, p에서 q까지 운동하는 동안 B의 운동 에너지 감소량은 B의 중력 퍼텐셜 에너지 증가량의 3배이다.

B의 운동 에너지 감소량
=B의 중력 퍼텐셜 에너지 증가량+B의 역학적 에너지 감소량
→ B의 중력 퍼텐셜 에너지 증가량$=\frac{1}{3}\times$(B의 운동 에너지 감소량)
→ B의 역학적 에너지 감소량(E_B)$=\frac{2}{3}\times$(B의 운동 에너지 감소량)

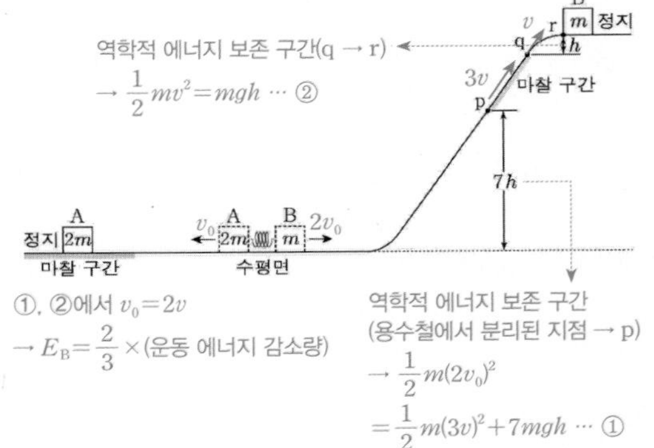

마찰 구간에서 A, B의 역학적 에너지 감소량을 각각 E_A, E_B라 할 때, $\frac{E_A}{E_B}$는? (단, A, B의 크기 및 용수철의 질량, 공기 저항, 마찰 구간 외의 마찰은 무시한다.) [3점]

<보기> 풀이

❶ A, B가 용수철에서 분리되기 전에 정지해 있었으므로 운동량의 합은 0이고, 분리된 후에도 운동량 보존 법칙에 따라 운동량의 합은 0이다. 분리된 직후 A와 B의 속력을 각각 v_A, v_B라고 할 때, $0=-2mv_A+mv_B$이므로 $v_B=2v_A$이다. 따라서 분리된 직후 A의 속력을 v_0이라고 할 때 B의 속력은 $2v_0$이다.

❷ 마찰 구간에서 A의 역학적 에너지 감소량은 A의 운동 에너지 감소량과 같으므로,
$E_A=\frac{1}{2}(2m)v_0^2=mv_0^2$이다.

❸ B의 p, q에서의 속력을 각각 $3v$, v라 할 때, B가 용수철에서 분리된 지점에서 p까지 역학적 에너지가 보존되므로 $\frac{1}{2}m(2v_0)^2=\frac{1}{2}m(3v)^2+7mgh$ ⋯ ①이 성립한다. 또 B가 q에서 r까지 운동하는 동안에도 B의 역학적 에너지가 보존되므로 $\frac{1}{2}mv^2=mgh$ ⋯ ②가 성립한다.
①, ②를 연립하여 정리하면 $v_0=2v$이다.

❹ B가 p에서 q까지 운동하는 동안 마찰에 의해 역학적 에너지가 감소하므로 '운동 에너지 감소량=중력 퍼텐셜 에너지 증가량+역학적 에너지 감소량'이다. 이때 중력 퍼텐셜 에너지 증가량이 운동 에너지 감소량의 $\frac{1}{3}$배이므로, 역학적 에너지 감소량은 운동 에너지 감소량의 $\frac{2}{3}$배이다. 따라서 마찰 구간에서 B의 역학적 에너지 감소량은
$E_B=\frac{2}{3}\times\left\{\frac{1}{2}m(3v)^2-\frac{1}{2}mv^2\right\}=\frac{8}{3}mv^2=\frac{2}{3}m(2v)^2=\frac{2}{3}mv_0^2$이다.
$E_A=mv_0^2$이므로, $\frac{E_A}{E_B}=\frac{3}{2}$이다.

~~① $\frac{4}{3}$~~ **② $\frac{3}{2}$** ~~③ $\frac{5}{3}$~~ ~~④ $\frac{7}{4}$~~ ~~⑤ $\frac{9}{5}$~~

27 궤도에서 운동하는 물체의 일과 에너지 2022학년도 10월 학평 물Ⅰ 20번

정답 ⑤ | 정답률 27 %

적용해야 할 개념 ④가지

① 중력 퍼텐셜 에너지(E_p)는 물체의 질량(m)과 기준면으로부터의 물체의 높이(h)에 각각 비례한다. ➡ $E_p=mgh$ (g: 중력 가속도)

② 운동 에너지(E_k)는 운동하는 물체가 가지는 에너지로, 물체의 질량(m)과 속력의 제곱(v^2)에 각각 비례한다. ➡ $E_k=\frac{1}{2}mv^2$

③ 탄성 퍼텐셜 에너지는 늘어나거나 압축된 용수철과 같이 변형된 물체가 가진 에너지로, 용수철 상수가 k(N/m)인 용수철이 길이 x(m)만큼 변형되었을 때 갖는 탄성 퍼텐셜 에너지(E_p)는 $E_p=\frac{1}{2}kx^2$이다.

④ 물체에 마찰이나 공기 저항이 작용하는 경우 물체의 역학적 에너지는 보존되지 않으며, 이때 감소한 역학적 에너지는 열에너지 등으로 전환된다.

문제 보기

그림과 같이 높이가 $2h$인 평면, 수평면에서 각각 물체 A, B로 용수철 P, Q를 원래 길이에서 d만큼 압축시킨 후 가만히 놓으면 A와 B가 높이 $3h$인 평면에서 충돌한다. A의 속력은 B와 충돌 직전이 충돌 직후의 4배이다. B는 높이차가 h인 마찰 구간을 내려갈 때 등속도 운동을 하고, 마찰 구간을 올라갈 때 손실된 역학적 에너지는 내려갈 때와 같다. 충돌 후 A, B는 각각 P, Q를 원래 길이에서 최대 $\frac{d}{2}$, x만큼 압축시킨다. A, B의 질량은 각각 $2m$, m이고, P, Q의 용수철 상수는 각각 k, $2k$이다.

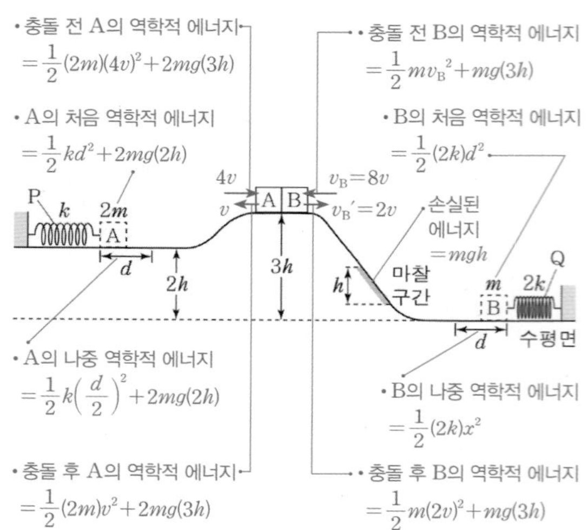

$\frac{x}{d}$는? (단, 물체는 면을 따라 운동하고, 용수철 질량, 물체의 크기, 공기 저항, 마찰 구간 외의 모든 마찰은 무시한다.) [3점]

보기

<보기> 풀이

❶ 충돌 전 A의 속력을 $4v$라고 하면 충돌 후 A의 속력은 v이다. 충돌 전 B의 속력을 v_B, 충돌 후 B의 속력을 v_B'라고 하자.

A가 B와 충돌하기 전까지 A의 역학적 에너지는 보존되고, B의 경우에는 높이차가 h인 마찰 구간을 내려갈 때 등속도 운동을 하므로 이 구간에서 중력 퍼텐셜 에너지 감소량 mgh만큼 B의 역학적 에너지가 감소한다. 따라서 수평면을 중력 퍼텐셜 에너지의 기준으로 했을 때, A가 B와 충돌하기 전까지 A, B의 역학적 에너지에 대한 식은 다음과 같다

A: $\frac{1}{2}kd^2+2mg(2h)=\frac{1}{2}(2m)(4v)^2+2mg(3h)$

$\rightarrow \frac{1}{2}kd^2=\frac{1}{2}(2m)(4v)^2+2mgh$ … ①

B: $\frac{1}{2}(2k)d^2-mgh=\frac{1}{2}mv_B{}^2+mg(3h)$

$\rightarrow \frac{1}{2}(2k)d^2=\frac{1}{2}mv_B{}^2+4mgh$ … ②

①과 ②에서 $v_B=8v$이다.

❷ A와 B가 충돌할 때 운동량이 보존되므로, $2m(4v)+m(-8v)=2m(-v)+mv_B'$에서 $v_B'=2v$이다. A와 B가 충돌한 후 A, B의 역학적 에너지에 대한 식은 다음과 같다.

A: $\frac{1}{2}(2m)v^2+2mg(3h)=\frac{1}{2}k\left(\frac{d}{2}\right)^2+2mg(2h)$

$\rightarrow \frac{1}{2}k\left(\frac{d}{2}\right)^2=\frac{1}{2}(2m)v^2+2mgh$ … ③

B: $\frac{1}{2}m(2v)^2+mg(3h)-mgh=\frac{1}{2}(2k)x^2$

$\rightarrow \frac{1}{2}(2k)x^2=\frac{1}{2}m(2v)^2+2mgh$ … ④

❸ ③과 ④를 연립하여 $\frac{x}{d}$를 구하기 위해서는 mv^2을 d에 대한 식으로 나타내야 한다. 따라서 ①−③을 하면 $mv^2=\frac{1}{40}kd^2$이므로, $mv^2=\frac{1}{40}kd^2$을 ③과 ④에 대입한 후 연립하여 정리하면 $\frac{x}{d}=\sqrt{\frac{3}{20}}$이다.

~~① $\sqrt{\frac{1}{20}}$~~ ~~② $\sqrt{\frac{1}{15}}$~~ ~~③ $\sqrt{\frac{1}{10}}$~~ ~~④ $\sqrt{\frac{2}{15}}$~~ ⑤ $\sqrt{\frac{3}{20}}$

28 궤도에서 운동하는 물체의 일과 에너지 2023학년도 4월 학평 물Ⅰ 20번

정답 ⑤ | 정답률 28 %

적용해야 할 개념 ④가지

① 중력 퍼텐셜 에너지(E_p)는 물체의 질량(m)과 기준면으로부터의 물체의 높이(h)에 각각 비례한다. ➡ $E_p = mgh$ (g: 중력 가속도)

② 운동 에너지(E_k)는 운동하는 물체가 가지는 에너지로, 물체의 질량(m)과 속력의 제곱(v^2)에 각각 비례한다. ➡ $E_k = \frac{1}{2}mv^2$

③ 탄성 퍼텐셜 에너지는 늘어나거나 압축된 용수철과 같이 변형된 물체가 가진 에너지로, 용수철 상수가 k(N/m)인 용수철이 길이 x(m)만큼 변형되었을 때 갖는 탄성 퍼텐셜 에너지는 $E_p = \frac{1}{2}kx^2$이다.

④ 물체에 마찰이나 공기 저항이 작용하는 경우 물체의 역학적 에너지는 보존되지 않으며, 이때 감소한 역학적 에너지는 열에너지로 전환된다.

문제 보기

그림 (가)는 수평면에서 질량이 m인 물체로 용수철을 원래 길이에서 $2d$만큼 압축시킨 후 가만히 놓았더니 물체가 마찰 구간을 지나 높이가 h인 최고점에서 속력이 0인 순간을 나타낸 것이다. 마찰 구간을 지나는 동안 감소한 물체의 운동 에너지는 마찰 구간의 최저점 p에서 물체의 중력 퍼텐셜 에너지의 6배이다. 그림 (나)는 (가)에서 물체가 마찰 구간을 지나 용수철을 원래 길이에서 최대 d만큼 압축시킨 모습을 나타낸 것으로, 물체는 마찰 구간에서 등속도 운동한다. 마찰 구간에서 손실된 물체의 역학적 에너지는 (가)에서와 (나)에서가 같다.

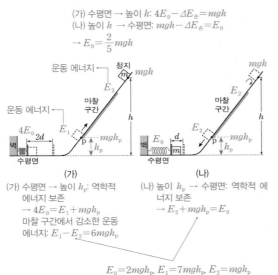

(가) 수평면 → 높이 h: $4E_0 - \varDelta E_손 = mgh$
(나) 높이 h → 수평면: $mgh - \varDelta E_손 = E_0$
→ $E_0 = \frac{2}{5}mgh$

(가) 수평면 → 높이 h_p: 역학적 에너지 보존
→ $4E_0 = E_1 + mgh_p$
마찰 구간에서 감소한 운동 에너지: $E_1 - E_2 = 6mgh_p$

(나) 높이 h_p → 수평면: 역학적 에너지 보존
→ $E_2 + mgh_p = E_0$

$E_0 = 2mgh_p$, $E_1 = 7mgh_p$, $E_2 = mgh_p$

(나)의 p에서 물체의 운동 에너지는? (단, 중력 가속도는 g이고, 수평면에서 물체의 중력 퍼텐셜 에너지는 0이며 용수철의 질량, 물체의 크기, 공기 저항, 마찰 구간 외의 마찰은 무시한다.) [3점]

<보기> 풀이

❶ (가)에서 용수철을 원래 길이에서 $2d$만큼 압축시켰을 때 물체의 탄성 퍼텐셜 에너지를 $4E_0$, 마찰 구간에서 손실된 역학적 에너지를 $\varDelta E_손$이라고 하면, 높이 h에서 물체의 중력 퍼텐셜 에너지 mgh는 $4E_0$에서 $\varDelta E_손$을 뺀 값과 같으므로, $4E_0 - \varDelta E_손 = mgh$ … ①이다. (나)에서 물체의 탄성 퍼텐셜 에너지는 압축된 길이의 제곱에 비례하므로, 용수철을 원래 길이에서 d만큼 압축시켰을 때의 탄성 퍼텐셜 에너지는 E_0이며, E_0은 중력 퍼텐셜 에너지 mgh에서 $\varDelta E_손$을 뺀 값과 같으므로 $mgh - \varDelta E_손 = E_0$ … ②이다. ①과 ②에서 $E_0 = \frac{2}{5}mgh$이다.

❷ (가)에서 마찰 구간의 최저점 p에서 물체의 운동 에너지를 E_1, 마찰 구간의 최고점에서 물체의 운동 에너지를 E_2라고 하자. 마찰 구간의 최고점과 높이 h 사이에 역학적 에너지가 보존되므로 높이 h에서 내려온 물체가 (나)에서 다시 마찰 구간의 최고점을 지날 때 운동 에너지는 E_2가 되고, 마찰 구간에서 물체가 등속도 운동을 하므로 마찰 구간의 최저점 p에서 운동 에너지도 E_2가 된다. 마찰 구간의 최저점 p의 높이를 h_p라고 하면, (가)의 마찰 구간을 지나는 동안 감소한 물체의 운동 에너지는 마찰 구간의 최저점 p에서 물체의 중력 퍼텐셜 에너지의 6배이므로 $E_1 - E_2 = 6mgh_p$ … ③이다.

❸ (가)에서 용수철을 압축시킨 물체가 p에 도달할 때까지 역학적 에너지가 보존되므로, $4E_0 = E_1 + mgh_p$ … ④이다. 또 (나)에서 물체가 p에서 내려와 용수철을 최대로 압축시켰을 때까지 역학적 에너지가 보존되므로, $E_2 + mgh_p = E_0$ … ⑤이다. ③, ④, ⑤에서 $E_0 = 2mgh_p$, $E_1 = 7mgh_p$, $E_2 = mgh_p$이다. $E_0 = \frac{2}{5}mgh$이므로, $2mgh_p = \frac{2}{5}mgh$에서 $h_p = \frac{1}{5}h$이고 $E_2 = mgh_p = \frac{1}{5}mgh$이다. 따라서 (나)의 p에서 물체의 운동 에너지는 $\frac{1}{5}mgh$이다.

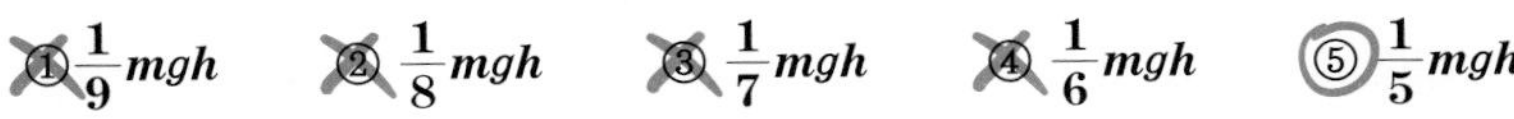

29 궤도에서 운동하는 물체의 일과 에너지 2023학년도 6월 모평 물I 19번

정답 ④ | 정답률 33 %

적용해야 할 개념 ④가지

① 중력 퍼텐셜 에너지(E_p)는 물체의 질량(m)과 기준면으로부터의 물체의 높이(h)에 각각 비례한다. ➡ $E_p = mgh$ (g: 중력 가속도)

② 운동 에너지(E_k)는 운동하는 물체가 가지는 에너지로, 물체의 질량(m)과 속력의 제곱(v^2)에 각각 비례한다. ➡ $E_k = \frac{1}{2}mv^2$

③ 탄성 퍼텐셜 에너지는 늘어나거나 압축된 용수철과 같이 변형된 물체가 가진 에너지로, 용수철 상수가 k(N/m)인 용수철이 길이 x(m)만큼 변형되었을 때 갖는 탄성 퍼텐셜 에너지는 $E_p = \frac{1}{2}kx^2$이다.

④ 물체에 마찰이나 공기 저항이 작용하는 경우 물체의 역학적 에너지는 보존되지 않으며, 이때 감소한 역학적 에너지는 열에너지로 전환된다.

문제 보기

그림은 높이 h인 평면에서 용수철 P에 연결된 물체 A에 물체 B를 접촉시키고, P를 원래 길이에서 $2d$만큼 압축시킨 모습을 나타낸 것이다. B를 가만히 놓으면 B는 P의 원래 길이에서 A와 분리되어 면을 따라 운동하고 A는 P에 연결된 채로 직선 운동한다. 이후 B는 높이차가 $2h$인 마찰 구간을 등속도로 지나 수평면에 놓인 용수철 Q를 원래 길이에서 $\sqrt{2}d$만큼 압축시킬 때 속력이 0이 된다. A와 B가 분리된 후 P의 탄성 퍼텐셜 에너지의 최댓값은 B가 마찰 구간에서 높이차 $2h$만큼 내려가는 동안 B의 역학적 에너지 감소량과 같다. P, Q의 용수철 상수는 같다.

압축된 P의 탄성 퍼텐셜 에너지 =분리되는 순간 A, B의 운동 에너지 → $\frac{1}{2}k(2d)^2 = \frac{1}{2}(m_A+m_B)v^2$

B의 역학적 에너지 감소량 =B의 중력 퍼텐셜 에너지 감소량 =분리 후 P의 탄성 퍼텐셜 에너지의 최댓값 =A의 운동 에너지 최대값 → $m_Bg(2h) = \frac{1}{2}m_Av^2$

P, A, B, $2d$, h, 마찰 구간, $2h$, Q, B, $\sqrt{2}d$, 수평면

B의 처음 역학적 에너지−B의 나중 역학적 에너지 =B의 역학적 에너지 감소량 → $\frac{1}{2}m_Bv^2 + m_Bgh - \frac{1}{2}k(\sqrt{2}d)^2 = \frac{1}{2}m_Av^2$

A, B의 질량을 각각 m_A, m_B라 할 때, $\frac{m_B}{m_A}$는? (단, 용수철의 질량, 물체의 크기, 공기 저항, 마찰 구간 외의 모든 마찰은 무시한다.)

<보기> 풀이

❶ 용수철 P, Q의 용수철 상수를 k라고 하면, P를 $2d$만큼 압축시켰을 때 P의 탄성 퍼텐셜 에너지는 P가 원래 길이가 되는 순간 A, B의 운동 에너지와 같다. 즉, P가 원래 길이가 되는 순간 A, B의 속력을 v라고 할 때 $\frac{1}{2}k(2d)^2 = \frac{1}{2}(m_A+m_B)v^2$ … ①이다.

❷ A와 B가 분리된 후 A는 P에 연결된 채 진동하며, 이때 P의 탄성 퍼텐셜 에너지의 최댓값은 A의 운동 에너지의 최댓값과 같으므로 $\frac{1}{2}m_Av^2$이다. 또 B가 마찰 구간에서 높이차 $2h$만큼 내려가는 동안 등속도 운동을 하므로, 이 구간에서 B의 역학적 에너지 감소량은 중력 퍼텐셜 에너지 감소량인 $m_Bg(2h)$와 같다. A와 B가 분리된 후 P의 탄성 퍼텐셜 에너지의 최댓값은 B가 마찰 구간에서 높이차 $2h$만큼 내려가는 동안 B의 역학적 에너지 감소량과 같다고 했으므로, $\frac{1}{2}m_Av^2 = m_Bg(2h)$ … ②이다.

❸ 중력 가속도를 g라고 하면 B가 A와 분리되는 순간의 처음 역학적 에너지는 $\frac{1}{2}m_Bv^2 + m_Bgh$이고, 마찰 구간을 지나 수평면에 놓인 Q를 $\sqrt{2}d$만큼 압축시켰을 때 B의 나중 역학적 에너지는 $\frac{1}{2}k(\sqrt{2}d)^2$이다. B가 마찰 구간을 지나는 동안 B의 역학적 에너지 감소량은 $m_Bg(2h)$이므로, 처음 역학적 에너지−나중 역학적 에너지$= \frac{1}{2}m_Bv^2 + m_Bgh - \frac{1}{2}k(\sqrt{2}d)^2 = m_Bg(2h)$ … ③이다.

❹ ①에서 $kd^2 = \frac{1}{4}(m_A+m_B)v^2$이고 ②에서 $m_Bgh = \frac{1}{4}m_Av^2$이므로, 이를 ③에 대입하면 $\frac{1}{2}m_Bv^2 + \frac{1}{4}m_Av^2 - \frac{1}{4}(m_A+m_B)v^2 = \frac{1}{2}m_Av^2$에서 $\frac{m_B}{m_A} = 2$이다.

30 궤도에서 운동하는 물체의 일과 에너지 2022학년도 수능 물I 20번

정답 ① | 정답률 13 %

적용해야 할 개념 ④가지

① 중력 퍼텐셜 에너지(E_p)는 물체의 질량(m)과 물체의 높이(h)에 각각 비례한다. ➡ $E_p=mgh$ (g: 중력 가속도)

② 운동 에너지(E_k)는 운동하는 물체가 가지는 에너지로, 물체의 질량(m)과 속력의 제곱(v^2)에 각각 비례한다. ➡ $E_k=\frac{1}{2}mv^2$

③ 탄성 퍼텐셜 에너지는 늘어나거나 압축된 용수철과 같이 변형된 물체가 가진 에너지로, 용수철 상수가 k(N/m)인 용수철이 길이 x(m)만큼 변형되었을 때 갖는 탄성 퍼텐셜 에너지 E_p는 $E_p=\frac{1}{2}kx^2$이다.

충돌 전 운동량의 합=충돌 후 운동량의 합
$m_Av_A+m_Bv_B=m_Av_A'+m_Bv_B'$

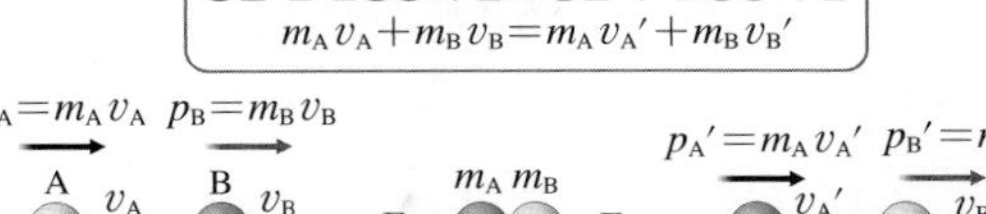

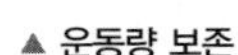

▲ 운동량 보존

④ 두 물체가 충돌할 때 외부에서 힘이 작용하지 않으면 충돌 전과 충돌 후의 운동량의 합은 일정하게 보존된다. ➡ 운동량 보존 법칙

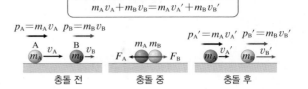

문제 보기

그림 (가)와 같이 높이 h_A인 평면에서 물체 A로 용수철을 원래 길이에서 d만큼 압축시킨 후 가만히 놓고, 물체 B를 높이 $9h$인 지점에 가만히 놓으면, A와 B는 수평면에서 서로 같은 속력으로 충돌한다. 충돌 후 그림 (나)와 같이 A는 용수철을 원래 길이에서 최대 $2d$만큼 압축시키고, B는 높이 h인 지점에서 속력이 0이 된다. A, B는 질량이 각각 m, $2m$이고, 면을 따라 운동한다. A는 빗면을 내려갈 때 높이차가 $2h$인 마찰 구간에서 등속도 운동하고, 마찰 구간을 올라갈 때 손실된 역학적 에너지는 내려갈 때와 같다.

충돌 직전 B의 속력: $\sqrt{2g\cdot 9h}=3\sqrt{2gh}$ 충돌 직후 B의 속력: $\sqrt{2gh}$
충돌 직전 A의 속력: $3\sqrt{2gh}$ 충돌 직후 A의 속력: v

(가) (나)

운동 에너지는 유지되고, 중력 퍼텐셜 에너지만 $mg(2h)$만큼 감소

• 운동량 보존 법칙
$m(3\sqrt{2gh})-2m(3\sqrt{2gh})=m(-v)+2m(\sqrt{2gh})$
→ $v=5\sqrt{2gh}$이다.

h_A는? (단, 용수철의 질량, 물체의 크기, 공기 저항, 마찰 구간 외의 모든 마찰은 무시한다.) [3점]

<보기> 풀이

수평면에서 질량 m, 속력 v인 물체의 운동 에너지가 높이 H인 곳의 중력 퍼텐셜 에너지로 모두 전환되는 경우나 그 반대인 경우, $\frac{1}{2}mv^2=mgH$이므로 $v=\sqrt{2gH}$이다.

❶ B가 높이 $9h$에서 수평면에 도달할 때 역학적 에너지가 보존되므로, 수평면에서 B의 속력은 $\sqrt{2g\cdot 9h}=3\sqrt{2gh}$이다. 이때 A와 B는 수평면에서 서로 같은 속력으로 충돌하므로 높이 h_A에서 수평면에 도달한 A의 속력도 $3\sqrt{2gh}$이다. 수평면에서 A와 B가 충돌한 후 B가 높이 h인 지점에서 속력이 0이 될 때 역학적 에너지가 보존되므로, 수평면에서 충돌한 직후 B의 속력은 $\sqrt{2gh}$이다. 충돌한 직후 A의 속력을 v라고 하면, 운동량 보존 법칙에 따라 $m(3\sqrt{2gh})-2m(3\sqrt{2gh})=m(-v)+2m(\sqrt{2gh})$이 성립하므로 수평면에서 충돌한 직후 A의 속력 $v=5\sqrt{2gh}$이다.

❷ 높이 h_A에서 d만큼 압축된 용수철에 접촉해 있던 A는 마찰 구간을 지날 때 등속도 운동을 하였으므로, 마찰 구간을 지나는 동안 A의 운동 에너지는 변하지 않고 A의 중력 퍼텐셜 에너지만 $mg(2h)$만큼 감소한다. 용수철 상수를 k라고 할 때 수평면에서 B와 충돌하기 직전 A의 역학적 에너지는 $\frac{1}{2}kd^2+mgh_A-mg(2h)=\frac{1}{2}m(3\sqrt{2gh})^2$이다.

이를 정리하면 $\frac{1}{2}kd^2+mgh_A=11mgh$ … ①이다.

수평면에서 A와 B가 충돌한 후 A는 다시 마찰 구간을 지나 높이 h_A에서 용수철을 $2d$만큼 압축시키므로, 높이 h_A에서 A의 역학적 에너지는 $\frac{1}{2}m(5\sqrt{2gh})^2-mg(2h)=\frac{1}{2}k(2d)^2+mgh_A$이다.

이를 정리하면 $23mgh=\frac{1}{2}k(2d)^2+mgh_A$ … ②이다.

①, ②를 연립하여 정리하면, $h_A=7h$이다.

 ① $7h$ 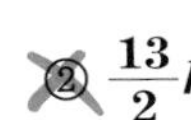 ② $\frac{13}{2}h$  ③ $6h$ 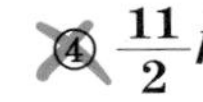 ④ $\frac{11}{2}h$  ⑤ $\frac{9}{2}h$

31 궤도에서 운동하는 물체의 일과 에너지 2025학년도 수능 물Ⅰ 20번

정답 ② | 정답률 53 %

적용해야 할 개념 ④가지

① 두 물체가 충돌할 때 외부에서 힘이 작용하지 않으면 충돌 전과 충돌 후의 운동량의 합은 일정하게 보존된다.

② 중력 퍼텐셜 에너지(E_p)는 물체의 질량(m)과 기준면으로부터의 물체의 높이(h)에 각각 비례한다. ➡ $E_p=mgh$ (g: 중력 가속도)

③ 탄성 퍼텐셜 에너지는 늘어나거나 압축된 용수철과 같이 변형된 물체가 가진 에너지로, 용수철 상수가 k(N/m)인 용수철이 길이 x(m)만큼 변형되었을 때 갖는 탄성 퍼텐셜 에너지 $E_p=\frac{1}{2}kx^2$이다.

④ 물체에 마찰이나 공기 저항이 작용하는 경우 물체의 역학적 에너지가 보존되지 않으며, 이때 감소한 에너지는 열에너지로 전환된다.

문제 보기

그림 (가)와 같이 높이 $4h$인 평면에서 용수철 P에 연결된 물체 A에 물체 B를 접촉시켜 P를 원래 길이에서 $2d$만큼 압축시킨 후 가만히 놓았더니, B는 A와 분리된 후 높이 차가 H인 마찰 구간을 등속도로 지나 수평면에 놓인 용수철 Q를 향해 운동한다. 이후 그림 (나)와 같이 A는 P를 원래 길이에서 최대 d만큼 압축시키며 직선 운동하고, B는 Q를 원래 길이에서 최대 $3d$만큼 압축시킨 후 다시 마찰 구간을 지나 높이 $4h$인 지점에서 정지한다. B가 마찰 구간을 올라갈 때 손실된 역학적 에너지는 내려갈 때와 같고, P, Q의 용수철 상수는 같다.

$\frac{1}{2}k(2d)^2=\frac{1}{2}kd^2+$B의 운동 에너지

→ B의 운동 에너지$=\frac{3}{2}kd^2$

역학적 에너지 감소량 $=mgH$

• Q를 최대로 압축할 때 B의 에너지: $\frac{3}{2}kd^2-mgH=\frac{1}{2}k(3d)^2$

P, A, B, $2d$, $4h$, H, 마찰 구간, Q, 수평면

(가)

P, A, B, 정지, d, $4h$, H, 마찰 구간, Q, $3d$, 수평면

(나)

• 정지할 때 B의 에너지: $\frac{1}{2}k(3d)^2-mgH=mg(4h)$

H는? (단, 물체는 동일 연직면상에서 운동하고, 용수철의 질량, 물체의 크기, 공기 저항, 마찰 구간 외의 모든 마찰은 무시한다.)

<보기> 풀이

❶ P, Q의 용수철 상수를 k라고 하면, A와 B가 P를 최대로 압축시켰을 때 P에 저장된 탄성 퍼텐셜 에너지는 $\frac{1}{2}k(2d)^2$이고, A와 B가 분리된 후 A가 P를 최대로 압축시켰을 때 P에 저장된 탄성 퍼텐셜 에너지는 $\frac{1}{2}kd^2$이다. A와 B가 분리되기 전후 역학적 에너지는 보존되므로, A와 B가 분리된 후 B의 운동 에너지는 $\frac{1}{2}k(2d)^2-\frac{1}{2}kd^2=\frac{3}{2}kd^2$이다.

❷ B의 질량을 m, 중력 가속도를 g라고 하면, 높이 $4h$에서 B의 역학적 에너지는 $\frac{3}{2}kd^2+mg(4h)$이다. 수평면에서 B가 Q를 최대로 압축시켰을 때 Q에 저장된 탄성 퍼텐셜 에너지는 $\frac{1}{2}k(3d)^2$이다. 마찰 구간을 등속도로 지나므로 마찰 구간을 내려갈 때 손실된 역학적 에너지는 중력 퍼텐셜 에너지 감소량과 같은 mgH이다.

❸ B가 높이 $4h$에서 마찰 구간을 지나 Q를 최대로 압축할 때까지 B의 에너지에 대한 식은 다음과 같다.

$$\frac{3}{2}kd^2+mg(4h)-mgH=\frac{1}{2}k(3d)^2 \cdots ①$$

또 B가 Q에서 분리된 후 마찰 구간을 지나 높이 $4h$에서 정지할 때까지 B의 에너지에 대한 식은 다음과 같다.

$$\frac{1}{2}k(3d)^2-mgH=mg(4h) \cdots ②$$

①, ②를 연립하여 정리하면 $H=\frac{4}{5}h$이다.

다른 풀이 ❸ B가 높이 $4h$에서 마찰 구간을 지나 Q를 최대로 압축할 때까지 B의 에너지에 대한 식은 다음과 같다.

$$\frac{3}{2}kd^2+mg(4h)-mgH=\frac{1}{2}k(3d)^2 \cdots ①$$

또 B가 Q에서 분리된 후 다시 마찰 구간을 지나 처음 높이 $4h$에서 정지하므로, A와 B가 분리된 후 B의 운동 에너지 $\frac{3}{2}kd^2$는 마찰 구간을 두 번 지나는 동안 손실된 역학적 에너지 $2mgH$와 같다. 즉, $\frac{3}{2}kd^2=2mgH$ ··· ②이다. ①, ②에서 $H=\frac{4}{5}h$이다.

~~① $\frac{3}{5}h$~~ ② $\frac{4}{5}h$ ~~③ h~~ ~~④ $\frac{6}{5}h$~~ ~~⑤ $\frac{7}{5}h$~~

8 일차

01 ⑤ 　02 ⑤ 　03 ③ 　04 ② 　05 ① 　06 ② 　07 ① 　08 ⑤ 　09 ⑤ 　10 ⑤ 　11 ④ 　12 ①
13 ② 　14 ③

문제편 082쪽~087쪽

01 빗면에서 운동하는 물체의 일과 에너지 2020학년도 3월 학평 물Ⅰ 20번

정답 ⑤ | 정답률 50 %

적용해야 할 개념 ③가지

① 물체에 마찰이나 공기 저항이 작용하는 경우 물체의 역학적 에너지는 보존되지 않으며, 이때 감소한 역학적 에너지는 열에너지로 전환된다.
② 등가속도 운동 식 (v_0: 처음 속도, v: 나중 속도, a: 가속도, s: 변위, t: 걸린 시간)

• $v=v_0+at$ 　 • $s=v_0t+\frac{1}{2}at^2$ 　 • $2as=v^2-v_0^2$

③ 빗면에서 운동하는 물체의 중력 퍼텐셜 에너지 변화량은 높이 변화에 비례한다.

문제 보기

그림과 같이 빗면 위의 점 O에 물체를 가만히 놓았더니 물체가 일정한 시간 간격으로 빗면 위의 점 A, B, C를 통과하였다. 물체는 B~C 구간에서 마찰력을 받아 역학적 에너지가 18 J만큼 감소하였다. 물체의 중력 퍼텐셜 에너지 차는 O와 B 사이에서 32 J, A와 C 사이에서 60 J이다.

└ O~A 구간: 중력 퍼텐셜 에너지 차=8 J
A~B 구간: 중력 퍼텐셜 에너지 차=24 J

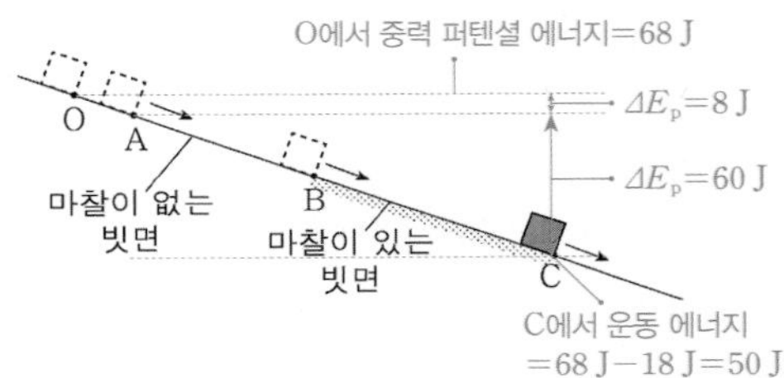

C에서 물체의 운동 에너지는? (단, 물체의 크기와 공기 저항은 무시한다.) [3점]

<보기> 풀이

물체가 O에서 B까지 운동하는 동안 공기 저항과 마찰을 무시하므로 역학적 에너지는 보존되고, B에서 C까지는 물체에 마찰력이 작용하여 역학적 에너지가 감소한다.

❶ 마찰이 없는 O~B 구간에서 물체는 등가속도 직선 운동을 한다. 등가속도 직선 운동식 $s=v_0t+\frac{1}{2}at^2$에서 처음 속도 $v_0=0$이므로 이동 거리는 시간의 제곱에 비례한다. 물체가 일정한 시간 간격으로 A, B를 통과하였으므로, O~A 구간과 O~B 구간에서 걸린 시간의 비는 1 : 2이고 이동 거리의 비는 1 : 4이다. 따라서 O~A 구간과 A~B 구간의 거리의 비는 1 : 3이다.

❷ 빗면의 기울기가 일정할 때, 물체의 중력 퍼텐셜 에너지 차는 구간 거리에 비례하므로 O~A 구간과 A~B 구간의 중력 퍼텐셜 에너지 차의 비는 1 : 3이다. O와 B 사이에서 중력 퍼텐셜 에너지 차가 32 J이므로, O~A 구간에서 중력 퍼텐셜 에너지 차는 8 J, A~B 구간에서 중력 퍼텐셜 에너지 차는 24 J이다.

❸ A와 C 사이에서 물체의 중력 퍼텐셜 에너지 차는 60 J이므로, C를 중력 퍼텐셜 에너지가 0인 기준점으로 할 때 O에서 물체의 중력 퍼텐셜 에너지는 68 J이다. 물체가 O에서 C까지 운동하는 동안 중력 퍼텐셜 에너지 감소량이 68 J이고, B~C 구간에서 물체가 마찰력을 받아 감소한 역학적 에너지는 18 J이므로, C에서 물체의 운동 에너지는 68 J−18 J=50 J이다.

~~① 18 J~~ 　 ~~② 28 J~~ 　 ~~③ 32 J~~ 　 ~~④ 42 J~~ 　 **⑤ 50 J**

02 빗면에서 운동하는 물체의 일과 에너지 2020학년도 4월 학평 물I 19번

정답 ⑤ | 정답률 54 %

적용해야 할 개념 ⑤가지

① 물체의 역학적 에너지는 운동 에너지와 중력 퍼텐셜 에너지의 합이다.

② 운동 에너지(E_k)는 운동하는 물체가 가지는 에너지로, 물체의 질량(m)과 속력의 제곱(v^2)에 각각 비례한다. ➡ $E_k=\frac{1}{2}mv^2$

③ 중력 퍼텐셜 에너지(E_p)는 물체의 질량(m)과 기준면으로부터의 물체의 높이(h)에 각각 비례한다. ➡ $E_p=mgh$ (g: 중력 가속도)

④ 마찰이나 공기 저항이 없으면 물체의 역학적 에너지는 일정하게 보존된다.

⑤ 역학적 에너지가 보존될 때, 중력 퍼텐셜 에너지의 변화량과 운동 에너지의 변화량은 같다.

문제 보기

그림과 같이 질량이 m인 물체가 빗면을 따라 운동하여 점 p, q를 지나 최고점 r에 도달한다. 물체의 역학적 에너지는 p에서 q까지 운동하는 동안 감소하고, q에서 r까지 운동하는 동안 일정하다. 물체의 속력은 p에서가 q에서의 2배이고, p와 q의 높이 차는 h이다. 물체가 p에서 q까지 운동하는 동안, 물체의 운동 에너지 감소량은 물체의 중력 퍼텐셜 에너지 증가량의 3배이다.

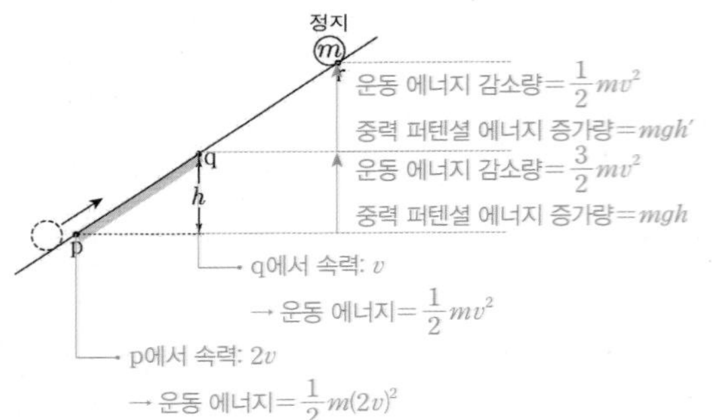

이에 대한 설명으로 옳은 것만을 〈보기〉에서 있는 대로 고른 것은? (단, 중력 가속도는 g이고, 물체의 크기는 무시한다.)

<보기> 풀이

물체가 빗면을 따라 운동할 때 q에서 물체의 속력을 v, q와 r의 높이 차를 h'이라고 하면, 각 구간에서 에너지 변화량은 다음과 같다.

구분	운동 에너지 감소량(J)	중력 퍼텐셜 에너지 증가량(J)	역학적 에너지 감소량(J)
p~q 구간	$\frac{3}{2}mv^2=3mgh$	mgh	$3mgh-mgh=2mgh$
q~r 구간	$\frac{1}{2}mv^2$	$mgh'=mgh$	0(역학적 에너지가 보존됨.)

ㄱ. q에서 물체의 속력은 $\sqrt{2gh}$이다.

➡ q에서 물체의 속력을 v라고 하면, p에서 물체의 속력은 $2v$이다. 물체가 p에서 q까지 운동하는 동안, 물체의 운동 에너지 감소량은 $\frac{1}{2}m(2v)^2-\frac{1}{2}mv^2=\frac{3}{2}mv^2$이고, 물체의 중력 퍼텐셜 에너지 증가량은 mgh이다. 물체가 p에서 q까지 운동하는 동안 물체의 운동 에너지 감소량은 물체의 중력 퍼텐셜 에너지 증가량의 3배이므로, $\frac{3}{2}mv^2=3mgh$에서 $\frac{1}{2}mv^2=mgh$이다. 따라서 q에서 물체의 속력 $v=\sqrt{2gh}$이다.

ㄴ. q와 r의 높이 차는 h이다.

➡ 물체가 q에서 r까지 운동하는 동안 물체의 역학적 에너지는 일정하므로, 물체의 운동 에너지 감소량과 물체의 중력 퍼텐셜 에너지 증가량은 같다. q와 r의 높이 차를 h'이라고 하면 $\frac{1}{2}mv^2=mgh'=mgh$에서 $h'=h$이므로, q와 r의 높이 차는 h이다.

ㄷ. 물체가 p에서 q까지 운동하는 동안, 물체의 역학적 에너지 감소량은 $2mgh$이다.

➡ 물체가 p에서 q까지 운동하는 동안 물체의 운동 에너지의 감소량은 $3mgh$이고 물체의 중력 퍼텐셜 에너지 증가량은 mgh이므로, 이 구간에서 물체의 역학적 에너지 감소량은 $2mgh$이다.

03	빗면에서 운동하는 물체의 일과 에너지 2022학년도 7월 학평 물Ⅰ 4번	정답 ③ ㅣ 정답률 65 %

적용해야 할 개념 ④가지

① 중력 퍼텐셜 에너지(E_p)는 물체의 질량(m)과 기준면으로부터의 물체의 높이(h)에 각각 비례한다. ➡ $E_p=mgh$(g: 중력 가속도)

② 운동 에너지(E_k)는 운동하는 물체가 가지는 에너지로, 물체의 질량(m)과 속력의 제곱(v^2)에 각각 비례한다. ➡ $E_k=\frac{1}{2}mv^2$

③ 역학적 에너지는 운동 에너지와 퍼텐셜 에너지의 합이며, 마찰이나 공기 저항이 없으면 물체의 역학적 에너지는 일정하게 보존된다.

④ 물체에 마찰이나 공기 저항이 작용하는 경우 물체의 역학적 에너지가 보존되지 않으며, 이때 감소한 역학적 에너지는 열에너지로 전환된다.

문제 보기

그림과 같이 수평면으로부터 높이 H인 왼쪽 빗면 위에 물체를 가만히 놓았더니 물체는 수평면에서 속력 v로 운동한다. 이후 물체는 일정한 마찰력이 작용하는 구간 Ⅰ을 지나 오른쪽 빗면에 올라갔다가 다시 왼쪽 빗면의 높이 h인 지점까지 올라간 후 Ⅰ의 오른쪽 끝 점 p에서 정지한다.

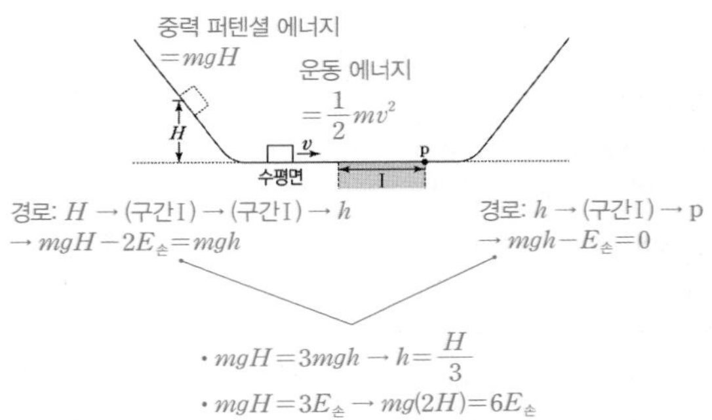

• $mgH=3mgh \rightarrow h=\frac{H}{3}$

• $mgH=3E_{손} \rightarrow mg(2H)=6E_{손}$

이에 대한 설명으로 옳은 것만을 〈보기〉에서 있는 대로 고른 것은? (단, 중력 가속도는 g이고, 물체의 크기, Ⅰ의 마찰을 제외한 모든 마찰 및 공기 저항은 무시한다.)

보기

<보기> 풀이

ㄱ. $v=\sqrt{2gH}$이다.

➡ 마찰이나 공기 저항이 없을 때 역학적 에너지가 보존되므로, 높이 H에서의 중력 퍼텐셜 에너지가 수평면에서 모두 운동 에너지로 전환된다. 따라서 물체의 질량을 m이라고 할 때, $mgH=\frac{1}{2}mv^2$에서 $v=\sqrt{2gH}$이다.

ㄴ. $h=\frac{H}{3}$이다.

➡ 물체가 마찰 구간 Ⅰ을 1회 지날 때의 역학적 에너지 감소량을 $E_{손}$이라고 하면, 높이 H인 빗면 위에 있던 물체가 마찰 구간 Ⅰ을 2회 지나 다시 왼쪽 빗면의 높이 h인 지점까지 올라갈 때 $mgH-2E_{손}=mgh$ ⋯ ①이 성립한다. 또 높이 h인 빗면 위에 있던 물체가 다시 마찰 구간 Ⅰ을 1회 지나 p에서 정지할 때 $mgh-E_{손}=0$이 성립한다. $E_{손}=mgh$를 ①에 대입하여 정리하면 $h=\frac{H}{3}$이다.

ㄷ. 왼쪽 빗면의 높이 $2H$인 지점에 물체를 가만히 놓으면 물체가 Ⅰ을 4회 지난 순간 p에서 정지한다.

➡ $mgH=3E_{손}$이므로, $mg(2H)=6E_{손}$이다. $E_{손}$은 물체가 마찰 구간 Ⅰ을 1회 지날 때의 역학적 에너지 감소량이므로, 왼쪽 빗면의 높이 $2H$인 지점에 물체를 가만히 놓으면 물체가 Ⅰ을 6회 지난 후 정지한다.

다른 풀이 높이 H인 지점에 놓은 물체가 구간 Ⅰ을 3회 지난 후 정지한다. 높이 $2H$인 지점에 놓은 물체는 역학적 에너지가 2배가 되므로, 정지할 때까지 Ⅰ을 지나는 횟수도 2배인 6회가 된다.

04 도르래에 연결된 물체의 일과 에너지 2020학년도 7월 학평 물I 19번

정답 ② | 정답률 37 %

적용해야 할 개념 ⑤가지

① 실로 연결된 물체들의 속력과 가속도의 크기는 같다.
② 역학적 에너지는 운동 에너지와 퍼텐셜 에너지의 합이다.
③ 운동 에너지(E_k)는 운동하는 물체가 가지는 에너지로, 물체의 질량(m)과 속력의 제곱(v^2)에 각각 비례한다. ➡ $E_k=\frac{1}{2}mv^2$
④ 중력 퍼텐셜 에너지(E_p)는 물체의 질량(m)과 기준면으로부터의 물체의 높이(h)에 각각 비례한다. ➡ $E_p=mgh$ (g: 중력 가속도)
⑤ 외력이 일을 하지 않으면 물체의 역학적 에너지는 일정하게 보존된다.

문제 보기

그림 (가)는 물체 A, B, C를 실로 연결한 후, 질량이 m인 A를 손으로 잡아 A와 C가 같은 높이에서 정지한 모습을 나타낸 것이다. A와 B 사이에 연결된 실은 p이고, B와 C 사이의 거리는 $2h$이다. 그림 (나)는 (가)에서 A를 가만히 놓은 후 A와 B의 높이가 같아진 순간의 모습을 나타낸 것이다. (가)에서 (나)로 물체가 운동하는 동안 운동 에너지 변화량의 크기는 C가 A의 3배이고, A의 중력 퍼텐셜 에너지 변화량의 크기와 C의 역학적 에너지 변화량의 크기는 같다.

(처음 속력=0 / 질량은 C가 A의 3배 / A, B가 h만큼씩 이동)

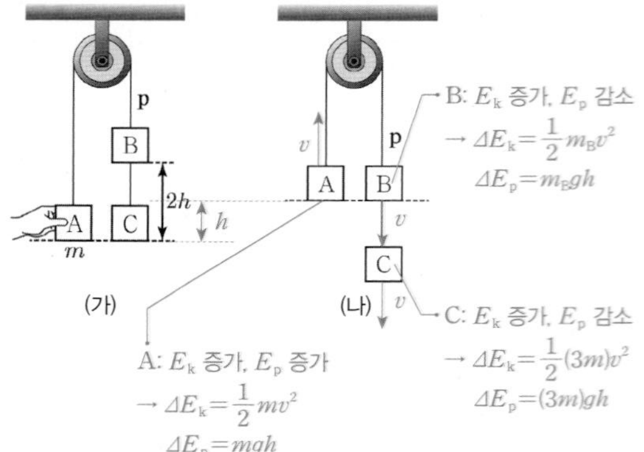

(나)에 대한 설명으로 옳은 것만을 〈보기〉에서 있는 대로 고른 것은? (단, 모든 마찰과 공기 저항, 실의 질량은 무시한다.) [3점]

<보기> 풀이

(가)에서 (나)까지 운동하는 동안 A는 높이가 증가하였으므로 중력 퍼텐셜 에너지가 증가하였고, B와 C는 높이가 감소하였으므로 중력 퍼텐셜 에너지가 감소하였다. (가)에서 처음 A와 B의 높이 차는 $2h$이므로 (나)에서 A와 B의 높이가 같아지는 순간까지 이동한 거리는 h로 같다.

ㄱ. A의 속력은 $\sqrt{2gh}$이다. (✕)

➡ 실로 연결되어 함께 운동하는 A, B, C의 속력은 매 순간 같다. 속력이 같을 때 물체의 운동 에너지는 질량에 비례하고, 운동 에너지 변화량의 크기는 C가 A의 3배이므로 C의 질량은 $3m$이다. (가)에서 (나)로 물체가 운동하는 동안 A, B, C의 높이 변화는 모두 h로 같고, A의 중력 퍼텐셜 에너지 변화량의 크기와 C의 역학적 에너지 변화량의 크기는 같으므로, (나)에서 A의 속력을 v라고 하면 $mgh=(3m)gh-\frac{1}{2}(3m)v^2$이다. 따라서 A의 속력 $v=\sqrt{\frac{4}{3}gh}$이다.

ㄴ. B의 질량은 $2m$이다. (○)

➡ 역학적 에너지 보존 법칙에 따라 (A의 운동 에너지 증가량)+(A의 중력 퍼텐셜 에너지 증가량)+(B의 운동 에너지 증가량)−(B의 중력 퍼텐셜 에너지 감소량)+(C의 운동 에너지 증가량)−(C의 중력 퍼텐셜 에너지 감소량)=0이다. 따라서 B의 질량을 m_B라고 하면,

$\frac{1}{2}mv^2+mgh+\frac{1}{2}m_Bv^2-m_Bgh+\frac{1}{2}(3m)v^2-(3m)gh=0$이다.

$v=\sqrt{\frac{4}{3}gh}$를 대입하여 정리하면, B의 질량 $m_B=2m$이다.

ㄷ. p가 B를 당기는 힘의 크기는 mg이다. (✕)

➡ 물체 A, B, C는 등가속도 운동을 하므로 물체 A, B, C의 가속도를 a라고 하면, 등가속도 운동 식 $2as=v^2-v_0^2$에서 $2ah=v^2-0=\frac{4}{3}gh$이고, 물체의 가속도 $a=\frac{2}{3}g$이다. p가 B를 당기는 힘의 크기는 p가 A를 당기는 힘의 크기와 같으므로, p가 A를 당기는 힘의 크기를 T라고 하면 A의 운동 방정식은 $T-mg=m(\frac{2}{3}g)$이다. 따라서 $T=\frac{5}{3}mg$이므로 p가 B를 당기는 힘의 크기는 $\frac{5}{3}mg$이다.

다른 풀이 p의 양쪽에 A와 B가 연결되어 있으므로 p가 B를 당기는 힘의 크기는 p가 A를 당기는 힘의 크기와 같다. p가 A를 당기는 힘의 크기를 T라고 하면, p가 A를 당기는 힘이 A에게 한 일만큼 A의 역학적 에너지가 증가한다.

$T\times h=\frac{1}{2}mv^2+mgh=\frac{1}{2}m\left(\sqrt{\frac{4}{3}gh}\right)^2+mgh=\frac{5}{3}mgh$이므로 $T=\frac{5}{3}mg$이다.

따라서 p가 B를 당기는 힘의 크기는 $\frac{5}{3}mg$이다.

05 도르래에 연결된 물체의 일과 에너지 2023학년도 7월 학평 물I 19번

정답 ① | 정답률 31 %

적용해야 할 개념 ③가지

① 중력 퍼텐셜 에너지(E_p)는 물체의 질량(m)과 기준면으로부터의 물체의 높이(h)에 각각 비례한다. ➡ $E_p=mgh$ (g: 중력 가속도)

② 운동 에너지(E_k)는 운동하는 물체가 가지는 에너지로, 물체의 질량(m)과 속력의 제곱(v^2)에 각각 비례한다. ➡ $E_k=\frac{1}{2}mv^2$

③ 역학적 에너지는 운동 에너지와 퍼텐셜 에너지의 합이며, 마찰이나 공기 저항이 없으면 물체의 역학적 에너지는 일정하게 보존된다.

문제 보기

그림은 물체 A, B, C를 실로 연결하여 수평면의 점 p에서 B를 가만히 놓아 물체가 등가속도 운동하는 모습을 나타낸 것이다. B가 점 q를 지날 때 속력은 v이다. B가 p에서 q까지 운동하는 동안 A의 중력 퍼텐셜 에너지의 증가량은 A의 운동 에너지 증가량의 4배이다. B의 운동 에너지는 점 r에서가 q에서의 3배이다. A, B의 질량은 각각 m이고, q와 r 사이의 거리는 L이다.

→ $v_r=\sqrt{3}v$

• p → q: A, B, C의 역학적 에너지 보존

→ $\frac{1}{2}mv^2+\frac{1}{2}mv^2+\frac{1}{2}m_Cv^2+mg\left(\frac{L}{2}\right)=m_Cg\left(\frac{L}{2}\right)$

→ $m_C=2m$

정지, v, B $\sqrt{3}v$, m, $\sqrt{3}v$, A m, p, q, r, 수평면, $\frac{L}{2}$, L, $\frac{L}{2}$, v, $\frac{L}{2}$, v, $2m$ C, $\sqrt{3}v$

A의 중력 퍼텐셜 에너지의 증가량 =A의 운동 에너지 증가량×4

→ $mg\left(\frac{L}{2}\right)=4\times\frac{1}{2}mv^2$

→ $m_Cg\left(\frac{L}{2}\right)=4\times\frac{1}{2}m_Cv^2$

C의 운동 에너지

→ $\frac{1}{2}(2m)(\sqrt{3}v)^2=3mv^2$

$=3m\left(\frac{gL}{4}\right)=\frac{3}{4}mgL$

B가 r를 지날 때 C의 운동 에너지는? (단, 중력 가속도는 g이고, 물체의 크기, 실의 질량, 모든 마찰은 무시한다.)

<보기> 풀이

❶ B의 운동 에너지는 r에서가 q에서의 3배이므로, r에서 B의 속력을 v_r라고 하면 $\frac{1}{2}mv_r^2=3\times\frac{1}{2}mv^2$에서 $v_r=\sqrt{3}v$이다. p와 q 사이의 거리를 L', B의 가속도를 a라고 하면 $v^2=2aL'$ … ①이 성립하고, q와 r 사이의 거리는 L이므로 $(\sqrt{3}v)^2-v^2=2aL$ … ②가 성립한다. ①과 ②에서 $L'=\frac{L}{2}$이다.

❷ B가 p에서 q까지 운동하는 동안 A의 중력 퍼텐셜 에너지의 증가량은 A의 운동 에너지 증가량의 4배이므로, $mg\left(\frac{L}{2}\right)=4\times\frac{1}{2}mv^2$ … ③이다. 이때 C의 질량을 m_C라고 하면, C의 경우에도 $m_Cg\left(\frac{L}{2}\right)=4\times\frac{1}{2}m_Cv^2$ … ④이다. B가 p에서 q까지 운동하는 동안 역학적 에너지가 보존되므로, A, B, C의 운동 에너지 증가량과 A의 중력 퍼텐셜 에너지 증가량의 합은 C의 중력 퍼텐셜 에너지 감소량과 같다. 즉, $\frac{1}{2}mv^2+\frac{1}{2}mv^2+\frac{1}{2}m_Cv^2+mg\left(\frac{L}{2}\right)=m_Cg\left(\frac{L}{2}\right)$이므로, 이 식에 ③과 ④를 대입하면 $m_C=2m$이다.

❸ B가 r를 지날 때 C의 속도는 $\sqrt{3}v$이므로, 이때 C의 운동 에너지는 $\frac{1}{2}(2m)(\sqrt{3}v)^2=3mv^2$이다. ③에서 $v^2=\frac{gL}{4}$이므로, B가 r를 지날 때 C의 운동 에너지는 $3mv^2=3m\left(\frac{gL}{4}\right)=\frac{3}{4}mgL$이다.

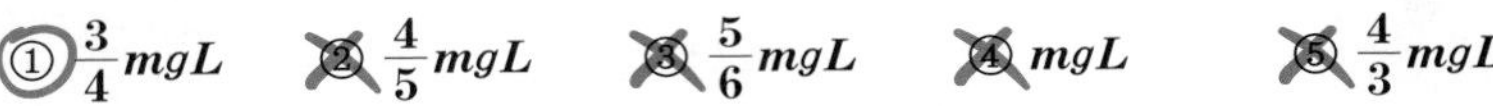
① $\frac{3}{4}mgL$ ② $\frac{4}{5}mgL$ ③ $\frac{5}{6}mgL$ ④ mgL ⑤ $\frac{4}{3}mgL$

06 도르래에 연결된 물체의 일과 에너지 2019학년도 6월 모평 물I 20번

정답 ② | 정답률 35 %

적용해야 할 개념 ②가지

① 실로 연결된 물체들의 속력과 가속도의 크기는 같다.
② 역학적 에너지가 보존될 때, 중력 퍼텐셜 에너지의 변화량과 운동 에너지의 변화량은 같다.

문제 보기

그림과 같이 물체 A, B를 실로 연결하고 빗면의 점 P에 A를 가만히 놓았더니 A, B가 함께 등가속도 운동을 하다가 A가 점 Q를 지나는 순간 실이 끊어졌다. 이후 A는 등가속도 직선 운동을 하여 점 R를 지난다. A가 P에서 Q까지 운동하는 동안, A의 운동 에너지 증가량은 B의 중력 퍼텐셜 에너지 증가량의 $\frac{4}{5}$배이고, A의 운동 에너지는 R에서가 Q에서의 $\frac{9}{4}$배이다.

보기

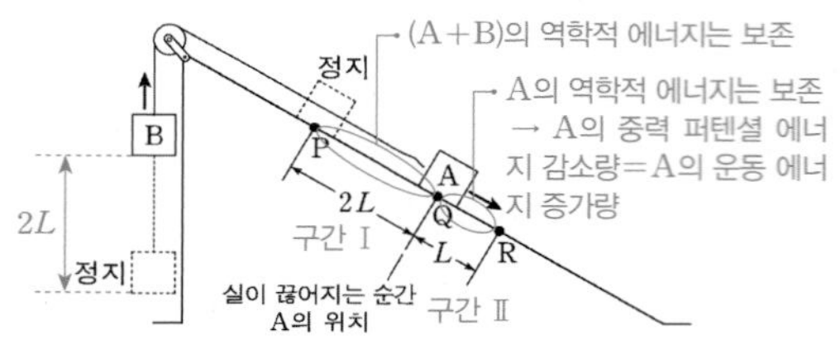

A, B의 질량을 각각 m_A, m_B라 할 때, $\frac{m_A}{m_B}$는? (단, 물체의 크기, 마찰과 공기 저항은 무시한다.) [3점]

<보기> 풀이

A가 P에서 Q까지 이동하는 구간을 구간 I, Q에서 R까지 이동하는 구간을 구간 II라고 하자.

[구간 I에서의 운동]

실이 끊어지기 전에는 A와 B의 역학적 에너지의 합이 일정하게 보존된다. 따라서 A의 중력 퍼텐셜 에너지 감소량(P_A)=A의 운동 에너지 증가량(K_A)+B의 운동 에너지 증가량(K_B)+B의 중력 퍼텐셜 에너지 증가량(P_B)이다. 즉, $P_A=K_A+K_B+P_B$ … ①이다.

A의 운동 에너지 증가량은 B의 중력 퍼텐셜 에너지 증가량의 $\frac{4}{5}$배이므로 $K_A=\frac{4}{5}P_B$ … ②이다.

A와 B는 실로 연결되어 운동하므로 속력이 같다. 따라서 A와 B의 운동 에너지의 비는 질량의 비와 같다. $m_A : m_B=K_A : K_B$이므로 B의 운동 에너지 증가량 $K_B=\frac{m_B}{m_A}\times\frac{4}{5}P_B$ … ③이다.

②, ③을 ①에 대입하면 $P_A=\frac{4}{5}P_B+\frac{4m_B}{5m_A}P_B+P_B$에서 $P_A=\frac{9}{5}P_B+\frac{4m_B}{5m_A}P_B$ … ④이다.

[구간 II에서의 운동]

A의 운동 에너지는 R에서가 Q에서의 $\frac{9}{4}$배이므로 R에서 A의 운동 에너지는 $\frac{4}{5}P_B\times\frac{9}{4}=\frac{9}{5}P_B$이다. 즉, Q에서 R까지 운동하는 동안 A의 운동 에너지 증가량은 $\frac{9}{5}P_B-\frac{4}{5}P_B=P_B$이다. 실이 끊어진 후 A의 역학적 에너지는 일정하게 보존되므로 A의 중력 퍼텐셜 에너지 감소량은 A의 운동 에너지 증가량과 같다. 따라서 A의 중력 퍼텐셜 에너지 감소량도 P_B이다.

[구간 I+구간 II에서의 운동]

A는 구간 I에서 $2L$, 구간 II에서 L만큼 이동하였으므로 중력 퍼텐셜 에너지 감소량은 구간 I에서가 구간 II에서의 2배이다. 따라서 $P_A=2P_B$ … ⑤이다.

④, ⑤를 이용하면 $\frac{9}{5}P_B+\frac{4m_B}{5m_A}P_B=2P_B$에서 $\frac{m_B}{m_A}=4$이다.

① 3  ② 4  ③ 5  ④ 6  ⑤ 7

07 도르래에 연결된 물체의 일과 에너지 2025학년도 6월 모평 물I 19번

정답 ① | 정답률 41 %

적용해야 할 개념 ④가지

① 중력 퍼텐셜 에너지(E_p)는 물체의 질량(m)과 기준면으로부터의 물체의 높이(h)에 각각 비례한다.

➡ $E_p = mgh$ (g: 중력 가속도)

② 운동 에너지(E_k)는 운동하는 물체가 가지는 에너지로, 물체의 질량(m)과 속력의 제곱(v^2)에 각각 비례한다.

➡ $E_k = \frac{1}{2}mv^2$

③ 역학적 에너지는 운동 에너지와 퍼텐셜 에너지의 합이며, 마찰이나 공기 저항이 없으면 물체의 역학적 에너지는 일정하게 보존된다.

④ 등가속도 직선 운동 식

• $v = v_0 + at$ • $s = v_0t + \frac{1}{2}at^2$ • $v^2 - v_0^2 = 2as$

(v_0: 처음 속도, v: 나중 속도, a: 가속도, s: 변위, t: 걸린 시간)

문제 보기

그림은 물체 A, C를 수평면에 놓인 물체 B의 양쪽에 실로 연결하여 서로 다른 빗면에 놓고, A를 손으로 잡아 점 p에 정지시킨 모습을 나타낸 것이다. A를 가만히 놓으면 A는 빗면을 따라 등가속도 운동한다. A가 p에서 d만큼 떨어진 점 q까지 운동하는 동안 A, C의 중력 퍼텐셜 에너지 변화량의 크기는 각각 E_0, $7E_0$이다. A, B, C의 질량은 각각 m, $2m$, $3m$이다.

• p → q: A, B, C의 역학적 에너지 보존
→ 역학적 에너지 증가량 = 역학적 에너지 감소량
→ $E_0 + (E_k + 2E_k + 3E_k) = 7E_0$
→ $E_k = E_0$

$2E_0 = \frac{1}{2}(2m)v^2$
→ $v^2 = \frac{2E_0}{m}$
→ $2ad = v^2 = \frac{2E_0}{m}$
→ $a = \frac{E_0}{md}$

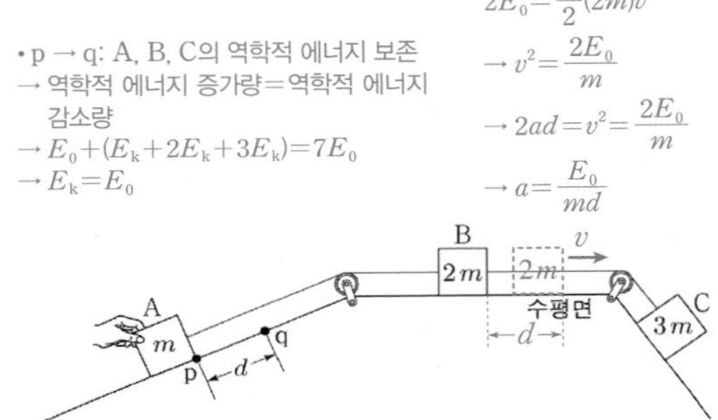

	중력 퍼텐셜 에너지 변화량	운동 에너지 변화량
A	E_0	E_0
B	0	$2E_0$
C	$-7E_0$	$3E_0$

A가 p에서 q까지 운동하는 동안, 이에 대한 설명으로 옳은 것만을 〈보기〉에서 있는 대로 고른 것은? (단, 물체의 크기, 실의 질량, 모든 마찰은 무시한다.)

<보기> 풀이

A가 p에서 q까지 운동하는 동안 A의 중력 퍼텐셜 에너지는 증가하고 C의 중력 퍼텐셜 에너지는 감소하며, A, B, C의 운동 에너지는 증가한다. 이때 A, B, C의 역학적 에너지가 보존되므로, 증가한 역학적 에너지의 양은 감소한 역학적 에너지의 양과 같다. 즉, (A의 중력 퍼텐셜 에너지 증가량)+(A, B, C의 운동 에너지 증가량의 합)=(C의 중력 퍼텐셜 에너지 감소량)이므로, E_0+(A, B, C의 운동 에너지 증가량의 합)$=7E_0$에서 (A, B, C의 운동 에너지 증가량의 합)$=6E_0$이다. 속력이 같을 때 운동 에너지는 질량에 비례하므로, A, B, C의 운동 에너지 증가량은 각각 E_0, $2E_0$, $3E_0$이다.

ㄱ. A의 운동 에너지 변화량과 중력 퍼텐셜 에너지 변화량은 크기가 같다.

➡ A의 운동 에너지 증가량은 E_0이고 중력 퍼텐셜 에너지 증가량도 E_0이므로, A의 운동 에너지 변화량과 중력 퍼텐셜 에너지 변화량은 크기가 같다.

ㄴ. B의 가속도의 크기는 $\frac{2E_0}{md}$이다.

➡ A가 q를 지나는 순간 B의 속력을 v라고 하면 B의 운동 에너지 증가량은 $2E_0$이므로, $2E_0 = \frac{1}{2}(2m)v^2$에서 $v^2 = \frac{2E_0}{m}$이다. B의 가속도의 크기를 a라고 하면 B의 이동 거리는 d이므로, 등가속도 직선 운동의 식($2as = v^2 - v_0^2$)에 의해 $2ad = v^2 = \frac{2E_0}{m}$에서 $a = \frac{E_0}{md}$이다.

ㄷ. 역학적 에너지 변화량의 크기는 B가 C보다 크다.

➡ B의 운동에너지 증가량은 $2E_0$이므로 역학적 에너지 변화량의 크기는 $2E_0$이다. C의 운동 에너지 증가량은 $3E_0$이고 중력 퍼텐셜 에너지 감소량은 $7E_0$이므로 역학적 에너지 변화량의 크기는 $4E_0$이다. 따라서 역학적 에너지 변화량의 크기는 B가 C보다 작다.

08 도르래에 연결된 물체의 일과 에너지 2020학년도 10월 학평 물I 20번

정답 ⑤ | 정답률 32 %

적용해야 할 개념 ⑥가지

① 실로 연결된 물체들의 속력과 가속도의 크기는 같다.

② 역학적 에너지는 운동 에너지와 퍼텐셜 에너지의 합이다.

③ 평균 속도는 $\frac{\text{변위}}{\text{걸린 시간}}$이다.

④ 등가속도 운동을 하는 물체의 평균 속도는 $\frac{\text{처음 속도}+\text{나중 속도}}{2}$이다.

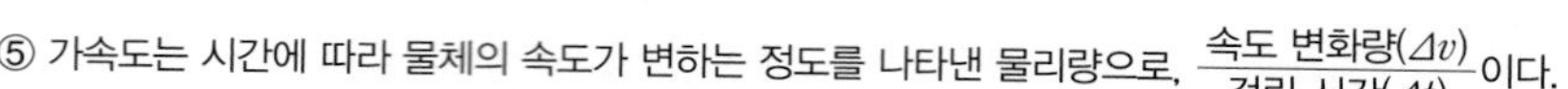

⑤ 가속도는 시간에 따라 물체의 속도가 변하는 정도를 나타낸 물리량으로, $\frac{\text{속도 변화량}(\Delta v)}{\text{걸린 시간}(\Delta t)}$이다.

⑥ 물체에 마찰이나 공기 저항이 작용하는 경우 물체의 역학적 에너지는 보존되지 않으며, 이때 감소한 역학적 에너지는 열에너지 등으로 전환된다.

▲ 등가속도 운동하는 물체의 평균 속력

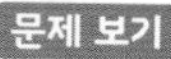

문제 보기

그림과 같이 실로 연결된 채 두 빗면에서 속력 v로 각각 등속도 운동을 하던 물체 A, B가 수평선 P를 동시에 지나는 순간 실이 끊어졌으며, 이후 각각 등가속도 직선 운동을 하여 수평선 Q를 동시에 지났다. A, B의 질량은 각각 m, $5m$이고, 두 빗면의 기울기는 같으며, B는 빗면으로부터 일정한 마찰력을 받는다.

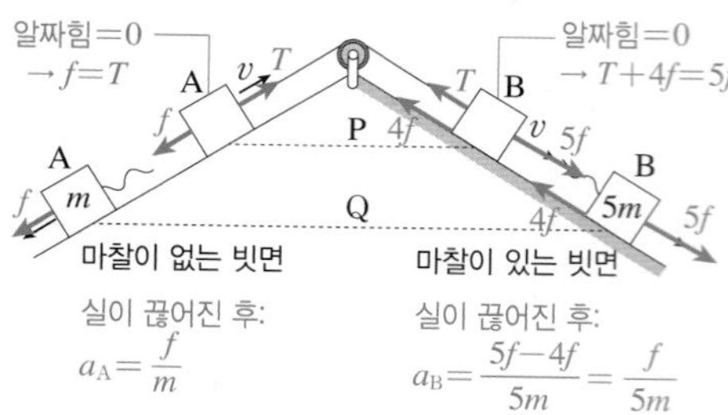

P에서 Q까지 B의 역학적 에너지 감소량은? (단, 실의 질량, 물체의 크기, B가 받는 마찰 이외의 모든 마찰과 공기 저항은 무시한다.) [3점]

<보기> 풀이

❶ 두 빗면의 기울기가 같고 A, B가 수평선 P, Q를 동시에 지나므로, P에서 Q까지 운동하는 동안 A, B의 변위의 크기와 걸린 시간이 같기 때문에 평균 속도$(=\frac{\text{변위}}{\text{걸린 시간}})$의 크기가 같다.

한편, 등가속도 직선 운동을 하는 물체의 평균 속도는 $\frac{\text{처음 속도}+\text{나중 속도}}{2}$이므로, Q에서 A, B의 속도를 각각 v_A, v_B라고 하고 나중 속도의 방향을 양(+)으로 하면, 평균 속도는 각각 $\frac{-v+v_A}{2}$, $\frac{v+v_B}{2}$이다. 따라서 $-v+v_A=v+v_B$ … ①이다.

❷ A, B의 질량이 각각 m, $5m$이므로, A에 빗면 아래 방향으로 작용하는 중력의 크기를 f라고 하면 B에 빗면 아래 방향으로 작용하는 중력의 크기는 $5f$이다. 실이 끊어지기 전 A와 B는 등속도 운동을 하므로, A와 B에 작용하는 알짜힘은 0이다. A에 빗면 아래 방향으로 f가 작용할 때 빗면 위 방향으로 실이 당기는 힘 T가 작용하므로, $f=T$이다. 또 B에 빗면 아래 방향으로 $5f$가 작용할 때 빗면 위 방향으로 실이 당기는 힘 T와 마찰력이 작용하므로, $5f=T+$(마찰력)에서 (마찰력)$=4f$이다.

❸ 실이 끊어진 후$(T=0)$ A에 빗면 아래 방향으로 f만 작용하므로, A의 가속도 $a_A=\frac{f}{m}$이다. B에는 빗면 아래 방향으로 $5f$가 작용하고 빗면 위 방향으로 마찰력 $4f$가 작용하므로, B의 가속도 $a_B=\frac{5f-4f}{5m}=\frac{f}{5m}$이다. 따라서 A와 B의 가속도의 비 $a_A : a_B=5:1$이다.

❹ 걸린 시간이 같을 때 속도 변화량(Δv)은 가속도(a)에 비례한다. 따라서 A와 B의 속도 변화량의 비 $\Delta v_A : \Delta v_B=5:1$이다. $\Delta v_A=v_A-(-v)$이고 $\Delta v_B=v_B-v$이므로 $v_A+v=5(v_B-v)$ … ②이다.

식 ①, ②를 연립하여 정리하면 $v_A=4v$, $v_B=2v$이다.

❺ P에서 Q까지 B의 역학적 에너지가 감소하는 것은 B에 마찰력이 작용하여 B의 운동 에너지가 열에너지로 전환되기 때문이다. 즉, B의 역학적 에너지 감소량은 마찰이 없는 빗면일 때 Q에서의 B의 운동 에너지에서 마찰이 있는 빗면일 때 Q에서의 B의 운동 에너지를 뺀 값이다. 빗면에 마찰이 없다면, B의 가속도 $a_B=\frac{5f}{5m}=\frac{f}{m}$로 가속도의 크기가 A와 같기 때문에 Q에서 B의 속력은 $4v$이다.

따라서 P에서 Q까지 B의 역학적 에너지 감소량은 $\frac{1}{2}(5m)(4v)^2-\frac{1}{2}(5m)(2v)^2=30mv^2$이다.

~~① $6mv^2$~~ ~~② $12mv^2$~~ ~~③ $18mv^2$~~ ~~④ $24mv^2$~~ ⑤ $30mv^2$

09	**도르래에 연결된 물체의 일과 에너지** 2023학년도 9월 모평 물I 20번	정답 ⑤ | 정답률 20 %

적용해야 할 개념 ④가지

① 중력 퍼텐셜 에너지(E_p)는 물체의 질량(m)과 기준면으로부터의 물체의 높이(h)에 각각 비례한다. ➡ $E_p = mgh$ (g: 중력 가속도)

② 운동 에너지(E_k)는 운동하는 물체가 가지는 에너지로, 물체의 질량(m)과 속력의 제곱(v^2)에 각각 비례한다. ➡ $E_k = \frac{1}{2}mv^2$

③ 마찰이나 공기의 저항이 없으면 물체의 역학적 에너지는 일정하게 보존된다.

④ 뉴턴 운동 제2법칙(가속도 법칙): 물체의 가속도(a)는 물체에 작용하는 알짜힘의 크기(F)에 비례, 물체의 질량(m)에 반비례한다.
➡ $a = \frac{F}{m}$

8 일차

문제 보기

그림은 질량이 각각 m, $2m$인 물체 A, B를 실로 연결하고 서로 다른 빗면의 점 p, r에 정지시킨 모습을 나타낸 것이다. A를 가만히 놓았더니 A가 점 q를 지나는 순간 실이 끊어지고 A, B는 빗면을 따라 가속도의 크기가 각각 $3a$, $2a$인 등가속도 운동을 한다. B는 마찰 구간이 시작되는 점 s부터 등속도 운동을 한다. A가 수평면에 닿기 직전 A의 운동 에너지는 마찰 구간에서 B의 운동 에너지의 2배이다. p와 s의 높이는 h_1로 같고, q와 r의 높이는 h_2로 같다.

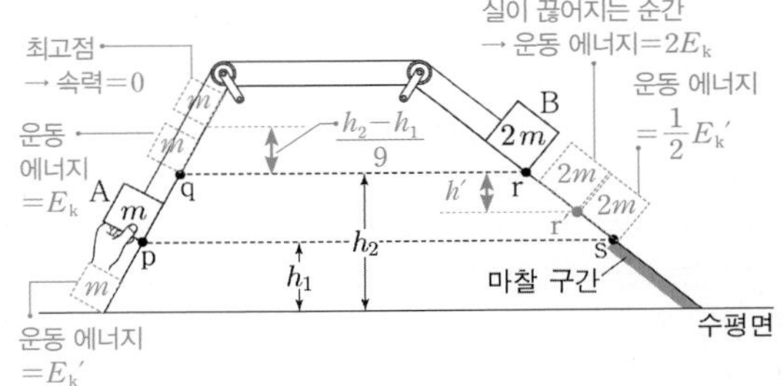

$\frac{h_2}{h_1}$는? (단, 실의 질량, 물체의 크기, 공기 저항, 마찰 구간 외의 모든 마찰은 무시한다.) [3점]

보기

<보기> 풀이

❶ 실이 끊어진 후 A, B가 가속도가 각각 $3a$, $2a$인 운동을 할 때, A, B에 빗면 방향으로 작용하는 힘을 질량과 가속도의 곱으로 구하면 각각 $3ma$, $4ma$이다. 실이 끊어지기 전 A와 B를 한 덩어리라고 생각하고 (A+B)의 가속도를 a_0이라고 하면, $a_0 = \frac{4ma-3ma}{m+2m} = \frac{1}{3}a$이다. 즉, p에서 속력인 0인 A는 p에서 q까지 가속도의 크기가 $\frac{1}{3}a$로 속력이 증가하는 운동을 하고, q에서 속력이 0인 최고점까지 가속도의 크기가 $3a$로 속력이 감소하는 운동을 한다. 등가속도 직선 운동을 하는 물체의 이동 거리와 가속도의 관계식($2as = v^2 - v_0^2$)에 따라, p에서 q까지 가속도의 크기가 q에서 최고점까지 가속도의 크기의 $\frac{1}{9}$배일 때, p에서 q까지의 거리는 q에서 최고점까지의 거리의 9배이다. p와 q 사이의 높이차도 q와 A의 최고점 사이의 높이차의 9배가 되어야 하므로, q와 A의 최고점 사이의 높이차는 $\frac{h_2-h_1}{9}$이다.

❷ q에서 실이 끊어지는 순간 A와 B의 속력이 같으므로, 이 순간의 A의 운동 에너지를 E_k라고 하면 B의 운동 에너지는 $2E_k$이다. 실이 끊어지는 순간에 B가 지나게 되는 지점을 r′라고 하고 r에서 r′까지의 높이차를 h'라고 하면, 역학적 에너지 보존 법칙에 따라 실이 끊어지기 전까지 (A+B)의 증가한 역학적 에너지는 감소한 역학적 에너지와 같다.

$mg(h_2-h_1)+E_k+2E_k=2mgh'$ ⋯ ①

❸ 실이 끊어진 후 A가 수평면에 닿기 직전 A의 운동 에너지를 E_k'라고 하면, 마찰 구간이 시작되는 s에서 B의 운동 에너지는 $\frac{1}{2}E_k'$이다. 실이 끊어진 후 A와 B의 운동에서 역학적 에너지 보존에 대한 식은 각각 다음과 같다.

- A가 q에서 최고점에 도달할 때까지: $E_k = mg\left(\frac{h_2-h_1}{9}\right)$ ⋯ ②
- A가 최고점에서 수평면에 닿기 직전까지: $mg\left(h_2+\frac{h_2-h_1}{9}\right) = E_k'$ ⋯ ③
- B가 r′에서 s를 지나는 순간까지: $2mg(h_2-h_1-h')+2E_k = \frac{1}{2}E_k'$ ⋯ ④

②, ③을 각각 ①, ④에 대입하고 ①과 ④를 연립하여 풀면, $\frac{h_2}{h_1} = \frac{5}{2}$이다.

~~① $\frac{3}{2}$~~ ~~② $\frac{7}{4}$~~ ~~③ 2~~ ~~④ $\frac{9}{4}$~~  ⑤ $\frac{5}{2}$

10 도르래에 연결된 물체의 일과 에너지 2022학년도 수능 물I 15번

정답 ⑤ | 정답률 43 %

적용해야 할 개념 ③가지

① 물체에 작용하는 알짜힘이 0이면 물체는 정지해 있거나 등속 직선 운동을 한다.

② 뉴턴 운동 제2법칙(가속도 법칙): 물체의 가속도(a)는 물체에 작용하는 알짜힘(F)에 비례, 물체의 질량(m)에 반비례한다. ➡ $a=\frac{F}{m}$

③ 마찰이 없는 빗면에서 실로 연결된 채 운동하는 물체에 작용하는 알짜힘은 중력의 빗면 방향 성분과 실의 장력(T)의 차다. 물체가 빗면 아래 방향으로 등가속도 운동할 때 가속도(a)는 $\frac{\text{알짜힘(중력의 빗면 방향 성분}-T)}{\text{물체의 질량}(m)}$이다.

문제 보기

그림은 물체 A, B, C를 실 p, q로 연결하여 C를 손으로 잡아 정지시킨 모습을 나타낸 것이다. C를 가만히 놓으면 B는 가속도의 크기 a로 등가속도 운동한다. 이후 p를 끊으면 B는 가속도의 크기 a로 등가속도 운동한다. A, B, C의 질량은 각각 $3m$, m, $2m$이다.

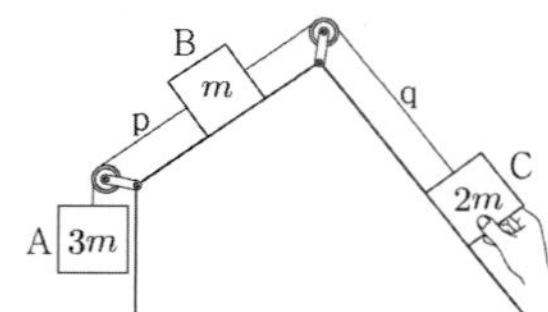

이에 대한 설명으로 옳은 것만을 〈보기〉에서 있는 대로 고른 것은? (단, 중력 가속도는 g이고, 실의 질량 및 모든 마찰과 공기 저항은 무시한다.)

<보기> 풀이

p를 끊기 전 함께 운동하는 세 물체 A, B, C의 가속도의 크기와 p를 끊은 후 함께 운동하는 두 물체 B, C의 가속도의 크기가 같으므로, p를 끊기 전후 가속도의 방향은 서로 반대이다. 즉, B를 기준으로 할 때 p를 끊기 전 가속도의 방향은 빗면 아래 방향이고 p를 끊은 후 가속도의 방향은 빗면 위 방향이다.

ㄱ. q가 B를 당기는 힘의 크기는 p를 끊기 전이 p를 끊은 후보다 크다.

➡

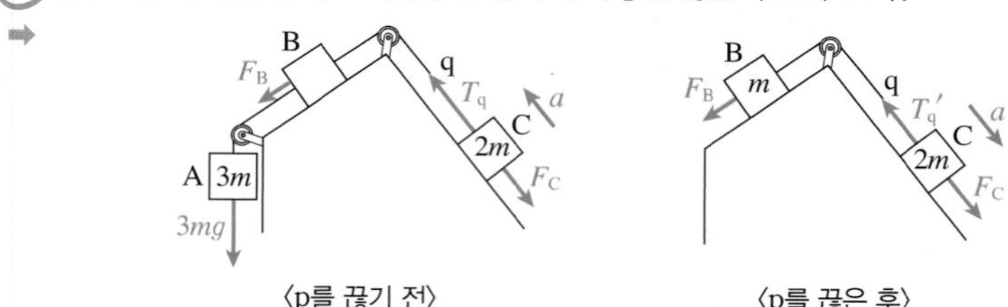

〈p를 끊기 전〉 〈p를 끊은 후〉

q가 B를 당기는 힘의 크기는 q가 C를 당기는 힘의 크기와 같고, q가 C를 당기는 힘은 빗면 위 방향으로 작용한다. p를 끊기 전 q가 C를 당기는 힘의 크기를 T_q, p를 끊은 후 q가 C를 당기는 힘의 크기를 T_q', C에 작용하는 중력의 빗면 방향 성분을 F_C라고 하자. p를 끊기 전 C에는 T_q와 F_C가 작용하고 빗면 위 방향으로 가속도의 크기가 a인 운동을 하므로, $T_q-F_C=(2m)\cdot a$에서 $T_q=2ma+F_C$이다. 또 p를 끊은 후 C에는 T_q'과 F_C가 작용하고 빗면 아래 방향으로 가속도의 크기가 a인 운동을 하므로, $F_C-T_q'=(2m)\cdot a$에서 $T_q'=F_C-2ma$이다. $T_q>T_q'$이므로, q가 B를 당기는 힘의 크기는 p를 끊기 전이 p를 끊은 후보다 크다.

ㄴ. $a=\frac{1}{3}g$이다.

➡ B에 작용하는 중력의 빗면 방향의 성분을 F_B라고 할 때, p를 끊기 전 함께 운동하는 A, B, C를 한 덩어리로 생각하면, 질량이 $(3m+m+2m)$인 물체에 크기가 $(3mg+F_B-F_C)$인 힘이 작용하여 가속도의 크기가 a인 운동을 하므로, 운동 방정식은 $3mg+F_B-F_C=6m\times a$ ⋯①이다. 또 p를 끊은 후 함께 운동하는 B, C를 한 덩어리로 생각하면, 질량이 $(m+2m)$인 물체에 크기가 (F_C-F_B)인 힘이 작용하여 가속도의 크기가 a인 운동을 하므로, 운동 방정식은 $F_C-F_B=3m\times a$ ⋯ ②이다. ②에서 $F_B-F_C=-3ma$이므로, 이를 ①에 대입하여 정리하면 $a=\frac{1}{3}g$이다.

ㄷ. p를 끊기 전까지, A의 중력 퍼텐셜 에너지 감소량은 B와 C의 운동 에너지 증가량의 합보다 크다.

➡ p를 끊기 전, A, B, C의 운동에서 역학적 에너지가 보존되므로 감소한 역학적 에너지의 크기와 증가한 역학적 에너지의 크기가 같다. p를 끊기 전까지 감소한 역학적 에너지는 A, B의 중력 퍼텐셜 에너지이고, 증가한 역학적 에너지는 A, B, C의 운동 에너지와 C의 중력 퍼텐셜 에너지이므로, 'A와 B의 중력 퍼텐셜 에너지 감소량=A와 B와 C의 운동 에너지 증가량+C의 중력 퍼텐셜 에너지 증가량'이 성립하며 정리하면 다음 식과 같다.

A의 중력 퍼텐셜 에너지 감소량=A와 B와 C의 운동 에너지 증가량+(C의 중력 퍼텐셜 에너지 증가량−B의 중력 퍼텐셜 에너지 감소량) ⋯ ①

p를 끊은 후 B와 C의 가속도의 방향이 바뀌므로, p를 끊은 후부터 B와 C의 속력이 줄어 운동 방향이 바뀌는 순간까지 다음의 식이 성립한다.

B의 중력 퍼텐셜 에너지 감소량+B와 C의 운동 에너지 감소량=C의 중력 퍼텐셜 에너지 증가량 ⋯ ②

②에서 C의 중력 퍼텐셜 에너지 증가량이 B의 중력 퍼텐셜 에너지 감소량보다 크다. 따라서 식 ①에서 (C의 중력 퍼텐셜 에너지 증가량−B의 중력 퍼텐셜 에너지 감소량)>0이므로, p를 끊기 전까지, A의 중력 퍼텐셜 에너지 감소량은 B와 C의 운동 에너지 증가량의 합보다 크다.

11 도르래와 용수철에 연결된 물체의 역학적 에너지 2022학년도 3월 학평 물Ⅰ 20번

정답 ④ | 정답률 34 %

적용해야 할 개념 ②가지

① 탄성 퍼텐셜 에너지는 늘어나거나 압축된 용수철과 같이 변형된 물체가 가진 에너지로, 용수철 상수가 k(N/m)인 용수철이 길이 x(m)만큼 변형되었을 때 갖는 탄성 퍼텐셜 에너지는 $E_p=\frac{1}{2}kx^2$이다.

② 물체에 마찰이나 공기 저항이 작용하는 경우 물체의 역학적 에너지는 보존되지 않으며, 이때 감소한 역학적 에너지는 열에너지로 전환된다.

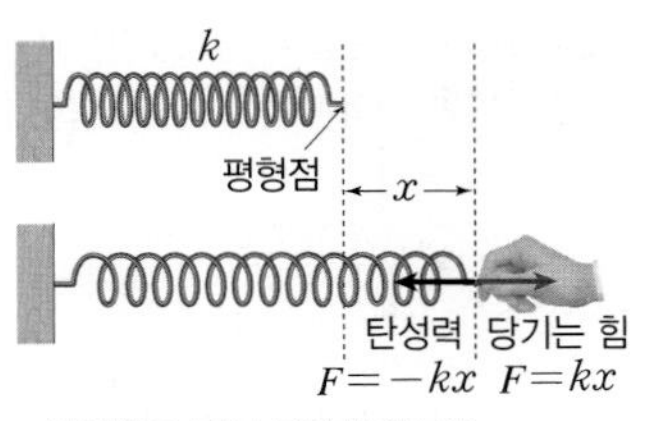

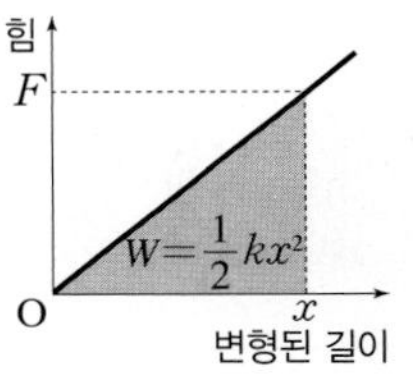

▲ 탄성력과 탄성 퍼텐셜 에너지

문제 보기

그림 (가)와 같이 물체 A, B를 실로 연결하고, A에 연결된 용수철을 원래 길이에서 $3L$만큼 압축시킨 후 A를 점 p에서 가만히 놓았다. B의 질량은 m이다. 그림 (나)는 (가)에서 A, B가 직선 운동하여 각각 $7L$만큼 이동한 후 $4L$만큼 되돌아와 정지한 모습을 나타낸 것이다. A가 구간 p → r, r → q에서 이동할 때, 각 구간에서 마찰에 의해 손실된 역학적 에너지는 각각 $7W$, $4W$이다.

└ 처음 역학적 에너지 − 나중 역학적 에너지 = 손실된 역학적 에너지

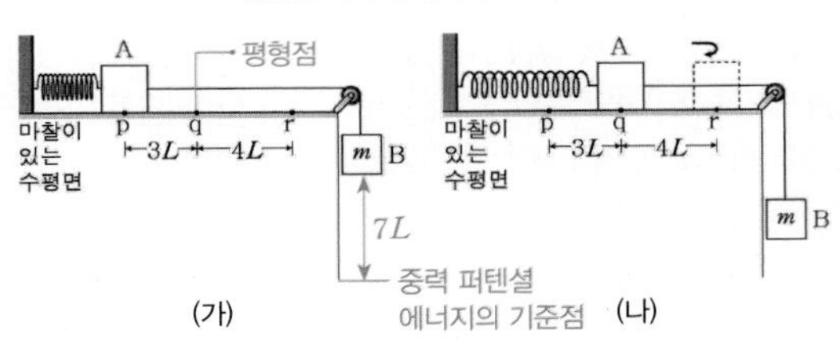

< p → r >
- p에서 A, B의 역학적 에너지 $=\frac{1}{2}k(3L)^2+mg(7L)$
- r에서 A, B의 역학적 에너지 $=\frac{1}{2}k(4L)^2$

→ $\frac{1}{2}k(3L)^2+mg(7L)-\frac{1}{2}k(4L)^2=7W$

< r → q >
- r에서 A, B의 역학적 에너지 $=\frac{1}{2}k(4L)^2$
- q에서 A, B의 역학적 에너지 $=mg(4L)$

→ $\frac{1}{2}k(4L)^2-mg(4L)=4W$

W는? (단, 중력 가속도는 g이고, 용수철과 실의 질량, 물체의 크기, 수평면에 의한 마찰 외의 모든 마찰과 공기 저항은 무시한다.) [3점]

<보기> 풀이

A가 구간 p → r에서 이동할 때 B의 중력 퍼텐셜 에너지의 기준점을 B의 최저 위치로 정하면, p에서 물체 A, B의 역학적 에너지는 A의 탄성 퍼텐셜 에너지+B의 중력 퍼텐셜 에너지$=\frac{1}{2}k(3L)^2+mg(7L)$이고 r에서 A, B의 역학적 에너지는 A의 탄성 퍼텐셜 에너지$=\frac{1}{2}k(4L)^2$이다. 이 구간에서 손실된 역학적 에너지가 $7W$이므로,

$$\frac{1}{2}k(3L)^2+mg(7L)-\frac{1}{2}k(4L)^2=7W \quad \cdots ①$$

이 성립한다. A가 구간 r → q에서 이동할 때 r에서 A, B의 역학적 에너지는 A의 탄성 퍼텐셜 에너지$=\frac{1}{2}k(4L)^2$이고 q에서 A, B의 역학적 에너지는 B의 중력 퍼텐셜 에너지$=mg(4L)$이다. 이 구간에서 손실된 역학적 에너지가 $4W$이므로,

$$\frac{1}{2}k(4L)^2-mg(4L)=4W \quad \cdots ②$$

이 성립한다. ①, ②를 연립하여 정리하면, $W=\frac{3}{5}mgL$이다.

다른 풀이

용수철의 변형된 길이가 L일 때 탄성 퍼텐셜 에너지 $\frac{1}{2}kL^2$을 E라고 하면, A가 구간 p → r에서 이동할 때 물체 A, B의 역학적 에너지 손실이 $7W$이므로 처음 역학적 에너지−나중 역학적 에너지$=9E+mg(7L)-16E=7W$ ⋯ ①이 성립한다. A가 구간 r → q에서 이동할 때는 물체 A, B의 역학적 에너지 손실이 $4W$이므로 처음 역학적 에너지−나중 역학적 에너지$=16E-mg(4L)=4W$ ⋯ ②이 성립한다. ①, ②를 연립하여 정리하면 $W=\frac{3}{5}mgL$이다.

① $\frac{1}{3}mgL$ ② $\frac{2}{5}mgL$ 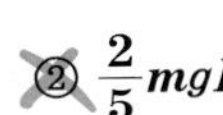 ③ $\frac{1}{2}mgL$ ④ $\frac{3}{5}mgL$ ⑤ $\frac{2}{3}mgL$

12 도르래와 용수철에 연결된 물체의 일과 에너지 2021학년도 9월 모평 물Ⅰ 20번

정답 ① | 정답률 21 %

적용해야 할 개념 ⑤가지

① 역학적 에너지는 운동 에너지와 퍼텐셜 에너지의 합이다.

② 마찰이나 공기 저항이 없으면 물체의 역학적 에너지는 일정하게 보존된다.

③ 탄성 퍼텐셜 에너지는 늘어나거나 압축된 용수철과 같이 변형된 물체가 가진 에너지로, 용수철 상수가 k(N/m)인 용수철이 길이 x(m)만큼 변형되었을 때 갖는 탄성 퍼텐셜 에너지 E_p는 $E_p=\frac{1}{2}kx^2$이다.

④ 용수철에 연결되어 연직 방향으로 운동하는 물체의 퍼텐셜 에너지는 중력 퍼텐셜 에너지와 탄성 퍼텐셜 에너지의 합이다.

⑤ 물체가 일정한 진폭으로 진동할 때, 물체의 속력은 진동의 중심에서 최대이다.

문제 보기

그림 (가)는 물체 A와 실로 연결된 물체 B를 원래 길이가 L_0인 용수철과 수평면 위에서 연결하여 잡고 있는 모습을, (나)는 (가)에서 B를 가만히 놓은 후, 용수철의 길이가 L까지 늘어나 A의 속력이 0인 순간의 모습을 나타낸 것이다. A, B의 질량은 각각 m이고, 용수철 상수는 k이다.

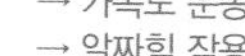

→ A의 운동 방향이 바뀌는 순간
→ 가속도 운동
→ 알짜힘 작용

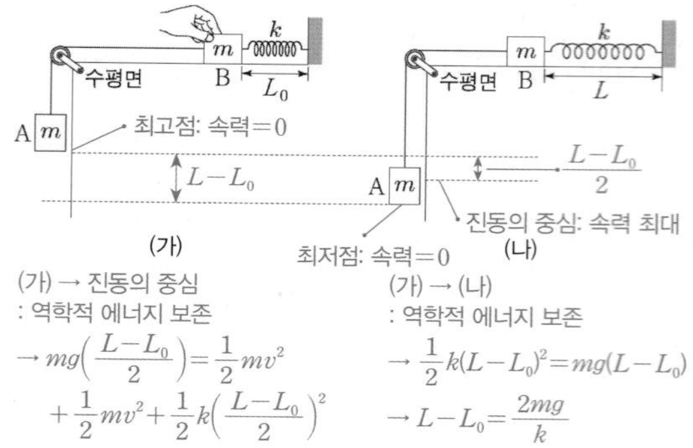

이에 대한 설명으로 옳은 것만을 〈보기〉에서 있는 대로 고른 것은? (단, 중력 가속도는 g이고, 실과 용수철의 질량 및 모든 마찰과 공기 저항은 무시한다.) [3점]

<보기> 풀이

ㄱ. $L-L_0=\frac{2mg}{k}$이다.

➡ 역학적 에너지 보존 법칙에 따라 물체가 (가)에서 (나)까지 운동하는 동안 용수철의 탄성 퍼텐셜 에너지의 증가량은 A의 중력 퍼텐셜 에너지의 감소량과 같아야 한다.

따라서 $\frac{1}{2}k(L-L_0)^2=mg(L-L_0)$에서 $L-L_0=\frac{2mg}{k}$ … ①이다.

ㄴ. 용수철의 길이가 L일 때, A에 작용하는 알짜힘은 0이다.

➡ 용수철의 길이가 L이고 A의 속력이 0인 순간은 용수철이 늘어난 길이가 최대가 되는 순간이다. 늘어난 용수철의 탄성력으로 용수철은 수평 방향으로 진동하고 실로 연결된 A는 연직 방향으로 진동한다. 진동하는 물체의 속력이 0인 순간 물체는 운동 방향이 바뀌므로 가속도 운동을 한다. 물체가 가속도 운동을 하므로 물체에 작용하는 알짜힘은 0이 아니다. 따라서 A의 속력이 0이고 용수철의 길이가 L일 때, A에 작용하는 알짜힘은 0이 아니다.

ㄷ. B의 최대 속력은 $\sqrt{\frac{m}{k}}g$이다.

➡ (가)와 (나)에서 A의 속력은 모두 0이므로, (가)에서 A의 위치는 진동의 최고점이고 (나)에서 A의 위치는 진동의 최저점이다. 진동하는 물체의 속력이 최대가 되는 순간은 물체가 진동의 중심을 지날 때이다. (가)와 (나)에서 A의 높이 차가 $L-L_0$이므로 용수철이 $\frac{L-L_0}{2}$만큼 늘어난 순간 A와 B의 속력이 최대이다. 이때 A와 B의 속력을 v라고 하면, 역학적 에너지 보존 법칙에 따라 (A의 중력 퍼텐셜 에너지 감소량)=(A의 운동 에너지 증가량)+(B의 운동 에너지 증가량)+(용수철의 탄성 퍼텐셜 에너지 증가량)이므로

$mg\left(\frac{L-L_0}{2}\right)=\frac{1}{2}mv^2+\frac{1}{2}mv^2+\frac{1}{2}k\left(\frac{L-L_0}{2}\right)^2$ … ②이다.

식 ②에 ①을 대입하여 정리하면 $v=\sqrt{\frac{m}{2k}}g$이다. 따라서 B의 최대 속력 $v=\sqrt{\frac{m}{2k}}g$이다.

13 도르래와 용수철에 연결된 물체의 일과 에너지 2021학년도 수능 물I 20번

정답 ② | 정답률 51 %

적용해야 할 개념 ④가지

① 운동 에너지(E_k)는 운동하는 물체가 가지는 에너지로, 물체의 질량(m)과 속력의 제곱(v^2)에 각각 비례한다. ➡ $E_k=\frac{1}{2}mv^2$

② 탄성 퍼텐셜 에너지는 늘어나거나 압축된 용수철과 같이 변형된 물체가 가진 에너지로, 용수철 상수가 k(N/m)인 용수철이 길이 x(m)만큼 변형되었을 때 갖는 탄성 퍼텐셜 에너지 E_p는 $E_p=\frac{1}{2}kx^2$이다.

③ 역학적 에너지는 운동 에너지와 퍼텐셜 에너지의 합이다.

④ 마찰이나 공기 저항이 없으면 물체의 역학적 에너지는 일정하게 보존된다.

문제 보기

그림 (가)와 같이 질량이 각각 2 kg, 3 kg, 1 kg인 물체 A, B, C가 용수철 상수가 200 N/m인 용수철과 실에 연결되어 정지해 있다. 수평면에 연직으로 연결된 용수철은 원래 길이에서 0.1 m만큼 늘어나 있다. 그림 (나)는 (가)의 C에 연결된 실이 끊어진 후, A가 연직선상에서 운동하여 용수철이 원래 길이에서 0.05 m만큼 늘어난 순간의 모습을 나타낸 것이다.

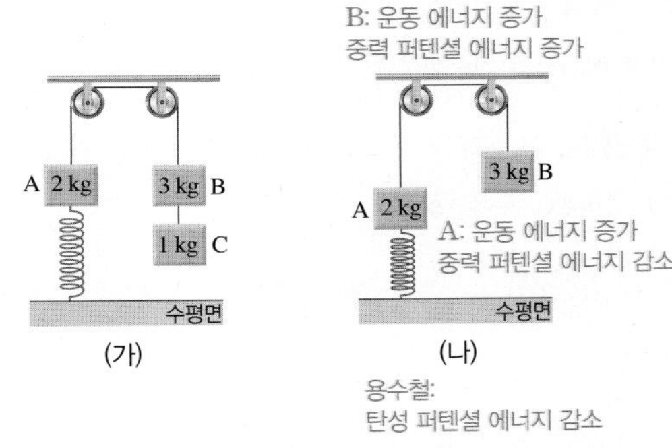

(나)에서 A의 운동 에너지는 용수철에 저장된 탄성 퍼텐셜 에너지의 몇 배인가? (단, 중력 가속도는 10 m/s²이고, 실과 용수철의 질량, 모든 마찰과 공기 저항은 무시한다.)

<보기> 풀이

❶ 실로 연결되어 함께 운동하는 물체는 속력이 같으므로 (나)에서 A와 B의 속력은 같다. 속력이 같을 때 물체의 운동 에너지는 물체의 질량에 비례하므로 (나)에서 A의 운동 에너지를 E_k라고 하면, B의 운동 에너지는 $\frac{3}{2}E_k$이다.

❷ 역학적 에너지 보존 법칙에 따라 역학적 에너지의 증가량과 역학적 에너지의 감소량은 같다. 따라서 (나)에서 'A의 운동 에너지 증가량+B의 운동 에너지 증가량+B의 중력 퍼텐셜 에너지 증가량=A의 중력 퍼텐셜 에너지 감소량+용수철의 탄성 퍼텐셜 에너지 감소량'의 관계식이 성립한다.

❸ 따라서 $E_k+\frac{3}{2}E_k+3\times10\times0.05=2\times10\times0.05+\frac{1}{2}\times200\times(0.1^2-0.05^2)$에서 $E_k=$ 0.1 J이다. 한편, (나)에서 용수철에 저장된 탄성 퍼텐셜 에너지 $E_p=\frac{1}{2}\times200\times0.05^2=$ 0.25(J)이므로 (나)에서 A의 운동 에너지는 용수철에 저장된 탄성 퍼텐셜 에너지의 $\frac{2}{5}$배이다.

 $\frac{1}{5}$  $\frac{2}{5}$  $\frac{3}{5}$ ④ $\frac{4}{5}$  1

14 도르래와 용수철에 연결된 물체의 일과 에너지 2021학년도 7월 학평 물I 20번

정답 ③ | 정답률 42 %

적용해야 할 개념 ④가지

① 탄성 퍼텐셜 에너지는 늘어나거나 압축된 용수철과 같이 변형된 물체가 가진 에너지로, 용수철 상수가 k(N/m)인 용수철이 길이 x(m)만큼 변형되었을 때 갖는 탄성 퍼텐셜 에너지는 $E_p=\frac{1}{2}kx^2$이다.

② 중력 퍼텐셜 에너지(E_p)는 물체의 질량(m)과 기준면으로부터의 물체의 높이(h)에 각각 비례한다. ➡ $E_p=mgh$ (g: 중력 가속도)

③ 역학적 에너지는 운동 에너지와 퍼텐셜 에너지의 합이다.

④ 마찰이나 공기의 저항이 없으면 물체의 역학적 에너지는 일정하게 보존된다.

문제 보기

그림 (가)는 질량이 같은 두 물체가 실로 연결되어 용수철 A, B와 도르래를 이용해 정지해 있는 것을 나타낸 것이다. A, B는 각각 원래의 길이에서 L만큼 늘어나 있다. 그림 (나)는 두 물체를 연결한 실이 끊어져 B가 원래의 길이에서 x만큼 최대로 압축되어 물체가 정지한 순간의 모습을 나타낸 것이다. A, B의 용수철 상수는 같다.

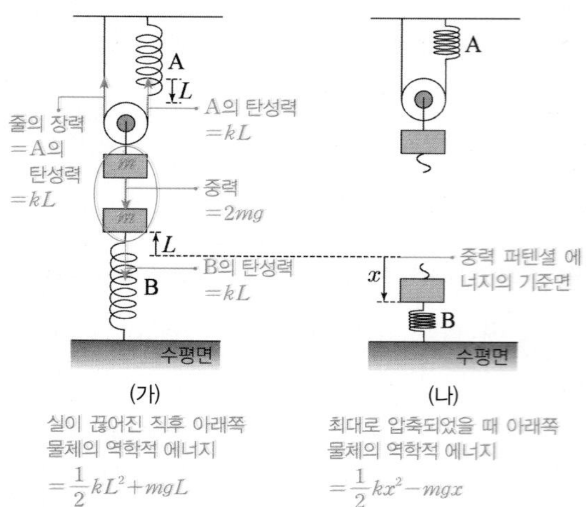

(가)
실이 끊어진 직후 아래쪽 물체의 역학적 에너지 $=\frac{1}{2}kL^2+mgL$

(나)
최대로 압축되었을 때 아래쪽 물체의 역학적 에너지 $=\frac{1}{2}kx^2-mgx$

x는? (단, 실의 질량, 용수철의 질량, 도르래의 질량 및 모든 마찰과 공기 저항은 무시한다.) [3점]

<보기> 풀이

❶ 움직 도르래의 경우 양쪽 줄에 걸리는 힘은 같으므로, (가)에서 도르래의 왼쪽 줄에 걸리는 장력은 도르래의 오른쪽 용수철에 작용하는 탄성력의 크기와 같다. 두 물체의 질량을 각각 m이라고 하고 두 물체를 묶어서 한 물체로 간주하면, 질량 $2m$인 물체에 줄의 장력 kL과 용수철 A의 탄성력 kL이 위쪽 방향으로 작용하고 중력 $2mg$와 용수철 B의 탄성력 kL이 아래 방향으로 작용한다. 정지해 있는 물체에 작용하는 알짜힘이 0이므로, 운동 방정식은 $-kL-kL+2mg+kL=0$이고 $2mg=kL$이다.

❷ 역학적 에너지 보존에 의해 아래쪽 물체의 역학적 에너지는 실이 끊어진 직후와 최대로 압축되었을 때가 같다. 중력 퍼텐셜 에너지의 기준점을 용수철 B의 원래 길이로 하면, $\frac{1}{2}kL^2+mgL=\frac{1}{2}kx^2-mgx$가 성립한다. 이 식에 $mg=\frac{kL}{2}$을 대입하여 정리하면 $x^2-Lx-2L^2=0$이므로 $(x-2L)(x+L)=0$에서 $x=2L$이다.

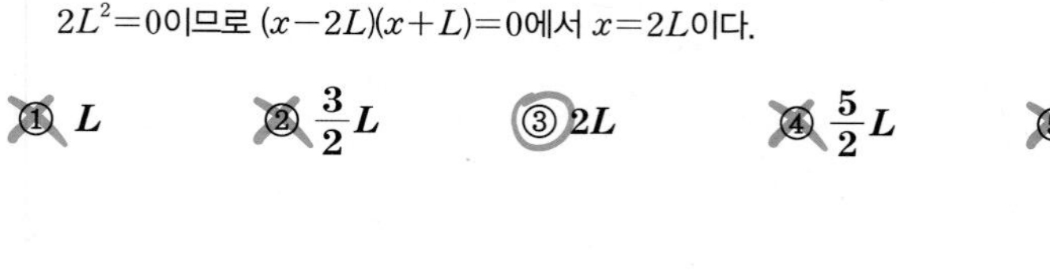

~~① L~~ ~~② $\frac{3}{2}L$~~ ③ $2L$ ~~④ $\frac{5}{2}L$~~ ~~⑤ $3L$~~

9 일차

01 ① 02 ④ 03 ② 04 ⑤ 05 ⑤ 06 ① 07 ② 08 ② 09 ① 10 ⑤ 11 ⑤ 12 ⑤
13 ③ 14 ① 15 ① 16 ② 17 ③ 18 ③ 19 ⑤

문제편 090쪽~095쪽

01 기체가 하는 일과 내부 에너지 2022학년도 6월 모평 물I 11번

정답 ① | 정답률 65 %

적용해야 할 개념 ③가지

① 기체의 압력이 일정할 때, 일정량의 이상 기체의 부피(V)는 절대 온도(T)에 비례한다. ⇒ $V \propto T$

② 이상 기체의 경우 기체의 내부 에너지(U)는 기체 분자들의 운동 에너지의 총합이므로, 절대 온도(T)에 비례한다. ⇒ $U \propto T$

③ 등압 변화: 기체의 압력이 일정하게 유지되면서 기체의 부피가 변하는 과정이다. ⇒ $Q = \varDelta U + W$
- 부피가 증가할 때: 기체가 흡수한 열=내부 에너지 증가량+외부에 한 일
- 부피가 감소할 때: 기체가 방출한 열=내부 에너지 감소량+외부로부터 받은 일

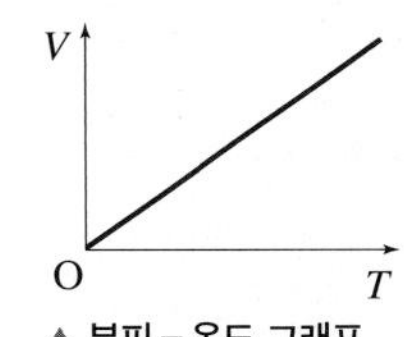

▲ 부피-온도 그래프

문제 보기

다음은 열의 이동에 따른 기체의 부피 변화를 알아보기 위한 실험이다.

[실험 과정]
(가) 20 mL의 기체가 들어 있는 유리 주사기의 끝을 고무마개로 막는다.
(나) (가)의 주사기를 뜨거운 물이 든 비커에 담그고, 피스톤이 멈추면 눈금을 읽는다.
(다) (나)의 주사기를 얼음물이 든 비커에 담그고, 피스톤이 멈추면 눈금을 읽는다.

(나) 과정　(다) 과정

기체의 부피: (가)<(나)
→ 기체의 온도(∝부피): (가)<(나)
→ 내부 에너지(∝온도): (가)<(나)

[실험 결과]

과정	(가)	(나)	(다)
기체의 부피(mL)	20	23	18

(나): 부피 증가, 온도 상승
→ 외부에 일을 함. 내부 에너지 증가(내부 에너지∝온도)
→ 흡수한 열량=외부에 한 일+내부 에너지 증가량
→ 흡수한 열량>외부에 한 일

(다): 부피 감소, 온도 하강
→ 외부에서 일을 받음. 내부 에너지 감소(내부 에너지∝온도)
→ 방출한 열량=외부에서 받은 일+내부 에너지 감소량
→ 방출한 열량>내부 에너지 감소량

주사기 속 기체에 대한 설명으로 옳은 것만을 〈보기〉에서 있는 대로 고른 것은? [3점]

<보기> 풀이

(가), (나), (다)에서 피스톤이 멈출 때 주사기 안의 기체의 압력은 주사기 밖의 압력과 같으므로, (가), (나), (다)에서 기체의 압력은 같다.

ㄱ. 기체의 내부 에너지는 (가)에서가 (나)에서보다 작다.
⇒ 기체의 압력이 같을 때 이상 기체의 부피는 절대 온도가 높을수록 크다. 따라서 기체의 온도는 기체의 부피가 작은 (가)에서가 (나)에서보다 낮다. 기체의 내부 에너지는 온도에 비례하므로, 기체의 내부 에너지는 (가)에서가 (나)에서보다 작다.

ㄴ. (나)에서 기체가 흡수한 열은 기체가 한 일과 같다.
⇒ (나)에서 기체가 팽창하므로 외부에 일을 하고, 기체의 부피가 증가하므로 온도가 상승한다. 따라서 (나)에서 기체가 흡수한 열량은 기체가 팽창하면서 외부에 한 일과 내부 에너지 증가량을 더한 값과 같다. 따라서 (나)에서 기체가 흡수한 열량은 기체가 한 일보다 크다.

ㄷ. (다)에서 기체가 방출한 열은 기체의 내부 에너지 변화량과 같다.
⇒ (다)에서 기체가 수축되므로 외부에서 일을 받고, 기체의 부피가 감소하므로 온도가 감소한다. 따라서 (다)에서 기체가 방출한 열량은 기체가 수축하면서 외부에서 받은 일과 내부 에너지 감소량을 더한 값과 같다. 따라서 (다)에서 기체가 방출한 열량은 내부 에너지 감소량보다 크다.

02 열역학 과정 – 열기관이 1개인 경우 2020학년도 3월 학평 물I 6번

정답 ④ | 정답률 81 %

적용해야 할 개념 ④가지

① 기체의 압력이 일정할 때, 일정량의 이상 기체의 부피(V)는 절대 온도(T)에 비례한다. 기체의 온도가 증가할수록 기체의 부피는 증가한다. ➡ $V \propto T$

② 등압 팽창 과정: 기체의 압력이 일정하게 유지되면서 부피가 팽창하는 과정으로, 기체가 받은 열은 외부에 한 일과 내부 에너지 변화량의 합과 같다. ➡ 부피 증가, 온도 증가

③ 단열 팽창 과정: 열의 출입 없이 기체의 부피가 팽창하는 과정으로, 기체가 한 일만큼 내부 에너지가 감소하여 온도가 내려간다. ➡ $Q=0=\Delta U+W$에서 $W=-\Delta U$이다.

④ 이상 기체의 내부 에너지(U)는 기체 분자들의 운동 에너지의 총합과 같으므로 절대 온도(T)에 비례한다. ➡ $U \propto T$

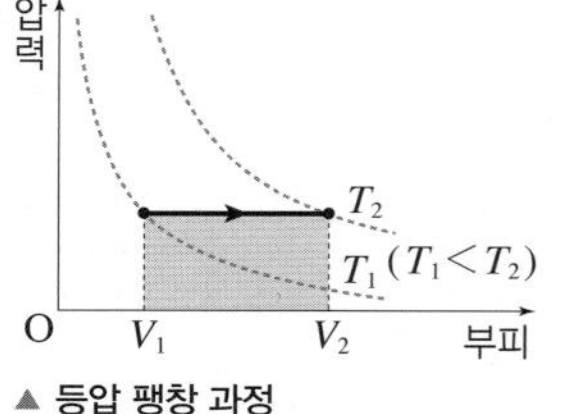

▲ 등압 팽창 과정

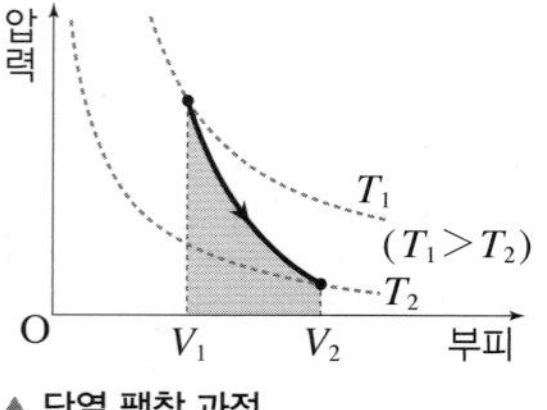

▲ 단열 팽창 과정

문제 보기

그림과 같이 온도가 T_0인 일정량의 이상 기체가 등압 팽창 또는 단열 팽창하여 온도가 각각 T_1, T_2가 되었다.

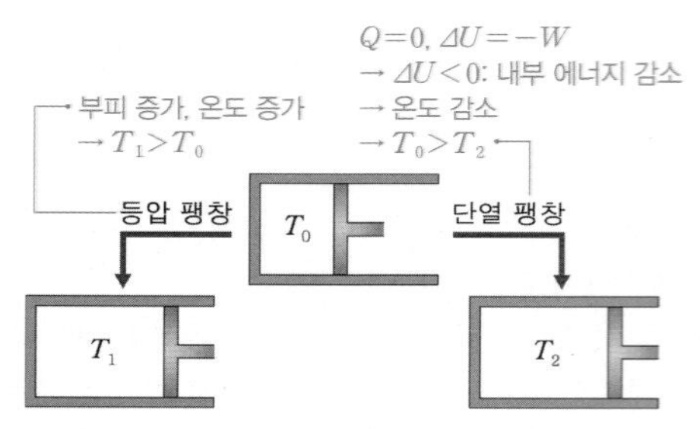

T_0, T_1, T_2를 옳게 비교한 것은? (단, 대기압은 일정하다.) [3점]

<보기> 풀이

기체의 압력이 일정할 때 일정량의 이상 기체의 부피는 절대 온도에 비례한다. 기체가 등압 팽창할 때 기체의 부피는 증가하므로 기체의 온도가 증가한다. 따라서 등압 팽창한 후의 온도 T_1이 등압 팽창하기 전의 온도 T_0보다 높으므로 $T_1>T_0$이다.

기체가 단열 팽창할 때는 기체가 외부에 한 일만큼 내부 에너지가 작아지므로, 기체의 온도도 감소한다. 따라서 단열 팽창한 후의 온도 T_2는 단열 팽창하기 전의 온도 T_0보다 낮으므로 $T_0>T_2$이다. $T_1>T_0$이고, $T_0>T_2$이므로 $T_1>T_0>T_2$이다.

보기

~~① $T_0=T_1=T_2$~~　~~② $T_0>T_1=T_2$~~　~~③ $T_1=T_2>T_0$~~
④ $T_1>T_0>T_2$　~~⑤ $T_2>T_0>T_1$~~

03 열역학 과정 – 열기관이 1개인 경우 2019학년도 3월 학평 물I 8번

정답 ② | 정답률 49 %

적용해야 할 개념 ③가지

① 단열 팽창 과정: 열의 출입이 없이 기체의 부피가 팽창하는 과정으로, 기체가 한 일만큼 내부 에너지가 감소하여 온도가 내려간다. ➡ $Q=0=\Delta U+W$에서 $W=-\Delta U$이다.

② 이상 기체의 경우 기체의 내부 에너지(U)는 기체 분자들의 운동 에너지의 총합이므로, 절대 온도(T)에 비례한다. ➡ $U \propto T$

③ 열역학 제1법칙: 기체가 흡수한 열(Q)은 내부 에너지 변화량(ΔU)과 기체가 한 일(W)의 합이다. ➡ $Q=\Delta U+W$

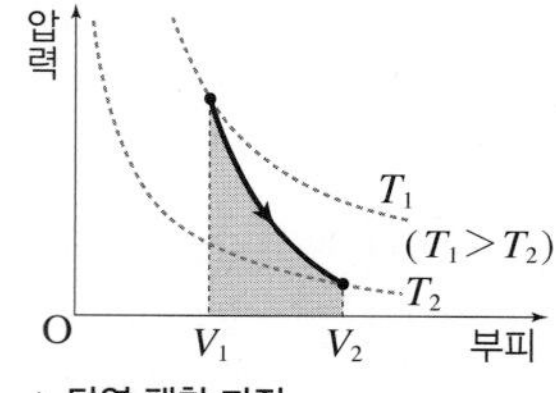

▲ 단열 팽창 과정

문제 보기

그림과 같이 실린더 안의 이상 기체 A와 B가 피스톤에 의해 분리되어 있다. 물체 P를 열전달이 잘되는 고정된 금속판에 접촉시켰더니 피스톤이 왼쪽으로 서서히 이동하였다. (└ 온도는 P와 A가 같다.)

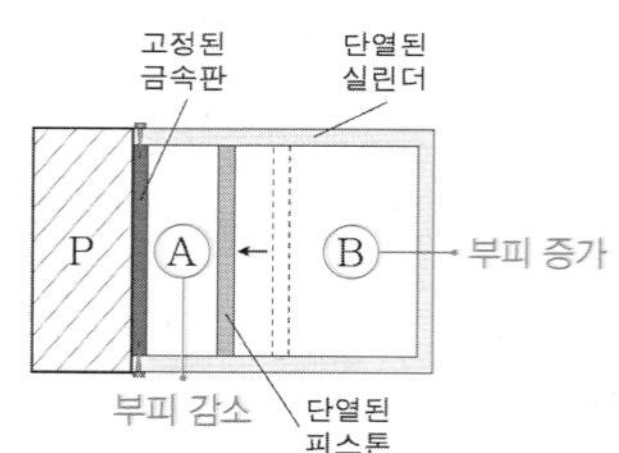

이에 대한 옳은 설명만을 〈보기〉에서 있는 대로 고른 것은? (단, 피스톤의 마찰은 무시한다.) [3점]

<보기> 풀이

P와 A 사이에는 열전달이 잘되는 금속판이 놓여져 있으므로 P와 A의 온도는 같다는 것을 알 수 있다.

보기

~~ㄱ.~~ **P에서 A로 열이 이동한다.**

➡ P와 접촉한 A의 부피가 감소하였으므로 온도는 P가 A보다 낮다. 따라서 열은 고온에서 저온으로 이동하므로 A에서 P로 이동한다.

~~ㄴ.~~ **A의 압력은 일정하다.**

➡ B는 열의 출입이 없는 상태에서 부피가 증가하였으므로 B는 단열 팽창한다. 따라서 B의 압력은 감소한다. 피스톤은 서서히 이동한다고 하였으므로 A와 B의 압력은 힘의 평형을 이룬 상태에서 B의 부피가 증가하는 것이다. 따라서 A와 B의 압력은 매 순간 같고, B의 압력은 감소하므로 A의 압력도 감소한다.

ⓒ **ㄷ. B의 내부 에너지가 감소한다.**

➡ B는 단열 팽창($Q=0$)하므로 열역학 제1법칙 $Q=\Delta U+W$에서 $W=-\Delta U$이다. 기체는 외부에 일을 하므로($W>0$) 기체의 내부 에너지는 감소($\Delta U<0$)한다.

04 열역학 과정 – 열기관이 1개인 경우 2019학년도 7월 학평 물I 17번

정답 ⑤ | 정답률 62 %

적용해야 할 개념 ④가지

① 단열 팽창 과정: 열의 출입 없이 기체가 팽창하는 과정으로, 기체가 한 일만큼 내부 에너지가 감소하여 온도가 내려간다. ➡ $Q=0=\varDelta U+W$에서 $W=-\varDelta U$이다.

② 기체가 외부에 한 일(W)은 기체의 압력(P)과 부피 변화($\varDelta V$)의 곱이다. ➡ $W=P\varDelta V$

③ 기체의 부피 변화와 외부에 한 일의 관계

기체가 팽창할 때	기체의 부피가 증가($\varDelta V>0$)하므로 $W>0$이다. ➡ 기체가 외부에 일을 한다.
기체가 수축할 때	기체의 부피가 감소($\varDelta V<0$)하므로 $W<0$이다. ➡ 기체가 외부로부터 일을 받는다.

④ 이상 기체의 경우 기체의 내부 에너지(U)는 기체 분자들의 운동 에너지의 총합이므로, 절대 온도(T)에 비례한다. ➡ $U\propto T$

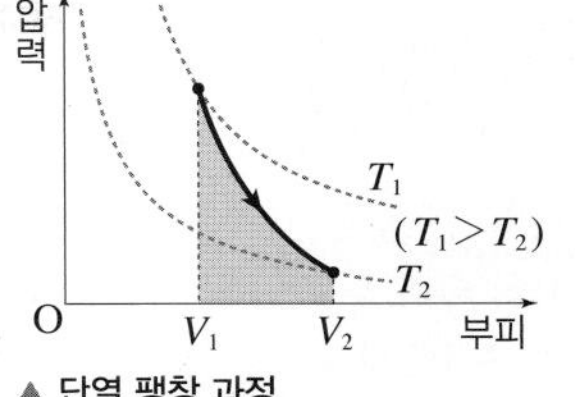

▲ 단열 팽창 과정

문제 보기

그림과 같이 이상 기체가 들어 있는 용기와 실린더가 피스톤에 의해 A, B, C 세 부분으로 나누어져 있다. 피스톤 P는 고정핀에 의해 고정되어 있고, 피스톤 Q는 정지해 있다. A, B에서 온도는 같고, 압력은 A에서가 B에서보다 작다. 이후, 고정핀을 제거하였다.

고정핀을 제거한 후 P는 압력이 같아질 때까지 이동

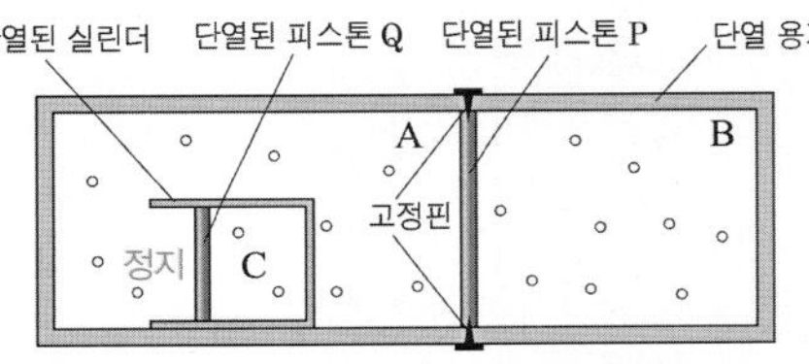

이에 대한 설명으로 옳은 것만을 ⟨보기⟩에서 있는 대로 고른 것은? (단, 단열 용기를 통한 기체 분자의 이동은 없고, 피스톤의 마찰은 무시한다.)

<보기> 풀이

P의 고정핀을 제거하면 P는 A와 B의 압력이 같아질 때까지 이동한다. 피스톤과 실린더는 모두 단열되어 있으므로 고정핀을 제거한 이후의 변화는 단열 변화이다.

ㄱ. 고정핀을 제거하기 전 기체의 압력은 A, C에서 같다.

➡ P가 고정되어 있을 때 Q는 정지해 있으므로 A에서의 압력과 C에서의 압력은 같다.

ㄴ. 고정핀을 제거한 후 P가 움직이는 동안 B에서 기체의 온도는 감소한다.

➡ 압력은 A에서가 B에서보다 작으므로 고정핀을 제거하면 P는 왼쪽으로 움직인다. B의 기체는 단열된 상태에서 부피가 증가하므로 P가 이동하는 동안 B의 기체는 단열 팽창($W>0$)한다. 따라서 B에서 기체의 온도는 감소($\varDelta U<0$)한다.

ㄷ. 고정핀을 제거한 후 Q가 움직이는 동안 C에서 기체의 내부 에너지는 증가한다.

➡ P의 고정핀을 제거하면 P는 A와 B에서의 기체 압력이 같아질 때까지 이동하므로 A의 압력은 증가한다. 따라서 C의 부피는 감소하므로 C는 단열 압축($W<0$)한다. Q가 움직이는 동안 C의 내부 에너지는 증가($\varDelta U>0$)한다.

05 열역학 과정 – 열기관이 1개인 경우 2021학년도 10월 학평 물I 11번

정답 ⑤ | 정답률 49 %

적용해야 할 개념 ③가지

① 열역학 제1법칙: 기체가 흡수한 열(Q)은 내부 에너지 변화량($\varDelta U$)과 기체가 한 일(W)의 합이다. ➡ $Q=\varDelta U+W$

② 일정량의 이상 기체의 압력(P)과 부피(V)의 곱은 절대 온도(T)에 비례한다. ➡ $PV\propto T$

③ 이상 기체의 내부 에너지(U)는 기체 분자들의 운동 에너지의 총합과 같고, 절대 온도(T)에 비례한다. ➡ $U\propto T$

문제 보기

(가): A의 압력=B의 압력

그림 (가)와 같이 피스톤으로 분리된 실린더의 두 부분에 같은 양의 동일한 이상 기체 A와 B가 들어 있다. A와 B의 온도와 부피는 서로 같다. 그림 (나)는 (가)의 A에 열량 Q_1을 가했더니 피스톤이 천천히 d만큼 이동하여 정지한 모습을, (다)는 (나)의 B에 열량 Q_2를 가했더니 피스톤이 천천히 d만큼 이동하여 정지한 모습을 나타낸 것이다.

(나): A의 압력 =B의 압력

(다): A의 압력 =B의 압력

A와 B의 압력: (가)<(나)<(다)

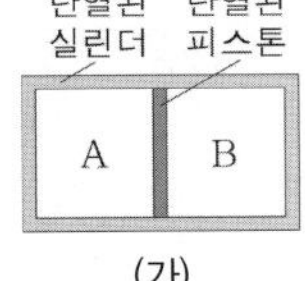

(가)

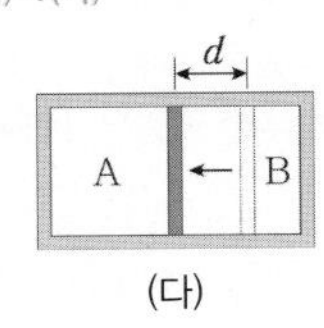

(나)

d A B

(다)

A의 압력과 부피: (가)<(나)
→ A의 온도: (가)<(나)
→ A의 내부 에너지: (가)<(나)

이에 대한 옳은 설명만을 ⟨보기⟩에서 있는 대로 고른 것은? (단, 피스톤과 실린더의 마찰은 무시한다.)

<보기> 풀이

~~ㄱ.~~ A의 내부 에너지는 (가)에서와 (나)에서가 같다.

➡ A의 압력과 부피가 (나)에서가 (가)에서보다 크므로 A의 온도는 (나)에서가 (가)에서보다 크다. 내부 에너지는 절대 온도에 비례하므로, A의 내부 에너지는 (나)에서가 (가)에서보다 크다.

ㄴ. A의 압력은 (다)에서가 (가)에서보다 크다.

➡ (가)에서 A와 B의 온도와 부피가 서로 같으므로 A와 B의 압력이 같다. (나)에서 피스톤이 정지하므로 A와 B의 압력은 같다. (가) → (나)에서 B가 단열 압축되므로 B의 압력은 (나)에서가 (가)에서 보다 크고, A의 압력도 (나)에서가 (가)에서보다 크다. (다)에서도 피스톤이 정지할 때 A와 B의 압력이 같은데, 단열 압축된 A의 압력은 (나)에서보다 크므로 B의 압력도 (나)에서보다 크다. 즉, A의 압력은 (가)<(나)<(다)이므로, (다)에서가 (가)에서보다 크다.

ㄷ. B의 내부 에너지는 (다)에서가 (가)에서보다 $\dfrac{Q_1+Q_2}{2}$만큼 크다.

➡ 열역학 제1법칙 $Q=\varDelta U+W$에서 기체가 외부에 한 일 $W=0$일 때 기체가 흡수한 열량 Q는 내부 에너지의 변화량 $\varDelta U$와 같다. A와 B의 부피는 (가)에서와 (다)에서가 같으므로, (가)~(다) 과정에서 A와 B가 외부에 한 알짜일의 합이 0이다. 이때 (가)~(다) 과정에서 A와 B에 가한 열량의 합이 Q_1+Q_2이므로, A와 B의 내부 에너지 증가량의 합은 Q_1+Q_2이다. (다)에서 A, B의 압력과 부피가 같으므로 A와 B의 온도가 같고, 내부 에너지는 절대 온도에 비례하므로 (다)에서 A와 B의 내부 에너지가 같다. 따라서 (가)~(다) 과정에서 A와 B의 내부 에너지 증가량은 같다. 즉, (A의 내부 에너지 증가량)=(B의 내부 에너지 증가량) $=\dfrac{Q_1+Q_2}{2}$이므로, B의 내부 에너지는 (다)에서가 (가)에서보다 $\dfrac{Q_1+Q_2}{2}$만큼 크다.

06 열역학 과정 2024학년도 7월 학평 물I 17번

정답 ① | 정답률 64 %

적용해야 할 개념 ③가지

① 일정량의 이상 기체의 압력(P)과 부피(V)의 곱은 절대 온도(T)에 비례한다. ➡ $PV \propto T$

② 압력이 일정한 과정($P=$일정)에서 기체의 부피는 절대 온도에 비례한다. ($V \propto T$)

③ 부피가 일정한 과정($V=$일정)에서 기체의 압력은 절대 온도에 비례한다. ($P \propto T$)

문제 보기

그림은 일정량의 이상 기체의 상태가 A → B → C를 따라 변할 때 기체의 압력과 절대 온도를 나타낸 것이다. A → B 과정은 부피가 일정한 과정이고, B → C 과정은 압력이 일정한 과정이다.

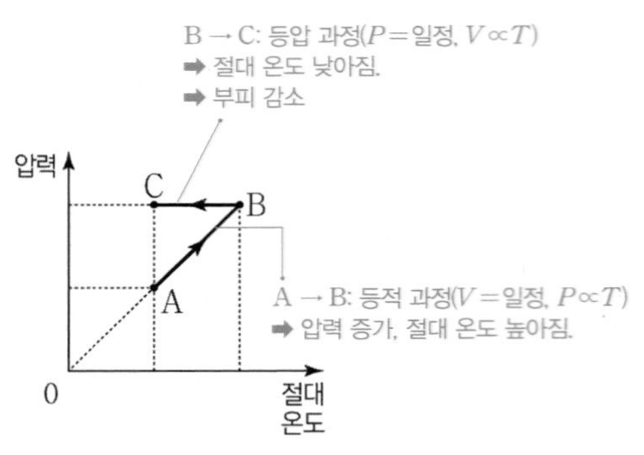

A → B → C 과정을 나타낸 그래프로 가장 적절한 것은? [3점]

<보기> 풀이

이상 기체의 압력(P)과 부피(V)의 곱은 절대 온도(T)에 비례한다($PV \propto T$). 부피가 일정한 A → B 과정에서 기체의 압력은 절대 온도에 비례하므로, 압력과 절대 온도가 증가한다. 또 압력이 일정한 B → C 과정에서 기체의 부피는 절대 온도에 비례하며, 절대 온도가 감소하므로 부피도 감소한다. 따라서 A → B → C 과정을 나타낸 그래프로 ①이 가장 적절하다.

①
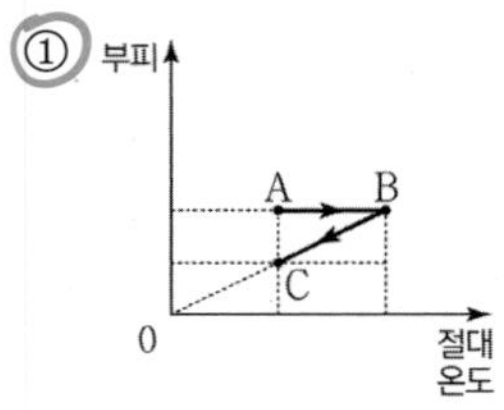

②
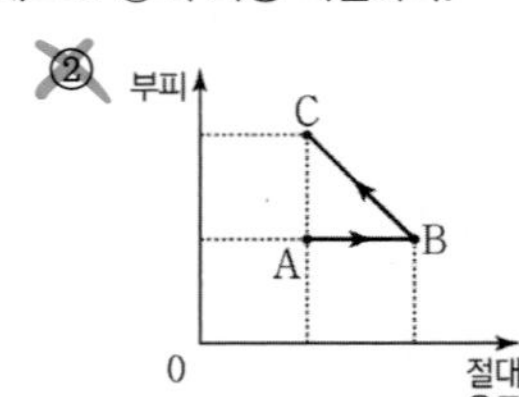

③
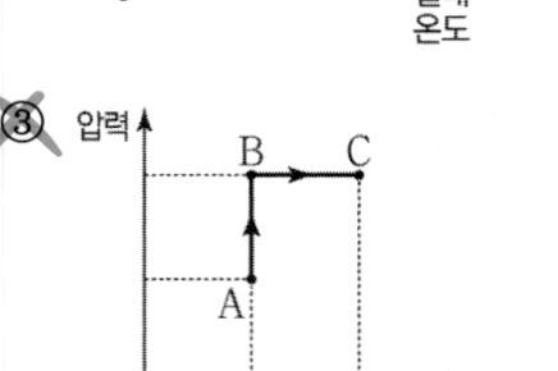

④
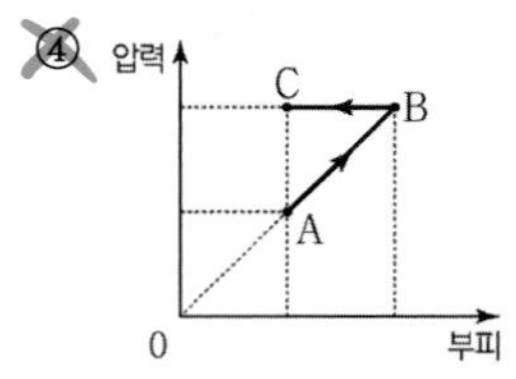

⑤
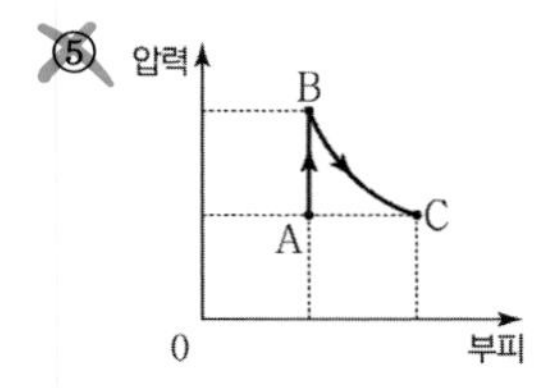

07 열역학 과정 – 그래프 2022학년도 3월 학평 물I 6번

정답 ② | 정답률 40 %

적용해야 할 개념 ④가지

① 압력 – 부피 그래프에서 그래프 아랫부분의 넓이는 기체가 한 일이다. ➡ $W=P\Delta V$

② 등압 과정에서 기체가 열을 흡수할 때는 기체의 부피가 증가하고, 열을 방출할 때는 기체의 부피가 감소한다.

③ 단열 과정은 열의 출입이 없이 기체의 상태가 변하는 과정으로, 기체가 팽창할 때는 외부에 일을 하고 기체가 압축될 때는 외부로부터 일을 받는다.

④ 열효율(e): 열기관의 효율로, 열기관에 공급된 열(Q_1)에 대해 열기관이 한 일(W)의 비율이다.

➡ $e=\dfrac{W}{Q_1}=\dfrac{Q_1-Q_2}{Q_1}$

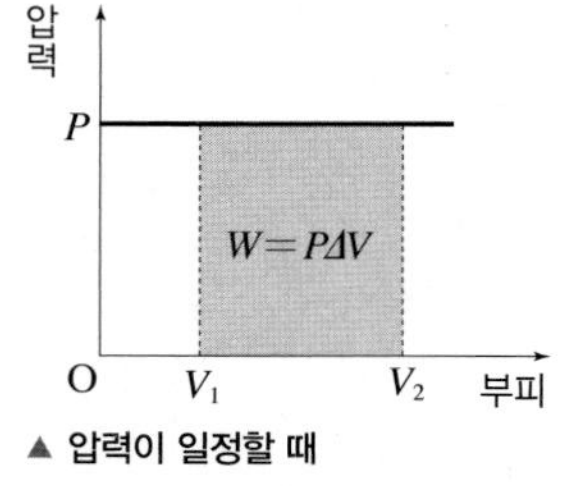

▲ 압력이 일정할 때

문제 보기

그림은 열기관에 들어 있는 일정량의 이상 기체의 압력과 부피 변화를 나타낸 것으로, 상태 A → B, C → D, E → F는 등압 과정, B → C → E, F → D → A는 단열 과정이다. 표는 순환 과정 Ⅰ과 Ⅱ에서 기체의 상태 변화를 나타낸 것이다.

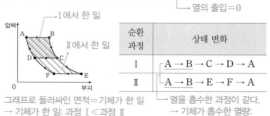

(단열 과정 → 열의 출입=0)

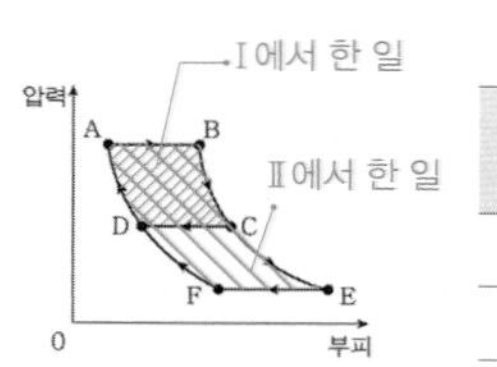

순환 과정	상태 변화
Ⅰ	A → B → C → D → A
Ⅱ	A → B → E → F → A

그래프로 둘러싸인 면적=기체가 한 일
→ 기체가 한 일: 과정 Ⅰ < 과정 Ⅱ
→ 열기관의 열효율: 과정 Ⅰ < 과정 Ⅱ
→ 기체가 방출한 열량: 과정 Ⅰ > 과정 Ⅱ

→ 열을 흡수한 과정이 같다.
→ 기체가 흡수한 열량: 과정 Ⅰ=과정 Ⅱ

기체가 한 번 순환하는 동안, Ⅱ에서가 Ⅰ에서보다 큰 물리량만을 〈보기〉에서 있는 대로 고른 것은? [3점]

<보기> 풀이

ㄱ. 기체가 흡수한 열량

➡ 단열 과정에서는 열의 출입이 없고 등압 과정에서 열의 출입이 있으며, 등압 과정 중 기체의 부피가 증가하는 A → B에서 열을 흡수한다. Ⅰ과 Ⅱ가 동일한 A → B 과정을 포함하므로, 기체가 한 번 순환하는 동안 흡수한 열량은 Ⅰ에서와 Ⅱ에서가 같다.

ㄴ. 기체가 방출한 열량

➡ '기체가 흡수한 열량=외부에 한 일+방출한 열량'이다. 기체가 한 번 순환하는 동안 한 일은 압력–부피 그래프에서 직선과 곡선으로 둘러싸인 면적과 같으므로, 기체가 한 일은 Ⅱ에서가 Ⅰ에서보다 크다. 기체가 흡수한 열량이 같을 때 기체가 한 일이 클수록 방출한 열량이 작으므로, 기체가 방출한 열량은 Ⅱ에서가 Ⅰ에서보다 작다.

ㄷ. 열기관의 열효율

➡ 열기관의 열효율은 $\dfrac{\text{기체가 한 일}}{\text{기체가 흡수한 열}}$이므로, 흡수한 열량이 같을 때 기체가 한 일이 클수록 열효율은 크다. 기체가 흡수한 열량은 Ⅰ에서와 Ⅱ에서가 같고 기체가 한 일은 Ⅱ에서가 Ⅰ에서보다 크므로, 열기관의 열효율은 Ⅱ에서가 Ⅰ에서보다 크다.

08 열역학 과정 – 그래프 2019학년도 6월 모평 물I 16번

정답 ② | 정답률 67 %

적용해야 할 개념 ②가지

① 압력 – 부피 그래프에서 그래프 아랫부분의 넓이는 기체가 한 일이다. ➡ $W=P\Delta V$

② 열역학 제1법칙: 기체가 흡수한 열(Q)은 내부 에너지 변화량(ΔU)과 기체가 한 일(W)의 합이다.
➡ $Q=\Delta U+W$

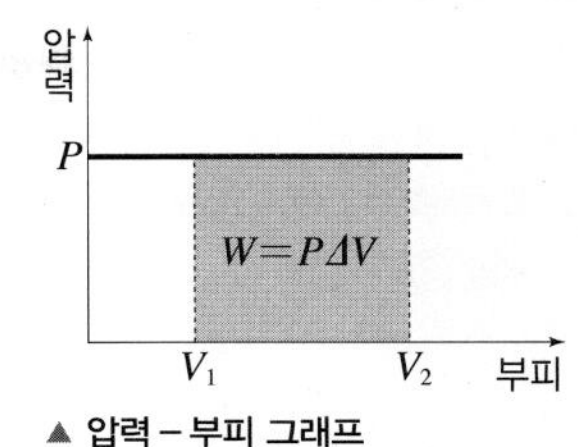

▲ 압력 – 부피 그래프

문제 보기

그림은 일정량의 이상 기체의 상태가 A → B → C를 따라 변할 때 압력과 부피를 나타낸 것이다. A → B 과정에서 기체에 공급한 열량은 Q이다.
(A → B: 등압 과정)

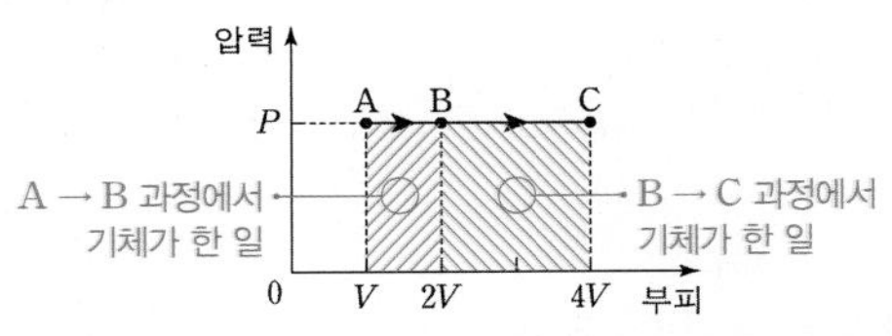

이에 대한 설명으로 옳은 것만을 〈보기〉에서 있는 대로 고른 것은?

<보기> 풀이

ㄱ. 기체가 한 일은 A → B 과정에서와 B → C 과정에서가 같다. (×)
➡ 그래프 아랫부분의 넓이는 기체가 한 일을 의미하므로 A → B 과정에서 기체가 한 일은 PV이고, B → C 과정에서 기체가 한 일은 $2PV$이다. 따라서 기체가 한 일은 A → B 과정에서가 B → C 과정에서보다 작다.

ㄴ. 기체의 온도는 C에서가 A에서보다 높다. (○)
➡ A → B → C 과정에서 기체의 압력은 일정한 상태에서 부피가 증가하므로 기체의 온도는 증가한다. 따라서 기체의 온도는 C에서가 A에서보다 높다.

ㄷ. A → B 과정에서 기체의 내부 에너지 변화량은 Q와 같다. (×)
➡ A → B 과정에서 기체가 흡수한 열은 기체의 내부 에너지 변화량과 기체가 한 일의 합과 같다. 따라서 기체의 내부 에너지 변화량은 Q보다 작다.

09 열역학 과정 – 그래프 2019학년도 4월 학평 물I 17번

정답 ① | 정답률 66 %

적용해야 할 개념 ③가지

① 기체가 일정한 압력을 유지하면서 팽창할 때, 기체가 외부에 한 일(W)은 기체의 압력(P)과 부피 변화(ΔV)의 곱이다. ➡ $W=P\Delta V$

② 압력 – 부피 그래프에서 그래프 아랫부분의 넓이는 기체가 한 일이다. ➡ $W=P\Delta V$

③ 열역학 제1법칙: 기체가 흡수한 열(Q)은 내부 에너지 변화량(ΔU)과 기체가 한 일(W)의 합이다.
➡ $Q=\Delta U+W$

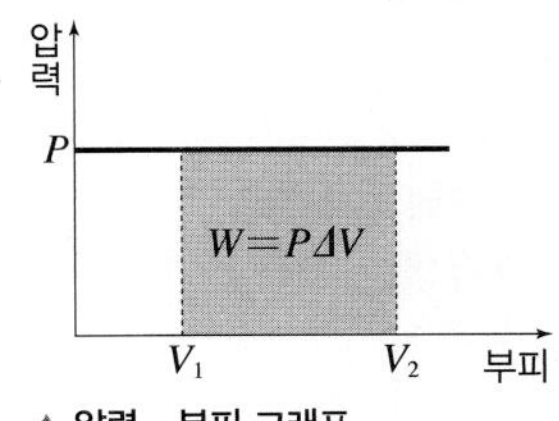

▲ 압력 – 부피 그래프

문제 보기

그림은 일정량의 이상 기체의 상태가 A → B → C를 따라 변할 때 압력과 부피를 나타낸 것이다. A → B는 등압 과정이고, B → C는 등적 과정이다.
(A → B: 열 흡수 / B → C: 열 흡수, $W=0$)

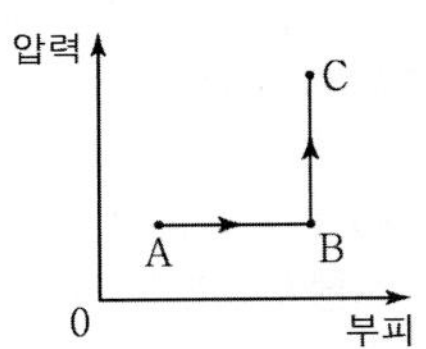

이에 대한 설명으로 옳은 것만을 〈보기〉에서 있는 대로 고른 것은?

<보기> 풀이

A → B 과정은 압력이 일정하고, 부피가 증가하므로 등압 팽창 과정이고, B → C 과정은 부피가 일정하면서 압력이 증가하므로 등적 과정이다.

ㄱ. A → B 과정에서 기체는 열을 흡수한다. (○)
➡ A → B 과정은 등압 팽창 과정으로, 기체의 부피와 온도는 증가한다. 기체는 외부에 일을 하고 기체의 내부 에너지는 증가한다. 따라서 A → B 과정에서 기체는 열을 흡수한다.

ㄴ. B → C 과정에서 기체는 외부에 일을 한다. (×)
➡ B → C 과정은 등적 과정으로, 기체의 부피는 일정하다. 따라서 기체가 외부에 한 일은 0이다.

ㄷ. 기체의 온도는 A에서가 C에서보다 높다. (×)
➡ B → C 과정은 등적 과정으로, $Q=\Delta U+W$에서 $W=P\Delta V=0$이므로 $Q=\Delta U$이다. 따라서 기체가 흡수한 열은 기체의 내부 에너지 증가량과 같으므로 기체의 온도는 증가한다. 이를 정리하면, A → B 과정과 B → C 과정에서 기체의 온도는 증가하므로 기체의 온도는 A에서가 C에서보다 낮다.

10 열역학 과정 – 그래프 2020학년도 수능 물I 11번

정답 ⑤ | 정답률 82 %

적용해야 할 개념 ③가지

① 등적 과정에서 기체가 흡수한 열은 기체의 내부 에너지 증가량과 같고, 등압 과정에서 기체가 흡수한 열은 기체가 한 일과 기체의 내부 에너지 증가량의 합과 같다.

② 압력과 부피 관계 그래프에서 그래프 아랫부분의 면적은 기체가 한 일이다. ➡ $W=P\Delta V$

③ 기체의 내부 에너지(U)는 기체 분자들의 운동 에너지의 총합과 같고, 절대 온도(T)에 비례한다. ➡ $U\propto T$

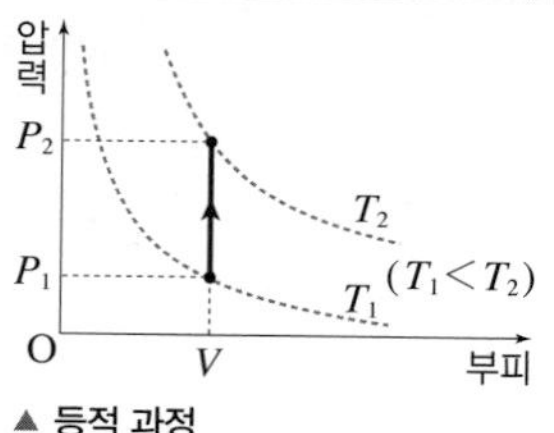

▲ 등적 과정

문제 보기

그림은 일정한 양의 이상 기체의 상태가 A → B → C를 따라 변할 때, 압력과 부피를 나타낸 것이다.

이에 대한 설명으로 옳은 것만을 〈보기〉에서 있는 대로 고른 것은?

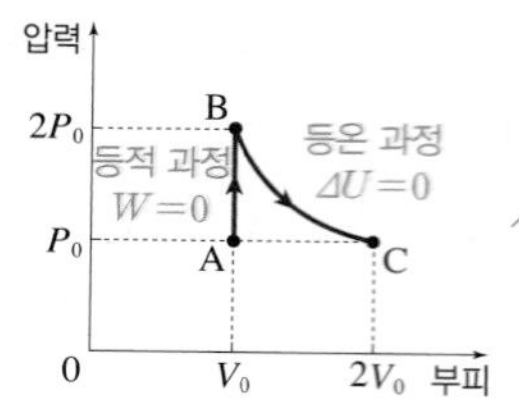

<보기> 풀이

A → B 과정은 부피가 일정한 등적 과정이고, B → C 과정은 온도가 일정한 등온 과정이다.

ㄱ. A → B 과정에서 기체는 열을 흡수한다.

➡ A → B 과정은 부피가 일정한 등적 과정이므로 기체가 한 일은 0이다. 압력은 B에서가 A에서보다 크므로 기체의 온도는 B에서가 A에서보다 크다. 기체의 내부 에너지는 B에서가 A에서보다 크므로 A → B 과정에서 기체의 내부 에너지는 증가한다. 따라서 A → B 과정에서 기체는 열을 흡수한다.

ㄴ. B → C 과정에서 기체는 외부에 일을 한다.

➡ B → C 과정에서 기체의 부피는 증가하므로 기체는 외부에 일을 한다.

ㄷ. 기체의 내부 에너지는 C에서가 A에서보다 크다.

➡ B → C 과정은 등온 과정이므로 기체의 온도는 B에서와 C에서가 같다. 이를 정리하면 기체의 온도는 C에서가 A에서보다 높고, 기체의 내부 에너지는 기체의 절대 온도에 비례하므로 기체의 내부 에너지는 C에서가 A에서보다 크다.

11 열역학 과정 – 그래프 2019학년도 4월 학평 물II 15번

정답 ⑤ | 정답률 55 %

적용해야 할 개념 ③가지

① 압력 – 부피 그래프에서 그래프 아랫부분의 넓이는 기체가 한 일이다. ➡ $W=P\Delta V$

② 열역학 제1법칙: 기체가 흡수한 열(Q)은 내부 에너지 변화량(ΔU)과 기체가 한 일(W)의 합이다.
➡ $Q=\Delta U+W$

③ 순환 과정에서 온도 변화(ΔT)는 0이다. 따라서 순환 과정에서 내부 에너지 변화량은 0이다.

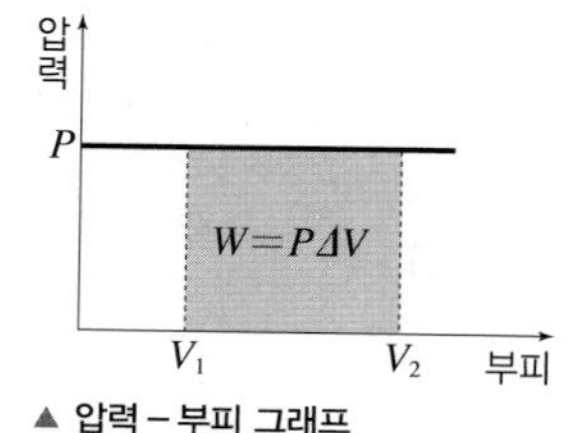

▲ 압력 – 부피 그래프

문제 보기

그림은 일정량의 이상 기체의 상태가 A → B → C → D → A를 따라 변할 때 압력과 부피를 나타낸 것이다. A → B, C → D는 단열 과정, B → C는 등압 과정, D → A는 등적 과정이다.

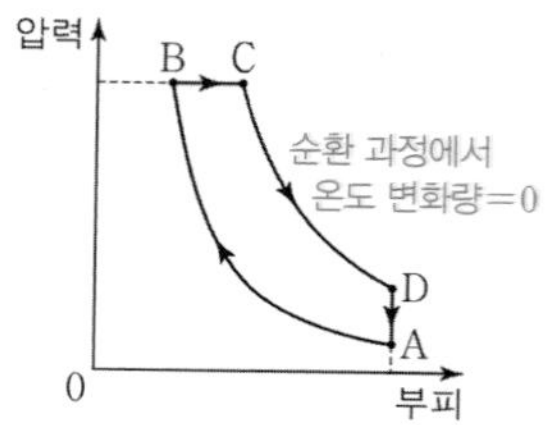

기체에 대한 설명으로 옳은 것만을 〈보기〉에서 있는 대로 고른 것은? [3점]

<보기> 풀이

ㄱ. A → B 과정에서 내부 에너지는 증가한다.

➡ A → B 과정은 부피가 감소하는 단열 압축 과정이므로 $W=-\Delta U$이다. 기체는 일을 받으므로($W<0$) A → B 과정에서 내부 에너지는 증가($\Delta U>0$)한다.

ㄴ. B → C 과정에서 흡수한 열량은 D → A 과정에서 방출한 열량보다 크다.

➡ A → B → C → D → A의 순환 과정에서 기체의 내부 에너지 변화량은 0이고, 기체가 한 일은 받은 일보다 크다. 따라서 순환 과정에서 기체는 열을 흡수한다. C → D 과정과 A → B 과정은 단열 과정이므로 기체가 흡수한 열은 0이다. B → C 과정은 부피가 증가하는 등압 과정이므로 기체는 열을 흡수하고, D → A 과정은 압력이 감소하는 등적 과정이므로 기체는 열을 방출한다. 순환 과정에서 기체는 열을 흡수하므로 흡수한 열이 방출한 열보다 크다. 따라서 B → C 과정에서 흡수한 열량은 D → A 과정에서 방출한 열량보다 크다.

ㄷ. 온도는 C에서가 A에서보다 높다.

➡ C → D 과정은 단열 팽창 과정이므로 기체의 내부 에너지는 감소하고, D → A 과정은 압력이 감소하는 등적 과정이므로 내부 에너지는 감소한다. 따라서 기체의 온도는 C에서가 A에서보다 높다.

12 열역학 과정 2025학년도 9월 모평 물I 15번

정답 ⑤ | 정답률 82 %

적용해야 할 개념 ④가지

① 일정량의 이상 기체의 압력(P)과 부피(V)의 곱은 절대 온도(T)에 비례한다. ➡ $PV \propto T$

② 이상 기체의 내부 에너지(U)는 기체 분자들의 운동 에너지의 총합이므로 절대 온도(T)에 비례한다. ➡ $U \propto T$

③ 기체의 부피 변화(ΔV)와 외부에 한 일($W = P\Delta V$)의 관계

기체가 팽창할 때	기체의 부피가 증가($\Delta V > 0$)하므로 $W > 0$이다. ➡ 기체가 외부에 일을 한다.
기체가 수축할 때	기체의 부피가 감소($\Delta V < 0$)하므로 $W < 0$이다. ➡ 기체가 외부로부터 일을 받는다.

④ 열역학 제1법칙: 기체가 흡수한 열(Q)는 내부 에너지 변화량(ΔU)과 기체가 외부에 하는 일(W)의 합이다. ➡ $Q = \Delta U + W$

문제 보기

그림 (가)는 일정량의 이상 기체가 상태 A → B → C를 따라 변할 때 기체의 압력과 부피를 나타낸 것이다. 그림 (나)는 (가)의 A → B 과정과 B → C 과정 중 하나로, 기체가 들어 있는 열 출입이 자유로운 실린더의 피스톤에 모래를 조금씩 올려 피스톤이 서서히 내려가는 과정을 나타낸 것이다. (나)의 과정에서 기체의 온도는 T_0으로 일정하다.

온도 일정($\Delta U = 0$), 부피 감소($W < 0$)
➡ B → C 과정
➡ $Q = W < 0$
➡ 외부에 열을 방출

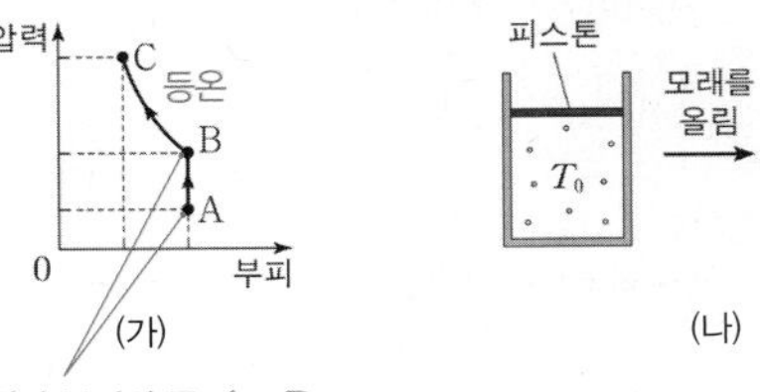

(가) (나)

압력과 부피의 곱: A < B
➡ 절대 온도: A < B = C
➡ 내부 에너지: A < C

이에 대한 설명으로 옳은 것만을 〈보기〉에서 있는 대로 고른 것은? (단, 실린더와 피스톤 사이의 마찰은 무시한다.)

<보기> 풀이

ㄱ. (나)는 B → C 과정이다.

➡ (나)는 기체의 부피가 감소하는 과정이므로 B → C 과정이다.

ㄴ. (가)에서 기체의 내부 에너지는 A에서가 C에서보다 작다.

➡ 일정량의 이상 기체의 압력과 부피의 곱은 절대 온도에 비례하고, 기체의 내부 에너지는 절대 온도에 비례한다. (가)에서 압력과 부피의 곱은 A에서가 B에서보다 작으므로 기체의 온도는 A에서가 B에서보다 낮고 B에서와 C에서의 온도가 같으므로, 기체의 온도는 A에서가 C에서보다 낮다. 따라서 (가)에서 기체의 내부 에너지는 A에서가 C에서보다 작다.

ㄷ. (나)의 과정에서 기체는 외부에 열을 방출한다.

➡ (나)의 과정에서 기체의 온도가 일정하므로 내부 에너지의 변화는 0이고($\Delta U = 0$), 부피가 감소하므로 기체는 외부로부터 일을 받는다($W < 0$). 따라서 열역학 제1법칙 $Q = \Delta U + W$에서 $Q < 0$이므로, (나)의 과정에서 기체는 외부에 열을 방출한다.

13 열역학 과정 – 그래프 2020학년도 6월 모평 물I 16번

정답 ③ | 정답률 55 %

적용해야 할 개념 ③가지

① 이상 기체의 경우 기체의 내부 에너지(U)는 기체 분자들의 운동 에너지의 총합이므로, 절대 온도(T)에 비례한다. ➡ $U \propto T$

② 기체의 부피 변화와 외부에 한 일의 관계

기체가 팽창할 때	기체의 부피가 증가($\Delta V > 0$)하므로 $W > 0$이다. ➡ 기체가 외부에 일을 한다.
기체가 수축할 때	기체의 부피가 감소($\Delta V < 0$)하므로 $W < 0$이다. ➡ 기체가 외부로부터 일을 받는다.

③ 열역학 제1법칙: 기체가 흡수한 열(Q)은 내부 에너지 변화량(ΔU)과 기체가 한 일(W)의 합이다. ➡ $Q = \Delta U + W$

문제 보기

→ A와 B의 압력은 같다.

그림 (가)와 같이 단열된 실린더와 단열되지 않은 실린더에 각각 같은 양의 동일한 이상 기체 A, B가 들어 있고, 단면적이 같은 단열된 두 피스톤이 정지해 있다. B의 온도를 일정하게 유지하면서 A에 열을 공급하였더니 피스톤이 천천히 이동하여 정지하였다. 그림 (나)는 시간에 따른 A와 B의 온도를 나타낸 것이다.

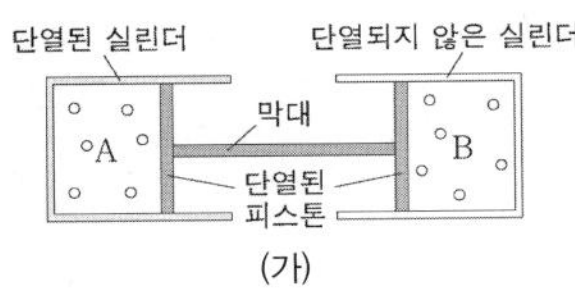

(가)

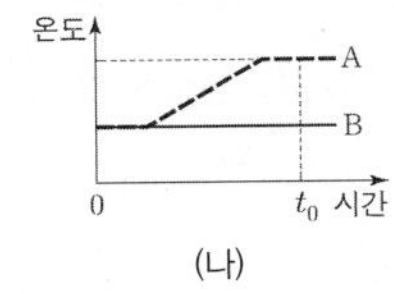

(나)

이에 대한 설명으로 옳은 것만을 〈보기〉에서 있는 대로 고른 것은? (단, 실린더는 고정되어 있고, 피스톤의 마찰은 무시한다.)

[3점]

<보기> 풀이

A에 열을 공급하기 전 단면적이 같은 두 피스톤이 정지해 있다고 했으므로 A와 B의 압력은 같다는 것을 알 수 있다.

ㄱ. t_0일 때, 내부 에너지는 A가 B보다 크다.

➡ 기체의 내부 에너지는 온도에 비례한다. t_0일 때 온도는 A가 B보다 크므로 내부 에너지는 A가 B보다 크다.

ㄴ. t_0일 때, 부피는 B가 A보다 크다.

➡ A에 열을 공급하기 전, A와 B의 압력은 같고, 기체의 온도는 A와 B가 같으므로 부피는 A와 B가 같았다. A에 열을 공급하면 A의 부피는 증가하고 B는 부피가 감소하므로 t_0일 때 부피는 A가 B보다 크다.

ㄷ. A의 온도가 높아지는 동안 B는 열을 방출한다.

➡ A의 부피가 증가하면 B의 부피는 감소하므로 B는 외부로부터 일을 받는다($W < 0$). B의 온도는 일정하므로 B의 내부 에너지 변화량은 0이다($\Delta U = 0$). 열역학 제1법칙에서 $Q = \Delta U + W$이므로 $Q < 0$이다. 따라서 B는 열을 방출한다.

14 열역학 과정 – 그래프 2020학년도 7월 학평 물Ⅰ 5번

정답 ① | 정답률 66 %

적용해야 할 개념 ②가지

① 압력 – 부피 그래프에서 그래프 아랫부분의 넓이는 기체가 한 일이다. ➡ $W=P\Delta V$

② 단열 압축 과정: 열의 출입 없이 기체의 부피가 감소하는 과정으로, 기체가 받은 일만큼 내부 에너지가 증가하여 온도가 올라간다.

➡ $Q=0=\Delta U+W$에서 $W=-\Delta U$이다.

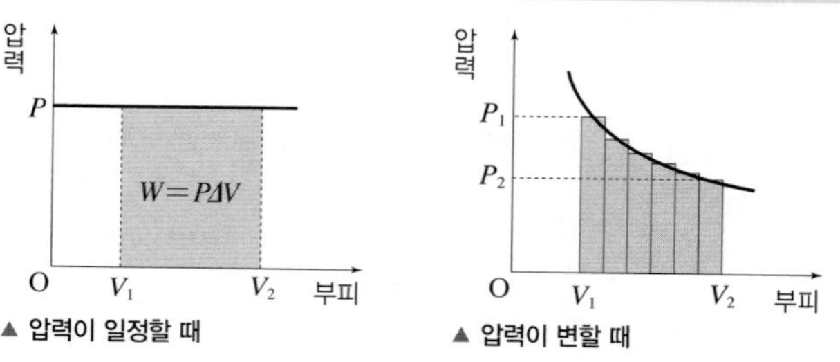

▲ 압력이 일정할 때 ▲ 압력이 변할 때

문제 보기

그림 (가)와 같이 단열된 실린더와 두 단열된 피스톤에 의해 분리되어 있는 일정량의 이상 기체 A, B, C가 있다. 두 피스톤은 정지해 있다. 그림 (나)는 (가)의 B에 열을 서서히 가하여 B의 상태를 a → b 과정을 따라 변화시킬 때 B의 압력과 부피를 나타낸 것이다. b에서 두 피스톤은 정지 상태에 있다.

└→A의 압력=B의 압력=C의 압력=$2P$

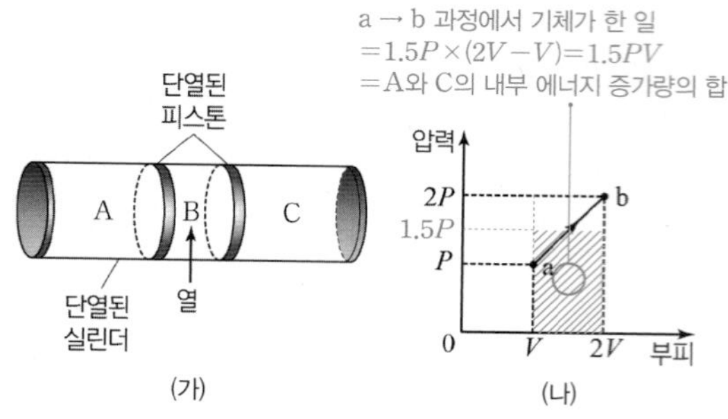

(가) (나)

이에 대한 설명으로 옳은 것만을 〈보기〉에서 있는 대로 고른 것은? (단, 모든 마찰은 무시한다.) [3점]

<보기> 풀이

a → b 과정에서 A와 C는 열이 차단된 상태로 부피가 감소하므로 단열 압축 과정이고, B는 열을 흡수하여 부피가 증가하므로 외부에 일을 한다.

ㄱ. b에서 C의 압력은 $2P$이다.

➡ b에서 두 피스톤은 정지 상태에 있으므로, C의 압력은 B의 압력과 같다. b에서 B의 압력이 $2P$이므로, C의 압력도 $2P$이다.

~~ㄴ~~. a → b 과정에서 B가 한 일은 $2PV$이다.

➡ 압력 – 부피 그래프에서 그래프 아랫부분의 넓이는 기체가 한 일이다. a → b 과정에서 그래프 아랫부분의 넓이는 $1.5P\times(2V-V)=1.5PV$이므로, B가 한 일은 $1.5PV$다.

~~ㄷ~~. a → b 과정에서 A와 C의 내부 에너지 증가량의 합은 $2PV$이다.

➡ a → b 과정에서 B의 부피가 증가하므로, A와 C는 단열 압축된다. 단열 압축 과정에서 기체는 외부에서 받은 일만큼 내부 에너지가 증가하므로, B가 한 일만큼 A와 C의 내부 에너지가 증가한다. a → b 과정에서 B가 한 일이 $1.5PV$이므로, A와 C의 내부 에너지 증가량의 합도 $1.5PV$이다.

15 열역학 과정 2019학년도 7월 학평 물Ⅱ 7번

정답 ① | 정답률 65 %

적용해야 할 개념 ③가지

① 단열 과정: 외부와의 열의 출입이 없이($Q=0$) 기체의 상태가 변하는 과정이다. ➡ $Q=0=\Delta U+W$이므로 $W=-\Delta U$이다.

기체가 팽창할 때(단열 팽창)	기체가 한 일만큼 내부 에너지가 감소하여 온도가 내려간다. ➡ 부피 증가, 압력 감소, 온도 감소
기체가 수축할 때(단열 압축)	기체가 받은 일만큼 내부 에너지가 증가하여 온도가 올라간다. ➡ 부피 감소, 압력 증가, 온도 증가

② 등압 과정: 기체의 압력이 일정하게 유지되면서 상태가 변하는 과정이다. ➡ $Q=\Delta U+W$

③ 이상 기체의 경우 기체의 내부 에너지(U)는 절대 온도(T)에 비례한다. ➡ $U\propto T$

문제 보기

그림은 이상 기체의 열역학 과정 A, B, C를 분류하는 과정을 나타낸 것이다. A, B, C는 각각 등압 과정, 등온 과정, 단열 과정 중 하나이다. A, B, C에서 기체의 몰수는 일정하고 부피는 증가한다.

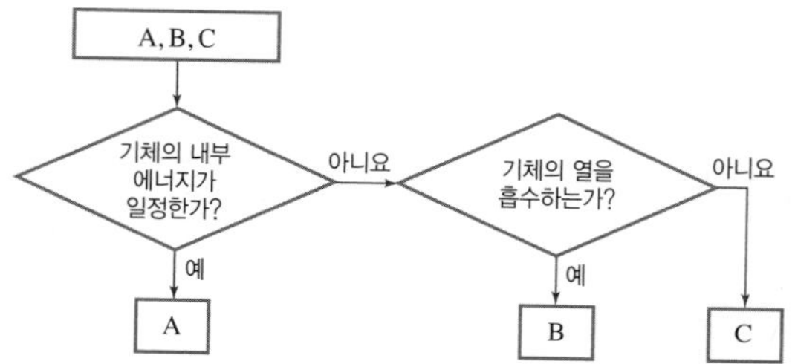

A, B, C로 옳은 것은?

<보기> 풀이

A, B, C는 등압 과정, 등온 과정, 단열 과정 중 하나이다.

기체의 내부 에너지가 일정하면 기체의 온도는 일정하므로 등온 과정이다. 단열 과정은 열의 출입이 없는 과정이다. 따라서 A는 등온 과정, B는 등압 과정, C는 단열 과정이다.

	A	B	C
①	등온 과정	등압 과정	단열 과정
~~②~~	등온 과정	단열 과정	등압 과정
~~③~~	등압 과정	등온 과정	단열 과정
~~④~~	등압 과정	단열 과정	등온 과정
~~⑤~~	단열 과정	등온 과정	등압 과정

16 열역학 과정 2019학년도 수능 물I 17번

정답 ② | 정답률 66 %

적용해야 할 개념 ③가지

① 등적 과정에서 기체의 부피가 일정하므로 기체가 한 일은 $W=P\Delta V=0$이다.
② 이상 기체의 경우 기체의 내부 에너지(U)는 기체 분자들의 운동 에너지의 총합이므로, 절대 온도(T)에 비례한다. ➡ $U\propto T$
③ 열역학 제1법칙: 기체가 흡수한 열(Q)은 내부 에너지 변화량(ΔU)과 기체가 한 일(W)의 합이다. ➡ $Q=\Delta U+W$

문제 보기

그림 (가)와 같이 실린더 안의 동일한 이상 기체 A와 B가 열전달이 잘되는 고정된 금속판에 의해 분리되어 열평형 상태에 있다. A, B의 압력과 부피는 각각 P, V로 같다. 그림 (나)는 (가)에서 피스톤에 힘을 가하여 B의 부피가 감소한 상태로 A와 B가 열평형을 이룬 모습을 나타낸 것이다. (A와 B의 온도가 같다)

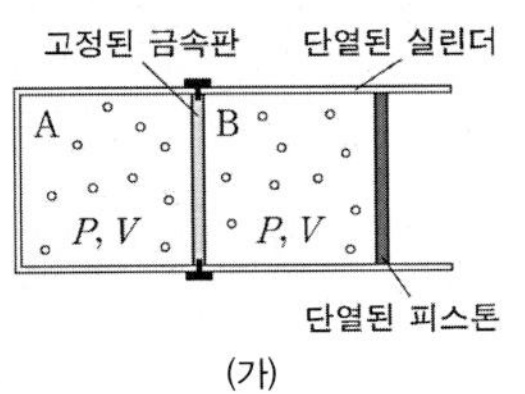

(가)

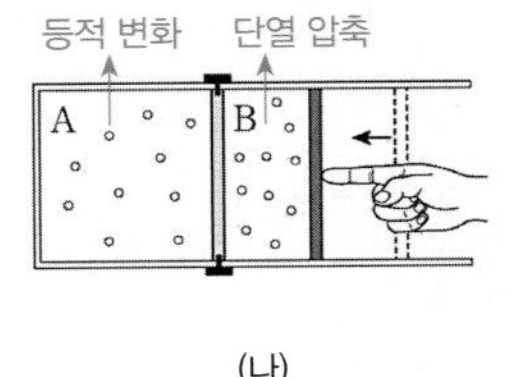

(나)

이에 대한 설명으로 옳은 것만을 〈보기〉에서 있는 대로 고른 것은? (단, 피스톤의 마찰, 금속판이 흡수한 열량은 무시한다.) [3점]

<보기> 풀이

B는 열 출입이 없이 외부로부터 일을 받아 부피가 감소($W<0$)하였으므로 $Q=0=\Delta U+W$에서 $\Delta U=-W$이다. 따라서 내부 에너지가 증가하므로 기체의 온도는 증가하고, A와 B 사이에는 열 전달이 잘되는 금속판이 놓여 있으므로 A와 B의 온도는 같다는 것을 알 수 있다.

✗ㄱ. A의 온도는 (가)에서가 (나)에서보다 높다.
➡ (가)에서 A와 B는 열평형 상태이므로 A와 B의 온도는 같다. (나)에서 B가 외부로부터 일을 받아 부피가 감소하였으므로 B의 내부 에너지는 증가하여 B의 온도가 증가한다. 따라서 금속판을 통해 열이 전달되어 A의 온도도 증가하므로 온도는 (나)에서가 (가)에서보다 높다.

○ㄴ. (나)에서 기체의 압력은 A가 B보다 작다.
➡ (나)에서 열평형을 이루므로 A와 B의 온도는 같다. 온도가 일정할 때 부피와 압력은 반비례한다. 부피는 A가 B보다 크므로 기체의 압력은 A가 B보다 작다.

✗ㄷ. (가) → (나) 과정에서 B가 받은 일은 B의 내부 에너지 증가량과 같다.
➡ (가) → (나) 과정에서 B가 외부로부터 일을 받아 B뿐만 아니라 A의 온도도 상승하였다. (가) → (나) 과정에서 $\Delta U=-W$이므로 B가 받은 일은 B의 내부 에너지 증가량뿐만 아니라 A의 내부 에너지의 증가량의 합과 같다.

17 열역학 과정 – 열기관이 1개인 경우 2020학년도 4월 학평 물I 9번

정답 ③ | 정답률 81 %

적용해야 할 개념 ③가지

① 기체가 외부에 한 일(W)은 기체의 압력(P)과 부피 변화(ΔV)의 곱이다. ➡ $W=P\Delta V$
② 기체의 부피 변화와 외부에 한 일의 관계

기체가 팽창할 때	기체의 부피가 증가($\Delta V>0$)하므로 $W>0$이다. ➡ 기체가 외부에 일을 한다.
기체가 수축할 때	기체의 부피가 감소($\Delta V<0$)하므로 $W<0$이다. ➡ 기체가 외부로부터 일을 받는다.

③ 열역학 제1법칙: 기체가 흡수한 열(Q)은 내부 에너지 변화량(ΔU)과 기체가 한 일(W)의 합이다. ➡ $Q=\Delta U+W$

문제 보기

그림 (가)는 이상 기체 A가 들어 있는 실린더에서 피스톤이 정지해 있는 것을, (나)는 (가)에서 핀을 제거하였더니 A가 단열 팽창하여 피스톤이 정지한 것을, (다)는 (나)에서 A에 열량 Q를 공급한 것을 나타낸 것이다. A의 압력은 (가)에서와 (다)에서가 같고, A의 부피는 (나)에서와 (다)에서가 같다.

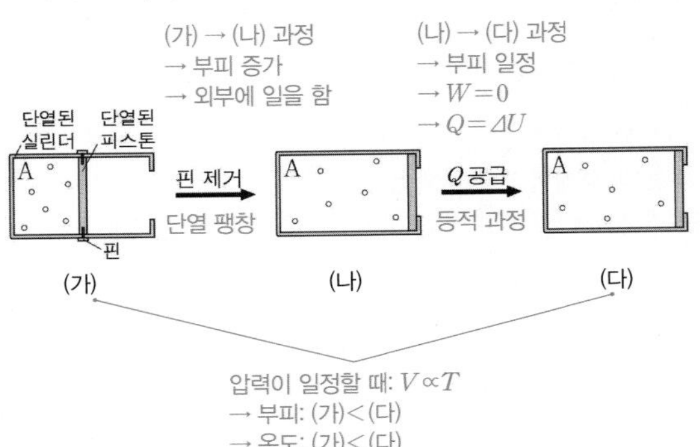

이에 대한 설명으로 옳은 것만을 〈보기〉에서 있는 대로 고른 것은? [3점]

<보기> 풀이

○ㄱ. (가) → (나) 과정에서 A는 외부에 일을 한다.
➡ 기체의 부피가 증가하면 기체는 외부에 일을 한다. (가) → (나) 과정에서 A의 부피가 증가하므로, A는 외부에 일을 한다.

○ㄴ. (나) → (다) 과정에서 A의 내부 에너지 증가량은 Q이다.
➡ 열역학 제1법칙에 따라 A가 흡수한 열은 A의 내부 에너지 변화량과 A가 한 일의 합이다. (나) → (다) 과정에서 A의 부피는 일정하므로 A가 외부에 일을 하지 않는다. 따라서 (나) → (다) 과정에서 A에 공급한 열량 Q는 A의 내부 에너지 증가량과 같다.

✗ㄷ. A의 온도는 (다)에서가 (가)에서보다 작다.
➡ 기체의 압력이 일정할 때 일정량의 이상 기체의 부피는 절대 온도에 비례한다. A의 압력은 (가)에서와 (다)에서가 같고 A의 부피는 (다)에서가 (가)에서보다 크므로, A의 온도는 (다)에서가 (가)에서보다 크다.

18 열역학 과정 2020학년도 9월 모평 물I 18번

정답 ③ | 정답률 78 %

적용해야 할 개념 ②가지

① 등압 팽창 과정: 기체의 압력이 일정하게 유지되면서 상태가 변하는 과정으로, 기체가 받은 열은 외부에 한 일과 내부 에너지 증가량의 합과 같다. ➡ 부피 증가, 온도 증가

② 단열 압축 과정: 열의 출입이 없이 기체의 상태가 변하는 과정으로, 기체가 받은 일만큼 내부 에너지가 증가하여 온도가 올라간다.
➡ $Q=0=\Delta U+W$에서 $W=-\Delta U$

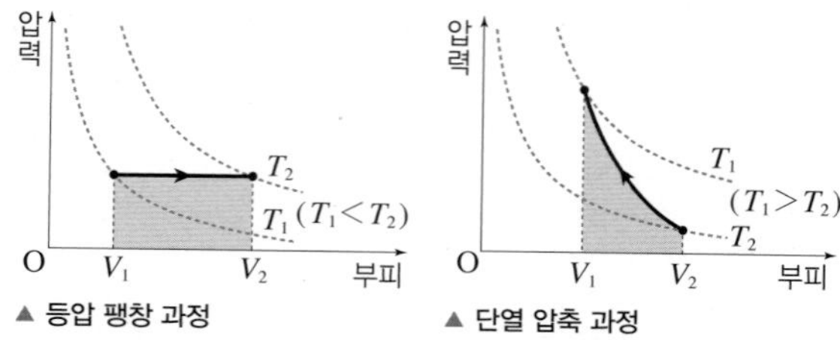

▲ 등압 팽창 과정 ▲ 단열 압축 과정

문제 보기

그림 (가)의 I은 이상 기체가 들어 있는 실린더에 피스톤이 정지해 있는 모습을, II는 I에서 기체에 열을 서서히 가했을 때 기체가 팽창하여 피스톤이 정지한 모습을, III은 II에서 피스톤에 모래를 서서히 올려 피스톤이 내려가 정지한 모습을 나타낸 것이다. I과 III에서 기체의 부피는 같다. 그림 (나)는 (가)의 기체 상태가 변화할 때 압력과 부피를 나타낸 것이다. A, B, C는 각각 I, II, III에서의 기체의 상태 중 하나이다.

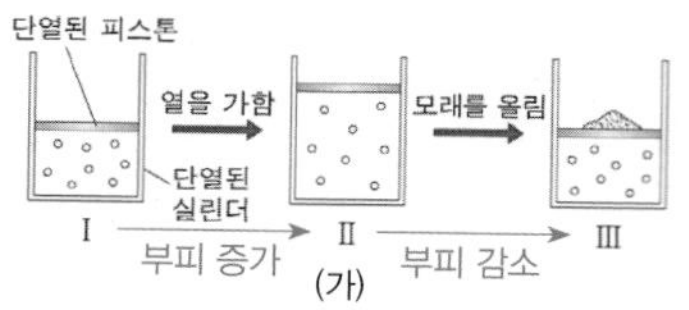

(가)

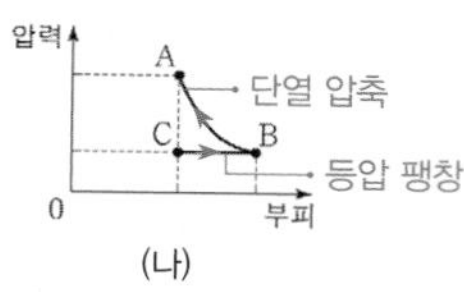

(나)

이에 대한 설명으로 옳은 것만을 <보기>에서 있는 대로 고른 것은? (단, 피스톤의 마찰은 무시한다.) [3점]

<보기> 풀이

I에서 피스톤은 정지해 있었고, I → II 과정에서 기체는 열을 흡수하여 다시 정지하였으므로 등압 팽창 과정이고, 이때 기체의 압력은 대기압과 같다. II → III 과정에서 기체는 열이 차단된 상태에서 부피가 감소하였으므로 단열 압축 과정이다.

ㄱ. I → II 과정에서 기체는 외부에 일을 한다.
➡ I → II에서 기체의 부피는 증가($\Delta V>0$)하므로 $W=P\Delta V>0$이다. 따라서 기체는 외부에 일을 한다.

ㄴ. 기체의 온도는 III에서가 I에서보다 높다.
➡ 기체의 부피가 일정할 때, 압력은 온도와 비례한다. 기체의 부피는 I에서와 III에서가 같고 압력은 III에서가 I에서보다 크므로 기체의 온도는 III에서가 I에서보다 높다.

ㄷ. II → III 과정은 B → C 과정에 해당한다.
➡ II → III에서 기체의 압력은 증가하고 부피는 감소하므로 B → A 과정에 해당한다.

19 비가역 과정 2019학년도 4월 학평 물II 16번

정답 ⑤ | 정답률 68 %

적용해야 할 개념 ③가지

① 열은 항상 고온의 물체에서 저온의 물체로 이동하며, 외부의 도움 없이 스스로 저온의 물체에서 고온의 물체로 이동하지 않는다.
② 비가역 과정은 한쪽 방향으로만 일어나 스스로 처음 상태로 되돌아갈 수 없는 과정이다.
③ 자발적으로 일어나는 자연 현상은 무질서도(엔트로피)가 증가하는 방향으로 진행한다.

문제 보기

그림은 따뜻한 바닥에 의해 드라이아이스가 기체로 변하는 과정을 나타낸 것이다.
└ 바닥 온도>드라이아이스 온도

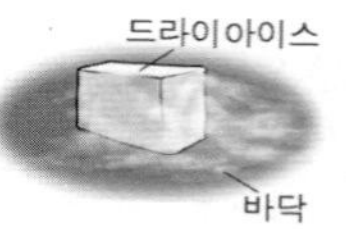

이 과정에 대한 설명으로 옳은 것만을 <보기>에서 있는 대로 고른 것은?

<보기> 풀이

드라이아이스가 기체로 변하는 과정에서 드라이아이스는 열을 흡수한다.

ㄱ. 바닥에서 드라이아이스로 열이 저절로 이동한다.
➡ 열은 항상 고온에서 저온으로 이동한다. 바닥의 온도가 드라이아이스의 온도보다 높으므로 열은 바닥에서 드라이아이스로 저절로 이동한다.

ㄴ. 비가역적이다.
➡ 열은 항상 고온에서 저온으로 이동하며, 외부의 도움 없이 스스로 저온의 물체에서 고온의 물체로 이동하지 않는다. 따라서 열이 고온에서 저온으로 이동하는 과정은 비가역적이다.

ㄷ. 드라이아이스가 기체로 변하는 과정에서 엔트로피는 증가한다.
➡ 드라이아이스가 기체로 변하는 과정에서 무질서도가 증가하므로 엔트로피가 증가한다.

10 일차

01 ②	02 ⑤	03 ④	04 ④	05 ①	06 ⑤	07 ③	08 ⑤	09 ③	10 ②	11 ④	12 ⑤
13 ⑤	14 ④	15 ①	16 ④	17 ①	18 ④	19 ②	20 ⑤	21 ⑤	22 ⑤	23 ⑤	24 ⑤

문제편 098쪽~103쪽

01 열기관의 열효율 2020학년도 7월 학평 물I 8번

정답 ② | 정답률 89 %

적용해야 할 개념 ②가지

① 열기관은 열에너지를 유용한 일로 바꾸는 장치로, 고온의 열원으로부터 Q_1의 열을 흡수하여 외부에 W의 일을 하고, 저온의 열원으로 Q_2의 열을 방출한다. ➡ $Q_1=W+Q_2$

② 열효율(e): 열기관의 효율로, 열기관에 공급된 열 Q_1에 대해 열기관이 한 일 W의 비율이다.
➡ $e=\frac{W}{Q_1}=\frac{Q_1-Q_2}{Q_1}$이다.

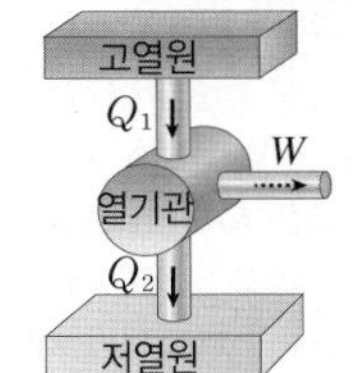

열기관 ▶

문제 보기

그림은 고열원에서 Q_1의 열을 흡수하여 W의 일을 하고 저열원으로 Q_2의 열을 방출하는 열기관을 모식적으로 나타낸 것이다. 표는 이 열기관에서 두 가지 상황 A, B의 Q_1, W, Q_2를 나타낸 것이다. 열기관의 열효율은 일정하다.

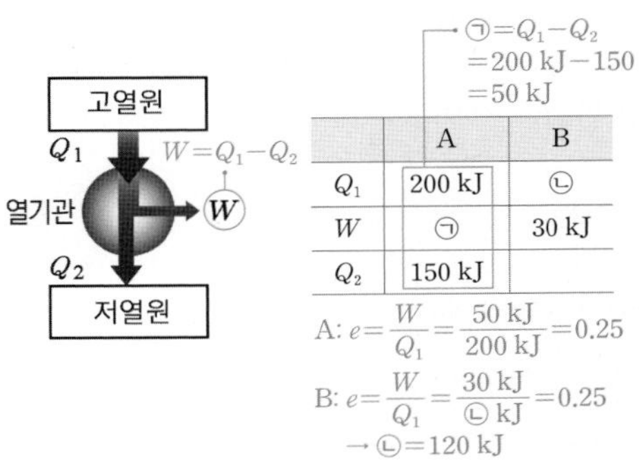

	A	B
Q_1	200 kJ	㉡
W	㉠	30 kJ
Q_2	150 kJ	

A: $e=\frac{W}{Q_1}=\frac{50\text{ kJ}}{200\text{ kJ}}=0.25$

B: $e=\frac{W}{Q_1}=\frac{30\text{ kJ}}{㉡\text{ kJ}}=0.25$
→ ㉡$=120$ kJ

㉠ : ㉡은?

<보기> 풀이

열기관이 한 일 W는 Q_1-Q_2이다. 따라서 상황 A에서 열기관이 한 일 ㉠$=Q_1-Q_2=200\text{ kJ}-150\text{ kJ}=50\text{ kJ}$이다. 열기관의 열효율은 열기관이 흡수한 열 Q_1에 대해 열기관이 한 일 W의 비율이므로 상황 A에서 $\frac{W}{Q_1}=\frac{50\text{ kJ}}{200\text{ kJ}}=0.25$이다. 열기관의 열효율은 일정하기 때문에 상황 B에서 $\frac{W}{Q_1}=\frac{30\text{ kJ}}{㉡\text{ kJ}}=0.25$이므로 ㉡은 120 kJ이다. 따라서 ㉠ : ㉡$=50$ kJ : 120 kJ$=5:12$이다.

~~① 1 : 1~~ ② 5 : 12 ~~③ 7 : 12~~ ~~④ 12 : 5~~ ~~⑤ 12 : 7~~

02 열기관의 열효율 2020학년도 4월 학평 물I 5번

정답 ⑤ | 정답률 85 %

적용해야 할 개념 ②가지

① 열기관은 열에너지를 유용한 일로 바꾸는 장치로, 고온의 열원으로부터 Q_1의 열을 흡수하여 외부에 W의 일을 하고, 저온의 열원으로 Q_2의 열을 방출한다. ➡ $Q_1=W+Q_2$

② 열효율(e): 열기관의 효율로, 열기관에 공급된 열 Q_1에 대해 열기관이 한 일 W의 비율이다. ➡ $e=\frac{W}{Q_1}=\frac{Q_1-Q_2}{Q_1}$

문제 보기

표는 고열원에서 열을 흡수하여 일을 하고 저열원으로 열을 방출하는 열기관 A, B가 1회의 순환 과정 동안 한 일과 저열원으로 방출한 열을 나타낸 것이다. 열효율은 A가 B의 2배이다.

열기관	한 일	방출한 열
A	8 kJ	12 kJ
B	W_0	8 kJ

A:
흡수한 열$=8\text{ kJ}+12\text{ kJ}=20\text{ kJ}$
열효율$=\frac{8\text{ kJ}}{20\text{ kJ}}=\frac{2}{5}$

B:
흡수한 열$=W_0+8\text{ kJ}$
열효율$=\frac{W_0}{W_0+8\text{ kJ}}=\frac{1}{5}$
→ $W_0=2$ kJ

이에 대한 설명으로 옳은 것만을 〈보기〉에서 있는 대로 고른 것은?

<보기> 풀이

ㄱ. A의 열효율은 $\frac{2}{5}$이다.

➡ 열기관은 고열원에서 열을 흡수하여 외부에 일을 하고, 저열원으로 열을 방출하므로 (흡수한 열)=(한 일)+(방출한 열)이다. A가 고열원에서 흡수한 열은 $8\text{ kJ}+12\text{ kJ}=20\text{ kJ}$이다. 열기관의 열효율은 열기관이 흡수한 열에 대해 열기관이 한 일의 비율이므로, A의 열효율은 $\frac{8\text{ kJ}}{20\text{ kJ}}=\frac{2}{5}$이다.

ㄴ. $W_0=2$ kJ이다.

➡ 열효율은 A가 B의 2배이므로, B의 열효율은 $\frac{1}{5}$이다. B가 고열원에서 흡수한 열은 W_0+8 kJ이므로 B의 열효율 $\frac{W_0}{W_0+8\text{ kJ}}=\frac{1}{5}$에서 B가 한 일 $W_0=2$ kJ이다.

ㄷ. 1회의 순환 과정 동안 고열원에서 흡수한 열은 A가 B의 2배이다.

➡ 1회의 순환 과정 동안 고열원에서 흡수한 열은 A가 $8\text{ kJ}+12\text{ kJ}=20\text{ kJ}$이고, B가 $2\text{ kJ}+8\text{ kJ}=10\text{ kJ}$이므로 A가 B의 2배이다.

03 열기관의 열효율 2024학년도 수능 물I 11번

정답 ④ | 정답률 67 %

적용해야 할 개념 ③가지

① 일정량의 이상 기체의 압력(P)과 부피(V)의 곱은 절대 온도(T)에 비례한다.
➡ $PV \propto T$

② 열역학 제1법칙: 기체가 흡수한 열(Q)은 내부 에너지 변화량(ΔU)과 기체가 한 일(W)의 합이다.
➡ $Q=\Delta U+W$

③ 열효율(e): 열기관의 효율로, 열기관에 공급된 열 Q_1에 대해 열기관이 한 일 W의 비율이다.
➡ $e=\frac{W}{Q_1}=\frac{Q_1-Q_2}{Q_1}$이다.

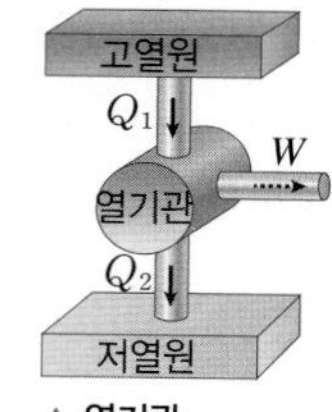

▲ 열기관

문제 보기

그림은 열효율이 0.25인 열기관에서 일정량의 이상 기체가 상태 A → B → C → D → A를 따라 순환하는 동안 기체의 압력과 부피를 나타낸 것이다. B → C는 등온 과정이고, D → A는 단열 과정이다. 기체가 B → C 과정에서 외부에 한 일은 150 J이고, D → A 과정에서 외부로부터 받은 일은 100 J이다.

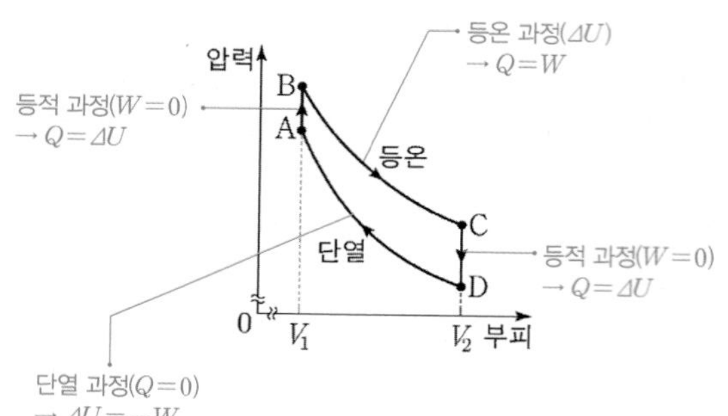

→ A → B → C 과정에서 기체가 흡수한 열량(Q_1)=200 J
⇒ A → B 과정에서 기체가 흡수한 열량=50 J

과정	흡수한 열량	내부 에너지 변화량(ΔU)	한 일(W)
A → B	(50 J)	(50 J)	0
B → C	150 J	0	150 J
C → D	(−150 J)	(−150 J)	0
D → A	0	100 J	−100 J

기체가 한 일 =150 J−100 J=50 J
→ $e=\frac{W}{Q_1}=\frac{Q_1-Q_2}{Q_1}=\frac{50}{Q_1}=0.25$
→ 기체가 흡수한 열량 Q_1=200 J, 기체가 방출한 열량 Q_2=150 J.

이에 대한 설명으로 옳은 것만을 〈보기〉에서 있는 대로 고른 것은?

보기

<보기> 풀이

ㄱ. 기체의 온도는 A에서가 C에서보다 높다. (×)

➡ 일정량의 이상 기체의 압력과 부피의 곱은 절대 온도에 비례한다. 압력과 부피의 곱은 A에서가 B에서보다 작으므로 기체의 온도는 A에서가 B에서보다 낮다. B에서와 C에서의 온도가 같으므로, 기체의 온도는 A에서가 C에서보다 낮다.

ㄴ. A → B 과정에서 기체가 흡수한 열량은 50 J이다. (○)

➡ 기체가 B → C 과정에서 외부에 한 일은 150 J이고 D → A 과정에서 외부로부터 받은 일은 100 J일 때 부피가 일정한 A → B 과정과 C → D 과정에서 기체가 한 일은 0이므로, 한 번의 순환 과정에서 기체가 한 일은 150 J−100 J=50 J이다. 열기관의 열효율이 0.25이므로, $e=\frac{W}{Q_1}=\frac{50}{Q_1}=0.25$에서 기체가 흡수한 열량 Q_1=200 J이다. A → B 과정과 B → C 과정에서 기체가 열을 흡수하므로, A → B 과정과 B → C 과정에서 흡수한 열량의 합이 200 J이다. 이때 온도가 일정한 B → C 과정에서 내부 에너지의 변화량(ΔU)은 0이므로, 열역학 제1법칙($Q=\Delta U+W=0+W$)에 따라 기체가 흡수한 열량은 외부에 한 일과 같다. 따라서 B → C 과정에서 기체가 흡수한 열량은 150 J이므로, A → B 과정에서 기체가 흡수한 열량은 50 J이다.

ㄷ. C → D 과정에서 기체의 내부 에너지 감소량은 150 J이다. (○)

➡ 부피가 일정한 C → D 과정에서 기체가 한 일은 0이므로 열역학 제1법칙 ($Q=\Delta U+W=\Delta U+0$)에 따라 기체가 방출한 열량은 기체의 내부 에너지 감소량과 같다.

열효율 $e=\frac{W}{Q_1}=\frac{Q_1-Q_2}{Q_1}=\frac{200-Q_2}{200}=0.25$에서 기체가 방출한 열량 Q_2=150 J이므로, C → D 과정에서 기체가 방출한 열량은 150 J이다. 따라서 C → D 과정에서 기체의 내부 에너지 감소량은 150 J이다.

04 열역학 과정과 열기관 2024학년도 5월 학평 물Ⅰ 10번

정답 ④ | 정답률 52 %

적용해야 할 개념 ④가지

① 일정량의 이상 기체의 압력(P)과 부피(V)의 곱은 절대 온도(T)에 비례한다. ➡ $PV \propto T$

② 이상 기체의 내부 에너지(U)는 기체 분자들의 운동 에너지의 총합과 같으므로 절대 온도(T)에 비례한다. ➡ $U \propto T$

③ 열역학 제1법칙: 기체가 흡수한 열(Q)은 내부 에너지 변화량(ΔU)과 기체가 한 일(W)의 합이다. ➡ $Q = \Delta U + W$

④ 열효율(e): 열기관의 효율로, 열기관에 공급된 열 Q_1에 대해 열기관이 한 일 W의 비율이다. ➡ $e = \frac{W}{Q_1} = \frac{Q_1 - Q_2}{Q_1}$

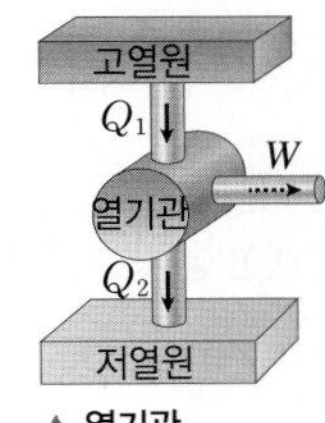

▲ 열기관

문제 보기

그림은 열효율이 0.2인 열기관에서 일정량의 이상 기체가 A → B → C → D → A를 따라 순환하는 동안 기체의 압력과 부피를 나타낸 것이다. B → C 과정과 D → A 과정은 단열 과정이다. C → D 과정에서 기체의 내부 에너지 감소량은 $4E_0$이고, D → A 과정에서 기체가 받은 일은 E_0이다.

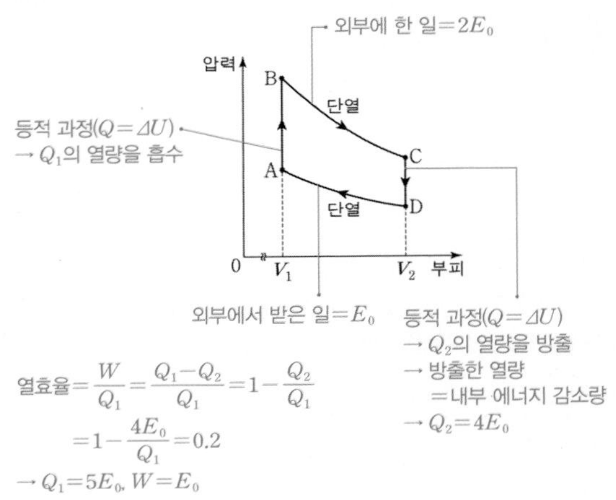

이에 대한 설명으로 옳은 것만을 〈보기〉에서 있는 대로 고른 것은? [3점]

<보기> 풀이

ㄱ. 기체의 내부 에너지는 A에서가 D에서보다 크다.

➡ D → A 과정은 단열 압축 과정이므로 기체가 흡수한 열량(Q)은 0이고 부피가 감소하므로 외부에서 일을 받는다. 열역학 제1법칙($Q=\Delta U+W$)에 따라 기체가 흡수한 열량이 0일 때 기체가 외부에서 받은 일만큼 내부 에너지가 증가하므로($\Delta U=-W$), 기체의 내부 에너지는 A에서가 D에서보다 크다.

ㄴ. A → B 과정에서 기체가 흡수한 열량은 $6E_0$이다.

➡ A → B 과정에서 기체가 흡수한 열량을 Q_1, C → D 과정에서 기체가 방출한 열량을 Q_2라고 하자. A → B 과정과 C → D 과정에서 기체의 부피가 일정하므로, 기체가 외부로부터 받은 일(W)은 0이다. 열역학 제 1법칙($Q=\Delta U+W$)에 따라 기체가 받은 일이 0일 때 기체가 방출 또는 흡수한 열량은 내부 에너지 변화량과 같다($Q=\Delta U$). 따라서 C → D 과정에서 기체가 방출한 열량 Q_2는 내부 에너지 감소량 $4E_0$과 같다. 열기관의 열효율 $1-\frac{Q_2}{Q_1}=1-\frac{4E_0}{Q_1}=0.2$에서 $Q_1=5E_0$이므로, A → B 과정에서 기체가 흡수한 열량은 $5E_0$이다.

ㄷ. B → C 과정에서 기체가 한 일은 $2E_0$이다.

➡ 기체가 한번 순환하는 동안 흡수한 열량은 $5E_0$이고 방출한 열량은 $4E_0$이므로, 기체가 외부에 한 일은 E_0이다. D → A 과정에서 기체가 받은 일은 E_0이므로, B → C 과정에서 기체가 한 일은 $2E_0$이다.

05 열역학 과정과 열기관 2024학년도 10월 학평 물I 17번

정답 ① | 정답률 60 %

적용해야 할 개념 ④가지

① 일정량의 이상 기체의 압력(P)과 부피(V)의 곱은 절대 온도(T)에 비례한다. ➡ $PV \propto T$

② 이상 기체의 내부 에너지(U)는 기체 분자들의 운동 에너지의 총합이므로 절대 온도(T)에 비례한다. ➡ $U \propto T$

③ 열역학 제 1법칙: 기체가 흡수한 열(Q)는 내부 에너지 변화량(ΔU)과 기체가 외부에 하는 일(W)의 합이다.
➡ $Q = \Delta U + W$

④ 열효율(e): 열기관의 효율로, 열기관에 공급된 열 Q_1에 대해 열기관이 한 일 W의 비율이다.
➡ $e = \dfrac{W}{Q_1} = \dfrac{Q_1 - Q_2}{Q_1}$

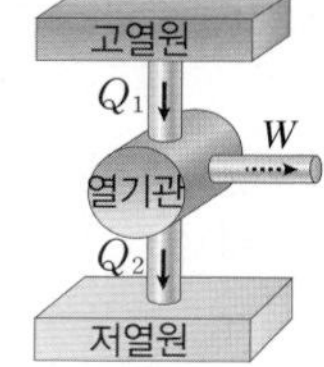

▲ 열기관

문제 보기

그림은 열기관에서 일정량의 이상 기체가 상태 A → B → C → D → A를 따라 순환하는 동안 기체의 압력과 내부 에너지를 나타낸 것이다. A → B, C → D는 각각 압력이 일정한 과정이고, B → C, D → A는 각각 부피가 일정한 과정이다. B → C 과정에서 기체의 내부 에너지 감소량은 C → D 과정에서 기체가 외부로부터 받은 일의 3배이다.

- 내부 에너지∝절대 온도
→ A~D에서의 절대 온도의 비(A : B : C : D)=2 : 4 : 2 : 1
- 압력×부피∝절대 온도
→ 부피∝$\dfrac{\text{절대 온도}}{\text{압력}}$
→ A~D에서의 부피의 비(A : B : C : D)=1 : 2 : 2 : 1

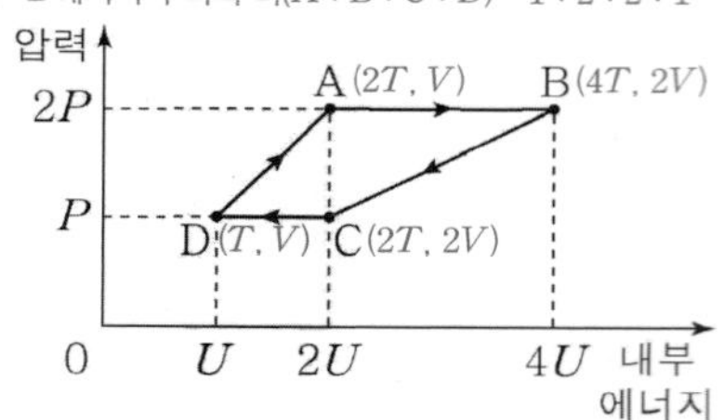

이에 대한 옳은 설명만을 〈보기〉에서 있는 대로 고른 것은? [3점]

<보기> 풀이

기체의 내부 에너지는 절대 온도에 비례하므로($U \propto T$) 각 상태의 절대 온도의 비는 A : B : C : D=2 : 4 : 2 : 1이다. 또 기체의 압력과 부피의 곱은 절대 온도에 비례하므로($PV \propto T$), 부피는 $\dfrac{\text{절대 온도}}{\text{압력}}$에 비례한다. 따라서 각 상태의 부피의 비는 A : B : C : D$=\dfrac{2}{2} : \dfrac{4}{2} : \dfrac{2}{1} : \dfrac{1}{1}=1 : 2 : 2 : 1$이다. D에서의 절대 온도와 부피를 각각 T, V라고 하면 이상 기체의 각 상태의 물리량은 다음과 같다.

상태	압력	내부 에너지	절대 온도	부피
A	$2P$	$2U$	$2T$	V
B	$2P$	$4U$	$4T$	$2V$
C	P	$2U$	$2T$	$2V$
D	P	U	T	V

B → C 과정에서 기체의 내부 에너지 감소량은 $2U$이고, C → D 과정에서 기체가 외부로부터 받은 일은 $W = P\Delta V = PV$이다. B → C 과정에서 기체의 내부 에너지 감소량은 C → D 과정에서 기체가 외부로부터 받은 일의 3배이므로, $2U = 3PV$에서 $PV = \dfrac{2}{3}U$이다.

㉠ 기체의 부피는 B에서가 A에서보다 크다.

➡ 기체의 부피는 B에서가 A에서보다 2배 크다.

✗ㄴ. 기체가 방출하는 열량은 C → D 과정에서가 B → C 과정에서보다 크다.

➡ B → C 과정에서 기체가 방출하는 열량은 열역학 제1법칙에 따라 $Q_{B\to C} = \Delta U + W = \Delta U + 0 = -2U$이다. C → D 과정에서 기체가 방출하는 열량은 $Q_{C\to D} = \Delta U + W = \Delta U + P\Delta V = -U + P(-V) = -U - \dfrac{2}{3}U = -\dfrac{5}{3}U$이다.

따라서 기체가 방출하는 열량은 C → D 과정에서가 B → C 과정에서보다 작다.

✗ㄷ. 열기관의 열효율은 $\dfrac{4}{13}$이다.

➡ A → B 과정에서 기체가 흡수하는 열량은 $Q_{A\to B} = \Delta U + W = \Delta U + (2P)\Delta V = 2U + 2PV = 2U + 2\times\dfrac{2}{3}U = \dfrac{10}{3}U$이고, D → A 과정에서 기체가 흡수하는 열량은 $Q_{D\to A} = \Delta U + W = \Delta U + 0 = U$이다.

즉, D → A → B 과정에서 흡수하는 열량은 $U + \dfrac{10}{3}U = \dfrac{13}{3}U$이고, B → C → D 과정에서 방출하는 열량은 $-2U - \dfrac{5}{3}U = -\dfrac{11}{3}U$이다. 따라서 한 번의 순환 과정에서 기체가 한 일은 $\dfrac{13}{3}U - \dfrac{11}{3}U = \dfrac{2}{3}U$이므로, 열기관의 열효율은 $e = \dfrac{W}{Q} = \dfrac{\frac{2}{3}U}{\frac{13}{3}U} = \dfrac{2}{13}$이다.

06 열역학 과정 – 그래프 2022학년도 수능 물I 17번

정답 ⑤ | 정답률 53 %

적용해야 할 개념 ④가지

① 일정량의 이상 기체의 압력(P)과 부피(V)의 곱은 절대 온도(T)에 비례한다. ➡ $PV \propto T$

② 이상 기체의 내부 에너지(U)는 기체 분자들의 운동 에너지의 총합과 같으므로 절대 온도(T)에 비례한다. ➡ $U \propto T$

③ 열역학 제1법칙: 기체가 흡수한 열(Q)은 내부 에너지 변화량(ΔU)과 기체가 한 일(W)의 합이다. ➡ $Q = \Delta U + W$

④ 열효율(e): 열기관의 효율로, 열기관에 공급된 열 Q_1에 대해 열기관이 한 일 W의 비율이다. ➡ $e = \frac{W}{Q_1} = \frac{Q_1 - Q_2}{Q_1}$

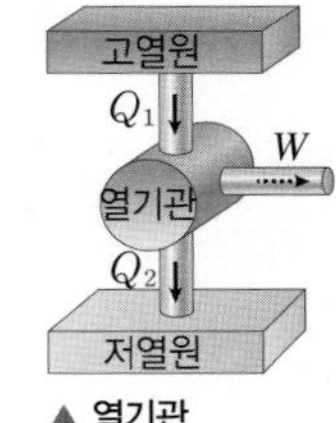

▲ 열기관

문제 보기

그림은 열기관에서 일정량의 이상 기체의 상태가 A → B → C → A를 따라 순환하는 동안 기체의 부피와 절대 온도를 나타낸 것이다. A → B 과정에서 기체는 압력이 P_0으로 일정하고 기체가 흡수하는 열량은 Q_1이다. B → C 과정에서 기체가 방출하는 열량은 Q_2이다.

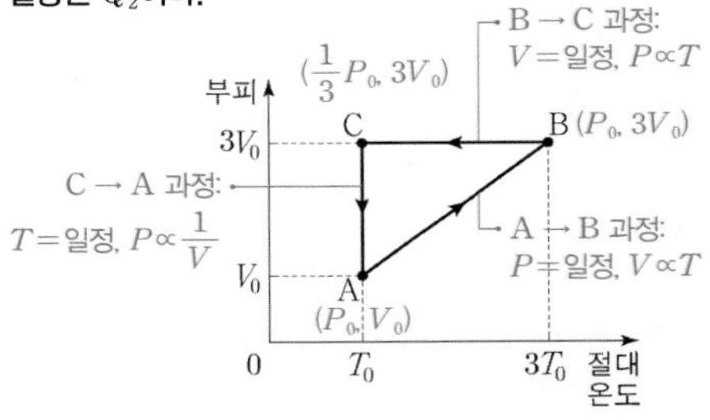

이에 대한 설명으로 옳은 것만을 〈보기〉에서 있는 대로 고른 것은?

〈보기〉 풀이

이상 기체의 압력(P)과 부피(V)의 곱은 절대 온도(T)에 비례한다($PV \propto T$).

- A → B 과정: P가 일정할 때 $V \propto T$이므로, 압력이 P_0으로 일정할 때 절대 온도가 T_0에서 $3T_0$으로 변하면 부피는 V_0에서 $3V_0$으로 변한다. 따라서 A 상태에서 기체의 부피와 압력이 (P_0, V_0)일 때 B의 상태에서 기체의 부피와 압력은 (P_0, $3V_0$)이다.
- B → C 과정: V가 일정할 때 $P \propto T$이므로, 부피가 $3V_0$으로 일정할 때 절대 온도가 $3T_0$에서 T_0으로 변하면 압력은 P_0에서 $\frac{1}{3}P_0$으로 변한다. 따라서 C 상태에서 기체의 부피와 압력은 ($\frac{1}{3}P_0$, $3V_0$)이다.
- C → A 과정: T가 일정할 때 $P \propto \frac{1}{V}$이므로, 절대 온도가 T_0으로 일정할 때 부피가 $3V_0$에서 V_0으로 변하면 압력은 $\frac{1}{3}P_0$에서 P_0으로 변한다. 따라서 A 상태에서 기체의 부피와 압력이 (P_0, V_0)으로 되돌아온다.

기체의 압력 – 부피 그래프를 그리면 다음과 같다.

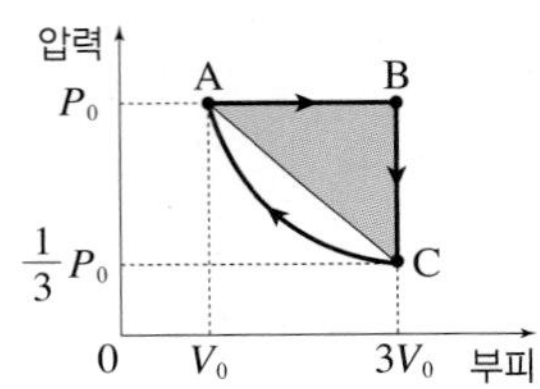

ㄱ. A → B 과정에서 기체의 내부 에너지는 증가한다.

➡ 기체의 내부 에너지는 절대 온도에 비례한다. A → B 과정에서 기체의 절대 온도가 증가하므로, 기체의 내부 에너지는 증가한다.

ㄴ. 열기관의 열효율은 $\frac{Q_1 - Q_2}{Q_1}$보다 작다.

➡ A → B 과정에서 기체가 흡수하는 열량은 Q_1이고 B → C 과정에서 기체가 방출하는 열량은 Q_2일 때, 등온 과정인 C → A 과정에서도 기체가 압축되면서 외부에서 받은 일만큼 열량을 방출한다. C → A 과정에서 방출한 열량을 Q라고 할 때, 열기관의 열효율은 $\frac{Q_1 - Q_2 - Q}{Q_1}$이다. 따라서 열기관의 열효율은 $\frac{Q_1 - Q_2}{Q_1}$보다 작다.

ㄷ. 기체가 한 번 순환하는 동안 한 일은 $\frac{2}{3}P_0V_0$보다 크다.

➡ 기체가 한 번 순환하는 동안 한 일은 압력–부피 그래프에서 직선과 곡선으로 둘러싸인 면적과 같다. 압력 – 부피 그래프에서 색칠한 부분의 넓이는 $\frac{2}{3}P_0V_0$이고, 압력 – 부피 그래프에서 직선과 곡선으로 둘러싸인 면적은 색칠한 부분의 면적보다 크다. 따라서 기체가 한 번 순환하는 동안 한 일은 $\frac{2}{3}P_0V_0$보다 크다.

07 열역학 과정과 열기관 2023학년도 7월 학평 물I 17번

정답 ③ | 정답률 39 %

적용해야 할 개념 ④가지

① 일정량의 이상 기체의 압력(P)과 부피(V)의 곱은 절대 온도(T)에 비례한다. ➡ $PV \propto T$

② 이상 기체의 내부 에너지(U)는 기체 분자들의 운동 에너지의 총합이므로 절대 온도(T)에 비례한다. ➡ $U \propto T$

③ 기체의 부피 변화량(ΔV)과 외부에 한 일($W=P\Delta V$)의 관계

기체가 팽창할 때	기체의 부피가 증가($\Delta V>0$)하므로 $W>0$이다. ➡ 기체가 외부에 일을 한다.
기체가 수축할 때	기체의 부피가 감소($\Delta V<0$)하므로 $W<0$이다. ➡ 기체가 외부로부터 일을 받는다.

④ 열효율(e): 열기관의 효율로, 열기관에 공급된 열 Q_1에 대해 열기관이 한 일 W의 비율이다.

➡ $e=\frac{W}{Q_1}=\frac{Q_1-Q_2}{Q_1}$이다.

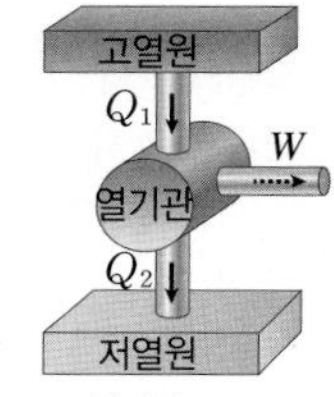

▲ 열기관

문제 보기

그림은 열효율이 0.2인 열기관에서 일정량의 이상 기체의 상태가 A → B → C → D → A를 따라 변할 때 기체의 절대 온도와 압력을 나타낸 것이다. A → B, C → D 과정은 각각 압력이 일정한 과정이고, B → C, D → A 과정은 각각 등온 과정이다. B → C 과정에서 기체가 외부에 한 일 또는 외부로부터 받은 일은 $2W$이고, D → A 과정에서 기체가 외부에 한 일 또는 외부로부터 받은 일은 W이다.

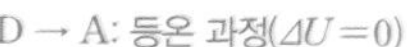

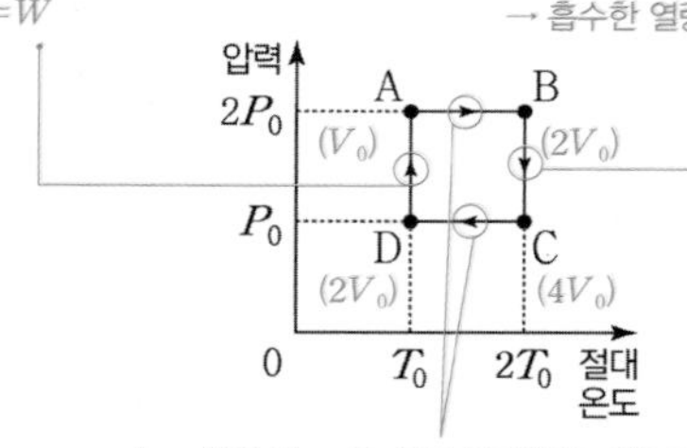

• A → B와 C → D: 온도 변화량이 ΔT_0으로 같다.
→ A → B 과정에서 내부 에너지 증가량
=C → D 과정에서 내부 에너지 감소량
• A → B와 C → D: 압력(P)과 부피 변화(ΔV)의 곱이 $2P_0V_0$로 같다.
→ A → B 과정에서 외부에 한 일
=C → D 과정에서 외부로부터 받은 일

이에 대한 설명으로 옳은 것만을 〈보기〉에서 있는 대로 고른 것은? [3점]

<보기> 풀이

이상 기체의 압력(P)와 부피(V)의 곱은 절대 온도(T)에 비례하므로($PV\propto T$), A에서 기체의 부피를 V_0이라고 하면 B, C, D에서의 부피는 다음과 같다.

상태	압력	부피	절대 온도
A	$2P_0$	V_0	T_0
B	$2P_0$	$2V_0$	$2T_0$
C	P_0	$4V_0$	$2T_0$
D	P_0	$2V_0$	T_0

ㄱ. B → C 과정에서 기체는 외부로부터 열을 흡수한다.

➡ 이상 기체의 내부 에너지(U)는 절대 온도(T)에 비례($U\propto T$)하고, 기체의 부피가 증가할 때는 외부에 일을 하며($W>0$), 부피가 감소할 때는 외부로부터 일을 받는다($W<0$). B → C 과정에서 온도가 일정하므로 내부 에너지 변화량은 0이고($\Delta U=0$), 부피가 팽창하며 기체가 외부에 일을 하므로($W>0$) 열역학 제1법칙($Q=\Delta U+W$)에 따라 기체가 흡수한 열량은 외부에 한 일 $2W$와 같다. 즉, B → C 과정에서 기체는 외부로부터 열을 흡수한다.

ㄴ. A → B 과정에서 기체의 내부 에너지 증가량은 C → D 과정에서 기체의 내부 에너지 감소량보다 크다.

➡ A → B 과정에서의 기체의 온도 증가량은 C → D 과정에서의 온도 감소량과 같으므로, A → B 과정에서 기체의 내부 에너지 증가량은 C → D 과정에서 기체의 내부 에너지 감소량과 같다.

ㄷ. A → B 과정에서 기체가 흡수한 열량은 $3W$이다.

➡ 기체의 압력이 일정할 때 기체가 한 일(W)은 기체의 압력(P)과 부피 변화량(ΔV)의 곱과 같으므로($W=P\Delta V$), A → B 과정에서 기체가 팽창하며 외부에 한 일과 C → D 과정에서 기체가 압축되며 외부로부터 받은 일이 같다. 또 B → C 과정에서 기체의 부피가 팽창하므로 외부에 $2W$의 일을 하고 D → A 과정에서 기체의 부피가 감소하므로 외부로부터 W의 일을 받는다. 따라서 A → B → C → D → A 과정에서 기체가 한 알짜일은 $2W-W=W$이다. 열기관의 열효율이 0.2이므로 $e=\frac{W}{Q}=0.2$에서 기체가 흡수한 열량 $Q=5W$인데, 기체는 부피가 팽창하거나 온도가 올라가는 과정에서 열을 흡수하므로 A → B → C 과정에서 $5W$의 열을 흡수한다. B → C 과정에서 흡수한 열량이 $2W$이므로, A → B 과정에서 기체가 흡수한 열량은 $3W$이다.

08 열역학 과정과 열기관 2023학년도 3월 학평 물I 11번

정답 ⑤ | 정답률 54 %

적용해야 할 개념 ④가지

① 등압 과정: 기체의 압력이 일정하게 유지되면서 상태가 변하는 과정으로, 부피가 증가할 때는 열을 흡수하고 부피가 감소할 때는 열을 방출한다.

② 등적 과정: 기체의 부피가 일정하게 유지($\Delta V=0$) 되면서 상태가 변하는 과정으로, 압력이 증가할 때는 열을 흡수하고 압력이 감소할 때는 열을 방출한다.

③ 등온 과정: 기체의 온도가 일정하게 유지되면서 상태가 변하는 과정으로, 부피가 증가할 때는 열을 흡수하고 부피가 감소할 때는 열을 방출한다.

④ 열효율(e): 열기관의 효율로, 열기관에 공급된 열 Q_1에 대해 열기관이 한 일 W의 비율이다.

➡ $e=\frac{W}{Q_1}=\frac{Q_1-Q_2}{Q_1}$이다.

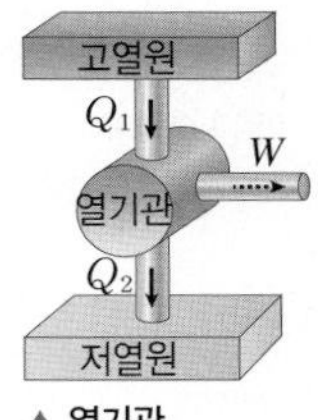

▲ 열기관

문제 보기

그림 (가), (나)는 서로 다른 열기관에서 같은 양의 동일한 이상 기체가 각각 상태 A → B → C → A, A → B → D → A를 따라 순환하는 동안 기체의 압력과 부피를 나타낸 것이다. C → A 과정은 등온 과정, D → A 과정은 단열 과정이다. 기체가 한 번 순환하는 동안 한 일은 (나)에서가 (가)에서보다 크다.

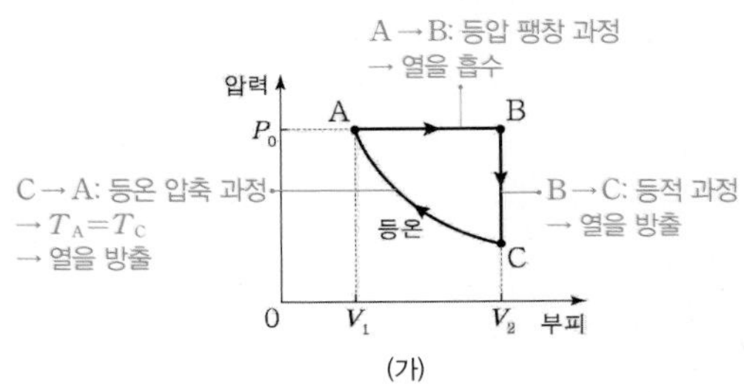

(가)

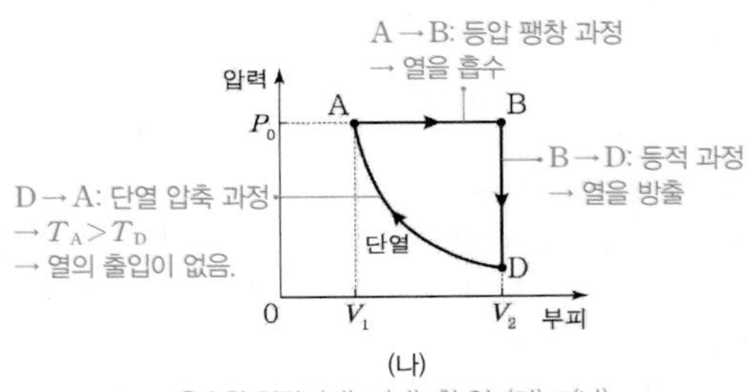

(나)

흡수한 열량: (가)=(나), 한 일: (가)<(나)
→ 방출한 열량: (가)>(나)

이에 대한 옳은 설명만을 〈보기〉에서 있는 대로 고른 것은?

<보기> 풀이

A → B 과정은 기체의 압력이 일정하게 유지되면서 부피가 증가하는 과정(등압 팽창 과정)으로 열을 흡수하는 과정이다. B → C, B → D 과정은 기체의 부피가 일정하게 유지되면서 압력이 감소하는 과정(등적 과정)으로 열을 방출하는 과정이다. C → A 과정은 온도가 일정하게 유지되면서 부피가 감소하는 과정(등온 압축 과정)으로 열을 방출하는 과정이며, D → A 과정은 단열 과정으로 열의 출입이 없다.

ㄱ. 기체의 온도는 C에서가 D에서보다 높다.

➡ C → A 과정은 등온 과정이므로 C에서의 온도는 A에서의 온도와 같다. D → A 과정은 단열 압축 과정으로 외부에서 받은 일만큼 내부 에너지가 증가하여 온도가 상승하는 과정이므로, D에서의 온도는 A에서의 온도보다 낮다. 따라서 기체의 온도는 C에서가 D에서보다 높다.

ㄴ. 열효율은 (나)의 열기관이 (가)의 열기관보다 크다.

➡ (가)와 (나)에서 기체는 A → B 과정에서만 열을 흡수하므로, 기체가 한 번 순환하는 동안 흡수한 열량은 (가)에서와 (나)에서가 같다. 흡수한 열량이 같을 때 기체가 한 일이 클수록 열효율이 크다. 기체가 한 번 순환하는 동안 한 일은 (나)에서가 (가)에서보다 크므로, 열효율은 (나)의 열기관이 (가)의 열기관보다 크다.

ㄷ. 기체가 한 번 순환하는 동안 방출한 열은 (가)에서가 (나)에서보다 크다.

➡ 기체가 흡수한 열량은 외부에 한 일과 방출한 열량의 합과 같다. 기체가 한 번 순환하는 동안 기체가 흡수한 열은 (가)에서와 (나)에서가 같고 기체가 한 일이 (나)에서가 (가)에서보다 크므로, 방출한 열은 (가)에서가 (나)에서보다 크다.

09 열역학 과정과 열기관 2022학년도 9월 모평 물Ⅰ 14번

정답 ③ | 정답률 66 %

적용해야 할 개념 ④가지

① 열역학 제1법칙: 기체가 흡수한 열(Q)은 내부 에너지 변화량(ΔU)과 기체가 한 일(W)의 합이다. ➡ $Q=\Delta U+W$

② 단열 팽창 과정: 열의 출입 없이 기체의 부피가 팽창하는 과정으로, 기체가 한 일만큼 내부 에너지가 감소하여 온도가 내려간다. ➡ $Q=0=\Delta U+W$에서 $W=-\Delta U$($W>0$이므로 $\Delta U<0$)이다.

③ 등온 압축 과정: 기체의 온도가 일정하게 유지되면서($\Delta U=0$) 상태가 변하는 과정으로, 기체가 외부에서 받은 일만큼 열을 방출한다. ➡ $Q=0+W$에서 $Q=W$($W<0$이므로 $Q<0$)이다.

④ 열효율(e): 열기관의 효율로, 열기관에 공급된 열 Q_1에 대해 열기관이 한 일 W의 비율이다. ➡ $e=\frac{W}{Q_1}=\frac{Q_1-Q_2}{Q_1}$

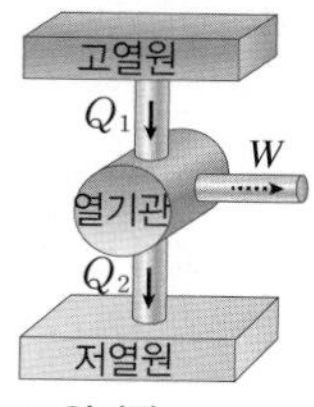

▲ 열기관

문제 보기

그림은 열효율이 0.2인 열기관에서 일정량의 이상 기체가 상태 A → B → C → A를 따라 순환하는 동안 기체의 압력과 부피를 나타낸 것이다. A → B 과정은 부피가 일정한 과정이고, B → C 과정은 단열 과정이며, C → A 과정은 등온 과정이다. C → A 과정에서 기체가 외부로부터 받은 일은 160 J이다.

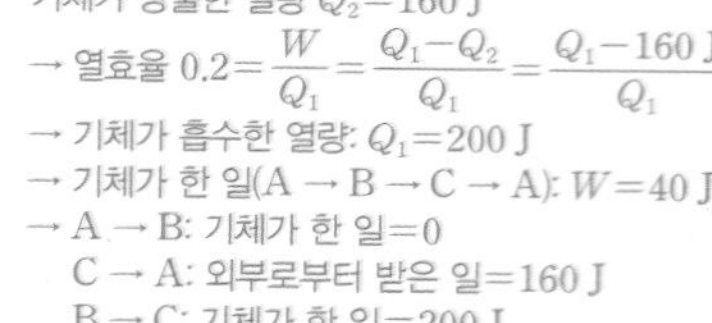

기체가 방출한 열량 $Q_2=160$ J
→ 열효율 $0.2=\frac{W}{Q_1}=\frac{Q_1-Q_2}{Q_1}=\frac{Q_1-160\text{ J}}{Q_1}$
→ 기체가 흡수한 열량: $Q_1=200$ J
→ 기체가 한 일(A → B → C → A): $W=40$ J
→ A → B: 기체가 한 일=0
C → A: 외부로부터 받은 일=160 J
B → C: 기체가 한 일=200 J

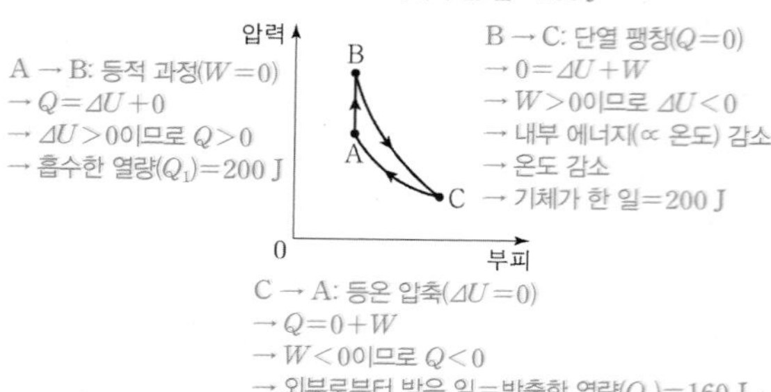

이에 대한 설명으로 옳은 것만을 〈보기〉에서 있는 대로 고른 것은?

<보기> 풀이

ㄱ. 기체의 온도는 B에서가 C에서보다 높다.

➡ B → C 과정은 단열 팽창 과정으로 열의 출입 없이 기체의 부피가 팽창하면서 외부에 일을 한다. 열역학 제1법칙 $Q=\Delta U+W$에서 $Q=0$이므로 $\Delta U=-W$이다. 이때 $W>0$이므로 $\Delta U<0$이다. 즉, 기체가 한 일만큼 내부 에너지가 감소하는데 기체의 내부 에너지는 절대 온도에 비례하므로 기체의 온도가 내려간다. 따라서 기체의 온도는 B에서가 C에서보다 높다.

ㄴ. A → B 과정에서 기체가 흡수한 열량은 200 J이다.

➡ 열기관은 A → B 과정에서 열을 흡수하고 B → C 과정에서 열의 출입이 없으며 C → A 과정에서 열을 방출한다.

C → A 과정은 등온 과정으로 기체의 내부 에너지 변화량 $\Delta U=0$이므로 열역학 제1법칙 $Q=\Delta U+W$에서 $Q=W$이다. 이때 $W<0$이므로 $Q<0$이다. 즉, 기체가 외부에서 받은 일만큼 열을 방출하므로 기체가 외부로부터 받은 일이 160 J일 때 기체가 방출한 열량은 160 J이다. 열기관의 열효율이 0.2이므로 $0.2=\frac{Q_1-Q_2}{Q_1}=\frac{Q_1-160\text{ J}}{Q_1}$에서 $Q_1=200$ J이다. 따라서 A → B 과정에서 기체가 흡수한 열량은 200 J이다.

ㄷ. B → C 과정에서 기체가 한 일은 240 J이다.

➡ A → B 과정에서 기체의 부피가 변하지 않으므로 기체가 한 일은 0이고, B → C 과정에서 기체의 부피가 증가하므로 외부에 일을 하고 C → A 과정에서 기체의 부피가 감소하므로 외부로부터 일을 받는다.

열기관의 기체가 흡수한 열량이 200 J이고 방출한 열량이 160 J이므로 한 번 순환하는 동안 기체가 한 일은 40 J이다. 한 번 순환하는 동안 기체가 한 일은 외부에 한 일에서 외부로부터 받은 일을 뺀 값이므로 '40 J=외부에 한 일−160 J'에서 외부에 한 일은 200 J이다. 따라서 B → C 과정에서 기체가 한 일은 200 J이다.

10 열역학 과정과 열기관 2024학년도 9월 모평 물I 7번

정답 ② | 정답률 63 %

적용해야 할 개념 ④가지

① 일정량의 이상 기체의 압력(P)과 부피(V)의 곱은 절대 온도(T)에 비례한다. ➡ $PV \propto T$

② 이상 기체의 내부 에너지(U)는 기체 분자들의 운동 에너지의 총합이므로 절대 온도(T)에 비례한다. ➡ $U \propto T$

③ 열역학 제1법칙: 기체가 흡수한 열(Q)은 내부 에너지 변화량(ΔU)과 기체가 외부에 하는 일(W)의 합이다.
➡ $Q = \Delta U + W$

④ 열효율(e): 열기관의 효율로, 열기관에 공급된 열 Q_1에 대해 열기관이 한 일 W의 비율이다.
➡ $e = \frac{W}{Q_1} = \frac{Q_1 - Q_2}{Q_1}$

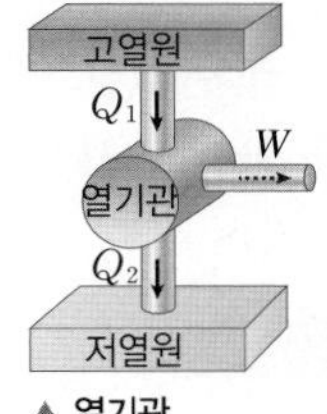

▲ 열기관

문제 보기

그림은 열효율이 0.25인 열기관에서 일정량의 이상 기체의 상태가 A → B → C → D → A를 따라 순환하는 동안 기체의 부피와 절대 온도를 나타낸 것이다. 기체가 흡수한 열량은 A → B 과정, B → C 과정에서 각각 $5Q$, $3Q$이다.

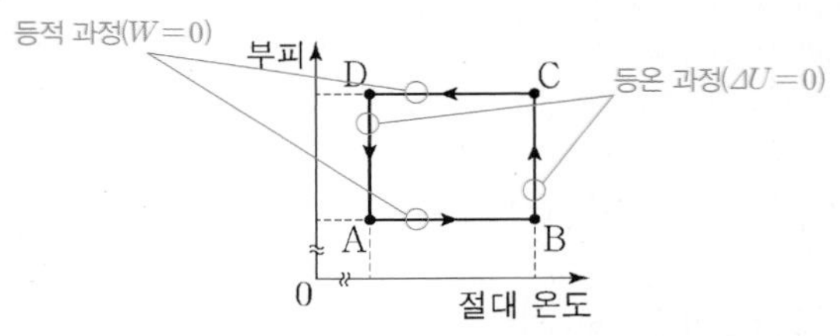

과정	흡수 또는 방출한 열량	내부 에너지 변화량(ΔU)	한 일(W)
A → B	$5Q$	$5Q$	0
B → C	$3Q$	0	$3Q$
C → D	$-5Q$	$-5Q$	0
D → A	$-Q$	0	$-Q$

흡수한 열량 $= 5Q + 3Q = 8Q$
→ 열효율 $= 0.25 = \frac{W}{8Q}$
→ 기체가 한 일 $= 2Q$
→ 방출한 열량 $= 8Q - 2Q = 6Q$

A → B 과정에서 온도 증가량 = C → D 과정에서 온도 감소량
→ A → B 과정에서 내부 에너지 증가량 = C → D 과정에서 내부 에너지 감소량

이에 대한 설명으로 옳은 것만을 〈보기〉에서 있는 대로 고른 것은? [3점]

<보기> 풀이

A → B 과정과 B → C 과정은 기체의 부피 또는 절대 온도가 증가하므로 기체가 열을 흡수하는 과정이고, C → D 과정과 D → A 과정은 기체의 부피 또는 절대 온도가 감소하는 과정이므로 기체가 열을 방출하는 과정이다. 열기관의 열효율($e = \frac{W}{Q_1} = \frac{Q_1 - Q_2}{Q_1}$)이 0.25이므로 A → B → C → D → A 과정에서 기체가 흡수한 열량(Q_1)이 $8Q$일 때, $0.25 = \frac{W}{8Q}$에서 기체가 한 일(W)은 $2Q$, 기체가 방출한 열량(Q_2)은 $6Q$이다.

ㄱ. 기체의 압력은 B에서가 C에서보다 작다. (✕)

➡ B와 C 상태에서 기체의 절대 온도가 같다. 이상 기체의 압력(P)와 부피(V)의 곱은 절대 온도(T)에 비례하므로($PV \propto T$), 절대 온도가 같을 때 기체의 압력과 부피는 서로 반비례한다. 기체의 부피는 B에서가 C에서보다 작으므로, 기체의 압력은 B에서가 C에서보다 크다.

ㄴ. C → D 과정에서 기체가 방출한 열량은 $5Q$이다. (○)

➡ C → D 과정은 기체의 부피가 일정하므로, 기체가 외부로부터 받은 일(W)은 0이다. 열역학 제 1법칙($Q = \Delta U + W$)에 따라 기체가 받은 일이 0일 때 기체가 방출한 열량은 내부 에너지 변화량과 같고($Q = \Delta U$), 기체의 내부 에너지 변화량(ΔU)은 절대 온도 변화량(ΔT)에 비례한다($\Delta U \propto \Delta T$). 따라서 C → D 과정에서 기체가 방출한 열량은 온도 변화량에 비례한다. C → D 과정에서 온도 변화량은 A → B 과정에서와 같으므로, C → D 과정에서 기체가 방출한 열량은 A → B 과정에서 기체가 흡수한 열량과 같다. 따라서 C → D 과정에서 기체가 방출한 열량은 $5Q$이다.

다른 풀이 기체가 순환 과정(A → B → C → D → A)을 거치면 원래 상태로 되돌아오므로 내부 에너지 변화량은 0이다. 온도가 일정한 과정인 B → C, D → A 과정에서는 내부 에너지 변화량이 0이므로, 온도가 증가하는 A → B 과정에서 기체의 내부 에너지 증가량은 온도가 감소하는 C → D 과정에서 기체의 내부 에너지 감소량과 같다. 이때 A → B 과정과 C → D 과정에서 기체가 흡수 또는 방출한 열량은 내부 에너지 변화량과 같으므로, A → B 과정에서 기체가 흡수한 열량이 $5Q$일 때 내부 에너지 증가량은 $5Q$이다. 따라서 C → D 과정에서 내부 에너지 감소량이 $5Q$이므로, C → D 과정에서 기체가 방출한 열량은 $5Q$이다.

ㄷ. D → A 과정에서 기체가 외부로부터 받은 일은 $2Q$이다. (✕)

➡ 한 번의 순환 과정에서 기체가 방출한 열량이 $6Q$이므로, C → D 과정에서 기체가 방출한 열량이 $5Q$일 때 D → A 과정에서 기체가 방출한 열량은 Q이다. D → A 과정은 절대 온도가 일정하므로, 기체의 내부 에너지 변화량은 0이다. 열역학 제 1법칙($Q = \Delta U + W$)에 따라 기체의 내부 에너지 변화량이 0일 때, 기체가 방출한 열량은 기체가 외부로부터 받은 일과 같다. 따라서 D → A 과정에서 기체가 외부로부터 받은 일은 Q이다.

다른 풀이 기체의 부피가 일정한 과정에서는 기체가 일을 하지 않으므로, 기체의 부피가 증가하는 B → C 과정에서 외부에 일을 하고 기체의 부피가 감소하는 D → A 과정에서 외부로부터 일을 받는다. B → C 과정에서 기체가 흡수한 열량은 외부에 한 일과 같으므로, B → C 과정에서 기체가 외부에 한 일은 $3Q$이다. 이때 A → B → C → D → A 과정에서 기체가 외부에 한 알짜일은 $2Q$이므로, D → A 과정에서 기체가 외부로부터 받은 일은 Q이다.

11 열역학 과정과 열기관 2021학년도 4월 학평 물I 7번

정답 ④ | 정답률 57 %

적용해야 할 개념 ②가지

① 등압 팽창 과정: 기체의 압력이 일정하게 유지되면서 부피가 증가하는 과정으로, 기체가 흡수한 열은 내부 에너지 증가량과 외부에 한 일의 합과 같다. ➡ $Q=\Delta U+W$

② 단열 팽창 과정: 열의 출입이 없이($Q=0$) 기체가 팽창하는 과정으로, 기체가 한 일만큼 내부 에너지가 감소하여 온도가 내려간다. ➡ $Q=0=\Delta U+W$에서 $W=-\Delta U$

문제 보기

그림은 열효율이 0.4인 열기관에서 일정량의 이상 기체의 상태가 A → B → C → D → A를 따라 변할 때 기체의 압력과 부피를 나타낸 것이다. A → B는 기체의 압력이 일정한 과정, C → D는 기체의 부피가 일정한 과정, B → C와 D → A는 단열 과정이다. A → B 과정에서 기체가 흡수한 열량은 Q_0이다.

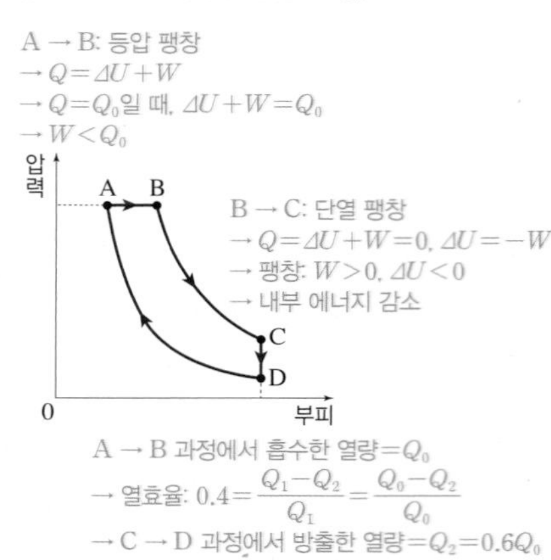

A → B: 등압 팽창
→ $Q=\Delta U+W$
→ $Q=Q_0$일 때, $\Delta U+W=Q_0$
→ $W<Q_0$
압력
A
B
B → C: 단열 팽창
→ $Q=\Delta U+W=0$, $\Delta U=-W$
→ 팽창: $W>0$, $\Delta U<0$
→ 내부 에너지 감소
C
D
0
부피
A → B 과정에서 흡수한 열량$=Q_0$
→ 열효율: $0.4=\frac{Q_1-Q_2}{Q_1}=\frac{Q_0-Q_2}{Q_0}$
→ C → D 과정에서 방출한 열량$=Q_2=0.6Q_0$

이에 대한 설명으로 옳은 것만을 〈보기〉에서 있는 대로 고른 것은?

<보기> 풀이

~~ㄱ.~~ **A → B 과정에서 기체가 외부에 한 일은 Q_0이다.**

➡ A → B 과정은 등압 팽창 과정으로 기체의 압력이 일정하게 유지되면서 기체의 부피가 증가하는 과정이다. 이 과정에서 부피가 팽창하므로 외부에 일을 하고, 온도가 증가하므로 내부 에너지가 증가한다. 즉, A → B 과정에서 기체가 흡수한 열량이 Q_0일 때, 열역학 제1법칙에 따라 $Q_0=\Delta U+W$이다. 이때 기체가 외부에 한 일은 $W=Q_0-\Delta U$이므로, A → B 과정에서 기체가 외부에 한 일은 Q_0보다 작다.

ㄴ. **B → C 과정에서 기체의 내부 에너지는 감소한다.**

➡ B → C 과정은 단열 팽창 과정으로 열의 출입 없이 기체의 부피가 팽창하는 과정이다. 이 과정에서 부피가 팽창하므로 외부에 일을 한다. 즉, B → C 과정에서 기체가 흡수한 열량이 0이므로, 열역학 제1법칙에 따라 $0=\Delta U+W$이다. 이때 기체의 내부 에너지의 변화량은 $\Delta U=-W$이므로, 기체의 내부 에너지는 외부에 한 일만큼 감소한다. 따라서 B → C 과정에서 기체의 내부 에너지가 감소한다.

ㄷ. **C → D 과정에서 기체가 방출한 열량은 $0.6Q_0$이다.**

➡ 기체가 한 번 순환하는 동안 열을 흡수하는 과정은 A → B 과정이고, 열을 방출하는 과정은 C → D 과정이다. 열기관의 열효율이 0.4일 때 A → B 과정에서 기체가 흡수한 열량은 Q_0이므로, $0.4=\frac{Q_1-Q_2}{Q_1}=\frac{Q_0-Q_2}{Q_0}$에서 $Q_2=0.6Q_0$이다. 따라서 C → D 과정에서 기체가 방출한 열량은 $0.6Q_0$이다.

12 열역학 과정과 열기관 2022학년도 4월 학평 물I 12번

정답 ⑤ | 정답률 56 %

적용해야 할 개념 ④가지

① 일정량의 이상 기체의 압력(P)과 부피(V)의 곱은 절대 온도(T)에 비례한다. ➡ $PV\propto T$

② 이상 기체의 내부 에너지(U)는 기체 분자들의 운동 에너지의 총합이므로 절대 온도(T)에 비례한다. ➡ $U\propto T$

③ 열역학 제1법칙: 기체가 흡수한 열(Q)은 내부 에너지 변화량(ΔU)과 기체가 외부에 하는 일(W)의 합이다. ➡ $Q=\Delta U+W$

④ 열효율(e): 열기관의 효율로, 열기관에 공급된 열 Q_1에 대해 열기관이 한 일 W의 비율이다. ➡ $e=\frac{W}{Q_1}=\frac{Q_1-Q_2}{Q_1}$

문제 보기

그림은 열효율이 0.2인 열기관에서 일정량의 이상 기체가 상태 A → B → C → D → A를 따라 순환하는 동안 기체의 압력과 부피를 나타낸 것이다. A → B 과정과 C → D 과정은 부피가 일정한 과정이고, B → C 과정과 D → A 과정은 온도가 일정한 과정이다. B → C 과정에서 기체가 흡수한 열량은 $4Q$이고, D → A 과정에서 기체가 방출한 열량은 $3Q$이다.

등적 과정($W=0$) → $Q=\Delta U$

등온 과정($\Delta U=0$) → $Q=W$

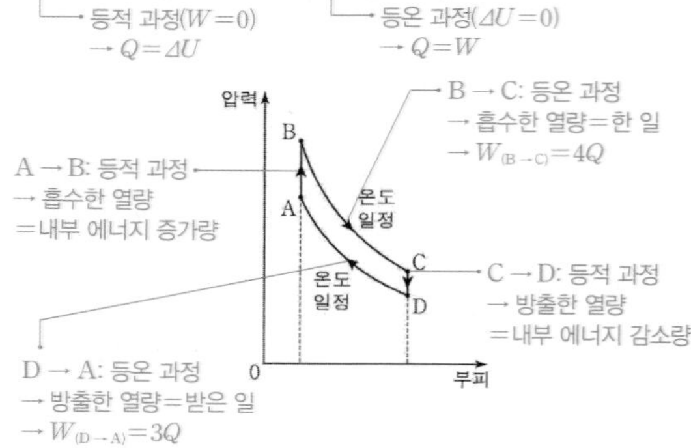

이에 대한 설명으로 옳은 것만을 〈보기〉에서 있는 대로 고른 것은? [3점]

<보기> 풀이

ㄱ. **A → B 과정에서 기체의 내부 에너지는 증가한다.**

➡ 기체의 부피가 일정하면서 압력이 증가하는 A → B 과정에서 기체의 온도가 증가하므로, 기체의 내부 에너지는 증가한다.

ㄴ. **B → C 과정에서 기체가 한 일은 D → A 과정에서 기체가 받은 일의 $\frac{4}{3}$배이다.**

➡ 기체의 온도가 일정한 과정에서 기체의 내부 에너지 변화량이 0이므로, 기체가 흡수 또는 방출한 열량은 기체가 외부에 한 일이나 외부로부터 받은 일과 같다. 따라서 온도가 일정한 B → C 과정에서 기체가 한 일은 $4Q$이고, D → A 과정에서 기체가 받은 일은 $3Q$이므로, B → C 과정에서 기체가 한 일은 D → A 과정에서 기체가 받은 일의 $\frac{4}{3}$배이다.

ㄷ. **C → D 과정에서 기체가 방출한 열량은 Q이다.**

➡ 부피가 일정한 A → B 과정과 C → D 과정에서 기체가 흡수 또는 방출한 열량은 각각 내부 에너지 변화량과 같다. 이때 A → B 과정과 C → D 과정의 온도 변화가 같아서 내부 에너지의 변화량이 같으므로, A → B 과정에서 흡수한 열량은 C → D 과정에서 방출한 열량과 같다. A → B 과정에서 기체가 흡수한 열량과 C → D 과정에서 방출한 열량을 Q_0이라고 할 때, A → B → C 과정에서 흡수한 열량은 $Q_1=Q_0+4Q$이고 C → D → A 과정에서 방출한 열량은 $Q_2=Q_0+3Q$이다. 열기관의 열효율은 $e=\frac{W}{Q_1}=\frac{Q_1-Q_2}{Q_1}=\frac{Q}{Q_0+4Q}=0.2$이므로, C → D 과정에서 기체가 방출한 열량 $Q_0=Q$이다.

13 열역학 과정과 열기관 2024학년도 3월 학평 물Ⅰ 19번

정답 ⑤ | 정답률 45 %

적용해야 할 개념 ④가지

① 일정량의 이상 기체의 압력(P)과 부피(V)의 곱은 절대 온도(T)에 비례한다. ➡ $PV \propto T$

② 이상 기체의 내부 에너지(U)는 기체 분자들의 운동 에너지의 총합과 같으므로 절대 온도(T)에 비례한다. ➡ $U \propto T$

③ 열역학 제1법칙: 기체가 흡수한 열(Q)은 내부 에너지 변화량($\varDelta U$)과 기체가 한 일(W)의 합이다. ➡ $Q = \varDelta U + W$

④ 열효율(e): 열기관의 효율로, 열기관에 공급된 열 Q_1에 대해 열기관이 한 일 W의 비율이다. ➡ $e = \frac{W}{Q_1} = \frac{Q_1 - Q_2}{Q_1}$

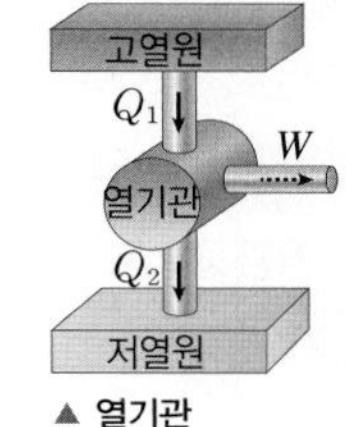

▲ 열기관

문제 보기

표는 열효율이 0.25인 열기관에서 일정량의 이상 기체가 상태 A → B → C → D → A를 따라 순환하는 동안 기체가 흡수 또는 방출하는 열량을 나타낸 것이다. A → B 과정과 C → D 과정에서 기체가 한 일은 0이다.

└→ $W = P\varDelta V = 0$
→ $\varDelta V = 0$
→ 부피가 일정한 과정

과정	흡수 또는 방출하는 열량
A → B	$12Q_0$
B → C	0 단열 과정
C → D	Q
D → A	0 단열 과정

• A → B 과정에서 열량을 흡수했을 때: $1 - \frac{Q}{12Q_0} = 0.25$ ➡ $Q = 9Q_0$

• C → D 과정에서 열량을 흡수했을 때: $1 - \frac{12Q_0}{Q} = 0.25$ ➡ $Q = 16Q_0$

위 기체의 상태 변화와 Q를 옳게 짝지은 것만을 〈보기〉에서 있는 대로 고른 것은?

<보기> 풀이

기체가 한 일($W = P\varDelta V$)은 압력(P)과 부피 변화량($\varDelta V$)의 곱과 같으므로, 기체가 한 일이 0일 때 기체의 부피 변화량은 0이다. 따라서 기체가 한 일이 0인 A → B 과정과 C → D 과정은 부피가 일정한 과정이다. 또 기체가 흡수 또는 방출하는 열량이 0인 B → C 과정과 D → A 과정은 단열 과정이다.

A → B 과정에서 $12Q_0$의 열량을 흡수하고 C → D 과정에서 Q의 열량을 방출한다면, 열효율 ($e = \frac{W}{Q_1} = 1 - \frac{Q_2}{Q_1}$)의 식에 따라 $1 - \frac{Q}{12Q_0} = 0.25$에서 $Q = 9Q_0$이다. 또는 A → B 과정에서 $12Q_0$의 열량을 방출하고 C → D 과정에서 Q의 열량을 흡수한다면, $1 - \frac{12Q_0}{Q} = 0.25$에서 $Q = 16Q_0$이다. 즉, C → D 과정에서 $Q = 9Q_0$의 열량을 방출하거나 또는 $Q = 16Q_0$의 열량을 흡수한다.

이상 기체의 압력(P)와 부피(V)의 곱은 절대 온도(T)에 비례하고($PV \propto T$), 내부 에너지(U)는 절대 온도(T)에 비례한다($U \propto T$). 따라서 압력과 부피의 곱이 증가하면 내부 에너지도 증가하고 압력과 부피의 곱이 감소하면 내부 에너지도 감소한다.

ㄱ.

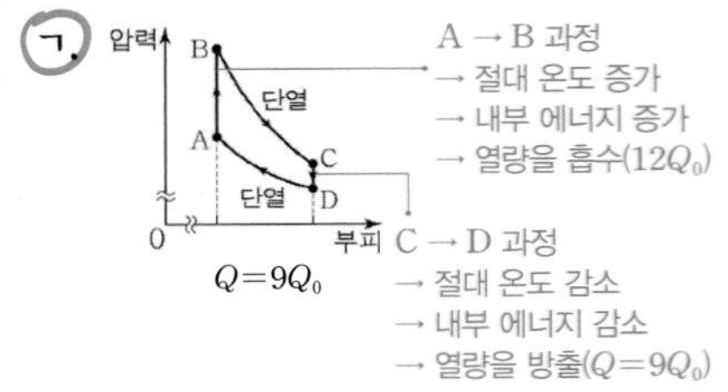

➡ A → B 과정에서 압력이 증가하므로 내부 에너지가 증가하고 C → D 과정에서 압력이 감소하므로 내부 에너지가 감소한다. 따라서 A → B 과정에서 열량을 흡수하고 C → D 과정에서 열량을 방출한다. 이때 A → B 과정에서 흡수하는 열량이 $12Q_0$이고 C → D 과정에 방출하는 열량은 $Q = 9Q_0$이므로, 기체의 상태 변화를 옳게 나타낸 그래프이다.

ㄴ.

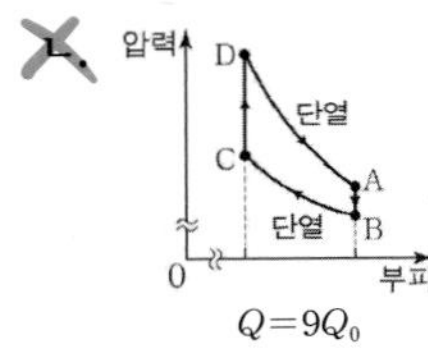

➡ C → D 과정에서 압력이 증가하고 A → B 과정에서 압력이 감소하므로, C → D 과정에서 열량을 흡수하고 A → B 과정에서 열량을 방출한다. 이때 C → D 과정에서 흡수하는 열량이 $Q = 9Q_0$로 A → B 과정에서 방출하는 $12Q_0$보다 작으므로, 성립하지 않는다.

ㄷ.

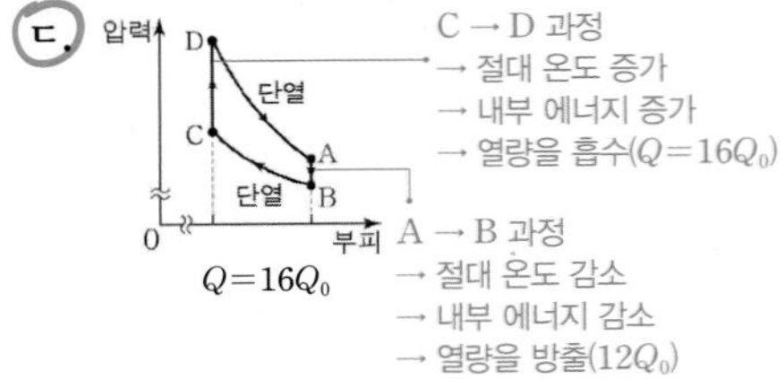

➡ C → D 과정에서 압력이 증가하고 A → B 과정에서 압력이 감소하므로, C → D 과정에서 열량을 흡수하고 A → B 과정에서 열량을 방출한다. 이때 C → D 과정에서 흡수하는 열량이 $Q = 16Q_0$이고 A → B 과정에 방출하는 열량은 $12Q_0$이므로, 기체의 상태 변화를 옳게 나타낸 그래프이다.

14 열역학 과정 2025학년도 6월 모평 물I 10번

정답 ④ | 정답률 67 %

적용해야 할 개념 ③가지

① 일정량의 이상 기체의 압력(P)과 부피(V)의 곱은 절대 온도(T)에 비례한다. ➡ $PV \propto T$

② 열역학 제1법칙: 기체가 흡수한 열(Q)은 내부 에너지 변화량(ΔU)과 기체가 한 일(W)의 합이다.
➡ $Q = \Delta U + W$

③ 열효율(e): 열기관의 효율로, 열기관에 공급된 열 Q_1에 대해 열기관이 한 일 W의 비율이다.
➡ $e = \dfrac{W}{Q_1} = \dfrac{Q_1 - Q_2}{Q_1}$

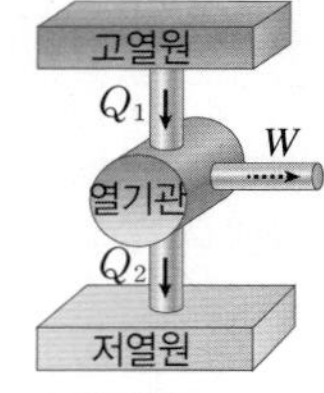

▲ 열기관

문제 보기

그림은 열효율이 0.2인 열기관에서 일정량의 이상 기체가 상태 A → B → C → D → A를 따라 변할 때 기체의 압력과 부피를 나타낸 것이다. A → B와 C → D는 각각 압력이 일정한 과정, B → C는 온도가 일정한 과정, D → A는 단열 과정이다. 표는 각 과정에서 기체가 외부에 한 일 또는 외부로부터 받은 일을 나타낸 것이다.

등온 과정($\Delta U = 0$)
→ $Q = W$

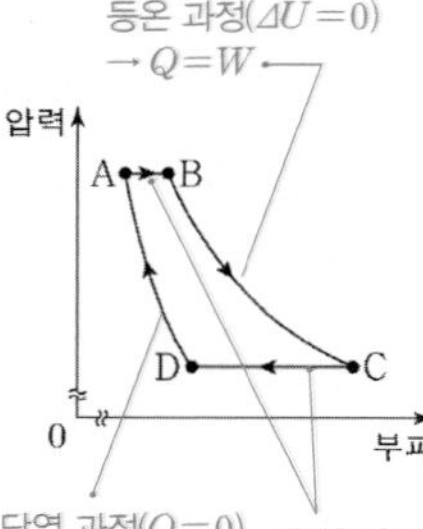

단열 과정($Q = 0$)
→ $\Delta U = -W$

등압 과정
→ $Q = \Delta U + W$

과정	기체가 외부에 한 일 또는 외부로부터 받은 일(J)
A → B	140
B → C	400
C → D	240
D → A	150

기체가 한 일 $= 140\ \text{J} + 400\ \text{J} - 240\ \text{J} - 150\ \text{J} = 150\ \text{J}$
→ $e = \dfrac{W}{Q_1} = \dfrac{Q_1 - Q_2}{Q_1} = \dfrac{150}{Q_1} = 0.2$
→ 기체가 흡수한 열량 $Q_1 = 750$ J,
기체가 방출한 열량 $Q_2 = 600$ J

과정	흡수한 열량 ($Q = \Delta U + W$)	내부 에너지 변화량(ΔU)	한 일(W)
A → B	350 J	210 J	140 J
B → C	400 J	0	400 J
C → D	−600 J	(−360 J)	−240 J
D → A	0	150 J	−150 J

C → D 과정: 기체가 방출한 열량 = 600 J
→ 내부 에너지 변화량 $\Delta U (= Q - W)$
$= -600\ \text{J} - (-240\ \text{J}) = -360\ \text{J}$

C → D 과정에서 기체의 내부 에너지 감소량은? [3점]

<보기> 풀이

❶ 기체의 부피가 팽창할 때 외부에 일을 하고 압축될 때 외부로부터 일을 받는다. 따라서 A → B → C 과정에서 외부에 일을 하고 C → D → A 과정에서 외부로부터 일을 받으므로, 한 번의 순환 과정에서 기체가 한 일은 $140\ \text{J} + 400\ \text{J} - 240\ \text{J} - 150\ \text{J} = 150\ \text{J}$이다. 열기관의 열효율은 공급된 열 Q_1에 대해 열기관이 한 일 W의 비율이므로, $e = \dfrac{W}{Q_1} = \dfrac{Q_1 - Q_2}{Q_1} = 0.2$에서 기체가 흡수한 열량 $Q_1 = 750$ J이고 방출한 열량 $Q_2 = 600$ J이다.

❷ 일정량의 이상 기체의 압력과 부피의 곱은 절대 온도에 비례한다. A → B 과정은 온도가 높아지므로 내부 에너지가 증가하고 기체의 부피가 증가하므로 외부에 일을 하는 과정으로, 열역학 제1법칙($Q = \Delta U + W$)에 따라 내부 에너지의 증가량과 외부에 한 일만큼 열을 흡수한다. B → C 과정은 온도가 일정하므로 내부 에너지의 변화량이 0이고 부피가 증가하므로 외부에 일을 하는 과정으로, 외부에 한 일만큼 열을 흡수한다. 따라서 A → B → C 과정에서 기체는 750 J의 열을 흡수한다.

❸ C → D 과정은 온도가 낮아지므로 내부 에너지가 감소하고 부피가 감소하므로 외부로부터 일을 받는 과정으로, 내부 에너지 감소량과 외부에서 받은 일의 합만큼 열을 방출한다. D → A 과정은 단열 과정이다. 따라서 C → D 과정에서 기체가 방출한 열량은 600 J이고 외부에서 받은 일이 240 J이므로, 내부 에너지 감소량은 $600\ \text{J} - 240\ \text{J} = 360\ \text{J}$이다.

① 240 J ② 280 J ③ 320 J ④ 360 J ⑤ 400 J

15 열역학 과정과 열기관 2021학년도 수능 물I 12번

정답 ① | 정답률 82 %

적용해야 할 개념 ④가지

① 열효율(e): 열기관의 효율로, 열기관에 공급된 열 Q_1에 대해 열기관이 한 일 W의 비율이다. ➡ $e=\frac{W}{Q_1}=\frac{Q_1-Q_2}{Q_1}$

② 기체의 압력이 일정할 때, 일정량의 이상 기체의 부피(V)는 절대 온도(T)에 비례한다. ➡ $V\propto T$

③ 등압 과정: 기체의 압력이 일정하게 유지되면서 상태가 변하는 과정이다. ➡ $Q=\Delta U+W$

- 부피가 증가할 때: 기체가 흡수한 열=내부 에너지 증가량+외부에 한 일
- 부피가 감소할 때: 기체가 방출한 열=내부 에너지 감소량+외부로부터 받은 일

④ 이상 기체의 내부 에너지(U)는 기체 분자들의 운동 에너지의 총합과 같으므로 절대 온도(T)에 비례한다. ➡ $U\propto T$

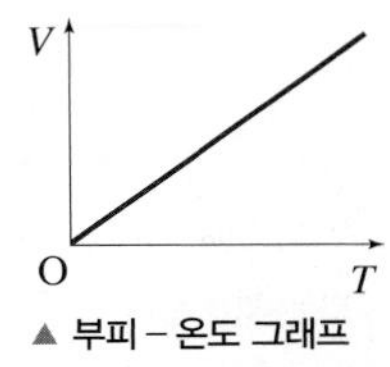

▲ 부피 – 온도 그래프

10 일차

문제 보기

그림은 열효율이 0.3인 열기관에서 일정량의 이상 기체가 상태 A → B → C → D → A를 따라 순환하는 동안 기체의 압력과 부피를, 표는 각 과정에서 기체가 흡수 또는 방출하는 열량을 나타낸 것이다.

A → B: 압력 일정, 부피 증가(부피∝온도)
→ 온도 상승, 내부 에너지 증가(내부 에너지∝온도)
→ 외부에서 열을 흡수

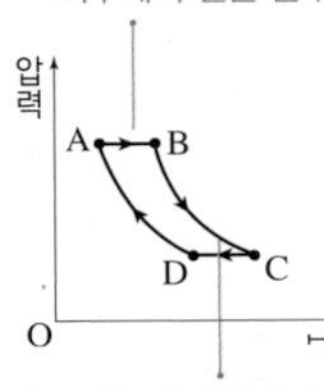

과정	흡수 또는 방출하는 열량(J)	
A → B	㉠	흡수한 열
B → C	0	
C → D	140	방출한 열
D → A	0	

C → D: 압력 일정, 부피 감소(부피∝온도)
→ 온도 하강, 내부 에너지 감소
(내부 에너지∝온도)
→ 외부로 열을 방출

기체가 한 일=㉠−140J
$e=\frac{㉠-140\text{ J}}{㉠}=0.3$
→ ㉠=200

이에 대한 설명으로 옳은 것만을 〈보기〉에서 있는 대로 고른 것은?

<보기> 풀이

ㄱ. ㉠은 200이다.

➡ 열기관의 열효율은 열기관에 공급된 열에 대해 열기관이 한 일의 비율이므로 $\frac{㉠-140\text{ J}}{㉠}=0.3$에서 ㉠은 200이다.

ㄴ. A → B 과정에서 기체의 내부 에너지는 감소한다.

➡ A → B 과정은 기체의 압력이 일정하게 유지되면서 기체의 부피가 증가하는 과정이다. 기체의 압력이 일정할 때 이상 기체의 부피는 절대 온도에 비례하므로, A → B 과정에서 기체의 온도는 상승한다. 기체의 내부 에너지는 온도에 비례하므로, A → B 과정에서 기체의 내부 에너지는 증가한다.

ㄷ. C → D 과정에서 기체는 외부로부터 열을 흡수한다.

➡ C → D 과정은 기체의 압력이 일정하게 유지되면서 기체의 부피가 감소하는 과정이다. 기체의 압력이 일정할 때 이상 기체의 부피는 절대 온도에 비례하므로, C → D 과정에서 기체의 온도는 하강하며 기체의 내부 에너지도 감소한다. 또 기체의 부피가 감소하므로 외부로부터 일을 받는다. 따라서 C → D 과정에서 기체는 내부 에너지 감소량과 외부로부터 받은 일만큼 외부로 열을 방출한다.

16 열역학 과정과 열기관 2023학년도 4월 학평 물I 10번

정답 ④ | 정답률 56 %

적용해야 할 개념 ④가지

① 열역학 제 1법칙: 기체가 흡수한 열(Q)은 내부 에너지 변화량(ΔU)과 기체가 외부에 하는 일(W)의 합이다.
➡ $Q=\Delta U+W$

② 기체의 부피 변화량(ΔV)과 외부에 한 일($W=P\Delta V$)의 관계

기체가 팽창할 때	기체의 부피가 증가($\Delta V>0$)하므로 $W>0$이다. ➡ 기체가 외부에 일을 한다.
기체가 수축할 때	기체의 부피가 감소($\Delta V<0$)하므로 $W<0$이다. ➡ 기체가 외부로부터 일을 받는다.

③ 열기관은 열에너지를 유용한 일로 바꾸는 장치로, 고온의 열원으로부터 Q_1의 열을 흡수하여 외부에 W의 일을 하고 저온의 열원으로 Q_2의 열을 방출한다.

④ 열효율(e): 열기관의 효율로, 열기관에 공급된 열 Q_1에 대해 열기관이 한 일 W의 비율이다.

➡ $e=\dfrac{W}{Q_1}=\dfrac{Q_1-Q_2}{Q_1}$

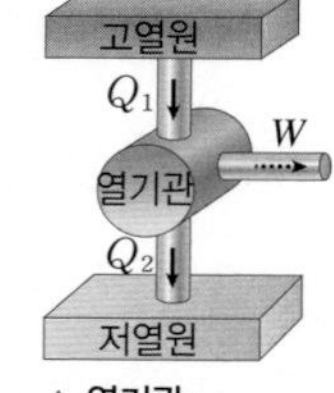

▲ 열기관

문제 보기

그림은 열기관에서 일정량의 이상 기체가 상태 A → B → C → A를 따라 순환하는 동안 기체의 압력과 부피를 나타낸 것이다. A → B 과정은 등온 과정이고, B → C 과정은 압력이 일정한 과정이다. 표는 각 과정에서 기체가 흡수 또는 방출하는 열량과 기체가 외부에 한 일 또는 외부로부터 받은 일을 나타낸 것이다.

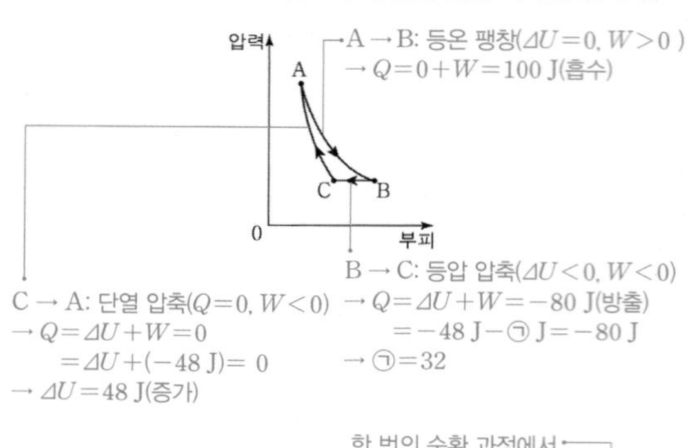

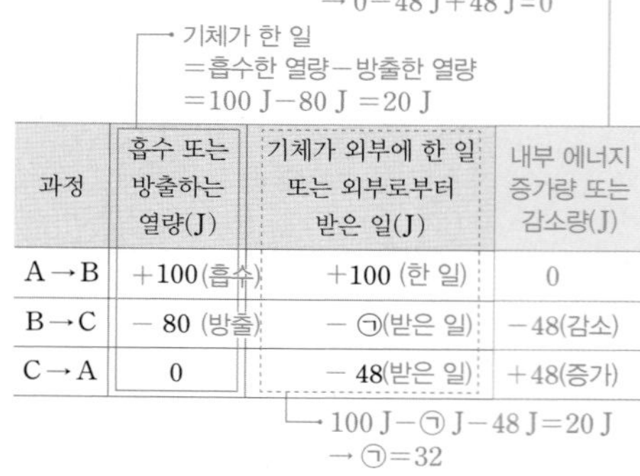

과정	흡수 또는 방출하는 열량(J)	기체가 외부에 한 일 또는 외부로부터 받은 일(J)	내부 에너지 증가량 또는 감소량(J)
A → B	+100(흡수)	+100 (한 일)	0
B → C	− 80 (방출)	− ㉠(받은 일)	−48(감소)
C → A	0	− 48(받은 일)	+48(증가)

이에 대한 설명으로 옳은 것만을 〈보기〉에서 있는 대로 고른 것은? [3점]

<보기> 풀이

기체의 부피가 증가할 때 외부에 일을 하고($W>0$), 부피가 감소할 때 외부로부터 일을 받는다($W<0$).

ㄱ. A → B 과정에서 기체는 열을 방출한다.

➡ A → B 과정에서 온도가 일정하므로 내부 에너지의 변화는 0이고($\Delta U=0$), 부피가 팽창하며 기체가 외부에 일을 하므로($W>0$), 열역학 제1법칙 $Q=\Delta U+W$에서 $Q>0$이다. 즉, A → B 과정에서 기체는 열을 흡수한다.

ㄴ. ㉠은 32이다.

➡ 이상 기체의 압력(P)과 부피(V)의 곱은 절대 온도(T)에 비례하고($PV\propto T$), 이상 기체의 내부 에너지(U)는 절대 온도(T)에 비례($U\propto T$)한다. B → C 과정에서 압력은 일정하고 부피가 감소하므로 절대 온도가 감소하며 내부 에너지도 감소한다($\Delta U<0$). 또 부피가 감소하므로 외부로부터 일을 받는다($W<0$). 따라서 $Q=\Delta U+W$에서 $Q<0$이므로, B → C 과정에서 열을 방출한다. 열기관에서 기체가 흡수한 열량=기체가 한 일+방출한 열량이므로, 기체가 한 번 순환하는 동안 A → B 과정에서 기체가 흡수한 열량이 100 J이고 B → C 과정에서 방출한 열량이 80 J일 때, 기체가 한 일은 20 J이다. 이때 A → B 과정에서는 외부에 일을 하며($W>0$), B → C 과정과 C → A 과정에서는 외부로부터 일을 받으므로($W<0$), 기체가 한 일$=100$ J$-$㉠ J-48 J$=20$ J에서 ㉠$=32$이다.

다른 풀이 한 번의 순환 과정(A → B → C → A)에서 처음 온도와 나중 온도가 같으므로 내부 에너지의 변화량은 0이다. 이때 A → B 과정에서 온도가 일정하므로 내부 에너지의 변화가 없고, B → C 과정에서 부피가 감소하므로 내부 에너지가 감소하며($\Delta U<0$), C → A 과정은 단열 압축 과정이므로 내부 에너지가 증가한다($\Delta U>0$). 즉, B → C 과정에서 감소한 내부 에너지는 C → A 과정에서 증가한 내부 에너지와 같다. C → A 과정에 열의 출입이 0이므로, 증가한 내부 에너지는 외부로부터 받은 일 48 J과 같다. 따라서 B → C 과정에서 감소한 내부 에너지 48 J이고 외부에서 일을 받으므로, $Q=\Delta U+W=-48$ J$-$㉠$=-80$ J에서 ㉠은 32이다.

ㄷ. 열기관의 열효율은 0.2이다.

➡ 열기관의 열효율은 열기관에 공급된 열에 대해 열기관이 한 일의 비율이다. 한 번의 순환 과정(A → B → C → A)에서 기체가 흡수한 열량은 100 J이고, 기체가 한 일은 20 J이므로, 열기관의 열효율은 $\dfrac{20\text{ J}}{100\text{ J}}=0.2$이다.

17 열역학 과정과 열기관 2021학년도 9월 모평 물I 15번

정답 ① | 정답률 60 %

적용해야 할 개념 ④가지

① 열역학 제1법칙: 기체가 흡수한 열(Q)은 내부 에너지 변화량(ΔU)과 기체가 한 일(W)의 합이다. ➡ $Q=\Delta U+W$

② 단열 팽창 과정: 열의 출입 없이 기체의 부피가 팽창하는 과정으로, 기체가 한 일만큼 내부 에너지가 감소하여 온도가 내려간다. ➡ $Q=0=\Delta U+W$에서 $W=-\Delta U(W>0$이므로 $\Delta U<0)$이다.

③ 등적 과정: 기체의 부피가 일정하게 유지($\Delta V=0$)되면서 상태가 변하는 과정이다.
➡ $Q=\Delta U+W=\Delta U+0$이므로 $Q=\Delta U$이다.

④ 열효율(e): 열기관의 효율로, 열기관에 공급된 열 Q_1에 대해 열기관이 한 일 W의 비율이다. ➡ $e=\dfrac{W}{Q_1}=\dfrac{Q_1-Q_2}{Q_1}$

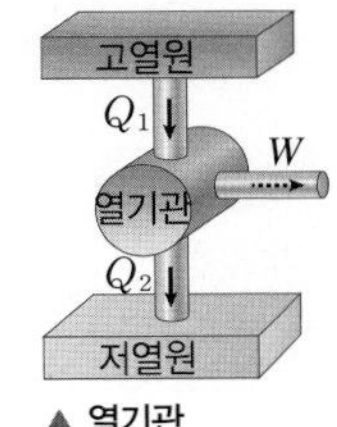

▲ 열기관

문제 보기

그림은 열기관에서 일정량의 이상 기체의 상태가 A → B → C → D → A를 따라 변할 때 기체의 압력과 부피를, 표는 각 과정에서 기체가 외부에 한 일 또는 외부로부터 받은 일을 나타낸 것이다. 기체는 A → B 과정에서 250 J의 열량을 흡수하고, B → C 과정과 D → A 과정은 열 출입이 없는 단열 과정이다.

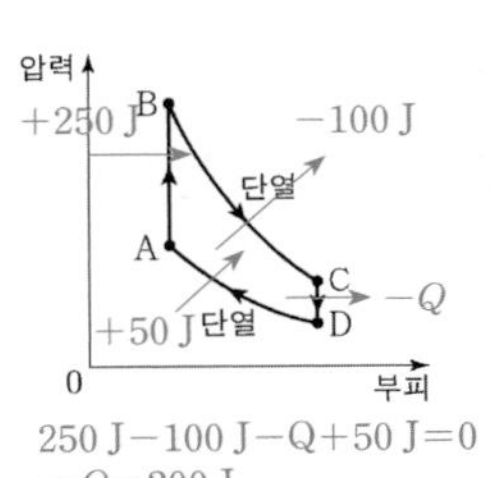

단열 팽창: 외부에 일 함.

과정	외부에 한 일 또는 외부로부터 받은 일(J)
A→B	0
B→C	100
C→D	0
D→A	50

단열 압축: 외부로부터 일 받음.

이에 대한 설명으로 옳은 것만을 〈보기〉에서 있는 대로 고른 것은? [3점]

<보기> 풀이

ㄱ. B → C 과정에서 기체의 온도가 감소한다.

➡ B → C 과정은 단열 팽창 과정으로 열의 출입 없이 기체의 부피가 팽창한다. 열역학 제1법칙($Q=\Delta U+W$)에 의해 흡수한 열이 없으므로($Q=0$) 기체가 외부에 한 일만큼 내부 에너지가 감소한다($W=-\Delta U$). 이상 기체의 내부 에너지는 절대 온도에 비례하므로 B → C 과정에서 기체의 온도가 감소한다.

ㄴ. C → D 과정에서 기체가 방출한 열량은 150 J이다.

➡ 기체는 한 번의 순환 과정을 거친 후 원래의 상태로 되돌아온다. C → D 과정에서 기체가 방출한 열량을 Q라고 할 때, 기체는 A → B 과정에서 250 J의 열량을 흡수하고 B → C 과정에서 100 J의 일을 하며, C → D 과정에서 Q의 열량을 방출하고 D → A 과정에서 50 J의 일을 받는다. 즉, 250 J − 100 J − Q + 50 J = 0이므로 Q = 200 J이다.

ㄷ. 열기관의 열효율은 0.4이다.

➡ 열기관의 열효율은 열기관에 공급된 열에 대해 열기관이 한 일의 비율이다. 기체가 한 번 순환하는 동안 250 J의 열량을 흡수하고 50 J의 일을 하므로, 열효율은 $\dfrac{50\text{ J}}{250\text{ J}}=0.2$이다.

18 열역학 과정과 열기관 2021학년도 6월 모평 물I 14번

정답 ④ | 정답률 76 %

적용해야 할 개념 ④가지

① 기체가 외부에 한 일(W)은 기체의 압력(P)과 부피 변화(ΔV)의 곱이다. ➡ $W=P\Delta V$

② 기체의 부피 변화와 외부에 한 일의 관계

기체가 팽창할 때	기체의 부피가 증가($\Delta V>0$)하므로 $W>0$이다. ➡ 기체가 외부에 일을 한다.
기체가 수축할 때	기체의 부피가 감소($\Delta V<0$)하므로 $W<0$이다. ➡ 기체가 외부로부터 일을 받는다.

③ 압력−부피 그래프에서 그래프 아랫부분의 넓이는 기체가 한 일이다. ➡ $W=P\Delta V$

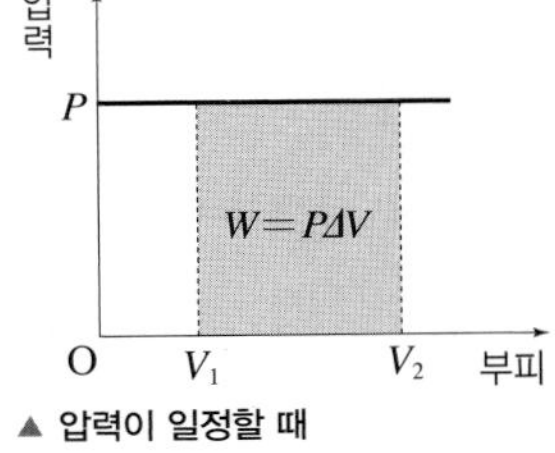

▲ 압력이 일정할 때

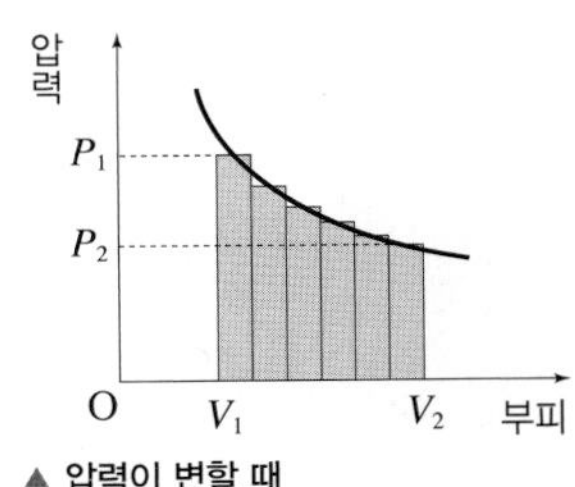

▲ 압력이 변할 때

④ 열효율(e): 열기관의 효율로, 열기관에 공급된 열 Q_1에 대해 열기관이 한 일 W의 비율이다. ➡ $e=\dfrac{W}{Q_1}=\dfrac{Q_1-Q_2}{Q_1}$

문제 보기

그림은 어떤 열기관에서 일정량의 이상 기체가 상태 A → B → C → D → A를 따라 순환하는 동안 기체의 압력과 부피를, 표는 각 과정에서 기체가 흡수 또는 방출하는 열량을 나타낸 것이다.

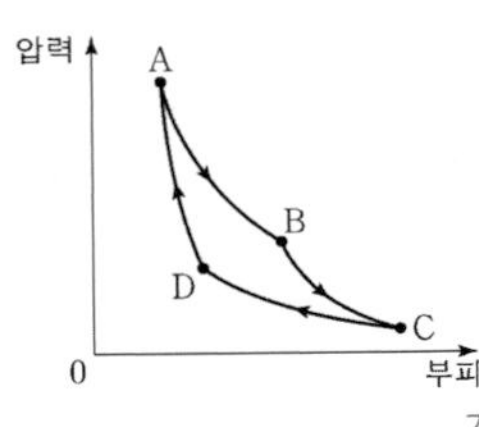

과정	흡수 또는 방출하는 열량(J)
A→B	150 흡수한 열
B→C	0
C→D	120 방출한 열
D→A	0

기체가 한 일 = 150 J − 120 J = 30 J

이에 대한 설명으로 옳은 것만을 〈보기〉에서 있는 대로 고른 것은? [3점]

<보기> 풀이

ㄱ. B → C 과정에서 기체가 한 일은 0이다.

➡ 압력−부피 그래프의 B→C 과정에서 기체의 부피는 증가하므로 기체가 한 일은 0이 아니다. B→C 과정에서 기체가 한 일은 압력−부피 그래프에서 B→C 과정의 그래프 아랫부분의 넓이이다.

ㄴ. 기체가 한 번 순환하는 동안 한 일은 30 J이다.

➡ 기체가 한 번 순환하는 동안 150 J의 열량을 흡수하고 120 J의 열량을 방출하므로, 기체가 한 일은 30 J이다.

ㄷ. 열기관의 열효율은 0.2이다.

➡ 열효율은 열기관에 공급된 열에 대해 열기관이 한 일의 비율이다. 기체가 한 번 순환하는 동안 150 J의 열을 흡수하고 30 J의 일을 하므로, 이 열기관의 열효율은 $\dfrac{30\text{ J}}{150\text{ J}}=0.2$이다.

19 열역학 과정과 열기관 2023학년도 6월 모평 물Ⅰ 8번

정답 ② | 정답률 59 %

적용해야 할 개념 ③가지

① 열역학 제 1법칙: 기체가 흡수한 열(Q)는 내부 에너지 변화량(ΔU)과 기체가 외부에 하는 일(W)의 합이다.
➡ $Q=\Delta U+W$

② 등적 과정: 기체의 부피가 일정하게 유지($\Delta V=0$)되면서 상태가 변하는 과정으로, 압력이 증가할 때는 열을 흡수하고 압력이 감소할 때는 열을 방출한다.

③ 열효율(e): 열기관의 효율로, 열기관에 공급된 열 Q_1에 대해 열기관이 한 일 W의 비율이다.
➡ $e=\dfrac{W}{Q_1}=\dfrac{Q_1-Q_2}{Q_1}$이다.

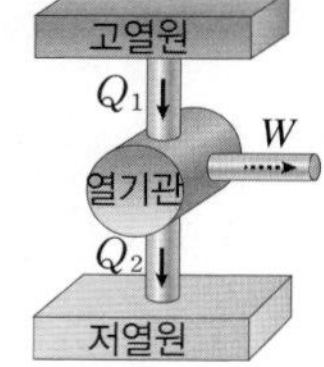

▲ 열기관

문제 보기

그림은 열기관에서 일정량의 이상 기체가 과정 Ⅰ~Ⅳ를 따라 순환하는 동안 기체의 압력과 부피를 나타낸 것이다. 표는 각 과정에서 기체가 외부에 한 일 또는 외부로부터 받은 일을 나타낸 것이다. Ⅰ, Ⅲ은 등온 과정이고, Ⅳ에서 기체가 흡수한 열량은 $2E_0$이다.

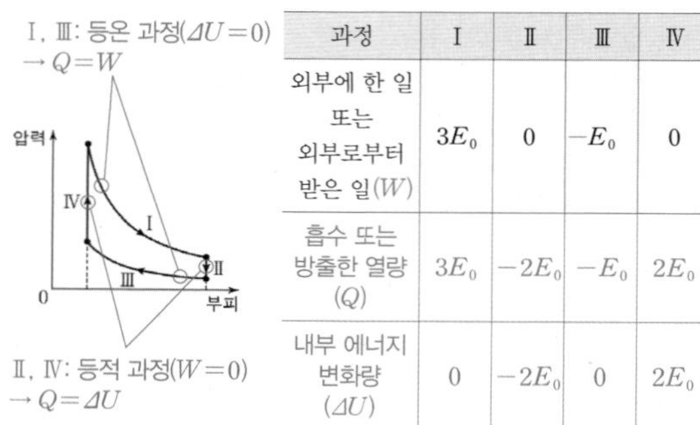

과정	Ⅰ	Ⅱ	Ⅲ	Ⅳ
외부에 한 일 또는 외부로부터 받은 일(W)	$3E_0$	0	$-E_0$	0
흡수 또는 방출한 열량(Q)	$3E_0$	$-2E_0$	$-E_0$	$2E_0$
내부 에너지 변화량(ΔU)	0	$-2E_0$	0	$2E_0$

이에 대한 설명으로 옳은 것만을 〈보기〉에서 있는 대로 고른 것은? [3점]

<보기> 풀이

ㄱ. Ⅰ에서 기체가 흡수하는 열량은 0이다.

➡ 등온 과정에서 기체의 내부 에너지 변화량(ΔU)이 0이므로, 열역학 제 1법칙($Q=\Delta U+W=0+W$)에 의해 기체가 흡수 또는 방출한 열량은 기체가 외부에 한 일이나 외부로부터 받은 일과 같다($Q=W$). Ⅰ에서 기체의 부피가 팽창하며 외부에 한 일이 $3E_0$이므로, Ⅰ에서 기체가 흡수하는 열량은 $3E_0$이다.

ㄴ. Ⅱ에서 기체의 내부 에너지 감소량은 Ⅳ에서 기체의 내부 에너지 증가량보다 작다.

➡ 기체가 순환 과정(Ⅰ → Ⅱ → Ⅲ → Ⅳ)을 거치면 원래 상태로 되돌아오므로 내부 에너지 변화량은 0이다. 등온 과정인 Ⅰ, Ⅲ에서는 내부 에너지 변화량이 0이므로, Ⅱ에서 기체의 내부 에너지 감소량은 Ⅳ에서 기체의 내부 에너지 증가량과 같다.

ㄷ. 열기관의 열효율은 0.4이다.

➡ 기체의 부피가 일정한 등적 과정에서 기체가 한 일(W)은 0이므로, 열역학 제 1법칙($Q=\Delta U+W=\Delta U+0$)에 의해 기체가 흡수 또는 방출한 열량은 내부 에너지 변화량과 같다($Q=\Delta U$). 등적 과정인 Ⅳ에서 기체가 흡수한 열량은 $2E_0$이므로 Ⅳ에서 기체의 내부 에너지 증가량은 $2E_0$이고, 등적 과정인 Ⅱ에서 기체의 내부 에너지 감소량은 $2E_0$이므로 Ⅱ에서 기체가 방출한 열량은 $2E_0$이다. 등온 과정인 Ⅰ에서 기체가 흡수한 열량은 $3E_0$, 등온 과정인 Ⅲ에서 기체가 방출한 열량은 E_0이다. 따라서 Ⅰ → Ⅱ → Ⅲ → Ⅳ에서 기체가 흡수한 열량은 $3E_0+2E_0=5E_0$이고 방출한 열량은 $2E_0+E_0=3E_0$이므로, 열기관의 열효율은 $\dfrac{5E_0-3E_0}{5E_0}=0.4$이다.

20 열역학 과정과 열기관 2023학년도 9월 모평 물I 15번

정답 ⑤ | 정답률 63 %

적용해야 할 개념 ③가지

① 열역학 제1법칙: 기체가 흡수한 열(Q)은 내부 에너지 변화량(ΔU)과 기체가 외부에 한 일(W)의 합이다.

➡ $Q=\Delta U+W$

② 등적 과정: 기체의 부피가 일정하게 유지($\Delta V=0$)되면서 상태가 변하는 과정으로, 압력이 증가할 때는 열을 흡수하고 압력이 감소할 때는 열을 방출한다.

③ 열효율(e): 열기관의 효율로, 열기관에 공급된 열 Q_1에 대해 열기관이 한 일 W의 비율이다.

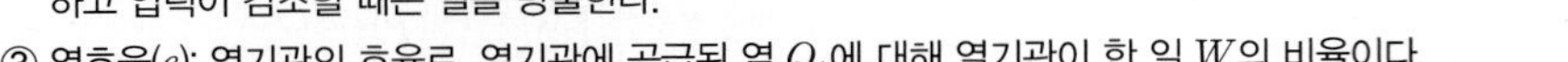

➡ $e=\dfrac{W}{Q_1}=\dfrac{Q_1-Q_2}{Q_1}$

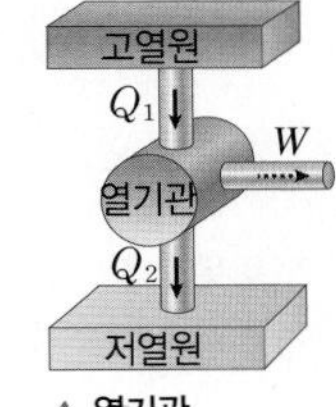

▲ 열기관

문제 보기

그림은 열기관에서 일정량의 이상 기체가 상태 A → B → C → D → A를 따라 순환하는 동안 기체의 압력과 부피를, 표는 각 과정에서 기체가 흡수 또는 방출하는 열량과 기체의 내부 에너지 증가량 또는 감소량을 나타낸 것이다.

A → B: 등적 과정($W=0$)
→ $Q=\Delta U+0=50$ J(흡수)
→ $\Delta U=50$ J(증가) → ㉡$=50$

B → C: 등온 팽창($\Delta U=0$)
→ $Q=0+W=100$ J(흡수)

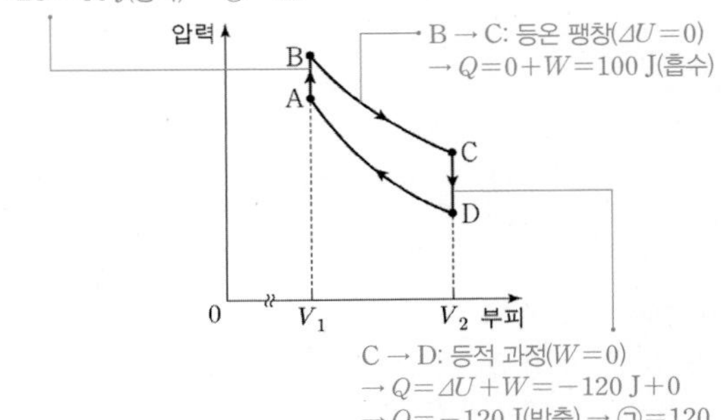

C → D: 등적 과정($W=0$)
→ $Q=\Delta U+W=-120$ J$+0$
→ $Q=-120$ J(방출) → ㉠$=120$

과정	흡수 또는 방출하는 열량(J)	내부 에너지 증가량 또는 감소량(J)
A → B	50(흡수)	㉡=50(증가)
B → C	100(흡수)	0
C → D	㉠=120(방출)	120 =(감소)
D → A	0	㉢=70 J(증가)

흡수한 열량$=50+100=150$(J)
방출한 열량$=120$ J
→ 기체가 한 일$=30$ J
→ 열효율$=\dfrac{150-120}{150}=0.2$

한 번의 순환 과정에서
내부 에너지 변화량$=0$
→ $50+0-120+$㉢$=0$
→ ㉢$=70$ J

이에 대한 설명으로 옳은 것만을 〈보기〉에서 있는 대로 고른 것은?

<보기> 풀이

A → B와 C → D는 기체의 부피가 일정한 등적 과정이므로, 기체가 외부에 한 일이 0이다($W=0$). 열역학 제1법칙에 따라 $Q=\Delta U+W=\Delta U+0$이므로, $Q=\Delta U$이다. 따라서 등적 과정에서 기체가 흡수 또는 방출한 열량은 기체의 내부 에너지 변화량과 같다.

ㄱ. ㉠은 120이다.

➡ C → D 과정은 등적 과정이고, 압력이 감소하므로 내부 에너지가 감소한다. 따라서 C → D 과정에서 기체가 방출한 열량은 내부 에너지 감소량과 같다. 내부 에너지 감소량이 120 J이므로 기체가 방출한 열량(㉠)은 120 J이다.

ㄴ. ㉢−㉡=20이다.

➡ A → B 과정은 등적 과정이고, 압력이 증가하므로 내부 에너지가 증가한다. 따라서 A → B 과정에서 기체가 흡수한 열량은 내부 에너지 증가량과 같다. 기체가 흡수한 열량이 50 J이므로 내부 에너지 증가량(㉡)은 50 J이다. 한 번의 순환 과정(A → B → C → D → A)에서 내부 에너지 변화량은 0이므로, ㉡(50)$+0-120+$㉢$=0$에서 ㉢$=70$이고, ㉢−㉡$=20$이다.

ㄷ. 열기관의 열효율은 0.2이다.

➡ B → C 과정에서 기체의 부피가 팽창하며 외부에 일을 하므로, 열을 흡수하는 과정이다. 한 번의 순환 과정 중, A → B → C 과정에서 흡수한 열량은 $50+100=150$(J)이고 C → D 과정에서 방출한 열량(㉠)은 120 J이므로, 기체가 한 일은 30 J이다. 따라서 열기관의 열효율은 $\dfrac{30}{150}=0.2$이다.

21 열역학 과정과 열기관 2023학년도 6월 모평 물I 16번

정답 ⑤ | 정답률 40 %

적용해야 할 개념 ④가지

① 이상 기체의 내부 에너지(U)는 기체 분자들의 운동 에너지의 총합과 같으므로 절대 온도(T)에 비례한다. ➡ $U \propto T$

② 기체의 부피 변화(ΔV)와 외부에 한 일($W = P\Delta V$)의 관계

기체가 팽창할 때	기체의 부피가 증가($\Delta V > 0$)하므로 $W > 0$이다. ➡ 기체가 외부에 일을 한다.
기체가 수축할 때	기체의 부피가 감소($\Delta V < 0$)하므로 $W < 0$이다. ➡ 기체가 외부로부터 일을 받는다.

③ 등압 변화: 기체의 압력이 일정하게 유지되면서 기체의 부피가 변하는 과정이다. ➡ $Q = \Delta U + W$

부피가 증가할 때: 기체가 흡수한 열=내부 에너지 증가량+외부에 한 일

부피가 감소할 때: 기체가 방출한 열=내부 에너지 감소량+외부로부터 받은 일

④ 열기관은 열에너지를 유용한 일로 바꾸는 장치로, 고온의 열원으로부터 Q_1의 열을 흡수하여 외부에 W의 일을 하고 저온의 열원으로 Q_2의 열을 방출한다.

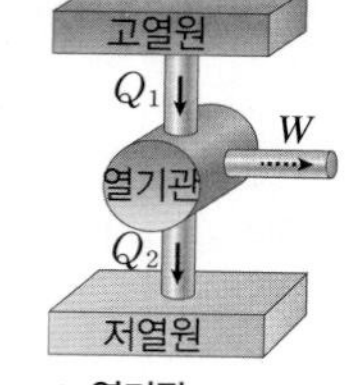

▲ 열기관

문제 보기

그림은 열효율이 0.5인 열기관에서 일정량의 이상 기체의 상태가 A → B → C → D → A를 따라 변할 때 기체의 압력과 부피를 나타낸 것이다. A → B, C → D는 각각 압력이 일정한 과정이고, B → C, D → A는 각각 단열 과정이다. A → B 과정에서 기체가 흡수한 열량은 Q이다. 표는 각 과정에서 기체가 외부에 한 일 또는 외부로부터 받은 일을 나타낸 것이다.

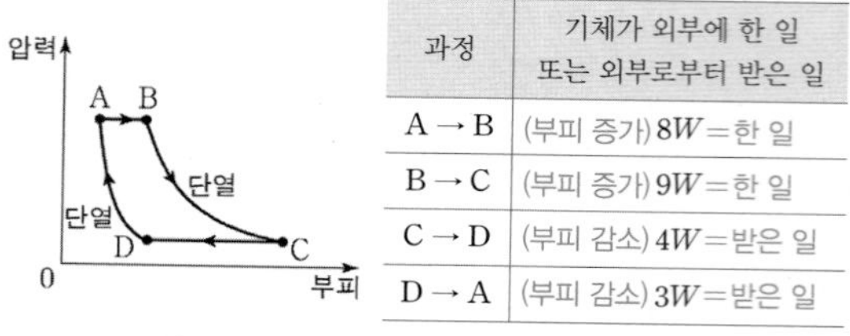

과정	기체가 외부에 한 일 또는 외부로부터 받은 일
A → B	(부피 증가) $8W$=한 일
B → C	(부피 증가) $9W$=한 일
C → D	(부피 감소) $4W$=받은 일
D → A	(부피 감소) $3W$=받은 일

→ 알짜일$=8W+9W-4W-3W=10W$

→ 열효율$=\dfrac{10W}{Q}=0.5$에서 $Q=20W$

→ 방출한 열량=흡수한 열량−한 일$=20W-10W=10W$

A → B: 등압 팽창	B → C: 단열 팽창
$20W=\Delta U+8W$ → $\Delta U=12W$ → 내부 에너지가 $12W$만큼 증가	$0=\Delta U+9W$ → $\Delta U=-9W$ → 내부 에너지가 $9W$만큼 감소
C → D: 등압 압축	**D → A: 단열 압축**
$-10W=\Delta U-4W$ → $\Delta U=-6W$ → 내부 에너지가 $6W$만큼 감소	$0=\Delta U-3W$ → $\Delta U=3W$ → 내부 에너지가 $3W$만큼 증가

이에 대한 설명으로 옳은 것만을 〈보기〉에서 있는 대로 고른 것은? [3점]

〈보기〉 풀이

단열 과정에서는 열의 출입이 없고 등압 과정에서만 열의 출입이 있으므로, A → B 과정에서는 열을 흡수하고 C → D 과정에서는 열을 방출한다.

ㄱ. $Q=20W$이다.

➡ 기체의 부피가 증가할 때 외부에 일을 하고, 부피가 감소할 때 외부로부터 일을 받는다. 따라서 부피가 증가하는 A → B → C 과정에서 한 일은 $8W+9W$이고, 부피가 감소하는 C → D → A 과정에서 받은 일은 $4W+3W$이다. 따라서 기체가 한 번 순환하는 동안 한 알짜일은 $8W+9W-(4W+3W)=10W$이다. 열기관의 열효율이 0.5이므로, 열효율 $=\dfrac{\text{기체가 한 일}}{\text{기체가 흡수한 열}}=\dfrac{10W}{Q}=0.5$에서 기체가 흡수한 열량 $Q=20W$이다.

ㄴ. 기체의 온도는 A에서가 C에서보다 낮다.

➡ 열역학 제1법칙($Q=\Delta U+W$)에 따라 기체가 흡수한 열량은 내부 에너지 변화량과 기체가 외부에 한 일의 합과 같다. A → B 과정에서 기체가 흡수한 열량이 $20W$이고 기체가 외부에 한 일이 $8W$이므로, $20W=\Delta U+8W$에서 내부 에너지 변화량 $\Delta U=12W$이다. B → C 과정은 단열 팽창하는 과정이므로 기체가 흡수한 열량은 0이고 기체가 외부에 한 일이 $9W$이므로, $0=\Delta U+9W$에서 내부 에너지 변화량 $\Delta U=-9W$이다. 즉, A → B 과정에서 내부 에너지가 $12W$만큼 증가하고 B → C 과정에서 내부 에너지가 $9W$만큼 감소하였으므로, A 상태일 때의 내부 에너지는 C 상태일 때의 내부 에너지보다 낮다. 이상 기체의 내부 에너지는 절대 온도에 비례하므로, 기체의 온도는 A에서가 C에서보다 낮다.

ㄷ. A → B 과정에서 기체의 내부 에너지 증가량은 C → D 과정에서 기체의 내부 에너지 감소량보다 크다.

➡ 열기관에서 기체가 흡수한 열량=기체가 한 일+방출한 열량이므로, 기체가 한 번 순환하는 동안 기체가 흡수한 열량이 $20W$이고 외부에 한 알짜일이 $10W$일 때 기체가 방출한 열량은 $10W$이다. 즉, C → D 과정에서 기체가 방출한 열량이 $10W$이며 이 과정에서 외부로부터 받은 일이 $4W$이므로, $-10W=\Delta U-4W$에서 내부 에너지 변화량 $\Delta U=-6W$이다. A → B 과정에서 기체의 내부 에너지는 $12W$만큼 증가하고 C → D 과정에서 내부 에너지는 $6W$만큼 감소하므로, A → B 과정에서 기체의 내부 에너지 증가량은 C → D 과정에서 기체의 내부 에너지 감소량보다 크다.

22 열역학 과정과 열기관 2023학년도 10월 학평 물I 19번

정답 ⑤ | 정답률 62 %

적용해야 할 개념 ④가지

① 일정량의 이상 기체의 압력(P)과 부피(V)의 곱은 절대 온도(T)에 비례한다. ➡ $PV \propto T$

② 이상 기체의 내부 에너지(U)는 기체 분자들의 운동 에너지의 총합이므로 절대 온도(T)에 비례한다. ➡ $U \propto T$

③ 열역학 제1법칙: 기체가 흡수한 열(Q)은 내부 에너지 변화량($\varDelta U$)과 기체가 외부에 하는 일(W)의 합이다.
➡ $Q=\varDelta U+W$

④ 열효율(e): 열기관의 효율로, 열기관에 공급된 열 Q_1에 대해 열기관이 한 일 W의 비율이다.
➡ $e=\dfrac{W}{Q_1}=\dfrac{Q_1-Q_2}{Q_1}$

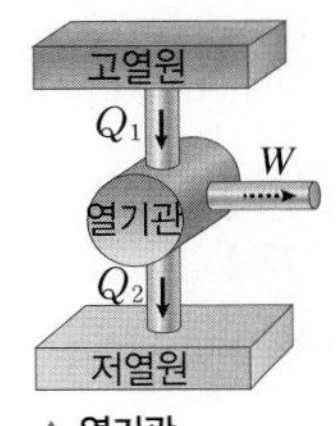

▲ 열기관

10 일차

문제 보기

그림은 열기관에서 일정량의 이상 기체가 상태 A → B → C → D → A를 따라 순환하는 동안 기체의 압력과 부피를 나타낸 것이다. A → B는 압력이, B → C와 D → A는 온도가, C → D는 부피가 일정한 과정이다. 표는 각 과정에서 기체가 흡수 또는 방출한 열량을 나타낸 것이다. A → B에서 기체가 한 일은 W_1이다.

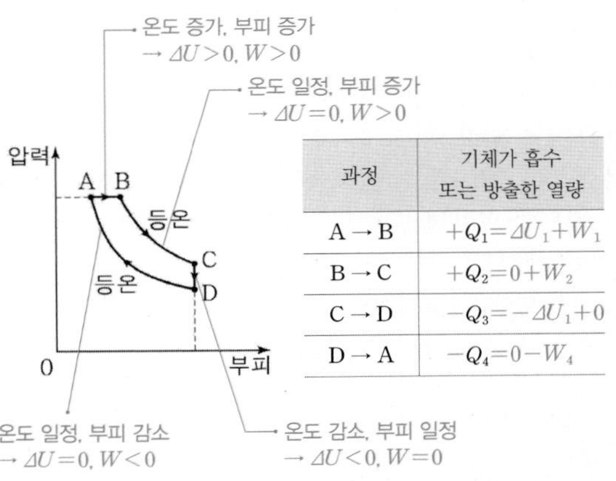

과정	기체가 흡수 또는 방출한 열량
A → B	$+Q_1=\varDelta U_1+W_1$
B → C	$+Q_2=0+W_2$
C → D	$-Q_3=-\varDelta U_1+0$
D → A	$-Q_4=0-W_4$

이에 대한 옳은 설명만을 〈보기〉에서 있는 대로 고른 것은? [3점]

<보기> 풀이

일정량의 이상 기체의 압력과 부피의 곱은 절대 온도에 비례하므로, B, C에서의 온도가 D, A에서의 온도보다 높다.

- A → B: 온도가 증가하므로 내부 에너지가 증가하고 기체의 부피가 증가하므로 외부에 일을 하는 과정으로, 내부 에너지의 증가량과 외부에 한 일만큼 열을 흡수한다. 내부 에너지 증가량을 $\varDelta U_1$이라고 하면 $Q_1=\varDelta U_1+W_1$이다.
- B → C: 온도가 일정하므로 내부 에너지의 변화량이 0이고 부피가 증가하므로 외부에 일을 하는 과정으로, 외부에 한 일만큼 열을 흡수한다. 외부에 한 일을 W_2라고 하면 $Q_2=0+W_2$이다.
- C → D: 온도가 감소하므로 내부 에너지가 감소하고 부피가 일정하므로 외부에 한 일은 0인 과정으로, 내부 에너지 감소량만큼 열을 방출한다. 이 과정에서 온도 변화량은 A → B에서와 같으므로, 내부 에너지 감소량은 $\varDelta U_1$이다. 따라서 $-Q_3=-\varDelta U_1+0$이다.
- D → A: 온도가 일정하므로 내부 에너지의 변화량이 0이고 부피가 감소하므로 외부로부터 일을 받는 과정으로, 외부로부터 받은 일만큼 열을 방출한다. 외부에 받은 일을 W_4라고 하면, $-Q_4=0-W_4$이다.

ㄱ. B → C에서 기체가 한 일은 Q_2이다.

➡ B → C에서 $Q_2=W_2$이므로, B → C에서 기체가 한 일은 Q_2이다.

ㄴ. $Q_1=W_1+Q_3$이다.

➡ A → B에서 $Q_1=\varDelta U_1+W_1$이고 C → D에서 $-Q_3=-\varDelta U_1+0$이므로, $Q_1=W_1+Q_3$이다.

ㄷ. 열기관의 열효율은 $1-\dfrac{Q_3+Q_4}{Q_1+Q_2}$이다.

➡ 기체는A → B → C에서 Q_1+Q_2의 열을 흡수하고 C → D → A에서 Q_3+Q_4의 열을 방출한다. 열기관의 열효율은 열기관에 공급된 열에 대해 열기관이 한 일의 비율이고, 열기관이 한 일은 고온의 열원에서 흡수한 열량에서 저온의 열원으로 방출한 열량을 뺀 값과 같다. 따라서 열기관의 열효율은 $\dfrac{Q_1+Q_2-(Q_3+Q_4)}{Q_1+Q_2}=1-\dfrac{Q_3+Q_4}{Q_1+Q_2}$이다.

23 열역학 과정과 열기관 2023학년도 수능 물I 13번

정답 ⑤ | 정답률 69 %

적용해야 할 개념 ③가지

① 일정량의 이상 기체의 압력(P)과 부피(V)의 곱은 절대 온도(T)에 비례한다. ➡ $PV \propto T$

② 열역학 제1법칙: 기체가 흡수한 열(Q)은 내부 에너지 변화량(ΔU)과 기체가 외부에 하는 일(W)의 합이다.
➡ $Q = \Delta U + W$

③ 열효율(e): 열기관의 효율로, 열기관에 공급된 열 Q_1에 대해 열기관이 한 일 W의 비율이다.
➡ $e = \frac{W}{Q_1} = \frac{Q_1 - Q_2}{Q_1}$

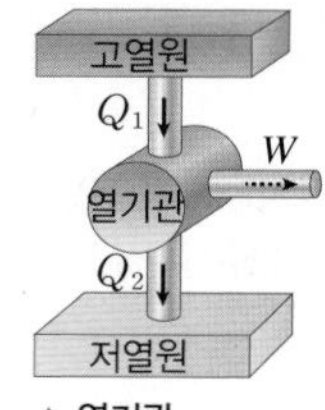

▲ 열기관

문제 보기

그림은 열효율이 0.2인 열기관에서 일정량의 이상 기체가 상태 A → B → C → A를 따라 순환하는 동안 기체의 압력과 부피를 나타낸 것이다. A → B 과정은 압력이 일정한 과정, B → C 과정은 단열 과정, C → A 과정은 등온 과정이다. 표는 각 과정에서 기체가 외부에 한 일 또는 외부로부터 받은 일을 나타낸 것이다.
(단열 과정 → 기체가 흡수한 열량=0, 등온 과정 → 내부 에너지 변화량=0)

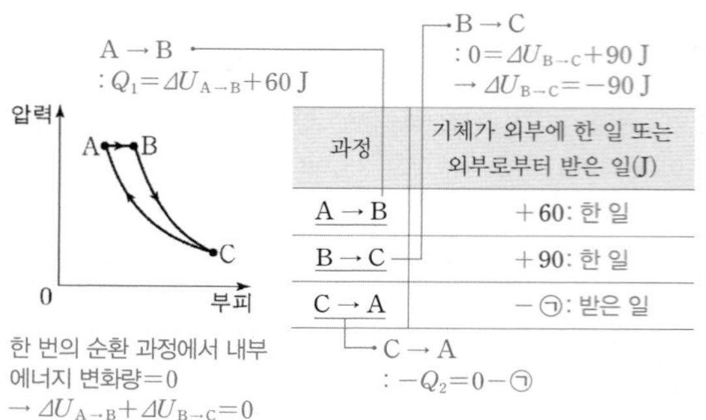

과정	기체가 외부에 한 일 또는 외부로부터 받은 일(J)
A → B	+60: 한 일
B → C	+90: 한 일
C → A	−㉠: 받은 일

이에 대한 설명으로 옳은 것만을 〈보기〉에서 있는 대로 고른 것은? [3점]

<보기> 풀이

• A → B 과정: 기체가 흡수한 열량을 Q_1, 기체의 내부 에너지 변화량을 $\Delta U_{A\to B}$라고 하면 기체의 부피가 팽창하면서 외부에 일을 하므로, $Q_1 = \Delta U_{A\to B} + 60$ J이다.

• B → C 과정: 단열 과정으로 기체가 흡수한 열량이 0이며, 내부 에너지 변화량을 $\Delta U_{B\to C}$라고 하면 기체의 부피가 팽창하면서 외부에 일을 하므로 $0 = \Delta U_{B\to C} + 90$ J이다. 따라서 $\Delta U_{B\to C} = -90$ J이다.

• C → A 과정: 기체가 방출한 열량을 Q_2라고 하면 등온 과정이므로 기체의 내부 에너지 변화량이 0이고, 기체의 부피가 감소하면서 외부로부터 일을 받는다. 따라서 $-Q_2 = 0 -$ ㉠이다.

㉠. 기체의 온도는 B에서가 C에서보다 높다.

➡ B → C 과정에서 기체가 흡수한 열이 없으므로, 기체가 외부에 한 일만큼 내부 에너지가 감소한다. 기체의 내부 에너지는 절대 온도에 비례하므로 내부 에너지가 작아지면 기체의 온도가 내려간다. 따라서 기체의 온도는 B에서가 C에서보다 높다.

ㄴ. A → B 과정에서 기체가 흡수한 열량은 150 J이다.

➡ 한 번의 순환 과정(A → B → C → A)에서 처음 온도와 나중 온도가 같으므로 내부 에너지의 변화량은 0이다. 즉, $\Delta U_{A\to B} + \Delta U_{B\to C} = 0$에서 $\Delta U_{B\to C} = -90$ J이므로, $\Delta U_{A\to B} = 90$ J이다. 따라서 A → B 과정에서 기체가 흡수한 열량 $Q_1 = \Delta U_{A\to B} + 60\text{ J} = 90\text{ J} + 60\text{ J} = 150$ J이므로 A → B 과정에서 기체가 흡수한 열량은 150 J이다.

ㄷ. ㉠은 120이다.

➡ A → B 과정에서 기체가 흡수한 열량은 150 J이므로, 열효율 $e = \frac{W}{Q_1} = \frac{W}{150} = 0.2$에서 기체가 한 일 $W = 30$ J이다. A → B → C → A 과정에서 기체가 한 일 60 J+90 J−㉠ J=30 J이므로, ㉠은 120(J)이다

다른 풀이 C→A 과정에서 기체가 방출한 열량 Q_2=㉠ J이므로, 열효율 $e = \frac{W}{Q_1} = \frac{Q_1 - Q_2}{Q_1} = \frac{150 - ㉠}{150} = 0.2$에서 ㉠=120이다

24 열역학 과정과 열기관 2025학년도 수능 물I 15번

정답 ⑤ | 정답률 68 %

적용해야 할 개념 ③가지

① 일정량의 이상 기체의 압력(P)과 부피(V)의 곱은 절대 온도(T)에 비례한다. ➡ $PV \propto T$

② 열역학 제1법칙: 기체가 흡수한 열(Q)은 내부 에너지 변화량(ΔU)과 기체가 외부에 하는 일(W)의 합이다.

➡ $Q=\Delta U+W$

③ 열효율(e): 열기관의 효율로, 열기관에 공급된 열 Q_1에 대해 열기관이 한 일 W의 비율이다.

➡ $e=\dfrac{W}{Q_1}=\dfrac{Q_1-Q_2}{Q_1}$

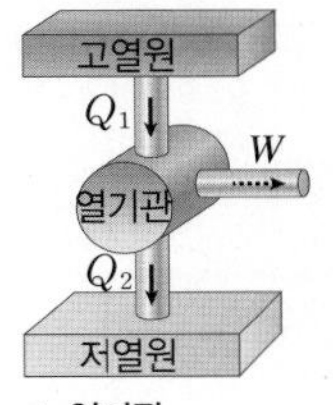

▲ 열기관

문제 보기

그림은 열기관에서 일정량의 이상 기체가 상태 A → B → C → D → A를 따라 순환하는 동안 기체의 압력과 절대 온도를 나타낸 것이다. A → B는 부피가 일정한 과정, B → C는 압력이 일정한 과정, C → D는 단열 과정, D → A는 등온 과정이다. 표는 각 과정에서 기체가 외부에 한 일 또는 외부로부터 받은 일을 나타낸 것이다. 기체가 흡수하거나 방출한 열량은 A → B 과정과 B → C 과정에서 같다.

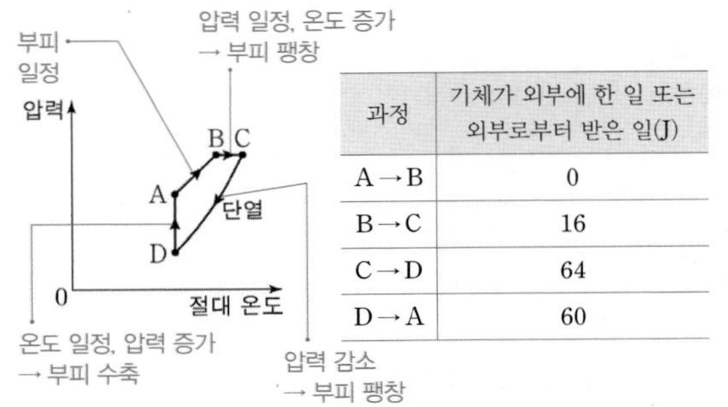

과정	기체가 외부에 한 일 또는 외부로부터 받은 일(J)
A→B	0
B→C	16
C→D	64
D→A	60

이에 대한 설명으로 옳은 것만을 〈보기〉에서 있는 대로 고른 것은?

<보기> 풀이

ㄱ. 기체의 부피는 A에서가 C에서보다 작다.

➡ 기체의 압력(P)과 부피(V)의 곱은 절대 온도(T)에 비례하므로($PV \propto T$), 압력이 일정할 때 기체의 부피는 절대 온도에 비례한다($V \propto T$). B → C 과정에서 압력이 일정하고 절대 온도가 증가하므로 부피가 증가한다. 따라서 B에서의 부피는 C에서의 부피보다 작고 B에서의 부피는 A에서의 부피와 같으므로, 기체의 부피는 A에서가 C에서보다 작다.

ㄴ. B → C 과정에서 기체의 내부 에너지 증가량은 24 J이다.

➡ A → B 과정은 부피가 일정한 과정이므로 기체가 한 일은 0이고, B → C 과정은 등압 팽창 과정으로 부피가 증가하므로 기체가 외부에 16 J의 일을 한다. 압력이 감소하는 C → D 과정은 단열 팽창 과정으로 부피가 증가하므로 외부에 64 J의 일을 한다. 또 온도가 일정하고 압력이 증가하는 D → A 과정은 압력과 부피가 반비례하는$\left(V \propto \dfrac{1}{P}\right)$ 등온 압축 과정으로, 부피가 감소하므로 외부로부터 60 J의 일을 받는다. 따라서 한 번의 순환 과정에서 기체가 한 일은 0+16 J+64 J−60 J=20 J이다. 이때 D → A 과정에서 기체의 온도가 일정하므로, 내부 에너지 변화량은 0이다. 따라서 열역학 제 1법칙($Q=\Delta U+W$)에 의해 D → A 과정에서 기체가 방출한 열량은 기체가 외부에서 받은 일과 같으므로, $Q_{D\to A}=-60$ J이다. 기체가 방출한 열량은 60 J이고 외부에 한 일은 20 J이므로, A → B 과정과 B → C 과정에서 기체가 흡수한 열량의 합은 80 J이다. 즉, $Q_{A\to B}+Q_{B\to C}=80$ J이며, $Q_{A\to B}=Q_{B\to C}$이므로 $Q_{A\to B}=Q_{B\to C}=40$ J이다. 각 과정에서 기체가 흡수한 열량(Q), 기체의 내부 에너지 변화량(ΔU), 기체가 한 일(W)을 나타내면 다음과 같으므로, B → C 과정에서 기체의 내부 에너지 증가량은 24 J이다.

과정	Q(J)	ΔU(J)	W(J)
A → B(등적 과정)	40	40	0
B → C(등압 팽창)	40	24	16
C → D(단열 팽창)	0	−64	64
D → A(등온 압축)	−60	0	−60

ㄷ. 열기관의 열효율은 0.25이다.

➡ 기체가 한 번의 순환 과정에서 흡수한 열량(Q_1)은 80 J이고 외부에 한 일(W)은 20 J이므로, 열기관의 열효율 $e=\dfrac{W}{Q_1}=\dfrac{20\text{ J}}{80\text{ J}}=0.25$이다.

11 일차

01 ③	02 ③	03 ④	04 ②	05 ②	06 ①	07 ⑤	08 ②	09 ②	10 ④	11 ⑤	12 ②
13 ③	14 ③	15 ⑤	16 ③	17 ⑤	18 ③	19 ②	20 ③	21 ④	22 ②	23 ③	24 ⑤
25 ④	26 ⑤	27 ⑤	28 ④	29 ④							

문제편 106쪽~113쪽

01 특수 상대성 이론 – 우주선이 1개인 경우 2021학년도 9월 모평 물I 11번

정답 ③ | 정답률 72 %

적용해야 할 개념 ④가지

① 특수 상대성 이론의 가정
- 상대성 원리: 모든 관성 좌표계에서 물리 법칙은 동일하게 성립한다.
- 광속 불변 원리: 모든 관성 좌표계에서 보았을 때 진공 중에서 빛의 속력은 관찰자나 광원의 속도와 관계없이 일정하다.

② 시간 지연(시간 팽창): 정지한 관찰자가 빠르게 운동하는 관찰자를 보면 상대편의 시간이 느리게 가는 것으로 관찰된다. ➡ 시간의 상대성

③ 길이 수축: 한 관성 좌표계의 관찰자가 상대적으로 운동하는 물체를 보면 그 길이가 수축되는 것으로 관찰된다. ➡ 길이의 상대성

④ 길이 수축은 운동 방향과 나란한 방향으로만 일어난다.

문제 보기

그림은 관찰자 A에 대해 관찰자 B가 탄 우주선이 $0.6c$의 속력으로 직선 운동하는 모습을 나타낸 것이다. B의 관성계에서 광원과 거울 사이의 거리는 L이고, 광원에서 우주선의 운동 방향과 수직으로 발생시킨 빛은 거울에서 반사되어 되돌아온다.

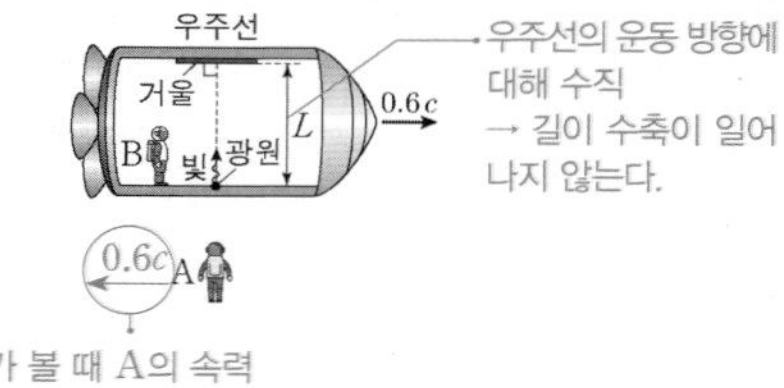

이에 대한 설명으로 옳은 것만을 〈보기〉에서 있는 대로 고른 것은? (단, c는 빛의 속력이다.) [3점]

<보기> 풀이

ㄱ. A의 관성계에서, 빛의 속력은 c이다. (○)
➡ 광속 불변 원리에 따라 빛의 속력은 광원의 운동에 관계없이 항상 일정하므로, A의 관성계에서 빛의 속력은 c이다.

ㄴ. A의 관성계에서, 광원과 거울 사이의 거리는 L이다. (○)
➡ 길이 수축은 운동 방향으로만 일어난다. 광원에서 거울을 향하는 방향은 우주선의 운동 방향에 대해 수직이므로 길이 수축이 일어나지 않는다. 따라서 A의 관성계에서 광원과 거울 사이의 거리는 L이다.

ㄷ. B의 관성계에서, A의 시간은 B의 시간보다 빠르게 간다. (×)
➡ B가 관찰할 때 A는 우주선 뒤쪽으로 $0.6c$의 속력으로 직선 운동하므로, 상대적으로 운동하는 A는 시간 지연이 일어난다. 따라서 B의 관성계에서, A의 시간은 B의 시간보다 느리게 간다.

02 특수 상대성 이론 – 우주선이 1개인 경우 2025학년도 6월 모평 물I 7번

정답 ③ | 정답률 77 %

적용해야 할 개념 ③가지

① 특수 상대성 이론의 가정
- 상대성 원리: 모든 관성 좌표계에서 물리 법칙은 동일하게 성립한다.
- 광속 불변 원리: 모든 관성 좌표계에서 보았을 때 진공 중에서 진행하는 빛의 속력은 관찰자나 광원의 속도에 관계없이 항상 일정하다.

② 시간 지연(시간 팽창): 정지한 관찰자가 빠르게 운동하는 관찰자를 보면 상대편의 시간이 느리게 가는 것으로 관찰된다. ➡ 시간의 상대성

③ 길이 수축: 한 관성 좌표계의 관찰자가 상대적으로 운동하는 물체를 보면 그 길이가 수축되는 것으로 관찰된다. ➡ 길이의 상대성

문제 보기

그림과 같이 관찰자 A가 탄 우주선이 우주 정거장 P에서 우주 정거장 Q를 향해 등속도 운동한다. A의 관성계에서, 관찰자 B의 속력은 $0.8c$이고 P와 Q 사이의 거리는 L이다. B의 관성계에서, P와 Q는 정지해 있다.

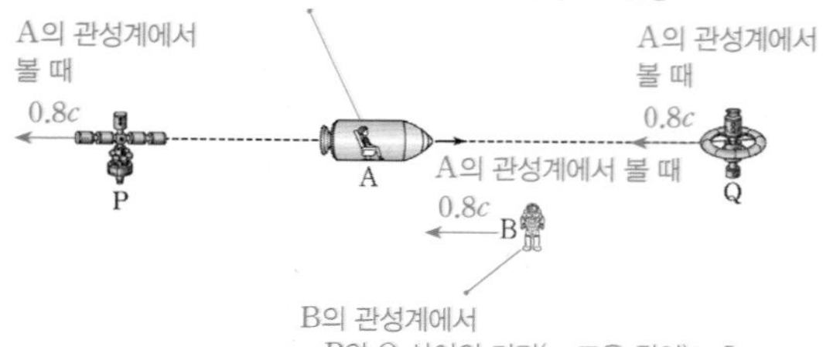

이에 대한 설명으로 옳은 것만을 〈보기〉에서 있는 대로 고른 것은? (단, c는 빛의 속력이다.) [3점]

<보기> 풀이

ㄱ. A의 관성계에서, P의 속력은 Q의 속력보다 작다. (×)
➡ A의 관성계에서 B의 속력은 $0.8c$이고 B의 관성계에서 P와 Q는 정지해 있으므로, A의 관성계에서 P와 Q는 B와 함께 $0.8c$의 속력으로 운동한다. 따라서 A의 관성계에서, P의 속력은 Q의 속력과 같다.

ㄴ. A의 관성계에서, A의 시간이 B의 시간보다 느리게 간다. (×)
➡ 관찰자가 상대적으로 운동하는 관찰자를 보면 상대편의 시간이 느리게 가는 시간 지연 현상이 관측된다. A의 관성계에서 볼 때 B는 $0.8c$의 속력으로 등속도 운동하므로, B의 시간은 A의 시간보다 느리게 간다. 따라서 A의 관성계에서, A의 시간은 B의 시간보다 빠르게 간다.

ㄷ. B의 관성계에서, P와 Q 사이의 거리는 L보다 크다. (○)
➡ B의 관성계에서 정지해 있는 P와 Q 사이의 거리는 고유 길이이며, A의 관성계에서 상대적으로 운동하는 P와 Q 사이의 거리는 길이 수축에 의해 고유 길이보다 짧다. A의 관성계에서 P와 Q 사이의 수축된 길이가 L일 때, B의 관성계에서 P와 Q 사이의 고유 길이는 L보다 크다.

03 특수 상대성 이론 – 우주선이 1개인 경우 2022학년도 10월 학평 물I 9번

정답 ④ | 정답률 68 %

적용해야 할 개념 ②가지

① 시간 지연(시간 팽창): 정지한 관찰자가 빠르게 운동하는 관찰자를 보면 상대편의 시간이 느리게 가는 것으로 관찰된다. ➡ 시간의 상대성

② 길이 수축: 한 관성 좌표계의 관찰자가 상대적으로 운동하는 물체를 보면 그 길이가 수축되는 것으로 관찰된다. ➡ 길이의 상대성

문제 보기

그림과 같이 관찰자 A에 대해 관찰자 B가 탄 우주선이 광속에 가까운 속력 v로 등속도 운동한다. 점 X, Y는 각각 우주선의 앞과 뒤의 점이다. A의 관성계에서 기준선 P, Q는 정지해 있으며 X가 P를 지나는 순간 Y가 Q를 지난다.

• A의 관성계
: X와 Y 사이의 거리(수축된 거리)=P와 Q 사이의 거리(고유 거리)
→ X와 Y 사이의 고유 거리>P와 Q 사이의 고유 거리

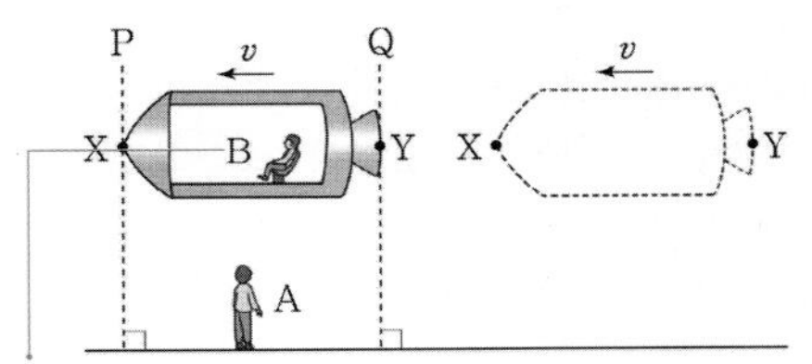

• B의 관성계
: X와 Y 사이의 거리(고유 거리)>P와 Q 사이의 거리(수축된 거리)
→ P가 X를 지난 후 Q가 Y를 지남

B의 관성계에서 관측했을 때에 대한 옳은 설명만을 ⟨보기⟩에서 있는 대로 고른 것은?

<보기> 풀이

A의 관성계에서 기준선 P, Q가 정지해 있으므로 P와 Q 사이의 거리는 고유 거리이고, 점 X, Y는 우주선과 함께 운동하므로 X와 Y 사이의 거리는 수축이 일어난다. B의 관성계에서 점 X, Y가 정지해 있으므로 X와 Y 사이의 거리는 고유 거리이고, 기준선 P, Q가 운동하므로 P와 Q 사이의 거리는 수축이 일어난다.

ㄱ. A의 시간은 B의 시간보다 느리게 간다.

➡ B의 관성계에서 관측할 때 A는 우주선의 뒤쪽으로 속력 v로 등속도 운동하므로 상대적으로 운동하는 A의 시간이 더 느리게 가는 것으로 관찰된다. 따라서 B의 관성계에서 관측했을 때 A의 시간은 B의 시간보다 느리게 간다.

ㄴ. X와 Y 사이의 거리는 P와 Q 사이의 거리와 같다.

➡ A의 관성계에서 X가 P를 지나는 순간 Y가 Q를 지나므로 수축이 일어난 X와 Y 사이의 거리는 P와 Q 사이의 고유 거리와 같다. 따라서 X와 Y 사이의 고유 거리는 P와 Q 사이의 고유 거리보다 크므로 B의 관성계에서는 X와 Y 사이의 고유 거리는 수축이 일어난 P와 Q 사이의 거리보다 크게 관찰된다. 즉, B의 관성계에서 관측했을 때 X와 Y 사이의 거리는 P와 Q 사이의 거리보다 크다.

ㄷ. P가 X를 지나는 사건이 Q가 Y를 지나는 사건보다 먼저 일어난다.

➡ B의 관성계에서 관측했을 때 X와 Y 사이의 고유 거리는 수축이 일어난 P와 Q 사이의 거리보다 크므로 P가 X를 지난 후 Q가 Y를 지난다. 따라서 B의 관성계에서 관측했을 때 P가 X를 지나는 사건이 Q가 Y를 지나는 사건보다 먼저 일어난다.

04 특수 상대성 이론 – 우주선이 1개인 경우 2024학년도 9월 모평 물I 6번

정답 ② | 정답률 69 %

적용해야 할 개념 ③가지

① 특수 상대성 이론의 가정
• 상대성 원리: 모든 관성 좌표계에서 물리 법칙은 동일하게 성립한다.
• 광속 불변 원리: 모든 관성 좌표계에서 보았을 때 진공 중에서 진행하는 빛의 속력은 관찰자나 광원의 속도에 관계없이 항상 일정하다.

② 시간 지연(시간 팽창): 정지한 관찰자가 빠르게 운동하는 관찰자를 보면 상대편의 시간이 느리게 가는 것으로 관찰된다. ➡ 시간의 상대성

③ 길이 수축: 한 관성 좌표계의 관찰자가 상대적으로 운동하는 물체를 보면 그 길이가 수축되는 것으로 관찰된다. ➡ 길이의 상대성

문제 보기

그림과 같이 관찰자 A에 대해 광원 P, 검출기 Q가 정지해 있고, 관찰자 B가 탄 우주선이 P, Q를 잇는 직선과 나란하게 $0.9c$의 속력으로 등속도 운동을 하고 있다. A의 관성계에서, 우주선의 길이는 L_1이고, P와 Q 사이의 거리는 L_2이다.

B의 관성계에서
• 우주선의 길이(고유 길이)$>L_1$(=수축된 길이)
• P와 Q 사이의 거리(수축된 길이)<고유 길이(=L_2)
→ P에서 방출된 빛이 Q에 도달하는 데 걸리는 시간$<\frac{L_2}{c}$

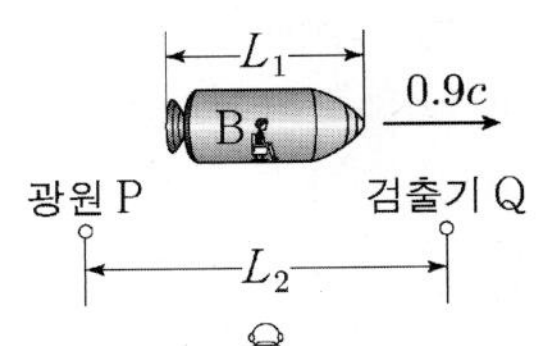

A의 관성계에서
• 우주선의 길이(수축된 길이)$=L_1$
• P와 Q 사이의 거리(고유 길이)$=L_2$

이에 대한 설명으로 옳은 것만을 ⟨보기⟩에서 있는 대로 고른 것은? (단, 빛의 속력은 c이다.)

<보기> 풀이

ㄱ. A의 관성계에서, A의 시간은 B의 시간보다 느리게 간다.

➡ 정지한 관찰자가 빠르게 운동하는 관찰자를 보면 상대편의 시간이 느리게 가는 시간 지연 현상이 관측된다. A의 관성계에서 볼 때 B는 $0.9c$의 속력으로 등속도 운동하므로, B의 시간은 A의 시간보다 느리게 간다. 따라서 A의 관성계에서, A의 시간은 B의 시간보다 빠르게 간다.

ㄴ. B의 관성계에서, 우주선의 길이는 L_1보다 길다.

➡ B의 관성계에서 상대적으로 정지해 있는 우주선의 길이는 고유 길이이고, A의 관성계에서 운동하는 우주선의 길이는 길이 수축에 의해 고유 길이보다 짧다. A의 관성계에서 측정한 우주선의 길이는 L_1이므로, B의 관성계에서 측정한 우주선의 길이는 L_1보다 길다.

ㄷ. B의 관성계에서, P에서 방출된 빛이 Q에 도달하는 데 걸리는 시간은 $\frac{L_2}{c}$보다 크다.

➡ A의 관성계에서 정지해 있는 P와 Q 사이의 거리 L_2는 고유 길이이고, B의 관성계에서 상대적으로 운동하는 P와 Q 사이의 거리는 길이 수축에 의해 L_2보다 짧다. 따라서 B의 관성계에서, P에서 방출된 빛이 Q에 도달하는 데 걸리는 시간은 $\frac{L_2}{c}$보다 작다.

05 특수 상대성 이론 – 우주선이 1개인 경우 2023학년도 수능 물I 12번

정답 ② | 정답률 56 %

적용해야 할 개념 ②가지

① 특수 상대성 이론의 가정
- 상대성 원리: 모든 관성 좌표계에서 물리 법칙은 동일하게 성립한다.
- 광속 불변 원리: 모든 관성 좌표계에서 보았을 때 진공 중에서 진행하는 빛의 속력은 관찰자나 광원의 속도에 관계없이 항상 일정하다.

② 시간 지연(시간 팽창): 정지한 관찰자가 빠르게 운동하는 관찰자를 보면 상대방의 시간이 느리게 가는 것으로 관찰된다. ➡ 시간의 상대성

문제 보기

그림과 같이 관찰자 A에 대해 관찰자 B가 탄 우주선이 광원과 거울 P, Q를 잇는 직선과 나란하게 광속에 가까운 속력으로 등속도 운동한다. A의 관성계에서, P와 Q는 광원으로부터 각각 거리 L_1, L_2만큼 떨어져 정지해 있고, 빛은 광원으로부터 각각 P, Q를 향해 동시에 방출된다. B의 관성계에서, 광원에서 방출된 빛이 P, Q에 도달하는 데 걸리는 시간은 같다.

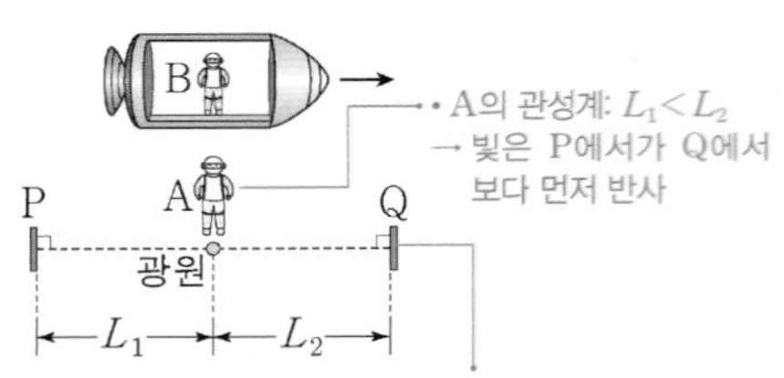

빛이 광원과 Q 사이를 왕복하는 데 걸리는 시간:
→ A의 관성계(고유 시간) < B의 관성계(늘어난 시간)

이에 대한 설명으로 옳은 것만을 〈보기〉에서 있는 대로 고른 것은?

〈보기〉 풀이

~~ㄱ.~~ **$L_1 > L_2$이다.**

➡ B의 관성계에서 광원에서 방출된 빛이 P, Q에 도달할 때까지 P는 빛이 방출된 지점에서 멀어지는 방향(←)으로 운동하고 Q는 빛이 방출된 지점에 가까워지는 방향(←)으로 운동한다. 이때 B의 관성계에서 광원에서 방출된 빛이 P, Q에 도달하는 데 걸리는 시간은 같으므로, $L_1 < L_2$이다.

ㄴ. **A의 관성계에서, 빛은 P에서가 Q에서보다 먼저 반사된다.**

➡ $L_1 < L_2$이므로, A의 관성계에서 볼 때 광원에서 동시에 방출된 빛이 Q보다 P에 먼저 도달한다. 따라서 A의 관성계에서, 빛은 P에서가 Q에서보다 먼저 반사된다.

~~ㄷ.~~ **빛이 광원과 Q 사이를 왕복하는 데 걸리는 시간은 A의 관성계에서가 B의 관성계에서보다 크다.**

➡ A의 관성계에서 광원과 Q가 정지해 있으므로, 빛이 광원과 Q 사이를 왕복하는 데 걸리는 시간은 고유 시간이다. B의 관성계에서 볼 때 광원과 Q가 운동하므로, 시간 지연 현상이 일어나 빛이 광원과 Q 사이를 왕복하는 데 걸리는 시간은 고유 시간보다 크다. 따라서 빛이 광원과 Q 사이를 왕복하는 데 걸리는 시간은 A의 관성계에서가 B의 관성계에서보다 작다.

06 특수 상대성 이론 – 우주선이 1개인 경우 2024학년도 7월 학평 물I 8번

정답 ① | 정답률 73 %

적용해야 할 개념 ③가지

① 특수 상대성 이론의 가정
- 상대성 원리: 모든 관성 좌표계에서 물리 법칙은 동일하게 성립한다.
- 광속 불변 원리: 모든 관성 좌표계에서 보았을 때 진공 중에서 진행하는 빛의 속력은 관찰자나 광원의 속도에 관계없이 항상 일정하다.

② 고유 길이는 관찰자가 측정했을 때 정지 상태에 있는 물체의 길이 또는 한 관성 좌표계에 대해 고정된 두 지점 사이의 길이이다.

③ 시간 지연(시간 팽창): 정지한 관찰자가 빠르게 운동하는 관찰자를 보면 상대편의 시간이 느리게 가는 것으로 관찰된다. ➡ 시간의 상대성

문제 보기

그림과 같이 관찰자 A에 대해 광원, 검출기가 정지해 있고, 관찰자 B가 탄 우주선이 광원과 검출기를 잇는 직선과 나란하게 $0.8c$의 속력으로 등속도 운동하고 있다. A, B의 관성계에서 광원에서 방출된 빛이 검출기에 도달하는 데 걸린 시간은 각각 t_A, t_B이다. A의 관성계에서 광원과 검출기 사이의 거리는 L이다.

B의 관성계에서:
- 광원과 검출기 사이의 거리(수축된 길이) $< L$
- 검출기가 빛이 방출된 지점에 가까워지는 방향(←)으로 이동

→ 광원에서 검출기까지 빛이 진행한 경로의 길이 $< L$

→ 광원에서 방출된 빛이 검출기에 도달하는 데 걸린 시간(t_B) $< \frac{L}{c}$

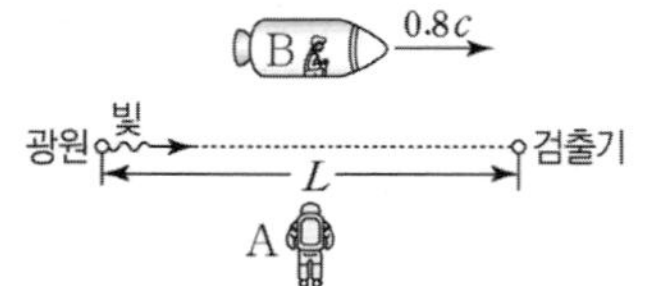

A의 관성계에서:
광원과 검출기 사이의 거리(고유 길이) $= L$

→ 광원에서 방출된 빛이 검출기에 도달하는 데 걸린 시간(t_A) $= \frac{L}{c}$

→ $t_A > t_B$

이에 대한 설명으로 옳은 것만을 〈보기〉에서 있는 대로 고른 것은? (단, c는 빛의 속력이다.) [3점]

〈보기〉 풀이

ㄱ. **A의 관성계에서, A의 시간은 B의 시간보다 빠르게 간다.**

➡ 관찰자가 상대적으로 운동하는 관찰자를 보면 상대편의 시간이 느리게 가는 시간 지연 현상이 관측되므로, A의 관성계에서 B의 시간은 A의 시간보다 느리게 간다. 따라서 A의 관성계에서, A의 시간은 B의 시간보다 빠르게 간다.

~~ㄴ.~~ **B의 관성계에서, 광원과 검출기 사이의 거리는 L보다 크다.**

➡ A의 관성계에서 정지해 있는 광원과 검출기 사이의 거리 L은 고유 길이이고, B의 관성계에서 상대적으로 운동하는 광원과 검출기 사이의 거리는 길이 수축에 의해 고유 길이 L보다 작다.

~~ㄷ.~~ **$t_A < t_B$이다.**

➡ A의 관성계에서 광원에서 검출기까지의 거리는 L이므로, 빛이 광원에서 검출기에 도달하는 데 걸린 시간 $t_A = \frac{L}{c}$이다. B의 관성계에서는 광원에서 방출된 빛이 검출기까지 가는 동안 검출기가 빛이 방출된 지점을 향하는 방향(←)으로 이동하므로, 빛이 진행하는 경로의 길이는 광원에서 검출기 사이의 거리보다 작다. 따라서 B의 관성계에서, 빛이 광원에서 검출기에 도달하는 데 걸린 시간 $t_B < \frac{L}{c}$이므로, $t_A > t_B$이다.

07 특수 상대성 이론 – 우주선이 1개인 경우 2023학년도 3월 학평 물Ⅰ 13번

정답 ⑤ | 정답률 43 %

적용해야 할 개념 ③가지

① 특수 상대성 이론의 가정
- 상대성 원리: 모든 관성 좌표계에서 물리 법칙은 동일하게 성립한다.
- 광속 불변 원리: 모든 관성 좌표계에서 보았을 때 진공 중에서 진행하는 빛의 속력은 관찰자나 광원의 속도에 관계없이 항상 일정하다.

② 길이 수축: 한 관성 좌표계의 관찰자가 상대적으로 운동하는 물체를 보면 그 길이가 수축되는 것으로 관찰된다. ➡ 길이의 상대성

③ 시간 지연(시간 팽창): 정지한 관찰자가 빠르게 운동하는 관찰자를 보면 상대편의 시간이 느리게 가는 것으로 관찰된다. ➡ 시간의 상대성

문제 보기

그림과 같이 관찰자 A에 대해 광원 p와 검출기 q는 정지해 있고, 관찰자 B, 광원 r, 검출기 s는 우주선과 함께 $0.5c$의 속력으로 직선 운동한다. A의 관성계에서 빛이 p에서 q까지, r에서 s까지 진행하는 데 걸린 시간은 t_0으로 같고, 두 빛의 진행 방향과 우주선의 운동 방향은 반대이다.

B의 관성계에서
- p와 q 사이의 거리(수축된 길이)<고유 길이(=ct_0)
- r와 s 사이의 거리(고유 거리)=빛이 진행한 거리(=ct')>ct_0 → $t'>t_0$

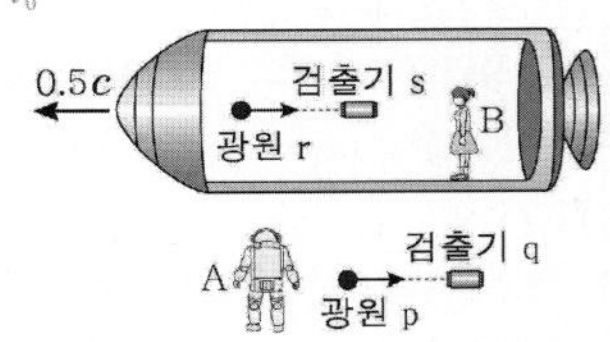

A의 관성계에서
- p와 q 사이의 거리(고유 길이)=빛이 진행한 거리(=ct_0)
- r와 s 사이의 거리(수축된 길이)>빛이 진행한 거리(=ct_0)

이에 대한 설명으로 옳은 것은? (단, 빛의 속력은 c이다.) [3점]

<보기> 풀이

A의 관성계에서 광원 p와 검출기 q가 상대적으로 정지해 있으므로 p와 q 사이의 거리가 고유 길이이고, 광원 r와 검출기 s가 우주선과 함께 운동하므로 r와 s 사이의 거리에 길이 수축이 일어난다. 또 B의 관성계에서 광원 r와 검출기 s가 상대적으로 정지해 있으므로 r와 s 사이의 거리가 고유 길이이고, 광원 p와 검출기 q가 우주선의 반대 방향으로 운동하므로 p와 q 사이의 거리에 길이 수축이 일어난다.

① A의 관성계에서, r에서 나온 빛의 속력은 0.5c이다.

➡ 광속 불변 원리에 따라 모든 관성계에서 보았을 때 진공 중에서 빛의 속력은 c로 일정하므로, A의 관성계에서, r에서 나온 빛의 속력은 c이다.

② A의 관성계에서, r와 s 사이의 거리는 ct_0보다 작다.

➡ A의 관성계에서 r에서 발생한 빛이 s까지 가는 동안 s는 빛이 발생한 지점을 향하는 방향(←)으로 이동하므로, 빛이 진행한 경로의 길이는 r와 s 사이의 거리보다 작다. A의 관성계에서 빛이 r에서 s까지 진행하는 데 걸린 시간은 t_0이므로 빛이 진행한 경로의 길이는 ct_0이다. 따라서 A의 관성계에서, r와 s 사이의 거리는 ct_0보다 크다.

③ B의 관성계에서, p와 q 사이의 거리는 ct_0보다 크다.

➡ B의 관성계에서 A와 p, q는 우주선의 운동 방향과 반대 방향으로 운동하므로, p와 q 사이의 거리는 길이 수축이 일어나 고유 길이보다 작다. A의 관성계에서 빛이 p에서 q까지 진행하는 데 걸린 시간은 t_0이므로, p와 q 사이의 고유 거리는 ct_0이다. 따라서 B의 관성계에서, p와 q 사이의 거리는 ct_0보다 작다.

④ B의 관성계에서, A의 시간은 B의 시간보다 빠르게 간다.

➡ B의 관성계에서 A는 우주선의 운동 방향과 반대 방향으로 운동하므로, B의 관성계에서 볼 때 운동하는 A의 시간은 B의 시간보다 느리게 간다.

⑤ B의 관성계에서, 빛이 r에서 s까지 진행하는 데 걸린 시간은 t_0보다 크다.

➡ B의 관성계에서 r와 s 사이의 거리는 고유 길이이고, A의 관성계에서 r와 s 사이의 거리는 수축된 길이로 고유 길이보다 작다. A의 관성계에서 r와 s 사이의 수축된 길이는 빛이 진행한 경로의 길이인 ct_0보다 크므로, B의 관성계에서 r와 s 사이의 고유 길이는 ct_0보다 크다. 빛의 속력은 일정하므로, B의 관성계에서 빛이 r에서 s까지 진행하는 데 걸린 시간은 t_0보다 크다.

08 특수 상대성 이론 – 우주선이 1개인 경우 2023학년도 7월 학평 물I 13번

정답 ② | 정답률 68 %

적용해야 할 개념 ③가지

① 특수 상대성 이론의 가정
- 상대성 원리: 모든 관성 좌표계에서 물리 법칙은 동일하게 성립한다.
- 광속 불변 원리: 모든 관성 좌표계에서 보았을 때 진공 중에서 진행하는 빛의 속력은 관찰자나 광원의 속도에 관계없이 항상 일정하다.

② 길이 수축: 한 관성 좌표계의 관찰자가 상대적으로 운동하는 물체를 보면 그 길이가 수축되는 것으로 관찰된다. ➡ 길이의 상대성

③ 길이 수축은 운동 방향과 나란한 방향으로 일어난다.

문제 보기

그림은 관측자 P에 대해 관측자 Q가 탄 우주선이 $0.8c$의 속력으로 등속도 운동하는 것을 나타낸 것이다. 검출기 O와 광원 A를 잇는 직선은 우주선의 진행 방향과 수직이고, O와 광원 B를 잇는 직선은 우주선의 진행 방향과 나란하다. Q의 관성계에서 A, B에서 동시에 발생한 빛은 O에 동시에 도달한다.

└→ P의 관성계에서도 동시에 도달한다.

Q의 관성계에서:
A, B에서 동시에 발생한 빛이 O에 동시에 도달
→ O와 A 사이의 고유 거리=O와 B 사이의 고유 거리

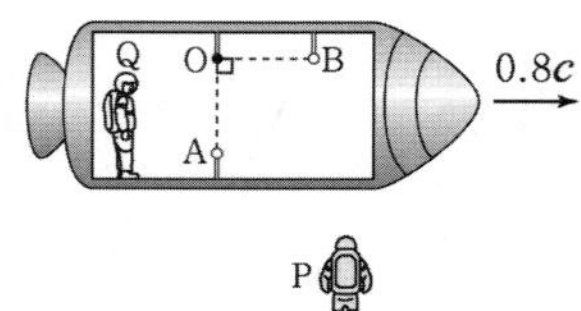

P의 관성계에서:
- O와 B 사이의 길이 수축
  → O와 A 사이의 거리≠O와 B 사이의 거리
- A에서 발생한 빛이 진행한 경로의 길이>B에서 발생한 빛이 진행한 경로의 길이 → 빛은 A에서가 B에서보다 먼저 발생

P의 관성계에서 측정할 때, 이에 대한 설명으로 옳은 것만을 〈보기〉에서 있는 대로 고른 것은? (단, c는 빛의 속력이다.)

<보기> 풀이

ㄱ. O에서 A까지의 거리와 O에서 B까지의 거리는 같다. (×)

➡ Q의 관성계에서 상대적으로 정지해 있는 O에서 A까지의 거리와 O에서 B까지의 거리는 고유 길이이며, A, B에서 동시에 발생한 빛은 O에 동시에 도달하므로, O에서 A까지의 거리와 O에서 B까지의 거리는 같다. P의 관성계에서는 우주선의 운동 방향과 나란한 방향인 O에서 B까지의 거리는 길이 수축에 의해 고유 길이보다 작다. 따라서 P의 관성계에서, O에서 A까지의 거리와 O에서 B까지의 거리는 같지 않다.

ㄴ. A와 B에서 발생한 빛은 O에 동시에 도달한다. (○)

➡ 어떤 관성계의 한 지점에서 일어난 사건은 다른 관성계에서도 동일하게 일어난다. Q의 관성계에서 A, B에서 발생한 빛이 O에 동시에 도달하였으므로, P의 관성계에서도 A와 B에서 발생한 빛은 O에 동시에 도달한다.

ㄷ. 빛은 B에서가 A에서보다 먼저 발생하였다. (×)

➡ P의 관성계에서 A에서 발생한 빛이 O에 도달하는 동안 O는 빛이 발생한 지점에서 대각선 방향(↗)으로 이동하므로, 빛이 진행한 경로의 길이는 O와 A 사이의 거리보다 크다. 또 B에서 발생한 빛이 O에 도달하는 동안 O는 빛이 발생한 지점을 향하는 방향(→)으로 이동하므로 빛이 진행한 경로의 길이는 O와 B 사이의 거리보다 작다. 따라서 P의 관성계에서 A에서 발생한 빛이 O에 도달하는 동안 빛이 이동한 거리는 B에서 발생한 빛이 O에 도달하는 동안 빛이 이동한 거리보다 크므로, A와 B에서 발생한 빛이 O에 동시에 도달할 때 빛은 A에서가 B에서보다 먼저 발생하였다.

09 특수 상대성 이론 – 우주선이 1개인 경우 2021학년도 7월 학평 물I 10번

정답 ② | 정답률 75 %

적용해야 할 개념 ③가지

① 특수 상대성 이론의 가정
- 상대성 원리: 모든 관성 좌표계에서 물리 법칙은 동일하게 성립한다.
- 광속 불변 원리: 모든 관성 좌표계에서 보았을 때 진공 중에서 빛의 속력은 관찰자나 광원의 속도와 관계없이 일정하다.

② 고유 길이는 관찰자가 측정했을 때 정지 상태에 있는 물체의 길이 또는 한 관성 좌표계에 대해 고정된 두 지점 사이의 길이이다.

③ 길이 수축: 한 관성 좌표계의 관찰자가 상대적으로 운동하는 물체를 보면 그 길이가 수축되는 것으로 관찰된다. ➡ 길이의 상대성

문제 보기

그림은 관찰자 A가 탄 우주선이 관찰자 B에 대해 광원 Y와 검출기 R를 잇는 직선과 나란하게 $0.8c$로 등속도 운동하는 모습을 나타낸 것이다. A가 측정할 때 광원 X에서 발생한 빛이 검출기 P와 Q에 각각 도달하는 데 걸린 시간은 같다. B가 측정할 때 광원 Y에서 발생한 빛이 R에 도달하는 데 걸린 시간은 t_0이다. Y와 R는 B에 대해 정지해 있다.

└ B의 관성계: Y, R는 정지 상태
→ Y~R의 거리=고유 길이
→ Y~R의 거리=ct_0

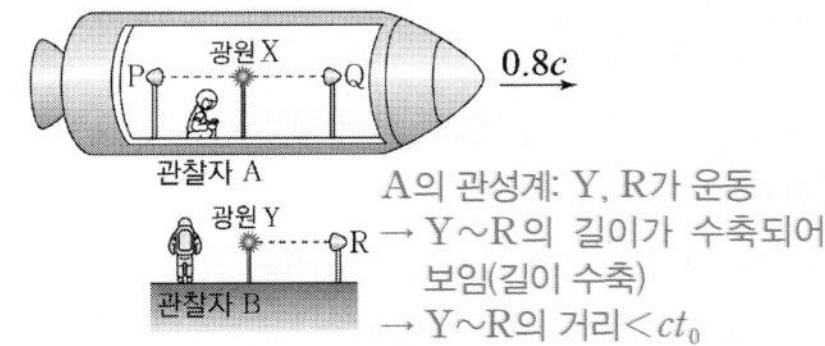

A의 관성계: Y, R가 운동
→ Y~R의 길이가 수축되어 보임(길이 수축)
→ Y~R의 거리<ct_0

이에 대한 설명으로 옳은 것만을 〈보기〉에서 있는 대로 고른 것은? (단, c는 빛의 속력이다.) [3점]

<보기> 풀이

ㄱ. X에서 발생하여 P에 도달하는 빛의 속력은 B가 측정할 때가 A가 측정할 때보다 크다. (×)

➡ 광속 불변 원리에 따라 모든 관성계에서 보았을 때 진공 중에서 빛의 속력은 관찰자나 광원의 속도에 관계없이 항상 일정하다. 따라서 X에서 발생하여 P에 도달하는 빛의 속력은 B가 측정할 때와 A가 측정할 때가 같다.

ㄴ. B가 측정할 때, X에서 발생한 빛은 Q보다 P에 먼저 도달한다. (○)

➡ B의 관성계에서 관찰할 때, Q는 빛이 발생한 지점으로부터 멀어지는 방향으로 운동하고 P는 빛이 발생한 지점에 가까워지는 방향으로 운동한다. 따라서 B가 측정할 때, X에서 발생한 빛은 Q보다 P에 먼저 도달한다.

ㄷ. A가 측정할 때, Y와 R 사이의 거리는 ct_0보다 크다. (×)

➡ B의 관성계에서 관찰할 때, 상대적으로 정지해 있는 Y와 R 사이의 거리는 고유 길이이다. B가 측정할 때, 광원 Y에서 발생한 빛이 R에 도달하는 데 걸린 시간이 t_0이므로, Y와 R 사이의 거리는 ct_0이다. A의 관성계에서 관찰할 때, 우주선에 대해 상대적으로 운동하는 Y와 R 사이의 거리는 길이 수축이 일어난다. 따라서 A가 측정할 때, Y와 R 사이의 거리는 ct_0보다 작다.

10 특수 상대성 이론 – 우주선이 1개인 경우 2021학년도 수능 물I 17번

정답 ④ | 정답률 60 %

적용해야 할 개념 ③가지

① 특수 상대성 이론의 가정
- 상대성 원리: 모든 관성 좌표계에서 물리 법칙은 동일하게 성립한다.
- 광속 불변 원리: 모든 관성 좌표계에서 보았을 때 진공 중에서 빛의 속력은 관찰자나 광원의 속도와 관계없이 일정하다.

② 고유 길이는 관찰자가 측정했을 때 정지 상태에 있는 물체의 길이 또는 한 관성 좌표계에 대해 고정된 두 지점 사이의 길이이다.

③ 길이 수축: 한 관성 좌표계의 관찰자가 상대적으로 운동하는 물체를 보면 그 길이가 수축되는 것으로 관찰된다. ➡ 길이의 상대성

문제 보기

그림과 같이 관찰자 P에 대해 관찰자 Q가 탄 우주선이 $0.5c$의 속력으로 직선 운동하고 있다. P의 관성계에서, Q가 P를 스쳐 지나는 순간 Q로부터 같은 거리만큼 떨어져 있는 광원 A, B에서 빛이 동시에 발생한다.

└ P의 관성계에 관찰할 때
→ P와 A 사이의 거리=P와 B 사이의 거리
→ A와 B에서 발생한 빛이 동시에 P에 도달
→ Q와 A 사이의 거리>Q와 B 사이의 거리
→ B에서 발생한 빛이 먼저 Q에 도달

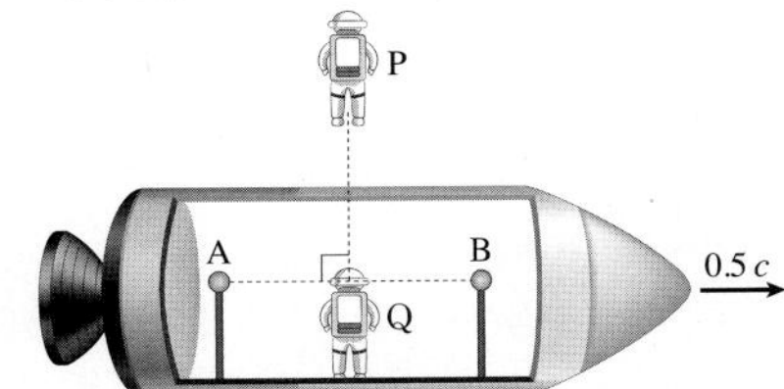

빛의 속력: P의 관성계=Q의 관성계
Q와 B 사이의 거리: P의 관성계(길이 수축)<Q의 관성계(고유 길이)
→ B에서 발생한 빛이 Q에 도달할 때까지 걸리는 시간: P의 관성계<Q의 관성계

이에 대한 설명으로 옳은 것만을 〈보기〉에서 있는 대로 고른 것은? (단, c는 빛의 속력이다.) [3점]

<보기> 풀이

ㄱ. P의 관성계에서, A와 B에서 발생한 빛은 동시에 P에 도달한다. (○)

➡ Q가 P를 스치는 순간 P에서 광원 A와 광원 B까지의 거리는 같으므로 P의 관성계에서, A와 B에서 발생한 빛은 동시에 P에 도달한다.

ㄴ. P의 관성계에서, A와 B에서 발생한 빛은 동시에 Q에 도달한다. (×)

➡ P의 관성계에서 관찰할 때 Q는 A에서 빛이 발생한 지점으로부터 멀어지는 방향으로 운동하고 B에서 빛이 발생한 지점에 가까워지는 방향으로 운동한다. 따라서 P의 관성계에서, B에서 발생한 빛이 A에서 발생한 빛보다 Q에 먼저 도달한다.

ㄷ. B에서 발생한 빛이 Q에 도달할 때까지 걸리는 시간은 Q의 관성계에서가 P의 관성계에서보다 크다. (○)

➡ Q의 관성계에서 광원 B는 정지해 있으므로 Q와 B 사이의 거리는 고유 길이이고, P의 관성계에서 Q와 광원 B는 우주선과 함께 운동하므로 운동 방향으로 길이 수축이 일어나 Q와 B 사이의 거리는 고유 길이보다 작다. 빛의 속력은 P와 Q의 관성계에서 같으므로, B에서 발생한 빛이 Q에 도달할 때까지 걸리는 시간은 Q의 관성계에서가 P의 관성계에서보다 크다.

11 특수 상대성 이론 – 우주선이 1개인 경우 2025학년도 9월 모평 물Ⅰ 11번

정답 ⑤ | 정답률 75 %

적용해야 할 개념 ③가지

① 특수 상대성 이론의 가정
- 상대성 원리: 모든 관성 좌표계에서 물리 법칙은 동일하게 성립한다.
- 광속 불변 원리: 모든 관성 좌표계에서 보았을 때 진공 중에서 진행하는 빛의 속력은 관찰자나 광원의 속도에 관계없이 항상 일정하다.

② 시간 지연(시간 팽창): 정지한 관찰자가 빠르게 운동하는 관찰자를 보면 상대편의 시간이 느리게 가는 것으로 관찰된다. ➡ 시간의 상대성

③ 길이 수축: 한 관성 좌표계의 관찰자가 상대적으로 운동하는 물체를 보면 그 길이가 수축되는 것으로 관찰된다. ➡ 길이의 상대성

문제 보기

그림과 같이 관찰자 A에 대해, 검출기 P와 점 Q가 정지해 있고 관찰자 B가 탄 우주선이 A, P, Q를 잇는 직선과 나란하게 $0.6c$의 속력으로 등속도 운동을 한다. A의 관성계에서 B가 Q를 지나는 순간, A와 B는 동시에 P를 향해 빛을 방출한다. A의 관성계에서, A에서 P까지의 거리와 P에서 Q까지의 거리는 L로 같다.

A의 관성계: P 정지
→ B가 방출한 빛이 P까지 이동한 거리$=L$
→ B가 방출한 빛이 P까지 이동한 시간$=\frac{L}{c}$

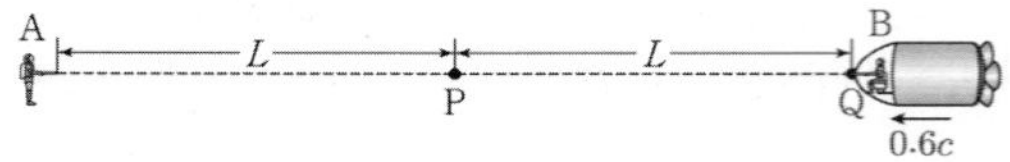

B의 관성계: P가 B에 가까워지는 방향으로 이동
→ 빛이 A에서 P까지 이동한 거리 > 빛이 B에서 P까지 이동한 거리
→ 빛이 A에서 P까지 이동한 시간 > 빛이 B에서 P까지 이동한 시간

이에 대한 설명으로 옳은 것만을 〈보기〉에서 있는 대로 고른 것은? (단, c는 빛의 속력이고, 우주선과 관찰자의 크기는 무시한다.)

<보기> 풀이

ㄱ. A의 관성계에서, A가 방출한 빛의 속력과 B가 방출한 빛의 속력은 같다.

➡ 광속 불변 원리에 따라 A의 관성계에서, A가 방출한 빛의 속력과 B가 방출한 빛의 속력은 c로 같다.

ㄴ. A의 관성계에서, B가 방출한 빛이 P에 도달하는 데 걸리는 시간은 $\frac{L}{c}$이다.

➡ A의 관성계에서 B가 방출한 빛이 P에 도달할 때까지 이동한 거리는 L이고 빛의 속력은 c이므로, B가 방출한 빛이 P에 도달하는 데 걸리는 시간은 $\frac{L}{c}$이다.

ㄷ. B의 관성계에서, A가 방출한 빛이 P에 도달하는 데 걸리는 시간은 B가 방출한 빛이 P에 도달하는 데 걸리는 시간보다 크다.

➡ B의 관성계에서 A에서 P까지의 거리와 B에서 P까지의 거리는 동일한 비율로 수축한 거리이다. B의 관성계에서 A, B에서 방출한 빛이 P에 도달하는 동안 P는 B에 가까워지는 방향으로 이동하므로, A가 방출한 빛이 P에 도달할 때까지 이동한 거리는 B가 방출한 빛이 P에 도달할 때까지 이동한 거리보다 크다. 빛의 속력은 일정하므로, B의 관성계에서 A가 방출한 빛이 P에 도달하는 데 걸리는 시간은 B가 방출한 빛이 P에 도달하는 데 걸리는 시간보다 크다.

12 특수 상대성 이론 – 우주선이 1개인 경우 2021학년도 4월 학평 물Ⅰ 8번

정답 ② | 정답률 55 %

적용해야 할 개념 ④가지

① 특수 상대성 이론의 가정
- 상대성 원리: 모든 관성 좌표계에서 물리 법칙은 동일하게 성립한다.
- 광속 불변 원리: 모든 관성 좌표계에서 보았을 때 진공 중에서 빛의 속력은 관찰자나 광원의 속도와 관계없이 일정하다.

② 길이 수축: 한 관성 좌표계의 관찰자가 상대적으로 운동하는 물체를 보면 그 길이가 수축되는 것으로 관찰된다. ➡ 길이의 상대성

③ 길이 수축은 운동 방향과 나란한 방향으로 일어난다.

④ 어느 관성계의 한 지점에서 일어난 사건은 다른 관성계에서도 동일하게 일어난다.

문제 보기

그림과 같이 관찰자 A에 대해 광원 P와 Q, 검출기가 정지해 있고, 관찰자 B가 탄 우주선이 P와 검출기를 잇는 직선과 나란하게 $0.8c$의 속력으로 운동한다. A의 관성계에서는 P, Q에서 동시에 발생한 빛이 검출기에 동시에 도달한다.

└ A의 관성계에서
: P와 검출기 사이의 거리=Q와 검출기 사이의 거리

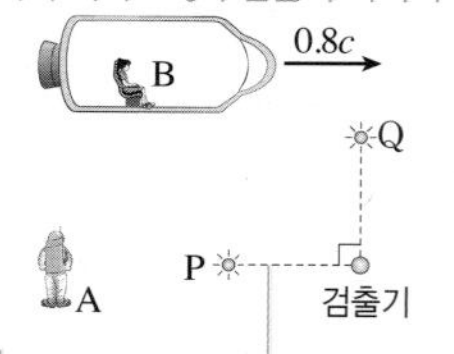

B의 관성계에서
: P, Q에서 발생한 빛이 검출기에 동시에 도달
: P에서 검출기를 향하는 방향으로 길이 수축이 일어남.
→ P와 검출기 사이의 거리 < Q와 검출기 사이의 거리

이에 대한 설명으로 옳은 것만을 〈보기〉에서 있는 대로 고른 것은? (단, c는 빛의 속력이다.) [3점]

<보기> 풀이

ㄱ. B의 관성계에서는 P에서 발생한 빛의 속력이 c보다 작다.

➡ 광속 불변 원리에 따라 모든 관성계에서 보았을 때 진공 중에서 빛의 속력은 관찰자나 광원의 속도에 관계없이 항상 일정하다. 따라서 B의 관성계에서는 P에서 발생한 빛의 속력이 c이다.

ㄴ. Q와 검출기 사이의 거리는 A의 관성계에서와 B의 관성계에서가 같다.

➡ Q와 검출기를 잇는 직선은 우주선의 운동 방향과 수직을 이루므로, Q와 검출기 사이의 거리는 길이 수축이 일어나지 않는다. 따라서 Q와 검출기 사이의 거리는 A의 관성계에서와 B의 관성계에서가 같다.

ㄷ. B의 관성계에서는 P, Q에서 빛이 동시에 발생한다.

➡ 어느 관성계에서 한 지점에서 일어난 사건은 다른 관성계에서 동일하게 일어난다. A의 관성계에서 P, Q에서 발생한 빛이 검출기에 동시에 도달한다면, B의 관성계에서도 P, Q에서 발생한 빛이 검출기에 동시에 도달한다. 이때 B의 관성계에서 볼 때 P에서 발생한 빛이 검출기로 가는 동안에 검출기는 빛이 발생한 지점에 가까워지는 방향(←)으로 이동하고 Q에서 발생한 빛이 검출기로 가는 동안에 검출기는 대각선으로 멀어지는 방향(↙)으로 이동한다. 따라서 B의 관성계에서 P, Q에서 발생한 빛이 검출기에 동시에 도달한다면, 빛이 P에서보다 Q에서 먼저 발생한다.

11 일차

13 특수 상대성 이론 – 우주선이 1개인 경우 2021학년도 6월 모평 물I 17번

정답 ③ | 정답률 52 %

적용해야 할 개념 ③가지

① 동시성의 상대성: 한 관성 좌표계에서 동시에 일어난 두 사건은 다른 관성 좌표계에서 관찰할 때 동시에 일어난 것이 아닐 수 있다.
➡ 두 사건이 발생한 시간은 관찰자에 따라, 즉 좌표계에 따라 다르게 측정된다.
② 고유 길이는 관찰자가 측정했을 때 정지 상태에 있는 물체의 길이 또는 한 관성 좌표계에 대해 고정된 두 지점 사이의 길이이다.
③ 길이 수축: 한 관성 좌표계의 관찰자가 상대적으로 운동하는 물체를 보면 그 길이가 수축되는 것으로 관찰된다. ➡ 길이의 상대성

문제 보기

그림과 같이 관찰자 P에 대해 별 A, B가 같은 거리만큼 떨어져 정지해 있고, 관찰자 Q가 탄 우주선이 $0.9c$의 속력으로 A에서 B를 향해 등속도 운동하고 있다. P의 관성계에서 Q가 P를 스쳐 지나는 순간 A, B가 동시에 빛을 내며 폭발한다.

→ P의 관성계: A, B는 정지 상태
A와 P 사이의 거리=B와 P 사이의 거리=고유 길이
→ A와 B에서 발생한 빛이 동시에 P에 도달

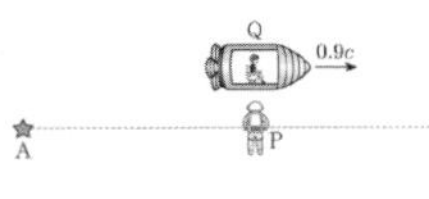

Q의 관성계:
A, P, B가 B에서 A를 향한 방향으로 $0.9c$로 등속도 운동
→ A와 P 사이의 길이 수축 효과 =B와 P 사이의 길이 수축 효과

이에 대한 설명으로 옳은 것만을 〈보기〉에서 있는 대로 고른 것은? (단, c는 빛의 속력이다.)

<보기> 풀이

ㄱ. P의 관성계에서, A와 B가 폭발할 때 발생한 빛이 동시에 P에 도달한다.
➡ 관찰자 P에 대해 별 A, B가 같은 거리만큼 떨어져 정지해 있으므로, P의 관성계에서 A와 P 사이의 거리와 B와 P 사이의 거리는 각각 고유 길이로 같다. P의 관성계에서 A, B가 동시에 빛을 내며 폭발하였으므로, A와 B가 폭발할 때 발생한 빛은 동시에 P에 도달한다.

ㄴ. Q의 관성계에서, B가 A보다 먼저 폭발한다.
➡ Q의 관성계에 볼 때, A, P, B는 A를 향한 방향으로 $0.9c$로 등속도 운동하므로, A와 B에서 발생한 빛이 P에 동시에 도달하려면 B에서 발생한 빛이 A에서 발생한 빛보다 더 먼 거리를 이동해야 한다. 따라서 Q의 관성계에서 B가 A보다 먼저 폭발한다.

ㄷ. Q의 관성계에서, A와 P 사이의 거리는 B와 P 사이의 거리보다 크다.
➡ P의 관성계에서 A, B는 P로부터 각각 같은 거리만큼 떨어져 있고 A, P, B에 대한 Q의 속력은 같으므로, Q의 관성계에서 관측할 때 A와 P 사이의 거리와 B와 P 사이의 거리의 길이 수축 효과는 같다. 따라서 Q의 관성계에서 A와 P 사이의 거리는 B와 P 사이의 거리와 같다.

14 특수 상대성 이론 – 우주선이 1개인 경우 2024학년도 6월 모평 물I 9번

정답 ③ | 정답률 69 %

적용해야 할 개념 ②가지

① 특수 상대성 이론의 가정
• 상대성 원리: 모든 관성 좌표계에서 물리 법칙은 동일하게 성립한다.
• 광속 불변 원리: 모든 관성 좌표계에서 보았을 때 진공 중에서 진행하는 빛의 속력은 관찰자나 광원의 속도에 관계없이 항상 일정하다.
② 시간 지연(시간 팽창): 정지한 관찰자가 빠르게 운동하는 관찰자를 보면 상대편의 시간이 느리게 가는 것으로 관찰된다. ➡ 시간의 상대성

문제 보기

그림과 같이 관찰자 A에 대해 광원 P, Q가 정지해 있고, 관찰자 B가 탄 우주선이 P, A, Q를 잇는 직선과 나란하게 $0.9c$의 속력으로 등속도 운동을 하고 있다. A의 관성계에서, A에서 P, Q까지의 거리는 각각 L로 같고, P, Q에서 빛이 A를 향해 동시에 방출된다.

A의 관성계:
P에서 A까지의 거리=Q에서 A까지의 거리
→ P, Q에서 방출된 빛이 A에 동시에 도달

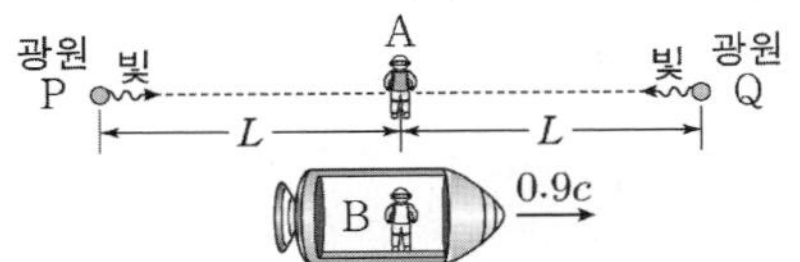

B의 관성계:
A가 P를 향하는 방향(←)으로 운동
→ 빛이 P에서 A까지 진행하는 경로의 길이＜L
→ 빛이 P에서 A까지 도달하는 데 걸린 시간＜$\frac{L}{c}$

B의 관성계:
P, Q에서 방출된 빛이 A에 동시에 도달
→ 빛이 P에서 A까지 진행하는 거리＜빛이 Q에서 A까지 진행한 거리
→ 빛은 Q에서가 P에서보다 먼저 방출

이에 대한 설명으로 옳은 것만을 〈보기〉에서 있는 대로 고른 것은? (단, c는 빛의 속력이다.)

<보기> 풀이

ㄱ. A의 관성계에서, B의 시간은 A의 시간보다 느리게 간다.
➡ A가 관측할 때 B는 $0.9c$의 일정한 속력으로 운동하므로 시간 지연이 일어난다. 따라서 A의 관성계에서, B의 시간은 A의 시간보다 느리게 간다.

ㄴ. B의 관성계에서, 빛이 P에서 A까지 도달하는 데 걸린 시간은 $\frac{L}{c}$이다.
➡ A의 관성계에서 A에서 P까지의 거리는 L이므로, 빛이 P에서 A까지 도달하는 데 걸린 시간은 $\frac{L}{c}$이다. B의 관성계에서 P에서 A까지의 거리는 길이 수축에 의해 L보다 작다. 따라서 B의 관성계에서, 빛이 P에서 A까지 도달하는 데 걸린 시간은 $\frac{L}{c}$보다 작다.

ㄷ. B의 관성계에서, 빛은 Q에서가 P에서보다 먼저 방출된다.
➡ A의 관성계에서 A에서 P, Q까지의 거리가 같으므로, P, Q에서 동시에 방출된 빛이 A에 동시에 도달한다. 어떤 관성계의 한 지점에서 일어난 사건은 다른 관성계에서도 동일하게 일어나므로, B의 관성계에서도 P, Q에서 방출된 빛이 A에 동시에 도달한다. B의 관성계에서는 A가 우주선의 운동 방향과 반대 방향, 즉 P를 향하는 방향(←)으로 이동하므로, P에서 방출된 빛이 A까지 도달하는 경로의 길이는 Q에서 방출된 빛이 A까지 도달하는 경로의 길이보다 작다. 따라서 B의 관성계에서, P, Q에서 발생한 빛이 A에 동시에 도달하려면 빛은 Q에서가 P에서보다 먼저 방출된다.

15 특수 상대성 이론 – 우주선이 1개인 경우 2022학년도 9월 모평 물Ⅰ 10번

정답 ⑤ | 정답률 50 %

적용해야 할 개념 ②가지

① 길이 수축: 한 관성 좌표계의 관찰자가 상대적으로 운동하는 물체를 보면 그 길이가 수축되는 것으로 관찰된다. ➡ 길이의 상대성

② 시간 지연(시간 팽창): 정지한 관찰자가 빠르게 운동하는 관찰자를 보면 상대편의 시간이 느리게 가는 것으로 관찰된다. ➡ 시간의 상대성

문제 보기

다음은 특수 상대성 이론에 대한 사고 실험의 일부이다.

> 가설Ⅰ: 모든 관성계에서 물리 법칙은 동일하다.
> 가설Ⅱ: 모든 관성계에서 빛의 속력은 c로 일정하다.
>
> 관찰자 A에 대해 정지해 있는 두 천체 P, Q 사이를 관찰자 B가 탄 우주선이 광속에 가까운 속력 v로 등속도 운동을 하고 있다. B의 관성계에서 광원으로부터 우주선의 운동 방향에 수직으로 방출된 빛은 거울에서 반사되어 되돌아온다.
>
> 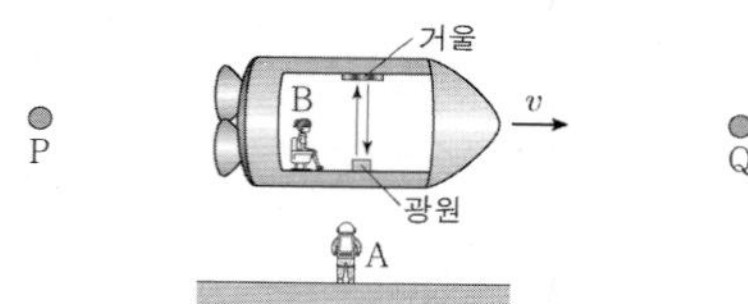
>
>
> (가) 빛이 1회 왕복한 시간은 A의 관성계에서 t_A이고, B의 관성계에서 t_B이다. (└ 지연된 시간 / └ 고유 시간 → $t_A > t_B$)
> (나) A의 관성계에서 t_A동안 빛의 경로 길이는 L_A이고, B의 관성계에서 t_B 동안 빛의 경로 길이는 L_B이다. (└ 대각선으로 이동한 거리 / 수직으로 왕복한 거리 → $L_A > L_B$)
> (다) A의 관성계에서 P와 Q 사이의 거리 D_A는 P에서 Q까지 우주선의 이동 시간과 v를 곱한 값이다. (└ 지연된 시간)
> (라) B의 관성계에서 P와 Q 사이의 거리 D_B는 P가 B를 지날 때부터 Q가 B를 지날 때까지 걸린 시간과 v를 곱한 값이다. (└ 고유 시간)

이에 대한 설명으로 옳은 것만을 〈보기〉에서 있는 대로 고른 것은? [3점]

<보기> 풀이

ㄱ. $t_A > t_B$이다.

➡ A가 볼 때 우주선이 빠르게 운동하고 있으므로 우주선에서 일어나는 사건의 시간이 느리게 가는 시간 지연이 관찰된다. 따라서 A의 관성계에서 측정한 빛의 1회 왕복 시간 t_A는 지연된 시간이고 B의 관성계에서 측정한 빛의 1회 왕복 시간 t_B는 고유 시간이므로 $t_A > t_B$이다.

ㄴ. $L_A > L_B$이다.

➡ A가 측정할 때 L_A는 우주선이 이동하면서 빛이 왕복하는 거리이므로 대각선으로 왕복한 거리이고, B가 측정할 때 L_B는 우주선 안에서 빛이 수직으로 왕복한 거리이다. 따라서 $L_A > L_B$이다.

다른 풀이 모든 관성계에서 빛의 속력이 c로 일정하므로, $L_A = ct_A$이고 $L_B = ct_B$이다. 시간 지연 현상에 따라 $t_A > t_B$이므로 $L_A > L_B$이다.

ㄷ. $\dfrac{D_A}{D_B} = \dfrac{L_A}{L_B}$이다.

➡ A의 관성계에서 우주선이 P에서 Q까지 이동한 시간을 T_A라고 할 때, T_A는 지연된 시간이며 P와 Q 사이의 거리 $D_A = vT_A$이다. 또 B의 관성계에서 P가 B를 지날 때부터 Q가 B를 지날 때까지 걸린 시간을 T_B라고 할 때, T_B는 고유 시간이며 P와 Q 사이의 거리 $D_B = vT_B$이다. 한편, A와 B의 관성계에서 빛이 1회 왕복한 거리는 각각 $L_A = ct_A$, $L_B = ct_B$이다. $\dfrac{D_A}{D_B} = \dfrac{T_A}{T_B}$, $\dfrac{L_A}{L_B} = \dfrac{t_A}{t_B}$인데, $\dfrac{T_A}{T_B}$와 $\dfrac{t_A}{t_B}$는 고유 시간에 대한 지연된 시간의 비이므로, $\dfrac{T_A}{T_B} = \dfrac{t_A}{t_B}$이다. 따라서 $\dfrac{D_A}{D_B} = \dfrac{L_A}{L_B}$이다.

16 특수 상대성 이론 – 우주선이 1개인 경우 2020학년도 10월 학평 물Ⅰ 7번

정답 ③ | 정답률 75 %

적용해야 할 개념 ②가지

① 시간 지연(시간 팽창): 정지한 관찰자가 빠르게 운동하는 관찰자를 보면 상대편의 시간이 느리게 가는 것으로 관찰된다. ➡ 시간의 상대성

② 길이 수축: 한 관성 좌표계의 관찰자가 상대적으로 운동하는 물체를 보면 그 길이가 수축되는 것으로 관찰된다. ➡ 길이의 상대성

문제 보기

그림과 같이 우주 정거장에 대해 정지한 두 점 P에서 Q까지 우주선이 일정한 속도로 운동한다. 우주 정거장의 관성계에서 관측할 때 P와 Q 사이의 거리는 3광년이고, 우주선이 P에서 방출한 빛은 우주선보다 2년 먼저 Q에 도달한다.

└ 우주 정거장에서 볼 때: 우주선이 P에서 Q까지 도달하는 데 걸리는 시간=5년 → 우주선의 속력$=\dfrac{3\text{광년}}{5\text{년}}=0.6c$

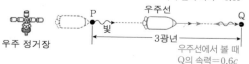

우주 정거장에서 볼 때 우주선의 속력$=0.6c$

우주선, P, Q, 빛, 3광년, 우주 정거장

우주선에서 볼 때 Q의 속력$=0.6c$

┌ 운동하는 P와 Q 사이의 길이가 수축되어 보인다.(길이 수축)
│ 운동하는 우주 정거장의 시간이 느리게 간다.(시간 지연)

우주선의 관성계에서 관측할 때에 대한 옳은 설명만을 〈보기〉에서 있는 대로 고른 것은? (단, 빛의 속력은 c이고, 1광년은 빛이 1년 동안 진행하는 거리이다.) [3점]

<보기> 풀이

ㄱ. Q의 속력은 $0.6c$이다.

➡ 우주 정거장의 관성계에서 우주선이 P에서 Q까지 도달하는데 걸리는 시간은 빛보다 2년 더 걸리므로, 우주선은 3광년의 거리를 5년 동안 이동한다. 따라서 우주 정거장에 대한 우주선의 속력은 $\dfrac{3\text{광년}}{5\text{년}}=0.6c$이므로, 우주선의 관성계에서 관측할 때 Q의 속력은 $0.6c$이다.

~~ㄴ.~~ P와 Q 사이의 거리는 3광년이다.

➡ 우주선의 관성계에서 관측할 때 P와 Q는 우주선 뒤쪽으로 $0.6c$의 속력으로 운동한다. 우주선에 대해 상대적으로 운동하는 P와 Q 사이의 길이는 수축되므로, P와 Q 사이의 거리는 3광년보다 작다.

ㄷ. 우주선의 시간은 우주 정거장의 시간보다 빠르게 간다.

➡ 우주선의 관성계에서 관측할 때 상대적으로 운동하는 우주 정거장의 시간이 느리게 가므로, 우주선의 시간은 우주 정거장의 시간보다 빠르게 간다.

17	특수 상대성 이론 – 우주선이 1개인 경우 2022학년도 7월 학평 물Ⅰ 11번	정답 ⑤	정답률 75 %

적용해야 할 개념 ④가지

① 특수 상대성 이론의 가정
- 상대성 원리: 모든 관성 좌표계에서 물리 법칙은 동일하게 성립한다.
- 광속 불변 원리: 모든 관성 좌표계에서 보았을 때 진공 중에서 진행하는 빛의 속력은 관찰자나 광원의 속도에 관계없이 항상 일정하다.

② 고유 길이는 관찰자가 측정했을 때 정지 상태에 있는 물체의 길이 또는 한 관성 좌표계에 대해 고정된 두 지점 사이의 길이이다.

③ 길이 수축: 한 관성 좌표계의 관찰자가 상대적으로 운동하는 물체를 보면 그 길이가 수축되는 것으로 관찰된다. → 길이의 상대성

④ 길이 수축은 운동 방향과 나란한 방향으로 일어난다.

문제 보기

그림은 관찰자 B에 대해 관찰자 A가 탄 우주선이 x축과 나란하게 광속에 가까운 속력으로 등속도 운동하는 모습을 나타낸 것이다. 광원, 검출기 P, Q를 잇는 직선은 x축과 나란하다. 광원에서 발생한 빛은 A의 관성계에서는 P보다 Q에 먼저 도달하고 B의 관성계에서는 Q보다 P에 먼저 도달한다. A의 관성계에서 광원에서 발생한 빛이 R까지 진행하는 데 걸린 시간은 t_0이다.

A 관성계에서: 빛이 P보다 Q에 먼저 도달
→ 광원~P의 고유 길이> 광원~Q의 고유 길이

B 관성계에서: 빛이 Q보다 P에 먼저 도달
→ P가 빛이 발생한 지점을 향하는 방향으로 이동
→ 우주선의 운동 방향: $+x$ 방향
→ 광원과 P 사이의 거리<광원과 P 사이의 고유 길이(길이 수축)

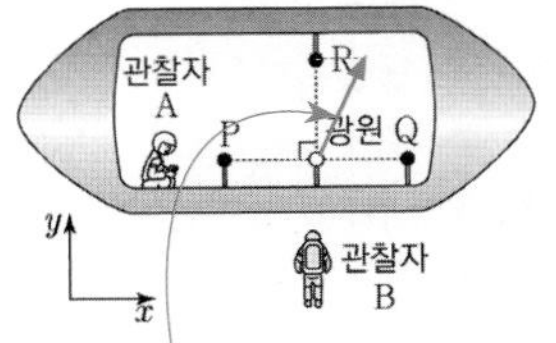

B 관성계에서 빛이 광원에서 R까지 가는 경로
→ 빛이 광원에서 R까지 이동한 경로의 길이: A의 관성계<B의 관성계
→ 빛이 광원에서 R까지 가는 데 걸린 시간 : A의 관성계<B의 관성계

이에 대한 설명으로 옳은 것만을 ⟨보기⟩에서 있는 대로 고른 것은? [3점]

<보기> 풀이

A의 관성계에서 광원과 P, Q는 상대적으로 정지해 있으므로, 광원과 P 사이의 거리와 광원과 Q 사이의 거리는 고유 길이이다.

ㄱ. B의 관성계에서 우주선의 운동 방향은 $+x$ 방향이다.

➡ A의 관성계에서 광원의 빛이 P보다 Q에 먼저 도달하므로, 광원과 P 사이의 고유 길이는 광원과 Q 사이의 고유 길이보다 크다. B의 관성계에서는 광원의 빛이 Q보다 P에 먼저 도달하므로, 광원에서 발생한 빛이 P까지 가는 동안 P는 빛이 발생한 지점을 향하는 방향(→)으로 이동한다. 따라서 B의 관성계에서 우주선의 운동 방향은 $+x$ 방향이다.

ㄴ. B의 관성계에서 광원과 P 사이의 거리는 광원과 P 사이의 고유 길이보다 작다.

➡ B의 관성계에서 광원과 P는 상대적으로 운동하므로, 광원과 P 사이의 거리는 길이 수축에 의해 광원과 P 사이의 고유 길이보다 작다.

ㄷ. B의 관성계에서 빛이 광원에서 R까지 가는 데 걸린 시간은 t_0보다 크다.

➡ B의 관성계에서 광원에서 발생한 빛이 R까지 가는 동안 R는 $+x$ 방향으로 운동하므로, 빛이 진행하는 경로는 대각선 방향(↗)으로 A의 관성계에서보다 길어진다. 빛의 속력은 일정하므로, 빛이 광원에서 R까지 가는 데 걸린 시간은 B의 관성계에서가 A의 관성계에서보다 크다. 따라서 B의 관성계에서 빛이 광원에서 R까지 가는 데 걸린 시간은 t_0보다 크다.

18 특수 상대성 이론 – 우주선이 1개인 경우 2022학년도 4월 학평 물Ⅰ 9번

정답 ③ | 정답률 47 %

적용해야 할 개념 ④가지

① 특수 상대성 이론의 가정
- 상대성 원리: 모든 관성 좌표계에서 물리 법칙은 동일하게 성립한다.
- 광속 불변 원리: 모든 관성 좌표계에서 보았을 때 진공 중에서 진행하는 빛의 속력은 관찰자나 광원의 속도에 관계없이 항상 일정하다.

② 길이 수축: 한 관성 좌표계의 관찰자가 상대적으로 운동하는 물체를 보면 그 길이가 수축되는 것으로 관찰된다. ➡ 길이의 상대성

③ 길이 수축은 운동 방향과 나란한 방향으로 일어난다.

④ 시간 지연(시간 팽창): 정지한 관찰자가 빠르게 운동하는 관찰자를 보면 상대편의 시간이 느리게 가는 것으로 관찰된다. ➡ 시간의 상대성

문제 보기

그림과 같이 관찰자 A에 대해 관찰자 B가 탄 우주선이 광속에 가까운 속력 v로 등속도 운동한다. A의 관성계에서, 광원 p, q와 검출기는 정지해 있고, p와 검출기를 잇는 직선은 우주선의 운동 방향과 나란하다. B의 관성계에서, p와 q에서 동시에 방출된 빛은 검출기에 동시에 도달한다.

└→ A의 관성계에서도 동시에 도달한다.

B의 관성계에서: 검출기가 빛이 발생한 지점에서 대각선 방향(↗)으로 멀어짐.
→ q에서 방출된 빛이 검출기까지 이동한 경로의 길이: A의 관성계 < B의 관성계
→ q에서 방출된 빛이 검출기에 도달한 시간: A의 관성계 < B의 관성계

A의 관성계에서: p, q에서 발생한 빛이 검출기에 동시에 도달
→ p에서 검출기까지의 거리 > q에서 검출기까지의 거리
→ 빛은 p에서가 q에서보다 먼저 방출된다.

B의 관성계에서, 빛이 이동한 두 경로의 길이가 같다.

B의 관성계에서: p와 검출기 사이의 길이에 수축이 일어남.
→ p와 검출기 사이의 거리: A의 관성계 > B의 관성계

이에 대한 설명으로 옳은 것만을 〈보기〉에서 있는 대로 고른 것은? [3점]

<보기> 풀이

ㄱ. p와 검출기 사이의 거리는 A의 관성계에서가 B의 관성계에서보다 크다.

➡ A의 관성계에서 상대적으로 정지해 있는 p와 검출기 사이의 거리는 고유 길이이다. B의 관성계에서 상대적으로 운동하는 p와 검출기 사이의 거리는 길이 수축이 일어나므로 고유 길이보다 작다. 따라서 p와 검출기 사이의 거리는 A의 관성계에서가 B의 관성계에서보다 크다.

ㄴ. q에서 방출된 빛이 검출기에 도달할 때까지 걸린 시간은 A의 관성계에서가 B의 관성계에서보다 크다.

➡ B의 관성계에서 관측할 때 p에서 방출된 빛이 검출기로 가는 동안 검출기는 우주선의 운동 방향과 반대 방향으로 운동하므로, 빛은 빛이 발생한 지점에서 대각선 방향(↗)으로 이동한다. 따라서 q에서 방출된 빛이 검출기에 도달할 때까지 빛이 이동한 거리는 A의 관성계에서가 B의 관성계에서보다 작으므로, q에서 방출된 빛이 검출기에 도달할 때까지 걸린 시간은 A의 관성계에서가 B의 관성계에서보다 작다.

ㄷ. A의 관성계에서, 빛은 p에서가 q에서보다 먼저 방출된다.

➡ 어떤 관성계의 한 지점에서 일어난 사건은 다른 관성계에서도 동일하게 일어난다. 따라서 B의 관성계에서 p, q에서 발생한 빛이 검출기라는 한 지점에 동시에 도달한다면, A의 관성계에서도 p, q에서 발생한 빛이 검출기에 동시에 도달한다. B의 관성계에서 p, q에서 동시에 발생한 빛이 검출기에 동시에 도달하므로, p에서 발생한 빛이 검출기에 도달하는 경로의 길이와 q에서 발생한 빛이 검출기에 도달하는 경로의 길이가 같다. 한편, A의 관성계에서는 p에서 발생한 빛이 검출기에 도달하는 경로의 길이는 B의 관성계에서보다 크고, q에서 발생한 빛이 검출기에 도달하는 경로의 길이는 B의 관성계에서보다 작다. 따라서 A의 관성계에서 p에서 검출기까지의 거리는 q에서 검출기까지의 거리보다 크므로, p, q에서 발생한 빛이 검출기에 동시에 도달하려면 빛은 p에서가 q에서보다 먼저 방출되어야 한다.

19 특수 상대성 이론 – 우주선이 1개인 경우 2022학년도 4월 학평 물Ⅰ 9번

정답 ② | 정답률 44 %

적용해야 할 개념 ③가지

① 특수 상대성 이론의 가정
- 상대성 원리: 모든 관성 좌표계에서 물리 법칙은 동일하게 성립한다.
- 광속 불변 원리: 모든 관성 좌표계에서 보았을 때 진공 중에서 진행하는 빛의 속력은 관찰자나 광원의 속도에 관계없이 항상 일정하다.

② 길이 수축: 한 관성 좌표계의 관찰자가 상대적으로 운동하는 물체를 보면 그 길이가 수축되는 것으로 관찰된다. ➡ 길이의 상대성

③ 시간 지연(시간 팽창): 정지한 관찰자가 빠르게 운동하는 관찰자를 보면 상대편의 시간이 느리게 가는 것으로 관찰된다. ➡ 시간의 상대성

문제 보기

그림과 같이 관찰자 P에 대해 관찰자 Q가 탄 우주선이 광원 A, 검출기, 광원 B를 잇는 직선과 나란하게 광속에 가까운 속력으로 등속도 운동한다. P의 관성계에서, 광원 A, B, C에서 동시에 방출된 빛은 검출기에 동시에 도달한다.

Q의 관성계에서: A, B에서 방출된 빛이 검출기에 동시에 도달
→ 빛은 A에서가 B에서보다 늦게 방출

P의 관성계에서: A, B에서 동시에 방출된 빛이 검출기에 동시에 도달
→ A에서 방출된 빛의 경로 길이 > A와 검출기 사이의 거리, B에서 방출된 빛의 경로 길이 < B와 검출기 사이의 거리
→ A와 검출기 사이의 거리 < B와 검출기 사이의 거리

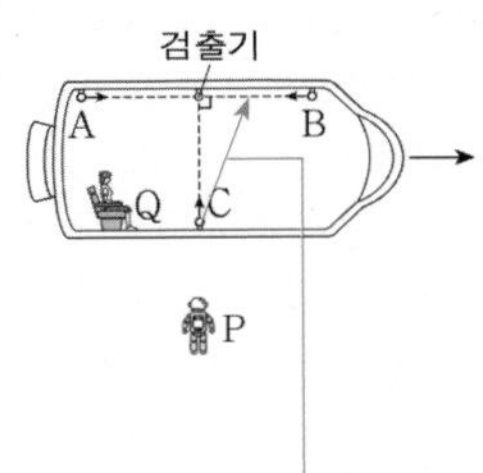

• C에서 방출된 빛이 검출기에 도달하는 경로
→ C에서 방출된 빛의 경로의 길이: P의 관성계 > Q의 관성계
→ C에서 방출된 빛이 검출기에 도달하는 데 걸리는 시간: P의 관성계 > Q의 관성계

이에 대한 설명으로 옳은 것만을 〈보기〉에서 있는 대로 고른 것은? [3점]

<보기> 풀이

ㄱ. A와 B 사이의 거리는 P의 관성계에서가 Q의 관성계에서보다 크다.

➡ Q의 관성계에서 상대적으로 정지해 있는 A와 B 사이의 거리는 고유 길이이다. P의 관성계에서 상대적으로 운동하는 A와 B 사이의 거리는 길이 수축이 일어나므로 고유 길이보다 작다. 따라서 A와 B 사이의 거리는 P의 관성계에서가 Q의 관성계에서보다 작다.

ㄴ. C에서 방출된 빛이 검출기에 도달하는 데 걸리는 시간은 Q의 관성계에서가 P의 관성계에서보다 작다.

➡ P의 관성계에서 관측할 때 C에서 방출된 빛이 검출기로 가는 동안 검출기는 우주선의 운동 방향으로 이동하므로, 빛은 빛이 방출된 지점에서 대각선 방향(↗)으로 이동한다. 따라서 C에서 방출된 빛이 검출기에 도달할 때까지 빛이 이동한 경로의 길이는 P의 관성계에서가 Q의 관성계에서보다 크다. 즉, C에서 방출된 빛이 검출기에 도달하는 경로의 길이는 Q의 관성계에서가 P의 관성계에서보다 작으므로, C에서 방출된 빛이 검출기에 도달하는 데 걸리는 시간은 Q의 관성계에서가 P의 관성계에서보다 작다.

ㄷ. Q의 관성계에서, 빛은 A에서가 B에서보다 먼저 방출된다.

➡ 어떤 관성계의 한 지점에서 일어난 사건은 다른 관성계에서도 동일하게 일어난다. 따라서 P의 관성계에서 A, B에서 방출된 빛이 검출기라는 한 지점에 동시에 도달한다면, Q의 관성계에서도 A, B에서 방출된 빛이 검출기에 동시에 도달한다. P의 관성계에서 A, B에서 동시에 방출된 빛이 검출기에 동시에 도달하므로, A에서 방출된 빛이 검출기에 도달하는 경로의 길이와 B에서 방출된 빛이 검출기에 도달하는 경로의 길이가 같다. 이때 P의 관성계에서 검출기는 우주선의 운동 방향으로 운동하므로 A에서 방출된 빛이 검출기에 도달하는 경로의 길이는 A와 검출기 사이의 거리보다 크고, B에서 방출된 빛이 검출기에 도달하는 경로의 길이는 B와 검출기 사이의 거리보다 작다. 따라서 A와 검출기 사이의 거리는 B와 검출기 사이의 거리보다 작으므로, Q의 관성계에서 A, B에서 방출된 빛이 검출기에 동시에 도달하려면 빛은 A에서가 B에서보다 늦게 방출되어야 한다.

20 특수 상대성 이론 – 우주선이 1개인 경우 2023학년도 6월 모평 물I 17번

정답 ③ | 정답률 56 %

적용해야 할 개념 ④가지

① 특수 상대성 이론의 가정
• 상대성 원리: 모든 관성 좌표계에서 물리 법칙은 동일하게 성립한다.
• 광속 불변 원리: 모든 관성 좌표계에서 보았을 때 진공 중에서 진행하는 빛의 속력은 관찰자나 광원의 속도에 관계없이 항상 일정하다.
② 길이 수축: 한 관성 좌표계의 관찰자가 상대적으로 운동하는 물체를 보면 그 길이가 수축되는 것으로 관찰된다. ➡ 길이의 상대성
③ 길이 수축은 운동 방향과 나란한 방향으로 일어난다.
④ 시간 지연(시간 팽창): 정지한 관찰자가 빠르게 운동하는 관찰자를 보면 상대편의 시간이 느리게 가는 것으로 관찰된다. ➡ 시간의 상대성

문제 보기

그림과 같이 관찰자 A의 관성계에서 광원 X, Y와 검출기 P, Q가 점 O로부터 각각 같은 거리 L만큼 떨어져 정지해 있고 X, Y로부터 각각 P, Q를 향해 방출된 빛은 O를 동시에 지난다. 관찰자 B가 탄 우주선은 A에 대해 광속에 가까운 속력 v로 X와 P를 잇는 직선과 나란하게 운동한다.

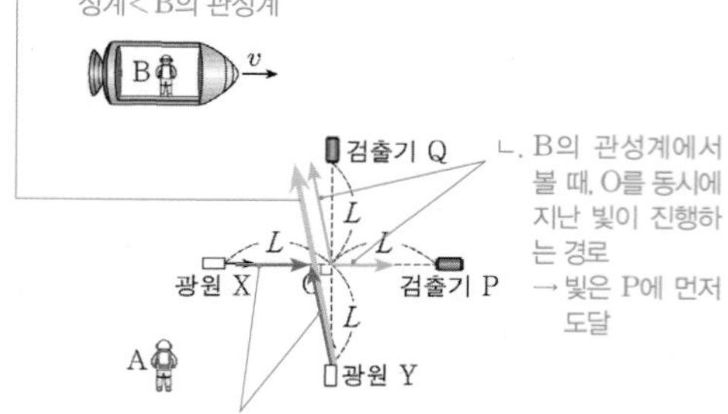
ㄷ. B의 관성계에서 볼 때, Y에서 방출된 빛이 진행하는 경로
→ Y에서 방출된 빛이 Q까지 이동한 경로의 길이: A의 관성계<B의 관성계
→ Y에서 방출된 빛이 Q까지 가는 데 걸린 시간: A의 관성계<B의 관성계
B
v
검출기 Q
ㄴ. B의 관성계에서 볼 때, O를 동시에 지난 빛이 진행하는 경로
→ 빛은 P에 먼저 도달
L
광원 X
검출기 P
광원 Y
A
ㄱ. B의 관성계에서 볼 때, X, Y에서 방출된 빛이 O에 동시에 도달하는 경로
→ X에서 O까지의 거리<Y에서 O까지의 거리
→ 빛은 Y에서가 X에서보다 먼저 방출

이에 대한 설명으로 옳은 것만을 ⟨보기⟩에서 있는 대로 고른 것은? [3점]

<보기> 풀이

ㄱ. B의 관성계에서, 빛은 Y에서가 X에서보다 먼저 방출된다.

➡ 어떤 관성계의 한 지점에서 일어난 사건은 다른 관성계에서 동일하게 일어난다. 따라서 A의 관성계에서 X, Y에서 방출된 빛이 O를 동시에 지난다면, B의 관성계에서도 X, Y에서 방출된 빛이 O를 동시에 지난다. B의 관성계에서 X에서 발생한 빛이 점 O로 향해 가는 동안 점 O는 빛이 발생한 지점에 가까워지는 방향(←)으로 이동하므로, X에서 발생한 빛이 O까지 이동한 거리는 L보다 작다. 또 Y에서 발생한 빛이 점 O로 향해 가는 동안 점 O는 빛이 발생한 지점에서 대각선으로 멀어지는 방향(↖)으로 이동하므로, Y에서 발생한 빛이 점 O까지 이동한 거리는 L보다 크다. 따라서 B의 관성계에서 X, Y로부터 방출된 빛이 O를 동시에 지나려면 빛은 Y에서가 X에서보다 먼저 방출되어야 한다.

ㄴ. B의 관성계에서, 빛은 P와 Q에 동시에 도달한다.

➡ B의 관성계에서, X, Y로부터 방출된 빛은 O를 동시에 지난 후 각각 P, Q를 향해 진행하는 동안, 검출기 P는 빛이 O를 지난 지점에 가까워지는 방향(←)으로 이동하고 검출기 Q는 빛이 O를 지난 지점으로부터 대각선으로 멀어지는 방향(↖)으로 이동한다. 따라서 B의 관성계에서 O를 지난 빛이 P까지 이동한 거리는 L보다 작고 Q까지 이동한 거리는 L보다 크므로, 빛은 P에 먼저 도달한다.

ㄷ. Y에서 방출된 빛이 Q에 도달하는 데 걸리는 시간은 B의 관성계에서가 A의 관성계에서보다 크다.

➡ A의 관성계에서 Y에서 방출된 빛이 Q에 도달할 때까지 이동한 거리는 $2L$이다. B의 관성계에서는 Y에서 방출된 빛이 검출기 Q로 가는 동안 Q가 우주선의 운동 방향과 반대 방향으로 운동하므로, Y에서 방출된 빛이 대각선 방향(↖)으로 이동한 거리는 $2L$보다 크다. 빛의 속력은 일정하므로, Y에서 방출된 빛이 Q에 도달하는 데 걸리는 시간은 B의 관성계에서가 A의 관성계에서보다 크다.

21 특수 상대성 이론 – 우주선이 1개인 경우 2020학년도 6월 모평 물I 12번

정답 ④ | 정답률 60 %

적용해야 할 개념 ②가지

① 시간 지연(시간 팽창): 정지한 관찰자가 빠르게 운동하는 관찰자를 보면 상대편의 시간이 느리게 가는 것으로 관찰된다. ➡ 시간의 상대성
② 길이 수축: 한 관성 좌표계의 관찰자가 상대적으로 운동하는 물체를 보면 그 길이가 수축되는 것으로 관찰된다. ➡ 길이의 상대성

문제 보기

그림과 같이 관찰자 A가 탄 우주선이 행성을 향해 가고 있다. 관찰자 B가 측정할 때, 행성까지의 거리는 7광년이고 우주선은 $0.7c$의 속력으로 등속도 운동한다. B는 멀어지고 있는 A를 향해 자신이 측정하는 시간을 기준으로 1년마다 빛 신호를 보낸다. (→ 고유 길이)

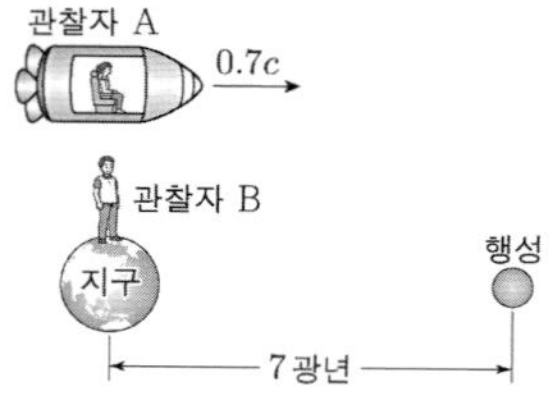
관찰자 A
0.7c
관찰자 B
지구
행성
7 광년

이에 대한 설명으로 옳은 것만을 ⟨보기⟩에서 있는 대로 고른 것은? (단, c는 빛의 속력이다.) [3점]

<보기> 풀이

B는 지구와 행성에 대해 정지해 있으므로 B가 측정한 지구와 행성 사이의 거리는 고유 길이이다.

ㄱ. A가 B의 신호를 수신하는 시간 간격은 1년보다 짧다.

➡ A가 측정한 B의 시간은 A의 시간보다 느리게 간다. B가 측정할 때 자신이 빛 신호를 보내는 시간 간격 1년은 고유 시간이고, 이 시간을 A가 측정하면 시간 지연이 일어나므로 1년보다 길다. 따라서 A가 B의 신호를 수신하는 시간 간격은 1년보다 길다.

ㄴ. A가 측정할 때, 지구에서 행성까지의 거리는 7광년보다 작다.

➡ B가 측정한 지구와 행성 사이의 거리인 7광년은 고유 길이이므로 A가 측정한 지구와 행성 사이의 거리는 길이 수축이 일어나 7광년보다 작다.

ㄷ. B가 측정할 때, A의 시간은 B의 시간보다 느리게 간다.

➡ B가 측정할 때 A는 $0.7c$의 속력으로 운동하므로 시간 지연이 일어나 A의 시간은 B의 시간보다 느리게 간다.

22	**특수 상대성 이론 – 우주선 1개인 경우** 2024학년도 3월 학평 물Ⅰ 10번	정답 ②	정답률 51 %

적용해야 할 개념 ③가지

① 특수 상대성 이론의 가정
- 상대성 원리: 모든 관성 좌표계에서 물리 법칙은 동일하게 성립한다.
- 광속 불변 원리: 모든 관성 좌표계에서 보았을 때 진공 중에서 빛의 속력은 관찰자나 광원의 속도에 관계없이 일정하다.

② 어느 관성계의 한 지점에서 일어난 사건은 다른 관성계에서도 동일하게 일어난다.

③ 동시성의 상대성: 한 관성 좌표계의 두 지점에서 동시에 일어난 두 사건은 다른 관성 좌표계에서 관찰할 때 동시에 일어난 것이 아닐 수 있다.

문제 보기

그림과 같이 관찰자의 관성계에 대해 동일 직선 위에 있는 점 P, Q, R은 정지해 있으며, 점광원 X가 있는 우주선이 $0.5c$로 등속도 운동하고 있다. 표는 사건 Ⅰ~Ⅳ를 나타낸 것으로, 관찰자의 관성계에서 Ⅰ과 Ⅱ가 동시에, Ⅲ과 Ⅳ가 동시에 발생한다.

한 지점에서 동시에 발생한 사건 → 우주선의 관성계에서도 Ⅰ과 Ⅱ가 동시에 발생함.

두 지점에서 동시에 발생한 사건 → 우주선의 관성계에서 Ⅲ과 Ⅳ는 동시에 발생하지 않음.

<우주선의 관성계>
- P, Q가 $0.5c$의 속력으로 우주선을 향해 다가옴.

→ Ⅰ에서 Ⅲ이 발생할 때까지 걸린 시간
$=$Q가 L만큼 다가와 X의 위치와 일치하는 데 걸린 시간
$=\frac{L}{0.5c}=\frac{2L}{c}$

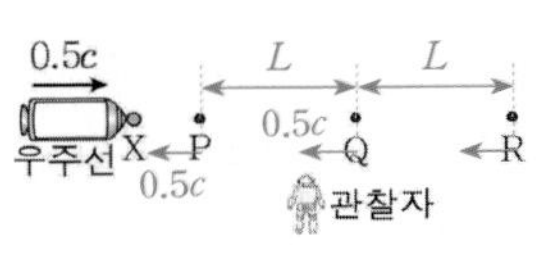

사건	내용
Ⅰ	X와 P의 위치가 일치
Ⅱ	빛이 X에서 방출
Ⅲ	X와 Q의 위치가 일치
Ⅳ	Ⅱ의 빛이 R에 도달

<우주선의 관성계>
- R이 빛이 방출된 지점에 가까워지는 방향(←)으로 이동

→ Ⅱ가 발생한 후 빛이 R까지 진행한 경로의 길이$<2L$

→ Ⅱ에서 Ⅳ가 발생할 때까지 걸린 시간$<\frac{2L}{c}$

우주선의 관성계에서, Ⅰ과 Ⅱ의 발생 순서와 Ⅲ과 Ⅳ의 발생 순서로 옳은 것은? (단, c는 빛의 속력이다.) [3점]

<보기> 풀이

❶ 어떤 관성계의 한 지점에서 일어난 사건은 다른 관성계에서도 동일하게 일어나므로, 한 지점에서 동시에 일어난 사건은 다른 관성계에서도 동시에 일어난다. 관찰자의 관성계에서 X와 P의 위치가 일치하는 사건 Ⅰ과 빛이 X에서 방출된 사건 Ⅱ가 P라는 한 지점에서 동시에 발생한 사건이므로, 우주선의 관성계에서도 Ⅰ과 Ⅱ는 동시에 발생한다.

❷ 어떤 관성계의 두 지점에서 동시에 일어난 사건은 다른 관성계에서 동시가 아닐 수 있다. 관찰자의 관성계에서 X와 Q의 위치가 일치하는 사건 Ⅲ과 Ⅱ의 빛이 R에 도달하는 사건 Ⅳ는 Q와 R이라는 두 지점에서 동시에 발생한 사건이다. 따라서 우주선의 관성계에서 Ⅲ과 Ⅳ는 동시에 발생한 사건이 아니다.

❸ 관찰자의 관성계에서 Ⅰ과 Ⅱ가 동시에, Ⅲ과 Ⅳ가 동시에 발생하므로, 우주선이 $0.5c$의 속력으로 P에서 Q까지 이동하는 동안 빛은 우주선 속도의 2배인 c의 속력으로 P에서 R까지 진행한다. 따라서 P와 Q 사이의 거리와 Q와 R 사이의 거리는 같다.

❹ 우주선의 관성계에서도 P와 Q 사이의 거리와 Q와 R 사이의 거리가 같으므로 $\overline{PQ}=\overline{QR}=L$이라고 하자. 우주선의 관성계에서는 P, Q가 우주선을 향해 $0.5c$의 속력으로 다가오므로, Ⅰ이 발생한 후 Ⅲ이 발생할 때까지 걸린 시간은 P가 X의 위치와 일치한 후부터 Q가 L만큼 우주선을 향해 다가와 X의 위치와 일치할 때까지 걸린 시간이다. 즉, Ⅰ에서 Ⅲ이 발생할 때까지 걸린 시간은 $\frac{L}{0.5c}=\frac{2L}{c}$이다. 한편 Ⅱ가 발생한 후 빛이 c의 속력으로 진행하는 동안 R은 빛이 방출된 지점에 가까워지므로, 빛이 R까지 진행한 경로의 길이는 $2L$보다 작다. 따라서 Ⅱ에서 Ⅳ가 발생할 때까지 걸린 시간은 $\frac{2L}{c}$보다 작으므로, Ⅳ가 Ⅲ보다 먼저 발생한다.

	Ⅰ과 Ⅱ의 발생 순서	Ⅲ과 Ⅳ의 발생 순서
①(✗)	Ⅰ과 Ⅱ가 동시에 발생	Ⅲ이 Ⅳ보다 먼저 발생
②(○)	Ⅰ과 Ⅱ가 동시에 발생	Ⅳ가 Ⅲ보다 먼저 발생
③(✗)	Ⅰ이 Ⅱ보다 먼저 발생	Ⅲ과 Ⅳ가 동시에 발생
④(✗)	Ⅰ이 Ⅱ보다 먼저 발생	Ⅲ이 Ⅳ보다 먼저 발생
⑤(✗)	Ⅱ가 Ⅰ보다 먼저 발생	Ⅳ가 Ⅲ보다 먼저 발생

23	특수 상대성 이론 – 우주선이 1개인 경우 2024학년도 5월 학평 물Ⅰ 8번	정답 ③ ㅣ 정답률 70 %

적용해야 할 개념 ③가지

① 특수 상대성 이론의 가정
- 상대성 원리: 모든 관성 좌표계에서 물리 법칙은 동일하게 성립한다.
- 광속 불변 원리: 모든 관성 좌표계에서 보았을 때 진공 중에서 빛의 속력은 관찰자나 광원의 속도에 관계없이 항상 일정하다.

② 고유 길이는 관찰자가 측정했을 때 정지 상태에 있는 물체의 길이 또는 한 관성 좌표계에 대해 고정된 두 지점 사이의 길이이다.

③ 시간 지연(시간 팽창): 정지한 관찰자가 빠르게 운동하는 관찰자를 보면 상대편의 시간이 느리게 가는 것으로 관찰된다. ➡ 시간의 상대성

문제 보기

그림은 관찰자 A에 대해 관찰자 B가 탄 우주선이 $+x$방향으로 광속에 가까운 속력으로 등속도 운동하는 것을 나타낸 것이다. B의 관성계에서, 광원 P, Q에서 각각 $+y$방향, $-x$방향으로 동시에 방출된 빛은 검출기에 동시에 도달한다. 표는 A의 관성계에서, 빛의 경로에 따라 빛이 진행하는 데 걸린 시간과 빛이 진행한 거리를 나타낸 것이다.

→ A의 관성계에서도 동시에 도달한다.

보기

B의 관성계: P와 검출기 사이의 거리=Q와 검출기 사이의 거리=고유 길이
➡ Q → 검출기로 빛이 진행한 거리$<d_1$, 빛이 진행한 시간$<t_1$

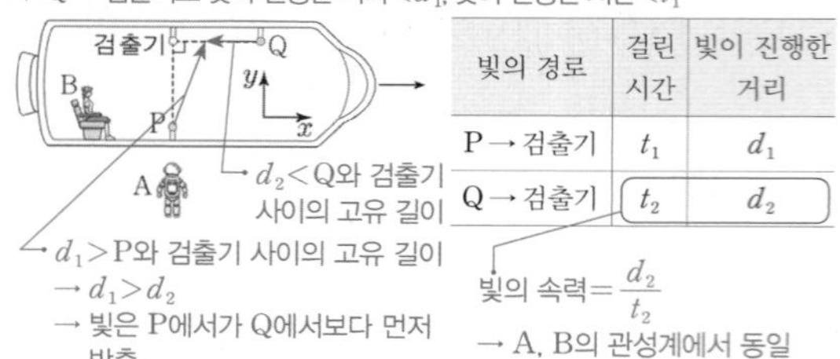

빛의 경로	걸린 시간	빛이 진행한 거리
P → 검출기	t_1	d_1
Q → 검출기	t_2	d_2

이에 대한 설명으로 옳은 것은?

<보기> 풀이

~~①~~ **$d_1<d_2$이다.**

➡ B의 관성계에서 상대적으로 정지해 있는 P에서 검출기까지의 거리와 Q에서 검출기까지의 거리는 고유 길이이다. B의 관성계에서 P, Q에서 동시에 방출된 빛은 검출기에 동시에 도달하므로, P와 검출기 사이의 고유 길이와 Q와 검출기 사이의 고유 길이는 같다. A의 관성계에서는 P에서 방출된 빛이 검출기에 도달하는 동안 검출기는 빛이 발생한 지점에서 대각선 방향(↗)으로 이동하므로, 빛이 진행한 거리 d_1은 P와 검출기 사이의 고유 길이보다 크다. 또 Q에서 방출된 빛이 검출기에 도달하는 동안 검출기는 빛이 발생한 지점을 향하는 방향(→)으로 이동하므로 빛이 진행한 거리 d_2는 Q와 검출기 사이의 고유 길이보다 작다. 따라서 $d_1>d_2$이다.

~~②~~ **A의 관성계에서, A의 시간은 B의 시간보다 느리게 간다.**

➡ 정지한 관찰자가 빠르게 운동하는 관찰자를 보면 상대편의 시간이 느리게 가는 시간 지연 현상이 관측된다. A의 관성계에서 볼 때 B는 광속에 가까운 속력으로 등속도 운동하므로, B의 시간은 A의 시간보다 느리게 간다. 따라서 A의 관성계에서, A의 시간은 B의 시간보다 빠르게 간다.

③ **A의 관성계에서, 빛은 P에서가 Q에서보다 먼저 방출된다.**

➡ 어떤 관성계의 한 지점에서 일어난 사건은 다른 관성계에서 동일하게 일어나므로, B의 관성계에서 P, Q에서 방출된 빛이 검출기에 동시에 도달할 때 A의 관성계에서도 P, Q에서 방출된 빛은 검출기에 동시에 도달한다. A의 관성계에서 $d_1>d_2$이고, P, Q에서 방출된 빛은 검출기에 동시에 도달하므로, 빛은 P에서가 Q에서보다 먼저 방출된다.

~~④~~ **B의 관성계에서, 빛의 속력은 $\frac{d_2}{t_2}$보다 크다.**

➡ 광속 불변 원리에 따라 모든 관성계에서 보았을 때 진공 중에서 빛의 속력은 관찰자나 광원의 속도에 관계없이 항상 일정하다. A의 관성계에서 Q에서 방출된 빛이 검출기까지 진행한 거리와 시간이 각각 d_2, t_2일 때 빛의 속력은 $\frac{d_2}{t_2}$이므로, B의 관성계에도 빛의 속력은 $\frac{d_2}{t_2}$이다.

~~⑤~~ **B의 관성계에서, Q에서 방출된 빛이 검출기에 도달하는 데 걸리는 시간은 t_1보다 크다.**

➡ B의 관성계에서 Q에서 방출된 빛이 검출기까지 진행하는 거리는 Q와 검출기 사이의 고유 길이와 같으므로, d_1보다 짧다. 빛의 속력은 일정하므로, A의 관성계에서 빛이 d_1의 거리를 진행하는 데 걸린 시간이 t_1이라면 B의 관성계에서 Q에서 방출된 빛이 검출기에 도달하는 데 걸리는 시간은 t_1보다 작다.

24 특수 상대성 이론 – 우주선이 1개인 경우 2020학년도 수능 물I 9번

정답 ⑤ | 정답률 67 %

적용해야 할 개념 ②가지

① 길이 수축: 관찰자에 대해 운동하는 물체의 속도 방향의 길이는 짧아진다(고유 길이보다 짧다).
② 시간 지연(시간 팽창): 관찰자에 대해 운동하는 상대방의 시간은 느리게 간다(고유 시간보다 길다).

문제 보기

그림과 같이 우주선이 우주 정거장에 대해 $0.6c$의 속력으로 직선 운동하고 있다. 광원에서 우주선의 운동 방향과 나란하게 발생시킨 빛 신호는 거울에 반사되어 광원으로 되돌아온다. 표는 우주선과 우주 정거장에서 각각 측정한 물리량을 나타낸 것이다.

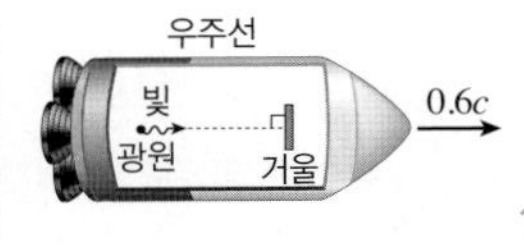

우주선
빛
광원
거울
0.6c

우주 정거장

측정한 물리량	우주선	우주 정거장
광원과 거울 사이의 거리	L_0	L_1
빛 신호가 광원에서 거울까지 가는 데 걸린 시간	t_0	t_1
빛 신호가 거울에서 광원까지 가는 데 걸린 시간	t_0	t_2

(고유 길이: L_0 / 수축된 길이: L_1 / 빛 신호가 광원에서 거울까지: 우주 정거장에 대한 우주선의 운동 방향과 같음. / 빛 신호가 거울에서 광원까지: 우주 정거장에 대한 우주선의 운동 방향과 반대임.)

이에 대한 설명으로 옳은 것만을 〈보기〉에서 있는 대로 고른 것은? (단, c는 빛의 속력이다.) [3점]

<보기> 풀이

ㄱ. $L_0 > L_1$이다.
⇒ 광원과 거울 사이의 고유 길이는 L_0이고 수축된 길이는 L_1이다. 따라서 $L_0 > L_1$이다.

ㄴ. $t_0 = \frac{L_0}{c}$이다.
⇒ 우주선에서 측정할 때 빛 신호가 광원에서 거울까지 가는 데 걸린 시간이 t_0이고, 우주선에서 측정할 때 광원과 거울 사이의 거리는 L_0이므로 $t_0 = \frac{L_0}{c}$이다.

ㄷ. $t_1 > t_2$이다.
⇒ 우주 정거장에서 측정할 때 빛 신호가 광원에서 거울까지 가는 동안 거울은 광원의 위치로부터 멀어지는 방향으로 이동하므로 $t_1 > t_0$이고, 빛 신호가 거울에서 광원까지 가는 동안 광원은 빛 신호가 반사되는 거울을 향하는 방향으로 이동하므로 $t_0 > t_2$이다. 따라서 $t_1 > t_2$이다.

25 특수 상대성 이론 – 우주선이 1개인 경우 2022학년도 수능 물I 14번

정답 ④ | 정답률 46 %

적용해야 할 개념 ③가지

① 특수 상대성 이론의 가정
• 상대성 원리: 모든 관성 좌표계에서 물리 법칙은 동일하게 성립한다.
• 광속 불변 원리: 모든 관성 좌표계에서 보았을 때 진공 중에서 빛의 속력은 관찰자나 광원의 속도와 관계없이 일정하다.
② 길이 수축: 한 관성 좌표계의 관찰자가 상대적으로 운동하는 물체를 보면 그 길이가 수축되는 것으로 관찰된다. ⇒ 길이의 상대성
③ 시간 지연(시간 팽창): 정지한 관찰자가 빠르게 운동하는 관찰자를 보면 상대편의 시간이 느리게 가는 것으로 관찰된다. ⇒ 시간의 상대성

문제 보기

그림과 같이 관찰자 A에 대해 관찰자 B가 탄 우주선이 $+x$ 방향으로 광속에 가까운 속력 v로 등속도 운동한다. B의 관성계에서 빛은 광원으로부터 각각 점 p, q, r를 향해 $-x$, $+x$, $+y$ 방향으로 동시에 방출된다. 표는 A, B의 관성계에서 각각의 경로에 따라 빛이 진행하는 데 걸린 시간을 나타낸 것이다.

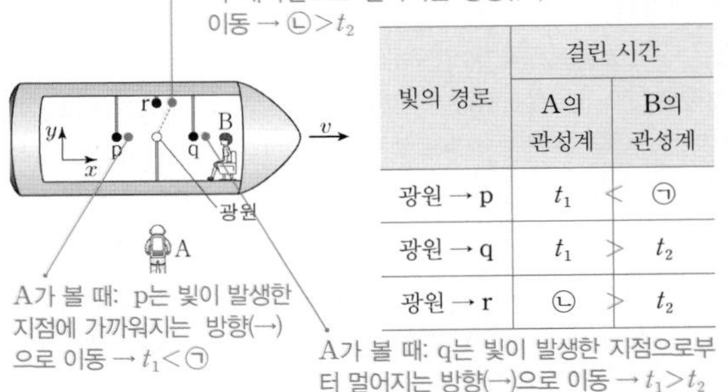

A가 볼 때: → r는 빛이 발행한 지점에서 대각선으로 멀어지는 방향(↗)으로 이동 → ㉡>t_2
r
p
q
B
광원
v
A
A가 볼 때: p는 빛이 발생한 지점에 가까워지는 방향(←)으로 이동 → t_1<㉠
A가 볼 때: q는 빛이 발생한 지점으로부터 멀어지는 방향(→)으로 이동 → t_1>t_2

빛의 경로	걸린 시간 A의 관성계	걸린 시간 B의 관성계
광원 → p	t_1	㉠
광원 → q	t_1	t_2
광원 → r	㉡	t_2

이에 대한 설명으로 옳은 것만을 〈보기〉에서 있는 대로 고른 것은? (단, 빛의 속력은 c이다.)

<보기> 풀이

ㄱ. ㉠은 t_1보다 작다.
⇒ A가 관측할 때 광원과 점 p, q, r는 $+x$ 방향으로 운동하므로 빛이 광원에서 p로 가는 동안에 p는 빛이 발생한 지점에 가까워지는 방향(←)으로 이동한다. 따라서 빛이 광원에서 p까지 가는 데 걸린 시간은 A의 관성계에서(t_1)가 B의 관성계에서(㉠)보다 작으므로, ㉠은 t_1보다 크다.

ㄴ. ㉡은 t_2보다 크다.
⇒ A가 관측할 때 빛이 광원에서 r로 가는 동안에 r는 빛이 발생한 지점으로부터 대각선으로 멀어지는 방향(↗)으로 이동한다. 따라서 빛이 광원에서 r까지 가는 데 걸린 시간은 A의 관성계에서(㉡)가 B의 관성계에서(t_2)보다 크므로 ㉡은 t_2보다 크다.

ㄷ. B의 관성계에서 p에서 q까지의 거리는 $2ct_2$보다 크다.
⇒ A가 관측할 때 빛이 광원에서 q로 가는 동안에 q는 빛이 발생한 지점으로부터 멀어지는 방향(→)으로 이동하므로 빛이 광원에서 q까지 가는 데 걸린 시간은 A의 관성계에서(t_1)가 B의 관성계에서(t_2)보다 크다. 즉, $t_1 > t_2$이다. B의 관성계에서 p에서 q까지의 거리는 빛의 속도와 빛이 가는 데 걸린 시간의 곱이므로, c(㉠$+t_2$)이다. $t_1 <$ ㉠이고 $t_1 > t_2$이므로, ㉠$> t_2$이다. 따라서 c(㉠$+t_2$)$> c(2t_2)$이므로, B의 관성계에서 p에서 q까지의 거리는 $2ct_2$보다 크다.

다른 풀이 B의 관성계에서 p에서 q까지의 거리는 빛의 속도와 빛이 가는 데 걸린 시간의 곱 c(㉠$+t_2$)이다. A가 관측할 때 빛이 광원에서 각각 p, q로 가는 데 걸리는 시간이 같으므로, A의 관성계에서 광원과 p 사이의 거리가 광원과 q 사이의 거리보다 크다. B의 관성계에서도 광원과 p 사이의 거리가 광원과 q 사이의 거리보다 크므로, 빛이 광원에서 p까지 가는 데 걸린 시간 ㉠은 빛이 광원에서 q까지 가는 데 걸린 시간 t_2보다 크다. B의 관성계에서 p에서 q까지의 거리는 c(㉠$+t_2$)이고, c(㉠$+t_2$)는 $2ct_2$보다 크므로 B의 관성계에서 p에서 q까지의 거리는 $2ct_2$보다 크다.

26 특수 상대성 이론 – 우주선이 1개인 경우 2022학년도 6월 모평 물Ⅰ 14번

정답 ⑤ | 정답률 42 %

적용해야 할 개념 ③가지

① 길이 수축: 한 관성 좌표계의 관찰자가 상대적으로 운동하는 물체를 보면 그 길이가 수축되는 것으로 관찰된다. ➡ 길이의 상대성
② 길이 수축은 운동 방향과 나란한 방향으로 일어난다.
③ 시간 지연(시간 팽창): 정지한 관찰자가 빠르게 운동하는 관찰자를 보면 상대편의 시간이 느리게 가는 것으로 관찰된다. ➡ 시간의 상대성

문제 보기

그림은 관찰자 A에 대해 관찰자 B가 탄 우주선이 x축과 나란하게 광속에 가까운 속력으로 등속도 운동을 하고 있는 모습을 나타낸 것이다. B의 관성계에서 빛은 광원으로부터 각각 $+x$ 방향, $-y$ 방향으로 동시에 방출된 후 거울 p, q에서 반사하여 광원에 동시에 도달하며 광원과 q 사이의 거리는 L이다. 표는 A의 관성계에서 빛이 광원에서 p까지, p에서 광원까지 가는 데 걸린 시간을 나타낸 것이다.

B의 관성계에서 볼 때: 광원과 p 사이의 거리 = 광원과 q 사이의 거리 = L

B의 관성계에서 볼 때: 빛이 광원과 p 사이를 왕복하는 데 걸리는 시간(고유 시간) $=\frac{2L}{c}$

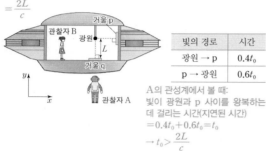

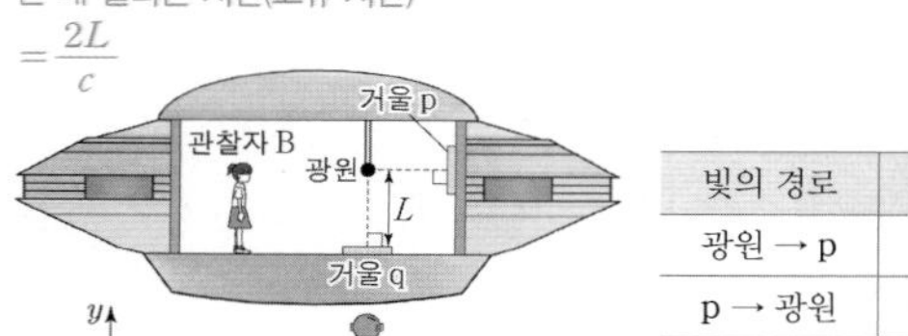

빛의 경로	시간
광원 → p	$0.4t_0$
p → 광원	$0.6t_0$

A의 관성계에서 볼 때: 빛이 광원과 p 사이를 왕복하는 데 걸리는 시간(지연된 시간) $=0.4t_0+0.6t_0=t_0$ $\rightarrow t_0>\frac{2L}{c}$

이에 대한 설명으로 옳은 것만을 〈보기〉에서 있는 대로 고른 것은? (단, 빛의 속력은 c이다.)

<보기> 풀이

ㄱ. 우주선의 운동 방향은 $-x$ 방향이다.

➡ A의 관성계에서 빛이 광원에서 p까지 가는 데 걸리는 시간은 빛이 p에서 광원까지 가는 데 걸리는 시간보다 작다. 즉, 빛이 광원에서 거울 p까지 가는 동안 거울 p가 빛이 발생한 지점에 가까워지는 방향으로 운동하고, 빛이 p에서 광원까지 가는 동안 광원이 빛이 반사된 지점에서 멀어지는 방향으로 운동한다. 따라서 우주선의 운동 방향은 $-x$ 방향이다.

ㄴ. $t_0>\frac{2L}{c}$이다.

➡ B의 관성계에서 볼 때 광원에서 동시에 방출된 빛이 거울 p, q에서 반사하여 광원에 동시에 도달하므로, 광원에서 p까지의 거리는 광원에서 q까지의 거리와 같다. 따라서 광원에서 p까지의 거리는 L이며, 빛이 광원과 p 사이를 왕복하는 데 걸리는 시간(고유 시간)은 $\frac{2L}{c}$이다.
A의 관성계에서 볼 때 빛이 광원과 p 사이를 왕복하는 데 걸리는 시간은 $0.4t_0+0.6t_0=t_0$이다. A의 관성계에서 볼 때 상대적으로 운동하는 우주선에서 시간 지연이 일어나므로, 빛이 광원과 p 사이를 왕복한 시간 t_0은 지연된(팽창된) 시간이다. 따라서 $t_0>\frac{2L}{c}$이다.

ㄷ. A의 관성계에서 광원과 p 사이의 거리는 L보다 작다.

➡ A의 관성계에서 광원과 p 사이의 거리는 길이 수축에 의해 L보다 작다.

27 특수 상대성 이론 – 우주선이 1개인 경우 2021학년도 3월 학평 물Ⅰ 17번

정답 ⑤ | 정답률 32 %

적용해야 할 개념 ②가지

① 특수 상대성 이론의 가정
• 상대성 원리: 모든 관성 좌표계에서 물리 법칙은 동일하게 성립한다.
• 광속 불변 원리: 모든 관성 좌표계에서 보았을 때 진공 중에서 빛의 속력은 관찰자나 광원의 속도와 관계없이 일정하다.
② 어느 관성계의 한 지점에서 일어난 사건은 다른 관성계에서도 동일하게 일어난다.

문제 보기

그림과 같이 관찰자 A가 관측했을 때, 정지한 광원에서 빛 p, q가 각각 $+x$ 방향과 $+y$ 방향으로 동시에 방출된 후 정지한 각 거울에서 반사하여 광원으로 동시에 되돌아온다. 관찰자 B는 A에 대해 $0.6c$의 속력으로 $+x$ 방향으로 이동하고 있다. 표는 B가 측정했을 때, p와 q가 각각 광원에서 거울까지, 거울에서 광원까지 가는 데 걸린 시간을 나타낸 것이다.

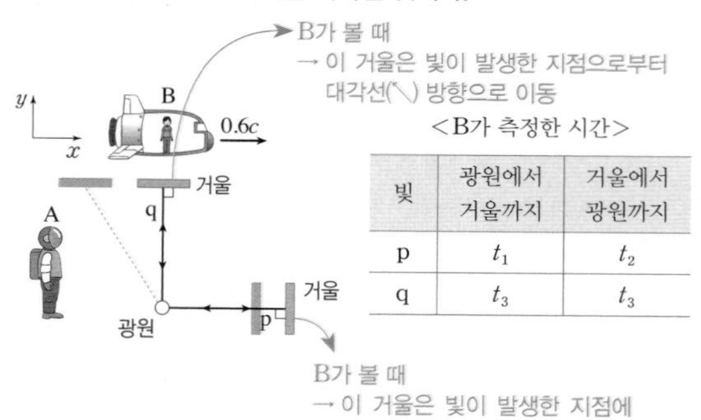

<B가 측정한 시간>

빛	광원에서 거울까지	거울에서 광원까지
p	t_1	t_2
q	t_3	t_3

B의 관성계에서 관측했을 때에 대한 옳은 설명만을 〈보기〉에서 있는 대로 고른 것은? (단, c는 빛의 속력이고, 광원의 크기는 무시한다.) [3점]

<보기> 풀이

ㄱ. p의 속력은 거울에서 반사하기 전과 후가 서로 다르다.

➡ 광속 불변 원리에 따라 모든 관성계에서 보았을 때 진공 중에서 빛의 속력은 관찰자나 광원의 속도에 관계없이 항상 일정하다. 따라서 빛 P의 속력은 거울에서 반사하기 전과 후가 같다.

ㄴ. p가 q보다 먼저 거울에서 반사한다.

➡ B가 관측할 때 광원과 거울들은 $-x$ 방향으로 0.6c의 속력으로 이동한다. 따라서 빛 p가 광원에서 거울로 가는 동안에 거울은 빛이 발생한 지점에 가까워지는 방향으로 이동하지만, 빛 q가 광원에서 거울로 가는 동안에 거울은 대각선 방향으로 이동한다. 따라서 p가 q보다 먼저 거울에 도달하므로, p가 q보다 먼저 거울에서 반사한다.

ㄷ. $2t_3=t_1+t_2$이다.

➡ 어느 관성계의 한 지점에서 일어난 사건은 다른 관성계에서도 동일하게 일어난다. A의 관성계에서 빛 p, q가 광원에서 동시에 방출된 후 광원으로 동시에 되돌아온다면, B의 관성계에서도 빛 p, q가 광원에서 동시에 방출된 후 광원으로 동시에 되돌아온다. 따라서 B의 관성계에서 빛 p가 방출된 후 되돌아오는 데 걸리는 시간(t_1+t_2)은 빛 q가 방출된 후 되돌아오는 데 걸리는 시간(t_3+t_3)과 같으므로, $2t_3=t_1+t_2$이다.

28 특수 상대성 이론 – 우주선이 1개인 경우 2022학년도 3월 학평 물Ⅰ 18번

정답 ④ | 정답률 36 %

적용해야 할 개념 ③가지

① 특수 상대성 이론의 가정
- 상대성 원리: 모든 관성 좌표계에서 물리 법칙은 동일하게 성립한다.
- 광속 불변 원리: 모든 관성 좌표계에서 보았을 때 진공 중에서 진행하는 빛의 속력은 관찰자나 광원의 속도에 관계없이 항상 일정하다.

② 길이 수축: 한 관성 좌표계의 관찰자가 상대적으로 운동하는 물체를 보면 그 길이가 수축되는 것으로 관찰된다. ➡ 길이의 상대성

③ 시간 지연(시간 팽창): 정지한 관찰자가 빠르게 운동하는 관찰자를 보면 상대편의 시간이 느리게 가는 것으로 관찰된다. ➡ 시간의 상대성

문제 보기

그림과 같이 관찰자 A가 탄 우주선이 관찰자 B에 대해 광속에 가까운 일정한 속력으로 $+x$ 방향으로 운동한다. A의 관성계에서 빛은 광원으로부터 각각 $-x$ 방향, $+y$ 방향으로 방출된다. 표는 A와 B가 각각 측정했을 때 빛이 광원에서 점 p, q까지 가는 데 걸린 시간을 나타낸 것이다.

A가 볼 때
→ 광원과 p가 정지
→ 빛이 이동한 거리 = 광원과 p 사이의 거리
→ $2ct_1$ = 광원과 p 사이의 거리

B가 볼 때
→ q는 빛이 발생한 지점에서 대각선으로 멀어지는 방향(↗)으로 이동

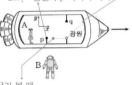

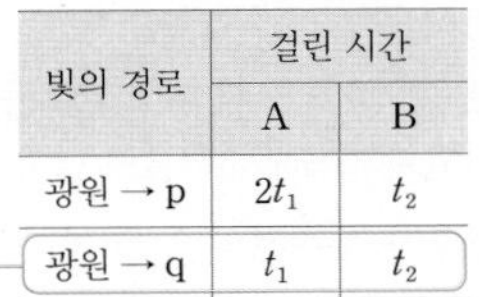

빛의 경로	걸린 시간	
	A	B
광원 → p	$2t_1$	t_2
광원 → q	t_1	t_2

B가 볼 때
→ p는 빛이 발생한 지점에 가까워지는 방향(→)으로 이동
→ 빛이 이동한 거리 < 광원과 p 사이의 거리
→ ct_2 < 광원과 p 사이의 거리

→ 빛이 광원에서 q까지 이동한 경로의 길이 : A의 관성계 < B의 관성계 → $t_1 < t_2$

이에 대한 설명으로 옳은 것은? (단, 빛의 속력은 c이다.) [3점]

<보기> 풀이

~~①~~ $t_1 > t_2$이다.

➡ B가 관측할 때 빛이 광원에서 q로 가는 동안에 q는 빛이 발생한 지점으로부터 대각선으로 멀어지는 방향(↗)으로 이동한다. 따라서 B의 관성계에서 빛이 광원에서 q까지 가는 데 걸린 시간 t_2는 A의 관성계에서 빛이 광원에서 q까지 가는 데 걸린 시간 t_1보다 크다. 따라서 $t_1 < t_2$이다.

~~②~~ A의 관성계에서 광원과 p 사이의 거리는 $2ct_1$보다 작다.

➡ A의 관성계에서 광원과 p 사이의 거리는 빛의 속도와 빛이 가는 데 걸린 시간의 곱과 같으므로, $c \times 2t_1 = 2ct_1$이다.

~~③~~ B의 관성계에서 광원과 p 사이의 거리는 ct_2이다.

➡ B가 관측할 때 광원과 p가 $+x$ 방향으로 운동하므로, 빛이 광원에서 p로 가는 동안에 p는 빛이 발생한 지점에 가까워지는 방향(→)으로 이동한다. 따라서 빛이 광원에서 p까지 이동한 거리는 광원과 p 사이의 거리보다 작다. B의 관성계에서 빛이 광원에서 p까지 이동한 거리 = 빛의 속도 × 걸린 시간 = ct_2이므로, 광원과 p 사이의 거리는 ct_2보다 크다.

④ B의 관성계에서 광원과 q 사이의 거리는 ct_2보다 작다.

➡ B가 관측할 때 광원과 q가 $+x$ 방향으로 운동하므로, 빛이 광원에서 q로 가는 동안에 q는 빛이 발생한 지점으로부터 대각선으로 멀어지는 방향(↗)으로 이동한다. 따라서 빛이 광원에서 q까지 이동한 거리는 광원과 q 사이의 거리보다 크다. B의 관성계에서 빛이 이동한 거리 = 빛의 속도 × 걸린 시간 = ct_2이므로, 광원과 q 사이의 거리는 ct_2보다 작다.

~~⑤~~ B가 측정할 때, B의 시간은 A의 시간보다 느리게 간다.

➡ B가 측정할 때 상대적으로 운동하는 A의 시간이 느리게 가는 것으로 관찰된다. 따라서 B가 측정할 때, B의 시간은 A의 시간보다 빠르게 간다.

29 특수 상대성 이론 – 우주선이 1개인 경우 2025학년도 수능 물I 9번

정답 ④ | 정답률 74 %

적용해야 할 개념 ③가지

① 특수 상대성 이론의 가정
- 상대성 원리: 모든 관성 좌표계에서 물리 법칙은 동일하게 성립한다.
- 광속 불변 원리: 모든 관성 좌표계에서 보았을 때 진공 중에서 진행하는 빛의 속력은 관찰자나 광원의 속도에 관계없이 항상 일정하다.

② 고유 길이는 관찰자가 측정했을 때 정지 상태에 있는 물체의 길이 또는 한 관성 좌표계에 대해 고정된 두 지점 사이의 길이이다.

③ 길이 수축: 한 관성 좌표계의 관찰자가 상대적으로 운동하는 물체를 보면 그 길이가 수축되는 것으로 관찰된다. ➡ 길이의 상대성

문제 보기

그림과 같이 관찰자 A에 대해 관찰자 B가 탄 우주선이 $+x$방향으로 터널을 향해 $0.8c$의 속력으로 등속도 운동한다. A의 관성계에서, x축과 나란하게 정지해 있는 터널의 길이는 L이고, 우주선의 앞이 터널의 출구를 지나는 순간 우주선의 뒤가 터널의 입구를 지난다.

→ A의 관성계: 터널의 길이(고유 길이) = 우주선의 길이(수축된 길이) $= L$

B의 관성계:
- 터널의 길이(수축된 길이) $< L$
- 우주선의 길이(고유 길이) $> L$

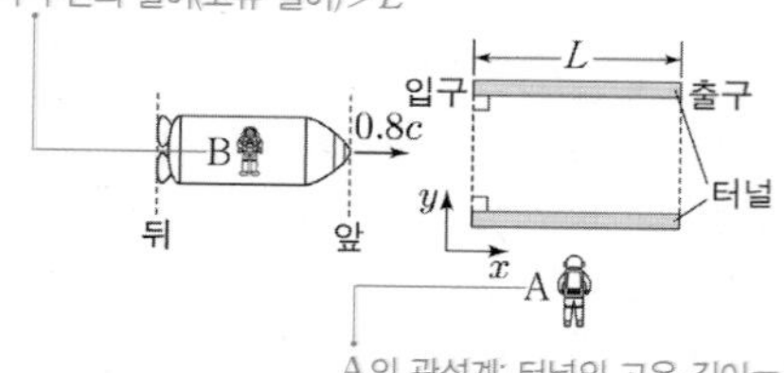

A의 관성계: 터널의 고유 길이 $= L$
→ 우주선의 앞이 입구를 지나는 순간부터 우주선의 뒤가 입구를 지나는 순간까지 걸린 시간 $= \frac{L}{0.8c}$

이에 대한 설명으로 옳은 것만을 〈보기〉에서 있는 대로 고른 것은? (단, c는 빛의 속력이다.) [3점]

<보기> 풀이

ㄱ. A의 관성계에서, 우주선의 앞이 터널의 입구를 지나는 순간부터 우주선의 뒤가 터널의 입구를 지나는 순간까지 걸린 시간은 $\frac{L}{0.8c}$보다 작다. ✗

➡ A의 관성계에서 우주선의 앞이 터널의 출구를 지나는 순간 우주선의 뒤가 터널의 입구를 지나므로, 정지해 있는 터널의 길이(고유 길이)는 운동하는 우주선의 길이(수축된 길이)와 같다. A의 관성계에서 터널의 길이는 L이므로 우주선의 앞이 터널의 입구를 지나는 순간부터 우주선의 뒤가 터널의 입구를 지나는 순간까지 우주선이 지나야 하는 길이는 L이다. 이때 우주선의 속력은 $0.8c$이므로, 걸린 시간은 $\frac{L}{0.8c}$이다.

ㄴ. B의 관성계에서, 터널의 길이는 L보다 작다. ○

➡ B의 관성계에서 터널이 $-x$방향으로 $0.8c$의 속력으로 운동하므로, 운동 방향으로 터널의 길이 수축이 일어난다. 따라서 B의 관성계에서 터널의 길이(수축된 길이)는 L보다 작다.

ㄷ. B의 관성계에서, 터널의 출구가 우주선의 앞을 지나고 난 후 터널의 입구가 우주선의 뒤를 지난다. ○

➡ B의 관성계에서 상대적으로 정지해 있는 우주선의 길이가 고유 길이이므로 우주선의 길이는 L보다 크고 터널의 길이는 L보다 작다. 따라서 B의 관성계에서, 터널의 출구가 우주선의 앞을 지나고 난 후 터널의 입구가 우주선의 뒤를 지난다.

12 일차

01 ④ 02 ④ 03 ④ 04 ② 05 ④ 06 ④ 07 ⑤ 08 ① 09 ② 10 ⑤ 11 ②

문제편 116쪽~119쪽

01 특수 상대성 이론 – 우주선이 2개인 경우 2024학년도 10월 학평 물Ⅰ 9번

정답 ④ | 정답률 78 %

적용해야 할 개념 ④가지

① 특수 상대성 이론의 가정
- 상대성 원리: 모든 관성 좌표계에서 물리 법칙은 동일하게 성립한다.
- 광속 불변 원리: 모든 관성 좌표계에서 보았을 때 진공 중에서 진행하는 빛의 속력은 관찰자나 광원의 속도에 관계없이 항상 일정하다.

② 고유 길이는 관찰자가 측정했을 때 정지 상태에 있는 물체의 길이 또는 한 관성 좌표계에 대해 고정된 두 지점 사이의 길이이다.

③ 길이 수축: 한 관성 좌표계의 관찰자가 상대적으로 운동하는 물체를 보면 그 길이가 수축되는 것으로 관찰된다. ➡ 길이의 상대성

④ 물체의 속력이 빠를수록 길이 수축 효과와 시간 지연 효과가 크다.

문제 보기

그림은 관찰자 C에 대해 관찰자 A, B가 탄 우주선이 각각 광속에 가까운 속도로 등속도 운동하는 것을 나타낸 것으로, B에 대해 광원 O, 검출기 P, Q가 정지해 있다. P, O, Q를 잇는 직선은 두 우주선의 운동 방향과 나란하다. A, B가 탄 우주선의 고유 길이는 서로 같으며, C의 관성계에서, A가 탄 우주선의 길이는 B가 탄 우주선의 길이보다 짧다. A의 관성계에서, O에서 동시에 방출된 빛은 P, Q에 동시에 도달한다.

A의 관성계에서
- B가 탄 우주선의 운동 방향: '←' 방향
→ P, Q의 운동 방향: '←' 방향
- 빛은 P, Q에 동시 도달
→ P와 O 사이의 거리<O와 Q 사이의 거리

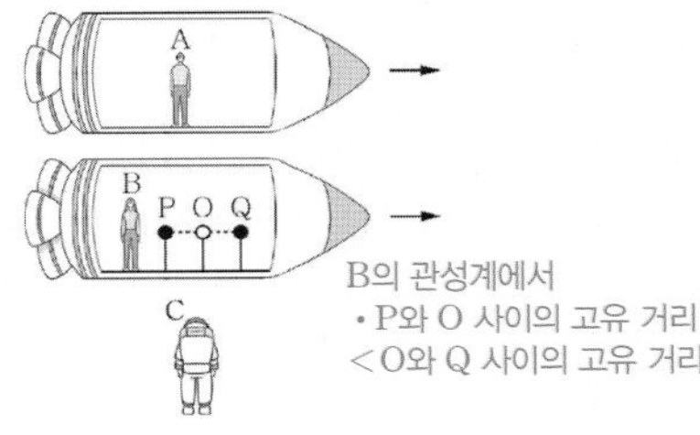

B의 관성계에서
- P와 O 사이의 고유 거리 <O와 Q 사이의 고유 거리

C의 관성계에서
- 길이 수축 효과: A가 탄 우주선>B가 탄 우주선
→ C에 대한 우주선의 속력: A가 탄 우주선>B가 탄 우주선
- P, Q의 운동 방향: '→' 방향
→ 빛이 O에서 P까지 진행한 거리<빛이 O에서 Q까지 진행한 거리
→ 빛은 Q보다 P에 먼저 도달

이에 대한 옳은 설명만을 〈보기〉에서 있는 대로 고른 것은? [3점]

<보기> 풀이

ㄱ. C의 관성계에서, A가 탄 우주선의 속력은 B가 탄 우주선의 속력보다 크다.

➡ C의 관성계에서 A가 탄 우주선의 길이는 B가 탄 우주선의 길이보다 짧으므로, 길이 수축 효과는 A가 탄 우주선의 길이에서가 B가 탄 우주선의 길이에서보다 크다. 우주선의 속력이 클수록 길이 수축 효과는 크므로, C의 관성계에서 A가 탄 우주선의 속력은 B가 탄 우주선의 속력보다 크다.

ㄴ. B의 관성계에서, P와 O 사이의 거리는 O와 Q 사이의 거리와 같다.

➡ A의 관성계에서 B가 탄 우주선의 운동 방향은 왼쪽 방향('←' 방향)이므로, O에서 동시에 방출된 빛이 P와 Q로 진행하는 동안 P, Q는 왼쪽으로 이동한다. 즉, A의 관성계에서 P는 빛이 방출된 지점으로부터 멀어지는 방향으로 이동하고 Q는 빛이 방출된 지점에 가까워지는 방향으로 이동한다. 이때 빛이 P, Q에 동시에 도달하므로, P와 O 사이의 거리는 O와 Q 사이의 거리보다 짧다. B의 관성계에서 P와 O 사이의 거리와 O와 Q 사이의 거리는 고유 거리이며, B의 관성계에서도 P와 O 사이의 거리는 O와 Q 사이의 거리보다 짧다.

ㄷ. C의 관성계에서, 빛은 Q보다 P에 먼저 도달한다.

➡ C의 관성계에서, B가 탄 우주선의 운동 방향은 오른쪽 방향('→' 방향)이므로, O에서 동시에 방출된 빛이 P와 Q로 진행하는 동안 P, Q는 오른쪽으로 이동한다. 이때 P는 빛이 발생한 지점에 가까워지는 방향으로 이동하고 Q는 빛이 발생한 지점으로부터 멀어지는 방향으로 이동하며 P와 O 사이의 고유 거리는 O와 Q 사이의 거리보다 짧으므로, 빛은 Q보다 P에 먼저 도달한다.

02 특수 상대성 이론 – 두 물체가 빠르게 운동하는 경우 2020학년도 9월 모평 물Ⅰ 7번

정답 ④ | 정답률 78 %

적용해야 할 개념 ③가지

① 특수 상대성 이론의 가정
- 상대성 원리: 모든 관성 좌표계에서 물리 법칙은 동일하게 성립한다.
- 광속 불변 원리: 모든 관성 좌표계에서 보았을 때 진공 중에서 빛의 속력은 관찰자나 광원의 속도와 관계없이 일정하다.

② 물체의 속력이 빠를수록 길이 수축 효과와 시간 지연 효과가 크다.

③ 길이 수축은 운동 방향과 나란한 방향으로만 일어난다.

문제 보기

그림과 같이 관찰자에 대해 우주선 A, B가 각각 일정한 속도 $0.7c$, $0.9c$로 운동한다. (→ 속력은 A가 B보다 작다.) A, B에서는 각각 광원에서 방출된 빛이 검출기에 도달하고, 광원과 검출기 사이의 고유 길이는 같다. 광원과 검출기는 운동 방향과 나란한 직선상에 있다.

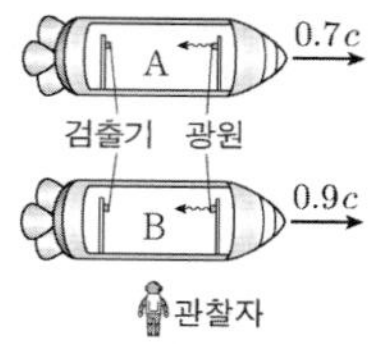

관찰자가 측정할 때, 이에 대한 설명으로 옳은 것만을 〈보기〉에서 있는 대로 고른 것은? (단, 빛의 속력은 c이다.)

<보기> 풀이

~~ㄱ.~~ **A에서 방출된 빛의 속력은 c보다 작다.**

➡ 빛의 속력은 관찰자 또는 광원의 운동 상태에 관계없이 일정하다. 따라서 A에서 방출된 빛의 속력은 c와 같다.

ⓛ **ㄴ. 광원과 검출기 사이의 거리는 A에서가 B에서보다 크다.**

➡ 속력은 B가 A보다 크므로 길이 수축 효과는 B에서가 A에서보다 크다. 광원과 검출기 사이의 고유 길이는 같으므로, 관찰자가 측정할 때 B에서의 길이가 더 수축되므로 광원과 검출기 사이의 거리는 A에서가 B에서보다 크다.

ㄷ. 광원에서 방출된 빛이 검출기에 도달하는 데 걸린 시간은 A에서가 B에서보다 크다.

➡ A, B에서 빛이 검출기를 향해 진행할 때 검출기는 광원을 향하는 방향으로 운동한다. 속력이 클수록 길이 수축 효과가 크므로 관찰자가 측정할 때 광원과 검출기 사이의 거리는 A에서가 B에서보다 크다. 빛의 속력은 A에서와 B에서가 같으므로 광원에서 방출된 빛이 검출기에 도달하는 데 걸린 시간은 A에서가 B에서보다 크다.

03 특수 상대성 이론 – 두 물체가 빠르게 운동하는 경우 2020학년도 4월 학평 물Ⅰ 7번

정답 ④ | 정답률 82 %

적용해야 할 개념 ③가지

① 특수 상대성 이론의 가정
- 상대성 원리: 모든 관성 좌표계에서 물리 법칙은 동일하게 성립한다.
- 광속 불변 원리: 모든 관성 좌표계에서 보았을 때 진공 중에서 빛의 속력은 관찰자나 광원의 속도와 관계없이 일정하다.

② 시간 지연(시간 팽창): 정지한 관찰자가 빠르게 운동하는 관찰자를 보면 상대편의 시간이 느리게 가는 것으로 관찰된다. ➡ 시간의 상대성

③ 물체의 속력이 빠를수록 길이 수축 효과와 시간 지연 효과가 크다.

문제 보기

그림과 같이 관찰자 A, B가 탄 우주선이 수평면에 있는 관찰자 C에 대해 수평면과 나란한 방향으로 각각 일정한 속도 v_A, v_B로 운동한다. 광원에서 방출된 빛이 거울에 반사되어 되돌아오는 데 걸린 시간은 A가 측정할 때가 B가 측정할 때보다 작다. 광원, 거울은 C에 대해 정지해 있다.

→ 걸린 시간: A가 측정할 때 < B가 측정할 때
→ 빛이 진행해야 하는 거리: A가 측정할 때 < B가 측정할 때
→ $v_A < v_B$
→ 시간 지연 효과: A < B

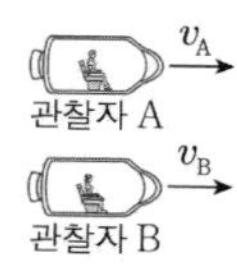

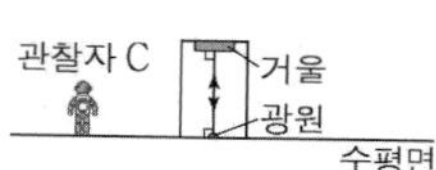

이에 대한 설명으로 옳은 것만을 〈보기〉에서 있는 대로 고른 것은? [3점]

<보기> 풀이

~~ㄱ.~~ **광원에서 방출된 빛의 속력은 B가 측정할 때가 C가 측정할 때보다 크다.**

➡ 광속 불변 원리에 따라 빛의 속력은 관찰자 또는 광원의 운동 상태에 관계없이 항상 c로 일정하다. 따라서 광원에서 방출된 빛의 속력은 B가 측정할 때와 C가 측정할 때가 같다.

ㄴ. $v_A < v_B$이다.

➡ 광원에서 방출된 빛이 거울에 반사되어 되돌아오는 데 걸린 시간은 A가 측정할 때가 B가 측정할 때보다 작고 빛의 속력은 일정하므로, 광원에서 방출된 빛이 거울에 반사되어 되돌아올 때 빛이 진행해야 하는 거리는 A가 측정할 때가 B가 측정할 때보다 작다. 빛이 진행해야 하는 거리가 작을수록 관찰자 C에 대한 속도가 작으므로, $v_A < v_B$이다.

ㄷ. C가 측정할 때, B의 시간은 A의 시간보다 느리게 간다.

➡ C가 측정할 때 속력은 B가 A보다 크므로 시간 지연 효과는 B에서가 A에서보다 크다. 따라서 B의 시간은 A의 시간보다 느리게 간다.

04	특수 상대성 이론 – 두 물체가 빠르게 운동하는 경우 2019학년도 7월 학평 물Ⅰ 9번 정답 ② ㅣ 정답률 60 %
적용해야 할 개념 ③가지	① 특수 상대성 이론의 가정 • 상대성 원리: 모든 관성 좌표계에서 물리 법칙은 동일하게 성립한다. • 광속 불변 원리: 모든 관성 좌표계에서 보았을 때 진공 중에서 빛의 속력은 관찰자나 광원의 속도와 관계없이 일정하다. ② 시간 지연(시간 팽창): 정지한 관찰자가 빠르게 운동하는 관찰자를 보면 상대편의 시간이 느리게 가는 것으로 관찰된다. ➡ 시간의 상대성 ③ 길이 수축: 한 관성 좌표계의 관찰자가 상대적으로 운동하는 물체를 보면 그 길이가 수축되는 것으로 관찰된다. ➡ 길이의 상대성

12 일차

문제 보기

그림과 같이 우주 정거장 A에서 볼 때 다가오는 우주선 B와 멀어지는 우주선 C가 각각 $0.5c$, $0.7c$의 속력으로 등속도 운동하며 A에 대해 정지해 있는 점 p, q를 지나고 있다. B, C가 각각 p, q를 지나는 순간 A의 광원에서 B와 C를 향해 빛신호를 보냈다. B에서 측정할 때 광원과 p 사이의 거리는 C에서 측정할 때 광원과 q 사이의 거리와 같고, A에서 측정할 때 광원과 p 사이의 거리는 1광년이다.

└ 광원과 p 사이의 고유 길이

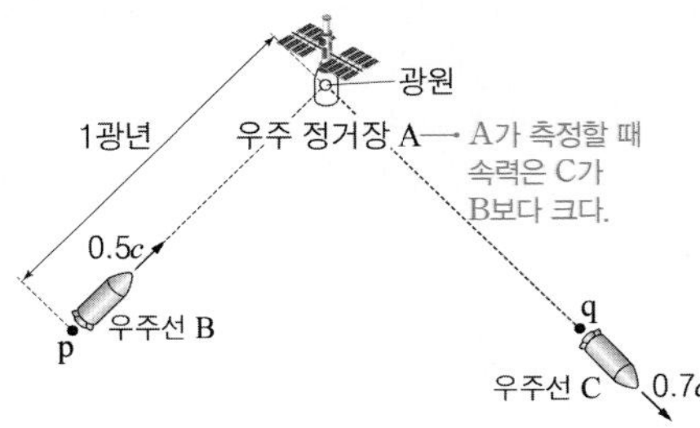

이에 대한 설명으로 옳은 것만을 〈보기〉에서 있는 대로 고른 것은? (단, c는 빛의 속력이고, 1광년은 빛이 1년 동안 진행하는 거리이다.) [3점]

└ 1광년$=c\times$1년

<보기> 풀이

ㄱ. 빛의 속력은 B에서 측정할 때가 C에서 측정할 때보다 크다. (✕)

➡ 빛의 속력은 광원과 관찰자의 운동에 관계없이 항상 일정하다. 따라서 빛의 속력은 B에서 측정할 때와 C에서 측정할 때가 같다.

ㄴ. A에서 측정할 때 B가 p에서 광원까지 이동하는 데 걸리는 시간은 2년보다 크다. (✕)

➡ A에서 측정할 때 광원과 p 사이의 거리는 1광년이고 B의 속력은 $0.5c$이므로 B가 p에서 광원까지 이동하는 데 걸리는 시간은 $\frac{1\text{광년}}{0.5c}=\frac{c\times 1\text{년}}{0.5c}=2$년이다.

ㄷ. A에서 측정할 때 광원과 q 사이의 거리는 1광년보다 크다. (○)

➡ 속력은 C가 B보다 크므로 길이 수축 효과는 C가 B보다 크다. B에서 측정할 때 광원과 p 사이의 거리는 C에서 측정할 때 광원과 q 사이의 거리와 같으므로 A에서 측정할 때 광원과 q 사이의 거리는 1광년보다 크다.

05	특수 상대성 이론 – 두 물체가 빠르게 운동하는 경우 2023학년도 10월 학평 물Ⅰ 10번 정답 ④ ㅣ 정답률 60 %
적용해야 할 개념 ③가지	① 특수 상대성 이론의 가정 • 상대성 원리: 모든 관성 좌표계에서 물리 법칙은 동일하게 성립한다. • 광속 불변 원리: 모든 관성 좌표계에서 보았을 때 진공 중에서 진행하는 빛의 속력은 관찰자나 광원의 속도에 관계없이 항상 일정하다. ② 길이 수축: 한 관성 좌표계의 관찰자가 상대적으로 운동하는 물체를 보면 그 길이가 수축되는 것으로 관찰된다. ➡ 길이의 상대성 ③ 물체의 속력이 빠를수록 길이 수축 효과가 크다.

문제 보기

그림과 같이 관찰자 X에 대해 우주선 A, B가 서로 반대 방향으로 속력 $0.6c$로 등속도 운동한다. 기준선 P, Q와 점 O는 X에 대해 정지해 있다. X의 관성계에서, A가 P에서 빛 a를 방출하는 순간 B는 Q에서 빛 b를 방출하고, a와 b는 O를 동시에 지난다.

└ A의 관성계에서도 동시에 도달한다.

A의 관성계에서 B의 속력 > X의 관성계에서 B의 속력
→ A의 관성계에서 B의 길이 < X의 관성계에서 B의 길이

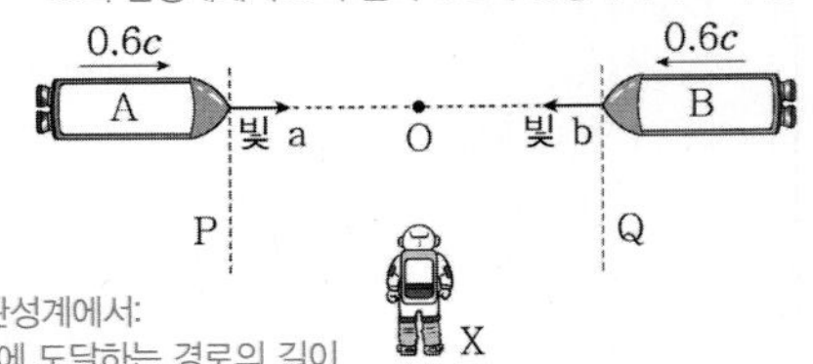

A의 관성계에서:
a가 O에 도달하는 경로의 길이
< b가 O에 도달하는 경로의 길이
→ a와 b가 O에 동시에 도달하려면, b가 방출된 후 a가 방출됨.

A의 관성계에서, 이에 대한 옳은 설명만을 〈보기〉에서 있는 대로 고른 것은? (단, c는 빛의 속력이다.) [3점]

<보기> 풀이

ㄱ. B의 길이는 X가 측정한 B의 길이보다 크다. (✕)

➡ X의 관성계에서와 A의 관성계에서 측정할 때, 상대적으로 운동하는 B의 길이는 모두 수축되어 고유 길이보다 작다. 이때 길이 수축이 일어나는 정도는 B의 속력이 클수록 더 크다. B의 속력은 A의 관성계에서가 X의 관성계에서보다 크므로, B의 길이는 A의 관성계에서가 X의 관성계에서보다 작다. 따라서 A의 관성계에서 측정한 B의 길이는 X가 측정한 B의 길이보다 작다.

ㄴ. a와 b는 O에 동시에 도달한다. (○)

➡ 어떤 관성계의 한 지점에서 일어난 사건은 다른 관성계에서 동일하게 일어난다. 따라서 X의 관성계에서 a와 b가 O를 동시에 지난다면, A의 관성계에서도 a와 b는 O에 동시에 도달한다.

ㄷ. b가 방출된 후 a가 방출된다. (○)

➡ A의 관성계에서 O는 a가 방출된 지점에 가까워지고 b가 방출된 지점에서 멀어지므로, a가 O에 도달하는 경로의 길이는 b가 O에 도달하는 경로의 길이보다 작다. 이때 a와 b는 O에 동시에 도달해야 하므로, b가 방출된 후 a가 방출된다.

06 특수 상대성 이론 – 두 물체가 빠르게 운동하는 경우 2021학년도 10월 학평 물I 16번

정답 ④ | 정답률 58 %

적용해야 할 개념 ③가지

① 고유 길이는 관찰자가 측정했을 때 정지 상태에 있는 물체의 길이 또는 한 관성 좌표계에 대해 고정된 두 지점 사이의 길이이다.
② 길이 수축: 한 관성 좌표계의 관찰자가 상대적으로 운동하는 물체를 보면 그 길이가 수축되는 것으로 관찰된다. ➡ 길이의 상대성
③ 물체의 속력이 빠를수록 길이 수축 효과와 시간 지연 효과가 크다.

문제 보기

그림과 같이 관찰자 P가 관측할 때 우주선 A, B는 길이가 같고, 같은 방향으로 속력 v_A, v_B로 직선 운동한다. B의 관성계에서 A의 길이는 B의 길이보다 크다. A, B의 고유 길이는 각각 L_A, L_B이다.

A의 관성계에서 볼 때:
A의 길이$=L_A$,
B의 길이$=L_B$보다 수축된 길이
→ $L_A>L_B$이므로,
A와 B의 길이 차$>|L_A-L_B|$

B의 관성계에서 볼 때:
A의 길이(L_A보다 수축된 길이)
$>$B의 길이(L_B)
→ $L_A>L_B$

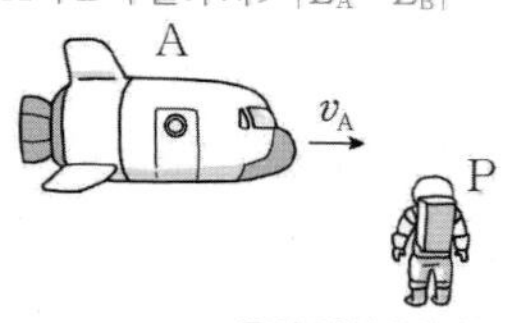

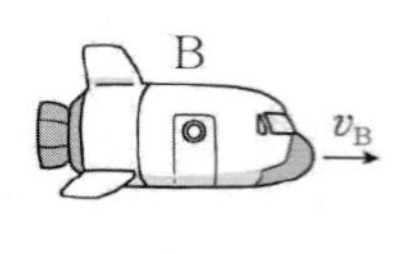

P의 관성계에서 볼 때:
A의 길이(L_A보다 수축된 길이)
$=$B의 길이(L_B보다 수축된 길이)
→ $L_A>L_B$이므로, $v_A>v_B$

이에 대한 옳은 설명만을 〈보기〉에서 있는 대로 고른 것은?

<보기> 풀이

✕. $L_A<L_B$이다.
➡ B의 관성계에서 볼 때 상대적으로 운동하는 A의 길이는 수축되어 A의 고유 길이인 L_A보다 작고, 정지 상태의 B의 길이는 고유 길이인 L_B이다. B의 관성계에서 L_A보다 수축된 A의 길이가 B의 고유 길이 L_B보다 크므로, $L_A>L_B$이다.

ㄴ. $v_A>v_B$이다.
➡ 관찰자 P가 관측할 때 상대적으로 운동하는 우주선 A, B의 길이는 모두 수축되어 고유 길이보다 작다. 이때 길이 수축이 일어나는 정도는 우주선의 속력이 클수록 더 크다. $L_A>L_B$이고 P의 관성계에서 수축된 A와 수축된 B의 길이가 같으므로 길이 수축이 일어나는 정도는 A가 B보다 크다. 따라서 A의 속력이 B의 속력보다 크므로, $v_A>v_B$이다.

ㄷ. **A의 관성계에서, A와 B의 길이 차는 $|L_A-L_B|$보다 크다.**
➡ A의 관성계에서 볼 때 정지 상태의 A의 길이는 고유 길이 L_A와 같고, 상대적으로 운동하는 B의 길이는 수축되어 고유 길이 L_B보다 작다. $L_A>L_B$이므로, A의 관성계에서 A와 B의 길이 차는 $|L_A-L_B|$보다 크다.

07 특수 상대성 이론 – 두 물체가 빠르게 운동하는 경우 2019학년도 4월 학평 물I 9번

정답 ⑤ | 정답률 53 %

적용해야 할 개념 ③가지

① 물체의 속력이 빠를수록 길이 수축 효과와 시간 지연 효과가 크다.
② 길이 수축은 운동 방향과 나란한 방향으로만 일어난다.
③ 동시성의 상대성: 한 관성 좌표계에서 동시에 일어난 두 사건은 다른 관성 좌표계에서 관찰할 때 동시에 일어난 것이 아닐 수 있다. ➡ 두 사건이 발생한 시간은 관찰자에 따라, 즉 좌표계에 따라 다르게 측정된다.

문제 보기

그림은 관찰자 A에 대해 관찰자 B, C가 탄 우주선이 각각 $0.6c$, v의 속력으로 등속도 운동하는 모습을 나타낸 것이다. A가 측정할 때, B가 탄 우주선의 광원에서 발생한 빛은 검출기 P, Q에 동시에 도달하고 B가 탄 우주선의 길이 L_B는 C가 탄 우주선의 길이 L_C보다 크다. B와 C가 탄 우주선의 고유 길이는 같다. P, 광원, Q는 운동 방향과 나란한 동일 직선상에 있다.

→ $L_B>L_C$ → 길이 수축 효과는 C가 더 크다.

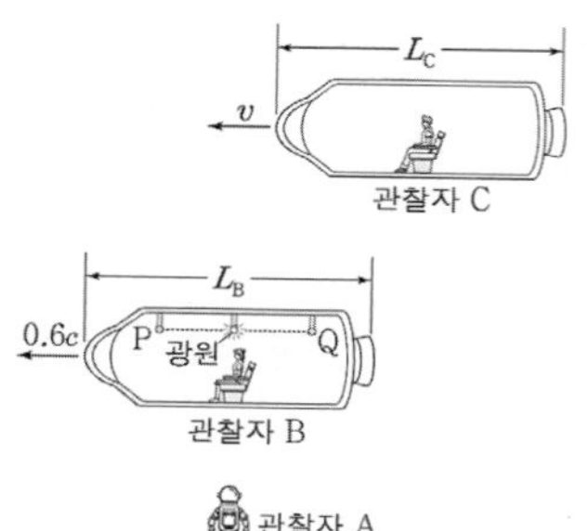

이에 대한 설명으로 옳은 것만을 〈보기〉에서 있는 대로 고른 것은? (단, c는 빛의 속력이다.) [3점]

<보기> 풀이

ㄱ. $v>0.6c$이다.
➡ B와 C가 탄 우주선의 고유 길이는 같고, A가 측정할 때 $L_B>L_C$이므로 C가 탄 우주선의 길이가 더 많이 수축되었다. 물체의 속력이 빠를수록 길이 수축 효과가 크므로 A가 측정할 때 C가 탄 우주선의 속력이 B가 탄 우주선의 속력보다 크다. 따라서 $v>0.6c$이다.

ㄴ. **A가 측정할 때, C의 시간이 B의 시간보다 느리게 간다.**
➡ A가 측정할 때 속력은 C가 B보다 크므로 시간 지연 효과는 C가 더 크다. 따라서 C의 시간이 B의 시간보다 느리게 간다.

ㄷ. **B가 측정할 때, 광원에서 발생한 빛은 Q보다 P에 먼저 도달한다.**
➡ A가 측정할 때 P는 광원에서 멀어지는 방향으로 운동하고 Q는 광원을 향하는 방향으로 운동한다. A가 측정할 때 광원에서 발생한 빛은 P와 Q에 동시에 도달한다고 하였으므로 P에서 광원까지의 거리는 광원에서 Q까지의 거리보다 작다. B는 우주선에 정지한 상태로 측정하므로 광원에서 발생한 빛은 Q보다 P에 먼저 도달한다.

08 특수 상대성 이론 – 두 물체가 빠르게 운동하는 경우 2019학년도 10월 학평 물Ⅰ 5번

정답 ① | 정답률 73 %

적용해야 할 개념 ⑤가지

① 시간 지연(시간 팽창): 정지한 관찰자가 빠르게 운동하는 관찰자를 보면 상대편의 시간이 느리게 가는 것으로 관찰된다. ➡ 시간의 상대성
② 길이 수축: 한 관성 좌표계의 관찰자가 상대적으로 운동하는 물체를 보면 그 길이가 수축되는 것으로 관찰된다. ➡ 길이의 상대성
③ 고유 길이는 관찰자가 측정했을 때 정지 상태에 있는 물체의 길이 또는 한 관성 좌표계에 대해 고정된 두 지점 사이의 길이이다.
④ 고유 시간은 관찰자가 보았을 때 동일한 위치에서 일어난 두 사건의 시간 간격이다.
⑤ 관찰자에 대한 속력이 빠를수록 길이 수축 효과와 시간 지연 효과가 크다.

문제 보기

그림은 기준선 P, O, Q에 대해 정지한 관찰자 C가 서로 반대 방향으로 각각 $0.9c$, v의 속력으로 등속도 운동을 하는 우주선 A, B를 관측한 모습을 나타낸 것이다. C가 관측할 때, A, B는 O를 동시에 지난 후, O에서 각각 $9L$, $8L$ 떨어진 Q와 P를 동시에 지난다.

└ C가 관측할 때, 같은 시간 동안 이동한 거리는 A가 $9L$이고 B가 $8L$이다.

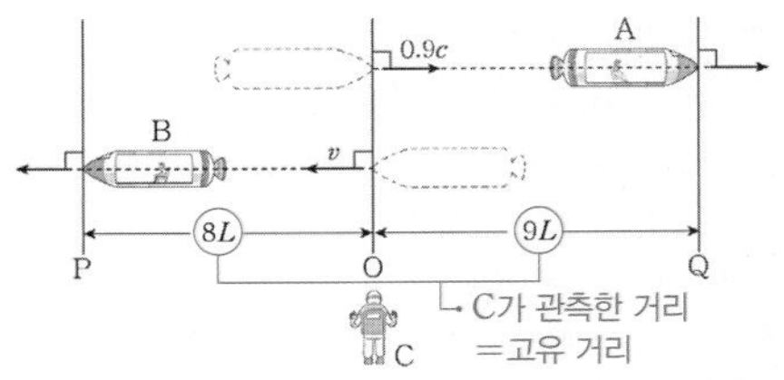

이에 대한 옳은 설명만을 〈보기〉에서 있는 대로 고른 것은? (단, c는 빛의 속력이다.) [3점]

<보기> 풀이

정지해 있는 C가 측정한 O와 Q 사이의 거리, O와 P 사이의 거리는 고유 길이이다.

ㄱ. $v=0.8c$이다.

➡ C가 관측할 때 A가 O에서 Q까지 이동하는 데 걸린 시간과 B가 O에서 P까지 이동하는 데 걸린 시간은 같다. 같은 시간 동안 A의 이동 거리는 $9L$이고 B의 이동 거리는 $8L$이다. C가 관측할 때 A의 속력은 $0.9c$이므로 B의 속력은 $0.8c$이다.

ㄴ. P와 Q 사이의 거리는 B에서 측정할 때가 A에서 측정할 때보다 짧다.

➡ 속력이 빠를수록 길이 수축 효과는 크다. C가 측정할 때 속력은 A가 B보다 크므로 A에서 길이 수축 효과가 더 크다. 따라서 P와 Q 사이의 거리는 B에서 측정할 때가 A에서 측정할 때보다 길다.

ㄷ. B에서 측정할 때, O가 B를 지나는 순간부터 P가 B를 지날 때까지 걸리는 시간은 $\frac{10L}{c}$이다.

➡ B에서 측정할 때 길이 수축이 일어나므로 O와 P 사이의 거리는 $8L$보다 작다. C가 측정할 때 B가 O에서 P까지 걸린 시간은 $\frac{8L}{0.8c}=\frac{10L}{c}$이므로 B에서 측정할 때, O가 B를 지나는 순간부터 P가 B를 지날 때까지 걸리는 시간은 $\frac{10L}{c}$보다 작다.

09 특수 상대성 이론 – 두 물체가 빠르게 운동하는 경우 2019학년도 9월 모평 물Ⅰ 6번

정답 ② | 정답률 56 %

적용해야 할 개념 ③가지

① 물체의 속력이 빠를수록 길이 수축 효과와 시간 지연 효과가 크다.
② 고유 길이는 관찰자가 측정했을 때 정지 상태에 있는 물체의 길이 또는 한 관성 좌표계에 대해 고정된 두 지점 사이의 길이이다.
③ 고유 시간은 관찰자가 보았을 때 동일한 위치에서 일어난 두 사건의 시간 간격이다.

문제 보기

그림과 같이 검출기에 대해 정지한 좌표계에서 관측할 때, 광자 A와 입자 B가 검출기로부터 4광년 떨어진 점 p를 동시에 지나 A는 속력 c로, B는 속력 v로 검출기를 향해 각각 등속도 운동하며, A는 B보다 1년 먼저 검출기에 도달한다.

걸린 시간 4년 / 걸린 시간 5년

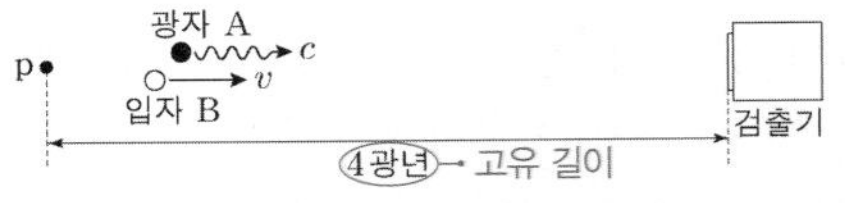

B와 같은 속도로 움직이는 좌표계에서 관측하는 물리량에 대한 설명으로 옳은 것만을 〈보기〉에서 있는 대로 고른 것은? (단, 1광년은 빛이 1년 동안 진행하는 거리이다.) [3점]

<보기> 풀이

검출기에 대해 정지한 좌표계에서 관측할 때, 4광년이라는 거리를 A는 속력 c로 운동하므로 걸린 시간은 4년이다. A는 B보다 1년 먼저 검출기에 도달한다고 하였으므로 B가 걸린 시간은 5년이라는 것을 알 수 있다.

ㄱ. p와 검출기 사이의 거리는 4광년이다.

➡ 검출기에 대해 정지한 좌표계에서 측정한 p와 검출기 사이의 거리는 4광년이므로 p와 검출기 사이의 고유 길이는 4광년이다. B는 검출기에 대해 v의 속력으로 운동하므로 B가 측정했을 때 길이 수축이 일어난다. 따라서 p와 검출기 사이의 거리는 4광년보다 짧다.

ㄴ. p가 B를 지나는 순간부터 검출기가 B에 도달할 때까지 걸리는 시간은 5년이다.

➡ B가 측정할 때 p와 검출기 사이의 거리는 4광년보다 짧고, p와 검출기의 속력은 v이므로 p가 B를 지나는 순간부터 검출기가 B에 도달할 때까지 걸리는 시간은 5년보다 짧다.

ㄷ. 검출기의 속력은 $0.8c$이다.

➡ 정지한 좌표계에서 측정할 때 B가 4광년의 거리를 운동하는 데 걸린 시간이 5년이므로 B의 속력 $v=\frac{4광년}{5년}=0.8c$이다. 따라서 B가 측정할 때 p와 검출기의 속력은 $0.8c$이다.

10 특수 상대성 이론 – 두 물체가 빠르게 운동하는 경우 2023학년도 9월 모평 물I 11번

정답 ⑤ | 정답률 53 %

적용해야 할 개념 ②가지

① 고유 길이는 관찰자가 측정했을 때 정지 상태에 있는 물체의 길이 또는 한 관성 좌표계에 대해 고정된 두 지점 사이의 길이이다.

② 어떤 관성계의 한 지점에서 일어난 사건은 다른 관성계에서도 동일하게 일어난다.

문제 보기

다음은 특수 상대성 이론에 대한 사고 실험의 일부이다.

관찰자 C에 대해 관찰자 A, B가 타고 있는 우주선이 각각 광속에 가까운 서로 다른 속력으로 $+x$ 방향으로 등속도 운동하고 있다. A의 관성계에서, 광원에서 각각 $-x$, $+x$, $-y$ 방향으로 동시에 방출된 빛은 거울 p, q, r에서 반사되어 광원에 도달한다.

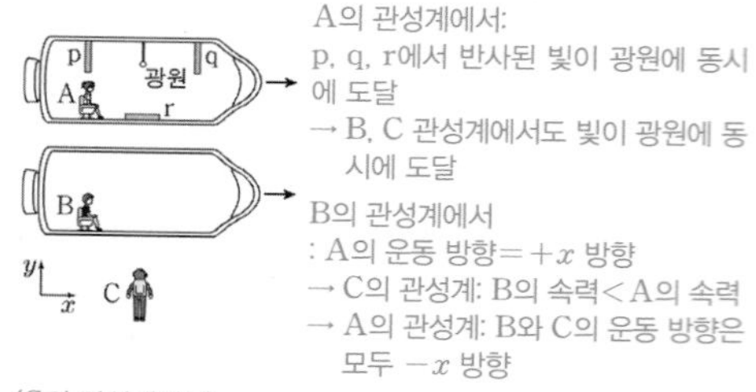

p
q
광원
r
A
B
y
x
C
A의 관성계에서:
p, q, r에서 반사된 빛이 광원에 동시에 도달
→ B, C 관성계에서도 빛이 광원에 동시에 도달
B의 관성계에서
: A의 운동 방향=$+x$ 방향
→ C의 관성계: B의 속력<A의 속력
→ A의 관성계: B와 C의 운동 방향은 모두 $-x$ 방향

〈C의 관성계에서〉

	광원 → r → 광원	광원 → q → 광원
빛의 진행 경로	t_0 t_0	t_1 t_2
진행 경로의 길이	(광원 → r)=(r → 광원)	(광원 → q)>(q → 광원)
진행 시간	$t_0+t_0=2t_0$	$t_1+t_2=2t_0(t_1>t_2)$

(가) A의 관성계에서, 광원에서 방출된 빛은 p, q, r에서 동시에 반사된다. 광원에서 p, q, r까지의 고유 길이는 모두 같다. → p, q, r에서 반사된 빛이 광원에 동시에 도달

(나) B의 관성계에서, 광원에서 방출된 빛은 q보다 p에서 먼저 반사된다. A의 운동 방향이 $+x$ 방향

(다) C의 관성계에서, 광원에서 방출된 빛이 r에 도달할 때까지 걸린 시간은 t_0이다. 광원에서 방출된 빛이 r에서 반사되어 다시 광원에 도달하는 데 걸린 시간=$2t_0$

이에 대한 설명으로 옳은 것만을 〈보기〉에서 있는 대로 고른 것은?

〈보기〉 풀이

A의 관성계에서 광원, p, q, r는 정지해 있으므로, 광원에서 p, q, r까지의 각 거리는 고유 길이이다. A의 관성계에서 광원에서 동시에 방출된 빛은 거울 p, q, r에서 동시에 반사되므로, 광원에서 p, q, r까지의 고유 길이는 모두 같다.

보기

㉠ A의 관성계에서, B와 C의 운동 방향은 같다.

➡ B의 관성계에서 광원에서 방출된 빛은 q보다 p에서 먼저 반사되므로, 광원에서 발생한 빛이 p, q를 향해 가는 동안 p는 빛이 발생한 지점에 가까워지는 방향(→)으로 이동하고 q는 멀어지는 방향(→)으로 이동한다. 따라서 B가 볼 때 A가 탄 우주선의 운동 방향은 $+x$ 방향이므로, C의 관성계에서 $+x$ 방향으로 운동하는 A, B의 속력은 A가 B보다 크다. 이때 A의 관성계에서, B와 C의 운동 방향은 모두 $-x$ 방향이므로, B와 C의 운동 방향은 같다.

㉡ B의 관성계에서, 광원에서 방출된 빛은 p, q, r에서 반사되어 광원에 동시에 도달한다.

➡ A의 관성계에서 광원에서 p, q, r까지의 고유 길이는 모두 같으므로, 광원에서 동시에 방출된 빛은 p, q, r에서 동시에 반사되어 광원에 동시에 도달한다. 어떤 관성계의 한 지점에서 일어난 사건은 다른 관성계에서 동일하게 일어나므로, B의 관성계에서도 한 지점인 광원에서 빛이 동시에 방출되며 서로 다른 지점인 p, q, r에서 각각 다른 시간에 빛이 반사되더라도 광원에는 동시에 도달한다. 따라서 B의 관성계에서, 광원에서 방출된 빛은 p, q, r에서 반사되어 광원에 동시에 도달한다.

㉢ C의 관성계에서, 광원에서 방출된 빛이 q에 도달할 때까지 걸린 시간은 t_0보다 크다.

➡ C의 관성계에서 A의 우주선이 $+x$ 방향으로 운동하므로 광원에서 방출된 빛이 r에 도달할 때까지 진행하는 거리와 r에서 반사되어 다시 광원에 도달할 때까지 진행하는 거리가 같다. 따라서 광원에서 방출된 빛이 r에서 반사되어 다시 광원에 도달할 때까지 걸린 시간은 $t_0+t_0=2t_0$이다. 한편, 광원에서 방출된 빛이 q에 도달할 때까지 진행하는 거리는 q에서 반사되어 다시 광원에 도달할 때까지 진행하는 거리보다 길다. 이때 걸린 시간을 각각 t_1, t_2라고 하면 $t_1>t_2$이고, 광원에서 동시에 방출된 빛이 r, q에서 각각 반사되어 광원에 동시에 도달해야 하므로 $t_1+t_2=2t_0$이다. 따라서 $t_1>t_0$이므로, C의 관성계에서, 광원에서 방출된 빛이 q에 도달할 때까지 걸린 시간(t_1)은 t_0보다 크다.

다른 풀이 C가 볼 때 A가 탄 우주선의 운동 방향이 $+x$ 방향이므로, 광원에서 방출된 빛이 r와 q를 향해 가는 동안 r는 빛이 발생한 지점에서 대각선 방향(↘)으로 이동하고 q는 빛이 발생한 지점에서 멀어지는 방향(→)으로 이동한다. 이때 광원에서 방출된 빛이 진행하는 거리는 r보다 q에 도달할 때가 더 길다. 따라서 C의 관성계에서, 광원에서 방출된 빛이 q에 도달할 때까지 걸린 시간은 t_0보다 크다.

11 특수 상대성 이론 – 두 물체가 빠르게 운동하는 경우 2024학년도 수능 물Ⅰ 12번

정답 ② | 정답률 70 %

적용해야 할 개념 ④가지

① 고유 길이: 관찰자가 측정했을 때 정지 상태에 있는 물체의 길이 또는 한 관성 좌표계에 대해 고정된 두 지점 사이의 길이이다.
② 길이 수축: 한 관성 좌표계의 관찰자가 상대적으로 운동하는 물체를 보면 그 길이가 수축되는 것으로 관찰된다.
➡ 길이의 상대성
③ 시간 지연(시간 팽창): 정지한 관찰자가 빠르게 운동하는 관찰자를 보면 상대편의 시간이 느리게 가는 것으로 관찰된다.
➡ 시간의 상대성
④ 물체의 속력이 빠를수록 길이 수축 효과와 시간 지연 효과가 크다.

문제 보기

그림과 같이 관찰자 A에 대해 광원 P, 검출기, 광원 Q가 정지해 있고 관찰자 B, C가 탄 우주선이 각각 광속에 가까운 속력으로 P, 검출기, Q를 잇는 직선과 나란하게 서로 반대 방향으로 등속도 운동을 한다. A의 관성계에서, P, Q에서 검출기를 향해 동시에 방출된 빛은 검출기에 동시에 도달한다. P와 Q 사이의 거리는 B의 관성계에서가 C의 관성계에서보다 크다.

P와 Q 사이의 거리: B의 관성계>C의 관성계
→ 길이 수축 효과: B의 관성계<C의 관성계
→ A에 대한 우주선의 속력: B가 탄 우주선<C가 탄 우주선

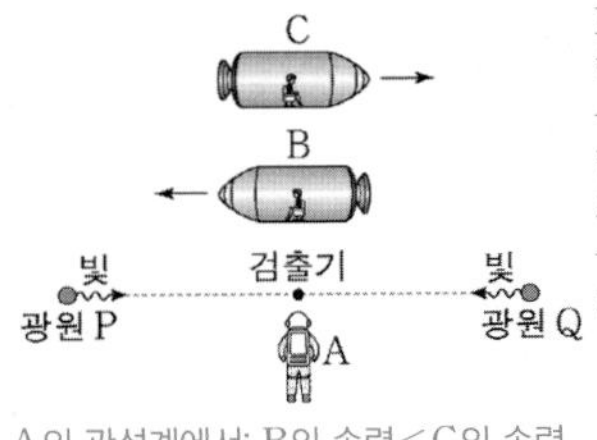

B의 관성계에서: P, Q에서 발생한 빛이 검출기에 동시에 도달
→ P에서 검출기까지 빛이 이동한 경로의 길이>Q에서 검출기까지 빛이 이동한 경로의 길이
→ 빛은 P에서가 Q에서보다 먼저 방출

A의 관성계에서: B의 속력<C의 속력
→ 시간 지연 효과: B의 관성계<C의 관성계
→ C의 시간이 B의 시간보다 느리게 감.

이에 대한 설명으로 옳은 것만을 〈보기〉에서 있는 대로 고른 것은?

<보기> 풀이

A의 관성계에서 P, Q는 정지해 있으므로 P와 Q 사이의 거리는 고유 길이이고, B와 C의 관성계에서 P, Q는 우주선의 운동 방향과 반대 방향으로 운동하므로, P와 Q 사이의 거리에 길이 수축이 일어난다. P와 Q 사이의 거리는 B의 관성계에서가 C의 관성계에서보다 크므로, 길이 수축 효과는 C의 관성계에서가 B의 관성계에서보다 크다. 우주선의 속력이 빠를수록 길이 수축 효과는 크므로, A에 대한 속력은 C가 탄 우주선이 B가 탄 우주선보다 크다.

ㄱ. A의 관성계에서, B의 시간은 C의 시간보다 느리게 간다.
➡ 시간 지연 효과는 우주선의 속력이 빠를수록 크게 일어난다. A의 관성계에서, 우주선의 속력은 C가 B보다 크므로, C의 시간은 B의 시간보다 느리게 간다.

ㄴ. B의 관성계에서, 빛은 P에서가 Q에서보다 먼저 방출된다.
➡ 어떤 관성계의 한 지점에서 일어난 사건은 다른 관성계에서도 동일하게 일어나므로, A의 관성계에서, P, Q에서 동시에 방출된 빛이 검출기에 동시에 도달하면 B의 관성계에서도 P, Q에서 방출된 빛이 검출기에 동시에 도달한다. B의 관성계에서 검출기는 우주선의 운동 방향과 반대 방향(→)으로 운동하므로, P에서 검출기까지 빛이 이동한 경로의 길이는 Q에서 검출기까지 빛이 이동한 경로의 길이보다 크다. 따라서 B의 관성계에서 P, Q에서 방출된 빛이 검출기에 동시에 도달할 때, 빛은 P에서가 Q에서보다 먼저 방출된다

ㄷ. C의 관성계에서, 검출기에서 P까지의 거리는 검출기에서 Q까지의 거리보다 크다.
➡ A의 관성계에서, P, Q에서 동시에 방출된 빛이 검출기에 동시에 도달하므로 검출기에서 P까지의 거리는 검출기에서 Q까지의 거리와 같다. C의 관성계에서 검출기에서 P까지의 거리와 검출기에서 Q까지의 거리에 길이 수축이 일어나는 정도가 같으므로, 검출기에서 P까지의 거리는 검출기에서 Q까지의 거리와 같다.

13 일차

01 ④	02 ①	03 ⑤	04 ⑤	05 ①	06 ④	07 ⑤	08 ②	09 ④	10 ⑤	11 ①	12 ③
13 ③	14 ①	15 ⑤	16 ④	17 ④	18 ③	19 ③	20 ①	21 ①	22 ⑤	23 ④	24 ⑤
25 ③	26 ④	27 ③	28 ③	29 ④	30 ③	31 ⑤					

문제편 122쪽~129쪽

01 핵반응 2021학년도 6월 모평 물I 6번

정답 ④ | 정답률 82 %

적용해야 할 개념 ④가지

① 질량 에너지 동등성: 질량은 에너지로 전환될 수 있으며, 에너지도 질량으로 전환될 수 있다.
② 핵반응 과정에서 감소하는 질량을 질량 결손이라고 하며, 질량 결손에 해당하는 만큼의 에너지가 방출된다.
③ 핵융합 반응: 초고온 상태에서 가벼운 원자핵들이 융합하여 무거운 원자핵으로 변하는 반응으로, 질량 결손에 의해 많은 양의 에너지가 방출된다.
④ 핵분열: 한 원자핵에 중성자와 같은 입자가 충돌할 때 2개 이상의 다른 원자핵으로 나누어진다.

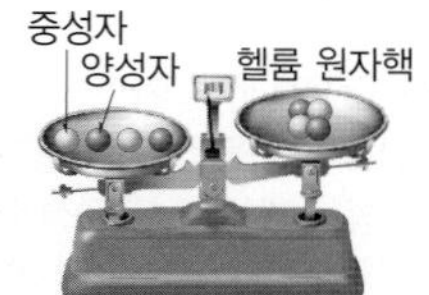

▲ 핵융합과 질량 결손

문제 보기

다음은 핵융합 발전에 대한 내용이다.

> 태양에서 방출되는 에너지의 대부분은 [A] 원자핵들의 ㉠핵융합 반응으로 [B] 원자핵이 생성되는 과정에서 발생한다. 핵융합을 이용한 발전은 ㉡핵분열을 이용한 발전보다 안정성과 지속성이 높고 방사성 폐기물 발생량이 적어 미래 에너지 기술로 기대되고 있다. 우리나라 과학자들은 핵융합 발전의 상용화에 필수적인 초고온 플라즈마 발생 기술과 핵융합로 제작 기술을 활발하게 연구하고 있다.
>
> (A → 수소, B → 헬륨)

이에 대한 설명으로 옳은 것만을 〈보기〉에서 있는 대로 고른 것은?

<보기> 풀이

~~ㄱ.~~ **원자핵 1개의 질량은 A가 B보다 크다.**
➡ A는 수소 원자핵($^1_1$H)으로 질량수가 1이고 B는 헬륨 원자핵($^4_2$He)으로 질량수가 4이다. 따라서 원자핵 1개의 질량은 A가 B보다 작다.

(ㄴ.) **㉠과정에서 질량 결손에 의해 에너지가 발생한다.**
➡ 핵융합 과정에서는 핵융합 후 생성된 입자들의 질량의 합이 핵융합 전 입자들의 질량의 합보다 작아지는 질량 결손이 생기며, 질량 에너지 동등성에 의해 질량 결손에 해당하는 만큼의 에너지가 발생한다.

(ㄷ.) **㉡과정에서 질량수가 큰 원자핵이 반응하여 질량수가 작은 원자핵들이 생성된다.**
➡ 핵분열은 무거운 원자핵이 원래의 원자핵보다 가벼운 2개 이상의 원자핵으로 쪼개지거나 분열되는 과정이므로, 질량수가 큰 원자핵이 반응하여 질량수가 작은 원자핵들이 생성된다.

02 핵반응 – 핵융합 2020학년도 10월 학평 물I 5번

정답 ① | 정답률 88 %

적용해야 할 개념 ④가지

① 질량 에너지 동등성: 질량은 에너지로 전환될 수 있으며, 에너지도 질량으로 전환될 수 있다.
② 핵반응 과정에서 감소하는 질량을 질량 결손이라고 하며, 질량 결손에 해당하는 만큼의 에너지가 방출된다.
③ 핵융합 반응: 초고온 상태에서 가벼운 원자핵들이 융합하여 무거운 원자핵으로 변하는 반응으로, 질량 결손에 의해 많은 양의 에너지가 방출된다.
④ 태양 중심부에서는 수소 원자핵이 융합하여 헬륨 원자핵이 만들어지면서 질량 결손에 의해 많은 양의 에너지가 방출된다.

▲ 핵융합과 질량 결손

문제 보기

다음은 국제핵융합실험로(ITER)에 대한 기사의 일부이다.

> **2020년 8월 ○일** 　**○○신문**
>
> 라틴어로 '길'이라는 뜻을 지닌 국제핵융합실험로(ITER) 공동 개발 사업은 ㉠핵융합 발전의 상용화를 위해 대한민국 등 7개국이 참여한 과학기술 협력 프로젝트이다.
> ㉡태양에서 [A] 원자핵이 헬륨 원자핵으로 융합되는 것과 같은 핵반응을 핵융합로에서 일으키려면 핵융합로는 1억도 이상의 온도를 유지해야 한다. … (중략) … 현재 ITER는 대한민국이 생산한 주요 부품을 바탕으로 본격적인 조립 단계에 접어들었다.
>
> (㉠ → 감소하는 질량 → 에너지; A: 수소 → 원자 번호=1; 헬륨: 원자 번호=2)

이에 대한 설명으로 옳은 것만을 〈보기〉에서 있는 대로 고른 것은?

<보기> 풀이

(ㄱ.) **㉠은 질량이 에너지로 전환되는 현상을 이용한다.**
➡ 핵융합 발전은 가벼운 원자핵들이 융합하여 무거운 원자핵으로 변하는 핵반응에서 감소하는 질량(질량 결손)이 에너지로 전환되는 현상을 이용하여 발전하는 방식이다.

~~ㄴ.~~ **㉡이 일어날 때 태양의 질량은 변하지 않는다.**
➡ 태양에서 수소 원자핵이 헬륨 원자핵으로 융합되는 과정에서 핵반응 후 질량의 합이 핵반응 전보다 줄어드는 질량 결손에 의해 많은 양의 에너지가 방출된다. 따라서 ㉡이 일어날 때 태양의 질량은 감소한다.

~~ㄷ.~~ **원자 번호는 A가 헬륨보다 크다.**
➡ 태양에서 수소 원자핵이 헬륨 원자핵으로 융합되는 핵반응이 일어나므로, A는 수소이다. 수소의 원자 번호는 1이므로 헬륨의 원자 번호 2보다 작다.

03 핵반응식 2024학년도 6월 모평 물Ⅰ 2번

정답 ⑤ | 정답률 92 %

적용해야 할 개념 ②가지

① 핵반응 과정에서 반응 전후 질량은 보존되지 않지만 질량수와 전하량은 보존된다.
② 핵반응 과정에서 감소하는 질량을 질량 결손이라고 하며, 질량 결손에 해당하는 만큼의 에너지가 방출된다.

구분	원자핵
표기	질량수 → A, 원자 번호 → Z X ← 원소 기호
질량수	양성자수+중성자수
원자 번호	양성자수(원자핵의 전하량)

문제 보기

다음은 우리나라의 핵융합 연구 장치에 대한 설명이다.

'한국의 인공 태양'이라 불리는 KSTAR는 바닷물에 풍부한 중수소($^2_1$H)와 리튬에서 얻은 삼중수소($^3_1$H)를 고온에서 충돌시켜 다음과 같이 핵융합 에너지를 얻기 위한 연구 장치이다.

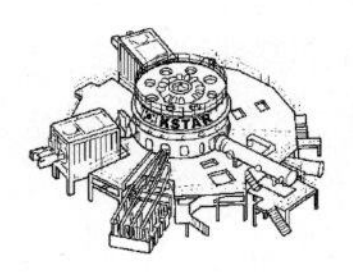

$^2_1\mathrm{H}+^3_1\mathrm{H} \longrightarrow ^4_2\mathrm{He}+$ ㉠ $+$ ㉡에너지

질량수 보존: 2+3=4+(1)
전하량 보존: 1+1=2+(0)
→ ㉠: $^1_0$n(중성자)
(㉡에너지 → 질량 결손에 의한 에너지)

이에 대한 설명으로 옳은 것만을 〈보기〉에서 있는 대로 고른 것은?

<보기> 풀이

ㄱ. $^2_1$H와 $^3_1$H는 질량수가 같다. (×)
➡ $^2_1$H의 질량수는 2이고 $^3_1$H의 질량수는 3이므로, 질량수는 $^2_1$H이 $^3_1$H보다 작다.

ㄴ. ㉠은 중성자이다. (○)
➡ 핵반응에서 질량수가 보존되므로 2+3=4+(1)에서 ㉠의 질량수는 1이고, 전하량이 보존되므로 1+1=2+(0)에서 ㉠의 전하량은 0이다. 핵반응식을 완성하면
$^2_1\mathrm{He}+^3_1\mathrm{He} \longrightarrow ^4_2\mathrm{He}+^1_0\mathrm{n}+$에너지이므로, ㉠은 중성자($^1_0$n)이다.

ㄷ. ㉡은 질량 결손에 의해 발생한다. (○)
➡ 핵반응 과정에서 질량수의 합은 보존되지만 질량은 보존되지 않으며, 질량 결손에 해당하는 만큼 에너지가 발생한다. 따라서 핵반응에서 발생하는 에너지 ㉡은 질량 결손에 의한 것이다.

04 핵반응식 2022학년도 9월 모평 물Ⅰ 2번

정답 ⑤ | 정답률 86 %

적용해야 할 개념 ③가지

① 핵융합 반응: 초고온 상태에서 가벼운 원자핵들이 융합하여 무거운 원자핵으로 변하는 반응으로, 질량 결손에 의해 많은 양의 에너지가 방출된다.
② 핵반응 과정에서 감소하는 질량을 질량 결손이라고 하며, 질량 결손에 해당하는 만큼의 에너지가 방출된다.
③ 핵반응 과정에서 반응 전후 질량은 보존되지 않지만 질량수와 전하량은 보존된다.

구분	원자핵
표기	$^{A}_{Z}$X (X는 원소 기호) (질량수 A, 원자 번호 Z)
질량수	양성자수+중성자수
원자 번호	양성자수(원자핵의 전하량)

문제 보기

그림은 주어진 핵반응에 대해 학생 A, B, C가 대화하는 모습을 나타낸 것이다.

질량수 보존: 2+3=(4)+1
전하량 보존: 1+1=(2)+0
질량 결손에 의한 에너지
$^2_1\mathrm{H}+^3_1\mathrm{H} \rightarrow$ ㉠ $+^1_0\mathrm{n}+$ 17.6 MeV
헬륨($^4_2$He)
핵융합 반응이야.
질량 결손에 의한 에너지는 17.6 MeV야.
㉠의 중성자수는 2야.
학생 A
학생 B
학생 C

제시한 내용이 옳은 학생만을 있는 대로 고른 것은?

<보기> 풀이

핵반응 과정에서 반응 전후 질량수와 전하량이 보존되므로 주어진 핵반응식은 다음과 같다.
$^2_1\mathrm{H}+^3_1\mathrm{H} \longrightarrow ^4_2\mathrm{He}+^1_0\mathrm{n}+17.6\ \mathrm{MeV}$
즉, 질량수의 합이 보존되므로 2+3=(4)+1에서 ㉠의 질량수는 4이고, 전하량의 합이 보존되므로 1+1=(2)+0에서 ㉠의 전하량은 2이다. 따라서 ㉠은 헬륨($^4_2$He)이다.

학생 A: 핵융합 반응이야. (○)
➡ 가벼운 중수소($^2_1$H)와 삼중수소($^3_1$H)가 융합하여 더 무거운 헬륨($^4_2$He) 원자핵이 생성되는 반응이므로 핵융합 반응이다.

학생 B: 질량 결손에 의한 에너지는 17.6 MeV야. (○)
➡ 핵반응에서 발생하는 에너지는 질량 결손에 의한 것이다. 주어진 핵반응에서 발생한 에너지는 17.6 MeV이므로 질량 결손에 의한 에너지는 17.6 MeV이다.

학생 C: ㉠의 중성자수는 2야. (○)
➡ ㉠은 원자 번호(=양성자수)가 2이고 질량수(=양성자수+중성자수)가 4인 헬륨($^4_2$He) 원자핵이다. 따라서 ㉠의 중성자수는 2이다.

05 핵반응식 2024학년도 9월 모평 물I 2번

정답 ① | 정답률 78 %

적용해야 할 개념 ③가지

① 핵융합 반응: 가벼운 원자핵들이 융합하여 무거운 원자핵으로 변하는 반응으로, 질량 결손에 의해 에너지가 방출된다.
② 핵분열 반응: 한 원자핵에 중성자와 같은 입자가 충돌할 때 두 개 이상의 다른 원자핵으로 나누어지는 반응으로, 질량 결손에 의해 에너지가 방출된다.
③ 핵반응 과정에서 반응 전후 질량은 보존되지 않지만 질량수와 전하량은 보존된다.

구분	원자핵
표기	질량수 → A, 원자 번호 → Z X ← 원소 기호
질량수	양성자수+중성자수
원자 번호	양성자수(원자핵의 전하량)

문제 보기

다음은 핵반응 (가), (나)에 대해 학생 A, B, C가 대화하는 모습을 나타낸 것이다.

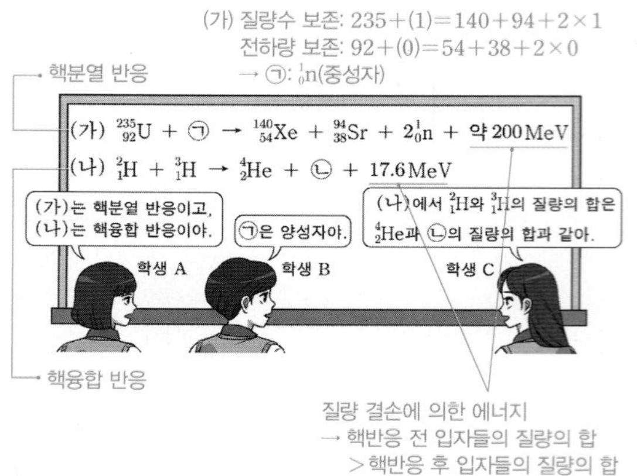
(가) 질량수 보존: 235+(1)=140+94+2×1
전하량 보존: 92+(0)=54+38+2×0
→ ㉠: $^1_0$n(중성자)
핵분열 반응
(가) $^{235}_{92}$U + ㉠ → $^{140}_{54}$Xe + $^{94}_{38}$Sr + 2$^1_0$n + 약 200 MeV
(나) $^2_1$H + $^3_1$H → $^4_2$He + ㉡ + 17.6 MeV
(가)는 핵분열 반응이고, (나)는 핵융합 반응이야.
㉠은 양성자야.
(나)에서 $^2_1$H와 $^3_1$H의 질량의 합은 $^4_2$He과 ㉡의 질량의 합과 같아.
학생 A
학생 B
학생 C
핵융합 반응
질량 결손에 의한 에너지
→ 핵반응 전 입자들의 질량의 합
> 핵반응 후 입자들의 질량의 합

제시한 내용이 옳은 학생만을 있는 대로 고른 것은?

<보기> 풀이

학생 A: (가)는 핵분열 반응이고, (나)는 핵융합 반응이야.

➡ (가)는 질량수가 큰 원자핵 1개가 질량수가 작은 원자핵 2개로 나누어지므로 핵분열 반응이고, (나)는 질량수가 작은 2개의 원자핵이 질량수가 큰 1개의 원자핵으로 변하므로 핵융합 반응이다.

학생 B: ㉠은 양성자야.

➡ 핵반응에서 질량수가 보존되므로 235+(1)=140+94+2×1에서 ㉠의 질량수는 1이고, 전하량이 보존되므로 92+(0)=54+38+2×0에서 ㉠의 전하량은 0이다. 핵반응식을 완성하면 $^{235}_{92}$U+($^1_0$n) ⟶ $^{140}_{54}$Xe+$^{94}_{38}$Sr+2$^1_0$n+약 200 MeV이므로, ㉠은 중성자($^1_0$n)이다.

학생 C: $^2_1$H와 $^3_1$H의 질량의 합은 $^4_2$He과 ㉡의 질량의 합과 같아.

➡ 핵반응 과정에서 질량수의 합은 보존되지만 질량은 보존되지 않으며, 질량 결손에 해당하는 만큼 에너지가 발생한다. 따라서 핵반응 전 입자들의 질량의 합은 핵반응 후 입자들의 질량의 합보다 크므로, $^2_1$H와 $^3_1$H의 질량의 합은 $^4_2$He과 ㉡의 질량의 합보다 크다.

06 핵반응식 2024학년도 5월 학평 물I 2번

정답 ④ | 정답률 82 %

적용해야 할 개념 ②가지

① 핵반응 과정에서 반응 전후 질량은 보존되지 않지만 질량수와 전하량은 보존된다.
② 핵반응 과정에서 감소하는 질량을 질량 결손이라고 하며, 질량 결손에 해당하는 만큼의 에너지가 방출된다.

구분	원자핵
표기	질량수 → A, 원자 번호 → Z X ← 원소 기호
질량수	양성자수+중성자수
원자 번호	양성자수(원자핵의 전하량)

문제 보기

다음은 핵융합 반응을, 표는 원자핵 A, B의 중성자수와 질량수를 나타낸 것이다.

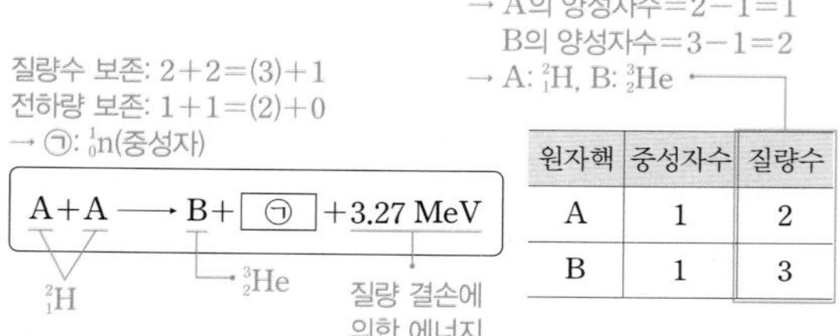
질량수 보존: 2+2=(3)+1
전하량 보존: 1+1=(2)+0
→ ㉠: $^1_0$n(중성자)
A+A ⟶ B+ ㉠ +3.27 MeV
$^2_1$H
$^3_2$He
질량 결손에 의한 에너지
질량수=양성자수+중성자수
→ A의 양성자수=2−1=1
B의 양성자수=3−1=2
→ A: $^2_1$H, B: $^3_2$He

원자핵	중성자수	질량수
A	1	2
B	1	3

이에 대한 설명으로 옳은 것만을 〈보기〉에서 있는 대로 고른 것은?

<보기> 풀이

ㄱ. 양성자수는 A와 B가 같다.

➡ 질량수는 양성자수와 중성자수의 합이므로, A의 양성자수는 2−1=1이고 B의 양성자수는 3−1=2이다. 따라서 양성자수는 A와 B가 같지 않다.

ㄴ. ㉠은 중성자이다.

➡ A는 $^2_1$H이고 B는 $^3_2$He이므로, 제시된 핵반응 식은 다음과 같다.

$^2_1$H+$^2_1$H ⟶ $^3_2$He+㉠+3.27 MeV

핵반응 과정에서 반응 전후 질량수와 전하량(=원자 번호)이 보존되므로, ㉠의 질량수는 2+2=3+(1)에서 1이고 전하량은 1+1=2+(0)에서 0이다. 따라서 ㉠은 $^1_0$n(중성자)이다.

ㄷ. 핵융합 반응에서 방출된 에너지는 질량 결손에 의한 것이다.

➡ 질량−에너지 등가성에 따라 핵반응에서 감소한 질량이 에너지로 방출되므로, 핵융합 반응에서 방출된 에너지는 질량 결손에 의한 것이다.

07 핵반응식 2023학년도 6월 모평 물I 12번

정답 ⑤ | 정답률 84 %

적용해야 할 개념 ③가지

① 핵반응 과정에서 반응 전후 질량은 보존되지 않지만 질량수와 전하량은 보존된다.
② 핵반응 과정에서 감소하는 질량을 질량 결손이라고 하며, 질량 결손에 해당하는 만큼의 에너지가 방출된다.
③ 핵반응 과정에서 발생하는 에너지는 질량 결손에 의한 것으로, 질량 결손이 클수록 발생하는 에너지가 크다.

구분	원자핵
표기	$^{질량수\ A}_{원자\ 번호\ Z}X$(X는 원소 기호)
질량수	양성자수+중성자수
원자 번호	양성자수(원자핵의 전하량)

문제 보기

다음은 두 가지 핵반응을, 표는 원자핵 a~d의 질량수와 양성자수를 나타낸 것이다.

(가) 질량수 보존: 2+2=3+(1) → X의 질량수=1
양성자수 보존: ㉠+㉠=2+(x)

(가) a+a ⟶ c+ X +3.3 MeV
(나) a+b ⟶ d+ X +17.6 MeV

(나) 질량수 보존: 2+3=㉡+1 → ㉡=4
양성자수 보존: ㉠+1=2+(x)

원자핵	질량수	양성자수
a	2	㉠
b	3	1
c	3	2
d	㉡	2

이에 대한 설명으로 옳은 것만을 〈보기〉에서 있는 대로 고른 것은?

<보기> 풀이

ㄱ. 질량 결손은 (가)에서가 (나)에서보다 작다.
➡ 핵반응에서 발생하는 에너지는 질량 결손에 의한 것이므로, 방출되는 에너지가 클수록 질량 결손이 크다. 방출된 에너지는 (가)에서가 (나)에서보다 작으므로, 질량 결손은 (가)에서가 (나)에서보다 작다.

ㄴ. X는 중성자이다.
➡ 핵반응 과정에서 반응 전후 질량수와 전하량이 보존되며, 원자핵의 전하량은 양성자수와 같으므로 반응 전후 양성자수도 보존된다. (가)에서 a의 질량수가 2이고 c의 질량수가 3일 때, 반응 전후 질량수의 합이 보존되므로 2+2=3+(1)에서 X의 질량수는 1이다. a의 양성자수가 ㉠이고 c의 양성자수가 2일 때 X의 양성자수를 x라고 하면 반응 전후 양성자수의 합이 보존되므로, ㉠+㉠=2+x … ①, (나)에서 b의 양성자수가 1이고 d의 양성자수가 2이므로 ㉠+1=2+x … ②이다. ①, ②에 의해 a의 양성자수 ㉠=1이고 X의 양성자수 x=0이다. 따라서 X는 중성자(^1_0n)이다.

ㄷ. ㉡은 ㉠의 4배이다.
➡ (나)에서 a의 질량수가 2, b의 질량수가 3, X의 질량수가 1일 때, 반응 전후 질량수의 합이 보존되므로, 2+3=㉡+1에서 d의 질량수 ㉡=4이다. ㉠=1이므로, ㉡은 ㉠의 4배이다.

08 핵반응식 2024학년도 수능 물I 2번

정답 ② | 정답률 78 %

적용해야 할 개념 ②가지

① 핵반응 과정에서 반응 전후 질량은 보존되지 않지만 질량수와 전하량은 보존된다.
② 핵반응 과정에서 감소하는 질량을 질량 결손이라고 하며, 질량 결손에 해당하는 만큼의 에너지가 방출된다.

구분	원자핵
표기	질량수 → A, 원자 번호 → Z, X ← 원소 기호
질량수	양성자수+중성자수
원자 번호	양성자수(원자핵의 전하량)

문제 보기

다음은 두 가지 핵반응을, 표는 (가)와 관련된 원자핵과 중성자(^1_0n)의 질량을 나타낸 것이다.

(가) 질량수 보존: (2)+(2)=3+1
전하량 보존: (1)+(1)=2+0
→ ㉠: ^2_1H

질량 결손에 의한 에너지: 핵반응 전 원자핵의 질량의 합>핵반응 후 원자핵의 질량의 합 → $2M_1 > M_2 + M_3$

(가) ㉠+㉠ ⟶ $^3_2He+^1_0n$+3.27 MeV
(나) ^3_1H+㉠ ⟶ ^4_2He+㉡+17.6 MeV

(나) 질량수 보존: 3+2=4+(1)
전하량 보존: 1+1=2+(0)
→ ㉡: ^1_0n

입자	질량
㉠	M_1
^3_2He	M_2
중성자(^1_0n)	M_3

이에 대한 설명으로 옳은 것만을 〈보기〉에서 있는 대로 고른 것은?

<보기> 풀이

ㄱ. ㉠은 ^1_1H이다.
➡ 핵반응 과정에서 반응 전후 질량수와 전하량이 보존된다. (가)에서 ㉠의 질량수는 (2)+(2)=3+1에서 2이고 전하량은 (1)+(1)=2+0에서 1이므로, (가)의 핵반응식을 완성하면 $^2_1H+^2_1H$ ⟶ $^3_2He+^1_0n$+3.27 MeV이다. 따라서 ㉠는 ^2_1H이다.

ㄴ. ㉡은 중성자(^1_0n)이다.
➡ (나)에서 ㉡의 질량수는 3+2=4+(1)에서 1이고 전하량은 1+1=2+(0)에서 0이므로, (나)의 핵반응식을 완성하면 $^3_1H+^2_1H$ ⟶ $^4_2He+^1_0n$+17.6 MeV이다. 따라서 ㉡은 중성자(^1_0n)이다.

ㄷ. $2M_1=M_2+M_3$이다.
➡ 핵반응 과정에서 질량수의 합은 보존되지만 질량은 보존되지 않으며 질량 결손에 해당하는 만큼 에너지가 발생하므로, 핵반응 전 입자들의 질량의 합보다 핵반응 후 입자들의 질량의 합이 작다. 따라서 (가)에서 ㉠+㉠의 질량의 합($2M_1$)보다 ^3_2He과 ^1_0n의 질량의 합(M_2+M_3)이 작으므로 $2M_1>M_2+M_3$이다.

09 핵반응식 2022학년도 수능 물I 2번

정답 ④ | 정답률 89 %

적용해야 할 개념 ③가지

① 핵반응 과정에서 반응 전후 질량은 보존되지 않지만 질량수와 전하량은 보존된다.
② 핵반응 과정에서 감소하는 질량을 질량 결손이라고 하며, 질량 결손에 해당하는 만큼의 에너지가 방출된다.
③ 질량 에너지 동등성: 질량은 에너지로 전환될 수 있으며, 에너지도 질량으로 전환될 수 있다.

구분	원자핵
표기	질량수 A 원자 번호 Z $^{A}_{Z}X$(X는 원소 기호)
질량수	양성자수+중성자수
원자 번호	양성자수(원자핵의 전하량)

문제 보기

다음은 두 가지 핵반응이다.

(가) 질량수 보존: $235+1=141+(92)+3\times1$
→ ㉠의 질량수: 92

(가) $^{235}_{92}U+^{1}_{0}n \longrightarrow ^{141}_{56}Ba+$ ㉠ $+3^{1}_{0}n+$약 200 MeV
(나) $^{235}_{92}U+$ ㉡ $\longrightarrow ^{140}_{54}Xe+^{94}_{38}Sr+2^{1}_{0}n+$약 200 MeV

→ 질량 결손에 의한 에너지

(나) 질량수 보존: $235+(1)=140+94+2\times1$
전하량 보존: $92+(0)=54+38+2\times0$
→ ㉡: 중성자($^{1}_{0}n$)

이에 대한 설명으로 옳은 것만을 〈보기〉에서 있는 대로 고른 것은?

<보기> 풀이

~~ㄱ.~~ ㉠은 $^{94}_{38}Sr$보다 질량수가 크다.
➡ 핵반응 과정에서 반응 전후 질량수의 합이 보존된다. (가)에서 $235+1=141+(92)+3\times1$이므로 ㉠의 질량수는 92이다. $^{94}_{38}Sr$의 질량수는 94이므로, ㉠은 $^{94}_{38}Sr$보다 질량수가 작다.

ㄴ. ㉡은 중성자이다.
➡ 핵반응 과정에서 반응 전후 질량수와 전하량이 보존된다. (나)에서 질량수의 합이 보존되므로 $235+(1)=140+94+2\times1$에서 ㉡의 질량수는 1이고, 전하량의 합이 보존되므로 $92+(0)=54+38+2\times0$에서 ㉡의 전하량은 0이다. 따라서 ㉡은 중성자($^{1}_{0}n$)이다.

ㄷ. (가)에서 질량 결손에 의해 에너지가 방출된다.
➡ 핵분열 과정에서 반응 후에 생성된 입자들의 총질량은 반응하기 전 입자들의 총질량보다 작으며, 이때 감소한 질량에 해당하는 만큼의 에너지가 방출되므로, (가)에서 발생한 약 200 MeV의 에너지는 질량 결손에 의한 것이다. 따라서 (가)에서 질량 결손에 의해 에너지가 방출된다.

10 핵반응식 2023학년도 7월 학평 물I 3번

정답 ⑤ | 정답률 84 %

적용해야 할 개념 ③가지

① 핵융합 반응: 가벼운 원자핵들이 융합하여 무거운 원자핵으로 변하는 반응으로, 질량 결손에 의해 에너지가 방출된다.
② 핵반응 과정에서 반응 전후 질량은 보존되지 않지만 질량수와 전하량은 보존된다.
③ 핵반응 과정에서 발생하는 에너지는 질량 결손에 의한 것으로 질량 결손이 클수록 발생하는 에너지가 크다.

구분	원자핵
표기	질량수 → A, 원자 번호 → Z, X ← 원소 기호
질량수	양성자수+중성자수
원자 번호	양성자수(원자핵의 전하량)

문제 보기

다음은 두 가지 핵반응이다. X, Y는 원자핵이다.

(가) 질량수 보존: $2+(3)=4+1$
전하량 보존: $1+(1)=2+0$
→ X: $^{3}_{1}H$

(가) $^{2}_{1}H+X \longrightarrow Y+^{1}_{0}n+17.6$ MeV
(나) $^{3}_{2}He+^{3}_{1}H \longrightarrow Y+^{1}_{1}H+^{1}_{0}n+12.1$ MeV

(나) 질량수 보존: $3+3=(4)+1+1$
전하량 보존: $2+1=(2)+1+0$
→ Y: $^{4}_{2}He$

발생하는 에너지: (가)>(나)
→ 질량 결손: (가)>(나)

이에 대한 설명으로 옳은 것만을 〈보기〉에서 있는 대로 고른 것은?

<보기> 풀이

핵반응 과정에서 반응 전후 질량수와 전하량은 보존된다. (나)에서 Y의 질량수는 $3+3=(4)+1+1$에서 4이고 전하량은 $2+1=(2)+1+0$에서 2이므로, Y는 $^{4}_{2}He$이다. (가)에서 X의 질량수는 $2+(3)=4+1$에서 3이고 전하량은 $1+(1)=2+0$에서 1이므로, X는 $^{3}_{1}H$이다. 따라서 (가), (나)의 핵반응식을 완성하면 다음과 같다.

(가) $^{2}_{1}H+^{3}_{1}H \longrightarrow ^{4}_{2}He+^{1}_{0}n+17.6$ MeV
(나) $^{3}_{2}He+^{3}_{1}H \longrightarrow ^{4}_{2}He+^{1}_{1}H+^{1}_{0}n+12.1$ MeV

ㄱ. (가)는 핵융합 반응이다.
➡ (가)는 질량수가 작은 2개의 원자핵 $^{2}_{1}H$와 X($^{3}_{1}H$)가 융합하여 질량수가 큰 1개의 원자핵 $^{4}_{2}He$가 되는 반응이므로, 핵융합 반응이다.

ㄴ. 질량 결손은 (가)에서가 (나)에서보다 크다.
➡ 핵반응에서 발생하는 에너지는 질량 결손에 의한 것이므로, 방출되는 에너지가 클수록 질량 결손이 크다. 방출된 에너지는 (가)에서가 (나)에서보다 크므로, 질량 결손은 (가)에서가 (나)에서보다 크다.

ㄷ. 양성자수는 Y가 X의 2배이다.
➡ 양성자수는 원자핵의 전하량과 같다. X($^{3}_{1}H$)와 Y($^{4}_{2}He$)의 양성자수는 각각 1, 2이므로, 양성자수는 Y가 X의 2배이다.

11 핵반응식 2023학년도 3월 학평 물I 6번

정답 ① | 정답률 75 %

적용해야 할 개념 ③가지

① 핵반응 과정에서 반응 전후 질량은 보존되지 않지만 질량수와 전하량은 보존된다.
② 핵반응 과정에서 감소하는 질량을 질량 결손이라고 하며, 질량 결손에 해당하는 만큼의 에너지가 방출된다.
③ 핵융합 반응: 가벼운 원자핵들이 융합하여 무거운 원자핵으로 변하는 반응으로, 질량 결손에 의해 에너지가 방출된다.

구분	원자핵
표기	질량수 → A, 원자 번호 → Z X ← 원소 기호
질량수	양성자수+중성자수
원자 번호	양성자수(원자핵의 전하량)

문제 보기

다음은 두 가지 핵반응이다. X, Y는 원자핵이다.

(가) 질량수 보존: $233+1=(137)+94+3\times1$
전하량(=양성자수) 보존: $92+0=(54)+38+0$
→ X의 질량수 137, X의 양성자수 54

(가) ${}^{233}_{92}\mathrm{U}+{}^{1}_{0}\mathrm{n} \longrightarrow \mathrm{X}+{}^{94}_{38}\mathrm{Sr}+3{}^{1}_{0}\mathrm{n}+200\ \mathrm{MeV}$
(나) ${}^{2}_{1}\mathrm{H}+\mathrm{Y} \longrightarrow {}^{4}_{2}\mathrm{He}+{}^{1}_{0}\mathrm{n}+17.6\ \mathrm{MeV}$

(나) 질량수 보존: $2+(3)=4+1$
전하량(=양성자수) 보존: $1+(1)=2+0$
→ Y의 질량수 3, Y의 양성자수 1

발생하는 에너지: (가)>(나)
→ 질량 결손: (가)>(나)

이에 대한 설명으로 옳은 것은?

<보기> 풀이

① X의 양성자수는 54이다.
➡ 원자핵의 전하량은 양성자수와 같다. (가)에서 전하량이 보존되므로 $92+0=(54)+38+0$에서 X의 전하량은 54이다. 따라서 X의 양성자수는 54이다

② 질량수는 Y가 ${}^{2}_{1}\mathrm{H}$와 같다. (×)
➡ (나)에서 질량수가 보존되므로 $2+(3)=4+1$에서 Y의 질량수는 3이다. ${}^{2}_{1}\mathrm{H}$의 질량수는 2이므로, 질량수는 Y가 ${}^{2}_{1}\mathrm{H}$보다 크다.

③ (나)는 핵분열 반응이다. (×)
➡ (나)에서 핵반응 전의 원자핵은 ${}^{2}_{1}\mathrm{H}$와 Y로 2개이며, 핵반응 결과 생긴 원자핵은 헬륨 원자핵(${}^{4}_{2}\mathrm{He}$) 1개이다. 따라서 (나)는 질량수가 작은 원자핵들이 융합하여 질량수가 더 큰 원자핵이 되는 핵융합 반응이다.

④ ${}^{233}_{92}\mathrm{U}$의 중성자수는 233이다. (×)
➡ 질량수는 양성자와 중성자수의 합과 같으므로,
${}^{233}_{92}\mathrm{U}$의 중성자수=질량수−양성자수=$233-92=141$이다.

⑤ 질량 결손은 (나)에서가 (가)에서보다 크다. (×)
➡ 핵반응에서 발생하는 에너지는 질량 결손에 의한 것이므로, 방출되는 에너지가 클수록 질량 결손이 크다. 방출되는 에너지는 (나)에서가 (가)에서보다 작으므로, 질량 결손은 (나)에서가 (가)에서보다 작다.

12 핵반응식 2022학년도 4월 학평 물I 4번

정답 ③ | 정답률 88 %

적용해야 할 개념 ③가지

① 핵융합 반응: 가벼운 원자핵들이 융합하여 무거운 원자핵으로 변하는 반응으로, 질량 결손에 의해 에너지가 방출된다.
② 핵반응 과정에서 반응 전후 질량은 보존되지 않지만 질량수와 전하량은 보존된다.
③ 핵반응 과정에서 발생하는 에너지는 질량 결손에 의한 것으로 질량 결손이 클수록 발생하는 에너지가 크다.

구분	원자핵
표기	질량수 → A, 원자 번호 → Z X ← 원소 기호
질량수	양성자수+중성자수
원자 번호	양성자수(원자핵의 전하량)

문제 보기

다음은 두 가지 핵반응을 나타낸 것이다.

(가) 질량수 보존: $2+3=4+(1)$
전하량 보존: $1+1=2+(0)$
→ ㉠: 중성자

(가) ${}^{2}_{1}\mathrm{H}+{}^{3}_{1}\mathrm{H} \longrightarrow {}^{4}_{2}\mathrm{He}+$ [㉠] $+17.6\ \mathrm{MeV}$
(나) ${}^{235}_{92}\mathrm{U}+{}^{1}_{0}\mathrm{n} \longrightarrow {}^{140}_{54}\mathrm{Xe}+{}^{94}_{38}\mathrm{Sr}+2$[㉠] $+200\ \mathrm{MeV}$

(나) 질량수 보존:
$235+1=140+94+2\times(1)$
전하량 보존:
$92+0=54+38+2\times(0)$
→ ㉠: 중성자

발생하는 에너지: (가)<(나)
→ 질량 결손: (가)<(나)

이에 대한 설명으로 옳은 것만을 〈보기〉에서 있는 대로 고른 것은?

<보기> 풀이

ㄱ. (가)는 핵융합 반응이다.
➡ (가)는 가벼운 중수소(${}^{2}_{1}\mathrm{H}$)와 삼중수소(${}^{3}_{1}\mathrm{H}$)가 융합하여 더 무거운 헬륨(${}^{4}_{2}\mathrm{He}$) 원자핵이 생성되는 반응이므로 핵융합 반응이다.

ㄴ. ㉠은 중성자이다.
➡ 핵반응 과정에서 반응 전후 질량수와 전하량이 보존된다. (가)에서 반응 전후 질량수의 합이 보존되므로, $2+3=4+(1)$에서 ㉠의 질량수는 1이다. 또 반응 전후 전하량의 합도 보존되므로, $1+1=2+(0)$에서 ㉠의 전하량은 0이다. 따라서 ㉠은 중성자(${}^{1}_{0}\mathrm{n}$)이다.

ㄷ. 질량 결손은 (가)에서가 (나)에서보다 크다. (×)
➡ 핵반응에서 발생하는 에너지는 질량 결손에 의한 것이므로, 방출되는 에너지가 클수록 질량 결손이 크다. 방출된 에너지는 (가)에서가 (나)에서보다 작으므로, 질량 결손은 (가)에서가 (나)에서보다 작다.

13 핵반응식 2022학년도 3월 학평 물I 2번

정답 ③ | 정답률 79 %

적용해야 할 개념 ③가지

① 핵반응 과정에서 반응 전후 질량은 보존되지 않지만 질량수와 전하량은 보존된다.
② 핵반응 과정에서 감소하는 질량을 질량 결손이라고 하며, 질량 결손에 해당하는 만큼의 에너지가 방출된다.
③ 핵반응 과정에서 발생하는 에너지는 질량 결손에 의한 것으로, 질량 결손이 클수록 발생하는 에너지가 크다.

구분	원자핵
표기	질량수 → A, 원자 번호 → Z X ← 원소 기호
질량수	양성자수+중성자수
원자 번호	양성자수(원자핵의 전하량)

문제 보기

다음은 두 가지 핵반응이다.

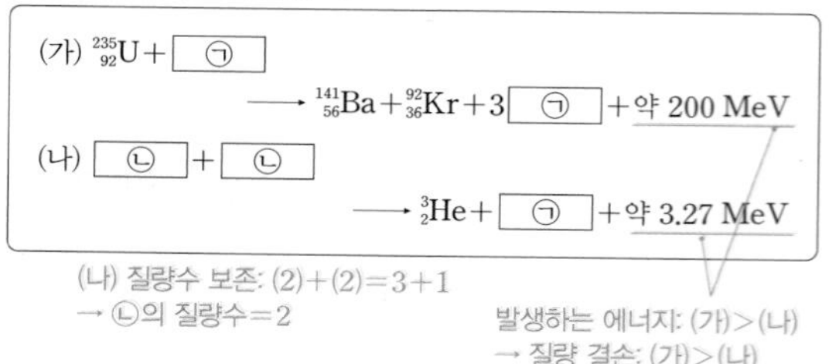

(가) 질량수 보존: 235+(1)=141+92+3×(1)
→ ㉠의 질량수=1
전하량 보존: 92+(0)=56+36+3×(0)
→ ㉠의 전하량=0
(가) ${}^{235}_{92}\mathrm{U}$+ ㉠ ⟶ ${}^{141}_{56}\mathrm{Ba}+{}^{92}_{36}\mathrm{Kr}+3$ ㉠ +약 200 MeV
(나) ㉡ + ㉡ ⟶ ${}^{3}_{2}\mathrm{He}+$ ㉠ +약 3.27 MeV
(나) 질량수 보존: (2)+(2)=3+1
→ ㉡의 질량수=2
발생하는 에너지: (가)>(나)
→ 질량 결손: (가)>(나)

이에 대한 옳은 설명만을 〈보기〉에서 있는 대로 고른 것은?

<보기> 풀이

ㄱ. ㉠은 중성자이다.

➡ 핵반응 과정에서 반응 전후 질량수와 전하량이 보존된다. (가)에서 반응 전후 질량수의 합이 보존되므로, $235+(1)=141+92+3\times(1)$에서 ㉠의 질량수는 1이다. 또 반응 전후 전하량의 합이 보존되므로, $92+(0)=56+36+3\times(0)$에서 ㉠의 전하량은 0이다(전하량은 질량수와 같거나 질량수보다 작아야 하는데, ㉠의 전하량이 1이면 (나)가 성립하지 않으므로 ㉠의 전하량은 0이다.) 따라서 ㉠은 중성자(${}^{1}_{0}\mathrm{n}$)이다.

ㄴ. ㉡의 질량수는 2이다.

➡ (나)에서 반응 후 생성 물질 (${}^{3}_{2}\mathrm{He}+{}^{1}_{0}\mathrm{n}$)의 질량수의 합이 $3+1=4$이므로, 반응 전 물질 ㉡+㉡의 질량수의 합도 4이다. 따라서 ㉡의 질량수는 2이다.

ㄷ. 질량 결손은 (가)에서가 (나)에서보다 작다.

➡ 핵반응에서 발생하는 에너지는 질량 결손에 의한 것이므로, 방출되는 에너지가 클수록 질량 결손이 크다. 방출된 에너지는 (가)에서가 (나)에서보다 크므로, 질량 결손은 (가)에서가 (나)에서보다 크다.

14 핵반응식 2022학년도 10월 학평 물I 8번

정답 ① | 정답률 82 %

적용해야 할 개념 ③가지

① 핵반응 과정에서 반응 전후 질량은 보존되지 않지만 질량수와 전하량은 보존된다.
② 핵반응 과정에서 감소하는 질량을 질량 결손이라고 하며, 질량 결손에 해당하는 만큼의 에너지가 방출된다.
③ 핵반응 과정에서 발생하는 에너지는 질량 결손에 의한 것으로 질량 결손이 클수록 발생하는 에너지가 크다.

구분	원자핵
표기	${}^{질량수\ A}_{원자\ 번호\ Z}\mathrm{X}$(X는 원소 기호)
질량수	양성자수+중성자수
원자 번호	양성자수(원자핵의 전하량)

문제 보기

다음은 두 가지 핵반응이다.

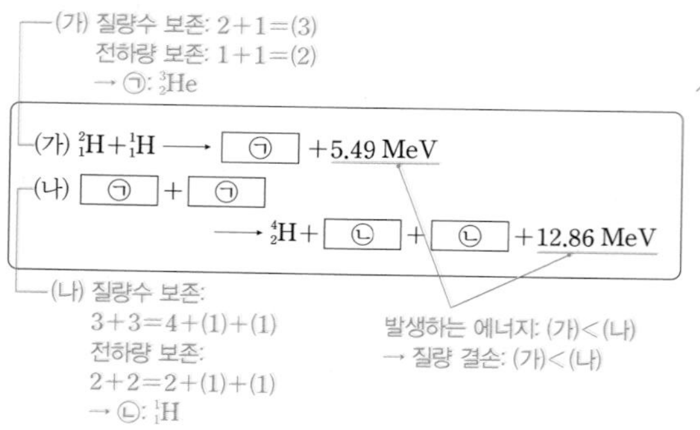

이에 대한 옳은 설명만을 〈보기〉에서 있는 대로 고른 것은?

<보기> 풀이

ㄱ. ㉠의 질량수는 3이다.

➡ 핵반응 과정에서 반응 전후 질량수와 전하량이 보존되므로, (가)에서 핵융합 반응식은 다음과 같다.

(가) ${}^{2}_{1}\mathrm{H}+{}^{1}_{1}\mathrm{H} \longrightarrow {}^{3}_{2}\mathrm{He}+5.49\ \mathrm{MeV}$

즉, 질량수의 합이 보존되므로 $2+1=(3)$에서 ㉠의 질량수는 3이고, 전하량의 합이 보존되어야 하므로 $1+1=(2)$에서 ㉠의 전하량은 2이다. 따라서 ㉠의 질량수는 3이다.

ㄴ. ㉡은 중성자이다.

➡ (나)의 반응식에서 질량수의 합이 보존되므로 $3+3=4+(1)+(1)$에서 ㉡의 질량수는 1이고, 전하량의 합이 보존되므로 $2+2=2+(1)+(1)$에서 ㉡의 전하량은 1이다. 따라서 ㉡은 양성자(${}^{1}_{1}\mathrm{H}$)이다.

(나) ${}^{3}_{2}\mathrm{He}+{}^{3}_{2}\mathrm{He} \longrightarrow {}^{4}_{2}\mathrm{He}+{}^{1}_{1}\mathrm{H}+{}^{1}_{1}\mathrm{H}+12.86\ \mathrm{MeV}$

ㄷ. 질량 결손은 (가)에서가 (나)에서보다 크다.

➡ 핵반응에서 발생하는 에너지는 질량 결손에 의한 것이므로, 방출되는 에너지가 클수록 질량 결손이 크다. 방출된 에너지는 (가)에서가 (나)에서보다 작으므로, 질량 결손은 (가)에서가 (나)에서보다 작다.

15 핵반응식 2022학년도 6월 모평 물I 6번

정답 ⑤ | 정답률 76 %

적용해야 할 개념 ③가지

① 핵반응 과정에서 반응 전후 질량은 보존되지 않지만 질량수와 전하량은 보존된다.
② 핵반응 과정에서 감소하는 질량을 질량 결손이라고 하며, 질량 결손에 해당하는 만큼의 에너지가 방출된다.
③ 핵반응 과정에서 발생하는 에너지는 질량 결손에 의한 것으로 질량 결손이 클수록 발생하는 에너지가 크다.

구분	원자핵
표기	질량수 A 원자 번호 Z $^A_Z\mathrm{X}$(X는 원소 기호)
질량수	양성자수+중성자수
원자 번호	양성자수(원자핵의 전하량)

문제 보기

다음은 두 가지 핵반응이다.

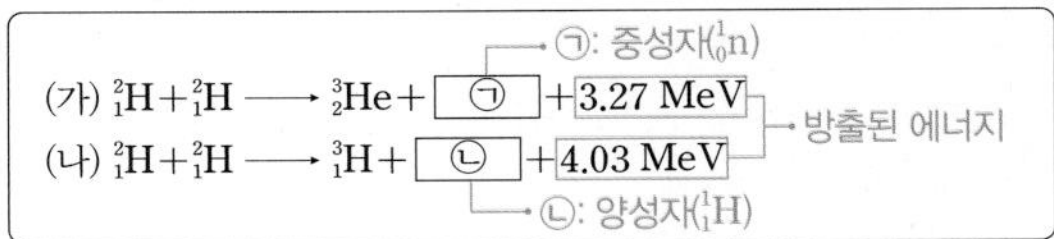

이에 대한 설명으로 옳은 것만을 〈보기〉에서 있는 대로 고른 것은?

<보기> 풀이

ㄱ. ㉠은 중성자이다.

➡ 핵반응 과정에서 반응 전후 질량수와 전하량이 보존되므로, (가)의 핵융합 반응식은 다음과 같다.

(가) $^2_1\mathrm{H}+^2_1\mathrm{H} \longrightarrow ^3_2\mathrm{He}+^1_0\mathrm{n}+3.27\ \mathrm{MeV}$

즉, 질량수의 합이 보존되므로 $2+2=3+(1)$에서 ㉠의 질량수는 1이고, 전하량의 합이 보존되어야 하므로 $1+1=2+(0)$에서 ㉠의 전하량은 0이다. 따라서 ㉠은 중성자($^1_0$n)이다.

ㄴ. ㉠과 ㉡은 질량수가 서로 같다.

➡ (나)의 핵융합 반응식에서 질량수의 합이 보존되므로 $2+2=3+(1)$에서 ㉡의 질량수는 1이고, 전하량의 합이 보존되므로 $1+1=1+(1)$에서 ㉡의 전하량은 1이다.
따라서 ㉡은 양성자($^1_1$H)이다.

(나) $^2_1\mathrm{H}+^2_1\mathrm{H} \longrightarrow ^3_1\mathrm{H}+^1_1\mathrm{H}+4.03\ \mathrm{MeV}$

$^1_0$n의 질량수는 1, $^1_1$H의 질량수도 1이므로, ㉠과 ㉡은 질량수가 서로 같다.

ㄷ. 질량 결손은 (가)에서가 (나)에서보다 작다.

➡ 핵융합 반응에서 발생하는 에너지는 질량 결손에 의한 것이므로, 방출되는 에너지가 클수록 질량 결손이 크다. 방출된 에너지는 (가)에서가 (나)에서보다 작으므로, 질량 결손은 (가)에서가 (나)에서보다 작다.

16 핵반응식 2023학년도 9월 모평 물I 6번

정답 ④ | 정답률 69 %

적용해야 할 개념 ③가지

① 핵융합 반응: 가벼운 원자핵들이 융합하여 무거운 원자핵으로 변하는 반응으로, 질량 결손에 의해 에너지가 방출된다.
② 핵반응 과정에서 반응 전후 질량은 보존되지 않지만 질량수와 전하량은 보존된다.
③ 핵반응 과정에서 감소하는 질량을 질량 결손이라고 하며, 질량 결손에 해당하는 만큼의 에너지가 방출된다.

구분	원자핵
표기	질량수 A 원자 번호 Z $^A_Z\mathrm{X}$(X는 원소 기호)
질량수	양성자수+중성자수
원자 번호	양성자수(원자핵의 전하량)

문제 보기

다음은 두 가지 핵반응이다. A, B는 원자핵이다.

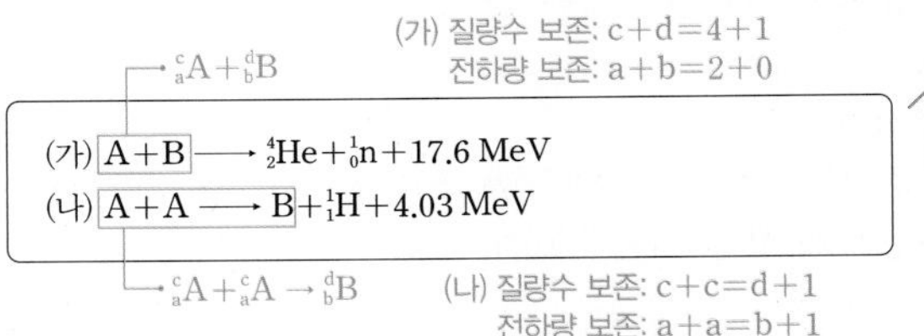

(가) 질량수 보존: c+d=4+1
전하량 보존: a+b=2+0
$^c_a\mathrm{A}+^d_b\mathrm{B}$
(가) A+B ⟶ $^4_2\mathrm{He}+^1_0\mathrm{n}+17.6\ \mathrm{MeV}$
(나) A+A ⟶ B$+^1_1\mathrm{H}+4.03\ \mathrm{MeV}$
$^c_a\mathrm{A}+^c_a\mathrm{A} \to ^d_b\mathrm{B}$
(나) 질량수 보존: c+c=d+1
전하량 보존: a+a=b+1

이에 대한 설명으로 옳은 것만을 〈보기〉에서 있는 대로 고른 것은?

<보기> 풀이

A, B의 양성자수(=전하량=원자 번호)를 각각 a, b라 하고 A, B의 질량수를 각각 c, d라 하면, 핵반응 전후에 전하량과 질량수가 보존되므로 (가)에서는 $a+b=2$ … ①, $c+d=4+1$ … ②, (나)에서는 $a+a=b+1$ … ③, $c+c=d+1$ … ④가 성립한다. ①과 ③을 연립하여 정리하면 $a=1$, $b=1$이고, ②와 ④를 연립하여 정리하면 $c=2$, $d=3$이다. 따라서 A는 $^2_1$H이고 B는 $^3_1$H이다. (가)와 (나)의 핵반응식을 정리하면 다음과 같다.

(가) $^2_1\mathrm{H}+^3_1\mathrm{H} \rightarrow ^4_2\mathrm{He}+^1_0\mathrm{n}+17.6\ \mathrm{MeV}$

(나) $^2_1\mathrm{H}+^2_1\mathrm{H} \rightarrow ^3_1\mathrm{H}+^1_1\mathrm{H}+4.03\ \mathrm{MeV}$

ㄱ. (가)는 핵분열 반응이다. (✗)

➡ (가)에서 핵반응 결과 생긴 원자핵이 헬륨 원자핵($^4_2$He) 1개이므로, (가)는 질량수가 작은 원자핵들이 융합하여 질량수가 큰 원자핵이 되는 핵융합 반응이다.

ㄴ. (나)에서 질량 결손에 의해 에너지가 방출된다.

➡ (나)에서 핵반응 결과 생긴 에너지 4.03 MeV는 질량 결손에 의한 것이다. 따라서 (나)에서 질량 결손에 의해 에너지가 방출된다.

ㄷ. 중성자수는 B가 A의 2배이다.

➡ 중성자수=질량수−양성자수이므로, A($^2_1$H), B($^3_1$H)의 중성자수는 각각 1, 2이다. 따라서 중성자수는 B가 A의 2배이다.

17 핵반응식 2024학년도 3월 학평 물I 2번

정답 ④ | 정답률 79 %

적용해야 할 개념 ②가지

① 핵반응 과정에서 반응 전후 질량은 보존되지 않지만 질량수와 전하량은 보존된다.
② 핵반응 과정에서 감소하는 질량을 질량 결손이라고 하며, 질량 결손에 해당하는 만큼의 에너지가 방출된다.

구분	원자핵
표기	질량수 → A, 원자 번호 → Z X ← 원소 기호
질량수	양성자수+중성자수
원자 번호	양성자수(원자핵의 전하량)

문제 보기

다음은 두 가지 핵반응을 나타낸 것이다. ㉠과 ㉡은 서로 다른 원자핵이다.

(가) 질량수 보존: (2)+6=2×4
전하량 보존: (1)+3=2×2
→ ㉠: ${}^{2}_{1}\mathrm{H}$

발출되는 에너지: (가)>(나)
→ 질량 결손: (가)>(나)

(가) ㉠$+{}^{6}_{3}\mathrm{Li} \longrightarrow 2{}^{4}_{2}\mathrm{He}+22.4\ \mathrm{MeV}$
(나) ${}^{3}_{2}\mathrm{He}+{}^{6}_{3}\mathrm{Li} \longrightarrow 2{}^{4}_{2}\mathrm{He}+$㉡$+16.9\ \mathrm{MeV}$

(나) 질량수 보존: 3+6=2×4+(1)
전하량 보존: 2+3=2×2+(1)
→ ㉡: ${}^{1}_{1}\mathrm{H}$

이에 대한 옳은 설명만을 〈보기〉에서 있는 대로 고른 것은?

<보기> 풀이

핵반응 과정에서 반응 전후 질량수와 전하량은 보존된다. (가)에서 ㉠의 질량수는 (2)+6=2×4에서 2이고 전하량은 (1)+3=2×2에서 1이므로, ㉠은 ${}^{2}_{1}\mathrm{H}$이다. 또 (나)에서 ㉡의 질량수는 3+6=2×4+(1)에서 1이고 전하량은 2+3=2×2+(1)에서 1이므로, ㉡은 ${}^{1}_{1}\mathrm{H}$이다. 따라서 (가), (나)의 핵반응식을 완성하면 다음과 같다.

(가) ${}^{2}_{1}\mathrm{H}+{}^{6}_{3}\mathrm{Li} \longrightarrow 2{}^{4}_{2}\mathrm{He}+22.4\ \mathrm{MeV}$
(나) ${}^{3}_{2}\mathrm{He}+{}^{6}_{3}\mathrm{Li} \longrightarrow 2{}^{4}_{2}\mathrm{He}+{}^{1}_{1}\mathrm{H}+16.9\ \mathrm{MeV}$

ㄱ. 양성자수는 ㉠과 ㉡이 같다.
⇒ 양성자수는 원자핵의 전하량과 같다. ㉠(${}^{2}_{1}\mathrm{H}$)의 양성자수는 1이고 ㉡(${}^{1}_{1}\mathrm{H}$)의 양성자수도 1이므로, 양성자수는 ㉠과 ㉡이 같다.

ㄴ. 질량수는 ㉡이 ㉠보다 크다.
⇒ ㉠(${}^{2}_{1}\mathrm{H}$)의 질량수는 2이고 ㉡(${}^{1}_{1}\mathrm{H}$)의 질량수는 1이므로, 질량수는 ㉡이 ㉠보다 작다.

ㄷ. 질량 결손은 (가)에서가 (나)에서보다 크다.
⇒ 핵반응에서 발생하는 에너지는 질량 결손에 의한 것이므로, 방출된 에너지가 클수록 질량 결손이 크다. 방출된 에너지는 (가)에서가 (나)에서보다 크므로, 질량 결손은 (가)에서가 (나)에서보다 크다.

18 핵반응식 2023학년도 수능 물I 3번

정답 ③ | 정답률 80 %

적용해야 할 개념 ③가지

① 핵반응 과정에서 반응 전후 질량은 보존되지 않지만 질량수와 전하량은 보존된다.
② 핵반응 과정에서 감소하는 질량을 질량 결손이라고 하며, 질량 결손에 해당하는 만큼의 에너지가 방출된다.
③ 질량 에너지 동등성: 질량은 에너지로 전환될 수 있으며, 에너지도 질량으로 전환될 수 있다.

구분	원자핵
표기	${}^{질량수\ A}_{원자\ 번호\ Z}\mathrm{X}$(X는 원소 기호)
질량수	양성자수+중성자수
원자 번호	양성자수(원자핵의 전하량)

문제 보기

다음은 두 가지 핵반응이다. X, Y는 원자핵이다.

(가) 질량수 보존: 2+1=(3)
전하량 보존: 1+1=(2)
→ X: ${}^{3}_{2}\mathrm{He}$

질량 결손에 의해 방출되는 에너지

(가) ${}^{2}_{1}\mathrm{H}+{}^{1}_{1}\mathrm{H} \longrightarrow \mathrm{X}+5.49\ \mathrm{MeV}$
(나) $\mathrm{X}+\mathrm{X} \longrightarrow \mathrm{Y}+{}^{1}_{1}\mathrm{H}+{}^{1}_{1}\mathrm{H}+12.86\ \mathrm{MeV}$

(나) 질량수 보존: 3+3=(4)+1+1
전하량 보존: 2+2=(2)+1+1
→ Y: ${}^{4}_{2}\mathrm{He}$

이에 대한 설명으로 옳은 것만을 〈보기〉에서 있는 대로 고른 것은?

<보기> 풀이

ㄱ. (가)에서 질량 결손에 의해 에너지가 방출된다.
⇒ 핵반응 과정에서 질량수는 보존되지만 질량은 보존되지 않으므로, 질량 결손에 해당하는 만큼 에너지가 방출된다. (가)에서 발생한 에너지는 질량 결손에 의한 것이므로, (가)에서 질량 결손에 의해 에너지가 방출된다.

ㄴ. Y는 ${}^{4}_{2}\mathrm{He}$이다.
⇒ (가)에서 질량수가 보존되므로 2+1=(3)이므로 X의 질량수는 3이고, 전하량이 보존되므로 1+1=(2)에서 X의 전하량은 2이다. 따라서 X는 ${}^{3}_{2}\mathrm{He}$이다.
(가) ${}^{2}_{1}\mathrm{H}+{}^{1}_{1}\mathrm{H} \longrightarrow {}^{3}_{2}\mathrm{He}+5.49\ \mathrm{MeV}$
(나)에서 질량수가 보존되므로 3+3=(4)+1+1에서 Y의 질량수는 4이고, 전하량이 보존되므로 2+2=(2)+1+1에서 Y의 전하량은 2이다. 따라서 Y는 ${}^{4}_{2}\mathrm{He}$이다.
(나) ${}^{3}_{2}\mathrm{He}+{}^{3}_{2}\mathrm{He} \longrightarrow {}^{4}_{2}\mathrm{He}+{}^{1}_{1}\mathrm{H}+{}^{1}_{1}\mathrm{H}+12.86\ \mathrm{MeV}$

ㄷ. 양성자수는 Y가 X보다 크다.
⇒ X(${}^{3}_{2}\mathrm{He}$)의 양성자수는 2이고 Y(${}^{4}_{2}\mathrm{He}$)의 양성자수도 2이므로, 양성자수는 Y와 X가 같다.

19 핵반응식 2025학년도 6월 모평 물I 4번

정답 ③ | 정답률 90 %

적용해야 할 개념 ③가지

① 핵반응 과정에서 반응 전후 질량은 보존되지 않지만 질량수와 전하량은 보존된다.
② 핵분열 반응: 한 원자핵에 중성자와 같은 입자가 충돌할 때 두 개 이상의 다른 원자핵으로 나뉘어지는 반응으로, 질량 결손에 의해 에너지가 방출된다.
③ 핵반응 과정에서 감소하는 질량을 질량 결손이라고 하며, 질량 결손에 해당하는 만큼의 에너지가 방출된다.

구분	원자핵
표기	질량수 → A, 원자 번호 → Z X ← 원소 기호
질량수	양성자수+중성자수
원자 번호	양성자수(원자핵의 전하량)

문제 보기

다음은 핵반응식을 나타낸 것이다. E_0은 핵반응에서 방출되는 에너지이다.

질량수 보존: $235+1=141+92+㉠\times1$
전하량 보존: $92+0=56+36+㉠\times0$
→ ㉠=3

$^{235}_{92}U+^{1}_{0}n \longrightarrow ^{141}_{56}Ba+^{92}_{36}Kr+$ ㉠ $^{1}_{0}n+E_0$

질량 결손에 의한 에너지

이에 대한 설명으로 옳은 것만을 〈보기〉에서 있는 대로 고른 것은?

<보기> 풀이

ㄱ. ㉠은 3이다.
⇒ 핵반응 과정에서 반응 전후 질량수와 전하량이 보존되므로, $235+1=141+92+㉠\times1$과 $92+0=56+36+㉠\times0$에서 ㉠=3이다.

ㄴ. 핵융합 반응이다.
⇒ 질량수가 큰 원자핵($^{235}_{92}U$)에 중성자($^{1}_{0}n$)가 충돌하여 질량수가 작은 두 개의 원자핵으로 나누어지는 반응이므로 핵분열 반응이다.

ㄷ. E_0은 질량 결손에 의해 발생한다.
⇒ 핵반응에서 질량은 보존되지 않으며, 질량 결손에 해당하는 만큼의 에너지가 방출된다. 따라서 E_0은 질량 결손에 의해 발생한다.

20 핵반응식 2021학년도 수능 물I 2번

정답 ① | 정답률 90 %

적용해야 할 개념 ③가지

① 핵반응 과정에서 감소하는 질량을 질량 결손이라고 하며, 질량 결손에 해당하는 만큼의 에너지가 방출된다.
② 핵융합 반응: 가벼운 원자핵들이 융합하여 무거운 원자핵으로 변하는 반응으로, 질량 결손에 의해 에너지가 방출된다.
③ 핵반응 과정에서 반응 전후 질량은 보존되지 않지만 질량수와 전하량은 보존된다.

구분	원자핵
표기	$^{질량수\ A}_{원자\ 번호\ Z}X$(X는 원소 기호)
질량수	양성자수+중성자수
원자 번호	양성자수(원자핵의 전하량)

문제 보기

다음은 두 가지 핵반응이다.

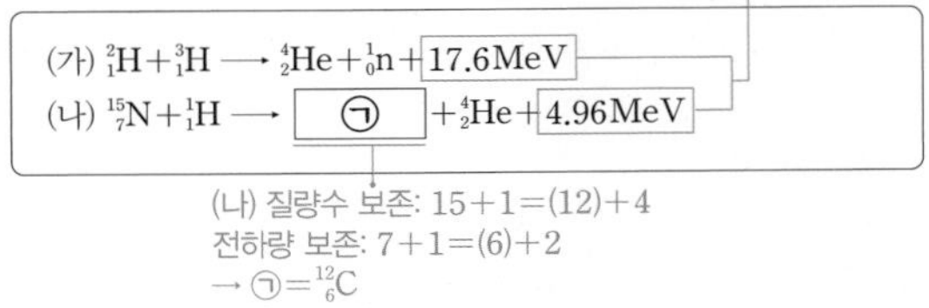

이에 대한 설명으로 옳은 것만을 〈보기〉에서 있는 대로 고른 것은? [3점]

<보기> 풀이

ㄱ. (가)는 핵융합 반응이다.
⇒ (가)는 가벼운 중수소($^{2}_{1}H$)와 삼중수소($^{3}_{1}H$)가 융합하여 무거운 헬륨($^{4}_{2}He$) 원자핵이 생성되는 반응이므로, (가)는 핵융합 반응이다.

ㄴ. 질량 결손은 (나)에서가 (가)에서보다 크다.
⇒ 핵융합 반응에서 발생하는 에너지는 질량 결손에 의한 것이므로, 방출되는 에너지가 클수록 질량 결손이 크다. 방출된 에너지가 (나)에서가 (가)에서보다 작으므로, 질량 결손은 (나)에서가 (가)에서보다 작다.

ㄷ. ㉠의 질량수는 10이다.
⇒ 질량수 보존과 전하량 보존에 따라 (나)의 핵융합 반응식을 완성하면 다음과 같다.
(나) $^{15}_{7}N+^{1}_{1}H \rightarrow ^{12}_{6}C+^{4}_{2}He+4.96\ MeV$
즉, 질량수의 합이 보존되므로 $15+1=(12)+4$에서 ㉠의 질량수가 12이고, 전하량의 합도 보존되어야 하므로 $7+1=(6)+2$에서 ㉠의 전하량(원자 번호)은 6이다.
따라서 ㉠은 $^{12}_{6}C$이므로 ㉠의 질량수는 12이다.

21	**핵반응식** 2021학년도 9월 모평 물Ⅰ 6번	정답 ① | 정답률 88 %

적용해야 할 개념 ③가지

① 핵반응 과정에서 감소하는 질량을 질량 결손이라고 하며, 질량 결손에 해당하는 만큼의 에너지가 방출된다.
② 핵반응 과정에서 반응 전후 질량은 보존되지 않지만 질량수와 전하량은 보존된다.
③ 핵반응 과정에서 발생하는 에너지는 질량 결손에 의한 것으로 질량 결손이 클수록 발생하는 에너지가 크다.

구분	원자핵
표기	$^{질량수\ A}_{원자\ 번호\ Z}X$(X는 원소 기호)
질량수	양성자수+중성자수
원자 번호	양성자수(원자핵의 전하량)

문제 보기

다음은 핵융합 반응로에서 일어날 수 있는 수소 핵융합 반응식이다.

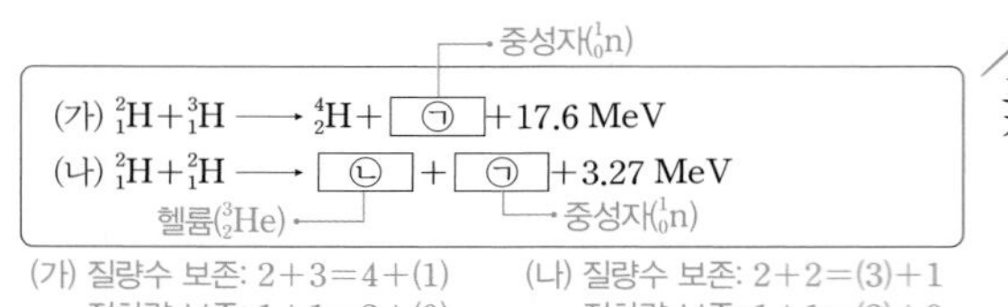

(가) 질량수 보존: 2+3=4+(1)
전하량 보존: 1+1=2+(0)

(나) 질량수 보존: 2+2=(3)+1
전하량 보존: 1+1=(2)+0

이에 대한 설명으로 옳은 것만을 〈보기〉에서 있는 대로 고른 것은?

<보기> 풀이

ㄱ. ㉠은 중성자이다.

➡ 핵반응 과정에서 반응 전후 질량수와 전하량이 보존되므로, (가)의 핵융합 반응식은 다음과 같다.

(가) $^2_1H+^3_1H \longrightarrow ^4_2He+^1_0n+17.6\ MeV$

즉, 질량수의 합이 보존되므로 2+3=4+(1)에서 ㉠의 질량수는 1이고, 전하량의 합이 보존되므로 1+1=2+(0)에서 ㉠의 전하량은 0이다. 따라서 ㉠은 중성자($^1_0$n)이다.

ㄴ. ㉡과 $^4_2$He은 질량수가 서로 같다.

➡ ㉠은 중성자이므로 질량수 보존과 전하량 보존에 따라 (나)의 핵융합 반응식은 다음과 같다.

(나) $^2_1H+^2_1H \longrightarrow ^3_2He+^1_0n+3.27\ MeV$

즉, 질량수의 합이 보존되므로 2+2=(3)+1에서 ㉡의 질량수는 3이고, 전하량의 합이 보존되므로 1+1=(2)+0에서 ㉡의 전하량은 2이다. 따라서 ㉡은 헬륨($^3_2$He)이다. $^3_2$He의 질량수는 3이고 $^4_2$He의 질량수는 4이므로, ㉡은 $^4_2$He과 질량수가 서로 다르다.

ㄷ. 질량 결손은 (가)에서가 (나)에서보다 작다.

➡ 핵융합 반응에서 방출되는 에너지는 질량 결손에 의한 것이므로, 방출되는 에너지가 클수록 질량 결손이 크다. 방출된 에너지는 (가)에서가 (나)에서보다 크므로, 질량 결손도 (가)에서가 (나)에서보다 크다.

22	**핵반응식** 2024학년도 7월 학평 물Ⅰ 2번	정답 ⑤ | 정답률 92 %

적용해야 할 개념 ②가지

① 핵반응 과정에서 반응 전후 질량은 보존되지 않지만 질량수와 전하량은 보존된다.
② 핵분열 반응: 한 원자핵에 중성자와 같은 입자가 충돌할 때 두 개 이상의 다른 원자핵으로 나누어지는 반응으로, 질량 결손에 의해 에너지가 방출된다.

구분	원자핵
표기	질량수 → A, 원자 번호 → Z, X ← 원소 기호
질량수	양성자수+중성자수
원자 번호	양성자수(원자핵의 전하량)

문제 보기

다음은 두 가지 핵반응이다.

(가) 질량수 보존: (2)+2=3+1
전하량 보존: (1)+1=2+0
→ ㉠: $^2_1$H

무거운 원자핵 1개
상대적으로 가벼운 원자핵 2개

(가) ㉠ $+^2_1H \longrightarrow ^3_2He+^1_0n+3.27\ MeV$
(나) $^{235}_{92}U+$ ㉡ $\longrightarrow ^{141}_{56}Ba+^{92}_{36}Kr+3^1_0n+$약 200 MeV

(나) 질량수 보존: 235+(1)=141+92+3×1
전하량 보존: 92+(0)=56+36+3×0
→ ㉡: $^1_0$n

이에 대한 설명으로 옳은 것만을 〈보기〉에서 있는 대로 고른 것은?

<보기> 풀이

ㄱ. ㉠은 $^2_1$H이다.

➡ 핵반응 과정에서 반응 전후 질량수와 전하량이 각각 보존된다. (가)에서 ㉠의 질량수는 (2)+2=3+1에서 2이고 전하량은 (1)+1=2+0에서 1이므로, (가)의 핵반응식을 완성하면 다음과 같다.

$^2_1H+^2_1H \longrightarrow ^3_2He+^1_0n+3.27\ MeV$

따라서 ㉠은 $^2_1$H이다.

ㄴ. ㉡은 중성자이다.

➡ (나)에서 ㉡의 질량수는 235+(1)=141+92+3×1에서 1이고 전하량은 92+(0)=56+36+3×0에서 0이므로, (나)의 핵반응식을 완성하면 다음과 같다.

$^{235}_{92}U+^1_0n \longrightarrow ^{141}_{56}Ba+^{92}_{36}Kr+3^1_0n+$약 200 MeV

따라서 ㉡은 중성자($^1_0$n)이다.

ㄷ. (나)는 핵분열 반응이다.

➡ (나)는 질량수가 큰 원자핵 1개가 질량수가 작은 원자핵 2개로 나누어지므로 핵분열 반응이다.

23 핵반응식 2024학년도 10월 학평 물Ⅰ 6번

정답 ④ | 정답률 82 %

적용해야 할 개념 ②가지

① 핵반응 과정에서 반응 전후 질량은 보존되지 않지만 질량수와 전하량은 보존된다.

② 핵반응 과정에서 감소하는 질량을 질량 결손이라고 하며, 질량 결손에 해당하는 만큼의 에너지가 방출된다.

구분	원자핵
표기	질량수 → A, 원자 번호 → Z X ← 원소 기호
질량수	양성자수+중성자수
원자 번호	양성자수(원자핵의 전하량)

문제 보기

다음은 두 가지 핵융합 반응식이다.

(가) 질량수 보존: $3+3=(4)+1+1$
전하량 보존: $2+2=(2)+1+1$
→ ㉠: ${}^{4}_{2}\mathrm{He}$

발생하는 에너지: (가)>(나)
→ 질량 결손: (가)>(나)

(가) ${}^{3}_{2}\mathrm{He}+{}^{3}_{2}\mathrm{He} \longrightarrow$ ㉠ $+{}^{1}_{1}\mathrm{H}+{}^{1}_{1}\mathrm{H}+12.9\ \mathrm{MeV}$

(나) ${}^{3}_{2}\mathrm{He}+$ ㉡ $\longrightarrow$ ㉠${}^{4}_{2}\mathrm{He}$ $+{}^{1}_{1}\mathrm{H}+{}^{1}_{0}\mathrm{n}+12.1\ \mathrm{MeV}$

(나) 질량수 보존: $3+(3)=4+1+1$
전하량 보존: $2+(1)=2+1+0$
→ ㉡: ${}^{3}_{1}\mathrm{H}$

이에 대한 옳은 설명만을 〈보기〉에서 있는 대로 고른 것은?

<보기> 풀이

ㄱ. ㉠의 질량수는 2이다. (×)

⇒ 핵반응 과정에서 반응 전후 질량수와 전하량이 보존된다. (가)에서 ㉠의 질량수는 $3+3=(4)+1+1$에서 4이고 전하량은 $2+2=(2)+1+1$에서 2이므로, (가)의 핵반응식을 완성하면 다음과 같다.

$${}^{3}_{2}\mathrm{He}+{}^{3}_{2}\mathrm{He} \longrightarrow {}^{4}_{2}\mathrm{He}+{}^{1}_{1}\mathrm{H}+{}^{1}_{1}\mathrm{H}+12.9\ \mathrm{MeV}$$

따라서 ㉠의 질량수는 4이다.

ㄴ. ㉡은 ${}^{3}_{1}\mathrm{H}$이다.

⇒ (나)에서 ㉡의 질량수는 $3+(3)=4+1+1$에서 3이고 전하량은 $2+(1)=2+1+0$에서 1이므로, (나)의 핵반응식을 완성하면 다음과 같다.

$${}^{3}_{2}\mathrm{He}+{}^{3}_{1}\mathrm{H} \longrightarrow {}^{4}_{2}\mathrm{He}+{}^{1}_{1}\mathrm{H}+{}^{1}_{0}\mathrm{n}+12.1\ \mathrm{MeV}$$

따라서 ㉡은 ${}^{3}_{1}\mathrm{H}$이다.

ㄷ. 질량 결손은 (가)에서가 (나)에서보다 크다.

⇒ 핵반응에서 발생하는 에너지는 질량 결손에 의한 것이므로, 방출되는 에너지가 클수록 질량 결손이 크다. 방출된 에너지는 (가)에서가 (나)에서보다 크므로, 질량 결손은 (가)에서가 (나)에서보다 크다.

24 핵반응식 2023학년도 4월 학평 물Ⅰ 4번

정답 ⑤ | 정답률 80 %

적용해야 할 개념 ③가지

① 핵융합 반응: 가벼운 원자핵들이 융합하여 무거운 원자핵으로 변하는 반응으로, 질량 결손에 의해 에너지가 방출된다.

② 핵반응 과정에서 반응 전후 질량은 보존되지 않지만 질량수와 전하량은 보존된다.

③ 핵반응 과정에서 발생하는 에너지는 질량 결손에 의한 것으로 질량 결손이 클수록 발생하는 에너지가 크다.

구분	원자핵
표기	질량수 → A, 원자 번호 → Z X ← 원소 기호
질량수	양성자수+중성자수
원자 번호	양성자수(원자핵의 전하량)

문제 보기

다음은 두 가지 핵반응이다. X, Y는 원자핵이다.

(가) 질량수 보존: $2+2=(3)+1$
전하량 보존: $1+1=(2)+0$
→ X: ${}^{3}_{2}\mathrm{He}$

(가) ${}^{2}_{1}\mathrm{H}+{}^{2}_{1}\mathrm{H} \longrightarrow \mathrm{X}+{}^{1}_{0}\mathrm{n}+3.27\ \mathrm{MeV}$

(나) $\mathrm{X}+{}^{3}_{1}\mathrm{H} \longrightarrow {}^{4}_{2}\mathrm{He}+\mathrm{Y}+{}^{1}_{0}\mathrm{n}+12.1\ \mathrm{MeV}$

(나) 질량수 보존: $3+3=4+(1)+1$
전하량 보존: $2+1=2+(1)+0$
→ Y: ${}^{1}_{1}\mathrm{H}$

발생하는 에너지: (가)<(나)
→ 질량 결손: (가)<(나)

이에 대한 설명으로 옳은 것만을 〈보기〉에서 있는 대로 고른 것은?

<보기> 풀이

핵반응 과정에서 반응 전후 질량수와 전하량이 보존된다. (가)에서 X의 질량수는 $2+2=(3)+1$에서 3이고 전하량은 $1+1=(2)+0$에서 2이므로, X는 ${}^{3}_{2}\mathrm{He}$이다. (나)에서 Y의 질량수는 $3+3=4+(1)+1$에서 1이고 전하량은 $2+1=2+(1)+0$에서 1이므로, Y는 ${}^{1}_{1}\mathrm{H}$이다. 따라서 (가), (나)의 핵반응식을 완성하면 다음과 같다.

(가) ${}^{2}_{1}\mathrm{H}+{}^{2}_{1}\mathrm{H} \longrightarrow {}^{3}_{2}\mathrm{He}+{}^{1}_{0}\mathrm{n}+3.27\ \mathrm{MeV}$

(나) ${}^{3}_{2}\mathrm{He}+{}^{3}_{1}\mathrm{H} \longrightarrow {}^{4}_{2}\mathrm{He}+{}^{1}_{1}\mathrm{H}+{}^{1}_{0}\mathrm{n}+12.1\ \mathrm{MeV}$

ㄱ. (가)는 핵융합 반응이다.

⇒ (가)는 질량수가 작은 2개의 원자핵 ${}^{2}_{1}\mathrm{H}$가 융합하여 질량수가 큰 1개의 원자핵 X(${}^{3}_{2}\mathrm{He}$)가 되는 반응이므로, 핵융합 반응이다.

ㄴ. 양성자수는 X가 Y보다 크다.

⇒ 양성자수는 원자핵의 전하량과 같다. X(${}^{3}_{2}\mathrm{He}$)와 Y(${}^{1}_{1}\mathrm{H}$)의 양성자수는 각각 2, 1이므로, 양성자수는 X가 Y보다 크다.

ㄷ. 질량 결손은 (가)에서가 (나)에서보다 작다.

⇒ 핵반응에서 발생하는 에너지는 질량 결손에 의한 것이므로, 방출되는 에너지가 클수록 질량 결손이 크다. 방출된 에너지는 (가)에서가 (나)에서보다 작으므로, 질량 결손은 (가)에서가 (나)에서보다 작다.

25 핵반응식 2023학년도 10월 학평 물I 3번

정답 ③ | 정답률 55 %

적용해야 할 개념 ③가지

① 핵융합 반응: 가벼운 원자핵들이 융합하여 무거운 원자핵으로 변하는 반응으로, 질량 결손에 의해 에너지가 방출된다.
② 핵반응 과정에서 반응 전후 질량은 보존되지 않지만 질량수와 전하량은 보존된다.
③ 질량 에너지 동등성: 질량은 에너지로 전환될 수 있으며, 에너지도 질량으로 전환될 수 있다.

구분	원자핵
표기	질량수 → A, 원자 번호 → Z, $^{A}_{Z}X$ ← 원소 기호
질량수	양성자수+중성자수
원자 번호	양성자수(원자핵의 전하량)

문제 보기

다음은 두 가지 핵반응을 나타낸 것이다. 중성자, 원자핵 X, Y의 질량은 각각 m_n, m_X, m_Y이고, $m_Y - m_X < m_n$이다.

(가) 질량수 보존: (2)+3=4+1
전하량 보존: (1)+1=2+0
→ X: $^{2}_{1}H$

$m_X + m_Y = m_{He} + m_n + \Delta m_{(가)}$ ··· ①

(가) X+$^{3}_{1}H$ ⟶ $^{4}_{2}He$+$^{1}_{0}n$+에너지
(나) Y+$^{3}_{1}H$ ⟶ $^{4}_{2}He$+$2^{1}_{0}n$+에너지

$m_Y + m_Y = m_{He} + 2m_n + \Delta m_{(나)}$ ··· ②

(나) 질량수 보존: (3)+3=4+2×1
전하량 보존: (1)+1=2+2×0
→ X: $^{3}_{1}H$

→ ②−①: $m_Y - m_X = m_n + \Delta m_{(나)} - \Delta m_{(가)} < m_n$
→ $\Delta m_{(나)} < \Delta m_{(가)}$

이에 대한 옳은 설명만을 〈보기〉에서 있는 대로 고른 것은?

<보기> 풀이

핵반응 과정에서 반응 전후 질량수와 전하량이 보존된다. (가)에서 X의 질량수는 (2)+3=4+1에서 2이고 전하량은 (1)+1=2+0에서 1이므로, X는 $^{2}_{1}H$이다. (나)에서 Y의 질량수는 (3)+3=4+2×1에서 3이고 전하량은 (1)+1=2+2×0에서 1이므로, Y는 $^{3}_{1}H$이다. 따라서 (가), (나)의 핵반응식을 완성하면 다음과 같다.

(가) $^{2}_{1}H$+$^{3}_{1}H$ ⟶ $^{4}_{2}He$+$^{1}_{0}n$+에너지
(나) $^{3}_{1}H$+$^{3}_{1}H$ ⟶ $^{4}_{2}He$+$2^{1}_{0}n$+에너지

ㄱ. (가)는 핵융합 반응이다.
➡ (가)는 원자핵 X와 $^{3}_{1}H$가 융합하여 원자핵 $^{4}_{2}He$가 되는 반응이므로, 핵융합 반응이다.

ㄴ. Y는 $^{3}_{1}H$이다.
➡ (나)의 핵반응에서 Y는 $^{3}_{1}H$이다.

ㄷ. 핵반응에서 발생한 에너지는 (나)에서가 (가)에서보다 크다.
➡ 핵반응에서 질량은 보존되지 않으며, 질량 결손에 해당하는 만큼의 에너지가 방출된다. (가)와 (나)에서의 질량 결손을 각각 $\Delta m_{(가)}$, $\Delta m_{(나)}$라 하고 $^{4}_{2}He$의 질량을 m_{He}라고 하면, (가)에서 $m_X + m_Y = m_{He} + m_n + \Delta m_{(가)}$ ··· ①이고 (나)에서 $m_Y + m_Y = m_{He} + 2m_n + \Delta m_{(나)}$ ··· ②이다. ②에서 ①을 빼면 $m_Y - m_X = m_n + \Delta m_{(나)} - \Delta m_{(가)}$이고, $m_Y - m_X < m_n$이므로 $m_n + \Delta m_{(나)} - \Delta m_{(가)} < m_n$에서 $\Delta m_{(나)} < \Delta m_{(가)}$이다. 따라서 핵반응에서 질량 결손이 (나)에서가 (가)에서보다 작으므로, 질량 결손에 의해 발생한 에너지는 (나)에서가 (가)에서보다 작다.

26 핵반응식 2025학년도 9월 모평 물I 4번

정답 ④ | 정답률 92 %

적용해야 할 개념 ③가지

① 핵반응 과정에서 반응 전후 질량은 보존되지 않지만 질량수와 전하량은 보존된다.
② 핵분열 반응: 한 원자핵에 중성자와 같은 입자가 충돌할 때 두 개 이상의 다른 원자핵으로 나뉘어지는 반응으로, 질량 결손에 의해 에너지가 방출된다.
③ 핵반응 과정에서 감소하는 질량을 질량 결손이라고 하며, 질량 결손에 해당하는 만큼의 에너지가 방출된다.

구분	원자핵
표기	질량수 → A, 원자 번호 → Z, $^{A}_{Z}X$ ← 원소 기호
질량수	양성자수+중성자수
원자 번호	양성자수(원자핵의 전하량)

문제 보기

다음은 두 가지 핵반응이다. (가)와 (나)에서 방출되는 에너지는 각각 E_1, E_2이고, 질량 결손은 (가)에서가 (나)에서보다 크다.

방출되는 에너지: (가)> (나)
→ $E_1 > E_2$

(가) 질량수 보존: (235)+1=141+92+3×1
→ ㉠의 질량수=235

(가) ㉠ +$^{1}_{0}n$ ⟶ $^{141}_{56}Ba$+$^{92}_{36}Kr$+$3^{1}_{0}n$+E_1
(나) $^{2}_{1}H$+$^{3}_{1}H$ ⟶ $^{4}_{2}He$+$^{1}_{0}n$+E_2

핵융합 반응

이에 대한 설명으로 옳은 것만을 〈보기〉에서 있는 대로 고른 것은? [3점]

<보기> 풀이

ㄱ. ㉠의 질량수는 238이다.
➡ 핵반응 과정에서 반응 전후 질량수가 보존되므로, (가)에서 ㉠의 질량수를 x라고 하면 x+1=141+92+3×1에서 x=235이다. 따라서 ㉠의 질량수는 235이다.

ㄴ. (나)는 핵융합 반응이다.
➡ (나)는 질량수가 작은 2개의 원자핵이 질량수가 큰 1개의 원자핵으로 변하므로 핵융합 반응이다.

ㄷ. E_1은 E_2보다 크다.
➡ 핵반응에서 발생하는 에너지는 질량 결손에 의한 것이므로, 질량 결손이 클수록 방출되는 에너지가 크다. 질량 결손은 (가)에서가 (나)에서보다 크므로, 방출되는 에너지는 (가)에서가 (나)에서보다 크다. 따라서 E_1은 E_2보다 크다.

27 핵반응식 2022학년도 7월 학평 물Ⅰ 12번

정답 ③ | 정답률 58 %

적용해야 할 개념 ③가지

① 핵반응 과정에서 반응 전후 질량은 보존되지 않지만 질량수와 전하량은 보존된다.
② 핵반응 과정에서 감소하는 질량을 질량 결손이라고 하며, 질량 결손에 해당하는 만큼의 에너지가 방출된다.
③ 관측자가 보았을 때 운동하는 물체의 질량을 상대론적 질량이라고 하며, 관측자가 측정하는 속도가 클수록 물체의 상대론적 질량이 크다.

구분	원자핵
표기	질량수 원자 번호 ${}^{A}_{Z}X$(X는 원소 기호)
질량수	양성자수+중성자수
원자 번호	양성자수(원자핵의 전하량)

문제 보기

그림은 핵분열 과정과 핵반응식을 나타낸 것이다. 중성자의 속력은 A가 B보다 작다.

└ 상대론적 질량: A<B

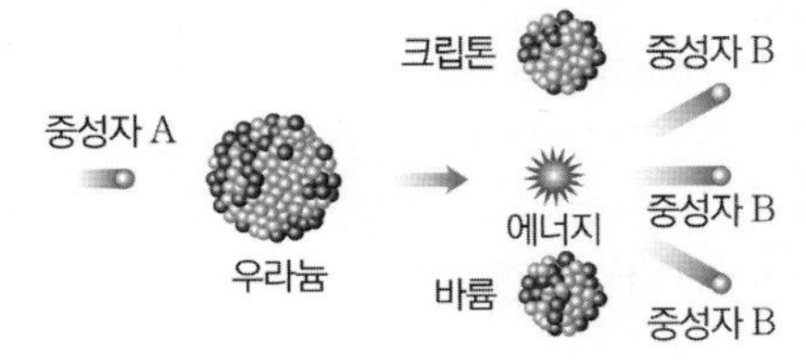

$${}^{235}_{92}U + {}^{1}_{0}n \longrightarrow {}^{141}_{56}Ba + {}^{㉠}_{36}Kr + 3{}^{1}_{0}n + 200\text{ MeV}$$

질량수 보존: $235+1=141+㉠+3\times1$ → ㉠=92

질량 결손에 의한 에너지

이에 대한 설명으로 옳은 것만을 〈보기〉에서 있는 대로 고른 것은?

〈보기〉 풀이

ㄱ. ㉠은 92이다.
➡ 핵반응 과정에서 반응 전후 질량수의 합이 보존되므로 $235+1=141+㉠+3\times1$에서 ㉠=92이다.

ㄴ. 핵반응에서 발생하는 에너지는 질량 결손에 의한 것이다.
➡ 핵반응 과정에서 질량수의 합은 보존되지만 질량은 보존되지 않으며, 질량 결손에 해당하는 만큼 에너지가 발생한다. 따라서 핵반응에서 발생하는 에너지는 질량 결손에 의한 것이다.

ㄷ. 상대론적 질량은 A가 B보다 크다.
➡ 상대론적 질량은 관찰자가 보았을 때 운동하는 물체의 질량이다. 질량 에너지 동등성에 의해 물체의 운동 에너지도 질량으로 생각할 수 있으므로, 물체의 속도가 클수록 상대론적 질량이 크다. 따라서 상대론적 질량은 속력이 작은 A가 속력이 큰 B보다 작다.

28 핵반응 2020학년도 3월 학평 물Ⅰ 3번

정답 ③ | 정답률 78 %

적용해야 할 개념 ④가지

① 질량 에너지 동등성: 질량은 에너지로 전환될 수 있으며, 에너지도 질량으로 전환될 수 있다.
② 핵반응 과정에서 감소하는 질량을 질량 결손이라고 하며, 질량 결손에 해당하는 만큼의 에너지가 방출된다.
③ 핵융합 반응: 초고온 상태에서 가벼운 원자핵들이 융합하여 무거운 원자핵으로 변하는 반응으로, 질량 결손에 의해 많은 양의 에너지가 방출된다.
④ 핵반응 과정에서 반응 전후 질량은 보존되지 않지만 질량수와 전하량은 보존된다.

구분	원자핵
표기	질량수 원자 번호 ${}^{A}_{Z}X$(X는 원소 기호)
질량수	양성자수+중성자수
원자 번호	양성자수(원자핵의 전하량)

문제 보기

그림은 중수소(${}^{2}_{1}H$)와 삼중수소(${}^{3}_{1}H$)가 충돌하여 헬륨(${}^{4}_{2}He$), 입자 a, 에너지가 생성되는 핵반응을 나타낸 것이다. ${}^{2}_{1}H$, ${}^{3}_{1}H$, a의 질량은 각각 m_1, m_2, m_3이다.

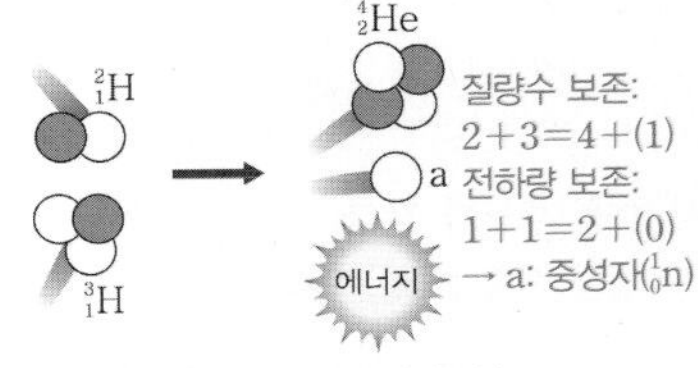

핵반응 과정에서 방출되는 에너지=질량 결손
→ $m_1+m_2={}^{4}_{2}He$의 질량$+m_3+$질량 결손
→ ${}^{4}_{2}He$의 질량$<m_1+m_2-m_3$

이에 대한 옳은 설명만을 〈보기〉에서 있는 대로 고른 것은?

〈보기〉 풀이

ㄱ. a는 중성자이다.
➡ 핵반응 과정에서 질량수의 합이 보존되므로 $2+3=4+(1)$에서 a의 질량수는 1이고, 전하량의 합이 보존되므로 $1+1=2+(0)$에서 a의 전하량은 0이다. 따라서 a는 중성자(${}^{1}_{0}n$)이다.

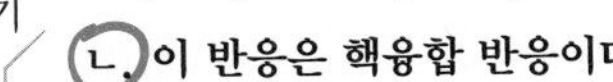

$${}^{2}_{1}H + {}^{3}_{1}H \longrightarrow {}^{4}_{2}He + {}^{1}_{0}n + \text{에너지}$$

ㄴ. 이 반응은 핵융합 반응이다.
➡ 중수소와 삼중수소가 융합하여 헬륨 원자핵과 중성자가 생성되는 핵융합 반응이다.

ㄷ. ${}^{4}_{2}He$의 질량은 $m_1+m_2-m_3$이다.
➡ 핵반응 과정에서 방출되는 에너지는 질량 결손에 의한 것이므로 ${}^{4}_{2}He$의 질량은 $m_1+m_2-m_3$보다 작다.

29 핵반응 2021학년도 3월 학평 물Ⅰ 6번

정답 ④ | 정답률 64 %

적용해야 할 개념 ③가지

① 핵반응 과정에서 반응 전후 질량은 보존되지 않지만 질량수와 전하량은 보존된다.
② 핵반응 과정에서 감소하는 질량을 질량 결손이라고 하며, 질량 결손에 해당하는 만큼의 에너지가 방출된다.
③ 질량 에너지 동등성: 질량은 에너지로 전환될 수 있으며, 에너지도 질량으로 전환될 수 있다.

구분	원자핵
표기	$^{질량수\ A}_{원자\ 번호\ Z}X$(X는 원소 기호)
질량수	양성자수+중성자수
원자 번호	양성자수(원자핵의 전하량)

문제 보기

다음은 핵융합로와 양전자 방출 단층 촬영 장치에 대한 설명이다.

(가) 핵융합로에서 중수소($^2_1$H)와 삼중수소($^3_1$H)가 핵융합하여 헬륨($^4_2$He), 입자 ㉠을 생성하며 에너지를 방출한다.
(나) 인체에 투입한 물질에서 방출된 양전자*가 전자와 만나 함께 소멸할 때 발생한 감마선을 양전자 방출 단층 촬영 장치로 촬영하여 질병을 진단한다.

* 양전자: 전자와 전하의 종류는 다르고 질량은 같은 입자

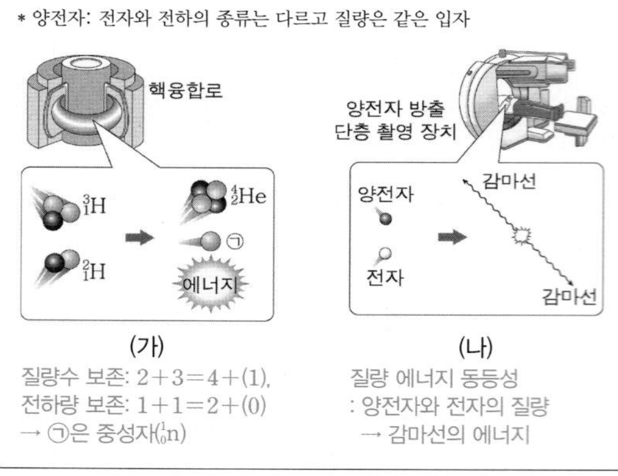

질량수 보존: 2+3=4+(1), 전하량 보존: 1+1=2+(0) → ㉠은 중성자($^1_0$n)

질량 에너지 동등성 : 양전자와 전자의 질량 → 감마선의 에너지

이에 대한 옳은 설명만을 〈보기〉에서 있는 대로 고른 것은?

<보기> 풀이

~~ㄱ.~~ **㉠은 양성자이다.**
➡ 핵반응 과정에서 반응 전후 질량수와 전하량이 보존되므로, (가)의 핵융합 반응식은 다음과 같다.
(가) $^2_1\text{H}+^3_1\text{H} \longrightarrow ^4_2\text{He}+^1_0\text{n}+17.6\ \text{MeV}$
즉, 질량수의 합이 보존되므로 $2+3=4+(1)$에서 ㉠의 질량수가 1이고, 전하량의 합이 보존되어야 하므로 $1+1=2+(0)$에서 ㉠의 전하량은 0이다. 따라서 ㉠은 중성자($^1_0$n)이다.

(ㄴ.) **(가)에서 핵융합 전후 입자들의 질량수 합은 같다.**
➡ 핵반응 과정에서 반응 전후 질량수가 보존되므로, (가)에서 핵융합 전후 입자들의 질량수 합은 같다.

(ㄷ.) **(나)에서 양전자와 전자의 질량이 감마선의 에너지로 전환된다.**
➡ 질량 에너지 동등성에 따라 핵반응 과정에서 감소한 질량에 해당하는 만큼의 에너지가 방출되므로, (나)에서 양전자와 전자가 만나 소멸할 때 양전자와 전자의 질량이 감마선의 에너지로 전환된다.

30 핵반응 2021학년도 4월 학평 물Ⅰ 3번

정답 ③ | 정답률 78 %

적용해야 할 개념 ④가지

① 핵분열: 한 원자핵에 중성자와 같은 입자가 충돌할 때 2개 이상의 다른 원자핵으로 나누어진다.
② 핵반응 과정에서 반응 전후 질량은 보존되지 않지만 질량수와 전하량은 보존된다.
③ 핵반응 과정에서 감소하는 질량을 질량 결손이라고 하며, 질량 결손에 해당하는 만큼의 에너지가 방출된다.
④ 질량 에너지 동등성: 질량은 에너지로 전환될 수 있으며, 에너지도 질량으로 전환될 수 있다.

구분	원자핵
표기	$^{질량수\ A}_{원자\ 번호\ Z}X$(X는 원소 기호)
질량수	양성자수+중성자수
원자 번호	양성자수(원자핵의 전하량)

문제 보기

그림은 우라늄 원자핵($^{235}_{92}$U)과 중성자($^1_0$n)가 반응하여 크립톤 원자핵($^{92}_{36}$Kr)과 원자핵 A가 생성되면서 중성자 3개와 에너지를 방출하는 핵반응을 나타낸 것이다.

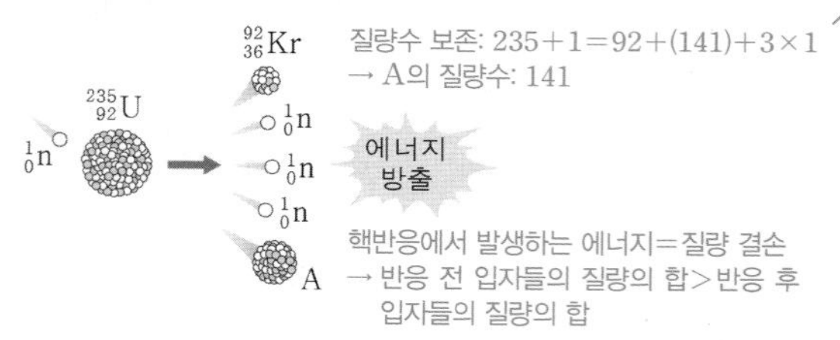

질량수 보존: 235+1=92+(141)+3×1 → A의 질량수: 141

핵반응에서 발생하는 에너지=질량 결손 → 반응 전 입자들의 질량의 합>반응 후 입자들의 질량의 합

이에 대한 설명으로 옳은 것만을 〈보기〉에서 있는 대로 고른 것은? [3점]

<보기> 풀이

(ㄱ.) **핵분열 반응이다.**
➡ 질량수가 큰 원자핵 1개가 질량수가 작은 원자핵 2개로 분열하므로, 핵분열 반응이다.

(ㄴ.) **A의 질량수는 141이다.**
➡ 핵반응 과정에서 반응 전후 질량수와 전하량이 보존되므로, 핵분열 반응식은 다음과 같다.
(가) $^{235}_{92}\text{U}+^1_0\text{n} \longrightarrow ^{92}_{36}\text{Kr}+^{141}_{56}\text{A}+3^1_0\text{n}+$에너지
즉, 질량수의 합이 보존되므로 $235+1=92+(141)+3\times1$에서 A의 질량수는 141이다.

~~ㄷ.~~ **입자들의 질량의 합은 반응 전이 반응 후보다 작다.**
➡ 핵반응 과정에서 방출되는 에너지는 질량 결손에 의한 것이므로, 입자들의 질량의 합은 반응 전이 반응 후보다 크다.

31 핵반응식 2025학년도 수능 물I 2번

정답 ⑤ | 정답률 96 %

적용해야 할 개념 ③가지

① 핵반응 과정에서 반응 전후 질량은 보존되지 않지만 질량수와 전하량은 보존된다.
② 핵분열 반응: 한 원자핵에 중성자와 같은 입자가 충돌할 때 두 개 이상의 다른 원자핵으로 나뉘어지는 반응으로, 질량 결손에 의해 에너지가 방출된다.
③ 핵반응 과정에서 감소하는 질량을 질량 결손이라고 하며, 질량 결손에 해당하는 만큼의 에너지가 방출된다.

구분	원자핵
표기	질량수 → A, 원자 번호 → Z, X ← 원소 기호 ($^{A}_{Z}X$)
질량수	양성자수+중성자수
원자 번호	양성자수(원자핵의 전하량)

문제 보기

다음은 핵반응에 대한 설명이다.

질량수 보존
→ $^{235}_{92}U$ 원자핵의 질량수+ 중성자 1개의 질량수
$=^{141}_{56}Ba$ 원자핵의 질량수$+^{92}_{36}Kr$ 원자핵의 질량수+중성자 3개의 질량수

> 원자로 내부에서 $^{235}_{92}U$ 원자핵이 중성자($^{1}_{0}n$) 하나를 흡수하면, $^{141}_{56}Ba$ 원자핵과 $^{92}_{36}Kr$ 원자핵으로 쪼개지며 세 개의 중성자와 에너지가 방출된다. 이 핵반응을 ㉠ 반응이라 하고, 이때 ㉡방출되는 에너지를 이용해 전기를 생산할 수 있다.

→ 질량 결손에 의한 에너지 → 핵분열

이에 대한 설명으로 옳은 것만을 〈보기〉에서 있는 대로 고른 것은?

<보기> 풀이

원자로 내부에서 일어나는 핵반응식을 완성하면 다음과 같다.

$^{235}_{92}U+^{1}_{0}n \longrightarrow ^{141}_{56}Ba+^{92}_{36}Kr+3^{1}_{0}n+$에너지

ㄱ. $^{235}_{92}U$ 원자핵의 질량수는 $^{141}_{56}Ba$ 원자핵과 $^{92}_{36}Kr$ 원자핵의 질량수의 합과 같다. (✗)

➡ 핵반응 과정에서 반응 전후 질량수가 보존되므로, 반응 전 $^{235}_{92}U$ 원자핵과 중성자($^{1}_{0}n$) 1개의 질량수의 합은 반응 후 $^{141}_{56}Ba$ 원자핵과 $^{92}_{36}Kr$ 원자핵, 중성자($^{1}_{0}n$) 3개의 질량수의 합과 같다. 즉, $235+1=141+92+3\times1$이다.

ㄴ. '핵분열'은 ㉠으로 적절하다. (○)

➡ 질량수가 큰 $^{235}_{92}U$ 원자핵이 질량수가 작은 $^{141}_{56}Ba$ 원자핵과 $^{92}_{36}Kr$ 원자핵으로 쪼개지는 핵반응이므로, '핵분열'은 ㉠으로 적절하다.

ㄷ. ㉡은 질량 결손에 의해 발생한다. (○)

➡ 핵반응에서 질량은 보존되지 않으며, 질량 결손에 해당하는 만큼의 에너지가 방출된다. 따라서 ㉡은 질량 결손에 의해 발생한다.

14 일차

01 ⑤	02 ②	03 ①	04 ①	05 ⑤	06 ①	07 ①	08 ④	09 ①	10 ②	11 ⑤	12 ⑤
13 ②	14 ⑤	15 ①	16 ③	17 ①	18 ①	19 ③	20 ①	21 ②	22 ③	23 ③	24 ③
25 ④	26 ①	27 ①	28 ①	29 ③	30 ①	31 ①					

문제편 132쪽~139쪽

01 전기력(쿨롱 법칙) 2024학년도 6월 모평 물I 10번

정답 ⑤ | 정답률 78 %

적용해야 할 개념 ②가지

① 전기력은 전기를 띤 물체 사이에 작용하는 힘으로, 다른 종류의 전하 사이에는 인력이 작용하고 같은 종류의 전하 사이에는 척력이 작용한다.

② 두 전하 사이에 작용하는 전기력 F의 크기는 두 전하의 전하량 q_1, q_2의 곱에 비례하고 두 전하 사이의 거리 r의 제곱에 반비례한다(쿨롱 법칙). ➡ $F=k\frac{q_1q_2}{r^2}$ $(k=9.0\times10^9\ \mathrm{N\cdot m^2/C^2})$

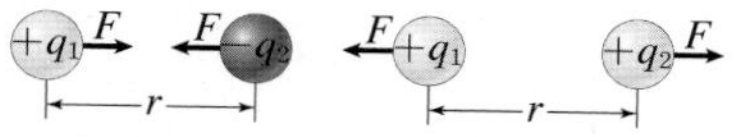

▲ 인력 작용 ▲ 척력 작용

문제 보기

그림과 같이 점전하 A, B, C를 x축상에 고정하였다. 전하량의 크기는 B가 A의 2배이고, B와 C가 A로부터 받는 전기력의 크기는 F로 같다. A와 B 사이에는 서로 밀어내는 전기력이, A와 C 사이에는 서로 당기는 전기력이 작용한다.

→ B와 C는 서로 다른 종류의 전하

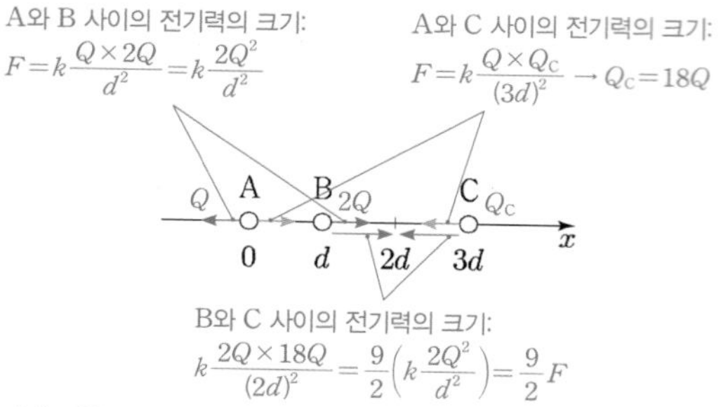

이에 대한 설명으로 옳은 것만을 〈보기〉에서 있는 대로 고른 것은? [3점]

<보기> 풀이

ㄱ. 전하량의 크기는 C가 가장 크다.

➡ A와 B의 전하량을 각각 Q, $2Q$라 하고 C의 전하량을 Q_C라고 하면, A와 B 사이에 작용하는 전기력의 크기는 $F=k\frac{Q\times2Q}{d^2}=k\frac{2Q^2}{d^2}$이고, A와 C 사이에 작용하는 전기력의 크기는 $F=k\frac{Q\times Q_C}{(3d)^2}$이다. $k\frac{2Q^2}{d^2}=k\frac{Q\times Q_C}{9d^2}$에서 $Q_C=18Q$이므로, 전하량의 크기는 C가 가장 크다.

ㄴ. B와 C 사이에는 서로 당기는 전기력이 작용한다.

➡ A와 B 사이에는 서로 밀어내는 전기력이 작용하므로 A와 B는 같은 종류의 전하이고, A와 C 사이에는 서로 당기는 전기력이 작용하므로 A와 C는 서로 다른 종류의 전하이다. 따라서 B와 C는 서로 다른 종류의 전하이므로, B와 C 사이에는 서로 당기는 전기력이 작용한다.

ㄷ. B와 C 사이에 작용하는 전기력의 크기는 F보다 크다.

➡ B와 C 사이에 작용하는 전기력의 크기는 $k\frac{2Q\times18Q}{(2d)^2}=\frac{9}{2}\left(k\frac{2Q^2}{d^2}\right)=\frac{9}{2}F$이므로, B와 C 사이에 작용하는 전기력의 크기는 F보다 크다.

02	전기력(쿨롱 법칙) 2024학년도 7월 학평 물I 18번	정답 ② ｜ 정답률 61 %

적용해야 할 개념 ②가지

① 전기력은 전기를 띤 물체 사이에 작용하는 힘으로, 다른 종류의 전하 사이에는 인력이 작용하고 같은 종류의 전하 사이에는 척력이 작용한다.

② 두 전하 사이에 작용하는 전기력 F의 크기는 두 전하의 전하량 q_1, q_2의 곱에 비례하고, 두 전하 사이의 거리 r의 제곱에 반비례한다.(쿨롱 법칙)

⇒ $F=k\frac{q_1q_2}{r^2}$ ($k=9.0\times10^9\ \mathrm{N\cdot m^2/C^2}$)

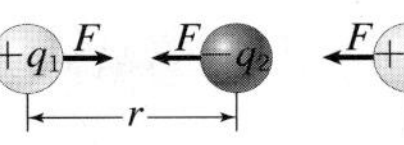

▲ 인력 작용

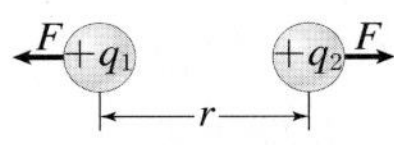

▲ 척력 작용

문제 보기

그림과 같이 x축상에 점전하 A~D를 고정하고 양(+)전하인 점전하 P를 옮기며 고정한다. A와 B의 전하량의 크기는 서로 같고, C와 D의 전하량의 크기는 서로 같다. B, C는 양(+)전하이고 A, D는 음(−)전하이다. P가 $x=4d$에 있을 때, P에 작용하는 전기력은 0이다.

$-k\frac{qq_P}{16d^2}+k\frac{qq_P}{4d^2}=k\frac{Qq_P}{16d^2}-k\frac{Qq_P}{64d^2}$
→ $Q=4q$

$-q$ A, $+q$ B, P, $+Q=+4q$ C, $-Q=-4q$ D
0, $2d$, $4d$, $8d$, $12d$, x

P가 $x=d$에 있을 때
→ A, B, C가 P에 작용하는 전기력: $-x$방향, D가 P에 작용하는 전기력: $+x$방향
→ P에 작용하는 전기력: $-x$방향

P가 $x=10d$에 있을 때
→ C, D가 P에 작용하는 전기력: $+x$방향
→ P에 작용하는 전기력의 크기: $x=6d$에 있을 때 $x<10d$에 있을 때

이에 대한 설명으로 옳은 것만을 〈보기〉에서 있는 대로 고른 것은? [3점]

<보기> 풀이

ㄱ. 전하량의 크기는 A가 C보다 크다. (✕)

⇒ A, B, P, C, D의 전하량의 크기를 각각 q, q, q_P, Q, Q라고 하면 $x=4d$에서 P에 작용하는 전기력이 0이므로, $-k\frac{qq_P}{16d^2}+k\frac{qq_P}{4d^2}=k\frac{Qq_P}{16d^2}-k\frac{Qq_P}{64d^2}$가 성립하여 $Q=4q$이다. 따라서 전하량의 크기는 A가 C보다 작다.

ㄴ. P가 $x=d$에 있을 때, P에 작용하는 전기력의 방향은 $-x$방향이다. (○)

⇒ P가 $x=d$에 있을 때 A, B, C가 P에 작용하는 전기력의 방향은 $-x$방향이고, D가 P에 작용하는 전기력의 방향은 $+x$방향이다. 전하량의 크기는 C와 D가 같고 P로부터의 거리는 C가 D보다 작으므로, P에 작용하는 힘의 크기는 C가 D보다 크다. 따라서 P가 $x=d$에 있을 때, P에 작용하는 전기력의 방향은 $-x$방향이다.

ㄷ. P에 작용하는 전기력의 크기는 $x=6d$에 있을 때가 $x=10d$에 있을 때보다 크다. (✕)

⇒ P가 $x=6d$에 있을 때 C, D가 P에 작용하는 힘의 방향은 각각 $-x$방향, $+x$방향이지만, P가 $x=10d$에 있을 때 C, D가 P에 작용하는 힘의 방향은 모두 $+x$방향이다. C, D의 전하량의 크기가 A, B의 전하량의 크기보다 크므로, P에 작용하는 전기력의 크기는 $x=6d$에 있을 때가 $x=10d$에 있을 때보다 작다.

03 전기력(쿨롱 법칙) 2021학년도 6월 모평 물Ⅰ 19번

정답 ① | 정답률 55 %

적용해야 할 개념 ②가지

① 전기력은 전기를 띤 물체 사이에 작용하는 힘으로, 다른 종류의 전하 사이에는 인력이 작용하고 같은 종류의 전하 사이에는 척력이 작용한다.

② 두 전하 사이에 작용하는 전기력 F의 크기는 두 전하의 전하량 q_1, q_2의 곱에 비례하고 두 전하 사이의 거리 r의 제곱에 반비례한다(쿨롱 법칙). ➡ $F=k\frac{q_1q_2}{r^2}$ ($k=9.0\times10^9\ \mathrm{N\cdot m^2/C^2}$)

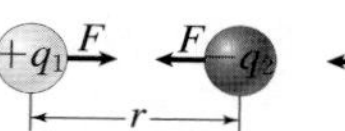

▲ 인력 작용

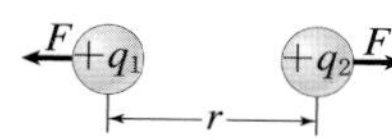

▲ 척력 작용

문제 보기

그림과 같이 x축상에 점전하 A, B, C가 같은 거리만큼 떨어져 고정되어 있다. 양(+)전하 A에 작용하는 전기력은 0이고, B에 작용하는 전기력의 방향은 $-x$방향이다.

└ B는 음(−)전하, C는 양(+)전하

└ B와 C는 서로 다른 종류의 전하이다.

B에 작용하는 전기력의 방향은 $-x$방향

C에 작용하는 전기력의 방향은 $+x$방향

A, B, C / F_{AC}, F_{AB}, F_{AB}, F_{BC}, F_{BC}, F_{AC} / x

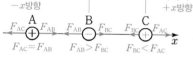

$F_{AC}=F_{AB}$ $F_{AB}>F_{BC}$ $F_{BC}<F_{AC}$

이에 대한 설명으로 옳은 것만을 〈보기〉에서 있는 대로 고른 것은? [3점]

<보기> 풀이

ㄱ. B는 음(−)전하이다.

➡ 양(+)전하 A에 작용하는 전기력이 0이므로, B와 C는 서로 다른 종류의 전하이다. B가 양(+)전하, C가 음(−)전하라면, A와 B 사이에는 척력이 작용하고, B와 C 사이에는 인력이 작용하므로, B는 A와 C로부터 $+x$방향의 전기력을 받게 된다. 그러나 B에 작용하는 전기력의 방향은 $-x$방향이라고 하였으므로, B가 음(−)전하, C가 양(+)전하이다. 이때 A와 B 사이에 인력이 작용하고, B와 C 사이에도 인력이 작용하는데, A와 B 사이에 작용하는 전기력의 크기가 더 크다면 B가 받는 전기력의 방향은 $-x$방향이 된다. 따라서 B는 음(−)전하이다.

ㄴ. 전하량의 크기는 C가 A보다 크다.

➡ B는 음(−)전하, C는 양(+)전하이고 B에 작용하는 전기력의 방향이 $-x$방향이므로, A와 B 사이에 작용하는 전기력의 크기는 B와 C 사이에 작용하는 전기력의 크기보다 크다. A와 B 사이의 거리는 B와 C 사이의 거리와 같으므로, 전하량의 크기는 C가 A보다 작다.

ㄷ. C에 작용하는 전기력의 방향은 $-x$방향이다.

➡ A와 B 사이에 작용하는 전기력의 크기를 F_{AB}, A와 C 사이에 작용하는 전기력의 크기를 F_{AC}, B와 C 사이에 작용하는 전기력의 크기를 F_{BC}라고 하면, $F_{AB}=F_{AC}$이고 $F_{AB}>F_{BC}$이므로 $F_{AC}>F_{BC}$이다. 즉, A와 C 사이에 작용하는 척력의 크기가 B와 C 사이에 작용하는 인력의 크기보다 크다. 따라서 C에 작용하는 전기력의 방향은 $+x$방향이다.

04 전기력(쿨롱 법칙) 2023학년도 6월 모평 물Ⅰ 20번

정답 ① | 정답률 56 %

적용해야 할 개념 ②가지

① 전기력은 전기를 띤 물체 사이에 작용하는 힘으로, 다른 종류의 전하 사이에는 인력이 작용하고 같은 종류의 전하 사이에는 척력이 작용한다.

② 두 전하 사이에 작용하는 전기력 F의 크기는 두 전하의 전하량 q_1, q_2의 곱에 비례하고 두 전하 사이의 거리 r의 제곱에 반비례한다(쿨롱 법칙). ➡ $F=k\frac{q_1q_2}{r^2}$ ($k=9.0\times10^9\ \mathrm{N\cdot m^2/C^2}$)

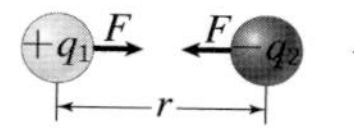

▲ 인력 작용

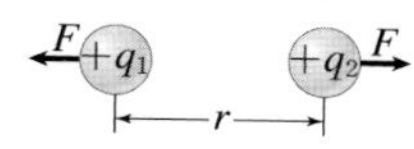

▲ 척력 작용

문제 보기

그림과 같이 x축상에 점전하 A, B를 각각 $x=0$, $x=3d$에 고정한다. 양(+)전하인 점전하 P를 x축상에 옮기며 고정할 때, $x=d$에서 P에 작용하는 전기력의 방향은 $+x$ 방향이고, $x>3d$에서 P에 작용하는 전기력의 방향이 바뀌는 위치가 있다.

→ A는 양(+)전하, B는 음(−)전하

→ $x>3d$에서 P에 작용하는 전기력이 0인 지점이 있다면 → A와 B는 다른 종류의 전하

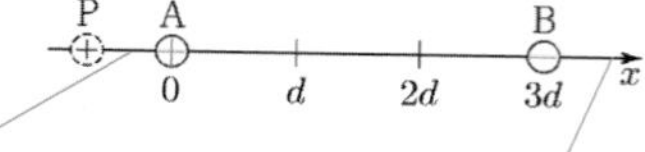

$x<0$에서 → 전하량: A>B, → A가 P에 작용하는 전기력의 크기>B가 P에 작용하는 전기력의 크기 → P에 작용하는 전기력의 방향: 항상 $-x$ 방향

$x>3d$에 있는 P에 작용하는 전기력이 0인 지점 → A가 P에 작용하는 전기력의 크기=B가 P에 작용하는 전기력의 크기 → 전하량: A>B

이에 대한 설명으로 옳은 것만을 〈보기〉에서 있는 대로 고른 것은?

<보기> 풀이

ㄱ. A는 양(+)전하이다.

➡ $x>3d$에서 P에 작용하는 전기력의 방향이 바뀌는 위치가 있다는 것은 $x>3d$에서 P에 작용하는 전기력이 0인 지점이 있다는 의미이다. $x>3d$에서 P에 작용하는 전기력이 0인 지점이 있을 때, A와 B는 다른 종류의 전하이다. 만약 A가 음(−)전하이고 B가 양(+)전하라면 $x=d$에서 P에 작용하는 전기력의 방향은 $-x$ 방향이 되어야 한다. 따라서 A는 양(+)전하이고 B는 음(−)전하이다.

ㄴ. 전하량의 크기는 A가 B보다 작다.

➡ $x>3d$에서 P에 작용하는 전기력이 0인 지점이 있을 때, 그 지점에서 A가 P에 작용하는 전기력은 B가 P에 작용하는 전기력과 크기가 같고 방향은 서로 반대이다. 전기력의 크기는 두 전하의 전하량의 곱에 비례하고 두 전하 사이의 거리의 제곱에 반비례하므로, P에 작용하는 A, B의 전기력의 크기가 같을 때 P에서 거리가 먼 전하의 전하량이 더 크다. 따라서 전하량의 크기는 A가 B보다 크다.

ㄷ. $x<0$에서 P에 작용하는 전기력의 방향이 바뀌는 위치가 있다.

➡ 전하량의 크기는 양(+)전하인 A가 음(−)전하인 B보다 크고 $x<0$에서 P와의 거리는 A가 B보다 가까우므로, A가 P에 $-x$ 방향으로 작용하는 전기력의 크기가 B가 P에 $+x$ 방향으로 작용하는 전기력의 크기보다 항상 크다. 따라서 $x<0$에서 P에 작용하는 전기력의 방향은 항상 $-x$ 방향이므로, P에 작용하는 전기력의 방향이 바뀌는 위치가 없다.

05 전기력(쿨롱 법칙) 2024학년도 수능 물I 15번

정답 ⑤ | 정답률 79 %

적용해야 할 개념 ②가지

① 전기력은 전기를 띤 물체 사이에 작용하는 힘으로, 다른 종류의 전하 사이에는 인력이 작용하고 같은 종류의 전하 사이에는 척력이 작용한다.

② 두 전하 사이에 작용하는 전기력 F의 크기는 두 전하의 전하량 q_1, q_2의 곱에 비례하고 두 전하 사이의 거리 r의 제곱에 반비례한다(쿨롱 법칙). ➡ $F=k\frac{q_1q_2}{r^2}$ ($k=9.0\times10^9\ \mathrm{N\cdot m^2/C^2}$)

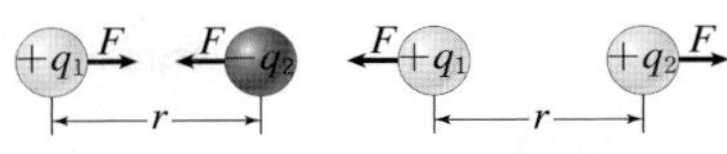

문제 보기

그림과 같이 x축상에 점전하 A, B, C를 고정하고, 양(+)전하인 점전하 P를 옮기며 고정한다. P가 $x=2d$에 있을 때, P에 작용하는 전기력의 방향은 $+x$방향이다. B, C는 각각 양(+)전하, 음(−)전하이고, A, B, C의 전하량의 크기는 같다.

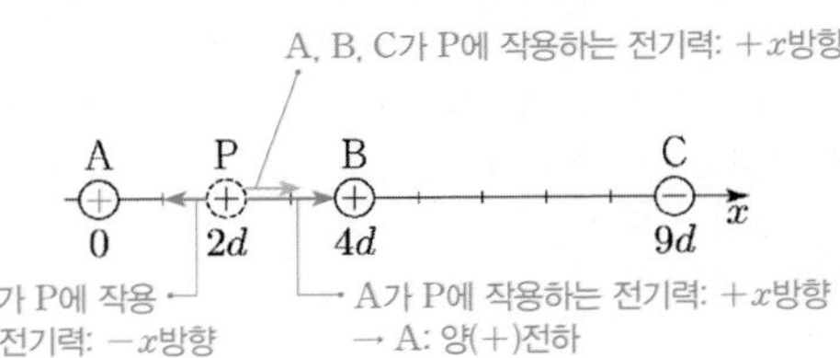

이에 대한 설명으로 옳은 것만을 〈보기〉에서 있는 대로 고른 것은? [3점]

<보기> 풀이

ㄱ. A는 양(+)전하이다.

➡ B와 C의 전하량의 크기가 같으므로, P가 $x=2d$에 있을 때 B와 P 사이에 작용하는 서로 미는 전기력의 크기가 C와 P 사이에 작용하는 서로 당기는 전기력의 크기보다 크다. 따라서 P가 $x=2d$에 있을 때 B, C가 P에 작용하는 전기력의 방향은 $-x$방향이다. 이때 P에 작용하는 전기력의 방향이 $+x$방향이므로, A는 P에 $+x$방향으로 전기력을 작용한다. 따라서 A는 양(+)전하이다.

ㄴ. P가 $x=6d$에 있을 때, P에 작용하는 전기력의 방향은 $+x$방향이다.

➡ P가 $x=6d$에 있을 때, 양(+)전하인 A, B가 P에 작용하는 전기력의 방향은 $+x$방향이고 음(−)전하인 C가 P에 작용하는 전기력의 방향도 $+x$방향이다. 따라서 P가 $x=6d$에 있을 때, P에 작용하는 전기력의 방향은 $+x$방향이다.

ㄷ. P에 작용하는 전기력의 크기는 P가 $x=d$에 있을 때가 $x=5d$에 있을 때보다 작다.

➡ A, B, C의 전하량의 크기를 Q, P의 전하량의 크기를 q라 하고 $+x$방향으로 작용하는 크기가 $\frac{Qq}{d^2}$인 전기력을 F라고 하면, P가 $x=d$에 있을 때와 $x=5d$에 있을 때 A, B, C가 P에 작용하는 전기력은 각각 다음과 같다.

$x=d$: $F-\frac{F}{9}+\frac{F}{64}$

$x=5d$: $\frac{F}{25}+F+\frac{F}{16}$

따라서 P에 작용하는 전기력의 크기는 P가 $x=d$에 있을 때가 $x=5d$에 있을 때보다 작다.

06 전기력(쿨롱 법칙) 2024학년도 5월 학평 물Ⅰ 19번

정답 ① | 정답률 35 %

적용해야 할 개념 ②가지

① 전기력은 전기를 띤 물체 사이에 작용하는 힘으로, 다른 종류의 전하 사이에는 인력이 작용하고 같은 종류의 전하 사이에는 척력이 작용한다.

② 두 전하 사이에 작용하는 전기력 F의 크기는 두 전하의 전하량 q_1, q_2의 곱에 비례하고 두 전하 사이의 거리 r의 제곱에 반비례한다(쿨롱 법칙).

➡ $F=k\frac{q_1q_2}{r^2}$ ($k=9.0\times10^9\ \mathrm{N\cdot m^2/C^2}$)

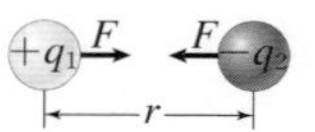

▲ 인력 작용

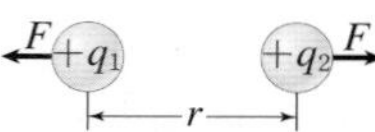

▲ 척력 작용

문제 보기

그림 (가)는 점전하 A, B, C를 x축상에 고정시킨 것을, (나)는 (가)에서 A, C의 위치만을 바꾸어 고정시킨 것을 나타낸 것이다. (가)와 (나)에서 양(+)전하인 A에 작용하는 전기력의 방향은 같고, C에 작용하는 전기력의 방향은 $+x$방향으로 같다.

B와 C 사이의 전기력: (가)<(나)
→ B와 C 사이에 인력이 작용
→ B: 음(−)전하, C: 양(+)전하

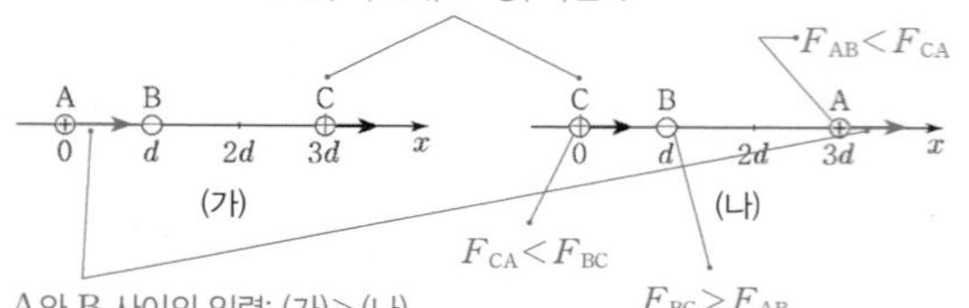

A와 B 사이의 인력: (가)>(나)
→ (나)에서 A에 작용하는 전기력의 방향: B에서 멀어지는 방향($+x$방향)
→ (가)에서 A에 작용하는 전기력의 방향: B를 향하는 방향($+x$방향)

• $F_{AB}<F_{CA}<F_{BC}$
→ C에 작용하는 전기력의 크기($F_{BC}-F_{CA}$) <B에 작용하는 전기력의 크기($F_{BC}-F_{AB}$)

이에 대한 설명으로 옳은 것만을 〈보기〉에서 있는 대로 고른 것은?

<보기> 풀이

ㄱ. C는 양(+)전하이다. (○)

➡ (가)에서 C는 B에서 멀어지는 방향으로 힘을 받고 (나)에서 C는 B를 향하는 방향으로 힘을 받는다. A와 C 사이의 거리는 (가)와 (나)에서 같으므로 A와 C 사이에 작용하는 전기력의 크기는 (가)와 (나)에서 같지만 B와 C 사이의 거리는 (나)에서가 (가)에서보다 작으므로 B와 C 사이에 작용하는 전기력의 크기는 (나)에서가 (가)에서보다 크다. 즉, (나)에서 B와 C 사이에 작용하는 전기력의 크기가 증가함에 따라 C에 작용하는 전기력이 B를 향하는 방향으로 바뀌었으므로, B와 C 사이에 인력이 작용하며 B와 C의 전하의 종류는 다르다. B와 C가 각각 음(−)전하, 양(+)전하일 때 (가)에서 C에 작용하는 전기력의 방향이 $+x$방향이 될 수 있으므로 C는 양(+)전하이다.

ㄴ. (가)에서 A에 작용하는 전기력의 방향은 $-x$방향이다. (×)

➡ A, B, C가 각각 양(+)전하, 음(−)전하, 양(+)전하일 때 A와 C 사이에 작용하는 서로 밀어내는 전기력의 크기는 (가)와 (나)에서 같지만, A와 B 사이에 작용하는 서로 당기는 전기력의 크기는 (나)에서가 (가)에서보다 작다. (나)에서 A와 B 사이에 작용하는 서로 당기는 전기력의 크기가 (가)에서보다 작으므로, (나)에서 A에 작용하는 전기력의 방향은 B에서 멀어지는 방향($+x$방향)이다. 한편 (가)에서 A에 작용하는 전기력의 방향은 B를 향하는 방향이므로, $+x$방향이다.

ㄷ. (나)에서 B에 작용하는 전기력의 크기는 C에 작용하는 전기력의 크기보다 작다. (×)

➡ (나)에서 A와 B, B와 C, C와 A 사이에 작용하는 전기력의 크기를 각각 F_{AB}, F_{BC}, F_{CA}라 고 하자. C에 작용하는 전기력의 방향은 $+x$방향이므로 $F_{CA}<F_{BC}$이고, A에 작용하는 전기력의 방향은 $+x$방향이므로 $F_{AB}<F_{CA}$이다. 따라서 $F_{AB}<F_{CA}<F_{BC}$이므로, B에 작용하는 전기력의 크기($F_{BC}-F_{AB}$)는 C에 작용하는 전기력의 크기($F_{BC}-F_{CA}$)보다 크다.

다른 풀이 (나)에서 C와 A에 작용하는 전기력의 방향은 $+x$방향이므로, 작용 반작용 법칙에 의해 B에 작용하는 전기력의 방향은 $-x$방향이다. 이때 C와 A에 작용하는 전기력의 크기의 합이 B에 작용하는 전기력의 크기와 같으므로, B에 작용하는 전기력의 크기는 C에 작용하는 전기력의 크기보다 크다.

07 전기력(쿨롱 법칙) 2023학년도 7월 모평 물I 18번

정답 ① | 정답률 22%

적용해야 할 개념 ②가지

① 전기력은 전기를 띤 물체 사이에 작용하는 힘으로, 다른 종류의 전하 사이에는 인력이 작용하고 같은 종류의 전하 사이에는 척력이 작용한다.

② 쿨롱 법칙: 두 전하 사이에 작용하는 전기력 F의 크기는 두 전하의 전하량 q_1, q_2의 곱에 비례하고 두 전하 사이의 거리 r의 제곱에 반비례한다.

⇒ $F=k\frac{q_1q_2}{r^2}$ $(k=9.0\times10^9\ \mathrm{N\cdot m^2/C^2})$

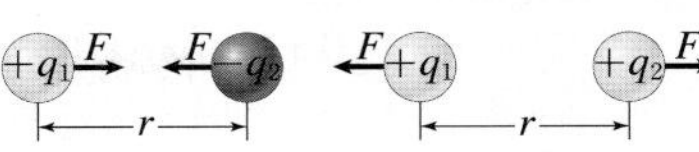

문제 보기

그림 (가)는 점전하 A, B, C, D를 x축상에 고정시킨 것으로 A에 작용하는 전기력의 방향은 $-x$방향이고, B에 작용하는 전기력은 0이다. 그림 (나)는 (가)에서 A와 C의 위치만 서로 바꾸어 고정시킨 것으로 B에는 $+x$방향으로 크기가 F인 전기력이 작용한다. A, B, C의 전하량의 크기는 각각 $2Q$, Q, Q이다.

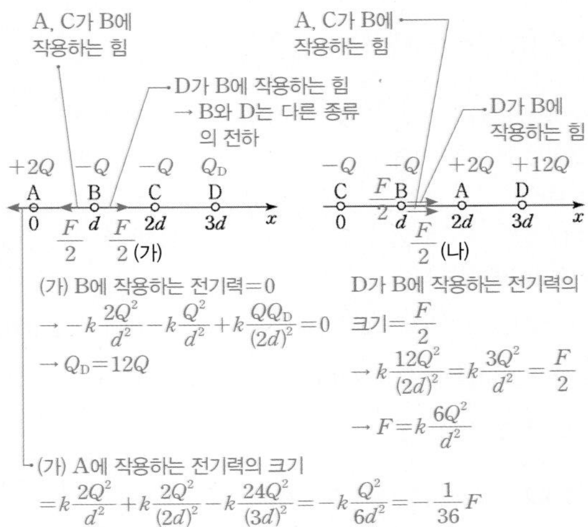

(가)에서 A에 작용하는 전기력의 크기는? [3점]

<보기> 풀이

❶ (가)에서 B에 작용하는 전기력은 0이지만 (나)에서 A, C의 위치만 바꾸었을 때 B에 작용하는 전기력은 $+x$방향으로 F로 변하므로, (가)에서 A, C가 B에 작용하는 전기력은 $-\frac{F}{2}$이고 D가 B에 작용하는 전기력은 $+\frac{F}{2}$이다. 또 (나)에서 위치가 바뀐 A, C가 B에 작용하는 전기력은 $+\frac{F}{2}$이고, D가 B에 작용하는 전기력은 $+\frac{F}{2}$이다. D가 B에 당기는 전기력을 작용하므로, B와 D의 전하의 종류는 다르다. 따라서 B를 음(−)전하, D는 양(+)전하라고 가정하면, (가)에서 B에 작용하는 전기력이 0이 되기 위해서는 A, C의 전하는 모두 양(+)전하이거나 A, C가 각각 양(+)전하, 음(−)전하이어야 한다. A, C가 모두 양(+)전하인 경우에는 (가)에서 B에 작용하는 전기력이 0이 되기 위한 D의 전하량의 크기는 $4Q$이지만, 이 경우 (가)에서 A에 작용하는 전기력의 방향은 $+x$방향이 되므로 성립하지 않는다. 따라서 A, C는 각각 양(+)전하, 음(−)전하이다.

❷ D의 전하량의 크기를 Q_D라고 하면 (가)에서 B에 작용하는 전기력이 0이므로, $-k\frac{2Q^2}{d^2}-k\frac{Q^2}{d^2}+k\frac{QQ_D}{(2d)^2}=0$에서 $Q_D=12Q$이다. 따라서 A, B, C, D의 전하량은 각각 $+2Q$, $-Q$, $-Q$, $+12Q$이다.

❸ D가 B에 작용하는 전기력의 크기가 $\frac{F}{2}$이므로, $k\frac{12Q^2}{(2d)^2}=k\frac{3Q^2}{d^2}=\frac{F}{2}$에서 $F=k\frac{6Q^2}{d^2}$이다. 따라서 (가)에서 A에 작용하는 전기력은 $k\frac{2Q^2}{d^2}+k\frac{2Q^2}{(2d)^2}-k\frac{24Q^2}{(3d)^2}=-k\frac{Q^2}{6d^2}=-\frac{1}{36}F$이므로, (가)에서 A에 작용하는 전기력의 크기는 $\frac{1}{36}F$이다.

① $\frac{1}{36}F$　② $\frac{1}{18}F$　③ $\frac{1}{12}F$　④ $\frac{1}{9}F$　⑤ $\frac{1}{6}F$

08 전기력(쿨롱 법칙) 2023학년도 9월 모평 물I 19번

정답 ④ | 정답률 47 %

적용해야 할 개념 ②가지

① 전기력은 전기를 띤 물체 사이에 작용하는 힘으로, 다른 종류의 전하 사이에는 인력이 작용하고 같은 종류의 전하 사이에는 척력이 작용한다.

② 두 전하 사이에 작용하는 전기력 F의 크기는 두 전하의 전하량 q_1, q_2의 곱에 비례하고 두 전하 사이의 거리 r의 제곱에 반비례한다(쿨롱 법칙).

➡ $F=k\dfrac{q_1q_2}{r^2}$ $(k=9.0\times10^9\ \mathrm{N\cdot m^2/C^2})$

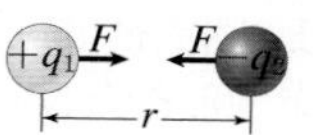

▲ 인력 작용

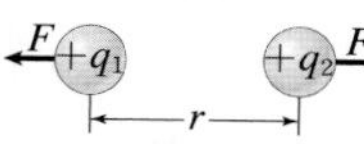

▲ 척력 작용

문제 보기

그림 (가)는 점전하 A, B, C를 x축상에 고정시킨 것으로 양(+)전하인 C에 작용하는 전기력의 방향은 $+x$ 방향이다. 그림 (나)는 (가)에서 A의 위치만 $x=3d$로 바꾸어 고정시킨 것으로 B, C에 작용하는 전기력의 방향은 $+x$ 방향으로 같다.

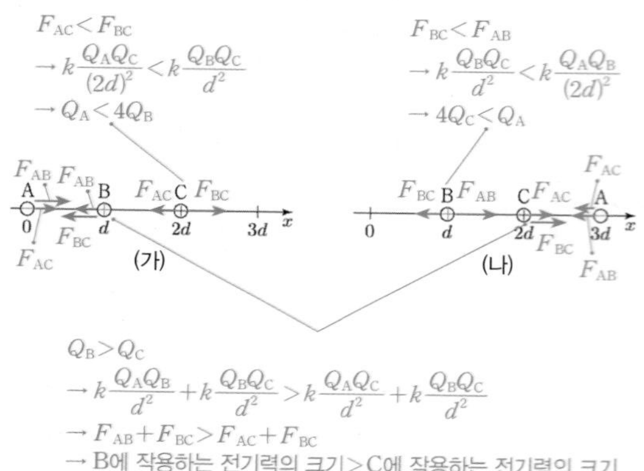

$F_{AC}<F_{BC}$
$\rightarrow k\dfrac{Q_AQ_C}{(2d)^2}<k\dfrac{Q_BQ_C}{d^2}$
$\rightarrow Q_A<4Q_B$
$F_{BC}<F_{AB}$
$\rightarrow k\dfrac{Q_BQ_C}{d^2}<k\dfrac{Q_AQ_B}{(2d)^2}$
$\rightarrow 4Q_C<Q_A$
(가)
(나)
$Q_B>Q_C$
$\rightarrow k\dfrac{Q_AQ_B}{d^2}+k\dfrac{Q_BQ_C}{d^2}>k\dfrac{Q_AQ_C}{d^2}+k\dfrac{Q_BQ_C}{d^2}$
$\rightarrow F_{AB}+F_{BC}>F_{AC}+F_{BC}$
→ B에 작용하는 전기력의 크기>C에 작용하는 전기력의 크기

이에 대한 설명으로 옳은 것만을 〈보기〉에서 있는 대로 고른 것은?

<보기> 풀이

A와 B가 모두 양(+)전하라고 가정하면 (나)에서 B에 작용하는 전기력의 방향이 $-x$ 방향이 되고, A와 B가 모두 음(−)전하라고 가정하면 (가)에서 C에 작용하는 전기력의 방향이 $-x$ 방향이 되므로 성립하지 않는다. 또 A가 양(+)전하, B가 음(−)전하라고 가정하면, (나)에서 C에 작용하는 전기력의 방향이 $-x$ 방향이 되므로 성립하지 않는다. 따라서 A는 음(−)전하, B는 양(+)전하이다.

ㄱ. A에 작용하는 전기력의 방향은 (가)에서와 (나)에서가 서로 같다.

➡ A가 음(−)전하, B가 양(+)전하, C가 양(+)전하이므로, (가)에서 B와 C가 A에 작용하는 전기력의 방향은 모두 $+x$ 방향이고 (나)에서 B와 C가 A에 작용하는 전기력의 방향은 모두 $-x$ 방향이다. 따라서 A에 작용하는 전기력의 방향은 (가)에서와 (나)에서가 서로 반대이다.

ㄴ. 전하량의 크기는 B가 C보다 크다.

➡ (가)에서 C에 작용하는 전기력의 방향이 $+x$ 방향이므로, A가 C에 $-x$ 방향으로 작용하는 전기력의 크기는 B가 C에 $+x$ 방향으로 작용하는 전기력의 크기보다 작다. A, B, C의 전하량의 크기를 각각 Q_A, Q_B, Q_C라고 하면, $k\dfrac{Q_AQ_C}{(2d)^2}<k\dfrac{Q_BQ_C}{d^2}$에서 $Q_A<4Q_B$이다. 또 (나)에서 B에 작용하는 전기력의 방향이 $+x$ 방향이므로, C가 B에 $-x$ 방향으로 작용하는 전기력의 크기는 A가 B에 $+x$ 방향으로 작용하는 전기력의 크기보다 작다. 따라서 $k\dfrac{Q_BQ_C}{d^2}<k\dfrac{Q_AQ_B}{(2d)^2}$에서 $4Q_C<Q_A$이다. $4Q_C<Q_A<4Q_B$에서 $Q_C<Q_B$이므로, 전하량의 크기는 B가 C보다 크다.

ㄷ. (가)에서 B에 작용하는 전기력의 크기는 (나)에서 C에 작용하는 전기력의 크기보다 크다.

➡ (가)에서 A와 C가 B에 작용하는 전기력의 방향이 모두 $-x$ 방향이므로, B에 작용하는 전기력의 크기는 $k\dfrac{Q_AQ_B}{d^2}+k\dfrac{Q_BQ_C}{d^2}$이다. 또 (나)에서 A와 B가 C에 작용하는 전기력의 방향이 모두 $+x$ 방향이므로, C에 작용하는 전기력의 크기는 $k\dfrac{Q_AQ_C}{d^2}+k\dfrac{Q_BQ_C}{d^2}$이다. $Q_B>Q_C$이므로 $k\dfrac{Q_AQ_B}{d^2}+k\dfrac{Q_BQ_C}{d^2}>k\dfrac{Q_AQ_C}{d^2}+k\dfrac{Q_BQ_C}{d^2}$이다. 따라서 (가)에서 B에 작용하는 전기력의 크기는 (나)에서 C에 작용하는 전기력의 크기보다 크다.

09	**전기력(쿨롱 법칙)** 2022학년도 4월 학평 물I 18번	정답 ① | 정답률 46 %

적용해야 할 개념 ②가지

① 전기력은 전기를 띤 물체 사이에 작용하는 힘으로, 다른 종류의 전하 사이에는 인력이 작용하고 같은 종류의 전하 사이에는 척력이 작용한다.

② 두 전하 사이에 작용하는 전기력 F의 크기는 두 전하의 전하량 q_1, q_2의 곱에 비례하고 두 전하 사이의 거리 r의 제곱에 반비례한다(쿨롱 법칙). ➡ $F=k\frac{q_1q_2}{r^2}$ $(k=9.0\times10^9\ \mathrm{N\cdot m^2/C^2})$

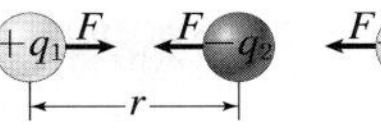
▲ 인력 작용

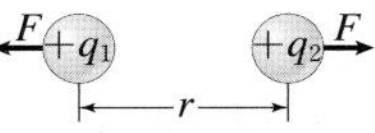
▲ 척력 작용

14 일차

문제 보기

그림 (가)와 같이 점전하 A, B, C를 x축상에 고정시켰더니 양(+)전하 B에 작용하는 전기력이 0이 되었다. 그림 (나)와 같이 (가)의 C를 $x=4d$로 옮겨 고정시켰더니 B에 작용하는 전기력의 방향이 $+x$ 방향이 되었다. C에 작용하는 전기력의 크기는 (가)에서가 (나)에서의 2배이다.

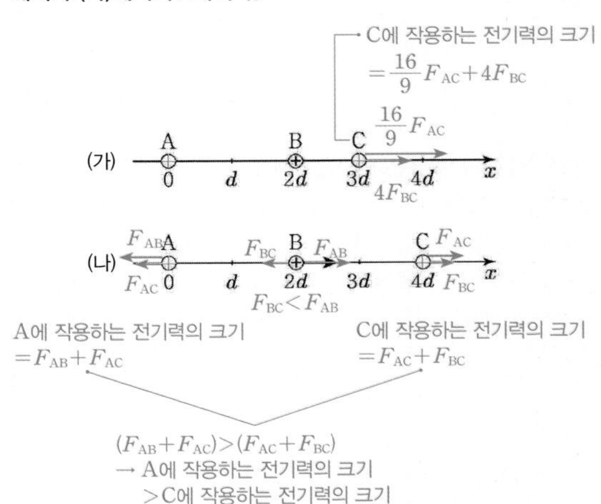

이에 대한 설명으로 옳은 것만을 〈보기〉에서 있는 대로 고른 것은? [3점]

<보기> 풀이

(가)에서 양(+)전하인 B에 작용하는 전기력이 0이므로, A와 C는 모두 양(+)전하이거나 모두 음(−)전하이다. 전기력은 두 전하 사이의 거리의 제곱에 반비례하므로, 두 전하 사이의 거리가 멀어지면 전기력의 크기가 감소한다. 만약 A와 C가 모두 음(−)전하라면, (나)에서 C를 B에서 멀리했을 때 B와 C 사이에 작용하는 인력이 감소하므로, (나)에서 B에 작용하는 전기력의 방향이 $-x$ 방향이 되어야 한다. 따라서 A와 C는 모두 양(+)전하가 되어야 한다. 또 전기력은 두 전하의 전하량의 곱에 비례하고 두 전하 사이의 거리의 제곱에 반비례하므로, 전하량의 크기는 A가 C의 4배이다.

ㄱ. B와 C 사이에는 미는 전기력이 작용한다.

➡ B와 C가 모두 양(+)전하이므로, B와 C 사이에는 미는 전기력이 작용한다.

ㄴ. (나)에서 A에 작용하는 전기력의 크기는 C에 작용하는 전기력의 크기보다 작다.

➡ (나)에서 A와 B 사이에 작용하는 전기력의 크기를 F_{AB}, B와 C 사이에 작용하는 전기력의 크기를 F_{BC}, A와 C 사이에 작용하는 전기력의 크기를 F_{AC}라고 하자. (나)에서 A에 작용하는 전기력의 크기$=F_{AB}+F_{AC}$이고, C에 작용하는 전기력의 크기$=F_{BC}+F_{AC}$이다. 이때 B에 작용하는 전기력의 방향이 $+x$ 방향이므로, $F_{AB}>F_{BC}$이다. 따라서 $(F_{AB}+F_{AC})>(F_{BC}+F_{AC})$이므로, (나)에서 A에 작용하는 전기력의 크기는 C에 작용하는 전기력의 크기보다 크다.

다른 풀이 (가)에서 A의 전하량의 크기가 C의 4배이므로, A와 C의 전하량을 각각 $4Q$, Q라고 하고 B의 전하량을 Q_B라고 하면 (나)에서 A에 작용하는 전기력의 크기는 $k\frac{4Q\times Q_B}{4d^2}+k\frac{4Q^2}{16d^2}$이고 C에 작용하는 전기력의 크기는 $k\frac{4Q^2}{16d^2}+k\frac{Q\times Q_B}{4d^2}$이다. 따라서 (나)에서 A에 작용하는 전기력의 크기는 C에 작용하는 전기력의 크기보다 크다.

ㄷ. 전하량의 크기는 A가 B보다 작다.

➡ 전기력의 크기는 두 전하 사이의 거리의 제곱에 반비례하므로, A가 C에 작용하는 전기력의 크기는 (가)에서가 (나)에서의 $\frac{16}{9}$배이고 B가 C에 작용하는 전기력의 크기는 (가)에서가 (나)에서의 4배이다. 따라서 (가)에서 C에 작용하는 힘은 $\frac{16}{9}F_{AC}+4F_{BC}$이고, (나)에서 C에 작용하는 힘은 $F_{AC}+F_{BC}$이다. C에 작용하는 전기력의 크기는 (가)에서가 (나)에서의 2배이므로, $\frac{16}{9}F_{AC}+4F_{BC}=2(F_{AC}+F_{BC})$에서 $F_{AC}=9F_{BC}$이다. 즉, (나)에서 A와 C 사이에 작용하는 힘의 크기가 B와 C 사이에 작용하는 힘의 크기보다 크다. 이때 A와 C 사이의 거리가 B와 C 사이의 거리보다 크므로, 전하량의 크기는 A가 B보다 크다.

10 전기력(쿨롱 법칙) 2022학년도 3월 학평 물Ⅰ 19번

정답 ② | 정답률 44 %

작용해야 할 개념 ②가지

① 전기력은 전기를 띤 물체 사이에 작용하는 힘으로, 다른 종류의 전하 사이에는 인력이 작용하고 같은 종류의 전하 사이에는 척력이 작용한다.

② 두 전하 사이에 작용하는 전기력 F의 크기는 두 전하의 전하량 q_1, q_2의 곱에 비례하고 두 전하 사이의 거리 r의 제곱에 반비례한다(쿨롱 법칙). ➡ $F=k\frac{q_1q_2}{r^2}$ $(k=9.0\times10^9\ \mathrm{N\cdot m^2/C^2})$

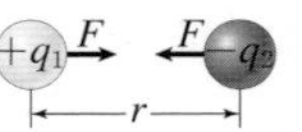

▲ 인력 작용

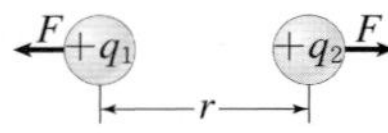

▲ 척력 작용

문제 보기

그림 (가), (나)와 같이 점전하 A, B, C를 x축상에 고정시키고, 점전하 P를 각각 $x=-d$와 $x=d$에 놓았다. (가)와 (나)에서 P가 받는 전기력은 모두 0이다. A는 양(+)전하이고, A와 C는 전하량의 크기가 같다.

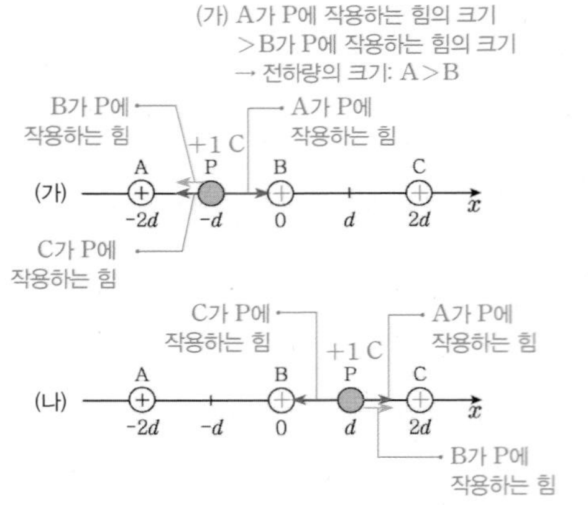

이에 대한 옳은 설명만을 〈보기〉에서 있는 대로 고른 것은? [3점]

<보기> 풀이

P의 전하량이 +1 C이라고 하자.

- B와 C가 각각 음(−)전하, 음(−)전하일 때: (가)에서 P에 작용하는 전기력의 방향이 $+x$ 방향이므로, P에 작용하는 전기력이 0이 될 수 없다.
- B와 C가 각각 양(+)전하, 음(−)전하일 때: (나)에서 P에 작용하는 전기력의 방향이 $+x$ 방향이므로, P에 작용하는 전기력이 0이 될 수 없다.
- B와 C가 각각 음(−)전하, 양(+)전하일 때: (가)에서 P에 작용하는 전기력의 방향이 $+x$ 방향이므로, P에 작용하는 전기력이 0이 될 수 없다.

따라서 B와 C는 모두 양(+)전하이다.

ㄱ. A와 C가 P에 작용하는 전기력의 합력의 방향은 (가)에서와 (나)에서가 같다.

➡ 전기력의 크기는 두 전하의 전하량의 곱에 비례하고 두 전하 사이의 거리의 제곱에 반비례한다. P의 전하량이 +1 C일 때 A와 C가 전하량의 크기가 같은 양(+)전하이므로, (가)에서는 A가 P에 작용하는 전기력의 크기가 C가 P에 작용하는 전기력의 크기보다 크다. 따라서 (가)에서 A와 C가 P에 작용하는 전기력의 합력의 방향은 $+x$ 방향이다. (나)에서는 A가 P에 작용하는 전기력의 크기가 C가 P에 작용하는 전기력의 크기보다 작으므로, A와 C가 P에 작용하는 전기력의 합력의 방향은 $-x$ 방향이다. 따라서 A와 C가 P에 작용하는 전기력의 합력의 방향은 (가)에서와 (나)에서가 서로 반대이다.

다른 풀이 (가), (나)에서 P가 받은 전기력이 0일 때 P의 위치가 B를 중심으로 좌우 대칭이다. 따라서 (가)와 (나)에서 B가 P에 작용하는 전기력의 크기는 같고 방향은 반대이므로, A와 C가 P에 작용하는 전기력도 크기가 같고 방향이 반대이다.

ㄴ. C는 양(+)전하이다.

➡ (가)와 (나)에서 P가 받는 전기력이 모두 0이 되려면, C는 양(+)전하이어야 한다.

다른 풀이 (가), (나)는 서로 $x=0$을 중심으로 좌우 대칭이므로 C는 A와 같은 양(+)전하이다.

ㄷ. 전하량의 크기는 A가 B보다 작다.

➡ A, B, C가 모두 양(+)전하이므로 P에 작용하는 전기력이 0일 때, (가)에서 A가 P에 $+x$ 방향으로 작용하는 힘의 크기는 B와 C가 P에 $-x$ 방향으로 작용하는 힘의 크기의 합과 같다. 즉, A가 P에 $+x$ 방향으로 작용하는 힘의 크기는 B가 P에 $-x$ 방향으로 작용하는 힘의 크기보다 크다. A와 P 사이의 거리와 B와 P 사이의 거리가 같으므로, 전하량의 크기는 A가 B보다 크다.

11 전기력(쿨롱 법칙) 2024학년도 3월 학평 물Ⅰ 15번

정답 ⑤ | 정답률 70 %

적용해야 할 개념 ②가지

① 전기력은 전기를 띤 물체 사이에 작용하는 힘으로, 다른 종류의 전하 사이에는 인력이 작용하고 같은 종류의 전하 사이에는 척력이 작용한다.

② 두 전하 사이에 작용하는 전기력 F의 크기는 두 전하의 전하량 q_1, q_2의 곱에 비례하고 두 전하 사이의 거리 r의 제곱에 반비례한다(쿨롱 법칙).

➡ $F=k\frac{q_1q_2}{r^2}$ $(k=9.0\times10^9\ \mathrm{N\cdot m^2/C^2})$

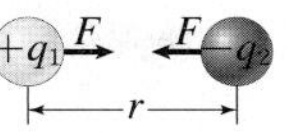

▲ 인력 작용

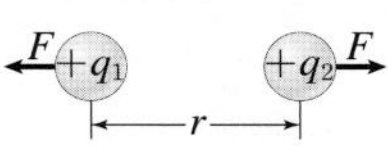

▲ 척력 작용

문제 보기

그림 (가)는 점전하 A, B, C를 x축상에 고정시킨 모습을, (나)는 (가)에서 점전하의 위치만 서로 바꾼 모습을 나타낸 것이다. A, B는 모두 양(+)전하이며, (나)에서 A, B, C에 작용하는 전기력은 모두 0이다.

(가): $4Q_C$ A(0), $4Q_C$ B(d), Q_C C($2d$)

$F_{AB}=k\frac{Q_AQ_B}{d^2}=k\frac{16Q_C^2}{d^2}$

$F_{AC}=k\frac{Q_AQ_C}{(2d)^2}=k\frac{Q_C^2}{d^2}$

→ $F_{AB}>F_{AC}$

→ A에 작용하는 전기력의 방향: $-x$방향

A가 받는 전기력=0

→ $k\frac{Q_AQ_C}{d^2}=k\frac{Q_AQ_B}{(2d)^2}$

→ $Q_A=4Q_C$, $Q_B=4Q_C$

C가 받는 전기력=0

→ $k\frac{Q_AQ_C}{d^2}=k\frac{Q_BQ_C}{d^2}$

→ $Q_A=Q_B$

→ A의 전하량의 크기 =B의 전하량의 크기

(나): A(0), C(d), B($2d$)

이에 대한 옳은 설명만을 〈보기〉에서 있는 대로 고른 것은? [3점]

<보기> 풀이

ㄱ. C는 음(−)전하이다.

➡ C는 양(+)전하라고 가정하면 (나)에서 A, B, C에 작용하는 전기력이 모두 0이 될 수 없으므로, C는 음(−)전하이다.

ㄴ. 전하량의 크기는 A와 B가 같다.

➡ A, B, C가 각각 양(+)전하, 양(+)전하, 음(−)전하일 때, (나)에서 A, B, C에 작용하는 전기력이 모두 0인 경우는 음(−)전하인 C가 A와 B 사이에, 즉 $x=d$에 있을 때이다. 이때 C에 작용하는 전기력이 0이려면, A와 C 사이에 서로 당기는 전기력의 크기와 B와 C에 서로 당기는 전기력의 크기가 같아야 한다. A, B, C의 전하량의 크기를 각각 Q_A, Q_B, Q_C라고 하면, $k\frac{Q_AQ_C}{d^2}=k\frac{Q_BQ_C}{d^2}$에서 $Q_A=Q_B$이므로 전하량의 크기는 A와 B가 같다.

ㄷ. (가)에서 A에 작용하는 전기력의 방향은 $-x$방향이다.

➡ (나)에서 A에 작용하는 전기력이 0이려면, A와 B 사이에 작용하는 서로 밀어내는 전기력의 크기와 A와 C 사이에 작용하는 서로 당기는 전기력의 크기가 같아야 한다. 즉, $k\frac{Q_AQ_C}{d^2}=k\frac{Q_AQ_B}{(2d)^2}$에서 $Q_A=Q_B$이므로, $Q_A=4Q_C$이고 $Q_B=4Q_C$이다. (가)에서 A와 B 사이에 작용하는 서로 밀어내는 전기력의 크기는 $k\frac{Q_AQ_B}{d^2}=k\frac{16Q_C^2}{d^2}$으로 A와 C 사이에 작용하는 서로 당기는 전기력의 크기 $k\frac{Q_AQ_C}{(2d)^2}=k\frac{Q_C^2}{d^2}$보다 크다. 따라서 (가)에서 A에 작용하는 전기력의 방향은 $-x$방향이다.

12 전기력 2024학년도 9월 모평 물I 18번

정답 ⑤ | 정답률 54 %

적용해야 할 개념 ②가지

① 전기력은 전기를 띤 물체 사이에 작용하는 힘으로, 다른 종류의 전하 사이에는 인력이 작용하고 같은 종류의 전하 사이에는 척력이 작용한다.

② 두 전하 사이에 작용하는 전기력 F의 크기는 두 전하의 전하량 q_1, q_2의 곱에 비례하고 두 전하 사이의 거리 r의 제곱에 반비례한다(쿨롱 법칙).

⇒ $F=k\frac{q_1q_2}{r^2}$ $(k=9.0\times10^9\ \mathrm{N\cdot m^2/C^2})$

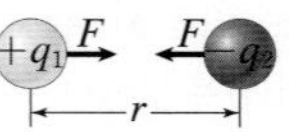

▲ 인력 작용

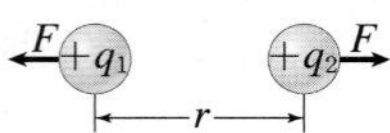

▲ 척력 작용

문제 보기

그림 (가)는 점전하 A, B, C를 x축상에 고정시킨 것을, (나)는 (가)에서 B의 위치만 $x=3d$로 옮겨 고정시킨 것을 나타낸 것이다. (가)와 (나)에서 양(+)전하인 A에 작용하는 전기력의 방향은 $+x$방향으로 같고, C에 작용하는 전기력의 크기는 (가)에서가 (나)에서보다 크다.

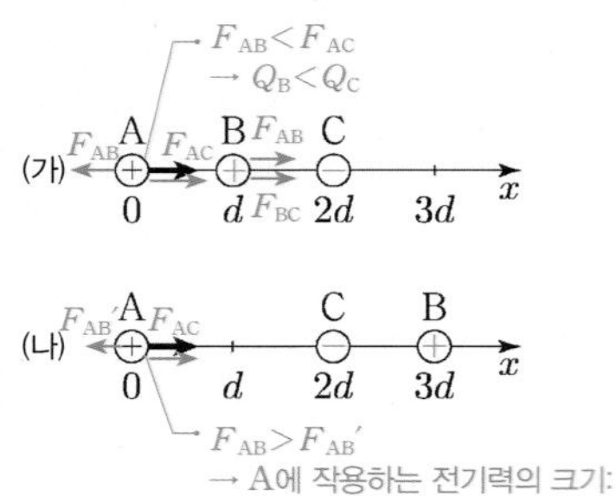

이에 대한 설명으로 옳은 것만을 〈보기〉에서 있는 대로 고른 것은? [3점]

<보기> 풀이

(가)에서 C는 A와 B의 바깥쪽에 있지만 (나)에서 C의 위치는 A와 B의 사이에 있다. 이때 C에 작용하는 전기력의 크기는 (가)에서가 (나)에서보다 크므로, A와 B의 전하의 종류는 같다. 따라서 B는 양(+)전하이다. B가 양(+)전하일 때 (가)와 (나)에서 양(+)전하인 A에 작용하는 전기력의 방향이 $+x$방향이므로 C는 음(−)전하이다

다른 풀이

B와 C가 모두 양(+)전하라고 가정하면 (가)와 (나)에서 A에 작용하는 전기력의 방향이 $-x$방향이 되고, B와 C가 모두 음(−)전하라고 가정하면 C에 작용하는 전기력의 크기는 (가)에서가 (나)에서보다 작으므로 성립하지 않는다. 또 B가 음(−)전하, C가 양(+)전하라고 가정하면, C에 작용하는 전기력의 크기는 (가)에서가 (나)에서보다 작으므로 성립하지 않는다. 따라서 B는 양(+)전하, C는 음(−)전하이다.

ㄱ. (가)에서 B에 작용하는 전기력의 방향은 $-x$방향이다.

⇒ A는 양(+)전하, B는 양(+)전하, C는 음(−)전하이므로, (가)에서 A와 C가 B에 작용하는 전기력의 방향은 모두 $+x$방향이다. 따라서 (가)에서 B에 작용하는 전기력의 방향은 $+x$방향이다.

ㄴ. 전하량의 크기는 C가 B보다 크다.

⇒ (가)에서 양(+)전하인 A에 작용하는 전기력의 방향이 $+x$방향이므로, 음(−)전하인 C가 A에 $+x$방향으로 작용하는 전기력의 크기가 양(+)전하인 B가 A에 $-x$방향으로 작용하는 전기력의 크기보다 더 크다. A로부터의 거리는 C가 B보다 크므로, 전하량의 크기는 C가 B보다 크다.

ㄷ. A에 작용하는 전기력의 크기는 (나)에서가 (가)에서보다 크다.

⇒ C가 A에 $+x$방향으로 작용하는 전기력의 크기는 (가)에서와 (나)에서가 같지만, B가 A에 $-x$방향으로 작용하는 전기력의 크기는 (가)에서가 (나)에서보다 크다. (가)와 (나)에서 A에 작용하는 전기력의 방향은 $+x$방향이므로, A에 작용하는 전기력의 크기는 (나)에서가 (가)에서보다 크다.

13 전기력(쿨롱 법칙) 2025학년도 6월 모평 물I 12번

정답 ② | 정답률 39 %

적용해야 할 개념 ②가지

① 전기력은 전기를 띤 물체 사이에 작용하는 힘으로, 다른 종류의 전하 사이에는 인력이 작용하고 같은 종류의 전하 사이에는 척력이 작용한다.

② 두 전하 사이에 작용하는 전기력 F의 크기는 두 전하의 전하량 q_1, q_2의 곱에 비례하고 두 전하 사이의 거리 r의 제곱에 반비례한다(쿨롱 법칙).

➡ $F=k\dfrac{q_1q_2}{r^2}$ $(k=9.0\times10^9\ \mathrm{N\cdot m^2/C^2})$

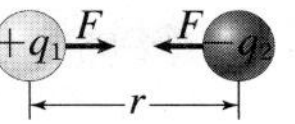

▲ 인력 작용

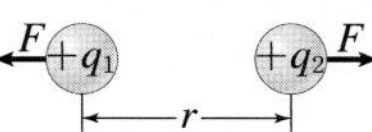

▲ 척력 작용

문제 보기

그림 (가)는 점전하 A, B, C를 x축상에 고정시킨 모습을, (나)는 (가)에서 A의 위치만 $x=2d$로 옮겨 고정시킨 모습을 나타낸 것이다. 양(+)전하인 C에 작용하는 전기력의 크기는 (가), (나)에서 각각 F, $5F$이고, 방향은 $+x$방향으로 같다. (나)에서 B에 작용하는 전기력의 크기는 $4F$이다.

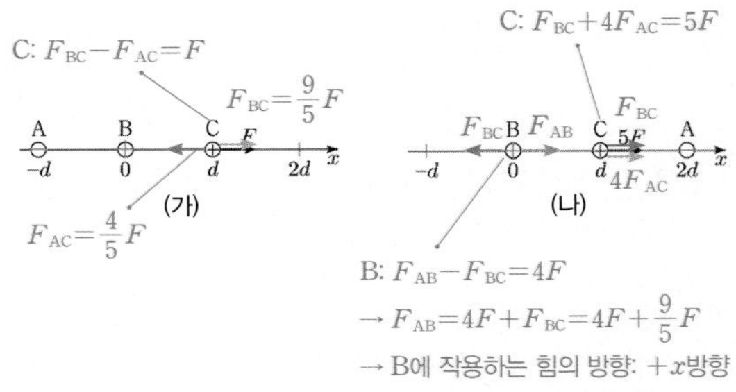

이에 대한 설명으로 옳은 것만을 〈보기〉에서 있는 대로 고른 것은?

<보기> 풀이

ㄱ. A와 C 사이에는 서로 밀어내는 전기력이 작용한다. (×)

➡ C에 $+x$방향으로 작용하는 힘의 크기는 (나)에서가 (가)에서보다 크므로, A와 C 사이에는 서로 당기는 전기력이 작용한다.

ㄴ. (가)에서 A와 C 사이에 작용하는 전기력의 크기는 $2F$보다 작다. (○)

➡ A와 C 사이에는 서로 당기는 전기력이 작용하므로, A는 음(−)전하이다. (가)에서 C에 작용하는 전기력의 방향이 $+x$방향일 때 A와 C 사이에 서로 당기는 전기력이 $-x$방향으로 작용하므로, B와 C 사이에는 서로 미는 전기력이 $+x$방향으로 작용해야 한다. 따라서 B는 양(+)전하이다. (가)에서 A와 C 사이에 작용하는 전기력의 크기를 F_{AC}, B와 C 사이에 작용하는 전기력의 크기를 F_{BC}라 하고 오른쪽 방향의 힘의 부호를 (+)라고 하면, C에 작용하는 전기력은 $F_{BC}-F_{AC}=F$ … ①이다. (나)에서 C에 작용하는 전기력 $F_{BC}+4F_{AC}=5F$ … ②이다. ①, ②를 연립하여 정리하면 $F_{AC}=\frac{4}{5}F$, $F_{BC}=\frac{9}{5}F$이다. 따라서 (가)에서 A와 C 사이에 작용하는 전기력의 크기는 $2F$보다 작다.

ㄷ. (나)에서 B에 작용하는 전기력의 방향은 $-x$방향이다. (×)

➡ (나)에서 C가 B에 작용하는 전기력의 방향은 $-x$방향이고 A가 B에 작용하는 전기력의 방향은 $+x$방향이다. B에 작용하는 전기력의 합의 크기는 $4F$이므로, C가 B에 $-x$방향으로 $\frac{9}{5}F$의 전기력을 작용할 때 A가 B에 $+x$방향으로 작용하는 전기력의 크기는 $\frac{9}{5}F+4F$이다. 따라서 (나)에서 B에 작용하는 전기력의 방향은 $+x$방향이다.

14 전기력(쿨롱 법칙) 2023학년도 수능 물I 19번

정답 ⑤ | 정답률 45 %

적용해야 할 개념 ③가지

① 전기력은 전기를 띤 물체 사이에 작용하는 힘으로, 다른 종류의 전하 사이에는 인력이 작용하고 같은 종류의 전하 사이에는 척력이 작용한다.

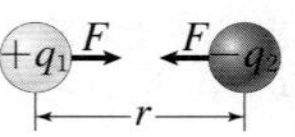
▲ 인력 작용

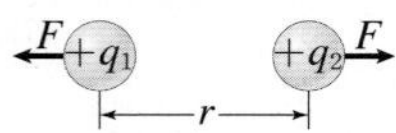
▲ 척력 작용

② 두 전하 사이에 작용하는 전기력 F의 크기는 두 전하의 전하량 q_1, q_2의 곱에 비례하고 두 전하 사이의 거리 r의 제곱에 반비례한다(쿨롱 법칙).

⇒ $F=k\frac{q_1q_2}{r^2}$ ($k=9.0\times10^9\ \mathrm{N\cdot m^2/C^2}$)

③ 두 전하 사이에 상호 작용하는 전기력의 크기는 작용 반작용 법칙에 따라 크기는 같고 방향은 반대이다.

문제 보기

그림 (가)는 점전하 A, B, C를 x축상에 고정시킨 것으로 A, B에 작용하는 전기력의 방향은 같고, B는 양(+)전하이다. 그림 (나)는 (가)에서 $x=3d$에 음(−)전하인 점전하 D를 고정시킨 것으로 B에 작용하는 전기력은 0이다. C에 작용하는 전기력의 크기는 (가)에서가 (나)에서보다 크다.

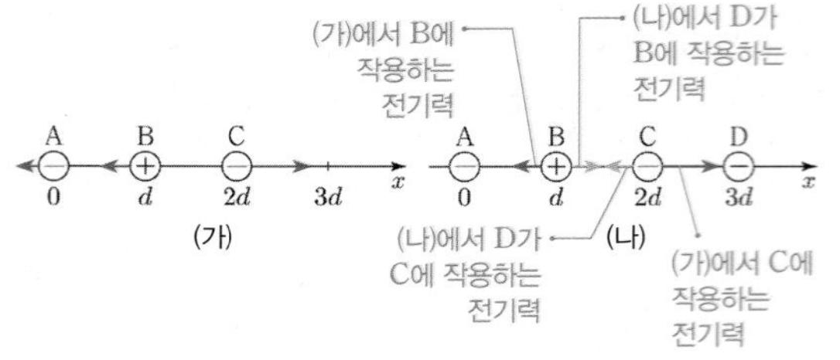

이에 대한 설명으로 옳은 것만을 〈보기〉에서 있는 대로 고른 것은?

<보기> 풀이

ㄱ. (가)에서 C에 작용하는 전기력의 방향은 $+x$ 방향이다.

⇒ (나)에서 음(−)전하인 D와 양(+)전하인 B 사이에 당기는 전기력이 작용하므로, D가 B에 $+x$ 방향으로 힘을 작용한다. 이때 B에 작용하는 전기력이 0이 되므로, (가)에서 B에 작용하는 전기력의 방향은 $-x$ 방향이다. (가)에서 A, B에 작용하는 전기력의 방향이 모두 $-x$ 방향이므로, A와 B를 묶어 1개의 전하로 생각하면 작용 반작용 법칙에 따라 C에 작용하는 전기력의 방향은 $+x$ 방향이다.

ㄴ. A는 음(−)전하이다.

⇒ (가)에서 C에 작용하는 전기력의 방향은 $+x$ 방향이고 C에 작용하는 전기력의 크기는 (가)에서가 (나)에서보다 크다면, (나)에서 D가 C에 작용하는 전기력의 방향은 $-x$ 방향이다. 즉, C와 D사이에 미는 전기력이 작용하므로, C는 음(−)전하이다. (나)에서 B에 작용하는 전기력이 0일 때 음(−)전하인 C, D가 B에 작용하는 전기력의 방향이 $+x$ 방향이므로, A가 B에 작용하는 전기력의 방향은 $-x$ 방향이다. A와 B 사이에 당기는 전기력이 작용하므로, A는 음(−)전하이다.

ㄷ. 전하량의 크기는 A가 C보다 크다.

⇒ A, B, C의 전하의 종류가 각각 음(−)전하, 양(+)전하, 음(−)전하일 때, (가)에서 B에 작용하는 전기력의 방향이 $-x$ 방향이므로 A가 B에 $-x$ 방향으로 작용하는 전기력의 크기가 C가 B에 $+x$ 방향으로 작용하는 전기력의 크기보다 크다. A와 B 사이의 거리와 B와 C 사이의 거리가 같으므로, 전하량의 크기는 A가 C보다 크다.

15 전기력(쿨롱 법칙) 2022학년도 9월 모평 물I 19번

정답 ① | 정답률 40 %

적용해야 할 개념 ②가지

① 전기력은 전기를 띤 물체 사이에 작용하는 힘으로, 다른 종류의 전하 사이에는 인력이 작용하고 같은 종류의 전하 사이에는 척력이 작용한다.

② 두 전하 사이에 작용하는 전기력 F의 크기는 두 전하의 전하량 q_1, q_2의 곱에 비례하고 두 전하 사이의 거리 r의 제곱에 반비례한다(쿨롱 법칙). ➡ $F=k\frac{q_1q_2}{r^2}$ $(k=9.0\times10^9\ \mathrm{N\cdot m^2/C^2})$

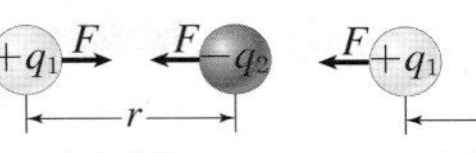

문제 보기

A와 C는 같은 종류의 전하 → A는 음(−)전하

그림 (가)는 점전하 A, B, C를 x축상에 고정시킨 것으로 C에 작용하는 전기력의 방향은 $+x$ 방향이다. 그림 (나)는 (가)에서 C의 위치만 $x=2d$로 바꾸어 고정시킨 것으로 A에 작용하는 전기력의 크기는 0이고, C에 작용하는 전기력의 방향은 $-x$ 방향이다. B는 양(+)전하이다.

→ B와 C는 서로 다른 종류의 전하 → C는 음(−)전하

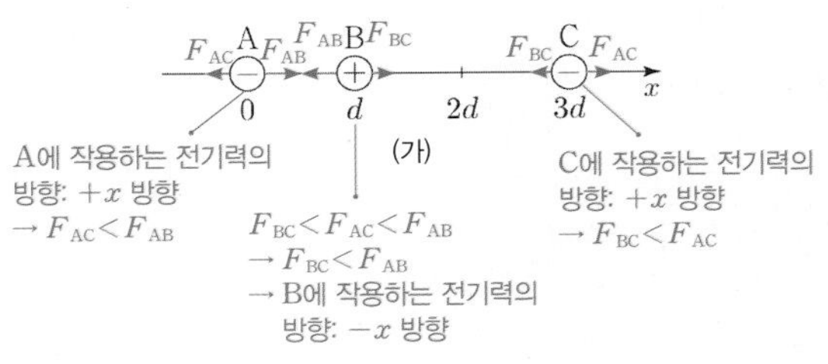

(나)

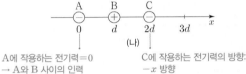

A에 작용하는 전기력 $=0$ → A와 B 사이의 인력 = A와 C 사이의 척력 → $k\frac{Q_AQ_B}{d^2}=k\frac{Q_AQ_C}{(2d)^2}$ → $4Q_B=Q_C$

C에 작용하는 전기력의 방향: $-x$ 방향 → A와 C 사이의 척력 < B와 C 사이의 인력 → $k\frac{Q_AQ_C}{(2d)^2}<k\frac{Q_BQ_C}{d^2}$ → $Q_A<4Q_B$

이에 대한 설명으로 옳은 것만을 ⟨보기⟩에서 있는 대로 고른 것은?

<보기> 풀이

ㄱ. A는 음(−)전하이다.

➡ (나)에서 A에 작용하는 전기력의 크기가 0이므로 B와 C는 서로 다른 종류의 전하이다. B가 양(+)전하이므로 C는 음(−)전하이다. (가)에서 양(+)전하인 B와 음(−)전하인 C 사이에 인력이 작용하는데, C에 작용하는 전기력의 방향이 $+x$ 방향이므로 A와 C는 같은 종류의 전하이다. 따라서 A는 음(−)전하이다.

ㄴ. 전하량의 크기는 A가 C보다 크다.

➡ (나)에서 A에 작용하는 전기력이 0이므로 A와 B 사이에 작용하는 인력의 크기와 A와 C 사이에 작용하는 척력의 크기가 같다. 이를 쿨롱 법칙에 따라 식으로 나타내면 A, B, C의 전하량의 크기를 각각 Q_A, Q_B, Q_C라고 할 때, $k\frac{Q_AQ_B}{d^2}=k\frac{Q_AQ_C}{(2d)^2}$에서 $4Q_B=Q_C$이다. 한편, C에 작용하는 전기력의 방향이 $-x$ 방향이므로 A와 C 사이에 작용하는 척력의 크기보다 B와 C 사이에 작용하는 인력의 크기가 크다. 즉, $k\frac{Q_AQ_C}{(2d)^2}<k\frac{Q_BQ_C}{d^2}$에서 $Q_A<4Q_B$이다. $Q_A<4Q_B=Q_C$이므로 전하량의 크기는 A가 C보다 작다.

ㄷ. B에 작용하는 전기력의 방향은 (가)에서와 (나)에서가 같다.

➡ (가)에서 A와 B 사이에 작용하는 전기력의 크기를 F_{AB}, B와 C 사이에 작용하는 전기력의 크기를 F_{BC}, A와 C 사이에 작용하는 전기력의 크기를 F_{AC}라고 하자. A와 C 사이의 거리는 (나)에서보다 크므로 A에 작용하는 전기력의 방향은 $+x$ 방향이다. 따라서 $F_{AC}<F_{AB}$이다. C에 작용하는 전기력의 방향이 $+x$ 방향이므로, $F_{BC}<F_{AC}$이다. $F_{BC}<F_{AC}<F_{AB}$에서 $F_{BC}<F_{AB}$이므로 A와 B 사이에 작용하는 인력의 크기가 B와 C 사이에 작용하는 인력의 크기보다 크다. 즉, B에 작용하는 전기력의 방향은 $-x$ 방향이다.

(나)에서 A, C 모두 B에 인력을 작용하지만 A의 전하량이 C의 전하량보다 작으므로 A가 작용하는 인력의 크기가 C가 작용하는 인력의 크기보다 작다. 즉, B에 작용하는 전기력의 방향은 $+x$ 방향이다. 따라서 B에 작용하는 전기력의 방향은 (가)에서와 (나)에서가 서로 반대이다.

다른 풀이 (나)에서 A에 작용하는 전기력이 0이고 C에 작용하는 전기력의 방향이 $-x$ 방향이므로 작용 반작용 법칙에 따라 B에 작용하는 전기력의 방향은 $+x$ 방향이다. (가)에서는 A와 C 사이의 거리가 (나)에서보다 크므로, A와 C 사이에 작용하는 척력의 크기가 (나)에서보다 작다. 따라서 A에 작용하는 전기력의 방향은 $+x$ 방향이다. A와 C에 작용하는 전기력의 방향이 모두 $+x$ 방향이므로, 작용 반작용 법칙에 따라 B에 작용하는 전기력의 방향은 $-x$ 방향이다.

16 전기력(쿨롱 법칙) 2023학년도 10월 학평 물Ⅰ 13번

정답 ③ | 정답률 53 %

적용해야 할 개념 ②가지

① 다른 종류의 전하 사이에는 인력이 작용하고 같은 종류의 전하 사이에는 척력이 작용한다.

② 두 전하 사이에 작용하는 전기력 F의 크기는 두 전하의 전하량 q_1, q_2의 곱에 비례하고, 두 전하 사이의 거리 r의 제곱에 반비례한다(쿨롱 법칙).

⇒ $F=k\frac{q_1q_2}{r^2}$ $(k=9.0\times10^9\ \mathrm{N\cdot m^2/C^2})$

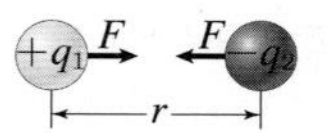
▲ 인력 작용

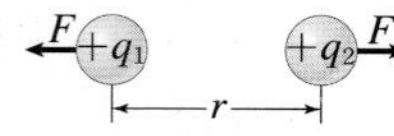
▲ 척력 작용

문제 보기

그림 (가), (나)와 같이 점전하 A, B, C를 각각 x축상에 고정시켰다. (가)에서 B가 받는 전기력은 0이고, (가), (나)에서 C는 각각 $+x$방향과 $-x$방향으로 크기가 F_1, F_2인 전기력을 받는다. $F_1>F_2$이다.

→ A의 전하의 종류와 크기 =C의 전하의 종류와 크기

→ B의 전하의 종류≠C의 전하의 종류 → B가 (+)전하이면, A, C는 (−)전하

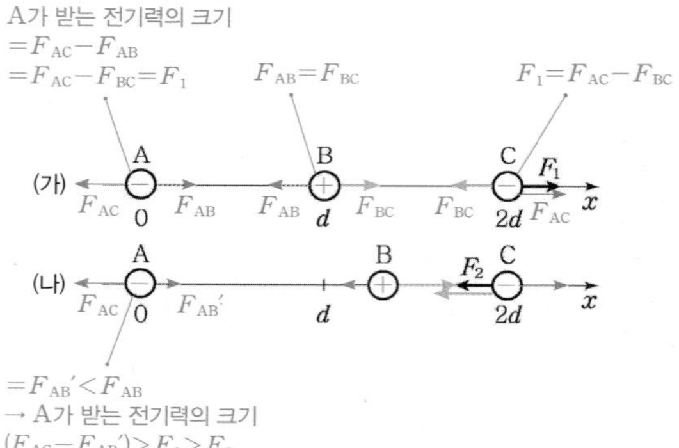

이에 대한 옳은 설명만을 〈보기〉에서 있는 대로 고른 것은? [3점]

〈보기〉 풀이

ㄱ. 전하량의 크기는 A와 C가 같다.

⇒ (가)에서 B가 받는 전기력은 0이므로, A가 B에 작용하는 전기력과 C가 B에 작용하는 전기력은 크기가 같고 방향은 반대이다. B에서 A, C까지의 거리가 같으므로, A와 C의 전하의 종류는 같고 전하량의 크기도 같다.

ㄴ. A와 B 사이에는 서로 당기는 전기력이 작용한다.

⇒ (나)에서 B와 C 사이의 거리가 가까워질 때 C에 작용하는 전기력의 방향이 $-x$방향으로 바뀌었으므로, B와 C 사이에는 서로 당기는 힘이 작용한다. 따라서 B와 C는 다른 종류의 전하이고 A와 B도 다른 종류의 전하이므로, A와 B 사이에는 서로 당기는 전기력이 작용한다.

ㄷ. (나)에서 A가 받는 전기력의 크기는 F_2보다 작다.

⇒ (가)에서 A와 B 사이에 서로 당기는 전기력의 크기를 F_{AB}, B와 C 사이에 서로 당기는 전기력의 크기를 F_{BC}, A와 C 사이에 서로 미는 전기력의 크기를 F_{AC}라고 하면, $F_{AB}=F_{BC}$이다. C가 $+x$방향으로 크기가 F_1인 전기력을 받으므로 $F_{AC}>F_{BC}$이고 $F_1=F_{AC}-F_{BC}$이다. 이때 $F_{AC}>F_{AB}$이므로, A가 받는 전기력의 방향은 $-x$방향이고 전기력의 크기는 $F_{AC}-F_{AB}=F_{AC}-F_{BC}=F_1$이다. (나)에서 A와 B 사이에 작용하는 전기력의 크기를 F_{AB}'라고 하면 A가 받는 전기력의 크기는 $F_{AC}-F_{AB}'$이고, $F_{AB}'<F_{AB}$이므로, $F_{AC}-F_{AB}'>F_{AC}-F_{AB}$이다. 즉, (나)에서 A가 받는 전기력의 크기는 F_1보다 크다. $F_1>F_2$이므로 (나)에서 A가 받는 전기력의 크기는 F_2보다 크다.

다른 풀이 (가)에서 B에 작용하는 전기력이 0이고 C에 $+x$방향으로 크기가 F_1인 전기력이 작용할 때, 작용 반작용 법칙에 따라 A에 $-x$방향으로 크기가 F_1인 전기력이 작용한다. (나)에서 A와 B 사이의 거리가 멀어질 때 A와 C 사이에 서로 미는 전기력의 크기는 일정하고 A와 B 사이에 서로 당기는 전기력의 크기가 감소하므로, (나)에서 A는 $-x$방향으로 크기가 F_1보다 큰 전기력을 받는다. 이때 $F_1>F_2$이므로, (나)에서 A가 받는 전기력의 크기는 F_2보다 크다.

17	**전기력** 2023학년도 3월 학평 물I 18번	정답 ① | 정답률 19 %

적용해야 할 개념 ②가지

① 전기력은 전기를 띤 물체 사이에 작용하는 힘으로, 다른 종류의 전하 사이에는 인력이 작용하고 같은 종류의 전하 사이에는 척력이 작용한다.

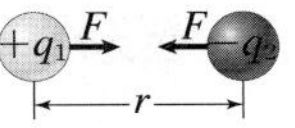

▲ 인력 작용

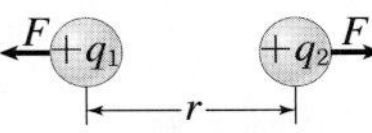

▲ 척력 작용

② 두 전하 사이에 작용하는 전기력 F의 크기는 두 전하의 전하량 q_1, q_2의 곱에 비례하고 두 전하 사이의 거리 r의 제곱에 반비례한다(쿨롱 법칙).

➡ $F=k\dfrac{q_1q_2}{r^2}$ $(k=9.0\times10^9\ \mathrm{N\cdot m^2/C^2})$

문제 보기

그림 (가)는 점전하 A, B, C, D를 x축상에 고정시킨 것으로 B는 음(−)전하이고 A와 C는 같은 종류의 전하이다. A에 작용하는 전기력의 방향은 $+x$방향이고, C에 작용하는 전기력은 0이다. 그림 (나)는 (가)에서 B만 제거한 것으로 D에 작용하는 전기력의 방향은 $+x$방향이다.

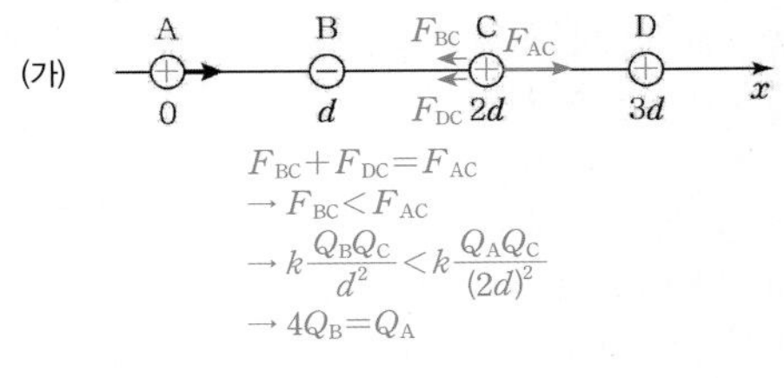

$F_{BC}+F_{DC}=F_{AC}$
$\rightarrow F_{BC}<F_{AC}$
$\rightarrow k\dfrac{Q_BQ_C}{d^2}<k\dfrac{Q_AQ_C}{(2d)^2}$
$\rightarrow 4Q_B=Q_A$

(나) A, C, D / 0, d, $2d$, $3d$, x

A에 작용하는 전기력의 크기=C와 D에 작용하는 전기력의 크기
→ A에 작용하는 전기력의 크기>D에 작용하는 전기력의 크기

이에 대한 옳은 설명만을 〈보기〉에서 있는 대로 고른 것은?

<보기> 풀이

ㄱ. A는 양(+)전하이다.

➡ A, C가 음(−)전하라고 가정하면 (가)에서 A에 작용하는 전기력의 방향이 $+x$방향이므로 D가 양(+)전하이어야 한다. 이 경우에 (나)에서 음(−)전하인 A, C가 양(+)전하인 D에 작용하는 전기력의 방향은 $-x$방향이 되므로 성립하지 않는다. 따라서 A, C는 양(+)전하이다.

ㄴ. 전하량의 크기는 B가 A보다 크다.

➡ A, C가 양(+)전하이고 (나)에서 D에 작용하는 전기력의 방향이 $+x$방향이므로, D는 양(+)전하이다. (가)에서 C에 작용하는 전기력은 0일 때 A, B, D가 각각 C에 작용하는 전기력의 방향은 $+x$, $-x$, $-x$방향이므로, A가 C에 $+x$방향으로 작용하는 전기력의 크기와 B와 D가 C에 $-x$방향으로 작용하는 전기력의 크기가 같다. 따라서 A가 C에 작용하는 전기력의 크기는 B가 C에 작용하는 전기력의 크기보다 크다. 이때 C로부터의 거리는 A가 B보다 크므로 전하량의 크기는 A가 B보다 크다. 즉, 전하량의 크기는 B가 A보다 작다.

ㄷ. (나)의 D에 작용하는 전기력의 크기는 (나)의 A에 작용하는 전기력의 크기보다 크다.

➡ (가)에서 양(+)전하인 C에 작용하는 전기력의 크기가 0일 때, (나)에서 음(−)전하인 B를 제거하면 C에 작용하는 전기력의 방향은 $+x$방향이 된다. (나)에서 C와 D에 작용하는 전기력의 방향이 모두 $+x$방향이므로, 작용 반작용 법칙에 의해 A에 작용하는 전기력의 방향은 $-x$방향이다. 또 C와 D에 작용하는 전기력의 크기는 A에 작용하는 전기력의 크기와 같다. 따라서 (나)의 D에 작용하는 전기력의 크기는 (나)의 A에 작용하는 전기력의 크기보다 작다.

다른 풀이 (나)에서 A에 작용하는 힘의 크기는 C와 D가 작용하는 힘의 크기의 합이므로 $F_{AC}+F_{AD}$이고, D에 작용하는 힘의 크기는 A와 C가 작용하는 힘의 크기의 합이므로 $F_{AD}+F_{CD}$이다. (가)에서 C에 작용하는 알짜힘이 0이므로, $F_{BC}+F_{DC}=F_{AC}$에서 $F_{AC}>F_{DC}$이고, $F_{AC}+F_{AD}>F_{CD}+F_{AD}$이다. 따라서 (나)의 D에 작용하는 전기력의 크기는 (나)의 A에 작용하는 전기력의 크기보다 작다.

18 전기력(쿨롱 법칙) 2024학년도 10월 학평 물I 19번

정답 ① | 정답률 60 %

적용해야 할 개념 ②가지

① 다른 종류의 전하 사이에는 인력이 작용하고 같은 종류의 전하 사이에는 척력이 작용한다.
② 두 전하 사이에 작용하는 전기력 F의 크기는 두 전하의 전하량 q_1, q_2의 곱에 비례하고, 두 전하 사이의 거리 r의 제곱에 반비례한다(쿨롱 법칙).
➡ $F=k\frac{q_1q_2}{r^2}$ ($k=9.0\times10^9$ N·m²/C²)

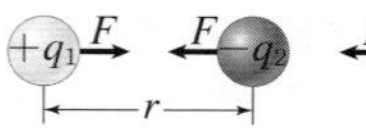
▲ 인력 작용

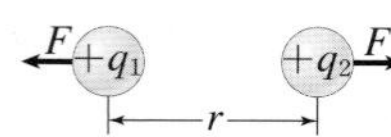
▲ 척력 작용

문제 보기

그림 (가)는 점전하 A, B, C를 x축상에 고정시킨 것으로 A, C에 작용하는 전기력의 크기는 같다. 그림 (나)는 (가)에서 B와 C의 위치를 바꾸어 고정시킨 것으로 C에 작용하는 전기력은 0이다. 전하량의 크기는 A가 C보다 크다.

C에 작용하는 전기력=0
→ 전하의 종류: A=B, 전하량의 크기: A=B
→ 전하량의 크기: A=B>C

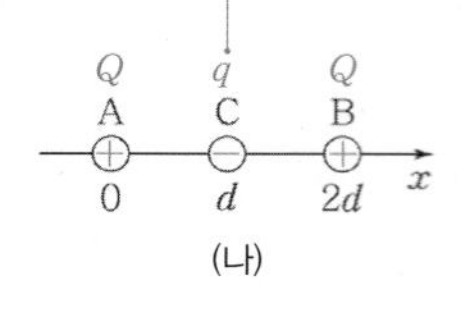

(가) $F_{AB}>F_{AC}$

이에 대한 옳은 설명만을 〈보기〉에서 있는 대로 고른 것은? [3점]

<보기> 풀이

ㄱ. 전하량의 크기는 B가 C보다 크다.
➡ (나)에서 C에 작용하는 전기력이 0이므로, C로부터 같은 거리에 있는 A와 B의 전하의 종류와 전하량의 크기는 같다. 전하량의 크기는 A가 C보다 크므로, B도 C보다 크다.

ㄴ. A와 C 사이에는 서로 밀어내는 전기력이 작용한다.
➡ A, B가 C와 같은 종류의 전하라고 가정하면, (가)에서 A, B의 전하량의 크기가 C보다 클 때 A에 작용하는 전기력의 크기는 C에 작용하는 전기력의 크기보다 크므로 이는 성립하지 않는다. 따라서 A, B는 C와 다른 종류의 전하이므로, A와 C 사이에는 서로 당기는 전기력이 작용한다.

ㄷ. (가)에서 A와 B에 작용하는 전기력의 방향은 같다.
➡ A, B는 C와 다른 종류의 전하이므로 A, B를 양(+)전하, C를 음(−)전하라고 가정하고, A와 B, B와 C, A와 C 사이에 작용하는 전기력의 크기를 각각 F_{AB}, F_{BC}, F_{AC}라고 하자. 오른쪽 방향의 힘의 부호를 양(+)이라고 하면 (가)에서 A에 작용하는 전기력은 $-F_{AB}+F_{AC}$이다. 이때 $F_{AB}>F_{AC}$이므로 A에 작용하는 전기력의 방향은 $-x$방향이다. 또 B에 작용하는 전기력은 $F_{AB}+F_{BC}$이므로 B에 작용하는 전기력의 방향은 $+x$방향이다. 따라서 (가)에서 A와 B에 작용하는 전기력의 방향은 서로 반대이다.

19 전기력(쿨롱 법칙) 2021학년도 10월 학평 물I 13번

정답 ③ | 정답률 76 %

적용해야 할 개념 ②가지

① 전기력은 전기를 띤 물체 사이에 작용하는 힘으로, 다른 종류의 전하 사이에는 인력이 작용하고 같은 종류의 전하 사이에는 척력이 작용한다.
② 두 전하 사이에 작용하는 전기력 F의 크기는 두 전하의 전하량 q_1, q_2의 곱에 비례하고 두 전하 사이의 거리 r의 제곱에 반비례한다(쿨롱 법칙). ➡ $F=k\frac{q_1q_2}{r^2}$ ($k=9.0\times10^9$ N·m²/C²)

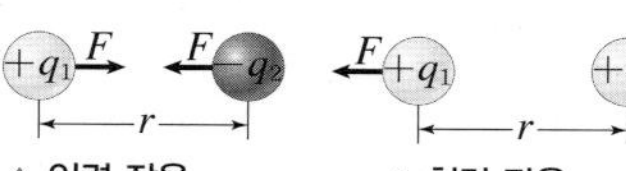
▲ 인력 작용 ▲ 척력 작용

문제 보기

그림 (가)와 같이 점전하 A와 B를 x축상에 고정시키고 점전하 P를 x축상에 놓았다. A, B는 각각 양(+)전하, 음(−)전하이다. 그림 (나)는 (가)에서 A, B가 각각 P에 작용하는 전기력의 크기 F_A, F_B를 P의 위치에 따라 나타낸 것이다. P의 위치가 $x=d_2$일 때, P에 작용하는 전기력의 방향은 $+x$ 방향이다.

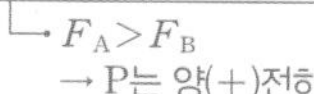
$F_A>F_B$
→ P는 양(+)전하

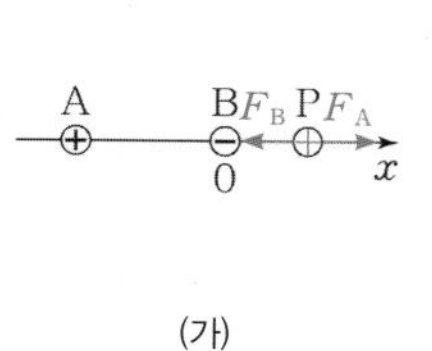
(가)

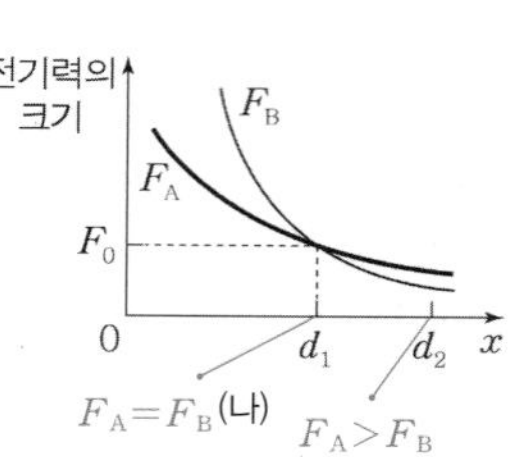

$F_A=F_B$ (나) $F_A>F_B$

이에 대한 옳은 설명만을 〈보기〉에서 있는 대로 고른 것은? [3점]

<보기> 풀이

ㄱ. P는 양(+)전하이다.
➡ A와 B가 서로 다른 종류의 전하이므로, A와 B가 각각 P에 작용하는 힘 F_A와 F_B의 방향은 서로 반대이다. P의 위치가 $x=d_2$일 때 $F_A>F_B$이고 P에 작용하는 전기력의 방향은 $+x$ 방향이므로, F_A의 방향은 $+x$ 방향이다. 따라서 A와 P는 같은 종류의 전하이므로, P는 양(+)전하이다.

ㄴ. 전하량의 크기는 A가 B보다 크다.
➡ P의 위치가 $x=d_1$일 때 $F_A=F_B$이다. 전기력은 두 전하의 전하량의 곱에 비례하고 두 전하 사이의 거리의 제곱에 반비례하므로, A와 B가 P에 작용하는 전기력의 크기가 같다면 P에서 거리가 더 먼 A의 전하량이 더 크다. 따라서 전하량의 크기는 A가 B보다 크다.

ㄷ. P의 위치가 $x=d_1$일 때, P에 작용하는 전기력의 크기는 $2F_0$이다.
➡ A와 P 사이에는 서로 미는 힘이 작용하고, B와 P 사이에는 서로 당기는 힘이 작용한다. P의 위치가 $x=d_1$일 때 A와 B가 P에 작용하는 힘은 크기가 F_0으로 같고 방향이 서로 반대이므로, P에 작용하는 전기력의 크기는 0이다.

20 전기력(쿨롱 법칙) 2025학년도 9월 모평 물I 17번

정답 ① | 정답률 80 %

적용해야 할 개념 ②가지

① 전기력은 전기를 띤 물체 사이에 작용하는 힘으로, 다른 종류의 전하 사이에는 인력이 작용하고 같은 종류의 전하 사이에는 척력이 작용한다.

② 두 전하 사이에 작용하는 전기력 F의 크기는 두 전하의 전하량 q_1, q_2의 곱에 비례하고, 두 전하 사이의 거리 r의 제곱에 반비례한다(쿨롱 법칙). ➡ $F=k\frac{q_1q_2}{r^2}$ $(k=9.0\times10^9\ \mathrm{N\cdot m^2/C^2})$

14 일차

문제 보기

그림 (가)와 같이 x축상에 점전하 A, 양(+)전하인 점전하 C를 각각 $x=0$, $x=5d$에 고정하고, 점전하 B를 x축상의 $d\le x\le 3d$인 구간에서 옮기며 고정한다. 그림 (나)는 (가)에서 C에 작용하는 전기력을 B의 위치에 따라 나타낸 것이고, 전기력의 방향은 $+x$방향이 양(+)이다.

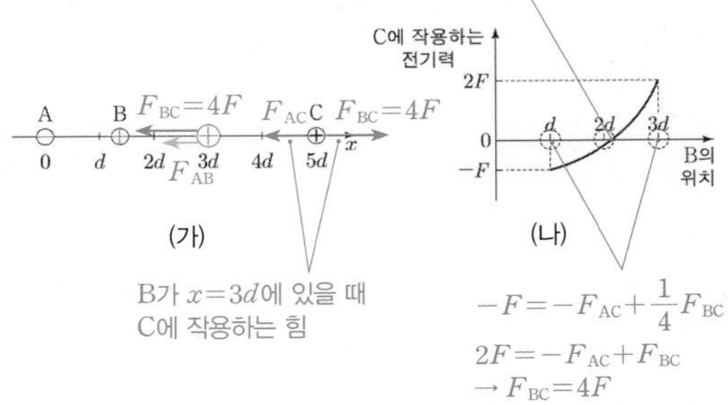

이에 대한 설명으로 옳은 것만을 〈보기〉에서 있는 대로 고른 것은? [3점]

<보기> 풀이

ㄱ. A는 음(−)전하이다.

➡ B가 $2d<x<3d$에 있을 때 C에 작용하는 전기력이 0인 지점이 있으므로, A와 B는 서로 다른 종류의 전하이다. B가 C에 가까워질 때 C에 작용하는 전기력이 $+x$방향으로 증가하므로 B와 C 사이에 서로 미는 전기력이 작용한다. 따라서 B와 C는 서로 같은 종류의 전하이므로, B는 양(+)전하이고 A는 음(−)전하이다.

ㄴ. 전하량의 크기는 A가 B보다 작다.

➡ 전기력의 크기는 두 전하의 전하량의 곱에 비례하고 두 전하 사이의 거리의 제곱에 반비례한다. B가 $2d<x<3d$에 있을 때 C에 작용하는 전기력이 0인 지점에서 A가 C에 작용하는 전기력의 크기와 B가 C에 작용하는 전기력의 크기가 같다. 이때 A와 C 사이의 거리가 B와 C 사이의 거리보다 크므로 전하량의 크기는 A가 B보다 크다.

ㄷ. B가 $x=3d$에 있을 때, B에 작용하는 전기력의 크기는 $2F$보다 작다.

➡ B가 $x=3d$에 있을 때 A와 C, B와 C 사이에 작용하는 전기력의 크기를 각각 F_{AC}, F_{BC}라고 하면, C에 작용하는 전기력은 $2F=-F_{AC}+F_{BC}$ ⋯ ①이다. B가 $x=d$에 있을 때 A와 C, B와 C 사이에 작용하는 전기력의 크기는 F_{AC}, $\frac{1}{4}F_{BC}$이므로, C에 작용하는 전기력은 $-F=-F_{AC}+\frac{1}{4}F_{BC}$ ⋯ ①이다. ①과 ②를 연립하여 정리하면 $F_{AC}=2F$, $F_{BC}=4F$이다. B가 $x=3d$에 있을 때, C가 B에 작용하는 전기력은 $-x$방향으로 $4F$이고 A가 B에 작용하는 전기력의 방향도 $-x$방향이다. 따라서 B가 $x=3d$에 있을 때 B에 작용하는 전기력의 크기는 $2F$보다 크다.

21 전기력(쿨롱 법칙) 2022학년도 10월 학평 물I 17번

정답 ② | 정답률 49 %

적용해야 할 개념 ②가지

① 전기력은 전기를 띤 물체 사이에 작용하는 힘으로, 다른 종류의 전하 사이에는 인력이 작용하고 같은 종류의 전하 사이에는 척력이 작용한다.

② 두 전하 사이에 작용하는 전기력 F의 크기는 두 전하의 전하량 q_1, q_2의 곱에 비례하고 두 전하 사이의 거리 r의 제곱에 반비례한다(쿨롱 법칙). ➡ $F=k\frac{q_1q_2}{r^2}$ $(k=9.0\times10^9\ \mathrm{N\cdot m^2/C^2})$

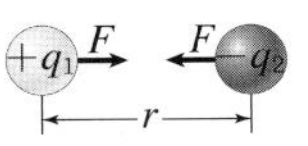

▲ 인력 작용

F $+q_1$ $+q_2$ F, r
▲ 척력 작용

문제 보기

그림 (가)는 x축상에 점전하 A와 B를 각각 $x=0$과 $x=d$에 고정하고 점전하 C를 $x>d$인 범위에서 x축상에 놓은 모습을 나타낸 것이다. A와 C의 전하량의 크기는 같다. 그림 (나)는 C가 받는 전기력 F_C를 C의 위치 x에 따라 나타낸 것으로, 전기력은 $+x$방향일 때가 양(+)이다.

A와 B사이에 인력, B와 C 사이에 척력이 작용
→ A와 C가 B에 작용하는 힘: $-x$ 방향
→ $F_B<0$

$F_C>0$
→ B와 C는 같은 종류의 전하

A B C C
0 d 2d x

(가) (나)

$F_C=0$
→ A와 B는 서로 다른 종류의 전하

(가)에서 C를 x축상의 $x=2d$에 고정하고 B를 $0<x<2d$인 범위에서 x축상에 놓을 때, B가 받는 전기력 F_B를 B의 위치 x에 따라 나타낸 것으로 가장 적절한 것은? [3점]

<보기> 풀이

❶ $x>d$에서 C가 받는 전기력 F_C가 0인 지점이 있으므로, 이 지점에서 A가 C에 작용하는 전기력의 방향은 B가 C에 작용하는 전기력의 방향과 반대이다. 따라서 A와 B는 다른 종류의 전하이다. B가 놓인 $x=d$에 가까울 때 C가 받는 전기력의 방향은 $+x$ 방향이므로, B와 C 사이에는 미는 전기력이 작용한다. 따라서 B와 C는 같은 종류의 전하이다.

❷ C를 $x=2d$에 고정하고 B를 $0<x<2d$인 범위에 놓을 때, 전하의 종류가 다른 A와 B 사이에는 당기는 전기력이 작용하고, 전하의 종류가 같은 B와 C 사이에는 미는 전기력이 작용하므로, B가 받는 전기력의 방향은 $-x$방향이다. 따라서 $0<x<2d$에서 B가 받는 전기력 $F_B<0$이므로, F_B를 B의 위치 x에 따라 나타낸 것으로 가장 적절한 것은 ②이다.

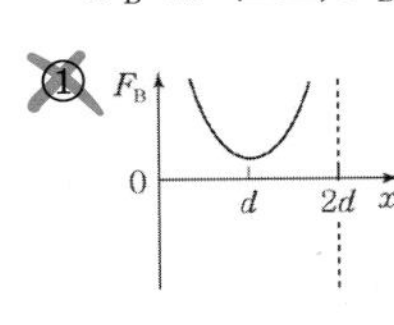

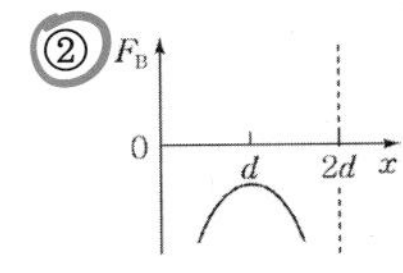

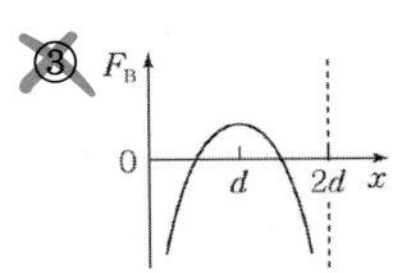

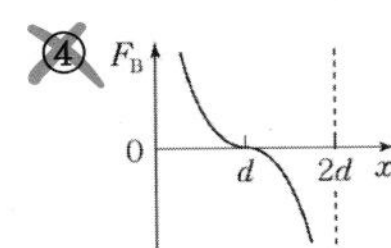

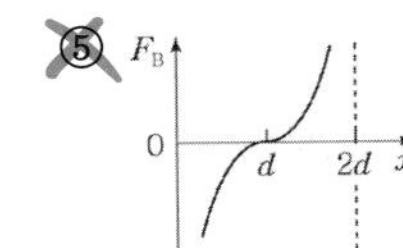

22 전기력(쿨롱 법칙) 2022학년도 수능 물Ⅰ 19번

정답 ③ | 정답률 33 %

적용해야 할 개념 ②가지

① 전기력은 전기를 띤 물체 사이에 작용하는 힘으로, 다른 종류의 전하 사이에는 인력이 작용하고 같은 종류의 전하 사이에는 척력이 작용한다.

② 두 전하 사이에 작용하는 전기력 F의 크기는 두 전하의 전하량 q_1, q_2의 곱에 비례하고 두 전하 사이의 거리 r의 제곱에 반비례한다(쿨롱 법칙). ➡ $F=k\frac{q_1q_2}{r^2}$ ($k=9.0\times10^9\ \mathrm{N\cdot m^2/C^2}$)

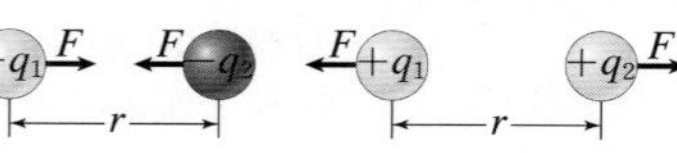
▲ 인력 작용
▲ 척력 작용

문제 보기

그림 (가)와 같이 x 축상에 점전하 A~D를 고정하고 양(+)전하인 점전하 P를 옮기며 고정한다. A, B는 전하량이 같은 음(−)전하이고 C, D는 전하량이 같은 양(+)전하이다. 그림 (나)는 P의 위치 x가 $0<x<5d$인 구간에서 P에 작용하는 전기력을 나타낸 것이다.

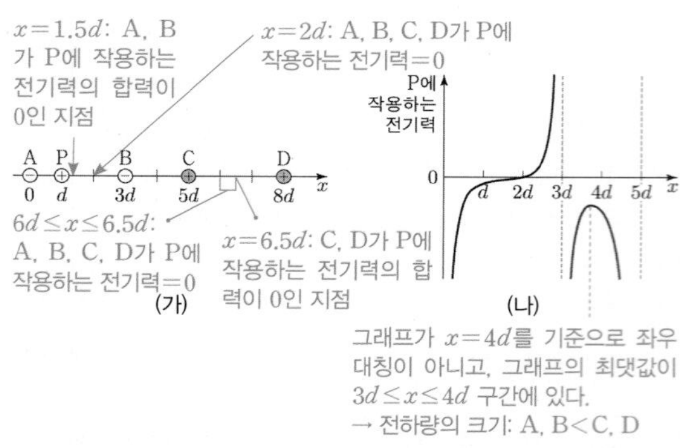
$x=1.5d$: A, B가 P에 작용하는 전기력의 합력이 0인 지점
$x=2d$: A, B, C, D가 P에 작용하는 전기력=0
$6d\le x\le6.5d$: A, B, C, D가 P에 작용하는 전기력=0
$x=6.5d$: C, D가 P에 작용하는 전기력의 합력이 0인 지점
P에 작용하는 전기력
(가)
(나)
그래프가 $x=4d$를 기준으로 좌우 대칭이 아니고, 그래프의 최댓값이 $3d\le x\le4d$ 구간에 있다.
→ 전하량의 크기: A, B<C, D

이에 대한 설명으로 옳은 것만을 〈보기〉에서 있는 대로 고른 것은?

<보기> 풀이

ㄱ. $x=d$에서 P에 작용하는 전기력의 방향은 $-x$ 방향이다.

➡ $x=d$에서 A, C, D가 P에 작용하는 전기력의 방향은 $-x$ 방향이고 B가 P에 작용하는 전기력의 방향은 $+x$ 방향이다. A와 B가 전하량이 같은 음(−)전하이고 A와 P 사이의 거리는 B와 P 사이의 거리보다 가까우므로, A가 P에 $-x$ 방향으로 작용하는 전기력의 크기가 B가 P에 $+x$ 방향으로 작용하는 전기력의 크기보다 크다. 따라서 $x=d$에서 P에 작용하는 전기력의 방향은 $-x$ 방향이다.

ㄴ. 전하량의 크기는 A가 C보다 작다.

➡ A, B, C, D의 전하량의 크기가 같다고 가정하면, (나)의 그래프는 $3d\le x\le5d$ 구간에서 $x=4d$를 기준으로 그래프가 좌우 대칭이어야 한다. 그러나 $3d\le x\le5d$ 구간에서 P에 작용하는 전기력의 크기가 가장 작은 위치(그래프의 최댓값)가 $3d\le x\le4d$ 구간에 있다. 따라서 A, B의 전하량의 크기가 C, D의 전하량의 크기보다 작다. 즉 전하량의 크기는 A가 C보다 작다.

다른 풀이 그래프에서 $x=2d$일 때 A~D가 P에 작용하는 전기력의 크기는 0이다. P의 전하량을 q라고 하고 A, B의 전하량을 Q, C, D의 전하량을 Q'이라고 할 때, 쿨롱 법칙에 따라 $-k\frac{Q\cdot q}{(2d)^2}+k\frac{Q\cdot q}{d^2}-k\frac{Q'\cdot q}{(3d)^2}-k\frac{Q'\cdot q}{(6d)^2}=0$이므로 $Q=\frac{5}{27}Q'$이다. 따라서 전하량의 크기는 A가 C보다 작다.

ㄷ. $5d<x<6d$인 구간에 P에 작용하는 전기력이 0이 되는 위치가 있다.

➡ A와 B가 전하량이 같은 음(−)전하이므로, A와 B가 P에 작용하는 전기력이 0이 되는 위치는 $x=1.5d$이다. 그러나 P의 오른편에 전하량이 같은 양(+)전하 C, D가 있으므로, P에 작용하는 전기력이 0이 되는 위치는 조금 더 오른쪽인 $x=2d$가 된다. C와 D가 전하량이 같은 양(+)전하이므로, C와 D가 P에 작용하는 전기력이 0이 되는 위치는 $x=6.5d$이다. 그러나 P의 왼편에 전하량이 같은 음(−)전하 A, B가 있으므로, P에 작용하는 전기력이 0이 되는 위치는 조금 더 왼쪽이다. 이때 C, D의 전하량이 A, B의 전하량보다 크므로, $6d<x<6.5d$인 구간에 P에 작용하는 전기력이 0이 되는 위치가 있다.

23 전기력(쿨롱 법칙) 2023학년도 4월 학평 물Ⅰ 19번

정답 ③ | 정답률 40 %

적용해야 할 개념 ②가지

① 전기력은 전기를 띤 물체 사이에 작용하는 힘으로, 다른 종류의 전하 사이에는 인력이 작용하고 같은 종류의 전하 사이에는 척력이 작용한다.

② 두 전하 사이에 작용하는 전기력 F의 크기는 두 전하의 전하량 q_1, q_2의 곱에 비례하고 두 전하 사이의 거리 r의 제곱에 반비례한다(쿨롱 법칙).

➡ $F=k\frac{q_1q_2}{r^2}$ ($k=9.0\times10^9\ \mathrm{N\cdot m^2/C^2}$)

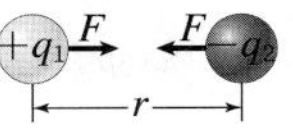
▲ 인력 작용

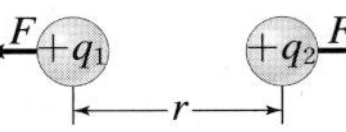
▲ 척력 작용

문제 보기

그림 (가)와 같이 x축상에 점전하 A, B를 각각 $x=0$, $x=6d$에 고정하고, 양(+)전하인 점전하 C를 옮기며 고정한다. 그림 (나)는 (가)에서 C의 위치가 $d\le x\le 5d$인 구간에서 A, B에 작용하는 전기력을 나타낸 것이다.

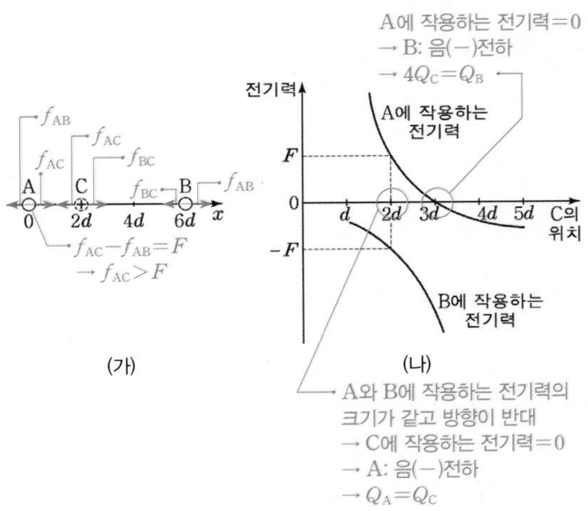

(가) (나)

이에 대한 설명으로 옳은 것만을 〈보기〉에서 있는 대로 고른 것은?

<보기> 풀이

C를 $x=3d$에 고정할 때 A에 작용하는 전기력은 0이므로, C가 A에 작용하는 전기력과 B가 A에 작용하는 전기력은 방향이 반대이고 크기는 같다. 따라서 C와 B의 전하의 종류는 다르므로 B는 음(−)전하이다. 또 A, B, C의 전하량의 크기를 각각 Q_A, Q_B, Q_C라고 하면,

$k\frac{Q_AQ_C}{(3d)^2}=k\frac{Q_AQ_B}{(6d)^2}$에서 $4Q_C=Q_B$이다.

ㄱ. A는 음(−)전하이다.

➡ C를 $x=2d$에 고정할 때, A와 B에 작용하는 전기력이 각각 F, $-F$이다. 즉, A와 B에 각각 작용하는 전기력의 크기가 같고 방향이 반대이므로, 작용 반작용 법칙에 따라 C에 작용하는 전기력은 0이다. 이때 B가 C에 작용하는 힘의 방향이 $+x$방향이므로, A가 C에 작용하는 힘의 방향은 $-x$방향이다. 따라서 A는 음(−)전하이다.

다른 풀이 A를 양(+)전하라고 가정하면, C를 $x=2d$에 고정할 때 양(+)전하인 C가 A에 $-x$방향으로 작용하는 힘의 크기$\left(=k\frac{Q_AQ_C}{4d^2}\right)$는 음(−)전하인 B가 A에 $+x$방향으로 작용하는 힘의 크기$\left(=k\frac{Q_AQ_B}{36d^2}=k\frac{4Q_AQ_C}{36d^2}\right)$보다 크므로, A에 작용하는 전기력의 방향은 $-x$방향이다. 이때 B에 작용하는 전기력의 방향도 $-x$방향으로 A에 작용하는 전기력의 방향과 같으므로 성립하지 않는다. 따라서 A는 음(−)전하이다.

ㄴ. 전하량의 크기는 A와 C가 같다.

➡ C를 $x=2d$에 고정할 때 C에 작용하는 전기력은 0이므로, A가 C에 $-x$방향으로 작용하는 힘의 크기와 B가 C에 $+x$방향으로 작용하는 힘의 크기가 같다.

따라서 $k\frac{Q_AQ_C}{(2d)^2}=k\frac{Q_BQ_C}{(4d)^2}=k\frac{4Q_C^2}{(4d)^2}$에서 $Q_A=Q_C$이므로, 전하량의 크기는 A와 C가 같다.

다른 풀이 C를 $x=2d$에 고정할 때 A와 B 사이에 작용하는 전기력의 크기를 f_{AB}, B와 C 사이에 작용하는 전기력의 크기를 f_{BC}, A와 C 사이에 작용하는 전기력의 크기를 f_{AC}라고 하자. A, B, C의 전하의 종류가 각각 (−), (+), (−)이므로, A에 작용하는 힘은 $-f_{AB}+f_{AC}$이고 B에 작용하는 힘은 $-f_{BC}+f_{AB}$이다. C를 $x=2d$에 고정할 때 A와 B에 작용하는 힘은 크기가 같고 방향이 반대이므로,

$-f_{AB}+f_{AC}=-(-f_{BC}+f_{AB})$에서 $f_{AC}=f_{BC}$이다. 따라서 $k\frac{Q_AQ_C}{(2d)^2}=k\frac{Q_BQ_C}{(4d)^2}=k\frac{4Q_C^2}{(4d)^2}$에서 $Q_A=Q_C$이므로, 전하량의 크기는 A와 C가 같다.

ㄷ. C를 $x=2d$에 고정할 때 A가 C에 작용하는 전기력의 크기는 F보다 작다.

➡ C를 $x=2d$에 고정할 때 B, C가 A에 작용하는 힘의 크기를 각각 f_{AB}, f_{AC}라고 하면 $f_{AC}>f_{AB}$이므로, A에 작용하는 힘의 크기는 $f_{AC}-f_{AB}=F$이며 $f_{AC}=F+f_{AB}$이다. 따라서 C가 A에 작용하는 힘의 크기는 F보다 크므로, A가 C에 작용하는 전기력의 크기도 F보다 크다.

24 보어의 수소 원자 모형 2021학년도 7월 학평 물I 11번

정답 ③ | 정답률 64 %

적용해야 할 개념 ③가지

① 전자가 한 에너지 준위(n)에서 다른 에너지 준위(m)로 전이할 때, 흡수되거나 방출되는 광자(빛) 한 개의 에너지는 두 에너지 준위의 차와 같으며, 진동수 f에 비례하고 파장 λ에 반비례한다. ➡ $E=|E_m-E_n|=hf=\frac{hc}{\lambda}$

② 빛의 속도 c는 진동수 f와 파장 λ의 곱이므로, 빛의 속도가 일정할 때 진동수 f와 파장 λ는 반비례한다.

➡ $c=f\lambda$, $f=\frac{c}{\lambda}$

③ 전자가 전이할 때 방출하거나 흡수하는 빛의 에너지가 각각 E_a, E_b, E_c이고, 이때 빛의 파장을 각각 λ_a, λ_b, λ_c라 할 때, $E_a=E_b+E_c$이면 $\frac{1}{\lambda_a}=\frac{1}{\lambda_b}+\frac{1}{\lambda_c}$이 성립한다.

$n=3$, $n=2$, $n=1$, λ_a, λ_b, λ_c

$\frac{1}{\lambda_a}=\frac{1}{\lambda_b}+\frac{1}{\lambda_c}$

▲ 전자의 전이와 파장

문제 보기

그림은 보어의 수소 원자 모형에서 양자수 n에 따른 전자 궤도의 일부와 전자가 전이하는 과정 P, Q, R를 나타낸 것이다. P, Q, R에서 방출되는 빛의 파장은 각각 λ_1, λ_2, λ_3이다.

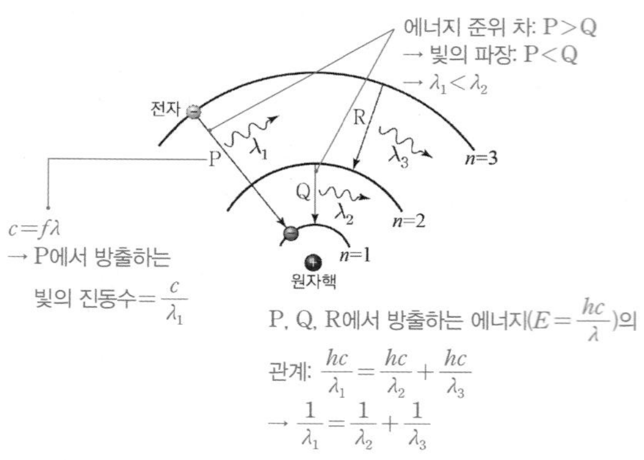

이에 대한 설명으로 옳은 것만을 〈보기〉에서 있는 대로 고른 것은? (단, 빛의 속력은 c이다.)

<보기> 풀이

ㄱ. $\lambda_1<\lambda_2$이다.

➡ 전자가 전이할 때 방출되는 광자 1개의 에너지는 파장에 반비례하므로($E=|E_m-E_n|=hf=\frac{hc}{\lambda}$), 에너지 준위 차가 클수록 파장이 짧은 빛이 방출된다. 에너지 준위 차는 P에서가 Q에서보다 크므로, 방출되는 빛의 파장은 λ_1이 λ_2보다 짧다. 즉, $\lambda_1<\lambda_2$이다.

ㄴ. P에서 방출되는 빛의 진동수는 $\frac{c}{\lambda_1}$이다.

➡ 빛의 속력 c는 진동수 f와 파장 λ의 곱이므로, $f=\frac{c}{\lambda}$이다. 따라서 P에서 방출되는 빛의 진동수는 $\frac{c}{\lambda_1}$이다.

~~ㄷ.~~ $\lambda_3=|\lambda_1-\lambda_2|$이다.

➡ 전자가 전이할 때 흡수되거나 방출되는 광자 1개의 에너지는 $E=hf=\frac{hc}{\lambda}$이므로, P, Q, R에서 방출되는 광자 1개의 에너지는 각각 $\frac{hc}{\lambda_1}$, $\frac{hc}{\lambda_2}$, $\frac{hc}{\lambda_3}$이다. $\frac{hc}{\lambda_1}=\frac{hc}{\lambda_2}+\frac{hc}{\lambda_3}$가 성립하므로, $\frac{1}{\lambda_1}=\frac{1}{\lambda_2}+\frac{1}{\lambda_3}$이다. 따라서 $\lambda_3\neq|\lambda_1-\lambda_2|$이다.

25 보어의 수소 원자 모형 2021학년도 10월 학평 물I 8번

정답 ④ | 정답률 76 %

적용해야 할 개념 ③가지

① 수소 기체의 선 스펙트럼은 수소 원자의 에너지 준위가 불연속적이라는 것을 나타낸다.

② 전자가 한 에너지 준위(n)에서 다른 에너지 준위(m)로 전이할 때, 흡수하거나 방출하는 광자(빛) 한 개의 에너지는 두 에너지 준위의 차와 같으며, 진동수 f에 비례하고 파장 λ에 반비례한다. ➡ $E=|E_m-E_n|=hf=\frac{hc}{\lambda}$

에너지 준위 차	광자 1개의 에너지	빛의 진동수	빛의 파장
크다.	크다.	크다.	짧다.
작다.	작다.	작다.	길다.

③ 에너지 준위 차가 클수록 진동수가 크고 파장이 짧은 빛이 흡수 또는 방출되고, 에너지 준위 차가 작을수록 진동수가 작고 파장이 긴 빛이 흡수 또는 방출된다.

문제 보기

표는 보어의 수소 원자 모형에서 전자가 양자수 $n=2$로 전이할 때 방출된 빛 A, B, C의 파장을 나타낸 것이다. B는 전자가 $n=4$에서 $n=2$로 전이할 때 방출된 빛이다.

빛	파장(nm)
A	656
B	486
C	434

이에 대한 옳은 설명만을 〈보기〉에서 있는 대로 고른 것은?

빛의 파장: A>B>C
→ 광자 1개의 에너지: A<B<C
→ 에너지 준위 차: A<B<C
→ A: $n=3$ → $n=2$

<보기> 풀이

~~ㄱ.~~ 광자 1개의 에너지는 B가 C보다 크다.

➡ 전자가 전이할 때 방출되는 광자 1개의 에너지는 파장에 반비례한다($E=|E_m-E_n|=hf=\frac{hc}{\lambda}$). 파장은 B가 C보다 길므로, 방출되는 광자 1개의 에너지는 B가 C보다 작다.

ㄴ. A는 전자가 $n=3$에서 $n=2$로 전이할 때 방출된 빛이다.

➡ 에너지 준위 차가 클수록 파장이 짧은 빛이 방출된다. B가 $n=4$에서 $n=2$로 전자가 전이할 때 방출되는 빛이라면, B보다 파장이 긴 A는 에너지 준위 차가 더 작은 전이 과정에서 방출되는 빛이다. 따라서 A는 전자가 $n=3$에서 $n=2$로 전이할 때 방출된 빛이다.

ㄷ. 수소 원자의 에너지 준위는 불연속적이다.

➡ 수소 원자 모형에서 전자가 전이할 때 에너지 준위 차에 해당하는 특정한 파장의 빛을 방출하므로, 에너지 준위 차도 특정한 값을 갖는다. 따라서 수소 원자의 에너지 준위는 불연속적이다.

26	보어의 수소 원자 모형 2022학년도 6월 모평 물I 7번	정답 ① 정답률 79 %

적용해야 할 개념 ③가지

① 전자가 한 에너지 준위(n)에서 다른 에너지 준위(m)로 전이할 때, 흡수하거나 방출하는 광자(빛) 한 개의 에너지는 두 에너지 준위의 차와 같으며, 진동수 f에 비례하고 파장 λ에 반비례한다. ➡ $E=|E_m-E_n|=hf=\frac{hc}{\lambda}$

② 에너지 준위 차가 클수록 진동수가 크고 파장이 짧은 빛이 흡수 또는 방출되고, 에너지 준위 차가 작을수록 진동수가 작고 파장이 긴 빛이 흡수 또는 방출된다.

에너지 준위 차	광자 1개의 에너지	빛의 진동수	빛의 파장
크다.	크다.	크다.	짧다.
작다.	작다.	작다.	길다.

③ 두 전하 사이에 작용하는 전기력 F의 크기는 두 전하의 전하량 q_1, q_2의 곱에 비례하고 두 전하 사이의 거리 r의 제곱에 반비례한다(쿨롱 법칙). ➡ $F=k\frac{q_1q_2}{r^2}(k=9.0\times10^9\ \mathrm{N\cdot m^2/C^2})$

문제 보기

그림은 보어의 수소 원자 모형에서 양자수 n에 따른 전자의 궤도 일부와 전자의 전이 a, b, c를, 표는 n에 따른 에너지를 나타낸 것이다. a, b, c에서 방출되는 빛의 진동수는 각각 f_a, f_b, f_c이다.

└ $E_2-E_1=hf_a$, $E_3-E_2=hf_b$, $E_4-E_3=hf_c$
→ $E_2-E_1=10.2\ \mathrm{eV}$, $E_3-E_2=1.89\ \mathrm{eV}$, $E_4-E_3=0.66\ \mathrm{eV}$
→ $(E_2-E_1)>(E_3-E_2)+(E_4-E_3)$
→ $f_a>f_b+f_c$

에너지 준위 차: a > b
→ 빛의 파장: a < b

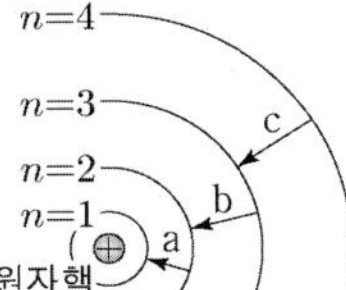

양자수	에너지(eV)
$n=1$	-13.6
$n=2$	-3.40
$n=3$	-1.51
$n=4$	-0.85

전자와 원자핵 사이의 거리(r): $n=2<n=3$
→ 전기력의 크기($\propto\frac{1}{r^2}$): $n=2>n=3$

이에 대한 설명으로 옳은 것만을 〈보기〉에서 있는 대로 고른 것은?

보기

<보기> 풀이

ㄱ. 방출되는 빛의 파장은 a에서가 b에서보다 짧다.

➡ 전자가 전이할 때 방출되는 광자 1개의 에너지는 파장에 반비례하므로($E=|E_m-E_n|=hf=\frac{hc}{\lambda}$), 에너지 준위 차가 클수록 파장이 짧은 빛이 방출된다. a에서 에너지 준위 차는 $E_2-E_1=-3.40-(-13.6)=10.2(\mathrm{eV})$이고 b에서 에너지 준위 차는 $E_3-E_2=-1.51-(-3.40)=1.89(\mathrm{eV})$이다. 에너지 준위 차는 a에서가 b에서보다 크므로, 방출되는 빛의 파장은 a에서가 b에서보다 짧다.

ㄴ. $f_a<f_b+f_c$이다.

➡ 전자가 전이할 때 방출되는 광자 1개의 에너지는 두 에너지 준위 차와 같고 진동수에 비례하므로($E=|E_m-E_n|=hf$), a, b, c에서 방출되는 빛의 진동수를 각각 구하면 다음과 같다.

a: $f_a=\frac{E_2-E_1}{h}=\frac{-3.40-(-13.6)}{h}=\frac{10.2(\mathrm{eV})}{h}$

b: $f_b=\frac{E_3-E_2}{h}=\frac{-1.51-(-3.40)}{h}=\frac{1.89(\mathrm{eV})}{h}$

c: $f_c=\frac{E_4-E_3}{h}=\frac{-0.85-(-1.51)}{h}=\frac{0.66(\mathrm{eV})}{h}$

$f_b+f_c=\frac{1.89(\mathrm{eV})}{h}+\frac{0.66(\mathrm{eV})}{h}=\frac{2.55(\mathrm{eV})}{h}$이므로, $f_a>f_b+f_c$이다.

ㄷ. 전자가 원자핵으로부터 받는 전기력의 크기는 $n=2$일 때가 $n=3$일 때보다 작다.

➡ 전기력의 크기는 두 전하 사이의 거리의 제곱에 반비례한다. 전자와 원자핵 사이의 거리는 $n=2$일 때가 $n=3$일 때보다 작으므로, 전자가 원자핵으로부터 받는 전기력의 크기는 $n=2$일 때가 $n=3$일 때보다 크다.

27 보어의 수소 원자 모형 2022학년도 7월 학평 물I 16번

정답 ① | 정답률 72 %

적용해야 할 개념 ②가지

① 두 전하 사이에 작용하는 전기력 F의 크기는 두 전하의 전하량 q_1, q_2의 곱에 비례하고 두 전하 사이의 거리 r의 제곱에 반비례한다.(쿨롱 법칙) ➡ $F=k\frac{q_1q_2}{r^2}$ $(k=9.0\times10^9\ \mathrm{N\cdot m^2/C^2})$

② 전자가 한 에너지 준위(n)에서 다른 에너지 준위(m)로 전이할 때, 흡수되거나 방출되는 광자(빛) 한 개의 에너지는 두 에너지 준위의 차와 같으며, 진동수 f에 비례하고 파장 λ에 반비례한다. ➡ $E=|E_m-E_n|=hf=\frac{hc}{\lambda}$

문제 보기

표는 보어의 수소 원자 모형에서 양자수 n에 따른 핵과 전자 사이의 거리, 핵과 전자 사이에 작용하는 전기력의 크기, 전자의 에너지 준위를 나타낸 것이다.

전기력의 크기 $\propto \frac{1}{거리^2}$
→ $F\propto\frac{1}{(4r)^2}$, $16F\propto\frac{1}{r^2}$ → ㉠ $=16F$

양자수	거리	전기력의 크기	에너지 준위
$n=1$	r	㉠	$-4E_0$
$n=2$	$4r$	F	$-E_0$

$E_2-E_1=-E_0-(-4E_0)=3E_0$

이에 대한 설명으로 옳은 것만을 〈보기〉에서 있는 대로 고른 것은?

<보기> 풀이

ㄱ. 전자의 에너지 준위는 양자화되어 있다.
➡ 보어의 수소 원자 모형에서 전자는 원자핵 주위의 특정한 궤도에서만 존재한다. 따라서 전자는 양자수 n에 따라 결정되는 불연속적인 값의 에너지를 가지므로, 전자의 에너지 준위는 양자화되어 있다.

ㄴ. ㉠은 $4F$이다.
➡ 전기력의 크기는 두 전하 사이의 거리의 제곱에 반비례한다. 전자와 원자핵 사이의 거리가 $4r$일 때 작용하는 전기력의 크기가 F이면, 전자와 원자핵 사이의 거리가 r로 $\frac{1}{4}$배가 되었을 때 전기력의 크기는 4^2배가 되므로 $16F$이다. 따라서 ㉠은 $16F$이다.

ㄷ. 전자가 $n=2$에서 $n=1$로 전이할 때 방출되는 빛의 에너지는 $5E_0$이다.
➡ 전자가 전이할 때 방출되거나 흡수되는 광자 1개의 에너지는 두 에너지 준위의 차와 같으므로, 전자가 $n=2$에서 $n=1$로 전이할 때 방출되는 빛의 에너지는 $-E_0-(-4E_0)=3E_0$이다.

28 보어의 수소 원자 모형 2020학년도 7월 학평 물I 10번

정답 ① | 정답률 74 %

적용해야 할 개념 ②가지

① 에너지 준위 차가 클수록 진동수가 크고 파장이 짧은 빛이 흡수 또는 방출되고, 에너지 준위 차가 작을수록 진동수가 작고 파장이 긴 빛이 흡수 또는 방출된다.

② (+)전하를 띤 원자핵과 (−)전하를 띤 전자 사이에 작용하는 전기력의 크기는 두 전하의 전하량의 곱에 비례하고 두 전하 사이의 거리의 제곱에 반비례한다. ➡ 쿨롱 법칙

문제 보기

그림은 보어의 수소 원자 모형에서 양자수 n에 따른 에너지 준위와 전자의 전이 P, Q, R를 나타낸 것이다. 표는 양자수 n에 따른 핵과 전자 사이의 거리, 핵과 전자 사이에 작용하는 전기력의 크기를 나타낸 것이다.

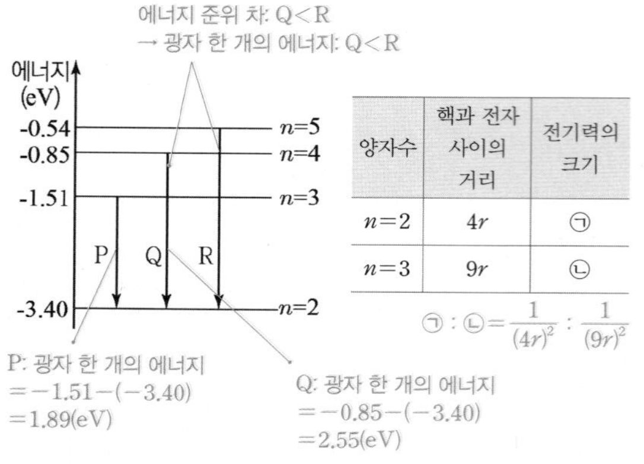

양자수	핵과 전자 사이의 거리	전기력의 크기
$n=2$	$4r$	㉠
$n=3$	$9r$	㉡

㉠ : ㉡ $=\frac{1}{(4r)^2}:\frac{1}{(9r)^2}$

이에 대한 설명으로 옳은 것만을 〈보기〉에서 있는 대로 고른 것은?

<보기> 풀이

ㄱ. 방출되는 광자 한 개의 에너지는 R에서가 Q에서보다 크다.
➡ 전자가 전이할 때 방출되는 광자 한 개의 에너지는 두 에너지 준위의 차와 같다. 에너지 준위 차는 R에서가 Q에서보다 크므로, 방출되는 광자 한 개의 에너지는 R에서가 Q에서보다 크다.

ㄴ. 방출되는 빛의 진동수는 Q에서가 P에서의 2배이다.
➡ 전자가 한 에너지 준위(n)에서 다른 에너지 준위(m)로 전이할 때, 흡수되거나 방출되는 광자(빛) 한 개의 에너지는 $E=|E_n-E_m|=hf$로 두 에너지 준위의 차와 같으며 진동수 f에 비례한다. P에서 방출되는 광자 한 개의 에너지는 $-1.51-(-3.40)=1.89$(eV)이고 Q에서 방출되는 광자 한 개의 에너지는 $-0.85-(-3.40)=2.55$(eV)이므로, 방출되는 빛의 진동수는 Q에서가 P에서의 2배가 아니다.

ㄷ. ㉡은 ㉠의 $\frac{9}{4}$배이다.
➡ 전기력의 크기는 두 전하 사이의 거리의 제곱에 반비례한다. 핵과 전자 사이의 거리가 $4r$, $9r$일 때 전기력의 크기 비 ㉠ : ㉡ $=\frac{1}{(4r)^2}:\frac{1}{(9r)^2}=\frac{1}{16}:\frac{1}{81}=81:16$이므로, ㉡은 ㉠의 $\frac{16}{81}$배이다.

29 수소 원자의 에너지 준위 2019학년도 3월 학평 물Ⅰ 15번

정답 ③ | 정답률 67 %

적용해야 할 개념 ②가지

① 전자가 한 에너지 준위(n)에서 다른 에너지 준위(m)로 전이할 때, 흡수되거나 방출되는 광자(빛) 한 개의 에너지는 두 에너지 준위의 차와 같으며, 진동수 f에 비례한다. ➡ $E=|E_n-E_m|=hf$

② 에너지 준위 차가 클수록 진동수가 크고 파장이 짧은 빛이 흡수 또는 방출되고, 에너지 준위 차가 작을수록 진동수가 작고 파장이 긴 빛이 흡수 또는 방출된다.

문제 보기

그림 (가)는 수소 원자가 에너지 2.55 eV인 광자를 방출하는 모습을, (나)는 보어의 수소 원자 모형에서 양자수 n에 따른 에너지 준위의 일부와 전자의 전이 a, b를 나타낸 것이다.

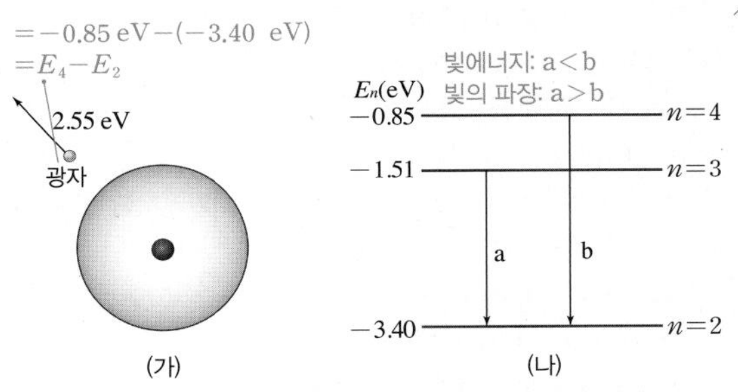

이에 대한 옳은 설명만을 〈보기〉에서 있는 대로 고른 것은? (단, h는 플랑크 상수이다.)

<보기> 풀이

ㄱ. (가)에서 광자의 진동수는 $\frac{2.55\text{ eV}}{h}$이다.

➡ 광자 1개의 에너지 $E=hf$이므로, (가)에서 광자의 진동수 $f=\frac{2.55\text{ eV}}{h}$이다.

ㄴ. (가)에서 일어나는 전자의 전이는 b이다.

➡ 전자가 전이할 때 방출된 광자의 에너지는 두 에너지 준위의 차와 같은데, (가)에서 광자의 에너지 2.55 eV는 $E_4-E_2=-0.85\text{ eV}-(-3.40\text{ eV})=2.55\text{ eV}$와 같다. 따라서 (가)에서 일어나는 전자의 전이는 b이다.

~~ㄷ~~. (나)에서 방출되는 빛의 파장은 b에서가 a에서보다 길다.

➡ 에너지 준위 차가 b의 경우가 a의 경우보다 크므로, 방출되는 광자 1개의 에너지는 b에서가 a에서보다 크다. 광자의 에너지가 클수록 빛의 파장은 짧으므로, 빛의 파장은 b에서가 a에서보다 짧다.

30 수소 원자의 에너지 준위 2024학년도 3월 학평 물Ⅰ 13번

정답 ① | 정답률 69 %

적용해야 할 개념 ③가지

① 원자핵에서 가장 가깝게 전자가 존재할 수 있는 궤도부터 $n=1, 2, 3 \cdots$인 궤도라 하고, 정수 n을 양자수라고 한다.

② 전자는 양자수 n에 따라 결정되는 불연속적인 값의 에너지를 갖는다.

③ 전자가 한 에너지 준위(n)에서 다른 에너지 준위(m)로 전이할 때, 흡수하거나 방출하는 광자(빛) 한 개의 에너지는 두 에너지 준위의 차와 같으며, 진동수 f에 비례하고 파장 λ에 반비례한다.

➡ $E=|E_m-E_n|=hf=\frac{hc}{\lambda}$ (h: 플랑크 상수)

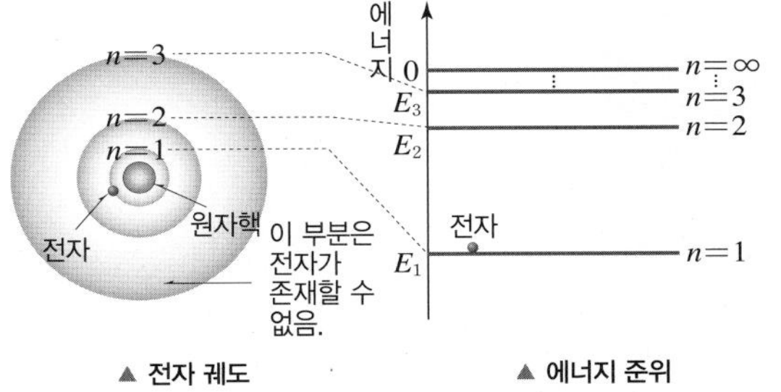

▲ 전자 궤도 ▲ 에너지 준위

문제 보기

그림 (가)와 (나)는 각각 보어의 수소 원자 모형에서 양자수 n에 따른 전자의 궤도와 에너지 준위의 일부를 나타낸 것이다. a, b, c는 각각 2, 3, 4 중 하나이다.

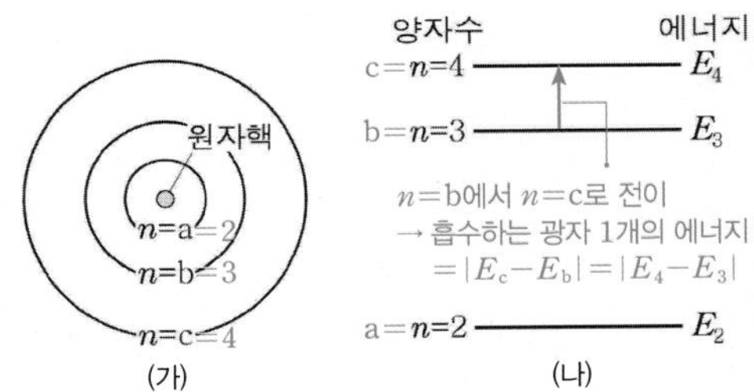

이에 대한 옳은 설명만을 〈보기〉에서 있는 대로 고른 것은?

<보기> 풀이

~~ㄱ~~. a=4이다

➡ 양자수는 원자핵에 가까운 궤도일수록 작으므로, a는 가장 작은 양자수이다. 따라서 a=2이다.

ㄴ. 전자는 E_2와 E_3 사이의 에너지를 가질 수 없다.

➡ 전자는 양자수 n에 따라 결정되는 불연속적인 값의 특정 에너지만 가질 수 있으므로, 전자는 E_2와 E_3 사이의 에너지를 가질 수 없다.

~~ㄷ~~. 전자가 $n=$b에서 $n=$c로 전이할 때 흡수 또는 방출하는 광자 1개의 에너지는 $|E_3-E_2|$이다.

➡ 전자가 전이할 때 흡수하거나 방출하는 광자 1개의 에너지는 두 에너지 준위의 차와 같다. b=3, c=4이므로, 전자가 $n=$b에서 $n=$c로 전이할 때 흡수 또는 방출하는 광자 1개의 에너지는 $|E_c-E_b|=|E_4-E_3|$이다.

31 전기력 2025학년도 수능 물Ⅰ 13번

정답 ① | 정답률 51 %

적용해야 할 개념 ②가지

① 전기력은 전기를 띤 물체 사이에 작용하는 힘으로, 다른 종류의 전하 사이에는 인력이 작용하고 같은 종류의 전하 사이에는 척력이 작용한다.

② 두 전하 사이에 작용하는 전기력 F의 크기는 두 전하의 전하량 q_1, q_2의 곱에 비례하고 두 전하 사이의 거리 r의 제곱에 반비례한다(쿨롱 법칙).

⇒ $F=k\frac{q_1q_2}{r^2}$ $(k=9.0\times10^9\ \text{N}\cdot\text{m}^2/\text{C}^2)$

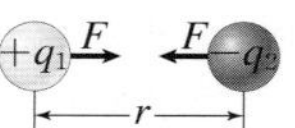

▲ 인력 작용

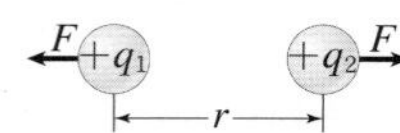

▲ 척력 작용

문제 보기

그림 (가)는 점전하 A, B를 x축상에 고정하고 음(−)전하 P를 옮기며 x축상에 고정하는 것을 나타낸 것이다. 그림 (나)는 점전하 A~D를 x축상에 고정하고 양(+)전하 R를 옮기며 x축상에 고정하는 것을 나타낸 것이다. A와 D, B와 C, P와 R는 각각 전하량의 크기가 같고, C와 D는 양(+)전하이다. 그림 (다)는 (가)에서 P의 위치 x가 $0<x<3d$인 구간에서 P에 작용하는 전기력을 나타낸 것으로, 전기력의 방향은 $+x$방향이 양(+)이다.

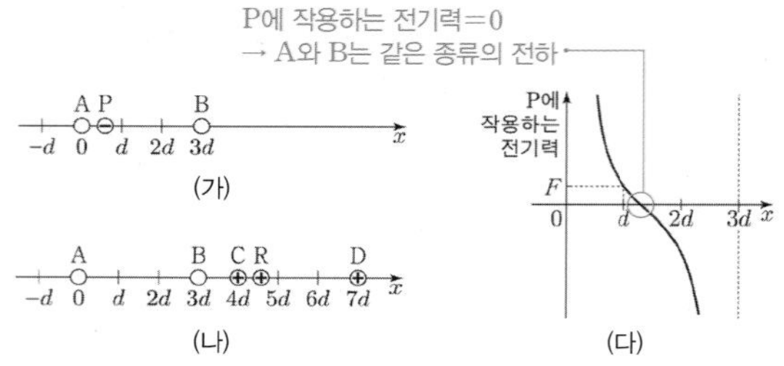

이에 대한 설명으로 옳은 것만을 〈보기〉에서 있는 대로 고른 것은? [3점]

<보기> 풀이

ㄱ. (가)에서 P의 위치가 $x=-d$일 때, P에 작용하는 전기력의 크기는 F보다 크다.

⇒ (다)에서 P의 위치가 $d<x<2d$인 구간에서 P에 작용하는 전기력이 0인 곳이 있으므로, A와 B의 전하의 종류는 같다. 음(−)전하인 P가 A에 가까워질수록 P에 작용하는 $+x$방향의 전기력이 커지므로, A와 P 사이에는 서로 밀어내는 전기력이 작용한다. 따라서 A, B는 모두 음(−)전하이다. P의 위치가 $x=d$일 때 P가 A, B로부터 받는 전기력의 방향은 서로 반대이고, P의 위치가 $x=-d$일 때 P가 A, B로부터 받는 전기력의 방향은 $-x$방향으로 같다. 따라서 (가)에서 P의 위치가 $x=-d$일 때, P에 작용하는 전기력의 크기는 F보다 크다.

ㄴ. (나)에서 R의 위치가 $x=d$일 때, R에 작용하는 전기력의 방향은 $+x$방향이다.

⇒ P와 R는 전하량의 크기가 같고 전하의 종류는 다르므로, (나)에서 R의 위치가 $x=d$일 때 R가 A, B로부터 받는 전기력의 크기는 (가)에서와 같고 전기력의 방향은 (가)에서와 반대이다. 즉, R가 A, B로부터 받는 전기력의 크기를 $F_{(A+B)}$라고 하면, $F_{(A+B)}$의 크기는 F이고 방향은 $-x$방향이다. C와 D는 모두 양(+)전하이므로 R가 C, D로부터 받는 전기력의 크기를 $F_{(C+D)}$라고 하면 $F_{(C+D)}$의 방향도 $-x$방향이다. 따라서 (나)에서 R의 위치가 $x=d$일 때, R에 작용하는 전기력의 방향은 $-x$방향이다.

$F_{(A+B)}=F$
A R B C D
$-d$ 0 d $2d$ $3d$ $4d$ $5d$ $6d$ $7d$ x
(나)
$F_{(C+D)}$

ㄷ. (나)에서 R의 위치가 $x=6d$일 때, R에 작용하는 전기력의 크기는 F보다 작다.

⇒ (가)에서 A, B와 P는 모두 음(−)전하이고, (나)에서 C, D와 R는 모두 양(+)전하이다. 또 A와 D, B와 C는 각각 전하량의 크기가 같으므로, (가)에서 A, B와 P의 배열은 (나)에서 C, D와 R의 배열과 대칭을 이룬다. 따라서 (나)에서 R의 위치가 $x=6d$일 때 C, D로부터 받는 전기력은 (가)에서 P가 $x=d$에 있을 때 A, B로부터 받는 전기력과 크기는 같고 방향은 반대이므로, R가 C, D로부터 받는 전기력의 크기를 $F_{(C+D)}'$라고 하면 $F_{(C+D)}'$의 크기는 F이고 방향은 $-x$방향이다. 이때 R가 음(−)전하인 A, B로부터 받는 전기력의 크기를 $F_{(A+B)}'$라고 하면 $F_{(A+B)}'$의 방향도 $-x$방향이므로, R에 작용하는 전기력의 크기는 F보다 크다.

$F_{(C+D)}'=F$
A B C R D
$-d$ 0 d $2d$ $3d$ $4d$ $5d$ $6d$ $7d$ x
(나)
$F_{(A+B)}'$

15 일차

01 ③	02 ⑤	03 ⑤	04 ④	05 ①	06 ⑤	07 ④	08 ⑤	09 ②	10 ③	11 ⑤	12 ④
13 ⑤	14 ⑤	15 ④	16 ①	17 ⑤	18 ①	19 ①	20 ①	21 ①	22 ①	23 ②	24 ①
25 ②	26 ③	27 ③	28 ②	29 ③	30 ①	31 ⑤	32 ①				

문제편 142쪽~149쪽

01 에너지 준위와 선 스펙트럼 2022학년도 3월 학평 물Ⅰ 7번

정답 ③ | 정답률 66 %

적용해야 할 개념 ③가지

① 광자 한 개의 에너지는 $E=hf=\frac{hc}{\lambda}$로, 진동수 f에 비례하고 파장 λ에 반비례한다.

② 전자가 한 에너지 준위(n)에서 다른 에너지 준위(m)로 전이할 때, 흡수되거나 방출되는 광자(빛) 한 개의 에너지는 두 에너지 준위의 차와 같으며, 진동수 f에 비례하고 파장 λ에 반비례한다.

➡ $E=|E_m-E_n|=hf=\frac{hc}{\lambda}$

③ 수소 원자에서 $n=3,\ 4,\ 5,\ 6$인 궤도에 있는 전자가 $n=2$인 궤도로 전이할 때 가시광선 영역의 빛을 방출한다.

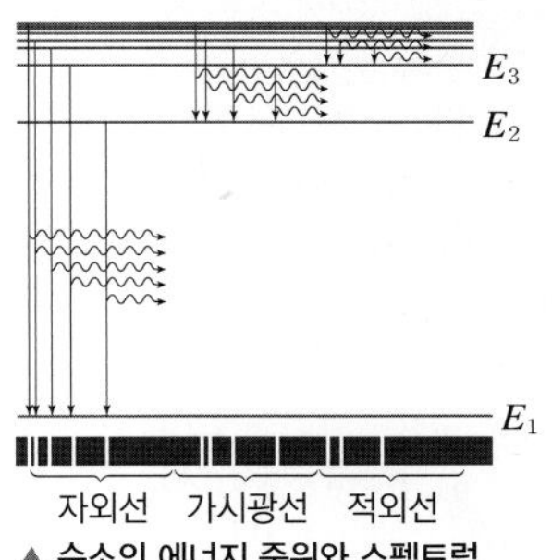

▲ 수소의 에너지 준위와 스펙트럼

문제 보기

표는 보어의 수소 원자 모형에서 양자수 n에 따른 에너지의 일부를 나타낸 것이다.

양자수	에너지(eV)
$n=2$	$-3.40\ (E_2)$
$n=3$	$-1.51\ (E_3)$
$n=4$	$-0.85\ (E_4)$

$f=\frac{1.89\ \text{eV}}{h}=\frac{|-3.40\ \text{eV}-(-1.51\ \text{eV})|}{h}=\frac{|E_2-E_3|}{h}$ (보기 ㄱ)

n이 클수록 전자의 궤도 반지름이 크다.
→ 전자와 원자핵 사이의 거리 : $(n=2)<(n=4)$

이에 대한 옳은 설명만을 〈보기〉에서 있는 대로 고른 것은? (단, 플랑크 상수는 h이다.)

<보기> 풀이

ㄱ. 진동수가 $\frac{1.89\ \text{eV}}{h}$인 빛은 가시광선이다.

➡ 진동수가 $\frac{1.89\ \text{eV}}{h}$인 빛은 에너지 준위의 차가 1.89 eV인 두 궤도 사이에서 전자가 전이할 때 방출된다. $n=3$인 궤도와 $n=2$인 궤도의 에너지 준위의 차가 $-1.51\ \text{eV}-(-3.40\ \text{eV})=1.89\ \text{eV}$이므로, 진동수가 $\frac{1.89\ \text{eV}}{h}$인 빛은 $n=3$인 상태에서 $n=2$인 상태로 전이할 때 방출되는 빛이다. $n=3$인 궤도에 있는 전자가 $n=2$인 궤도로 전이할 때 가시광선 영역의 빛을 방출하므로, 진동수가 $\frac{1.89\ \text{eV}}{h}$인 빛은 가시광선이다.

ㄴ. 전자와 원자핵 사이의 거리는 $n=4$일 때가 $n=2$일 때보다 크다.

➡ 양자수 n이 클수록 전자 궤도의 반지름이 크므로, 전자와 원자핵 사이의 거리는 $n=4$일 때가 $n=2$일 때보다 크다.

~~ㄷ.~~ $n=2$인 궤도에 있는 전자는 에너지가 1.51 eV인 광자를 흡수할 수 있다.

➡ 전자가 전이할 때 두 에너지 준위의 차만큼의 에너지를 흡수할 수 있다. $n=2$인 상태와 $n=3$인 상태의 에너지 준위의 차는 $-1.51\ \text{eV}-(-3.40\ \text{eV})=1.89\ \text{eV}$이므로, $n=2$인 궤도에 있는 전자는 에너지가 1.51 eV인 광자를 흡수할 수 없다.

02 수소 원자의 선 스펙트럼 분석 2020학년도 4월 학평 물Ⅰ 8번

정답 ⑤ | 정답률 79 %

적용해야 할 개념 ③가지

① 수소 기체의 선 스펙트럼은 수소 원자의 에너지 준위가 불연속적이라는 것을 나타낸다.

② 광자 한 개의 에너지는 $E=hf=\frac{hc}{\lambda}$로, 진동수 f에 비례하고 파장 λ에 반비례한다.

③ 전자가 한 에너지 준위(n)에서 다른 에너지 준위(m)로 전이할 때, 흡수하거나 방출하는 광자(빛) 한 개의 에너지는 두 에너지 준위의 차와 같으며, 진동수 f에 비례하고 파장 λ에 반비례한다. ➡ $E=|E_m-E_n|=hf=\frac{hc}{\lambda}$.

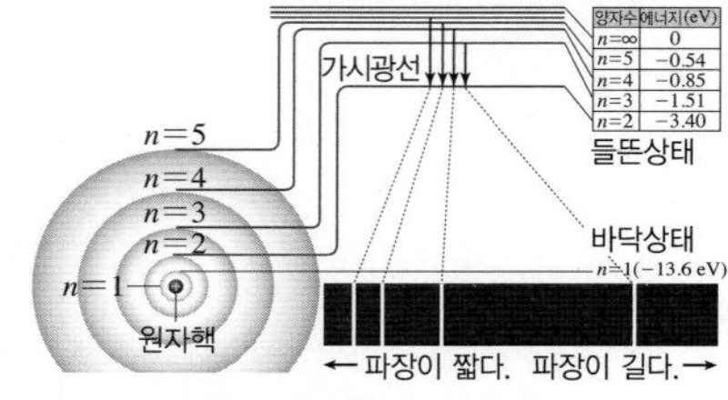

▲ 전자의 전이와 선 스펙트럼

문제 보기

그림 (가)는 수소 기체 방전관에서 나오는 빛을 분광기로 관찰하는 것을 나타낸 것이고, (나)는 (가)에서 관찰한 가시광선 영역의 선 스펙트럼을 파장에 따라 나타낸 것이다. p는 전자가 양자수 $n=5$에서 $n=2$로 전이할 때 나타난 스펙트럼선이다.

→ $n>2$ → $n=2$로 전이할 때 방출하는 빛의 스펙트럼

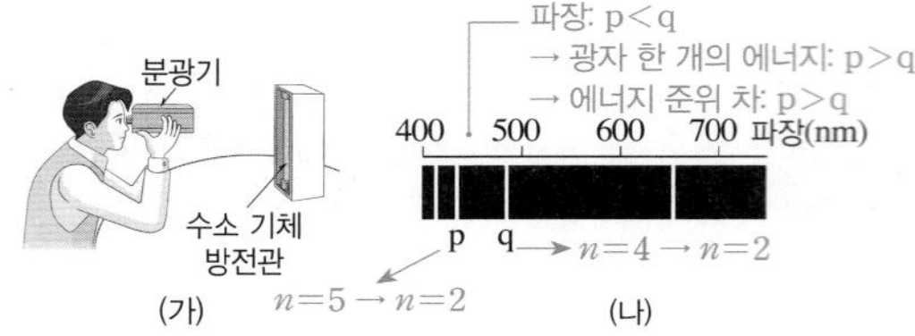

이에 대한 설명으로 옳은 것만을 〈보기〉에서 있는 대로 고른 것은?

〈보기〉 풀이

ㄱ. 수소 원자의 에너지 준위는 불연속적이다.

➡ 수소 원자의 전자가 전이할 때 선 스펙트럼이 나타나는 것은 전자의 에너지 준위가 불연속적이어서 전자가 한 에너지 준위에서 다른 에너지 준위로 전이할 때 에너지 준위 차에 해당하는 특정 파장의 빛을 방출하기 때문이다. 따라서 수소 원자의 에너지 준위는 불연속적이다.

ㄴ. 광자 한 개의 에너지는 p에 해당하는 빛이 q에 해당하는 빛보다 크다.

➡ 광자 한 개의 에너지는 파장에 반비례한다($E=\frac{hc}{\lambda}$). 파장은 p에 해당하는 빛이 q에 해당하는 빛보다 작으므로, 광자 한 개의 에너지는 p에 해당하는 빛이 q에 해당하는 빛보다 크다.

ㄷ. q는 전자가 $n=4$에서 $n=2$로 전이할 때 나타난 스펙트럼선이다.

➡ 수소 원자의 선 스펙트럼 계열에서 가시광선 영역의 선 스펙트럼은 전자가 $n>2$에서 $n=2$로 전이할 때 나타난다. 전자가 전이할 때 방출하는 광자 한 개의 에너지는 두 에너지 준위의 차와 같으며, 파장 λ에 반비례한다. p는 전자가 양자수 $n=5$에서 $n=2$로 전이할 때 나타난 스펙트럼선이라면, q는 p보다 파장이 큰 빛을 방출할 때 나타나는 스펙트럼선이므로, 에너지 준위 차가 더 작은 전이에서 나타난다. 따라서 q는 전자가 $n=4$에서 $n=2$로 전이할 때 나타난 스펙트럼선이다.

03 수소 원자의 에너지 준위 2021학년도 3월 학평 물Ⅰ 11번

정답 ⑤ | 정답률 69 %

적용해야 할 개념 ③가지

① 수소 기체의 선 스펙트럼은 수소 원자의 에너지 준위가 불연속적이라는 것을 나타낸다.

② 전자가 한 에너지 준위(n)에서 다른 에너지 준위(m)로 전이할 때, 흡수하거나 방출하는 광자(빛) 한 개의 에너지는 두 에너지 준위의 차와 같으며, 진동수 f에 비례하고 파장 λ에 반비례한다.

➡ $E=|E_n-E_m|=hf=\frac{hc}{\lambda}$

③ 에너지 준위 차가 클수록 진동수가 크고 파장이 짧은 빛이 흡수 또는 방출되고, 에너지 준위 차가 작을수록 진동수가 작고 파장이 긴 빛이 흡수 또는 방출된다.

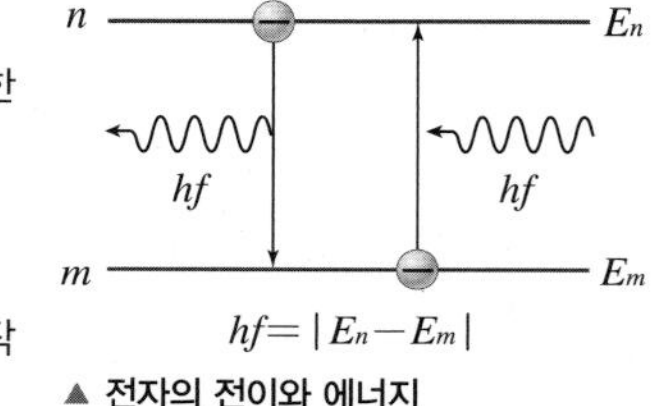

▲ 전자의 전이와 에너지

문제 보기

그림 (가)는 수소 기체 방전관에 전압을 걸었더니 수소 기체가 에너지를 흡수한 후 빛이 방출되는 모습을, (나)는 보어의 수소 원자 모형에서 양자수 $n=2$, 3, 4인 에너지 준위와 (가)에서 일어날 수 있는 전자의 전이 과정 a, b, c를 나타낸 것이다. b, c에서 방출하는 빛의 파장은 각각 λ_b, λ_c이다.

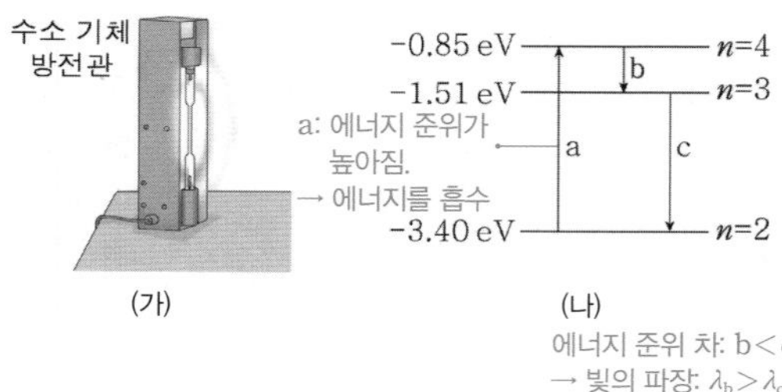

이에 대한 옳은 설명만을 〈보기〉에서 있는 대로 고른 것은?

〈보기〉 풀이

ㄱ. (가)에서 방출된 빛의 스펙트럼은 선 스펙트럼이다.

➡ 수소 원자의 에너지 준위가 불연속적이므로, 전자가 전이할 때 에너지 준위 차에 해당하는 특정 파장의 빛을 방출한다. 따라서 (가)에서 방출된 빛의 스펙트럼은 선 스펙트럼이다.

ㄴ. (나)의 a는 (가)에서 수소 기체가 에너지를 흡수할 때 일어날 수 있는 과정이다.

➡ (나)의 a는 에너지 준위가 높아지는 전이 과정이므로, a는 (가)에서 수소 기체가 에너지를 흡수할 때 일어날 수 있는 과정이다.

ㄷ. $\lambda_b>\lambda_c$이다.

➡ 전자가 한 에너지 준위(n)에서 다른 에너지 준위(m)로 전이할 때, 흡수되거나 방출되는 광자 1개의 에너지는 두 에너지 준위의 차와 같으며, 파장 λ에 반비례한다($E=|E_n-E_m|=hf=\frac{hc}{\lambda}$). 에너지 준위 차는 b에서가 c에서보다 작으므로 방출되는 빛의 파장은 b에서가 c에서보다 크다. 따라서 $\lambda_b>\lambda_c$이다.

04 수소 원자의 에너지 준위 2023학년도 수능 물Ⅰ 5번

정답 ④ | 정답률 81 %

적용해야 할 개념 ②가지

① 전자가 빛을 흡수할 때는 높은 에너지 준위, 즉 n이 증가하는 에너지 준위로 전이하고, 전자가 빛을 방출할 때는 낮은 에너지 준위, 즉 n이 감소하는 에너지 준위로 이동한다.

② 에너지 준위 차가 클수록 진동수가 크고 파장이 짧은 빛이 흡수 또는 방출되고, 에너지 준위 차가 작을수록 진동수가 작고 파장이 긴 빛이 흡수 또는 방출된다.

에너지 준위 차	광자 1개의 에너지	빛의 진동수	빛의 파장
크다.	크다.	크다.	짧다.
작다.	작다.	작다.	길다.

문제 보기

그림은 보어의 수소 원자 모형에서 양자수 n에 따른 에너지 준위의 일부와 전자의 전이 a~d를, 표는 a~d에서 흡수 또는 방출되는 광자 1개의 에너지를 나타낸 것이다.

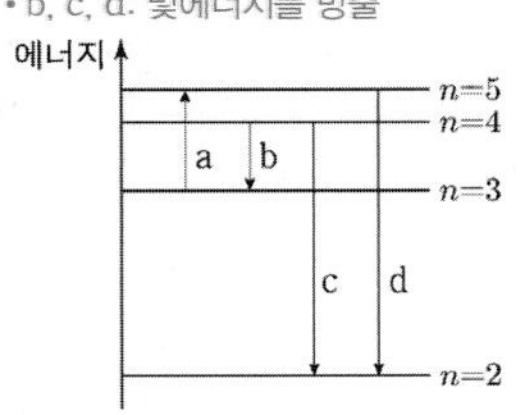

전이	흡수 또는 방출되는 광자 1개의 에너지(eV)
a	0.97
b	0.66
c	㉠
d	2.86

광자 1개의 에너지=두 에너지 준위차
→ c에서 방출되는 광자 1개의 에너지
=d에서 방출되는 광자 1개의 에너지−(a에서 흡수되는 광자 1개의 에너지−b에서 방출되는 광자 1개의 에너지)
→ ㉠=2.86−(0.97−0.66)=2.55

이에 대한 설명으로 옳은 것만을 〈보기〉에서 있는 대로 고른 것은?

<보기> 풀이

ㄱ. a에서는 빛이 방출된다. (✕)

➡ 전자가 높은 에너지 준위로 전이할 때 빛에너지를 흡수하고, 낮은 에너지 준위로 전이할 때는 빛에너지를 방출한다. a는 전자가 높은 에너지 준위로 전이하는 과정이므로, a에서는 빛이 흡수된다.

ㄴ. 빛의 파장은 b에서가 d에서보다 길다. (○)

➡ 전자가 전이할 때 방출하거나 흡수하는 광자 1개의 에너지는 파장에 반비례한다. 에너지 준위 차는 b에서가 d에서보다 작으므로, 방출되는 빛의 파장은 b에서가 d에서보다 길다.

ㄷ. ㉠은 2.55이다. (○)

➡ 전자가 전이할 때 흡수 또는 방출되는 광자 1개의 에너지는 두 에너지 준위의 차와 같으므로, c에서 방출되는 광자 1개의 에너지는 d에서 방출되는 광자 1개의 에너지에서 a에서 흡수되는 에너지와 b에서 방출되는 에너지의 차를 뺀 값과 같다. 따라서 c에서 방출되는 광자 1개의 에너지 ㉠=2.86−(0.97−0.66)=2.55(eV)이다.

05 수소 원자의 에너지 준위 2023학년도 3월 학평 물Ⅰ 9번

정답 ① | 정답률 61 %

적용해야 할 개념 ②가지

① 전자가 한 에너지 준위(n)에서 다른 에너지 준위(m)로 전이할 때, 흡수되거나 방출되는 광자(빛) 한 개의 에너지는 두 에너지 준위의 차와 같으며, 진동수 f에 비례하고 파장 λ에 반비례한다.

➡ $E=|E_m-E_n|=hf=\dfrac{hc}{\lambda}$ (h: 플랑크 상수)

② 전자가 전이할 때 방출하거나 흡수하는 빛에너지가 각각 E_a, E_b, E_c이고, 이때 방출하거나 흡수하는 빛의 진동수를 각각 f_a, f_b, f_c라고 할 때, $E_a=E_b+E_c$이면 $f_a=f_b+f_c$이다.

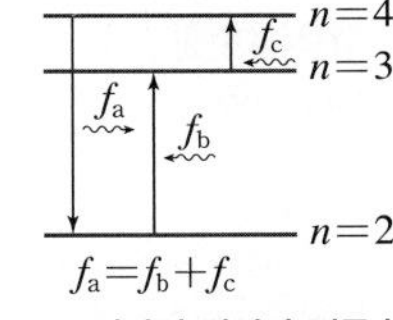

▲ 전자의 전이와 진동수

문제 보기

그림은 보어의 수소 원자 모형에서 양자수 n에 따른 에너지 준위의 일부와 전자의 전이 a, b, c를 나타낸 것이다. a, b, c에서 흡수 또는 방출된 빛의 진동수는 각각 f_a, f_b, f_c이다.

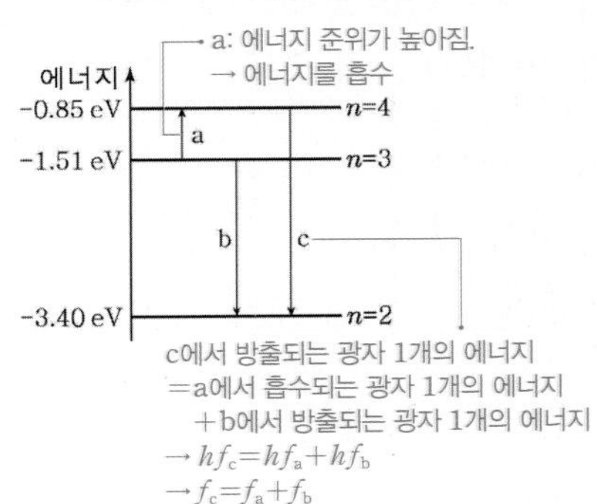

이에 대한 옳은 설명만을 〈보기〉에서 있는 대로 고른 것은?

<보기> 풀이

ㄱ. a에서 빛이 흡수된다. (○)

➡ a는 전자가 낮은 에너지 준위에서 높은 에너지 준위로 전이하는 과정이므로, a에서 빛이 흡수된다.

ㄴ. $f_c=f_b-f_a$이다. (✕)

➡ 전자가 전이할 때 흡수 또는 방출되는 광자 1개의 에너지는 두 에너지 준위의 차와 같으므로, c에서 방출되는 광자 1개의 에너지는 a에서 흡수되는 광자 1개의 에너지와 b에서 방출되는 광자 1개의 에너지의 합과 같다. 광자 1개의 에너지는 $E=|E_m-E_n|=hf$로 진동수 f에 비례하므로, $hf_c=hf_a+hf_b$에서 $f_c=f_a+f_b$이다.

ㄷ. 전자가 원자핵으로부터 받는 전기력의 크기는 $n=4$일 때가 $n=3$일 때보다 크다. (✕)

➡ 쿨롱 법칙에 따라 전기력의 크기는 두 전하 사이의 거리의 제곱에 반비례하므로, 원자핵과 전자 사이의 거리가 클수록 전기력의 크기는 작다. n이 클수록 원자핵과 전자 사이의 거리가 크므로, 전자가 원자핵으로부터 받는 전기력의 크기는 $n=4$일 때가 $n=3$일 때보다 작다.

06 수소 원자의 에너지 준위 2024학년도 5월 학평 물Ⅰ 5번

정답 ⑤ | 정답률 80 %

적용해야 할 개념 ②가지

① 전자가 한 에너지 준위(n)에서 다른 에너지 준위(m)로 전이할 때, 흡수되거나 방출되는 광자(빛) 한 개의 에너지는 두 에너지 준위의 차와 같으며, 진동수 f에 비례하고 파장 λ에 반비례한다.

⇒ $E=|E_m-E_n|=hf=\frac{hc}{\lambda}$ (h: 플랑크 상수, c: 빛의 속력)

에너지 준위 차	광자 1개의 에너지	빛의 진동수	빛의 파장
크다.	크다.	크다.	짧다.
작다.	크다.	크다.	길다.

② 에너지 준위 차가 클수록 진동수가 크고 파장이 짧은 빛이 방출 또는 흡수되고, 에너지 준위 차가 작을수록 진동수가 작고 파장이 긴 빛이 방출 또는 흡수된다.

문제 보기

그림은 보어의 수소 원자 모형에서 양자수 n에 따른 에너지 준위의 일부와 전자의 전이 a, b, c를 나타낸 것이다. a, b, c에서 방출되는 광자 1개의 에너지는 각각 E_a, E_b, E_c이다.

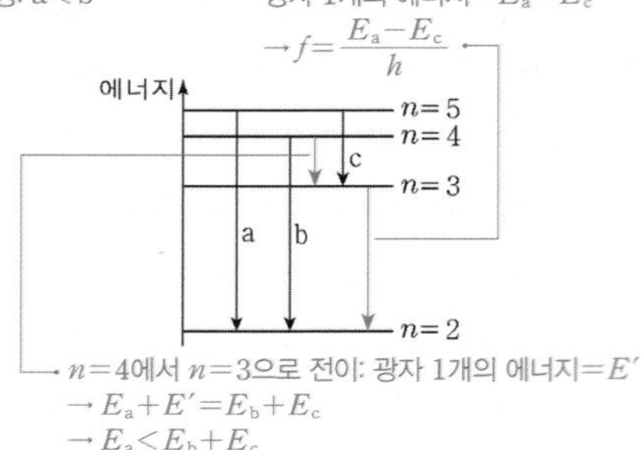

이에 대한 설명으로 옳은 것만을 〈보기〉에서 있는 대로 고른 것은? (단, 플랑크 상수는 h이다.)

<보기> 풀이

ㄱ. 방출되는 빛의 파장은 a에서가 b에서보다 짧다.

⇒ 전자가 전이할 때 방출되는 광자 1개의 에너지는 두 에너지 준위 차와 같으며 파장에 반비례한다($E=\frac{hc}{\lambda}$). 에너지 준위 차는 a에서가 b에서보다 크므로, 방출된 빛의 파장은 a에서가 b에서보다 짧다.

ㄴ. 전자가 $n=3$에서 $n=2$로 전이할 때 방출되는 빛의 진동수는 $\frac{E_a-E_c}{h}$이다.

⇒ 전자가 $n=3$에서 $n=2$로 전이할 때 방출되는 광자 1개의 에너지는 a에서 방출되는 광자 1개의 에너지와 c에서 방출되는 광자 1개의 에너지의 차와 같으므로, E_a-E_c이다. 광자 1개의 에너지는 플랑크 상수와 진동수의 곱이므로($E=hf$), 전자가 $n=3$에서 $n=2$로 전이할 때 방출되는 빛의 진동수는 $\frac{E_a-E_c}{h}$이다.

ㄷ. $E_a<E_b+E_c$이다.

⇒ 전자가 $n=4$에서 $n=3$으로 전이할 때 방출되는 광자 1개의 에너지를 E'라고 하면, $E_a+E'=E_b+E_c$이므로 $E_a<E_b+E_c$이다.

07 수소 원자의 에너지 준위 2021학년도 4월 학평 물Ⅰ 9번

정답 ④ | 정답률 80 %

적용해야 할 개념 ②가지

① 전자가 한 에너지 준위(n)에서 다른 에너지 준위(m)로 전이할 때, 흡수하거나 방출하는 광자(빛) 한 개의 에너지는 두 에너지 준위의 차와 같으며, 진동수 f에 비례하고 파장 λ에 반비례한다. ⇒ $E=|E_m-E_n|=hf=\frac{hc}{\lambda}$

에너지 준위 차	광자 1개의 에너지	빛의 진동수	빛의 파장
크다.	크다.	크다.	짧다.
작다.	작다.	작다.	길다.

② 에너지 준위 차가 클수록 진동수가 크고 파장이 짧은 빛이 흡수 또는 방출되고, 에너지 준위 차가 작을수록 진동수가 작고 파장이 긴 빛이 흡수 또는 방출된다.

문제 보기

그림은 보어의 수소 원자 모형에서 양자수 n에 따른 에너지 준위의 일부와 전자의 전이 A, B, C를 나타낸 것이다.

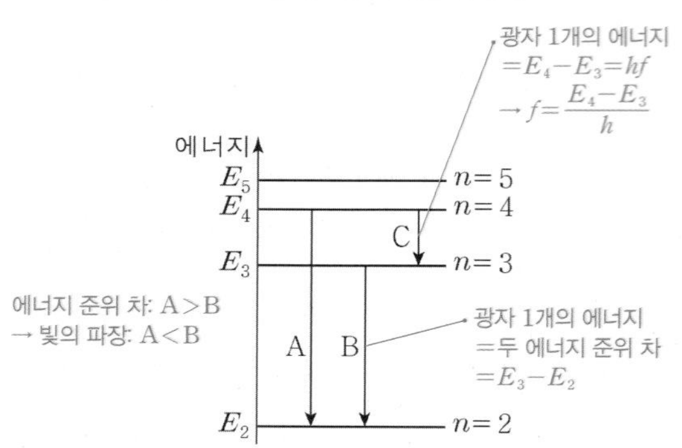

이에 대한 설명으로 옳은 것만을 〈보기〉에서 있는 대로 고른 것은? (단, h는 플랑크 상수이다.)

<보기> 풀이

ㄱ. 방출되는 빛의 파장은 A에서가 B에서보다 길다.

⇒ 전자가 전이할 때 방출되는 광자 1개의 에너지는 파장에 반비례한다($E=|E_m-E_n|=hf=\frac{hc}{\lambda}$). 즉, 에너지 준위 차가 클수록 파장이 짧은 빛이 방출된다. 에너지 준위 차는 A에서가 B에서보다 크므로 방출되는 빛의 파장은 A에서가 B에서보다 짧다.

ㄴ. B에서 방출되는 광자 1개의 에너지는 E_3-E_2이다.

⇒ 전자가 전이할 때 방출되거나 흡수되는 광자 1개의 에너지는 두 에너지 준위의 차와 같다($E=|E_m-E_n|=hf$). 따라서 B에서 방출되는 광자 1개의 에너지는 E_3-E_2이다.

ㄷ. C에서 방출되는 빛의 진동수는 $\frac{E_4-E_3}{h}$이다.

⇒ C에서 방출되는 광자 1개의 에너지는 $E_4-E_3=hf$이므로, C에서 방출되는 빛의 진동수는 $f=\frac{E_4-E_3}{h}$이다.

08 수소 원자의 에너지 준위 2022학년도 4월 학평 물Ⅰ 5번

정답 ⑤ | 정답률 80 %

적용해야 할 개념 ③가지

① 광자 한 개의 에너지는 $E=hf=\frac{hc}{\lambda}$로 진동수 f에 비례하고 파장 λ에 반비례한다.

② 전자가 한 에너지 준위(n)에서 다른 에너지 준위(m)로 전이할 때, 흡수되거나 방출되는 광자(빛) 한 개의 에너지는 두 에너지 준위의 차와 같으며, 진동수 f에 비례하고 파장 λ에 반비례한다.

➡ $E=|E_m-E_n|=hf=\frac{hc}{\lambda}$

③ 에너지 준위 차가 클수록 진동수가 크고 파장이 짧은 빛이 흡수 또는 방출된다. 에너지 준위 차가 작을수록 진동수가 작고 파장이 긴 빛이 흡수 또는 방출된다.

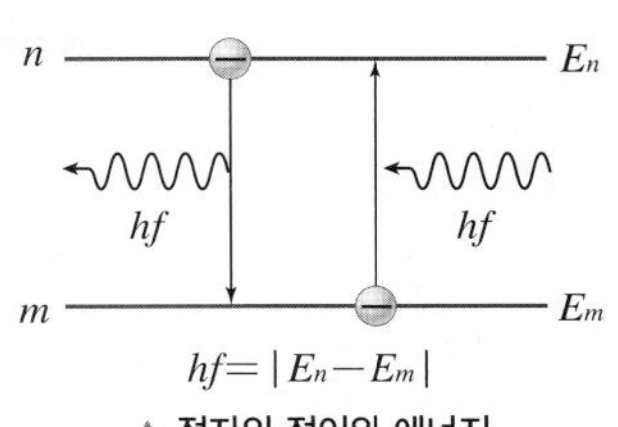

▲ 전자의 전이와 에너지

문제 보기

그림은 보어의 수소 원자 모형에서 양자수 n에 따른 에너지 준위의 일부와 전자의 전이 a, b, c를 나타낸 것이다. a, b, c에서 방출되는 광자 1개의 에너지는 각각 E_a, E_b, E_c이다.

a에서 방출되는 광자 1개의 에너지: $E_a=hf$
→ a에서 방출되는 빛의 진동수 $f=\frac{E_a}{h}$

에너지 / $n=4$ / $n=3$ / $n=2$ / a / b / c

에너지 준위 차: a>c
→ 빛의 파장 : a<c

광자 1개의 에너지=두 에너지 준위 차
→ a에서 방출되는 광자 1개의 에너지
=b에서 방출되는 광자 1개의 에너지+c에서 방출되는 광자 1개의 에너지
→ $E_a=E_b+E_c$

이에 대한 설명으로 옳은 것만을 〈보기〉에서 있는 대로 고른 것은? (단, 플랑크 상수는 h이다.)

<보기> 풀이

ㄱ. a에서 방출되는 빛의 진동수는 $\frac{E_a}{h}$이다.

➡ 광자 1개의 에너지가 $E=hf$인 빛의 진동수 $f=\frac{E}{h}$이다. 따라서 a에서 방출되는 광자 1개의 에너지가 E_a일 때, a에서 방출되는 빛의 진동수는 $\frac{E_a}{h}$이다.

ㄴ. 방출되는 빛의 파장은 a에서가 c에서보다 짧다.

➡ 전자가 전이할 때 방출되거나 흡수하는 광자 1개의 에너지는 두 에너지 준위의 차와 같으며 파장에 반비례한다($E=|E_m-E_n|=hf=\frac{hc}{\lambda}$). 에너지 준위 차는 a에서가 c에서보다 크므로, 방출되는 빛의 파장은 a에서가 c에서보다 짧다.

ㄷ. $E_a=E_b+E_c$이다.

➡ 전자가 전이할 때 방출되거나 흡수되는 광자 1개의 에너지는 두 에너지 준위의 차와 같으므로, a에서 방출되는 광자 1개의 에너지는 b와 c에서 각각 방출되는 광자 1개 에너지의 합과 같다. 따라서 $E_a=E_b+E_c$이다.

09 수소 원자의 에너지 준위 2024학년도 7월 학평 물Ⅰ 4번

정답 ② | 정답률 85 %

적용해야 할 개념 ②가지

① 수소의 선스펙트럼 계열에서 라이먼 계열(자외선 영역)은 $n>1$인 궤도에 있는 전자가 $n=1$인 궤도로 전이할 때 방출하는 빛이고, 발머 계열(가시광선을 포함한 영역)은 $n>2$인 궤도에 있는 전자가 $n=2$인 궤도로 전이할 때 방출하는 빛이며, 파셴 계열(적외선 영역)은 $n>3$인 궤도에 있는 전자가 $n=3$인 궤도로 전이할 때 방출하는 빛이다.

② 전자가 한 에너지 준위(n)에서 다른 에너지 준위(m)로 전이할 때, 흡수되거나 방출되는 광자(빛) 한 개의 에너지는 두 에너지 준위의 차와 같으며, 진동수 f에 비례하고 파장 λ에 반비례한다.

➡ $E=|E_m-E_n|=hf=\frac{hc}{\lambda}$ (h: 플랑크 상수)

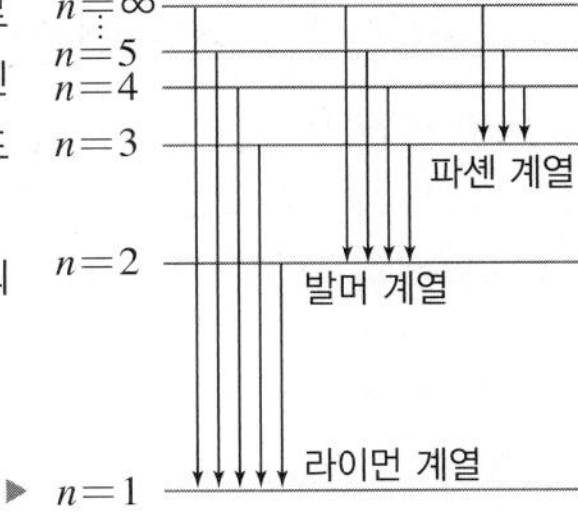

수소의 선 스펙트럼 계열 ▶

문제 보기

그림은 보어의 수소 원자 모형에서 양자수 n에 따른 에너지 준위의 일부와 전자의 전이 a~d를 나타낸 것이다. c에서 방출되는 빛은 가시광선이다.

$n>2$인 궤도에 있는 전자가 $n=2$인 궤도로 전이할 때 방출하는 빛

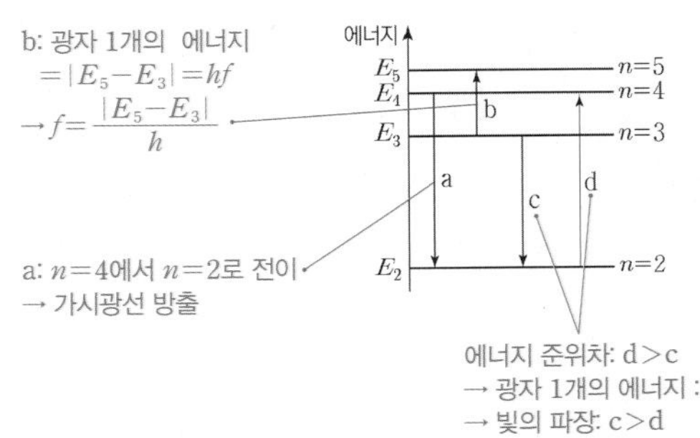

이에 대한 설명으로 옳은 것만을 〈보기〉에서 있는 대로 고른 것은? (단, 플랑크 상수는 h이다.)

<보기> 풀이

ㄱ. a에서 방출되는 빛은 적외선이다.

➡ 수소의 선스펙트럼 계열에서 가시광선은 $n>2$인 궤도에 있는 전자가 $n=2$인 궤도로 전이할 때 방출하는 빛이다. a는 $n=4$에서 $n=2$로 전자가 전이하므로, a에서 방출되는 빛은 가시광선이다.

ㄴ. b에서 흡수되는 빛의 진동수는 $\frac{|E_5-E_3|}{h}$이다.

➡ 전자가 전이할 때 방출되거나 흡수되는 광자 1개의 에너지는 두 에너지 준위의 차와 같으므로, b에서 흡수되는 광자 1개의 에너지는 $|E_5-E_3|$이다. 광자 1개의 에너지는 플랑크 상수와 진동수의 곱이므로($E=hf$), b에서 흡수되는 빛의 진동수는 $\frac{|E_5-E_3|}{h}$이다.

ㄷ. d에서 흡수되는 빛의 파장은 c에서 방출되는 빛의 파장보다 길다.

➡ 전자가 전이할 때 방출되거나 흡수되는 광자 1개의 에너지는 파장에 반비례한다($E=|E_m-E_n|=hf=\frac{hc}{\lambda}$). 흡수 또는 방출되는 광자 1개의 에너지는 d에서가 c에서보다 크므로, d에서 흡수되는 빛의 파장은 c에서 방출되는 빛의 파장보다 짧다.

10 수소 원자의 에너지 준위 2019학년도 4월 학평 물Ⅰ 11번

정답 ③ | 정답률 54 %

적용해야 할 개념 ②가지

① 원자 내 전자의 에너지 준위는 불연속적이다.

② 전자가 한 에너지 준위(n)에서 다른 에너지 준위(m)로 전이할 때, 흡수하거나 방출하는 광자(빛) 한 개의 에너지는 두 에너지 준위의 차와 같으며 진동수 f에 비례하므로($E=|E_m-E_n|=hf$), 에너지 준위 차가 클수록 흡수 또는 방출하는 빛의 진동수 f가 크다.

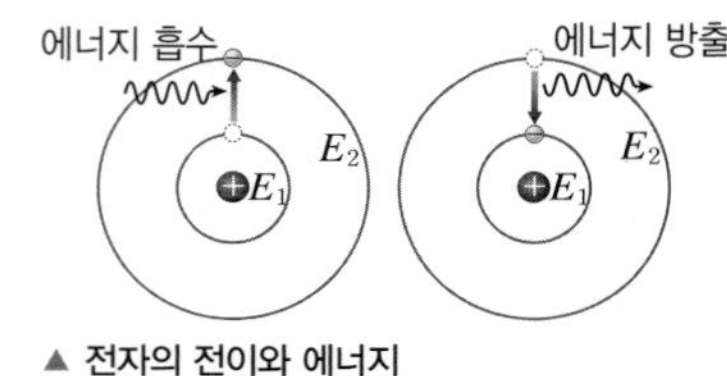

▲ 전자의 전이와 에너지

문제 보기

그림은 보어의 수소 원자 모형에서 에너지 준위의 일부와 전자의 세 가지 전이를 나타낸 것이다. 세 가지 전이에서 진동수가 f_1인 빛이 흡수되고, 진동수가 f_2, f_3인 빛이 방출된다. $f_2<f_3$이다.

→ 에너지 준위가 높아진다.
→ 에너지 준위가 낮아진다.

에너지, E_3, E_2, E_1, (f_2) 빛의 방출, 빛의 흡수 (f_1), 빛의 방출 (f_3)

이에 대한 설명으로 옳은 것만을 〈보기〉에서 있는 대로 고른 것은? (단, h는 플랑크 상수이다.)

〈보기〉 풀이

ㄱ. 수소 원자의 에너지 준위는 불연속적이다.

➡ 수소 원자 내 전자의 에너지는 특정한 값만 가지므로, 수소 원자의 에너지 준위는 불연속적이다.

ㄴ. $f_1<f_3$이다.

➡ 세 가지 전이 과정에서 진동수가 f_1인 빛이 흡수되므로, f_1은 전자가 E_1인 준위에서 E_2인 준위로 전이할 때 흡수하는 빛의 진동수이다. 따라서 $E_2-E_1=hf_1$이다. $f_2<f_3$일 때 에너지 준위 차가 클수록 방출하는 빛의 진동수가 크므로, f_3은 전자가 E_3인 준위에서 E_1인 준위로 전이할 때 방출하는 빛의 진동수로 $E_3-E_1=hf_3$이다. $(E_2-E_1)<(E_3-E_1)$이므로 $f_1<f_3$이다.

ㄷ. $f_2=\dfrac{E_3-E_1}{h}$이다.

➡ f_2는 전자가 E_3인 준위에서 E_2인 준위로 전이할 때 방출하는 빛의 진동수이므로 $E_3-E_2=hf_2$에서 $f_2=\dfrac{E_3-E_2}{h}$이다.

11 수소 원자의 에너지 준위 2022학년도 수능 물Ⅰ 5번

정답 ⑤ | 정답률 85 %

적용해야 할 개념 ③가지

① 두 전하 사이에 작용하는 전기력 F의 크기는 두 전하의 전하량 q_1, q_2의 곱에 비례하고 두 전하 사이의 거리 r의 제곱에 반비례한다(쿨롱 법칙). ➡ $F=k\dfrac{q_1q_2}{r^2}$ ($k=9.0\times10^9\ \mathrm{N\cdot m^2/C^2}$)

② 수소 원자에서 $n=3$, 4, 5, 6인 궤도에 있는 전자가 $n=2$인 궤도로 전이할 때 가시광선 영역의 빛을 방출한다.

③ 전자가 한 에너지 준위(n)에서 다른 에너지 준위(m)로 전이할 때, 흡수하거나 방출하는 광자(빛) 한 개의 에너지는 두 에너지 준위의 차와 같으며, 진동수 f에 비례하고 파장 λ에 반비례한다.

➡ $E=|E_m-E_n|=hf=\dfrac{hc}{\lambda}$

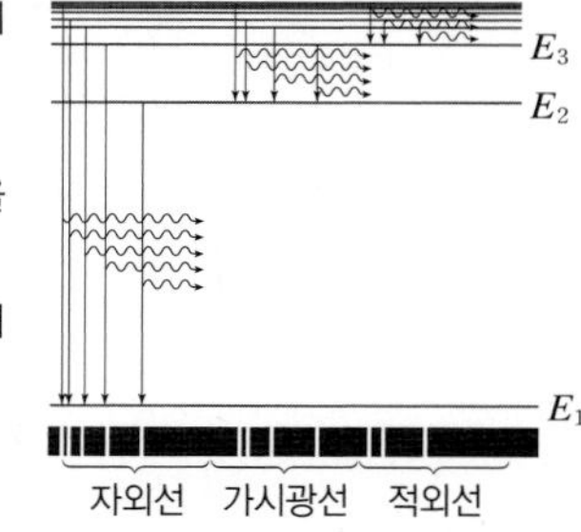

▲ 수소의 에너지 준위와 스펙트럼

문제 보기

그림은 보어의 수소 원자 모형에서 양자수 n에 따른 에너지 준위의 일부와 전자의 전이 a, b를 나타낸 것이다. a, b에서 방출되는 빛의 진동수는 각각 f_a, f_b이다.

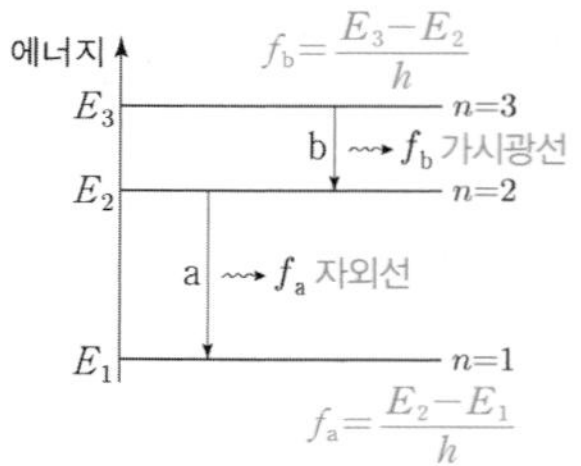

이에 대한 설명으로 옳은 것만을 〈보기〉에서 있는 대로 고른 것은? (단, 플랑크 상수는 h이다.)

〈보기〉 풀이

ㄱ. 전자가 원자핵으로부터 받는 전기력의 크기는 $n=1$인 궤도에서가 $n=2$인 궤도에서보다 크다.

➡ 쿨롱 법칙에 따라 전기력의 크기는 두 전하 사이의 거리의 제곱에 반비례하므로, 원자핵과 전자 사이의 거리가 가까울수록 전기력의 크기는 크다. 원자핵과 전자 사이의 거리는 $n=1$인 궤도에서가 $n=2$인 궤도에서보다 작으므로, 전자가 원자핵으로부터 받는 전기력의 크기는 $n=1$인 궤도에서가 $n=2$인 궤도에서보다 크다.

ㄴ. b에서 방출되는 빛은 가시광선이다.

➡ $n=3$, 4, 5, 6인 궤도에 있는 전자가 $n=2$인 궤도로 전이할 때 가시광선 영역의 빛을 방출하므로, b에서 방출되는 빛은 가시광선이다.

ㄷ. $f_a+f_b=\dfrac{|E_3-E_1|}{h}$이다.

➡ 전자가 한 에너지 준위(n)에서 다른 에너지 준위(m)로 전이할 때 흡수되거나 방출되는 광자(빛) 한 개의 에너지는 $E=|E_m-E_n|=hf$이다. 따라서 $f_a+f_b=\dfrac{|E_2-E_1|}{h}+\dfrac{|E_3-E_2|}{h}=\dfrac{|E_3-E_1|}{h}$이다.

12 수소 원자의 에너지 준위 2023학년도 4월 학평 물Ⅰ 5번

정답 ④ | 정답률 76 %

적용해야 할 개념 ②가지

① 수소의 선스펙트럼 계열에서 라이먼 계열(자외선 영역)은 $n>1$인 궤도에 있는 전자가 $n=1$인 궤도로 전이할 때 방출하는 빛이고, 발머 계열(가시광선을 포함한 영역)은 $n>2$인 궤도에 있는 전자가 $n=2$인 궤도로 전이할 때 방출하는 빛이며, 파셴 계열(적외선 영역)은 $n>3$인 궤도에 있는 전자가 $n=3$인 궤도로 전이할 때 방출하는 빛이다.

② 전자가 한 에너지 준위(n)에서 다른 에너지 준위(m)로 전이할 때, 흡수되거나 방출되는 광자(빛) 한 개의 에너지는 두 에너지 준위의 차와 같으며, 진동수 f에 비례하고 파장 λ에 반비례한다.

➡ $E=|E_m-E_n|=hf=\dfrac{hc}{\lambda}$ (h: 플랑크 상수)

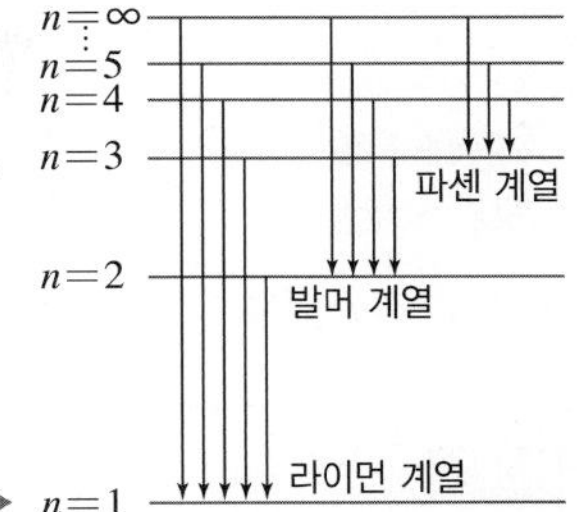

수소의 선 스펙트럼 계열 ▶

문제 보기

그림은 보어의 수소 원자 모형에서 양자수 n에 따른 에너지 준위의 일부와 전자의 전이 a~c를, 표는 a, b에서 방출되는 광자 1개의 에너지를 나타낸 것이다.

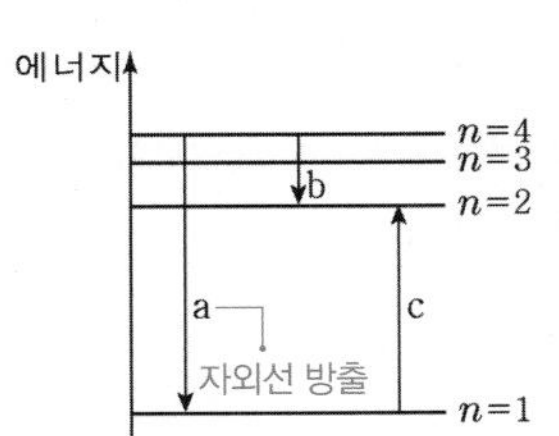

광자 1개의 에너지: a > b
→ 빛의 파장 : a < b

전이	방출되는 광자 1개의 에너지
a	$5E_0$
b	E_0

a에서 방출되는 광자 1개의 에너지
= b에서 방출되는 광자 1개의 에너지
+ c에서 흡수되는 광자 1개의 에너지
→ c에서 흡수되는 광자 1개의 에너지
$=5E_0-E_0=4E_0$
→ c에서 흡수되는 빛의 진동수 $=\dfrac{4E_0}{h}$

이에 대한 설명으로 옳은 것만을 〈보기〉에서 있는 대로 고른 것은? (단, 플랑크 상수는 h이다.) [3점]

<보기> 풀이

ㄱ. **a에서 방출되는 빛은 가시광선이다.**

➡ 수소의 선스펙트럼에서 $n>1$인 궤도에 있는 전자가 $n=1$인 궤도로 전이할 때 방출하는 빛은 라이먼 계열(자외선 영역)이다. a는 전자가 $n=4$에서 $n=1$로 전이하므로, a에서 방출되는 빛은 자외선이다.

ㄴ. **방출되는 빛의 파장은 a에서가 b에서보다 짧다.**

➡ 전자가 전이할 때 방출되거나 흡수되는 광자 1개의 에너지는 파장에 반비례한다 ($E=|E_m-E_n|=hf=\dfrac{hc}{\lambda}$). 방출되는 광자 1개의 에너지는 a에서가 b에서보다 크므로, 방출되는 빛의 파장은 a에서가 b에서보다 짧다.

ㄷ. **c에서 흡수되는 빛의 진동수는 $\dfrac{4E_0}{h}$이다.**

➡ 전자가 전이할 때 방출되거나 흡수되는 광자 1개의 에너지는 두 에너지 준위의 차와 같으므로, a에서 방출되는 광자 1개의 에너지는 b와 c에서 각각 방출 또는 흡수되는 광자 1개 에너지의 합과 같다. 따라서 c에서 흡수되는 광자 1개의 에너지는 $5E_0-E_0=4E_0$이며 광자 1개의 에너지는 플랑크 상수와 진동수의 곱이므로($E=hf$), c에서 흡수되는 빛의 진동수는 $\dfrac{4E_0}{h}$이다.

13 수소 원자의 에너지 준위 2023학년도 10월 학평 물Ⅰ 9번

정답 ⑤ | 정답률 74 %

적용해야 할 개념 ②가지

① 전자가 한 에너지 준위(n)에서 다른 에너지 준위(m)로 전이할 때, 흡수하거나 방출하는 광자(빛) 한 개의 에너지는 두 에너지 준위의 차와 같으며, 진동수 f에 비례하고 파장 λ에 반비례한다. ➡ $E=|E_m-E_n|=hf=\dfrac{hc}{\lambda}$ (h: 플랑크 상수)

② 에너지 준위 차가 클수록 진동수가 크고 파장이 짧은 빛이 방출 또는 흡수되고, 에너지 준위 차가 작을수록 진동수가 작고 파장이 긴 빛이 방출 또는 흡수된다.

문제 보기

그림은 보어의 수소 원자 모형에서 양자수 n에 따른 에너지 준위의 일부와 전자의 전이 a~c를, 표는 a~c에서 방출된 적외선과 가시광선 중 가시광선의 파장과 진동수를 나타낸 것이다.

→ $n>2$인 궤도에 있는 전자가 $n=2$인 궤도로 전이할 때 방출
$n>3$인 궤도에 있는 전자가 $n=3$인 궤도로 전이할 때 방출

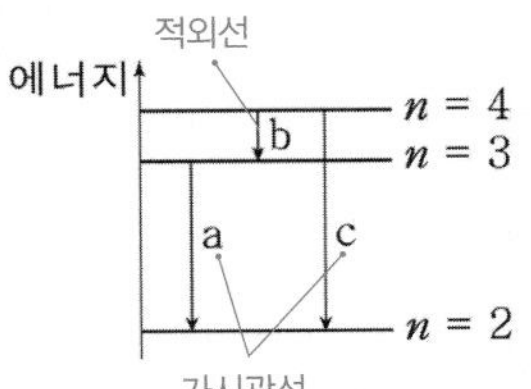

전이	파장	진동수
㉠ a	656 nm	f_1
㉡ c	486 nm	f_2

b에서 방출되는 광자 1개의 에너지
= c에서 방출되는 광자 1개의 에너지
− a에서 방출되는 광자 1개의 에너지
→ $hf_b=hf_2-hf_1$
→ $f_b=f_2-f_1$

에너지 준위 차: a < c
→ 빛의 파장: a > c
→ ㉠ = a, ㉡ = c

이에 대한 옳은 설명만을 〈보기〉에서 있는 대로 고른 것은?

<보기> 풀이

수소의 선 스펙트럼에서 적외선 영역은 $n>3$인 궤도에 있는 전자가 $n=3$인 궤도로 전이할 때 방출하는 빛이고, 가시광선 영역은 $n>2$인 궤도에 있는 전자가 $n=2$인 궤도로 전이할 때 방출하는 빛이다. 따라서 b에서는 적외선이, a와 c에서는 가시광선이 방출된다.

ㄱ. **㉠은 a이다.**

➡ 전자가 전이할 때 에너지 준위 차가 클수록 파장이 짧은 빛이 흡수 또는 방출된다. 가시광선이 방출되는 전이 a와 c 중에서 에너지 준위 차는 c에서가 a에서보다 크므로, 방출된 빛의 파장은 a에서가 c에서보다 길다. 따라서 파장이 긴 ㉠이 a이다.

ㄴ. **방출된 적외선의 진동수는 f_2-f_1이다.**

➡ 전자가 전이할 때 방출되거나 흡수되는 광자 1개의 에너지는 두 에너지 준위의 차와 같으므로, 'b에서 방출되는 광자 1개의 에너지=c에서 방출되는 광자 1개의 에너지−a에서 방출되는 광자 1개의 에너지'이다. 광자 1개의 에너지($E=hf$)는 진동수 f에 비례하므로, b에서 방출되는 적외선의 진동수를 f_b라고 하면 $hf_b=hf_2-hf_1$이다. 따라서 b에서 방출된 적외선의 진동수는 $f_b=f_2-f_1$이다.

ㄷ. **수소 원자의 에너지 준위는 불연속적이다.**

➡ 수소 원자의 에너지는 특정한 값만 가지므로, 수소 원자의 에너지 준위는 불연속적이다.

14 수소 원자의 에너지 준위 2021학년도 9월 모평 물I 8번

정답 ⑤ | 정답률 86 %

적용해야 할 개념 ②가지

① 전자가 한 에너지 준위(n)에서 다른 에너지 준위(m)로 전이할 때, 흡수하거나 방출하는 광자(빛) 한 개의 에너지는 두 에너지 준위의 차와 같으며, 진동수 f에 비례하고 파장 λ에 반비례한다. ➡ $E=|E_m-E_n|=hf=\frac{hc}{\lambda}$

② 에너지 준위 차가 클수록 진동수가 크고 파장이 짧은 빛이 흡수 또는 방출되고, 에너지 준위 차가 작을수록 진동수가 작고 파장이 긴 빛이 흡수 또는 방출된다.

에너지 준위 차	광자 1개의 에너지	빛의 진동수	빛의 파장
크다.	크다.	크다.	짧다.
작다.	작다.	작다.	길다.

문제 보기

그림은 보어의 수소 원자 모형에서 양자수 n에 따른 에너지 준위의 일부와 전자의 전이 a, b, c, d를 나타낸 것이다.

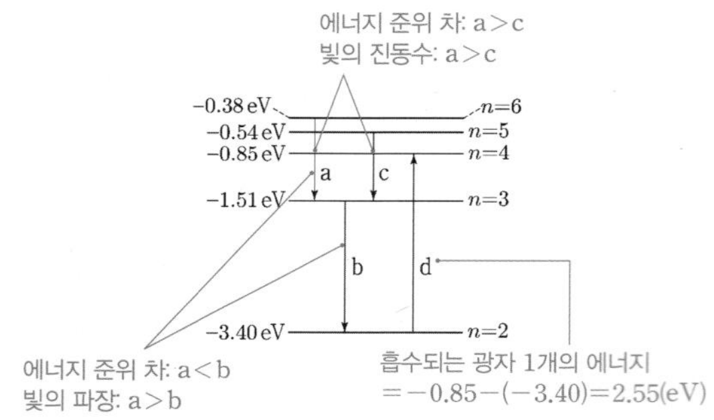

이에 대한 설명으로 옳은 것만을 〈보기〉에서 있는 대로 고른 것은? [3점]

<보기> 풀이

ㄱ. 방출되는 빛의 파장은 a에서가 b에서보다 길다.

➡ 전자가 한 에너지 준위(n)에서 다른 에너지 준위(m)로 전이할 때, 흡수되거나 방출되는 광자 1개의 에너지는 두 에너지 준위의 차와 같으며, 진동수 f에 비례하고 파장 λ에 반비례한다($E=|E_m-E_n|=hf=\frac{hc}{\lambda}$). 에너지 준위 차는 a에서가 b에서보다 작으므로, 방출되는 빛의 파장은 a에서가 b에서보다 길다.

ㄴ. 방출되는 빛의 진동수는 a에서가 c에서보다 크다.

➡ 두 에너지 준위 차가 클수록 전자가 전이할 때 방출되는 빛의 진동수가 크다. 에너지 준위 차는 a에서가 c에서보다 크므로, 방출되는 빛의 진동수는 a에서가 c에서보다 크다.

ㄷ. d에서 흡수되는 광자 1개의 에너지는 2.55 eV이다.

➡ 전자가 전이할 때 흡수되거나 방출되는 광자 1개의 에너지는 두 에너지 준위의 차와 같으므로, d에서 흡수되는 광자 1개의 에너지는 $-0.85-(-3.40)=2.55$(eV)이다.

15 수소 원자의 에너지 준위 2022학년도 9월 모평 물I 6번

정답 ④ | 정답률 73 %

적용해야 할 개념 ③가지

① 전자가 한 에너지 준위(n)에서 다른 에너지 준위(m)로 전이할 때, 흡수하거나 방출하는 광자(빛) 한 개의 에너지는 두 에너지 준위의 차와 같으며, 진동수 f에 비례하고 파장 λ에 반비례한다. ➡ $E=|E_m-E_n|=hf=\frac{hc}{\lambda}$

② 에너지 준위 차가 클수록 진동수가 크고 파장이 짧은 빛이 흡수 또는 방출되고, 에너지 준위 차가 작을수록 진동수가 작고 파장이 긴 빛이 흡수 또는 방출된다.

③ 전자가 전이할 때 방출하거나 흡수하는 빛에너지가 각각 E_a, E_b, E_c이고 이때 빛의 파장을 각각 λ_a, λ_b, λ_c라 할 때, $E_a=E_b+E_c$이면 $\frac{1}{\lambda_a}=\frac{1}{\lambda_b}+\frac{1}{\lambda_c}$이 성립한다.

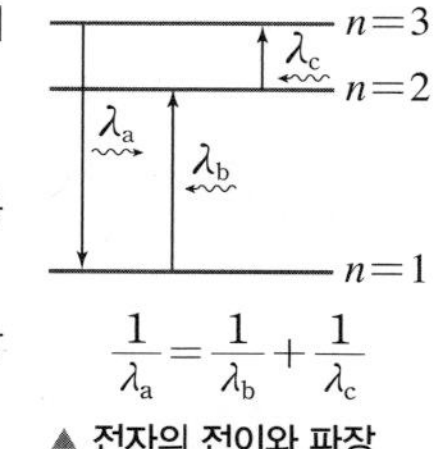

▲ 전자의 전이와 파장

문제 보기

그림은 보어의 수소 원자 모형에서 양자수 n에 따른 에너지 준위의 일부와 전자의 전이 a~d를 나타낸 것이다. a~d에서 흡수 또는 방출되는 빛의 파장은 각각 λ_a, λ_b, λ_c, λ_d이다.

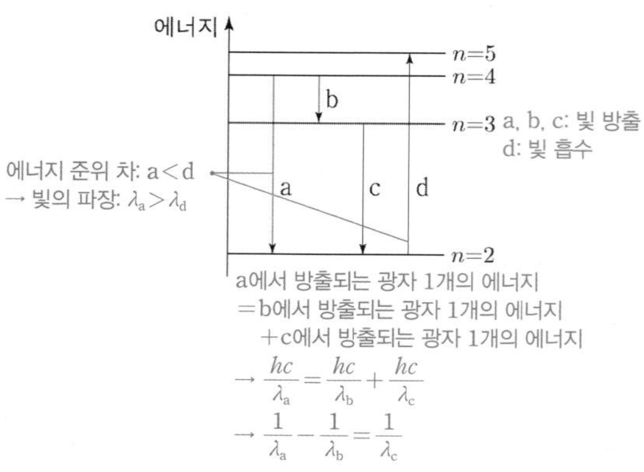

이에 대한 설명으로 옳은 것만을 〈보기〉에서 있는 대로 고른 것은?

<보기> 풀이

ㄱ. d에서는 빛이 방출된다.

➡ d는 전자가 낮은 에너지 준위에서 높은 에너지 준위로 전이하는 과정이므로 d에서는 빛이 흡수된다.

ㄴ. $\lambda_a>\lambda_d$이다.

➡ 전자가 전이할 때 방출하거나 흡수하는 광자 1개의 에너지는 파장에 반비례한다($E=|E_m-E_n|=hf=\frac{hc}{\lambda}$). 에너지 준위 차는 a에서가 d에서보다 작으므로 빛의 파장은 a에서가 d에서보다 길다. 따라서 $\lambda_a>\lambda_d$이다.

ㄷ. $\frac{1}{\lambda_a}-\frac{1}{\lambda_b}=\frac{1}{\lambda_c}$이다.

➡ 전자가 전이할 때 방출되거나 흡수되는 광자 1개의 에너지는 두 에너지 준위 차와 같으므로, a에서 방출되는 광자 1개의 에너지는 b와 c에서 각각 방출되는 광자 1개의 에너지의 합과 같다. 광자 1개의 에너지는 $E=hf=\frac{hc}{\lambda}$이므로, $\frac{hc}{\lambda_a}=\frac{hc}{\lambda_b}+\frac{hc}{\lambda_c}$가 성립한다.

따라서 $\frac{1}{\lambda_a}-\frac{1}{\lambda_b}=\frac{1}{\lambda_c}$이다.

16 수소 원자의 에너지 준위 2019학년도 6월 모평 물Ⅰ 8번

정답 ① | 정답률 81 %

적용해야 할 개념 ②가지

① 전자가 빛을 흡수할 때는 높은 에너지 준위, 즉 n이 증가하는 에너지 준위로 전이하고, 전자가 빛을 방출할 때는 낮은 에너지 준위, 즉 n이 감소하는 에너지 준위로 이동한다.

② 전자가 한 에너지 준위(n)에서 다른 에너지 준위(m)로 전이할 때, 흡수하거나 방출하는 광자(빛) 한 개의 에너지는 두 에너지 준위의 차와 같고 진동수 f에 비례하므로, 에너지 준위 차가 클수록 흡수 또는 방출하는 빛의 진동수 f가 크다.

전자의 전이와 에너지 ▶

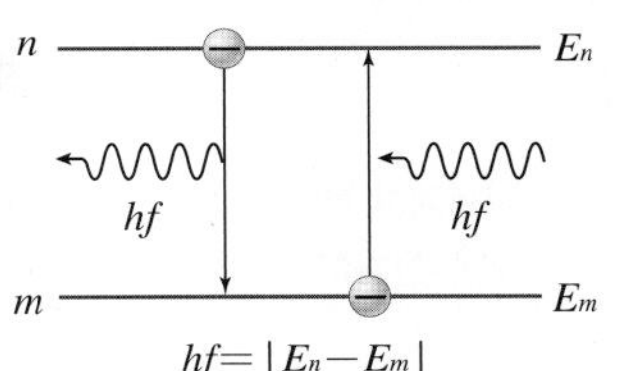

문제 보기

그림은 보어의 수소 원자 모형에서 양자수 n에 따른 에너지 준위 E_n의 일부를 나타낸 것이다. $n=3$인 상태의 전자가 진동수 f_A인 빛을 흡수하여 전이한 후, 진동수 f_B인 빛과 f_C인 빛을 차례로 방출하며 전이한다. 진동수의 크기는 $f_B < f_A < f_C$이다.

→ n이 증가 / → n이 감소 / 에너지 준위 차가 가장 작다. / → 에너지 준위 차가 가장 크다.

에너지
E_5 — $n=5$
E_4 — $n=4$
E_3 — $n=3$
E_2 — $n=2$

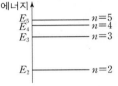

이에 해당하는 전자의 전이 과정을 나타낸 것으로 가장 적절한 것은? [3점]

<보기> 풀이

처음에 $n=3$인 상태의 전자가 진동수 f_A인 빛을 흡수하여 전이하였으므로 전자는 높은 에너지 준위, 즉 n이 증가하는 에너지 준위로 전이하였다. 그 후 진동수 f_B와 f_C인 빛을 차례로 방출하며 전이하였으므로 전자는 차례로 낮은 에너지 준위, 즉 n이 감소하는 에너지 준위로 전이하였다. 이때 진동수의 크기가 $f_B < f_A < f_C$이므로, 진동수 f_B인 빛을 방출하는 두 번째 전이 과정에서의 에너지 준위 차가 가장 작고 진동수 f_C인 빛을 방출하는 세 번째 전이 과정에서의 에너지 준위 차가 가장 크다. 따라서 가장 적절한 전이 과정은 ①번이다.

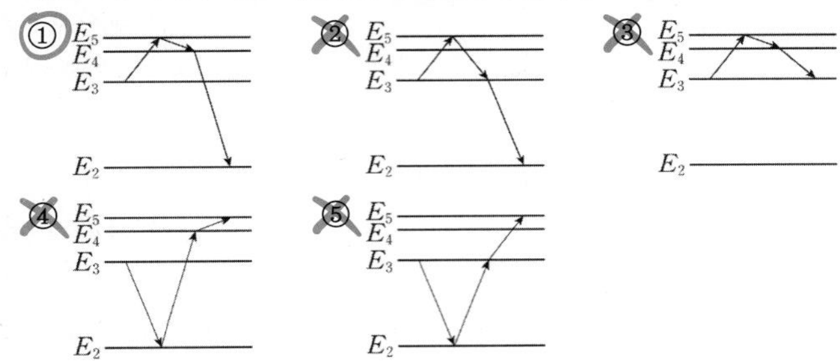

17 에너지 준위와 선 스펙트럼 2025학년도 6월 모평 물Ⅰ 3번

정답 ⑤ | 정답률 92 %

적용해야 할 개념 ②가지

① 전자가 한 에너지 준위(n)에서 다른 에너지 준위(m)로 전이할 때, 흡수되거나 방출되는 광자(빛) 한 개의 에너지는 두 에너지 준위의 차와 같으며, 진동수 f에 비례하고 파장 λ에 반비례한다.

⇒ $E = |E_m - E_n| = hf = \frac{hc}{\lambda}$ (h: 플랑크 상수, c: 빛의 속력)

에너지 준위 차	광자 1개의 에너지	빛의 진동수	빛의 파장
크다.	크다.	크다.	짧다.
작다.	작다.	작다.	길다.

② 에너지 준위 차가 클수록 진동수가 크고 파장이 짧은 빛이 방출 또는 흡수되고, 에너지 준위 차가 작을수록 진동수가 작고 파장이 긴 빛이 방출 또는 흡수된다.

문제 보기

그림 (가)는 보어의 수소 원자 모형에서 양자수 n에 따른 에너지 준위의 일부와 전자의 전이 a~d를 나타낸 것이다. 그림 (나)는 (가)의 a~d에서 방출되는 빛의 스펙트럼을 파장에 따라 나타낸 것이다.

에너지 준위 차: a<b<c<d
→ 빛의 파장: a>b>c>d

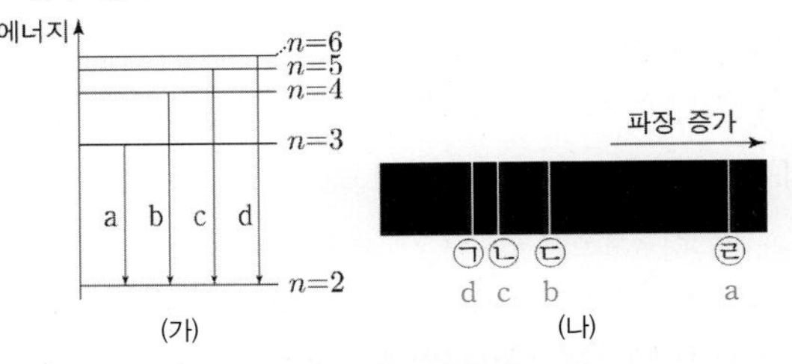

(나)의 ㉠~㉣에 해당하는 전자의 전이로 옳은 것은?

<보기> 풀이

전자가 한 에너지 준위(n)에서 다른 에너지 준위(m)로 전이할 때, 흡수되거나 방출되는 광자 1개의 에너지는 파장에 반비례한다($E = |E_m - E_n| = hf = \frac{hc}{\lambda}$). 에너지 준위 차를 비교하면 d>c>b>a이므로, 방출되는 빛의 파장을 비교하면 a>b>c>d 순이다. 따라서 ㉠, ㉡, ㉢, ㉣에 해당하는 전자의 전이는 각각 d, c, b, a이다.

	㉠	㉡	㉢	㉣
①	a	b	c	d
②	a	c	b	d
③	d	a	b	c
④	d	b	c	a
⑤	d	c	b	a

18 에너지 준위와 선 스펙트럼 2020학년도 6월 모평 물I 9번

정답 ① | 정답률 60 %

적용해야 할 개념 ②가지

① 전자가 한 에너지 준위(n)에서 다른 에너지 준위(m)로 전이할 때, 흡수하거나 방출하는 광자(빛) 한 개의 에너지는 두 에너지 준위의 차와 같으며, 진동수 f에 비례한다.
➡ $E=|E_m-E_n|=hf$

② 수소의 선 스펙트럼 계열에서 가시광선 영역(발머 계열)은 $n>2$인 궤도에 있는 전자가 $n=2$인 궤도로 전이할 때 방출하는 빛이다.

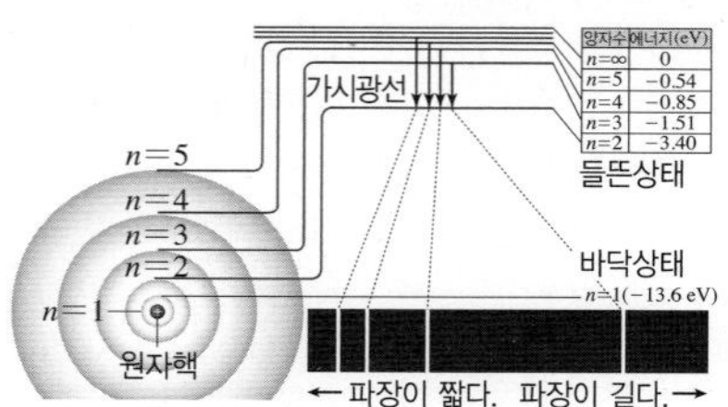

전자의 전이와 선 스펙트럼 ▶

문제 보기

그림 (가), (나)는 각각 보어의 수소 원자 모형에서 양자수 n에 따른 전자의 에너지 준위와 선 스펙트럼의 일부를 나타낸 것이다.

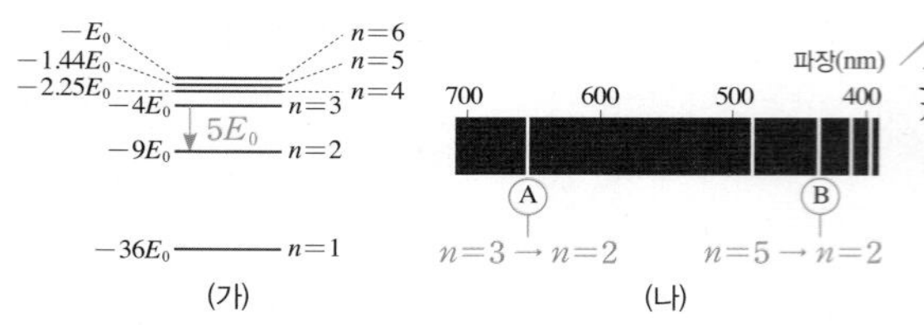

A에 해당하는 빛의 진동수가 $\frac{5E_0}{h}$일 때, 다음 중 B와 진동수가 같은 빛은? (단, h는 플랑크 상수이다.)

<보기> 풀이

(나)의 A에 해당하는 빛의 진동수가 $f_A=\frac{|E_m-E_n|}{h}=\frac{5E_0}{h}=\frac{-4E_0-(-9E_0)}{h}$이므로, A는 전자가 $n=3$인 상태에서 $n=2$인 상태로 전이할 때 방출되는 빛에 의한 스펙트럼선이다. 전자가 들뜬 상태에서 $n=2$인 상태로 전이할 때 방출되는 빛은 가시광선(발머 계열)이므로, (나)에서 A는 가시광선 영역(발머 계열) 중에서 파장이 가장 긴 빛에 해당한다. B는 가시광선 영역(발머 계열) 중에서 파장이 세 번째로 긴 빛이므로, 전자가 $n=5$인 상태에서 $n=2$인 상태로 전이할 때 방출되는 빛에 의한 스펙트럼선이다. 또 전자가 $n=2$에서 $n=5$로 전이할 때 흡수하는 빛에도 해당한다.

① **$n=2$에서 $n=5$로 전이할 때 흡수하는 빛**

② **$n=3$에서 $n=4$로 전이할 때 흡수하는 빛**

③ **$n=4$에서 $n=2$로 전이할 때 방출하는 빛**

④ **$n=5$에서 $n=1$로 전이할 때 방출하는 빛**

⑤ **$n=6$에서 $n=3$으로 전이할 때 방출하는 빛**

19 에너지 준위와 선 스펙트럼 2020학년도 10월 학평 물I 10번

정답 ① | 정답률 86 %

적용해야 할 개념 ③가지

① 전자가 한 에너지 준위(n)에서 다른 에너지 준위(m)로 전이할 때, 흡수하거나 방출하는 광자(빛) 한 개의 에너지는 두 에너지 준위의 차와 같으며, 진동수 f에 비례하고 파장 λ에 반비례한다. ➡ $E=|E_m-E_n|=hf=\frac{hc}{\lambda}$

② 에너지 준위 차가 클수록 진동수가 크고 파장이 짧은 빛이 흡수 또는 방출되고, 에너지 준위 차가 작을수록 진동수가 작고 파장이 긴 빛이 흡수 또는 방출된다.

에너지 준위 차	광자 1개의 에너지	빛의 진동수	빛의 파장
크다.	크다.	크다.	짧다.
작다.	작다.	작다.	길다.

③ 두 전하 사이에 작용하는 전기력 F의 크기는 두 전하의 전하량 q_1, q_2의 곱에 비례하고 두 전하 사이의 거리 r의 제곱에 반비례한다(쿨롱 법칙). ➡ $F=k\frac{q_1q_2}{r^2}(k=9.0\times10^9\ \mathrm{N\cdot m^2/C^2})$

문제 보기

그림 (가)는 보어의 수소 원자 모형에서 양자수 $n=2$, 3, 4인 전자의 궤도 일부와 전자의 전이 a, b를 나타낸 것이다. 그림 (나)는 수소 기체의 스펙트럼이다. ㉡은 a에 의해 나타난 스펙트럼선이다.

에너지 준위 차: a>b
광자 1개의 에너지: a>b
빛의 파장: a<b

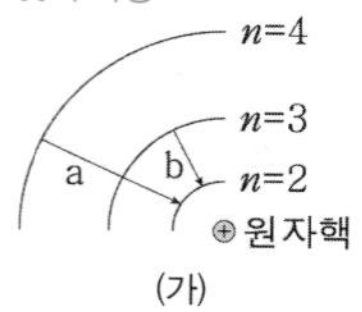

(가)

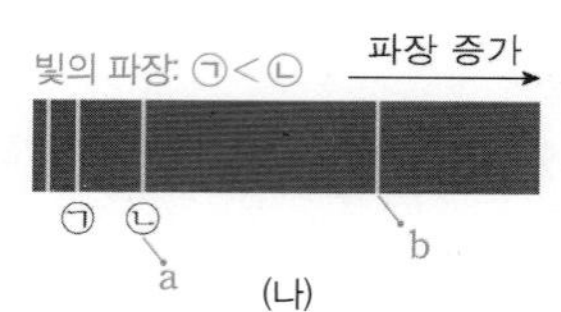

(나)

전자와 원자핵 사이의 거리(r): $n=4>n=2$
→ 전기력의 크기($\propto\frac{1}{r^2}$): $n=4<n=2$

이에 대한 옳은 설명만을 〈보기〉에서 있는 대로 고른 것은? [3점]

<보기> 풀이

ㄱ. 방출되는 광자 1개의 에너지는 a에서가 b에서보다 크다.
➡ 전자가 전이할 때 방출되거나 흡수되는 광자 1개의 에너지는 두 에너지 준위의 차와 같다 ($E=|E_m-E_n|$). 에너지 준위 차는 a에서가 b에서보다 크므로, 방출되는 광자 1개의 에너지는 a에서가 b에서보다 크다.

ㄴ. ㉠은 b에 의해 나타난 스펙트럼선이다.
➡ 전자가 전이할 때 방출되거나 흡수되는 빛의 파장은 두 에너지 준위 차에 반비례한다 ($E=|E_m-E_n|=\frac{hc}{\lambda}$). 에너지 준위 차는 a에서가 b에서보다 크므로, 방출되는 빛의 파장은 a에서가 b에서보다 작다. 따라서 ㉡이 a에 의해 나타난 스펙트럼선일 때 이보다 파장이 큰 스펙트럼선이 b에 의해 나타나므로, ㉠은 b에 의해 나타난 스펙트럼선이 아니다.

ㄷ. 전자가 원자핵으로부터 받는 전기력의 크기는 $n=4$일 때가 $n=2$일 때보다 크다.
➡ 전기력의 크기는 두 전하 사이의 거리의 제곱에 반비례한다. 전자와 원자핵 사이의 거리는 $n=4$일 때가 $n=2$일 때보다 크므로, 전자가 원자핵으로부터 받는 전기력의 크기는 $n=4$일 때가 $n=2$일 때보다 작다.

20	에너지 준위와 선 스펙트럼 2024학년도 6월 모평 물Ⅰ 3번	정답 ① ǀ 정답률 77 %

적용해야 할 개념 ②가지

① 전자가 한 에너지 준위(n)에서 다른 에너지 준위(m)로 전이할 때, 흡수되거나 방출되는 광자(빛) 한 개의 에너지는 두 에너지 준위의 차와 같으며, 진동수 f에 비례하고 파장 λ에 반비례한다.

➡ $E=|E_m-E_n|=hf=\frac{hc}{\lambda}$

에너지 준위 차	광자 1개의 에너지	빛의 진동수	빛의 파장
크다.	크다.	크다.	짧다.
작다.	작다.	작다.	길다.

② 에너지 준위 차가 클수록 진동수가 크고 파장이 짧은 빛이 방출 또는 흡수되고, 에너지 준위 차가 작을수록 진동수가 작고 파장이 긴 빛이 방출 또는 흡수된다.

문제 보기

그림 (가)는 보어의 수소 원자 모형에서 양자수 n에 따른 에너지 준위의 일부와 전자의 전이 a~f를 나타낸 것이고, (나)는 a~f에서 방출되는 빛의 스펙트럼을 파장에 따라 나타낸 것이다.

에너지 준위 차: a>d>f>b>e>c
→ 빛의 파장: a<d<f<b<e<c

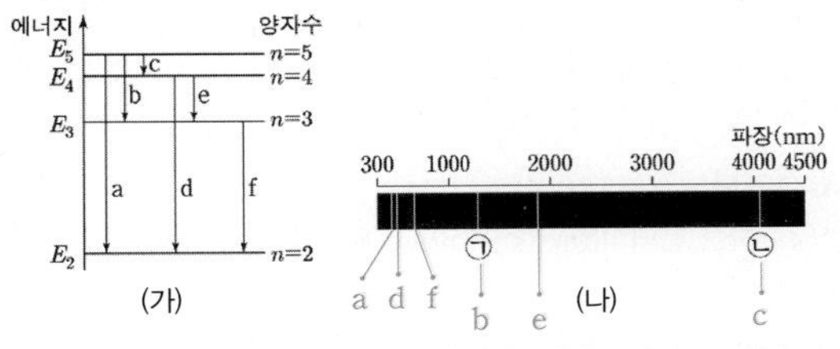

(가) (나)

이에 대한 설명으로 옳은 것만을 〈보기〉에서 있는 대로 고른 것은? (단, h는 플랑크 상수이다.) [3점]

<보기> 풀이

ㄱ. 방출된 빛의 파장은 a에서가 f에서보다 길다.

➡ 전자가 전이할 때 에너지 준위 차가 클수록 파장이 짧은 빛이 흡수 또는 방출된다. 에너지 준위 차는 a에서가 f에서보다 크므로, 방출된 빛의 파장은 a에서가 f에서보다 짧다.

ㄴ. ㉠은 b에 의해 나타난 스펙트럼선이다.

➡ 에너지 준위 차를 비교하면 a>d>f>b>e>c이므로, 방출된 빛의 파장을 비교하면 a<d<f<b<e<c이다. (나)에서 ㉠은 파장이 4번째로 긴 선이므로, b에 의해 나타난 스펙트럼선이다.

ㄷ. ㉡에 해당하는 빛의 진동수는 $\frac{|E_5-E_2|}{h}$이다.

➡ ㉡은 파장이 가장 긴 스펙트럼선이므로 에너지 준위 차가 가장 작은 c에 의해 나타난 스펙트럼선이다. c에서 방출되는 광자 한 개의 에너지는 E_5-E_4이므로, ㉡에 해당하는 빛의 진동수는 $\frac{|E_5-E_4|}{h}$이다.

21	에너지 준위와 선 스펙트럼 2020학년도 3월 학평 물Ⅰ 11번	정답 ① ǀ 정답률 75 %

적용해야 할 개념 ②가지

① 선 스펙트럼은 특정 파장의 빛이 밝은 선으로 띄엄띄엄 나타나며, 방전관 속의 기체에 높은 전압을 걸 때 나오는 빛의 스펙트럼이다. 기체의 선 스펙트럼은 원자의 에너지 준위가 불연속적이라는 것을 나타낸다.

② 에너지 준위 차가 클수록 진동수가 크고 파장이 짧은 빛이 흡수 또는 방출되고, 에너지 준위 차가 작을수록 진동수가 작고 파장이 긴 빛이 흡수 또는 방출된다.

에너지 준위 차	광자 1개의 에너지	빛의 진동수	빛의 파장
크다.	크다.	크다.	짧다.
작다.	작다.	작다.	길다.

문제 보기

그림 (가)는 보어의 수소 원자 모형에서 양자수 n에 따른 에너지 준위의 일부와 전자의 전이에서 방출되는 빛 a, b를 나타낸 것이다. 그림 (나)는 수소 원자의 전자가 $n=2$인 상태로 전이할 때 방출되는 빛 중에서 파장이 긴 것부터 차례대로 4개를 나타낸 스펙트럼이다.

• 에너지 준위 차: a<b • 빛의 진동수: a<b
• 광자 1개의 에너지: a<b • 빛의 파장: a>b

에너지
$n=4$
$n=3$
a b
$n=2$
파장(nm)
450 550 650
b a

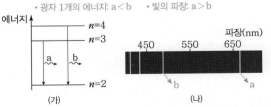

(가) (나)

이에 대한 옳은 설명만을 〈보기〉에서 있는 대로 고른 것은? [3점]

<보기> 풀이

ㄱ. 진동수는 a가 b보다 크다.

➡ 전자가 전이할 때 방출되는 빛의 진동수는 두 에너지 준위 차에 비례한다($E=|E_m-E_n|$). 에너지 준위 차는 a에서가 b에서보다 작으므로, 방출되는 빛의 진동수는 a가 b보다 작다.

ㄴ. 광자 1개의 에너지는 a가 b보다 작다.

➡ 전자가 전이할 때 방출되는 광자 1개의 에너지는 두 에너지 준위 차와 같다($E=|E_m-E_n|$). 에너지 준위 차는 a에서가 b에서보다 작으므로, 방출되는 광자 1개의 에너지는 a가 b보다 작다.

ㄷ. b의 파장은 450 nm보다 작다.

➡ 전자가 전이할 때 방출되는 광자 1개의 에너지는 파장에 반비례한다($E=|E_m-E_n|=hf=\frac{hc}{\lambda}$). 즉, 에너지 준위 차가 작을수록 파장이 긴 빛이 방출된다. 따라서 에너지 준위 차가 가장 작은 전자의 전이에서 방출되는 빛 a의 파장이 가장 크고, b의 파장이 두 번째로 크므로, b의 파장은 450 nm보다 크다.

22 에너지 준위와 선 스펙트럼 2022학년도 10월 학평 물Ⅰ 12번

정답 ① | 정답률 78 %

적용해야 할 개념 ③가지

① 전자가 빛을 흡수할 때는 높은 에너지 준위, 즉 n이 증가하는 에너지 준위로 전이하고, 전자가 빛을 방출할 때는 낮은 에너지 준위, 즉 n이 감소하는 에너지 준위로 이동한다.

② 전자가 한 에너지 준위(n)에서 다른 에너지 준위(m)로 전이할 때, 흡수하거나 방출하는 광자(빛) 한 개의 에너지는 두 에너지 준위의 차와 같으며, 진동수 f에 비례하고 파장 λ에 반비례한다. ➡ $E=|E_m-E_n|=hf=\frac{hc}{\lambda}$

③ 에너지 준위 차이가 클수록 진동수가 크고 파장이 짧은 빛이 방출 또는 흡수되고, 에너지 준위 차이가 작을수록 진동수가 작고 파장이 긴 빛이 방출 또는 흡수된다.

문제 보기

그림 (가)는 보어의 수소 원자 모형에서 양자수 n에 따른 전자의 에너지 준위 일부와 전자의 전이 a, b, c를 나타낸 것이다. 그림 (나)는 a, b, c에서 방출 또는 흡수하는 빛의 스펙트럼을 X와 Y로 순서 없이 나타낸 것이다.

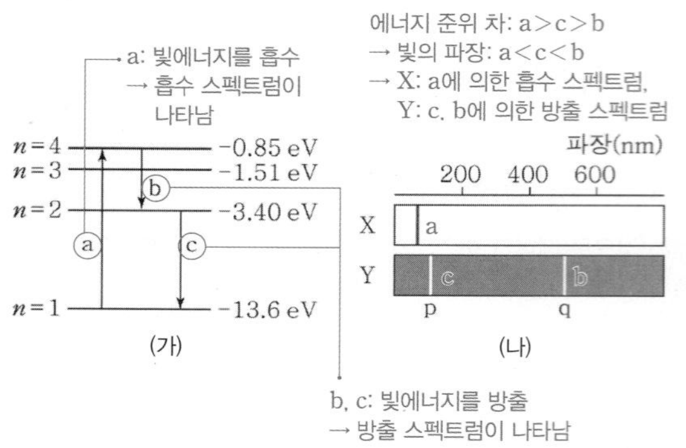

이에 대한 옳은 설명만을 〈보기〉에서 있는 대로 고른 것은?

〈보기〉 풀이

전자가 높은 에너지 준위로 전이할 때 빛에너지를 흡수하고, 낮은 에너지 준위로 전이할 때는 빛에너지를 방출한다. 따라서 a에서 흡수 스펙트럼이 나타나고 b, c에서 방출 스펙트럼이 나타난다.

ㄱ. X는 흡수 스펙트럼이다.

➡ 전자가 전이할 때 에너지 준위 차가 클수록 파장이 짧은 빛이 흡수 또는 방출된다. X에서 나타난 선의 파장이 가장 짧으므로, X는 에너지 준위 차가 가장 큰 a에 의한 흡수 스펙트럼이다.

다른 풀이 a에 의해서 흡수 스펙트럼이 나타나고 b, c에 의해서 방출 스펙트럼이 나타나므로, 스펙트럼선이 1개인 X가 a에 의한 흡수 스펙트럼이다.

ㄴ. p는 b에서 나타나는 스펙트럼선이다.

➡ 에너지 준위 차가 c>b이므로, 방출하는 빛의 파장은 c<b이다. p는 q보다 파장이 짧으므로, p는 c에서 나타나는 스펙트럼선이다.

ㄷ. 전자가 $n=2$와 $n=3$ 사이에서 전이할 때 흡수 또는 방출하는 광자 1개의 에너지는 1.51 eV이다.

➡ 전자가 전이할 때 흡수 또는 방출하는 광자 1개의 에너지는 두 에너지 준위 차와 같으므로, 전자가 $n=2$와 $n=3$ 사이에서 전이할 때 흡수 또는 방출하는 광자 1개의 에너지는 $-1.51-(-3.40)=1.89$(eV)이다.

23 에너지 준위와 선 스펙트럼 2019학년도 수능 물Ⅰ 8번

정답 ② | 정답률 73 %

적용해야 할 개념 ③가지

① 전자가 한 에너지 준위(n)에서 다른 에너지 준위(m)로 전이할 때, 흡수하거나 방출하는 광자(빛) 한 개의 에너지는 두 에너지 준위의 차와 같으며, 진동수 f에 비례하고 파장 λ에 반비례한다.

② 전자가 전이할 때 에너지 준위의 차이가 클수록 진동수가 크고 파장이 짧은 빛이 방출된다.

③ 전자가 전이할 때 방출하거나 흡수하는 빛에너지가 각각 E_a, E_b, E_c이고 이때 빛의 파장을 각각 λ_a, λ_b, λ_c라 할 때, $E_a=E_b+E_c$이면 $\frac{1}{\lambda_a}=\frac{1}{\lambda_b}+\frac{1}{\lambda_c}$이 성립한다.

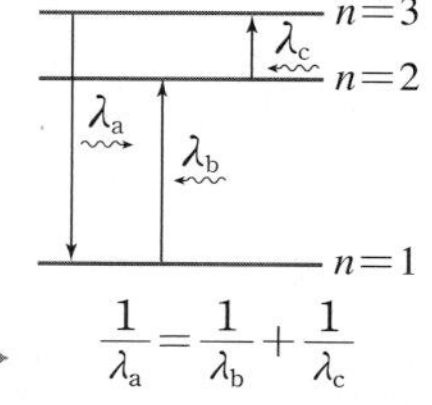

전자의 전이와 파장 ▶ $\frac{1}{\lambda_a}=\frac{1}{\lambda_b}+\frac{1}{\lambda_c}$

문제 보기

그림 (가)는 보어의 수소 원자 모형에서 양자수 n에 따른 에너지 준위의 일부와 전자의 전이 a, b, c를 나타낸 것이다. a, b, c에서 방출되는 빛의 파장은 각각 λ_a, λ_b, λ_c이다. 그림 (나)는 (가)의 a, b, c에서 방출되는 빛의 선 스펙트럼을 파장에 따라 나타낸 것이다.

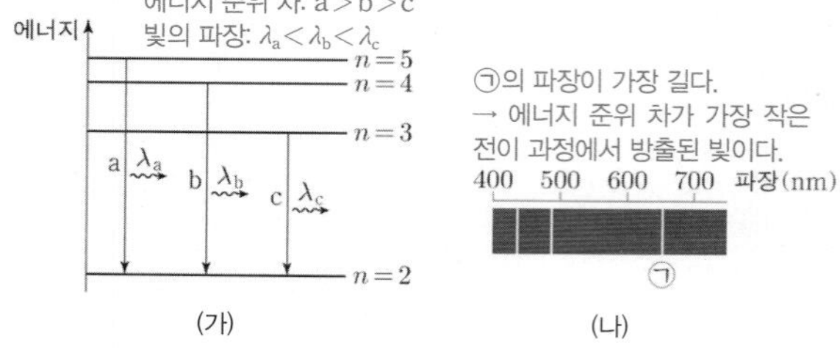

이에 대한 설명으로 옳은 것만을 〈보기〉에서 있는 대로 고른 것은? [3점]

〈보기〉 풀이

ㄱ. (나)의 ㉠은 a에 의해 나타난 스펙트럼선이다.

➡ 전자가 전이할 때 방출되는 광자(빛) 한 개의 에너지는 $E=|E_m-E_n|=hf=\frac{hc}{\lambda}$로 파장 λ에 반비례하므로, 에너지 준위의 차이가 작을수록 파장이 긴 빛이 방출된다. (나)의 ㉠은 파장이 가장 긴 선이므로, 에너지 준위 차가 가장 작은 전이 과정인 c에 의해 나타난 스펙트럼선이다.

ㄴ. 방출되는 빛의 진동수는 a에서가 b에서보다 크다.

➡ 전자가 전이할 때 에너지 준위의 차이가 클수록 진동수가 큰 빛이 방출된다. 에너지 준위 차는 a에서가 b에서보다 크므로, 방출되는 빛의 진동수는 a에서가 b에서보다 크다.

ㄷ. 전자가 $n=4$에서 $n=3$인 상태로 전이할 때 방출되는 빛의 파장은 $|\lambda_b-\lambda_c|$와 같다.

➡ 전자가 $n=4$에서 $n=3$인 상태로 전이할 때 방출되는 빛의 에너지는 b와 c에서 방출되는 빛 에너지 차이와 같으므로, $n=4$에서 $n=3$인 상태로 전이할 때 방출되는 빛의 파장을 λ라고 할 때 $\frac{hc}{\lambda}=\frac{hc}{\lambda_b}-\frac{hc}{\lambda_c}$가 성립한다. 따라서 $\frac{1}{\lambda}=\frac{1}{\lambda_b}-\frac{1}{\lambda_c}$이므로, $\lambda\neq|\lambda_b-\lambda_c|$이다.

24 에너지 준위와 선 스펙트럼 2019학년도 10월 학평 물Ⅰ 10번

정답 ① | 정답률 77 %

적용해야 할 개념 ②가지

① 전자가 한 에너지 준위(n)에서 다른 에너지 준위(m)로 전이할 때, 흡수하거나 방출하는 광자(빛) 한 개의 에너지는 진동수 f에 비례하고 파장 λ에 반비례한다.

⇒ $E=|E_m-E_n|=hf=\dfrac{hc}{\lambda}$

② 전자는 에너지 준위 차에 해당하는 에너지만을 흡수하거나 방출할 수 있다.

양자수 | 에너지(eV): $n=\infty$ 0, $n=5$ −0.54, $n=4$ −0.85, $n=3$ −1.51, $n=2$ −3.40, 들뜬상태, 바닥상태 $n=1$(−13.6 eV), 가시광선, 원자핵, ← 파장이 짧다. 파장이 길다. →

전자의 전이와 선 스펙트럼 ▶

문제 보기

그림 (가)는 보어의 수소 원자 모형에서 양자수 n에 따른 에너지 준위와 전자의 전이 과정 세 가지를 나타낸 것이다. 그림 (나)는 (가)에서 방출된 빛 a, b, c를 파장에 따라 나타낸 것이다.

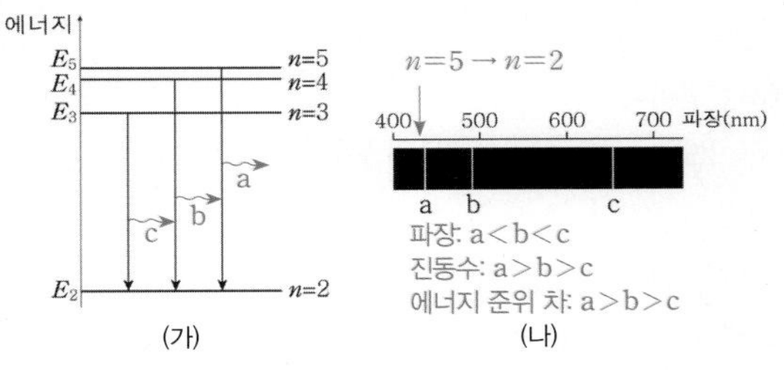

이에 대한 옳은 설명만을 〈보기〉에서 있는 대로 고른 것은?

<보기> 풀이

ㄱ. a는 전자가 $n=5$에서 $n=2$인 상태로 전이할 때 방출된 빛이다.

⇒ 광자 한 개의 에너지는 $E=hf=\dfrac{hc}{\lambda}$로 진동수에 비례하고 파장에 반비례한다. 따라서 광자 한 개의 에너지는 파장이 짧은 a가 가장 크므로, 에너지 준위 차가 가장 큰 전이에서 방출된 빛이다. 즉, a는 전자가 $n=5$에서 $n=2$인 상태로 전이할 때 방출된 빛이다.

ㄴ. $n=2$인 상태에 있는 전자는 에너지가 E_4-E_3인 광자를 흡수할 수 있다.

⇒ $n=2$인 상태에 있는 전자는 에너지가 E_n-E_2인 광자만 흡수할 수 있으므로, E_4-E_3인 광자를 흡수할 수 없다.

ㄷ. a와 b의 진동수 차는 b와 c의 진동수 차보다 크다.

⇒ a의 진동수는 $\dfrac{E_5-E_2}{h}$, b의 진동수는 $\dfrac{E_4-E_2}{h}$, c의 진동수는 $\dfrac{E_3-E_2}{h}$이므로, a와 b의 진동수 차는 $\dfrac{E_5-E_4}{h}$, b와 c의 진동수 차는 $\dfrac{E_4-E_3}{h}$이다. $(E_5-E_4)<(E_4-E_3)$이므로, a와 b의 진동수 차는 b와 c의 진동수 차보다 작다.

25 에너지 준위와 선 스펙트럼 2021학년도 수능 물Ⅰ 8번

정답 ② | 정답률 88 %

적용해야 할 개념 ②가지

① 전자가 한 에너지 준위(n)에서 다른 에너지 준위(m)로 전이할 때, 흡수하거나 방출하는 광자(빛) 한 개의 에너지는 두 에너지 준위의 차와 같으며, 진동수 f에 비례하고 파장 λ에 반비례한다. ⇒ $E=|E_m-E_n|=hf=\dfrac{hc}{\lambda}$

② 에너지 준위 차가 클수록 진동수가 크고 파장이 짧은 빛이 흡수 또는 방출되고, 에너지 준위 차가 작을수록 진동수가 작고 파장이 긴 빛이 흡수 또는 방출된다.

에너지 준위 차	광자 1개의 에너지	빛의 진동수	빛의 파장
크다.	크다.	크다.	짧다.
작다.	작다.	작다.	길다.

문제 보기

그림 (가)는 보어의 수소 원자 모형에서 양자수 n에 따른 에너지 준위의 일부와 전자의 전이 a~d를 나타낸 것이다. 그림 (나)는 (가)의 b, c, d에서 방출되는 빛의 스펙트럼을 파장에 따라 나타낸 것이고, ㉠은 c에 의해 나타난 스펙트럼선이다.

에너지 준위 차: a<b<c<d
→ 광자 1개의 에너지: a<b<c<d
→ 빛의 진동수: a<b<c<d
→ 빛의 파장: a>b>c>d

−0.54 eV $n=5$
−0.85 eV $n=4$
−1.51 eV $n=3$
−3.40 eV $n=2$
a b c d
(가)

파장: ㉠<㉡
→ 에너지 준위 차: ㉠>㉡
→ ㉠: c, ㉡: b

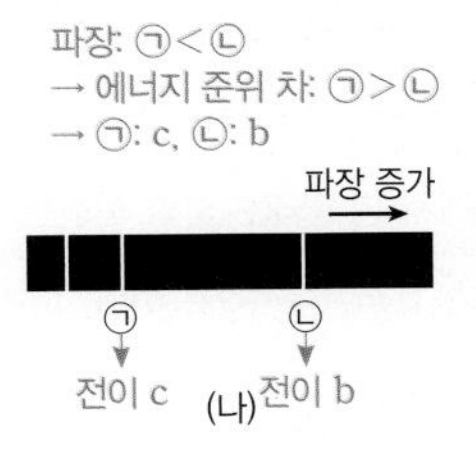

(나)

이에 대한 설명으로 옳은 것만을 〈보기〉에서 있는 대로 고른 것은?

<보기> 풀이

ㄱ. a에서 흡수되는 광자 1개의 에너지는 1.51 eV이다.

⇒ 전자가 전이할 때 흡수되거나 방출되는 광자 1개의 에너지는 두 에너지 준위의 차와 같으므로, a에서 흡수되는 광자 1개의 에너지는 $-0.54-(-1.51)=0.97$(eV)이다.

ㄴ. 방출되는 빛의 진동수는 c에서가 b에서보다 크다.

⇒ 전자가 전이할 때 방출되거나 흡수되는 빛의 진동수는 두 에너지 준위 차에 비례한다 ($E=|E_m-E_n|=hf$). 에너지 준위 차는 c에서가 b에서보다 크므로, 방출되는 빛의 진동수는 c에서가 b에서보다 크다.

ㄷ. ㉡은 d에 의해 나타난 스펙트럼선이다.

⇒ 전자가 전이할 때 방출되는 광자 1개의 에너지는 파장에 반비례한다($E=|E_m-E_n|=hf=\dfrac{hc}{\lambda}$). 즉 에너지 준위 차가 클수록 파장이 작은 빛이 방출된다. 파장은 ㉠이 ㉡보다 작으므로, 에너지 준위 차는 ㉠의 경우가 ㉡의 경우보다 크다. ㉠이 c에 의해 나타난 스펙트럼선이라면, ㉡은 이보다 에너지 준위 차가 작은 b에 의해 나타난 스펙트럼선이다.

26 에너지 준위와 선 스펙트럼 2021학년도 6월 모평 물Ⅰ 11번

정답 ③ | 정답률 85 %

적용해야 할 개념 ③가지

① 흡수 스펙트럼은 특정 파장의 빛이 검은 선으로 나타나며, 백색광을 저온의 기체에 통과시킬 때 나오는 빛의 스펙트럼이다.

② 전자가 한 에너지 준위(n)에서 다른 에너지 준위(m)로 전이할 때, 흡수하거나 방출하는 광자(빛) 한 개의 에너지는 두 에너지 준위의 차와 같으며 진동수 f에 비례하므로, 에너지 준위 차가 클수록 흡수 또는 방출하는 빛의 진동수 f가 크다.

③ 광자 한 개의 에너지는 $E=hf=\frac{hc}{\lambda}$로, 진동수에 f에 비례하고 파장 λ에 반비례한다.

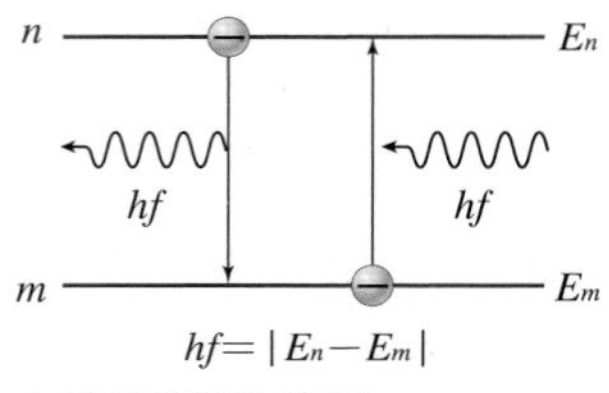

▲ 전자의 전이와 에너지

문제 보기

그림 (가)는 보어의 수소 원자 모형에서 양자수 n에 따른 에너지 준위 일부와 전자의 전이 a, b, c, d를 나타낸 것이고, (나)는 (가)의 a, b, c에 의한 빛의 흡수 스펙트럼을 파장에 따라 나타낸 것이다.

에너지 준위 차: a<b<c
광자 1개의 에너지: a<b<c
빛의 진동수: a<b<c

에너지 / 양자수 / E_4 $n=4$ / E_3 $n=3$ / E_2 $n=2$ / E_1 $n=1$ / a b c d

(가)

광자 1개의 에너지 $=|E_4-E_1|$

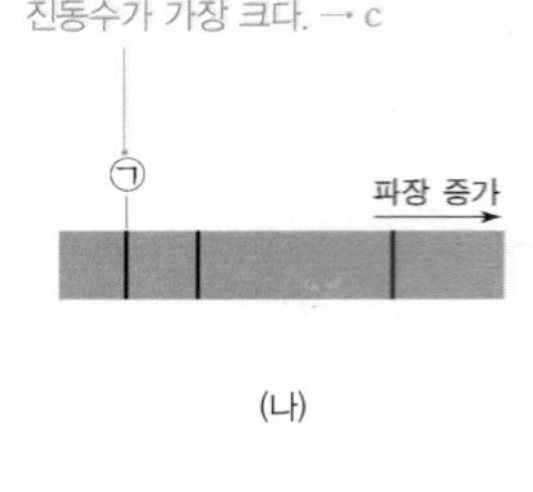

(나)

이에 대한 설명으로 옳은 것만을 〈보기〉에서 있는 대로 고른 것은?

<보기> 풀이

ㄱ. 흡수되는 빛의 진동수는 a에서가 b에서보다 작다.

➡ 전자가 전이할 때 흡수되는 광자(빛) 1개의 에너지 $E=|E_m-E_n|=hf$로 진동수 f에 비례하므로, 에너지 준위 차가 클수록 진동수가 큰 빛이 흡수된다. 에너지 준위 차는 a에서가 b에서보다 작으므로, 흡수되는 빛의 진동수는 a에서가 b에서보다 작다.

ㄴ. ㉠은 c에 의해 나타난 스펙트럼선이다.

➡ 광자(빛) 1개의 에너지 $E=hf=\frac{hc}{\lambda}$로 진동수 f에 비례하고 파장 λ에 반비례한다. ㉠은 파장이 가장 작은 스펙트럼선이므로 진동수가 가장 크다. 에너지 준위 차가 클수록 진동수가 큰 빛을 흡수하므로, ㉠은 c에 의해 나타난 스펙트럼선이다.

ㄷ. d에서 방출되는 광자 1개의 에너지는 $|E_2-E_1|$보다 작다.

➡ 전자가 전이할 때 방출되는 광자 1개의 에너지는 두 에너지 준위의 차와 같다. d에서 방출되는 광자 1개의 에너지는 $|E_4-E_1|$이므로 $|E_2-E_1|$보다 크다.

27 에너지 준위와 선 스펙트럼 2024학년도 9월 모평 물Ⅰ 4번

정답 ③ | 정답률 86 %

적용해야 할 개념 ②가지

① 전자가 한 에너지 준위(n)에서 다른 에너지 준위(m)로 전이할 때, 흡수되거나 방출되는 광자(빛) 한 개의 에너지는 두 에너지 준위의 차와 같으며, 진동수 f에 비례하고 파장 λ에 반비례한다. ➡ $E=|E_m-E_n|=hf=\frac{hc}{\lambda}$ (h: 플랑크 상수)

② 에너지 준위 차가 클수록 진동수가 크고 파장이 짧은 빛이 방출 또는 흡수되고, 에너지 준위 차가 작을수록 진동수가 작고 파장이 긴 빛이 방출 또는 흡수된다.

문제 보기

그림 (가)는 보어의 수소 원자 모형에서 양자수 n에 따른 에너지 준위의 일부와 전자의 전이 A~D를 나타낸 것이다. 그림 (나)는 (가)의 A, B, C에서 방출되는 빛의 스펙트럼을 파장에 따라 나타낸 것이다.

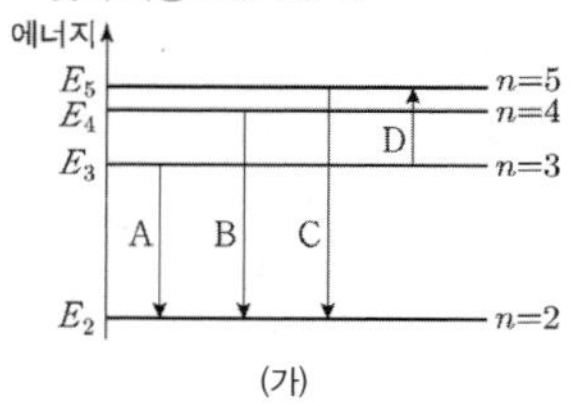

(가)

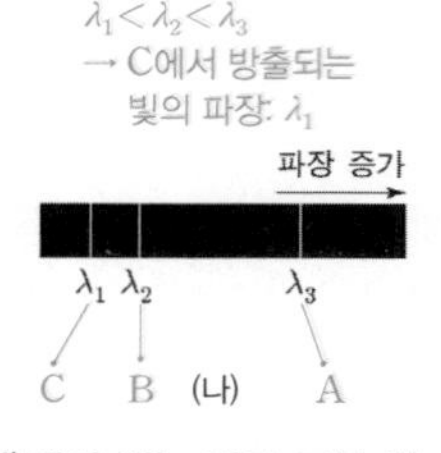

(나)

이에 대한 설명으로 옳은 것만을 〈보기〉에서 있는 대로 고른 것은? (단, 빛의 속력은 c이다.) [3점]

<보기> 풀이

ㄱ. B에서 방출되는 광자 1개의 에너지는 $|E_4-E_2|$이다.

➡ 전자가 전이할 때 흡수 또는 방출되는 광자 1개의 에너지는 두 에너지 준위의 차와 같으므로, B에서 방출되는 광자 1개의 에너지는 $|E_4-E_2|$이다.

ㄴ. C에서 방출되는 빛의 파장은 λ_1이다.

➡ 전자가 전이할 때 에너지 준위 차가 클수록 파장이 짧은 빛이 흡수 또는 방출된다. 에너지 준위 차는 A<B<C 순으로 크므로, 방출된 빛의 파장은 C에서 가장 짧다. (나)에서 파장이 가장 짧은 스펙트럼선은 λ_1이므로, C에서 방출되는 빛의 파장은 λ_1이다.

ㄷ. D에서 흡수되는 빛의 진동수는 $\left(\frac{1}{\lambda_1}+\frac{1}{\lambda_3}\right)c$이다.

➡ D에서 흡수되는 광자 1개의 에너지는 C에서 방출되는 광자 1개의 에너지에서 A에서 방출되는 광자 1개의 에너지를 뺀 값과 같으므로, $|E_5-E_3|=|(E_5-E_2)-(E_3-E_2)|$이다. 광자 1개의 에너지는 $E=hf=\frac{hc}{\lambda}$이므로, D에서 흡수되는 빛의 진동수를 f'라고 하면 $|E_5-E_3|=hf'$이다. 또 C에서 방출되는 빛의 파장은 λ_1, A에서 방출되는 빛의 파장은 λ_3이므로, $|(E_5-E_2)-(E_3-E_2)|=\frac{hc}{\lambda_1}-\frac{hc}{\lambda_3}$이다. 따라서 $hf'=\frac{hc}{\lambda_1}-\frac{hc}{\lambda_3}$에서 D에서 흡수되는 빛의 진동수 $f'=\left(\frac{1}{\lambda_1}-\frac{1}{\lambda_3}\right)c$이다.

28 에너지 준위와 선 스펙트럼 2023학년도 6월 모평 물I 7번

정답 ② | 정답률 81 %

적용해야 할 개념 ②가지

① 전자가 높은 에너지 준위, 즉 n이 커지는 에너지 준위로 전이할 때는 빛을 흡수하고 전자가 낮은 에너지 준위, 즉 n이 작아지는 에너지 준위로 전이할 때는 빛을 방출한다.

② 에너지 준위 차가 클수록 진동수가 크고 파장이 짧은 빛이 방출 또는 흡수되고, 에너지 준위 차가 작을수록 진동수가 작고 파장이 긴 빛이 방출 또는 흡수된다.

에너지 준위 차	광자 1개의 에너지	빛의 진동수	빛의 파장
크다.	크다.	크다.	짧다.
작다.	작다.	작다.	길다.

문제 보기

그림 (가)는 보어의 수소 원자 모형에서 양자수 n에 따른 에너지 준위 일부와 전자의 전이 a~d를 나타낸 것이다. 그림 (나)는 a~d에서 방출과 흡수되는 빛의 스펙트럼을 파장에 따라 나타낸 것이다.

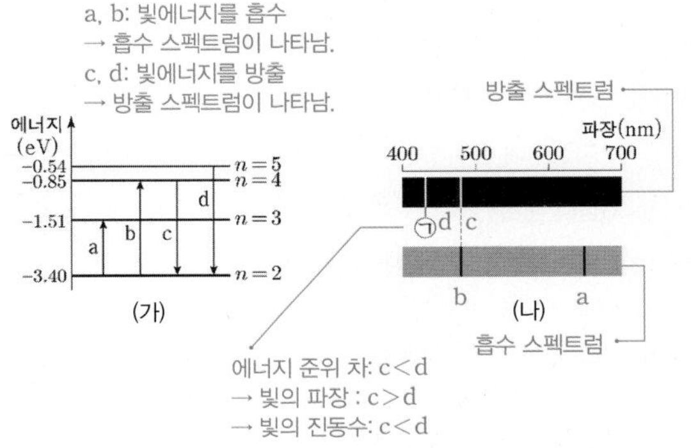

이에 대한 설명으로 옳은 것만을 〈보기〉에서 있는 대로 고른 것은?

<보기> 풀이

전자가 높은 에너지 준위로 전이할 때는 빛에너지를 흡수하고, 낮은 에너지 준위로 전이할 때는 빛에너지를 방출한다. 따라서 (가)의 a, b에서는 빛에너지를 흡수하고 c, d에서는 빛에너지를 방출한다.

ㄱ. ㉠은 a에 의해 나타난 스펙트럼선이다. (✗)

➡ (나)에서 ㉠은 방출 스펙트럼에 나타난 두 개의 선 중에서 파장이 짧은 선이다. 에너지 준위 차가 클수록 파장이 짧은 빛이 방출되므로, 에너지 준위 차가 큰 d에서 방출되는 빛의 파장이 에너지 준위 차가 작은 c에서 방출되는 빛의 파장보다 짧다. 따라서 ㉠은 d에 의해 나타난 스펙트럼선이다.

ㄴ. b에서 흡수되는 광자 1개의 에너지는 2.55 eV이다. (○)

➡ 전자가 전이할 때 방출 또는 흡수되는 광자 1개의 에너지는 두 에너지 준위 차와 같으므로, b에서 흡수되는 광자 1개의 에너지는 $-0.85\text{ eV}-(-3.40)\text{ eV}=2.55\text{ eV}$이다.

ㄷ. 방출되는 빛의 진동수는 c에서가 d에서보다 크다. (✗)

➡ 에너지 준위 차가 클수록 진동수가 큰 빛이 방출된다. 에너지 준위 차는 c에서가 d에서보다 작으므로, 방출되는 빛의 진동수는 c에서가 d에서보다 작다.

29 에너지 준위와 선 스펙트럼 2023학년도 7월 학평 물I 14번

정답 ③ | 정답률 56 %

적용해야 할 개념 ③가지

① 전자가 한 에너지 준위(n)에서 다른 에너지 준위(m)로 전이할 때, 흡수하거나 방출하는 광자(빛) 한 개의 에너지는 두 에너지 준위의 차와 같으며, 진동수 f에 비례하고 파장 λ에 반비례한다.

➡ $E=|E_m-E_n|=hf=\frac{hc}{\lambda}$ (h: 플랑크 상수)

② 에너지 준위 차가 클수록 진동수가 크고 파장이 짧은 빛이 방출 또는 흡수되고, 에너지 준위 차가 작을수록 진동수가 작고 파장이 긴 빛이 방출 또는 흡수된다.

③ 전자가 전이할 때 방출하거나 흡수하는 빛에너지가 각각 E_a, E_b, E_c이고 이때 빛의 파장을 각각 λ_a, λ_b, λ_c라 할 때, $E_a=E_b+E_c$이면 $\frac{1}{\lambda_a}=\frac{1}{\lambda_b}+\frac{1}{\lambda_c}$이 성립한다.

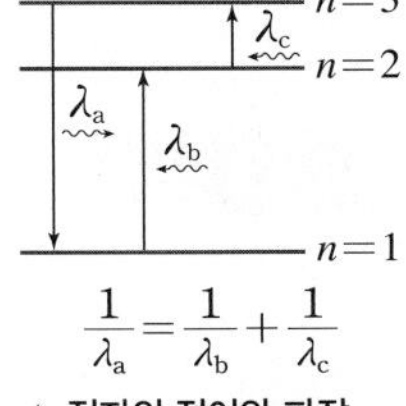

▲ 전자의 전이와 파장

문제 보기

그림 (가)는 보어의 수소 원자 모형에서 양자수 n에 따른 에너지 준위의 일부와 전자의 전이 a, b를 나타낸 것이다. 그림 (나)는 a, b에서 방출되는 빛의 스펙트럼을 파장에 따라 나타낸 것이다. 전자가 $n=2$인 궤도에 있을 때 파장이 λ_1인 빛은 흡수하지 못하고 파장이 λ_2인 빛은 흡수한다. → $n=2$ → $n=3$: 파장이 λ_2인 빛 흡수 → a에서 파장이 λ_2인 빛 방출

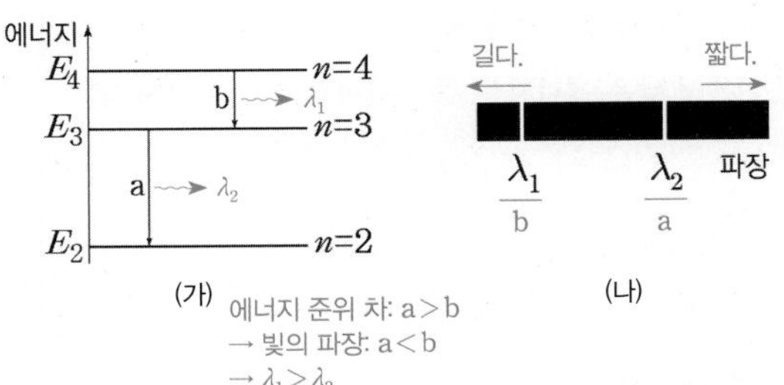

이에 대한 설명으로 옳은 것만을 〈보기〉에서 있는 대로 고른 것은?

<보기> 풀이

ㄱ. $\lambda_1>\lambda_2$이다. (○)

➡ 전자가 $n=2$인 궤도에 있을 때 파장이 λ_2인 빛을 흡수해 $n=3$인 궤도로 전이할 수 있으므로 a에서 방출되는 빛이 파장은 λ_2이고, b에서 방출되는 빛의 파장은 λ_1이다. 전자가 전이할 때 에너지 준위 차가 클수록 파장이 짧은 빛이 흡수 또는 방출되므로, a에서 방출된 빛의 파장은 b에서 방출된 빛의 파장보다 짧다. 따라서 $\lambda_1>\lambda_2$이다.

ㄴ. 전자가 $n=4$에서 $n=2$인 궤도로 전이할 때 방출되는 빛의 파장은 $\lambda_1+\lambda_2$이다. (✗)

➡ 전자가 전이할 때 방출되거나 흡수되는 광자 1개의 에너지는 두 에너지 준위의 차와 같으므로, 전자가 $n=4$에서 $n=2$인 궤도로 전이할 때 방출되는 광자 1개의 에너지는 a에서 방출되는 광자 1개의 에너지와 b에서 방출되는 광자 1개 에너지의 합과 같다. 광자 1개의 에너지는 $E=hf=\frac{hc}{\lambda}$이므로, 전자가 $n=4$에서 $n=2$인 궤도로 전이할 때 방출되는 빛의 파장을 λ라고 하면 $\frac{hc}{\lambda}=\frac{hc}{\lambda_1}+\frac{hc}{\lambda_2}$가 성립한다. 따라서 $\frac{1}{\lambda}=\frac{1}{\lambda_1}+\frac{1}{\lambda_2}$이므로, $\lambda=\frac{\lambda_1\lambda_2}{\lambda_1+\lambda_2}$이다.

ㄷ. 전자가 $n=3$인 궤도에 있을 때 파장이 λ_1인 빛을 흡수할 수 있다. (○)

➡ b에서 방출되는 빛의 파장은 λ_1이므로, 전자가 $n=3$인 궤도에 있을 때 파장이 λ_1인 빛을 흡수해 $n=4$인 궤도로 전이할 수 있다.

30 에너지 준위와 선 스펙트럼 2024학년도 수능 물I 4번

정답 ① | 정답률 61 %

적용해야 할 개념 ②가지

① 전자가 한 에너지 준위(n)에서 다른 에너지 준위(m)로 전이할 때, 흡수되거나 방출되는 광자(빛) 한 개의 에너지는 두 에너지 준위의 차와 같으며, 진동수 f에 비례하고 파장 λ에 반비례한다. ➡ $E=|E_m-E_n|=hf=\frac{hc}{\lambda}$ (h: 플랑크 상수)

② 에너지 준위 차가 클수록 진동수가 크고 파장이 짧은 빛이 방출 또는 흡수되고, 에너지 준위 차가 작을수록 진동수가 작고 파장이 긴 빛이 방출 또는 흡수된다.

에너지 준위 차	광자 1개의 에너지	빛의 진동수	빛의 파장
크다.	크다.	크다.	짧다.
작다.	작다.	작다.	길다.

문제 보기

그림 (가)는 보어의 수소 원자 모형에서 양자수 n에 따른 에너지 준위와 전자의 전이에 따른 스펙트럼 계열 중 라이먼 계열, 발머 계열을 나타낸 것이다. 그림 (나)는 (가)에서 방출되는 빛의 스펙트럼 계열을 파장에 따라 나타낸 것으로 X, Y는 라이먼 계열, 발머 계열 중 하나이고, ㉠과 ㉡은 각 계열에서 파장이 가장 긴 빛의 스펙트럼선이다.

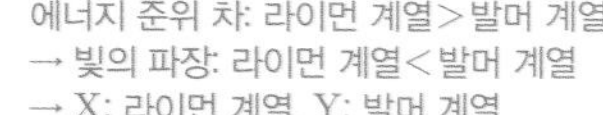

에너지 준위 차: 라이먼 계열>발머 계열
→ 빛의 파장: 라이먼 계열<발머 계열
→ X: 라이먼 계열, Y: 발머 계열

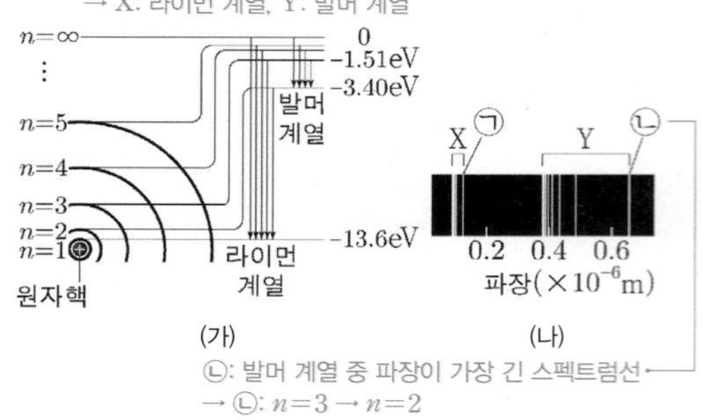

(가) (나)

이에 대한 설명으로 옳은 것만을 〈보기〉에서 있는 대로 고른 것은?

<보기> 풀이

ㄱ. X는 라이먼 계열이다.

➡ 전자가 전이할 때 에너지 준위 차가 클수록 파장이 짧은 빛이 방출된다. 에너지 준위 차는 라이먼 계열의 전이가 발머 계열의 전이보다 크므로, 방출되는 빛의 파장은 라이먼 계열이 발머 계열보다 짧다. X의 파장이 Y의 파장보다 짧으므로, X는 라이먼 계열이다.

ㄴ. 광자 1개의 에너지는 ㉠에서가 ㉡에서보다 작다.

➡ 광자 1개의 에너지($E=hf=\frac{hc}{\lambda}$)는 파장 λ에 반비례한다. 파장은 ㉠이 ㉡보다 짧으므로, 광자 1개의 에너지는 ㉠에서가 ㉡에서보다 크다.

ㄷ. ㉡은 전자가 $n=\infty$에서 $n=2$로 전이할 때 방출되는 빛의 스펙트럼선이다.

➡ ㉡은 발머 계열 중 파장이 가장 긴 스펙트럼선이며 파장이 가장 긴 빛은 에너지 준위 차가 가장 작은 전이에서 방출된다. 따라서 ㉡은 전자가 $n=3$에서 $n=2$로 전이할 때 방출되는 빛의 스펙트럼선이다.

31 에너지 준위와 선 스펙트럼 2025학년도 9월 모평 물I 3번

정답 ⑤ | 정답률 92 %

적용해야 할 개념 ②가지

① 전자가 한 에너지 준위(n)에서 다른 에너지 준위(m)로 전이할 때, 흡수되거나 방출되는 광자(빛) 한 개의 에너지는 두 에너지 준위의 차와 같으며, 진동수 f에 비례하고 파장 λ에 반비례한다.

➡ $E=|E_m-E_n|=hf=\frac{hc}{\lambda}$ (h: 플랑크 상수)

에너지 준위 차	광자 1개의 에너지	빛의 진동수	빛의 파장
크다.	크다.	크다.	짧다.
작다.	작다.	작다.	길다.

② 에너지 준위 차가 클수록 진동수가 크고 파장이 짧은 빛이 방출 또는 흡수되고, 에너지 준위 차가 작을수록 진동수가 작고 파장이 긴 빛이 방출 또는 흡수된다.

문제 보기

그림은 수소 원자에서 방출되는 빛의 스펙트럼과 보어의 수소 원자 모형에 대한 학생 A, B, C의 대화를 나타낸 것이다.

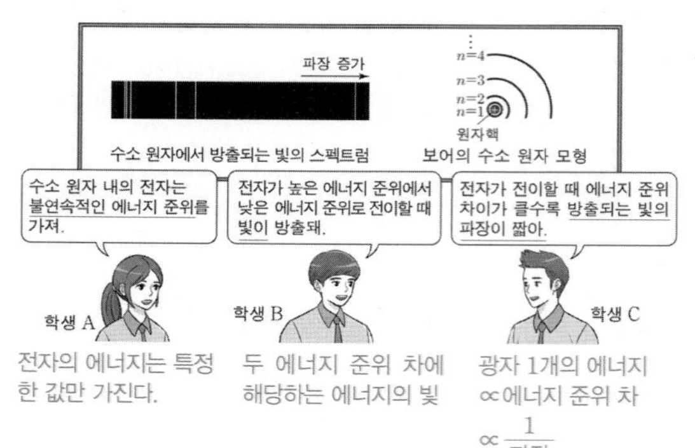

제시한 내용이 옳은 학생만을 있는 대로 고른 것은?

<보기> 풀이

학생 A: 수소 원자 내의 전자는 불연속적인 에너지 준위를 가져.

➡ 수소 원자에서 방출되는 빛의 스펙트럼이 선 스펙트럼으로 나타나는 것은 수소 원자 내 전자의 에너지 준위가 불연속적이므로, 전자가 전이할 때 에너지 준위 차에 해당하는 특정 파장의 빛을 방출하기 때문이다. 따라서 수소 원자 내 전자의 에너지 준위는 불연속적이다.

학생 B: 전자가 높은 에너지 준위에서 낮은 에너지 준위로 전이할 때 빛이 방출돼.

➡ 전자가 높은 에너지 준위에서 낮은 에너지 준위로 전이할 때 두 에너지 준위의 차에 해당하는 에너지를 가진 빛을 방출한다.

학생 C: 전자가 전이할 때 에너지 준위 차이가 클수록 방출되는 빛의 파장이 짧아.

➡ 광자(빛) 한 개의 에너지($E=hf=\frac{h}{\lambda}$)는 진동수에 비례하고 파장에 반비례한다. 전자가 전이할 때 에너지 준위 차가 클수록 방출되는 광자 1개의 에너지가 크므로, 파장이 짧은 빛이 방출된다.

32 수소 원자의 에너지 준위 2025학년도 수능 물I 3번

정답 ① | 정답률 90 %

적용해야 할 개념 ②가지

① 전자가 한 에너지 준위(n)에서 다른 에너지 준위(m)로 전이할 때, 흡수되거나 방출되는 광자(빛) 한 개의 에너지는 두 에너지 준위의 차와 같으며, 진동수 f에 비례하고 파장 λ에 반비례한다. ➡ $E=|E_m-E_n|=hf=\frac{hc}{\lambda}$ (h: 플랑크 상수)

② 에너지 준위 차가 클수록 진동수가 크고 파장이 짧은 빛이 방출 또는 흡수되고, 에너지 준위 차가 작을수록 진동수가 작고 파장이 긴 빛이 방출 또는 흡수된다.

에너지 준위 차	광자 1개의 에너지	빛의 진동수	빛의 파장
크다.	크다.	크다.	짧다.
작다.	작다.	작다.	길다.

문제 보기

그림은 보어의 수소 원자 모형에서 양자수 n에 따른 에너지 준위의 일부와 전자의 전이 a~d를 나타낸 것이다. a에서 흡수되는 빛의 진동수는 f_a이다.

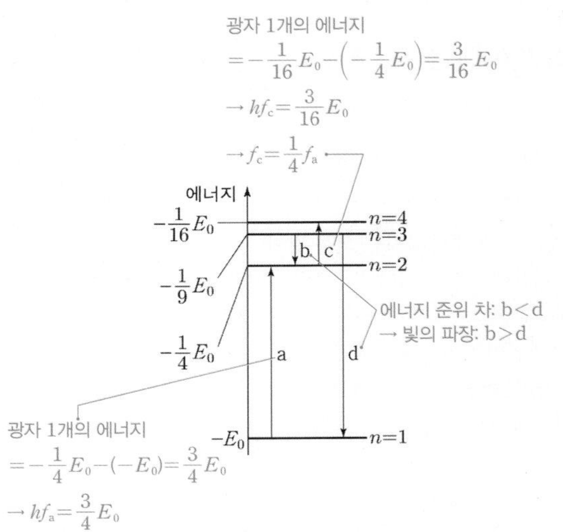

이에 대한 설명으로 옳은 것만을 〈보기〉에서 있는 대로 고른 것은? [3점]

<보기> 풀이

ㄱ. a에서 흡수되는 광자 1개의 에너지는 $\frac{3}{4}E_0$이다. (○)

➡ 전자가 전이할 때 방출되거나 흡수되는 광자 1개의 에너지는 두 에너지 준위의 차와 같으므로($E=|E_m-E_n|$), a에서 흡수되는 광자 1개의 에너지는 $-\frac{1}{4}E_0-(-E_0)=\frac{3}{4}E_0$이다.

ㄴ. 방출되는 빛의 파장은 b에서가 d에서보다 짧다. (×)

➡ 전자가 전이할 때 방출되는 광자 1개의 에너지는 파장에 반비례한다($E=|E_m-E_n|=hf=\frac{hc}{\lambda}$). 에너지 준위 차는 b에서가 d에서보다 작으므로, 방출되는 빛의 파장은 b에서가 d에서보다 길다.

ㄷ. c에서 흡수되는 빛의 진동수는 $\frac{1}{8}f_a$이다. (×)

➡ c에서 흡수되는 광자 1개의 에너지는 $-\frac{1}{16}E_0-\left(-\frac{1}{4}E_0\right)=\frac{3}{16}E_0$이다. 광자 1개의 에너지는 플랑크 상수와 진동수의 곱이므로, 플랑크 상수를 h, c에서 흡수되는 빛의 진동수를 f_c라고 하면 $hf_c=\frac{3}{16}E_0$에서 $f_c=\frac{3E_0}{16h}$이다. a에서 흡수되는 광자 1개의 에너지는 $hf_a=\frac{3}{4}E_0$이므로 $f_a=\frac{3E_0}{4h}$이다. 따라서 $f_c=\frac{1}{4}f_a$이다.

16 일차

01 ②	02 ③	03 ①	04 ②	05 ④	06 ①	07 ⑤	08 ⑤	09 ③	10 ③	11 ②	12 ①
13 ③	14 ⑤	15 ①	16 ①	17 ①	18 ②	19 ④	20 ⑤	21 ④	22 ①	23 ①	24 ④
25 ⑤	26 ①	27 ①	28 ①	29 ③	30 ⑤	31 ①	32 ⑤	33 ③	34 ④	35 ①	36 ②
37 ③	38 ①	39 ③									

문제편 152쪽~161쪽

01 고체의 에너지띠와 전도성 2020학년도 4월 학평 물Ⅰ 2번

정답 ② | 정답률 85 %

적용해야 할 개념 ④가지

① 파울리 배타 원리: 한 원자에서 같은 양자 상태에 2개 이상의 전자가 함께 존재할 수 없다. 즉, 전자들은 각각 다른 양자수 조합을 가져야 한다.

② 고체는 원자 사이의 거리가 매우 가깝기 때문에 인접한 원자들이 전자의 궤도에 영향을 주어 에너지 준위에 변화가 생기므로 에너지 준위는 띠 모양을 이룬다.

③ 상온에서 반도체의 원자가 띠 전자가 전도띠로 전이하면 원자가 띠에는 전자의 빈 자리가 남는데, 이를 양공이라고 한다.

④ 전기 전도성: 도체>반도체>절연체

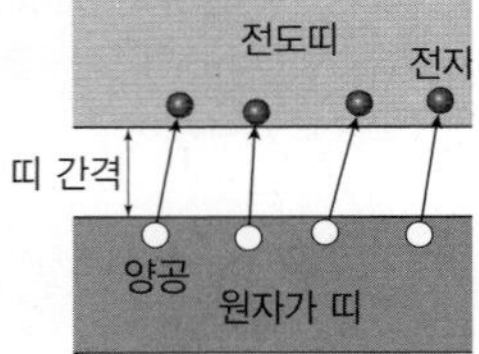

▲ 반도체

문제 보기

그림은 도체와 반도체의 에너지띠 구조에 대해 학생 A, B, C가 대화하는 모습을 나타낸 것이다.

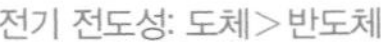

제시한 내용이 옳은 학생만을 있는 대로 고른 것은?

<보기> 풀이

학생 A: 도체의 원자가 띠에 있는 전자의 에너지는 모두 같아.

➡ 같은 양자 상태에 2개 이상의 전자가 있을 수 없다는 파울리의 배타 원리에 의해 원자들이 가까이 있으면 인접한 원자의 영향으로 전자들의 에너지 준위가 미세하게 갈라진다. 따라서 도체의 원자가 띠에 있는 전자의 에너지는 모두 같지 않다.

학생 B: 반도체에서 전자가 원자가 띠에서 전도띠로 전이하면 원자가 띠에 양공이 생겨.

➡ 반도체에서 원자가 띠의 전자가 에너지를 얻어 전도띠로 전이하면 원자가 띠에는 전자의 빈 자리인 양공이 생긴다.

학생 C: 전기 전도성은 반도체가 도체보다 좋아.

➡ 고체는 띠 간격이 작을수록 전기 전도성이 좋다. 도체는 띠 간격이 없으므로, 전자가 약간의 에너지만 흡수해도 원자가 띠의 비어 있는 곳으로 이동하여 전류가 흐르지만, 반도체는 원자가 띠의 전자가 띠 간격 이상의 에너지를 흡수해야 전도띠로 이동하여 전류가 흐를 수 있다. 따라서 전기 전도성은 도체가 반도체보다 좋다.

02 고체의 에너지띠와 전도성 2022학년도 6월 모평 물Ⅰ 3번

정답 ③ | 정답률 88 %

적용해야 할 개념 ④가지

① 고체의 에너지띠 구조에서 띠 간격이 작을수록 전기 전도도가 크다.
② 전기 전도도: 도체 > 반도체 > 절연체
③ 도체의 에너지띠: 원자가 띠의 일부분만 전자가 채워져 있거나 원자가 띠와 전도띠가 겹쳐 있으며, 띠 간격이 없다.
④ 도핑: 고유(순수) 반도체에 불순물을 섞는 과정을 도핑이라고 한다. 불순물을 도핑한 비고유(불순물) 반도체는 고유 반도체보다 전기 전도도가 크다.

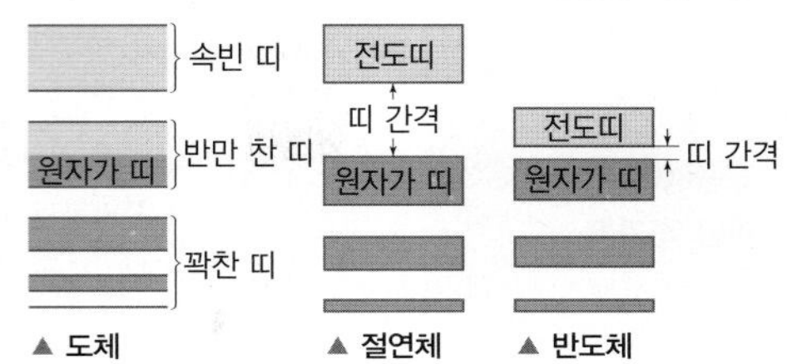

16 일차

문제 보기

그림은 학생 A, B, C가 도체, 반도체, 절연체를 각각 대표하는 세 가지 고체의 전기 전도도와 에너지띠 구조에 대해 대화하는 모습을 나타낸 것이다.

전기 전도도: 다이아몬드 < 규소 < 구리
→ 다이아몬드: 절연체, 규소: 반도체, 구리: 도체

띠 간격: (가) < (다) < (나)
→ (가): 도체, (나): 절연체, (다): 반도체
→ (가): 구리, (나): 다이아몬드, (다): 규소

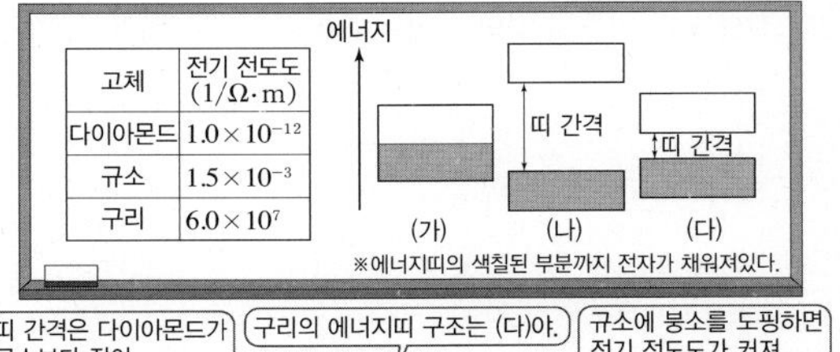

고체	전기 전도도 $(1/\Omega\cdot m)$
다이아몬드	1.0×10^{-12}
규소	1.5×10^{-3}
구리	6.0×10^{7}

제시한 내용이 옳은 학생만을 있는 대로 고른 것은? [3점]

<보기> 풀이

전기 전도도는 다이아몬드 < 규소 < 구리이므로, 다이아몬드는 절연체, 규소는 반도체, 구리는 도체이다. 또 (가)는 띠 간격이 없고, (나)와 (다)에서 띠 간격의 크기는 (나) > (다)이므로, (가)는 도체, (나)는 절연체, (다)는 반도체이다.

학생 A: 띠 간격은 다이아몬드가 규소보다 작아. (✕)
➡ 고체의 에너지 띠 구조에서 띠 간격이 클수록 전기 전도도가 작다. 전기 전도도는 다이아몬드가 규소보다 작으므로, 띠 간격은 다이아몬드가 규소보다 크다.

학생 B: 구리의 에너지띠 구조는 (다)야. (✕)
➡ 구리는 도체이므로, 구리의 에너지띠 구조는 띠 간격이 없는 (가)이다.

학생 C: 규소에 붕소를 도핑하면 전기 전도도가 커져. (○)
➡ 고유(순수) 반도체에 불순물을 섞는 도핑을 하면 전자나 양공의 수가 증가하므로 전기 전도도가 커진다. 즉, 고유 반도체인 규소에 붕소를 도핑하면 전기 전도도가 커진다.

다른 풀이 원자가 전자가 4개인 규소에 원자가 전자가 3개인 붕소를 도핑하면, 공유 결합에 필요한 전자가 부족해 양공이 생기고, 원자가 띠 바로 위에 새로운 에너지 준위가 삽입된다. 새로운 에너지 준위에 의해 띠 간격이 작아지므로, 전기 전도도가 커진다.

03 고체의 에너지띠 2020학년도 9월 모평 물Ⅰ 5번

정답 ① | 정답률 80 %

적용해야 할 개념 ③가지

① 고체는 원자 사이의 거리가 매우 가깝기 때문에 인접한 원자들이 전자의 궤도에 영향을 주어 에너지 준위에 변화가 생기므로 에너지 준위는 띠 모양을 이룬다.
② 띠 간격은 허용된 띠 사이의 간격을 말하며, 전자는 띠 간격에 존재할 수 없다.
③ 원자가 띠에 있는 전자가 전도띠로 전이하기 위해서는 띠 간격 이상의 에너지를 흡수하여야 한다.

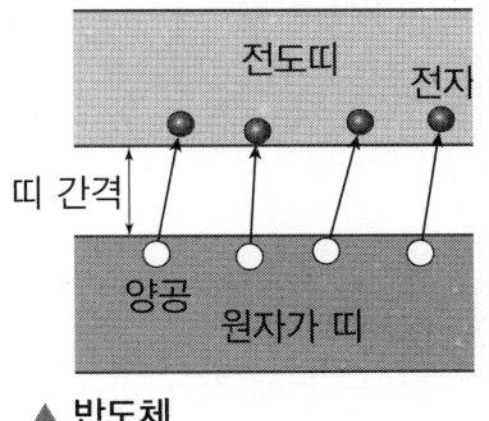

▲ 반도체

문제 보기

그림 (가), (나)는 반도체의 원자가 띠와 전도띠 사이에서 전자가 전이하는 과정을 나타낸 것이다. (나)에서는 광자가 방출된다.

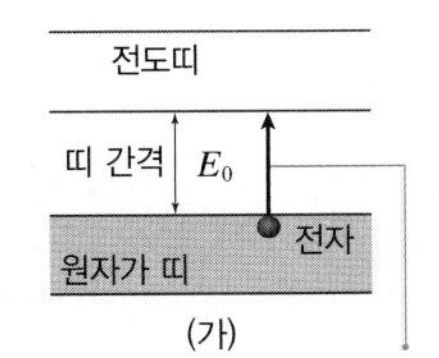

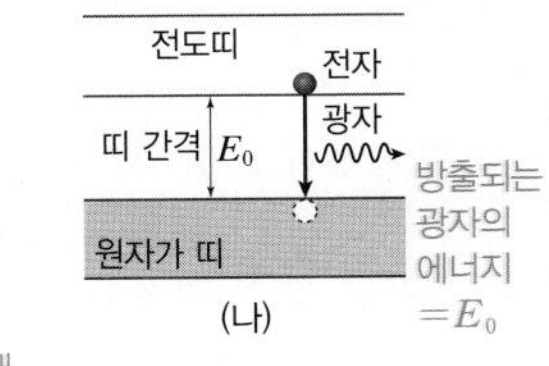

방출되는 광자의 에너지 $=E_0$

띠 간격 이상의 에너지를 흡수해야 전도띠로 전이할 수 있다.

이에 대한 설명으로 옳은 것만을 〈보기〉에서 있는 대로 고른 것은? [3점]

<보기> 풀이

ㄱ. (가)에서 전자는 에너지를 흡수한다. (○)
➡ 원자가 띠의 에너지 준위는 전도띠의 에너지 준위보다 낮으므로, 원자가 띠에 있는 전자가 전도띠로 전이하기 위해서는 띠 간격 이상의 에너지를 흡수하여야 한다. 따라서 (가)에서 전자는 원자가 띠에서 전도띠로 전이하므로 에너지를 흡수한다.

ㄴ. (나)에서 방출되는 광자의 에너지는 E_0보다 작다. (✕)
➡ 전자가 전도띠에서 원자가 띠로 전이할 때 띠 간격에 해당하는 에너지를 갖는 광자가 방출되므로, (나)에서 방출되는 광자의 에너지는 E_0이다.

ㄷ. (나)에서 원자가 띠에 있는 전자의 에너지는 모두 같다. (✕)
➡ 고체를 구성하는 원자의 에너지 준위는 영향을 주는 원자의 수만큼 미세하게 변하므로, 에너지띠는 많은 수의 에너지 준위가 미세한 차이를 두고 거의 연속적으로 분포되어 있다. 따라서 (나)에서 원자가 띠에 있는 전자의 에너지는 모두 다르다.

04 고체의 에너지띠 2023학년도 6월 모평 물I 5번

정답 ② | 정답률 79 %

적용해야 할 개념 ④가지

① 고체 원자 사이의 거리가 매우 가깝기 때문에 인접한 원자들이 전자의 궤도에 영향을 주어 에너지 준위에 변화가 생기므로 에너지 준위는 띠 모양을 이룬다.

② 띠 간격은 허용된 띠 사이의 간격을 말하며, 전자는 띠 간격에 존재할 수 없다.

③ 전도 띠에 있는 전자가 원자가 띠로 전이할 때 띠 간격에 해당하는 에너지를 갖는 광자가 방출된다.

④ 광자 1개의 에너지는 $E=hf=\frac{hc}{\lambda}$로 진동수 f에 비례하고 파장 λ에 반비례한다.

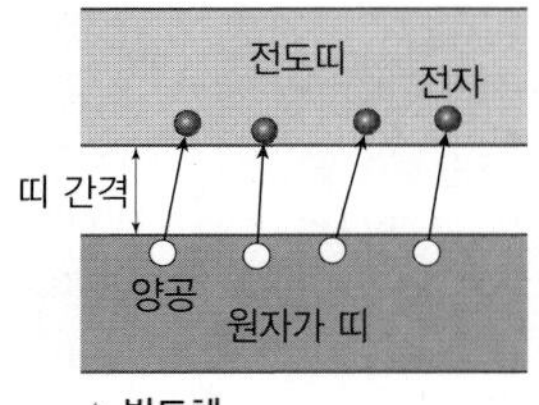

▲ 반도체

문제 보기

그림은 고체 A, B의 에너지띠 구조를 나타낸 것이다. A, B에서 전도띠의 전자가 원자가 띠로 전이하며 빛이 방출된다.

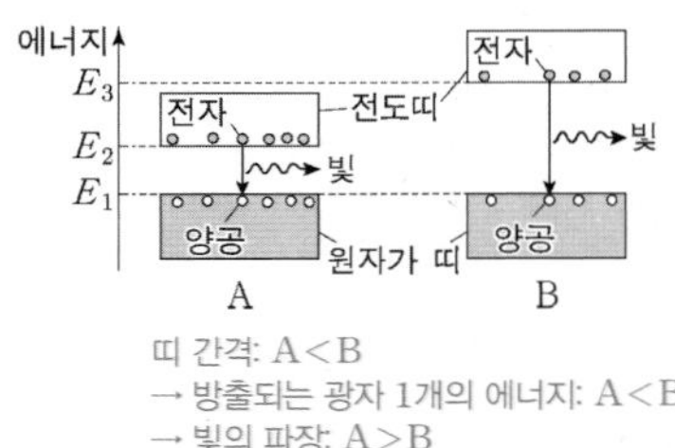

띠 간격: A<B
→ 방출되는 광자 1개의 에너지: A<B
→ 빛의 파장: A>B

이에 대한 설명으로 옳은 것만을 〈보기〉에서 있는 대로 고른 것은? [3점]

<보기> 풀이

ㄱ. **A에서 방출된 광자 1개의 에너지는 E_2-E_1보다 작다.** (×)

➡ A의 띠 간격은 E_2-E_1이므로, A에서 방출된 광자 1개의 에너지는 E_2-E_1 이상이다.

ㄴ. **띠 간격은 A가 B보다 작다.** (○)

➡ A의 띠 간격은 E_2-E_1이고 B의 띠 간격은 E_3-E_1이므로, 띠 간격은 A가 B보다 작다.

ㄷ. **방출된 빛의 파장은 A에서가 B에서보다 짧다.** (×)

➡ 띠 간격이 클수록 방출되는 광자 1개의 에너지가 크고, 광자 1개의 에너지가 큰 빛일수록 파장이 짧다. 띠 간격은 A가 B보다 작으므로, 방출된 빛의 파장은 A에서가 B에서보다 길다.

05 고체의 에너지띠와 전도성 2022학년도 4월 학평 물I 6번

정답 ④ | 정답률 71 %

적용해야 할 개념 ④가지

① 전기 전도도 : 물질 내에서 전류가 잘 흐르는 정도를 나타내는 양으로, 전기 전도도의 크기는 도체>반도체>절연체이다.

② 띠 간격 : 허용된 띠 사이의 간격으로, 띠 간격의 크기는 도체<반도체<절연체이다.

③ 고체의 에너지띠 구조에서 띠 간격이 작을수록 전기 전도도가 크다.

④ 원자가 띠에 있는 전자가 전도띠로 전이하기 위해서는 띠 간격 이상의 에너지를 흡수해야 한다.

속빈 띠 / 반만 찬 띠 / 원자가 띠 / 꽉찬 띠 — ▲ 도체

전도띠 / 띠 간격 / 원자가 띠 — ▲ 절연체

전도띠 / 띠 간격 / 원자가 띠 — ▲ 반도체

문제 보기

그림 (가)는 고체 A, B의 전기 전도도를 나타낸 것이다. A, B는 각각 도체와 반도체 중 하나이다. 그림 (나)의 X, Y는 A, B의 에너지띠 구조를 순서 없이 나타낸 것이다.

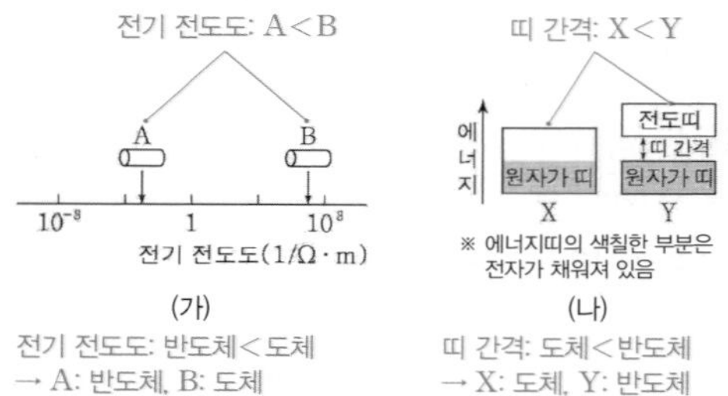

(가) (나)

전기 전도도: 반도체<도체
→ A: 반도체, B: 도체

띠 간격: 도체<반도체
→ X: 도체, Y: 반도체

이에 대한 설명으로 옳은 것만을 〈보기〉에서 있는 대로 고른 것은? [3점]

<보기> 풀이

ㄱ. **A는 도체이다.** (×)

➡ (가)에서 전기 전도도는 B가 A보다 크다. 전기 전도도는 도체가 반도체보다 크므로, B가 도체이고 A는 반도체이다.

ㄴ. **X는 B의 에너지띠 구조이다.** (○)

➡ (나)에서 띠 간격은 Y가 X보다 크다. 띠 간격은 반도체가 도체보다 크므로, Y는 반도체이고 X는 도체이다. 따라서 Y는 반도체인 A의 에너지띠 구조이고, X는 도체인 B의 에너지띠 구조이다.

ㄷ. **Y에서 원자가 띠의 전자가 전도띠로 전이할 때, 전자는 띠 간격 이상의 에너지를 흡수한다.** (○)

➡ Y에서 원자가 띠에 있는 전자가 전도띠로 전이하기 위해서는 띠 간격 이상의 에너지를 흡수해야 한다.

06 고체의 에너지띠와 전기 전도도 2023학년도 3월 학평 물I 4번

정답 ① | 정답률 74 %

적용해야 할 개념 ③가지

① 전기 전도도: 물질 내에서 전류가 흐를 수 있는 정도를 나타낸 양으로, 전기 전도도의 크기는 도체 > 반도체 > 절연체이다.
② 띠 간격: 허용된 띠 사이의 간격으로, 띠 간격의 크기는 도체 < 반도체 < 절연체이다.
③ 고체의 전자는 에너지가 낮은 띠부터 채워진다.

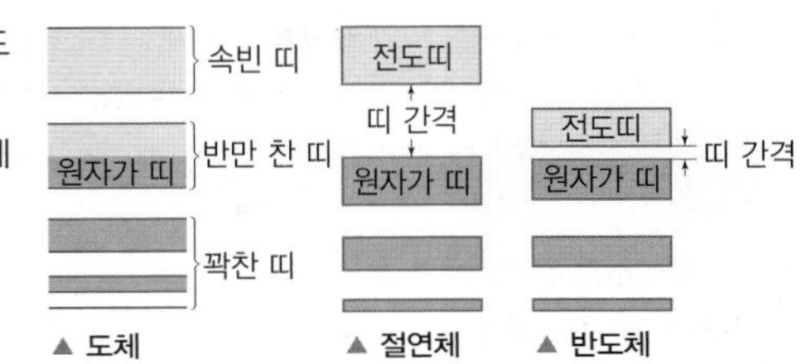

문제 보기

표는 고체 X와 Y의 전기 전도도를 나타낸 것이다. X, Y 중 하나는 도체이고 다른 하나는 반도체이다. → 도체 > 반도체 > 절연체

고체	전기 전도도 ($1/\Omega \cdot m$)
X	2.0×10^{-2}
Y	1.0×10^{5}

전기 전도도: X < Y
→ X: 반도체, Y: 도체
→ 띠 간격: X > Y

X와 Y의 에너지띠 구조를 나타낸 것으로 가장 적절한 것은? (단, 전자는 색칠된 부분 에만 채워져 있다.) [3점]
└→ 전자는 가장 낮은 에너지 준위부터 채워진다.

<보기> 풀이

고체의 전기 전도도를 비교하면 도체 > 반도체 > 절연체 순이다. X가 Y보다 전기 전도도가 작으므로 X는 반도체이고, Y는 도체이다. 고체의 전자들은 에너지 띠의 가장 낮은 에너지 준위부터 차례대로 채워지며, 반도체는 띠 간격이 있고 도체는 띠 간격이 없으므로, X와 Y의 에너지띠 구조를 가장 적절하게 나타낸 것은 ①이다.

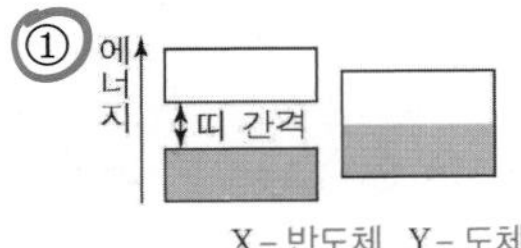

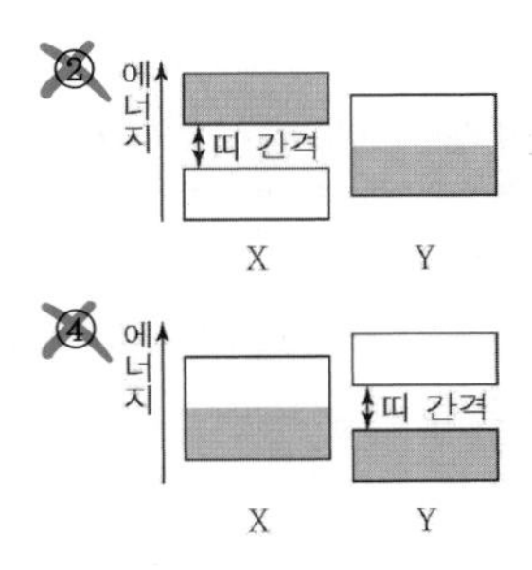

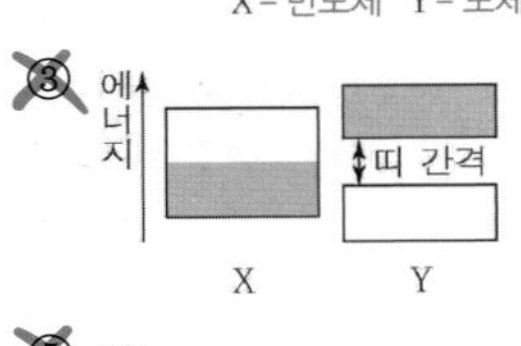

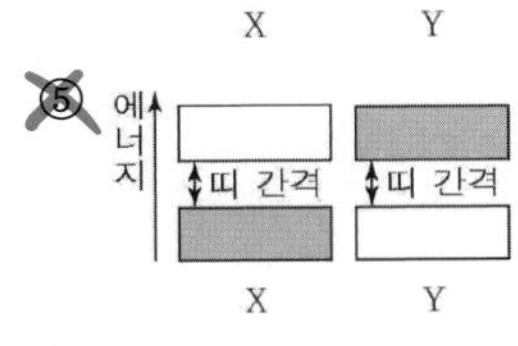

07 고체의 에너지띠와 전도성 2020학년도 수능 물I 3번

정답 ⑤ | 정답률 78 %

적용해야 할 개념 ③가지

① 원자가 띠에 있는 전자가 전도띠로 전이하기 위해서는 띠 간격 이상의 에너지를 흡수하여야 한다.
② 띠 간격의 비교: 도체 < 반도체 < 절연체
③ 전기 전도도의 비교: 도체 > 반도체 > 절연체

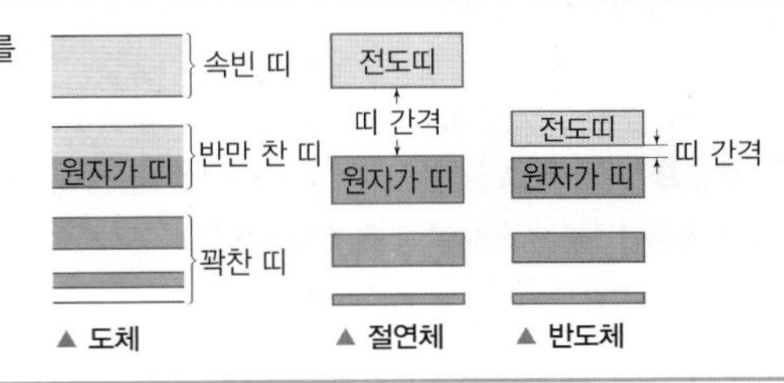

문제 보기

그림은 상온에서 고체 A와 B의 에너지띠 구조를 나타낸 것이다. A와 B는 반도체와 절연체를 순서 없이 나타낸 것이다.

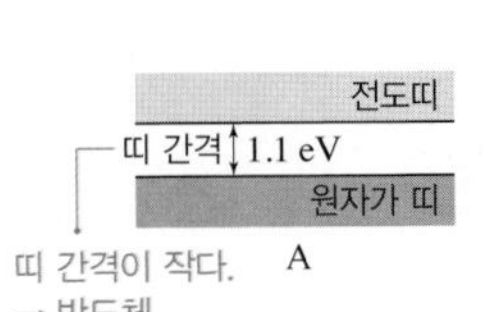

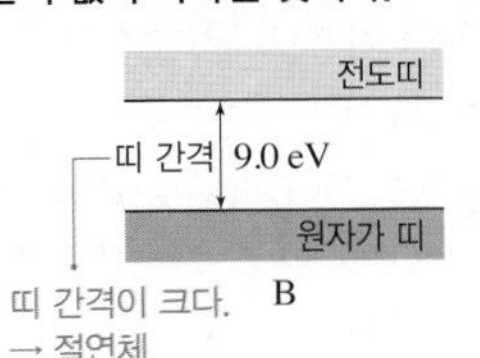

이에 대한 설명으로 옳은 것만을 〈보기〉에서 있는 대로 고른 것은? [3점]

<보기> 풀이

전류가 흐르기 위해서는 전자가 비어 있는 에너지 준위로 이동해야 하므로, 원자가 띠의 전자가 전도띠로 이동하기 위해서는 띠 간격 이상의 에너지를 흡수해야 한다. 따라서 띠 간격이 작을수록 전기 전도성이 좋다.

ㄱ. A는 반도체이다.
➡ 띠 간격은 반도체가 절연체보다 작으므로, A가 반도체이다.

ㄴ. 전기 전도성은 A가 B보다 좋다.
➡ 전기 전도성은 띠 간격이 작은 A가 띠 간격이 큰 B보다 좋다.

ㄷ. 단위 부피당 전도띠에 있는 전자 수는 A가 B보다 많다.
➡ 띠 간격이 작을수록 원자가 띠의 전자가 전도띠로 쉽게 이동하므로, 단위 부피당 전도띠에 있는 전자 수는 띠 간격이 작은 A가 띠 간격이 큰 B보다 많다.

08 고체의 에너지띠와 전도성 2020학년도 3월 학평 물I 9번

정답 ⑤ | 정답률 85 %

적용해야 할 개념 ②가지

① 고체의 에너지띠 구조에서 띠 간격이 작을수록 전기 전도성이 좋다.
② 전기 전도성: 도체 > 반도체 > 절연체

문제 보기

다음은 고체의 전기 전도성에 대한 실험이다.

[실험 과정]
(가) 도체 또는 절연체인 고체 A, B를 준비한다.
(나) 그림과 같이 A를 이용하여 실험 장치를 구성한다.

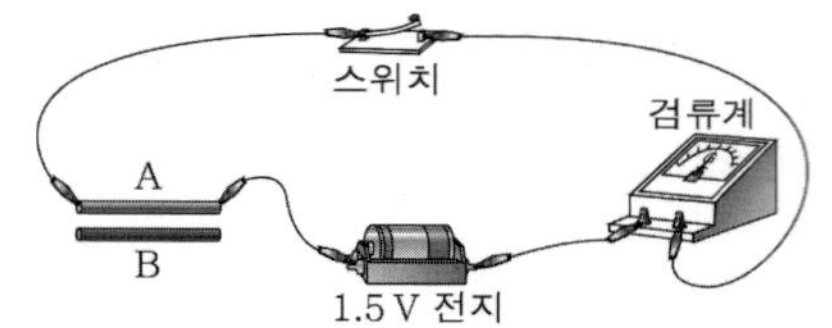

(다) 스위치를 닫아 검류계에 흐르는 전류를 측정한다.
(라) A를 B로 바꾸어 과정 (다)를 반복한다.

[실험 결과]
○ (다)에서는 전류가 흐르고, (라)에서는 전류가 흐르지 않는다.
A: 도체 B: 절연체
전기 전도성: A > B

이에 대한 옳은 설명만을 〈보기〉에서 있는 대로 고른 것은?

<보기> 풀이

ㄱ. A는 도체이다.
➡ 실험 결과 (다)에서는 전류가 흐르므로, A는 도체이다.

ㄴ. 전기 전도성은 A가 B보다 좋다.
➡ 실험 결과 (라)에서는 전류가 흐르지 않으므로, B는 절연체이다. 전기 전도성은 도체인 A가 절연체인 B보다 좋다.

ㄷ. B는 반도체에 비해 원자가 띠와 전도띠 사이의 띠 간격이 크다.
➡ 고체는 띠 간격이 작을수록 전기 전도성이 좋다. 절연체인 B는 반도체에 비해 원자가 띠와 전도띠 사이의 띠 간격이 크다.

09 고체의 전기 전도도 2021학년도 수능 물I 4번

정답 ③ | 정답률 77 %

적용해야 할 개념 ③가지

① 저항은 같은 물질이라도 도선의 길이와 단면적, 온도에 따라 달라진다.
② 같은 물질인 경우 저항(R)은 도선의 길이(l)에 비례하고, 단면적(S)에 반비례한다. ➡ $R=\rho\frac{l}{S}$ (ρ: 비저항)
③ 전기 전도도(σ)는 물질 내에서 전류가 잘 흐르는 정도를 나타내는 물질 고유의 양으로 비저항(ρ)과 역수 관계이다. ➡ $\sigma=\frac{1}{\rho}$

문제 보기

다음은 물질의 전기 전도도에 대한 실험이다.

[실험 과정]
(가) 물질 X로 이루어진 원기둥 모양의 막대 a, b, c를 준비한다.
(나) a, b, c의 ㉠ 과/와 길이를 측정한다.
(다) 저항 측정기를 이용하여 a, b, c의 저항값을 측정한다.
(라) (나)와 (다)의 측정값을 이용하여 X의 전기 전도도를 구한다.

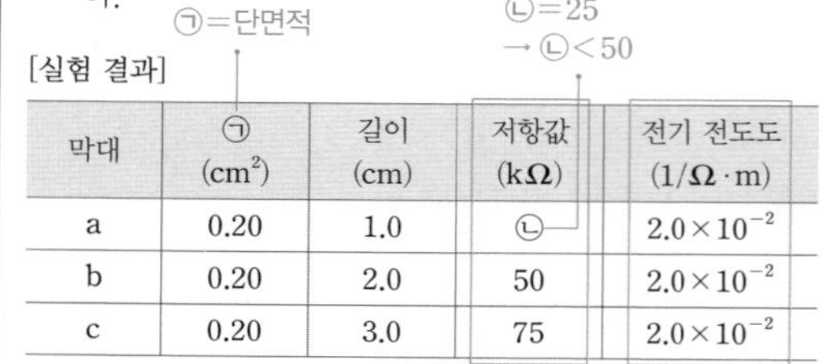

㉠=단면적
㉡=25 → ㉡<50

[실험 결과]

막대	㉠ (cm^2)	길이 (cm)	저항값 (kΩ)	전기 전도도 (1/Ω·m)
a	0.20	1.0	㉡	2.0×10^{-2}
b	0.20	2.0	50	2.0×10^{-2}
c	0.20	3.0	75	2.0×10^{-2}

길이에 비례 길이에 관계없이 일정

이에 대한 설명으로 옳은 것만을 〈보기〉에서 있는 대로 고른 것은? [3점]

<보기> 풀이

ㄱ. 단면적은 ㉠에 해당한다.
➡ 저항은 같은 물질이라도 도선의 길이와 단면적에 따라 달라지므로, 저항을 측정하는 실험을 할 때 도선의 길이와 단면적을 측정해야 한다. 따라서 단면적은 ㉠에 해당한다.

ㄴ. ㉡은 50보다 크다.
➡ 단면적이 같을 때 저항값은 막대의 길이에 비례하므로, ㉡은 50보다 작다.

ㄷ. X의 전기 전도도는 막대의 길이에 관계없이 일정하다.
➡ 실험 결과에서 X의 전기 전도도는 막대의 길이에 관계없이 일정한 것을 알 수 있다.

10 고체의 에너지 띠 2024학년도 10월 학평 물Ⅰ 3번

정답 ③ | 정답률 88 %

적용해야 할 개념 ④가지

① 띠 간격: 허용된 띠 사이의 간격으로, 띠 간격의 크기는 도체<반도체<절연체이다.
② 도체의 에너지띠: 원자가 띠의 일부분만 전자가 채워져 있거나 원자가 띠와 전도띠가 겹쳐 있으며, 띠 간격이 없다.
③ 절연체의 에너지 띠: 원자가 띠가 전자로 모두 채워져 있고 띠 간격이 매우 크다.
④ 전기 전도성: 도체>반도체>절연체

속빈 띠
반만 찬 띠
원자가 띠
꽉찬 띠
▲ 도체

전도띠
띠 간격
원자가 띠
▲ 절연체

전도띠
원자가 띠
띠 간격
▲ 반도체

16 일차

문제 보기

그림 (가)는 고체 A, B의 에너지띠 구조를, (나)는 A, B를 이용하여 만든 집게 달린 전선의 단면을 나타낸 것이다. A와 B는 각각 도체와 절연체 중 하나이고, (가)에서 에너지띠의 색칠된 부분까지 전자가 채워져 있다.

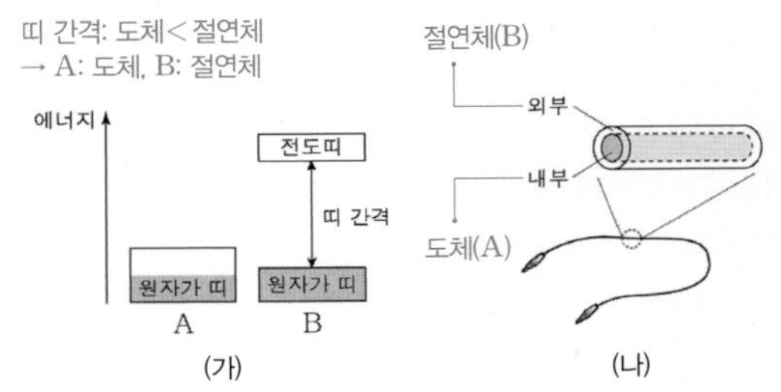

이에 대한 옳은 설명만을 〈보기〉에서 있는 대로 고른 것은?

<보기> 풀이

띠 간격이 A<B이므로, A는 도체이고 B는 절연체이다.

ㄱ. A는 도체이다.
➡ 띠 간격이 없는 A는 도체이다.

ㄴ. B의 원자가 띠에 있는 전자의 에너지 준위는 모두 같다.
➡ 고체의 에너지띠는 많은 수의 에너지 준위가 미세한 차이를 두고 거의 연속적으로 분포되어 있으므로, B의 원자가 띠에 있는 전자의 에너지 준위는 모두 다르다.

ㄷ. (나)에서 전선의 내부는 A, 외부는 B로 이루어져 있다.
➡ 전선의 내부는 전기 전도도가 큰 도체로, 외부는 전기 전도도가 작은 절연체로 이루어져 있으므로 (나)에서 전선의 내부는 A, 외부는 B로 이루어져 있다.

11 고체의 에너지띠와 전도성 2021학년도 9월 모평 물I 5번

정답 ② | 정답률 60 %

적용해야 할 개념 ④가지

① 도체의 에너지띠: 원자가 띠의 일부분만 전자가 채워져 있거나 원자가 띠와 전도띠가 겹쳐 있으며, 띠 간격이 없다.
② 반도체의 에너지띠: 원자가 띠가 전자로 모두 채워져 있지만, 띠 간격이 절연체보다 작다.
③ 도체에서는 전자의 이동으로 전류가 흐르고, 반도체에서는 전자와 양공의 이동으로 전류가 흐른다.
④ 전기 전도도: 도체 > 반도체 > 절연체

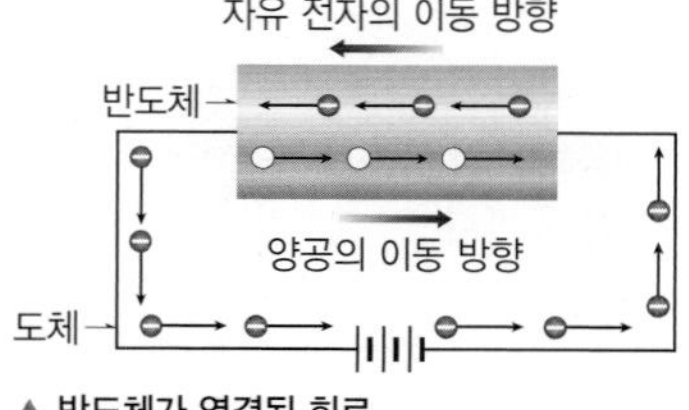

▲ 반도체가 연결된 회로

문제 보기

다음은 물질 A, B, C의 전기 전도도를 알아보기 위한 탐구이다.

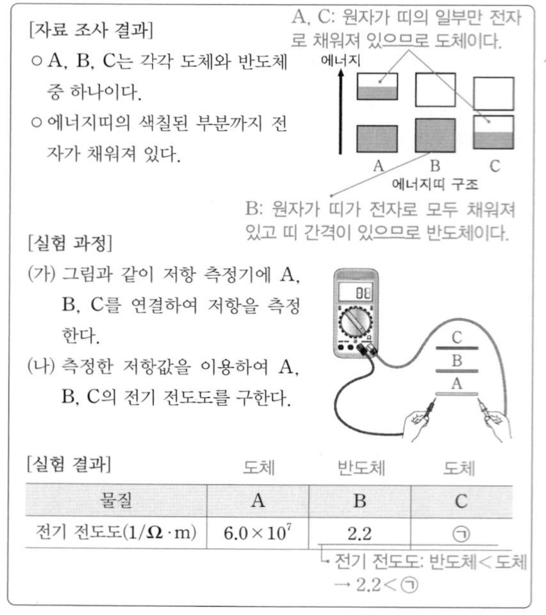

물질	A	B	C
전기 전도도($1/\Omega \cdot m$)	6.0×10^7	2.2	㉠

└ 전기 전도도: 반도체 < 도체 → 2.2 < ㉠

이에 대한 설명으로 옳은 것만을 〈보기〉에서 있는 대로 고른 것은? [3점]

<보기> 풀이

A와 C는 원자가 띠의 일부만 전자로 채워져 있으므로 도체이고, B는 원자가 띠가 전자로 모두 채워져 있고 띠 간격이 있으므로 반도체이다.

ㄱ. ㉠에 해당하는 값은 2.2보다 작다.
➡ 전기 전도도는 전기가 잘 통하는 물질일수록 크다. 도체인 C는 반도체인 B보다 전기 전도도가 크므로, ㉠에 해당하는 값은 2.2보다 크다.

ㄴ. A에서는 주로 양공이 전류를 흐르게 한다.
➡ 도체는 전자의 이동에 의해서 전류가 흐르고 반도체는 전자와 양공의 이동에 의해서 전류가 흐른다. A는 도체이므로 A에서는 전자가 전류를 흐르게 한다.

ㄷ. B에 도핑을 하면 전기 전도도가 커진다.
➡ B는 반도체이므로 도핑을 하면 전자나 양공의 수가 증가하므로 전기 전도도가 커진다.

12 물질의 자성 2023학년도 9월 모평 물I 2번

정답 ① | 정답률 85 %

적용해야 할 개념 ③가지

① 자석의 N극과 S극은 단독으로 존재할 수 없다.
② 자기장: 자석 주위나 전류가 흐르는 도선 주위에 자기력이 작용하는 공간이다.
③ 자기력선: 자기장의 모양을 나타내는 선으로, 자석의 N극에서 나와 S극으로 들어간다.

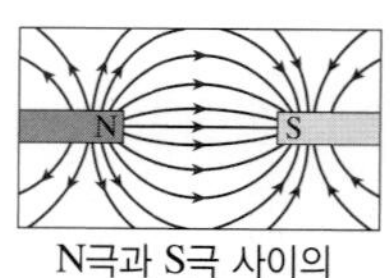

N극과 S극 사이의 자기력선

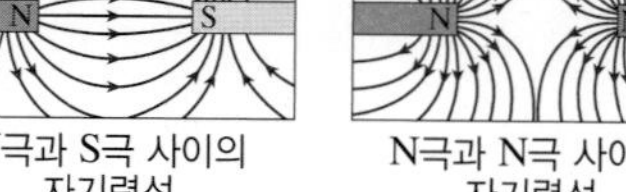

N극과 N극 사이의 자기력선　S극과 S극 사이의 자기력선

문제 보기

그림 (가)는 막대자석의 모습을, (나)는 (가)의 자석의 가운데를 자른 모습을 나타낸 것이다.

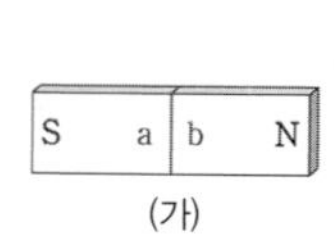

(가)

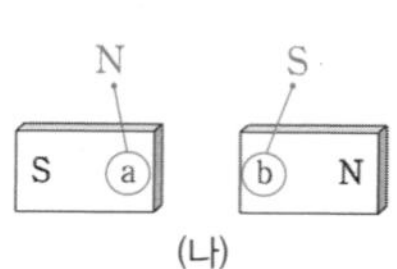

(나)

자기력선은 a(N극)에서 나와 b(S극)로 들어간다.

(나)에서 a, b 사이의 자기장 모습으로 가장 적절한 것은?

<보기> 풀이

자석의 N극과 S극은 단독으로 존재할 수 없으므로, 막대자석은 아무리 작게 잘라도 N극과 S극이 항상 같이 나타난다. 또 자기장의 모양을 나타내는 자기력선은 N극에서 나와 S극으로 들어간다. 따라서 a는 N극, b는 S극이고, 자기장 모습은 자기력선이 a에서 나와 b로 들어가는 ①이 가장 적절하다.

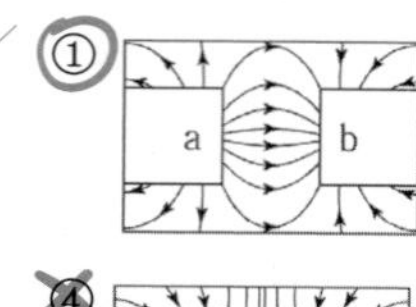

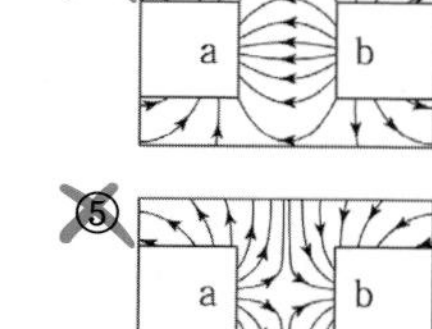

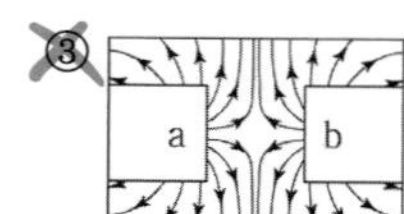

② ⑤

13 자성의 종류와 성질 2021학년도 9월 모평 물Ⅰ 1번

정답 ③ | 정답률 90 %

적용해야 할 개념 ③가지

① 자기화된 강자성체는 외부 자기장을 제거해도 자기화된 상태를 오래 유지한다.
② 상자성체는 외부자기장을 제거하면 자기화된 상태가 사라진다.
③ 반자성체는 외부 자기장의 방향과 반대 방향으로 약하게 자화된다.

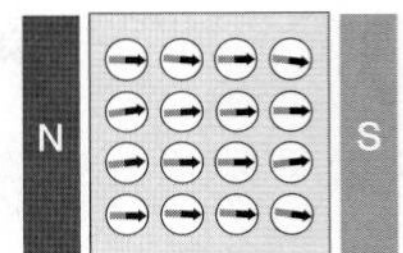

▲ 강자성체

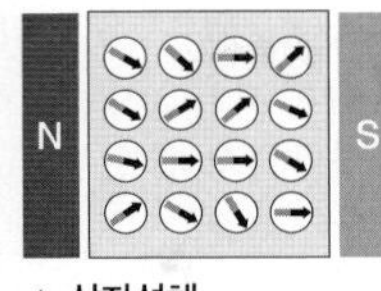

▲ 상자성체

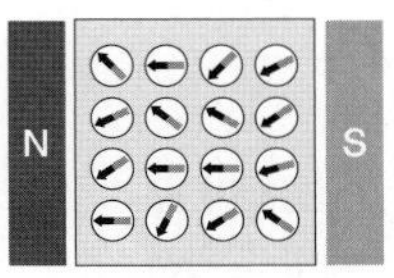

▲ 반자성체

문제 보기

그림은 물질의 자성에 대해 학생 A, B, C가 발표하는 모습을 나타낸 것이다.

발표한 내용이 옳은 학생만을 있는 대로 고른 것은?

<보기> 풀이

학생 A: 강자성체는 하드디스크에 이용돼요.

➡ 강자성체는 외부 자기장의 방향으로 강하게 자화되어 외부 자기장을 제거해도 자화된 상태를 오래 유지하므로, 정보를 저장하는 데 이용할 수 있다. 컴퓨터의 하드디스크, 마그네틱 카드의 표면 등에 강자성체가 이용된다.

학생 B: 상자성체는 외부 자기장을 제거해도 자화된 상태를 유지해요.

➡ 상자성체는 외부 자기장의 방향으로 강자성체보다 약하게 자화되며, 외부 자기장을 제거하면 자화된 상태가 사라진다.

학생 C: 반자성체는 외부 자기장과 반대 방향으로 자화돼요.

➡ 반자성체는 외부 자기장의 방향과 반대 방향으로 약하게 자화되는 성질을 가지고 있다.

14 자성의 종류와 성질 2022학년도 6월 모평 물Ⅰ 9번

정답 ⑤ | 정답률 75 %

적용해야 할 개념 ③가지

① 솔레노이드 내부에 생기는 자기장의 방향은 오른손 네 손가락의 방향을 전류의 방향으로 감아쥘 때 엄지손가락이 가리키는 방향이다.
② 강자성체는 외부 자기장의 방향과 같은 방향으로 강하게 자기화되며, 자석과 서로 당기는 힘이 작용한다.
③ 자기화된 강자성체는 외부 자기장을 제거해도 자기화된 상태를 오래 유지한다.

구분	강자성체	상자성체	반자성체
자성	자석에 강하게 끌린다(인력).	자석에 약하게 끌린다(인력).	자석에 약하게 밀린다(척력).
자기화 방향	외부 자기장의 방향	외부 자기장의 방향	외부 자기장의 반대 방향
외부 자기장을 제거할 때	자기화가 오래 유지	자기화가 사라짐.	자기화가 사라짐.

문제 보기

그림 (가)는 강자성체 X가 솔레노이드에 의해 자기화된 모습을, (나)는 (가)의 X를 자기화되어 있지 않은 강자성체 Y에 가져간 모습을 나타낸 것이다.

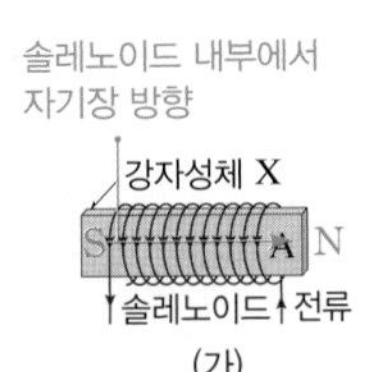

(가)

X: 자기화된 상태를 유지 → A쪽: N극
Y: X의 자기장의 방향으로 자기화 → B: S극

강자성체 X　강자성체 Y
S　A N S B　N

(나)

(나)에서 자기장의 모습을 나타낸 것으로 가장 적절한 것은? [3점]

<보기> 풀이

❶ 강자성체는 외부 자기장의 방향으로 자기화된다. (가)에서 전류가 화살표 방향으로 흐를 때 솔레노이드 내부에서 자기장의 방향은 오른쪽이므로, 강자성체 X의 A쪽은 N극이 된다.

❷ 강자성체는 외부 자기장을 제거해도 자기화된 상태를 오래 유지한다. (나)에서 강자성체 X의 A쪽이 N극이므로, 자기장의 방향은 A에서 바깥으로 향하는 방향이다.

❸ 자기화되어 있지 않은 강자성체 Y를 자기화된 강자성체 X에 가까이 가져가면, 강자성체 Y는 강자성체 X의 자기장 방향으로 자기화된다. 따라서 Y의 B쪽은 S극이 되며, 자기장의 방향은 바깥에서 B쪽으로 향하는 방향이다. 따라서 (나)에서 자기장의 모습을 나타낸 것으로 가장 적절한 것은 ⑤이다.

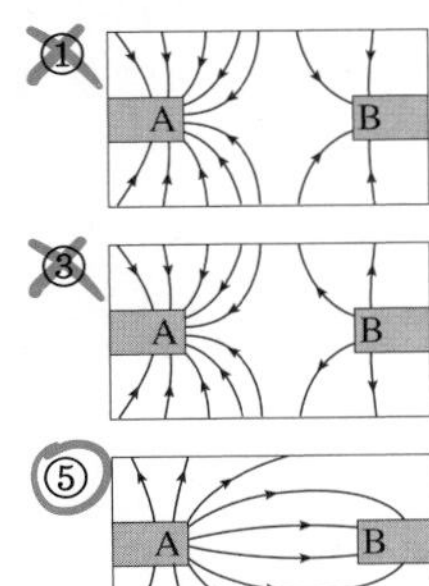

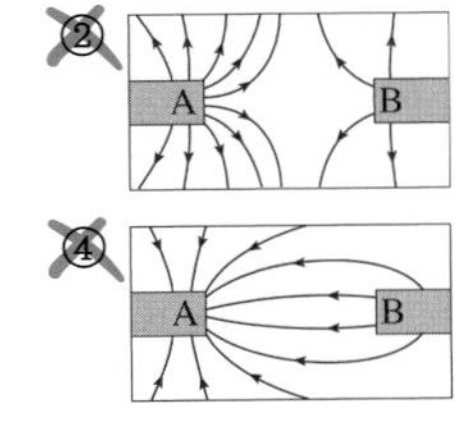

15 자성의 종류와 성질 2021학년도 10월 학평 물Ⅰ 1번

정답 ① | 정답률 89 %

적용해야 할 개념 ③가지

① 강자성체는 외부 자기장의 방향과 같은 방향으로 강하게 자기화되며, 자석과 서로 당기는 힘이 작용한다.
② 자기화된 강자성체는 외부 자기장을 제거해도 자기화된 상태를 오래 유지한다.
③ 자기화된 반자성체는 외부 자기장을 제거하면 자기화된 상태가 사라진다.

구분	강자성체	상자성체	반자성체
자성	자석에 강하게 끌린다(인력).	자석에 약하게 끌린다(인력).	자석에 약하게 밀린다(척력).
자기화 방향	외부 자기장의 방향	외부 자기장의 방향	외부 자기장의 반대 방향
외부 자기장을 제거할 때	자기화가 오래 유지	자기화가 사라짐.	자기화가 사라짐.

문제 보기

그림은 자석이 냉장고의 철판에는 붙고, 플라스틱판에는 붙지 않는 현상에 대한 학생 A, B, C의 대화를 나타낸 것이다.

철=강자성체

플라스틱≠강자성체

철=강자성체
→ 외부 자기장과 같은 방향으로 자기화됨.
자석: 자기화된 상태를 유지
→ 강자성체
자석은 강자성체야.
철은 외부 자기장과 반대 방향으로 자기화돼.
플라스틱은 외부 자기장을 제거해도 자화된 상태를 유지해.
학생 A
학생 B
학생 C
플라스틱≠강자성체
→ 외부 자기장을 제거하면 자화된 상태가 사라짐.

제시한 내용이 옳은 학생만을 있는 대로 고른 것은?

<보기> 풀이

학생 A: 자석은 강자성체야.
➡ 자석은 자기화된 상태를 유지하고 있으므로 강자성체이다.

학생 B: 플라스틱은 외부 자기장을 제거해도 자화된 상태를 유지해.
➡ 플라스틱판에 자석이 붙지 않으므로, 플라스틱은 강자성체가 아니다. 따라서 플라스틱은 외부 자기장을 제거하면 자화된 상태가 사라진다.

다른 풀이 플라스틱은 반자성체이므로 외부 자기장을 제거하면 자회된 상태가 사라진다.

학생 C: 철은 외부 자기장과 반대 방향으로 자기화돼.
➡ 자석이 철판에 붙으므로 철은 강자성체이다. 강자성체인 철은 외부 자기장과 같은 방향으로 자기화된다.

16 자성의 종류와 성질 2023학년도 6월 모평 물Ⅰ 2번

정답 ① | 정답률 81 %

적용해야 할 개념 ③가지

① 강자성체는 외부 자기장의 방향과 같은 방향으로 강하게 자기화되며, 자석과 서로 당기는 힘이 작용한다.
② 반자성체는 외부 자기장의 방향과 반대 방향으로 약하게 자기화되며, 자석과 서로 미는 힘이 작용한다.
③ 자기화된 강자성체는 외부 자기장을 제거해도 자기화된 상태를 오래 유지한다.

구분	강자성체	상자성체	반자성체
자성	자석에 강하게 끌린다(인력).	자석에 약하게 끌린다(인력).	자석에 약하게 밀린다(척력).
자기화 방향	외부 자기장의 방향	외부 자기장의 방향	외부 자기장의 반대 방향
외부 자기장을 제거할 때	자기화가 오래 유지됨.	자기화가 사라짐.	자기화가 사라짐.

문제 보기

그림은 자성체에 대해 학생 A, B, C가 대화하는 모습을 나타낸 것이다.

반자성체: 자석과 서로 미는 자기력이 작용

철: 강자성체 → 외부 자기장을 제거해도 자기화된 상태가 유지됨.

강자성체는 외부 자기장과 같은 방향으로 자기화돼.

반자성체는 자석을 가까이 하면 당기는 자기력이 작용해.

철은 외부 자기장을 제거하면 자기화된 상태를 유지하지 못하는 상자성체야.

학생 A 학생 B 학생 C

제시한 내용이 옳은 학생만을 있는 대로 고른 것은? [3점]

<보기> 풀이

학생 A: 강자성체는 외부 자기장과 같은 방향으로 자기화돼.
➡ 강자성체는 외부 자기장과 같은 방향으로 강하게 자기화된다.

학생 B: 반자성체는 자석을 가까이 하면 당기는 자기력이 작용해.
➡ 반자성체는 외부 자기장의 방향과 반대 방향으로 자기화되므로, 자석을 가까이 하면 서로 미는 자기력이 작용한다.

학생 C: 철은 외부 자기장을 제거하면 자기화된 상태를 유지하지 못하는 상자성체야.
➡ 철은 외부 자기장을 제거해도 자기화된 상태를 유지하는 강자성체이다.

17 자성의 종류와 성질 2022학년도 수능 물Ⅰ 6번

정답 ① | 정답률 90 %

적용해야 할 개념 ②가지

① 상자성체는 외부 자기장의 방향과 같은 방향으로 약하게 자기화되며, 자석과 서로 당기는 힘이 작용한다.
② 반자성체는 외부 자기장의 방향과 반대 방향으로 약하게 자기화되며, 자석과 서로 미는 힘이 작용한다.

구분	강자성체	상자성체	반자성체
자성	자석에 강하게 끌린다(인력).	자석에 약하게 끌린다(인력).	자석에 약하게 밀린다(척력).
자기화 방향	외부 자기장의 방향	외부 자기장의 방향	외부 자기장의 반대 방향
외부 자기장을 제거할 때	자기화가 오래 유지	자기화가 사라짐.	자기화가 사라짐.

문제 보기

그림은 자석의 S극을 물체 A, B에 각각 가져갔을 때 자기장의 모습을 나타낸 것이다. A와 B는 상자성체와 반자성체를 순서 없이 나타낸 것이다.

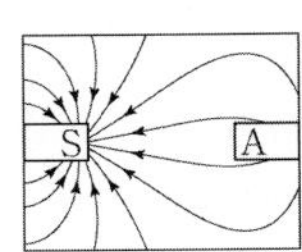

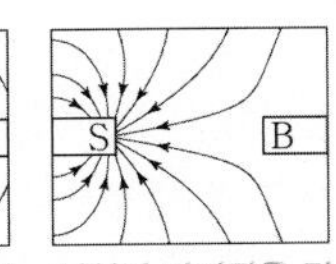

자석의 자기장 방향으로 자기화됨. → A: 상자성체 → 인력이 작용

자석의 자기장을 밀어냄. → B: 반자성체

이에 대한 설명으로 옳은 것만을 〈보기〉에서 있는 대로 고른 것은? [3점]

<보기> 풀이

ㄱ. A는 자기화되어 있다.
➡ A의 왼쪽편에서 바깥쪽으로 향하는 방향의 자기장이 형성되어 있으므로, A는 자기화되어 있다.

ㄴ. A와 자석 사이에는 서로 미는 힘이 작용한다.
➡ A의 자기력선과 자석의 자기력선이 연결되어 있으므로, A는 자석의 자기장 방향으로 자기화되어 있다. 따라서 A는 상자성체이며, A와 자석 사이에는 서로 당기는 힘이 작용한다.

ㄷ. B는 상자성체이다.
➡ B는 자석의 자기장을 밀어내므로, B와 자석 사이에 서로 미는 힘이 작용한다. 따라서 B는 반자성체이다.

18 자성의 종류와 성질 2021학년도 6월 모평 물Ⅰ 12번

정답 ② | 정답률 90 %

적용해야 할 개념 ②가지

① 자기화된 강자성체는 외부 자기장을 제거해도 자기화된 상태를 오래 유지한다.
② 자기화된 상자성체는 외부 자기장을 제거하면 자기화된 상태가 사라진다.

구분	강자성체	상자성체	반자성체
자성	자석에 강하게 끌린다(인력).	자석에 약하게 끌린다(인력).	자석에 약하게 밀린다(척력).
자기화 방향	외부 자기장의 방향	외부 자기장의 방향	외부 자기장의 반대 방향
외부 자기장을 제거할 때	자기화가 오래 유지	자기화가 사라짐.	자기화가 사라짐.

문제 보기

그림 (가)는 자석에 붙여 놓았던 알루미늄 클립들이 서로 달라붙지 않는 모습을, (나)는 자석에 붙여 놓았던 철 클립들이 서로 달라붙는 모습을 나타낸 것이다.

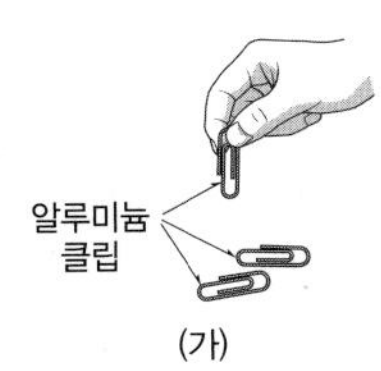

(가)
서로 달라붙지 않는다. → 자기화되어 있지 않다. → 강자성체가 아니다.

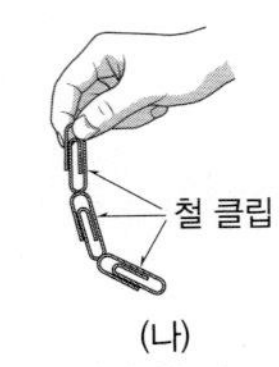

(나)
서로 달라붙는다. → 자기화되어 있다. → 강자성체이다.

이에 대한 설명으로 옳은 것만을 〈보기〉에서 있는 대로 고른 것은?

<보기> 풀이

ㄱ. (가)의 알루미늄 클립은 강자성체이다.
➡ (가)에서 자석에 붙여 놓았던 알루미늄 클립들이 자석에서 떨어진 후 서로 달라붙지 않는 것은 외부 자기장을 제거했을 때 자기화된 상태가 사라졌기 때문이다. 자석에 붙을 수 있고, 외부 자기장을 제거했을 때 자기화된 상태가 사라지는 물체는 상자성체이므로, (가)의 알루미늄 클립은 상자성체이다.

ㄴ. (나)의 철 클립은 상자성체이다.
➡ (나)에서 자석에 붙여 놓았던 철 클립들이 자석에서 떨어진 후 서로 달라붙는 것은 외부 자기장을 제거해도 자기화된 상태를 유지하기 때문이다. 외부 자기장을 제거해도 자기화된 상태를 유지하는 물체는 강자성체이므로, (나)의 철 클립은 강자성체이다.

ㄷ. (나)의 철 클립은 자기화되어 있다.
➡ (나)에서 철 클립들이 서로 달라붙는 것은 자기화된 상태를 유지하기 때문이다. 즉, (나)의 철 클립은 자기화되어 있다.

16 일차

19 자성의 종류와 성질 2022학년도 3월 학평 물I 12번

정답 ④ | 정답률 62 %

적용해야 할 개념 ②가지

① 강자성체는 외부 자기장의 방향과 같은 방향으로 강하게 자기화되며, 자석과 서로 당기는 힘이 작용한다.
② 반자성체는 외부 자기장의 방향과 반대 방향으로 약하게 자기화되며, 자석과 서로 미는 힘이 작용한다.

구분	강자성체	상자성체	반자성체
자성	자석에 강하게 끌린다(인력).	자석에 약하게 끌린다(인력).	자석에 약하게 밀린다(척력).
자기화 방향	외부 자기장의 방향	외부 자기장의 방향	외부 자기장의 반대 방향
외부 자기장을 제거할 때	자기화가 오래 유지	자기화가 사라짐.	자기화가 사라짐.

문제 보기

다음은 전동 스테이플러의 작동 원리이다.

그림 (가)와 같이 전동 스테이플러에 종이를 넣지 않았을 때는 고정된 코일이 자성체 A를 당기지 않는다. 그림 (나)와 같이 종이를 넣으면 스위치가 닫히면서 코일에 전류가 흐르고, ㉠코일이 A를 강하게 당긴다. 그리고 A가 철사 침을 눌러 종이에 박는다.

→ 당기는 자기력이 작용 →A: 강자성체
→ 외부 자기장과 같은 방향으로 자기화됨.

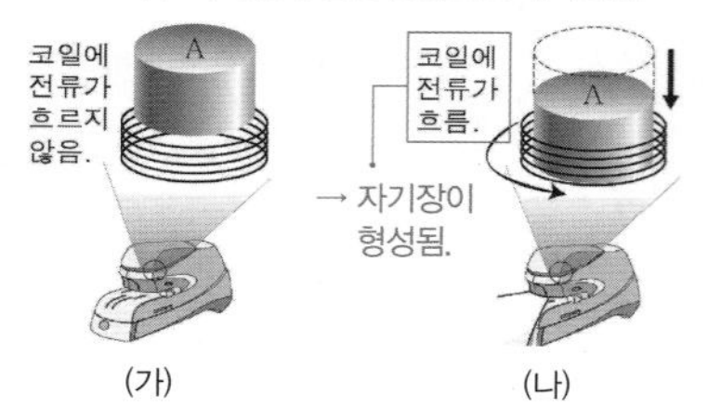
코일에 전류가 흐르지 않음.
A
코일에 전류가 흐름.
→ 자기장이 형성됨.
A

(가) (나)

이에 대한 옳은 설명만을 〈보기〉에서 있는 대로 고른 것은?

<보기> 풀이

ㄱ. ㉠은 자기력에 의해 나타나는 현상이다.
➡ 코일에 전류가 흐를 때 형성되는 자기장에 의해 A가 자기화되므로, 코일과 A 사이에 자기력이 작용하게 된다. 따라서 ㉠은 자기력에 의해 나타나는 현상이다.

ㄴ. A는 반자성체이다. (✗)
➡ 자기화된 A와 코일 사이에 강하게 당기는 자기력이 작용하므로, A는 강자성체이다.

ㄷ. (나)의 A는 코일의 전류에 의한 자기장과 같은 방향으로 자기화된다.
➡ A는 강자성체이므로, 코일의 전류에 의한 자기장과 같은 방향으로 자기화된다.

20 자성의 종류와 성질 2020학년도 10월 학평 물I 14번

정답 ⑤ | 정답률 88 %

적용해야 할 개념 ③가지

① 강자성체는 외부 자기장의 방향과 같은 방향으로 강하게 자기화되며, 자석과 서로 당기는 힘이 작용한다.
② 자기화된 강자성체는 외부 자기장을 제거해도 자기화된 상태를 오래 유지한다.
③ 반자성체는 외부 자기장의 방향과 반대 방향으로 약하게 자기화되며, 자석과 서로 미는 힘이 작용한다.

구분	강자성체	상자성체	반자성체
자성	자석에 강하게 끌린다(인력).	자석에 약하게 끌린다(인력).	자석에 약하게 밀린다(척력).
자기화 방향	외부 자기장의 방향	외부 자기장의 방향	외부 자기장의 반대 방향
외부 자기장을 제거할 때	자기화가 오래 유지	자기화가 사라짐.	자기화가 사라짐.

문제 보기

그림 (가)는 철 바늘을 물 위에 띄웠더니 회전하여 북쪽을 가리키는 모습을, (나)는 플라스틱 빨대에 자석을 가까이 하였더니 빨대가 자석으로부터 멀어지는 모습을 나타낸 것이다.

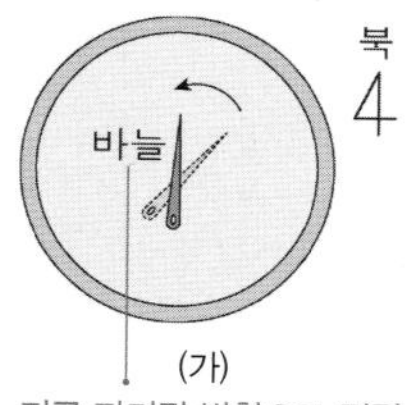
북
바늘

(가)

지구 자기장 방향으로 정렬
→ 자기화된 상태 유지
→ 강자성체

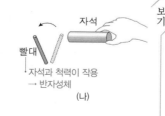

자석
빨대
자석과 척력이 작용
→ 반자성체

(나)

이에 대한 옳은 설명만을 〈보기〉에서 있는 대로 고른 것은?

<보기> 풀이

ㄱ. (가)의 철 바늘은 자기화되어 있다.
➡ (가)에서 철 바늘이 회전하여 지구 자기장의 방향인 북쪽을 가리키는 것은 철 바늘이 자기화되어 있기 때문이다.

ㄴ. 철 바늘은 강자성체이다.
➡ 철 바늘은 자기화된 상태를 유지하고 있으므로 강자성체이다.

ㄷ. 플라스틱 빨대는 반자성체이다.
➡ 플라스틱 빨대는 자석과 서로 미는 힘(척력)이 작용하므로 반자성체이다.

21 자성의 종류와 성질 2023학년도 3월 학평 물I 5번

정답 ④ | 정답률 62 %

적용해야 할 개념 ②가지

① 강자성체는 외부 자기장의 방향과 같은 방향으로 강하게 자기화되며, 자석과 서로 당기는 힘이 작용한다.
② 반자성체는 외부 자기장의 방향과 반대 방향으로 약하게 자기화되며, 자석과 서로 미는 힘이 작용한다.

구분	강자성체	상자성체	반자성체
자성	자석에 강하게 끌린다(인력).	자석에 약하게 끌린다(인력).	자석에 약하게 밀린다(척력).
자기화 방향	외부 자기장의 방향	외부 자기장의 방향	외부 자기장의 반대 방향
외부 자기장을 제거할 때	자기화가 오래 유지	자기화가 사라짐.	자기화가 사라짐.

16 일차

문제 보기

다음은 자성체에 대한 실험이다.

[실험 과정]
(가) 막대 A, B를 각각 수평이 유지되도록 실에 매달아 동서 방향으로 가만히 놓는다. A, B는 강자성체, 반자성체를 순서 없이 나타낸 것이다.

(나) 정지한 A, B의 모습을 나침반 자침과 함께 관찰한다.
(다) (나)에서 A, B의 끝에 네오디뮴 자석을 가까이하여 A, B의 움직임을 관찰한다.

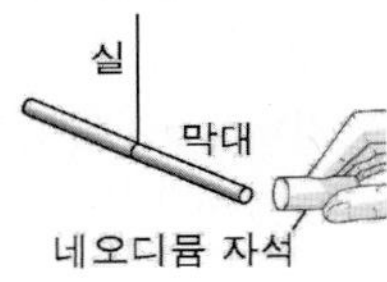

[실험 결과]

	A	B
(나)	나침반 자침의 방향과 나란하지 않은 방향 → 지구 자기장의 방향으로 자기화되지 않음. → A: 반자성체	나침반 자침의 방향과 나란한 방향 → 지구 자기장의 방향으로 자기화 됨. → B: 강자성체
(다)	㉠ → 자석으로부터 밀려난다.	자석으로 끌려온다.

이에 대한 옳은 설명만을 〈보기〉에서 있는 대로 고른 것은? (단, 실에 의한 회전은 무시한다.) [3점]

<보기> 풀이

나침반 자침의 방향은 지구 자기장의 방향을 가리키므로, 막대가 지구 자기장 방향으로 자기화되면 나침반 자침과 나란한 방향으로 정렬된다. 따라서 (나)에서 나침반 자침의 방향과 나란하게 정렬된 B는 지구 자기장의 방향으로 자기화된 강자성체이고, A는 반자성체이다.

ㄱ. (나)에서 A는 지구 자기장 방향으로 자기화되어 있다.
➡ (나)에서 A는 나침반 자침의 방향과 나란하지 않으므로, A는 지구 자기장 방향으로 자기화되어 있지 않다.

ㄴ. '자석으로부터 밀려난다'는 ㉠으로 적절하다.
➡ 반자성체인 A는 외부 자기장과 반대 방향으로 자기화되므로 자석과 서로 미는 힘이 작용한다. 따라서 '자석으로부터 밀려난다'는 ㉠으로 적절하다.

ㄷ. B는 강한 전자석을 만드는 데 이용할 수 있다.
➡ 전자석의 철심으로 강자성체를 사용하면, 외부 자기장과 같은 방향으로 자기화되는 강자성체의 성질로 인해 전자석의 세기가 증가한다. 따라서 강자성체인 B는 강한 전자석을 만드는 데 이용할 수 있다.

22 자성의 종류와 성질 2023학년도 10월 학평 물Ⅰ 8번

정답 ① | 정답률 76 %

적용해야 할 개념 ③가지

① 상자성체는 외부 자기장의 방향과 같은 방향으로 약하게 자기화되며, 자석과 서로 당기는 힘이 작용한다.
② 반자성체는 외부 자기장의 방향과 반대 방향으로 약하게 자기화되며, 자석과 서로 미는 힘이 작용한다.
③ 자기화된 반자성체는 외부 자기장을 제거하면 자기화된 상태가 사라진다.

구분	강자성체	상자성체	반자성체
자성	자석에 강하게 끌린다(인력).	자석에 약하게 끌린다(인력).	자석에 약하게 밀린다(척력).
자기화 방향	외부 자기장의 방향	외부 자기장의 방향	외부 자기장의 반대 방향
외부 자기장을 제거할 때	자기화가 오래 유지	자기화가 사라짐.	자기화가 사라짐.

문제 보기

그림은 모양과 크기가 같은 자성체 P 또는 Q를 일정한 전류가 흐르는 솔레노이드에 넣은 모습을 나타낸 것이다. 자기장의 세기는 P 내부에서가 Q 내부에서보다 크다. P와 Q 중 하나는 상자성체이고, 다른 하나는 반자성체이다.

→ P: 상자성체, Q: 반자성체

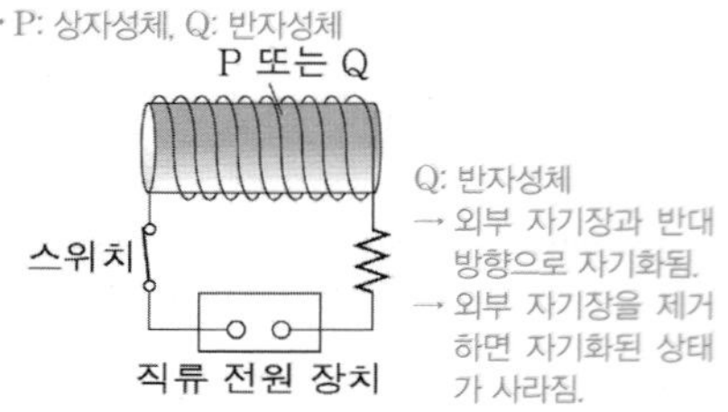

Q: 반자성체
→ 외부 자기장과 반대 방향으로 자기화됨.
→ 외부 자기장을 제거하면 자기화된 상태가 사라짐.

이에 대한 옳은 설명만을 〈보기〉에서 있는 대로 고른 것은?

<보기> 풀이

ㄱ. P는 상자성체이다.

➡ 상자성체는 외부 자기장과 같은 방향으로 자기화되므로 전류가 흐르는 솔레노이드에 넣으면 솔레노이드의 자기장의 세기가 세지고, 반자성체는 외부 자기장과 반대 방향으로 자기화되므로 전류가 흐르는 솔레노이드에 넣으면 솔레노이드의 자기장의 세기가 약해진다. P와 Q를 솔레노이드에 넣었을 때 자기장의 세기는 P 내부에서가 Q 내부에서보다 크므로, P는 상자성체이다.

ㄴ. Q는 솔레노이드에 의한 자기장과 같은 방향으로 자기화된다.

➡ Q는 반자성체이므로, 솔레노이드에 의한 자기장과 반대 방향으로 자기화된다.

ㄷ. 스위치를 열어도 Q는 자기화된 상태를 유지한다.

➡ 자기화된 반자성체는 외부 자기장을 제거하면 자기화된 상태가 사라지므로, 스위치를 열면 Q는 자기화된 상태가 사라진다.

23 자성의 종류와 성질 2024학년도 3월 학평 물Ⅰ 6번

정답 ① | 정답률 76 %

적용해야 할 개념 ③가지

① 강자성체는 외부 자기장의 방향과 같은 방향으로 강하게 자기화되며, 자석과 서로 당기는 힘이 작용한다.
② 자기화된 강자성체는 외부 자기장을 제거해도 자기화된 상태를 오래 유지한다.
③ 상자성체는 외부 자기장의 방향과 같은 방향으로 약하게 자기화되며, 자석과 서로 당기는 힘이 작용한다.

문제 보기

다음은 자석과 자성체를 이용한 실험이다.

[실험 과정]
(가) 그림과 같은 고리 모양의 동일한 자석 A, B, C, ㉠강자성체 X, 상자성체 Y를 준비한다.
(나) 수평면에 연직으로 고정된 나무 막대에 자석과 자성체를 넣고, 모두 정지했을 때의 위치를 비교한다.

[실험 결과]

실험 Ⅰ 실험 Ⅱ 실험 Ⅲ 실험 Ⅳ

※ 단, 모든 마찰은 무시함.

<실험 Ⅲ>
강자성체 X와 A 사이에 척력이 작용
→ X의 자기장의 방향은 A의 자기장의 방향과 반대
→ X는 이미 자기화된 상태의 강자성체

<실험 Ⅳ>
상자성체 Y의 자기화 방향 =A의 자기장의 방향
→ Y와 A 사이에 서로 당기는 자기력이 작용

X, Y에 대한 옳은 설명만을 〈보기〉에서 있는 대로 고른 것은?

<보기> 풀이

ㄱ. (가)에서 ㉠은 자기화된 상태이다.

➡ (가)에서 X가 자기화되지 않은 강자성체라고 가정하면, Ⅲ에서 X는 A의 자기장의 방향과 같은 방향으로 자기화되어 X와 A 사이에는 서로 당기는 자기력이 작용해야 하므로 이는 성립하지 않는다. 따라서 (가)에서 X는 이미 자기화된 상태의 강자성체이며, Ⅲ에서 X와 A 사이에 서로 밀어내는 자기력이 작용하고 있으므로 X의 자기장의 방향은 A의 자기장의 방향과 반대 방향이다.

ㄴ. Ⅳ에서 A와 Y 사이에는 밀어내는 자기력이 작용한다.

➡ 상자성체는 외부 자기장의 방향과 같은 방향으로 자기화되므로, Ⅳ에서 Y는 A의 자기장의 방향과 같은 방향으로 자기화된다. 따라서 Ⅳ에서 A와 Y 사이에는 서로 당기는 자기력이 작용한다.

ㄷ. Ⅲ, Ⅳ에서 X, Y는 서로 같은 방향으로 자기화되어 있다.

➡ Ⅲ에서 X는 A의 자기장의 방향과 반대 방향으로 자기화되어 있고 Ⅳ에서 Y는 A의 자기장의 방향과 같은 방향으로 자기화되어 있으므로, X, Y는 서로 반대 방향으로 자기화되어 있다.

24 자성의 종류와 성질 2025학년도 9월 모평 물Ⅰ 6번

정답 ④ | 정답률 87 %

적용해야 할 개념 ③가지

① 강자성체는 외부 자기장의 방향과 같은 방향으로 강하게 자기화되며, 자석과 서로 당기는 힘이 작용한다.
② 상자성체는 외부 자기장의 방향과 같은 방향으로 약하게 자기화되며, 자석과 서로 당기는 힘이 작용한다.
③ 반자성체는 외부 자기장의 방향과 반대 방향으로 약하게 자기화되며, 자석과 서로 미는 힘이 작용한다.

구분	강자성체	상자성체	반자성체
자성	자석에 강하게 끌린다(인력).	자석에 약하게 끌린다(인력).	자석에 약하게 밀린다(척력).
자기화 방향	외부 자기장의 방향	외부 자기장의 방향	외부 자기장의 반대 방향
외부 자기장을 제거할 때	자기화가 오래 유지	자기화가 사라짐.	자기화가 사라짐.

문제 보기

그림은 한 면만 검게 칠한 자기화되어 있지 않은 자성체 A, B, C를 균일하고 강한 자기장 영역에 놓아 자기화시킨 모습을 나타낸 것이다. 표는 그림의 자기장 영역에서 꺼낸 A, B, C 중 2개를 마주 보는 면을 바꾸며 가까이 놓았을 때, 자성체 사이에 작용하는 자기력을 나타낸 것이다. A, B, C는 강자성체, 상자성체, 반자성체를 순서 없이 나타낸 것이다.

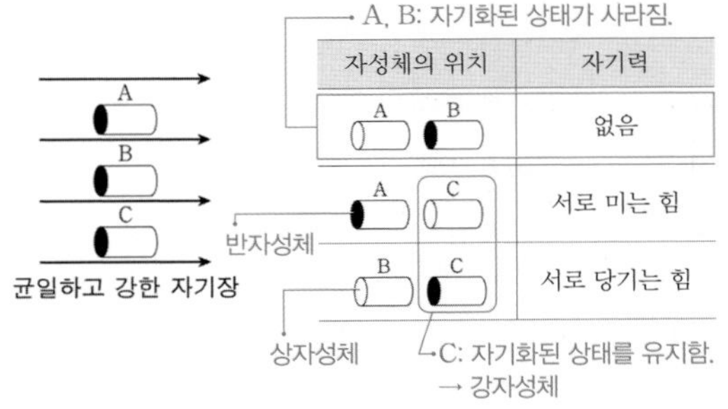

A, B, C로 옳은 것은? [3점]

<보기> 풀이

자기장 영역에서 꺼낸 A와 B 사이에는 자기력이 작용하지 않으므로, 자기장 영역에서 꺼낸 후 A, B는 모두 자기화된 상태가 사라진다. 자기장 영역에서 꺼낸 A와 C 사이에 서로 미는 힘이 작용하므로, 자기장 영역에서 꺼낸 후 C는 자기화된 상태를 유지하는 강자성체이고 A는 강자성체인 C의 자기장의 방향과 반대 방향으로 자기화되는 반자성체이다. 또 자기장 영역에서 꺼낸 B와 C 사이에 서로 당기는 힘이 작용하므로, 자기장 영역에서 꺼낸 후 B는 강자성체인 C의 자기장의 방향과 같은 방향으로 자기화되는 상자성체이다. 따라서 A, B, C는 각각 반자성체, 상자성체, 강자성체이다.

	A	B	C
①	강자성체	상자성체	반자성체
②	상자성체	강자성체	반자성체
③	상자성체	반자성체	강자성체
④	반자성체	상자성체	강자성체
⑤	반자성체	강자성체	상자성체

25 자성의 종류와 성질 2024학년도 7월 학평 물Ⅰ 5번

정답 ⑤ | 정답률 76 %

적용해야 할 개념 ③가지

① 강자성체는 외부 자기장의 방향과 같은 방향으로 강하게 자기화되며, 자석과 서로 당기는 힘이 작용한다.
② 상자성체는 외부 자기장의 방향과 같은 방향으로 약하게 자기화되며, 자석과 서로 당기는 힘이 작용한다.
③ 반자성체는 외부 자기장의 방향과 반대 방향으로 약하게 자기화되며, 자석과 서로 미는 힘이 작용한다.

구분	강자성체	상자성체	반자성체
자성	자석에 강하게 끌린다(인력).	자석에 약하게 끌린다(인력).	자석에 약하게 밀린다(척력).
자기화 방향	외부 자기장의 방향	외부 자기장의 방향	외부 자기장의 반대 방향
외부 자기장을 제거할 때	자기화가 오래 유지	자기화가 사라짐.	자기화가 사라짐.

문제 보기

그림과 같이 자기화되어 있지 않은 자성체 A, B, C, D를 균일하고 강한 자기장 영역에 놓아 자기화시킨다. 표는 외부 자기장이 없는 영역에서 그림의 A～D 중 두 자성체를 가까이했을 때 자성체 사이에 서로 작용하는 자기력을 나타낸 것이다. A～D는 각각 강자성체, 상자성체, 반자성체 중 하나이다.

강자성체
A B C D
균일하고 강한 자기장

자성체	자기력	자성체	자기력
A, B(반)	미는 힘	(반)B, C(상)	－
A, C(상)	당기는 힘	(반)B, D(강)	미는 힘
A, D(강)	당기는 힘	(상)C, D(강)	㉠

(－: 힘이 작용하지 않음)

이에 대한 설명으로 옳은 것만을 〈보기〉에서 있는 대로 고른 것은?

<보기> 풀이

ㄱ. A는 강자성체이다.

➡ 외부 자기장을 제거했을 때 자기화된 상태를 유지하는 강자성체에 자기화된 상태가 사라진 상자성체나 반자성체를 가까이하면, 강자성체에 의해 상자성체나 반자성체가 자기화되어 서로 당기거나 미는 힘이 작용한다. A와 B, A와 C, A와 D 사이에 서로 밀거나 당기는 힘이 작용하므로, 공통으로 사용된 A는 자기화된 상태를 유지하는 강자성체이다.

ㄴ. ㉠은 '당기는 힘'이다.

➡ A(강자성체)와 B 사이에 서로 미는 힘이 작용하므로 B는 반자성체이고, B(반자성체)와 D 사이에 서로 미는 힘이 작용하므로 D는 강자성체이다. 또 A(강자성체)와 C 사이에 서로 당기는 힘이 작용하고 B(반자성체)와 C 사이에는 힘이 작용하지 않으므로, C는 상자성체이다. 따라서 상자성체인 C와 강자성체인 D 사이에는 서로 당기는 힘이 작용하므로, ㉠은 '당기는 힘'이다.

ㄷ. D는 하드디스크에 이용된다.

➡ 하드디스크의 표면에 강자성체를 입힌 후 전류가 흐르는 헤드의 자기장을 이용해 정보를 기록하면, 컴퓨터 전원을 꺼서 헤드의 자기장이 사라지더라도 하드디스크 표면의 강자성체는 자기화된 상태를 유지하므로 정보가 보존된다. 따라서 강자성체인 D는 하드디스크에 이용된다.

26 자성의 종류와 성질 2024학년도 9월 모평 물I 5번

정답 ① | 정답률 78 %

적용해야 할 개념 ③가지

① 강자성체는 외부 자기장의 방향과 같은 방향으로 강하게 자기화되며, 자석과 서로 당기는 힘이 작용한다.
② 상자성체는 외부 자기장의 방향과 같은 방향으로 약하게 자기화되며, 자석과 서로 당기는 힘이 작용한다.
③ 반자성체는 외부 자기장의 방향과 반대 방향으로 약하게 자기화되며, 자석과 서로 미는 힘이 작용한다.

구분	강자성체	상자성체	반자성체
자성	자석에 강하게 끌린다(인력).	자석에 약하게 끌린다(인력).	자석에 약하게 밀린다(척력).
자기화 방향	외부 자기장의 방향	외부 자기장의 방향	외부 자기장의 반대 방향
외부 자기장을 제거할 때	자기화가 오래 유지	자기화가 사라짐.	자기화가 사라짐.

문제 보기

다음은 물체 A, B, C의 자성을 알아보기 위한 실험이다. A, B, C는 강자성체, 상자성체, 반자성체를 순서 없이 나타낸 것이다.

[실험 과정]
(가) 자기화되어 있지 않은 A, B, C를 자기장에 놓아 자기화시킨다.
(나) 그림 Ⅰ과 같이 자기장에서 A를 꺼내 용수철저울에 매단 후, 정지된 상태에서 용수철저울의 측정값을 읽는다.
(다) 그림 Ⅱ와 같이 자기장에서 꺼낸 B를 A의 연직 아래에 놓은 후, 정지된 상태에서 용수철저울의 측정값을 읽는다.
(라) 그림 Ⅲ과 같이 자기장에서 꺼낸 C를 A의 연직 아래에 놓은 후, 정지된 상태에서 용수철저울의 측정값을 읽는다.

A
B
C
균일한 자기장 영역
A
Ⅰ
A
B
Ⅱ
A
C
Ⅲ
A와 B 사이에 서로 당기는 자기력이 작용
→ A: 강자성체, B: 상자성체
A와 C 사이에 서로 미는 자기력이 작용
→ A: 강자성체, C: 반자성체

[실험 결과]

	Ⅰ	Ⅱ	Ⅲ
용수철저울의 측정값	w	$1.2w$	$0.9w$

이에 대한 설명으로 옳은 것만을 〈보기〉에서 있는 대로 고른 것은?

<보기> 풀이

그림 Ⅱ와 Ⅲ에서 A와 B, A와 C 사이에 모두 자기력이 작용하므로, A는 외부 자기장을 제거해도 자기화된 상태가 유지되는 강자성체이다. Ⅱ에서 용수철저울의 측정값이 Ⅰ에서보다 크므로 A와 B 사이에는 서로 당기는 자기력이 작용하고, Ⅲ에서 용수철저울의 측정값이 Ⅰ에서보다 작으므로 A와 C 사이에는 서로 미는 자기력이 작용한다. 따라서 B는 상자성체, C는 반자성체이다.

	A	B	C
①	강자성체	상자성체	반자성체
②	강자성체	반자성체	상자성체
③	반자성체	강자성체	상자성체
④	상자성체	강자성체	반자성체
⑤	상자성체	반자성체	강자성체

27 자성의 종류와 성질 2021학년도 3월 학평 물Ⅰ 15번

정답 ① | 정답률 56 %

적용해야 할 개념 ②가지

① 강자성체는 외부 자기장의 방향과 같은 방향으로 강하게 자기화되며, 자석과 서로 당기는 힘이 작용한다.
② 반자성체는 외부 자기장의 방향과 반대 방향으로 약하게 자기화되며, 자석과 서로 미는 힘이 작용한다.

구분	강자성체	상자성체	반자성체
자성	자석에 강하게 끌린다(인력).	자석에 약하게 끌린다(인력).	자석에 약하게 밀린다(척력).
자기화 방향	외부 자기장의 방향	외부 자기장의 방향	외부 자기장의 반대 방향
외부 자기장을 제거할 때	자기화가 오래 유지	자기화가 사라짐.	자기화가 사라짐.

16 일차

문제 보기

그림 (가)와 같이 자석 주위에 자기화되어 있지 않은 자성체 A, B를 놓았더니 자석으로부터 각각 화살표 방향으로 자기력을 받았다. 그림 (나)는 (가)에서 자석을 치운 후 A와 B를 가까이 놓은 모습을 나타낸 것으로, B는 A로부터 자기력을 받는다.

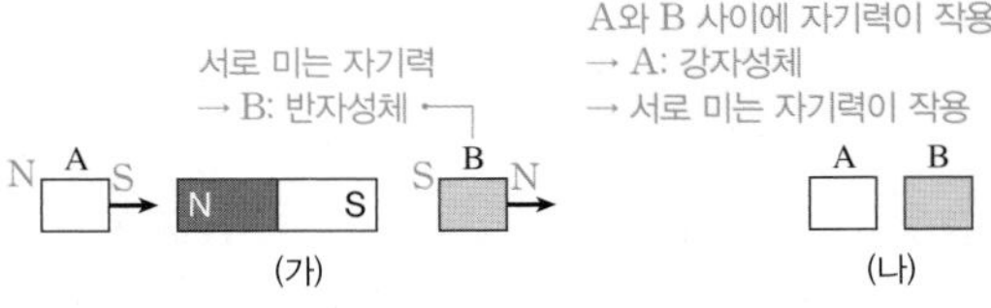

이에 대한 옳은 설명만을 〈보기〉에서 있는 대로 고른 것은?

<보기> 풀이

ㄱ. B는 반자성체이다.
➡ B와 자석 사이에는 서로 미는 자기력이 작용하므로 B는 반자성체이다.

ㄴ. (가)에서 A와 B는 같은 방향으로 자기화되어 있다.
➡ (가)에서 A와 자석 사이에는 서로 당기는 힘이 작용하므로 A는 자석의 자기장의 방향과 같은 방향으로 자기화된다. B와 자석 사이에는 서로 미는 자기력이 작용하므로 B는 자석의 자기장의 방향과 반대 방향으로 자기화된다. 따라서 (가)에서 A와 B는 서로 반대 방향으로 자기화되어 있다.

ㄷ. (나)에서 A, B 사이에는 서로 당기는 자기력이 작용한다.
➡ (가)에서 자석과 서로 미는 자기력이 작용하는 B는 반자성체이며, (나)에서 A와 반자성체인 B 사이에 자기력이 작용하므로, A는 외부 자기장을 제거해도 자기화된 상태가 유지되는 강자성체이다. 따라서 (나)에서 강자성체인 A와 반자성체인 B 사이에는 서로 미는 자기력이 작용한다.

28 자성의 종류와 성질 2023학년도 4월 학평 물Ⅰ 17번

정답 ① | 정답률 65 %

적용해야 할 개념 ③가지

① 강자성체는 외부 자기장의 방향과 같은 방향으로 강하게 자기화되며, 자석과 서로 당기는 힘이 작용한다.
② 상자성체는 외부 자기장의 방향과 같은 방향으로 약하게 자기화되며, 자석과 서로 당기는 힘이 작용한다.
③ 반자성체는 외부 자기장의 방향과 반대 방향으로 약하게 자기화되며, 자석과 서로 미는 힘이 작용한다.

구분	강자성체	상자성체	반자성체
자성	자석에 강하게 끌린다(인력).	자석에 약하게 끌린다(인력).	자석에 약하게 밀린다(척력).
자기화 방향	외부 자기장의 방향	외부 자기장의 방향	외부 자기장의 반대 방향
외부 자기장을 제거할 때	자기화가 오래 유지	자기화가 사라짐.	자기화가 사라짐.

문제 보기

다음은 물질의 자성에 대한 실험이다.

[실험 과정]
(가) 자기화되어 있지 않은 물체 A, B, C를 균일한 자기장에 놓아 자기화시킨다.
(나) 자기장 영역에서 꺼낸 A를 실에 매단다.
(다) 자기장 영역에서 꺼낸 B를 A에 가까이 하며 A를 관찰한다.
(라) 자기장 영역에서 꺼낸 C를 A에 가까이 하며 A를 관찰한다.
※ A, B, C는 강자성체, 상자성체, 반자성체를 순서 없이 나타낸 것이다.

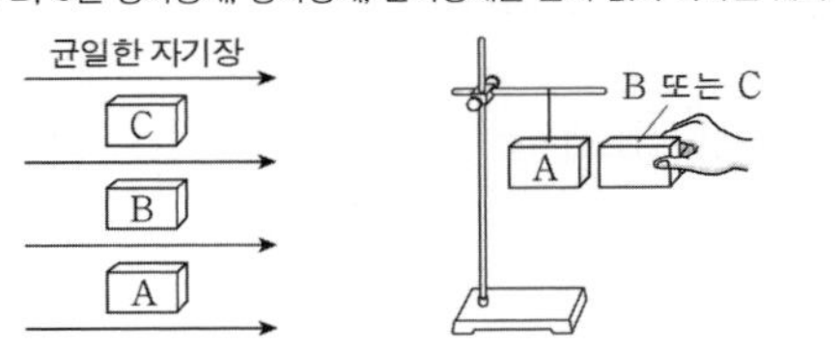

[실험 결과]
○ (다)의 결과: A가 밀려난다. A: 강자성체, B: 반자성체
○ (라)의 결과: A가 끌려온다. A: 강자성체, C: 상자성체

이에 대한 설명으로 옳은 것만을 〈보기〉에서 있는 대로 고른 것은? [3점]

<보기> 풀이

만약 A가 상자성체이거나 반자성체라고 가정하면, (다)와 (라)의 실험 결과 중 자기력이 작용하지 않는 경우가 생긴다. (다)와 (라)의 실험 결과에서 모두 자기력이 작용하므로, A는 강자성체이다. (다)에서 A와 B 사이에 미는 힘이 작용하므로 B는 반자성체이고, (라)에서 A와 C 사이에 당기는 힘이 작용하므로 C는 상자성체이다.

ㄱ. A는 외부 자기장을 제거해도 자기화된 상태를 유지한다.
➡ A는 강자성체이므로 외부 자기장을 제거해도 자기화된 상태를 유지한다.

ㄴ. (가)에서 A와 B는 같은 방향으로 자기화된다.
➡ 강자성체는 외부 자기장의 방향과 같은 방향으로 자기화되고 반자성체는 외부 자기장의 방향과 반대 방향으로 자기화된다. A와 B는 각각 강자성체, 반자성체이므로, (가)에서 A와 B는 반대 방향으로 자기화된다.

ㄷ. C는 반자성체이다.
➡ C는 강자성체인 A와 당기는 힘이 작용하므로 상자성체이다.

29 자성의 종류와 성질 2024학년도 5월 학평 물I 3번

정답 ③ | 정답률 87 %

적용해야 할 개념 ②가지

① 상자성체는 외부 자기장의 방향과 같은 방향으로 약하게 자기화되며, 자석과 서로 당기는 힘이 작용한다.
② 반자성체는 외부 자기장의 방향과 반대 방향으로 약하게 자기화되며, 자석과 서로 미는 힘이 작용한다.

구분	강자성체	상자성체	반자성체
자성	자석에 강하게 끌린다(인력).	자석에 약하게 끌린다(인력).	자석에 약하게 밀린다(척력).
자기화 방향	외부 자기장의 방향	외부 자기장의 방향	외부 자기장의 반대 방향
외부 자기장을 제거할 때	자기화가 오래 유지	자기화가 사라짐.	자기화가 사라짐.

문제 보기

그림은 자성체를 이용한 실험에 대해 학생 A, B, C가 대화하는 모습을 나타낸 것이다.

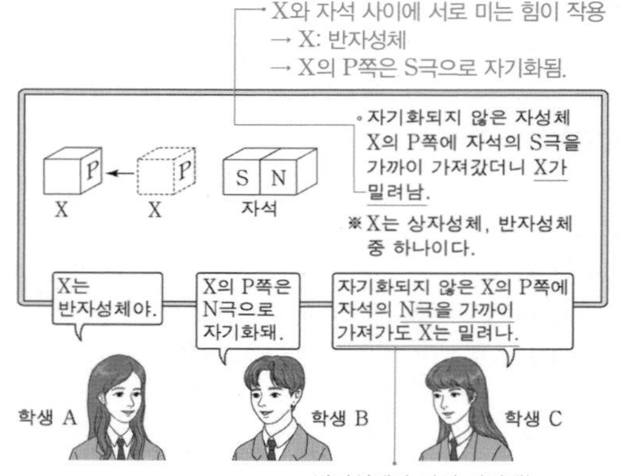

X와 자석 사이에 서로 미는 힘이 작용
→ X: 반자성체
→ X의 P쪽은 S극으로 자기화됨.
자기화되지 않은 자성체 X의 P쪽에 자석의 S극을 가까이 가져갔더니 X가 밀려남.
※ X는 상자성체, 반자성체 중 하나이다.
P
P
S
N
X
X
자석
X는 반자성체야.
X의 P쪽은 N극으로 자기화돼.
자기화되지 않은 X의 P쪽에 자석의 N극을 가까이 가져가도 X는 밀려나.
학생 A
학생 B
학생 C
반자성체와 자석 사이에는 서로 미는 힘이 작용함.

제시한 내용이 옳은 학생만을 있는 대로 고른 것은?

<보기> 풀이

학생 A: X는 반자성체야.
➡ 반자성체는 자석과 서로 미는 힘이 작용하므로, 자석에서 밀려난 X는 반자성체이다.

학생 B: X의 P쪽은 N극으로 자기화돼.
➡ 반자성체는 외부 자기장의 방향과 반대 방향으로 약하게 자기화되므로, 자기화된 X의 자기장의 방향은 자석의 자기장의 방향과 반대이다. 따라서 X의 P쪽은 S극으로 자기화된다.
다른 풀이 X와 자석 사이에 서로 미는 힘이 작용하므로, 자석의 S극과 마주 보는 X의 P쪽은 S극으로 자기화된다.

학생 C: 자기화되지 않은 X의 P쪽에 자석의 N극을 가까이 가져가도 X는 밀려나.
➡ 자기화되지 않은 X의 P쪽에 자석의 N극을 가까이 가져가도, X와 자석 사이에 서로 미는 힘이 작용하므로 X는 밀려난다.

30 자성의 종류와 성질 2024학년도 10월 학평 물I 5번

정답 ⑤ | 정답률 74 %

적용해야 할 개념 ③가지

① 강자성체는 외부 자기장의 방향과 같은 방향으로 강하게 자기화되며, 자석과 서로 당기는 힘이 작용한다.
② 자기화된 강자성체는 외부 자기장을 제거해도 자기화된 상태를 오래 유지한다.
③ 자석이 코일에 가까워질 때는 자석에 척력이 작용하는 방향으로, 멀어질 때는 인력이 작용하는 방향으로 유도 전류가 흐른다.

구분	강자성체	상자성체	반자성체
자성	자석에 강하게 끌린다(인력).	자석에 약하게 끌린다(인력).	자석에 약하게 밀린다(척력).
자기화 방향	외부 자기장의 방향	외부 자기장의 방향	외부 자기장의 반대 방향
외부 자기장을 제거할 때	자기화가 오래 유지	자기화가 사라짐.	자기화가 사라짐.

문제 보기

그림 (가)는 자기화되지 않은 자성체를 자석에 가까이 놓아 자기화시키는 모습을 나타낸 것이다. 그림 (나)는 (가)에서 자석을 치운 후 p-n 접합 발광 다이오드[LED]가 연결된 코일에 자성체의 A 부분을 가까이 했을 때 LED에 불이 켜지는 모습을 나타낸 것이다. X는 p형 반도체와 n형 반도체 중 하나이다.

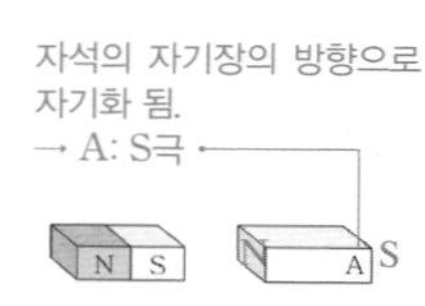

자석의 자기장의 방향으로 자기화 됨.
→ A: S극
N
S
A
S

전류의 방향: p형 반도체 → n형 반도체
➡ X: p형 반도체
LED
X
A S
S N
코일에 흐르는 유도 전류의 방향: 자성체에 척력이 작용하는 방향
→ 코일의 왼쪽에 S극이 형성됨.

(가) (나)

이에 대한 옳은 설명만을 〈보기〉에서 있는 대로 고른 것은?

<보기> 풀이

ㄱ. (가)에서 자성체와 자석 사이에는 서로 당기는 자기력이 작용한다.
➡ (나)에서 자성체를 코일에 가까이 했을 때 전자기 유도 현상이 일어나 LED에 불이 켜지므로, (가)에서 사용한 자성체는 외부 자기장을 제거해도 자성을 오래 유지하는 강자성체이다. 따라서 (가)에서 자성체와 자석 사이에는 서로 당기는 자기력이 작용한다.

ㄴ. (가)에서 자성체는 외부 자기장과 같은 방향으로 자기화된다.
➡ 강자성체는 외부 자기장과 같은 방향으로 자기화되므로, (가)에서 자성체는 외부 자기장과 같은 방향으로 자기화된다.

ㄷ. (나)에서 X는 p형 반도체이다.
➡ (가)에서 자성체는 자석의 자기장과 같은 방향으로 자기화되므로, 자성체의 A 부분은 S극을 띤다. (나)에서 자성체의 S극을 코일에 가까이 할 때 코일을 통과하는 자기 선속의 증가를 방해하려는 방향으로, 즉 자성체에 척력이 작용하는 방향으로 코일에 유도 전류가 흐른다. 따라서 코일의 왼쪽에 유도 전류에 의한 자기장의 S극이 생기는 방향으로 유도 전류가 흐르므로, 다이오드에 흐르는 전류의 방향은 오른쪽이다. 다이오드에서는 p형 반도체에서 n형 반도체로 전류가 흐르므로, X는 p형 반도체이다.

31 자성의 종류와 성질 2025학년도 6월 모평 물Ⅰ 8번

정답 ① | 정답률 86 %

적용해야 할 개념 ③가지

① 강자성체는 외부 자기장의 방향과 같은 방향으로 강하게 자기화되며, 자석과 서로 당기는 힘이 작용한다.
② 상자성체는 외부 자기장의 방향과 같은 방향으로 약하게 자기화되며, 자석과 서로 당기는 힘이 작용한다.
③ 반자성체는 외부 자기장의 방향과 반대 방향으로 약하게 자기화되며, 자석과 서로 미는 힘이 작용한다.

구분	강자성체	상자성체	반자성체
자성	자석에 강하게 끌린다(인력).	자석에 약하게 끌린다(인력).	자석에 약하게 밀린다(척력).
자기화 방향	외부 자기장의 방향	외부 자기장의 방향	외부 자기장의 반대 방향
외부 자기장을 제거할 때	자기화가 오래 유지	자기화가 사라짐.	자기화가 사라짐.

16 일차

문제 보기

그림 (가)는 자기화되지 않은 물체 A, B, C를 균일하고 강한 자기장 영역에 놓아 자기화시키는 모습을, (나)는 (가)의 B와 C를 자기장 영역에서 꺼내 가까이 놓았을 때 자기장의 모습을 나타낸 것이다. A, B, C는 강자성체, 상자성체, 반자성체를 순서 없이 나타낸 것이다.

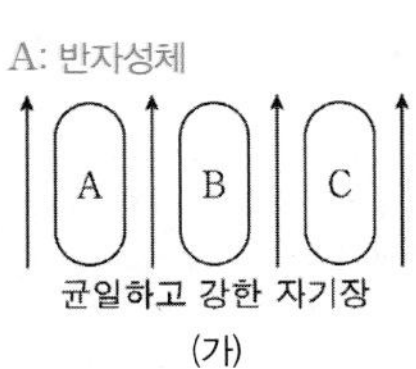

(가)

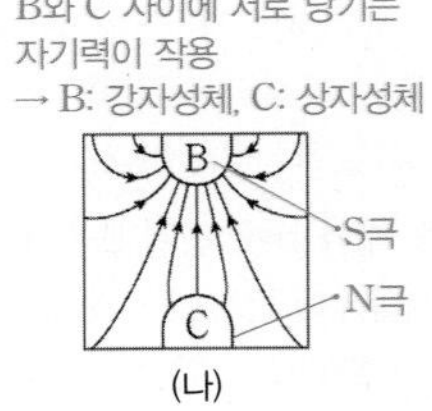

(나)

이에 대한 설명으로 옳은 것만을 〈보기〉에서 있는 대로 고른 것은?

<보기> 풀이

자기화된 강자성체에 자기화되지 않은 상자성체를 가까이 하면 강자성체에 의해 상자성체가 자기화되어 강자성체와 상자성체 사이에 서로 당기는 자기력이 작용한다. (나)에서 외부 자기장 영역에서 꺼낸 B와 C 사이에 서로 당기는 자기력이 작용하고, 자극 근처의 자기력선의 밀도는 B가 C보다 크므로 B가 C보다 강하게 자기회되어 있다. 따라서 B는 강자성체, C는 상자성체이다.

ㄱ. A는 반자성체이다.
➡ B는 강자성체, C는 상자성체이므로, A는 반자성체이다.

ㄴ. (가)에서 A와 C는 같은 방향으로 자기화된다.
➡ 반자성체인 A는 외부 자기장의 방향과 반대 방향으로 자기화되고 상자성체인 C는 외부 자기장의 방향과 같은 방향으로 자기화되므로, (가)에서 A와 C는 반대 방향으로 자기화된다.

ㄷ. (나)에서 B와 C 사이에는 서로 밀어내는 자기력이 작용한다.
➡ 자기력선은 N극에서 나와 S극으로 들어가므로 B의 아랫부분은 S극이고 C의 윗부분은 N극이다. 따라서 B와 C 사이에는 서로 당기는 자기력이 작용한다.

32 자성의 종류와 성질 2020학년도 7월 학평 물Ⅰ 11번

정답 ⑤ | 정답률 66 %

적용해야 할 개념 ②가지

① 강자성체는 외부 자기장의 방향과 같은 방향으로 강하게 자기화되며, 자석과 서로 당기는 힘이 작용한다.
② 반자성체는 외부 자기장의 방향과 반대 방향으로 약하게 자기화되며, 자석과 서로 미는 힘이 작용한다.

문제 보기

그림 (가)와 같이 자화되어 있지 않은 자성체 A와 B를 각각 막대자석에 가까이 하였더니, A와 자석 사이에는 서로 미는 자기력이 작용하였고 B와 자석 사이에는 서로 당기는 자기력이 작용하였다. 그림 (나)와 같이 (가)에서 막대자석을 치운 후 A와 B를 가까이 하였더니, A와 B 사이에는 자기력이 작용하였다. 그림 (다)는 실에 매달린 막대자석 연직 아래의 수평한 지면 위에 A를 놓은 것을 나타낸 것이다.

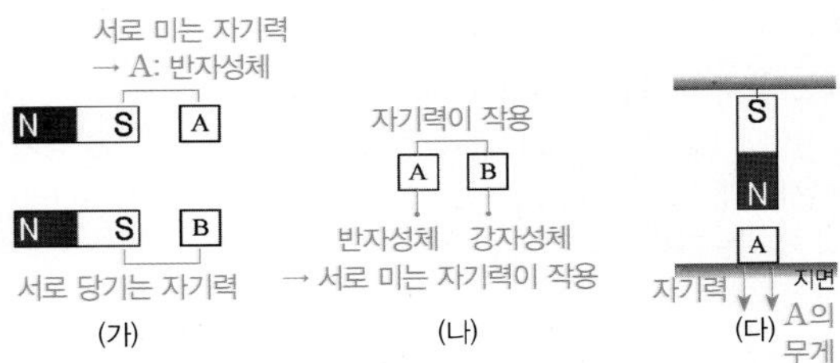

이에 대한 설명으로 옳은 것만을 〈보기〉에서 있는 대로 고른 것은? [3점]

<보기> 풀이

ㄱ. A는 강자성체이다.
➡ A와 자석 사이에는 서로 미는 자기력이 작용하므로 A는 반자성체이다.

ㄴ. (나)에서 A와 B 사이에는 서로 미는 자기력이 작용한다.
➡ (가)에서 B와 자석 사이에 서로 당기는 자기력이 작용하고, (나)에서 B와 반자성체인 A 사이에 자기력이 작용하므로, B는 외부 자기장을 제거해도 자기화된 상태가 유지되는 강자성체이다. 따라서 (나)에서 반자성체인 A와 강자성체인 B 사이에는 서로 미는 자기력이 작용한다.

ㄷ. (다)에서 지면이 A를 떠받치는 힘의 크기는 A의 무게보다 크다.
➡ (다)에서 막대자석과 반자성체 A 사이에 서로 미는 자기력이 작용하므로 (지면이 A를 떠받치는 힘의 크기)=(A의 무게)+(막대자석과 A 사이에 작용하는 자기력의 크기)이다. 따라서 (다)에서 지면이 A를 떠받치는 힘의 크기는 A의 무게보다 크다.

33 자성의 종류와 성질 2022학년도 10월 학평 물I 15번

정답 ③ | 정답률 51 %

적용해야 할 개념 ③가지

① 강자성체는 외부 자기장의 방향과 같은 방향으로 강하게 자기화되며, 자석과 서로 당기는 힘이 작용한다.
② 상자성체는 외부 자기장의 방향과 같은 방향으로 약하게 자기화되며, 자석과 서로 당기는 힘이 작용한다.
③ 자기화된 강자성체는 외부 자기장을 제거해도 자기화된 상태를 오래 유지한다.

문제 보기

그림은 저울에 무게가 W_0으로 같은 물체 P 또는 Q를 놓고 전지와 스위치에 연결된 코일을 가까이한 모습을 나타낸 것이다. P, Q는 강자성체, 상자성체를 순서 없이 나타낸 것이다. 표는 스위치를 a, b에 연결했을 때 저울의 측정값을 비교한 것이다.

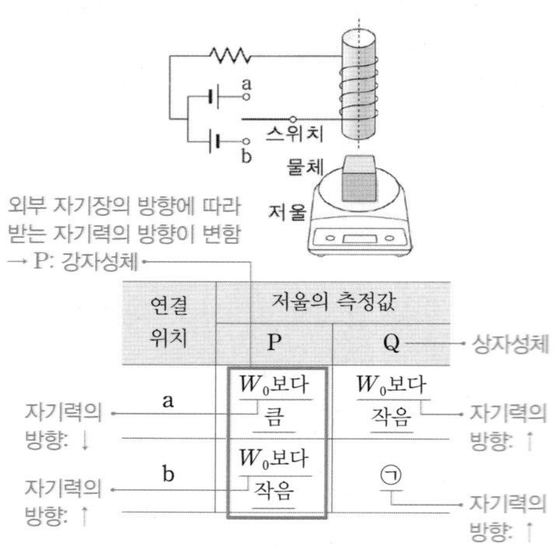
a
b
스위치
물체
저울
외부 자기장의 방향에 따라
받는 자기력의 방향이 변함
→ P: 강자성체
상자성체
자기력의 방향: ↓
자기력의 방향: ↑
자기력의 방향: ↑
자기력의 방향: ↑

연결 위치	저울의 측정값 P	저울의 측정값 Q
a	W_0보다 큼	W_0보다 작음
b	W_0보다 작음	㉠

이에 대한 옳은 설명만을 〈보기〉에서 있는 대로 고른 것은? (단, 지구 자기장은 무시한다.) [3점]

<보기> 풀이

코일과 물체 사이에 미는 자기력이 작용할 때 저울의 측정값은 W_0보다 크고, 코일과 물체 사이에 당기는 자기력이 작용할 때 저울의 측정값은 W_0보다 작다.

ㄱ. P는 강자성체이다.

➡ 스위치를 a에 연결했을 때와 b에 연결했을 때 코일의 자기장의 방향은 서로 반대이다. 스위치를 a, b에 연결했을 때 코일의 자기장의 방향에 따라 P에 작용하는 자기력의 방향이 반대가 되므로, P는 외부 자기장을 제거해도 자기화된 상태를 오래 유지하는 강자성체이다. 따라서 P는 자기화되어 있는 강자성체이다.

ㄴ. ㉠은 'W_0보다 작음'이다.

➡ 상자성체인 Q는 외부 자기장을 제거하면 자기화된 상태가 사라지므로, 항상 코일의 자기장과 같은 방향으로 자기화된다. 따라서 코일의 자기장의 방향과 관계없이 코일과 Q 사이에 당기는 자기력이 작용하므로, ㉠은 'W_0보다 작음'이다.

ㄷ. Q는 스위치를 a에 연결했을 때와 b에 연결했을 때 같은 방향으로 자기화된다.

➡ 코일의 자기장의 방향은 스위치를 a에 연결했을 때와 b에 연결했을 때가 반대이다. 상자성체는 외부 자기장의 방향으로 자기화되므로, Q는 스위치를 a에 연결했을 때와 b에 연결했을 때 반대 방향으로 자기화된다.

34 자성의 종류와 성질 2021학년도 4월 학평 물I 12번

정답 ④ | 정답률 60 %

적용해야 할 개념 ②가지

① 강자성체는 외부 자기장의 방향과 같은 방향으로 강하게 자기화되며, 자석과 서로 당기는 힘이 작용한다.
② 상자성체는 외부 자기장의 방향과 같은 방향으로 약하게 자기화되며, 자석과 서로 당기는 힘이 작용한다.

구분	강자성체	상자성체	반자성체
자성	자석에 강하게 끌린다(인력).	자석에 약하게 끌린다(인력).	자석에 약하게 밀린다(척력).
자기화 방향	외부 자기장의 방향	외부 자기장의 방향	외부 자기장의 반대 방향
외부 자기장을 제거할 때	자기화가 오래 유지	자기화가 사라짐.	자기화가 사라짐.

문제 보기

그림 (가)와 같이 천장에 실로 연결된 자석의 연직 아래 수평면에 자기화되지 않은 물체 A를 놓았더니 A가 정지해 있다. 그림 (나)와 같이 (가)에서 자석을 자기화되지 않은 물체 B로 바꾸어 연결하고 A를 이동시켰더니 B가 A쪽으로 기울어져 정지해 있다. B는 상자성체, 반자성체 중 하나이다.

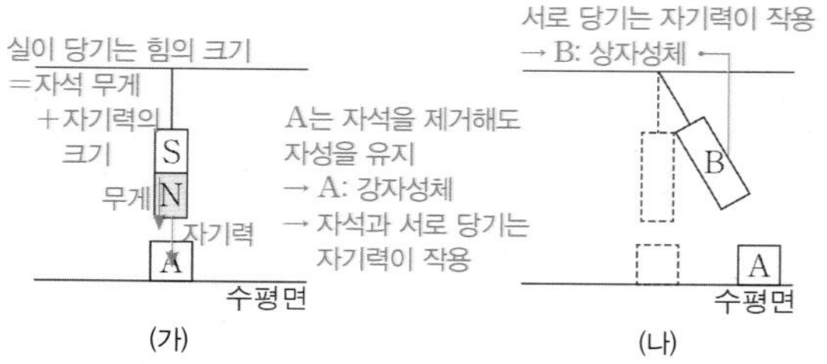
실이 당기는 힘의 크기
=자석 무게
+자기력의
크기
S
N
무게
자기력
A
수평면
A는 자석을 제거해도
자성을 유지
→ A: 강자성체
→ 자석과 서로 당기는
자기력이 작용
서로 당기는 자기력이 작용
→ B: 상자성체
B
A
수평면
(가) (나)

이에 대한 설명으로 옳은 것만을 〈보기〉에서 있는 대로 고른 것은?

<보기> 풀이

ㄱ. A는 외부 자기장과 반대 방향으로 자기화된다.

➡ (나)에서 A는 자석을 제거해도 자성을 유지하므로 강자성체이다. 강자성체는 외부 자기장과 같은 방향으로 자기화되므로, A는 외부 자기장과 같은 방향으로 자기화된다.

ㄴ. (가)에서 실이 자석에 작용하는 힘의 크기는 자석의 무게보다 크다.

➡ (가)에서 자석과 강자성체인 A 사이에 서로 당기는 자기력이 작용하므로, (실이 자석을 당기는 힘의 크기)=(자석의 무게)+(자석과 A 사이에 작용하는 자기력의 크기)이다. 따라서 (가)에서 실이 자석에 작용하는 힘의 크기는 자석의 무게보다 크다.

ㄷ. B는 상자성체이다.

➡ B가 A쪽으로 기울어져 정지했으므로 B는 강자성체인 A와 서로 당기는 자기력이 작용한다. 따라서 B는 상자성체이다.

35 자성의 종류와 성질 2024학년도 수능 물I 3번

정답 ① | 정답률 74 %

적용해야 할 개념 ③가지

① 강자성체는 외부 자기장의 방향과 같은 방향으로 강하게 자기화되며, 자석과 서로 당기는 힘이 작용한다.
② 상자성체는 외부 자기장의 방향과 같은 방향으로 약하게 자기화되며, 자석과 서로 당기는 힘이 작용한다.
③ 반자성체는 외부 자기장의 방향과 반대 방향으로 약하게 자기화되며, 자석과 서로 미는 힘이 작용한다.

구분	강자성체	상자성체	반자성체
자성	자석에 강하게 끌린다(인력).	자석에 약하게 끌린다(인력).	자석에 약하게 밀린다(척력).
자기화 방향	외부 자기장의 방향	외부 자기장의 방향	외부 자기장의 반대 방향
외부 자기장을 제거할 때	자기화가 오래 유지	자기화가 사라짐.	자기화가 사라짐.

문제 보기

그림 (가)와 같이 자기화되어 있지 않은 자성체 A, B, C를 균일하고 강한 자기장 영역에 놓아 자기화시킨다. 그림 (나), (다)는 (가)의 A, B, C를 각각 수평면 위에 올려놓았을 때 정지한 모습을 나타낸 것이다. A에 작용하는 중력과 자기력의 합력의 크기는 (나)에서가 (다)에서보다 크다. A는 강자성체이고, B, C는 상자성체, 반자성체를 순서 없이 나타낸 것이다.

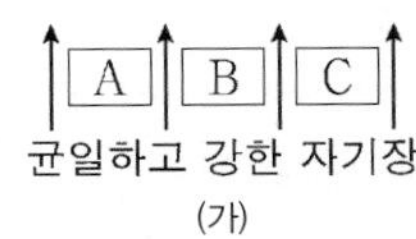

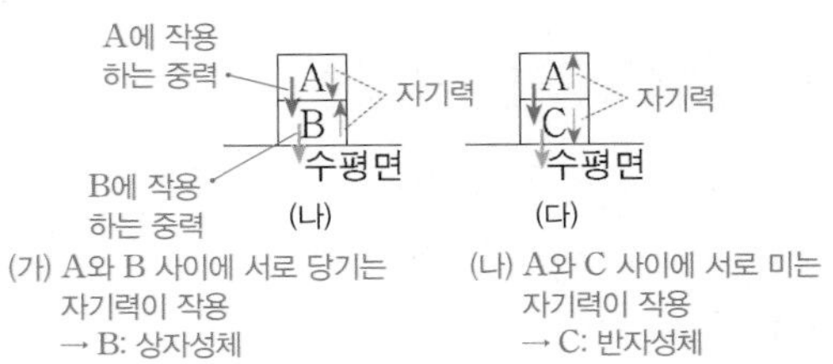

이에 대한 설명으로 옳은 것만을 〈보기〉에서 있는 대로 고른 것은? [3점]

<보기> 풀이

(나)에서 A에 작용하는 자기력의 방향은 중력의 방향과 같고 (다)에서 A에 작용하는 자기력의 방향은 중력의 방향과 반대이므로, (나)에서 A와 B 사이에는 서로 당기는 자기력이 작용하고, (다)에서 A와 C 사이에는 서로 미는 자기력이 작용한다.

ㄱ. B는 상자성체이다

➡ A와 B 사이에 서로 당기는 자기력이 작용하므로, B는 상자성체이다.

ㄴ. (가)에서 A와 C는 같은 방향으로 자기화된다. ✗

➡ A와 C 사이에 서로 미는 자기력이 작용하므로, C는 반자성체이다. 강자성체인 A는 외부 자기장과 같은 방향으로 자기화되고 반자성체인 C는 외부 자기장과 반대 방향으로 자기화되므로, (가)에서 A와 C는 반대 방향으로 자기화된다.

ㄷ. (나)에서 B에 작용하는 중력과 자기력의 방향은 같다. ✗

➡ (나)에서 B에 작용하는 자기력의 방향은 연직 위 방향이므로, (나)에서 B에 작용하는 중력과 자기력의 방향은 서로 반대이다.

36 자성의 종류와 성질 2023학년도 7월 학평 물I 11번

정답 ② | 정답률 42 %

적용해야 할 개념 ③가지

① 강자성체는 외부 자기장의 방향과 같은 방향으로 강하게 자기화되며, 자석과 서로 당기는 힘이 작용한다.
② 반자성체는 외부 자기장의 방향과 반대 방향으로 약하게 자기화되며, 자석과 서로 미는 힘이 작용한다.
③ 자기화된 강자성체는 외부 자기장을 제거해도 자기화된 상태를 오래 유지한다.

구분	강자성체	상자성체	반자성체
자성	자석에 강하게 끌린다(인력).	자석에 약하게 끌린다(인력).	자석에 약하게 밀린다(척력).
자기화 방향	외부 자기장의 방향	외부 자기장의 방향	외부 자기장의 반대 방향
외부 자기장을 제거할 때	자기화가 오래 유지	자기화가 사라짐.	자기화가 사라짐.

문제 보기

다음은 자성체 P, Q, R를 이용한 실험이다. P, Q, R는 강자성체, 상자성체, 반자성체를 순서 없이 나타낸 것이다.

[실험 과정]
(가) 그림과 같이 전지, 스위치, 코일을 이용하여 회로를 구성한 후 자성체 P를 코일의 왼쪽에 놓는다.

자성체
P
코일
스위치
a
b

(나) 스위치를 a와 b에 각각 연결하여 코일이 자성체에 작용하는 자기력의 방향을 알아본다.
(다) (가)에서 P 대신 Q를 코일의 왼쪽에 놓은 후 (나)를 반복한다.

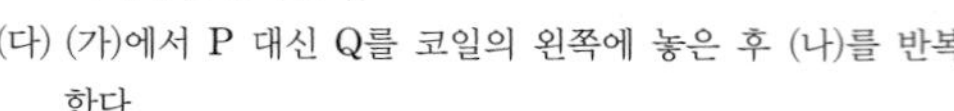

(라) (가)에서 P 대신 R를 코일의 왼쪽에 놓은 후 (나)를 반복한다.

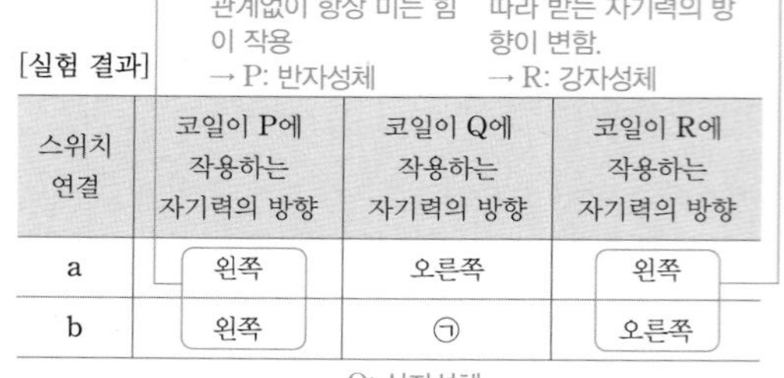

외부 자기장의 방향에 관계없이 항상 미는 힘이 작용 → P: 반자성체
외부 자기장의 방향에 따라 받는 자기력의 방향이 변함. → R: 강자성체

[실험 결과]

스위치 연결	코일이 P에 작용하는 자기력의 방향	코일이 Q에 작용하는 자기력의 방향	코일이 R에 작용하는 자기력의 방향
a	왼쪽	오른쪽	왼쪽
b	왼쪽	㉠	오른쪽

Q: 상자성체
→ 외부 자기장의 방향에 관계없이 항상 당기는 힘이 작용
→ ㉠: 오른쪽

이에 대한 설명으로 옳은 것만을 〈보기〉에서 있는 대로 고른 것은? [3점]

<보기> 풀이

코일 내부의 자기장의 방향은 스위치를 a에 연결했을 때와 b에 연결했을 때가 반대이다. P는 코일 내부의 자기장의 방향과 관계없이 항상 코일로부터 미는 힘을 받으므로 반자성체이다. R는 코일 내부의 자기장의 방향에 따라 코일로부터 받는 힘의 방향이 달라지므로, 외부 자기장을 제거해도 자기화된 상태를 계속 유지하는 강자성체이다. 따라서 Q는 상자성체이다.

~~ㄱ~~. P는 외부 자기장을 제거해도 자기화된 상태를 계속 유지한다.
➡ P는 반자성체이므로, 외부 자기장을 제거하면 자기화된 상태가 사라진다.

ⓛ ㉠은 '오른쪽'이다.
➡ Q는 상자성체이므로 외부 자기장을 제거하면 자기화된 상태가 사라진다. 따라서 스위치를 a에 연결할 때와 b에 연결할 때 모두 코일로부터 당기는 힘을 받으므로, ㉠은 '오른쪽'이다.

~~ㄷ~~. R는 반자성체이다.
➡ R가 코일로부터 받는 힘의 방향은 스위치를 a에 연결할 때와 b에 연결할 때가 반대이므로, R는 강자성체이다.

37 자성의 종류와 성질 2021학년도 수능 물Ⅰ 3번

정답 ③ | 정답률 83 %

적용해야 할 개념 ③가지

① 솔레노이드 내부에 생기는 자기장의 방향은 오른손 네 손가락의 방향을 전류의 방향으로 감아쥘 때 엄지손가락이 가리키는 방향이다.
② 강자성체는 외부 자기장의 방향과 같은 방향으로 강하게 자기화되며, 자석과 서로 당기는 힘이 작용한다.
③ 자기화된 강자성체는 외부 자기장을 제거해도 자기화된 상태를 오래 유지한다.

구분	강자성체	상자성체	반자성체
자성	자석에 강하게 끌린다(인력).	자석에 약하게 끌린다(인력).	자석에 약하게 밀린다(척력).
자기화 방향	외부 자기장의 방향	외부 자기장의 방향	외부 자기장의 반대 방향
외부 자기장을 제거할 때	자기화가 오래 유지	자기화가 사라짐.	자기화가 사라짐.

16 일차

문제 보기

그림 (가)는 전류가 흐르는 전자석에 철못이 달라붙어 있는 모습을, (나)는 (가)의 철못에 클립이 달라붙은 모습을 나타낸 것이다.

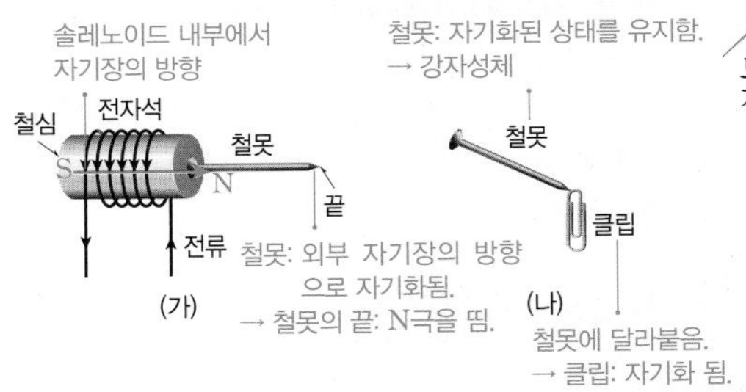

이에 대한 설명으로 옳은 것만을 〈보기〉에서 있는 대로 고른 것은?

<보기> 풀이

ㄱ. 철못은 강자성체이다.
➡ (가)에서 전자석의 자기장에 의해 자기화된 철못에 (나)에서와 같이 클립이 달라붙은 것은 철못이 자기화된 상태를 유지하기 때문이다. 외부 자기장을 제거했을 때 자기화를 유지하는 물질은 강자성체이므로, 철못은 강자성체이다.

ㄴ. (가)에서 철못의 끝은 S극을 띤다.
➡ 강자성체인 철못은 외부 자기장의 방향으로 자기화된다. (가)의 솔레노이드 내부에서 자기장의 방향은 오른쪽이므로, 철못의 끝은 N극을 띤다.

ㄷ. (나)에서 클립은 자기화되어 있다.
➡ (나)에서 클립이 철못에 달라붙은 것은 클립이 철못의 자기장에 의해 자기화되어 있기 때문이다.

38 자성의 종류와 성질 2023학년도 수능 물Ⅰ 7번

정답 ① | 정답률 60 %

적용해야 할 개념 ②가지

① 상자성체는 외부 자기장의 방향으로 약하게 자기화되며, 자석과 서로 당기는 힘이 작용한다.
② 반자성체는 외부 자기장의 방향과 반대 방향으로 약하게 자기화되며, 자석과 서로 미는 힘이 작용한다.

구분	강자성체	상자성체	반자성체
자성	자석에 강하게 끌린다(인력).	자석에 약하게 끌린다(인력).	자석에 약하게 밀린다(척력).
자기화 방향	외부 자기장의 방향	외부 자기장의 방향	외부 자기장의 반대 방향
외부 자기장을 제거할 때	자기화가 오래 유지	자기화가 사라짐.	자기화가 사라짐.

문제 보기

그림은 자성체 P와 Q, 솔레노이드가 x축상에 고정되어 있는 것을 나타낸 것이다. 솔레노이드에 흐르는 전류의 방향이 a일 때, P와 Q가 솔레노이드에 작용하는 자기력의 방향은 $+x$ 방향이다. P와 Q는 상자성체와 반자성체를 순서 없이 나타낸 것이다.
└→ 솔레노이드가 P와 Q에 작용하는 자기력의 방향: $-x$ 방향

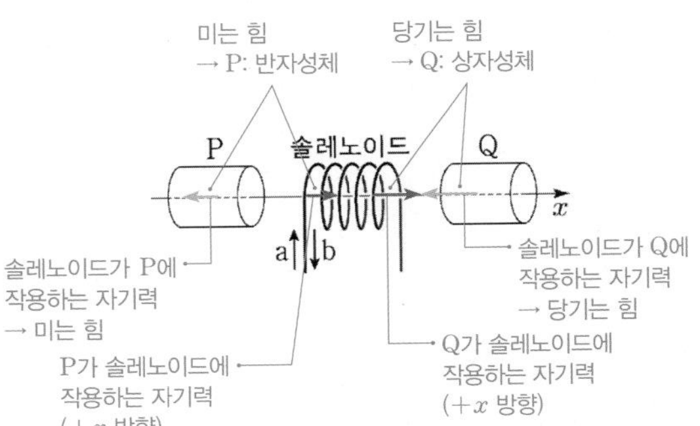

이에 대한 설명으로 옳은 것만을 〈보기〉에서 있는 대로 고른 것은?

<보기> 풀이

P와 Q가 솔레노이드에 작용하는 자기력의 방향이 $+x$ 방향이면, 작용 반작용 법칙에 따라 솔레노이드가 P와 Q에 작용하는 자기력의 방향은 $-x$ 방향이다.

ㄱ. P는 반자성체이다.
➡ 솔레노이드가 P에 작용하는 자기력의 방향은 $-x$ 방향이므로, 솔레노이드와 P 사이에 미는 힘이 작용한다. 따라서 P는 반자성체이다.

ㄴ. Q가 자기화되는 방향은 전류의 방향이 a일 때와 b일 때가 같다.
➡ 솔레노이드가 Q에 작용하는 자기력의 방향은 $-x$ 방향이므로, 솔레노이드와 Q 사이에 당기는 힘이 작용한다. 따라서 Q는 외부 자기장의 방향으로 약하게 자기화되는 상자성체이다. 상자성체는 외부 자기장을 제거하면 자기화가 사라지므로, Q가 자기화되는 방향은 전류의 방향이 a일 때와 b일 때가 반대이다.

ㄷ. 전류의 방향이 b일 때, P와 Q가 솔레노이드에 작용하는 자기력의 방향은 $-x$ 방향이다.
➡ 전류의 방향이 b가 되어 솔레노이드의 자기장의 방향이 바뀌어도 반자성체인 P와 솔레노이드 사이에 미는 힘이 작용하고 상자성체인 Q와 솔레노이드에 사이에 당기는 힘이 작용한다. 따라서 전류의 방향이 b일 때, P와 Q가 솔레노이드에 작용하는 자기력의 방향은 $+x$ 방향이다.

39 자성체 2025학년도 수능 물I 7번

정답 ③ | 정답률 88 %

적용해야 할 개념 ③가지

① 상자성체는 외부 자기장의 방향과 같은 방향으로 약하게 자기화되며, 자석과 서로 당기는 힘이 작용한다.
② 반자성체는 외부 자기장의 방향과 반대 방향으로 약하게 자기화되며, 자석과 서로 미는 힘이 작용한다.
③ 외부 자기장 내에서 자기화된 반자성체는 외부 자기장을 제거하면 자기화된 상태가 사라진다.

구분	강자성체	상자성체	반자성체
자성	자석에 강하게 끌린다(인력).	자석에 약하게 끌린다(인력).	자석에 약하게 밀린다(척력).
자기화 방향	외부 자기장의 방향	외부 자기장의 방향	외부 자기장의 반대 방향
외부 자기장을 제거할 때	자기화가 오래 유지	자기화가 사라짐.	자기화가 사라짐.

문제 보기

그림 (가)는 자석의 S극을 가까이 하여 자기화된 자성체 A를, (나)는 자기화되지 않은 자성체 B를, (다)는 (나)에서 S극을 가까이 하여 자기화된 B를 나타낸 것이다. (다)에서 B와 자석 사이에는 서로 미는 자기력이 작용한다. A, B는 상자성체와 반자성체를 순서 없이 나타낸 것이다. → B: 반자성체 → A: 상자성체

A: 상자성체
→ 외부 자기장과 같은 방향으로 자기화됨.
→ 자석과 서로 당기는 자기력이 작용

B: 반자성체
→ 외부 자기장과 반대 방향으로 자기화됨.
→ 자석과 서로 미는 자기력이 작용
→ 외부 자기장을 제거하면 자기화된 상태가 사라짐.

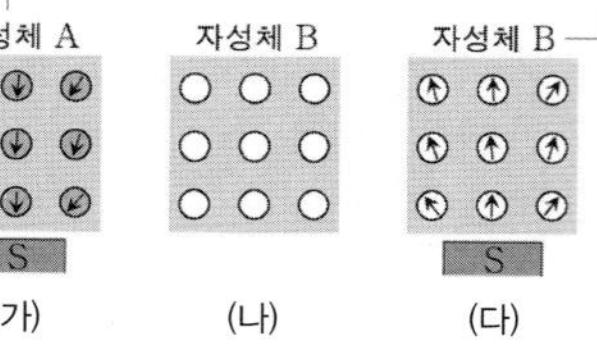

(가) (나) (다)

이에 대한 설명으로 옳은 것만을 <보기>에서 있는 대로 고른 것은?

<보기> 풀이

ㄱ. (가)에서 A와 자석 사이에는 서로 당기는 자기력이 작용한다. (○)

➡ (다)에서 B와 자석 사이에는 서로 미는 자기력이 작용하므로 B는 반자성체이고, A는 상자성체이다. 상자성체는 자석과 서로 당기는 자기력이 작용하므로, (가)에서 A와 자석 사이에는 서로 당기는 자기력이 작용한다.

다른 풀이 상자성체는 외부 자기장의 방향과 같은 방향으로 자기화되고, 반자성체는 외부 자기장의 방향과 반대 방향으로 자기화된다. 따라서 A는 상자성체, B는 반자성체이다. 상자성체는 자석과 서로 당기는 자기력이 작용하므로, (가)에서 A와 자석 사이에는 서로 당기는 자기력이 작용한다.

ㄴ. (다)에서 S극 대신 N극을 가까이 하면, B와 자석 사이에는 서로 당기는 자기력이 작용한다. (×)

➡ (다)에서 S극 대신 N극을 가까이 하더라도 반자성체인 B는 자석의 자기장의 방향과 반대 방향으로 자기화되므로, B와 자석 사이에는 서로 미는 자기력이 작용한다.

ㄷ. (다)에서 자석을 제거하면, B는 (나)의 상태가 된다. (○)

➡ 외부 자기장 내에서 자기화된 반자성체는 외부 자기장을 제거하면 자기화된 상태가 사라진다. 따라서 (다)에서 자석을 제거하면, B는 (나)의 상태가 된다.

17 일차											
01 ②	02 ④	03 ③	04 ①	05 ②	06 ③	07 ①	08 ③	09 ⑤	10 ③	11 ②	12 ①
13 ①	14 ③	15 ①	16 ④	17 ③	18 ⑤	19 ③	20 ③	21 ⑤	22 ①	23 ①	24 ③
25 ⑤	26 ③	27 ④	28 ①	29 ①	30 ③	31 ①					

문제편 164쪽~173쪽

01 다이오드 2023학년도 4월 학평 물I 12번

정답 ② | 정답률 75 %

적용해야 할 개념 ③가지

① 순방향의 전압: p형 반도체는 전원의 (+)극에 연결하고, n형 반도체는 (−)극에 연결한다.

② 역방향의 전압: p형 반도체는 전원의 (−)극에 연결하고, n형 반도체는 (+)극에 연결한다.

③ 다이오드에 역방향 전압을 걸면 p형 반도체의 양공과 n형 반도체의 전자는 p-n 접합면에서 서로 멀어진다.

(+) (−) 양공 전자 p형 n형

▲ 순방향 전압

(−) (+) 양공 전자 p형 n형

▲ 역방향 전압

문제 보기

그림 (가)는 동일한 p-n 접합 다이오드 A와 B, 전구, 스위치 S, 직류 전원 장치를 이용하여 구성한 회로를 나타낸 것이다. S를 a에 연결할 때 전구에 불이 켜지고, S를 b에 연결할 때 전구에 불이 켜지지 않는다. 그림 (나)는 (가)의 X를 구성하는 원소와 원자가 전자의 배열을 나타낸 것이다.

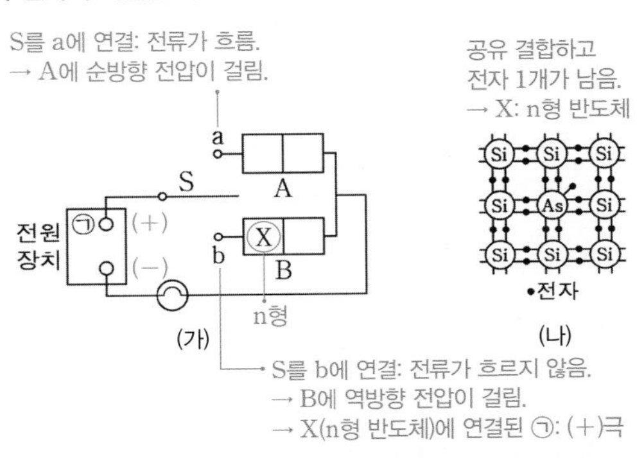
S를 a에 연결: 전류가 흐름.
→ A에 순방향 전압이 걸림.
공유 결합하고
전자 1개가 남음.
→ X: n형 반도체
a
S
A
전원
장치
㉠
(+)
(−)
b
X
B
n형
Si
As
•전자
(가)
(나)
S를 b에 연결: 전류가 흐르지 않음.
→ B에 역방향 전압이 걸림.
→ X(n형 반도체)에 연결된 ㉠: (+)극

이에 대한 설명으로 옳은 것만을 〈보기〉에서 있는 대로 고른 것은?

<보기> 풀이

~~**ㄱ. S를 a에 연결할 때, A에 역방향 전압이 걸린다.**~~

➡ 다이오드에 순방향 전압이 걸릴 때 전류가 흐른다. S를 a에 연결할 때 전류가 흘러 전구에 불이 켜지므로, A에 순방향 전압이 걸린다.

ⓛ. 직류 전원 장치의 단자 ㉠은 (+)극이다.

➡ X는 규소(Si)에 비소(As)를 도핑함으로써 원자가 전자 4쌍이 공유 결합하고, 전자 1개가 남는 반도체이므로 n형 반도체이다. S를 b에 연결할 때 전구에 불이 켜지지 않으므로 B에 역방향 전압이 걸리며, 이때 n형 반도체인 X는 전원 장치의 (+)극에 연결된다. 따라서 직류 전원 장치의 단자 ㉠은 (+)극이다.

~~**ㄷ. S를 b에 연결할 때, X에 있는 전자는 p-n 접합면 쪽으로 이동한다.**~~

➡ S를 b에 연결할 때 B에 역방향 전압이 걸리므로, X에 있는 전자는 p-n 접합면에서 멀어지는 방향으로 이동한다.

02 다이오드 2020학년도 3월 학평 물I 14번

정답 ④ | 정답률 78 %

적용해야 할 개념 ③가지

① n형 반도체: 순수한 반도체에 원자가 전자가 5개인 원소로 도핑하며 주로 전자가 전하를 운반한다.

② p형 반도체: 순수한 반도체에 원자가 전자가 3개인 원소로 도핑하며 주로 양공이 전하를 운반한다.

③ 순방향의 전압: p형 반도체는 전원의 (+)극에 연결하고, n형 반도체는 (−)극에 연결한다.

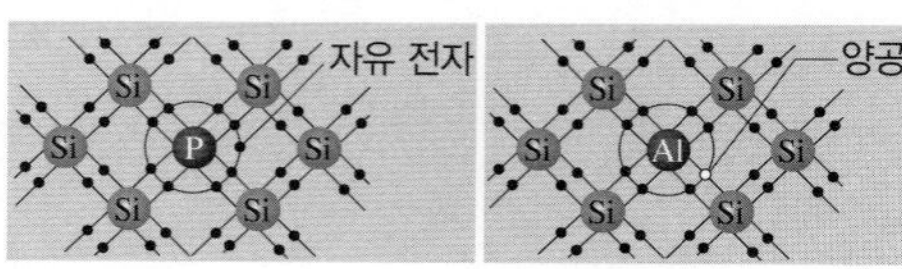

▲ n형 반도체 ▲ p형 반도체

문제 보기

그림 (가)는 불순물 a를 도핑한 반도체 A를 구성하는 원소와 원자가 전자의 배열을, (나)는 A를 포함한 p−n 접합 다이오드가 연결된 회로에서 전구에 불이 켜진 모습을 나타낸 것이다. X, Y는 각각 p형, n형 반도체 중 하나이다.

공유 결합하고 전자 1개가 남음. → a의 원자가 전자는 5개

순방향 전압이 걸림. → X: p형 반도체 Y: n형 반도체

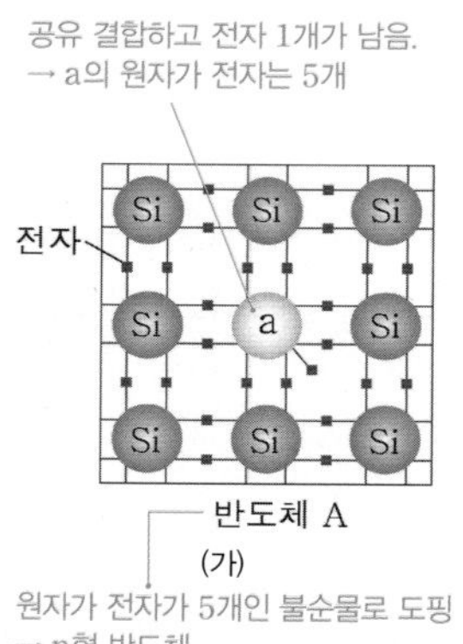

1.5 V 다이오드 X Y

(가) (나)

원자가 전자가 5개인 불순물로 도핑 → n형 반도체

Y: n형 반도체 → Y=반도체 A

이에 대한 설명으로 옳지 않은 것은?

<보기> 풀이

① **a의 원자가 전자는 5개이다.**

➡ 실리콘(Si)에 불순물 a를 도핑하여 원자가 전자 4쌍이 공유 결합하고 전자 1개가 남았으므로, a의 원자가 전자는 5개이다.

② **A는 n형 반도체이다.**

➡ 원자가 전자가 5개인 a로 도핑한 반도체 A는 주로 전자가 전류를 흐르게 하는 n형 반도체이다.

③ **다이오드에는 순방향 전압(바이어스)이 걸린다.**

➡ (나)의 회로에서 전구에 불이 켜진 것으로 보아 다이오드에 전류가 흐른다. 따라서 다이오드에는 순방향 전압(바이어스)이 걸린다.

④ **X가 A이다.**

➡ 전원의 (+)극에 연결된 X는 p형 반도체이며, 전원의 (−)극에 연결된 Y는 n형 반도체이다. 따라서 Y가 A이다.

⑤ **Y에서는 주로 전자가 전류를 흐르게 한다.**

➡ Y는 n형 반도체이므로 주로 전자가 전류를 흐르게 한다.

03 다이오드 2020학년도 4월 학평 물I 10번

정답 ③ | 정답률 81 %

적용해야 할 개념 ④가지

① n형 반도체: 순수한 반도체에 원자가 전자가 5개인 원소로 도핑하며 주로 전자가 전하를 운반한다.

② p형 반도체: 순수한 반도체에 원자가 전자가 3개인 원소로 도핑하며 주로 양공이 전하를 운반한다.

③ 순방향의 전압: p형 반도체는 전원의 (+)극에 연결하고, n형 반도체는 (−)극에 연결한다.

(+) (−) 양공 전자 p형 n형 (−) (+) 양공 전자 p형 n형

▲ 순방향 전압 ▲ 역방향 전압

④ 다이오드에 순방향 전압을 걸면 p형 반도체의 양공과 n형 반도체의 전자는 p−n 접합면 쪽으로 이동한다.

문제 보기

그림 (가)와 같이 전원 장치, 저항, p−n 접합 발광 다이오드(LED)를 연결했더니 LED에서 빛이 방출되었다. X, Y는 각각 p형 반도체, n형 반도체 중 하나이다. 그림 (나)는 (가)의 X를 구성하는 원소와 원자가 전자의 배열을 나타낸 것이다.

→ 순방향 전압이 걸림.

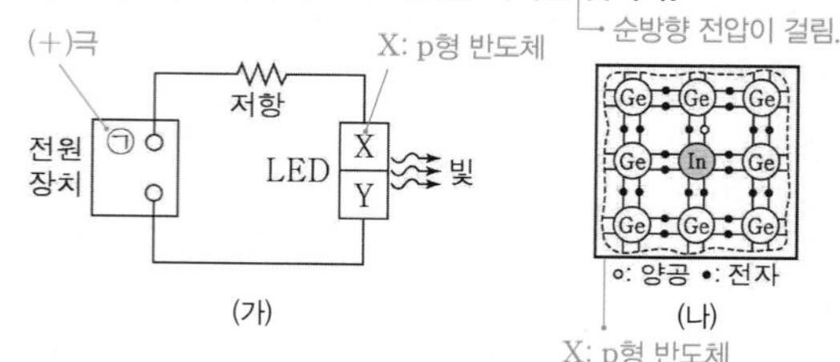

Ge In ∘: 양공 •: 전자

(나)

X: p형 반도체

이에 대한 설명으로 옳은 것만을 〈보기〉에서 있는 대로 고른 것은?

<보기> 풀이

ㄱ. **X는 p형 반도체이다.**

➡ (나)에서 저마늄(Ge)에 원자가 전자가 3개인 인듐(In)을 첨가한 반도체 X는 전자의 공유 결합에서 전자의 빈자리인 양공이 있는 p형 반도체이다.

ㄴ. **(가)의 LED에서 n형 반도체에 있는 전자는 p−n 접합면 쪽으로 이동한다.**

➡ (가)의 LED에서 빛이 방출되었으므로 LED에 순방향 전압이 걸린다. 다이오드에 순방향 전압이 걸릴 때, p형 반도체의 양공과 n형 반도체의 전자는 p−n 접합면 쪽으로 이동한다.

ㄷ. **전원 장치의 단자 ㉠은 (−)극이다.**

➡ LED에 순방향 전압이 걸리므로, p형 반도체인 X가 연결된 전원 장치의 단자 ㉠은 (+)극이다.

04 다이오드 2021학년도 7월 학평 물I 12번

정답 ① | 정답률 51 %

적용해야 할 개념 ④가지

① n형 반도체: 순수한 반도체에 원자가 전자가 5개인 원소로 도핑하며 주로 전자가 전하를 운반한다.
② p형 반도체: 순수한 반도체에 원자가 전자가 3개인 원소로 도핑하며 주로 양공이 전하를 운반한다.
③ 순방향의 전압: p형 반도체는 전원의 (+)극에 연결하고, n형 반도체는 (−)극에 연결한다.
④ 교류: 시간에 따라 세기와 방향이 주기적으로 변하는 전류이다.

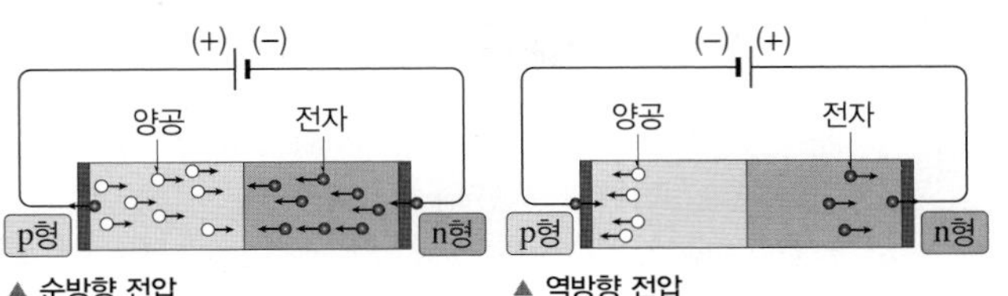

▲ 순방향 전압 ▲ 역방향 전압

문제 보기

그림 (가)의 X, Y는 저마늄(Ge)에 각각 인듐(In), 비소(As)를 도핑한 반도체를 나타낸 것이다. 그림 (나)는 직류 전원, 교류 전원, 전구, 스위치, X와 Y가 접합된 구조의 p−n 접합 다이오드를 이용하여 회로를 구성하고 스위치를 a에 연결하였더니 전구에서 빛이 방출되는 것을 나타낸 것이다. A와 B는 각각 X와 Y 중 하나이다.

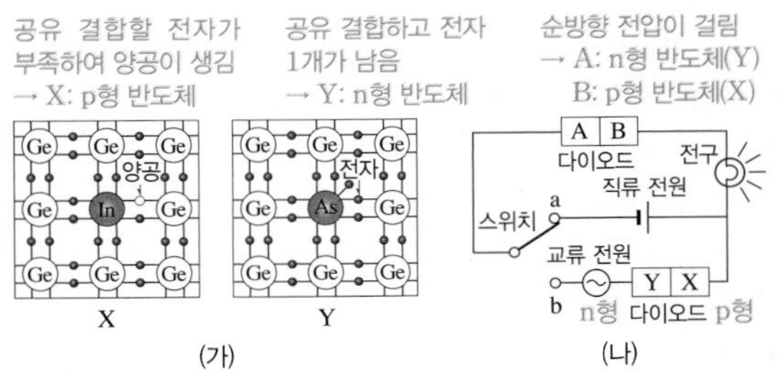

이에 대한 설명으로 옳은 것만을 〈보기〉에서 있는 대로 고른 것은?

<보기> 풀이

(가)에서 X는 저마늄(Ge)에 인듐(In)을 도핑함으로써 공유 결합할 전자가 부족하여 양공이 생겼으므로, X는 p형 반도체이다. Y는 저마늄(Ge)에 비소(As)를 도핑함으로써 원자가 전자 4쌍이 공유 결합하고 전자 1개가 남았으므로, Y는 n형 반도체이다.

ㄱ. A는 Y이다.
➡ (나)의 전구에서 빛이 방출되므로 다이오드에 순방향 전압이 걸린다. 순방향 전압이 걸릴 때 전원의 (−)극에 연결된 A는 n형 반도체이므로, A는 Y이다.

ㄴ. 스위치를 a에 연결했을 때, B에서 p−n 접합면 쪽으로 이동하는 것은 전자이다.
➡ 다이오드에 순방향 전압이 걸릴 때 p형 반도체의 양공과 n형 반도체의 전자는 p−n 접합면 쪽으로 이동한다. B는 p형 반도체이므로, 스위치를 a에 연결했을 때, B에서 p−n 접합면 쪽으로 이동하는 것은 양공이다.

ㄷ. 스위치를 b에 연결하면 전구에서는 빛이 방출된다.
➡ 스위치를 b에 연결하면 교류 전원에 연결되므로, 회로에 걸리는 전압의 방향이 시간에 따라 주기적으로 변한다. 이때 교류 전원에 두 다이오드의 n형 반도체가 모두 연결되므로, 회로에 걸리는 교류 전압의 방향이 바뀔 때마다 두 다이오드에 번갈아 가며 역방향 전압이 걸리게 된다. 따라서 스위치를 b에 연결하면 전구에서는 빛이 방출되지 않는다.

05 다이오드 2020학년도 7월 학평 물I 15번

정답 ② | 정답률 45 %

적용해야 할 개념 ④가지

① n형 반도체: 순수한 반도체에 원자가 전자가 5개인 원소로 도핑하며 주로 전자가 전하를 운반한다.
② p형 반도체: 순수한 반도체에 원자가 전자가 3개인 원소로 도핑하며 주로 양공이 전하를 운반한다.
③ 역방향의 전압: p형 반도체는 전원의 (−)극에 연결하고, n형 반도체는 (+)극에 연결한다.
④ 다이오드에 역방향 전압을 걸면 p형 반도체의 양공과 n형 반도체의 전자는 p−n 접합면에서 멀어지는 쪽으로 이동한다.

문제 보기

그림 (가)는 규소(Si)에 비소(As)를 첨가한 반도체 X와 규소(Si)에 붕소(B)를 첨가한 반도체 Y의 원자가 전자 배열을 나타낸 것이다. 그림 (나)와 같이 (가)의 X, Y를 이용하여 만든 다이오드에 저항과 전류계를 연결하고 광 다이오드에만 빛을 비추었더니, 광 다이오드의 n형 반도체에서 전자가 회로로 방출되어 저항에 전류가 흘렀다.

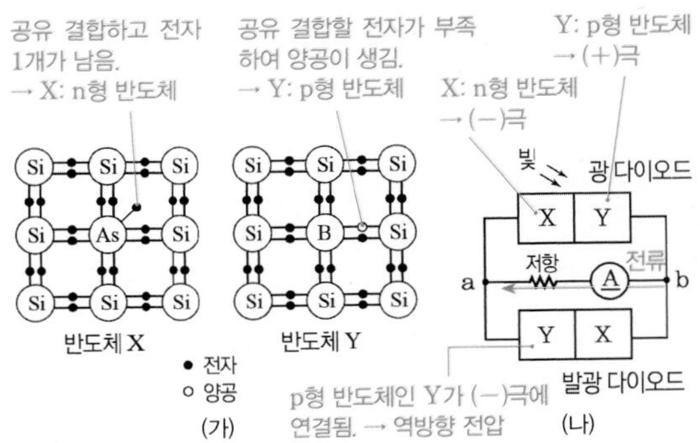

이에 대한 설명으로 옳은 것만을 〈보기〉에서 있는 대로 고른 것은? [3점]

<보기> 풀이

X는 원자가 전자가 5개인 비소(As)를 첨가하여 원자가 전자 4쌍이 공유 결합하고 전자 1개가 남았으므로 n형 반도체이다. Y는 원자가 전자가 3개인 붕소(B)를 첨가하여 공유 결합에 필요한 원자가 전자 1개가 부족해 양공이 생겼으므로 p형 반도체이다. 광 다이오드에 빛을 비추었을 때 광 다이오드의 n형 반도체에서 전자가 회로로 방출되므로, 광 다이오드의 X가 전원의 (−)극에 해당되며 p형 반도체인 Y가 전원의 (+)극에 해당된다.

ㄱ. 전류의 방향은 a → 저항 → b이다.
➡ 전류는 광 다이오드의 (+)극인 Y에서 저항을 거쳐 광 다이오드의 (−)극인 X로 흐르므로, 전류의 방향은 b → 저항 → a이다.

ㄴ. 발광 다이오드에서 빛이 방출된다.
➡ 발광 다이오드의 p형 반도체인 Y가 광 다이오드의 (−)극인 X와 연결되고, n형 반도체인 X가 광 다이오드의 (+)극인 Y에 연결되었으므로, 발광 다이오드에 역방향 전압이 걸려 빛이 방출되지 않는다.

ㄷ. 발광 다이오드의 전자와 양공은 접합면에서 서로 멀어진다.
➡ 발광 다이오드에 역방향 전압이 걸리므로, 발광 다이오드의 전자와 양공은 접합면에서 서로 멀어진다.

06 다이오드, 에너지띠 2022학년도 3월 학평 물I 8번

정답 ③ | 정답률 74 %

적용해야 할 개념 ④가지

① n형 반도체: 순수한 반도체에 원자가 전자가 5개인 원소로 도핑하며 주로 전자가 전하를 운반한다.
② p형 반도체: 순수한 반도체에 원자가 전자가 3개인 원소로 도핑하며 주로 양공이 전하를 운반한다.
③ 순방향의 전압: p형 반도체는 전원의 (+)극에 연결하고, n형 반도체는 (−)극에 연결한다.
④ 다이오드에 역방향 전압이 걸리면 p형 반도체의 양공과 n형 반도체의 전자는 p−n 접합면에서 서로 멀어진다.

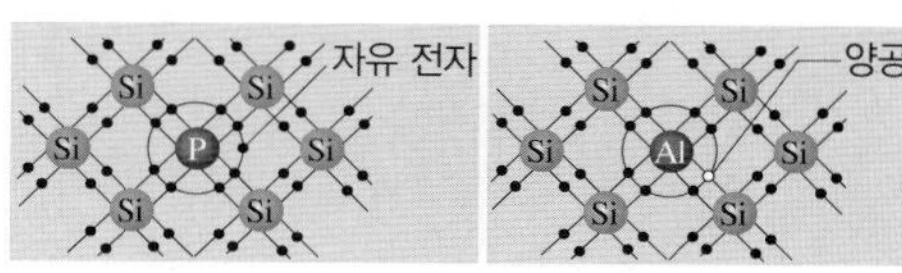

▲ n형 반도체 ▲ p형 반도체

문제 보기

그림 (가)와 같이 동일한 p−n 접합 다이오드 A, B, C와 직류 전원을 연결하여 회로를 구성하였다. X, Y는 각각 p형 반도체와 n형 반도체 중 하나이며 B에는 전류가 흐른다. 그림 (나)는 X의 원자가 전자 배열과 Y의 에너지띠 구조를 각각 나타낸 것이다.

순방향의 전압이 걸린다.

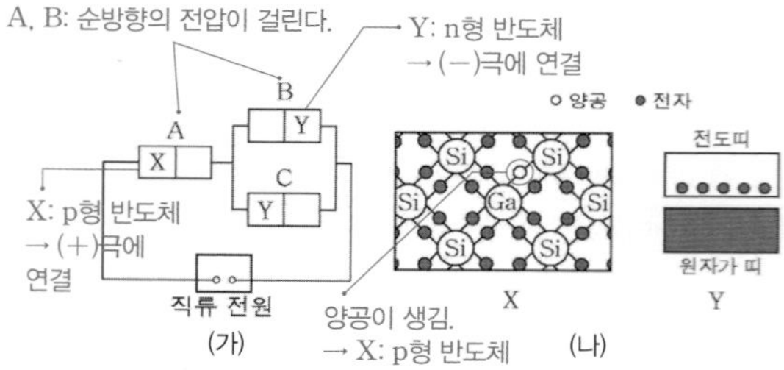

이에 대한 설명으로 옳은 것은?

<보기> 풀이

① X는 n형 반도체이다.
➡ 규소(Si)에 갈륨(Ga)을 도핑한 X에는 공유 결합할 전자가 부족하여 양공이 생겼으므로, X는 p형 반도체이다.

② A에는 역방향 전압이 걸려있다.
➡ 전류가 흐르는 B에 순방향 전압이 걸려있고, A에 B와 같은 방향의 전압이 걸려있다. 따라서 A에는 순방향 전압이 걸려있다.

③ A의 X는 직류 전원의 (+)극에 연결되어 있다.
➡ A에 순방향의 전압이 걸려있고 X는 p형 반도체이므로, A의 X는 직류 전원의 (+)극에 연결되어 있다.

④ C의 p−n 접합면에서 양공과 전자가 결합한다.
➡ C에는 순방향 전압이 걸린 B와 반대 방향의 전압이 걸려있다. 따라서 역방향 전압이 걸려있는 C의 전자와 양공은 p−n 접합면에서 서로 멀어진다.

⑤ Y에서는 주로 원자가 띠에 있는 전자에 의해 전류가 흐른다.
➡ n형 반도체인 Y에서는 주로 전도띠에 있는 전자에 의해 전류가 흐른다.

07 다이오드 2020학년도 10월 학평 물I 13번

정답 ① | 정답률 88 %

적용해야 할 개념 ③가지

① n형 반도체: 순수한 반도체에 원자가 전자가 5개인 원소로 도핑하며 주로 전자가 전하를 운반한다.
② p형 반도체: 순수한 반도체에 원자가 전자가 3개인 원소로 도핑하며 주로 양공이 전하를 운반한다.
③ 순방향의 전압: p형 반도체는 전원의 (+)극에 연결하고, n형 반도체는 (−)극에 연결한다.

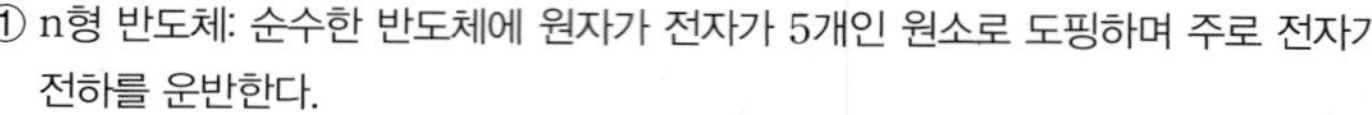

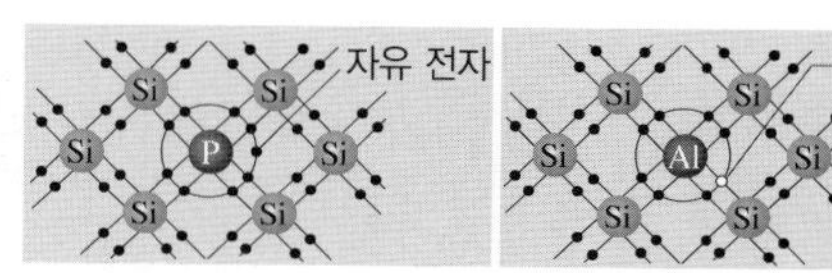

▲ n형 반도체 ▲ p형 반도체

문제 보기

그림과 같이 전지, 저항, 동일한 p−n 접합 다이오드 A, B로 구성한 회로에서 A에는 전류가 흐르고, B에는 전류가 흐르지 않는다. X, Y는 저마늄(Ge)에 원자가 전자가 각각 x개, y개인 원소를 도핑한 반도체이다.

→ 순방향 전압 → 역방향 전압

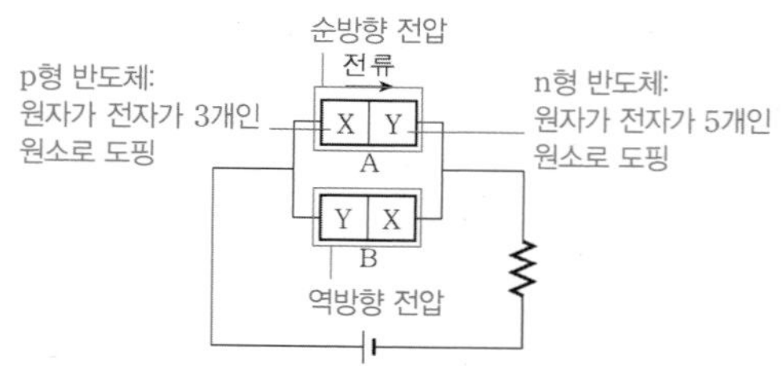

이에 대한 옳은 설명만을 〈보기〉에서 있는 대로 고른 것은? [3점]

<보기> 풀이

ㄱ. X는 n형 반도체이다.
➡ A에 전류가 흐르므로 A에는 순방향 전압이 걸린다. 순방향 전압이 걸릴 때 전원의 (+)극에 연결된 X는 p형 반도체이다.

ㄴ. $x<y$이다.
➡ p형 반도체는 원자가 전자가 3개인 원소로 도핑하고, n형 반도체는 원자가 전자가 5개인 원소로 도핑한다. X는 p형 반도체, Y는 n형 반도체이므로, $x=3$, $y=5$이다. 따라서 $x<y$이다.

ㄷ. B에는 순방향으로 전압이 걸린다.
➡ B에 전류가 흐르지 않으므로, B에는 역방향 전압이 걸린다.

08 다이오드 2025학년도 9월 모평 물I 13번

정답 ③ | 정답률 91 %

적용해야 할 개념 ②가지

① 순방향의 전압: p형 반도체는 전원의 (+)극에 연결하고, n형 반도체는 (−)극에 연결한다.
② 역방향의 전압: p형 반도체는 전원의 (−)극에 연결하고, n형 반도체는 (+)극에 연결한다.

문제 보기

다음은 p-n 접합 발광 다이오드(LED)와 고체 막대를 이용한 회로에 대한 실험이다.

[실험 과정]

(가) 그림과 같이 전압이 같은 직류 전원 2개, 저항, 동일한 LED D_1~D_4, 고체 막대 X와 Y, 스위치 S_1과 S_2를 이용하여 회로를 구성한다. X와 Y는 도체와 절연체를 순서 없이 나타낸 것이다.

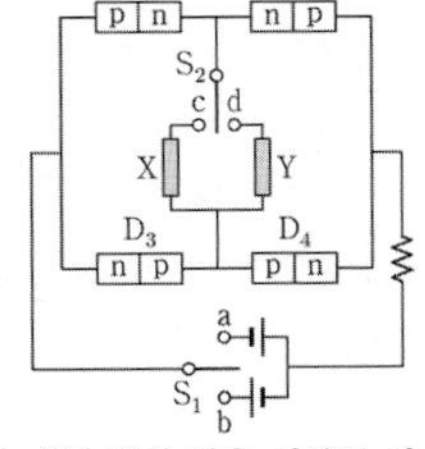

(나) S_1를 a 또는 b에 연결하고 S_2를 c 또는 d에 연결하며 D_1~D_4에서 빛의 방출 여부를 관찰한다.

[실험 결과]

S_1	S_2	빛이 방출된 LED
a에 연결	c에 연결	없음
	d에 연결	D_2, D_3
b에 연결	c에 연결	없음
	d에 연결	㉠

이에 대한 설명으로 옳은 것만을 〈보기〉에서 있는 대로 고른 것은? [3점]

<보기> 풀이

S_1를 a 또는 b에 연결하고 S_2를 d에 연결할 때, D_1~D_4에 걸리는 전압의 방향과 전류의 흐름은 다음과 같다.

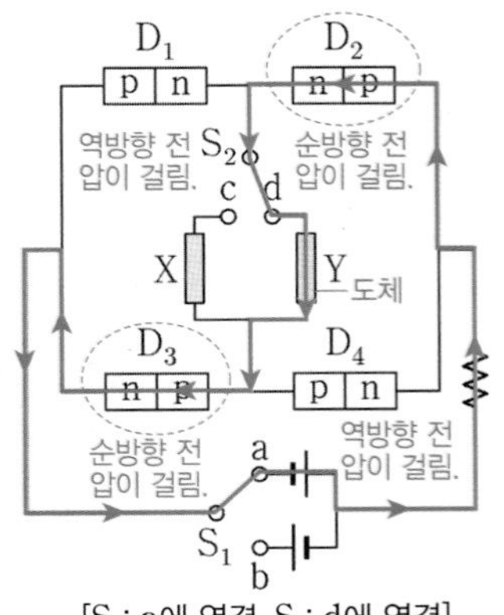

[S_1: a에 연결, S_2: d에 연결]

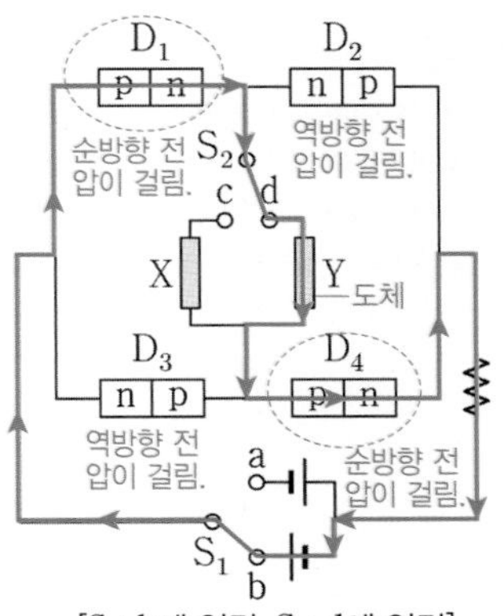

[S_1: b에 연결, S_2: d에 연결]

ㄱ. X는 절연체이다.

➡ X가 도체라고 가정하면 S_1을 a에 연결하고 S_2를 c에 연결했을 때 순방향 전압이 걸리는 D_2, D_3에 전류가 흘러 빛이 방출되어야 하지만, 빛이 방출되지 않으므로 X는 절연체이다.

ㄴ. ㉠은 D_1, D_4이다.

➡ S_1을 b에 연결하고 S_2를 d에 연결했을 때, D_1, D_4에 순방향의 전압이 걸리고 Y가 도체이므로 D_1, D_4에 전류가 흘러 빛이 방출된다. 따라서 ㉠은 D_1, D_4이다.

ㄷ. S_1을 a에 연결하고 S_2를 d에 연결했을 때, D_1에는 순방향 전압이 걸린다.

➡ S_1을 a에 연결하고 S_2를 d에 연결했을 때, D_1의 p형 반도체는 전원의 음(−)극에 연결되고 n형 반도체는 전원의 양(+)극에 연결되므로 D_1에는 역방향 전압이 걸린다.

09 다이오드 2021학년도 6월 모평 물I 10번

정답 ⑤ | 정답률 82 %

적용해야 할 개념 ②가지

① 순방향의 전압: p형 반도체는 전원의 (+)극에 연결하고, n형 반도체는 (−)극에 연결한다.
② 다이오드는 전류를 한쪽 방향으로 흐르게 하는 정류 작용을 하므로, 교류를 직류로 전환하는 정류 장치에 이용한다.

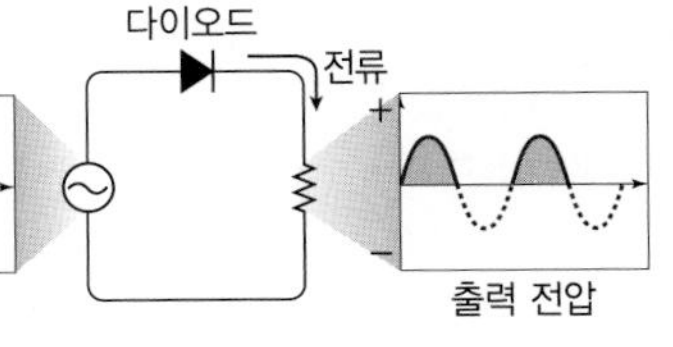

다이오드의 정류 작용▶

문제 보기

그림은 동일한 전지, 동일한 전구 P와 Q, 전기 소자 X와 Y를 이용하여 구성한 회로를 나타낸 것이고, 표는 스위치를 연결하는 위치에 따라 P, Q가 켜지는지를 나타낸 것이다. X, Y는 저항, 다이오드를 순서 없이 나타낸 것이다.

전원의 연결 방향에 관계없이 전구 P가 켜짐. → X: 저항

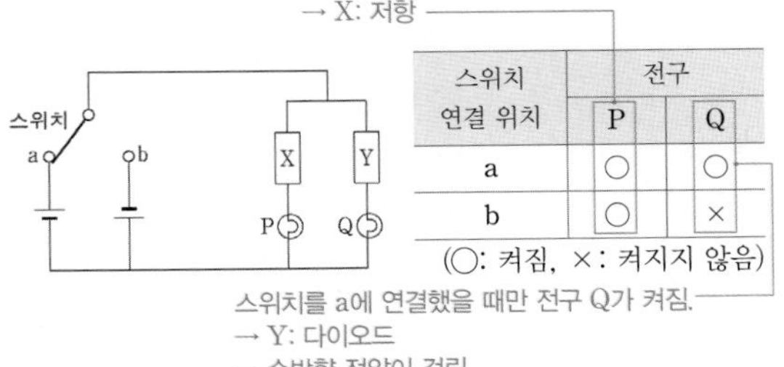

스위치 연결 위치	전구 P	전구 Q
a	○	○
b	○	×

(○: 켜짐, ×: 켜지지 않음)

스위치를 a에 연결했을 때만 전구 Q가 켜짐. → Y: 다이오드 → 순방향 전압이 걸림.

이에 대한 설명으로 옳은 것만을 〈보기〉에서 있는 대로 고른 것은?

<보기> 풀이

ㄱ. X는 저항이다.

➡ 스위치를 a 또는 b에 연결할 때 전구 P에 항상 불이 켜지는 것으로 보아, P에 연결된 X는 전원의 방향에 관계없이 전류가 흐른다. 따라서 X는 저항이다.

ㄴ. 스위치를 a에 연결하면 다이오드에 순방향으로 전압이 걸린다.

➡ X가 저항이므로 Y는 다이오드이다. 스위치를 a에 연결하면 전구 Q가 켜지는 것으로 보아, Q에 연결된 다이오드 Y에 순방향으로 전압이 걸린다.

ㄷ. Y는 정류 작용을 하는 전기 소자이다.

➡ Y는 다이오드로 순방향 전압일 때 전류가 흐르게 하고 역방향 전압일 때는 전류가 흐르지 않게 하므로, 전류를 한쪽 방향으로 흐르게 하는 정류 작용을 하는 전기 소자이다.

10 다이오드 2024학년도 3월 학평 물I 7번

정답 ③ | 정답률 60 %

적용해야 할 개념 ③가지

① 순방향의 전압: p형 반도체는 전원의 (+)극에 연결하고, n형 반도체는 (−)극에 연결한다.
② 역방향의 전압: p형 반도체는 전원의 (−)극에 연결하고, n형 반도체는 (+)극에 연결한다.
③ 다이오드에 순방향 전압이 걸리면 p형 반도체의 양공과 n형 반도체의 전자는 p−n 접합면 쪽으로 이동한다.

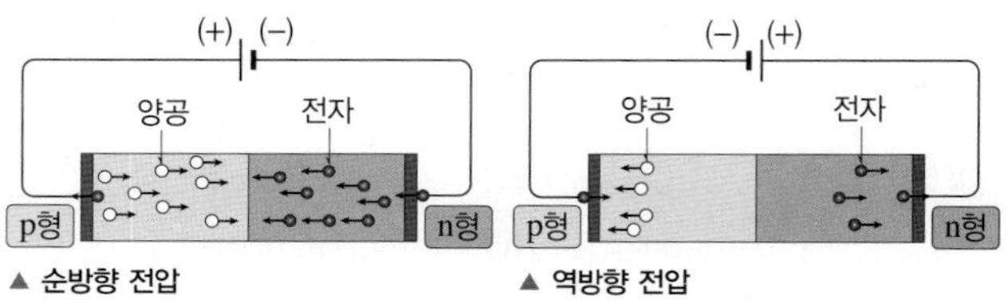

문제 보기

그림과 같이 동일한 p−n 접합 발광 다이오드(LED) A~E와 직류 전원, 저항, 스위치 S로 회로를 구성하였다. S를 단자 a에 연결하면 2개의 LED에서, 단자 b에 연결하면 5개의 LED에서 빛이 방출된다. X는 p형 반도체와 n형 반도체 중 하나이다.

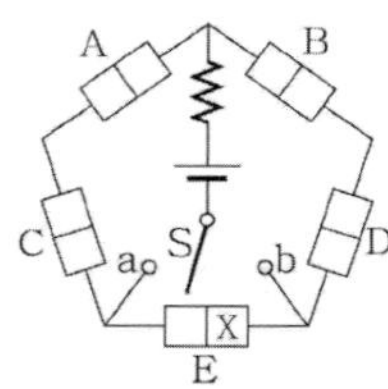

이에 대한 옳은 설명만을 〈보기〉에서 있는 대로 고른 것은?

<보기> 풀이

S를 b에 연결하면 5개의 LED에서 모두 빛이 방출되므로, S를 b에 연결했을 때 A, B, C, D, E에 모두 순방향 전압이 걸린다. S를 a에 연결하면 E에 걸리는 전압의 방향만 반대로 바뀌므로, E에만 역방향 전압이 걸린다. 이때 왼쪽 회로에서는 A, C에서 빛이 방출되지만, 오른쪽 회로에서는 역방향 전압이 걸린 E 때문에 전류가 흐르지 않으므로 B, D, E에서 빛이 방출되지 않는다.

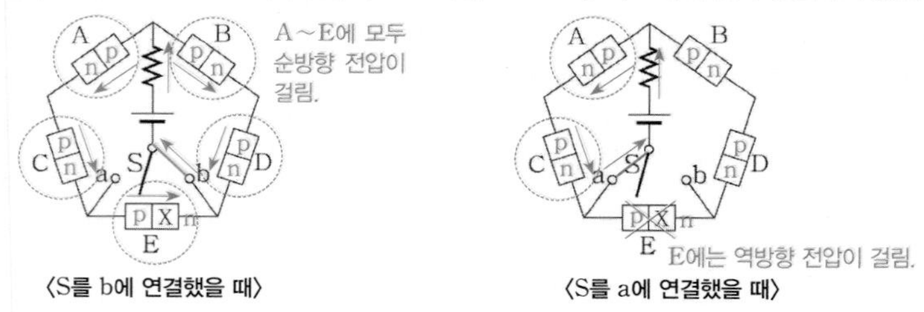

ㄱ. S를 a에 연결하면, A의 p형 반도체에 있는 양공은 p−n 접합면 쪽으로 이동한다.
➡ S를 a에 연결하면 A에 순방향 전압이 걸리므로, A의 p형 반도체에 있는 양공은 p−n 접합면 쪽으로 이동한다.

ㄴ. S를 b에 연결하면, A~E에 순방향 전압이 걸린다.
➡ S를 b에 연결하면 5개의 LED에서 모두 빛이 방출되므로, S를 b에 연결했을 때 A~E에 모두 순방향 전압이 걸린다.

ㄷ. X는 p형 반도체이다.
➡ S를 b에 연결하면 E에 순방향 전압이 걸리므로, 전원의 (−)극 쪽에 연결된 X는 n형 반도체이다.

11 다이오드 2022학년도 7월 학평 물I 7번

정답 ② | 정답률 79 %

적용해야 할 개념 ③가지

① 순방향의 전압: p형 반도체는 전원의 (+)극에 연결하고, n형 반도체는 (−)극에 연결한다.
② 역방향의 전압: p형 반도체는 전원의 (−)극에 연결하고, n형 반도체는 (+)극에 연결한다.
③ 다이오드에 역방향 전압이 걸리면 p형 반도체의 양공과 n형 반도체의 전자는 p−n 접합면에서 서로 멀어진다.

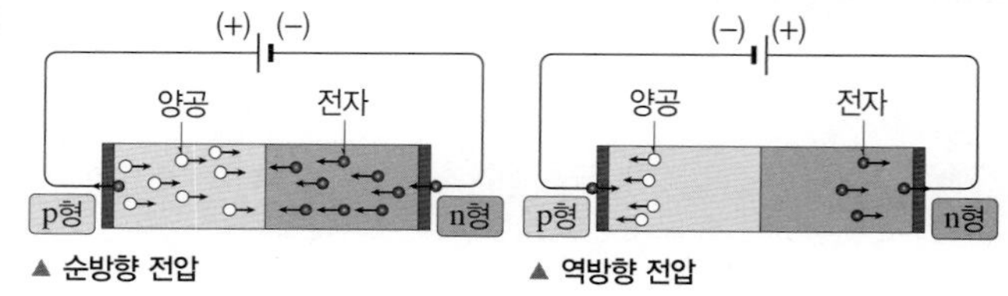

문제 보기

그림 (가)는 동일한 p−n 접합 다이오드 A와 B, 저항, 스위치를 전압이 일정한 직류 전원에 연결한 것을 나타낸 것이다. ㉠은 p형 반도체 또는 n형 반도체 중 하나이다. 그림 (나)는 스위치를 a 또는 b에 연결할 때 A에 흐르는 전류를 시간 t에 따라 나타낸 것이다. $t=0$부터 $t=2T$까지 스위치는 a에 연결되어 있다.

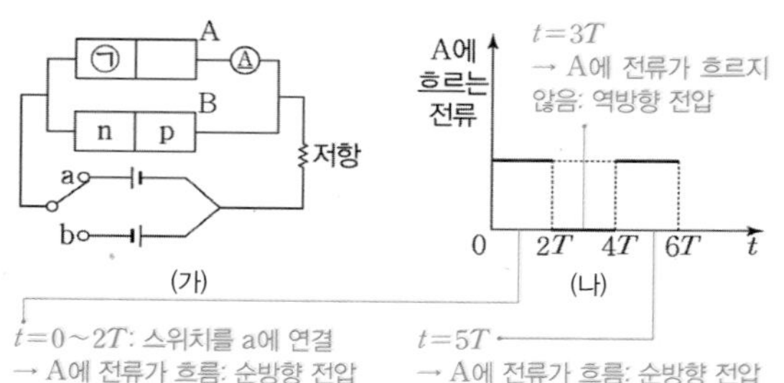

이에 대한 설명으로 옳은 것만을 〈보기〉에서 있는 대로 고른 것은?

<보기> 풀이

ㄱ. ㉠은 n형 반도체이다.
➡ 스위치를 a에 연결했을 때 A에 전류가 흐른다. 이때 A에 순방향 전압이 걸리므로, 전원의 (+)극에 연결된 ㉠은 p형 반도체이다.

ㄴ. $t=3T$일 때 A의 p−n 접합면에서 양공과 전자가 결합한다.
➡ $t=3T$일 때 A에 전류가 흐르지 않으므로, A에 역방향 전압이 걸린다. 역방향 전압이 걸릴 때 양공과 전자는 p−n 접합면에서 서로 멀어지므로, $t=3T$일 때 A의 p−n 접합면에서 양공과 전자가 서로 멀어진다.

ㄷ. $t=5T$일 때 B에는 역방향 전압이 걸린다.
➡ $t=5T$일 때 A에 전류가 흐르므로, A에 순방향 전압이 걸린다. 이때 스위치는 a에 연결되므로, B에는 역방향 전압이 걸린다.

12 다이오드 2023학년도 10월 학평 물Ⅰ 16번

정답 ① | 정답률 80 %

적용해야 할 개념 ③가지

① 순방향의 전압: p형 반도체는 전원의 (+)극에 연결하고, n형 반도체는 (−)극에 연결한다.
② 역방향의 전압: p형 반도체는 전원의 (−)극에 연결하고, n형 반도체는 (+)극에 연결한다.
③ 다이오드에 순방향 전압이 걸리면 p형 반도체의 양공과 n형 반도체의 전자는 p−n 접합면 쪽으로 이동하므로, 다이오드에는 p형 반도체에서 n형 반도체 방향으로 전류가 흐른다.

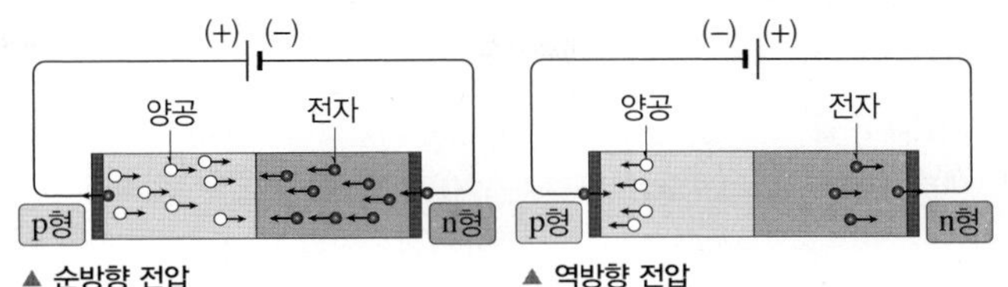

▲ 순방향 전압 ▲ 역방향 전압

문제 보기

다음은 p−n 접합 다이오드를 이용한 실험이다.

[실험 과정]
(가) 그림과 같이 직류 전원 2개, p−n 접합 다이오드 4개, p−n 접합 발광 다이오드(LED), 스위치 S로 회로를 구성한다.

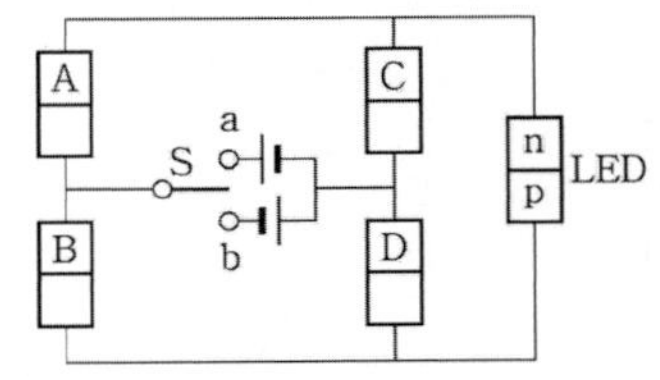

※ A∼D는 각각 p형 또는 n형 반도체 중 하나임.
(나) S를 단자 a 또는 b에 연결하고 LED를 관찰한다.

[실험 결과]
○ a에 연결했을 때 LED가 빛을 방출함. (→ 순방향 전압이 걸림. → 전류가 위 방향으로 흐름.)
○ b에 연결했을 때 LED가 빛을 방출함. (→ 순방향 전압이 걸림. → 전류가 위 방향으로 흐름.)

A∼D의 반도체의 종류로 옳은 것은?

<보기> 풀이

❶ S를 a에 연결했을 때 LED가 빛을 방출하므로, 순방향 전압이 걸린 LED에는 p형 반도체에서 n형 반도체 방향으로 전류가 흐른다. 즉, S를 a에 연결했을 때 LED에 위 방향으로 전류가 흐르기 위해서는, LED의 n형 반도체가 전원의 (+)극에, p형 반도체가 전원의 (−)극에 연결되어야 하므로 회로에 전류가 다음과 같은 방향으로 흐른다. 이때 순방향 전압이 걸린 두 다이오드에서 B와 C는 p형 반도체이다

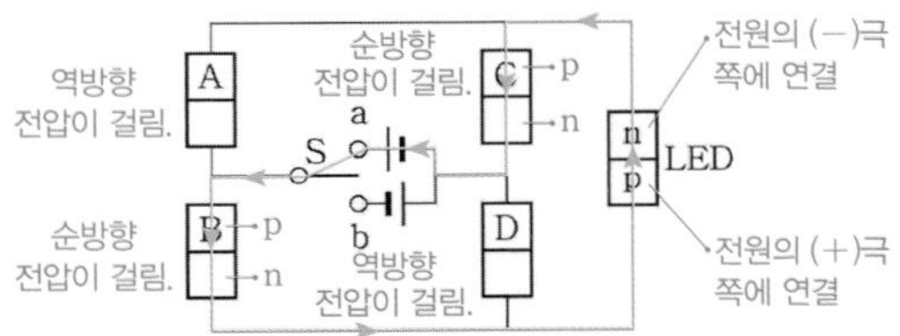

❷ S를 b에 연결했을 때도 LED가 빛을 방출하므로, LED에 순방향 전압이 걸리고 위 방향으로 전류가 흐른다. 따라서 S를 b에 연결했을 때 회로에 전류가 다음과 같은 방향으로 흐르므로, 순방향 전압이 걸린 두 다이오드에서 A와 D는 p형 반도체이다.

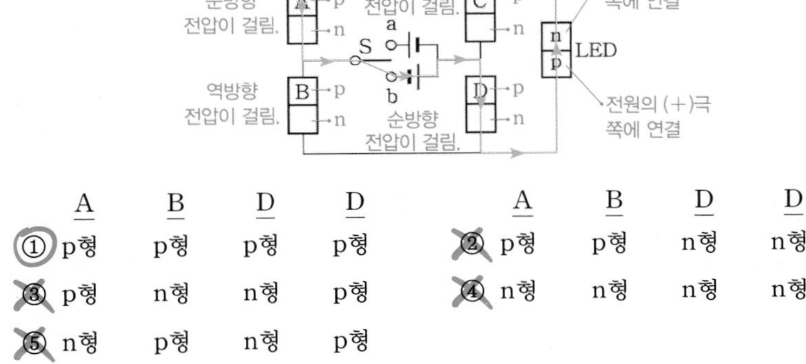

	A	B	D	D
①	p형	p형	p형	p형
~~②~~	p형	p형	n형	n형
~~③~~	p형	n형	n형	p형
~~④~~	n형	n형	n형	n형
~~⑤~~	n형	p형	n형	p형

13 다이오드 2023학년도 7월 모평 물Ⅰ 12번

정답 ① | 정답률 67 %

적용해야 할 개념 ②가지

① 순방향의 전압: p형 반도체는 전원의 (+)극에 연결하고, n형 반도체는 (−)극에 연결한다.
② 역방향의 전압: p형 반도체는 전원의 (−)극에 연결하고, n형 반도체는 (+)극에 연결한다.

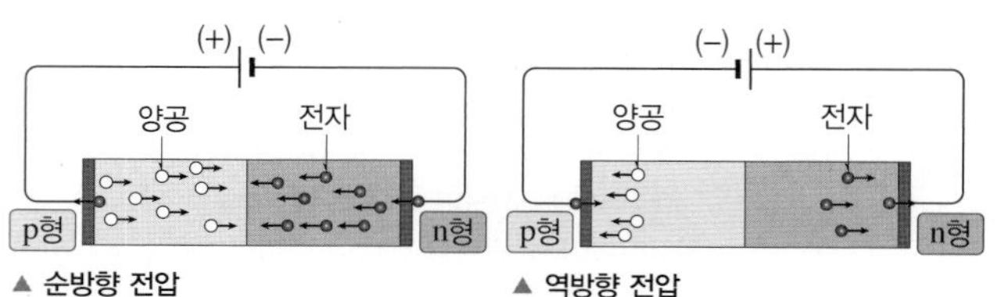

▲ 순방향 전압 ▲ 역방향 전압

문제 보기

그림과 같이 직류 전원 2개, 스위치 S_1과 S_2, p-n 접합 다이오드 A, A와 동일한 다이오드 3개, 저항, 검류계로 회로를 구성한다. 표는 S_1을 a 또는 b에 연결하고, S_2를 열고 닫으며 검류계의 눈금을 관찰한 결과이다. X는 p형 반도체와 n형 반도체 중 하나이다.

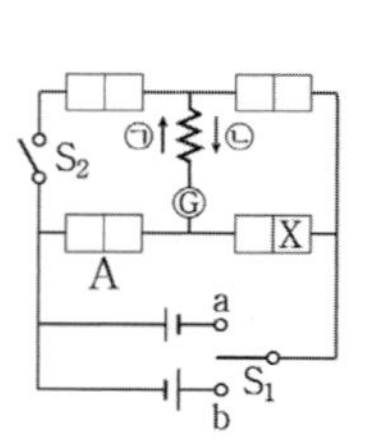

검류계에 전류가 흐르지 않음.
스위치
S_2
열림
닫힘
S_1
a
b

이에 대한 설명으로 옳은 것만을 〈보기〉에서 있는 대로 고른 것은? [3점]

〈보기〉 풀이

S_1을 a에 연결하고 S_2를 열었을 때는 검류계에 전류가 흐르지 않으므로 A에 전류가 흐르지 않는다. S_1을 a에 연결하고 S_2를 닫았을 때 검류계에 전류가 흐르므로, 회로에 흐르는 전류의 방향과 각 다이오드에 걸리는 전압의 방향은 (1)과 같다.

S_1을 b에 연결할 때 각 다이오드에 걸리는 전압의 방향은 a에 연결했을 때와 반대이며, S_1을 b에 연결하고 S_2를 열었을 때와 닫았을 때 모두 검류계에 전류가 흐르므로 전류의 방향은 (2)와 같다.

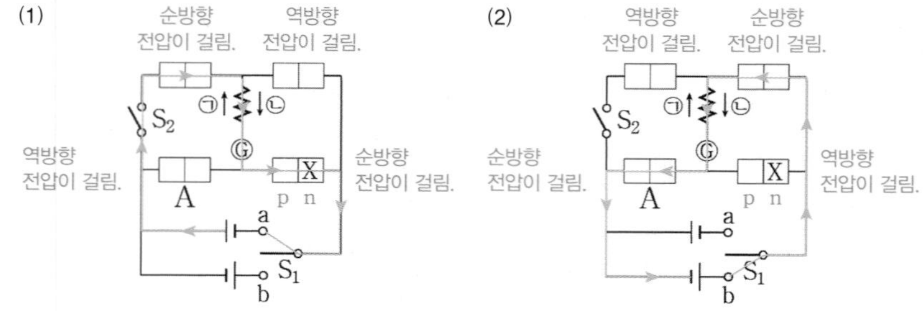

ㄱ. X는 n형 반도체이다.
➡ S_1을 a에 연결하고 S_2를 닫았을 때 X가 포함된 다이오드에 전류가 흐르므로 순방향 전압이 걸린다. 따라서 전원의 (−)극에 연결된 X는 n형 반도체이다.

ㄴ. S_1을 a에 연결하고 S_2를 닫았을 때 저항에 흐르는 전류의 방향은 ㉠이다.
➡ S_1을 a에 연결하고 S_2를 열었을 때는 검류계에 전류가 흐르지 않고 S_2를 닫았을 때는 검류계에 전류가 흐르므로, 저항에 흐르는 전류의 방향은 ㉡이다.

ㄷ. S_1을 b에 연결하고 S_2를 열었을 때 A에는 역방향 전압이 걸린다.
➡ S_1을 b에 연결하고 S_2를 열었을 때 A에 전류가 흐르므로 A에는 순방향 전압이 걸린다.

14 다이오드, 에너지띠 2021학년도 3월 학평 물Ⅰ 12번

정답 ③ | 정답률 79 %

적용해야 할 개념 ③가지

① n형 반도체: 순수한 반도체에 원자가 전자가 5개인 원소로 도핑하며 주로 전자가 전하를 운반한다.
② p형 반도체: 순수한 반도체에 원자가 전자가 3개인 원소로 도핑하며 주로 양공이 전하를 운반한다.
③ 다이오드에 순방향 전압을 걸면 p형 반도체의 양공과 n형 반도체의 전자는 p-n 접합면 쪽으로 이동한다.

문제 보기

그림 (가)는 직류 전원 장치, 저항, p-n 접합 다이오드, 스위치 S로 구성한 회로를, (나)는 (가)의 다이오드를 구성하는 반도체 X와 Y의 에너지띠 구조를 나타낸 것이다.

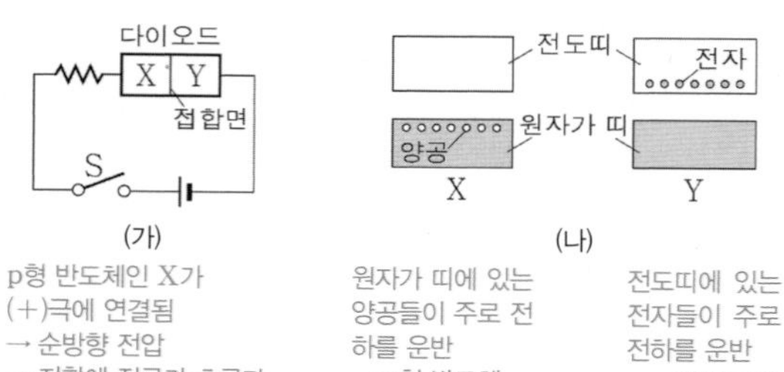

p형 반도체인 X가 (+)극에 연결됨 → 순방향 전압 → 저항에 전류가 흐른다. → X의 양공과 Y의 전자는 p-n 접합면 쪽으로 이동

원자가 띠에 있는 양공들이 주로 전하를 운반 → p형 반도체

전도띠에 있는 전자들이 주로 전하를 운반 → n형 반도체

이에 대한 옳은 설명만을 〈보기〉에서 있는 대로 고른 것은? [3점]

〈보기〉 풀이

n형 반도체는 순수한 반도체에 원자가 전자가 5개인 원소를 첨가함으로써 원자가 전자 4쌍이 공유 결합하고 남은 전자들이 전도띠에 많다. p형 반도체는 순수한 반도체에 원자가 전자가 3개인 원소를 첨가함으로써 공유 결합에 필요한 전자가 부족해 생긴 양공들이 원자가 띠에 많다.

ㄱ. X는 p형 반도체이다.
➡ X는 원자가 띠에 양공이 많으므로 p형 반도체이다.

ㄴ. S를 닫으면 저항에 전류가 흐른다.
➡ p형 반도체인 X가 전원 장치의 (+)극에 연결되고 n형 반도체인 Y가 전원 장치의 (−)극에 연결되었으므로, 다이오드에 순방향 전압이 걸린다. 따라서 스위치 S를 닫으면 저항에 전류가 흐른다.

ㄷ. S를 닫으면 Y의 전자는 p-n 접합면에서 멀어진다.
➡ 다이오드에 순방향 전압이 걸릴 때 p형 반도체의 양공과 n형 반도체의 전자는 p-n 접합면 쪽으로 이동한다. 따라서 S를 닫으면 n형 반도체인 Y의 전자는 p-n 접합면 쪽으로 이동한다.

15 다이오드 2023학년도 수능 물I 15번

정답 ① | 정답률 68 %

적용해야 할 개념 ②가지

① 순방향의 전압: p형 반도체는 전원의 (+)극에 연결하고, n형 반도체는 (−)극에 연결한다.
② 역방향의 전압: p형 반도체는 전원의 (−)극에 연결하고, n형 반도체는 (+)극에 연결한다.

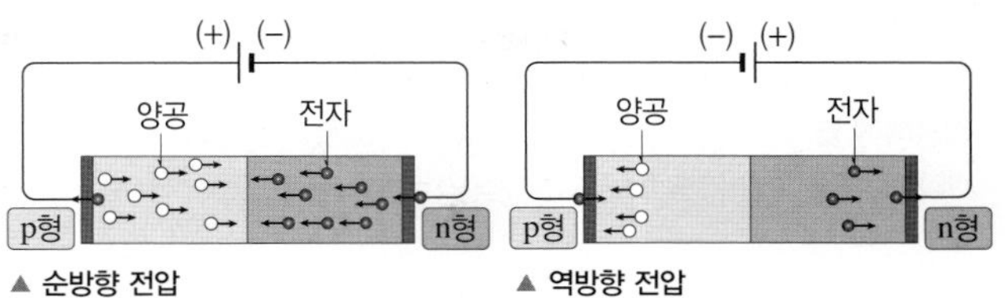

▲ 순방향 전압 ▲ 역방향 전압

문제 보기

다음은 p-n 접합 다이오드의 특성을 알아보는 실험이다.

[실험 과정]

(가) 그림과 같이 직류 전원 2개, 스위치 S_1, S_2, p-n 접합 다이오드 A, A와 동일한 다이오드 3개, 저항, 검류계로 회로를 구성한다. X는 p형 반도체와 n형 반도체 중 하나이다.

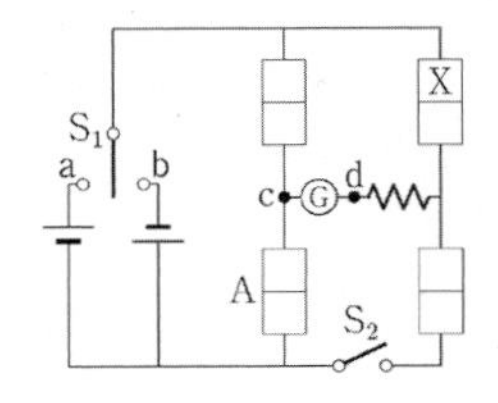

(나) S_1을 a 또는 b에 연결하고, S_2를 열고 닫으며 검류계를 관찰한다.

[실험 결과]

S_1	S_2	전체 흐름
㉠	열기	흐르지 않는다.
	닫기	c → Ⓖ → d로 흐른다.
㉡	열기	c → Ⓖ → d로 흐른다.
	닫기	c → Ⓖ → d로 흐른다.

이에 대한 설명으로 옳은 것만을 〈보기〉에서 있는 대로 고른 것은? [3점]

<보기> 풀이

S_1을 a에 연결했을 때 각각 순방향, 역방향의 전압이 걸린 다이오드는 S_1을 b에 연결했을 때 각각 역방향, 순방향의 전압이 걸린다.

S_1을 ㉠에 연결한 경우에 S_2를 열 때는 전류가 흐르지 않고 S_2를 닫을 때만 검류계에 전류가 c → Ⓖ → d방향으로 흐르므로, 회로에 흐르는 전류의 방향은 다음과 같다.

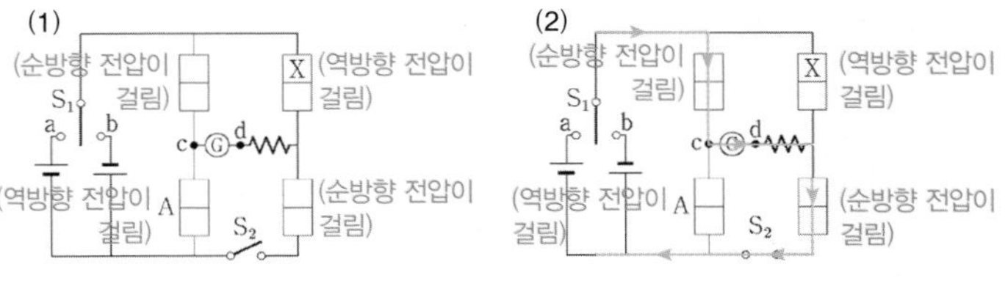

(S_1: ㉠, S_2: 열기) (S_1: ㉠, S_2: 닫기)

S_1을 ㉡에 연결한 경우에 S_2를 열 때와 닫을 때 모두 검류계에 전류가 c → Ⓖ → d방향으로 흐르므로, 회로에 흐르는 전류의 방향은 다음과 같다.

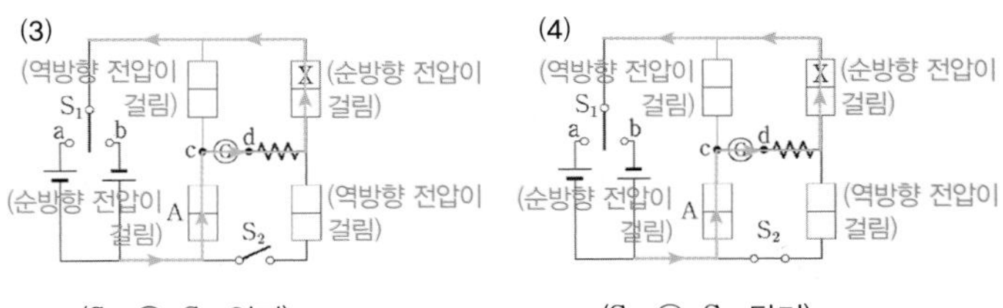

(S_1: ㉡, S_2: 열기) (S_1: ㉡, S_2: 닫기)

(1)과 (2)에서 S_1은 a에 연결되고, (3)과 (4)에서 S_1은 b에 연결된다.

ㄱ. X는 n형 반도체이다.

➡ (3)과 (4)에서 S_1은 b에 연결될 때 X가 포함된 다이오드에 순방향의 전압이 걸려 전류가 흐른다. 이때 X는 전원의 음(−)극 쪽에 연결되므로, X는 n형 반도체이다.

ㄴ. 'b에 연결'은 ㉠에 해당한다.

➡ (3)과 (4)에서 S_1은 b에 연결되므로, 'b에 연결'은 ㉡에 해당한다.

ㄷ. S_1을 a에 연결하고 S_2를 닫으면 A에는 순방향 전압이 걸린다.

➡ (2)와 같이 S_1을 a에 연결하고 S_2를 닫으면 A에는 역방향 전압이 걸린다.

16 다이오드 2025학년도 6월 모평 물I 16번

정답 ④ | 정답률 83 %

적용해야 할 개념 ②가지

① 순방향의 전압: p형 반도체는 전원의 (+)극에 연결하고, n형 반도체는 (−)극에 연결한다.

② 역방향의 전압: p형 반도체는 전원의 (−)극에 연결하고, n형 반도체는 (+)극에 연결한다.

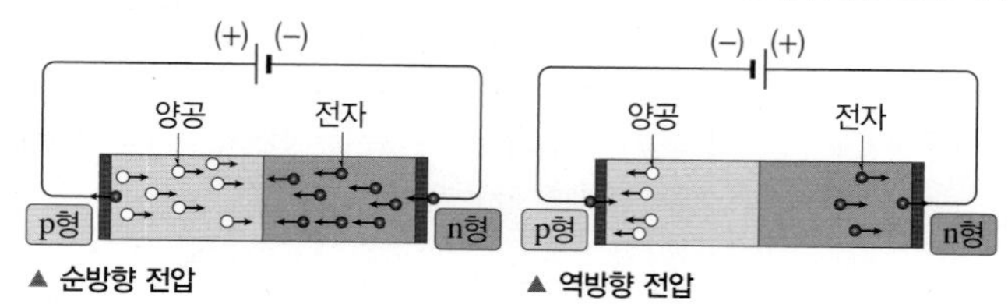

▲ 순방향 전압 ▲ 역방향 전압

문제 보기

다음은 p-n 접합 다이오드의 특성을 알아보는 실험이다.

[실험 과정]

(가) 그림과 같이 전압이 같은 직류 전원 2개, 저항, 동일한 p-n 접합 다이오드 A와 B, 스위치 S_1과 S_2, 전류계를 이용하여 회로를 구성한다. X는 p형 반도체와 n형 반도체 중 하나이다.

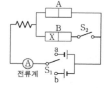

(나) S_1과 S_2의 연결 상태를 바꾸어 가며 전류계에 흐르는 전류의 세기를 측정한다.

[실험 결과]

S_1	S_2	전류의 세기
a에 연결	열림	㉠
	닫힘	I_0
b에 연결	열림	0
	닫힘	I_0

이에 대한 설명으로 옳은 것만을 ⟨보기⟩에서 있는 대로 고른 것은? [3점]

⟨보기⟩ 풀이

• S_1을 b에 연결하고 S_2를 열었을 때 전류계에 전류가 흐르지 않으므로 A에 역방향 전압이 걸린다. 또 S_1을 b에 연결하고 S_2를 닫았을 때 전류계에 전류가 흐르므로, A에 역방향 전압, B에 순방향 전압이 걸린다. 이때 흐르는 전류의 방향은 다음과 같다.

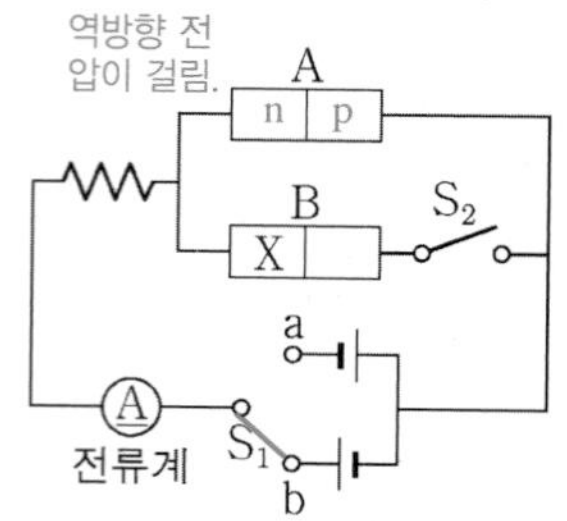

⟨S_1을 b에 연결하고 S_2를 열었을 때⟩

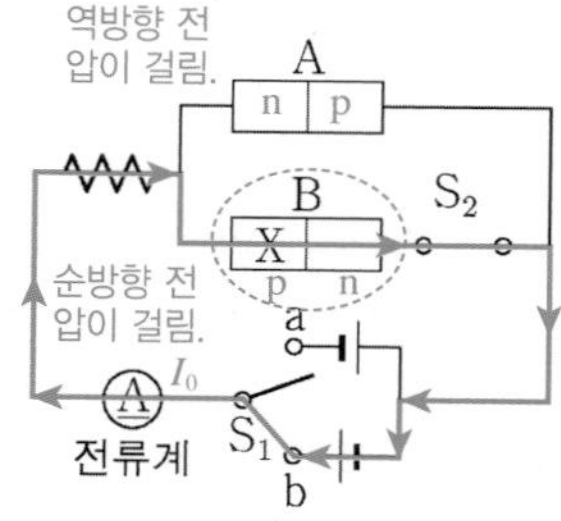

⟨S_1을 b에 연결하고 S_2를 닫았을 때⟩

• S_1을 a에 연결하고 S_2를 열었을 때 A에 순방향 전압이 걸리므로 전류계에 전류가 흐른다. 또 S_1을 a에 연결하고 S_2를 닫았을 때 A에 순방향 전압, B에 역방향 전압이 걸리므로 전류계에 전류가 흐른다. 이때 흐르는 전류의 방향은 다음과 같다.

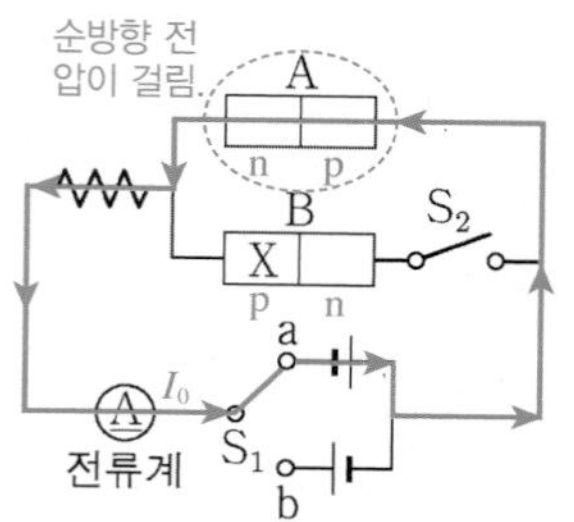

⟨S_1을 a에 연결하고 S_2를 열었을 때⟩

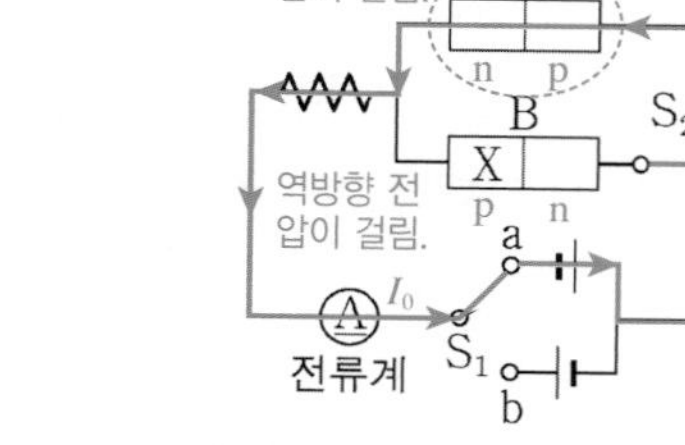

⟨S_1을 a에 연결하고 S_2를 닫았을 때⟩

ㄱ. X는 p형 반도체이다.

➡ S_1을 b에 연결하고 S_2를 닫았을 때 B에 순방향 전압이 걸리므로, 전원의 (+)극 쪽에 연결된 B의 X는 p형 반도체이다.

ㄴ. S_1을 b에 연결했을 때, A에는 순방향 전압이 걸린다.

➡ S_1을 b에 연결하고 S_2를 열었을 때 전류계에 전류가 흐르지 않으므로, A에는 역방향 전압이 걸린다.

ㄷ. ㉠은 I_0이다.

➡ S_1을 a에 연결하고 S_2를 열었을 때와 닫았을 때 모두 순방향 전압이 걸린 A에만 전류가 흐른다. 따라서 전류계에 흐르는 전류의 세기는 S_2를 열었을 때와 닫았을 때가 같으므로 ㉠은 I_0이다.

17 다이오드 2019학년도 3월 학평 물I 7번

정답 ③ | 정답률 63 %

적용해야 할 개념 ③가지

① 순방향의 전압: p형 반도체는 전원의 (+)극에 연결하고, n형 반도체는 (−)극에 연결한다.
② 역방향의 전압: p형 반도체는 전원의 (−)극에 연결하고, n형 반도체는 (+)극에 연결한다.
③ 다이오드에 순방향 전압이 걸리면 p형 반도체의 양공과 n형 반도체의 전자는 p−n 접합면 쪽으로 이동한다.

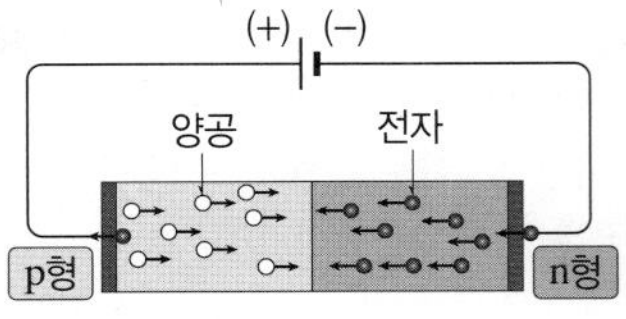

▲ 순방향 전압

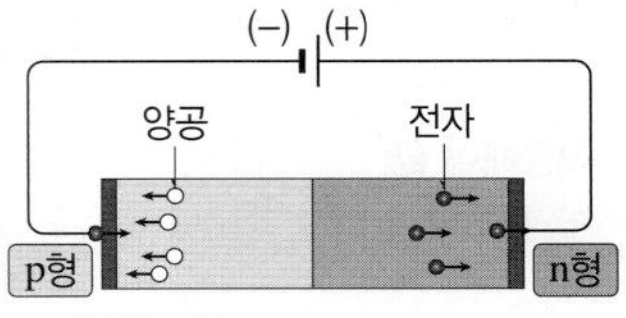

▲ 역방향 전압

문제 보기

그림과 같이 p−n 접합 발광 다이오드(LED) A, B, C를 이용해 회로를 구성하였다. X는 p형 반도체와 n형 반도체 중 하나이다. 스위치 S를 a에 연결할 때는 LED 2개가 켜지고, b에 연결할 때는 LED 1개가 켜진다.
(C와 B가 켜짐.)
(C가 켜짐.)

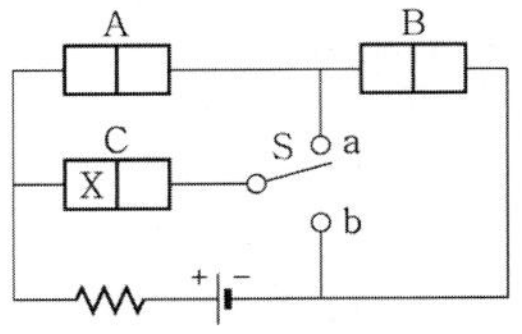

이에 대한 옳은 설명만을 〈보기〉에서 있는 대로 고른 것은? [3점]

<보기> 풀이

S를 b에 연결할 때 LED 1개가 켜지므로 C가 켜지는 것이고, a에 연결할 때 LED 2개가 켜지므로 C와 B가 켜지는 것이다.

보기

ㄱ. X는 p형 반도체이다. (○)
➡ C는 스위치 S를 a에 연결할 때와 b에 연결할 때 항상 켜지므로, 전원에 순방향으로 연결되었다. 따라서 전원의 (+)극에 연결된 X는 p형 반도체이다.

ㄴ. S를 a에 연결할 때, B에는 순방향 전압이 걸린다. (○)
➡ a에 연결할 때 B와 C가 켜지므로, B에 순방향 전압이 걸린다.

ㄷ. S를 b에 연결할 때, C에서 p형 반도체의 양공은 p−n 접합면에서 멀어진다. (×)
➡ S를 b에 연결할 때 C에 순방향 전압이 걸리므로, p형 반도체의 양공과 n형 반도체의 전자는 p−n 접합면 쪽으로 이동한다.

18 고체의 전기 전도도, 다이오드 2022학년도 10월 학평 물I 4번

정답 ⑤ | 정답률 90 %

적용해야 할 개념 ③가지

① 전기 전도도: 물질 내에서 전류가 흐를 수 있는 정도를 나타내는 양으로, 전기 전도도의 크기는 도체 > 반도체 > 절연체이다.
② 순방향의 전압: p형 반도체는 전원의 (+)극에 연결하고, n형 반도체는 (−)극에 연결한다.
③ 역방향의 전압: p형 반도체는 전원의 (−)극에 연결하고, n형 반도체는 (+)극에 연결한다.

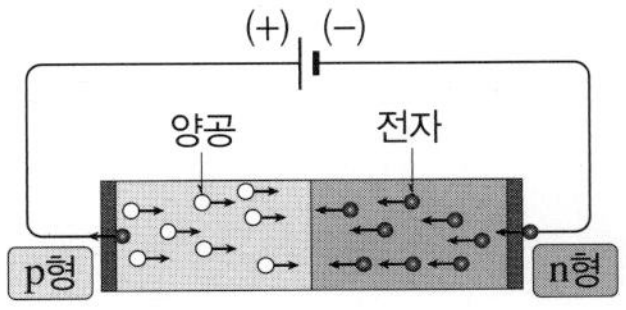

▲ 순방향 전압

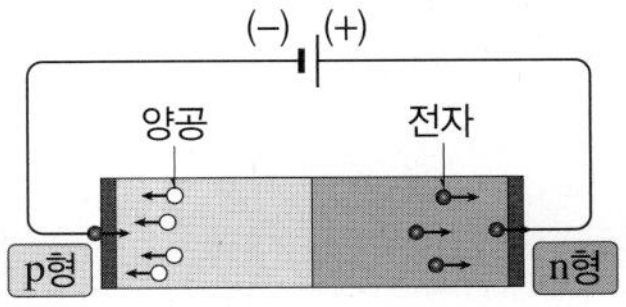

▲ 역방향 전압

문제 보기

다음은 고체의 전기적 특성을 알아보기 위한 실험이다.

[실험 과정]
(가) 크기와 모양이 같은 고체 A, B를 준비한다. A, B는 도체 또는 절연체이다.
(나) 그림과 같이 p−n 접합 다이오드와 A를 전지에 연결한다. X는 p형 반도체와 n형 반도체 중 하나이다.

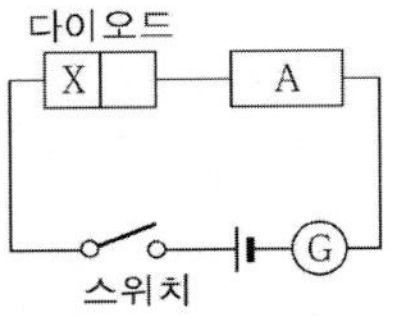

(다) 스위치를 닫고 전류가 흐르는지 관찰한 후, A를 B로 바꾸어 전류가 흐르는지 관찰한다.
(라) (나)에서 전지의 연결 방향을 반대로 하여 (다)를 반복한다.

[실험 결과]
(A: 도체, B: 절연체 → 전기 전도도: A > B)

고체	A	B
(다)의 결과	전류 흐름	전류 흐르지 않음
(라)의 결과	㉠	?

((다): 순방향 전압, (라): 역방향 전압 → ㉠ = '전류 흐르지 않음')

이에 대한 설명으로 옳은 것만을 〈보기〉에서 있는 대로 고른 것은?

<보기> 풀이

(다)에서 A일 때 전류가 흐르므로 A는 도체이며, B일 때 전류가 흐르지 않으므로 B는 절연체이다.

보기

ㄱ. ㉠은 '전류 흐름'이다. (×)
➡ (다)에서 A를 연결했을 때 전류가 흐르므로 다이오드에 순방향 전압이 걸리고, (라)에서 전지의 연결 방향을 반대로 하면 다이오드에 역방향 전압이 걸리므로 전류가 흐르지 않는다. 따라서 ㉠은 '전류 흐르지 않음'이다.

ㄴ. X는 p형 반도체이다. (○)
➡ (다)에서 다이오드에 순방향 전압이 걸리므로, 전지의 (+)극 쪽에 연결된 X는 p형 반도체이다.

ㄷ. 전기 전도도는 A가 B보다 크다. (○)
➡ 전기 전도도는 도체인 A가 절열체인 B보다 크다.

19 다이오드 2024학년도 10월 학평 물Ⅰ 14번

정답 ③ | 정답률 81 %

적용해야 할 개념 ②가지

① 순방향의 전압: p형 반도체는 전원의 (+)극에 연결하고, n형 반도체는 (−)극에 연결한다.

② 역방향의 전압: p형 반도체는 전원의 (−)극에 연결하고, n형 반도체는 (+)극에 연결한다.

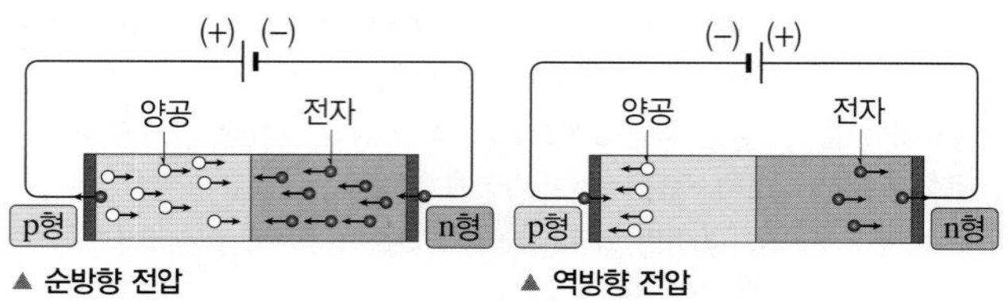

▲ 순방향 전압 ▲ 역방향 전압

문제 보기

그림은 동일한 직류 전원 2개, 스위치 S, p-n 접합 다이오드 A, A와 동일한 다이오드 3개, 저항, 검류계로 회로를 구성한 모습을 나타낸 것이다. X는 p형 반도체와 n형 반도체 중 하나이다. 표는 S를 a 또는 b에 연결했을 때 검류계를 관찰한 결과이다.

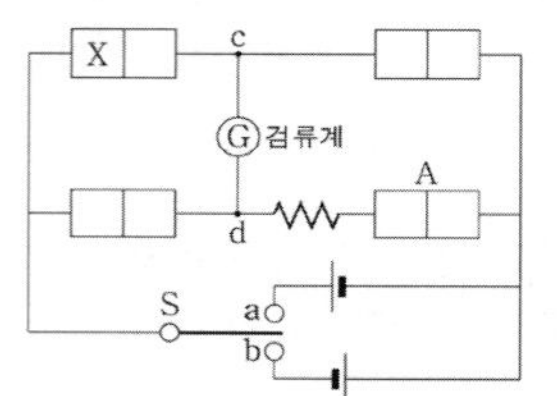

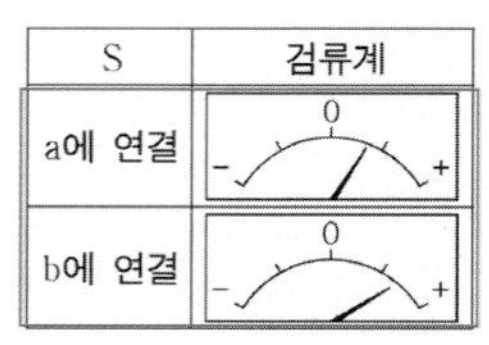

S	검류계
a에 연결	
b에 연결	

전류의 세기: a에 연결<b에 연결
→ a에 연결: 전류가 검류계와 저항을 통과함.
→ b에 연결: 전류가 검류계는 통과하고 저항은 통과하지 않음.

이에 대한 옳은 설명만을 〈보기〉에서 있는 대로 고른 것은? [3점]

<보기> 풀이

검류계에 흐르는 전류의 세기는 S를 a에 연결했을 때가 b에 연결했을 때보다 작다. 따라서 S를 a에 연결했을 때 전류는 검류계와 저항을 통과하고, S를 b에 연결했을 때 전류는 검류계는 통과하지만 저항은 통과하지 않는다. 따라서 S를 a 또는 b에 연결했을 때 회로에 흐르는 전류의 방향과 각 다이오드에 걸린 전압의 방향은 그림과 같다.

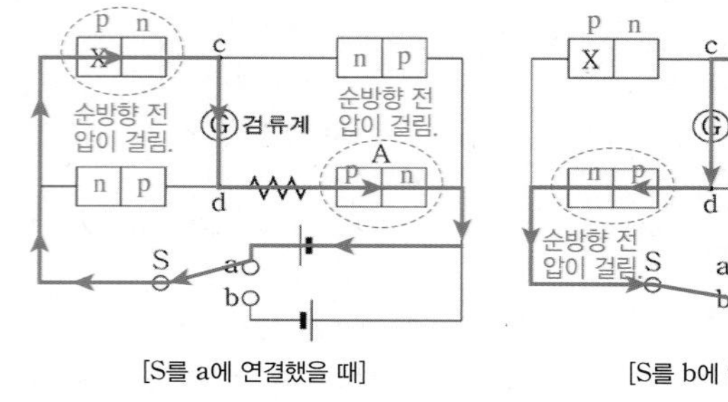

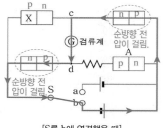

[S를 a에 연결했을 때] [S를 b에 연결했을 때]

ㄱ. X는 p형 반도체이다.

➡ S를 a에 연결했을 때 X를 포함한 다이오드에 전류가 흐른다. 이때 X를 포함한 다이오드에 순방향 전압이 걸리므로, 전원의 양(+)극에 연결된 X는 p형 반도체이다.

ㄴ. S를 a에 연결하면 전류는 c → Ⓖ → d 방향으로 흐른다.

➡ S를 a에 연결하면 전류는 X를 포함한 다이오드에서 검류계를 거쳐 A로 흐르므로, S를 a에 연결하면 전류는 c → Ⓖ → d 방향으로 흐른다.

ㄷ. S를 b에 연결하면 A에는 순방향 전압이 걸린다.

➡ S를 b에 연결하면 A에는 전류가 흐르지 않는다. 따라서 S를 b에 연결하면 A에는 역방향 전압이 걸린다.

20	고체의 전기 전도도, 다이오드 2021학년도 10월 학평 물Ⅰ 5번	정답 ③ ㅣ 정답률 91 %

적용해야 할 개념 ②가지

① 전기 전도도: 물질 내에서 전류가 잘 흐르는 정도를 나타내는 양으로, 전기 전도도의 크기는 도체>반도체>절연체이다.

② p-n 접합 다이오드: p형 반도체와 n형 반도체를 접합한 것으로, 순방향 전압에서는 p형 반도체에서 n형 반도체 방향으로 전류가 잘 흐르지만 역방향 전압에서는 전류가 흐르지 않는다.

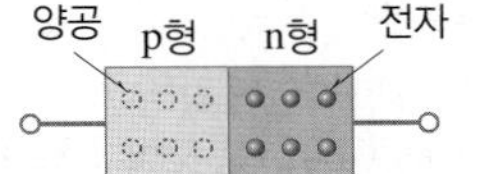

▲ 다이오드의 구조와 기호

문제 보기

다음은 고체의 전기적 특성을 알아보기 위한 실험이다.

[실험 과정]

(가) 고체 막대 A와 B를 각각 연결할 수 있는 전기 회로를 구성한다. A, B는 도체와 절연체 중 하나이다.

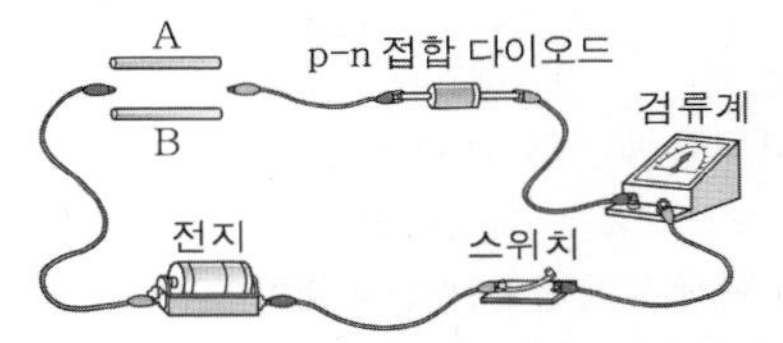

(나) 두 집게를 A의 양 끝 또는 B의 양 끝에 연결하고 스위치를 닫은 후 막대에 흐르는 전류의 유무를 관찰한다.

(다) (가)에서 [㉠]의 양 끝에 연결된 집게를 서로 바꿔 연결한 후 (나)를 반복한다.

[실험 결과]

→ A: 도체, B: 절연체 → 전기 전도도: A>B

구분	A	B
(나)의 결과	○	×
(다)의 결과	×	㉡

(○: 전류가 흐름, ×: 전류가 흐르지 않음.)

→ p-n 접합 다이오드에 역방향 전압이 걸림.

이에 대한 옳은 설명만을 〈보기〉에서 있는 대로 고른 것은? [3점]

<보기> 풀이

ㄱ. 전기 전도도는 A가 B보다 크다.

➡ (나)에서 A는 전류가 흐르고 B는 전류가 흐르지 않으므로 A는 도체, B는 절연체이다. 전기 전도도는 도체인 A가 절연체인 B보다 크다.

ㄴ. 'p-n 접합 다이오드'는 ㉠으로 적절하다.

➡ (다)에서 도체 A에 전류가 흐르지 않는 것으로 보아 p-n 접합 다이오드에 역방향 전압이 걸린 상태이다. 즉, (가)에서 p-n 접합 다이오드의 양 끝에 연결된 집게를 서로 바꿔 연결하면 p-n 접합 다이오드에 역방향 전압이 걸려 A에 전류가 흐르지 않으므로 'p-n 접합 다이오드'는 ㉠으로 적절하다.

ㄷ. ㉡은 '○'이다.

➡ B는 절연체이므로 순방향 또는 역방향 전압이 걸렸을 때 모두 전류가 흐르지 않는다. 따라서 ㉡은 '×'이다.

21 다이오드 2020학년도 9월 모평 물I 10번

정답 ⑤ | 정답률 83 %

적용해야 할 개념 ③가지

① 순방향의 전압: p형 반도체는 전원의 (+)극에 연결하고, n형 반도체는 (−)극에 연결한다.
② 역방향의 전압: p형 반도체는 전원의 (−)극에 연결하고, n형 반도체는 (+)극에 연결한다.
③ 다이오드에 순방향 전압을 걸면 p형 반도체의 양공과 n형 반도체의 전자는 p−n 접합면 쪽으로 이동한다.

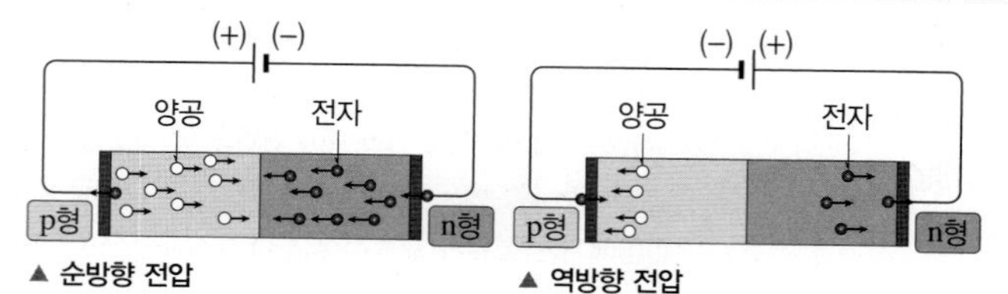

▲ 순방향 전압　▲ 역방향 전압

문제 보기

다음은 p−n 접합 다이오드의 특성을 알아보기 위한 실험이다.

[실험 과정]
(가) 그림과 같이 p−n 접합 다이오드 A와 B, 저항, 오실로스코프 Ⅰ과 Ⅱ, 스위치, 직류 전원, 교류 전원이 연결된 회로를 구성한다. X, Y는 각각 p형 반도체와 n형 반도체 중 하나이다.

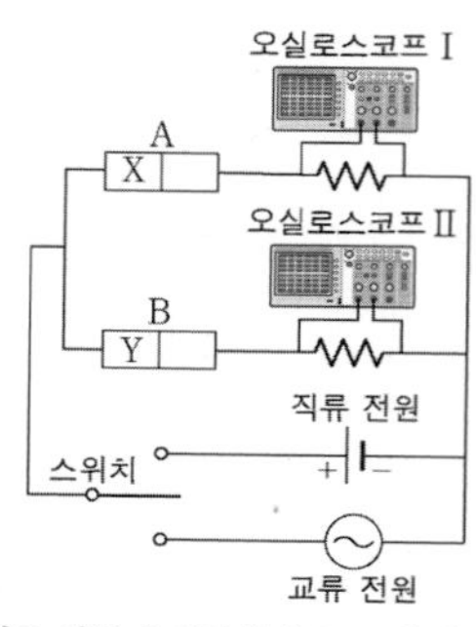

(나) 스위치를 직류 전원에 연결하여 Ⅰ, Ⅱ에 측정된 전압을 관찰한다.
(다) 스위치를 교류 전원에 연결하여 Ⅰ, Ⅱ에 측정된 전압을 관찰한다.

A에 전류가 흐른다. → 순방향 전압이 걸린다. → X: p형 반도체
B에 전류가 흐르지 않는다. → 역방향 전압이 걸린다. → Y: n형 반도체

[실험 결과]

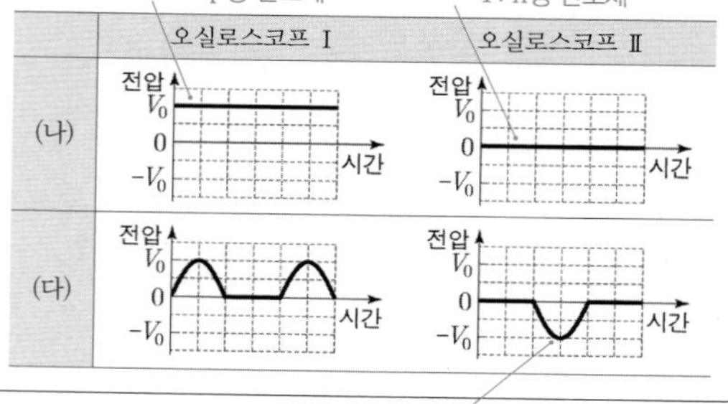

B에 전류가 흐른다.
→ 순방향 전압이 걸린다.
→ Y의 전자가 접합면 쪽으로 이동한다.

이에 대한 설명으로 옳은 것만을 〈보기〉에서 있는 대로 고른 것은? [3점]

<보기> 풀이

ㄱ. X는 p형 반도체이다.
➡ (나)에서 스위치를 직류 전원에 연결하면 오실로스코프 Ⅰ에만 전압이 측정되므로 A에만 전류가 흐른다. 이때 직류 전원의 (+)극 쪽에 연결된 A의 X는 p형 반도체이다. 한편 B의 Y는 n형 반도체이다.

ㄴ. (나)의 A에는 순방향 전압이 걸려 있다.
➡ (나)에서 스위치를 직류 전원에 연결하였을 때 A에 전류가 흐르므로 순방향 전압이 걸려 있다.

ㄷ. (다)의 Ⅱ에서 전압이 $-V_0$일 때, B에서 Y의 전자는 p−n 접합면 쪽으로 이동한다.
➡ (다)에서 스위치를 교류 전원에 연결하면 오실로스코프 Ⅱ에서 전압이 $-V_0$으로 측정될 때 B에 전류가 흐른다. 이때 B는 순방향 전압이 걸린 것이므로, n형 반도체인 Y의 전자는 p−n 접합면 쪽으로 이동한다.

22 다이오드 2023학년도 9월 모평 물I 17번

정답 ① | 정답률 36 %

적용해야 할 개념 ③가지

① 순방향의 전압: p형 반도체는 전원의 (+)극에 연결하고, n형 반도체는 (−)극에 연결한다.
② 역방향의 전압: p형 반도체는 전원의 (−)극에 연결하고, n형 반도체는 (+)극에 연결한다.
③ 다이오드에 순방향 전압이 걸리면 p형 반도체의 양공과 n형 반도체의 전자는 p-n 접합면 쪽으로 이동하므로, 다이오드에 p형 반도체에서 n형 반도체 방향으로 전류가 흐른다.

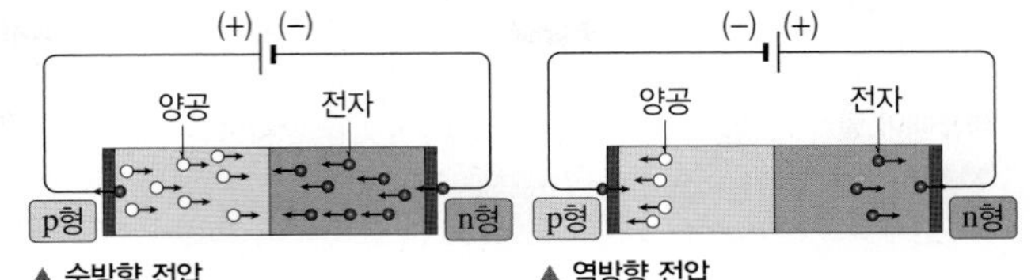

▲ 순방향 전압 ▲ 역방향 전압

문제 보기

다음은 p-n 접합 다이오드를 이용한 회로에 대한 실험이다.

[실험 과정]

(가) 그림 Ⅰ과 같이 p-n 접합 다이오드 X, X와 동일한 다이오드 3개, 전원 장치, 스위치, 검류계, 저항, 오실로스코프가 연결된 회로를 구성한다.

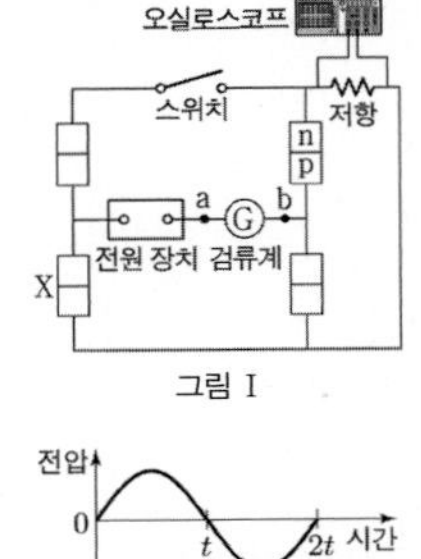

그림 Ⅰ

(나) 스위치를 닫는다.

(다) 전원 장치에서 그림 Ⅱ와 같은 전압을 발생시키고, 저항에 걸리는 전압을 오실로스코프로 관찰한다.

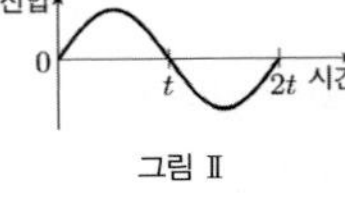

그림 Ⅱ

(라) 스위치를 열고 (다)를 반복한다.

[실험 결과]

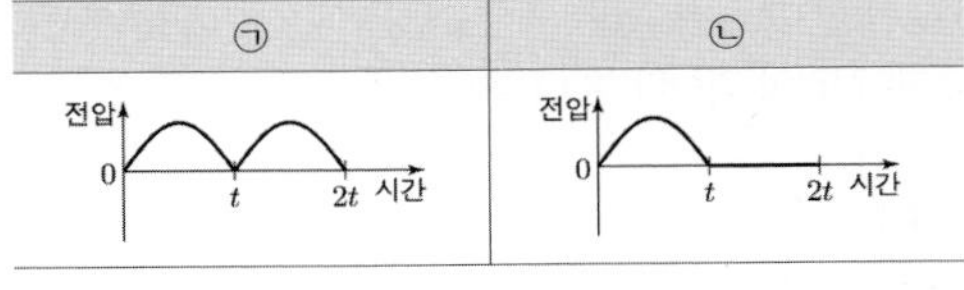

이에 대한 설명으로 옳은 것만을 〈보기〉에서 있는 대로 고른 것은? [3점]

<보기> 풀이

실험 결과 ㉠, ㉡에서 스위치를 열고 닫는 것과 상관없이 $0\sim t$일 때 저항에 같은 방향으로 전류가 흐른다. 따라서 다이오드에 전류가 p형 반도체에서 n형 반도체 방향으로 흐른다는 것을 고려하면 (라)와 (다)에서 전류가 흐르는 방향은 그림과 같다. 이때 다이오드 B, X에 순방향의 전압이, C에 역방향의 전압이 걸린다.

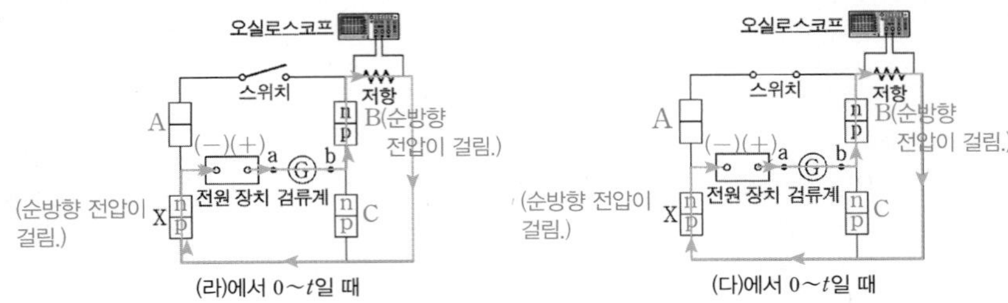

ㄱ. ㉠은 (다)의 결과이다.

➡ ㉠에서 $t\sim 2t$일 때도 저항에 같은 방향으로 전류가 흐르므로, 교류 전원의 전압의 방향이 $0\sim t$일 때와 반대가 되어 다이오드 B, X에 역방향의 전압이 걸리고 C에 순방향의 전압이 걸리는 것을 고려하면 그림과 같이 전류가 흐른다. 이때 다이오드 A에 순방향의 전압이 걸리고 스위치는 닫혀있는 상태이다. 따라서 ㉠은 스위치를 닫고 실험을 한 (다)의 결과이다.

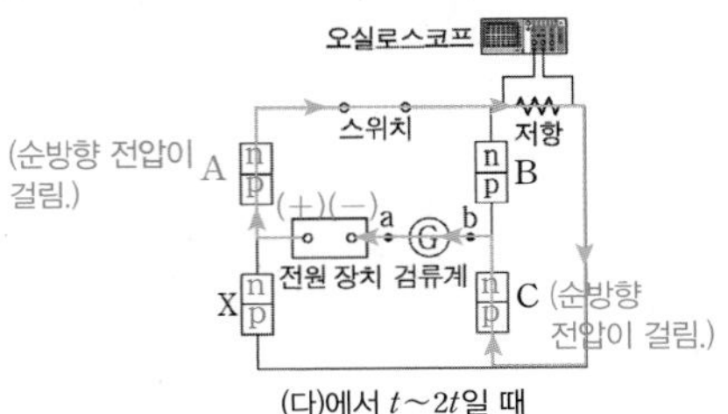

~~ㄴ. (다)에서 $0\sim t$일 때, 전류의 방향은 b → Ⓖ → a이다.~~

➡ (다)에서 $0\sim t$일 때 검류계에 전류가 오른쪽 방향으로 흐르므로, 전류의 방향은 a → Ⓖ → b이다.

~~ㄷ. (라)에서 $t\sim 2t$일 때, X에는 순방향 전압이 걸린다.~~

➡ (라)의 결과인 ㉡에서 $t\sim 2t$일 때 저항에 전류가 흐르지 않는다. 이때 교류 전원의 전압의 방향이 $0\sim t$일 때와 반대가 되므로, X와 B에 역방향 전압이 걸린다. 따라서 (라)에서 $t\sim 2t$일 때, X에는 역방향 전압이 걸린다.

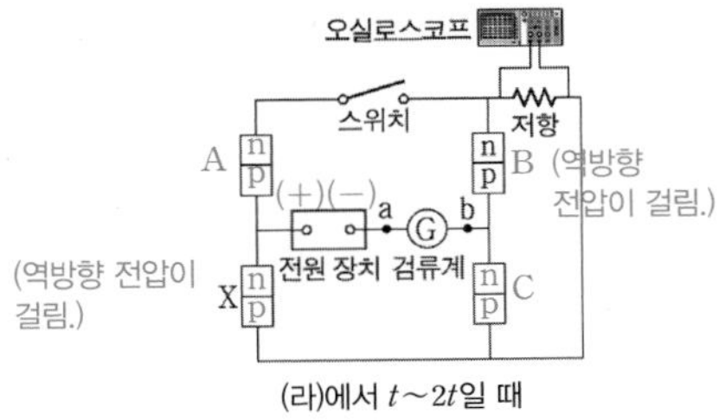

23	다이오드 2022학년도 수능 물Ⅰ 10번	정답 ① ｜ 정답률 64 %

적용해야 할 개념 ②가지

① 순방향의 전압: p형 반도체는 전원의 (+)극에 연결하고, n형 반도체는 (−)극에 연결한다.

② 역방향의 전압: p형 반도체는 전원의 (−)극에 연결하고, n형 반도체는 (+)극에 연결한다.

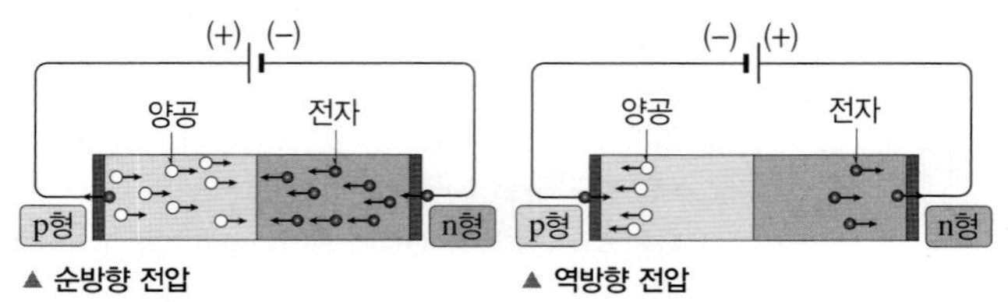

▲ 순방향 전압　　▲ 역방향 전압

문제 보기

다음은 p-n 접합 다이오드의 특성을 알아보는 실험이다.

[실험 과정]

(가) 그림과 같이 동일한 p-n 접합 다이오드 4개, 스위치 S_1, S_2, 집게 전선 a, b가 포함된 회로를 구성한다. Y는 p형 반도체와 n형 반도체 중 하나이다.

(나) S_1, S_2를 열고 전구와 검류계를 관찰한다.

(다) (나)에서 S_1만 닫고 전구와 검류계를 관찰한다.

(라) a, b를 직류 전원의 (+), (−) 단자에 서로 바꾸어 연결한 후, S_1, S_2를 닫고 전구와 검류계를 관찰한다.

[실험 결과]

과정	전구	전류의 방향
(나)	×	해당 없음
(다)	○	$c \rightarrow S_1 \rightarrow d$
(라)	○	㉠

(○: 켜짐, ×: 켜지지 않음)

이에 대한 설명으로 옳은 것만을 〈보기〉에서 있는 대로 고른 것은? [3점]

<보기> 풀이

ㄱ. Y는 p형 반도체이다.

➡ (나)에서 전구에 불이 켜지지 않았고 (다)에서 전구에 불이 켜졌을 때 전류의 방향이 $c \rightarrow S_1 \rightarrow d$이므로, 아래와 같이 (다)에서 Y가 포함된 다이오드에 역방향의 전압이 걸리고 다른 두 개의 다이오드에 순방향의 전압이 걸린다. 따라서 역방향의 전압이 걸린 다이오드의 (−) 단자에 연결된 Y는 p형 반도체이다.

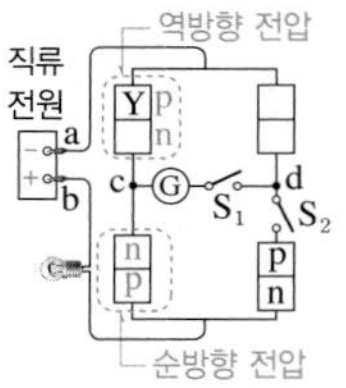

(나) 〈S_1, S_2를 열었을 때〉

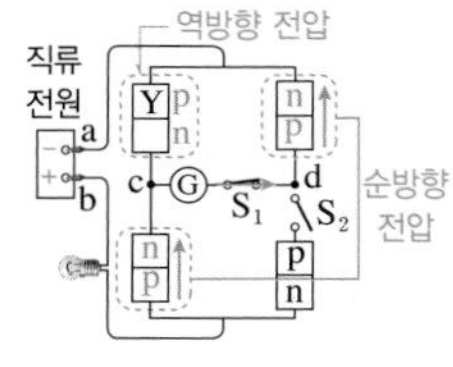

(다) 〈S_1만 닫았을 때〉

ㄴ. (나)에서 a는 (+) 단자에 연결되어 있다.

➡ (다)에서 흐르는 전류의 방향이 $c \rightarrow S_1 \rightarrow d$이므로, (나)에서 a는 (−) 단자에 연결되어 있다.

ㄷ. ㉠은 '$d \rightarrow S_1 \rightarrow c$'이다.

➡ (라)에서 a, b를 직류 전원의 (+), (−) 단자에 서로 바꾸어 연결했을 때 전구에 불이 켜지므로, Y가 포함된 다이오드에 순방향의 전압이 걸린다. 이때 흐르는 전류의 방향 ㉠은 아래와 같이 $c \rightarrow S_1 \rightarrow d$이다.

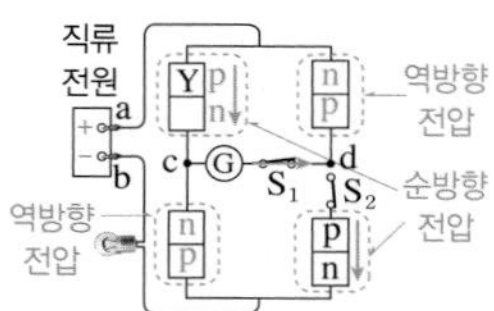

(라) 〈S_1, S_2를 닫았을 때〉

24 다이오드 2020학년도 6월 모평 물Ⅰ 10번

정답 ③ | 정답률 71 %

적용해야 할 개념 ②가지

① 발광 다이오드의 띠 간격이 클수록 파장이 짧은 빛(광자 1개의 에너지가 큰 빛)이 방출된다.

② 빨간색 빛+초록색 빛=노란색 빛
빨간색 빛+파란색 빛=자홍색 빛
초록색 빛+파란색 빛=청록색 빛

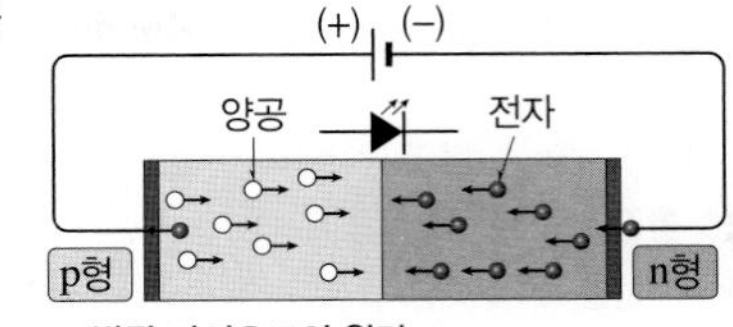

▲ 발광 다이오드의 원리

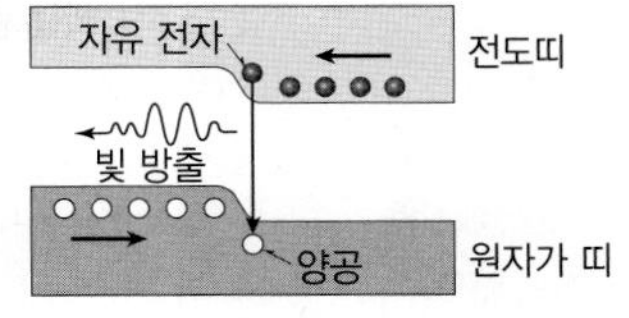

문제 보기

다음은 p−n 접합 발광 다이오드(LED)를 이용한 빛의 합성에 대한 탐구 활동이다.

[자료 조사 결과]
- LED는 띠 간격의 크기에 해당하는 빛을 방출한다.
- LED A, B, C는 각각 빛의 삼원색 중 한 종류의 빛만 낸다.
- 띠 간격의 크기는 A>B>C이다.

[실험 과정] 방출되는 에너지 크기: A>B>C, 파장: C>B>A

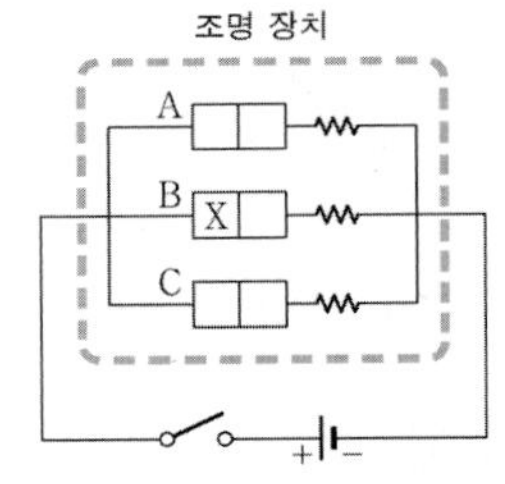

(가) 그림과 같이 A, B, C에서 나오는 빛이 합성되는 조명 장치를 구성한다.
(나) 스위치를 닫고 조명 장치의 색을 관찰한다.
(다) 스위치를 열고 전지의 방향을 반대로 바꾼 후 (나)를 반복한다.
(라) (다)에서 스위치를 열고 B의 방향을 반대로 바꾼 후 (나)를 반복한다.

[실험 결과]

실험 과정	(나)	(다)	(라)
조명 장치의 색	㉠	자홍색	백색

이에 대한 설명으로 옳은 것만을 〈보기〉에서 있는 대로 고른 것은? (단, X는 p형 반도체와 n형 반도체 중 하나이다.) [3점]

<보기> 풀이

띠 간격이 클수록 파장이 짧은 빛이 방출되므로 A는 파란색 빛, B는 초록색 빛, C는 빨간색 빛을 내는 LED이다.

ㄱ. A는 파란색 빛을 내는 LED이다.

➡ 발광 다이오드에 전류가 흐를 때, 접합면에서 전도띠에 있던 전자가 원자가 띠의 양공으로 전이하면서 띠 간격에 해당하는 만큼의 에너지를 빛으로 방출한다. 이때 원자가 띠와 전도띠 사이의 띠 간격이 클수록 에너지가 큰 빛이 방출된다. 광자 1개의 에너지가 큰 빛일수록 파장이 짧으므로, 띠 간격이 가장 큰 LED인 A가 파장이 가장 짧은 파란색 빛을 내는 LED이다.

ㄴ. X는 n형 반도체이다.

➡ (다)에서 전지의 방향을 반대로 바꾸고 실험한 결과에서 나타난 자홍색은 파란색 빛을 내는 A와 빨간색 빛을 내는 C가 켜진 결과이며, 초록색 빛을 내는 B는 켜지지 않았다. 따라서 B에 역전압이 걸린 것이며, 전원의 (−)극에 연결된 X는 p형 반도체이다.

ㄷ. ㉠은 초록색이다.

➡ (다)에서 B만 켜지지 않았으므로, (다)와 전지의 방향이 반대인 (나)에서는 B만 켜져 빛이 방출된다. 따라서 ㉠은 초록색이다.

25 다이오드 2024학년도 5월 학평 물I 16번

정답 ⑤ | 정답률 60 %

적용해야 할 개념 ③가지

① 순방향의 전압: p형 반도체는 전원의 (+)극에 연결하고, n형 반도체는 (−)극에 연결한다.
② 역방향의 전압: p형 반도체는 전원의 (−)극에 연결하고, n형 반도체는 (+)극에 연결한다.
③ 다이오드에 순방향 전압이 걸리면 p형 반도체의 양공과 n형 반도체의 전자는 p-n 접합면 쪽으로 이동하므로, 다이오드에는 p형 반도체에서 n형 반도체 방향으로 전류가 흐른다.

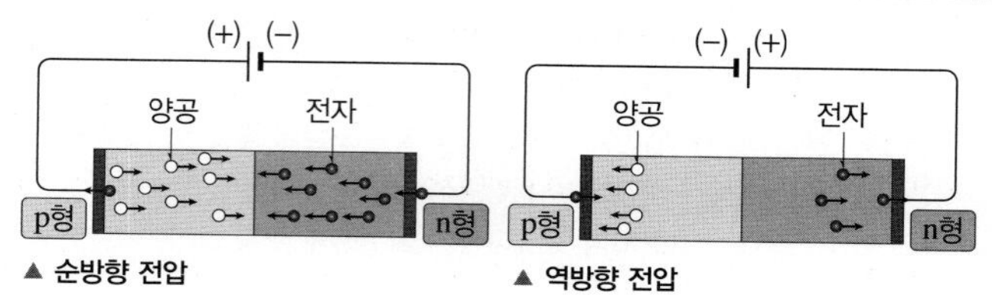

▲ 순방향 전압　▲ 역방향 전압

문제 보기

다음은 p-n 접합 다이오드의 특성을 알아보는 실험이다.

[실험 과정]
(가) 그림과 같이 p-n 접합 다이오드 A, A와 동일한 다이오드 3개, 직류 전원 2개, 스위치 S_1, S_2, 전구로 회로를 구성한다. X는 p형 반도체와 n형 반도체 중 하나이다.
(나) S_1을 a 또는 b에 연결하고, S_2를 열고 닫으며 전구를 관찰한다.

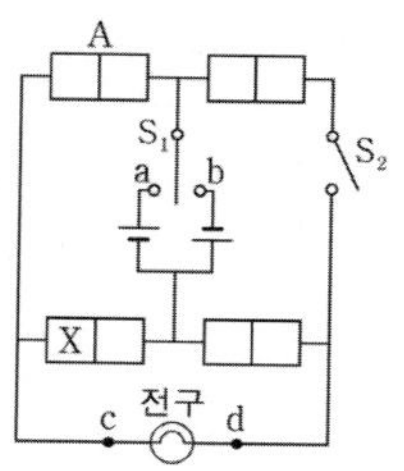

[실험 결과]

S_1	S_2	전구
a에 연결	열기	×
	닫기	○
b에 연결	열기	○
	닫기	○

(○: 켜짐, ×: 켜지지 않음)

이에 대한 설명으로 옳은 것만을 〈보기〉에서 있는 대로 고른 것은? [3점]

<보기> 풀이

S_1을 b에 연결하고 S_2를 열었을 때 전구에 불이 켜지므로, 다음과 같이 최소 2개의 다이오드에 순방향 전압이 걸려 전류가 흐른다.

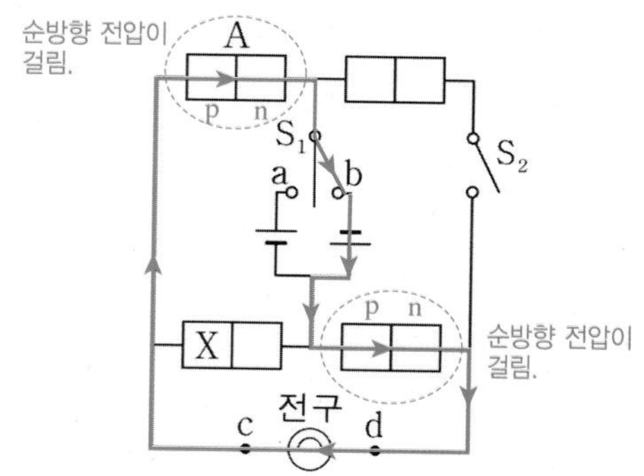

S_1을 a에 연결하고 S_2를 닫았을 때 전구에 불이 켜지므로, 다음과 같은 방향으로 전류가 흐른다.

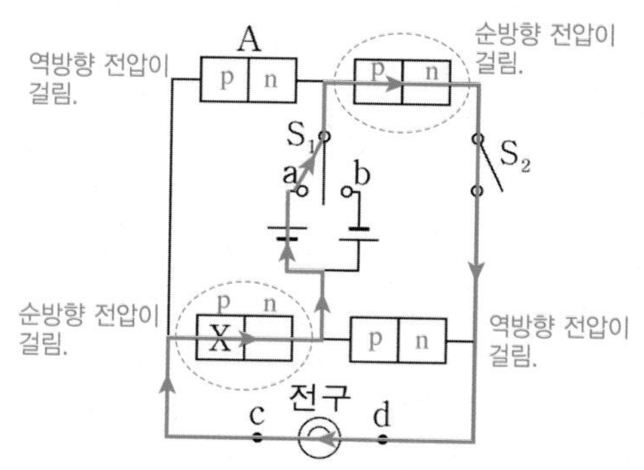

ㄱ. X는 p형 반도체이다.
➡ S_1을 a에 연결하고 S_2를 닫았을 때 전구에 불이 켜지므로, X가 포함된 다이오드에는 오른쪽 방향으로 전류가 흐른다. 다이오드에서 전류는 p형 반도체에서 n형 반도체 쪽으로 흐르므로 X는 p형 반도체이다.

ㄴ. S_1을 a에 연결하고 S_2를 닫았을 때, 전류는 d → 전구 → c로 흐른다.
➡ S_1을 a에 연결하고 S_2를 닫았을 때 전구에는 왼쪽 방향으로 전류가 흐르므로 전류는 d → 전구 → c로 흐른다.

ㄷ. S_1을 b에 연결하고 S_2를 열었을 때, A의 n형 반도체에 있는 전자는 p-n 접합면 쪽으로 이동한다.
➡ S_1을 b에 연결하고 S_2를 열었을 때 A에 순방향 전압이 걸리므로, A의 n형 반도체에 있는 전자는 p-n 접합면 쪽으로 이동한다.

26 다이오드 2022학년도 4월 학평 물Ⅰ 11번

정답 ③ | 정답률 69 %

적용해야 할 개념 ②가지

① 순방향의 전압: p형 반도체는 전원의 (+)극에 연결하고, n형 반도체는 (−)극에 연결한다.
② 역방향의 전압: p형 반도체는 전원의 (−)극에 연결하고, n형 반도체는 (+)극에 연결한다.

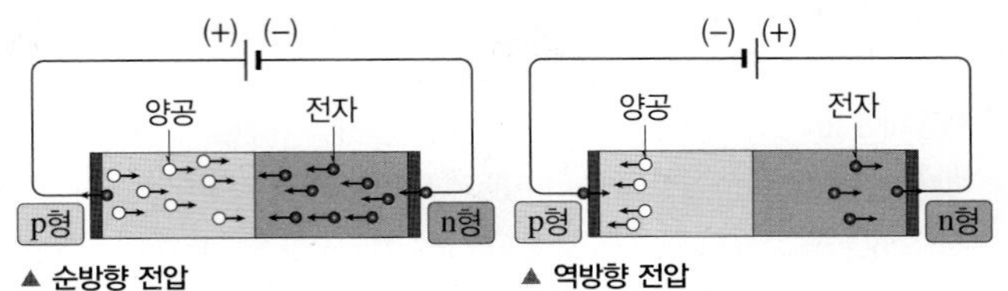

▲ 순방향 전압 ▲ 역방향 전압

문제 보기

그림은 동일한 p−n 접합 다이오드 A~D, 전구, 스위치, 동일한 전지를 이용하여 구성한 회로를 나타낸 것이다. 스위치를 a에 연결하면 전구에 불이 켜진다. X는 p형 반도체와 n형 반도체 중 하나이다.

• A, B에 서로 반대 방향의 전압이 걸림.
• 스위치를 a에 연결할 때
→ 전구에 전류가 흐름.
→ A: 전류가 흐름, B: 전류가 흐르지 않음.
→ A: 순방향의 전압, B: 역방향의 전압

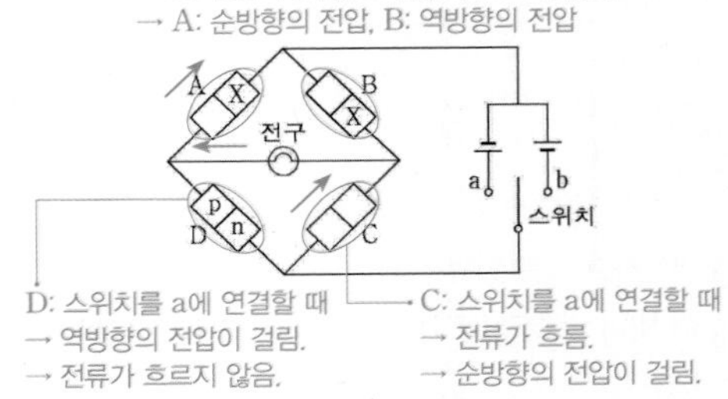

D: 스위치를 a에 연결할 때
→ 역방향의 전압이 걸림.
→ 전류가 흐르지 않음.

C: 스위치를 a에 연결할 때
→ 전류가 흐름.
→ 순방향의 전압이 걸림.

이에 대한 설명으로 옳은 것만을 〈보기〉에서 있는 대로 고른 것은? [3점]

<보기> 풀이

스위치를 a에 연결하면 D의 n형 반도체가 전원의 (+)극에 연결되므로 D에 역방향의 전압이 걸린다. 또 A와 B에 서로 반대 방향의 전압이 걸린다. 이때 전구에 불이 켜지므로, 전류는 전원 → C → 전구 → A → 전원 방향으로 흐른다. 따라서 스위치를 a에 연결하면 A, C에 순방향 전압이 걸리고 B, D에 역방향의 전압이 걸린다.

ㄱ. 스위치를 a에 연결하면 C에는 순방향 전압이 걸린다.

➡ 스위치를 a에 연결하면 C에 전류가 흐르므로, C에는 순방향 전압이 걸린다.

ㄴ. X는 p형 반도체이다.

➡ 스위치를 a에 연결하면 A에 순방향 전압이 걸리므로, A의 X는 전원의 (−)극에 연결된다. 따라서 X는 n형 반도체이다.

ㄷ. 스위치를 b에 연결하면 전구에 불이 켜진다.

➡ 스위치를 b에 연결하면 A, C에 역방향 전압이 걸리고 B, D에 순방향 전압이 걸린다. 이때 전류는 전원 → B → 전구 → D → 전원 방향으로 흐르므로, 전구에 불이 켜진다.

27 다이오드 2024학년도 7월 학평 물I 11번

정답 ④ | 정답률 72 %

적용해야 할 개념 ②가지

① 순방향의 전압: p형 반도체는 전원의 (+)극에 연결하고, n형 반도체는 (−)극에 연결한다.
② 역방향의 전압: p형 반도체는 전원의 (−)극에 연결하고, n형 반도체는 (+)극에 연결한다.

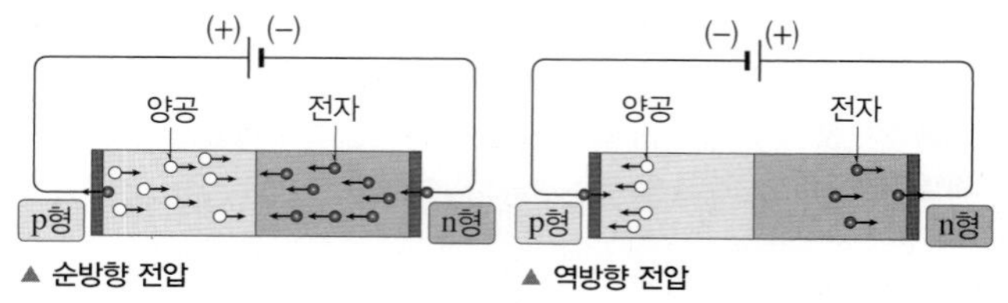

▲ 순방향 전압 ▲ 역방향 전압

문제 보기

다음은 p-n 접합 발광 다이오드의 특성을 알아보는 실험이다.

[실험 과정]

(가) 그림과 같이 동일한 직류 전원 2개, p-n 접합 발광 다이오드(LED) A, A와 동일한 LED 4개, 저항, 스위치 S_1, S_2로 회로를 구성한다. X는 p형 반도체와 n형 반도체 중 하나이다.

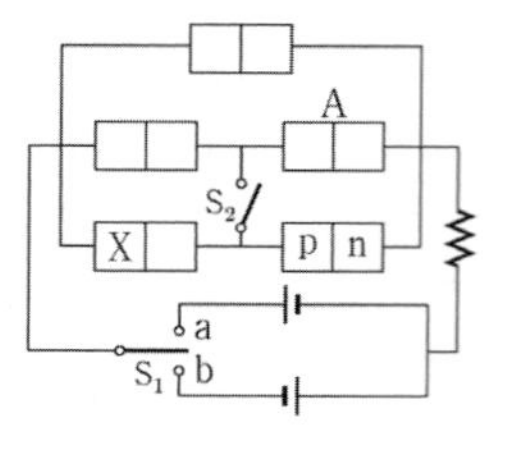

(나) S_1을 a 또는 b에 연결하고, S_2를 열고 닫으며 LED를 관찰한다.

[실험 결과]

S_1	S_2	빛이 방출된 LED의 개수
a에 연결	열림	0
	닫힘	㉠
b에 연결	열림	1
	닫힘	3

이에 대한 설명으로 옳은 것만을 〈보기〉에서 있는 대로 고른 것은? [3점]

<보기> 풀이

• S_1을 a에 연결하고 S_2를 열었을 때 빛이 방출된 LED의 개수가 0이므로 다이오드에 걸리는 전압의 방향은 다음과 같다.

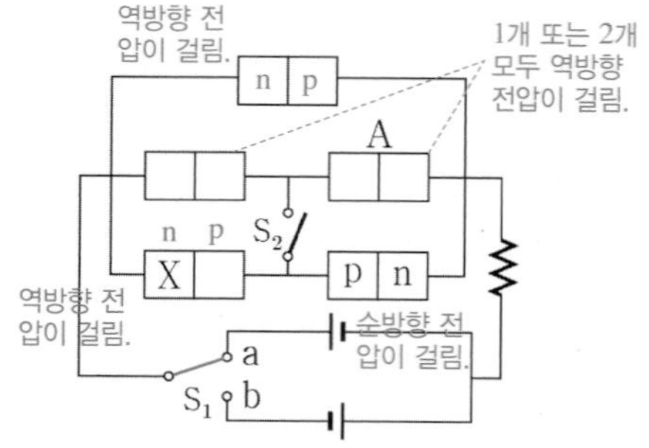

<S_1을 a에 연결하고 S_2를 열었을 때>

• S_1을 b에 연결하고 S_2를 열고 닫았을 때 빛이 방출된 LED의 개수가 각각 1개, 3개이므로 다이오드에 걸리는 전압의 방향은 다음과 같다.

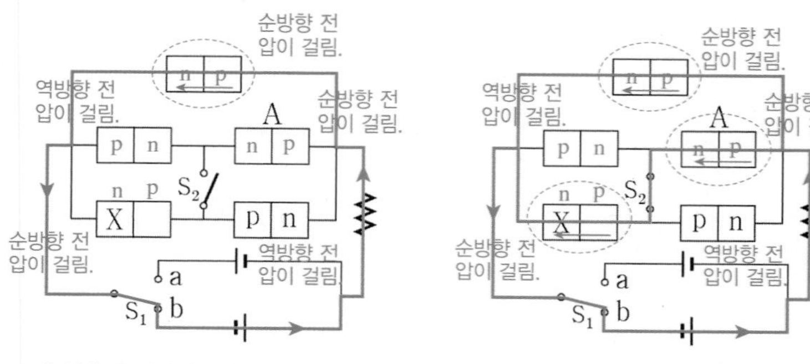

<S_1을 b에 연결하고 S_2를 열었을 때> <S_1을 b에 연결하고 S_2를 닫았을 때>

ㄱ. X는 p형 반도체이다. (✗)

➡ S_1을 a에 연결하고 S_2를 열었을 때 빛이 방출된 LED의 개수가 0개이므로 X가 포함된 LED에는 역방향 전압이 걸린다. 따라서 전원의 (+)극에 연결된 X는 n형 반도체이다.

ㄴ. S_1을 b에 연결하고 S_2를 닫았을 때, A에는 순방향 전압이 걸린다. (○)

➡ S_1을 b에 연결하고 S_2를 닫았을 때 빛이 방출된 LED의 개수가 3개이므로, A에는 순방향 전압이 걸린다.

ㄷ. ㉠은 '2'이다. (○)

➡ S_1을 a에 연결하고 S_2를 닫았을 때 순방향 전압이 걸려 전류가 흐르는 LED는 그림과 같이 2개이므로, 빛이 방출된 LED의 개수는 2개이다. 따라서 ㉠은 '2'이다.

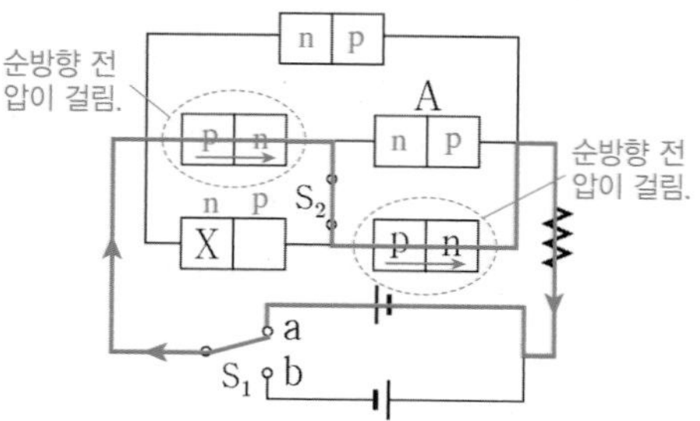

<S_1을 a에 연결하고 S_2를 닫았을 때>

28 다이오드 2024학년도 9월 모평 물I 11번

정답 ① | 정답률 76 %

적용해야 할 개념 ③가지

① 순방향의 전압: p형 반도체는 전원의 (+)극에 연결하고, n형 반도체는 (−)극에 연결한다.

② 역방향의 전압: p형 반도체는 전원의 (−)극에 연결하고, n형 반도체는 (+)극에 연결한다.

③ p형 반도체: 순수한 반도체에 원자가 전자가 3개인 원소로 도핑하며, 주로 양공이 전하를 운반한다.

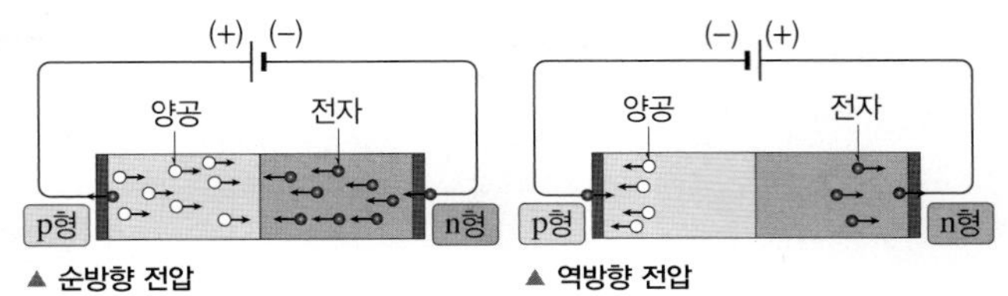

▲ 순방향 전압 ▲ 역방향 전압

문제 보기

다음은 p–n 접합 다이오드의 특성을 알아보는 실험이다.

[실험 과정]

(가) 그림과 같이 직류 전원, 동일한 p–n 접합 다이오드 A, B, p–n 접합 발광 다이오드(LED), 스위치 S_1, S_2를 이용하여 회로를 구성한다. X는 p형 반도체와 n형 반도체 중 하나이다.

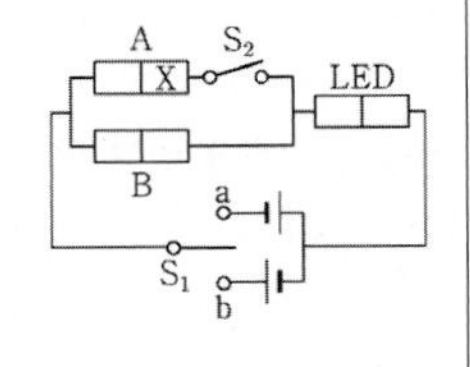

(나) S_1을 a 또는 b에 연결하고, S_2를 열고 닫으며 LED에서 빛의 방출 여부를 관찰한다.

[실험 결과]

B: 역방향 전압이 걸림.

S_1	S_2	LED에서 빛의 방출 여부
a에 연결	열림	방출되지 않음
	닫힘	방출됨
b에 연결	열림	방출되지 않음
	닫힘	㉠

A, LED: 순방향 전압이 걸림.

LED: 역방향 전압이 걸림.

이에 대한 설명으로 옳은 것만을 〈보기〉에서 있는 대로 고른 것은? [3점]

<보기> 풀이

S_1을 a에 연결하고 S_2를 닫았을 때 LED에서 빛이 방출되므로, LED는 S_1을 a에 연결했을 때 순방향 전압이 걸린다. S_1을 a에 연결하고 S_2를 열었을 때 LED에 순방향 전압이 걸리지만 빛이 방출되지 않으므로, B에 역방향 전압이 걸린다. 따라서 S_1을 a에 연결하고 S_2를 닫았을 때 A와 LED에 모두 순방향 전압이 걸리고, B에는 역방향 전압이 걸린다.

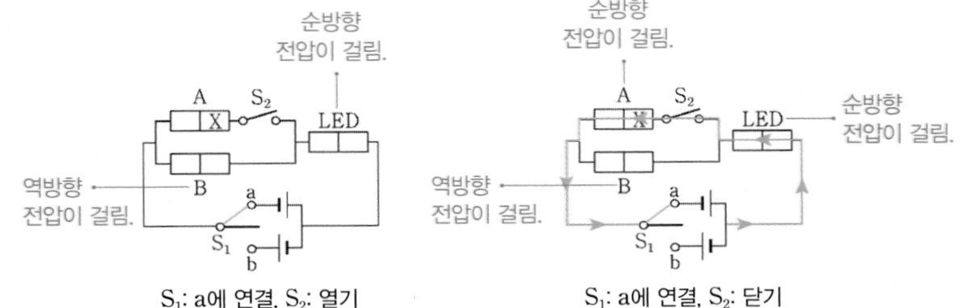

ㄱ. A의 X는 주로 양공이 전류를 흐르게 하는 반도체이다.

➡ S_1을 a에 연결하고 S_2를 닫았을 때 A에 순방향 전압이 걸린다. 이때 전원의 양(+)극에 연결되는 X는 p형 반도체이므로, A의 X는 주로 양공이 전류를 흐르게 하는 반도체이다.

ㄴ. S_1을 a에 연결하고 S_2를 열었을 때, B에는 순방향 전압이 걸린다.

➡ S_1을 a에 연결하고 S_2를 열었을 때 LED에 순방향 전압이 걸리지만 빛이 방출되지 않으므로, B에는 역방향 전압이 걸린다.

ㄷ. ㉠은 '방출됨'이다.

➡ S_1을 a에 연결했을 때 LED에 순방향 전압이 걸리므로, S_1을 b에 연결하면 LED에 역방향 전압이 걸린다. 따라서 S_1을 b에 연결하면 S_2를 열 때와 닫을 때 모두 LED에서 빛이 방출되지 않으므로, ㉠은 '방출되지 않음'이다.

29 다이오드 2024학년도 6월 모평 물I 11번

정답 ① | 정답률 80 %

적용해야 할 개념 ③가지

① 순방향의 전압: p형 반도체는 전원의 (+)극에 연결하고, n형 반도체는 (−)극에 연결한다.
② 역방향의 전압: p형 반도체는 전원의 (−)극에 연결하고, n형 반도체는 (+)극에 연결한다.
③ 다이오드에 순방향 전압을 걸면 p형 반도체의 양공과 n형 반도체의 전자는 p−n 접합면 쪽으로 이동한다.

문제 보기

다음은 p−n 접합 발광 다이오드(LED)의 특성을 알아보기 위한 실험이다.

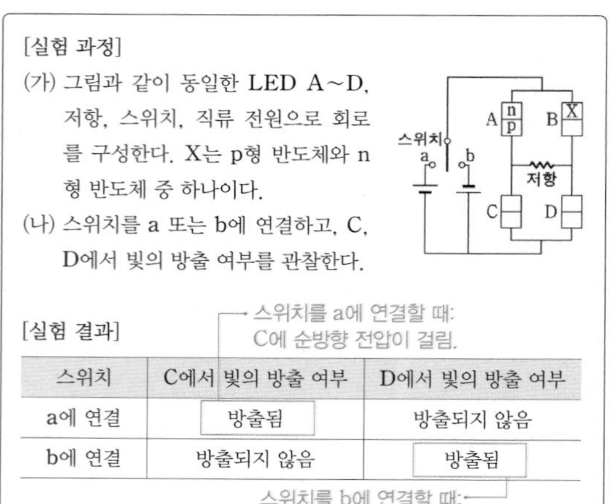
[실험 과정]
(가) 그림과 같이 동일한 LED A~D, 저항, 스위치, 직류 전원으로 회로를 구성한다. X는 p형 반도체와 n형 반도체 중 하나이다.
(나) 스위치를 a 또는 b에 연결하고, C, D에서 빛의 방출 여부를 관찰한다.

[실험 결과]

스위치	C에서 빛의 방출 여부	D에서 빛의 방출 여부
a에 연결	방출됨	방출되지 않음
b에 연결	방출되지 않음	방출됨

이에 대한 설명으로 옳은 것만을 〈보기〉에서 있는 대로 고른 것은?

<보기> 풀이

ㄱ. 스위치를 a에 연결하면 A에는 역방향 전압이 걸린다.
➡ 스위치를 a에 연결하면 A의 n형 반도체는 전원의 (+)극에 연결된다. 따라서 스위치를 a에 연결하면 A에는 역방향 전압이 걸린다.

ㄴ. B의 X는 n형 반도체이다.
➡ 스위치를 a에 연결하면 A에 역방향 전압이 걸리고, C, D 중 C에서만 빛이 방출되므로 B와 C에 순방향 전압이 걸린다. B에 순방향 전압이 걸릴 때 전원의 (+)극에 연결된 X는 p형 반도체이다.

ㄷ. 스위치를 b에 연결하면 D의 p형 반도체에 있는 양공이 p−n 접합면에서 멀어진다.
➡ 스위치를 b에 연결하면 D에서 빛이 방출되므로 D에 순방향 전압이 걸리며, 순방향 전압이 걸릴 때 D의 p형 반도체에 있는 양공은 p−n 접합면에 가까워진다.

30 고체의 에너지 띠와 다이오드 2024학년도 수능 물I 13번

정답 ③ | 정답률 84 %

적용해야 할 개념 ③가지

① 띠 간격: 허용된 띠 사이의 간격으로, 띠 간격의 크기를 비교하면 도체<반도체<절연체이다.
② 순방향의 전압: p형 반도체는 전원의 (+)극에 연결하고, n형 반도체는 (−)극에 연결한다.
③ 다이오드에 역방향 전압이 걸리면 p형 반도체의 양공과 n형 반도체의 전자는 p−n 접합면에서 서로 멀어진다.

문제 보기

그림 (가)는 동일한 p−n 접합 발광 다이오드(LED) A와 B, 고체 막대 P와 Q로 회로를 구성하고, 스위치를 a 또는 b에 연결할 때 A, B의 빛의 방출 여부를 나타낸 것이다. P, Q는 도체와 절연체를 순서 없이 나타낸 것이고, Y는 p형 반도체와 n형 반도체 중 하나이다. 그림 (나)의 ㉠, ㉡은 각각 P 또는 Q의 에너지띠 구조를 나타낸 것으로 음영으로 표시된 부분까지 전자가 채워져 있다.

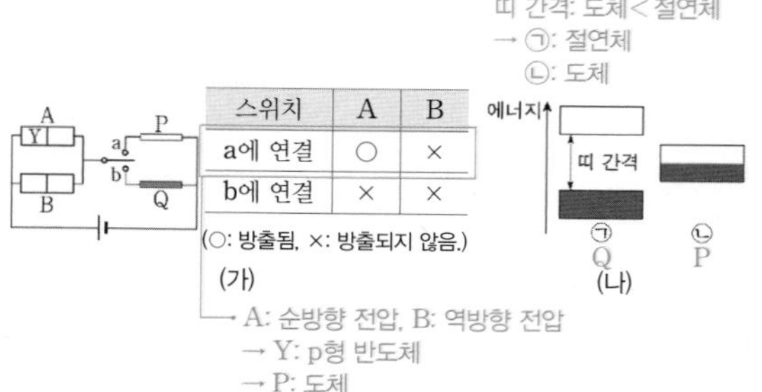

스위치	A	B
a에 연결	○	×
b에 연결	×	×

(○: 방출됨, ×: 방출되지 않음.)

(가)

이에 대한 설명으로 옳은 것만을 〈보기〉에서 있는 대로 고른 것은? [3점]

<보기> 풀이

스위치를 a에 연결할 때 A에서는 빛이 방출되고 B에서는 빛이 방출되지 않으므로, A에는 순방향 전압이 걸리고 B에는 역방향 전압이 걸린다. 이때 회로에 연결된 P에 전류가 흐르므로 P는 도체이다. 스위치를 b에 연결할 때 A와 B 모두 전류가 흐르지 않으므로 회로에 연결된 Q는 절연체이다.

ㄱ. Y는 주로 양공이 전류를 흐르게 하는 반도체이다.
➡ 스위치를 a에 연결하면 A에 순방향 전압이 걸린다. 이때 전원의 양(+)극에 연결된 Y는 p형 반도체이므로, Y는 주로 양공이 전류를 흐르게 하는 반도체이다.

ㄴ. (나)의 ㉠은 Q의 에너지띠 구조이다.
➡ 띠 간격은 절연체가 도체보다 크므로, ㉠은 절연체의 에너지띠 구조이고 ㉡은 도체의 에너지띠 구조이다. 따라서 (나)의 ㉠은 Q의 에너지띠 구조이다.

ㄷ. 스위치를 a에 연결하면 B의 n형 반도체에 있는 전자는 p−n 접합면으로 이동한다.
➡ 스위치를 a에 연결하면 B에는 역방향 전압이 걸리므로, B의 n형 반도체에 있는 전자는 p−n 접합면에서 멀어지는 방향으로 이동한다.

31 다이오드 2025학년도 수능 물Ⅰ 12번

정답 ① | 정답률 79 %

적용해야 할 개념 ③가지

① 순방향의 전압: p형 반도체는 전원의 (+)극에 연결하고, n형 반도체는 (−)극에 연결한다.
② 역방향의 전압: p형 반도체는 전원의 (−)극에 연결하고, n형 반도체는 (+)극에 연결한다.
③ 다이오드에 순방향 전압을 걸면 p형 반도체의 양공과 n형 반도체의 전자는 p-n 접합면 쪽으로 이동한다.

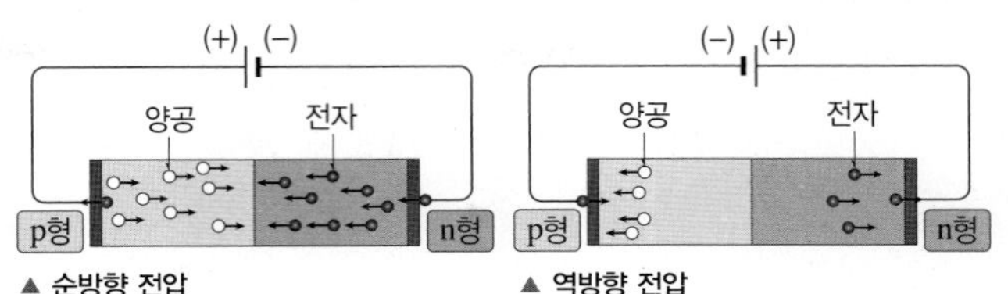

▲ 순방향 전압 ▲ 역방향 전압

문제 보기

다음은 p-n 접합 다이오드의 특성을 알아보는 실험이다.

[실험 과정]
(가) 그림과 같이 전압이 같은 직류 전원 2개, 스위치, 동일한 p-n 접합 다이오드 4개, 저항, 검류계를 이용하여 회로를 구성한다. X, Y는 p형 반도체와 n형 반도체를 순서 없이 나타낸 것이다.

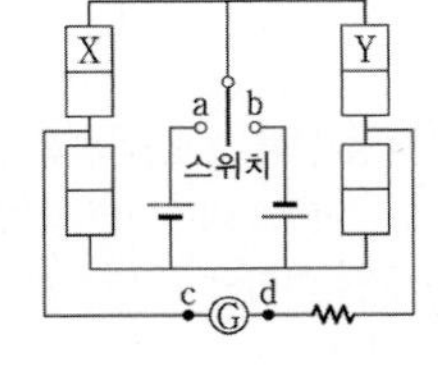

(나) 스위치를 a 또는 b에 연결하고, 검류계를 관찰한다.

[실험 결과]

스위치	전류의 흐름	전류의 방향
a에 연결	흐른다.	c → Ⓖ → d
b에 연결	흐른다.	㉠

이에 대한 설명으로 옳은 것만을 〈보기〉에서 있는 대로 고른 것은?

<보기> 풀이

스위치를 a 또는 b에 연결했을 때 모두 검류계에 전류가 흐르므로, 스위치를 a 또는 b에 연결했을 때 각각 2개의 다이오드에 순방향 전압이 걸린다. 스위치를 a에 연결했을 때 검류계에 흐르는 전류의 방향이 c → Ⓖ → d이므로, 회로에 흐르는 전류의 방향과 각 다이오드에 걸린 전압의 방향은 그림과 같다.

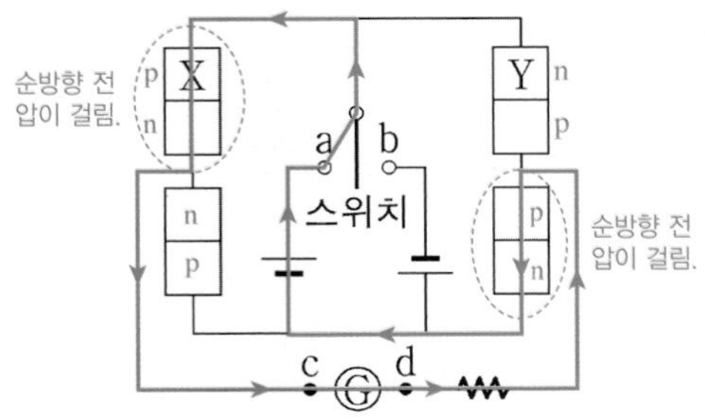

ㄱ. X는 p형 반도체이다.
➡ 스위치를 a에 연결했을 때 X를 포함하는 다이오드에 순방향 전압이 걸리므로, 전원의 양(+)극에 연결된 X는 p형 반도체이다.

ㄴ. ㉠은 'd → Ⓖ → c'이다.
➡ 스위치를 b에 연결했을 때 회로에 흐르는 전류의 방향과 각 다이오드에 걸린 전압의 방향은 그림과 같다. 따라서 ㉠은 'c → Ⓖ → d'이다.

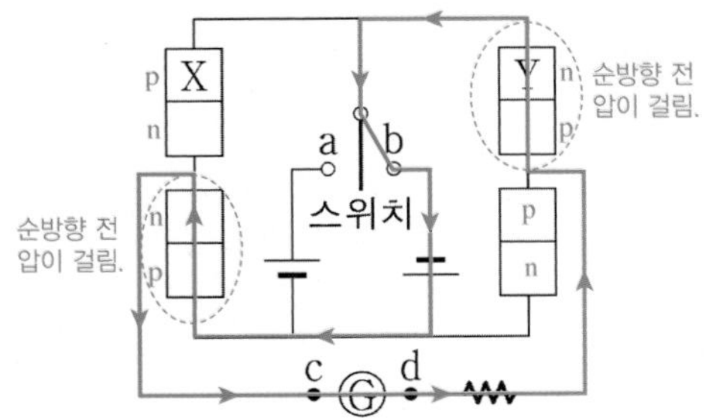

ㄷ. 스위치를 b에 연결하면 Y에서 전자는 p-n 접합면으로부터 멀어진다.
➡ 스위치를 b에 연결하면 Y가 포함된 다이오드에 순방향 전압이 걸리므로, Y에서 전자는 p-n 접합면 쪽으로 이동한다.

18 일차

01 ⑤	02 ②	03 ④	04 ②	05 ⑤	06 ②	07 ③	08 ⑤	09 ③	10 ⑤	11 ⑤	12 ①
13 ③	14 ③	15 ⑤	16 ①	17 ③	18 ①	19 ⑤	20 ⑤	21 ②	22 ①	23 ⑤	24 ④
25 ③	26 ⑤	27 ②	28 ④	29 ①	30 ⑤	31 ⑤	32 ⑤				

문제편 176쪽~183쪽

01 직선 전류에 의한 자기장 2020학년도 3월 학평 물Ⅰ 10번

정답 ⑤ | 정답률 75 %

적용해야 할 개념 ②가지

① 직선 도선에 흐르는 전류에 의한 자기장의 영향과 지구 자기장의 영향을 모두 받는 경우, 나침반의 N극은 두 자기장이 합성된 방향을 가리킨다.

② 직선 전류에 의한 자기장의 세기 B는 도선에 흐르는 전류의 세기 I에 비례하고 도선으로부터의 거리 r에 반비례한다. ➡ $B=k\frac{I}{r}$

문제 보기

그림 (가)와 같이 수평면에 놓인 나침반의 연직 위에 자침과 나란하도록 직선 도선을 고정시킨다. 그림 (나)는 직선 도선에 흐르는 전류를 시간에 따라 나타낸 것이다. t_1일 때 자침의 N극은 북서쪽을 가리킨다.

→ 도선 아래쪽에서 전류에 의한 자기장의 방향: 서쪽

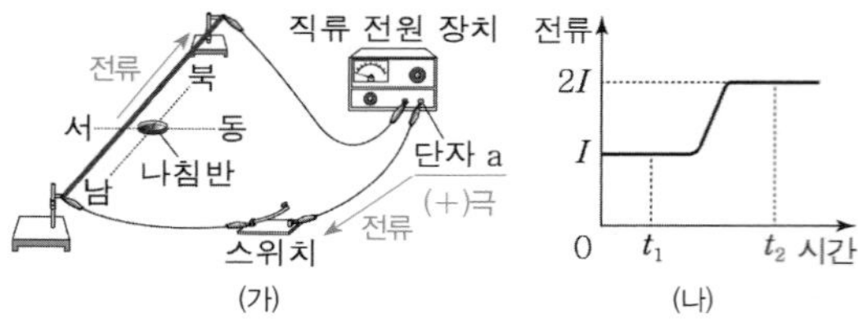

이에 대한 옳은 설명만을 〈보기〉에서 있는 대로 고른 것은? [3점]

<보기> 풀이

ㄱ. t_1일 때 나침반의 중심에서 직선 도선에 흐르는 전류에 의한 자기장의 방향은 서쪽이다.

➡ 자침의 N극은 직선 도선에 흐르는 전류에 의한 자기장의 영향과 지구 자기장의 영향을 모두 받으므로, 두 자기장이 합성된 방향을 가리킨다. 지구 자기장의 방향은 북쪽이고 t_1일 때 자침의 N극은 북서쪽을 가리키므로, 나침반의 중심에서 직선 도선에 흐르는 전류에 의한 자기장의 방향은 서쪽이다.

ㄴ. 직류 전원 장치의 단자 a는 (+)극이다.

➡ t_1일 때 나침반의 중심에서 직선 도선에 흐르는 전류에 의한 자기장의 방향이 서쪽이므로, 직선 도선에 흐르는 전류의 방향은 북쪽이다. 전류는 (+)극에서 (−)극으로 흐르므로, 직류 전원 장치의 단자 a는 (+)극이다.

ㄷ. 자침의 N극이 북쪽과 이루는 각은 t_2일 때가 t_1일 때보다 크다.

➡ t_2일 때가 t_1일 때보다 전류의 세기가 더 크므로 직선 도선에 흐르는 전류에 의한 자기장의 세기도 커진다. 따라서 자침의 N극이 서쪽 방향으로 더 회전하게 되므로, 자침의 N극이 북쪽과 이루는 각은 t_2일 때가 t_1일 때보다 크다.

02 직선 전류에 의한 자기장 2019학년도 9월 모평 물Ⅰ 9번 변형

정답 ② | 정답률 55 %

적용해야 할 개념 ②가지

① 두 도선에 흐르는 전류의 방향이 서로 같을 때, 두 직선 도선 사이에서 자기장의 방향이 반대이므로 자기력선의 밀도가 작아진다.

② 두 도선에 흐르는 전류의 방향이 서로 반대일 때, 두 직선 도선 사이에서 자기장의 방향이 같으므로 자기력선의 밀도가 커진다.

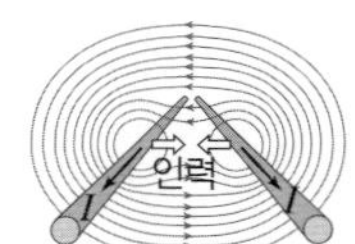

▲ 전류의 방향이 같을 때

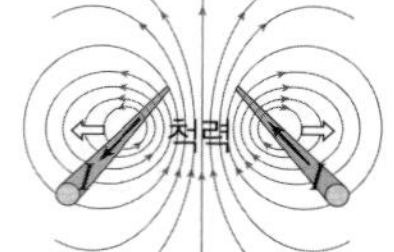

▲ 전류의 방향이 반대일 때

문제 보기

다음은 직선 도선에 흐르는 전류에 의한 자기장을 관찰하기 위한 실험을 나타낸 것이다.

[실험 과정]

(가) 수평으로 고정시킨 종이판의 두 구멍에 두 직선 도선을 수직으로 통과시킨 후 판 위에 철가루를 뿌린다.

(나) 두 직선 도선에 같은 세기의 직류 전류를 흐르게 하고 철가루가 배열된 모습을 관찰한다.

[실험 결과]

두 도선 사이에서 자기력선의 밀도가 조밀하다. → 자기력선이 같은 방향이다.

이에 대한 설명으로 옳은 것만을 〈보기〉에서 있는 대로 고른 것은? [3점]

<보기> 풀이

ㄱ. 철가루는 전류에 의한 자기장의 방향과 반대 방향으로 자기화된다.

➡ 철가루는 강자성체이므로 외부 자기장을 가했을 때 외부 자기장의 방향으로 강하게 자기화된다. 따라서 철가루는 전류에 의한 자기장의 방향과 같은 방향으로 자기화된다.

ㄴ. 두 도선 사이에서 두 도선에 흐르는 전류에 의한 자기장의 방향은 같다.

➡ 두 도선 사이에서 자기력선의 밀도가 크므로, 두 도선 사이에서 두 도선에 흐르는 전류에 의한 자기장의 방향이 같다.

ㄷ. 두 도선에 흐르는 전류의 방향은 서로 같다.

➡ 두 도선 사이에서 두 도선에 흐르는 전류에 의한 자기장의 방향이 같을 때는 그림과 같이 두 도선에 흐르는 전류의 방향이 서로 반대일 때이다.

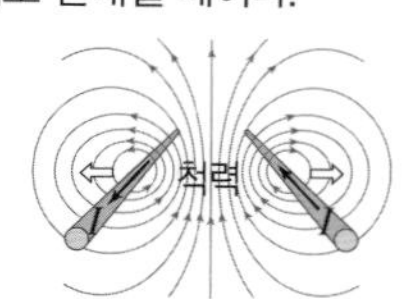

▲ 전류의 방향이 반대일 때

03 직선 전류에 의한 자기장 2019학년도 수능 물I 4번

정답 ④ | 정답률 79 %

적용해야 할 개념 ③가지

① 직선 도선에 전류가 흐를 때 그 주변에 생기는 자기장의 방향은 오른손 엄지손가락이 전류의 방향을 향하게 하고 나머지 네 손가락으로 도선을 감아쥘 때 네 손가락이 가리키는 방향이다.

② 직선 도선에 흐르는 전류에 의한 자기장의 영향과 지구 자기장의 영향을 모두 받는 경우, 나침반의 N극은 두 자기장이 합성된 방향을 가리킨다.

③ 직선 전류에 의한 자기장의 세기 B는 도선에 흐르는 전류의 세기 I에 비례하고 도선으로부터의 거리 r에 반비례한다(앙페르 법칙).

⇒ $B=k\frac{I}{r}$

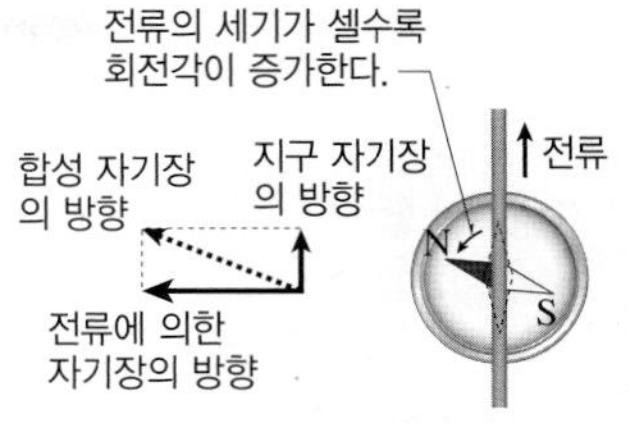

▲ 직선 전류와 지구에 의한 자기장

문제 보기

다음은 직선 도선에 흐르는 전류에 의한 자기장에 대한 실험이다.

[실험 과정]

(가) 그림과 같이 직선 도선이 수평면에 놓인 나침반의 자침과 나란하도록 실험 장치를 구성한다.

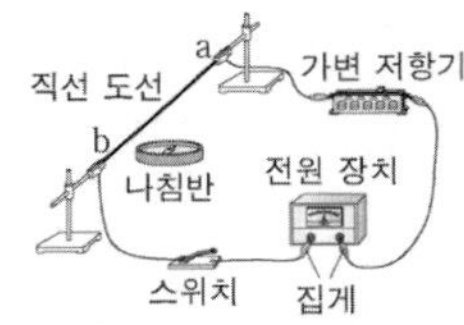

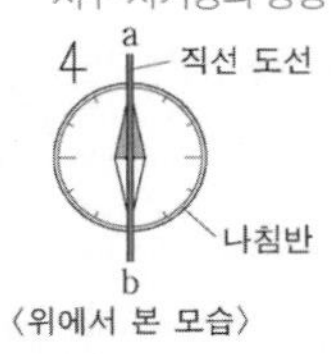

〈위에서 본 모습〉

(나) 스위치를 닫고, 나침반 자침의 방향을 관찰한다.

(다) (가)의 상태에서 가변 저항기의 저항값을 변화시킨 후, (나)를 반복한다.

(라) (가)의 상태에서 [㉠], (나)를 반복한다.

[실험 결과]

(나)	(다)	(라)

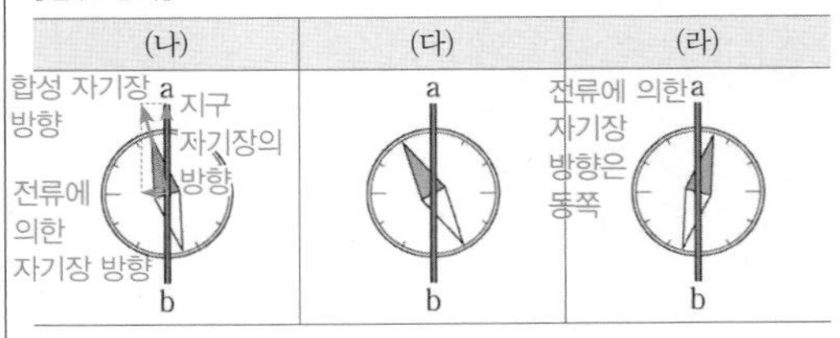

이에 대한 설명으로 옳은 것만을 〈보기〉에서 있는 대로 고른 것은? [3점]

<보기> 풀이

ㄱ. (나)에서 직선 도선에 흐르는 전류의 방향은 a → b 방향이다.

⇒ (나)의 결과 직선 도선 아래에 있는 나침반 자침의 N극이 직선 도선에 흐르는 전류에 의해 시계 반대 방향으로 회전하였으므로, 직선 도선에 의한 자기장의 방향이 서쪽임을 알 수 있다. 도선 아래 쪽에서 오른손의 네 손가락을 자기장의 방향인 서쪽을 가리키면서 도선을 감아쥘 때 엄지손가락이 가리키는 방향이 b → a 방향이므로, 직선 도선에 흐르는 전류의 방향은 b → a 방향이다.

ㄴ. 직선 도선에 흐르는 전류의 세기는 (나)에서가 (다)에서보다 작다.

⇒ 직선 전류에 의한 자기장의 세기는 도선에 흐르는 전류의 세기에 비례한다. 나침반 자침의 N극이 시계 반대 방향으로 회전한 정도는 (나)에서가 (다)에서보다 작으므로, 직선 도선에 흐르는 전류의 세기는 (나)에서가 (다)에서보다 작다.

ㄷ. '전원 장치의 (+), (−) 단자에 연결된 집게를 서로 바꿔 연결한 후'는 ㉠으로 적절하다.

⇒ (라)의 결과 직선 도선 아래에 있는 나침반 자침의 N극이 직선 도선에 흐르는 전류에 의해 시계 방향으로 회전하였으므로, 직선 도선에 의한 자기장의 방향이 동쪽임을 알 수 있다. 따라서 직선 도선에 흐르는 전류의 방향은 (나)에서와 반대 방향이므로 '전원 장치의 (+), (−) 단자에 연결된 집게를 서로 바꿔 연결한 후'는 ㉠으로 적절하다.

04 직선 전류에 의한 자기장 2022학년도 10월 학평 물Ⅰ 10번

정답 ② | 정답률 75 %

적용해야 할 개념 ③가지

① 직선 도선에 전류가 흐를 때 그 주변에 생기는 자기장의 방향은 오른손 엄지손가락이 전류의 방향을 향하게 하고 나머지 네 손가락이 가리키는 방향이다.

② 직선 전류에 의한 자기장의 세기 B는 도선에 흐르는 전류의 세기 I에 비례하고 도선으로부터의 거리 r에 반비례한다(앙페르 법칙). ➡ $B=k\frac{I}{r}$

③ 두 직선 도선에 흐르는 전류의 방향이 같을 때 두 도선의 전류에 의한 자기장이 0인 지점은 두 도선 사이에 존재하고, 두 직선 도선에 흐르는 전류의 방향이 반대일 때 두 도선의 전류에 의한 자기장이 0인 지점은 두 도선의 바깥쪽에 존재한다.

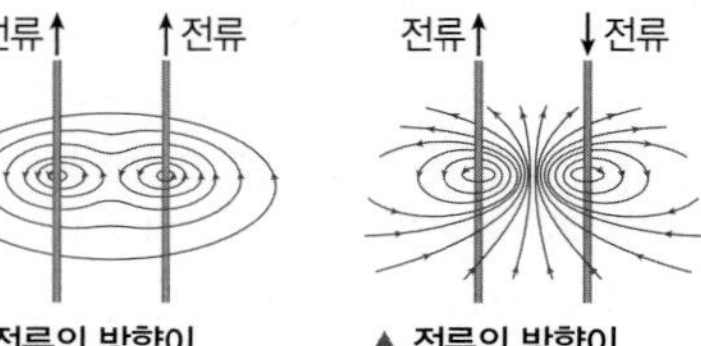

▲ 전류의 방향이 같을 때

▲ 전류의 방향이 반대일 때

문제 보기

그림과 같이 전류가 흐르는 가늘고 무한히 긴 직선 도선 A, B가 xy평면의 $x=0$, $x=d$에 각각 고정되어 있다. A, B에는 각각 세기가 I_0, $2I_0$인 전류가 흐르고 있다.

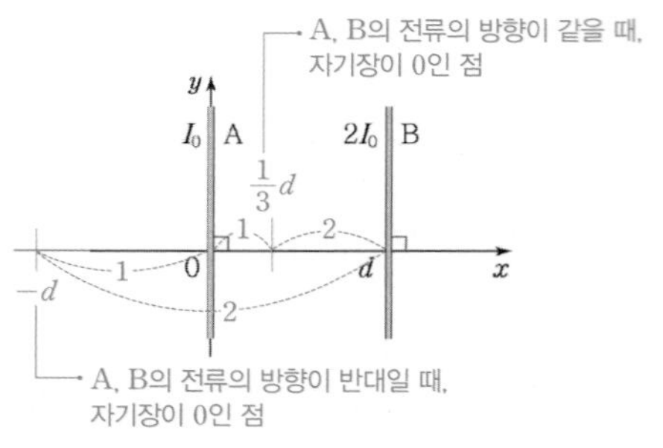

A, B에 흐르는 전류의 방향이 같을 때와 서로 반대일 때 x축상에서 A, B의 전류에 의한 자기장이 0인 점을 각각 p, q라고 할 때, p와 q 사이의 거리는?

<보기> 풀이

❶ 도선 A, B에 흐르는 전류의 방향이 같을 때, A와 B의 사이에서 각 도선의 전류에 의한 자기장의 방향은 반대가 된다. 따라서 A, B의 전류에 의한 자기장이 0인 점은 $0<x<d$인 영역에 존재한다. 직선 전류에 의한 자기장의 세기는 도선에 흐르는 전류의 세기에 비례하고 도선으로부터의 거리에 반비례하므로$\left(B=k\frac{I}{r}\right)$, A, B에 흐르는 전류의 세기의 비가 1 : 2일 때 자기장이 0인 지점에서 A까지의 거리와 자기장이 0인 지점에서 B까지의 거리의 비는 1 : 2이다. 즉, 0과 d 사이를 1 : 2로 나눈 지점에서 자기장이 0이 되므로, p는 $x=\frac{1}{3}d$인 점이다.

❷ 도선 A, B에 흐르는 전류의 방향이 서로 반대일 때, A와 B의 바깥쪽에서 각 도선의 전류에 의한 자기장의 방향이 반대가 된다. 이때 A에 흐르는 전류의 세기보다 B에 흐르는 전류의 세기가 더 크므로, 자기장이 0인 지점은 A의 왼쪽인 $x<0$인 영역에 존재한다. 자기장이 0인 지점에서 A까지의 거리와 자기장이 0인 지점에서 B까지의 거리의 비가 1 : 2이므로, q는 $x=-d$인 점이다.

❸ p는 $x=\frac{1}{3}d$, q는 $x=-d$이므로, p와 q사이의 거리는 $d+\frac{d}{3}=\frac{4}{3}d$이다.

~~① d~~　② $\frac{4}{3}d$　~~③ $\frac{3}{2}d$~~　~~④ $\frac{5}{3}d$~~　~~⑤ $2d$~~

05 직선 전류에 의한 자기장 2022학년도 7월 학평 물Ⅰ 17번

정답 ⑤ | 정답률 62 %

적용해야 할 개념 ②가지

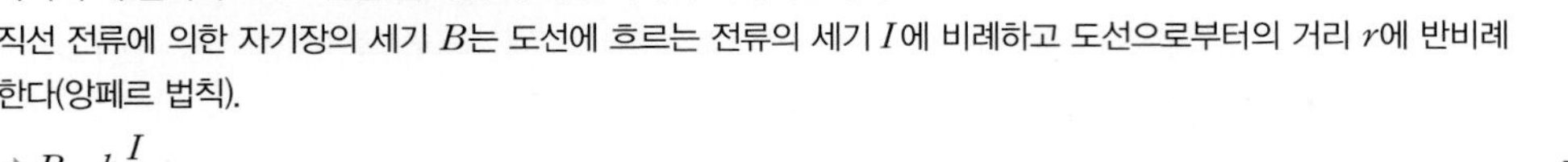

① 직선 도선에 전류가 흐를 때 그 주변에 생기는 자기장의 방향은 오른손 엄지손가락이 전류의 방향을 향하게 하고 나머지 네 손가락으로 도선을 감아쥘 때 네 손가락이 가리키는 방향이다.

② 직선 전류에 의한 자기장의 세기 B는 도선에 흐르는 전류의 세기 I에 비례하고 도선으로부터의 거리 r에 반비례한다(앙페르 법칙).

⇒ $B=k\frac{I}{r}$

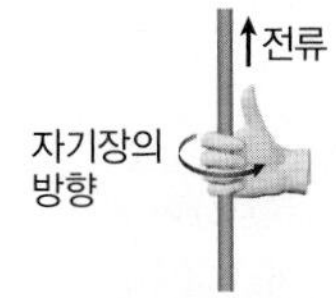

▲ 직선 전류에 의한 자기장

문제 보기

그림과 같이 일정한 세기의 전류가 각각 흐르는 무한히 긴 두 직선 도선 A, B가 xy 평면에 수직으로 y축에 고정되어 있다. 점 a, b, c는 y축 상에 있다. A와 B의 전류에 의한 자기장의 세기는 a에서가 b에서보다 크고, 방향은 a와 b에서 서로 같다.

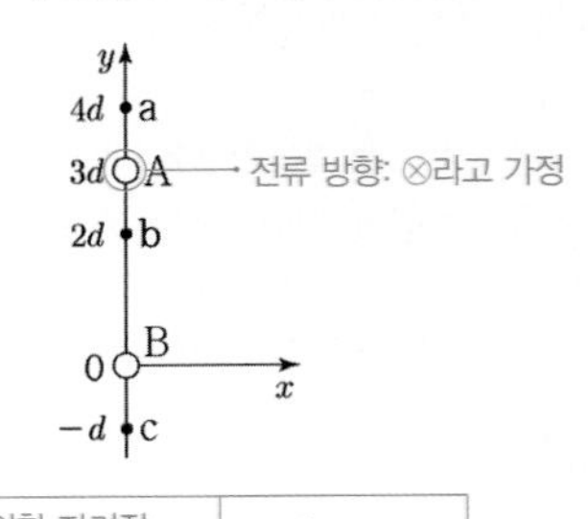

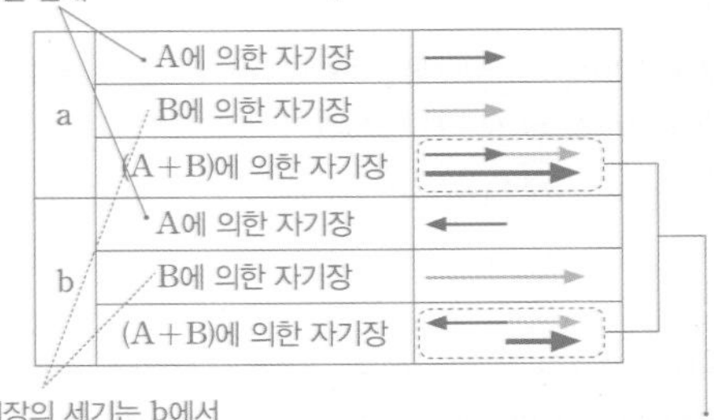

자기장의 세기는 같고 방향은 반대
a
A에 의한 자기장
B에 의한 자기장
(A+B)에 의한 자기장
b
A에 의한 자기장
B에 의한 자기장
(A+B)에 의한 자기장
자기장의 세기는 b에서 더 크고 방향은 같다.

• (A+B)의 전류에 의한 자기장의 세기: a > b
→ A와 B의 전류의 방향이 같아야 함.
• (A+B)의 전류에 의한 자기장의 방향: a = b
→ b에서 거리가 더 먼 B에 흐르는 전류의 세기가 더 커야 함.

이에 대한 설명으로 옳은 것만을 〈보기〉에서 있는 대로 고른 것은? [3점]

<보기> 풀이

A에 의한 자기장의 방향은 a, b에서 반대이고 세기는 같다. 또 B에 의한 자기장의 방향은 a, b에서 같고 세기는 b에서가 a에서보다 크다. 이때 A와 B의 전류에 의한 자기장의 세기가 a에서가 b에서보다 크려면, A에 의한 자기장의 방향과 B에 의한 자기장의 방향이 a에서 같은 방향이고, b에서는 서로 반대 방향이어야 한다.

ㄱ. 전류의 방향은 A와 B에서 서로 같다.

⇒ b에서 A에 의한 자기장의 방향과 B에 의한 자기장의 방향이 서로 반대이므로, 전류의 방향은 A와 B에서 서로 같다.

ㄴ. 전류의 세기는 B가 A보다 크다.

⇒ A와 B의 전류에 의한 자기장의 방향이 a와 b에서 서로 같으려면 b에서 A에 의한 자기장의 세기보다 B에 의한 자기장의 세기가 더 커야 한다. 이때 B가 A보다 b에서 더 멀리 떨어져 있으므로, 전류의 세기는 B가 A보다 크다.

ㄷ. A와 B의 전류에 의한 자기장의 세기는 c에서가 a에서보다 크다.

⇒ A에 의한 자기장의 방향과 B에 의한 자기장의 방향이 a에서 같은 방향이고 c에서도 같은 방향이다. 이때 전류의 세기는 B가 A보다 크므로, A와 B의 전류에 의한 자기장의 세기는 c에서가 a에서보다 크다.

06 직선 전류에 의한 자기장 2021학년도 7월 학평 물Ⅰ 14번

정답 ② | 정답률 73 %

적용해야 할 개념 ③가지

① 직선 도선에 전류가 흐를 때 그 주변에 생기는 자기장의 방향은 오른손 엄지손가락이 전류의 방향을 향하게 하고 나머지 네 손가락으로 도선을 감아쥘 때 네 손가락이 가리키는 방향이다.

② 직선 전류에 의한 자기장의 세기 B는 도선에 흐르는 전류의 세기 I에 비례하고 도선으로부터의 거리 r에 반비례한다(앙페르 법칙). ➡ $B=k\frac{I}{r}$

③ 직선 도선에 흐르는 전류에 의한 자기장의 영향과 지구 자기장의 영향을 모두 받는 경우, 나침반의 N극은 두 자기장이 합성된 방향을 가리킨다.

전류의 세기가 셀수록 회전각이 증가한다.
합성 자기장의 방향
지구 자기장의 방향
전류
전류에 의한 자기장의 방향
N
S

▲ 직선 전류와 지구에 의한 자기장

문제 보기

그림 (가), (나)는 수평면에 수직으로 고정된 무한히 긴 하나의 직선 도선에 전류 I_1이 흐를 때와 전류 I_2가 흐를 때, 각각 도선으로부터 북쪽으로 거리 r, $3r$만큼 떨어진 곳에 놓인 나침반의 자침이 45°만큼 회전하여 정지한 것을 나타낸 것이다. (나)에서 점 P는 도선으로부터 북쪽으로 $2r$만큼 떨어진 곳이다.

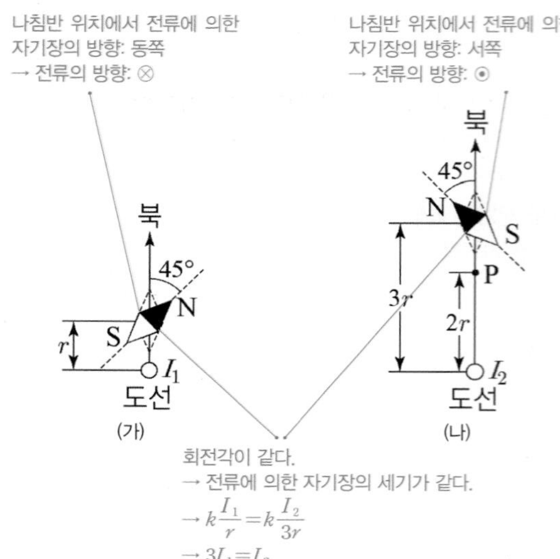

이에 대한 설명으로 옳은 것만을 〈보기〉에서 있는 대로 고른 것은? (단, 지구에 의한 자기장은 균일하고, 자침의 크기와 도선의 두께는 무시한다.) [3점]

<보기> 풀이

ㄱ. I_1의 방향은 I_2의 방향과 같다.

➡ 자침의 N극은 지구에 의한 자기장과 전류에 의한 자기장이 합성된 방향을 가리킨다. (가)에서 자침의 N극은 북동쪽을 가리키므로 나침반의 위치에서 직선 도선에 흐르는 전류에 의한 자기장의 방향은 동쪽이며, 이때 도선에 흐르는 전류 I_1의 방향은 수평면에 수직으로 들어가는 방향(⊗)이다. (나)에서 자침의 N극은 북서쪽을 가리키므로 나침반의 위치에서 직선 도선에 흐르는 전류에 의한 자기장의 방향은 서쪽이며, 이때 도선에 흐르는 전류 I_2의 방향은 수평면에서 수직으로 나오는 방향(⊙)이다. 따라서 I_1의 방향은 I_2의 방향과 반대이다.

다른 풀이 자침이 회전한 방향이 (가)와 (나)에서 반대이므로 I_1과 I_2의 방향은 반대이다.

ㄴ. I_1의 세기는 I_2의 세기의 $\frac{1}{3}$배이다.

➡ (가)와 (나)에서 자침의 회전각이 모두 45°이므로, 나침반이 있는 위치에서 직선 전류에 의한 자기장의 세기는 같다. 직선 전류에 의한 자기장의 세기는 전류의 세기에 비례하고 도선으로부터의 거리에 반비례하므로($B=k\frac{I}{r}$), $k\frac{I_1}{r}=k\frac{I_2}{3r}$에서 $3I_1=I_2$이다. 즉, I_1의 세기는 I_2의 세기의 $\frac{1}{3}$배이다.

ㄷ. (나)에서 나침반을 P로 옮기면 자침의 N극이 북쪽과 이루는 각은 45°보다 작아진다.

➡ 도선으로부터의 거리가 가까울수록 자기장의 세기는 커지므로, (나)에서 나침반을 P로 옮기면 자침의 N극이 북쪽과 이루는 각은 45°보다 커진다.

07 직선 전류에 의한 자기장 2019학년도 7월 학평 물I 13번

정답 ③ | 정답률 67 %

적용해야 할 개념 ②가지

① 직선 도선에 흐르는 전류가 종이면에서 수직으로 나오는 방향일 때, 전류에 의한 자기장의 방향은 반시계 방향이다.

② 직선 도선에 흐르는 전류가 종이면에 수직으로 들어가는 방향일 때, 전류에 의한 자기장의 방향은 시계 방향이다.

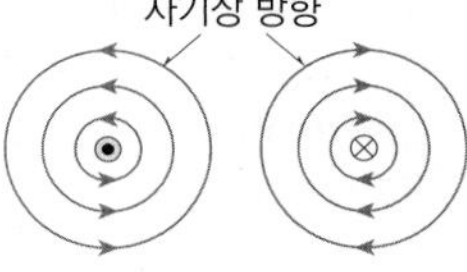

직선 전류에 의한 자기장 ▶

문제 보기

그림은 xy 평면에 수직으로 고정된 무한히 가늘고 긴 세 직선 도선 A, B, C에 전류가 흐르는 것을 나타낸 것으로, A에는 xy 평면에 수직으로 들어가는 방향으로 전류가 흐른다. 원점 O에서 A와 C에 흐르는 전류에 의한 자기장의 세기는 각각 B_0으로 같고, O에서 A, B, C에 흐르는 전류에 의한 자기장의 방향은 $+y$ 방향이다.

A와 B에 의한 자기장이 상쇄되므로, C에 의한 자기장의 방향이 y방향 → C에 흐르는 전류의 방향: (⊗)

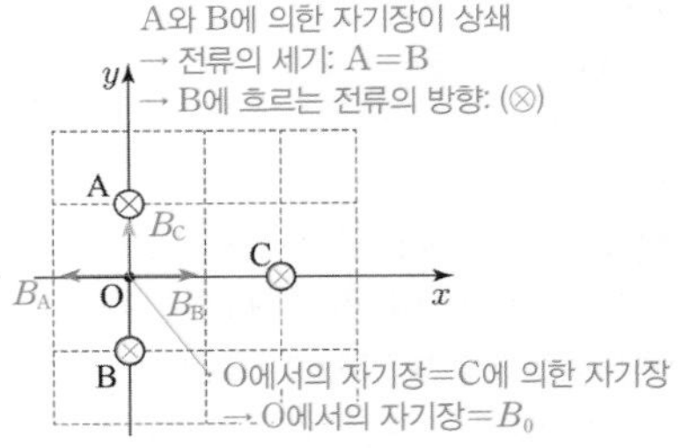

이에 대한 설명으로 옳은 것만을 <보기>에서 있는 대로 고른 것은? (단, 모눈 간격은 동일하다.) [3점]

<보기> 풀이

~~ㄱ.~~ **전류의 방향은 B에서와 C에서가 반대이다.**

➡ 앙페르 법칙을 적용하면 O에서 A에 의한 자기장의 방향은 $-x$축 방향이고, C에 의한 자기장의 방향은 y축 방향이다. 이때 O에서 A, B, C에 의한 합성 자기장의 방향이 $+y$방향이므로, A, B에 의한 자기장은 서로 상쇄되고 C에 의한 자기장이 $+y$방향인 것을 알 수 있다. A, B에 의한 자기장이 상쇄되려면, A에 xy 평면에 수직으로 들어가는 방향으로 전류가 흐를 때 자기장이 $-x$방향이므로, B에 xy 평면에 수직으로 들어가는 방향으로 전류가 흘러 자기장이 $+x$방향이 되어야 한다. 또 C에 xy 평면에 수직으로 들어가는 방향으로 전류가 흘러 자기장이 $+y$방향이 되는 것을 알 수 있다. 따라서 전류의 방향은 B에서와 C에서가 같다.

~~ㄴ.~~ **전류의 세기는 A에서가 B에서보다 크다.**

➡ A, B에 의한 자기장이 상쇄되므로, A, B에 흐르는 전류의 세기는 같다.

ⓒ **ㄷ. O에서 A, B, C에 흐르는 전류에 의한 자기장의 세기는 B_0이다.**

➡ O에서 A와 C에 흐르는 전류에 의한 자기장의 세기는 각각 B_0으로 같을 때, A, B에 의한 자기장이 상쇄되므로 C에 의한 자기장만 남는다. 따라서 O에서 A, B, C에 흐르는 전류에 의한 자기장의 세기는 B_0이다.

08 직선 전류에 의한 자기장 2019학년도 10월 학평 물II 14번

정답 ⑤ | 정답률 49 %

적용해야 할 개념 ②가지

① 직선 도선에 전류가 흐를 때 그 주변에 생기는 자기장의 모양은 도선을 중심으로 한 동심원 모양이며, 자기장의 방향은 오른손 엄지손가락이 전류의 방향을 향하게 하고 나머지 네 손가락으로 도선을 감아쥘 때 네 손가락이 가리키는 방향이다.

② 직선 전류에 의한 자기장의 세기 B는 도선에 흐르는 전류의 세기 I에 비례하고 도선으로부터의 거리 r에 반비례한다(앙페르 법칙). ➡ $B=k\frac{I}{r}$

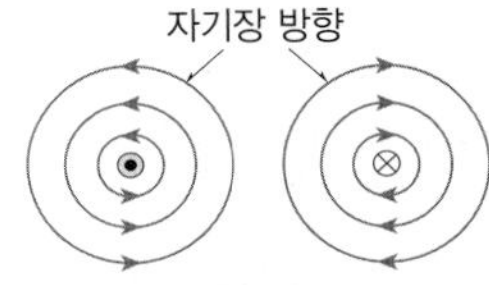

▲ 직선 전류에 의한 자기장

문제 보기

그림은 xy 평면에 수직으로 고정된 무한히 긴 직선 도선 A, B, C를 나타낸 것이다. B에는 세기가 I인 전류가 xy 평면에서 나오는 방향으로 흐른다. 원점 O에서 A, B, C에 흐르는 전류에 의한 자기장은 0이다.

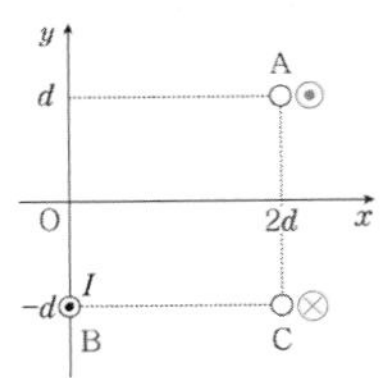

A에 흐르는 전류의 세기는? [3점]

<보기> 풀이

원점 O에서 A, B, C에 흐르는 전류에 의한 자기장이 0일 때, O에서 A, C에 의한 자기장의 합과 B에 의한 자기장은 세기가 같고 반대 방향이 된다. O에서 A에 의한 자기장의 방향은 A에서 O를 잇는 직선에 수직인 방향이고 자기장의 세기는 $B_A=\frac{kI_A}{\sqrt{5}d}$이다. 이때 O에서 A에 의한 자기장의 x축 방향 성분은 $B_{Ax}=B_A\times\frac{1}{\sqrt{5}}=\frac{kI_A}{\sqrt{5}d}\times\frac{1}{\sqrt{5}}$이 된다. 또 O에서 C에 의한 자기장의 x축 방향 성분은 $B_{Cx}=B_C\times\frac{1}{\sqrt{5}}=\frac{kI_C}{\sqrt{5}d}\times\frac{1}{\sqrt{5}}$이 되며, $B_{Ax}=B_{Cx}$이므로 $I_A=I_C$이다. O에서 $B_B=B_{Ax}+B_{Cx}$이므로 $\frac{kI}{d}=\left(\frac{kI_A}{\sqrt{5}d}\times\frac{1}{\sqrt{5}}\right)\times 2$가 성립하며, $I_A=\frac{5}{2}I$이다.

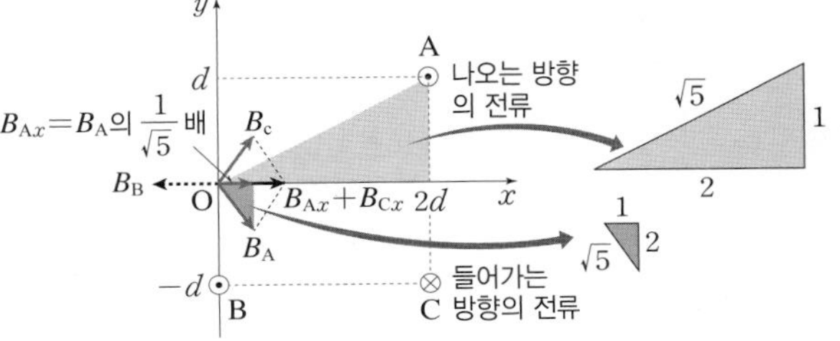

~~①~~ $\frac{2}{5}I$ ~~②~~ $\frac{\sqrt{5}}{5}I$ ~~③~~ $\frac{2\sqrt{5}}{5}I$ ~~④~~ $\frac{\sqrt{5}}{2}I$ ⑤ $\frac{5}{2}I$

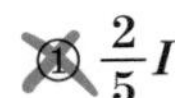
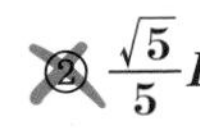
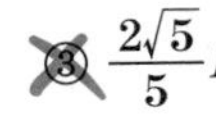
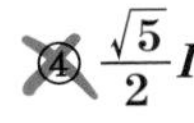

09 직선 전류에 의한 자기장 2024학년도 3월 학평 물I 16번

정답 ③ | 정답률 55 %

적용해야 할 개념 ②가지

① 직선 도선에 전류가 흐를 때 그 주변에 생기는 자기장의 방향은 오른손 엄지손가락이 전류의 방향을 향하게 하고 나머지 네 손가락으로 도선을 감아쥘 때 네 손가락이 가리키는 방향이다.

② 직선 전류에 의한 자기장의 세기 B는 도선에 흐르는 전류의 세기 I에 비례하고 도선으로부터의 거리 r에 반비례한다(앙페르 법칙).

➡ $B=k\frac{I}{r}$

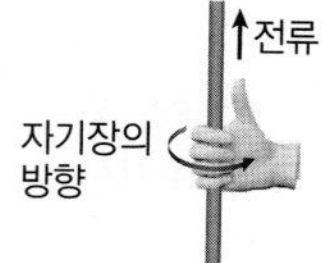

▲ 직선 전류에 의한 자기장

문제 보기

그림과 같이 세기와 방향이 일정한 전류가 흐르는 가늘고 무한히 긴 직선 도선 A, B, C가 xy평면에 고정되어 있다. C에는 $+x$방향으로 세기가 $10I_0$인 전류가 흐른다. 점 p, q는 xy평면상의 점이고, p와 q에서 A, B, C의 전류에 의한 자기장의 세기는 모두 0이다.

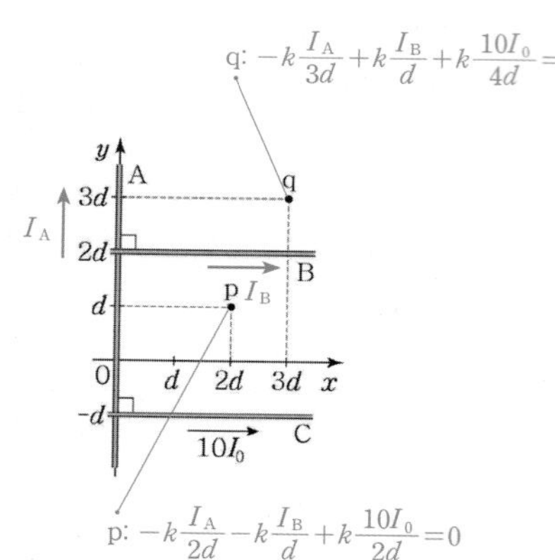

A에 흐르는 전류의 세기는? [3점]

<보기> 풀이

❶ xy평면에서 수직으로 나오는 자기장의 방향을 양(+), xy평면에 수직으로 들어가는 자기장의 방향을 음(−)이라고 하면, p와 q에서 C의 전류에 의한 자기장의 방향은 양(+)이다. 따라서 p와 q에서 A, B, C의 전류에 의한 자기장의 세기가 모두 0이려면, p와 q에서 A, B의 전류에 의한 자기장의 방향은 음(−)이어야 한다.

❷ 만약 A에 $-y$방향으로 전류가 흐른다고 가정하면, B에 $+x$방향으로 전류가 흐르는 경우에는 q에서 A, B의 전류에 의한 자기장의 방향이 양(+)이므로, q에서 A, B, C의 전류에 의한 자기장의 세기는 0이 될 수 없다. 또 B에 $-x$방향으로 전류가 흐르는 경우 p에서 A, B의 전류에 의한 자기장의 방향이 양(+)이므로, p에서 A, B, C의 전류에 의한 자기장의 세기는 0이 될 수 없다. 따라서 A에는 $+y$방향으로 전류가 흐른다.

❸ A, B에 흐르는 전류의 세기를 각각 I_A, I_B라고 하면, A, B에 전류가 각각 $+y$방향, $+x$방향으로 흐르는 경우에 p, q에서 A, B, C의 전류에 의한 자기장의 식은 다음과 같다.

$$\text{p: } -k\frac{I_A}{2d}-k\frac{I_B}{d}+k\frac{10I_0}{2d}=0 \cdots ①$$

$$\text{q: } -k\frac{I_A}{3d}+k\frac{I_B}{d}+k\frac{10I_0}{4d}=0 \cdots ②$$

①과 ②의 식을 연립하여 정리하면, $I_A=9I_0$이다.

다른 풀이

❷ p와 q에서 A의 전류에 의한 자기장의 방향은 같고, p와 q에서 B의 전류에 의한 자기장의 방향은 반대이다. 만약 p와 q에서 A의 전류에 의한 자기장의 방향을 양(+)이라고 가정하면 p와 q 중 어느 한 곳에서 B의 전류에 의한 자기장의 방향은 반드시 양(+)이므로, p와 q에서 A, B, C의 전류에 의한 자기장의 세기는 모두 0이 될 수 없다. 따라서 p와 q에서 A의 전류에 의한 자기장의 방향은 음(−)이다.

❸ A, B에 흐르는 전류의 세기를 각각 I_A, I_B이라고 하면, p, q에서 B의 전류에 의한 자기장의 방향이 각각 음(−), 양(+)인 경우에 p, q에서 A, B, C의 전류에 의한 자기장의 식은 다음과 같다.

$$\text{p: } -k\frac{I_A}{2d}-k\frac{I_B}{d}+k\frac{10I_0}{2d}=0 \cdots ①$$

$$\text{q: } -k\frac{I_A}{3d}+k\frac{I_B}{d}+k\frac{10I_0}{4d}=0 \cdots ②$$

①과 ②의 식을 연립하여 정리하면, $I_A=9I_0$이다.

~~① $7I_0$~~ ~~② $8I_0$~~ ③ $9I_0$ ~~④ $10I_0$~~ ~~⑤ $11I_0$~~

10 직선 전류에 의한 자기장 2024학년도 6월 모평 물I 12번

정답 ⑤ | 정답률 67 %

적용해야 할 개념 ②가지

① 직선 도선에 전류가 흐를 때 그 주변에 생기는 자기장의 방향은 오른손 엄지손가락이 전류의 방향을 향하게 하고 나머지 네 손가락으로 도선을 감아쥘 때 네 손가락이 가리키는 방향이다.

② 직선 전류에 의한 자기장의 세기 B는 도선에 흐르는 전류의 세기 I에 비례하고 도선으로부터의 거리 r에 반비례한다(앙페르 법칙). ➡ $B=k\frac{I}{r}$

전류 / 자기장의 방향

직선 전류에 의한 자기장 ▶

18 일차

문제 보기

그림과 같이 가늘고 무한히 긴 직선 도선 P, Q가 일정한 각을 이루고 xy평면에 고정되어 있다. P에는 세기가 I_0인 전류가 화살표 방향으로 흐른다. 점 a에서 P에 흐르는 전류에 의한 자기장의 세기는 B_0이고, P와 Q에 흐르는 전류에 의한 자기장의 세기는 0이다.

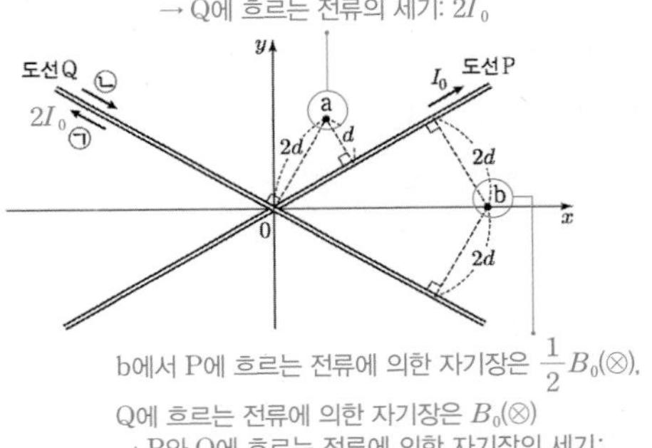

a에서 P에 흐르는 전류에 의한 자기장은 B_0(⊙), Q에 흐르는 전류에 의한 자기장은 B_0(⊗)
→ Q에 흐르는 전류의 방향: ㉠
→ Q에 흐르는 전류의 세기: $2I_0$
도선Q
ㄴ
$2I_0$
㉠
I_0
도선P
a
$2d$
d
$2d$
b
$2d$
y
x
0
b에서 P에 흐르는 전류에 의한 자기장은 $\frac{1}{2}B_0$(⊗), Q에 흐르는 전류에 의한 자기장은 B_0(⊗)
→ P와 Q에 흐르는 전류에 의한 자기장의 세기: $\frac{1}{2}B_0+B_0=\frac{3}{2}B_0$

이에 대한 설명으로 옳은 것만을 〈보기〉에서 있는 대로 고른 것은? (단, 점 a, b는 xy평면상의 점이다.) [3점]

<보기> 풀이

ㄱ. Q에 흐르는 전류의 방향은 ㉠이다.

➡ a에서 P와 Q에 흐르는 전류에 의한 자기장의 세기는 0이므로, a에서 P에 흐르는 전류에 의한 자기장의 방향과 Q에 흐르는 전류에 의한 자기장의 방향은 서로 반대이다. a에서 P에 흐르는 전류에 의한 자기장은 xy평면에서 수직으로 나오는 방향이므로, a에서 Q에 흐르는 전류에 의한 자기장의 방향은 xy평면에 수직으로 들어가는 방향이다. 따라서 Q에 흐르는 전류의 방향은 ㉠이다.

ㄴ. Q에 흐르는 전류의 세기는 $2I_0$이다.

➡ a에서 P와 Q에 흐르는 전류에 의한 자기장의 세기는 0이므로, a에서 P와 Q에 흐르는 전류에 의한 자기장의 세기는 같다. 직선 전류에 의한 자기장의 세기는 도선에 흐르는 전류의 세기에 비례하고 도선으로부터의 거리에 반비례하므로, P와 Q가 a로부터 떨어진 거리의 비가 1 : 2일 때 P와 Q에 흐르는 전류의 세기 비는 1 : 2이다. 따라서 Q에 흐르는 전류의 세기는 $2I_0$이다.

ㄷ. b에서 P와 Q에 흐르는 전류에 의한 자기장의 세기는 $\frac{3}{2}B_0$이다.

➡ b에서 P에 흐르는 전류에 의한 자기장의 방향과 Q에 흐르는 전류에 의한 자기방의 방향은 모두 xy평면에 수직으로 들어가는 방향이다. 점 a에서 P에 흐르는 전류에 의한 자기장의 세기가 $B_0(=k\frac{I_0}{d})$일 때 b에서 P에 흐르는 전류에 의한 자기장의 세기는 $\frac{1}{2}B_0(=k\frac{I_0}{2d})$, Q에 흐르는 전류에 의한 자기장의 세기는 $B_0(=k\frac{2I_0}{2d})$이다. 따라서 b에서 P와 Q에 흐르는 전류에 의한 자기장의 세기는 $\frac{1}{2}B_0+B_0=\frac{3}{2}B_0$이다.

11	**직선 도선에 의한 자기장** 2024학년도 수능 물I 18번	정답 ⑤ ㅣ 정답률 38 %

적용해야 할 개념 ②가지

① 직선 도선에 전류가 흐를 때 그 주변에 생기는 자기장의 방향은 오른손 엄지손가락이 전류의 방향을 향하게 하고 나머지 네 손가락으로 도선을 감아쥘 때 네 손가락이 가리키는 방향이다.

② 직선 전류에 의한 자기장의 세기 B는 도선에 흐르는 전류의 세기 I에 비례하고 도선으로부터의 거리 r에 반비례한다(앙페르 법칙).

➡ $B=k\frac{I}{r}$

전류
자기장의 방향

▲직선 전류에 의한 자기장

문제 보기

그림과 같이 가늘고 무한히 긴 직선 도선 A, B, C가 정삼각형을 이루며 xy평면에 고정되어 있다. A, B, C에는 방향이 일정하고 세기가 각각 I_0, I_0, I_C인 전류가 흐른다. A에 흐르는 전류의 방향은 $+x$방향이다. 점 O는 A, B, C가 교차하는 점을 지나는 반지름이 $2d$인 원의 중심이고, 점 p, q, r는 원 위의 점이다. O에서 A에 흐르는 전류에 의한 자기장의 세기는 B_0이고, p, q에서 A, B, C에 흐르는 전류에 의한 자기장의 세기는 각각 0, $3B_0$이다.

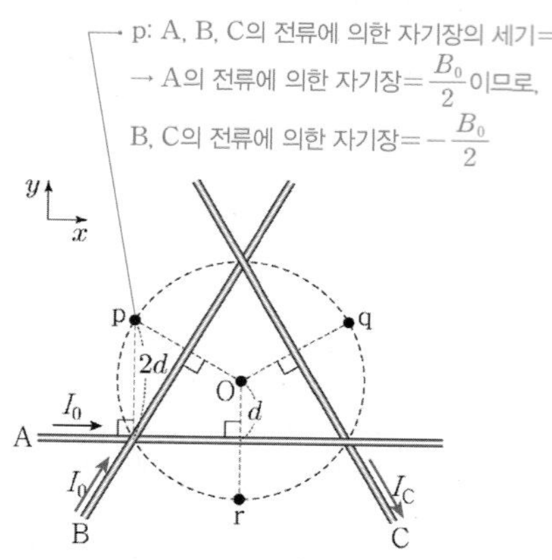

<p, q, r에서의 자기장>

	A	B	C	A, B, C
p	$\frac{B_0}{2}$	B_0	$-\frac{3B_0}{2}$	0
q	$\frac{B_0}{2}$	$-\frac{B_0}{2}$	$3B_0$	$3B_0$
r	$-B_0$	$-\frac{B_0}{2}$	$-\frac{3B_0}{2}$	$-3B_0$

r에서 A, B, C에 흐르는 전류에 의한 자기장의 세기는? [3점]

보기

<보기> 풀이

❶ O에서 A의 전류에 의한 자기장의 세기가 B_0이므로, p에서 A의 전류에 의한 자기장의 세기는 $\frac{B_0}{2}$이다. xy평면에서 수직으로 나오는 자기장의 방향을 양(+), xy평면에 수직으로 들어가는 자기장의 방향을 음(−)이라고 하자. p에서 A, B, C의 전류에 의한 자기장의 세기가 0일 때, p에서 A의 전류에 의한 자기장은 $\frac{B_0}{2}$이므로, p에서 B ,C의 전류에 의한 자기장은 $-\frac{B_0}{2}$이다.

❷ p에서 B의 전류에 의한 자기장의 세기는 B_0이다. p에서 C의 전류에 의한 자기장의 세기를 $\frac{B_C}{2}$라고 하면, B의 전류에 의한 자기장의 방향과 C의 전류에 의한 자기장이 방향에 따라 p에서 B, C의 전류에 의한 자기장으로 가능한 식은 다음과 같다.

$-B_0-\frac{B_C}{2}=-\frac{B_0}{2}$ ⋯ ①

$-B_0+\frac{B_C}{2}=-\frac{B_0}{2}$ ⋯ ②

$B_0-\frac{B_C}{2}=-\frac{B_0}{2}$ ⋯ ③

①에서는 B_C가 음(−)의 값을 가지므로 성립하지 않고, ②에서 $B_C=B_0$, ③에서 $B_C=3B_0$이다.

❸ q에서 B의 전류에 의한 자기장의 세기는 $\frac{B_0}{2}$, C의 전류에 의한 자기장의 세기는 B_C이고, B, C의 전류에 의한 자기장의 방향은 각각 p에서와 반대이다. p에서 ②가 성립한다고 가정하면 p에서 B와 C의 전류에 의한 자기장의 방향은 각각 음(−), 양(+)의 방향이므로, q에서 B와 C의 전류에 의한 자기장의 방향은 각각 양(+), 음(−)의 방향이 된다. 따라서 q에서 B, C의 전류에 의한 자기장은 $\frac{B_0}{2}-B_C=\frac{B_0}{2}-B_0=-\frac{B_0}{2}$이고, 이때 q에서 A의 전류에 의한 자기장은 $\frac{B_0}{2}$이므로, q에서 A, B, C의 전류에 의한 자기장의 세기는 0이 된다. 따라서 p에서 ②의 경우는 성립하지 않는다. ③의 경우에는 q에서 B, C의 전류에 의한 자기장은 $-\frac{B_0}{2}+B_C=-\frac{B_0}{2}+3B_0=\frac{5B_0}{2}$이고 A의 전류에 의한 자기장은 $\frac{B_0}{2}$이므로, q에서 A, B, C의 전류에 의한 자기장의 세기가 $3B_0$이다. 따라서 p에서 ③이 성립하며 p에서 B, C의 전류에 의한 자기장의 방향은 각각 양(+), 음(−)의 방향이므로, B에 흐르는 전류의 방향은 '↗', C에 흐르는 전류의 방향은 '↘' 이다. 또 $B_C=3B_0$이므로 $I_C=3I_0$이다.

❹ r에서 A, B, C의 전류에 의한 자기장의 세기는 각각 B_0, $\frac{B_0}{2}$, $\frac{3B_0}{2}$이고 A, B, C의 전류에 의한 자기장의 방향은 모두 음(−)의 방향이므로, r에서 A, B, C의 전류에 의한 자기장은 $-B_0-\frac{B_0}{2}-\frac{3B_0}{2}=-3B_0$이다. 따라서 r에서 A, B, C의 전류에 의한 자기장의 세기는 $3B_0$이다.

 ① 0 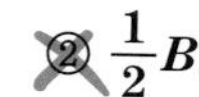 ② $\frac{1}{2}B_0$  ③ B_0  ④ $2B_0$  ⑤ $3B_0$

12 직선 전류에 의한 자기장 2023학년도 7월 학평 물I 16번

정답 ① | 정답률 45 %

적용해야 할 개념 ②가지

① 직선 도선에 전류가 흐를 때 그 주변에 생기는 자기장의 방향은 오른손 엄지손가락이 전류의 방향을 향하게 하고 나머지 네 손가락으로 도선을 감아쥘 때 네 손가락이 가리키는 방향이다.

② 직선 전류에 의한 자기장의 세기 B는 도선에 흐르는 전류의 세기 I에 비례하고 도선으로부터의 거리 r에 반비례한다 (앙페르 법칙). ➡ $B=k\frac{I}{r}$

전류 / 자기장의 방향

직선 전류에 의한 자기장 ▶

문제 보기

그림과 같이 세기와 방향이 일정한 전류가 흐르는 무한히 긴 직선 도선 A, B, C, D가 xy평면에 고정되어 있다. 전류의 세기와 방향은 A와 B에서 서로 같고, C와 D에서 서로 같다. 점 p에서 A의 전류에 의한 자기장의 세기는 B_0이고, 점 q에서 A, B, C, D의 전류에 의한 자기장의 세기는 0이다.

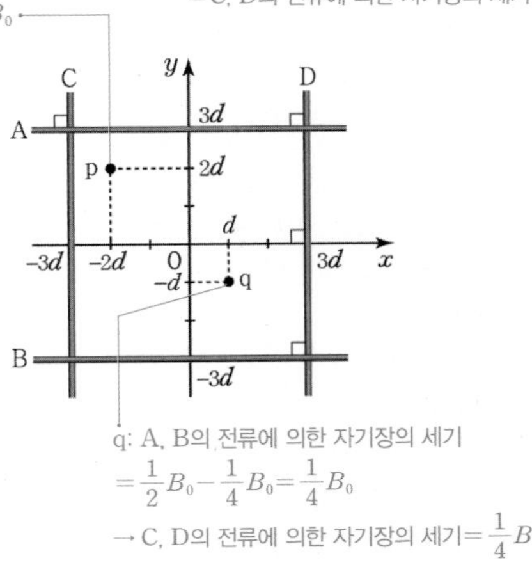

C와 D에 흐르는 전류의 세기가 각각 2배가 될 때, q에서 A, B, C, D의 전류에 의한 자기장의 세기는?

<보기> 풀이

❶ p에서 A의 전류에 의한 자기장의 세기는 B_0이므로, q에서 A, B의 전류에 의한 자기장의 세기는 각각 $\frac{1}{4}B_0$, $\frac{1}{2}B_0$이고 자기장의 방향은 서로 반대이다. 따라서 q에서 A, B의 전류에 의한 자기장의 세기는 $\frac{1}{2}B_0-\frac{1}{4}B_0=\frac{1}{4}B_0$이다.

❷ q에서 A, B, C, D의 전류에 의한 자기장의 세기가 0이 되려면, q에서 C, D의 전류에 의한 자기장의 세기는 A, B의 전류에 의한 자기장의 세기와 같고 C, D의 전류에 의한 자기장의 방향은 A, B의 전류에 의한 자기장의 방향과 반대이어야 한다. 따라서 q에서 C, D의 전류에 의한 자기장의 세기는 $\frac{1}{4}B_0$이다.

❸ C와 D에 흐르는 전류의 세기가 각각 2배가 되면, q에서 C, D의 전류에 의한 자기장의 세기는 $\left(\frac{1}{4}B_0\times 2\right)$가 된다. 따라서 q에서 A, B, C, D의 전류에 의한 자기장의 세기는 $\left(\frac{1}{4}B_0\times 2\right)-\frac{1}{4}B_0=\frac{1}{4}B_0$이다.

① $\frac{1}{4}B_0$　② $\frac{1}{2}B_0$　③ $\frac{3}{4}B_0$　④ B_0　⑤ $\frac{5}{4}B_0$

13 직선 전류에 의한 자기장 2024학년도 5월 학평 물I 14번

정답 ③ | 정답률 47 %

적용해야 할 개념 ②가지

① 직선 도선에 전류가 흐를 때 그 주변에 생기는 자기장의 방향은 오른손 엄지손가락이 전류의 방향을 향하게 하고 나머지 네 손가락으로 도선을 감아쥘 때 네 손가락이 가리키는 방향이다.

② 직선 전류에 의한 자기장의 세기 B는 도선에 흐르는 전류의 세기 I에 비례하고 도선으로부터의 거리 r에 반비례한다(앙페르 법칙).

➡ $B=k\dfrac{I}{r}$

전류

자기장의 방향

▲ 직선 전류에 의한 자기장

문제 보기

그림과 같이 가늘고 무한히 긴 직선 도선 A, B, C가 xy평면에 고정되어 있다. A, B, C에는 방향이 일정하고 세기가 각각 I_0, $2I_0$, I_C인 전류가 흐르며, A와 B에 흐르는 전류의 방향은 반대이다. 표는 점 p, q에서 A, B, C의 전류에 의한 자기장을 나타낸 것이다.

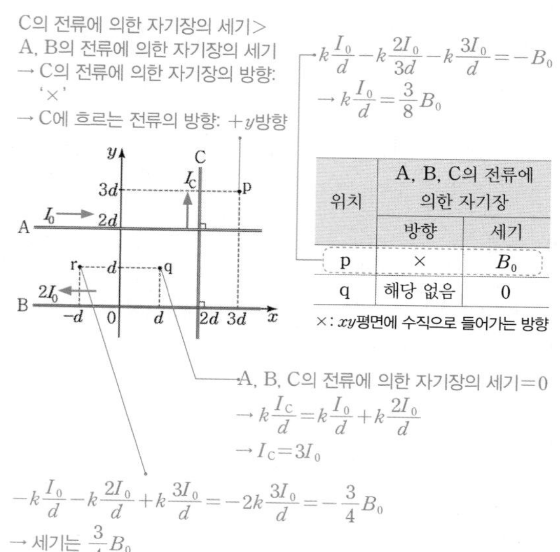

C의 전류에 의한 자기장의 세기> A, B의 전류에 의한 자기장의 세기
→ C의 전류에 의한 자기장의 방향: '×'
→ C에 흐르는 전류의 방향: $+y$방향
$k\frac{I_0}{d}-k\frac{2I_0}{3d}-k\frac{3I_0}{d}=-B_0$
$\rightarrow k\frac{I_0}{d}=\frac{3}{8}B_0$
y
C
I_C
3d
p
A
I_0
2d
r
d
q
B
$2I_0$
$-d$
0
d
2d
3d
x
A, B, C의 전류에 의한 자기장의 세기=0
$\rightarrow k\frac{I_C}{d}=k\frac{I_0}{d}+k\frac{2I_0}{d}$
$\rightarrow I_C=3I_0$
$-k\frac{I_0}{d}-k\frac{2I_0}{d}+k\frac{3I_0}{d}=-2k\frac{3I_0}{d}=-\frac{3}{4}B_0$
→ 세기는 $\frac{3}{4}B_0$

위치	A, B, C의 전류에 의한 자기장	
	방향	세기
p	×	B_0
q	해당 없음	0

×: xy평면에 수직으로 들어가는 방향

이에 대한 설명으로 옳은 것만을 〈보기〉에서 있는 대로 고른 것은? (단, p, q, r은 xy평면상의 점이다.) [3점]

<보기> 풀이

ㄱ. $I_C=3I_0$이다.

➡ 직선 도선에 흐르는 전류에 의한 자기장의 세기는 전류의 세기에 비례하고 도선으로부터의 거리에 반비례한다. A와 B에 흐르는 전류의 방향이 반대일 때 두 도선의 안쪽에서 자기장의 방향은 같으므로, q에서 A, B의 전류에 의한 자기장의 세기는 $k\frac{I_0}{d}+k\frac{2I_0}{d}$이다. q에서 A, B, C의 전류에 의한 자기장은 0이므로, q에서 C의 전류에 의한 자기장의 방향은 A, B의 전류에 의한 자기장의 방향과 반대이고 자기장의 세기는 A, B의 전류에 의한 자기장의 세기와 같다. 따라서 $k\frac{I_C}{d}=k\frac{I_0}{d}+k\frac{2I_0}{d}$에서 $I_C=3I_0$이다.

다른 풀이 q에서 A, B, C까지의 거리는 각각 d로 같다. A의 전류에 의한 자기장을 B라고 하면 q에서 B의 전류에 의한 자기장은 $2B$이고, q에서 A, B, C의 전류에 의한 자기장이 0이므로 q에서 C의 전류에 의한 자기장은 $-3B$이다. 따라서 C에 흐르는 전류의 세기는 A에 흐르는 전류의 세기의 3배이므로, $I_C=3I_0$이다.

ㄴ. C에 흐르는 전류의 방향은 $-y$방향이다.

➡ A와 B에 흐르는 전류의 방향이 반대일 때 두 도선의 바깥쪽에서 자기장의 방향은 반대이므로, A, B의 전류에 의한 자기장의 세기는 q에서가 p에서보다 크다. C의 전류에 의한 자기장의 세기는 p에서와 q에서가 같으므로, p에서 C의 전류에 의한 자기장의 세기는 A, B의 전류에 의한 자기장의 세기보다 크다. 따라서 p에서 C의 전류에 의한 자기장의 방향은 A, B, C의 전류에 의한 자기장의 방향(×)과 같으므로, C에 흐르는 전류의 방향은 $+y$방향이다.

다른 풀이 p에서 A, B, C의 전류에 의한 자기장은

$-B+\frac{2}{3}B+3B=\frac{8}{3}B=B_0(\times)$이다. 따라서 p에서 C의 전류에 의한 자기장 $+3B$의 방향도 '×'방향이므로, C에 흐르는 전류의 방향은 $+y$방향이다.

ㄷ. r에서 A, B, C의 전류에 의한 자기장의 세기는 $\frac{3}{4}B_0$이다.

➡ C에 흐르는 전류의 방향이 $+y$방향일 때 q에서 A, B, C의 전류에 의한 자기장이 0이므로, q에서 A, B의 전류에 의한 자기장의 방향은 xy평면에 수직으로 들어가는 방향(×)이다. 따라서 A에 흐르는 전류의 방향은 $+x$방향이고, B에 흐르는 전류의 방향은 $-x$방향이다. xy평면에서 수직으로 나오는 방향을 (+)로 하면, p에서 A, B, C의 전류에 의한 자기장은 $k\frac{I_0}{d}-k\frac{2I_0}{3d}-k\frac{3I_0}{d}=-B_0$이므로 $k\frac{I_0}{d}=\frac{3}{8}B_0$이다. r에서 A, B, C의 전류에 의한 자기장은 $-k\frac{I_0}{d}-k\frac{2I_0}{d}+k\frac{3I_0}{3d}=-2k\frac{I_0}{d}=-\frac{3}{4}B_0$이므로, 세기는 $\frac{3}{4}B_0$이다.

다른 풀이 r에서 A, B, C의 전류에 의한 자기장은

$B+2B-B=2B=2\left[\frac{3}{8}B_0(\times)\right]=\frac{3}{4}B_0(\times)$이므로, r에서 A, B, C의 전류에 의한 자기장의 세기는 $\frac{3}{4}B_0$이다.

14 직선 전류에 의한 자기장 2020학년도 4월 학평 물I 11번

정답 ③ | 정답률 80 %

적용해야 할 개념 ②가지

① 직선 도선에 전류가 흐를 때 그 주변에 생기는 자기장의 방향은 오른손 엄지손가락이 전류의 방향을 향하게 하고 나머지 네 손가락으로 도선을 감아쥘 때 네 손가락이 가리키는 방향이다.

② 직선 전류에 의한 자기장의 세기 B는 도선에 흐르는 전류의 세기 I에 비례하고 도선으로부터의 거리 r에 반비례한다 (앙페르 법칙). ➡ $B=k\frac{I}{r}$

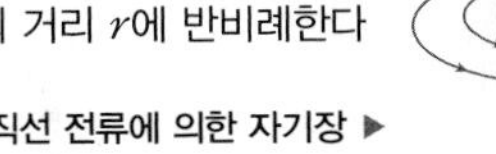

직선 전류에 의한 자기장 ▶

문제 보기

그림과 같이 일정한 세기의 전류가 흐르는 무한히 긴 직선 도선 A, B, C가 xy평면에 고정되어 있다. A, B에 흐르는 전류는 방향이 각각 $+y$방향, $-y$방향이고, 세기가 I로 같다. p, q는 x축 상의 점이고, p에서 A, B, C에 흐르는 전류에 의한 자기장은 0이다.

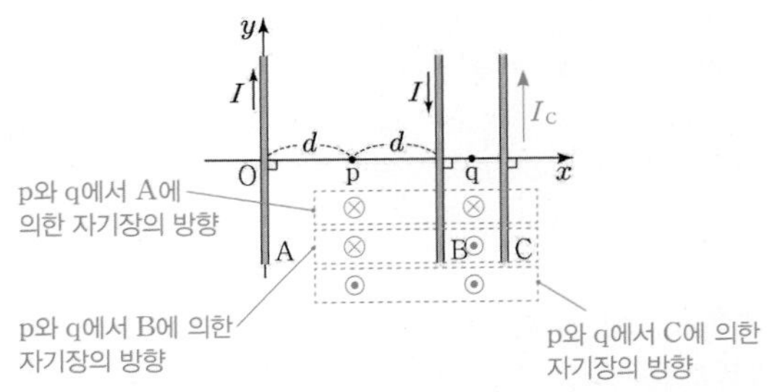

이에 대한 설명으로 옳은 것만을 <보기>에서 있는 대로 고른 것은? [3점]

<보기> 풀이

ㄱ. C에 흐르는 전류의 방향은 $+y$방향이다.

➡ p에서 A, B, C에 흐르는 전류에 의한 자기장이 0이려면, p에서 A, B에 흐르는 전류에 의한 자기장의 방향이 xy평면에 각각 수직으로 들어가는 방향이므로 C에 흐르는 전류의 의한 자기장은 방향은 xy평면에서 수직으로 나오는 방향이 되어야 한다. 따라서 C에 흐르는 전류의 방향은 $+y$방향이다.

ㄴ. C에 흐르는 전류의 세기는 I보다 크다.

➡ p에서 C까지의 거리를 d', C에 흐르는 전류의 세기를 I_C라고 하면, p에서 A와 B에 의한 자기장의 세기와 C에 의한 자기장의 세기가 같으므로 $k\frac{I}{d}+k\frac{I}{d}=k\frac{I_C}{d'}$이다. $d<d'$이므로, $2I<I_C$이다. 즉 C에 흐르는 전류의 세기는 I보다 크다.

ㄷ. q에서 A, B, C에 흐르는 전류에 의한 자기장의 방향은 xy평면에 수직으로 들어가는 방향이다.

➡ q에서 A에 의한 자기장의 방향은 xy평면에 수직으로 들어가는 방향이지만, B와 C에 의한 자기장의 방향이 xy평면에서 수직으로 나오는 방향이다. q에서 A에 의한 자기장의 세기보다 B, C에 의한 자기장의 세기가 더 크므로, q에서 A, B, C에 흐르는 전류에 의한 자기장의 방향은 xy평면에서 수직으로 나오는 방향이다.

15 직선 전류에 의한 자기장 2021학년도 수능 물I 16번

정답 ⑤ | 정답률 78 %

적용해야 할 개념 ②가지

① 직선 도선에 전류가 흐를 때 그 주변에 생기는 자기장의 모양은 도선을 중심으로 한 동심원 모양이며, 자기장의 방향은 오른손 엄지손가락이 전류의 방향을 향하게 하고 나머지 네 손가락으로 도선을 감아쥘 때 네 손가락이 가리키는 방향이다.

② 직선 전류에 의한 자기장의 세기 B는 도선에 흐르는 전류의 세기 I에 비례하고 도선으로부터의 거리 r에 반비례한다(앙페르 법칙). ➡ $B=k\frac{I}{r}$

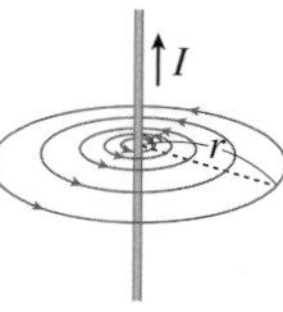

I
r

직선 전류에 의한 자기장 ▶

문제 보기

그림과 같이 xy평면에 고정된 무한히 긴 직선 도선 A, B, C에 세기가 각각 I_A, I_B, I_C로 일정한 전류가 흐르고 있다. B에 흐르는 전류의 방향은 $+y$방향이고, x축상의 점 p에서 세 도선의 전류에 의한 자기장은 0이다. C에 흐르는 전류의 방향을 반대로 바꾸었더니 p에서 세 도선의 전류에 의한 자기장의 방향은 xy평면에 수직으로 들어가는 방향이 되었다.

보기

└→ C의 전류 방향을 바꾸기 전: p에서 C의 전류에 의한 자기장의 방향=(⊙) → C의 전류 방향=$+y$

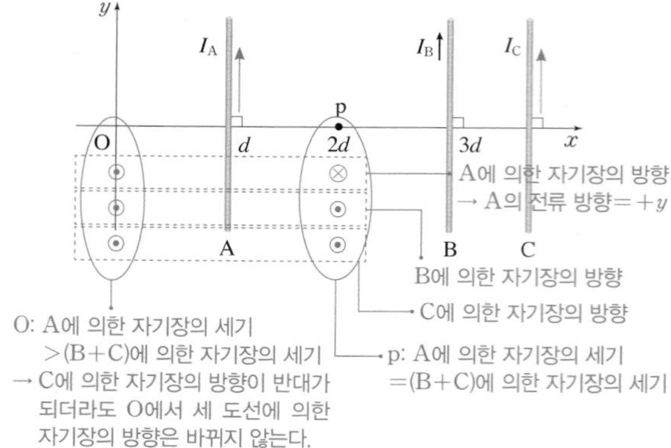

y
I_A
I_B
I_C
p
O
d
2d
3d
x
A
B
C
A에 의한 자기장의 방향 → A의 전류 방향=+y
B에 의한 자기장의 방향
C에 의한 자기장의 방향
O: A에 의한 자기장의 세기 >(B+C)에 의한 자기장의 세기 → C에 의한 자기장의 방향이 반대가 되더라도 O에서 세 도선에 의한 자기장의 방향은 바뀌지 않는다.
p: A에 의한 자기장의 세기 =(B+C)에 의한 자기장의 세기

이에 대한 설명으로 옳은 것만을 〈보기〉에서 있는 대로 고른 것은? [3점]

<보기> 풀이

ㄱ. A에 흐르는 전류의 방향은 $+y$방향이다.

➡ p에서 세 도선의 전류에 의한 자기장은 0이었다가 C에 흐르는 전류의 방향을 반대로 바꾸었을 때, p에서 자기장의 방향이 xy평면에 수직으로 들어가는 방향(⊗)이 되었으므로 p에서 C의 전류에 의한 자기장의 방향이 xy평면에 수직으로 들어가는 방향(⊗)으로 바뀐 것이다. 따라서 C에 흐르는 전류의 방향을 바꾸기 전에 p에서 C의 전류에 의한 자기장의 방향은 xy평면에서 수직으로 나오는 방향(⊙)이며 C에 흐르는 전류의 방향은 $+y$방향이다.

p에서 세 도선에 의한 자기장이 0일 때 p에서 B와 C의 전류에 의한 자기장의 방향이 모두 xy평면에서 수직으로 나오는 방향(⊙)이므로, p에서 A의 전류에 의한 자기장의 방향은 xy평면에 수직으로 들어가는 방향(⊗)이어야 한다. 따라서 A에 흐르는 전류의 방향은 $+y$방향이다.

ㄴ. $I_A<I_B+I_C$이다.

➡ p에서 세 도선의 전류에 의한 자기장이 0일 때 p에서 A의 전류에 의한 자기장의 방향(⊗)은 B와 C의 전류에 의한 자기장의 방향(⊙)과 반대이므로, p에서 A의 전류에 의한 자기장의 세기는 B와 C의 전류에 의한 자기장의 세기와 같다. 만일 C를 B와 같은 위치로 이동시킨다고 가정한다면 p에서 C에 의한 자기장의 세기가 더 커지므로, p에서 A의 전류에 의한 자기장의 세기는 B와 C의 전류에 의한 자기장의 세기보다 작아진다. 즉 $k\frac{I_A}{d}<k\frac{I_B}{d}+k\frac{I_C}{d}$이므로, $I_A<I_B+I_C$이다.

다른 풀이 A, B, C에 흐르는 전류의 방향이 모두 $+y$방향이므로, B와 C 사이의 거리를 d'이라고 하면 p에서 자기장은 $k\frac{I_A}{d}(⊗)+k\frac{I_B}{d}(⊙)+k\frac{I_C}{(d+d')}(⊙)=0$이므로,

$k\frac{I_A}{d}(⊗)=k\frac{I_B}{d}(⊗)+k\frac{I_C}{(d+d')}(⊗)$이다. 따라서 $I_A(d+d')=I_B(d+d')+I_Cd$에서 $I_A(d+d')<I_B(d+d')+I_Cd+I_Cd'$이므로 $I_A<I_B+I_C$이다.

ㄷ. 원점 O에서 세 도선의 전류에 의한 자기장의 방향은 C에 흐르는 전류의 방향을 바꾸기 전과 후가 같다.

➡ C에 흐르는 전류의 방향을 바꾸기 전 세 도선의 전류의 방향이 모두 $+y$방향이므로 원점 O에서 세 도선의 전류에 의한 자기장의 방향은 모두 xy평면에서 수직으로 나오는 방향(⊙)이다. 이때 p에서의 자기장은 0이므로 p에서 A의 전류에 의한 자기장의 세기는 B와 C의 전류에 의한 자기장의 세기와 같다. 한편 O와 A 사이의 거리는 A와 p 사이의 거리와 같으므로 A의 전류에 의한 자기장의 세기는 p에서와 같지만, O에서 B, C까지의 거리는 p에서보다 크므로 B와 C의 전류에 의한 자기장의 세기는 p에서보다 작다. 즉, O에서 A의 전류에 의한 자기장의 세기는 B와 C의 전류에 의한 자기장의 세기보다 크다. 따라서 C에 흐르는 전류의 방향을 바꾸더라도 원점 O에서 세 도선의 전류에 의한 자기장의 방향은 같다.

다른 풀이 C에 흐르는 전류의 방향을 바꾸기 전 A, B, C에 흐르는 전류의 방향이 모두 $+y$방향이므로 원점 O에서 세 도선의 전류에 의한 자기장의 방향은 xy평면에서 수직으로 나오는 방향(⊙)이다. 이때 p에서의 자기장은 $k\frac{I_A}{d}(⊗)+k\frac{I_B}{d}(⊙)+k\frac{I_C}{(d+d')}(⊙)=0$이므로,

$k\frac{I_A}{d}(⊙)=k\frac{I_B}{d}(⊙)+k\frac{I_C}{(d+d')}(⊙)$ …①이다.

C에 흐르는 전류의 방향을 바꾼 후 O에서의 자기장은 $k\frac{I_A}{d}(⊙)+k\frac{I_B}{3d}(⊙)+k\frac{I_C}{(3d+d')}(⊗)$이므로, 식 ①을 대입하면 $k\frac{I_B}{d}(⊙)+k\frac{I_C}{(d+d')}(⊙)+k\frac{I_B}{3d}(⊙)+k\frac{I_C}{(3d+d')}(⊗)$이다.

$k\frac{I_C}{(d+d')}>k\frac{I_C}{(3d+d')}$이므로, O에서의 자기장은 xy평면에서 수직으로 나오는 방향(⊙)이다. 따라서 원점 O에서 세 도선의 전류에 의한 자기장의 방향은 C에 흐르는 전류의 방향을 바꾸기 전과 후가 같다.

16 직선 전류에 의한 자기장 2022학년도 3월 학평 물I 16번

정답 ① | 정답률 50 %

적용해야 할 개념 ②가지

① 직선 도선에 전류가 흐를 때 그 주변에 생기는 자기장의 방향은 오른손 엄지손가락이 전류의 방향을 향하게 하고 나머지 네 손가락으로 도선을 감아쥘 때 네 손가락이 가리키는 방향이다.

② 직선 전류에 의한 자기장의 세기 B는 도선에 흐르는 전류의 세기 I에 비례하고 도선으로부터의 거리 r에 반비례한다(앙페르 법칙). ➡ $B=k\frac{I}{r}$

직선 전류에 의한 자기장 ▶

전류 / 자기장의 방향

문제 보기

그림과 같이 종이면에 고정된 무한히 긴 직선 도선 A, B, C에 화살표 방향으로 같은 세기의 전류가 흐르고 있다. 종이면 위의 점 p, q, r는 각각 A와 B, B와 C, C와 A로부터 같은 거리만큼 떨어져 있으며, p에서 A의 전류에 의한 자기장의 세기는 B_0이다.

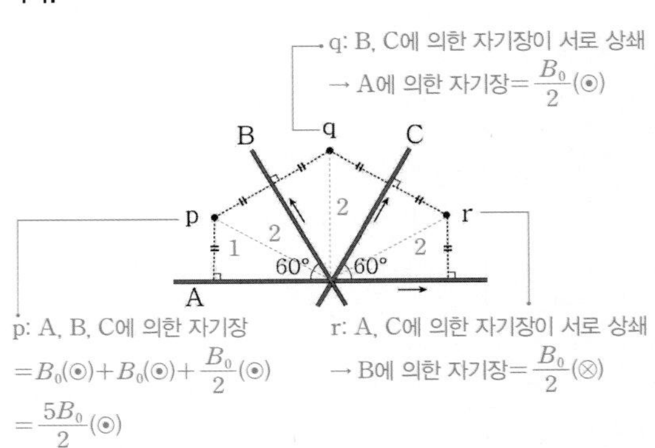

A, B, C의 전류에 의한 자기장에 대한 옳은 설명만을 〈보기〉에서 있는 대로 고른 것은? [3점]

<보기> 풀이

q에서 B에 의한 자기장과 C에 의한 자기장이 세기는 같고 방향이 반대이므로 서로 상쇄된다. 또 r에서 C에 의한 자기장과 A에 의한 자기장이 세기는 같고 방향이 반대이므로 서로 상쇄된다.

ㄱ. q와 r에서 자기장의 세기는 서로 같다.

➡ q에서 B, C에 의한 자기장이 상쇄될 때, q에서 A까지의 거리는 p에서 A까지의 거리의 2배이므로 q에서 A에 의한 자기장의 세기는 $\frac{B_0}{2}$이다. r에서 C, A에 의한 자기장이 상쇄될 때, r에서 B까지의 거리가 p에서 A까지의 거리의 2배이므로 r에서 B에 의한 자기장의 세기는 $\frac{B_0}{2}$이다. 따라서 q와 r에서 자기장의 세기는 서로 같다.

ㄴ. q와 r에서 자기장의 방향은 서로 같다.

➡ q에서 A에 의한 자기장의 방향은 종이면에서 수직으로 나오는 방향(⊙)이고, r에서 B에 의한 자기장의 방향은 종이면에 수직으로 들어가는 방향(⊗)이다. 따라서 q와 r에서 자기장의 방향은 서로 반대이다.

ㄷ. p에서 자기장의 세기는 $\frac{B_0}{2}$이다.

➡ p에서 A, B, C에 의한 자기장의 방향은 모두 종이면에서 수직으로 나오는 방향(⊙)이다. p에서 A와 B까지 거리가 같으므로 A에 의한 자기장의 세기가 B_0일 때, B에 의한 자기장의 세기도 B_0이다. p에서 C까지의 거리는 A까지의 2배이므로, C에 의한 자기장의 세기는 $\frac{B_0}{2}$이다. 따라서 p에서 자기장의 세기는 $B_0+B_0+\frac{B_0}{2}=\frac{5B_0}{2}$이다.

17 직선 전류에 의한 자기장 2022학년도 9월 모평 물I 16번

정답 ③ | 정답률 58 %

적용해야 할 개념 ②가지

① 직선 도선에 전류가 흐를 때 그 주변에 생기는 자기장의 방향은 오른손 엄지손가락이 전류의 방향을 향하게 하고 나머지 네 손가락으로 도선을 감아쥘 때 네 손가락이 가리키는 방향이다.

② 직선 전류에 의한 자기장의 세기 B는 도선에 흐르는 전류의 세기 I에 비례하고 도선으로부터의 거리 r에 반비례한다(앙페르 법칙). ➡ $B=k\frac{I}{r}$

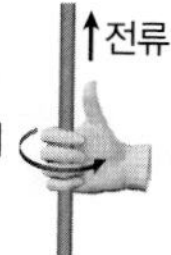

직선 전류에 의한 자기장 ▶

문제 보기

그림과 같이 xy 평면에 무한히 긴 직선 도선 A, B, C가 고정되어 있다. A, B에는 서로 반대 방향으로 세기 I_0인 전류가, C에는 세기 I_C인 전류가 각각 일정하게 흐르고 있다. xy 평면에서 수직으로 나오는 자기장의 방향을 양(+)으로 할 때, x축상의 점 P, Q에서 세 도선에 흐르는 전류에 의한 자기장의 방향은 각각 양(+), 음(−)이다.

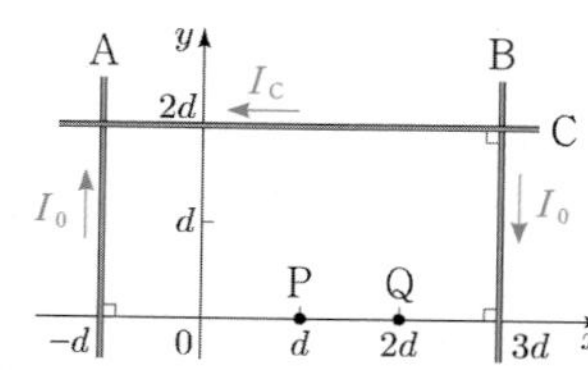

이에 대한 설명으로 옳은 것만을 〈보기〉에서 있는 대로 고른 것은? [3점]

<보기> 풀이

A, B에 서로 반대 방향으로 세기 I_0인 전류가 흐르므로 P와 Q에서 A, B에 의한 자기장의 방향이 같다. 따라서 P에서 A, B에 의한 자기장의 세기는 $k\frac{I_0}{2d}+k\frac{I_0}{2d}=k\frac{I_0}{d}$이고, Q에서 A, B에 의한 자기장의 세기는 $k\frac{I_0}{3d}+k\frac{I_0}{d}=k\frac{4I_0}{3d}$이다. 한편, C에 세기 I_C인 전류가 흐를 때, P와 Q에서 C에 의한 자기장의 세기는 $k\frac{I_C}{2d}$로 같다.

P와 Q에서 A, B, C에 의한 자기장의 방향이 각각 양(+), 음(−)이려면, P에서는 A, B에 의한 자기장의 세기($k\frac{I_0}{d}$)보다 C에 의한 자기장의 세기($k\frac{I_C}{2d}$)가 더 커야 하고 A, B에 의한 자기장의 방향은 음(−), C에 의한 자기장의 방향은 양(+)이어야 한다. 또 Q에서는 A, B에 의한 자기장의 세기($k\frac{4I_0}{3d}$)가 C에 의한 자기장의 세기($k\frac{I_C}{2d}$)보다 커야 한다. 이때도 A, B에 의한 자기장의 방향은 음(−), C에 의한 자기장의 방향은 양(+)이다.

구분	P	Q
A, B, C에 의한 자기장	• 방향: 양(+)	• 방향: 음(−)
A, B에 의한 자기장	• 세기: $k\frac{I_0}{2d}+k\frac{I_0}{2d}=k\frac{I_0}{d}$ • 방향: 음(−)	• 세기: $k\frac{I_0}{3d}+k\frac{I_0}{d}=k\frac{4I_0}{3d}$ • 방향: 음(−)
C에 의한 자기장	• 세기: $k\frac{I_C}{2d}$ • 방향: 양(+)	• 세기: $k\frac{I_C}{2d}$ • 방향: 양(+)
	→ A, B에 의한 자기장의 세기 <C에 의한 자기장의 세기	→ A, B에 의한 자기장의 세기 >C에 의한 자기장의 세기

ㄱ. A에 흐르는 전류의 방향은 $+y$ 방향이다.

➡ P와 Q에서 A, B에 의한 자기장의 방향이 음(−), 즉 xy 평면에 수직으로 들어가는 방향이므로 A에 흐르는 전류의 방향은 $+y$ 방향이다.

ㄴ. C에 흐르는 전류의 방향은 $-x$ 방향이다.

➡ P와 Q에서 C에 의한 자기장의 방향이 양(+), 즉 xy 평면에서 수직으로 나오는 방향이므로 C에 흐르는 전류의 방향은 $-x$ 방향이다.

ㄷ. $I_C<2I_0$이다.

➡ P에서 A, B에 의한 자기장의 세기($k\frac{I_0}{d}$)보다 C에 의한 자기장의 세기($k\frac{I_C}{2d}$)가 더 크므로 $k\frac{I_0}{d}<k\frac{I_C}{2d}$에서 $I_C>2I_0$이다.

18 직선 전류에 의한 자기장 2020학년도 9월 모평 물Ⅰ 14번

정답 ① | 정답률 67 %

적용해야 할 개념 ②가지

① 직선 도선에 전류가 흐를 때 그 주변에 생기는 자기장의 방향은 오른손 엄지손가락이 전류의 방향을 향하게 하고 나머지 네 손가락으로 도선을 감아쥘 때 네 손가락이 가리키는 방향이다.

② 직선 전류에 의한 자기장의 세기 B는 도선에 흐르는 전류의 세기 I에 비례하고 도선으로부터의 거리 r에 반비례한다. ➡ $B=k\frac{I}{r}$

18 일차

문제 보기

그림과 같이 전류가 흐르는 무한히 긴 직선 도선 A, B, C가 xy 평면에 고정되어 있고, C에는 세기가 I인 전류가 $+x$방향으로 흐른다. 점 p, q, r는 xy 평면에 있고, p, q에서 A, B, C에 흐르는 전류에 의한 자기장은 0이다.

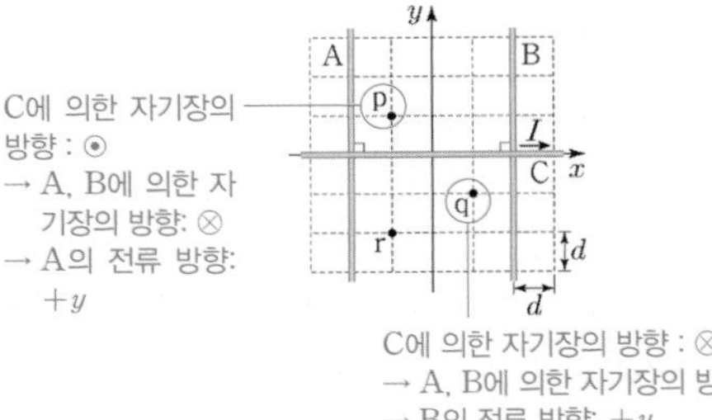

이에 대한 설명으로 옳은 것만을 〈보기〉에서 있는 대로 고른 것은? [3점]

<보기> 풀이

ㄱ. 전류의 방향은 A에서와 B에서가 같다.

➡ p에서 자기장이 0이 되려면, C에 의한 자기장의 방향이 xy 평면에서 수직으로 나오는 방향(⊙)이므로 A와 B에 의한 합성 자기장의 방향은 xy 평면에 수직으로 들어가는 방향(⊗)이 되어야 한다. 또 q에서 자기장이 0이 되려면, C에 의한 자기장의 방향이 xy 평면에 수직으로 들어가는 방향(⊗)이므로 A와 B에 의한 합성 자기장의 방향은 xy 평면에서 수직으로 나오는 방향(⊙)이 되어야 한다. 이때 p와 q에서 C에 의한 자기장의 세기는 같으므로, p와 q에서 A와 B에 의한 합성 자기장의 세기도 같아야 한다. 따라서 전류의 방향은 A에서와 B에서 $+y$ 방향으로 같고, 전류의 세기도 A에서와 B에서가 같다.

~~ㄴ~~. A에 흐르는 전류의 세기는 I보다 작다.

➡ p에서의 자기장은 $B_p=k\frac{I_A}{d}(⊗)+k\frac{I_B}{3d}(⊙)+k\frac{I}{d}(⊙)=0$이다. $I_A=I+\frac{I_B}{3}$이므로, A에 흐르는 전류의 세기 I_A는 I보다 크다.

~~ㄷ~~. r에서 A, B, C에 흐르는 전류에 의한 자기장의 방향은 xy 평면에서 수직으로 나오는 방향이다.

➡ r에서의 자기장은 $B_r=k\frac{I_A}{d}(⊗)+k\frac{I_B}{3d}(⊙)+k\frac{I}{2d}(⊗)$이다. 이를 p에서의 자기장으로 나타내면 $B_r=\left\{k\frac{I_A}{d}(⊗)+k\frac{I_B}{3d}(⊙)+k\frac{I}{d}(⊙)\right\}+k\frac{3I}{2d}(⊗)=B_p+k\frac{3I}{2d}(⊗)=0+k\frac{3I}{2d}(⊗)$이다. 따라서 r에서 A, B, C에 흐르는 전류에 의한 자기장의 방향은 xy 평면에 수직으로 들어가는 방향(⊗)이다.

19 직선 전류에 의한 자기장 2024학년도 7월 학평 물Ⅰ 15번

정답 ⑤ | 정답률 55 %

적용해야 할 개념 ②가지

① 직선 도선에 전류가 흐를 때 그 주변에 생기는 자기장의 방향은 오른손 엄지손가락이 전류의 방향을 향하게 하고 나머지 네 손가락으로 도선을 감아쥘 때 네 손가락이 가리키는 방향이다.

② 직선 전류에 의한 자기장의 세기 B는 도선에 흐르는 전류의 세기 I에 비례하고 도선으로부터의 거리 r에 반비례한다 (앙페르 법칙). ➡ $B=k\frac{I}{r}$ (k: 쿨롱 상수)

직선 전류에 의한 자기장 ▶ 전류 / 자기장의 방향

문제 보기

그림과 같이 가늘고 무한히 긴 직선 도선 A, B, C가 xy평면에 고정되어 있다. A, B, C에는 방향이 일정하고 세기가 각각 I_0, $2I_0$, I_C인 전류가 흐르고 있다. A, C의 전류의 방향은 화살표 방향이고, 점 p에서 A, B, C에 흐르는 전류에 의한 자기장은 0이다. p에서 A에 흐르는 전류에 의한 자기장의 세기는 B_0이다.

$B_0=k\frac{I_0}{4d}$

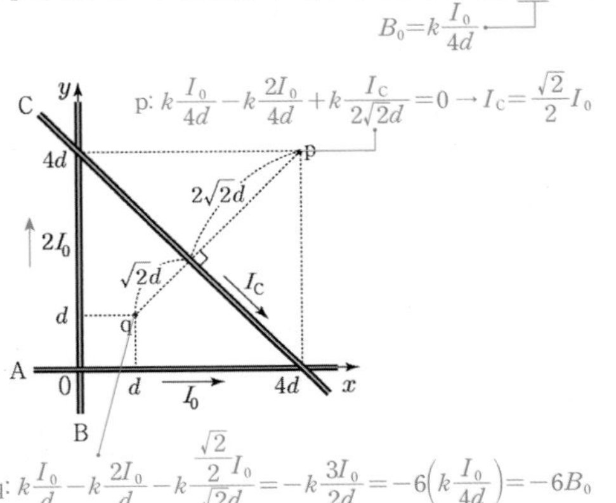

이에 대한 설명으로 옳은 것만을 〈보기〉에서 있는 대로 고른 것은? [3점]

<보기> 풀이

ㄱ. B에 흐르는 전류의 방향은 $+y$방향이다.

➡ p에서 A, B, C에 흐르는 전류에 의한 자기장이 0일 때, p에서 A, C에 흐르는 전류에 의한 자기장의 방향은 xy평면에서 수직으로 나오는 방향이므로 B에 흐르는 전류에 의한 자기장의 방향은 xy평면에 수직으로 들어가는 방향이다. 따라서 B에 흐르는 전류의 방향은 $+y$방향이다.

ㄴ. $I_C=\frac{\sqrt{2}}{2}I_0$이다.

➡ xy평면에서 수직으로 나오는 자기장의 방향을 양(+)으로 하면, p에서 A, B, C에 흐르는 전류에 의한 자기장은 $k\frac{I_0}{4d}-k\frac{2I_0}{4d}+k\frac{I_C}{2\sqrt{2}d}=0$이므로, $I_C=\frac{\sqrt{2}}{2}I_0$이다.

ㄷ. q에서 A, B, C에 흐르는 전류에 의한 자기장의 세기는 $6B_0$이다.

➡ $B_0=k\frac{I_0}{4d}$이므로, q에서 A, B, C에 흐르는 전류에 의한 자기장은

$$k\frac{I_0}{d}-k\frac{2I_0}{d}-k\frac{\frac{\sqrt{2}}{2}I_0}{\sqrt{2}d}=-k\frac{3I_0}{2d}=-6\left(k\frac{I_0}{4d}\right)=-6B_0$$

이다. 따라서 q에서 A, B, C에 흐르는 전류에 의한 자기장의 세기는 $6B_0$이다.

20 직선 도선에 의한 자기장 2024학년도 10월 학평 물Ⅰ 11번

정답 ⑤ | 정답률 81 %

적용해야 할 개념 ②가지

① 직선 도선에 전류가 흐를 때 그 주변에 생기는 자기장의 방향은 오른손 엄지손가락이 전류의 방향을 향하게 하고 나머지 네 손가락으로 도선을 감아쥘 때 네 손가락이 가리키는 방향이다.

② 직선 전류에 의한 자기장의 세기 B는 도선에 흐르는 전류의 세기 I에 비례하고 도선으로부터의 거리 r에 반비례한다 (앙페르 법칙). ➡ $B=k\frac{I}{r}$

전류

자기장의 방향

직선 전류에 의한 자기장 ▶

문제 보기

그림과 같이 세기와 방향이 일정한 전류가 흐르는 무한히 긴 직선 도선 A, B, C, D가 xy평면에 수직으로 고정되어 있다. A와 B에는 xy평면에 수직으로 들어가는 방향으로 전류가 흐른다. 원점 O에서 A, B의 전류에 의한 자기장의 세기는 각각 B_0으로 서로 같다. 표는 O에서 두 도선의 전류에 의한 자기장의 세기와 방향을 나타낸 것이다.

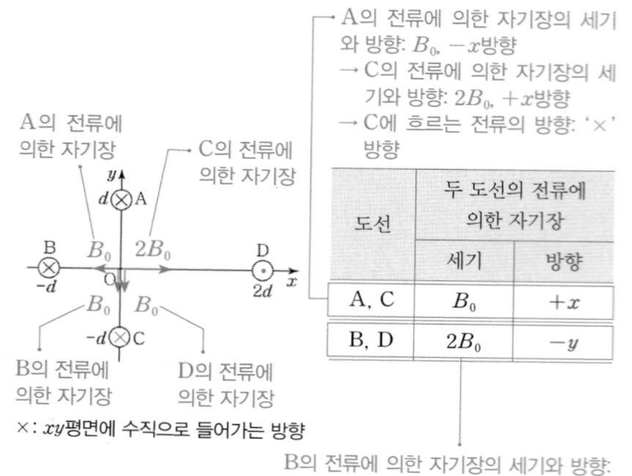

A의 전류에 의한 자기장의 세기와 방향: B_0, $-x$방향
→ C의 전류에 의한 자기장의 세기와 방향: $2B_0$, $+x$방향
→ C에 흐르는 전류의 방향: '×' 방향
A의 전류에 의한 자기장
C의 전류에 의한 자기장
B의 전류에 의한 자기장
D의 전류에 의한 자기장
×: xy평면에 수직으로 들어가는 방향

도선	두 도선의 전류에 의한 자기장	
	세기	방향
A, C	B_0	$+x$
B, D	$2B_0$	$-y$

B의 전류에 의한 자기장의 세기와 방향: B_0, $-y$방향
→ D의 전류에 의한 자기장의 세기와 방향: B_0, $-y$방향
→ D에 흐르는 전류의 세기: B의 2배
→ D에 흐르는 전류의 방향: '•' 방향

이에 대한 옳은 설명만을 〈보기〉에서 있는 대로 고른 것은? [3점]

<보기> 풀이

ㄱ. O에서 C의 전류에 의한 자기장의 세기는 $2B_0$이다.

➡ O에서 A, C의 전류에 의한 합성 자기장의 세기가 B_0이고 방향이 $+x$방향일 때, O에서 A의 전류에 의한 자기장의 세기는 B_0이고 방향은 $-x$방향이므로 C의 전류에 의한 자기장의 세기는 $2B_0$이고 방향은 $+x$방향이다.

ㄴ. 전류의 세기는 D에서가 B에서의 2배이다.

➡ O에서 B, D의 전류에 의한 합성 자기장의 세기가 $2B_0$이고 방향이 $-y$방향일 때, O에서 B의 전류에 의한 자기장의 세기는 B_0이고 방향은 $-y$방향이므로 D의 전류에 의한 자기장의 세기는 B_0이고 방향은 $-y$방향이다. 따라서 O에서 B의 전류에 의한 자기장의 세기와 D의 전류에 의한 자기장 세기는 같다. 직선 도선에 의한 자기장의 세기는 도선에 흐르는 전류의 세기에 비례하고 도선으로부터의 거리에 반비례한다. O로부터의 거리는 D가 B의 2배이므로 전류의 세기는 D에서가 B에서의 2배이다.

ㄷ. 전류의 방향은 C와 D에서 서로 반대이다.

➡ O에서 C의 전류에 의한 자기장의 방향은 $+x$방향이므로, C에는 xy평면에 수직으로 들어가는 방향으로 전류가 흐른다. 또 O에서 D의 전류에 의한 자기장의 방향은 $-y$방향이므로, D에는 xy평면에서 수직으로 나오는 방향으로 전류가 흐른다. 따라서 전류의 방향은 C와 D에서 서로 반대이다.

21 직선 전류에 의한 자기장 2022학년도 수능 물Ⅰ 18번

정답 ② | 정답률 36 %

적용해야 할 개념 ②가지

① 직선 도선에 전류가 흐를 때 그 주변에 생기는 자기장의 방향은 오른손 엄지손가락이 전류의 방향을 향하게 하고 나머지 네 손가락으로 도선을 감아쥘 때 네 손가락이 가리키는 방향이다.

② 직선 전류에 의한 자기장의 세기 B는 도선에 흐르는 전류의 세기 I에 비례하고 도선으로부터의 거리 r에 반비례한다(앙페르 법칙). ➡ $B=k\frac{I}{r}$

전류 / 자기장의 방향

직선 전류에 의한 자기장 ▶

문제 보기

그림과 같이 무한히 긴 직선 도선 A, B, C가 xy 평면에 고정되어 있다. A, B, C에는 방향이 일정하고 세기가 각각 I_0, I_B, $3I_0$인 전류가 흐르고 있다. A의 전류의 방향은 $-x$ 방향이다. 표는 점 P, Q에서 A, B, C의 전류에 의한 자기장의 세기를 나타낸 것이다. P에서 A의 전류에 의한 자기장의 세기는 B_0이다.

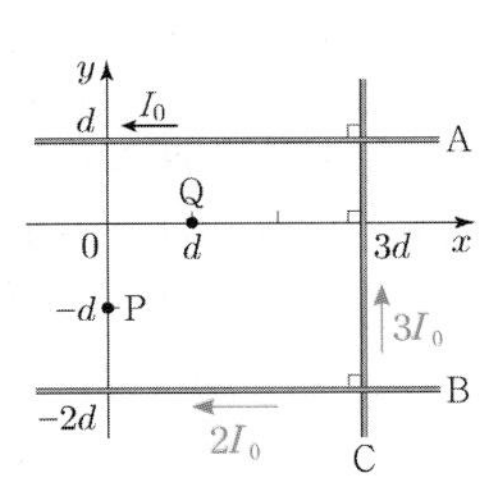

P: $k\frac{I_0}{2d}-k\frac{2I_0}{d}+k\frac{3I_0}{3d}$
$=B_0-4B_0+2B_0=-B_0$

위치	A, B, C의 전류에 의한 자기장의 세기
P	B_0
Q	$3B_0$

Q: $k\frac{I_0}{d}-k\frac{2I_0}{2d}+k\frac{3I_0}{2d}$
$=2B_0-2B_0+3B_0=3B_0$

이에 대한 설명으로 옳은 것만을 〈보기〉에서 있는 대로 고른 것은? [3점]

<보기> 풀이

P에서 A, B, C에 의한 자기장의 세기를 각각 B_A, B_B, B_C라고 할 때, $B_A=k\frac{I_0}{2d}=B_0$이고 $B_B=k\frac{I_B}{d}$이고, $B_C=k\frac{3I_0}{3d}=2B_0$이다. xy 평면에서 수직으로 나오는 자기장의 방향을 양(+)이라고 할 때, P에서 (A+B+C)에 의한 자기장의 식으로 다음 ①, ②의 식을 쓸 수 있다.

$B_0+(B_B\pm2B_0)=B_0$ … ①

$B_0+(B_B\pm2B_0)=-B_0$ … ②

①에서 $(B_B\pm2B_0)=0$이므로, $B_B=-2B_0$, $2B_0$이고, ②에서 $(B_B\pm2B_0)=-2B_0$이므로 $B_B=-4B_0$이다.

Q에서 A, B, C에 의한 자기장의 세기를 각각 B_A', B_B', B_C'이라고 할 때, $B_A'=k\frac{I_0}{d}=2B_0$이고 $B_B'=k\frac{I_B}{2d}=\frac{B_B}{2}$이고 $B_C'=k\frac{3I_0}{2d}=3B_0$이다. Q에서 (A+B+C)에 의한 자기장의 식으로 다음 ③, ④의 식을 쓸 수 있다.

$2B_0+(\frac{B_B}{2}\pm3B_0)=3B_0$ … ③

$2B_0+(\frac{B_B}{2}\pm3B_0)=-3B_0$ … ④

③에서 $(\frac{B_B}{2}\pm3B_0)=B_0$이므로 $B_B=-4B_0$, $8B_0$이고, ④에서 $(\frac{B_B}{2}\pm3B_0)=-5B_0$이므로 $B_B=-16B_0$, $B_B=-4B_0$이다.

따라서 $B_B=-4B_0$가 가능하므로, P에서의 자기장의 식은 $B_0-4B_0+2B_0=-B_0$이다. P와 Q에서 C에 의한 자기장의 방향은 같으므로, Q에서의 자기장의 식은 $2B_0-2B_0+3B_0=3B_0$이다.

ㄱ. $I_B=I_0$이다. ✗

➡ P에서 B에 의한 자기장의 세기 $B_B=k\frac{I_B}{d}=4B_0$이므로, $B_0=k\frac{I_0}{2d}$를 대입하면 $I_B=2I_0$이다.

ㄴ. C의 전류의 방향은 $-y$ 방향이다. ✗

➡ P와 Q에서 C에 의한 자기장이 각각 $2B_0$, $3B_0$이므로, C에 의한 자기장의 방향은 xy 평면에서 수직으로 나오는 방향이다. 따라서 C의 전류의 방향은 $+y$ 방향이다.

ㄷ. Q에서 A, B, C의 전류에 의한 자기장의 방향은 xy 평면에서 수직으로 나오는 방향이다. ○

➡ Q에서 A, B, C의 전류에 의한 자기장은 $3B_0$이다. 따라서 Q에서 A, B, C의 전류에 의한 자기장의 방향은 xy 평면에서 수직으로 나오는 방향이다.

22 직선 전류에 의한 자기장 2020학년도 7월 학평 물I 9번

정답 ① | 정답률 76 %

적용해야 할 개념 ②가지

① 직선 도선에 전류가 흐를 때 그 주변에 생기는 자기장의 방향은 오른손 엄지손가락이 전류의 방향을 향하게 하고 나머지 네 손가락으로 도선을 감아쥘 때 네 손가락이 가리키는 방향이다.

② 직선 전류에 의한 자기장의 세기 B는 도선에 흐르는 전류의 세기 I에 비례하고 도선으로부터의 거리 r에 반비례한다. ➡ $B=k\frac{I}{r}$

문제 보기

그림과 같이 무한히 긴 직선 도선 A, B가 xy평면에 각각 $x=-d$, $x=d$인 점에 수직으로 고정되어 있다. A, B에 흐르는 전류의 세기는 각각 I_A, I_B이고, 점 p, q, r는 x축상의 점이다. 표는 원점 O와 p에서 자기장의 세기와 방향을 나타낸 것이다.

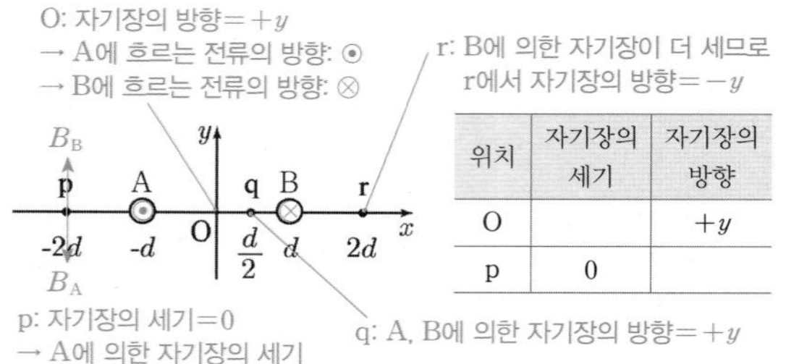

위치	자기장의 세기	자기장의 방향
O		$+y$
p	0	

이에 대한 설명으로 옳은 것만을 〈보기〉에서 있는 대로 고른 것은? [3점]

<보기> 풀이

점 p에서 도선 A에 흐르는 전류에 의한 자기장과 도선 B에 흐르는 전류에 의한 자기장의 합성 자기장 세기가 0이므로, 두 자기장의 세기는 같고 방향은 서로 반대이다.

ㄱ. $I_A>I_B$이다. (✕)

➡ p에서 A에 의한 자기장의 세기와 B에 의한 자기장의 세기가 같으므로, $k\frac{I_A}{d}=k\frac{I_B}{3d}$에서 $3I_A=I_B$이다. 따라서 $I_A<I_B$이다.

ㄴ. B에 흐르는 전류의 방향은 xy평면에 수직으로 들어가는 방향이다. (○)

➡ p에서 A에 의한 자기장의 방향과 B에 의한 자기장의 방향이 서로 반대이므로, A와 B에 흐르는 전류의 방향은 반대이다. O에서 자기장의 방향이 $+y$이므로, B에 흐르는 전류의 방향이 xy평면에 수직으로 들어가는 방향이고, A에 흐르는 전류의 방향은 xy평면에서 수직으로 나오는 방향이다.

ㄷ. 자기장의 방향은 q와 r에서가 같다. (✕)

➡ q에서 A와 B에 의한 자기장의 방향은 모두 $+y$방향이다. r에서 A에 의한 자기장의 방향은 $+y$방향이고 B에 의한 자기장의 방향은 $-y$방향인데, $I_A<I_B$이므로 r에서 자기장의 방향은 B에 의한 자기장의 방향과 같은 $-y$방향이다. 따라서 자기장의 방향은 q와 r에서가 다르다.

23 직선 전류에 의한 자기장 2019학년도 4월 학평 물I 10번

정답 ⑤ | 정답률 73 %

적용해야 할 개념 ②가지

① 직선 도선에 전류가 흐를 때 그 주변에 생기는 자기장의 방향은 오른손 엄지손가락이 전류의 방향을 향하게 하고 나머지 네 손가락으로 도선을 감아쥘 때 네 손가락이 가리키는 방향이다.

② 직선 전류에 의한 자기장의 세기 B는 도선에 흐르는 전류의 세기 I에 비례하고 도선으로부터의 거리 r에 반비례한다. ➡ $B=k\frac{I}{r}$

문제 보기

그림과 같이 xy 평면에 각각 일정한 전류가 흐르는 무한히 긴 직선 도선 P, Q가 놓여 있다. P는 x축에, Q는 $x=-2d$인 지점에 고정되어 있고, Q에는 $+y$ 방향으로 전류가 흐른다. 점 a에서 P, Q에 흐르는 전류에 의한 자기장은 0이다. 표는 Q의 위치만을 $x=0$, $x=2d$인 지점으로 변화시킬 때 a에서 P, Q에 흐르는 전류에 의한 자기장의 세기를 나타낸 것이다.

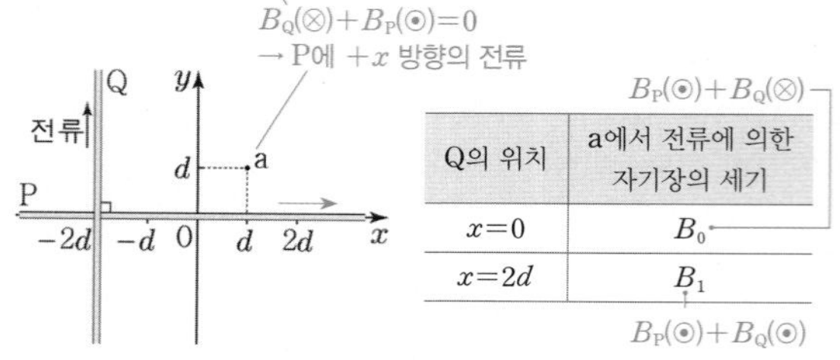

Q의 위치	a에서 전류에 의한 자기장의 세기
$x=0$	B_0
$x=2d$	B_1

이에 대한 설명으로 옳은 것만을 〈보기〉에서 있는 대로 고른 것은? [3점]

<보기> 풀이

ㄱ. P에 흐르는 전류의 방향은 $+x$ 방향이다. (○)

➡ 점 a에서 P, Q에 흐르는 전류에 의한 자기장이 0일 때 a에서 Q에 흐르는 전류에 의한 자기장의 방향이 xy 평면에 수직으로 들어가는 방향이므로, P에 흐르는 전류에 의한 자기장의 방향은 xy 평면에서 수직으로 나오는 방향이다. 오른손의 네 손가락이 xy 평면에서 수직으로 나오는 자기장의 방향을 가리키며 도선 P를 감아쥘 때 엄지손가락이 가리키는 방향이 전류의 방향이므로, P에 흐르는 전류의 방향은 $+x$ 방향이다.

ㄴ. a에서 P, Q에 흐르는 전류에 의한 자기장의 방향은 Q의 위치가 $x=0$일 때와 $x=2d$일 때가 서로 반대 방향이다. (○)

➡ a에서 자기장이 0일 때 점 a가 P, Q로부터 떨어진 거리는 각각 d, $3d$이다. 자기장의 세기는 전류의 세기에 비례하고 도선으로부터의 거리에 반비례하므로, 전류의 세기는 Q에서가 P에서보다 3배 큰 것을 알 수 있다. Q의 위치가 $x=0$이 될 때, a에서 Q까지의 거리가 d로 작아지게 되어 Q에 의한 자기장이 더 세지므로 자기장의 방향은 xy 평면에 수직으로 들어가는 방향이 된다. 또 Q의 위치가 $x=2d$일 때 a에서 Q까지의 거리는 d로 같지만 a가 도선의 왼쪽에 있게 되므로 도선 P, Q에 의한 자기장이 모두 xy 평면에서 수직으로 나오는 방향이 된다. 따라서 a에서 P, Q에 흐르는 전류에 의한 자기장의 방향은 Q의 위치가 $x=0$일 때와 $x=2d$일 때가 서로 반대 방향이다.

ㄷ. $B_0<B_1$이다. (○)

➡ Q의 위치가 $x=0$일 때와 $x=2d$일 때, 점 a에서 도선 P에 의한 자기장의 세기와 방향은 같지만 도선 Q에 의한 자기장의 세기는 같고 방향은 반대이다. 즉, Q의 위치가 $x=0$일 때는 P에 의한 자기장이 xy 평면에서 수직으로 나오는 방향이고 Q에 의한 자기장이 xy 평면에 수직으로 들어가는 방향이므로 합성 자기장은 $B_P(⊙)+B_Q(⊗)=B_0$이지만, Q의 위치가 $x=2d$일 때는 P, Q에 의한 자기장이 모두 xy 평면에서 수직으로 나오는 방향이므로, $B_P(⊙)+B_Q(⊙)=B_1$이다. 따라서 $B_0<B_1$이다.

24 직선 전류에 의한 자기장 2019학년도 10월 학평 물Ⅰ 11번

정답 ④ | 정답률 80 %

적용해야 할 개념 ②가지

① 직선 도선에 전류가 흐를 때 그 주변에 생기는 자기장의 방향은 오른손 엄지손가락이 전류의 방향을 향하게 하고 네 손가락으로 도선을 감아쥘 때 네 손가락이 가리키는 방향이다.

② 직선 전류에 의한 자기장의 세기 B는 도선에 흐르는 전류의 세기 I에 비례하고 도선으로부터의 거리 r에 반비례한다(앙페르 법칙). ➡ $B=k\frac{I}{r}$

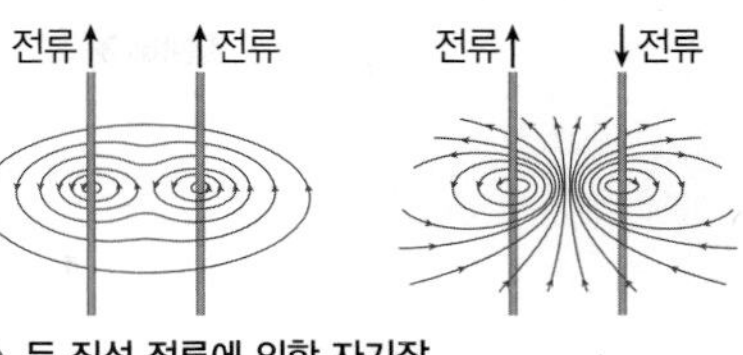

▲ 두 직선 전류에 의한 자기장

문제 보기

그림과 같이 무한히 긴 직선 도선 A, B, C가 xy 평면에 고정되어 있다. A에는 세기가 I_0으로 일정한 전류가 $+y$방향으로 흐르고 있다. 표는 x축상에서 전류에 의한 자기장이 0인 지점을 B, C에 흐르는 전류 I_B, I_C에 따라 나타낸 것이다.

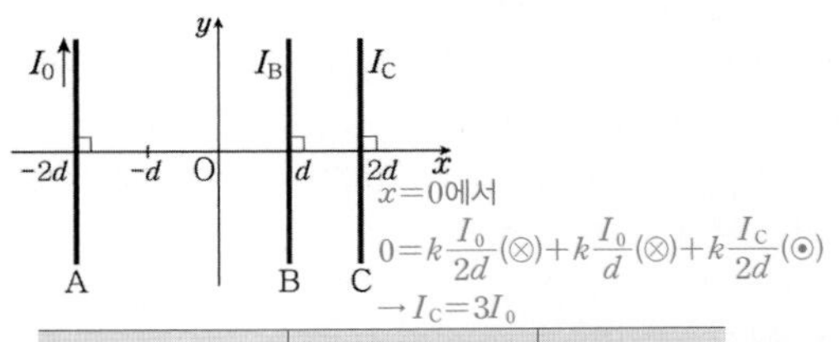

I_B		I_C		자기장이 0인 지점
세기	방향	세기	방향	
㉠	$+y$	0	없음	$x=-d$
I_0	$-y$	㉡	㉢	$x=0$

㉠, ㉡, ㉢으로 옳은 은 것은?

<보기> 풀이

$x=-d$에서 자기장이 0이 될 때, A와 B에 의한 자기장의 식 $0=k\frac{I_0}{d}(\otimes)+k\frac{I_B}{2d}(\odot)$에서 B에 흐르는 전류의 세기 $I_B=2I_0$이다.

또 $x=0$에서 자기장이 0이 될 때, A, B에 의한 자기장이 xy 평면에 수직으로 들어가는 방향($\otimes$)이므로 C에 흐르는 전류에 의한 자기장의 방향은 xy 평면에서 수직으로 나오는 방향($\odot$)이어야 한다. 따라서 C에 흐르는 전류의 방향은 $+y$방향이다. 이때 A, B, C에 의한 자기장의 식 $0=k\frac{I_0}{2d}(\otimes)+k\frac{I_0}{d}(\otimes)+k\frac{I_C}{2d}(\odot)$에서 C에 흐르는 전류의 세기 $I_C=3I_0$이다.

	㉠	㉡	㉢
①	I_0	I_0	$-y$
②	I_0	$2I_0$	$-y$
③	$2I_0$	$3I_0$	$-y$
④	$2I_0$	$3I_0$	$+y$
⑤	$2I_0$	$4I_0$	$+y$

25 직선 전류에 의한 자기장 2023학년도 9월 모평 물Ⅰ 18번

정답 ③ | 정답률 57 %

적용해야 할 개념 ②가지

① 직선 도선에 전류가 흐를 때 그 주변에 생기는 자기장의 방향은 오른손 엄지손가락이 전류의 방향을 향하게 하고 나머지 네 손가락으로 도선을 감아쥘 때 네 손가락이 가리키는 방향이다.

② 직선 전류에 의한 자기장의 세기 B는 도선에 흐르는 전류의 세기 I에 비례하고 도선으로부터의 거리 r에 반비례한다 (앙페르 법칙). ➡ $B=k\frac{I}{r}$

전류 / 자기장의 방향

직선 전류에 의한 자기장 ▶

문제 보기

그림과 같이 세기와 방향이 일정한 전류가 흐르는 무한히 긴 직선 도선 A~D가 xy 평면에 수직으로 고정되어 있다. D에는 xy 평면에 수직으로 들어가는 방향으로 전류가 흐른다. 원점 O에서 B, D의 전류에 의한 자기장은 0이다. 표는 xy 평면의 점 p, q, r에서 두 도선의 전류에 의한 자기장의 방향을 나타낸 것이다.

→ 전류의 방향과 세기: B=D

A에 흐르는 전류 방향: ⊗인 경우 → 전류의 세기: A<B

B에 흐르는 전류 방향: ⊗ → 전류의 세기: B=D

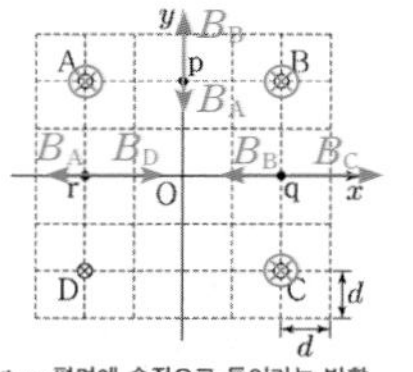

(r에서)
A에 의한 자기장 방향: $-x$ 방향
D에 의한 자기장 방향: $+x$ 방향
전류의 세기: A<D
→ ㉠=$+x$

C에 흐르는 전류 방향: ⊗ → 전류의 세기: B<C

(p에서)
A에 의한 자기장 방향: $-y$ 방향
B에 의한 자기장 방향: $+y$ 방향
→ 전류의 세기: A<B

도선	위치	두 도선의 전류에 의한 자기장 방향
A, B	p	$+y$
B, C	q	$+x$
A, D	r	㉠

(q에서)
B에 의한 자기장 방향: $-x$ 방향
→ C에 의한 자기장 방향: $+x$ 방향
→ C에 흐르는 전류 방향: ⊗
→ 전류의 세기: B<C

이에 대한 설명으로 옳은 것만을 <보기>에서 있는 대로 고른 것은?

<보기> 풀이

O에서 B, D의 전류에 의한 자기장은 0이므로 B에는 xy 평면에 수직으로 들어가는 방향으로 전류가 흐르고, B와 D의 전류의 세기는 같다.

ㄱ. ㉠은 '$+x$'이다.

➡ A에 흐르는 전류의 방향이 xy 평면에서 수직으로 나오는 경우와 xy 평면에 수직으로 들어가는 경우로 구분해서 r에서 자기장의 방향을 알아보면 다음과 같다.

- xy 평면에서 수직으로 나오는 방향인 경우: p에서 A, B의 전류에 의한 자기장의 방향이 각각 $+y$ 방향, $+y$ 방향이므로, p에서 A와 B의 전류에 의한 자기장의 방향은 $+y$ 방향이다. 이때 r에서 A, D의 전류에 의한 자기장의 방향이 각각 $+x$ 방향, $+x$ 방향이므로, r에서 A와 D의 전류에 의한 자기장의 방향은 $+x$ 방향이 된다.
- xy 평면에 수직으로 들어가는 방향인 경우: p에서 A, B의 전류에 의한 자기장의 방향이 각각 $-y$ 방향, $+y$ 방향이므로, p에서 A와 B의 전류에 의한 자기장의 방향이 $+y$ 방향이 되려면 전류의 세기는 A에서가 B에서보다 작아야 한다. 이때 r에서 A, D의 전류에 의한 자기장의 방향이 각각 $-x$ 방향, $+x$ 방향이며, B와 D의 전류의 세기는 같으므로 전류의 세기는 A에서가 D에서보다 작다. 따라서 r에서 A와 D의 전류에 의한 자기장의 방향은 $+x$ 방향이 된다.

위 두 경우에 r에서의 자기장의 방향이 모두 $+x$ 방향이므로 ㉠은 '$+x$' 방향이다.

ㄴ. 전류의 세기는 B에서가 C에서보다 크다.

➡ q에서 B와 C의 전류에 의한 자기장의 방향이 $+x$ 방향일 때, q에서 B에 xy 평면에 수직으로 들어가는 방향으로 흐르는 전류에 의한 자기장은 $-x$ 방향이다. 따라서 q에서 C에 흐르는 전류에 의한 자기장의 방향은 $+x$ 방향이 되어야 하므로 C에 xy 평면에 수직으로 들어가는 방향으로 전류가 흐르며, 전류의 세기는 C에서가 B에서보다 크다.

ㄷ. 전류의 방향이 A, C에서가 서로 같으면, 전류의 세기는 A~D 중 C에서가 가장 크다.

➡ C에 xy 평면에 수직으로 들어가는 방향으로 전류가 흐르므로 A에 xy 평면에 수직으로 들어가는 방향으로 전류가 흐른다면, 전류의 세기는 A<B이다. 또 전류의 세기는 B=D이고 B<C이므로, 전류의 세기는 A~D 중 C에서가 가장 크다.

26 직선 전류에 의한 자기장 2022학년도 4월 학평 물I 19번

정답 ⑤ | 정답률 47 %

적용해야 할 개념 ②가지

① 직선 도선에 전류가 흐를 때 그 주변에 생기는 자기장의 방향은 오른손 엄지손가락이 전류의 방향을 향하게 하고 나머지 네 손가락으로 도선을 감아쥘 때 네 손가락이 가리키는 방향이다.

② 직선 전류에 의한 자기장의 세기 B는 도선에 흐르는 전류의 세기 I에 비례하고 도선으로부터의 거리 r에 반비례한다. ➡ $B=k\frac{I}{r}$

18 일차

문제 보기

그림과 같이 일정한 방향으로 전류가 흐르는 무한히 긴 직선 도선 P, Q, R가 xy 평면에 고정되어 있다. P, R에 흐르는 전류의 세기는 일정하다. 표는 Q에 흐르는 전류의 세기에 따라 xy 평면상의 점 a, b에서 P, Q, R의 전류에 의한 자기장을 나타낸 것이다.

a에서: Q에 의한 자기장$=B_0$(⊙), R에 의한 자기장$=B_0$(⊙)
P, Q, R에 의한 자기장$=3B_0$(⊙)
→ P에 의한 자기장$=B_0$(⊙)
→ P에 흐르는 전류의 세기$=I_0$

Q에 흐르는 전류의 세기	P, Q, R의 전류에 의한 자기장			
	a		b	
	방향	세기	방향	세기
I_0	⊙	$3B_0$	⊙	㉠
$2I_0$	⊙	$4B_0$	⊙	$2B_0$

⊙: xy 평면에서 수직으로 나오는 방향

Q에 흐르는 전류의 세기가 I_0만큼 증가할 때 자기장 세기가 B_0(⊙)만큼 증가
→ Q에 흐르는 전류의 방향은 $+y$ 방향
→ Q에 전류가 I_0이 흐를 때, a에서 Q에 의한 자기장은 B_0(⊙)

a와 b에서의 자기장 세기의 차이 $=2B_0$(⊙)
→ R에 흐르는 전류에 의한 차이
→ a에서 R에 의한 자기장은 B_0(⊙), b에서 R에 의한 자기장은 B_0(⊗)
→ ㉠$=B_0$(⊙)
→ R에 흐르는 전류의 세기$=I_0$

이에 대한 설명으로 옳은 것만을 〈보기〉에서 있는 대로 고른 것은?

<보기> 풀이

ㄱ. Q에 흐르는 전류의 방향은 $+y$ 방향이다.

➡ a에서 Q에 흐르는 전류의 세기가 I_0에서 $2I_0$으로 증가할 때, a에서 P, Q, R의 전류에 의한 자기장의 세기가 xy 평면에서 수직으로 나오는 방향(⊙)으로 B_0만큼 증가한다. 따라서 Q에 흐르는 전류의 방향은 $+y$ 방향이다.

ㄴ. ㉠은 B_0이다.

➡ a와 b에서 P, Q의 전류에 의한 자기장의 세기가 같으므로, P, Q, R에 의한 자기장 세기의 차는 R에 흐르는 전류에 의한 것이다. a에서 자기장의 세기는 b에서보다 xy 평면에서 수직으로 나오는 방향(⊙)으로 $2B_0$만큼 크므로, ㉠은 B_0이다.

ㄷ. P에 흐르는 전류의 세기는 I_0이다.

➡ a에서 Q에 흐르는 전류의 세기가 I_0만큼 증가할 때 자기장의 세기가 B_0(⊙)만큼 증가하므로, Q에 흐르는 전류의 세기가 $+y$ 방향으로 I_0일 때 a에서 Q에 의한 자기장의 세기는 B_0(⊙)이다. 또 a에서 R의 전류에 의한 자기장 세기가 b에서보다 xy 평면에서 수직으로 나오는 방향(⊙)으로 $2B_0$만큼 크므로, a에서 R의 전류에 의한 자기장은 B_0(⊙)이고 b에서 R의 전류에 의한 자기장은 B_0(⊗)이다. 따라서 R에 흐르는 전류의 세기는 $+x$ 방향으로 I_0이다. Q에 흐르는 전류의 세기가 I_0일 때 a에서 P, Q, R에 흐르는 전류에 의한 자기장이 $3B_0$(⊙)이므로, Q와 R에 흐르는 전류에 의한 자기장이 각각 B_0(⊙), B_0(⊙)이면 P에 흐르는 전류에 의한 자기장은 B_0(⊙)이다. 따라서 P에 흐르는 전류의 세기는 I_0이다.

27 직선 도선에 의한 자기장 2025학년도 6월 모평 물I 17번

정답 ② | 정답률 60 %

적용해야 할 개념 ②가지

① 직선 도선에 전류가 흐를 때 그 주변에 생기는 자기장의 방향은 오른손 엄지손가락이 전류의 방향을 향하게 하고 나머지 네 손가락으로 도선을 감아쥘 때 네 손가락이 가리키는 방향이다.

② 직선 전류에 의한 자기장의 세기 B는 도선에 흐르는 전류의 세기 I에 비례하고 도선으로부터의 거리 r에 반비례한다. ➡ $B=k\frac{I}{r}$

문제 보기

그림 (가)와 같이 xy평면에 무한히 긴 직선 도선 A, B, C가 각각 $x=-d$, $x=0$, $x=d$에 고정되어 있다. 그림 (나)는 (가)의 $x>0$인 영역에서 A, B, C의 전류에 의한 자기장을 나타낸 것으로, x축상의 점 p에서 자기장은 0이다. 자기장의 방향은 xy평면에서 수직으로 나오는 방향이 양(+)이다.

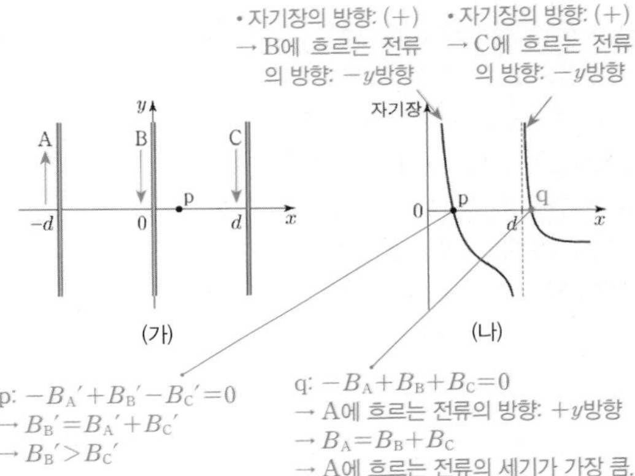

이에 대한 설명으로 옳은 것만을 〈보기〉에서 있는 대로 고른 것은? [3점]

<보기> 풀이

C가 있는 $x=d$에 매우 가까운 지점에서는 C의 전류에 의한 자기장의 영향을 가장 크게 받는다. $x=d$의 오른쪽 영역에서 C와 매우 가까운 지점에서 자기장의 방향은 양(+)이므로, C에 흐르는 전류의 방향은 $-y$방향이다. 또 B가 있는 $x=0$에 매우 가까운 지점에서는 B의 전류에 의한 자기장의 영향을 가장 크게 받는다. $x=0$의 오른쪽 영역에서 B와 매우 가까운 지점에서 자기장의 방향은 양(+)이므로, B에 흐르는 전류의 방향은 $-y$방향이다

ㄱ. A에 흐르는 전류의 방향은 $-y$방향이다.

➡ $x>d$인 영역에서 자기장의 세기가 0인 지점이 존재한다. 이 지점을 q라고 하면 q에서 B와 C의 전류에 의한 자기장의 방향은 양(+)이므로, q에서 A의 전류에 의한 자기장의 방향은 음(−)이다. 따라서 A에 흐르는 전류의 방향은 $+y$방향이다.

ㄴ. A, B, C 중 A에 흐르는 전류의 세기가 가장 크다.

➡ q에서 A, B, C의 전류에 의한 자기장의 세기를 각각 B_A, B_B, B_C라고 하면, $-B_A+B_B+B_C=0$이다. $B_A=B_B+B_C$이므로, q에서 A의 전류에 의한 자기장의 세기가 가장 크다. 직선 전류에 의한 자기장의 세기는 전류의 세기에 비례하고 도선으로부터의 거리에 반비례하므로, A, B, C 중 q로부터 거리가 가장 먼 A에 흐르는 전류의 세기가 가장 크다.

ㄷ. p에서, C의 전류에 의한 자기장의 세기가 B의 전류에 의한 자기장의 세기보다 크다.

➡ p에서 A, B, C의 전류에 의한 자기장의 세기를 각각 B_A', B_B', B_C'라고 하면, $-B_A'+B_B'-B_C'=0$이다. $B_B'=B_A'+B_C'$에서 $B_B'>B_C'$이므로, p에서 C의 전류에 의한 자기장의 세기가 B의 전류에 의한 자기장의 세기보다 작다.

28 직선 전류에 의한 자기장 2021학년도 10월 학평 물I 19번

정답 ④ | 정답률 70 %

적용해야 할 개념 ②가지

① 직선 도선에 전류가 흐를 때 그 주변에 생기는 자기장의 방향은 오른손 엄지손가락이 전류의 방향을 향하게 하고 나머지 네 손가락으로 도선을 감아쥘 때 네 손가락이 가리키는 방향이다.

② 직선 전류에 의한 자기장의 세기 B는 도선에 흐르는 전류의 세기 I에 비례하고 도선으로부터의 거리 r에 반비례한다 (앙페르 법칙). ➡ $B=k\frac{I}{r}$

전류 / 자기장의 방향

직선 전류에 의한 자기장 ▶

문제 보기

그림 (가)와 같이 xy 평면에 고정된 무한히 긴 직선 도선 A, B, C에 화살표 방향으로 전류가 흐른다. A와 B 중 하나에는 일정한 전류가, 다른 하나에는 세기를 바꿀 수 있는 전류 I가 흐른다. C에 흐르는 전류의 세기는 I_0으로 일정하다. 그림 (나)는 (가)의 점 p에서 A, B, C의 전류에 의한 자기장의 세기를 I에 따라 나타낸 것이다.

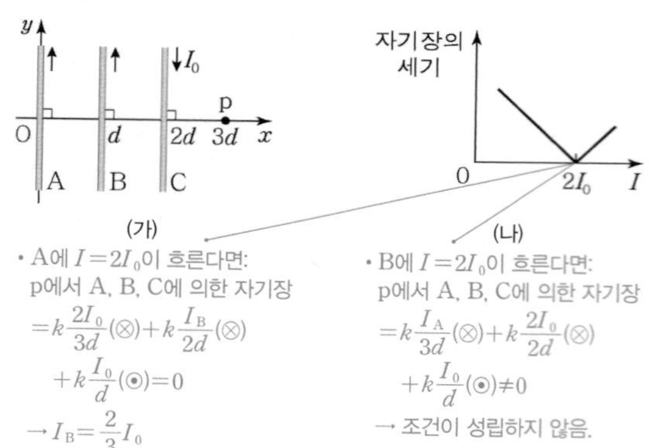

• A에 $I=2I_0$이 흐른다면: p에서 A, B, C에 의한 자기장 $=k\frac{2I_0}{3d}(\otimes)+k\frac{I_B}{2d}(\otimes)+k\frac{I_0}{d}(\odot)=0$ → $I_B=\frac{2}{3}I_0$

• B에 $I=2I_0$이 흐른다면: p에서 A, B, C에 의한 자기장 $=k\frac{I_A}{3d}(\otimes)+k\frac{2I_0}{2d}(\otimes)+k\frac{I_0}{d}(\odot)\neq0$ → 조건이 성립하지 않음.

A와 B 중 일정한 전류가 흐르는 도선과 그 도선에 흐르는 전류의 세기로 옳은 것은? [3점]

<보기> 풀이

❶ (나)에서 세기를 바꿀 수 있는 전류 $I=2I_0$일 때 점 p에서 A, B, C의 전류에 의한 자기장의 세기가 0이다. A에 일정한 전류 I_A가 흐르고 B에 세기를 바꿀 수 있는 전류 $I=2I_0$이 흐른다고 가정하면, p에서 A, B, C의 전류에 의한 자기장은 $k\frac{I_A}{3d}(\otimes)+k\frac{2I_0}{2d}(\otimes)+k\frac{I_0}{d}(\odot)=k\frac{I_A}{3d}(\otimes)\neq0$이다. 즉, 세기를 바꿀 수 있는 전류 I가 B에 흐른다면 p에서 A, B, C의 전류에 의한 자기장의 세기가 0이 될 수 없으므로, 세기를 바꿀 수 있는 전류 I가 흐르는 도선은 A이다. 따라서 일정한 전류가 흐르는 도선은 B이다.

❷ A에 세기를 바꿀 수 있는 전류 $I=2I_0$이 흐르고 B에 일정한 전류 I_B가 흐를 때, p에서 A, B, C의 전류에 의한 자기장의 식은 다음과 같다.

$$k\frac{2I_0}{3d}(\otimes)+k\frac{I_B}{2d}(\otimes)+k\frac{I_0}{d}(\odot)=0$$

위 식에서 $k\frac{I_B}{2d}(\otimes)+k\frac{I_0}{3d}(\odot)=0$이므로, $I_B=\frac{2}{3}I_0$이다.

다른 풀이

p에서 A, B, C에 의한 자기장의 세기를 각각 B_A, B_B, B_C라고 하자. 세기를 바꿀 수 있는 전류 $I=2I_0$이 B에 흐른다고 가정하면, $B_B=B_C$이므로 $B_A+B_B-B_C\neq0$이다. 따라서 세기를 바꿀 수 있는 전류 $I=2I_0$은 A에 흐르며, 이때 $B_A=\frac{2}{3}B_C$이다.

$B_A+B_B-B_C=\frac{2}{3}B_C+B_B-B_C=0$에서 $B_B=\frac{1}{3}B_C$이다.

즉, $k\frac{I_B}{2d}=\frac{1}{3}(k\frac{I_0}{d})$에서 B에 흐르는 전류의 세기 $I_B=\frac{2}{3}I_0$이다.

	도선	전류의 세기
①✗	A	$\frac{8}{3}I_0$
②✗	A	$\frac{9}{2}I_0$
③✗	B	$\frac{1}{2}I_0$
④◎	B	$\frac{2}{3}I_0$
⑤✗	B	$\frac{28}{9}I_0$

29 직선 전류에 의한 자기장 2020학년도 수능 물Ⅰ 13번

정답 ① | 정답률 77 %

적용해야 할 개념 ②가지

① 직선 전류에 의한 자기장의 세기 B는 도선에 흐르는 전류의 세기 I에 비례하고 도선으로부터의 거리 r에 반비례한다(앙페르 법칙).

➡ $B=k\frac{I}{r}$

② 두 직선 도선에 흐르는 전류의 방향이 반대일 때 두 도선 바깥쪽에서 자기장의 방향이 반대이므로, 합성 자기장의 세기가 0인 지점이 두 도선 바깥쪽에 존재한다.

18 일차

문제 보기

그림 (가)와 같이 전류가 흐르는 무한히 긴 직선 도선 A, B가 xy 평면의 $x=-d$, $x=0$에 각각 고정되어 있다. A에는 세기가 I_0인 전류가 $+y$방향으로 흐른다. 그림 (나)는 $x>0$ 영역에서 A, B에 흐르는 전류에 의한 자기장을 x에 따라 나타낸 것이다. 자기장의 방향은 xy 평면에서 수직으로 나오는 방향이 양(+)이다.

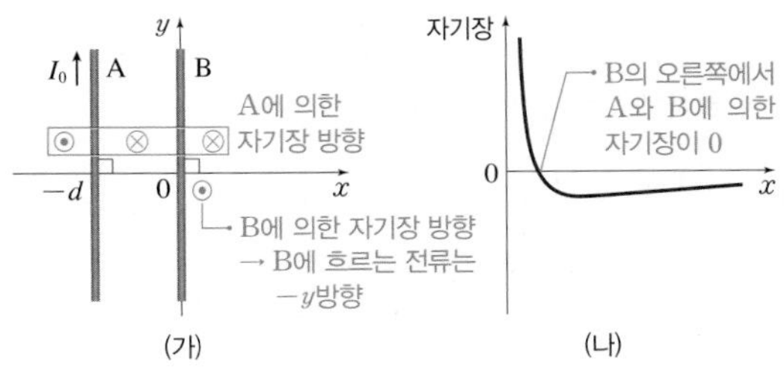

이에 대한 설명으로 옳은 것만을 〈보기〉에서 있는 대로 고른 것은? [3점]

<보기> 풀이

ㄱ. B에 흐르는 전류의 방향은 $-y$방향이다.

➡ A와 B에 의한 자기장이 0인 지점이 두 도선의 바깥쪽, 즉 B의 오른편에 있으므로, A와 B에 흐르는 전류의 방향은 반대이다. 따라서 B에 흐르는 전류의 방향은 $-y$방향이다.

ㄴ. B에 흐르는 전류의 세기는 I_0보다 크다.

➡ 직선 전류에 의한 자기장의 세기는 도선에 흐르는 전류의 세기에 비례하고 도선으로부터의 거리에 반비례한다. A와 B에 의한 자기장이 0인 지점이 B에 더 가까우므로, B에 흐르는 전류의 세기는 A에 흐르는 전류의 세기 I_0보다 작다.

ㄷ. A, B에 흐르는 전류에 의한 자기장의 방향은 $x=-\frac{1}{2}d$에서와 $x=-\frac{3}{2}d$에서가 같다.

➡ A와 B에 흐르는 전류의 방향이 반대일 때, $x=-\frac{1}{2}d$에서 A와 B에 의한 자기장의 방향은 xy 평면에 수직으로 들어가는 방향이다. 또 $x=-\frac{3}{2}d$에서 A와 B에 의한 자기장의 방향은 A에 의한 자기장의 세기가 더 세므로, xy 평면에서 수직으로 나오는 방향이다. 따라서 A, B에 흐르는 전류에 의한 자기장의 방향은 $x=-\frac{1}{2}d$에서와 $x=-\frac{3}{2}d$에서가 서로 반대이다.

30 직선 전류에 의한 자기장 2020학년도 6월 모평 물Ⅰ 11번

정답 ⑤ | 정답률 57 %

적용해야 할 개념 ②가지

① 직선 도선에 전류가 흐를 때 그 주변에 생기는 자기장의 방향은 오른손 엄지손가락이 전류의 방향을 향하게 하고 나머지 네 손가락으로 도선을 감아쥘 때 네 손가락이 가리키는 방향이다.

② 직선 전류에 의한 자기장의 세기 B는 도선에 흐르는 전류의 세기 I에 비례하고 도선으로부터의 거리 r에 반비례한다(앙페르 법칙). ➡ $B=k\frac{I}{r}$

전류 / 자기장의 방향

직선 전류에 의한 자기장 ▶

문제 보기

그림 (가)와 같이 무한히 긴 직선 도선 a, b, c가 xy 평면에 고정되어 있고, a, b에는 세기가 I_0으로 일정한 전류가 서로 반대 방향으로 흐르고 있다. 그림 (나)는 원점 O에서 a, b, c의 전류에 의한 자기장 B를 c에 흐르는 전류 I에 따라 나타낸 것이다.

O에서 a와 b에 의한 자기장$=k\frac{I_0}{2d}$(⊗)$+k\frac{I_0}{d}$(⊙)$=k\frac{I_0}{2d}$(⊙).

O에서 자기장=0이려면, c에 의한 자기장은 $k\frac{I_0}{2d}$(⊗)임.

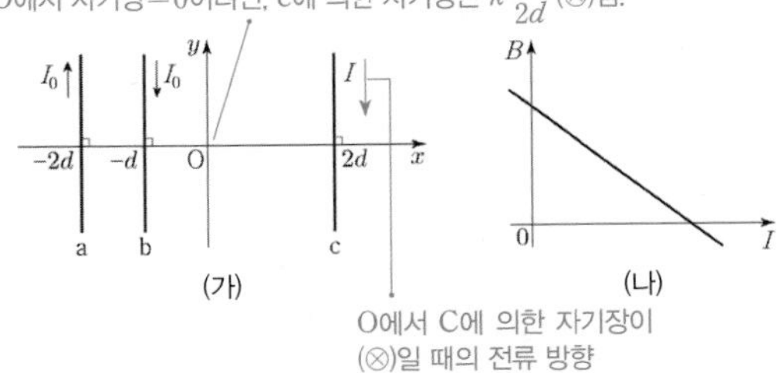

이에 대한 설명으로 옳은 것만을 〈보기〉에서 있는 대로 고른 것은?

<보기> 풀이

ㄱ. $I=0$일 때, B의 방향은 xy 평면에서 수직으로 나오는 방향이다.

➡ 원점 O에서 도선 a에 의한 자기장은 $k\frac{I_0}{2d}$으로 xy 평면에 수직으로 들어가는 방향(⊗)이고, b에 흐르는 전류에 의한 자기장은 $k\frac{I_0}{d}$으로 xy 평면에서 수직으로 나오는 방향(⊙)이다. 따라서 c에 흐르는 전류 $I=0$일 때 O에서 자기장은 $k\frac{I_0}{2d}$(⊗)$+k\frac{I_0}{d}$(⊙)$=k\frac{I_0}{2d}$(⊙)이므로, B의 방향은 xy 평면에서 수직으로 나오는 방향이다.

ㄴ. $B=0$일 때, I의 방향은 $-y$ 방향이다.

➡ 원점 O에서 a, b에 흐르는 전류에 의한 자기장의 방향이 xy 평면에서 수직으로 나오는 방향이므로, 원점 O에서 a, b, c에 의한 자기장 $B=0$이려면 c에 흐르는 전류 I에 의한 자기장의 방향은 xy 평면에 수직으로 들어가는 방향이어야 한다. 따라서 c에 흐르는 전류 I의 방향은 $-y$ 방향이다.

ㄷ. $B=0$일 때, I의 세기는 I_0이다.

➡ 원점 O에서 a, b에 흐르는 전류에 의한 자기장이 $k\frac{I_0}{2d}$(⊗)$+k\frac{I_0}{d}$(⊙)$=k\frac{I_0}{2d}$(⊙)이므로, 원점 O에서 a, b, c에 의한 자기장 $B=0$이려면 C에 흐르는 전류 I에 의한 자기장은 $k\frac{I_0}{2d}$(⊗)이 되어야 한다. 즉, 원점 O에서 c에 의한 자기장은 $k\frac{I}{2d}=k\frac{I_0}{2d}$(⊗)이므로, $I=I_0$이다.

31 직선 전류에 의한 자기장 2021학년도 9월 모평 물I 18번

정답 ⑤ | 정답률 60 %

적용해야 할 개념 ②가지

① 직선 도선에 전류가 흐를 때 그 주변에 생기는 자기장의 방향은 오른손 엄지손가락이 전류의 방향을 향하게 하고 나머지 네 손가락으로 도선을 감아쥘 때 네 손가락이 가리키는 방향이다.

② 직선 전류에 의한 자기장의 세기 B는 도선에 흐르는 전류의 세기 I에 비례하고 도선으로부터의 거리 r에 반비례한다 (앙페르 법칙). ➡ $B=k\frac{I}{r}$

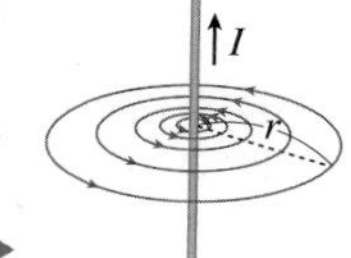

직선 전류에 의한 자기장 ▶

문제 보기

그림 (가)와 같이 무한히 긴 직선 도선 A, B, C가 같은 종이면에 있다. A, B, C에는 세기가 각각 $4I_0$, $2I_0$, $5I_0$인 전류가 일정하게 흐른다. A와 B는 고정되어 있고, A와 B에 흐르는 전류의 방향은 서로 반대이다. 그림 (나)는 C를 $x=-d$와 $x=d$ 사이의 위치에 놓을 때, C의 위치에 따른 점 p에서의 A, B, C에 흐르는 전류에 의한 자기장을 나타낸 것이다. 자기장의 방향은 종이면에서 수직으로 나오는 방향이 양(+)이다.

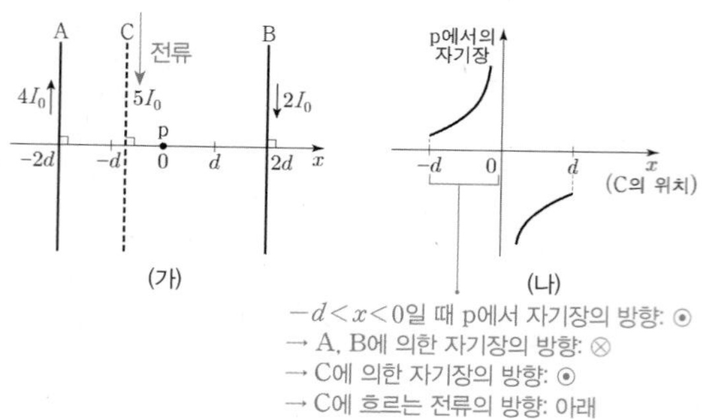

(가) (나)

$-d<x<0$일 때 p에서 자기장의 방향: ⊙
→ A, B에 의한 자기장의 방향: ⊗
→ C에 의한 자기장의 방향: ⊙
→ C에 흐르는 전류의 방향: 아래

이에 대한 설명으로 옳은 것만을 〈보기〉에서 있는 대로 고른 것은? [3점]

<보기> 풀이

ㄱ. 전류의 방향은 B에서와 C에서가 서로 같다.

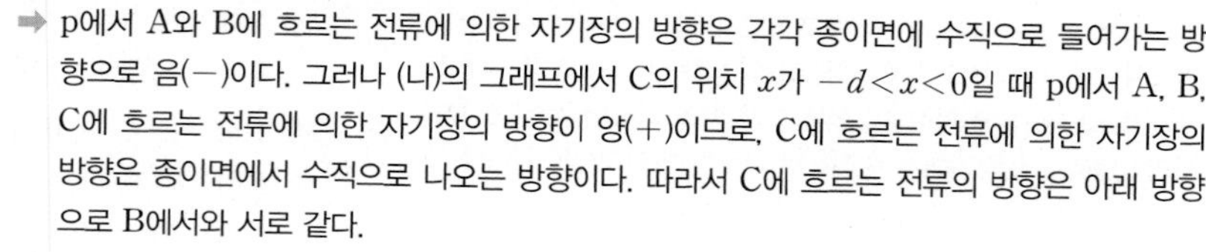

➡ p에서 A와 B에 흐르는 전류에 의한 자기장의 방향은 각각 종이면에 수직으로 들어가는 방향으로 음(−)이다. 그러나 (나)의 그래프에서 C의 위치 x가 $-d<x<0$일 때 p에서 A, B, C에 흐르는 전류에 의한 자기장의 방향이 양(+)이므로, C에 흐르는 전류에 의한 자기장의 방향은 종이면에서 수직으로 나오는 방향이다. 따라서 C에 흐르는 전류의 방향은 아래 방향으로 B에서와 서로 같다.

ㄴ. p에서의 자기장의 세기는 C의 위치가 $x=\frac{d}{5}$에서가 $x=-\frac{d}{5}$에서보다 크다.

➡ B와 C에 흐르는 전류의 방향이 같으므로 C의 위치가 $x=\frac{d}{5}$일 때 p에서 A, B, C에 흐르는 전류에 의한 자기장의 방향은 모두 종이면에 수직으로 들어가는 방향이다. C의 위치가 $x=-\frac{d}{5}$일 때는 p에서 A, B에 의한 자기장의 방향은 종이면에 수직으로 들어가는 방향이지만, C에 의한 자기장의 방향은 종이면에서 수직으로 나오는 방향이다. 따라서 p에서의 자기장의 세기는 C의 위치가 $x=\frac{d}{5}$에서가 $x=-\frac{d}{5}$에서보다 크다.

ㄷ. p에서의 자기장이 0이 되는 C의 위치는 $x=-2d$와 $x=-d$ 사이에 있다.

➡ p에서 자기장이 0이 되려면 A, B에 의한 자기장의 방향이 종이면에 수직으로 들어가는 방향이므로, C에 의한 자기장의 방향은 종이면에서 수직으로 나오는 방향이어야 한다. 즉, p에서 자기장이 0이 되는 C의 위치는 $x<0$인 곳에 있다. p와 C 사이의 거리를 d'이라고 하고, p에서 A, B, C에 의한 자기장이 0이 되는 식을 세우면 다음과 같다.

$-k\frac{4I_0}{2d}-k\frac{2I_0}{2d}+k\frac{5I_0}{d'}=0$에서 $d'=\frac{5}{3}d$이다. 따라서 p에서의 자기장이 0이 되는 C의 위치는 $x=-\frac{5}{3}d$이므로, $x=-2d$와 $x=-d$ 사이에 있다.

32 직선 도선에 의한 자기장 2025학년도 수능 물I 17번

정답 ⑤ | 정답률 48 %

적용해야 할 개념 ②가지

① 직선 도선에 전류가 흐를 때 그 주변에 생기는 자기장의 모양은 도선을 중심으로 한 동심원 모양이며, 자기장의 방향은 오른손 엄지손가락이 전류의 방향을 향하게 하고 나머지 네 손가락으로 도선을 감아쥘 때 네 손가락이 가리키는 방향이다.

② 직선 전류에 의한 자기장의 세기 B는 도선에 흐르는 전류의 세기 I에 비례하고 도선으로부터의 거리 r에 반비례한다 (앙페르 법칙). ➡ $B=k\frac{I}{r}$

직선 전류에 의한 자기장 ▶

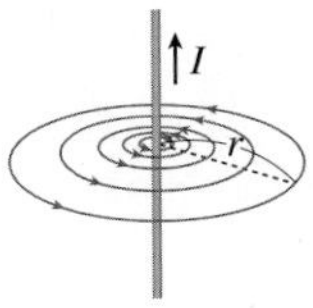

문제 보기

그림과 같이 xy평면에 가늘고 무한히 긴 직선 도선 A, B, C가 고정되어 있다. C에는 세기가 I_C로 일정한 전류가 $+x$방향으로 흐른다. 표는 A, B에 흐르는 전류의 세기와 방향을 나타낸 것이다. 점 p, q는 xy평면상의 점이고, p에서 A, B, C의 전류에 의한 자기장의 세기는 (가)일 때가 (다)일 때의 2배이다.

→ $k\frac{I_0}{d}+k\frac{I_0}{2d}+k\frac{I_C}{d}=2\left(-k\frac{I_0}{d}+k\frac{I_0}{4d}+k\frac{I_C}{d}\right)$

→ $I_C=3I_0$

p: $-k\frac{I_0}{d}+k\frac{I_0}{2d}+k\frac{3I_0}{d}=k\frac{5I_0}{2d}$

q: $-k\frac{I_0}{2d}+k\frac{I_0}{d}-k\frac{3I_0}{d}=-k\frac{5I_0}{2d}$

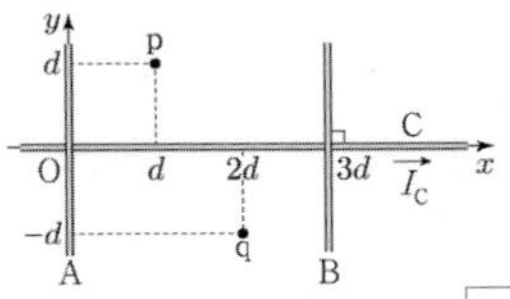

	A의 전류		B의 전류	
	세기	방향	세기	방향
(가)	I_0	$-y$	I_0	$+y$
(나)	I_0	$+y$	I_0	$+y$
(다)	I_0	$+y$	$\frac{1}{2}I_0$	$+y$

q: $-k\frac{I_0}{2d}+k\frac{I_0}{2d}-k\frac{3I_0}{d}=-k\frac{3I_0}{d}$

→ 자기장의 방향: xy평면에 수직으로 들어가는 방향

이에 대한 설명으로 옳은 것만을 〈보기〉에서 있는 대로 고른 것은?

보기

<보기> 풀이

ㄱ. $I_C=3I_0$이다.

➡ xy평면에서 수직으로 나오는 자기장의 방향을 양(+)으로 하면, (가)일 때 p에서 A, B, C의 전류에 의한 자기장은 $k\frac{I_0}{d}+k\frac{I_0}{2d}+k\frac{I_C}{d}$이고, (다)일 때 p에서 A, B, C의 전류에 의한 자기장은 $-k\frac{I_0}{d}+k\frac{I_0}{4d}+k\frac{I_C}{d}$이다. $k\frac{I_0}{d}+k\frac{I_0}{2d}+k\frac{I_C}{d}=2\left(-k\frac{I_0}{d}+k\frac{I_0}{4d}+k\frac{I_C}{d}\right)$이므로, $I_C=3I_0$이다.

ㄴ. (나)일 때, A, B, C의 전류에 의한 자기장의 세기는 p에서와 q에서가 같다.

➡ (나)일 때, A, B, C의 전류에 의한 자기장은 p에서 $-k\frac{I_0}{d}+k\frac{I_0}{2d}+k\frac{3I_0}{d}=k\frac{5I_0}{2d}$이고 q에서 $-k\frac{I_0}{2d}+k\frac{I_0}{d}-k\frac{3I_0}{d}=-k\frac{5I_0}{2d}$이다. 따라서 (나)일 때, A, B, C의 전류에 의한 자기장의 세기는 p에서와 q에서가 같다.

ㄷ. (다)일 때, q에서 A, B, C의 전류에 의한 자기장의 방향은 xy평면에 수직으로 들어가는 방향이다.

➡ (다)일 때, q에서 A, B, C의 전류에 의한 자기장은 $-k\frac{I_0}{2d}+k\frac{I_0}{2d}-k\frac{3I_0}{d}=-k\frac{3I_0}{d}$이다. 따라서 (다)일 때, q에서 A, B, C의 전류에 의한 자기장의 방향은 xy평면에 수직으로 들어가는 방향이다.

19 일차

01 ⑤ 02 ③ 03 ⑤ 04 ⑤ 05 ① 06 ③ 07 ③ 08 ③ 09 ① 10 ③ 11 ② 12 ④
13 ③ 14 ③ 15 ③ 16 ④ 17 ② 18 ① 19 ③ 20 ② 21 ⑤ 22 ⑤ 23 ④ 24 ④
25 ⑤ 26 ①

문제편 186쪽~195쪽

01 원형 전류에 의한 자기장 2019학년도 6월 모평 물I 14번

정답 ⑤ | 정답률 70 %

적용해야 할 개념 ②가지

① 원형 도선에 흐르는 전류에 의한 자기장의 모양은 도선 부근에서는 원 모양이며, 원의 중심에서는 직선 모양이다.
② 원형 도선 내부에서 자기장의 방향은 오른손 엄지손가락이 전류의 방향을 가리키도록 했을 때 나머지 네 손가락을 감아쥐는 방향이다.

문제 보기

그림과 같이 중심이 점 O인 세 원형 도선 A, B, C가 종이면에 고정되어 있다. 표는 O에서 A, B, C의 전류에 의한 자기장의 세기와 방향을 나타낸 것이다. A에 흐르는 전류의 방향은 시계 반대 방향이다.

A와 B에 의한 합성 자기장의 방향은 들어가는 방향(⊗) → I_B가 시계 방향

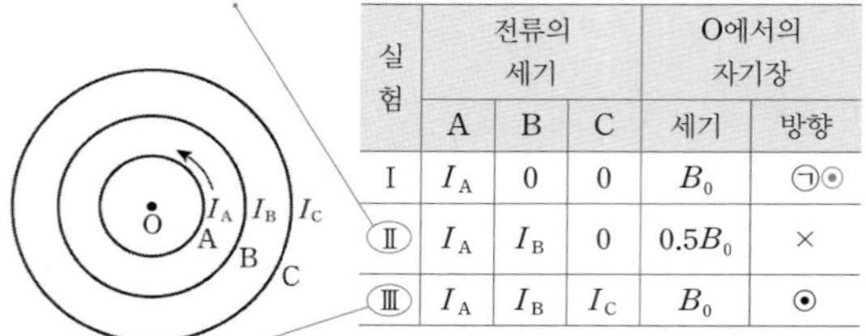

실험	전류의 세기 A	전류의 세기 B	전류의 세기 C	O에서의 자기장 세기	O에서의 자기장 방향
Ⅰ	I_A	0	0	B_0	㉠⊙
Ⅱ	I_A	I_B	0	$0.5B_0$	×
Ⅲ	I_A	I_B	I_C	B_0	⊙

×: 종이면에 수직으로 들어가는 방향
⊙: 종이면에서 수직으로 나오는 방향

Ⅰ에서와 합성 자기장의 세기가 같으므로 I_B와 I_C에 의한 자기장의 세기는 같고 방향은 반대이다.
→ 도선의 반지름은 C가 B보다 크므로 $I_B < I_C$이다.

이에 대한 설명으로 옳은 것만을 〈보기〉에서 있는 대로 고른 것은? [3점]

<보기> 풀이

ㄱ. ㉠은 '⊙'이다.

➡ 실험 Ⅰ에서 A에만 전류가 흐르므로, O에서의 자기장은 A에 의한 자기장이다. 오른손의 엄지손가락이 A에 흐르는 전류의 방향을 가리키도록 했을 때, 나머지 네 손가락을 감아쥐는 방향인 자기장의 방향이 O에서는 종이면에서 수직으로 나오는 방향이므로, ㉠은 '⊙'이다.

ㄴ. 실험 Ⅱ에서 B에 흐르는 전류의 방향은 시계 방향이다.

➡ 실험 Ⅰ에서 O에서의 A에 의한 자기장의 방향이 종이면에서 수직으로 나오는 방향(⊙)이므로, 실험 Ⅱ에서와 같이 O에서 A와 B에 흐르는 전류에 의한 자기장의 방향이 종이면에 수직으로 들어가는 방향(⊗)이 되려면, B에 흐르는 전류의 방향은 시계 방향이어야 한다.

ㄷ. $I_B < I_C$이다.

➡ 실험 Ⅰ과 실험 Ⅲ에서 O에서의 자기장 세기가 B_0으로 같은 것으로 보아, 실험 Ⅲ에서 B에 흐르는 전류에 의한 O에서의 자기장의 세기와 C에 흐르는 전류에 의한 O에서의 자기장의 세기는 같고 방향은 반대이다. 원형 도선 중심에서 자기장의 세기는 전류의 세기에 비례하고 원의 반지름에 반비례$\left(B_{중심}=k'\frac{I}{r}\right)$하므로, 반지름이 큰 C에 흐르는 전류의 세기가 반지름이 작은 B에 흐르는 전류의 세기보다 크다. 즉, $I_B < I_C$이다.

02 직선 전류, 원형 전류에 의한 자기장 2021학년도 4월 학평 물I 11번

정답 ③ | 정답률 68 %

적용해야 할 개념 ②가지

① 직선 도선에 전류가 흐를 때 그 주변에 생기는 자기장의 방향은 오른손 엄지손가락이 전류의 방향을 향하게 하고 나머지 네 손가락으로 도선을 감아쥘 때 네 손가락이 가리키는 방향이다.
② 원형 도선 내부에서 자기장의 방향은 오른손 엄지손가락이 전류의 방향을 가리키도록 했을 때 나머지 네 손가락을 감아쥐는 방향이다.

문제 보기

그림과 같이 원형 도선 P와 무한히 긴 직선 도선 Q가 xy 평면에 고정되어 있다. Q에는 세기가 I인 전류가 $-y$ 방향으로 흐른다. 원점 O는 P의 중심이다. 표는 O에서 P, Q에 흐르는 전류에 의한 자기장의 세기를 P에 흐르는 전류에 따라 나타낸 것이다.

O에서 Q에 의한 자기장의 방향: ⊗

P, Q에 의한 자기장의 세기는 같고 방향은 서로 반대이다.
→ P에 의한 자기장: B_0(⊙),
→ ㉠: 시계 반대 방향

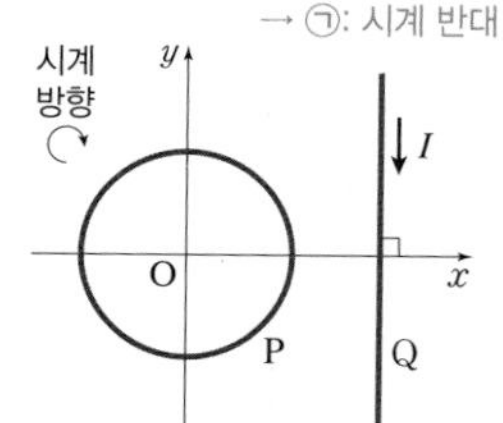

P에 흐르는 전류 세기	P에 흐르는 전류 방향	O에서 P, Q에 흐르는 전류에 의한 자기장의 세기
0	없음	B_0
I_0	㉠	0
$2I_0$	시계 방향	㉡

P에 의한 자기장: $2B_0$(⊗),
→ ㉡: $2B_0(⊗)+B_0(⊗)=3B_0(⊗)$

이에 대한 설명으로 옳은 것만을 〈보기〉에서 있는 대로 고른 것은? [3점]

<보기> 풀이

ㄱ. O에서 Q에 흐르는 전류에 의한 자기장의 방향은 xy 평면에 수직으로 들어가는 방향이다.

➡ 오른손 엄지손가락이 Q에 흐르는 전류의 방향을 가리키도록 했을 때, 나머지 네 손가락을 감아쥐는 방향이 O에서 xy 평면에 수직으로 들어가는 방향이므로, O에서 Q에 흐르는 전류에 의한 자기장의 방향은 xy 평면에 수직으로 들어가는 방향(⊗)이다.

~~ㄴ.~~ ㉠은 시계 방향이다.

➡ P에 흐르는 전류의 세기가 I_0일 때 O에서 P, Q에 흐르는 전류에 의한 자기장이 0이므로, O에서 P, Q에 의한 자기장의 방향은 서로 반대이고 자기장의 세기는 같다. O에서 Q에 의한 자기장의 방향이 xy 평면에 수직으로 들어가는 방향(⊗)이고 자기장의 세기는 B_0이므로, P에 의한 자기장의 방향은 xy 평면에서 수직으로 나오는 방향(⊙)이고 자기장의 세기는 B_0이다. 따라서 P에 흐르는 전류의 방향 ㉠은 시계 반대 방향이다.

ㄷ. ㉡은 $2B_0$보다 크다.

➡ P에 세기가 $2I_0$인 전류가 시계 방향으로 흐를 때, O에서 P에 의한 자기장의 방향은 xy 평면에 수직으로 들어가는 방향(⊗)이고 자기장의 세기는 $2B_0$이다. O에서 P, Q에 흐르는 전류에 의한 자기장의 방향이 같으므로 ㉡은 $3B_0$이다. 따라서 ㉡은 $2B_0$보다 크다.

03 직선 전류, 원형 전류에 의한 자기장 2024학년도 9월 모평 물I 12번

정답 ⑤ | 정답률 51 %

적용해야 할 개념 ②가지

① 직선 도선에 전류가 흐를 때 그 주변에 생기는 자기장의 방향은 오른손 엄지손가락이 전류의 방향을 향하게 하고 나머지 네 손가락으로 도선을 감아쥘 때 네 손가락이 가리키는 방향이다.

② 직선 전류에 의한 자기장의 세기 B는 도선에 흐르는 전류의 세기 I에 비례하고 도선으로부터의 거리 r에 반비례한다(앙페르 법칙). ➡ $B=k\frac{I}{r}$

전류 / 자기장의 방향

직선 전류에 의한 자기장 ▶

문제 보기

그림은 무한히 가늘고 긴 직선 도선 P, Q와 원형 도선 R가 xy평면에 고정되어 있는 모습을 나타낸 것이다. 표는 R의 중심이 점 a, b, c에 있을 때, R의 중심에서 P, Q, R에 흐르는 전류에 의한 자기장의 세기와 방향을 나타낸 것이다. P, Q에 흐르는 전류의 세기는 각각 $2I_0$, $3I_0$이고, P에 흐르는 전류의 방향은 $-x$방향이다. R에 흐르는 전류의 세기와 방향은 일정하다.

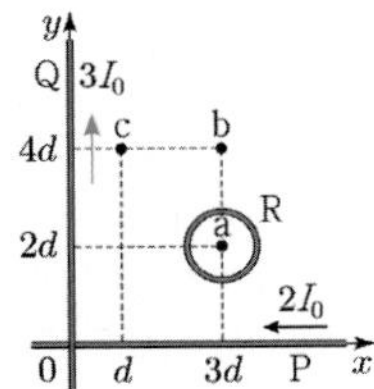

R의 중심	R의 중심에서 P, Q, R에 의한 자기장 세기	방향
a	0	해당 없음
b	B_0	㉠
c	㉡	×

×: xy평면에 수직으로 들어가는 방향

$B_R=k\frac{2I_0}{d}$(⊙) $B_0=k\frac{I_0}{2d}$, ㉠='⊙'

R의 중심	R의 중심에서 P, Q, R에 의한 자기장
a	$k\frac{I_0}{d}$(⊗)$+k\frac{I_0}{d}$(⊗)$+B_R=0$
b	$k\frac{I_0}{2d}$(⊗)$+k\frac{I_0}{d}$(⊗)$+k\frac{2I_0}{d}$(⊙)$=B_0$(⊙)
c	$k\frac{I_0}{2d}$(⊗)$+k\frac{3I_0}{d}$(⊗)$+k\frac{2I_0}{d}$(⊙)$=k\frac{3I_0}{2d}$(⊗)

㉡$=3B_0$

이에 대한 설명으로 옳은 것만을 〈보기〉에서 있는 대로 고른 것은? [3점]

<보기> 풀이

ㄱ. Q에 흐르는 전류의 방향은 $+y$방향이다.

➡ R의 중심이 a에 있을 때 a에서 P에 의한 자기장의 세기와 Q에 의한 자기장의 세기는 같다. Q에 흐르는 전류의 방향을 $-y$방향이라고 가정하면 a에서 P에 의한 자기장의 방향과 Q에 의한 자기장의 방향이 서로 반대이므로, a에서 P, Q에 의한 자기장은 서로 상쇄되어 0이 된다. 이때 R에 일정하게 흐르는 전류에 의한 자기장이 존재하므로, a에서 P, Q, R에 의한 자기장의 세기는 0이 될 수 없다. 따라서 Q에 흐르는 전류의 방향은 $+y$방향이다.

ㄴ. ㉠은 평면에서 수직으로 나오는 방향이다.

➡ xy평면에서 수직으로 나오는 방향을 '⊙'라 하고 R에 흐르는 일정한 전류에 의한 자기장을 B_R라고 하면, B_R의 중심이 a에 있을 때 a에서 P, Q, R에 의한 자기장은 $k\frac{I_0}{d}$(⊗)$+k\frac{I_0}{d}$(⊗)$+B_R=0$이므로 $B_R=k\frac{2I_0}{d}$(⊙)이다. R의 중심이 b에 있을 때 P, Q, R에 의한 자기장의 세기는 B_0이므로, $k\frac{I_0}{2d}$(⊗)$+k\frac{I_0}{d}$(⊗)$+k\frac{2I_0}{d}$(⊙)$=k\frac{I_0}{2d}$(⊙)$=B_0$(⊙)이다. 따라서 $B_0=k\frac{I_0}{2d}$이고, ㉠은 xy평면에서 수직으로 나오는 방향이다.

ㄷ. ㉡은 $3B_0$이다.

➡ R의 중심이 C에 있을 때 P, Q, R에 의한 자기장은 $k\frac{I_0}{2d}$(⊗)$+k\frac{3I_0}{d}$(⊗)$+k\frac{2I_0}{d}$(⊙)$=k\frac{3I_0}{2d}$(⊗)$=3B_0$(⊗)이다. 따라서 ㉡은 $3B_0$이다.

04 직선 전류, 원형 전류에 의한 자기장 2023학년도 6월 모평 물I 18번

정답 ⑤ | 정답률 63 %

적용해야 할 개념 ③가지

① 직선 도선에 전류가 흐를 때 그 주변에 생기는 자기장의 방향은 오른손 엄지손가락이 전류의 방향을 향하게 하고 나머지 네 손가락으로 도선을 감아쥘 때 네 손가락이 가리키는 방향이다.

② 원형 도선 내부에서 자기장의 방향은 오른손 엄지손가락이 전류의 방향을 가리키도록 했을 때 나머지 네 손가락을 감아쥐는 방향이다.

③ 두 도선에 흐르는 전류에 의한 자기장이 0인 지점에서는 각 도선에 의한 자기장의 세기는 같고 방향이 반대이다.

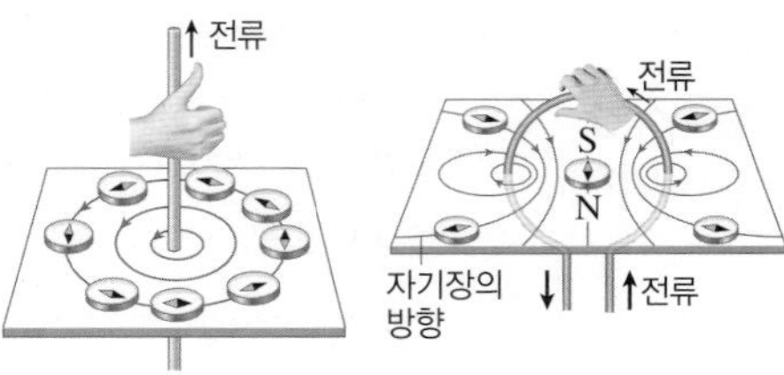

▲ 직선 전류에 의한 자기장 ▲ 원형 전류에 의한 자기장

문제 보기

그림과 같이 무한히 긴 직선 도선 A, B와 원형 도선 C가 xy 평면에 고정되어 있다. A, B에는 같은 세기의 전류가 흐르고, C에는 세기가 I_0인 전류가 시계 반대 방향으로 흐른다. 표는 C의 중심 위치를 각각 점 p, q에 고정할 때, C의 중심에서 A, B, C의 전류에 의한 자기장의 세기와 방향을 나타낸 것이다.

ㄱ. C의 중심이 p에 있을 때
p: A, B에 의한 자기장+C에 의한 자기장
=A, B에 의한 자기장+B(⊙)=0
→ A, B에 의한 자기장=B(×)
→ A에 흐르는 전류의 방향: $+y$ 방향

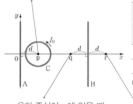

C의 중심 위치	C의 중심에서 자기장	
	세기	방향
p	0	해당 없음
q	B_0	⊙

⊙: xy 평면에서 수직으로 나오는 방향
×: xy 평면에 수직으로 들어가는 방향

ㄴ. C의 중심이 q에 있을 때
q: A, B에 의한 자기장+C에 의한 자기장=B(⊙)+B(⊙)=B_0(⊙)
→ B(⊙)=$\frac{B_0}{2}$(⊙)
→ A, B에 의한 자기장=$\frac{B_0}{2}$(⊙)
=C에 의한 자기장=$\frac{B_0}{2}$(⊙)

ㄷ. C의 중심이 r에 있을 때
r: A, B에 의한 자기장>$\frac{B_0}{2}$(×),
C에 의한 자기장=$\frac{B_0}{2}$(⊙)
→ A, B, C에 의한 자기장의 방향: '×'

이에 대한 설명으로 옳은 것만을 〈보기〉에서 있는 대로 고른 것은? [3점]

<보기> 풀이

A와 B 사이에서 A와 B에 의한 자기장의 방향이 같다고 가정하면, C의 중심이 p에 있을 때와 q에 있을 때 C의 중심에서 자기장의 세기가 같다. 그런데 표에서 C의 중심이 p에 있을 때와 q에 있을 때 C의 중심에서 자기장의 세기가 다르므로, A와 B 사이에서 A와 B에 의한 자기장의 방향이 반대이다. 따라서 A와 B에 흐르는 전류의 방향이 같다.

ㄱ. A에 흐르는 전류의 방향은 $+y$ 방향이다.

⇒ C에 세기가 I_0인 전류가 시계 반대 방향으로 흐를 때 C의 중심에서 자기장의 세기를 B라고 하면, 자기장의 방향이 '⊙'이므로 C의 중심에서 C의 전류에 의한 자기장은 B(⊙)이다. C의 중심이 p에 있을 때 p에서 자기장=A, B에 의한 자기장 +C에 의한 자기장=A, B에 의한 자기장+B(⊙)=0이므로, p에서 A, B에 의한 자기장은 B(×)이다. 이때 p는 B보다 A에 더 가까우므로, p에서 A에 의한 자기장의 방향은 '×'이고, B에 의한 자기장의 방향은 '⊙'이다. 따라서 A에 흐르는 전류의 방향은 $+y$ 방향이다.

ㄴ. C의 중심에서 C의 전류에 의한 자기장의 세기는 B_0보다 작다.

⇒ A, B에 흐르는 전류의 세기와 방향이 같으므로, q에서 A, B에 흐르는 전류에 의한 자기장의 세기는 p에서와 같고 자기장의 방향은 p에서와 반대이다. 따라서 q에서 A, B에 흐르는 전류에 의한 자기장은 B(⊙)이다. C의 중심이 q에 있을 때 q에서 자기장=A, B에 의한 자기장+C에 의한 자기장=B(⊙)+B(⊙)=B_0(⊙)이므로, B(⊙)=$\frac{B_0}{2}$(⊙)이다. 따라서 C의 중심에서 C의 전류에 의한 자기장의 세기는 B_0보다 작다.

ㄷ. C의 중심 위치를 점 r로 옮겨 고정할 때, r에서 A, B, C의 전류에 의한 자기장의 방향은 '×'이다.

⇒ q에서 A의 전류에 의한 자기장의 방향은 '×'이므로 B_A(×)라고 하고 B의 전류에 의한 자기장의 방향은 '⊙'이므로 B_B(⊙)라고 하면, q에서 A, B의 전류에 의한 자기장=B_A(×)+B_B(⊙)=$\frac{B_0}{2}$(⊙)이다. r에서 A의 전류에 의한 자기장의 방향은 '×'이지만 자기장의 세기는 q에서보다 작으므로 B_A'(×)라고 하고, B의 전류에 의한 자기장의 방향은 '×'이고 자기장의 세기는 q에서와 같으므로 B_B(×)이다. r에서 A, B의 전류에 의한 자기장의 방향이 모두 '×'이므로, r에서 A, B의 전류에 의한 자기장=B_A'(×)+B_B(×)>$\frac{B_0}{2}$(×)이다. C의 중심 위치를 점 r로 옮겨 고정할 때 r에서 A, B의 전류에 의한 자기장은 $\frac{B_0}{2}$(×)보다 크고 C의 전류에 의한 자기장은 $\frac{B_0}{2}$(⊙)이므로, r에서 A, B, C의 전류에 의한 자기장의 방향은 '×'이다.

05 직선 전류, 원형 전류에 의한 자기장 2021학년도 3월 학평 물I 14번

정답 ① | 정답률 55 %

적용해야 할 개념 ③가지

① 직선 도선에 전류가 흐를 때 그 주변에 생기는 자기장의 방향은 오른손 엄지손가락이 전류의 방향을 향하게 하고 나머지 네 손가락으로 도선을 감아쥘 때 네 손가락이 가리키는 방향이다.

② 원형 도선 내부에서 자기장의 방향은 오른손 엄지손가락이 전류의 방향을 가리키도록 했을 때 나머지 네 손가락을 감아쥐는 방향이다.

③ 직선 전류에 의한 자기장의 세기 B는 도선에 흐르는 전류의 세기 I에 비례하고 도선으로부터의 거리 r에 반비례한다. ➡ $B=k\frac{I}{r}$

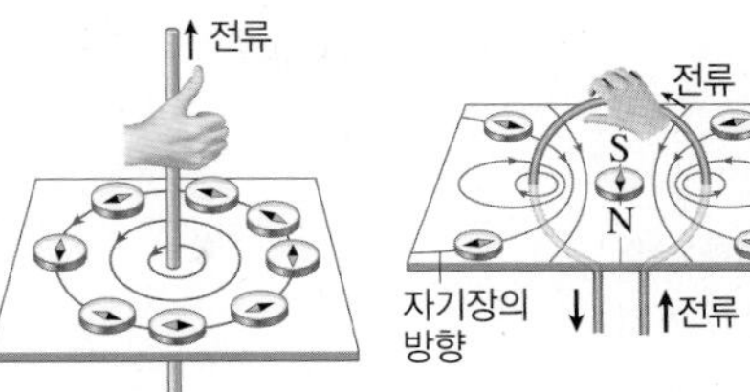

▲ 직선 전류에 의한 자기장 ▲ 원형 전류에 의한 자기장

문제 보기

그림 (가)는 원형 도선 P와 무한히 긴 직선 도선 Q가 xy 평면에 고정되어 있는 모습을, (나)는 (가)에서 Q만 옮겨 고정시킨 모습을 나타낸 것이다. P, Q에는 각각 화살표 방향으로 세기가 일정한 전류가 흐른다. (가), (나)의 원점 O에서 자기장의 세기는 같고 방향은 반대이다.

O에서 P에 의한 자기장의 방향: ⊙
O에서 Q에 의한 자기장의 방향: ⊗

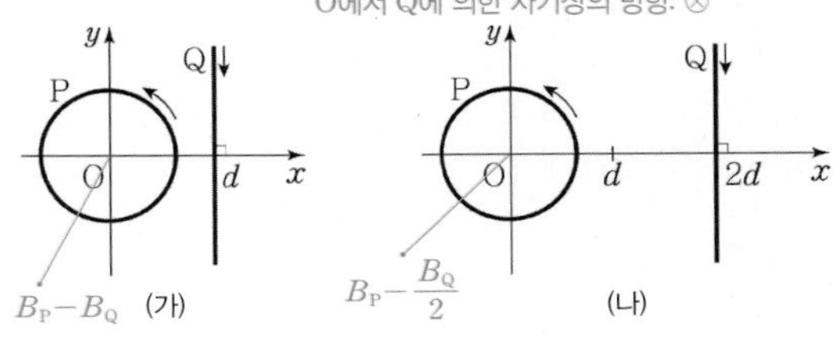

(가)의 O에서 P, Q의 전류에 의한 자기장의 세기를 각각 B_P, B_Q라고 할 때 $\frac{B_Q}{B_P}$는? (단, 지구 자기장은 무시한다.) [3점]

<보기> 풀이

❶ 직선 전류에 의한 자기장의 세기는 도선으로부터의 거리에 반비례하므로, (가)의 O에서 Q의 전류에 의한 자기장의 세기가 B_Q일 때 (나)의 O에서 Q의 전류에 의한 자기장의 세기는 $\frac{B_Q}{2}$이다.

❷ (가)와 (나)의 원점 O에서 P의 전류에 의한 자기장의 방향은 xy 평면에서 수직으로 나오는 방향(⊙)이고, Q의 전류에 의한 자기장의 방향은 xy 평면에 수직으로 들어가는 방향(⊗)이다. xy 평면에서 수직으로 나오는 방향(⊙)을 (+), xy 평면에 수직으로 들어가는 방향(⊗)을 (−)로 할 때, (가)의 O에서 P, Q의 전류에 의한 자기장은 B_P-B_Q이고 (나)의 O에서 P, Q의 전류에 의한 자기장은 $B_P-\frac{B_Q}{2}$이다.

❸ (가), (나)의 원점 O에서 자기장의 세기는 같고 방향은 반대이므로 $B_P-B_Q=-\left(B_P-\frac{B_Q}{2}\right)$에서 $\frac{B_Q}{B_P}=\frac{4}{3}$이다.

① $\frac{4}{3}$ ~~② $\frac{3}{2}$~~ ~~③ $\frac{8}{5}$~~ ~~④ $\frac{5}{3}$~~ ~~⑤ $\frac{7}{4}$~~

06 직선 전류, 원형 전류에 의한 자기장 2023학년도 수능 물I 18번

정답 ③ | 정답률 58 %

적용해야 할 개념 ②가지

① 직선 도선에 전류가 흐를 때 그 주변에 생기는 자기장의 방향은 오른손 엄지손가락이 전류의 방향을 향하게 하고 나머지 네 손가락으로 도선을 감아쥘 때 네 손가락이 가리키는 방향이다.

② 직선 전류에 의한 자기장의 세기 B는 도선에 흐르는 전류의 세기 I에 비례하고 도선으로부터의 거리 r에 반비례한다 (앙페르 법칙). ➡ $B=k\frac{I}{r}$

직선 전류에 의한 자기장 ▶

문제 보기

그림과 같이 무한히 긴 직선 도선 A, B와 점 p를 중심으로 하는 원형 도선 C, D가 xy평면에 고정되어 있다. C, D에는 같은 세기의 전류가 일정하게 흐르고, B에는 세기가 I_0인 전류가 $+x$ 방향으로 흐른다. p에서 C의 전류에 의한 자기장의 세기는 B_0이다. 표는 p에서 A~D의 전류에 의한 자기장의 세기를 A에 흐르는 전류에 따라 나타낸 것이다.

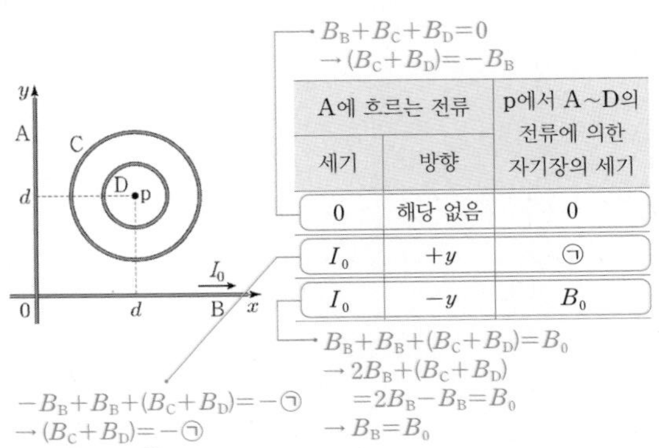

A에 흐르는 전류		p에서 A~D의 전류에 의한 자기장의 세기
세기	방향	
0	해당 없음	0
I_0	$+y$	㉠
I_0	$-y$	B_0

이에 대한 설명으로 옳은 것만을 〈보기〉에서 있는 대로 고른 것은? [3점]

<보기> 풀이

xy평면에 수직으로 나오는 자기장의 방향을 양(+)으로 하고, p에서 B, C, D에 의한 자기장을 각각 B_B, B_C, B_D라고 하자. A에 흐르는 전류의 세기가 0일 때 p에서 A~D에 의한 자기장은 $B_B+B_C+B_D=0$이므로, $(B_C+B_D)=-B_B$이다.

ㄱ. ㉠은 B_0이다.

➡ A에 전류 I_0가 $+y$ 방향으로 흐를 때 p에서 A에 의한 자기장의 세기는 B와 같고 자기장의 방향은 B와 반대이므로, p에서 A에 의한 자기장은 $-B_B$이다. 따라서 p에서 A~D에 의한 자기장은 $-B_B+B_B+(B_C+B_D)=-B_B+B_B-B_B=-㉠$이므로, $㉠=B_B$이다. 또 A에 전류 I_0가 $-y$ 방향으로 흐를 때 p에서 A에 의한 자기장의 세기와 방향은 B와 같으므로, p에서 A에 의한 자기장은 B_B이다. 따라서 p에서 A~D에 의한 자기장은 $B_B+B_B+(B_C+B_D)=B_B+B_B-B_B=B_0$이므로, $B_B=B_0$이다. $㉠=B_B$이고 $B_B=B_0$이므로, ㉠은 B_0이다.

~~**ㄴ. p에서 C의 전류에 의한 자기장의 방향은 xy평면에 수직으로 들어가는 방향이다.**~~

➡ $(B_C+B_D)=-B_0$이고 $|B_C|=B_0$이므로, $B_C=B_0$, $B_D=-2B_0$이다. B_C의 부호가 (+)이므로, p에서 C의 전류에 의한 자기장의 방향은 xy평면에서 수직으로 나오는 방향이다.

ㄷ. p에서 D의 전류에 의한 자기장의 세기는 B의 전류에 의한 자기장의 세기보다 크다.

➡ $B_B=B_0$이고 $B_D=-2B_0$이므로, p에서 D의 전류에 의한 자기장의 세기는 B의 전류에 의한 자기장의 세기보다 크다.

07 직선 전류, 원형 전류에 의한 자기장 2025학년도 9월 모평 물Ⅰ 16번

정답 ③ | 정답률 73 %

적용해야 할 개념 ③가지

① 직선 도선에 전류가 흐를 때 그 주변에 생기는 자기장의 방향은 오른손 엄지손가락이 전류의 방향을 향하게 하고 나머지 네 손가락으로 도선을 감아쥘 때 네 손가락이 가리키는 방향이다.

② 원형 도선 내부에서 자기장의 방향은 오른손 엄지손가락이 전류의 방향을 가리키도록 했을 때 나머지 네 손가락을 감아쥐는 방향이다.

③ 직선 전류에 의한 자기장의 세기 B는 도선에 흐르는 전류의 세기 I에 비례하고, 도선으로부터의 거리 r에 반비례한다(앙페르 법칙).

➡ $B=k\frac{I}{r}$

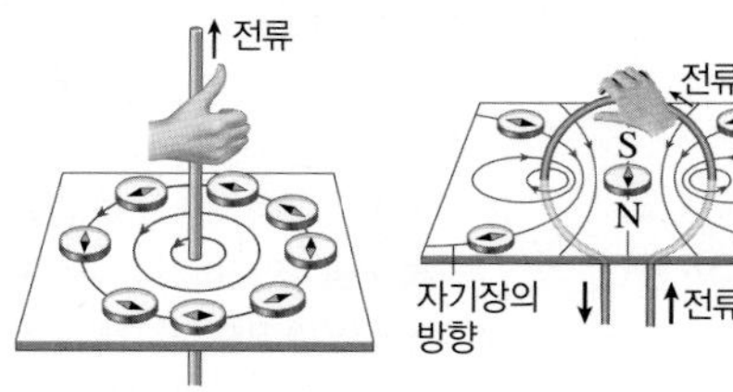

▲ 직선 전류에 의한 자기장 ▲ 원형 전류에 의한 자기장

문제 보기

그림과 같이 가늘고 무한히 긴 직선 도선 A, C와 중심이 원점 O인 원형 도선 B가 xy평면에 고정되어 있다. A에는 세기가 I_0인 전류가 $+y$방향으로 흐르고, B와 C에는 각각 세기가 일정한 전류가 흐른다. 표는 B, C에 흐르는 전류의 방향에 따른 O에서 A, B, C의 전류에 의한 자기장의 세기를 나타낸 것이다.

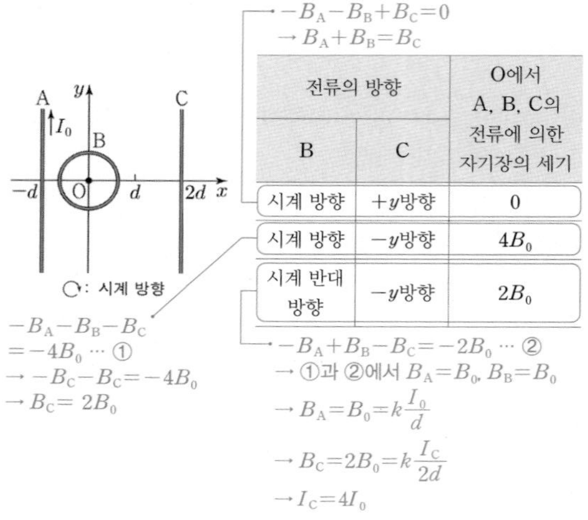

전류의 방향 B	전류의 방향 C	O에서 A, B, C의 전류에 의한 자기장의 세기
시계 방향	$+y$방향	0
시계 방향	$-y$방향	$4B_0$
시계 반대 방향	$-y$방향	$2B_0$

$-B_A-B_B+B_C=0$ → $B_A+B_B=B_C$

$-B_A-B_B-B_C=-4B_0$ ⋯ ① → $-B_C-B_C=-4B_0$ → $B_C=2B_0$

$-B_A+B_B-B_C=-2B_0$ ⋯ ② → ①과 ②에서 $B_A=B_0$, $B_B=B_0$ → $B_A=B_0=k\frac{I_0}{d}$ → $B_C=2B_0=k\frac{I_C}{2d}$ → $I_C=4I_0$

C에 흐르는 전류의 세기는? [3점]

보기

<보기> 풀이

❶ O에서 A의 전류에 의한 자기장의 세기를 B_A, B의 전류에 의한 자기장의 세기를 B_B, C의 전류에 의한 자기장의 세기를 B_C라 하고, xy평면에서 수직으로 나오는 자기장의 방향을 양(+), xy평면에 수직으로 들어가는 자기장의 방향을 음(−)이라고 하자. O에서 A, B, C의 전류에 의한 자기장이 0일 때 자기장의 관계식은 $-B_A-B_B+B_C=0$이므로, $B_A+B_B=B_C$이다.

❷ O에서 A, B, C의 전류에 의한 자기장의 세기가 $4B_0$일 때 자기장의 관계식은 $-B_A-B_B-B_C=-4B_0$ ⋯ ①이다. $B_A+B_B=B_C$를 ①에 대입하여 정리하면 $B_C=2B_0$이다. 또 O에서 A, B, C의 전류에 의한 자기장의 세기가 $2B_0$일 때는 $4B_0$일 때와 비교하여 B의 전류에 의한 자기장의 방향만 반대로 바뀌고 $B_B<B_C$이므로, 자기장의 관계식은 $-B_A+B_B-B_C=-2B_0$ ⋯ ②이다. $B_C=2B_0$을 ①과 ②에 대입하여 정리하면, $B_A=B_0$, $B_B=B_0$이다.

❸ O에서 A의 전류에 의한 자기장의 세기는 $B_0=k\frac{I_0}{d}$이고, C에 흐르는 전류의 세기를 I_C라고 하면 C의 전류에 의한 자기장의 세기는 $2B_0=k\frac{I_C}{2d}$이므로 $I_C=4I_0$이다.

~~① I_0~~ ~~② $2I_0$~~ ③ $4I_0$ ~~④ $6I_0$~~ ~~⑤ $8I_0$~~

08 직선 전류, 원형 전류에 의한 자기장 2022학년도 6월 모평 물I 18번

정답 ③ | 정답률 36 %

적용해야 할 개념 ③가지

① 직선 도선에 전류가 흐를 때 그 주변에 생기는 자기장의 방향은 오른손 엄지손가락이 전류의 방향을 향하게 하고 나머지 네 손가락으로 도선을 감아쥘 때 네 손가락이 가리키는 방향이다.

② 원형 도선 내부에서 자기장의 방향은 오른손 엄지손가락이 전류의 방향을 가리키도록 했을 때 나머지 네 손가락을 감아쥐는 방향이다.

③ 두 도선에 흐르는 전류에 의한 자기장이 0인 지점에서는 각 도선에 의한 자기장의 세기는 같고 방향이 반대이다.

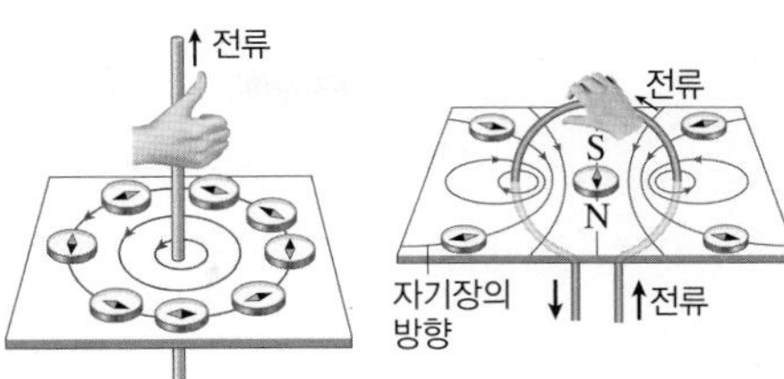

▲ 직선 전류에 의한 자기장 ▲ 원형 전류에 의한 자기장

문제 보기

그림 (가)와 같이 중심이 원점 O인 원형 도선 P와 무한히 긴 직선 도선 Q, R가 xy 평면에 고정되어 있다. P에는 세기가 일정한 전류가 흐르고, Q에는 세기가 I_0인 전류가 $-x$ 방향으로 흐르고 있다. 그림 (나)는 (가)의 O에서 P, Q, R의 전류에 의한 자기장의 세기 B를 R에 흐르는 전류의 세기 I_R에 따라 나타낸 것으로, $I_R=I_0$일 때 O에서 자기장의 방향은 xy 평면에서 수직으로 나오는 방향이고, 세기는 B_1이다.

$I_R=I_0$일 때 O에서 자기장은 B_1(⊙), $I_R=1.5I_0$일 때 O에서 자기장은 0
→ R에 흐르는 전류의 세기가 증가할 때: O에서 자기장의 세기가 감소
→ R에 의한 자기장의 방향: ⊗
→ R에 흐르는 전류의 방향: $-y$ 방향

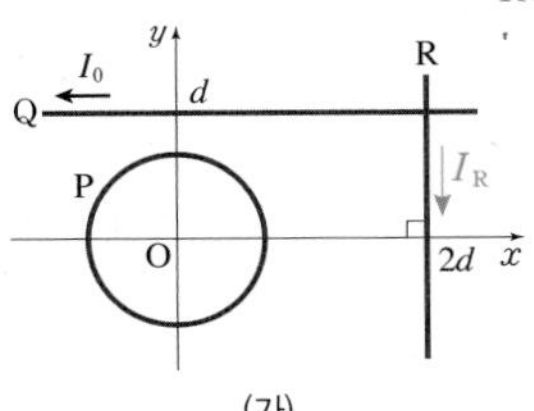

(가)

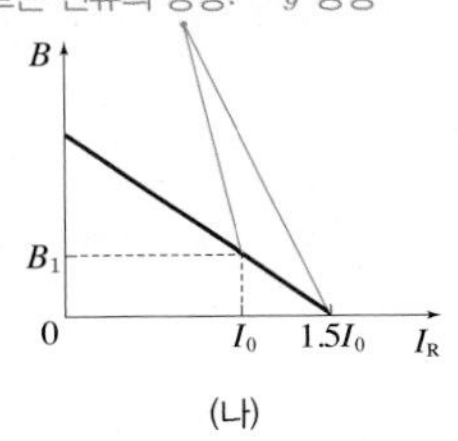

(나)

⟨$I_R=1.5I_0$일 때⟩
O에서의 자기장
$=B_P+B_Q+B_R$
$=B_P+k\frac{I_0}{d}(⊙)+k\frac{1.5I_0}{2d}(⊗)=0$
→ $B_P=k\frac{0.5I_0}{2d}(⊗)$
→ O에서 P에 의한 자기장의 방향: ⊗

⟨$I_R=I_0$일 때⟩
O에서의 자기장
$=B_P+B_Q+B_R$
$=k\frac{0.5I_0}{2d}(⊗)+k\frac{I_0}{d}(⊙)+k\frac{I_0}{2d}(⊗)$
$=B_1(⊙)$
→ $k\frac{0.5I_0}{2d}(⊙)=B_1(⊙)$
→ B_P의 세기$=B_1$

이에 대한 설명으로 옳은 것만을 ⟨보기⟩에서 있는 대로 고른 것은? [3점]

<보기> 풀이

ㄱ. R에 흐르는 전류의 방향은 $-y$ 방향이다.

➡ R에 흐르는 전류 $I_R=I_0$일 때 O에서 자기장의 방향은 xy 평면에서 수직으로 나오는 방향(⊙)이고 세기는 B_1이지만, R에 흐르는 전류가 증가함에 따라 O에서 자기장의 세기는 감소한다. 따라서 O에서 R에 흐르는 전류에 의한 자기장의 방향은 xy 평면에 수직으로 들어가는 방향(⊗)이므로, R에 흐르는 전류의 방향은 $-y$ 방향이다.

ㄴ. O에서 P의 전류에 의한 자기장의 방향은 xy 평면에서 수직으로 나오는 방향이다.

➡ O에서 P, Q, R에 흐르는 전류에 의한 자기장이 각각 B_P, B_Q, B_R라고 하면 $I_R=1.5I_0$일 때 $B_P+B_Q+B_R=B_P+k\frac{I_0}{d}(⊙)+k\frac{1.5I_0}{2d}(⊗)=0$에서 $B_P=k\frac{0.5I_0}{2d}(⊗)$이다. 따라서 O에서 P의 전류에 의한 자기장의 방향은 xy 평면에 수직으로 들어가는 방향이다.

ㄷ. O에서 P의 전류에 의한 자기장의 세기는 B_1이다.

➡ $I_R=I_0$일 때 O에서 P, Q, R에 흐르는 전류에 의한 자기장은 $B_P+B_Q+B_R=B_1$이다. 이때 $B_P+B_Q+B_R=k\frac{0.5I_0}{2d}(⊗)+k\frac{I_0}{d}(⊙)+k\frac{I_0}{2d}(⊗)=k\frac{0.5I_0}{2d}(⊙)$이므로, $B_1=k\frac{0.5I_0}{2d}(⊙)$이다. $B_P=k\frac{0.5I_0}{2d}(⊗)$이므로, O에서 P의 전류에 의한 자기장의 세기는 B_1이다.

09 직선 전류, 원형 전류에 의한 자기장 2023학년도 4월 학평 물I 15번

정답 ① | 정답률 62 %

적용해야 할 개념 ③가지

① 직선 도선에 전류가 흐를 때 그 주변에 생기는 자기장의 방향은 오른손 엄지손가락이 전류의 방향을 향하게 하고 나머지 네 손가락으로 도선을 감아쥘 때 네 손가락이 가리키는 방향이다.

② 원형 도선 내부에서 자기장의 방향은 오른손 엄지손가락이 전류의 방향을 가리키도록 했을 때 나머지 네 손가락을 감아쥐는 방향이다.

③ 원형 도선 중심에서 자기장의 세기는 도선에 흐르는 전류의 세기 I에 비례하고 원의 반지름 r에 반비례한다. ➡ $B_{중심}=k'\frac{I}{r}$

문제 보기

그림과 같이 종이면에 고정된 중심이 점 O인 원형 도선 P, Q와 무한히 긴 직선 도선 R에 세기가 일정한 전류가 흐르고 있다. 전류의 세기는 P에서가 Q에서보다 크다. 표는 O에서 한 도선의 전류에 의한 자기장을 나타낸 것이다. O에서 P, Q, R의 전류에 의한 자기장은 방향이 종이면에서 수직으로 나오는 방향이고 세기가 B이다.

→ O에서 자기장의 세기: P > Q

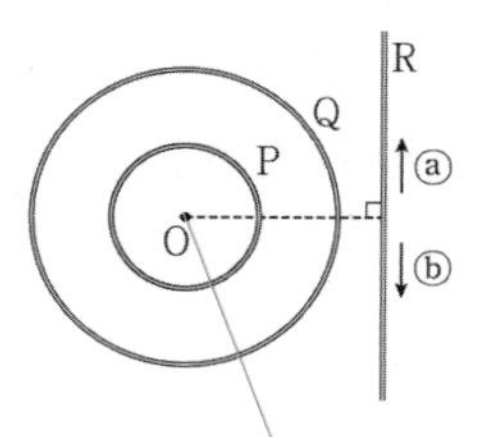

도선	O에서의 자기장	
	세기	방향
P	$2B$	×
Q	㉠ B	●
R	$2B$	㉡ ⊙

×: 종이면에 수직으로 들어가는 방향
●: 종이면에서 수직으로 나오는 방향

O에서 P, Q, R의 전류에 의한 자기장
$=2B(\otimes)+B_Q(\odot)+2B(\odot)=B(\odot)$
$\rightarrow B_Q=B$
→ ㉠$=B$, ㉡$=\odot$

이에 대한 설명으로 옳은 것만을 〈보기〉에서 있는 대로 고른 것은?

<보기> 풀이

O에서 Q의 전류에 의한 자기장의 세기를 B_Q라고 하면, O에서 R의 전류에 의한 자기장의 방향이 종이면에 수직으로 들어가는 방향(⊗)일 경우와 종이면에서 수직으로 나오는 방향(⊙)일 경우에 대해 O에서 P, Q, R의 전류에 의한 자기장은 각각 다음과 같다.

$2B(\otimes)+B_Q(\odot)+2B(\otimes)=B(\odot)$ … ①
$2B(\otimes)+B_Q(\odot)+2B(\odot)=B(\odot)$ … ②

①에서 $B_Q=5B$, ②에서 $B_Q=B$이다. 전류의 세기는 P에서가 Q에서보다 크고 원형 도선의 반지름은 P가 Q보다 작으므로, O에서 자기장의 세기는 P의 전류에 의해서가 Q의 전류에 의해서보다 커야 한다. 따라서 $B_Q=B$이고 O에서 R의 전류에 의한 자기장의 방향은 종이면에서 수직으로 나오는 방향(⊙)이다.

ㄱ. ㉠은 B이다.
➡ O에서 Q의 전류에 의한 자기장의 세기는 $B_Q=B$이므로, ㉠은 B이다.

ㄴ. ㉡은 '×'이다.
➡ O에서 R의 전류에 의한 자기장의 방향은 종이면에서 수직으로 나오는 방향이므로, ㉡은 '⊙'이다.

ㄷ. R에 흐르는 전류의 방향은 ⓑ 방향이다.
➡ O에서 R의 전류에 의한 자기장의 방향이 종이면에서 수직으로 나오는 방향일 때, R에 흐르는 전류의 방향은 ⓐ 방향이다.

10 직선 전류, 원형 전류에 의한 자기장 2023학년도 3월 학평 물I 19번

정답 ③ | 정답률 47 %

적용해야 할 개념 ③가지

① 직선 도선에 전류가 흐를 때 그 주변에 생기는 자기장의 방향은 오른손 엄지손가락이 전류의 방향을 향하게 하고 나머지 네 손가락으로 도선을 감아쥘 때 네 손가락이 가리키는 방향이다.

② 원형 도선 내부에서 자기장의 방향은 오른손 엄지손가락이 전류의 방향을 가리키도록 했을 때 나머지 네 손가락을 감아쥐는 방향이다.

③ 직선 전류에 의한 자기장의 세기 B는 도선에 흐르는 전류의 세기 I에 비례하고 도선으로부터의 거리 r에 반비례한다. ➡ $B=k\frac{I}{r}$

문제 보기

그림 (가)와 같이 무한히 긴 직선 도선 P, Q와 점 a를 중심으로 하는 원형 도선 R가 xy평면에 고정되어 있다. P, Q에는 세기가 각각 I_0, $3I_0$인 전류가 $-y$방향으로 흐른다. 그림 (나)는 (가)에서 Q만 제거한 모습을 나타낸 것이다. (가)와 (나)의 a에서 P, Q, R의 전류에 의한 자기장의 방향은 서로 반대이고, 자기장의 세기는 각각 B_0, $2B_0$이다.

B_P: xy평면에서 수직으로 나오는 방향
B_Q: xy평면에 수직으로 들어가는 방향

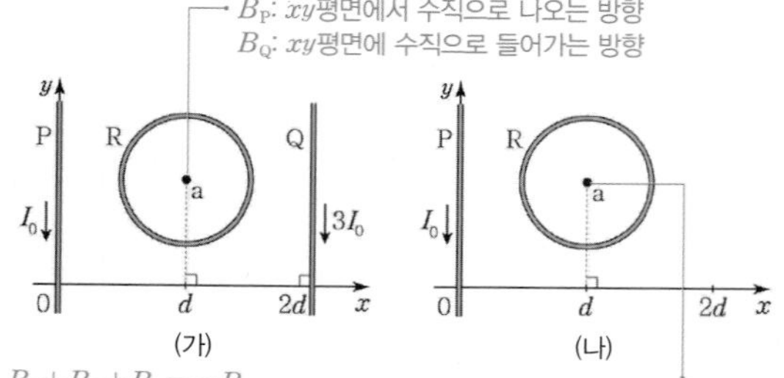

$B_P+B_Q+B_R=-B_0$
$\rightarrow B_Q=-3B_0$
$\rightarrow B_P=B_0$, $B_R=B_0$

Q를 제거했을 때 자기장의 방향이 반대가 됨.
→ P, R의 전류에 의한 자기장의 방향: xy평면에서 수직으로 나오는 방향
$\rightarrow B_P+B_R=2B_0$

a에서의 자기장에 대한 옳은 설명만을 〈보기〉에서 있는 대로 고른 것은? [3점]

<보기> 풀이

ㄱ. (가)에서 Q의 전류에 의한 자기장의 세기는 P의 전류에 의한 자기장의 세기의 3배이다.
➡ 자기장의 세기는 전류의 세기에 비례하므로, (가)에서 Q의 전류에 의한 자기장의 세기는 P의 전류에 의한 자기장의 세기의 3배이다.

ㄴ. (나)에서 P, R의 전류에 의한 자기장의 방향은 xy평면에 수직으로 들어가는 방향이다.
➡ (가)에서 Q의 전류에 의한 자기장의 방향은 xy평면에 수직으로 들어가는 방향이다. Q를 제거했을 때 (나)에서 자기장의 방향이 반대가 되므로, P, R의 전류에 의한 자기장의 방향은 Q의 전류에 의한 자기장의 방향과 반대이다. 즉, (나)에서 P, R의 전류에 의한 자기장의 방향은 xy평면에서 수직으로 나오는 방향이다.

ㄷ. R의 전류에 의한 자기장의 세기는 B_0이다.
➡ a에서 P, Q, R에 의한 자기장을 각각 B_P, B_Q, B_R라 하고, xy평면에서 수직으로 나오는 자기장의 방향을 (+), xy평면에 수직으로 들어가는 자기장의 방향을 (−)라고 하자. (나)의 a에서 P, R의 전류에 의한 자기장의 방향은 xy평면에서 수직으로 나오는 방향이고 자기장의 세기가 $2B_0$이므로 $B_P+B_R=2B_0$ … ①이고, (가)의 a에서 P, Q, R의 전류에 의한 자기장의 방향은 (나)와 반대이고 자기장의 세기는 B_0이므로 $B_P+B_Q+B_R=-B_0$ … ②이다. ①과 ②에서 $B_Q=-3B_0$이므로, $B_P=B_0$, $B_R=B_0$이다. 따라서 R의 전류에 의한 자기장의 세기는 B_0이다.

11 직선 전류, 원형 전류에 의한 자기장 2023학년도 10월 학평 물I 15번

정답 ② | 정답률 40 %

적용해야 할 개념 ③가지

① 직선 도선에 전류가 흐를 때 그 주변에 생기는 자기장의 방향은 오른손 엄지손가락이 전류의 방향을 향하게 하고 나머지 네 손가락으로 도선을 감아쥘 때 네 손가락이 가리키는 방향이다.

② 원형 도선 내부에서 자기장의 방향은 오른손 엄지손가락이 전류의 방향을 가리키도록 했을 때 나머지 네 손가락을 감아쥐는 방향이다.

③ 직선 전류에 의한 자기장의 세기 B는 도선에 흐르는 전류의 세기 I에 비례하고, 도선으로부터의 거리 r에 반비례한다(앙페르 법칙).

➡ $B=k\frac{I}{r}$

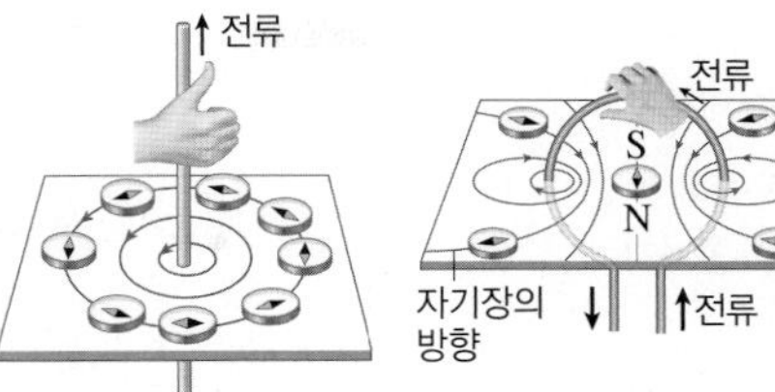

▲ 직선 전류에 의한 자기장 ▲ 원형 전류에 의한 자기장

문제 보기

그림과 같이 가늘고 무한히 긴 직선 도선 A, B, C와 원형 도선 D가 xy평면에 고정되어 있다. A~D에는 각각 일정한 전류가 흐르고, C, D에는 화살표 방향으로 전류가 흐른다. 표는 y축상의 점 p, q에서 A~C 또는 A~D의 전류에 의한 자기장의 세기를 나타낸 것이다. p에서 A, B, C까지의 거리는 d로 같다.

[p에서]
B_C: xy평면에서 수직으로 나오는 방향
$B_{A,\,B}$: xy평면에서 수직으로 나오는 방향
B_D: xy평면에 수직으로 들어가는 방향

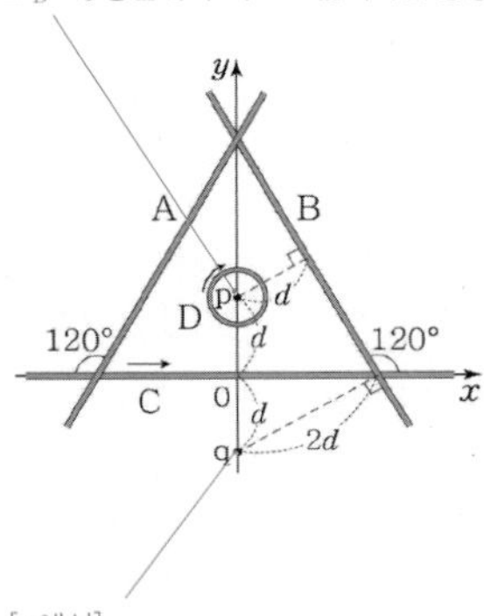

p: $B_{(A,\,B)}+B_C-B_D$
$=3B_0-B_D=-5B_0$
→ $B_D=8B_0$

점	도선의 전류에 의한 자기장의 세기	
	A~C	A~D
p	$3B_0$	$5B_0$
q	0	

p: $B_{(A,\,B)}+B_C=3B_0$
q: $\frac{1}{2}B_{(A,\,B)}-B_C=0$
→ $B_C=B_0$

[q에서]
B_C: xy평면에 수직으로 들어가는 방향
$B_{A,\,B}$: xy평면에서 수직으로 나오는 방향

p에서, C의 전류에 의한 자기장의 세기 B_C와 D의 전류에 의한 자기장의 세기 B_D로 옳은 것은? [3점]

보기

<보기> 풀이

❶ C의 전류에 의한 자기장의 방향은 p에서는 xy평면에서 수직으로 나오는 방향이고 q에서는 xy평면에 수직으로 들어가는 방향이다. q에서 A~C의 전류에 의한 자기장이 0이므로, q에서 A, B의 전류에 의한 자기장의 방향은 xy평면에서 수직으로 나오는 방향이다. p에서도 A, B의 전류에 의한 자기장의 방향은 xy평면에서 수직으로 나오는 방향이므로, p에서 A~C의 전류에 의한 자기장의 방향은 xy평면에서 수직으로 나오는 방향이다.

❷ p에서 A, B의 전류에 의한 자기장의 세기를 $B_{(A,\,B)}$라고 하면, q에서 A, B의 전류에 의한 자기장의 세기는 $\frac{1}{2}B_{(A,\,B)}$이다. xy평면에서 수직으로 나오는 자기장의 방향을 (+), xy평면에 수직으로 들어가는 자기장의 방향을 (−)라고 하면, A~C의 전류에 의한 자기장은 p에서 $B_{(A,\,B)}+B_C=3B_0$이고 q에서 $\frac{1}{2}B_{(A,\,B)}-B_C=0$이다. $B_{(A,\,B)}=2B_C$이므로, $B_{(A,\,B)}+B_C=2B_C+B_C=3B_0$에서 $B_C=B_0$이다.

❸ p에서 D의 전류에 의한 자기장의 방향은 xy평면에 수직으로 들어가는 방향이다. p에서 A~D의 전류에 의한 자기장의 세기가 $5B_0$이므로, p에서 A~D의 전류에 의한 자기장은 $B_{(A,\,B)}+B_C-B_D=\pm5B_0$으로 나타낼 수 있다. 이때 $B_{(A,\,B)}+B_C=3B_0$이므로, $B_{(A,\,B)}+B_C-B_D=3B_0-B_D=-5B_0$가 성립하며 $B_D=8B_0$이다.

	B_C	B_D
~~①~~	B_0	$2B_0$
②	B_0	$8B_0$
~~③~~	$2B_0$	$2B_0$
~~④~~	$3B_0$	$2B_0$
~~⑤~~	$3B_0$	$8B_0$

12 자성, 전류에 의한 자기장 2019학년도 3월 학평 물I 11번

정답 ④ | 정답률 59 %

적용해야 할 개념 ③가지

① 직선 도선에 전류가 흐를 때 그 주변에 생기는 자기장의 방향은 오른손 엄지손가락이 전류의 방향을 향하게 하고 나머지 네 손가락으로 도선을 감아쥘 때 네 손가락이 가리키는 방향이다.
② 두 직선 도선에 흐르는 전류의 방향이 같을 때 두 도선 사이에서 자기장의 방향이 반대이며, 두 직선 도선에 흐르는 전류의 방향이 반대일 때 두 도선 사이에서 자기장의 방향이 같다.
③ 상자성체는 외부 자기장의 방향으로 자기화되고, 반자성체는 외부 자기장의 방향과 반대 방향으로 자기화된다.

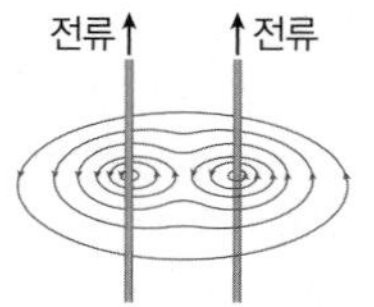

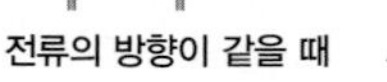
▲ 전류의 방향이 같을 때

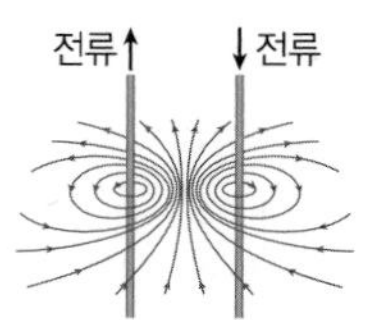

▲ 전류의 방향이 반대일 때

문제 보기

그림과 같이 같은 세기의 전류가 흐르고 있는 무한히 긴 직선 도선 A, B가 xy 평면상에 고정되어 있고 A에는 $+y$방향으로 전류가 흐른다. 자성체 P, Q는 x축상에 고정되어 있고, A, B가 만드는 자기장에 의해 모두 자기화되어 있다. P, Q 중 하나는 상자성체, 다른 하나는 반자성체이다.

P, Q가 있는 곳에서 자기장의 세기는 0이 아니다.

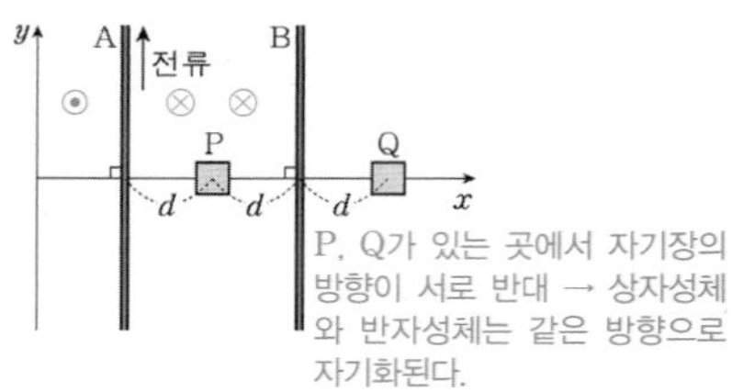

P, Q가 있는 곳에서 자기장의 방향이 서로 반대 → 상자성체와 반자성체는 같은 방향으로 자기화된다.

이에 대한 옳은 설명만을 〈보기〉에서 있는 대로 고른 것은? (단, P, Q의 크기와 P, Q에 의한 자기장은 무시한다.) [3점]

<보기> 풀이

~~ㄱ.~~ **B에는 $+y$방향으로 전류가 흐른다.**
➡ A에 $+y$방향으로 전류가 흐를 때, P가 고정되어 있는 지점에서 A에 의한 자기장의 방향은 xy 평면에 수직으로 들어가는 방향이다. 이때 B에 $+y$방향으로 같은 세기의 전류가 흐른다고 가정하면 P가 고정되어 있는 지점에서 B에 의한 자기장의 방향이 xy 평면에서 수직으로 나오는 방향이 되므로, 합성 자기장이 0이 되어 P가 자기화되지 않는다. 따라서 B에는 $-y$ 방향으로 전류가 흐른다.

ㄴ. **A와 B 사이에 자기장이 0인 지점은 없다.**
➡ A와 B에 서로 반대 방향의 전류가 흐르므로, A와 B 사이에서 종이면에 수직으로 들어가는 방향의 자기장이 형성된다. 따라서 A와 B 사이에 자기장이 0인 지점은 없다.

ㄷ. **P, Q는 같은 방향으로 자기화되어 있다.**
➡ P가 있는 지점에서는 A, B에 의한 자기장의 방향이 모두 xy 평면에 수직으로 들어가는 방향이다. Q가 있는 지점에서는 A에 의한 자기장의 방향과 B에 의한 자기장의 방향이 서로 반대이지만, A보다 B에 더 가까우므로 합성 자기장의 방향은 xy 평면에서 수직으로 나오는 방향이다. P, Q 중 하나는 자기장의 방향으로 자기화되는 상자성체, 다른 하나는 자기장의 방향과 반대 방향으로 자기화되는 반자성체이므로, P, Q가 서로 반대 방향의 자기장 속에 놓인 경우 같은 방향으로 자기화된다.

13 전류에 의한 자기장의 활용 2021학년도 6월 모평 물I 2번

정답 ③ | 정답률 83 %

적용해야 할 개념 ③가지

① 전자석: 솔레노이드 내부에 철심을 넣은 것으로 도선에 전류가 흐를 때 자기장이 생기는 원리를 이용하여 만든 자석이다. 전류가 흐를 때만 자석의 성질을 가지며, 전류의 변화에 따라 자기장의 세기와 방향이 변한다.
② 전자석 기중기: 전자석을 이용하여 고철을 들어 올리거나 옮기는 장치이다.
③ 자기 공명 영상 장치(MRI): 초전도체로 만든 코일에 강한 전류를 흐르게 하여 발생시킨 자기장과 전자석을 이용해 수소 원자핵을 공명하여 신호를 발생시키고, 이 신호의 차이를 스캐너로 측정하여 인체 내부를 영상화하는 진단 장치이다.

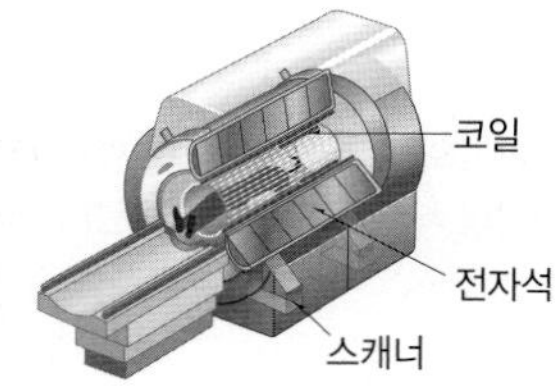

▲ 자기 공명 영상 장치(MRI)

문제 보기

도선에 흐르는 전류에 의한 자기장을 활용하는 것만을 〈보기〉에서 있는 대로 고른 것은? [3점]

ㄱ. 전자석 기중기
도선에 전류가 흐를 때 자기장이 생기는 원리로 만든 전자석을 활용

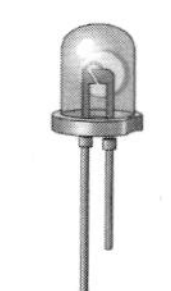
ㄴ. 발광 다이오드 (LED)
순방향 전압이 걸릴 때 전류를 빛으로 변환하는 반도체 소자

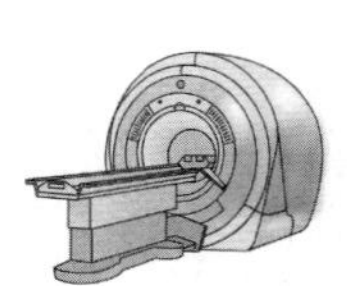
ㄷ. 자기 공명 영상 장치(MRI)
초전도체로 만든 코일에 전류가 흐를 때 생기는 자기장을 활용

<보기> 풀이

ㄱ. **전자석 기중기**
➡ 전자석 기중기는 도선에 전류가 흐를 때 자기장이 생기는 원리를 이용하여 만든 전자석을 활용해 무거운 고철을 들어 올리거나 옮기는 장치이다.

~~ㄴ.~~ **발광 다이오드(LED)**
➡ 발광 다이오드(LED)는 순방향 전압이 걸릴 때 전류를 빛으로 변환하는 반도체 소자로 전기 에너지를 빛에너지로 전환시키는 장치이다.

ㄷ. **자기 공명 영상 장치(MRI)**
➡ 자기 공명 영상 장치(MRI)는 초전도체로 만든 코일에 강한 전류를 흐르게 하여 발생시킨 자기장을 이용해 인체 내부를 영상화하는 진단 장치이다.

14 전류에 의한 자기장의 활용 2020학년도 10월 학평 물I 18번

정답 ③ | 정답률 80 %

적용해야 할 개념 ③가지

① 자석이나 전류가 흐르는 도선 주위에는 자기장이 생긴다.
② 솔레노이드 내부에 생기는 자기장의 방향은 오른손 네 손가락의 방향을 전류의 방향으로 감아쥘 때 엄지 손가락이 가리키는 방향이다.
③ 뉴턴 운동 제3법칙(작용 반작용 법칙): 한 물체가 다른 물체에 힘을 작용하면 힘을 받은 물체도 힘을 작용한 물체에 크기가 같고 방향이 반대인 힘을 동시에 작용한다.

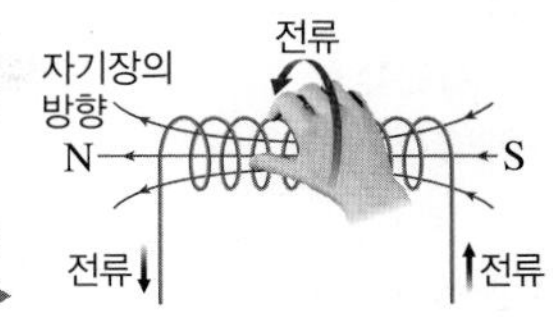

솔레노이드에 의한 자기장 ▶

문제 보기

그림은 어떤 전기밥솥에서 수증기의 양을 조절하는 데 사용되는 밸브의 구조를 나타낸 것이다. 스위치 S가 열리면 금속 봉 P가 관을 막고, S가 닫히면 솔레노이드로부터 P가 위쪽으로 힘 F를 받아 관이 열린다.

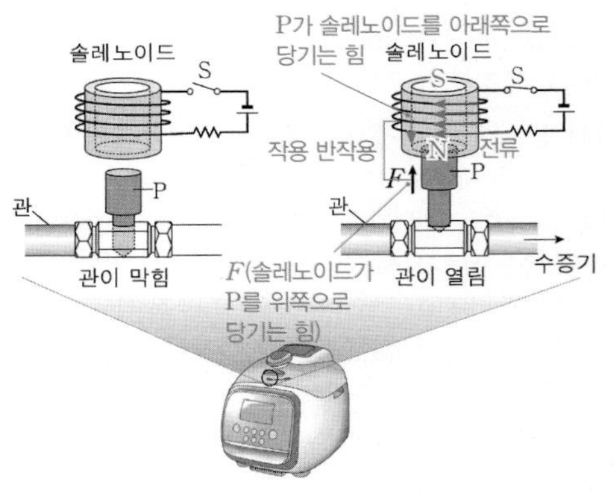

S를 닫았을 때에 대한 옳은 설명만을 〈보기〉에서 있는 대로 고른 것은?

〈보기〉 풀이

ㄱ. F는 자기력이다.
➡ S가 닫히면 솔레노이드에 전류가 흘러 솔레노이드 주위에 자기장이 생기므로, P가 위쪽으로 힘을 받는다. 따라서 F는 자기력이다.

ㄴ. 솔레노이드 내부에는 아래쪽 방향으로 자기장이 생긴다.
➡ 솔레노이드 내부에 생기는 자기장의 방향은 오른손 네 손가락의 방향을 전류의 방향으로 감아쥘 때 엄지손가락이 가리키는 방향이므로 아래쪽 방향이다.

ㄷ. P에 작용하는 중력과 F는 작용 반작용 관계이다. (✕)
➡ P에 작용하는 중력과 작용 반작용 관계인 힘은 P가 지구를 당기는 힘이다. 또 F와 작용 반작용 관계인 힘은 P가 솔레노이드를 아래쪽으로 당기는 힘이다.

15 솔레노이드에서의 전자기 유도 2020학년도 수능 물I 14번

정답 ③ | 정답률 73 %

적용해야 할 개념 ③가지

① 코일과 자석 사이의 상대적인 운동으로 코일을 통과하는 자기 선속의 변화가 생길 때 전류가 유도되는 현상을 전자기 유도라고 하고, 이때 흐르는 전류를 유도 전류라고 한다.
② 자석이 코일 근처에서 움직일 때 자석의 운동을 방해하는 방향으로 유도 전류가 흐른다.
③ 자석이 코일 근처에서 움직일 때 흐르는 유도 전류는 자석의 역학적 에너지의 일부가 전기 에너지로 전환된 것이다.

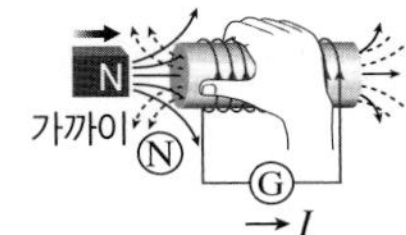

▲ 자석이 가까워질 때

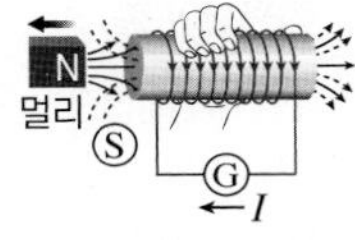

▲ 자석이 멀어질 때

문제 보기

그림은 마찰이 없는 빗면에서 자석이 솔레노이드의 중심축을 따라 운동하는 모습을 나타낸 것이다. 점 p, q는 솔레노이드의 중심축상에 있고, 전구의 밝기는 자석이 p를 지날 때가 q를 지날 때보다 밝다.

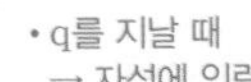

이에 대한 설명으로 옳은 것만을 〈보기〉에서 있는 대로 고른 것은? (단, 자석의 크기는 무시한다.)

〈보기〉 풀이

ㄱ. 솔레노이드에 유도되는 기전력의 크기는 자석이 p를 지날 때가 q를 지날 때보다 크다.
➡ 솔레노이드에 유도되는 기전력의 크기가 클수록 전구의 밝기가 밝다. 전구의 밝기가 자석이 p를 지날 때가 q를 지날 때보다 밝으므로, 솔레노이드에 유도되는 기전력의 크기는 자석이 p를 지날 때가 q를 지날 때보다 크다.

ㄴ. 전구에 흐르는 전류의 방향은 자석이 p를 지날 때와 q를 지날 때가 서로 반대이다.
➡ 솔레노이드에 흐르는 전류의 방향은 코일을 지나는 자기 선속의 변화를 방해하려는 방향으로 흐른다. 자석이 p를 지날 때는 자석이 코일에 가까워지므로 척력이 작용하도록 솔레노이드의 p쪽은 S극, q쪽은 N극이 되도록 유도 전류가 흐른다. 또 자석이 q를 지날 때는 자석이 코일로부터 멀어지므로 인력이 작용하도록 솔레노이드의 p쪽은 N극, q쪽은 S극이 되도록 유도 전류가 흐른다. 따라서 자석이 p를 지날 때와 q를 지날 때 저항에 흐르는 유도 전류의 방향은 반대이다.

ㄷ. 자석의 역학적 에너지는 p에서가 q에서보다 작다. (✕)
➡ 자석이 p에서 q로 이동하는 동안 자석의 역학적 에너지의 일부가 전기 에너지로 전환된다. 따라서 자석의 역학적 에너지는 p에서가 q에서보다 크다.

16 솔레노이드에서의 전자기 유도 2019학년도 7월 학평 물Ⅰ 7번

정답 ④ | 정답률 57 %

적용해야 할 개념 ②가지

① 코일과 자석 사이의 상대적인 운동으로 코일을 통과하는 자기 선속의 변화가 생길 때 전류가 유도되는 현상을 전자기 유도라고 하고, 이때 흐르는 전류를 유도 전류라고 한다.

② 유도 전류의 방향은 렌츠 법칙에 의해 코일을 통과하는 자기 선속의 변화를 방해하는 방향, 즉 자석의 운동을 방해하는 방향이다.

문제 보기

그림은 빗면 위의 점 p에 가만히 놓은 자석 A가 빗면을 따라 내려와 수평인 직선 레일에 고정된 솔레노이드의 중심축을 통과한 것을 나타낸 것이다. a, b, c는 직선 레일 위의 점이다.

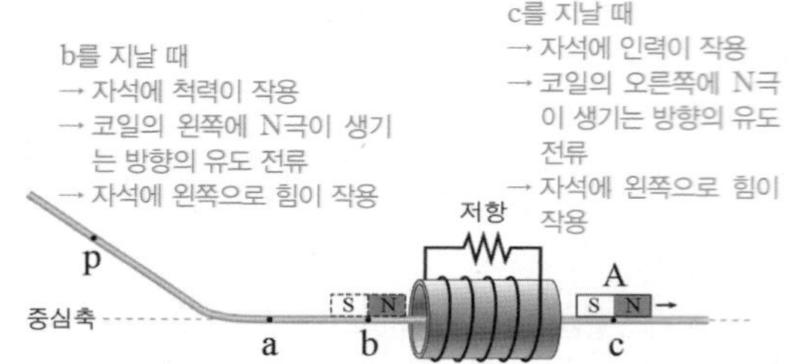

b를 지날 때
→ 자석에 척력이 작용
→ 코일의 왼쪽에 N극이 생기는 방향의 유도 전류
→ 자석에 왼쪽으로 힘이 작용
c를 지날 때
→ 자석에 인력이 작용
→ 코일의 오른쪽에 N극이 생기는 방향의 유도 전류
→ 자석에 왼쪽으로 힘이 작용
저항
p
A
S N
중심축
a
b
c

이에 대한 설명으로 옳은 것만을 ⟨보기⟩에서 있는 대로 고른 것은? (단, A의 크기와 모든 마찰은 무시한다.)

<보기> 풀이

~~ㄱ.~~ **A는 a에서 b까지 등속도 운동한다.**

➡ A가 a에서 c까지 운동하는 동안 A의 운동을 방해하는 방향으로 자기력이 작용하므로, A의 속력은 점점 감소한다.

ⓛ **ㄴ. 솔레노이드가 A에 작용하는 자기력의 방향은 A가 b를 지날 때와 c를 지날 때가 같다.**

➡ 자석이 b를 지날 때는 솔레노이드와 자석 사이에 척력이 작용하므로 자석에 작용하는 자기력의 방향이 왼쪽이고, 자석이 c를 지날 때는 솔레노이드와 자석 사이에 인력이 작용하므로 자석에 작용하는 자기력의 방향이 왼쪽이다. 따라서 솔레노이드가 A에 작용하는 자기력의 방향은 자석이 b를 지날 때와 c를 지날 때가 같다.

ㄷ. 솔레노이드에 흐르는 유도 전류의 방향은 A가 b를 지날 때와 c를 지날 때가 반대이다.

➡ 솔레노이드에 흐르는 전류의 방향은 코일을 지나는 자기 선속의 변화를 방해하려는 방향으로 흐른다. 자석이 b를 지날 때는 자석이 코일에 가까워지므로 척력이 작용하도록 솔레노이드의 왼쪽은 N극, 오른쪽은 S극이 되도록 유도 전류가 흐른다. 또 자석이 c를 지날 때는 자석이 코일로부터 멀어지므로 인력이 작용하도록 솔레노이드의 왼쪽은 S극, 오른쪽은 N극이 되도록 유도 전류가 흐른다. 따라서 자석이 b를 지날 때와 c를 지날 때 저항에 흐르는 유도 전류의 방향은 반대이다.

17 솔레노이드에서의 전자기 유도 2020학년도 6월 모평 물Ⅰ 8번

정답 ② | 정답률 78 %

적용해야 할 개념 ③가지

① 코일과 자석 사이의 상대적인 운동으로 코일을 통과하는 자기 선속의 변화가 생길 때 전류가 유도되는 현상을 전자기 유도라고 하고, 이때 흐르는 전류를 유도 전류라고 한다.

② 자석이 코일 근처에서 움직일 때, 자석의 운동을 방해하는 방향으로 유도 전류가 흐른다.

③ 자석이 코일 근처에서 움직일 때 일어나는 전자기 유도 현상에서 자석의 역학적 에너지의 일부가 전기 에너지로 전환된다.

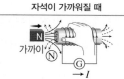

자석이 가까워질 때	자석이 멀어질 때
N 가까이 N G → I	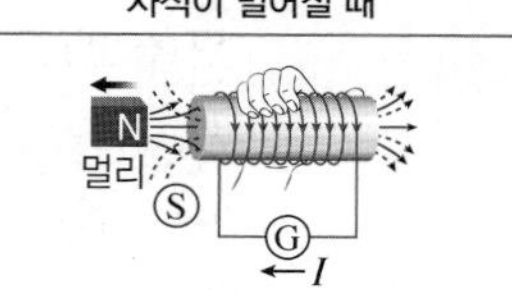
척력이 작용하도록 유도 전류가 발생 ➡ 코일 왼쪽에 N극이 형성	인력이 작용하도록 유도 전류가 발생 ➡ 코일 왼쪽에 S극이 형성

문제 보기

그림과 같이 고정되어 있는 동일한 솔레노이드 A, B의 중심축에 마찰이 없는 레일이 있고, A, B에는 동일한 저항 P, Q가 각각 연결되어 있다. 빗면을 내려온 자석이 수평인 레일 위의 점 a, b, c를 지난다.

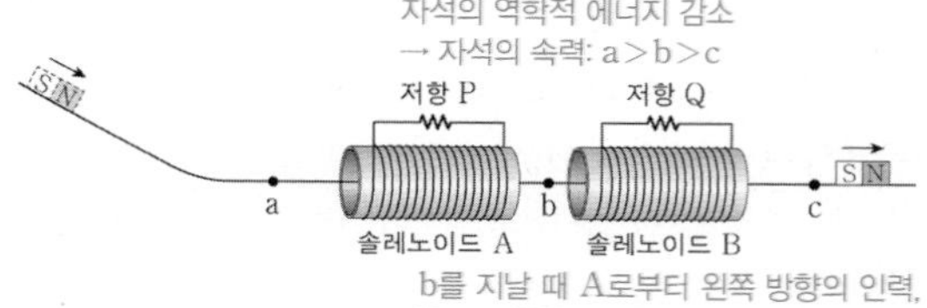

이에 대한 설명으로 옳은 것만을 ⟨보기⟩에서 있는 대로 고른 것은? (단, A와 B 사이의 상호 작용은 무시한다.) [3점]

<보기> 풀이

~~ㄱ.~~ **자석의 속력은 c에서가 a에서보다 크다.**

➡ 자석이 빗면을 내려와 a, b, c를 지나는 동안 솔레노이드에 전자기 유도 현상이 일어나 유도 전류가 흐르므로, 자석의 역학적 에너지의 일부가 전기 에너지로 전환된다. 따라서 자석의 운동 에너지는 점점 감소하므로, 자석의 속력은 c에서가 a에서보다 작다.

~~ㄴ.~~ **b에서 자석에 작용하는 자기력의 방향은 자석의 운동 방향과 같다.**

➡ 자석이 b를 지나는 순간, A로부터 왼쪽 방향의 인력을 받고 B로부터 왼쪽 방향의 척력을 받는다. 따라서 b에서 자석에 작용하는 자기력의 방향은 왼쪽으로 자석의 운동 방향과 반대이다.

ㄷ. P에 흐르는 전류의 최댓값은 Q에 흐르는 전류의 최댓값보다 크다.

➡ 자석의 움직이는 속력이 빠를수록 유도 전류의 세기가 세다. 자석이 P를 통과하는 동안 자석의 역학적 에너지가 감소하여 자석의 속력이 느려지므로, 자석이 P를 통과하는 동안의 최대 속력은 자석이 Q를 통과하는 동안의 최대 속력보다 크다. 따라서 P에 흐르는 전류의 최댓값은 Q에 흐르는 전류의 최댓값보다 크다.

18 솔레노이드에서의 전자기 유도 2019학년도 3월 학평 물I 14번

정답 ① | 정답률 62 %

적용해야 할 개념 ③가지

① 전자기 유도에 의한 유도 기전력(V)은 패러데이 전자기 유도 법칙에 의해 솔레노이드를 통과하는 자기 선속의 시간적 변화율에 비례하고 도선을 감은 수에 비례한다.
② 유도 전류의 세기는 유도 기전력의 크기에 비례하므로, 자석이 빠르게 운동할수록, 자석의 세기가 셀수록, 코일의 감은 수가 많을수록 세다.
③ 유도 전류의 방향은 렌츠 법칙에 의해 코일을 통과하는 자기 선속의 변화를 방해하는 방향, 즉 자석의 운동을 방해하는 방향이다.

자석이 가까워질 때	자석이 멀어질 때
N, 가까이, N, G, I	N, 멀리, S, G, I
척력이 작용하도록 유도 전류가 발생 ➡ 코일 왼쪽에 N극이 형성	인력이 작용하도록 유도 전류가 발생 ➡ 코일 왼쪽에 S극이 형성

문제 보기

그림 (가), (나)는 동일한 자석이 솔레노이드 A, B의 중심축을 따라 A, B로부터 같은 거리만큼 떨어진 지점을 같은 속도로 지나는 순간의 모습을 나타낸 것이다. 감은 수는 B가 A보다 크고 감긴 방향은 서로 반대이다.

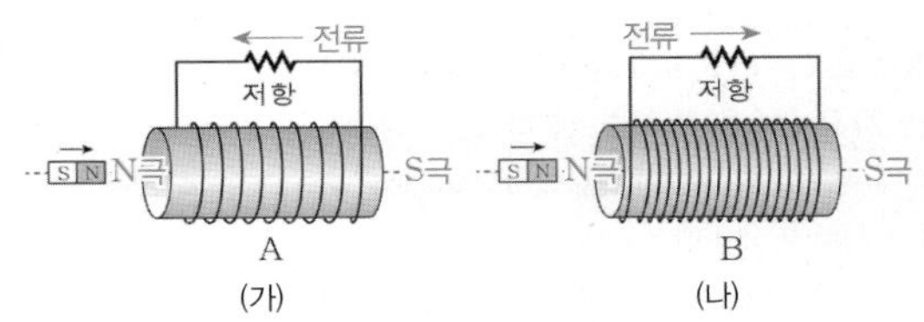

이에 대한 옳은 설명만을 〈보기〉에서 있는 대로 고른 것은? (단, A, B는 길이와 단면적이 서로 같다.)

<보기> 풀이

ㄱ. 유도 기전력의 크기는 B에서가 A에서보다 크다.

➡ 패러데이 전자기 유도 법칙에 의해 유도 기전력$\left(V=-N\frac{\Delta\Phi}{\Delta t}\right)$은 코일의 감은 수에 비례하므로, 유도 기전력의 크기는 코일의 감은 수가 많은 B에서가 A에서보다 크다.

ㄴ. A와 B의 내부에서 유도 전류에 의한 자기장의 방향은 서로 반대이다.

➡ 자석이 코일에 가까워질 때는 코일에 유도 전류가 자석의 운동을 방해하는 방향, 즉 자석에 척력이 작용하는 방향으로 흐른다. (가)와 (나)에서 자석의 N극이 솔레노이드에 가까워지므로, 솔레노이드의 왼쪽에 N극이 생기도록 유도 전류가 흐른다. 따라서 A와 B의 내부에서 유도 전류에 의한 자기장의 방향은 왼쪽으로 같다.

ㄷ. (가), (나)의 저항에는 모두 오른쪽 방향으로 유도 전류가 흐른다.

➡ (가)와 (나)의 내부에서 유도 전류에 의한 자기장의 방향이 왼쪽으로 같지만 감긴 방향이 서로 반대이므로 (가)의 저항에는 왼쪽, (나)의 저항에는 오른쪽으로 유도 전류가 흐른다.

19 솔레노이드에서의 전자기 유도와 발광 다이오드 2022학년도 수능 물I 12번

정답 ③ | 정답률 72 %

적용해야 할 개념 ③가지

① 코일과 자석 사이의 상대적인 운동으로 코일을 통과하는 자기 선속의 변화가 생길 때 전류가 유도되는 현상을 전자기 유도라고 하고, 이때 흐르는 전류를 유도 전류라고 한다.
② 자석이 코일 근처에서 움직일 때 자석의 운동을 방해하는 방향으로 유도 전류가 흐른다.
③ 자석이 코일에 가까워질 때는 자석에 척력이 작용하는 방향으로, 멀어질 때는 인력이 작용하는 방향으로 유도 전류가 흐른다.

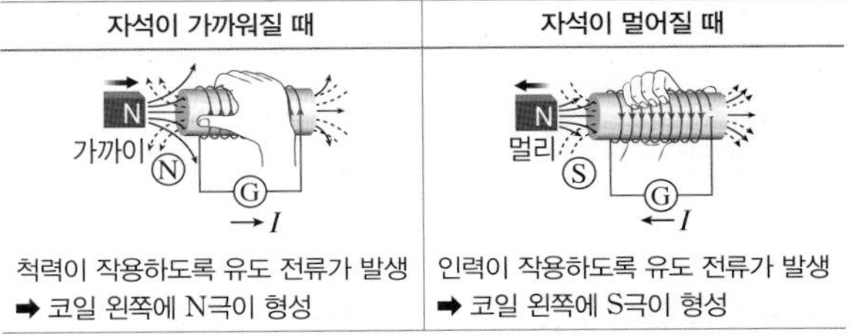

자석이 가까워질 때	자석이 멀어질 때
척력이 작용하도록 유도 전류가 발생 ➡ 코일 왼쪽에 N극이 형성	인력이 작용하도록 유도 전류가 발생 ➡ 코일 왼쪽에 S극이 형성

문제 보기

그림과 같이 p-n 접합 발광 다이오드(LED)가 연결된 솔레노이드의 중심축에 마찰이 없는 레일이 있다. a, b, c, d는 레일 위의 지점이다. a에 가만히 놓은 자석은 솔레노이드를 통과하여 d에서 운동 방향이 바뀌고, 자석이 d로부터 내려와 c를 지날 때 LED에서 빛이 방출된다. X는 N극과 S극 중 하나이다.

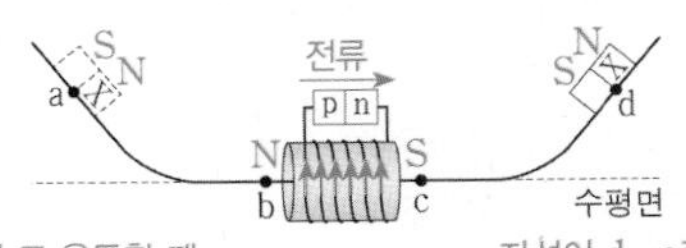

자석이 a→b로 운동할 때
→ 자석에 척력이 작용
→ 솔레노이드의 왼쪽이 N극, 오른쪽이 S극
→ LED에 전류가 흐름.

자석이 d→c로 운동할 때
→ 자석에 척력이 작용
→ X: N극

이에 대한 설명으로 옳은 것만을 〈보기〉에서 있는 대로 고른 것은? [3점]

<보기> 풀이

ㄱ. X는 N극이다.

➡ 자석이 d로부터 내려와 c를 지날 때 LED에서 빛이 방출되므로, LED에 순방향의 전압이 걸려 오른쪽 방향으로 유도 전류가 흐른다. 이때 유도 전류에 의한 자기장은 솔레노이드의 왼쪽이 N극, 오른쪽이 S극이 되도록 형성된다. 자석이 솔레노이드에 가까워질 때는 자석에 척력이 작용하도록 유도 전류가 흐르므로, 자석이 d로부터 내려와 c를 지날 때 솔레노이드에 접근하는 쪽이 S극이다. 따라서 X는 N극이다.

ㄴ. a로부터 내려온 자석이 b를 지날 때 LED에서 빛이 방출된다.

➡ a로부터 내려온 자석이 b를 지날 때 자석에 척력이 작용하도록 유도 전류가 흐르므로, X가 N극일 때 솔레노이드의 왼쪽에는 N극이 형성되고 오른쪽에 S극이 형성된다. 이때 LED에는 순방향의 전압이 걸려 유도 전류가 오른쪽 방향으로 흐르므로 빛이 방출된다. 즉, a로부터 내려온 자석이 b를 지날 때 LED에서 빛이 방출된다.

ㄷ. 자석의 역학적 에너지는 a에서와 d에서가 같다.

➡ 자석이 a에서 d로 운동하는 동안 솔레노이드에 유도 전류가 흐른다. 이때 발생하는 전기 에너지는 자석의 역학적 에너지의 일부가 전환된 것이므로, 자석의 역학적 에너지는 a에서가 d에서보다 크다.

20 솔레노이드에서의 전자기 유도 2021학년도 7월 학평 물I 13번

정답 ② | 정답률 74 %

적용해야 할 개념 ③가지

① 자기 선속(Φ)은 어떤 단면을 수직으로 통과하는 자기장의 세기와 면적의 곱($\Phi=BA$)이며, 자기 선속이 변할 때는 코일을 통과하는 자기장의 세기가 변하거나 코일을 통과하는 자기장 영역의 면적이 변할 때이다.

② 유도 기전력(V)은 솔레노이드를 통과하는 자기 선속의 시간적 변화율$\left(\frac{\Delta\Phi}{\Delta t}\right)$에 비례하고 도선의 감은 수($N$)에 비례한다. ➡ $V=-N\frac{\Delta\Phi}{\Delta t}$

③ 유도 전류의 세기는 유도 기전력의 크기에 비례하며, 유도 전류의 방향은 코일을 통과하는 자기 선속의 변화를 방해하는 방향이다.

$\Phi=BA$, 면적 A

▲ 자기 선속(Φ)

문제 보기

그림 (가)는 정지해 있는 코일의 중심축을 따라 자석이 움직이는 모습이다. 그림 (나)는 (가)에서 코일의 중심축에 수직이고, 코일 위의 점 p를 포함한 코일의 단면을 통과하는 자기 선속 Φ를 시간 t에 따라 나타낸 것이다.

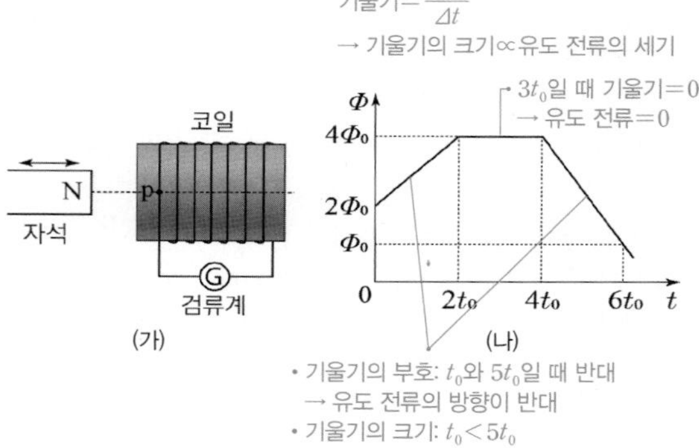

기울기= $\frac{\Delta\Phi}{\Delta t}$
→ 기울기의 크기∝유도 전류의 세기
$3t_0$일 때 기울기=0
→ 유도 전류=0
코일
N
p
자석
검류계
Φ
$4\Phi_0$
$2\Phi_0$
Φ_0
0
$2t_0$
$4t_0$
$6t_0$
t
(가)
(나)
• 기울기의 부호: t_0와 $5t_0$일 때 반대
→ 유도 전류의 방향이 반대
• 기울기의 크기: $t_0<5t_0$
→ 유도 전류의 세기: $t_0<5t_0$

이에 대한 설명으로 옳은 것만을 〈보기〉에서 있는 대로 고른 것은?

<보기> 풀이

Φ-t 그래프에서 기울기는 $\frac{\Delta\Phi}{\Delta t}$로 자기 선속의 시간적 변화율을 나타낸다. 유도 기전력은 자기 선속의 시간적 변화율$\left(\frac{\Delta\Phi}{\Delta t}\right)$에 비례하므로, 유도 전류의 세기는 Φ-t 그래프의 기울기의 크기에 비례한다.

ㄱ. p에 흐르는 유도 전류의 방향은 $t=t_0$일 때와 $t=5t_0$일 때가 같다.

➡ 유도 전류는 코일을 통과하는 자기 선속의 변화를 방해하는 방향으로 흐른다. $t=t_0$일 때는 자기 선속이 증가하고 $t=5t_0$일 때는 자기 선속이 감소하므로, p에 흐르는 유도 전류의 방향은 $t=t_0$일 때와 $t=5t_0$일 때가 서로 반대이다.

다른 풀이 Φ-t 그래프에서 기울기의 부호는 유도 전류의 방향을 나타낸다. (나)에서 기울기의 부호가 $t=t_0$일 때와 $t=5t_0$일 때 서로 반대이므로, p에 흐르는 유도 전류의 방향은 $t=t_0$일 때와 $t=5t_0$일 때가 서로 반대이다.

ㄴ. p에 흐르는 유도 전류의 세기는 $t=t_0$일 때가 $t=5t_0$일 때보다 크다.

➡ (나)에서 그래프의 기울기$\left(\frac{\Delta\Phi}{\Delta t}\right)$의 크기는 $t=t_0$일 때가 $t=5t_0$일 때보다 작으므로, p에 흐르는 유도 전류의 세기는 $t=t_0$일 때가 $t=5t_0$일 때보다 작다.

ㄷ. $t=3t_0$일 때 p에는 유도 전류가 흐르지 않는다.

➡ (나)에서 $t=3t_0$일 때 그래프의 기울기$\left(\frac{\Delta\Phi}{\Delta t}\right)$가 0이므로 $t=3t_0$일 때 p에는 유도 전류가 흐르지 않는다.

19 일차

21 자성의 종류와 성질 2020학년도 4월 학평 물I 12번

정답 ⑤ | 정답률 73 %

적용해야 할 개념 ③가지

① 외부 자기장의 방향으로 강하게 자기화되는 강자성체는 외부 자기장을 제거해도 자기화된 상태를 오래 유지한다.
② 외부 자기장의 방향으로 약하게 자기화되는 상자성체는 외부 자기장을 제거하면 자기화된 상태가 사라진다.
③ 외부 자기장의 방향과 반대 방향으로 약하게 자기화되는 반자성체는 외부 자기장을 제거하면 자기화된 상태가 사라진다.

구분	강자성체	상자성체	반자성체
자성	자석에 강하게 끌린다(인력).	자석에 약하게 끌린다(인력).	자석에 약하게 밀린다(척력).
자기화 방향	외부 자기장의 방향	외부 자기장의 방향	외부 자기장의 반대 방향
외부 자기장을 제거할 때	자기화가 오래 유지	자기화가 사라짐.	자기화가 사라짐.

문제 보기

다음은 물체의 자성을 알아보기 위한 실험이다.

[실험 과정]
(가) 자기화되어 있지 않은 물체 A, B, C에 각각 막대자석을 가까이하여 물체의 움직임을 관찰한다. A, B, C는 강자성체, 상자성체, 반자성체를 순서 없이 나타낸 것이다.
(나) 막대자석을 제거하고 A, B, C를 각각 원형 도선에 통과시켜 유도 전류의 발생 유무를 관찰한다.

(가)

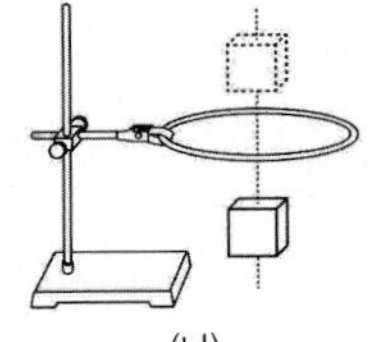
(나)

[실험 결과]

물체	(가)의 결과	(나)의 결과
A	자석에서 밀린다.	㉠
B	자석에 끌린다.	흐른다.
C	자석에 끌린다.	흐르지 않는다.

A: 반자성체 → 외부 자기장을 제거하면 자기화된 상태가 사라지므로 (나)의 결과 유도 전류가 흐르지 않는다.

B: 강자성체 → 외부 자기장을 제거해도 자기화된 상태를 유지한다.

C: 상자성체 → 외부 자기장을 제거하면 자기화된 상태가 사라진다.

이에 대한 설명으로 옳은 것만을 ⟨보기⟩에서 있는 대로 고른 것은? [3점]

<보기> 풀이

ㄱ. '흐르지 않는다.'는 ㉠으로 적절하다.
➡ (가)의 결과 A가 자석에서 밀리므로 A는 반자성체이다. 반자성체는 외부 자기장을 제거하면 자기화된 상태가 사라지므로, A를 원형 도선에 통과시킬 때 전자기 유도 현상이 일어나지 않아 유도 전류가 발생하지 않는다. 따라서 '흐르지 않는다.'는 ㉠으로 적절하다.

ㄴ. B는 외부 자기장의 방향과 같은 방향으로 자기화된다.
➡ (가)의 결과 B가 자석에 끌리고 (나)의 결과 B가 원형 도선을 통과할 때 원형 도선에 전자기 유도 현상이 일어나 유도 전류가 흐르는 것으로 보아, B는 외부 자기장을 제거해도 자기화된 상태를 유지하는 강자성체이다. 강자성체인 B는 외부 자기장의 방향과 같은 방향으로 자기화된다.

ㄷ. C는 상자성체이다.
➡ (가)의 결과 C가 자석에 끌리고 (나)의 결과 C가 원형 도선을 통과할 때 원형 도선에 유도 전류가 흐르지 않는 것으로 보아, C는 외부 자기장의 방향으로 자기화되고, 외부 자기장을 제거하면 자기화된 상태가 사라지는 상자성체이다.

22 솔레노이드에서의 전자기 유도 2021학년도 6월 모평 물I 5번

정답 ⑤ | 정답률 89 %

적용해야 할 개념 ③가지

① 코일과 자석 사이의 상대적인 운동으로 코일을 통과하는 자기 선속의 변화가 생길 때 전류가 유도되는 현상을 전자기 유도라고 하고, 이때 흐르는 전류를 유도 전류라고 한다.

② 유도 전류의 세기는 유도 기전력의 크기에 비례하므로, 자석이 빠르게 운동할수록, 자석의 세기가 셀수록, 코일의 감은 수가 많을수록 세다.

③ 자석이 코일 근처에서 움직일 때, 자석의 운동을 방해하는 방향으로 유도 전류가 흐른다.

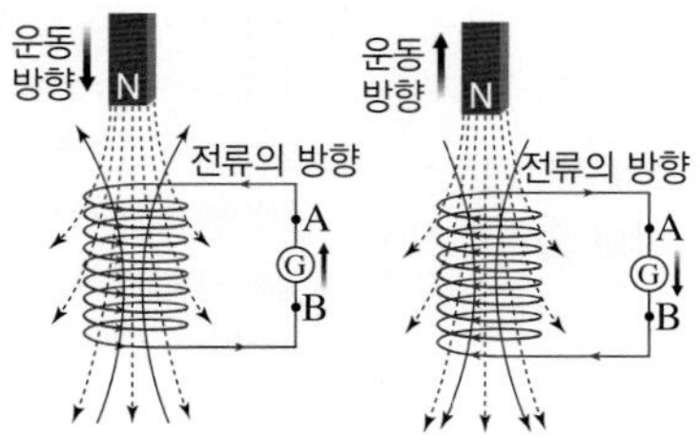

유도 전류의 방향 ▶

문제 보기

다음은 전자기 유도에 대한 실험이다.

[실험 과정]

(가) 그림과 같이 코일에 검류계를 연결한다.

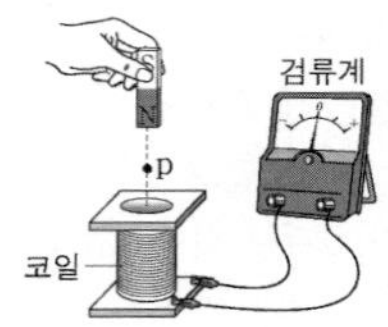

(나) 자석의 N극을 아래로 하고, 코일의 중심축을 따라 자석을 일정한 속력으로 코일에 가까이 가져간다.

(다) 자석이 p점을 지나는 순간 검류계의 눈금을 관찰한다.

(라) 자석의 S극을 아래로 하고, 코일의 중심축을 따라 자석을 (나)에서보다 빠른 속력으로 코일에 가까이 가져가면서 (다)를 반복한다.

S극을 더 빠른 속력으로 가까이 할 때 → 눈금이 오른쪽으로 더 큰 폭으로 움직인다.

[실험 결과]

(다)의 결과	(라)의 결과
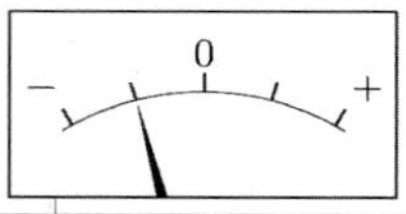	㉠

N극을 가까이 할 때

㉠으로 가장 적절한 것은? [3점]

<보기> 풀이

자석의 N극과 S극을 각각 코일에 가까이 가져갈 때 코일에 흐르는 유도 전류의 방향은 서로 반대 방향이다. 자석의 N극을 아래로 하여 코일에 가까이 가져갈 때 검류계의 바늘이 왼쪽으로 움직였으므로, 자석의 S극을 아래로 하여 코일에 가까이 가져가면 검류계의 바늘은 오른쪽으로 움직인다. 또 자석의 속력이 빠를수록 검류계에 흐르는 유도 전류의 세기가 커지므로 검류계의 바늘이 움직이는 폭이 커진다. 따라서 (라)의 결과 검류계의 바늘은 오른쪽으로 움직이며, 움직이는 폭은 (다)의 결과보다 더 커야 하므로 ⑤번이 ㉠으로 가장 적절하다.

① 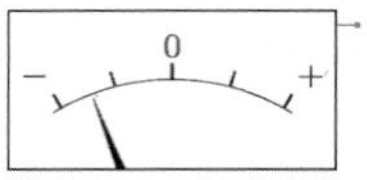 → 검류계의 바늘이 왼쪽으로 움직였으므로 적절하지 않다.

② 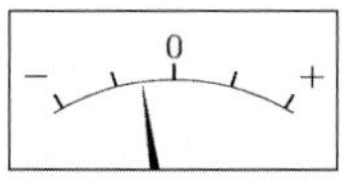

③ 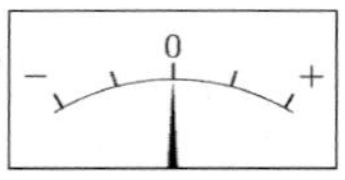

④ 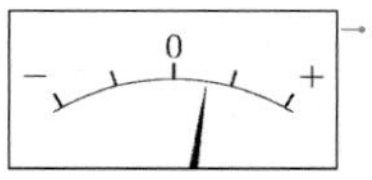 → 검류계의 바늘이 움직인 폭이 (다)의 결과보다 작으므로 적절하지 않다.

⑤ 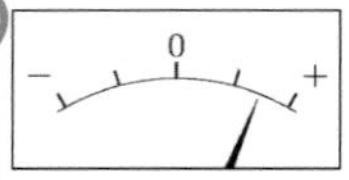

23 솔레노이드에서의 전자기 유도 2022학년도 7월 모평 물I 19번

정답 ④ | 정답률 55 %

적용해야 할 개념 ③가지

① 코일과 자석 사이의 상대적인 운동으로 코일을 통과하는 자기 선속의 변화가 생길 때 전류가 유도되는 현상을 전자기 유도라 하고, 이때 흐르는 전류를 유도 전류라고 한다.

② 자석이 코일 근처에서 움직일 때 자석의 운동을 방해하는 방향으로 유도 전류가 흐른다.

③ 자석이 코일에 가까워질 때는 자석에 척력이 작용하는 방향으로, 멀어질 때는 인력이 작용하는 방향으로 유도 전류가 흐른다.

자석이 코일에 가까워질 때	자석이 코일에서 멀어질 때
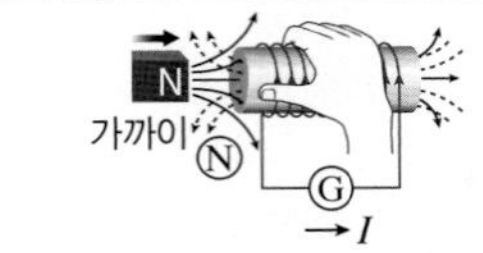 N 가까이 N G → I	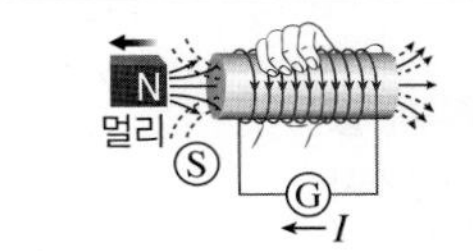 N 멀리 S G ← I
척력이 작용하도록 유도 전류가 발생 ➡ 코일 왼쪽에 N극이 형성	인력이 작용하도록 유도 전류가 발생 ➡ 코일 왼쪽에 S극이 형성

문제 보기

다음은 전자기 유도에 대한 실험이다.

[실험 과정]

(가) 그림과 같이 고정된 코일에 검류계를 연결하고 코일 위에 실로 연결된 자석을 점 a에 정지시킨다.

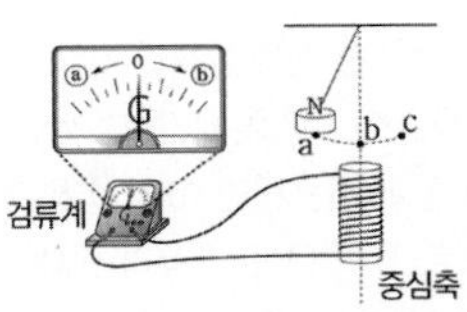

(나) a에서 자석을 가만히 놓아 자석이 최저점 b를 지나 점 c까지 갔다가 b로 되돌아오는 동안 검류계 바늘이 움직이는 방향을 기록한다.

[실험 결과]

자석의 운동 경로	검류계 바늘이 움직이는 방향
a → b	ⓐ
b → c	ⓑ
c → b	㉠

자석의 같은 극이 코일에 가까워짐. → 유도 전류의 방향이 같다. → ㉠=ⓐ

자석이 코일에서 멀어짐. → 자석의 속력이 감소함 → 유도 전류의 세기가 작아짐. → 자석과 코일 사이의 자기력이 작아짐.

이에 대한 설명으로 옳은 것만을 〈보기〉에서 있는 대로 고른 것은? (단, 모든 마찰과 공기 저항은 무시한다.)

<보기> 풀이

ㄱ. a와 c의 높이는 같다. (✗)

➡ 자석이 a에서 최저점 b를 지나 c로 가는 동안 전자기 유도에 의해 코일에 전류가 흐른다. 이때 발생하는 전기 에너지는 자석의 운동 에너지의 일부가 전기 에너지로 전환된 것이므로, 자석이 운동하는 동안 자석의 역학적 에너지는 감소한다. 따라서 c의 높이는 a보다 낮다.

ㄴ. ㉠은 ⓐ이다. (○)

➡ 자석의 운동 경로가 a → b일 때와 c → b일 때 모두 자석의 같은 극이 코일에 가까워지고 있으므로, 코일에 흐르는 유도 전류의 방향은 같다. 따라서 ㉠은 ⓐ이다.

ㄷ. 자석이 b에서 c까지 이동하는 동안 자석과 코일 사이에 작용하는 자기력의 크기는 작아진다. (○)

➡ 자석이 b에서 c까지 이동하는 동안 자석의 속력이 점점 감소하므로, 코일에 흐르는 유도 전류의 세기가 작아진다. 유도 전류의 세기가 작을수록 유도 전류에 의한 자기장의 세기가 약해지므로, 자석이 b에서 c까지 이동하는 동안 자석과 코일 사이에 작용하는 자기력의 크기는 작아진다.

24 자성과 전자기 유도 2024학년도 6월 모평 물I 4번

정답 ④ | 정답률 74 %

적용해야 할 개념 ③가지

① 자기화된 강자성체는 외부 자기장을 제거해도 자기화된 상태를 오래 유지한다.
② 자기화된 상자성체는 외부 자기장을 제거하면 자기화된 상태가 사라진다.
③ 자석이 코일에 가까워질 때는 자석에 척력이 작용하는 방향으로, 멀어질 때는 인력이 작용하는 방향으로 유도 전류가 흐른다.

구분	강자성체	상자성체	반자성체
자성	자석에 강하게 끌린다(인력).	자석에 약하게 끌린다(인력).	자석에 약하게 밀린다(척력).
자기화 방향	외부 자기장의 방향	외부 자기장의 방향	외부 자기장의 반대 방향
외부 자기장을 제거할 때	자기화가 오래 유지	자기화가 사라짐.	자기화가 사라짐.

문제 보기

다음은 자성체의 성질을 알아보기 위한 실험이다.

[실험 과정]
(가) 그림과 같이 코일을 고정시키고, 자기화되어 있지 않은 자성체 A, B를 준비한다. A, B는 강자성체, 상자성체를 순서 없이 나타낸 것이다.
(나) 바닥으로부터 같은 높이 h에서 A, B를 각각 가만히 놓아 코일의 중심을 통과하여 바닥에 닿을 때까지의 낙하 시간을 측정한다.
(다) A, B를 강한 외부 자기장으로 자기화시킨 후 꺼내, (나)와 같이 낙하 시간을 측정한다.

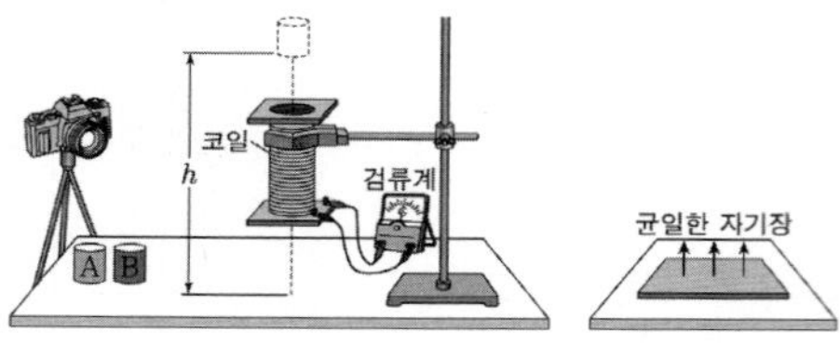

[실험 결과]
→ A: (다)에서 자기화된 상태가 사라짐.
→ A: 상자성체
○ A의 낙하 시간은 (나)에서와 (다)에서가 같다.
○ B의 낙하 시간은 [㉠].
→ B: 강자성체
→ (다)에서 코일에 B의 운동을 방해하는 방향으로 유도 전류가 흐름.
→ ㉠: '(나)에서보다 (다)에서 길다'

이에 대한 설명으로 옳은 것만을 〈보기〉에서 있는 대로 고른 것은?

<보기> 풀이

ㄱ. A는 강자성체이다. (✕)
➡ A의 낙하 시간은 (나)에서와 (다)에서가 같으므로, A는 외부 자기장으로 자기화시킨 후 꺼냈을 때 자기화된 상태가 사라진다. 따라서 A는 상자성체이다.

ㄴ. '(나)에서보다 (다)에서 길다'는 ㉠에 해당한다. (○)
➡ B는 강자성체이므로, 외부 자기장으로 자기화시킨 후 꺼냈을 때 자기화된 상태가 유지된다. (다)에서 자기화된 B가 코일 내부를 통과하는 동안 코일을 통과하는 자기 선속의 변화를 방해하기 위해 코일에 유도 전류가 흐르므로, B의 운동 방향과 반대 방향으로 자기력이 작용하여 B의 낙하 운동을 방해한다. 따라서 '(나)에서보다 (다)에서 길다'는 ㉠에 해당한다.

ㄷ. (다)에서 B가 코일과 가까워지는 동안, 코일과 B 사이에는 서로 밀어내는 자기력이 작용한다. (○)
➡ (다)에서 자기화된 B가 코일과 가까워지는 동안 코일을 통과하는 자기 선속이 증가하며 이를 방해하려는 방향으로 코일에 유도 전류가 흐르므로, 코일과 B 사이에는 서로 밀어내는 자기력이 작용한다.

25 솔레노이드에서의 전자기 유도와 다이오드 2022학년도 9월 모평 물Ⅰ 17번

정답 ⑤ | 정답률 48 %

적용해야 할 개념 ③가지

① 코일과 자석 사이의 상대적인 운동으로 코일을 통과하는 자기 선속의 변화가 생길 때 전류가 유도되는 현상을 전자기 유도라고 하고, 이때 흐르는 전류를 유도 전류라고 한다.
② 자석이 코일 근처에서 움직일 때, 자석의 운동을 방해하는 방향으로 유도 전류가 흐른다.
③ 자석이 코일에 가까워질 때는 자석에 척력이 작용하는 방향으로, 멀어질 때는 인력이 작용하는 방향으로 유도 전류가 흐른다.

자석이 가까워질 때	자석이 멀어질 때
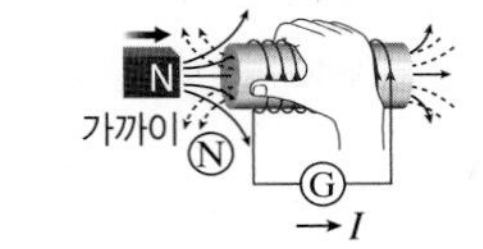 가까이 N G →I	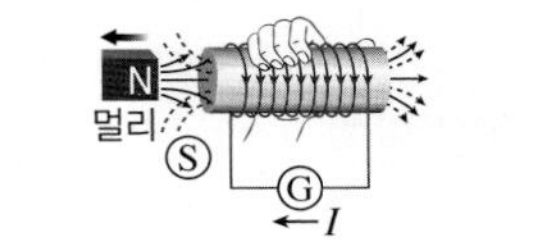 멀리 N S G ←I
척력이 작용하도록 유도 전류가 발생 ➡ 코일 왼쪽에 N극이 형성	인력이 작용하도록 유도 전류가 발생 ➡ 코일 왼쪽에 S극이 형성

문제 보기

다음은 전자기 유도에 대한 실험이다.

[실험 과정]
(가) 그림과 같이 플라스틱 관에 감긴 코일, 저항, p-n 접합 다이오드, 스위치, 검류계가 연결된 회로를 구성한다.
(나) 스위치를 a에 연결하고, 자석의 N극을 아래로 한다.
(다) 관의 중심축을 따라 통과하도록 자석을 점 q에서 가만히 놓고, 자석을 놓은 순간부터 시간에 따른 전류를 측정한다.
(라) 스위치를 b에 연결하고, 자석의 S극을 아래로 한다.
(마) (다)를 반복한다.

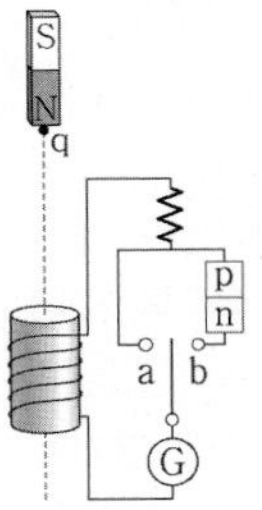

자석의 S극이 코일 위쪽에 가까워질 때
→ 코일 위쪽이 S극이 됨
→ 다이오드에 역방향 전압이 걸림
→ 검류계에 전류가 흐르지 않음

[실험 결과]

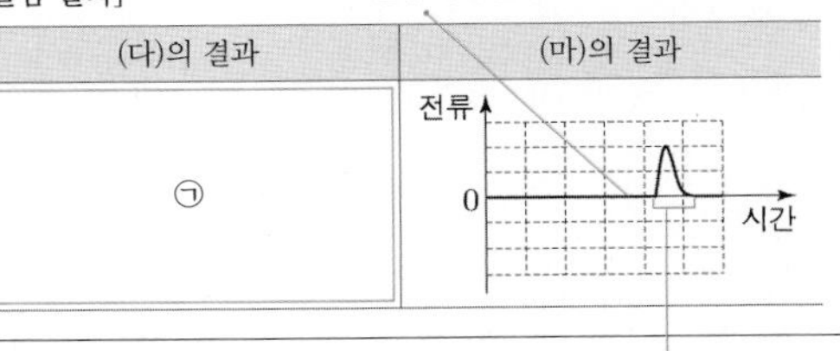

(다)의 결과	(마)의 결과
㉠	(그래프: 전류–시간)

㉠으로 가장 적절한 것은? [3점]

• 자석의 N극이 코일 위쪽에 가까워질 때
→ 코일 위쪽이 N극이 됨
→ 검류계에 ↓방향으로 전류가 흐름: (+)
• 자석의 S극이 코일 아래쪽에서 멀어질 때
→ 코일 아래쪽이 N극이 됨
→ 검류계에 ↑방향으로 전류가 흐름: (−)

자석의 N극이 코일 아래쪽에서 멀어질 때
→ 코일 아래쪽이 S극이 됨
→ 다이오드에 순방향 전압이 걸림
→ 검류계에 ↓방향으로 전류가 흐름: (+)

<보기> 풀이

❶ (마): 스위치가 b에 연결된 상태로 자석의 S극이 코일 위쪽에 가까워질 때, 자석에 척력이 작용하므로 코일 위쪽이 S극이 되도록 유도 기전력이 생긴다. 이때 코일 위쪽이 전원의 (−)극에 해당하므로, 코일에 연결된 다이오드에 역방향 전압이 걸려 전류가 흐르지 않는다. 자석이 관을 통과하여 N극이 코일 아래쪽에서 멀어질 때는 인력이 작용하므로 코일 아래쪽이 S극이 되도록 유도 기전력이 생긴다. 이때 코일 아래쪽이 전원의 (−)극에 해당하므로, 코일에 연결된 다이오드에 순방향 전압이 걸려 전류가 흐르며 검류계에는 위에서 아래 방향(↓)으로 전류가 흐른다. 실험 결과에서 검류계에 위에서 아래 방향(↓)으로 전류가 흐를 때 전류는 양(+)의 값을 갖는다.

❷ (다): 스위치가 a에 연결된 상태로 자석의 N극이 코일 위쪽에 가까워질 때, 자석에 척력이 작용하므로 코일 위쪽이 N극이 되도록 유도 기전력이 생긴다. 이때 검류계에 위에서 아래 방향(↓)으로 전류가 흐르므로 전류는 양(+)의 값이다. 자석이 관을 통과하여 자석의 S극이 코일의 아래쪽에서 멀어질 때는 인력이 작용하므로 코일 아래쪽이 N극이 되도록 유도 기전력이 생긴다. 이때 검류계에는 아래에서 윗방향(↑)으로 전류가 흐르므로 전류는 음(−)의 값이다. 따라서 (다)의 결과 ㉠으로 가장 적절한 그래프는 ⑤이다.

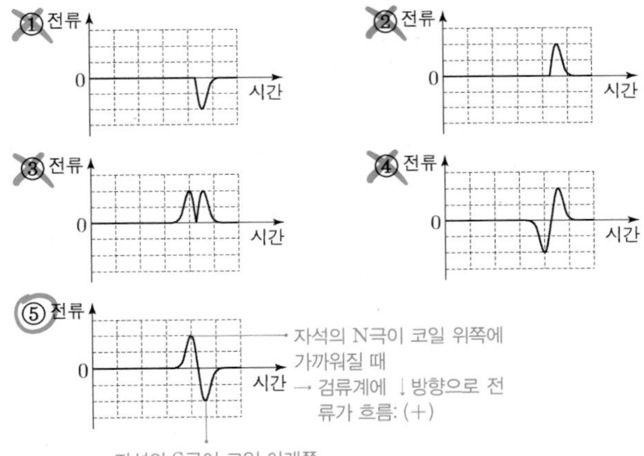

⑤
자석의 N극이 코일 위쪽에 가까워질 때 → 검류계에 ↓방향으로 전류가 흐름: (+)
자석의 S극이 코일 아래쪽에서 멀어질 때 → 검류계에 ↑방향으로 전류가 흐름: (−)

26 솔레노이드에서의 전자기 유도 2023학년도 10월 학평 물I 5번

정답 ① | 정답률 86 %

적용해야 할 개념 ③가지

① 코일과 자석 사이의 상대적인 운동으로 코일을 통과하는 자기 선속의 변화가 생길 때 전류가 유도되는 현상을 전자기 유도라 하고, 이때 흐르는 전류를 유도 전류라고 한다.

② 유도 전류의 세기는 자석이 빠르게 운동할수록, 자석의 세기가 셀수록, 코일의 감은 수가 많을수록 크다.

③ 자석이 코일 근처에서 움직일 때 자석의 운동을 방해하는 방향으로 코일에 유도 전류가 흐른다.

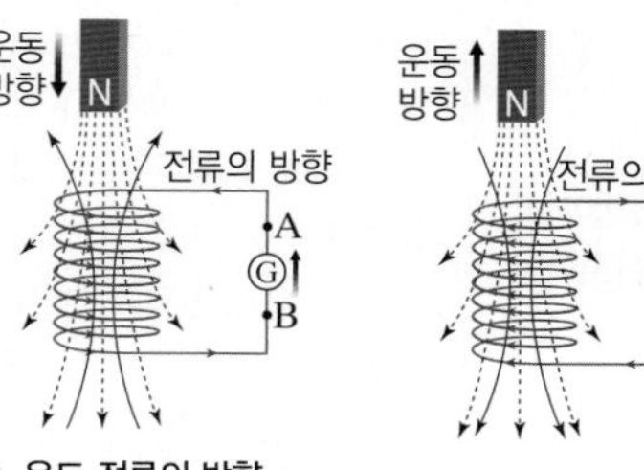

▲ 유도 전류의 방향

문제 보기

다음은 전자기 유도에 대한 실험이다.

[실험 과정]

(가) 그림과 같이 코일 P, Q를 서로 연결하고, 자기장 측정 앱이 실행 중인 스마트폰을 P 위에 놓는다.

(나) 자석의 N극을 Q의 윗면까지 일정한 속력으로 접근시키면서 스마트폰으로 자기장의 세기를 측정한다.

(다) (나)에서 자석의 속력만 ㉠ 하여 자기장의 세기를 측정한다.

자석이 코일에 접근할 때
→ Q와 P에 유도 전류가 흐름.
→ 자석과 Q 사이에 서로 미는 자기력이 작용

P 도선 Q

[실험 결과]

과정	(나)	(다)
자기장의 세기의 최댓값	B_0	$1.7B_0$

유도 전류에 의한 자기장의 세기: (나)<(다)
→ 유도 전류의 세기: (나)<(다)
→ 자석의 속력: (나)<(다)

이에 대한 옳은 설명만을 〈보기〉에서 있는 대로 고른 것은? (단, 스마트폰은 P의 전류에 의한 자기장의 세기만 측정한다.)

<보기> 풀이

ㄱ. 자석이 Q에 접근할 때, P에 전류가 흐른다.

➡ 자석이 코일 근처에서 운동할 때 코일에 유도 전류가 흐르므로, 자석이 Q에 접근할 때 Q에 유도 전류가 흐르고 Q와 연결된 P에도 전류가 흐른다.

ㄴ. '작게'는 ㉠에 해당한다.

➡ P에 흐르는 전류에 의해 만들어지는 자기장의 세기는 (다)에서가 (나)에서보다 크므로, P와 Q에 흐르는 전류의 세기는 (다)에서가 (나)에서보다 크다. 자석이 움직이는 속력이 클수록 Q에 흐르는 유도 전류의 세기가 크므로, 자석의 속력은 (다)에서가 (나)에서보다 크다. 따라서 ㉠은 '크게'이다.

ㄷ. (나)에서 자석과 Q 사이에는 서로 당기는 자기력이 작용한다.

➡ 유도 전류는 자석의 운동을 방해하는 방향으로 흐르므로, (나)에서 자석이 코일 Q에 접근하는 동안 자석과 Q 사이에는 서로 미는 자기력이 작용한다.

20 일차

01 ④	02 ③	03 ①	04 ⑤	05 ①	06 ⑤	07 ③	08 ②	09 ①	10 ④	11 ③	12 ⑤
13 ②	14 ③	15 ②	16 ⑤	17 ③	18 ⑤	19 ④	20 ⑤	21 ⑤	22 ③	23 ②	24 ⑤
25 ①	26 ③	27 ③	28 ③	29 ③	30 ②	31 ④	32 ⑤				

문제편 198쪽~205쪽

01 원형 도선에서의 전자기 유도 2022학년도 4월 학평 물Ⅰ 14번

정답 ④ | 정답률 70 %

적용해야 할 개념 ③가지

① 코일과 자석 사이의 상대적인 운동으로 코일을 통과하는 자기 선속의 변화가 생길 때 전류가 유도되는 현상을 전자기 유도라고 하고, 이때 흐르는 전류를 유도 전류라고 한다.
② 자석이 코일 근처에서 움직일 때 자석의 운동을 방해하는 방향으로 유도 전류가 흐른다.
③ 자석이 코일에 가까워질 때는 자석에 척력이 작용하는 방향으로, 멀어질 때는 인력이 작용하는 방향으로 유도 전류가 흐른다.

자석이 코일에 가까워질 때	자석이 코일에서 멀어질 때
N, 가까이, Ⓝ, Ⓖ, → I	N, 멀리, Ⓢ, Ⓖ, ← I
척력이 작용하도록 유도 전류가 발생 ➡ 코일 왼쪽에 N극이 형성	인력이 작용하도록 유도 전류가 발생 ➡ 코일 왼쪽에 S극이 형성

문제 보기

그림과 같이 N극이 아래로 향한 자석이 금속 고리의 중심축을 따라 운동하여 점 p, q를 지난다. p, q로부터 고리의 중심까지의 거리는 서로 같다. 고리에 흐르는 유도 전류의 세기는 자석이 p를 지날 때가 q를 지날 때보다 작다.

└→ 유도 전류의 세기∝자석의 속력
→ 자석의 속력: p<q

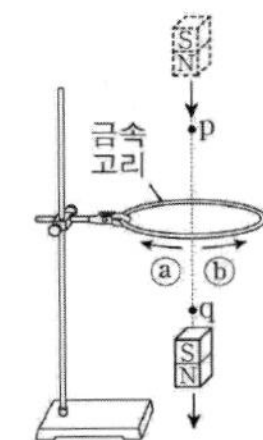

자석이 p를 지날 때
→ 자석에 척력이 작용
→ 고리의 위쪽에 유도 전류에 의한 자기장 N극이 생김. → 유도 전류: ⓑ방향

자석이 q를 지날 때
→ 자석에 인력이 작용
→ 고리의 아래쪽에 유도 전류에 의한 자기장 N극이 생김. → 유도 전류: ⓐ방향

이에 대한 설명으로 옳은 것만을 〈보기〉에서 있는 대로 고른 것은? (단, 자석의 크기는 무시한다.)

<보기> 풀이

ㄱ. 자석이 p를 지날 때 고리에 흐르는 유도 전류의 방향은 ⓐ방향이다. (×)

➡ 자석이 p를 지날 때 자석의 N극이 고리에 가까워지므로 자석에 척력이 작용하는 방향으로, 즉 고리 위쪽에 유도 전류에 의한 자기장의 N극이 생기는 방향으로 유도 전류가 흐른다. 따라서 자석이 p를 지날 때 고리에 흐르는 유도 전류의 방향은 ⓑ방향이다.

ㄴ. 자석이 p를 지날 때의 속력은 자석이 q를 지날 때의 속력보다 작다. (○)

➡ 고리 중심으로부터 거리가 같은 지점을 지날 때, 자석의 속력이 클수록 유도 전류의 세기가 크다. 유도 전류의 세기는 자석이 p를 지날 때가 q를 지날 때보다 작으므로, 자석이 p를 지날 때의 속력은 자석이 q를 지날 때의 속력보다 작다.

ㄷ. 자석이 q를 지날 때 고리와 자석 사이에는 당기는 자기력이 작용한다. (○)

➡ 자석이 q를 지날 때 자석의 S극이 고리에서 멀어지므로 자석에 인력이 작용하는 방향으로, 즉 고리 아래쪽에 유도 전류에 의한 자기장의 N극이 생기는 방향으로 유도 전류가 흐른다. 따라서 자석이 q를 지날 때 유도 전류가 ⓐ방향으로 흐르며, 고리와 자석 사이에는 당기는 자기력이 작용한다.

02 원형 도선에서의 전자기 유도 2019학년도 4월 학평 물Ⅰ 7번

정답 ③ | 정답률 56 %

적용해야 할 개념 ②가지

① 코일을 통과하는 아래 방향의 자기 선속이 증가할 때는 이를 방해하기 위해 위 방향의 자기 선속이 만들어지는 방향으로 유도 전류가 흐른다.

② 코일을 통과하는 위 방향의 자기 선속이 증가할 때는 이를 방해하기 위해 아래 방향의 자기 선속이 만들어지는 방향으로 유도 전류가 흐른다.

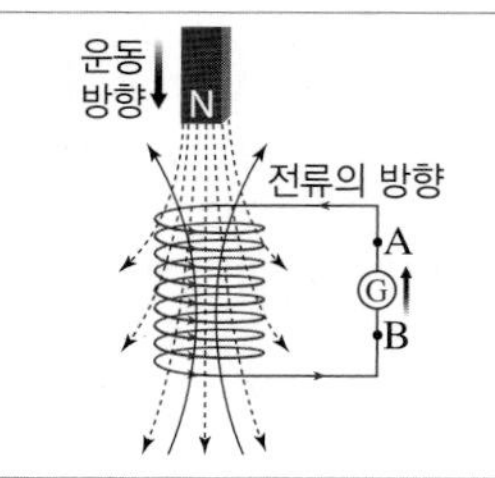

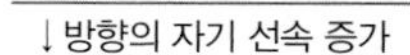

↓방향의 자기 선속 증가
➡ ↑방향의 자기 선속이 만들어지도록 유도 전류가 흐른다.

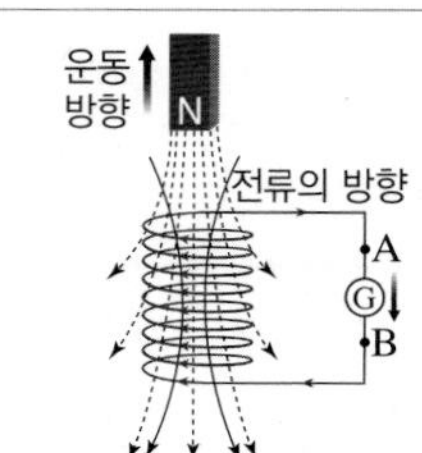

↑방향의 자기 선속 증가
➡ ↓방향의 자기 선속이 만들어지도록 유도 전류가 흐른다.

문제 보기

그림과 같이 솔레노이드와 금속 고리를 고정한 후, 솔레노이드에 흐르는 전류의 세기를 증가시켰더니 금속 고리에 a 방향으로 유도 전류가 흐른다.

고리 중심부에 위쪽 방향의 자기 선속이 형성 → 고리를 통과하는 아래쪽 방향의 자기 선속(솔레노이드에 흐르는 전류에 의한 자기 선속) 증가

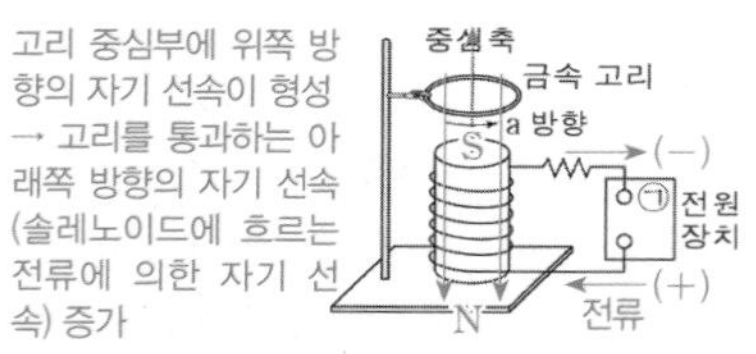

이에 대한 설명으로 옳은 것만을 〈보기〉에서 있는 대로 고른 것은?

<보기> 풀이

ㄱ. 금속 고리를 통과하는 솔레노이드에 흐르는 전류에 의한 자기 선속은 증가한다.
➡ 솔레노이드에 흐르는 전류의 세기가 증가할수록 솔레노이드 자기장의 세기가 세지므로, 금속 고리를 통과하는 자기 선속은 증가한다.

ㄴ. 전원 장치의 단자 ㉠은 (−)극이다.
➡ 고리에 흐르는 유도 전류의 방향은 솔레노이드에 흐르는 전류에 의한 자기 선속의 변화를 방해하는 방향으로 흐른다. 금속 고리에 a 방향으로 유도 전류가 흐르므로 고리 중심에 위쪽 방향의 자기 선속이 형성된다. 이것으로 보아 고리를 통과하는 아래쪽 방향의 자기 선속이 증가하고 있음을 알 수 있다. 따라서 전원 장치의 단자 ㉠은 (−)극이다.

ㄷ. 금속 고리와 솔레노이드 사이에는 당기는 자기력이 작용한다.
➡ 금속 고리에 흐르는 유도 전류에 의한 자기장의 방향과 솔레노이드에 흐르는 전류에 의한 자기장의 방향은 서로 반대 방향이므로, 유도 전류가 흐르는 금속 고리와 솔레노이드 사이에는 서로 미는 자기력이 작용한다.

03 원형 도선에서의 전자기 유도 2022학년도 10월 학평 물Ⅰ 5번

정답 ① | 정답률 44 %

적용해야 할 개념 ③가지

① 코일과 자석 사이의 상대적인 운동으로 코일을 통과하는 자기 선속의 변화가 생길 때 전류가 유도되는 현상을 전자기 유도라고 하고, 이때 흐르는 전류를 유도 전류라고 한다.

② 자석이 코일 근처에서 움직일 때 자석의 운동을 방해하는 방향으로 유도 전류가 흐른다.

③ 자석이 코일에 가까워질 때는 자석에 척력이 작용하는 방향으로, 멀어질 때는 인력이 작용하는 방향으로 유도 전류가 흐른다.

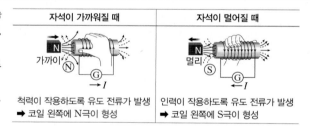

자석이 가까워질 때	자석이 멀어질 때
N, 가까이, Ⓝ, G, → I	N, 멀리, Ⓢ, G, ← I
척력이 작용하도록 유도 전류가 발생 ➡ 코일 왼쪽에 N극이 형성	인력이 작용하도록 유도 전류가 발생 ➡ 코일 왼쪽에 S극이 형성

문제 보기

그림은 동일한 원형 자석 A, B를 플라스틱 통의 양쪽에 고정하고 플라스틱 통 바깥쪽에서 금속 고리를 오른쪽 방향으로 등속 운동시키는 모습을 나타낸 것이다. 금속 고리가 플라스틱 통의 왼쪽 끝에서 오른쪽 끝까지 운동하는 동안 금속 고리에 흐르는 유도 전류의 방향은 화살표 방향으로 일정하다.

• 고리가 자석 A로부터 멀어질 때
→ 고리에 인력이 작용
• 고리의 왼쪽: S극
→ 자석 A의 오른쪽 면: N극

• 고리가 자석 B에 가까워질 때
→ 고리에 척력이 작용
• 고리의 오른쪽: N극
→ 자석 B의 왼쪽 면: N극

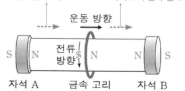

운동 방향
S N 전류 방향 S N N S
자석 A 금속 고리 자석 B

이에 대한 옳은 설명만을 〈보기〉에서 있는 대로 고른 것은? [3점]

<보기> 풀이

오른손의 엄지손가락이 금속 고리에 흐르는 유도 전류의 방향으로 가리키도록 했을 때, 나머지 네 손가락을 감아쥐는 방향이 고리 내부에서의 유도 전류에 의한 자기장의 방향이다. 따라서 금속 고리의 왼쪽에 S극이 형성되고 오른쪽에 N극이 형성된다.

ㄱ. A의 오른쪽 면은 N극이다.
➡ 금속 고리가 자석 A로부터 멀어지는 방향으로 운동할 때 금속 고리에 인력이 작용하는 방향으로 유도 전류가 흐른다. 이때 금속 고리의 왼쪽에 S극이 유도되므로, A의 오른쪽 면은 N극이다.

ㄴ. B의 오른쪽 면은 N극이다.
➡ 금속 고리가 자석 B에 가까워지는 방향으로 운동할 때 금속 고리에 척력이 작용하는 방향으로 유도 전류가 흐른다. 이때 금속 고리의 오른쪽에 N극이 유도되므로, B의 왼쪽 면은 N극이다. 따라서 B의 오른쪽 면은 S극이다.

ㄷ. 금속 고리를 통과하는 자기 선속은 일정하다.
➡ 코일을 통과하는 자기 선속의 변화가 생길 때 유도 전류가 흐르므로, 금속 고리가 운동하는 동안 금속 고리를 통과하는 자기 선속은 계속 변한다.

04	원형 도선에서의 전자기 유도 2019학년도 9월 모평 물I 10번	정답 ⑤ | 정답률 72 %

적용해야 할 개념 ③가지

① 자석을 코일 위에서 떨어뜨릴 때 코일을 통과하는 자기 선속에 변화가 생기므로, 전자기 유도 현상이 일어나 유도 전류가 흐른다.
② 자석이 코일에 가까워질 때는 자석에 척력이 작용하는 방향으로, 멀어질 때는 인력이 작용하는 방향으로 유도 전류가 흐른다.
③ 물체의 가속도는 알짜힘에 비례하므로, 알짜힘이 일정할 때 가속도도 일정하다.

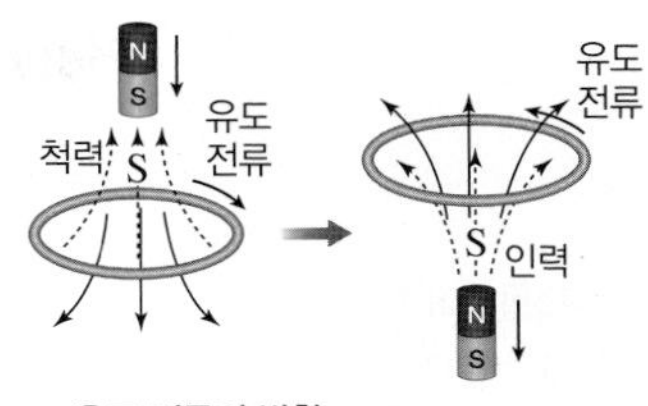

▲ 유도 전류의 방향

문제 보기

그림 (가)는 경사면에 금속 고리를 고정하고, 자석을 점 p에 가만히 놓았을 때 자석이 점 q를 지나는 모습을 나타낸 것이다. 그림 (나)는 (가)에서 극의 방향을 반대로 한 자석을 p에 가만히 놓았을 때 자석이 q를 지나는 모습을 나타낸 것이다. (가), (나)에서 자석은 금속 고리의 중심을 지난다.

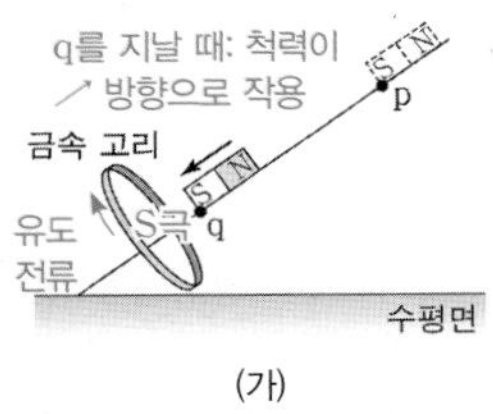

(가)

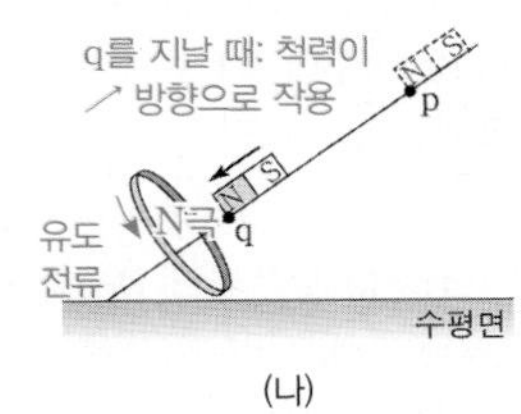

(나)

이에 대한 설명으로 옳은 것만을 <보기>에서 있는 대로 고른 것은? (단, 모든 마찰과 공기 저항은 무시한다.) [3점]

<보기> 풀이

ㄱ. (가)에서 자석은 p에서 q까지 등가속도 운동을 한다.
➡ (가)에서 자석이 p에서 q까지 운동하는 동안 고리에 유도 전류가 흐르고, 유도 전류에 의한 자기력이 자석의 운동을 방해한다. 이때 유도 전류의 세기가 점점 증가하므로 자석과 고리 사이에 작용하는 척력의 크기가 증가한다. 자석에 작용하는 중력과 자기력의 합력이 일정하지 않으므로, 자석의 운동은 등가속도 운동이 아니다.

ㄴ. 자석이 q를 지날 때 자석에 작용하는 자기력의 방향은 (가)에서와 (나)에서가 서로 같다.
➡ 자석이 접근할 때 고리와 자석 사이에는 척력이 작용하는 방향으로 유도 전류가 흐르므로, (가)와 (나)에서 자석이 q를 지날 때 자석에 모두 빗면 위 방향으로 척력이 작용한다. 따라서 자석이 q를 지날 때 자석에 작용하는 자기력의 방향은 (가)에서와 (나)에서가 서로 같다.

ㄷ. 자석이 q를 지날 때 금속 고리에 유도되는 전류의 방향은 (가)에서와 (나)에서가 서로 반대이다.
➡ 자석이 q를 지날 때 (가)에서는 금속 고리의 윗면에 자기장의 S극이 형성되는 방향으로 유도 전류가 흐르고, (나)에서는 자석이 q를 지날 때 금속 고리의 윗면에 자기장의 N극이 형성되는 방향으로 유도 전류가 흐른다. 따라서 자석이 q를 지날 때 금속 고리에 유도되는 전류의 방향은 (가)에서와 (나)에서가 서로 반대이다.

05	움직이는 도선에 생기는 전자기 유도 2021학년도 3월 학평 물I 3번	정답 ① | 정답률 74 %

적용해야 할 개념 ②가지

① 자기 선속(Φ)은 어떤 단면을 수직으로 통과하는 자기장의 세기(B)와 면적(A)의 곱($\Phi = BA$)이며, 자기 선속이 변할 때는 코일을 통과하는 자기장의 세기가 변하거나 코일을 통과하는 자기장 영역의 면적이 변할 때이다.
② 코일을 통과하는 자기 선속의 변화가 있을 때 코일에 전류가 유도되는 현상을 전자기 유도라고 하고, 이때 흐르는 전류를 유도 전류라고 한다.

문제 보기

그림은 xy 평면에 수직인 방향의 자기장 영역에서 정사각형 금속 고리 A, B, C가 각각 $+x$ 방향, $-y$ 방향, $+y$ 방향으로 직선 운동하고 있는 순간의 모습을 나타낸 것이다. 자기장 영역에서 자기장은 일정하고 균일하다.

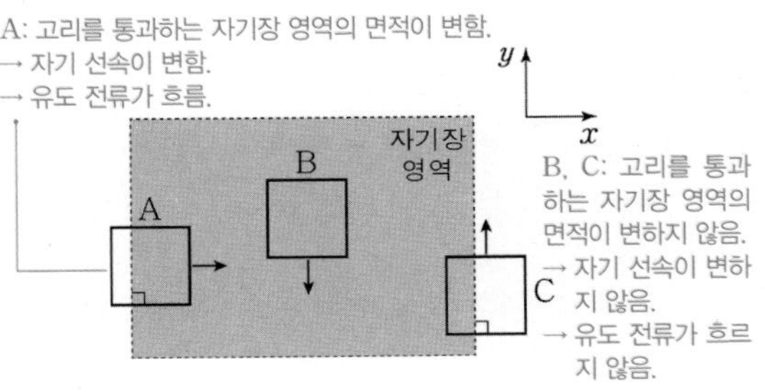

A: 고리를 통과하는 자기장 영역의 면적이 변함.
→ 자기 선속이 변함.
→ 유도 전류가 흐름.
y
x
자기장 영역
A
B
C
B, C: 고리를 통과하는 자기장 영역의 면적이 변하지 않음.
→ 자기 선속이 변하지 않음.
→ 유도 전류가 흐르지 않음.

유도 전류가 흐르는 고리만을 있는 대로 고른 것은? (단, A, B, C 사이의 상호 작용은 무시한다.) [3점]

<보기> 풀이

코일을 통과하는 자기 선속이 변할 때 전자기 유도 현상이 일어나 유도 전류가 흐른다. 자기 선속은 어떤 단면을 수직으로 통과하는 자기장의 세기와 면적의 곱이므로, 자기 선속이 변할 때는 코일을 통과하는 자기장의 세기가 변하거나 자기장 영역의 면적이 변할 때이다. 고리 A가 운동할 때 고리를 통과하는 자기장 영역의 면적이 시간에 따라 변하며, 고리 B와 C가 운동할 때는 고리를 통과하는 자기장 영역의 면적이 시간에 따라 변하지 않는다. 따라서 A에서만 유도 전류가 흐른다.

① A ② B ③ A, C ④ B, C ⑤ A, B, C

06 움직이는 도선에 생기는 전자기 유도 2025학년도 6월 모평 물I 18번

정답 ⑤ | 정답률 50 %

적용해야 할 개념 ③가지

① 코일을 통과하는 자기 선속의 변화가 생길 때 전류가 유도되는 현상을 전자기 유도라 하고, 이때 흐르는 전류를 유도 전류라고 한다.

② 자기 선속(Φ)은 어떤 단면을 수직으로 통과하는 자기장의 세기(B)와 면적(A)의 곱($\Phi = BA$)이며, 자기 선속이 변할 때는 코일을 통과하는 자기장의 세기가 변하거나 코일을 통과하는 자기장 영역의 면적이 변할 때이다.

③ 유도 전류의 세기는 유도 기전력의 크기에 비례하며, 유도 전류의 방향은 코일을 통과하는 자기 선속의 변화를 방해하는 방향이다.

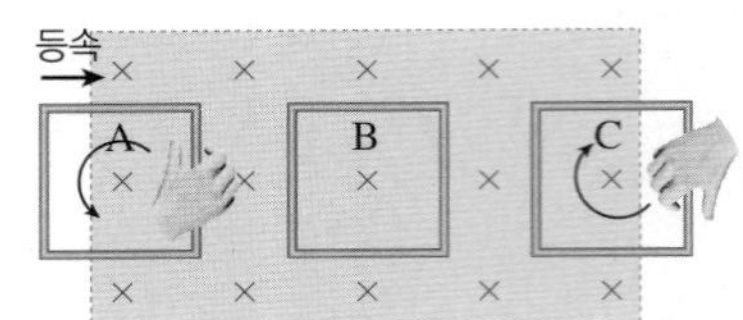

구분	A	B	C
자기 선속 변화	종이면에 수직으로 들어가는 방향(⊗)의 자기 선속 증가	없음	종이면에 수직으로 들어가는 방향(⊗)의 자기 선속 감소
유도 전류에 의한 자기장	종이면에서 수직으로 나오는 방향(⊙)	•	종이면에 수직으로 들어가는 방향(⊗)
유도 전류의 방향	시계 반대 방향	•	시계 방향

문제 보기

그림과 같이 두 변의 길이가 각각 d, $2d$인 동일한 직사각형 금속 고리 A, B가 xy평면에서 $+x$방향으로 등속도 운동하며 균일한 자기장 영역 Ⅰ, Ⅱ를 지난다. Ⅰ, Ⅱ에서 자기장의 방향은 xy평면에 수직이고 세기는 각각 일정하다. A, B의 속력은 같고, 점 p, q는 각각 A, B의 한 지점이다. 표는 p의 위치에 따라 p에 흐르는 유도 전류의 세기와 방향을 나타낸 것이다.

• p: $x=3.5d$일 때
→ Ⅰ의 자기 선속 감소
→ 같은 방향('×')의 자기 선속이 생기도록 유도 전류가 흐름.
→ p에 흐르는 유도 전류의 방향: $-y$방향

자기장 영역을 통과할 때
→ 면적 변화율: A<B

• Ⅰ의 자기 선속이 증가
→ 유도 전류에 의한 자기 선속 방향: •
→ Ⅰ의 자기장의 방향: ×

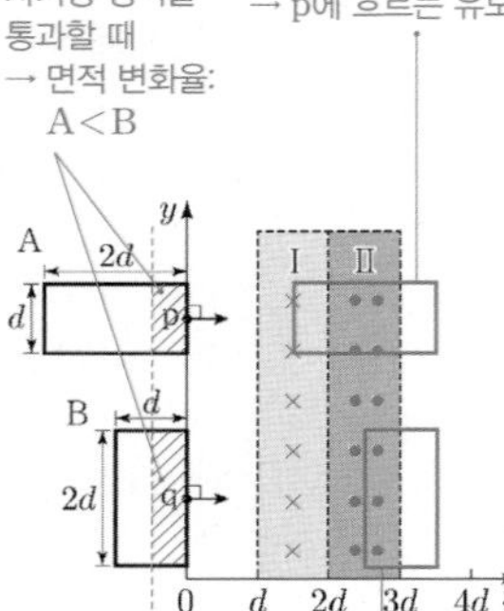

p의 위치	p에 흐르는 유도 전류 세기	방향
$x=1.5d$	I_0	$+y$
$x=2.5d$	$2I_0$	$-y$

• q: $x=3.5d$일 때
→ Ⅱ의 자기 선속 감소
→ 같은 방향(•)의 자기 선속이 생기도록 유도 전류가 흐름.
→ q에 흐르는 유도 전류의 방향: $+y$방향

Ⅱ의 자기 선속이 증가
→ 유도 전류에 의한 자기 선속 방향: ×
→ Ⅱ의 자기장의 방향: •

이에 대한 설명으로 옳은 것만을 〈보기〉에서 있는 대로 고른 것은? (단, A와 B의 상호 작용은 무시한다.) [3점]

<보기> 풀이

• p의 위치가 $x=1.5d$일 때 A를 통과하는 Ⅰ의 자기 선속의 증가에 의해 유도 전류가 흐른다. 이때 흐르는 유도 전류는 자기 선속의 증가를 방해하기 위해 Ⅰ의 자기 선속의 방향과 반대 방향의 자기 선속을 만드는 방향으로 흐른다. p에 흐르는 유도 전류($+y$방향)에 의한 자기 선속의 방향은 xy평면에서 수직으로 나오는 방향(•)이므로, Ⅰ의 자기장의 방향은 xy평면에 수직으로 들어가는 방향(×)이다.

• p의 위치가 $x=2.5d$일 때 A를 통과하는 Ⅱ의 자기 선속의 증가에 의해 유도 전류가 흐른다. 이때 흐르는 유도 전류는 자기 선속의 증가를 방해하기 위해 Ⅱ의 자기 선속의 방향과 반대 방향의 자기 선속을 만드는 방향으로 흐른다. p에 흐르는 유도 전류($-y$방향)에 의한 자기 선속의 방향은 xy평면에 수직으로 들어가는 방향(×)이므로, Ⅱ의 자기장의 방향은 xy평면에서 수직으로 나오는 방향(•)이다.

• 유도 전류의 세기는 p의 위치가 $x=2.5d$일 때가 $x=1.5d$일 때의 2배이므로, 자기장의 세기는 Ⅱ가 Ⅰ의 2배이다.

ㄱ. p의 위치가 $x=3.5d$일 때, A에 흐르는 유도 전류의 세기는 I_0이다.

➡ p의 위치가 $x=1.5d$일 때와 $x=3.5d$일 때 모두 A를 통과하는 Ⅰ의 자기 선속의 변화에 의해 유도 전류가 흐른다. 따라서 A에 흐르는 유도 전류의 세기는 $x=1.5d$일 때와 $x=3.5d$일 때가 같으므로, p의 위치가 $x=3.5d$일 때 A에 흐르는 유도 전류의 세기는 I_0이다.

ㄴ. q의 위치가 $x=2.5d$일 때, B에 흐르는 유도 전류의 세기는 $3I_0$보다 크다.

➡ q의 위치가 $x=2.5d$일 때 B를 통과하는 Ⅰ의 '×' 방향의 자기 선속의 감소와 Ⅱ의 '•' 방향의 자기 선속의 증가에 의해 유도 전류가 흐른다. 따라서 Ⅰ의 자기 선속 감소에 의한 유도 전류의 방향과 Ⅱ의 자기 선속 증가에 의한 유도 전류의 방향이 같다. 이때 B를 통과하는 자기장 영역의 면적 변화율은 A의 경우보다 크므로, B에 흐르는 유도 전류의 세기는 $3I_0$보다 크다.

ㄷ. p와 q의 위치가 $x=3.5d$일 때, p와 q에 흐르는 유도 전류의 방향은 서로 반대이다.

➡ p의 위치가 $x=3.5d$일 때 A를 통과하는 Ⅰ의 '×' 방향의 자기 선속의 감소에 의해 p에는 유도 전류가 $-y$방향으로 흐르고, q의 위치가 $x=3.5d$일 때 B를 통과하는 '•' 방향의 자기 선속의 감소에 의해 q에는 유도 전류가 $+y$방향으로 흐른다. 따라서 p와 q의 위치가 $x=3.5d$일 때, p와 q에 흐르는 유도 전류의 방향은 서로 반대이다.

07 움직이는 도선에 생기는 전자기 유도 2024학년도 5월 학평 물I 18번

정답 ③ | 정답률 47 %

적용해야 할 개념 ③가지

① 코일을 통과하는 자기 선속의 변화가 생길 때 전류가 유도되는 현상을 전자기 유도라 하고, 이때 흐르는 전류를 유도 전류라고 한다.

② 자기 선속(Φ)은 어떤 단면을 수직으로 통과하는 자기장의 세기(B)와 면적(A)의 곱($\Phi = BA$)이며, 자기 선속이 변할 때는 코일을 통과하는 자기장의 세기가 변하거나 코일을 통과하는 자기장 영역의 면적이 변할 때이다.

③ 유도 전류의 세기는 유도 기전력의 크기에 비례하며, 유도 전류의 방향은 코일을 통과하는 자기 선속의 변화를 방해하는 방향이다.

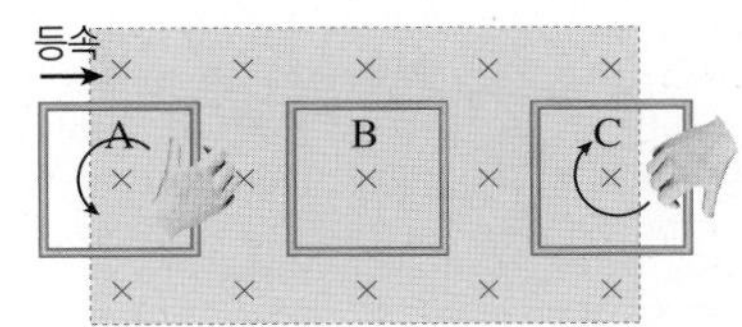

구분	A	B	C
자기 선속 변화	종이면에 수직으로 들어가는 방향(⊗)의 자기 선속 증가	없음	종이면에 수직으로 들어가는 방향(⊗)의 자기 선속 감소
유도 전류에 의한 자기장	종이면에서 수직으로 나오는 방향(⊙)	•	종이면에 수직으로 들어가는 방향(⊗)
유도 전류의 방향	시계 반대 방향	•	시계 방향

문제 보기

그림과 같이 한 변의 길이가 $6d$인 직사각형 금속 고리가 xy평면에서 균일한 자기장 영역 Ⅰ, Ⅱ, Ⅲ을 $+x$방향으로 등속도 운동하며 지난다. Ⅰ, Ⅱ, Ⅲ에서 자기장의 세기는 일정하고, Ⅰ에서 자기장의 방향은 xy평면에 수직이다. 금속 고리의 점 p가 $x=5d$를 지날 때와 $x=8d$를 지날 때 p에 흐르는 유도 전류의 세기와 방향은 같다.

→ '×' 방향의 자기 선속이 생기도록 유도 전류가 흐름.
→ p에 흐르는 유도 전류의 방향: $-y$방향

p가 $x=8d$를 지날 때
→ '×' 방향의 자기 선속이 생기도록 유도 전류가 흐름.
→ Ⅰ과 Ⅲ에서 '×' 방향의 자기 선속이 감소
→ Ⅰ의 자기장의 방향: '×' 방향
→ Ⅰ의 자기장의 세기 > Ⅲ의 자기장의 세기

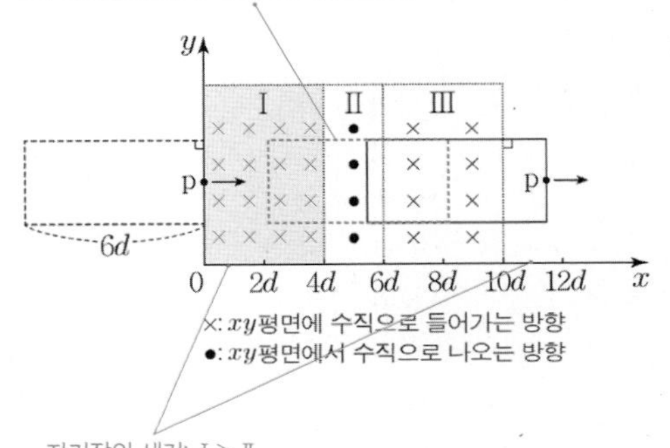

자기장의 세기: Ⅰ > Ⅱ
→ 단위 시간당 자기 선속의 변화: p가 $x=2d$를 지날 때 > p가 $x=11d$를 지날 때
→ 유도 전류의 세기: p가 $x=2d$를 지날 때 > p가 $x=11d$를 지날 때

이에 대한 설명으로 옳은 것만을 〈보기〉에서 있는 대로 고른 것은?
[3점]

보기

<보기> 풀이

p가 $x=5d$를 지날 때 고리를 통과하는 Ⅱ의 자기 선속의 변화에 의해 유도 전류가 흐른다. 즉, xy평면에서 수직으로 나오는 방향(•)의 자기 선속이 증가하므로, 자기 선속의 증가를 방해하기 위해 xy평면에 수직으로 들어가는 방향(×)의 자기 선속이 만들어지도록 p에 $-y$방향으로 유도 전류가 흐른다. p가 $x=8d$를 지날 때는 고리를 통과하는 Ⅰ의 자기 선속의 변화와 Ⅲ의 자기 선속의 변화에 의해 유도 전류가 흐른다. 이때 p에 흐르는 유도 전류의 방향은 p가 $x=5d$를 지날 때와 같으므로, xy평면에 수직으로 들어가는 방향(×)의 자기 선속이 만들어지도록 유도 전류가 흐른다. 따라서 Ⅰ과 Ⅲ에서 xy평면에 수직으로 들어가는 방향(×)의 자기 선속이 감소해야 하므로, Ⅰ의 자기장의 방향은 Ⅲ과 같고, Ⅰ의 자기장의 세기는 Ⅲ보다 크다.

ㄱ. 자기장의 세기는 Ⅰ에서가 Ⅲ에서보다 크다.

➡ Ⅰ의 자기장의 세기는 Ⅲ의 자기장의 세기보다 크다.

ㄴ. Ⅰ에서 자기장의 방향은 xy평면에서 수직으로 나오는 방향이다.

➡ Ⅰ의 자기장의 방향은 Ⅲ의 자기장의 방향과 같으므로 xy평면에 수직으로 들어가는 방향이다.

ㄷ. p에 흐르는 유도 전류의 세기는 p가 $x=2d$를 지날 때가 $x=11d$를 지날 때보다 크다.

➡ p가 $x=5d$를 지날 때 Ⅱ의 단위 시간당 자기 선속의 변화는 p가 $x=8d$를 지날 때 Ⅰ과 Ⅲ의 단위 시간당 자기 선속 변화와 같으므로, 자기장의 세기는 Ⅰ에서가 Ⅱ에서보다 크다. 따라서 p가 $x=2d$를 지날 때 Ⅰ에 의한 자기 선속의 변화는 $x=11d$를 지날 때 Ⅱ에 의한 자기 선속의 변화보다 크므로, p에 흐르는 유도 전류의 세기는 p가 $x=2d$를 지날 때가 $x=11d$를 지날 때보다 크다.

08 자기장의 변화에 의한 전자기 유도 2024학년도 6월 모평 물I 13번

정답 ② | 정답률 60 %

적용해야 할 개념 ③가지

① 자기 선속(Φ)은 어떤 단면을 수직으로 통과하는 자기장의 세기와 면적의 곱($\Phi=BA$)이며, 자기 선속이 변할 때는 코일을 통과하는 자기장의 세기가 변하거나 코일을 통과하는 자기장 영역의 면적이 변할 때이다.

② 유도 기전력(V)는 솔레노이드를 통과하는 자기 선속의 시간적 변화율$\left(\frac{\Delta\Phi}{\Delta t}\right)$에 비례하고, 도선을 감은 수 N에 비례한다.

⇒ $V=-N\frac{\Delta\Phi}{\Delta t}$

③ 유도 전류의 세기는 유도 기전력의 크기에 비례하며, 유도 전류의 방향은 코일을 통과하는 자기 선속의 변화를 방해하는 방향으로 흐른다.

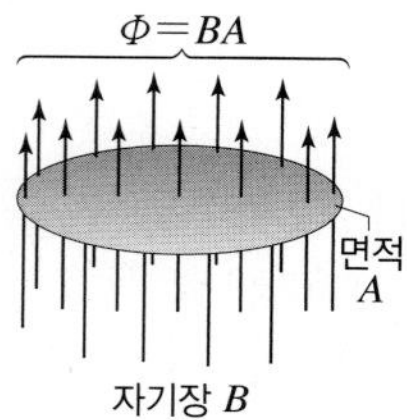

▲ 자기 선속(Φ)

문제 보기

그림 (가)는 균일한 자기장 영역 Ⅰ, Ⅱ가 있는 xy평면에 한 변의 길이가 $2d$인 정사각형 금속 고리가 고정되어 있는 것을 나타낸 것이다. Ⅰ의 자기장의 세기는 B_0으로 일정하고, Ⅱ의 자기장의 세기 B는 그림 (나)와 같이 시간에 따라 변한다.

1초일 때:
Ⅰ의 자기장의 세기 일정, Ⅱ의 자기장의 세기가 변함.
→ 고리를 통과하는 자기 선속이 변함.
→ 유도 전류가 흐름.

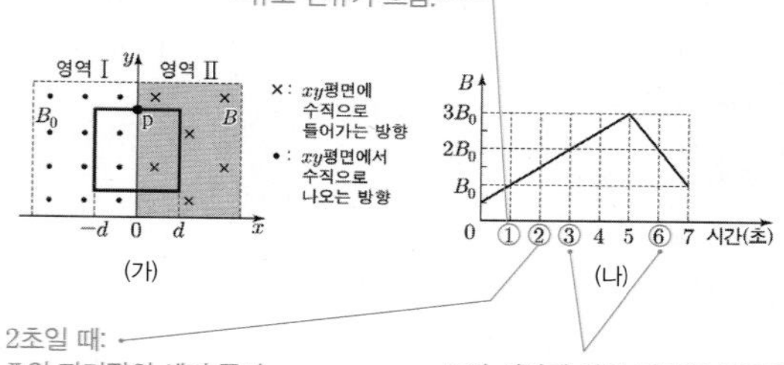

(가) (나)

2초일 때:
Ⅱ의 자기장의 세기 증가
→ 고리를 통과하는 자기 선속 증가
→ 반대 방향('•' 방향)의 자기 선속이 생기도록 고리에 유도 전류가 흐름.
→ p에 흐르는 유도 전류 방향: $-x$방향

Ⅱ의 시간에 따른 자기장 세기의 변화율: 3초일 때<6초일 때
→ 유도 전류의 세기: 3초일 때<6초일 때

이에 대한 설명으로 옳은 것만을 〈보기〉에서 있는 대로 고른 것은? [3점]

<보기> 풀이

ㄱ. 1초일 때, 고리에 유도 전류가 흐르지 않는다.

⇒ 1초일 때 영역 Ⅰ의 자기장의 세기는 일정하지만 영역 Ⅱ의 자기장의 세기가 변하므로, 고리를 통과하는 자기 선속이 변한다. 자기 선속의 변화가 있을 때 유도 전류가 흐르므로, 1초일 때 고리에 유도 전류가 흐른다.

ㄴ. 2초일 때, 고리의 점 p에서 유도 전류의 방향은 $-x$방향이다.

⇒ 2초일 때, 영역 Ⅱ의 자기장의 세기가 증가하므로 고리를 통과하는 자기 선속이 증가한다. 자기 선속이 증가할 때는 증가를 방해하기 위해 반대 방향의 자기 선속이 만들어지도록, 즉 xy평면에서 수직으로 나오는 방향의 자기 선속이 만들어지도록 고리에 유도 전류가 시계 반대 방향으로 흐른다. 따라서 2초일 때, 고리의 점 p에서 유도 전류의 방향은 $-x$방향이다.

ㄷ. 고리에 흐르는 유도 전류의 세기는 3초일 때와 6초일 때가 같다.

⇒ 시간에 따른 영역 Ⅱ의 자기장 세기의 변화율은 3초일 때가 6초일 때보다 작으므로, 고리를 통과하는 자기 선속의 시간적 변화율은 3초일 때가 6초일 때보다 작다. 유도 전류의 세기는 유도 기전력의 크기에 비례하고 유도 기전력은 고리를 통과하는 자기 선속의 시간적 변화율에 비례하므로, 고리에 흐르는 유도 전류의 세기는 3초일 때가 6초일 때보다 작다.

09 움직이는 도선에 생기는 전자기 유도 2023학년도 9월 모평 물I 12번

정답 ① | 정답률 73 %

적용해야 할 개념 ③가지

① 자기 선속(Φ)은 어떤 단면을 수직으로 통과하는 자기장의 세기(B)와 면적(A)의 곱($\Phi=BA$)이며, 자기 선속이 변할 때는 코일을 통과하는 자기장의 세기가 변하거나 코일을 통과하는 자기장 영역의 면적이 변할 때이다.

② 다이오드에 순방향 전압이 걸리면 p형 반도체의 양공과 n형 반도체의 전자는 p-n 접합면 쪽으로 이동하므로, 다이오드에 p형 반도체에서 n형 반도체 방향으로 전류가 흐른다.

③ 유도 전류의 세기는 유도 기전력의 크기에 비례하며, 유도 전류의 방향은 코일을 통과하는 자기 선속의 변화를 방해하는 방향으로 흐른다.

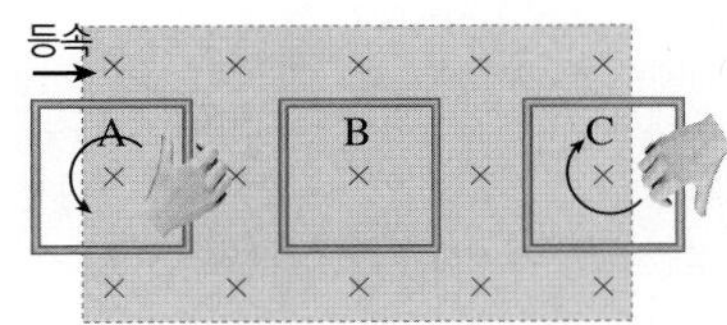

구분	A	B	C
자기 선속 변화	종이면에 수직으로 들어가는 방향(⊗)의 자기 선속 증가	없음	종이면에 수직으로 들어가는 방향(⊗)의 자기 선속 감소
유도 전류에 의한 자기장	종이면에서 수직으로 나오는 방향(⊙)	•	종이면에 수직으로 들어가는 방향(⊗)
유도 전류의 방향	시계 반대 방향	•	시계 방향

문제 보기

그림과 같이 p-n 접합 발광 다이오드(LED)가 연결된 한 변의 길이가 d인 정사각형 금속 고리가 종이면에 수직인 균일한 자기장 영역 I, II를 $+x$ 방향으로 등속도 운동하여 지난다. 고리의 중심이 $x=4d$를 지날 때 LED에서 빛이 방출된다. A는 p형 반도체와 n형 반도체 중 하나이다.

→ LED에 순방향의 전압이 걸림.
→ p형 반도체에서 n형 반도체 방향으로 전류가 흐름.

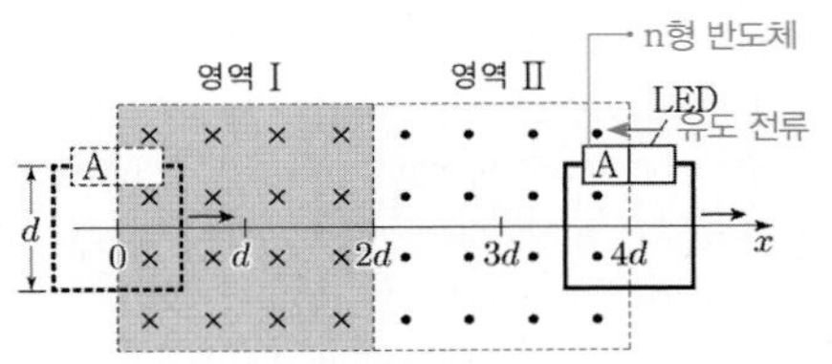

×: 종이면에 수직으로 들어가는 방향
•: 종이면에서 수직으로 나오는 방향

($2d$를 지날 때)
→ '×' 방향의 자기 선속 감소, '•' 방향의 자기 선속 증가
→ '×' 방향의 자기 선속을 만드는 유도 전류의 방향: 시계 방향
→ LED에 역방향의 전압이 걸림.

($4d$를 지날 때)
→ '•' 방향의 자기 선속 감소
→ '•' 방향의 자기 선속을 만드는 유도 전류의 방향: 시계 반대 방향
→ A: n형 반도체

이에 대한 설명으로 옳은 것만을 〈보기〉에서 있는 대로 고른 것은? [3점]

<보기> 풀이

ㄱ. A는 n형 반도체이다.

➡ 고리의 중심이 $x=4d$를 지날 때 LED에서 빛이 방출되므로, LED에 순방향의 전압이 걸리며 고리에 전류가 흐른다. 이때 고리를 통과하는 종이면에서 수직으로 나오는 방향(•)의 자기 선속이 감소한다. 자기 선속이 감소할 때는 감소를 방해하기 위해 같은 방향의 자기 선속이 만들어지도록, 즉 종이면에서 수직으로 나오는 방향(•)의 자기 선속이 만들어지도록 유도 전류가 시계 반대 방향으로 흐른다. 순방향의 전압이 걸린 p-n 접합 다이오드에서는 p형 반도체에서 n형 반도체 방향으로 전류가 흐르므로, A는 n형 반도체이다.

ㄴ. 고리의 중심이 $x=d$를 지날 때, 유도 전류가 흐른다.

➡ 고리의 중심이 $x=d$를 지날 때는 고리를 통과하는 자기 선속의 변화가 없으므로, 고리에 유도 전류가 흐르지 않는다.

ㄷ. 고리의 중심이 $x=2d$를 지날 때, LED에서 빛이 방출된다.

➡ 고리의 중심이 $x=2d$를 지날 때, 고리를 통과하는 종이면에 수직으로 들어가는 방향(×)의 자기 선속이 감소하는 동시에 종이면에서 수직으로 나오는 방향(•)의 자기 선속이 증가한다. 이때 자기 선속의 변화를 방해하기 위해서는 종이면에 수직으로 들어가는 방향(×)의 자기 선속이 만들어지도록 유도 전류가 시계 방향으로 흘러야 한다. 시계 방향의 유도 전류는 LED에서 n형 반도체에서 p형 반도체 방향이므로, LED에 역방향 전압이 걸린다. 따라서 고리의 중심이 $x=2d$를 지날 때, LED에서 빛이 방출되지 않는다.

10 움직이는 도선에 생기는 전자기 유도 2024학년도 3월 학평 물I 17번

정답 ④ | 정답률 56 %

적용해야 할 개념 ③가지

① 코일을 통과하는 자기 선속의 변화가 생길 때 전류가 유도되는 현상을 전자기 유도라 하고, 이때 흐르는 전류를 유도 전류라고 한다.

② 자기 선속(Φ)은 어떤 단면을 수직으로 통과하는 자기장의 세기(B)와 면적(A)의 곱($\Phi = BA$)이며, 자기 선속이 변할 때는 코일을 통과하는 자기장의 세기가 변하거나 코일을 통과하는 자기장 영역의 면적이 변할 때이다.

③ 유도 전류의 세기는 유도 기전력의 크기에 비례하며, 유도 전류의 방향은 코일을 통과하는 자기 선속의 변화를 방해하는 방향이다.

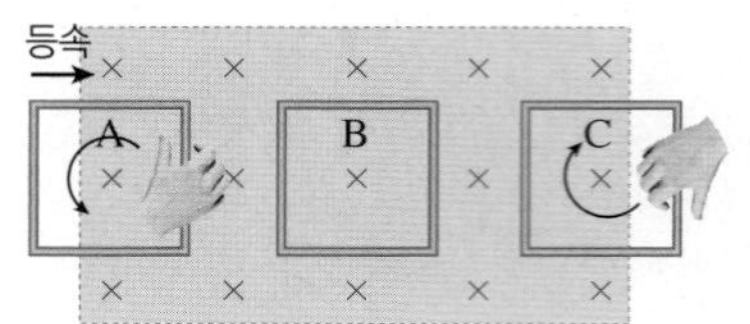

등속
A
B
C

구분	A	B	C
자기 선속 변화	종이면에 수직으로 들어가는 방향(⊗)의 자기 선속 증가	없음	종이면에 수직으로 들어가는 방향(⊗)의 자기 선속 감소
유도 전류에 의한 자기장	종이면에서 수직으로 나오는 방향(⊙)	•	종이면에 수직으로 들어가는 방향(⊗)
유도 전류의 방향	시계 반대 방향	•	시계 방향

문제 보기

그림은 한 변의 길이가 $4d$인 직사각형 금속 고리가 xy평면에서 운동하는 모습을 나타낸 것이다. 고리는 세기가 각각 B_0, $2B_0$, B_0으로 균일한 자기장 영역 Ⅰ, Ⅱ, Ⅲ을 $+x$방향으로 등속도 운동을 하며 지난다. 고리의 점 p가 $x=3d$를 지날 때, p에는 세기가 I_0인 유도 전류가 $+y$방향으로 흐른다. Ⅱ에서 자기장의 방향은 xy평면에 수직이다.

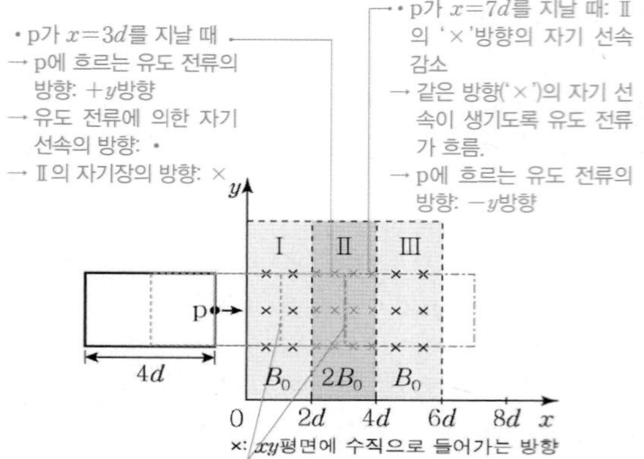

• p가 $x=3d$를 지날 때
→ p에 흐르는 유도 전류의 방향: $+y$방향
→ 유도 전류에 의한 자기 선속의 방향: •
→ Ⅱ의 자기장의 방향: ×
• p가 $x=7d$를 지날 때: Ⅱ의 '×'방향의 자기 선속 감소
→ 같은 방향('×')의 자기 선속이 생기도록 유도 전류가 흐름.
→ p에 흐르는 유도 전류의 방향: $-y$방향
Ⅰ Ⅱ Ⅲ
p
$4d$
B_0 $2B_0$ B_0
0 $2d$ $4d$ $6d$ $8d$ x
y
×: xy평면에 수직으로 들어가는 방향
• p가 $x=d$를 지날 때: Ⅰ의 자기 선속 증가
• p가 $x=3d$를 지날 때: Ⅱ의 자기 선속 증가
→ Ⅰ과 Ⅱ의 자기장 세기의 비=1 : 2
→ p가 $x=d$를 지날 때 유도 전류의 세기: $0.5I_0$

p에 흐르는 유도 전류에 대한 옳은 설명만을 ⟨보기⟩에서 있는 대로 고른 것은?

<보기> 풀이

p가 $x=3d$를 지날 때 고리를 통과하는 Ⅰ의 자기 선속은 일정하지만 Ⅱ의 자기 선속은 증가하므로 유도 전류가 흐른다. 만약 Ⅱ에서 자기장의 방향을 xy평면에서 수직으로 나오는 방향(•)이라고 가정하면, p가 $x=3d$를 지날 때 고리를 통과하는 Ⅱ의 '•' 방향의 자기 선속이 증가하므로, 자기 선속의 증가를 방해하기 위해 반대 방향의 자기 선속이 만들어지도록, 즉 '×' 방향의 자기 선속이 만들어지도록 고리에 시계 방향으로 유도 전류가 흐른다. 이때 p에 흐르는 유도 전류의 방향은 $-y$방향이어야 하지만, p에 흐르는 유도 전류의 방향은 $+y$방향이므로 성립하지 않는다. 따라서 Ⅱ의 자기장의 방향은 xy평면에 수직으로 들어가는 방향(×)이다.

ㄱ. p가 $x=d$를 지날 때, 전류의 세기는 $2I_0$이다. (×)

➡ p가 $x=3d$를 지날 때, 고리를 통과하는 Ⅱ의 자기 선속의 변화로 인해 유도 전류가 흐르고, p가 $x=d$를 지날 때, 고리를 통과하는 Ⅰ의 자기 선속의 변화로 인해 유도 전류가 흐른다. 유도 전류의 세기는 자기 선속의 시간적 변화율에 비례하므로, 고리의 면적과 속도가 일정할 때 유도 전류의 세기는 자기장의 세기에 비례한다. Ⅱ의 자기장의 세기가 $2B_0$이고 Ⅰ의 자기장의 세기가 B_0이므로, p가 $x=3d$를 지날 때 세기가 I_0인 전류가 흐르면 p가 $x=d$를 지날 때 세기가 $0.5I_0$인 전류가 흐른다.

ㄴ. p가 $x=5d$를 지날 때, 전류가 흐르지 않는다. (○)

➡ p가 $x=5d$를 지날 때 고리를 통과하는 Ⅱ의 자기 선속은 일정하지만 Ⅰ의 자기 선속은 감소하고 Ⅲ의 자기 선속은 증가한다. Ⅰ과 Ⅲ의 자기장의 세기와 방향이 같으므로, 단위 시간당 Ⅰ의 자기 선속의 감소량과 Ⅲ의 자기 선속의 증가량은 같다. 따라서 p가 $x=5d$를 지날 때 고리를 통과하는 자기 선속이 일정하므로, 유도 전류가 흐르지 않는다.

ㄷ. p가 $x=7d$를 지날 때, 전류는 $-y$방향으로 흐른다. (○)

➡ p가 $x=7d$를 지날 때, 고리를 통과하는 Ⅱ의 '×' 방향의 자기 선속이 감소하므로, 자기 선속의 감소를 방해하기 위해 같은 방향, 즉 '×' 방향의 자기 선속이 만들어지도록 고리에 시계 반대 방향으로 유도 전류가 흐른다. 따라서 p가 $x=7d$를 지날 때, 전류는 $-y$방향으로 흐른다.

11 움직이는 도선에 생기는 전자기 유도 2023학년도 수능 물I 10번

정답 ③ | 정답률 50 %

적용해야 할 개념 ③가지

① 코일을 통과하는 자기 선속의 변화가 생길 때 전류가 유도되는 현상을 전자기 유도라고 하고, 이때 흐르는 전류를 유도 전류라고 한다.

② 자기 선속(Φ)은 어떤 단면을 수직으로 통과하는 자기장의 세기(B)와 면적(A)의 곱($\Phi=BA$)이며, 자기 선속이 변할 때는 코일을 통과하는 자기장의 세기가 변하거나 코일을 통과하는 자기장 영역의 면적이 변할 때이다.

③ 유도 전류의 세기는 유도 기전력의 크기에 비례하며, 유도 전류의 방향은 코일을 통과하는 자기 선속의 변화를 방해하는 방향이다.

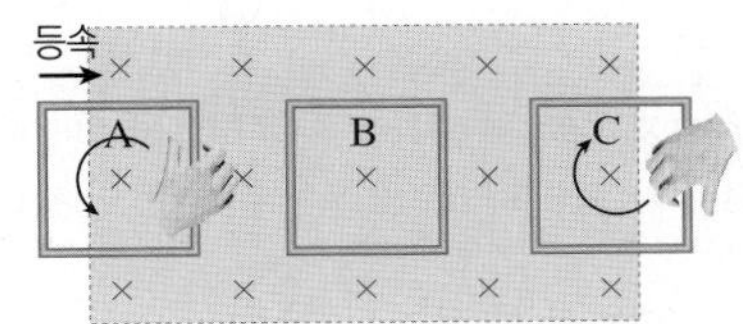

구분	A	B	C
자기 선속 변화	종이면에 수직으로 들어가는 방향(⊗)의 자기 선속 증가	없음	종이면에 수직으로 들어가는 방향(⊗)의 자기 선속 감소
유도 전류에 의한 자기장	종이면에서 수직으로 나오는 방향(⊙)	•	종이면에 수직으로 들어가는 방향(⊗)
유도 전류의 방향	시계 반대 방향	•	시계 방향

문제 보기

그림과 같이 한 변의 길이가 $4d$인 정사각형 금속 고리가 xy평면에서 $+x$방향으로 등속도 운동하며 자기장의 세기가 B_0으로 같은 균일한 자기장 영역 Ⅰ, Ⅱ, Ⅲ을 지난다. 금속 고리의 점 p가 $x=7d$를 지날 때, p에는 유도 전류가 흐르지 않는다. Ⅲ에서 자기장의 방향은 xy평면에 수직이다. → 자기 선속의 변화량=0

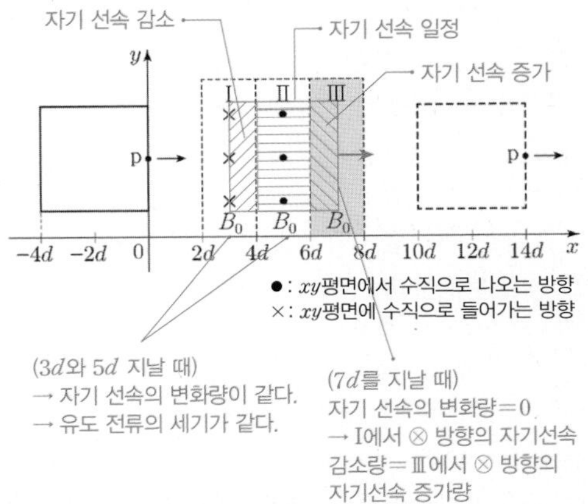

이에 대한 설명으로 옳은 것만을 〈보기〉에서 있는 대로 고른 것은? [3점]

<보기> 풀이

ㄱ. 자기장의 방향은 Ⅰ에서와 Ⅲ에서가 같다.

➡ p가 $x=7d$를 지날 때 유도 전류가 흐르지 않으므로, 금속 고리를 통과하는 자기선속의 변화량이 0이다. 이때 금속 고리를 통과하는 자기 선속은 Ⅰ에서 감소하고 Ⅱ에서 일정하고 Ⅲ에서 증가하는데, Ⅰ에서의 자기 선속 감소량과 Ⅲ에서의 자기 선속 증가량이 같으면 고리를 통과하는 자기 선속의 변화량이 0이 된다. 따라서 Ⅰ에서 xy평면에 수직으로 들어가는 방향(⊗)의 자기 선속이 감소할 때 Ⅲ에서 xy평면에 수직으로 들어가는 방향(⊗)의 자기 선속이 증가해야 하므로, 자기장의 방향은 Ⅰ에서와 Ⅲ에서가 같다.

ㄴ. p가 $x=3d$를 지날 때, p에 흐르는 유도 전류의 방향은 $+y$ 방향이다.

➡ p가 $x=3d$를 지날 때 Ⅰ에서 고리를 통과하는 xy평면에 수직으로 들어가는 방향(⊗)의 자기 선속이 증가한다. 이때 자기 선속의 변화를 방해하기 위해서 xy평면에서 수직으로 나오는 방향(⊙)의 자기 선속이 만들어지도록 유도 전류가 시계 반대 방향으로 흐른다. 따라서 p가 $x=3d$를 지날 때, p에 흐르는 유도 전류의 방향은 $+y$ 방향이다.

ㄷ. p에 흐르는 유도 전류의 세기는 p가 $x=5d$를 지날 때가 $x=3d$를 지날 때보다 크다.

➡ p가 $x=5d$를 지날 때는 고리를 통과하는 자기 선속은 Ⅰ에서 일정하고 Ⅱ에서 증가하며, p가 $x=3d$를 지날 때는 고리를 통과하는 자기 선속이 Ⅰ에서 증가한다. Ⅰ과 Ⅱ의 자기장의 세기가 같으므로, p가 $x=5d$를 지날 때 Ⅱ에서의 자기 선속 증가량과 p가 $x=3d$를 지날 때 Ⅰ에서의 자기 선속 증가량이 같다. 따라서 p에 흐르는 유도 전류의 세기는 p가 $x=5d$를 지날 때와 $x=3d$를 지날 때가 같다.

12 움직이는 도선에 생기는 전자기 유도 2023학년도 4월 학평 물I 18번

정답 ⑤ | 정답률 52 %

적용해야 할 개념 ③가지

① 코일을 통과하는 자기 선속의 변화가 생길 때 전류가 유도되는 현상을 전자기 유도라고 하고, 이때 흐르는 전류를 유도 전류라고 한다.

② 자기 선속(Φ)은 어떤 단면을 수직으로 통과하는 자기장의 세기(B)와 면적(A)의 곱($\Phi=BA$)이며, 자기 선속이 변할 때는 코일을 통과하는 자기장의 세기가 변하거나 코일을 통과하는 자기장 영역의 면적이 변할 때이다.

③ 유도 전류의 세기는 유도 기전력의 크기에 비례하며, 유도 전류의 방향은 코일을 통과하는 자기 선속의 변화를 방해하는 방향이다.

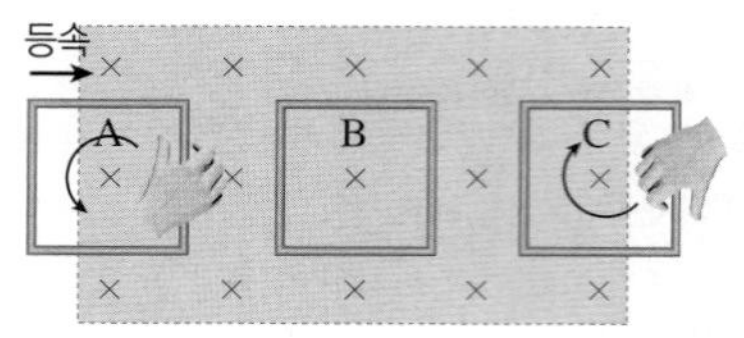

구분	A	B	C
자기 선속 변화	종이면에 수직으로 들어가는 방향(⊗)의 자기 선속 증가	없음	종이면에 수직으로 들어가는 방향(⊗)의 자기 선속 감소
유도 전류에 의한 자기장	종이면에서 수직으로 나오는 방향(⊙)	•	종이면에 수직으로 들어가는 방향(⊗)
유도 전류의 방향	시계 반대 방향	•	시계 방향

문제 보기

그림과 같이 한 변의 길이가 $4d$인 직사각형 금속 고리가 xy평면에서 $+x$방향으로 등속도 운동하며 균일한 자기장 영역 Ⅰ, Ⅱ, Ⅲ을 지난다. Ⅰ, Ⅱ, Ⅲ에서 자기장의 세기는 각각 B_0, B, B_0이고, Ⅱ에서 자기장의 방향은 xy평면에 수직이다. 표는 금속 고리의 점 p의 위치에 따른 p에 흐르는 유도 전류의 방향을 나타낸 것이다.

영역 Ⅱ의 자기 선속 감소, 영역 Ⅲ의 자기 선속 증가
→ p에 흐르는 유도 전류에 의한 자기 선속의 방향(•)
= Ⅱ의 자기장과 같은 방향(•), Ⅲ의 자기장과 반대 방향(×)
→ Ⅱ의 자기장 방향은 '•', Ⅱ의 자기장 세기 > Ⅲ의 자기장 세기
→ $B>B_0$

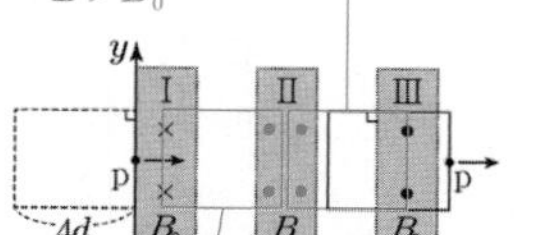

×: xy평면에 수직으로 들어가는 방향
•: xy평면에서 수직으로 나오는 방향

P의 위치	p에 흐르는 유도 전류의 방향
$x=5d$	㉠ $-y$
$x=9d$	$+y$

영역 Ⅰ의 자기 선속 감소, 영역 Ⅱ의 자기 선속 증가
→ p에 흐르는 유도 전류에 의한 자기 선속의 방향
= Ⅰ의 자기장과 같은 방향(×), Ⅱ의 자기장과 반대 방향(×)
→ p에 흐르는 유도 전류에 의한 자기 선속의 방향은 '×'
→ p에 흐르는 유도 전류의 방향(㉠) $=-y$

이에 대한 설명으로 옳은 것만을 〈보기〉에서 있는 대로 고른 것은? [3점]

<보기> 풀이

p의 위치가 $x=9d$일 때 고리를 통과하는 영역 Ⅱ의 자기 선속은 감소하고 영역 Ⅲ의 자기 선속은 증가한다. 이때 고리에 흐르는 유도 전류는 자기 선속의 변화를 방해하는 방향으로 흐른다. 만약 영역 Ⅱ의 자기장의 방향을 '×'이라고 가정하면 영역 Ⅱ의 자기장과 같은 방향은 '×'이고 영역 Ⅲ의 자기장과 반대 방향도 '×'이므로 유도 전류에 의해 만들어지는 자기 선속의 방향은 '×'이 되어야 하는데, p에 $+y$방향으로 흐르는 유도 전류에 의해 만들어지는 자기 선속의 방향은 '•'이므로 이는 성립하지 않는다. 따라서 영역 Ⅱ의 자기장의 방향은 '•'이며, 영역 Ⅱ의 자기장의 세기는 영역 Ⅲ보다 크다.

ㄱ. $B>B_0$이다.

➡ 자기장의 세기는 영역 Ⅱ가 영역 Ⅲ보다 크므로 $B>B_0$이다.

ㄴ. ㉠은 '$-y$'이다.

➡ p의 위치가 $x=5d$일 때 고리를 통과하는 영역 Ⅰ의 자기 선속은 감소하고 영역 Ⅱ의 자기 선속은 증가한다. 이때 고리에 흐르는 유도 전류는 자기 선속의 변화를 방해하는 방향으로 흐르므로, 유도 전류에 의해 만들어지는 자기 선속의 방향은 영역 Ⅰ의 자기장과 같은 방향이고 영역 II의 자기장과 반대 방향이다. 따라서 유도 전류에 의한 자기 선속의 방향은 '×' 이며 p에 흐르는 유도 전류의 방향은 $-y$방향이다. 따라서 ㉠은 '$-y$'이다.

ㄷ. p에 흐르는 유도 전류의 세기는 p가 $x=5d$를 지날 때가 $x=9d$를 지날 때보다 크다.

➡ p가 $x=5d$를 지날 때 영역 Ⅰ의 '×'방향의 자기 선속은 감소하고 영역 Ⅱ의 '•' 방향의 자기 선속은 증가한다. p가 $x=9d$를 지날 때 영역 Ⅱ의 '•' 방향의 자기 선속은 감소하고 영역 Ⅱ의 '•' 방향의 자기 선속은 증가한다. 고리를 통과하는 자기 선속의 시간에 따른 변화율은 ('×' 방향의 자기 선속 감소량+'•' 방향의 자기 선속 증가량)의 경우가 ('•' 방향의 자기 선속 감소량+'•' 방향의 자기 선속 증가량)의 경우보다 크다. 유도 전류의 세기는 자기 선속의 시간에 따른 변화율에 비례하므로, p에 흐르는 유도 전류의 세기는 p가 $x=5d$를 지날 때가 $x=9d$를 지날 때보다 크다.

13 전자기 유도와 다이오드 2023학년도 3월 학평 물I 12번

정답 ② | 정답률 42 %

적용해야 할 개념 ③가지

① 코일과 자석 사이의 상대적인 운동으로 코일을 통과하는 자기 선속의 변화가 생길 때 전류가 유도되는 현상을 전자기 유도라 하고, 이때 흐르는 전류를 유도 전류라고 한다.

② 유도 전류의 세기는 유도 기전력의 크기에 비례하며, 유도 전류의 방향은 코일을 통과하는 자기 선속의 변화를 방해하는 방향이다.

③ 다이오드에 순방향 전압이 걸리면 p형 반도체의 양공과 n형 반도체의 전자는 p-n 접합면 쪽으로 이동하므로, 다이오드에는 p형 반도체에서 n형 반도체 방향으로 전류가 흐른다.

문제 보기

그림 (가)와 같이 방향이 각각 일정한 자기장 영역 Ⅰ과 Ⅱ에 p-n 접합 다이오드가 연결된 사각형 금속 고리가 고정되어 있다. A는 p형 반도체와 n형 반도체 중 하나이다. 그림 (나)는 Ⅰ과 Ⅱ의 자기장의 세기를 시간에 따라 나타낸 것이다. t_0일 때, 고리에 흐르는 유도 전류의 세기는 I_0이다.

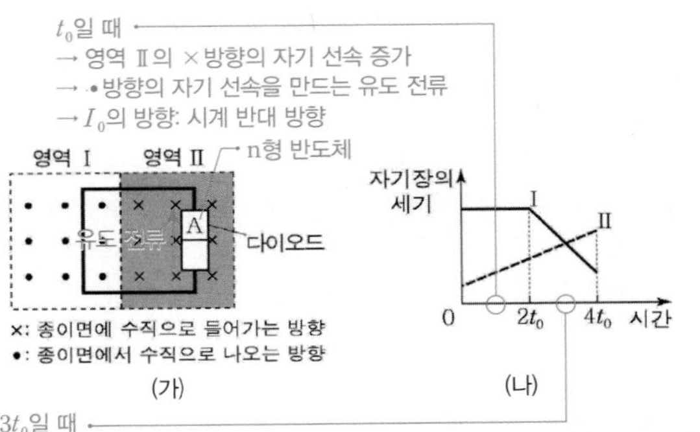

t_0일 때
→ 영역 Ⅱ의 ×방향의 자기 선속 증가
→ •방향의 자기 선속을 만드는 유도 전류
→ I_0의 방향: 시계 반대 방향
영역 Ⅰ
영역 Ⅱ
n형 반도체
A
유도 전류
다이오드
×: 종이면에 수직으로 들어가는 방향
•: 종이면에서 수직으로 나오는 방향
(가)
자기장의 세기
Ⅰ
Ⅱ
0
$2t_0$
$4t_0$
시간
(나)
$3t_0$일 때
→ 영역 Ⅰ의 •방향의 자기 선속 감소+영역 Ⅱ의 ×방향의 자기 선속 증가
→ •방향의 자기 선속을 만드는 시계 반대 방향의 유도 전류+시계 반대 방향의 I_0

이에 대한 옳은 설명만을 〈보기〉에서 있는 대로 고른 것은?

<보기> 풀이

~~ㄱ.~~ **t_0일 때 유도 전류의 방향은 시계 방향이다.**

➡ t_0일 때 영역 Ⅰ의 자기장의 세기는 일정하고 영역 Ⅱ의 자기장의 세기는 증가하므로, 고리를 종이면에 수직으로 들어가는 방향(×)의 자기 선속이 증가한다. 이때 자기 선속의 증가를 방해하기 위해서는 반대 방향, 즉 종이면에서 수직으로 나오는 방향(•)의 자기 선속이 만들어지도록 유도 전류가 시계 반대 방향으로 흐른다. 따라서 t_0일 때 유도 전류의 방향은 시계 반대 방향이다.

~~ㄴ.~~ **$3t_0$일 때 유도 전류의 세기는 I_0보다 작다.**

➡ $3t_0$일 때 영역 Ⅱ의 자기장의 세기는 t_0일 때와 같은 비율로 증가하는 동시에 영역 Ⅰ의 자기장의 세기도 감소한다. 영역 Ⅰ의 자기장의 세기가 감소하면 고리를 종이면에서 수직으로 나오는 방향(•)의 자기 선속이 감소하므로, 이를 방해하기 위해 같은 방향, 즉 종이면에서 수직으로 나오는 방향(•)의 자기 선속이 만들어지도록 유도 전류가 시계 반대 방향으로 흐른다. 영역 Ⅰ의 자기장의 세기의 변화에 의한 유도 전류의 방향이 영역 Ⅱ의 자기장 세기의 변화에 의한 유도 전류의 방향과 같으므로, $3t_0$일 때 유도 전류의 세기는 I_0보다 크다.

ⓒ **ㄷ. A는 n형 반도체이다.**

➡ 순방향 전압이 걸린 p-n 접합 다이오드에서는 p형 반도체에서 n형 반도체 방향으로 전류가 흐른다. 고리에 흐르는 유도 전류의 방향이 시계 반대 방향이므로, A는 n형 반도체이다.

14 움직이는 도선에 생기는 전자기 유도 2024학년도 7월 학평 물I 9번

정답 ③ | 정답률 68 %

적용해야 할 개념 ③가지

① 직선 도선에 전류가 흐를 때 그 주변에 생기는 자기장의 방향은 오른손 엄지손가락이 전류의 방향을 향하게 하고 나머지 네 손가락으로 도선을 감아쥘 때 네 손가락이 가리키는 방향이다.

② 직선 전류에 의한 자기장의 세기 B는 도선에 흐르는 전류의 세기 I에 비례하고 도선으로부터의 거리 r에 반비례한다. ➡ $B=k\frac{I}{r}$

③ 유도 전류의 세기는 유도 기전력의 크기에 비례하며, 유도 전류의 방향은 코일을 통과하는 자기 선속의 변화를 방해하는 방향이다.

문제 보기

그림과 같이 xy평면에 일정한 전류가 흐르는 무한히 긴 직선 도선 A가 $x=-3d$에 고정되어 있고, 원형 도선 B는 중심이 원점 O가 되도록 놓여있다. 표는 B가 움직이기 시작하는 순간, B의 운동 방향에 따라 B에 흐르는 유도 전류의 방향을 나타낸 것이다.

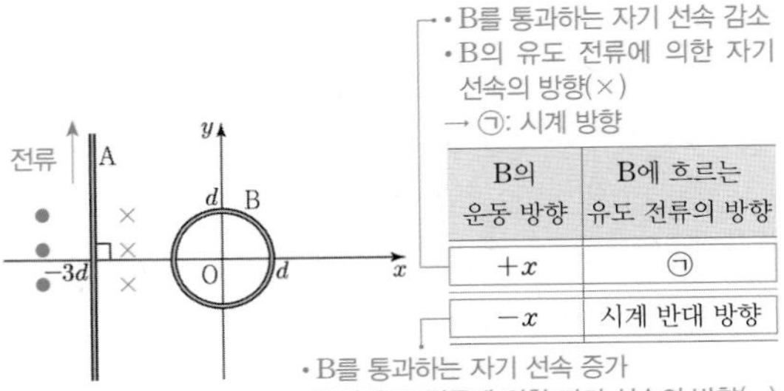

• B를 통과하는 자기 선속 감소
• B의 유도 전류에 의한 자기 선속의 방향(×)
→ ㉠: 시계 방향
전류
A
y
d
B
$-3d$
O
d
x
• B를 통과하는 자기 선속 증가
• B의 유도 전류에 의한 자기 선속의 방향(•)
→ A의 전류에 의한 자기장의 방향: ×
→ A에 흐르는 전류의 방향: $+y$방향

B의 운동 방향	B에 흐르는 유도 전류의 방향
$+x$	㉠
$-x$	시계 반대 방향

이에 대한 설명으로 옳은 것만을 〈보기〉에서 있는 대로 고른 것은? [3점]

<보기> 풀이

ⓒ **ㄱ. A에 흐르는 전류의 방향은 $+y$방향이다.**

➡ 직선 도선에 의한 자기장의 세기(B)는 도선으로부터의 거리(r)에 반비례하므로($B=k\frac{I}{r}$), 도선에 가까울수록 자기장의 세기는 크다. 따라서 B가 $-x$방향으로 운동할 때 B를 통과하는 자기 선속이 증가한다. 자기 선속이 증가할 때는 자기 선속의 증가를 방해하기 위해, 즉 반대 방향의 자기 선속이 만들어지도록 유도 전류가 흐른다. B의 유도 전류에 의한 자기장의 방향은 B의 내부에서 xy평면에서 수직으로 나오는 방향이므로, A의 전류의 의한 자기장의 방향은 $-3d<x$ 영역에서 xy평면에 수직으로 들어가는 방향이다. 따라서 A에 흐르는 전류의 방향은 $+y$방향이다.

ⓒ **ㄴ. ㉠은 '시계 방향'이다.**

➡ B가 $+x$방향으로 운동할 때 B를 통과하는 xy평면에 수직으로 들어가는 방향의 자기 선속이 감소하므로, 같은 방향의 자기 선속이 만들어지도록 유도 전류가 흐른다. 따라서 ㉠은 '시계 방향'이다.

~~ㄷ.~~ **B의 운동 방향이 $+y$방향일 때, B에는 일정한 세기의 유도 전류가 흐른다.**

➡ B가 $+y$방향으로 운동할 때 B를 통과하는 자기 선속이 일정하므로, B에는 유도 전류가 흐르지 않는다.

15 움직이는 도선에 생기는 전자기 유도 2023학년도 7월 학평 물Ⅰ 15번

정답 ② | 정답률 40 %

적용해야 할 개념 ④가지

① 코일을 통과하는 자기 선속의 변화가 생길 때 전류가 유도되는 현상을 전자기 유도라 하고, 이때 흐르는 전류를 유도 전류라고 한다.

② 자기 선속(Φ)은 어떤 단면을 수직으로 통과하는 자기장의 세기(B)와 면적(A)의 곱($\Phi = BA$)이며, 자기 선속이 변할 때는 코일을 통과하는 자기장의 세기가 변하거나 코일을 통과하는 자기장 영역의 면적이 변할 때이다.

③ 유도 전류의 세기는 유도 기전력의 크기에 비례하며, 유도 전류의 방향은 코일을 통과하는 자기 선속의 변화를 방해하는 방향으로 흐른다.

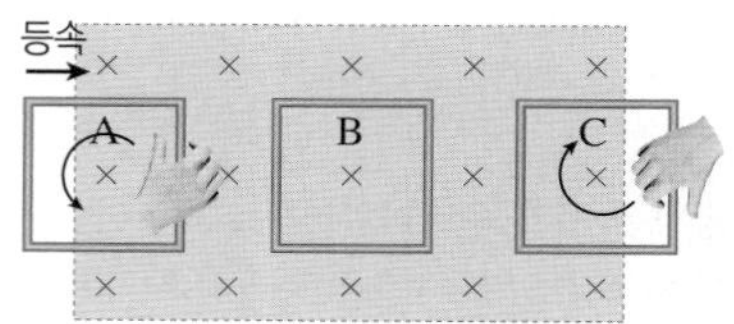

등속
A
B
C

구분	A	B	C
자기 선속 변화	종이면에 수직으로 들어가는 방향(⊗)의 자기 선속 증가	없음	종이면에 수직으로 들어가는 방향(⊗)의 자기 선속 감소
유도 전류에 의한 자기장	종이면에서 수직으로 나오는 방향(⊙)	•	종이면에 수직으로 들어가는 방향(⊗)
유도 전류의 방향	시계 반대 방향	•	시계 방향

④ 다이오드에 순방향 전압이 걸리면 p형 반도체의 양공과 n형 반도체의 전자는 p-n 접합면 쪽으로 이동하므로, 다이오드에는 p형 반도체에서 n형 반도체 방향으로 전류가 흐른다.

문제 보기

그림 (가)와 같이 p-n 접합 발광 다이오드(LED)가 연결된 한 변의 길이가 d인 정사각형 금속 고리가 용수철에 매달려 종이면에 수직으로 들어가는 방향의 균일한 자기장 영역에 정지해 있다. 그림 (나)는 (가)에서 금속 고리를 $-y$ 방향으로 d만큼 잡아 당겨, 시간 $t=0$인 순간 가만히 놓아 금속 고리가 y축과 나란하게 운동할 때 LED의 변위 y를 t에 따라 나타낸 것이다. $t=t_2$일 때 금속 고리에 흐르는 유도 전류에 의해 LED에서 빛이 방출된다. A는 p형 반도체와 n형 반도체 중 하나이다.

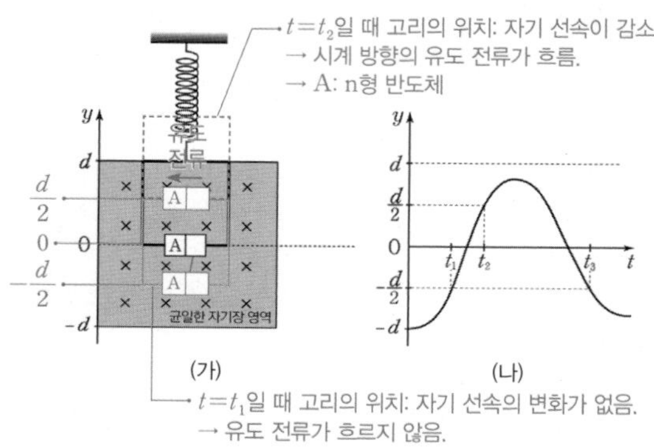

$t=t_2$일 때 고리의 위치: 자기 선속이 감소
→ 시계 방향의 유도 전류가 흐름.
→ A: n형 반도체
유도 전류
균일한 자기장 영역
y
d
$\frac{d}{2}$
0
$-\frac{d}{2}$
$-d$
t_1
t_2
t_3
t
$t=t_1$일 때 고리의 위치: 자기 선속의 변화가 없음.
→ 유도 전류가 흐르지 않음.

(가) (나)

이에 대한 설명으로 옳은 것만을 〈보기〉에서 있는 대로 고른 것은? (단, 금속 고리는 회전하지 않으며, 공기 저항은 무시한다.) [3점]

<보기> 풀이

ㄱ. A는 p형 반도체이다. (×)

➡ $t=t_2$일 때 금속 고리는 자기장 영역에서 y방향으로 나오고 있으므로, 금속 고리를 통과하는 자기 선속이 감소한다. 자기 선속이 감소할 때는 감소를 방해하기 위해 같은 방향, 즉 종이면에 수직으로 들어가는 방향의 자기 선속이 만들어지도록 유도 전류가 시계 방향으로 흐른다. 이때 빛이 방출되는 LED에서는 p형 반도체에서 n형 반도체로 전류가 흐르므로, A는 n형 반도체이다.

ㄴ. $t=t_1$일 때 LED에서 빛이 방출되지 않는다. (○)

➡ $t=t_1$일 때 금속 고리는 자기장 영역 안에서 운동하고 있으므로 금속 고리를 통과하는 자기 선속의 변화가 없어 유도 전류가 흐르지 않는다. 따라서 $t=t_1$일 때 LED에서 빛이 방출되지 않는다.

ㄷ. 금속 고리의 운동 에너지는 $t=t_1$일 때와 $t=t_3$일 때가 같다. (×)

➡ $t=t_2$일 때와 같이 LED에서 빛이 방출되는 경우에 금속 고리의 역학적 에너지의 일부가 전기 에너지로 전환되고 이 전기 에너지가 빛에너지로 전환되므로, 금속 고리의 역학적 에너지는 감소한다. 퍼텐셜 에너지는 $t=t_1$일 때와 $t=t_3$일 때가 같으므로, 금속 고리의 운동 에너지는 $t=t_3$일 때가 $t=t_1$일 때보다 작다.

16 자기장의 변화에 의한 전자기 유도 2024학년도 9월 모평 물I 13번

정답 ⑤ | 정답률 65 %

적용해야 할 개념 ③가지

① 코일을 통과하는 자기 선속의 변화가 생길 때 전류가 유도되는 현상을 전자기 유도라 하고, 이때 흐르는 전류를 유도 전류라고 한다.

② 자기 선속(Φ)은 어떤 단면을 수직으로 통과하는 자기장의 세기(B)와 면적(A)의 곱($\Phi=BA$)이며, 자기 선속이 변할 때는 코일을 통과하는 자기장의 세기가 변하거나 코일을 통과하는 자기장 영역의 면적이 변할 때이다.

③ 유도 전류의 세기는 유도 기전력의 크기에 비례하며, 유도 전류의 방향은 코일을 통과하는 자기 선속의 변화를 방해하는 방향이다.

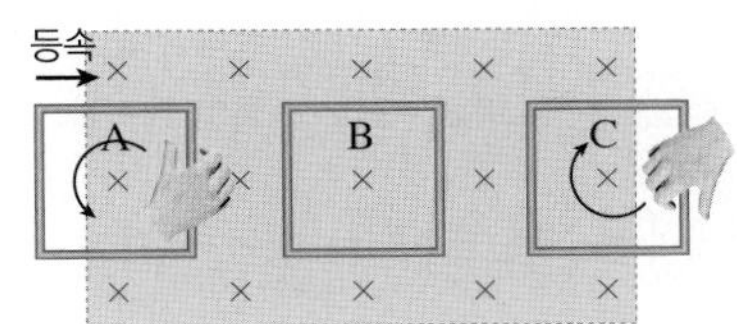

등속
A
B
C

구분	A	B	C
자기 선속 변화	종이면에 수직으로 들어가는 방향(⊗)의 자기 선속 증가	없음	종이면에 수직으로 들어가는 방향(⊗)의 자기 선속 감소
유도 전류에 의한 자기장	종이면에서 수직으로 나오는 방향(⊙)	•	종이면에 수직으로 들어가는 방향(⊗)
유도 전류의 방향	시계 반대 방향	•	시계 방향

문제 보기

그림과 같이 한 변의 길이가 $4d$인 직사각형 금속 고리가 xy평면에서 자기장 세기가 각각 B_0, $2B_0$인 균일한 자기장 영역 Ⅰ, Ⅱ를 $+x$방향으로 등속도 운동을 하며 지난다. 금속 고리의 점 a가 $x=d$와 $x=7d$를 지날 때, a에 흐르는 유도 전류의 방향은 같다. Ⅰ, Ⅱ에서 자기장의 방향은 xy평면에 수직이다.

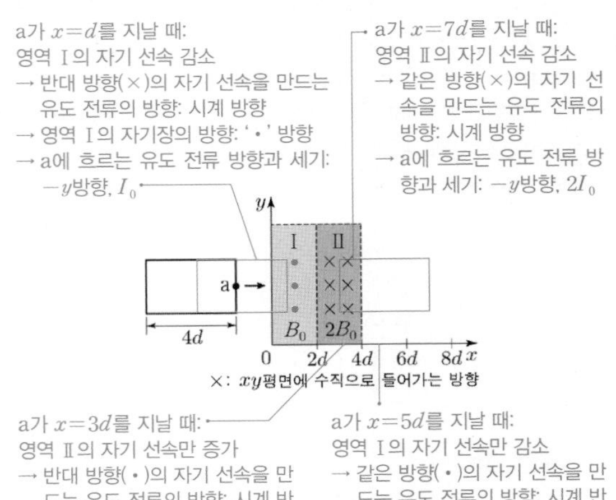

a가 $x=d$를 지날 때:
영역 Ⅰ의 자기 선속 감소
→ 반대 방향(×)의 자기 선속을 만드는 유도 전류의 방향: 시계 방향
→ 영역 Ⅰ의 자기장의 방향: '•' 방향
→ a에 흐르는 유도 전류 방향과 세기: $-y$방향, I_0
a가 $x=7d$를 지날 때:
영역 Ⅱ의 자기 선속 감소
→ 같은 방향(×)의 자기 선속을 만드는 유도 전류의 방향: 시계 방향
→ a에 흐르는 유도 전류 방향과 세기: $-y$방향, $2I_0$
y
Ⅰ
Ⅱ
a
4d
B_0
$2B_0$
0
2d
4d
6d
8d
x
×: xy평면에 수직으로 들어가는 방향
a가 $x=3d$를 지날 때:
영역 Ⅱ의 자기 선속만 증가
→ 반대 방향(•)의 자기 선속을 만드는 유도 전류의 방향: 시계 반대 방향
→ a에 흐르는 유도 전류 방향과 세기: $+y$방향, $2I_0$
a가 $x=5d$를 지날 때:
영역 Ⅰ의 자기 선속만 감소
→ 같은 방향(•)의 자기 선속을 만드는 유도 전류의 방향: 시계 반대 방향
→ a에 흐르는 유도 전류 방향과 세기: $+y$방향, I_0

a의 위치에 따른 a에 흐르는 유도 전류를 나타낸 그래프로 가장 적절한 것은? (단, a에 흐르는 유도 전류의 방향은 $+y$방향이 양(+)이다.)

보기

<보기> 풀이

❶ a가 $x=7d$를 지날 때 고리를 통과하는 영역 Ⅱ의 자기 선속이 감소한다. 자기 선속이 감소할 때는 감소를 방해하기 위해 같은 방향의 자기 선속이 만들어지도록, 즉 xy평면에 수직으로 들어가는 방향(×)의 자기 선속이 만들어지도록 고리에 시계 방향으로 유도 전류가 흐른다. 따라서 a가 $x=7d$를 지날 때 a에 흐르는 유도 전류의 방향은 $-y$방향이다. a가 $x=d$를 지날 때, a에 흐르는 유도 전류의 방향은 $x=7d$를 지날 때와 같으므로 $-y$방향이다. 이때 고리를 통과하는 영역 Ⅰ의 자기 선속이 증가하므로 증가를 방해하기 위해 고리에 시계 방향으로 흐르는 유도 전류에 의한 자기장의 방향(×)은 영역 Ⅰ의 자기장의 방향과 반대이어야 한다. 따라서 영역 Ⅰ의 자기장의 방향은 xy평면에서 수직으로 나오는 방향(•)이다.

❷ 영역 Ⅰ, Ⅱ의 자기장의 세기가 각각 B_0, $2B_0$이므로, a가 $x=d$를 지날 때 영역 Ⅰ의 단위 시간당 자기 선속의 변화량과 $x=7d$를 지날 때 영역 Ⅱ의 단위 시간당 자기 선속의 변화량의 비는 1 : 2이다. 유도 전류는 단위 시간당 자기 선속의 변화량에 비례하므로, a가 $x=d$를 지날 때의 유도 전류의 세기를 I_0이라고 하면 $x=7d$를 지날 때 유도 전류의 세기는 $2I_0$이다.

❸ a가 $x=3d$를 지날 때 영역 Ⅰ의 자기 선속은 일정하고 영역 Ⅱ의 자기 선속이 증가하므로, 증가를 방해하기 위해 영역 Ⅱ의 자기장의 반대 방향(•)으로 자기 선속을 만들어지도록 유도 전류는 시계 반대 방향으로 흐른다. 따라서 a가 $x=3d$를 지날 때 a에 흐르는 유도 전류의 방향은 $+y$방향이고 유도 전류의 세기는 $2I_0$이다. 또 a가 $x=5d$를 지날 때 영역 Ⅰ의 자기 선속은 감소하고 영역 Ⅱ의 자기 선속은 일정하므로, 영역 Ⅰ의 자기 선속의 감소를 방해하기 위해 같은 방향(•)으로 자기 선속을 만들도록 유도 전류가 시계 반대 방향으로 흐른다. 따라서 a가 $x=5d$를 지날 때 a에 흐르는 유도 전류의 방향은 $+y$방향이고 유도 전류의 세기는 I_0이다.

❹ a가 $x=d$, $x=3d$, $x=5d$, $x=7d$를 차례로 지날 때, a에 흐르는 유도 전류의 방향과 세기는 각각 $-y$방향으로 I_0, $+y$방향으로 $2I_0$, $+y$방향으로 I_0, $-y$방향으로 $2I_0$이므로, a에 흐르는 유도 전류를 나타낸 그래프로 가장 적절한 것은 ⑤이다.

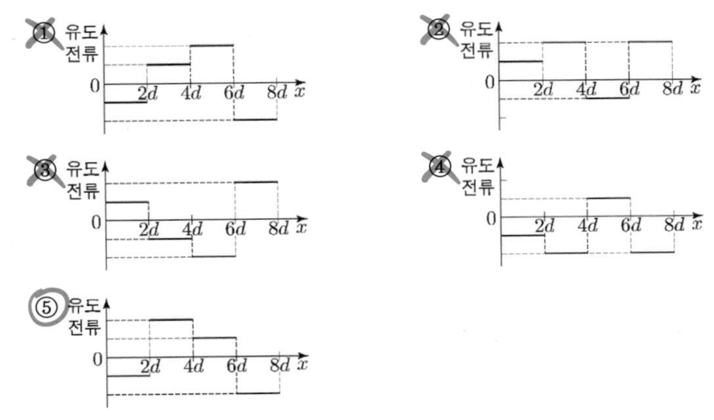

①
②
③
④
⑤
유도 전류
0
2d
4d
6d
8d
x

17 자기장의 변화에 의한 전자기 유도 2025학년도 9월 모평 물Ⅰ 18번

정답 ③ | 정답률 74 %

적용해야 할 개념 ③가지

① 자기 선속(Φ)은 어떤 단면을 수직으로 통과하는 자기장의 세기(B)와 면적(A)의 곱($\Phi = BA$)이며, 자기 선속이 변할 때는 코일을 통과하는 자기장의 세기가 변하거나 코일을 통과하는 자기장 영역의 면적이 변할 때이다.

② 유도 기전력(V)은 솔레노이드를 통과하는 자기 선속의 시간적 변화율$\left(\frac{\Delta\Phi}{\Delta t}\right)$에 비례하고 도선의 감은 수($N$)에 비례한다. ➡ $V = -N\frac{\Delta\Phi}{\Delta t}$

③ 유도 전류의 세기는 유도 기전력의 크기에 비례하며, 유도 전류의 방향은 코일을 통과하는 자기 선속의 변화를 방해하는 방향이다.

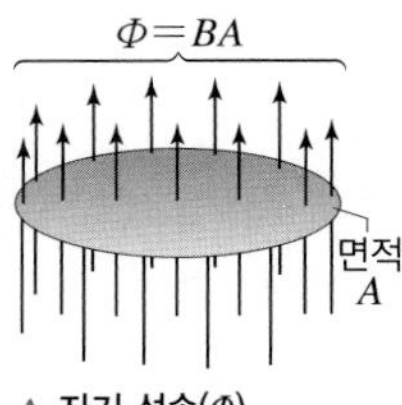

▲ 자기 선속(Φ)

문제 보기

그림 (가)와 같이 균일한 자기장 영역 Ⅰ과 Ⅱ가 있는 xy평면에 원형 금속 고리가 고정되어 있다. Ⅰ, Ⅱ의 자기장이 고리 내부를 통과하는 면적은 같다. 그림 (나)는 (가)의 Ⅰ, Ⅱ에서 자기장의 세기를 시간에 따라 나타낸 것이다.

1초~3초: Ⅰ의 자기장의 세기 감소
→ 고리를 통과하는 자기 선속 감소
→ 같은 방향('×' 방향)의 자기 선속이 생기도록 고리에 유도 전류가 흐름.
→ 유도 전류의 방향: 시계 방향, 즉 (+)방향

시간에 따른 자기장 세기의 변화율: (1초~3초)<(3초~4초)
→ 유도 전류의 세기: (1초~3초)<(3초~4초)

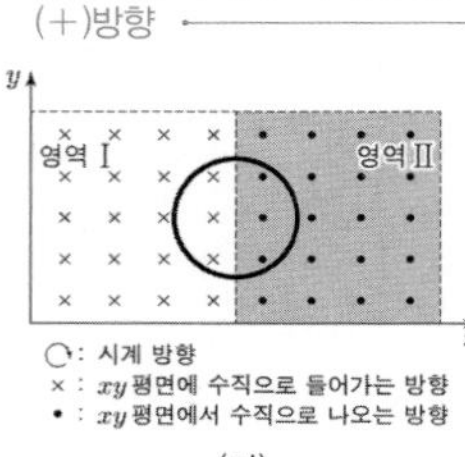

(가)

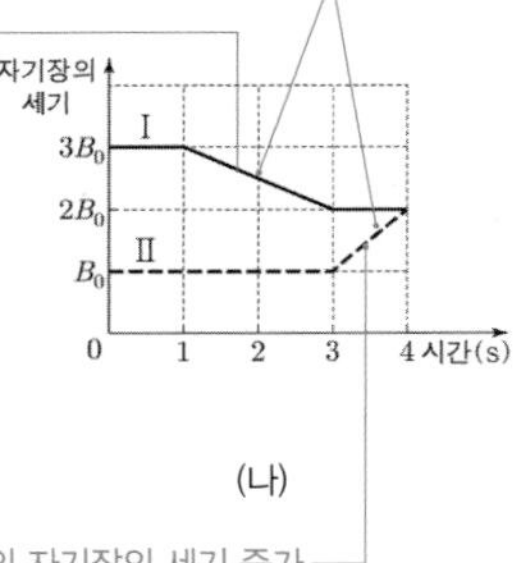

(나)

3초~4초: Ⅱ의 자기장의 세기 증가
→ 고리를 통과하는 자기 선속 증가
→ 반대 방향('×' 방향)의 자기 선속이 생기도록 고리에 유도 전류가 흐름.
→ 유도 전류의 방향: 시계 방향, 즉 (+) 방향

고리에 흐르는 유도 전류를 시간에 따라 나타낸 그래프로 가장 적절한 것은? (단, 유도 전류의 방향은 시계 방향이 양(+)이다.)

<보기> 풀이

❶ 0~1초 동안 Ⅰ, Ⅱ에서 자기장의 세기가 일정하므로, 고리를 통과하는 자기 선속의 변화가 없다. 따라서 0~1초 동안 고리에 유도 전류가 흐르지 않는다.

❷ 1초~3초 동안 Ⅰ에서의 자기장의 세기만 감소하므로, 고리를 '×' 방향으로 통과하는 자기 선속이 감소한다. 자기 선속이 감소할 때는 자기 선속의 감소를 방해하기 위해 '×' 방향의 자기 선속이 만들어지도록 고리에 시계 방향, 즉 양(+)의 방향으로 유도 전류가 흐른다.

❸ 3초~4초 동안 Ⅱ에서의 자기장의 세기만 증가하므로, 고리를 '•' 방향으로 통과하는 자기 선속이 증가한다. 자기 선속이 증가할 때는 자기 선속의 증가를 방해하기 위해 '×' 방향의 자기 선속이 만들어지도록 고리에 시계 방향, 즉 양(+)의 방향으로 유도 전류가 흐른다. 이때 시간에 따른 자기장 세기의 변화율은 3초~4초 동안이 1초~3초 동안보다 크므로, 고리를 통과하는 자기 선속의 변화율은 3초~4초 동안이 1초~3초 동안보다 크다. 유도 전류의 세기는 고리를 통과하는 자기 선속의 시간적 변화율에 비례하므로, 유도 전류의 세기는 3초~4초 동안이 1초~3초 동안보다 크다. 따라서 고리에 흐르는 유도 전류를 시간에 따라 나타낸 그래프로 가장 적절한 것은 ③이다.

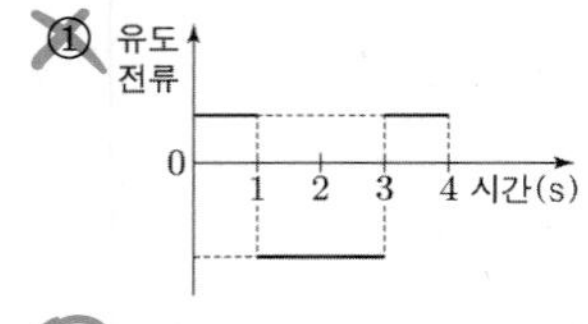

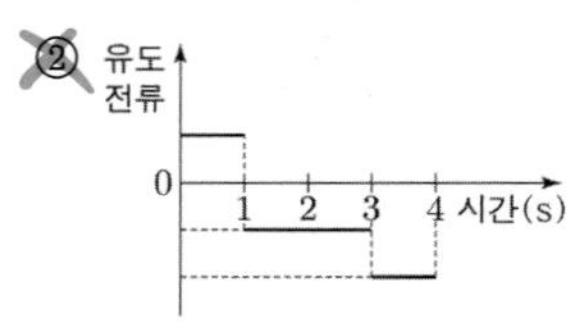

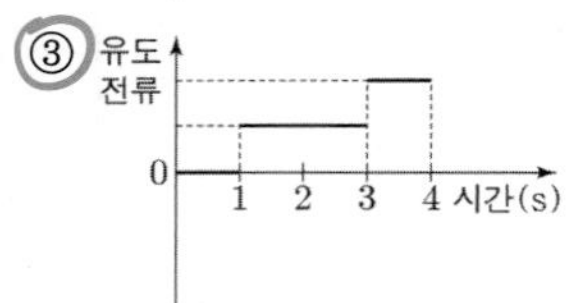

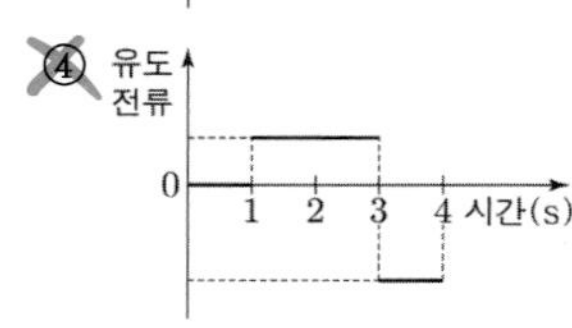

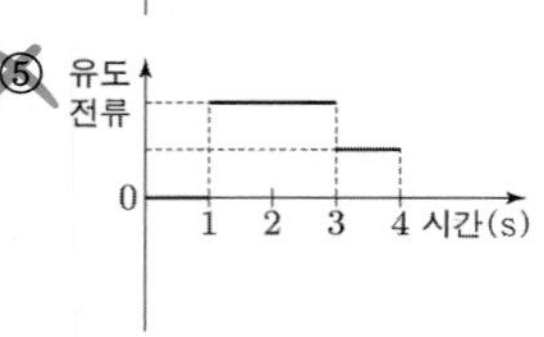

18 움직이는 도선에 생기는 전자기 유도 2020학년도 7월 학평 물I 20번

정답 ⑤ | 정답률 43 %

적용해야 할 개념 ③가지

① 자기 선속(Φ)은 어떤 단면을 수직으로 통과하는 자기장의 세기와 면적의 곱($\Phi = BA$)이며, 자기 선속이 변할 때는 코일을 통과하는 자기장의 세기가 변하거나 코일을 통과하는 자기장 영역의 면적이 변할 때이다.

② 유도 기전력(V)은 솔레노이드를 통과하는 자기 선속의 시간적 변화율$\left(\frac{\Delta\Phi}{\Delta t}\right)$에 비례하고 도선의 감은 수($N$)에 비례한다. ➡ $V = -N\frac{\Delta\Phi}{\Delta t}$

③ 유도 전류의 세기는 유도 기전력의 크기에 비례하며, 유도 전류의 방향은 코일을 통과하는 자기 선속의 변화를 방해하는 방향이다.

⊗ 방향의 자기 선속 증가	⊗ 방향의 자기 선속 감소	⊙ 방향의 자기 선속 증가	⊙ 방향의 자기 선속 감소
유도 전류	유도 전류	유도 전류	유도 전류
증가를 방해하기 위해 유도 전류가 반대 방향(⊙)의 자기 선속을 만든다.	감소를 방해하기 위해 유도 전류가 같은 방향(⊗)의 자기 선속을 만든다.	증가를 방해하기 위해 유도 전류가 반대 방향(⊗)의 자기 선속을 만든다.	감소를 방해하기 위해 유도 전류가 같은 방향(⊙)의 자기 선속을 만든다.
유도 전류 방향: 반시계 방향	유도 전류 방향: 시계 방향	유도 전류 방향: 시계 방향	유도 전류 방향: 반시계 방향

문제 보기

그림은 xy평면에 수직인 방향의 균일한 자기장 영역 Ⅰ, Ⅱ의 경계에서 변의 길이가 $4d$인 동일한 정사각형 도선 A, B, C가 각각 일정한 속력 v, v, $2v$로 직선 운동하는 어느 순간의 모습을 나타낸 것이다. A, B, C는 각각 $-y$, $+x$, $+y$ 방향으로 운동한다. Ⅰ과 Ⅱ에서 자기장의 방향은 서로 반대이고 A와 B에 흐르는 유도 전류의 세기는 같다.

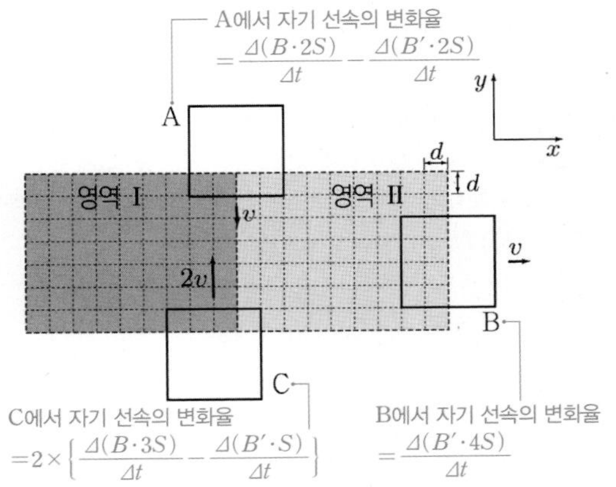

이에 대한 설명으로 옳은 것만을 〈보기〉에서 있는 대로 고른 것은? (단, 모눈 눈금은 동일하고, A, B, C 사이의 상호 작용은 무시한다.) [3점]

<보기> 풀이

ㄱ. 자기장의 세기는 Ⅰ에서가 Ⅱ에서의 3배이다.

➡ A와 B에 흐르는 유도 전류의 세기가 같으므로, A와 B를 통과하는 자기 선속의 시간적 변화율의 크기는 같다. Ⅰ과 Ⅱ의 자기장의 세기를 각각 B, B'이라고 하고 모눈 한 칸의 면적 $d^2=S$라고 할 때, Ⅰ과 Ⅱ에서 자기장의 방향은 서로 반대이므로 $\frac{\Delta(B\cdot 2S)}{\Delta t}-\frac{\Delta(B'\cdot 2S)}{\Delta t}=\frac{\Delta(B'\cdot 4S)}{\Delta t}$이다. 따라서 $B\cdot 2S - B'\cdot 2S = B'\cdot 4S$에서 $B=3B'$이므로 자기장의 세기는 Ⅰ에서가 Ⅱ에서의 3배이다.

ㄴ. 유도 전류의 방향은 A에서와 B에서가 같다.

➡ 같은 방향의 자기 선속이 증가할 때와 감소할 때 유도 전류의 방향은 반대이지만, 서로 반대 방향의 자기 선속이 각각 증가할 때와 감소할 때 유도 전류의 방향은 같다. 자기장의 방향은 Ⅰ과 Ⅱ에서 서로 반대이고 자기장의 세기는 Ⅰ에서가 Ⅱ에서의 3배이므로, 서로 반대 방향의 자기 선속이 A에서는 증가하고 B에서는 감소한다고 볼 수 있다. 따라서 유도 전류의 방향은 A에서와 B에서가 같다.

다른 풀이 Ⅰ에서 자기장의 방향이 xy평면에서 수직으로 나오는 방향이고, Ⅱ에서 자기장의 방향이 xy평면에 수직으로 들어가는 방향이라면 자기장의 세기는 Ⅰ에서가 Ⅱ에서의 3배이므로, A에서의 유도 전류의 방향은 시계 방향이고 B에서의 유도 전류의 방향도 시계 방향이다. 또 Ⅰ에서 자기장의 방향이 xy평면에 수직으로 들어가는 방향이고 Ⅱ에서 자기장의 방향이 xy평면에서 수직으로 나오는 방향이라고 하더라도, A와 B에 흐르는 유도 전류의 방향은 시계 반대 방향으로 같다.

ㄷ. 유도 전류의 세기는 C에서가 A에서의 4배이다.

➡ A와 C의 속력이 각각 v, $2v$이므로, A와 C를 통과하는 자기 선속의 시간적 변화율의 비는 $\left\{\frac{\Delta(B\cdot 2S)}{\Delta t}-\frac{\Delta(B'\cdot 2S)}{\Delta t}\right\} : 2\times\left\{\frac{\Delta(B\cdot 3S)}{\Delta t}-\frac{\Delta(B'\cdot S)}{\Delta t}\right\}$이고, $B=3B'$을 대입하여 정리하면 $1:4$이다. 유도 전류의 세기는 자기 선속의 시간적 변화율에 비례하므로, C에서가 A에서의 4배이다.

19 움직이는 도선에 생기는 전자기 유도 2020학년도 9월 모평 물I 13번

정답 ④ | 정답률 69 %

적용해야 할 개념 ②가지

① 유도 기전력(V)은 솔레노이드를 통과하는 자기 선속의 시간적 변화율$\left(\frac{\Delta\Phi}{\Delta t}\right)$에 비례하고 도선의 감은 수에 비례한다. ➡ $V=-N\frac{\Delta\Phi}{\Delta t}$

② 유도 전류의 세기는 유도 기전력의 크기에 비례하며, 유도 전류의 방향은 코일을 통과하는 자기 선속의 변화를 방해하는 방향이다.

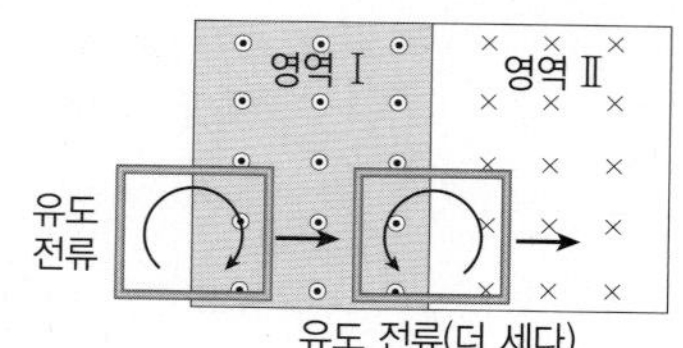

▲ 자기 선속의 변화에 따른 유도 전류

문제 보기

그림 (가)와 같이 한 변의 길이가 d인 정사각형 금속 고리가 xy 평면에서 $+x$방향으로 자기장 영역 I, II, III을 통과한다. I, II, III에서 자기장의 세기는 각각 B, $2B$, B로 균일하고, 방향은 모두 xy평면에 수직으로 들어가는 방향이다. P는 금속 고리의 한 점이다. 그림 (나)는 P의 속력을 위치에 따라 나타낸 것이다.

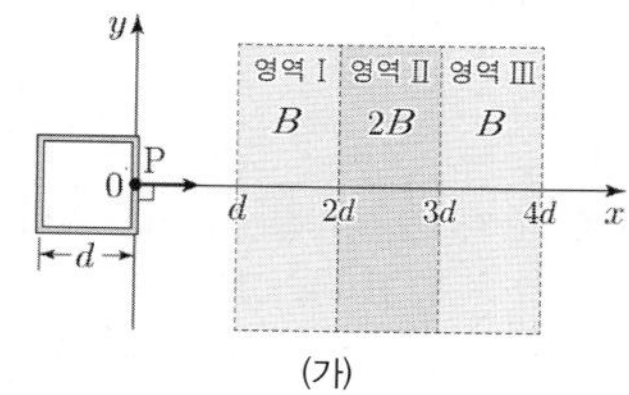

(가)

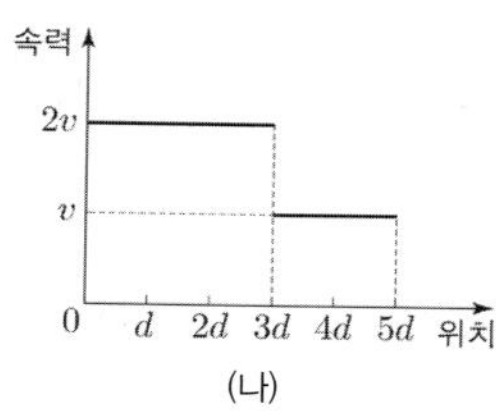

(나)

$x=1.5d$를 지날 때와 $x=4.5d$를 지날 때
- 속력: $(x=1.5d) > (x=4.5d)$
- Δt: $(x=1.5d) < (x=4.5d)$
- $\Delta\Phi$: $(x=1.5d) = (x=4.5d)$
- $\frac{\Delta\Phi}{\Delta t}$: $(x=1.5d) > (x=4.5d)$
- 유도 전류 : $(x=1.5d) > (x=4.5d)$

이에 대한 설명으로 옳은 것만을 〈보기〉에서 있는 대로 고른 것은? [3점]

<보기> 풀이

ㄱ. P가 $x=1.5d$를 지날 때, P에서의 유도 전류의 방향은 $-y$방향이다.

➡ P가 $x=1.5d$를 지날 때, xy 평면에 수직으로 들어가는 방향의 자기 선속이 증가하므로, 이 증가를 방해하기 위해 반대 방향(xy 평면에서 수직으로 나오는 방향)의 자기 선속이 생기도록 유도 전류가 시계 반대 방향으로 흐른다. 이때 P에서의 유도 전류의 방향은 $+y$ 방향이다.

ㄴ. 유도 전류의 세기는 P가 $x=1.5d$를 지날 때가 $x=4.5d$를 지날 때보다 크다.

➡ 유도 전류의 세기는 코일을 통과하는 자기 선속의 시간적 변화율$\left(\frac{\Delta\Phi}{\Delta t}\right)$에 비례한다. P가 $x=1.5d$를 지날 때 자기 선속의 변화량은 (B(⊗)-0)에 비례하고 $x=4.5d$를 지날 때 자기 선속의 변화량은 ($0-B$(⊗))에 비례하므로 크기가 같지만, P가 $x=1.5d$를 지날 때의 속력이 $2v$이고 $x=4.5d$를 지날 때의 속력은 v이므로 $x=1.5d$를 더 빠르게 통과한다. 따라서 자기 선속의 시간적 변화율은 P가 $x=1.5d$를 지날 때가 $x=4.5d$를 지날 때보다 크므로, 유도 전류의 세기는 P가 $x=1.5d$를 지날 때가 $x=4.5d$를 지날 때보다 크다.

ㄷ. 유도 전류의 방향은 P가 $x=2.5d$를 지날 때와 $x=3.5d$를 지날 때가 서로 반대 방향이다.

➡ P가 $x=2.5d$를 지날 때 고리를 통과하는 자기 선속이 증가하므로, 이 증가를 방해하기 위해 반대 방향의 자기 선속이 생기도록 유도 전류가 시계 반대 방향으로 흐른다. 또 P가 $x=3.5d$를 지날 때는 고리를 통과하는 자기 선속이 감소하므로, 이 감소를 방해하기 위해 같은 방향의 자기 선속이 생기도록 유도 전류가 시계 방향으로 흐른다. 따라서 유도 전류의 방향은 P가 $x=2.5d$를 지날 때와 $x=3.5d$를 지날 때가 서로 반대 방향이다.

20 움직이는 도선에 생기는 전자기 유도 2021학년도 4월 학평 물I 13번

정답 ⑤ | 정답률 38 %

적용해야 할 개념 ③가지

① 자기 선속(Φ)은 어떤 단면을 수직으로 통과하는 자기장의 세기(B)와 면적(A)의 곱($\Phi = BA$)이며, 자기 선속이 변할 때는 코일을 통과하는 자기장의 세기가 변하거나 코일을 통과하는 자기장 영역의 면적이 변할 때이다.

② 유도 기전력(V)은 솔레노이드를 통과하는 자기 선속의 시간적 변화율$\left(\frac{\Delta \Phi}{\Delta t}\right)$에 비례하고 도선의 감은 수($N$)에 비례한다. ➡ $V = -N\frac{\Delta \Phi}{\Delta t}$

③ 유도 전류의 세기는 유도 기전력의 크기에 비례하며, 유도 전류의 방향은 코일을 통과하는 자기 선속의 변화를 방해하는 방향이다.

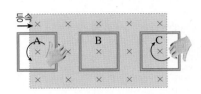

구분	A	B	C
자기 선속 변화	종이면에 수직으로 들어가는 방향(⊗)의 자기 선속 증가	없음	종이면에 수직으로 들어가는 방향(⊗)의 자기 선속 감소
유도 전류에 의한 자기장	종이면에서 수직으로 나오는 방향(⊙)	•	종이면에 수직으로 들어가는 방향(⊗)
유도 전류의 방향	시계 반대 방향	•	시계 방향

문제 보기

그림 (가)와 같이 한 변의 길이가 $2d$인 직사각형 금속 고리가 xy 평면에서 $+x$ 방향으로 폭이 d인 균일한 자기장 영역을 향해 운동한다. 균일한 자기장 영역의 자기장은 세기가 일정하고 방향이 xy 평면에 수직으로 들어가는 방향이다. 그림 (나)는 금속 고리의 한 점 p의 위치를 시간 t에 따라 나타낸 것이다.

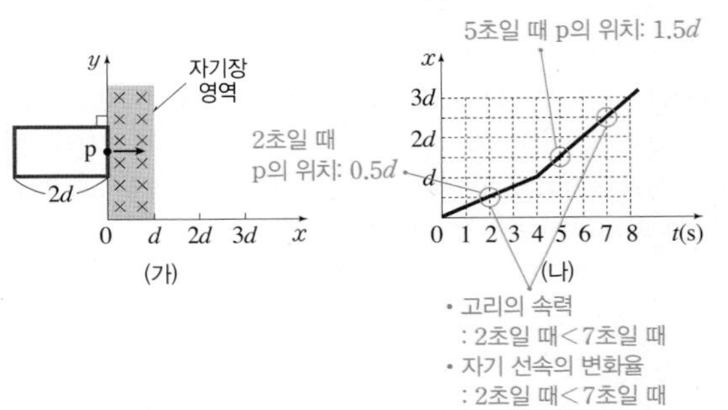

이에 대한 설명으로 옳은 것만을 〈보기〉에서 있는 대로 고른 것은?

<보기> 풀이

직사각형 금속 고리의 2초, 5초, 7초일 때 운동 모습을 나타내면 다음과 같다.

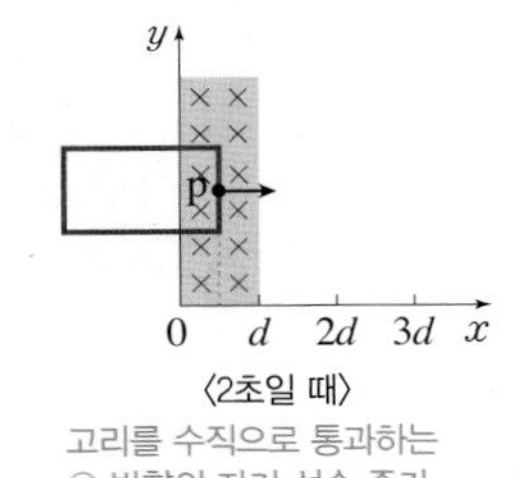

〈2초일 때〉

고리를 수직으로 통과하는 ⊗ 방향의 자기 선속 증가
→ 반대 방향(⊙)의 자기 선속이 생기도록 유도 전류가 흐름.
→ 시계 반대 방향으로 유도 전류가 흐름.
→ p에 흐르는 유도 전류의 방향: $+y$ 방향

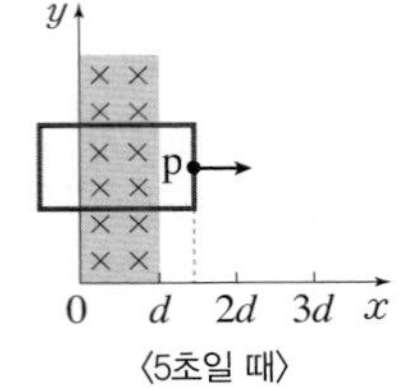

〈5초일 때〉

고리를 수직으로 통과하는 자기 선속의 변화 없음.
→ 유도 전류가 흐르지 않음.

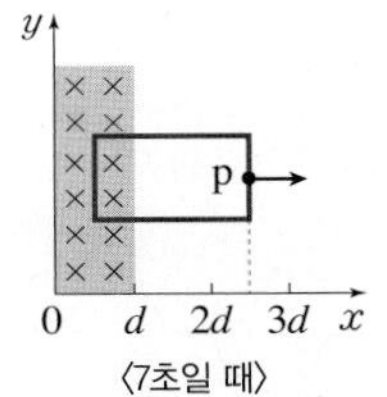

〈7초일 때〉

고리를 수직으로 통과하는 ⊗ 방향의 자기 선속 감소
→ 같은 방향(⊗)의 자기 선속이 생기도록 유도 전류가 흐름.

ㄱ. 2초일 때, p에 흐르는 유도 전류의 방향은 $+y$ 방향이다.

➡ 2초일 때 p는 $x = 0.5d$를 지나므로 고리를 통과하는 ⊗ 방향의 자기 선속이 증가한다. 자기 선속이 증가할 때는 증가를 방해하기 위해 반대 방향의 자기 선속이 만들어지도록 유도 전류가 흐르므로 금속 고리에는 종이면에서 수직으로 나오는 방향(⊙)의 자기 선속이 만들어지도록 유도 전류가 흐른다. 이때 유도 전류의 방향은 시계 반대 방향이므로, p에 흐르는 유도 전류의 방향은 $+y$ 방향이다.

ㄴ. 5초일 때, 유도 전류는 흐르지 않는다.

➡ 5초일 때 p는 $x = 1.5d$를 지나므로 고리를 통과하는 자기 선속이 변하지 않는다. 따라서 5초일 때, 유도 전류는 흐르지 않는다.

ㄷ. 유도 전류의 세기는 2초일 때가 7초일 때보다 작다.

➡ 고리의 속력이 2초일 때가 7초일 때보다 작으므로, 고리를 통과하는 자기 선속의 시간적 변화율은 2초일 때가 7초일 때보다 작다. 유도 전류의 세기는 유도 기전력의 크기에 비례하고 유도 기전력은 고리를 통과하는 자기 선속의 시간적 변화율에 비례하므로, 유도 전류의 세기는 2초일 때가 7초일 때보다 작다.

21 자기장의 변화에 의한 전자기 유도 2022학년도 3월 학평 물I 13번

정답 ⑤ | 정답률 40 %

적용해야 할 개념 ③가지

① 자기 선속(Φ)은 어떤 단면을 수직으로 통과하는 자기장의 세기(B)와 면적(A)의 곱($\Phi=BA$)이며, 자기 선속이 변할 때는 코일을 통과하는 자기장의 세기가 변하거나 코일을 통과하는 자기장 영역의 면적이 변할 때이다.

② 유도 기전력(V)은 솔레노이드를 통과하는 자기 선속의 시간적 변화율$\left(\frac{\Delta\Phi}{\Delta t}\right)$에 비례하고 도선의 감은 수($N$)에 비례한다. ➡ $V=-N\frac{\Delta\Phi}{\Delta t}$

③ 유도 전류의 세기는 유도 기전력의 크기에 비례하며, 유도 전류의 방향은 코일을 통과하는 자기 선속의 변화를 방해하는 방향이다.

$\Phi=BA$

면적 A

▲ 자기 선속(Φ)

문제 보기

그림 (가)와 같이 종이면에 수직으로 들어가는 방향의 균일한 자기장 영역 Ⅰ과 Ⅱ에서 종이면에 고정된 동일한 원형 금속 고리 P, Q의 중심이 각 영역의 경계에 있다. 그림 (나)는 (가)의 Ⅰ과 Ⅱ에서 자기장의 세기를 시간에 따라 나타낸 것이다.

t_0일 때
→ Ⅰ의 자기장의 세기가 감소
→ P를 통과하는 자기 선속이 감소
→ 같은 방향(⊗)의 자기 선속이 생기도록 P에 유도 전류가 흐름.

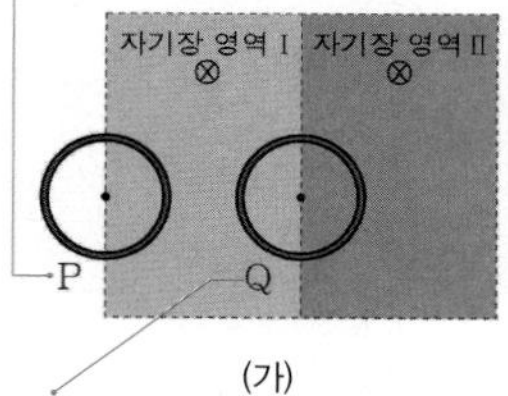

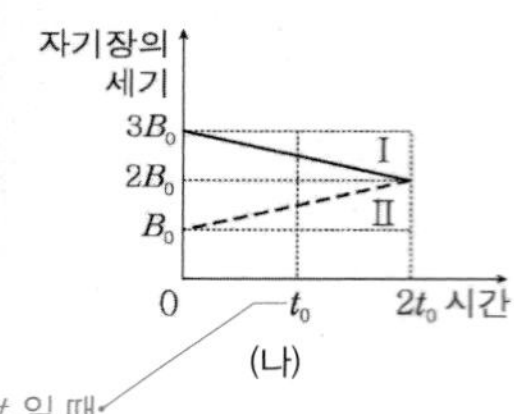

(가) (나)

t_0일 때
→ Ⅰ의 자기장의 세기가 감소, Ⅱ의 자기장의 세기가 증가
→ Q를 통과하는 자기 선속이 일정
→ 유도 전류가 흐르지 않음.

t_0일 때
→ Ⅰ에 의한 자기 선속의 크기: P=Q
→ Ⅱ에 의한 자기 선속의 크기: P<Q
→ Ⅰ, Ⅱ에 의한 자기 선속의 크기: P<Q

t_0일 때에 대한 옳은 설명만을 ⟨보기⟩에서 있는 대로 고른 것은? (단, P, Q 사이의 상호 작용은 무시한다.) [3점]

<보기> 풀이

ㄱ. P의 유도 전류는 P의 중심에 종이면에 수직으로 들어가는 방향의 자기장을 만든다.

➡ t_0일 때 영역 Ⅰ의 자기장의 세기가 감소하므로, P를 통과하는 자기 선속이 감소한다. 자기 선속이 감소할 때는 감소를 방해하기 위해 같은 방향의 자기 선속이 만들어지도록, 즉 종이면에 수직으로 들어가는 방향의 자기 선속이 만들어지도록 유도 전류가 흐른다. 따라서 P의 유도 전류는 P의 중심에 종이면에 수직으로 들어가는 방향의 자기장을 만든다.

ㄴ. Q에는 유도 전류가 흐르지 않는다.

➡ t_0일 때 영역 Ⅰ의 자기장의 세기가 감소하고 영역 Ⅱ의 자기장의 세기가 같은 비율로 증가하므로, Q를 통과하는 자기 선속이 일정하다. 자기 선속의 변화가 없을 때는 유도 전류가 흐르지 않으므로, t_0일 때 Q에는 유도 전류가 흐르지 않는다.

ㄷ. Ⅰ과 Ⅱ에 의해 고리면을 통과하는 자기 선속의 크기는 Q에서가 P에서보다 크다.

➡ t_0일 때 영역 Ⅰ에 의해 고리면을 통과하는 자기 선속의 크기는 P에서와 Q에서가 같지만, 영역 Ⅱ에 의해 고리면을 통과하는 자기 선속의 크기는 Q에서만 있다. 따라서 t_0일 때 Ⅰ과 Ⅱ에 의해 고리면을 통과하는 자기 선속의 크기는 Q에서가 P에서보다 크다.

다른 풀이 자기 선속은 어떤 단면을 수직으로 통과하는 자기장의 세기 B와 면적 A의 곱($\Phi=BA$)이다. t_0일 때 영역 Ⅰ의 자기장의 세기는 $2.5B_0$이고 영역 Ⅱ의 자기장의 세기는 $1.5B_0$이다. 고리면의 면적을 A라고 하면 t_0일 때 P를 통과하는 자기 선속의 크기는 $2.5B_0\times\frac{1}{2}A=\frac{5}{4}B_0A$이고, Q를 통과하는 자기 선속의 크기는 $2.5B_0\times\frac{1}{2}A+1.5B_0\times\frac{1}{2}A=2B_0A$이다. 따라서 t_0일 때 Ⅰ과 Ⅱ에 의해 고리면을 통과하는 자기 선속의 크기는 Q에서가 P에서보다 크다.

22	**자기장의 변화에 의한 전자기 유도** 2021학년도 수능 물Ⅰ 11번	정답 ③ ∣ 정답률 91 %

적용해야 할 개념 ③가지

① 자기 선속(Φ)은 어떤 단면을 수직으로 통과하는 자기장의 세기와 면적의 곱($\Phi = BA$)이며, 자기 선속이 변할 때는 코일을 통과하는 자기장의 세기가 변하거나 코일을 통과하는 자기장 영역의 면적이 변할 때이다.

② 유도 기전력(V)은 솔레노이드를 통과하는 자기 선속의 시간적 변화율$\left(\frac{\Delta\Phi}{\Delta t}\right)$에 비례하고 도선의 감은 수($N$)에 비례한다. ➡ $V = -N\frac{\Delta\Phi}{\Delta t}$

③ 유도 전류의 세기는 유도 기전력의 크기에 비례하며, 유도 전류의 방향은 코일을 통과하는 자기 선속의 변화를 방해하는 방향이다.

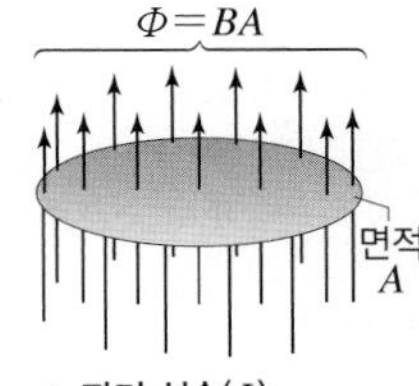

$\Phi = BA$
면적 A

▲ 자기 선속(Φ)

문제 보기

그림 (가)는 자기장 B가 균일한 영역에 금속 고리가 고정되어 있는 것을 나타낸 것이고, (나)는 B의 세기를 시간에 따라 나타낸 것이다. B의 방향은 종이면에 수직으로 들어가는 방향이다.

기울기 $= \frac{\Delta B}{\Delta t} \propto$ 유도 기전력 $\propto$ 유도 전류

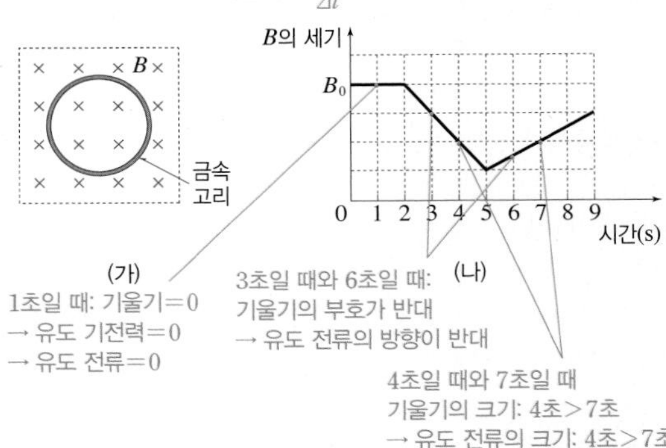

B
금속 고리
(가)
B의 세기
B_0
0 1 2 3 4 5 6 7 8 9
시간(s)
(나)
1초일 때: 기울기=0
→ 유도 기전력=0
→ 유도 전류=0
3초일 때와 6초일 때: 기울기의 부호가 반대
→ 유도 전류의 방향이 반대
4초일 때와 7초일 때 기울기의 크기: 4초>7초
→ 유도 전류의 크기: 4초>7초

이에 대한 설명으로 옳은 것만을 〈보기〉에서 있는 대로 고른 것은? [3점]

<보기> 풀이

코일의 면적(A)이 일정할 때 코일을 통과하는 자기 선속의 시간적 변화율은 $\frac{\Delta\Phi}{\Delta t} = \frac{\Delta(BA)}{\Delta t} = (\frac{\Delta B}{\Delta t})A$이므로, 코일에 생기는 유도 기전력 $V = (\frac{\Delta B}{\Delta t})A$이다. B–t 그래프에서 기울기는 $\frac{\Delta B}{\Delta t}$이고 $V \propto \frac{\Delta B}{\Delta t}$이므로, B–t 그래프의 기울기는 유도 기전력에 비례한다.

ㄱ. 1초일 때 유도 전류는 흐르지 않는다.

➡ 1초일 때 B–t 그래프의 기울기 $\frac{\Delta B}{\Delta t} = 0$이므로, 유도 기전력이 0이다. 따라서 1초일 때 유도 전류는 흐르지 않는다.

ㄴ. 유도 전류의 방향은 3초일 때와 6초일 때가 서로 반대이다.

➡ B–t 그래프의 기울기 $\frac{\Delta B}{\Delta t}$의 부호는 유도 기전력의 방향을 나타낸다. 그래프의 기울기의 부호는 3초일 때와 6초일 때가 서로 반대이므로, 유도 기전력의 방향이 반대이다. 따라서 유도 전류의 방향은 3초일 때와 6초일 때가 서로 반대이다.

다른 풀이 유도 전류의 방향은 코일을 통과하는 자기 선속의 변화를 방해하는 방향이다. 3초일 때는 자기장의 세기 B가 감소하므로 코일을 통과하는 자기 선속($\Phi = BA$)이 감소하고, 5초일 때는 자기장의 세기가 증가하므로 코일을 통과하는 자기선속이 증가한다. 따라서 유도 전류의 방향은 3초일 때와 6초일 때가 서로 반대이다.

ㄷ. 유도 전류의 세기는 7초일 때가 4초일 때보다 크다.

➡ B–t 그래프의 기울기 $\frac{\Delta B}{\Delta t}$의 크기는 유도 기전력의 크기에 비례한다. 그래프의 기울기의 크기는 7초일 때가 4초일 때보다 작으므로, 유도 기전력의 크기는 7초일 때가 4초일 때보다 작다. 따라서 유도 전류의 세기는 7초일 때가 4초일 때보다 작다.

23 움직이는 도선에 생기는 전자기 유도 2024학년도 10월 학평 물Ⅰ 13번

정답 ② | 정답률 74 %

적용해야 할 개념 ③가지

① 코일을 통과하는 자기 선속의 변화가 생길 때 전류가 유도되는 현상을 전자기 유도라 하고, 이때 흐르는 전류를 유도 전류라고 한다.
② 자기 선속(Φ)은 어떤 단면을 수직으로 통과하는 자기장의 세기(B)와 면적(A)의 곱($\Phi = BA$)이며, 자기 선속이 변할 때는 코일을 통과하는 자기장의 세기가 변하거나 코일을 통과하는 자기장 영역의 면적이 변할 때이다.
③ 유도 전류의 세기는 유도 기전력의 크기에 비례하며, 유도 전류의 방향은 코일을 통과하는 자기 선속의 변화를 방해하는 방향이다.

문제 보기

그림과 같이 세기와 방향이 일정한 전류가 흐르는 무한히 긴 직선 도선 A, B를 각각 x축, y축에 고정하고, xy평면에 금속 고리를 놓았다. 표는 금속 고리가 움직이기 시작하는 순간, 금속 고리의 운동 방향에 따라 금속 고리에 흐르는 유도 전류의 방향을 나타낸 것이다.

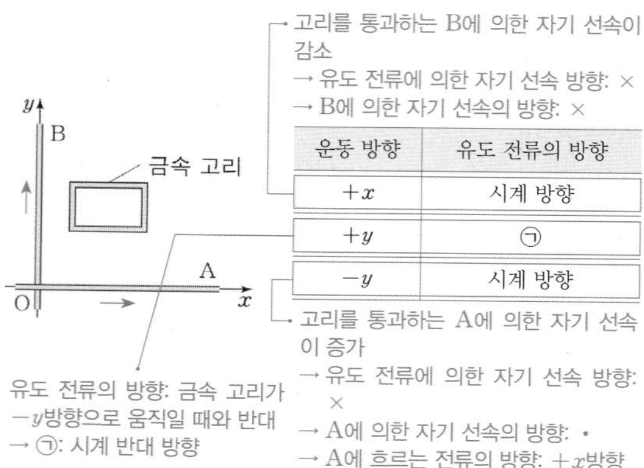

고리를 통과하는 B에 의한 자기 선속이 감소
→ 유도 전류에 의한 자기 선속 방향: ×
→ B에 의한 자기 선속의 방향: ×
y
B
금속 고리
A
O
x
고리를 통과하는 A에 의한 자기 선속이 증가
→ 유도 전류에 의한 자기 선속 방향: ×
→ A에 의한 자기 선속의 방향: •
→ A에 흐르는 전류의 방향: +x방향
유도 전류의 방향: 금속 고리가 −y방향으로 움직일 때와 반대
→ ㉠: 시계 반대 방향

운동 방향	유도 전류의 방향
$+x$	시계 방향
$+y$	㉠
$-y$	시계 방향

이에 대한 옳은 설명만을 〈보기〉에서 있는 대로 고른 것은?

<보기> 풀이

직선 전류에 의한 자기장의 세기는 도선에 흐르는 전류의 세기에 비례하고 도선으로부터의 거리에 반비례한다. 따라서 금속 고리가 x축과 나란한 방향으로 움직일 때, 금속 고리와 B 사이의 거리가 변하므로 금속 고리를 통과하는 B에 의한 자기 선속의 변화에 의해 유도 전류가 흐른다. 또 금속 고리가 y축과 나란한 방향으로 움직일 때, 금속 고리와 A 사이의 거리가 변하므로 금속 고리를 통과하는 A에 의한 자기 선속의 변화에 의해 유도 전류가 흐른다.

ㄱ. ㉠은 시계 방향이다.

➡ 금속 고리가 $-y$방향으로 움직이기 시작하는 순간에는 금속 고리를 통과하는 A에 의한 자기 선속이 증가하며, 이때 흐르는 유도 전류의 방향은 시계 방향이다. 금속 고리가 $+y$방향으로 움직이기 시작하는 순간에는 금속 고리를 통과하는 A에 의한 자기 선속이 감소하므로, 유도 전류의 방향은 시계 반대 방향이다. 따라서 ㉠은 시계 반대 방향이다

ㄴ. A에 흐르는 전류의 방향은 $+x$방향이다.

➡ 금속 고리가 $-y$방향으로 움직이기 시작하는 순간에는 금속 고리를 통과하는 A에 의한 자기 선속이 증가하므로, 유도 전류는 금속 고리를 통과하는 A에 의한 자기 선속의 방향과 반대 방향의 자기 선속을 만드는 방향으로 흐른다. 이때 시계 방향의 유도 전류에 의한 자기 선속의 방향은 고리 내부에서 xy평면에 수직으로 들어가는 방향(×)이므로, 고리를 통과하는 A에 의한 자기 선속의 방향은 xy평면에서 수직으로 나오는 방향(•)이다. 따라서 A에 흐르는 전류의 방향은 $+x$방향이다.

ㄷ. $x>0$인 xy평면상에서 B의 전류에 의한 자기장의 방향은 xy평면에서 수직으로 나오는 방향이다.

➡ 금속 고리가 $+x$방향으로 움직이기 시작하는 순간에는 금속 고리에 통과하는 B에 의한 자기 선속이 감소하므로, 유도 전류는 금속 고리를 통과하는 B에 의한 자기 선속의 방향과 같은 방향의 자기 선속을 만드는 방향으로 흐른다. 이때 시계 방향의 유도 전류에 의한 자기 선속의 방향은 고리 내부에서 xy평면에 수직으로 들어가는 방향(×)이므로, $x>0$인 xy평면상에서 B의 전류에 의한 자기장의 방향도 xy평면에 수직으로 들어가는 방향(×)이다.

24 전자기 유도의 이용 2023학년도 6월 모평 물Ⅰ 1번

정답 ⑤ | 정답률 81 %

적용해야 할 개념 ②가지

① 코일을 통과하는 자기 선속의 변화가 생길 때 코일에 전류가 유도되는 현상을 전자기 유도라고 하고, 이때 흐르는 전류를 유도 전류라고 한다.
② 한 코일에 흐르는 전류의 세기와 방향이 변하면 코일 주위에 생기는 자기장의 세기와 방향이 변한다. 이때 이웃한 코일을 통과하는 자기 선속이 변하므로 전자기 유도 현상이 일어나 유도 전류가 흐른다.

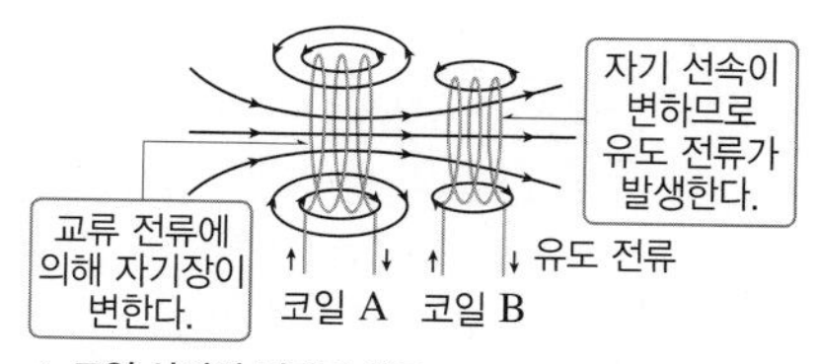

자기 선속이 변하므로 유도 전류가 발생한다.
교류 전류에 의해 자기장이 변한다.
유도 전류
코일 A
코일 B

▲ 코일 사이의 전자기 유도

문제 보기

그림 A, B, C는 자기장을 활용한 장치의 예를 나타낸 것이다.

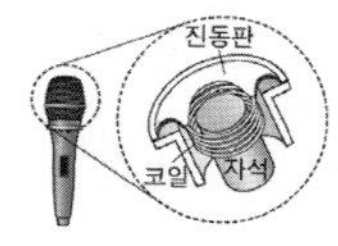

진동판
코일
자석

A. 마이크

진동판에 부착된 코일이 진동할 때, 코일을 통과하는 자기 선속이 변함.

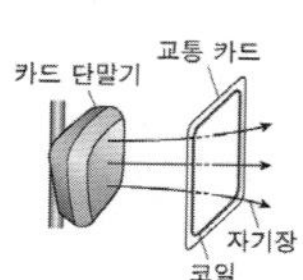

전동 칫솔
자기장
코일
충전기

B. 무선 충전 칫솔

충전기의 코일에 교류가 흐를 때 칫솔의 코일을 통과하는 자기 선속이 변함.

카드 단말기 교통 카드 자기장 코일

C. 교통 카드

단말기에서 변하는 자기장이 발생할 때 교통 카드의 코일을 통과하는 자기 선속이 변함.

전자기 유도 현상을 활용한 예만을 있는 대로 고른 것은?

<보기> 풀이

A. 마이크

➡ 소리에 의해 진동판에 부착된 코일이 자석 주위에서 진동하면 코일을 통과하는 자기 선속이 변하여 코일에 유도 전류가 흐른다. 따라서 마이크는 전자기 유도 현상을 활용한다.

B. 무선 충전 칫솔

➡ 충전기의 코일에 교류가 흘러 변하는 자기장이 발생하면 칫솔의 코일을 통과하는 자기 선속이 변하여 코일에 유도 전류가 흐른다. 따라서 무선 충전 칫솔은 전자기 유도 현상을 활용한다.

C. 교통 카드

➡ 카드 단말기에서 변하는 자기장이 발생하면 교통 카드를 통과하는 자기 선속이 변하여 코일에 유도 전류가 흐른다. 따라서 교통 카드는 전자기 유도 현상을 활용한다.

25 움직이는 도선에 생기는 전자기 유도 2024학년도 수능 물I 17번

정답 ① | 정답률 65 %

적용해야 할 개념 ③가지

① 코일을 통과하는 자기 선속의 변화가 생길 때 전류가 유도되는 현상을 전자기 유도라 하고, 이때 흐르는 전류를 유도 전류라고 한다.
② 자기 선속(Φ)은 어떤 단면을 수직으로 통과하는 자기장의 세기(B)와 면적(A)의 곱($\Phi = BA$)이며, 자기 선속이 변할 때는 코일을 통과하는 자기장의 세기가 변하거나 코일을 통과하는 자기장 영역의 면적이 변할 때이다.
③ 유도 전류의 세기는 유도 기전력의 크기에 비례하며, 유도 전류의 방향은 코일을 통과하는 자기 선속의 변화를 방해하는 방향으로 흐른다.

문제 보기

그림과 같이 한 변의 길이가 $2d$인 정사각형 금속 고리가 xy평면에서 균일한 자기장 영역 Ⅰ~Ⅲ을 $+x$방향으로 등속도 운동을 하며 지난다. 금속 고리의 한 변의 중앙에 고정된 점 p가 $x=d$와 $x=5d$를 지날 때, p에 흐르는 유도 전류의 세기는 같고 방향은 $-y$방향이다. Ⅰ, Ⅱ에서 자기장의 세기는 각각 B_0이고, Ⅲ에서 자기장의 세기는 일정하고 방향은 xy평면에 수직이다.

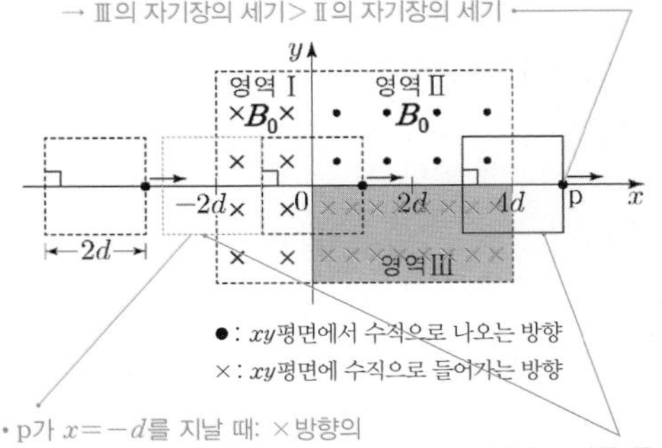

• p가 $x=5d$를 지날 때
→ p에 흐르는 유도 전류의 방향: $-y$방향
→ p에 흐르는 유도 전류에 의한 자기장의 방향: ×
→ Ⅲ의 자기장의 방향: ×
→ Ⅲ의 자기장의 세기 > Ⅱ의 자기장의 세기
영역 Ⅰ
영역 Ⅱ
영역 Ⅲ
B_0
$-2d$
$2d$
$4d$
p
●: xy평면에서 수직으로 나오는 방향
×: xy평면에 수직으로 들어가는 방향
• p가 $x=-d$를 지날 때: ×방향의 자기 선속 증가
→ 반대 방향(●)의 자기 선속이 생기도록 유도 전류가 흐름.
→ p에 흐르는 유도 전류의 방향: $+y$방향
단위 시간당 고리를 통과하는 자기 선속의 변화량: $x=-d$를 지날 때 > $x=5d$를 지날 때
→ 유도 전류의 세기: $x=-d$를 지날 때 > $x=5d$를 지날 때

p에 흐르는 유도 전류를 p의 위치에 따라 나타낸 그래프로 가장 적절한 것은? (단, p에 흐르는 유도 전류의 방향은 $+y$방향이 양(+)이다.) [3점]

<보기> 풀이

❶ p가 $x=5d$를 지날 때 고리를 통과하는 영역 Ⅱ와 영역 Ⅲ의 자기 선속이 감소한다. 영역 Ⅲ의 자기장의 방향을 '•'이라고 가정하면, 자기 선속이 감소할 때는 감소를 방해하기 위해 같은 방향의 자기 선속이 만들어지도록, 즉 xy평면에서 수직으로 나오는 방향(•)의 자기 선속이 만들어지도록 p에 유도 전류가 $+y$방향으로 흘러야 하지만, 문제의 조건에서 p에 흐르는 유도 전류의 방향이 $-y$방향이므로 이는 성립하지 않는다. 따라서 영역 Ⅲ의 자기장의 방향은 '×'이고 영역 Ⅲ의 자기장의 세기는 영역 Ⅱ보다 크다.

❷ p가 $x=d$를 지날 때와 $x=5d$를 지날 때 p에 흐르는 유도 전류의 세기가 같으므로, 단위 시간당 고리를 통과하는 자기 선속의 변화량은 같다. 영역 Ⅲ의 자기장의 세기가 영역 Ⅱ의 자기장의 세기의 2배이면, $x=d$를 지날 때와 $x=5d$를 지날 때 단위 시간당 고리를 통과하는 자기 선속의 변화량이 같으므로, 영역 Ⅲ의 자기장의 세기는 $2B_0$이다.

다른 풀이 p가 $x=d$를 지날 때와 $x=5d$를 지날 때 p에 흐르는 유도 전류의 세기가 같으므로, 단위 시간당 고리를 통과하는 자기 선속의 변화량은 같다. 영역 Ⅲ의 자기장의 세기를 B'라 하고 고리 면적의 $\frac{1}{4}$을 S라고 하면, p가 $x=d$를 지날 때 단위 시간당 고리를 통과하는 자기 선속의 변화량은 $-2B_0S(\times)+B_0S(\bullet)+B'S(\times)$에 비례한다. 이때 xy평면에서 수직으로 나오는 방향의 자기 선속의 증가는 xy평면에 수직으로 들어가는 자기 선속의 감소와 같으므로, $B_0S(\bullet)=-B_0S(\times)$이다. 따라서 p가 $x=d$를 지날 때 단위 시간당 고리를 통과하는 자기 선속의 변화량은 $-2B_0S(\times)-B_0S(\times)+B'S(\times)=-3B_0S(\times)+B'S(\times)$에 비례한다. p가 $x=5d$를 지날 때 단위 시간당 고리를 통과하는 자기 선속의 변화량은 $-B_0S(\bullet)-B'S(\times)=B_0S(\times)-B'S(\times)$에 비례한다. $-3B_0S(\times)+B'S(\times)=B_0S(\times)-B'S(\times)$이므로, $B'=2B_0$이다. 따라서 영역 Ⅲ의 자기장의 세기는 $2B_0$이다.

❸ p가 $x=-d$를 지날 때 고리를 통과하는 영역 Ⅰ의 자기 선속이 증가한다. 자기 선속이 증가할 때는 증가를 방해하기 위해 반대 방향의 자기 선속이 만들어지도록, 즉 xy평면에서 수직으로 나오는 방향(•)의 자기 선속이 만들어지도록 고리에 유도 전류가 시계 반대 방향으로 흐른다. 따라서 p가 $x=-d$를 지날 때 p에 흐르는 유도 전류의 방향은 $+y$방향이다. 이때 단위 시간당 고리를 통과하는 자기 선속의 변화량은 p가 $x=5d$를 지날 때의 2배이므로, 유도 전류의 세기는 p가 $x=5d$를 지날 때의 2배이다.

❹ p가 $x=3d$를 지날 때는 고리를 통과하는 자기 선속의 변화가 없으므로 유도 전류가 흐르지 않는다. 따라서 p가 $x=-d$, $x=d$, $x=5d$를 차례로 지날 때, p에 흐르는 유도 전류의 방향은 각각 $+y$방향, $-y$방향, $-y$방향이고 유도 전류의 세기는 p가 $x=-d$를 지날 때가 가장 크므로, p에 흐르는 유도 전류를 나타낸 그래프로 가장 적절한 것은 ①이다.

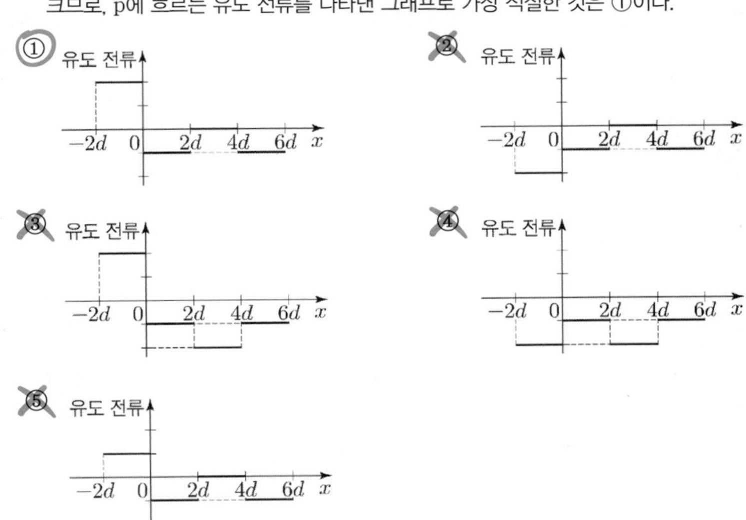

①
②
③
④
⑤
유도 전류
$-2d$
0
$2d$
$4d$
$6d$
x

26 전자기 유도의 이용 2020학년도 3월 학평 물I 8번

정답 ③ | 정답률 84 %

적용해야 할 개념 ②가지

① 코일을 통과하는 자기 선속의 변화가 있을 때 코일에 전류가 유도되는 현상을 전자기 유도라고 하고, 이때 흐르는 전류를 유도 전류라고 한다.

② 한 코일에 흐르는 전류의 세기와 방향이 변하면 코일 주위에 생기는 자기장의 세기와 방향도 변한다. 이때 이웃한 코일을 통과하는 자기 선속이 변하므로, 이웃한 코일에 전자기 유도 현상이 일어나 유도 전류가 흐른다.

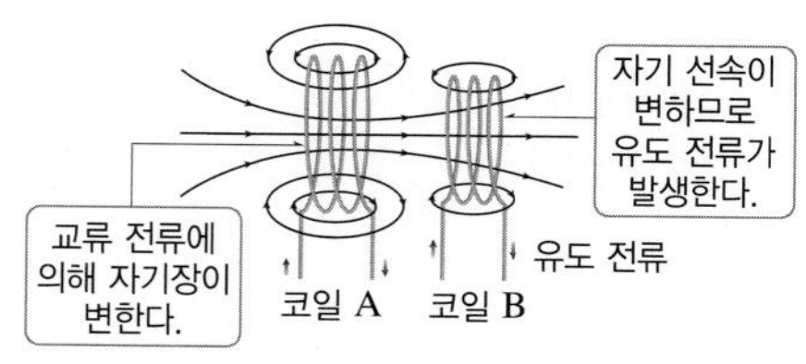

▲ 코일 사이의 전자기 유도

문제 보기

그림은 휴대 전화를 무선 충전기 위에 놓고 충전하는 모습을 나타낸 것이다. 코일 A, B는 각각 무선 충전기와 휴대 전화 내부에 있고, A에 흐르는 전류의 세기 I는 주기적으로 변한다.

A에 흐르는 전류의 세기 I가 변할 때
→ 전류에 의한 자기장의 세기가 변한다.
→ B를 통과하는 자기 선속이 변한다.

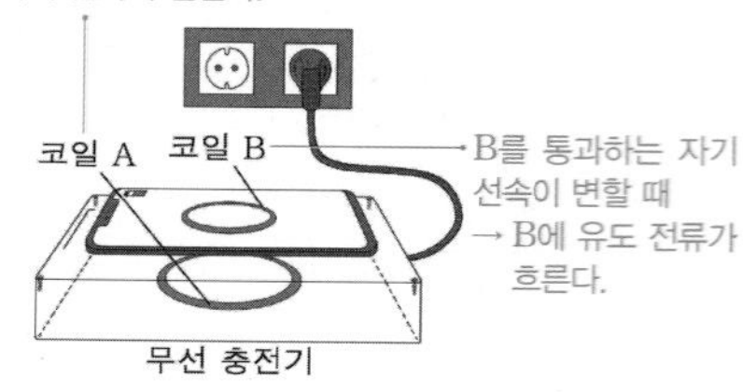

이에 대한 옳은 설명만을 〈보기〉에서 있는 대로 고른 것은?

<보기> 풀이

ㄱ. I가 증가할 때 B에 유도 전류가 흐른다.

➡ A에 흐르는 전류의 세기 I가 증가할 때 전류에 의한 자기장의 세기가 커지므로, B를 통과하는 자기 선속이 증가한다. 코일을 통과하는 자기 선속이 변할 때 전자기 유도 현상이 일어나 유도 전류가 흐르므로, I가 증가할 때 B에 유도 전류가 흐른다.

ㄴ. I가 감소할 때 B에 유도 전류가 흐르지 않는다.

➡ A에 흐르는 전류의 세기 I가 감소할 때 전류에 의한 자기장의 세기가 작아지므로, B를 통과하는 자기 선속이 감소한다. 코일을 통과하는 자기 선속이 변할 때 전자기 유도 현상이 일어나 유도 전류가 흐르므로, I가 감소할 때도 B에 유도 전류가 흐른다.

ㄷ. 무선 충전은 전자기 유도 현상을 이용한다.

➡ 무선 충전은 한 코일에 흐르는 전류의 세기가 변할 때 이웃한 코일에 전자기 유도 현상이 일어나 유도 전류가 흐르는 것을 이용한다.

27 전자기 유도의 이용 2022학년도 6월 모평 물I 2번

정답 ③ | 정답률 50 %

적용해야 할 개념 ③가지

① 코일을 통과하는 자기 선속의 변화가 있을 때 코일에 전류가 유도되는 현상을 전자기 유도라고 하고, 이때 흐르는 전류를 유도 전류라고 한다.

② 한 코일에 흐르는 전류의 세기와 방향이 변하면 코일 주위에 생기는 자기장의 세기와 방향도 변한다. 이때 이웃한 코일을 통과하는 자기 선속이 변하므로 전자기 유도 현상이 일어나 유도 전류가 흐른다.

③ 전자석: 솔레노이드 내부에 철심을 넣은 것으로 전류가 흐를 때 자기장이 생기는 성질을 이용하여 만든 자석이다.

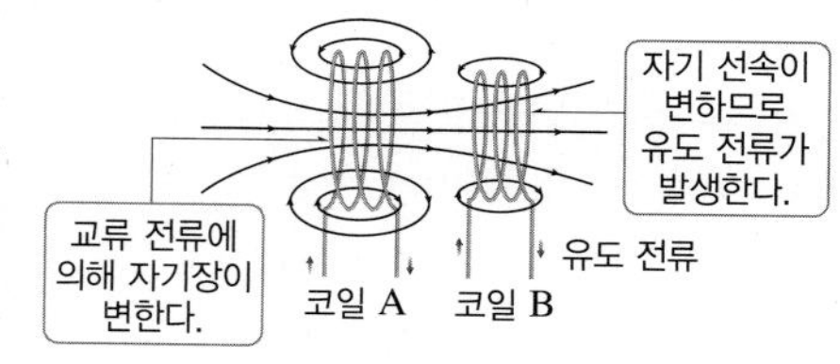

▲ 코일 사이의 전자기 유도

문제 보기

전자기 유도 현상을 활용하는 것만을 〈보기〉에서 있는 대로 고른 것은?

〈보기〉

ㄱ. 마이크 ㄴ. 무선 충전 ㄷ. 전자석 기중기

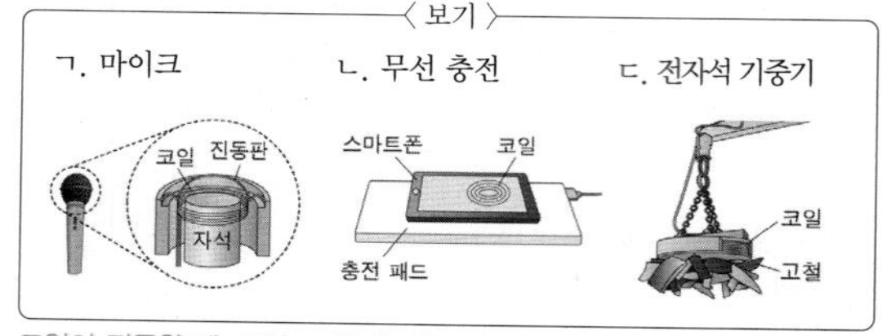

코일이 진동할 때, 코일을 통과하는 자기 선속이 변함.
→ 코일에 유도 전류가 흐름.
→ 전자기 유도 현상

충전 패드의 코일에 교류가 흐를 때 스마트폰의 코일을 통과하는 자기 선속이 변함.
→ 스마트폰 코일에 유도 전류가 흐름.
→ 전자기 유도 현상

코일에 전류가 흐를 때 자기장이 생김.
→ 전류에 의한 자기장 활용

<보기> 풀이

ㄱ. 마이크

➡ 소리에 의한 공기의 진동으로 마이크의 진동판이 진동할 때, 진동판에 연결된 코일도 자석 주위에서 진동한다. 이때 코일을 통과하는 자기 선속의 변화가 생기므로 전자기 유도 현상이 일어나 코일에 유도 전류가 흐른다. 따라서 마이크는 전자기 유도 현상을 활용한 장치이다.

ㄴ. 무선 충전

➡ 충전 패드의 코일에 교류 전류가 흐르면 코일 주위에 시간에 따라 변하는 자기장이 발생한다. 이때 스마트폰 내부의 코일을 통과하는 자기 선속의 변화가 생기므로 전자기 유도 현상이 일어나 유도 전류가 흐르면서 스마트폰의 배터리가 충전된다. 따라서 무선 충전은 전자기 유도 현상을 활용한 장치이다.

ㄷ. 전자석 기중기

➡ 전자석 기중기는 코일에 전류가 흐를 때 자기장이 생기는 원리를 이용하여 만든 전자석을 활용해 무거운 고철을 들어 올리거나 옮기는 장치이다. 따라서 전자석 기중기는 전류에 의한 자기장을 활용한 장치이다.

28 전자기 유도의 이용 2020학년도 수능 물Ⅰ 4번

정답 ③ | 정답률 81 %

적용해야 할 개념 ②가지

① 소리가 발생하면 공기의 진동에 의해 스피커의 진동판이 진동하여 진동판에 부착된 코일이 움직인다.
② 코일과 자석 사이의 상대적인 운동으로 코일을 통과하는 자기 선속의 변화가 생길 때 전류가 유도되는 현상을 전자기 유도라고 하고, 이때 흐르는 전류를 유도 전류라고 한다.

유도 전류의 방향 ▶

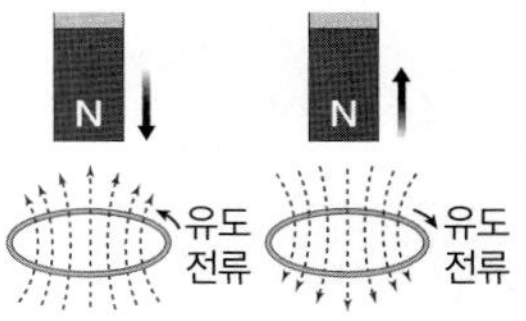

문제 보기

다음은 헤드폰의 스피커를 이용한 실험이다.

[자료 조사 내용]
○ 헤드폰의 스피커는 진동판, 코일, 자석 등으로 구성되어 있다.

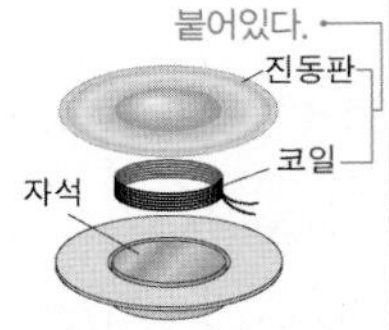

〈헤드폰의 스피커 구조〉

[실험 과정]
(가) 컴퓨터의 마이크 입력 단자에 헤드폰을 연결하고, 녹음 프로그램을 실행시킨다.
(나) 헤드폰의 스피커 가까이에서 다양한 소리를 낸다.
(다) 녹음 프로그램을 종료하고 저장된 파일을 재생시킨다.
→ 공기의 진동에 의해 진동판이 진동한다.

[실험 결과]
○ 헤드폰의 스피커 가까이에서 냈던 다양한 소리가 재생되었다.

이 실험에서 소리가 녹음되는 동안 헤드폰의 스피커에서 일어나는 현상에 대한 설명으로 옳은 것만을 〈보기〉에서 있는 대로 고른 것은?

〈보기〉 풀이

ㄱ. 진동판은 공기의 진동에 의해 진동한다.
➡ 공기의 진동에 의해 헤드폰 스피커의 진동판이 진동하여 헤드폰의 스피커 가까이에서 발생한 소리가 녹음된다.

ㄴ. 코일에서는 전자기 유도 현상이 일어난다.
➡ 코일은 진동판에 붙어있으므로 진동판이 진동하면 코일이 자석 근처에서 움직인다. 코일과 자석 사이의 상대적인 운동이 일어나면 코일을 통과하는 자기 선속의 변화가 생기므로 코일에서는 전자기 유도 현상이 일어난다.

ㄷ. 코일이 자석에 붙은 상태로 자석과 함께 운동한다.
➡ 코일과 자석 사이의 상대적인 운동으로 코일에 전자기 유도 현상이 일어나는 것이므로, 코일이 자석에 붙어서 함께 움직이면 코일에 전자기 유도 현상이 일어나지 않는다. 따라서 코일과 자석은 붙은 상태로 함께 운동하지 않는다.

29 전자기 유도의 이용 2020학년도 10월 학평 물Ⅰ 8번

정답 ③ | 정답률 47 %

적용해야 할 개념 ③가지

① 코일과 자석 사이의 상대적인 운동으로 코일을 통과하는 자기 선속의 변화가 생길 때 전류가 유도되는 현상을 전자기 유도라고 하고, 이때 흐르는 전류를 유도 전류라고 한다.
② 자석이 코일 근처에서 움직일 때 자석의 운동을 방해하는 방향으로 유도 전류가 흐른다.
③ 자석이 코일에 가까워질 때는 자석에 척력이 작용하는 방향으로, 멀어질 때는 인력이 작용하는 방향으로 유도 전류가 흐른다.

자석이 가까워질 때	자석이 멀어질 때
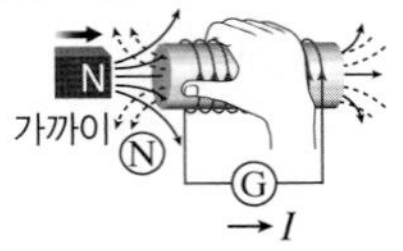	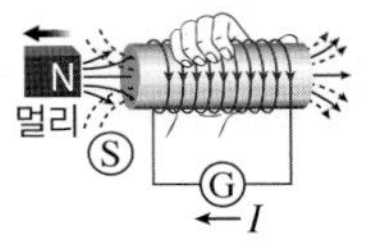
척력이 작용하도록 유도 전류가 발생 ➡ 코일 왼쪽에 N극이 형성	인력이 작용하도록 유도 전류가 발생 ➡ 코일 왼쪽에 S극이 형성

문제 보기

그림 (가)는 마이크의 내부 구조를 나타낸 것으로, 소리에 의해 진동판과 코일이 진동한다. 그림 (나)는 (가)에서 자석의 윗면과 코일 사이의 거리 d를 시간에 따라 나타낸 것이다. t_3일 때 코일에는 화살표 방향으로 유도 전류가 흐른다.

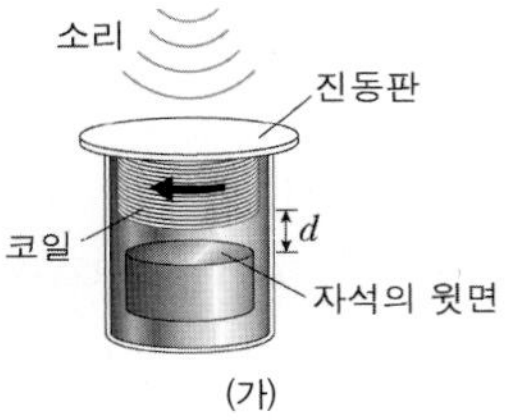

(가)

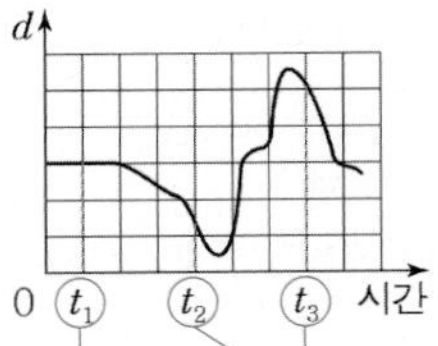

(나)

d가 감소하는 경우
→ 코일을 통과하는 자기 선속이 증가한다.
→ 코일과 자석 사이에 척력이 작용하도록 유도 전류가 발생한다.(방향)
→ 코일 아래쪽에 N극이 형성된다.
→ 자석의 윗면은 N극이다.

d가 일정
→ 유도 전류가 흐르지 않는다.

d가 감소
→ 유도 전류의 방향이 같다.

이에 대한 옳은 설명만을 〈보기〉에서 있는 대로 고른 것은?

〈보기〉 풀이

ㄱ. 자석의 윗면은 N극이다.
➡ (나)에서 t_3일 때 d가 감소하고 있으므로 코일이 자석에 가까워지는 중이며 코일을 통과하는 자기 선속이 증가한다. 이때 흐르는 유도 전류는 자기 선속의 증가를 방해하는 방향, 즉 코일과 자석 사이에 척력이 작용하는 방향으로 흐른다. 따라서 유도 전류가 화살표 방향으로 흐를 때 코일의 아래쪽에 N극이 형성되므로, 자석의 윗면은 N극이다.

ㄴ. t_1일 때 코일에는 유도 전류가 흐르지 않는다.
➡ (나)에서 t_1일 때 d가 일정하므로 코일을 통과하는 자기 선속의 변화가 없다. 따라서 t_1일 때 코일에는 유도 전류가 흐르지 않는다.

ㄷ. 코일에 흐르는 유도 전류의 방향은 t_2일 때와 t_3일 때가 서로 반대이다.
➡ (나)에서 t_2일 때와 t_3일 때 모두 d가 감소하고 있으므로 코일이 자석에 가까워지는 중이다. 따라서 코일에 흐르는 유도 전류의 방향은 t_2일 때와 t_3일 때가 서로 같다.

30 전자기 유도의 이용 2021학년도 9월 모평 물Ⅰ 16번

정답 ② | 정답률 66 %

적용해야 할 개념 ③가지

① 자기 선속(Φ)은 어떤 단면을 수직으로 통과하는 자기장의 세기와 면적의 곱($\Phi=BA$)이며, 자기 선속이 변할 때는 코일을 통과하는 자기장의 세기가 변하거나 코일을 통과하는 자기장 영역의 면적이 변할 때이다.

② 유도 기전력(V)은 솔레노이드를 통과하는 자기 선속의 시간적 변화율$\left(\frac{\Delta\Phi}{\Delta t}\right)$에 비례하고 도선의 감은 수($N$)에 비례한다. ➡ $V=-N\frac{\Delta\Phi}{\Delta t}$

③ 유도 전류의 세기는 유도 기전력의 크기에 비례하며, 유도 전류의 방향은 코일을 통과하는 자기 선속의 변화를 방해하는 방향이다.

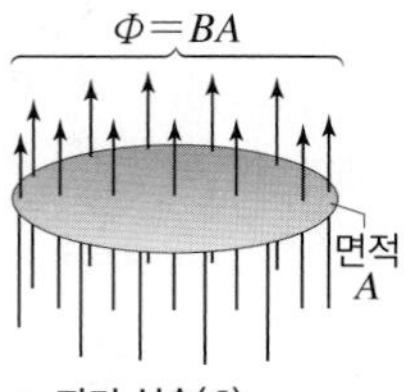

$\Phi=BA$
면적 A

▲ 자기 선속(Φ)

문제 보기

그림 (가)는 무선 충전기에서 스마트폰의 원형 도선에 전류가 유도되어 스마트폰이 충전되는 모습을, (나)는 원형 도선을 통과하는 자기 선속 Φ를 시간 t에 따라 나타낸 것이다.

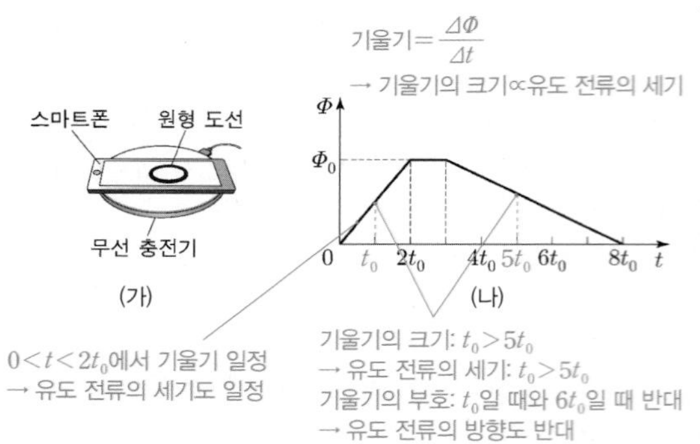

기울기 $=\frac{\Delta\Phi}{\Delta t}$
→ 기울기의 크기∝유도 전류의 세기
스마트폰
원형 도선
무선 충전기
(가)
Φ
Φ_0
0
t_0
$2t_0$
$4t_0$
$5t_0$
$6t_0$
$8t_0$
t
(나)
$0<t<2t_0$에서 기울기 일정
→ 유도 전류의 세기도 일정
기울기의 크기: $t_0>5t_0$
→ 유도 전류의 세기: $t_0>5t_0$
기울기의 부호: t_0일 때와 $6t_0$일 때 반대
→ 유도 전류의 방향도 반대

원형 도선에 흐르는 유도 전류에 대한 설명으로 옳은 것만을 〈보기〉에서 있는 대로 고른 것은? [3점]

<보기> 풀이

유도 전류의 세기는 코일을 통과하는 자기 선속의 시간적 변화율$\left(\frac{\Delta\Phi}{\Delta t}\right)$에 비례한다. $\Phi-t$그래프에서 기울기는 $\frac{\Delta\Phi}{\Delta t}$로 자기 선속의 시간적 변화율을 나타낸다.

ㄱ. 유도 전류의 세기는 $0<t<2t_0$에서 증가한다. (✕)

➡ 코일을 통과하는 자기 선속의 시간적 변화율$\left(\frac{\Delta\Phi}{\Delta t}\right)$이 일정하면 유도 전류의 세기도 일정하다. $0<t<2t_0$에서 그래프의 기울기$\left(\frac{\Delta\Phi}{\Delta t}\right)$가 일정하므로, 유도 전류의 세기는 일정하다.

ㄴ. 유도 전류의 세기는 t_0일 때가 $5t_0$일 때보다 크다. (○)

➡ (나)에서 그래프의 기울기의 크기가 t_0일 때가 $5t_0$일 때보다 크므로, 유도 전류의 세기는 t_0일 때가 $5t_0$일 때보다 크다.

ㄷ. 유도 전류의 방향은 t_0일 때와 $6t_0$일 때가 서로 같다. (✕)

➡ 유도 전류는 코일을 통과하는 자기 선속의 변화를 방해하는 방향으로 흐른다. t_0일 때는 원형 도선을 통과하는 자기 선속이 증가하고 $6t_0$일 때는 감소하므로, 유도 전류의 방향은 t_0일 때와 $6t_0$일 때가 서로 반대이다.

다른 풀이 (나)에서 그래프의 기울기의 부호가 t_0일 때와 $6t_0$일 때 서로 반대이므로, 유도 전류의 방향은 t_0일 때와 $6t_0$일 때가 서로 반대이다.

31 전자기 유도의 이용 2021학년도 10월 학평 물Ⅰ 2번

정답 ④ | 정답률 95 %

적용해야 할 개념 ④가지

① 코일과 자석 사이의 상대적인 운동으로 코일을 통과하는 자기 선속의 변화가 생길 때 전류가 유도되는 현상을 전자기 유도라고 하고, 이때 흐르는 전류를 유도 전류라고 한다.

② 유도 기전력(V)은 코일을 통과하는 자기 선속의 시간적 변화율$\left(\frac{\Delta\Phi}{\Delta t}\right)$에 비례하고 도선의 감은 수($N$)에 비례한다. ➡ $V=-N\frac{\Delta\Phi}{\Delta t}$

③ 유도 전류의 세기는 유도 기전력의 크기에 비례하므로, 자석이 빠르게 운동할수록, 자석의 세기가 셀수록, 코일의 감은 수가 많을수록 세다.

④ 발전기는 전자기 유도를 이용하여 전기 에너지를 얻는 장치로, 자석의 자기장 안에서 코일을 회전시킬 때 코일을 통과하는 자기 선속의 변화로 인해 유도 전류가 흐르는 원리를 이용한다.

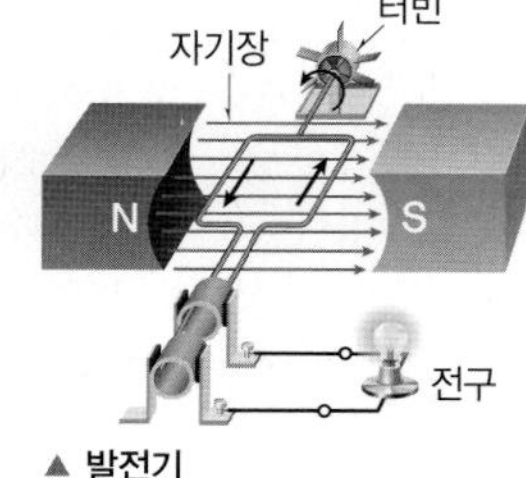

터빈
자기장
N
S
전구

▲ 발전기

문제 보기

다음은 간이 발전기에 대한 설명이다.

○ 간이 발전기의 자석이 일정한 속력으로 회전할 때, 코일에 유도 전류가 흐른다. 이때 (㉠) 유도 전류의 세기가 커진다.

→ 전자기 유도 현상

유도 전류의 세기
∝유도 기전력의 크기
∝자석의 속력, 자석의 세기, 코일의 감은 수

코일 / 자석

㉠으로 적절한 것만을 〈보기〉에서 있는 대로 고른 것은?

<보기> 풀이

유도 전류의 세기는 유도 기전력의 크기에 비례하므로, 유도 기전력이 커지면 유도 전류의 세기도 커진다.

ㄱ. 자석의 회전 속력만을 증가시키면 (○)

➡ 자석의 회전 속력을 증가시키면 코일을 통과하는 자기 선속의 시간적 변화율이 커지므로 유도 전류의 세기가 커진다.

ㄴ. 자석의 회전 방향만을 반대로 하면 (✕)

➡ 자석의 회전 방향만을 반대로 하는 것은 코일을 통과하는 자기 선속의 시간적 변화율에 영향을 주지 않으므로 유도 전류의 세기에 변화가 없다.

ㄷ. 자석을 세기만 더 강한 것으로 바꾸면 (○)

➡ 자석을 세기가 더 강한 것으로 바꾸면 코일을 통과하는 자기 선속의 시간적 변화율이 커지므로 유도 전류의 세기가 커진다.

32	움직이는 도선에 생기는 전자기 유도 2025학년도 수능 물Ⅰ 19번	정답 ⑤	정답률 56 %

적용해야 할 개념 ③가지

① 코일을 통과하는 자기 선속의 변화가 생길 때 전류가 유도되는 현상을 전자기 유도라고 하고, 이때 흐르는 전류를 유도 전류라고 한다.

② 자기 선속(Φ)은 어떤 단면을 수직으로 통과하는 자기장의 세기(B)와 면적(A)의 곱($\Phi=BA$)이며, 자기 선속이 변할 때는 코일을 통과하는 자기장의 세기가 변하거나 코일을 통과하는 자기장 영역의 면적이 변할 때이다.

③ 유도 전류의 세기는 유도 기전력의 크기에 비례하며, 유도 전류의 방향은 코일을 통과하는 자기 선속의 변화를 방해하는 방향이다.

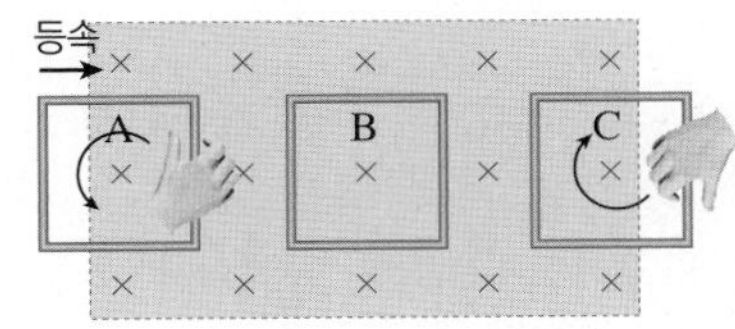

구분	A	B	C
자기 선속 변화	종이면에 수직으로 들어가는 방향(⊗)의 자기 선속 증가	없음	종이면에 수직으로 들어가는 방향(⊗)의 자기 선속 감소
유도 전류에 의한 자기장	종이면에서 수직으로 나오는 방향(⊙)	•	종이면에 수직으로 들어가는 방향(⊗)
유도 전류의 방향	시계 반대 방향	•	시계 방향

문제 보기

그림과 같이 한 변의 길이가 $2d$인 정사각형 금속 고리가 xy평면에서 균일한 자기장 영역 Ⅰ, Ⅱ, Ⅲ을 $+x$방향으로 등속도 운동하며 지난다. 금속 고리의 점 p가 $x=2.5d$를 지날 때, p에 흐르는 유도 전류의 방향은 $+y$방향이다. Ⅰ, Ⅲ에서 자기장의 세기는 각각 B_0이고, Ⅱ에서 자기장의 세기는 일정하고 방향은 xy평면에 수직이다.

• Ⅰ의 자기 선속 감소
→ 유도 전류의 자기 선속 방향: ×
→ 유도 전류의 방향: $-y$
• Ⅱ의 자기 선속이 증가
→ 유도 전류의 방향: $+y$
→ 유도 전류의 자기 선속 방향: •
→ Ⅱ의 자기장의 방향: ×

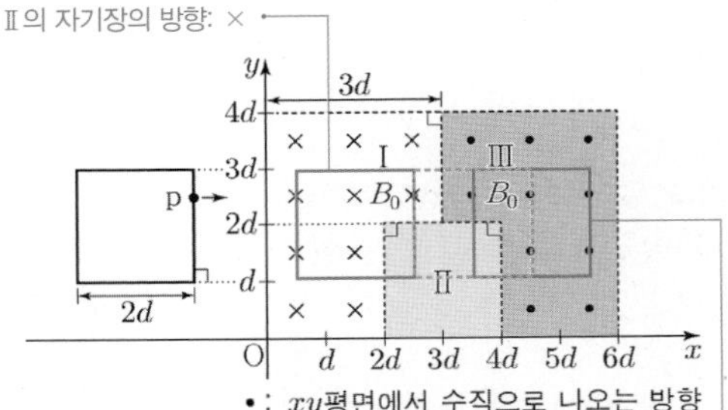

• Ⅱ의 자기 선속 감소
→ 유도 전류의 자기 선속 방향: ×
→ 유도 전류의 방향: $-y$
• Ⅲ의 자기 선속 증가
→ 유도 전류의 자기 선속 방향: ×
→ 유도 전류의 방향: $-y$

이에 대한 설명으로 옳은 것만을 〈보기〉에서 있는 대로 고른 것은? [3점]

<보기> 풀이

ㄱ. 자기장의 방향은 Ⅰ에서와 Ⅱ에서가 같다.

➡ p가 $x=2.5d$를 지날 때, Ⅰ에 의한 자기 선속 감소와 Ⅱ에 의한 자기 선속 증가로 인해 p에 $+y$방향으로 유도 전류가 흐른다. 이때 Ⅰ에 의한 자기 선속이 감소할 때 유도 전류는 Ⅰ의 자기장의 방향과 같은 방향(×)의 자기 선속을 만드는 방향으로 흐르므로, p에 $-y$방향으로 흐른다. 따라서 Ⅱ에 의한 자기 선속 증가에 의해 p에 흐르는 유도 전류의 방향이 $+y$방향이어야 하고, Ⅱ의 자기 선속 변화율이 Ⅰ의 자기 선속 변화율보다 커야 하므로, Ⅱ의 자기장의 세기는 Ⅰ의 자기장의 세기보다 크다. Ⅱ에 의한 자기 선속 증가에 의해 p에 $+y$방향으로 흐르는 유도 전류가 만드는 자기 선속의 방향(•)은 Ⅱ의 자기장의 방향과 반대이므로, Ⅱ의 자기장의 방향은 '×' 방향이다. 따라서 자기장의 방향은 Ⅰ에서와 Ⅱ에서가 같다.

ㄴ. p가 $x=4.5d$를 지날 때, p에 흐르는 유도 전류의 방향은 $-y$방향이다.

➡ p가 $x=4.5d$를 지날 때, Ⅰ과 Ⅱ에 의한 자기 선속 감소와 Ⅲ에 의한 자기 선속 증가로 인해 유도 전류가 흐른다. Ⅰ과 Ⅱ에 의한 자기 선속 감소로 인해 흐르는 유도 전류는 Ⅰ과 Ⅱ의 자기장의 방향과 같은 방향(×)의 자기 선속을 만드는 방향으로 흐르므로, p에 $-y$방향으로 흐른다. Ⅲ에 의한 자기 선속 증가로 인해 흐르는 유도 전류는 Ⅲ의 자기장의 방향과 반대 방향(×)의 자기 선속을 만드는 방향으로 흐르므로, p에 $-y$방향으로 흐른다. 따라서 p가 $x=4.5d$를 지날 때, p에 흐르는 유도 전류의 방향은 $-y$방향이다.

ㄷ. p에 흐르는 유도 전류의 세기는 p가 $x=5.5d$를 지날 때가 $x=2.5d$를 지날 때보다 크다.

➡ p가 $x=5.5d$를 지날 때 Ⅱ에 의한 자기 선속 감소로 인해 p에 흐르는 유도 전류의 방향($-y$방향)과 Ⅲ에 의한 자기 선속 증가로 인해 p에 흐르는 유도 전류의 방향($-y$방향)은 같고, p가 $x=2.5d$를 지날 때 Ⅰ에 의한 자기 선속 감소로 인해 p에 흐르는 유도 전류의 방향($-y$방향)은 Ⅱ에 의한 자기 선속 증가로 인해 p에 흐르는 유도 전류의 방향($+y$방향)과 반대이다. 따라서 p에 흐르는 유도 전류의 세기는 p가 $x=5.5d$를 지날 때가 $x=2.5d$를 지날 때보다 크다.

21 일차

01 ②	02 ②	03 ③	04 ③	05 ②	06 ④	07 ①	08 ④	09 ①	10 ③	11 ④	12 ④
13 ②	14 ②	15 ③	16 ④	17 ④	18 ④	19 ①	20 ②	21 ③	22 ②	23 ⑤	24 ⑤
25 ④	26 ①	27 ⑤									

문제편 208쪽~215쪽

01 파동의 변위 – 위치 그래프 해석 2020학년도 9월 모평 물Ⅱ 2번

정답 ② | 정답률 72 %

적용해야 할 개념 ③가지

① 파장(λ): 이웃한 마루와 마루 또는 이웃한 골과 골 사이의 거리로, 매질의 한 점이 1회 진동하는 동안 파동이 진행한 거리이다.

② 주기(T): 매질의 각 점이 한 번 진동하여 원래의 진동 상태로 되돌아오는 데 걸리는 시간으로, 한 파장이 이동하는 데 걸리는 시간이다. 진동수(f)와 역수 관계이다. ➡ $T=\frac{1}{f}$

③ 파동의 속력(v): 단위 시간 동안 파동이 이동한 거리로, 파장(λ)을 주기(T)로 나눈 값 또는 진동수(f)와 파장(λ)의 곱과 같다. ➡ $v=\frac{\lambda}{T}=f\lambda$

▲ 변위 – 위치 그래프

문제 보기

그림은 일정한 속력 v로 x축과 나란하게 진행하는 파동의 어느 순간의 변위를 위치 x에 따라 나타낸 것이다.

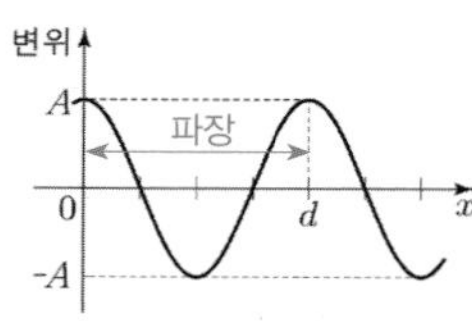

이 파동의 주기가 T일 때, v는?

<보기> 풀이

파동의 속력은 파장을 주기로 나눈 값이다. 파장이 d, 주기가 T이므로, 파동의 속력은 $\frac{\text{파장}}{\text{주기}}=\frac{d}{T}$이다.

보기

① $\frac{d}{2T}$  ② $\frac{d}{T}$  ③ $\frac{2d}{T}$ ④ $\frac{3d}{T}$ 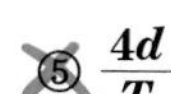 ⑤ $\frac{4d}{T}$

02 파동의 변위 – 위치 그래프 해석 2020학년도 4월 학평 물Ⅰ 3번

정답 ② | 정답률 85 %

적용해야 할 개념 ③가지

① 파장(λ): 이웃한 마루와 마루 또는 이웃한 골과 골 사이의 거리로, 매질의 한 점이 1회 진동하는 동안 파동이 진행한 거리이다.

② 주기(T): 매질의 각 점이 한 번 진동하여 원래의 진동 상태로 되돌아오는 데 걸리는 시간으로, 한 파장이 이동하는 데 걸리는 시간이다.

③ 진동수(f): 매질의 한 점이 1초 동안 진동하는 횟수이며, 주기(T)와 역수 관계이다. ➡ $f=\frac{1}{T}$ (단위: Hz)

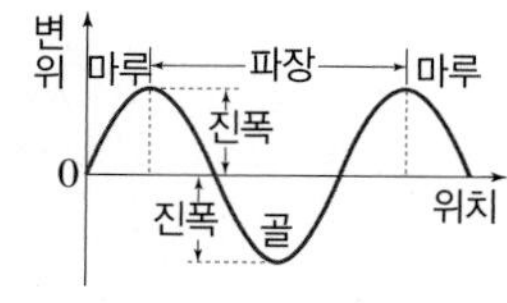

▲ 변위 – 위치 그래프

문제 보기

그림은 일정한 속력으로 진행하는 파동의 $t=0$과 $t=t_0$인 순간의 변위를 위치 x에 따라 나타낸 것이다.

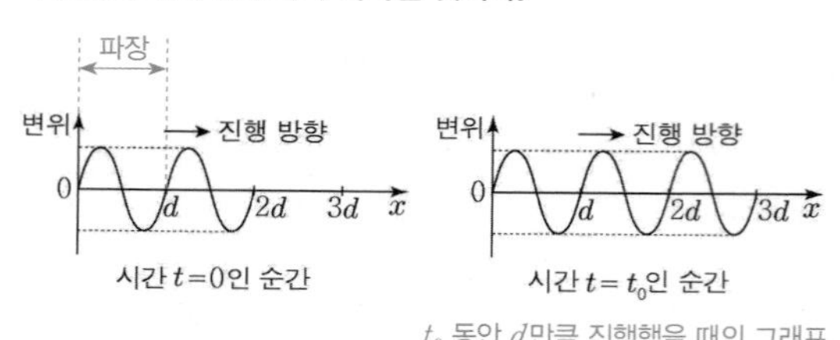
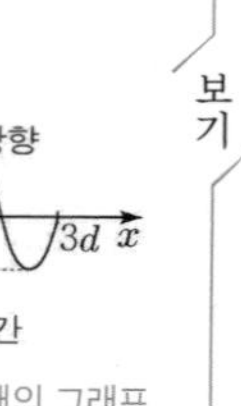

이 파동의 파장과 진동수로 옳은 것은? [3점]

<보기> 풀이

파장은 이웃한 마루와 마루 또는 이웃한 골과 골 사이의 거리이므로 이 파동의 파장은 d이다.

t_0 동안 파동은 파장 d만큼 진행했으므로 주기는 t_0이고, 주기의 역수인 진동수는 $\frac{1}{t_0}$이다.

보기

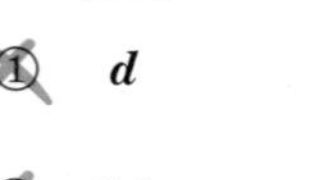
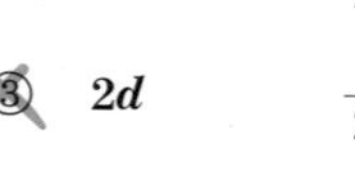

	파장	진동수
①	d	$\frac{1}{2t_0}$
②	d	$\frac{1}{t_0}$
③	$2d$	$\frac{1}{2t_0}$
④	$2d$	$\frac{1}{t_0}$
⑤	$4d$	$\frac{1}{t_0}$

03 파동의 변위－시간 그래프 해석 2024학년도 3월 학평 물Ⅰ 8번

정답 ③ | 정답률 62 %

적용해야 할 개념 ③가지

① 파장(λ): 이웃한 마루와 마루 또는 이웃한 골과 골 사이의 거리로 매질의 한 점이 1회 진동하는 동안 파동이 진행한 거리이다.

② 주기(T): 매질의 각 점이 한 번 진동하여 원래의 진동 상태로 되돌아오는 데 걸리는 시간으로, 파동이 한 파장만큼 이동하는 데 걸리는 시간이다.

③ 파동의 변위－시간 그래프: 매질의 한 점의 진동을 시간에 따라 나타낸 그래프로, 진폭과 주기를 알 수 있다.

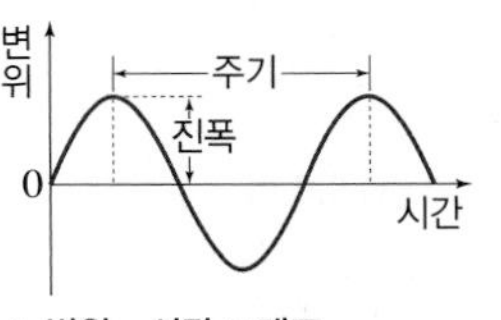

▲ 변위－시간 그래프

문제 보기

그림 (가)는 시간 $t=0$일 때, 매질 Ⅰ, Ⅱ에서 진행하는 파동의 모습을 나타낸 것이다. 파동의 진행 방향은 $+x$방향과 $-x$방향 중 하나이다. 그림 (나)는 (가)에서 $x=3$ m에서의 파동의 변위를 t에 따라 나타낸 것이다.

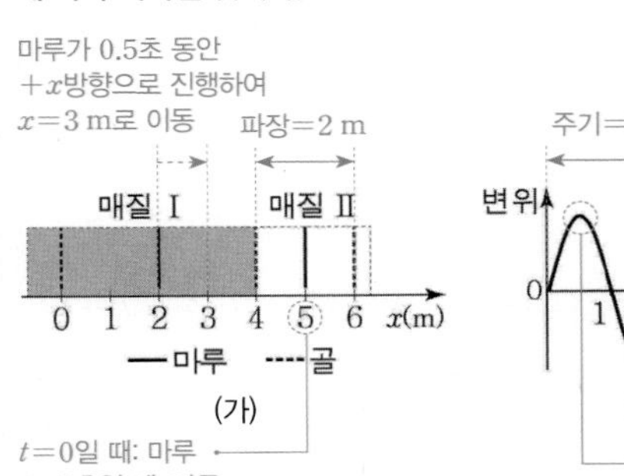

(가)

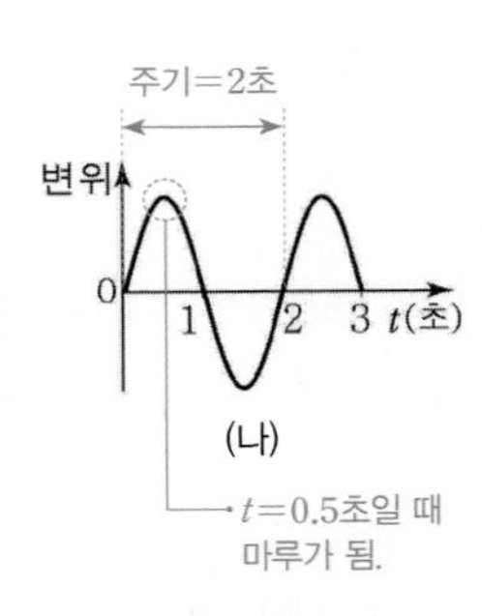

(나)

이에 대한 옳은 설명만을 〈보기〉에서 있는 대로 고른 것은?

<보기> 풀이

ㄱ. Ⅱ에서 파동의 속력은 1 m/s이다.

➡ 파동이 진행할 때 주기는 변하지 않으므로, Ⅱ에서 파동의 주기는 Ⅰ에서와 같은 2초이다. Ⅱ에서 파동의 파장은 2 m이므로, Ⅱ에서 파동의 속력은 $\frac{2\text{ m}}{2\text{ s}}=1$ m/s이다.

ㄴ. 파동은 $-x$방향으로 진행한다.

➡ (나)에서 $x=3$ m에서의 변위는 $t=0$ 직후 양(+)의 방향으로 증가하여 $t=0.5$초일 때 마루가 되므로, (가)에서 $x=2$ m에 있던 마루가 0.5초 동안 $x=3$ m로 이동한다. 따라서 파동은 $+x$방향으로 진행한다.

ㄷ. $x=5$ m에서 파동의 변위는 $t=2$초일 때가 $t=2.5$초일 때보다 크다.

➡ (가)에서 $t=0$일 때 $x=5$ m인 지점은 마루이다. 주기는 매질의 각 점이 한 번 진동하여 원래의 진동 상태로 되돌아오는 데 걸리는 시간이므로, 한 주기가 지난 $t=2$초일 때도 $x=5$ m인 지점은 마루가 되고, 다시 $\frac{1}{4}$주기가 지난 $t=2.5$초일 때 $x=5$ m인 지점은 진동의 중심(변위=0)이 된다. 따라서 $x=5$ m에서 파동의 변위는 $t=2$초일 때가 $t=2.5$초일 때보다 크다.

04 파동의 변위－위치 그래프 해석 2024학년도 6월 모평 물Ⅰ 14번

정답 ③ | 정답률 71 %

적용해야 할 개념 ③가지

① 파동의 변위－위치 그래프: 어느 순간의 파동 모습을 위치에 따라 나타낸 그래프로, 파동의 진폭과 파장을 알 수 있다.

② 파동의 변위－시간 그래프: 매질의 한 점의 진동을 시간에 따라 나타낸 그래프로, 파동의 진폭과 주기를 알 수 있다.

③ 파동의 속력(v): 단위 시간 동안 파동이 이동한 거리로, 파장(λ)을 주기(T)로 나눈 값 또는 진동수(f)와 파장(λ)의 곱과 같다.

➡ $v=\frac{\lambda}{T}=f\lambda$

문제 보기

그림은 10 m/s의 속력으로 x축과 나란하게 진행하는 파동의 변위를 위치 x에 따라 나타낸 것으로, 어떤 순간에는 파동의 모양이 P와 같고, 다른 어떤 순간에는 파동의 모양이 Q와 같다. 표는 파동의 모양이 P에서 Q로, Q에서 P로 바뀌는 데 걸리는 최소 시간을 나타낸 것이다.

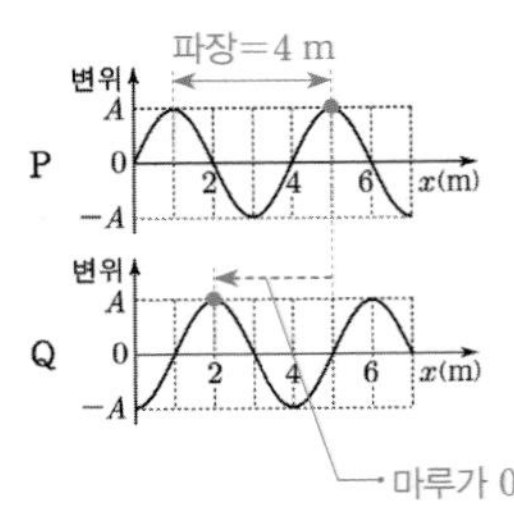

0.3초 동안 진행한 거리 $=10$ m/s$\times0.3$ s$=3$ m

구분	최소 시간(s)
P에서 Q	0.3
Q에서 P	0.1

이에 대한 설명으로 옳은 것만을 〈보기〉에서 있는 대로 고른 것은?

<보기> 풀이

ㄱ. 파장은 4 m이다.

➡ 파장은 이웃한 마루와 마루 또는 이웃한 골과 골 사이의 거리이므로 4 m이다.

ㄴ. 주기는 0.4 s이다.

➡ 파동의 속력(v)은 파장(λ)을 주기(T)로 나눈 값이므로, $v=\frac{\lambda}{T}=\frac{4\text{ m}}{T}=10$ m/s에서 파동의 주기 $T=0.4$ s이다.

ㄷ. 파동은 $+x$방향으로 진행한다.

➡ 파동의 속력이 10 m/s이므로 파동이 0.3초 동안 진행하는 거리는 10 m/s×0.3 s=3 m이다. 만약 파동이 $+x$방향으로 진행한다고 가정하면, P에서 Q로 바뀌는 데 걸리는 최소 시간이 0.3초이므로 P에서 $x=1$ m의 위치에 있던 마루가 Q에서 $x=4$ m의 위치에 있어야 하므로 이는 성립하지 않는다. 따라서 파동은 $-x$방향으로 진행한다. 즉, P에서 $x=5$ m의 위치에 있던 마루가 $-x$방향으로 3 m를 진행하여 $x=2$ m의 위치에 있게 되므로, 파동은 $-x$방향으로 진행한다.

05 파동의 변위 - 위치 그래프 해석 2024학년도 5월 학평 물I 6번

정답 ② | 정답률 39 %

적용해야 할 개념 ③가지

① 파장(λ): 이웃한 마루와 마루 또는 이웃한 골과 골 사이의 거리로, 매질의 한 점이 1회 진동하는 동안 파동이 진행한 거리이다.

② 주기(T): 매질의 각 점이 한 번 진동하여 원래의 진동 상태로 되돌아오는 데 걸리는 시간으로, 한 파장이 이동하는 데 걸리는 시간이다.

③ 파동의 속력(v): 단위 시간 동안 파동이 이동한 거리로, 파장(λ)을 주기(T)로 나눈 값 또는 진동수(f)와 파장(λ)의 곱과 같다. ➡ $v=\frac{\lambda}{T}=f\lambda$

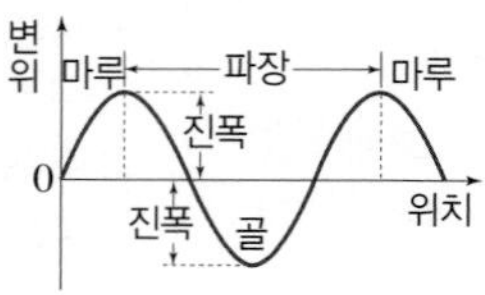

▲ 변위 - 위치 그래프

문제 보기

그림은 시간 $t=0$일 때, 매질 A, B에서 x축과 나란하게 한쪽 방향으로 진행하는 파동의 변위 y를 위치 x에 따라 나타낸 것으로, 점 P와 Q는 x축상의 지점이다. A에서 파동의 진행 속력은 1 cm/s이고, $t=1$초일 때 Q에서 매질의 운동 방향은 $-y$방향이다.

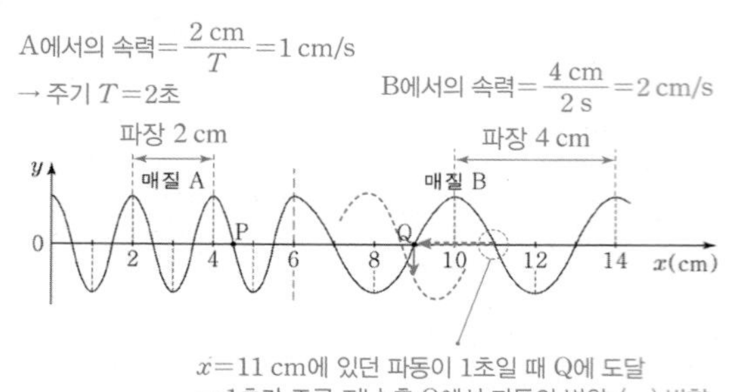

이에 대한 설명으로 옳은 것만을 〈보기〉에서 있는 대로 고른 것은? [3점]

<보기> 풀이

ㄱ. B에서 파동의 진행 속력은 4 cm/s이다.

➡ A에서 파동의 파장은 2 cm이며, 파동의 속력(v)은 파장(λ)을 주기(T)로 나눈 값이므로 $v=\frac{\lambda}{T}=\frac{2\text{ cm}}{T}=1$ cm/s에서 주기 $T=2$초이다. 파동이 진행할 때 주기는 변하지 않으므로 B에서의 주기도 2초이다. B에서 파장은 4 cm이므로, 파동의 진행 속력은 $\frac{4\text{ cm}}{T}=\frac{4\text{ cm}}{2\text{ s}}=2$ cm/s이다.

다른 풀이 파동이 진행할 때 주기는 변하지 않는다. 파동의 속력 $v=\frac{\lambda}{T}$에서 주기 T가 일정할 때 파동의 속력 v는 파장 λ에 비례한다. A와 B에서 파동의 파장이 각각 2 cm, 4 cm이므로, A에서의 속력이 1 cm/s일 때 B에서의 속력은 2 cm/s이다.

ㄴ. P에서 파동의 변위는 $t=0$일 때와 $t=2$초일 때가 같다.

➡ 주기는 매질의 각 점이 한번 진동하여 원래의 위치로 되돌아오는 데 걸리는 시간이다. 파동의 주기가 2초이므로, P에서 파동의 변위는 $t=0$일 때와 $t=2$초일 때가 같다.

ㄷ. 파동의 진행 방향은 $+x$방향이다.

➡ B에서 파동의 속력이 2 cm/s이므로 파동은 1초 동안 2 cm를 진행한다. 만약 $t=0$일 때 $x=7$ cm에 있던 파동이 $t=1$초일 때 Q에 도달한다고 가정하면, 1초가 조금 지난 후 Q에서 파동의 변위는 (+)방향이므로 1초일 때 Q에서 매질의 운동 방향은 $+y$방향이 된다. 반대로 $t=0$일 때 $x=11$ cm에 있던 파동이 $t=1$초일 때 Q에 도달한다면, 1초가 조금 지난 후 Q에서 파동의 변위는 (−)방향이므로 1초일 때 Q에서 매질의 운동 방향은 $-y$방향이 된다. 따라서 파동의 진행 방향은 $-x$방향이다.

06 파동의 진행 2024학년도 수능 물I 5번

정답 ④ | 정답률 59 %

적용해야 할 개념 ③가지

① 파장(λ): 이웃한 마루와 마루 또는 이웃한 골과 골 사이의 거리로, 매질의 한 점이 1회 진동하는 동안 파동이 진행한 거리이다.

② 주기(T): 매질의 각 점이 한 번 진동하여 원래의 진동 상태로 되돌아오는 데 걸리는 시간으로, 한 파장이 이동하는 데 걸리는 시간이다.

③ 진동수(f): 매질의 한 점이 1초 동안 진동하는 횟수이며, 주기 T와 역수 관계이다.

➡ $f=\frac{\lambda}{T}$ (단위: Hz)

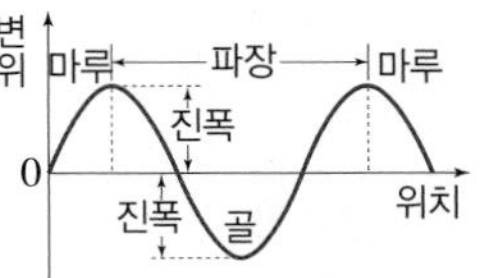

▲ 변위 – 위치 그래프

문제 보기

그림은 주기가 2초인 파동이 x축과 나란하게 매질 Ⅰ에서 매질 Ⅱ로 진행할 때, 시간 $t=0$인 순간과 $t=3$초인 순간의 파동의 모습을 각각 나타낸 것이다. 실선과 점선은 각각 마루와 골이다.

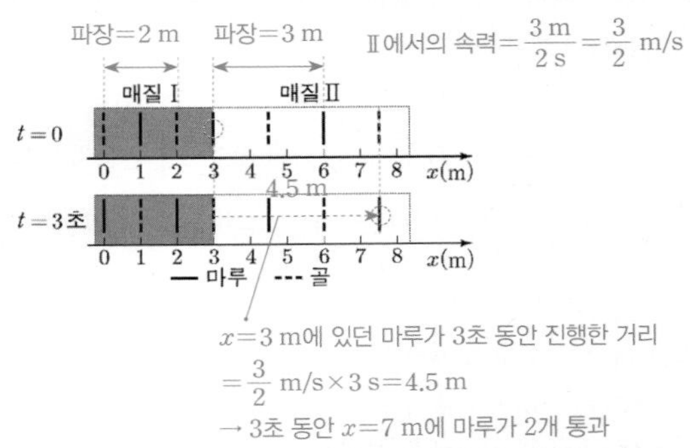

이에 대한 설명으로 옳은 것만을 〈보기〉에서 있는 대로 고른 것은? [3점]

<보기> 풀이

ㄱ. **Ⅰ에서 파동의 파장은 1 m이다.**

➡ 파장은 이웃한 마루와 마루 또는 골과 골 사이의 거리이므로, Ⅰ에서 파동의 파장은 2 m이다.

ㄴ. **Ⅱ에서 파동의 진행 속력은 $\frac{3}{2}$m/s이다.**

➡ 파동이 진행할 때 매질이 달라지더라도 파동의 진동수(f)는 변하지 않으므로, 진동수의 역수인 주기($T=\frac{1}{f}$)도 변하지 않는다. 따라서 Ⅱ에서 파동의 주기는 2초이고 파장이 3 m이므로, Ⅱ에서 파동의 진행 속력은 $\frac{\text{파장}}{\text{주기}}=\frac{3\text{ m}}{2\text{ s}}=\frac{3}{2}$ m/s이다.

ㄷ. **$t=0$부터 $t=3$초까지, $x=7$ m에서 파동이 마루가 되는 횟수는 2회이다.**

➡ Ⅱ에서 파동의 속력이 $\frac{3}{2}$ m/s이므로 3초 동안 파동이 진행하는 거리는 $\frac{3}{2}$ m/s×3 s=4.5 m이다. 따라서 $t=0$일 때 $x=3$ m에 있던 마루는 $t=3$초일 때 $x=7.5$ m로 이동하므로, 이 시간 동안 $x=7$ m에는 마루가 2개 통과한다. 즉, $t=0$부터 $t=3$초까지, $x=7$ m에서 파동이 마루가 되는 횟수는 2회이다.

07 파동의 변위 – 위치 그래프, 변위 – 시간 그래프 해석 2021학년도 9월 모평 물I 4번

정답 ① | 정답률 81 %

적용해야 할 개념 ③가지

① 파동의 변위 – 위치 그래프: 어느 순간의 파동 모습을 위치에 따라 나타낸 그래프로, 파동의 진폭과 파장을 알 수 있다.

② 파동의 변위 – 시간 그래프: 매질의 한 점의 진동을 시간에 따라 나타낸 그래프로, 진폭과 주기를 알 수 있다.

③ 파동의 속력(v): 단위 시간 동안 파동이 이동한 거리로, 파장(λ)을 주기(T)로 나눈 값 또는 진동수(f)와 파장(λ)의 곱과 같다. ➡ $v=\frac{\lambda}{T}=f\lambda$

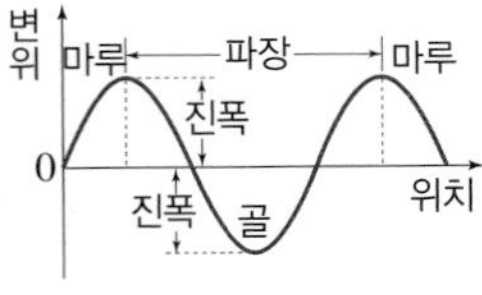

▲ 변위 – 위치 그래프

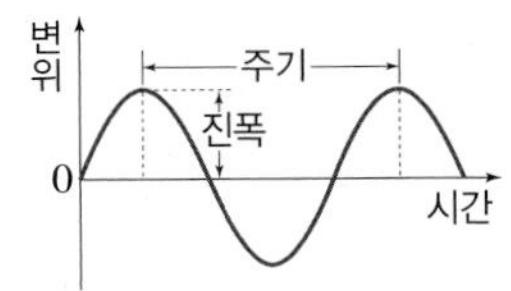

▲ 변위 – 시간 그래프

문제 보기

그림 (가)는 $t=0$일 때, 일정한 속력으로 x축과 나란하게 진행하는 파동의 변위 y를 위치 x에 따라 나타낸 것이다. 그림 (나)는 $x=2$ cm에서 y를 시간 t에 따라 나타낸 것이다.

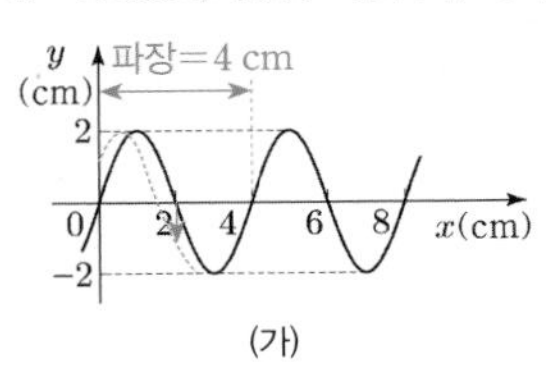

(가)

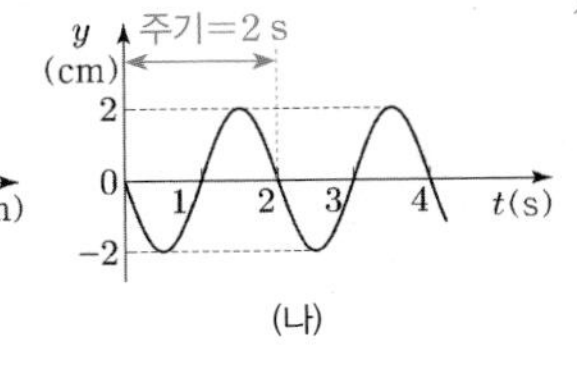

(나)

변위: $-y$방향
→ 파동의 진행 방향: $-x$방향

이에 대한 설명으로 옳은 것만을 〈보기〉에서 있는 대로 고른 것은? [3점]

<보기> 풀이

ㄱ. **파동의 진행 방향은 $-x$방향이다.**

➡ (나)에서 0~1초 동안 $x=2$ cm인 지점의 변위가 $-y$방향이다. (가)에서 $x=2$ cm인 지점의 변위가 0~1초 동안 $-y$방향이 되려면 파동의 진행 방향이 $-x$방향이어야 한다. 따라서 파동의 진행 방향은 $-x$방향이다.

ㄴ. **파동의 진행 속력은 8 cm/s이다.**

➡ (가)와 (나)에서 파장(λ)과 주기(T)가 각각 4 cm, 2초인 것을 알 수 있으므로, 파동의 속력 $v=\frac{\lambda}{T}=\frac{4\text{ cm}}{2\text{ s}}=2$ cm/s이다.

ㄷ. **2초일 때, $x=4$ cm에서 y는 2 cm이다.**

➡ 주기는 매질의 각 점이 한 번 진동하여 원래의 위치로 되돌아오는데 걸리는 시간이다. 이 파동의 주기가 2초이므로, 2초일 때 매질의 각 점의 변위는 0초일 때와 같다. $t=0$일 때 $x=4$ cm에서 $y=0$이므로, 2초일 때 $x=4$ cm에서 $y=0$이다.

08 파동의 변위 – 위치 그래프 해석 2024학년도 9월 모평 물I 3번

정답 ④ | 정답률 78 %

적용해야 할 개념 ③가지

① 파동의 변위–위치 그래프: 어느 순간의 파동 모습을 위치에 따라 나타낸 그래프로, 파동의 진폭과 파장을 알 수 있다.

② 파동의 변위–시간 그래프: 매질의 한 점의 진동을 시간에 따라 나타낸 그래프로, 파동의 진폭과 주기를 알 수 있다.

③ 파동의 속력(v): 단위 시간 동안 파동이 이동한 거리로, 파장(λ)을 주기(T)로 나눈 값 또는 진동수(f)와 파장(λ)의 곱과 같다.

➡ $v=\dfrac{\lambda}{T}=f\lambda$

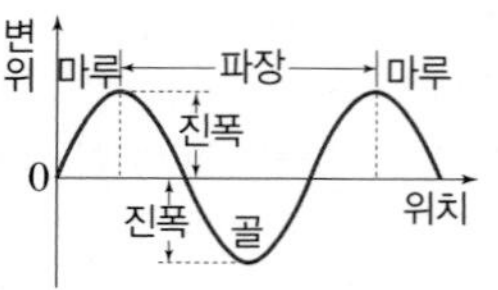

▲ 변위 – 위치 그래프

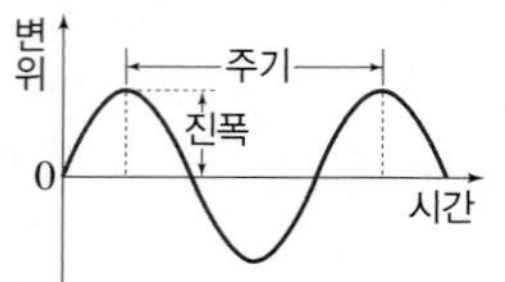

▲ 변위 – 시간 그래프

문제 보기

그림은 시간 $t=0$일 때, x축과 나란하게 매질 A에서 매질 B로 진행하는 파동의 변위를 위치 x에 따라 나타낸 것이다. $x=3$ cm인 지점 P에서 변위는 y_P이고, A에서 파동의 진행 속력은 4 cm/s이다.

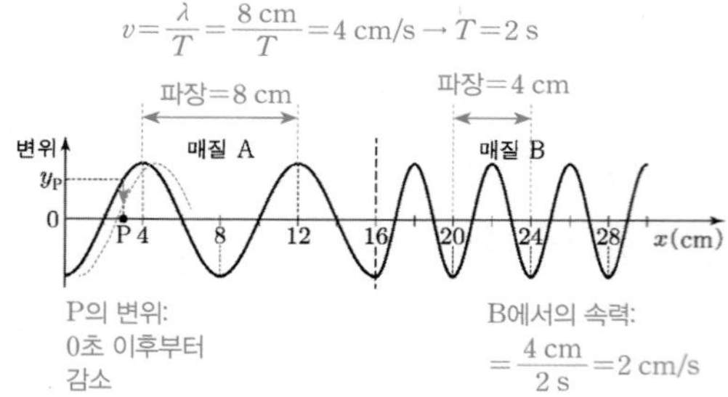

이에 대한 설명으로 옳은 것만을 〈보기〉에서 있는 대로 고른 것은?

<보기> 풀이

ㄱ. 파동의 주기는 2초이다.

➡ 파동의 속력(v)은 파장(λ)을 주기(T)로 나눈 값이다. A에서 파동의 속력은 4 cm/s, 파장은 8 cm이므로, $v=\dfrac{\lambda}{T}=\dfrac{8\text{ cm}}{T}=4$ cm/s에서 파동의 주기 $T=2$ s이다.

ㄴ. B에서 파동의 진행 속력은 8 cm/s이다.

➡ 파동이 진행할 때 매질이 달라지더라도 파동의 진동수(f)는 변하지 않으므로, 진동수의 역수인 주기$\left(T=\dfrac{1}{f}\right)$도 변하지 않는다. 따라서 B에서 파동의 주기는 2초이고 파장이 4 cm이므로, B에서 파동의 진행 속력은 $\dfrac{4\text{ cm}}{2\text{ s}}=2$ cm/s이다.

ㄷ. $t=0.1$초일 때, P에서 파동의 변위는 y_P보다 작다.

➡ 파동이 A에서 B로 진행하므로, 즉 파동의 이동 방향이 $+x$방향이므로, $t=0$ 이후 P에서 파동의 변위는 감소한다. 따라서 $t=0.1$초일 때, P에서 파동의 변위는 y_P보다 작다.

다른 풀이 A에서 파동의 속력이 4 cm/s이므로, 파동이 $+x$방향으로 1 cm만큼 진행하는 데 0.25초가 걸린다. $t=0$일 때 $x=2$ cm인 지점에서 변위가 0이므로, $t=0.25$초일 때 $x=3$ cm인 지점인 P에서 파동의 변위는 0이 된다. 따라서 $t=0.1$초일 때 P에서 파동의 변위는 y_P보다 작다.

09 파동의 변위 – 위치 그래프, 변위 – 시간 그래프 해석 2023학년도 6월 모평 물Ⅰ 10번

정답 ① | 정답률 68 %

적용해야 할 개념 ②가지

① 파동의 변위–위치 그래프: 어느 순간의 파동 모습을 위치에 따라 나타낸 그래프로 파동의 진폭과 파장을 알 수 있다.

② 파동의 변위–시간 그래프 : 매질의 한 점의 진동을 시간에 따라 나타낸 그래프로 진폭과 주기를 알 수 있다.

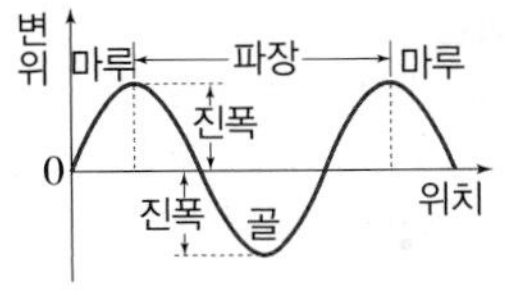

▲ 변위 – 위치 그래프

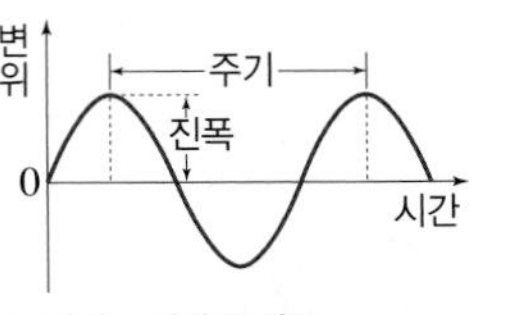

▲ 변위 – 시간 그래프

문제 보기

그림은 시간 $t=0$일 때 2 m/s의 속력으로 x축과 나란하게 진행하는 파동의 변위를 위치 x에 따라 나타낸 것이다.

$\rightarrow T=\frac{\lambda}{v}=\frac{2\text{ m}}{2\text{ m/s}}=1\text{ s}$

파동의 진행 방향: $+x$ 방향 → 변위: (+)방향으로 시작

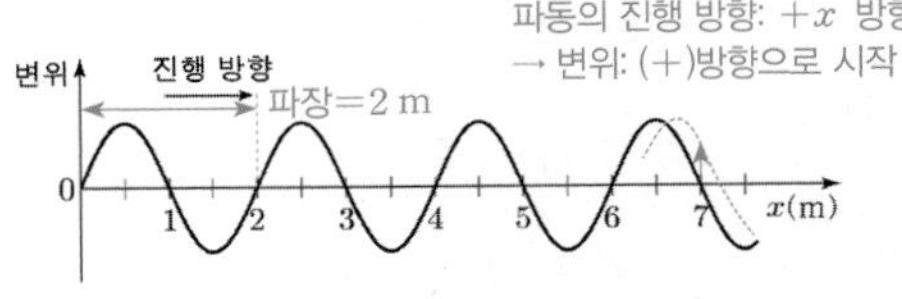

$x=7$ m에서 파동의 변위를 t에 따라 나타낸 것으로 가장 적절한 것은? [3점]

<보기> 풀이

파동의 속력(v)이 2 m/s이고 파장(λ)이 2 m이므로, 파동의 주기 $T=\frac{\lambda}{v}=\frac{2\text{ m}}{2\text{ m/s}}=1$ s이다.

$x=7$ m에서 $t=0$인 순간 파동의 변위는 0이고, 파동의 진행 방향이 $+x$ 방향이므로 주기의 $\frac{1}{2}$에 해당하는 0초부터 0.5초까지 $x=7$ m에서 파동의 변위는 (+)방향이다. 따라서 $x=7$ m에서 파동의 변위를 t에 따라 나타낸 것으로 가장 적절한 것은 주기가 1 s이고 0초부터 0.5초까지 변위가 (+)방향인 ①이다.

① 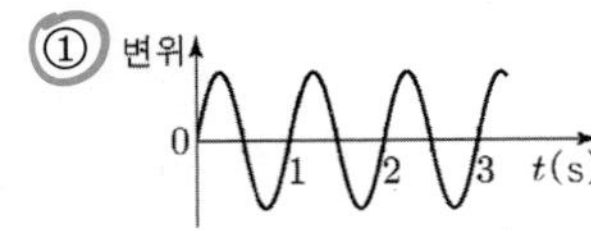

② 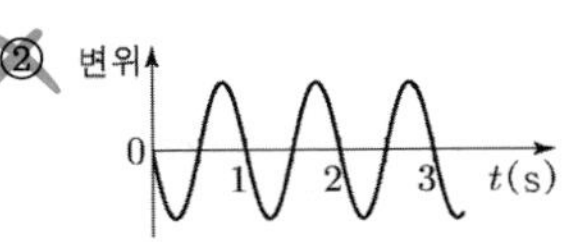

③ 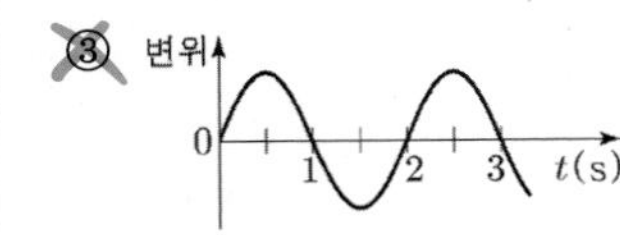

④ 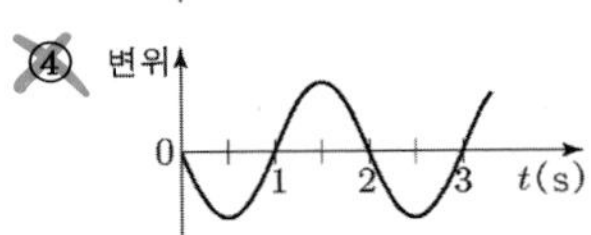

⑤ 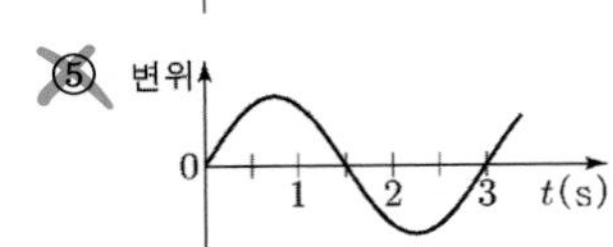

10 파동의 변위 – 위치 그래프 해석 2022학년도 10월 학평 물Ⅰ 14번

정답 ③ | 정답률 67 %

적용해야 할 개념 ③가지

① 파동이 진행할 때 매질이 달라지면 파동의 속력과 파장은 변하지만, 진동수는 변하지 않는다.

② 파동의 변위–위치 그래프: 어느 순간의 파동 모습을 위치에 따라 나타낸 그래프로 파동의 진폭과 파장을 알 수 있다.

③ 파동의 속력(v): 단위 시간 동안 파동이 이동한 거리로, 파장(λ)을 주기(T)로 나눈 값 또는 진동수(f)와 파장(λ)의 곱과 같다. ➡ $v=\frac{\lambda}{T}=f\lambda$

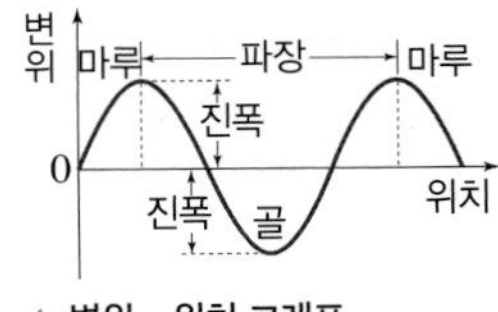

▲ 변위 – 위치 그래프

문제 보기

그림은 매질 Ⅰ, Ⅱ에서 $+x$ 방향으로 진행하는 파동의 0초일 때와 6초일 때의 변위를 위치 x에 따라 나타낸 것이다.

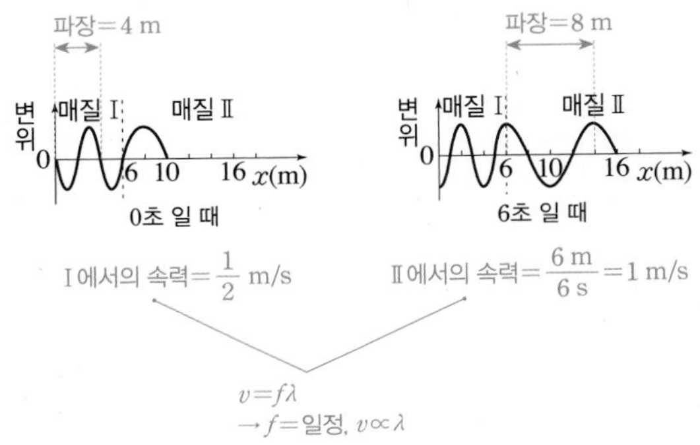

Ⅰ에서 파동의 속력은? [3점]

<보기> 풀이

❶ 파동이 진행할 때 매질이 달라지더라도 파동의 진동수는 변하지 않으므로, 매질 Ⅰ과 Ⅱ에서 진행하는 파동의 진동수는 같다. 파동의 속력=진동수×파장이므로($v=f\lambda$), 진동수 f가 일정할 때 파동의 속력 v는 파장 λ에 비례한다.

❷ Ⅰ과 Ⅱ에서 파동의 파장은 각각 4 m, 8 m이므로, Ⅰ과 Ⅱ에서 파장의 비는 1 : 2이다. Ⅱ에서 0~6초 동안 파동이 진행한 거리가 6 m이므로, 매질 Ⅱ에서 파동의 속력은 $\frac{6\text{ m}}{6\text{ s}}=1$ m/s이다.

따라서 Ⅰ과 Ⅱ에서 파동의 속력의 비도 1 : 2이므로, 매질 Ⅰ에서 파동의 속력은 $\frac{1}{2}$ m/s이다.

다른 풀이

매질 Ⅰ에서 파동의 마루인 점이 아래와 같이 0~6초 동안 3 m를 진행하므로, 매질 Ⅰ에서 파동의 속력은 $\frac{3\text{ m}}{6\text{ s}}=\frac{1}{2}$ m/s이다.

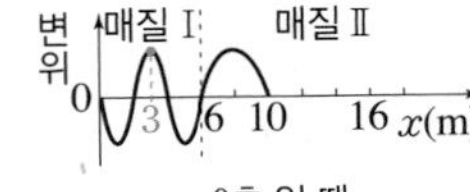

0초 일 때

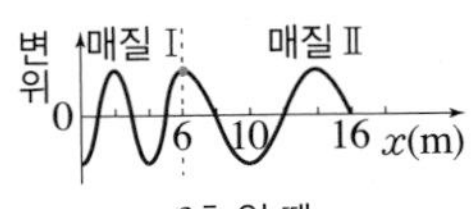

6초 일 때

① $\frac{1}{6}$ m/s ② $\frac{1}{3}$ m/s ③ $\frac{1}{2}$ m/s ④ 1 m/s ⑤ $\frac{3}{2}$ m/s

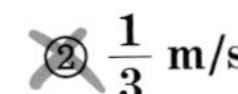

11 파동의 변위 – 위치 그래프 해석 2022학년도 6월 모평 물I 10번

정답 ④ | 정답률 58 %

적용해야 할 개념 ④가지

① 파동의 변위－위치 그래프: 어느 순간의 파동 모습을 위치에 따라 나타낸 그래프로, 파동의 진폭과 파장을 알 수 있다.
② 파동의 변위－시간 그래프: 매질의 한 점의 진동을 시간에 따라 나타낸 그래프로, 진폭과 주기를 알 수 있다.
③ 파동이 진행할 때 매질이 달라지면 파동의 속력과 파장은 변하지만, 진동수는 변하지 않는다.
④ 파동의 속력(v): 단위 시간 동안 파동이 이동한 거리로, 파장(λ)을 주기(T)로 나눈 값 또는 진동수(f)와 파장(λ)의 곱과 같다.

➡ $v=\dfrac{\lambda}{T}=f\lambda$

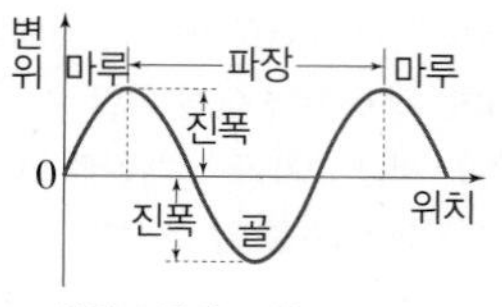

▲ 변위 – 위치 그래프

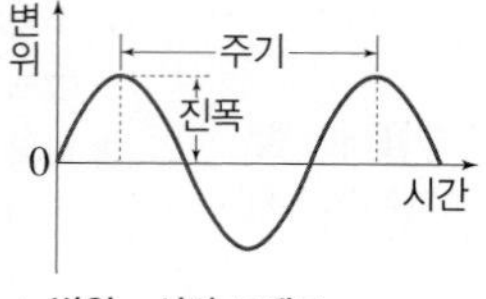

▲ 변위 – 시간 그래프

문제 보기

그림은 시간 $t=0$일 때, 매질 A에서 매질 B로 x축과 나란하게 진행하는 파동의 변위를 위치 x에 따라 나타낸 것이다. A에서 파동의 진행 속력은 2 m/s이다.

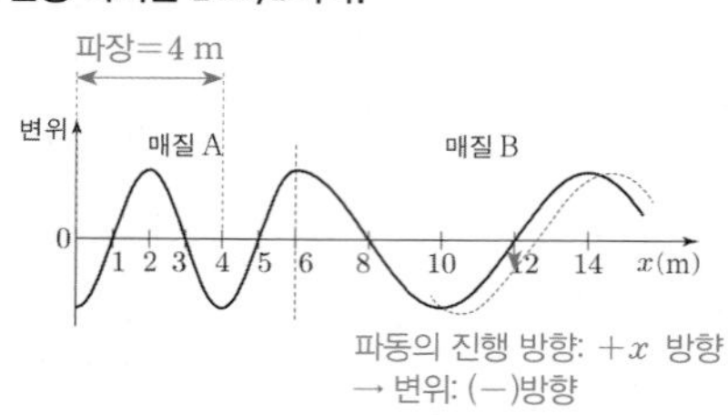

$x=12$ m에서 파동의 변위를 t에 따라 나타낸 것으로 가장 적절한 것은? [3점]

<보기> 풀이

매질 A에서 속력(v)이 2 m/s일 때 파장(λ)이 4 m이므로, $v=\dfrac{\lambda}{T}$에서 파동의 주기 $T=\dfrac{\lambda}{v}=\dfrac{4\text{ m}}{2\text{ m/s}}=2$ s이다. 파동이 진행할 때 매질이 달라지더라도 파동의 진동수(f)는 변하지 않으므로, 진동수의 역수인 주기 $T(=\dfrac{1}{f})$도 변하지 않는다. 따라서 매질 B에서 파동의 주기도 2 s이다.

$x=12$ m에서 $t=0$인 순간 파동의 변위는 0이고 파동의 이동 방향이 $+x$ 방향이므로, 주기의 절반에 해당하는 0～1초까지 $x=12$ m에서 파동의 변위는 (−)이다. 즉, 파동의 주기가 2 s이고 0～1초까지 변위가 (−)이므로, $x=12$ m에서 파동의 변위를 t에 따라 나타낸 것으로 가장 적절한 것은 ④이다.

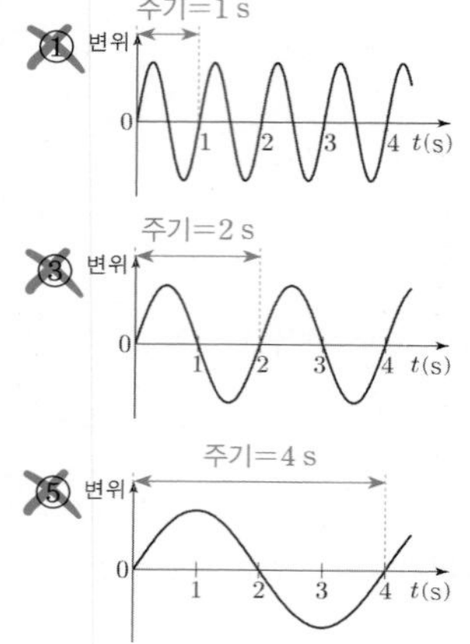

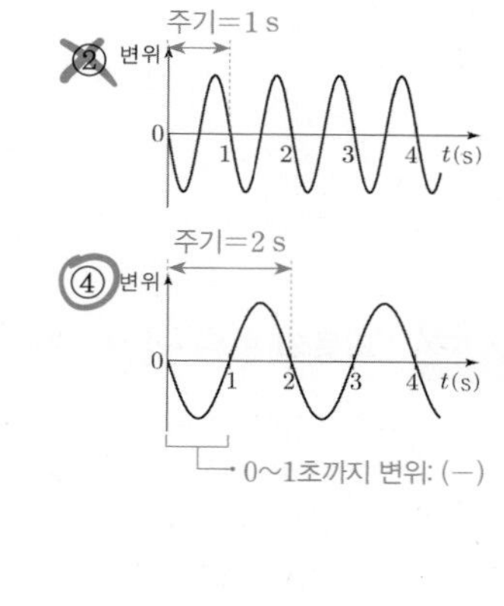

12 파동의 변위 – 위치 그래프, 변위 – 시간 그래프 해석 2021학년도 10월 학평 물I 17번

정답 ④ | 정답률 73 %

적용해야 할 개념 ③가지

① 파동의 변위−위치 그래프: 어느 순간의 파동 모습을 위치에 따라 나타낸 그래프로, 파동의 진폭과 파장을 알 수 있다.

② 파동의 변위−시간 그래프: 매질의 한 점의 진동을 시간에 따라 나타낸 그래프로, 진폭과 주기를 알 수 있다.

③ 파동의 속력(v): 단위 시간 동안 파동이 이동한 거리로, 파장(λ)을 주기(T)로 나눈 값 또는 진동수(f)와 파장(λ)의 곱과 같다. ➡ $v=\frac{\lambda}{T}=f\lambda$

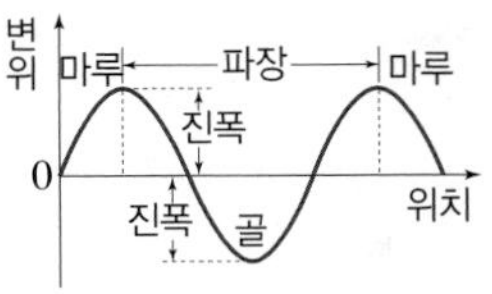

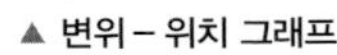
▲ 변위 – 위치 그래프

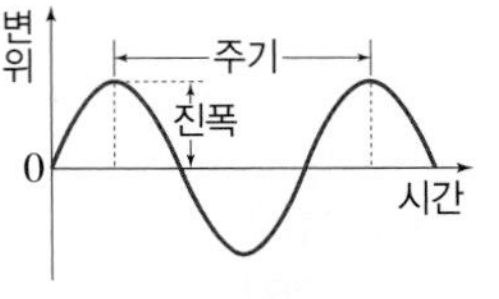

▲ 변위 – 시간 그래프

문제 보기

그림 (가)는 파동 P, Q가 각각 화살표 방향으로 1 m/s의 속력으로 진행할 때, 어느 순간의 매질의 변위를 위치에 따라 나타낸 것이다. 그림 (나)는 (가)의 순간부터 점 a∼e 중 하나의 변위를 시간에 따라 나타낸 것이다.

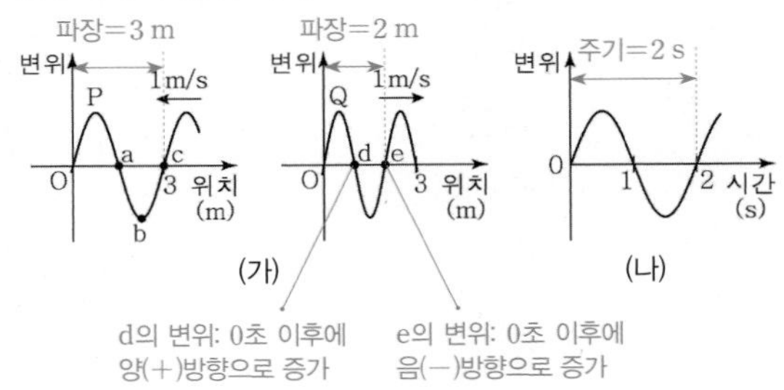

(나)는 어느 점의 변위를 나타낸 것인가? [3점]

<보기> 풀이

파동의 주기$=\frac{파장}{속력}$이므로, (가)에서 P와 Q의 주기는 각각 $\frac{3\text{ m}}{1\text{ m/s}}=3\text{ s}$, $\frac{2\text{ m}}{1\text{ m/s}}=2\text{ s}$이다.

(나)에서 파동의 주기는 2초이고 변위가 0초 이후에 양(+)의 방향으로 증가한다. 따라서 (나)는 Q의 매질의 한 점의 변위를 시간에 따라 나타낸 것이다. Q에서 (가)의 순간 이후의 변위는 d는 양(+)방향이고 e는 음(−)방향이므로, (나)는 d의 변위를 시간에 따라 나타낸 것이다.

 ① a
 ② b
 ③ c
 ④ d
 ⑤ e

13 파동의 변위 – 위치 그래프 해석 2024학년도 7월 학평 물I 10번

정답 ② | 정답률 72 %

적용해야 할 개념 ③가지

① 파장(λ): 이웃한 마루와 마루 또는 이웃한 골과 골 사이의 거리로, 매질의 한 점이 1회 진동하는 동안 파동이 진행한 거리이다.

② 주기(T): 매질의 각 점이 한 번 진동하여 원래의 진동 상태로 되돌아오는 데 걸리는 시간으로, 한 파장이 이동하는 데 걸리는 시간이다.

③ 파동의 속력(v): 단위 시간 동안 파동이 이동한 거리로, 파장(λ)을 주기(T)로 나눈 값 또는 진동수(f)와 파장(λ)의 곱과 같다. ➡ $v=\frac{\lambda}{T}=f\lambda$

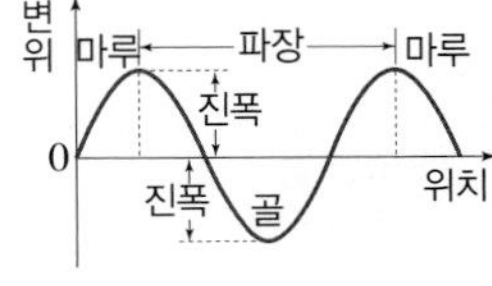

▲ 변위 – 위치 그래프

문제 보기

그림 (가), (나)는 시간 $t=0$일 때, x축과 나란하게 진행하는 파동 A, B의 변위를 각각 위치 x에 따라 나타낸 것이다. A와 B의 진행 속력은 1 cm/s로 같다. (가)의 $x=x_1$에서의 변위와 (나)의 $x=x_2$에서의 변위는 y_0으로 같다. $t=0.1$초일 때, $x=x_1$에서의 변위는 y_0보다 작고, $x=x_2$에서의 변위는 y_0보다 크다.

A의 주기$=\frac{4\text{ cm}}{1\text{ cm/s}}=4$초　　B의 주기$=\frac{8\text{ cm}}{1\text{ cm/s}}=8$초

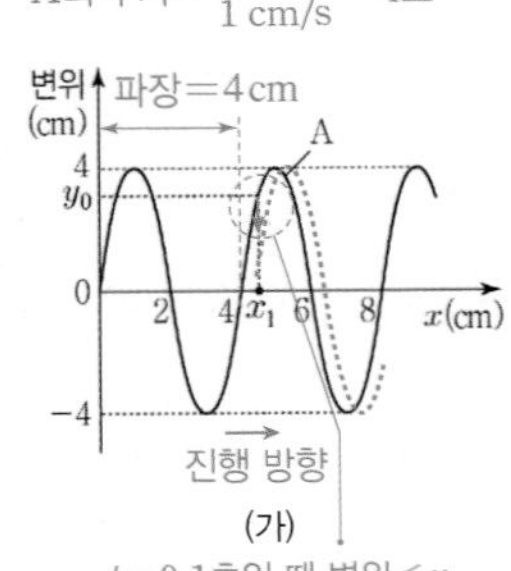

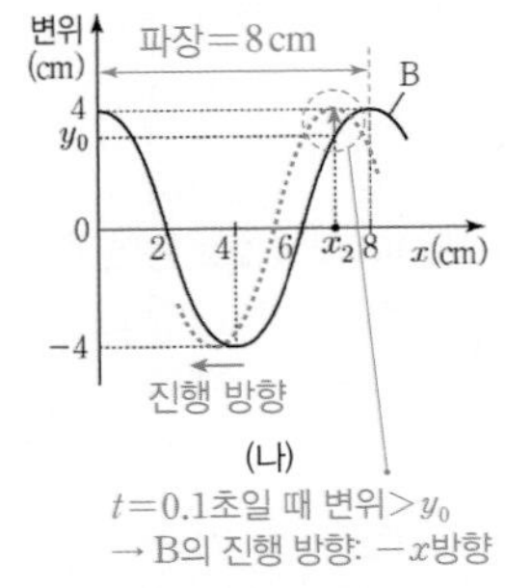

$t=0.1$초일 때 변위$<y_0$ → A의 진행 방향: $+x$방향

$t=0.1$초일 때 변위$>y_0$ → B의 진행 방향: $-x$방향

이에 대한 설명으로 옳은 것만을 〈보기〉에서 있는 대로 고른 것은? [3점]

<보기> 풀이

ㄱ. 주기는 A가 B의 2배이다.

➡ A, B의 파장은 각각 4 cm, 8 cm이다. 파동의 주기(T)는 파장(λ)을 속력(v)으로 나눈 값이므로($T=\frac{\lambda}{v}$), A, B의 주기는 각각 $\frac{4\text{ cm}}{1\text{ cm/s}}=4$초, $\frac{8\text{ cm}}{1\text{ cm/s}}=8$초이다. 따라서 주기는 A가 B의 $\frac{1}{2}$배이다.

다른 풀이 파동의 속력(v)은 파장(λ)을 주기(T)로 나눈 값이므로($v=\frac{\lambda}{T}$), 속력이 같을 때 파장은 주기에 비례한다. 파장은 A가 B의 $\frac{1}{2}$배이므로, 주기는 A가 B의 $\frac{1}{2}$배이다.

ㄴ. B의 진행 방향은 $-x$방향이다.

➡ B의 진행 방향이 $+x$방향이라면 $t=0.1$초일 때 $x=x_2$에서의 변위의 크기는 감소하고, B의 진행 방향이 $-x$방향이라면 $t=0.1$초일 때 $x=x_2$에서의 변위의 크기는 증가한다. $t=0.1$초일 때 $x=x_2$에서의 변위는 y_0보다 크므로, B의 진행 방향은 $-x$방향이다.

ㄷ. $t=0.5$초일 때, $x=x_1$에서 A의 변위는 4 cm이다.

➡ $t=0.1$초일 때, $x=x_1$에서의 변위는 y_0보다 작으므로, A의 진행 방향은 $+x$방향이다. A의 속력은 1 cm/s이므로 A는 $+x$방향으로 0.5초 동안 0.5 cm를 진행하며, 0.5 cm를 진행했을 때 $x=x_1$에서 변위는 4 cm가 아니므로 $t=0.5$초일 때, $x=x_1$에서 A의 변위는 4 cm가 아니다.

14 파동의 진행 2025학년도 9월 모평 물I 5번

정답 ② | 정답률 97 %

적용해야 할 개념 ③가지

① 파동의 변위-시간 그래프: 매질의 한 점의 진동을 시간에 따라 나타낸 그래프로, 파동의 진폭과 주기를 알 수 있다.

② 파동의 속력(v): 단위 시간 동안 파동이 이동한 거리로, 파장(λ)을 주기(T)로 나눈 값 또는 진동수(f)와 파장(λ)의 곱과 같다.

$\Rightarrow v=\frac{\lambda}{T}=f\lambda$

③ 주기(T): 매질의 각 점이 한 번 진동하여 원래의 진동 상태로 되돌아오는 데 걸리는 시간으로, 한 파장이 이동하는 데 걸리는 시간이다.

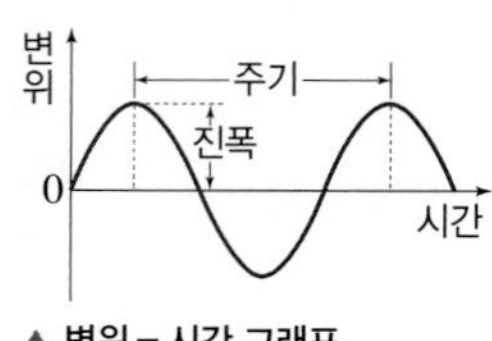

▲ 변위 – 시간 그래프

문제 보기

그림 (가)와 (나)는 같은 속력으로 진행하는 파동 A와 B의 어느 지점에서의 변위를 각각 시간에 따라 나타낸 것이다. (→ 파장∝주기)

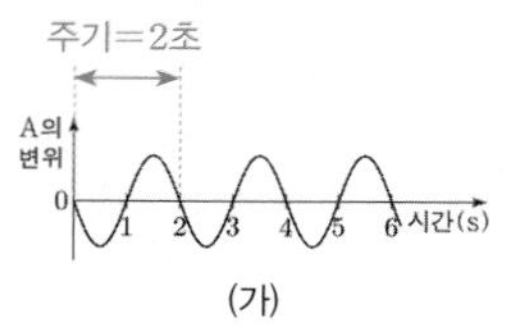

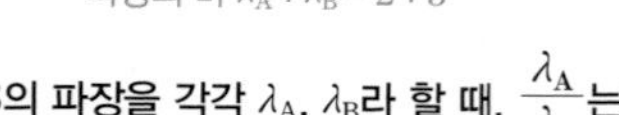

A, B의 파장을 각각 λ_A, λ_B라 할 때, $\frac{\lambda_A}{\lambda_B}$는?

<보기> 풀이

파동의 속력$\left(v=\frac{\lambda}{T}\right)$이 일정할 때, 파장($\lambda$)은 주기($T$)에 비례한다. A, B의 속력은 같고 주기는 각각 2초, 3초이므로, A, B의 파장의 비는 $\lambda_A : \lambda_B=2:3$이다. 따라서 $\frac{\lambda_A}{\lambda_B}=\frac{2}{3}$이다.

보기

 ① $\frac{1}{3}$  ② $\frac{2}{3}$  ③ 1  ④ $\frac{4}{3}$  ⑤ $\frac{5}{3}$

15 파동의 변위 – 위치 그래프 해석 2023학년도 10월 학평 물I 6번

정답 ③ | 정답률 77 %

적용해야 할 개념 ③가지

① 파장(λ): 이웃한 마루와 마루 또는 이웃한 골과 골 사이의 거리로, 매질의 한 점이 1회 진동하는 동안 파동이 진행한 거리이다.

② 진폭(A): 진동의 중심에서 마루 또는 골까지의 거리로, 매질이 진동하는 최대 변위이다.

③ 주기(T): 매질의 각 점이 한 번 진동하여 원래의 진동 상태로 되돌아오는 데 걸리는 시간으로, 한 파장이 이동하는 데 걸리는 시간이다.

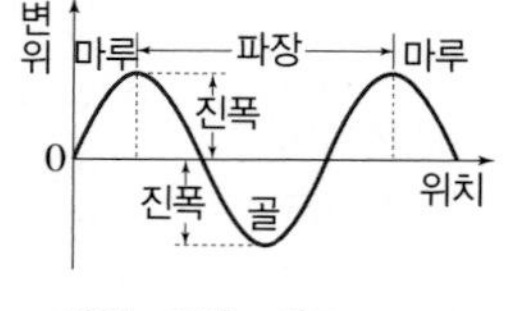

▲ 변위 – 위치 그래프

문제 보기

그림은 각각 0초일 때와 0.2초일 때, 매질 P, Q에서 x축과 나란하게 진행하는 파동의 변위를 위치 x에 따라 나타낸 것이다. P에서 파동의 속력은 5 m/s이다.

(→ 0.2초 동안 진행한 거리 =5 m/s×0.2 s=1 m)

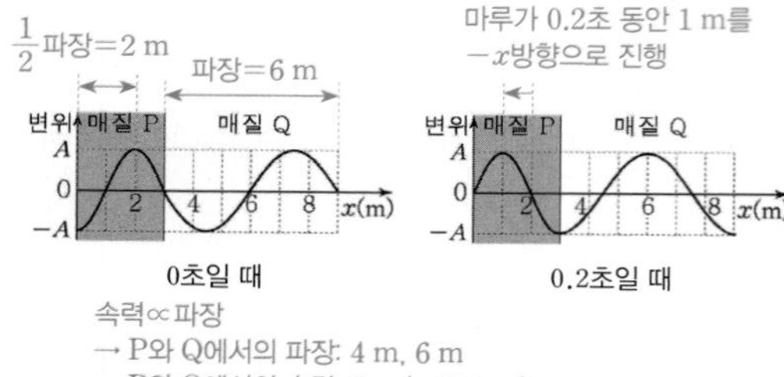

속력∝파장
→ P와 Q에서의 파장: 4 m, 6 m
→ P와 Q에서의 속력: 5 m/s, 7.5 m/s

이 파동에 대한 설명으로 옳은 것은? [3점]

<보기> 풀이

~~① **P에서의 파장은 2 m이다.**~~

⇒ 파장은 이웃한 마루와 마루 또는 골과 골 사이의 거리이므로, 반파장은 마루에서 골까지의 거리이다. P에서 $\frac{1}{2}$파장이 2 m이므로, P에서의 파장은 4 m이다.

~~② **P에서의 진폭은 $2A$이다.**~~

⇒ 진폭은 진동의 중심에서 마루 또는 골까지의 거리이므로, P에서의 진폭은 A이다.

③ **주기는 0.8초이다.**

⇒ 파동의 속력(v)은 파장(λ)을 주기(T)로 나눈 값이므로, $v=\frac{\lambda}{T}=\frac{4\text{ m}}{T}=5\text{ m/s}$에서 파동의 주기는 $T=0.8$초이다.

~~④ **$+x$방향으로 진행한다.**~~

⇒ P에서 파동의 속력이 5 m/s이므로 파동이 0.2초 동안 진행한 거리는 5 m/s×0.2 s=1 m이다. 0초일 때 $x=2$ m의 위치에 있던 마루가 0.2초일 때 $-x$방향으로 1 m를 진행하여 $x=1$ m의 위치로 이동하였으므로, 파동은 $-x$방향으로 진행한다.

~~⑤ **Q에서의 속력은 10 m/s이다.**~~

⇒ 파동이 진행할 때 주기(T)는 변하지 않으므로, 파동의 속력$\left(v=\frac{\lambda}{T}\right)$은 파장($\lambda$)에 비례한다. P와 Q에서의 파장이 각각 4 m, 6 m이므로, P에서의 속력이 5 m/s일 때 Q에서의 속력은 7.5 m/s이다.

16 파동의 변위 – 위치 그래프, 변위 – 시간 그래프 2023학년도 수능 물I 8번

정답 ④ | 정답률 74 %

적용해야 할 개념 ③가지

① 파동의 변위-위치 그래프: 어느 순간의 파동 모습을 위치에 따라 나타낸 그래프로 파동의 진폭과 파장을 알 수 있다.

② 파동의 변위-시간 그래프: 매질의 한 점의 진동을 시간에 따라 나타낸 그래프로 진폭과 주기를 알 수 있다.

③ 파동의 속력(v): 단위 시간 동안 파동이 이동한 거리로, 파장(λ)을 주기(T)로 나눈 값 또는 진동수(f)와 파장(λ)의 곱과 같다.

➡ $v=\dfrac{\lambda}{T}=f\lambda$

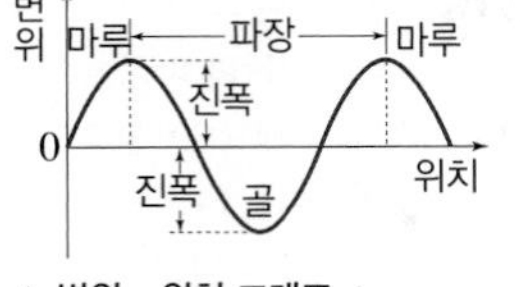

▲ 변위 – 위치 그래프

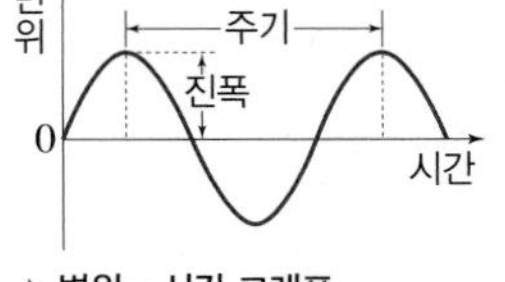

▲ 변위 – 시간 그래프

문제 보기

그림 (가)는 시간 $t=0$일 때, x축과 나란하게 매질 A에서 매질 B로 진행하는 파동의 변위를 위치 x에 따라 나타낸 것이다. 점 P, Q는 x축상의 지점이다. 그림 (나)는 P, Q 중 한 지점에서 파동의 변위를 t에 따라 나타낸 것이다.

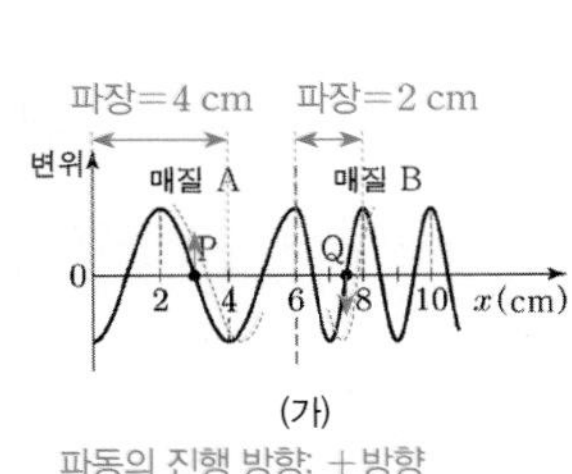

(가)

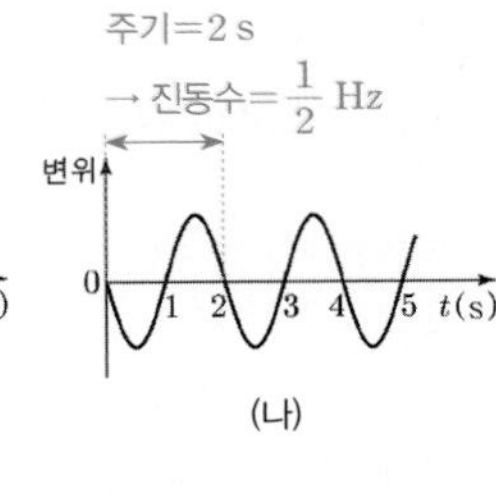

(나)

파동의 진행 방향: +방향
→ P의 변위: (+)방향,
Q의 변위: (−)방향

이에 대한 설명으로 옳은 것만을 〈보기〉에서 있는 대로 고른 것은? [3점]

<보기> 풀이

~~ㄱ.~~ **파동의 진동수는 2 Hz이다.**

➡ (나)에서 파동의 주기는 2 s이며, 파동의 진동수는 주기의 역수와 같으므로 $\dfrac{1}{2\text{ s}}=\dfrac{1}{2}$ Hz이다.

ㄴ. **(나)는 Q에서 파동의 변위이다.**

➡ (가)에서 파동의 진행 방향이 $+x$ 방향이므로, (가)의 순간 이후 P의 변위는 양(+)의 방향이고 Q의 변위는 음(−)의 방향이다. (나)에서 $t=0$ 이후에 파동의 변위는 음(−)의 방향이므로, (나)는 Q에서 파동의 변위이다.

ㄷ. **파동의 진행 속력은 A에서가 B에서의 2배이다.**

➡ 파동이 진행할 때 파동의 진동수는 변하지 않으므로, A와 B에서 파동의 진동수는 같다. 파동의 속력=진동수×파장이므로, 진동수가 일정할 때 파동의 속력은 파장에 비례한다. A와 B에서 파장은 각각 4 cm, 2 cm이므로, 파동의 파장은 A에서가 B에서의 2배이다. 따라서 파동의 진행 속력은 A에서가 B에서의 2배이다.

17 파동의 변위 – 위치 그래프, 변위 – 시간 그래프 해석 2023학년도 3월 학평 물I 8번

정답 ④ | 정답률 44 %

적용해야 할 개념 ④가지

① 파동의 변위−위치 그래프: 어느 순간의 파동 모습을 위치에 따라 나타낸 그래프로, 파동의 진폭과 파장을 알 수 있다.
② 파동의 변위−시간 그래프: 매질의 한 점의 진동을 시간에 따라 나타낸 그래프로, 파동의 진폭과 주기를 알 수 있다.
③ 파동이 진행할 때 매질이 달라지면 파동의 속력과 파장은 변하지만, 진동수는 변하지 않는다.

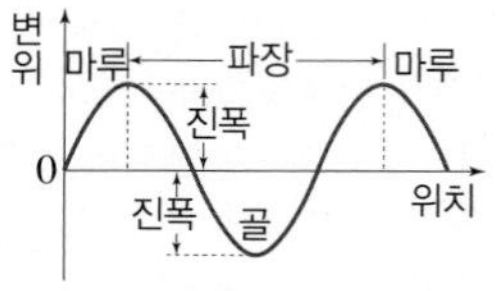

▲ 변위 – 위치 그래프

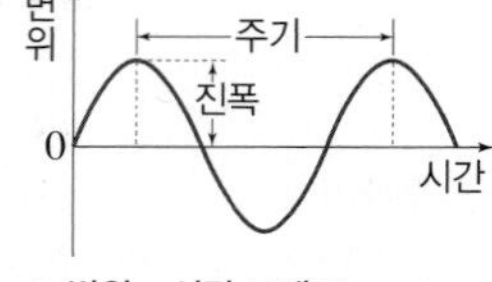

▲ 변위 – 시간 그래프

④ 파동의 속력(v): 단위 시간 동안 파동이 이동한 거리로, 파장(λ)을 주기(T)로 나눈 값 또는 진동수(f)와 파장(λ)의 곱과 같다.
➡ $v=\dfrac{\lambda}{T}=f\lambda$

문제 보기

그림 (가)는 시간 $t=0$일 때, x축과 나란하게 매질 Ⅰ에서 매질 Ⅱ로 진행하는 파동의 변위를 위치 x에 따라 나타낸 것이다. 그림 (나)는 $x=2$ cm에서 파동의 변위를 t에 따라 나타낸 것이다.

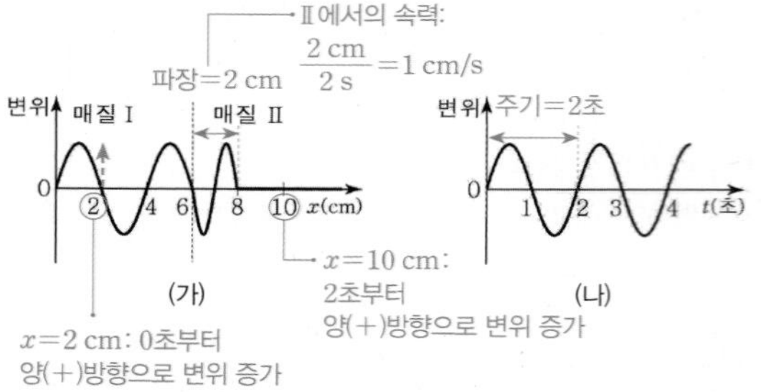

$x=10$ m에서 파동의 변위를 t에 따라 나타낸 것으로 가장 적절한 것은? [3점]

<보기> 풀이

❶ 파동이 진행할 때 매질이 달라지더라도 파동의 진동수(f)는 변하지 않으므로, 진동수의 역수인 주기($T=\dfrac{1}{f}$)도 변하지 않는다. (나)에서 매질 Ⅰ에서의 주기가 2초이므로, 매질 Ⅱ에서도 파동의 주기는 2초이다.

❷ 매질 Ⅱ에서 파장(λ)이 2 cm, 주기(T)가 2초이므로, 매질 Ⅱ에서 파동의 속력은 $v=\dfrac{\lambda}{T}=\dfrac{2\text{ cm}}{2\text{ s}}=1$ cm/s이다. 따라서 매질 Ⅱ에서 파동이 $x=8$ cm인 위치에서 $x=10$ cm인 위치까지 진행하는 데 2초가 걸린다.

❸ (나)의 $x=2$ cm에서 파동의 변위는 0초 이후 양(+)방향으로 증가하므로, 파동의 이동 방향의 $+x$방향이며, $x=10$ cm에서 파동의 변위는 2초 이후에 양(+)방향으로 증가한다. 따라서 $x=10$ cm에서 파동의 변위를 t에 따라 나타낸 것으로 가장 적절한 것은 0부터 2초까지의 변위가 0이고, 2초부터 변위가 양(+)방향으로 증가하며 주기가 2초인 ④이다.

① 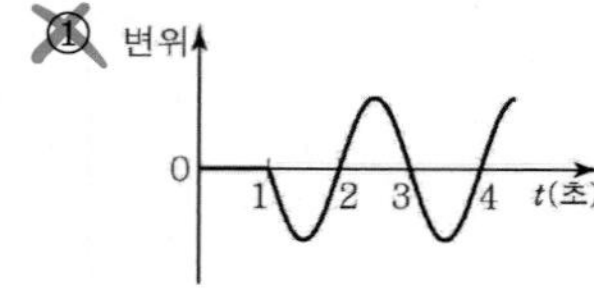

② 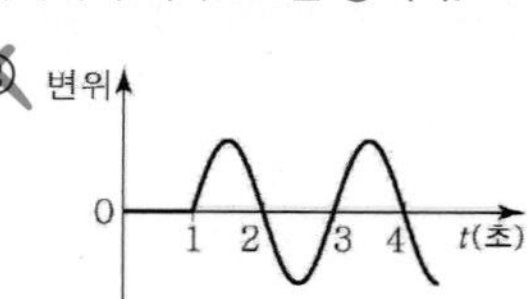

③ 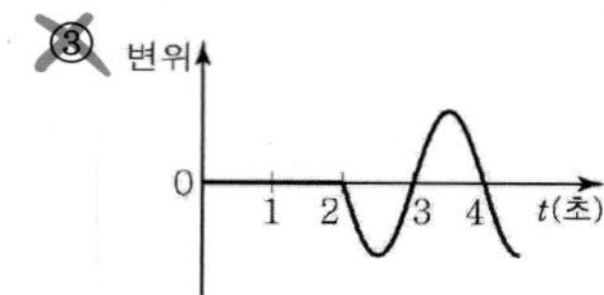

④ 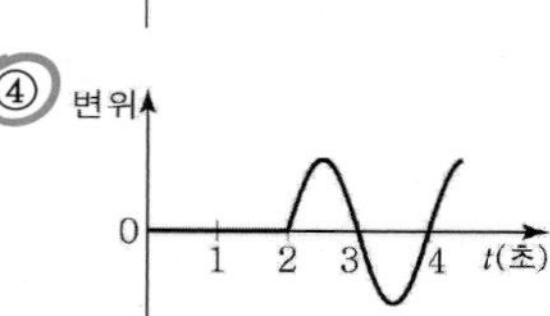

⑤ 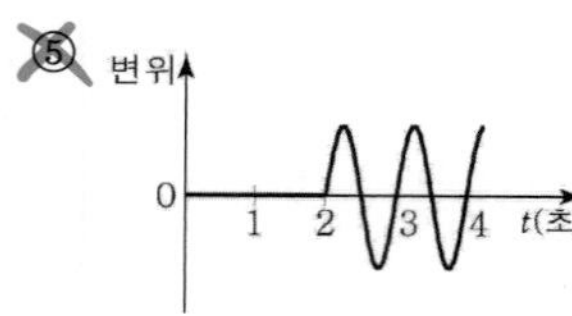

18 물결파의 굴절 2023학년도 7월 학평 물Ⅰ 9번

정답 ④ | 정답률 63 %

적용해야 할 개념 ③가지

① 파동의 속력(v): 단위 시간 동안 파동이 이동한 거리로, 파장(λ)을 주기(T)로 나눈 값 또는 진동수(f)와 파장(λ)의 곱과 같다. ➡ $v=\frac{\lambda}{T}=f\lambda$

② 입사각은 입사파의 진행 방향과 법선이 이루는 각 또는 입사파의 파면과 경계면이 이루는 각이며, 굴절각은 굴절파의 진행 방향과 법선이 이루는 각 또는 굴절파의 파면과 경계면이 이루는 각이다.

③ 굴절 법칙 $\frac{\sin i}{\sin r}=\frac{v_1}{v_2}=\frac{\lambda_1}{\lambda_2}=n_{12}$(=일정)에서 $i>r$일 때 $v_1>v_2$이므로, 법선과 이루는 각이 작은 매질에서의 빛(파동)의 속력이 더 느리다.

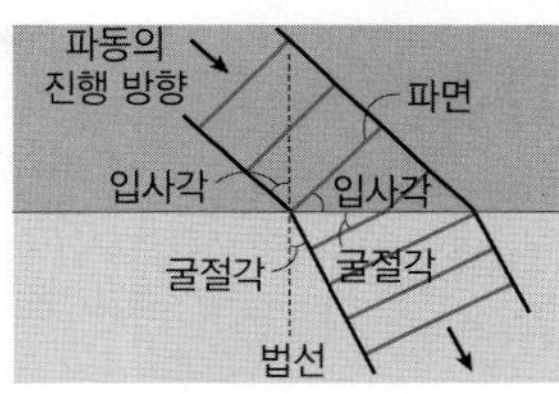

▲ 파동의 굴절

문제 보기

그림 (가)는 파동이 매질 A에서 매질 B로 진행하는 모습을 나타낸 것이고, 그림 (나)는 A 위의 점 p의 변위를 시간에 따라 나타낸 것이다. A에서 파동의 파장은 10 cm이다.

A에서의 속력 $=\frac{10\text{ cm}}{2\text{ s}}=5\text{ cm/s}$

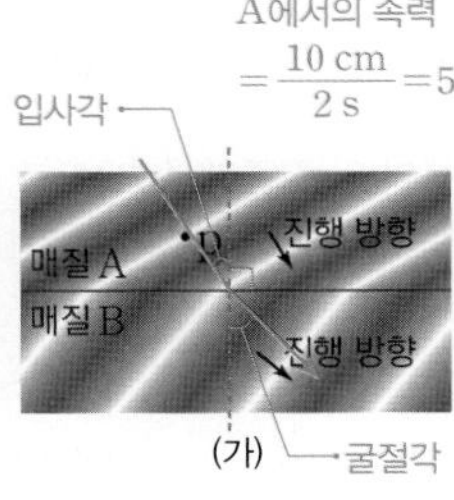

(가)

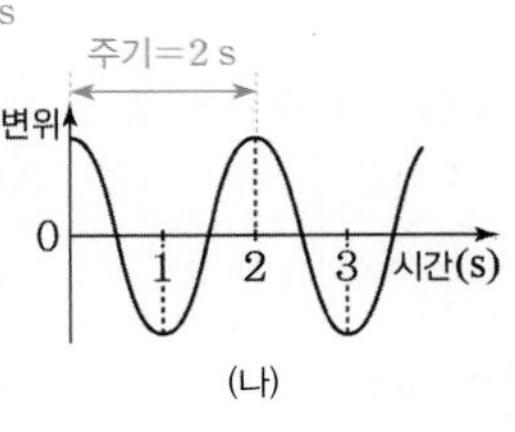

(나)

파장: A<B
→ 파동의 속력(∝파장): A<B
→ B에서의 속력>5 cm/s

이에 대한 설명으로 옳은 것만을 〈보기〉에서 있는 대로 고른 것은?

<보기> 풀이

~~ㄱ~~. **파동의 진동수는 2 Hz이다.**

➡ 진동수는 주기의 역수와 같다. (나)에서 파동의 주기는 2초이므로, 파동의 진동수는 $\frac{1}{2\text{ s}}=0.5\text{ Hz}$이다.

ㄴ. **(가)에서 입사각이 굴절각보다 작다.**

➡ 파동은 파면에 수직한 방향으로 진행하므로, (가)에서 입사각이 굴절각보다 작다.

다른 풀이 입사각은 입사파의 파면과 경계면이 이루는 각과 같고 굴절각은 굴절파의 파면과 경계면이 이루는 각과 같으므로, (가)에서 입사각이 굴절각보다 작다.

ㄷ. **B에서 파동의 진행 속력은 5 cm/s보다 크다.**

➡ A에서 파동의 파장이 10 cm, 주기는 2초이므로 파동의 진행 속력은 $\frac{10\text{ cm}}{2\text{ s}}=5\text{ cm/s}$이다. 파동이 진행할 때 주기(또는 진동수)는 일정하므로, 파동의 속력과 파장은 비례한다. B에서의 파장이 A에서의 파장보다 길므로, B에서 파동의 속력은 5 cm/s보다 크다.

다른 풀이 파동이 굴절할 때 법선과 이루는 각이 작은 매질에서 파동의 속력이 더 작다. (가)에서 입사각이 굴절각보다 작으므로 파동의 속력은 A에서가 B에서보다 더 작다. A에서 파동의 진행 속력은 $\frac{10\text{ cm}}{2\text{ s}}=5\text{ cm/s}$이므로, B에서 파동의 진행 속력은 5 cm/s보다 크다.

19 물결파의 굴절 2022학년도 3월 학평 물I 5번

정답 ① | 정답률 60 %

적용해야 할 개념 ④가지

① 파동의 속력 $v=f\lambda$에서 진동수 f가 일정할 때 속력 v는 파장 λ에 비례한다.
② 물결파의 속력은 물의 깊이에 따라 달라진다.
③ 파동이 서로 다른 매질을 통과할 때 전파 속도와 파장은 변하지만, 진동수는 변하지 않는다.
④ 입사각은 입사파의 진행 방향과 법선이 이루는 각 또는 입사파의 파면과 경계면이 이루는 각이며, 굴절각은 굴절파의 진행 방향과 법선이 이루는 각 또는 굴절파의 파면과 경계면이 이루는 각이다.

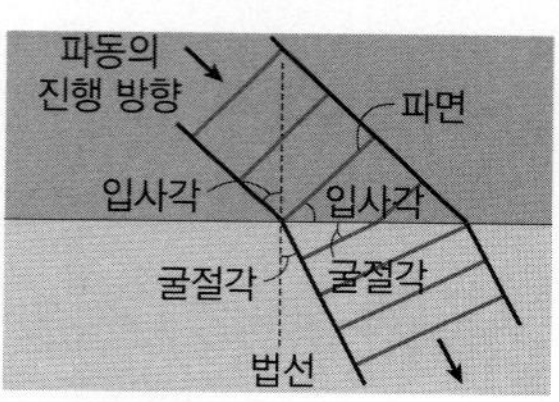

▲ 파동의 굴절

문제 보기

다음은 물결파에 대한 실험이다.

[실험 과정]

(가) 그림과 같이 물결파 실험 장치의 한쪽에 삼각형 모양의 유리판을 놓은 후 물을 채우고 일정한 진동수의 물결파를 발생시킨다.

(나) 유리판이 없는 영역 A와, 있는 영역 B에서의 물결파의 무늬를 관찰한다.

(다) (가)에서 물의 양만을 증가시킨 후 (나)를 반복한다.
→ 물의 깊이가 깊어진다.
→ 물결파의 속력이 커진다.

[실험 결과 및 결론]

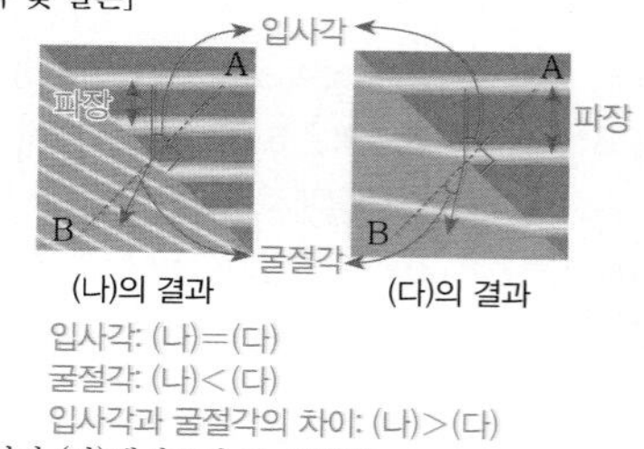

입사각: (나)=(다)
굴절각: (나)<(다)
입사각과 굴절각의 차이: (나)>(다)

○ (다)에서가 (나)에서보다 큰 물리량
- A에서 이웃한 파면 사이의 거리
- B에서 물결파의 굴절각
- [㉠]

㉠에 해당하는 것만을 〈보기〉에서 있는 대로 고른 것은? [3점]

<보기> 풀이

물결파의 무늬에서 이웃한 밝은 무늬 사이의 간격은 파면과 파면 사이의 거리이므로 파장에 해당한다.

ㄱ. A에서 물결파의 속력

➡ 파동의 속력 $v=f\lambda$에서 진동수 f가 일정할 때 속력 v는 파장 λ에 비례한다. A에서 물결파의 파장은 (다)에서가 (나)에서보다 길므로, A에서 물결파의 속력은 (다)에서가 (나)에서보다 크다.

다른 풀이 물결파의 속력은 물의 깊이가 깊을수록 크다. (다)에서 물의 양을 증가시켰으므로, 물의 깊이는 (다)에서가 (나)에서보다 깊다. 따라서 A에서 물결파의 속력은 (다)에서가 (나)에서보다 크다.

ㄴ. B에서 물결파의 진동수

➡ 진동수는 파원에 의해 결정되므로, 파동이 굴절할 때 진동수는 변하지 않는다. 따라서 B에서 물결파의 진동수는 (나)에서와 (다)에서가 같다.

ㄷ. 물결파의 입사각과 굴절각의 차이

➡ 입사각은 (나)에서와 (다)에서가 같고, 굴절각은 (다)에서가 (나)에서보다 크다. 굴절각이 입사각보다 작은 경우에는 굴절각이 클수록 입사각과 굴절각의 차이가 작다. 따라서 물결파의 입사각과 굴절각의 차이는 (다)에서가 (나)에서보다 작다.

다른 풀이 입사각은 입사파의 파면과 경계면이 이루는 각과 같고, 굴절각은 굴절파의 파면과 경계면이 이루는 각과 같다. 따라서 입사각과 굴절각의 차이를 파면과 경계면이 이루는 각의 차이로 비교하면, 물결파의 입사각과 굴절각의 차이는 (다)에서가 (나)에서보다 작은 것을 알 수 있다.

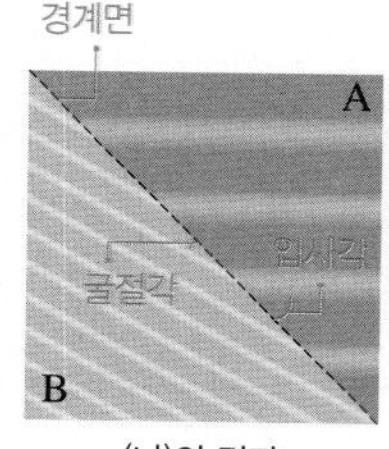

(나)의 결과

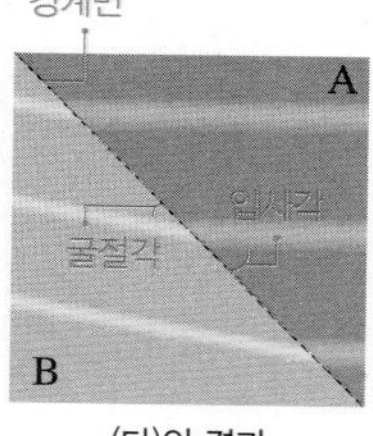

(다)의 결과

20 물결파의 굴절 2022학년도 4월 학평 물Ⅰ 8번

정답 ② | 정답률 64 %

적용해야 할 개념 ③가지

① 파동의 속력 $v=f\lambda$에서 진동수 f가 일정할 때 속력 v는 파장 λ에 비례한다.

② 입사각은 입사파의 진행 방향과 법선이 이루는 각 또는 입사파의 파면과 경계면이 이루는 각이며, 굴절각은 굴절파의 진행 방향과 법선이 이루는 각 또는 굴절파의 파면과 경계면이 이루는 각이다.

③ 굴절 법칙 $\frac{\sin i}{\sin r}=\frac{v_1}{v_2}=\frac{\lambda_1}{\lambda_2}=n_{12}$(=일정)에서 $i>r$일 때 $v_1>v_2$이므로, 법선과 이루는 각이 작은 매질에서의 빛(파동)의 속력이 더 느리다.

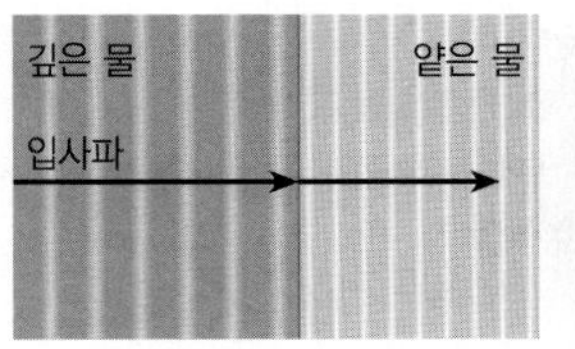

▲ 경계면에 수직으로 입사한 파동

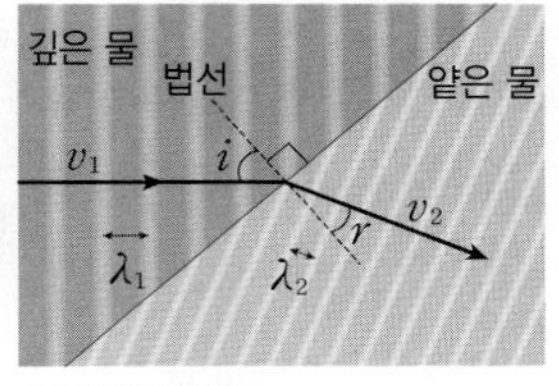

▲ 파동의 굴절

문제 보기

다음은 물결파에 대한 실험이다.

[실험 과정]

(가) 그림과 같이 물결파 실험 장치를 준비한다.

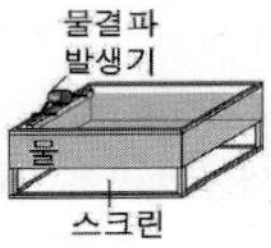

물결파 발생기 / 물 / 스크린

(나) 일정한 진동수의 물결파를 발생시켜 스크린에 투영된 물결파의 무늬를 관찰한다.

(다) 물결파 실험 장치에 두께가 일정한 삼각형 모양의 유리판을 넣고 과정 (나)를 반복한다.

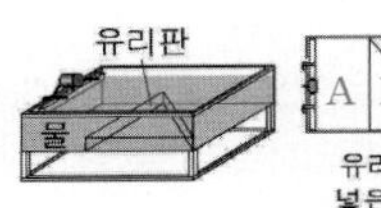

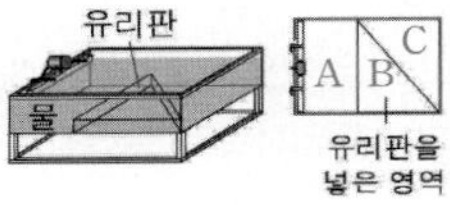

물의 깊이가 변하므로, 물결파의 속력이 변함.

물의 깊이 : B<A=C
→ 물결파의 속력: B<A=C
→ 물결파의 파장(∝속력): B<A=C
→ 파면 사이의 거리(=파장): B<A=C

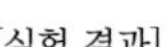

[실험 결과]

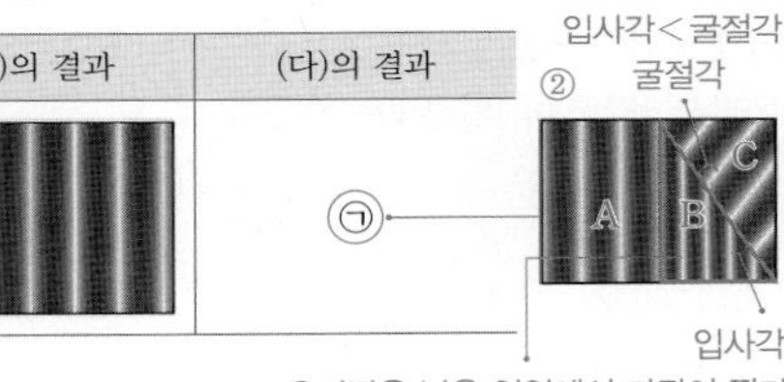

(나)의 결과	(다)의 결과
(무늬)	㉠

<B→C> 입사각<굴절각
② 굴절각, A, B, C, 입사각
유리판을 넣은 영역에서 파장이 짧다.

[결론]

물결파의 속력은 물의 깊이가 얕을수록 느리고, 물의 깊이가 얕은 곳에서 깊은 곳으로 진행하는 물결파는 입사각이 굴절각보다 작다.

㉠으로 가장 적절한 것은?

<보기> 풀이

파동의 속력=진동수×파장이다. 파동이 진행할 때 진동수는 일정하므로, 파동의 속력과 파장은 비례한다. 또 파동이 굴절할 때 법선과 이루는 각이 작은 매질에서 파동의 속력이 더 느리다.

❶ 물결파 발생기에서 발생한 물결파가 유리판을 넣지 않은 영역에서 유리판을 넣은 영역으로 진행할 때, 경계면에 수직으로 입사하므로 진행 방향은 변하지 않는다. 이때 물의 깊이가 얕아져 속력이 느려지므로, 유리판을 넣은 영역에서 파장(파면 사이의 거리)이 짧아진다.

❷ 물결파가 유리판을 넣은 영역에서 넣지 않은 영역으로 진행할 때 경계면에 비스듬하게 입사하므로 진행 방향이 변한다. 이때 물의 깊이가 깊어져 속력이 빨라지므로, 파장(파면 사이의 거리)은 다시 길어지며 입사각보다 굴절각이 커진다. 따라서 (다)의 결과는 ②이다.

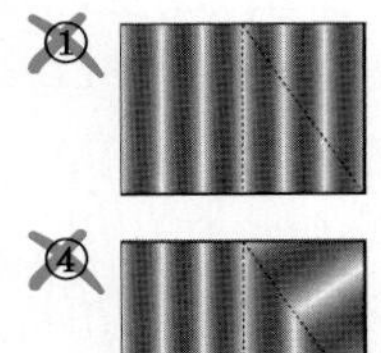

①, ④

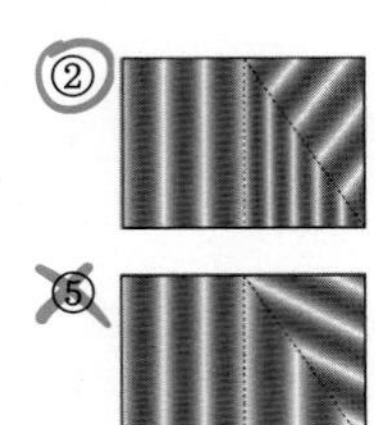

②, ⑤

③

21 물결파의 굴절 2024학년도 10월 학평 물I 12번

정답 ③ | 정답률 62 %

적용해야 할 개념 ③가지

① 파동의 속력 $v=f\lambda$에서 진동수 f가 일정할 때 속력 v는 파장 λ에 비례한다.

② 입사각은 입사파의 진행 방향과 법선이 이루는 각 또는 입사파의 파면과 경계면이 이루는 각이며, 굴절각은 굴절파의 진행 방향과 법선이 이루는 각 또는 굴절파의 파면과 경계면이 이루는 각이다.

③ 굴절 법칙 $\frac{\sin i}{\sin r}=\frac{v_1}{v_2}=\frac{\lambda_1}{\lambda_2}=n_{12}$(=일정)에서 $i>r$일 때 $v_1>v_2$이므로, 법선과 이루는 각이 작은 매질에서의 빛(파동)의 속력이 더 느리다.

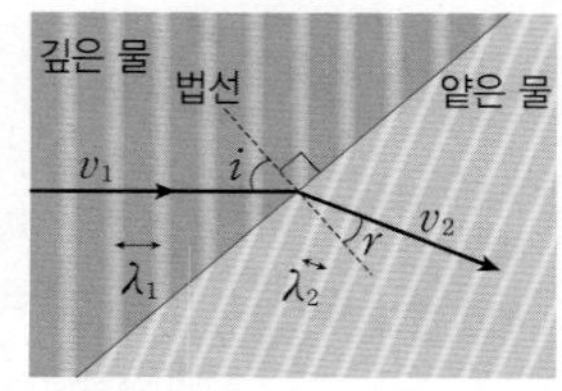

▲ 파동의 굴절

문제 보기

다음은 물결파에 대한 실험이다.

[실험 과정]

(가) 그림과 같이 물결파 실험 장치의 영역 Ⅱ에 사다리꼴 모양의 유리판을 넣은 후 물을 채운다.

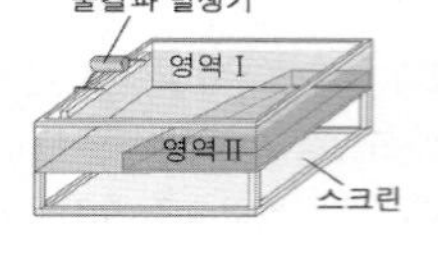

(나) 영역 I에서 일정한 진동수의 물결파를 발생시켜 스크린에 투영된 물결파의 무늬를 관찰한다.

(다) (가)에서 유리판의 위치만을 Ⅱ에서 I로 옮긴 후 (나)를 반복한다.

[실험 결과]

파장: I > Ⅱ
→ 속력(∝파장): I > Ⅱ
→ 입사각 > 굴절각

속력: I < Ⅱ
→ 파장: I < Ⅱ
→ 입사각 < 굴절각

(나)의 결과

(다)의 결과

* 화살표는 물결파의 진행 방향을 나타낸다.
* 색칠된 부분은 유리판을 넣은 영역을 나타낸다.

이에 대한 옳은 설명만을 〈보기〉에서 있는 대로 고른 것은? [3점]

<보기> 풀이

ㄱ. (나)에서 물결파의 속력은 I에서가 Ⅱ에서보다 크다.

➡ 스크린에 투영된 물결파의 이웃한 무늬 사이의 간격은 파장에 해당한다. (나)에서 무늬 사이의 간격이 I에서가 Ⅱ에서보다 크므로, 파장은 I에서가 Ⅱ에서보다 길다. 파동의 속력=진동수×파장에서 물결파의 진동수가 일정하므로, 물결파의 속력은 파장에 비례한다. 따라서 (나)에서 물결파의 속력은 I에서가 Ⅱ에서보다 크다.

다른 풀이 물결파의 속력은 물이 깊은 곳에서가 얕은 곳에서보다 크므로, (나)에서 물결파의 속력은 I에서가 Ⅱ에서보다 크다.

ㄴ. I과 Ⅱ의 경계면에서 물결파의 굴절각은 (나)에서가 (다)에서보다 작다.

➡ 파동이 서로 다른 매질의 경계면에서 굴절할 때, 파동의 진행 방향이 법선과 이루는 각은 속력이 느린 매질에서 더 작다. (나)에서 물결파의 속력은 I에서가 Ⅱ에서보다 크므로, 입사각>굴절각이다. 또 (다)에서 물결파의 속력은 I에서가 Ⅱ에서보다 작으므로, 입사각<굴절각이다. (나), (다)에서 입사각의 크기는 동일하므로, 굴절각은 (나)에서가 (다)에서보다 작다.

ㄷ. 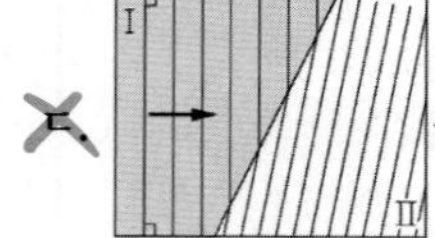 **은 (다)의 결과로 적절하다.**

➡ (다)에서 입사각<굴절각이므로, I과 Ⅱ의 경계면에 법선을 긋고 입사각보다 굴절각이 커지도록 파동의 진행 방향에 수직으로 파면을 그리면 (다)의 결과는 다음과 같다.

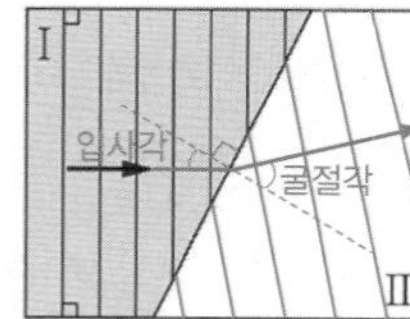

22 파동의 굴절 2022학년도 9월 모평 물I 9번

정답 ② | 정답률 75 %

적용해야 할 개념 ③가지

① 굴절 법칙 $\frac{\sin i}{\sin r}=\frac{v_1}{v_2}=\frac{\lambda_1}{\lambda_2}=n_{12}$(=일정)에서 $i>r$일 때 $v_1>v_2$이므로, 법선과 이루는 각이 작은 매질에서의 파동의 속력이 더 느리다.

② $n_1\sin i=n_2\sin r$에서 $i>r$일 때 $n_1<n_2$이므로, 법선과 이루는 각이 작은 쪽 매질의 굴절률이 더 크다.

③ 굴절 법칙 $\frac{\sin i}{\sin r}=\frac{v_1}{v_2}=\frac{\lambda_1}{\lambda_2}=n_{12}$(=일정)에서 $i>r$일 때 $\lambda_1>\lambda_2$이므로, 법선과 이루는 각이 작은 매질에서의 파동의 파장이 더 짧다.

[입사각(i)>굴절각(r)]

구분	매질 I	매질 II
빛의 속력	빠르다.(v_1)	느리다.(v_2)
굴절률	작다.(n_1)	크다.(n_2)
빛의 파장	길다.(λ_1)	짧다.(λ_2)

[입사각(i)<굴절각(r)]

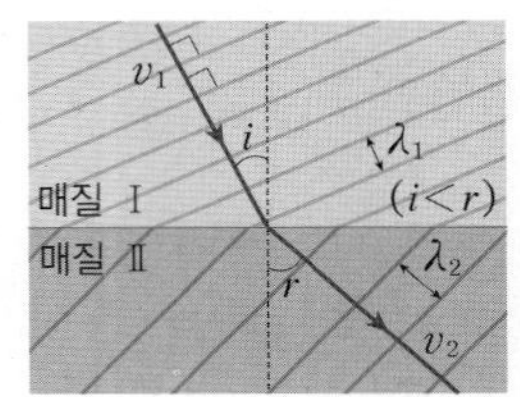

구분	매질 I	매질 II
빛의 속력	느리다.(v_1)	빠르다.(v_2)
굴절률	크다.(n_1)	작다.(n_2)
빛의 파장	짧다.(λ_1)	길다.(λ_2)

문제 보기

그림 (가)는 파동이 매질 A에서 매질 B로 진행하는 모습을, (나)는 (가)의 파동이 매질 I에서 매질 II로 진행하는 경로를 나타낸 것이다. I, II는 각각 A, B 중 하나이다.

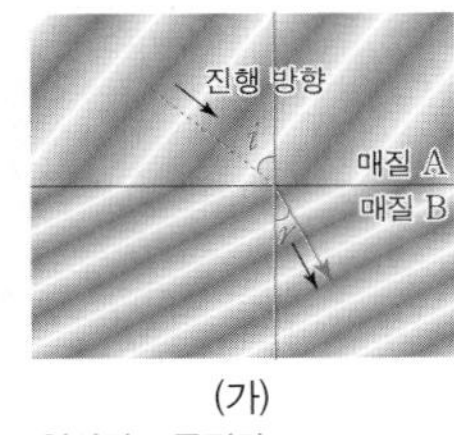

(가)

입사각>굴절각
→ 속력: 매질 A>매질 B
→ 굴절률: 매질 A<매질 B

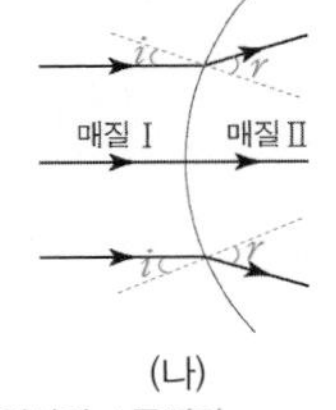

(나)

입사각<굴절각
→ 굴절률: 매질 I>매질 II
→ 파장: 매질 I<매질 II
→ I=B, II=A

이에 대한 설명으로 옳은 것만을 〈보기〉에서 있는 대로 고른 것은? [3점]

<보기> 풀이

(가)와 (나)에서 두 매질의 경계면에 법선을 그어 입사각과 굴절각의 크기를 비교하면, (가)에서는 입사각>굴절각이고 (나)에서는 입사각<굴절각이다.

ㄱ. (가)에서 파동의 속력은 B에서가 A에서보다 크다.

⇒ 굴절 법칙 $\frac{\sin i}{\sin r}=\frac{v_1}{v_2}=\frac{\lambda_1}{\lambda_2}=n_{12}$(=일정)에서 $i>r$일 때 $v_1>v_2$이므로 법선과 이루는 각이 작은 매질에서의 파동의 속력이 더 작다. (가)에서 굴절각이 입사각보다 작으므로 파동의 속력은 B에서가 A에서보다 작다.

ㄴ. II는 B이다.

⇒ 굴절 법칙 $n_1\sin i=n_2\sin r$에서 $i>r$일 때 $n_1<n_2$이므로 법선과 이루는 각이 작은 쪽 매질의 굴절률이 더 크다. (가)에서 입사각>굴절각이므로, 매질의 굴절률은 A<B이다. (나)에서 입사각<굴절각이므로 매질의 굴절률은 I>II이다. 따라서 II는 A이다.

ㄷ. (나)에서 파동의 파장은 II에서가 I에서보다 길다.

⇒ 굴절 법칙 $\frac{\sin i}{\sin r}=\frac{v_1}{v_2}=\frac{\lambda_1}{\lambda_2}=n_{12}$(=일정)에서 $i>r$일 때 $\lambda_1>\lambda_2$이므로 법선과 이루는 각이 큰 매질에서의 파동의 파장이 더 길다. (나)에서 굴절각이 입사각보다 크므로 파동의 파장은 II에서가 I에서보다 길다.

23 파동의 변위 – 시간 그래프 해석 2021학년도 4월 학평 물I 15번

정답 ⑤ | 정답률 64 %

적용해야 할 개념 ③가지

① 파장(λ): 이웃한 마루와 마루 또는 이웃한 골과 골 사이의 거리로, 매질의 한 점이 1회 진동하는 동안 파동이 진행한 거리이다.

② 주기(T): 매질의 각 점이 한 번 진동하여 원래의 진동 상태로 되돌아오는 데 걸리는 시간으로, 한 파장이 이동하는 데 걸리는 시간이다.

③ 파동의 속력(v): 단위 시간 동안 파동이 이동한 거리로, 파장(λ)을 주기(T)로 나눈 값 또는 진동수(f)와 파장(λ)의 곱과 같다.

⇒ $v=\frac{\lambda}{T}=f\lambda$

문제 보기

그림 (가)는 진폭이 2 cm이고 일정한 속력으로 진행하는 물결파의 어느 순간의 모습을 나타낸 것이다. 실선과 점선은 각각 물결파의 마루와 골이고, 점 P, Q는 평면상의 고정된 지점이다. 그림 (나)는 P에서 물결파의 변위를 시간에 따라 나타낸 것이다.

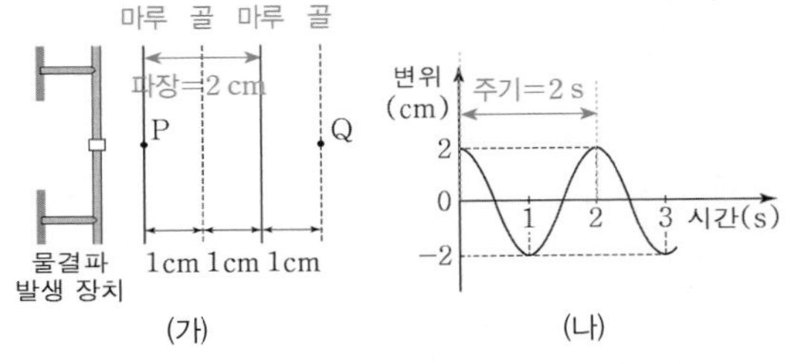

(가) (나)

물결파에 대한 설명으로 옳은 것만을 〈보기〉에서 있는 대로 고른 것은?

<보기> 풀이

ㄱ. 파장은 2 cm이다.

⇒ 파장은 이웃한 마루와 마루 또는 이웃한 골과 골 사이의 거리이므로 2 cm이다.

ㄴ. 진행 속력은 1 cm/s이다.

⇒ (가)와 (나)에서 파장(λ)과 주기(T)가 각각 2 cm, 2초인 것을 알 수 있으므로, 파동의 속력 $v=\frac{\lambda}{T}=\frac{2\text{ cm}}{2\text{ s}}=1$ cm/s이다.

ㄷ. 2초일 때, Q에서 변위는 −2 cm이다.

⇒ 주기는 매질의 각 점이 한 번 진동하여 원래의 진동 상태로 되돌아오는 데 걸리는 시간이다. 이 파동의 주기가 2초이므로, 2초일 때 매질의 각 점의 변위는 0초일 때와 같다. 0초일 때 P가 마루이고 Q가 골이므로, 2초일 때 P는 다시 마루가 되고 Q는 다시 골이 된다. 따라서 2초일 때, Q에서 변위는 −2 cm이다.

24 소리의 굴절 2021학년도 3월 학평 물Ⅰ 9번

정답 ⑤ | 정답률 62 %

적용해야 할 개념 ③가지

① 파동의 속력(v): 단위 시간 동안 파동이 이동한 거리로, 파장(λ)을 주기(T)로 나눈 값 또는 진동수(f)와 파장(λ)의 곱과 같다. ➡ $v=\dfrac{\lambda}{T}=f\lambda$

② 소리가 온도가 다른 공기층을 진행할 때 소리의 속력이 달라짐에 따라 소리의 진행 방향이 변하게 되는 굴절 현상이 일어난다.

③ 소리가 굴절할 때 전파 속도와 파장은 변하지만, 진동수는 변하지 않는다.

▲ 소리의 굴절(낮)

▲ 소리의 굴절(밤)

문제 보기

그림 (가)는 지표면 근처에서 발생한 소리의 진행 경로를 나타낸 것이다. 점 a, b는 소리의 진행 경로상의 지점으로, a에서 소리의 진동수는 f이다. 그림 (나)는 (가)에서 지표면으로부터의 높이와 소리의 속력과의 관계를 나타낸 것이다.

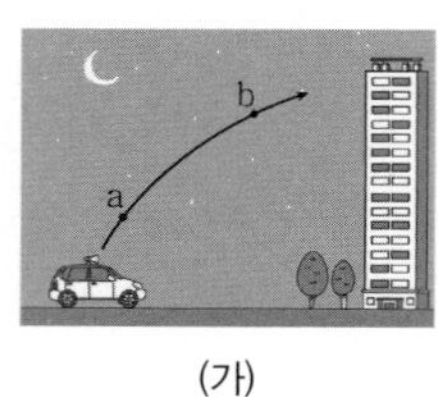

(가)

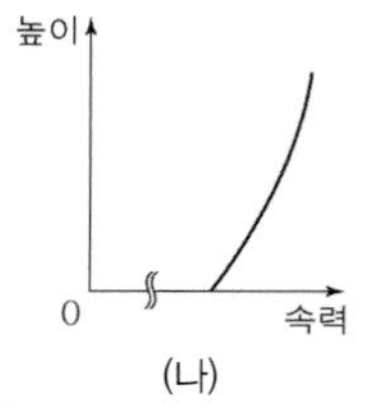

(나)

소리가 a → b로 진행할 때:
굴절 현상이 일어남, 속력이 빨라짐, 진동수는 일정
→ 파장: 길어짐(∵ $v=f\lambda$에서 $v \propto \lambda$)

a에서 b까지 진행하는 소리에 대한 옳은 설명만을 〈보기〉에서 있는 대로 고른 것은?

<보기> 풀이

ㄱ. 굴절하면서 진행한다.

➡ 소리가 진행할 때 소리의 속력이 달라지면 진행 방향이 변하는 굴절 현상이 일어난다. 소리가 a에서 b까지 진행할 때 속력이 변하므로 소리는 굴절하면서 진행한다.

ㄴ. 진동수는 f로 일정하다.

➡ 파동의 진동수는 파원에 의해 결정되므로, 소리가 굴절할 때 진동수는 변하지 않는다. 따라서 소리의 진동수는 f로 일정하다.

ㄷ. 파장은 길어진다.

➡ 파동의 속력 $v=f\lambda$에서 진동수 f가 일정할 때 속력 v는 파장 λ에 비례한다. 소리가 a에서 b까지 진행할 때 속력이 증가하므로 파장은 길어진다.

25 파동의 굴절 2021학년도 수능 물Ⅰ 7번

정답 ④ | 정답률 82 %

적용해야 할 개념 ②가지

① 굴절 법칙 $n_1\sin i=n_2\sin r$에서 $i>r$일 때 $n_1<n_2$이므로, 법선과 이루는 각이 작은 매질에서의 굴절률이 크다.

② 굴절 법칙 $\dfrac{\sin i}{\sin r}=\dfrac{v_1}{v_2}=\dfrac{\lambda_1}{\lambda_2}=n_{12}$(=일정)에서 $i>r$일 때 $v_1>v_2$이므로, 법선과 이루는 각이 작은 매질에서의 빛의 속력이 더 느리다.

구분	굴절률이 작은 매질	굴절률이 큰 매질
빛이 법선과 이루는 각도	크다.	작다.
빛의 속력	크다.	작다.
빛의 파장	길다.	짧다.

문제 보기

그림 (가)는 공기에서 유리로 진행하는 빛의 진행 방향을, (나)는 낮에 발생한 소리의 진행 방향을, (다)는 신기루가 보일 때 빛의 진행 방향을 나타낸 것이다.

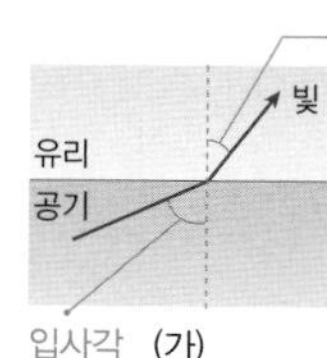
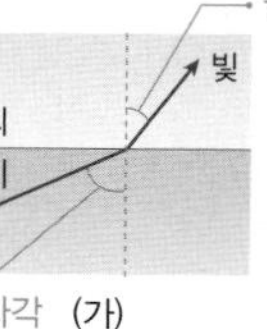

(가)

입사각>굴절각
→ 굴절률: 공기<유리
→ 빛의 속력: 공기>유리
→ 빛은 속력이 더 작은 매질 쪽으로 굴절한다.

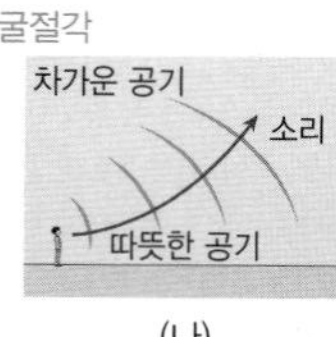

(나)

소리가 위쪽(차가운 공기 쪽)으로 휘어진다.
→ 파동은 속력이 더 작은 쪽으로 굴절한다.
→ 소리의 속력은 차가운 공기에서 더 작다.

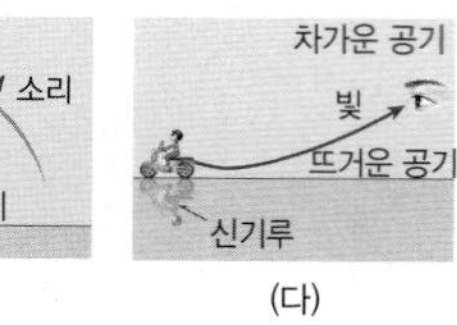

(다)

빛이 위쪽(차가운 공기 쪽)으로 휘어진다.
→ 파동은 속력이 더 작은 쪽으로 굴절한다.
→ 빛의 속력은 차가운 공기에서 더 작다.

이에 대한 설명으로 옳은 것만을 〈보기〉에서 있는 대로 고른 것은?

<보기> 풀이

파동이 굴절할 때 법선과 이루는 각이 작은 매질에서의 빛의 속력이 더 작다. (가)에서 입사각보다 굴절각이 작으므로 빛의 속력은 공기에서보다 유리에서 더 작은 것을 알 수 있고, 이때 빛은 속력이 더 작은 쪽으로 굴절하는 것을 알 수 있다.

ㄱ. (가)에서 굴절률은 유리가 공기보다 크다.

➡ (가)에서 빛이 공기에서 유리로 입사할 때, 입사각보다 굴절각이 작다. 빛이 굴절할 때 법선과 이루는 각이 작은 쪽 매질의 굴절률이 크므로, 굴절률은 유리가 공기보다 크다.

ㄴ. (나)에서 소리의 속력은 차가운 공기에서가 따뜻한 공기에서보다 크다.

➡ (나)에서 소리는 따뜻한 공기와 차가운 공기의 경계에서 차가운 공기가 있는 위쪽으로 휘어진다. 파동은 속력이 더 작은 쪽으로 굴절하므로, 소리의 속력은 차가운 공기에서가 따뜻한 공기에서보다 작다.

ㄷ. (다)에서 빛의 속력은 뜨거운 공기에서가 차가운 공기에서보다 크다.

➡ (다)에서 빛은 뜨거운 공기와 차가운 공기의 경계에서 차가운 공기가 있는 위쪽으로 휘어진다. 파동은 속력이 더 작은 쪽으로 굴절하므로, 빛의 속력은 차가운 공기에서가 따뜻한 공기에서보다 작다. 즉, 빛의 속력은 뜨거운 공기에서가 차가운 공기에서보다 크다.

26 파동의 굴절 2021학년도 6월 모평 물Ⅰ 7번

정답 ① | 정답률 70 %

적용해야 할 개념 ④가지

① 파동이 굴절할 때 전파 속도와 파장은 변하지만, 진동수는 변하지 않는다.

② 파동이 굴절할 때 입사파의 진행 방향과 법선이 이루는 각을 입사각(i)이라고 하고, 굴절파의 진행 방향과 법선이 이루는 각을 굴절각(r)이라고 한다.

③ 굴절 법칙: 파동이 굴절할 때 입사각 i와 굴절각 r의 사인값의 비는 각 매질에서의 속력의 비와 같으므로 일정하며, 이 일정한 값을 굴절률이라고 한다.

➡ $\dfrac{\sin i}{\sin r}=\dfrac{v_1}{v_2}=\dfrac{\lambda_1}{\lambda_2}=n_{12}=$일정 ($n_{12}$: 매질 1에 대한 매질 2의 굴절률)

④ 소리의 속력은 공기의 온도가 높을수록 빠르다.

구분	굴절률이 작은 매질	굴절률이 큰 매질
빛이 법선과 이루는 각도	크다.	작다.
빛의 속력	크다.	작다.
빛의 파장	길다.	짧다.

문제 보기

그림 (가)는 물에서 공기로 진행하는 빛의 진행 방향을, (나)는 밤에 발생한 소리의 진행 방향을 나타낸 것이다.

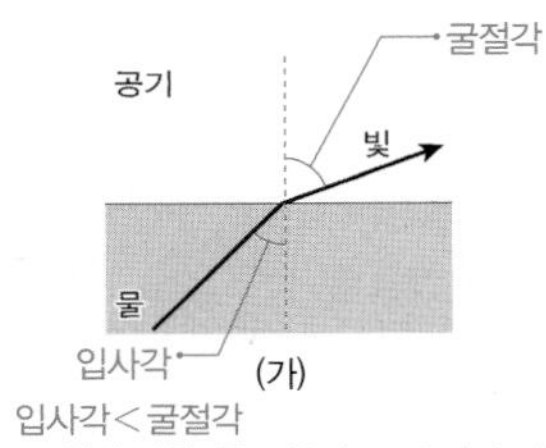

(가) (나)

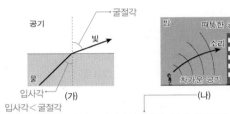

입사각<굴절각
→ 빛의 파장: 물<공기

소리가 아래쪽(차가운 공기 쪽)으로 휘어진다.
→ 파동은 속력이 더 느린 쪽으로 굴절한다.
→ 소리의 속력은 차가운 공기에서 더 작다.

이에 대한 설명으로 옳은 것만을 〈보기〉에서 있는 대로 고른 것은? [3점]

<보기> 풀이

ㄱ. (가)에서 빛의 파장은 물에서가 공기에서보다 짧다.

➡ 굴절 법칙 $\dfrac{\sin i}{\sin r}=\dfrac{v_1}{v_2}=\dfrac{\lambda_1}{\lambda_2}=n_{12}$(=일정)에서 $i<r$일 때 $\lambda_1<\lambda_2$이므로, 법선과 이루는 각이 작은 매질에서의 빛의 파장이 더 짧다. (가)에서 빛이 물에서 공기로 진행할 때 입사각이 굴절각보다 작으므로, 빛의 파장은 물에서가 공기에서보다 짧다.

ㄴ. (가)에서 빛의 진동수는 물에서가 공기에서보다 크다.

➡ 빛의 진동수는 광원에서 결정되므로 빛이 굴절할 때 전파 속도와 파장은 변하지만 진동수는 변하지 않는다. 따라서 (가)에서 빛의 진동수는 물과 공기에서 서로 같다.

ㄷ. (나)에서 소리의 속력은 차가운 공기에서가 따뜻한 공기에서보다 크다.

➡ (나)에서 소리는 차가운 공기와 따뜻한 공기의 경계에서 차가운 공기가 있는 아래쪽으로 휘어진다. 파동은 속력이 더 느린 쪽으로 굴절하므로, 소리의 속력은 차가운 공기에서가 따뜻한 공기에서보다 작다.

다른 풀이 소리의 속력은 공기의 온도가 높을수록 크므로, (나)에서 소리의 속력은 차가운 공기에서가 따뜻한 공기에서보다 작다.

27 물결파의 굴절 2025학년도 수능 물Ⅰ 8번

정답 ⑤ | 정답률 81 %

적용해야 할 개념 ③가지

① 파동의 속력 $v=f\lambda$에서 진동수 f가 일정할 때 속력 v는 파장 λ에 비례한다.

② 입사각은 입사파의 진행 방향과 법선이 이루는 각 또는 입사파의 파면과 경계면이 이루는 각이며, 굴절각은 굴절파의 진행 방향과 법선이 이루는 각 또는 굴절파의 파면과 경계면이 이루는 각이다.

③ 파동의 변위−시간 그래프: 매질의 한 점의 진동을 시간에 따라 나타낸 그래프로 진폭과 주기를 알 수 있다.

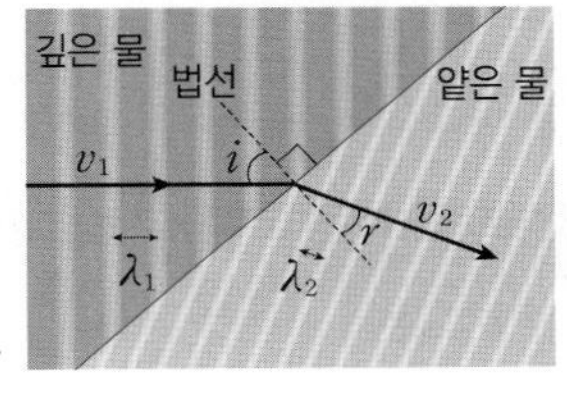

파동의 굴절 ▶

문제 보기

그림 (가)는 진동수가 일정한 물결파가 매질 A에서 매질 B로 진행할 때, 시간 $t=0$인 순간의 물결파의 모습을 나타낸 것이다. 실선은 물결파의 마루이고, A와 B에서 이웃한 마루와 마루 사이의 거리는 각각 d, $2d$이다. 점 p, q는 평면상의 고정된 점이다. 그림 (나)는 (가)의 p에서 물결파의 변위를 시간 t에 따라 나타낸 것이다. 파장

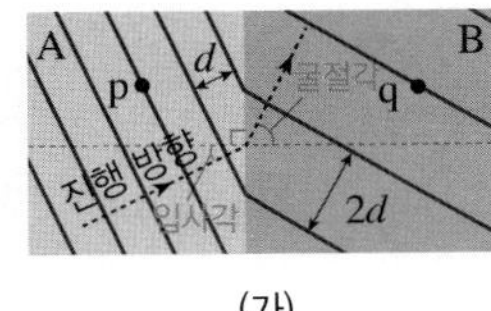

(가) (나)

파동의 속력∝파장
→ A에서의 속력 : B에서의 속력 =1 : 2

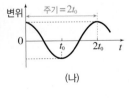

이에 대한 설명으로 옳은 것만을 〈보기〉에서 있는 대로 고른 것은?

<보기> 풀이

ㄱ. 물결파의 속력은 B에서가 A에서의 2배이다.

➡ 이웃한 마루와 마루 사이의 거리는 파장이므로, A와 B에서 물결파의 파장은 각각 d, $2d$이다. 파동의 속력=진동수×파장에서 물결파의 진동수는 일정하므로, 물결파의 속력은 파장에 비례한다. 따라서 물결파의 속력은 B에서가 A에서의 2배이다.

ㄴ. (가)에서 입사각은 굴절각보다 작다.

➡ A와 B의 경계면에서 그은 법선과 A에서의 파동의 진행 방향이 이루는 각이 입사각이고, 법선과 B에서의 파동의 진행 방향이 이루는 각이 굴절각이다. 따라서 (가)에서 입사각은 굴절각보다 작다.

다른 풀이 굴절 법칙 $\dfrac{\sin i}{\sin r}=\dfrac{v_1}{v_2}=\dfrac{\lambda_1}{\lambda_2}=n_{12}$(=일정)에서 $i>r$일 때 $v_1>v_2$이므로, 법선과 이루는 각이 작은 매질에서의 빛(파동)의 속력이 더 느리다. (가)에서 물결파의 속력은 A에서가 B에서보다 작으므로, 입사각은 굴절각보다 작다.

ㄷ. $t=2t_0$일 때, q에서 물결파는 마루가 된다.

➡ 물결파의 진동수가 일정할 때 진동수의 역수인 주기도 일정하므로, 물결파의 주기는 A에서와 B에서가 $2t_0$으로 같다. 주기는 매질의 각 점이 한번 진동하여 원래의 위치로 되돌아오는 데 걸리는 시간이다. 따라서 $t=0$일 때 q에서 물결파가 마루이므로, $t=2t_0$일 때도 q에서 물결파는 마루가 된다.

22 일차

01 ⑤	02 ③	03 ⑤	04 ②	05 ⑤	06 ②	07 ④	08 ④	09 ④	10 ④	11 ④	12 ②
13 ①	14 ⑤	15 ①	16 ④	17 ③	18 ④	19 ③	20 ⑤	21 ①	22 ①	23 ①	24 ③
25 ⑤	26 ②	27 ⑤	28 ①	29 ⑤	30 ②	31 ④	32 ③	33 ①	34 ④	35 ②	36 ④
37 ①	38 ③	39 ①	40 ①	41 ④	42 ②						

문제편 218쪽~229쪽

01 빛의 굴절 2020학년도 10월 학평 물Ⅰ 6번

정답 ⑤ | 정답률 75 %

적용해야 할 개념 ②가지

① 파동이 굴절할 때 입사파의 진행 방향과 법선이 이루는 각을 입사각(i)이라고 하고, 굴절파의 진행 방향과 법선이 이루는 각을 굴절각(r)이라고 한다.

② 굴절 법칙 $\frac{\sin i}{\sin r}=\frac{v_1}{v_2}=\frac{\lambda_1}{\lambda_2}=n_{12}$(=일정)에서 $i>r$일 때 $\lambda_1>\lambda_2$이므로, 법선과 이루는 각이 작은 매질에서의 빛의 파장이 더 짧다.

구분	굴절률이 작은 매질	굴절률이 큰 매질
빛이 법선과 이루는 각도	크다.	작다.
빛의 속력	크다.	작다.
빛의 파장	길다.	짧다.

문제 보기

그림과 같이 단색광이 물속에 놓인 유리를 지나면서 점 p, q에서 굴절한다. 표는 각 점에서 입사각과 굴절각을 나타낸 것이다.

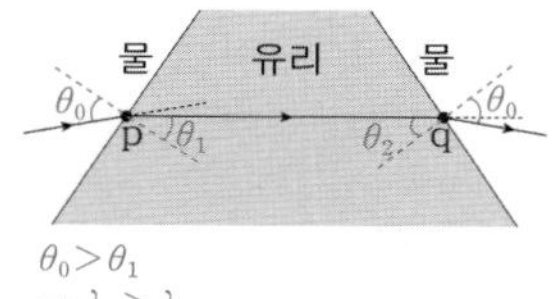

점	입사각	굴절각
p	θ_0	θ_1
q	θ_2	θ_0

$\frac{\sin\theta_0}{\sin\theta_1}=\frac{\sin\theta_0}{\sin\theta_2}$
$\rightarrow \theta_1=\theta_2$

이에 대한 옳은 설명만을 〈보기〉에서 있는 대로 고른 것은?

<보기> 풀이

ㄱ. $\theta_1=\theta_2$이다.

➡ 물과 유리의 굴절률이 일정하므로, 파동이 굴절할 때 입사각과 굴절각의 사인값의 비는 일정하다($\frac{\sin\theta_{물}}{\sin\theta_{유리}}=\frac{n_{유리}}{n_{물}}$=일정). 따라서 p에서 입사각과 q에서 굴절각이 θ_0으로 같으므로, p에서 굴절각 θ_1과 q에서 입사각 θ_2는 같다($\frac{\sin\theta_0}{\sin\theta_1}=\frac{\sin\theta_0}{\sin\theta_2}$). 즉, $\theta_1=\theta_2$이다.

ㄴ. 단색광의 진동수는 유리에서와 물에서가 같다.

➡ 파동이 굴절할 때 진동수는 변하지 않으므로, 단색광의 진동수는 유리에서와 물에서가 같다.

ㄷ. 단색광의 파장은 유리에서가 물에서보다 작다.

➡ 빛이 물에서 유리로 입사할 때, 입사각(θ_0)이 굴절각(θ_1)보다 크다. 굴절 법칙 $\frac{\sin i}{\sin r}=\frac{v_1}{v_2}=\frac{\lambda_1}{\lambda_2}=n_{12}$(=일정)에서 $i>r$일 때 $\lambda_1>\lambda_2$이므로, 법선과 이루는 각이 작은 매질에서의 빛의 파장이 더 작다. 따라서 단색광의 파장은 유리에서가 물에서보다 작다.

02 빛의 굴절 2020학년도 6월 모평 물리Ⅱ 11번

정답 ③ | 정답률 59 %

적용해야 할 개념 ③가지

① 빛이 굴절률 n_1인 매질 1에서 굴절률 n_2인 매질 2로 진행할 때의 입사각을 i, 굴절각을 r라고 할 때 굴절 법칙의 또 다른 표현은 $n_1\sin i=n_2\sin r$이다. ➡ 스넬 법칙

② 굴절률(절대 굴절률): 물질에서 빛의 속력 v에 대한 진공에서 빛의 속력 c의 비와 같다.

➡ $n=\frac{\sin i}{\sin r}=\frac{c}{v}>1$ (c : 진공에서 빛의 속력, v : 물질에서 빛의 속력)

③ 물질의 굴절률이 클수록 물질 속에서 빛의 속력은 작고, 물질로 진행하는 빛의 경로는 더 많이 꺾인다.

문제 보기

그림과 같이 단색광이 공기 중에서 매질 Ⅰ에 입사각 60°로 입사하여 매질 Ⅱ에서 공기 중으로 굴절각 θ로 진행한다. 공기에 대한 Ⅱ의 굴절률은 $\sqrt{2}$이다.

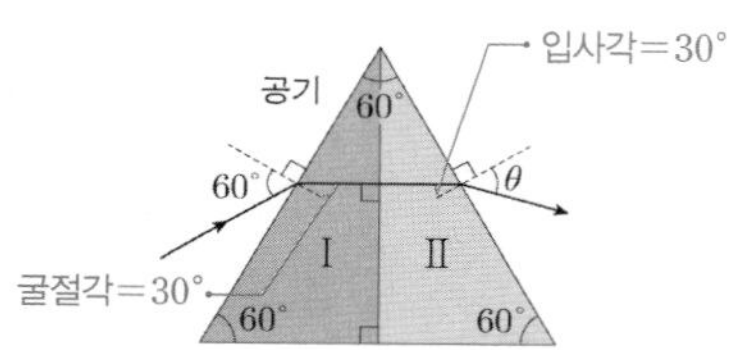

이에 대한 설명으로 옳은 것만을 〈보기〉에서 있는 대로 고른 것은?

<보기> 풀이

ㄱ. 공기에 대한 Ⅰ의 굴절률은 $\sqrt{3}$이다.

➡ 단색광이 공기에서 매질 Ⅰ로 진행할 때 입사각은 60°, 굴절각은 30°이다. 스넬 법칙에서 $n_{공기}\sin 60°=n_{Ⅰ}\sin 30°$이므로, 공기에 대한 Ⅰ의 굴절률 $\frac{n_{Ⅰ}}{n_{공기}}=\frac{\sin 60°}{\sin 30°}=\sqrt{3}$이다.

ㄴ. $\theta=45°$이다.

➡ 공기에 대한 Ⅱ의 굴절률이 $\sqrt{2}$일 때, 단색광이 매질 Ⅱ에서 공기로 입사할 때 입사각은 30°, 굴절각은 θ이다. 스넬 법칙 $n_{Ⅱ}\sin 30°=n_{공기}\sin\theta$에서 공기에 대한 Ⅱ의 굴절률 $\frac{n_{Ⅱ}}{n_{공기}}=\frac{\sin\theta}{\sin 30°}=\sqrt{2}$이다. 따라서 $\sin\theta=\frac{1}{\sqrt{2}}$이므로 $\theta=45°$이다.

ㄷ. 단색광의 속력은 Ⅰ에서가 Ⅱ에서보다 크다.

➡ 공기에 대한 Ⅰ과 Ⅱ의 굴절률은 각각 $\sqrt{3}$, $\sqrt{2}$이다. 굴절률이 큰 매질일수록 빛의 속력이 느리므로, 단색광의 속력은 Ⅰ에서가 Ⅱ에서보다 작다.

03 빛의 굴절 2025학년도 6월 모평 물I 15번

정답 ⑤ | 정답률 60 %

적용해야 할 개념 ④가지

① 굴절 법칙 $n_1\sin i=n_2\sin r$에서 $i>r$일 때 $n_1<n_2$이므로, 법선과 이루는 각이 작은 매질에서의 굴절률이 크다.

② 굴절 법칙 $\frac{\sin i}{\sin r}=\frac{v_1}{v_2}=\frac{\lambda_1}{\lambda_2}=n_{12}$(=일정)에서 $i>r$일 때 $v_1>v_2$이므로, 법선과 이루는 각이 작은 매질에서의 빛의 속력이 더 느리다.

③ 굴절 법칙 $\frac{\sin i}{\sin r}=\frac{v_1}{v_2}=\frac{\lambda_1}{\lambda_2}=n_{12}$(=일정)에서 $i>r$일 때 $\lambda_1>\lambda_2$이므로, 법선과 이루는 각이 작은 매질에서의 빛의 파장이 더 짧다.

④ 두 물질의 굴절률의 차가 클수록 굴절 현상이 더 크게 일어나 진행 경로가 더 많이 꺾인다.

구분	굴절률이 작은 매질	굴절률이 큰 매질
빛이 법선과 이루는 각	크다.	작다.
빛의 속력	크다.	작다.
빛의 파장	길다.	짧다.

문제 보기

그림과 같이 단색광 P가 매질 Ⅰ, Ⅱ, Ⅲ의 경계면에서 굴절하며 진행한다. P가 Ⅰ에서 Ⅱ로 진행할 때 입사각과 굴절각은 각각 θ_1, θ_2이고, Ⅱ에서 Ⅲ으로 진행할 때 입사각과 굴절각은 각각 θ_3, θ_1이며, Ⅲ에서 Ⅰ로 진행할 때 굴절각은 θ_2이다.

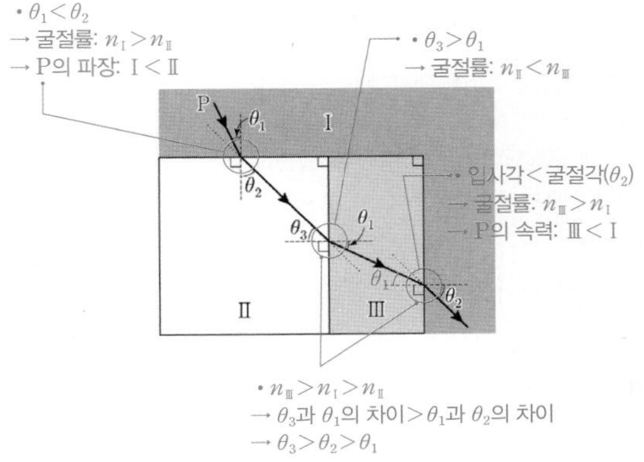

이에 대한 설명으로 옳은 것만을 〈보기〉에서 있는 대로 고른 것은?

<보기> 풀이

굴절 법칙 $n_1\sin i=n_2\sin r$에서 $i>r$일 때 $n_1<n_2$이므로, 법선과 이루는 각이 작은 매질의 굴절률이 크다. Ⅰ, Ⅱ, Ⅲ의 굴절률을 각각 $n_Ⅰ$, $n_Ⅱ$, $n_Ⅲ$이라고 하면, P가 Ⅰ과 Ⅱ의 경계면에서 굴절할 때 $\theta_1<\theta_2$이므로 굴절률은 $n_Ⅰ>n_Ⅱ$이다. P가 Ⅱ와 Ⅲ의 경계면에서 굴절할 때 $\theta_3>\theta_1$이므로, 굴절률은 $n_Ⅱ<n_Ⅲ$이다. 또 P가 Ⅲ과 Ⅰ의 경계면에서 굴절할 때 입사각은 θ_1이고 $\theta_1<\theta_2$이므로, 굴절률은 $n_Ⅲ>n_Ⅰ$이다. 따라서 굴절률을 비교하면 $n_Ⅲ>n_Ⅰ>n_Ⅱ$이다.

ㄱ. P의 파장은 Ⅰ에서가 Ⅱ에서보다 짧다.

➡ 굴절 법칙 $\frac{\sin i}{\sin r}=\frac{v_1}{v_2}=\frac{\lambda_1}{\lambda_2}=\frac{n_2}{n_1}$에서 $n_1>n_2$일 때 $\lambda_1<\lambda_2$이므로, 굴절률이 큰 매질에서 빛의 파장이 짧다. $n_Ⅰ>n_Ⅱ$이므로, P의 파장은 Ⅰ에서가 Ⅱ에서보다 짧다.

ㄴ. P의 속력은 Ⅰ에서가 Ⅲ에서보다 크다.

➡ 굴절 법칙 $\frac{\sin i}{\sin r}=\frac{v_1}{v_2}=\frac{\lambda_1}{\lambda_2}=\frac{n_2}{n_1}$에서 $n_1>n_2$일 때 $v_1<v_2$이므로 굴절률이 작은 매질에서 빛의 속력이 더 크다. $n_Ⅲ>n_Ⅰ$이므로, P의 속력은 Ⅰ에서가 Ⅲ에서보다 크다.

ㄷ. $\theta_3>\theta_2$이다.

➡ 두 매질의 굴절률의 차가 클수록 두 매질의 경계면에서 빛이 굴절하는 정도가 크다. $n_Ⅲ>n_Ⅰ>n_Ⅱ$이므로, 빛이 Ⅱ의 Ⅲ의 경계면에서 굴절하는 정도가 Ⅲ과 Ⅰ의 경계면에서 굴절하는 정도보다 더 크다. 즉, 빛이 Ⅱ와 Ⅲ의 경계면에서 꺾일 때 θ_3과 θ_1의 차이는 빛이 Ⅲ과 Ⅰ의 경계면에서 꺾일 때 θ_1과 θ_2의 차이보다 더 크다. 따라서 $\theta_3>\theta_2>\theta_1$이므로 $\theta_3>\theta_2$이다.

04 빛의 굴절 2022학년도 7월 학평 물I 20번

정답 ② | 정답률 62 %

적용해야 할 개념 ③가지

① 두 물질의 굴절률의 차가 클수록 굴절 현상이 더 크게 일어나 진행 경로가 더 많이 꺾인다.

② 굴절 법칙 $n_1\sin i = n_2\sin r$에서 $i > r$일 때 $n_1 < n_2$이므로, 법선과 이루는 각이 작은 매질의 굴절률이 더 크다.

③ 굴절 법칙 $\dfrac{\sin i}{\sin r} = \dfrac{v_1}{v_2} = \dfrac{\lambda_1}{\lambda_2} = n_{12}$(=일정)에서 $i > r$일 때 $v_1 > v_2$이므로, 법선과 이루는 각이 작은 매질에서의 빛의 속력이 더 느리다.

구분	굴절률이 작은 매질	굴절률이 큰 매질
빛이 법선과 이루는 각도	크다.	작다.
빛의 속력	크다.	작다.

문제 보기

그림 (가)와 같이 동일한 단색광 P가 매질 C에서 매질 A와 B로 각각 입사하여 굴절하였다. 그림 (나)는 P가 B에서 A로 입사하는 모습을 나타낸 것이다.

• C → B: 입사각 < 굴절각 → 굴절률 : C > B
• 굴절되는 정도: (C → A) < (C → B)
→ 굴절률: B < A < C → 빛의 속력: B > A

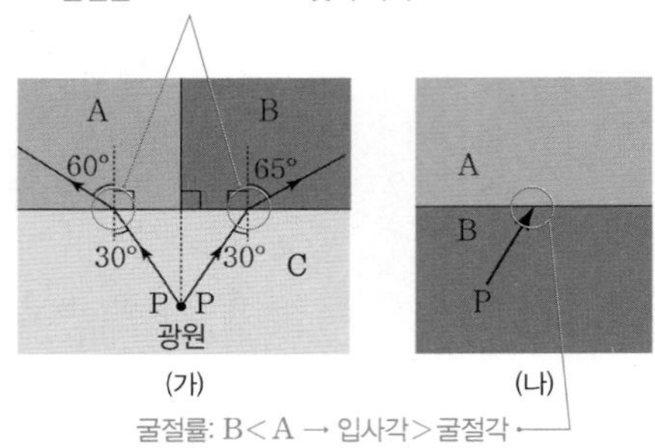

이에 대한 설명으로 옳은 것만을 〈보기〉에서 있는 대로 고른 것은? [3점]

<보기> 풀이

~~ㄱ. 굴절률은 B가 C보다 크다.~~

➡ 단색광 P가 C에서 B로 입사할 때 입사각이 굴절각보다 작다. 법선과 이루는 각이 작은 쪽 매질의 굴절률이 더 크므로, 굴절률은 B가 C보다 작다.

~~ㄴ. P의 속력은 A에서가 B에서보다 크다.~~

➡ (가)에서 P가 같은 입사각으로 각각의 경계면에 입사하였을 때 굴절각은 B에서가 A에서보다 크다. 두 매질의 굴절률의 차이가 클수록 굴절되는 정도가 커지므로, C와 A의 굴절률의 차이보다 C와 B의 굴절률의 차이가 더 크다. 따라서 굴절률의 크기는 B < A < C이다. 굴절률이 클수록 빛의 속력이 작으므로, P의 속력은 A에서가 B에서보다 작다.

ㄷ. (나)에서 P가 A로 굴절할 때 입사각이 굴절각보다 크다.

➡ 두 매질의 경계면에 빛이 굴절할 때 굴절률이 큰 매질일수록 법선과 이루는 각이 작다. 굴절률의 크기가 B < A이므로, 법선과 이루는 각은 A에서가 B에서보다 작다. 즉, (나)에서 P가 A로 굴절할 때 입사각이 굴절각보다 크다.

05 빛의 굴절 2019학년도 6월 모평 물II 12번

정답 ⑤ | 정답률 65 %

적용해야 할 개념 ②가지

① 굴절 법칙: 파동이 굴절할 때 입사각 i와 굴절각 r의 사인값의 비는 각 매질에서의 속력의 비와 같으므로 일정하며, 이 일정한 값을 굴절률이라고 한다.

➡ $\dfrac{\sin i}{\sin r} = \dfrac{v_1}{v_2} = \dfrac{\lambda_1}{\lambda_2} = n_{12}$ = 일정 (n_{12}: 매질 1에 대한 매질 2의 굴절률)

② 물질의 굴절률이 클수록 빛의 진행 방향이 법선과 이루는 각도가 더 작다.

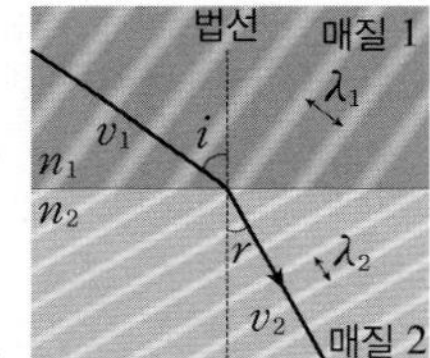

빛의 굴절 ▶

문제 보기

그림 (가)와 같이 단색광 A가 입사각 θ로 매질 Ⅰ에서 매질 Ⅱ로 진행하고, (나)와 같이 A가 입사각 θ로 매질 Ⅱ에서 매질 Ⅲ으로 진행한다. 원의 중심 O는 A의 경로와 매질의 경계면이 만나는 점이고, $a < b < c$이다.

빛이 법선과 이루는 각도 : Ⅰ < Ⅱ < Ⅲ
→ 굴절률 : $n_{Ⅲ} < n_{Ⅱ} < n_{Ⅰ}$

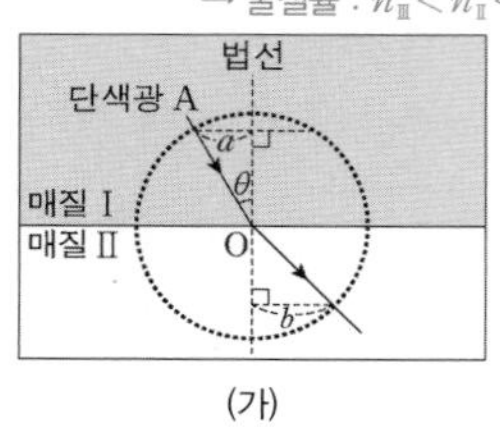

(가)

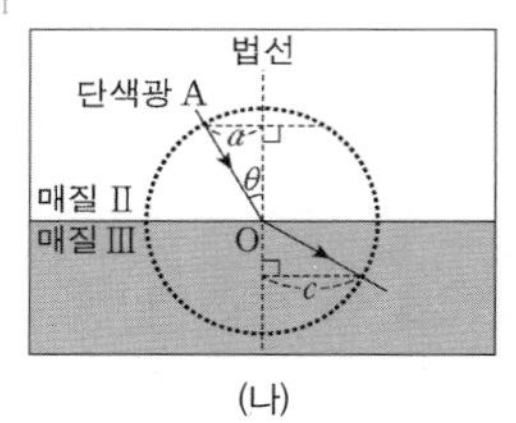

(나)

Ⅰ, Ⅱ, Ⅲ의 굴절률을 각각 $n_{Ⅰ}$, $n_{Ⅱ}$, $n_{Ⅲ}$이라 할 때, 굴절률을 비교한 것으로 옳은 것은?

<보기> 풀이

굴절 법칙 $\dfrac{\sin i}{\sin r} = \dfrac{v_1}{v_2} = \dfrac{\lambda_1}{\lambda_2} = \dfrac{n_2}{n_1}$에서 알 수 있듯이 굴절률이 큰 매질일수록 빛의 진행 방향이 법선과 이루는 각도는 더 작다. 따라서 $a < b < c$일 때 빛의 진행 방향이 법선과 이루는 각도가 가장 작은 매질은 Ⅰ이고, 가장 큰 매질은 Ⅲ이다. 따라서 세 물질의 굴절률은 $n_{Ⅲ} < n_{Ⅱ} < n_{Ⅰ}$이다.

다른 풀이

(가)에서 굴절각을 r이라고 하고 원의 반지름을 R이라고 하면, $\sin\theta = \dfrac{a}{R}$, $\sin r = \dfrac{b}{R}$가 성립하므로, 매질 Ⅰ에 대한 매질 Ⅱ의 굴절률은 $\dfrac{\sin\theta}{\sin r} = \dfrac{a}{b}$이다. $a < b$이므로, 매질 Ⅰ에 대한 매질 Ⅱ의 굴절률은 1보다 작다. 즉, 매질 Ⅱ의 굴절률이 매질 Ⅰ의 굴절률보다 작으므로, $n_{Ⅱ} < n_{Ⅰ}$이다. (나)에서 굴절각을 r'이라고 하고 원의 반지름을 R이라고 하면, $\sin\theta = \dfrac{a}{R}$, $\sin r' = \dfrac{c}{R}$가 성립하므로, 매질 Ⅱ에 대한 매질 Ⅲ의 굴절률은 $\dfrac{\sin\theta}{\sin r'} = \dfrac{a}{c}$이다. $a < c$이므로, 매질 Ⅱ에 대한 매질 Ⅲ의 굴절률은 1보다 작다. 즉, $n_{Ⅲ} < n_{Ⅱ}$이다. 따라서 $n_{Ⅲ} < n_{Ⅱ} < n_{Ⅰ}$이다.

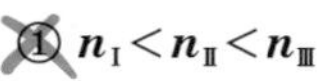

~~① $n_{Ⅰ} < n_{Ⅱ} < n_{Ⅲ}$~~ ~~② $n_{Ⅰ} < n_{Ⅲ} < n_{Ⅱ}$~~ ~~③ $n_{Ⅱ} < n_{Ⅰ} < n_{Ⅲ}$~~

~~④ $n_{Ⅲ} < n_{Ⅰ} < n_{Ⅱ}$~~ **⑤ $n_{Ⅲ} < n_{Ⅱ} < n_{Ⅰ}$**

06 빛의 굴절 2019학년도 수능 물Ⅱ 9번

정답 ② | 정답률 54 %

적용해야 할 개념 ③가지

① 굴절 법칙: 파동이 굴절할 때 입사각 i와 굴절각 r의 사인값의 비는 각 매질에서의 속력의 비와 같으므로 일정하며, 이 일정한 값을 굴절률이라고 한다.

➡ $\dfrac{\sin i}{\sin r}=\dfrac{v_1}{v_2}=\dfrac{\lambda_1}{\lambda_2}=n_{12}=$일정 ($n_{12}$: 매질 1에 대한 매질 2의 굴절률)

② 굴절 법칙에서 $i>r$일 때 $\lambda_1>\lambda_2$이므로, 법선과 이루는 각이 작은 매질에서의 빛의 파장이 더 짧다.

③ 파동이 굴절할 때 전파 속도와 파장은 변하지만, 진동수는 변하지 않는다.

구분	굴절률이 작은 매질	굴절률이 큰 매질
빛이 법선과 이루는 각도	크다.	작다.
빛의 속력	크다.	작다.
빛의 파장	길다.	짧다.

문제 보기

그림은 공기에서 매질 A, B로 각각 진행하는 단색광 P의 입사각에 따른 굴절각의 측정 결과를 나타낸 것이다.

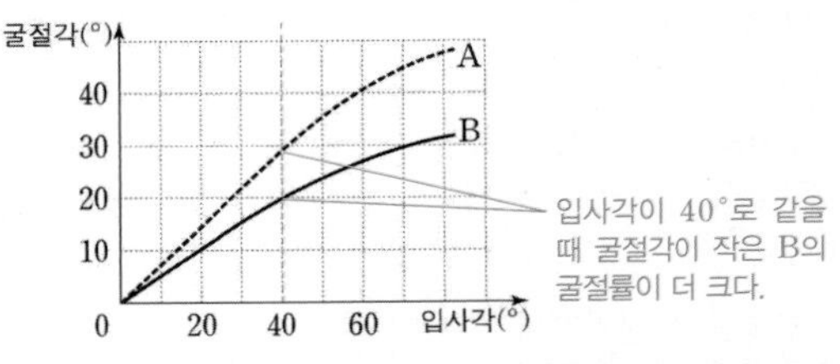

이에 대한 설명으로 옳은 것만을 〈보기〉에서 있는 대로 고른 것은?

<보기> 풀이

~~ㄱ~~. **굴절률은 A가 B보다 크다.**

➡ 굴절률은 입사각 i와 굴절각 r의 사인값의 비인 $\dfrac{\sin i}{\sin r}$이므로, 입사각이 같을 때 굴절각이 작을수록 굴절률이 크다. 입사각이 같을 때 굴절각은 B가 A보다 작으므로, 굴절률은 B가 A보다 크다.

(ㄴ). **P의 파장은 A에서가 B에서보다 크다.**

➡ 굴절률이 클수록 빛의 파장은 짧다. 굴절률은 B가 A보다 크므로, 파장은 A에서가 B에서보다 크다.

~~ㄷ~~. **P의 진동수는 B에서가 A에서보다 크다.**

➡ 파동이 굴절할 때 전파 속도와 파장은 변하지만, 진동수는 변하지 않는다. 따라서 P의 진동수는 A, B에서 서로 같다.

07 빛의 굴절 2023학년도 4월 학평 물Ⅰ 2번

정답 ④ | 정답률 77 %

적용해야 할 개념 ②가지

① 굴절률이 다른 두 매질의 경계면에서 굴절한 빛이 관측자의 눈에 들어올 때, 관측자는 빛이 직진하는 것으로 인식하므로 굴절 광선의 연장선상에 물체가 있는 것으로 본다.

- 물속에 잠긴 다리가 짧아 보이거나, 물체가 실제 깊이보다 더 높이 떠 보인다.
- 물속에 잠긴 물체가 꺾여 보이거나 분리되어 보인다.

② 빛이 굴절률이 다른 두 매질의 경계면에서 굴절할 때, 빛이 법선과 이루는 각도와 빛의 속력은 굴절률이 큰 매질에서 더 작다.

문제 보기

다음은 물 밖에서 보이는 물고기의 위치에 대한 설명이다.

입사각＜굴절각
→ 빛의 속력: 물＜공기

물 밖에서 보이는 물고기의 위치는 실제 위치보다 수면에 가깝다. 이는 빛의 속력이 공기에서가 물에서보다 [㉠] 수면에서 빛이 [㉡] 하여 빛의 진행 방향이 바뀌기 때문이다.

굴절 광선
공기
물
보이는 위치
실제 위치
굴절 광선의 연장선
입사 광선

㉠, ㉡으로 적절한 것은?

<보기> 풀이

빛의 속력은 공기에서가 물에서보다 빠르므로, 빛이 물에서 공기로 진행할 때 입사각보다 굴절각이 크다. 물고기에서 반사된 빛이 수면에서 굴절하여 물 밖의 관측자의 눈에 들어올 때, 관측자는 굴절된 빛의 연장선에 물고기가 있는 것으로 보게 되므로 물고기의 위치가 실제 위치보다 수면에 가깝게 보인다. 따라서 ㉠은 '빠르므로', ㉡은 '굴절'이 적절하다.

	㉠	㉡
~~①~~	느리므로	간섭
~~②~~	빠르므로	간섭
~~③~~	느리므로	굴절
(④)	빠르므로	굴절
~~⑤~~	느리므로	반사

08 빛의 굴절 2023학년도 9월 모평 물I 5번

정답 ④ | 정답률 41 %

적용해야 할 개념 ②가지

① 굴절률이 다른 두 매질의 경계면에서 굴절한 빛이 관측자의 눈에 들어올 때, 관측자는 빛이 직진하는 것으로 인식하므로 굴절 광선의 연장선 상에 물체가 있는 것으로 본다.
- 물 속에 잠긴 다리가 짧아 보이거나, 물체가 실제 깊이보다 더 높이 떠 보인다.
- 물 속에 잠긴 물체가 꺾여 보이거나 분리되어 보인다.

② 빛이 굴절률이 다른 두 매질의 경계면에서 굴절할 때, 빛이 법선과 이루는 각도와 빛의 속력은 굴절률이 큰 매질에서 더 작다.

문제 보기

그림 (가)는 매질 A, B에 볼펜을 넣어 볼펜이 꺾여 보이는 것을, (나)는 물속에 잠긴 다리가 짧아 보이는 것을 나타낸 것이다.

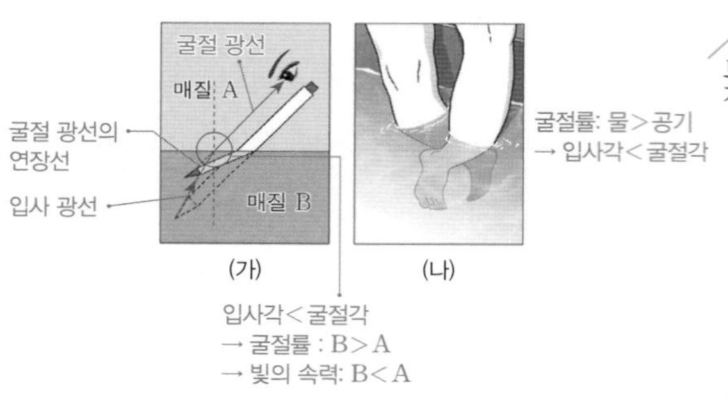

이에 대한 설명으로 옳은 것만을 〈보기〉에서 있는 대로 고른 것은? [3점]

<보기> 풀이

ㄱ. **(가)에서 굴절률은 A가 B보다 크다.**

⇒ (가)에서 매질 B 속에 볼펜이 잠긴 부분에서 반사된 빛이 B, A의 경계면에서 굴절하여 관측자의 눈에 들어올 때, 관측자는 굴절 광선의 연장선 상에 잠긴 부분이 있는 것으로 본다. 이때 입사각보다 굴절각이 크면, 매질 B 속에 잠긴 부분이 실제 깊이보다 더 높이 떠 보이게 된다. 빛이 굴절률이 다른 두 매질의 경계면에서 굴절할 때, 빛이 법선과 이루는 각도는 굴절률이 큰 매질에서 더 작으므로, (가)에서 굴절률은 B가 A보다 크다.

ㄴ. **(가)에서 빛의 속력은 A에서가 B에서보다 크다.**

⇒ 빛의 속력은 굴절률이 큰 매질에서 더 작다. (가)에서 굴절률이 A가 B보다 작으므로, 빛의 속력은 A에서가 B에서보다 크다.

ㄷ. **(나)에서 빛이 물에서 공기로 진행할 때 굴절각이 입사각보다 크다.**

⇒ 빛이 굴절률이 다른 두 매질의 경계면에서 굴절할 때, 빛이 법선과 이루는 각도는 굴절률이 큰 매질에서 더 작다. 굴절률은 물이 공기보다 크므로, (나)에서 빛이 물에서 공기로 진행할 때 굴절각이 입사각보다 크다.

다른 풀이 (나)에서 다리가 짧아 보이는 것은 물속에 다리가 담긴 부분이 실제 깊이보다 높이 떠 보이기 때문이다. 이때 물속에 잠긴 부분에서 반사된 빛이 물과 공기의 경계면에서 굴절할 때 굴절각이 입사각보다 크면, 관측자는 물속에 잠긴 부분이 실제 깊이보다 더 높이 있는 것으로 보게 된다. 따라서 (나)에서 빛이 물에서 공기로 진행할 때 굴절각이 입사각보다 크다.

09 파동의 중첩 2020학년도 7월 학평 물I 13번

정답 ④ | 정답률 69 %

적용해야 할 개념 ③가지

① 파동의 중첩: 여러 파동이 한 지점에서 만나면 서로 겹쳐지는 현상이다.

② 중첩 원리: 두 파동이 겹쳐질 때 각 지점의 변위는 그 점을 지나는 두 파동의 변위의 합과 같아지는 원리이다.

③ 파동의 속력(v): 단위 시간 동안 파동이 이동한 거리로, 파장(λ)을 주기(T)로 나눈 값 또는 진동수(f)와 파장(λ)의 곱과 같다. ⇒ $v=\frac{\lambda}{T}=f\lambda$

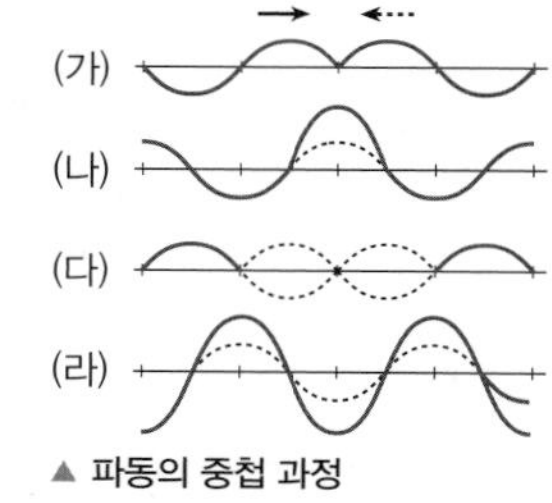

▲ 파동의 중첩 과정

문제 보기

그림 (가)는 파장과 속력이 같고 연속적으로 발생되는 두 파동 A, B가 서로 반대 방향으로 진행할 때 시간 $t=0$인 순간의 모습을 나타낸 것이다. 그림 (나)는 (가)에서 $t=1$초일 때, A, B가 중첩된 모습을 나타낸 것이다.

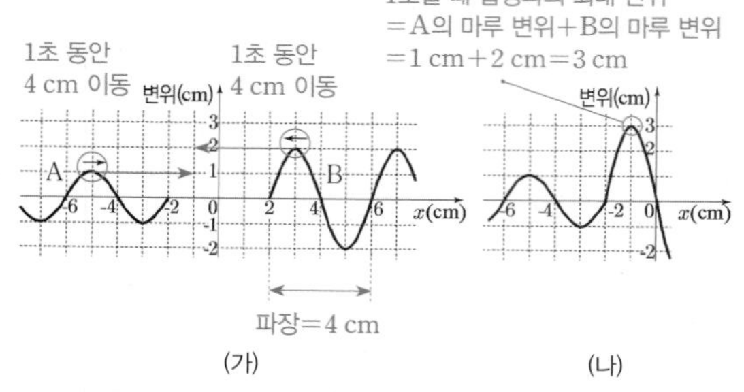

이에 대한 설명으로 옳은 것만을 〈보기〉에서 있는 대로 고른 것은? [3점]

<보기> 풀이

ㄱ. **A의 속력은 2 cm/s이다.**

⇒ (나)에서 $x=-1$ cm인 지점의 합성파의 변위가 3 cm인 것으로 보아, (가)에서 A와 B의 마루가 1초 동안 각각의 진행 방향으로 4 cm를 이동하여 중첩되었다는 것을 알 수 있다.

A가 1초 동안 4 cm 이동하므로, A의 속력은 $\frac{4\text{ cm}}{1\text{ s}}=4$ cm/s이다.

ㄴ. **B의 주기는 1초이다.**

⇒ (가)에서 B의 파장이 4 cm인 것을 알 수 있고, B의 속력은 4 cm/s이므로 $v=\frac{\lambda}{T}$에서 B의 주기 $T=\frac{\lambda}{v}=\frac{4\text{ cm}}{4\text{ cm/s}}=1$ s이다.

ㄷ. **$t=2$초일 때 $x=-5$ cm에서 변위의 크기는 3 cm이다.**

⇒ A와 B의 주기가 1초이므로, 2초일 때 각 파동은 각각의 진행 방향으로 $t=0$인 순간의 위치에서 8 cm씩 이동한다.

따라서 $t=2$초일 때 $x=-5$ cm에서 A와 B의 변위가 각각 1 cm, 2 cm이므로, 합성파의 변위의 크기는 3 cm이다.

10 파동의 중첩 2020학년도 10월 학평 물Ⅰ 3번

정답 ④ | 정답률 78 %

적용해야 할 개념 ③가지

① 파동의 중첩: 여러 파동이 한 지점에서 만나면 서로 겹쳐지는 현상이다.
② 중첩 원리: 두 파동이 겹쳐질 때 각 지점의 변위는 그 점을 지나는 두 파동의 변위의 합과 같아지는 원리이다.
③ 파동의 속력(v): 단위 시간 동안 파동이 이동한 거리로, 파장(λ)을 주기(T)로 나눈 값 또는 진동수(f)와 파장(λ)의 곱과 같다. ➡ $v=\dfrac{\lambda}{T}=f\lambda$

(가) (나) (다) (라)

▲ 파동의 중첩 과정

문제 보기

그림은 0초일 때 진동수가 f이고 진폭이 1 cm인 두 파동이 줄을 따라 서로 반대 방향으로 진행하는 모습을 나타낸 것이다. 두 파동의 속력은 같고, 줄 위의 점 p는 5초일 때 처음으로 변위의 크기가 2 cm가 된다.

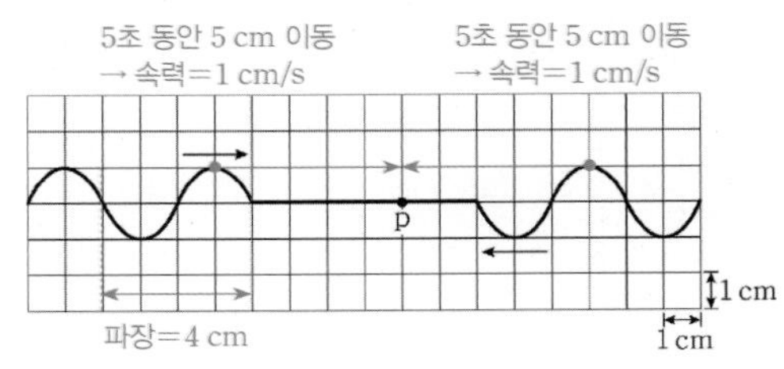

f는? [3점]

<보기> 풀이

두 파동의 파장은 4 cm이다. 5초일 때 두 파동의 마루가 점 p에서 만나 중첩한 결과 변위의 크기가 2 cm가 되므로, 각 파동은 5초 동안 5 cm를 진행한다.

따라서 두 파동의 속력은 $\dfrac{5\text{ cm}}{5\text{ s}}=1\text{ cm/s}$이다. 파동의 속력($v$)은 진동수($f$)와 파장($\lambda$)의 곱이므로, $v=f\lambda$에서 진동수 $f=\dfrac{v}{\lambda}=\dfrac{1\text{ cm/s}}{4\text{ cm}}=\dfrac{1}{4}$ Hz이다.

~~①~~ $\dfrac{1}{20}$ Hz　~~②~~ $\dfrac{1}{10}$ Hz　~~③~~ $\dfrac{1}{8}$ Hz　④ $\dfrac{1}{4}$ Hz　~~⑤~~ $\dfrac{1}{2}$ Hz

11 물결파의 간섭 2025학년도 6월 모평 물Ⅰ 6번

정답 ④ | 정답률 75 %

적용해야 할 개념 ③가지

① 파동의 간섭: 파동이 중첩되어 진폭이 변하는 현상이다.
② 보강 간섭: 두 파동이 같은 위상으로 만날 때(마루와 마루 또는 골과 골이 만날 때)의 간섭으로, 합성파의 진폭이 커진다.
③ 상쇄 간섭: 두 파동이 반대 위상으로 만날 때(마루와 골이 만날 때)의 간섭으로, 합성파의 진폭이 작아진다.

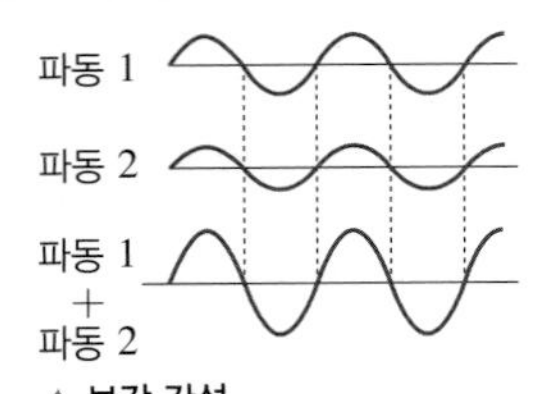

▲ 보강 간섭

파동 1
파동 2
파동 1 + 파동 2

▲ 상쇄 간섭

문제 보기

그림은 진행 방향이 서로 반대인 동일한 두 파동 X, Y의 중첩에 대해 학생 A, B, C가 대화하는 모습을 나타낸 것이다. 점 P, Q, R는 x축상의 고정된 점이다.

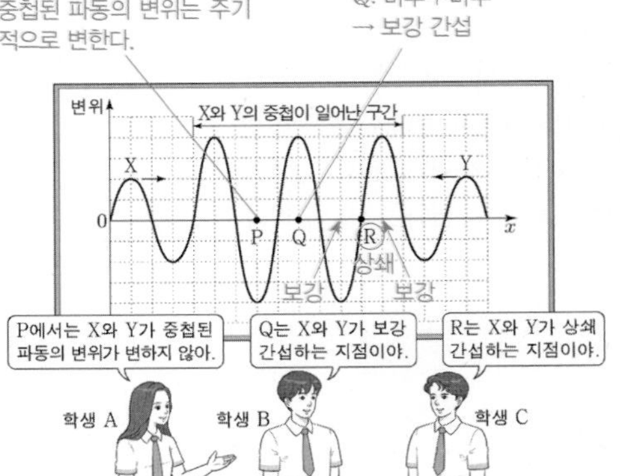

제시한 내용이 옳은 학생만을 있는 대로 고른 것은? [3점]

<보기> 풀이

학생 ~~A~~: P에서는 X와 Y가 중첩된 파동의 변위가 변하지 않아.
➡ P는 골과 골이 만나 보강 간섭이 일어나는 지점이다. 보강 간섭이 일어나는 P에서는 X와 Y가 중첩된 파동의 변위가 주기적으로 변한다.

학생 (B): Q는 X와 Y가 보강 간섭하는 지점이야.
➡ Q는 마루와 마루가 만나 보강 간섭이 일어나고 있는 지점이다.

학생 (C): R는 X와 Y가 상쇄 간섭하는 지점이야.
➡ 중첩이 일어난 구간에서 보강 간섭이 일어나는 지점과 상쇄 간섭이 일어나는 지점은 번갈아 생긴다. R는 보강 간섭이 일어나는 두 지점 사이의 중간 지점이므로, 상쇄 간섭하는 지점이다.

12 파동의 중첩 2024학년도 수능 물Ⅰ 6번

정답 ② | 정답률 68 %

적용해야 할 개념 ③가지

① 파동의 중첩: 여러 파동이 한 지점에서 만나면 서로 겹쳐지는 현상이다.
② 중첩 원리: 두 파동이 겹쳐질 때 각 지점의 변위는 그 점을 지나는 두 파동의 변위의 합과 같아지는 원리이다.
③ 파동의 속력(v): 단위 시간 동안 파동이 이동한 거리로, 파장(λ)을 주기(T)로 나눈 값 또는 진동수(f)와 파장(λ)의 곱과 같다. ➡ $v=\frac{\lambda}{T}=f\lambda$

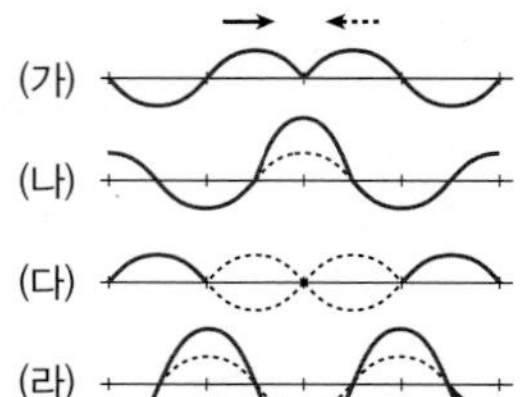

▲ 파동의 중첩 과정

문제 보기

그림은 줄에서 연속적으로 발생하는 두 파동 P, Q가 서로 반대 방향으로 x축과 나란하게 진행할 때, 두 파동이 만나기 전 시간 $t=0$인 순간의 줄의 모습을 나타낸 것이다. P와 Q의 진동수는 0.25 Hz로 같다.

$x=5$ m에서 P, Q가 반대 위상으로 만남.
→ 중첩된 파동의 변위의 최대값: $2A-A=A$

$t=2$초부터 $t=6$초까지, $x=5$ m에서 중첩된 파동의 변위의 최댓값은?

<보기> 풀이

파동의 속력(v)은 진동수(f)와 파장(λ)의 곱이다. 파동 P, Q의 파장은 2 m, 진동수는 0.25 Hz로 같으므로, P, Q의 속력은 $v=f\lambda=0.25\text{ Hz}\times 2\text{ m}=0.5\text{ m/s}$이다. 따라서 P, Q는 서로 반대 방향으로 1초당 0.5 m씩 이동하므로, $x=5$ m에서 $t=2$초일 때 P, Q가 만나기 시작해서 $t=3$초일 때 P의 마루와 Q의 골이 만나고, $t=5$초일 때 P의 골과 Q의 마루가 만난다. 즉, $x=5$ m에서 P와 Q가 반대 위상으로 만나므로, $t=2$초부터 $t=6$초까지, $x=5$ m에서 중첩된 파동의 변위의 최대값은 $2A-A=A$이다.

~~① 0~~ ② A ~~③ $\frac{3}{2}A$~~ ~~④ $2A$~~ ~~⑤ $3A$~~

13 물결파의 간섭 2023학년도 4월 학평 물Ⅰ 3번

정답 ① | 정답률 70 %

적용해야 할 개념 ③가지

① 파동의 간섭: 파동이 중첩되어 진폭이 변하는 현상이다.
② 보강 간섭: 두 파동이 같은 위상으로 만날 때(마루와 마루 또는 골과 골이 만날 때)의 간섭으로, 합성파의 진폭이 커진다.
③ 상쇄 간섭: 두 파동이 반대 위상으로 만날 때(마루와 골이 만날 때)의 간섭으로, 합성파의 진폭이 작아진다.

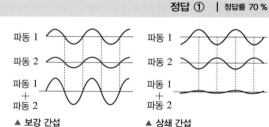

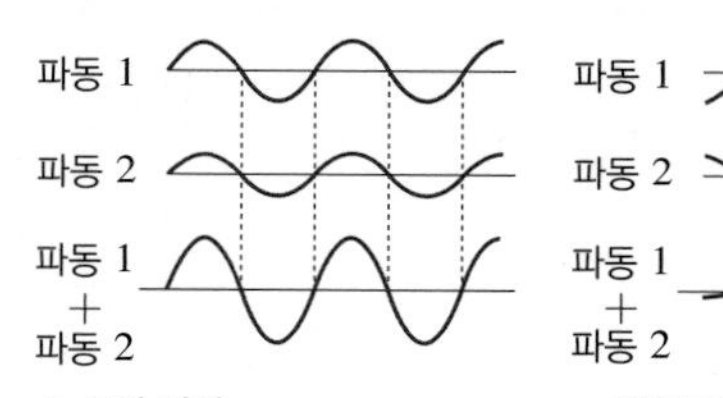

▲ 보강 간섭 ▲ 상쇄 간섭

문제 보기

그림은 점 S_1, S_2에서 진동수와 진폭이 같고 동일한 위상으로 발생한 물결파가 같은 속력으로 진행하는 어느 순간의 모습에 대해 학생 A, B, C가 대화하는 모습을 나타낸 것이다.

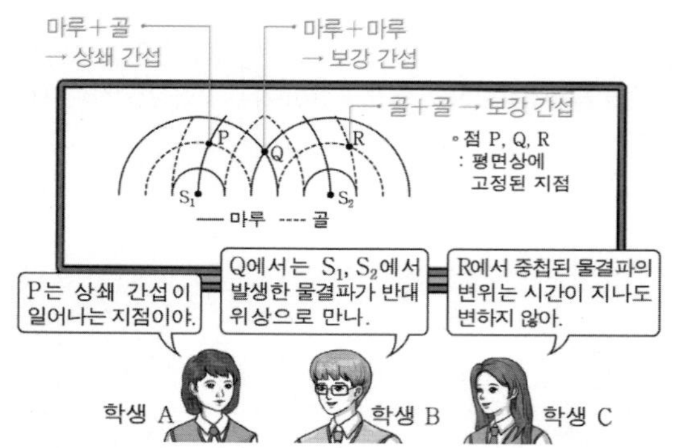

제시한 내용이 옳은 학생만을 있는 대로 고른 것은? [3점]

<보기> 풀이

학생 A: P는 상쇄 간섭이 일어나는 지점이야.
➡ P는 마루와 골이 만나는 지점이므로, 상쇄 간섭이 일어나는 지점이다.

학생 ~~B~~: Q에서는 S_1, S_2에서 발생한 물결파가 반대 위상으로 만나.
➡ Q에서는 마루와 마루가 만나므로, S_1, S_2에서 발생한 물결파가 같은 위상으로 만난다.

학생 ~~C~~: R에서 중첩된 물결파의 변위는 시간이 지나도 변하지 않아.
➡ R에서는 골과 골이 만나므로 보강 간섭이 일어난다. 보강 간섭이 일어나는 지점에서는 합성파의 진폭이 커지므로, R에서 중첩된 물결파의 변위는 시간에 따라 변한다.

14 물결파의 간섭 2024학년도 3월 학평 물Ⅰ 3번

정답 ⑤ | 정답률 74 %

적용해야 할 개념 ③가지

① 보강 간섭: 두 파동이 같은 위상으로 만날 때(마루와 마루 또는 골과 골이 만날 때)의 간섭으로, 합성파의 진폭이 커진다.

② 상쇄 간섭: 두 파동이 반대 위상으로 만날 때(마루와 골이 만날 때)의 간섭으로, 합성파의 진폭이 작아진다.

③ 소음 제거 기술: 소음과 위상이 반대인 소리를 발생시켜서 소음과 상쇄 간섭을 일으키도록 하여 소음을 제거하는 기술이다.

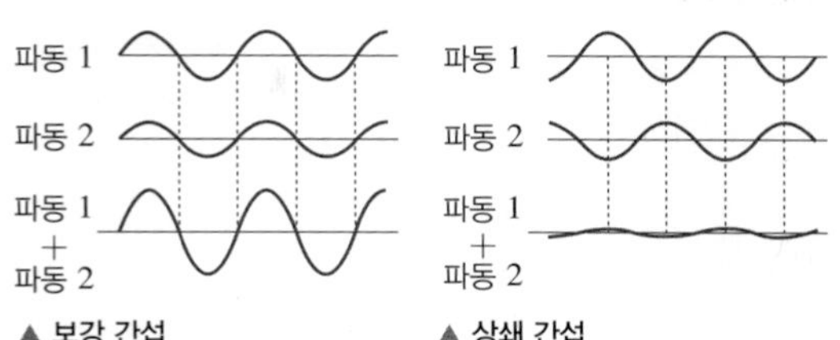

문제 보기

그림은 파원 S_1, S_2에서 서로 같은 진폭과 위상으로 발생시킨 두 물결파의 0초일 때의 모습을 나타낸 것이다. 두 물결파의 진동수는 0.5 Hz이다.

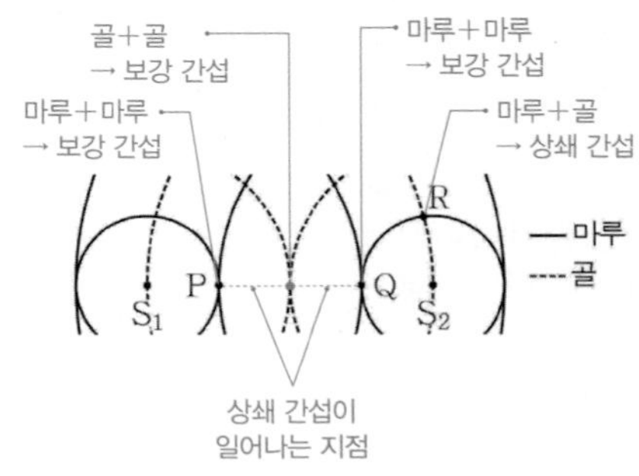

이에 대한 옳은 설명만을 〈보기〉에서 있는 대로 고른 것은? (단, 점 P, Q, R은 동일 평면상에 고정된 지점이다.) [3점]

<보기> 풀이

~~ㄱ~~. **$\overline{PQ}$에서 상쇄 간섭이 일어나는 지점의 수는 1개이다.**

➡ 보강 간섭이 일어난 두 지점 사이에는 반드시 상쇄 간섭이 일어나는 지점이 존재한다. P에서 마루와 마루가 만나므로 보강 간섭이 일어나고 P와 Q 사이의 골과 골이 만나는 지점에서 보강 간섭이 일어나며, Q에서 마루와 마루가 만나므로 보강 간섭이 일어난다. 따라서 $\overline{PQ}$에서 상쇄 간섭이 일어나는 지점의 수는 2개이다.

다른 풀이 S_1과 S_2를 잇는 직선상의 중간 지점을 O라고 하면, 두 파원 S_1, S_2로부터의 경로차는 O를 중심으로 할 때 대칭으로 증가한다. O에서 경로차는 0이므로 보강 간섭이 일어나고, 물결파의 파장을 λ라고 하면 Q에서 경로차는 $1.5\lambda-0.5\lambda=\lambda$(반파장의 짝수배)이므로 보강 간섭이 일어난다. 따라서 O와 Q 사이에 경로차가 $\frac{\lambda}{2}$(반파장의 홀수배)가 되는 지점에서 상쇄 간섭이 일어난다. P에서 경로차는 $1.5\lambda-0.5\lambda=\lambda$(반파장의 짝수배)로 보강 간섭이 일어나므로, P와 O 사이에 경로차가 $\frac{\lambda}{2}$가 되는 지점에서 상쇄 간섭이 일어난다. 즉, $\overline{PQ}$에서 상쇄 간섭이 일어나는 지점의 수는 2개이다.

(ㄴ). **1초일 때 Q에서는 보강 간섭이 일어난다.**

➡ 두 물결파의 진동수는 0.5 Hz이므로 진동수의 역수인 주기는 $\frac{1}{0.5\text{ Hz}}=2$초이다. 주기는 매질의 각 점이 한 번 진동하여 원래의 진동 상태로 되돌아오는 데 걸리는 시간이므로, 0초일 때 Q에서 마루와 마루가 만나면, 1초일 때 Q에서 골과 골이 만난다. 골과 골이 만날 때도 보강 간섭이 일어나므로, 1초일 때 Q에서는 보강 간섭이 일어난다.

다른 풀이 0초일 때 Q에서 마루와 마루가 만나므로, Q에서 두 파동이 같은 위상으로 만나 보강 간섭이 일어난다. Q에서 두 파원 S_1, S_2로부터의 경로차는 일정하므로, 0초일 때 두 파동이 같은 위상으로 만난다면, 시간에 관계없이 Q에서 두 파동은 항상 같은 위상으로 만난다. 따라서 1초일 때도 Q에서는 보강 간섭이 일어난다.

(ㄷ). **소음 제거 이어폰은 R에서와 같은 종류의 간섭 현상을 활용한다.**

➡ R에서 골과 마루가 만나므로 상쇄 간섭이 일어난다. 소음 제거 이어폰은 소리의 상쇄 간섭을 이용하므로, 소음 제거 이어폰은 R에서와 같은 종류의 간섭 현상을 활용한다.

15 물결파의 간섭 2024학년도 6월 모평 물I 15번

정답 ① | 정답률 65 %

적용해야 할 개념 ③가지

①보강 간섭: 두 파동이 같은 위상으로 만날 때(마루와 마루 또는 골과 골이 만날 때)의 간섭으로, 합성파의 진폭이 커진다.
② 상쇄 간섭: 두 파동이 반대 위상으로 만날 때(마루와 골이 만날 때)의 간섭으로, 합성파의 진폭이 작아진다.
③ 보강 간섭이 일어나는 지점에서의 경로차는 반파장의 짝수 배이고, 상쇄 간섭이 일어나는 지점에서의 경로차는 반파장의 홀수 배이다.

문제 보기

그림과 같이 파원 S_1, S_2에서 진폭과 위상이 같은 물결파를 0.5 Hz의 진동수로 발생시키고 있다. 물결파의 속력은 1 m/s로 일정하다.

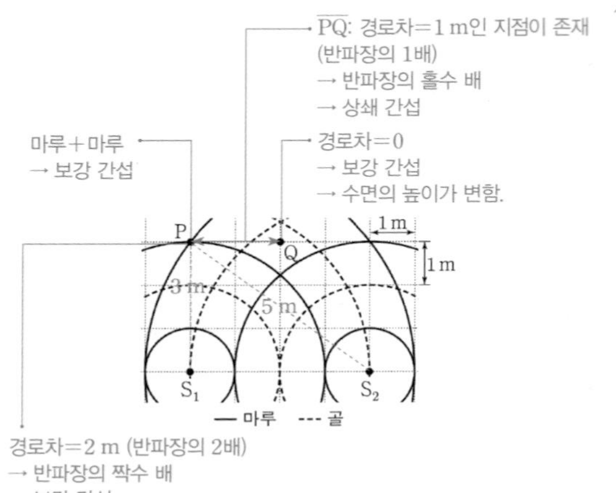

이에 대한 설명으로 옳은 것만을 〈보기〉에서 있는 대로 고른 것은? (단, 두 파원과 점 P, Q는 동일 평면상에 고정된 지점이다.) [3점]

<보기> 풀이

ㄱ. P에서는 보강 간섭이 일어난다.
➡ P에서 마루와 마루가 만나므로 보강 간섭이 일어난다.

ㄴ. Q에서 수면의 높이는 시간에 따라 변하지 않는다.
➡ Q에서 S_1까지의 거리와 Q에서 S_2까지의 거리가 같으므로, Q에서 두 파원으로부터의 경로차는 0이다. 경로차가 0인 지점에서는 두 파원에서 발생한 파동이 같은 위상으로 만나게 되어 보강 간섭이 일어나므로, Q에서 수면의 높이는 시간에 따라 변한다.

ㄷ. $\overline{PQ}$에서 상쇄 간섭이 일어나는 지점의 수는 2개이다.
➡ 물결파의 속력=진동수×파장=0.5 Hz×파장=1 m/s에서 파장은 2 m이므로 반파장은 1 m이다. P에서 S_1까지의 거리는 3 m, P에서 S_2까지의 거리는 5 m이므로, P에서 두 파원으로부터의 경로차는 5 m−3 m=2 m이다. P로부터 Q에 가까워질수록 경로차가 작아져 Q에서 0이 되므로, P와 Q를 잇는 직선 상에서 경로차가 1 m가 되는 지점이 존재한다. P와 Q에서는 경로차가 각각 반파장의 2배, 0배, 즉 짝수 배이므로 보강 간섭이 일어나며, P와 Q 사이에 존재하는 경로차가 1 m가 되는 지점에서는 경로차가 반파장의 1배, 즉 홀수 배이므로 상쇄 간섭이 일어난다. 따라서 $\overline{PQ}$에서 상쇄 간섭이 일어나는 지점의 수는 1개이다.

16 물결파의 간섭 2024학년도 9월 모평 물I 15번

정답 ④ | 정답률 75 %

적용해야 할 개념 ③가지

① 파동의 속력(v): 단위 시간 동안 파동이 이동한 거리로, 파장(λ)을 주기(T)로 나눈 값 또는 진동수(f)와 파장(λ)의 곱과 같다.
➡ $v=\dfrac{\lambda}{T}=f\lambda$
② 보강 간섭: 두 파동이 같은 위상으로 만날 때(마루와 마루 또는 골과 골이 만날 때)의 간섭으로, 합성파의 진폭이 커진다.
③ 상쇄 간섭: 두 파동이 반대 위상으로 만날 때(마루와 골이 만날 때)의 간섭으로, 합성파의 진폭이 작아진다.

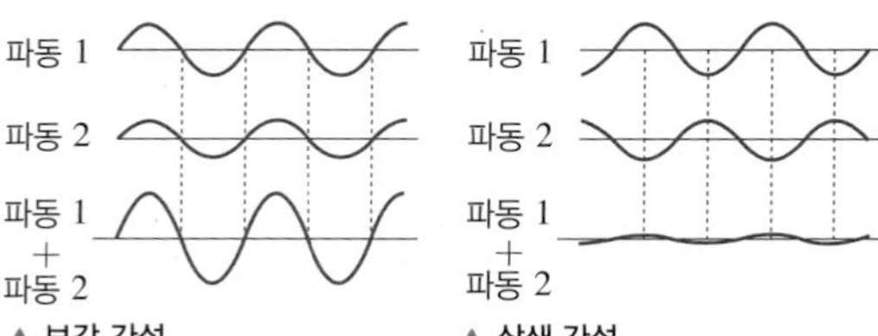

문제 보기

그림은 진동수와 진폭이 같고 위상이 반대인 두 물결파를 발생시키고 있을 때, 시간 $t=0$인 순간의 모습을 나타낸 것이다. 두 물결파는 진행 속력이 20 cm/s로 같고, 서로 이웃한 마루와 마루 사이의 거리는 20 cm이다.

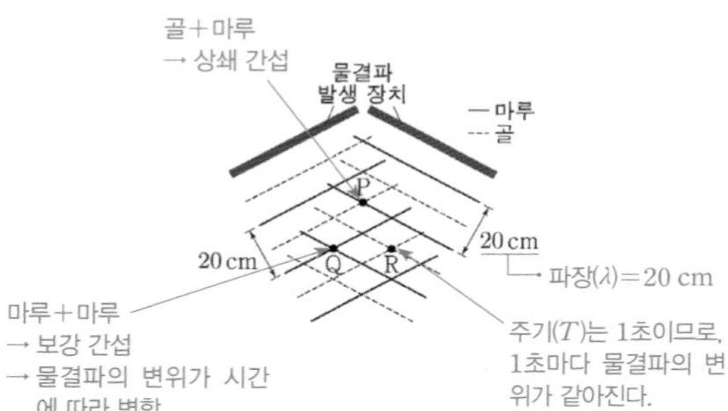

이에 대한 설명으로 옳은 것만을 〈보기〉에서 있는 대로 고른 것은? (단, 점 P, Q, R는 평면상에 고정된 지점이다.) [3점]

<보기> 풀이

서로 이웃한 마루와 마루 사이의 거리는 파장과 같으므로 물결파의 파장은 20 cm이고,

파동의 속력(v)$=\dfrac{\text{파장}(\lambda)}{\text{주기}(T)}=\dfrac{20\text{ cm}}{T}=20$ cm/s에서 물결파의 주기 $T=1$초이다.

ㄱ. P에서는 상쇄 간섭이 일어난다.
➡ P에서 골과 마루가 만나므로 상쇄 간섭이 일어난다.

ㄴ. Q에서 중첩된 물결파의 변위는 시간에 따라 일정하다.
➡ Q에서 마루와 마루가 만나므로 보강 간섭이 일어난다. 보강 간섭이 일어나는 지점에서 합성파의 진폭은 커지므로, Q에서 중첩된 물결파의 변위는 시간에 따라 변한다.

ㄷ. R에서 중첩된 물결파의 변위는 $t=1$초일 때와 $t=2$초일 때가 같다.
➡ 주기는 매질의 각 점이 한 번 진동하여 원래의 진동 상태로 되돌아오는 데 걸리는 시간이다. 물결파의 주기는 1초이므로, 1초마다 물결파의 변위가 같아진다. 따라서 R에서 중첩된 물결파의 변위는 $t=1$초일 때와 $t=2$초일 때가 같다.

17 물결파의 간섭 2023학년도 9월 모평 물I 10번

정답 ③ | 정답률 89 %

적용해야 할 개념 ③가지

① 파동의 간섭: 파동이 중첩되어 진폭이 변하는 현상이다.
② 보강 간섭: 두 파동이 같은 위상으로 만날 때(마루와 마루 또는 골과 골이 만날 때)의 간섭으로, 합성파의 진폭이 커진다.
③ 상쇄 간섭: 두 파동이 반대 위상으로 만날 때(마루와 골이 만날 때)의 간섭으로, 합성파의 진폭이 작아진다.

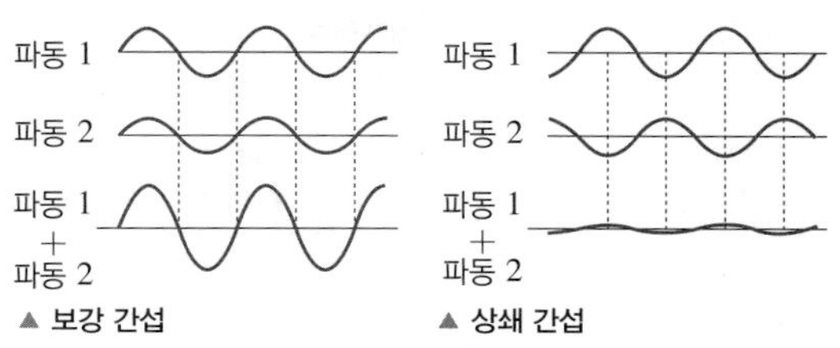

문제 보기

그림 (가)는 두 점 S_1, S_2에서 진동수와 진폭이 같고 서로 반대의 위상으로 발생시킨 두 물결파의 시간 $t=0$일 때의 모습을 나타낸 것이다. 점 A, B, C는 평면상에 고정된 세 지점이고, 두 물결파의 속력은 같다. 그림 (나)는 C에서 중첩된 물결파의 변위를 t에 따라 나타낸 것이다.

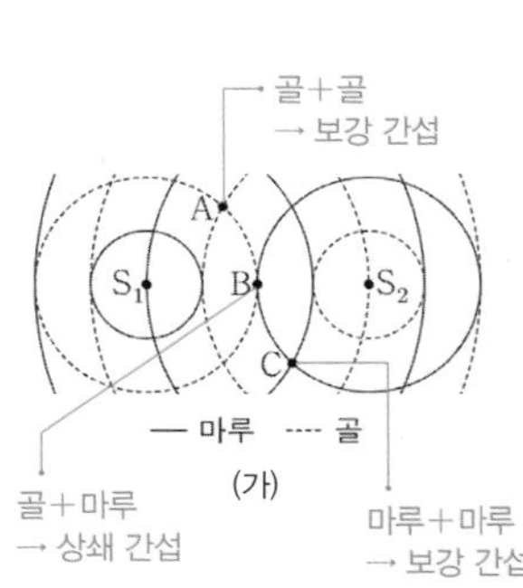

(가)

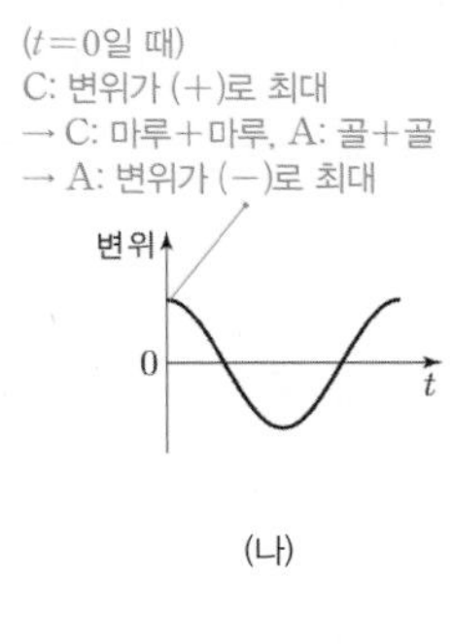

(나)

A, B에서 중첩된 물결파의 변위를 t에 따라 나타낸 것으로 가장 적절한 것은? [3점]

<보기> 풀이

A와 C에서는 두 물결파가 같은 위상으로 만나므로 보강 간섭이 일어나 수면의 진폭이 최대가 되며, B에서는 두 물결파가 반대 위상으로 만나므로 상쇄 간섭이 일어나 수면의 진폭은 0이 된다. (나)에서 $t=0$일 때 C의 변위가 양(+)의 부호로 최대가 되므로 C에서 마루와 마루가 만나며, 이때 A에서는 골과 골이 만나므로 A의 변위는 음(−)의 부호로 최대이어야 한다. 또 $t=0$일 때 B에서는 골과 마루가 만나므로 상쇄 간섭이 일어나서 변위는 항상 0이다. 따라서 A, B에서 중첩된 물결파의 변위를 나타내는 것으로 가장 적절한 것은 ③이다.

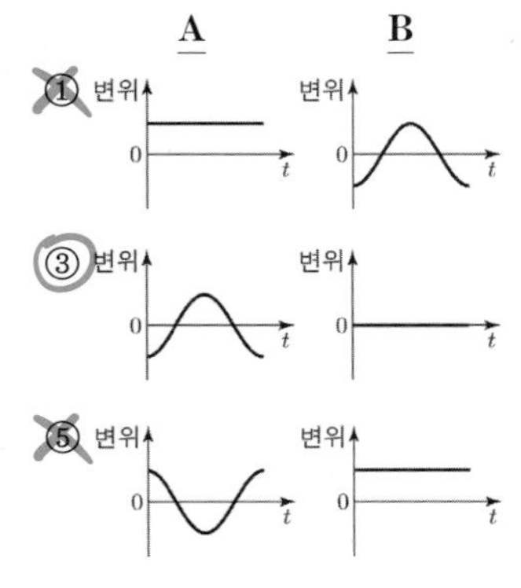

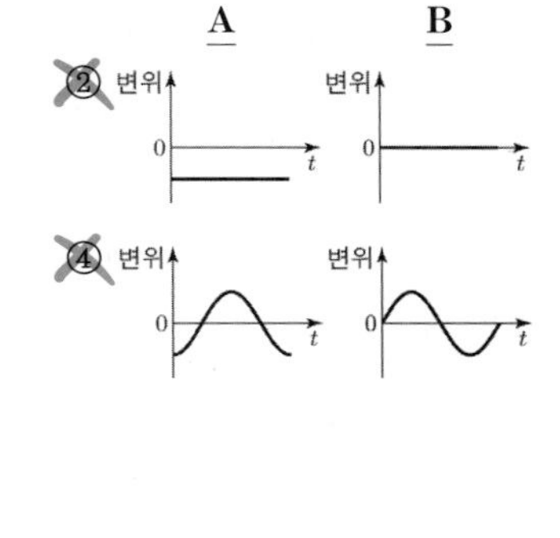

18 물결파의 간섭 2020학년도 4월 학평 물I 14번

정답 ④ | 정답률 85 %

적용해야 할 개념 ③가지

① 중첩 원리: 두 파동이 겹쳐질 때 각 지점의 변위는 그 점을 지나는 두 파동의 변위의 합과 같아지는 원리이다.
② 보강 간섭: 두 파동이 같은 위상으로 만날 때(마루와 마루 또는 골과 골이 만날 때)의 간섭으로, 합성파의 진폭이 커진다.
③ 상쇄 간섭: 두 파동이 반대 위상으로 만날 때(마루와 골이 만날 때)의 간섭으로, 합성파의 진폭이 작아진다.

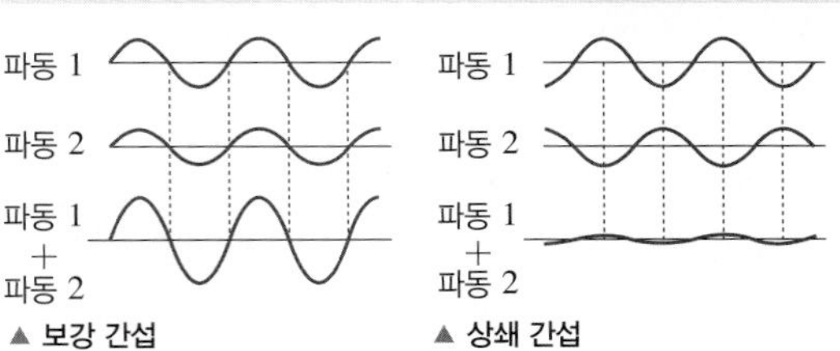

문제 보기

그림은 주기와 파장이 같고, 속력이 일정한 두 수면파가 진행하는 어느 순간의 모습을 평면상에 모식적으로 나타낸 것이다. 두 수면파의 진폭은 A로 같다. 실선과 점선은 각각 수면파의 마루와 골의 위치를, 점 P, Q는 평면상의 고정된 지점을 나타낸 것이다.

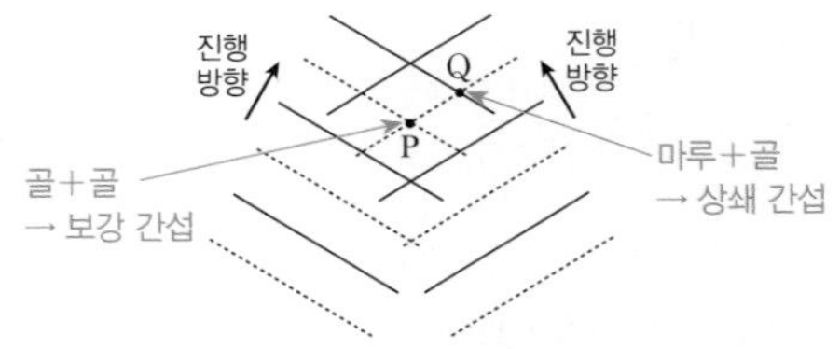

P, Q에서 중첩된 수면파의 변위를 시간에 따라 나타낸 것으로 가장 적절한 것을 <보기>에서 고른 것은?

<보기> 풀이

➡ P에서는 두 수면파의 골과 골이 중첩되고 있으므로 보강 간섭이 일어난다. 따라서 P에서 중첩된 수면파의 진폭은 두 수면파의 진폭의 합인 $2A$가 되므로, P에서 중첩된 수면파의 변위–시간 그래프로 가장 적절한 것은 'ㄴ'이다.

➡ Q에서는 두 수면파의 마루와 골이 중첩되고 있으므로 상쇄 간섭이 일어난다. 따라서 Q에서 중첩된 수면파의 진폭은 두 수면파의 진폭의 차인 0이 되므로, Q에서 중첩된 수면파의 변위–시간 그래프로 가장 적절한 것은 'ㄷ'이다.

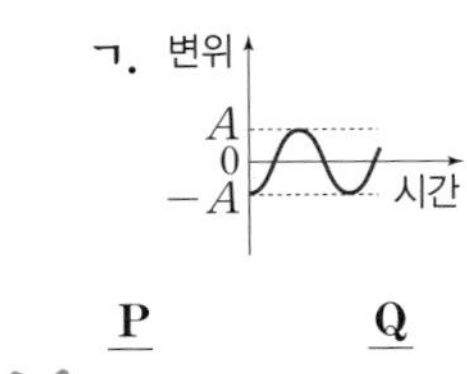

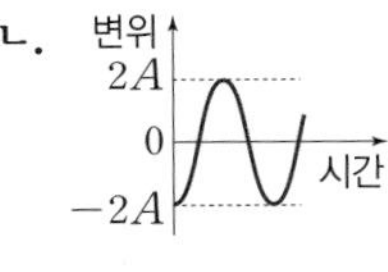

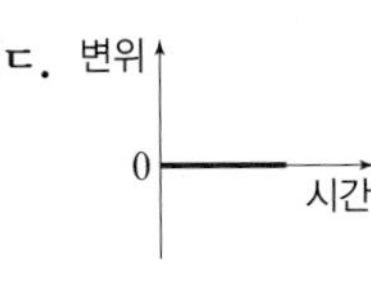

	P	Q
①	ㄱ	ㄴ
②	ㄱ	ㄷ
③	ㄴ	ㄱ
④	ㄴ	ㄷ
⑤	ㄷ	ㄴ

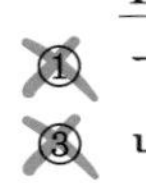

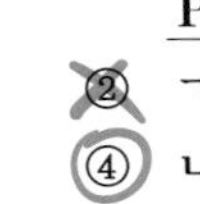

19 물결파의 간섭 2021학년도 10월 학평 물I 6번

정답 ③ | 정답률 86 %

적용해야 할 개념 ③가지

① 파동의 간섭: 파동이 중첩되어 진폭이 변하는 현상이다.
② 보강 간섭: 두 파동이 같은 위상으로 만날 때(마루와 마루 또는 골과 골이 만날 때)의 간섭으로, 합성파의 진폭이 커진다.
③ 상쇄 간섭: 두 파동이 반대 위상으로 만날 때(마루와 골이 만날 때)의 간섭으로, 합성파의 진폭이 작아진다.

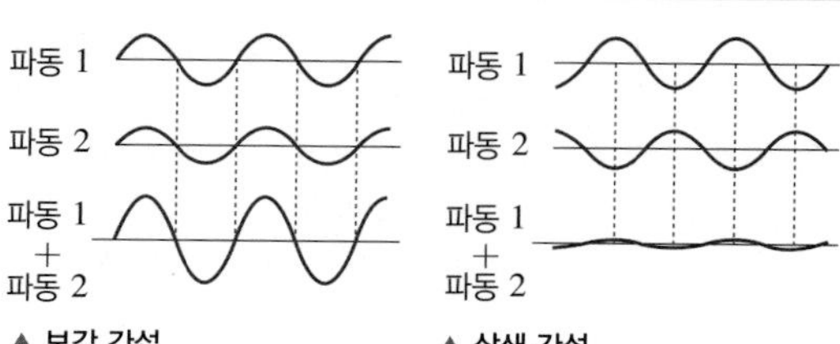

문제 보기

그림은 두 파원에서 진동수가 f인 물결파가 같은 진폭으로 발생하여 중첩되는 모습을 나타낸 것이다. 두 물결파는 점 a에서는 같은 위상으로, 점 b에서는 반대 위상으로 중첩된다.

(진동수는 일정 / 보강 간섭 / 상쇄 간섭)

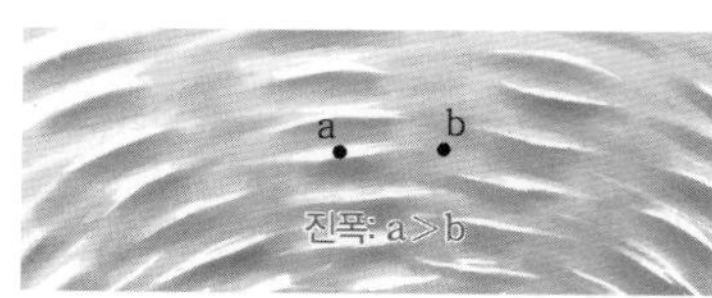

이에 대한 옳은 설명만을 〈보기〉에서 있는 대로 고른 것은?

<보기> 풀이

ㄱ. 물결파는 a에서 보강 간섭한다.
➡ 두 파동이 같은 위상으로 만날 때 보강 간섭이 일어나므로, 물결파는 a에서 보강 간섭한다.

ㄴ. 진폭은 a에서가 b에서보다 크다.
➡ 보강 간섭이 일어나면 합성파의 진폭이 커지고 상쇄 간섭이 일어나면 합성파의 진폭이 작아진다. a에서 보강 간섭이, b에서는 상쇄 간섭이 일어나므로 진폭은 a에서가 b에서보다 크다.

ㄷ. a에서 물의 진동수는 f보다 크다.
➡ 중첩으로 인해 파동의 진동수는 변하지 않으므로, a에서 물의 진동수는 f와 같다.

20 물결파의 간섭 2024학년도 5월 학평 물I 15번

정답 ⑤ | 정답률 53 %

적용해야 할 개념 ③가지

① 파동의 간섭: 파동이 중첩되어 진폭이 변하는 현상이다.
② 보강 간섭: 두 파동이 같은 위상으로 만날 때(마루와 마루 또는 골과 골이 만날 때)의 간섭으로, 합성파의 진폭이 커진다.
③ 상쇄 간섭: 두 파동이 반대 위상으로 만날 때(마루와 골이 만날 때)의 간섭으로, 합성파의 진폭이 작아진다.

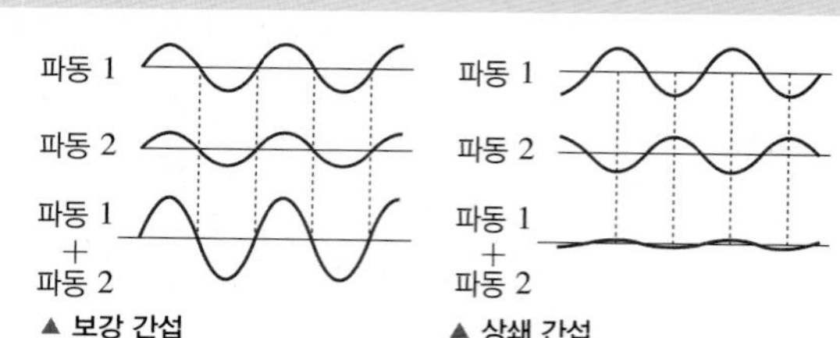

문제 보기

그림 (가)는 두 점 S_1, S_2에서 발생시킨 진동수, 진폭, 위상이 같은 두 물결파가 일정한 속력으로 진행하는 순간의 모습을, (나)는 (가)의 순간부터 점 P, Q 중 한 점에서 중첩된 물결파의 변위를 시간에 따라 나타낸 것이다.

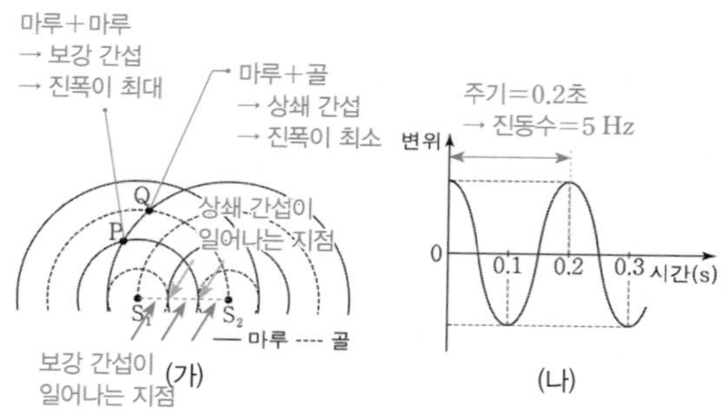

이에 대한 설명으로 옳은 것만을 〈보기〉에서 있는 대로 고른 것은? (단, S_1, S_2, P, Q는 동일 평면상에 고정된 지점이다.)

<보기> 풀이

ㄱ. (나)는 P에서의 변위를 나타낸 것이다.
➡ P에서는 마루와 마루가 만나서 보강 간섭이 일어나므로, 중첩된 파동의 진폭이 커지고, Q에서는 마루와 골이 만나서 상쇄 간섭이 일어나므로, 중첩된 파동의 진폭은 최소가 된다. 따라서 (나)는 P의 변위를 나타낸 것이다.

ㄴ. S_1에서 발생시킨 물결파의 진동수는 5 Hz이다.
➡ P에서 중첩된 파동의 주기는 0.2초이므로, S_1과 S_2에서 발생한 파동의 마루와 마루 또는 골과 골이 0.2초마다 중첩된다. 따라서 S_1과 S_2에서 발생시킨 물결파의 주기는 0.2초이고, 진동수는 주기의 역수이므로 $\frac{1}{0.2\text{ s}}=5\text{ Hz}$이다.

ㄷ. $\overline{S_1S_2}$에서 보강 간섭이 일어나는 지점의 수는 3개이다.
➡ 상쇄 간섭이 일어나는 지점 사이에서는 보강 간섭이 일어나므로 $\overline{S_1S_2}$에서 상쇄 간섭과 보강 간섭이 번갈아 일어난다. 따라서 $\overline{S_1S_2}$에서 보강 간섭이 일어나는 지점의 수는 3개이다.

21 물결파의 간섭 2021학년도 수능 물I 13번

정답 ① | 정답률 81 %

적용해야 할 개념 ③가지

① 보강 간섭: 두 파동이 같은 위상으로 만날 때(마루와 마루 또는 골과 골이 만날 때)의 간섭으로, 합성파의 진폭이 커진다.

② 상쇄 간섭: 두 파동이 반대 위상으로 만날 때(마루와 골이 만날 때)의 간섭으로, 합성파의 진폭이 작아진다.

③ 파동의 속력(v): 단위 시간 동안 파동이 이동한 거리로, 파장(λ)을 주기(T)로 나눈 값 또는 진동수(f)와 파장(λ)의 곱과 같다. ➡ $v=\frac{\lambda}{T}=f\lambda$

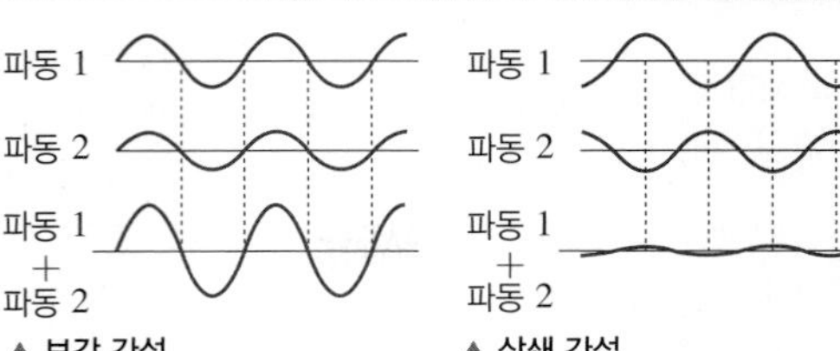

문제 보기

그림 (가)는 진폭이 1 cm, 속력이 5 cm/s로 같은 두 물결파를 나타낸 것이다. 실선과 점선은 각각 물결파의 마루와 골이고, 점 P, Q, R는 평면상의 고정된 지점이다. 그림 (나)는 R에서 중첩된 물결파의 변위를 시간에 따라 나타낸 것이다.

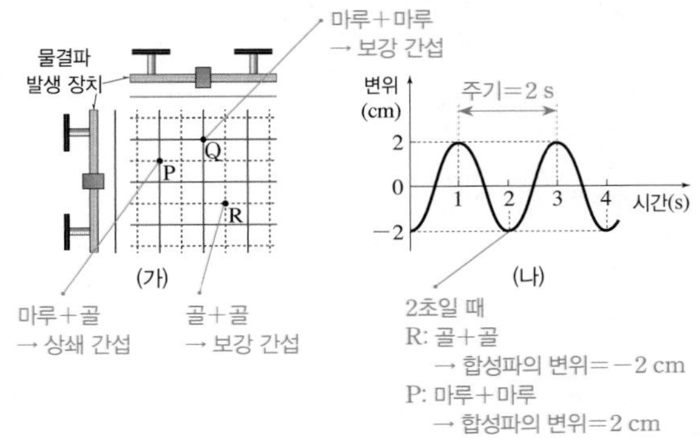

이에 대한 설명으로 옳은 것만을 〈보기〉에서 있는 대로 고른 것은? [3점]

<보기> 풀이

ㄱ. 두 물결파의 파장은 10 cm로 같다.

➡ (나)에서 두 물결파의 주기는 2초인 것을 알 수 있고 속력이 5 cm/s로 같으므로, $v=\frac{\lambda}{T}$에서 두 물결파의 파장 $\lambda=vT=5\text{ cm/s}\times 2\text{ s}=10\text{ cm}$로 같다.

ㄴ. 1초일 때, P에서 중첩된 물결파의 변위는 2 cm이다. (✗)

➡ P에서는 두 물결파의 마루와 골이 중첩되고 있으므로 상쇄 간섭이 일어나며 수면이 진동하지 않는다. 따라서 P에서 중첩된 물결파의 변위는 항상 0이다.

ㄷ. 2초일 때, Q에서 중첩된 물결파의 변위는 0이다. (✗)

➡ Q에서 두 물결파의 마루와 마루가 중첩되고 있고 R에서는 두 물결파의 골과 골이 중첩되고 있으므로 Q와 R에서 모두 보강 간섭이 일어나 중첩된 물결파가 2 cm의 진폭으로 진동하지만, 중첩된 물결파의 변위의 방향은 항상 서로 반대이다. 즉, (나)에서 2초일 때 R에서 골과 골이 만나 중첩된 물결파의 변위가 −2 cm이므로, Q에서 마루와 마루가 만나 중첩된 물결파의 변위는 2 cm이다.

22 물결파의 간섭 2023학년도 10월 학평 물I 12번

정답 ① | 정답률 79 %

적용해야 할 개념 ③가지

① 파동의 간섭: 파동이 중첩되어 진폭이 변하는 현상이다.

② 보강 간섭: 두 파동이 같은 위상으로 만날 때(마루와 마루 또는 골과 골이 만날 때)의 간섭으로, 합성파의 진폭이 커진다.

③ 상쇄 간섭: 두 파동이 반대 위상으로 만날 때(마루와 골이 만날 때)의 간섭으로, 합성파의 진폭이 작아진다.

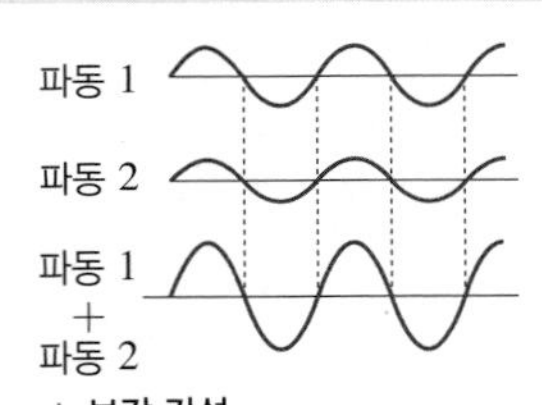

파동 1

파동 2

파동 1 + 파동 2

▲ 상쇄 간섭

문제 보기

그림 (가)는 파원 S_1, S_2에서 발생한 물결파가 중첩될 때, 각 파원에서 발생한 물결파의 마루와 골을 나타낸 것이다. 그림 (나)는 (가)의 순간 점 P, O, Q를 잇는 직선상에서 중첩된 물결파의 변위를 나타낸 것이다. P에서 상쇄 간섭이 일어난다

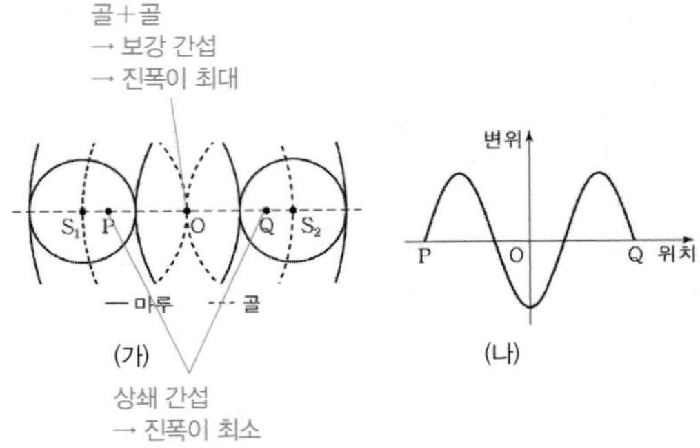

이에 대한 옳은 설명만을 〈보기〉에서 있는 대로 고른 것은? (단, 두 파원과 P, O, Q는 동일 평면상에 고정된 지점이다.)

<보기> 풀이

ㄱ. O에서 보강 간섭이 일어난다.

➡ O는 골과 골이 만나는 지점이므로, O에서 보강 간섭이 일어난다.

ㄴ. Q에서 중첩된 두 물결파의 위상은 같다. (✗)

➡ P, O, Q를 잇는 직선상에서 상쇄 간섭이나 보강 간섭이 일어나는 지점은 두 파원 사이의 중앙 지점인 O를 중심으로 대칭이 되는 위치에 존재한다. (나)에서 P와 Q는 O로부터 같은 거리에 있으므로, P에서 상쇄 간섭이 일어나면 Q에서도 상쇄 간섭이 일어난다. 따라서 Q에서 중첩된 두 물결파의 위상은 반대이다.

ㄷ. 중첩된 물결파의 진폭은 O에서와 Q에서가 같다. (✗)

➡ O에서 보강 간섭이 일어나므로 중첩된 물결파의 진폭은 커지고 Q에서 상쇄 간섭이 일어나므로 중첩된 물결파의 진폭은 작아진다. 따라서 중첩된 물결파의 진폭은 O에서가 Q에서보다 크다.

23 물결파의 간섭 2020학년도 수능 물Ⅱ 12번

정답 ① | 정답률 72 %

적용해야 할 개념 ③가지

① 물결파의 보강 간섭: 두 파원에서 오는 물결파가 같은 위상으로 만나 보강 간섭이 일어나는 곳의 수면은 크게 진동한다.
② 물결파의 상쇄 간섭: 두 파원에서 오는 물결파가 반대 위상으로 만나 상쇄 간섭이 일어나는 곳의 수면은 거의 진동하지 않는다.
③ 보강 간섭이 일어나는 지점에서의 경로차는 반파장의 짝수 배이고, 상쇄 간섭이 일어나는 지점에서의 경로차는 반파장의 홀수 배이다.

문제 보기

그림 (가)는 두 점 S_1, S_2에서 같은 진폭과 파장으로 발생시킨 두 수면파의 시간 $t=0$일 때의 모습을 평면상에 나타낸 것이다. 점 P, Q는 평면상의 고정된 지점이고, S_1과 S_2 사이의 거리는 0.2 m이다. 그림 (나)는 P에서 중첩된 수면파의 변위를 t에 따라 나타낸 것이다.

→ 파장=0.1 m

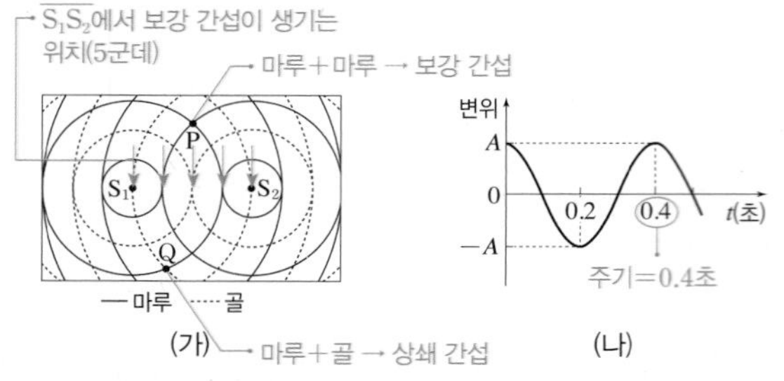

이에 대한 설명으로 옳은 것만을 〈보기〉에서 있는 대로 고른 것은? (단, 물의 깊이는 일정하다.)

〈보기〉 풀이

ㄱ. 선분 $\overline{S_1S_2}$에서 상쇄 간섭이 일어나는 지점의 개수는 4개이다.

➡ 선분 $\overline{S_1S_2}$에서 보강 간섭은 두 수면파의 마루와 마루 또는 골과 골이 만나는 지점에서 일어나므로, 반파장 간격으로 5군데에서 일어난다. 상쇄 간섭은 보강 간섭이 일어나는 지점들 사이에서 반파장 간격으로 일어나므로, 선분 $\overline{S_1S_2}$에서 상쇄 간섭이 일어나는 지점의 개수는 4개이다.

ㄴ. 0.2초일 때 Q에서 중첩된 수면파의 변위는 A이다.

➡ Q는 두 수면파의 마루와 골이 만나므로 상쇄 간섭이 일어나는 지점이며, 같은 진폭의 두 수면파가 상쇄 간섭할 때 중첩된 수면파의 변위는 0이다. 따라서 $t=0.2$초일 때 Q에서 중첩된 수면파의 변위는 0이다.

ㄷ. S_1에서 발생시킨 수면파의 속력은 0.2 m/s이다.

➡ S_1과 S_2 사이의 거리가 0.2 m이므로 수면파의 파장은 0.1 m이다. 또 (나)에서 수면파의 주기는 0.4초이다. 따라서 수면파의 속력은 $\frac{\text{파장}}{\text{주기}}=\frac{0.1\ \text{m}}{0.4\ \text{s}}=0.25\ \text{m/s}$이다.

24 소리의 간섭 2025학년도 9월 모평 물Ⅰ 9번

정답 ③ | 정답률 88 %

적용해야 할 개념 ③가지

① 진동수(f): 매질의 한 점이 1초 동안 진동하는 횟수이며, 주기와 역수 관계이다. ➡ $f=\frac{1}{T}$ (단위: Hz)
② 보강 간섭: 두 파동이 같은 위상으로 만날 때(마루와 마루 또는 골과 골이 만날 때)의 간섭으로, 합성파의 진폭이 커진다.
③ 상쇄 간섭: 두 파동이 반대 위상으로 만날 때(마루와 골이 만날 때)의 간섭으로, 합성파의 진폭이 작아진다.

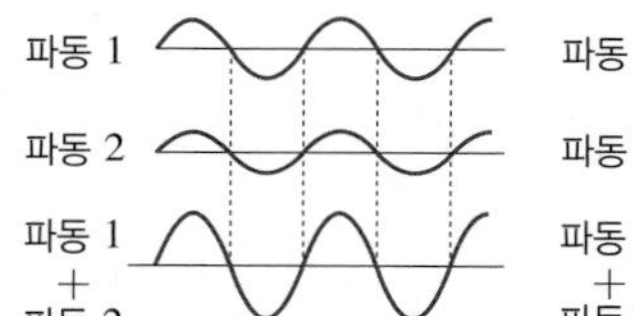

▲ 보강 간섭

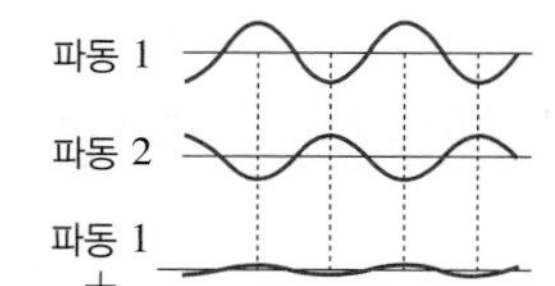

▲ 상쇄 간섭

문제 보기

그림 (가)는 두 점 S_1, S_2에서 진동수 f로 발생시킨 진폭이 같고 위상이 반대인 두 물결파의 어느 순간의 모습을, (나)는 (가)의 S_1, S_2에서 진동수 $2f$로 발생시킨 진폭과 위상이 같은 두 물결파의 어느 순간의 모습을 나타낸 것이다. (가)와 (나)에서 발생시킨 물결파의 진행 속력은 같다. d_1과 d_2는 S_2에서 발생시킨 물결파의 파장이다.

→ 속력=진동수×파장=일정
→ 파장∝$\frac{1}{\text{진동수}}$
→ $d_1=2d_2$

골+골 → 보강 간섭

보강 간섭이 일어나는 지점: 9개

A, S_1, S_2, d_1, d_2

— 마루
····· 골

상쇄 간섭이 일어나는 지점: 8개

(가) (나)

이에 대한 설명으로 옳은 것만을 〈보기〉에서 있는 대로 고른 것은? (단, S_1, S_2, A는 동일 평면상에 고정된 지점이다.) [3점]

〈보기〉 풀이

ㄱ. (가)의 A에서는 보강 간섭이 일어난다.

➡ (가)의 A에서는 골과 골이 만나므로 보강 간섭이 일어난다.

ㄴ. (나)의 $\overline{S_1S_2}$에서 상쇄 간섭이 일어나는 지점의 개수는 5개이다.

➡ 중첩이 일어나는 구간에서 보강 간섭과 상쇄 간섭이 번갈아 일어나므로, 보강 간섭이 일어나는 지점 사이에서는 상쇄 간섭이 일어난다. (나)의 $\overline{S_1S_2}$에서 보강 간섭이 일어나는 지점의 개수는 9개이므로, 상쇄 간섭이 일어나는 지점의 개수는 8개이다.

ㄷ. $d_1=2d_2$이다.

➡ 파동의 속력은 파장과 진동수의 곱이므로, 속력이 같을 때 파장과 진동수는 반비례한다. 진동수는 (가)에서가 (나)에서의 $\frac{1}{2}$배이므로, 파장은 (가)에서가 (나)에서의 2배이다. 따라서 $d_1=2d_2$이다.

25 물결파의 간섭 2019학년도 6월 모평 물Ⅱ 17번

정답 ⑤ | 정답률 44 %

적용해야 할 개념 ②가지

① 보강 간섭: 두 파동이 같은 위상으로 만날 때(마루와 마루 또는 골과 골이 만날 때)의 간섭으로 합성파의 진폭이 커지며, 두 파원으로부터의 경로차가 반파장의 짝수 배일 때 일어난다.

➡ 경로차$=\frac{\lambda}{2}(2m)$ $(m=0, 1, 2, 3 \cdots)$

② 상쇄 간섭: 두 파동이 반대 위상으로 만날 때(마루와 골이 만날 때)의 간섭으로 합성파의 진폭이 작아지며, 두 파원으로부터의 경로차가 반파장의 홀수 배일 때 일어난다.

➡ 경로차$=\frac{\lambda}{2}(2m+1)$ $(m=0, 1, 2, 3 \cdots)$

보강 간섭 조건	경로차$=\frac{\lambda}{2}(2m)$ $(m=0, 1, 2, 3 \cdots)$
상쇄 간섭 조건	경로차$=\frac{\lambda}{2}(2m+1)$ $(m=0, 1, 2, 3 \cdots)$

22 일차

문제 보기

그림은 거리가 L만큼 떨어진 점파원 S_1, S_2에서 같은 진폭과 위상으로 발생시킨 두 수면파의 마루와 마루가 만나서 보강 간섭이 일어난 지점 중에 S_2에서 거리가 $\frac{L}{2}$인 지점을 평면상에 모두 나타낸 것이다. 두 수면파의 파장은 λ로 같고 속력과 주기는 일정하다. ─ 경로차=반파장의 짝수 배

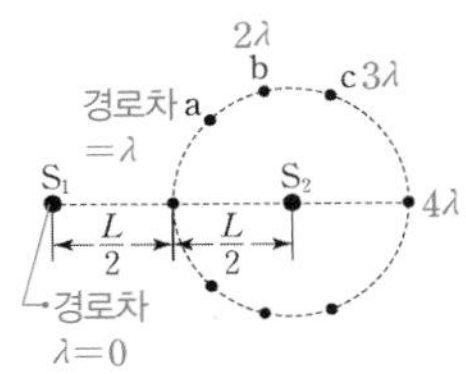

이에 대한 설명으로 옳은 것만을 〈보기〉에서 있는 대로 고른 것은? [3점]

<보기> 풀이

ㄱ. S_1에서 a까지 거리는 S_1에서 b까지 거리보다 λ만큼 짧다.

➡ 보강 간섭이 일어나는 지점에서의 경로차는 반파장의 짝수 배이다. S_1과 S_2를 잇는 직선의 수직이등분선 위의 모든 점에서 경로차는 0이다. 수직이등분선을 벗어난 지점에서의 경로차는 반파장의 2배, 4배, 6배 …로 커진다. 따라서 S_1, S_2에서 a까지의 경로차는 λ이고 S_1, S_2에서 b까지의 경로차는 2λ이므로, S_1에서 a까지 거리는 S_1에서 b까지 거리보다 λ만큼 짧다.

ㄴ. $L=4\lambda$이다.

➡ S_2의 오른쪽 지점을 d라고 하면, d에서 경로차는 반파장의 8배이므로 4λ이다. 이때 경로차는 S_1에서 S_2까지의 거리와 같으므로, $L=4\lambda$이다.

ㄷ. S_1, S_2에서 c까지 경로차는 3λ이다.

➡ S_1, S_2에서 c까지의 경로차는 반파장의 6배이므로 3λ이다.

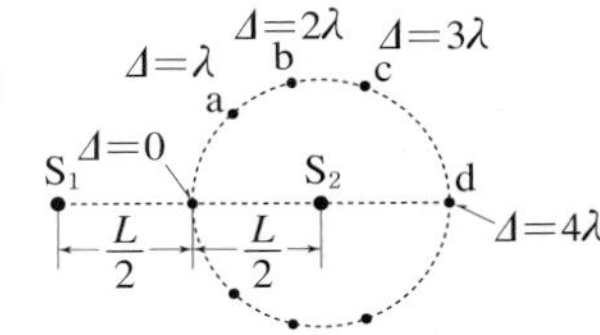

26 소리의 간섭 2023학년도 3월 학평 물Ⅰ 3번

정답 ② | 정답률 82 %

적용해야 할 개념 ③가지

① 보강 간섭: 두 파동이 같은 위상으로 만날 때(마루와 마루 또는 골과 골이 만날 때)의 간섭으로, 합성파의 진폭이 커진다.

② 상쇄 간섭: 두 파동이 반대 위상으로 만날 때(마루와 골이 만날 때)의 간섭으로, 합성파의 진폭이 작아진다.

③ 소음 제거 기술: 소음과 위상이 반대인 소리를 발생시켜서 소음과 상쇄 간섭을 일으키도록 하여 소음을 제거하는 기술이다.

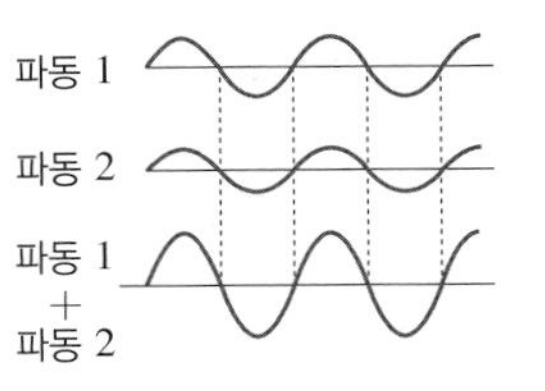

▲ 보강 간섭

파동 1

파동 2

파동 1 + 파동 2

▲ 상쇄 간섭

문제 보기

다음은 간섭 현상을 활용한 예이다.

자동차의 배기관은 소음을 줄이는 구조로 되어 있다. A 부분에서 분리된 소리는 B 부분에서 중첩되는데, 이때 두 소리가 [㉠] 위상으로 중첩되면서 ㉡상쇄 간섭이 일어나 소음이 줄어든다. ─ 진폭이 작아짐.

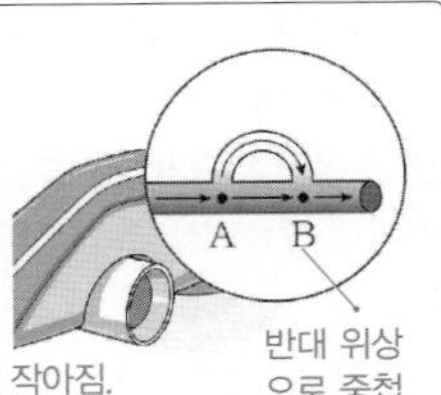

이에 대한 옳은 설명만을 〈보기〉에서 있는 대로 고른 것은?

<보기> 풀이

자동차의 배기관은 중간에 통로가 두 개로 나뉘어지는데, 한 통로가 다른 통로보다 소리의 반 파장만큼 길게 되어 있다. 따라서 이 두 통로를 통과한 소리는 반대 위상으로 중첩된다.

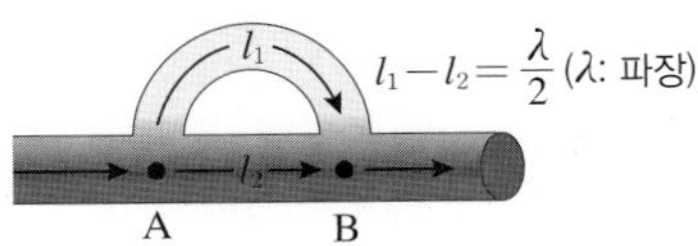

ㄱ. '같은'은 ㉠으로 적절하다. (✗)

➡ 소음을 줄이는 원리에 상쇄 간섭을 이용하므로, A 부분에서 분리된 소리는 B 부분에서 반대 위상으로 중첩된다. 따라서 '반대'가 ㉠으로 적절하다.

ㄴ. ㉡이 일어날 때 파동의 진폭이 작아진다.

➡ 상쇄 간섭은 위상이 반대인 두 파동이 만날 때 일어나므로, 상쇄 간섭이 일어날 때 파동의 진폭이 작아진다.

ㄷ. 소리의 진동수는 B에서가 A에서보다 크다. (✗)

➡ 파동이 중첩될 때 진동수는 변하지 않는다.

27 소리의 간섭 2023학년도 수능 물I 2번

정답 ⑤ | 정답률 94 %

적용해야 할 개념 ③가지

① 보강 간섭: 두 파동이 같은 위상으로 만날 때(마루와 마루 또는 골과 골이 만날 때)의 간섭으로, 합성파의 진폭이 커진다.
② 상쇄 간섭: 두 파동이 반대 위상으로 만날 때(마루와 골이 만날 때)의 간섭으로, 합성파의 진폭이 작아진다.
③ 소음 제거 원리 : 소음과 위상이 반대인 소리를 발생시켜서 소음과 상쇄 간섭을 일으키도록 하여 소음을 제거한다.

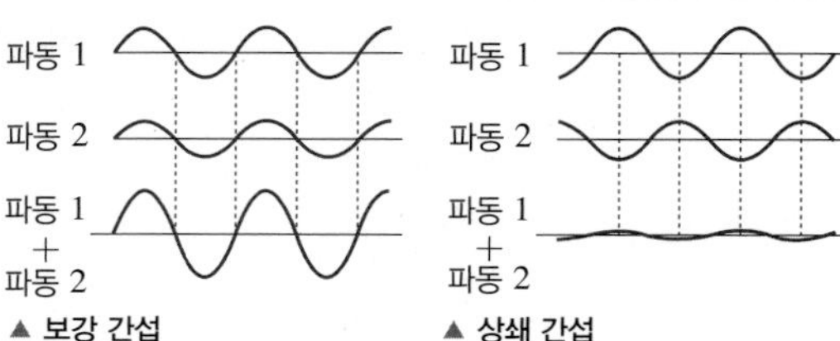

파동 1
파동 2
파동 1 + 파동 2
▲ 보강 간섭
파동 1
파동 2
파동 1 + 파동 2
▲ 상쇄 간섭

문제 보기

그림은 소리의 간섭 실험에 대해 학생 A, B, C가 대화하는 모습을 나타낸 것이다.

스피커
P
소음 측정기
두 개의 스피커에서 동일한 진동수의 소리를 같은 위상으로 발생시키고, 소음 측정기로 소리의 세기를 측정한다.
두 스피커로부터 거리가 같은 지점 P에서는 두 소리가 만나 보강 간섭해.
두 스피커에서 발생한 소리가 만날 때 위상이 서로 반대이면 상쇄 간섭해.
상쇄 간섭은 소음 제거 이어폰에 활용돼.
학생 A
학생 B
학생 C
두 소리가 같은 위상으로 만남 → 보강 간섭

제시한 내용이 옳은 학생만을 있는 대로 고른 것은? [3점]

<보기> 풀이

학생 A. 두 스피커로부터 거리가 같은 지점 P에서는 두 소리가 만나 보강 간섭해.
➡ 두 스피커로부터 거리가 같은 지점 P에서는 두 소리가 만날 때 위상이 같으므로 보강 간섭한다.

학생 B. 두 스피커에서 발생한 소리가 만날 때 위상이 서로 반대이면 상쇄 간섭해.
➡ 두 스피커에서 발생한 소리가 만날 때 위상이 서로 반대이면 진폭이 작아지므로 상쇄 간섭한다.

학생 C. 상쇄 간섭은 소음 제거 이어폰에 활용해.
➡ 두 소리가 만나 상쇄 간섭할 때 소리의 세기가 작아지므로, 상쇄 간섭은 소음 제거 이어폰에 활용한다.

28 소리의 간섭 2020학년도 3월 학평 물I 15번

정답 ① | 정답률 71 %

적용해야 할 개념 ③가지

① 파동의 간섭: 파동이 중첩되어 진폭이 변하는 현상이다.
② 소리의 보강 간섭: 공기(매질)가 진동하는 진폭이 커져서 큰 소리가 난다.
③ 소리의 상쇄 간섭: 공기(매질)가 진동하는 진폭이 작아져서 작은 소리가 난다.

보강 간섭
A
B
상쇄 간섭
소리의 간섭 ▶

문제 보기

그림과 같이 정사각형의 두 꼭짓점에 놓인 스피커 A, B에서 세기가 같고 진동수가 440 Hz인 소리가 같은 위상으로 발생한다. 점 O는 두 꼭짓점 P, Q를 잇는 선분 $\overline{PQ}$의 중점이다. A, B에서 발생한 소리는 P에서 상쇄 간섭하고 O에서 보강 간섭한다.

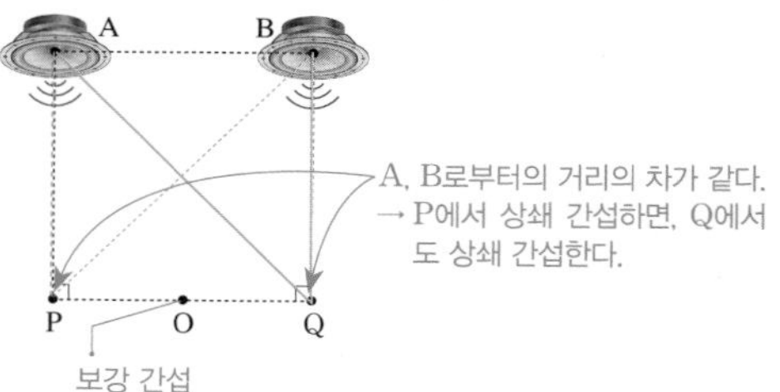

A
B
A, B로부터의 거리의 차가 같다. → P에서 상쇄 간섭하면, Q에서도 상쇄 간섭한다.
P
O
Q
보강 간섭

A, B에서 발생한 소리의 간섭에 대한 옳은 설명만을 〈보기〉에서 있는 대로 고른 것은?

<보기> 풀이

ㄱ. Q에서 상쇄 간섭한다.
➡ A, B로부터의 거리의 차는 P에서와 Q에서가 같다. A, B에서 발생한 소리가 P에서 상쇄 간섭하므로, 거리의 차가 같은 Q에서도 상쇄 간섭한다.

ㄴ. 중첩된 소리의 세기는 P와 O에서 같다.
➡ 소리가 중첩될 때 보강 간섭하면 소리의 세기가 커지고, 상쇄 간섭하면 소리의 세기가 작아진다. A, B에서 발생한 소리가 P에서 상쇄 간섭하고 O에서 보강 간섭하므로, 중첩된 소리의 세기는 P에서가 O에서보다 작다.

ㄷ. $\overline{PQ}$에서 보강 간섭하는 지점은 짝수 개다.
➡ A, B로부터의 거리의 차가 O를 중심으로 좌우 대칭을 이룬다. O에서 보강 간섭하고, P와 O 사이, O와 Q 사이에서 보강 간섭하는 지점의 수는 같으므로, $\overline{PQ}$에서 보강 간섭하는 지점은 홀수 개다.

29 소리의 간섭 2024학년도 7월 학평 물I 13번

정답 ⑤ | 정답률 87 %

적용해야 할 개념 ③가지

① 파동의 간섭: 파동이 중첩되어 진폭이 변하는 현상이다.

② 보강 간섭: 두 파동이 같은 위상으로 만날 때(마루와 마루 또는 골과 골이 만날 때)의 간섭으로, 합성파의 진폭이 커진다.

③ 상쇄 간섭: 두 파동이 반대 위상으로 만날 때(마루와 골이 만날 때)의 간섭으로, 합성파의 진폭이 작아진다.

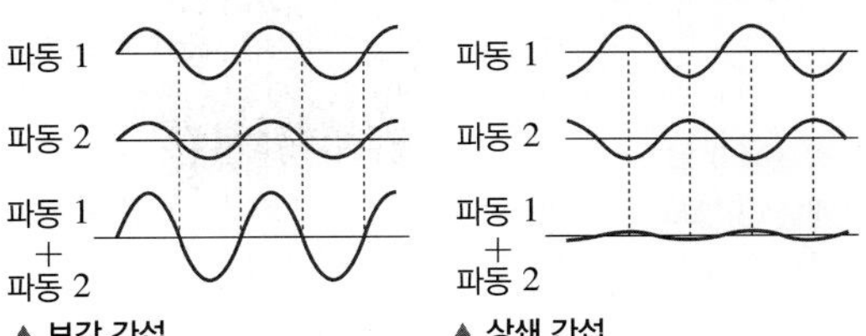

문제 보기

그림과 같이 스피커 A, B에서 진폭과 진동수가 동일한 소리를 발생시키면 점 O에서 보강 간섭이 일어나고, 점 P에서는 상쇄 간섭이 일어난다.

→ A와 O 사이의 거리=B와 O 사이의 거리 → A, B에서 같은 위상으로 소리가 발생

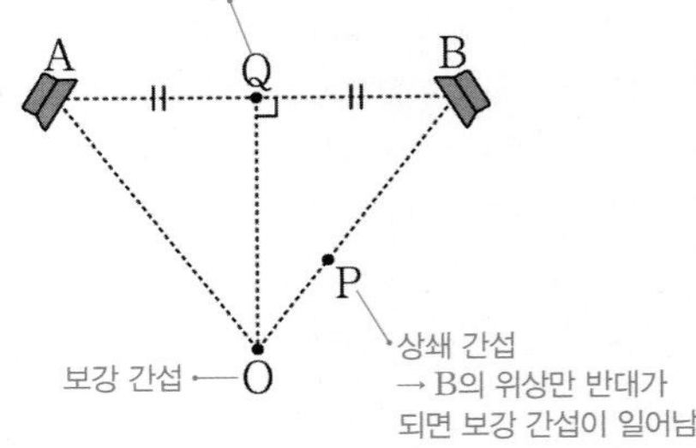

이에 대한 설명으로 옳은 것만을 〈보기〉에서 있는 대로 고른 것은? (단, 스피커의 크기는 무시한다.)

<보기> 풀이

ㄱ. A와 B에서 같은 위상으로 소리가 발생한다.

➡ A, B로부터의 거리가 같은 O에서 보강 간섭이 일어나므로, A, B에서 같은 위상으로 소리가 발생한다.

ㄴ. A와 B에서 발생한 소리는 점 Q에서 보강 간섭한다.

➡ Q는 A와 B로부터의 거리가 같은 지점이고 A와 B에서 같은 위상으로 소리가 발생하므로, A와 B에서 발생한 소리는 점 Q에서 보강 간섭한다.

ㄷ. B에서 발생하는 소리의 위상만을 반대로 하면 A와 B에서 발생한 소리가 P에서 보강 간섭한다.

➡ P에서 상쇄 간섭이 일어나므로, A, B에서 발생한 소리가 P에서 반대 위상으로 만난다. B에서 발생하는 소리의 위상만을 반대로 하면 A, B에서 발생한 소리가 P에서 같은 위상으로 만나게 되므로 보강 간섭한다.

30 소리의 간섭 2021학년도 4월 학평 물Ⅰ 16번

정답 ② | 정답률 74 %

적용해야 할 개념 ③가지

① 파동의 간섭: 파동이 중첩되어 진폭이 변하는 현상이다.
② 보강 간섭: 두 파동이 같은 위상으로 만날 때(마루와 마루 또는 골과 골이 만날 때)의 간섭으로, 합성파의 진폭이 커진다.
③ 상쇄 간섭: 두 파동이 반대 위상으로 만날 때(마루와 골이 만날 때)의 간섭으로, 합성파의 진폭이 작아진다.

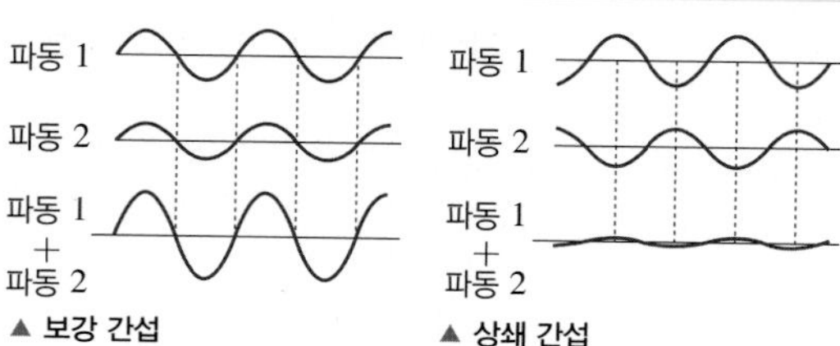

▲ 보강 간섭 ▲ 상쇄 간섭

문제 보기

다음은 소리의 간섭 실험이다.

[실험 과정]

(가) 그림과 같이 나란하게 놓인 스피커 S_1과 S_2 사이의 중앙 지점에서 수직 방향으로 2 m 떨어진 점 O를 표시한다.

(나) S_1, S_2에서 진동수가 340 Hz이고 위상과 진폭이 동일한 소리를 발생시킨다.

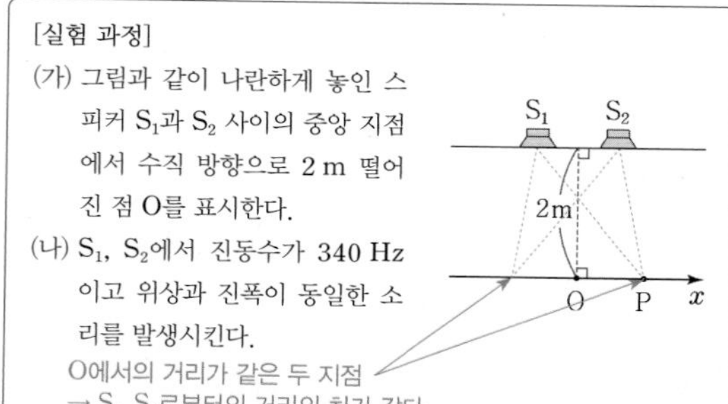

O에서의 거리가 같은 두 지점
→ S_1, S_2로부터의 거리의 차가 같다.
→ P에서 상쇄 간섭하면, 대칭인 지점에서도 상쇄 간섭한다.

(다) O에서 $+x$ 방향으로 이동하며 소리의 세기를 측정하여 처음으로 보강 간섭하는 지점과 상쇄 간섭하는 지점을 표시한다.

[실험 결과]

○ (다)의 결과

두 파동이 같은 위상으로 만난다. / 두 파동이 반대 위상으로 만난다.

	보강 간섭	상쇄 간섭
지점	O	P

○ O에서 P까지의 거리는 1 m이다.

이에 대한 설명으로 옳은 것만을 〈보기〉에서 있는 대로 고른 것은? [3점]

<보기> 풀이

ㄱ. S_1, S_2에서 발생한 소리의 위상은 O에서 서로 반대이다. (×)

➡ O는 S_1, S_2로부터의 거리가 같고 보강 간섭이 일어나는 지점이므로, S_1, S_2에서 발생한 소리의 위상은 O에서 서로 같다.

ㄴ. O에서 $-x$ 방향으로 1 m만큼 떨어진 지점에서는 S_1, S_2에서 발생한 소리가 상쇄 간섭한다. (○)

➡ S_1, S_2로부터의 거리의 차는 O에서 $+x$ 방향으로 1 m만큼 떨어진 P와 O에서 $-x$ 방향으로 1 m만큼 떨어진 지점에서가 같다. S_1, S_2에서 발생한 소리가 P에서 상쇄 간섭하므로, O에서 $-x$ 방향으로 1 m만큼 떨어진 지점에서도 상쇄 간섭한다.

ㄷ. S_1에서 발생하는 소리의 위상만을 반대로 하면 S_1, S_2에서 발생한 소리가 O에서 보강 간섭한다. (×)

➡ S_1에서 발생하는 소리의 위상만을 반대로 하면, S_1, S_2에서 발생한 소리가 O에서 반대 위상으로 만나므로 상쇄 간섭한다.

31 소리의 간섭 2022학년도 4월 학평 물I 17번

정답 ④ | 정답률 70 %

적용해야 할 개념 ③가지

① 파동의 속력(v): 단위 시간 동안 파동이 이동한 거리로, 파장(λ)을 주기(T)로 나눈 값 또는 진동수(f)와 파장(λ)의 곱과 같다. ➡ $v=\frac{\lambda}{T}=f\lambda$

② 보강 간섭: 두 파동이 같은 위상으로 만날 때(마루와 마루 또는 골과 골이 만날 때)의 간섭으로, 합성파의 진폭이 커진다.

③ 상쇄 간섭: 두 파동이 반대 위상으로 만날 때(마루와 골이 만날 때)의 간섭으로, 합성파의 진폭이 작아진다.

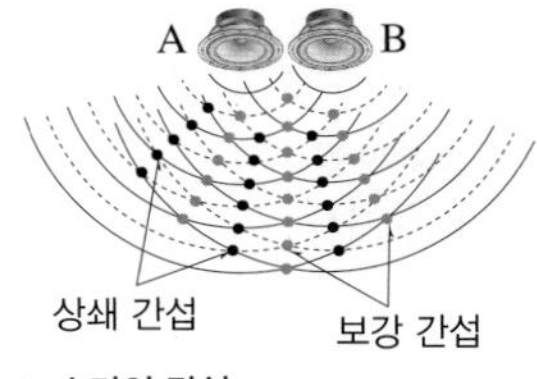

▲ 소리의 간섭

문제 보기

다음은 소리의 간섭 실험이다.

[실험 과정]

(가) 그림과 같이 $x=0$에서부터 같은 거리만큼 떨어진 곳에 스피커 A, B를 나란히 고정한다.

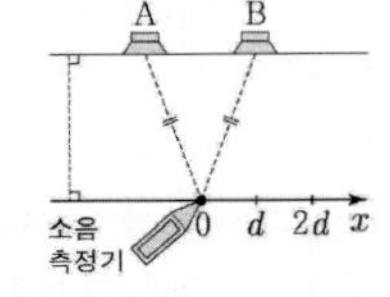

(나) A, B에서 진동수가 f이고 진폭이 동일한 소리를 발생시킨다.

(다) $+x$ 방향으로 이동하며 소리의 세기를 측정하여, $x=0$에서부터 처음으로 보강 간섭하는 지점과 상쇄 간섭하는 지점을 기록한다.

(라) (나)의 A, B에서 발생하는 소리의 진동수만을 $2f$로 바꾼 후, (다)를 반복한다.

(마) (나)의 A, B에서 발생하는 소리의 진동수만을 $3f$로 바꾼 후, (다)를 반복한다.

[실험 결과]

→ 두 스피커 중 한 스피커에서 발생하는 소리의 위상을 반대로 하면 상쇄 간섭이 일어난다.

실험	소리의 진동수	보강 간섭 하는 지점	상쇄 간섭 하는 지점
(다)	f	$x=0$	$x=2d$
(라)	$2f$	$x=0$	$x=d$
(마)	$3f$	$x=0$	$x=$㉠

진동수가 클수록 간섭하는 지점 사이의 거리가 작아진다. → ㉠$<d$

이에 대한 설명으로 옳은 것만을 〈보기〉에서 있는 대로 고른 것은? [3점]

<보기> 풀이

ㄱ. (라)에서, 측정한 소리의 세기는 $x=0$에서가 $x=d$에서보다 작다.

➡ 소리가 보강 간섭을 하면 소리의 세기가 커지고, 상쇄 간섭을 하면 소리의 세기가 작아진다. (라)에서 $x=0$에서 보강 간섭이 일어나고 $x=d$에서 상쇄 간섭이 일어나므로, (라)에서 측정한 소리의 세기는 $x=0$에서가 $x=d$에서보다 크다.

ㄴ. ㉠은 d보다 작다.

➡ 소리의 속력 $v=f\lambda$에서 속력 v가 일정할 때 진동수 f와 파장 λ는 반비례하므로, 진동수가 클수록 파장이 짧다. 파장이 짧으면 간섭이 일어나는 지점 사이의 간격이 작아지므로, 진동수가 클수록 간섭이 일어나는 지점 사이의 거리가 작아진다. 따라서 ㉠은 d보다 작다.

ㄷ. (나)에서, A에서 발생하는 소리의 위상만을 반대로 하면 A, B에서 발생한 소리가 $x=0$에서 상쇄 간섭한다.

➡ $x=0$에서 보강 간섭이 일어나므로, A, B에서 발생한 소리가 $x=0$에서 같은 위상으로 만난다. 이때 (나)에서 A에서 발생하는 소리의 위상만을 반대로 하면 A, B에서 발생한 소리가 $x=0$에서 반대 위상으로 만나게 되므로 상쇄 간섭한다.

32 소리의 간섭 2022학년도 7월 학평 물Ⅰ 14번

정답 ③ | 정답률 78 %

적용해야 할 개념 ③가지

① 파동의 간섭: 파동이 중첩되어 진폭이 변하는 현상이다.
② 보강 간섭: 두 파동이 같은 위상으로 만날 때(마루와 마루 또는 골과 골이 만날 때)의 간섭으로, 합성파의 진폭이 커진다.
③ 상쇄 간섭: 두 파동이 반대 위상으로 만날 때(마루와 골이 만날 때)의 간섭으로, 합성파의 진폭이 작아진다.

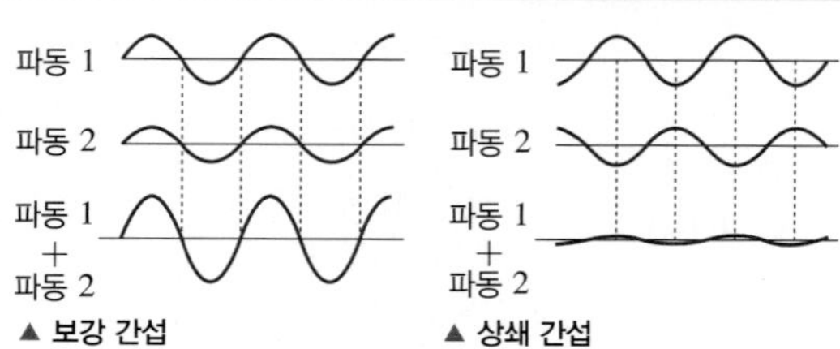

문제 보기

다음은 스피커를 이용한 파동의 간섭 실험이다.

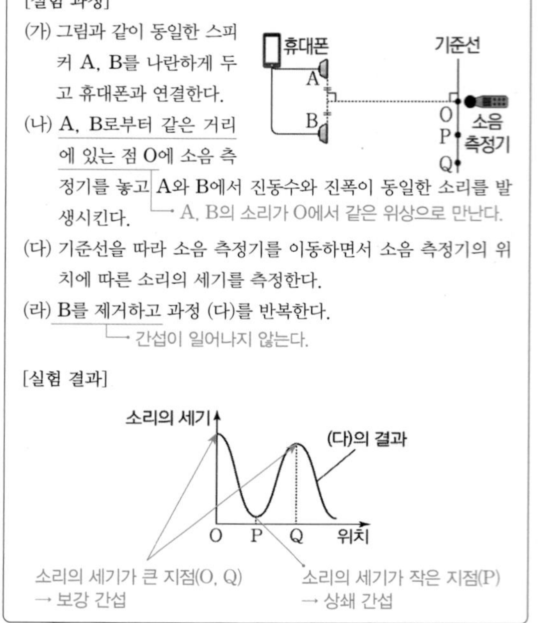

[실험 과정]
(가) 그림과 같이 동일한 스피커 A, B를 나란하게 두고 휴대폰과 연결한다.
(나) A, B로부터 같은 거리에 있는 점 O에 소음 측정기를 놓고 A와 B에서 진동수와 진폭이 동일한 소리를 발생시킨다.
A, B의 소리가 O에서 같은 위상으로 만난다.
(다) 기준선을 따라 소음 측정기를 이동하면서 소음 측정기의 위치에 따른 소리의 세기를 측정한다.
(라) B를 제거하고 과정 (다)를 반복한다.
간섭이 일어나지 않는다.
휴대폰
기준선
A
B
O
P
Q
소음 측정기
[실험 결과]
소리의 세기
(다)의 결과
O
P
Q
위치
소리의 세기가 큰 지점(O, Q) → 보강 간섭
소리의 세기가 작은 지점(P) → 상쇄 간섭

이에 대한 설명으로 옳은 것만을 〈보기〉에서 있는 대로 고른 것은? [3점]

<보기> 풀이

ㄱ. A, B에서 발생한 소리는 O에서 같은 위상으로 만난다.

➡ 점 O는 동일한 소리가 발생하는 A, B로부터 같은 거리에 있으므로, A, B에서 발생한 소리는 O에서 같은 위상으로 만난다.

ㄴ. (다)에서 점 P에서는 상쇄 간섭이 일어난다.

➡ (다)의 결과를 나타낸 그래프에서 점 P에서의 소리의 세기가 작아졌으므로, P에서는 상쇄 간섭이 일어난다.

ㄷ. 점 P에서 측정된 소리의 세기는 (다)에서가 (라)에서보다 크다.

➡ (라)에서 B를 제거하면 A에서 발생한 소리만 점 P에 도달하므로 간섭이 일어나지 않는다. 따라서 P에서 측정된 소리의 세기는 (라)에서가 (다)에서보다 크다.

33 소리의 간섭 2021학년도 3월 학평 물I 18번

정답 ① | 정답률 60 %

적용해야 할 개념 ③가지

① 진동수(f): 매질의 한 점이 1초 동안 진동하는 횟수이며, 주기와 역수 관계이다. ➡ $f=\frac{1}{T}$ (단위: Hz)

② 보강 간섭: 두 파동이 같은 위상으로 만날 때(마루와 마루 또는 골과 골이 만날 때)의 간섭으로, 합성파의 진폭이 커진다.

③ 상쇄 간섭: 두 파동이 반대 위상으로 만날 때(마루와 골이 만날 때)의 간섭으로, 합성파의 진폭이 작아진다.

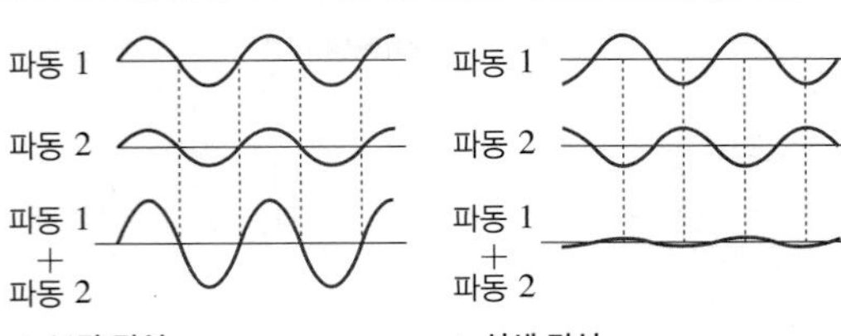

▲ 보강 간섭 ▲ 상쇄 간섭

문제 보기

다음은 소리의 간섭 실험이다.

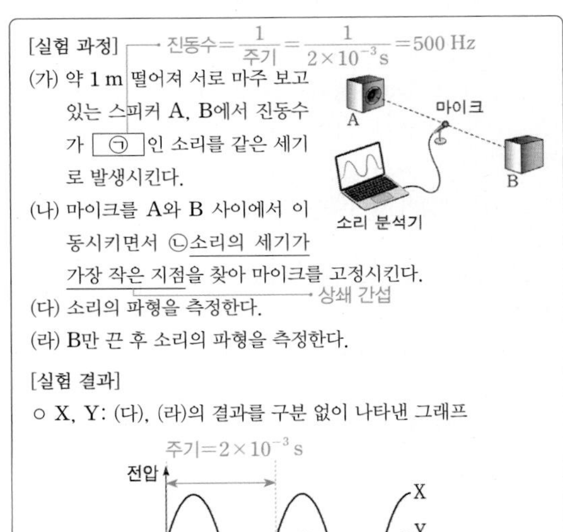

[실험 과정]
진동수$=\frac{1}{주기}=\frac{1}{2\times10^{-3}\,\text{s}}=500$ Hz
(가) 약 1 m 떨어져 서로 마주 보고 있는 스피커 A, B에서 진동수가 ㉠ 인 소리를 같은 세기로 발생시킨다.
(나) 마이크를 A와 B 사이에서 이동시키면서 ㉡소리의 세기가 가장 작은 지점을 찾아 마이크를 고정시킨다.
상쇄 간섭
(다) 소리의 파형을 측정한다.
(라) B만 끈 후 소리의 파형을 측정한다.
[실험 결과]
○ X, Y: (다), (라)의 결과를 구분 없이 나타낸 그래프
마이크
A
B
소리 분석기
주기$=2\times10^{-3}$ s
전압
X
Y
0
1
2
3
4
시간 ($\times10^{-3}$s)

이에 대한 옳은 설명만을 〈보기〉에서 있는 대로 고른 것은?

<보기> 풀이

ㄱ. ㉠은 500 Hz이다.

➡ 소리의 파형을 나타낸 그래프에서 주기는 2×10^{-3} s이다. 진동수는 주기와 역수 관계이므로 ㉠은 $\frac{1}{2\times10^{-3}\,\text{s}}=500$ Hz이다.

ㄴ. ㉡에서 간섭한 소리의 위상은 서로 같다.

➡ 소리의 세기가 작아지는 경우는 상쇄 간섭이 일어날 때이다. 상쇄 간섭은 두 파동이 반대 위상으로 만날 때 일어나므로, ㉡에서 간섭한 소리의 위상은 서로 반대이다.

ㄷ. (라)의 결과는 Y이다.

➡ (라)에서 B만 끄면 간섭이 일어나지 않으므로, 상쇄 간섭이 일어나는 (다)보다 소리의 진폭이 크다. 따라서 (라)의 결과는 X이다.

34 소리의 간섭 2022학년도 9월 모평 물I 4번

정답 ④ | 정답률 93 %

적용해야 할 개념 ③가지

① 보강 간섭: 두 파동이 같은 위상으로 만날 때(마루와 마루 또는 골과 골이 만날 때)의 간섭으로, 합성파의 진폭이 커진다.

② 상쇄 간섭: 두 파동이 반대 위상으로 만날 때(마루와 골이 만날 때)의 간섭으로, 합성파의 진폭이 작아진다.

③ 소음 제거 기술: 소음과 위상이 반대인 파동을 발생시켜서 소음과 상쇄 간섭을 일으키도록 하여 소음을 제거하는 기술이다.

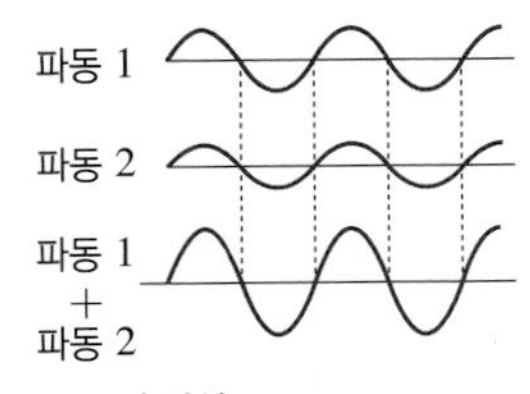

▲ 보강 간섭

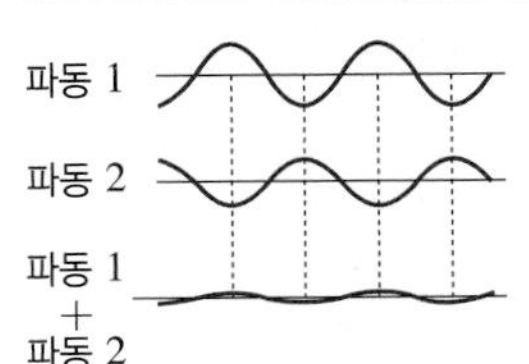

▲ 상쇄 간섭

문제 보기

다음은 일상생활에서 소리의 간섭 현상을 이용한 예이다.

○ 자동차 배기 장치에는 소리의 ㉠ 간섭 현상을 이용한 구조가 있어서 소음이 줄어든다. (상쇄)

○ 소음 제거 헤드폰은 헤드폰의 마이크에 ㉡외부 소음이 입력되면 ㉠ 간섭을 일으킬 수 있는 ㉢소리를 헤드폰에서 발생시켜서 소음을 줄여준다. (상쇄) (위상이 반대)

이에 대한 설명으로 옳은 것만을 〈보기〉에서 있는 대로 고른 것은?

<보기> 풀이

ㄱ. '보강'은 ㉠에 해당한다.

➡ 소음을 줄일 때에는 두 파동이 반대 위상으로 만날 때 합성파의 진폭이 작아지는 상쇄 간섭 현상을 이용하므로, '상쇄'가 ㉠에 해당한다.

ㄴ. ㉡과 ㉢은 위상이 반대이다.

➡ 소음 제거 기술은 외부 소음과 위상이 반대인 소리를 발생시켜서 소음과 상쇄 간섭을 일으켜 소음을 제거하는 기술이다. 따라서 ㉡과 ㉢은 위상이 반대이다.

ㄷ. 소리의 간섭 현상은 파동적 성질 때문에 나타난다.

➡ 간섭과 회절 현상은 파동의 대표적 성질이다. 따라서 소리의 간섭 현상은 파동적 성질 때문에 나타난다.

35 소리의 간섭 2022학년도 6월 모평 물Ⅰ 15번

정답 ② | 정답률 53 %

적용해야 할 개념 ④가지

① 파동의 속력(v): 단위 시간 동안 파동이 이동한 거리로, 파장(λ)을 주기(T)로 나눈 값 또는 진동수(f)와 파장(λ)의 곱과 같다. ➡ $v=\frac{\lambda}{T}=f\lambda$

② 보강 간섭: 두 파동이 같은 위상으로 만날 때(마루와 마루 또는 골과 골이 만날 때)의 간섭으로, 합성파의 진폭이 커진다.

③ 상쇄 간섭: 두 파동이 반대 위상으로 만날 때(마루와 골이 만날 때)의 간섭으로, 합성파의 진폭이 작아진다.

④ 보강 간섭이 일어나는 지점에서의 경로차는 반파장의 짝수 배이고, 상쇄 간섭이 일어나는 지점에서의 경로차는 반파장의 홀수 배이다.

A B

상쇄 간섭 보강 간섭

▲ 소리의 간섭

문제 보기

그림과 같이 두 개의 스피커에서 진폭과 진동수가 동일한 소리를 발생시키면 $x=0$에서 보강 간섭이 일어난다. 소리의 진동수가 f_1, f_2일 때 x축상에서 $x=0$으로부터 첫 번째 보강 간섭이 일어난 지점까지의 거리는 각각 $2d$, $3d$이다.

└ 보강 간섭이 일어나는 간격이 작을수록 파장이 짧고 진동수는 크다. → $f_1>f_2$

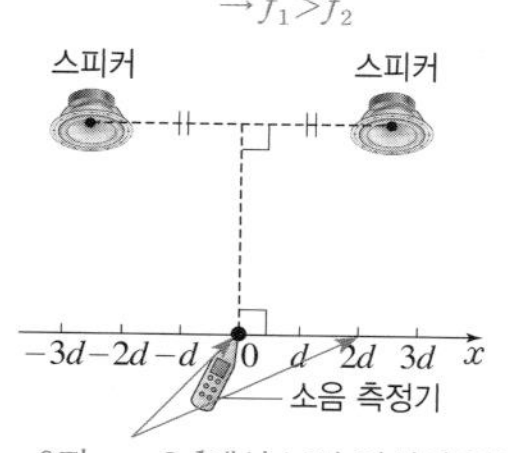

f_1일 때: $x=0$과 $x=2d$에서 보강 간섭이 일어난다.
→ $0<x<2d$에서 상쇄 간섭이 일어나는 지점이 있다.

이에 대한 설명으로 옳은 것만을 〈보기〉에서 있는 대로 고른 것은?

<보기> 풀이

ㄱ. $f_1<f_2$이다. (✗)

➡ 소리의 속력 $v=f\lambda$에서 속력 v가 일정할 때 진동수 f와 파장 λ는 반비례하므로, 진동수가 클수록 파장이 짧다. 파장이 짧으면 보강 간섭이 일어나는 지점 사이의 간격이 작아진다. x축상에서 $x=0$으로부터 첫 번째 보강 간섭이 일어난 지점까지의 거리는 소리의 진동수가 f_1일 때가 f_2일 때보다 작으므로, 진동수는 f_1이 f_2보다 크다. 즉, $f_1>f_2$이다.

ㄴ. f_1일 때 $x=0$과 $x=2d$ 사이에 상쇄 간섭이 일어나는 지점이 있다. (○)

➡ 보강 간섭이 일어나는 두 지점 사이에는 반드시 상쇄 간섭이 일어나는 지점이 존재한다. f_1일 때 $x=0$과 $x=2d$에서 보강 간섭이 일어나므로, f_1일 때 $x=0$과 $x=2d$ 사이에 상쇄 간섭이 일어나는 지점이 있다.

ㄷ. 보강 간섭된 소리의 진동수는 스피커에서 발생한 소리의 진동수보다 크다. (✗)

➡ 파동의 진동수는 파원에 의해 결정되므로, 진동수가 같은 두 파동이 중첩하는 경우 진동수는 변하지 않는다. 따라서 보강 간섭된 소리의 진동수는 스피커에서 발생한 소리의 진동수와 같다.

36 소리의 간섭 2024학년도 10월 학평 물Ⅰ 8번

정답 ④ | 정답률 86 %

적용해야 할 개념 ③가지

① 파동의 간섭: 파동이 중첩되어 진폭이 변하는 현상이다.

② 보강 간섭: 두 파동이 같은 위상으로 만날 때(마루와 마루 또는 골과 골이 만날 때)의 간섭으로, 합성파의 진폭이 커진다.

③ 상쇄 간섭: 두 파동이 반대 위상으로 만날 때(마루와 골이 만날 때)의 간섭으로, 합성파의 진폭이 작아진다.

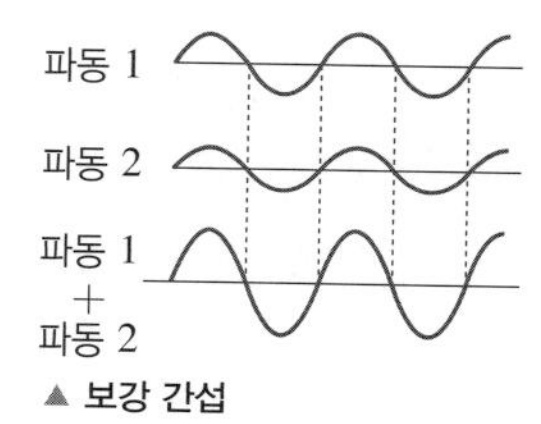

▲ 보강 간섭

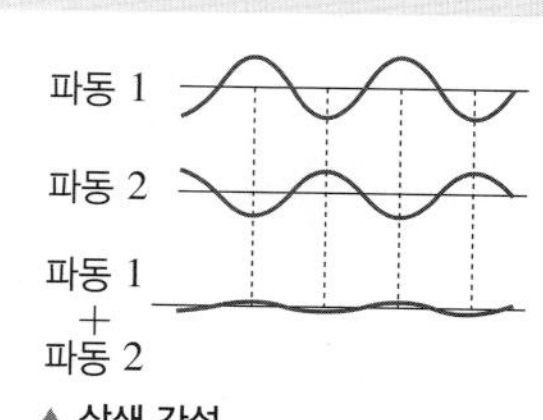

▲ 상쇄 간섭

문제 보기

그림과 같이 진폭과 진동수가 동일한 소리를 일정하게 발생시키는 스피커 A와 B를 $x=0$으로부터 같은 거리만큼 떨어진 x축상의 지점에 각각 고정시키고, 소음 측정기로 x축상에서 위치에 따른 소리의 세기를 측정하였다. $x=0$에서 상쇄 간섭이 일어나고, $x=0$으로부터 첫 번째 상쇄 간섭이 일어난 지점까지의 거리는 $2d$이다.

└ 상쇄 간섭이 일어나는 이웃한 지점 사이의 거리$=2d$

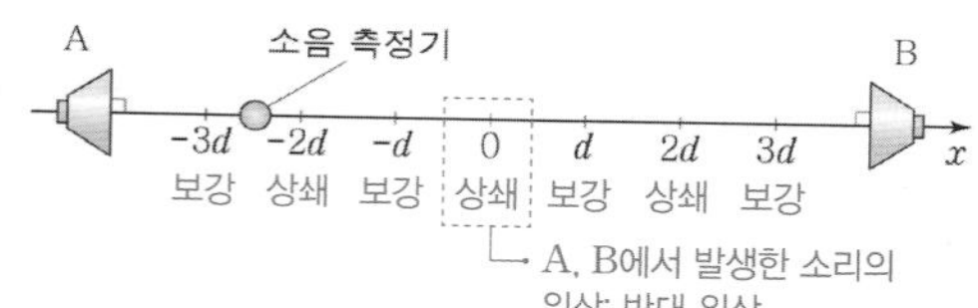

└ A, B에서 발생한 소리의 위상: 반대 위상

이에 대한 옳은 설명만을 〈보기〉에서 있는 대로 고른 것은? (단, 소음 측정기와 A, B의 크기는 무시한다.)

<보기> 풀이

진폭과 진동수가 같은 두 파동이 중첩할 때 보강 간섭과 상쇄 간섭이 번갈아 일어난다. 상쇄 간섭이 일어나는 이웃한 지점 사이의 거리가 $2d$일 때, 보강 간섭이 일어나는 이웃한 지점 사이의 거리도 $2d$이다. 따라서 $x=-2d$, $x=0$, $x=2d$에서 상쇄 간섭이 일어나고 $x=-3d$, $x=-d$, $x=d$, $x=3d$에서 보강 간섭이 일어난다.

ㄱ. $x=0$과 $x=-2d$ 사이에 보강 간섭이 일어나는 지점이 있다. (○)

➡ $x=-d$에서 보강 간섭이 일어나므로, $x=0$과 $x=-2d$ 사이에 보강 간섭이 일어나는 지점이 있다.

ㄴ. 소리의 세기는 $x=0$에서가 $x=3d$에서보다 작다. (○)

➡ 합성파의 진폭은 상쇄 간섭이 일어나는 곳에서 작아지고 보강 간섭이 일어나는 곳에서 커진다. $x=0$에서 상쇄 간섭이 일어나고 $x=3d$에서 보강 간섭이 일어나므로, 소리의 세기는 $x=0$에서가 $x=3d$에서보다 작다.

ㄷ. A와 B에서 발생한 소리는 $x=0$에서 같은 위상으로 만난다. (✗)

➡ 상쇄 간섭은 두 파동이 반대 위상으로 만날 때 일어난다. A, B로부터 같은 거리만큼 떨어져 있는 $x=0$에서 상쇄 간섭이 일어나므로, A와 B에서 발생한 소리는 $x=0$에서 반대 위상으로 만난다.

22 일차

37 빛의 간섭 2022학년도 10월 학평 물I 18번

정답 ① | 정답률 78 %

적용해야 할 개념 ③가지

① 보강 간섭: 두 파동이 같은 위상으로 만날 때(마루와 마루 또는 골과 골이 만날 때)의 간섭으로, 합성파의 진폭이 커진다.
② 상쇄 간섭: 두 파동이 반대 위상으로 만날 때(마루와 골이 만날 때)의 간섭으로, 합성파의 진폭이 작아진다.
③ 얇은 막에 의한 간섭: 빛이 얇은 막에 비칠 때, 막의 아래쪽과 위쪽에서 반사되는 빛이 간섭 현상을 일으킨다.

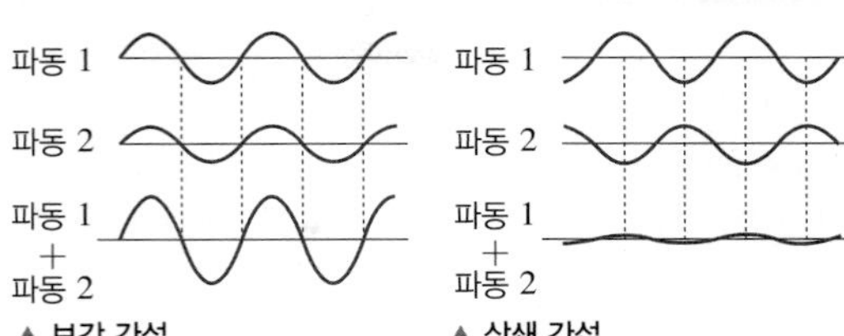

▲ 보강 간섭 ▲ 상쇄 간섭

문제 보기

다음은 빛의 간섭을 활용하는 사례에 대한 설명이다.

→ 상쇄 간섭을 이용

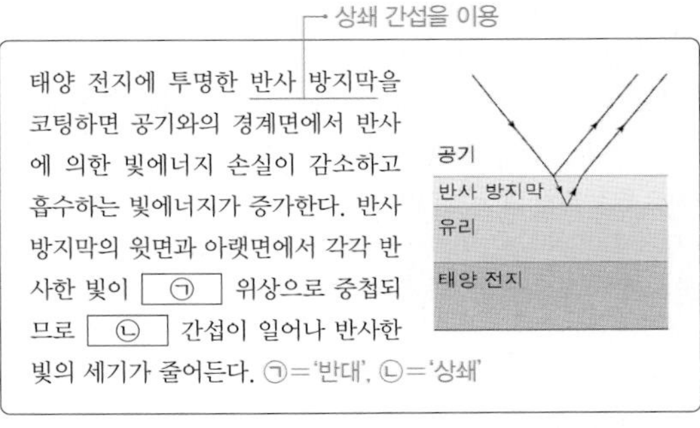

태양 전지에 투명한 반사 방지막을 코팅하면 공기와의 경계면에서 반사에 의한 빛에너지 손실이 감소하고 흡수하는 빛에너지가 증가한다. 반사 방지막의 윗면과 아랫면에서 각각 반사한 빛이 [㉠] 위상으로 중첩되므로 [㉡] 간섭이 일어나 반사한 빛의 세기가 줄어든다. ㉠='반대', ㉡='상쇄'

이에 대한 옳은 설명만을 〈보기〉에서 있는 대로 고른 것은?

<보기> 풀이

ㄱ. 간섭은 빛의 파동성으로 설명할 수 있다.
➡ 간섭은 파동이 중첩될 때 파동의 세기가 변하는 현상이다. 따라서 간섭은 빛의 파동성으로 설명할 수 있다.

ㄴ. '같은'은 ㉠으로 적절하다.
➡ 반사 방지막은 반사광의 세기를 줄이기 위한 것이므로, 반사 방지막의 윗면과 아랫면에서 각각 반사한 빛이 반대 위상으로 중첩된다. 따라서 '반대'가 ㉠으로 적절하다.

ㄷ. '보강'은 ㉡으로 적절하다.
➡ 반사 방지막은 윗면과 아랫면에서 각각 반사한 빛이 반대 위상으로 중첩되어 상쇄 간섭이 일어나는 것을 이용하므로, '상쇄'가 ㉡으로 적절하다.

38 파동의 이용 2023학년도 6월 모평 물I 4번

정답 ③ | 정답률 83 %

적용해야 할 개념 ③가지

① 보강 간섭: 두 파동이 같은 위상으로 만날 때(마루와 마루 또는 골과 골이 만날 때)의 간섭으로, 합성파의 진폭이 커진다.
② 상쇄 간섭: 두 파동이 반대 위상으로 만날 때(마루와 골이 만날 때)의 간섭으로, 합성파의 진폭이 작아진다.
③ 얇은 막에서의 간섭: 빛이 얇은 막에 비칠 때, 막의 아래쪽과 위쪽에서 반사된 빛이 간섭 현상을 일으킨다.

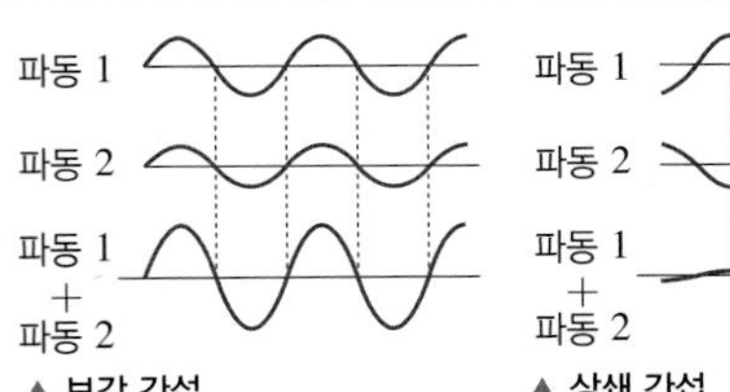

▲ 보강 간섭 ▲ 상쇄 간섭

문제 보기

다음은 파동의 간섭을 활용한 무반사 코팅 렌즈에 대한 내용이다.

→ 상쇄 간섭

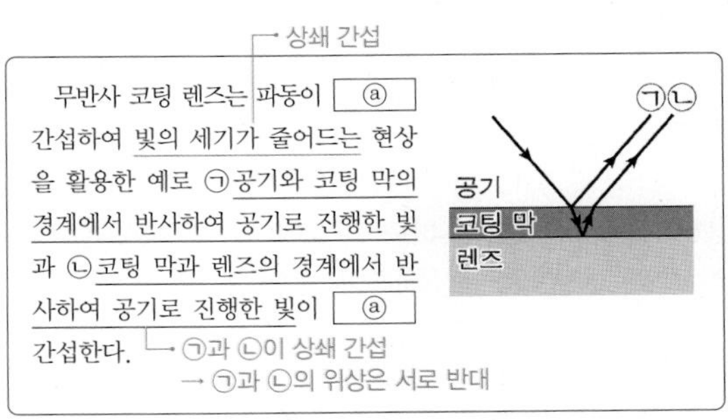

무반사 코팅 렌즈는 파동이 [ⓐ] 간섭하여 빛의 세기가 줄어드는 현상을 활용한 예로 ㉠공기와 코팅 막의 경계에서 반사하여 공기로 진행한 빛과 ㉡코팅 막과 렌즈의 경계에서 반사하여 공기로 진행한 빛이 [ⓐ] 간섭한다. → ㉠과 ㉡이 상쇄 간섭 → ㉠과 ㉡의 위상은 서로 반대

이에 대한 설명으로 옳은 것만을 〈보기〉에서 있는 대로 고른 것은?

<보기> 풀이

ㄱ. '상쇄'는 ⓐ에 해당한다.
➡ 파동이 중첩될 때 파동의 세기가 줄어드는 간섭은 상쇄 간섭이다. 무반사 코팅 렌즈는 상쇄 간섭을 이용해 렌즈에서 반사하는 빛의 세기를 줄이므로, '상쇄'는 ⓐ에 해당한다.

ㄴ. ㉠과 ㉡은 위상이 같다.
➡ 상쇄 간섭은 두 빛이 반대 위상으로 만날 때 일어난다. 무반사 코팅 렌즈에서 ㉠과 ㉡은 상쇄 간섭하는 빛이므로, ㉠과 ㉡은 위상이 반대이다.

ㄷ. 파동의 간섭 현상은 소음 제거 이어폰에 활용된다.
➡ 소리가 상쇄 간섭할 때 소리의 세기가 줄어들므로, 소음 제거 이어폰은 외부 소음과 위상이 반대인 소리를 발생시켜서 소음과 상쇄 간섭하도록 한다. 따라서 파동의 간섭 현상은 소음 제거 이어폰에 활용된다.

39 파동의 이용 2022학년도 3월 학평 물I 3번

정답 ① | 정답률 59 %

적용해야 할 개념 ③가지

① 파동의 간섭: 파동이 중첩되어 진폭이 변하는 현상이다.
② 보강 간섭: 두 파동이 같은 위상으로 만날 때(마루와 마루 또는 골과 골이 만날 때)의 간섭으로, 합성파의 진폭이 커진다.
③ 상쇄 간섭: 두 파동이 반대 위상으로 만날 때(마루와 골이 만날 때)의 간섭으로, 합성파의 진폭이 작아진다.

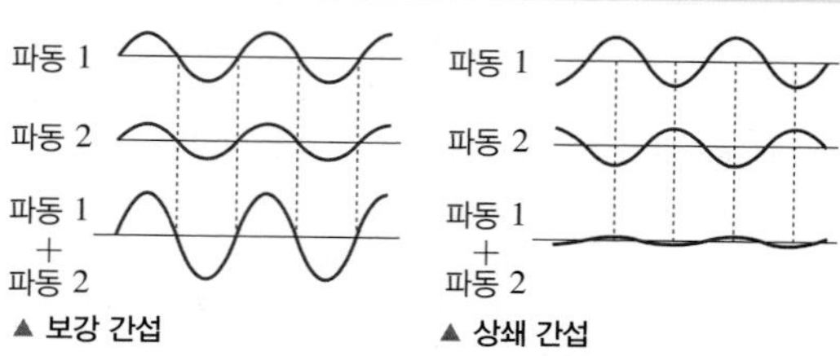

문제 보기

그림 (가)는 초음파를 이용하여 인체 내의 이물질을 파괴하는 의료 장비를, (나)는 소음 제거 이어폰을 나타낸 것이다.

(초음파의 세기를 크게 한다. → 보강 간섭을 이용)
(소리의 세기를 줄인다. → 상쇄 간섭을 이용)

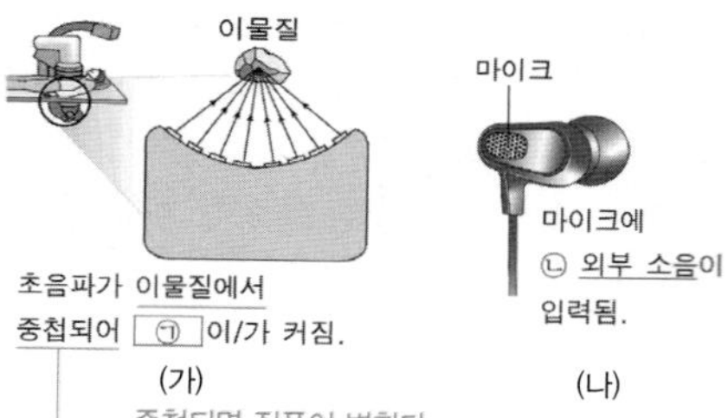

(중첩되면 진폭이 변한다.)

이에 대한 옳은 설명만을 〈보기〉에서 있는 대로 고른 것은?

<보기> 풀이

~~ㄱ.~~ **'진동수'는 ㉠에 해당한다.**
➡ 파동이 중첩되면 진폭이 변하므로, 파동의 세기가 변한다. 의료 장비에서 발생한 초음파는 인체 내의 이물질이 있는 지점에서 보강 간섭을 하여 진폭이 커지고, 진폭이 커지면 초음파의 세기가 커지므로 인체 내의 이물질을 파괴할 수 있다. 따라서 ㉠에 해당하는 것은 '진폭'이다.

(ㄴ.) **(나)의 이어폰은 ㉡과 위상이 반대인 소리를 발생시킨다.**
➡ 외부 소음과 위상이 반대인 소리가 중첩되면 상쇄 간섭이 일어나 진폭이 작아지므로, 소음의 세기가 줄어든다. 따라서 소음 제거 이어폰에서는 마이크에 입력된 외부 소음과 위상이 반대인 소리를 발생시켜 상쇄 간섭이 일어나도록 한다. 즉, (나)의 이어폰은 ㉡과 위상이 반대인 소리를 발생시킨다.

~~ㄷ.~~ **(가)와 (나)는 모두 파동의 상쇄 간섭을 이용한다.**
➡ (가)는 초음파의 보강 간섭을 이용하고, (나)는 소리의 상쇄 간섭을 이용한다.

40 파동의 이용 2021학년도 6월 모평 물I 3번

정답 ① | 정답률 93 %

적용해야 할 개념 ③가지

① 파동의 간섭: 파동이 중첩되어 진폭이 변하는 현상이다.
② 보강 간섭: 두 파동이 같은 위상으로 만날 때(마루와 마루 또는 골과 골이 만날 때)의 간섭으로, 합성파의 진폭이 커진다.
③ 상쇄 간섭: 두 파동이 반대 위상으로 만날 때(마루와 골이 만날 때)의 간섭으로, 합성파의 진폭이 작아진다.

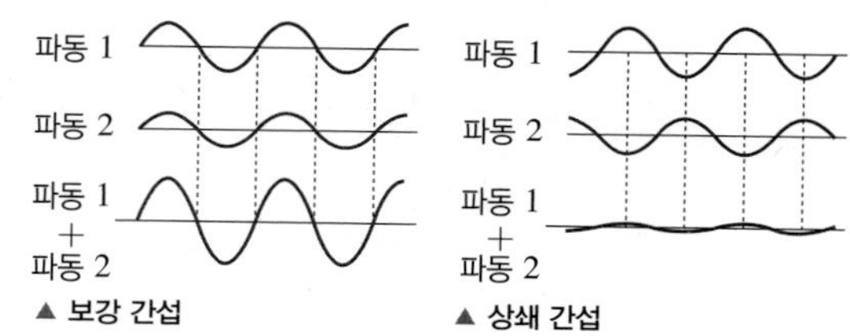

문제 보기

그림 A, B, C는 파동의 성질을 활용한 예를 나타낸 것이다.

A. 소음 제거 이어폰 → 상쇄 간섭

B. 돋보기 → 빛의 굴절

C. 악기의 울림통 → 보강 간섭

A, B, C 중 파동이 간섭하여 파동의 세기가 감소하는 현상을 활용한 예만을 있는 대로 고른 것은? (→ 상쇄 간섭)

<보기> 풀이

(A.) **소음 제거 이어폰**
➡ 소음 제거 이어폰은 마이크에 외부의 소음이 전달되면 소음과 위상이 반대인 파동을 만들어, 이 파동과 소음이 상쇄 간섭을 일으키도록 하여 소음을 제거한다. 따라서 A는 파동이 간섭하여 파동의 세기가 감소하는 현상을 활용한 예이다.

~~B.~~ **돋보기**
➡ 돋보기는 빛이 굴절하는 성질을 이용하여 작은 글씨를 크게 확대해서 볼 수 있도록 하므로, B는 빛의 굴절 현상을 활용한 예이다.

~~C.~~ **악기의 울림통**
➡ 악기의 울림통은 악기에서 발생한 소리의 보강 간섭을 이용하여 소리의 세기를 크게 한다. 따라서 C는 파동이 간섭하여 파동의 세기가 증가하는 현상을 활용한 예이다.

41 파동의 이용 2022학년도 수능 물I 1번

정답 ④ | 정답률 79 %

적용해야 할 개념 ③가지

① 보강 간섭: 두 파동이 같은 위상으로 만날 때(마루와 마루 또는 골과 골이 만날 때)의 간섭으로, 합성파의 진폭이 커진다.

② 상쇄 간섭: 두 파동이 반대 위상으로 만날 때(마루와 골이 만날 때)의 간섭으로, 합성파의 진폭이 작아진다.

③ 얇은 막에 의한 간섭: 빛이 얇은 막에 비칠 때, 막의 아래쪽과 위쪽에서 반사되는 빛이 간섭 현상을 일으킨다.

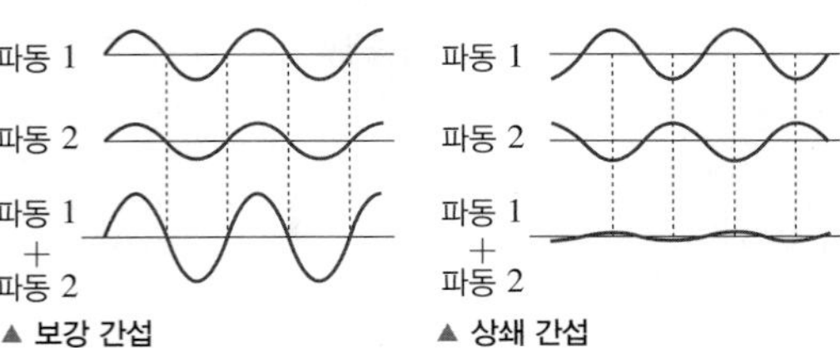

▲ 보강 간섭　▲ 상쇄 간섭

문제 보기

그림 A, B, C는 빛의 성질을 활용한 예를 나타낸 것이다.

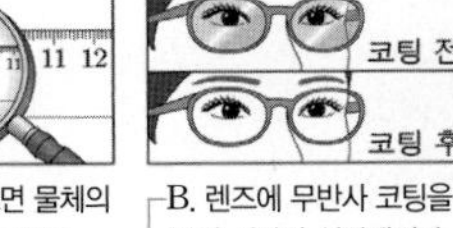

A. 렌즈를 통해 보면 물체의 크기가 다르게 보인다. — 빛의 굴절
B. 렌즈에 무반사 코팅을 하면 시야가 선명해진다. — 빛의 간섭
C. 보는 각도에 따라 지폐의 글자 색이 다르게 보인다. — 빛의 간섭

A, B, C 중 빛의 간섭 현상을 활용한 예만을 있는 대로 고른 것은?

<보기> 풀이

~~A~~. 렌즈를 통해 보면 물체의 크기가 다르게 보인다.

➡ 렌즈를 통해 보면 물체의 크기가 다르게 보이는 것은 빛이 공기와 렌즈의 경계면을 통과할 때 굴절 현상이 일어나기 때문이다.

(B.) 렌즈에 무반사 코팅을 하면 시야가 선명해진다.

➡ 빛이 무반사 코팅을 한 렌즈에 비칠 때, 코팅 막의 윗면에서 반사된 빛과 아랫면에서 반사된 빛이 상쇄 간섭을 하므로 반사광의 세기가 줄어들어 시야가 선명해진다. 따라서 렌즈의 무반사 코팅은 빛의 간섭 현상을 활용한 예이다.

다른 풀이 입사광의 세기=반사광의 세기+투과광의 세기이다. 코팅 막의 윗면에서 반사된 빛과 아랫면에서 반사된 빛이 상쇄 간섭하여 반사광의 세기가 줄어들면, 투과광의 세기가 그만큼 증가하므로 시야가 선명해진다.

(C.) 보는 각도에 따라 지폐의 글자 색이 다르게 보인다.

➡ 지폐의 숫자 부분의 잉크 표면에서 반사하는 빛과 안쪽에서 반사하는 빛이 간섭을 일으킬 때, 보는 각도에 따라 보강 간섭하는 빛의 파장이 달라지므로 글자 색이 다르게 보인다. 이와 같은 현상은 빛의 간섭을 활용한 예이다.

42 물결파의 간섭 2025학년도 수능 물I 11번

정답 ② | 정답률 78 %

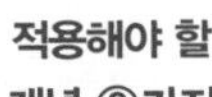

적용해야 할 개념 ③가지

① 파동의 간섭: 파동이 중첩되어 진폭이 변하는 현상이다.

② 보강 간섭: 두 파동이 같은 위상으로 만날 때(마루와 마루 또는 골과 골이 만날 때)의 간섭으로, 합성파의 진폭이 커진다.

③ 상쇄 간섭: 두 파동이 반대 위상으로 만날 때(마루와 골이 만날 때)의 간섭으로, 합성파의 진폭이 작아진다.

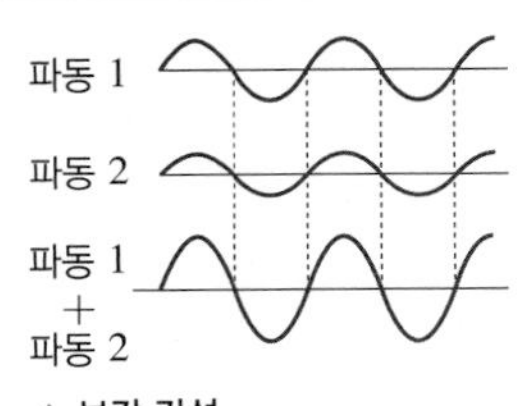

▲ 보강 간섭

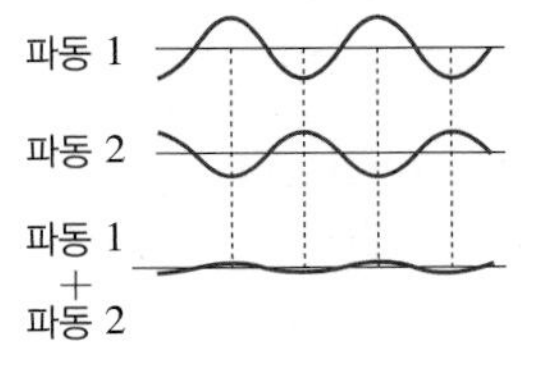

▲ 상쇄 간섭

문제 보기

그림 (가)와 같이 xy평면의 원점 O로부터 같은 거리에 있는 x축 상의 두 지점 S_1, S_2에서 진동수와 진폭이 같고, 위상이 서로 반대인 두 물결파를 동시에 발생시킨다. 점 p, q는 O를 중심으로 하는 원과 O를 지나는 직선이 만나는 지점이다. 그림 (나)는 p에서 중첩된 물결파의 변위를 시간 t에 따라 나타낸 것이다. S_1, S_2에서 발생시킨 두 물결파의 속력은 10 cm/s로 일정하다.

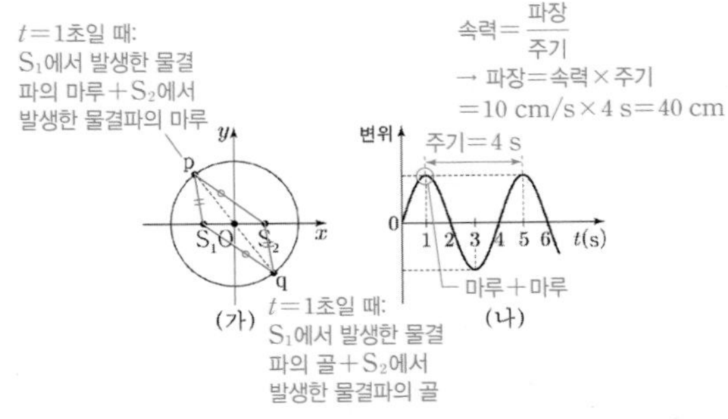

이에 대한 설명으로 옳은 것만을 〈보기〉에서 있는 대로 고른 것은? (단, S_1, S_2, p, q는 xy평면상의 고정된 지점이다.) [3점]

<보기> 풀이

~~ㄱ~~. S_1에서 발생한 물결파의 파장은 20 cm이다.

➡ p에서 중첩된 물결파의 주기는 4초이므로, S_1, S_2에서 발생한 물결파의 주기도 4초이다. 물결파의 속력$=\frac{파장}{주기}$에서 파장=속력×주기이므로, S_1에서 발생한 물결파의 파장은 10 cm/s×4 s=40 cm이다.

(ㄴ.) t=1초일 때, 중첩된 물결파의 변위의 크기는 p에서와 q에서가 같다.

➡ t=1초일 때, p에서 변위가 양(+)의 방향으로 최대이므로 S_1, S_2에서 발생시킨 두 물결파의 마루와 마루가 만난다. S_1, S_2에서 위상이 서로 반대인 두 물결파가 발생하고 S_1에서 p까지의 거리와 S_2에서 q까지의 거리가 같으므로, p에 S_1에서 발생시킨 물결파의 마루가 도달할 때 q에는 S_2에서 발생시킨 물결파의 골이 도달한다. 또 S_2에서 p까지의 거리와 S_1에서 q까지의 거리가 같으므로 p에 S_2에서 발생시킨 물결파의 마루가 도달할 때 q에는 S_1에서 발생시킨 물결파의 골이 도달한다. 따라서 t=1초일 때, q에서 S_1, S_2에서 발생시킨 두 물결파의 골과 골이 만나므로, 중첩된 물결파의 변위의 크기는 p에서와 q에서가 같다.

~~ㄷ~~. O에서 보강 간섭이 일어난다.

➡ S_1, S_2는 원점 O로부터 같은 거리에 있고 S_1, S_2에서 위상이 서로 반대인 두 물결파를 동시에 발생시키므로, O에서 두 물결파는 서로 반대 위상으로 만난다. 따라서 O에서 상쇄 간섭이 일어난다.

23 일차											
01 ⑤	02 ③	03 ⑤	04 ③	05 ②	06 ①	07 ③	08 ②	09 ②	10 ③	11 ①	12 ①
13 ⑤	14 ②	15 ①	16 ①	17 ④	18 ④	19 ①	20 ①	21 ③	22 ④	23 ①	24 ①
25 ③	26 ④	27 ①	28 ②	29 ②	30 ③	31 ④	32 ①	33 ⑤	34 ②	35 ②	36 ②
37 ④	38 ⑤	39 ②	40 ③								

문제편 232쪽~243쪽

01 빛의 굴절과 전반사 2023학년도 9월 모평 물I 9번

정답 ⑤ | 정답률 71 %

적용해야 할 개념 ③가지

① 전반사: 빛이 속력이 느린 매질에서 빠른 매질로(또는 굴절률이 큰 매질에서 작은 매질로) 진행할 때, 입사각이 임계각보다 클 경우 굴절없이 전부 반사하는 현상이다.

② 굴절 법칙 $n_1\sin i = n_2\sin r$에서 $i > r$일 때 $n_1 < n_2$이므로, 법선과 이루는 각이 작은 매질의 굴절률이 더 크다.

③ 빛이 굴절률이 n_1인 매질에서 굴절률이 n_2인 매질로 진행할 때 임계각 i_c는 $n_1\sin i_c = n_2\sin 90°$에서 $\sin i_c = \frac{n_2}{n_1}$ (단, $n_1 > n_2$)이므로, n_1이 커지거나 n_2가 작아질 때 임계각 i_c가 작아진다. 즉, 두 매질의 굴절률 차이가 클수록 임계각이 작아진다.

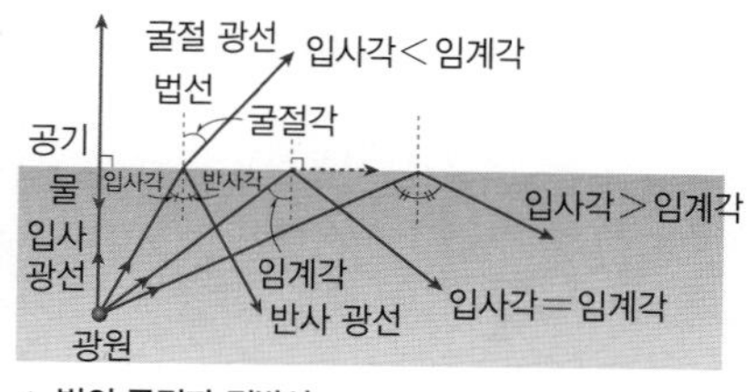

▲ 빛의 굴절과 전반사

문제 보기

그림 (가)는 단색광 X가 매질 Ⅰ, Ⅱ, Ⅲ의 반원형 경계면을 지나는 모습을, (나)는 (가)에서 매질을 바꾸었을 때 X가 매질 ㉠과 ㉡ 사이의 임계각으로 입사하여 점 p에 도달한 모습을 나타낸 것이다. ㉠과 ㉡은 각각 Ⅰ과 Ⅱ 중 하나이다.

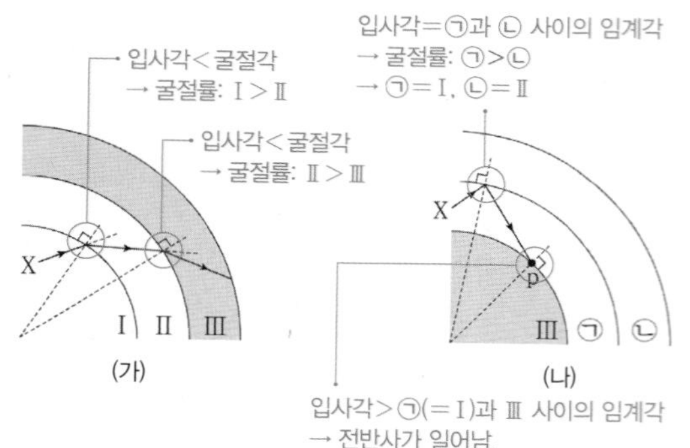

이에 대한 설명으로 옳은 것만을 〈보기〉에서 있는 대로 고른 것은? [3점]

<보기> 풀이

ㄱ. 굴절률은 Ⅰ이 가장 크다.

➡ 서로 다른 두 매질의 경계면에 빛이 굴절할 때, 법선과 이루는 각이 작은 매질의 굴절률이 더 크다. (가)에서 X가 Ⅰ과 Ⅱ의 경계면에서 굴절할 때 입사각이 굴절각보다 작으므로, 굴절률은 Ⅰ이 Ⅱ보다 크다. 또 X가 Ⅱ와 Ⅲ의 경계면에서 굴절할 때 입사각이 굴절각보다 작으므로, 굴절률은 Ⅱ가 Ⅲ보다 크다. 따라서 굴절률의 크기는 Ⅰ > Ⅱ > Ⅲ이므로, 굴절률은 Ⅰ이 가장 크다.

ㄴ. ㉡은 Ⅱ이다.

➡ (나)에서 X가 매질 ㉠과 ㉡ 사이의 임계각으로 입사하므로, 굴절률은 ㉠이 ㉡보다 크다. 굴절률의 크기가 Ⅰ > Ⅱ이므로, ㉠은 Ⅰ, ㉡은 Ⅱ이다.

ㄷ. (나)에서 X는 p에서 전반사한다.

➡ 두 매질의 굴절률 차이가 클수록 임계각은 작아진다. 굴절률의 크기가 Ⅰ > Ⅱ > Ⅲ이므로, 임계각은 Ⅰ에서 Ⅱ로 입사할 때보다 Ⅰ에서 Ⅲ으로 입사할 때가 더 작다. (나)에서 X의 입사각은 ㉠(= Ⅰ)에서 ㉡(= Ⅱ)으로 입사할 때보다 ㉠(= Ⅰ)에서 Ⅲ으로 입사할 때가 더 크다. 즉, ㉠(= Ⅰ)에서 Ⅲ으로 임계각보다 더 큰 입사각으로 입사하므로, X는 p에서 전반사한다.

02 빛의 굴절과 전반사 2024학년도 9월 모평 물Ⅰ 14번

정답 ③ | 정답률 62 %

적용해야 할 개념 ③가지

① 굴절 법칙 $\frac{\sin i}{\sin r}=\frac{v_1}{v_2}=\frac{\lambda_1}{\lambda_2}=n_{12}$(=일정)에서 $i>r$일 때 $\lambda_1>\lambda_2$이므로, 법선과 이루는 각이 작은 매질에서의 빛의 파장이 더 짧다

② 굴절 법칙 $n_1\sin i=n_2\sin r$에서 $i>r$일 때 $n_1<n_2$이므로, 법선과 이루는 각이 작은 매질의 굴절률이 더 크다.

③ 전반사: 빛이 속력이 느린 매질에서 빠른 매질로(또는 굴절률이 큰 매질에서 작은 매질로) 진행할 때, 입사각이 임계각보다 클 경우 굴절 없이 전부 반사하는 현상이다.

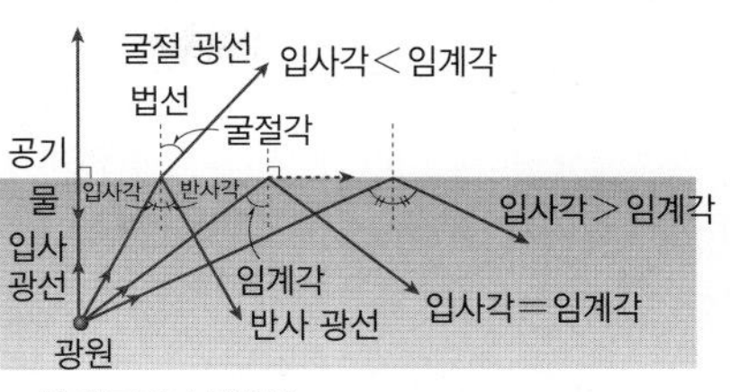

▲ 빛의 굴절과 전반사

문제 보기

그림은 동일한 단색광 A, B를 각각 매질 Ⅰ, Ⅱ에서 중심이 O인 원형 모양의 매질 Ⅲ으로 동일한 입사각 θ로 입사시켰더니, A와 B가 굴절하여 점 p에 입사하는 모습을 나타낸 것이다.

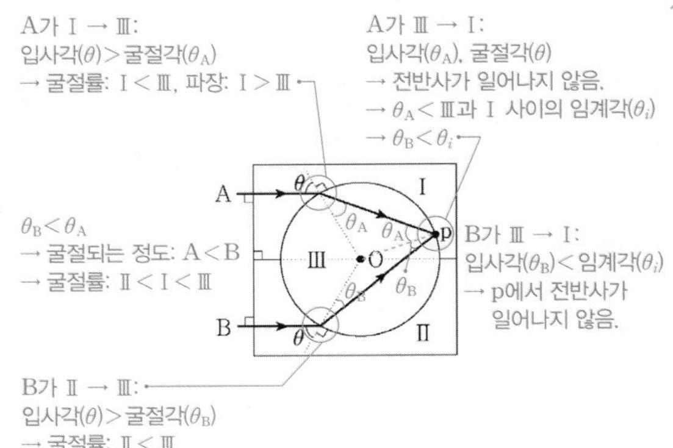

이에 대한 설명으로 옳은 것만을 〈보기〉에서 있는 대로 고른 것은? [3점]

<보기> 풀이

법선과 이루는 각이 작은 매질의 굴절률이 더 크다. A가 Ⅰ에서 Ⅲ으로 입사할 때 Ⅰ과 Ⅲ의 경계면에서 굴절각이 입사각보다 작으므로, 굴절률의 크기는 Ⅰ<Ⅲ이다. 또 B가 Ⅱ에서 Ⅲ으로 입사할 때 Ⅱ와 Ⅲ의 경계면에서 굴절각이 입사각보다 작으므로, 굴절률의 크기는 Ⅱ<Ⅲ이다. 이때 입사각은 A와 B가 θ로 같지만 굴절각은 A가 B보다 크므로, 굴절되는 정도는 A가 B보다 작다. 두 매질의 굴절률 차가 작을수록 굴절되는 정도가 작으므로, Ⅰ과 Ⅲ의 굴절률 차는 Ⅱ와 Ⅲ의 굴절률 차보다 작다. 따라서 굴절률의 크기는 Ⅱ<Ⅰ<Ⅲ이다.

(ㄱ). A의 파장은 Ⅰ에서가 Ⅲ에서보다 길다.

➡ A가 Ⅰ에서 Ⅲ으로 입사할 때 Ⅰ과 Ⅲ의 경계면에서 굴절각이 입사각보다 작다. 법선과 이루는 각이 작은 매질에서 빛의 파장이 더 짧으므로, A의 파장은 Ⅰ에서가 Ⅲ에서보다 길다.

(ㄴ). 굴절률은 Ⅰ이 Ⅱ보다 크다.

➡ 굴절률의 크기는 Ⅱ<Ⅰ<Ⅲ이므로, 굴절률은 Ⅰ이 Ⅱ보다 크다.

~~ㄷ.~~ p에서 B는 전반사한다.

➡ A가 Ⅰ에서 Ⅲ으로 입사각 θ로 입사할 때의 굴절각을 θ_A라고 하면, A가 Ⅲ에서 Ⅰ로 입사각 θ_A로 입사할 때 굴절각은 θ가 되므로 p에서 A는 전반사하지 않는다. 따라서 Ⅲ과 Ⅰ 사이의 임계각을 θ_i라고 하면, $\theta_A<\theta_i$이다. B가 Ⅱ에서 Ⅲ으로 입사각 θ로 입사할 때의 굴절각을 θ_B라고 하면, $\theta_B<\theta_A$이므로 $\theta_B<\theta_i$이다. p에서 B의 입사각은 θ_B이고 θ_B는 Ⅲ과 Ⅰ 사이의 임계각인 θ_i보다 작으므로, p에서 B는 전반사하지 않는다.

다른 풀이 굴절률의 차가 클수록 임계각은 작다. Ⅲ과 Ⅰ 사이의 임계각을 $\theta_{iⅠ}$, Ⅲ과 Ⅱ 사이의 임계각을 $\theta_{iⅡ}$라고 하면, 굴절률의 크기가 Ⅱ<Ⅰ<Ⅲ이므로, $\theta_{iⅡ}<\theta_{iⅠ}$이다. B가 Ⅱ에서 Ⅲ으로 입사각 θ로 입사할 때의 굴절각을 θ_B라고 하면, B가 Ⅲ에서 Ⅱ로 입사각 θ_B로 진행할 때 굴절각은 θ가 되므로 전반사하지 않는다. 즉, 입사각 θ_B는 Ⅲ과 Ⅱ 사이의 임계각 $\theta_{iⅡ}$보다 작다. 따라서 $\theta_B<\theta_{iⅡ}$이므로, $\theta_B<\theta_{iⅠ}$이다. p에서 B의 입사각은 θ_B이고 θ_B는 Ⅲ과 Ⅰ 사이의 임계각인 $\theta_{iⅠ}$보다 작으므로, p에서 B는 전반사하지 않는다.

03 빛의 굴절과 전반사 2021학년도 3월 학평 물Ⅰ 13번

정답 ⑤ | 정답률 56 %

적용해야 할 개념 ③가지

① 굴절 법칙 $n_1\sin i = n_2\sin r$에서 $i > r$일 때 $n_1 < n_2$이므로, 법선과 이루는 각이 작은 쪽 매질의 굴절률이 더 크다.

② 전반사: 빛이 속력이 느린 매질에서 빠른 매질로(또는 굴절률이 큰 매질에서 작은 매질로) 진행할 때, 입사각이 임계각보다 클 경우 굴절없이 전부 반사하는 현상이다.

③ 입사하는 빛의 세기는 반사하는 빛의 세기와 굴절하는 빛의 세기의 합과 같다.

빛의 굴절과 전반사 ▶

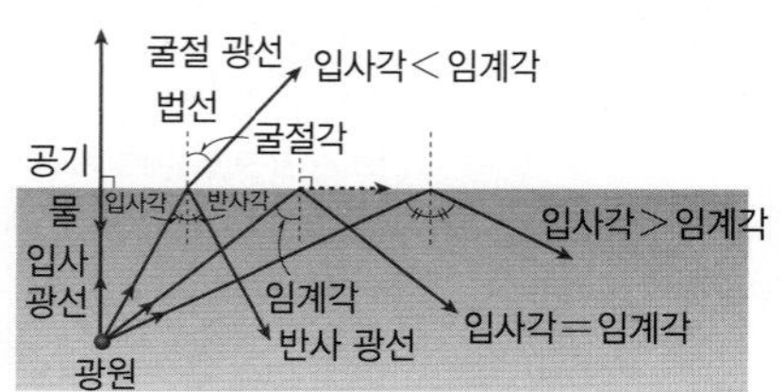

문제 보기

그림과 같이 매질 A와 B의 경계면에 입사각 45°로 입사시킨 단색광 X, Y가 굴절하여 각각 B와 공기의 경계면에 있는 점 p와 q로 진행하였다. X, Y는 p, q에 같은 세기로 입사하며, p와 q 중 한 곳에서만 전반사가 일어난다.

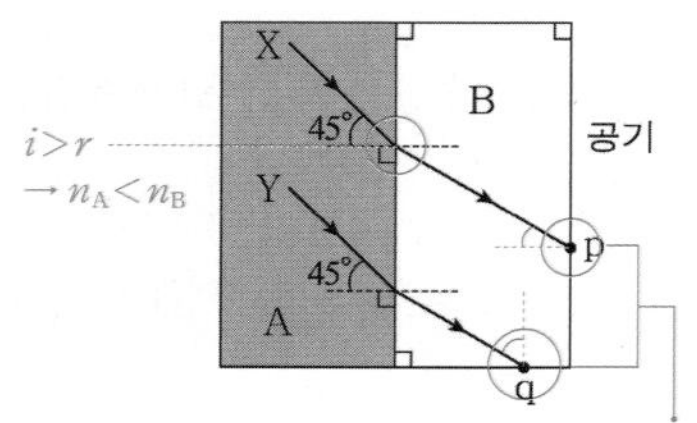

이에 대한 옳은 설명만을 〈보기〉에서 있는 대로 고른 것은? (단, X, Y의 진동수는 같다.) [3점]

<보기> 풀이

ㄱ. 굴절률은 A가 B보다 작다.

➡ 굴절 법칙 $n_1\sin i = n_2\sin r$에서 $i > r$일 때 $n_1 < n_2$이므로 법선과 이루는 각이 작은 쪽 매질의 굴절률이 더 크다. 단색광 X, Y가 A에서 B로 진행할 때 입사각이 굴절각보다 크므로, 굴절률은 A가 B보다 작다.

ㄴ. q에서 전반사가 일어난다.

➡ p에서의 입사각보다 q에서의 입사각이 더 크다. 전반사는 입사각이 임계각보다 클 때 일어나므로, p와 q 중 한 곳에서만 전반사가 일어난다면 입사각이 큰 q에서 전반사가 일어난다.

ㄷ. p에서 반사된 X의 세기는 q에서 반사된 Y의 세기보다 작다.

➡ p에서 입사광의 일부는 반사하고 일부는 굴절하지만, q에서는 입사광이 굴절없이 전부 반사하는 전반사가 일어난다. 따라서 p에서 반사된 X의 세기는 q에서 반사된 Y의 세기보다 작다.

04 빛의 굴절과 전반사 2022학년도 4월 학평 물I 15번

정답 ③ | 정답률 51 %

적용해야 할 개념 ③가지

① 굴절 법칙 $n_1\sin i = n_2\sin r$에서 $i>r$일 때 $n_1<n_2$이므로, 법선과 이루는 각이 작은 매질의 굴절률이 더 크다.

② 빛이 굴절률이 다른 두 매질의 경계면에서 굴절할 때, 빛이 법선과 이루는 각도와 빛의 속력은 굴절률이 큰 매질에서 더 작다.

구분	굴절률이 작은 매질	굴절률이 큰 매질
빛이 법선과 이루는 각도	크다.	작다.
빛의 속력	크다.	작다.

③ 빛이 굴절률이 n_1인 매질에서 굴절률이 n_2인 매질로 진행할 때 임계각 i_c는 $n_1\sin i_c = n_2\sin 90°$에서 $\sin i_c = \frac{n_2}{n_1}$(단, $n_1>n_2$)이므로, n_1이 커지거나 또는 n_2가 작아질 때 임계각 i_c가 작아진다. 즉, 두 매질의 굴절률 차이가 클수록 임계각 i_c가 작아진다.

문제 보기

그림과 같이 매질 A와 B의 경계면에 입사한 단색광이 굴절한 후 B와 A의 경계면에서 반사하여 B와 매질 C의 경계면에 입사한다. θ는 B와 A 사이의 임계각이고, 굴절률은 A가 C보다 크다.

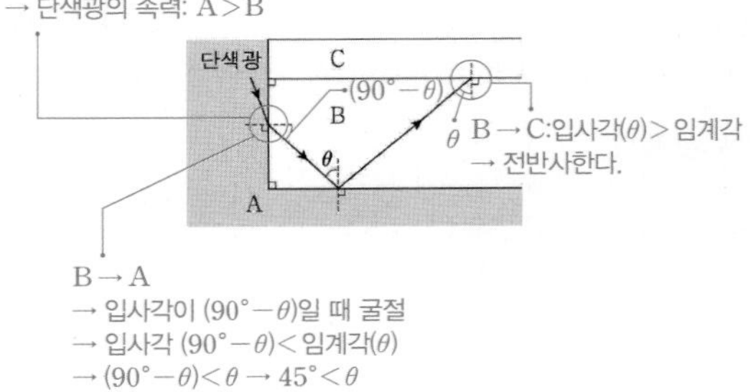

이에 대한 설명으로 옳은 것만을 〈보기〉에서 있는 대로 고른 것은? [3점]

<보기> 풀이

단색광이 A에서 B로 입사할 때 입사각보다 굴절각이 작다. 법선과 이루는 각이 작은 매질의 굴절률이 더 크므로, 굴절률은 B가 A보다 크다. 또 굴절률은 A가 C보다 크므로, 굴절률의 크기는 C < A < B이다.

ㄱ. 단색광의 속력은 A에서가 B에서보다 크다. (O)

➡ 굴절률이 큰 매질일수록 빛의 속력이 느리다. 굴절률이 A < B이므로 단색광의 속력은 A에서가 B에서보다 크다.

다른 풀이 단색광이 A에서 B로 입사할 때 입사각보다 굴절각이 작다. 법선과 이루는 각이 작은 매질에서의 빛의 속력이 더 느리므로, 단색광의 속력은 B에서가 A에서보다 느리다. 따라서 단색광의 속력은 A에서가 B에서보다 크다.

ㄴ. θ는 45°보다 작다. (X)

➡ 매질 A에서 B로 입사한 단색광이 굴절할 때 굴절각은 $(90°-\theta)$이다. 이 경로와 반대 경로, 즉 매질 B에서 A로 입사각이 $(90°-\theta)$인 경로를 따라 입사한 단색광은 굴절한다. 굴절률이 큰 매질 B에서 작은 매질 A로 입사할 때 입사각이 임계각보다 작은 경우에 굴절하므로, 입사각 $(90°-\theta)$는 임계각 θ보다 작다. 즉 $(90°-\theta)<\theta$이므로, $90°<2\theta$에서 $45°<\theta$이다.

다른 풀이 단색광이 굴절하는 A와 B의 경계면에서 굴절각을 θ_r라 할 때, $\theta+\theta_r=90°$이다. 단색광이 B에서 A로 입사할 때 입사각이 θ_r인 경우에 굴절하므로, θ_r는 임계각보다 작다. 즉 $\theta_r<\theta$이므로 θ는 45°보다 크다.

ㄷ. 단색광은 B와 C의 경계면에서 전반사한다. (O)

➡ 두 매질의 굴절률의 차이가 클수록 임계각이 작다. 굴절률의 크기가 C < A < B이므로, B와 A 사이의 임계각이 θ일 때 B와 C 사이의 임계각은 θ보다 작다. 단색광이 B와 C의 경계면에 입사할 때 입사각은 θ이며 이때의 입사각은 임계각보다 크므로, 단색광은 B와 C의 경계면에서 전반사한다.

05	**빛의 굴절과 전반사** 2023학년도 4월 학평 물Ⅰ 14번	정답 ② ｜ 정답률 40 %

적용해야 할 개념 ③가지

① 전반사: 빛이 속력이 느린 매질에서 빠른 매질로(또는 굴절률이 큰 매질에서 작은 매질로) 진행할 때, 입사각이 임계각보다 클 경우 굴절 없이 전부 반사하는 현상이다.

② 굴절 법칙 $n_1\sin i = n_2\sin r$에서 $i > r$일 때 $n_1 < n_2$이므로, 법선과 이루는 각이 작은 매질의 굴절률이 크다.

③ 빛이 굴절률이 n_1인 매질에서 굴절률이 n_2인 매질로 진행할 때 임계각 i_c는 $n_1\sin i_c = n_2\sin 90°$에서 $\sin i_c = \frac{n_2}{n_1}$(단, $n_1 > n_2$)이므로, n_1이 커지거나 또는 n_2가 작아질 때 임계각 i_c가 작아진다. 즉, 두 매질의 굴절률 차가 클수록 임계각 i_c가 작아진다.

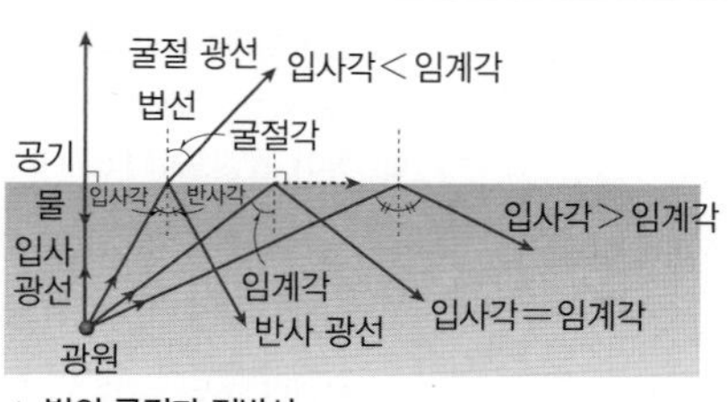

▲ 빛의 굴절과 전반사

문제 보기

그림 (가)는 매질 A와 B의 경계면에 입사한 단색광 P가 B와 매질 C의 경계면에 임계각 θ_1로 입사하는 모습을, (나)는 B와 A의 경계면에 입사각 θ_2로 입사한 P가 A와 C의 경계면에 입사각 θ_1로 입사하는 모습을 나타낸 것이다. $\theta_1 < \theta_2$이다.

입사각 > 굴절각
→ P의 파장: A > B
→ 굴절률: A < B

입사각 < 굴절각
→ 굴절률: B > C

(가)

• 굴절률: C < A < B
→ B와 C 사이의 임계각(θ_1) < A와 C 사이의 임계각
• 입사각 θ_1 < A와 C 사이의 임계각
→ 전반사가 일어나지 않음.

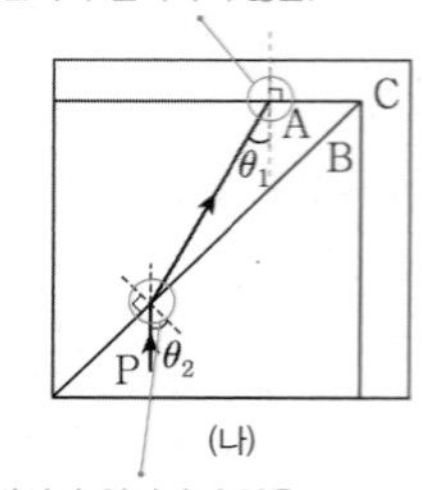

(나)

• 전반사가 일어나지 않음.
→ 입사각 θ_2 < B와 A 사이의 임계각
• B와 C 사이의 임계각(θ_1) < θ_2 < B와 A 사이의 임계각
→ 굴절률: C < A < B

이에 대한 설명으로 옳은 것만을 〈보기〉에서 있는 대로 고른 것은?

<보기> 풀이

법선과 이루는 각이 작은 매질의 굴절률이 크다. (가)에서 P가 A와 B의 경계면에서 굴절할 때 입사각보다 굴절각이 작으므로, 굴절률의 크기는 A < B이다. 또 P가 B와 C의 경계면에 입사할 때 입사각이 굴절각보다 작으므로, 굴절률의 크기는 B > C이다. $\theta_1 < \theta_2$일 때, (가)에서 B와 C 사이의 임계각은 θ_1이지만 (나)에서 P가 B와 A의 경계면에 입사각 θ_2로 입사할 때 전반사하지 않으므로, B와 A 사이의 임계각은 θ_2보다 크다. 두 매질의 굴절률 차가 클수록 임계각은 작으므로, 굴절률의 차는 B와 C 사이에서가 B와 A 사이에서보다 크다. 따라서 굴절률의 크기는 C < A < B이다.

ㄱ. **P의 파장은 A에서가 B에서보다 짧다.** (✕)
➡ (가)에서 P가 A와 B의 경계면에서 굴절할 때 입사각보다 굴절각이 작다. 법선과 이루는 각이 작은 매질에서 빛의 파장이 더 짧으므로, P의 파장은 B에서가 A에서보다 짧다.

ㄴ. **굴절률은 A가 C보다 크다.** (○)
➡ 굴절률의 크기는 C < A < B이므로, 굴절률은 A가 C보다 크다.

ㄷ. **(나)에서 P는 A와 C의 경계면에서 전반사한다.** (✕)
➡ 굴절률의 크기가 C < A < B이므로, A와 C 사이의 임계각은 B와 C 사이의 임계각인 θ_1보다 크다. 따라서 (나)에서 P가 A와 C의 경계면에 입사각 θ_1로 입사할 때, 입사각은 임계각보다 작으므로 전반사하지 않는다.

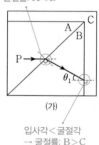

06 빛의 굴절과 전반사 2021학년도 4월 학평 물I 14번

정답 ① | 정답률 59 %

적용해야 할 개념 ②가지

① 전반사: 빛이 속력이 느린 매질에서 빠른 매질로(또는 굴절률이 큰 매질에서 작은 매질로) 진행할 때, 입사각이 임계각보다 클 경우 굴절없이 전부 반사하는 현상이다.

② 임계각(i_c): 굴절각이 90°일 때의 입사각이다. 빛이 굴절률이 n_1인 매질에서 굴절률이 n_2인 매질로 진행할 때의 임계각 i_c는 $n_1 \sin i_c = n_2 \sin 90°$에서 $\sin i_c = \frac{n_2}{n_1}$(단, $n_1 > n_2$)이므로, n_1이 커지거나 또는 n_2가 작아질 때 임계각 i_c가 작아진다. 즉, 두 매질의 굴절률 차가 클수록 임계각 i_c가 작아진다.

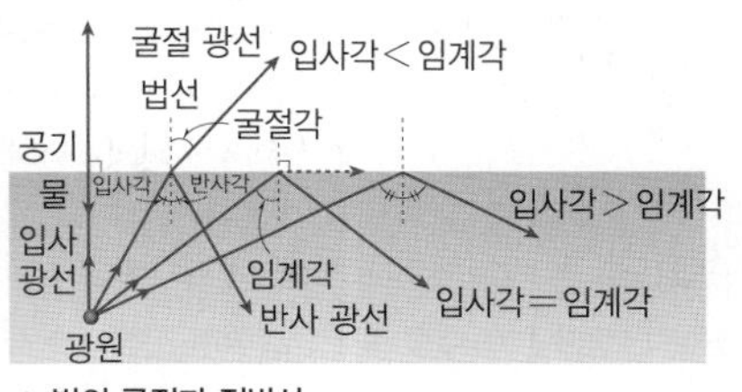

▲ 빛의 굴절과 전반사

문제 보기

그림과 같이 물질 A와 B의 경계면에 50°로 입사한 단색광 P가 전반사하여 A와 물질 C의 경계면에서 굴절한 후, C와 B의 경계면에 입사한다. A와 B 사이의 임계각은 45°이다.

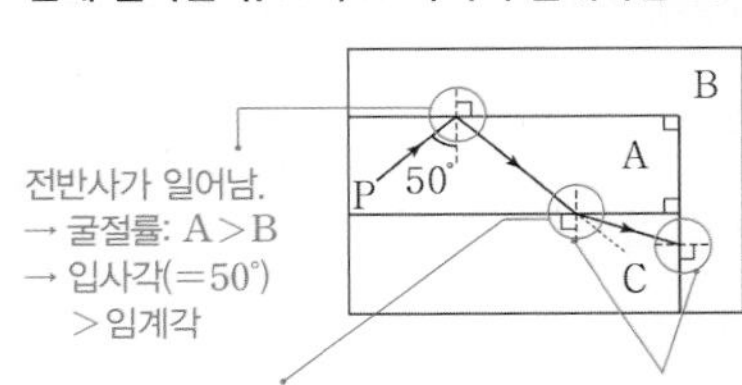

- 입사각<굴절각
  → P의 속력: A<C
  → 굴절률: A>C
- 전반사가 일어나지 않음.
  → 입사각(=50°)<임계각
  → 굴절률: B<C<A
  → A와 B 사이의 임계각이 45°일 때, C와 B 사이의 임계각>45°
- A와 C의 경계면: 입사각=50°, 굴절각>50°
  → C와 B의 경계면: 입사각<40°
  → C와 B의 경계면에서 입사각<임계각이므로 전반사가 일어나지 않음.

이에 대한 설명으로 옳은 것만을 〈보기〉에서 있는 대로 고른 것은? [3점]

<보기> 풀이

ㄱ. 굴절률은 A가 B보다 크다.

➡ 전반사는 빛이 굴절률이 큰 매질에서 굴절률이 작은 매질로 진행할 때 입사각이 임계각보다 큰 경우에 일어난다. 단색광 P가 A에서 B로 입사할 때 전반사하므로, 굴절률은 A가 B보다 크다.

ㄴ. P의 속력은 A에서가 C에서보다 크다.

➡ P가 A에서 C로 입사할 때 입사각이 굴절각보다 작다. 법선과 이루는 각이 작은 쪽 매질에서 빛의 속력이 더 느리므로, P의 속력은 A에서가 C에서보다 작다.

ㄷ. C와 B의 경계면에서 P는 전반사한다.

➡ P가 A에서 C로 입사할 때 입사각이 굴절각보다 작으므로, 굴절률은 A가 C보다 크다. 이때 전반사가 일어나지 않으므로 입사각은 임계각보다 작다. 즉, A와 C 사이의 임계각은 입사각(50°)보다 크다. A와 B 사이의 임계각이 45°이며 두 매질의 굴절률 차이가 클수록 임계각이 작으므로, 굴절률의 크기는 B<C<A이다. 이때 C와 B 사이의 임계각도 A와 B 사이의 임계각인 45°보다 크다. 한편, P가 A에서 C로 굴절할 때 굴절각은 50°보다 크므로 C에서 B로 입사하는 입사각은 40°보다 작다. 따라서 C와 B의 경계면에서 입사각(<40°)이 임계각(>45°)보다 작으므로, C와 B의 경계면에서 P는 전반사하지 않는다.

07 빛의 굴절과 전반사 2021학년도 9월 모평 물I 14번

정답 ③ | 정답률 78 %

적용해야 할 개념 ②가지

① 전반사: 빛이 속력이 느린 매질에서 빠른 매질로(또는 굴절률이 큰 매질에서 작은 매질로) 진행할 때, 입사각이 임계각보다 클 경우 굴절없이 전부 반사하는 현상이다.

② 빛이 굴절률 n_1인 매질에서 굴절률 n_2인 매질로 진행할 때의 임계각 i_c는 $n_1 \sin i_c = n_2 \sin 90°$에서 $\sin i_c = \frac{n_2}{n_1}$ (단, $n_1 > n_2$)이므로, n_1이 커지거나 또는 n_2가 작아질 때 임계각 i_c가 작아진다. 즉, 두 매질의 굴절률 차가 클수록 임계각 i_c가 작아진다.

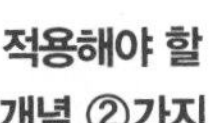

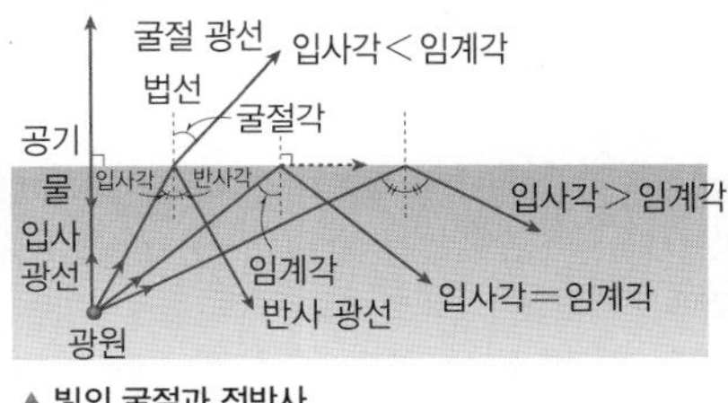

▲ 빛의 굴절과 전반사

문제 보기

그림과 같이 단색광 P가 공기로부터 매질 A에 θ_i로 입사하고 A와 매질 C의 경계면에서 전반사하여 진행한 뒤, 매질 B로 입사한다. 굴절률은 A가 B보다 작다. P가 A에서 B로 진행할 때 굴절각은 θ_B이다.

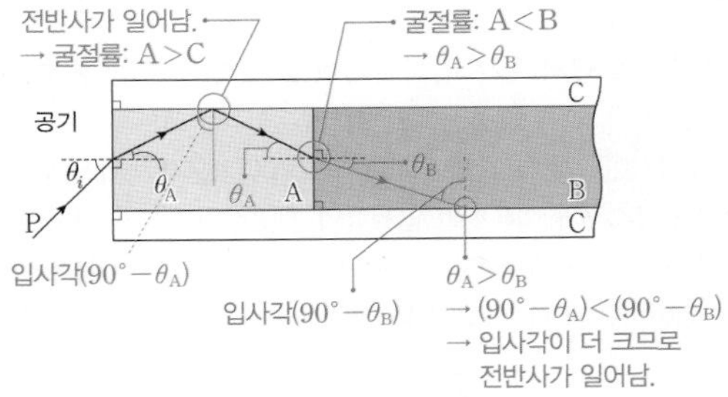

이에 대한 설명으로 옳은 것만을 〈보기〉에서 있는 대로 고른 것은? [3점]

<보기> 풀이

ㄱ. 굴절률은 A가 C보다 크다.

➡ 전반사는 빛이 굴절률이 큰 매질에서 작은 매질로 진행할 때 입사각이 임계각보다 큰 경우에 일어난다. 단색광 P가 A에서 C로 입사할 때 전반사하므로, 굴절률은 A가 C보다 크다.

ㄴ. $\theta_A < \theta_B$이다.

➡ P가 공기에서 A로 진행할 때 굴절각이 θ_A이므로 P가 A에서 B로 진행할 때 입사각도 θ_A이다. 빛이 굴절할 때 굴절률이 작은 쪽 매질에서 법선과 이루는 각이 더 크므로, P가 A에서 B로 진행할 때 입사각 θ_A가 굴절각 θ_B보다 크다. 즉, $\theta_A > \theta_B$이다.

ㄷ. B와 C의 경계면에서 P는 전반사한다.

➡ P가 A와 C의 경계면에서 전반사하고 A의 굴절률이 B보다 작으므로, 굴절률의 크기는 C<A<B이다. 두 매질의 굴절률 차이가 클수록 임계각이 작아지므로, 임계각은 A와 C의 경계면에서보다 B와 C의 경계면에서 더 작다. P는 A와 C의 경계면에 $(90° - \theta_A)$의 각으로 입사하고 B와 C의 경계면에는 $(90° - \theta_B)$의 각으로 입사하는데, $\theta_A > \theta_B$이므로 $(90° - \theta_A) < (90° - \theta_B)$이다. 따라서 P는 A와 C의 경계면보다 더 임계각이 작은 B와 C의 경계면에 더 큰 입사각으로 입사하므로, B와 C의 경계면에서 전반사한다.

08 빛의 굴절과 전반사 2022학년도 3월 학평 물I 10번

정답 ② | 정답률 48 %

적용해야 할 개념 ②가지

① 빛이 굴절률이 다른 두 매질의 경계면에서 굴절할 때, 빛이 법선과 이루는 각도와 빛의 속력은 굴절률이 큰 매질에서 더 작다.

② 전반사: 빛이 속력이 느린 매질에서 빠른 매질로(또는 굴절률이 큰 매질에서 작은 매질로) 진행할 때, 입사각이 임계각보다 큰 경우 굴절없이 전부 반사하는 현상이다.

문제 보기

그림은 단색광 P가 매질 X, Y, Z에서 진행하는 모습을 나타낸 것이다. θ_0과 θ_1은 각 경계면에서의 P의 입사각 또는 굴절각이고, P는 Z와 X의 경계면에서 전반사한다.

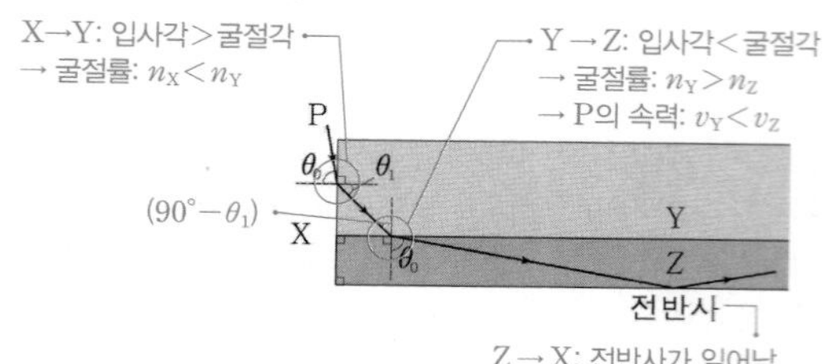
X→Y: 입사각>굴절각
→ 굴절률: $n_X<n_Y$
Y→Z: 입사각<굴절각
→ 굴절률: $n_Y>n_Z$
→ P의 속력: $v_Y<v_Z$
P
θ_0
θ_1
$(90°-\theta_1)$
X
Y
Z
θ_0
전반사
Z→X: 전반사가 일어남.
→ 굴절률: $n_Z>n_X$

X→Y		Z→Y	
입사각	굴절각	입사각	굴절각
θ_0	θ_1	θ_0	$(90°-\theta_1)$

굴절률: $n_X<n_Z<n_Y$
→ 굴절각의 크기: (X→Y)<(Z→Y)
→ $\theta_1<(90°-\theta_1)$ → $\theta_1<45°$

이에 대한 옳은 설명만을 <보기>에서 있는 대로 고른 것은? [3점]

<보기> 풀이

빛이 굴절할 때 법선과 이루는 각이 작은 쪽 매질의 굴절률이 크다. P가 X에서 Y로 입사할 때 입사각보다 굴절각이 작으므로, 굴절률은 $n_X<n_Y$이다. 또 P가 Y에서 Z로 입사할 때 입사각보다 굴절각이 크므로, 굴절률은 $n_Y>n_Z$이다. 한편, 전반사는 빛이 굴절률이 큰 매질에서 작은 매질로 진행할 때 일어난다. P가 Z에서 X로 입사할 때 전반사가 일어나므로, 굴절률은 $n_X<n_Z$이다. 따라서 굴절률은 $n_X<n_Z<n_Y$이다.

ㄱ. P의 속력은 Y에서가 Z에서보다 크다. (✗)

➡ 굴절률이 큰 매질일수록 빛의 속력이 느리다. 굴절률이 $n_Z<n_Y$이므로 P의 속력은 Y에서가 Z에서보다 작다.

ㄴ. 굴절률은 Z가 X보다 크다. (○)

➡ P는 Z와 X의 경계면에서 전반사하므로, 굴절률은 $n_Z>n_X$이다.

ㄷ. θ_1은 45°보다 크다. (✗)

➡ P가 θ_0의 입사각으로 X에서 Y로 진행할 때 굴절각은 θ_1이고, P가 θ_0의 입사각으로 Z에서 Y로 진행할 때 굴절각은 $(90°-\theta_1)$이다. 이때 두 매질의 굴절률의 차이가 클수록 더 크게 굴절하므로 굴절각이 작아진다. 굴절률이 $n_X<n_Z<n_Y$이므로 굴절각은 P가 X에서 Y로 진행할 때가 Z에서 Y로 진행할 때보다 작다. 즉 $\theta_1<(90°-\theta_1)$이므로, $2\theta_1<90°$에서 $\theta_1<45°$이다.

09 빛의 굴절과 전반사 2023학년도 3월 학평 물I 14번

정답 ② | 정답률 38 %

적용해야 할 개념 ③가지

① 전반사: 빛이 속력이 느린 매질에서 빠른 매질로(또는 굴절률이 큰 매질에서 작은 매질로) 진행할 때, 입사각이 임계각보다 클 경우 굴절 없이 전부 반사하는 현상이다.

② 굴절 법칙 $n_1\sin i=n_2\sin r$에서 $i>r$일 때 $n_1<n_2$이므로, 법선과 이루는 각이 작은 매질의 굴절률이 크다.

③ 두 물질의 굴절률의 차가 클수록 굴절 현상이 더 크게 일어나 진행 경로가 더 많이 꺾인다.

문제 보기

그림 (가), (나)와 같이 단색광 P가 매질 X, Y, Z에서 진행한다. (가)에서 P는 Y와 Z의 경계면에서 전반사한다. θ_0과 θ_1은 각 경계면에서 P의 입사각 또는 굴절각으로, $\theta_0<\theta_1$이다.

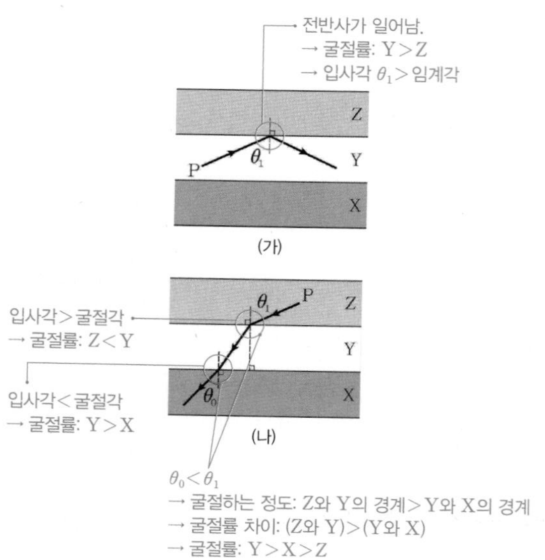
전반사가 일어남.
→ 굴절률: Y>Z
→ 입사각 θ_1>임계각
Z
P
θ_1
Y
X
(가)
입사각>굴절각
→ 굴절률: Z<Y
입사각<굴절각
→ 굴절률: Y>X
θ_1
P
Z
Y
θ_0
X
(나)
$\theta_0<\theta_1$
→ 굴절하는 정도: Z와 Y의 경계>Y와 X의 경계
→ 굴절률 차이: (Z와 Y)>(Y와 X)
→ 굴절률: Y>X>Z

이에 대한 옳은 설명만을 <보기>에서 있는 대로 고른 것은? [3점]

<보기> 풀이

ㄱ. Y와 Z 사이의 임계각은 θ_1보다 크다. (✗)

➡ 전반사는 빛이 굴절률이 큰 매질에서 작은 매질로 입사할 때, 입사각이 임계각보다 클 경우 일어난다. (가)에서 입사각이 θ_1일 때 전반사가 일어나므로 입사각 θ_1은 임계각보다 크다. 즉, Y와 Z 사이의 임계각은 θ_1보다 작다.

ㄴ. 굴절률은 X가 Z보다 크다. (○)

➡ 서로 다른 두 매질의 경계면에서 빛이 굴절할 때, 법선과 이루는 각이 작은 매질의 굴절률이 크다. (나)에서 P가 Z와 Y의 경계면에서 굴절할 때 입사각>굴절각이므로, 굴절률은 Z<Y이다. 또 P가 Y와 X의 경계면에서 굴절할 때 입사각<굴절각이므로, 굴절률은 Y>X이다. 이때 $\theta_0<\theta_1$이므로, 빛이 굴절하는 정도는 Z와 Y의 경계에서가 Y와 X의 경계에서보다 크다. 두 매질의 굴절률 차가 클수록 굴절하는 정도가 크므로, 굴절률의 크기는 Y>X>Z이다. 따라서 굴절률은 X가 Z보다 크다.

ㄷ. (나)에서 P를 θ_1보다 큰 입사각으로 Z에서 Y로 입사시키면 P는 Y와 X의 경계면에서 전반사할 수 있다. (✗)

➡ (나)에서 Z와 Y의 경계면에서의 입사각이 θ_1보다 커지면 Y에서 X의 경계면에서의 입사각도 증가하므로 굴절각은 θ_0보다 커진다. $\theta_1>\theta_0$일 때 θ_1이 입사각의 최댓값인 90°가 되어도 θ_0은 90°보다 작으므로, P는 Y와 X의 경계면에서 굴절하게 된다. 따라서 (나)에서 P를 θ_1보다 큰 입사각으로 Z에서 Y로 입사시키면 P는 Y와 X의 경계면에서 전반사할 수 없다.

10 빛의 굴절과 전반사 2021학년도 수능 물I 15번

정답 ③ | 정답률 75 %

적용해야 할 개념 ③가지

① 전반사: 빛이 속력이 느린 매질에서 빠른 매질로(또는 굴절률이 큰 매질에서 작은 매질로) 진행할 때, 입사각이 임계각보다 클 경우 굴절없이 전부 반사하는 현상이다.

② 빛이 굴절률 n_1인 매질에서 굴절률이 n_2인 매질로 진행할 때의 임계각 i_c는 $n_1 \sin i_c = n_2 \sin 90°$에서 $\sin i_c = \frac{n_2}{n_1}$(단, $n_1 > n_2$)이므로, n_1이 커지거나 또는 n_2가 작아질 때 임계각 i_c가 작아진다. 즉, 두 매질의 굴절률 차이가 클수록 임계각 i_c가 작아진다.

③ 두 물질의 굴절률의 차가 클수록 굴절 현상이 더 크게 일어나 진행 경로가 더 많이 꺾인다.

문제 보기

그림 (가), (나)는 각각 물질 X, Y, Z 중 두 물질을 이용하여 만든 광섬유의 코어에 단색광 A를 입사각 θ_0으로 입사시킨 모습을 나타낸 것이다. θ_1은 X와 Y 사이의 임계각이고, 굴절률은 Z가 X보다 크다.

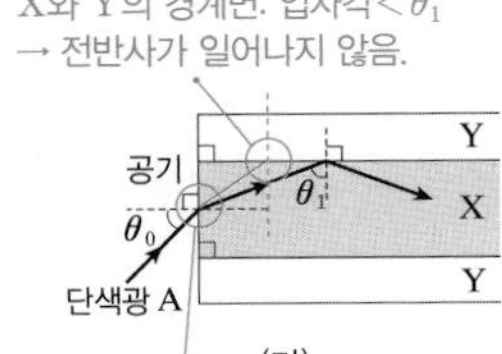

(가) (나)

이에 대한 설명으로 옳은 것만을 <보기>에서 있는 대로 고른 것은?

<보기> 풀이

(가)의 X에서 Y로 입사하는 단색광 A의 입사각이 임계각 θ_1보다 클 때 A는 X와 Y의 경계면에서 전반사하므로 굴절률은 X가 Y보다 크다. 또 Z가 X보다 굴절률이 크므로 굴절률의 크기는 Z>X>Y이다.

ㄱ. (가)에서 A를 θ_0보다 큰 입사각으로 X에 입사시키면 A는 X와 Y의 경계면에서 전반사하지 않는다.

➡ X와 Y 사이의 임계각이 θ_1이므로, X에서 Y로 입사하는 단색광 A의 입사각이 θ_1보다 작을 경우 A는 X와 Y의 경계면에서 전반사하지 않는다. (가)에서 A를 θ_0보다 큰 입사각으로 X에 입사시키면 X와 Y의 경계면에서 입사각이 θ_1보다 작아진다. 따라서 (가)에서 A를 θ_0보다 큰 입사각으로 X에 입사시키면 A는 X와 Y의 경계면에서 전반사하지 않는다.

ㄴ. (나)에서 Z와 Y 사이의 임계각은 θ_1보다 크다.

➡ 두 매질의 굴절률의 차이가 클수록 임계각이 작아진다. 굴절률의 크기가 Z>X>Y이므로, 임계각은 Z와 Y의 경계면에서가 X와 Y의 경계면에서보다 더 작다. 따라서 (나)에서 Z와 Y 사이의 임계각은 θ_1보다 작다.

ㄷ. (나)에서 A는 Z와 Y의 경계면에서 전반사한다.

➡ 두 매질의 굴절률의 차이가 클수록 굴절하는 정도가 커진다. 굴절률은 X보다 Z가 크므로 (나)에서 A를 (가)에서와 같은 입사각 θ_0으로 입사시켰을 때, 굴절각은 (가)에서보다 (나)에서가 더 작다. 따라서 (나)에서 A가 Z에서 Y로 입사할 때 입사각은 θ_1보다 크다. 이때 A는 X와 Y의 경계면보다 더 임계각이 작은 Z와 Y의 경계면에 더 큰 입사각으로 입사하는 것이므로, A는 Z와 Y의 경계면에서 전반사한다.

11 빛의 굴절과 전반사 2023학년도 수능 물I 11번

정답 ① | 정답률 69 %

적용해야 할 개념 ③가지

① 전반사: 빛이 속력이 느린 매질에서 빠른 매질로(또는 굴절률이 큰 매질에서 작은 매질로) 진행할 때, 입사각이 임계각보다 클 경우 굴절없이 전부 반사하는 현상이다.

② 임계각: 굴절각이 90°일 때의 입사각이다.

③ 굴절 법칙 $\frac{\sin i}{\sin r} = \frac{v_1}{v_2} = \frac{\lambda_1}{\lambda_2} = n_{12}$(=일정)에서 $i > r$일 때 $\lambda_1 > \lambda_2$이므로, 법선과 이루는 각이 작은 매질에서의 빛의 파장이 더 짧다.

문제 보기

그림 (가)는 매질 A에서 원형 매질 B에 입사각 θ_1로 입사한 단색광 P가 B와 매질 C의 경계면에 임계각 θ_c로 입사하는 모습을, (나)는 C에서 B로 입사한 P가 B와 A의 경계면에서 굴절각 θ_2로 진행하는 모습을 나타낸 것이다.

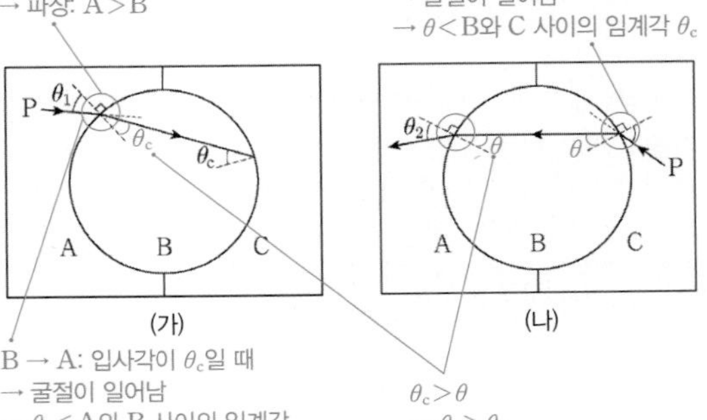

(가) (나)

이에 대한 설명으로 옳은 것만을 <보기>에서 있는 대로 고른 것은?

<보기> 풀이

ㄱ. P의 파장은 A에서가 B에서보다 길다.

➡ 매질 A에서 매질 B로 입사한 단색광 P가 굴절할 때 입사각보다 굴절각이 작다. 법선과 이루는 각이 작은 쪽 매질에서 빛의 파장이 더 짧으므로, P의 파장은 B에서 더 짧다. 즉, P의 파장은 A에서가 B에서보다 길다.

ㄴ. $\theta_1 < \theta_2$이다.

➡ (나)에서 P가 매질 C에서 매질 B로 입사하여 굴절할 때의 굴절각을 θ라고 하면, P가 매질 B에서 C로 입사각 θ로 입사할 때 반대 경로를 따라 굴절하게 된다. 따라서 θ는 B와 C 사이의 임계각 θ_c보다 작으므로, $\theta_c > \theta$이다. (가)에서 매질 A에서 매질 B에 입사각 θ_1로 입사할 때의 굴절각은 θ_c이고 (나)에서 매질 A에서 매질 B에 입사각 θ_2로 입사할 때 굴절각은 θ이므로, $\theta_c > \theta$이면 $\theta_1 > \theta_2$이다.

ㄷ. A와 B 사이의 임계각은 θ_c보다 작다.

➡ (가)에서 P가 매질 B에서 매질 A로 입사각 θ_c로 입사할 때 굴절각 θ_1로 굴절한다. 입사각이 임계각보다 작을 때 굴절하므로, θ_c는 A와 B 사이의 임계각보다 작다. 즉, A와 B 사이의 임계각은 θ_c보다 크다.

12 빛의 굴절과 전반사 2024학년도 5월 학평 물I 13번

정답 ① | 정답률 56 %

적용해야 할 개념 ③가지

① 빛이 굴절률이 다른 두 매질의 경계면에서 굴절할 때, 빛이 법선과 이루는 각과 빛의 속력은 굴절률이 큰 매질에서 더 작다.

② 전반사: 빛이 속력이 느린 매질에서 빠른 매질로(또는 굴절률이 큰 매질에서 작은 매질로) 진행할 때, 입사각이 임계각보다 클 경우 굴절 없이 전부 반사하는 현상이다.

③ 빛이 굴절률이 n_1인 매질에서 굴절률이 n_2인 매질로 진행할 때 임계각 i_c는 $n_1\sin i_c = n_2\sin 90°$에서 $\sin i_c = \frac{n_2}{n_1}$ (단, $n_1 > n_2$)이므로, n_1이 커지거나 n_2가 작아질 때 임계각 i_c가 작아진다. 즉, 두 매질의 굴절률 차이가 클수록 임계각이 작아진다.

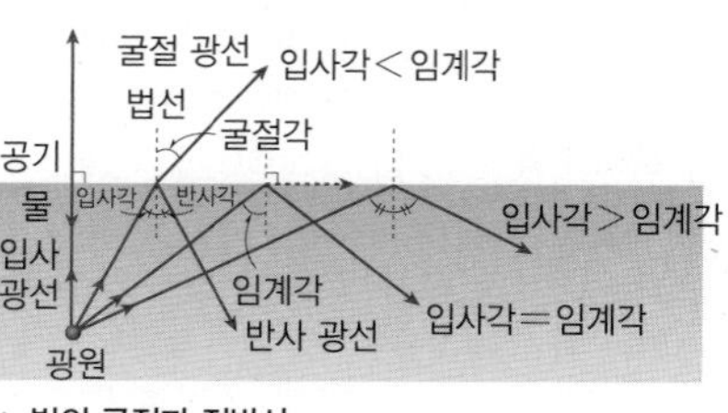

▲ 빛의 굴절과 전반사

문제 보기

그림은 단색광 P가 매질 A와 B의 경계면에 임계각 45°로 입사하여 반사한 후, A와 매질 C의 경계면에서 굴절하여 C와 B의 경계면에 입사하는 모습을 나타낸 것이다.

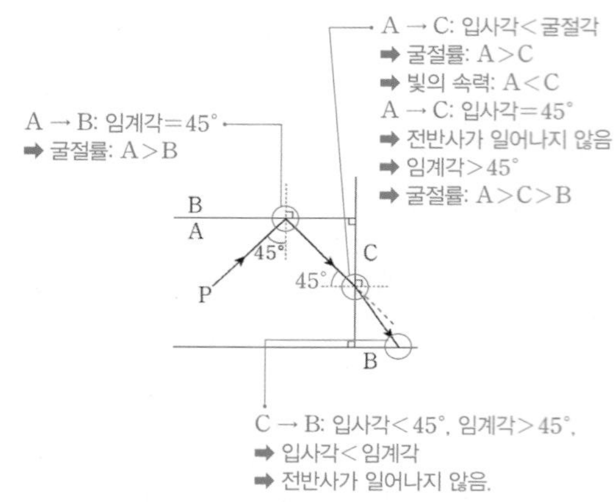

이에 대한 설명으로 옳은 것만을 〈보기〉에서 있는 대로 고른 것은? [3점]

<보기> 풀이

전반사는 빛이 굴절률이 큰 매질에서 작은 매질로 입사할 때 일어나므로, 굴절률은 A > B이다.

ㄱ. P의 속력은 A에서가 C에서보다 작다.

➡ 빛이 서로 다른 매질의 경계면에서 굴절할 때 법선과 이루는 각은 굴절률이 큰 매질에서 더 작다. P가 A와 C의 경계면에서 굴절할 때, 입사각이 굴절각보다 작으므로 굴절률은 A > C이다. 빛의 속력은 굴절률이 큰 매질에서 더 작으므로, P의 속력은 A에서가 C에서보다 작다.

ㄴ. 굴절률은 B가 C보다 크다.

➡ P가 A와 C의 경계면에 입사각 45°로 입사할 때 굴절하므로, A와 C 사이의 임계각은 45°보다 크다. 두 매질의 굴절률의 차이가 클수록 임계각이 작으므로, A와 B의 굴절률의 차이는 A와 C의 굴절률의 차이보다 크다. 따라서 굴절률은 A > C > B이므로, 굴절률은 B가 C보다 작다.

ㄷ. P는 C와 B의 경계면에서 전반사한다.

➡ 굴절률이 A > C > B이고 A와 B 사이의 임계각이 45°이므로, C와 B 사이의 임계각은 45°보다 크다. P가 C와 B의 경계면에 45°보다 작은 각으로 입사하므로, 입사각이 임계각보다 작아서 P는 C와 B의 경계면에서 전반사하지 않는다.

13 빛의 굴절과 전반사 2025학년도 6월 모평 물I 9번

정답 ⑤ | 정답률 78 %

적용해야 할 개념 ②가지

① 전반사: 빛이 속력이 느린 매질에서 빠른 매질로(또는 굴절률이 큰 매질에서 작은 매질로) 진행할 때, 입사각이 임계각보다 클 경우 굴절 없이 전부 반사하는 현상이다.

② 빛이 굴절률이 n_1인 매질에서 굴절률이 n_2인 매질로 진행할 때 임계각 i_c는 $n_1\sin i_c = n_2\sin 90°$에서 $\sin i_c = \frac{n_2}{n_1}$ (단, $n_1 > n_2$)이므로, n_1이 커지거나 또는 n_2가 작아질 때 임계각 i_c가 작아진다. 즉, 두 매질의 굴절률 차가 클수록 임계각 i_c가 작아진다.

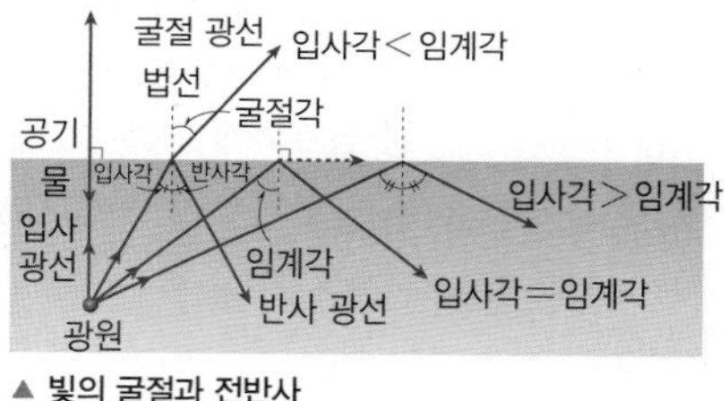

▲ 빛의 굴절과 전반사

문제 보기

그림과 같이 동일한 단색광 X, Y가 반원형 매질 Ⅰ에 수직으로 입사한다. 점 p에 입사한 X는 Ⅰ과 매질 Ⅱ의 경계면에서 전반사한 후 점 r를 향해 진행한다. 점 q에 입사한 Y는 점 s를 향해 진행한다. r, s는 Ⅰ과 Ⅱ의 경계면에 있는 점이다.

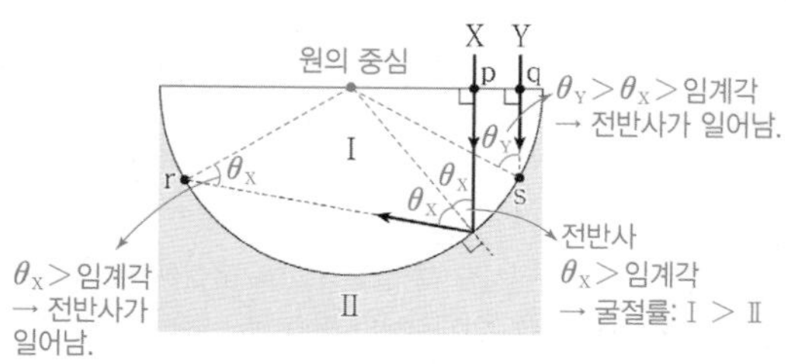

이에 대한 설명으로 옳은 것만을 〈보기〉에서 있는 대로 고른 것은?

<보기> 풀이

ㄱ. 굴절률은 Ⅰ이 Ⅱ보다 크다.

➡ 전반사는 빛이 굴절률이 큰 매질에서 작은 매질로 진행할 때 일어나므로, 굴절률은 Ⅰ이 Ⅱ보다 크다.

ㄴ. X는 r에서 전반사한다.

➡ 전반사는 입사각이 임계각보다 클 경우에 일어난다. Ⅰ과 Ⅱ의 경계면에서 X의 입사각을 θ_X라 하고 Ⅰ과 Ⅱ 사이의 임계각을 θ_c라고 하면, Ⅰ과 Ⅱ의 경계면에서 X가 전반사하므로 $\theta_X > \theta_c$이다. r에서 X의 입사각은 θ_X와 같으므로, X는 r에서 전반사한다.

ㄷ. Y는 s에서 전반사한다.

➡ s에서 Y의 입사각을 θ_Y라고 하면 $\theta_Y > \theta_X$이므로 $\theta_Y > \theta_c$이다. 따라서 Y는 s에서 전반사한다.

14 빛의 굴절과 전반사 2022학년도 9월 모평 물I 15번

정답 ② | 정답률 80 %

적용해야 할 개념 ③가지

① 굴절 법칙 $n_1\sin i = n_2\sin r$에서 $i > r$일 때 $n_1 < n_2$이므로, 법선과 이루는 각이 작은 쪽 매질의 굴절률이 더 크다.

② 전반사: 빛이 속력이 느린 매질에서 빠른 매질로(또는 굴절률이 큰 매질에서 작은 매질로) 진행할 때, 입사각이 임계각보다 클 경우 굴절없이 전부 반사하는 현상이다.

③ 빛이 굴절률 n_1인 매질에서 굴절률이 n_2인 매질로 진행할 때 임계각 i_c는 $n_1\sin i_c = n_2\sin 90°$에서 $\sin i_c = \frac{n_2}{n_1}$(단, $n_1 > n_2$)이므로, n_1이 커지거나 또는 n_2가 작아질 때 임계각 i_c가 작아진다. 즉, 두 매질의 굴절률 차이가 클수록 임계각 i_c가 작아진다.

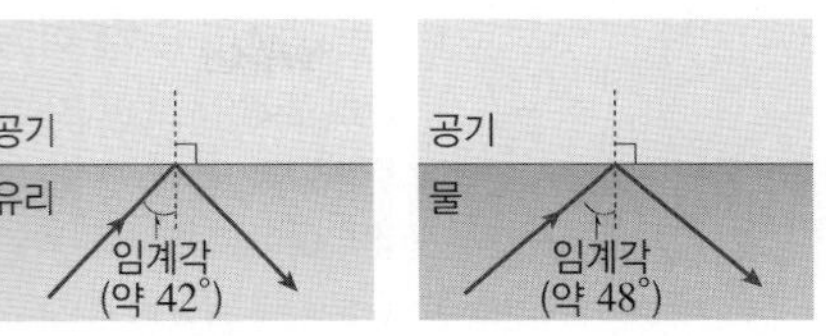

▲ 굴절률 차이에 따른 임계각
(유리의 굴절률은 약 1.5, 물의 굴절률은 약 1.33)

문제 보기

그림과 같이 단색광 X가 입사각 θ로 매질 I에서 매질 II로 입사할 때는 굴절하고, X가 입사각 θ로 매질 III에서 II로 입사할 때는 전반사한다.

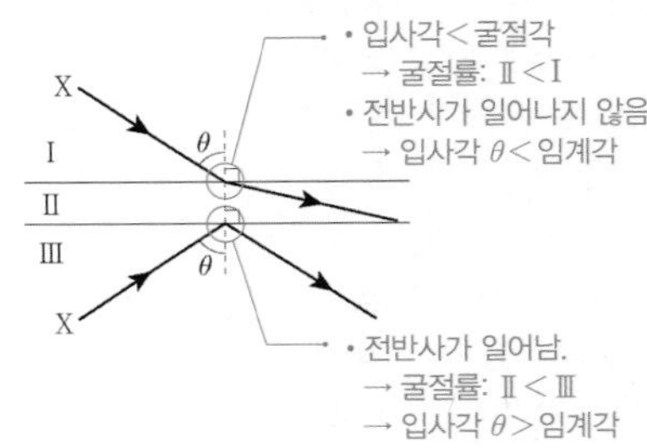

이에 대한 설명으로 옳은 것만을 ⟨보기⟩에서 있는 대로 고른 것은? [3점]

<보기> 풀이

X가 매질 I에서 매질 II로 입사할 때 입사각이 굴절각보다 작다. 빛이 굴절할 때 법선과 이루는 각이 작은 쪽 매질의 굴절률이 더 크므로 굴절률은 매질 II < 매질 I이다. 또 X가 매질 III에서 매질 II로 입사할 때 전반사가 일어나며 전반사는 굴절률이 큰 매질에서 굴절률이 작은 매질로 빛이 입사할 때 일어나므로 굴절률은 매질 II < 매질 III이다.

ㄱ. 굴절률은 II가 가장 크다.

➡ X가 매질 I에서 매질 II로 입사할 때는 전반사가 일어나지 않으므로 θ < 임계각이고, 매질 III에서 매질 II로 입사할 때는 전반사가 일어나므로 θ > 임계각이다. 임계각이 작을수록 굴절률이 크므로 굴절률은 III이 I보다 크다. 따라서 굴절률은 III이 가장 크다.

ㄴ. X가 II에서 III으로 진행할 때 전반사한다.

➡ 굴절률의 크기는 매질 II가 매질 III보다 작다. 굴절률이 작은 물질에서 굴절률이 큰 물질로 진행할 때는 입사각에 관계없이 전반사하지 않으므로 X가 II에서 III으로 진행할 때는 전반사하지 않는다.

ㄷ. 임계각은 X가 I에서 II로 입사할 때가 III에서 II로 입사할 때보다 크다.

➡ 굴절률의 크기는 매질 II < 매질 I < 매질 III이다. 두 매질의 굴절률 차이가 클수록 전반사의 임계각이 작아지므로 임계각은 X가 I에서 II로 입사할 때가 III에서 II로 입사할 때보다 크다.

15 빛의 굴절과 전반사 2021학년도 10월 학평 물I 10번

정답 ① | 정답률 80 %

적용해야 할 개념 ②가지

① 전반사: 빛이 속력이 느린 매질에서 빠른 매질로(또는 굴절률이 큰 매질에서 작은 매질로) 진행할 때, 입사각이 임계각보다 클 경우 굴절없이 전부 반사하는 현상이다.

② 임계각: 굴절각이 90°일 때의 입사각이다.

굴절 광선, 입사각 < 임계각, 법선, 굴절각, 공기, 물, 입사각, 반사각, 입사각 > 임계각, 입사 광선, 임계각, 반사 광선, 입사각 = 임계각, 광원

▲ 빛의 굴절과 전반사

문제 보기

그림과 같이 동일한 단색광이 공기에서 부채꼴 모양의 유리에 수직으로 입사하여 유리와 공기의 경계면의 점 a, b에 각각 도달한다. a에 도달한 단색광은 전반사하여 입사광의 진행 방향에 수직인 방향으로 진행한다.

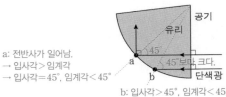

공기, 유리, 45°, 45°보다 크다., 단색광, a, b

a: 전반사가 일어남.
→ 입사각 > 임계각
→ 입사각 = 45°, 임계각 < 45°

b: 입사각 > 45°, 임계각 < 45°
→ 입사각 > 임계각이므로 전반사가 일어남.

이에 대한 옳은 설명만을 ⟨보기⟩에서 있는 대로 고른 것은? [3점]

<보기> 풀이

ㄱ. b에서 단색광은 전반사한다.

➡ a에서 전반사가 일어났으므로, a에서보다 입사각이 큰 b에서도 단색광은 전반사한다.

ㄴ. 단색광의 속력은 유리에서가 공기에서보다 크다.

➡ 전반사는 빛이 굴절률이 큰 매질에서 굴절률이 작은 매질로 입사할 때 일어나므로, 굴절률은 유리가 공기보다 크다. 굴절률이 큰 매질일수록 매질에서의 빛의 속력이 작으므로, 단색광의 속력은 유리에서가 공기에서보다 작다.

ㄷ. 유리와 공기 사이의 임계각은 45°보다 크다.

➡ 전반사는 빛이 임계각보다 큰 각도로 입사할 때 일어난다. a에서 입사각이 45°일 때 전반사하였으므로, 유리와 공기 사이의 임계각은 45°보다 작다.

16 빛의 굴절과 전반사 2024학년도 6월 모평 물Ⅰ 16번

정답 ① | 정답률 40 %

적용해야 할 개념 ③가지

① 전반사: 빛이 굴절률이 큰 매질에서 작은 매질로 진행할 때, 입사각이 임계각보다 클 경우 굴절 없이 전부 반사하는 현상

② 굴절 법칙 $n_1 \sin i = n_2 \sin r$에서 $i < r$일 때 $n_1 > n_2$이므로, 법선과 이루는 각이 작은 매질의 굴절률이 크다.

③ 두 물질의 굴절률의 차가 클수록 굴절되는 정도가 커진다.

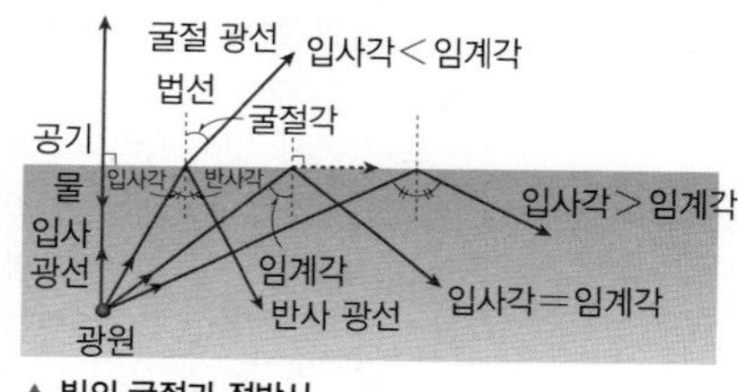

▲ 빛의 굴절과 전반사

문제 보기

그림 (가)는 단색광이 공기에서 매질 A로 입사각 θ_i로 입사한 후, 매질 A의 옆면 P에 임계각 θ_c로 입사하는 모습을 나타낸 것이다. 그림 (나)는 (가)에 물을 더 넣고 단색광을 θ_i로 입사시킨 모습을 나타낸 것이다.

• θ_i 증가
→ A의 윗면에서의 굴절각 증가
→ P에서의 입사각 감소
→ P에서의 입사각 < θ_c
→ P에서 전반사가 일어나지 않음.

• 공기와 A의 굴절률 차 > 물과 A의 굴절률 차
→ A의 윗면에서 굴절되는 정도: (가) > (나)
→ A의 윗면에서의 굴절각: (가) < (나)

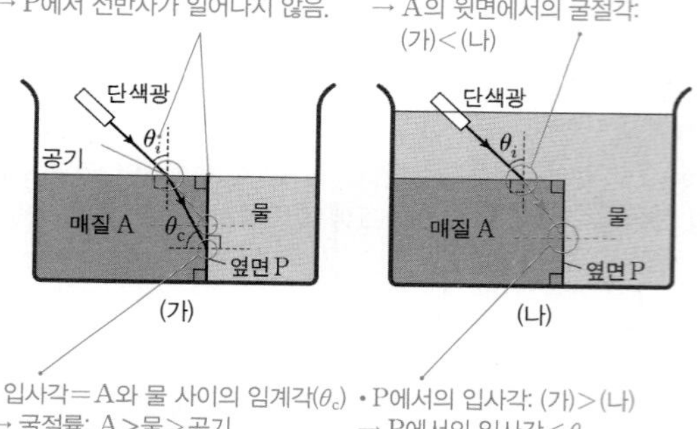

• 입사각 = A와 물 사이의 임계각(θ_c)
→ 굴절률: A > 물 > 공기

• P에서의 입사각: (가) > (나)
→ P에서의 입사각 < θ_c
→ P에서 전반사가 일어나지 않음.

이에 대한 설명으로 옳은 것만을 〈보기〉에서 있는 대로 고른 것은?

<보기> 풀이

ㄱ. A의 굴절률은 물의 굴절률보다 크다. (○)

➡ (가)에서 단색광이 P에 매질 A와 물 사이의 임계각 θ_c보다 큰 각으로 입사하면 전반사하므로, A의 굴절률은 물의 굴절률보다 크다.

ㄴ. (가)에서 θ_i를 증가시키면 옆면 P에서 전반사가 일어난다. (×)

➡ (가)에서 θ_i를 증가시키면 매질 A의 윗면에서의 굴절각이 커지므로 옆면 P에서의 입사각은 임계각 θ_c보다 작아진다. 입사각이 임계각보다 작아지면 전반사가 일어나지 않으므로, (가)에서 θ_i를 증가시키면 옆면 P에서 전반사가 일어나지 않는다.

ㄷ. (나)에서 단색광은 옆면 P에서 전반사한다. (×)

➡ 공기의 굴절률은 물의 굴절률보다 작으므로, 굴절률은 공기 < 물 < 매질 A 순으로 커진다. 두 매질의 굴절률 차가 작을수록 굴절되는 정도가 작아지므로, 매질 A의 윗면에서 굴절되는 정도는 (나)에서가 (가)에서보다 작다. 따라서 (가)와 (나)에서 단색광의 입사각이 θ_i로 같을 때 매질 A의 윗면에서의 굴절각은 (나)에서가 (가)에서보다 크므로, 매질 A의 옆면 P에서 입사각은 (나)에서가 (가)에서보다 작다. 즉, (나)에서 옆면 P에서의 단색광의 입사각은 임계각 θ_c보다 작아지므로 전반사하지 않는다.

17 빛의 굴절과 전반사 2024학년도 7월 학평 물I 12번

정답 ④ | 정답률 69 %

적용해야 할 개념 ③가지

① 굴절 법칙 $n_1\sin i=n_2\sin r$에서 $i>r$일 때 $n_1<n_2$이므로, 법선과 이루는 각이 작은 매질의 굴절률이 더 크다.

② 굴절 법칙 $\frac{\sin i}{\sin r}=\frac{v_1}{v_2}=\frac{\lambda_1}{\lambda_2}=n_{12}$(=일정)에서 $i>r$일 때 $v_1>v_2$이므로, 법선과 이루는 각이 작은 매질에서의 빛(파동)의 속력이 더 느리다.

③ 전반사: 빛이 속력이 느린 매질에서 빠른 매질로(또는 굴절률이 큰 매질에서 작은 매질로) 진행할 때, 입사각이 임계각보다 클 경우 굴절 없이 전부 반사하는 현상이다.

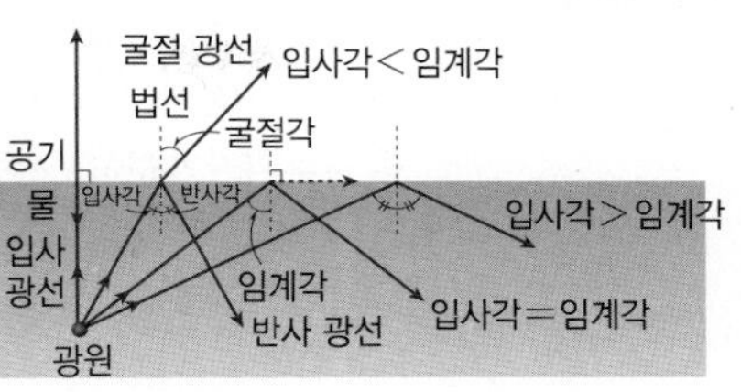

▲ 빛의 굴절과 전반사

문제 보기

그림과 같이 단색광 X가 공기와 매질 A의 경계면 위의 점 p에 입사각 θ_i로 입사한 후, A와 매질 B의 경계면에서 굴절하고 옆면 Q에서 전반사하여 진행한다.

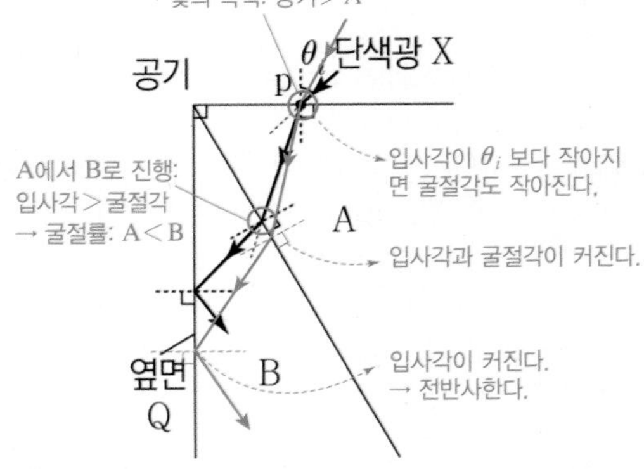

이에 대한 설명으로 옳은 것만을 〈보기〉에서 있는 대로 고른 것은? [3점]

<보기> 풀이

~~ㄱ.~~ **X의 속력은 공기에서가 A에서보다 작다.**

➡ 빛이 서로 다른 매질의 경계면에서 굴절할 때 법선과 이루는 각이 큰 매질에서 빛의 속력이 더 크다. X가 공기와 A의 경계면에서 굴절할 때 입사각이 굴절각보다 크므로, X의 속력은 공기에서가 A에서보다 크다.

ⓛ **굴절률은 B가 A보다 크다.**

➡ 빛이 서로 다른 매질의 경계면에서 굴절할 때 법선과 이루는 각이 작은 매질의 굴절률이 더 크다. X가 A와 B의 경계면에서 굴절할 때 입사각보다 굴절각이 작으므로 굴절률은 B가 A보다 크다.

ⓒ **p에서 θ_i보다 작은 각으로 X가 입사하면 Q에서 전반사가 일어난다.**

➡ p에서 X의 입사각이 감소하면 굴절각이 작아진다. p에서 X의 굴절각이 작아지면 A와 B의 경계면에서 X의 입사각이 커지고 굴절각도 커진다. A와 B의 경계면에서 X의 굴절각이 커지면, 옆면 Q에서 X의 입사각이 커지므로 전반사가 일어난다.

18 빛의 굴절과 전반사 2025학년도 9월 모평 물I 8번

정답 ④ | 정답률 79 %

적용해야 할 개념 ③가지

① 전반사: 빛이 속력이 느린 매질에서 빠른 매질로(또는 굴절률이 큰 매질에서 작은 매질로) 진행할 때, 입사각이 임계각보다 클 경우 굴절 없이 전부 반사하는 현상이다.

② 굴절 법칙 $n_1\sin i=n_2\sin r$에서 $i>r$일 때 $n_1<n_2$이므로, 법선과 이루는 각이 작은 매질의 굴절률이 더 크다.

③ 빛이 굴절률이 n_1인 매질에서 굴절률이 n_2인 매질로 진행할 때 임계각 i_c는 $n_1\sin i_c=n_2\sin 90°$에서 $\sin i_c=\frac{n_2}{n_1}$ (단, $n_1>n_2$)이므로, n_1이 커지거나 n_2가 작아질 때 임계각 i_c가 작아진다. 즉, 두 매질의 굴절률 차가 클수록 임계각이 작아진다.

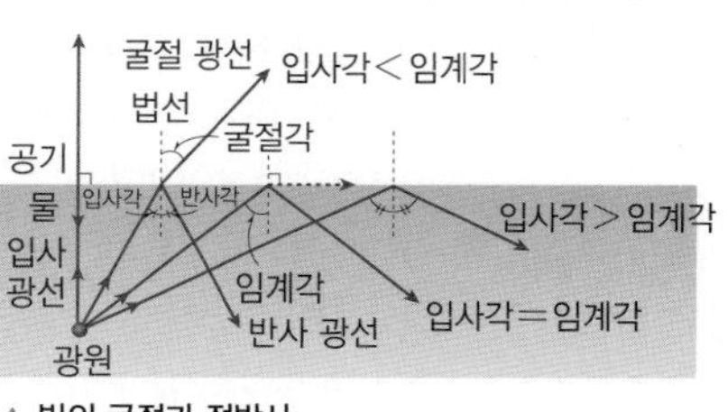

▲ 빛의 굴절과 전반사

문제 보기

그림은 매질 A에서 매질 B로 입사한 단색광 P가 굴절각 45°로 진행하여 B와 매질 C의 경계면에서 전반사한 후 B와 매질 D의 경계면에서 굴절하여 진행하는 모습을 나타낸 것이다.

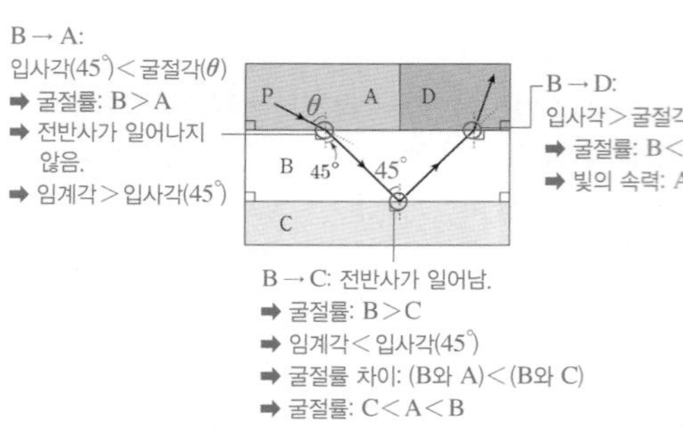

이에 대한 설명으로 옳은 것만을 〈보기〉에서 있는 대로 고른 것은?

<보기> 풀이

ㄱ. B와 C 사이의 임계각은 45°보다 크다.

➡ 전반사는 빛이 굴절률이 큰 매질에서 작은 매질로 진행할 때 입사각이 임계각보다 클 경우에 일어난다. P가 B와 C의 경계면에 입사각 45°로 입사할 때 전반사하므로, 굴절률은 B>C이고 입사각은 임계각보다 크다. 따라서 B와 C 사이의 임계각은 45°보다 작다.

ㄴ. 굴절률은 A가 C보다 크다.

➡ P가 A에서 B로 입사할 때 입사각을 θ라고 하면 굴절각은 45°이므로 반대로 P가 B에서 A로 입사할 때 입사각이 45°일 경우 굴절각은 θ가 된다. P가 B에서 A로 입사할 때 입사각(45°)보다 굴절각(θ)이 크므로 굴절률은 B>A이고, 전반사가 일어나지 않고 굴절하므로 입사각(45°)은 임계각보다 작다. 즉, B와 A 사이의 임계각은 45°보다 크다. 임계각은 두 매질의 굴절률 차가 클수록 작다. B와 C 사이의 임계각은 45°보다 작고 B와 A 사이의 임계각은 45°보다 크므로, B와 C의 굴절률 차는 B와 A의 굴절률 차보다 크다. 따라서 굴절률의 크기는 C<A<B이므로, 굴절률은 A가 C보다 크다.

ㄷ. P의 속력은 A에서가 D에서보다 크다.

➡ P가 B와 D의 경계면에서 굴절할 때 입사각보다 굴절각이 작으므로, 굴절률은 D가 B보다 크다. 따라서 굴절률의 크기는 C<A<B<D이다. 빛의 속력은 굴절률이 작은 매질에서 더 크므로, P의 속력은 A에서가 D에서보다 크다.

19 빛의 굴절과 전반사 2024학년도 3월 학평 물I 12번

정답 ① | 정답률 50 %

적용해야 할 개념 ③가지

① 전반사: 빛이 속력이 느린 매질에서 빠른 매질로(또는 굴절률이 큰 매질에서 작은 매질로) 진행할 때, 입사각이 임계각보다 클 경우 굴절 없이 전부 반사하는 현상이다.

② 임계각: 굴절각이 90°일 때의 입사각이다.

③ 빛이 굴절률이 n_1인 매질에서 굴절률이 n_2인 매질로 진행할 때 임계각 i_c는 $n_1\sin i_c=n_2\sin 90°$에서 $\sin i_c=\frac{n_2}{n_1}$ (단, $n_1>n_2$)이므로, n_1이 커지거나 n_2가 작아질 때 임계각 i_c가 작아진다. 즉, 두 매질의 굴절률 차이가 클수록 i_c가 작아진다.

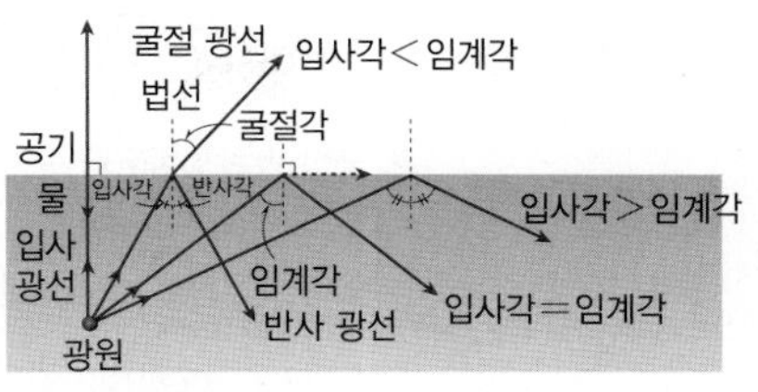

▲ 빛의 굴절과 전반사

문제 보기

다음은 임계각을 찾는 실험이다.

[실험 과정]

(가) 반원형 매질 A, B, C 중 두 매질을 서로 붙인다.

(나) 단색광 P를 원의 중심으로 입사시키고, 입사각을 0에서부터 연속적으로 증가시키면서 임계각을 찾는다.

[실험 결과]

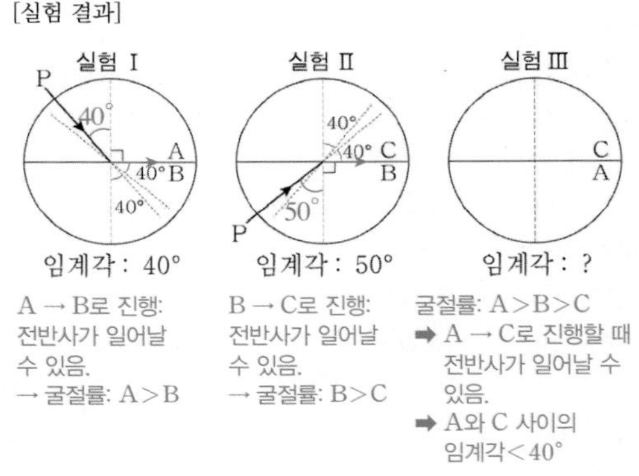

실험 III의 결과로 가장 적절한 것은? [3점]

<보기> 풀이

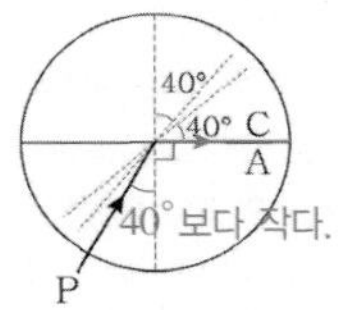

실험 I에서 P가 A에서 B로 입사할 때 전반사가 일어날 수 있으므로 굴절률은 A>B이고, 실험 II에서 P가 B에서 C로 입사할 때 전반사가 일어날 수 있으므로 굴절률은 B>C이다. 따라서 굴절률은 A>B>C이므로, 실험 III에서 P를 굴절률이 큰 A에서 굴절률이 작은 C로 입사시킬 때 전반사가 일어날 수 있다. 전반사의 임계각은 두 매질의 굴절률의 차이가 클수록 작으므로, 실험 III에서의 임계각은 실험 I과 실험 II에서의 임계각보다 작다. 따라서 실험 III에서 P를 A에서 C로 입사시킬 때 임계각은 40°보다 작으므로, 실험 III의 결과로 ①이 가장 적절하다.

① 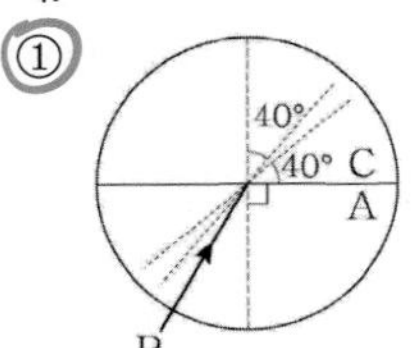

입사각이 40°보다 작으므로 임계각으로 가능하다.

② 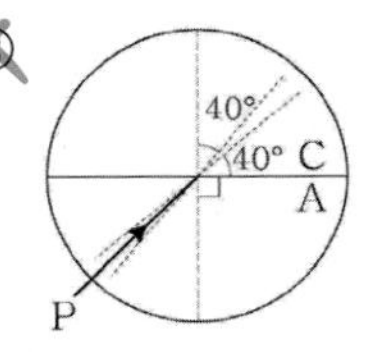

입사각이 40°보다 크므로 임계각보다 커서 전반사가 일어난다.

③ 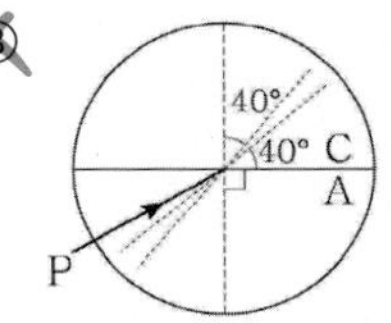

입사각이 40°보다 크므로 임계각보다 커서 전반사가 일어난다.

④ 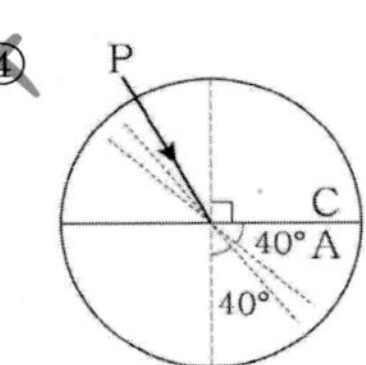

P가 굴절률이 작은 C에서 굴절률이 큰 A로 입사하는 경우이므로, 입사각에 관계없이 전반사가 일어나지 않는다.

⑤ 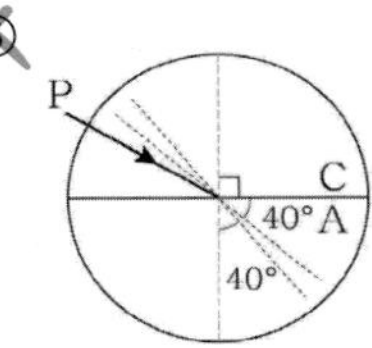

P가 굴절률이 작은 C에서 굴절률이 큰 A로 입사하는 경우이므로, 입사각에 관계없이 전반사가 일어나지 않는다.

20	**빛의 굴절과 전반사** 2024학년도 10월 학평 물I 15번	정답 ① ㅣ 정답률 61 %

적용해야 할 개념 ③가지

① 전반사: 빛이 속력이 느린 매질에서 빠른 매질로(또는 굴절률이 큰 매질에서 작은 매질로) 진행할 때, 입사각이 임계각보다 클 경우 굴절 없이 전부 반사하는 현상이다.

② 굴절 법칙 $n_1\sin i = n_2\sin r$에서 $i > r$일 때 $n_1 < n_2$이므로, 법선과 이루는 각이 작은 매질의 굴절률이 더 크다.

③ 빛이 굴절률이 n_1인 매질에서 굴절률이 n_2인 매질로 진행할 때 임계각 i_c는 $n_1\sin i_c = n_2\sin 90°$에서 $\sin i_c = \frac{n_2}{n_1}$ (단, $n_1 > n_2$)이므로, n_1이 커지거나 n_2가 작아질 때 임계각 i_c가 작아진다. 즉, 두 매질의 굴절률 차이가 클수록 임계각이 작아진다.

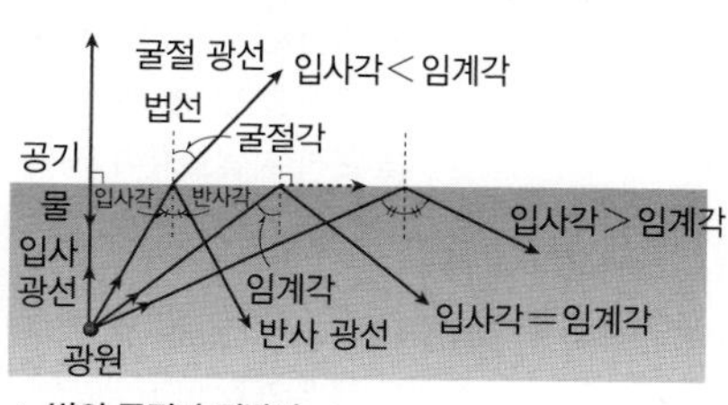

▲ 빛의 굴절과 전반사

문제 보기

그림과 같이 진동수가 동일한 단색광 X, Y가 매질 A에서 각각 매질 B, C로 동일한 입사각 θ_0으로 입사한다. X는 A와 B의 경계면의 점 p를 향해 진행한다. Y는 B와 C의 경계면에 입사각 θ_0으로 입사한 후 p에 임계각으로 입사한다.

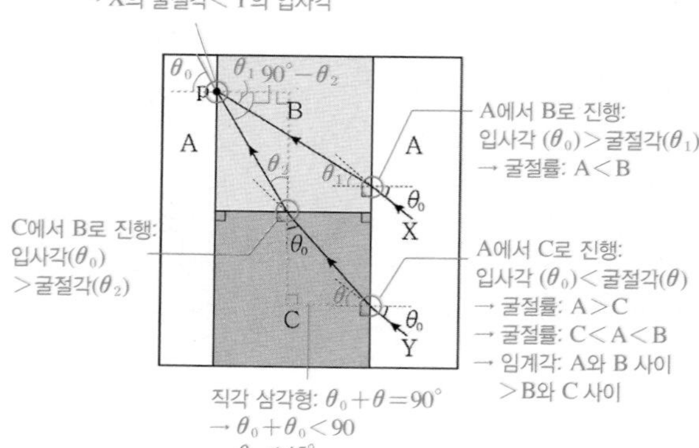

이에 대한 옳은 설명만을 〈보기〉에서 있는 대로 고른 것은? [3점]

<보기> 풀이

ㄱ. $\theta_0 < 45°$이다.

➡ Y가 A와 C의 경계면에 입사각 θ_0으로 입사할 때 굴절각을 θ라고 하면, 입사각보다 굴절각이 크므로 $\theta_0 < \theta$이다. 이때 θ_0, θ는 직각 삼각형에서 직각을 제외한 다른 두 각에 해당하므로 $\theta_0 + \theta = 90°$이다. 따라서 $\theta_0 + \theta_0 < 90°$이므로, $\theta_0 < 45°$이다.

ㄴ. p에서 X의 굴절각은 Y의 입사각보다 크다.

➡ X가 A에서 B로 θ_0의 입사각으로 입사할 때 굴절각을 θ_1이라고 하면, 반대로 X가 B에서 A로 입사할 때 입사각이 θ_1일 경우 굴절각은 θ_0이 된다. p에서 X의 입사각은 θ_1과 같으므로, p에서 X의 굴절각은 θ_0이다. 한편, Y가 C에서 B로 θ_0의 입사각으로 입사할 때 굴절각을 θ_2라고 하면, p에서 Y의 입사각과 θ_2는 직각 삼각형에서 직각을 제외한 다른 두 각에 해당하므로, p에서 Y의 입사각은 $(90° - \theta_2)$이다. $\theta_2 < \theta_0$이고 $\theta_0 < 45°$이므로, $(90° - \theta_2) > (90° - \theta_0) > 45°$이다. 따라서 p에서 X의 굴절각($= \theta_0$)은 45°보다 작고 Y의 입사각($= 90° - \theta_2$)은 45°보다 크므로, p에서 X의 굴절각은 Y의 입사각보다 작다.

ㄷ. 임계각은 A와 B 사이에서가 B와 C 사이에서보다 작다.

➡ 빛이 서로 다른 매질의 경계면에서 굴절할 때, 법선과 이루는 각이 작은 매질의 굴절률이 더 크다. X가 A에서 B로 입사할 때 입사각>굴절각이므로 굴절률은 A<B이다. 또 Y가 A에서 C로 입사할 때 입사각<굴절각이므로 굴절률은 A>C이다. 따라서 굴절률의 크기는 C<A<B이다. 굴절률의 차이가 클수록 임계각이 작으므로, 임계각은 A와 B 사이에서가 B와 C 사이에서보다 크다.

21 빛의 굴절과 전반사 2024학년도 수능 물Ⅰ 14번

정답 ③ | 정답률 66 %

적용해야 할 개념 ③가지

① 굴절 법칙 $n_1\sin i=n_2\sin r$에서 $i>r$일 때 $n_1<n_2$이므로, 법선과 이루는 각이 작은 매질의 굴절률이 더 크다.

② 빛이 굴절률이 다른 두 매질의 경계면에서 굴절할 때, 빛이 법선과 이루는 각도와 빛의 속력은 굴절률이 큰 매질에서 더 작다.

③ 전반사: 빛이 속력이 느린 매질에서 빠른 매질로(또는 굴절률이 큰 매질에서 작은 매질로) 진행할 때, 입사각이 임계각보다 클 경우 굴절 없이 전부 반사하는 현상이다.

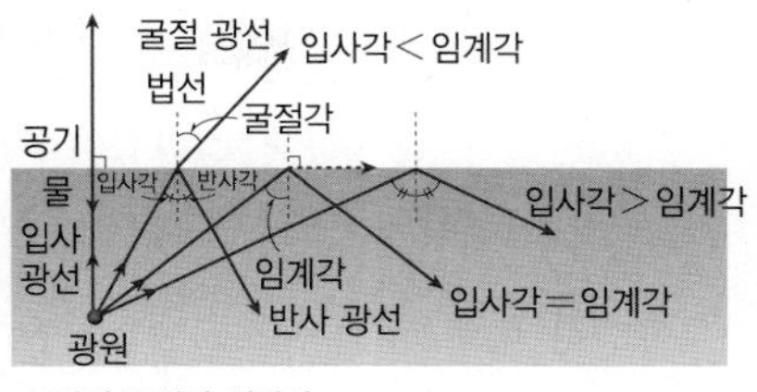

▲ 빛의 굴절과 전반사

문제 보기

다음은 빛의 성질을 알아보는 실험이다.

[실험 과정 및 결과]

(가) 반원형 매질 A, B, C를 준비한다.

(나) 그림과 같이 반원형 매질을 서로 붙여 놓고, 단색광 P의 입사각(i)을 변화시키면서 굴절각(r)을 측정하여 $\sin r$ 값을 $\sin i$ 값에 따라 나타낸다.

입사각 $i<$굴절각 r
→ A의 굴절률>B의 굴절률

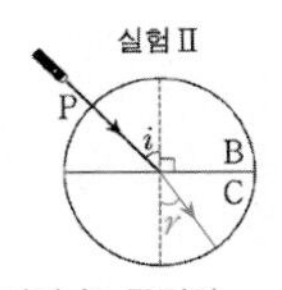

입사각 $i>$굴절각 r
→ B의 굴절률<C의 굴절률
→ B에서 P의 속력>C에서 P의 속력

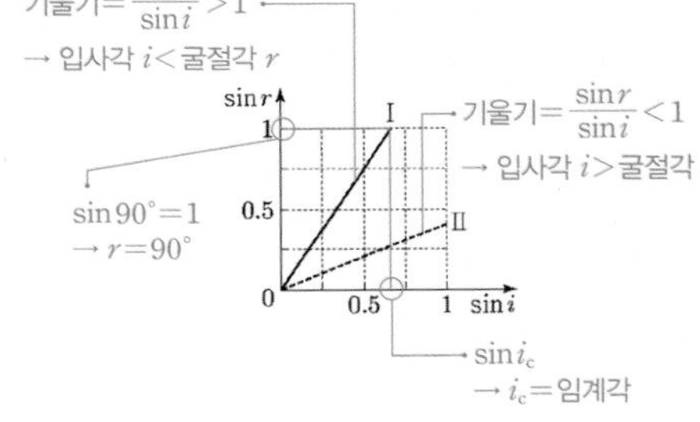

이에 대한 설명으로 옳은 것만을 〈보기〉에서 있는 대로 고른 것은?

<보기> 풀이

$\sin r$ 값을 $\sin i$ 값에 따라 나타낸 그래프의 기울기는 $\frac{\sin r}{\sin i}$이다.

ㄱ. 굴절률은 A가 B보다 크다.

➡ Ⅰ에서 $\frac{\sin r}{\sin i}>1$이므로 굴절각 r가 입사각 i보다 크다. 법선과 이루는 각이 작은 매질의 굴절률이 더 크므로, 굴절률은 A가 B보다 크다.

ㄴ. P의 속력은 B에서가 C에서보다 작다.

➡ Ⅱ에서 $\frac{\sin r}{\sin i}<1$이므로 굴절각 r가 입사각 i보다 작다. 법선과 이루는 각이 작은 매질의 굴절률이 더 크고 굴절률이 큰 매질에서 빛의 속력이 더 작으므로, P의 속력은 C에서가 B에서보다 작다.

ㄷ. Ⅰ에서 $\sin i_0=0.75$인 입사각 i_0으로 P를 입사시키면 전반사가 일어난다.

➡ 전반사는 빛이 굴절률이 큰 매질에서 작은 매질로 진행할 때 입사각이 임계각보다 클 경우에 일어난다. Ⅰ에서 $\sin r=1$, 즉 $r=90°$일 때 입사각을 i_c라고 하면, i_c는 임계각이다. $\sin i_c$는 0.75보다 작으므로, $\sin i_c<\sin i_0=0.75$에서 $i_c<i_0$이다. 따라서 Ⅰ에서 $\sin i_c=0.75$인 입사각 i_0으로 P를 입사시키면 입사각이 임계각보다 크므로 전반사가 일어난다.

22 빛의 굴절과 전반사 2021학년도 7월 학평 물Ⅰ 15번

정답 ④ | 정답률 55 %

적용해야 할 개념 ③가지

① 두 물질의 굴절률의 차가 클수록 굴절 현상이 더 크게 일어나 진행 경로가 더 많이 꺾인다.

② 빛이 굴절률이 다른 두 매질의 경계면에서 굴절할 때, 빛의 속력은 굴절률이 큰 매질에서 더 작다.

③ 빛이 굴절률 n인 매질에서 굴절률이 약 1인 공기로 진행할 때의 임계각 i_c는 $n\sin i_c = \sin 90°$에서 $\sin i_c = \frac{1}{n}$이므로, 굴절률 n이 클수록 임계각 i_c가 작아진다.

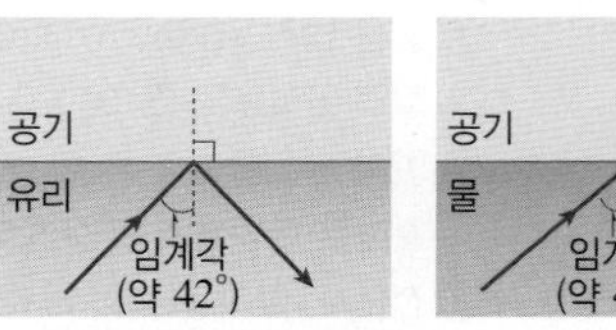

▲ 굴절률 차이에 따른 임계각
(유리의 굴절률은 약 1.5, 물의 굴절률은 약 1.33)

문제 보기

다음은 액체의 굴절률을 알아보기 위한 실험이다.

[실험 과정]

(가) 그림과 같이 수조에 액체 A를 채우고 액체 표면 위 30 cm 위치에서 액체 표면 위의 점 p를 본다.

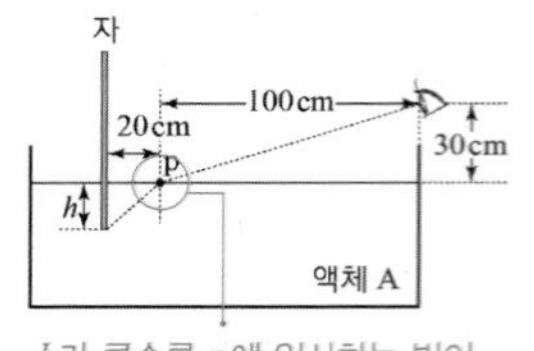

h가 클수록 p에 입사하는 빛이 더 많이 꺾인다.
→ 액체의 굴절률이 더 크다.

(나) (가)에서 자를 액체의 표면에 수직으로 넣으면서 p와 자의 끝이 겹쳐 보이는 순간, 자의 액체에 잠긴 부분의 길이 h를 측정한다.

(다) (가)에서 액체 A를 다른 액체로 바꾸어 (나)를 반복한다.

→ h: A<물<B<C
→ 굴절률: A<물<B<C
→ 빛의 속력: A>물>B>C
→ 임계각: A>물>B>C

[실험 결과]

액체의 종류	h(cm)
A	17
물	19
B	21
C	24

이에 대한 설명으로 옳은 것만을 〈보기〉에서 있는 대로 고른 것은? [3점]

<보기> 풀이

액체의 굴절률이 클수록 p에 입사하는 빛의 진행 경로가 더 많이 꺾이게 되어 h가 커진다. h가 A<물<B<C이므로, 액체의 굴절률의 크기는 A<물<B<C이다.

ㄱ. 굴절률은 A가 물보다 크다.

➡ h가 클수록 굴절률이 크므로, 굴절률은 A가 물보다 작다.

ㄴ. 빛의 속력은 B에서가 C에서보다 빠르다.

➡ 매질의 굴절률이 클수록 매질에서의 빛의 속력이 작다. 굴절률은 B가 C보다 작으므로, 빛의 속력은 B에서가 C에서보다 빠르다.

ㄷ. 액체와 공기 사이의 임계각은 A가 B보다 크다.

➡ 빛이 액체에서 공기로 진행할 때, 액체의 굴절률이 클수록 임계각이 작다. 굴절률은 A가 B보다 작으므로, 액체와 공기 사이의 임계각은 A가 B보다 크다.

23	**빛의 굴절과 전반사** 2023학년도 6월 모평 물Ⅰ 15번	정답 ① ǀ 정답률 78 %

적용해야 할 개념 ③가지

① 굴절 법칙 $n_1\sin i = n_2\sin r$에서 $i > r$일 때 $n_1 < n_2$이므로, 법선과 이루는 각이 작은 매질의 굴절률이 크다.

② 빛이 굴절률이 다른 두 매질의 경계면에서 굴절할 때, 빛이 법선과 이루는 각도와 빛의 속력은 굴절률이 큰 매질에서 더 작다.

③ 전반사: 빛이 속력이 느린 매질에서 빠른 매질로(또는 굴절률이 큰 매질에서 작은 매질로) 진행할 때, 입사각이 임계각보다 클 경우 굴절없이 전부 반사하는 현상이다.

구분	굴절률이 작은 매질	굴절률이 큰 매질
빛이 법선과 이루는 각도	크다.	작다.
빛의 속력	크다.	작다.

문제 보기

다음은 빛의 성질을 알아보는 실험이다.

[실험 과정]

(가) 그림과 같이 반원형 매질 A와 B를 서로 붙여 놓는다.

(나) 단색광을 A에서 B를 향해 원의 중심을 지나도록 입사시킨다.

(다) (나)에서 입사각을 변화시키면서 굴절각과 반사각을 측정한다.

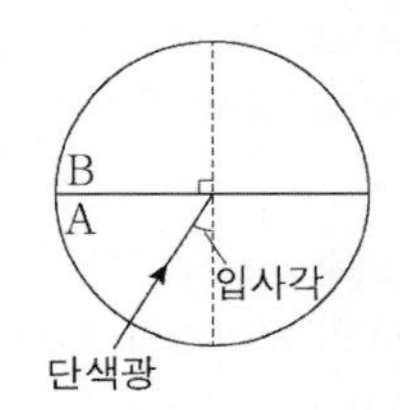

[실험 결과]

→ 실험 Ⅰ: 입사각<굴절각
→ 굴절률: A>B
→ 단색광의 속력: A<B

실험 Ⅱ:
입사각=반사각
→ ㉠=50°

실험	입사각	굴절각	반사각
Ⅰ	30°	34°	30°
Ⅱ	㉠	59°	50°
Ⅲ	70°	해당 없음	70°

→ 실험 Ⅲ: 전반사가 일어남.
→ 70°>임계각

이에 대한 설명으로 옳은 것만을 〈보기〉에서 있는 대로 고른 것은? [3점]

<보기> 풀이

ㄱ. ㉠은 50°이다.

➡ 단색광이 반사할 때 입사각과 반사각의 크기가 같으므로, ㉠은 50°이다.

ㄴ. 단색광의 속력은 A에서가 B에서보다 크다.

➡ 실험 Ⅰ에서 입사각보다 굴절각이 크다. 빛이 굴절할 때 법선과 이루는 각이 작은 매질의 굴절률이 더 크므로, 굴절률의 크기는 A>B이다. 굴절률이 큰 매질일수록 빛의 속력이 작으므로, 단색광의 속력은 A에서가 B에서보다 작다.

ㄷ. A와 B 사이의 임계각은 70°보다 크다.

➡ 전반사는 빛이 굴절률이 큰 매질에서 작은 매질로 입사할 때, 입사각이 임계각보다 클 경우 일어난다. 실험 Ⅲ에서 입사각이 70°일 때 굴절없이 모두 반사하는 전반사가 일어났으므로, 입사각 70°는 임계각보다 크다. 따라서 A와 B 사이의 임계각은 70°보다 작다.

24 빛의 굴절과 전반사 2022학년도 수능 물I 11번

정답 ① | 정답률 71 %

적용해야 할 개념 ③가지

① 굴절 법칙 $n_1\sin i=n_2\sin r$에서 $i>r$일 때 $n_1<n_2$이므로, 법선과 이루는 각이 작은 매질의 굴절률이 더 크다.

② 굴절 법칙 $\dfrac{\sin i}{\sin r}=\dfrac{v_1}{v_2}=\dfrac{\lambda_1}{\lambda_2}=n_{12}$(=일정)에서 $i>r$일 때 $\lambda_1>\lambda_2$이므로, 법선과 이루는 각이 작은 매질에서의 빛의 파장이 더 짧다.

③ 빛이 굴절률 n_1인 매질에서 굴절률이 n_2인 매질로 진행할 때의 임계각 i_c는 $n_1\sin i_c=n_2\sin 90°$에서 $\sin i_c=\dfrac{n_2}{n_1}$ (단, $n_1>n_2$)이므로, n_1이 커지거나 n_2가 작아질 때 임계각 i_c가 작아진다. 즉, 두 매질의 굴절률 차이가 클수록 임계각 i_c가 작아진다.

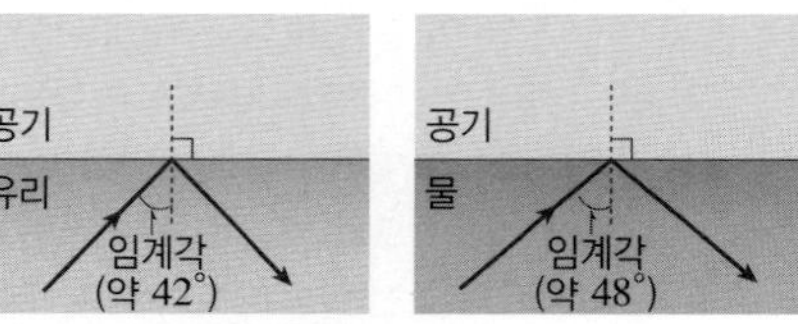

▲ 굴절률 차이에 따른 임계각
(유리의 굴절률은 약 1.5, 물의 굴절률은 약 1.33)

문제 보기

다음은 빛의 성질을 알아보는 실험이다.

[실험 과정]

(가) 반원형 매질 A, B, C를 준비한다.

(나) 그림과 같이 반원형 매질을 서로 붙여 놓고 단색광 P를 입사시켜 입사각과 굴절각을 측정한다.

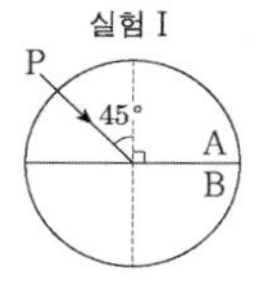

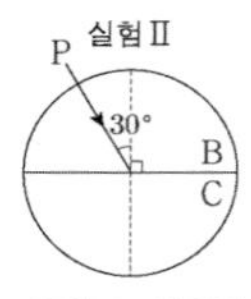

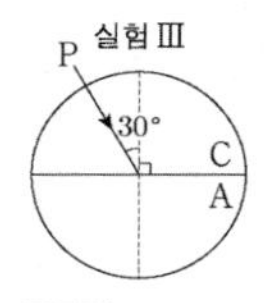

실험 I: 입사각>굴절각
→ 빛의 파장: A>B
→ 굴절률: A<B

실험 II: 입사각>굴절각
→ 굴절률: B<C

[실험 결과]

→ 실험 I, II: $n_A\sin 45°=n_B\sin 30°=n_C\sin 25°$

실험	입사각	굴절각
I	45°	30°
II	30°	25°
III	30°	㉠

→ 실험 III: $n_C\sin 30°=n_A\sin$㉠

→ 실험 I, II, III:
$\sin ㉠=\left(\dfrac{n_C}{n_A}\right)\sin 30°=\left(\dfrac{\sin 45°}{\sin 25°}\right)\sin 30°$
→ $\sin ㉠>\sin 45°$

이에 대한 설명으로 옳은 것만을 〈보기〉에서 있는 대로 고른 것은? [3점]

<보기> 풀이

빛이 굴절할 때 법선과 이루는 각이 작은 쪽 매질의 굴절률이 크다. 실험 I에서 P가 A에서 B로 입사할 때 입사각보다 굴절각이 작으므로, 굴절률은 A<B이다. 또 실험 II에서 P가 B에서 C로 입사할 때 입사각보다 굴절각이 작으므로, 굴절률은 B<C이다.

ㄱ. ㉠은 45°보다 크다.

➡ 실험 I과 II에서 굴절 법칙에 의해 $n_A\sin 45°=n_B\sin 30°$와 $n_B\sin 30°=n_C\sin 25°$가 각각 성립하므로, $n_A\sin 45°=n_C\sin 25°$이다. 실험 III에서 $n_C\sin 30°=n_A\sin$㉠이 성립하므로, $\sin ㉠=\left(\dfrac{n_C}{n_A}\right)\sin 30°=\left(\dfrac{\sin 45°}{\sin 25°}\right)\sin 30°$에서, $\sin ㉠>\sin 45°$이다. 따라서 ㉠은 45°보다 크다.

ㄴ. P의 파장은 A에서가 B에서보다 짧다.

➡ P가 A에서 B로 입사할 때 입사각이 굴절각보다 크다. 굴절 법칙 $\dfrac{\sin i}{\sin r}=\dfrac{v_1}{v_2}=\dfrac{\lambda_1}{\lambda_2}=n_{12}$(=일정)에서 $i>r$일 때 $\lambda_1>\lambda_2$이므로, 법선과 이루는 각이 큰 매질에서의 빛의 파장이 더 길다. 따라서 P의 파장은 A에서가 B에서보다 길다.

ㄷ. 임계각은 P가 B에서 A로 진행할 때가 C에서 A로 진행할 때보다 작다.

➡ 굴절률의 크기는 A<B<C이다. 두 매질의 굴절률 차이가 클수록 전반사의 임계각이 작아지므로, 임계각은 P가 B에서 A로 진행할 때가 C에서 A로 진행할 때보다 크다.

25 빛의 굴절과 전반사 2020학년도 7월 학평 물I 14번

정답 ③ | 정답률 66 %

적용해야 할 개념 ③가지

① 굴절 법칙 $\frac{\sin i}{\sin r}=\frac{v_1}{v_2}=\frac{\lambda_1}{\lambda_2}=n_{12}$(=일정)에서 $i>r$일 때 $v_1>v_2$이므로, 법선과 이루는 각이 작은 매질에서의 빛의 속력이 더 느리다.

② 두 물질의 굴절률의 차가 클수록 굴절 현상이 더 크게 일어나 진행 경로가 더 많이 꺾인다.

③ 빛이 굴절률 n인 매질에서 굴절률이 약 1인 공기로 진행할 때의 임계각 i_c는 $n\sin i_c=\sin 90°$에서 $\sin i_c=\frac{1}{n}$이므로, 굴절률 n이 클수록 임계각 i_c가 작아진다.

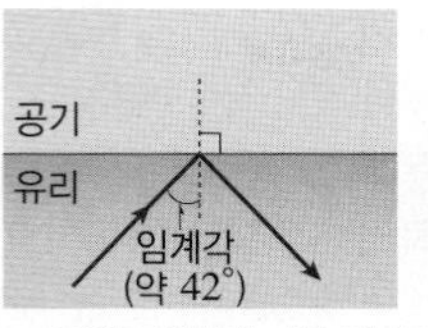

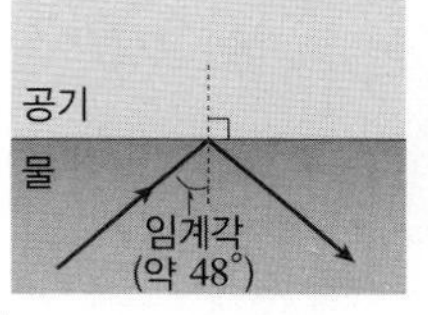

▲ 굴절률 차이에 따른 임계각
(유리의 굴절률은 약 1.5, 물의 굴절률은 약 1.33)

문제 보기

다음은 빛의 굴절에 대한 실험이다.

[실험 과정]

(가) 그림과 같이 광학용 물통의 절반을 물로 채운 후 레이저를 물통의 둥근 부분 쪽에서 중심을 향해 비추어 빛이 물에서 공기로 진행하도록 한다. 액체의 굴절률이 클수록 빛의 경로는 더 많이 꺾인다.

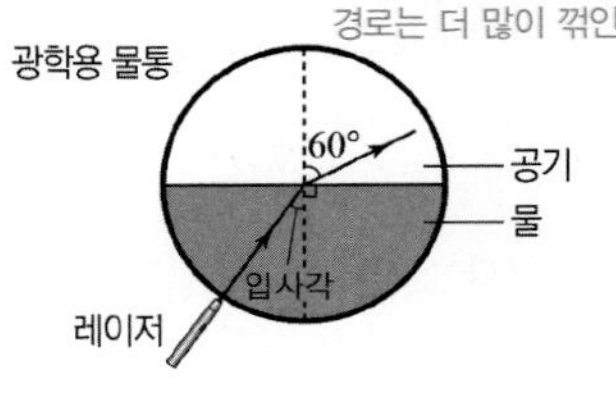

(나) (가)에서 입사각을 변화시키면서 굴절각이 60°가 되는 입사각을 측정한다. ㄴ 입사각이 작을수록 굴절하는 정도가 크다.

(다) (가)에서 물을 액체 A, B로 각각 바꾸고 (나)를 반복한다.

[실험 결과]

액체의 종류	입사각	굴절각
물	41°	60°
A	38°	60°
B	35°	60°

- 굴절의 정도: 물$<$A$<$B
- 굴절률: 물$<$A$<$B
- 빛의 속력: 물$>$A$>$B
- 임계각: 물$>$A$>$B

이에 대한 설명으로 옳은 것만을 〈보기〉에서 있는 대로 고른 것은? [3점]

<보기> 풀이

ㄱ. 빛의 속력은 물에서가 A에서보다 크다.

➡ 굴절각이 같을 때, 입사각이 작을수록 굴절하는 정도가 크다. 입사각의 크기가 물$>$A$>$B이므로 굴절의 정도는 물$<$A$<$B이고, 액체의 굴절률은 물$<$A$<$B이다. 굴절률이 클수록 빛의 속력이 작아지므로, 빛의 속력은 물에서가 A에서보다 크다.

ㄴ. 굴절률은 A가 B보다 크다.

➡ 빛이 액체에서 공기로 입사할 때, 액체의 굴절률이 클수록 굴절하는 정도가 크다. 굴절의 정도가 물$<$A$<$B이므로, 굴절률은 물$<$A$<$B이다. 따라서 굴절률은 A가 B보다 작다.

ㄷ. 공기와 액체 사이의 임계각은 A일 때가 B일 때보다 크다.

➡ 액체의 굴절률이 클수록 임계각은 작아진다. 굴절률이 물$<$A$<$B이므로, 공기와 액체 사이의 임계각은 A일 때가 B일 때보다 크다.

26	**빛의 굴절과 전반사** 2022학년도 6월 모평 물I 16번	정답 ④	정답률 52 %

적용해야 할 개념 ④가지

① 굴절 법칙 $n_1 \sin i = n_2 \sin r$에서 $i > r$일 때 $n_1 < n_2$이므로, 법선과 이루는 각이 작은 매질의 굴절률이 더 크다.

② 두 물질의 굴절률의 차가 클수록 굴절 현상이 더 크게 일어나 진행 경로가 더 많이 꺾인다.

구분	굴절률이 작은 매질	굴절률이 큰 매질
빛이 법선과 이루는 각도	크다.	작다.
빛의 속력	크다.	작다.

③ 빛이 굴절률이 다른 두 매질의 경계면에서 굴절할 때, 빛이 법선과 이루는 각도와 빛의 속력은 굴절률이 큰 매질에서 더 작다.

④ 빛이 굴절률이 n_1인 매질에서 굴절률이 n_2인 매질로 진행할 때의 임계각 i_c는 $n_1 \sin i_c = n_2 \sin 90°$에서 $\sin i_c = \frac{n_2}{n_1}$ (단, $n_1 > n_2$)이므로, n_1이 커지거나 또는 n_2가 작아질 때 임계각 i_c가 작아진다. 즉, 두 매질의 굴절률 차이가 클수록 임계각 i_c가 작아진다.

문제 보기

다음은 빛의 성질을 알아보는 실험이다.

[실험 과정]

(가) 반원 I, II로 구성된 원이 그려진 종이면의 I에 반원형 유리 A를 올려놓는다.

(나) 레이저 빛이 점 p에서 유리면에 수직으로 입사하도록 한다.

(다) 그림과 같이 빛이 진행하는 경로를 종이면에 그린다.

(라) p와 x축 사이의 거리 L_1, 빛의 경로가 II의 호와 만나는 점과 x축 사이의 거리 L_2를 측정한다.

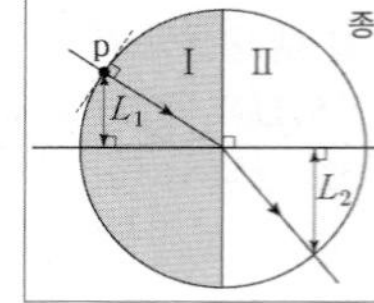

(마) (가)에서 I의 A를 반원형 유리 B로 바꾸고, (나)~(라)를 반복한다.

(바) (마)에서 II에 A를 올려놓고, (나)~(라)를 반복한다.

$L_1 < L_2$
→ 입사각 < 굴절각
→ 굴절률: A > 공기, B > 공기

[실험 결과]

과정	I	II	L_1(cm)	L_2(cm)
(라)	A	공기	3.0	4.5
(마)	B	공기	3.0	5.1
(바)	B	A	3.0	㉠

L_2: (라) < (마)
→ 굴절하는 정도: (라) < (마)
→ 굴절률: 공기 < A < B
→ ㉠ < 5.1

이에 대한 설명으로 옳은 것만을 〈보기〉에서 있는 대로 고른 것은? [3점]

<보기> 풀이

(라)와 (마)에서 모두 $L_1 < L_2$이므로, 입사각이 굴절각보다 작다. 법선과 이루는 각이 작은 쪽 매질의 굴절률이 더 크므로, 굴절률은 A, B 모두 공기보다 크다. 이때 빛이 굴절하는 정도는 (마)에서가 (라)에서보다 더 크므로, 굴절률은 B가 A보다 크다. 즉 굴절률의 크기는 공기 < A < B이다.

보기

ㄱ. ㉠ > 5.1이다. (✗)

➡ 두 매질의 굴절률의 차이가 클수록 빛이 두 매질의 경계면에서 굴절하는 정도가 크다. 굴절률의 크기가 공기 < A < B이므로, 빛이 B에서 A로 진행할 때 굴절하는 정도는 빛이 B에서 공기로 진행할 때 굴절하는 정도보다 작다. 따라서 (마)에서 L_2 = 5.1 cm일 때 (바)에서 L_2는 5.1 cm보다 작으므로 ㉠ < 5.1이다.

ㄴ. 레이저 빛의 속력은 A에서가 B에서보다 크다. (○)

➡ 빛의 속력은 굴절률이 큰 매질에서 더 작다. 굴절률은 A가 B보다 작으므로, 레이저 빛의 속력은 A에서가 B에서보다 크다.

ㄷ. 임계각은 레이저 빛이 A에서 공기로 진행할 때가 B에서 공기로 진행할 때보다 크다. (○)

➡ 두 매질의 굴절률의 차이가 클수록 임계각은 작다. 굴절률의 크기는 공기 < A < B이므로, A와 공기의 굴절률의 차이가 B와 공기의 굴절률의 차이보다 더 작다. 따라서 임계각은 레이저 빛이 A에서 공기로 진행할 때가 B에서 공기로 진행할 때보다 크다.

27 빛의 굴절과 전반사 2020학년도 6월 모평 물Ⅰ 13번

정답 ① | 정답률 44 %

적용해야 할 개념 ②가지

① 굴절 법칙 $n_1\sin i = n_2\sin r$에서 $i < r$일 때 $n_1 > n_2$이므로, 법선과 이루는 각이 작은 매질의 굴절률이 더 크다

② 빛이 굴절률 n_1인 매질에서 굴절률이 n_2인 매질로 진행할 때의 임계각 i_c는 $n_1\sin i_c = n_2\sin 90°$에서 $\sin i_c = \frac{n_2}{n_1}$ (단, $n_1 > n_2$)이므로, n_1이 커지거나 또는 n_2가 작아질 때 임계각 i_c가 작아진다. 즉, 두 매질의 굴절률 차이가 클수록 굴절률 차이에 따른 임계각 i_c가 작아진다.

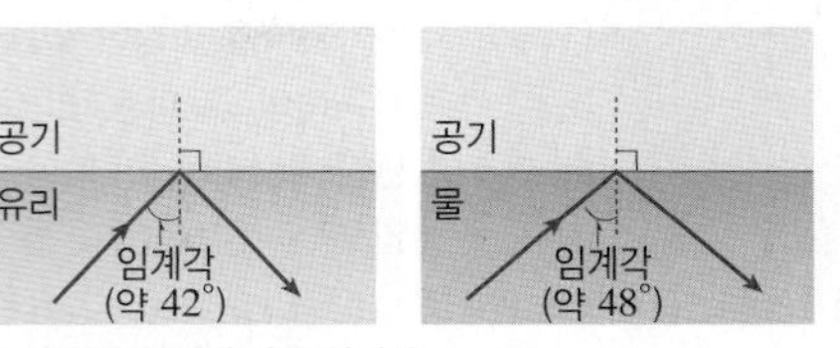

▲ 굴절률 차이에 따른 임계각
(유리의 굴절률은 약 1.5, 물의 굴절률은 약 1.33)

문제 보기

그림 (가)는 단색광 X가 광섬유에 사용되는 물질 A, B, C를 지나는 모습을 나타낸 것이다. 그림 (나)는 A, B, C를 이용하여 만든 광섬유에 X가 각각 입사각 i_1, i_2로 입사하여 진행하는 모습을 나타낸 것이다. θ_1, θ_2는 코어와 클래딩 사이의 임계각이다.

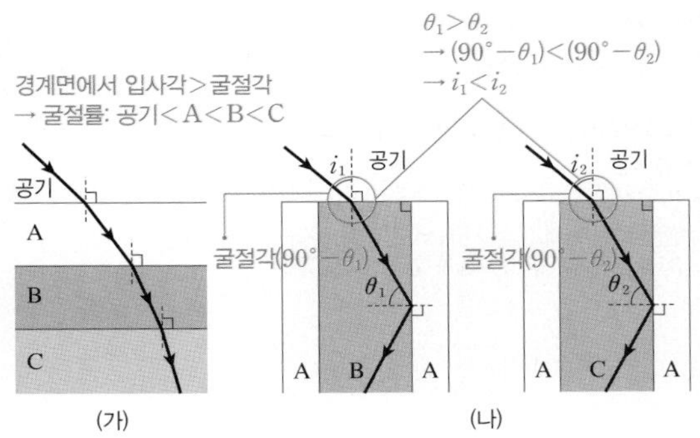

이에 대한 설명으로 옳은 것만을 〈보기〉에서 있는 대로 고른 것은?

<보기> 풀이

ㄱ. 굴절률은 C가 A보다 크다.

➡ X가 A에서 B로 입사할 때 입사각보다 굴절각이 작고, B에서 C로 입사할 때도 입사각보다 굴절각이 작다. 법선과 이루는 각이 작은 쪽의 매질의 굴절률이 더 크므로, 굴절률은 A<B<C 순이다. 따라서 굴절률은 C가 A보다 크다.

ㄴ. $\theta_1 < \theta_2$이다.

➡ 빛이 굴절률 n_1인 매질에서 굴절률이 n_2인 매질로 진행하는 경우의 임계각 i_c는 $n_1\sin i_c = n_2\sin 90°$에서 $\sin i_c = \frac{n_2}{n_1}$ (단, $n_1 > n_2$)이므로, n_1이 커지거나 또는 n_2가 작아질 때 임계각 i_c가 작아지는 것을 알 수 있다 즉, 두 매질의 굴절률 차이가 클수록 임계각 i_c가 작아진다. 굴절률의 크기가 A<B<C 순이므로, 굴절률이 가장 큰 C를 코어로, 가장 작은 A를 클래딩으로 한 경우에 임계각이 가장 작다. 따라서 $\theta_1 > \theta_2$이다.

ㄷ. $i_1 > i_2$이다.

➡ (나)에서 X가 공기에서 물질 B로 입사할 때 입사각은 i_1, 굴절각은 $(90° - \theta_1)$이고, 물질 C로 입사할 때 입사각은 i_2, 굴절각은 $(90° - \theta_2)$이다. 이때 $\theta_1 > \theta_2$이므로 굴절각은 $(90° - \theta_1) < (90° - \theta_2)$이다. 굴절각이 클수록 입사각도 크므로 $i_1 < i_2$이다.

28 광섬유와 전반사 2020학년도 9월 모평 물Ⅰ 3번

정답 ② | 정답률 65 %

적용해야 할 개념 ③가지

① 전자기파를 파장이 짧은 것부터 긴 순서대로 나열하면 '감마(γ)선 – X선 – 자외선 – 가시광선 – 적외선 – 마이크로파 – 라디오파'이다.

② 전반사는 빛이 속력이 느린 매질에서 빠른 매질로(또는 굴절률이 큰 매질에서 작은 매질로) 진행할 때, 입사각이 임계각보다 클 경우 일어난다.

③ 굴절 법칙 $\frac{\sin i}{\sin r}=\frac{v_1}{v_2}=\frac{\lambda_1}{\lambda_2}=n_{12}$(=일정)에서 $i>r$일 때 $v_1>v_2$이므로, 법선과 이루는 각이 작은 매질에서의 빛의 속력이 더 느리다.

▲ 광섬유: 굴절률(코어 > 클래딩)

문제 보기

다음은 광통신에 쓰이는 전자기파 A와 광섬유에 대한 설명이다.

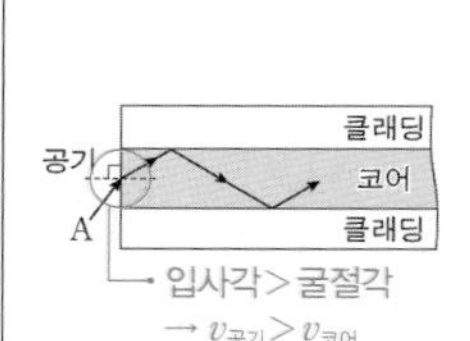

- A의 파장은 가시광선보다 길고, 마이크로파보다 짧다.
- A는 광섬유의 코어로 입사하여 코어와 클래딩의 경계면에서 전반사한다.

이에 대한 설명으로 옳은 것만을 〈보기〉에서 있는 대로 고른 것은? [3점]

<보기> 풀이

~~ㄱ. A는 자외선이다.~~

➡ 파장이 가시광선보다 길고 마이크로파보다 짧은 전자기파는 적외선이므로, A는 적외선이다.

~~ㄴ. 굴절률은 클래딩이 코어보다 크다.~~

➡ 전반사는 빛이 굴절률이 큰 매질에서 작은 매질로 진행할 때 입사각이 임계각보다 큰 경우에 일어난다. 따라서 광섬유 내에서 빛이 전반사할 때, 굴절률은 코어가 클래딩보다 크다.

ㄷ. A의 속력은 코어에서가 공기에서보다 느리다. (○)

➡ 빛이 공기에서 코어로 입사할 때 입사각보다 굴절각이 작다. 굴절 법칙 $\frac{\sin i}{\sin r}=\frac{v_1}{v_2}=\frac{\lambda_1}{\lambda_2}=n_{12}$(=일정)에서 $i>r$일 때 $v_1>v_2$이므로, 법선과 이루는 각이 작은 매질에서의 빛의 속력이 더 느리다. 따라서 A의 속력은 코어에서가 공기에서보다 느리다.

29 광섬유와 전반사 2020학년도 수능 물Ⅰ 10번

정답 ② | 정답률 78 %

적용해야 할 개념 ③가지

① 굴절 법칙: 파동이 굴절할 때 입사각 i와 굴절각 r의 사인값의 비는 각 매질에서의 속력의 비와 같으므로 일정하며, 이 일정한 값을 굴절률이라고 한다.

➡ $\frac{\sin i}{\sin r}=\frac{v_1}{v_2}=\frac{\lambda_1}{\lambda_2}=n_{12}=$일정 ($n_{12}$: 매질 1에 대한 매질 2의 굴절률)

② 전반사: 빛이 속력이 느린 매질에서 빠른 매질로(또는 굴절률이 큰 매질에서 작은 매질로) 진행할 때, 입사각이 임계각보다 클 경우 굴절 없이 전부 반사하는 현상이다.

③ 광섬유는 굴절률이 큰 유리로 된 코어와 바깥쪽에 굴절률이 작은 유리로 된 클래딩으로 되어 있다.

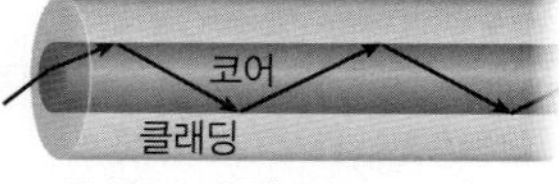

▲ 광섬유: 굴절률(코어 > 클래딩)

문제 보기

그림은 광섬유에 사용되는 물질 A, B, C 중 A와 C의 경계면과 B와 C의 경계면에 각각 입사시킨 동일한 단색광 X가 굴절하는 모습을 나타낸 것이다. θ는 입사각이고, θ_1과 θ_2는 굴절각이며, $\theta_2>\theta_1>\theta$이다.

전반사가 일어나지 않음. → θ < 임계각

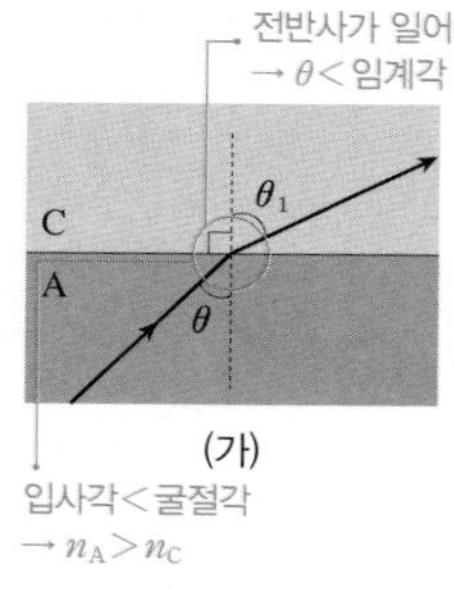

(가)

입사각 < 굴절각 → $n_A>n_C$

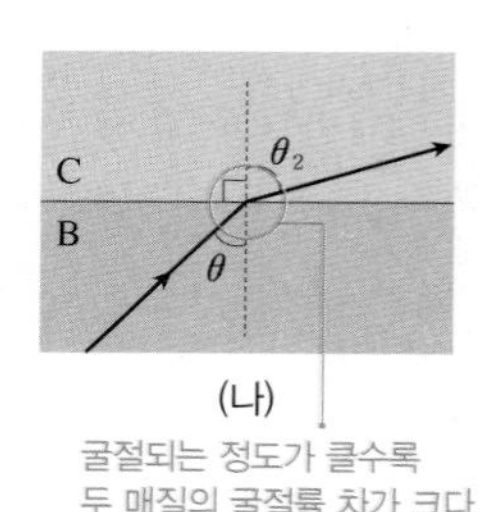

(나)

굴절되는 정도가 클수록 두 매질의 굴절률 차가 크다. → $n_B>n_A>n_C$ → $v_B<v_A<v_C$

이에 대한 설명으로 옳은 것만을 〈보기〉에서 있는 대로 고른 것은? [3점]

<보기> 풀이

~~ㄱ. X의 속력은 B에서가 A에서보다 크다.~~

➡ 빛이 A → C로 진행할 때 굴절 법칙 $\frac{\sin\theta}{\sin\theta_1}=\frac{v_A}{v_C}$가 성립하고, 빛이 B → C로 진행할 때 굴절 법칙 $\frac{\sin\theta}{\sin\theta_2}=\frac{v_B}{v_C}$가 성립한다. $\theta_1<\theta_2$일 때 $\frac{v_A}{v_C}>\frac{v_B}{v_C}$이므로, $v_A>v_B$이다. 따라서 X의 속력은 A에서가 B에서보다 크다.

ㄴ. X가 A에서 C로 입사할 때, 전반사가 일어나는 입사각은 θ보다 크다. (○)

➡ 전반사는 굴절률이 큰 매질에서 작은 매질로 진행할 때 입사각이 임계각보다 큰 경우에 일어난다. X가 A에서 C로 입사할 때 전반사가 일어나지 않았으므로, θ는 임계각보다 작다. 따라서 전반사가 일어나는 입사각은 θ보다 크다.

~~ㄷ. 클래딩에 A를 사용한 광섬유의 코어로 C를 사용할 수 있다.~~

➡ 빛이 A → C로 진행할 때 입사각보다 굴절각이 크다. 법선과 이루는 각이 작은 매질에서의 굴절률이 더 크므로, 굴절률은 A가 C보다 크다. 광섬유에서 코어의 굴절률은 클래딩의 굴절률보다 커야 하므로, 클래딩에 A를 사용하면 코어는 A보다 굴절률이 큰 물질을 사용해야 한다. 따라서 A보다 굴절률이 작은 C를 코어로 사용할 수 없다.

30 광섬유와 전반사 2021학년도 6월 모평 물Ⅰ 16번

정답 ③ | 정답률 61 %

적용해야 할 개념 ④가지

① 전반사: 빛이 속력이 느린 매질에서 빠른 매질로(또는 굴절률이 큰 매질에서 작은 매질로) 진행할 때, 입사각이 임계각보다 클 경우 굴절없이 전부 반사하는 현상이다.

② 굴절 법칙 $\frac{\sin i}{\sin r}=\frac{v_1}{v_2}=\frac{\lambda_1}{\lambda_2}=n_{12}$(=일정)에서 $i>r$일 때 $v_1>v_2$이므로, 법선과 이루는 각이 작은 매질에서의 빛의 속력이 더 느리다.

③ 임계각(i_c): 굴절각이 90°일 때의 입사각이다. 빛이 굴절률 n_1인 매질에서 굴절률이 n_2인 매질로 진행할 때의 임계각 i_c는 $n_1\sin i_c=n_2\sin 90°$에서 $\sin i_c=\frac{n_2}{n_1}$(단, $n_1>n_2$)이므로, n_1이 커지거나 또는 n_2가 작아질 때 임계각 i_c가 작아진다. 즉, 두 매질의 굴절률 차이가 클수록 임계각 i_c가 작아진다.

④ 광섬유는 굴절률이 큰 유리로 된 코어와 바깥쪽에 굴절률이 작은 유리로 된 클래딩으로 되어 있다. 광섬유 내부로 빛을 입사시키면 코어에서 클래딩으로 입사하는 빛이 경계면에서 전반사하여 광섬유를 따라 먼 곳까지 빛을 전달할 수 있다.

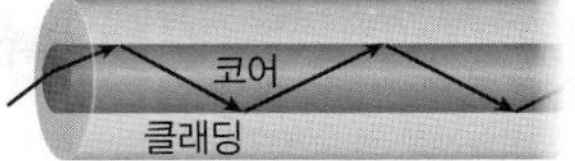

▲ 광섬유: 굴절률(코어>클래딩)

문제 보기

그림은 단색광 P를 매질 A와 B의 경계면에 입사각 θ로 입사시켰을 때 P의 일부는 굴절하고, 일부는 반사한 후 매질 A와 C의 경계면에서 전반사하는 모습을 나타낸 것이다.

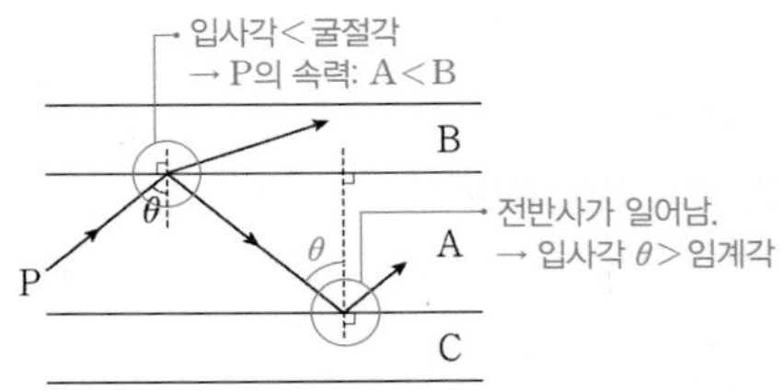

이에 대한 설명으로 옳은 것만을 <보기>에서 있는 대로 고른 것은?

<보기> 풀이

ㄱ. **P의 속력은 A에서가 B에서보다 작다.**
➡ P가 A에서 B로 입사할 때 입사각이 굴절각보다 작다. 법선과 이루는 각이 작은 매질에서 빛의 속력이 더 느리므로, P의 속력은 A에서가 B에서보다 작다.

ㄴ. **θ는 A와 C 사이의 임계각보다 크다.**
➡ 전반사는 입사각이 임계각보다 클 때 일어난다. P가 A와 C의 경계면에 입사각 θ로 입사할 때 전반사하였으므로, θ는 A와 C 사이의 임계각보다 크다.

ㄷ. **C를 코어로 사용한 광섬유에 B를 클래딩으로 사용할 수 있다.**
➡ P가 A와 B의 경계면에 입사각 θ로 입사할 때 전반사가 일어나지 않고 A와 C의 경계면에 입사각 θ로 입사할 때는 전반사가 일어나므로, 임계각은 A와 B 사이보다 A와 C 사이에서 더 작다. 두 매질의 굴절률 차이가 클수록 임계각이 작으므로 굴절률의 크기는 C<B<A이다. 광섬유는 코어의 굴절률이 클래딩의 굴절률보다 커야 하므로, C를 코어로 사용한 광섬유에 B를 클래딩으로 사용할 수 없다.

31 빛의 굴절과 전반사 2023학년도 7월 학평 물Ⅰ 6번

정답 ④ | 정답률 68 %

적용해야 할 개념 ③가지

① 전반사: 빛이 속력이 느린 매질에서 빠른 매질로(또는 굴절률이 큰 매질에서 작은 매질로) 진행할 때, 입사각이 임계각보다 클 경우 굴절 없이 전부 반사하는 현상이다.

② 굴절 법칙 $n_1\sin i=n_2\sin r$에서 $i>r$일 때 $n_1<n_2$이므로, 법선과 이루는 각도가 작은 매질의 굴절률이 크다.

구분	굴절률이 작은 매질	굴절률이 큰 매질
빛이 법선과 이루는 각도	크다.	작다.
빛의 속력	크다.	작다.

③ 빛이 굴절률이 다른 두 매질의 경계면에서 굴절할 때, 빛이 법선과 이루는 각도와 빛의 속력은 굴절률이 큰 매질에서 더 작다.

문제 보기

그림은 진동수가 동일한 단색광 P, Q가 매질 A, B의 경계면에 동일한 입사각으로 각각 입사하여 B와 매질 C의 경계면의 점 a, b에 도달하는 모습을 나타낸 것이다. Q는 a에서 전반사한다.

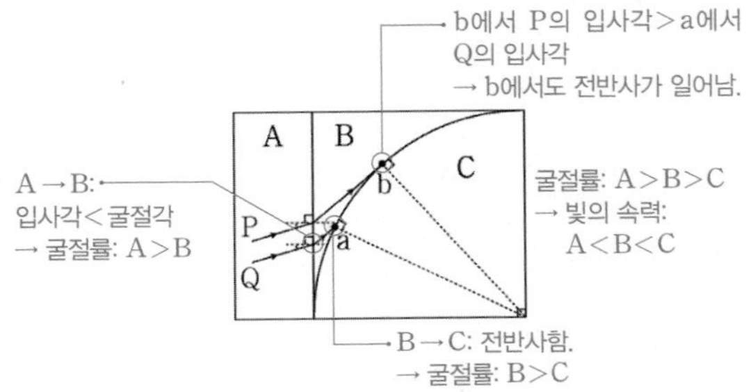

이에 대한 설명으로 옳은 것만을 <보기>에서 있는 대로 고른 것은? [3점]

<보기> 풀이

법선과 이루는 각이 작은 매질의 굴절률이 크다. Q가 A와 B의 경계면에서 굴절할 때 입사각이 굴절각보다 작으므로, 굴절률의 크기는 A>B이다. 또 Q가 B와 C의 경계면의 점 a에 입사할 때 전반사가 일어나므로 굴절률의 크기는 B>C이다. 따라서 굴절률의 크기는 A>B>C이다.

ㄱ. **P는 b에서 전반사한다.**
➡ B와 C의 경계면에서 P의 입사각은 Q의 입사각보다 크다. Q가 a에서 전반사하므로, P도 b에서 전반사한다.

ㄴ. **Q의 속력은 A에서가 C에서보다 작다.**
➡ 빛의 속력은 굴절률이 큰 매질에서 더 작다. 굴절률은 A가 C보다 크므로, Q의 속력은 A에서가 C에서보다 작다.

ㄷ. **B를 코어로 사용한 광섬유에 A를 클래딩으로 사용할 수 있다.**
➡ 코어의 굴절률은 클래딩의 굴절률보다 크므로, B를 코어로 사용한 광섬유에는 B보다 굴절률이 작은 물질을 클래딩으로 사용해야 한다. A의 굴절률은 B보다 크므로, B를 코어로 사용한 광섬유에 A를 클래딩으로 사용할 수 없다.

32 광섬유와 전반사 2021학년도 7월 학평 물Ⅰ 16번

정답 ① | 정답률 47 %

적용해야 할 개념 ④가지

① 전반사: 빛이 속력이 느린 매질에서 빠른 매질로(또는 굴절률이 큰 매질에서 작은 매질로) 진행할 때, 입사각이 임계각보다 클 경우 굴절없이 전부 반사하는 현상이다.

② 굴절 법칙 $n_1 \sin i = n_2 \sin r$에서 $i > r$일 때 $n_1 < n_2$이므로, 법선과 이루는 각이 작은 매질의 굴절률이 더 크다.

▲ 광섬유: 굴절률(코어 > 클래딩)

③ 굴절 법칙 $\frac{\sin i}{\sin r} = \frac{v_1}{v_2} = \frac{\lambda_1}{\lambda_2} = n_{12}$(=일정)에서 $i > r$일 때 $\lambda_1 > \lambda_2$이므로, 법선과 이루는 각이 작은 매질에서의 빛의 파장이 더 짧다.

④ 광섬유는 굴절률이 큰 유리로 된 코어와 바깥쪽에 굴절률이 작은 유리로 된 클래딩으로 되어 있다.

문제 보기

그림은 단색광 P가 매질 A와 중심이 O인 원형 매질 B의 경계면에 입사각 θ로 입사하여 굴절한 후, B와 매질 C의 경계면에 임계각 i_c로 입사하는 모습을 나타낸 것이다.

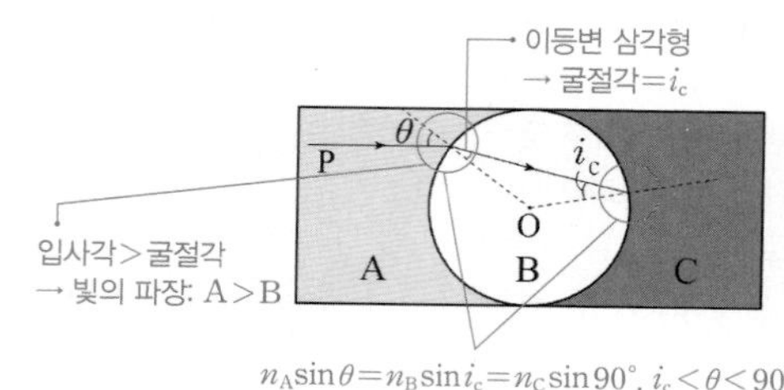

이에 대한 설명으로 옳은 것만을 〈보기〉에서 있는 대로 고른 것은? (단, A, B, C는 광섬유에 사용되는 물질이다.) [3점]

<보기> 풀이

A, B, C의 굴절률을 각각 n_A, n_B, n_C라 하면 A에서 B로 진행하는 빛의 입사각과 굴절각은 각각 θ, i_c이므로 굴절 법칙에 의해 $n_A \sin\theta = n_B \sin i_c$가 성립한다. 또 B에서 C로 진행하는 빛의 입사각과 굴절각은 각각 i_c, 90°이므로 $n_B \sin i_c = n_C \sin 90°$가 성립한다. $n_A \sin\theta = n_B \sin i_c = n_C \sin 90°$에서 $i_c < \theta < 90°$이므로 $n_C < n_A < n_B$이다.

ㄱ. P의 파장은 A에서가 B에서보다 길다. (○)

➡ P가 A에서 B로 입사할 때 입사각이 굴절각보다 크다. 굴절 법칙 $\frac{\sin i}{\sin r} = \frac{v_1}{v_2} = \frac{\lambda_1}{\lambda_2} = n_{12}$(=일정)에서 $i > r$일 때 $\lambda_1 > \lambda_2$이므로, 법선과 이루는 각이 큰 매질에서의 빛의 파장이 더 길다. 따라서 P의 파장은 A에서가 B에서보다 길다.

ㄴ. θ가 작아지면 P는 B와 C의 경계면에서 전반사한다. (×)

➡ P가 A에서 B로 진행할 때의 굴절각은 B에서 C로 진행할 때의 입사각 i_c와 같다. P가 A에서 B로 진행할 때 입사각 θ가 작아지면 굴절각도 작아지므로, B에서 C로 진행할 때 입사각이 i_c보다 작아진다. 입사각이 임계각 i_c보다 작아지면 전반사가 일어나지 않으므로, θ가 작아지면 P는 B와 C의 경계면에서 전반사하지 않는다.

ㄷ. 클래딩에 A를 사용한 광섬유의 코어로 C를 사용할 수 있다. (×)

➡ 광섬유에서 굴절률은 코어가 클래딩보다 커야 한다. 굴절률의 크기가 $n_C < n_A < n_B$이므로, 클래딩에 A를 사용한 광섬유의 코어로 C를 사용할 수 없다.

33 빛의 굴절과 전반사 2023학년도 10월 학평 물I 7번

정답 ⑤ | 정답률 74 %

적용해야 할 개념 ③가지

① 굴절 법칙 $n_1 \sin i = n_2 \sin r$에서 $i > r$일 때 $n_1 < n_2$이므로, 법선과 이루는 각이 작은 매질의 굴절률이 더 크다.

② 빛이 굴절률이 다른 두 매질의 경계면에서 굴절할 때, 빛이 법선과 이루는 각도와 빛의 속력은 굴절률이 큰 매질에서 더 작다.

구분	굴절률이 작은 매질	굴절률이 큰 매질
빛이 법선과 이루는 각도	크다.	작다.
빛의 속력	크다.	작다.

③ 광섬유는 굴절률이 큰 유리로 된 코어와 바깥쪽에 굴절률이 작은 유리로 된 클래딩으로 되어 있다.

문제 보기

그림 (가), (나)는 각각 매질 A와 B, 매질 B와 C에서 진행하는 단색광 P의 진행 경로의 일부를 나타낸 것이다. 표는 (가), (나)에서의 입사각과 굴절각을 나타낸 것이다. P의 속력은 C에서가 A에서보다 크다.
→ 굴절률: C<A

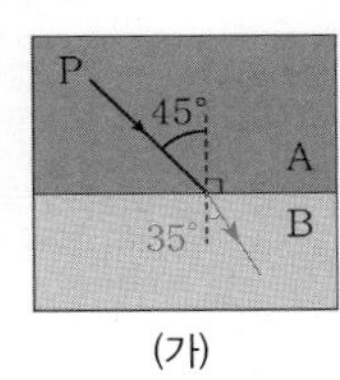

(가)

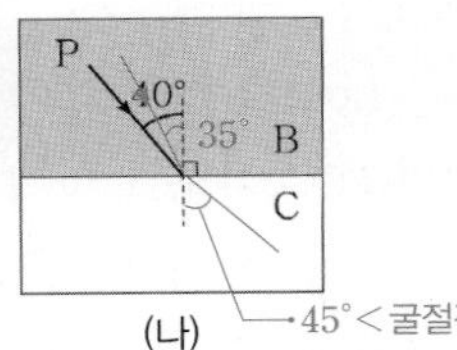

(나)

→ 45°<굴절각

A → B: 입사각>굴절각
→ 굴절률: A<B

	(가)	(나)
입사각	45°	40°
굴절각	35°	㉠

굴절률: C<A<B
→ B → C: 입사각<굴절각
→ 45°<㉠

이에 대한 옳은 설명만을 〈보기〉에서 있는 대로 고른 것은? [3점]

<보기> 풀이

P의 속력은 C에서가 A에서보다 크므로, 굴절률은 C<A이다. 또 (가)에서 굴절각이 입사각보다 작으므로, 굴절률은 A<B이다. 따라서 굴절률의 크기는 C<A<B이다.

ㄱ. ㉠은 45°보다 크다.

➡ 두 매질의 굴절률 차가 클수록 빛이 굴절되는 정도는 커지므로, (가)에서 P가 A에서 B로 진행할 때 빛이 굴절되는 정도보다 (나)에서 P가 B에서 C로 진행할 때 빛이 굴절되는 정도가 더 크다. 따라서 (가)에서 입사각은 45°이고 굴절각은 35°이므로, (나)에서 입사각이 35°이면 굴절각은 45°보다 크다. 입사각이 커지면 굴절각도 커지므로, (나)에서 입사각이 40°일 때도 굴절각 ㉠은 45°보다 크다.

다른 풀이 빛이 서로 다른 매질의 경계면에서 굴절할 때 법선과 이루는 각도는 굴절률이 큰 매질에서 더 작다. 굴절률의 크기가 C<A<B이므로, 법선과 이루는 각도는 C>A>B이다. (가)에서 A가 법선과 이루는 각도가 45°일 때 B가 법선과 이루는 각도가 35°이므로, (나)에서 B가 법선과 이루는 각도가 35°이면 C가 법선과 이루는 각도는 45°보다 크다. 따라서 (나)에서 B가 법선과 이루는 각도가 40°일 때도 C가 법선과 이루는 각도인 ㉠은 45°보다 크다.

ㄴ. 굴절률은 B가 C보다 크다.

➡ 굴절률의 크기는 C<A<B이므로, 굴절률은 B가 C보다 크다.

ㄷ. B를 코어로 사용하는 광섬유에 A를 클래딩으로 사용할 수 있다.

➡ 코어의 굴절률은 클래딩의 굴절률보다 크므로, 굴절률이 큰 B를 코어로 사용하는 광섬유에 굴절률이 작은 A를 클래딩으로 사용할 수 있다.

34 광섬유와 전반사 2020학년도 10월 학평 물I 9번

정답 ② | 정답률 70 %

적용해야 할 개념 ③가지

① 전반사: 빛이 속력이 느린 매질에서 빠른 매질로(또는 굴절률이 큰 매질에서 작은 매질로) 진행할 때, 입사각이 임계각보다 클 경우 굴절없이 전부 반사하는 현상이다.

② 굴절 법칙 $n_1\sin i = n_2\sin r$에서 $i > r$일 때 $n_1 < n_2$이므로, 법선과 이루는 각이 작은 매질의 굴절률이 크다.

③ 광섬유는 굴절률이 큰 유리로 된 코어와 바깥쪽에 굴절률이 작은 유리로 된 클래딩으로 되어 있다. 광섬유 내부로 빛을 입사시키면 코어에서 클래딩으로 입사하는 빛이 경계면에서 전반사하여 광섬유를 따라 먼 곳까지 빛을 전달할 수 있다.

▲ 광섬유: 굴절률(코어 > 클래딩)

문제 보기

그림 (가)는 단색광이 매질 A, B의 경계면에서 전반사한 후 매질 A, C의 경계면에서 반사와 굴절하는 모습을, (나)는 (가)의 A, B, C 중 두 매질로 만든 광섬유의 구조를 나타낸 것이다.

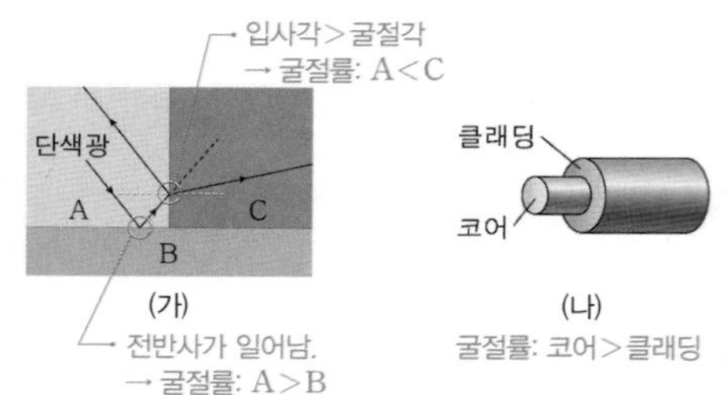

광통신에 사용하기에 적절한 구조를 가진 광섬유만을 ⟨보기⟩에서 있는 대로 고른 것은? [3점]

<보기> 풀이

전반사는 빛이 굴절률이 큰 매질에서 작은 매질로 진행할 때 일어난다. 단색광이 A와 B의 경계면에서 전반사하므로, 굴절률은 A가 B보다 크다. 또 단색광이 A와 C의 경계면에서 굴절할 때 입사각보다 굴절각이 작다. 법선과 이루는 각이 작은 쪽 매질의 굴절률이 크므로, 굴절률은 C가 A보다 크다. 따라서 굴절률의 크기는 C > A > B이다.

광섬유가 광통신에 사용하기에 적절한 구조를 가지려면, 코어의 굴절률이 클래딩의 굴절률보다 커야 한다.

ㄱ. 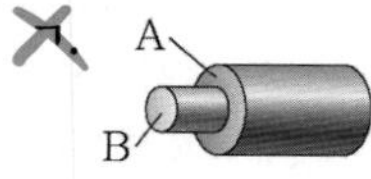

➡ 코어인 B의 굴절률이 클래딩인 A의 굴절률보다 작으므로, 광통신에 사용하기에 적절하지 않다.

ㄴ. 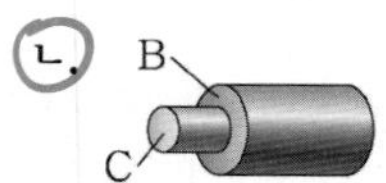

➡ 코어인 C의 굴절률이 클래딩인 B의 굴절률보다 크므로, 광통신에 사용하기에 적절한 구조이다.

ㄷ. 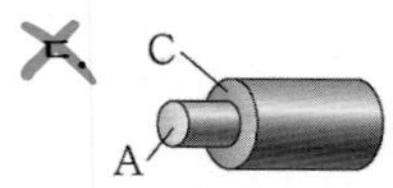

➡ 코어인 A의 굴절률이 클래딩인 C의 굴절률보다 작으므로, 광통신에 사용하기에 적절하지 않다.

35 광섬유와 전반사 2022학년도 7월 학평 물I 15번

정답 ② | 정답률 50 %

적용해야 할 개념 ④가지

① 전반사: 빛이 속력이 느린 매질에서 빠른 매질로(또는 굴절률이 큰 매질에서 작은 매질로) 진행할 때, 입사각이 임계각보다 클 경우 굴절없이 전부 반사하는 현상이다.

② 굴절 법칙 $n_1\sin i = n_2\sin r$에서 $i > r$일 때 $n_1 < n_2$이므로, 법선과 이루는 각이 작은 매질의 굴절률이 크다.

③ 굴절 법칙 $\dfrac{\sin i}{\sin r} = \dfrac{v_1}{v_2} = \dfrac{\lambda_1}{\lambda_2} = n_{12}$(=일정)에서 $i > r$일 때 $\lambda_1 > \lambda_2$이므로, 법선과 이루는 각이 작은 매질에서의 빛의 파장이 더 짧다.

④ 광섬유는 굴절률이 큰 유리로 된 코어와 바깥쪽에 굴절률이 작은 유리로 된 클래딩으로 되어 있다.

▲ 광섬유: 굴절률(코어 > 클래딩)

문제 보기

그림 (가)와 같이 단색광이 매질 B와 C에서 진행한다. 단색광은 매질 A와 B의 경계면에 있는 p점과 A와 C의 경계면에 있는 r점에서 전반사한다. $\theta_1 > \theta_2$이다. 그림 (나)는 (가)의 단색광이 코어와 클래딩으로 구성된 광섬유에서 전반사하는 모습을 나타낸 것이다.

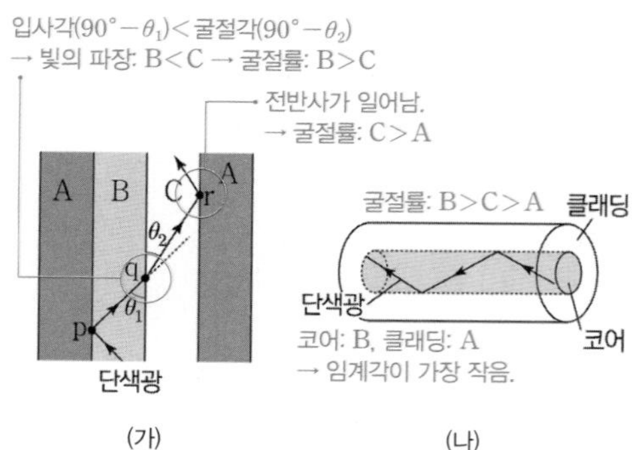

이에 대한 설명으로 옳은 것만을 ⟨보기⟩에서 있는 대로 고른 것은? [3점]

<보기> 풀이

B에서 C로 입사한 단색광이 q에서 굴절할 때 입사각은 $90° - \theta_1$이고 굴절각은 $90° - \theta_2$이다. 이때 $\theta_1 > \theta_2$이므로, $(90° - \theta_1) < (90° - \theta_2)$이다. 법선과 이루는 각이 작은 매질의 굴절률이 더 크므로, 굴절률은 B > C이다. 또 단색광이 C와 A의 경계면에서 전반사하므로, 굴절률은 C > A이다. 따라서 굴절률의 크기는 B > C > A이다.

ㄱ. **단색광의 파장은 B에서가 C에서보다 길다.**
➡ 단색광이 q에서 굴절할 때 입사각이 굴절각보다 작다. 법선과 이루는 각이 작은 쪽 매질에서 빛의 파장이 더 짧으므로, 단색광의 파장은 B에서가 C에서보다 짧다.

ㄴ. **임계각은 A와 B 사이에서가 A와 C 사이에서보다 작다.**
➡ 두 매질의 굴절률의 차이가 클수록 임계각이 작다. 굴절률의 크기가 B > C > A이므로, 임계각은 A와 B 사이에서가 A와 C 사이에서보다 작다.

ㄷ. **A, B, C로 (나)의 광섬유를 제작할 때 코어를 B, 클래딩을 C로 만들면 임계각이 가장 작다.**
➡ 광섬유에서 굴절률은 코어가 클래딩보다 크고, 굴절률의 차이가 클수록 임계각이 작다. 굴절률의 크기가 B > C > A이므로, 코어를 굴절률이 가장 큰 B로 만들고 클래딩은 굴절률이 가장 작은 A로 만들어야 임계각이 가장 작다.

36 빛의 굴절과 전반사 2020학년도 3월 학평 물Ⅰ 18번

정답 ② | 정답률 67 %

적용해야 할 개념 ③가지

① 전반사: 빛이 속력이 느린 매질에서 빠른 매질로(또는 굴절률이 큰 매질에서 작은 매질로) 진행할 때, 입사각이 임계각보다 클 경우 굴절없이 전부 반사하는 현상이다.

② 빛이 굴절률 n인 매질에서 굴절률이 약 1인 공기로 진행할 때의 임계각 i_c는 $n\sin i_c = \sin 90°$에서 $\sin i_c = \frac{1}{n}$이므로, 굴절률 n이 클수록 임계각 i_c가 작아진다.

③ 광섬유는 굴절률이 큰 유리로 된 코어와 바깥쪽에 굴절률이 작은 유리로 된 클래딩으로 되어 있다. 광섬유 내부로 빛을 입사시키면 코어에서 클래딩으로 입사하는 빛이 경계면에서 전반사하여 광섬유를 따라 먼 곳까지 빛을 전달할 수 있다.

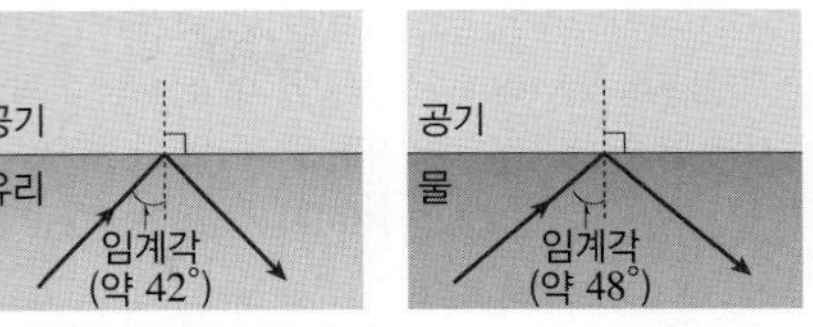

▲ 굴절률 차이에 따른 임계각
(유리의 굴절률은 약 1.5, 물의 굴절률은 약 1.33)

문제 보기

그림은 반원형 매질 A 또는 B의 경계면을 따라 점 P, Q 사이에서 광원의 위치를 변화시키며 중심 O를 향해 빛을 입사시키는 모습을 나타낸 것이다. 표는 매질이 A 또는 B일 때, O에서의 전반사 여부에 따라 입사각 θ의 범위를 Ⅰ, Ⅱ로 구분한 것이다.

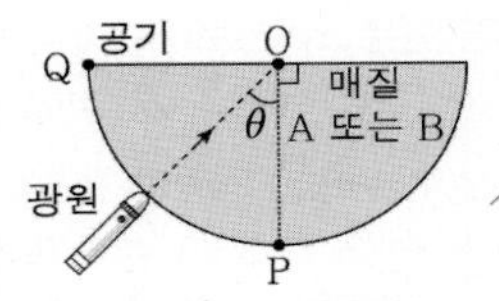

전반사가 일어나는 θ의 범위 → 입사각 θ > 임계각

매질	Ⅰ	Ⅱ
A	$0<\theta<42°$	$42°<\theta<90°$
B	$0<\theta<34°$	$34°<\theta<90°$

임계각: A>B → 굴절률: A<B

이에 대한 옳은 설명만을 〈보기〉에서 있는 대로 고른 것은? [3점]

보기

<보기> 풀이

ㄱ. 전반사가 일어나는 범위는 Ⅰ이다. (✕)

➡ 전반사는 입사각이 임계각보다 클 경우 일어나므로, Ⅰ과 Ⅱ 중 특정한 각도보다 더 큰 각도의 범위를 나타내는 Ⅱ가 전반사가 일어나는 범위이다. Ⅰ은 임계각보다 작은 입사각의 범위이고 Ⅱ는 임계각보다 큰 입사각의 범위이다.

ㄴ. 굴절률은 A가 B보다 작다. (○)

➡ 매질이 A일 때 입사각 $42°<\theta<90°$에서 전반사가 일어나고 매질이 B일 때 입사각 $34°<\theta<90°$에서 전반사가 일어나므로, 임계각은 A일 때보다 B일 때 더 작다. 빛이 매질에서 공기로 진행할 때, 매질의 굴절률이 클수록 임계각이 작으므로, 굴절률은 A가 B보다 작다.

ㄷ. A와 B로 광섬유를 만든다면 A를 코어로 사용해야 한다. (✕)

➡ 광섬유는 코어의 굴절률이 클래딩의 굴절률보다 커야 하므로, A와 B로 광섬유를 만든다면 굴절률이 더 큰 B를 코어로 사용해야 한다.

37 광섬유와 전반사 2022학년도 10월 학평 물I 16번

정답 ④ | 정답률 55 %

적용해야 할 개념 ③가지

① 두 물질의 굴절률의 차가 클수록 굴절 현상이 더 크게 일어나 진행 경로가 더 많이 꺾인다.
② 전반사: 빛이 속력이 느린 매질에서 빠른 매질로(굴절률이 큰 매질에서 작은 매질로) 진행할 때, 입사각이 임계각보다 클 경우 굴절 없이 전부 반사하는 현상이다.
③ 광섬유는 굴절률이 큰 유리로 된 코어와 바깥쪽에 굴절률이 작은 유리로 된 클래딩으로 되어 있다.

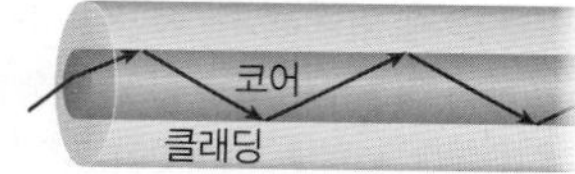

▲ **광섬유:** 굴절률(코어>클래딩)

문제 보기

다음은 전반사에 대한 실험이다.

[실험 과정]
(가) 그림과 같이 동일한 단색광을 크기와 모양이 같은 직육면체 매질 A, B의 옆면의 중심에 각각 입사시켜 윗면의 중심에 도달하도록 한다.

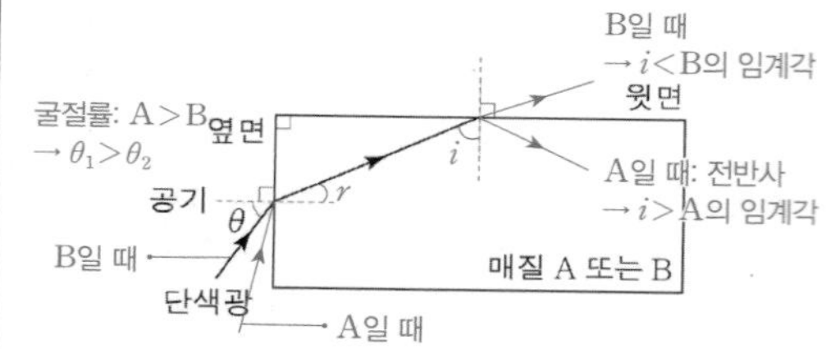

(나) (가)에서 옆면의 중심에서 입사각 θ를 측정하고, 윗면의 중심에서 단색광이 전반사하는지 관찰한다.

[실험 결과]

매질	A	B
θ	θ_1	θ_2
전반사	전반사함	전반사 안 함

이에 대한 옳은 설명만을 〈보기〉에서 있는 대로 고른 것은? [3점]

<보기> 풀이

ㄱ. 굴절률은 A가 B보다 크다.

➡ 옆면의 중심에 입사한 단색광이 윗면의 중심에 도달할 때의 입사각을 i라고 하면 i는 A에서와 B에서가 같다. 매질 A일 때 단색광이 전반사하므로 i는 A의 임계각보다 크고, 매질 B일 때 전반사하지 않으므로 i는 B의 임계각보다 작다. 즉, 임계각은 A가 B보다 작고 임계각이 작을수록 굴절률이 크므로, 굴절률은 A가 B보다 크다.

ㄴ. $\theta_1>\theta_2$이다.

➡ 매질 A 또는 B의 옆면의 중심에 입사한 단색광이 윗면의 중심에 도달하므로, 옆면의 중심에서 굴절각을 r라고 하면 r는 A에서와 B에서가 같다. 이때 굴절률은 A가 B보다 크므로, 단색광이 공기에서 A로 입사할 때가 공기에서 B로 입사할 때보다 더 크게 굴절된다. 따라서 옆면의 중심에서 굴절각이 같을 때 입사각은 굴절률이 큰 A일 때가 B일 때보다 크므로, $\theta_1>\theta_2$이다.

ㄷ. A와 B로 광섬유를 만들 때 코어는 B를 사용해야 한다.

➡ 광섬유에서 코어의 굴절률은 클래딩의 굴절률보다 크므로, A와 B로 광섬유를 만들 때 코어는 굴절률이 큰 A를 사용해야 한다.

38 전자기파의 활용 2021학년도 7월 학평 물I 1번

정답 ⑤ | 정답률 92 %

적용해야 할 개념 ③가지

① 적외선은 적외선 온도계, 적외선 카메라, 열화상 카메라 등에 활용되며, 열치료기, TV 리모컨 등에 사용된다.
② 전자레인지에 사용되는 파장 12.2 cm, 진동수 2.45 GHz인 마이크로파는 음식물 속에 포함된 물 분자의 고유 진동수와 같으므로, 수분이 있는 음식에 쪼이면 물 분자가 같이 진동하면서 열이 발생하여 음식을 가열할 수 있다.
③ 자외선은 세균의 단백질 합성을 방해하여 살균 작용을 하므로 식기 소독기나 의료 기구 소독 등에 사용된다.

라디오파	라디오나 TV 방송, 전파 망원경, GPS
마이크로파	전자레인지, 휴대 전화, 무선 랜, 레이더
적외선	열화상 카메라, 적외선 온도계, 리모컨, 적외선 망원경
가시광선	광학 기구, 가시광선 레이저
X선	의료, 보안 검색, 고체 결정 구조 연구, 현미경
감마(γ)선	암 치료, 감마(γ)선 망원경

문제 보기

그림은 전자기파에 대해 학생 A, B, C가 대화하는 모습을 나타낸 것이다.

물체에서 열의 형태로 방출됨.
적외선은 열화상 카메라에 이용돼.
물 분자를 진동시켜 열을 발생시킴.
마이크로파는 음식을 데우는 전자레인지에 이용돼.
세균의 단백질 합성을 방해함.
자외선은 살균 효과가 있어.
학생 A 학생 B 학생 C

제시한 내용이 옳은 학생만을 있는 대로 고른 것은?

<보기> 풀이

학생 A: 적외선은 열화상 카메라에 이용돼.

➡ 적외선은 물체에서 열의 형태로 방출되는 전자기파이다. 열화상 카메라는 물체의 온도에 따라 방출되는 적외선의 양이 달라지는 것을 이용하여 물체를 표면 온도에 따라 각각 다른 색으로 표현한다. 즉, 적외선은 열화상 카메라에 이용된다.

학생 B: 마이크로파는 음식을 데우는 전자레인지에 이용돼.

➡ 전자레인지는 물 분자와 고유 진동수가 같은 마이크로파를 수분이 있는 음식에 쪼여 물 분자를 진동시켜 열을 발생시킨다. 즉, 마이크로파는 음식을 데우는 전자레인지에 이용된다.

학생 C: 자외선은 살균 효과가 있어.

➡ 자외선은 세균의 단백질 합성을 방해하므로, 세균을 죽일 수 있는 살균 효과가 있다.

39 전자기파 2021학년도 9월 모평 물Ⅰ 3번

정답 ② | 정답률 64 %

적용해야 할 개념 ③가지

① 전자기파를 진동수가 큰 것부터 작은 순서대로 나열하면 '감마(γ)선－X선－자외선－가시광선－적외선－마이크로파－라디오파'이다.
② 전파: 마이크로파 영역을 포함하여 마이크로파보다 긴 파장의 라디오파를 전파라고 한다.
③ 파동의 속력은 매질에 따라 달라진다.

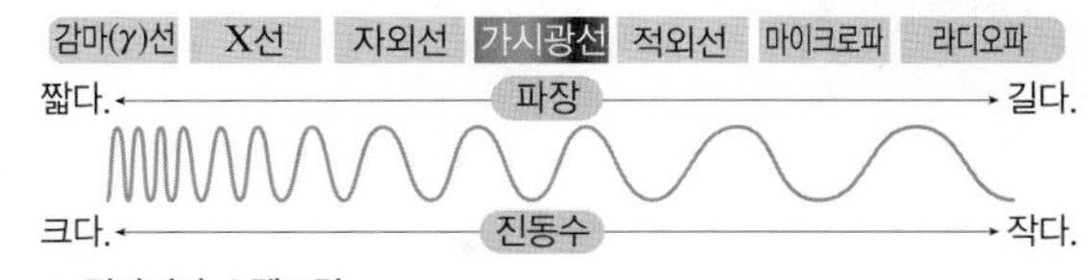

▲ 전자기파 스펙트럼

문제 보기

그림은 스마트폰에서 쓰이는 파동 A, B, C를 나타낸 것이다.

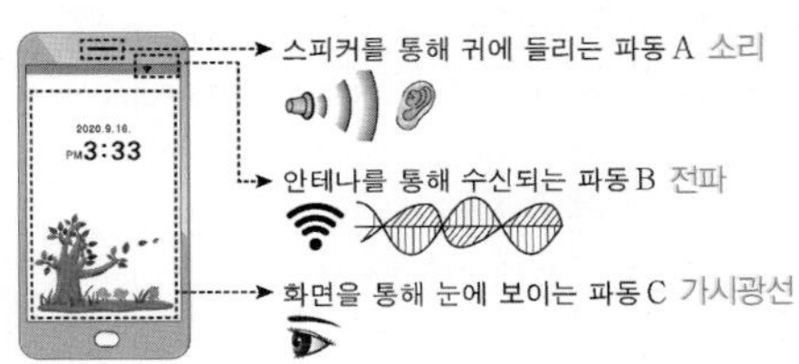

이에 대한 설명으로 옳은 것만을 ⟨보기⟩에서 있는 대로 고른 것은?

<보기> 풀이

~~ㄱ.~~ **A는 전자기파에 속한다.**
➡ 스피커를 통해 귀에 들리는 파동 A는 소리이므로 전자기파에 속하지 않는다.

ㄴ. **진동수는 B가 C보다 작다.**
➡ 안테나를 통해 수신되는 파동 B는 전파이고 화면을 통해 눈에 보이는 파동 C는 가시광선이다. 전파는 마이크로파와 라디오파 영역의 전자기파로, 가시광선에 비해 파장이 길고 진동수가 작다. 따라서 진동수는 B가 C보다 작다.

~~ㄷ.~~ **C는 매질에 관계없이 속력이 일정하다.**
➡ 파동의 속력은 매질에 따라 달라진다. 따라서 빛(가시광선)인 파동 C도 매질에 따라 속력이 달라지기 때문에 빛(가시광선)이 한 매질에서 다른 매질로 진행할 때, 두 물질의 경계면에서 진행 방향이 꺾이는 굴절 현상이 일어난다.

40 빛의 굴절과 전반사 2025학년도 수능 물Ⅰ 14번

정답 ③ | 정답률 80 %

적용해야 할 개념 ③가지

① 굴절 법칙 $n_1\sin i = n_2\sin r$에서 $i > r$일 때 $n_1 < n_2$이므로, 법선과 이루는 각이 작은 매질의 굴절률이 더 크다.
② 빛이 굴절률이 다른 두 매질의 경계면에서 굴절할 때, 빛이 법선과 이루는 각과 빛의 속력은 굴절률이 큰 매질에서 더 작다.
③ 전반사: 빛이 속력이 느린 매질에서 빠른 매질로(또는 굴절률이 큰 매질에서 작은 매질로) 진행할 때, 입사각이 임계각보다 클 경우 굴절 없이 전부 반사하는 현상이다.

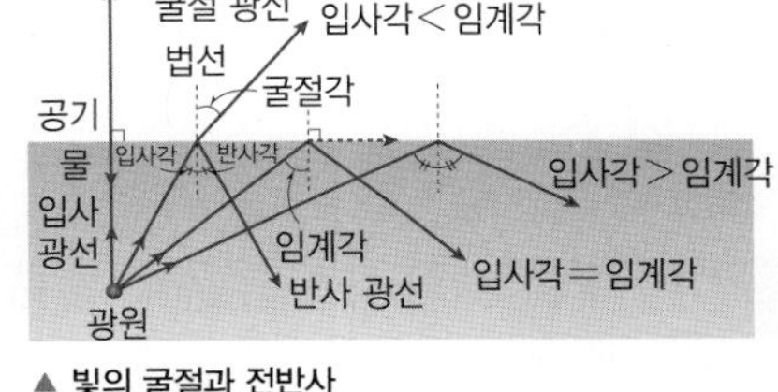

▲ 빛의 굴절과 전반사

문제 보기

그림은 동일한 단색광 P, Q, R를 입사각 θ로 각각 매질 A에서 매질 B로, B에서 매질 C로, C에서 B로 입사시키는 모습을 나타낸 것이다. P는 A와 B의 경계면에서 굴절하여 B와 C의 경계면에서 전반사한다.

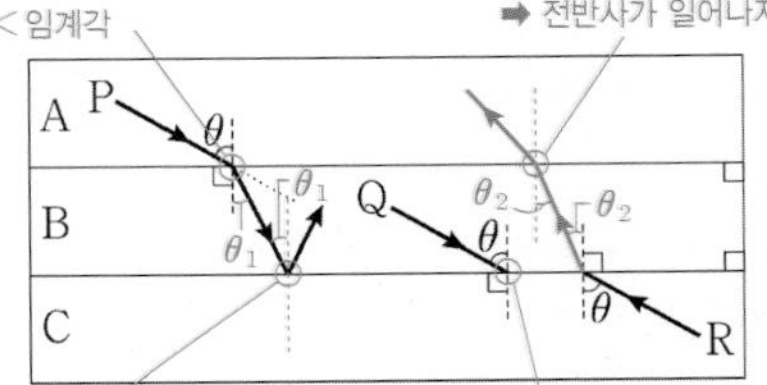

이에 대한 설명으로 옳은 것만을 ⟨보기⟩에서 있는 대로 고른 것은? [3점]

<보기> 풀이

ㄱ. **굴절률은 A가 C보다 크다.**
➡ P가 A에서 B로 θ의 입사각으로 입사할 때 굴절각을 θ_1이라고 하면, $\theta > \theta_1$이므로 굴절률은 A<B이다. 반대로 P가 B에서 A로 θ_1의 입사각으로 입사할 때 굴절각은 θ가 되어 전반사가 일어나지 않으므로 입사각 θ_1은 A와 B 사이의 임계각보다 작다. B와 C의 경계면에서 P의 입사각은 θ_1과 같으며, 전반사가 일어나므로 굴절률은 B>C이고, 입사각 θ_1은 B와 C 사이의 임계각보다 크다. 즉, 임계각은 B와 C 사이에서가 A와 B 사이에서보다 작다. 두 매질의 굴절률의 차이가 클수록 임계각이 작으므로, 굴절률은 C<A<B이다. 따라서 굴절률은 A가 C보다 크다.

ㄴ. **Q는 B와 C의 경계면에서 전반사한다.**
➡ B와 C의 경계면에서 Q의 입사각 θ는 θ_1보다 크므로, θ는 B와 C 사이의 임계각보다 크다. 따라서 Q는 B와 C의 경계면에서 전반사한다.

~~ㄷ.~~ **R는 B와 A의 경계면에서 전반사한다.**
➡ 두 매질의 굴절률의 차이가 클수록 빛이 굴절하는 정도가 크다. 굴절률을 비교하면 C<A<B이므로, 빛이 B와 C의 경계면에서 굴절하는 정도는 B와 A의 경계면에서 굴절하는 정도보다 크다. 따라서 R가 C에서 B로 입사각 θ로 입사할 때의 굴절각을 θ_2라고 하면, θ_2는 P가 A에서 B로 입사각 θ로 입사할 때 굴절각 θ_1보다 작으므로 $\theta_2 < \theta_1$이다. R가 B에서 A로 입사할 때 입사각은 θ_2와 같고 $\theta_2 < \theta_1 <$ (A와 B 사이의 임계각)이므로, R는 B와 A의 경계면에서 전반사하지 않고 굴절한다.

24 일차

01 ④	02 ②	03 ①	04 ③	05 ③	06 ③	07 ④	08 ⑤	09 ③	10 ②	11 ④	12 ④
13 ③	14 ①	15 ①	16 ⑤	17 ④	18 ③	19 ④	20 ④	21 ①	22 ④	23 ②	24 ③
25 ⑤	26 ④	27 ④	28 ④	29 ①	30 ②	31 ③	32 ①	33 ③	34 ①	35 ④	36 ⑤
37 ②	38 ⑤	39 ④	40 ②								

문제편 246쪽~255쪽

01 전자기파의 활용 2019학년도 7월 학평 물Ⅰ 1번

정답 ④ | 정답률 90 %

적용해야 할 개념 ③가지

① X선은 투과력이 강해서 인체 내부의 뼈의 모습을 쉽게 볼 수 있기 때문에 인체의 질병을 진단하거나 공항 등에서 공항의 수하물 검사에 이용된다.
② 열화상 카메라는 물체의 표면으로부터 복사되는 열에너지인 적외선의 양을 시각적으로 보여 주는 장비로, 표면 온도에 따라 각각 다른 색으로 표현한다.
③ 적외선은 적외선 온도계, 적외선 카메라, 열화상 사진기 등에 활용되며, 열치료기, TV 리모컨 등에 사용된다.

라디오파	라디오나 TV 방송, 전파 망원경, GPS
마이크로파	전자레인지, 휴대 전화, 무선 랜, 레이더
적외선	열화상 카메라, 적외선 온도계, 리모컨, 적외선 망원경, 광통신
가시광선	광학 기구, 가시광선 레이저
X선	의료, 보안 검색, 고체 결정 구조 연구, 현미경
감마(γ)선	암 치료, 감마(γ)선 망원경

문제 보기

다음은 전자기파 A, B가 실생활에서 이용되는 예이다.

- A를 이용하여 인체 내부의 뼈의 영상을 얻는다. (→ 투과력이 커야 한다.)
- 열화상 카메라는 사람의 몸에서 방출되는 B의 양을 측정하여 체온을 확인한다. (→ 적외선)

A, B로 적절한 것은?

<보기> 풀이

X선은 투과력이 강해 병원에서 인체 내부의 뼈의 영상을 얻는 의료 진단에 이용되거나 공항에서 수하물을 검색하는 데 이용되므로, A는 X선이다. 또 물체에서 방출되는 적외선을 이용하면 온도를 재거나 사진 촬영을 할 수 있으므로, 열화상 카메라, 리모컨, 체온계 등에 사용되는 전자기파는 적외선이다. 따라서 B는 적외선이다.

	A	B
① (×)	마이크로파	자외선
② (×)	마이크로파	적외선
③ (×)	X선	자외선
④ (○)	X선	적외선
⑤ (×)	자외선	적외선

02 전자기파의 활용 2023학년도 3월 학평 물Ⅰ 2번

정답 ② | 정답률 58 %

적용해야 할 개념 ③가지

① 자외선: 가시광선의 보라색 빛보다 파장이 짧은 전자기파로 매우 뜨거운 물체 또는 특수 전등에서 방출되며, 태양 광선이나 수은등의 빛 속에도 포함되어 있다.
② 자외선의 형광 작용: 자외선이 형광 물질에 흡수되면 가시광선을 방출한다.
③ 전자기파를 파장이 짧은 것부터 긴 순서대로(또는 진동수가 큰 것부터 작은 순서대로) 나열하면 '감마(γ)선－X선－자외선－가시광선－적외선－마이크로파－라디오파'이다.

라디오파	라디오나 TV 방송, 전파 망원경, GPS
마이크로파	전자레인지, 휴대 전화, 무선 랜, 레이더
적외선	열화상 카메라, 적외선 온도계, 리모컨, 적외선 망원경, 광통신
가시광선	광학 기구, 가시광선 레이저
자외선	식기 소독기, 위조지폐 감별
X선	의료, 보안 검색, 고체 결정 구조 연구, 현미경
감마(γ)선	암 치료, 감마(γ)선 망원경

문제 보기

그림과 같이 위조지폐를 감별하기 위해 지폐에 전자기파 A를 비추었더니 형광 무늬가 나타났다.

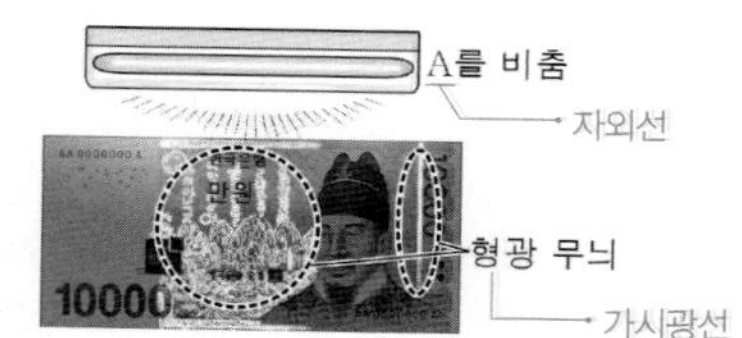

A는?

<보기> 풀이

자외선이 물질 속에 포함된 형광 물질에 흡수되면 가시광선을 방출하는 형광 작용을 하므로, 위조지폐 감별에 이용되는 A는 자외선이다.

① 감마선 (×)　② 자외선 (○)　③ 적외선 (×)　④ 마이크로파 (×)　⑤ 라디오파 (×)

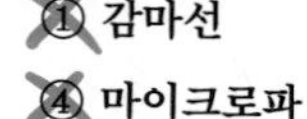
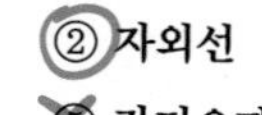

03 전자기파의 활용 2020학년도 3월 학평 물Ⅰ 17번

정답 ① | 정답률 73 %

적용해야 할 개념 ③가지

① 자외선은 세균의 단백질 합성을 방해하여 살균 작용을 하므로 식기 소독기나 의료 기구 소독 등에 사용된다.
② 가시광선은 사람의 눈으로 볼 수 있는 영역의 전자기파로 각종 영상 장치와 광학 기구에 이용된다.
③ 형광 물질은 자외선을 흡수하고 가시광선을 방출한다.

라디오파	라디오나 TV 방송, 전파 망원경, GPS
마이크로파	전자레인지, 휴대 전화, 무선 랜, 레이더
적외선	열화상 카메라, 적외선 온도계, 리모컨, 적외선 망원경, 광통신
가시광선	광학 기구, 가시광선 레이저
X선	의료, 보안 검색, 고체 결정 구조 연구, 현미경
감마(γ)선	암 치료, 감마(γ)선 망원경

24 일차

문제 보기

다음은 학생이 전자기파 ㉠, ㉡에 대해 조사한 내용이다.

- 형광등 내부의 수은에서 방출된 [㉠]이 형광등 내부에 발라놓은 형광 물질에 흡수되면 형광 물질에서 [㉡]이 방출된다.

(그림: 가시광선 ㉡, 형광 물질, ㉠, 수은, 자외선)

- [㉠]은 살균 기능이 있어 식기 소독기에 이용된다.
- [㉡]은 광학 현미경에 이용된다.

㉠, ㉡에 들어갈 전자기파는?

<보기> 풀이

형광등 내부의 높은 전압이 걸린 필라멘트에서 방출된 전자가 수은 증기에 충돌하면, 수은 원자 내의 전자가 높은 에너지 준위로 전이했다가 다시 낮은 에너지 준위로 전이할 때 자외선이 방출된다. 이 자외선이 유리관 안쪽 표면의 형광 물질에 흡수되면 형광 물질에서 가시광선이 방출된다. 자외선은 세균의 단백질 합성을 방해하는 살균 기능이 있어 식기 소독기에 이용되고, 가시광선은 사람의 눈으로 볼 수 있는 영역의 전자기파로 광학 현미경에 이용된다.

	㉠	㉡
①	자외선	가시광선
②	자외선	감마(γ)선
③	자외선	X선
④	적외선	가시광선
⑤	적외선	감마(γ)선

04 전자기파의 활용 2020학년도 6월 모평 물Ⅰ 1번

정답 ③ | 정답률 81 %

적용해야 할 개념 ②가지

① 적외선: 가시광선의 빨간색 빛보다 파장이 긴 전자기파로, 뜨거운 물체에서의 열복사나 태양 광선 속에 많이 포함되어 있다.
② 자외선: 가시광선의 보라색 빛보다 파장이 짧은 전자기파로, 매우 뜨거운 물체 또는 특수 전등에서 방출되며, 태양 광선이나 수은등의 빛 속에도 포함되어 있다.

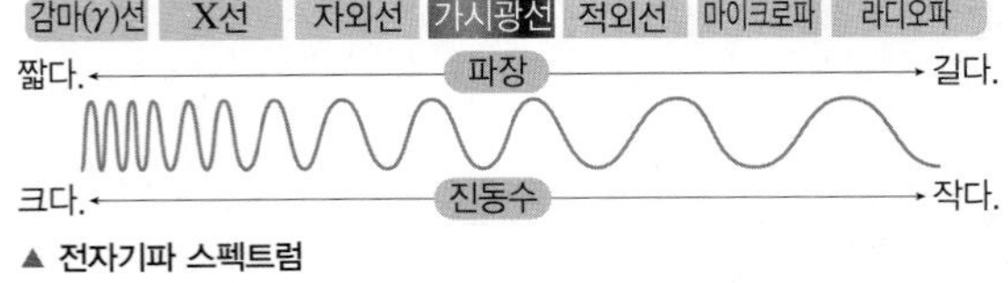

▲ 전자기파 스펙트럼

문제 보기

다음은 어떤 화장품과 관련된 내용이다. A, B, C는 가시광선, 자외선, 적외선을 순서 없이 나타낸 것이다.

햇빛에는 우리 눈에 보이는 (A) 외에도 파장이 더 짧은 자외선과 더 긴 (B)도 포함되어 있다. 햇빛이 강한 여름에 야외 활동을 할 때에는 피부를 보호하기 위해 (C)을 차단할 수 있는 화장품을 사용하는 것이 좋다.

(A: 가시광선, B: 적외선, C: 자외선)

이에 대한 설명으로 옳은 것만을 〈보기〉에서 있는 대로 고른 것은?

<보기> 풀이

ㄱ. A는 가시광선이다.
➡ 우리 눈에 보이는 전자기파는 가시광선이다.

ㄴ. 진동수는 B가 C보다 크다.
➡ 가시광선보다 파장이 긴 B는 적외선이다. 또 햇빛으로부터 피부를 보호하기 위해 차단제를 사용해야 하는 전자기파인 C는 자외선이다. 자외선의 진동수가 적외선보다 크므로, 진동수는 C가 B보다 크다.

ㄷ. 열을 내는 물체에서는 B가 방출된다.
➡ 열을 내는 물체에서는 적외선인 B가 방출된다.

05 전자기파의 활용 2022학년도 3월 학평 물I 4번

정답 ③ | 정답률 62 %

적용해야 할 개념 ④가지

① 전자기파를 파장이 짧은 것부터 긴 순서대로(또는 진동수가 큰 것부터 작은 순서대로) 나열하면 '감마(γ)선－X선－자외선－가시광선－적외선－마이크로파－라디오파'이다.
② 전자기파는 진공에서 파장에 관계없이 모두 빛의 속력과 같은 약 30만 km/s의 속력으로 진행한다.
③ 적외선은 적외선 온도계, 열화상 카메라 등에 활용되며, 열치료기, TV 리모컨, 광통신 등에 사용된다.
④ 마이크로파는 진동수에 따라 전자레인지, 휴대 전화 및 무선 랜 등에 사용되며, 선박과 항공기 운항을 추적하거나 기상 관측에 필요한 레이더와 위성 통신에도 사용된다.

라디오파	라디오나 TV 방송, 전파 망원경, GPS
마이크로파	전자레인지, 휴대 전화, 무선 랜, 레이더
적외선	열화상 카메라, 적외선 온도계, 리모컨, 적외선 망원경, 광통신
가시광선	광학 기구, 가시광선 레이저
자외선	식기 소독기, 위조지폐 감별
X선	의료, 보안 검색, 고체 결정 구조 연구, 현미경
감마(γ)선	암 치료, 감마(γ)선 망원경

문제 보기

그림은 스마트폰에 정보를 전송하는 과정을 나타낸 것이다. A와 B는 각각 적외선과 마이크로파 중 하나이다.

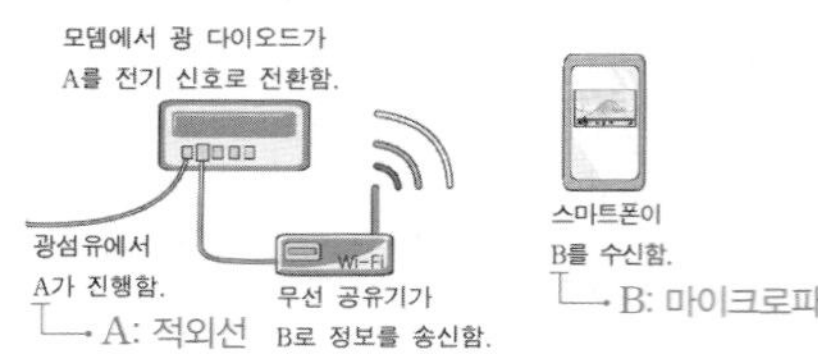
모뎀에서 광 다이오드가
A를 전기 신호로 전환함.
광섬유에서
A가 진행함.
A: 적외선
무선 공유기가
B로 정보를 송신함.
스마트폰이
B를 수신함.
B: 마이크로파

이에 대한 옳은 설명만을 〈보기〉에서 있는 대로 고른 것은?

<보기> 풀이

광섬유에서 정보를 전송할 때 이용하는 전자기파는 적외선(A)이고, 무선 공유기와 스마트폰 사이에서 정보를 송수신할 때 이용하는 전자기파는 마이크로파(B)이다.

ㄱ. 진동수는 A가 B보다 크다.
➡ 전자기파의 진동수는 감마(γ)선 > X선 > 자외선 > 가시광선 > 적외선 > 마이크로파 > 라디오파 순이므로, 적외선인 A의 진동수는 마이크로파인 B보다 크다.

ㄴ. 진공에서 A와 B의 속력은 같다.
➡ 모든 전자기파는 진공에서 파장에 관계없이 빛의 속력과 같은 약 30만 km/s의 속력으로 진행하므로, 진공에서 A와 B의 속력은 같다.

ㄷ. A는 전자레인지에서 음식을 가열하는 데 이용된다.
➡ 전자레인지에 이용되는 전자기파는 마이크로파이므로, B가 전자레인지에서 음식을 가열하는 데 이용된다.

06 전자기파의 활용 2019학년도 9월 모평 물I 1번

정답 ③ | 정답률 92 %

적용해야 할 개념 ②가지

① 적외선은 가시광선의 빨간색 빛보다 파장이 길고 마이크로파보다 파장이 짧은 전자기파이다.
② 적외선은 적외선 온도계, 적외선 카메라, 열화상 카메라 등에 활용되며, 열 치료기, TV 리모컨 등에 사용된다.

라디오파	라디오나 TV 방송, 전파 망원경, GPS
마이크로파	전자레인지, 휴대 전화, 무선 랜, 레이더
적외선	열화상 카메라, 적외선 온도계, 리모컨, 적외선 망원경
가시광선	광학 기구, 가시광선 레이저
X선	의료, 보안 검색, 고체 결정 구조 연구, 현미경
감마(γ)선	암 치료, 감마(γ)선 망원경

문제 보기

다음은 어떤 전자기파가 실생활에서 이용되는 예이다.

열화상 카메라
TV 리모컨
체온계
적외선

이 전자기파는?

<보기> 풀이

물체에서 방출되는 적외선을 이용하면 온도를 재거나 사진 촬영을 할 수 있으므로, 열화상 카메라, TV 리모컨, 체온계 등에 사용되는 전자기파는 적외선이다.

① X선 ② 자외선 ③ 적외선
④ 마이크로파 ⑤ 라디오파

07 전자기파의 활용 2022학년도 4월 학평 물I 1번

정답 ④ | 정답률 91 %

적용해야 할 개념 ②가지

① 전자기파를 파장이 가장 짧은 것부터 긴 순서대로(또는 진동수가 큰 것부터 작은 순서대로) 나열하면 '감마(γ)선－X선－자외선－가시광선－적외선－마이크로파－라디오파'이다.
② 적외선은 적외선 온도계, 적외선 카메라, 열화상 사진기 등에 활용되며, 열치료기, TV 리모컨 등에 사용된다.

라디오파	라디오나 TV 방송, 전파 망원경, GPS
마이크로파	전자레인지, 휴대 전화, 무선 랜, 레이더
적외선	열화상 카메라, 적외선 온도계, 리모컨, 적외선 망원경, 광통신
가시광선	광학 기구, 가시광선 레이저
자외선	식기 소독기, 위조지폐 감별
X선	의료, 보안 검색, 고체 결정 구조 연구, 현미경
감마(γ)선	암 치료, 감마(γ)선 망원경

문제 보기

다음은 비접촉식 체온계의 작동에 대한 설명이다.

체온계의 센서가 몸에서 방출되는 전자기파 A를 측정하면 화면에 체온이 표시된다. A의 파장은 가시광선보다 길고 마이크로파보다 짧다.
└ 파장: 감마(γ)선 < X선 < 자외선 < 가시광선 < 적외선 < 마이크로파 < 라디오파

A는?

<보기> 풀이

체온계의 센서는 사람의 몸에서 열의 형태로 방출되는 적외선을 감지하여 체온을 측정하며, 적외선의 파장은 가시광선보다 길고 마이크로파보다 짧다. 따라서 A는 적외선이다.

~~① 감마선~~ ~~② X선~~ ~~③ 자외선~~ ④ 적외선 ~~⑤ 라디오파~~

08 전자기파의 활용 2022학년도 10월 학평 물I 1번

정답 ⑤ | 정답률 79 %

적용해야 할 개념 ③가지

① 전자기파를 파장이 가장 짧은 것부터 긴 순서대로(또는 진동수가 큰 것부터 작은 순서대로) 나열하면 '감마(γ)선－X선－자외선－가시광선－적외선－마이크로파－라디오파'이다.
② 전자기파는 진공에서 파장에 관계없이 모두 빛의 속력과 같은 약 30만 km/s의 속력으로 진행한다.
③ 적외선은 적외선 온도계, 적외선 카메라, 열화상 카메라 등에 활용되며, 열치료기, TV 리모컨, 광통신 등에 사용된다.

라디오파	라디오나 TV 방송, 전파 망원경, GPS
마이크로파	전자레인지, 휴대 전화, 무선 랜, 레이더
적외선	열화상 카메라, 적외선 온도계, 리모컨, 적외선 망원경, 광통신
가시광선	광학 기구, 가시광선 레이저
X선	의료, 보안 검색, 고체 결정 구조 연구, 현미경
감마(γ)선	암 치료, 감마(γ)선 망원경

문제 보기

다음은 열화상 카메라 이용 사례에 대한 설명이다.

건물에서 난방용 에너지를 절약하기 위해서는 외부로 방출되는 열에너지를 줄이는 것이 중요하다. 열화상 카메라는 건물 표면에서 방출되는 전자기파 A를 인식하여 단열이 잘되지 않는 부분을 가시광선 영상으로 표시한다. (적외선)

이에 대한 설명으로 옳은 것만을 〈보기〉에서 있는 대로 고른 것은?

<보기> 풀이

ㄱ. A는 적외선이다.
⇒ 열화상 카메라는 물체의 온도에 따라 방출되는 적외선의 양이 달라지는 것을 이용하여 물체의 표면 온도를 각각 다른 색으로 표현하는 장치이므로, 열화상 카메라가 인식하는 전자기파 A는 적외선이다.

ㄴ. 진공에서 속력은 A와 가시광선이 같다.
⇒ 모든 전자기파는 진공에서 파장에 관계없이 빛의 속력과 같은 약 30만 km/s의 속력으로 진행하므로, 진공에서 속력은 A와 가시광선이 같다.

ㄷ. 파장은 A가 가시광선보다 길다.
⇒ 전자기파의 파장은 감마(γ)선 < X선 < 자외선 < 가시광선 < 적외선 < 마이크로파 < 라디오파 순으로 길므로, 파장은 적외선인 A가 가시광선보다 길다.

09 전자기파의 분류와 활용 2023학년도 10월 학평 물I 1번

정답 ③ | 정답률 86 %

적용해야 할 개념 ④가지

① 전자기파를 파장이 가장 짧은 것부터 긴 순서대로(또는 진동수가 큰 것부터 작은 순서대로) 나열하면 '감마(γ)선－X선－자외선－가시광선－적외선－마이크로파－라디오파'이다.
② 전자기파는 진공에서 파장에 관계없이 모두 빛의 속력과 같은 약 30만 km/s의 속력으로 진행한다.
③ 적외선은 적외선 온도계, 적외선 카메라, 열화상 사진기 등에 활용되며, 열치료기, TV 리모컨 등에 사용된다.
④ 가시광선은 사람이 눈으로 볼 수 있는 영역의 전자기파로 각종 영상 장치와 광학 기구에 이용된다.

라디오파	라디오나 TV 방송, 전파 망원경, GPS
마이크로파	전자레인지, 휴대 전화, 무선 랜, 레이더
적외선	열화상 카메라, 적외선 온도계, 리모컨, 적외선 망원경, 광통신
가시광선	광학 기구, 가시광선 레이저
자외선	식기 소독기, 위조지폐 감별
X선	의료, 보안 검색, 고체 결정 구조 연구, 현미경
감마(γ)선	암 치료, 감마(γ)선 망원경

문제 보기

다음은 가상 현실(VR) 기기에 대한 설명이다. A와 B 중 하나는 가시광선이고, 다른 하나는 적외선이다.

컨트롤러: A를 이용해 동작 정보를 머리 착용형 디스플레이로 전송함.
적외선
머리 착용형 디스플레이: B를 이용해 사용자가 볼 수 있는 화면을 구현함.
가시광선

이에 대한 옳은 설명만을 〈보기〉에서 있는 대로 고른 것은?

<보기> 풀이

A는 적외선이고, B는 가시광선이다.

ㄱ. B는 가시광선이다.
➡ 사람이 볼 수 있는 영역의 전자기파는 가시광선이므로, B는 가시광선이다.

ㄴ. 진동수는 B가 A보다 크다.
➡ 전자기파의 진동수는 라디오파 < 마이크로파 < 적외선 < 가시광선 < 자외선 < X선 < 감마(γ)선 순으로 크므로, 진동수는 B(가시광선)가 A(적외선)보다 크다.

ㄷ. 진공에서의 속력은 B가 A보다 크다.
➡ 모든 전자기파는 진공에서 같은 속력으로 진행하므로, 진공에서의 속력은 A와 B가 같다.

10 전자기파의 활용 2021학년도 3월 학평 물I 4번

정답 ② | 정답률 70 %

적용해야 할 개념 ③가지

① 전자기파를 진동수가 큰 것부터 작은 순서대로(또는 파장이 짧은 것부터 긴 순서대로) 나열하면 '감마(γ)선－X선－자외선－가시광선－적외선－마이크로파－라디오파'이다.
② 적외선은 적외선 온도계, 적외선 카메라, 열화상 카메라 등에 활용되며, 열치료기, TV 리모컨 등에 사용된다.
③ 전자기파는 진공에서 파장에 관계없이 모두 빛의 속력과 같은 약 30만 km/s의 속력으로 진행한다.

감마(γ)선 | X선 | 자외선 | 가시광선 | 적외선 | 마이크로파 | 라디오파

짧다. ← 파장 → 길다.

크다. ← 진동수 → 작다.

▲ 전자기파 스펙트럼

문제 보기

그림은 카메라로 사람을 촬영하는 모습을 나타낸 것으로, 이 카메라는 가시광선과 전자기파 A를 인식하여 실물 화상과 열화상을 함께 보여준다.

실물 화상: 가시광선 이용
열화상: 적외선 이용 → A: 적외선
카메라
40℃
25℃

A에 대한 옳은 설명만을 〈보기〉에서 있는 대로 고른 것은?

<보기> 풀이

ㄱ. 자외선이다.
➡ 열화상은 사람 몸의 온도에 따라 방출되는 적외선의 양이 달라지는 것을 이용하므로, A는 적외선이다.

ㄴ. 진동수는 가시광선보다 크다.
➡ 전자기파의 진동수는 감마(γ)선 > X선 > 자외선 > 가시광선 > 적외선 > 마이크로파 > 라디오파 순으로 작으므로, 적외선인 A의 진동수는 가시광선보다 작다.

ㄷ. 진공에서의 속력은 가시광선과 같다.
➡ 모든 전자기파는 진공에서 파장에 관계없이 빛의 속력과 같은 약 30만 km/s의 속력으로 진행하므로, 적외선인 A의 진공에서의 속력은 가시광선과 같다.

11 전자기파의 활용 2020학년도 4월 학평 물I 1번

정답 ④ | 정답률 89 %

적용해야 할 개념 ③가지

① 적외선은 적외선 온도계, 적외선 카메라, 열화상 카메라 등에 활용되며, 열치료기, TV 리모컨 등에 사용된다.
② 전자레인지에 사용되는 파장 12.2 cm, 진동수 2.45 GHz인 마이크로파는 음식물 속에 포함된 물 분자의 고유 진동수와 같으므로, 수분이 있는 음식에 쪼이면 물 분자가 같이 진동하면서 열이 발생하여 음식을 가열할 수 있다.
③ 자외선은 세균의 단백질 합성을 방해하여 살균 작용을 하므로 식기 소독기나 의료 기구 소독 등에 사용된다.

라디오파	라디오나 TV 방송, 전파 망원경, GPS
마이크로파	전자레인지, 휴대 전화, 무선 랜, 레이더
적외선	열화상 카메라, 적외선 온도계, 리모컨, 적외선 망원경, 광통신
가시광선	광학 기구, 가시광선 레이저
X선	의료, 보안 검색, 고체 결정 구조 연구, 현미경
감마(γ)선	암 치료, 감마(γ)선 망원경

문제 보기

그림은 전자기파 A, B, C를 이용하는 장치이다. A, B, C는 마이크로파, 자외선, 적외선을 순서 없이 나타낸 것이다.

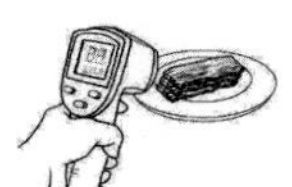
물체의 온도를 측정할 때 A를 이용하는 온도계 (적외선)

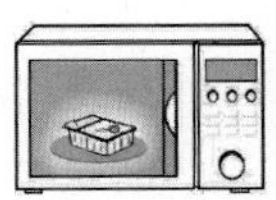
음식을 데울 때 B를 이용하는 전자레인지 (마이크로파)

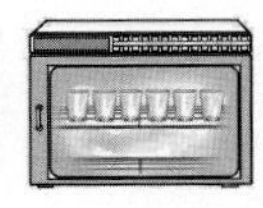
식기를 소독할 때 C를 이용하는 소독기 (자외선)

A, B, C로 옳은 것은?

<보기> 풀이

⇒ 온도계는 물체에서 방출되는 적외선을 감지하여 온도를 측정한다.
⇒ 전자레인지는 마이크로파로 음식물 속에 포함된 물 분자를 진동시켜 열이 발생하게 함으로써 음식을 데운다.
⇒ 소독기는 살균 작용을 하는 자외선을 이용하여 식기를 소독한다.

	A	B	C
~~①~~	마이크로파	자외선	적외선
~~②~~	마이크로파	적외선	자외선
~~③~~	자외선	마이크로파	적외선
④	적외선	마이크로파	자외선
~~⑤~~	적외선	자외선	마이크로파

12 전자기파의 활용 2022학년도 9월 모평 물I 3번

정답 ④ | 정답률 94 %

적용해야 할 개념 ③가지

① 전파: 마이크로파 영역을 포함하여 마이크로파보다 긴 파장의 라디오파를 전파라고 한다.
② 광섬유는 굴절률이 큰 유리로 된 코어와 바깥쪽에 굴절률이 작은 유리로 된 클래딩으로 되어 있다. 광섬유 내부로 빛을 입사시키면 코어에서 클래딩으로 입사하는 빛이 경계면에서 전반사하여 광섬유를 따라 먼 곳까지 빛을 전달할 수 있다.
③ 가시광선은 사람의 눈으로 볼 수 있는 영역의 전자기파로 각종 영상 장치와 광학 기구에 이용된다.

라디오파	라디오나 TV 방송, 전파 망원경, GPS
마이크로파	전자레인지, 휴대 전화, 무선 랜, 레이더
적외선	열화상 카메라, 적외선 온도계, 리모컨, 적외선 망원경, 광통신
가시광선	광학 기구, 가시광선 레이저
X선	의료, 보안 검색, 고체 결정 구조 연구, 현미경
감마(γ)선	암 치료, 감마(γ)선 망원경

문제 보기

그림 (가)~(다)는 전자기파를 일상생활에서 이용하는 예이다.

(가) 위성 통신 (나) 광통신 (다) LED 신호등

이에 대한 설명으로 옳은 것만을 〈보기〉에서 있는 대로 고른 것은?

<보기> 풀이

~~ㄱ~~. **(가)에서 자외선을 이용한다.**
⇒ 전파는 파장이 길어 회절이 잘 일어나 멀리 전파되므로 위성 통신에 이용된다. 따라서 (가)에서는 전파를 이용한다.

ㄴ. **(나)에서 전반사를 이용한다.**
⇒ 광통신은 광섬유 내에서 빛(전자기파)이 전반사하는 성질을 이용해 정보를 주고받는 통신 방법이다. 따라서 (나)에서는 전반사를 이용한다.

ㄷ. **(다)에서 가시광선을 이용한다.**
⇒ LED 신호등은 사람의 눈으로 볼 수 있는 전자기파인 가시광선을 이용하여 교통 조건을 나타내는 장치이다. 따라서 (다)에서는 가시광선을 이용한다.

13 전자기파의 활용 2024학년도 3월 학평 물I 1번

정답 ③ | 정답률 76 %

적용해야 할 개념 ③가지

① 자외선은 세균의 단백질 합성을 방해하여 살균 작용을 하므로 식기 소독기나 의료 기구 소독 등에 사용된다.
② 전자기파를 파장이 가장 짧은 것부터 긴 순서대로(또는 진동수가 큰 것부터 작은 순서대로) 나열하면 '감마(γ)선－X선－자외선－가시광선－적외선－마이크로파－라디오파'이다.
③ 전자기파는 진공에서 파장에 관계없이 모두 빛의 속력과 같은 약 30만 km/s의 속력으로 진행한다.

라디오파	라디오나 TV 방송, 전파 망원경, GPS
마이크로파	전자레인지, 휴대 전화, 무선 랜, 레이더
적외선	열화상 카메라, 적외선 온도계, 리모컨, 적외선 망원경, 광통신
가시광선	광학 기구, 가시광선 레이저
자외선	식기 소독기, 의료 기구 소독, 위조지폐 감별
X선	의료, 보안 검색, 고체 결정 구조 연구, 현미경
감마(γ)선	암 치료, 감마(γ)선 망원경

문제 보기

그림은 전자기파 A와 B를 사용하는 예에 대한 설명이다. A와 B 중 하나는 가시광선이고, 다른 하나는 자외선이다.

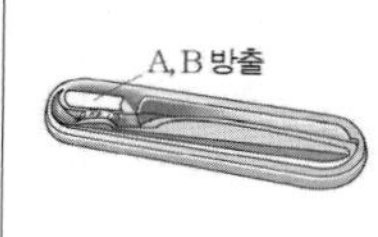

칫솔모 살균 장치에서 A와 B가 방출된다. A는 살균 작용을 하고, 눈에 보이는 B는 장치가 작동 중임을 알려 준다.
→ 자외선
→ 가시광선

진동수: 감마(γ)선＞X선＞자외선＞가시광선＞적외선＞마이크로파＞라디오파 → 진동수: A＞B

이에 대한 옳은 설명만을 〈보기〉에서 있는 대로 고른 것은?

〈보기〉 풀이

가시광선은 사람의 눈에 보이는 전자기파이고 자외선은 살균 작용을 하는 전자기파이므로, A는 자외선이고 B는 가시광선이다.

ㄱ. A는 자외선이다.
➡ A는 살균 작용을 하므로 자외선이다.

~~ㄴ.~~ 진동수는 B가 A보다 크다.
➡ 전자기파의 진동수를 비교하면 감마(γ)선＞X선＞자외선＞가시광선＞적외선＞마이크로파＞라디오파 순이므로, 진동수는 B(가시광선)가 A(자외선)보다 작다.

ㄷ. 진공에서 속력은 A와 B가 같다.
➡ 진공에서 전자기파의 속력은 전자기파의 종류에 관계없이 모두 같으므로, 진공에서 속력은 A와 B가 같다.

14 전자기파의 활용 2024학년도 5월 학평 물I 1번

정답 ① | 정답률 93 %

적용해야 할 개념 ②가지

① X선은 투과력이 강해서 인체 내부의 뼈의 모습을 쉽게 볼 수 있기 때문에 인체의 질병을 진단하거나 공항 등에서 공항의 수하물 검사에 이용된다.
② 전자기파를 파장이 가장 짧은 것부터 긴 순서대로(또는 진동수가 큰 것부터 작은 순서대로) 나열하면 '감마(γ)선－X선－자외선－가시광선－적외선－마이크로파－라디오파'이다.

라디오파	라디오나 TV 방송, 전파 망원경, GPS
마이크로파	전자레인지, 휴대 전화, 무선 랜, 레이더
적외선	열화상 카메라, 적외선 온도계, 리모컨, 적외선 망원경, 광통신
가시광선	광학 기구, 가시광선 레이저
X선	의료, 보안 검색, 고체 결정 구조 연구, 현미경
감마(γ)선	암 치료, 감마(γ)선 망원경

문제 보기

다음은 전자기파 A에 대한 설명이다.

공항 검색대에서는 투과력이 강한 A를 이용하여 가방 내부의 물건을 검색한다. A의 파장은 감마선보다 길고, 자외선보다 짧다.
→ 전자기파 파장: 감마(γ)선＜X선＜자외선＜가시광선＜적외선＜마이크로파＜라디오파 → A: X선

A는?

〈보기〉 풀이

투과력이 강해 공항에서 수하물 검색에 이용되는 전자기파는 X선이며, X선의 파장은 감마선보다 길고 자외선보다 짧다. 따라서 A는 X선이다.

① X선   ~~②~~ 가시광선 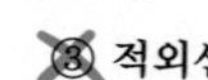 ~~③~~ 적외선  ~~④~~ 라디오파 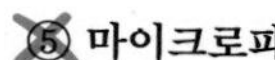 ~~⑤~~ 마이크로파

15 전자기파의 활용 2021학년도 10월 학평 물I 4번

정답 ① | 정답률 79 %

적용해야 할 개념 ④가지

① 가시광선은 사람의 눈으로 볼 수 있는 영역의 전자기파로 각종 영상 장치와 광학 기구에 이용된다.
② 적외선은 적외선 온도계, 적외선 카메라, 열화상 카메라 등에 활용되며, 열치료기, TV 리모컨 등에 사용된다.
③ X선은 투과력이 강해서 인체 내부의 뼈의 모습을 쉽게 볼 수 있기 때문에 인체의 질병을 진단하거나 공항 등에서 공항의 수화물 검사에 이용된다.
④ 전자기파를 파장이 짧은 것부터 긴 순서대로(또는 진동수가 큰 것부터 작은 순서대로) 나열하면 '감마(γ)선-X선-자외선-가시광선-적외선-마이크로파-라디오파'이다.

라디오파	라디오나 TV 방송, 전파 망원경, GPS
마이크로파	전자레인지, 휴대 전화, 무선 랜, 레이더
적외선	열화상 카메라, 적외선 온도계, 리모컨, 적외선 망원경, 광통신
가시광선	광학 기구, 가시광선 레이저
X선	의료, 보안 검색, 고체 결정 구조 연구, 현미경
감마(γ)선	암 치료, 감마(γ)선 망원경

문제 보기

그림은 전자기파 A, B, C가 사용되는 모습을 나타낸 것이다. A, B, C는 X선, 가시광선, 적외선을 순서 없이 나타낸 것이다.

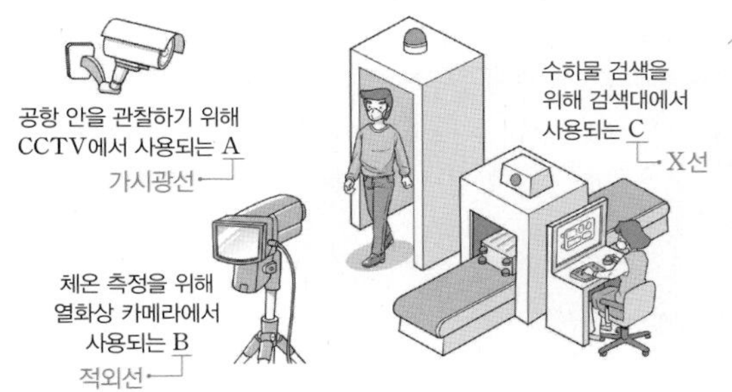

공항 안을 관찰하기 위해 CCTV에서 사용되는 A
가시광선
수하물 검색을 위해 검색대에서 사용되는 C
X선
체온 측정을 위해 열화상 카메라에서 사용되는 B
적외선

이에 대한 옳은 설명만을 〈보기〉에서 있는 대로 고른 것은?

<보기> 풀이

CCTV는 가시광선을 이용하여 물체를 관찰하므로 A는 가시광선이고, 열화상 카메라는 물체의 온도에 따라 방출되는 적외선을 이용하여 체온을 측정하므로 B는 적외선이다. 또 수하물 검색대에서는 투과력이 강한 X선을 이용하여 수하물을 검사하므로, C는 X선이다.

ㄱ. C는 X선이다.
⇒ C는 투과력이 강한 X선이다.

ㄴ. 진동수는 A가 C보다 크다.
⇒ 전자기파의 진동수는 감마(γ)선 > X선 > 자외선 > 가시광선 > 적외선 > 마이크로파 > 라디오파 순으로 작으므로, 진동수는 가시광선인 A가 X선인 C보다 작다.

ㄷ. 진공에서의 속력은 C가 B보다 크다.
⇒ 모든 전자기파는 진공에서 파장에 관계없이 빛의 속력과 같은 약 30만 km/s의 속력으로 진행하므로, 진공에서의 속력은 C와 B가 같다.

16 전자기파의 활용 2024학년도 10월 학평 물I 1번

정답 ⑤ | 정답률 92 %

적용해야 할 개념 ④가지

① 전자기파를 파장이 가장 짧은 것부터 긴 순서대로(또는 진동수가 큰 것부터 작은 순서대로) 나열하면 '감마(γ)선-X선-자외선-가시광선-적외선-마이크로파-라디오파'이다.
② 전자기파는 진공에서 파장에 관계없이 모두 빛의 속력과 같은 약 30만 km/s의 속력으로 진행한다.
③ X선은 투과력이 강해서 인체 내부의 뼈 모습을 쉽게 볼 수 있기 때문에 인체의 질병을 진단하거나 공항 등에서 수하물 검사에 이용된다.
④ 가시광선은 사람이 눈으로 볼 수 있는 영역의 전자기파로 각종 영상 장치와 광학 기구에 이용된다.

라디오파	라디오나 TV 방송, 전파 망원경, GPS
마이크로파	전자레인지, 휴대 전화, 무선 랜, 레이더
적외선	열화상 카메라, 적외선 온도계, 리모컨, 적외선 망원경, 광통신
가시광선	광학 기구, 가시광선 레이저
X선	의료, 보안 검색, 고체 결정 구조 연구, 현미경
감마(γ)선	암 치료, 감마(γ)선 망원경

문제 보기

그림은 전자기파 A, B가 사용되는 모습을 나타낸 것이다. A, B는 X선, 가시광선을 순서 없이 나타낸 것이다.

신체 내부의 뼈를 촬영하기 위해 사용되는 A
X선
모니터 화면을 통해 눈에 보이는 B
가시광선

진동수: 감마(γ)선 > X선 > 자외선 > 가시광선 > 적외선 > 마이크로파 > 라디오파
→ 진동수: B(가시광선) > 적외선

이에 대한 옳은 설명만을 〈보기〉에서 있는 대로 고른 것은?

<보기> 풀이

ㄱ. A는 X선이다.
⇒ 투과력이 강해 인체 내부의 뼈 사진을 찍는 데 이용되는 A는 X선이다.

ㄴ. B는 적외선보다 진동수가 크다.
⇒ 사람의 눈에 보이는 영역의 전자기파는 가시광선이므로, B는 가시광선이다. 전자기파의 진동수를 비교하면 감마(γ)선 > X선 > 자외선 > 가시광선 > 적외선 > 마이크로파 > 라디오파 순이므로, B(가시광선)는 적외선보다 진동수가 크다.

ㄷ. 진공에서 속력은 A와 B가 같다.
⇒ 진공에서 전자기파의 속력은 전자기파의 종류에 관계없이 모두 같으므로, 진공에서 속력은 A와 B가 같다.

17 전자기파의 활용 2024학년도 6월 모평 물Ⅰ 1번

정답 ④ | 정답률 79 %

적용해야 할 개념 ③가지

① 전자기파: 전기장과 자기장의 세기가 시간에 따라 변하면서 진행하는 파동으로, 매질이 없어도 전파된다.

② 전자기파를 파장이 가장 짧은 것부터 긴 순서대로(또는 진동수가 큰 것부터 작은 순서대로) 나열하면 '감마(γ)선−X선−자외선−가시광선−적외선−마이크로파−라디오파'이다.

③ 음파(소리): 물체의 진동으로 발생하며 매질을 통하여 전파된다.

구분	전자기파	음파(소리)
발생	전하를 띤 입자의 진동으로 발생	물체의 진동으로 발생
전파	전기장과 자기장의 진동으로 전파	매질의 진동으로 전파
종류	횡파	종파
매질 유무	매질이 없어도 전파	매질이 있어야 전파

문제 보기

다음은 병원의 의료 기기에서 파동 A, B, C를 이용하는 예이다.

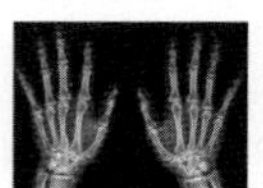
뼈 촬영
A: X선

의료 기구 소독
B: 자외선

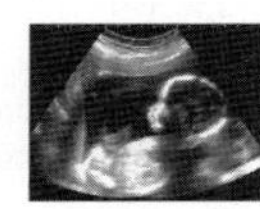
태아 검진
C: 초음파

파장: 감마(γ)선<X선<자외선<가시광선<적외선< 마이크로파<라디오파
→ 파장: A<B

매질을 통하여 진행

이에 대한 설명으로 옳은 것만을 〈보기〉에서 있는 대로 고른 것은?

<보기> 풀이

ㄱ. A, B는 전자기파에 속한다.
➡ A(X선)와 B(자외선)는 모두 전자기파에 속한다.

ㄴ. 진공에서의 파장은 A가 B보다 길다.
➡ 전자기파의 파장은 감마(γ)선<X선<자외선<가시광선<적외선<마이크로파<라디오파 순으로 길므로, 파장은 A(X선)가 B(자외선)보다 짧다.

ㄷ. C는 매질이 없는 진공에서 진행할 수 없다.
➡ 음파(소리)는 매질을 통하여 진행하므로, C는 매질이 없는 진공에서 진행할 수 없다.

18 전자기파의 활용 2019학년도 수능 물Ⅰ 2번

정답 ③ | 정답률 89 %

적용해야 할 개념 ②가지

① 전자기파를 진동수가 큰 것부터 작은 순서대로(또는 파장이 짧은 것부터 긴 순서대로) 나열하면 '감마(γ)선−X선−자외선−가시광선−적외선−마이크로파−라디오파'이다.

② X선은 투과력이 강해서 인체 내부의 뼈의 모습을 쉽게 볼 수 있기 때문에 인체의 질병을 진단하거나 공항 등에서 공항의 수하물 검사에 이용된다.

라디오파	라디오나 TV 방송, 전파 망원경, GPS
마이크로파	전자레인지, 휴대 전화, 무선 랜, 레이더
적외선	열화상 카메라, 적외선 온도계, 리모컨, 적외선 망원경
가시광선	광학 기구, 가시광선 레이저
X선	의료, 보안 검색, 고체 결정 구조 연구, 현미경
감마(γ)선	암 치료, 감마(γ)선 망원경

문제 보기

그림 (가)는 병원에서 전자기파 A를 사용하여 의료 진단용 사진을 찍는 모습을, (나)는 (가)에서 찍은 사진을 나타낸 것이다.

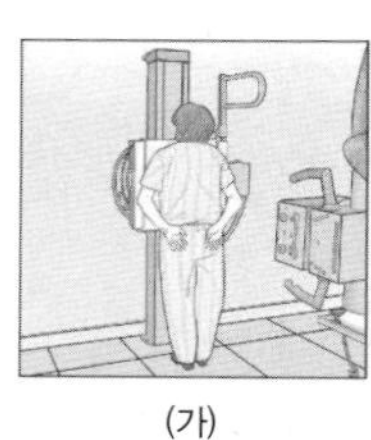
(가)

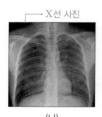

X선 사진
(나)

이에 대한 설명으로 옳은 것만을 〈보기〉에서 있는 대로 고른 것은?

<보기> 풀이

ㄱ. A는 X선이다.
➡ 뼈 사진을 찍어 의료 진단용으로 사용하는 전자기파 A는 X선이다.

ㄴ. A의 진동수는 마이크로파의 진동수보다 작다.
➡ 전자기파의 진동수의 크기는 감마(γ)선>X선>자외선>가시광선>적외선>마이크로파이다. 따라서 X선인 A의 진동수는 마이크로파의 진동수보다 크다.

ㄷ. A는 공항에서 가방 속 물품을 검색하는 데 사용된다.
➡ A(X선)는 투과력이 커서 공항에서 가방 속 물품을 검색하는 데 사용된다.

19 전자기파의 활용 2020학년도 10월 학평 물I 2번

정답 ④ | 정답률 89 %

적용해야 할 개념 ③가지

① 전자기파를 파장이 짧은 것부터 긴 순서대로(또는 진동수가 큰 것부터 작은 순서대로) 나열하면 '감마(γ)선－X선-자외선-가시광선－적외선－마이크로파－라디오파'이다.
② 가시광선은 사람의 눈으로 볼 수 있는 영역의 전자기파로 각종 영상 장치와 광학 기구에 이용된다.
③ X선은 투과력이 강해 인체 내부의 모습이나 물질의 내부 구조를 파악하는 데 이용된다.

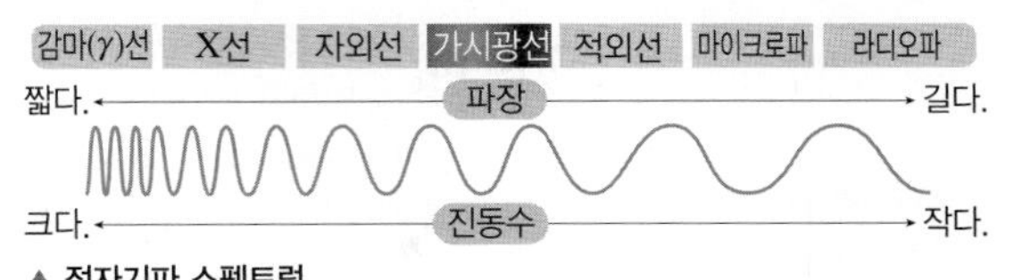

▲ 전자기파 스펙트럼

문제 보기

그림은 동일한 미술 작품을 각각 가시광선과 X선으로 촬영한 사진으로, 점선 영역에서 서로 다른 모습이 관찰된다. (파장: 가시광선 > X선)

가시광선으로 촬영

X선으로 촬영 (맨 눈으로는 볼 수 없는 부분)

이에 대한 옳은 설명만을 〈보기〉에서 있는 대로 고른 것은?

<보기> 풀이

ㄱ. **파장은 X선이 가시광선보다 크다.** (×)
➡ 전자기파의 파장은 감마(γ)선 < X선 < 자외선 < 가시광선 < 적외선 < 마이크로파 < 라디오파 순으로 길다. 따라서 파장은 X선이 가시광선보다 작다.

ㄴ. **가시광선과 X선은 모두 전자기파이다.** (○)
➡ 가시광선과 X선은 모두 전자기파의 한 종류이다.

ㄷ. **X선은 물체의 내부 구조를 알아보는 데 이용할 수 있다.** (○)
➡ X선은 투과력이 강해서 물체의 내부 구조를 알아보는 데 이용할 수 있다.

20 전자기파의 활용 2019학년도 3월 학평 물I 1번

정답 ④ | 정답률 65 %

적용해야 할 개념 ③가지

① 전자기파는 전기장과 자기장의 세기가 시간에 따라 변하면서 진행하는 횡파이다.
② 전자기파를 진동수가 큰 것부터 작은 순서대로(또는 파장이 짧은 것부터 긴 순서대로) 나열하면 '감마(γ)선－X선－자외선－가시광선－적외선－마이크로파－라디오파'이다.
③ 전자기파는 매질이 없어도 진행할 수 있는 파동이다.

구분	전자기파	소리
발생	전하를 띤 입자의 진동으로 발생	물체의 진동으로 발생
전파	전기장과 자기장의 진동으로 전파	매질의 진동으로 전파
종류	횡파	종파
매질 유무	매질이 없어도 전파	매질이 있어야 전파

문제 보기

다음은 파동 A, B, C가 이용되는 예를 나타낸 것이다.

A. 레이더가 수신하는 마이크로파

B. 광섬유 내부를 지나가는 가시광선

(A, B: 전자기파, 횡파)

C. 박쥐가 먹이를 찾을 때 이용하는 초음파 (종파)

이에 대한 옳은 설명만을 〈보기〉에서 있는 대로 고른 것은?

<보기> 풀이

ㄱ. **A, B, C는 모두 종파이다.** (×)
➡ A, B는 전자기파이므로 횡파이고, C는 음파이므로 종파이다.

ㄴ. **진동수는 B가 A보다 크다.** (○)
➡ 전자기파의 진동수는 감마(γ)선 > X선 > 자외선 > 가시광선 > 적외선 > 마이크로파 순으로 작다. 따라서 진동수는 가시광선인 B가 마이크로파인 A보다 크다.

ㄷ. **C가 진행하려면 매질이 필요하다.** (○)
➡ 초음파가 진행할 때 매질이 필요하다.

21 전자기파의 활용 2023학년도 4월 학평 물Ⅰ 1번

정답 ① | 정답률 93 %

적용해야 할 개념 ②가지

① 전자기파를 파장이 가장 짧은 것부터 긴 순서대로(또는 진동수가 큰 것부터 작은 순서대로) 나열하면 '감마(γ)선－X선－자외선－가시광선－적외선－마이크로파－라디오파'이다.

② 감마(γ)선은 투과력이 매우 강하여 감마(γ)선의 세기를 조절하면 암세포를 파괴하여 암을 치료할 수 있다.

라디오파	라디오나 TV 방송, 전파 망원경, GPS
마이크로파	전자레인지, 휴대 전화, 무선 랜, 레이더
적외선	열화상 카메라, 적외선 온도계, 리모컨, 적외선 망원경, 광통신
가시광선	광학 기구, 가시광선 레이저
X선	의료, 보안 검색, 고체 결정 구조 연구, 현미경
감마(γ)선	암 치료, 감마(γ)선 망원경

문제 보기

다음은 전자기파 A에 대한 설명이다.

암 치료에 이용되는 전자기파 A는 핵반응 과정에서 방출되며 X선보다 파장이 짧고 투과력이 강하다.

파장: 감마(γ)선 < X선 < 자외선 < 가시광선 < 적외선 < 마이크로파 < 라디오파
→ A: 감마선

A
암 치료기

A는?

<보기> 풀이

암 치료에 이용되며 X선보다 파장이 짧은 전자기파 A는 감마선이다.

① 감마선 ~~②~~ 자외선 ~~③~~ 가시광선 ~~④~~ 적외선 ~~⑤~~ 마이크로파

22 전자기파의 활용 2024학년도 수능 물Ⅰ 1번

정답 ④ | 정답률 87 %

적용해야 할 개념 ③가지

① 전자기파를 파장이 가장 짧은 것부터 긴 순서대로(또는 진동수가 큰 것부터 작은 순서대로) 나열하면 '감마(γ)선－X선－자외선－가시광선－적외선－마이크로파－라디오파'이다.

② 진공 중에서 전자기파의 속력($v=f\lambda$)은 일정하므로, 진공에서의 파장(λ)은 진동수(f)에 반비례한다.

③ 가시광선은 사람이 눈으로 볼 수 있는 영역의 전자기파로 각종 영상 장치와 광학 기구에 이용된다.

라디오파	라디오나 TV 방송, 전파 망원경, GPS
마이크로파	전자레인지, 휴대 전화, 무선 랜, 레이더
적외선	열화상 카메라, 적외선 온도계, 리모컨, 적외선 망원경, 광통신
가시광선	광학 기구, 가시광선 레이저
자외선	식기 소독기, 위조지폐 감별
X선	의료, 보안 검색, 고체 결정 구조 연구, 현미경
감마(γ)선	암 치료, 감마(γ)선 망원경

문제 보기

그림은 버스에서 이용하는 전자기파를 나타낸 것이다.

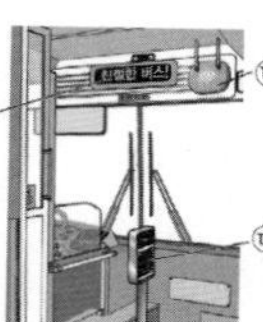
㉠전광판에 이용하는 진동수가 4.54×10^{14} Hz인 빨간색 빛
└ 가시광선
㉡무선 공유기에 이용하는 진동수가 2.41×10^{9} Hz인 마이크로파
㉢교통카드 시스템에 이용하는 진동수가 1.36×10^{7} Hz인 라디오파
진동수: ㉡ > ㉢
→ 파장: ㉡ < ㉢

이에 대한 설명으로 옳은 것만을 〈보기〉에서 있는 대로 고른 것은?

<보기> 풀이

ㄱ. ㉠은 가시광선 영역에 해당한다.
➡ 빨간색 빛은 사람이 볼 수 있는 가시광선이므로, ㉠은 가시광선 영역에 해당한다.

~~**ㄴ.**~~ **진공에서 속력은 ㉠이 ㉡보다 크다.**
➡ 진공에서 전자기파의 속력은 종류에 관계없이 모두 같으므로, 진공에서 속력은 ㉠과 ㉡이 같다.

ㄷ. 진공에서 파장은 ㉡이 ㉢보다 짧다.
➡ 전자기파의 속력은 파장과 진동수의 곱이므로, 진공에서 속력이 일정할 때 진동수와 파장은 서로 반비례한다. 진동수는 ㉡이 ㉢보다 크므로, 진공에서 파장은 ㉡이 ㉢보다 짧다.

다른 풀이 전자기파의 파장은 감마(γ)선 < X선 < 자외선 < 가시광선 < 적외선 < 마이크로파 < 라디오파 순으로 길므로, 진공에서 파장은 ㉡(마이크로파)이 ㉢(라디오파)보다 짧다.

23 전자기파의 분류와 활용 2023학년도 9월 모평 물Ⅰ 1번

정답 ② | 정답률 88 %

적용해야 할 개념 ④가지

① 전자기파를 파장이 가장 짧은 것부터 긴 순서대로(또는 진동수가 큰 것부터 작은 순서대로) 나열하면 '감마(γ)선－X선－자외선－가시광선－적외선－마이크로파－라디오파'이다.

② 진공 중에서 전자기파의 속력($v=f\lambda$)은 일정하므로, 진공에서의 파장(λ)은 진동수(f)에 반비례한다.

③ X선은 투과력이 강해서 인체 내부의 뼈의 모습을 쉽게 볼 수 있기 때문에 인체의 질병을 진단하거나 공항 등에서 공항의 수하물 검사에 이용된다.

④ 적외선은 적외선 온도계, 적외선 카메라, 열화상 사진기 등에 활용되며, 열치료기, TV 리모컨 등에 사용된다.

라디오파	라디오나 TV 방송, 전파 망원경, GPS
마이크로파	전자레인지, 휴대 전화, 무선 랜, 레이더
적외선	열화상 카메라, 적외선 온도계, 리모컨, 적외선 망원경, 광통신
가시광선	광학 기구, 가시광선 레이저
자외선	식기 소독기, 위조지폐 감별
X선	의료, 보안 검색, 고체 결정 구조 연구, 현미경
감마(γ)선	암 치료, 감마(γ)선 망원경

문제 보기

그림은 전자기파에 대해 학생이 발표하는 모습을 나타낸 것이다.

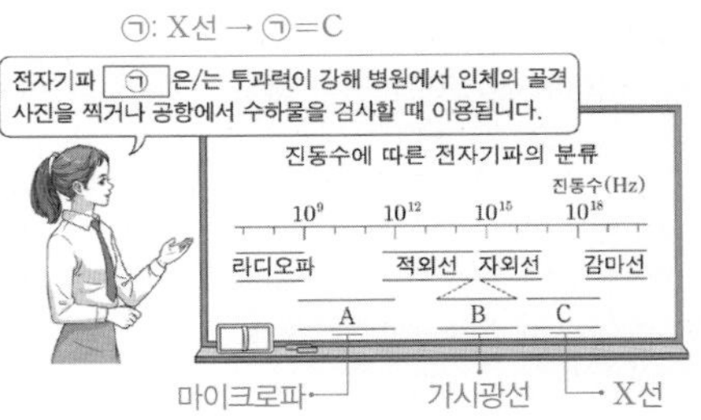

파장: 라디오파 > 마이크로파 > 적외선 > 가시광선 > 자외선 > X선 > 감마(λ)선

이에 대한 설명으로 옳은 것만을 〈보기〉에서 있는 대로 고른 것은?

<보기> 풀이

전자기파의 진동수의 크기는 라디오파 < 마이크로파 < 적외선 < 가시광선 < 자외선 < X선 < 감마(γ)선이므로, A는 마이크로파, B는 가시광선, C는 X선이다.

ㄱ. ㉠은 A에 해당하는 전자기파이다.

➡ 투과력이 강해 병원에서 인체 골격 사진을 찍거나 공항에서 수하물 검색에 이용되는 전자기파는 X선이므로, ㉠은 C에 해당하는 전자기파이다.

ㄴ. 진공에서 파장은 A가 B보다 길다.

➡ 진공에서 전자기파의 속력은 종류에 관계없이 모두 같으며, 전자기파의 속력은 진동수와 파장의 곱이므로 진동수와 파장은 서로 반비례한다. 진동수는 A가 B보다 작으므로, 진공에서 파장은 A가 B보다 길다.

ㄷ. 열화상 카메라는 사람의 몸에서 방출되는 C를 측정한다.

➡ 열화상 카메라는 물체의 온도에 따라 방출되는 적외선의 양이 달라지는 것을 이용하여 물체의 표면 온도에 따라 각각 다른 색으로 표현하므로, 열화상 카메라는 사람의 몸에서 방출되는 적외선을 측정한다.

24 전자기파의 활용 2022학년도 수능 물Ⅰ 4번

정답 ③ | 정답률 88 %

적용해야 할 개념 ③가지

① 전자기파는 전기장과 자기장의 세기가 시간에 따라 변하면서 진행하는 횡파로, 전기장과 자기장의 진동 방향이 서로 수직이다.

② 전자기파를 파장이 가장 짧은 것부터 긴 순서대로(또는 진동수가 큰 것부터 작은 순서대로) 나열하면 '감마(γ)선－X선 － 자외선 － 가시광선 － 적외선 － 마이크로파 － 라디오파'이다.

③ 자외선은 세균의 단백질 합성을 방해하여 살균 작용을 하므로 식기 소독기나 의료 기구 소독 등에 사용된다.

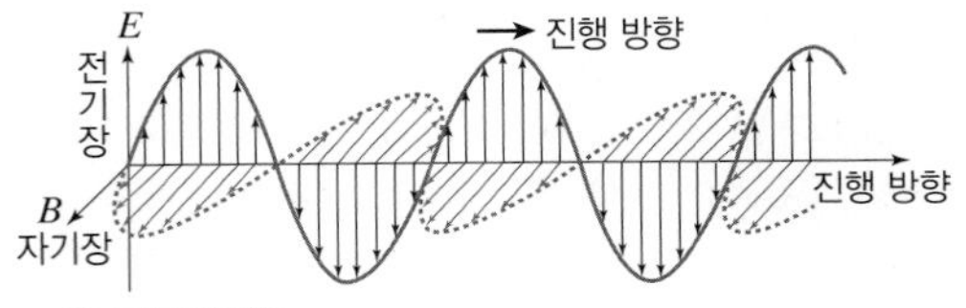

▲ 전자기파의 진행

문제 보기

그림은 전자기파에 대해 학생 A, B, C가 대화하는 모습을 나타낸 것이다.

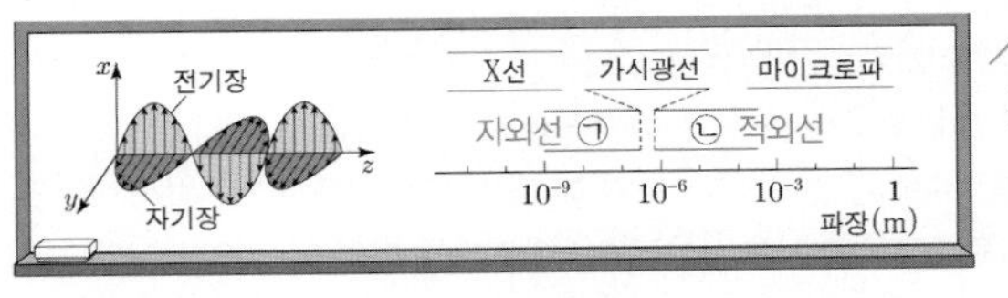

제시한 내용이 옳은 학생만을 있는 대로 고른 것은?

<보기> 풀이

학생 A: 전자기파는 전기장과 자기장의 진동 방향이 서로 수직이야.

➡ 전자기파는 전기장과 자기장의 세기가 시간에 따라 변하면서 진행하는 횡파로, 전기장과 자기장의 진동 방향이 서로 수직이다.

학생 B: ㉠은 살균 작용을 해.

➡ ㉠은 자외선으로 미생물을 파괴할 수 있는 살균 작용을 한다.

학생 C: 진동수는 ㉠이 ㉡보다 작아.

➡ ㉠은 자외선이고 ㉡은 적외선이다. 전자기파의 진동수는 감마(γ)선 > X선 > 자외선 > 가시광선 > 적외선 > 마이크로파 > 라디오파 순으로 작으므로, 진동수는 ㉠이 ㉡보다 크다.

다른 풀이 진공에서 전자기파의 속력은 파장에 관계없이 모두 같다. 속력이 일정할 때 진동수는 파장에 반비례하므로, 파장이 작은 ㉠의 진동수가 파장이 큰 ㉡의 진동수보다 크다.

25 전자기파의 분류와 활용 2019학년도 7월 학평 물Ⅱ 2번

정답 ⑤ | 정답률 89 %

적용해야 할 개념 ②가지

① 전자기파를 파장이 짧은 것부터 긴 순서대로(또는 진동수가 큰 것부터 작은 순서대로) 나열하면 '감마(γ)선－X선－자외선－가시광선－적외선－마이크로파－라디오파'이다.

② 파동의 회절은 파장이 길수록 잘 일어난다.

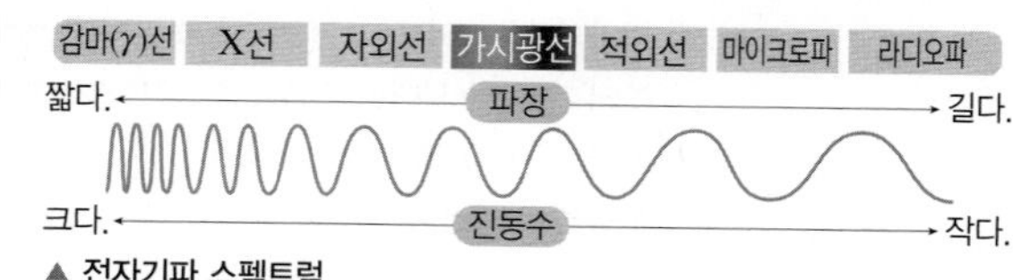

▲ 전자기파 스펙트럼

문제 보기

그림은 파장에 따라 분류한 전자기파에 대하여 학생 A, B, C가 대화하고 있는 모습을 나타낸 것이다.

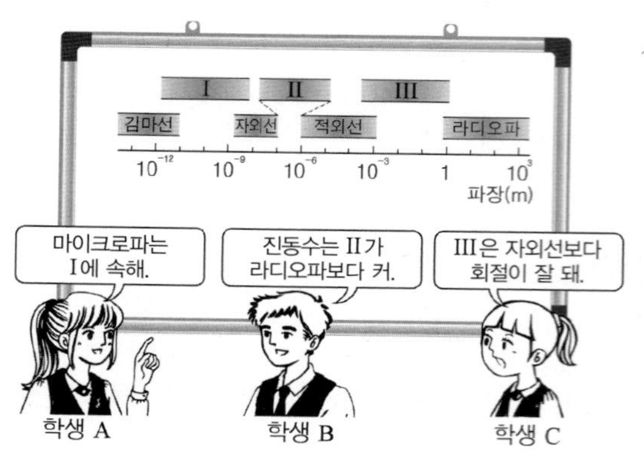

제시한 내용이 옳은 학생만을 있는 대로 고른 것은?

<보기> 풀이

학생 A: 마이크로파는 Ⅰ에 속해. (X)

➡ 마이크로파의 파장은 적외선보다 길고 라디오파보다 짧으므로, Ⅲ에 속한다.

학생 B: 진동수는 Ⅱ가 라디오파보다 커. (O)

➡ 진동수는 파장에 반비례하므로, 파장이 짧은 Ⅱ의 진동수가 파장이 긴 라디오파의 진동수보다 크다.

학생 C: Ⅲ은 자외선보다 회절이 잘 돼. (O)

➡ 회절은 파장이 길수록 잘 일어나므로, 파장이 긴 Ⅲ이 파장이 짧은 자외선보다 회절이 잘 된다.

26 전자기파의 분류와 활용 2022학년도 6월 모평 물Ⅰ 1번

정답 ④ | 정답률 88 %

적용해야 할 개념 ④가지

① 전자기파를 파장이 짧은 것부터 긴 순서대로(또는 진동수가 큰 것부터 작은 순서대로) 나열하면 '감마(γ)선－X선－자외선－가시광선－적외선－마이크로파－라디오파'이다.

② 적외선은 적외선 온도계, 적외선 카메라, 열화상 카메라 등에 활용되며, 열치료기, TV 리모컨 등에 사용된다.

③ 전자레인지에 사용되는 파장 12.2 cm, 진동수 2.45 GHz인 마이크로파는 음식물 속에 포함된 물 분자의 고유 진동수와 같으므로, 수분이 있는 음식에 쪼이면 물 분자가 같이 진동하면서 열이 발생하여 음식을 가열할 수 있다.

④ X선은 투과력이 강해서 인체 내부의 뼈의 모습을 쉽게 볼 수 있기 때문에 인체의 질병을 진단하거나 공항 등에서 공항의 수화물 검사에 이용된다.

라디오파	라디오나 TV 방송, 전파 망원경, GPS
마이크로파	전자레인지, 휴대 전화, 무선 랜, 레이더
적외선	열화상 카메라, 적외선 온도계, 리모컨, 적외선 망원경
가시광선	광학 기구, 가시광선 레이저
X선	의료, 보안 검색, 고체 결정 구조 연구, 현미경
감마(γ)선	암 치료, 감마(γ)선 망원경

문제 보기

그림은 전자기파를 파장에 따라 분류한 것이고, 표는 전자기파 A, B, C가 사용되는 예를 순서 없이 나타낸 것이다.

A X선 가시광선 C 마이크로파
감마선 자외선 B 적외선 라디오파
10^{-12} 10^{-9} 10^{-6} 10^{-3} 1 10^{3}
파장(m)

전자기파	사용되는 예
(가)	체온을 측정하는 열화상 카메라에 사용된다. 적외선(B)
(나)	음식물을 데우는 전자레인지에 사용된다. 마이크로파(C)
(다)	공항 검색대에서 수하물의 내부 영상을 찍는 데 사용된다. X선(A)

(가), (나), (다)에 해당하는 전자기파로 옳은 것은?

<보기> 풀이

전자기파의 파장은 감마(γ)선<X선<자외선<가시광선<적외선<마이크로파<라디오파 순으로 길다. 따라서 A는 X선, B는 적외선, C는 마이크로파이다.

(가) 열화상 카메라는 사람 몸의 온도에 따라 방출되는 적외선의 양이 달라지는 것을 이용하여 체온을 측정하므로, 열화상 카메라에 사용되는 전자기파는 적외선인 B이다.

(나) 전자레인지는 마이크로파를 수분이 있는 음식에 쪼일 때 물 분자가 진동하면서 발생하는 열을 이용하여 음식을 데우므로, 전자레인지에 사용되는 전자기파는 마이크로파인 C이다.

(다) 공항 검색대에서는 투과력이 큰 X선을 이용하여 수화물의 내부 영상을 찍으므로, 공항 검색대에서 사용되는 전자기파는 X선인 A이다.

	(가)	(나)	(다)
① (X)	A	B	C
② (X)	A	C	B
③ (X)	B	A	C
④	B	C	A
⑤ (X)	C	A	B

27 전자기파의 분류와 활용 2021학년도 수능 물I 1번

정답 ④ | 정답률 93 %

적용해야 할 개념 ③가지

① 진공 중에서 전자기파의 속력($v=f\lambda$)은 일정하므로, 진공에서의 파장(λ)은 진동수(f)에 반비례한다.
② X선은 투과력이 강해서 인체 내부의 뼈의 모습을 쉽게 볼 수 있기 때문에 인체의 질병을 진단하거나 공항 등에서 수화물 검사에 이용된다.
③ 적외선은 적외선 온도계, 적외선 카메라, 열화상 카메라 등에 활용되며, 열치료기, TV 리모컨 등에 사용된다.

라디오파	라디오나 TV 방송, 전파 망원경, GPS
마이크로파	전자레인지, 휴대 전화, 무선 랜, 레이더
적외선	열화상 카메라, 적외선 온도계, 리모컨, 적외선 망원경
가시광선	광학 기구, 가시광선 레이저
X선	의료, 보안 검색, 고체 결정 구조 연구, 현미경
감마(γ)선	암 치료, 감마(γ)선 망원경

문제 보기

그림은 파장에 따른 전자기파의 분류를 나타낸 것이다.

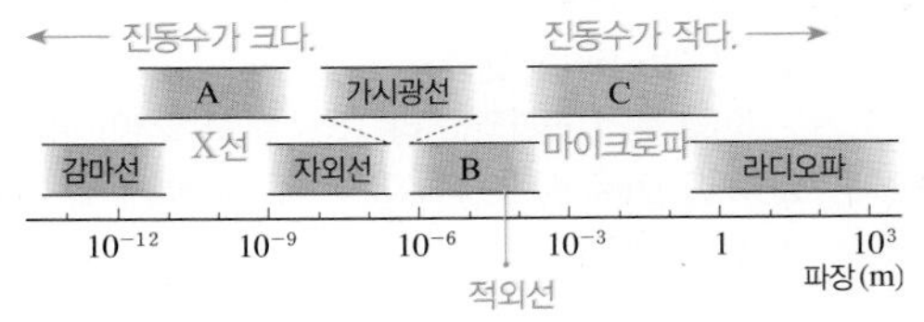

이에 대한 설명으로 옳은 것만을 〈보기〉에서 있는 대로 고른 것은?

<보기> 풀이

전자기파의 파장은 감마선 < X선 < 자외선 < 가시광선 < 적외선 < 마이크로파 < 라디오파 순이므로, A는 X선, B는 적외선, C는 마이크로파이다.

ㄱ. 진동수는 C가 A보다 크다.
➡ 진공에서 전자기파의 속력은 파장에 관계없이 일정하고 전자기파의 속력은 파장과 진동수의 곱이므로, 파장과 진동수는 서로 반비례한다. 파장은 C가 A보다 크므로, 진동수는 C가 A보다 작다.

ㄴ. 공항에서 수하물 검사에 사용하는 X선은 A에 해당한다.
➡ 공항에서 수하물 검사에 사용하는 X선의 파장은 감마선보다 크고 자외선보다 작으므로, A에 해당한다.

ㄷ. 적외선 체온계는 몸에서 나오는 B에 해당하는 전자기파를 측정한다.
➡ 적외선의 파장은 가시광선보다 크고 마이크로파보다 작으므로 B이다. 적외선 체온계는 사람의 몸에서 나오는 적외선을 측정하므로, B에 해당하는 전자기파를 측정한다.

28 전자기파의 분류와 활용 2021학년도 6월 모평 물I 4번

정답 ④ | 정답률 85 %

적용해야 할 개념 ③가지

① 전자기파를 파장이 짧은 것부터 긴 순서대로(또는 진동수가 큰 것부터 작은 순서대로) 나열하면 '감마(γ)선−X선−자외선−가시광선−적외선−마이크로파−라디오파'이다.
② 감마(γ)선은 투과력이 매우 강하여 감마(γ)선의 세기를 조절하면 암세포를 파괴할 수 있어 암 치료에 이용된다.
③ 전자레인지에 사용되는 파장 12.2 cm, 진동수 2.45 GHz인 마이크로파는 음식물 속에 포함된 물 분자의 고유 진동수와 같으므로, 수분이 있는 음식에 쪼이면 물 분자가 같이 진동하면서 열이 발생하여 음식을 가열할 수 있다.

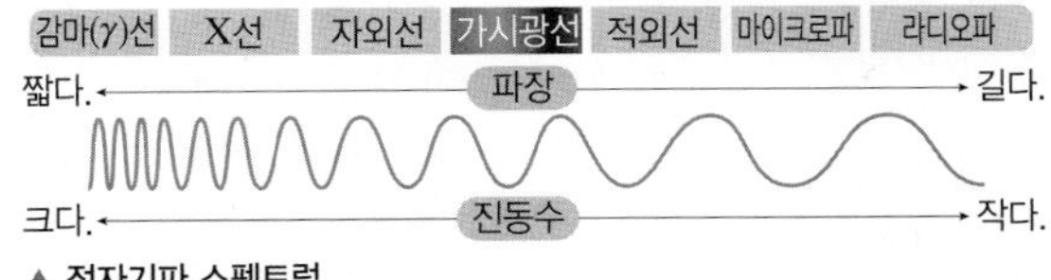

▲ 전자기파 스펙트럼

문제 보기

그림 (가)는 파장에 따른 전자기파의 분류를 나타낸 것이고, (나)는 (가)의 전자기파 A, B, C를 이용한 예를 순서 없이 나타낸 것이다.

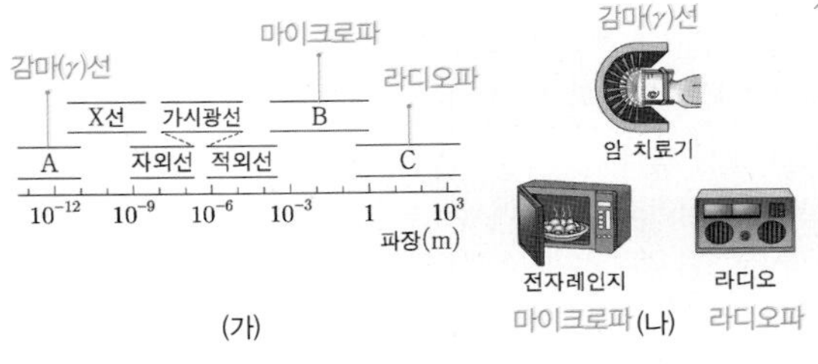

(가)

감마(γ)선
암 치료기
전자레인지
마이크로파
라디오
라디오파
(나)

A, B, C를 이용한 예로 옳은 것은?

<보기> 풀이

A ➡ X선보다 파장이 짧은 전자기파는 감마(γ)선으로 암 치료기에 이용된다.
B ➡ 적외선 다음으로 파장이 긴 전자기파는 마이크로파로 전자레인지에 이용된다.
C ➡ 마이크로파 다음으로 파장이 긴 전자기파는 라디오파로 라디오에 이용된다.

	A	B	C
①	라디오	암 치료기	전자레인지
②	라디오	전자레인지	암 치료기
③	암 치료기	라디오	전자레인지
④	암 치료기	전자레인지	라디오
⑤	전자레인지	암 치료기	라디오

29 전자기파의 분류와 활용 2021학년도 4월 학평 물Ⅰ 2번

정답 ① | 정답률 89 %

적용해야 할 개념 ③가지

① 전자기파를 진동수가 큰 것부터 작은 순서대로(또는 파장이 짧은 것부터 긴 순서대로) 나열하면 '감마(γ)선 − X선 − 자외선 − 가시광선 − 적외선 − 마이크로파 − 라디오파'이다.
② 라디오파는 파장이 길어 회절이 잘 일어나므로 라디오나 TV 방송 등에 사용된다.
③ 자외선은 세균의 단백질 합성을 방해하여 살균 작용을 하므로 식기 소독기나 의료 기구 소독 등에 사용된다.

라디오파	라디오나 TV 방송, 전파 망원경, GPS
마이크로파	전자레인지, 휴대 전화, 무선 랜, 레이더
적외선	열화상 카메라, 적외선 온도계, 리모컨, 적외선 망원경, 광통신
가시광선	광학 기구, 가시광선 레이저
X선	의료, 보안 검색, 고체 결정 구조 연구, 현미경
감마(γ)선	암 치료, 감마(γ)선 망원경

문제 보기

그림 (가)는 전자기파를 진동수에 따라 분류한 것이고, (나)는 전자기파 ㉠, ㉡을 이용한 장치를 나타낸 것이다.

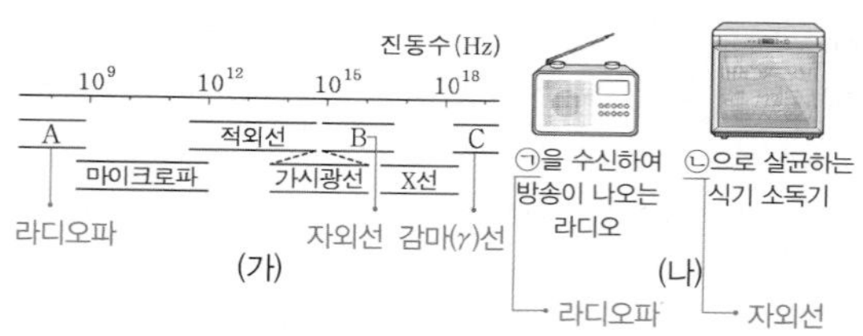

(가)의 A, B, C 중 ㉠, ㉡이 해당하는 영역은?

<보기> 풀이

전자기파의 진동수는 감마(γ)선 > X선 > 자외선 > 가시광선 > 적외선 > 마이크로파 > 라디오파 순으로 작으므로, (가)의 A는 라디오파, B는 자외선, C는 감마(γ)선 영역이다.
(나)의 라디오에서는 파장이 길어 회절이 잘 일어나 멀리 전파되는 라디오파를 수신하여 방송이 나오므로, ㉠이 해당하는 영역은 라디오파 영역인 A이다. 식기 소독기는 살균 작용을 하는 자외선을 이용하므로 ㉡이 해당하는 영역은 자외선 영역인 B이다.

	㉠	㉡
①	A	B
②	A	C
③	B	A
④	B	C
⑤	C	A

30 전자기파의 활용 2025학년도 6월 모평 물Ⅰ 1번

정답 ② | 정답률 92 %

적용해야 할 개념 ③가지

① 전자기파를 파장이 짧은 것부터 긴 순서대로(또는 진동수가 큰 것부터 작은 순서대로) 나열하면 '감마(γ)선 − X선 − 자외선 − 가시광선 − 적외선 − 마이크로파 − 라디오파'이다.
② 전자기파는 진공에서 파장에 관계없이 모두 빛의 속력과 같은 약 30만 km/s의 속력으로 진행한다.
③ 자외선은 세균의 단백질 합성을 방해하여 살균 작용을 하므로 식기 소독기나 의료 기구 소독 등에 사용된다.

라디오파	라디오나 TV 방송, 전파 망원경, GPS
마이크로파	전자레인지, 휴대 전화, 무선 랜, 레이더
적외선	열화상 카메라, 적외선 온도계, 리모컨, 적외선 망원경, 광통신
가시광선	광학 기구, 가시광선 레이저
X선	의료, 보안 검색, 고체 결정 구조 연구, 현미경
감마(γ)선	암 치료, 감마(γ)선 망원경

문제 보기

그림은 전자기파를 파장에 따라 분류한 것이다.

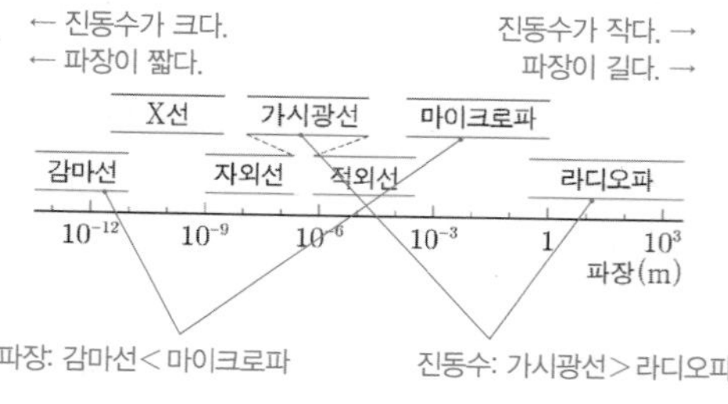

이에 대한 설명으로 옳은 것은?

<보기> 풀이

① **X선은 TV용 리모컨에 이용된다.**
➡ TV용 리모컨에 이용되는 전자기파는 적외선이다.

② **자외선은 살균 기능이 있는 제품에 이용된다.**
➡ 자외선은 미생물을 파괴하는 살균 작용을 하므로, 살균 기능이 있는 제품에 이용된다.

③ **파장은 감마선이 마이크로파보다 길다.**
➡ 전자기파의 파장을 비교하면 감마(γ)선 < X선 < 자외선 < 가시광선 < 적외선 < 마이크로파 < 라디오파 순이므로, 파장은 감마선이 마이크로파보다 짧다.

④ **진동수는 가시광선이 라디오파보다 작다.**
➡ 전자기파의 속력은 파장과 진동수의 곱이므로, 진공에서의 속력이 일정할 때 진동수와 파장은 서로 반비례한다. 파장은 가시광선이 라디오파보다 짧으므로 진동수는 가시광선이 라디오파보다 크다.

⑤ **진공에서 속력은 적외선이 마이크로파보다 크다.**
➡ 모든 전자기파는 진공에서 같은 속력으로 진행하므로, 진공에서의 속력은 적외선과 마이크로파가 같다.

24
일차

31 전자기파의 분류와 활용 2020학년도 수능 물Ⅰ 1번

정답 ③ | 정답률 76 %

적용해야 할 개념 ③가지

① 전자기파를 진동수가 큰 것부터 작은 순서대로(또는 파장이 짧은 것부터 긴 순서대로) 나열하면 '감마(γ)선－X선－자외선－가시광선－적외선－마이크로파－라디오파'이다.

② 진공 중에서 전자기파의 속력은 일정하므로, 진공에서의 파장은 진동수에 반비례한다.

③ 마이크로파는 진동수에 따라 전자레인지, 휴대 전화 및 무선 랜 등에 사용되며, 선박과 항공기 운항을 추적하거나 기상 관측에 필요한 레이더와 위성 통신에도 사용된다.

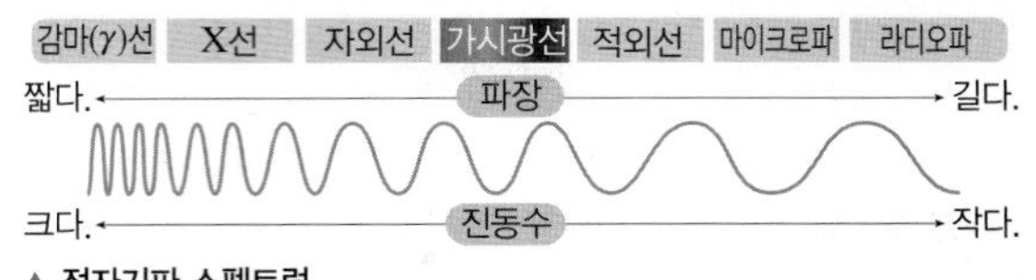

▲ 전자기파 스펙트럼

문제 보기

그림 (가)는 전자기파를 파장에 따라 분류한 것을, (나)는 (가)의 C영역에 속하는 전자기파를 송수신하는 장치를 나타낸 것이다.

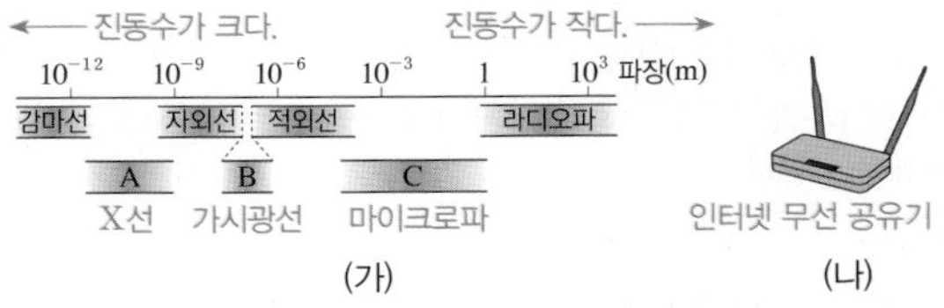

이에 대한 설명으로 옳은 것만을 〈보기〉에서 있는 대로 고른 것은?

<보기> 풀이

ㄱ. 진동수는 A가 C보다 크다.

➡ 진공에서 전자기파는 종류에 관계없이 속력이 같다. 속력이 같을 때 파장은 진동수에 반비례하므로, 진동수는 파장이 짧은 A가 파장이 긴 C보다 크다.

ㄴ. B는 가시광선이다.

➡ 자외선보다 파장이 길고 적외선보다 파장이 짧은 전자기파는 가시광선이다.

ㄷ. (나)의 장치에서 송수신하는 전자기파는 X선이다.

➡ 통신에 이용되는 전자기파는 마이크로파이므로, (나)의 장치에서 송수신하는 전자기파는 마이크로파이다.

32 전자기파의 활용 2025학년도 9월 모평 물Ⅰ 1번

정답 ① | 정답률 98 %

적용해야 할 개념 ③가지

① 전자기파를 파장이 가장 짧은 것부터 긴 순서대로(또는 진동수가 큰 것부터 작은 순서대로) 나열하면 '감마(γ)선－X선－자외선－가시광선－적외선－마이크로파－라디오파'이다.

② X선은 투과력이 강해서 인체 내부의 뼈 모습을 쉽게 볼 수 있기 때문에 인체의 질병을 진단하거나 공항 등에서 수하물 검사에 이용된다.

③ 마이크로파의 진동수에 따라 전자레인지, 휴대 전화 및 무선 랜 등에 사용되며, 선박과 항공기 운항을 추적하거나 기상 관측에 필요한 레이더와 위성 통신에도 사용된다.

라디오파	라디오나 TV 방송, 전파 망원경, GPS
마이크로파	전자레인지, 휴대 전화, 무선 랜, 레이더
적외선	열화상 카메라, 적외선 온도계, 리모컨, 적외선 망원경, 광통신
가시광선	광학 기구, 가시광선 레이저
자외선	식기 소독기, 위조지폐 감별
X선	의료, 보안 검색, 고체 결정 구조 연구, 현미경
감마(γ)선	암 치료, 감마(γ)선 망원경

문제 보기

그림은 가시광선, 마이크로파, X선을 분류하는 과정을 나타낸 것이다.

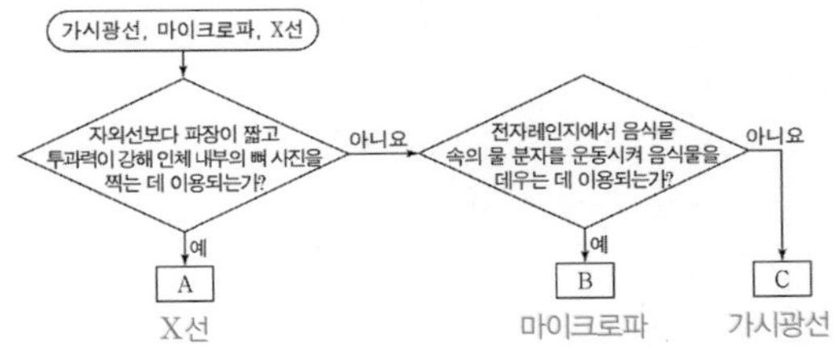

A, B, C에 해당하는 전자기파로 옳은 것은?

<보기> 풀이

A: 자외선보다 파장이 짧고 투과력이 강해 인체 내부의 뼈 사진을 찍는 데 이용되는 전자기파는 X선이다.

B: 전자레인지에서 음식물 속에 포함된 물 분자를 진동시켜 열이 발생하게 함으로써 음식물을 데우는 데 이용되는 전자기파는 마이크로파이다.

C: A가 X선, B가 마이크로파이므로 C는 가시광선이다.

	A	B	C
①	X선	마이크로파	가시광선
②	X선	가시광선	마이크로파
③	마이크로파	X선	가시광선
④	마이크로파	가시광선	X선
⑤	가시광선	X선	마이크로파

33 전자기파의 분류와 활용 2020학년도 7월 학평 물I 16번

정답 ③ | 정답률 72 %

적용해야 할 개념 ④가지

① 전자기파를 파장이 짧은 것부터 긴 순서대로(또는 진동수가 큰 것부터 작은 순서대로) 나열하면 '감마(γ)선－X선－자외선－가시광선－적외선－마이크로파－라디오파'이다.

② 감마(γ)선은 투과력이 매우 강하여 감마(γ)선의 세기를 조절하면 암세포를 파괴할 수 있어 암 치료에 이용된다.

③ 자외선은 세균의 단백질 합성을 방해하여 살균 작용을 하므로 식기 소독기나 의료 기구 소독 등에 사용된다.

④ 전자기파는 진공에서 파장에 관계없이 모두 빛의 속력과 같은 약 30만 km/s의 속력으로 진행한다.

감마(γ)선 X선 자외선 가시광선 적외선 마이크로파 라디오파
짧다. ← 파장 → 길다.
크다. ← 진동수 → 작다.

▲ 전자기파 스펙트럼

문제 보기

그림은 전자기파 A～D를 파장에 따라 분류하여 나타낸 것이다. B는 인체 내부의 뼈 사진을 촬영하는 데 사용된다.

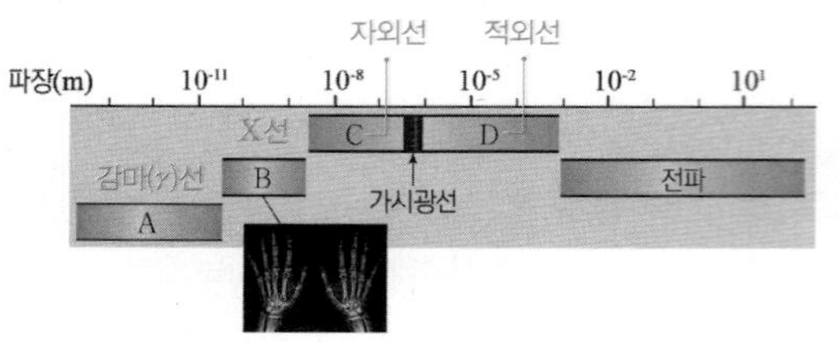

A～D에 대한 설명으로 옳은 것만을 〈보기〉에서 있는 대로 고른 것은?

<보기> 풀이

전자기파의 파장은 감마(γ)선 < X선 < 자외선 < 가시광선 < 적외선 < 전파 순이므로, A는 감마(γ)선, B는 X선, C는 자외선, D는 적외선이다.

ㄱ. A는 투과력이 가장 강하고 암 치료에 사용된다.

⇒ A는 파장이 가장 짧은 전자기파로 감마(γ)선이다. 감마(γ)선은 강한 투과력과 큰 에너지로 암세포를 파괴할 수 있어 암 치료에 사용된다.

ㄴ. C는 컵을 소독하는 데 사용된다.

⇒ C는 가시광선보다 파장이 짧고 X선보다 파장이 긴 전자기파로 자외선이다. 자외선은 세균의 단백질 합성을 방해하여 살균 작용을 하므로 컵을 소독하는 데 사용된다.

ㄷ. 진공에서 전자기파의 속력은 B가 D보다 크다.

⇒ 진공에서 전자기파의 속력은 파장에 관계없이 모두 같으므로, B와 D가 같다.

34 전자기파의 분류와 활용 2019학년도 6월 모평 물I 4번

정답 ① | 정답률 82 %

적용해야 할 개념 ③가지

① 우주 배경 복사는 약 2.7 K에 해당되는 복사가 우주의 모든 방향에서 마이크로파의 형태로 검출되는 것이다.

② 진공 중에서 전자기파의 속력은 일정하므로, 진공에서의 파장은 진동수에 반비례한다.

③ 전자기파는 진공에서 파장에 관계없이 모두 빛의 속력과 같은 약 30만 km/s의 속력으로 진행한다.

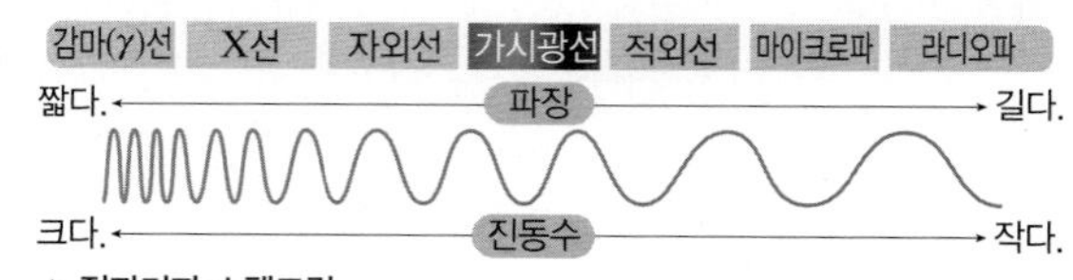

▲ 전자기파 스펙트럼

문제 보기

그림 (가)는 전자기파를 파장에 따라 분류한 것을, (나)는 1965년에 펜지어스(A. Penzias)와 윌슨(R. W. Wilson)이 (가)의 C에 속하는 우주 배경 복사를 발견하는 데 사용된 안테나의 모습을 나타낸 것이다. (→ 마이크로파)

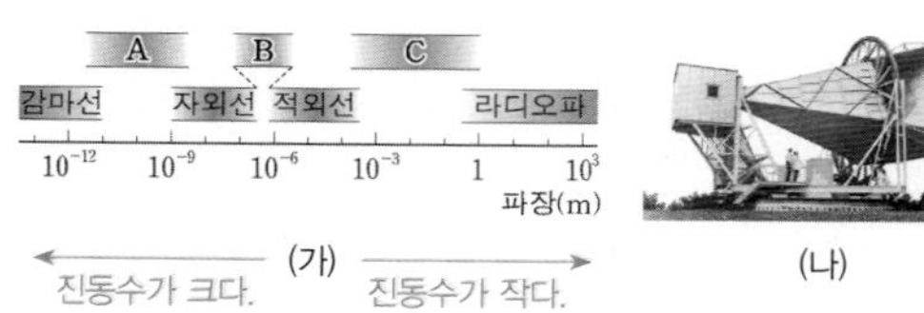

이에 대한 설명으로 옳은 것만을 〈보기〉에서 있는 대로 고른 것은?

<보기> 풀이

ㄱ. C는 마이크로파이다.

⇒ 우주 배경 복사는 마이크로파이므로, C는 마이크로파이다.

ㄴ. 진동수는 A가 B보다 작다.

⇒ 진공에서 전자기파는 종류에 관계없이 속력이 같다. 속력이 같을 때 파장은 진동수에 반비례하므로, 진동수는 파장이 짧은 A가 파장이 긴 B보다 크다.

ㄷ. 진공에서 속력은 A가 C보다 크다.

⇒ 전자기파는 진공에서 파장에 관계없이 모두 빛의 속력과 같은 약 30만 km/s의 속력으로 진행하므로, 진공에서 속력은 A와 C가 같다.

35 전자기파의 분류와 활용 2023학년도 6월 모평 물I 3번

정답 ④ | 정답률 80 %

적용해야 할 개념 ④가지

① 전자기파를 파장이 가장 짧은 것부터 긴 순서대로(또는 진동수가 큰 것부터 작은 순서대로) 나열하면 '감마(γ)선 – X선 – 자외선 – 가시광선 – 적외선 – 마이크로파 – 라디오파'이다.

② 진공 중에서 전자기파의 속력($v=f\lambda$)은 일정하므로, 진공에서 전자기파의 파장(λ)은 진동수(f)에 반비례한다.

③ 마이크로파는 진동수에 따라 전자레인지, 휴대 전화 및 무선 랜 등에 사용되며, 레이더와 위성 통신에도 사용된다.

④ 전자기파는 진공에서 파장에 관계없이 모두 빛의 속력과 같은 약 30만 km/s의 속력으로 진행한다.

구분	활용
라디오파	라디오나 TV 방송, 전파 망원경, GPS
마이크로파	전자레인지, 휴대 전화, 무선 랜, 레이더
적외선	열화상 카메라, 적외선 온도계, 리모컨, 적외선 망원경, 광통신
가시광선	광학 기구, 가시광선 레이저
자외선	식기 소독기, 위조지폐 감별
X선	의료, 보안 검색, 고체 결정 구조 연구, 현미경
감마(γ)선	암 치료, 감마(γ)선 망원경

문제 보기

그림 (가)는 전자기파를 파장에 따라 분류한 것을, (나)는 (가)의 전자기파 A를 이용하는 레이더가 설치된 군함을 나타낸 것이다.

파장: 감마(γ)선 < X선 < 자외선 < 가시광선 < 적외선 < 마이크로파 < 라디오파
→ A: 마이크로파

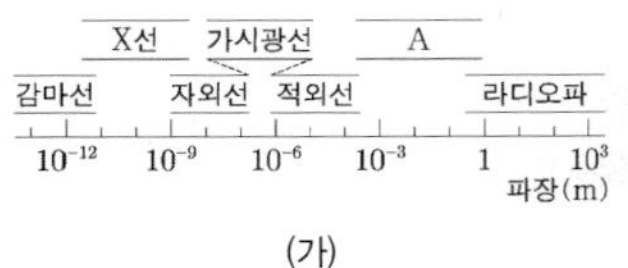

(가)

(나)

이에 대한 설명으로 옳은 것만을 〈보기〉에서 있는 대로 고른 것은?

<보기> 풀이

전자기파의 파장은 감마(γ)선 < X선 < 자외선 < 가시광선 < 적외선 < 마이크로파 < 라디오파이므로, A는 마이크로파이다.

ㄱ. **A의 진동수는 가시광선의 진동수보다 크다.**
➡ 전자기파의 속력은 파장과 진동수의 곱이므로, 파장과 진동수는 서로 반비례한다. A의 파장은 가시광선의 파장보다 크므로, A의 진동수는 가시광선의 진동수보다 작다.

ㄴ. **전자레인지에서 음식물을 데우는 데 이용하는 전자기파는 A에 해당한다.**
➡ 전자레인지는 마이크로파를 수분이 있는 음식에 쪼일 때 발생하는 열을 이용하여 음식을 데우므로, 전자레인지에 이용되는 전자기파는 마이크로파인 A에 해당한다.

ㄷ. **진공에서의 속력은 감마선과 (나)의 레이더에서 이용하는 전자기파가 같다.**
➡ 모든 전자기파는 진공에서 파장에 관계없이 빛의 속력과 같은 약 30만 km/s의 속력으로 진행한다. 따라서 진공에서의 속력은 감마선과 (나)의 레이더에서 이용하는 전자기파인 마이크로파가 같다.

36 전자기파의 분류와 활용 2023학년도 7월 학평 물I 1번

정답 ⑤ | 정답률 78 %

적용해야 할 개념 ④가지

① 전자기파를 파장이 가장 짧은 것부터 긴 순서대로(또는 진동수가 큰 것부터 작은 순서대로) 나열하면 '감마(γ)선 – X선 – 자외선 – 가시광선 – 적외선 – 마이크로파 – 라디오파'이다.

② 전자기파는 진공에서 파장에 관계없이 모두 빛의 속력과 같은 약 30만 km/s의 속력으로 진행한다.

③ 적외선은 적외선 온도계, 적외선 카메라, 열화상 사진기 등에 활용되며, 열치료기, TV 리모컨 등에 사용된다.

④ 가시광선은 사람이 눈으로 볼 수 있는 영역의 전자기파로 각종 영상 장치와 광학 기구에 이용된다.

구분	활용
라디오파	라디오나 TV 방송, 전파 망원경, GPS
마이크로파	전자레인지, 휴대 전화, 무선 랜, 레이더
적외선	열화상 카메라, 적외선 온도계, 리모컨, 적외선 망원경, 광통신
가시광선	광학 기구, 가시광선 레이저
X선	의료, 보안 검색, 고체 결정 구조 연구, 현미경
감마(γ)선	암 치료, 감마(γ)선 망원경

문제 보기

그림 (가)는 진동수에 따른 전자기파의 분류를, (나)는 전자기파 A, B를 이용한 예를 나타낸 것이다. A, B는 각각 ㉠, ㉡ 중 하나에 해당한다.

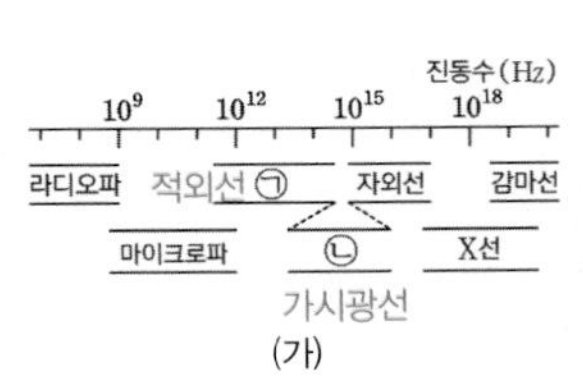

(가)

리모컨은 A를 이용하여 멀리 떨어져 있는 에어컨을 제어하고, 표시 창에서는 B가 나와 에어컨의 상태를 보여준다.
(나)

이에 대한 설명으로 옳은 것만을 〈보기〉에서 있는 대로 고른 것은?

<보기> 풀이

전자기파의 진동수는 라디오파 < 마이크로파 < 적외선 < 가시광선 < 자외선 < X선 < 감마(γ)선 순으로 크므로, ㉠은 적외선, ㉡은 가시광선이다.

ㄱ. **A는 ㉠에 해당한다.**
➡ 리모컨이 에어컨을 제어하는 데 이용하는 전자기파 A는 적외선이므로, ㉠에 해당한다.

ㄴ. **진공에서의 속력은 A와 B가 같다.**
➡ 모든 전자기파는 진공에서 같은 속력으로 진행하므로, 진공에서의 속력은 A와 B가 같다.

ㄷ. **파장은 B가 X선보다 길다.**
➡ 리모컨의 표시 창에서 나오는 전자기파 B는 가시광선이므로, ㉡에 해당한다. 전자기파의 속력은 파장과 진동수의 곱이므로, 속력이 일정할 때 진동수와 파장은 서로 반비례한다. 진동수는 B(가시광선)가 X선보다 작으므로, 파장은 B(가시광선)가 X선보다 길다.

37 전자기파의 활용 2024학년도 9월 모평 물I 1번

정답 ② | 정답률 86 %

적용해야 할 개념 ③가지

① 전자기파를 파장이 가장 짧은 것부터 긴 순서대로(또는 진동수가 큰 것부터 작은 순서대로) 나열하면 '감마(γ)선－X선－자외선－가시광선－적외선－마이크로파－라디오파'이다.

② 진공 중에서 전자기파의 속력($v=f\lambda$)은 일정하므로, 진공에서의 파장(λ)은 진동수(f)에 반비례한다.

③ 마이크로파의 진동수에 따라 전자레인지, 휴대 전화 및 무선 랜 등에 사용되며, 선박과 항공기 운항을 추적하거나 기상 관측에 필요한 레이더와 위성 통신에도 사용된다.

라디오파	라디오나 TV 방송, 전파 망원경, GPS
마이크로파	전자레인지, 휴대 전화, 무선 랜, 레이더
적외선	열화상 카메라, 적외선 온도계, 리모컨, 적외선 망원경, 광통신
가시광선	광학 기구, 가시광선 레이저
자외선	식기 소독기, 위조지폐 감별
X선	의료, 보안 검색, 고체 결정 구조 연구, 현미경
감마(γ)선	암 치료, 감마(γ)선 망원경

문제 보기

다음은 전자기파 A와 B를 사용하는 예에 대한 설명이다.

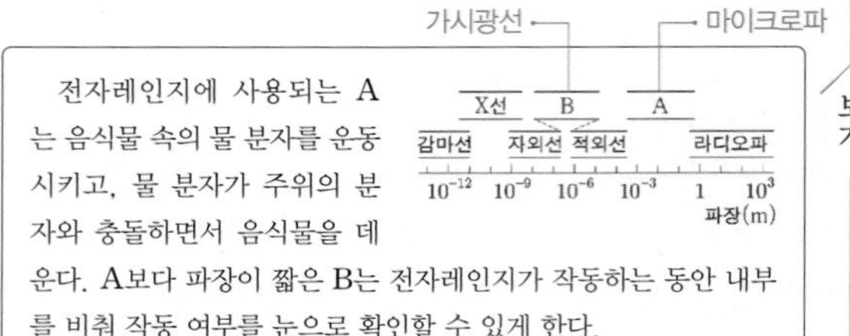

전자레인지에 사용되는 A는 음식물 속의 물 분자를 운동시키고, 물 분자가 주위의 분자와 충돌하면서 음식물을 데운다. A보다 파장이 짧은 B는 전자레인지가 작동하는 동안 내부를 비춰 작동 여부를 눈으로 확인할 수 있게 한다.

이에 대한 설명으로 옳은 것만을 〈보기〉에서 있는 대로 고른 것은?

<보기> 풀이

전자기파의 파장은 감마(γ)선 < X선 < 자외선 < 가시광선 < 적외선 < 마이크로파 < 라디오파 순으로 길므로, A는 마이크로파, B는 가시광선이다.

ㄱ. A는 가시광선이다.

➡ A는 마이크로파이다.

ㄴ. 진공에서 속력은 A와 B가 같다.

➡ 진공에서 전자기파의 속력은 종류에 관계없이 모두 같으므로, 진공에서 속력은 A와 B가 같다.

ㄷ. 진동수는 A가 B보다 크다.

➡ 전자기파의 속력은 파장과 진동수의 곱이므로, 속력이 일정할 때 진동수와 파장은 서로 반비례한다. 파장은 A가 B보다 길므로 진동수는 A가 B보다 작다.

38 수소 원자의 에너지 준위와 전자기파의 활용 2022학년도 7월 학평 물I 9번

정답 ⑤ | 정답률 67 %

적용해야 할 개념 ④가지

① 전자가 한 에너지 준위(n)에서 다른 에너지 준위(m)로 전이할 때, 흡수되거나 방출되는 광자(빛) 한 개의 에너지는 두 에너지 준위의 차와 같으며, 진동수 f에 비례하고 파장 λ에 반비례한다.

➡ $E=|E_m-E_n|=hf=\frac{hc}{\lambda}$

② 수소의 선 스펙트럼 계열에서 라이먼 계열(자외선 영역)은 $n>1$인 궤도에 있는 전자가 $n=1$인 궤도로 전이할 때 방출하는 빛이고, 발머 계열(가시광선을 포함한 영역)은 $n>2$인 궤도에 있는 전자가 $n=2$인 궤도로 전이할 때 방출하는 빛이며, 파셴 계열(적외선 영역)은 $n>3$인 궤도에 있는 전자가 $n=3$인 궤도로 전이할 때 방출하는 빛이다.

③ 전자기파를 파장이 가장 짧은 것부터 긴 순서대로(또는 진동수가 큰 것부터 작은 순서대로) 나열하면 '감마(γ)선 – X선 – 자외선 – 가시광선 – 적외선 – 마이크로파 – 라디오파'이다.

④ 적외선은 적외선 온도계, 적외선 카메라, 열화상 사진기 등에 활용되며, 열치료기, TV 리모컨 등에 사용된다.

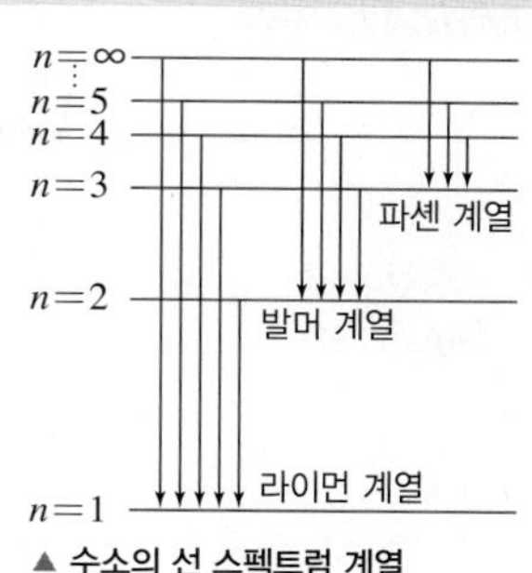

▲ 수소의 선 스펙트럼 계열

문제 보기

그림 (가)는 보어의 수소 원자 모형에서 양자수 n에 따른 전자의 에너지 준위의 일부와 전자의 전이 과정에서 방출되는 빛 a, b, c를 나타낸 것이다. b는 가시광선에 해당하는 빛이고, a와 c는 순서 없이 자외선, 적외선에 해당하는 빛이다. a, b, c의 진동수는 각각 f_a, f_b, f_c이다. 그림 (나)는 전자기파의 일부를 파장에 따라 분류한 것이다. a와 c는 ㉠과 ㉡ 중 하나에 해당한다.

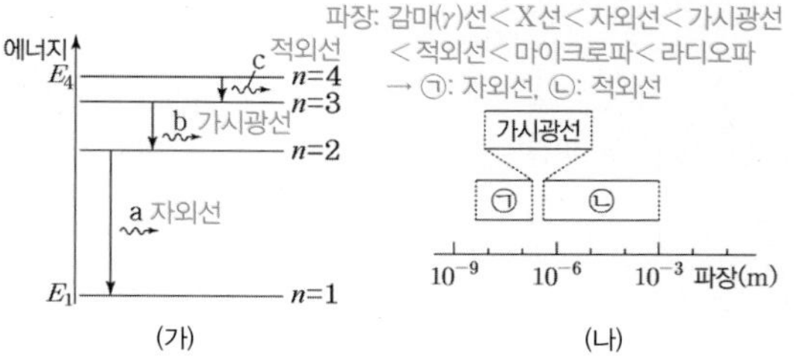

이에 대한 설명으로 옳은 것만을 〈보기〉에서 있는 대로 고른 것은? (단, 플랑크 상수는 h이다.)

<보기> 풀이

ㄱ. $f_a+f_b+f_c=\frac{E_4-E_1}{h}$이다.

➡ 전자가 한 에너지 준위(n)에서 다른 에너지 준위(m)로 전이할 때 흡수되거나 방출되는 광자(빛) 한 개의 에너지는 $E=|E_m-E_n|=hf$이므로, $f=\frac{|E_m-E_n|}{h}$이다. 따라서

$f_a+f_b+f_c=\frac{E_2-E_1}{h}+\frac{E_3-E_2}{h}+\frac{E_4-E_3}{h}$이므로,

$f_a+f_b+f_c=\frac{E_4-E_1}{h}$이다.

ㄴ. a는 (나)에서 ㉠에 해당한다.

➡ a는 전자가 $n=2$에서 $n=1$로 전이할 때 방출되는 전자기파로 자외선에 해당하며, 자외선은 가시광선보다 파장이 짧다. 따라서 a는 (나)에서 ㉠에 해당한다.

ㄷ. TV 리모컨에 사용되는 전자기파는 (나)에서 ㉡에 해당한다.

➡ TV 리모컨에 사용되는 전자기파는 적외선이며, 적외선은 가시광선보다 파장이 길다. 따라서 TV 리모컨에 사용되는 전자기파는 (나)에서 ㉡에 해당한다.

24 일차

39 전자기파의 분류와 활용 2023학년도 수능 물Ⅰ 1번

정답 ④ | 정답률 85 %

적용해야 할 개념 ③가지

① 전자기파를 파장이 짧은 것부터 긴 순서대로(또는 진동수가 큰 것부터 작은 순서대로) 나열하면 '감마(γ)선－X선－자외선－가시광선－적외선－마이크로파－라디오파'이다.
② 진공 중에서 전자기파의 속력($v=f\lambda$)은 일정하므로, 진공에서의 파장(λ)은 진동수(f)에 반비례한다.
③ 마이크로파의 진동수에 따라 전자레인지, 휴대 전화 및 무선 랜 등에 사용되며, 선박과 항공기 운항을 추적하거나 기상 관측에 필요한 레이더와 위성 통신에도 사용된다.

라디오파	라디오나 TV 방송, 전파 망원경, GPS
마이크로파	전자레인지, 휴대 전화, 무선 랜, 레이더
적외선	열화상 카메라, 적외선 온도계, 리모컨, 적외선 망원경, 광통신
가시광선	광학 기구, 가시광선 레이저
X선	의료, 보안 검색, 고체 결정 구조 연구, 현미경
감마(γ)선	암 치료, 감마(γ)선 망원경

문제 보기

그림 (가)는 전자기파 A, B를 이용한 예를, (나)는 진동수에 따른 전자기파의 분류를 나타낸 것이다.

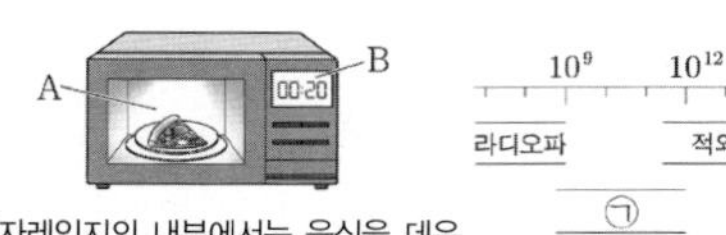

전자레인지의 내부에서는 음식을 데우기 위해 A가 이용되고, 표시 창에서는 B가 나와 남은 시간을 보여 준다.
가시광선 (가) 마이크로파

진동수(Hz)
10^{9} 10^{12} 10^{15} 10^{18}
라디오파 적외선 자외선 감마선
㉠ 마이크로파 ㉡ 가시광선 ㉢ X선
(나)

이에 대한 설명으로 옳은 것만을 〈보기〉에서 있는 대로 고른 것은?

<보기> 풀이

전자기파의 진동수는 감마(γ)선－X선－자외선－가시광선－적외선－마이크로파－라디오파순으로 크므로, ㉠은 마이크로파, ㉡은 가시광선, ㉢은 X선이다.

ㄱ. A는 ㉢에 해당한다. (×)
➡ 전자레인지는 마이크로파를 수분이 있는 음식에 쪼일 때 물 분자가 진동하면서 열이 발생하는 원리를 이용해 음식을 데우므로, A는 마이크로파인 ㉠에 해당한다.

ㄴ. B는 ㉡에 해당한다. (○)
➡ 사람의 눈으로 볼 수 있는 전자기파는 가시광선이므로 전자레인지의 표시 창에서 남은 시간을 보여주는 전자기파는 가시광선이다. 따라서 B는 가시광선인 ㉡에 해당한다.

ㄷ. 파장은 A가 B보다 길다. (○)
➡ 진공에서 전자기파의 속력은 종류에 관계없이 모두 같고, 파장과 진동수의 곱이다. 속력이 일정할 때 진동수와 파장은 서로 반비례하므로, 파장은 진동수가 작은 A(마이크로파)가 진동수가 큰 B(가시광선)보다 길다.

40 전자기파의 활용 2025학년도 수능 물Ⅰ 1번

정답 ② | 정답률 90 %

적용해야 할 개념 ④가지

① 전자기파를 파장이 가장 짧은 것부터 긴 순서대로(또는 진동수가 큰 것부터 작은 순서대로) 나열하면 '감마(γ)선－X선－자외선－가시광선－적외선－마이크로파－라디오파'이다.
② 마이크로파의 진동수에 따라 전자레인지, 휴대 전화 및 무선 랜 등에 사용되며, 선박과 항공기 운항을 추적하거나 기상 관측에 필요한 레이더와 위성 통신에도 사용된다.
③ 가시광선은 사람이 눈으로 볼 수 있는 영역의 전자기파로 각종 영상 장치와 광학 기구에 이용된다.
④ 전자기파는 진공에서 파장에 관계없이 모두 빛의 속력과 같은 약 30만 km/s의 속력으로 진행한다.

라디오파	라디오나 TV 방송, 전파 망원경, GPS
마이크로파	전자레인지, 휴대 전화, 무선 랜, 레이더
적외선	열화상 카메라, 적외선 온도계, 리모컨, 적외선 망원경, 광통신
가시광선	광학 기구, 가시광선 레이저
X선	의료, 보안 검색, 고체 결정 구조 연구, 현미경
감마(γ)선	암 치료, 감마(γ)선 망원경

문제 보기

그림은 전자기파를 일상생활에서 이용하는 예이다.

㉠ 음악 감상을 위한 무선 블루투스 헤드폰
마이크로파를 이용

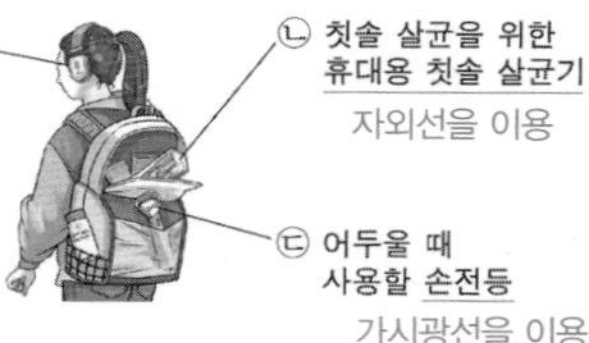

㉡ 칫솔 살균을 위한 휴대용 칫솔 살균기
자외선을 이용

㉢ 어두울 때 사용할 손전등
가시광선을 이용

이에 대한 설명으로 옳은 것만을 〈보기〉에서 있는 대로 고른 것은?

<보기> 풀이

ㄱ. ㉠은 감마선을 이용하여 스마트폰과 통신한다. (×)
➡ 블루투스는 근거리 무선 통신 기술로 마이크로파를 이용한다. 따라서 무선 블루투스 헤드폰은 마이크로파를 이용하여 스마트폰과 통신한다.

ㄴ. ㉡에서 살균 작용에 사용되는 자외선은 마이크로파보다 파장이 짧다. (○)
➡ 전자기파의 파장을 비교하면 감마(γ)선 < X선 < 자외선 < 가시광선 < 적외선 < 마이크로파 < 라디오파 순이므로, 휴대용 칫솔 살균기에서 살균 작용에 사용되는 자외선은 마이크로파보다 파장이 짧다.

ㄷ. 진공에서의 속력은 ㉢에서 사용되는 전자기파가 X선보다 크다. (×)
➡ 진공에서 전자기파의 속력은 전자기파의 종류에 관계없이 일정하다. 따라서 진공에서의 속력은 손전등에서 사용되는 가시광선과 X선이 같다.

25 일차

01 ⑤	02 ⑤	03 ③	04 ③	05 ②	06 ③	07 ③	08 ④	09 ①	10 ③	11 ④	12 ①
13 ①	14 ②	15 ①	16 ①	17 ②	18 ①	19 ①	20 ①	21 ③	22 ③	23 ④	24 ①
25 ③	26 ①	27 ③	28 ④	29 ①	30 ⑤	31 ⑤	32 ④	33 ②	34 ②	35 ③	36 ②
37 ①	38 ⑤	39 ②	40 ④	41 ①	42 ②	43 ③	44 ③	45 ②	46 ②	47 ③	

문제편 258쪽~269쪽

01 빛의 이중성 2021학년도 수능 물I 5번

정답 ⑤ | 정답률 86 %

적용해야 할 개념 ②가지

① 광양자설: 광전 효과를 설명하기 위해 아인슈타인은 빛은 광자(광양자)라고 하는 불연속적인 에너지 입자의 흐름이며, 진동수 f인 광자가 가지는 에너지는 $E=hf$(h: 플랑크 상수)로 주어진다고 제안하였다.

② 전하 결합 소자(CCD): 렌즈를 통해 들어온 빛이 전하 결합 소자의 광 다이오드에 닿으면 광전 효과가 일어나 전자가 발생하며, 각 화소에서 발생하는 전하의 양을 전기 신호로 변환시켜 각 위치에 비춰진 빛의 세기에 대한 영상 정보를 기록한다.

문제 보기

다음은 빛의 이중성에 대한 내용이다.

> 오랫동안 과학자들 사이에 빛이 파동인지 입자인지에 관한 논쟁이 있어 왔다. 19세기에 빛의 간섭 실험과 매질 내에서 빛의 속력 측정 실험 등으로 빛의 파동성이 인정받게 되었다. 그러나 빛의 파동성으로 설명할 수 없는 ㉠ 을/를 아인슈타인이 광자(광양자)의 개념을 도입하여 설명한 이후, 여러 과학자들의 연구를 통해 빛의 입자성도 인정받게 되었다.

(빛의 간섭, 빛의 회절 / 광전 효과 / 광전 효과)

이에 대한 설명으로 옳은 것만을 〈보기〉에서 있는 대로 고른 것은?

<보기> 풀이

ㄱ. 광전 효과는 ㉠에 해당된다.

➡ 광전 효과 실험의 결과는 빛의 파동성으로는 설명할 수 없었기 때문에 아인슈타인이 광자(광양자)의 개념을 도입하여 설명했다. 따라서 광전 효과는 ㉠에 해당된다.

ㄴ. 전하 결합 소자(CCD)는 빛의 입자성을 이용한다.

➡ 전하 결합 소자(CCD)는 렌즈를 통해 들어온 빛이 전하 결합 소자의 광다이오드에 닿을 때 광전 효과에 의해 발생한 전자의 전하의 양으로 각 화소에 비춰진 빛의 세기에 대한 영상 정보를 기록한다. 광전 효과는 빛의 입자성의 증거이므로, 전하 결합 소자(CCD)는 빛의 입자성을 이용한다.

ㄷ. 비눗방울에서 다양한 색의 무늬가 보이는 현상은 빛의 파동성으로 설명할 수 있다.

➡ 비눗방울을 이루는 비누 막의 아래쪽과 위쪽에서 반사된 빛은 간섭을 일으킨다. 따라서 비누 막의 두께와 비눗방울을 보는 각도에 따라 간섭하는 빛의 파장이 달라지므로 다양한 색의 무늬가 나타난다. 이와 같은 빛의 간섭 현상은 빛의 파동성의 증거이므로, 비눗방울에서 다양한 색의 무늬가 보이는 현상은 빛의 파동성으로 설명할 수 있다.

02 광전 효과 실험 2022학년도 수능 물I 7번

정답 ⑤ | 정답률 78 %

적용해야 할 개념 ③가지

① 광전 효과: 금속 표면이나 반도체에 빛을 쪼일 때 전자가 에너지를 얻어 튀어나오는 현상이며, 이때 튀어나온 전자를 광전자라고 한다.

② 금속판에 쪼여 주는 빛의 진동수가 한계(문턱) 진동수보다 작으면 빛의 세기가 아무리 세도 광전자가 방출되지 않으며, 빛의 진동수가 한계 진동수보다 크면 빛의 세기가 약해도 광전자가 즉시 방출된다.

③ 금속판에 쪼여 주는 빛의 진동수가 한계(문턱) 진동수보다 클 때, 단위시간당 방출되는 광전자의 수는 빛의 세기에 비례한다.

진동수가 한계 진동수보다 작은 빛

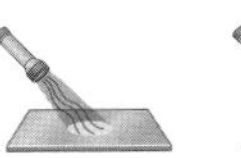

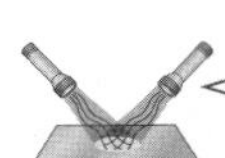

아무리 센 빛을 비추어도 광전자가 방출되지 않는다.

진동수가 한계 진동수보다 큰 빛

약한 빛 / 센(밝은) 빛

방출되는 광전자의 수는 빛의 세기에 비례한다.

▲ 광전자의 방출

문제 보기

그림 (가)는 단색광이 이중 슬릿을 지나 금속판에 도달하여 광전자를 방출시키는 실험을, (나)는 (가)의 금속판에서의 위치에 따라 방출된 광전자의 개수를 나타낸 것이다. 점 O, P는 금속판 위의 지점이다.

(광전 효과가 일어남. → 금속판의 문턱 진동수 < 빛의 진동수 / ∝빛의 세기)

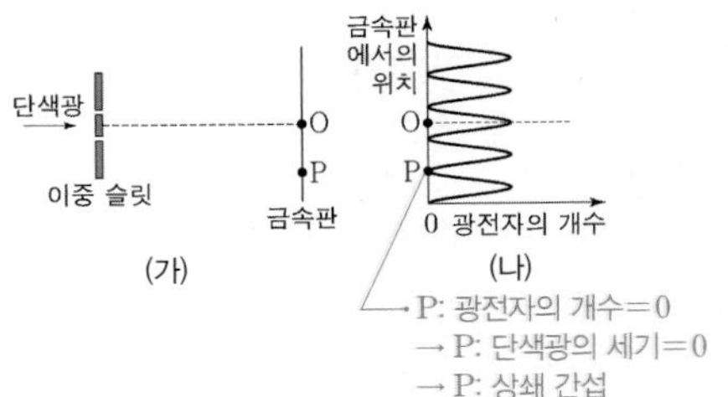

(P: 광전자의 개수=0 → P: 단색광의 세기=0 → P: 상쇄 간섭)

이에 대한 설명으로 옳은 것만을 〈보기〉에서 있는 대로 고른 것은?

<보기> 풀이

ㄱ. 단색광의 세기를 증가시키면 O에서 방출되는 광전자의 개수가 증가한다.

➡ 빛의 세기는 광자의 수에 비례하므로, 광전 효과가 일어날 때 빛의 세기가 셀수록 방출되는 광전자의 수도 증가한다. O에서 광전 효과가 일어나 광전자가 방출되므로, 단색광의 세기를 증가시키면 O에서 방출되는 광전자의 개수가 증가한다.

ㄴ. 금속판의 문턱 진동수는 단색광의 진동수보다 작다.

➡ 광전 효과는 금속판에 쪼여 주는 빛의 진동수가 금속판의 문턱 진동수보다 클 때 일어난다. 금속판에서의 위치에 따라 단색광이 보강 간섭하는 곳에서 광전 효과가 일어나므로, 금속판의 문턱 진동수는 단색광의 진동수보다 작다.

ㄷ. P에서 단색광의 상쇄 간섭이 일어난다.

➡ P에서 방출되는 광전자의 개수가 0이므로 P에 도달하는 단색광의 세기가 0이다. 따라서 P에서 단색광의 상쇄 간섭이 일어난다.

03 광전 효과 실험 2024학년도 5월 학평 물Ⅰ 9번

정답 ③ | 정답률 60 %

적용해야 할 개념 ③가지

① 한계(문턱) 진동수: 금속 표면에서 전자를 방출시킬 수 있는 빛의 최소 진동수이다.
② 금속에서 방출된 광전자가 가지는 최대 운동 에너지 $E_{\max}=hf-W$이므로, 빛의 진동수 f가 클수록 크다.
③ 금속에서 방출된 광전자가 가지는 최대 운동 에너지 $E_{\max}=hf-hf_0$이므로, 금속의 한계(문턱) 진동수 f_0가 작을수록 크다.

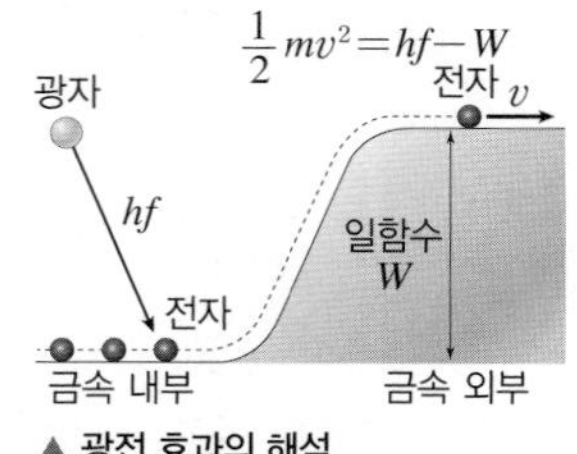

▲ 광전 효과의 해석

문제 보기

그림은 진동수가 다른 단색광 A, B를 금속판 P 또는 Q에 비추는 모습을, 표는 금속판에 비춘 단색광에 따라 금속판에서 방출되는 광전자의 최대 운동 에너지를 나타낸 것이다.

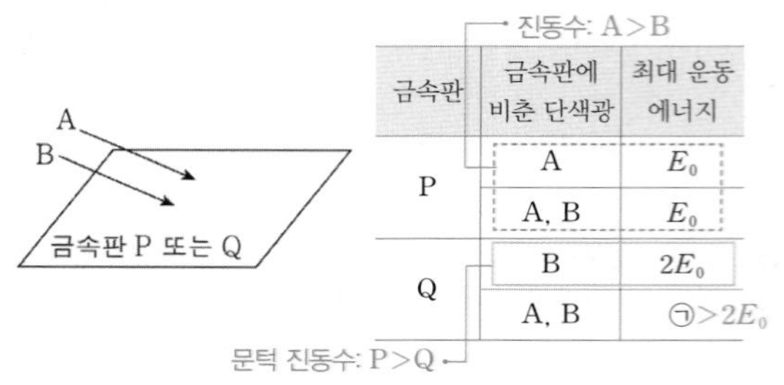

금속판	금속판에 비춘 단색광	최대 운동 에너지
P	A	E_0
	A, B	E_0
Q	B	$2E_0$
	A, B	㉠>$2E_0$

이에 대한 설명으로 옳은 것만을 〈보기〉에서 있는 대로 고른 것은?

<보기> 풀이

ㄱ. 진동수는 A가 B보다 크다.
➡ 금속판에 진동수가 다른 두 빛을 동시에 비추었을 때 방출되는 광전자의 최대 운동 에너지는 진동수가 큰 빛에 의해 결정된다. P에 A를 비추었을 때와 A, B를 동시에 비추었을 때 방출되는 광전자의 최대 운동 에너지는 E_0으로 같으므로, 진동수가 큰 빛은 A이다. 따라서 진동수는 A가 B보다 크다.

ㄴ. 문턱 진동수는 P가 Q보다 작다.
➡ 광전자의 최대 운동 에너지($E_k=hf-W=hf-hf_0$)는 금속의 문턱 진동수(f_0)가 작을수록 크다. 진동수가 A보다 작은 B를 Q에 비추었을 때 광전자의 최대 운동 에너지가 $2E_0$이므로, 문턱 진동수는 Q가 P보다 작다.

ㄷ. ㉠은 $2E_0$보다 크다.
➡ A의 진동수는 B보다 크므로 A, B를 Q에 동시에 비추면 방출되는 광전자의 최대 운동 에너지 ㉠은 $2E_0$보다 크다.

04 광전 효과와 물질파 2024학년도 7월 학평 물Ⅰ 14번

정답 ③ | 정답률 82 %

적용해야 할 개념 ③가지

① 한계(문턱) 진동수: 금속 표면에서 전자를 방출시킬 수 있는 빛의 최소 진동수를 한계 진동수라고 한다.
② 금속에서 방출된 광전자가 가지는 최대 운동 에너지 $E_{\max}=hf-W$이므로, 빛의 진동수 f가 클수록 크다.
③ 금속에서 방출된 광전자가 가지는 최대 운동 에너지 $E_{\max}=hf-hf_0$이므로, 금속의 한계(문턱) 진동수 f_0가 작을수록 크다.

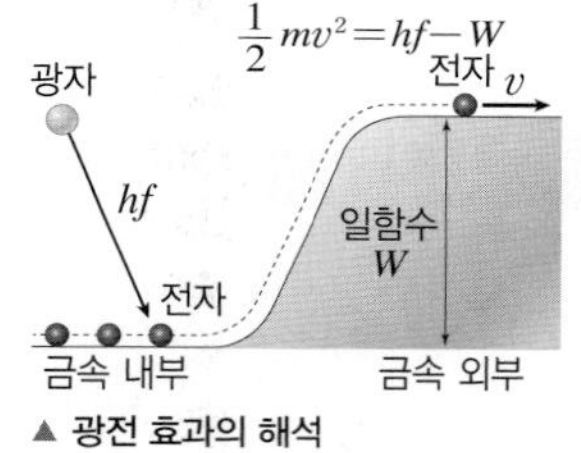

▲ 광전 효과의 해석

문제 보기

그림은 서로 다른 금속판 P, Q에 각각 단색광 A, B 중 하나를 비추는 모습을 나타낸 것이다. 표는 단색광을 비추었을 때 금속판에서 방출되는 광전자의 최대 운동 에너지를 나타낸 것이다.

→ $E_{\max}=hf-hf_0$
→ 빛의 진동수(f)가 클수록 금속의 문턱 진동수(f_0)가 작을수록 크다.

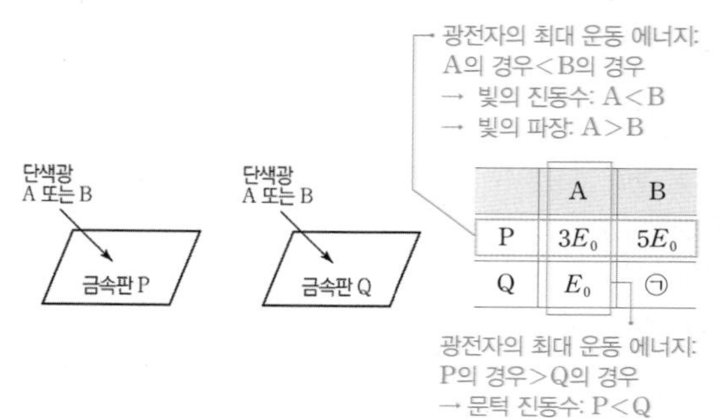

	A	B
P	$3E_0$	$5E_0$
Q	E_0	㉠

이에 대한 설명으로 옳은 것만을 〈보기〉에서 있는 대로 고른 것은?

<보기> 풀이

ㄱ. 문턱 진동수는 Q가 P보다 크다.
➡ 진동수(f)가 같은 빛을 서로 다른 금속에 비추었을 때 방출된 광전자가 가지는 최대 운동 에너지($E_{\max}=hf-hf_0$)는 금속의 문턱 진동수(f_0)가 작을수록 크다. A를 비추었을 때 광전자의 최대 운동 에너지는 P에서가 Q에서보다 크므로 금속판의 문턱 진동수는 P가 Q보다 작다. 즉, 문턱 진동수는 Q가 P보다 크다.

ㄴ. 파장은 B가 A보다 길다.
➡ 같은 금속에 진동수(f)가 다른 빛을 비추었을 때 금속에서 방출된 광전자가 가지는 최대 운동 에너지($E_{\max}=hf-W$)는 빛의 진동수 f가 클수록 크다. P에서 방출된 광전자의 최대 운동 에너지는 B를 비출 때가 A를 비출 때보다 크므로 진동수는 B가 A보다 크다. 빛의 속력이 일정할 때 파장과 진동수는 반비례하므로, 파장은 B가 A보다 짧다.

ㄷ. ㉠은 E_0보다 크다.
➡ 진동수는 B가 A보다 크므로, Q에서 방출되는 광전자의 운동 에너지는 B를 비추었을 때가 A를 비추었을 때보다 크다. 따라서 ㉠은 E_0보다 크다.

05 광전 효과 2023학년도 4월 학평 물I 16번

정답 ② | 정답률 70 %

적용해야 할 개념 ③가지

① 한계(문턱) 진동수: 금속 표면에서 전자를 방출시킬 수 있는 빛의 최소 진동수를 한계 진동수라고 한다.
② 금속판에 쪼여 주는 빛의 진동수가 한계 진동수(f_0)보다 작으면 빛의 세기가 아무리 세도 광전자가 방출되지 않으며, 빛의 진동수가 한계 진동수보다 크면 빛의 세기가 약해도 광전자가 즉시 방출된다.
③ 금속에서 방출된 광전자가 가지는 최대 운동 에너지는 $E_{max}=hf-W$이므로, 빛의 진동수 f가 클수록 크다.

진동수가 한계 진동수보다 작은 빛

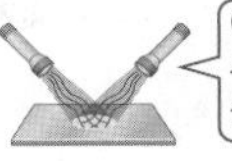

진동수가 한계 진동수보다 큰 빛

▲ 광전자의 방출

문제 보기

(A의 진동수<P의 문턱 진동수<B의 진동수)

그림 (가)와 같이 금속판 P에 단색광 A를 비추었을 때는 광전자가 방출되지 않고, P에 단색광 B를 비추었을 때 광전자가 방출된다. 그림 (나)와 같이 금속판 Q에 A, B를 각각 비추었을 때 각각 광전자가 방출된다.

(Q의 문턱 진동수<A의 진동수<B의 진동수)

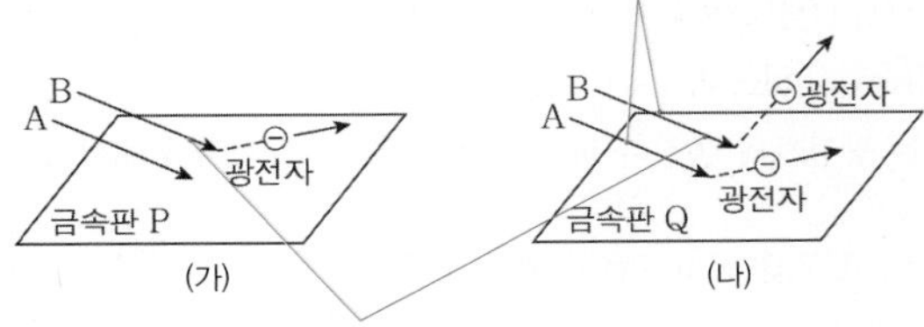

이에 대한 설명으로 옳은 것만을 〈보기〉에서 있는 대로 고른 것은? [3점]

<보기> 풀이

광전 효과는 빛의 진동수가 금속의 문턱 진동수보다 클 때 일어난다. (가)에서 B를 비추었을 때만 광전 효과가 일어나므로, 'A의 진동수<금속판 P의 문턱 진동수<B의 진동수'이다. (나)에서 A, B를 비추었을 때 광전 효과가 모두 일어나므로, '금속판 Q의 문턱 진동수<A의 진동수<B의 진동수'이다.

ㄱ. (가)에서 A의 세기를 증가시키면 광전자가 방출된다. (✗)

➡ 빛의 진동수가 문턱 진동수보다 작으면 빛의 세기를 증가시켜도 광전자가 방출되지 않는다. A의 진동수는 P의 문턱 진동수보다 작으므로, (가)에서 A의 세기를 증가시켜도 광전자가 방출되지 않는다.

ㄴ. (나)에서 방출된 광전자의 최대 운동 에너지는 A를 비추었을 때가 B를 비추었을 때보다 작다. (○)

➡ 금속판에서 방출되는 광전자의 최대 운동 에너지($E_{max}=hf-W$)는 빛의 진동수(f)가 클수록 크다. A의 진동수는 B의 진동수보다 작으므로, (나)에서 방출된 광전자의 최대 운동 에너지는 A를 비추었을 때가 B를 비추었을 때보다 작다.

ㄷ. B를 비추었을 때 방출되는 광전자의 물질파 파장의 최솟값은 (가)에서가 (나)에서보다 작다. (✗)

➡ 광전자의 최대 운동 에너지($E_k=hf-W=hf-hf_0$)는 금속의 문턱 진동수(f_0)가 클수록 작다. 금속판의 문턱 진동수는 P가 Q보다 크므로, B를 비추었을 때 방출되는 광전자의 최대 운동 에너지는 (가)에서가 (나)에서보다 작다. 광전자의 운동 에너지가 작을수록 운동량(mv)도 작아지므로, 광전자의 물질파 파장($\lambda=\frac{h}{mv}$)은 길어진다. 따라서 B를 비추었을 때 방출되는 광전자의 물질파 파장의 최솟값은 (가)에서가 (나)에서보다 크다.

다른 풀이 질량이 m, 속력이 v, 운동 에너지가 E_k인 전자의 운동 에너지는 $E_k=\frac{1}{2}mv^2=\frac{(mv)^2}{2m}$에서 $mv=\sqrt{2mE_k}$이므로, 전자의 물질파 파장은 $\lambda=\frac{h}{mv}=\frac{h}{\sqrt{2mE_k}}$이다. 즉, 광전자의 최대 운동 에너지가 작을수록 물질파 파장의 최솟값이 크다. 금속판의 문턱 진동수는 P가 Q보다 크므로, B를 비추었을 때 방출되는 광전자의 최대 운동 에너지는 (가)에서가 (나)에서보다 작다. 따라서 B를 비추었을 때 방출되는 광전자의 물질파 파장의 최솟값은 (가)에서가 (나)에서보다 크다.

06 광전 효과와 물질파 2024학년도 6월 모평 물I 17번

정답 ③ | 정답률 59 %

적용해야 할 개념 ③가지

① 한계(문턱) 진동수: 금속 표면에서 전자를 방출시킬 수 있는 빛의 최소 진동수를 한계 진동수라고 한다.

② 금속판에 쪼여 주는 빛의 진동수가 한계 진동수(f_0)보다 작으면 빛의 세기가 아무리 세도 광전자가 방출되지 않으며, 빛의 진동수가 한계 진동수보다 크면 빛의 세기가 약해도 광전자가 즉시 방출된다.

③ 질량이 m, 속력이 v, 운동 에너지가 E_k인 입자의 물질파 파장은 $\lambda=\frac{h}{mv}=\frac{h}{\sqrt{2mE_k}}$ (h: 플랑크 상수)이다.

진동수가 한계 진동수보다 작은 빛

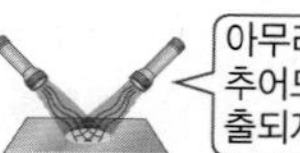

진동수가 한계 진동수보다 큰 빛

▲ 광전자의 방출

문제 보기

그림은 금속판 P, Q에 단색광을 비추었을 때, P, Q에서 방출되는 광전자의 최대 운동 에너지 E_K를 단색광의 진동수에 따라 나타낸 것이다.

진동수가 $2f_0$일 때:
P와 Q에서 방출되는 광전자의 최대 운동 에너지의 비=3 : 1
→ P와 Q에서 방출되는 광전자의 물질파 파장($\lambda=\frac{h}{\sqrt{2mE_k}}$)의 최솟값의 비=1 : $\sqrt{3}$

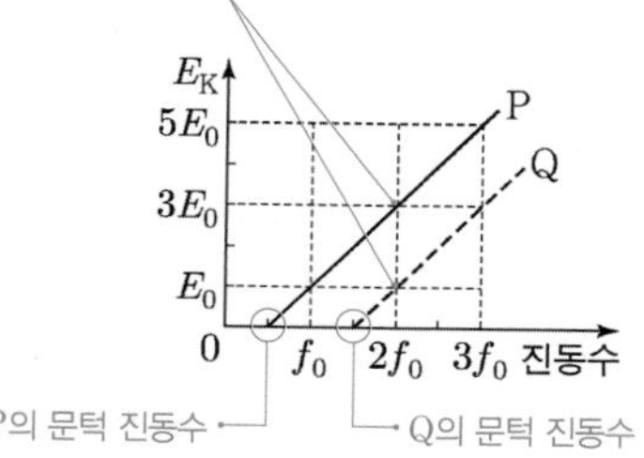

이에 대한 설명으로 옳은 것만을 〈보기〉에서 있는 대로 고른 것은?

<보기> 풀이

ㄱ. 문턱 진동수는 P가 Q보다 작다.

➡ 금속판 P의 문턱 진동수는 f_0보다 작고 금속판 Q의 문턱 진동수는 f_0보다 크므로, 문턱 진동수는 P가 Q보다 작다.

ㄴ. 광양자설에 의하면 진동수가 f_0인 단색광을 Q에 오랫동안 비추어도 광전자가 방출되지 않는다.

➡ 광양자설에 의하면 빛의 진동수가 금속의 문턱 진동수보다 작으면 빛의 세기를 증가시켜도 광전자가 방출되지 않는다. 따라서 Q의 문턱 진동수보다 작은 진동수가 f_0인 단색광을 Q에 오랫동안 비추어도 광전자가 방출되지 않는다.

ㄷ. 진동수가 $2f_0$일 때, 방출되는 광전자의 물질파 파장의 최솟값은 Q에서가 P에서의 3배이다.

➡ 질량이 m, 속력이 v, 운동 에너지가 E_k인 전자의 운동 에너지는 $E_k=\frac{1}{2}mv^2=\frac{(mv)^2}{2m}$에서 $mv=\sqrt{2mE_k}$이므로, 전자의 물질파 파장은 $\lambda=\frac{h}{mv}=\frac{h}{\sqrt{2mE_k}}$ (h: 플랑크 상수)이다. 따라서 진동수가 $2f_0$일 때, P와 Q에서 방출되는 광전자의 최대 운동 에너지는 각각 $3E_0$, E_0이므로, P와 Q에서 방출되는 광전자의 물질파 파장의 최솟값의 비는 1 : $\sqrt{3}$이다. 즉, 진동수가 $2f_0$일 때, 방출되는 광전자의 물질파 파장의 최솟값은 Q에서가 P에서의 $\sqrt{3}$배이다.

07 광전 효과 실험 2020학년도 4월 학평 물I 15번

정답 ③ | 정답률 78 %

적용해야 할 개념 ④가지

① 광전 효과: 금속 표면에 빛을 쪼일 때 전자가 에너지를 얻어 튀어나오는 현상이며, 이때 튀어나온 전자를 광전자라고 한다.
② 금속판에 쪼여주는 빛의 진동수가 한계(문턱) 진동수보다 크면 빛의 세기가 약해도 광전자가 즉시 방출된다.
③ 금속판에 쪼여주는 빛의 진동수가 한계(문턱) 진동수보다 작으면 빛의 세기가 아무리 세도 광전자가 방출되지 않는다.
④ 광전 효과는 빛이 입자성을 가진다는 증거이다.

진동수가 한계 진동수보다 작은 빛

아무리 센 빛을 비추어도 광전자가 방출되지 않는다.

진동수가 한계 진동수보다 큰 빛

방출되는 광전자의 수는 빛의 세기에 비례한다.

▲ 광전자의 방출

문제 보기

그림 (가)는 금속판 A에 단색광 P를 비추었을 때 광전자가 방출되지 않는 것을, (나)는 A에 단색광 Q를 비추었을 때 광전자가 방출되는 것을 나타낸 것이다.

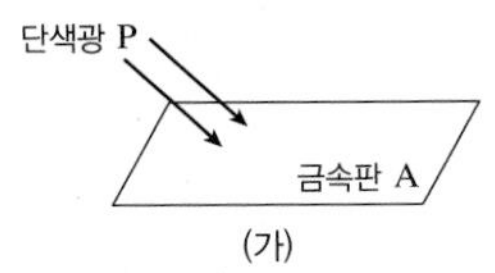

(가)
P의 진동수 < A의 한계 진동수

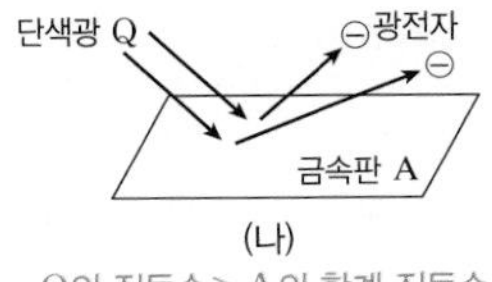

(나)
Q의 진동수 > A의 한계 진동수

이에 대한 설명으로 옳은 것만을 〈보기〉에서 있는 대로 고른 것은?

<보기> 풀이

ㄱ. 진동수는 P가 Q보다 작다.
➡ 금속판에 비추는 빛의 진동수가 금속의 한계 진동수보다 클 때 광전자가 방출된다. (가)에서 P를 비추었을 때 광전자가 방출되지 않으므로 P의 진동수는 금속판 A의 한계 진동수보다 작고, (나)에서 Q를 비추었을 때 광전자가 방출되므로 Q의 진동수는 금속판 A의 한계 진동수보다 크다. 따라서 진동수는 P가 Q보다 작다.

ㄴ. (가)에서 P의 세기를 증가시켜 A에 비추면 광전자가 방출된다.
➡ (가)에서 광전자가 방출되지 않으므로, P의 진동수는 한계 진동수보다 작다. 빛의 진동수가 한계 진동수보다 작으면 빛의 세기가 아무리 세도 광전자가 방출되지 않으므로, (가)에서 P의 세기를 증가시켜 A에 비추더라도 광전자가 방출되지 않는다.

ㄷ. (나)에서 광전자가 방출되는 것은 빛의 입자성을 보여주는 현상이다.
➡ 금속판에 빛을 비추었을 때 광전자가 방출되는 현상인 광전 효과는 빛의 입자성을 뒷받침하는 증거이다. 따라서 (나)에서 광전자가 방출되는 것은 빛의 입자성을 보여주는 현상이다.

08 광전 효과 실험 2023학년도 6월 모평 물I 6번

정답 ④ | 정답률 72 %

적용해야 할 개념 ③가지

① 한계(문턱) 진동수: 금속 표면에서 전자를 방출시킬 수 있는 빛의 최소 진동수를 한계 진동수라고 한다.
② 금속판에 쪼여주는 빛의 진동수가 한계 진동수(f_0)보다 작으면 빛의 세기가 아무리 세도 광전자가 방출되지 않으며, 빛의 진동수가 한계 진동수보다 크면 빛의 세기가 약해도 광전자가 즉시 방출된다.
③ 금속에서 방출된 광전자가 가지는 최대 운동 에너지 $E_{max}=hf-W$이므로, 빛의 진동수 f가 클수록 크다.

진동수가 한계 진동수보다 작은 빛

아무리 센 빛을 비추어도 광전자가 방출되지 않는다.

진동수가 한계 진동수보다 큰 빛

센(밝은) 빛

방출되는 광전자의 수는 빛의 세기에 비례한다.

▲ 광전자의 방출

문제 보기

그림과 같이 단색광 A를 금속판 P에 비추었을 때 광전자가 방출되지 않고, 단색광 B, C를 각각 P에 비추었을 때 광전자가 방출된다. 방출된 광전자의 최대 운동 에너지는 B를 비추었을 때가 C를 비추었을 때보다 크다.

(A의 진동수 < P의 문턱 진동수)
(B, C의 진동수 > P의 문턱 진동수)

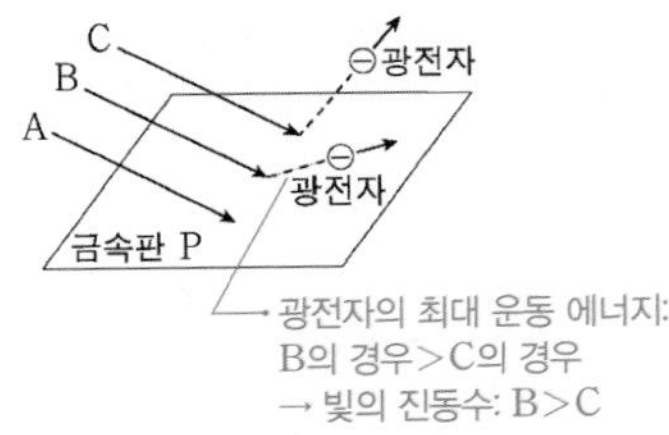

이에 대한 설명으로 옳은 것만을 〈보기〉에서 있는 대로 고른 것은? [3점]

<보기> 풀이

ㄱ. A의 세기를 증가시키면 광전자가 방출된다.
➡ A에 의해서 광전자가 방출되지 않았으므로, A의 진동수는 금속판의 문턱 진동수보다 작다. 빛의 진동수가 금속의 문턱 진동수보다 작으면 빛의 세기를 증가시켜도 광전자가 방출되지 않으므로, A의 세기를 증가시켜도 광전자가 방출되지 않는다.

ㄴ. P의 문턱 진동수는 B의 진동수보다 작다.
➡ 광전 효과는 금속에 쪼여주는 빛의 진동수가 금속의 문턱 진동수보다 클 때 일어난다. B를 P에 비추었을 때 광전자가 방출되었으므로 P의 문턱 진동수는 B의 진동수보다 작다.

ㄷ. 단색광의 진동수는 B가 C보다 크다.
➡ 금속판에서 방출되는 광전자의 최대 운동 에너지는 빛의 진동수가 클수록 크다. P에서 방출된 광전자의 최대 운동 에너지는 P에 B를 비추었을 때가 C를 비추었을 때보다 크므로, 단색광의 진동수는 B가 C보다 크다.

09 광전 효과와 물질파 2020학년도 3월 학평 물Ⅰ 13번

정답 ① | 정답률 74 %

적용해야 할 개념 ③가지

① 금속에서 방출된 광전자가 가지는 최대 운동 에너지 $E_{max}=\frac{1}{2}mv^2=hf-W$이므로, 빛의 진동수 f가 클수록 크다.

② 물질파 파장: 질량 m, 속력 v인 입자의 물질파 파장 $\lambda=\frac{h}{mv}$(h: 플랑크 상수)이며, 운동량 mv에 반비례한다.

③ 금속판에서 방출되는 광전자의 최대 운동 에너지는 빛의 세기와 관계없고 빛의 진동수가 클수록 크다.

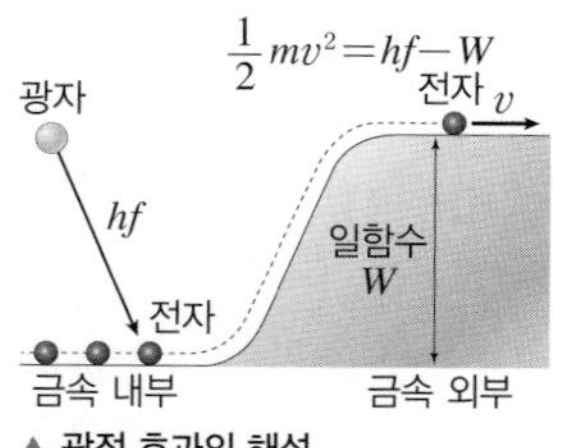

▲ 광전 효과의 해석

문제 보기

그림은 동일한 금속판에 단색광 A, B를 각각 비추었을 때 광전자가 방출되는 모습을 나타낸 것이다. 방출되는 광전자 중 속력이 최대인 광전자 a, b의 운동 에너지는 각각 E_a, E_b이고, $E_a>E_b$이다.

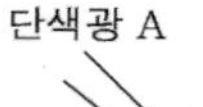

$E_{max}=\frac{1}{2}mv^2=hf-W$
→ 단색광의 진동수(f): A>B
→ 속력(v): a>b
→ 물질파 파장($\lambda=\frac{h}{mv}$): a<b

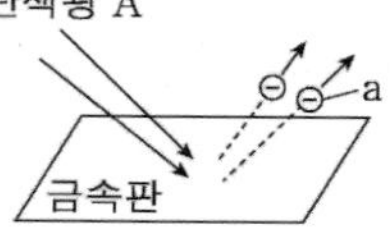

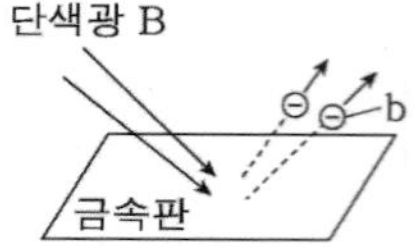

이에 대한 옳은 설명만을 〈보기〉에서 있는 대로 고른 것은?

<보기> 풀이

ㄱ. 진동수는 A가 B보다 크다.

➡ 금속에서 방출된 광전자가 가지는 최대 운동 에너지 $E_{max}=hf-W$이므로, 단색광의 진동수(f)가 클수록 크다. 동일한 금속판에 A를 비추었을 때 방출되는 광전자 a의 운동 에너지가 B를 비추었을 때 방출되는 광전자 b의 운동 에너지보다 크므로, 진동수는 A가 B보다 크다.

ㄴ. 물질파 파장은 a가 b보다 크다.

➡ 금속에서 방출되는 광전자가 가지는 최대 운동 에너지 $E_{max}=\frac{1}{2}mv^2$이므로 광전자의 최대 속력(v)의 제곱에 비례한다. $E_a>E_b$이므로 속력은 a가 b보다 크다. 물질파 파장($\lambda=\frac{h}{mv}$)은 광전자의 속력에 반비례하므로 a가 b보다 작다.

ㄷ. B의 세기를 증가시키면 E_b가 증가한다.

➡ 금속판에서 방출되는 광전자의 최대 운동 에너지는 빛의 진동수가 클수록 크며 빛의 세기와는 관계없다. 따라서 B의 세기를 증가시키면 단위 시간당 방출되는 광전자의 개수만 증가할 뿐 광전자의 최대 운동 에너지 E_b는 변하지 않는다.

10 광전 효과 실험 2020학년도 10월 학평 물Ⅰ 12번

정답 ③ | 정답률 80 %

적용해야 할 개념 ④가지

① 광전 효과: 금속 표면에 빛을 쪼일 때 전자가 에너지를 얻어 튀어나오는 현상이며, 이때 튀어나온 전자를 광전자라고 한다.

② 금속판에 쪼여 주는 빛의 진동수가 한계(문턱) 진동수보다 작으면 빛의 세기가 아무리 세도 광전자가 방출되지 않는다.

③ 금속판에 쪼여 주는 빛의 진동수가 한계(문턱) 진동수보다 클 때, 단위 시간당 방출되는 광전자의 수는 빛의 세기에 비례한다.

④ 빛의 속력 c가 일정할 때 진동수 f와 파장 λ는 반비례한다.

➡ $c=f\lambda$, $f=\frac{c}{\lambda}$

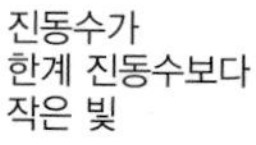

▲ 광전자의 방출

문제 보기

그림은 금속판에 광원 A 또는 B에서 방출된 빛을 비추는 모습을 나타낸 것으로 A, B에서 방출된 빛의 파장은 각각 λ_A, λ_B이다. 표는 광원의 종류와 개수에 따라 금속판에서 단위 시간당 방출되는 광전자의 수 N을 나타낸 것이다.

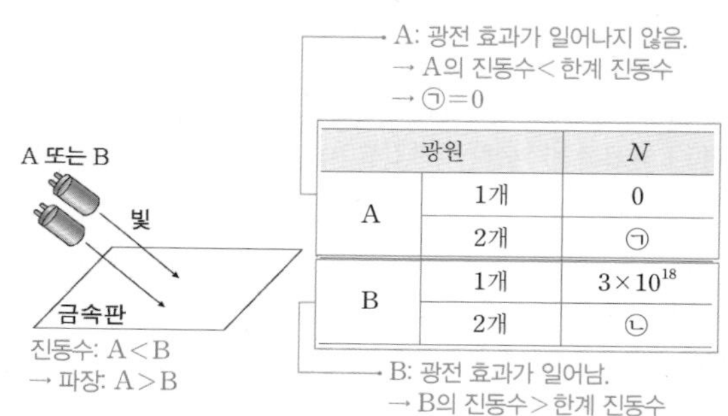

광원		N
A	1개	0
	2개	㉠
B	1개	3×10^{18}
	2개	㉡

이에 대한 옳은 설명만을 〈보기〉에서 있는 대로 고른 것은?

<보기> 풀이

ㄱ. ㉠은 0이다.

➡ 빛의 진동수가 금속판의 한계 진동수보다 작으면 빛의 세기를 증가시켜도 광전자가 방출되지 않는다. 광원 A를 1개 비추었을 때 방출되는 광전자의 수가 0이므로, 광원 A에서 방출된 빛의 진동수는 한계 진동수보다 작다. 따라서 광원 A를 2개 비추어 빛의 세기를 증가시켜도 광전자는 방출되지 않으므로, ㉠은 0이다.

ㄴ. ㉡은 3×10^{18}보다 크다.

➡ 빛의 진동수가 금속판의 한계 진동수보다 클 때 단위 시간당 방출되는 광전자의 수는 빛의 세기에 비례한다. 광원 B를 1개 비추었을 때 금속판에서 광전자가 방출되므로, 광원 B에서 방출된 빛의 진동수는 한계 진동수보다 크다. 따라서 광원 B를 2개 비추어 빛의 세기를 증가시키면 금속판에서 단위 시간당 방출되는 광전자의 수는 증가하므로, ㉡은 3×10^{18}보다 크다.

ㄷ. $\lambda_A<\lambda_B$이다.

➡ 광전 효과가 A에서는 일어나지 않고 B에서만 일어나므로 진동수는 A에서보다 B에서가 크다. 빛의 파장은 진동수에 반비례하므로 파장은 A에서가 B에서보다 크다. 즉, $\lambda_A>\lambda_B$이다.

11 광전 효과 실험 2023학년도 7월 학평 물Ⅰ 5번

정답 ④ | 정답률 90 %

적용해야 할 개념 ③가지

① 한계(문턱) 진동수: 금속 표면에서 전자를 방출시킬 수 있는 빛의 최소 진동수를 한계 진동수라고 한다.
② 금속판에 쪼여 주는 빛의 진동수가 한계 진동수(f_0)보다 작으면 빛의 세기가 아무리 세도 광전자가 방출되지 않으며, 빛의 진동수가 한계 진동수보다 크면 빛의 세기가 약해도 광전자가 즉시 방출된다.
③ 금속에서 방출된 광전자가 가지는 최대 운동 에너지 $E_{max}=hf-W$이므로, 빛의 진동수 f가 클수록 크다.

진동수가 한계 진동수보다 작은 빛

아무리 센 빛을 비추어도 광전자가 방출되지 않는다.

진동수가 한계 진동수보다 큰 빛

약한 빛

센(밝은) 빛

방출되는 광전자의 수는 빛의 세기에 비례한다.

▲ 광전자의 방출

문제 보기

그림 (가)는 단색광 A와 B를 금속판 P에 비추었을 때 광전자가 방출되지 않는 것을, (나)는 B와 단색광 C를 P에 비추었을 때 광전자가 방출되는 것을 나타낸 것이다. 이때 광전자의 최대 운동 에너지는 E_0이다.

A, B의 진동수 < P의 문턱 진동수

C의 진동수 > P의 문턱 진동수
→ C의 진동수 > B의 진동수

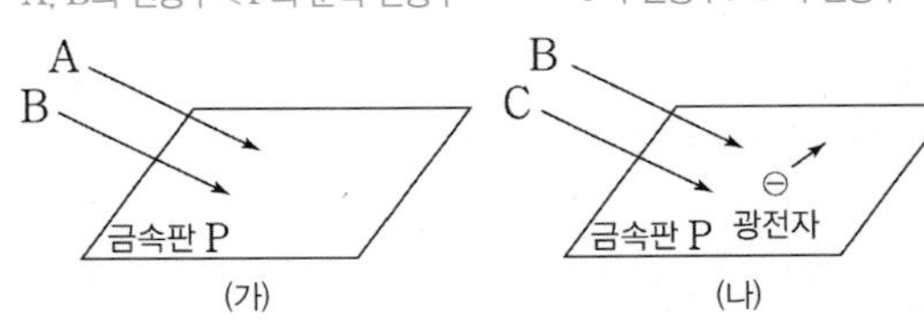

이에 대한 설명으로 옳은 것만을 〈보기〉에서 있는 대로 고른 것은?

<보기> 풀이

ㄱ. **A의 진동수는 P의 문턱 진동수보다 크다.**
⇒ (가)에서 A와 B를 금속판 P에 비추었을 때 광전자가 방출되지 않으므로, A, B의 진동수는 모두 P의 문턱 진동수보다 작다. 따라서 A의 진동수는 P의 문턱 진동수보다 작다.

ㄴ. **진동수는 C가 B보다 크다.**
⇒ (나)에서 B와 C를 금속판 P에 비추어 광전자가 방출될 때 B의 진동수가 P의 문턱 진동수보다 작으므로, C에 의해 광전자가 방출된다. C의 진동수는 P의 문턱 진동수보다 크므로 진동수는 C가 B보다 크다.

ㄷ. **A와 C를 P에 비추면 P에서 방출되는 광전자의 최대 운동 에너지는 E_0이다.**
⇒ A의 진동수는 P의 문턱 진동수보다 작으므로, A와 C를 P에 비출 때 C에 의해 광전자가 방출된다. 따라서 A와 C를 P에 비추면 P에서 방출되는 광전자의 최대 운동 에너지는 E_0이다.

12 광전 효과 실험 2020학년도 6월 모평 물Ⅰ 6번

정답 ① | 정답률 70 %

적용해야 할 개념 ③가지

① 일함수(W): 금속에서 전자를 떼어내는 데 필요한 최소한의 에너지이다.
② 진동수 f인 광자의 에너지 hf가 일함수 W보다 커야 광전자를 방출시킬 수 있으므로, 특정한 값보다 큰 진동수의 빛을 비추어야 한다. 일함수가 클수록 빛의 한계(문턱) 진동수는 크다.
③ 금속에서 방출된 광전자가 가지는 최대 운동 에너지 E_{max}는 광자의 에너지 hf에서 일함수 W를 뺀 값인 $E_{max}=hf-W$이다.

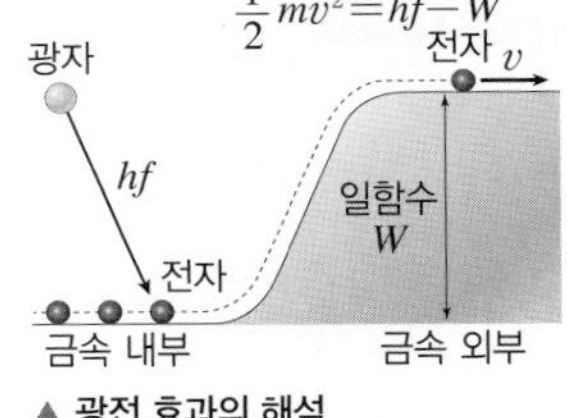

▲ 광전 효과의 해석

문제 보기

표는 서로 다른 금속판 X, Y에 진동수가 각각 f, $2f$인 빛 A, B를 비추었을 때 방출되는 광전자의 최대 운동 에너지를 나타낸 것이다.

빛	진동수	광전자의 최대 운동 에너지	
		X	Y
A	f	$3E_0$	$2E_0$
B	$2f$	$7E_0$	㉠

→ 광전자의 최대 운동 에너지 $E_{max}(=hf-W)$: X > Y
→ 일함수 W: X < Y
→ 한계 진동수 f_0: X < Y

이에 대한 설명으로 옳은 것만을 〈보기〉에서 있는 대로 고른 것은? [3점]

<보기> 풀이

ㄱ. **㉠은 $7E_0$보다 작다.**
⇒ A를 X와 Y에 비추었을 때 방출된 광전자의 최대 운동 에너지는 X가 Y보다 크다. 광전자의 최대 운동 에너지는 광자의 에너지에서 금속의 일함수를 뺀 값이므로, 금속판의 일함수는 Y가 X보다 크다. 따라서 B를 X와 Y에 비추었을 때 X에서 방출된 광전자의 최대 운동 에너지가 $7E_0$이므로, Y에서 방출된 광전자의 최대 운동 에너지는 $7E_0$보다 작다.

ㄴ. **광전 효과가 일어나는 빛의 최소 진동수는 X가 Y보다 크다.**
⇒ 광자의 에너지가 금속의 일함수보다 커야 광전자를 방출시킬 수 있으므로, 특정한 값보다 큰 진동수의 빛을 비추어야 한다. 일함수는 Y가 X보다 크므로 광전 효과가 일어나는 빛의 최소 진동수는 Y가 X보다 크다.

ㄷ. **A와 B를 X에 함께 비추었을 때 방출되는 광전자의 최대 운동 에너지는 $10E_0$이다.**
⇒ A와 B를 X에 함께 비추었을 때 A에 의해서 방출되는 광전자의 최대 운동 에너지는 $3E_0$이고 B에 의해 방출되는 광전자의 최대 운동 에너지는 $7E_0$이다. 따라서 A와 B를 함께 비추었을 때 광전자의 최대 운동 에너지 값은 $7E_0$이다.

13 광전 효과 실험 2020학년도 수능 물I 6번

정답 ① | 정답률 38 %

적용해야 할 개념 ③가지

① 한계(문턱) 진동수: 금속 표면에서 전자를 방출시킬 수 있는 빛의 최소 진동수이다.
② 금속판에 쪼여 주는 빛의 진동수가 한계 진동수(f_0)보다 작으면 빛의 세기가 아무리 세도 광전자가 방출되지 않으며, 빛의 진동수가 한계 진동수보다 크면 빛의 세기가 약해도 광전자가 즉시 방출된다.
③ 금속에서 방출된 광전자가 가지는 최대 운동 에너지 $E_{max}=hf-W$이므로, 빛의 진동수 f가 클수록 크다.

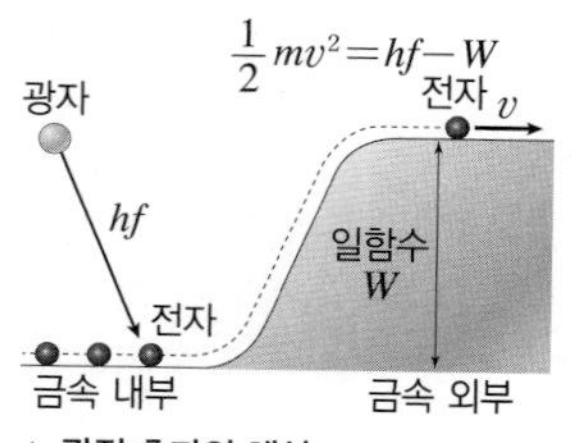

▲ 광전 효과의 해석

문제 보기

표는 서로 다른 금속판 A, B에 진동수가 각각 f_X, f_Y인 단색광 X, Y 중 하나를 비추었을 때 방출되는 광전자의 최대 운동 에너지를 나타낸 것이다.

f_X > A의 한계 진동수
광전자의 최대 운동 에너지 < 광자의 에너지
→ $E_0 < hf_X$

금속판	광전자의 최대 운동 에너지	
	X를 비춘 경우	Y를 비춘 경우
A	E_0	광전자가 방출되지 않음
B	$3E_0$	E_0

f_Y < A의 한계 진동수

이에 대한 설명으로 옳은 것만을 〈보기〉에서 있는 대로 고른 것은? (단, h는 플랑크 상수이다.)

<보기> 풀이

ㄱ. $f_X > f_Y$이다.

➡ 금속판 A에 X를 비추었을 때는 광전자가 방출되므로 f_X는 A의 한계 진동수보다 크고, Y를 비추었을 때는 광전자가 방출되지 않으므로 f_Y는 A의 한계 진동수보다 작다. 따라서 $f_X > f_Y$이다.

다른 풀이 광전자의 최대 운동 에너지는 광자의 에너지에서 금속의 일함수를 뺀 값($E_{max}=hf-W$)이므로, 광전자의 최대 운동 에너지는 빛의 진동수가 클수록 크다. 금속판 B에 X와 Y를 비추었을 때 방출된 광전자의 최대 운동 에너지는 X를 비춘 경우가 Y를 비춘 경우보다 크다. 따라서 진동수는 X가 Y보다 크므로, $f_X > f_Y$이다.

ㄴ. $E_0 = hf_X$이다.

➡ 금속판 A의 일함수를 W_A라고 할 때, A에 X를 비출 때 방출되는 광전자의 최대 운동 에너지 E_0은 광자의 에너지에서 일함수를 뺀 값이므로 $E_0=hf_X-W_A$이다. 따라서 $E_0 \neq hf_X$이다.

ㄷ. Y의 세기를 증가시켜 A에 비추면 광전자가 방출된다.

➡ 빛의 진동수가 한계 진동수보다 작으면 빛의 세기가 아무리 세도 광전자가 방출되지 않으므로, Y의 진동수 f_Y가 A의 한계 진동수보다 작을 때 Y의 세기를 증가시켜 A에 비추더라도 광전자가 방출되지 않는다.

14 광전 효과 실험 2019학년도 10월 학평 물I 14번

정답 ② | 정답률 71 %

적용해야 할 개념 ③가지

① 한계(문턱) 진동수: 금속 표면에서 전자를 방출시킬 수 있는 빛의 최소 진동수이다.
② 빛의 속력 $c=f\lambda$에서 속력 c가 일정할 때 진동수 f와 파장 λ는 반비례한다.
③ 금속에서 방출된 광전자가 가지는 최대 운동 에너지 $E_{max}=hf-W$이므로, 빛의 진동수 f가 클수록 크고 빛의 세기와 관계가 없다.

광전자의 방출 여부를 결정하는 요인	빛의 진동수
광전자의 최대 운동 에너지를 결정하는 요인	빛의 진동수
광전자의 수를 결정하는 요인	빛의 세기

문제 보기

표는 금속판 A, B에 비춘 빛의 파장과 세기에 따른 광전자의 방출 여부와 광전자의 최대 운동 에너지 E_{max}의 측정 결과를 나타낸 것이다.

금속판	빛의 파장	빛의 세기	광전자 방출 여부	E_{max}
A	λ	I	방출 안 됨	–
	㉠ < λ	I	방출됨	E
B	λ	I	방출됨	$2E$
	λ	$2I$	방출됨	㉡

파장이 같다.
→ 진동수가 같다.
→ $E_{max}=hf-W$에 의해 E_{max}가 같다.

이에 대한 옳은 설명만을 〈보기〉에서 있는 대로 고른 것은?

<보기> 풀이

ㄱ. ㉠은 λ보다 크다.

➡ 진동수가 큰 빛일수록 광자 1개의 에너지가 크며 파장은 진동수에 반비례하므로, 파장이 작은 빛일수록 광자 1개의 에너지가 크다. 파장이 λ인 빛을 비추었을 때 광전자가 방출되지 않았으므로, 광전자가 방출된 ㉠은 λ보다 작은 파장의 빛이다.

ㄴ. 문턱 진동수는 A가 B보다 크다.

➡ 파장이 λ인 빛을 비추었을 때 B에서는 광전자가 방출되고 A에서는 광전자가 방출되지 않으므로, 문턱 진동수는 A가 B보다 크다.

ㄷ. ㉡은 $2E$보다 크다.

➡ 방출되는 광전자의 최대 운동 에너지는 빛의 세기와는 무관하고 진동수에만 관계가 있다. 따라서 빛의 파장이 모두 λ일 때, 방출된 광전자의 최대 운동 에너지 E_{max}는 $2E$로 동일하므로 ㉡은 $2E$이다.

15 광전 효과 2019학년도 수능 물Ⅰ 9번

정답 ① | 정답률 72 %

적용해야 할 개념 ③가지

① 한계(문턱) 진동수: 금속 표면에서 전자를 방출시킬 수 있는 빛의 최소 진동수이다.

② 금속판에 쪼여주는 빛의 진동수가 한계 진동수보다 작으면 빛의 세기가 아무리 세도 광전자가 방출되지 않으며, 빛의 진동수가 한계 진동수보다 크면 빛의 세기가 약해도 광전자가 즉시 방출된다.

③ 금속에서 방출된 광전자가 가지는 최대 운동 에너지 $E_{\max}=hf-W$이므로, 빛의 진동수 f가 클수록 크고 빛의 세기와 무관하다.

광전자의 방출 여부를 결정하는 요인	빛의 진동수
광전자의 최대 운동 에너지를 결정하는 요인	빛의 진동수
광전자의 수를 결정하는 요인	빛의 세기

문제 보기

그림 (가)는 단색광 A, B를 광전관의 금속판에 비추는 모습을 나타낸 것이고, (나)는 A, B의 세기를 시간에 따라 나타낸 것이다. t_1일 때 광전자가 방출되지 않고, t_2일 때 광전자가 방출된다.

└ A의 진동수 < 한계 진동수 └ B의 진동수 > 한계 진동수

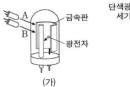

금속판, 광전자, A, B

단색광의 세기, A, B, 0, t_1, t_2, t_3, t_4, 시간

(가) t_1, t_4일 때 A에 의해서 광전 효과가 일어나지 않는다.

(나) t_2, t_3일 때 B에 의해서 광전 효과가 일어난다. → t_2, t_3일 때 광전자의 최대 운동 에너지는 같다.

이에 대한 설명으로 옳은 것만을 〈보기〉에서 있는 대로 고른 것은? [3점]

<보기> 풀이

ㄱ. 진동수는 A가 B보다 작다.

➡ t_1일 때 단색광 A에 의해서는 광전자가 방출되지 않으므로 A의 진동수는 금속판의 한계 진동수보다 작고, t_2일 때 단색광 B에 의해서는 광전자가 방출되므로 B의 진동수는 금속판의 한계 진동수보다 크다. 따라서 진동수는 A가 B보다 작다.

ㄴ. 방출되는 광전자의 최대 운동 에너지는 t_2일 때가 t_3일 때보다 작다.

➡ 방출되는 광전자의 최대 운동 에너지는 빛의 세기와는 무관하고 진동수에만 관계가 있다. t_2, t_3일 때는 진동수가 일정한 단색광 B에 의해서만 광전자가 방출되므로 방출된 광전자의 최대 운동 에너지는 t_2일 때와 t_3일 때가 같다.

ㄷ. t_4일 때 광전자가 방출된다.

➡ t_4일 때에는 금속판에 단색광 A만 비추며 A의 진동수는 금속판의 한계 진동수보다 작으므로, 광전자가 방출되지 않는다.

16 광전 효과 실험 2019학년도 7월 학평 물Ⅰ 14번

정답 ① | 정답률 81 %

적용해야 할 개념 ③가지

① 전자가 한 에너지 준위(n)에서 다른 에너지 준위(m)로 전이할 때, 흡수하거나 방출하는 광자(빛) 한 개의 에너지는 진동수 f에 비례하고 파장 λ에 반비례한다.

$$\Rightarrow E=|E_m-E_n|=hf=\frac{hc}{\lambda}$$

② 금속판에 쪼여주는 빛의 진동수가 한계(문턱) 진동수보다 크면 빛의 세기가 약해도 광전자가 즉시 방출된다.

③ 금속판에 쪼여주는 빛의 진동수가 한계 진동수보다 작으면 빛의 세기가 아무리 세도 광전자가 방출되지 않는다.

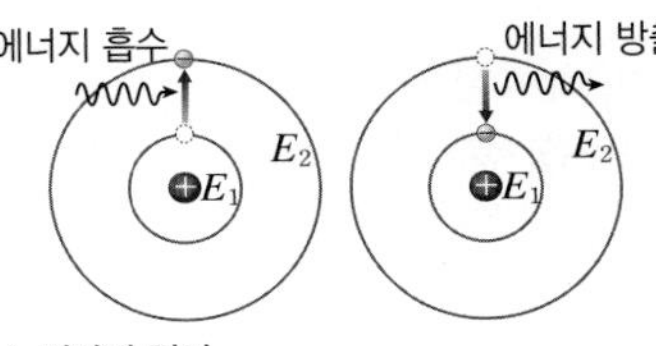

▲ 전자의 전이

문제 보기

그림 (가)는 보어의 수소 원자 모형에서 에너지 준위와 전자가 전이할 때 방출된 빛 A, B, C를 나타낸 것이다. 그림 (나)는 (가)의 A, B, C 중 하나를 금속판 P에 비추는 것을 나타낸 것이다. P에 B를 비추었을 때는 광전자가 방출되었고 C를 비추었을 때는 광전자가 방출되지 않았다.

B의 진동수 > P의 한계 진동수 / C의 진동수 < P의 한계 진동수

에너지, E_4, E_3, E_2, E_1, A, B, C

두 에너지 준위 차가 클수록 큰 진동수의 빛이 방출된다. → 진동수: A > B > C → 파장: A < B < C

빛, 금속판 P

(가) (나)

이에 대한 설명으로 옳은 것만을 〈보기〉에서 있는 대로 고른 것은?

<보기> 풀이

ㄱ. A를 P에 비추면 광전자가 방출된다.

➡ 전자가 전이할 때 방출된 빛의 진동수는 에너지 준위 차에 비례하므로 진동수는 A가 가장 크다. B를 비출 때 광전자가 방출되었으므로, B보다 진동수가 큰 A를 P에 비출 때도 광전자가 방출된다.

ㄴ. 파장은 B가 C보다 길다.

➡ B, C의 속력이 같을 때 빛의 파장은 빛의 진동수에 반비례하므로, 파장은 B가 C보다 짧다.

ㄷ. C의 세기를 증가시켜 P에 비추면 광전자가 방출된다.

➡ 광전자의 방출 여부는 빛의 진동수에만 관계하고 빛의 세기와는 무관하므로, 한계 진동수보다 작은 진동수 C의 세기를 증가시켜 P에 비추더라도 광전자가 방출되지 않는다.

17 광전 효과 실험 2020학년도 9월 모평 물Ⅰ 11번

정답 ② | 정답률 90 %

적용해야 할 개념 ②가지

① 전자가 한 에너지 준위(n)에서 다른 에너지 준위(m)로 전이할 때, 흡수되거나 방출되는 광자(빛) 한 개의 에너지는 두 에너지 준위의 차와 같으며 진동수 f에 비례하므로($E=|E_m-E_n|=hf$), 에너지 준위 차가 클수록 흡수 또는 방출하는 빛의 진동수 f가 크다.

② 광전 효과에서 방출된 광전자가 가지는 최대 운동 에너지 $E_{max}=hf-W$이므로, 빛의 진동수 f가 클수록 크다.

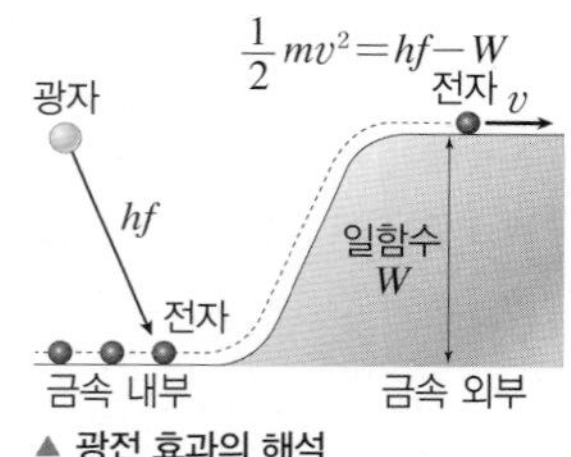

▲ 광전 효과의 해석

문제 보기

그림은 보어의 수소 원자 모형에서 양자수 n에 따른 에너지 준위의 일부와 전자의 전이에서 방출되는 단색광 a, b, c, d를 나타낸 것이다. 표는 a, b, c, d를 광전관 P에 각각 비추었을 때 광전자의 방출 여부와 광전자의 최대 운동 에너지 E_{max}를 나타낸 것이다.

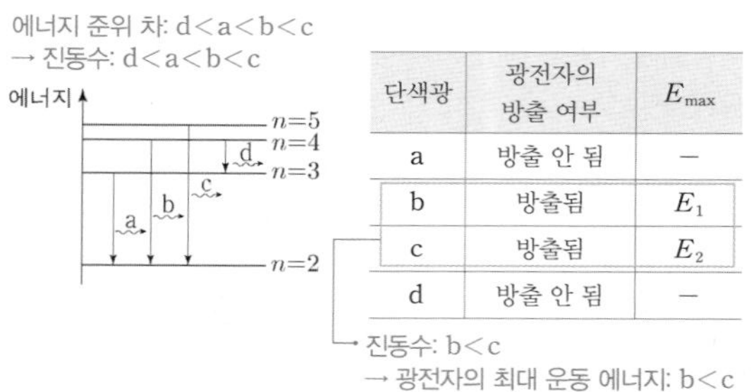

단색광	광전자의 방출 여부	E_{max}
a	방출 안 됨	−
b	방출됨	E_1
c	방출됨	E_2
d	방출 안 됨	−

이에 대한 설명으로 옳은 것만을 〈보기〉에서 있는 대로 고른 것은?

<보기> 풀이

ㄱ. **진동수는 a가 b보다 크다.** (✕)

➡ 에너지 준위의 차가 클수록 방출되는 빛의 진동수가 크므로, 진동수는 a가 b보다 작다. 또 광전관 P에 a를 비추었을 때 광전자가 방출되지 않으므로 a의 진동수는 P의 한계 진동수보다 작고, b를 비추었을 때 광전자가 방출되므로 b의 진동수는 P의 한계 진동수보다 큰 것으로부터 진동수는 a가 b보다 작은 것을 알 수 있다.

ㄴ. **b와 c를 P에 동시에 비출 때 E_{max}는 E_2이다.** (○)

➡ b와 c를 각각 P에 비출 때 광전자가 방출되므로, b와 c의 진동수는 P의 한계 진동수보다 크다. 이때 진동수는 c가 b보다 크므로, 방출되는 전자의 최대 운동 에너지도 c를 비추었을 때가 b를 비추었을 때보다 크다. 즉, $E_1<E_2$이다. 따라서 b와 c를 P에 동시에 비출 때 방출되는 광전자의 최대 운동 에너지 E_{max}는 E_2이다.

ㄷ. **a와 d를 P에 동시에 비출 때 광전자가 방출된다.** (✕)

➡ a와 d를 각각 P에 비출 때 광전자가 방출되지 않으므로, a와 d의 진동수는 P의 한계 진동수보다 작다. 한계 진동수보다 작은 빛을 동시에 비추어도 광전자가 방출되지 않는다.

18 광전 효과 실험 2023학년도 9월 모평 물Ⅰ 4번

정답 ① | 정답률 79 %

적용해야 할 개념 ③가지

① 전자가 한 에너지 준위(n)에서 다른 에너지 준위(m)로 전이할 때, 흡수되거나 방출되는 광자(빛) 한 개의 에너지는 두 에너지 준위의 차와 같으며, 진동수 f에 비례하고 파장 λ에 반비례한다.

➡ $E=|E_m-E_n|=hf=\frac{hc}{\lambda}$

② 금속판에 쪼여 주는 빛의 진동수가 문턱(한계) 진동수보다 작으면 빛의 세기가 아무리 세도 광전자가 방출되지 않으며, 금속판에 쪼여주는 빛의 진동수가 문턱(한계) 진동수보다 크면 빛의 세기가 약해도 광전자가 즉시 방출된다.

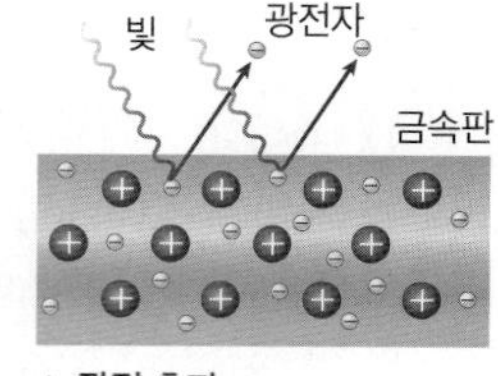

▲ 광전 효과

③ 수소의 선 스펙트럼 계열에서 라이먼 계열(자외선 영역)은 $n>1$인 궤도에 있는 전자가 $n=1$인 궤도로 전이할 때 방출하는 빛이고, 발머 계열(가시광선 영역 포함)은 $n>2$인 궤도에 있는 전자가 $n=2$인 궤도로 전이할 때 방출하는 빛이며, 파셴 계열(적외선 영역)은 $n>3$인 궤도에 있는 전자가 $n=3$인 궤도로 전이할 때 방출하는 빛이다.

문제 보기

그림 (가)는 보어의 수소 원자 모형에서 양자수 n에 따른 에너지 준위의 일부와, 전자가 전이하면서 진동수가 f_a, f_b인 빛이 방출되는 것을 나타낸 것이다. 그림 (나)는 분광기를 이용하여 (가)에서 방출되는 빛을 금속판에 비추는 모습을 나타낸 것으로, 광전자는 진동수가 f_a, f_b인 빛 중 하나에 의해서만 방출된다.

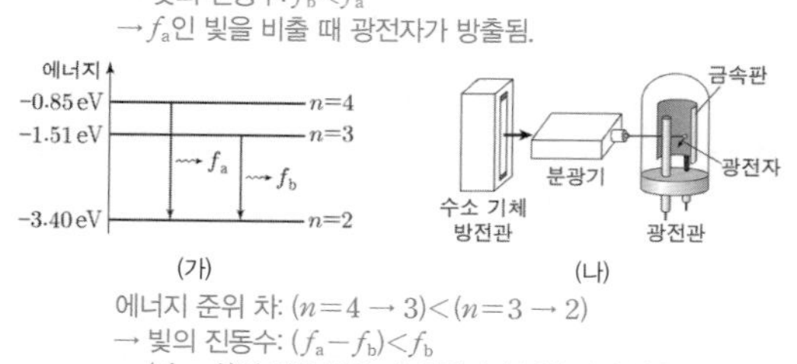

이에 대한 설명으로 옳은 것만을 〈보기〉에서 있는 대로 고른 것은?

<보기> 풀이

ㄱ. **진동수가 f_a인 빛을 금속판에 비출 때 광전자가 방출된다.** (○)

➡ 전자가 한 에너지 준위에서 다른 에너지 준위로 전이할 때 에너지 준위 차가 클수록 진동수가 큰 빛이 방출되므로, $f_b<f_a$이다. 광전 효과는 금속에 비추는 빛의 진동수가 특정한 값 이상일 때 일어나므로, 진동수가 f_a, f_b인 빛 중 하나에 의해서만 광전자가 방출된다면 진동수가 큰 f_a인 빛을 금속판에 비출 때 광전자가 방출된다.

ㄴ. **진동수가 f_b인 빛은 적외선이다.** (✕)

➡ n=3, 4, 5, 6인 궤도에 있는 전자가 n=2인 궤도로 전이할 때 가시광선 영역의 빛을 방출한다. 진동수가 f_b인 빛은 전자가 n=3인 상태에서 n=2인 상태로 전이할 때 방출되는 빛이므로 가시광선이다.

ㄷ. **진동수가 f_a-f_b인 빛을 금속판에 비출 때 광전자가 방출된다.** (✕)

➡ 진동수가 f_a-f_b인 빛은 전자가 n=4인 상태에서 n=3인 상태로 전이할 때 방출되는 빛의 진동수와 같다. 에너지 준위 차가 클수록 진동수가 큰 빛이 방출되므로, $(f_a-f_b)<f_b$이다. 진동수가 f_b인 빛을 비출 때 광전자가 방출되지 않으므로, 진동수가 더 작은 f_a-f_b인 빛을 금속판에 비출 때 광전자가 방출되지 않는다.

19 전하 결합 소자(CCD) 2020학년도 7월 학평 물Ⅰ 3번

정답 ① | 정답률 90 %

적용해야 할 개념 ③가지

① 전하 결합 소자(CCD: Charge Coupled Device): 광전 효과를 이용해 영상 정보를 기록하는 장치로 아주 작은 화소인 수백만 개의 광 다이오드가 규칙적으로 배열된 반도체 소자이다. 디지털카메라, 우주 천체 망원경 등에 이용된다.

② 전하 결합 소자(CCD)의 원리: 렌즈를 통해 들어온 빛이 전하 결합 소자의 광 다이오드에 닿으면 광전 효과가 일어나 전자가 발생하며, 각 화소에서 발생하는 전하의 양을 전기 신호로 변환시켜 각 위치에 비춰진 빛의 세기에 대한 영상 정보를 기록한다.

③ 광전 효과는 빛이 입자성을 가진다는 증거이다.

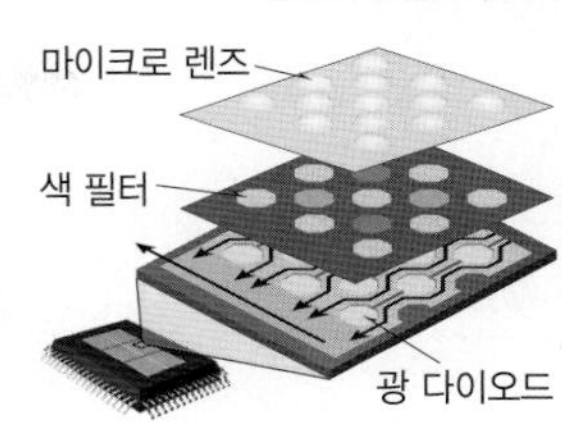

▲ CCD의 구조

문제 보기

다음은 전하 결합 소자(CCD)에 대한 설명이다.

디지털카메라의 한 부품인 전하 결합 소자는 영상 정보를 기록하는 소자로, 광 다이오드로 구성된 전하 결합 소자에 빛을 비추면 전자가 발생하는 ㉠ 에 의해 전류가 흐르므로 빛의 ㉡ 을 이용하는 장치이다. → 광전 효과 / 입자성

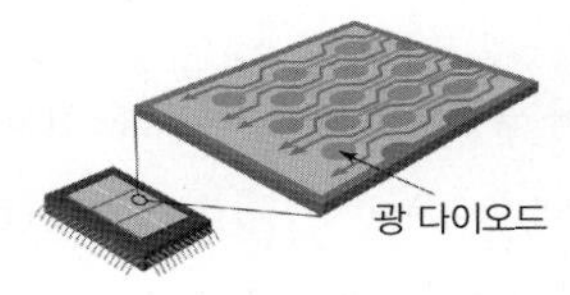

㉠과 ㉡에 해당하는 것으로 옳은 것은?

<보기> 풀이

디지털카메라의 렌즈를 통해 들어온 빛이 전하 결합 소자의 광 다이오드에 닿으면 광전 효과(㉠)에 의해 전자가 발생하여 전류가 흐른다. 전하 결합 소자는 각 화소에서 발생하는 전하의 양을 전기 신호로 변환시켜 각 위치에 비춰진 빛의 세기에 대한 영상 정보를 기록한다. 광전 효과는 빛이 입자성을 가진다는 증거이므로, 전하 결합 소자는 빛의 입자성(㉡)을 이용하는 장치이다.

	㉠	㉡
①	광전 효과	입자성
~~②~~	광전 효과	파동성
~~③~~	빛의 간섭	입자성
~~④~~	빛의 간섭	파동성
~~⑤~~	빛의 굴절	입자성

20 빛의 이중성 2021학년도 4월 학평 물Ⅰ 4번

정답 ① | 정답률 67 %

적용해야 할 개념 ③가지

① 전하 결합 소자(CCD)의 원리: 렌즈를 통해 들어온 빛이 전하 결합 소자의 광 다이오드에 닿으면 광전 효과가 일어나 전자가 발생하며, 각 화소에서 발생하는 전하의 양을 전기 신호로 변환시켜 각 위치에 비춰진 빛의 세기에 대한 영상 정보를 기록한다.

② 비누 막에 의한 간섭: 비누 막의 위쪽과 아래쪽에서 반사하는 두 빛이 만드는 간섭 현상에 의해 비누 막의 두께에 따라 다양한 색의 무늬가 나타난다.

③ 빛의 이중성: 빛이 입자성과 파동성을 모두 가지고 있는 것을 빛의 이중성이라고 한다.

- 빛의 파동성의 증거: 간섭, 회절
- 빛의 입자성의 증거: 광전 효과

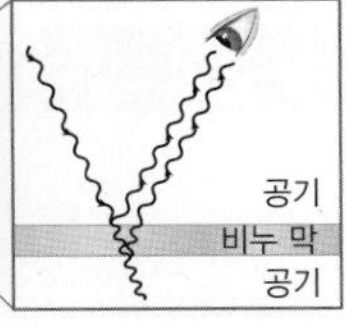

▲ 비누 막에 의한 빛의 간섭

문제 보기

그림은 빛에 의한 현상 A, B, C를 나타낸 것이다.

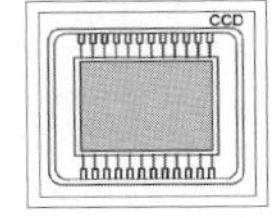

A. 전하 결합 소자에서 전자－양공 쌍이 생성 된다. → 광전 효과 → 빛의 입자성

B. 비누 막에서 다양한 색의 무늬가 보인다. → 빛의 간섭 현상 → 빛의 파동성

C. 지폐의 숫자 부분이 보는 각도에 따라 다른 색으로 보인다. → 빛의 간섭 현상 → 빛의 파동성

빛의 입자성으로 설명할 수 있는 현상만을 있는 대로 고른 것은?

<보기> 풀이

Ⓐ 전하 결합 소자에서 전자－양공쌍이 생성된다.

⇒ 빛이 전하 결합 소자를 구성하는 광 다이오드(p형 반도체와 n형 반도체의 접합 구조로 되어 있는 다이오드의 한 종류)에 닿으면, 원자가 띠의 전자가 전도띠로 전이하면서 전자와 양공쌍이 생성된다. 이와 같은 현상은 반도체에서 일어나는 광전 효과이며, 광전 효과는 빛의 입자성으로 설명할 수 있다.

~~B~~. 비누 막에서 다양한 색의 무늬가 보인다.

⇒ 빛이 얇은 비누 막에 비칠 때, 비누 막의 위쪽과 아래쪽에서 반사된 빛이 간섭을 일으켜 다양한 색의 무늬가 보인다. 빛의 간섭 현상은 빛의 파동성으로 설명할 수 있다.

~~C~~. 지폐의 숫자 부분이 보는 각도에 따라 다른 색으로 보인다.

⇒ 지폐의 숫자 부분의 잉크 표면에서 반사하는 빛과 안쪽에서 반사하는 빛이 간섭을 일으킬 때 보는 각도에 따라 다른 색으로 보인다. 이와 같은 빛의 간섭 현상은 빛의 파동성으로 설명할 수 있다.

21 물질파 2023학년도 7월 학평 물Ⅰ 2번

정답 ③ | 정답률 80 %

적용해야 할 개념 ③가지

① 물질파(드브로이파): 드브로이에 의해 제안된 것으로, 운동하는 입자가 파동성을 나타낼 때의 파동이다.

② 물질파 파장: 질량 m, 속력 v인 입자의 물질파 파장은 $\lambda=\dfrac{h}{mv}$ (h: 플랑크 상수)이며, 운동량 mv에 반비례한다.

물리량	관계
드브로이 파장과 전자의 속력	반비례
드브로이 파장과 전자의 운동량	반비례
드브로이 파장과 전자의 운동 에너지	제곱근에 반비례

③ 전자 현미경: 빛 대신 전자의 물질파를 이용하는 현미경으로, 광학 현미경으로는 볼 수 없는 바이러스나 물질 속 원자 배치 상태 등을 알아낼 수 있다.

문제 보기

그림은 전자선의 간섭무늬를 보고 물질의 이중성에 대해 학생 A, B, C가 대화하는 모습을 나타낸 것이다.

→ 전자가 파동의 성질을 가지기 때문에 나타나는 현상

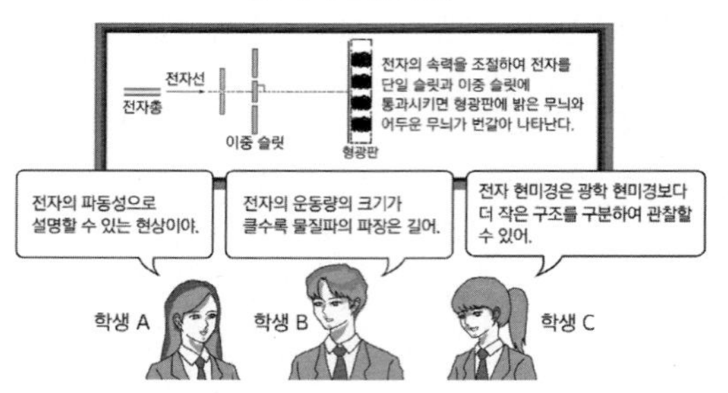

제시한 내용이 옳은 학생만을 있는 대로 고른 것은?

<보기> 풀이

학생 A: 전자의 파동성으로 설명할 수 있는 현상이야.

⇒ 이중 슬릿에 의한 간섭 현상은 파동의 성질이므로, 전자선의 간섭무늬는 전자의 파동성으로 설명할 수 있는 현상이다.

학생 B: 전자의 운동량의 크기가 클수록 물질파의 파장은 길어.

⇒ 질량 m, 속력 v인 입자의 물질파 파장은 $\lambda=\dfrac{h}{mv}$ (h: 플랑크 상수)이므로, 물질파 파장은 입자의 운동량 mv에 반비례한다. 따라서 전자의 운동량의 크기가 클수록 물질파 파장은 짧다.

학생 C: 전자 현미경은 광학 현미경보다 더 작은 구조를 구분하여 관찰할 수 있어.

⇒ 현미경에서 사용하는 파동의 파장이 짧을수록 분해능이 좋다. 전자 현미경에서 이용하는 전자의 물질파 파장은 광학 현미경에서 이용하는 가시광선의 파장보다 훨씬 짧으므로, 전자 현미경은 광학 현미경보다 더 작은 구조를 구분하여 관찰할 수 있다.

22 빛과 물질의 이중성 2021학년도 10월 학평 물Ⅰ 7번

정답 ③ | 정답률 89 %

적용해야 할 개념 ③가지

① 전하 결합 소자(CCD): 빛이 전하 결합 소자의 광 다이오드에 닿으면 광전 효과가 일어나 전자가 발생하는 원리를 이용하여 영상 정보를 기록한다.

② 얇은 막에 의한 간섭: 빛이 얇은 막에 비칠 때, 막의 아래쪽과 위쪽에서 반사되는 빛이 간섭 현상을 일으킨다.

③ 전자 현미경: 빛 대신 전자의 물질파를 이용하는 현미경으로, 광학 현미경으로는 볼 수 없는 바이러스나 물질 속 원자 배치 상태 등을 알아낼 수 있다.

구분	입자성	파동성
증거	광전 효과	빛의 간섭, 빛의 회절

▲ 빛의 이중성

문제 보기

그림의 A, B, C는 빛의 파동성, 빛의 입자성, 물질의 파동성을 이용한 예를 순서 없이 나타낸 것이다.

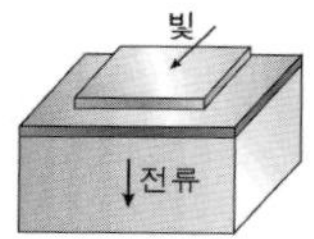

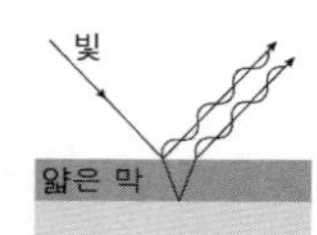

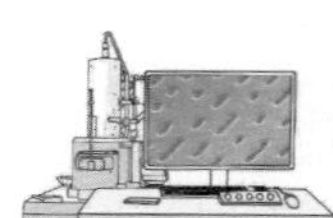

A. 빛을 비추면 전류가 흐르는 CCD의 광 다이오드
→ 광전 효과 → 빛의 입자성

B. 얇은 막을 입혀, 반사되는 빛의 세기를 줄인 안경
→ 상쇄 간섭 → 빛의 파동성

C. 전자를 가속시켜 DVD 표면을 관찰하는 전자 현미경
→ 물질파 → 물질의 파동성

빛의 파동성, 빛의 입자성, 물질의 파동성의 예로 옳은 것은?

<보기> 풀이

A: 빛을 비추면 전류가 흐르는 CCD의 광 다이오드

⇒ 빛이 전하 결합 소자(CCD)의 광 다이오드에 닿으면 전자가 방출되는 광전 효과가 일어나 전류가 흐른다. 광전 효과는 빛의 입자성의 예이다.

B: 얇은 막을 입혀, 반사되는 빛의 세기를 줄인 안경

⇒ 빛이 안경 표면에 입혀진 얇은 막에 비칠 때, 얇은 막의 아래쪽과 위쪽에서 반사되는 빛이 상쇄 간섭을 일으켜 반사광의 세기가 줄어든다. 빛의 간섭 현상은 빛의 파동성의 예이다.

C: 전자를 가속시켜 DVD 표면을 관찰하는 전자 현미경

⇒ 전자 현미경은 전자의 물질파를 사용하며, 가속된 전자의 물질파 파장은 가시광선의 파장보다 짧아서 선명한 상을 얻을 수 있다. 물질파는 물질의 파동성의 예이다.

	빛의 파동성	빛의 입자성	물질의 파동성
①	A	B	C
②	A	C	B
③	B	A	C
④	B	C	A
⑤	C	A	B

23 광 다이오드 2021학년도 7월 학평 물Ⅰ 19번

정답 ④ | 정답률 80 %

적용해야 할 개념 ④가지

① 광전 효과: 금속 표면이나 반도체에 빛을 쪼일 때 전자가 에너지를 얻어 튀어나오는 현상이며, 이때 튀어나온 전자를 광전자라고 한다.

② 빛의 세기는 광자의 수에 비례하므로, 빛의 진동수가 한계 진동수보다 크다면 빛의 세기가 셀수록 단위시간당 방출되는 광전자의 수도 증가한다.

③ 광전 효과는 빛이 입자성을 가진다는 증거이다.

④ 전하 결합 소자(CCD)의 원리: 렌즈를 통해 들어온 빛이 전하 결합 소자의 광 다이오드에 닿으면 광전 효과가 일어나 전자가 발생하며, 각 화소에서 발생하는 전하의 양을 전기 신호로 변환시켜 각 위치에 비춰진 빛의 세기에 대한 영상 정보를 기록한다.

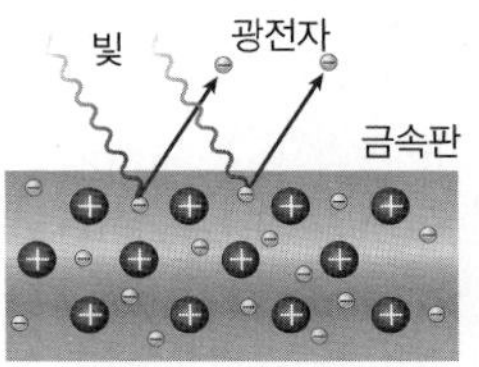

▲ 광전 효과

문제 보기

그림은 광 다이오드에 단색광을 비추었을 때 광 다이오드의 p-n 접합면에서 광전자가 방출되어 n형 반도체 쪽으로 이동하는 모습을 나타낸 것이다. 표는 단색광의 세기만을 다르게 하여 광 다이오드에 비추었을 때 단위시간당 방출되는 광전자의 수를 나타낸 것이다. → 광전 효과 → 빛의 입자성

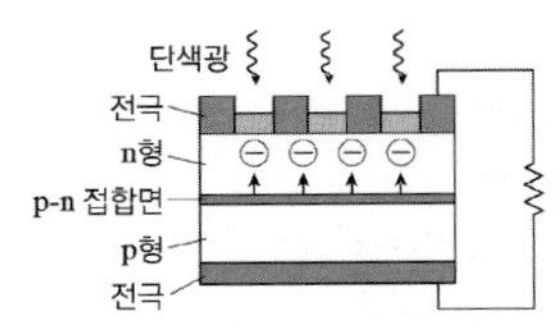

구분	단색광의 세기	광전자의 수
A	I_A	$2N_0$
B	I_B	N_0

빛의 세기∝광자의 수
→ 빛의 세기∝광전자의 수 → $I_A > I_B$

이에 대한 설명으로 옳은 것만을 〈보기〉에서 있는 대로 고른 것은?

<보기> 풀이

ㄱ. $I_A < I_B$이다. (✗)

➡ 광전 효과가 일어날 때 빛의 세기는 광자의 수에 비례하므로, 빛의 세기가 셀수록 단위시간당 방출되는 광전자의 수도 증가한다. 따라서 $I_A > I_B$이다.

ㄴ. 광 다이오드는 빛의 입자성을 이용한다. (○)

➡ 광전 효과는 빛이 입자성을 가진다는 증거이므로, 광 다이오드는 빛의 입자성을 이용한다.

ㄷ. 광 다이오드는 전하 결합 소자(CCD)에 이용될 수 있다. (○)

➡ 전하 결합 소자(CCD)는 렌즈를 통해 들어온 빛이 광 다이오드에 닿을 때 전자가 발생하는 광전 효과에 의해 영상 정보를 기록하는 장치이므로, 광 다이오드는 전하 결합 소자(CCD)에 이용될 수 있다.

24 광 다이오드 2022학년도 7월 학평 물Ⅰ 13번

정답 ① | 정답률 77 %

적용해야 할 개념 ③가지

① 금속판에 쪼여주는 빛의 진동수가 문턱(한계) 진동수보다 작으면 빛의 세기가 아무리 세도 광전자가 방출되지 않으며, 금속판에 쪼여주는 빛의 진동수가 문턱(한계) 진동수보다 크면 빛의 세기가 약해도 광전자가 즉시 방출된다.

② 금속판에 쪼여주는 빛의 진동수가 문턱(한계) 진동수보다 클 때, 단위 시간당 방출되는 광전자의 수는 빛의 세기에 비례한다.

③ 광전 효과는 빛이 입자성을 가진다는 증거이다.

진동수가 한계 진동수보다 작은 빛

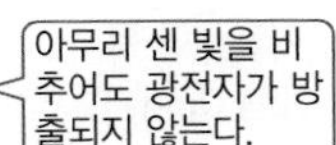

진동수가 한계 진동수보다 큰 빛

약한 빛 / 센(밝은) 빛

방출되는 광전자의 수는 빛의 세기에 비례한다.

▲ 광전자의 방출

문제 보기

그림과 같이 단색광 A 또는 B를 광 다이오드에 비추었더니 광 다이오드에 전류가 흘렀다. 표는 단색광의 세기에 따른 전류의 세기를 측정한 것을 나타낸 것이다.

A: 광전자가 방출되지 않음.
→ A의 진동수 < 문턱 진동수 → ㉠=0

단색광	단색광의 세기	전류의 세기
A	I	0
	$2I$	㉠
B	I	㉡
	$2I$	$2I_0$

B: 광전자가 방출됨.
→ B의 진동수 > 문턱 진동수
→ 광전자 수∝빛의 세기 → ㉡ < $2I_0$

이에 대한 설명으로 옳은 것만을 〈보기〉에서 있는 대로 고른 것은?

<보기> 풀이

ㄱ. ㉠은 0이다. (○)

➡ 세기가 I인 A를 비추었을 때 광전자가 방출되지 않았으므로, A의 진동수는 문턱 진동수보다 작다. 빛의 진동수가 문턱 진동수보다 작으면 빛의 세기를 증가시켜도 광전자가 방출되지 않으므로, ㉠은 0이다.

ㄴ. ㉡은 $2I_0$보다 크다. (✗)

➡ 세기가 $2I$인 B를 비추었을 때 광전자가 방출되었으므로, B의 진동수는 문턱 진동수보다 크다. 빛의 진동수가 문턱 진동수보다 클 때 단위 시간당 방출되는 광전자의 수는 빛의 세기에 비례하므로, 빛의 세기가 I로 감소하면 방출되는 광전자의 수도 감소한다. 따라서 ㉡은 $2I_0$보다 작다.

ㄷ. 광 다이오드는 빛의 파동성을 이용한다. (✗)

➡ 빛을 비추었을 때 광전자가 방출되는 광전 효과는 빛이 입자성을 가진다는 증거이므로, 광 다이오드는 빛의 입자성을 이용한다.

25 물질의 파동성 2023학년도 3월 학평 물Ⅰ 1번

정답 ③ | 정답률 76 %

적용해야 할 개념 ③가지

① 광전 효과: 금속 표면이나 반도체에 빛을 쪼일 때 전자가 에너지를 얻어 튀어나오는 현상이며, 이때 튀어나온 전자를 광전자라고 한다.
② 광전 효과는 빛이 입자성을 가진다는 증거이다.
③ 물질파(드브로이파): 드브로이에 의해 제안된 것으로, 운동하는 입자가 파동성을 나타낼 때의 파동이다.

문제 보기

물질의 파동성으로 설명할 수 있는 것만을 〈보기〉에서 있는 대로 고른 것은?

ㄱ. 운동량 보존 └→ 물질의 입자성
ㄴ. 광전 효과 └→ 빛의 입자성
ㄷ. 전자의 물질파 └→ 물질의 파동성

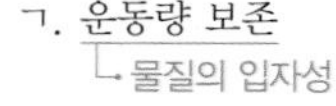
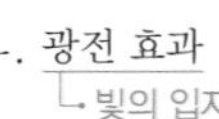
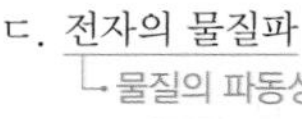
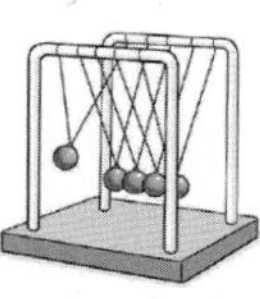
충돌구
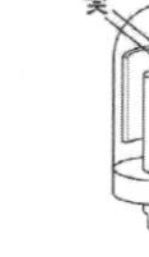

광전관
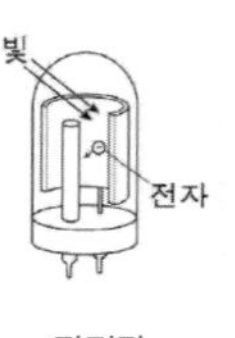

전자 현미경

<보기> 풀이

~~ㄱ.~~ **운동량 보존**
➡ 운동량은 입자의 질량과 속도의 곱이므로, 운동량 보존은 질량을 가진 입자의 경우에 성립한다. 따라서 운동량 보존은 물질의 입자성으로 설명할 수 있다.

~~ㄴ.~~ **광전 효과**
➡ 광양자설에 의하면 광전 효과는 광자와 전자의 충돌로 일어나므로, 광전 효과는 빛의 입자성으로 설명할 수 있다.

ⓒ **ㄷ. 전자의 물질파**
➡ 물질파는 입자가 나타내는 파동적 성질이므로, 전자의 물질파는 물질의 파동성으로 설명할 수 있다.

26 빛의 간섭 2021학년도 9월 모평 물Ⅰ 13번

정답 ① | 정답률 74 %

적용해야 할 개념 ③가지

① 이중 슬릿을 통과한 두 빛이 스크린에서 같은 위상으로 만나는 지점에서는 보강 간섭이 일어나 밝은 무늬가 나타난다.
② 이중 슬릿을 통과한 두 빛이 스크린에서 반대 위상으로 만나는 지점에서는 상쇄 간섭이 일어나 어두운 무늬가 나타난다.
③ 빛의 간섭, 회절 현상은 빛이 파동성을 가진다는 증거이다.

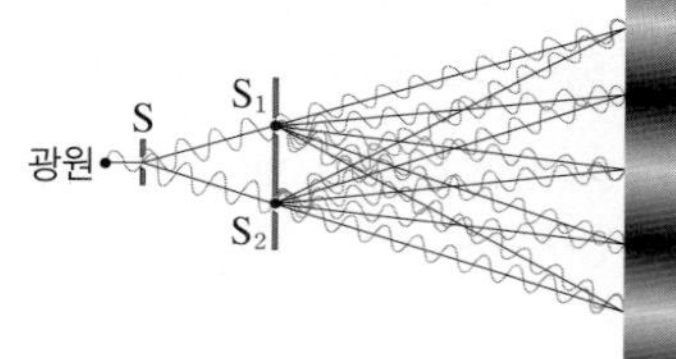

▲ 빛의 간섭 현상

문제 보기

그림은 빛의 간섭 현상을 알아보기 위한 실험을 나타낸 것이다. 스크린상의 점 O는 밝은 무늬의 중심이고, 점 P는 어두운 무늬의 중심이다.
(O: 보강 간섭 / P: 상쇄 간섭)

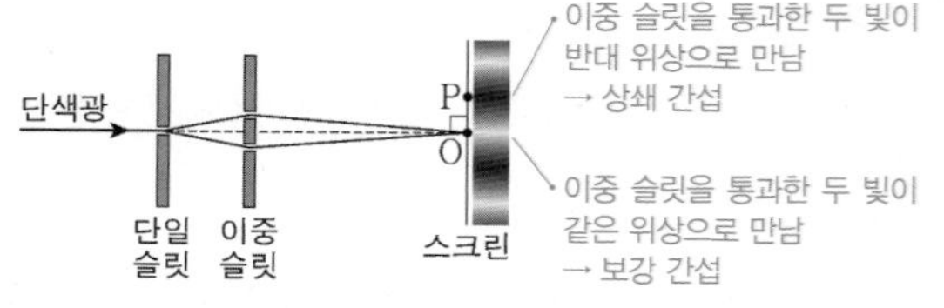

이에 대한 설명으로 옳은 것만을 〈보기〉에서 있는 대로 고른 것은?

<보기> 풀이

ⓖ **ㄱ. O에서는 보강 간섭이 일어난다.**
➡ 점 O는 밝은 무늬의 중심으로, 이중 슬릿을 통과한 두 빛이 스크린에서 같은 위상으로 만나 보강 간섭이 일어나는 지점이다.

~~ㄴ.~~ **이중 슬릿을 통과하여 P에서 간섭한 빛의 위상은 서로 같다.**
➡ 점 P는 어두운 무늬의 중심으로, 이중 슬릿을 통과한 두 빛이 만나 상쇄 간섭한 지점이다. 따라서 이중 슬릿을 통과하여 P에서 간섭한 빛의 위상은 서로 반대이다.

~~ㄷ.~~ **간섭은 빛의 입자성을 보여 주는 현상이다.**
➡ 빛의 간섭 현상은 빛의 파동성을 보여 주는 현상이다.

27 물질파 2023학년도 9월 모평 물Ⅰ 3번

정답 ③ | 정답률 69 %

적용해야 할 개념 ②가지

① 진동수 f인 광자가 가지는 에너지는 $E=hf=\frac{hc}{\lambda}$(h: 플랑크 상수)이다.

② 물질파 파장: 질량 m, 속력 v인 입자의 물질파 파장은 $\lambda=\frac{h}{mv}=\frac{h}{\sqrt{2mE_k}}$ (h: 플랑크 상수)이며, 운동량 mv에 반비례한다.

문제 보기

그림은 빛과 물질의 이중성에 대해 학생 A, B, C가 대화하는 모습을 나타낸 것이다.

제시한 내용이 옳은 학생만을 있는 대로 고른 것은? [3점]

<보기> 풀이

학생 A: 파장이 λ_1인 빛에 비해 광자의 에너지가 2배인 빛의 파장은 $\frac{1}{2}\lambda_1$이야.

➡ 진동수가 f인 광자의 에너지 $E=hf=h\frac{c}{\lambda}$이므로, 빛의 파장 λ는 광자의 에너지 E에 반비례한다. 따라서 파장이 λ_1인 빛에 비해 광자의 에너지가 2배인 빛의 파장은 $\frac{1}{2}\lambda_1$이다.

학생 B: 물질파 파장이 λ_2인 전자에 비해 운동 에너지가 2배인 전자의 물질파 파장은 $\frac{1}{2}\lambda_2$야.

➡ 전자의 운동 에너지 $E_k=\frac{1}{2}mv^2=\frac{(mv)^2}{2m}$에서 $mv=\sqrt{2mE_k}$이므로, 전자의 물질파 파장 $\lambda=\frac{h}{mv}=\frac{h}{\sqrt{2mE_k}}$이다. 즉, $\lambda\propto\frac{1}{\sqrt{E_k}}$이므로, 물질파 파장은 전자의 운동 에너지의 제곱근에 반비례한다. 따라서 물질파 파장이 λ_2인 전자에 비해 운동 에너지가 2배인 전자의 물질파 파장은 $\frac{1}{\sqrt{2}}\lambda_2$이다.

학생 C: 전자 현미경은 광학 현미경에 비해 더 작은 구조를 구분하여 관찰할 수 있어.

➡ 전자 현미경에서 사용하는 전자의 물질파 파장은 광학 현미경에서 사용하는 가시광선의 파장보다 짧아서 전자 현미경이 광학 현미경보다 분해능이 좋다. 따라서 전자 현미경은 광학 현미경에 비해 더 작은 구조를 구분하여 관찰할 수 있다.

28 물질파 2024학년도 10월 학평 물Ⅰ 4번

정답 ④ | 정답률 84 %

적용해야 할 개념 ③가지

① 간섭과 회절 현상은 파동이 가지는 특성이다.

② 물질파(드브로이파): 드브로이에 의해 제안된 것으로, 운동하는 입자가 파동성을 나타낼 때의 파동이다.

③ 물질파 파장: 질량 m, 속력 v인 입자의 물질파 파장 $\lambda=\frac{h}{mv}$ (h: 플랑크 상수)이며, 운동량 mv에 반비례한다.

문제 보기

그림은 전자선과 X선을 얇은 금속박에 각각 비추었을 때 나타나는 회절 무늬에 대해 학생 A, B, C가 대화하는 모습을 나타낸 것이다.

제시한 내용이 옳은 학생만을 있는 대로 고른 것은? [3점]

<보기> 풀이

학생 A: (가)는 전자의 파동성을 보여 주는 현상이야.

➡ 회절 현상은 파동의 성질이므로, (가)의 전자선 회절 무늬는 전자의 파동성을 보여주는 현상이다.

학생 B: (나)는 아인슈타인의 광양자설로 설명할 수 있어.

➡ 아인슈타인의 광양자설은 빛이 입자의 성질을 가진다는 이론이며, (나)의 X선 회절 무늬는 파동성으로 설명할 수 있다.

학생 C: 전자의 속력이 클수록 전자의 물질파 파장은 짧아.

➡ 질량 m, 속력 v인 입자의 물질파 파장 $\lambda=\frac{h}{mv}$이므로, 전자의 속력이 클수록 전자의 물질파 파장은 짧다.

29	물결파 2024학년도 3월 학평 물Ⅰ 4번	정답 ① ǀ 정답률 57 %

적용해야 할 개념 ③가지

① 물질파(드브로이파): 드브로이에 의해 제안된 것으로, 운동하는 입자가 파동성을 나타낼 때의 파동이다.

② 물질파 파장: 질량 m, 속력 v인 입자의 물질파 파장은 $\lambda=\frac{h}{mv}$ (h: 플랑크 상수)이며, 운동량 mv에 반비례한다.

③ 운동 에너지(E_k)는 운동하는 물체가 가지는 에너지로, 물체의 질량(m)과 속력의 제곱(v^2)에 각각 비례한다. ➡ $E_k=\frac{1}{2}mv^2$

문제 보기

표는 입자 A, B, C의 속력과 물질파 파장을 나타낸 것이다.

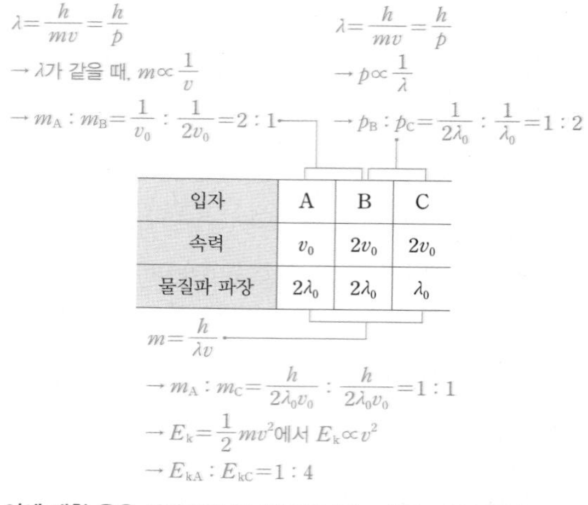

입자	A	B	C
속력	v_0	$2v_0$	$2v_0$
물질파 파장	$2\lambda_0$	$2\lambda_0$	λ_0

이에 대한 옳은 설명만을 〈보기〉에서 있는 대로 고른 것은?

<보기> 풀이

질량 m, 속력 v인 입자의 물질파 파장은 $\lambda=\frac{h}{mv}$ (h: 플랑크 상수)이다.

ㄱ. 질량은 A가 B의 2배이다.

➡ 물질파 파장 $\lambda=\frac{h}{mv}$에서 물질파 파장 λ가 같을 때 질량 m은 속력 v에 반비례한다. 물질파 파장은 A와 B가 같고 속력이 B가 A의 2배이므로, 질량은 A가 B의 2배이다.

ㄴ. 운동량의 크기는 B와 C가 같다.

➡ 물질파 파장 λ는 입자의 운동량 mv에 반비례한다. 물질파 파장이 B가 C의 2배이므로, 운동량의 크기는 C가 B의 2배이다.

ㄷ. 운동 에너지는 C가 A의 2배이다.

➡ 물질파 파장 $\lambda=\frac{h}{mv}$에서 $m=\frac{h}{\lambda v}$이므로, 물질파 파장과 속력의 곱 λv가 같으면 질량 m도 같다. A와 C의 물질파 파장과 속력의 곱이 $2\lambda_0 v_0$으로 같으므로, A와 C의 질량은 같다. 운동 에너지 $E_k=\frac{1}{2}mv^2$에서 A와 C의 질량이 같고 A와 C의 속력의 비가 1 : 2이므로, A와 C의 운동 에너지의 비는 1 : 4이다. 즉, 운동 에너지는 C가 A의 4배이다.

다른 풀이 운동 에너지를 표에서 주어진 속력과 물질파 파장을 이용해 나타내면 $E_k=\frac{1}{2}mv^2=\frac{1}{2}\left(\frac{h}{\lambda v}\right)v^2=\frac{h}{2}\left(\frac{v}{\lambda}\right)$이므로, $E_k\propto\frac{v}{\lambda}$이다. $\frac{속력}{물질파\ 파장}$은 A가 $\frac{v_0}{2\lambda_0}$이고 C가 $\frac{2v_0}{\lambda_0}$이므로, 운동 에너지는 C가 A의 4배이다.

30 물질파 2025학년도 6월 모평 물Ⅰ 13번

정답 ⑤ | 정답률 62 %

적용해야 할 개념 ②가지

① 물질파(드브로이파): 드브로이에 의해 제안된 것으로, 운동하는 입자가 파동성을 나타낼 때의 파동이다.

② 질량 m, 속력 v인 입자의 물질파 파장은 $\lambda=\frac{h}{mv}$ (h: 플랑크 상수)이며, 운동량 mv에 반비례한다.

문제 보기

그림은 입자 A, B, C의 운동 에너지와 속력을 나타낸 것이다.

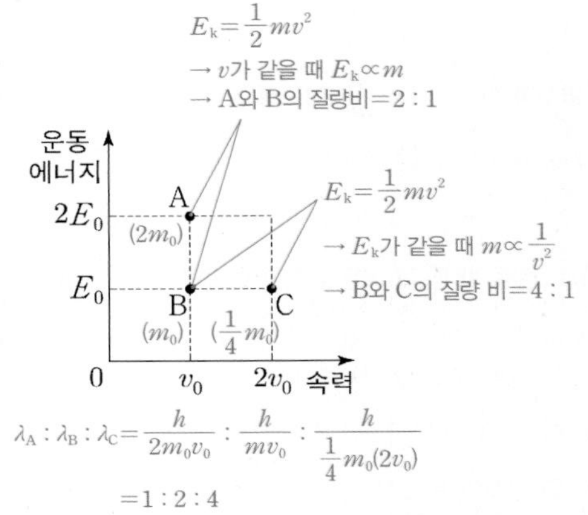

A, B, C의 물질파 파장을 각각 λ_A, λ_B, λ_C라고 할 때, λ_A, λ_B, λ_C를 비교한 것으로 옳은 것은?

<보기> 풀이

❶ 질량 m, 속력 v인 입자의 운동 에너지는 $E_k=\frac{1}{2}mv^2$이다. 입자의 속력이 같을 때 운동 에너지는 질량에 비례한다($E_k \propto m$). A와 B의 속력은 같고 운동 에너지의 비가 2 : 1이므로, A와 B의 질량의 비도 2 : 1이다. 따라서 B의 질량을 m_0이라고 하면, A의 질량은 $2m_0$이다. 또 입자의 운동 에너지가 같을 때 질량은 속력의 제곱에 반비례한다($m \propto \frac{1}{v^2}$). B와 C의 운동 에너지가 같고 속력의 비가 1 : 2이므로, B와 C의 질량의 비는 4 : 1이다. 따라서 C의 질량은 $\frac{1}{4}m_0$이다.

❷ 질량 m, 속력 v인 입자의 물질파 파장은 $\lambda=\frac{h}{mv}$이므로,

$\lambda_A=\frac{h}{2m_0v_0}$, $\lambda_B=\frac{h}{m_0v_0}$, $\lambda_C=\frac{h}{\frac{1}{4}m_0(2v_0)}$에서 $\lambda_A : \lambda_B : \lambda_C=1:2:4$이므로

$\lambda_C>\lambda_B>\lambda_A$이다.

다른 풀이

질량 m, 속력 v인 입자의 물질파 파장은 $\lambda=\frac{h}{mv}$이므로,

운동 에너지 $E_k=\frac{1}{2}mv^2=\frac{1}{2}(mv)v=\frac{1}{2}\left(\frac{h}{\lambda}\right)v$에서 $\lambda=\frac{hv}{2E_k}$이다.

따라서 $\lambda_A=\frac{hv_0}{2(2E_0)}$, $\lambda_B=\frac{hv_0}{2E_0}$, $\lambda_C=\frac{h(2v_0)}{2E_0}$에서 $\lambda_A : \lambda_B : \lambda_C=1:2:4$이므로,

$\lambda_C>\lambda_B>\lambda_A$이다.

~~①~~ $\lambda_A>\lambda_B>\lambda_C$ ~~②~~ $\lambda_A>\lambda_B=\lambda_C$ ~~③~~ $\lambda_B>\lambda_A>\lambda_C$

~~④~~ $\lambda_B>\lambda_A=\lambda_C$ ⑤ $\lambda_C>\lambda_B>\lambda_A$

31 물질파 2024학년도 수능 물Ⅰ 16번

정답 ⑤ | 정답률 61 %

적용해야 할 개념 ③가지

① 물질파(드브로이파): 드브로이에 의해 제안된 것으로, 운동하는 입자가 파동성을 나타낼 때의 파동이다.

② 물질파 파장: 질량 m, 속력 v인 입자의 물질파 파장은 $\lambda=\frac{h}{mv}$ (h: 플랑크 상수)이며, 운동량 mv에 반비례한다.

③ 질량 m, 속력 v, 운동 에너지 E_k인 입자의 물질파 파장은 $\lambda=\frac{h}{mv}=\frac{h}{\sqrt{2mE_k}}$이다.

문제 보기

그림은 입자 P, Q의 물질파 파장의 역수를 입자의 속력에 따라 나타낸 것이다. P, Q는 각각 중성자와 헬륨 원자를 순서 없이 나타낸 것이다.

$\lambda=\frac{h}{mv}$
→ $m=\frac{h}{v}\left(\frac{1}{\lambda}\right)$
→ P의 질량$=h\frac{y_0}{v_0}$, Q의 질량$<h\frac{y_0}{v_0}$
→ P의 질량>Q의 질량
→ P: 헬륨 원자, Q: 중성자

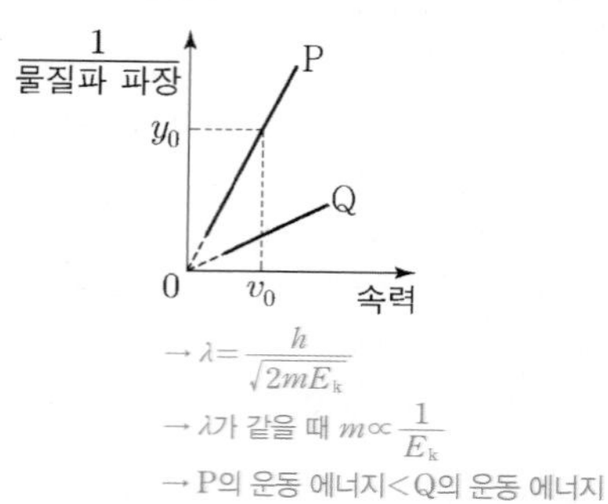

→ $\lambda=\frac{h}{\sqrt{2mE_k}}$
→ λ가 같을 때 $m\propto\frac{1}{E_k}$
→ P의 운동 에너지<Q의 운동 에너지

이에 대한 설명으로 옳은 것만을 〈보기〉에서 있는 대로 고른 것은? (단, h는 플랑크 상수이다.)

<보기> 풀이

ㄱ. P의 질량은 $h\frac{y_0}{v_0}$이다.

➡ 질량 m, 속력 v인 입자의 물질파 파장은 $\lambda=\frac{h}{mv}$이므로, $m=\frac{h}{v}\left(\frac{1}{\lambda}\right)$이다. P의 경우 물질파 파장의 역수$\left(\frac{1}{\lambda}\right)$가 y_0일 때 속력은 v_0이므로, P의 질량은 $h\frac{y_0}{v_0}$이다.

ㄴ. Q는 중성자이다.

➡ $m=\frac{h}{v}\left(\frac{1}{\lambda}\right)$에서 입자의 속력($v$)이 같을 때 질량($m$)은 물질파 파장의 역수$\left(\frac{1}{\lambda}\right)$에 비례한다. P와 Q의 속력이 v_0으로 같을 때 물질파 파장의 역수는 P가 Q보다 크므로, 입자의 질량은 P가 Q보다 크다. 따라서 P는 헬륨 원자이고 Q는 중성자이다.

ㄷ. P와 Q의 물질파 파장이 같을 때, 운동 에너지는 P가 Q보다 작다.

➡ 질량 m, 속력 v, 운동 에너지 E_k인 입자의 운동 에너지 $E_k=\frac{1}{2}mv^2=\frac{(mv)^2}{2m}$이므로, 입자의 운동량은 $mv=\sqrt{2mE_k}$이고 입자의 물질파 파장은 $\lambda=\frac{h}{mv}=\frac{h}{\sqrt{2mE_k}}$이다. 따라서 입자의 물질파 파장($\lambda$)이 같을 때 입자의 질량($m$)과 운동 에너지($E_k$)는 반비례한다. P와 Q의 물질파 파장이 같을 때, 질량은 P가 Q보다 크므로 운동 에너지는 P가 Q보다 작다.

32 물질파 2024학년도 7월 학평 물Ⅰ 6번

정답 ④ | 정답률 81 %

적용해야 할 개념 ③가지

① 물질파(드브로이파): 드브로이에 의해 제안된 것으로, 운동하는 입자가 파동성을 나타낼 때의 파동이다.

② 물질파 파장: 질량 m, 속력 v인 입자의 물질파 파장 $\lambda=\frac{h}{mv}$ (h: 플랑크 상수)이며, 운동량 mv에 반비례한다.

③ 질량 m, 속력 v, 운동 에너지 E_k인 입자의 물질파 파장은 $\lambda=\frac{h}{mv}=\frac{h}{\sqrt{2mE_k}}$이다.

문제 보기

표는 입자 A, B의 질량과 운동량의 크기를 나타낸 것이다.

운동량=질량×속력
→ A, B의 속력의 비(A : B)
$=\frac{2p}{m}:\frac{p}{2m}=4:1$

물질파 파장$\propto\frac{1}{운동량}$:
→ A, B의 물질파 파장의 비(A : B)
$=\frac{1}{2p}:\frac{1}{p}=1:2$

입자	질량	운동량의 크기
A	m	$2p$
B	$2m$	p

운동 에너지$\propto\frac{(운동량)^2}{질량}$:
→ A, B의 운동 에너지의 비(A : B)
$=\frac{(2p)^2}{m}:\frac{p^2}{2m}=8:1$

입자의 물리량이 A가 B보다 큰 것만을 〈보기〉에서 있는 대로 고른 것은?

<보기> 풀이

입자의 운동량의 크기는 질량과 속력의 곱이고($p=mv$), 입자의 물질파 파장은 입자의 운동량에 반비례한다$\left(\lambda=\frac{h}{mv}=\frac{h}{p}\right)$. 또 입자의 운동 에너지는 운동량의 제곱에 비례하고 질량에 반비례한다$\left(E_k=\frac{1}{2}mv^2=\frac{(mv)^2}{2m}=\frac{p^2}{2m}\right)$.

ㄱ. 물질파 파장 (✕)

➡ A와 B의 물질파 파장의 비는 $\frac{1}{2p}:\frac{1}{p}=1:2$이므로, 물질파 파장은 B가 A보다 길다.

ㄴ. 속력

➡ A와 B의 속력의 비는 $\frac{2p}{m}:\frac{p}{2m}=4:1$이므로, 속력은 A가 B보다 크다.

ㄷ. 운동 에너지

➡ A와 B의 운동 에너지의 비는 $\frac{(2p)^2}{m}:\frac{p^2}{2m}=8:1$이므로, 운동 에너지는 A가 B보다 크다.

33 물질파 2025학년도 9월 모평 물I 14번

정답 ② | 정답률 75 %

적용해야 할 개념 ③가지

① 물질파(드브로이파): 드브로이에 의해 제안된 것으로, 운동하는 입자가 파동성을 나타낼 때의 파동이다.

② 물질파 파장: 질량 m, 속력 v인 입자의 물질파 파장 $\lambda=\frac{h}{mv}$ (h: 플랑크 상수)이며, 운동량 mv에 반비례한다.

③ 질량 m, 속력 v, 운동량의 크기가 $p=mv$인 입자의 운동 에너지 $E_k=\frac{1}{2}mv^2=\frac{(mv)^2}{2m}=\frac{p^2}{2m}$이다.

문제 보기

그림은 입자 A, B, C의 운동량과 운동 에너지를 나타낸 것이다.

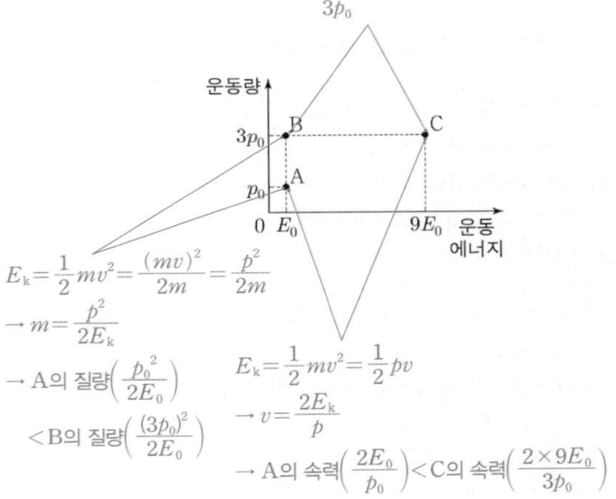

$\lambda=\frac{h}{mv}=\frac{h}{p}$
B의 운동량=C의 운동량=$3p_0$
→ B의 물질파 파장=C의 물질파 파장 $=\frac{h}{3p_0}$
운동량
$3p_0$
p_0
B
C
A
0 E_0
$9E_0$
운동 에너지
$E_k=\frac{1}{2}mv^2=\frac{(mv)^2}{2m}=\frac{p^2}{2m}$
→ $m=\frac{p^2}{2E_k}$
→ A의 질량$\left(\frac{p_0^2}{2E_0}\right)$ <B의 질량$\left(\frac{(3p_0)^2}{2E_0}\right)$
$E_k=\frac{1}{2}mv^2=\frac{1}{2}pv$
→ $v=\frac{2E_k}{p}$
→ A의 속력$\left(\frac{2E_0}{p_0}\right)$<C의 속력$\left(\frac{2\times 9E_0}{3p_0}\right)$

이에 대한 설명으로 옳은 것만을 〈보기〉에서 있는 대로 고른 것은?

<보기> 풀이

~~ㄱ.~~ **질량은 A가 B보다 크다.**

➡ 질량 m, 속력 v, 운동량의 크기가 $p=mv$인 입자의 운동 에너지 $E_k=\frac{1}{2}mv^2=\frac{(mv)^2}{2m}=\frac{p^2}{2m}$이므로, 입자의 질량 $m=\frac{p^2}{2E_k}$이다. A와 B의 질량은 각각 $\frac{p_0^2}{2E_0}$, $\frac{(3p_0)^2}{2E_0}$이므로, 질량은 A가 B보다 작다.

~~ㄴ.~~ **속력은 A와 C가 같다.**

➡ 입자의 운동 에너지 $E_k=\frac{1}{2}mv^2=\frac{1}{2}pv$에서 입자의 속력 $v=\frac{2E_k}{p}$이다. A, C의 속력은 각각 $\frac{2E_0}{p_0}$, $\frac{2(9E_0)}{3p_0}$이므로, 속력은 A가 C보다 작다.

ㄷ. **물질파 파장은 B와 C가 같다.**

➡ 입자의 물질파 파장 $\lambda=\frac{h}{mv}=\frac{h}{p}$ (h: 플랑크 상수)이므로, 입자의 운동량(p)이 같으면 물질파 파장(λ)도 같다. 운동량은 B와 C가 $3p_0$으로 같으므로, 물질파 파장은 B와 C가 $\frac{h}{3p_0}$로 같다.

34 물질파 2021학년도 6월 모평 물I 15번

정답 ② | 정답률 56 %

적용해야 할 개념 ②가지

① 물질파(드브로이파): 드브로이에 의해 제안된 것으로, 운동하는 입자가 파동성을 나타낼 때의 파동이다.

② 물질파 파장: 질량 m, 속력 v인 입자의 물질파 파장은 $\lambda=\frac{h}{mv}$(h: 플랑크 상수)이며, 운동량 mv에 반비례한다.

물리량	관계
드브로이 파장과 전자의 속력	반비례
드브로이 파장과 전자의 운동량	반비례

문제 보기

그림은 입자 A, B, C의 물질파 파장을 속력에 따라 나타낸 것이다.

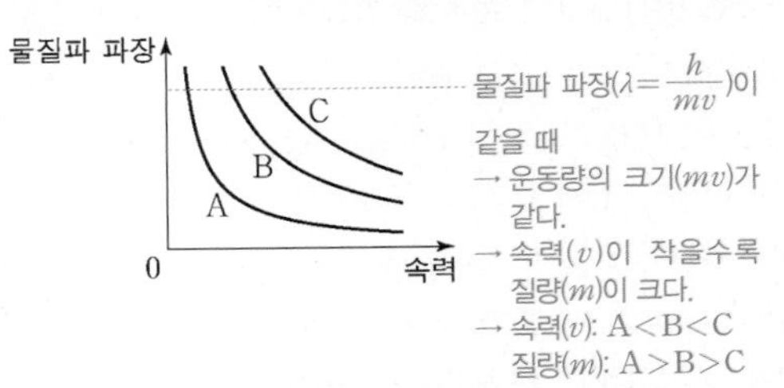

이에 대한 설명으로 옳은 것만을 〈보기〉에서 있는 대로 고른 것은?

<보기> 풀이

~~ㄱ.~~ **A, B의 운동량 크기가 같을 때, 물질파 파장은 A가 B보다 짧다.**

➡ 입자의 물질파 파장 $\lambda=\frac{h}{mv}$에서 운동량의 크기(mv)가 같다면 물질파 파장(λ)도 같다. 따라서 A, B의 운동량 크기가 같을 때, 물질파 파장은 같다.

ㄴ. **A, C의 물질파 파장이 같을 때, 속력은 A가 C보다 작다.**

➡ 그래프에서 A, C의 물질파 파장이 같을 때, 입자의 속력은 A가 C보다 작은 것을 알 수 있다.

~~ㄷ.~~ **질량은 B가 C보다 작다.**

➡ 입자의 물질파 파장 $\lambda=\frac{h}{mv}$이므로 물질파 파장(λ)이 같으면 운동량의 크기(mv)도 같다. 이때 질량(m)과 속력(v)은 반비례한다. 그래프에서 B, C의 물질파 파장이 같을 때, 입자의 속력은 B가 C보다 작으므로, 질량은 B가 C보다 크다.

35 광전 효과와 물질파 2022학년도 9월 모평 물Ⅰ 12번

정답 ③ | 정답률 68 %

적용해야 할 개념 ④가지

① 물질파 파장: 질량 m, 속력 v인 입자의 물질파 파장 $\lambda=\frac{h}{mv}$(h: 플랑크 상수)이며, 운동량 mv에 반비례한다.
② 광전 효과: 금속 표면이나 반도체에 빛을 쪼일 때 전자가 에너지를 얻어 튀어나오는 현상이며, 이때 튀어나온 전자를 광전자라고 한다.
③ 금속판에 쪼여 주는 빛의 진동수가 한계(문턱) 진동수보다 작으면 빛의 세기가 아무리 세도 광전자가 방출되지 않는다.
④ 금속판에 쪼여 주는 빛의 진동수가 한계(문턱) 진동수보다 클 때, 단위시간당 방출되는 광전자의 수는 빛의 세기에 비례한다.

진동수가 한계 진동수보다 작은 빛

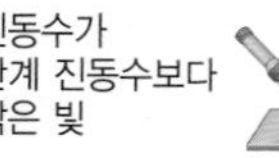

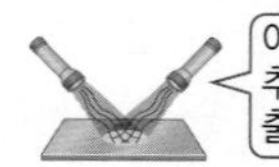

아무리 센 빛을 비추어도 광전자가 방출되지 않는다.

진동수가 한계 진동수보다 큰 빛

약한 빛

센(밝은) 빛

방출되는 광전자의 수는 빛의 세기에 비례한다.

▲ 광전자의 방출

문제 보기

그림과 같이 금속판에 초록색 빛을 비추어 방출된 광전자를 가속하여 이중 슬릿에 입사시켰더니 형광판에 간섭무늬가 나타났다. 금속판에 빨간색 빛을 비추었을 때는 광전자가 방출되지 않았다.

└ 금속판의 문턱 진동수 > 빨간색 빛의 진동수

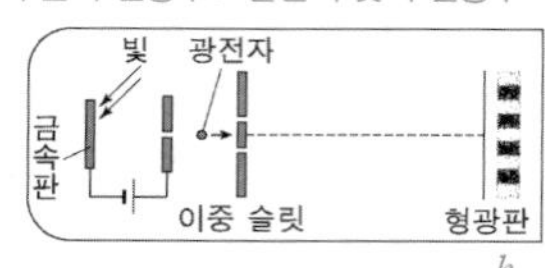

물질파 파장($\lambda=\frac{h}{mv}$)
→ 속력 v가 클수록 파장 λ가 짧아진다.

이에 대한 설명으로 옳은 것만을 〈보기〉에서 있는 대로 고른 것은? [3점]

〈보기〉 풀이

ㄱ. 광전자의 속력이 커지면 광전자의 물질파 파장은 줄어든다.
➡ 질량 m, 속력 v인 입자의 물질파 파장 $\lambda=\frac{h}{mv}$이므로 입자의 속력 v가 커지면 물질파 파장 λ가 줄어든다. 따라서 광전자의 속력이 커지면 광전자의 물질파 파장은 줄어든다.

ㄴ. 초록색 빛의 세기를 감소시켜도 간섭무늬의 밝은 부분은 밝기가 변하지 않는다.
➡ 광전 효과가 일어날 때 빛의 세기는 광자의 수에 비례한다. 따라서 초록색 빛의 세기를 감소시키면 금속판에서 방출되는 광전자의 수가 감소하고 형광판에 도달하는 광전자의 수도 감소하므로 간섭무늬의 밝기가 어두워진다.

ㄷ. 금속판의 문턱 진동수는 빨간색 빛의 진동수보다 크다.
➡ 금속판의 문턱 진동수가 빛의 진동수보다 작을 때 광전자가 방출된다. 빨간색 빛을 비추었을 때는 광전 효과가 일어나지 않으므로 금속판의 문턱 진동수는 빨간색 빛의 진동수보다 크다.

36 전자 현미경 2023학년도 수능 물Ⅰ 4번

정답 ② | 정답률 83 %

적용해야 할 개념 ③가지

① 물질파(드브로이파): 드브로이에 의해 제안된 것으로, 운동하는 입자가 파동성을 나타낼 때의 파동이다.
② 물질파 파장: 질량 m, 속력 v인 입자의 물질파 파장 $\lambda=\frac{h}{mv}$(h: 플랑크 상수)이며, 운동량 mv에 반비례한다.
③ 전자 현미경: 빛 대신 전자의 물질파를 이용하는 현미경으로, 광학 현미경으로는 볼 수 없는 바이러스나 물질 속 원자 배치 상태 등을 알아낼 수 있다.

물리량	관계
드브로이 파장과 전자의 속력	반비례
드브로이 파장과 전자의 운동량	반비례
드브로이 파장과 전자의 운동 에너지	제곱근에 반비례

문제 보기

다음은 물질의 이중성에 대한 설명이다.

- 얇은 금속박에 전자선을 비추면 X선을 비추었을 때와 같이 회절 무늬가 나타난다. 이러한 현상은 전자의 [㉠]으로 설명할 수 있다. └ 파동성
- 전자의 운동량의 크기가 클수록 물질파의 파장은 [㉡]. 물질파를 이용하는 [㉢] 현미경은 가시광선을 이용하는 현미경보다 작은 구조를 구분하여 관찰할 수 있다. └ 짧다 └ 전자

㉠, ㉡, ㉢에 들어갈 내용으로 가장 적절한 것은? [3점]

〈보기〉 풀이

㉠ ➡ 회절 현상은 파동의 성질이므로, 전자의 회절 무늬는 전자의 파동성으로 설명할 수 있다.

㉡ ➡ 질량 m, 속력 v인 입자의 물질파 파장 $\lambda=\frac{h}{mv}$이므로, 물질파 파장은 입자의 운동량에 반비례한다. 따라서 전자의 운동량의 크기가 클수록 물질파 파장은 짧다.

㉢ ➡ 현미경에서 사용하는 파동의 파장이 짧을수록 분해능이 좋다. 물질파 파장이 가시광선의 파장보다 짧으므로, 물질파를 이용하는 전자 현미경이 가시광선을 이용하는 광학 현미경보다 더 작은 구조를 구분하여 관찰할 수 있다.

	㉠	㉡	㉢
①	파동성	길다	전자
②	파동성	짧다	전자
③	파동성	길다	광학
④	입자성	짧다	전자
⑤	입자성	길다	광학

37 물질파 2023학년도 10월 학평 물Ⅰ 2번

정답 ① | 정답률 70 %

적용해야 할 개념 ③가지

① 물질파(드브로이파): 드브로이에 의해 제안된 것으로, 운동하는 입자가 파동성을 나타낼 때의 파동이다.

② 물질파 파장: 질량 m, 속력 v인 입자의 물질파 파장은 $\lambda=\frac{h}{mv}$ (h: 플랑크 상수)이며, 운동량 mv에 반비례한다.

물리량	관계
드브로이 파장과 전자의 속력	반비례
드브로이 파장과 전자의 운동량	반비례

③ 분해능: 서로 가까이 있는 두 점을 구분하여 볼 수 있는 능력으로, 현미경이 사용하는 파동의 파장이 짧을수록 분해능이 우수하다.

문제 보기

다음은 투과 전자 현미경에 대한 기사의 일부이다.

> ○○대학교 물리학과 연구팀은 전자의 물질파를 이용하는 ㉠투과 전자 현미경(TEM)으로, 작동 중인 전기 소자의 원자 구조 변화를 실시간으로 관찰하였다. 이 연구팀의 실환경 투과 전자 현미경 분석법은 차세대 비휘발성 메모리 소자 개발에 중요한 역할을 할 것으로 기대된다.
>
> 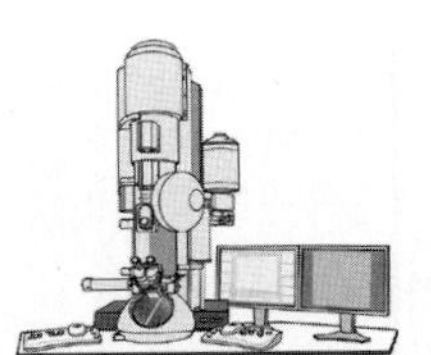
>
> TEM: 광학 현미경으로 관찰 불가능한, ㉡시료의 매우 작은 구조까지 관찰 가능함.
>
> 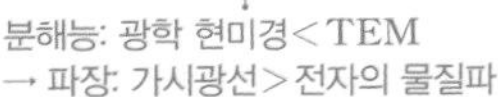
>
> 분해능: 광학 현미경<TEM
> → 파장: 가시광선>전자의 물질파

이에 대한 옳은 설명만을 〈보기〉에서 있는 대로 고른 것은?

<보기> 풀이

ㄱ. ㉠은 전자의 파동성을 활용한다.

➡ ㉠이 이용하는 전자의 물질파는 전자가 파동적 성질을 나타낼 때의 파동이므로, ㉠은 전자의 파동성을 활용한다.

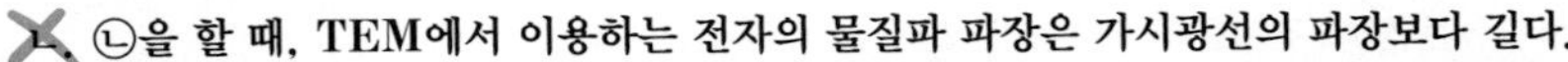

ㄴ. ㉡을 할 때, TEM에서 이용하는 전자의 물질파 파장은 가시광선의 파장보다 길다.

➡ 현미경의 분해능은 사용하는 파동의 파장이 짧을수록 좋다. TEM의 분해능은 광학 현미경의 분해능보다 우수하므로, TEM에서 이용하는 전자의 물질파 파장은 광학 현미경에서 이용하는 가시광선의 파장보다 짧다.

ㄷ. 전자의 속력이 클수록 전자의 물질파 파장이 길다.

➡ 질량이 m, 속력이 v인 전자의 물질파 파장은 $\lambda=\frac{h}{mv}$이므로, 전자의 물질파 파장은 전자의 속력에 반비례한다. 따라서 전자의 속력이 클수록 전자의 물질파 파장은 짧다.

38 전자 현미경 2021학년도 7월 학평 물Ⅰ 17번

정답 ⑤ | 정답률 64 %

적용해야 할 개념 ④가지

① 물질파(드브로이파): 드브로이에 의해 제안된 것으로, 운동하는 입자가 파동성을 나타낼 때의 파동이다.

② 전자 현미경: 빛 대신 전자의 물질파를 이용하는 현미경으로, 광학 현미경으로는 볼 수 없는 바이러스나 물질 속 원자 배치 상태 등을 알아낼 수 있다.

③ 전자 현미경의 자기렌즈는 코일로 만든 원통형의 전자석으로, 전자가 자기장에 의해 진행 경로가 휘어지는 성질을 이용하여 전자선을 굴절시킨다.

④ 전자의 물질파 파장: 가시광선의 파장이 약 10^{-7} m인데 비해 전자의 물질파 파장은 약 10^{-10} m정도이다.

문제 보기

다음은 전자 현미경에 대한 설명이다.

> ㉠전자 현미경이 광학 현미경과 가장 크게 다른 점은 가시광선 대신 전자선을 사용한다는 것이다. 광학 현미경은 유리 렌즈를 사용하여 확대된 상을 얻고, 전자 현미경은 전자석 코일로 만든 ㉡자기렌즈를 사용하여 확대된 상을 얻는다.
>
> → 전자의 물질파 사용
> → 물질의 파동성 이용
>
> 또한 전자 현미경은 높은 전압을 이용하여 ㉢가속된 전자를 사용하므로, 확대된 상을 광학 현미경보다 선명하게 관찰할 수 있다.
>
> → 분해능: 전자 현미경>광학 현미경
> → 파장: 전자의 물질파<가시광선
>
> 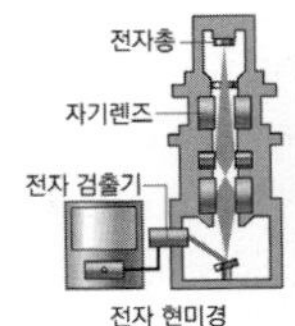
>
>
> 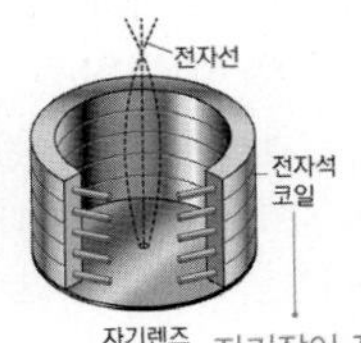
>
>
> 자기장이 전자선의 경로를 휘게 한다.

이에 대한 설명으로 옳은 것만을 〈보기〉에서 있는 대로 고른 것은?

<보기> 풀이

ㄱ. ㉠은 물질의 파동성을 이용한다.

➡ 전자 현미경은 전자의 물질파를 이용하므로, ㉠은 물질의 파동성을 이용한다.

ㄴ. ㉡은 자기장을 이용하여 전자선의 경로를 휘게 하는 역할을 한다.

➡ 전하를 띤 입자는 자기장에 의해 진행 경로가 휘어진다. 전자 현미경의 자기렌즈는 코일로 만든 전자석의 자기장을 이용하여 음(−)전하를 띤 전자선의 진행 경로를 휘게 하므로, ㉡은 자기장을 이용하여 전자선의 경로를 휘게 하는 역할을 한다.

ㄷ. ㉢의 물질파 파장은 가시광선의 파장보다 짧다.

➡ 전자 현미경은 광학 현미경보다 확대된 상을 선명하게 관찰할 수 있으므로 분해능이 좋다. 현미경의 분해능은 사용하는 파동의 파장이 짧을수록 우수하므로, 전자 현미경에서 사용하는 가속된 전자의 물질파 파장은 광학 현미경에서 사용하는 가시광선의 파장보다 짧다. 따라서 ㉢의 물질파 파장은 가시광선의 파장보다 짧다.

39 전자 현미경 2024학년도 9월 모평 물Ⅰ 16번

정답 ② | 정답률 67 %

적용해야 할 개념 ③가지

① 물질파 파장: 질량 m, 속력 v인 입자의 물질파 파장은 $\lambda=\frac{h}{mv}$ (h: 플랑크 상수)이며, 운동량 mv에 반비례한다.

② 질량 m, 속력 v, 운동 에너지 E_k인 입자의 물질파 파장은 $\lambda=\frac{h}{mv}=\frac{h}{\sqrt{2mE_k}}$이다.

③ 분해능: 서로 가까이 있는 두 점을 구분하여 볼 수 있는 능력으로서, 현미경이 사용하는 파동의 파장이 짧을수록 분해능이 우수하다.

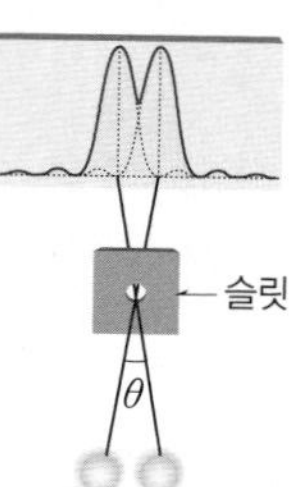

문제 보기

그림 (가)는 주사 전자 현미경(SEM)의 구조를 나타낸 것이고, 그림 (나)는 (가)의 전자총에서 방출되는 전자 P, Q의 물질파 파장 λ와 운동 에너지 E_K를 나타낸 것이다.

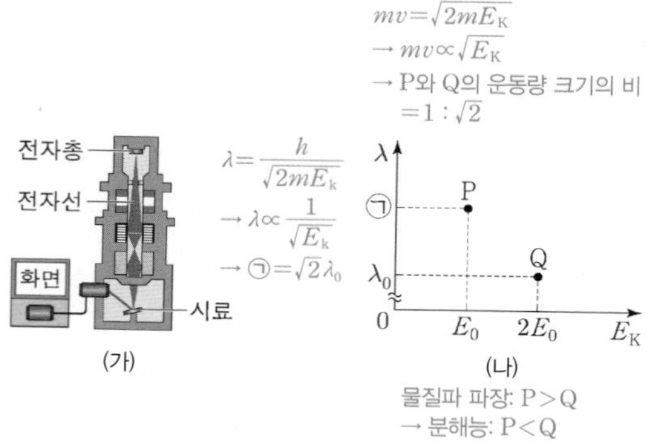

이에 대한 설명으로 옳은 것만을 〈보기〉에서 있는 대로 고른 것은?

〈보기〉 풀이

질량 m, 속력 v, 운동 에너지 E_k인 전자의 운동 에너지는 $E_k=\frac{1}{2}mv^2=\frac{(mv)^2}{2m}$에서 전자의 운동량은 $mv=\sqrt{2mE_k}$이고, 전자의 물질파 파장은 $\lambda=\frac{h}{mv}=\frac{h}{\sqrt{2mE_k}}$이다.

ㄱ. **전자의 운동량의 크기는 Q가 P의 $2\sqrt{2}$배이다.** (✕)

➡ 전자의 운동량($mv=\sqrt{2mE_k}$)은 운동 에너지(E_k)의 제곱근에 비례한다. 전자의 운동 에너지의 크기는 Q가 P의 2배이므로, 전자의 운동량은 Q가 P의 $\sqrt{2}$배이다.

ㄴ. **㉠은 $2\lambda_0$이다.** (✕)

➡ 전자의 물질파 파장$\left(\lambda=\frac{h}{\sqrt{2mE_k}}\right)$은 운동 에너지($E_k$)의 제곱근에 반비례한다. 전자의 운동 에너지의 크기는 P가 Q의 $\frac{1}{2}$배이므로, 전자의 물질파 파장은 P가 Q의 $\sqrt{2}$배이다. 따라서 ㉠은 $\sqrt{2}\lambda_0$이다.

ㄷ. **분해능은 Q를 이용할 때가 P를 이용할 때보다 좋다.** (○)

➡ 현미경의 분해능은 사용하는 파동의 파장이 짧을수록 좋다. 전자의 물질파 파장은 Q가 P보다 짧으므로, 전자 현미경의 분해능은 Q를 이용할 때가 P를 이용할 때보다 좋다.

40 전자 현미경 2021학년도 4월 학평 물Ⅰ 17번

정답 ④ | 정답률 73 %

적용해야 할 개념 ④가지

① 물질파 파장: 질량 m, 속력 v인 입자의 물질파 파장 $\lambda=\frac{h}{mv}$(h: 플랑크 상수)이며, 운동량 mv에 반비례한다.

② 분해능: 서로 가까이 있는 두 점을 구분하여 볼 수 있는 능력으로, 현미경이 사용하는 파동의 파장이 짧을수록 분해능이 우수하다.

③ 주사 전자 현미경(SEM): 가속된 전자선을 시료 표면에 쪼일 때, 튀어나온 전자를 검출하여 시료의 입체상을 관찰한다.

④ 투과 전자 현미경(TEM): 전자선을 얇은 시료에 투과시킨 후, 형광 스크린에 형성된 시료의 2차원적 단면 구조의 상을 관찰한다. 분해능이 좋아 세포의 내부 구조를 관찰하는 데 주로 사용된다.

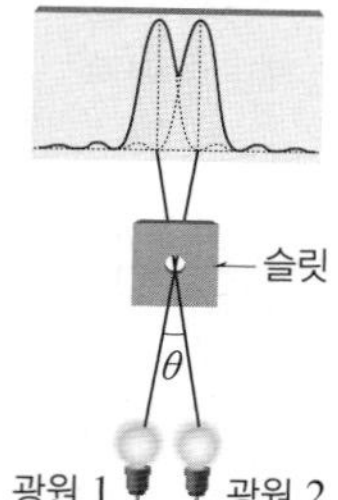

문제 보기

다음은 전자 현미경에 대한 설명이다.

(파장이 짧을수록 분해능이 좋다. → (가): 분해능)

전자 현미경은 전자를 이용하여 시료를 관찰하는 장치이다. 전자 현미경에서 이용하는 ㉠전자의 물질파 파장은 가시광선의 파장보다 짧으므로 전자 현미경은 가시광선을 이용하여 시료를 관찰하는 광학 현미경보다 (가) 이/가 좋다.
전자 현미경에는 시료를 투과하는 전자를 이용하는 투과 전자 현미경(TEM)과 시료 표면에서 반사되는 전자를 이용하는 주사 전자 현미경(SEM)이 있다.

(시료의 표면 관찰) (시료의 단면 구조 관찰)

이에 대한 설명으로 옳은 것만을 〈보기〉에서 있는 대로 고른 것은? [3점]

〈보기〉 풀이

ㄱ. **전자의 운동량이 클수록 ㉠은 길다.** (✕)

➡ 질량 m, 속력 v인 입자의 물질파 파장 $\lambda=\frac{h}{mv}$로, 운동량의 크기 mv에 반비례한다. 따라서 전자의 운동량이 클수록 ㉠은 짧다.

ㄴ. **'분해능'은 (가)에 해당된다.** (○)

➡ 현미경에서 사용하는 파동의 파장이 짧을수록 서로 가까이 있는 두 점을 구분하여 볼 수 있는 능력인 분해능이 좋다. 따라서 '분해능'은 (가)에 해당된다.

ㄷ. **주사 전자 현미경(SEM)을 이용하면 시료의 표면을 관찰할 수 있다.** (○)

➡ 주사 전자 현미경에서는 가속된 전자선을 시료 표면에 쪼일 때, 튀어나온 전자를 검출하여 시료의 입체상을 관찰한다. 따라서 주사 현미경을 이용하면 시료의 표면을 관찰할 수 있다.

41 전자 현미경 2022학년도 7월 학평 물I 10번

정답 ① | 정답률 48 %

적용해야 할 개념 ④가지

① 물질파 파장: 질량 m, 속력 v인 입자의 물질파 파장 $\lambda=\frac{h}{mv}$(h: 플랑크 상수)이며, 운동량 mv에 반비례한다.

② 분해능: 서로 가까이 있는 두 점을 구분하여 볼 수 있는 능력으로, 현미경이 사용하는 파동의 파장이 짧을수록 분해능이 우수하다.

③ 주사 전자 현미경(SEM): 가속된 전자선을 시료 표면에 쪼일 때, 튀어나온 전자를 검출하여 시료의 입체상을 관찰한다.

④ 투과 전자 현미경(TEM): 전자선을 얇은 시료에 투과시킨 후, 형광 스크린에 형성된 시료의 2차원적 단면 구조의 상을 관찰한다. 분해능이 좋아 세포의 내부 구조를 관찰하는 데 주로 사용된다.

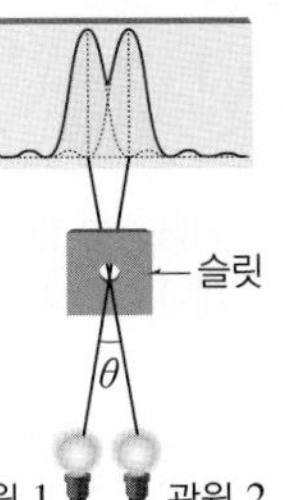

문제 보기

그림 (가), (나)는 각각 광학 현미경, 전자 현미경으로 동일한 시료를 같은 배율로 관찰한 것이다. (나)는 (가)보다 작은 구조가 선명하게 관찰되고, 시료의 입체 구조가 확인된다. (가)를 얻기 위해 사용된 빛의 파장은 λ_1이고, (나)를 얻기 위해 사용된 전자의 물질파 파장과 속력은 각각 λ_2, v이다.

→ (나) 주사 전자 현미경

→ 분해능: (가)<(나) → (가) 광학 현미경, (나) 전자 현미경

→ $\lambda_2 \propto \frac{1}{v}$ → $2\lambda_2 \propto \frac{2}{v}$

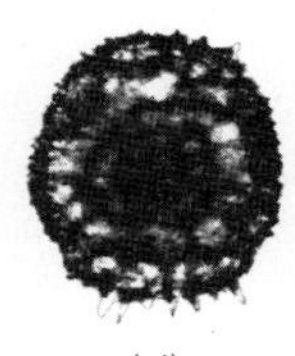
(가)

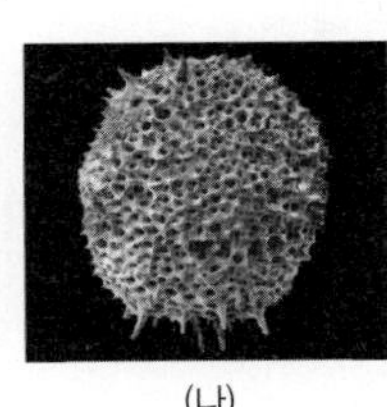
(나)

이에 대한 설명으로 옳은 것만을 〈보기〉에서 있는 대로 고른 것은?

<보기> 풀이

ㄱ. $\lambda_1 > \lambda_2$이다.

⇒ (나)는 (가)보다 작은 구조가 선명하게 관찰되므로, 분해능은 (나)에서가 (가)에서보다 좋다. 분해능은 사용하는 파동의 파장이 짧을수록 좋으므로, 파장은 (나)에서가 (가)에서보다 짧다. 따라서 $\lambda_1 > \lambda_2$이다.

ㄴ. (나)는 투과 전자 현미경으로 관찰한 상이다. (✕)

⇒ (나)는 시료의 입체 구조이므로, 주사 전자 현미경으로 관찰한 상이다.

ㄷ. 전자의 속력이 $\frac{v}{2}$이면 물질파 파장은 $4\lambda_2$이다. (✕)

⇒ 전자의 물질파 파장$\left(\lambda=\frac{h}{mv}\right)$은 전자의 속력에 반비례한다. 전자의 속력이 v일 때 물질파 파장이 λ_2이면, 전자의 속력이 $\frac{v}{2}$일 때 물질파 파장은 $2\lambda_2$이다.

42 전자 현미경 2022학년도 3월 학평 물I 14번

정답 ② | 정답률 48 %

적용해야 할 개념 ④가지

① 전자 현미경: 빛 대신 전자의 물질파를 이용하는 현미경으로, 광학 현미경으로는 볼 수 없는 바이러스나 물질 속 원자 배치 상태 등을 알아낼 수 있다.

② 물질파(드브로이파): 드브로이에 의해 제안된 것으로, 운동하는 입자가 파동성을 나타낼 때의 파동이다.

③ 물질파 파장: 질량 m, 속력 v인 입자의 물질파 파장은 $\lambda=\frac{h}{mv}$(h: 플랑크 상수)이며, 운동량 mv에 반비례한다.

④ 분해능: 서로 가까이 있는 두 점을 구분하여 볼 수 있는 능력으로, 현미경이 사용하는 파동의 파장이 짧을수록 분해능이 우수하다.

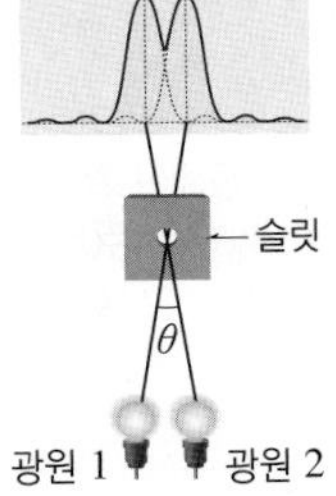

문제 보기

그림은 현미경 A, B로 관찰할 수 있는 물체의 크기를 나타낸 것으로, A와 B는 각각 광학 현미경과 전자 현미경 중 하나이다. 사진 X, Y는 시료 P를 각각 A, B로 촬영한 것이다.

A로 관찰할 수 있는 물체의 크기

B로 관찰할 수 있는 물체의 크기

크기(m) 10^{-8} 10^{-7} 10^{-6} 10^{-5} 10^{-4}

박테리아

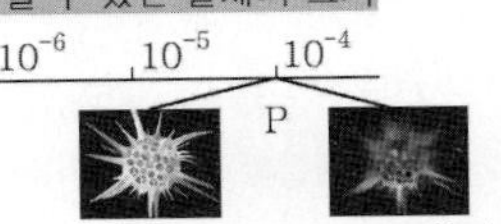

X: A로 촬영 Y: B로 촬영

크기: 박테리아<P → 박테리아를 촬영할 때 분해능이 더 좋아야 한다.

전자 현미경으로 촬영 → 전자의 물질파 이용 → 물질의 파동성 이용

광학 현미경으로 촬영 → 가시광선 이용

이에 대한 옳은 설명만을 〈보기〉에서 있는 대로 고른 것은?

<보기> 풀이

ㄱ. B는 전자 현미경이다. (✕)

⇒ 전자 현미경의 분해능이 광학 현미경보다 좋으므로, 전자 현미경이 더 작은 크기의 물체를 관찰할 수 있다. 따라서 A는 전자 현미경, B는 광학 현미경이다.

ㄴ. X는 물질의 파동성을 이용하여 촬영한 사진이다.

⇒ 전자 현미경은 전자의 물질파를 사용한다. 물질파는 물질의 파동성의 예이므로, 전자 현미경으로 촬영한 X는 물질의 파동성을 이용하여 촬영한 사진이다.

ㄷ. 전자 현미경으로 박테리아를 촬영하려면 P를 촬영할 때보다 저속의 전자를 이용해야 한다. (✕)

⇒ 박테리아의 크기가 P보다 작으므로, 전자 현미경으로 박테리아를 촬영하려면 P를 촬영할 때보다 분해능이 더 좋아야 한다. 현미경의 분해능은 사용하는 파동의 파장이 짧을수록 좋아지며, 전자의 물질파 파장$\left(\lambda=\frac{h}{mv}\right)$은 전자의 속력에 반비례한다. 따라서 전자의 속력을 증가시키면 물질파 파장이 짧아져 분해능이 좋아지므로, 전자 현미경으로 박테리아를 촬영하려면 P를 촬영할 때보다 고속의 전자를 이용해야 한다.

43 전하 결합 소자(CCD)와 전자 현미경 2021학년도 3월 학평 물Ⅰ 16번

정답 ③ | 정답률 62 %

적용해야 할 개념 ④가지

① 전하 결합 소자(CCD)의 원리: 렌즈를 통해 들어온 빛이 전하 결합 소자의 광 다이오드에 닿으면 광전 효과가 일어나 전자가 발생하며, 각 화소에서 발생하는 전하의 양을 전기 신호로 변환시켜 각 위치에 비춰진 빛의 세기에 대한 영상 정보를 기록한다.

물리량	관계
드브로이 파장과 전자의 속력	반비례
드브로이 파장과 전자의 운동량	반비례

② 광전 효과는 빛이 입자성을 가진다는 증거이다.

③ 가시광선의 파장이 약 10^{-7} m인데 비해 전자의 물질파 파장은 약 10^{-10} m 정도이다.

④ 물질파 파장: 질량 m, 속력 v인 입자의 물질파 파장 $\lambda=\frac{h}{mv}$(h: 플랑크 상수)이며, 운동량 mv에 반비례한다.

문제 보기

그림 (가)는 전하 결합 소자(CCD)가 내장된 카메라로 빨강 장미를 촬영하는 모습을, (나)는 광학 현미경으로는 관찰할 수 없는 바이러스를 파장이 λ인 전자의 물질파를 이용해 전자 현미경으로 관찰하는 모습을 나타낸 것이다.

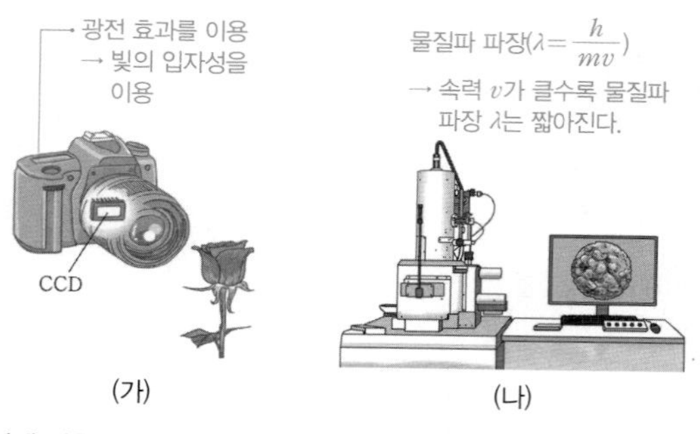

이에 대한 옳은 설명만을 〈보기〉에서 있는 대로 고른 것은?

<보기> 풀이

ㄱ. CCD는 빛의 입자성을 이용한 장치이다.

➡ 렌즈를 통해 들어온 빛이 광 다이오드에 닿을 때 전자가 발생하는 광전 효과를 이용해 영상 정보를 기록한다. 광전 효과는 빛이 입자성을 가진다는 증거이므로, CCD는 빛의 입자성을 이용한 장치이다.

ㄴ. λ는 빨간색 빛의 파장보다 길다.

➡ 전자 현미경에서 사용하는 전자의 물질파 파장은 가시광선의 파장보다 짧다. 따라서 전자의 물질파 파장 λ는 빨간색 빛의 파장보다 짧다.

ㄷ. (나)에서 전자의 속력이 클수록 λ는 짧아진다.

➡ 전자의 물질파 파장 $\lambda=\frac{h}{mv}$이므로, 전자의 속력(v)에 반비례한다. 따라서 (나)에서 전자의 속력이 클수록 λ는 짧아진다.

44 전자 현미경 2022학년도 10월 학평 물Ⅰ 11번

정답 ③ | 정답률 73 %

적용해야 할 개념 ④가지

① 물질파(드브로이파): 드브로이에 의해 제안된 것으로, 운동하는 입자가 파동성을 나타낼 때의 파동이다.

② 전자 현미경: 빛 대신 전자의 물질파를 이용하는 현미경으로, 광학 현미경으로는 볼 수 없는 바이러스나 물질 속 원자 배치 상태 등을 알아낼 수 있다.

물리량	관계
드브로이 파장과 전자의 속력	반비례
드브로이 파장과 전자의 운동량	반비례
드브로이 파장과 전자의 운동 에너지	제곱근에 반비례

③ 질량 m, 속력 v, 운동 에너지 E_k인 입자의 물질파 파장은 $\lambda=\frac{h}{mv}=\frac{h}{\sqrt{2mE_k}}$이다.

④ 분해능: 서로 가까이 있는 두 점을 구분하여 볼 수 있는 능력으로, 현미경이 사용하는 파동의 파장이 짧을수록 분해능이 우수하다.

문제 보기

그림 (가), (나)는 주사 전자 현미경(SEM)으로 동일한 시료를 촬영한 사진을 나타낸 것이다. 촬영에 사용된 전자의 운동 에너지는 (가)에서가 (나)에서보다 작다.

→ $\lambda=\frac{h}{mv}=\frac{h}{\sqrt{2mE_k}}$
• 전자의 운동 에너지(E_k): (가)<(나)
→ 전자의 물질파 파장(λ): (가)>(나)

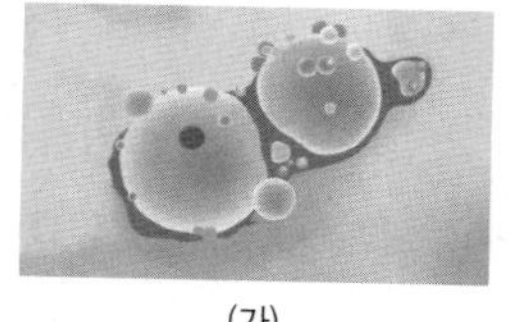
(가)

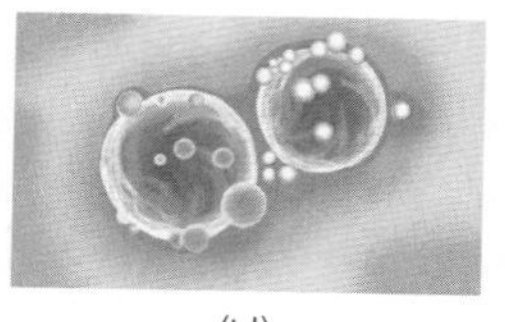
(나)

이에 대한 옳은 설명만을 〈보기〉에서 있는 대로 고른 것은?

<보기> 풀이

ㄱ. (가), (나)는 시료에 전자기파를 쪼여 촬영한 사진이다.

➡ 전자 현미경은 전자의 물질파를 이용하므로 (가)와 (나)는 시료에 가속된 전자를 쪼여 촬영한 사진이다.

ㄴ. 전자의 물질파 파장은 (가)에서가 (나)에서보다 작다.

➡ 질량 m, 속력 v, 운동 에너지 E_k인 전자의 운동 에너지 $E_k=\frac{1}{2}mv^2=\frac{(mv)^2}{2m}$에서 $mv=\sqrt{2mE_k}$이므로, 전자의 물질파 파장은 $\lambda=\frac{h}{mv}=\frac{h}{\sqrt{2mE_k}}$이다. 즉 전자의 운동 에너지가 작을수록 물질파 파장이 크므로 전자의 물질파 파장은 (가)에서가 (나)에서보다 크다.

ㄷ. 광학 현미경보다 전자 현미경이 크기가 더 작은 시료를 관찰할 수 있다.

➡ 광학 현미경에서 사용하는 가시광선의 파장보다 전자 현미경에서 사용하는 전자의 물질파 파장이 더 짧으므로 광학 현미경보다 전자 현미경의 분해능이 더 좋다. 따라서 광학 현미경보다 전자 현미경이 크기가 더 작은 시료를 관찰할 수 있다.

45 전자 현미경 2022학년도 6월 모평 물I 4번

정답 ② | 정답률 37 %

적용해야 할 개념 ③가지

① 투과 전자 현미경(TEM): 전자선을 얇은 시료에 투과시킨 후, 형광 스크린에 형성된 시료의 2차원적 단면 구조의 상을 관찰한다. 분해능이 좋아 세포의 내부 구조를 관찰하는 데 주로 사용된다.

② 전자 현미경의 자기렌즈는 코일로 만든 원통형의 전자석으로, 전자가 자기장에 의해 진행 경로가 휘어지는 성질을 이용하여 전자선을 굴절시킨다.

③ 질량 m, 속력 v, 운동 에너지 E_k인 입자의 물질파 파장은 $\lambda=\frac{h}{mv}=\frac{h}{\sqrt{2mE_k}}$이다.

물리량	관계
드브로이 파장과 전자의 속력	반비례
드브로이 파장과 전자의 운동량	반비례
드브로이 파장과 전자의 운동 에너지	제곱근에 반비례

문제 보기

그림은 투과 전자 현미경(TEM)의 구조를 나타낸 것이다. 전자총에서 방출된 전자의 운동 에너지가 E_0이면 물질파 파장은 λ이다.

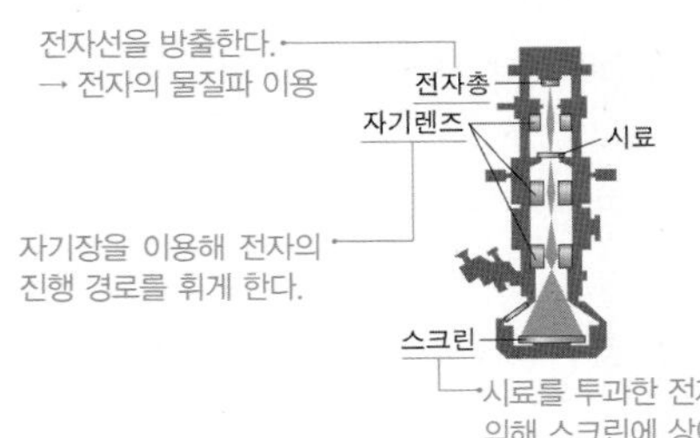

전자선을 방출한다.
→ 전자의 물질파 이용
전자총
자기렌즈
시료
자기장을 이용해 전자의 진행 경로를 휘게 한다.
스크린
시료를 투과한 전자선에 의해 스크린에 상이 생긴다.

이에 대한 설명으로 옳은 것만을 ⟨보기⟩에서 있는 대로 고른 것은? [3점]

<보기> 풀이

ㄱ. 시료를 투과하는 전자기파에 의해 스크린에 상이 만들어진다. (×)

➡ 투과 전자 현미경(TEM)은 전자총에서 방출된 전자선을 얇은 시료에 투과시킨 후, 형광 스크린에 형성된 시료의 2차원적 단면 구조의 상을 관찰할 때 이용된다. 즉, 시료를 투과하는 전자의 물질파에 의해 스크린에 상이 만들어진다.

ㄴ. 자기렌즈는 자기장을 이용하여 전자의 진행 경로를 바꾼다. (○)

➡ 자기렌즈는 자기장에 의해 전자의 진행 경로가 휘어지는 현상을 이용함으로써 전자의 진행 경로를 바꾼다.

ㄷ. 운동 에너지가 $2E_0$인 전자의 물질파 파장은 $\frac{1}{2}\lambda_0$이다. (×)

➡ 전자의 운동 에너지 $E_k=\frac{1}{2}mv^2=\frac{(mv)^2}{2m}$에서 $mv=\sqrt{2mE_k}$이므로, 전자의 드브로이 파장 $\lambda=\frac{h}{mv}=\frac{h}{\sqrt{2mE_k}}$이다. 즉, $\lambda\propto\frac{1}{\sqrt{E_k}}$로 드브로이 파장은 전자의 운동 에너지의 제곱근에 반비례한다. 전자의 운동 에너지가 E_0일 때 물질파 파장이 λ_0이므로, 운동 에너지가 $2E_0$인 전자의 물질파 파장은 $\frac{1}{\sqrt{2}}\lambda_0$이다.

46 전자 현미경 2022학년도 4월 학평 물I 3번

정답 ② | 정답률 66 %

적용해야 할 개념 ③가지

① 물질파 파장: 질량 m, 속력 v인 입자의 물질파 파장 $\lambda=\frac{h}{mv}$(h: 플랑크 상수)이며, 운동량 mv에 반비례한다.

② 전자 현미경: 빛 대신 전자의 물질파를 이용하는 현미경으로, 분해능이 우수하고 광학 현미경으로는 볼 수 없는 바이러스나 물질 속 원자 배치 상태 등을 알아낼 수 있다.

③ 전자 현미경의 자기렌즈는 코일로 만든 원통형의 전자석으로, 전자가 자기장에 의해 진행 경로가 휘어지는 성질을 이용하여 전자선을 굴절시킨다.

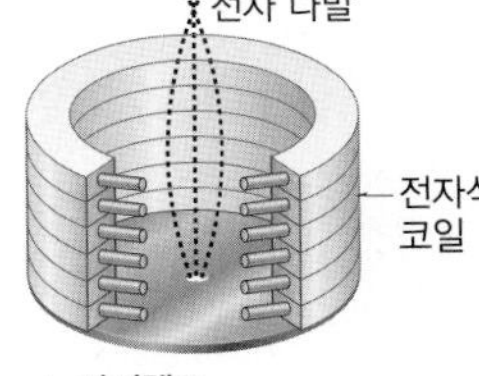

전자 다발
전자석 코일

▲ 자기렌즈

문제 보기

그림은 전자 현미경과 광학 현미경에 대해 학생 A, B, C가 대화하는 모습을 나타낸 것이다.

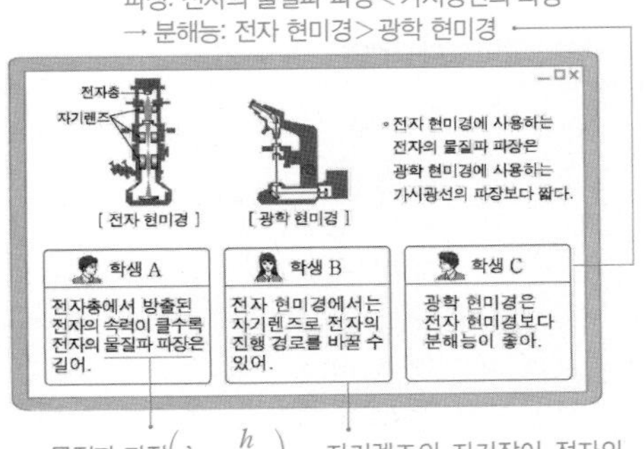

파장: 전자의 물질파 파장 < 가시광선의 파장
→ 분해능: 전자 현미경 > 광학 현미경
전자총
자기렌즈
＊전자 현미경에 사용하는 전자의 물질파 파장은 광학 현미경에 사용하는 가시광선의 파장보다 짧다.
[전자 현미경]
[광학 현미경]
학생 A
전자총에서 방출된 전자의 속력이 클수록 전자의 물질파 파장은 길어.
학생 B
전자 현미경에서는 자기렌즈로 전자의 진행 경로를 바꿀 수 있어.
학생 C
광학 현미경은 전자 현미경보다 분해능이 좋아.
물질파 파장$\left(\lambda=\frac{h}{mv}\right)$
→ 전자의 속력 v가 클수록 파장 λ가 짧다.
자기렌즈의 자기장이 전자의 경로를 휘게 한다.

제시한 내용이 옳은 학생만을 있는 대로 고른 것은? [3점]

<보기> 풀이

학생 A: 전자총에서 방출된 전자의 속력이 클수록 전자의 물질파 파장은 길어. (×)

➡ 질량 m, 속력 v인 입자의 물질파 파장 $\lambda=\frac{h}{mv}$이므로, 물질파 파장은 전자의 속력에 반비례한다. 따라서 전자총에서 방출된 전자의 속력이 클수록 전자의 물질파 파장은 짧다.

학생 B: 전자 현미경에서는 자기렌즈로 전자의 진행 경로를 바꿀 수 있어. (○)

➡ 전하를 띤 입자는 자기장에 의해 진행 경로가 휘어지므로, 전자 현미경에서는 자기렌즈의 자기장을 이용하여 음(−)전하를 띤 전자의 진행 경로를 바꿀 수 있다.

학생 C: 광학 현미경은 전자 현미경보다 분해능이 좋아. (×)

➡ 현미경에서 사용하는 파동의 파장이 짧을수록 분해능이 좋다. 전자 현미경에 사용하는 전자의 물질파 파장이 광학 현미경에서 사용하는 가시광선의 파장보다 짧으므로, 전자 현미경이 광학 현미경보다 분해능이 좋다.

47 광전 효과와 물질파 2025학년도 수능 물Ⅰ 4번

정답 ③ | 정답률 74 %

적용해야 할 개념 ③가지

① 광전 효과: 금속 표면에 빛을 쪼일 때 전자가 에너지를 얻어 튀어나오는 현상으로, 이때 튀어나온 전자를 광전자라고 한다.

② 물질파 파장: 질량 m, 속력 v인 입자의 물질파 파장 $\lambda=\frac{h}{mv}$ (h: 플랑크 상수)이며, 운동량 mv에 반비례한다.

③ 질량 m, 속력 v, 운동 에너지 E_k인 입자의 물질파 파장은 $\lambda=\frac{h}{mv}=\frac{h}{\sqrt{2mE_k}}$이다.

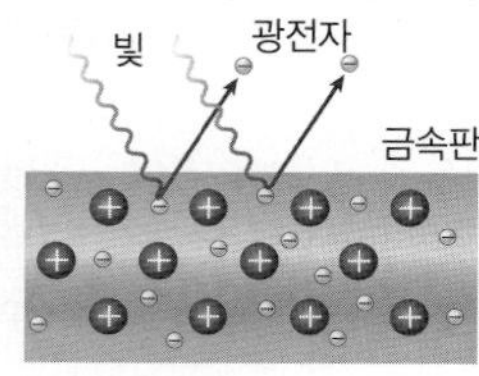

▲ 광전 효과

문제 보기

그림은 빛과 물질의 이중성에 대해 학생 A, B, C가 대화하는 모습을 나타낸 것이다.

제시한 내용이 옳은 학생만을 있는 대로 고른 것은? [3점]

<보기> 풀이

학생 A: 광전 효과에서 광전자가 즉시 방출되는 현상은 빛의 입자성으로 설명해.

➡ 광전 효과는 금속판에 문턱 진동수보다 큰 진동수의 빛을 비추었을 때 광전자가 즉시 방출되는 현상으로, 이는 빛의 입자성으로 설명할 수 있다.

학생 B: 속력이 서로 다른 두 입자의 운동량이 같을 때, 속력이 작은 입자의 물질파 파장이 더 길어.

➡ 입자의 물질파 파장($\lambda=\frac{h}{mv}$)은 운동량(mv)에 반비례하므로, 운동량이 같은 두 입자의 물질파 파장은 같다.

학생 C: 전자 현미경에서 전자의 운동 에너지가 클수록 더 작은 구조를 구분하여 관찰할 수 있어.

➡ 전자 현미경에서 사용하는 전자의 물질파 파장이 짧을수록 분해능이 좋다. 전자 현미경에서 전자의 운동 에너지가 클수록 전자의 운동량이 커지며, 전자의 물질파 파장은 짧아지므로 더 작은 구조를 구분하여 관찰할 수 있다.

정답률 낮은 문제, 한 번 더!

I | 역학과 에너지

문제편 270쪽~281쪽

01 ②	02 ④	03 ④	04 ④	05 ④	06 ④
07 ②	08 ③	09 ④	10 ⑤	11 ②	12 ②
13 ⑤	14 ④	15 ①	16 ⑤	17 ①	18 ③
19 ②	20 ④	21 ②	22 ③	23 ①	24 ④
25 ①	26 ⑤	27 ⑤	28 ⑤	29 ④	30 ⑤
31 ⑤	32 ④				

01 등가속도 직선 운동 정답 ②

선택 비율	① 9 %	② 43 %	③ 19 %	④ 24 %	⑤ 5 %

문제 풀이 TIP

이 문제는 등가속도 운동 구간인 Ⅰ, Ⅲ에서 A와 B의 운동에 대해 등가속도 운동의 식을 적용해서 풀어야 한다. 이때 A와 B의 구간별 가속도와 구간별 이동 거리는 같지만 출발선에서 출발하는 시간이 다른 것을 유의해서 식을 세운다. 즉, 구간 Ⅰ에서 A가 운동하는 시간을 t_0이라고 할 때, B는 A가 출발한 후 t_0의 시간이 지난 후 출발하므로, 구간 Ⅲ에서 A의 속력이 v_A가 될 때까지 걸리는 시간은 B의 속력이 v_B가 될 때까지 걸리는 시간보다 t_0만큼 크다는 것을 파악해서 다음과 같이 등가속도 운동의 식 $v=v_0+at$와 $2as=v^2-v_0^2$에 문제에서 주어진 물리량들을 대입하여 푼다.

- 구간 Ⅰ: $v=v_0+at \longrightarrow v=0+(2a)t_0$
  $2as=v^2-v_0^2 \longrightarrow 2(2a)L=v^2-0$
- 구간 Ⅲ: $v=v_0+at \longrightarrow v_A=v-at_A,\ v_B=v-at_B=v-a(t_A-t_0)$
  $2as=v^2-v_0^2 \longrightarrow 2(-a)x_A=0-v_A^2,\ 2(-a)x_B=0-v_B^2$

<보기> 풀이

❶ A와 B가 출발선에서 P까지 운동하는 데 걸리는 시간을 t_0이라고 하고 P를 지나는 순간의 속력을 v라고 할 때, 구간 Ⅰ에서의 가속도는 $2a$, 거리는 L이므로 $v=(2a)t_0$ ⋯ ①이고, $v^2=2(2a)L=4aL$ ⋯ ②이다. A가 P를 지나는 순간 B가 출발하므로, B는 A보다 t_0의 시간만큼 늦게 출발한다. 따라서 A가 구간 Ⅲ에 들어가는 순간부터 t_0의 시간이 지난 후에 B가 구간 Ⅲ에 들어가게 된다. 구간 Ⅲ에서 A의 속력이 v에서 v_A가 될 때까지 걸리는 시간을 t_A라고 하고 B의 속력이 v에서 v_B가 될 때까지 걸리는 시간을 t_B라고 하면, t_A는 t_B보다 t_0만큼 크므로 $t_A-t_B=t_0$이다.

❷ 구간 Ⅲ에서 A와 B는 가속도가 $-a$인 운동을 하므로, $v_A=v-at_A$, $v_B=v-at_B=v-a(t_A-t_0)$이다. $v_B-v_A=at_0$이고 ①에서 $t_0=\frac{v}{2a}$이므로, $v_B-v_A=\frac{v}{2}$이다.

❸ 구간 Ⅲ에서 A의 속력이 v_A인 지점으로부터 도착선까지의 거리를 x_A라고 하고 B의 속력이 v_B인 지점으로부터 도착선까지의 거리를 x_B라고 하면, 구간 Ⅲ에서 가속도는 $-a$이므로, $2(-a)x_A=0-v_A^2$, $2(-a)x_B=0-v_B^2$이다. x_B와 x_A의 차는 L이므로, $x_B-x_A=\frac{v_B^2-v_A^2}{2a}=L$에서 $v_B^2-v_A^2=2aL$이다. ②에서 $2aL=\frac{v^2}{2}$이므로, $v_B^2-v_A^2=(v_B+v_A)(v_B-v_A)=\frac{v^2}{2}$이다. $v_B-v_A=\frac{v}{2}$이므로 $v_B+v_A=v$이고, 두 식을 연립하여 정리하면 $v_A=\frac{1}{4}v$, $v_B=\frac{3}{4}v$이다. 따라서 $\frac{v_A}{v_B}=\frac{1}{3}$이다.

다른 풀이 A가 구간 Ⅲ에 들어가는 순간부터 t_0의 시간이 지난 후에 B가 구간 Ⅲ에 들어가고 구간 Ⅲ에서 A, B의 가속도가 같으므로, B의 속력은 v_B인 순간부터 t_0의 시간이 지나면 속력이 v_A와 같게 된다. 즉, B는 $\frac{v_B+v_A}{2}$의 평균 속력으로 t_0의 시간 동안 L의 거리를 이동하므로, $\frac{v_B+v_A}{2}t_0=L$이다.

이 식에 ①에서의 $t_0=\frac{v}{2a}$와 ②에서의 $L=\frac{v^2}{4a}$을 대입하면, $v_B+v_A=v$이다. $v_B-v_A=\frac{v}{2}$이므로, 두 식을 연립하여 정리하면 $v_A=\frac{1}{4}v$, $v_B=\frac{3}{4}v$이다. 따라서 $\frac{v_A}{v_B}=\frac{1}{3}$이다.

02 등가속도 직선 운동 정답 ④

선택 비율	① 25 %	② 17 %	③ 11 %	④ 41 %	⑤ 6 %

문제 풀이 TIP

등가속도 직선 운동에 관한 문제에서 제시된 조건을 활용하여 문제를 풀기 위해서는 어떤 식을 이용해야 하는가를 먼저 파악해야 한다. 이 문제에서 제시된 첫 번째 조건은 a~b 구간과 c~d 구간에서 운동하는 데 걸린 시간이 같다는 것이다. 두 구간에서 가속도와 걸린 시간이 같으므로 가속도의 식 $a=\frac{\Delta v}{\Delta t}$를 생각하고 가속도 a와 걸린 시간 Δt가 같을 때 속도 변화량 Δv가 같다는 것을 알 수 있어야 한다. 따라서 b에서의 속력=a에서의 속력$+\Delta v=v+\Delta v$이고, d에서의 속력=c에서의 속력$+\Delta v=4v$이므로 c에서의 속력$=4v-\Delta v$임을 알 수 있다.

또 이 문제에서는 제시된 두 번째 조건은 a~b 구간과 c~d 구간의 거리의 비가 $L:3L=1:3$이라는 것이다. 등가속도 직선 운동에서 평균 속력$(\bar{v}=\frac{v_0+v}{2})$의 개념이 유용하게 쓰이는데, 그 까닭은 이동 거리를 평균 속력과 시간의 곱으로 나타낼 수 있기 때문이다. 이동 거리의 식 $s=\bar{v}t$에서 시간 t가 같다면 이동 거리 s는 평균 속력 $\bar{v}$에 비례하므로, a~b 구간과 c~d 구간의 이동 거리의 비와 평균 속력의 비가 1 : 3이라는 것을 알 수 있다. 이를 이용하면 $\frac{v+(v+\Delta v)}{2}:\frac{(4v-\Delta v)+4v}{2}=1:3$에서 속도 변화량 Δv를 구할 수 있으므로, 결국 a, b, c, d에서의 속력을 모두 알 수 있다. 등가속도 직선 운동의 식 중에서 속력과 이동 거리를 알 때 이용할 수 있는 식으로 $2as=v^2-v_0^2$이 있으므로, 이를 이용하면 x를 구할 수 있다.

<보기> 풀이

❶ 가속도 $a=\frac{\Delta v}{\Delta t}$에서 가속도($a$)와 걸린 시간($\Delta t$)이 같으면, 속도 변화량($\Delta v$)도 같다. a~b 구간과 c~d 구간에서 가속도와 걸린 시간이 같으므로 두 구간에서의 속도 변화량의 크기가 Δv로 같다고 하면, b에서의 속력은 $v+\Delta v$, c에서의 속력은 $4v-\Delta v$이다.

❷ 이동 거리는 평균 속력과 걸린 시간의 곱이므로, 걸린 시간이 같을 때 이동 거리는 평균 속력에 비례한다. a~b 구간과 c~d 구간의 이동 거리의 비가 1 : 3이므로, 두 구간에서 평균 속력의 비도 1 : 3이다. 따라서 $\frac{v+(v+\Delta v)}{2}:\frac{(4v-\Delta v)+4v}{2}=1:3$에서 $\Delta v=\frac{1}{2}v$이므로, b에서의 속력은 $\frac{3}{2}v$, c에서의 속력은 $\frac{7}{2}v$이다.

❸ 물체의 가속도를 a라 하고, a~b 구간과 b~c 구간에 등가속도 직선 운동의 식 $(2as=v^2-v_0^2)$을 적용하면 다음이 성립한다.

a~b 구간: $\left(\frac{3}{2}v\right)^2 - v^2 = 2aL$ … ①

b~c 구간: $\left(\frac{7}{2}v\right)^2 - \left(\frac{3}{2}v\right)^2 = 2ax$ … ②

①, ②를 연립하여 정리하면, $x = 8L$이다.

다른 풀이

❸ b~c 구간에서 속도 변화량의 크기는 $\frac{7}{2}v - \frac{3}{2}v = 2v$로, a~b 구간의 4배이다. 가속도가 같을 때 속도 변화량은 걸린 시간에 비례하므로, a~b 구간에서 걸린 시간을 t라고 할 때, b~c 구간에서 걸린 시간은 $4t$이다. 각 구간에서의 이동 거리는 평균 속력과 걸린 시간의 곱이므로,

a~b 구간에서 $\left(\frac{v + \frac{3}{2}v}{2}\right) \times t = \frac{5vt}{4} = L$ … ①가 성립하고

b~c 구간에서 $\left(\frac{\frac{3}{2}v + \frac{7}{2}v}{2}\right) \times 4t = 10vt = x$ … ②가 성립한다.

①, ②를 연립하여 정리하면, $x = 8L$이다.

03 등가속도 직선 운동 – 수평면에서 운동하는 물체 정답 ④

선택 비율	① 15 %	② 25 %	③ 11 %	④ 37 %	⑤ 11 %

문제 풀이 TIP

등가속도 직선 운동에 관한 문제를 풀 때는 등가속도 직선 운동의 식 뿐만 아니라 평균 속력$\left(= \frac{\text{처음 속력} + \text{나중 속력}}{2}\right)$의 개념을 이용하여 해결할 수도 있다. 먼저 문제에서 주어진 조건에 따라 A, B의 가속도의 방향을 파악하고, 등가속도 직선 운동의 식 $v = v_0 + at$에 따라 R와 S에서 A와 B의 속도를 구한다.

- S에서 A의 속도$= v_A - 2a(3t) = v_A - 6at$
- R에서 B의 속도$= v_B - 3at$
- S에서 B의 속도$= v_B - 3a(t + 2t) = v_B - 9at$

등가속도 운동에서 이동 거리=평균 속력×걸린 시간이므로, 주어진 조건을 활용하여 다음과 같은 방법으로 얻은 식을 풀어 답을 찾는다.

i) 두 구간의 이동 거리가 같을 때: 평균 속력과 걸린 시간의 곱이 같음을 이용한다. 이 문제의 경우 B의 운동에서 $\overline{QR} = \overline{RS}$이므로, 이 두 구간에서 B의 평균 속력과 걸린 시간의 곱이 같다는 식을 세울 수 있다.

- Q~R에서 평균 속력×걸린 시간= R~S에서 평균 속력×걸린 시간

$$\frac{v_B + (v_B - 3at)}{2} \times t = \frac{(v_B - 3at) + (v_B - 9at)}{2} \times 2t$$

ii) 걸린 시간이 같을 때: 이동 거리의 비는 평균 속력의 비와 같음을 이용한다. 이 문제의 경우 A가 P에서 S까지 운동하는 데 걸리는 시간과 B가 Q에서 S까지 운동하는 데 걸리는 시간이 같으므로, A와 B의 이동 거리의 비는 A와 B의 평균 속력의 비와 같다는 식을 세울 수 있다.

$$\overline{PS} : \overline{QS} = \frac{v_A + (v_A - 6at)}{2} : \frac{v_B + (v_B - 9at)}{2} = 3 : 2$$

<보기> 풀이

❶ A의 가속도의 크기를 $2a$라고 하면 B의 가속도의 크기는 $3a$이다. B가 Q에서 R까지 운동하는 데 걸린 시간을 t라고 하면, B가 R에서 S까지 운동하는 데 걸린 시간은 $2t$이다. B의 속력은 감소하므로 B의 가속도의 방향은 운동 방향과 반대 방향이고, A의 가속도의 방향도 운동 방향과 반대 방향이다. 따라서 B가 R에 도달할 때의 속력은 $v_B - 3at$, S에 도달할 때의 속력은 $v_B - 3a(3t) = v_B - 9at$이고, A가 S에 도달할 때의 속력은 $v_A - 2a(3t) = v_A - 6at$이다.

❷ B가 Q에서 R까지 이동한 거리와 R에서 S까지 이동한 거리가 같으므로, 두 구간에서 평균 속력과 걸린 시간의 곱이 같다. 즉, $\frac{v_B + (v_B - 3at)}{2} \times t = \frac{(v_B - 3at) + (v_B - 9at)}{2} \times 2t$이므로, $at = \frac{2}{21}v_B$이다.

❸ A가 P에서 S까지 운동하는 데 걸리는 시간과 B가 Q에서 S까지 운동하는 데 걸리는 시간이 같고 A와 B의 이동 거리의 비가 3 : 2이므로, A와 B의 평균 속력의 비는 3 : 2이다.

즉, $\frac{v_A + (v_A - 6at)}{2} : \frac{v_B + (v_B - 9at)}{2} = 3 : 2$에서 $4v_A = 6v_B - 15at$이므로, $at = \frac{2}{21}v_B$를 대입하면 $v_A = \frac{8}{7}v_B$이다. 따라서 $\frac{v_A}{v_B} = \frac{8}{7}$이다.

04 등가속도 직선 운동 정답 ④

선택 비율	① 9 %	② 24 %	③ 13 %	④ 40 %	⑤ 14 %

문제 풀이 TIP

등가속도 직선 운동의 식에서 속도, 가속도, 변위는 모두 크기뿐만 아니라 방향을 포함한 물리량이므로, 방향에 유의해야 한다. 오른쪽 방향을 (+)방향으로 정하면 왼쪽 방향은 (−)방향이 된다. 따라서 0초일 때 A, B의 속력을 v_0이라고 하면, A의 운동 방향은 오른쪽, B의 운동 방향은 왼쪽이므로, 0초일 때 A, B의 속도 부호는 각각 (+), (−)이다.

가속도의 방향은 물체에 작용하는 힘의 방향과 같으므로, 물체에 어느 방향으로 힘이 작용했는지 분석하면 쉽게 알 수 있다. 0초일 때 B의 운동 방향은 왼쪽 방향이지만 B의 나중 위치가 처음 위치의 오른쪽이므로, B의 속력이 점점 감소하여 정지했다가 운동 방향이 오른쪽 방향으로 바뀐다는 것을 알 수 있다. 따라서 B에 작용하는 힘의 방향은 오른쪽 방향이고, B의 가속도 방향도 오른쪽 방향임을 알 수 있다. A의 가속도 방향은 B와 반대이므로, A, B의 가속도 부호는 각각 (−), (+)이다.

등가속도 운동의 변위와 속도에 대한 식($s = v_0t + \frac{1}{2}at^2$, $s = v_0 + at$)에 문제에서 제시된 두 조건, 즉 P에서 Q까지의 변위 L과 걸린 시간이 같고, t_0초일 때 속도가 같다는 조건을 고려하여 A, B의 변위와 속도 및 가속도를 크기뿐만 아니라 부호까지 고려해서 대입한 식을 세운 후 풀어야 한다.

<보기> 풀이

❶ 속도의 부호는 운동 방향을 나타낸다. 0초일 때 A, B의 속력을 v_0이라고 하고 오른쪽 방향을 (+)라고 하면, 0초일 때 A, B의 속도는 각각 v_0, $-v_0$이다. 가속도의 방향은 힘의 방향과 같다. B의 처음 운동 방향은 왼쪽이지만 나중 운동 방향은 오른쪽이므로, B에 작용하는 힘의 방향은 오른쪽이고 가속도의 방향도 오른쪽이다. 따라서 A의 가속도의 크기를 a라고 하면 A, B의 가속도는 각각 $-a$, $7a$이다.

❷ A와 B가 기준선 Q를 동시에 지나는 시간을 t라고 하면, A와 B의 변위에 대한 식은 다음과 같다.

A: $L = v_0t + \frac{1}{2}(-a)t^2$ … ①

B: $L = (-v_0)t + \frac{7}{2}at^2$ … ②

①=②에서 $t = \frac{v_0}{2a}$이므로, $t = \frac{v_0}{2a}$을 ①에 대입하면 $L = \frac{3{v_0}^2}{8a}$이다.

❸ t_0초일 때 A와 B의 속도가 같으므로, $v_0 + (-a)t_0 = (-v_0) + 7at_0$에서 $t_0 = \frac{v_0}{4a}$이다. 0초에서 t_0초까지 A의 이동 거리를 L'라고 하면,

$L' = v_0t_0 + \frac{1}{2}(-a){t_0}^2 = v_0\left(\frac{v_0}{4a}\right) - \frac{1}{2}a\left(\frac{v_0}{4a}\right)^2 = \frac{7{v_0}^2}{32a} = \frac{7}{12}\left(\frac{3{v_0}^2}{8a}\right)$

$= \frac{7}{12}L$이다.

05 등가속도 직선 운동 정답 ④

선택 비율	① 7 %	② 18 %	③ 21 %	④ 49 %	⑤ 4 %

문제 풀이 TIP

등가속도 운동에 대한 문제는 가속도의 식과 등가속도 운동의 식을 적용하여 풀 수 있다. 같은 빗면에서 등가속도 운동을 하는 A와 B의 가속도가 같다는 것을 이해한다면, 가속도의 식($a=\frac{\varDelta v}{\varDelta t}$)으로부터 가속도와 걸린 시간이 같을 때 속도 변화량이 같다는 것을 활용할 수 있다. 또 A와 B의 처음 속도가 주어지고, p로부터 A와 B가 만나는 순간까지 A와 B가 이동한 거리가 같으므로, 등가속도 운동하는 물체의 속력과 이동 거리의 관계식 ($2as=v^2-v_0^2$)을 이용하면 A, B가 만날 때의 속력 v_A, v_B를 구할 수 있다.

<보기> 풀이

❶ 가속도 $a=\frac{\varDelta v}{\varDelta t}$에서 가속도($a$)와 걸린 시간($\varDelta t$)이 같으면, 속도 변화량($\varDelta v$)도 같다. 기울기가 같은 빗면에서 가속도는 같으므로 A와 B의 가속도가 같고, A, B가 각각 속력 v, $2v$인 순간부터 각각 속력 v_A, v_B로 만나는 순간까지 걸린 시간이 같으므로, A와 B의 속도 변화량이 같다. 따라서 $v_A-v=v_B-2v$에서 $v_B-v_A=v$ … ①이다.

❷ P에서 A, B가 만나는 지점까지의 거리를 s라고 하면, 등가속도 직선 운동의 식($2as=v^2-v_0^2$)에 따라 A의 경우에 $2as=v_A{}^2-0^2$이고 B의 경우에 $2as=v_B{}^2-(2v)^2$이다. $v_A{}^2=v_B{}^2-(2v)^2$이므로, $v_B{}^2-v_A{}^2=(v_B+v_A)(v_B-v_A)=(2v)^2$ … ②이다.

❸ ①을 ②에 대입하면 $v_B+v_A=4v$ … ③이다. ①과 ③을 연립하여 정리하면, $v_A=\frac{3}{2}v$, $v_B=\frac{5}{2}v$이므로, $\frac{v_B}{v_A}=\frac{5}{3}$이다.

다른 풀이

❶ 가속도 $a=\frac{\varDelta v}{\varDelta t}$에서 가속도($a$)와 걸린 시간($\varDelta t$)가 같으면, 속도 변화량($\varDelta v$)도 같다. 기울기가 같은 빗면에서 가속도가 같으므로 A와 B의 가속도가 같고, A, B가 각각 속력 v, $2v$인 순간부터 각각 속력 v_A, v_B로 만나는 순간까지 걸린 시간이 같으므로, A와 B의 속도 변화량이 같다. 따라서 $v_A-v=v_B-2v$에서 $v_B-v_A=v$ … ①이다.

❷ A의 속력이 v가 되는 순간까지 걸린 시간을 t_1, v에서 v_A가 되는 순간까지 걸린 시간을 t_2라고 하면, A는 t_1 동안 평균 속력 $\frac{v}{2}$로 이동하고 t_2 동안 평균 속력 $\frac{v+v_A}{2}$로 이동한다. 또 A는 (t_1+t_2) 동안 평균 속력 $\frac{v_A}{2}$로 이동하므로, $\frac{v}{2}\times t_1+\left(\frac{v+v_A}{2}\right)\times t_2=\frac{v_A}{2}\times(t_1+t_2)$에서 $t_1=\left(\frac{v}{v_A-v}\right)t_2$ … ②이다.

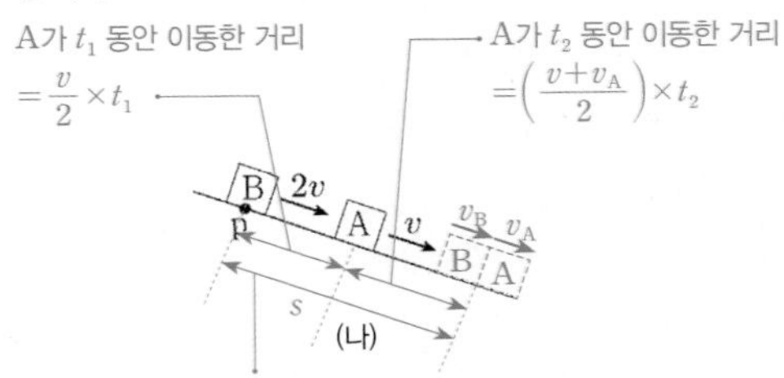

A가 (t_1+t_2) 동안 이동한 거리$=\frac{v_A}{2}\times(t_1+t_2)$

$=\frac{v}{2}\times t_1+\left(\frac{v+v_A}{2}\right)\times t_2$

$=$B가 t_2 동안 이동한 거리$=\frac{2v+v_B}{2}\times t_2$

❸ B의 속력이 $2v$에서 v_B가 되는 순간까지 걸린 시간이 t_2이므로, B는 t_2 동안 평균 속력 $\frac{2v+v_B}{2}$로 이동한다. A가 (t_1+t_2) 동안 이동한 거리와 B가 t_2 동안 이동한 거리가 같으므로, $\frac{v}{2}\times t_1+\left(\frac{v+v_A}{2}\right)\times t_2=\left(\frac{2v+v_B}{2}\right)\times t_2$ … ③이다. ①과 ②를 ③에 대입하면 $v_A=\frac{3}{2}v$이고 $v_B=\frac{5}{2}v$이다. 따라서 $\frac{v_B}{v_A}=\frac{5}{3}$이다.

06 등가속도 운동 – 빗면에서 운동하는 물체 정답 ④

선택 비율	① 13 %	② 13 %	③ 19 %	④ 40 %	⑤ 14 %

문제 풀이 TIP

등가속도 직선 운동에 관한 문제를 풀 때 평균 속력을 이용하면 문제를 더 쉽게 풀 수 있는 경우가 많다. 속력이 일정하게 증가하는 직선 운동에서 평균 속력은 처음 속력과 나중 속력을 더해서 2로 나눈 값이다. 즉, 평균 속력$=\frac{\text{처음 속력}+\text{나중 속력}}{2}$이며, 속력이 일정하게 증가하는 구간을 '평균 속력'이라는 속력으로 등속 운동한다고 가정할 때의 속력이다. 따라서 '이동 거리=평균 속력×걸린 시간($s=\bar{v}t$)'이 된다.

문제에서 제시된 조건에서도 평균 속력이 언급되었으므로, 문제를 꼼꼼하게 읽고 제시된 조건을 분석하여 평균 속력을 활용할 수 있는 식을 세워야 한다. 또 물체의 가속도의 크기를 v^2과 L의 형태로 묻고 있으므로, 등가속도 운동의 식 중 $2as=v^2-v_0^2$을 적용한다. 따라서 적어도 b, c, d 중 한 곳에서의 속력을 v의 형태로 구해야 한다.

[조건 1] 물체가 a에서 b까지, c에서 d까지 운동하는 데 걸린 시간은 같다. '이동 거리=평균 속력×걸린 시간'에서 걸린 시간이 같으므로, '이동 거리∝평균 속력'의 식을 세운다. a, b, c, d에서 물체의 속력을 각각 v_b, v_c, v_d라 하고 식을 세우면 v_b, v_c, v_d의 관계식을 얻을 수 있다.

[조건 2] a와 d 사이의 평균 속력은 b와 c사이의 평균 속력과 같다. '이동 거리=평균 속력×걸린 시간'에서 평균 속력이 같으므로 '이동 거리∝걸린 시간'의 식을 세운다. a에서 b까지 걸린 시간을 t, b에서 c까지 걸린 시간을 T라 하고 식을 세우면 b에서 c까지 걸린 시간 T를 구할 수 있다. T를 구하면, v_b, v_c, v_d를 각각 v와 가속도 및 시간의 함수로 나타낼 수 있으므로, [조건 1]에서 얻은 v_b, v_c, v_d의 관계식에 대입하는 과정을 통하면, b, c, d에서의 속력을 v의 형태로 구할 수 있다.

<보기> 풀이

❶ 등가속도 직선 운동에서 이동 거리는 평균 속력과 걸린 시간의 곱과 같으므로, 걸린 시간이 같을 때 이동 거리는 평균 속력에 비례한다. 물체가 a에서 b까지, c에서 d까지 운동하는 데 걸린 시간은 같으므로, a와 b 사이의 거리와 c와 d 사이의 거리의 비는 a와 b 사이의 평균 속력과 c와 d 사이의 평균 속력의 비와 같다. 따라서 b, c, d에서 물체의 속력을 각각 v_b, v_c, v_d라고 하면, $L:3L=\frac{v+v_b}{2}:\frac{v_c+v_d}{2}$에서 $3v+3v_b=v_c+v_d$ … ①이다.

❷ 평균 속력이 같을 때 이동 거리는 걸린 시간에 비례한다. a와 d 사이의 평균 속력은 b와 c 사이의 평균 속력과 같으므로, a와 d 사이의 거리와 b와 c 사이의 거리의 비는 a에서 d까지 걸린 시간과 b에서 c까지 걸린 시간의 비와 같다. a에서 b까지 걸린 시간을 t, b에서 c까지 걸린 시간을 T라고 하면, a에서 d까지 걸린 시간은 $2t+T$이다.
따라서 $10L:6L=(2t+T):T$에서 $T=3t$이다.

❸ 물체의 가속도의 크기를 a라고 하면 b, c, d에서 물체의 속력은 각각 $v_b=v+at$, $v_c=v+4at$, $v_d=v+5at$이므로,
①에 대입하면 $3v+3(v+at)=(v+4at)+(v+5at)$에서 $at=\frac{2}{3}v$이다.

❹ b에서 물체의 속력은 $v+at=v+\frac{2}{3}v=\frac{5}{3}v$이므로, 물체가 a에서 b까지 운동하는 동안 속력과 이동 거리의 관계식 $\left(\frac{5}{3}v\right)^2-v^2=2aL$에서 $a=\frac{8v^2}{9L}$이다.

07 물체의 운동 방정식 – 도르래에 연결된 물체 정답 ②

선택 비율	① 7 %	② 45 %	③ 23 %	④ 19 %	⑤ 6 %

문제 풀이 TIP

도르래와 실로 연결되어 함께 운동하는 물체들에 관한 문제에서 물체들의 운동 상태는 크게 두 가지로 주어진다. 첫 번째는 모든 물체가 정지 또는 등속도 운동을 하는 상황, 두 번째는 물체들을 연결된 실이 끊어졌을 때 등가속도 운동을 하는 상황이다. 이 두 상황에 뉴턴 운동 법칙을 적용한 식을 옳게 세우는 것이 중요하다.

- 물체들이 정지 또는 등속도 운동을 하는 상황에서는 물체에 작용하는 알짜힘이 0이므로 각 물체에 작용하는 힘들을 파악하여 식을 세운다(ⅰ). 이때 빗면에 있는 물체에는 중력에 의해 빗면 아래 방향의 힘이 작용하는 것으로 식을 세우면 간단하다.
- 두 번째로 실이 끊어져 등가속도 운동을 할 때, 함께 운동하는 물체들을 한 덩어리로 생각하고 $F=ma$의 식을 세운다(ⅱ). 이때에도 물체에 작용하는 힘들을 파악하여 'F'에 대입하되 힘의 방향을 고려하여 대입한다. 또 함께 운동하는 물체들의 질량의 합을 모두 'm'에 대입하고 문제에서 주어진 가속도를 대입한 식을 세운다. 이 문제에서는 p를 끊어 B, C, D가 함께 움직일 때 r가 D를 당기는 힘의 크기도 주어졌으므로, D에만 단독으로 $F=ma$의 식을 추가로 세워야 한다(ⅲ). 이때 D에 빗면 아래 방향으로 작용하는 힘과 r이 당기는 힘은 빗면 위 방향으로 작용한다는 것을 파악해서 식을 세운다.
- 최종적으로 r을 끊었을 때 D의 가속도의 크기를 구하려면, r을 끊었을 때 D에 빗면 아래 방향의 힘만 작용한다는 것을 파악하고 식을 세우면 해결할 수 있다.

<보기> 풀이

❶ C와 D에 중력에 의해 빗면 아래 방향으로 작용하는 힘의 크기를 각각 F_C, F_D라고 하면, A~D가 p, q, r로 연결되어 정지해 있을 때 A~D에 작용하는 알짜힘은 0이므로,

$2mg+mg-F_C-F_D=0$에서 $F_C+F_D=3mg$ ··· ①이다.

❷ C와 D의 질량을 각각 M이라고 하면 p를 끊었을 때, C는 B, D와 함께 가속도의 크기가 $\frac{2}{9}g$인 운동을 하므로, B~D를 한 덩어리로 생각할 때 (B+C+D)에 F_C+F_D-mg의 힘이 작용하여 가속도의 크기가 $\frac{2}{9}g$인 운동을 하는 것이다. 따라서 p를 끊었을 때 운동 방정식은

$F_C+F_D-mg=(m+M+M)\frac{2}{9}g$이고, 이 식에 ①을 대입하여 정리하면 $M=4m$이다.

❸ p를 끊었을 때, r이 D를 당기는 힘의 크기는 $\frac{10}{9}mg$이므로, D에 $F_D-\frac{10}{9}mg$의 알짜힘이 작용하여 빗면 아래 방향으로 가속도의 크기가 $\frac{2}{9}g$인 운동을 한다. 따라서 D의 운동 방정식은 $F_D-\frac{10}{9}mg=4m(\frac{2}{9}g)$이므로, $F_D=2mg$이다.

❹ r을 끊었을 때 D의 가속도를 a_D라고 하면 D에 $F_D=2mg$의 힘만 작용하므로, $2mg=(4m)a_D$에서 $a_D=\frac{1}{2}g$이다.

다른 풀이

모든 실을 끊었을 때 C, D는 중력에 의해 빗면 아래 방향으로 작용하는 힘에 의해 가속도 운동을 한다. 이때의 가속도의 크기를 각각 a_C, a_D라 하고 C, D의 질량을 각각 M이라고 하면, C, D에 빗면 아래 방향으로 작용하는 힘은 각각 Ma_C, Ma_D이다.

❶ A~D가 p, q, r로 연결되어 정지해 있을 때 A~D에 작용하는 알짜힘은 0이므로,
$2mg+mg-Ma_C-Ma_D=0$에서 $Ma_C+Ma_D=3mg$ ··· ①이다.

❷ p를 끊었을 때, C는 B, D와 함께 가속도의 크기가 $\frac{2}{9}g$인 운동을 하므로, B~D를 한 덩어리로 생각할 때 (B+C+D)에 Ma_C+Ma_D-mg의 힘이 작용하여 가속도의 크기가 $\frac{2}{9}g$인 운동을 하므로, $Ma_C+Ma_D-mg=(m+M+M)\frac{2}{9}g$ ··· ②이다. ①을 ②에 대입하여 정리하면 $M=4m$이다.

❸ p를 끊었을 때, r이 D를 당기는 힘의 크기는 $\frac{10}{9}mg$이므로, D에 $Ma_D-\frac{10}{9}mg$의 힘이 작용하여 빗면 아래 방향으로 가속도의 크기가 $\frac{2}{9}g$인 운동을 하므로, $4ma_D-\frac{10}{9}mg=4m(\frac{2}{9}g)$에서 $a_D=\frac{1}{2}g$이다. 따라서 r을 끊었을 때, D의 가속도의 크기는 $\frac{1}{2}g$이다.

08 물체의 운동 방정식 – 도르래에 연결된 물체 정답 ③

선택 비율	① 17 %	② 22 %	③ 27 %	④ 23 %	⑤ 12 %

문제 풀이 TIP

이 문제는 뉴턴 운동 법칙과 등가속도 운동의 식을 활용해서 풀어야 하는 문제이다. 따라서 물체 A, B, C가 실 p, q, r로 연결되어 정지해 있을 때, 정지해 있는 C에 작용하는 알짜힘이 0임을 이용해 r이 C를 당기는 힘을 파악할 수 있어야 하고, 정지해 있는 A, B, C에 작용하는 알짜힘이 0임을 이용해 A에 작용하는 빗면 아래 방향의 힘을 파악할 수 있어야 한다. 또 r과 p가 차례대로 끊어져 물체들이 가속도 운동을 할 때는 물체들에 작용하는 알짜힘을 파악한 후 뉴턴 운동 제2법칙을 이용해 가속도를 구할 수 있어야 한다.

p가 끊어진 순간 C의 속력은 B의 속력과 같으므로, 점 O를 지나는 순간 B의 속력을 구해야 한다. r이 끊어진 순간부터의 B의 운동 경로에서 구간별 가속도, 속도, 걸린 시간을 파악한 후, 등가속도 직선 운동의 속도의 식 ($v=v_0+at$)을 이용하면 O를 지나는 순간 B의 속력을 구할 수 있다.

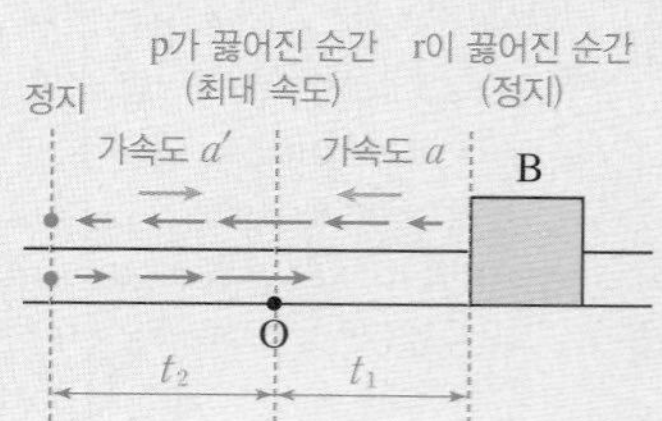

<보기> 풀이

❶ r이 C에 작용하는 힘의 크기를 T라고 하면, q가 C에 작용하는 힘의 크기는 q가 B에 작용하는 힘의 크기와 같으므로 $\frac{3}{2}T$이다. q, r로 연결되어 정지해 있는 C에 작용하는 알짜힘은 0이므로, C에 연직 위 방향으로 작용하는 q가 당기는 힘의 크기는 연직 아래 방향으로 작용하는 중력과 r이 당기는 힘의 크기의 합과 같다. 따라서 $\frac{3}{2}T=mg+T$에서 $T=2mg$이다.

❷ A, B, C가 실 p, q, r로 연결되어 정지해 있을 때, A에 빗면 아래 방향으로 작용하는 힘의 크기는 C에 연직 아래 방향으로 작용하는 중력 mg와 r이 당기는 힘 $T(=2mg)$의 합과 같다. 따라서 A에 빗면 아래 방향으로 작용하는 힘의 크기는 $3mg$이다.

❸ B의 질량을 m_B, r을 끊었을 때 A, B, C의 가속도의 크기를 a라고 하자. A, B, C를 한 덩어리라고 생각하면, (A+B+C)에 $3mg-mg$의 힘이 작용하여 가속도 a인 운동을 하므로 운동 방정식은 다음과 같다.

$3mg-mg=(6m+m_B+m)a$ ··· ①

p가 끊어졌을 때 A의 가속도의 크기를 $2a'$라고 하고 B, C의 가속도의 크기를 a'라고 하면, A의 운동 방정식과 B, C를 한 덩어리로 생각할 때 (B+C)의 운동 방정식은 각각 다음과 같다.

A: $3mg=6m(2a')$ ⋯ ②

(B+C): $-mg=(m_B+m)(-a')$ ⋯ ③

②, ③에서 $a'=\frac{1}{4}g$, $m_B=3m$이다. $m_B=3m$을 ①에 대입하면 $a=\frac{1}{5}g$이다.

❹ r이 끊어진 후부터 B는 O를 지나는 순간까지 가속도가 a인 운동을 하며, 이때 걸린 시간을 t_1이라고 하자. B가 O를 지나는 순간 p가 끊어지므로, B는 O를 지나는 순간부터 속력이 감소하여 속력이 0이 된 순간까지 가속도가 $-a'$인 운동을 한다. 이때 걸린 시간을 t_2라고 하면, B가 속력이 0이 된 순간부터 다시 오른쪽 방향으로 운동하여 O에 다시 돌아올 때까지 걸린 시간도 t_2이므로, $t_1+2t_2=t_0$이다. B가 O를 지나는 순간의 속력을 v라고 하면 $v=at_1=\frac{1}{5}gt_1$이고, B가 O를 지난 후 속력이 0이 된 순간의 속력은 $0=v-a't_2=v-\frac{1}{4}gt_2$이므로, $v=\frac{1}{4}gt_2$이다. 따라서 $\frac{1}{5}gt_1=\frac{1}{4}gt_2$에서 $t_2=\frac{4}{5}t_1$이고, $t_1+2\left(\frac{4}{5}t_1\right)=t_0$에서 $t_1=\frac{5}{13}t_0$이다. p가 끊어진 순간 C의 속력은 B가 O를 지나는 순간의 속력과 같으므로

$v=\frac{1}{5}gt_1=\frac{1}{5}g\left(\frac{5}{13}t_0\right)=\frac{1}{13}gt_0$이다.

09 물체의 운동 방정식 – 도르래에 연결된 물체 정답 ④

선택 비율	① 5 %	② 15 %	③ 26 %	④ 39 %	⑤ 14 %

문제 풀이 TIP

이 문제는 등가속도 운동의 식($2as=v^2-v_0^2$)과 뉴턴 운동 제 2법칙($F=ma$)을 모두 적용해서 풀어야 한다. (가)에서 B는 속력이 v가 된 순간 실이 끊어진 후, 운동 방향과 반대 방향의 힘을 받으므로 속력은 점점 감소하여 정지했다가 다시 반대 방향으로 운동한다. 따라서 (나)에서 B가 실이 끊어졌던 지점을 다시 지날 때의 속력을 파악해야 등가속도 직선 운동 식을 이용할 수 있다. 실이 끊어진 후 A와 B의 운동만 고려한다. (가)에서 실이 끊어진 순간의 A와 B의 중력 퍼텐셜 에너지는 (나)에서 실이 끊어진 지점을 반대 방향으로 지나는 순간의 A와 B의 중력 퍼텐셜 에너지와 같으므로, 역학적 에너지 보존 법칙에 따라 (가)에서 실이 끊어진 순간 A와 B의 운동 에너지는 (나)에서 실이 끊어진 지점을 반대 방향으로 지나는 순간 A와 B의 운동 에너지와 같다. 따라서 역학적 에너지 보존 법칙에 의해서도 (나)에서 B가 실이 끊어졌던 지점을 반대 방향으로 지나는 순간의 속력은 v가 됨을 알 수 있다. 여러 물체가 실로 연결되어 함께 운동하는 경우의 운동 방정식을 세울 때, 실로 연결된 물체들을 한 덩어리로 생각하고 한 덩어리가 된 물체의 운동 방정식을 세우거나 문제에서 주어진 정보에 따라 한 물체의 운동 방정식을 세워야 한다. 이때 $F=ma$의 F는 알짜힘으로, 여러 개의 힘이 동시에 작용한다면 운동 방정식에 대입하는 힘들의 부호에 유의한다. 운동 방향과 같은 방향으로 작용하는 힘의 부호는 (+), 운동 방향과 반대 방향으로 작용하는 힘의 부호는 (−)를 붙인다. 예를 들면 (가)에서와 같이 물체의 운동 방향과 같은 방향으로 작용하는 힘은 $5mg$이고 반대 방향으로 작용하는 힘은 $4mg$이므로, (A+B+C)에 $5mg-4mg$의 힘이 작용하여 가속도가 a인 운동을 한다면, 운동 방정식은 $5mg-4mg=(4m+m_B+5m)a$가 된다.

<보기> 풀이

❶ (가)에서 B의 속력이 v가 된 순간 q가 끊어진 후, B의 속력은 점점 감소하여 0이 되었다가 다시 반대 방향으로 속력이 증가한다. 실이 끊어진 후 가속도가 일정하므로, 실이 끊어진 후 정지할 때까지 속력이 감소한 양과 정지했다가 다시 반대 방향으로 실이 끊어진 지점을 지날 때까지 속력이 증가한 양은 같다. 따라서 (나)에서 B가 실이 끊어졌던 지점을 반대 방향으로 지나는 순간의 속력은 v가 된다. 실이 끊어지기 전 B의 가속도의 크기를 a, O에서부터 실이 끊어지는 순간까지 B가 이동한 거리를 L, 실이 끊어진 후 B의 가속도의 크기를 a'라고 하면, 각각 $2aL=v^2$, $2a'L=(3v)^2-v^2$가 성립하므로, $a'=8a$이다.

❷ 실로 연결되어 함께 운동하는 물체들의 가속도가 같으므로, B의 질량을 m_B라고 하고 (가)에서 A, B, C를 한 덩어리라고 생각하면, (A+B+C)에 $5mg-4mg$의 힘이 작용하여 가속도의 크기가 a인 운동을 하므로, 운동 방정식은 다음과 같다.

$5mg-4mg=(4m+m_B+5m)a$ ⋯⋯ ①

(나)에서 A, B를 한 덩어리라고 생각하면, (A+B)에 $4mg$의 힘이 작용하여 가속도의 크기가 a'인 운동을 하므로, 운동 방정식은 다음과 같다.

$4mg=(4m+m_B)a'$ ⋯⋯ ②

$a'=8a$를 ②에 대입하고 ①과 ②를 연립하여 정리하면 $m_B=m$, $a=\frac{g}{10}$이므로, $a'=\frac{4}{5}g$이다.

❸ (나)에서 p가 A를 당기는 힘의 크기를 T라고 할 때, A에 $4mg-T$의 힘이 작용하여 가속도의 크기가 a'인 운동을 하므로 운동 방정식은 $4mg-T=4ma'$이다. $a'=\frac{4}{5}g$이므로, $T=\frac{4}{5}mg$이다.

10 물체의 운동 방정식 – 도르래에 연결된 물체 정답 ⑤

선택 비율	① 10 %	② 9 %	③ 21 %	④ 14 %	⑤ 47 %

문제 풀이 TIP

이 문제는 속력–시간 그래프의 기울기의 크기가 가속도의 크기를 나타냄을 알고 뉴턴 운동 방정식을 적용할 수 있으면 쉽게 해결할 수 있는 문제이다. 보기 'ㄱ'에서 실로 연결된 A, B를 가만히 놓았을 때 A의 운동 방향이 빗면 아래 방향이라고 가정하면 실이 끊어진 후 A의 속력은 실이 끊어지기 전보다 증가해야 한다. 문제에서 주어진 속력–시간 그래프에서 실이 끊어진 후 A의 속력은 감소했으므로 A의 운동 방향은 빗면 위 방향인 것을 알 수 있다.

보기 'ㄴ'에서 실이 끊어진 후 B의 가속도$=\frac{\text{B에 작용하는 힘}}{\text{B의 질량}}$이므로, B의 가속도의 크기를 구하기 위해서는 실이 끊어진 후 B에 빗면 아래 방향으로 작용하는 힘의 크기를 먼저 구해야 한다. 따라서 실이 끊어지기 전 A, B를 한 덩어리로 생각하고 (A+B)에 작용하는 힘, (A+B)의 질량, (A+B)의 가속도를 대입한 운동 방정식과 실이 끊어진 후 A의 운동 방정식을 세우면, B에 빗면 아래 방향으로 작용하는 힘을 구할 수 있다. B의 가속도의 크기를 구했으면 보기 'ㄷ'에서 B의 이동 거리는 등가속도 직선 운동의 식 $s=v_0t+\frac{1}{2}at^2$을 적용하여 구할 수 있다.

<보기> 풀이

속력–시간 그래프의 직선의 기울기는 가속도의 크기를 나타내므로, 실이 끊어지기 전 A, B의 가속도의 크기는 $\frac{v}{4t}$이고, 실이 끊어진 후 A의 가속도의 크기는 $\frac{v}{2t}$이다.

ㄱ. A의 운동 방향은 t일 때와 $5t$일 때가 같다.

➡ A의 속력은 가만히 놓은 순간부터 증가하다가 $4t$일 때 실이 끊어진 후 감소하여 $6t$일 때 0이 되므로, 0부터 $6t$까지 A의 운동 방향은 빗면 위 방향이다. 따라서 A의 운동 방향은 t일 때와 $5t$일 때가 같다.

ㄴ. **$5t$일 때, 가속도의 크기는 B가 A의 $\frac{11}{4}$배이다.**

➡ 중력에 의해 빗면 아래 방향으로 A, B에 작용하는 힘의 크기를 각각 F_A, F_B라고 하자. 실이 끊어지기 전 A와 B를 한 덩어리라고 생각하면, 질량 $(3m+2m)$인 물체에 F_B-F_A의 힘이 작용하여 가속도가 $\frac{v}{4t}$인 운동을 하므로, 뉴턴 운동 제2법칙을 적용하면,

$F_B-F_A=(3m+2m)\frac{v}{4t}$ … ①이 성립한다. 실이 끊어진 후에는 질량 $3m$인 A에 $-F_A$의 힘이 작용하여 가속도가 $-\frac{v}{2t}$인 운동을 하므로, $F_A=(3m)\frac{v}{2t}$ … ②가 성립한다.

②를 ①에 대입하면 $F_B=\frac{11mv}{4t}$이므로, 실이 끊어진 후 B의 가속도는 $\frac{F_B}{2m}=\frac{11v}{8t}$이다. 따라서 $5t$일 때 A, B의 가속도의 크기는 각각 $\frac{v}{2t}$, $\frac{11v}{8t}$이므로, 가속도의 크기는 B가 A의 $\frac{11}{4}$배이다.

ㄷ. **$4t$부터 $6t$까지 B의 이동 거리는 $\frac{19}{4}vt$이다.**

➡ $4t$부터 $6t$까지 B의 이동 거리는 $v\times 2t+\frac{1}{2}\times\frac{11v}{8t}\times(2t)^2=\frac{19}{4}vt$이다.

11 운동량 보존 　정답 ②

선택 비율	① 12 %	② 43 %	③ 21 %	④ 16 %	⑤ 8 %

문제 풀이 TIP

충돌이 일어날 때 속력이 변하므로, (나)에서 A는 $4t$일 때와 $14t$일 때 B와 충돌했다는 것을 알 수 있다. 문제에서 $6t$일 때 B와 C가 충돌했다고 했으므로, 총 3번의 충돌에서 운동량 보존 법칙의 식을 세워 보면, 미지수가 식의 개수보다 많아서 해를 얻을 수 없다. 이는 그림 (나)에서 A가 $14t$일 때 B와 다시 충돌한 후의 속도가 주어지지 않았기 때문이라고 할 수 있다. 이때 운동량 보존 법칙의 식 이외의 다른 힌트를 찾아야 하는데, A와 B가 두 번이나 충돌했다는 것은 물체의 크기를 무시한다면 $4t$일 때 A와 B가 같은 위치에 있었고 $14t$일 때도 A와 B가 같은 위치에 있었다는 것을 의미한다. 즉, $4t$~$14t$ 동안 A와 B의 위치 변화량이 같다는 것을 이용할 수 있다. $4t$~$14t$ 동안 A는 v의 속력으로 등속도 운동을 했으므로 A의 이동 거리 $=v(14t-4t)$이며, B의 경우는 C와의 충돌로 인해 속력이 한 번 변했으므로 B의 이동 거리$=v_B(6t-4t)+v_B'(14t-6t)$이다.
여기서 v_B는 $4t$일 때 B가 A와 충돌한 후의 속력이고 v_B'는 $6t$일 때 B가 C와 충돌한 후의 속력이다. 따라서 $v(14t-4t)=v_B(6t-4t)+v_B'(14t-6t)$의 식을 얻을 수 있다. v_B는 $4t$일 때의 A와 B의 충돌에서 운동량 보존 법칙의 식으로부터 구할 수 있으므로, 이를 대입하면 v_B'를 구할 수 있다. $8t$일 때, C의 속력은 B와 C의 충돌에서 운동량 보존 법칙의 식을 적용하여 구한다.

<보기> 풀이

❶ A의 속력은 $4t$일 때와 $14t$일 때 변하므로, A는 $4t$일 때 B와 충돌하고 $14t$일 때 다시 B와 충돌한다. $4t$일 때 A와 B의 충돌 후 B의 속력을 v_B라고 하면, 운동량 보존 법칙에 의해 $2m(3v)=2mv+mv_B$에서 $v_B=4v$이다.

❷ A와 B의 충돌이 $4t$일 때와 $14t$일 때 일어나므로, $4t$일 때 A와 B가 충돌한 이후 $14t$일 때 다시 충돌하기 전까지 A와 B의 위치 변화량은 같다. 즉, $4t$~$14t$ 동안 A의 변위는 B의 변위와 같다. $4t$~$14t$ 동안 A는 v의 속력으로 이동하므로 A의 이동 거리는 $v(10t)$이다. 한편, B는 $4t$~$6t$ 동안 $4v$의 속력으로 이동하다가 $6t$일 때 C와 충돌하므로, C와 충돌한 후 B의 속도를 v_B'라고 하면 B는 $6t$~$14t$ 동안 v_B'의 속력으로 이동한다. 따라서 $4t$~$14t$ 동안 B가 이동한 거리는 $4v(2t)+v_B'(8t)$이다.
$v(10t)=4v(2t)+v_B'(8t)$이므로, $v_B'=\frac{1}{4}v$이다

❸ $6t$일 때 B와 C가 충돌한 후 C의 속력을 v_C라고 하면, 운동량 보존 법칙에 의해 $m(4v)=m\left(\frac{1}{4}v\right)+4mv_C$에서 $v_C=\frac{15}{16}v$이다. 따라서 $8t$일 때 C의 속력은 $\frac{15}{16}v$이다.

12 운동량 보존 　정답 ②

선택 비율	① 9 %	② 44 %	③ 20 %	④ 15 %	⑤ 13 %

문제 풀이 TIP

운동량 보존에 관한 문제를 풀 때는 먼저 운동량의 개념을 잘 이해하고 문제에서 제시된 조건을 이용해 운동량 보존 법칙을 적용해야 한다. 운동량은 크기와 방향을 나타내는 물리량이므로, 서로 반대 방향으로 운동하는 물체의 운동량은 각각 양(+)과 음(−)의 부호를 붙여 나타낼 수 있다. 따라서 반대 방향으로 운동하는 두 물체의 운동량의 크기가 p로 같을 때, 두 물체의 운동량의 합은 $p+(-p)=0$이다. 이 문제의 경우 (가)에서 A와 B가 분리되기 전 운동량의 합이 0이므로, 분리된 후 등속도 운동을 하는 A와 B의 운동량의 크기는 같다. 또 (나)에서 A와 C가 충돌하여 정지한 후 운동량의 합이 0이므로, 충돌하기 전 A와 C의 운동량의 크기가 같다는 것을 알 수 있다. 즉, (가)에서 A의 운동량의 크기=B의 운동량의 크기=C의 운동량의 크기이다.
이 문제에서 묻는 D의 질량을 알아내기 위해 B와 D의 충돌에 운동량 보존 법칙을 적용하려면, 먼저 B의 질량과 속도를 구해야 한다. C의 운동량의 크기와 B의 운동량의 크기가 같다는 것과 문제에서 'C의 운동 에너지가 B의 운동 에너지의 2배'라는 조건이 제시되었으므로, 운동 에너지와 운동량의 관계식 $E_k=\frac{(mv)^2}{2m}=\frac{p^2}{2m}$을 이용하여 구할 수 있다. 그러나 이 식의 적용이 어려웠다면, B의 질량을 m_B, 충돌 전 B의 속력을 v_B라고 하고 조건에 맞게 식을 세워 풀어도 구할 수 있다. 즉,
$\frac{1}{2}m(2v)^2=2\times\frac{1}{2}m_Bv_B{}^2$과 $m(2v)=m_Bv_B$의 두 식을 연립하여
$m_B=2m$, $v_B=v$임을 알 수 있다.

<보기> 풀이

❶ (가)에서 A와 B가 분리되기 전 운동량의 합이 0이므로, 분리된 후에도 운동량의 합이 0이다. 따라서 (가)에서 분리된 후 A의 운동량의 크기는 B의 운동량의 크기와 같다.

❷ (나)에서 A와 C가 충돌하여 정지하므로 충돌 후 A와 C의 운동량의 합이 0이고, 충돌하기 전 운동량의 합도 0이다. 따라서 충돌하기 전 (가)에서 A의 운동량의 크기는 C의 운동량의 크기와 같다. 이때 C의 운동량의 크기는 $2mv$이므로, A의 운동량의 크기=B의 운동량의 크기=$2mv$이다.

❸ 운동 에너지와 운동량의 관계식 $E_k=\frac{(mv)^2}{2m}=\frac{p^2}{2m}$에서 운동량이 같을 때 질량과 운동 에너지는 반비례한다. (가)에서 C와 B의 운동량의 크기가 같고 운동 에너지는 C가 B의 2배이므로 질량은 B가 C의 2배이다. 따라서 B의 질량은 $2m$이다. 또 B의 운동량의 크기는 $2mv$이므로, B의 속력은 v이다.

❹ D의 질량을 m_D라고 하면 (나)에서 B와 D가 충돌한 후 한 덩어리가 되어 속력 $\frac{1}{3}v$로 운동하므로, 운동량 보존 법칙에 따라
$2mv-m_Dv=(2m+m_D)\frac{1}{3}v$에서 $m_D=m$이다.

13 운동량 보존 정답 ⑤

선택 비율 | ① 11 % | ② 16 % | ③ 19 % | ④ 12 % | ⑤ 40 %

문제 풀이 TIP

외부에서 힘이 작용하지 않을 때 A와 B의 충돌에 관한 문제이므로, 운동량 보존 법칙을 적용하여 문제를 푼다. 운동량은 질량과 속도의 곱이므로 A와 B의 질량이나 속도를 파악해야 하는데, A의 속도가 주어졌으므로 (나)의 p와 B 사이의 거리를 시간에 따라 나타낸 그래프로부터 B의 속도를 파악하는 것이 중요하다. 즉, (나)에서 0～1초 동안 p와 B 사이의 거리가 4 m에서 8 m로 증가할 때, B가 A로부터 1초당 4 m씩 멀어지므로 B의 속도가 A의 속도보다 4 m/s만큼 크다는 것을 알아낼 수 있어야 한다. 마찬가지로 (나)에서 1～3초 동안 p와 B 사이의 거리의 변화로부터 A와 B의 속도의 관계와 3초 이후 A와 B의 속도를 파악한 후 운동량 보존 법칙의 식을 세워야 한다. B가 1초일 때 q와 충돌하고 3초일 때 p에 충돌하므로, 충돌 전후 A와 B의 운동량의 합에 대한 식 3개를 완성하면 운동량 보존 법칙을 적용하여 해답을 구할 수 있다. 또 속도는 빠르기와 운동 방향을 포함한 물리량이므로, 속도의 부호가 같으면 운동 방향이 같다는 것도 이해하고 있어야 한다.

<보기> 풀이

- 0～1초: p와 B 사이의 거리가 4 m에서 8 m로 증가하므로, p와 B는 1초당 4 m씩 멀어진다. 즉, B의 속도의 크기가 A보다 4 m/s만큼 크므로, A의 속도가 4m/s일 때 B의 속도는 8 m/s이다. A와 B의 질량을 각각 m_A, m_B라고 하면, A와 B의 운동량의 합은 $m_A\times4+m_B\times8$이다.
- 1～3초: p와 B 사이의 거리가 8 m에서 0으로 감소하므로, p와 B는 1초당 4 m씩 가까워진다. 즉, B의 속도의 크기가 A보다 4 m/s만큼 작으므로, A의 속도를 v_A라고 하면 B의 속도는 v_A-4이고 A와 B의 운동량의 합은 $m_A\times v_A+m_B\times(v_A-4)$이다.
- 3초 이후: p와 B 사이의 거리가 0으로 일정하므로, A와 B의 속도의 크기가 같다. A, B의 속도가 모두 5 m/s이므로, A와 B의 운동량의 합은 $m_A\times5+m_B\times5$이다.

1초일 때 충돌과 3초일 때 충돌에서 A와 B의 운동량의 합이 보존되므로, 다음의 식이 성립한다.

$$m_A\times4+m_B\times8=m_A\times v_A+m_B\times(v_A-4)=m_A\times5+m_B\times5$$

ㄱ. 질량은 A가 B의 3배이다.

➡ $m_A\times4+m_B\times8=m_A\times5+m_B\times5$에서 $m_A=3m_B$이므로, 질량은 A가 B의 3배이다.

ㄴ. 2초일 때, A의 속력은 6 m/s이다.

➡ $m_A\times4+m_B\times8=m_A\times v_A+m_B\times(v_A-4)$에 $m_A=3m_B$를 대입하면, v_A=6m/s이다. 따라서 2초일 때, A의 속력은 6 m/s이다.

ㄷ. 2초일 때, 운동 방향은 A와 B가 같다.

➡ 2초일 때, A의 속도 v_A=6 m/s이고 B의 속도 v_A-4 m/s=2 m/s이다. A, B의 속도의 부호가 같으므로, 2초일 때 운동 방향은 A와 B가 같다.

14 운동량 보존 정답 ④

선택 비율 | ① 9 % | ② 19 % | ③ 21 % | ④ 36 % | ⑤ 15 %

문제 풀이 TIP

이 문제는 운동량 보존 법칙과 상대 속도의 개념을 알아야 해결할 수 있다. (나)와 같이 두 물체 사이의 거리가 시간에 따라 변하는 정도를 나타내는 그래프의 기울기는 두 물체의 상대 속도를 나타낸다는 것을 알면, 충돌 전후 두 물체의 속력의 관계식을 세울 수 있다. 물체의 속도는 관찰자 자신의 운동 상태에 따라 달라지므로, 운동하는 관찰자에 대한 물체의 속도를 상대 속도라고 한다. A와 B의 속도를 각각 v_A, v_B라고 하면, A에 대한 B의 상대 속도는 $v_{AB}=v_B-v_A$이다. 이때 속도는 빠르기와 함께 운동 방향을 나타내므로, A와 B의 운동 방향이 반대인 경우 A와 B의 상대 속도의 크기는 A와 B의 속력을 더한 값과 같고, A와 B의 운동 방향이 같은 경우 A와 B의 상대 속도의 크기는 A와 B의 속력의 차와 같다는 것을 이해할 수 있어야 한다.

<보기> 풀이

❶ (나)에서 그래프의 기울기는 상대 속도를 나타낸다. $2t_0$일 때 A와 B가 충돌하며 충돌 전 A와 B의 운동량의 합은 $4p+(-4p)=0$이므로 충돌 후 A와 B의 운동량의 합도 0이어야 한다. 따라서 충돌 후 A와 B는 서로 반대 방향으로 운동한다. 충돌 전 A, B의 속력을 각각 v_A, v_B라고 하면, $0\sim2t_0$ 동안 서로 반대 방향으로 운동하는 A와 B의 상대 속도의 크기는 $\frac{6L}{2t_0}$이므로 $v_A+v_B=\frac{6L}{2t_0}$이다. 충돌 후 A, B의 속력을 각각 v_A', v_B'라고 하면, $2t_0\sim6t_0$ 동안 서로 반대 방향으로 운동하는 A와 B의 상대 속도의 크기는 $\frac{12L}{4t_0}$이므로, $v_A'+v_B'=\frac{6L}{2t_0}$이다. 충돌 전후 A와 B의 상대 속도의 크기가 같고 충돌 전후 A와 B의 운동량의 합이 0이므로, 충돌 후 A, B의 운동량의 크기는 각각 충돌 전 운동량의 크기와 같다. 따라서 $v_A=v_A'$, $v_B=v_B'$이다.

❷ $0\sim2t_0$ 동안 서로 반대 방향으로 운동하는 B와 C의 상대 속도의 크기는 $\frac{5L}{2t_0}$이므로, $v_B+v_C=\frac{5L}{2t_0}$이다. 또 $2t_0\sim6t_0$ 동안 같은 방향으로 운동하는 B와 C의 상대 속도의 크기는 $\frac{6L}{4t_0}$이므로, $v_B-v_C=\frac{3L}{2t_0}$이다. $\frac{L}{2t_0}=v$라고 하면, $v_A+v_B=6v$, $v_B+v_C=5v$, $v_B-v_C=3v$이므로, 세 식을 연립하여 정리하면, $v_A=2v$, $v_B=4v$, $v_C=v$이다.

다른 풀이

❶ $0\sim2t_0$ 동안 서로를 향해 운동하는 A와 B 사이의 거리가 $6L$에서 0으로 감소하므로, $2t_0$ 동안에 A가 이동한 거리와 B가 이동한 거리의 합은 $6L$이다. 충돌 전 A, B의 속력을 각각 v_A, v_B라고 하면,

$v_A\times2t_0+v_B\times2t_0=6L$이 성립하므로 $v_A+v_B=\frac{6L}{2t_0}$이다.

$2t_0\sim6t_0$ 동안 A와 B 사이의 거리가 0에서 $12L$로 증가하므로, $4t_0$ 동안에 A가 이동한 거리와 B가 이동한 거리의 합은 $12L$이다. 충돌 후 A, B의 속력을 각각 v_A', v_B'라고 하면,

$v_A'\times4t_0+v_B'\times4t_0=12L$이므로 $v_A'+v_B'=\frac{6L}{2t_0}$이다. 충돌 전후 A, B의 속력의 관계식이 같고 충돌 전후 A와 B의 운동량의 합이 0이므로, 충돌 후 A와 B의 운동량의 크기는 각각 충돌 전의 운동량의 크기와 같다. 따라서 $v_A=v_A'$, $v_B=v_B'$이다.

❷ $0\sim2t_0$ 동안 서로 반대 방향으로 운동하는 B와 C 사이의 거리가 L에서 $6L$로 증가하므로, $2t_0$ 동안에 B가 이동한 거리와 C가 이동한 거리의 합은 $5L$이다. C의 속력을 v_C라고 하면,

$v_B\times2t_0+v_C\times2t_0=5L$이므로 $v_B+v_C=\frac{5L}{2t_0}$이다.

$2t_0\sim6t_0$ 동안 B와 C는 같은 방향으로 운동하며, B와 C 사이의 거리가 $6L$에서 0으로 감소하므로 B가 $4t_0$ 동안 운동한 거리는 $6L$과 C가 $4t_0$ 동안 운동한 거리의 합과 같다. 따라서 $v_B\times4t_0=6L+v_C\times4t_0$에서

$v_B-v_C=\frac{3L}{2t_0}$이다. $\frac{L}{2t_0}=v$라고 하면, $v_A+v_B=6v$, $v_B+v_C=5v$, $v_B-v_C=3v$이므로, 세 식을 연립하여 정리하면, $v_A=2v$, $v_B=4v$, $v_C=v$이다.

ㄱ. $t=t_0$일 때, 속력은 A와 B가 같다.

➡ $v_A=2v$이고 $v_B=4v$이므로, $t=t_0$일 때, 속력은 B가 A의 2배이다.

정답률 낮은 문제 한 번 더!

ㄴ. **B와 C의 질량은 같다.**

➡ 운동량의 크기는 질량과 속력의 곱이다. B와 C의 운동량의 크기는 각각 $4p$, p이고 B와 C의 속력은 각각 $4v$, v이므로, B와 C의 질량은 같다.

ㄷ. **$t=4t_0$일 때, B의 운동량의 크기는 $4p$이다.**

➡ B의 운동량의 크기는 충돌 전과 충돌 후가 같으므로, $t=4t_0$일 때, B의 운동량의 크기는 $4p$이다.

15 운동량 보존 정답 ①

선택 비율	① 36 %	② 12 %	③ 23 %	④ 15 %	⑤ 14 %

문제 풀이 TIP

만약 속력이 3 m/s인 물체 a가 같은 방향으로 운동하는 속력이 2 m/s인 물체 b와 충돌한다고 가정하면, 충돌 전 a의 속력이 b의 속력보다 1 m/s만큼 빠르므로 a와 b 사이의 거리는 1초에 1 m씩 가까워진다. 따라서 충돌 전후에 두 물체 사이의 거리가 변하는 정도를 분석하면 충돌 전후 두 물체의 속력을 파악할 수 있다. 이 문제에서는 (나)에서 두 물체 사이의 거리가 변하는 정도가 달라지는 1초일 때와 4초일 때 충돌이 일어난다는 것을 이해해야 한다. B의 속력이 주어졌으므로, 0~1초 동안과 1~4초 동안 그리고 4초 이후에 A와 C 사이의 거리와 B와 C 사이의 거리가 변하는 정도를 분석하여 충돌 전후 A, B, C의 속력을 파악한 후, 운동량 보존 법칙을 적용하여 문제를 해결해야 한다.

<보기> 풀이

❶ 0~1초 동안 A와 C 사이의 거리는 가까워지고 B와 C 사이의 거리는 일정하므로 1초일 때 A와 B가 충돌한다. A와 B가 충돌하기 전, A와 C 사이의 거리는 1초 동안 1 m 가까워지므로 A의 속력은 C의 속력보다 1 m/s 만큼 크고, B와 C의 속력은 같다. 따라서 A의 속력은 2 m/s이고 B와 C의 속력은 각각 1 m/s, 1 m/s이다.

A 2 m/s → B 1 m/s → C 1 m/s →

A와 B가 충돌하기 전(0~1초) 수평면

❷ A와 B가 충돌한 후, 1~4초 동안 A와 C 사이의 거리는 3초 동안 1 m 가까워지고 B와 C 사이의 거리는 3초 동안 4 m 가까워지므로, A의 속력은 C의 속력보다 $\frac{1}{3}$ m/s만큼 크고 B의 속력은 C의 속력보다 $\frac{4}{3}$ m/s만큼 크다. 따라서 A의 속력은 $1\text{ m/s}+\frac{1}{3}\text{ m/s}=\frac{4}{3}\text{ m/s}$이고, B의 속력은 $1\text{ m/s}+\frac{4}{3}\text{ m/s}=\frac{7}{3}\text{ m/s}$이다.

A $\frac{4}{3}$ m/s → B $\frac{7}{3}$ m/s → C 1 m/s →

A와 B가 충돌한 후(1~4초) 수평면

A의 속력보다 B의 속력이 크므로, 4초일 때 B와 C가 충돌한다.

❸ B와 C가 충돌한 후 B와 C 사이의 거리는 0이므로, B와 C가 한 덩어리가 되어 운동한다. 충돌 후 A와 C 사이의 거리는 일정하므로 한 덩어리가 된 B와 C의 속력은 A의 속력과 같다. 따라서 한 덩어리가 된 B와 C의 속력은 $\frac{4}{3}$ m/s이다.

A $\frac{4}{3}$ m/s → B C $\frac{4}{3}$ m/s →

B와 C가 충돌한 후(4초 이후) 수평면

❹ A, B, C의 질량을 각각 m_A, m_B, m_C라고 하면, A와 B의 충돌 전후 운동량의 합은 보존되므로, $m_A\times2+m_B\times1=m_A\times\frac{4}{3}+m_B\times\frac{7}{3}$에서 $m_B=\frac{1}{2}m_A$이다. 또 B와 C의 충돌 전후에도 운동량의 합은 보존되므로 $m_B\times\frac{7}{3}+m_C\times1=(m_B+m_C)\times\frac{4}{3}$에서 $m_C=3m_B=3\left(\frac{1}{2}m_A\right)$이므로 $\frac{m_C}{m_A}=\frac{3}{2}$이다.

16 궤도에서 운동하는 물체의 일과 에너지 정답 ⑤

선택 비율	① 10 %	② 10 %	③ 19 %	④ 11 %	⑤ 51 %

문제 풀이 TIP

궤도에서 운동하는 물체의 역학적 에너지에 관한 문제를 풀 때 유의해야 하는 점들은 다음과 같다.

i) 빗면에 위치한 마찰 구간에서 물체가 등속도 운동을 할 때, 감소하는 역학적 에너지를 파악한다.

➡ 마찰이 없었다면 역학적 에너지가 보존되므로 감소한 중력 퍼텐셜 에너지 만큼 운동 에너지가 증가해야 하는데, 마찰 때문에 등속도 운동을 하므로 운동 에너지가 증가하지 않는다. 따라서 등속도 운동을 하는 마찰 구간에서는 중력 퍼텐셜 에너지 감소량 만큼 역학적 에너지가 감소한다. 이 문제의 경우 마찰 구간 Ⅰ에서 감소한 역학적 에너지는 중력 퍼텐셜 에너지 감소량 mgd와 같다는 것을 알 수 있다.

ii) 궤도상의 전체 운동 경로에서 물체의 역학적 에너지 변화에 대한 식을 세우고, 마찰 구간에서 감소한 역학적 에너지를 운동 에너지나 중력 퍼텐셜 에너지 형태로 변환한다.

➡ 이 문제의 경우 물체의 전체 운동 경로($3h$인 지점 → h인 지점)에서 감소한 역학적 에너지가 $2mgh$이므로, 마찰 구간 Ⅰ, Ⅱ에서 감소한 역학적 에너지의 합인 $2mgd$는 $2mgh$와 같다는 것을 알 수 있다.

iii) 문제에서 주어진 조건을 분석하여 운동 에너지와 중력 퍼텐셜 에너지의 관계식을 찾는다.

➡ 이 문제의 경우 마찰 구간 Ⅰ, Ⅱ에서의 역학적 에너지 감소량은 q에서 물체의 운동 에너지의 $\frac{2}{3}$배로 같다는 조건이 주어졌으므로, $mgh=\frac{2}{3}(mgh+\frac{1}{2}mv^2)$에서 $mgh=mv^2$인 것을 알 수 있다.

iv) 궤도상의 몇 개 구간을 선택해서 물체의 역학적 에너지의 변화에 대한 식을 세운 후 문제의 답을 찾는다.

➡ 마찰이 있는 구간을 지날 때는 역학적 에너지가 보존되지 않으므로 '처음 역학적 에너지－마찰 구간에서 감소한 에너지＝나중 역학적 에너지'의 식을 세우고, 마찰이 없는 구간을 지날 때는 역학적 에너지가 보존되므로 '처음 역학적 에너지＝나중 역학적 에너지'의 식을 세운다. 이들 식에 iii)에서 찾은 운동 에너지와 중력 퍼텐셜 에너지 관계식을 대입하여 문제를 푼다. 이 문제의 경우 역학적 에너지가 보존되는 구간으로 ($3h$인 지점 → Ⅰ의 시작점), (q → 높이 h인 지점) 구간과, 역학적 에너지가 보존되지 않는 구간으로 (p → q) 구간에 대한 역학적 에너지 변화에 대한 식을 세울 수 있다.

<보기> 풀이

ㄱ. **$d=h$이다.**

➡ 마찰 구간 Ⅰ에서 물체가 등속도 운동을 하므로 운동 에너지는 일정하고 중력 퍼텐셜 에너지는 감소한다. 따라서 Ⅰ에서 감소한 역학적 에너지는 중력 퍼텐셜 에너지 감소량 mgd와 같다. 그러므로 물체가 높이 $3h$인 지점에서 Ⅰ, Ⅱ를 지난 후 높이가 h인 지점까지 운동하는 동안 역학적 에너지 감소량의 합은 $2mgd$이므로, 물체의 질량을 m이라고 하면 물체의 에너지에 대한 식은 다음과 같다.

$$mg(3h)+\frac{1}{2}mv^2-2mgd=mgh+\frac{1}{2}mv^2$$

위 식에서 $d=h$이다.

ㄴ. p에서 물체의 속력은 $\sqrt{5}v$이다.

➡ p, q에서 속력을 각각 v_p, v_q라고 하면, 물체가 p에서 q까지 운동하는 동안 역학적 에너지는 $mgd(=mgh)$만큼 감소하고, q에서 높이 h인 지점까지 운동하는 동안 역학적 에너지는 보존된다. 따라서 물체의 에너지에 대한 식은 다음과 같다.

$$\frac{1}{2}mv_p^2-mgh=\frac{1}{2}mv_q^2=mgh+\frac{1}{2}mv^2 \cdots ①$$

또 각 마찰 구간에서의 역학적 에너지 감소량은 q에서 물체의 운동 에너지의 $\frac{2}{3}$배이므로,

$mgh=\frac{2}{3}\left(\frac{1}{2}mv_q^2\right)=\frac{2}{3}\left(mgh+\frac{1}{2}mv^2\right)$에서 $mgh=mv^2$이다.

①에 $mgh=mv^2$을 대입하면 $v_p=\sqrt{5}v$이다.

ㄷ. 물체의 운동 에너지는 I에서와 q에서가 같다.

➡ I에서 속력을 v_1이라고 하면 높이 $3h$인 지점에서 I의 시작점까지 운동하는 동안 역학적 에너지가 보존되므로,

$mg(3h)+\frac{1}{2}mv^2=mg(2h)+\frac{1}{2}mv_1^2$이다.

이 식에 $mgh=mv^2$을 대입하면, I에서 운동 에너지는

$\frac{1}{2}mv_1^2=\frac{3}{2}mv^2$이고, q에서 운동 에너지는

$\frac{1}{2}mv_q^2=mgh+\frac{1}{2}mv^2=mv^2+\frac{1}{2}mv^2=\frac{3}{2}mv^2$이다.

따라서 물체의 운동 에너지는 I에서와 q에서가 같다.

17 도르래에 연결된 물체의 일과 에너지 정답 ①

선택 비율	① 41 %	② 18 %	③ 11 %	④ 20 %	⑤ 10 %

문제 풀이 TIP

A, B, C로 이루어진 계의 전체 역학적 에너지가 보존되므로, 증가한 역학적 에너지의 양과 감소한 역학적 에너지의 양이 같다. 따라서 A, B, C가 함께 운동할 때 증가한 역학적 에너지의 종류와 감소한 역학적 에너지의 종류를 파악하여 역학적 에너지 보존에 대한 식을 세워야 한다. A의 높이는 증가하므로 A의 중력 퍼텐셜 에너지는 증가하고, C의 높이는 감소하므로 C의 중력 퍼텐셜 에너지는 감소한다. 또 A, B, C가 함께 등가속도 운동을 하므로 A, B, C의 운동 에너지는 증가한다. 따라서 역학적 에너지 보존 법칙의 식을 다음과 같이 세우면, A, B, C 각각의 역학적 에너지 변화를 파악할 수 있다.

A의 중력 퍼텐셜 에너지 증가량+(A, B, C의 운동 에너지 증가량의 합)
=C의 중력 퍼텐셜 에너지 감소량

<보기> 풀이

A가 p에서 q까지 운동하는 동안 A의 중력 퍼텐셜 에너지는 증가하고 C의 중력 퍼텐셜 에너지는 감소하며, A, B, C의 운동 에너지는 증가한다. 이때 A, B, C의 역학적 에너지가 보존되므로, 증가한 역학적 에너지의 양은 감소한 역학적 에너지의 양과 같다. 즉, (A의 중력 퍼텐셜 에너지 증가량)+(A, B, C의 운동 에너지 증가량의 합)=(C의 중력 퍼텐셜 에너지 감소량)이므로, E_0+(A, B, C의 운동 에너지 증가량의 합)=$7E_0$에서 (A, B, C의 운동 에너지 증가량의 합)=$6E_0$이다. 속력이 같을 때 운동 에너지는 질량에 비례하므로, A, B, C의 운동 에너지는 각각 E_0, $2E_0$, $3E_0$이다.

ㄱ. A의 운동 에너지 변화량과 중력 퍼텐셜 에너지 변화량은 크기가 같다.

➡ A의 운동 에너지 증가량은 E_0이고 중력 퍼텐셜 에너지 증가량도 E_0이므로, A의 운동 에너지 변화량과 중력 퍼텐셜 에너지 변화량은 크기가 같다.

ㄴ. B의 가속도의 크기는 $\frac{2E_0}{md}$이다.

➡ A가 q를 지나는 순간 B의 속력을 v라고 하면 B의 운동 에너지 증가량은 $2E_0$이므로, $2E_0=\frac{1}{2}(2m)v^2$에서 $v^2=\frac{2E_0}{m}$이다. B의 가속도의 크기를 a라고 하면 B의 이동 거리는 d이므로, 등가속도 직선 운동의 식 $(2as=v^2-v_0^2)$에 의해 $2ad=v^2=\frac{2E_0}{m}$에서 $a=\frac{E_0}{md}$이다.

ㄷ. 역학적 에너지 변화량의 크기는 B가 C보다 크다.

➡ B의 운동에너지 증가량은 $2E_0$이므로 역학적 에너지 변화량의 크기는 $2E_0$이다. C의 운동 에너지 증가량은 $3E_0$이고 중력 퍼텐셜 에너지 감소량은 $7E_0$이므로 역학적 에너지 변화량의 크기는 $4E_0$이다. 따라서 역학적 에너지 변화량의 크기는 B가 C보다 작다.

오답률 높은 ④ ㄴ을 옳다고 생각했다면?

보기 'ㄴ'에서 B의 가속도의 크기를 E_0, m, d로 나타내기 위해서는 a, E_0, m, d를 포함하는 관계식을 찾아 활용해야 한다. 즉, $2E_0=\frac{1}{2}(2m)v^2$과 등가속도 직선 운동의 식 중에서 시간 t가 포함되지 않은 $2as=v^2-v_0^2$을 활용해야 한다는 것을 알 수 있어야 한다.

18 궤도에서 운동하는 물체의 일과 에너지 정답 ③

선택 비율	① 10 %	② 12 %	③ 48 %	④ 18 %	⑤ 13 %

문제 풀이 TIP

역학적 에너지는 운동 에너지와 퍼텐셜 에너지의 합이다. 높이가 변하는 궤도에서 운동을 하는 물체의 경우 운동 에너지와 퍼텐셜 에너지는 각각 변할 수 있지만 마찰이 없는 구간에서는 운동 에너지와 퍼텐셜 에너지의 합, 즉 역학적 에너지가 보존되므로 '역학적 에너지=운동 에너지+퍼텐셜 에너지=일정'의 식이 성립한다. 또 마찰이 있는 구간에서 역학적 에너지의 일부가 손실되므로 '처음 역학적 에너지−손실된 역학적 에너지=나중 역학적 에너지'의 식이 성립한다. 따라서 문제에서 제시된 조건을 활용하여 물체가 각 지점을 지날 때 운동 에너지와 퍼텐셜 에너지를 파악한 후, 다음과 같이 식을 세워 푼다.

- 높이 $6h$→ p: 마찰 구간 I에서 역학적 에너지가 손실된다.
  ➡ $6h$에서의 역학적 에너지−손실된 역학적 에너지=p에서의 역학적 에너지
- p → q: 마찰 구간 II에서 역학적 에너지가 손실된다.
  ➡ p에서의 역학적 에너지−손실된 역학적 에너지=q에서의 역학적 에너지
- q → r: 역학적 에너지가 보존된다.
  ➡ q에서의 역학적 에너지=r에서의 역학적 에너지

<보기> 풀이

❶ 마찰 구간 I에서 손실된 역학적 에너지를 $\varDelta E$라고 하면, 마찰 구간 II에서 손실된 역학적 에너지는 $2\varDelta E$이다. p에서 물체의 역학적 에너지는 높이 $6h$인 점에서의 역학적 에너지에서 $\varDelta E$를 뺀 값과 같으므로, 물체의 질량을 m, 중력 가속도를 g라고 하면 다음과 같다.

$$mg(6h)-\varDelta E=\frac{1}{2}m(\sqrt{2}v)^2+mgh \cdots ①$$

또 q에서 물체의 역학적 에너지는 p에서의 역학적 에너지에서 $2\varDelta E$를 뺀 값과 같으므로 다음과 같다.

$$\left[\frac{1}{2}m(\sqrt{2}v)^2+mgh\right]-2\varDelta E=\frac{1}{2}mv^2+mg(2h) \cdots ②$$

정답률 낮은 문제, 한 번 더!

❷ r의 높이를 H라고 하면, 물체가 q를 지나 r에 도달하여 정지하는 순간까지 물체의 역학적 에너지는 보존되므로 r에서의 역학적 에너지는 q에서의 역학적 에너지와 같다.

따라서 $\frac{1}{2}mv^2+mg(2h)=mgH$ … ③이다.

①과 ②를 연립하여 정리하면 $\frac{1}{2}mv^2=\frac{11}{5}mgh$이므로, ③에 대입하면 $H=\frac{21}{5}h$이다.

다른 풀이

❶ 마찰 구간 Ⅰ에서 손실된 역학적 에너지를 $\varDelta E$라고 하면, 마찰 구간 Ⅱ에서 손실된 역학적 에너지는 $2\varDelta E$이다.
따라서 물체의 질량을 m, 중력 가속도를 g, r의 높이를 H라고 하면, r에서 물체의 역학적 에너지는 높이 $6h$인 점에서의 역학적 에너지에서 $3\varDelta E$를 뺀 값과 같으므로 다음과 같다.

$mg(6h)-3\varDelta E=mgH$ … ①

❷ p에서 물체의 역학적 에너지는 높이 $6h$인 점에서의 역학적 에너지에서 $\varDelta E$를 뺀 값과 같으므로 다음과 같다.

$mg(6h)-\varDelta E=\frac{1}{2}m(\sqrt{2}v)^2+mgh$ … ②

또 q에서 물체의 역학적 에너지는 p에서의 역학적 에너지에서 $2\varDelta E$를 뺀 값과 같으므로 다음과 같다.

$\left[\frac{1}{2}m(\sqrt{2}v)^2+mgh\right]-2\varDelta E=\frac{1}{2}mv^2+mg(2h)$ … ③

②와 ③에서 $\varDelta E=\frac{3}{5}mgh$이므로, ①에 대입하면, $H=\frac{21}{5}h$이다.

19 빗면에서 운동하는 물체의 일과 에너지 정답 ②

선택 비율	① 10 %	② 41 %	③ 18 %	④ 20 %	⑤ 12 %

문제 풀이 TIP

이 문제는 운동량 보존 법칙과 역학적 에너지 보존 법칙을 적용하여 해결해야 하는 문제이다. 따라서 수평면에서 A와 B의 충돌에 운동량 보존 법칙을 적용하여 충돌 전 A의 속력을 먼저 구한 후, A의 역학적 에너지와 B의 역학적 에너지에 대한 식을 세운다. A는 마찰이 있는 구간을 지나므로 역학적 에너지가 보존되지 않고 B는 마찰이 없는 구간을 지나므로 역학적 에너지가 보존된다. A의 경우에는 처음 역학적 에너지에서 마찰로 손실된 역학적 에너지는 뺀 만큼 나중 역학적 에너지를 갖게 되므로, 손실된 에너지를 포함한 식을 아래와 같이 식을 세울 수 있다.

- P에서 A의 역학적 에너지−손실된 에너지=수평면에서 충돌 전 A의 역학적 에너지
- 수평면에서 충돌 후 A의 역학적 에너지−손실된 에너지=P에서 A의 역학적 에너지

한편, B의 경우에는 역학적 에너지 보존 법칙의 식을 아래와 같이 세울 수 있다.

- 충돌 후 수평면에서 B의 역학적 에너지=P에서 B의 역학적 에너지

역학적 에너지는 운동 에너지와 퍼텐셜 에너지의 합이므로, 각 위치에서의 A, B의 운동 에너지와 퍼텐셜 에너지를 옳게 대입한 식을 연립하여 정리하면 답을 얻을 수 있다. 이때 중력 퍼텐셜 에너지의 기준점을 기준선 P로 정하면 식을 간단하게 세울 수 있다.

<보기> 풀이

❶ 수평면에서 A와 B의 충돌 전 A의 속력을 v'라고 하면 운동량 보존 법칙에 의해 $mv'=m(-2v)+3m(2v)$에서 $v'=4v$이다. 기준선 P에서 수평면까지의 높이를 h라고 하면, (가)에서 A가 기준선 P를 지날 때의 역학적 에너지는 $\frac{1}{2}m(5v)^2$이고, 마찰 구간을 올라가 수평면에서 B와 충돌하기 전 A의 역학적 에너지는 $\frac{1}{2}m(4v)^2+mgh$이다. A가 마찰 구간을 지날 때 손실되는 역학적 에너지를 $\varDelta E$라고 하면, 충돌 전 A의 에너지에 대한 식은 다음과 같다.

$\frac{1}{2}m(5v)^2-\varDelta E=\frac{1}{2}m(4v)^2+mgh$ … ①

또 수평면에서 A와 B의 충돌 후 A의 역학적 에너지는 $\frac{1}{2}m(2v)^2+mgh$이고 마찰 구간을 내려가서 다시 P를 지날 때 A의 역학적 에너지는 $\frac{1}{2}mv_A{}^2$이므로, A의 에너지에 대한 식은 다음과 같다.

$\frac{1}{2}m(2v)^2+mgh-\varDelta E=\frac{1}{2}mv_A{}^2$ … ②

❷ 한편, 수평면에서 A와 B의 충돌 후 B가 P를 지날 때까지 B의 역학적 에너지가 보존되므로, $\frac{1}{2}(3m)(2v)^2+3mgh=\frac{1}{2}(3m)(3v)^2$에서 $mgh=\frac{5}{2}mv^2$이다.

❸ ①, ②의 식에 $mgh=\frac{5}{2}mv^2$을 대입한 후, ①, ②를 연립하여 정리하면, $v_A=\sqrt{5}v$이다.

20 궤도에서 운동하는 물체의 일과 에너지 정답 ④

선택 비율	① 6 %	② 22 %	③ 19 %	④ 47 %	⑤ 6 %

문제 풀이 TIP

빗면의 어느 한 지점에서 물체의 중력 퍼텐셜 에너지를 계산할 때는 중력 퍼텐셜 에너지의 기준을 어떻게 정하는가에 따라 중력 퍼텐셜 에너지의 값이 달라지지만, 두 지점에서의 중력 퍼텐셜 에너지의 차는 중력 퍼텐셜 에너지의 기준과 관계없이 두 지점의 높이차에만 관계된다. 예를 들어 이 문제에서 빗면의 가장 낮은 지점을 중력 퍼텐셜 에너지의 기준으로 하고 r의 높이를 h_r이라고 하자. 이때 r에서 역학적 에너지는 $\frac{1}{2}mv'^2+mgh_r$이고 s에서 역학적 에너지는 $\frac{1}{2}mv^2+mg(h_r+h)$이므로, 마찰 구간 Ⅱ에서의 역학적 에너지 감소량은 $\frac{1}{2}mv'^2+mgh_r-\left[\frac{1}{2}mv^2+mg(h_r+h)\right]=\frac{1}{2}mv'^2-\left(\frac{1}{2}mv^2+mgh\right)$이다. 따라서 두 지점에서의 중력 퍼텐셜 에너지의 차를 계산할 때는 중력 퍼텐셜 에너지의 기준을 어느 지점으로 정하는가와 관계없이 결과는 항상 같으므로, 보통 두 지점 중 낮은 곳을 기준으로 정한다. 마찰 구간 Ⅰ에서도 중력 퍼텐셜 에너지의 기준을 q로 정하면, 역학적 에너지 감소량은 $\left(\frac{1}{2}mv^2+mgh\right)-\frac{1}{2}mv^2=mgh$임을 알 수 있다.

<보기> 풀이

❶ 마찰 구간 Ⅰ에서 운동 에너지는 일정하므로, 마찰 구간 Ⅰ에서 역학적 에너지 감소량은 p와 q에서의 중력 퍼텐셜 에너지의 차와 같다. 따라서 물체의 질량을 m이라고 하면 마찰 구간 Ⅰ에서 역학적 에너지 감소량은 mgh이고 p에서 운동 에너지의 4배는 $\frac{1}{2}mv^2\times4=2mv^2$이므로, $mgh=2mv^2$이다.

❷ 마찰 구간 Ⅱ에서 역학적 에너지 감소량은 r에서의 역학적 에너지와 s에서의 역학적 에너지의 차와 같다. r에서 속력을 v'라 하고 r의 높이를 중력 퍼텐셜 에너지의 기준으로 하면, 마찰 구간 Ⅱ에서의 역학적 에너지 감소량은

$\frac{1}{2}mv'^2-\left(\frac{1}{2}mv^2+mgh\right)=2mv^2$이다.

이 식에 $mgh=2mv^2$를 대입하면, $\frac{1}{2}mv'^2-\frac{5}{2}mv^2=2mv^2$에서 $v'=3v$이다.

21 운동량과 충격량 정답 ②

선택 비율	① 15 %	② 33 %	③ 15 %	④ 24 %	⑤ 13 %

문제 풀이 TIP

A와 B의 충돌에서 운동량과 역학적 에너지가 보존된다는 조건이 주어졌으므로, 운동량 보존과 운동 에너지 보존의 식을 세운 후 충돌 전후 A, B의 속력의 상대적인 값을 구할 수 있어야 한다. 충돌 전후 A, B의 속력의 상대적인 값을 각각 구하면, A가 빗면 위의 $9h$인 지점에서 수평면의 마찰 구간 Ⅰ을 지나 충돌하기 전까지와 A, B가 충돌한 후 각각 마찰 구간 Ⅰ, Ⅱ를 지나 빗면 위의 H, $\frac{7}{2}h$인 지점까지 운동할 때 역학적 에너지의 식을 세울 수 있어야 한다. 이때 역학적 에너지의 식에 충돌 전후 A, B의 운동 에너지를 $\frac{1}{2}mv^2$형태로 대입하기 보다는 A, B의 운동 에너지의 상대적인 값의 형태로 다음과 같이 변형하여 대입하는 것이 수월하게 문제를 풀어 나갈 수 있다.

- 충돌 전 A의 운동 에너지$=\frac{1}{2}mv^2=9E$
- 충돌 후 A의 운동 에너지$=\frac{1}{2}m\left(\frac{1}{3}v\right)^2=E$
- 충돌 후 B의 운동 에너지$=\frac{1}{2}(2m)\left(\frac{2}{3}v\right)^2=8E$

충돌 전후 A, B의 역학적 에너지에 대한 식 3개를 세울 수 있으므로, 이 식들을 연립하여 풀면 H를 구할 수 있다.

<보기> 풀이

❶ 수평면에서 A와 B가 충돌하기 전 A의 속도를 v, 충돌한 후 A, B의 속도를 각각 v_A, v_B라고 하면, 충돌 전후 운동량이 보존되므로 $mv=mv_A+2mv_B$에서 $v=v_A+2v_B$ … ①이다. 또 충돌에 의해 손실되는 역학적 에너지가 없으므로, 충돌 전 A의 운동 에너지는 충돌 후 A, B의 운동 에너지의 합과 같다. 따라서 $\frac{1}{2}mv^2=\frac{1}{2}mv_A{}^2+\frac{1}{2}(2m)v_B{}^2$에서 $v^2=v_A{}^2+2v_B{}^2$ … ②이다. ①을 ②에 대입하면 $v_B=-2v_A$이고, $v_B=-2v_A$를 ①에 대입하면 $v_A=-\frac{1}{3}v$, $v_B=\frac{2}{3}v$이다.

❷ 수평면에서 A가 B와 충돌하기 전 A의 운동 에너지 $\frac{1}{2}mv^2=9E$라고 하면, A가 B와 충돌한 후 A, B의 운동 에너지는 각각 E, $8E$이다. 마찰 구간 Ⅰ, Ⅱ에서 각각 손실되는 역학적 에너지를 $\Delta E_{손}$이라고 하면, A가 높이 $9h$인 지점에서 마찰 구간 Ⅰ을 지나 수평면에서 B와 충돌하기 전까지, B와 충돌한 후 마찰 구간 Ⅰ을 지나 높이 H인 지점에 정지한 순간까지 A의 에너지에 대한 식은 각각 다음과 같다.

$9mgh-\Delta E_{손}=9E$ … ③

$E-\Delta E_{손}=mgH$ … ④

B가 A와 충돌한 후 마찰 구간 Ⅱ를 지나 높이 $\frac{7}{2}h$인 지점에 정지한 순간까지 B의 에너지에 대한 식은 다음과 같다.

$8E-\Delta E_{손}=7mgh$ … ⑤

③과 ⑤를 연립하여 정리하면 $E=\frac{16}{17}mgh$, $\Delta E_{손}=\frac{9}{17}mgh$이므로, 이를 ④에 대입하면 $H=\frac{7}{17}h$이다.

22 빗면에서 운동하는 물체의 일과 에너지 정답 ③

선택 비율	① 10 %	② 24 %	③ 37 %	④ 19 %	⑤ 11 %

문제 풀이 TIP

빗면에서 운동하는 물체의 역학적 에너지에 관한 문제를 풀 때는 퍼텐셜 에너지의 기준점을 잘 정해야 한다. 중력에 의한 퍼텐셜 에너지의 기준점은 보통 물체의 최저 위치인 수평면을 기준으로 정하기도 하지만 이 문제에서는 p, s를 기준으로 하는 것이 더 편리하다. p, q, r, s에서 물체의 역학적 에너지의 종류를 파악한 후 물체가 운동하는 구간에서 역학적 에너지에 대한 식을 세운다.

마찰 때문에 역학적 에너지가 보존되지 않을 때는 처음 역학적 에너지와 나중 역학적 에너지의 차가 손실된 역학적 에너지와 같으므로, '처음 역학적 에너지−손실된 역학적 에너지=나중 역학적 에너지'의 식이나, '처음 역학적 에너지−나중 역학적 에너지=손실된 역학적 에너지'의 식을 세우고 문제에서 주어진 조건을 적용하여 문제를 푼다.

<보기> 풀이

❶ 마찰 구간 Ⅰ에서 역학적 에너지 감소량을 ΔE라고 하면 Ⅱ에서 역학적 에너지 감소량은 $2\Delta E$이므로, 물체가 p에서 s까지 운동하는 동안 물체의 역학적 에너지는 $3\Delta E$만큼 감소한다.
p를 중력 퍼텐셜 에너지의 기준으로 했을 때 p에서의 역학적 에너지는 $\frac{1}{2}m(2v_0)^2$이고 s에서의 역학적 에너지는 $\frac{1}{2}mv_0{}^2$이므로, $\frac{1}{2}m(2v_0)^2-3\Delta E=\frac{1}{2}mv_0{}^2$가 성립하여 $\Delta E=\frac{1}{2}mv_0{}^2$이다.

❷ 물체가 p에서 q까지 운동하는 동안 물체의 역학적 에너지는 ΔE만큼 감소하므로 $\frac{1}{2}m(2v_0)^2-\Delta E=\frac{1}{2}mv_0{}^2+mg(2h)$이다. $\Delta E=\frac{1}{2}mv_0{}^2$을 대입하면 $mgh=\frac{1}{2}mv_0{}^2$이다.

❸ r에서 물체의 속력을 v라고 하면, 물체가 q에서 r까지 운동하는 동안 물체의 역학적 에너지는 보존되므로 $\frac{1}{2}mv_0{}^2+mg(2h)=\frac{1}{2}mv^2+mgh$이다. $mgh=\frac{1}{2}mv_0{}^2$을 대입하고 정리하면 $v=\sqrt{2}v_0$이다.

23 도르래에 연결된 물체의 일과 에너지 정답 ①

선택 비율	① 31 %	② 20 %	③ 19 %	④ 15 %	⑤ 15 %

문제 풀이 TIP

문제에서 주어진 조건을 활용하여 r에서의 속력과 p와 q 사이의 거리를 구할 수 있어야 한다. B의 운동 에너지는 r에서가 q에서의 3배라는 조건이 주어졌을 때 운동 에너지$\left(E_k=\frac{1}{2}mv^2\right)$는 속력의 제곱에 비례한다는 것을 알면 r에서 B의 속력은 $\sqrt{3}v$임을 알 수 있다. 또 p와 q 사이의 거리는 등가속도 직선 운동의 식 중에서 거리와 속력의 관계식 $v^2-v_0{}^2=2as$를 적용하면 구할 수 있다.

역학적 에너지가 보존된다는 것을 통해 A, B, C가 실로 연결되어 함께 운동하는 동안 증가하는 역학적 에너지가 있으면 감소하는 역학적 에너지가 있고, 이때 증가하는 역학적 에너지의 양과 감소하는 역학적 에너지의 양이 같다는 것을 이해해야 한다. 따라서 'B가 p에서 q까지 운동하는 동안 A의 중력 퍼텐셜 에너지의 증가량은 A의 운동 에너지 증가량의 4배'라는 조건을 활용하려면, B가 p에서 q까지 운동하는 동안 증가하는 에너지의 종류와 감소하는 에너지의 종류를 파악해서 역학적 에너지 보존의 식을 세워야 한다. r를 지날 때 B의 속력이 $\sqrt{3}v$이면 C의 속력도 $\sqrt{3}v$이므로, 이때 C의 운동 에너지는 $\frac{1}{2}(2m)(\sqrt{3}v)^2=3mv^2$이지만 문제에서 mgL의 형태로 묻고 있으므로, v^2과 L의 관계를 나타내는 식을 찾아 대입하여 답을 구한다.

<보기> 풀이

❶ B의 운동 에너지는 r에서가 q에서의 3배이므로, r에서 B의 속력을 v_r라고 하면 $\frac{1}{2}mv_r^2=3\times\frac{1}{2}mv^2$에서 $v_r=\sqrt{3}v$이다. p와 q 사이의 거리를 L', B의 가속도를 a라고 하면 $v^2=2aL'$ … ①이 성립하고, q와 r 사이의 거리는 L이므로 $(\sqrt{3}v)^2-v^2=2aL$ … ②가 성립한다. ①과 ②에서 $L'=\frac{L}{2}$이다.

❷ B가 p에서 q까지 운동하는 동안 A의 중력 퍼텐셜 에너지의 증가량은 A의 운동 에너지 증가량의 4배이므로, $mg\left(\frac{L}{2}\right)=4\times\frac{1}{2}mv^2$ … ③이다. 이때 C의 질량을 m_C라고 하면, C의 경우에도 $m_Cg\left(\frac{L}{2}\right)=4\times\frac{1}{2}m_Cv^2$ … ④이다. B가 p에서 q까지 운동하는 동안 역학적 에너지가 보존되므로, A, B, C의 운동 에너지 증가량과 A의 중력 퍼텐셜 에너지 증가량의 합은 C의 중력 퍼텐셜 에너지 감소량과 같다. 즉, $\frac{1}{2}mv^2+\frac{1}{2}mv^2+\frac{1}{2}m_Cv^2+mg\left(\frac{L}{2}\right)=m_Cg\left(\frac{L}{2}\right)$이므로, 이 식에 ③과 ④를 대입하면 $m_C=2m$이다.

❸ B가 r를 지날 때 C의 속도는 $\sqrt{3}v$이므로, 이때 C의 운동 에너지는 $\frac{1}{2}(2m)(\sqrt{3}v)^2=3mv^2$이다. ③에서 $v^2=\frac{gL}{4}$이므로, B가 r를 지날 때 C의 운동 에너지는 $3mv^2=3m\left(\frac{gL}{4}\right)=\frac{3}{4}mgL$이다.

24 궤도에서 운동하는 물체의 일과 에너지 정답 ④

선택 비율	① 10 %	② 41 %	③ 18 %	④ 20 %	⑤ 28 %

문제 풀이 TIP

이 문제는 용수철에서 분리된 두 물체가 궤도를 따라 운동하는 상황에 대한 문제이므로, 기본적으로 운동량 보존 법칙과 역학적 에너지 보존 법칙을 적용해야 한다. 먼저 A, B가 각각 Ⅰ의 시작점과 Ⅲ의 시작점을 통과하는 순간의 속력을 구하기 위해서는 아래와 같이 문제에서 주어진 조건들을 활용해야 한다.

- A, B는 Ⅰ, Ⅲ에서 같은 크기의 마찰력을 받는다.
  - ➡ $F=ma$에서 F가 같을 때, $a\propto\frac{1}{m}$
  - ➡ A와 B의 가속도 크기의 비 A : B=2 : 1
- A, B가 Ⅰ, Ⅲ에서 운동하는 데 걸린 시간이 같다.
  - ➡ $a=\frac{\Delta v}{t}$에서 t가 같을 때, $\Delta v\propto a$
  - ➡ A와 B의 속도 변화량의 크기 비 A : B=2 : 1
- A, B의 Ⅰ, Ⅲ에서의 평균 속력이 같다.
  - ➡ 평균 속력 $=\frac{\text{처음 속력}+\text{나중 속력}}{2}$
  - ➡ $\frac{2\Delta v+0}{2}=\frac{(v+\Delta v)+v}{2}$

위 조건들을 이용해 A, B가 각각 Ⅰ의 시작점과 Ⅲ의 시작점을 통과하는 순간의 속력을 구했다면, A의 경우에는 역학적 에너지 보존 법칙의 식을 세우고 B의 경우에는 Ⅱ에서 감소한 역학적 에너지를 고려한 식을 세운다.

- A: 용수철에서 분리된 직후 운동 에너지+중력 퍼텐셜 에너지=Ⅰ의 시작점을 통과하는 순간의 운동 에너지
- B: 용수철에서 분리된 직후 운동 에너지+중력 퍼텐셜 에너지−Ⅱ에서 감소한 역학적 에너지=Ⅲ의 시작점을 통과하는 순간의 운동 에너지

B의 경우 Ⅱ를 통과할 때 높이가 h만큼 낮아지므로, 중력 퍼텐셜 에너지가 $(2m)gh$만큼 감소한다. 이때 마찰이 없었다면 역학적 에너지가 보존되므로 감소한 중력 퍼텐셜 에너지만큼 운동 에너지가 증가해야 하는데, 마찰 때문에 등속도 운동을 하므로 운동 에너지가 증가하지 않았다. 따라서 B가 Ⅱ를 통과할 때 중력 퍼텐셜 에너지 감소량만큼 역학적 에너지가 감소한 것임을 이해할 수 있어야 한다.

<보기> 풀이

❶ Ⅰ, Ⅲ에서 A, B가 받는 마찰력의 크기가 같을 때 가속도의 크기는 질량에 반비례하므로, Ⅰ, Ⅲ에서 A, B의 가속도 크기의 비는 2 : 1이다. 또 Ⅰ, Ⅲ에서 A, B가 운동하는 시간이 같을 때 속도 변화량은 가속도에 비례하므로, Ⅰ, Ⅲ에서 A, B의 속도 변화량 크기의 비는 2 : 1이다. Ⅰ, Ⅲ에서 A, B의 속도 변화량의 크기를 각각 $2\Delta v$, Δv라고 하면, Ⅰ의 시작점을 통과하는 순간 A의 속력은 $2\Delta v$, Ⅲ의 시작점을 통과하는 순간 B의 속력은 $v+\Delta v$이다.

❷ Ⅰ, Ⅲ에서 A, B의 평균 속력은 같으므로, $\frac{2\Delta v+0}{2}=\frac{(v+\Delta v)+v}{2}$에서 $\Delta v=2v$이다. 따라서 Ⅰ의 시작점을 통과하는 순간 A의 속력은 $2\Delta v=4v$이고, Ⅲ의 시작점을 통과하는 순간 B의 속력은 $v+\Delta v=3v$이다.

❸ A, B가 용수철에서 분리되기 전의 운동량의 합이 0이므로, 분리된 직후의 운동량의 합도 0이다. 따라서 용수철에서 분리된 직후 반대 방향으로 운동하는 A, B의 운동량의 크기는 같다. 용수철에서 분리된 직후 A, B의 속력을 각각 $2v_0$, v_0이라고 하면, A가 궤도를 따라 Ⅰ의 시작점까지 운동하는 동안 역학적 에너지가 보존되므로 다음 식이 성립한다.

$$\frac{1}{2}m(2v_0)^2+mg(3h)=\frac{1}{2}m(4v)^2 \cdots ①$$

한편, B는 궤도를 따라 Ⅲ의 시작점까지 운동하는 동안 Ⅱ에서 등속도로 운동하므로, Ⅱ에서 $(2m)gh$만큼의 역학적 에너지가 감소한다. 따라서 B의 역학적 에너지에 대한 식은 다음과 같다.

$$\frac{1}{2}(2m)v_0^2+(2m)g(3h)-(2m)gh=\frac{1}{2}(2m)(3v)^2 \cdots ②$$

①, ②를 연립하여 정리하면 $gh=2v^2$이므로, Ⅱ에서 B의 감소한 역학적 에너지는 $(2m)gh=4mv^2$이다.

25 궤도에서 운동하는 물체의 일과 에너지 정답 ①

선택 비율	① 29 %	② 27 %	③ 16 %	④ 17 %	⑤ 9 %

문제 풀이 TIP

t와 s 사이의 높이차를 구하기 위해서는 역학적 에너지 보존 법칙을 이용해야 한다. 즉, 물체가 s에서 t까지 지나는 동안 감소한 운동 에너지는 증가한 중력 퍼텐셜 에너지와 같으므로, 물체가 s를 지나는 순간의 속력을 알 수 있어야 한다. 따라서 다음과 같이 문제에서 주어진 정보를 이용하여 물체가 p→t까지 운동하는 동안 점 q, r, s에서의 속력과 h의 관계를 파악한다.

- p와 t의 높이차가 h이므로, 마찰 구간에서 감소한 역학적 에너지가 mgh이며 마찰 구간의 높이가 h라는 것을 파악한다.
- 마찰 구간을 지나는 데 걸린 시간과 r→s까지 지나는 데 걸린 시간은 같으므로, $\frac{\text{마찰 구간의 빗면 길이}}{\text{q에서의 속력}}=\frac{\text{r→s 구간의 빗면 길이}}{\text{r→s 구간의 평균 속력}}$의 식을 세운다. 두 구간의 빗면 길이의 비는 빗면에서의 가속도는 빗면 길이에 반비례함을 이용하면 3 : 2임을 알 수 있으므로, q에서의 속력과 r→s 구간의 평균 속력의 비도 3 : 2가 됨을 파악한다.
- 물체가 p→q까지 운동하는 동안 역학적 에너지가 보존됨을 이용하여 q에서의 속력과 h의 관계식을 얻고, 물체가 r→s까지와 s→t까지 운동하는 동안에도 각각 역학적 에너지가 보존됨을 이용하면 r, s에서의 속력으로부터 t와 s 사이의 높이차를 구할 수 있다.

<보기> 풀이

마찰이 없는 빗면 위의 높이 H인 점에 가만히 놓은 질량 m인 물체가 빗면을 따라 거리 L만큼 내려와 수평면에 도달할 때의 속도를 v라고 하고, 빗면에서 물체의 가속도를 a라고 하자. 빗면 아래 방향으로 작용하는 힘이 한 일은 운동 에너지의 변화량과 같으므로, $maL=\frac{1}{2}mv^2$이다. 역학적 에너지 보존 법칙에 따라 $mgH=\frac{1}{2}mv^2$ 이므로 $aL=gH$이며, 빗면의 높이 H가 일정할 때 빗면의 길이 L은 가속도 a에 반비례한다.

❶ p에 놓은 물체의 질량을 m이라고 할 때 p보다 높이 h만큼 낮은 t까지만 올라가므로, 물체의 역학적 에너지는 t에서가 p에서보다 mgh만큼 작다. 즉, p에 놓은 물체의 역학적 에너지는 마찰 구간에서 mgh만큼 감소한다. 물체가 마찰 구간에서 등속도 운동을 하므로 마찰 구간에서 감소한 에너지는 중력 퍼텐셜 에너지인데, 감소한 중력 퍼텐셜 에너지가 mgh이므로 마찰 구간의 높이는 h이다.

❷ p와 q 사이의 높이와 r과 s 사이의 높이가 h로 같으므로, 각 구간의 빗면 길이는 가속도에 반비례한다. p와 q 사이의 가속도 크기와 r과 s 사이의 가속도 크기의 비가 3 : 2이므로, p와 q 사이의 빗면의 길이와 r과 s 사이의 빗면의 길이의 비는 2 : 3이다. 즉, p와 q 사이의 빗면의 길이를 l이라고 하면 r과 s 사이의 빗면의 길이는 $\frac{3}{2}l$이며, 마찰 구간에 해당하는 빗면의 길이는 p와 q 사이의 빗면의 길이와 같으므로 l이다.

❸ q에서 물체의 속력을 v라고 하면, 마찰 구간을 속력 v로 지나는 데 걸리는 시간은 $\frac{l}{v}$이다. 물체가 r에서 s까지 지나는 동안 평균 속력을 v'라고 하면 이 구간을 지나는 동안 걸린 시간은 마찰 구간을 지나는 데 걸린 시간과 같으므로, $\frac{\frac{3}{2}l}{v'}=\frac{l}{v}$에서 $v'=\frac{3}{2}v$이다. r에서 물체의 속력을 v_1, s에서 물체의 속력을 v_2라고 하면 $v'=\frac{v_1+v_2}{2}=\frac{3}{2}v$이므로, $v_1+v_2=3v$ …①이다.

❹ 물체가 p에서 q까지 운동할 때 역학적 에너지가 보존되므로, $mgh=\frac{1}{2}mv^2$에서 $v^2=2gh$이다. 또 물체가 r에서 s까지 운동할 때 역학적 에너지가 보존되므로, $\frac{1}{2}mv_1{}^2=\frac{1}{2}mv_2{}^2+mgh$에서 $v_1{}^2-v_2{}^2=(v_1+v_2)(v_1-v_2)=2gh=v^2$이다. 이 식에 ①을 대입하면 $v_1-v_2=\frac{v}{3}$ … ②이다. ①과 ②를 연립하여 정리하면 $v_1=\frac{5}{3}v$, $v_2=\frac{4}{3}v$이다. 물체가 s에서 t까지 운동할 때도 역학적 에너지가 보존되므로, t와 s 사이의 높이차를 h'라고 하면 $\frac{1}{2}m\left(\frac{4}{3}v\right)^2=mgh'$이다. 이 식에 $v^2=2gh$을 대입하면 $h'=\frac{16}{9}h$이다.

26 궤도에서 운동하는 물체의 일과 에너지 정답 ⑤

선택 비율	① 12 %	② 22 %	③ 18 %	④ 19 %	⑤ 28 %

문제 풀이 TIP

이 문제는 (나)의 p에서 물체의 운동 에너지를 mgh를 이용해 나타내야 하는 문제이다. 따라서 마찰 구간을 지나는 동안 감소한 물체의 운동 에너지는 마찰 구간의 최저점 p에서 물체의 중력 퍼텐셜 에너지의 6배라는 조건을 이용하기 위해, p의 높이를 h_p라고 했을 때 h_p와 h의 관계를 파악하려면 각 지점에서 물체의 역학적 에너지를 먼저 h_p를 이용해 나타내야 한다. 따라서 중력 퍼텐셜 에너지는 mgh의 형태를 사용해서 나타내야 하지만, 운동 에너지나 탄성 퍼텐셜 에너지는 $\frac{1}{2}mv^2$이나 $\frac{1}{2}kx^2$의 형태로 나타내기보다는 기호를 사용하여 한 지점의 에너지가 다른 지점의 몇 배인가를 나타내는 것이 더 쉽게 문제를 풀 수 있다. 마찰이 작용하지 않은 구간에서는 역학적 에너지 보존 법칙의 식을 적용하고 마찰이 작용하는 구간에서는 문제에서 주어진 조건을 분석해서 '처음 역학적 에너지−마찰 구간에서 손실된 에너지=나중 역학적 에너지'의 식을 적용하여 풀어야 한다.

<보기> 풀이

❶ (가)에서 용수철을 원래 길이에서 $2d$만큼 압축시켰을 때 물체의 탄성 퍼텐셜 에너지를 $4E_0$, 마찰 구간에서 손실된 역학적 에너지를 $\Delta E_{손}$이라고 하면, 높이 h에서 물체의 중력 퍼텐셜 에너지 mgh는 $4E_0$에서 $\Delta E_{손}$을 뺀 값과 같으므로, $4E_0-\Delta E_{손}=mgh$ … ①이다. (나)에서 물체의 탄성 퍼텐셜 에너지는 압축된 길이의 제곱에 비례하므로, 용수철을 원래 길이에서 d만큼 압축시켰을 때의 탄성 퍼텐셜 에너지는 E_0이며, E_0은 중력 퍼텐셜 에너지 mgh에서 $\Delta E_{손}$을 뺀 값과 같으므로 $mgh-\Delta E_{손}=E_0$ … ②이다. ①과 ②에서 $E_0=\frac{2}{5}mgh$이다.

❷ (가)에서 마찰 구간의 최저점 p에서 물체의 운동 에너지를 E_1, 마찰 구간의 최고점에서 물체의 운동 에너지를 E_2라고 하자. 마찰 구간의 최고점과 높이 h 사이에 역학적 에너지가 보존되므로 높이 h에서 내려온 물체가 (나)에서 다시 마찰 구간의 최고점을 지날 때 운동 에너지는 E_2가 되고, 마찰 구간에서 물체가 등속도 운동을 하므로 마찰 구간의 최저점 p에서 운동 에너지도 E_2가 된다. 마찰 구간의 최저점 p의 높이를 h_p라고 하면, (가)의 마찰 구간을 지나는 동안 감소한 물체의 운동 에너지는 마찰 구간의 최저점 p에서 물체의 중력 퍼텐셜 에너지의 6배이므로 $E_1-E_2=6mgh_p$ … ③이다.

❸ (가)에서 용수철을 압축시킨 물체가 p에 도달할 때까지 역학적 에너지가 보존되므로, $4E_0=E_1+mgh_p$ … ④이다. 또 (나)에서 물체가 p에서 내려와 용수철을 최대로 압축시켰을 때까지 역학적 에너지가 보존되므로, $E_2+mgh_p=E_0$ … ⑤이다. ③, ④, ⑤에서 $E_0=2mgh_p$, $E_1=7mgh_p$, $E_2=mgh_p$이다. $E_0=\frac{2}{5}mgh$이므로, $2mgh_p=\frac{2}{5}mgh$에서 $h_p=\frac{1}{5}h$이고 $E_2=mgh_p=\frac{1}{5}mgh$이다. 따라서 (나)의 p에서 물체의 운동 에너지는 $\frac{1}{5}mgh$이다.

27 열역학 과정과 열기관 정답 ⑤

선택 비율	① 20 %	② 11 %	③ 10 %	④ 14 %	⑤ 45 %

문제 풀이 TIP

열기관은 고열원에서 열을 흡수하여 일을 하고 저열원으로 열을 방출하는 장치이므로, 열기관에서 이상 기체의 상태가 변하는 과정 중에 열을 흡수하는 과정과 열을 방출하는 과정이 있다. 이 문제에서 A → B 과정이 열량을 흡수하는 과정이라면 C → D 과정이 열량을 방출하는 과정이고, A → B 과정이 열량을 방출하는 과정이라면 C → D 과정이 열량을 흡수하는 과정이므로, 이 두 가지 경우를 모두 고려하여 답을 찾아야 한다. 흡수한 열량을 Q_1, 방출한 열량을 Q_2라고 할 때 열기관의 열효율은 $e=\frac{Q_1-Q_2}{Q_1}=1-\frac{Q_2}{Q_1}$이므로, 표에 제시된 A → B 과정과 C → D 과정의 $12Q_0$과 Q를 열효율의 Q_1, Q_2 식에 번갈아 대입하여 Q의 값으로 가능한 값을 구한다.

정답률 낮은 문제, 한 번 더!

열역학 제1법칙($Q=\Delta U+W$)에 따라 기체가 흡수한 열(Q)는 내부 에너지 변화량(ΔU)와 기체가 외부에 하는 일(W)의 합이므로, 기체의 온도가 올라 내부 에너지가 증가하거나 기체의 부피가 증가하며 외부에 일을 하게 되면, 기체는 열량을 흡수한 것이다. 따라서 압력-부피 그래프에서 기체의 상태가 아래와 같은 방향으로 변할 때는 열을 흡수하는 과정임을 이해하고, Q의 값과 대응하는 그래프를 찾는다.

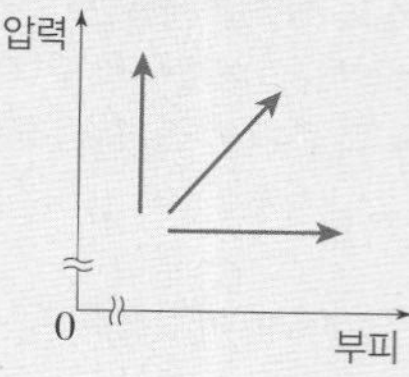

<보기> 풀이

기체가 한 일($W=P\Delta V$)은 압력(P)과 부피 변화량(ΔV)의 곱과 같으므로, 기체가 한 일이 0일 때 기체의 부피 변화량은 0이다. 따라서 기체가 한 일이 0인 A → B 과정과 C → D 과정은 부피가 일정한 과정이다. 또 기체가 흡수 또는 방출하는 열량이 0인 B → C 과정과 D → A 과정은 단열 과정이다.

A → B 과정에서 $12Q_0$의 열량을 흡수하고 C → D 과정에서 Q의 열량을 방출한다면, 열효율($e=\frac{W}{Q_1}=1-\frac{Q_2}{Q_1}$)의 식에 따라 $1-\frac{Q}{12Q_0}=0.25$에서 $Q=9Q_0$이다. 또는 A → B 과정에서 $12Q_0$의 열량을 방출하고 C → D 과정에서 Q의 열량을 흡수한다면, $1-\frac{12Q_0}{Q}=0.25$에서 $Q=16Q_0$이다. 즉, C → D 과정에서 $Q=9Q_0$의 열량을 방출하거나 또는 $Q=16Q_0$의 열량을 흡수한다.

이상 기체의 압력(P)와 부피(V)의 곱은 절대 온도(T)에 비례하고($PV\propto T$), 내부 에너지(U)는 절대 온도(T)에 비례한다($U\propto T$). 따라서 압력과 부피의 곱이 증가하면 내부 에너지도 증가하고 압력과 부피의 곱이 감소하면 내부 에너지도 감소한다.

ㄱ.

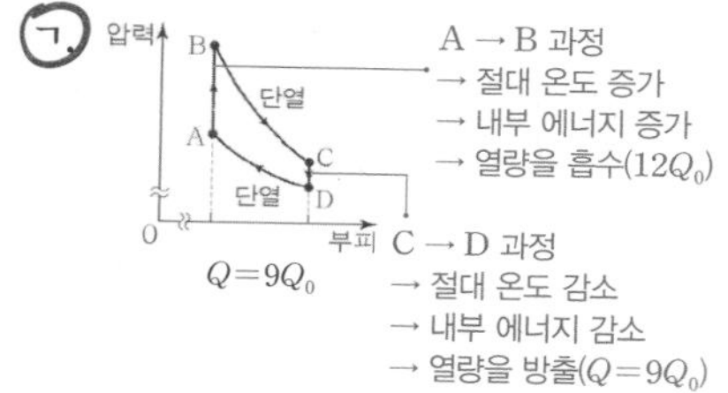

➡ A → B 과정에서 압력이 증가하므로 내부 에너지가 증가하고 C → D 과정에서 압력이 감소하므로 내부 에너지가 감소한다. 따라서 A → B 과정에서 열량을 흡수하고 C → D 과정에서 열량을 방출한다. 이때 A → B 과정에서 흡수하는 열량이 $12Q_0$이고 C → D 과정에 방출하는 열량은 $Q=9Q_0$이므로, 기체의 상태 변화를 옳게 나타낸 그래프이다.

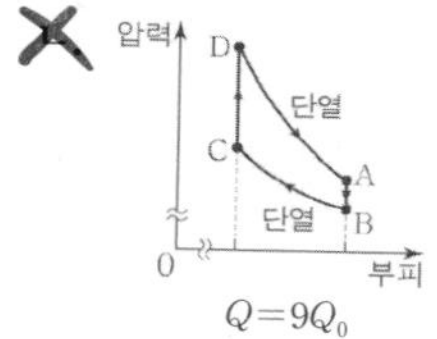

➡ C → D 과정에서 압력이 증가하고 A → B 과정에서 압력이 감소하므로, C → D 과정에서 열량을 흡수하고 A → B 과정에서 열량을 방출한다. 이때 C → D 과정에서 흡수하는 열량이 $Q=9Q_0$로 A → B 과정에서 방출하는 $12Q_0$보다 작으므로, 성립하지 않는다.

ㄷ.

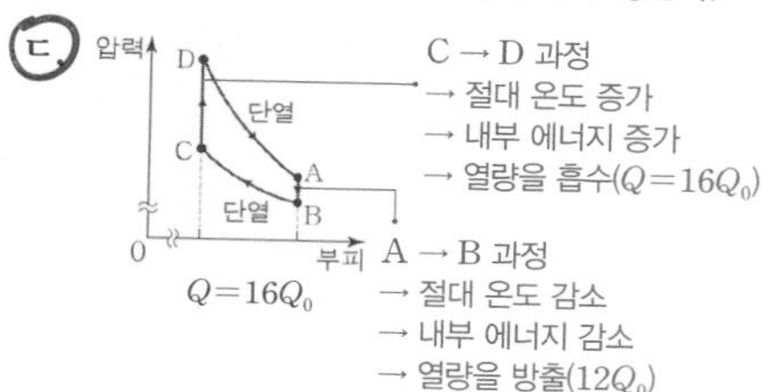

➡ C → D 과정에서 압력이 증가하고 A → B 과정에서 압력이 감소하므로, C → D 과정에서 열량을 흡수하고 A → B 과정에서 열량을 방출한다. 이때 C → D 과정에서 흡수하는 열량이 $Q=16Q_0$이고 A → B 과정에 방출하는 열량은 $12Q_0$이므로, 기체의 상태 변화를 옳게 나타낸 그래프이다.

28 열역학 과정과 열기관

정답 ⑤

선택 비율	① 12 %	② 15 %	③ 18 %	④ 12 %	⑤ 40 %

문제 풀이 TIP

기체의 열역학 과정에 열역학 제1법칙의 식 $Q=\Delta U+W$를 적용할 때, 물리량의 부호에 유의해야 한다. 기체가 열을 흡수할 때는 $Q>0$, 열을 방출할 때는 $Q<0$이므로, 기체가 흡수한 열량에는 양(+)의 부호를, 방출한 열량에는 음(−)의 부호를 사용한다. 기체의 부피가 증가할 때는 외부에 일을 하므로 $W>0$, 기체의 부피가 감소할 때는 외부로부터 일을 받으므로 $W<0$이다. 따라서 기체가 외부에 한 일에는 양(+)의 부호를, 외부로부터 받은 일에는 음(−)의 부호를 사용한다.

열역학 제1법칙의 식을 적용한 결과 내부 에너지 변화량 $\Delta U>0$일 때는 내부 에너지가 증가하여 온도가 올라간 것이고, $\Delta U<0$일 때는 내부 에너지가 감소하여 온도가 내려간 것이다.

<보기> 풀이

단열 과정에서는 열의 출입이 없고 등압 과정에서만 열의 출입이 있으므로, A → B 과정에서는 열을 흡수하고 C → D 과정에서는 열을 방출한다.

ㄱ. $Q=20W$이다.

➡ 기체의 부피가 증가할 때 외부에 일을 하고, 부피가 감소할 때 외부로부터 일을 받는다. 따라서 부피가 증가하는 A → B → C 과정에서 한 일은 $8W+9W$이고, 부피가 감소하는 C → D → A 과정에서 받은 일은 $4W+3W$이다. 따라서 기체가 한 번 순환하는 동안 한 알짜일은 $8W+9W-(4W+3W)=10W$이다. 열기관의 열효율이 0.5이므로, 열효율$=\frac{\text{기체가 한 일}}{\text{기체가 흡수한 열}}=\frac{10W}{Q}=0.5$에서 기체가 흡수한 열량 $Q=20W$이다.

ㄴ. 기체의 온도는 A에서가 C에서보다 낮다.

➡ 열역학 제1법칙($Q=\Delta U+W$)에 따라 기체가 흡수한 열량은 내부 에너지 변화량과 기체가 외부에 한 일의 합과 같다. A → B 과정에서 기체가 흡수한 열량이 $20W$이고 기체가 외부에 한 일이 $8W$이므로, $20W=\Delta U+8W$에서 내부 에너지 변화량 $\Delta U=12W$이다. B → C 과정은 단열 팽창하는 과정이므로 기체가 흡수한 열량은 0이고 기체가 외부에 한 일이 $9W$이므로, $0=\Delta U+9W$에서 내부 에너지 변화량 $\Delta U=-9W$이다. 즉, A → B 과정에서 내부 에너지가 $12W$만큼 증가하고 B → C 과정에서 내부 에너지가 $9W$만큼 감소하였으므로, A 상태일 때의 내부 에너지는 C 상태일 때의 내부 에너지보다 낮다. 이상 기체의 내부 에너지는 절대 온도에 비례하므로, 기체의 온도는 A에서가 C에서보다 낮다.

ㄷ. A → B 과정에서 기체의 내부 에너지 증가량은 C → D 과정에서 기체의 내부 에너지 감소량보다 크다.

➡ 열기관에서 기체가 흡수한 열량=기체가 한 일+방출한 열량이므로, 기체가 한 번 순환하는 동안 기체가 흡수한 열량이 $20W$이고 외부에 한 알짜일이 $10W$일 때 기체가 방출한 열량은 $10W$이다. 즉, C → D 과정에서 기체가 방출한 열량이 $10W$이며 이 과정에서 외부로부터 받은 일이 $4W$이므로, $-10W=\Delta U-4W$에서 내부 에너지 변화량 $\Delta U=-6W$이다. A → B 과정에서 기체의 내부 에너지는 $12W$만큼 증가하고 C → D 과정에서 내부 에너지는 $6W$만큼 감소하므로, A → B 과정에서 기체의 내부 에너지 증가량은 C → D 과정에서 기체의 내부 에너지 감소량보다 크다.

29 특수 상대성 이론 정답 ④

선택 비율	① 11 %	② 21 %	③ 9 %	④ 46 %	⑤ 13 %

문제 풀이 TIP

B의 관성계에서 광원과 점 p, q, r이 정지해 있지만 A의 관성계에서 광원과 점 p, q, r은 $+x$ 방향으로 우주선과 함께 운동하므로, A와 B의 관성계에서 광원으로부터 각각 점 p, q, r를 향해 빛이 이동하는 거리가 다르다. 빛의 속력은 일정하므로 두 관성계에서 빛이 이동하는 거리를 비교하면, 빛이 진행하는데 걸리는 시간을 비교할 수 있다.

❶ 광원 → p
A의 관성계에서 빛이 광원에서 방출되어 p로 가는 동안 p는 빛이 발생한 지점에 가까워지므로, 빛이 이동하는 거리는 A의 관성계에서가 B의 관성계에서보다 작다. 따라서 빛이 광원 → p로 진행할 때 걸리는 시간도 A의 관성계()에서가 B의 관성계(㉠)에서보다 더 작으므로, $t_1<$㉠이다.

❷ 광원 → q
A의 관성계에서 빛이 광원에서 방출되어 q로 가는 동안 q는 빛이 발생한 지점에서 멀어지므로, 빛이 이동하는 거리는 A의 관성계에서가 B의 관성계에서보다 크다. 따라서 빛이 광원 → q로 진행할 때 걸리는 시간은 A의 관성계(t_1)에서가 B의 관성계(t_2)에서보다 크므로, $t_1>t_2$이다.

❸ 광원 → r
A의 관성계에서 빛이 광원에서 방출되어 r로 가는 동안 r는 빛이 발생한 지점에서 대각선 방향으로 멀어지므로, 빛이 이동하는 거리는 A의 관성계에서가 B의 관성계에서보다 크다. 따라서 빛이 광원 → r로 진행할 때 걸리는 시간은 A의 관성계(㉡)에서가 B의 관성계(t_2)에서보다 크므로, ㉡$>t_2$이다.
B의 관성계에서 p에서 q까지의 거리는 빛의 속력과 걸린 시간의 곱이므로, $c\times$㉠$+c\times t_2=c($㉠$+t_2)$이다. ❶, ❷, ❸에서 ㉠$>t_1>t_2$이므로, $c($㉠$+t_2)>2ct_2$인 것을 알 수 있다.

<보기> 풀이

~~ㄱ.~~ **㉠은 t_1보다 작다.**
➡ A가 관측할 때 광원과 점 p, q, r는 $+x$ 방향으로 운동하므로 빛이 광원에서 p로 가는 동안에 p는 빛이 발생한 지점에 가까워지는 방향(→)으로 이동한다. 따라서 빛이 광원에서 p까지 가는 데 걸린 시간은 A의 관성계에서(t_1)가 B의 관성계에서(㉠)보다 작으므로, ㉠은 t_1보다 크다.

ㄴ. ㉡은 t_2보다 크다.
➡ A가 관측할 때 빛이 광원에서 r로 가는 동안에 r는 빛이 발생한 지점으로부터 대각선으로 멀어지는 방향(↗)으로 이동한다. 따라서 빛이 광원에서 r까지 가는 데 걸린 시간은 A의 관성계에서(㉡)가 B의 관성계에서(t_2)보다 크다. 따라서 ㉡은 t_2보다 크다.

ㄷ. B의 관성계에서 p에서 q까지의 거리는 $2ct_2$보다 크다.
➡ A가 관측할 때 빛이 광원에서 q로 가는 동안에 q는 빛이 발생한 지점으로부터 멀어지는 방향(→)으로 이동하므로 빛이 광원에서 q까지 가는 데 걸린 시간은 A의 관성계에서(t_1)가 B의 관성계에서(t_2)보다 크다. 즉, $t_1>t_2$이다. B의 관성계에서 p에서 q까지의 거리는 빛의 속도와 빛이 가는 데 걸린 시간의 곱이므로, $c($㉠$+t_2)$이다. $t_1<$㉠이고 $t_1>t_2$이므로, ㉠$>t_2$이다. 따라서 $c($㉠$+t_2)>c(2t_2)$이므로, B의 관성계에서 p에서 q까지의 거리는 $2ct_2$보다 크다.

다른 풀이 B의 관성계에서 p에서 q까지의 거리는 빛의 속도와 빛이 가는 데 걸린 시간의 곱이므로, $c($㉠$+t_2)$이다. A가 관측할 때 빛이 광원에서 각각 p, q로 가는 데 걸리는 시간이 같으므로, A의 관성계에서 광원과 p 사이의 거리가 광원과 q 사이의 거리보다 크다. B의 관성계에서도 광원과 p 사이의 거리가 광원과 q 사이의 거리보다 크므로, 빛이 광원에서 p까지 가는 데 걸린 시간 ㉠은 빛이 광원에서 q까지 가는 데 걸린 시간 t_2보다 크다. B의 관성계에서 p에서 q까지의 거리는 $c($㉠$+t_2)$이고, $c($㉠$+t_2)$는 $2ct_2$보다 크므로 B의 관성계에서 p에서 q까지의 거리는 $2ct_2$보다 크다.

30 특수 상대성 이론 정답 ⑤

선택 비율	① 9 %	② 6 %	③ 31 %	④ 11 %	⑤ 42 %

문제 풀이 TIP

관찰자 A에 대해 관찰자 B가 탄 우주선이 빠르게 운동하므로, A가 볼 때 B의 시간이 느리게 가는 시간 지연이 발생하고 B에서 측정한 길이보다 수축되는 길이 수축이 일어난다. 따라서 A가 볼 때 빛이 광원과 p 사이를 왕복하는 데 걸리는 시간은 지연된 시간으로 B의 관성계에서 측정할 때의 고유 시간보다 크게 측정되므로, 두 관성계에서 측정한 빛이 왕복하는 시간을 파악한다. 또 A가 볼 때 광원과 p사이의 거리는 수축된 거리로 B의 관성계에서 측정하는 고유 길이보다 짧게 측정된다. 따라서 B의 관성계에서 측정하는 광원과 p 사이의 거리를 먼저 알아야 한다.

<보기> 풀이

ㄱ. 우주선의 운동 방향은 $-x$ 방향이다.
➡ A의 관성계에서 빛이 광원에서 p까지 가는 데 걸리는 시간은 빛이 p에서 광원까지 가는 데 걸리는 시간보다 작다. 즉, 빛이 광원에서 거울 p까지 가는 동안 거울 p가 빛이 발생한 지점에 가까워지는 방향으로 운동하고, 빛이 p에서 광원까지 가는 동안 광원이 빛이 반사된 지점에서 멀어지는 방향으로 운동한다. 따라서 우주선의 운동 방향은 $-x$ 방향이다.

ㄴ. $t_0>\dfrac{2L}{c}$이다.
➡ B의 관성계에서 볼 때 광원에서 동시에 방출된 빛이 거울 p, q에서 반사하여 광원에 동시에 도달하므로, 광원에서 p까지의 거리는 광원에서 q까지의 거리와 같다. 따라서 광원에서 p까지의 거리는 L이며, 빛이 광원과 p 사이를 왕복하는 데 걸리는 시간(고유 시간)은 $\dfrac{2L}{c}$이다.
A의 관성계에서 볼 때 빛이 광원과 p 사이를 왕복하는 데 걸리는 시간은 $0.4t_0+0.6t_0=t_0$이다.
A의 관성계에서 볼 때 상대적으로 운동하는 우주선에서 시간 지연이 일어나므로, 빛이 광원과 p 사이를 왕복한 시간 t_0은 지연된(팽창된) 시간이다.
따라서 $t_0>\dfrac{2L}{c}$이다.

ㄷ. A의 관성계에서 광원과 p 사이의 거리는 L보다 작다.
➡ A의 관성계에서 광원과 p 사이의 거리는 길이 수축에 의해 L보다 작다.

선배의 TMI 이것만 알고 가자! **특수 상대성 이론 - 시간 지연**

어느 관성계의 한 지점에서 일어난 사건은 다른 관성계에서 동일하게 일어난다. B의 관성계에서 광원으로부터 동시에 방출된 빛이 거울 p, q에서 반사한 후 광원에 동시에 도달한다면, A의 관성계에서도 광원으로부터 동시에 방출된 빛이 거울 p, q에서 반사한 후 광원에 동시에 도달한다. 그러나 A에 대해 관찰자 B가 탄 우주선이 빠르게 운동하므로, 광원에서 동시에 방출된 빛이 다시 광원에 동시에 도달하는 데 걸리는 시간은 다르다. A의 관성계에서 볼 때 B의 시간이 느리게 가는 시간 지연이 일어나므로, A의 관성계에서 본 빛의 왕복 시간($0.4t_0+0.6t_0=t_0$)은 B의 관성계에서 본 빛의 왕복 시간($\dfrac{L}{c}+\dfrac{L}{c}=\dfrac{2L}{c}$)보다 크다.

31 특수 상대성 이론 정답 ⑤

선택 비율	① 30 %	② 11 %	③ 14 %	④ 12 %	⑤ 32 %

문제 풀이 TIP

A에 대해 $0.6c$의 속력으로 $+x$ 방향으로 이동하고 있는 관찰자 B가 볼 때, 광원과 두 거울은 우주선의 운동 방향과 반대 방향, 즉 $-x$ 방향으로 이동한다. 따라서 광원에서 방출된 빛 p와 q가 거울로 향하는 동안, B가

볼 때 이동하는 거울들의 위치를 대략적으로 그려보면 p, q가 거울까지 진행하는 경로와 진행하는데 걸리는 시간을 비교할 수 있다. B가 볼 때 p가 향하는 거울의 이동 방향은 ←방향이고 q가 향하는 거울의 이동 방향은 ↖방향이므로, 광원에서 거울까지 진행하는 경로는 p가 q보다 짧아서 p가 q보다 먼저 거울에 도달한다. 그러나 B가 볼 때 각 거울에서 다른 시간에 반사된 p, q가 광원으로 동시에 되돌아오게 되는데, 이는 A의 관성계에서 각 거울에서 반사된 p, q가 광원으로 동시에 되돌아오기 때문이다. 한 관성계의 한 지점에서 일어난 사건은 다른 관성계에서도 동일하게 일어난다. 이는 동시성의 상대성과 다른 개념이다. 동시성의 상대성이란 한 기준계에서 동시에 일어난 두 사건은 다른 관성계에서 볼 때 동시에 일어난 것이 아닐 수 있다는 것인데, 여기서 두 사건은 각각 다른 지점에서 일어나는 사건을 말한다. 이 문제에서도 A의 관성계에서 p, q가 두 거울에 도달하는 사건이 동시에 일어나지만, B의 관성계에서는 동시에 일어나지 않는다(p가 q보다 거울에 먼저 도달함). 왜냐하면 두 거울을 각각 다른 지점이기 때문이다. 그러나 광원은 한 지점이기 때문에, A의 관성계에서 볼 때 광원에서 동시에 발생한 p, q가 광원에 동시에 도달한다면 B의 관성계에서도 광원에서 동시에 발생한 p, q가 광원에 동시에 도달한다.

<보기> 풀이

ㄱ. p의 속력은 거울에서 반사하기 전과 후가 서로 다르다. (X)

➡ 광속 불변 원리에 따라 모든 관성계에서 보았을 때 진공 중에서 빛의 속력은 관찰자나 광원의 속도에 관계없이 항상 일정하다.

ㄴ. p가 q보다 먼저 거울에서 반사한다. (O)

➡ B가 관측할 때 광원과 거울들은 $-x$ 방향으로 0.6c의 속력으로 이동한다. 따라서 빛 p가 광원에서 거울로 가는 동안에 거울은 빛이 발생한 지점에 가까워지는 방향으로 이동하지만, 빛 q가 광원에서 거울로 가는 동안에 거울은 대각선 방향으로 이동한다. 따라서 p가 q보다 먼저 거울에 도달하므로, p가 q보다 먼저 거울에서 반사한다.

ㄷ. $2t_3=t_1+t_2$이다. (O)

➡ 어느 관성계의 한 지점에서 일어난 사건은 다른 관성계에서도 동일하게 일어난다. A의 관성계에서 빛 p, q가 광원에서 동시에 방출된 후 광원으로 동시에 되돌아온다면, B의 관성계에서도 빛 p, q가 광원에서 동시에 방출된 후 광원으로 동시에 되돌아온다. 따라서 B의 관성계에서 빛 p가 방출된 후 되돌아오는 데 걸리는 시간(t_1+t_2)은 빛 q가 방출된 후 되돌아오는데 걸리는 시간(t_3+t_3)과 같으므로, $2t_3=t_1+t_2$이다.

선배의 TMI 이것만 알고 가자! 특수 상대성 이론 – 빛의 이동 경로

B가 관측할 때 빛 p, q가 진행하는 경로를 그려보면 다음과 같다.

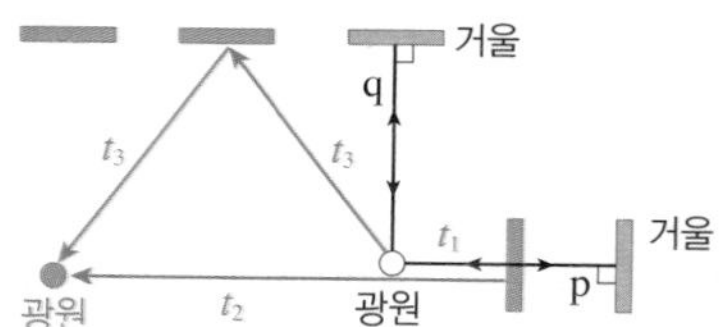

p가 광원에서 거울로 가는 동안 거울은 빛이 발생한 지점에 가까워지는 방향으로 이동하고 거울에서 반사된 빛 P가 광원으로 가는 동안 광원은 빛이 반사된 지점에서 멀어지는 방향으로 이동한다. 따라서 p가 광원에서 거울까지 가는 경로가 거울에서 광원까지 가는 경로보다 짧으므로, $t_1<t_2$가 성립한다. 또 q가 광원에서 거울로 가는 동안 거울은 대각선 방향(↖방향)으로 이동하고, 거울에서 반사된 q가 광원으로 가는 동안 광원은 빛이 반사된 지점에서 대각선 방향(↗ 방향)으로 이동한다. 이때 q가 거울에서 광원까지 가는 경로의 길이와 거울에서 광원까지 가는 경로의 길이가 같으므로 걸린 시간은 t_3으로 같다.

32 특수 상대성 이론 　정답 ④

선택 비율	① 8 %	② 10 %	③ 34 %	④ 36 %	⑤ 9 %

문제 풀이 TIP

A의 관성계에서는 광원과 점 p, q가 정지해 있으므로, 광원과 점 p, q 사이의 거리는 빛이 광원에서 점 p, q까지 각각 이동한 거리와 같다. 그러나 B의 관성계에서는 광원과 점 p, q가 광속에 가까운 속력으로 $+x$ 방향으로 운동하므로, 광원에서 빛이 방출되어 이동하는 동안 광원과 점 p, q가 $+x$ 방향으로 운동한다.

즉, B의 관성계에서는 광원에서 빛이 방출되어 점 p로 가는 동안 점 p는 빛이 발생한 지점에 가까워지고 광원은 빛이 발생한 지점에서 멀어진다. 따라서 B의 관성계에서는 빛이 광원에서 p까지 이동한 거리는 광원과 p 사이의 거리보다 작다.

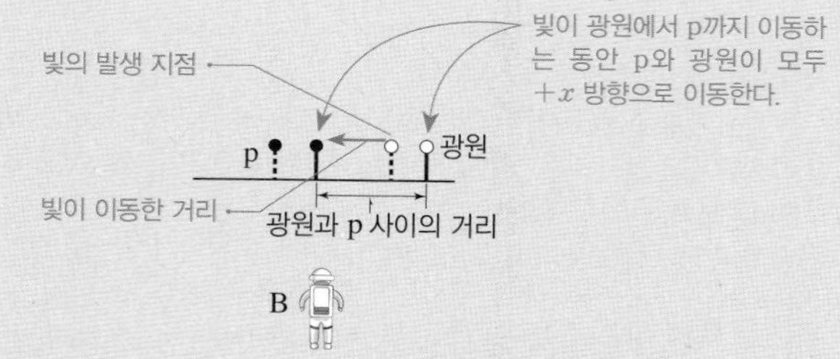

광원에서 빛이 방출되어 점 q로 가는 동안 점 q는 빛이 발생한 지점에서 대각선 방향으로 멀어지고 광원은 빛이 발생한 지점에서 $+x$ 방향으로 멀어진다. 따라서 B의 관성계에서는 빛이 광원에서 q까지 이동한 거리는 광원과 q 사이의 거리보다 크다.

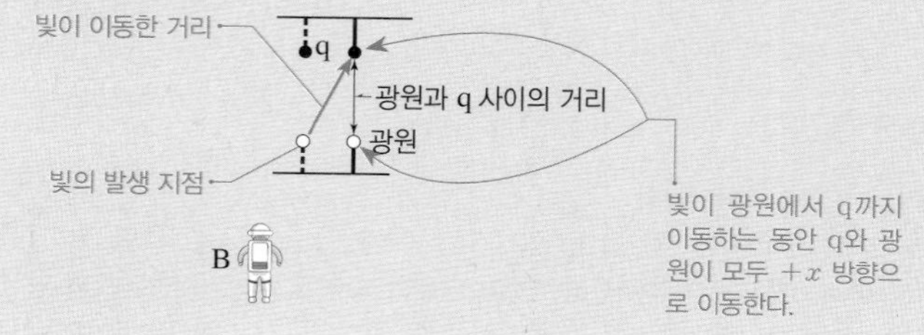

<보기> 풀이

① $t_1>t_2$이다. (X)

➡ B가 관측할 때 빛이 광원에서 q로 가는 동안에 q는 빛이 발생한 지점으로부터 대각선으로 멀어지는 방향(↗)으로 이동한다. 따라서 B의 관성계에서 빛이 광원에서 q까지 가는 데 걸린 시간 t_2는 A의 관성계에서 빛이 광원에서 q까지 가는 데 걸린 시간 t_1보다 크다. 따라서 $t_1<t_2$이다.

② A의 관성계에서 광원과 p 사이의 거리는 $2ct_1$보다 작다. (X)

➡ A의 관성계에서 광원과 p 사이의 거리는 빛의 속도와 빛이 가는 데 걸린 시간의 곱과 같으므로, $c\times2t_1=2ct_1$이다.

③ B의 관성계에서 광원과 p 사이의 거리는 ct_2이다. (X)

➡ B가 관측할 때 광원과 p가 $+x$ 방향으로 운동하므로, 빛이 광원에서 p로 가는 동안에 p는 빛이 발생한 지점에 가까워지는 방향(→)으로 이동한다. 따라서 빛이 광원에서 p까지 이동한 거리는 광원과 p 사이의 거리보다 작다. B의 관성계에서 빛이 광원에서 p까지 이동한 거리=빛의 속도×걸린 시간=ct_2이므로, 광원과 p 사이의 거리는 ct_2보다 크다.

④ B의 관성계에서 광원과 q 사이의 거리는 ct_2보다 작다. (O)

➡ B가 관측할 때 광원과 q가 $+x$ 방향으로 운동하므로, 빛이 광원에서 q로 가는 동안에 q는 빛이 발생한 지점으로부터 대각선으로 멀어지는 방향(↗)으로 이동한다. 따라서 빛이 광원에서 q까지 이동한 거리는 광원과 q 사이의 거리보다 크다. B의 관성계에서 빛이 이동한 거리=빛의 속도×걸린 시간=ct_2이므로, 광원과 q 사이의 거리는 ct_2보다 작다.

~~⑤~~ **B가 측정할 때, B의 시간은 A의 시간보다 느리게 간다.**

➡ B가 측정할 때 상대적으로 운동하는 A의 시간이 느리게 가는 것으로 관찰된다. 따라서 B가 측정할 때, B의 시간은 A의 시간보다 빠르게 간다.

오답률 높은 ③ ③을 옳다고 생각했다면?

B가 관측할 때 광원에서 빛이 발생한 후 빛이 발생한 지점은 그대로 있지만, p와 광원이 모두 $+x$ 방향으로 이동함을 알아야 한다. 빛이 이동한 거리는 빛이 발생한 지점부터 p까지의 거리이므로, 광원과 p 사이의 거리보다 작다는 것을 알 수 있다.

Ⅱ | 물질과 전자기장

문제편 282쪽~286쪽

01 ①	02 ①	03 ⑤	04 ②	05 ①	06 ③
07 ③	08 ①	09 ③	10 ⑤	11 ②	12 ⑤
13 ⑤					

01 전기력(쿨롱 법칙) 정답 ①

선택 비율 | ① 22 % | ② 23 % | ③ 21 % | ④ 23 % | ⑤ 11 %

문제 풀이 TIP

(가)에서 A에 작용하는 전기력의 크기를 구하려면, A, B, C, D의 전하의 종류와 D의 전하량의 크기를 파악한 후 쿨롱 법칙을 이용해야 한다. 먼저 (가)와 (나)에서 A, C의 위치가 바뀔 때 A, C가 B에 작용하는 힘의 방향이 반대가 되는 것을 이해해야 한다. 따라서 (가)에서 A, C가 B에 작용하는 전기력과 D가 B에 작용하는 전기력이 상쇄되고, (나)에서 A, C가 B에 작용하는 전기력과 D가 B에 작용하는 전기력의 합이 $+F$가 됨을 파악해야 한다. 즉, A, C가 B에 작용하는 전기력의 크기와 D가 B에 작용하는 전기력의 크기가 같으므로, (가)에서 A, C가 B에 $-\frac{F}{2}$의 전기력을, D가 B에 $+\frac{F}{2}$의 전기력을 작용한다는 것을 파악해야 한다. B와 D 사이에 당기는 전기력이 작용하므로, B와 D의 전하의 종류는 다르다. 따라서 B를 음(−)전하, D는 양(+)전하라고 가정할 때, A, C의 가능한 전하의 조합 중 어떤 경우가 문제에서 주어진 조건을 만족하는지 분석한다. 이때 전기력의 부호는 전기력이 $+x$방향으로 작용할 때를 (+)로 한다.

- A, C가 모두 양(+)전하일 때: (가)에서 B에 작용하는 전기력이 0이 되는 것이 가능하며, $-k\frac{2Q^2}{2}+\frac{Q^2}{d^2}+\frac{QQ_D}{(2d)^2}=0$에서 D의 전하량의 크기를 구하면 $Q_D=4Q$이다. 그러나 이 경우 A에 작용하는 전기력은 $k\frac{2Q^2}{d^2}-\frac{2Q^2}{(2d)^2}-\frac{8Q^2}{(3d)^2}>0$이므로, A에 작용하는 전기력의 방향은 $-x$방향이 될 수 없다.
- A, C가 모두 음(−)전하일 때: D의 전하량의 크기에 관계없이 (가)에서 B에 $+x$방향으로 전기력이 작용하므로, B에 작용하는 전기력이 0이 될 수 없다.
- A, C가 각각 음(−)전하, 양(+)전하인 경우: D의 전하량의 크기에 관계없이 (가)에서 B에 $+x$방향으로 전기력이 작용하므로, B에 작용하는 전기력이 0이 될 수 없다.

따라서 A, C는 각각 양(+)전하, 음(−)전하이므로 쿨롱 법칙을 이용해 주어진 조건을 만족하는 D의 전하량의 크기를 구한 후, (나)에서 B에 작용하는 전기력 F를 쿨롱 법칙을 이용해 나타내고 (가)에서 A에 작용하는 전기력의 크기를 구한다.

<보기> 풀이

❶ (가)에서 B에 작용하는 전기력은 0이지만 (나)에서 A, C의 위치만 바꾸었을 때 B에 작용하는 전기력은 $+x$방향으로 F로 변하므로, (가)에서 A, C가 B에 작용하는 전기력은 $-\frac{F}{2}$이고 D가 B에 작용하는 전기력은 $+\frac{F}{2}$이다. 또 (나)에서 위치가 바뀐 A, C가 B에 작용하는 전기력은 $+\frac{F}{2}$이고, D가 B에 작용하는 전기력은 $+\frac{F}{2}$이다. D가 B에 당기는 전기력을 작용하므로, B와 D의 전하의 종류는 다르다. 따라서 B를 음(−)전하, D는 양(+)전하라고 가정하면, (가)에서 B에 작용하는 전기력이 0이 되기 위해서는 A, C의 전하는 모두 양(+)전하이거나 A, C가 각각 양(+)전하, 음(−)전하이어야 한다. A, C가 모두 양(+)전하인 경우에는 (가)에서 B에 작용하는 전기력이 0이 되기 위한 D의 전하량의 크기는 $4Q$이지만, 이 경우

(가)에서 A에 작용하는 전기력의 방향은 $+x$방향이 되므로 성립하지 않는다. 따라서 A, C는 각각 양(+)전하, 음(−)전하이다.

❷ D의 전하량의 크기를 Q_D라고 하면 (가)에서 B에 작용하는 전기력이 0이므로, $-k\frac{2Q^2}{d^2}-k\frac{Q^2}{d^2}+k\frac{QQ_D}{(2d)^2}=0$에서 $Q_D=12Q$이다. 따라서 A, B, C, D의 전하량은 각각 $+2Q$, $-Q$, $-Q$, $+12Q$이다.

❸ D가 B에 작용하는 전기력의 크기가 $\frac{F}{2}$이므로, $k\frac{12Q^2}{(2d)^2}=k\frac{3Q^2}{d^2}=\frac{F}{2}$에서 $F=k\frac{6Q^2}{d^2}$이다. 따라서 (가)에서 A에 작용하는 전기력은 $k\frac{2Q^2}{d^2}+k\frac{2Q^2}{(2d)^2}-k\frac{24Q^2}{(3d)^2}=-k\frac{Q^2}{6d^2}=-\frac{1}{36}F$이므로, (가)에서 A에 작용하는 전기력의 크기는 $\frac{1}{36}F$이다.

02 전기력(쿨롱 법칙) 정답 ①

선택 비율	① 35 %	② 12 %	③ 26 %	④ 10 %	⑤ 17 %

문제 풀이 TIP

전기력에 관한 문제에서는 전하의 종류를 파악하기 위해 '어느 한 전하에 작용하는 전기력이 0'이라는 조건이 제시되기도 하는데, 이 문제에서는 그런 조건이 없으므로 다른 조건을 활용해야 한다. (가)와 (나)에서 C에 작용하는 힘의 방향이 같다는 조건을 보고 B를 기준으로 할 때 C에 작용하는 힘의 방향이 바뀐다는 것을 파악할 수 있어야 한다. 즉, (나)에서 B와 C 사이의 거리가 작아질 때 C에 작용하는 힘의 방향이 B를 향하는 방향으로 바뀌므로, B와 C 사이에는 서로 당기는 힘인 인력이 작용한다는 것을 알면 B, C의 전하의 종류를 알아낼 수 있다. 또 (가)와 (나)에서 A에 작용하는 힘의 방향이 같다는 조건도, 전하의 종류가 다른 A와 B 사이의 거리가 멀어질 때 A와 B 사이에 작용하는 인력이 감소하므로 (나)에서 A에 작용하는 힘의 방향이 B로부터 멀어지는 방향이라는 것을 파악할 수 있으면, (가)에서 A에 작용하는 힘의 방향은 B를 향하는 방향이라는 것을 알아낼 수 있다. 또 보기 'ㄷ'에서는 (나)에서 C와 A에 작용하는 전기력의 방향이 모두 $+x$방향이므로 C와 A가 비록 떨어져 있더라도 이들을 묶어 1개의 전하로 생각하면, 작용 반작용 법칙에 따라 B에 작용하는 전기력의 방향이 $-x$방향임을 쉽게 알 수 있다.

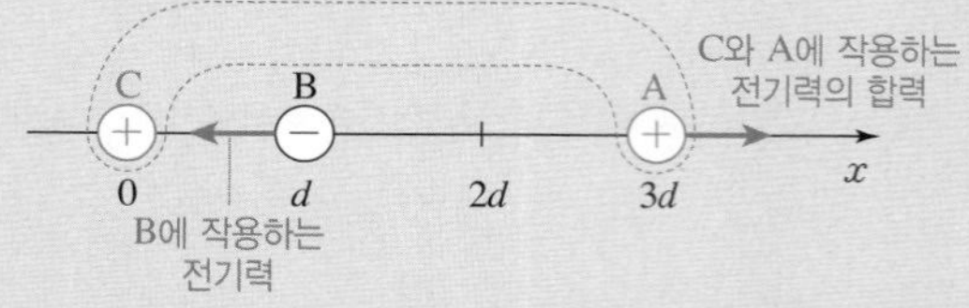

이때 '(C+A)에 작용하는 전기력의 크기=B에 작용하는 전기력의 크기'가 성립하므로, B에 작용하는 전기력의 크기는 C에 작용하는 전기력의 크기보다 크다는 것을 알 수 있다.

<보기> 풀이

ㄱ. C는 양(+)전하이다.

➡ (가)에서 C는 B에서 멀어지는 방향으로 힘을 받고 (나)에서 C는 B를 향하는 방향으로 힘을 받는다. A와 C 사이의 거리는 (가)와 (나)에서 같으므로 A와 C 사이에 작용하는 전기력의 크기는 (가)와 (나)에서 같지만 B와 C 사이의 거리는 (나)에서가 (가)에서보다 작으므로 B와 C 사이에 작용하는 전기력의 크기는 (나)에서가 (가)에서보다 크다. 즉, (나)에서 B와 C 사이에 작용하는 전기력의 크기가 증가함에 따라 C에 작용하는 전기력이 B를 향하는 방향으로 바뀌었으므로, B와 C 사이에 인력이 작용하며 B와 C의 전하의 종류는 다르다. B와 C가 각각 음(−)전하, 양(+)전하일 때 (가)에서 C에 작용하는 전기력의 방향이 $+x$방향이 될 수 있으므로 C는 양(+)전하이다.

ㄴ. (가)에서 A에 작용하는 전기력의 방향은 $-x$방향이다.

➡ A, B, C가 각각 양(+)전하, 음(−)전하, 양(+)전하일 때 A와 C 사이에 작용하는 서로 밀어내는 전기력의 크기는 (가)와 (나)에서 같지만, A와 B 사이에 작용하는 서로 당기는 전기력의 크기는 (나)에서가 (가)에서보다 작다. (나)에서 A와 B 사이에 작용하는 서로 당기는 전기력의 크기가 (가)에서보다 작으므로, (나)에서 A에 작용하는 전기력의 방향은 B에서 멀어지는 방향($+x$방향)이다. 한편 (가)에서 A에 작용하는 전기력의 방향은 B를 향하는 방향이므로, $+x$방향이다.

ㄷ. (나)에서 B에 작용하는 전기력의 크기는 C에 작용하는 전기력의 크기보다 작다.

➡ (나)에서 A와 B, B와 C, C와 A 사이에 작용하는 전기력의 크기를 각각 F_{AB}, F_{BC}, F_{CA}라고 하자. C에 작용하는 전기력의 방향은 $+x$방향이므로 $F_{CA}<F_{BC}$이고, A에 작용하는 전기력의 방향은 $+x$방향이므로 $F_{AB}<F_{CA}$이다. 따라서 $F_{AB}<F_{CA}<F_{BC}$이므로, B에 작용하는 전기력의 크기($F_{BC}-F_{AB}$)는 C에 작용하는 전기력의 크기($F_{BC}-F_{CA}$)보다 크다.

다른 풀이 (나)에서 C와 A에 작용하는 전기력의 방향은 $+x$방향이므로, 작용 반작용 법칙에 의해 B에 작용하는 전기력의 방향은 $-x$방향이다. 이때 C와 A에 작용하는 전기력의 크기의 합이 B에 작용하는 전기력의 크기와 같으므로, B에 작용하는 전기력의 크기는 C에 작용하는 전기력의 크기보다 크다.

03 전기력(쿨롱 법칙) 정답 ⑤

선택 비율	① 16 %	② 9 %	③ 14 %	④ 15 %	⑤ 44 %

문제 풀이 TIP

이 문제는 전기력의 기본 개념 즉, '다른 종류의 전하 사이에는 인력이 작용하고 같은 종류의 전하 사이에는 척력이 작용한다.'를 바탕으로 문제에서 제시된 여러 조건을 분석하여 A와 C의 전하의 종류를 알아내는 것이 중요하다. 따라서 다음과 같이 점전하 D를 추가했을 때 생기는 변화를 분석하여 A와 C의 전하의 종류와 크기 및 전기력을 방향을 파악한다.

- (나)에서 양(+)전하인 B와 음(−)전하인 D 사이에 인력이 작용함에도 불구하고 B에 작용하는 전기력이 0이 되는 것은 (가)에서 B에 작용하는 힘의 방향이 $-x$ 방향이기 때문이다.

➡ (가)에서 A와 B에 작용하는 전기력의 방향이 같으므로 A와 B를 묶어서 1개의 전하로 생각하면, 작용 반작용 법칙에 따라 (가)에서 C에 작용하는 전기력의 방향이 $+x$방향임을 이해할 수 있어야 한다.

A와 B에 작용하는 전기력의 합력 A B C C에 작용하는 전기력 0 d 2d 3d x

(가)

- (나)에서 C에 작용하는 전기력의 크기가 감소하는 것은 C와 D 사이에 척력이 작용하기 때문이다. 따라서 C는 D와 같은 음(−)전하이고, 이때 양(+)전하인 B에 작용하는 전기력이 0이므로 A도 음(−)전하이다.

➡ (가)에서 A, B, C의 전하의 종류가 각각 음(−)전하, 양(+)전하, 음(−)전하일 때, B에 작용하는 전기력의 방향이 $-x$ 방향이므로, 전하량의 크기는 A가 C보다 크다는 것을 알 수 있다.

A B C 0 d 2d 3d x B에 작용하는 전기력

(가)

<보기> 풀이

ㄱ. (가)에서 C에 작용하는 전기력의 방향은 $+x$ 방향이다.

➡ (나)에서 음(−)전하인 D와 양(+)전하인 B 사이에 당기는 전기력이 작용하므로, D가 B에 $+x$ 방향으로 힘을 작용한다. 이때 B에 작용하는 전기

력이 0이 되므로, (가)에서 B에 작용하는 전기력의 방향은 $-x$ 방향이다. (가)에서 A, B에 작용하는 전기력의 방향이 모두 $-x$ 방향이므로, A와 B를 묶어 1개의 전하로 생각하면 작용 반작용 법칙에 따라 C에 작용하는 전기력의 방향은 $+x$ 방향이다.

ㄴ. A는 음(−)전하이다.

➡ (가)에서 C에 작용하는 전기력의 방향은 $+x$ 방향이고 C에 작용하는 전기력의 크기는 (가)에서가 (나)에서보다 크다면, (나)에서 D가 C에 작용하는 전기력의 방향은 $-x$ 방향이다. 즉, C와 D사이에 미는 전기력이 작용하므로, C는 음(−)전하이다. (나)에서 B에 작용하는 전기력이 0일 때 음(−)전하인 C, D가 B에 작용하는 전기력의 방향이 $+x$ 방향이므로, A가 B에 작용하는 전기력의 방향은 $-x$ 방향이다. A와 B 사이에 당기는 전기력이 작용하므로, A는 음(−)전하이다.

ㄷ. 전하량의 크기는 A가 C보다 크다.

➡ A, B, C의 전하의 종류가 각각 음(−)전하, 양(+)전하, 음(−)전하일 때, (가)에서 B에 작용하는 전기력의 방향이 $-x$ 방향이므로 A가 B에 $-x$ 방향으로 작용하는 전기력의 크기가 C가 B에 $+x$ 방향으로 작용하는 전기력의 크기보다 크다. A와 B 사이의 거리와 B와 C 사이의 거리가 같으므로, 전하량의 크기는 A가 C보다 크다.

04 전기력(쿨롱 법칙) 정답 ②

선택 비율 | ① 2 % | ② 39 % | ③ 21 % | ④ 4 % | ⑤ 34 %

문제 풀이 TIP

A, C의 전하의 종류를 파악하기 위해서 문제에서 제시된 조건들 중에 어떤 조건을 활용해야 하는지 알 수 있어야 한다. (나)에서 A가 C의 오른쪽에 있을 때 C에 $+x$방향으로 작용하는 전기력의 크기가 증가한다는 조건으로부터 A는 C와 다른 종류의 전하, 즉 (−)전하인 것을 알 수 있다. 만약 B도 음(−)전하라고 가정하면 (가)에서 C에 $+x$방향으로 전기력이 작용한다는 조건이 성립하지 않으므로, B는 양(+)전하라는 것을 알 수 있다. A, B, C의 전하의 종류를 모두 파악했다면, 보기 'ㄴ'에서 A와 C 사이에 작용하는 전기력의 크기를 $2F$와 비교해야 하므로, (가)와 (나)에서 A와 B가 C에 작용하는 전기력에 대한 식을 세워야 한다. 이때 B가 C에 작용하는 전기력의 크기와 방향은 (가)와 (나)에서 같지만, A가 C에 작용하는 전기력의 방향은 (가)와 (나)에서 반대이며, 전기력의 크기는 (나)에서가 (가)에서의 4배가 된다는 것을 이해할 수 있어야 한다.

<보기> 풀이

ㄱ. A와 C 사이에는 서로 밀어내는 전기력이 작용한다.

➡ C에 $+x$방향으로 작용하는 힘의 크기는 (나)에서가 (가)에서보다 크므로, A와 C 사이에는 서로 당기는 전기력이 작용한다.

ㄴ. (가)에서 A와 C 사이에 작용하는 전기력의 크기는 $2F$보다 작다.

➡ A와 C 사이에는 서로 당기는 전기력이 작용하므로, A는 음(−)전하이다. (가)에서 C에 작용하는 전기력의 방향이 $+x$방향일 때 A와 C 사이에 서로 당기는 전기력이 $-x$방향으로 작용하므로, B와 C 사이에는 서로 미는 전기력이 $+x$방향으로 작용해야 한다. 따라서 B는 양(+)전하이다. (가)에서 A와 C 사이에 작용하는 전기력의 크기를 F_{AC}, B와 C 사이에 작용하는 전기력의 크기를 F_{BC}라 하고 오른쪽 방향의 힘의 부호를 (+)라고 하면, C에 작용하는 전기력은 $F_{BC}-F_{AC}=F$ … ①이다. (나)에서 C에 작용하는 전기력 $F_{BC}+4F_{AC}=5F$ … ②이다. ①, ②를 연립하여 정리하면 $F_{AC}=\frac{4}{5}F$, $F_{BC}=\frac{9}{5}F$이다. 따라서 (가)에서 A와 C 사이에 작용하는 전기력의 크기는 $2F$보다 작다.

ㄷ. (나)에서 B에 작용하는 전기력의 방향은 $-x$방향이다.

➡ (나)에서 C가 B에 작용하는 전기력의 방향은 $-x$방향이고 A가 B에 작용하는 전기력의 방향은 $+x$방향이다. B에 작용하는 전기력의 합의 크기는 $4F$이므로, C가 B에 $-x$방향으로 $\frac{9}{5}F$의 전기력을 작용할 때 A가 B에 $+x$방향으로 작용하는 전기력의 크기는 $\frac{9}{5}F+4F$이다. 따라서 (나)에서 B에 작용하는 전기력의 방향은 $+x$방향이다.

오답률 높은 ⑤ ㄷ을 옳다고 생각했다면?

(나)에서 C가 B에 작용하는 전기력의 방향과 A가 B에 작용하는 전기력의 방향이 서로 반대 방향이다. 문제에서 B에 작용하는 전기력의 크기는 $4F$라고 주어졌으므로, C가 B에 $-x$방향으로 작용하는 힘의 크기가 $\frac{9}{5}F$일 때 A가 B에 $+x$방향으로 작용하는 힘의 크기는 $\frac{9}{5}F+4F$이어야 함을 알 수 있다. 즉, B에 작용하는 알짜 전기력의 크기는 $4F$, 알짜 전기력의 방향은 $+x$방향인 것을 알 수 있다.

05 전기력 정답 ①

선택 비율 | ① 19 % | ② 7 % | ③ 37 % | ④ 13 % | ⑤ 24 %

문제 풀이 TIP

이 문제는 전기력의 기본 개념, 즉 '다른 종류의 전하 사이에는 인력이 작용하고 같은 종류의 전하 사이에는 척력이 작용한다.'를 바탕으로 (가)와 (나)에서 제시된 조건을 분석하여 A, C, D의 전하의 종류를 먼저 파악해야 한다.

- A, C가 음(−)전하인 경우와 A, C가 양(+)전하인 경우를 각각 가정하고 어느 경우에 (가)에서 A에 작용하는 힘의 방향과 (나)에서 D에 작용하는 힘의 방향이 $+x$방향이 되는지를 분석한다.
- A, C, D가 모두 양(+)전하라는 결론을 얻게 되면, (가)에서 음(−)전하인 C에 작용하는 전기력은 0이므로 A, B, D가 각각 C에 작용하는 전기력을 알 수 있다. 쿨롱 법칙, 즉 전기력의 크기는 두 전하의 전하량의 곱에 비례하고 두 전하 사이의 거리의 제곱에 반비례함을 적용하면 B와 A의 전하량의 크기를 비교할 수 있다.
- (가)에서 C에 작용하는 전기력이 0일 때 C와 서로 당기는 힘을 작용하는 B를 제거하게 되면 (나)에서 C에 작용하는 전기력의 방향이 어느 방향으로 변하는지를 파악해야 한다. (나)에서 C와 D에 작용하는 전기력의 방향이 모두 $+x$방향이므로 C와 D를 묶어 1개의 전하로 생각하면, 다음과 같이 작용 반작용 법칙에 따라 (나)에서 A에 작용하는 전기력의 방향이 $-x$방향임을 알 수 있다.

<보기> 풀이

ㄱ. A는 양(+)전하이다.

➡ A, C가 음(−)전하라고 가정하면 (가)에서 A에 작용하는 전기력의 방향이 $+x$방향이므로 D가 양(+)전하이어야 한다. 이 경우에 (나)에서 음(−)전하인 A, C가 양(+)전하인 D에 작용하는 전기력의 방향은 $-x$방향이 되므로 성립하지 않는다. 따라서 A, C는 양(+)전하이다.

ㄴ. 전하량의 크기는 B가 A보다 크다.

➡ A, C가 양(+)전하이고 (나)에서 D에 작용하는 전기력의 방향이 $+x$방향이므로, D는 양(+)전하이다. (가)에서 C에 작용하는 전기력은 0일 때 A, B, D가 각각 C에 작용하는 전기력의 방향은 $+x$, $-x$, $-x$방향이므로, A가 C에 $+x$방향으로 작용하는 전기력의 크기와 B와 D가 C에 $-x$방향으로 작용하는 전기력의 크기가 같다. 따라서 A가 C에 작용하는 전기력의 크기는 B가 C에 작용하는 전기력의 크기보다 크다. 이때 C로부터의

정답률 낮은 문제, 한 번 더!

거리는 A가 B보다 크므로 전하량의 크기는 A가 B보다 크다. 즉, 전하량의 크기는 B가 A보다 작다.

ㄷ. (나)의 D에 작용하는 전기력의 크기는 (나)의 A에 작용하는 전기력의 크기보다 크다.

➡ (가)에서 양(+)전하인 C에 작용하는 전기력의 크기가 0일 때, (나)에서 음(−)전하인 B를 제거하면 C에 작용하는 전기력의 방향은 $+x$방향이 된다. (나)에서 C와 D에 작용하는 전기력의 방향이 모두 $+x$방향이므로, 작용 반작용 법칙에 의해 A에 작용하는 전기력의 방향은 $-x$방향이다. 또 C와 D에 작용하는 전기력의 크기는 A에 작용하는 전기력의 크기와 같다. 따라서 (나)의 D에 작용하는 전기력의 크기는 (나)의 A에 작용하는 전기력의 크기보다 작다.

다른 풀이 (나)에서 A에 작용하는 힘의 크기는 C와 D가 작용하는 힘의 크기의 합이므로 $F_{AC}+F_{AD}$이고, D에 작용하는 힘의 크기는 A와 C가 작용하는 힘의 크기의 합이므로 $F_{AD}+F_{CD}$이다. (가)에서 C에 작용하는 알짜힘이 0이므로, $F_{BC}+F_{DC}=F_{AC}$에서 $F_{AC}>F_{DC}$이고, $F_{AC}+F_{AD}>F_{CD}+F_{AD}$이다. 따라서 (나)의 D에 작용하는 전기력의 크기는 (나)의 A에 작용하는 전기력의 크기보다 작다.

오답률 높은 ③ ㄷ을 옳다고 생각했다면?

(나)에서 A, C, D의 세 전하에 각각 작용하는 전기력의 방향을 먼저 분석한 후, 같은 방향의 전기력을 받는 두 전하를 묶어 한 전하로 생각하면 묶은 전하와 다른 전하 사이에 작용 반작용 법칙을 적용할 수 있다. 작용 반작용 법칙은 반드시 두 전하 사이에만 적용되는 것이 아니라 여러 개의 전하가 있는 경우에도 조건에 맞게 묶은 전하들의 두 집단에도 적용할 수 있다.

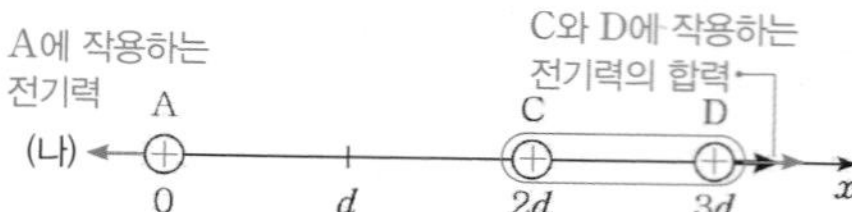

'A에 작용하는 전기력의 크기=C와 D에 작용하는 전기력의 크기'가 성립하므로, A에 작용하는 전기력의 크기가 D에 작용하는 전기력의 크기보다 크다는 것을 알 수 있다.

06 전기력(쿨롱 법칙) 정답 ③

선택 비율 | ① 15 % | ② 12 % | ③ 40 % | ④ 13 % | ⑤ 20 %

문제 풀이 TIP

전기력에 관한 문제를 풀 때는 전기력의 특징을 이해하고 문제에서 주어진 조건에 따라 쿨롱 법칙의 식을 적용할 수 있어야 한다. 따라서 이 문제에서는 (나)의 그래프로부터 C가 $x=3d$에 있을 때 A에 작용하는 힘이 0이라는 것과 C가 $x=2d$에 있을 때 A, B에 각각 작용하는 힘의 크기가 같고 방향이 반대라는 조건을 이용할 수 있음을 파악해야 한다.

- C가 $x=3d$에 있을 때 A에 작용하는 힘은 0: 다른 종류의 전하 사이에는 인력이 작용하고 같은 종류의 전하 사이에는 척력이 작용함을 알면 B의 전하의 종류를 알 수 있다. 또 두 전하 사이에 작용하는 전기력의 크기는 두 전하의 전하량의 곱에 비례하고, 두 전하 사이의 거리의 제곱에 반비례한다는 것을 이용하면 B와 C의 전하량의 크기를 비교할 수 있다.
- C가 $x=2d$에 있을 때 A, B에 각각 작용하는 힘의 크기가 같고 방향이 반대: A의 전하의 종류가 (+)인 경우와 (−)인 경우를 가정하고 각 전하 사이에 작용하는 전기력의 크기와 방향을 분석하여 어떤 경우가 문제에서 주어진 조건을 만족하는지 알아볼 수도 있지만, 작용 반작용 법칙을 이용하는 것이 가장 편리하다. 아래와 같이 C와 B를 묶어 1개의 전하로 생각하면, 작용 반작용 법칙에 따라 (C+B)에 작용하는 전기력의 크기는 A에 작용하는 전기력의 크기와 같다. 이때 문제에서 B에 작용하는 전기력의 크기는 A에 작용하는 전기력의 크기와 같다고 했으므로, C에 작용하는 전기력의 크기가 0인 것을 알 수 있다. A와 C를 묶어 1개의 전하로 생각할 때도 마찬가지로 C에 작용하는 전기력의 크기가 0인 것을 알 수 있다.

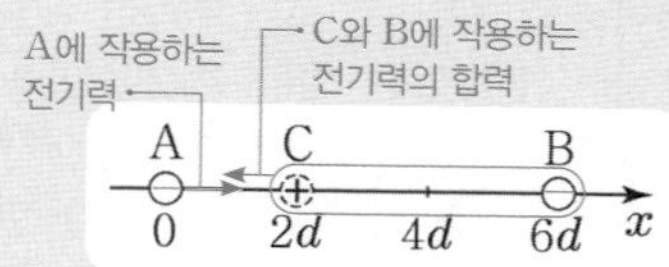

<보기> 풀이

C를 $x=3d$에 고정할 때 A에 작용하는 전기력은 0이므로, C가 A에 작용하는 전기력과 B가 A에 작용하는 전기력은 방향이 반대이고 크기는 같다. 따라서 C와 B의 전하의 종류는 다르므로 B는 음(−)전하이다. 또 A, B, C의 전하량의 크기를 각각 Q_A, Q_B, Q_C라고 하면,

$k\frac{Q_AQ_C}{(3d)^2}=k\frac{Q_AQ_B}{(6d)^2}$에서 $4Q_C=Q_B$이다.

ㄱ. A는 음(−)전하이다.

➡ C를 $x=2d$에 고정할 때, A와 B에 작용하는 전기력이 각각 F, $-F$이다. 즉, A와 B에 각각 작용하는 전기력의 크기가 같고 방향이 반대이므로, 작용 반작용 법칙에 따라 C에 작용하는 전기력은 0이다. 이때 B가 C에 작용하는 힘의 방향이 $+x$방향이므로, A가 C에 작용하는 힘의 방향은 $-x$방향이다. 따라서 A는 음(−)전하이다.

다른 풀이 A를 양(+)전하라고 가정하면, C를 $x=2d$에 고정할 때 양(+)전하인 C가 A에 $-x$방향으로 작용하는 힘의 크기$\left(=k\frac{Q_AQ_C}{4d^2}\right)$는 음(−)전하인 B가 A에 $+x$방향으로 작용하는 힘의 크기$\left(=k\frac{Q_AQ_B}{36d^2}=k\frac{4Q_AQ_C}{36d^2}\right)$보다 크므로, A에 작용하는 전기력의 방향은 $-x$방향이다. 이때 B에 작용하는 전기력의 방향도 $-x$방향으로 A에 작용하는 전기력의 방향과 같으므로 성립하지 않는다. 따라서 A는 음(−)전하이다.

ㄴ. 전하량의 크기는 A와 C가 같다.

➡ C를 $x=2d$에 고정할 때 C에 작용하는 전기력은 0이므로, A가 C에 $-x$ 방향으로 작용하는 힘의 크기와 B가 C에 $+x$방향으로 작용하는 힘의 크기가 같다.

따라서 $k\frac{Q_AQ_C}{(2d)^2}=k\frac{Q_BQ_C}{(4d)^2}=k\frac{4Q_C^2}{(4d)^2}$에서 $Q_A=Q_C$이므로, 전하량의 크기는 A와 C가 같다.

다른 풀이 C를 $x=2d$에 고정할 때 A와 B 사이에 작용하는 전기력의 크기를 f_{AB}, B와 C 사이에 작용하는 전기력의 크기를 f_{BC}, A와 C 사이에 작용하는 전기력의 크기를 f_{AC}라고 하자. A, B, C의 전하의 종류가 각각 (−), (+), (−)이므로, A에 작용하는 힘은 $-f_{AB}+f_{AC}$이고 B에 작용하는 힘은 $-f_{BC}+f_{AB}$이다. C를 $x=2d$에 고정할 때 A와 B에 작용하는 힘은 크기가 같고 방향이 반대이므로,

$-f_{AB}+f_{AC}=-(-f_{BC}+f_{AB})$에서 $f_{AC}=f_{BC}$이다. 따라서 $k\frac{Q_AQ_C}{(2d)^2}=k\frac{Q_BQ_C}{(4d)^2}=k\frac{4Q_C^2}{(4d)^2}$에서 $Q_A=Q_C$이므로, 전하량의 크기는 A와 C가 같다.

ㄷ. C를 $x=2d$에 고정할 때 A가 C에 작용하는 전기력의 크기는 F보다 작다.

➡ C를 $x=2d$에 고정할 때 B, C가 A에 작용하는 힘의 크기를 각각 f_{AB}, f_{AC}라고 하면 $f_{AC}>f_{AB}$이므로, A에 작용하는 힘의 크기는 $f_{AC}-f_{AB}=F$이며 $f_{AC}=F+f_{AB}$이다. 따라서 C가 A에 작용하는 힘의 크기는 F보다 크므로, A가 C에 작용하는 전기력의 크기도 F보다 크다.

07 전기력(쿨롱 법칙) 정답 ③

선택 비율	① 15 %	② 14 %	③ 33 %	④ 12 %	⑤ 25 %

문제 풀이 TIP

P에 전기력을 작용하는 전하의 개수가 4개나 되므로, 정량적으로 문제를 풀기보다는 문제에서 주어진 대칭 조건을 최대한 활용하여 정성적으로 접근하는 것이 좋다. 즉, A와 B의 전하의 종류와 전하량이 같고 C와 D의 전하의 종류와 전하량이 같다는 것을 염두에 두고 문제를 풀어나간다.

보기 'ㄱ'에서 $x=d$에서 P에 작용하는 전기력의 방향을 알기 위해서는 그림 (나)에 표시된 $x=d$에서 P에 작용하는 전기력의 부호가 음(−)이라는 것을 이용할 수도 있다. 하지만 문제에서 전기력의 부호가 음(−)일 때 작용하는 전기력의 방향이 $-x$ 방향이라는 조건이 없으므로 원칙적으로는 옳지 않다. 이 경우에는 A~D의 전하가 P에 작용하는 전기력의 방향과 크기를 정성적으로 각각 따져 보아야 한다.

보기 'ㄴ'에서 A와 C의 전하량을 비교하려면 쿨롱 법칙을 이용한 식을 세워 풀 수도 있지만, 그림 (나)의 $3d \le x \le 5d$ 구간에서 $x=4d$를 기준으로 그래프가 좌우 대칭이 아닌 것을 분석해서 답을 구하는 것이 간단하다.
보기 'ㄷ'에서는 C, D가 없다고 가정했을 때 A와 B가 P에 작용하는 전기력이 0인 지점은 $x=1.5d$이어야 하지만, C, D의 존재로 전기력이 0인 지점이 $x=2d$로 이동한 것을 참고한다. 즉, A, B가 없다고 가정했을 때 C와 D가 P에 작용하는 전기력이 0인 지점이 $x=6.5d$이지만, A, B의 존재로 인해 어느 지점으로 이동할지 생각해야 한다.

<보기> 풀이

ㄱ. $x=d$에서 P에 작용하는 전기력의 방향은 $-x$ 방향이다.
➡ $x=d$에서 A, C, D가 P에 작용하는 전기력의 방향은 $-x$ 방향이고 B가 P에 작용하는 전기력의 방향은 $+x$ 방향이다. A와 B가 전하량이 같은 음(−)전하이고 A와 P 사이의 거리는 B와 P 사이의 거리보다 가까우므로, A가 P에 $-x$ 방향으로 작용하는 전기력의 크기가 B가 P에 $+x$ 방향으로 작용하는 전기력의 크기보다 크다. 따라서 $x=d$에서 P에 작용하는 전기력의 방향은 $-x$ 방향이다.

ㄴ. 전하량의 크기는 A가 C보다 작다.
➡ A, B, C, D의 전하량의 크기가 같다고 가정하면, (나)의 그래프는 $3d \le x \le 5d$ 구간에서 $x=4d$를 기준으로 그래프가 좌우 대칭이어야 한다. 그러나 $3d \le x \le 5d$ 구간에서 P에 작용하는 전기력의 크기가 가장 작은 위치(그래프의 최댓값)가 $3d \le x \le 4d$ 구간에 있다. 따라서 A, B의 전하량의 크기가 C, D의 전하량의 크기보다 작다. 즉 전하량의 크기는 A가 C보다 작다.
다른 풀이 그래프에서 $x=2d$일 때 A~D가 P에 작용하는 전기력의 크기는 0이다. P의 전하량을 q라고 하고 A, B의 전하량을 Q, C, D의 전하량을 Q'이라고 할 때, 쿨롱 법칙에 따라 $-k\dfrac{Q \cdot q}{(2d)^2}+k\dfrac{Q \cdot q}{d^2}-k\dfrac{Q' \cdot q}{(3d)^2}-k\dfrac{Q' \cdot q}{(6d)^2}=0$이므로 $Q=\dfrac{5}{27}Q'$이다. 따라서 전하량의 크기는 A가 C보다 작다.

ㄷ. $5d<x<6d$인 구간에 P에 작용하는 전기력이 0이 되는 위치가 있다.
➡ A와 B가 전하량이 같은 음(−)전하이므로, A와 B가 P에 작용하는 전기력이 0이 되는 위치는 $x=1.5d$이다. 그러나 P의 오른편에 전하량이 같은 양(+)전하 C, D가 있으므로, P에 작용하는 전기력이 0이 되는 위치는 조금 더 오른쪽인 $x=2d$가 된다. C와 D가 전하량이 같은 양(+)전하이므로, C와 D가 P에 작용하는 전기력이 0이 되는 위치는 $x=6.5d$이다. 그러나 P의 왼편에 전하량이 같은 음(−)전하 A, B가 있으므로, P에 작용하는 전기력이 0이 되는 위치는 조금 더 왼쪽이다. 이때 C, D의 전하량이 A, B의 전하량보다 크므로, $6d<x<6.5d$인 구간에 P에 작용하는 전기력이 0이 되는 위치가 있다.

08 다이오드 정답 ①

선택 비율	① 36 %	② 10 %	③ 22 %	④ 15 %	⑤ 15 %

문제 풀이 TIP

회로의 저항에 전류가 흐를 때는 전원 장치와 저항 사이에 연결된 다이오드에 전류가 흘러야 한다.
다이오드에 흐르는 전류가 p형 반도체에서 n형 반도체 방향으로 흐르는 것을 알고 있다면, ㉠에서 $0\sim t$일 때와 ㉡에서 $0\sim t$일 때 검류계와 저항에 전류가 모두 오른쪽 방향으로 흐른다는 것을 알 수 있다.
이때 스위치를 열고 실험한 (라)의 $0\sim t$일 때 전류가 흐르는 경로를 보다 쉽게 찾을 수 있으므로, 전원 장치의 극에 따라 순방향의 전압이 걸린 다이오드도 파악할 수 있고 (다)의 $0\sim t$일 때 전류가 흐르는 경로도 파악할 수 있다.
㉠에서 $t\sim 2t$일 때 교류 전압의 방향은 반대가 되지만, 저항에 흐르는 전류의 방향이 변하지 않는다는 사실로부터 검류계와 저항에 전류가 흐르는 방향을 파악할 수 있다. 또 $0\sim t$일 때 순방향의 전압이 걸렸던 다이오드에 역방향의 전압이 걸리게 되므로, 스위치가 닫혀있는 회로에 전류가 흐른다는 것을 알 수 있다. 따라서 ㉠은 (다)의 결과라는 것과 (다)에서 $t\sim 2t$일 때 전류가 흐르는 경로를 파악할 수 있다.

<보기> 풀이

실험 결과 ㉠, ㉡에서 스위치를 열고 닫는 것과 상관없이 $0\sim t$일 때 저항에 같은 방향으로 전류가 흐른다. 따라서 다이오드에 전류가 p형 반도체에서 n형 반도체 방향으로 흐른다는 것을 고려하면 (라)와 (다)에서 전류가 흐르는 방향은 그림과 같다. 이때 다이오드 B, X에 순방향의 전압이, C에 역방향의 전압이 걸린다.

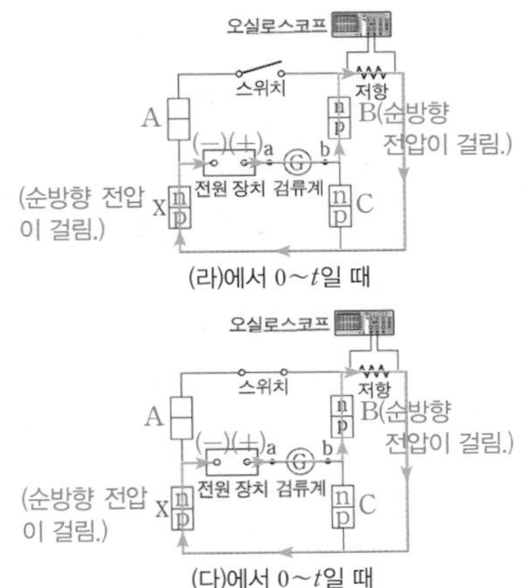

ㄱ. ㉠은 (다)의 결과이다.
➡ ㉠에서 $t\sim 2t$일 때도 저항에 같은 방향으로 전류가 흐르므로, 교류 전원의 전압의 방향이 $0\sim t$일 때와 반대가 되어 다이오드 B, X에 역방향의 전압이 걸리고 C에 순방향의 전압이 걸리는 것을 고려하면 그림과 같이 전류가 흐른다. 이때 다이오드 A에 순방향의 전압이 걸리고 스위치는 닫혀있는 상태이다. 따라서 ㉠은 스위치를 닫고 실험을 한 (다)의 결과이다.

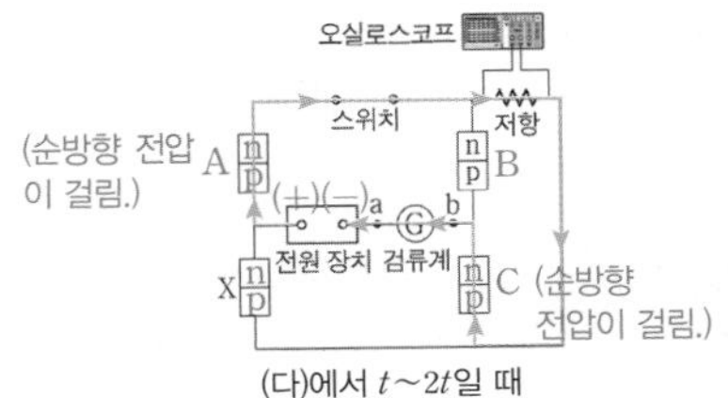

ㄴ. (다)에서 $0\sim t$일 때, 전류의 방향은 b → Ⓖ → a이다.
➡ (다)에서 $0\sim t$일 때 검류계에 전류가 오른쪽 방향으로 흐르므로, 전류의 방향은 a → Ⓖ → b이다.

ㄷ. (라)에서 $t\sim 2t$일 때, X에는 순방향 전압이 걸린다.
➡ (라)의 결과인 ㉡에서 $t\sim 2t$일 때 저항에 전류가 흐르지 않는다. 이때 교류

전원의 전압의 방향이 $0 \sim t$일 때와 반대가 되므로, X와 B에 역방향 전압이 걸린다. 따라서 (라)에서 $t \sim 2t$일 때, X에는 역방향 전압이 걸린다.

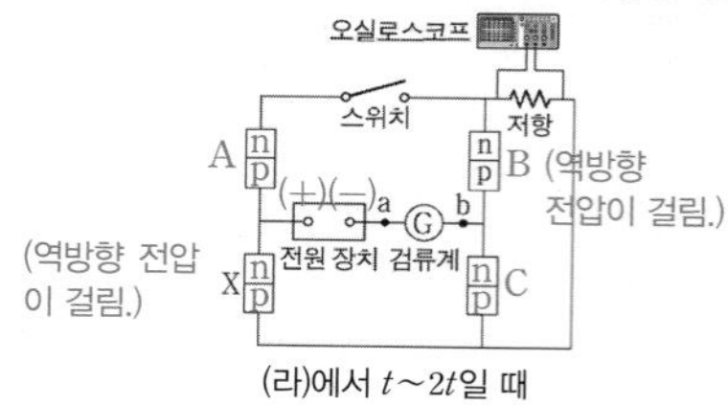

(라)에서 $t \sim 2t$일 때

09 직선 전류에 의한 자기장 정답 ③

선택 비율 | ① 20 % | ② 10 % | ③ 47 % | ④ 10 % | ⑤ 14 %

문제 풀이 TIP

이 문제에서는 직선 전류에 의한 자기장의 방향을 알고 자기장의 세기에 대한 식을 적용할 수 있어야 한다. 또 두 직선 도선에 흐르는 전류의 방향이 반대일 때 그림과 같이 두 도선 안쪽에서 자기장의 방향이 같고 바깥쪽에서 자기장의 방향이 반대라는 것을 알고 있어야 한다.

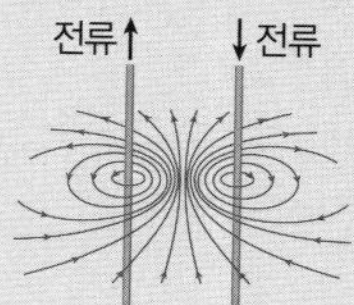

C에 흐르는 전류의 세기와 A, B, C에 흐르는 전류의 방향을 알기 위해서, 문제에서 제시된 p와 q에서의 자기장의 세기와 방향에 대한 조건을 활용해야 한다. q는 A, B, C의 전류에 의한 자기장이 0이고 A~C로부터의 거리가 같은 지점이다. 따라서 q에서의 자기장의 세기와 방향은 A~C에 흐르는 전류의 방향과 세기에 관계되므로, C에 흐르는 전류의 세기는 A와 B에 흐르는 전류의 세기 합과 같다는 것을 알 수 있다. 또 p에서는 C의 전류에 의한 자기장의 세기가 가장 크므로, C의 전류에 의한 자기장의 방향은 A, B, C의 전류에 의한 자기장의 방향인 '×' 방향임을 이해할 수 있으면, A, B, C에 흐르는 전류의 방향을 모두 파악할 수 있다. r에서의 A~C의 전류에 의한 자기장의 세기는 각 도선에 흐르는 전류의 방향과 세기, 그리고 각 도선으로부터의 거리를 고려하여 자기장의 세기에 대한 식을 세우면 구할 수 있다.

<보기> 풀이

ㄱ. $I_C=3I_0$이다.

➡ 직선 도선에 흐르는 전류에 의한 자기장의 세기는 전류의 세기에 비례하고 도선으로부터의 거리에 반비례한다. A와 B에 흐르는 전류의 방향이 반대일 때 두 도선의 안쪽에서 자기장의 방향은 같으므로, q에서 A, B의 전류에 의한 자기장의 세기는 $k\frac{I_0}{d}+k\frac{2I_0}{d}$이다. q에서 A, B, C의 전류에 의한 자기장은 0이므로, q에서 C의 전류에 의한 자기장의 방향은 A, B의 전류에 의한 자기장의 방향과 반대이고 자기장의 세기는 A, B의 전류에 의한 자기장의 세기와 같다. 따라서 $k\frac{I_C}{d}=k\frac{I_0}{d}+k\frac{2I_0}{d}$에서 $I_C=3I_0$이다.

다른 풀이 q에서 A, B, C까지의 거리는 각각 d로 같다. A의 전류에 의한 자기장을 B라고 하면 q에서 B의 전류에 의한 자기장은 $2B$이고, q에서 A, B, C의 전류에 의한 자기장이 0이므로 q에서 C의 전류에 의한 자기장은 $-3B$이다. 따라서 C에 흐르는 전류의 세기는 A에 흐르는 전류의 세기의 3배이므로, $I_C=3I_0$이다.

ㄴ. C에 흐르는 전류의 방향은 $-y$방향이다.

➡ A와 B에 흐르는 전류의 방향이 반대일 때 두 도선의 바깥쪽에서 자기장의 방향은 반대이므로, A, B의 전류에 의한 자기장의 세기는 q에서가 p에서보다 크다. C의 전류에 의한 자기장의 세기는 p에서와 q에서가 같으므로, p에서 C의 전류에 의한 자기장의 세기는 A, B의 전류에 의한 자기장의 세기보다 크다. 따라서 p에서 C의 전류에 의한 자기장의 방향은 A, B, C의 전류에 의한 자기장의 방향(×)과 같으므로, C에 흐르는 전류의 방향은 $+y$방향이다.

다른 풀이 p에서 A, B, C의 전류에 의한 자기장은 $-B+\frac{2}{3}B+3B=\frac{8}{3}B=B_0(\times)$이다. 따라서 p에서 C의 전류에 의한 자기장 $+3B$의 방향도 '×'방향이므로, C에 흐르는 전류의 방향은 $+y$방향이다.

ㄷ. r에서 A, B, C의 전류에 의한 자기장의 세기는 $\frac{3}{4}B_0$이다.

➡ C에 흐르는 전류의 방향이 $+y$방향일 때 q에서 A, B, C의 전류에 의한 자기장이 0이므로, q에서 A, B의 전류에 의한 자기장의 방향은 xy평면에 수직으로 들어가는 방향(×)이다. 따라서 A에 흐르는 전류의 방향은 $+x$방향이고, B에 흐르는 전류의 방향은 $-x$방향이다. xy평면에서 수직으로 나오는 방향을 (+)로 하면, p에서 A, B, C의 전류에 의한 자기장은

$k\frac{I_0}{d}-k\frac{2I_0}{3d}-k\frac{3I_0}{d}=-B_0$이므로 $k\frac{I_0}{d}=\frac{3}{8}B_0$이다. r에서 A, B, C의 전류에 의한 자기장은 $-k\frac{I_0}{d}-k\frac{2I_0}{d}+k\frac{3I_0}{3d}=-2k\frac{I_0}{d}=-\frac{3}{4}B_0$이므로, 세기는 $\frac{3}{4}B_0$이다.

다른 풀이 r에서 A, B, C의 전류에 의한 자기장은 $B+2B-B=2B=2\left[\frac{3}{8}B_0(\times)\right]=\frac{3}{4}B_0(\times)$이므로, r에서 A, B, C의 전류에 의한 자기장의 세기는 $\frac{3}{4}B_0$이다.

10 직선 도선에 의한 자기장 정답 ⑤

선택 비율 | ① 10 % | ② 16 % | ③ 13 % | ④ 22 % | ⑤ 38 %

문제 풀이 TIP

r에서 A, B, C에 흐르는 전류에 의한 자기장의 세기를 구하기 위해서는 문제에서 주어진 조건을 활용하여 A, B, C에 흐르는 전류의 세기와 방향을 파악해야 한다. 따라서 기본적으로 직선 전류에 의한 자기장의 세기는 전류의 세기에 비례하고 도선으로부터의 거리에 반비례함을 알고 있어야 한다. 먼저 p, q에서 A, B, C의 전류에 의한 자기장의 식으로 가능한 식들을 모두 세운 후, p, q에서 주어진 자기장의 세기를 만족하는지 확인하는 방법으로 문제를 풀어나갈 수 있다. 또는 다음 ①~④와 같이 B, C에 흐르는 전류의 방향으로 가능한 방향을 모두 그린 후, p, q에서 주어진 자기장의 세기를 만족하는지 확인하는 방법으로 문제를 풀어나갈 수 있다.

①
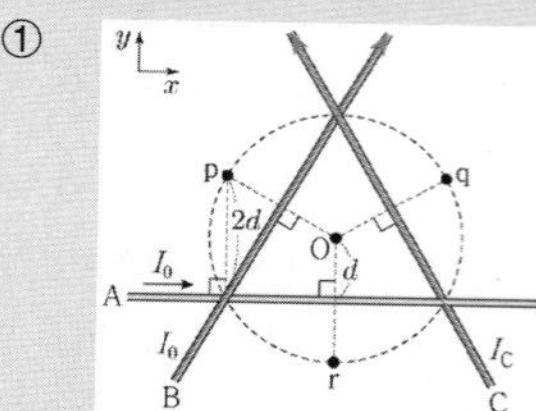

➡ p에서 자기장이 0이 되지 않으므로 성립하지 않음.

②
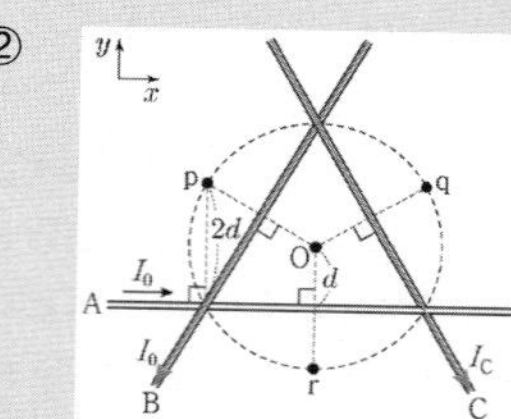

➡ p에서 자기장이 0이 되지 않으므로 성립하지 않음.

③

➡ p에서 자기장이 0이 되려면 C에 I_0의 전류가 흘러야 하는데, 이때 q에서 자기장이 0이 되므로 성립하지 않음.

④

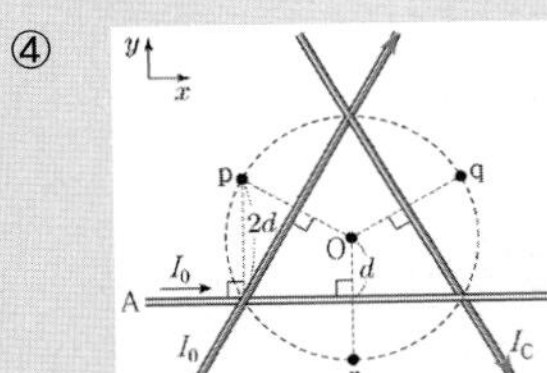

➡ p, q에서 주어진 자기장의 세기를 만족할 수 있으므로 성립함.

B,C에 흐르는 전류의 방향은 ④와 같으므로 C에 흐르는 전류의 세기를 구하면, r에서 A, B, C에 흐르는 전류에 의한 자기장의 세기를 구할 수 있다.

<보기> 풀이

❶ O에서 A의 전류에 의한 자기장의 세기가 B_0이므로, p에서 A의 전류에 의한 자기장의 세기는 $\frac{B_0}{2}$이다. xy평면에서 수직으로 나오는 자기장의 방향을 양(+), xy평면에 수직으로 들어가는 자기장의 방향을 음(−)이라고 하자. p에서 A, B, C의 전류에 의한 자기장의 세기가 0일 때, p에서 A의 전류에 의한 자기장은 $\frac{B_0}{2}$이므로, p에서 B ,C의 전류에 의한 자기장은 $-\frac{B_0}{2}$이다.

❷ p에서 B의 전류에 의한 자기장의 세기는 B_0이다. p에서 C의 전류에 의한 자기장의 세기를 $\frac{B_C}{2}$라고 하면, B의 전류에 의한 자기장의 방향과 C의 전류에 의한 자기장이 방향에 따라 p에서 B, C의 전류에 의한 자기장으로 가능한 식은 다음과 같다.

$-B_0-\frac{B_C}{2}=-\frac{B_0}{2}$ ⋯ ①

$-B_0+\frac{B_C}{2}=-\frac{B_0}{2}$ ⋯ ②

$B_0-\frac{B_C}{2}=-\frac{B_0}{2}$ ⋯ ③

①에서는 B_C가 음(−)의 값을 가지므로 성립하지 않고, ②에서 $B_C=B_0$, ③에서 $B_C=3B_0$이다.

❸ q에서 B의 전류에 의한 자기장의 세기는 $\frac{B_0}{2}$, C의 전류에 의한 자기장의 세기는 B_C이고, B, C의 전류에 의한 자기장의 방향은 각각 p에서와 반대이다. p에서 ②가 성립한다고 가정하면 p에서 B와 C의 전류에 의한 자기장의 방향은 각각 음(−), 양(+)의 방향이므로, q에서 B와 C의 전류에 의한 자기장의 방향은 각각 양(+), 음(−)의 방향이 된다. 따라서 q에서 B, C의 전류에 의한 자기장은 $\frac{B_0}{2}-B_C=\frac{B_0}{2}-B_0=-\frac{B_0}{2}$이고, 이때 q에서 A의 전류에 의한 자기장은 $\frac{B_0}{2}$이므로, q에서 A, B, C의 전류에 의한 자기장의 세기는 0이 된다. 따라서 p에서 ②의 경우는 성립하지 않는다. ③의 경우에는 q에서 B, C의 전류에 의한 자기장은 $-\frac{B_0}{2}+B_C=-\frac{B_0}{2}+3B_0=\frac{5B_0}{2}$이고 A의 전류에 의한 자기장은 $\frac{B_0}{2}$이므로, q에서 A, B, C의 전류에 의한 자기장의 세기가 $3B_0$이다. 따라서 p에서 ③이 성립하며 p에서 B, C의 전류에 의한 자기장의 방향은 각각 양(+), 음(−)의 방향이므로, B에 흐르는 전류의 방향은 '↗', C에 흐르는 전류의 방향은 '↘' 이다. 또 $B_C=3B_0$이므로 $I_C=3I_0$이다.

❹ r에서 A, B, C의 전류에 의한 자기장의 세기는 각각 B_0, $\frac{B_0}{2}$, $\frac{3B_0}{2}$이고 A, B, C의 전류에 의한 자기장의 방향은 모두 음(−)의 방향이므로, r에서 A, B, C의 전류에 의한 자기장은 $-B_0-\frac{B_0}{2}-\frac{3B_0}{2}=-3B_0$이다. 따라서 r에서 A, B, C의 전류에 의한 자기장의 세기는 $3B_0$이다.

11 직선 전류, 원형 전류에 의한 자기장 　정답 ②

선택 비율	① 19 %	② 40 %	③ 10 %	④ 24 %	⑤ 7 %

문제 풀이 TIP

전류에 의한 자기장에 대한 문제는 직선 전류와 원형 전류에 의한 자기장의 방향을 옳게 찾을 수 있어야 하고, 직선 도선으로부터의 거리에 따른 자기장의 세기 변화를 알 수 있어야 풀 수 있다. 또 1~2개의 도선에 흐르는 전류의 방향만 주어졌을 때, 도선의 전류에 의한 자기장이 0이 되는 지점에서 다른 도선에 흐르는 전류에 의한 자기장의 방향을 파악할 수 있어야 한다. 이 문제에서 p, q에서의 A~C의 전류에 의한 자기장으로 가능한 식은 다음과 같다.

- p: $\pm B_{(A,\ B)}+B_C=3B_0$
- q: $\pm\frac{1}{2}B_{(A,\ B)}-B_C=0$

q에서 A~C의 전류에 의한 자기장이 0이므로 q에서 A, B의 전류에 의한 자기장의 방향은 C의 전류에 의한 자기장의 방향과 반대이고, p에서 A, B의 전류에 의한 자기장의 방향은 C의 전류에 의한 자기장의 방향과 같다는 것을 알 수 있어야 한다. 따라서 p, q에서의 자기장 식은 다음과 같음을 알 수 있다.

- p: $B_{(A,\ B)}+B_C=3B_0$ ⋯ ①
- q: $\frac{1}{2}B_{(A,\ B)}-B_C=0$ ⋯ ②

①, ②를 연립하면 B_C를 구할 수 있다.
또 p에서 A~C의 전류에 의한 자기장의 방향과 D의 전류에 의한 자기장의 방향이 반대이므로, p에서의 A~D의 전류에 의한 자기장으로 가능한 식은 다음과 같다.

p: $B_{(A,\ B)}+B_C-B_D=\pm5B_0$ ⋯ ③

③에 ①을 대입하면 p에서 A~D의 전류에 의한 자기장의 식은 $3B_0-B_D=-5B_0$이 되므로, B_D를 구할 수 있다.

<보기> 풀이

❶ C의 전류에 의한 자기장의 방향은 p에서는 xy평면에서 수직으로 나오는 방향이고 q에서는 xy평면에 수직으로 들어가는 방향이다. q에서 A~C의 전류에 의한 자기장이 0이므로, q에서 A, B의 전류에 의한 자기장의 방향은 xy평면에서 수직으로 나오는 방향이다. p에서도 A, B의 전류에 의한 자기장의 방향은 xy평면에서 수직으로 나오는 방향이므로, p에서 A~C의 전류에 의한 자기장의 방향은 xy평면에서 수직으로 나오는 방향이다.

❷ p에서 A, B의 전류에 의한 자기장의 세기를 $B_{(A,\ B)}$라고 하면, q에서 A, B의 전류에 의한 자기장의 세기는 $\frac{1}{2}B_{(A,\ B)}$이다. xy평면에서 수직으로 나오는 자기장의 방향을 (+), xy평면에 수직으로 들어가는 자기장의 방향을 (−)라고 하면, A~C의 전류에 의한 자기장은 p에서 $B_{(A,\ B)}+B_C=3B_0$이고 q에서 $\frac{1}{2}B_{(A,\ B)}-B_C=0$이다. $B_{(A,\ B)}=2B_C$이므로, $B_{(A,\ B)}+B_C=2B_C+B_C=3B_0$에서 $B_C=B_0$이다.

❸ p에서 D의 전류에 의한 자기장의 방향은 xy평면에 수직으로 들어가는 방향이다. p에서 A~D의 전류에 의한 자기장의 세기가 $5B_0$이므로, p에서 A~D의 전류에 의한 자기장은 $B_{(A,\ B)}+B_C-B_D=\pm5B_0$으로 나타낼 수

있다. 이때 $B_{(A, B)}+B_C=3B_0$이므로,
$B_{(A, B)}+B_C-B_D=3B_0-B_D=-5B_0$가 성립하며 $B_D=8B_0$이다.

12 전자기 유도와 다이오드 정답 ⑤

선택 비율	① 17 %	② 10 %	③ 6 %	④ 19 %	⑤ 48 %

문제 풀이 TIP

스위치를 p−n 접합 다이오드에 연결하고 실험한 (마)의 결과를 먼저 분석한다. 자석의 S극을 아래로 한 상태에서 자석이 코일에 가까워질 때는 전류가 흐르지 않으므로 역방향 전압이 걸리고, 자석이 코일을 통과하여 멀어질 때는 전류가 흐르므로 순방향 전압이 걸린다. 이 결과로부터 다이오드가 없을 때 유도 전류의 방향은 자석이 코일에 가까워질 때와 코일을 통과하여 멀어질 때 서로 반대라는 것을 알 수 있다. 또 p−n 접합 다이오드에 순방향 전압이 걸릴 때 다이오드 내부에서는 p형 반도체에서 n형 반도체로 전류가 흐르므로, 검류계에 ↓방향으로 전류가 흐를 때를 양(+)의 값으로 나타낸 것을 알 수 있다. (다)의 결과는 자석의 N극을 아래로 한 후 다이오드를 제거하고 실험한 결과이므로, 전류는 자석이 코일에 가까워질 때와 코일을 통과하여 멀어질 때 모두 흐르며, 이때 전류의 부호는 (마)의 결과와 반대가 된다.

<보기> 풀이

❶ (마): 스위치가 b에 연결된 상태로 자석의 S극이 코일 위쪽에 가까워질 때, 자석에 척력이 작용하므로 코일 위쪽이 S극이 되도록 유도 기전력이 생긴다. 이때 코일 위쪽이 전원의 (−)극에 해당하므로, 코일에 연결된 다이오드에 역방향 전압이 걸려 전류가 흐르지 않는다. 자석이 관을 통과하여 N극이 코일 아래쪽에서 멀어질 때는 인력이 작용하므로 코일 아래쪽이 S극이 되도록 유도 기전력이 생긴다. 이때 코일 아래쪽이 전원의 (−)극에 해당하므로, 코일에 연결된 다이오드에 순방향 전압이 걸려 전류가 흐르며 검류계에는 위에서 아래 방향(↓)으로 전류가 흐른다. 실험 결과에서 검류계에 위에서 아래 방향(↓)으로 전류가 흐를 때 전류는 양(+)의 값을 갖는다.

❷ (다): 스위치가 a에 연결된 상태로 자석의 N극이 코일 위쪽에 가까워질 때, 자석에 척력이 작용하므로 코일 위쪽이 N극이 되도록 유도 기전력이 생긴다. 이때 검류계에 위에서 아래 방향(↓)으로 전류가 흐르므로 전류는 양(+)의 값이다. 자석이 관을 통과하여 자석이 S극이 코일의 아래쪽에서 멀어질 때는 인력이 작용하므로 코일 아래쪽이 N극이 되도록 유도 기전력이 생긴다. 이때 검류계에는 아래에서 윗방향(↑)으로 전류가 흐르므로 전류는 음(−)의 값이다.

따라서 (다)의 결과 ㉠으로 가장 적절한 그래프는 ⑤이다.

13 움직이는 도선에 생기는 전자기 유도 정답 ⑤

선택 비율	① 21 %	② 7 %	③ 26 %	④ 8 %	⑤ 38 %

문제 풀이 TIP

고리가 자기장을 통과할 때 발생하는 전자기 유도 문제에서는 먼저 유도 전류에 의한 자기 선속의 방향을 찾고, 오른손 법칙을 이용하여 유도 전류의 방향을 찾는다. 또 그래프가 주어질 때, 그래프에서 가로축은 시간, 세로축은 이동 거리이므로 그래프의 기울기는 고리의 속력을 의미한다. 유도 전류의 세기는 도선의 속력이 클수록 세므로, 그래프의 기울기로 유도 전류의 세기를 비교한다.

<보기> 풀이

직사각형 금속 고리의 2초, 5초, 7초일 때 운동 모습을 나타내면 다음과 같다.

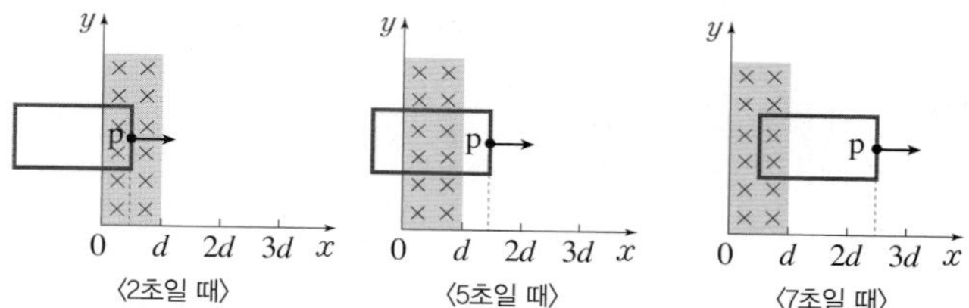

〈2초일 때〉 고리를 수직으로 통과하는 ⊗ 방향의 자기 선속 증가 → 반대 방향(⊙)의 자기 선속이 생기도록 유도 전류가 흐름. → 시계 반대 방향으로 유도 전류가 흐름. → 유도 전류의 방향: $+y$ 방향

〈5초일 때〉 고리를 수직으로 통과하는 자기 선속의 변화 없음. → 유도 전류가 흐르지 않음.

〈7초일 때〉 고리를 수직으로 통과하는 ⊗ 방향의 자기 선속 감소 → 같은 방향(⊗)의 자기 선속이 생기도록 유도 전류가 흐름.

ㄱ. 2초일 때, p에 흐르는 유도 전류의 방향은 $+y$ 방향이다.

➡ 2초일 때 p는 $x=0.5d$를 지나므로 고리를 통과하는 ⊗ 방향의 자기 선속이 증가한다. 자기 선속이 증가할 때는 증가를 방해하기 위해 반대 방향의 자기 선속이 만들어지도록 유도 전류가 흐르므로 금속 고리에는 종이면에서 수직으로 나오는 방향(⊙)의 자기 선속이 만들어지도록 유도 전류가 흐른다. 이때 유도 전류의 방향은 시계 반대 방향이므로, p에 흐르는 유도 전류의 방향은 $+y$ 방향이다.

ㄴ. 5초일 때, 유도 전류는 흐르지 않는다.

➡ 5초일 때 p는 $x=1.5d$를 지나므로 고리를 통과하는 자기 선속이 변하지 않는다. 따라서 5초일 때, 유도 전류는 흐르지 않는다.

ㄷ. 유도 전류의 세기는 2초일 때가 7초일 때보다 작다.

➡ 고리의 속력이 2초일 때가 7초일 때보다 작으므로, 고리를 통과하는 자기 선속의 시간적 변화율은 2초일 때가 7초일 때보다 작다. 유도 전류의 세기는 유도 기전력의 크기에 비례하고 유도 기전력은 고리를 통과하는 자기 선속의 시간적 변화율에 비례하므로, 유도 전류의 세기는 2초일 때가 7초일 때보다 작다.

Ⅲ | 파동과 정보 통신

문제편 287~288쪽

01 ② **02** ② **03** ① **04** ④ **05** ②

01 파동의 변위 – 위치 그래프 해석 정답 ②

선택 비율	① 2 %	② 39 %	③ 4 %	④ 49 %	⑤ 7 %

문제 풀이 TIP

이 문제는 파동의 속력을 구하는 식과 파동이 진행할 때 주기가 변하지 않는다는 것을 알면 B에서 파동의 속력을 쉽게 구할 수 있다. 따라서 파동의 속력, 주기, 파장 등과 같은 파동의 요소에 대해 잘 이해해야 한다.

<보기> 풀이

ㄱ. B에서 파동의 진행 속력은 4 cm/s이다.

➡ A에서 파동의 파장은 2 cm이며, 파동의 속력(v)은 파장(λ)을 주기(T)로 나눈 값이므로 $v=\frac{\lambda}{T}=\frac{2\text{ cm}}{T}=1\text{ cm/s}$에서 주기 $T=2$초이다. 파동이 진행할 때 주기는 변하지 않으므로 B에서의 주기도 2초이다. B에서 파장은 4 cm이므로, 파동의 진행 속력은 $\frac{4\text{ cm}}{T}=\frac{4\text{ cm}}{2\text{ s}}=2\text{ cm/s}$이다.

다른 풀이 파동이 진행할 때 주기는 변하지 않는다. 파동의 속력 $v=\frac{\lambda}{T}$에서 주기 T가 일정할 때 파동의 속력 v는 파장 λ에 비례한다. A와 B에서 파동의 파장이 각각 2 cm, 4 cm이므로, A에서의 속력이 1 cm/s일 때 B에서의 속력은 2 cm/s이다.

ㄴ. P에서 파동의 변위는 $t=0$일 때와 $t=2$초일 때가 같다.

➡ 주기는 매질의 각 점이 한번 진동하여 원래의 위치로 되돌아오는 데 걸리는 시간이다. 파동의 주기가 2초이므로, P에서 파동의 변위는 $t=0$일 때와 $t=2$초일 때가 같다.

ㄷ. 파동의 진행 방향은 $+x$방향이다.

➡ B에서 파동의 속력이 2 cm/s이므로 파동은 1초 동안 2 cm를 진행한다. 만약 $t=0$일 때 $x=7$ cm에 있던 파동이 $t=1$초일 때 Q에 도달한다고 가정하면, 1초가 조금 지난 후 Q에서 파동의 변위는 (+)방향이므로 1초일 때 Q에서 매질의 운동 방향은 $+y$방향이 된다. 반대로 $t=0$일 때 $x=11$ cm에 있던 파동이 $t=1$초일 때 Q에 도달한다면, 1초가 조금 지난 후 Q에서 파동의 변위는 (−)방향이므로 1초일 때 Q에서 매질의 운동 방향은 $-y$방향이 된다. 따라서 파동의 진행 방향은 $-x$방향이다.

오답률 높은 ④ ㄷ을 옳다고 생각했다면?

문제에서 제시된 '$t=1$초일 때 Q에서 매질의 운동 방향은 $-y$방향이다.'라는 조건으로부터 파동의 진행 방향을 알아내려면, 파동이 0~1초 동안 $+x$방향으로 진행하는 경우와 0~1초 동안 $-x$방향으로 진행하는 경우의 파동의 모습을 각각 그려 보는 것이 좋다.

먼저 파동이 0~1초 동안 $+x$방향으로 진행하는 경우를 가정하면, B에서 파동의 속력이 2 cm/s이므로 $x=7$ cm에 있던 파동이 1초일 때 Q에 도달하게 된다. 이 경우에 1초가 조금 지난 시각의 파동의 모습을 그려 보면 그림과 같이 Q에서의 파동의 변위가 (+)방향이므로, 1초일 때 Q에서 매질의 운동 방향은 $+y$방향임을 알 수 있다. 따라서 이 경우는 문제에서 제시된 조건에 맞지 않으므로, 파동의 운동 방향은 $-x$방향이라는 것을 알 수 있다.

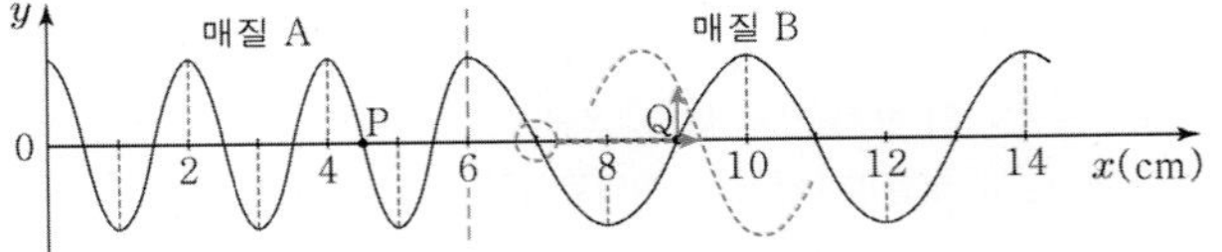

선배의 TMI 이것만 알고 가자! 매질의 운동 방향 분석하기

파동이 진행하는 동안 매질은 제자리에서 진동하므로, Q에서 매질이 1초($=\frac{1}{2}$주기) 동안 진동하는 모습으로 파동의 진행 방향을 알아낼 수 있다.

파동이 $+x$방향으로 진행한다고 가정하는 경우 1초($=\frac{1}{2}$주기) 동안 Q에서 매질은 '평형점 → 골 → 평형점'으로 이동하게 되므로, 1초일 때 Q에서 매질의 운동 방향은 $+y$방향이 되어 문제의 조건에 맞지 않음을 알 수 있다.

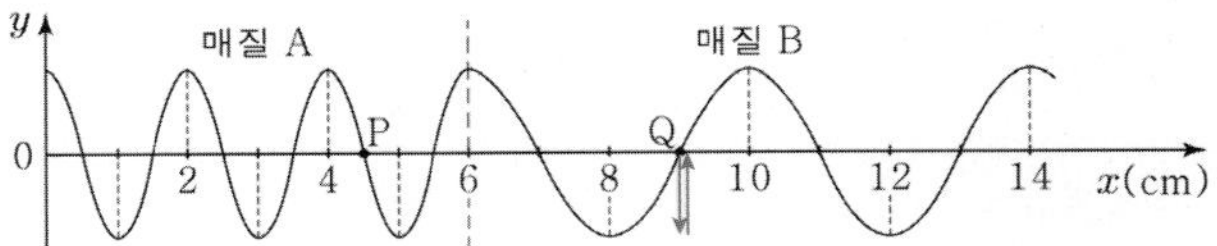

02 빛의 굴절과 전반사 정답 ②

선택 비율	① 7 %	② 39 %	③ 13 %	④ 33 %	⑤ 9 %

문제 풀이 TIP

이 문제는 전반사의 정의와 전반사가 일어날 수 있는 조건을 잘 알고 있어야 한다. 또 굴절률이 매질에서 빛의 속력이 느려지는 정도를 나타내므로, 굴절률이 클수록 매질에서 빛의 속력이 더 느려지므로 굴절되는 정도가 커져 법선 쪽으로 더 많이 꺾인다는 것을 이해해야 한다. 즉, 서로 다른 두 매질의 경계면에 빛이 굴절할 때, 법선과 이루는 각이 작은 매질의 굴절률이 크므로, 문제에서 제시된 자료를 분석하여 굴절률을 비교해야 한다. (나)에서 P가 진행할 때 매질 X, Y, Z에서 법선과 이루는 각의 크기는 Z에서 가장 크고 Y에서 가장 작으므로, 굴절률은 Z가 가장 작고 Y가 가장 크다. 즉, 굴절률의 크기가 Y>X>Z인 것을 빛의 진행 경로와 법선이 이루는 각을 비교하여 알아낼 수 있다.

<보기> 풀이

ㄱ. Y와 Z 사이의 임계각은 θ_1보다 크다.

➡ 전반사는 빛이 굴절률이 큰 매질에서 작은 매질로 입사할 때, 입사각이 임계각보다 클 경우 일어난다. (가)에서 입사각이 θ_1일 때 전반사가 일어나므로 입사각 θ_1은 임계각보다 크다. 즉, Y와 Z 사이의 임계각은 θ_1보다 작다.

ㄴ. 굴절률은 X가 Z보다 크다.

➡ 서로 다른 두 매질의 경계면에서 빛이 굴절할 때, 법선과 이루는 각이 작은 매질의 굴절률이 크다. (나)에서 P가 Z와 Y의 경계면에서 굴절할 때 입사각>굴절각이므로, 굴절률은 Z<Y이다. 또 P가 Y와 X의 경계면에서 굴절할 때 입사각<굴절각이므로, 굴절률은 Y>X이다. 이때 $\theta_0<\theta_1$이므로, 빛이 굴절하는 정도는 Z와 Y의 경계에서가 Y와 X의 경계에서보다 크다. 두 매질의 굴절률 차가 클수록 굴절하는 정도가 크므로, 굴절률의 크기는 Y>X>Z이다. 따라서 굴절률은 X가 Z보다 크다.

ㄷ. (나)에서 P를 θ_1보다 큰 입사각으로 Z에서 Y로 입사시키면 P는 Y와 X의 경계면에서 전반사할 수 있다.

➡ (나)에서 Z와 Y의 경계면에서의 입사각이 θ_1보다 커지면 Y에서 X의 경계면에서의 입사각도 증가하므로 굴절각은 θ_0보다 커진다. $\theta_1>\theta_0$일 때 θ_1이 입사각의 최댓값인 90°가 되어도 θ_0은 90°보다 작으므로, P는 Y와 X의 경계면에서 굴절하게 된다. 따라서 (나)에서 P를 θ_1보다 큰 입사각으로 Z에서 Y로 입사시키면 P는 Y와 X의 경계면에서 전반사할 수 없다.

오답률 높은 ④ ㄷ을 옳다고 생각했다면?

(나)에서 P가 Y와 X의 경계면에서 전반사한다고 가정했을 때 P의 진행 경로를 그려보면, θ_0이 90°보다 커져야 한다는 것을 알 수 있다. 그러나 문제에서 제시된 $\theta_1>\theta_0$인 조건에서는 입사각 θ_1의 크기를 점점 증가시켜 최대 90°가 되더라도 θ_0은 항상 90°보다 작으므로 전반사하지 않는다.

03 빛의 굴절과 전반사 정답 ①

선택 비율	① 40 %	② 8 %	③ 30 %	④ 8 %	⑤ 14 %

문제 풀이 TIP

이 문제는 전반사의 정의와 전반사가 일어나기 위한 조건을 잘 이해하고, 공기와 물의 굴절률을 비교할 수 있는 자료가 주어지지 않아도 공기의 굴절률이 물의 굴절률보다 작다는 것을 알고 있어야 한다. 또 빛이 두 매질의 경계면에서 굴절할 때 입사각이 커지면 굴절각도 커지므로, (가)에서 θ_i를 증가시키면 매질 A의 윗면에서의 굴절각이 커진다는 것을 이해해야 한다. 매질 A의 윗면에서의 굴절각과 매질 A의 옆면 P에서의 입사각의 합이 90°이므로, 매질 A의 윗면에서의 굴절각이 커지면 매질 A의 옆면 P에서의 입사각이 작아진다는 것을 파악할 수 있어야 한다.

<보기> 풀이

ㄱ. A의 굴절률은 물의 굴절률보다 크다.

➡ (가)에서 단색광이 P에 매질 A와 물 사이의 임계각 θ_c보다 큰 각으로 입사하면 전반사하므로, A의 굴절률은 물의 굴절률보다 크다.

ㄴ. (가)에서 θ_i를 증가시키면 옆면 P에서 전반사가 일어난다.

➡ (가)에서 θ_i를 증가시키면 매질 A의 윗면에서의 굴절각이 커지므로 옆면 P에서의 입사각은 임계각 θ_c보다 작아진다. 입사각이 임계각보다 작아지면 전반사가 일어나지 않으므로, (가)에서 θ_i를 증가시키면 옆면 P에서 전반사가 일어나지 않는다.

ㄷ. (나)에서 단색광은 옆면 P에서 전반사한다.

➡ 공기의 굴절률은 물의 굴절률보다 작으므로, 굴절률은 공기 < 물 < 매질 A 순으로 커진다. 두 매질의 굴절률 차가 작을수록 굴절되는 정도가 작아지므로, 매질 A의 윗면에서 굴절되는 정도는 (나)에서가 (가)에서보다 작다. 따라서 (가)와 (나)에서 단색광의 입사각이 θ_i로 같을 때 매질 A의 윗면에서의 굴절각은 (나)에서가 (가)에서보다 크므로, 매질 A의 옆면 P에서 입사각은 (나)에서가 (가)에서보다 작다. 즉, (나)에서 옆면 P에서의 단색광의 입사각은 임계각 θ_c보다 작아지므로 전반사하지 않는다.

04 빛의 굴절 정답 ④

선택 비율	① 40 %	② 7 %	③ 5 %	④ 41 %	⑤ 5 %

문제 풀이 TIP

물속에 일부분이 잠긴 연필이 꺾여 보이거나 물속에 잠긴 다리가 짧아 보이는 현상은 주변에서 우리가 흔히 관찰할 수 있는 현상이다. 물이나 공기와 같이 서로 다른 두 매질의 경계면에서 굴절한 빛이 우리 눈에 들어올 때, 우리는 빛이 직진하는 것으로 인식하므로 굴절 광선의 연장선 상에 물체가 있는 것으로 본다. 따라서 물속에 잠긴 부분이 다른 위치에 있는 것으로 보게 된다. 물속에 잠긴 부분이 실제 깊이보다 더 얕은 위치에 있는 것으로 보이는 까닭은 입사각보다 굴절각이 크기 때문이다. 따라서 물속에 잠긴 연필이 꺾여 보이고, 물속에 잠긴 다리가 짧아 보인다.

<보기> 풀이

ㄱ. (가)에서 굴절률은 A가 B보다 크다.

➡ (가)에서 매질 B 속에 볼펜이 잠긴 부분에서 반사된 빛이 B, A의 경계면에서 굴절하여 관측자의 눈에 들어올 때, 관측자는 굴절 광선의 연장선 상에 잠긴 부분이 있는 것으로 본다. 이때 입사각보다 굴절각이 크면, 매질 B 속에 잠긴 부분이 실제 깊이보다 더 높이 떠 보이게 된다. 빛이 굴절률이 다른 두 매질의 경계면에서 굴절할 때, 빛이 법선과 이루는 각도는 굴절률이 큰 매질에서 더 작으므로, (가)에서 굴절률은 B가 A보다 크다.

ㄴ. (가)에서 빛의 속력은 A에서가 B에서보다 크다.

➡ 빛의 속력은 굴절률이 큰 매질에서 더 작다. (가)에서 굴절률이 A가 B보다 작으므로, 빛의 속력은 A에서가 B에서보다 크다.

ㄷ. (나)에서 빛이 물에서 공기로 진행할 때 굴절각이 입사각보다 크다.

➡ 빛이 굴절률이 다른 두 매질의 경계면에서 굴절할 때, 빛이 법선과 이루는 각도는 굴절률이 큰 매질에서 더 작다. 굴절률은 물이 공기보다 크므로, (나)에서 빛이 물에서 공기로 진행할 때 굴절각이 입사각보다 크다.

다른 풀이 (나)에서 다리가 짧아 보이는 것은 물속에 다리가 담긴 부분이 실제 깊이보다 높이 떠 보이기 때문이다. 이때 물속에 잠긴 부분에서 반사된 빛이 물과 공기의 경계면에서 굴절할 때 굴절각이 입사각보다 크면, 관측자는 물속에 잠긴 부분이 실제 깊이보다 더 높이 있는 것으로 보게 된다. 따라서 (나)에서 빛이 물에서 공기로 진행할 때 굴절각이 입사각보다 크다.

오답률 높은 ① ㄱ을 옳다고 생각했다면?

(가)의 볼펜이 꺾여 보이는 모양으로부터 매질 B에서 매질 A로 진행하는 빛의 굴절 경로를 파악하기는 쉽지 않다. 매질 B 속에 잠긴 볼펜 부분이 경계면에 가깝게 위로 떠 보이는 현상이 B에서 A로 진행한 빛의 입사각보다 굴절각이 크기 때문이라는 것을 파악하기 어려워도, 평소 보아 왔던 물속에 잠긴 연필이나 젓가락이 꺾여 보이는 모습을 떠올릴 수 있다면 쉽게 문제를 풀 수 있다. 이때 굴절률은 물이 공기보다 크고 빛의 속력은 물에서가 공기에서보다 작으며, 빛이 물에서 공기로 진행할 때 입사각보다 굴절각이 크다는 것과 연관지을 수 있어야 한다.

05 전자 현미경 정답 ②

선택 비율	① 17 %	② 37 %	③ 11 %	④ 7 %	⑤ 27 %

문제 풀이 TIP

전자 현미경의 원리와 전자 현미경의 종류에 따른 특징을 잘 파악하고 있어야 한다. 특히 전자 현미경 문제는 전자 현미경의 구조를 나타낸 그림을 포함하는 경우가 많으므로 그림에 주로 표시되는 전자총, 자기렌즈, 스크린, 전자 검출기 등의 역할에 대해서도 알고 있어야 한다.

전자의 물질파 파장($\lambda=\frac{h}{mv}$)과 전자의 운동 에너지($E_k=\frac{1}{2}mv^2$)의 관계를 알고자 할 때에는 $v=\frac{h}{\lambda m}$를 $E_k=\frac{1}{2}mv^2$에 대입해도 $\lambda=\frac{h}{\sqrt{2mE_k}}$를 유도할 수 있다.

<보기> 풀이

ㄱ. 시료를 투과하는 전자기파에 의해 스크린에 상이 만들어진다.

➡ 투과 전자 현미경(TEM)은 전자총에서 방출된 전자선을 얇은 시료에 투과시킨 후, 형광 스크린에 형성된 시료의 2차원적 단면 구조의 상을 관찰할 때 이용된다. 즉, 시료를 투과하는 전자의 물질파에 의해 스크린에 상이 만들어진다.

ㄴ. 자기렌즈는 자기장을 이용하여 전자의 진행 경로를 바꾼다.

➡ 자기렌즈는 자기장에 의해 전자의 진행 경로가 휘어지는 현상을 이용함으로써 전자의 진행 경로를 바꾼다.

ㄷ. 운동 에너지가 $2E_0$인 전자의 물질파 파장은 $\frac{1}{2}\lambda_0$이다.

➡ 전자의 운동 에너지 $E_k=\frac{1}{2}mv^2=\frac{(mv)^2}{2m}$에서 $mv=\sqrt{2mE_k}$이므로, 전자의 드브로이 파장 $\lambda=\frac{h}{mv}=\frac{h}{\sqrt{2mE_k}}$이다. 즉, $\lambda\propto\frac{1}{\sqrt{E_k}}$로 드브로이 파장은 전자의 운동 에너지의 제곱근에 반비례한다. 전자의 운동 에너지가 E_0일 때 물질파 파장이 λ_0이므로, 운동 에너지가 $2E_0$인 전자의 물질파 파장은 $\frac{1}{\sqrt{2}}\lambda_0$이다.

1회 2025학년도 6월 모평

01 ②	02 ①	03 ⑤	04 ③	05 ③
06 ④	07 ③	08 ①	09 ⑤	10 ④
11 ④	12 ②	13 ⑤	14 ③	15 ⑤
16 ④	17 ②	18 ⑤	19 ①	20 ②

1 전자기파의 이용

① TV용 리모컨에 이용되는 전자기파는 적외선이다.
② 자외선은 에너지가 커서 세균을 죽일 수 있으므로 살균 기능이 있는 제품에 이용된다.
③ 파장은 감마선이 마이크로파보다 짧다.
④ 파장이 짧을수록 진동수가 크므로 진동수는 가시광선이 라디오파보다 크다.
⑤ 진공에서 전자기파의 속력은 파장에 관계없이 모두 같다. 따라서 진공에서 속력은 적외선과 마이크로파가 같다.

2 운동의 분류

ㄱ. Ⅰ에서 물체 사이의 간격이 점점 작아지므로 물체는 속력이 감소하는 운동을 한다.
ㄴ. Ⅱ에서 물체의 운동 방향이 변하므로 물체에 작용하는 알짜힘의 방향은 물체의 운동 방향과 같지 않다.
ㄷ. Ⅲ에서 물체는 속력과 운동 방향이 모두 변하는 운동을 한다.

3 보어의 수소 원자 모형

전자가 높은 에너지 준위에서 낮은 에너지 준위로 전이할 때, 에너지 준위 차가 클수록 방출되는 빛의 파장은 짧다. 따라서 ㉠, ㉡, ㉢, ㉣에 해당하는 전자의 전이는 각각 d, c, b, a이다.

4 핵반응

ㄱ. 핵반응 과정에서 질량수는 보존된다. 따라서 $235+1=141+92+$㉠에서 ㉠은 3이다.
ㄴ. 질량수가 큰 원자핵이 분열하여 질량수가 작은 원자핵들이 생성되므로 핵분열 반응이다.
ㄷ. 핵반응에서 방출되는 에너지인 E_0은 질량 결손에 의한 것이다.

5 뉴턴 운동 법칙

ㄱ. (가)에서 용수철저울은 정지해 있으므로 용수철저울에 작용하는 알짜힘은 0이다.
ㄴ. (나)에서 용수철저울은 정지해 있으므로 용수철저울에 작용하는 알짜힘은 0이다. 추를 매단 후 정지한 용수철저울의 눈금 값이 10 N이므로 추의 무게는 10 N이다. p가 용수철저울에 작용하는 힘의 크기는 용수철저울의 무게와 추의 무게의 합과 같으므로 2 N+10 N=12 N이다.
ㄷ. (나)에서 추에 작용하는 중력에 대한 반작용은 추가 지구를 잡아당기는 힘이고, 용수철저울이 추에 작용하는 힘에 대한 반작용은 추가 용수철저울에 작용하는 힘이다. 따라서 추에 작용하는 중력과 용수철저울이 추에 작용하는 힘은 작용 반작용 관계가 아니다.

6 파동의 간섭

A. P에서는 X의 골과 Y의 골이 만나 보강 간섭이 일어난다. 따라서 P에서는 중첩된 파동의 변위가 계속 변한다.
B. Q에서는 X의 마루와 Y의 마루가 만나 보강 간섭이 일어난다.
C. X와 Y는 서로 반대 방향으로 진행하므로 R에서 서로 반대 위상으로 만나 상쇄 간섭한다.

7 특수 상대성 이론

ㄱ. A의 관성계에서 P와 Q는 같은 속력으로 등속도 운동한다.
ㄴ. A의 관성계에서 B가 상대적으로 운동하므로, A의 관성계에서 B의 시간이 A의 시간보다 느리게 간다.
ㄷ. B의 관성계에서 측정한 P와 Q 사이의 거리는 고유 길이이고, A의 관성계에서 측정한 P와 Q 사이의 거리 L은 길이 수축이 일어난 거리이므로 고유 길이보다 짧다. 따라서 B의 관성계에서 P와 Q 사이의 거리는 L보다 크다.

8 물질의 자성

ㄱ. 자기화된 강자성체를 자기화되지 않은 상자성체에 가까이 하면 강자성체에 의해 상자성체가 자기화되어 강자성체와 상자성체 사이에는 서로 당기는 자기력이 작용한다. 반면 자기화된 강자성체를 자기화되지 않은 반자성체에 가까이 하면 강자성체에 의해 반자성체가 자기화되어 강자성체와 반자성체 사이에는 서로 밀어내는 자기력이 작용한다. (나)에서 B와 C 사이에는 서로 당기는 자기력이 작용하고, B가 C보다 강하게 자기화되어 있다는 것을 알 수 있다. 따라서 B는 강자성체, C는 상자성체, A는 반자성체이다.
ㄴ. (가)에서 반자성체인 A는 외부 자기장과 반대 방향으로 자기화되고, 상자성체인 C는 외부 자기장과 같은 방향으로 자기화된다. 따라서 (가)에서 A와 C는 반대 방향으로 자기화된다.
ㄷ. 자기력선은 N극에서 나와 S극으로 들어가므로 (나)에서 C의 윗부분은 N극이고 B의 아랫부분은 S극임을 알 수 있다. 따라서 (나)에서 B와 C 사이에는 서로 당기는 자기력이 작용한다.

9 빛의 전반사

ㄱ. 전반사는 빛이 굴절률이 큰 매질에서 굴절률이 작은 매질로 임계각보다 큰 입사각으로 진행할 때 일어난다. p에 입사한 X가 Ⅰ과 Ⅱ의 경계면에서 전반사하였으므로 굴절률은 Ⅰ이 Ⅱ보다 크다.
ㄴ. X, Y가 진행하는 모습은 그림과 같다.

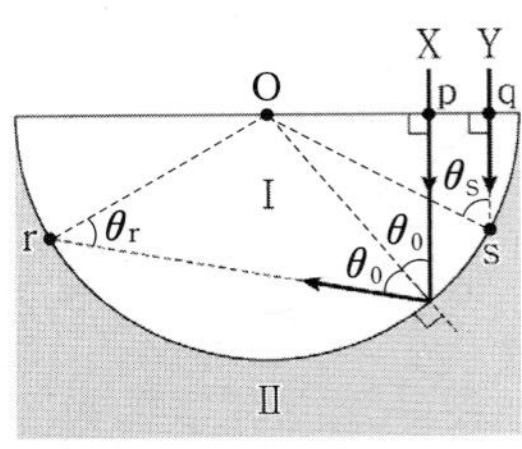

θ_0은 Ⅰ과 Ⅱ 사이의 임계각보다 크므로 X는 Ⅰ과 Ⅱ의 경계면에서 전반사한 후 r에 도달한다. $\theta_0=\theta_r$이므로 X는 r에서 전반사한다.
ㄷ. $\theta_s>\theta_0$이므로 Y는 s에서 전반사한다.

10 열역학 과정

A → B → C → D → A 과정에서 기체가 외부에 한 일은 140 J+400 J−240 J−150 J=150 J이다. 열기관이 고열원으로부터 흡수한 열량을 Q_H, 저열원으로 방출한 열량을 Q_L이라고 하면, 열기관의 열효율이 0.2이므로 $0.2=\frac{150\ \text{J}}{Q_H}=1-\frac{Q_L}{Q_H}$가 성립하여 $Q_H=750$ J, $Q_L=600$ J이다. A → B 과정과 B → C 과정에서는 기체가 열을 흡수하고 C → D 과정에서는 기체가 열을 방출한다. C → D 과정에서 기체가 외부로 방출한 열량은 600 J이고, 기체가 외부로부터 받은 일은 240 J이므로 기체의 내부 에너지 감소량은 600 J−240 J=360 J이다.

11 운동량 보존 법칙

ㄱ. 0.1초부터 0.4초까지 A는 0.1초마다 6 cm씩 운동한다. 따라서 0.2초일 때 A의 속력은 $\frac{0.06\ \text{m}}{0.1\ \text{s}}=0.6$ m/s이다
ㄴ. 충돌 전 A의 속력은 0.6 m/s, 충돌 후 A의 속력은 0.3 m/s, 충돌 전 B의 속력은 0, 충돌 후 B의 속력은 0.6 m/s이다. 충돌 전후 A, B의 운동량의 합은 보존되므로 0.5초일 때 A와 B의 운동량의 합의 크기는 충돌 전 A의 운동량의 크기와 같은 2 kg×0.6 m/s=1.2 kg·m/s이다.
ㄷ. 0.7초일 때 A의 운동량의 크기는 2 kg×0.3 m/s=0.6 kg·m/s이고, B의 운동량의 크기는 1 kg×0.6 m/s=0.6 kg·m/s이다. 따라서 0.7초일 때 A와 B의 운동량은 크기가 같다.

12 전기력

ㄱ. 양(+)전하인 C에 $+x$방향으로 작용하는 전기력의 크기는 (나)에서가 (가)에서보다 크다. 따라서 A와 C 사이에는 서로 당기는 전기력이 작용한다.
ㄴ. (가)에서 A와 C 사이에는 서로 당기는 전기력이 작용하는데, C에 작용하는 전기력의 방향은 $+x$방향이므로 B와 C 사이에는 서로 밀어내는 전기력이 작용한다. (가)에서 A와 C 사이에 작용하는 전기력의 크기를 F_{AC}, B와 C 사이에 작용하는 전기력의 크기를 F_{BC}라고 하자. (가)에서 C에 작용하는 전기력의 크기는 $F_{BC}-F_{AC}=F$ … ①을 만족하고, (나)에서 C에 작용하는 전기력의 크기는 $F_{BC}+4F_{AC}=5F$ … ②를 만족한다. ①, ②를 정리하면 $F_{AC}=\frac{4}{5}F$, $F_{BC}=\frac{9}{5}F$이다. 따라서 (가)에서 A와 C 사이에 작용하는 전기력의 크기는 $2F$보다 작다.

A B C F $-d$ 0 d $2d$ x F_{AC} F_{BC}

(가)

B C $5F$ A $-d$ 0 d $2d$ x F_{BC} $4F_{AC}$

(나)

ㄷ. (나)에서 A와 B 사이에는 서로 당기는 전기력이

작용하고 B와 C 사이에는 서로 밀어내는 전기력이 작용한다. (나)에서 B에 작용하는 전기력의 크기는 $4F$로 C가 B에 작용하는 전기력의 크기 $\frac{9}{5}F$보다 크다. C가 B에 작용하는 전기력의 방향과 A가 B에 작용하는 전기력의 방향이 서로 반대 방향이므로 A가 B에 작용하는 힘의 크기가 C가 B에 작용하는 힘의 크기보다 크다. 따라서 B에 작용하는 전기력의 방향은 $+x$방향이다.

13 물질파

입자의 질량을 m, 속력을 v, 운동량의 크기를 p, 물질파 파장을 λ라고 할 때 입자의 운동 에너지는 다음과 같다.

$$E_k=\frac{1}{2}mv^2=\frac{p^2}{2m}=\frac{h^2}{2m\lambda^2}\ (h\text{: 플랑크 상수})$$

제시된 그래프에서 B의 질량을 m_0이라고 하면 A의 질량은 $2m_0$이고 C의 질량은 $\frac{1}{4}m_0$이다.

$E_k=\frac{h^2}{2m\lambda^2}$에서 $h^2=2mE_k\lambda^2$이고 h는 플랑크 상수이므로 $2mE_k\lambda^2$은 일정한 값을 가진다.

따라서 $2(2m_0)(2E_0)\lambda_A{}^2=2(m_0)(E_0)\lambda_B{}^2=2\left(\frac{1}{4}m_0\right)(E_0)\lambda_C{}^2$에서 $\lambda_A:\lambda_B:\lambda_C=1:2:4$이다.

그러므로 $\lambda_C>\lambda_B>\lambda_A$이다.

14 운동량의 변화량과 충격량

ㄱ. 빗면에서 속력이 0일 때 A의 중력 퍼텐셜 에너지와 수평면에서 A의 운동 에너지는 같다. 빗면에서 속력이 0일 때 A의 높이는 충돌 전이 충돌 후의 4배이므로, 수평면에서 A의 운동 에너지는 충돌 직전이 충돌 직후의 4배이다. 따라서 수평면에서 A의 속력은 충돌 직전이 충돌 직후의 2배이므로 A의 운동량의 크기도 충돌 직전이 충돌 직후의 2배이다.

ㄴ. A의 충돌 직전과 직후의 속력을 각각 $2v_0$, v_0라고 하면 B의 충돌 직전과 직후의 속력은 v_0으로 같다. A, B의 질량을 m이라고 할 때 A의 운동량 변화량의 크기는 $3mv_0$이고, B의 운동량 변화량의 크기는 $2mv_0$이다. (나)의 힘-시간 그래프에서 곡선과 시간 축이 만드는 면적은 충격량의 크기, 즉 운동량 변화량의 크기를 의미하므로 A가 B의 $\frac{3}{2}$배이다.

ㄷ. 충돌하는 동안 벽으로부터 받은 평균 힘의 크기는 $\frac{\text{충격량의 크기}}{\text{충돌 시간}}$이다. 따라서 A가 받은 평균 힘의 크기는 $\frac{3mv_0}{2t_0}$, B가 받은 평균 힘의 크기는 $\frac{2mv_0}{3t_0}$이므로 A가 B의 $\frac{9}{4}$배이다.

15 빛의 굴절

ㄱ. P가 Ⅰ에서 Ⅱ로 진행할 때 입사각이 굴절각보다 작으므로 굴절률은 Ⅰ이 Ⅱ보다 크다. 따라서 P의 파장은 Ⅰ에서가 Ⅱ에서보다 짧다.

ㄴ. P가 Ⅲ에서 Ⅰ로 진행할 때 입사각이 굴절각보다 작으므로 굴절률은 Ⅲ이 Ⅰ보다 크다. 따라서 P의 속력은 Ⅰ에서가 Ⅲ에서보다 크다.

ㄷ. Ⅰ, Ⅱ, Ⅲ의 굴절률을 각각 $n_Ⅰ$, $n_Ⅱ$, $n_Ⅲ$이라고 하면 $n_Ⅲ>n_Ⅰ>n_Ⅱ$이다. P가 경계면에서 굴절할 때 매질의 굴절률 차가 클수록 더 크게 꺾이므로 Ⅰ에서 Ⅱ로 진행할 때보다 Ⅱ에서 Ⅲ으로 진행할 때 더 크게 꺾인다. P가 Ⅰ에서 Ⅱ로 진행할 때 입사각과 Ⅱ에서 Ⅲ으로 진행할 때 굴절각이 θ_1로 같으므로 $\theta_3>\theta_2$이다.

16 p-n 접합 다이오드

ㄱ. S_1을 b에 연결하고, S_2를 열었을 때는 전류계에 전류가 흐르지 않고 S_2를 닫았을 때는 전류계에 전류가 흐른다. 따라서 A에는 역방향 전압, B에는 순방향 전압이 걸리므로 X는 p형 반도체이다.

ㄴ. S_1을 b에 연결했을 때, A에는 역방향 전압이 걸린다.

ㄷ. S_1을 a에 연결했을 때, A에는 순방향 전압이 걸리고 B에는 역방향 전압이 걸린다. 따라서 전류계에 흐르는 전류의 세기는 S_2를 열었을 때와 닫았을 때 모두 I_0으로 같으므로 ㉠은 I_0이다.

17 직선 전류에 의한 자기장

ㄱ. C에 한없이 가까운 지점에서는 A, B의 전류에 의한 자기장을 무시할 수 있을 정도로 C의 전류에 의한 자기장의 세기가 매우 크다. 따라서 C에 흐르는 전류의 방향은 $-y$방향이다. 이와 같은 방법으로 B에 흐르는 전류의 방향은 $-y$방향임을 알 수 있다. (나)의 x축상의 $x>d$인 구간에서 자기장이 0인 지점을 q라고 하자. q에서 A, B, C의 전류에 의한 자기장은 0이므로 A에 흐르는 전류의 방향은 $+y$방향이다.

ㄴ. q에서 A, B, C의 전류에 의한 자기장은 0이다. q에서 B와 C의 전류에 의한 자기장의 방향은 각각 xy평면에서 수직으로 나오는 방향으로 같고 A의 전류에 의한 자기장의 방향은 xy평면에 수직으로 들어가는 방향이다. 따라서 B와 C의 전류에 의한 자기장의 세기의 합과 A의 전류에 의한 자기장의 세기가 같으므로 A, B, C 중 A에 흐르는 전류의 세기가 가장 크다.

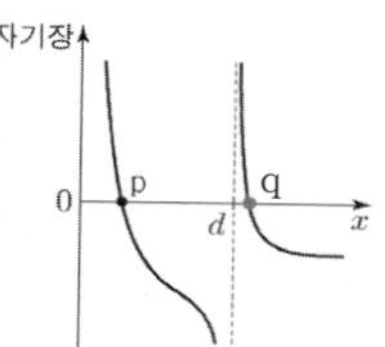

ㄷ. p에서 A, B, C의 전류에 의한 자기장은 0이다. p에서 A와 C의 전류에 의한 자기장의 방향은 각각 xy평면에 수직으로 들어가는 방향으로 같고, B의 전류에 의한 자기장의 방향은 xy평면에서 수직으로 나오는 방향이다. 따라서 A와 C의 전류에 의한 자기장의 세기의 합과 B의 전류에 의한 자기장의 세기는 같으므로 C의 전류에 의한 자기장의 세기가 B의 전류에 의한 자기장의 세기보다 작다.

18 전자기 유도

ㄱ. p의 위치가 $x=1.5d$일 때와 $x=3.5d$일 때 모두 A를 통과하는 Ⅰ의 자기 선속의 변화에 의해 A에 유도 전류가 흐른다. A는 등속도 운동을 하므로 p의 위치가 $x=3.5d$일 때 A에 흐르는 유도 전류의 세기는 p의 위치가 $x=1.5d$일 때 A에 흐르는 유도 전류의 세기와 같은 I_0이다.

ㄴ. p의 위치가 $x=1.5d$일 때 p에 흐르는 유도 전류의 방향이 $+y$방향이므로 Ⅰ에서 자기장의 방향은 xy평면에 수직으로 들어가는 방향이다. p의 위치가 $x=2.5d$일 때 p에 흐르는 유도 전류의 방향이 $-y$방향이므로 Ⅱ에서 자기장의 방향은 xy평면에서 수직으로 나오는 방향이다. q의 위치가 $x=2.5d$일 때, B를 통과하는 Ⅰ의 자기 선속은 감소하고 Ⅱ의 자기 선속은 증가한다. 따라서 B에는 Ⅰ과 Ⅱ의 자기 선속의 변화에 의해 같은 방향으로 유도 전류가 흐르고 자기장 영역을 통과하는 면적 변화율은 B가 A보다 크므로 B에 흐르는 유도 전류의 세기는 $3I_0$보다 크다.

ㄷ. p의 위치가 $x=3.5d$일 때, A를 통과하는 Ⅰ의 자기 선속이 감소하므로 p에 흐르는 유도 전류의 방향은 $-y$방향이다. q의 위치가 $x=3.5d$일 때, B를 통과하는 Ⅱ의 자기 선속이 감소하므로 q에 흐르는 유도 전류의 방향은 $+y$방향이다. 따라서 p와 q의 위치가 $x=3.5d$일 때, p와 q에 흐르는 유도 전류의 방향은 서로 반대이다.

19 역학적 에너지 보존

ㄱ. A, B, C의 역학적 에너지는 보존되므로 A가 p에서 q까지 d만큼 운동하는 동안 'A의 중력 퍼텐셜 에너지 증가량+A, B, C의 운동 에너지 증가량=C의 중력 퍼텐셜 에너지 감소량'이다. 속력이 같을 때 운동 에너지는 물체의 질량에 비례하고 A, B, C의 운동 에너지 증가량은 $6E_0$이므로 A, B, C의 운동 에너지 증가량은 각각 E_0, $2E_0$, $3E_0$이다. 따라서 A의 운동 에너지 변화량과 중력 퍼텐셜 에너지 변화량은 크기가 E_0으로 같다.

ㄴ. B의 가속도의 크기를 a라고 하면 B에 작용하는 알짜힘이 한 일은 B의 운동 에너지 변화량과 같으므로 $2mad=2E_0$가 성립한다. 따라서 $a=\frac{E_0}{md}$이다.

ㄷ. B의 역학적 에너지 변화량의 크기는 $2E_0$이고 C의 역학적 에너지 변화량의 크기는 $7E_0-3E_0=4E_0$이다. 따라서 역학적 에너지 변화량의 크기는 B가 C보다 작다.

20 뉴턴 운동 법칙

(가)에서 A, B, C의 가속도의 크기를 a라고 하자. (가)에서 p가 A를 당기는 힘의 크기와 p가 B를 당기는 힘의 크기는 같으므로 A에 뉴턴 운동 법칙을 적용하면 $3mg-\frac{9}{4}mg=3ma$가 성립하여 $a=\frac{1}{4}g$이다. B의 가속도의 크기는 (나)에서가 (가)에서의 2배이므로 (나)에서 A, B, C의 가속도의 크기는 $\frac{1}{2}g$이다.

C의 질량을 m_C, B에 중력에 의해 빗면 아래 방향으로 작용하는 힘의 크기를 F라 할 때, (가)에서는 $3mg+F-m_Cg=(3m+8m+m_C)\frac{1}{4}g$ … ①이 성립하고, (나)에서는 $m_Cg+F-3mg=(3m+8m+m_C)\frac{1}{2}g$ … ②가 성립한다. ①, ②를 정리하면 $m_C=5m$이다.

2회 2025학년도 9월 모평

01 ①	02 ③	03 ⑤	04 ④	05 ②
06 ④	07 ②	08 ④	09 ③	10 ①
11 ⑤	12 ②	13 ③	14 ②	15 ⑤
16 ③	17 ①	18 ③	19 ⑤	20 ④

1 전자기파의 이용

A. 가시광선, 마이크로파, X선 중에서 자외선보다 파장이 짧고 투과력이 강해 인체 내부의 뼈 사진을 찍는 데 이용되는 전자기파는 X선이다.
B. 가시광선, 마이크로파 중에서 전자레인지에서 음식물 속의 물 분자를 운동시켜 음식물을 데우는 데 이용되는 전자기파는 마이크로파이다.
C. C는 가시광선이다.

2 등가속도 직선 운동

ㄱ. 속도－시간 그래프의 기울기는 물체의 가속도를 나타내므로 가속도의 크기는 $\frac{8\text{ m/s}}{4\text{ s}}=2\text{ m/s}^2$이다.
ㄴ. 속도－시간 그래프에서 그래프와 시간 축이 이루는 면적은 물체의 이동 거리를 나타내므로 0초부터 4초까지 이동한 거리는 $\frac{1}{2}\times8\text{ m/s}\times4\text{ s}=16\text{ m}$이다.
ㄷ. 0초부터 4초까지 물체의 속력이 일정하게 감소하므로 2초일 때, 물체의 운동 방향과 가속도 방향은 서로 반대이다.

3 보어의 수소 원자 모형

A. 수소 원자에서 방출되는 빛의 스펙트럼이 불연속적인 것을 통해 수소 원자 내의 전자는 불연속적인 에너지 준위를 가진다는 것을 알 수 있다.
B. 전자가 높은 에너지 준위에서 낮은 에너지 준위로 전이할 때는 빛을 방출하고, 낮은 에너지 준위에서 높은 에너지 준위로 전이할 때는 빛을 흡수한다.
C. 전자가 전이할 때 에너지 준위 차이가 클수록 방출되는 빛의 에너지가 크다. 따라서 방출되는 빛의 파장은 짧고 진동수는 크다.

4 핵반응

ㄱ. 핵반응 과정에서 질량수는 보존된다. 따라서 ㉠의 질량수를 x라 할 때 $x+1=141+92+3\times1$이므로 $x=235$이다.
ㄴ. (나)는 질량수가 작은 원자핵들이 융합하여 질량수가 큰 원자핵이 생성되는 핵융합 반응이다
ㄷ. 질량 결손이 클수록 핵반응에서 방출되는 에너지가 크다. 질량 결손은 (가)에서가 (나)에서보다 크므로 E_1이 E_2보다 크다.

5 파동의 속력

파동의 진행 속력$=\frac{\text{파장}}{\text{주기}}$인데, A와 B의 속력이 같으므로 A와 B의 파장은 주기에 비례한다. 변위－시간 그래프에서는 파동의 주기를 알 수 있으므로 A의 주기는 2초이고, B의 주기는 3초이다. 따라서 $\frac{\lambda_A}{\lambda_B}=\frac{2}{3}$이다.

6 물질의 자성

자기장 영역에서 꺼낸 후 A와 B 사이에는 자기력이 작용하지 않으므로 C는 강자성체이다. 강자성체인 C에 의해 자기화되어 C와 서로 미는 힘이 작용하는 A는 반자성체이고, C에 의해 자기화되어 C와 서로 당기는 힘이 작용하는 B는 상자성체이다.

7 뉴턴 운동 법칙

ㄱ. A가 떠 있는 상태로 정지해 있으므로 B가 A에 작용하는 자기력의 크기는 A에 작용하는 중력의 크기와 같은 mg이다. 작용 반작용에 의해 A가 B에 작용하는 자기력의 크기는 B가 A에 작용하는 자기력의 크기와 같으므로 mg이다.
ㄴ. B에 작용하는 알짜힘은 0이다. B에 작용하는 중력의 크기가 $3mg$이고 A가 B에 아래 방향으로 작용하는 자기력의 크기가 mg이므로 수평면이 B를 떠받치는 힘의 크기는 $4mg$이다.
ㄷ. A에 작용하는 중력과 B가 A에 작용하는 자기력은 평형 관계의 두 힘이다.

8 전반사

ㄱ. P는 B와 C의 경계면에 입사각 45°로 입사하여 전반사한다. 따라서 B와 C 사이의 임계각은 45°보다 작다.
ㄴ. P가 A에 B로 입사할 때의 입사각을 θ라고 하면, P가 B에서 A로 입사각 45°로 입사하면 굴절각 θ로 굴절한다. 즉, A와 B 사이의 임계각은 45°보다 크다. B와 C 사이의 임계각은 45°보다 작고, 두 매질의 굴절률 차이가 클수록 임계각이 작으므로 굴절률은 A가 C보다 크다는 것을 알 수 있다.
ㄷ. P가 B에서 D로 진행할 때 입사각이 굴절각보다 크므로 굴절률은 D가 B보다 크고, P가 A에서 B로 진행할 때 입사각이 굴절각보다 크므로 굴절률은 B가 A보다 크다. 따라서 A의 굴절률은 D보다 작으므로 P의 속력은 A에서가 D에서보다 크다.

9 물결파의 간섭

ㄱ. (가)의 A에서는 골과 골이 만나므로 보강 간섭이 일어난다.
ㄴ. 마루와 골이 만나는 곳에서 상쇄 간섭이 일어난다. 따라서 (나)의 $\overline{S_1S_2}$에서 상쇄 간섭이 일어나는 지점의 개수는 8개이다.
ㄷ. 파동의 진행 속력은 파장과 진동수의 곱이다. (가)와 (나)에서 발생시킨 물결파의 진행 속력은 같고, 물결파의 진동수는 (나)에서가 (가)에서의 2배이므로 물결파의 파장은 (가)에서가 (나)에서의 2배이다. 즉, $d_1=2d_2$이다.

10 운동량과 충격량

ㄱ. 충돌 직전 A의 운동량의 크기는
$0.5\text{ kg}\times0.4\text{ m/s}=0.2\text{ kg}\cdot\text{m/s}$이고,
충돌 직전 B의 운동량의 크기는
$1.0\text{ kg}\times0.4\text{ m/s}=0.4\text{ kg}\cdot\text{m/s}$이다. 따라서 충돌 직전 운동량의 크기는 A가 B보다 작다.
ㄴ. 물체가 받은 충격량의 크기는 운동량 변화량의 크기와 같다. A의 운동량 변화량의 크기는
$0.5\text{ kg}\times(0.4+0.2)\text{ m/s}=0.3\text{ kg}\cdot\text{m/s}$이고,
B의 운동량 변화량의 크기는
$1.0\text{ kg}\times(0.4+0.1)\text{ m/s}=0.5\text{ kg}\cdot\text{m/s}$이다. 따라서 충돌하는 동안 힘 센서로부터 받은 충격량의 크기는 A가 B보다 작다.
ㄷ. 충돌하는 동안 힘 센서로부터 받은 평균 힘의 크기는 A가 $\frac{0.3\text{ N}\cdot\text{s}}{0.02\text{ s}}=15\text{ N}$이고,
B가 $\frac{0.5\text{ N}\cdot\text{s}}{0.05\text{ s}}=10\text{ N}$이다. 즉, A가 B보다 작다.

11 특수 상대성 이론

ㄱ. 광속 불변의 원리에 의해 A의 관성계에서 A가 방출한 빛의 속력과 B가 방출한 빛의 속력은 같다.
ㄴ. A의 관성계에서 B가 방출한 빛이 P에 도달할 때까지 이동한 거리는 L이므로 B가 방출한 빛이 P에 도달하는 데 걸리는 시간은 $\frac{L}{c}$이다.
ㄷ. B의 관성계에서, A에서 P까지의 거리와 P에서 Q까지의 거리는 동일하게 수축된 거리이고, A가 방출한 빛의 속력과 B가 방출한 빛의 속력은 같다. 그러나 B의 관성계에서 P는 B에 가까워지는 방향으로 운동하므로 A가 방출한 빛이 P에 도달하는 데 걸리는 시간은 B가 방출한 빛이 P에 도달하는 데 걸리는 시간보다 크다.

12 운동량 보존 법칙

A와 B가 $x=2d$에 충돌한 후 A가 $x=d$를 지날 때 B는 $x=4d$를 지나므로 충돌 후 A, B의 속력을 각각 v', $2v'$라고 할 수 있다. 이후 B는 C와 충돌 후 한 덩어리가 되어 운동하므로 B와 C의 충돌에 운동량 보존 법칙을 적용하면
$4mv'=(2m+m)\frac{1}{4}v$가 성립하여 $v'=\frac{1}{4}v$이다. A의 질량을 m_A라 하고 A와 B의 충돌에 운동량 보존 법칙을 적용하면
$m_Av=-m_A\left(\frac{1}{4}v\right)+2m\left(\frac{1}{2}v\right)$가 성립하여
$m_A=\frac{4}{5}m$이다.

13 다이오드의 연결

ㄱ. S_1을 a에 연결하고, S_2를 c에 연결했을 때 D_2, D_3에는 순방향 전압이 걸린다. 따라서 X가 도체라면 D_2, D_3에서 빛이 방출되어야 하는데 빛이 방출되지 않았으므로 X는 절연체이다.
ㄴ. Y는 도체이므로 S_1을 b에 연결하고, S_2를 d에 연결했을 때 D_1, D_4에는 순방향 전압이 걸려 빛이 방출된다. 즉, ㉠은 D_1, D_4이다.
ㄷ. S_1을 a에 연결하고, S_2를 d에 연결했을 때 D_1의 p형 반도체는 전원의 (－)극 쪽에 연결되므로 D_1에는 역방향 전압이 걸린다.

14 물질파

ㄱ. 입자의 질량을 m, 속력을 v, 운동량의 크기를 p라고 할 때, 운동 에너지는 $E_k=\frac{1}{2}mv^2=\frac{p^2}{2m}$이다. A, B의 질량을 각각 m_A, m_B라 하자. A의 운동 에너지는 $E_0=\frac{{p_0}^2}{2m_A}$이므로 $m_A=\frac{{p_0}^2}{2E_0}$이고, B의 운동 에너지는 $E_0=\frac{(3p_0)^2}{2m_B}$이므로 $m_B=\frac{9{p_0}^2}{2E_0}$이

실전모의고사

다. 따라서 질량은 A가 B의 $\frac{1}{9}$배이다.

ㄴ. 입자의 운동 에너지는 $E_k = \frac{1}{2}mv^2 = \frac{1}{2}pv$이다. A, C의 속력을 각각 v_A, v_C라 하자. A의 운동 에너지는 $E_0 = \frac{1}{2}p_0 v_A$에서 $v_A = \frac{2E_0}{p_0}$이고, C의 운동 에너지는 $9E_0 = \frac{1}{2}(3p_0)v_C$에서 $v_C = \frac{6E_0}{p_0}$이다. 따라서 속력은 A가 C의 $\frac{1}{3}$배이다.

ㄷ. 입자의 물질파 파장은 $\lambda = \frac{h}{p}$이다. B와 C의 운동량이 $3p_0$으로 같으므로 B와 C의 물질파 파장도 같다.

15 열역학 과정

ㄱ. (나)는 기체의 부피가 감소하는 과정이므로 B → C 과정이다.

ㄴ. (가)에서 기체의 온도는 A에서가 B에서보다 낮고, B → C 과정에서 온도는 같으므로 B와 C에서 온도가 같다. 따라서 기체의 내부 에너지는 A에서가 C에서보다 작다.

ㄷ. (나)의 과정은 기체의 온도가 일정한 등온 과정이고, 기체의 부피가 감소하므로 기체는 외부에 열을 방출한다.

16 전류에 의한 자기장

C에 흐르는 전류의 방향만을 $+y$방향에서 $-y$방향으로 바꾸었을 때 O에서 A, B, C의 전류에 의한 자기장의 세기가 0에서 $4B_0$으로 바뀌었으므로 이때 자기장의 방향은 xy평면에 수직으로 들어가는 방향이라는 것을 알 수 있다.

xy평면에 수직으로 들어가는 방향을 (+)라 하고, O에서 A의 전류에 의한 자기장의 세기를 B_A, B의 전류에 의한 자기장의 세기를 B_B, C의 전류에 의한 자기장의 세기를 B_C라고 하자. 표의 첫 번째 조건에 의해 $B_A + B_B - B_C = 0$ ⋯ ①이 성립하고, 표의 두 번째 조건에 의해 $B_A + B_B + B_C = 4B_0$ ⋯ ②가 성립한다. 식 ①, ②에서 $B_C = 2B_0$이다.

표의 세 번째 조건에 의해 $B_A - B_B + B_C = 2B_0$ ⋯ ③이 성립한다. $B_C = 2B_0$을 식 ①, ③에 대입해 정리하면 $B_A = B_B = B_0$이다. $B_A = B_0 = k\frac{I_0}{d}$이고, C에 흐르는 전류의 세기를 I_C라 할 때 $B_C = 2B_0 = k\frac{I_C}{2d}$이므로 $I_C = 4I_0$이다.

17 전기력

ㄱ. B가 C쪽으로 이동할 때 C에 작용하는 전기력의 방향이 $-x$방향에서 $+x$방향으로 바뀌므로 B와 C 사이에는 서로 미는 전기력이 작용한다. 따라서 B와 C는 같은 종류의 전하이고 A와 C는 다른 종류의 전하이다. 즉, A는 음(−)전하, B는 양(+)전하이다.

ㄴ. C에 작용하는 전기력이 0일 때 A와 C 사이의 거리가 B와 C 사이의 거리보다 크므로 전하량의 크기는 A가 B보다 크다.

ㄷ. A와 C 사이에 작용하는 전기력의 크기를 F_{AC}, B가 $x=d$에 있을 때 B와 C 사이에 작용하는 전기력의 크기를 F_{BC}, B가 $x=3d$에 있을 때 B와 C 사이에 작용하는 전기력의 크기를 $4F_{BC}$라고 하자. B가 $x=d$에 있을 때 C에 작용하는 전기력은 $F_{BC} - F_{AC} = -F$이고, B가 $x=3d$에 있을 때 C에 작용하는 전기력은 $4F_{BC} - F_{AC} = 2F$이므로 $F_{AC} = 2F$, $F_{BC} = F$이다. B가 $x=3d$에 있을 때 B는 C로부터 $-x$방향으로 크기가 $4F$인 전기력을 받고, A로부터도 $-x$방향으로 전기력을 받는다. 따라서 B가 $x=3d$에 있을 때 B가 받는 전기력의 크기는 $2F$보다 크다.

18 전자기 유도

• 0초부터 1초까지: Ⅰ, Ⅱ에서 자기장의 세기 변화가 없으므로 유도 전류가 흐르지 않는다.

• 1초부터 3초까지: Ⅰ에서의 자기장의 세기가 감소하므로 이를 방해하기 위해 고리에는 시계 방향, 즉 (+)방향으로 유도 전류가 흐른다.

• 3초부터 4초까지: Ⅱ에서의 자기장의 세기가 증가하므로 이를 방해하기 위해 고리에는 시계 방향, 즉 (+)방향으로 유도 전류가 흐른다.

1초부터 3초까지 Ⅰ의 단위 시간당 자기장 세기의 변화량보다 3초부터 4초까지 Ⅱ의 단위 시간당 자기장 세기의 변화량이 더 크므로 3초부터 4초까지 흐르는 유도 전류의 세기가 더 크다.

이를 적절하게 나타낸 그래프는 ③이다.

19 등가속도 직선 운동

ㄱ. (가)에서 A, B, C는 한 물체처럼 운동하므로 가속도의 크기를 $a_{(가)}$라 하면

$3mg - 2mg = (2m + m + 3m)a_{(가)}$에서

$a_{(가)} = \frac{1}{6}g$이다. A에 연결된 실이 A를 당기는 힘의 크기를 T라 하면 $T - 2mg = 2m\left(\frac{1}{6}g\right)$에서

$T = \frac{7}{3}mg$이다.

ㄴ. (나)에서 B와 C를 연결한 실이 끊어진 후 A와 B는 한 물체처럼 운동하므로 가속도의 크기를 $a_{(나)}$라 하면 $2mg = (2m + m)a_{(나)}$에서 $a_{(나)} = \frac{2}{3}g$이다.

q와 r 사이의 거리를 s라 하면 등가속도 직선 운동 식에 의해 $0 - {v_0}^2 = 2\left(-\frac{2}{3}g\right)s$에서 $s = \frac{3{v_0}^2}{4g}$이다.

ㄷ. p와 q 사이의 거리를 s'라 하면 (가)에서 ${v_0}^2 = 2\left(\frac{1}{6}g\right)s'$가 성립하여 $s' = \frac{3{v_0}^2}{g}$이다. 따라서 p와 r 사이의 거리는 $s' + s = \frac{15{v_0}^2}{4g}$이다. B는 r에서 속력이 0이 된 후 가속도의 크기가 $a_{(나)} = \frac{2}{3}g$인 등가속도 직선 운동을 하므로 p를 지나는 순간의 속력을 v라 하면 $v^2 = 2\left(\frac{2}{3}g\right)\left(\frac{15{v_0}^2}{4g}\right)$에서 $v = \sqrt{5}v_0$이다.

20 역학적 에너지 보존

운동량 보존 법칙에 의해 용수철에 분리된 직후 A와 B의 운동량의 크기는 같으므로 A와 B가 수평 구간에서 등속도 운동을 하는 동안 속력은 A가 B의 3배이다. 용수철에서 분리된 직후 A, B의 속력을 각각 $3v$, v라 하자. A와 B가 용수철에서 분리된 후 높이가 각각 $3h$, $2h$인 지점에 도달할 때까지 다음 식이 성립한다.

A: $mgh + \frac{1}{2}m(3v)^2 - W_1 = 3mgh$ ⋯ ①

B: $3mgh + \frac{1}{2}(3m)v^2 - W_2 = 6mgh$ ⋯ ②

A의 운동 에너지의 최댓값은 용수철에 분리되는 순간 A의 역학적 에너지와 같으므로

$mgh + \frac{1}{2}m(3v)^2$이고, A의 중력 퍼텐셜 에너지의 최대값은 높이 $3h$인 곳에서의 중력 퍼텐셜 에너지와 같으므로 $3mgh$이다. A의 운동 에너지의 최댓값은 A의 중력 퍼텐셜 에너지의 최댓값의 4배이므로 다음 식이 성립한다.

$mgh + \frac{1}{2}m(3v)^2 = 4 \times 3mgh$ ⋯ ③

식 ①, ②, ③을 정리하면 $W_1 = 9mgh$,

$W_2 = \frac{2}{3}mgh$이므로 $\frac{W_1}{W_2} = \frac{27}{2}$이다.

3회 2025학년도 수능

01 ②	02 ⑤	03 ①	04 ③	05 ①
06 ④	07 ③	08 ⑤	09 ④	10 ③
11 ②	12 ①	13 ①	14 ③	15 ⑤
16 ④	18 ⑤	18 ③	19 ⑤	20 ②

1 전자기파의 이용

ㄱ. ㉠에서 이용하는 전자기파는 마이크로파이다.

ㄴ. 살균 작용에 사용되는 자외선은 마이크로파보다 파장이 짧다.

ㄷ. 진공에서 전자기파의 속력은 파장에 관계없이 모두 같다. 따라서 진공에서의 속력은 ㉢에서 사용되는 가시광선과 X선이 같다.

2 핵반응

ㄱ. 제시된 핵반응을 핵반응식으로 나타내면 다음과 같다.

$^{235}_{92}U + ^{1}_{0}n \longrightarrow ^{141}_{56}Ba + ^{92}_{36}Kr + 3^{1}_{0}n +$ 에너지

핵반응 전후 질량수는 보존되므로 $^{235}_{92}U$원자핵과 중성자 1개의 질량수의 합은 $^{141}_{56}Ba$ 원자핵과 $^{92}_{36}Kr$ 원자핵, 중성자 3개의 질량수의 합과 같다.

ㄴ. 무거운 원자핵이 가벼운 원자핵으로 쪼개지는 반응이므로 '핵분열'은 ㉠으로 적절하다.

ㄷ. 핵분열 반응에서 방출되는 에너지는 질량 결손에 의해 발생한다.

3 보어의 수소 원자 모형

ㄱ. 전자가 전이할 때 전자는 두 에너지 준위 차에 해당하는 에너지를 흡수하거나 방출한다. 따라서 a에서 흡수되는 광자 1개의 에너지는 $\frac{3}{4}E_0$이다.

ㄴ. 전자가 에너지 준위가 높은 상태에서 에너지 준위가 낮은 상태로 전이할 때, 에너지 준위 차가 클수록 방출되는 빛의 에너지가 크고 방출되는 빛의 파장은 짧다. 에너지 준위 차는 b에서가 d에서보다 작으므로 방출되는 빛의 파장은 b에서가 d에서보다 길다.
ㄷ. 플랑크 상수를 h, c에서 흡수되는 빛의 진동수를 f_c라고 할 때, c에서 흡수되는 광자 1개의 에너지는 $hf_c=\frac{3}{16}E_0$이고, a에서 흡수되는 광자 1개의 에너지는 $hf_a=\frac{3}{4}E_0$이다. 따라서 $f_c=\frac{1}{4}f_a$이다.

4 빛과 물질의 이중성

A. 광전 효과는 금속판에 문턱 진동수보다 큰 진동수의 빛을 비추었을 때 광전자가 즉시 방출되는 현상으로, 이는 빛의 입자성으로 설명할 수 있다.
B. 물질파 파장은 운동량의 크기에 반비례한다. 따라서 두 입자의 운동량이 같으면 두 입자의 물질파 파장도 같다.
C. 전자 현미경에서 전자의 운동 에너지가 클수록 전자의 운동량의 크기가 크므로 전자의 물질파 파장이 짧다. 따라서 더 작은 구조를 구분하여 관찰할 수 있다.

5 뉴턴 운동 법칙

ㄱ. B에는 연직 아래 방향으로 크기가 10 N인 중력과 크기가 20 N인 자기력이 작용하며, B에 작용하는 알짜힘은 0이므로 p가 B를 당기는 힘의 크기는 30 N이다. 따라서 p가 A를 당기는 힘의 크기도 30 N이다. A에 작용하는 알짜힘은 0이고 A에 작용하는 중력의 크기는 40 N이므로 수평면이 A를 떠받치는 힘의 크기는 40 N−30 N=10 N이다.
ㄴ. B에 작용하는 중력과 작용 반작용 관계에 있는 힘은 B가 지구를 당기는 힘이다.
ㄷ. C에 작용하는 알짜힘은 0이고 C에는 연직 위 방향으로 크기가 20 N인 자기력과 연직 아래 방향으로 크기가 10 N인 중력, q가 C를 당기는 힘이 작용한다. 따라서 B가 C에 작용하는 자기력의 크기(20 N)는 q가 C를 당기는 힘의 크기(10 N)보다 크다.

6 운동량과 충격량

물체의 질량을 m이라고 하면 물체가 마찰 구간에서 받은 충격량의 크기는 물체의 운동량 변화량의 크기와 같으므로 $F(2t_0)=m(2v)$에서 $F=\frac{mv}{t_0}$이다. 벽과 충돌하는 동안 물체가 벽으로부터 받은 평균 힘의 크기를 F'라고 하면 벽과 충돌하는 동안 물체가 벽으로부터 받은 충격량의 크기는 물체의 운동량 변화량의 크기와 같으므로 $F't_0=m(8v)$에서 $F'=\frac{8mv}{t_0}=8F$이다.

7 자성체

ㄱ. 상자성체는 외부 자기장과 같은 방향으로 자기화되고, 반자성체는 외부 자기장과 반대 방향으로 자기화된다. 따라서 A는 상자성체, B는 반자성체이다. (가)에서 상자성체인 A와 자석 사이에는 서로 당기는 자기력이 작용한다.
ㄴ. (다)에서 S극 대신 N극을 가까이 해도 반자성체인 B와 자석 사이에는 서로 미는 자기력이 작용한다.
ㄷ. 반자성체는 외부 자기장이 없을 때 물질을 구성하는 각 원자들의 총 자기장이 0이 된다. 따라서 (다)에서 자석을 제거하면, B는 (나)의 상태가 된다.

8 물결파의 굴절

ㄱ. 이웃한 마루와 마루 사이의 거리는 파장이므로 물결파의 파장은 B에서가 A에서의 2배이다. 진동수가 일정할 때 물결파의 속력은 파장에 비례하므로 물결파의 속력은 B에서가 A에서의 2배이다.
ㄴ. 물결파의 진행 방향과 법선이 이루는 각이 입사각이나 굴절각이다. 따라서 (가)에서 입사각은 굴절각보다 작다.
ㄷ. 물결파가 진행하는 동안 주기는 변하지 않으므로 물결파의 주기는 A에서와 B에서가 $2t_0$으로 같다. $t=0$일 때 q에서 물결파는 마루이므로 한 주기가 지난 $t=2t_0$일 때도 q에서 물결파는 마루이다.

9 특수 상대성 이론

ㄱ. A의 관성계에서 우주선의 속력은 0.8c이고 터널의 길이는 L이다. 따라서 A의 관성계에서, 우주선의 앞이 터널의 입구를 지나는 순간부터 우주선의 뒤가 터널의 입구를 지나는 순간까지 걸린 시간은 $\frac{L}{0.8c}$이다.
ㄴ. B의 관성계에서는 터널이 운동하므로 우주선의 운동 방향으로 터널의 길이 수축이 일어난다. 따라서 B의 관성계에서, 터널의 길이는 고유 길이인 L보다 작다.
ㄷ. 우주선의 고유 길이는 L보다 크고 B의 관성계에서, 터널의 길이는 L보다 작다. 따라서 B의 관성계에서, 터널의 출구가 우주선의 앞을 지나고 난 후 터널의 입구가 우주선의 뒤를 지난다.

10 운동량 보존 법칙

ㄱ. t일 때 A와 B가 충돌한 후 A, B는 같은 방향으로 각각 속력 $2v$, $4v$로 운동한다. B의 질량을 m_B라고 하면 운동량 보존 법칙에 의해
$4m(4v)=4m(2v)+m_B(4v)$가 성립하여
$m_B=2m$이다.
ㄴ. $4t$일 때 B와 C과 충돌한 후 B는 충돌 전과 반대 방향으로 속력 v로 운동한다. 충돌 후 C의 속력을 v_C라고 하면 운동량 보존 법칙에 의해
$4m(2v)=2m(-v)+5mv_C$가 성립하여
$v_C=2v$이다.
ㄷ. $6t$일 때 A와 B가 다시 충돌한 후 B는 충돌 전과 반대 방향으로 속력 $2v$로 운동한다. 충돌 후 A의 속력을 v_A라고 하면 운동량 보존 법칙에 의해
$4m(2v)+2m(-v)=4mv_A+2m(2v)$가 성립하여
$v_A=\frac{1}{2}v$이다. $6t$ 이후 A와 C는 같은 방향으로 각각 속력 $\frac{1}{2}v$, $2v$로 등속도 운동을 하므로 A와 C 사이의 거리는 $8t$일 때가 $7t$일 때보다 $\frac{3}{2}vt$만큼 크다.

11 물결파의 간섭

ㄱ. 중첩된 물결파의 주기는 S_1, S_2에서 발생한 물결파의 주기와 같다. (나)에서 물결파의 주기는 4초임을 알 수 있고 물결파의 속력은 10 cm/s이므로 S_1에서 발생한 물결파의 파장을 λ라고 하면
$10\text{ cm/s}=\frac{\lambda}{4\text{ s}}$에서 $\lambda=40\text{ cm}$이다.
ㄴ. p와 q는 원점 O와 대칭이므로 p와 q에서 중첩된 물결파의 위상은 서로 반대이다. 따라서 $t=1$초일 때 중첩된 물결파의 변위의 크기는 p에서와 q에서가 같다.
ㄷ. S_1, S_2로부터 같은 거리에 있는 O에서 두 물결파는 서로 반대 위상으로 만나므로 O에서 상쇄 간섭이 일어난다.

12 다이오드

ㄱ. 스위치를 a에 연결할 때 전류의 방향이 c → Ⓖ → d이므로 X가 포함된 다이오드에 순방향 전압이 걸린다. 따라서 X는 p형 반도체이다.
ㄴ. 스위치를 b에 연결할 때, 검류계에 전류가 흐르므로 회로에 흐르는 전류의 방향은 c → Ⓖ → d이다.
ㄷ. 스위치를 b에 연결하면 Y가 포함된 다이오드에 순방향 전압이 걸리므로, Y는 n형 반도체이다. 순방향 전압이 걸릴 때 Y에서 전자는 p−n 접합면 쪽으로 이동한다.

13 전기력

ㄱ. (다)에서 P가 A에 가까워질수록 P에 작용하는 $+x$방향의 전기력의 크기가 커지고, B에 가까워질수록 P에 작용하는 $-x$방향의 전기력의 크기가 커지므로 A, B는 모두 음(−)전하이다. P의 위치가 $x=d$일 때 P가 A, B로부터 받는 전기력의 방향은 서로 반대이고, P의 위치가 $x=-d$일 때 P가 A, B로부터 받는 전기력의 방향은 $-x$방향으로 같다. 따라서 (가)에서 P의 위치가 $x=-d$일 때, P에 작용하는 전기력의 크기는 F보다 크다.
ㄴ. (나)에서 R의 위치가 $x=d$일 때, R에 A, B가 작용하는 전기력은 (가)에서 P가 R로만 바뀐 상황이므로 크기는 F로 같고 방향은 $-x$방향이다. 또한 R에 C, D는 $-x$방향으로 전기력을 작용한다. 따라서 (나)에서 R의 위치가 $x=d$일 때, R에 작용하는 전기력의 방향은 $-x$방향이다.
ㄷ. (나)에서 R의 위치가 $x=6d$일 때, R에 C, D가 작용하는 전기력은 대칭성에 의해 (가)에서 P의 위치가 $x=d$일 때 P에 A, B가 작용하는 전기력과 크기는 같고 방향은 반대이다. 즉, R에 C, D가 작용하는 전기력의 크기는 F이고 방향은 $-x$방향이다. 또 R에 A, B가 작용하는 전기력의 방향도 $-x$방향이므로 (나)에서 R의 위치가 $x=6d$일 때, R에 작용하는 전기력의 크기는 F보다 크다.

14 빛의 굴절

ㄱ. P가 A에서 B로 입사하여 굴절할 때 입사각이 굴절각보다 크므로 굴절률은 B>A이고, P가 B와 C의 경계면에서 전반사하므로 굴절률은 B>C이다. P가 A와 B의 경계면에 입사각 θ로 입사했을 때 굴

절각을 r라고 하면 P가 B와 C의 경계면에서 전반사할 때의 입사각은 r이다. 따라서 B와 C의 굴절률 차이가 B와 A의 굴절률 차이보다 크므로 굴절률은 B>A>C이다.

ㄴ. B와 C의 경계면에서 Q의 입사각 θ는 P의 입사각 r보다 크므로 Q는 B와 C의 경계면에서 전반사한다.

ㄷ. B와 C의 굴절률 차이는 B와 A의 굴절률 차이보다 크다. 따라서 R가 C에서 B로 입사각 θ로 입사할 때 굴절각 r′는 P가 A에서 B로 입사각 θ로 입사할 때 굴절각 r보다 작다. R가 B에서 A로 입사할 때 입사각은 r보다 작아 굴절각은 θ보다 작으므로, R는 B와 A의 경계면에서 전반사하지 않는다.

15 열역학 법칙

ㄱ. A → B 과정에서 기체의 부피는 일정하지만, B → C 과정에서는 기체의 온도가 올라가면서 기체의 부피도 증가한다. 따라서 기체의 부피는 A에서가 C에서보다 작다

ㄴ. 열역학 제1법칙에 따라 각 과정에서 기체가 흡수한 열량 Q, 기체의 내부 에너지 변화량 $\varDelta U$, 기체가 한 일 W는 다음과 같다.

과정	Q(J)	$\varDelta U$(J)	$\varDelta U$(J)
A → B	+40	+40	0
B → C	+40	+24	+16
C → D	0	−64	+64
D → A	−60	0	−60
총합	+20	0	+20

따라서 B → C 과정에서 기체의 내부 에너지 증가량은 24 J이다.

ㄷ. 열기관이 고열원으로부터 흡수한 열량은 80 J이고, 열기관이 한 일은 20 J이므로 열기관의 열효율은 $\dfrac{20\text{ J}}{80\text{ J}}=0.25$이다.

16 등속도 운동과 등가속도 운동

A는 Ⅰ에서 등속도 운동을 하므로 A가 $x=L$을 지나는 순간 A의 속력은 v이고, Ⅲ에서 등속도 운동하므로 A가 $x=4L$을 지나는 순간 A의 속력은 $5v$이다. 따라서 A가 $x=0$에서 $x=4L$까지 운동하는 데 걸린 시간은 $\dfrac{L}{v}+\dfrac{3L}{3v}=\dfrac{2L}{v}$이다.

B가 Ⅱ에서 등속도 운동을 할 때의 속력을 v_0이라고 하면 B가 $x=0$에서 $x=4L$까지 운동하는 데 걸린 시간은 $\dfrac{2L}{v_0}+\dfrac{3L}{v_0}=\dfrac{5L}{v_0}$이다.

A와 B가 $x=0$에서 $x=4L$까지 운동하는 데 걸린 시간이 같으므로 $\dfrac{2L}{v}=\dfrac{5L}{v_0}$에서 $v_0=\dfrac{5}{2}v$이다.

A와 B가 $x=4L$과 $x=9L$을 동시에 지나므로 Ⅲ에서 B의 평균 속력은 A의 속력 $5v$와 같다. 따라서 B가 $x=9L$을 지날 때의 속력은 $\dfrac{15}{2}v$이다.

B가 Ⅰ을 지나는 데 걸린 시간은 $\dfrac{L}{\dfrac{1}{2}\times\dfrac{5}{2}v}=\dfrac{4L}{5v}$이므로 Ⅰ에서 B의 가속도의 크기는 $a=\dfrac{\dfrac{5}{2}v}{\dfrac{4L}{5v}}=\dfrac{25v^2}{8L}$이다. 따라서 Ⅲ에서 B의 가속도의 크기는 $\dfrac{5v}{\dfrac{5L}{5v}}=\dfrac{5v^2}{L}=\dfrac{8}{5}a$이다.

17 전류에 의한 자기장

ㄱ. xy평면에서 수직으로 나오는 방향을 양(+)이라고 하고, 도선으로부터 d만큼 떨어진 곳에서 세기가 각각 I_0, I_C인 전류에 의한 자기장의 세기를 각각 B_0, B_C라고 하자. p, q에서 A, B, C의 전류에 의한 자기장은 표와 같다.

구분	p에서	q에서
(가)	$B_0+\frac{1}{2}B_0+B_C$	$\frac{1}{2}B_0+B_0-B_C$
(나)	$-B_0+\frac{1}{2}B_0+B_C$	$-\frac{1}{2}B_0+B_0-B_C$
(다)	$-B_0+\frac{1}{4}B_0+B_C$	$-\frac{1}{2}B_0+\frac{1}{2}B_0-B_C$

p에서 A, B, C의 전류에 의한 자기장의 세기는 (가)일 때가 (다)일 때의 2배이므로

$B_0+\dfrac{1}{2}B_0+B_C=2\left(-B_0+\dfrac{1}{4}B_0+B_C\right)$에서 $B_C=3B_0$이다. 직선 전류에 의한 자기장의 세기는 전류의 세기에 비례하고, 도선으로부터 떨어진 거리에 반비례하므로 $I_C=3I_0$이다.

ㄴ. (나)일 때 p에서 A, B, C의 전류에 의한 자기장은 $-B_0+\dfrac{1}{2}B_0+B_C=\dfrac{5}{2}B_0$이고, q에서 A, B, C의 전류에 의한 자기장은 $-\dfrac{1}{2}B_0+B_0-B_C=-\dfrac{5}{2}B_0$이다. 따라서 (나)일 때, A, B, C의 전류에 의한 자기장의 세기는 p에서와 q에서가 같다

ㄷ. (다)일 때 q에서 A, B, C의 전류에 의한 자기장은 $-\dfrac{1}{2}B_0+\dfrac{1}{2}B_0-B_C=-3B_0$이므로 자기장의 방향은 xy평면에 수직으로 들어가는 방향이다.

18 운동 방정식

ㄱ. C에 중력에 의해 빗면 아래 방향으로 작용하는 힘의 크기를 F라고 하자. (가)와 (나)에서 물체의 가속도의 크기는 같고 방향은 반대이므로, (가)와 (나)에서 A, B, C에 작용하는 알짜힘의 크기는 같고 방향은 반대이다. 따라서 $20\text{ N}+10\text{ N}-F=F-10\text{ N}$이므로 $F=20\text{ N}$이다. (가)에서 p, q가 B를 당기는 힘의 크기를 각각 $2T$, $3T$라 하고, (나)에서 p, q가 B를 당기는 힘의 크기를 각각 $2f$, $9f$라고 하자. (가)와 (나)에서 A에 작용하는 알짜힘의 크기가 같으므로 $20\text{ N}-2T=2f$ … ①이고, (가)와 (나)에서 C에 작용하는 알짜힘의 크기가 같으므로 $3T-20\text{ N}=20\text{ N}-9f$ … ②가 성립한다. ①, ②를 연립하여 정리하면 $T=\dfrac{25}{3}$ N이고, $f=\dfrac{5}{3}$ N이다. 따라서 p가 A를 당기는 힘의 크기는 (가)에서가 $2T=\dfrac{50}{3}$ N, (나)에서가 $2f=\dfrac{10}{3}$ N로 (가)에서가 (나)에서의 5배이다.

ㄴ. (가)에서 B에 뉴턴 운동 법칙을 적용하면 $2T+10\text{ N}-3T=a$에서 $a=\dfrac{5}{3}\text{ m/s}^2$이다.

ㄷ. C의 질량을 m_C라 하고, (가)에서 C에 뉴턴 운동 법칙을 적용하면 $3T-20\text{ N}=m_Ca$에서 $m_C=3$ kg이다.

19 전자기 유도

ㄱ. p가 $x=2.5d$를 지날 때 Ⅰ에 의해 xy평면에 수직으로 들어가는 방향의 자기장이 유도되므로 p에 흐르는 유도 전류의 방향은 $-y$방향이다. 그러나 Ⅰ, Ⅱ에 의해 p에 흐르는 유도 전류의 방향은 $+y$방향이므로 Ⅱ에 의해 p에 흐르는 유도 전류의 방향은 $+y$방향이다. 따라서 Ⅱ에서 자기장의 방향은 xy평면에 수직으로 들어가는 방향이고, 자기장의 세기는 Ⅱ에서가 Ⅰ에서보다 크다. 따라서 자기장의 방향은 Ⅰ에서와 Ⅱ에서가 같다.

ㄴ. p가 $x=4.5d$를 지날 때 Ⅰ, Ⅱ, Ⅲ에 의해 모두 xy평면에 수직으로 들어가는 방향의 자기장이 유도되므로 p에 흐르는 유도 전류의 방향은 $-y$방향이다.

ㄷ. Ⅱ, Ⅲ의 자기장의 방향이 서로 반대 방향이므로 p가 $x=5.5d$를 지날 때 Ⅱ, Ⅲ에 의한 유도 전류가 같은 방향으로 흐른다. Ⅰ, Ⅱ의 자기장의 방향이 같으므로 p가 $x=2.5d$를 지날 때 Ⅰ, Ⅱ에 의한 유도 전류가 서로 반대 방향으로 흐른다. 따라서 p에 흐르는 유도 전류의 세기는 p가 $x=5.5d$를 지날 때가 $x=2.5d$를 지날 때보다 크다.

20 마찰에 의한 에너지 손실과 역학적 에너지 보존

P와 Q의 용수철 상수를 k, B의 질량을 m, 중력 가속도를 g라고 하자. A와 B가 P를 $2d$만큼 압축시켰을 때 P에 저장된 탄성 퍼텐셜 에너지는 $\dfrac{1}{2}k(2d)^2$이고, B와 분리된 A가 P를 d만큼 압축시켰을 때 P에 저장된 탄성 퍼텐셜 에너지는 $\dfrac{1}{2}kd^2$이다. A와 B가 분리되기 전후 역학적 에너지는 보존되므로 A와 분리된 후 B의 운동 에너지는 $\dfrac{1}{2}k(2d)^2-\dfrac{1}{2}kd^2=\dfrac{3}{2}kd^2$이다. B는 마찰 구간을 등속도로 지나므로 B가 마찰 구간을 한번 지날 때 손실된 역학적 에너지는 mgH이고 $mgH=\dfrac{3}{2}kd^2+mg(4h)-\dfrac{1}{2}k(3d)^2$ … ①이다. B가 수평면에서 Q를 최대 $3d$만큼 압축시킨 후 다시 마찰 구간을 올라가 높이 $4h$인 지점에서 정지하므로 마찰 구간을 두 번 지나는 동안 손실된 역학적 에너지는 $2mgH=\dfrac{3}{2}kd^2$ … ②이다. ①, ②를 정리하면 $H=\dfrac{4}{5}h$이다.